D'Ans · Lax

Taschenbuch
für
Chemiker und Physiker

Dritte, völlig neu bearbeitete Auflage

Band I
Makroskopische physikalisch-chemische Eigenschaften

Herausgegeben von
Dr. phil. Ellen Lax

unter Mitarbeit von
Dr. rer. nat. Claudia Synowietz

Springer-Verlag Berlin Heidelberg GmbH
1967

Alle Rechte, insbesondere das der Übersetzung in fremde Sprachen, vorbehalten

Ohne ausdrückliche Genehmigung des Verlages ist es auch nicht gestattet, dieses Buch oder Teile
daraus auf photomechanischem Wege (Photokopie, Mikrokopie)
oder auf andere Art zu vervielfaltigen

© by Springer-Verlag Berlin Heidelberg 1967
Ursprünglich erschienen bei Springer-Verlag Berlin · Heidelberg 1967
Softcover reprint of the hardcover 3rd edition 1967

Library of Congress Catalog Card Number 64-16887

ISBN 978-3-642-49542-7   ISBN 978-3-642-49833-6 (eBook)
DOI 10.1007/978-3-642-49833-6

Die Wiedergabe von Gebrauchsnamen, Handelsnamen, Warenbezeichnungen usw. in diesem
Werk berechtigt auch ohne besondere Kennzeichnung nicht zu der Annahme, daß solche Namen
im Sinne der Warenzeichen- und Markenschutz-Gesetzgebung als frei zu betrachten waren und
daher von jedermann benutzt werden durften

Titel-Nr. 1268

Vorwort zur dritten Auflage

Die 3. Auflage des Taschenbuchs für Chemiker und Physiker ist vollständig umgearbeitet. Der jetzt vorliegende erste Band ist in 7 Kapitel eingeteilt, von denen das erste einen Überblick über die Maßsysteme, Einheiten und Meßmethoden sowohl fur makroskopische Eigenschaften als auch für atomare Größen gibt. In diesem Kapitel findet der Benutzer die Symbole, die in den späteren Kapiteln zur Kennzeichnung der Einheiten usw. verwendet werden. Es ist zwar in den jeweiligen Einleitungen zu den Einzeltabellen der Kapitel 2 bis 7 eine Liste der in der vorliegenden Tabelle benutzten Einheiten zusammengestellt; wenn jedoch der Benutzer noch irgendeine Bezeichnung vermissen sollte, so ist in den Tabellen des 1. Kapitels nachzuschlagen.

In den Kapiteln 2 bis 7 wurde die Anordnung der Elemente und der anorganischen Verbindungen alphabetisch nach den chemischen Symbolen vorgenommen, während die organischen Verbindungen nach dem Hillschen System geordnet sind.

Die einzelnen Kapitel enthalten zunächst zusammenfassende Tabellen mit gleichzeitiger Angabe verschiedener makroskopischer Eigenschaften des gleichen Stoffes (Kap. 2), wobei das Schwergewicht bei den mechanischen Eigenschaften liegt. Es folgen dann Tabellen über mechanisch-thermische Eigenschaften und Gleichgewichte homogener Systeme (Kap. 3) und heterogener Systeme (Kap. 4). Die Grenzflächeneigenschaften bilden den Inhalt von Kap. 5. Eingehend sind die thermodynamischen Funktionen der Elemente und Verbindungen als Funktion von Temperatur, Druck und Zusammensetzung (Kap. 6) behandelt. Den Schluß bilden Angaben über Viskosität, Diffusion, Wärmeleitvermögen und die Kinetik chemischer Systeme (Kap. 7).

Der Plan zu diesem ersten Band rührt von Dr. ELLEN LAX her, die eine größere Zahl von Tabellen noch selbst zusammenstellte oder vorbereiten konnte. Nach ihrem altersbedingten Ausscheiden wurde der Band unter enger Beratung und Mitwirkung von Professor Dr. KLAUS SCHÄFER fertiggestellt. Ihm sei an dieser Stelle für seine überaus wertvolle Hilfe herzlich gedankt.

SPRINGER-VERLAG

Inhaltsverzeichnis

1. Maßsysteme und meßtechnische Daten 1
   11. Maßsysteme 1
       111. Kurzzeichen 1
            1111. Kurzzeichen von Vorsätzen 1
            1112. Kurzzeichen der metrischen elektrischen und chemischen Maßeinheiten 1
       112. Grundeinheiten des internationalen Einheitssystems . . 2
       113. Mechanisch-thermische Einheiten und Umrechnungstabellen 3
            1131. Einheiten 3
            1132. Umrechnungstabellen und -tafeln 12
                  11321. Umrechnungstafel für die Dezimaleinheiten des Stunden- und Winkelmaßes auf Minuten und Sekunden 12
                  11322. Umrechnung der 360°-Teilung auf die 400°-Teilung und umgekehrt 12
                  11323. Gradmaß in Bogenmaß Bogenmaß in Gradmaß 13
                  11324. Umrechnung von Temperaturangaben . . 13
                  11325. Umrechnung von Druckeinheiten 25
                  11326. Umrechnung von Energieeinheiten 25
       114. Elektrische und magnetische Einheiten 26
       115. Physikalische und lichttechnische Strahlungsgrößen . . 28
            1151. Spektraler Hellempfindlichkeitsgrad 28
            1152. Strahlungsgrößen 29
            1153. Umrechnungsfaktoren für Leuchtdichteeinheiten . 31
            1154. Umrechnungsfaktoren für Beleuchtungsstärkeeinheiten 32
       116. Einheiten der Bestrahlung 32
       117. Empfindlichkeit des menschlichen Ohres und phonometrische Einheiten 32
       118. Chemische Bezugseinheiten 33
   12. Meßtechnische Daten 36
       121. Temperatur 36
            1211. Die empirische Temperaturskala 36
                  12111. Festsetzungen für die Temperaturskala . . 36
                  12112. Weitere thermometrische Hilfsfixpunkte . 37
                  12113. Siedetemperaturen von Sauerstoff und Schwefel in Abhängigkeit vom Druck nach den Formeln der deutschen gesetzlichen Temperaturskala von 1950 37
                  12114. Unterschied zwischen den Temperaturskalen 1948 und 1927 38
            1212. Dampfdruck p verflüssigter Gase für Tensionsthermometer 39
                  12121. Dampfdruck p des flüssigen Heliums . . . 39

12122. Zur Messung von Temperaturen unterhalb
90° K 39
12123. Zur Messung von Temperaturen von −180
bis 0° C 40
1213. Widerstandsthermometer 42
12131. Platin-Widerstandsthermometer 42
12132. Nickel-Widerstandsthermometer 42
1214. Thermoelemente
Thermospannung der Thermopaare 42
12141. Platinrhodium (10% Rh)−Platin 43
12142. Kupfer−Konstantan 44
12143. Eisen−Konstantan 44
12144. Chromel−Alumel
Nickelchrom−Nickel 45
12145. Gold−Silber 46
12146. Legierungen von Gold, Silber und Kobalt . 46
12147. Thermopaare aus Molybdän, Wolfram oder
Tantal 46
1215. Temperaturmessung mit Teilstrahlungspyrometer 46
1216. Erweichungspunkte der Segerkegel in °C 47
1217. Temperatur-Meßfarben und -Meßfarbstifte 48
12171. Einfach-Meßfarben mit einem Farbumschlag 48
12172. Mehrfach-Meßfarben 48
1218. Korrekturwerte für Ablesungen an Flüssigkeitsthermometern bei herausragendem Faden 48
122. Reduktion einer Wägung in Luft auf den luftleeren
Raum 49
123. Druckmessung 50
1231. Reduktion des am Maßstab aus Messing abgelesenen
Barometerstandes auf 0° C 50
1232. Kapillardepression des Quecksilbers 50
1233. Korrekturwert für den Meniskus bei Wassersäulen 52
1234. Korrekturwert für die geographische Breite φ
und Höhe h 52
12341. Korrektion für die geographische Breite 52
12342. Der Luftdruck p in Torr als Funktion der
Höhe h 53
1235. Ortstabelle für die Fallbeschleunigung 53
1236. Normalatmosphäre 54
124. Reduktion eines Gasvolumens auf den Normzustand . . 55
125. Psychrometrische Daten zur Bestimmung der Luftfeuchtigkeit 57
126. Härte....................... 59
13. Grundkonstanten.................... 60
2. Zusammenfassende Tabellen 63
21. Elemente 63
211. Periodensysteme.................. 63
2111. Relative Atommasse 66
212. Natürlich vorkommende Isotope der Elemente 71
213. Relative Häufigkeit der Elemente auf der Erde 77
214. Elemente 78
2141. Physikalische und chemische Eigenschaften der
Elemente, die im Normzustand kondensiert sind . 80

Inhaltsverzeichnis

2142. Physikalische und chemische Eigenschaften der Elemente, die im Normzustand gasformig sind . . 106
2143. Zusatzliche Angaben uber Eigenschaften von Elementen, die im Normzustand kondensiert sind . 113
2144. Zusätzliche Angaben uber Eigenschaften von Elementen, die im Normzustand gasförmig sind . 172
2145. Luft. 181
215. Röntgenspektren 190
216. Streuungs- und Absorptionsquerschnitt der Elemente für thermische Neutronen 194

22. Anorganische Verbindungen 196
   221. Tabelle der physikalischen und chemischen Daten . . . 196
   222. Wasser 600
      22201. Übersicht allgemeiner Daten 600
      22202. Schmelzen und Umwandlungen unter Druck 600
      22203. Dichte und spezifisches Volumen in Abhängigkeit von Druck und Temperatur . . 602
      22204. Kompressibilität $\varkappa = - \dfrac{V_{p_2} - V_{p_1}}{V_1(p_2 - p_1)}$ in $10^{-6}\,\text{at}^{-1}$ 607
      22205. Oberflächenspannung γ in dyn cm^{-1} gegen Luft 607
      22206. Dampfdruck 607
      22207. Spezifische Wärme zwischen 0 und 100° C . 609
      22208. Thermodynamische Funktionen auf den Druck von einer Atmosphäre bezogen . . . 614
      22209. Zustandsgrößen von Wasser, Sättigungsdruck, Dichte, Verdampfungsenthalpie und relative Werte der thermodynamischen Funktionen 618
      22210. Wasser, Joule-Thomson-Koeffizient μ . . . 622
      22211. Viskosität von Wasser bzw. Wasserdampf . 622
      22212. Wärmeleitvermögen 624
      22213. Schallgeschwindigkeit c in destilliertem Wasser bei 750 kHz 625
      22214. Elektrische Leitfähigkeit reinsten Wassers . 626
      22215. Ionenprodukt des Wassers H_2O 626
      22216. Statische Dielektrizitätskonstante ε 627
      22217. Brechzahlen n_λ von Wasser 627
   223. Kristallsymbole 629

23. Minerale und mineralische Rohstoffe. Von S. KORITNIG . . 634
   231. Minerale 634
      2311. Chemische und physikalische Daten der wichtigsten Minerale 634
      2312. Mineralverzeichnis mit chemischen Formeln . . . 666
   232. Mineralische Rohstoffe 682
      2321. Mineralische Rohstoffe zur Gewinnung von Metallen (Erze) und Nichtmetallen 682
      2322. Industrieminerale, Kohlen, Erdöl 690

24. Zusammenfassende Tabellen mit mechanisch-kalorischen Daten für wichtige Werkstoffe 692
   241. Metallegierungen 692
      2411. Stähle 692
         24111. Zusammensetzung in Gew.% der Stähle für Tabelle 24112...24115 692

24112. Wärmeleitfähigkeit in W/cmgrd 694
24113. Mittlerer linearer Ausdehnungskoeffizient in 10^{-6} grd^{-1} 694
24114. Enthalpie h-$h_{50°}$ in J/g 695
24115. Elektrischer Widerstand in 10^{-6} $\Omega\cdot$cm bei °C 695
24116. Zusammensetzung und Festigkeitswerte besonderer Stähle 696
24117. Zusammensetzung und Festigkeitswerte deutscher Vergütungsstähle 696
2412. Legierungen außer Stählen 698
242. Holz 725
2421. Eigenschaften von Holz und Holzprodukten ... 726
243. Natursteine und künstliche Steine 728
2431. Richtzahlen für Natursteine (DIN 52100) 728
2432. Künstliche Steine 730
2433. Zementmörtel und -beton 731
2434. Lineare Wärmeausdehnung α_ϑ, Wärmeleitzahl λ und spezifische Wärme c_p 732
244. Quarz und Gläser 733
2441. Quarz und Quarzglas 733
24411. Allgemeine Daten 733
24412. Umwandlungsdiagramme 733
24413. Kristalldaten 734
24414. Thermische Ausdehnungszahl $\bar{\alpha}$ 735
24415. Spezifische Wärme von Quarz und Quarzglas 735
24416. Elektrische Eigenschaften von Quarz ... 736
24417. Brechzahlen und natürliche Drehung des Quarzes und Brechzahlen des Quarzglases . 737
2442. Gläser 738
24421. Kennzeichnende physikalische Eigenschaften technischer Gläser 738
24422. Durchlässigkeit von Gläsern im Ultraviolett und Infrarot 743
24423. Viskosität 747
24424. Chemische Zusammensetzung verschiedener Gläser 748
245. Keramik 750
2451. Feinkeramische Massen 750
2452. Feuerfeste Stoffe 752
2453. Oxidische hochfeuerfeste Stoffe 756
2454. Keramische Isolierstoffe für die Elektrotechnik .. 760
246. Glimmer 764
247. Kunststoffe. Von H. WILSKI 765
2471. Allgemeine Eigenschaften von Kunststoffen ... 765
2472. Chemische Beständigkeit von Kunststoffen ... 784
2473. Kunststoff-Folien 786
2474. Faserstoffe 788
2475. Handelsnamen von Kunststoffen 790
248. Kautschuk 794
3. Mechanisch-thermische Konstanten homogener Stoffe 796
31. Dichte, Ausdehnung, Kompressibilität und Festigkeitseigenschaften fester Stoffe 796
311. Mittlerer kubischer Ausdehnungskoeffizient $\bar{\gamma}$ von anorschen festen Verbindungen 796

Inhaltsverzeichnis

312. Mittlerer kubischer Ausdehnungskoeffizient $\bar{\gamma}$ von organischen festen Verbindungen 798
313. Kubischer Kompressibilitätskoeffizient $\varkappa$ in $10^{-6}\,\mathrm{at}^{-1}$ . . 799

32. Dichte, Ausdehnung und Kompressibilität von reinen Flüssigkeiten 802
   321. Dichte reiner Flüssigkeiten 802
      3211. Druckabhängigkeit der relativen Volumen von Äthanol Diäthyläther bei verschiedenen Temperaturen 802
      3212. Dichte D, kubischer Ausdehnungs- (γ) und Kompressibilitätskoeffizient $(\varkappa)$ von reinen anorganischen und organischen Flüssigkeiten bei $18°$ C . . 802
      3213. Dichte schwerer, reiner Flüssigkeiten 804
   322. Dichte von Lösungen 805
      3221. Dichte wäßriger Lösungen anorganischer Verbindungen, binäre Systeme 805
         32211. Ausführliche Dichte-Tabellen für Stoffe H_2O_2, Laugen und Säuren 805
         32212. Dichte D_0 wäßriger Lösungen anorganischer Verbindungen, binäre Systeme 809
         32213. Temperatur des Dichtemaximums wäßriger Lösungen anorganischer Stoffe 815
         32214. Dichte wäßriger Lösungen anorganischer Stoffe (geordnet nach Dichten) 816
      3222. Litergewicht wäßriger Lösungen anorganischer Stoffe, ternäre Systeme 817
      3223. Dichte von Meerwasser in Abhängigkeit von Salzgehalt (S) bzw. Chlorgehalt (Cl) und Temperatur des Dichtemaximums 817
      3224. Dichte wäßriger Lösungen organischer Verbindungen 818
         32241. Ausführliche Dichtetabellen Methanol, Äthanol, Propanol-(1), Propanol-(2), Glycerin, Glucose, Saccharose, Ameisensäure, Essigsäure und Aceton 818
         32242. Dichte wäßriger Lösungen von organischen Säuren und deren Salzen 824
         32243. Litergewicht von wäßrigen Lösungen von CH_3COH-H_2O Acetaldehyd-Wasser 826
      3225. Dichte nichtwäßriger Lösungen 826
   323. Kompressibilität von wäßrigen Lösungen bei $25°$ C . . . 827

33. Dichte, Ausdehnung und Kompressibilität von Gasen 828
   331. Übersichtstabelle über mechanisch-thermische Eigenschaften von Gasen 828
   332. Umrechnung des Gasvolumens bei kleinen Abweichungen vom Normzustand 836
   333. Zustandsgleichungen 836
      3331. Die einzelnen Gleichungen 836
      3332. Van der Waalssche Konstante für das Molvolumen $(22416\,\mathrm{cm}^3)$ im idealen Gaszustand 838
      3333. pv-Werk von Gasen in Abhängigkeit vom Druck p in atm und von der Temperatur t in $°\mathrm{C}$. Von J. Otto 840

3334. Die zweiten Virialkoeffizienten von Gasen. Von J. OTTO 860
34. Gleichgewichtskonstanten 862
   341. Dissoziationskonstante in wäßriger Lösung 862
      3411. Anorganische Säuren und Basen 862
      3412. Organische Stoffe in waßriger Lösung 864
         34121. Säuren und Basen 864
         34122. Dissoziationskonstanten von amphoteren Elektrolyten 870
      3413. Löslichkeitsprodukt von in Wasser schwer löslichen Salzen anorganischer Säuren 872
   342. Aktivitätskoeffizient 874
      3421. Elektrolyte in wäßrigen Lösungen 874
   343. Gleichgewichte in Gasen 876
4. Mechanisch-thermische Konstanten für das Gleichgewicht heterogener Systeme 899
   41. Einstoffsysteme 899
      411. Dampfdruck 899
         4111. Dampfdruck der Elemente 899
            41111. Dampfdruck p zwischen 10^{-4} und 760 Torr. 900
            41112. Dampfdruck p zwischen 10^{-9} und 10^{-5} Torr. 903
            41113. Dampfdruck p zwischen 2 und 20 atm . . . 903
            41114. Dampfdruck p des Quecksilbers. 904
         4112. Dampfdruck anorganischer Verbindungen 905
            41121. Dampfdruck p zwischen 10^{-1} und 760 Torr. 905
            41122. Dampfdruck p zwischen 10^{-6} und 10^{-2} Torr. 909
            41123. Dampfdruck zwischen 2 und 60 atm . . . 911
         4113. Dampfdruck organischer Verbindungen 912
            41131. Dampfdruck p zwischen 1 und 760 Torr . . 912
            41132. Dampfdruck p zwischen 1 und 40 atm . . . 946
            41133. Werte der Konstanten A und B für den Dampfdruck in Torr: $\log p = \dfrac{-A}{273 + \vartheta} + B$ und Geltungsbereich 948
         4114. Dampfdrucke von Trockenmitteln. 950
         4115. Dampfdruck p von Dichtungsfetten und Kitten . . 951
         4116. Dampfdruck p von Treibmitteln für Diffusionspumpen 951
      412. Dichte koexistierender Phasen und Cailletet-Mathiassche Regel 952
         4121. Anorganische Verbindungen 952
         4122. Organische Verbindungen 954
         4123. Cailletet-Mathiassche Regel 957
      413. Schmelzen und Umwandlungen unter Druck 958
         4131. Anorganische Verbindungen 958
         4132. Organische Verbindungen 963
   42. Mehrstoffsysteme 964
      421. Heterogene Gleichgewichte 964
         4211. Heterogene Gleichgewichte bei thermischer Zersetzung 964
         4212. Heterogene Gleichgewichte mit Umsetzungen . . 971
      422. Dampfdruck von Mischsystemen 972
         4221. Binäre Systeme 972
            42211. Übersicht über die Systeme 974
            42212. Die Systeme 977
         4222. Ternäre Systeme 1009

4223. Dampfdrucke p in Torr über gesättigten wäßrigen
Salzlösungen 1014
4224. Siedetemperatur (bei 760 Torr) ϑ_V wäßriger Lösungen
in Abhängigkeit von der Konzentration k 1015
423. Azeotrope Gemische 1018
4231. Azeotrope Punkte von binären Mischungen . . . 1018
4232. Siedepunkte ternärer azeotroper Gemische bei
760 Torr 1028
424. Molale Siedepunktserhöhung E_0 („Ebullioskopische Konstanten E_0") anorganischer und organischer Lösungsmittel 1029
4241. Anorganische Lösungsmittel 1029
4242. Organische Löungsmittel 1029
425. Gefrierpunktserniedrigung 1030
4251. Molale Gefrierpunktserniedrigung E_0 („Kryoskopische Konstanten") anorganischer und organischer
Lösungsmittel 1030
42511. Anorganische Lösungsmittel 1031
42512. Organische Lösungsmittel 1031
4252. Reale Gefrierpunktserniedrigung in anorganischen
und organischen Lösungsmitteln 1033
42521. Anorganische Stoffe 1033
42522. Organische Stoffe 1036
4253. Reale molale Gefrierpunktserniedrigung $\Delta T/m$
(Anorganische Stoffe in Schwefelsäure) 1037
4254. Reale molale Gefrierpunktserniedrigung $\Delta T/m$
(Organische Stoffe in Benzol) 1037
426. Osmotischer Druck 1037
4261. Osmotischer Druck niedermolekularer Stoffe in
Wasser 1038
42611. Anorganische Stoffe 1038
42612. Organische Stoffe 1039
4262. Osmotischer Druck hochmolekularer Stoffe (Nichtelektrolyte) 1040
42621. Synthetische Stoffe 1040
42622. Naturstoffe, Polysaccharide (Nichtelektrolyte) 1043
427. Lösungsgleichgewichte (Zustandsdiagramme) 1045
4271. Lösungsgleichgewichte zwischen zwei kondensierten
Stoffen 1048
42711. Lösungsgleichgewichte zwischen zwei Elementen 1048
42712. Lösungsgleichgewichte zwischen anorganischen Verbindungen 1077
42713. Lösungsgleichgewichte zwischen anorganischen und organischen Stoffen 1129
42714. Lösungsgleichgewichte zwischen 2 organischen Verbindungen 1155
4272. Lösungsgleichgewichte zwischen drei kondensierten
Phasen 1174
42721. Anorganische Verbindungen in wäßrigen
Lösungen organischer Verbindungen . . . 1174
42722. Lösungsgleichgewichte mit mehreren nicht
mischbaren flüssigen Phasen 1176
42723. Verteilungskoeffizienten 1190

4273. Lösungsgleichgewichte zwischen Gasen und kondensierten Stoffen 1198
42731. Gase in Metallen 1198
42732. Gase in Flüssigkeiten. Von A. MAY 1203
4274. Lösungsgleichgewichte von Lösungsmitteln untereinander 1233

5. Grenzflächen 1238

51. Grenzflächenspannung γ von Flüssigkeiten gegen den eigenen Dampf oder Luft (Oberflächenspannung) 1238
  511. Reine Verbindungen 1238
    5111. Anorganische Verbindungen 1238
    5112. Organische Verbindungen 1240
  512. Grenzflächenspannung von Lösungen 1242
    5121. Metalle in Metallen 1242
    5122. Grenzflächenspannung γ in wäßrigen Lösungen .. 1243
      51221. Anorganische Stoffe in Wasser 1243
      51222. Organische Stoffe in Wasser 1244
    5123. Organische Substanzen in organischen Lösungsmitteln 1245

52. Grenzflächenspannung von Flüssigkeiten gegeneinander ... 1246
  521. Grenzflächenspannung γ von Wasser gegen nichtwäßrige Flüssigkeiten 1246
  522. Grenzflächenspannung γ organischer Flüssigkeiten gegen Quecksilber bei $18°$ C 1246

53. Parachore 1247
  531. Atom-Parachor nach SUGDEN 1247
  532. Bindungs-Parachore für organische Verbindungen ... 1248
  533. Gruppen-Parachore nach GIBLING 1248

54. Grenzflächenfilme auf Wasser 1248

55. Adsorption 1250
  551. Adsorption aus der Gasphase 1250
    5511. Anorganische Dämpfe an Adsorptionsmitteln, Abbildungen 1250
    5512. Adsorption an Aktivkohle bei $20°$ C 1253
  552. Adsorption aus flüssiger Phase an pulverförmigen Adsorptionsmitteln 1254

6. Kalorische Daten 1258

61. Wärmekapazität 1258
  611. Wärmekapazität bei konstantem Druck 1258
    6111. Atomwärme C_p von Elementen 1258
    6112. Molwärmen bei konstantem Druck, C_p von anorganischen Verbindungen 1266
    6113. Molwärmen bei konstantem Druck, C_p von organischen Verbindungen 1277
    6114. Relative Wärmekapazität von Lösungen 1286
    6115. Spezifische Wärme von Mineralien 1289
  612. Wärmekapazität von Gasen in Abhängigkeit vom Druck 1290
    61201. Ar, Argon 1290

Inhaltsverzeichnis   1-XIII

    61202. Dichlordifluormethan, C_p 1290
    61203. Methan, C_p 1291
    61204. CO, Kohlenstoffmonoxid 1291
    61205. CO_2, Kohlenstoffdioxid 1292
    61206. Acetylen, C_p 1292
    61207. Äthylen, C_p (C_{p0}) 1293
    61208. Propan, C_p 1293
    61209. H_2 Wasserstoff 1294
    61210. Helium, C_p/C_{p0} 1295
    61211. N_2 Stickstoff 1295
    61212. NH_3 Ammoniak 1296
    61213. O_2 Sauerstoff 1297
    61214. Xe Molwärme C_p und C_v in J/Molgrd . . . 1297
62. Thermodynamische Funktionen (Einzelwerte) 1298
  621. Verbrennungswärme und Zusammensetzung der wichtigsten Nahrungsmittel 1298
    6211. Brennstoffe 1309
      62111. Zusammensetzung und Einteilung fester Brennstoffe 1309
      62112. Flüssige Brennstoffe 1311
      62113. Gasförmige Brennstoffe 1312
      62114. Heizwert der festen, flüssigen und gasförmigen Brennstoffe 1316
  622. Bildungsenthalpie und -entropie bei metallischen Lösungsphasen 1318
    6221. Metallegierungen 1318
    6222. Lösungsenthalpie bei unendlicher Verdünnung . . 1320
    6223. Metallische Lösungsphasen mit O_2 und S 1320
  623. Bildungsenthalpie ΔH_B in kJ · Mol^{-1} von Ammoniakaten 1322
  624. Hydratationsenthalpie von ΔH in kJMol^{-1} organischer Verbindungen bei Anlagerung von n-Molen flüssigen Wassers 1323
  625. Neutralisationsenthalpie 1326
    6251. Anorganische einbasische Säure mit anorganischen Basen 1326
    6252. Anorganische mehrbasische Säuren mit anorganischen Basen 1327
    6253. Organische Säuren mit anorganischen Basen . . . 1327
  626. Adsorptionswärme 1328
63. Thermodynamische Zustandsgrößen. 1329
  631. Einleitung. Von K. SCHÄFER 1329
    6321. Elemente 1333
    6322. Anorganische Verbindungen 1347
    6323. Organische Verbindungen 1363
    6324. Kältemittel 1378
64. Joule-Thomson-Effekt 1390
  6401. Ar Argon 1390
  6402. Argon Joule-Thomson-Koeffizient μ (Isobaren) . 1390
  6403. CO Kohlenstoffmonoxid 1391
  6404. CO_2 Kohlendioxid 1391
  6405. C_2H_4 Äthen 1391
  6406. H_2 Wasserstoff 1391
  6407a Wasserstoff. Joule-Thomson-Koeffizient μ (Isobaren) 1392

6407b Deuterium. Joule-Thomson-Koeffizient μ (Isobaren) 1392
6408. He Helium 1392
6409. N_2 Stickstoff 1393
6410. Ammoniak Joule-Thomson-Koeffizient μ(Isothermen) 1393
6411. O_2 bei $p = 2$ atm 1393
6412. Xe Xenon 1394
6413. Inversionskurven des Joule-Thomson-Koeffizienten μ im reduzierten Diagramm 1394

65. Tabellen zur Berechnung thermodynamischer Funktionen für Gase und Festkörper 1394
   651. Planck-Einstein-Funktionen 1394
   652. Debye-Funktionen 1398
   653. Anharmonizitäten 1402
   654. Innere Rotation (bzw. Drillschwingungen) 1403

7. Dynamische Konstanten 1407

71. Viskosität 1407
   711. Viskosität von Stoffen unter dem Druck von 1 atm oder Sättigungsdruck 1409
      7111. Flüssigkeiten 1409
         71111. Anorganische Verbindungen 1409
         71112. Organische Verbindungen 1410
         71113. Viskosität von Brennstoffen und Ölen . . . 1416
         71114. Viskosität von Schmelzen 1417
      7112. Lösungen 1418
         71121. Seewasser 1418
         71122. Viskosität von Säuren—Wassergemischen . 1419
         71123. Relative Viskosität von wäßrigen Lösungen anorganischer Stoffe in Abhängigkeit von der Konzentration 1420
         71124. Viskosität von wäßrigen Lösungen organischer Stoffe in Abhängigkeit von Temperatur und Konzentration 1421
      7113. Viskosität von Gasen 1423
         71131. Anorganische Gase 1423
         71132. Organische Gase 1424
         71133. Viskosität von reinen Gasen und Gasgemischen in Abhängigkeit von der Temperatur 1425
   712. Viskosität bei hohen Drucken 1430
      7121. Elemente 1430
      7122. Mischungen von Elementen bei 20° C 1431
      7123. Anorganische Verbindungen 1432
      7124. Organische Verbindungen 1433

72. Diffusion 1437
   721. Diffusion zwischen zwei kondensierten Phasen 1437
      7211. Metallische Lösungen 1438
      7212. Ionendiffusion in Metallverbindungen 1440
   722. Diffusion von Flüssigkeiten ineinander 1441
      7221. Diffusionskoeffizienten D in Lösungen von anorganischen Verbindungen in Wasser gegen reines H_2O 1441
      7222. Diffusionskoeffizienten D von Gasen in H_2O . . . 1443
      7223. Diffusionskoeffizienten D flüssiger anorganischer Stoffe in flüssigen anorganischen Stoffen. 1443

7224. Diffusionskoeffizient D organischer Verbindungen in Wasser und Lösungen der Verbindung in Wasser in Abhängigkeit von der Konzentration der Lösung und der Temperatur 1444
7225. Diffusionskoeffizient D organischer Verbindungen in organischen Verbindungen in Abhängigkeit von Temperatur ϑ und Konzentration 1447
7226. Diffusionskoeffizient D organischer Verbindungen in organischen Lösungsmitteln 1449

723. Diffusion in Gasen 1450
    72311. Elemente 1451
    72312. Anorganische Verbindungen 1451
    72313. Organische Verbindungen 1452
  7232. Diffusion von Gasen in Luft 1452
  7233. Diffusion weiterer Gase ineinander 1453

73. Wärmeleitfähigkeit 1456
  731. Wärmeleitfähigkeit λ von Flüssigkeiten 1456
    7311. Wärmeleitfähigkeit λ von reinen Flüssigkeiten . . 1456
      73111. Elemente 1456
      73112. Anorganische Verbindungen 1458
      73113. Organische Verbindungen 1459
    7312. Wärmeleitfähigkeit von wäßrigen Lösungen . . . 1462
      73121. Anorganische Verbindungen 1462
      73122. Organische Verbindungen 1464

  732. Wärmeleitfähigkeit von Gasen 1466
    7321. Temperaturabhängigkeit der Wärmeleitfähigkeit . 1466
      73211. Elemente und anorganische Verbindungen . 1466
      73212. Organische Gase 1468
      73213. Gasmischungen, Abweichungen von der Linearität für $p \approx 1$ bar 1470
    7322. Druckabhängigkeit der Wärmeleitfähigkeit . . . 1472
      73221. Elemente und anorganische Verbindungen . 1472
      73222. Organische Verbindungen (CH_4, C_2H_4, C_2H_6, C_3H_8) 1473
      73223. Weitere organische Verbindungen 1473

74. Effekte in ungleich temperierten Systemen 1474
  741. Thermodiffusion in Gasen 1474
  742. Thermodiffusion in Flüssigkeitsgemischen (Ludwig-Soret-Effekt) 1476
    7421. Thermodiffusion in Flüssigkeitsgemischen 1476
    7422. Thermodiffusion in wäßrigen Elektrolytlösungen . 1478

75. Reaktionsgeschwindigkeiten 1479
  751. Oxydationsgeschwindigkeit von Metallen an Oberflächen 1479
  752. Zunderkonstante k'' von Metallen 1480
  753. Phasenreaktionskonstante von Metallen 1482
  754. Zündgrenzen in Luft und Sauerstoff 1482

76. Quantenausbeute 1483
  761. Reaktionen in der Gasphase 1484
  762. Reaktionen in der flüssigen Phase 1485

77. Reaktionsgeschwindigkeiten in Gasen 1485
    771. Reaktionen mit Molekülen 1489
        7711. Umlagerungen 1489
        7712. Zerfallsreaktionen 1492
        7713. Anlagerungsreaktionen 1496
        7714. Austauschreaktionen 1498
        7715. Sonstige Reaktionen 1499
    772. Reaktionen mit Atomen bzw. Radikalen 1500
        7721. Zerfallsreaktionen 1500
        7722. Anlagerungsreaktionen 1503
        7723. Austauschreaktionen 1505
        7724. Sonstige Reaktionen 1511
    773. Reaktionen mit Ionen 1511
Sachverzeichnis 1513

Druckfehlerberichtigung

S. 3   in Tabelle 113101 Längenmaße ist einzufügen:
        1 Seemeile = 1852 m

S. 7   in Tabelle 113107 Geschwindigkeit ist einzufügen:
        1 Knoten = 1 Seemeile/h = 1,852 km/h

S. 61   Normalbeschleunigung:
       statt $9{,}80665 \text{ cm}^2\text{s}^{-2}$ lies
           $9{,}80665 \text{ m s}^{-2}$

S. 62   Stefan-Boltzmannsche Strahlungskonstante:
       statt $5{,}668 \cdot 10^{-12} \text{ W cm}^2\text{grd}^{-4}$ lies
           $5{,}668 \cdot 10^{-12} \text{ W cm}^{-2}\text{grd}^{-4}$

       Zeeman-Aufspaltungskonstante:
       statt $4{,}6686 \cdot 10^{-5}$ cm/Oersted lies
           $4{,}6686 \cdot 10^{-5}$ cm^{-1} Oersted^{-1}

S. 68   Entdeckungsjahr Francium:
       statt 1993 lies
           1939

1. Maßsysteme und maßtechnische Daten

11. Maßsysteme

111. Kurzzeichen

1111. Kurzzeichen von Vorsätzen

Zeichen	Name	Zehnerpotenz	Zeichen	Name	Zehnerpotenz
T	Tera-	10^{12}	c	Zenti-	10^{-2}
G	Giga-	10^{9}	m	Milli-	10^{-3}
M	Mega-	10^{6}	µ	Mikro-	10^{-6}
k	Kilo-	10^{3}	n	Nano-	10^{-9}
h	Hekto-	10^{2}	p	Pico-	10^{-12}
da	Deka-	10^{1}	f	Femto-	10^{-15}
d	Dezi-	10^{-1}	a	Atto-	10^{-18}

1112. Kurzzeichen der metrischen elektrischen und chemischen Maßeinheiten

Kurzzeichen	Name	Aufgeführt in	Kurzzeichen	Name	Aufgeführt in
a	Ar	113102	dm	Dezimeter	113101
a	Jahr	113108	dyn	Dyn	113113
A	} Ampere	114	emE	Einheit im absoluten elektromagnetischen Maßsystem	114
A_{int}					
Å	Ångströmeinheit	113101			
Amagat	Amagat	113111	erg	Erg	113115
asb	Apostilb	115	estE	Einheit im absoluten elektrostatischen Maßsystem	114
at	techn. Atmosphäre	113114			
atm	physik. Atmosphäre	113114			
Atom	Atom	118	eV	Elektronenvolt	113115
AU	Astronom. Einheit	113101	°F	Grad Fahrenheit	113106
b	Barn	113102	F	} Farad	114
b (bar)	Bar	113114	F_{int}		
c	Molarität	118	G	Gauß	114
C	} Coulomb	114	g	Gramm	113104
C_{int}			g	Gon = Neugrad	113105
c	Cycle	113109	g-Atom	Grammatom	118
°C	Grad Celsius	113106	Gal	Galilei	113110
cal	Mittlere Kalorie	113115	Gilbert	Gilbert	114
$cal_{15°}$	15° Kalorie	113115	grd	Temperaturgrad	113106
cal_{IT}	internat. Dampftafel-Kalorie	113115	γ	Gamma	113104
			h	Plancksches Wirkungsquantum	113117
cbm (m³)	Kubikmeter	11303			
ccm (cm³)	Kubikzentimeter		h	Stunde	113108
cd	Candela	115	H	} Henry	114
(cgs)m	Einheit des absoluten elektromagnetischen Maßsystems, auch emE abgekürzt	114	H_{int}		
			ha	Hektar	113102
			HB	Brinellhärte	126
			HRb	Rockwellhärte B	126
(cgs)s	Einheit des absoluten elektrostatischen Maßsystems, auch estE abgekürzt	114	HRc	Rockwellhärte	126
			HV	Vickershärte	126
			Hz	Hertz	113109
			°K	Grad Kelvin	113106
cm	Zentimeter	113101	kg	Kilogramm	113104
d	Tag	113108	km	Kilometer	113101

Kurz-zeichen	Name	Auf-geführt in	Kurz-zeichen	Name	Auf-geführt in
Knoten$_{int}$	Knoten$_{int}$	113110	pc	Parsec	113101
kp	Kilopond	113113	ph	Phot	115
kWh	Kilowattstunde	113115	phon	Phon	117
J	} Joule	113115	°R	Grad Reaumur	113106
J$_{int}$		113115	rad	Radiant (Radian)	113105
l	Liter	113103	°Rank	Grad Rankine	113106
L	Lambert	115	Ry	Rydberg	113115
lat	Literatmosphäre	113115	s	Sekunde	113108
Lj.	Lichtjahr	113101	S	} Siemens	114
lm	Lumen	115	S$_{int}$		
lx	Lux	115	sb	Stilb	115
M	Maxwell	114	sr	Steradiant (Steradian)	113105
m	Meter	113101	sone	sone	117
m	Molalität		St	Stokes	113119
Mach	Mach	113107	t	Tonne	113104
mg	Milligramm	113104	TME	Tausendstelmassen-einheit	113115
mm	Millimeter	113101			
mmWS	mmH$_2$O-Säule	113114	Torr	Torr	113114
min	Minute	113108	u, auch μ	Atommasseneinheit	113104
mµ	Millimikron	113101	V	} Volt	114
Mol	Mol	118	V$_{int}$		
µ	Mikron	113101	Val	Val	118
N	Newton	113113	W	Watt	113116
n	Normalität	118	Wb	} Weber	114
nm	Nanometer	113101	Wb$_{int}$		
Oe	Oersted	114	X	X-Einheit	113101
Ω	} Ohm	114	L	Rechter Winkel	
Ω$_{int}$			°	Winkelgrad	113105
P	Poise	113118	′	Winkelminute	
p	Pond	113112	″	Winkelsekunde	

112. Grundeinheiten des internationalen Einheitssystems

Die Grundgrößen des internationalen praktischen Einheitssystems sind:
1. Länge: das Meter.
2. Masse: das Kilogramm.
3. Zeit: die Sekunde, Frequenz: Hertz.
4. Elektrische Stromstärke: das Ampère.
5. Temperatur: ° Kelvin.
6. Lichtstärke: die Kerze: Candela.

1. Das Meter ist das 1 650 763,73fache der Wellenlänge der von Atomen des Nuklids ^{86}Kr beim Übergang vom Zustand $5d_4$ zum Zustand $2p_{10}$ ausgesandten, sich im Vakuum ausbreitenden Strahlung.

2. Das Kilogramm ist die Masse des internationalen Kilogramm-prototyps aus Platin-Iridium.

3. Die Sekunde ist der 1/31 556 925,9747te Bruchteil des Tropischen Jahres 1900 für den Januar 0 um 12 Uhr Ephemeriden-Zeit (d. i. praktisch 31. 12. 1899, 12h Weltzeit).

Das Etalon für die Frequenz wird durch den Übergang zwischen den Hyperfeinstrukturniveaus $F=4, M=0$ und $F=3, M=0$ des Grundzustandes $^2S^1/_2$ des von den äußeren Feldern ungestörten Caesium-Atoms 133 dargestellt. Dieser Übergangsfrequenz wird der Wert 9 192 631 770 Hertz zugeordnet.

4. Das Ampère ist theoretisch definiert als diejenige Stromstärke, die beim Durchfließen zweier im Abstand von 1 m angeordneter, gerader, paralleler, unendlich langer Drähte mit vernachlässigbarem Querschnitt je m Drahtlänge eine elektrodynamische Kraft von $2 \cdot 10^{-7}$ Newton hervorruft.

5. Die Temperatur wird als thermodynamische Größe über den 2. Hauptsatz und Festsetzung des absoluten Nullpunktes zu 0° K und

einen Fixpunkt i (Tripelpunkt des Wassers) zu 273,16° K definiert. Die Temperaturskala für praktische Messungen ist durch eine Reihe von Fixpunkten und Formeln für die Temperaturabhängigkeit physikalischer Stoffwerte festgelegt (s. S. 36).

6. Die Lichteinheit Candela ist dadurch festgelegt, daß der Leuchtdichte des Schwarzen Strahlers (Hohlraumstrahler) bei der Temperatur des erstarrenden Platins (2042,15° K) der Wert $60 \cdot 10^4$ cd $\cdot$ m^{-2} zugeordnet wird.

Im *technischen Maßsystem* wird die Kraft anstatt der Masse als Grundgröße benutzt. Einheit: das Kilopond. Bezugsgröße: Kilogrammprototyp und die Normalbeschleunigung $g_n = 9,80665$ m s^{-2}.

113. Mechanisch-thermische Einheiten und Umrechnungstabellen

1131. Einheiten

113101. Längenmaße (L)

Einheit	Kurzzeichen	Umrechnung in m [1]
Internationale Einheiten		
1 Fermi		10^{-15}
1 $^{86}_{36}$Kr-Linie $5d_5 \to 2p_{10}$)		$6057,8021 \cdot 10^{-10}$
1 X-Einheit[2]	1 X	$1,00202 \cdot 10^{-13}$
1 Ångström	1 Å	10^{-10}
1 Millimikron, Nanometer	1 mµ, nm	10^{-9}
1 Mikron	1 µ	10^{-6}
1 Millimeter	1 mm	10^{-3}
1 Zentimeter	1 cm	10^{-2}
1 Dezimeter	1 dm	10^{-1}
1 Meter[1]	1 m	1
1 Kilometer	1 km	10^3
1 Astronom. Einheit	1 AU	$1,4950 \cdot 10^{11}$
1 Lichtjahr ($c_0 \cdot a_{\text{trop}}$)	1 Lj	$9,4605 \cdot 10^{15}$
1 Parsec (pc$\equiv$3,263 Lichtjahre)	1 pc	$3,087 \cdot 10^{16}$
1 Siriometer		$1,495042 \cdot 10^{17}$
Britische und USA-Einheiten		
1 mil (USA)		$2,540005 \cdot 10^{-5}$
1 inch (Brit)	1 in	$2,54 \cdot 10^{-2}$
1 inch USA)	1 in	$2,54 \cdot 10^{-2}$
1 foot (Brit)	1 ft	0,3048
1 foot (USA)	1 ft	0,3048006
1 yard[3]	1 yd int.	0,9144
1 rod (USA)	1 rd	5,029210
1 chain		20,1168
1 furlong (Brit.)		$2,01168 \cdot 10^2$
mile (Brit.)	mi	$1,60934 \cdot 10^3$
1 stat. mile (USA)	st mi	$1,60935 \cdot 10^3$

[1] s. 112

[2] Die X-Einheit oder Siegbahnsche Wellenlänge ist definiert durch den Wert der Gitterkonstanten des Kalkspates: $a^{18°} = 3029,45$ XE. Das Verhältnis

$$k = \frac{\text{X(Siegbahn)}}{10^{-13}\text{ m}} = 1,00202.$$

[3] 1 yard=0,914 m ist als Umrechnungsfaktor von den Staatsinstituten der USA und einer großen Zahl der zum Commonwealth gehörenden Länder festgesetzt. Die weiteren Längeneinheiten, soweit sie hier aufgeführt und gemeinsam benutzt werden, unterscheiden sich oft nur in den hier nicht mehr angegebenen Dezimalen.

1. Maßsysteme und maßtechnische Daten

113102. Flächenmaße (L^2)

Einheit	Kurzzeichen	Umrechnung in m^2
Internationale Einheiten		
1 Barn	1 b	10^{-28}
1 Quadratmillimeter	1 mm^2	10^{-6}
1 Quadratzentimeter	1 cm^2	10^{-4}
1 Quadratdezimeter	1 dm^2	10^{-2}
1 Quadratmeter	1 m^2 (qm)	1
1 Ar	1 a	10^2
1 Hektar	1 ha	10^4
Britische und USA-Einheiten		
1 square inch (Brit.)	1 sqin (in^2)	$6{,}451589 \cdot 10^{-4}$
1 square inch (USA)	1 sqin (in^2)	$6{,}4516258 \cdot 10^{-4}$
1 square foot (Brit.)	1 sqft (ft^2)	$9{,}290304 \cdot 10^{-2}$
1 square foot (USA)	1 sqft (ft^2)	$9{,}2903412 \cdot 10^{-2}$
1 square yard (Brit.)[1]	1 sqyd (yd^2)	0,83612736
1 square yard (USA)	1 sqyd (yd^2)	0,8361307
1 acre (Brit.)	1 A	$4{,}046856 \cdot 10^3$
1 acre (USA)	1 A	$4{,}0468726 \cdot 10^3$

[1] Entspricht 1 yard = 0,9144 m.

113. Mechanisch-thermische Einheiten und Umrechnungstabellen

113103. Raum- und Hohlmaße [L^3]

Einheit	Kurzzeichen	Umrechnung in cm^3	Einheit	Kurzzeichen	Umrechnung in cm^3
			Internationale Einheiten		
1 Kubikmillimeter	1 mm^3	10^{-3}	1 Liter[1]	1 l	$1,000028 \cdot 10^3$
1 Kubikzentimeter	1 cm^3	1	1 Kubikmeter[2]	1 m^3	10^6
1 Kubikdezimeter	1 dm^3	10^3			
	Britische Einheiten			USA-Einheiten	
1 minim	1 min	$5,9194 \cdot 10^{-2}$	1 minim	1 min	$6,1612 \cdot 10^{-2}$
1 drachm fluid	1 dr fl	3,5516	1 fluid dram	1 dr fl	3,6967
1 cubic inch	1 in^3	16,3872	1 cubic inch	1 in^3	16,3872
1 fluid ounce	1 oz fl	28,413	1 fluid ounce	1 oz fl	29,5737
1 liquid pint	1 pt	$5,6826 \cdot 10^2$	1 gill	1 gi	$1,1829 \cdot 10^2$
1 gill	1 gi	$1,4207 \cdot 10^2$	1 liquid pint	1 pt	$4,7318 \cdot 10^2$
1 liquid quart	1 qt	$1,1365 \cdot 10^3$	1 dry pint	1 pt	$5,5061 \cdot 10^2$
1 gallon	1 gal	$4,5461 \cdot 10^3$	1 liquid quart	1 qt	$9,4636 \cdot 10^2$
1 cubic foot	1 ft^3	$2,8317 \cdot 10^4$	1 dry quart	1 qt dry	$1,1012 \cdot 10^3$
1 bushel	1 bu	$3,6369 \cdot 10^4$	1 gallon	1 gal	$3,7854 \cdot 10^3$
1 quarter	—	$2,909 \cdot 10^5$	1 cubic foot	1 ft^3	$2,8317 \cdot 10^4$
1 cubicyard	1 yd^3	$7,6455 \cdot 10^5$	1 bushel	1 bu	$3,5239 \cdot 10^4$
			1 dry barrel	1 bbl dry	$1,1563 \cdot 10^5$
			1 cubicyard	yd^3	$7,6456 \cdot 10^5$

[1] Das Kilogramm sollte ursprünglich die Masse von 1 dm^3 Wasser bei 4° und 760 Torr sein. Es hat sich jedoch herausgestellt, daß diese Wassermasse = 0,999972 kg ist. Da das Liter als der Raum, den 1 kg Wasser unter den oben angegebenen Bedingungen einnimmt, definiert ist, entspricht 1 l = 1,000028 dm^3.

[2] Werden Gasvolumen unter Normalbedingungen (0° C und 760 Torr) angegeben, so wird dies durch Vorsatz von N vor cm^3 oder m^3 gekennzeichnet, z. B.: Nm^3.

113104. Masse (Physik. Maßsystem $[M]$, techn. Maßsystem $[L^{-1}FT^{+2}]$

Einheiten	Kurzzeichen	Umrechnung in g
Internationale Einheiten		
1 Atommasseneinheit ($^{12}C=12$)	1 m_u	$1{,}66043 \cdot 10^{-24}$
1 Gamma	1 γ	10^{-6}
1 Milligramm	1 mg	10^{-3}
1 Zentigramm	1 cg	10^{-2}
1 Dezigramm	1 dg	0,1
1 Gramm	1 g	1
1 Pond · Sekunde²/Zentimeter	1 cm^{-1}ps²	$0{,}980665 \cdot 10^3$
1 Kilogramm[1]	1 kg	10^3
1 Kilopond · Sekunde²/Meter	1 m^{-1}kps²	$0{,}980665 \cdot 10^6$
1 Tonne	1 t	10^6

[1] 1 kg = 1,019716 cm^{-1}ps²

Einheiten	Kurzzeichen	Umrechnung in g
Britische und USA-Einheiten		
1 grain int.	1 gr	$6{,}479891 \cdot 10^{-2}$
1 pennyweight (troy)	1 dwt	1,55517
1 dram	1 dr	1,771845
1 ounce	1 oz	28,34952
1 pound int.	1 lb	$4{,}5359237 \cdot 10^2$
1 quarter (Brit.)	—	$12{,}70058 \cdot 10^3$
1 hundredweight short (USA)	1 cwtsh	$4{,}53592 \cdot 10^4$
1 hundredweight long (USA)	1 cwtl	$5{,}08023 \cdot 10^4$
1 hundredweight long (Brit.)		$6{,}08023 \cdot 10^4$
1 ton short (USA)	1 tnsh	$9{,}071848 \cdot 10^5$
1 ton (Brit.)		$10{,}160469 \cdot 10^5$
1 ton long (USA)	1 tnl	$10{,}160470 \cdot 10^5$

113105. a) Ebener Winkel $[\Omega]$

Einheit	Kurzzeichen	Umrechnungen		
		g	°	rad
1 Altgrad, $\frac{\pi}{180}$	1°	1,1	1	$\frac{\pi}{180} = 1{,}74532910^{-2}$
1 Gon = Neugrad, $\frac{\pi}{200}$	1t	1	0,9	$\frac{\pi}{200} = 1{,}57079610^{-2}$
1 Radiant (Radian)	1 rad	$\frac{200}{\pi} = 63{,}6620$	$\frac{180}{\pi} = 57{,}2958$	1
1 Rechter	1 L	100	90	1,570796

113105. b) Räumlicher Winkel $[\Omega]$

Einheit	Kurzzeichen	Umrechnungen		
		(g)²	(°)²	sr
1 Quadrat Altgrad	1 (°)²	1,234568	1	$3{,}046174 \cdot 10^{-4}$
1 Quadrat Neugrad	1 (g)²	1	0,81	$2{,}467401 \cdot 10^{-4}$
1 Steradiant (Steradian)	1 sr	$4{,}05287 \cdot 10^3$	$3{,}2828 \cdot 10^3$	1

113. Mechanisch-thermische Einheiten und Umrechnungstabellen 1–7

113106. Temperatur [grd]

Einheit	Kurz-zeichen	Umrechnung in	
		°C[1]	°F
1 Grad Celsius	1° C	1	$x°\,C = (\tfrac{9}{5}x + 32)°F$
1 Grad Fahrenheit	1° F	$x°\,F = \tfrac{5}{9}(x-32)°C$	1
1 Grad Kelvin	1° K	$x°\,K = (x - 273{,}15)°C$	$= [\tfrac{9}{5}(x-273{,}16) + 32]°F$
1 Grad Rankine	1° Rank	$x°\,\text{Rank} = \tfrac{5}{9}(x-491{,}7)°C$	$= (x - 459{,}7)°F$
1 Grad Réaumur	1° R	$x°\,R = \tfrac{5}{4}x°\,C$	$= (\tfrac{9}{4}x + 32)°F$

[1] Umrechnungstabelle s. S. 13.

113107. Geschwindigkeit [LT^{-1}]

Einheit[1]	Kurzzeichen	Umrechnungen in	
		cm · s^{-1}	km · h^{-1}
1 Zentimeter/Sekunde	1 cm · s^{-1}	1	$3{,}60 \cdot 10^{-2}$
1 Kilometer/Stunde	1 km · h^{-1}	27,7	1
1 Meter/Sekunde	1 m · s^{-1}	10^2	3,6

[1] Bezieht man eine große Geschwindigkeit c auf die Schallgeschwindigkeit in Luft c_s bei der vorliegenden Temperatur, wird die dimensionslose Einheit $\left(\dfrac{c}{c_s}\right)$ Mach genannt.

113108. Zeit [T]

Einheit	Kurzzeichen	Umrechnungen in	
		Sekunden	Stunden
1 Sekunde[1]	1 s	1	$2{,}7 \cdot 10^{-4}$
1 Minute (mittlere Sonnenzeit)	1 min	60,00	$1{,}67 \cdot 10^{-2}$
1 Stunde	1 h	$3{,}6 \cdot 10^3$	1
1 Tag (mittlerer Sonnentag)	1 d	$8{,}64 \cdot 10^4$	24
1 Jahr (Länge des tropischen Jahres 1900)	1 a	$3{,}155693 \cdot 10^7$	$8{,}7658 \cdot 10^3$

[1] Ephemeridenzeit (bezogen auf das Jahr 1900).

113109. Frequenz [T^{-1}]

Einheit	Kurzzeichen	Größen
1 Hertz, $\dfrac{\text{Schwingungen}}{\text{Sekunde}}$	1 Hz	s^{-1}
1 Cycle	1 c	s^{-1}

Atomphysikalisches *Frequenzetalon*[1]: Der Übergangsfrequenz zwischen den Hyperfeinstrukturniveaus $F = 4$, $M = 0$ und $F = 3$, $M = 0$ des Grundzustandes $^2S_{1/2}$ des ungestörten ^{133}Cs ist die Frequenz 9 192 631 770 Hz zugeordnet.

[1] 12. Generalkonferenz für Maß und Gewicht 1964. Etalon = Maßstab.

113110. Beschleunigung $[LT^{-2}]$

Name	Kurzzeichen	Umrechnung in cms^{-2}
1 Milligal	1 mGal	10^{-3}
1 Gal (cm/s^2)	1 Gal	1
1 Meter/Sekunde^2	1 ms^{-2}	10^2

113111. Dichte[1] (physik. Maßsystem $[L^{-3}M]$, techn. Maßsystem $[L^{-4}FT^2]$)

Einheit	Kurzzeichen	Umrechnung in g · cm^{-3}
Internationale Einheiten		
1 Gramm/Milliliter	1 g · ml^{-1}	0,999972
1 Gramm/Zentimeter^3	1 g · cm^{-3}	1
Britische- und USA-Einheiten		
1 pound/foot^3	1 lb · ft^{-3}	$1{,}6018 \cdot 10^{-2}$
1 pound/gallon (Brit.)	1 lb · gal^{-1} (Brit.)	$9{,}9777 \cdot 10^{-3}$
1 pound/gallon (USA)	1 lb · gal^{-1} (USA)	0,119826
1 pound/inch^3	1 lb · in^{-3}	27,680

113112. Wichte[1] $[L^{-2}MT^{-2}]$, techn. Maßsystem $[L^{-3}F]$

Einheit	Kurzzeichen	Umrechnung in kpm^{-3}
1 Pond/Milliliter	1 pml^{-1}	$0{,}999972 \cdot 10^3$
1 Pond/Kubikmeter	1 pm^{-3}	10^{-3}

[1] Die relative Dichte ist eine dimensionslose Zahl und gibt das Verhältnis der Raumeinheit des Stoffes zu der einer Normalsubstanz, meist Wasser von 4° C, an. — Die Amagateinheit ist ein relatives Maß für die Dichte von Gasen. Es wird das Verhältnis der Dichte des vorliegenden Gases zu der bei 0° C und 1 atm angegeben.

113113. Kraft $[LMT^{-2}]$ und $[F]$

Einheit	Kurzzeichen	Umrechnungen dyn	Umrechnungen kp[1]
a) Internationale Einheiten			
1 Dyn	1 dyn	1	$1{,}019716 \cdot 10^{-6}$
1 Newton	1 N	10^5	$1{,}019716 \cdot 10^{-1}$
1 Kilopond	1 kp	$0{,}980665 \cdot 10^6$	1
b) Britische und USA-Einheiten			
1 grain weight	1 gr (wt)	$0{,}63546 \cdot 10^2$	$0{,}64799 \cdot 10^{-4}$
1 poundal		$1{,}38255 \cdot 10^4$	$1{,}40981 \cdot 10^{-2}$
1 pound weight (av)	1 lb (wt)	$4{,}44822 \cdot 10^5$	$4{,}53592 \cdot 10^{-1}$
1 ton weight (2000 lb)	1 shtn (wt)	$0{,}88964 \cdot 10^9$	$0{,}90718 \cdot 10^3$
1 ton weight (2240 lb)	1 ltn (wt)	$0{,}99640 \cdot 10^9$	$1{,}01605 \cdot 10^3$

[1] In Großbritannien mit Kilogrammforce (kf), in Frankreich Kilogrammforce (kgf) bezeichnet.

113. Mechanisch-thermische Einheiten und Umrechnungstabellen 1–9

113114. Druck $[L^{-1}MT^{-2}]$ und $[L^{-2}F]$

Einheit	Kurzzeichen	Umrechnungen	
		bar	kp/m²
a) Internationale Einheiten			
1 Mikrobar ≡ 1 dyn/cm²	μbar (μb)	10^{-6}	$1{,}019716 \cdot 10^{-2}$
1 Newton m⁻²	Nm⁻²	10^{-5}	
1 mm H₂O-Säule	mm W.S.	$0{,}980638 \cdot 10^{-4}$	$0{,}999972$
1 Torr (¹⁄₇₆₀ atm)	Torr	$1{,}333224 \cdot 10^{-3}$	$1{,}359510 \cdot 10$
1 Technische Atmosphäre[1] p/cm²	at	$0{,}980665$	10^4
1 Bar	bar (b)	1	$1{,}019716 \cdot 10^4$
1 Physikalische Normalatmosphäre	atm$_n$	$1{,}013250$	$1{,}033227 \cdot 10^4$
b) Britische und USA-Einheiten			
1 pound weight/square foot	lb (wt)/sq.ft	$4{,}78802 \cdot 10^{-4}$	$4{,}88243$
1 inch of water		$2{,}49082 \cdot 10^{-3}$	$2{,}53993 \cdot 10$
1 inch of mercury	in.Hg	$3{,}38638 \cdot 10^{-2}$	$3{,}45315 \cdot 10^2$
1 ton weight/square foot (200 lb)	shtn (wt)/sq.ft	$0{,}95760$	$0{,}97649 \cdot 10^4$
1 ton weight/square foot (2240 lb)	ltn (wt)/sq.ft	$1{,}07296$	$1{,}09412 \cdot 10^4$

[1] Mit atü wird der Überdruck über 1 at $p\ddot{u}=p-1$ bezeichnet.

113115. Energie $[L^2MT^{-2}]$ $[LF]$

Einheit	Kurzzeichen	ist gleich oder entspricht	
		J	mkp
1 Temperaturgrad	°K	$1{,}3805 \cdot 10^{-23}$	$1{,}4077 \cdot 10^{-24}$
1 Zentimeter⁻¹	cm⁻¹	$1{,}9863 \cdot 10^{-23}$	$2{,}0255 \cdot 10^{-24}$
1 Elektronenvolt	eV	$1{,}6021 \cdot 10^{-19}$	$1{,}6337 \cdot 10^{-20}$
1 Rydberg	Ry	$2{,}1785 \cdot 10^{-18}$	$2{,}2215 \cdot 10^{-19}$
1 Tausendstelmasseneinheit	TME	$1{,}4923 \cdot 10^{-13}$	$1{,}5217 \cdot 10^{-14}$
1 Erg	erg	10^{-7}	$1{,}019716 \cdot 10^{-8}$
1 Joule	J	1	$1{,}019716 \cdot 10^{-1}$
1 internat. Dampftafel cal. 1956	cal$_{IT}$	$4{,}1868$	$4{,}2693 \cdot 10^{-1}$
1 Meterkilopond	mkp	$9{,}80665$	1
1 Literatmosphäre (techn.)	lat	$0{,}980692 \cdot 10^2$	$1{,}000028 \cdot 10$
1 Literatmosphäre (physik.)	latm	$1{,}013278 \cdot 10^2$	$1{,}033256 \cdot 10$
1 Kilowattstunde	kWh	$3{,}600000 \cdot 10^6$	$3{,}670978 \cdot 10^5$
früher benutzte Einheiten			
1 Joule internat.	J int.	$1{,}00019$	$1{,}01991 \cdot 10^{-1}$
1 15° Kalorie	cal$_{15°}$	$4{,}1854$	$4{,}2679 \cdot 10^{-1}$
1 Mittlere Kalorie	cal	$4{,}1896$	$4{,}2722 \cdot 10^{-1}$
Britische und USA-Einheiten			
1 Thermochemical calory	cal$_{therm.\,chem.}$	$4{,}18399$	$4{,}26648 \cdot 10^{-1}$
1 foot pound weight	ftlb	$1{,}35585 \cdot 10^{-1}$	$1{,}38255 \cdot 10^{-1}$
1 Britisch thermal unit$_{60°F}$	BTU$_{60°}$	$1{,}0544 \cdot 10^3$	$1{,}0752 \cdot 10^2$
1 Britisch thermal unit$_{39°F}$	BTU$_{39°}$	$1{,}0593 \cdot 10^3$	$1{,}0802 \cdot 10^2$
1 15° Centigrade thermal unit	CTU	$1{,}8984 \cdot 10^3$	$1{,}9358 \cdot 10^2$
1 Intern. steam tables British thermal unit	BTU$_{IT}$	$1{,}05507 \cdot 10^3$	$1{,}07587 \cdot 10^2$

113116. Leistung $[L^2MT^{-3}]$ $[LFT^{-1}]$

Einheit	Kurzzeichen	Umrechnung in W	mkp/s
1 Erg/Sekunde	1 ergs^{-1}	10^{-7}	$1,019716 \cdot 10^{-8}$
1 Watt	1 W	1	$1,019716 \cdot 10^{-1}$
1 Meterkilopond/Sekunde	1 mkps^{-1}	9,80665	1
1 Tafel-Kilokalorie/Stunde	kcal$_{IT}$h^{-1}	1,1630	$1,18592 \cdot 10^{-1}$

113117. Wirkung $[L^2MT^{-1}]$ $[LFT]$

Einheit	Kurzzeichen	Umrechnung in J·s	mkp·s
1 Plancksches Wirkungsquantum	1 h	$6,6256 \cdot 10^{-34}$	$6,7562 \cdot 10^{-35}$
1 Elektronenvolt-Sekunde	1 eVs	$1,602 \cdot 10^{-19}$	$1,6334 \cdot 10^{-20}$
1 Erg · Sekunde	1 erg · s	10^{-7}	$1,019716 \cdot 10^{-8}$
1 Meterkilopond · Sekunde	1 mkp · s	9,80665	1

113118. Dynamische Zähigkeit $[L^{-1}MT^{-1}]$ und $[L^{-2}FT]$

Einheit	Kurzzeichen	Umrechnung g/cms	kps/m²
1 Poise≡1 dyn s/cm²≡g/cms	1 P	1	$1,019716 \cdot 10^{-2}$
1 Kilopond · Sekunde/Meter²	1 kps/m²	$0,980665 \cdot 10^2$	1
1 Kilopond · Stunde/Meter²	1 kph/m²	$3,530394 \cdot 10^5$	$3,6000 \cdot 10^3$
1 Liber (mass)/foot second	1 lb/fts	14,882	0,15175

113119. Kinematische Zähigkeit $[L^2T^{-1}]$

Einheit	Kurzzeichen	Umrechnung St	m²·h^{-1}
1 Stokes≡1 cm² · s^{-1}	1 St	1	0,360
1 Meter²/Stunde	1 m² · h^{-1}	2,778	1
1 Meter²/Sekunde	1 m² · s^{-1}	$1 \cdot 10^4$	$3,6 \cdot 10^3$
1 foot²/second	1 ft² · s^{-1}	929,03	334,45

113120. Oberflächenspannung $[MT^{-2}]$ $[L^{-1}F]$

Einheit	Kurzzeichen	Umrechnung dyn/cm	kp/m
1 Dyn/Zentimeter≡1 Erg/Zentimeter²≡1 Gramm/Sekunde²	1 dyn · cm^{-1}	1	$1,019716 \cdot 10^{-4}$
1 Erg/Millimeter²	1 erg · mm^{-2}	10^2	$1,019716 \cdot 10^{-2}$
1 Millipond/Millimeter	1 mp · mm^{-1}	$0,980665 \cdot 10$	10^{-3}

113121. Wärmeleitfähigkeit $[LMT^{-2}\Theta^{-1}]$ $[FT^{-1}\Theta^{-1}]$

Einheit	Kurzzeichen	Umrechnung in	
		$Wcm^{-1}grd^{-1}$	$kcal_{IT}m^{-1}h^{-1}grd^{-1}$
Internationale Einheiten			
1 Kilojoule/Meter · Stunde · Grad Celsius	1 $kJm^{-1}h^{-1}grd^{-1}$	$2{,}7778 \cdot 10^{-3}$	$2{,}3886 \cdot 10^{-1}$
1 Kilokalorie/Meter · Stunde · Grad Celsius	1 $kcal_{IT}m^{-1}h^{-1}grd^{-1}$	$1{,}163 \cdot 10^{-2}$	1
1 Watt/Zentimeter · Grad Celsius	1 $Wcm^{-1}grd^{-1}$	1	$8{,}5985 \cdot 10$
Britische und USA-Einheiten			
1 Mean Brit. thermal unit, inch / foot² second degree Fahrenheit	1 $\dfrac{BTU\ mean \cdot in}{ft^2 s °F}$	5,191	$4{,}4691 \cdot 10^2$
1 Intern. steam tables Brit. thermal unit / foot hour degree Fahrenheit	1 $\dfrac{BTU_{IT}}{fthr°F}$	$1{,}7307 \cdot 10^{-2}$	1,488

113122. Wärmeübergangszahl, Wärmedurchgangszahl $[MT^{-2}\Theta^{-1}]$ $[FL^{-1}T^{-1}\Theta^{-1}]$

Einheit	Kurzzeichen	Umrechnung in	
		$Wcm^{-2}grd^{-1}$	$kcal_{IT}m^{-2}h^{-1}grd^{-1}$
1 Watt/Zentimeter² Grad	$Wcm^{-2}grd^{-1}$	1	$8{,}5985 \cdot 10^3$
1 Kilokalorie/Meter² Stunde grd	$kcal_{IT}m^{-2}h^{-1}grd^{-1}$	$1{,}163 \cdot 10^{-4}$	1
1 Calorie/Zentimeter² Sekunde grd	$calcm^{-2}s^{-1}grd^{-1}$	4,1868	$3{,}6 \cdot 10^4$
1 British thermal unit / foot² hour degree Fahrenheit	$\dfrac{B.t.u.}{ft^2 hdeg.F}$	$5{,}681 \cdot 10^{-4}$	4,886

1132. Umrechnungstabellen und -tafeln

11321. Umrechnungstafel für die Dezimaleinheiten des Stunden- und Winkelmaßes auf Minuten und Sekunden

Zehntel-stunden	Hundertstelstunden									
	0,00	0,01	0,02	0,03	0,04	0,05	0,06	0,07	0,08	0,09
0,0	0'00''	0'36''	1'12''	1'48''	2'24''	3'00''	3'36''	4'12''	4'48''	5'24''
0,1	6'00''	6'36''	7'12''	7'48''	8'24''	9'00''	9'36''	10'12''	10'48''	11'24''
0,2	12'00''	12'36''	13'12''	13'48''	14'24''	15'00''	15'36''	16'12''	16'48''	17'24''
0,3	18'00''	18'36''	19'12''	19'48''	20'24''	21'00''	21'36''	22'12''	22'48''	23'24''
0,4	24'00''	24'36''	25'12''	25'48''	26'24''	27'00''	27'36''	28'12''	28'48''	29'24''
0,5	30'00''	30'36''	31'12''	31'48''	32'24''	33'00''	33'36''	34'12''	34'48''	35'24''
0,6	36'00''	36'36''	37'12''	37'48''	38'24''	39'00''	39'36''	40'12''	40'48''	41'24''
0,7	42'00''	42'36''	43'12''	43'48''	44'24''	45'00''	45'36''	46'12''	46'48''	47'24''
0,8	48'00''	48'36''	49'12''	49'48''	50'24''	51'00''	51'36''	52'12''	52'48''	53'24''
0,9	54'00''	54'36''	55'12''	55'48''	56'24''	57'00''	57'36''	58'12''	58'48''	59'24''

Beispiel: $0,63^h = 37'48''$.

11322. Umrechnung der 360°-Teilung in die 400^g-Teilung und umgekehrt

Die unendlichen Brüche sind so abgekürzt, daß die Periode, gekennzeichnet durch Punkte über den Zahlen, einmal voll ausgeschrieben ist, bei den Graden hat sie 1 Stelle, bei den Minuten 1 oder 3, bei den Sekunden 1 oder 9 Stellen.

^{g} (hochgestellt) = Grad der 400^g-Teilung,
^{c} (hochgestellt) = Zentigrad der 400^g-Teilung,
^{cc} (hochgestellt) = Zehntausendstelgrad der 400^g-Teilung.

$10° = 11,\dot{1}^g$	$1° = 1,\dot{1}^g$	$1' = 0,01\dot{8}\dot{5}^g$	$1'' = 0,000\dot{3}0\dot{8}\dot{6}\dot{4}\dot{1}\dot{9}\dot{7}\dot{5}^g$
$20° = 22,\dot{2}^g$	$2° = 2,\dot{2}^g$	$2' = 0,\dot{0}3\dot{7}^g$	$2'' = 0,000\dot{6}1\dot{7}\dot{2}\dot{8}\dot{3}\dot{9}\dot{5}^g$
$30° = 33,\dot{3}^g$	$3° = 3,\dot{3}^g$	$3' = 0,05\dot{5}^g$	$3'' = 0,000\dot{9}2\dot{5}^g$
$40° = 44,\dot{4}^g$	$4° = 4,\dot{4}^g$	$4' = 0,0\dot{7}\dot{4}^g$	$4'' = 0,001\dot{2}3\dot{4}\dot{5}\dot{6}\dot{7}\dot{9}^g$
$50° = 55,\dot{5}^g$	$5° = 5,\dot{5}^g$	$5' = 0,09\dot{2}\dot{5}^g$	$5'' = 0,001\dot{5}4\dot{3}\dot{2}\dot{0}\dot{9}\dot{8}\dot{7}\dot{6}^g$
$60° = 66,\dot{6}^g$	$6° = 6,\dot{6}^g$	$6' = 0,\dot{1}^g$	$6'' = 0,001\dot{8}\dot{5}^g$
$70° = 77,\dot{7}^g$	$7° = 7,\dot{7}^g$	$7' = 0,1\dot{2}9\dot{6}^g$	$7'' = 0,002\dot{1}6\dot{0}\dot{4}\dot{9}\dot{3}\dot{8}\dot{2}\dot{7}^g$
$80° = 88,\dot{8}^g$	$8° = 8,\dot{8}^g$	$8' = 0,1\dot{4}\dot{8}^g$	$8'' = 0,002\dot{4}6\dot{9}\dot{1}\dot{3}\dot{5}\dot{8}^g$
$90° = 100,\dot{0}^g$	$9° = 10,\dot{0}^g$	$9' = 0,1\dot{6}^g$	$9'' = 0,0027^g$

$10^g = 9°$	$1^g = 0°54'$	$0^g,1 = 5'24''$	$1^c = 0'32'',4$	$0^c,1 = 3'',24$
$20^g = 18°$	$2^g = 1°48'$	$0^g,2 = 10'48''$	$2^c = 1'4'',8$	$0^c,2 = 6'',48$
$30^g = 27°$	$3^g = 2°42'$	$0^g,3 = 16'12''$	$3^c = 1'37'',2$	$0^c,3 = 9'',72$
$40^g = 36°$	$4^g = 3°36'$	$0^g,4 = 21'36''$	$4^c = 2'9'',6$	$0^c,4 = 12'',96$
$50^g = 45°$	$5^g = 4°30'$	$0^g,5 = 27'00''$	$5^c = 2'42'',0$	$0^c,5 = 16'',20$
$60^g = 54°$	$6^g = 5°24'$	$0^g,6 = 32'24''$	$6^c = 3'14'',4$	$0^c,6 = 19'',44$
$70^g = 63°$	$7^g = 6°18'$	$0^g,7 = 37'48''$	$7^c = 3'46'',8$	$0^c,7 = 22'',68$
$80^g = 72°$	$8^g = 7°12'$	$0^g,8 = 43'12''$	$8^c = 4'19'',2$	$0^c,8 = 25'',92$
$90^g = 81°$	$9^g = 8°6'$	$0^g,9 = 48'36''$	$9^c = 4'51'',6$	$0^c,9 = 29'',16$
$100^g = 90°$				

Rechenbeispiel: 20°16′19″ in Dezimaleinheiten.

$$20° = 22^g{,}22222$$
$$10' = 0{,}18518$$
$$6' = 0{,}11111$$
$$10'' = 0{,}003086$$
$$9'' = \underline{0{,}002777}$$
$$22^g{,}52437$$

11323. Gradmaß in Bogenmaß

113231. Gradmaß in Bogenmaß
Umrechnungsfaktor $\dfrac{\pi}{180} \approx 0{,}01745$
also
$$x° \approx 0{,}01745\,x$$

113232. Bogenmaß in Gradmaß
Umrechnungsfaktor $\dfrac{180°}{\pi} \approx 57{,}30°$
also
$$x \approx (x \cdot 57{,}30)°$$

n	$n\,\dfrac{\pi}{180}$		n	$n\,\dfrac{180}{\pi}$	
1	0,01745	Beispiel	1	57,30	
2	0,03491		2	114,59	Beispiel
3	0,05236	271,39°	3	171,89	
4	0,06981	≈ 3,491	4	229,18	4,737
5	0,08727	+1,222	5	286,48	≈ 229,18°
6	0,10472	+0,017	6	343,77	+ 40,11°
7	0,12217	+0,005	7	401,07	+ 1,72°
8	0,13963	+0,002	8	458,37	0,40°
9	0,15708	≈ 4,737	9	515,66	≈ 271,41°

11324. Umrechnung von Temperaturgraden

°K	$\dfrac{1}{T}\,\dfrac{1}{°\mathrm{K}}$	°C	°F	°R
53,15	18,8147 · 10⁻³	−220	−364,0	95,67
55,15	18,1324 · 10⁻³	−218	−360,4	99,27
57,15	17,4978 · 10⁻³	−216	−356,8	102,87
59,15	16,9062 · 10⁻³	−214	−353,2	106,47
61,15	16,3532 · 10⁻³	−212	−349,6	110,07
63,15	15,8353 · 10⁻³	−210	−346,0	113,67
65,15	15,3492 · 10⁻³	−208	−342,4	117,27
67,15	14,8920 · 10⁻³	−206	−338,8	120,87
69,15	14,4613 · 10⁻³	−204	−335,2	124,47
71,15	14,0548 · 10⁻³	−202	−331,6	128,07
73,15	13,6705 · 10⁻³	−200	−328,0	131,67
75,15	13,3067 · 10⁻³	−198	−324,4	135,27
77,15	12,9618 · 10⁻³	−196	−320,8	138,87
79,15	12,6342 · 10⁻³	−194	−317,2	142,47
81,15	12,3229 · 10⁻³	−192	−313,6	146,07
83,15	12,0265 · 10⁻³	−190	−310,0	149,67
85,15	11,7440 · 10⁻³	−188	−306,4	153,27
87,15	11,4745 · 10⁻³	−186	−302,8	156,87
89,15	11,2170 · 10⁻³	−184	−299,2	160,47
91,15	10,9709 · 10⁻³	−182	−295,6	164,07

1. Maßsysteme und maßtechnische Daten

°K	$\frac{1}{T} \; \frac{1}{°K}$	°C	°F	°R
93,15	$10{,}7354 \cdot 10^{-3}$	−180	−292,0	167,67
95,15	$10{,}5097 \cdot 10^{-3}$	−178	−288,4	171,27
97,15	$10{,}2934 \cdot 10^{-3}$	−176	−284,8	174,87
99,15	$10{,}0857 \cdot 10^{-3}$	−174	−281,2	178,47
101,15	$9{,}8863 \cdot 10^{-3}$	−172	−277,6	182,07
103,15	$9{,}6946 \cdot 10^{-3}$	−170	−274,0	185,67
105,15	$9{,}5102 \cdot 10^{-3}$	−168	−270,4	189,27
107,15	$9{,}3327 \cdot 10^{-3}$	−166	−266,8	192,87
109,15	$9{,}1617 \cdot 10^{-3}$	−164	−263,2	196,47
111,15	$8{,}9969 \cdot 10^{-3}$	−162	−259,6	200,07
113,15	$8{,}8378 \cdot 10^{-3}$	−160	−256,0	203,67
115,15	$8{,}6843 \cdot 10^{-3}$	−158	−252,4	207,27
117,15	$8{,}5361 \cdot 10^{-3}$	−156	−248,8	210,87
119,15	$8{,}3928 \cdot 10^{-3}$	−154	−245,2	214,47
121,15	$8{,}2542 \cdot 10^{-3}$	−152	−241,6	218,07
123,15	$8{,}1202 \cdot 10^{-3}$	−150	−238,0	221,67
125,15	$7{,}9904 \cdot 10^{-3}$	−148	−234,4	225,27
127,15	$7{,}8647 \cdot 10^{-3}$	−146	−230,8	228,87
129,15	$7{,}7429 \cdot 10^{-3}$	−144	−227,2	232,47
131,15	$7{,}6249 \cdot 10^{-3}$	−142	−223,6	236,07
133,15	$7{,}5103 \cdot 10^{-3}$	−140	−220,0	239,67
135,15	$7{,}3992 \cdot 10^{-3}$	−138	−216,4	243,27
137,15	$7{,}2913 \cdot 10^{-3}$	−136	−212,8	246,87
139,15	$7{,}1865 \cdot 10^{-3}$	−134	−209,2	250,47
141,15	$7{,}0847 \cdot 10^{-3}$	−132	−205,6	254,07
143,15	$6{,}9857 \cdot 10^{-3}$	−130	−202,0	257,67
145,15	$6{,}8894 \cdot 10^{-3}$	−128	−198,4	261,27
147,15	$6{,}7958 \cdot 10^{-3}$	−126	−194,8	264,87
149,15	$6{,}7047 \cdot 10^{-3}$	−124	−191,2	268,47
151,15	$6{,}6159 \cdot 10^{-3}$	−122	−187,6	272,07
153,15	$6{,}5295 \cdot 10^{-3}$	−120	−184,0	275,67
155,15	$6{,}4454 \cdot 10^{-3}$	−118	−180,4	279,27
157,15	$6{,}3633 \cdot 10^{-3}$	−116	−176,8	282,87
159,15	$6{,}2834 \cdot 10^{-3}$	−114	−173,2	286,47
161,15	$6{,}2054 \cdot 10^{-3}$	−112	−169,6	290,07
163,15	$6{,}1293 \cdot 10^{-3}$	−110	−166,0	293,67
165,15	$6{,}0551 \cdot 10^{-3}$	−108	−162,4	297,27
167,15	$5{,}9827 \cdot 10^{-3}$	−106	−158,8	300,87
165,15	$5{,}9119 \cdot 10^{-3}$	−104	−155,2	304,47
171,15	$5{,}8428 \cdot 10^{-3}$	−102	−151,6	308,07
173,15	$5{,}7753 \cdot 10^{-3}$	−100	−148,0	311,67
174,15	$5{,}7422 \cdot 10^{-3}$	−99	−146,2	313,47
175,15	$5{,}7094 \cdot 10^{-3}$	−98	−144,4	315,27
176,15	$5{,}6770 \cdot 10^{-3}$	−97	−142,6	317,07
177,15	$5{,}6449 \cdot 10^{-3}$	−96	−140,8	318,87
178,15	$5{,}6132 \cdot 10^{-3}$	−95	−139,0	320,67
179,15	$5{,}5819 \cdot 10^{-3}$	−94	−137,2	322,47
180,15	$5{,}5509 \cdot 10^{-3}$	−93	−135,4	324,27
181,15	$5{,}5203 \cdot 10^{-3}$	−92	−133,6	326,07
182,15	$5{,}4900 \cdot 10^{-3}$	−91	−131,8	327,87
183,15	$5{,}4600 \cdot 10^{-3}$	−90	−130,0	329,67
184,15	$5{,}4304 \cdot 10^{-3}$	−89	−128,2	331,47
185,15	$5{,}4010 \cdot 10^{-3}$	−88	−126,4	333,27
186,15	$5{,}3720 \cdot 10^{-3}$	−87	−124,6	335,07

113. Mechanisch-thermische Einheiten und Umrechnungstabellen 1–15

°K	$\dfrac{1}{T}\ \dfrac{1}{°K}$	°C	°F	°R
187,15	$5{,}3433 \cdot 10^{-3}$	-86	$-122{,}8$	336,87
188,15	$5{,}3149 \cdot 10^{-3}$	-85	$-121{,}0$	338,67
189,15	$5{,}2868 \cdot 10^{-3}$	-84	$-119{,}2$	340,47
190,15	$5{,}2590 \cdot 10^{-3}$	-83	$-117{,}4$	342,27
191,15	$5{,}2315 \cdot 10^{-3}$	-82	$-115{,}6$	344,07
192,15	$5{,}2043 \cdot 10^{-3}$	-81	$-113{,}8$	345,87
193,15	$5{,}1773 \cdot 10^{-3}$	-80	$-112{,}0$	347,67
194,15	$5{,}1507 \cdot 10^{-3}$	-79	$-110{,}2$	349,47
195,15	$5{,}1243 \cdot 10^{-3}$	-78	$-108{,}4$	351,27
196,15	$5{,}0981 \cdot 10^{-3}$	-77	$-106{,}6$	353,07
197,15	$5{,}0723 \cdot 10^{-3}$	-76	$-104{,}8$	354,87
198,15	$5{,}0467 \cdot 10^{-3}$	-75	$-103{,}0$	356,67
199,15	$5{,}0213 \cdot 10^{-3}$	-74	$-101{,}2$	358,47
200,15	$4{,}9963 \cdot 10^{-3}$	-73	$-99{,}4$	360,27
201,15	$4{,}9714 \cdot 10^{-3}$	-72	$-97{,}6$	362,07
202,15	$4{,}9468 \cdot 10^{-3}$	-71	$-95{,}8$	363,87
203,15	$4{,}9225 \cdot 10^{-3}$	-70	$-94{,}0$	365,67
204,15	$4{,}8984 \cdot 10^{-3}$	-69	$-92{,}2$	367,47
205,15	$4{,}8745 \cdot 10^{-3}$	-68	$-90{,}4$	369,27
206,15	$4{,}8508 \cdot 10^{-3}$	-67	$-88{,}6$	371,07
207,15	$4{,}8274 \cdot 10^{-3}$	-66	$-86{,}8$	372,87
208,15	$4{,}8042 \cdot 10^{-3}$	-65	$-85{,}0$	374,67
209,15	$4{,}7813 \cdot 10^{-3}$	-64	$-83{,}2$	376,47
210,15	$4{,}7585 \cdot 10^{-3}$	-63	$-81{,}4$	378,27
211,15	$4{,}7360 \cdot 10^{-3}$	-62	$-79{,}6$	380,07
212,15	$4{,}7136 \cdot 10^{-3}$	-61	$-77{,}8$	381,87
213,15	$4{,}6915 \cdot 10^{-3}$	-60	$-76{,}0$	383,67
214,15	$4{,}6696 \cdot 10^{-3}$	-59	$-74{,}2$	385,47
215,15	$4{,}6479 \cdot 10^{-3}$	-58	$-72{,}4$	387,27
216,15	$4{,}6264 \cdot 10^{-3}$	-57	$-70{,}6$	389,07
217,15	$4{,}6051 \cdot 10^{-3}$	-56	$-68{,}8$	390,87
218,15	$4{,}5840 \cdot 10^{-3}$	-55	$-67{,}0$	392,67
219,15	$4{,}5631 \cdot 10^{-3}$	-54	$-65{,}2$	394,47
220,15	$4{,}5424 \cdot 10^{-3}$	-53	$-63{,}4$	396,27
221,15	$4{,}5218 \cdot 10^{-3}$	-52	$-61{,}6$	398,07
222,15	$4{,}5015 \cdot 10^{-3}$	-51	$-59{,}8$	399,87
223,15	$4{,}4813 \cdot 10^{-3}$	-50	$-58{,}0$	401,67
224,15	$4{,}4613 \cdot 10^{-3}$	-49	$-56{,}2$	403,47
225,15	$4{,}4415 \cdot 10^{-3}$	-48	$-54{,}4$	405,27
226,15	$4{,}4218 \cdot 10^{-3}$	-47	$-52{,}6$	407,07
227,15	$4{,}4024 \cdot 10^{-3}$	-46	$-50{,}8$	408,87
228,15	$4{,}3831 \cdot 10^{-3}$	-45	$-49{,}0$	410,67
229,15	$4{,}3640 \cdot 10^{-3}$	-44	$-47{,}2$	412,47
230,15	$4{,}3450 \cdot 10^{-3}$	-43	$-45{,}4$	414,27
231,15	$4{,}3262 \cdot 10^{-3}$	-42	$-43{,}6$	416,07
232,15	$4{,}3076 \cdot 10^{-3}$	-41	$-41{,}8$	417,87
233,15	$4{,}2891 \cdot 10^{-3}$	-40	$-40{,}0$	419,67
234,15	$4{,}2708 \cdot 10^{-3}$	-39	$-38{,}2$	421,47
235,15	$4{,}2526 \cdot 10^{-3}$	-38	$-36{,}4$	423,27
236,15	$4{,}2346 \cdot 10^{-3}$	-37	$-34{,}6$	425,07
237,15	$4{,}2167 \cdot 10^{-3}$	-36	$-32{,}8$	426,87
238,15	$4{,}1990 \cdot 10^{-3}$	-35	$-31{,}0$	428,67
239,15	$4{,}1815 \cdot 10^{-3}$	-34	$-29{,}2$	430,47
240,15	$4{,}1641 \cdot 10^{-3}$	-33	$-27{,}4$	432,27

1. Maßsysteme und maßtechnische Daten

°K	$\dfrac{1}{T}\ \dfrac{1}{°K}$	°C	°F	°R
241,15	$4{,}1468 \cdot 10^{-3}$	−32	−25,6	434,07
242,15	$4{,}1297 \cdot 10^{-3}$	−31	−23,8	435,87
243,15	$4{,}1127 \cdot 10^{-3}$	−30	−22,0	437,67
244,15	$4{,}0958 \cdot 10^{-3}$	−29	−20,2	439,47
245,15	$4{,}0791 \cdot 10^{-3}$	−28	−18,4	441,27
246,15	$4{,}0626 \cdot 10^{-3}$	−27	−16,6	443,07
247,15	$4{,}0461 \cdot 10^{-3}$	−26	−14,8	444,87
248,15	$4{,}0298 \cdot 10^{-3}$	−25	−13,0	446,67
249,15	$4{,}0136 \cdot 10^{-3}$	−24	−11,2	448,47
250,15	$3{,}9976 \cdot 10^{-3}$	−23	−9,4	450,27
251,15	$3{,}9817 \cdot 10^{-3}$	−22	−7,6	452,07
252,15	$3{,}9659 \cdot 10^{-3}$	−21	−5,8	453,87
253,15	$3{,}9502 \cdot 10^{-3}$	−20	−4,0	455,67
254,15	$3{,}9347 \cdot 10^{-3}$	−19	−2,2	457,47
255,15	$3{,}9193 \cdot 10^{-3}$	−18	−0,4	459,27
256,15	$3{,}9040 \cdot 10^{-3}$	−17	+1,4	461,07
257,15	$3{,}8888 \cdot 10^{-3}$	−16	+3,2	462,87
258,15	$3{,}8737 \cdot 10^{-3}$	−15	+5,0	464,67
259,15	$3{,}8588 \cdot 10^{-3}$	−14	+6,8	466,47
260,15	$3{,}8439 \cdot 10^{-3}$	−13	+8,6	468,27
261,15	$3{,}8292 \cdot 10^{-3}$	−12	+10,4	470,07
262,15	$3{,}8146 \cdot 10^{-3}$	−11	+12,2	471,87
263,15	$3{,}8001 \cdot 10^{-3}$	−10	+14,0	473,67
264,15	$3{,}7857 \cdot 10^{-3}$	−9	+15,8	475,47
265,15	$3{,}7715 \cdot 10^{-3}$	−8	+17,6	477,27
266,15	$3{,}7573 \cdot 10^{-3}$	−7	+19,4	479,07
267,15	$3{,}7432 \cdot 10^{-3}$	−6	+21,2	480,87
268,15	$3{,}7293 \cdot 10^{-3}$	−5	+23,0	482,67
269,15	$3{,}7154 \cdot 10^{-3}$	−4	+24,8	484,47
270,15	$3{,}7016 \cdot 10^{-3}$	−3	+26,6	486,27
271,15	$3{,}6880 \cdot 10^{-3}$	−2	+28,4	488,07
272,15	$3{,}6744 \cdot 10^{-3}$	−1	+30,2	489,87
273,15	$3{,}6610 \cdot 10^{-3}$	±0	+32,0	491,67
274,15	$3{,}6476 \cdot 10^{-3}$	+1	33,8	493,47
275,15	$3{,}6344 \cdot 10^{-3}$	+2	35,6	495,27
276,15	$3{,}6212 \cdot 10^{-3}$	+3	37,4	497,07
277,15	$3{,}6082 \cdot 10^{-3}$	+4	39,2	498,87
278,15	$3{,}5952 \cdot 10^{-3}$	+5	41,0	500,67
279,15	$3{,}5823 \cdot 10^{-3}$	+6	42,8	502,47
280,15	$3{,}5695 \cdot 10^{-3}$	+7	44,6	504,27
281,15	$3{,}5568 \cdot 10^{-3}$	+8	46,4	506,07
282,15	$3{,}5442 \cdot 10^{-3}$	+9	48,2	507,87
283,15	$3{,}5317 \cdot 10^{-3}$	10	50,0	509,67
284,15	$3{,}5193 \cdot 10^{-3}$	11	51,8	511,47
285,15	$3{,}5069 \cdot 10^{-3}$	12	53,6	513,27
286,15	$3{,}4947 \cdot 10^{-3}$	13	55,4	515,07
287,15	$3{,}4825 \cdot 10^{-3}$	14	57,2	516,87
288,15	$3{,}4704 \cdot 10^{-3}$	15	59,0	518,67
289,15	$3{,}4584 \cdot 10^{-3}$	16	60,8	520,47
290,15	$3{,}4465 \cdot 10^{-3}$	17	62,6	522,27
291,15	$3{,}4347 \cdot 10^{-3}$	18	64,4	524,07
292,15	$3{,}4229 \cdot 10^{-3}$	19	66,2	525,87
293,15	$3{,}4112 \cdot 10^{-3}$	20	68,0	527,67
294,15	$3{,}3996 \cdot 10^{-3}$	21	69,8	529,47

113. Mechanisch-thermische Einheiten und Umrechnungstabellen 1–17

°K	$\dfrac{1}{T}\,\dfrac{1}{°K}$	°C	°F	°R
295,15	$3,3881 \cdot 10^{-3}$	22	71,6	531,27
296,15	$3,3767 \cdot 10^{-3}$	23	73,4	533,07
297,15	$3,3653 \cdot 10^{-3}$	24	75,2	534,87
298,15	$3,3540 \cdot 10^{-3}$	25	77,0	536,67
299,15	$3,3428 \cdot 10^{-3}$	26	78,8	538,47
300,15	$3,3317 \cdot 10^{-3}$	27	80,6	540,27
301,15	$3,3206 \cdot 10^{-3}$	28	82,4	542,07
302,15	$3,3096 \cdot 10^{-3}$	29	84,2	543,87
303,15	$3,2987 \cdot 10^{-3}$	30	86,0	545,67
304,15	$3,2879 \cdot 10^{-3}$	31	87,8	547,47
305,15	$3,2771 \cdot 10^{-3}$	32	89,6	549,27
306,15	$3,2664 \cdot 10^{-3}$	33	91,4	551,07
307,15	$3,2557 \cdot 10^{-3}$	34	93,2	552,87
308,15	$3,2452 \cdot 10^{-3}$	35	95,0	554,67
309,15	$3,2347 \cdot 10^{-3}$	36	96,8	556,47
310,15	$3,2242 \cdot 10^{-3}$	37	98,6	558,27
311,15	$3,2139 \cdot 10^{-3}$	38	100,4	560,07
312,15	$3,2036 \cdot 10^{-3}$	39	102,2	561,87
313,15	$3,1934 \cdot 10^{-3}$	40	104,0	563,67
314,15	$3,1832 \cdot 10^{-3}$	41	105,8	565,47
315,15	$3,1731 \cdot 10^{-3}$	42	107,6	567,27
316,15	$3,1631 \cdot 10^{-3}$	43	109,4	569,07
317,15	$3,1531 \cdot 10^{-3}$	44	111,2	570,87
318,15	$3,1432 \cdot 10^{-3}$	45	113,0	572,67
319,15	$3,1333 \cdot 10^{-3}$	46	114,8	574,47
320,15	$3,1235 \cdot 10^{-3}$	47	116,6	576,27
321,15	$3,1138 \cdot 10^{-3}$	48	118,4	578,07
322,15	$3,1041 \cdot 10^{-3}$	49	120,2	579,87
323,15	$3,0945 \cdot 10^{-3}$	50	122,0	581,67
324,15	$3,0850 \cdot 10^{-3}$	51	123,8	583,47
325,15	$3,0755 \cdot 10^{-3}$	52	125,6	585,27
326,15	$3,0661 \cdot 10^{-3}$	53	127,4	587,07
327,15	$3,0567 \cdot 10^{-3}$	54	129,2	588,87
328,15	$3,0474 \cdot 10^{-3}$	55	131,0	590,67
329,15	$3,0381 \cdot 10^{-3}$	56	132,8	592,47
330,15	$3,0289 \cdot 10^{-3}$	57	134,6	594,27
331,15	$3,0198 \cdot 10^{-3}$	58	136,4	596,07
332,15	$3,0107 \cdot 10^{-3}$	59	138,2	597,87
333,15	$3,0017 \cdot 10^{-3}$	60	140,0	599,67
334,15	$2,9927 \cdot 10^{-3}$	61	141,8	601,47
335,15	$2,9837 \cdot 10^{-3}$	62	143,6	603,27
336,15	$2,9749 \cdot 10^{-3}$	63	145,4	605,07
337,15	$2,9660 \cdot 10^{-3}$	64	147,2	606,87
338,15	$2,9573 \cdot 10^{-3}$	65	149,0	608,67
339,15	$2,9485 \cdot 10^{-3}$	66	150,8	610,47
340,15	$2,9399 \cdot 10^{-3}$	67	152,6	612,27
341,15	$2,9313 \cdot 10^{-3}$	68	154,4	614,07
342,15	$2,9227 \cdot 10^{-3}$	69	156,2	615,87
343,15	$2,9142 \cdot 10^{-3}$	70	158,0	617,67
344,15	$2,9057 \cdot 10^{-3}$	71	159,8	619,47
345,15	$2,8973 \cdot 10^{-3}$	72	161,6	621,27
346,15	$2,8889 \cdot 10^{-3}$	73	163,4	623,07
347,15	$2,8806 \cdot 10^{-3}$	74	165,2	624,87
348,15	$2,8723 \cdot 10^{-3}$	75	167,0	626,67

1. Maßsysteme und maßtechnische Daten

°K	$\dfrac{1}{T}$ $\dfrac{1}{°K}$	°C	°F	°R
349,15	$2,8641 \cdot 10^{-3}$	76	168,8	628,47
350,15	$2,8559 \cdot 10^{-3}$	77	170,6	630,27
351,15	$2,8478 \cdot 10^{-3}$	78	172,4	632,07
352,15	$2,8397 \cdot 10^{-3}$	79	174,2	633,87
353,15	$2,8317 \cdot 10^{-3}$	80	176,0	635,67
354,15	$2,8237 \cdot 10^{-3}$	81	177,8	637,47
355,15	$2,8157 \cdot 10^{-3}$	82	179,6	639,27
356,15	$2,8078 \cdot 10^{-3}$	83	181,4	641,07
357,15	$2,7999 \cdot 10^{-3}$	84	183,2	642,87
358,15	$2,7921 \cdot 10^{-3}$	85	185,0	644,67
359,15	$2,7844 \cdot 10^{-3}$	86	186,8	646,47
360,15	$2,7766 \cdot 10^{-3}$	87	188,6	648,27
361,15	$2,7689 \cdot 10^{-3}$	88	190,4	650,07
362,15	$2,7613 \cdot 10^{-3}$	89	192,2	651,87
363,15	$2,7537 \cdot 10^{-3}$	90	194,0	653,67
364,15	$2,7461 \cdot 10^{-3}$	91	195,8	655,47
365,15	$2,7386 \cdot 10^{-3}$	92	197,6	657,27
366,15	$2,7311 \cdot 10^{-3}$	93	199,4	659,07
367,15	$2,7237 \cdot 10^{-3}$	94	201,2	660,87
368,15	$2,7163 \cdot 10^{-3}$	95	203,0	662,67
369,15	$2,7089 \cdot 10^{-3}$	96	204,8	664,47
370,15	$2,7016 \cdot 10^{-3}$	97	206,6	666,27
371,15	$2,6943 \cdot 10^{-3}$	98	208,4	668,07
372,15	$2,6871 \cdot 10^{-3}$	99	210,2	669,87
373,15	$2,6799 \cdot 10^{-3}$	100	212,0	671,67
374,15	$2,6727 \cdot 10^{-3}$	101	213,8	673,47
375,15	$2,6656 \cdot 10^{-3}$	102	215,6	675,27
376,15	$2,6585 \cdot 10^{-3}$	103	217,4	677,07
377,15	$2,6515 \cdot 10^{-3}$	104	219,2	678,87
378,15	$2,6445 \cdot 10^{-3}$	105	221,0	680,67
379,15	$2,6375 \cdot 10^{-3}$	106	222,8	682,47
380,15	$2,6305 \cdot 10^{-3}$	107	224,6	684,27
381,15	$2,6236 \cdot 10^{-3}$	108	226,4	686,07
382,15	$2,6168 \cdot 10^{-3}$	109	228,2	687,87
383,15	$2,6099 \cdot 10^{-3}$	110	230,0	689,67
384,15	$2,6031 \cdot 10^{-3}$	111	231,8	691,47
385,15	$2,5964 \cdot 10^{-3}$	112	233,6	693,27
386,15	$2,5897 \cdot 10^{-3}$	113	235,4	695,07
387,15	$2,5830 \cdot 10^{-3}$	114	237,2	696,87
388,15	$2,5763 \cdot 10^{-3}$	115	239,0	698,67
389,15	$2,5697 \cdot 10^{-3}$	116	240,8	700,47
390,15	$2,5631 \cdot 10^{-3}$	117	242,6	702,27
391,15	$2,5566 \cdot 10^{-3}$	118	244,4	704,07
392,15	$2,5500 \cdot 10^{-3}$	119	246,2	705,87
393,15	$2,5436 \cdot 10^{-3}$	120	248,0	707,67
394,14	$2,5371 \cdot 10^{-3}$	121	249,8	709,47
395,15	$2,5307 \cdot 10^{-3}$	122	251,6	711,27
396,15	$2,5243 \cdot 10^{-3}$	123	253,4	713,07
397,15	$2,5179 \cdot 10^{-3}$	124	255,2	714,87
398,15	$2,5116 \cdot 10^{-3}$	125	257,0	716,67
399,15	$2,5053 \cdot 10^{-3}$	126	258,8	718,47
400,15	$2,4991 \cdot 10^{-3}$	127	260,6	720,27
401,15	$2,4928 \cdot 10^{-3}$	128	262,4	722,07
402,15	$2,4866 \cdot 10^{-3}$	129	264,2	723,87
403,15	$2,4805 \cdot 10^{-3}$	130	266,0	725,67

113. Mechanisch-thermische Einheiten und Umrechnungstabellen 1–19

°K	$\frac{1}{T}\ \frac{1}{°K}$	°C	°F	°R
404,15	$2{,}4743 \cdot 10^{-3}$	131	267,8	727,47
405,15	$2{,}4682 \cdot 10^{-3}$	132	269,6	729,27
406,15	$2{,}4621 \cdot 10^{-3}$	133	271,4	731,07
407,15	$2{,}4561 \cdot 10^{-3}$	134	273,2	732,87
408,15	$2{,}4501 \cdot 10^{-3}$	135	275,0	734,67
409,15	$2{,}4441 \cdot 10^{-3}$	136	276,8	736,47
410,15	$2{,}4381 \cdot 10^{-3}$	137	278,6	738,27
411,15	$2{,}4322 \cdot 10^{-3}$	138	280,4	740,07
412,15	$2{,}4263 \cdot 10^{-3}$	139	282,2	741,87
413,15	$2{,}4204 \cdot 10^{-3}$	140	284,0	743,67
414,15	$2{,}4146 \cdot 10^{-3}$	141	285,8	745,47
415,15	$2{,}4088 \cdot 10^{-3}$	142	287,6	747,27
416,15	$2{,}4030 \cdot 10^{-3}$	143	289,4	749,07
417,15	$2{,}3972 \cdot 10^{-3}$	144	291,2	750,87
418,15	$2{,}3915 \cdot 10^{-3}$	145	293,0	752,67
419,15	$2{,}3858 \cdot 10^{-3}$	146	294,8	754,47
420,15	$2{,}3801 \cdot 10^{-3}$	147	296,6	756,27
421,15	$2{,}3745 \cdot 10^{-3}$	148	298,4	758,07
422,15	$2{,}3688 \cdot 10^{-3}$	149	300,2	759,87
423,15	$2{,}3632 \cdot 10^{-3}$	150	302,0	761,67
424,15	$2{,}3577 \cdot 10^{-3}$	151	303,8	763,47
425,15	$2{,}3521 \cdot 10^{-3}$	152	305,6	765,27
426,15	$2{,}3466 \cdot 10^{-3}$	153	307,4	767,07
427,15	$2{,}3411 \cdot 10^{-3}$	154	309,2	768,87
428,15	$2{,}3356 \cdot 10^{-3}$	155	311,0	770,67
429,15	$2{,}3302 \cdot 10^{-3}$	156	312,8	772,47
430,15	$2{,}3248 \cdot 10^{-3}$	157	314,6	774,27
431,15	$2{,}3194 \cdot 10^{-3}$	158	316,4	776,07
432,15	$2{,}3140 \cdot 10^{-3}$	159	318,2	777,87
433,15	$2{,}3087 \cdot 10^{-3}$	160	320,0	779,67
434,15	$2{,}3034 \cdot 10^{-3}$	161	321,8	781,47
435,15	$2{,}2981 \cdot 10^{-3}$	162	323,6	783,27
436,15	$2{,}2928 \cdot 10^{-3}$	163	325,4	785,07
437,15	$2{,}2875 \cdot 10^{-3}$	164	327,2	786,87
438,15	$2{,}2823 \cdot 10^{-3}$	165	329,0	788,67
439,15	$2{,}2771 \cdot 10^{-3}$	166	330,8	790,47
440,15	$2{,}2720 \cdot 10^{-3}$	167	332,6	792,27
441,15	$2{,}2668 \cdot 10^{-3}$	168	334,4	794,07
442,15	$2{,}2617 \cdot 10^{-3}$	169	336,2	795,87
443,15	$2{,}2566 \cdot 10^{-3}$	170	338,0	797,67
444,15	$2{,}2515 \cdot 10^{-3}$	171	339,8	799,47
445,15	$2{,}2464 \cdot 10^{-3}$	172	341,6	801,27
446,15	$2{,}2414 \cdot 10^{-3}$	173	343,4	803,07
447,15	$2{,}2364 \cdot 10^{-3}$	174	345,2	804,87
448,15	$2{,}2314 \cdot 10^{-3}$	175	347,0	806,67
449,15	$2{,}2264 \cdot 10^{-3}$	176	348,8	808,47
450,15	$2{,}2215 \cdot 10^{-3}$	177	350,6	810,27
451,15	$2{,}2166 \cdot 10^{-3}$	178	352,4	812,07
452,15	$2{,}2117 \cdot 10^{-3}$	179	354,2	813,87
453,15	$2{,}2068 \cdot 10^{-3}$	180	356,0	815,67
454,15	$2{,}2019 \cdot 10^{-3}$	181	357,8	817,47
455,15	$2{,}1971 \cdot 10^{-3}$	182	359,6	819,27
456,15	$2{,}1923 \cdot 10^{-3}$	183	361,4	821,07
457,15	$2{,}1875 \cdot 10^{-3}$	184	363,2	822,87
458,15	$2{,}1827 \cdot 10^{-3}$	185	365,0	824,67

1. Maßsysteme und maßtechnische Daten

°K	$\frac{1}{T}\,\frac{1}{°K}$	°C	°F	°R
459,15	$2{,}1779 \cdot 10^{-3}$	186	366,8	826,47
460,15	$2{,}1732 \cdot 10^{-3}$	187	368,6	828,27
461,15	$2{,}1685 \cdot 10^{-3}$	188	370,4	830,07
462,15	$2{,}1638 \cdot 10^{-3}$	189	372,2	831,87
463,15	$2{,}1591 \cdot 10^{-3}$	190	374,0	833,67
464,15	$2{,}1545 \cdot 10^{-3}$	191	375,8	835,47
465,15	$2{,}1498 \cdot 10^{-3}$	192	377,6	837,27
466,15	$2{,}1452 \cdot 10^{-3}$	193	379,4	839,07
467,15	$2{,}1406 \cdot 10^{-3}$	194	381,2	840,87
468,15	$2{,}1361 \cdot 10^{-3}$	195	383,0	842,67
469,15	$2{,}1315 \cdot 10^{-3}$	196	384,8	844,47
470,15	$2{,}1270 \cdot 10^{-3}$	197	386,6	846,27
471,15	$2{,}1225 \cdot 10^{-3}$	198	388,4	848,07
472,15	$2{,}1180 \cdot 10^{-3}$	199	390,2	849,87
473,15	$2{,}1135 \cdot 10^{-3}$	200	392,0	851,67
478,15	$2{,}0914 \cdot 10^{-3}$	205	401,0	860,67
483,15	$2{,}0698 \cdot 10^{-3}$	210	410,0	869,67
488,15	$2{,}0486 \cdot 10^{-3}$	215	419,0	878,67
493,15	$2{,}0278 \cdot 10^{-3}$	220	428,0	887,67
498,15	$2{,}0074 \cdot 10^{-3}$	225	437,0	896,67
503,15	$1{,}9875 \cdot 10^{-3}$	230	446,0	905,67
508,15	$1{,}9679 \cdot 10^{-3}$	235	455,0	914,67
513,15	$1{,}9487 \cdot 10^{-3}$	240	464,0	923,67
518,15	$1{,}9299 \cdot 10^{-3}$	245	473,0	932,67
523,15	$1{,}9115 \cdot 10^{-3}$	250	482,0	941,67
528,15	$1{,}8934 \cdot 10^{-3}$	255	491,0	950,67
533,15	$1{,}8756 \cdot 10^{-3}$	260	500,0	959,67
538,15	$1{,}8582 \cdot 10^{-3}$	265	509,0	968,67
543,15	$1{,}8411 \cdot 10^{-3}$	270	518,0	977,67
548,15	$1{,}8243 \cdot 10^{-3}$	275	527,0	986,67
553,15	$1{,}8078 \cdot 10^{-3}$	280	536,0	995,67
558,15	$1{,}7916 \cdot 10^{-3}$	285	545,0	1004,67
563,15	$1{,}7757 \cdot 10^{-3}$	290	554,0	1013,67
568,15	$1{,}7601 \cdot 10^{-3}$	295	563,0	1022,67
573,15	$1{,}7447 \cdot 10^{-3}$	300	572,0	1031,67
578,15	$1{,}7297 \cdot 10^{-3}$	305	581,0	1040,67
583,15	$1{,}7148 \cdot 10^{-3}$	310	590,0	1049,67
588,15	$1{,}7002 \cdot 10^{-3}$	315	599,0	1058,67
593,15	$1{,}6859 \cdot 10^{-3}$	320	608,0	1067,67
598,15	$1{,}6718 \cdot 10^{-3}$	325	617,0	1076,67
603,15	$1{,}6580 \cdot 10^{-3}$	330	626,0	1085,67
608,15	$1{,}6443 \cdot 10^{-3}$	335	635,0	1094,67
613,15	$1{,}6309 \cdot 10^{-3}$	340	644,0	1103,67
618,15	$1{,}6177 \cdot 10^{-3}$	345	653,0	1112,67
623,15	$1{,}6048 \cdot 10^{-3}$	350	662,0	1121,67
628,15	$1{,}5920 \cdot 10^{-3}$	355	671,0	1130,67
633,15	$1{,}5794 \cdot 10^{-3}$	360	680,0	1139,67
638,15	$1{,}5670 \cdot 10^{-3}$	365	689,0	1148,67
643,15	$1{,}5548 \cdot 10^{-3}$	370	698,0	1157,67
648,15	$1{,}5429 \cdot 10^{-3}$	375	707,0	1166,67
653,15	$1{,}5310 \cdot 10^{-3}$	380	716,0	1175,67
658,15	$1{,}5194 \cdot 10^{-3}$	385	725,0	1184,67
663,15	$1{,}5080 \cdot 10^{-3}$	390	734,0	1193,67
668,15	$1{,}4967 \cdot 10^{-3}$	395	743,0	1202,67
673,15	$1{,}4856 \cdot 10^{-3}$	400	752,0	1211,67

113. Mechanisch-thermische Einheiten und Umrechnungstabellen 1–21

°K	$\frac{1}{T} \frac{1}{°K}$	°C	°F	°R
678,15	$1,4746 \cdot 10^{-3}$	405	761,0	1220,67
683,15	$1,4638 \cdot 10^{-3}$	410	770,0	1229,67
688,15	$1,4532 \cdot 10^{-3}$	415	779,0	1238,67
693,15	$1,4427 \cdot 10^{-3}$	420	788,0	1247,67
698,15	$1,4324 \cdot 10^{-3}$	425	797,0	1256,67
703,15	$1,4222 \cdot 10^{-3}$	430	806,0	1265,67
708,15	$1,4121 \cdot 10^{-3}$	435	815,0	1274,67
713,15	$1,4022 \cdot 10^{-3}$	440	824,0	1283,67
718,15	$1,3925 \cdot 10^{-3}$	445	833,0	1292,67
723,15	$1,3828 \cdot 10^{-3}$	450	842,0	1301,67
728,15	$1,3733 \cdot 10^{-3}$	455	851,0	1310,67
733,15	$1,3640 \cdot 10^{-3}$	460	860,0	1319,67
738,15	$1,3547 \cdot 10^{-3}$	465	869,0	1328,67
743,15	$1,3456 \cdot 10^{-3}$	470	878,0	1337,67
748,15	$1,3366 \cdot 10^{-3}$	475	887,0	1346,67
753,15	$1,3278 \cdot 10^{-3}$	480	896,0	1355,67
758,15	$1,3190 \cdot 10^{-3}$	485	905,0	1364,67
763,15	$1,3104 \cdot 10^{-3}$	490	914,0	1373,67
768,15	$1,3018 \cdot 10^{-3}$	495	923,0	1382,67
773,15	$1,2934 \cdot 10^{-3}$	500	932,0	1391,67
783,15	$1,2769 \cdot 10^{-3}$	510	950,0	1409,67
793,15	$1,2608 \cdot 10^{-3}$	520	968,0	1427,67
803,15	$1,2451 \cdot 10^{-3}$	530	986,0	1445,67
813,15	$1,2298 \cdot 10^{-3}$	540	1004,0	1463,67
823,15	$1,2148 \cdot 10^{-3}$	550	1022,0	1481,67
833,15	$1,2003 \cdot 10^{-3}$	560	1040,0	1499,67
843,15	$1,1860 \cdot 10^{-3}$	570	1058,0	1517,67
853,15	$1,1721 \cdot 10^{-3}$	580	1076,0	1535,67
863,15	$1,1585 \cdot 10^{-3}$	590	1094,0	1553,67
873,15	$1,1453 \cdot 10^{-3}$	600	1112,0	1571,67
883,15	$1,1323 \cdot 10^{-3}$	610	1130,0	1589,67
893,15	$1,1196 \cdot 10^{-3}$	620	1148,0	1607,67
903,15	$1,1072 \cdot 10^{-3}$	630	1166,0	1625,67
913,15	$1,0951 \cdot 10^{-3}$	640	1184,0	1643,67
923,15	$1,0832 \cdot 10^{-3}$	650	1202,0	1661,67
933,15	$1,0716 \cdot 10^{-3}$	660	1220,0	1679,67
943,15	$1,0603 \cdot 10^{-3}$	670	1238,0	1697,67
953,15	$1,0492 \cdot 10^{-3}$	680	1256,0	1715,67
963,15	$1,0383 \cdot 10^{-3}$	690	1274,0	1733,67
973,15	$1,0276 \cdot 10^{-3}$	700	1292,0	1751,67
983,15	$1,0171 \cdot 10^{-3}$	710	1310,0	1769,67
993,15	$1,0069 \cdot 10^{-3}$	720	1328,0	1787,67
1003,15	$9,9686 \cdot 10^{-4}$	730	1346,0	1805,67
1013,15	$9,8702 \cdot 10^{-4}$	740	1364,0	1823,67
1023,15	$9,7737 \cdot 10^{-4}$	750	1382,0	1841,67
1033,15	$9,6791 \cdot 10^{-4}$	760	1400,0	1859,67
1043,15	$9,5863 \cdot 10^{-4}$	770	1418,0	1877,67
1053,15	$9,4953 \cdot 10^{-4}$	780	1436,0	1895,67
1063,15	$9,4060 \cdot 10^{-4}$	790	1454,0	1913,67
1073,15	$9,3184 \cdot 10^{-4}$	800	1472,0	1931,67
1083,15	$9,2323 \cdot 10^{-4}$	810	1490,0	1949,67
1093,15	$9,1479 \cdot 10^{-4}$	820	1508,0	1967,67
1103,15	$9,0650 \cdot 10^{-4}$	830	1526,0	1985,67
1113,15	$8,9835 \cdot 10^{-4}$	840	1544,0	2003,67
1123,15	$8,9035 \cdot 10^{-4}$	850	1562,0	2021,67

1. Maßsysteme und maßtechnische Daten

°K	$\frac{1}{T}$ °K	°C	°F	°R
1133,15	8,8250 · 10⁻⁴	860	1580,0	2039,67
1143,15	8,7478 · 10⁻⁴	870	1598,0	2057,67
1153,15	8,6719 · 10⁻⁴	880	1616,0	2075,67
1163,15	8,5973 · 10⁻⁴	890	1634,0	2093,67
1173,15	8,5241 · 10⁻⁴	900	1652,0	2111,67
1183,15	8,4520 · 10⁻⁴	910	1670,0	2129,67
1193,15	8,3812 · 10⁻⁴	920	1688,0	2147,67
1203,15	8,3115 · 10⁻⁴	930	1706,0	2165,67
1213,15	8,2430 · 10⁻⁴	940	1724,0	2183,67
1223,15	8,1756 · 10⁻⁴	950	1742,0	2201,67
1233,15	8,1093 · 10⁻⁴	960	1760,0	2219,67
1243,15	8,0441 · 10⁻⁴	970	1778,0	2237,67
1253,15	7,9799 · 10⁻⁴	980	1796,0	2255,67
1263,15	7,9167 · 10⁻⁴	990	1814,0	2273,67
1273,15	7,8545 · 10⁻⁴	1000	1832,0	2291,67
1283,15	7,7933 · 10⁻⁴	1010	1850,0	2309,67
1293,15	7,7331 · 10⁻⁴	1020	1868,0	2327,67
1303,15	7,6737 · 10⁻⁴	1030	1886,0	2345,67
1313,15	7,6153 · 10⁻⁴	1040	1904,0	2363,67
1323,15	7,5577 · 10⁻⁴	1050	1922,0	2381,67
1333,15	7,5010 · 10⁻⁴	1060	1940,0	2399,67
1343,15	7,4452 · 10⁻⁴	1070	1958,0	2417,67
1353,15	7,3902 · 10⁻⁴	1080	1976,0	2435,67
1363,15	7,3359 · 10⁻⁴	1090	1994,0	2453,67
1373,15	7,2825 · 10⁻⁴	1100	2012,0	2471,67
1383,15	7,2299 · 10⁻⁴	1110	2030,0	2489,67
1393,15	7,1780 · 10⁻⁴	1120	2048,0	2507,67
1403,15	7,1268 · 10⁻⁴	1130	2066,0	2525,67
1413,15	7,0764 · 10⁻⁴	1140	2084,0	2543,67
1423,15	7,0267 · 10⁻⁴	1150	2102,0	2561,67
1433,15	6,9776 · 10⁻⁴	1160	2120,0	2579,67
1443,15	6,9293 · 10⁻⁴	1170	2138,0	2597,67
1453,15	6,8816 · 10⁻⁴	1180	2156,0	2615,67
1463,15	6,8346 · 10⁻⁴	1190	2174,0	2633,67
1473,15	6,7882 · 10⁻⁴	1200	2192,0	2651,67
1483,15	6,7424 · 10⁻⁴	1210	2210,0	2669,67
1493,15	6,6973 · 10⁻⁴	1220	2228,0	2687,67
1503,15	6,6527 · 10⁻⁴	1230	2246,0	2705,67
1513,15	6,6087 · 10⁻⁴	1240	2264,0	2723,67
1523,15	6,5653 · 10⁻⁴	1250	2282,0	2741,67
1533,15	6,5225 · 10⁻⁴	1260	2300,0	2759,67
1543,15	6,4803 · 10⁻⁴	1270	2318,0	2777,67
1553,15	6,4385 · 10⁻⁴	1280	2336,0	2795,67
1563,15	6,3973 · 10⁻⁴	1290	2354,0	2813,67
1573,15	6,3567 · 10⁻⁴	1300	2372,0	2831,67
1583,15	6,3165 · 10⁻⁴	1310	2390,0	2849,67
1593,15	6,2769 · 10⁻⁴	1320	2408,0	2867,67
1603,15	6,2377 · 10⁻⁴	1330	2426,0	2885,67
1613,15	6,1991 · 10⁻⁴	1340	2444,0	2903,67
1623,15	6,1609 · 10⁻⁴	1350	2462,0	2921,67
1633,15	6,1231 · 10⁻⁴	1360	2480,0	2939,67
1643,15	6,0859 · 10⁻⁴	1370	2498,0	2957,67
1653,15	6,0491 · 10⁻⁴	1380	2516,0	2975,67
1663,15	6,0127 · 10⁻⁴	1390	2534,0	2993,67
1673,15	5,9768 · 10⁻⁴	1400	2552,0	3011,67

113. Mechanisch-thermische Einheiten und Umrechnungstabellen 1–23

°K	$\frac{1}{T}\frac{1}{°K}$	°C	°F	°R
1683,15	$5,9412 \cdot 10^{-4}$	1410	2570,0	3029,67
1693,15	$5,9062 \cdot 10^{-4}$	1420	2588,0	3047,67
1703,15	$5,8715 \cdot 10^{-4}$	1430	2606,0	3065,67
1713,15	$5,8372 \cdot 10^{-4}$	1440	2624,0	3083,67
1723,15	$5,8033 \cdot 10^{-4}$	1450	2642,0	3101,67
1733,15	$5,7698 \cdot 10^{-4}$	1460	2660,0	3119,67
1743,15	$5,7367 \cdot 10^{-4}$	1470	2678,0	3137,67
1753,15	$5,7040 \cdot 10^{-4}$	1480	2696,0	3155,67
1763,15	$5,6717 \cdot 10^{-4}$	1490	2714,0	3173,67
1773,15	$5,6397 \cdot 10^{-4}$	1500	2732,0	3191,67
1783,15	$5,6081 \cdot 10^{-4}$	1510	2750,0	3209,67
1793,15	$5,5768 \cdot 10^{-4}$	1520	2768,0	3227,67
1803,15	$5,5459 \cdot 10^{-4}$	1530	2786,0	3245,67
1813,15	$5,5153 \cdot 10^{-4}$	1540	2804,0	3263,67
1823,15	$5,4850 \cdot 10^{-4}$	1550	2822,0	3281,67
1833,15	$5,4551 \cdot 10^{-4}$	1560	2840,0	3299,67
1843,15	$5,4255 \cdot 10^{-4}$	1570	2858,0	3317,67
1853,15	$5,3962 \cdot 10^{-4}$	1580	2876,0	3335,67
1863,15	$5,3673 \cdot 10^{-4}$	1590	2894,0	3353,67
1873,15	$5,3386 \cdot 10^{-4}$	1600	2912,0	3371,67
1883,15	$5,3103 \cdot 10^{-4}$	1610	2930,0	3389,67
1893,15	$5,2822 \cdot 10^{-4}$	1620	2948,0	3407,67
1903,15	$5,2544 \cdot 10^{-4}$	1630	2966,0	3425,67
1913,15	$5,2270 \cdot 10^{-4}$	1640	2984,0	3443,67
1923,15	$5,1998 \cdot 10^{-4}$	1650	3002,0	3461,67
1933,15	$5,1729 \cdot 10^{-4}$	1660	3020,0	3479,67
1943,15	$5,1463 \cdot 10^{-4}$	1670	3038,0	3497,67
1953,15	$5,1199 \cdot 10^{-4}$	1680	3056,0	3515,67
1963,15	$5,0939 \cdot 10^{-4}$	1690	3073,0	3533,67
1973,15	$5,0680 \cdot 10^{-4}$	1700	3092,0	3551,67
1983,15	$5,0425 \cdot 10^{-4}$	1710	3110,0	3569,67
1993,15	$0,0172 \cdot 10^{-4}$	1720	3128,0	3587,67
2003,15	$4,9921 \cdot 10^{-4}$	1730	3146,0	3605,67
2013,15	$4,9673 \cdot 10^{-4}$	1740	3164,0	3623,67
2023,15	$4,9428 \cdot 10^{-4}$	1750	3182,0	3641,67
2033,15	$4,9185 \cdot 10^{-4}$	1760	3200,0	3659,67
2043,15	$4,8944 \cdot 10^{-4}$	1770	3218,0	3677,67
2053,15	$4,8706 \cdot 10^{-4}$	1780	3236,0	3695,67
2063,15	$4,8470 \cdot 10^{-4}$	1790	3254,0	3713,67
2073,15	$4,8236 \cdot 10^{-4}$	1800	3272,0	3731,67
2083,15	$4,8004 \cdot 10^{-4}$	1810	3290,0	3749,67
2093,15	$4,7775 \cdot 10^{-4}$	1820	3308,0	3767,67
2103,15	$4,7548 \cdot 10^{-4}$	1830	3326,0	3785,67
2113,15	$4,7323 \cdot 10^{-4}$	1840	3344,0	3803,67
2123,15	$4,7100 \cdot 10^{-4}$	1850	3362,0	3821,67
2133,15	$4,6879 \cdot 10^{-4}$	1860	3380,0	3839,67
2143,15	$4,6660 \cdot 10^{-4}$	1870	3398,0	3857,67
2153,15	$4,6444 \cdot 10^{-4}$	1880	3416,0	3875,67
2163,15	$4,6229 \cdot 10^{-4}$	1890	3434,0	3893,67
2173,15	$4,6016 \cdot 10^{-4}$	1900	3452,0	3911,67
2183,15	$4,5805 \cdot 10^{-4}$	1910	3470,0	3929,67
2193,15	$4,5597 \cdot 10^{-4}$	1920	3488,0	3947,67
2203,15	$4,5390 \cdot 10^{-4}$	1930	3506,0	3965,67
2213,15	$4,5184 \cdot 10^{-4}$	1940	3524,0	3983,67
2223,15	$4,4981 \cdot 10^{-4}$	1950	3542,0	4001,67

1. Maßsysteme und maßtechnische Daten

°K	$\dfrac{1}{T}\;\dfrac{1}{°K}$	°C	°F	°R
2233,15	$4{,}4780 \cdot 10^{-4}$	1960	3560,0	4019,67
2243,15	$4{,}4580 \cdot 10^{-4}$	1970	3578,0	4037,67
2253,15	$4{,}4382 \cdot 10^{-4}$	1980	3596,0	4055,67
2263,15	$4{,}4186 \cdot 10^{-4}$	1990	3614,0	4073,67
2273,15	$4{,}3992 \cdot 10^{-4}$	2000	3632,0	4091,67
2283,15	$4{,}3799 \cdot 10^{-4}$	2010	3650,0	4109,67
2293,15	$4{,}3608 \cdot 10^{-4}$	2020	3668,0	4127,67
2303,15	$4{,}3419 \cdot 10^{-4}$	2030	3686,0	4145,67
2313,15	$4{,}3231 \cdot 10^{-4}$	2040	3704,0	4163,67
2323,15	$4{,}3045 \cdot 10^{-4}$	2050	3722,0	4181,67
2333,15	$4{,}2861 \cdot 10^{-4}$	2060	3740,0	4199,67
2343,15	$4{,}2678 \cdot 10^{-4}$	2070	3758,0	4217,67
2353,15	$4{,}2496 \cdot 10^{-4}$	2080	3776,0	4235,67
2363,15	$4{,}2316 \cdot 10^{-4}$	2090	3794,0	4253,67
2373,15	$4{,}2138 \cdot 10^{-4}$	2100	3812,0	4271,67
2383,15	$4{,}1961 \cdot 10^{-4}$	2110	3830,0	4289,67
2393,15	$4{,}1786 \cdot 10^{-4}$	2120	3848,0	4307,67
2403,15	$4{,}1612 \cdot 10^{-4}$	2130	3866,0	4325,67
2413,15	$4{,}1440 \cdot 10^{-4}$	2140	3884,0	4343,67
2423,15	$4{,}1269 \cdot 10^{-4}$	2150	3902,0	4361,67
2433,15	$4{,}1099 \cdot 10^{-4}$	2160	3920,0	4379,67
2443,15	$4{,}0931 \cdot 10^{-4}$	2170	3938,0	4397,67
2453,15	$4{,}0764 \cdot 10^{-4}$	2180	3956,0	4415,67
2463,15	$4{,}0598 \cdot 10^{-4}$	2190	3974,0	4433,67
2473,15	$4{,}0434 \cdot 10^{-4}$	2200	3992,0	4451,67
2483,15	$4{,}0271 \cdot 10^{-4}$	2210	4010,0	4469,67
2493,15	$4{,}0110 \cdot 10^{-4}$	2220	4028,0	4487,67
2503,15	$3{,}9950 \cdot 10^{-4}$	2230	4046,0	4505,67
2513,15	$3{,}9791 \cdot 10^{-4}$	2240	4064,0	4523,67
2523,15	$3{,}9633 \cdot 10^{-4}$	2250	4082,0	4541,67
2533,15	$3{,}9477 \cdot 10^{-4}$	2260	4100,0	4559,67
2543,15	$3{,}9321 \cdot 10^{-4}$	2270	4118,0	4577,67
2553,15	$3{,}9167 \cdot 10^{-4}$	2280	4136,0	4595,67
2563,15	$3{,}9014 \cdot 10^{-4}$	2290	4154,0	4613,67
2573,15	$3{,}8863 \cdot 10^{-4}$	2300	4172,0	4631,67
2583,15	$3{,}8712 \cdot 10^{-4}$	2310	4190,0	4649,67
2593,15	$3{,}8563 \cdot 10^{-4}$	2320	4208,0	4667,67
2603,15	$3{,}8415 \cdot 10^{-4}$	2330	4226,0	4685,67
2613,15	$3{,}8268 \cdot 10^{-4}$	2340	4244,0	4703,67
2623,15	$3{,}8122 \cdot 10^{-4}$	2350	4262,0	4721,67
2633,15	$3{,}7977 \cdot 10^{-4}$	2360	4280,0	4739,67
2643,15	$3{,}7834 \cdot 10^{-4}$	2370	4298,0	4757,67
2653,15	$3{,}7691 \cdot 10^{-4}$	2380	4316,0	4775,67
2663,15	$3{,}7550 \cdot 10^{-4}$	2390	4334,0	4793,67
2673,15	$3{,}7409 \cdot 10^{-4}$	2400	4352,0	4811,67
2683,15	$3{,}7270 \cdot 10^{-4}$	2410	4370,0	4829,67
2693,15	$3{,}7131 \cdot 10^{-4}$	2420	4388,0	4847,67
2703,15	$3{,}6994 \cdot 10^{-4}$	2430	4406,0	4865,67
2713,15	$3{,}6858 \cdot 10^{-4}$	2440	4424,0	4883,67
2723,15	$3{,}6722 \cdot 10^{-4}$	2450	4442,0	4901,67
2733,15	$3{,}6588 \cdot 10^{-4}$	2460	4460,0	4919,67
2743,15	$3{,}6454 \cdot 10^{-4}$	2470	4478,0	4937,67
2753,15	$3{,}6322 \cdot 10^{-4}$	2480	4496,0	4955,67
2763,15	$3{,}6191 \cdot 10^{-4}$	2490	4514,0	4973,67
2773,15	$3{,}6060 \cdot 10^{-4}$	2500	4532,0	4991,67

113. Mechanisch-thermische Einheiten und Umrechnungstabellen 1–25

11325. Umrechnung von Druckeinheiten

	\multicolumn{6}{c}{ist gleich}
	N/m²	mm WS	Torr	at	bar	atm
1 N/m² =	1	$1,0197 \cdot 10^{-1}$	$7,5006 \cdot 10^{-3}$	$1,0197 \cdot 10^{-5}$	10^{-5}	$9,8692 \cdot 10^{-6}$
1 mm WS* =	9,8064	1	$7,3554 \cdot 10^{-2}$	$9,9997 \cdot 10^{-5}$	$9,8064 \cdot 10^{-5}$	$9,6781 \cdot 10^{-5}$
1 Torr =	$1,3332 \cdot 10^2$	$1,3595 \cdot 10$	1	$1,3595 \cdot 10^{-3}$	$1,3332 \cdot 10^{-3}$	$1,3158 \cdot 10^{-3}$
1 at = 10^4 kp/m² =	$9,8067 \cdot 10^4$	$1,00003 \cdot 10^4$	$7,3556 \cdot 10^2$	1	$9,8067 \cdot 10^{-1}$	$9,6784 \cdot 10^{-1}$
1 bar (10^6 dyn/cm²) =	10^5	$1,0197 \cdot 10^4$	$7,5006 \cdot 10^2$	1,0197	1	$9,8692 \cdot 10^{-1}$
1 atm =	$1,0133 \cdot 10^5$	$1,0333 \cdot 10^4$	$7,6000 \cdot 10^2$	1,0332	1,0133	1

* 1 mmWS ≈ 1 kp/mm² s. S. 9.

11326. Umrechnung von Energieeinheiten

	\multicolumn{8}{c}{ist gleich oder entspricht}
	J	kWh	mkp	latm	cal$_{IT}$	eV	cm⁻¹	°K
1 J	1	$2,7778 \cdot 10^{-7}$	$1,0197 \cdot 10^{-1}$	$9,8690 \cdot 10^{-3}$	$2,3885 \cdot 10^{-1}$	$6,2421 \cdot 10^{18}$	$5,0345 \cdot 10^{22}$	$7,2438 \cdot 10^{22}$
1 kWh	$3,600 \cdot 10^6$	1	$3,6710 \cdot 10^5$	$3,5528 \cdot 10^4$	$8,5984 \cdot 10^5$	$2,2471 \cdot 10^{25}$	$1,8124 \cdot 10^{29}$	$2,6078 \cdot 10^{29}$
1 mkp	9,8066	$2,7241 \cdot 10^{-6}$	1	$9,6782 \cdot 10^{-2}$	2,3423	$6,1214 \cdot 10^{19}$	$4,9372 \cdot 10^{23}$	$7,1037 \cdot 10^{23}$
1 latm	$1,0133 \cdot 10^2$	$2,8147 \cdot 10^{-5}$	$1,0333 \cdot 10$	1	$2,4202 \cdot 10$	$6,3250 \cdot 10^{20}$	$5,1012 \cdot 10^{24}$	$7,3399 \cdot 10^{24}$
1 cal$_{IT}$	4,1868	$1,1630 \cdot 10^{-6}$	$4,2693 \cdot 10^{-1}$	$4,1319 \cdot 10^{-2}$	1	$2,6134 \cdot 10^{19}$	$2,1078 \cdot 10^{23}$	$3,0328 \cdot 10^{23}$
1 eV	$1,6021 \cdot 10^{-19}$	$4,4503 \cdot 10^{-26}$	$1,6337 \cdot 10^{-20}$	$1,5811 \cdot 10^{-21}$	$3,8265 \cdot 10^{-20}$	1	$8,0658 \cdot 10^3$	$1,1605 \cdot 10^4$
1 cm⁻¹	$1,9863 \cdot 10^{-23}$	$5,5175 \cdot 10^{-30}$	$2,0255 \cdot 10^{-24}$	$1,9603 \cdot 10^{-25}$	$4,7442 \cdot 10^{-24}$	$1,2397 \cdot 10^{-4}$	1	1,4388
1 Ry	$2,1785 \cdot 10^{-18}$	$6,0514 \cdot 10^{-25}$	$2,2215 \cdot 10^{-19}$	$2,1500 \cdot 10^{-20}$	$5,2032 \cdot 10^{-19}$	$1,3597 \cdot 10$	$1,0968 \cdot 10^5$	$1,5781 \cdot 10^5$
1 °K	$1,3805 \cdot 10^{-23}$	$3,8347 \cdot 10^{-30}$	$1,4077 \cdot 10^{-24}$	$1,3624 \cdot 10^{-24}$	$3,2973 \cdot 10^{-24}$	$8,6167 \cdot 10^{-5}$	$6,9502 \cdot 10^{-1}$	1

Note: The Ry row includes a value $9,1177 \cdot 10^{-6}$ and the cm⁻¹ row includes $4,5903 \cdot 10^{17}$, $4,5015 \cdot 10^{18}$, $4,6513 \cdot 10^{19}$, $1,9219 \cdot 10^{18}$, $7,3541 \cdot 10^{-2}$, $6,3369 \cdot 10^{-6}$ in the Ry column.

114. Elektrische und magnetische Einheiten

	MKSA-System [LMTJ]		Elektromagnetische Dreiergrößen			Elektrostatische Dreiergrößen		
	Formelzeichen	Einheit	Formelzeichen	Einheit	Multiplikationsfaktor um den Zahlenwert im MKSA-System zu erhalten	Formelzeichen	Einheit	Multiplikationsfaktor um den Zahlenwert im MKSA-System zu erhalten
Absolute Dielektrizitätskonstante	ε	$m^{-3}kg^{-1}s^4A^2 = Fm^{-1}$	—	—	—	—	—	—
Elektrische Spannung	U	$m^2 kg s^{-3} A^{-1} = V$ (Volt)	U_m	$cm^{\frac{3}{2}} g^{\frac{1}{2}} s^{-2}$	10^{-8}	U_s	$cm^{\frac{1}{2}} g^{\frac{1}{2}} s^{-1}$	$c_0 \cdot 10^{-8} = 2{,}9979 \cdot 10^2$
Elektrische Stromstärke	I	A (Ampère)	I_m	$cm^{\frac{1}{2}} g^{\frac{1}{2}} s^{-1}$	10	I_s	$cm^{\frac{3}{2}} g^{\frac{1}{2}} s^{-2}$	$10 \cdot c_0^{-1} = 3{,}3356 \cdot 10^{-10}$
Elektrische Stromdichte	G	$m^{-2}A$	G_m	$cm^{-\frac{3}{2}} g^{\frac{1}{2}} s^{-1}$	10^5	G_s	$cm^{-\frac{1}{2}} g^{\frac{1}{2}} s^{-2}$	$10^5 c_0^{-1} = 3{,}3356 \cdot 10^{-6}$
Elektrische Feldstärke	E	$mkg s^{-3} A^{-1} = Vm^{-1}$	E_m	$cm^{\frac{1}{2}} g^{\frac{1}{2}} s^{-2}$	10^{-6}	E_s	$cm^{-\frac{1}{2}} g^{\frac{1}{2}} s^{-1}$	$10^{-6} c_0 = 2{,}9979 \cdot 10^4$
Elektrische Verschiebung	D	$m^{-2}sA = Cm^{-2}$	D_m	$cm^{-\frac{3}{2}} g^{\frac{1}{2}}$	$\dfrac{10^5}{4\pi}=0{,}795775 \cdot 10^4$	D_s	$cm^{-\frac{1}{2}} g^{\frac{1}{2}} s^{-1}$	$\dfrac{10^5}{4\pi c_0}=0{,}26544 \cdot 10^{-6}$
Elektrischer Verschiebungsfluß	Ψ	$sA = C$ (Coulomb)	Ψ_m	$cm^{\frac{1}{2}} g^{\frac{1}{2}}$	$\dfrac{10}{4\pi}=0{,}795775$	Ψ_s	$cm^{\frac{3}{2}} g^{\frac{1}{2}} s^{-1}$	$\dfrac{10}{4\pi c_0}=2{,}6544 \cdot 10^{-11}$
Elektrische Ladung	Q	$sA = C$ (Coulomb)	Q_m	$cm^{\frac{1}{2}} g^{\frac{1}{2}}$	10	Q_s	$cm^{\frac{3}{2}} g^{\frac{1}{2}} s^{-1}$	$\dfrac{10}{c_0}=3{,}3356 \cdot 10^{-10}$
Elektrische Raumladungsdichte	η	$m^{-3}sA = Cm^{-3}$	η_m	$cm^{-\frac{5}{2}} g^{\frac{1}{2}}$	10^7	η_s	$cm^{-\frac{3}{2}} g^{\frac{1}{2}} s^{-1}$	$10^7 c_0^{-1} = 3{,}3356 \cdot 10^{-4}$
Elektrische Suszeptibilität		1		1	$4\pi = 1{,}256637 \cdot 10$		1	$4\pi = 1{,}256637 \cdot 10$
Elektrische Polarisation	P	$m^{-2}sA = Cm^{-2}$	P_m	$cm^{-\frac{3}{2}} g^{\frac{1}{2}}$	10^5	P_s	$cm^{-\frac{1}{2}} g^{\frac{1}{2}} s^{-1}$	$\dfrac{10^5}{c_0}=3{,}3356 \cdot 10^{-6}$
Elektrisches Moment	p	$msA = Cm$	p_m	$cm^{\frac{3}{2}} g^{\frac{1}{2}}$	10^{-1}	p_s	$cm^{\frac{5}{2}} g^{\frac{1}{2}} s^{-1}$	$\dfrac{10^{-1}}{c_0}=3{,}3356 \cdot 10^{-12}$
Kapazität	C	$m^{-2}kg^{-1}s^4 A^2 = F$ (Farad)	C_m	$cm^{-1} s^2$	10^9	C_s	cm	$\dfrac{10^9}{c_0^2}=1{,}1126 \cdot 10^{-12}$

114. Elektrische und magnetische Einheiten

Größe	Sym.	SI-Einheit	Sym.	EMU-Einheit	Umrechnung	Sym.	ESU-Einheit	Umrechnung
Elektrischer Widerstand	R	$m^2 kg s^{-3} A^{-2} = \Omega$ (Ohm)	R_m	$cm s^{-1}$	10^{-9}	R_s	$cm^{-1} s$	$10^{-9} c_0^2 = 0,8988 \cdot 10^{12}$
Spez. elektr. Widerstand	ϱ	$m^3 kg s^{-3} A^{-2} = \Omega m$	ϱ_m	$cm s^{-1}$	10^{-11}	ϱ_s	s	$10^{-11} c_0^2 = 0,8988 \cdot 10^{10}$
Elektrische Leitfähigkeit	σ	$m^{-3} kg^{-1} s^3 A^2 = S =$ (Siemens-Meter)	σ_m	$cm^{-1} s$	10^{11}	σ_s	$cm^{-1} s^{-1}$	$\dfrac{10^{11}}{c_0^2} = 1,1126 \cdot 10^{-10}$
Elektrische Induktivität	eL	$m^2 kg s^{-2} A^{-2} = H =$ (Henry)	eL_m	cm	10^{-9}	eL_s	$cm^{-1} s^2$	$10^{-9} \cdot c_0^2 = 0,8988 \cdot 10^{12}$
Magnetische Spannung	V	A	V_m	$cm^{\frac{1}{2}} g^{\frac{1}{2}} s^{-1} = Gb$ ([1])	$\dfrac{10}{4\pi} = 0,795775$	V_s	$cm^{\frac{3}{2}} g^{\frac{1}{2}} s^{-2}$	$\dfrac{10}{4\pi c_0} = 2,6544 \cdot 10^{-11}$
Magnetische Feldstärke	H	$m^{-1} A$	H_m	$cm^{-\frac{1}{2}} g^{\frac{1}{2}} s^{-1} = Oe$ ([2])	$\dfrac{10^3}{4\pi} = 0,795775 \cdot 10^2$	H_s	$cm^{\frac{1}{2}} g^{\frac{1}{2}} s^{-2}$	$\dfrac{10^3}{4\pi c_0} = 2,6544 \cdot 10^{-9}$
Magnetische Induktion	B	$kg s^{-2} A^{-1} = Wb m^{-2}$	B_m	$cm^{-\frac{1}{2}} g^{\frac{1}{2}} s^{-1} = Gs$ ([3])	10^{-4}	B_s	$cm^{-\frac{3}{2}} g^{\frac{1}{2}}$	$10^{-4} c_0 = 2,9979 \cdot 10^6$
Magnetischer Induktionsfluß	Φ	$m^2 kg s^{-2} A^{-1} = Wb$ (Weber)	Φ_m	$cm^{\frac{3}{2}} g^{\frac{1}{2}} s^{-1} = Mx$ ([4])	10^{-8}	Φ_s	$cm^{\frac{1}{2}} g^{\frac{1}{2}}$	$10^{-8} c_0 = 2,9979 \cdot 10^2$
Coulombsches magnet. Moment	mH	$m^2 kg s^{-2} A^{-1} = Wb \cdot m$	mH_m	$cm^{\frac{5}{2}} g^{\frac{1}{2}} s^{-1}$	$4\pi \cdot 10^{-10} = 1,256637 \cdot 10^{-9}$	mH_s	$cm^{\frac{3}{2}} g^{\frac{1}{2}}$	$4\pi \cdot 10^{-10} c_0 = 3,7673 \cdot 10$
Magnetisierung	M	$m^{-1} A$	M_m	$cm^{-\frac{1}{2}} g^{\frac{1}{2}} s^{-1} = Oe$	10^3	M_s	$cm^{\frac{1}{2}} g^{\frac{1}{2}} s^{-2}$	$\dfrac{10^3}{c_0} = 3,3356 \cdot 10^{-8}$
(Ampèresches) magnetisches Moment	mB	$m^2 A$	mB_m	$cm^{\frac{5}{2}} g^{\frac{1}{2}} s^{-1}$	10^{-3}	mB_s	$cm^{\frac{7}{2}} g^{\frac{1}{2}} s^{-2}$	$10^{-3} c_0^{-1} = 3,3356 \cdot 10^{-14}$
(Ampèresche) magnetische Polstärke	m	mA	m_m	$cm^{\frac{3}{2}} g^{\frac{1}{2}} s^{-1}$	10^{-1}	m_s	$cm^{\frac{5}{2}} g^{\frac{1}{2}} s^{-2}$	$10^{-1} c_0^{-1} = 3,3356 \cdot 10^{-12}$
Magnetische Polarisation	I	$kg s^{-2} A^{-1} = Wb m^{-2}$	I_m	$cm^{-\frac{1}{2}} g^{\frac{1}{2}} s^{-1}$	$4\pi \cdot 10^{-4} = 1,256637 \cdot 10^{-3}$	I_s	$cm^{-\frac{3}{2}} g^{\frac{1}{2}}$	$4\pi \cdot 10^{-4} c_0 = 3,7673 \cdot 10^7$
Magnetischer Leitwert	Λ	$m^2 kg s^{-2} A^{-2} = H$	Λ_m	cm	$4\pi \cdot 10^{-9} = 1,256637 \cdot 10^{-8}$	Λ_s	$cm^{-1} s^2$	$4\pi \cdot 10^{-9} c_0^2 = 1,1294 \cdot 10^{13}$
Elektromagnetische Induktivität	mL	$m^2 kg s^{-2} A^{-2} = H$ (Henry)	mL_m	cm	10^{-9}	mL_s	$cm^{-1} s^2$	$10^{-9} c_0^2 = 0,8988 \cdot 10^{12}$

([1]) Gb = Gilbert. ([2]) Oe = Oersted. ([3]) Gs = Gauß. ([4]) Mx = Maxwell

115. Physikalische und lichttechnische Strahlungsgrößen

Das menschliche Auge empfindet Strahlung im Gebiete von ≈ 380 bis ≈ 780 nm als Licht. Die Empfindlichkeit ist je nach der Größe der Leuchtdichte unterschiedlich. Im Gebiete des Tagessehens (Leuchtdichten = $> \sim 10^2$ asb) sprechen nur die Zäpfchen (Tagessehen) im Gebiete $\leq 10^{-2}$ asb nur die Stäbchen (Nachtsehen) an, in dem Zwischengebiet sprechen beide gemeinsam an.

Die relative Hellempfindlichkeit für Tagessehen (V_λ) und die für Nachtsehen (V'_λ) sind in Tabelle 1151 wiedergegeben. In beiden Fällen ist die maximale Empfindlichkeit gleich 1 gesetzt. Der Maximalwert des photometrischen Strahlungsäquivalentes (Km) liegt für Tagessehen zwischen den Wellenlängen 550 und 560 nm und hat den Wert $Km = 680\, lm$, wenn folgende Werte: Platinschmelzpunkt $F_{Pt} = 2042{,}15°$ K und die Konstanten des Planck'schen Strahlungsgesetzes $c_1 = 3{,}741 \cdot 10^{-16}$ Wm^{2}sr^{-1} und $c_2 = 1{,}438 \cdot 10^{-2}$ mgrd zugrunde gelegt werden.

1151. Spektraler Hellempfindlichkeitsgrad

Wellenlänge λ in nm	des menschlichen Auges für Tagessehen $V(\lambda)$	des menschlichen Auges für Nachtsehen $V'(\lambda)$	Wellenlänge λ in nm	des menschlichen Auges für Tagessehen $V(\lambda)$	des menschlichen Auges für Nachtsehen $V'(\lambda)$
380	0,0000	$5{,}89 \cdot 10^{-4}$	580	0,870	0,1212
390	0,0001	$2{,}209 \cdot 10^{-3}$	590	0,757	$6{,}55 \cdot 10^{-2}$
400	0,0004	$9{,}29 \cdot 10^{-3}$	600	0,631	$3{,}315 \cdot 10^{-2}$
410	0,0012	$3{,}484 \cdot 10^{-2}$	610	0,503	$1{,}593 \cdot 10^{-2}$
420	0,0040	$9{,}66 \cdot 10^{-2}$	620	0,381	$7{,}37 \cdot 10^{-3}$
430	0,0116	0,1998	630	0,265	$3{,}335 \cdot 10^{-3}$
440	0,023	0,3281	640	0,175	$1{,}497 \cdot 10^{-3}$
450	0,038	0,455	650	0,107	$6{,}77 \cdot 10^{-4}$
460	0,060	0,567	660	0,061	$3{,}129 \cdot 10^{-4}$
470	0,091	0,676	670	0,032	$1{,}480 \cdot 10^{-4}$
480	0,139	0,793	680	0,017	$7{,}15 \cdot 10^{-5}$
490	0,208	0,904	690	0,0082	$3{,}533 \cdot 10^{-5}$
500	0,323	0,982	700	0,0041	$1{,}780 \cdot 10^{-5}$
510	0,503	0,997	710	0,0021	$9{,}14 \cdot 10^{-6}$
520	0,710	0,935	720	0,00105	$4{,}78 \cdot 10^{-6}$
530	0,862	0,811	730	0,00052	$2{,}546 \cdot 10^{-6}$
540	0,954	0,650	740	0,00025	$1{,}379 \cdot 10^{-6}$
550	0,995	0,481	750	0,00012	$7{,}60 \cdot 10^{-7}$
560	0,995	0,3288	760	0,00006	$4{,}25 \cdot 10^{-7}$
570	0,952	0,2076	770	0,00003	$2{,}41 \cdot 10^{-7}$
			780	0,000015	$1{,}39 \cdot 10^{-7}$

1152. Strahlungsgrößen [1]

Physikalische Größen				Lichttechnische Größen			
Größe und Zeichen	Erklärung	Einheit		Größe und Zeichen	Beziehung	Einheit Name	Kurzzeichen
Strahlungsfluß Φ_l	Abgestrahlte Leistung	W		Lichtstrom P	$\Phi = K_m \int_0^\infty \Phi_{l\lambda}(\lambda)\, d\lambda$ [2]	Lumen	lm
Strahlungsmenge Q_l	Die in Form von Strahlung auftretende Energie	Ws		Lichtmenge Q	$Q = \Phi \cdot t$	Lumen · Stunde	lmh
Strahldichte L_l; B_l	Die Strahldichte ist der Quotient aus dem durch eine Fläche in einer bestimmten Richtung durchtretenden Strahlungsfluß und dem Produkt aus dem durchstrahlten Raumwinkel und der Projektion der Fläche A auf eine Ebene senkrecht zur betrachteten Richtung	Wm⁻²sr⁻¹		Leuchtdichte L	$L = \dfrac{P}{\cos \varepsilon \, A \, \omega}$ [3]	Candela/Meter² Stilb=cd·cm⁻² Apostilb = $\dfrac{1}{\pi}$ cdm⁻² = $\dfrac{1}{\pi} \cdot 10^{-4}$ sb Lambert 10⁴ asb	cdm⁻² sb asb L
Strahlstärke I_l	Die Strahlstärke ist der Quotient aus dem von einer Strahlungsquelle in einer bestimmten Richtung abgestrahlten Strahlungsfluß und dem durchstrahlten Raumwinkel	Wsr⁻¹		Lichtstärke	Φ/ω	Candela	cd

[1] Zusammengestellt unter Benutzung von DIN 5031.
[2] Km = Maximalwert des photometrischen Strahlungsäquivalents; $V(\lambda)$ = Spektraler Hellempfindlichkeitsgrad (s. Tabelle 1151).

1. Maßsysteme und maßtechnische Daten

Physikalische Größen				Lichttechnische Größen			
Größe und Zeichen	Erklärung	Einheit	Größe und Zeichen	Beziehung	Einheit Name		Kurzzeichen
Spezifische Ausstrahlung M_l	Die spezifische Ausstrahlung ist der Quotient aus dem von einer Fläche abgegebenen Strahlungsfluß und der strahlenden Fläche	Wm^{-2}	Spezifische Lichtausstrahlung M	$M = \dfrac{\Phi}{A_1}$ [3]	Lumen/m² [4]		lmm^{-2}
Bestrahlungsstärke E_l	Die Bestrahlungsstärke ist der Quotient aus dem auf eine Fläche auftreffenden Strahlungsfluß und der bestrahlten Fläche	Wm^{-2}	Beleuchtungsstärke E	$E = \dfrac{\Phi}{A_2}$ [3]	Lux = Lumen/m²		lx
Bestrahlung H_l	Die Bestrahlung ist das Produkt aus der Bestrahlungsstärke und der Dauer des Bestrahlungsvorganges	Wsm^{-2}	Belichtung H	$H = E \cdot t$	Lux · Sekunde		lx · s
Strahlungsausbeute η_l	Die Strahlungsausbeute ist der Quotient aus dem abgestrahlten Strahlungsfluß und der zu seiner Erzeugung aufgewandten Leistung	WW^{-1}	Lichtausbeute η	Φ/W [5]	Lumen/Watt		lmW^{-1}

[3] A = Fläche, A_1 = Fläche von der Strahlung ausgeht, A_2 = Fläche die Strahlung empfängt
[4] Die Einheit $lmcm^{-2}$ wurde früher gebraucht und mit Phot (ph) bezeichnet.
[5] W = Leistung.

Zwischen der früher in Deutschland benutzten Lichtstärkeneinheit, Hefnerkerze, ist der Umrechnungsfaktor nicht konstant, sondern ändert sich mit der Temperatur des Strahlers, beim Platinschmelzpunkt ist 1 HK = 0,903 cd, bei etwa 2360° K, 1 HK = 0,877 cd und bei 2750° K, 1 HK = 0,860 cd.

1153. Umrechnungsfaktoren für Leuchtdichteeinheiten

	cd · m⁻²	asb	sb	L	cd · ft⁻²	fL	cd · in⁻²
				ist gleich			
1 cd · m⁻²	1	π	10^{-4}	$\pi \cdot 10^{-4}$	$9{,}29 \cdot 10^{-2}$	0,2919	$6{,}45 \cdot 10^{-4}$
1 Apostilb (asb)	$\dfrac{1}{\pi}$	1	$\dfrac{1}{\pi} \cdot 10^{-4}$	10^{-4}	$2{,}957 \cdot 10^{-2}$	0,0929	$2{,}054 \cdot 10^{-4}$
1 Stilb (sb)	10^4	$\pi \cdot 10^4$	1	π	929	2919	6,452
1 Lambert (L)	$\dfrac{1}{\pi} \cdot 10^4$	10^4	$\dfrac{1}{\pi}$	1	$2{,}957 \cdot 10^2$	929	2,054
1 Candela per square foot (cd · ft⁻²)	10,764	33,82	$1{,}076 \cdot 10^{-3}$	$3{,}382 \cdot 10^{-3}$	1	π	$6{,}94 \cdot 10^{-3}$
1 Footlambert (fL)	3,426	10,764	$3{,}426 \cdot 10^{-4}$	$1{,}0764 \cdot 10^{-3}$	$\dfrac{1}{\pi}$	1	$2{,}211 \cdot 10^{-3}$
1 Candela per square inch (cd · in⁻²)	1550	4869	0,155	0,4869	144	452,4	1

(Für die Einheit cd · m⁻² ist im Ausland gelegentlich auch die Benennung Nit, für die Einheit asb die Benennung Blondel im Gebrauch.)

1154. Umrechnungsfaktoren für Beleuchtungsstärkeeinheiten

	ist gleich	
	Lx	fc
1 Lux (lx)	1	0,0929
1 Footcandle (fc)	10,764	1

116. Einheiten der Bestrahlung

Bei Bestrahlungen wird auf die Strahlungsenergie, die am Bestrahlungsort absorbiert resp. pro Masseneinheit umgesetzt wird, bezogen. Als Dosis-Einheit wurde auf dem 7. Internationalen Radiologen-Kongreß, Kopenhagen 1953, empfohlen 1 rad (*R*adiation *a*bsorbed *d*ose) = 100 erg/g.

In der Meßtechnik wird das Röntgen, r, benutzt. 1 r ist diejenige Menge von Röntgen- oder Gammastrahlen, die 0,001293 g Luft (1 cm³ bei 760 Torr) so ionisieren, daß die Ionen beiderlei Vorzeichen eine freie Elektrizitätsmenge von einer elektrostatischen Einheit (ESE) = 3,3356 · 10^{-10} Coulomb mit sich führen. Umgerechnet auf 1 g Luft ergibt sich 1 r äquivalent zu

$$\frac{3{,}3356 \cdot 10^{-10}\,\text{C}}{1{,}293 \cdot 10^{-3}\,\text{g Luft}} = 2{,}580 \cdot 10^{7}\,\text{C/g Luft}.$$

Jedes Ion hat eine Elementarladung 4,80 · 10^{-10} ESE = 1,602 · 10^{-19} C, so daß in 1 g Luft

$$\frac{2{,}58 \cdot 10^{-7}}{1{,}602 \cdot 10^{-19}} = 1{,}61 \cdot 10^{12}$$

Ionenpaare gebildet werden.

Die mittlere Ionisierungsenergie bei mittelharten Röntgenstrahlen beträgt 32 eV, so daß zur Bildung von 1,61 · 10^{12} Ionenpaaren 5,152 · 10^{13} eV aufgewendet werden. 1 r als Quotient der zur Bildung der Ionenpaare aufgewandten Energie zu der Masse der Luft ist folglich äquivalent: 5,152 · 10^{13} eV/g in Luft = 82,6 erg/g (Luft). Die in Luft wirksame Intensität wird in Röntgen pro Zeiteinheit, also in r/h, r/min oder r/s angegeben.

117. Empfindlichkeit des menschlichen Ohres und phonometrische Einheiten

Das menschliche Ohr reagiert auf mechanische Schwingungen im Bereich von etwa 16…16000 Hz.

Die Empfindlichkeit des Ohres ist von der Frequenz abhängig. Bei 1000 Hz liegt die Reizschwelle bei einer Bestrahlungsstärke (Schallstärke als Leistungsdichte definiert) von etwa 10^{-16} Wcm^{-2}, eine Schallstärke von etwa 10^{-4} Wcm^{-2} wird als Schmerz empfunden. Der entsprechende Schallwechseldruck (Schalldruck-)bereich ist 2 · 10^{-4} µbar bis 2 · 10^{+2} µbar.

Die Untersuchungen über den Zusammenhang zwischen Schallstärke und subjektiver Lautheitsempfindung hat ergeben, daß das Weber-Fechnersche Gesetz nur annähernd erfüllt ist. — Um ein Maß für die Lautheit eines Schalls zu haben, einigte man sich dahin, einen subjektiven Vergleich mit einer Normaltonquelle durchzuführen, den Normalschall also auf gleiche Lautheit einzustellen. Als Normalschall dient eine ebene fortschreitende Schallwelle der Frequenz 1000 Hz, deren Schallstärke *J* oder Schalldruck *p* meßbar veränderlich sind.

Die beim Vergleich eingestellte Schallstärke J bzw. Schalldruck p gibt man nicht in absolutem Maße als „Lautstärke" an, sondern relativ in vielfachen einer vereinbarten Größe ($J_0 = 10^{-16}$ Wcm^{-2} bzw. $p_0 = 2 \cdot 10^{-4}$ μbar) deren Größe etwa der Reizschwelle entspricht. Da diese Verhältniszahlen sehr groß sind, wird der 10fache Wert bzw. 20fache Wert des dekadischen Logarithmus der Verhältniszahl als Maßzahl für die Lautstärke gewählt, also $10 \log \dfrac{J}{J_0}$ bzw. $20 \log \dfrac{p_{\text{eff}}}{p_{0\text{eff}}}$.

Dieser reinen Zahl fügt man zur Kennzeichnung das Wort „phon" hinzu[1]. Die Abbildung gibt die Hörfläche nach FLETSCHER und MUNSON.

Die Lautstärke-Stufung muß unterschieden werden von der rein subjektiven Lautheitsstufung, die auf psychologischen Versuchen aufgebaut wird, für diese ist die Einheit sone.

118. Chemische Bezugseinheiten

Grammatom	g-Atom	zahlenmäßig mit der relativen Atommasse (Atomgewicht) übereinstimmende Menge in Gramm eines Elements
Mol oder Grammol[1]	Mol g-Mol	zahlenmäßig mit der relativen Molekelmasse (Molekulargewicht) übereinstimmende Menge in Gramm eines Stoffes
Kilomol	kMol	1000 Mol
Millimol	mMol	$1/1000$ Mol
Val (Äquivalent)	val	zahlenmäßig mit der Äquivalentmasse übereinstimmende Menge in Gramm eines Stoffes; Äquivalentmasse = $\dfrac{\text{Formelmasse}}{\text{Wertigkeit}}$

[1] Die Abkürzung Mol wird nicht nur für Gramm-Mol, sondern in der englisch-sprachigen Literatur auch für „liber-mol" (=453 g-Mol) verwendet.

[1] Weiteres s. DIN 1318, 1320, 1332.

1. Maßsysteme und maßtechnische Daten

Konzentrationsangaben

Bezeichnung	Abkürzung	Erklärung

1. Feste Stoffe

Masseprozente	Gew. %	Gramm des Stoffes in 100 g Gesamtmasse
Molprozent	Mol %	Mol in 100 Mol der Mischung

2. Lösungen

a) auf Masseeinheit bezogen

Masseprozent	Gew. %	Gramm des gelösten Stoffes in 100 g Lösung
	g/100 g Lösm.	Gramm des gelösten Stoffes in 100 g Lösungsmittel
Molverhältnis	Mol/100 Mol Lösm.	Mole des gelösten Stoffes auf 100 Mol Lösungsmittel
	Mol %	Mole gelöster Stoff auf 100 Mol Lösung
Verdünnung	g Lösm./1 g gel.	Gramm Lösungsmittel auf 1 g gelösten Stoff
	Mol Lösm./1 Mol gel.	Mole Lösungsmittel auf 1 Mol gelösten Stoff

b) auf Volumeneinheit bezogen

	g/100 ml Lsg.	Gramm gelösten Stoffes in 100 ml Lösung
	g/l Lsg.	Gramm gelösten Stoffes in 1 l Lösung
	g/100 ml Lösm.	Gramm gelösten Stoffes in 100 ml Lösungsmittel
	g/l Lösm.	Gramm gelösten Stoffes in 1 l Lösungsmittel
	Vol. %	ml des gelösten Stoffes in 100 ml Lösung
molar, c	Mol/l Lsg.	Grammol in 1 l der Lösung
	g-Atom/l Lsg.	Grammatom in 1 l der Lösung
normal, n	Val/l Lsg.	Grammäquivalent in 1 l der Lösung
molal, m	Mol/1000 g Lösm.	Grammol in 1000 g Lösungsmittel

3. Gase

	Gew. %	g des Gases in 100 g der Gasmischung
	Vol. %	ml des Gases in 100 ml der Gasmischung
	Mol %	Mol des Gases in 100 Molen aller Komponenten

118. Chemische Bezugseinheiten

Umrechnungstabelle für Konzentrationsangaben

Bekannt:	Gesucht			
	g/100 g Lösung Gew.%	g/100 g Lösm.	g/l Lösung	Mol%
Gew. %	a	$\dfrac{a}{100-a} \cdot 100$	$\dfrac{a}{100} \cdot D$	$\dfrac{a/M_A}{a/M_A + \dfrac{100-a}{M_L}} \cdot 100$
g/100g Lösm.	$\dfrac{a'}{100+a'} \cdot 100$	a'	$\dfrac{a'}{100+a'} \cdot D$	$\dfrac{a'/M_A}{a'/M_A + 100/M_L} \cdot 100$
g/l Lösung	$\dfrac{a''}{D} \cdot 100$	$\dfrac{a''}{D-a''} \cdot 100$	a''	$\dfrac{a''/M_A \cdot 100}{a''/M_A + (D-a'')/M_L}$
Mol %	$\dfrac{a'''M_A \cdot 100}{a'''M_A + (100-a''')M_L}$	$\dfrac{a'''M_A \cdot 100}{(100-a''')M_L}$	$\dfrac{a'''M_A \cdot D}{a'''M_A + (100-a''')M_L}$	a'''

a, a', a'', a''' die jeweils angewandten Konzentrationseinheiten
D Litergewicht der Lösung in Gramm
M_A Relative Molekelmasse (Molekulargewicht) des gelösten Stoffes A
M_L Relative Molekelmasse (Molekulargewicht) des Lösungsmittels

12. Meßtechnische Daten
121. Temperatur
1211. Die empirische Temperaturskala[1]

12111. Festsetzungen für die Temperaturskala

Die Temperaturskala für praktische Messung wird durch eine Reihe von Fixpunkten und Formeln für die Temperaturabhängigkeit einiger physikalischer Stoffwerte festgelegt. In der Celsiusskala wird die Schmelztemperatur des luftgesättigten Wassers bei dem Normdruck 1013250 dyncm^{-2} (760 Torr) mit 0° C, die Siedetemperatur des Wassers bei Normdruck (760 Torr) mit 100° C bezeichnet. Die Fixpunkte der Skala sind folgende Gleichgewichtstemperaturen beim Normdruck:

—182,97° C zwischen flüssigem und dampfförmigem Sauerstoff (Sauerstoffpunkt); Interpolationsformel: $\vartheta_p = \vartheta_{760} + 0{,}0126\,(p-760)$ —0,0000065 $(p-760)^2$, (p in Torr).

0° C[2] zwischen Eis und luftgesättigtem Wasser (Eispunkt).

100° C zwischen Wasser und seinem Dampf (Dampfpunkt); Interpolationspunkt: $\vartheta_p = \vartheta_{760} + 0{,}0367\,(p-760)$ —0,000023 $(p-760)^2$.

444,60° C zwischen flüssigem Schwefel und seinem Dampf (Schwefelpunkt); Interpolationsformel: $\vartheta_p = \vartheta_{760} + 0{,}0909\,(p-760)$ —0,000048 $(p-760)^2$.

960,8° C zwischen festem und flüssigem Silber (früher 960,5° C).

1063,0° C zwischen festem und flüssigem Gold[3].

Außerdem ist für die zweite Konstante des Planckschen Strahlungsgesetzes der Wert $c_2 = 1{,}4388$ cm · grd festgelegt[4].

Temperaturwerte zwischen diesen Festpunkten werden mittels Interpolationsinstrumenten gemessen, die nach bestimmten Vorschriften an die Fixpunkte angeschlossen sind.

Zwischen —190° und 660° wird ein Platinwiderstandsthermometer[5], zwischen 660° und 1063° ein Thermoelement aus Pt und PtRh (10% Rh)[6] benutzt. Oberhalb des Goldpunktes wird eine Temperatur T_x in °K für den Hohlraumstrahler nach dem Planckschen Strahlungsgesetz aus dem Verhältnis der Strahlungsdichte $B_{\lambda T_x}$ in dem Wellenlängenbereich von λ bis $\lambda + d\lambda$ (λ in cm) zu der entsprechenden Strahlungsdichte $(B_{\lambda T_{Au}})$ beim Goldpunkt bestimmt.

$$\frac{B_{\lambda T_x}}{B_{\lambda T_{Au}}} = \frac{e^{\frac{c_2}{\lambda T_{Au}}} - 1}{e^{\frac{c_2}{\lambda T_x}} - 1} \approx \frac{e^{\frac{c_2}{\lambda T_{Au}}}}{e^{\frac{c_2}{\lambda T_x}}}$$

---

[1] Von der 9. und 10. Generalkonferenz des Poids et Mesures 1948 und 1954 beschlossen. Die 1948 festgelegte Temperaturskala ist seit dem 1. 3. 1950 die gesetzliche in Deutschland.

[2] Für die Thermodynamische Skala ist der Fundamentalpunkt der Tripelpunkt des Wassers 273,16° K festgelegt.

[3] Neuere Messungen ergaben, daß der Goldschmelzpunkt bei 1064,7° C liegt.

[4] 1927 war für c_2 der Wert 1,432 cm · grd vereinbart.

[5] Werte in 12131.

[6] Werte in 12141.

12112. Weitere thermometrische Hilfsfixpunkte

E Erstarrungspunkt; F Schmelzpunkt; Sb Sublimationspunkt beim Druck 760 Torr; Tr Tripelpunkt; U Umwandlungspunkt und V Siedepunkt bei 760 Torr. Die kursiv gedruckten Stoffe sind als sekundäre thermometrische Fixpunkte festgesetzt.

Stoff		t in °C	Stoff		t in °C
Helium	V	−268,93	Schwefeldioxid	V	−10,0
Wasserstoff norm.	Tr	−259,19	*Wasser*	Tr	+0,010
Wasserstoff norm.	V	−252,77	Essigsäure	Tr	16,59
Neon	V	−246,08	*Diphenyloxid*	Tr	26,877
Stickstoff	U	−237,7	*Natriumsulfat*	U	32,38
Sauerstoff	U	−229,39	Naphthalin	E	80,29
Sauerstoff	Tr	−218,82	Benzoesäure	Tr	122,36
Stickstoff	Tr	−210,01	Anilin	V	184,4
Stickstoff	V	−195,80	*Naphthalin*	V	218,0
Kohlenoxid	V	−191,47	*Zinn*	E	231,9
Argon	V	−185,90	*Benzophenon*	V	305,9
Äthylen	Tr	−169,3	*Cadmium*	E	321,0
Methan	V	−161,5	*Blei*	E	327,3
Krypton	V	−153,4	*Quecksilber*	V	356,58
Diäthyläther, β-Krist.	E	−123,3	*Zink*	E	419,5
Xenon	Tr	−111,88	*Antimon*	E	630,5
Äthylen	V	−103,7	*Aluminium*	E	660,1
Toluol	E	−95,0	*Kupfer*	E	1083
Chlorwasserstoff	V	−85,0	*Nickel*	E	1453
Kohlendioxid	Sb	−78,5	*Kobalt*	E	1492
Chloroform	E	−63,6	*Palladium*	E	1552
Chlorbenzol	E	−45,5	*Platin*	E	1769
Quecksilber	E	−38,87	*Rhodium*	E	1960
Ammoniak	V	−33,43	*Iridium*	E	2443
Chlormethan	V	−24,22	*Wolfram*	F	3380
Tetrachlorkohlenstoff	E	−22,9			

12113. Siedetemperaturen von Sauerstoff und Schwefel in Abhängigkeit vom Druck nach den Formeln der deutschen gesetzlichen Temperaturskala von 1950

121131. Siedetemperatur von Sauerstoff in °C [1]

$\frac{p}{\text{Torr}}$	0	2	4	6	8
660	−184,293	265	237	209	182
670	−184,154	126	099	072	044
680	−184,017	989*	962*	935*	907*
690	−183,881	854	827	800	773
700	−183,747	720	693	667	640
710	−183,614	587	561	535	508
720	−183,482	456	430	404	378
730	−183,352	326	300	275	249
740	−183,223	198	172	147	121
750	−183,096	071	045	020	995

[1] Nach Landolt-Börnstein, 6. Aufl. Bd. IV/4, Beitrag Otto/Thomas.
* Vorziffer der folgenden Zeile.

p Torr	0	2	4	6	8
760	−182,970	945	920	895	870
770	−182,845	820	796	771	746
780	−182,722	697	673	648	624
790	−182,599	575	551	527	502
800	−182,478	454	430	406	382
810	−182,358	335	311	287	263
820	−182,240	216	192	169	145
830	−182,122	099	075	052	028
840	−182,005	982*	959*	936*	913*
850	−181,890	867	844	821	798
860	−181,775				

121132. Siedetemperatur von Schwefel in °C [1]

p Torr	0	2	4	6	8
660	435,000	203	406	608	809
670	436,010	211	411	611	810
680	437,009	207	405	602	799
690	437,996	192*	387*	582*	777*
700	438,971	165*	358*	551*	744*
710	439,936	127*	318*	509*	699*
720	440,889	078*	267*	456*	644*
730	441,832	019*	206*	393*	579*
740	442,765	950	135*	319*	503*
750	443,687	871	053*	236*	418*
760	444,600	786	962	143*	323*
770	445,503	683	862	041*	219*
780	446,397	575	752	929	106*
790	447,282	458	634	809	984
800	448,159	333	507	680	854
810	449,027	199	371	543	715
820	449,886	057*	228*	398*	568*
830	450,738	907	076*	245*	414*
840	451,582	750	917	085*	252*
850	452,419	585	751	917	083*
860	453,248				

[1] Nach Landolt der-Börnstein, 6. Aufl. Bd. IV/4, Beitrag OTTO/THOMAS. * Vorziffer folgender Zeile.

12114. Unterschied zwischen den Temperaturskalen 1948 u. 1927

In der 1948 festgelegten Temperaturskala sind gegenüber der Skala von 1927 der Silberschmelzpunkt um +0,3° auf 960,8° C und die Strahlungskonstante c_2 um +0,006 auf 1,438 cmgrd geändert. Dadurch ergeben sich die in der folgenden Tabelle angegebene Unterschiede [1]

1948 °C	1927 °C	1948 °C	1927 °C	1948 °C	1927 °C	1948 °C	1927 °C
1000	999,80	1700	1703,8	2600	2600	3500	3530
1050	1049,95	1800	1804,6	2700	2715	3600	3632
1063	1063	1900	1905,5	2800	2816	3700	3735
1100	1100,2	2000	2006,4	2900	2918	3800	3837
1200	1200,6	2100	2107	3000	3020	3900	3940
1300	1301,1	2200	2208	3100	3122	4000	4043
1400	1401,7	2300	2310	3200	3223	4100	4146
1500	1502,3	2400	2411	3300	3325	4200	4249
1600	1603,0	2500	2512	3400	3428		

[1] CORRUCCINI, R. J. J. Res. Nat. Bur. Standard 42 133 (1949).

121. Temperatur

1212. Dampfdruck p verflüssigter Gase für Tensionsthermometer

12121. Dampfdruck p des flüssigen ^4He (Dampfdruck-Temperaturskala für $0,5...5,12°\,K$)

°K	\multicolumn{5}{c}{p in Torr bei °K}
	0	0,1	0,2	0,3	0,4
1	0,12000	0,29217	0,62502	1,20851	2,1554
2	23,767	31,428	40,466	51,012	63,304
3	182,073	210,711	242,266	276,880	314,697
4	616,537	680,740	749,328	822,411	900,258
5	1478,54	1595,44	1718,82		
	0,5	0,6	0,7	0,8	0,9
0	0,0000163	0,0002812	0,0022787	0,011445	0,041581
1	3,5990	5,689	8,5902	12,466	17,478
2	77,493	93,733	112,175	132,952	156,204
3	355,844	400,471	448,702	500,688	556,574
4	983,066	1071,03	1164,34	1263,21	1367,87

12122. Zur Messung von Temperaturen unterhalb $90°\,K$[1]
* Dampfdruck über der festen Phase

T °K	p Torr	T °K	p Torr	T °K	p Torr	T °K	p Torr	T °K	p Torr
H_2 Wasserstoff $T_v=20,38°\,K$		N_2 Stickstoff $T_v=77,35°\,K$		CO Kohlenoxid $T_v=81,63°\,K$		Ar Argon $T_v=87,29°\,K$		O_2 Sauerstoff $T_v=90,18°\,K$	
14	55,7	61	59,3*	64	49,3*	70	57,7*	71	56,2
15	95,6	62	73,8*	65	61,3*	71	69,6*	72	66,8
16	154,3	63	91,1*	66	75,5*	72	83,5*	73	79,0
17	236,6	64	109,8	67	92,9*	73	99,8*	74	93,0
18	347,6	65	131,3	68	113,1*	74	118,6*	75	109,0
19	492,7	66	155,4	69	134,1	75	140,2*	76	127,1
20	677,5	67	182,5	70	157,9	76	165,2*	77	147,7
21	907,5	68	213,9	71	184,8	77	193,7*	78	170,8
22	1188,4	69	250,1	72	215,3	78	226,2*	79	196,7
		70	289,3	73	249,6	79	263,1*	80	225,7
		71	335,3	74	288,1	80	305,0*	81	258,0
		72	384,8	75	331,2	81	352,1*	82	294,0
Ne Neon		73	440,5	76	379,1	82	405,2*	83	333,7
$T_v=27,07°\,K$		74	503,4	77	432,4	83	464,7*	84	377,6
21	54,6*	75	571,9	78	491,3	84	531,6	85	426,0
22	95,4*	76	645,9	79	556,3	85	594,4	86	479,1
23	158,9*	77	728,2	80	627,9	86	662,8	87	537,2
24	254,0*	78	820,1	81	706,5	87	737,3	88	600,8
25	382,9	79	917,3	82	792,5	88	818,2	89	670,3
26	542,6	80	1024,2	83	886,4	89	905,8	90	745,8
27	743,7			84	988,8	90	1000,4	91	827,6
28	989,4			85	1100,5			92	914,5
29	1281,7							93	1009,5

[1] Nach Landolt-Börnstein, 6. Aufl., Bd. IV/4, Beitrag J. Otto/Thomas.

12123. Zur Messung von Temperaturen von −180 bis 0° C[1]

* Dampfdruck über der festen Phase

t °C	p Torr	t °C	p Torr	t °C	p Torr	t °C	p Torr
CH₄ Methan		−163	306,9*	−108	588,5	−91	667,5
$t_v = -161{,}49°$ C		−162	341,1*	−107	626,2	−90	705,4
		−161	379,1*	−106	665,6	−89	744,9
−186	52,0*	−160	420,6*	−105	707,1	−88	786,2
−184	60,5*	−159	467,0*	−104	750,7	−87	829,2
−185	70,3*	−158	518,0*	−103	796,1	−86	873,9
−183	81,4*	−157	568,6	−102	843,6	−85	920,6
−182	93,3	−156	617,6	−101	893,2	−84	969,1
−181	105,8	−155	669,9	−100	945,2	−83	1019,6
−180	119,7	−154	725,4				
−179	135,1	−153	784,7				
−178	152,0	−152	847,4	C₂H₆ Äthan		N₂O Distick-	
−177	170,6	−151	913,8	$t_v = -88{,}63°$ C		stoffmonoxid	
−176	191,0	−150	984,3			$t_v = -88{,}46°$ C	
−175	213,2	−149	1059,1	−125	61,9		
−174	237,3			−124	67,6	−115	59,5*
−173	263,6	C₂H₄ Äthen		−123	73,7	−114	66,7*
−172	292,0	$t_v = -103{,}79°$ C		−122	80,2	−113	74,7*
−171	322,8			−121	87,2	−112	83,5*
−170	356,0	−137	61,2	−120	94,7	−111	93,3*
−169	391,9	−136	67,4	−119	102,7	−110	104,0*
−168	430,4	−135	74,1	−118	111,2	−109	115,8*
−167	471,8	−134	81,3	−117	120,3	−108	128,7*
−166	516,4	−133	89,2	−116	130,0	−107	142,9*
−165	564,1	−132	97,6	−115	140,4	−106	158,5*
−164	615,2	−131	106,7	−114	151,4	−105	175,6*
−163	669,9	−130	116,4	−113	163,1	−104	194,2*
−162	728,4	−129	126,9	−112	175,5	−103	214,6*
−161	790,7	−128	138,1	−111	188,7	−102	236,8*
−160	857,1	−127	150,1	−110	202,7	−101	261,0*
−159	927,3	−126	163,0	−109	217,4	−100	287,3*
−158	1002,6	−125	176,7	−108	233,1	−99	316,0*
		−124	191,3	−107	249,6	−98	347,1*
Kr Krypton		−123	206,9	−106	267,1	−97	380,8*
$t_v = -153{,}40°$ C		−122	223,5	−105	285,5	−96	417,3*
		−121	241,1	−104	305,0	−95	456,7*
−175	68,1*	−120	259,9	−103	325,4	−94	499,4*
−174	79,0*	−119	279,8	−102	347,0	−93	545,4*
−173	91,2*	−118	300,9	−101	369,7	−92	595,1*
−172	104,8*	−117	323,2	−100	393,5	−91	648,7*
−171	119,5*	−116	346,8	−99	418,6	−90	692,5
−170	135,6*	−115	371,7	−98	444,9	−89	735,8
−169	153,3*	−114	398,0	−97	472,5	−88	781,4
−168	172,7*	−113	425,9	−96	501,4	−87	829,1
−167	194,2*	−112	455,1	−95	531,7	−86	879,2
−166	218,5*	−111	486,0	−94	563,4	−85	931,6
−165	245,2*	−110	518,5	−93	596,6	−84	986,4
−164	274,6*	−109	552,7	−92	631,3	−83	1043,6

[1] Nach Landolt-Börnstein, 6. Aufl., IV/4, Beitrag J. Otto/Thomas.

121. Temperatur

t °C	p Torr	t °C	p Torr	t °C	p Torr	t °C	p Torr
CO_2 Kohlendioxid		−90	122,1*	−68	95,1	SO_2 Schwefeldioxid	
$t_v = -78{,}51°$ C		−89	132,2*	−67	102,1	$t_v = -10{,}01°$ C	
		−88	143,0*	−66	109,6		
−106	54,8	−87	154,5*	−65	117,5	−54	66,5
−105	61,3	−86	166,8*	−64	125,9	−53	71,1
−104	68,4	−85	179,0	−63	134,8	−52	76,1
−103	76,2	−84	191,4	−62	144,2	−51	81,4
−102	84,9	−83	204,5	−61	154,2	−50	86,9
−101	94,4	−82	218,4	−60	164,7	−49	92,8
−100	104,8	−81	233,0	−59	175,9	−48	99,0
−99	116,2	−80	248,4	−58	187,6	−47	105,6
−98	128,7	−79	264,5	−57	200,0	−46	112,5
−97	142,4	−78	281,6	−56	213,1	−45	119,8
−96	157,3	−77	299,5	−55	226,9	−44	127,5
−95	173,6	−76	318,4	−54	241,4	−43	135,6
−94	191,4	−75	338,1	−53	256,6	−42	144,1
−93	210,7	−74	358,9	−52	272,7	−41	153,1
−92	231,9	−73	380,6	−51	289,6	−40	162,6
−91	254,7	−72	403,4	−50	307,3	−39	172,5
−90	279,5	−71	427,3	−49	325,9	−38	182,9
−89	306,5	−70	452,2	−48	345,5	−37	193,9
−88	335,7	−69	478,3	−47	366,0	−36	205,4
−87	367,3	−68	505,6	−46	387,5	−35	217,4
−86	401,6	−67	534,0	−45	416,0	−34	230,0
−85	438,6	−66	563,0	−44	433,6	−33	243,1
−84	478,6	−65	594,8	−43	458,2	−32	256,8
−83	521,7	−64	627,1	−42	484,0	−31	271,1
−82	568,2	−63	660,7	−41	511,0	−30	286,1
−81	618,2	−62	695,8	−40	539,2	−29	301,7
−80	672,2	−61	732,2	−39	568,8	−28	318,0
−79	730,3	−60	770,2	−38	599,5	−27	335,0
−78	792,6	−59	809,6	−37	631,6	−26	352,9
−77	859,7	−58	850,5	−36	665,1	−25	371,6
−76	931,7	−57	893,0	−35	700,1	−24	391,2
−75	1008,9	−56	937,0	−34	736,5	−23	411,6
		−55	982,6	−33	774,4	−22	432,5
H_2S Schwefel-		−54	1030,0	−32	813,9	−21	454,3
wasserstoff				−31	855,0	−20	477,1
$t_v = -60{,}26°$ C				−30	897,8	−19	501,0
		NH_3 Ammoniak		−29	942,3	−18	525,7
−98	62,3*	$t_v = -33{,}38°$ C		−28	988,5	−17	551,4
−97	68,0*			−27	1036,5	−16	578,1
−96	74,2*	−74	60,9			−15	605,7
−95	80,9*	−73	65,7			−14	634,3
−94	88,0*	−72	70,9			−13	664,1
−93	95,7*	−71	76,4			−12	695,0
−92	103,9*	−70	82,2			−11	727,1
−91	112,7*	−69	88,4			−10	760,3

1213. Widerstandsthermometer

12131. Relativer-Widerstand w von Platin-Widerstandsthermometern in $w = \dfrac{\varrho_t}{\varrho_{0°C}}$ *

t °C	w	t °C	w	t °C	w	t °C	w
−220	10,41	−20	92,13	180	168,48	380	240,15
−210	14,36	−10	96,07	190	172,18	390	243,61
−200	18,53	0	100,00	200	175,86	400	247,07
−190	22,78	+10	103,90	210	179,54	410	250,51
−180	27,05	20	107,80	220	183,20	420	253,95
−170	31,28	30	111,68	230	186,85	430	257,37
−160	35,48	40	115,54	240	190,49	440	260,79
−150	39,65	50	119,40	250	194,13	450	264,19
−140	43,80	60	123,24	260	197,75	460	267,57
−130	47,93	70	127,08	270	201,35	470	270,95
−120	52,04	80	130,91	280	204,94	480	274,31
−110	56,13	90	134,70	290	208,52	490	277,64
−100	60,20	100	138,50	300	212,08	500	280,94
−90	64,25	110	142,29	310	215,62	510	284,23
−80	68,28	120	146,07	320	219,16	520	287,51
−70	72,29	130	149,83	330	222,68	530	290,79
−60	76,28	140	153,59	340	226,20	540	294,06
−50	80,25	150	157,33	350	229,70	550	297,30
−40	84,21	160	161,06	360	233,19		
−30	88,17	170	164,78	370	236,67		

* Nach DIN 43760

12132. Relativer-Widerstand von Nickel-Widerstandsthermometern $w = \dfrac{\varrho_t}{\varrho_{0°C}}$ *

t °C	w	t °C	w	t °C	w
−60	69,5	10	105,6	100	161,7
−50	74,2	20	111,3	110	168,7
−40	79,1	30	117,1	120	175,9
−30	84,1	40	123,0	130	183,3
−20	89,3	50	129,1	140	190,9
−10	94,6	60	135,3	150	198,7
		70	141,7	160	206,7
0	100	80	148,2	170	214,9
		90	154,9	180	223,1

* Nach DIN 43760

1214. Thermoelemente

Bei den Angaben der Thermospannung von den Thermoelementen bedeutet ein positives Vorzeichen, daß der Strom an der auf der Meßtemperatur befindlichen Lötstelle vom zweitgenannten Metall zum erstgenannten Metall fließt. Die Bezugstemperatur, d. h. die Temperatur der kalten Lötstelle ist meist 0° C.

12141. Thermospannung des Thermopaares Platinrhodium(10% Rh)-Platin zwischen 0 und 1700° C in mV. Bezugstemperatur 0° C[1]

°C	0	10	20	30	40	50	60	70	80	90
0	0	0,056	0,113	0,173	0,235	0,299	0,364	0,431	0,500	0,571
100	0,643	0,717	0,792	0,869	0,946	1,025	1,106	1,187	1,269	1,352
200	1,436	1,521	1,607	1,693	1,780	1,868	1,956	2,045	2,135	2,225
300	2,316	2,408	2,499	2,592	2,685	2,778	2,872	2,966	3,061	3,156
400	3,251	3,347	3,442	3,539	3,635	3,732	3,829	3,926	4,024	4,122
500	4,221	4,319	4,419	4,518	4,618	4,718	4,818	4,919	5,020	5,122
600	5,224	5,326	5,429	5,532	5,635	5,738	5,842	5,946	6,050	6,155
700	6,260	6,365	6,471	6,577	6,683	6,790	6,897	7,005	7,112	7,220
800	7,329	7,438	7,547	7,656	7,766	7,876	7,987	8,098	8,209	8,320
900	8,432	8,545	8,657	8,770	8,883	8,997	9,111	9,225	9,340	9,455
1000	9,570	9,686	9,802	9,918	10,035	10,152	10,269	10,387	10,505	10,623
1100	10,741	10,860	10,979	11,098	11,217	11,336	11,456	11,575	11,695	11,815
1200	10,935	12,055	12,175	12,296	12,416	12,536	12,657	12,777	12,897	13,018
1300	13,138	13,258	13,378	13,498	13,618	13,738	13,858	13,978	14,098	14,217
1400	14,337	14,457	14,576	14,696	14,815	14,935	15,054	15,173	15,292	15,411
1500	15,530	15,649	15,768	15,887	16,006	16,124	16,243	16,361	16,479	16,597
1600	16,716	16,834	16,952	17,069	17,187	17,305	17,422	17,539	17,657	17,774
1700	17,891	18,008	18,124	18,241	18,358	18,474	18,590	—	—	—

[1] Nach DIN 43710.

12142. Thermospannung des Kupfer-Konstantan-Thermopaares in mV. Bezugstemperatur 0° C[1]

°C	0	−10	−20	−30	−40	−50	−60	−70	−80	−90
−200	−5,20									
−100	−3,40	−3,68	−3,95	−4,21	−4,46	−4,69	−4,91	−5,12	−5,32	−5,51
0	0	−0,39	−0,77	−1,14	−1,50	−1,85	−2,18	−2,50	−2,81	−3,11

°C	0	10	20	30	40	50	60	70	80	90
0	0	0,40	0,80	1,21	1,63	2,05	2,48	2,91	3,35	3,80
100	4,25	4,71	5,18	5,65	6,13	6,62	7,12	7,63	8,15	8,67
200	9,20	9,74	10,29	10,85	11,41	11,98	12,55	13,13	13,71	14,30
300	14,89	15,49	16,09	16,69	17,30	17,91	18,52	19,13	19,75	20,37
400	20,99	21,61	22,24	22,87	23,50	24,14	24,78	25,43	26,08	26,74
500	27,40	28,07	28,74	29,42	30,10	30,79	31,48	32,18	32,88	33,59

12143. Thermospannung des Eisen-Konstantan-Thermopaares in mV. Bezugstemperatur 0° C[1]

°C	0	−10	−20	−30	−40	−50	−60	−70	−80	−90
−200	−8,15									
−100	−4,60	−5,00	−5,39	−5,77	−6,14	−6,50	−6,85	−7,19	−7,52	−7,84
0	0	−0,51	−1,01	−1,50	−1,98	−2,45	−2,90	−3,34	−3,77	−4,19

°C	0	10	20	30	40	50	60	70	80	90
0	0	0,52	1,05	1,58	2,11	2,65	3,19	3,73	4,27	4,82
100	5,37	5,92	6,47	7,03	7,59	8,15	8,71	9,27	9,83	10,39
200	10,95	11,51	12,07	12,63	13,19	13,75	14,31	14,87	15,43	15,99
300	16,55	17,11	17,67	18,23	18,79	19,35	19,91	20,47	21,03	21,59
400	22,15	22,71	23,28	23,85	24,42	25,99	25,56	26,13	26,70	27,27
500	27,84	28,42	29,00	29,58	30,16	30,74	31,32	31,90	32,48	33,07
600	33,66	34,25	34,84	35,43	36,03	36,63	37,24	37,85	38,47	39,09
700	39,72	40,35	40,99	41,63	42,28	42,93	43,58	44,24	44,90	45,56
800	46,23	46,90	47,58	48,26	48,95	49,64	50,33	51,03	51,73	52,44

[1] Nach DIN 43710.

12144. Thermospannung der Thermopaare Chromel-Alumel[1] und Nickelchrom-Nickel zwischen $0°$ und $1200°C$ in mV. Bezugstemperatur $0°C$[2]

°C	0	−10	−20	−30	−40	−50	−60	−70	−80	−90
−100	−3,49	−3,78	−4,06	−4,32	−4,58	−4,81	−5,03	−5,24	−5,43	−5,60
0	0	−0,39	−0,77	−1,14	−1,50	−1,86	−2,20	−2,54	−2,87	−3,19

°C	0	10	20	30	40	50	60	70	80	90
0	0	0,40	0,80	1,20	1,61	2,02	2,43	2,85	3,26	3,68
100	4,10	4,51	4,92	5,33	5,73	6,13	6,53	6,93	7,33	7,73
200	8,13	8,54	8,94	9,34	9,75	10,16	10,57	10,98	11,39	11,80
300	12,21	12,63	13,04	13,46	13,88	14,29	14,71	15,13	15,55	15,98
400	16,40	16,82	17,24	17,67	18,09	18,51	18,94	19,36	19,79	20,22
500	20,65	21,07	21,50	21,92	22,35	22,78	23,20	23,63	24,06	24,49
600	24,91	25,34	25,76	26,19	26,61	27,03	27,45	27,87	28,29	28,72
700	29,14	29,56	29,97	30,39	30,81	31,23	31,65	32,06	32,48	32,89
800	33,30	33,71	34,12	34,53	34,93	35,34	35,75	36,15	36,55	36,96
900	37,36	37,76	38,16	38,56	38,95	39,35	39,75	40,14	40,53	40,92
1000	41,31	41,70	42,09	42,48	42,87	43,25	43,63	44,02	44,40	44,78
1100	45,16	45,54	45,92	46,29	46,67	47,04	47,41	47,78	48,15	48,52
1200	48,89	49,25	49,62	49,98	50,34	50,69	51,05	51,41	51,76	52,11
1300	52,46	52,81	53,16	53,51	53,85	54,20	54,54	54,88		

[1] Chromel: 89% Ni+10% Cr+1% Fe; Alumel: 94% Ni+2,0% Al+1,5% Si+2,5% Mn.
[2] Nach Landolt-Börnstein, Bd. IV/4, Beitrag OTTO/THOMAS.

12145. Thermospannung des Thermopaares Gold—Silber[1]. Bezugstemperatur 0° C

t °C	in V
−258,61	−0,289
−204,68	−0,099
−153,95	−0,015
−70,5	−0,014
0	0
+56	+0,004
+100	+0,012

[1] Nach Landolt-Börnstein, Bd. IV/4, Beitrag OTTO/THOMAS.

12146. Thermospannung des Thermopaares aus Legierungen von Gold, Silber und Kobalt: Au 0,95 Co—Ag 0,91 Au. Bezugstemperatur 0° C[1]

t °C	in V
−250	−8,5
−225	−7,9
−200	−7,2
−150	−5,4
−100	−3,6
−50	−1,8
0	0

12147. Thermospannungen von Thermopaaren aus Molybdän, Wolfram oder Tantal Thermospannungen in mV; Bezugstemperatur 20° C[1]

t °C	Mo-Ta	W-Ta	W-Mo
800	12,20	10,65	−1,32
900	13,60	12,20	−1,15
1000	14,80	13,72	−0,80
1200	16,90	16,65	−0,20
1400	18,35	19,05	0,85
1600	19,25	20,90	2,18
1800	19,45	22,25	3,73
2000	18,85	22,90	5,30
2200	17,70		6,80
2400	15,90		7,75
2500	14,90		8,00

[1] Nach Landolt-Börnstein, Bd. IV/4, Beitrag OTTO/THOMAS.

1215. Temperaturmessung mit Teilstrahlungspyrometer

Mit Teilstrahlungspyrometern wird mittels Leuchtdichtenvergleich in einem durch Filter ausgesonderten Spektralbereich festgestellt, bei welcher Temperatur der schwarze Körper dieselbe spektrale Leuchtdichte wie der Körper, dessen Temperatur gemessen werden soll, hat. Wird die Temperatur in einem Ofeninnenraum festgestellt, so ist die ermittelte Temperatur die wahre Temperatur des Körpers. Mißt man jedoch Temperaturen von Oberflächen, bei denen stets das Emissionsvermögen kleiner als das des Hohlraumstrahlers ist, so wird auf diese Weise die sogenannte schwarze Temperatur (T_s) für den bestimmten Wellenlängenbereich, bzw. für die wirksame Wellenlänge, des Filters bestimmt. Ist der Emissionsgrad des Körpers für diese Wellenlänge (ε_λ) bekannt, so läßt sich die wahre Temperatur nach der Planckschen Strahlungsgleichung berechnen:

$$\varepsilon_\lambda = \frac{e^{\frac{c_2}{\lambda T_w}} - 1}{e^{\frac{c_2}{\lambda T_s}} - 1}$$

121. Temperatur

Meist genügt die Berechnung nach der Wienschen Formel:

$$\ln \varepsilon_\lambda = \frac{c_2}{\lambda}\left(\frac{1}{T_w} - \frac{1}{T_s}\right).$$

Wird der Vergleich im roten Teil des Spektrums durchgeführt, und ein Filter mit der wirksamen Wellenlänge $\lambda = 0{,}65$ μm (z. B. das Rotfilter von Schott RG 2) verwandt, so kann bei bekanntem Emissionsvermögen des Körpers für $\lambda = 0{,}65$ μm mittels der Abbildung die wahre Temperatur ermittelt werden.

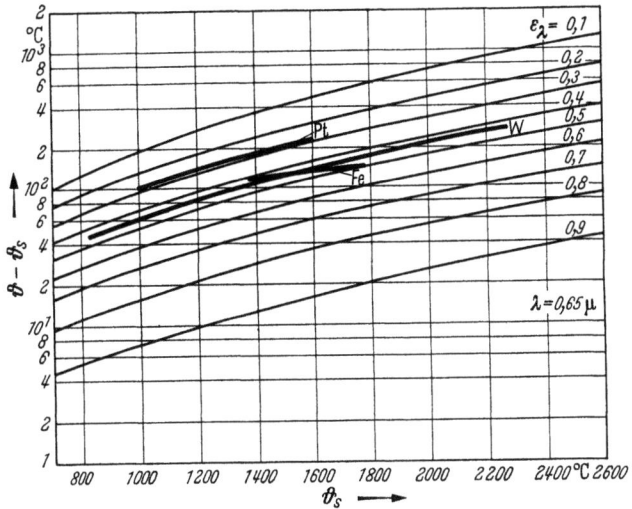

1216. Erweichungspunkte der Segerkegel in °C

Segerkegel werden vor allem in Brennöfen der keramischen Industrie verwandt. Die Erweichungstemperatur hängt auch von der Anheizgeschwindigkeit ab.

SK Nr.	Temperatur in °C	SK Nr.	Temperatur in °C	SK Nr.	Temperatur in °C	SK Nr.	Temperatur in °C
022	600	07a	960	9	1280	29	1650
021	650	06a	980	10	1300	30	1670
020	670	05a	1000	11	1320	31	1690
019	690	04a	1020	12	1350	32	1710
018	710	03a	1040	13	1380	33	1730
017	730	02a	1060	14	1410	34	1750
016	750	01a	1080	15	1435	35	1770
015a	790	1a	1100	16	1460	36	1790
014a	815	2a	1120	17	1480	37	1825
013a	835	3a	1140	18	1500	38	1850
012a	855	4a	1160	19	1520	39	1880
011a	880	5a	1180	20	1530	40	1920
010a	900	6a	1200	26	1580	41	1960
09a	920	7	1230	27	1610	42	2000
08a	940	8	1250	28	1630		

1217. Temperatur-Meßfarben und -Meßfarbstifte[2]

12171. Einfach-Meßfarben mit einem Farbumschlag (Thermocolore)[2]

Farbe Nr.	Ausgangs-farbe	Umschlag-farbe	Umschlag-temperatur °C	Farbe Nr.	Ausgangs farbe	Umschlag-farbe	Umschlag-temperatur °C
1	rosa	blau	40	6	grün	braun	220
2	hellgrün	blau	60	7	gelb	rotbraun	290
2a	blau	grun	80	8	weiß	braun	340
3	gelb	violett	110	9	violett	weiß	440
4	purpur	blau	140	10	rosa	weiß (üb. braun)	500
4a	blau	schwarz	165	11	blau	violett	580
5	weiß	braun	175	12	olivgrün	hellgrün	650

12172. Mehrfach-Meßfarben (Thermocolore)[1]

Farbe Nr.	Ausgangs-farbe	1. Umschlag farbe	Umschlag-temperatur °C	2. Umschlag-farbe	Umschlag-temperatur °C
20	hellrosa	hellblau	65	hellbraun	145
21	graugrün	olivgrün	145	braun	220
22	rosa	hellbraun	145	schwarz	175
23	dunkelgelb	graugrün	175	rotbraun	290
24	gelb	violett	290	braun	340

[1] Hersteller: Badische Anilin und Sodafabrik, Ludwigshafen.
[2] Nach F. LIENEWEG, Temperaturmessung, Leipzig 1950.

1218. Korrektionswerte für Ablesungen an Flüssigkeitsthermometern bei herausragendem Faden

Bei der Eichung von Flüssigkeitsthermometern befindet sich das ganze Thermometer auf der Meßtemperatur. Bei Betriebsthermometern wird die Eichung auch mit herausragendem Faden vorgenommen, dann befindet sich auf der Rückseite des Thermometers eine Angabe über die Länge des herausragenden Fadens und die Temperatur desselben während der Eichung. Befindet sich ein ohne herausragenden Faden geprüftes Thermometer bei der Messung nicht vollständig in dem Raume, dessen Temperatur bestimmt werden soll, sondern ragt der Faden um $n°$ heraus, und beträgt die mittlere Temperatur des herausragenden Fadens $\vartheta_F°$, dann ist eine Korrektion, die der Differenz des Ausdehnungskoeffizienten der Flüssigkeit und des Glases Rechnung trägt (scheinbarer Ausdehnungskoeffizient γ) anzubringen.

Ist die abgelesene Temperatur $\vartheta_a°$, dann ist die wahre Temperatur

$$\vartheta_w° = \vartheta_a° + n\gamma(\vartheta_a° - \vartheta_F°).$$

Die Werte des scheinbaren Ausdehnungskoeffizienten γ für Hg in Thermometern verschiedener Gläser sind in folgender Tabelle angegeben.

Die γ-Werte für Toluol und Äthanol in Glas sind 0,0010.

Scheinbarer Ausdehnungskoeffizient γ von Hg in Gläsern

Temperaturbereich °C	Glassorte			
	Jenaer Normalglas (16 III) Wertheimer Normalglas	Jenaer Thermo- meterglas (2954)	Jenaer Supremax- glas 8400	Quarzglas
− 58 bis +100	0,000158	0,000164	0,000172	0,000181
oberhalb +100 bis +200	0,000160	0,000166	0,000174	0,000184
oberhalb +200 bis +300	0,000163	0,000170	0,000179	0,000189
oberhalb +300 bis +400	0,000170	0,000178	0,000186	0,000197
oberhalb +400 bis +500		0,000189	0,000197	0,000210
oberhalb +500 bis +625			0,000212	0,000225

122. Reduktion einer Wägung in Luft auf den luftleeren Raum

Ein in Luft mit Hilfe der üblichen Gewichtsstücke gewogener Körper verliert durch Auftrieb so viel an Gewicht, wie die von ihm verdrängte Luftmenge wiegt; ebenso erleiden die Gewichtsstücke einen entsprechenden Gewichtsverlust. Das Gewicht P_v des Körpers im luftleeren Raum ergibt sich also durch eine Korrektur, welche die Dichte der abzuwägenden Substanz, die Dichte des Materials der Gewichtsstücke und die Dichte der Luft während der Wägung berücksichtigt (die Korrektur ergibt sich aus der Differenz der Auftriebe). Die Dichte der Luft ist abhängig von Temperatur Barometerstand und Luftfeuchtigkeit; in den meisten Fällen ergibt der Wert 0,0012 gcm^{-3} für die Dichte bei 20° C und 760 Torr völlig ausreichende Genauigkeit. Die Tabelle liefert die Korrekturgrößen R für Körper, deren Dichte D, zwischen 0,70 und 22 gcm^{-3} liegt und die bei Wägung entweder mit Messing- oder mit Quarzgewichten in Luft das Gewicht P_L hatten. — Die Korrektionsfaktoren für Quarzgewichte gelten wegen der nahezu gleichen Dichte von Quarz und Al auch für Aluminiumgewichte.

Es ist $P_v = P_L \left(1 + \dfrac{R}{1000}\right)$ zu setzen.

Reduktion einer Wägung auf den luftleeren Raum

D gcm^{-3}	R Messing- Gewichte	R Quarz- oder Al- Gewichte	D gcm^{-3}	R Messing- Gewichte	R Quarz- oder Al- Gewichte	D gcm^{-3}	R Messing- Gewichte	R Quarz- oder Al- Gewichte
0,70	1,57	1,26	1,06	0,99	0,68	2,8	0,29	−0,02
0,72	1,52	1,21	1,08	0,97	0,66	3,0	0,26	−0,05
0,74	1,48	1,17	1,10	0,95	0,64	3,5	0,20	−0,11
0,76	1,44	1,13	1,15	0,90	0,59	4	0,16	−0,15
0,78	1,40	1,09	1,20	0,86	0,55	5	0,10	−0,21
0,80	1,36	1,05	1,25	0,82	0,51	6	0,06	−0,25
0,82	1,32	1,01	1,30	0,78	0,47	7	0,03	−0,28
0,84	1,29	0,98	1,35	0,75	0,44	8	0,01	−0,30
0,86	1,25	0,94	1,4	0,71	0,40	9	−0,01	−0,32
0,88	1,22	0,91	1,5	0,66	0,35	10	−0,02	−0,33
0,90	1,19	0,88	1,6	0,61	0,30	12	−0,04	−0,35
0,92	1,16	0,85	1,7	0,56	0,25	14	−0,06	−0,37
0,94	1,13	0,82	1,8	0,52	0,21	16	−0,07	−0,38
0,96	1,11	0,80	1,9	0,49	0,18	18	−0,08	−0,39
0,98	1,08	0,77	2,0	0,46	0,15	20	−0,08	−0,39
1,00	1,06	0,75	2,2	0,40	0,09	22	−0,09	−0,40
1,02	1,03	0,72	2,4	0,36	0,05			
1,04	1,01	0,70	2,6	0,32	0,01			

123. Druckmessung
1231. Reduktion des am Maßstab aus Messing abgelesenen Barometerstandes auf 0° C

Ist b der abgelesene Barometerstand, ϑ die Temperatur des Barometers, $\bar{\gamma} = 0{,}0001823 \cdot \text{grd}^{-1}$ der mittlere kubische Ausdehnungskoeffizient des Quecksilbers zwischen $0 + 35°$, $\bar{\alpha} = 0{,}0000185 \text{ grd}^{-1}$ der lineare Ausdehnungskoeffizient des Messings, so ist der auf 0° reduzierte Barometerstand:

$$b_0 = b \cdot \frac{1 + \bar{\alpha}\vartheta}{1 + \bar{\gamma}\vartheta} = b\,[1 - (\bar{\gamma} - \bar{\alpha})\vartheta] = b + \Delta b.$$

Bei Temperaturen oberhalb von 0° ist Δb von dem abgelesenen Barometerstand abzuziehen; liegt die Beobachtungstemperatur unterhalb von 0°, so ist die Korrektur hinzuzuzählen. Sie hat alsdann einen ein wenig größeren absoluten Wert als die bei der gleichen positiven Temperatur; doch beträgt der Unterschied bis zu Temperaturen von $-10°$ weniger als 0,01 mm. Die Δb-Werte können aus der Tabelle auf S. 51 entnommen werden.

Erfolgt die Ablesung an einem Maßstab aus Glas, so ist $\Delta b_g = 1{,}004\,\Delta b$.

1232. Kapillardepression des Quecksilbers

Durch die Grenzflächenspannung zwischen Quecksilber und Glas gibt die Ablesung am Barometer nicht den wahren Stand an. Die anzubringende Korrektur hängt von der Rohrweite und von der Reinheit der Oberfläche ab. Für reines Quecksilber (frische Oberfläche) sind die dem abgelesenen Barometerstand hinzuzuzählenden Werte in Torr in Abhängigkeit von der Rohrweite und Kuppenhöhe angegeben.

Rohr-durch-messer in mm	Kuppenhöhe in mm								
	0,2	0,4	0,6	0,8	1,0	1,2	1,4	1,6	1,8
7	0,17	0,34	0,49	0,62	0,74	0,85	0,95	1,04	1,12
8	0,13	0,27	0,39	0,49	0,59	0,68	0,76	0,82	0,87
9	0,10	0,21	0,30	0,39	0,47	0,54	0,60	0,65	0,70
10	0,08	0,16	0,23	0,30	0,36	0,42	0,48	0,52	0,57
11	0,06	0,11	0,17	0,22	0,27	0,32	0,37	0,41	0,45
12	0,04	0,08	0,12	0,15	0,19	0,23	0,27	0,31	0,34
13	0,03	0,06	0,09	0,11	0,14	0,17	0,20	0,22	0,25
14	0,02	0,05	0,07	0,09	0,11	0,14	0,16	0,18	0,21
15	0,02	0,04	0,06	0,08	0,09	0,11	0,13	0,15	0,17
16	0,02	0,03	0,05	0,06	0,07	0,09	0,10	0,12	0,14
17	0,01	0,02	0,03	0,04	0,05	0,06	0,07	0,08	0,09
18	0,01	0,01	0,02	0,03	0,04	0,04	0,05	0,06	0,07
19	0,01	0,01	0,02	0,02	0,03	0,03	0,04	0,04	0,05

Die Werte für 7...10 mm Rohrdurchmesser nach SÜRING[1] sind graphisch angeglichen an die für 10...19 mm Rohrdurchmesser geltenden von CAWOOD und PATTERSON[2].

---

[1] Suring: Veröff. preuß. Meteor.-Inst. 1917 Nr. 292
[2] Cawood and Patterson: Trans. Faraday Soc. 29, 514 (1933)

123. Druckmessung

°C	100	200	300	400	500	600	680	690	700	710	720	730	740	750	760	770	780
1	0,02	0,03	0,05	0,06	0,08	0,09	0,11	0,11	0,11	0,12	0,12	0,12	0,12	0,12	0,12	0,13	0,13
2	0,03	0,07	0,10	0,13	0,16	0,20	0,22	0,23	0,23	0,23	0,23	0,24	0,24	0,24	0,25	0,25	0,25
3	0,05	0,10	0,15	0,19	0,24	0,29	0,33	0,34	0,34	0,35	0,35	0,36	0,36	0,37	0,37	0,38	0,38
4	0,07	0,13	0,20	0,26	0,33	0,39	0,44	0,45	0,46	0,46	0,47	0,48	0,48	0,49	0,50	0,50	0,388 0,51
5	0,08	0,16	0,24	0,33	0,41	0,49	0,55	0,56	0,57	0,58	0,59	0,59	0,60	0,61	0,62	0,63	0,64
6	0,10	0,20	0,30	0,39	0,49	0,59	0,66	0,67	0,68	0,69	0,70	0,71	0,72	0,73	0,74	0,75	0,76
7	0,11	0,23	0,34	0,46	0,57	0,69	0,78	0,79	0,80	0,81	0,82	0,83	0,84	0,86	0,87	0,88	0,89
8	0,13	0,26	0,39	0,52	0,65	0,78	0,89	0,90	0,91	0,93	0,94	0,95	0,96	0,98	0,99	1,00	1,02
9	0,15	0,29	0,44	0,59	0,74	0,88	1,00	1,01	1,03	1,04	1,06	1,07	1,08	1,10	1,11	1,13	1,14
10	0,16	0,33	0,49	0,65	0,82	0,98	1,11	1,12	1,14	1,16	1,17	1,19	1,21	1,22	1,24	1,25	1,27
11	0,18	0,36	0,54	0,72	0,90	1,08	1,22	1,24	1,25	1,27	1,29	1,31	1,33	1,34	1,36	1,38	1,40
12	0,19	0,39	0,58	0,78	0,97	1,18	1,33	1,35	1,37	1,39	1,41	1,43	1,45	1,47	1,48	1,50	1,52
13	0,21	0,42	0,64	0,85	1,06	1,27	1,44	1,46	1,48	1,50	1,52	1,54	1,57	1,59	1,61	1,63	1,65
14	0,23	0,46	0,69	0,92	1,14	1,37	1,55	1,57	1,59	1,62	1,64	1,66	1,69	1,71	1,73	1,75	1,78
15	0,24	0,49	0,73	0,98	1,22	1,47	1,66	1,68	1,71	1,73	1,76	1,78	1,81	1,83	1,85	1,88	1,90
16	0,26	0,52	0,79	1,05	1,31	1,57	1,77	1,80	1,82	1,85	1,87	1,90	1,93	1,95	1,98	2,00	2,03
17	0,28	0,56	0,83	1,11	1,39	1,67	1,88	1,91	1,94	1,96	1,99	2,02	2,05	2,07	2,10	2,13	2,16
18	0,29	0,59	0,88	1,17	1,47	1,76	1,99	2,02	2,05	2,08	2,11	2,14	2,17	2,20	2,22	2,25	2,28
19	0,31	0,62	0,93	1,24	1,55	1,86	2,10	2,13	2,16	2,19	2,22	2,25	2,29	2,32	2,35	2,38	2,41
20	0,33	0,65	0,98	1,31	1,63	1,96	2,21	2,24	2,28	2,31	2,34	2,37	2,41	2,44	2,47	2,50	2,54
21	0,34	0,68	1,03	1,37	1,71	2,05	2,32	2,35	2,39	2,42	2,46	2,49	2,53	2,56	2,59	2,63	2,66
22	0,36	0,72	1,08	1,44	1,80	2,16	2,43	2,47	2,50	2,54	2,57	2,61	2,65	2,68	2,72	2,75	2,79
23	0,38	0,75	1,13	1,50	1,88	2,25	2,54	2,58	2,62	2,65	2,69	2,73	2,77	2,80	2,84	2,88	2,91
24	0,39	0,78	1,17	1,56	1,96	2,34	2,65	2,69	2,73	2,77	2,81	2,85	2,88	2,92	2,96	3,00	3,04
25	0,41	0,82	1,22	1,63	2,04	2,45	2,76	2,80	2,84	2,88	2,92	2,96	3,00	3,05	3,09	3,13	3,17
26	0,42	0,85	1,27	1,70	2,12	2,54	2,87	2,91	2,96	3,00	3,04	3,08	3,12	3,17	3,21	3,25	3,29
27	0,44	0,88	1,32	1,76	2,20	2,64	2,98	3,02	3,07	3,11	3,16	3,20	3,24	3,29	3,33	3,38	3,42
28	0,46	0,91	1,37	1,83	2,28	2,74	3,09	3,14	3,18	3,23	3,27	3,32	3,36	3,41	3,45	3,50	3,54
29	0,47	0,94	1,42	1,89	2,36	2,84	3,20	3,25	3,29	3,34	3,39	3,44	3,48	3,53	3,58	3,62	3,67
30	0,49	0,98	1,46	1,95	2,44	2,93	3,31	3,36	3,41	3,46	3,50	3,55	3,60	3,65	3,70	3,75	3,80
31	0,51	1,01	1,52	2,02	2,52	3,03	3,42	3,47	3,52	3,57	3,62	3,67	3,72	3,77	3,82	3,87	3,92
32	0,52	1,04	1,56	2,08	2,60	3,13	3,53	3,58	3,63	3,68	3,74	3,79	3,84	3,89	3,94	4,00	4,05
33	0,54	1,07	1,61	2,15	2,68	3,22	3,64	3,69	3,75	3,80	3,85	3,91	3,96	4,01	4,07	4,12	4,17
34	0,55	1,11	1,66	2,22	2,77	3,32	3,75	3,80	3,86	3,91	3,97	4,02	4,08	4,13	4,19	4,24	4,30
35	0,57	1,14	1,71	2,28	2,85	3,42	3,86	3,91	3,97	4,03	4,09	4,14	4,20	4,26	4,31	4,37	34,4

1233. Korrektionswert für den Meniskus bei Wassersäulen

Durch die Grenzflächenspannung zwischen Glas und Wasser entsteht in engen Röhren eine konkave Oberfläche. In der Tabelle sind die Zahlen angegeben, um die sich die Mitte des Meniskus bei Wasser heben würde, wenn die gleiche Flüssigkeitsmenge eine ebene horizontale Fläche bildete.

Röhren-durchmesser mm	h mm	Röhren-durchmesser mm	h mm
14	1,10	18	0,87
15	1,03	19	0,84
16	0,97	20	0,82
17	0,91	21	0,80

1234. Korrektion für die geographische Breite φ und Höhe h

Bei Druckmessungen wird auf die Normalfallbeschleunigung $g_N = 980,665$ cms^{-2} bezogen, für $\varphi = 45°$ und Meereshöhe $0°$.[1]

Die Fallbeschleunigung ändert sich mit der geographischen Breite φ und der Höhe h des Beobachtungsortes. Zur Berechnung von g auf der Breite φ wird die Formel

$$g_\varphi = 978,049 \,(1 + 0,0052884 \sin^2 \varphi - 0,0000059 \sin^2 2\varphi)$$

benutzt.

Die Werte von g in Abhängigkeit von φ sind in der Tabelle 12341 angegeben, dazu ist der Wert $\Delta \varphi = \dfrac{g - g_N}{g_N}$ angegeben, der über $p_N = p(1 + \Delta \varphi)$ den gemessenen Luftdruck p in der Breite φ auf Normalschwere umzurechnen gestattet.

12341. Korrektion für die die geographische Breite

Breite $\varphi°$	Teil-beschleunigung g_φ	$\Delta\varphi \cdot 10^3$	Breite $\varphi°$	Teil-beschleunigung g_φ	$\Delta\varphi \cdot 10^3$
0	978,049	−2,668	50	981,079	+0,4211
5	978,088	−2,628	55	981,515	+0,8658
10	978,204	−2,509	60	981,924	+1,2842
15	978,394	−2,315	65	982,294	+1,6145
20	978,652	−2,0526	70	982,614	+1,9868
25	978,969	−1,7289	75	982,873	+2,2526
30	979,338	−1,3526	80	983,065	+2,4474
35	979,746	−0,9382	85	983,182	+2,5658
40	980,181	−0,4947	90	983,221	+2,6066
45	980,629	−0,0363			

[1] Dieser Wert ist international festgelegt, genaue Messungen haben jedoch ergeben, daß $g(\varphi=45°, h=0)$ 980,62939 cms^{-2} ist.

In freier Luft ändert sich g mit der Höhe: $\dfrac{\Delta g}{h} = -0,0003082 \dfrac{\text{cm s}^{-2}}{\text{m}}$.

Ist anstatt Luft nur Gesteinsmasse von der Dichte ϱ vorhanden, so ist

$$\frac{\Delta g}{h} = (-0,0003082 + 0,0000419\,\varrho)\,\frac{\text{cm s}^{-2}}{\text{m}}.$$

Unabhängig von der Änderung der Fallbeschleunigung mit der Höhe ist die in Tabelle 12342 angegebene Druckänderung mit der Höhe, die durch die Zusammendrückbarkeit der Luft bedingt ist (Gasgesetz).

12342. Der Luftdruck p in Torr als Funktion der Höhe h

h m	p Torr	h m	p Torr	h m	p Torr	h m	p Torr
0	760,0	1800	611,2	4000	462,2	7500	286,8
100	751,0	2000	596,2	4500	432,9	8000	266,9
200	742,1	2400	567,2	5000	405,1	8500	248,2
500	716,0	2800	539,3	5500	378,7	9000	230,5
800	690,6	3000	525,8	6000	353,8	9500	213,8
1000	674,1	3400	499,6	6500	330,2	10000	198,2
1400	642,0	3800	474,4	7000	307,9		

1235. Ortstabelle für die Fallbeschleunigung

λ geographische Länge östlich von Greenwich, φ geographische Breite, h Meereshöhe, g Fallbeschleunigung.

Ort	λ in °	φ in °	h in m	g in cms^{-2}
Aachen, Rathaus	6,08	50,78	179	981,112
Amsterdam	4,91	52,37	0	981,288
Baltimore	−76,62	39,30	30	980,097
Basel	7,58	47,56	277	980,778
Berlin-Charlottenburg	13,32	52,52	33	981,288
Bern	7,45	46,94	522	980,612
Bonn	7,10	50,73	60	981,132
Braunschweig	10,46	52,30	74	981,267
Bremen	8,82	53,08	0	981,341
Breslau	17,07	51,11	116	981,158
Brünn	16,60	49,21		980,961
Brüssel	4,36	50,80	102	981,112
Budapest	19,06	47,48	108	980,852
Cambridge, Engl.	0,10	52,21	25	981,268
Cambridge, Mass.	−71,13	42,38	14	980,398
Danzig	18,62	54,37	21	981,452
Darmstadt	8,66	49,88	144	981,045
Dorpat	26,72	58,38	68	981,790
Dresden	13,73	51,06	121	981,128
Edinburgh	−3,16	55,96	104	981,584
Erlangen	11,01	49,60	279	980,957
Florenz	11,26	43,76	184	980,491
Frankfurt a. M.	8,65	50,12	99	981,066
Freiburg i. Br.	7,86	48,01	266	980,841
Freiburg i. Sa.	13,33	50,92	432	981,050
Genf	6,15	46,20	402	980,582
Gießen	8,67	50,58	159	981,109
Glasgow	−4,23	55,86	61	981,605
Göttingen	9,97	51,55	270	981,157
Graz	15,45	47,08	365	980,706
Greenwich	0,00	51,48	48	981,188
Greifswald	13,4	54,10		981,44
Halle	11,97	51,48	79	981,221
Hamburg-Harburg	9,93	53,46	30	981,379
Hannover	9,71	52,39	54	981,277
Heidelberg	8,7	49,41	100	981,01
Innsbruck	11,40	47,27	576	980,570
Jena	11,58	50,93	154	981,123
Johannisburg	28,03	−26,19	1755	978,550

Ort	λ in °	φ in °	h in m	g in cms⁻²
Karlsruhe	8,41	49,01	115	980,956
Kiel	10,14	54,32	2	981,468
Köln	6,93	50,94	49	981,154
Königsberg	20,49	54,71	22	981,473
Kopenhagen	12,50	55,74	45	981,558
Leiden	4,48	52,16	6	981,273
Leipzig	12,39	51,34	115	981,180
Leningrad	30,30	59,92	4	981,931
Madrid	3,69	40,41	655	979,981
Mailand	9,23	45,48	116	980,564
Marburg	8,77	50,82	185	981,124
Marseille	5,39	43,30	61	980,485
Melbourne	144,89	−37,79	44	979,979
Moskau	37,57	55,76	139	981,564
München	11,50	48,17	514	980,744
Münster	7,63	51,95	63	981,237
New York	−73,96	40,81	38	980,247
Oslo	10,72	59,91	28	981,927
Oxford	−1,3	51,76	58	981,207
Paris	2,22	48,83	66	980,941
Potsdam	13,07	52,38	87	981,274
Prag	14,39	50,09	297	981,014
Quito (Ecuador)	−78,50	−0,22	2815	977,280
Rom	12,50	41,89		980,362
Rostock	21,1	54,09	15	981,44
Stockholm	18,05	59,33	8	981,846
Straßburg	7,77	48,58	137	980,896
Stuttgart	9,17	48,78	247	980,891
Tübingen	9,08	48,53	326	980,845
Turin	7,70	45,07	233	980,549
Utrecht	5,13	52,09	5	981,263
Washington	−77,03	38,89	0	980,119
Wien	16,36	48,21	183	980,860
Würzburg	9,93	49,79	178	981,032
Zürich	8,55	47,38	466	980,665

1236. Normalatmosphäre

Für die Normalatmosphäre Ina nach DIN 5450 gelten bis 11 km Höhe folgende Beziehungen:

$$\vartheta = (15° - 0{,}0065° \, h) \text{C} \qquad (h \text{ in m über Meereshöhe})$$

$$p = 760 \left(1 - \frac{0{,}0065}{288} h\right)^{5{,}255} \text{Torr.}$$

Die Werte von ϑ, p und der Dichte von Luft sind in der Tabelle 1236 angegeben.

Höhe h km	Temperatur t °C	Druck p Torr	Luftdichte ϱ kg/m³	Höhe h km	Temperatur t °C	Druck p Torr	Luftdichte ϱ kg/m³
−0,2	16,30	778,20	1,2492	0,5	11,75	716,00	1,1677
−0,1	15,65	769,06	1,2373	0,6	11,10	707,45	1,1564
0	15,00	760,00	1,2255	0,7	10,45	698,99	1,1452
0,1	14,35	751,03	1,2138	0,8	9,80	690,61	1,1341
0,2	13,70	742,14	1,2021	0,9	9,15	682,31	1,1230
0,3	13,05	733,34	1,1906	1,0	8,50	674,90	1,1121
0,4	12,40	724,63	1,1791	1,2	7,20	657,98	1,0904

124. Reduktion eines Gasvolumens auf den Normzustand (0° C und 760 Torr)

Nach den Gasgesetzen ist die Reduktion für ein ideales Gas, dessen Volumen V bei ϑ° C und p Torr gemessen wurde, gegeben durch

$$V_{(0°\,C\,760\,\text{Torr})} = \frac{V_{\vartheta,p} \cdot p}{(1 + 0{,}00367 \cdot \vartheta)\,760}.$$

Der Faktor $\dfrac{p}{760} \cdot \dfrac{1}{1 + 0{,}00367\,\vartheta}$ ist in Abhängigkeit von ϑ und p in folgender Tabelle gegeben.

Die Genauigkeit der Zahl ist im allgemeinen größer als die Abweichung der realen Gase vom Gasgesetz. Für genaue Reduktionen müssen diese Abweichungen berücksichtigt werden.

Bei mit Wasserdampf gesättigten Gasen ist außerdem auf Trockenheit zu korrigieren. Der Sättigungsdruck des Wassers ist in Tabelle 22206 zu finden.

p in Torr	$\dfrac{p}{(1+0{,}00367\,\vartheta)\cdot 760}$ für ϑ in °C						
	−20	−10	0	+10	+20	+30	+40
10	0,01420	0,01366	0,01316	0,01270	0,01226	0,01186	0,01148
20	02840	02732	02632	02539	02452	02371	02296
30	04259	04097	03947	03808	03678	03556	03434
40	05679	05463	05263	05077	04904	04742	04591
50	07099	06829	06579	06347	06130	05928	05739
60	08519	08195	07895	07616	07357	07113	06887
70	09939	09561	09211	08886	08583	08299	08035
80	1136	1093	1053	1016	09812	09488	09185
90	1278	1229	1184	1142	1103	1067	1033
100	1420	1366	1316	1270	1226	1186	1148
110	1561	1502	1447	1396	1348	1304	1262
120	1704	1639	1579	1523	1471	1423	1377
130	1846	1775	1711	1650	1594	1541	1492
140	1988	1912	1842	1777	1716	1660	1607
150	2130	2049	1974	1904	1839	1779	1722
160	2271	2185	2105	2031	1961	1897	1836
170	2414	2322	2237	2158	2084	2016	1951
180	2555	2458	2368	2284	2207	2134	2066
190	2698	2595	2500	2412	2330	2253	2181
200	2840	2732	2632	2539	2452	2371	2296
210	2981	2868	2763	2665	2575	2489	2410
220	3124	3005	2895	2793	2698	2608	2525
230	3265	3141	3026	2919	2820	2726	2640
240	3407	3278	3158	3047	2943	2845	2755
250	3550	3415	3290	3174	3066	2964	2870
260	3691	3551	3421	3300	3188	3082	2984
270	3834	3688	3553	3428	3311	3201	3099
280	3975	3824	3684	3554	3433	3319	3214
290	4117	3961	3816	3681	3556	3438	3329

1. Maßsysteme und maßtechnische Daten

p in Torr	$\dfrac{p}{(1+0{,}00367\,\vartheta)\cdot 760}$ für ϑ in °C						
	−20	−10	0	+10	+20	+30	+40 °C
300	4260	4097	3947	3808	3678	3556	3443
310	4401	4234	4079	3935	3801	3675	3558
320	4544	4371	4211	4062	3924	3794	3673
330	4685	4507	4342	4189	4046	3912	3788
340	4827	4644	4474	4316	4169	4031	3903
350	4969	4780	4605	4442	4291	4149	4017
360	5111	4917	4737	4570	4414	4268	4132
370	5253	5053	4868	4696	4536	4386	4246
380	5395	5190	5000	4824	4659	4505	4362
390	5537	5327	5132	4951	4782	4624	4477
400	5679	5463	5263	5077	4904	4742	4591
410	5821	5600	5395	5205	5027	4861	4706
420	5963	5736	5526	5331	5149	4979	4820
430	6105	5873	5658	5458	5272	5098	4935
440	6247	6010	5790	5586	5395	5217	5051
450	6389	6146	5921	5712	5517	5335	5165
460	6531	6283	6053	5839	5640	5454	5280
470	6673	6419	6184	5966	5762	5572	5394
480	6815	6556	6316	6093	5885	5691	5509
490	6956	6692	6447	6219	6007	5809	5624
500	7099	6829	6579	6347	6130	5928	5739
510	7241	6966	6711	6474	6253	6047	5854
520	7383	7102	6842	6600	6375	6165	5968
530	7525	7239	6974	6728	6498	6284	6083
540	7666	7375	7105	6854	6620	6402	6198
550	7809	7512	7237	6982	6743	6521	6313
560	7950	7648	7368	7108	6866	6639	6427
570	8093	7785	7500	7235	6989	6758	6542
580	8235	7922	7632	7363	7111	6876	6657
590	8376	8058	7763	7489	7234	6994	6772
600	8519	8195	7895	7616	7357	7113	6887
610	8660	8331	8026	7743	7479	7231	7001
620	8802	8468	8158	7870	7602	7350	7116
630	8945	8605	8290	7997	7725	7469	7231
640	9086	8741	8421	8124	7842	7587	7346
650	9229	8878	8553	8251	7970	7706	7461
660	9370	9014	8684	8377	8092	7824	7575
670	9512	9151	8816	8505	8215	7943	7690
680	9654	9287	8947	8631	8337	8061	7804
690	9796	9424	9079	8759	8460	8180	7920
700	0,9939	9561	9211	8886	8583	8299	8035
710	1,0080	9697	9342	9012	8705	8417	8149
720	1,0222	9834	9474	9140	8828	8536	8264
730	1,0364	0,9970	9605	9266	8950	8654	8378
740	1,0506	1,0107	9737	9393	9073	8773	8494
750	1,0648	1,0243	0,9868	9520	9195	8891	8608
760	1,0790	1,0380	1,0000	9647	9318	9010	8723
770	1,0932	1,0517	1,0132	9774	9441	9129	8838
780	1,1074	1,0653	1,0263	0,9901	9563	9247	8952
790	1,1216	1,0790	1,0395	1,0028	9686	9366	9068
800	1,1358	1,0926	1,0526	1,0154	0,9808	0,9484	0,9182

125. Psychrometrische Daten zur Bestimmung der Luftfeuchtigkeit

Zur Feststellung der Luftfeuchtigkeit benutzt man 1. die Taupunktmethode. Dazu kühlt man ein Thermometer langsam ab, bis seine Temperatur so weit gesunken ist, daß sich der in der Luft vorhandene Wasserdampf auf ihm niederschlägt. Die Temperatur, bei der sich der Niederschlag bildet, ist die Taupunkttemperatur ϑ_T, d.h. bei dieser würde die Luft mit dem vorhandenen Wasserdampf gesättigt sein. Für jede Temperatur zwischen $-10°$ C und $+30°$ C ist der zugehörige Sättigungsdruck des Wasserdampfes aus der Tabelle, Spalte 2, zu entnehmen.

2. Die psychrometrische Methode. Dabei bestimmt man die Differenz zwischen den Temperaturangaben zweier Thermometer, des „trockenen" und des „feuchten" Thermometers. Das Gefäß des feuchten Thermometers ist mit einem dauernd feuchtgehaltenen Lappen umgeben, der durch einen Luftstrom angeblasen wird. Je höher der Wasserdampfgehalt der Luft ist, um so weniger Wasserdampf verdampft aus der feuchten Hülle und um so geringer ist infolgedessen der Wärmeentzug. Die Temperaturdifferenz zwischen dem feuchten und dem trockenen Thermometer ist folglich ein Maß für den Feuchtigkeitsgehalt der Luft. In der Tabelle ist zunächst neben der Lufttemperatur ϑ der Druck des gesättigten Wasserdampfes (a) angegeben. In den weiteren Spalten sind für die Temperaturdifferenzen $1°, 3°, 4°, 5°, 6°, 7°, 8°, 9°, 10°$ C die zugehörige relative Feuchtigkeit (r), d.h. die prozentuale Sättigung mit Wasserdampf, und die Taupunkttemperatur angegeben. Um den absoluten Wasserdampfdruck zu erhalten, multipliziert man r mit dem Wert a der gleichen Zeile der 2. Spalte und dividiert durch 100. Die absolute Feuchtigkeit, d.h. das Gewicht der in 1 m³ Luft enthaltenen Wasserdampfmenge, läßt sich aus Spalte 3 errechnen (Sättigungsdruck des Wasserdampfes s. auch Tabelle 22206).

Luft-temperatur °C	Sättigungs-druck a in Torr	Dichte in g·m⁻³	Differenz zwischen der Temperatur des trockenen und des feuchten Thermometers																	
			1 °C		3 °C		4 °C		5 °C		6 °C		7 °C		8 °C		9 °C		10 °C	
			ϑ_T	r %	ϑ_T	r %	ϑ_T	r %	ϑ_T	r %	ϑ_T	r %	ϑ_T	r %	ϑ_T	r %	ϑ_T	r %	ϑ_T	r %
−10	1,95	2,14	−14,6	66	—	—	—	—	—	—	—	—	—	—	—	—	—	—	—	—
−9	2,13	2,33	−13,3	68	—	—	—	—	—	—	—	—	—	—	—	—	—	—	—	—
−8	2,32	2,54	−12,0	70	—	—	—	—	—	—	—	—	—	—	—	—	—	—	—	—
−7	2,53	2,76	−10,7	72	−25,5	18	—	—	—	—	—	—	—	—	—	—	—	—	—	—
−6	2,76	2,99	−9,5	74	−22,1	23	—	—	—	—	—	—	—	—	—	—	—	—	—	—
−5	3,01	3,24	−8,3	75	−19,4	27	—	—	—	—	—	—	—	—	—	—	—	—	—	—
−4	3,28	3,51	−7,1	77	−16,9	32	−28,7	10	—	—	—	—	—	—	—	—	—	—	—	—
−3	3,57	3,81	−5,9	78	−14,8	35	−23,8	15	—	—	—	—	—	—	—	—	—	—	—	—
−2	3,88	4,13	−4,8	79	−12,8	39	−20,2	20	—	—	—	—	—	—	—	—	—	—	—	—

Differenz zwischen der Temperatur des trockenen und des feuchten Thermometers

Lufttemperatur °C	Sättigungsdruck a in Torr	Dichte in g·m⁻³	1°C r%	1°C ϑ_T	3°C r%	3°C ϑ_T	4°C r%	4°C ϑ_T	5°C r%	5°C ϑ_T	6°C r%	6°C ϑ_T	7°C r%	7°C ϑ_T	8°C r%	8°C ϑ_T	9°C r%	9°C ϑ_T	10°C r%	10°C ϑ_T
−1	4,22	4,47	80	−3,6	42	−11,0	24	−17,2												
0	4,58	4,84	81	−2,5	45	−9,3	28	−14,6	11	−24,2										
+1	4,9	5,2	83	−1,4	48	−7,7	32	−12,4	16	−19,9										
2	5,3	5,6	83	−0,4	51	−6,2	35	−10,4	20	−16,6										
3	5,7	6,0	84	0,6	54	−4,7	39	−8,5	24	−13,8	10	−23,0								
4	6,1	6,4	84	1,7	56	−3,5	42	−6,8	28	−11,4	14	−18,6								
5	6,5	6,8	85	2,8	58	−2,3	45	−5,3	32	−9,3	19	−15,2	6	−27,1						
6	7,0	7,3	85	3,9	60	−1,1	47	−3,9	35	−7,5	23	−12,3	10	−20,8						
7	7,5	7,8	86	4,9	61	0,1	49	−2,6	37	−5,9	26	−10,1	14	−16,5						
8	8,0	8,3	86	6,0	63	1,3	51	−1,3	40	−4,3	29	−8,1	18	−13,5	7	−22,9				
9	8,6	8,8	87	7,1	64	2,6	53	−0,1	42	−2,9	31	−6,3	21	−11,0	11	−18,1				
10	9,2	9,4	87	8,1	65	3,8	54	1,2	44	−1,5	34	−4,6	24	−8,7	14	−14,5	5	−26,0		
11	9,8	10,0	87	9,2	66	5,0	56	2,6	46	−0,2	36	−3,1	26	−6,7	17	−11,6	8	−19,7		
12	10,5	10,7	88	10,2	68	6,2	57	3,9	48	1,2	38	−1,6	29	−4,9	20	−9,1	11	−15,5	6	−22,2
13	11,2	11,4	88	11,3	69	7,4	59	5,1	49	2,7	40	−0,2	31	−3,2	23	−7,0	14	−12,2	9	−16,3
14	12,0	12,1	88	12,3	70	8,5	60	6,4	51	4,0	42	1,3	34	−1,6	25	−5,0	17	−9,5	12	−12,6
15	12,8	12,8	89	13,4	71	9,7	61	7,6	52	5,4	44	2,8	36	−0,1	27	−3,2	20	−7,1	15	−9,6
16	13,6	13,6	89	14,4	71	10,8	62	8,8	54	6,7	46	4,3	37	1,5	30	−1,5	22	−5,0	17	−7,1
17	14,5	14,5	89	15,4	72	12,0	63	10,0	55	8,0	47	5,6	39	3,1	32	0,1	24	−3,1	20	−4,9
18	15,5	15,4	90	16,5	73	13,1	64	11,2	56	9,2	49	7,0	41	4,6	34	1,8	27	−1,3	22	−2,9
19	16,5	16,3	90	17,5	74	14,2	65	12,4	58	10,5	50	8,3	43	6,0	35	3,4	29	0,4	24	−1,0
20	17,5	17,3	90	18,5	74	15,3	65	13,5	59	11,7	51	9,6	44	7,4	37	5,0	30	2,1	26	0,8
21	18,7	18,3	91	19,5	75	16,4	66	14,7	60	12,9	52	10,9	46	8,8	39	6,4	32	3,8	28	2,6
22	19,8	19,4	91	20,6	76	17,5	67	15,8	61	14,1	53	12,2	47	10,1	40	7,9	34	5,4	30	4,3
23	21,1	20,6	91	21,6	76	18,6	68	16,9	61	15,2	55	13,4	48	11,4	42	9,3	36	6,9	31	5,9
24	22,4	21,8	92	22,6	77	19,6	69	18,1	62	16,4	56	14,6	49	12,7	43	10,7	37	8,4	33	7,5
25	23,8	23,0	92	23,6	77	20,7	69	19,2	63	17,5	57	15,8	50	14,0	44	12,0	38	9,9	34	9,0
26	25,2	24,4	92	24,6	78	21,8	70	20,3	64	18,7	58	17,0	51	15,2	46	13,3	40	11,3	35	10,5
27	26,7	25,8	92	25,7	78	22,8	71	21,4	65	19,8	58	18,2	52	16,5	47	14,6	41	12,7	36	11,9
28	28,3	27,2	92	26,7	78	23,9	71	22,4	65	20,9	59	19,3	53	17,7	48	15,9	42	14,0	37	13,3
29	30,0	28,7	93	27,7	79	25,0	72	23,5	66	22,0	60	20,5	54	18,9	49	17,1	43	15,3	38	14,7
30	31,8	30,3	93	28,7	79	26,0	73	24,6	67	23,2	61	21,6	55	20,0	50	18,4	44	16,0	39	14,7

126. Härte

Unter Härte versteht man den Widerstand, den ein Werkstoff dem Eindringen eines Prüfkörpers entgegensetzt. Bei einem Härteversuch wird der zu prüfende Stoff an der Eindringstelle verfestigt. Dies geht in die Härteprüfung ein.

In der Mineralogie ist für Härteprüfung ein Ritzverfahren üblich nach der Maßgabe, daß ein härterer Kristall den weniger härteren ritzt. Das Verfahren führt zu der von Mohs aufgestellten, unten wiedergegebenen Skala.

In der Technik werden vor allem folgende Härteprüfungen verwandt:

1. Das Kugeldruckverfahren nach BRINELL (DIN 50351), bei dem gehärtete Stahlkugeln durch statischen Druck in das zu prüfende Material eingedrückt werden. Als Härte HB wird das Verhältnis der Last in kp zu der Fläche der Eindruckskalotte in mm² angegeben (kp/mm²).

2. Die Härteprüfung nach VICKERS (DIN 50135), bei der als Prüfkörper eine Diamantpyramide mit einem Winkel von 136° zwischen zwei gegenüberliegenden Flächen benutzt und als Härtemaß (HV) das Verhältnis der Last zu der Oberfläche des Pyramideneindrucks verwandt wird (kp/mm²)

3. Die Rockwellsche Härteprüfung (DIN 50103). Hier wird mit einer. Vorlast gearbeitet. Der Prüfkörper, ein Diamantkörper mit einem Winkel von 120° an der Spitze, wird zunächst mit einer Vorlast p_0 (= 10 kp) eingedrückt und dann erst die Prüflast $p = 140$ kp (Gesamtlast 150 kp) aufgebracht. Die dadurch zusätzlich entstehende Eindrucktiefe ε wird gemessen. Als Härtezahl HRc gilt folgende Angabe: man mißt die Eindrucktiefe ε in Einheiten von 2 μ und zieht die sich ergebende Zahl von 100 ab. HRc = 100 − ε (ε in 2 μ gemessen).

Bei weichen Werkstoffen werden anstatt des Diamantkegels Stahlkugeln benutzt, Rockwell-B-Verfahren (HRb).

In der folgenden Abbildung ist ein Vergleich technischer Härteskalen mit der Härte nach Mohs gebracht.

Mineralogische Härteskala nach Mohs

Talk	1
Gips oder Steinsalz	2
Kalkspat	3
Flußspat	4
Apatit	5
Feldspat (Orthoklas)	6
Quarz	7
Topas	8
Korund	9
Diamant	10

13. Grundkonstanten

	Kurzzeichen oder Definitionsgleichung	Zahlenwerte
Atommasseneinheit, relative, der Atommassenskala $^{12}C = 12$	u	$1{,}66043 \cdot 10^{-24}$ g
Avogadrosche Konstante (Zahl der Moleküle im Mol)	N_A	$6{,}02252 \cdot 10^{23}$ mol^{-1}
α-Teilchen: Ruhmasse	m_α	$6{,}6442 \cdot 10^{-24}$ g $4{,}0015$ u
Ruhenergie	$m_\alpha c_0^2$	$3{,}7273 \cdot 10^3$ MeV $5{,}9715 \cdot 10^{-3}$ erg $1{,}4263 \cdot 10^{-10}$ cal$_{IT}$
Spezifische Ladung	$\dfrac{2e}{m_\alpha}$	$4{,}8227 \cdot 10^{-4}$ Cg^{-1}
Bohrsches Magneton	$\mu_B = \dfrac{e \cdot h}{4\pi m_e}$	$9{,}273 \cdot 10^{-24}$ Am^2 $9{,}273 \cdot 10^{-21}$ erg/Oersted
Bohrscher Wasserstoffradius	$a_0 = \dfrac{h^2}{4\pi^2 m_e e^2}$	$5{,}2917 \cdot 10^{-9}$ cm
Boltzmannsche Entropiekonstante	$k = \dfrac{R_0}{N_A}$	$1{,}38054 \cdot 10^{-16}$ erggrd^{-1} $3{,}29736 \cdot 10^{-24}$ cal$_{IT}$grd^{-1}
Compton-Wellenlänge des Elektrons	$\lambda_{ce} = \dfrac{h}{m_e c_0}$	$2{,}4262 \cdot 10^{-10}$ cm
des Protons	$\lambda_{cp} = \dfrac{h}{m_p c_0}$	$1{,}3214 \cdot 10^{-13}$ cm
Deuteron: Ruhemasse	m_d	$3{,}3433 \cdot 10^{-24}$ g $2{,}0135$ u
Ruhenergie	$m_d c_0^2$	$1{,}87563 \cdot 10^3$ MeV $3{,}0048 \cdot 10^{-3}$ erg $7{,}1768 \cdot 10^{-11}$ cal$_{IT}$
Spezifische Ladung	$\dfrac{e}{m_d}$	$4{,}7920 \cdot 10^4$ Cg^{-1}
Elektrische Elementarladung	e	$1{,}60203 \cdot 10^{-19}$ C $4{,}8030 \cdot 10^{-10}$ (cgs)$_s$
Elektrische Feldkonstante (Influenzkonstante) des Vakuums	ε_0	$8{,}85416 \cdot 10^{-12}$ F/m
Elektron: Radius klass.	r_e	$2{,}8178 \cdot 10^{-13}$ cm
Ruhmasse	m_e	$9{,}10891 \cdot 10^{-28}$ g $0{,}54860 \cdot 10^{-3}$ u
Ruhenergie	$m_e c_0^2$	$0{,}51101$ MeV $8{,}1866 \cdot 10^{-7}$ erg $1{,}9553 \cdot 10^{-14}$ cal$_{IT}$

13. Grundkonstanten

	Kurzzeichen oder Definitionsgleichung	Zahlenwerte
Spezifische Ladung	$\dfrac{e}{m_e}$	$1{,}7589 \cdot 10^8$ Cg^{-1}
Energieäquivalent der Masse	1 g	$5{,}60986 \cdot 10^{26}$ MeV $8{,}98755 \cdot 10^{20}$ erg $2{,}14664 \cdot 10^{13}$ cal$_{IT}$
Erde: Masse Dichte Große Halbachse Normfallbeschleunigung	 g_n	 $5{,}97 \cdot 10^{27}$ g $5{,}52$ gcm^{-3} $6{,}37839 \cdot 10^8$ cm $9{,}80665$ cm^{2}s^{-2}
Faradaysche Konstante	F	$9{,}6487 \cdot 10^4$ Cmol^{-1}
Gaskonstante, universelle (^{12}C = 12)	R_0	$8{,}3143_4$ Jgrd^{-1} mol^{-1} $1{,}98585$ cal$_{IT}$/grd^{-1} mol^{-1}
Gravitationskonstante	G	$6{,}670 \cdot 10^{-8}$ cm^{3}g^{-1}s^{-2}
Kernmagneton	$\mu_N = \dfrac{h \cdot e}{4\pi m_p} = \mu_B \cdot m_e/m_p$	$5{,}0504 \cdot 10^{-27}$ Am^2 $5{,}0504 \cdot 10^{-24}$ erg/Oersted
Kryptonlinie	^{86}Kr ($5d_5 \to 2p_{10}$)	$6057{,}8021 \cdot 10^{-8}$ cm
Lichtgeschwindigkeit im Vakuum	c_0	$2{,}99793 \cdot 10^{10}$ cms^{-1}
Loschmidtsche Konstante (Zahl der Moleküle im cm^3)	$\dfrac{N_A}{V_0}$	$2{,}68699 \cdot 10^{19}$ cm^{-3}
Magnetische Feldkonstante	μ_0	$4\pi \cdot 10^{-7}$ H/m $1{,}256637 \cdot 10^{-6}$ H/m
Molvolumen idealer Gase (Normalvolumen bei 0° C und 1 Atm)	V_0	$2{,}24136 \cdot 10^4$ cm^{3}mol^{-1}
Neutron: Ruhmasse	 m_n	 $1{,}67481 \cdot 10^{-24}$ g $1{,}0086$ u
Ruheenergie	$m_n \cdot c^2$	$9{,}3954 \cdot 10^2$ MeV $1{,}50525 \cdot 10^{-3}$ erg $3{,}59521 \cdot 10^{-11}$ cal$_{IT}$
Plancksches Strahlungsgesetz Konstante c_1 Konstante c_2	 $2\pi c^2 \cdot h$ $\dfrac{ch}{k}$	 $3{,}7405 \cdot 10^{-5}$ ergcm^{2}s^{-1} $3{,}7405 \cdot 10^{-16}$ Wm^2 $1{,}4388$ cm grd $1{,}438$* cm grd
Plancksches Wirkungsquantum	h	$6{,}6256 \cdot 10^{-27}$ erg s $4{,}13557 \cdot 10^{-15}$ eVs

* Gesetzlich festgelegt für Temperaturskala.

1. Maßsysteme und maßtechnische Daten

	Kurzzeichen oder Definitionsgleichung	Zahlenwerte
Proton:		
Ruhmasse	m_p	$1{,}67252 \cdot 10^{-24}$ g
		$1{,}00728$ u
Ruhenergie	$m_p \cdot c_0^2$	$9{,}3826 \cdot 10^2$ MeV
		$1{,}50319 \cdot 10^{-3}$ erg
		$3{,}59030 \cdot 10^{-11}$ cal_{IT}
Spezifische Ladung	$\dfrac{e}{m_p}$	$9{,}5794 \cdot 10^4$ Cg^{-1}
Ruhmasse Proton zu Ruhmasse Elektron	$\dfrac{m_p}{m_e}$	$1836{,}1$
Gyromagnetisches Verhältnis	γ_p	$2{,}6752 \cdot 10^8$ Am^2/Js
Quantenmechanische Einheit des Drehimpulses	$\hbar = \dfrac{h}{2\pi}$	$1{,}0544 \cdot 10^{-27}$ erg·s $6{,}5818 \cdot 10^{-16}$ eVs
Rydberg-Konstante für Wasserstoff für ∞ große Kernmasse	R_H R_∞	$1{,}0967757 \cdot 10^5$ cm^{-1} $1{,}097373 \cdot 10^5$ cm^{-1}
Sommerfeldsche Feinstrukturkonstante	α $1/\alpha$	$7{,}29720 \cdot 10^{-3}$ $137{,}039$
Stefan-Boltzmannsche Strahlungskonstante	σ	$5{,}668 \cdot 10^{-12}$ Wcm^2grd^{-4}
Wasser Tripelpunkt		$273{,}16°$ K
Wellenwiderstand des Vakuums	Γ_0	$376{,}731_0$ Ω
Wiensches Verschiebungsgesetz-Konstante	$A = \dfrac{c_2}{4{,}96511} = \lambda_{max} \cdot T$	$0{,}28978$ cm grd
Zeemann-Aufspaltungskonstante	$e/4\pi m_e c = \mu_B/hc$	$4{,}6686 \cdot 10^{-5}$ cm/Oersted

2. Zusammenfassende Tabellen
21. Elemente
211. Periodensysteme

	Ia	II a	II b	III a	III b	IV a	IV b	V a	V b	VI a	VI b	VII a	VII b	VIII b			I b	O
1	1 H 1,00797																	2 He 4,0026
2	3 Li 6,939	4 Be 9,0122		5 B 10,811		6 C 12,01115		7 N 14,0067		8 O 15,9994		9 F 18,9984						10 Ne 20,183
3	11 Na 22,9898	12 Mg 24,312		13 Al 26,9815		14 Si 28,086		15 P 30,9738		16 S 32,064		17 Cl 35,453						18 Ar 39,948
4	19 K 39,102	20 Ca 40,08	30 Zn 65,37	21 Sc 44,956	31 Ga 69,72	22 Ti 47,90	32 Ge 72,59	23 V 50,942	33 As 74,9216	24 Cr 51,996	34 Se 78,96	25 Mn 54,938	35 Br 79,909	26 Fe 55,847	27 Co 58,9332	28 Ni 58,71	29 Cu 63,54	36 Kr 83,80
5	37 Rb 85,47	38 Sr 87,62	48 Cd 112,40	39 Y 88,905	49 In 114,82	40 Zr 91,22	50 Sn 118,69	41 Nb 92,906	51 Sb 121,75	42 Mo 95,94	52 Te 127,60	43 Tc 99	53 J 126,9044	44 Ru 101,07	45 Rh 102,905	46 Pd 106,4	47 Ag 107,87	54 Xe 131,30
6	55 Cs 132,905	56 Ba 137,34	80 Hg 200,59	57 La* 138,91 / 59…70* / 71 Lu 174,97	81 Tl 204,37	58 Ce 140,12 / 72 Hf 178,49	82 Pb 207,19	73 Ta 180,948	83 Bi 208,98	74 W 183,85	84 Po 210	75 Re 186,2	85 At 210	76 Os 190,2	77 Ir 192,2	78 Pt 195,09	79 Au 196,967	86 Rn 222
7	87 Fr 223	88 Ra 226,05		89 Ac 227		90 Th 232,038		91 Pa 231		92 U** 238,03								

*		59 Pr 140,907	60 Nd 144,24	61 Pm 145	62 Sm 150,35	63 Eu 151,96	64 Gd 157,25	65 Tb 158,924	66 Dy 162,50	67 Ho 164,93	68 Er 167,26	69 Tm 168,934	70 Yb 173,04
**	93 Np 237	94 Pu 242		95 Am 243	96 Cm 247	97 Bk 249	98 Cf 251	99 Es	100 Fm	101 Md	102 No		

$n = 1, 2, \ldots$

$l = 0, 1, 2, \ldots, n-1$

$m = 0, \pm 1, \ldots, \pm l$

$s = \pm 1/2$

	s ($l=0, m=0$)		p ($l=1, m=0, \pm 1$)					
K $n=1$	1,0 **H** 1							
L 2	6,9 **Li** 3	9,0 **Be** 4	10,8 **B** 5	12,0 **C** 6	14,0 **N** 7	16,0 **O** 8	19,0 **F** 9	4,0 **He** 2
M 3	23,0 **Na** 11	24,3 **Mg** 12	27,0 **Al** 13	28,1 **Si** 14	31,0 **P** 15	32,1 **S** 16	35,5 **Cl** 17	20,2 **Ne** 10
N 4	39,1 **K** 19	40,1 **Ca** 20	69,7 **Ga** 31	72,6 **Ge** 32	74,9 **As** 33	79,0 **Se** 34	79,9 **Br** 35	40,0 **Ar** 18
O 5	85,5 **Rb** 37	87,6 **Sr** 38	114,8 **In** 49	118,7 **Sn** 50	121,8 **Sb** 51	127,6 **Te** 52	126,9 **I** 53	83,8 **Kr** 36
P 6	132,9 **Cs** 55	137,3 **Ba** 56	204,4 **Tl** 81	207 **Pb** 82	209 **Bi** 83	210 **Po** 84	210 **At** 85	131,3 **Xe** 54
Q 7	223 **Fr** 87	222 **Ra** 88						226 **Rn** 86

211. Periodensysteme

3 d	45,0 **Sc** 21	48,6 **Ti** 22	51,0 **V** 23	52,0 **Cr** 24	55,0 **Mn** 25	55,8 **Fe** 26	58,9 **Co** 27	58,7 **Ni** 28	63,5 **Cu** 29	65,4 **Zn** 30
4 d	88,9 **Y** 39	91,2 **Zr** 40	92,9 **Nb** 41	96,0 **Mo** 42	99 **Tc** 43	101,1 **Ru** 44	102,9 **Rh** 45	106,4 **Pd** 46	107,9 **Ag** 47	112,4 **Cd** 48
5 d	138,9 **La** 57	178,5 **Hf** 72	180,9 **Ta** 73	183,9 **W** 74	186,2 **Re** 75	190,2 **Os** 76	192,2 **Ir** 77	195,1 **Pt** 78	197,0 **Au** 79	200,6 **Hg** 80
6 d	227 **Ac** 89									

$l = 2$
$m = 0, \pm 1, \pm 2$

4 f	140,1 **Ce** 58	140,9 **Pr** 59	144,2 **Nd** 60	149 **Pm** 61	150,3 **Sm** 62	152,0 **Eu** 63	157,2 **Gd** 64	158,9 **Tb** 65	162,5 **Dy** 66	164,9 **Ho** 67	167,2 **Er** 68	168,9 **Tm** 69	173,0 **Yb** 70	175,0 **Lu** 71
5 f	232 **Th** 90	231 **Pa** 91	238 **U** 92	**Np** 93	**Pu** 94	**Am** 95	**Cm** 96	**Bk** 97	**Cf** 98	**Es** 99	**Fm** 100	**Md** 101	**No** 102	**Lw** 103

$l = 3$
$m = 0, \pm 1, \pm 2, \pm 3$

2111. Relative Atommasse

Bis 1960 wurde von den Chemikern der natürlichen Zusammensetzung des Elements Sauerstoff die relative Atommasse 16 zugeordnet. Die Physiker bezogen die Angaben der relativen Atommassen auf das Isotop $^{16}O = 16$ Einheiten. 1960 wurde beschlossen, künftig beide Skalen zu vereinheitlichen und auf das Atom $^{12}C = 12$ zu beziehen. In der Tabelle der relativen Atommassen sind die Werte der alten und neuen chemischen Skala aufgeführt.

Die Werte für O, ^{16}O, C, ^{12}C in den verschiedenen Skalen sind nachstehend aufgeführt:

	Alte physikalische Skala	Alte chemische Skala	Neue vereinheitlichte Skala
^{16}O	16 (genau)	15,99560	15,99491
O	—	16 (genau)	15,9994
^{12}C	12,00382	12,00052	12 (genau)
C		12,011	12,010

Umrechnungsfaktor für die Skalen

$$1 \text{ ME } (^{12}C = 12) = 1{,}0003 \text{ ME } (^{16}O = 16)$$
$$= 1{,}00004 \text{ ME } (O = 16).$$

Masse eines Atoms mit der auf ^{12}C bezogenen relativen Atommasse $1 = 1{,}66043 \cdot 10^{-24}$ g. In der Tabelle sind die relativen Atommassen für die alte chemische Skala für 1925 und 1957 und die neue Skala 1961 für die Elemente, dazu noch das Entdeckungsjahr angegeben. Eingeklammerte Werte sind unsicher.

211. Periodensysteme

Chemisches Symbol	Name in deutsch gelegentlich lateinisch	Englisch	Französisch	Ordnungszahl	Relative Atommasse 1925	Relative Atommasse 1957	Relative Atommasse 1961	Entdeckungsjahr
Ac	Actinium	Actinium	Actinium	89			227	1899
Ag	Silber, Argentum	Silver	Argent	47	107,88	107,88	107,87	
Al	Aluminium	Aluminum	Aluminium	13	26,97	26,98	26,9815	1827
Am	Americium	Americium	Américium	95			(243)	1945
Ar	Argon	Argon	Argon	18	39,91	39,944	39,948	1894
As	Arsen	Arsenic	Arsénic	33	74,96	74,91	74,9216	
At	Astat	Astatine	Astate	85			(210)	1940
Au	Gold, Aurum	Gold	Or	79	197,2	197,0	196,967	
B	Bor	Boron	Bore	5	10,82	10,82	10,811	1808
Ba	Barium	Barium	Baryum	56	137,37	137,36	137,34	1808
Be	Beryllium	(Glucinium)	Béryllium	4	9,02	9,013	9,0122	1798
Bi	Wismut	Bismuth	Bismuth	83	209,00	209,00	208,98	1753
Bk	Berkelium	Berkelium	Berkelium	97			(249)	1950
Br	Brom	Bromine	Brome	35	79,916	79,916	79,909	1826
C	Kohlenstoff	Carbon	Carbone	6	12,000	12,011	12,01115	
Ca	Calcium	Calcium	Calcium	20	40,07	40,08	40,08	1808
Cd	Cadmium	Cadmium	Cadmium	48	112,41	112,41	112,40	1817
Ce	Cer	Cerium	Cérium	58	140,25	140,13	140,12	1803
Cf	Californium	Californium	Californium	98			(251)	1950
Cl	Chlor	Chlorine	Chlore	17	35,457	35,457	35,453	1774
Cm	Curium	Curium	Curium	96			(247)	1944
Co	Kobalt	Cobalt	Cobalt	27	58,94	58,94	58,9332	1735
Cr	Chrom	Chromium	Chrome	24	52,01	52,01	51,996	1797
Cs	Cäsium	Cesium	Caesium	55	132,81	132,91	132,905	1860
Cu	Kupfer	Copper	Cuivre	29	63,57	63,54	63,54	
Dy	Dysprosium	Dysprosium	Dysprosium	66	162,52	162,51	162,50	1886

2. Zusammenfassende Tabellen

Chemisches Symbol	Name in deutsch gelegentlich lateinisch	Englisch	Französisch	Ordnungszahl	Relative Atommasse 1925	Relative Atommasse 1957	Relative Atommasse 1961	Entdeckungsjahr
Er	Erbium	Erbium	Erbium	68	167,7	167,27	167,26	1843
Es	Einsteinium	Einsteinium	Einsteinium	99				1955
Eu	Europium	Europium	Europium	63	152,0	152,0	151,96	1896
F	Fluor	Fluorine	Fluor	9	19,00	19,00	18,9984	1771
Fe	Eisen, Ferrum	Iron	Fer	26	55,84	55,85	55,847	
Fm	Fermium	Fermium	Fermium	100				1955
Fr	Francium	Francium	Francium	87			(223)	1993
Ga	Gallium	Gallium	Gallium	31	69,72	69,72	69,72	1875
Gd	Gadolinium	Gadolinium	Gadolinium	64	157,26	157,26	157,25	1880
Ge	Germanium	Germanium	Germanium	32	72,60	72,60	72,59	1886
H	Wasserstoff, Hydrogenium	Hydrogen	Hydrogène	1	1,008	1,0080	1,00797	1766
He	Helium	Helium	Hélium	2	4,00	4,003	4,0026	1895
Hf	Hafnium	Hafnium	Hafnium	72		178,50	178,49	1923
Hg	Quecksilber, Hydrargyrum	Mercury	Mercure	80	200,61	200,61	200,59	
Ho	Holmium	Holmium	Holmium	67	163,4	164,94	164,93	1879
In	Indium	Indium	Indium	49	114,8	114,82	114,82	1863
Ir	Iridium	Iridium	Iridium	77	193,1	192,2	192,2	1803
J	Jod	Jodine	Jode	53	126,932	126,91	126,9044	1811
K	Kalium	Potassium	Potassium	19	39,096	39,10	39,102	1807
Kr	Krypton	Krypton	Krypton	36	82,9	83,80	83,80	1898
La	Lanthan	Lanthanum	Lanthane	57	138,90	138,92	138,91	1839
Li	Lithium	Lithium	Lithium	3				1817
Lu	Lutetium	Lutetium	Lutétium	71	175,0	174,99	174,97	1907
Md	Mendelevium	Mendelevium	Mendelevium	101				1955
Mg	Magnesium	Magnesium	Magnésium	12	24,32	24,32	24,312	1755

Mn	Mangan	Manganese	Manganèse	25	54,93	54,94	54,938	1774
Mo	Molybdän	Molybdenum	Molybdène	42	96,0	95,95	95,94	1778
N	Stickstoff, Nitrogenium	Nitrogen	Azote, Nitrogène	7	14,008	14,008	14,0067	1772
Na	Natrium	Sodium	Sodium	11	22,997	22,991	22,9898	1807
Nb	Niob	Niobium (Columbium)	Niobium	41	93,1	92,91	92,906	1801
Nd	Neodym	Neodymium	Néodyme	60	144,27	144,27	144,24	1885
Ne	Neon	Neon	Néon	10	20,2	20,183	20,183	1898
Ni	Nickel	Nickel	Nickel	28	58,69	58,71	58,71	1751
No	Nobelium			102				1958
Np	Neptunium	Neptunium	Neptunium	93			(237)	1940
O	Sauerstoff, Oxygenium	Oxygen	Oxygène	8	16,000	16,00	15,9994	1774
Os	Osmium	Osmium	Osmium	76	190,8	190,2	190,2	1803
P	Phosphor	Phosphorus	Phosphore	15	31,027	30,975	30,9738	1669
Pa	Protactinium	Protactinium	Protactinium	91			(231)	1917
Pb	Blei, Plumbum	Lead	Plomb	82	207,20	207,21	207,19	1803
Pd	Palladium	Palladium	Palladium	46	106,7	106,7	106,4	1947
Pm	Promethium	Promethium	Prométheum	61			(145)	1898
Po	Polonium	Polonium	Polonium	84			(210)	1879
Pr	Praseodym	Praseodymium	Praséodyme	59	140,92	140,92	140,907	1735
Pt	Platin	Platinum	Platine	78	195,23	195,09	195,09	1940
Pu	Plutonium	Plutonium	Plutonium	94			(242)	1898
Ra	Radium	Radium	Radium	88	225,95		(226,05)	1861
Rb	Rubidium	Rubidium	Rubidium	37	85,44	85,48	85,47	1925
Re	Rhenium	Rhenium	Rhénium	75			186,2	1803
Rh	Rhodium	Rhodium	Rhodium	45	102,91	102,91	102,905	1900
Rn	Radon	Radon	Radon	86	222		(222)	1844
Ru	Ruthenium	Ruthenium	Ruthénium	44	101,7	101,1	101,07	
S	Schwefel	Sulfur	Soufre	16	32,064	32,064	32,064	
Sb	Antimon, Stibium	Antimony	Antimoine	51	121,77	121,76	121,75	

2. Zusammenfassende Tabellen

Chemisches Symbol	Name in deutsch gelegentlich lateinisch	Englisch	Französisch	Ordnungszahl	Relative Atommasse 1925	Relative Atommasse 1957	Relative Atommasse 1961	Entdeckungsjahr
Sc	Scandium	Scandium	Scandium	21	45,96	44,10	44,956	1879
Se	Selen	Selenium	Sélénium	34	79,2	78,96	78,96	1817
Si	Siliizium	Silicon	Silicium	14	28,06	28,09	28,086	1823
Sm	Samarium	Samarium	Samarium	62	150,43	150,35	150,35	1879
Sn	Zinn, Stannum	Tin	Etain	50	118,70	118,70	118,69	
Sr	Strontium	Strontium	Strontium	38	87,63	87,63	87,62	1790
Ta	Tantal	Tantalum	Tantale	73	181,5	180,95	180,948	1802
Tb	Terbium	Terbium	Terbium	65	159,2	158,93	158,924	1843
Tc	Technetium	Technetium	Technécium	43			(99)	1937
Te	Tellur	Tellurium	Tellure	52	127,5	127,61	127,60	1782
Th	Thorium	Thorium	Thorium	90	232,15	232,05	232,038	1828
Ti	Titan	Titanium	Titane	22	48,1	47,90	47,90	1791
Tl	Thallium	Thallium	Thallium	81	204,39	204,39	204,37	1861
Tm	Thulium	Thulium	Thulium	69	169,4	168,94	168,934	1879
U	Uran	Uranium	Uranium	92	238,17	238,07	238,03	1789
V	Vanadin	Vanadium	Vanadium	23	50,96	50,95	50,942	1830
W	Wolfram	Tungsten	Tungstène	74	184,0	183,86	183,85	1781
Xe	Xénon	Xenon	Xénon	54	130,2	131,30	131,30	1898
Y	Yttrium	Yttrium	Yttrium	39	88,9	88,92	88,905	1794
Yb	Ytterbium	Ytterbium	Ytterbium	70	173,6	173,04	173,04	1878
Zn	Zink	Zinc	Zinc	30	65,38	65,38	65,37	1746
Zr	Zirkon	Zirconium	Zirconium	40	91	91,22	91,22	1789

212. Natürlich vorkommende Isotope der Elemente

Angegeben sind in Spalte 1 Ordnungszahl Z, in Spalte 2 chemisches Symbol, in Spalte 3 Massenzahl A, in Spalte 4 relative Häufigkeit des Isotopes in den betreffenden Elementen in %, in Spalte 5 Isotopenmasse bezogen auf $^{12}C = 12{,}00000$, in Spalte 6 Kernspinquantenzahl I, in Spalte 7 magnetisches Dipolmoment in Kernmagnetonen μ/μ_N ($\mu_N = 5{,}0504 \cdot 10^{-20}$ Am^2), in Spalte 8 für radioaktive natürliche Isotope, die Zerfallsart und Halbwertszeit.

Ordnungszahl Z	Chem. Symbol	Massenzahl A	Relative Häufigkeit %	Isotopenmasse $^{12}C=12{,}00000$	Kernspin I	μ/μ_N	Bemerkungen
0	n	1	—	1,0086654	$1/2$	−1,9130	β^-, 12,8 min
1	H	1	99,986	1,00782522	$1/2$	2,7927	
	(D)	2	0,014	2,0141022	1	0,8573	
	(T)	3		3,0160494	$1/2$	2,9788	β^-, 12,4 a
2	He	3	$1{,}3 \cdot 10^{-4}$	3,0160299	$1/2$	−2,1274	
		4	100	4,0026036	0	—	
3	Li	6	7,30	6,015126	1	0,8219	
		7	92,70	7,016005	$3/2$	3,2560	
4	Be	9	100	9,0121858	$3/2$	−1,1774	
5	B	10	18,83	10,0129389	3	1,8006	
		11	81,17	11,0093051	$3/2$	2,6880	
6	C	12	98,892	12,0000000	0	—	
		13	1,108	13,0033543	$1/2$	0,7022	
		14	10^{-10}	14,0032419	0	—	β^-, 5730 a
7	N	14	99,635	14,0030744	1	0,4036	
		15	0,365	15,0001081	$1/2$	−0,2830	
8	O	16	99,759	15,9949149	0	—	
		17	0,0374	16,9991334	$5/2$	−1,8930	
		18	0,2036	17,9991598	0	—	
9	F	19	100	18,9984046	$1/2$	2,6273	
10	Ne	20	90,92	19,9924404	0	—	
		21	0,257	20,993849	$3/2$	−0,6617	
		22	9,823	21,9913845	0	—	
11	Na	23	100	22,989773	$3/2$	2,2161	
12	Mg	24	78,98	23,985045	0	—	
		25	10,05	24,985840	$5/2$	−0,8547	
		26	10,97	25,982591	0	—	
13	Al	27	100	26,981535	$5/2$	3,6385	
14	Si	28	92,18	27,976927	0	—	
		29	4,71	28,976491	$1/2$	−0,5548	
		30	3,12	29,973761	0	—	
15	P	31	100	30,973763	$1/2$	1,1305	
16	S	32	95,018	31,972074	0	—	
		33	0,750	32,971460	$3/2$	0,6427	
		34	4,215	33,967864	0	—	
		36	0,017	35,967091	0	—	
17	Cl	35	75,40	34,968854	$3/2$	0,8209	
		37	24,60	36,965896	$3/2$	0,6833	
18	Ar	36	0,337	35,967548	0	—	
		38	0,063	37,962704	0	—	
		40	99,600	39,9623838	0	—	
19	K	39	93,8000	38,963714	$3/2$	0,3990	

Ord. nungs- zahl Z	Chem. Sym- bol	Massen- zahl A	Relative Häufigkeit %	Isotopenmasse $^{12}C=12,00000$	Kernspin I	μ/μ_N	Bemerkungen
		40	0,0119	39,964008	4	−1,296	β^-, $1,3 \cdot 10^9$ a und K (11%)
		41	6,9081	40,961835	³/₂	0,2145	
20	Ca	40	96,92	39,962589	0	—	
		42	0,64	41,958627	0	—	
		43	0,129	42,958780	⁷/₂	−1,3153	
		44	2,13	43,955490	0	—	
		46	0,003	45,95369	0	—	
		48	0,178	47,95236	0	—	
21	Sc	45	100	44,955919	⁷/₂	4,7491	
22	Ti	46	7,95	45,952633	0	—	
		47	7,75	46,951758	⁵/₂	−0,7871	
		48	73,45	47,947948	0	—	
		49	5,51	48,947867	⁷/₂	−1,1023	
		50	5,34	49,944789	0	—	
23	V	50	0,23	49,947165	6	3,3413	K, $4 \cdot 10^{14}$ a
		51	99,77	50,943978	⁷/₂	5,1392	
24	Cr	50	4,312	49,946051	(0)	—	
		52	83,76	51,940514	(0)	—	
		53	9,55	52,940651	³/₂	−0,4735	
		54	2,38	53,938879	(0)	—	
25	Mn	55	100	54,938054	⁵/₂	3,4610	
26	Fe	54	5,81	53,939621	(0)	—	
		56	91,64	55,934932	(0)	—	
		57	2,2	56,935394	¹/₂	0,090	
		58	0,34	57,933272	(0)	—	
27	Co	59	100	58,933189	⁷/₂	4,6388	
28	Ni	58	67,77	57,935342	(0)	—	
		60	26,16	59,930783	(0)	—	
		61	1,25	60,931049	³/₂	(0,30)	
		62	3,66	61,928345	(0)	—	
		64	1,16	63,927959	(0)	—	
29	Cu	63	68,94	62,929594	³/₂	2,2206	
		65	31,06	64,927786	³/₂	2,3790	
30	Zn	64	48,89	63,929145	(0)	—	
		66	27,81	65,926048	(0)	—	
		67	4,07	66,92715	⁵/₂	0,8735	
		68	18,61	67,924865	(0)	—	
		70	0,62	69,92535	(0)	—	
31	Ga	69	60,16	68,92568	³/₂	2,0108	
		71	39,84	70,92484	³/₂	2,5549	
32	Ge	70	20,52	69,92428	(0)	—	
		72	27,43	71,92174	(0)	—	
		73	7,76	72,92336	⁹/₂	−0,8768	
		74	36,54	73,92115	(0)	—	
		76	7,76	75,92136	(0)	—	
33	As	75	100	74,92158	³/₂	1,4349	
34	Se	74	0,87	73,92245	(0)	—	
		76	9,02	75,91923	(0)	—	
		77	7,58	76,91993	¹/₂	0,5333	
		78	23,52	77,91735	(0)	—	
		80	49,82	79,91651	(0)	—	

212. Natürlich vorkommende Isotope der Elemente

Ordnungszahl Z	Chem. Symbol	Massenzahl A	Relative Häufigkeit %	Isotopenmasse $^{12}C = 12,00000$	Kernspin I	μ/μ_N	Bemerkungen
		82	9,19	81,91666	(0)	—	
35	Br	79	50,53	78,91835	$3/2$	2,0990	
		81	49,47	80,91634	$3/2$	2,2626	
36	Kr	78	0,354	77,920368	(0)	—	
		80	2,266	79,91639	(0)	—	
		82	11,56	81,913483	(0)	—	
		83	11,55	82,914131	$9/2$	−0,968	
		84	56,90	83,911504	(0)	—	
		86	17,37	85,910617	(0)	—	
37	Rb	85	72,20	84,91171	$5/2$	1,3483	
		87	27,80	86,90918	$3/2$	2,7415	β^-, $6 \cdot 10^{10}$ a
38	Sr	84	0,55	83,91337	(0)	—	
		86	9,75	85,90926	(0)	—	
		87	6,96	86,90889	$9/2$	−1,0893	(β^-?)
		88	82,74	87,90561	(0)	—	
39	Y	89	100	88,90543	$1/2$	−0,1368	
40	Zr	90	51,46	89,90432	(0)	—	
		91	11,23	90,9052	$5/2$	−1,3	
		92	17,11	91,9046	(0)	—	
		94	17,40	93,9061	(0)	—	
		96	2,80	95,9082	(0)	—	(β^-, $>10^{17}$ a)?
41	Nb	93	100	92,9060	$9/2$	6,1435	
42	Mo	92	15,84	91,9063	(0)	—	
		94	9,04	93,9047	(0)	—	
		95	15,72	94,9057	$5/2$	−0,9099	
		96	16,53	95,9045	(0)	—	
		97	9,46	96,9057	$5/2$	−0,9290	
		98	23,78	97,9055	(0)	—	
		100	9,63	99,9076	(0)	—	
43	Tc	99	—	98,9064	$9/2$	5,6572	β^-, $21 \cdot 10^5$ a
44	Ru	96	5,68	95,9076	(0)	—	
		98	2,22	97,9055	(0)	—	
		99	12,81	98,9061	$5/2$	−0,6	
		100	12,70	99,9030	(0)	—	
		101	16,98	100,9041	$5/2$	−0,7	
		102	31,4	101,9037	(0)	—	
		104	18,27	103,9055	(0)	—	
45	Rh	103	100	102,9048	$1/2$	−0,0879	
46	Pd	102	0,80	101,9049	(0)	—	
		104	9,30	103,9036	(0)	—	
		105	22,60	104,9046	$5/2$	−0,57	
		106	27,10	105,9032	(0)	—	
		108	26,70	107,9039	(0)	—	
		110	13,50	109,9045	(0)	—	
47	Ag	107	51,92	106,9050	$1/2$	−0,1130	
		109	48,08	108,9047	$1/2$	−0,1299	
48	Cd	106	1,215	105,9059	(0)	—	
		108	0,875	107,9040	(0)	—	
		110	12,39	109,9030	(0)	—	
		111	12,75	110,9041	$1/2$	−0,5922	
		112	24,07	111,9028	( )0	—	

2. Zusammenfassende Tabellen

Ord. nungs- zahl Z	Chem. Symbol	Massen- zahl A	Relative Häufigkeit %	Isotopenmasse $^{12}C=12,00000$	Kernspin I	μ/μ_N	Bemerkungen
		113	12,26	112,9046	$^1/_2$	$-0,6195$	β^- ? $> 8 \cdot 10^{15}$ a (K?)
		114	28,86	113,9036	(0)	—	
		116	7,78	115,9050	(0)	—	
49	In	113	4,23	112,9043	$^9/_2$	5,4960	
		115	95,77	114,9041	$^9/_2$	5,5072	β^-, $6 \cdot 10^{14}$ a
50	Sn	112	0,94	111,9049	(0)	—	
		114	0,65	113,9030	(0)	—	
		115	0,33	114,9035	$^1/_2$	$-0,9132$	
		116	14,36	115,9021	(0)	—	
		117	7,51	116,9031	$^1/_2$	$-0,9949$	
		118	24,21	117,9018	(0)	—	
		119	8,45	118,9034	$^1/_2$	$-1,0409$	
		120	33,11	119,9021	(0)	—	
		122	4,61	121,9034	(0)	—	
		124	5,83	123,9052	(0)	—	
51	Sb	121	57,25	120,9037	$^5/_2$	3,3417	
		123	42,75	122,9041	$^7/_2$	2,5334	
52	Te	120	0,09	119,9045	(0)	—	
		122	2,43	121,9030	(0)	—	
		123	0,85	122,9042	$^1/_2$	$-0,7319$	(K?), $> 5 \cdot 10^{13}$ a
		124	4,59	123,9028	(0)	—	
		125	6,98	124,9044	$^1/_2$	$-0,8824$	
		126	18,70	125,9032	(0)	—	
		128	31,85	127,9047	(0)	—	
		130	34,51	129,9067	(0)	—	
53	J	127	100	126,90435	$^5/_2$	2,7939	
54	Xe	124	0,096	123,90612	(0)	—	
		126	0,020 (90)	125,90417	(0)	—	
		128	1,919	127,90354	(0)	—	
		129	26,44	128,90478	$^1/_2$	$-0,7726$	
		130	4,075	129,903510	(0)	—	
		131	21,18	130,90508	$^3/_2$	0,6868	
		132	26,89	131,904162	(0)	—	
		134	10,44	133,905398	(0)	—	
		136	8,87	135,90722	(0)	—	
55	Cs	133	100	132,9051	$^7/_2$	2,5642	
56	Ba	130	0,102	129,90625	(0)	—	
		132	0,098	131,9051	(0)	—	
		134	2,42	133,9043	(0)	—	
		135	6,59	134,9056	$^3/_2$	0,837	
		136	7,81	135,9044	(0)	—	
		137	11,32	136,9056	$^3/_2$	0,936	
		138	71,66	137,90501	(0)	—	
57	La	138	0,89	137,90681	5	3,6844	β^-, $1,1 \cdot 10^{11}$ a und K (11 %)
		139	99,911	138,90606	$^7/_2$	2,7615	
58	Ce	136	0,19	135,9071	(0)	—	
		138	0,25	137,90572	(0)	—	
		140	88,49	139,90528	(0)	—	
		142	11,07	141,90904	(0)	—	α, $5 \cdot 10^{15}$ a

212. Natürlich vorkommende Isotope der Elemente

Ordnungszahl Z	Chem. Symbol	Massenzahl A	Relative Häufigkeit %	Isotopenmasse $^{12}C = 12,00000$	Kernspin I	μ/μ_N	Bemerkungen
59	Pr	141	100	140,90739	$5/2$	3,8	
60	Nd	142	26,80	141,90748	(0)	—	
		143	12,12	142,90962	$7/2$	−1,1	
		144	23,91	143,90990	(0)	—	α, $5 \cdot 10^{15}$ a
		145	8,35	144,9122	$7/2$	−0,69	
		146	17,35	145,9127	(0)	—	
		148	5,78	147,9165	(0)	—	
		150	5,69	149,9207	(0)	—	
61	Pm	149	—	148,9181	$7/2$	—	
62	Sm	144	2,95	143,9116	(0)	—	
		147	14,62	146,9146	$7/2$	−0,68	α, $1,3 \cdot 10^{11}$ a
		148	10,97	147,9146	(0)	—	
		149	13,56	148,9169	$7/2$	−0,55	
		150	7,27	149,9170	(0)	—	
		152	27,34	151,9195	(0)	—	
		154	23,29	153,9220	(0)	—	
63	Eu	151	47,77	150,9196	$5/2$	3,4	
		153	52,23	152,2909	$5/2$	1,5	
64	Gd	152	0,2	151,9195	(0)	—	α, ~10^{15} a
		154	2,16	153,9207	(0)	—	
		155	14,68	154,9226	$3/2$	−0,32	
		156	20,36	155,9221	(0)	—	
		157	15,64	156,9239	$3/2$	−0,40	
		158	24,95	157,9241	(0)	—	
		160	22,01	159,9271	(0)	—	
65	Tb	159	100	158,9250	$3/2$	(1,5)	
66	Dy	156	0,0525	155,9238	(0)	—	
		158	0,0905	157,9240	(0)	—	
		160	2,297	159,9248	(0)	—	
		161	18,88	160,9266	$5/2$	(0,38)	
		162	25,53	161,9265	(0)	—	
		163	24,97	162,9284	$7/2$	(0,53)	
		164	28,18	163,9288	(0)	—	
67	Ho	165	100	164,9303	$7/2$	(3,3)	
68	Er	162	0,154	161,9288	(0)	—	
		164	1,606	163,9283	(0)	—	
		166	33,36	165,9304	(0)	—	
		167	22,82	166,9321	$7/2$	(0,5)	
		168	27,02	167,9324	(0)	—	
		170	15,04	169,9355	(0)	—	
69	Tm	169	100	168,9343	$1/2$	−0,20	
70	Yb	168	0,13	167,9339	(0)	—	
		170	3,030	169,9349	(0)	—	
		171	14,27	170,9365	$1/2$	0,45	
		172	21,77	171,9366	(0)	—	
		173	16,08	172,9383	$5/2$	−0,65	
		174	31,92	173,9390	(0)	—	
		176	12,80	175,9427	(0)	—	
71	Lu	175	97,40	174,9409	$7/2$	2,6	
		176	2,60	175,94274	7	(2,8)	β^-, $4,6 \cdot 10^{10}$ a
72	Hf	174	0,199	173,9403	(0)	—	α, ~$4 \cdot 10^{15}$ a
		176	5,23	175,94165	(0)	—	

Ordnungszahl Z	Chem. Symbol	Massenzahl A	Relative Häufigkeit %	Isotopenmasse $^{12}C=12{,}00000$	Kernspin I	μ/μ_N	Bemerkungen
		177	18,55	176,94348	$(^7/_2)$	0,61	
		178	27,23	177,94387	(0)	—	
		179	13,73	178,9460	$(^9/_2)$	−0,47	
		180	35,07	179,9468	(0)	—	
73	Ta	180	0,0123	179,94752			
		181	99,988	180,94798	$^7/_2$	2,1	
74	W	180	0,16	179,94690	(0)	—	α, $\sim 3 \cdot 10^{14}$ a
		182	26,35	181,94827	(0)	—	
		183	14,32	182,95029	$^1/_2$	0,115	
		184	30,68	183,95099	(0)	—	
		186	28,49	185,95434	(0)	—	
75	Re	185	37,07	184,95302	$^5/_2$	3,1437	
		187	62,93	186,95596	$^5/_2$	3,1760	β^-, $\sim 5 \cdot 10^{10}$ a
76	Os	184	0,018	183,9526	(0)	—	
		186	1,582	185,95394	(0)	—	
		187	1,64	186,95596	$^1/_2$	0,065	
		188	13,27	187,95597	(0)	—	
		189	16,14	188,9582	$^3/_2$	0,6507	
		190	26,38	189,95860	(0)	—	
		192	40,97	191,96141	(0)	—	
77	Ir	191	38,5	190,96085	$^3/_2$	0,16	
		193	61,5	192,96328	$^3/_2$	0,17	
78	Pt	190	0,012	189,95995	(0)	—	α, 10^{12} a
		192	0,8	191,96143	(0)	—	α, $\sim 10^{15}$ a
		194	30,2	193,96281	(0)	—	
		195	35,2	194,96482	$^1/_2$	0,6004	
		196	26,6	195,96498	(0)	—	
		198	7,2	197,9675	(0)	—	
79	Au	197	100	196,96655	$^3/_2$	0,136	
80	Hg	196	0,15	195,96582	(0)	—	
		198	10,12	197,96677	(0)	—	
		199	17,04	198,96826	$^1/_2$	0,4993	
		200	23,25	199,96834	(0)	—	
		201	13,18	200,97031	$^3/_2$	−0,607	
		202	29,54	201,97063	(0)	—	
		204	6,72	203,97348	(0)	—	
81	Tl	203	29,46	202,97233	$^1/_2$	1,5960	
		205	70,54	204,97446	$^1/_2$	1,6114	
82	Pb[2]	204	1,54[2]	203,97307	(4)	0,22	α, $1{,}4 \cdot 10^{17}$ a
		206	22,62[2]	205,97446	(0)	—	
		207	22,62[2]	206,97590	$^1/_2$	0,5837	
		208	53,22[2]	207,97664	(0)	—	
83	Bi[1]	209	100	208,98042	$^9/_2$	4,0389	
84	Po[1]	210	—	209,98287			α, 140 d
85	At[1]	210	—	209,9870			K, α, 8,3 h
86	Rn[1]	222	—	222,01753			α, 3,8 d
87	Fr	223	—	223,01980			β^- (α), 22 min
88	Ra[1]	226	—	226,02536			α, $1{,}6 \cdot 10^3$ a
89	Ac[1]	227	—	227,02781	$^3/_2$	1,1	β^- (α), 22 a
90	Th[1]	232	100	232,03821			α, 10^{10} a

[1] Natürliche radioaktive Isotope der 3 Zerfallsreihen s. Landolt-Börnstein, Bd. I, 5.
[2] Gewöhnliches Blei. Die Zusammensetzung von radioaktivem Blei schwankt.

Ordnungszahl Z	Chem. Symbol	Massenzahl A	Relative Häufigkeit %	Isotopenmasse $^{12}C=12,00000$	Kernspin I	μ/μ_N	Bemerkungen
91	Pa[2]	231	100	231,03594	$3/2$	(1,96)	α, $3,2 \cdot 10^4$ a
92	U[2]	234	0,006	234,04090	(0)		α, $2,5 \cdot 10^5$ a
		235	0,720	235,04393	$7/2$	$-0,34$	α, $7 \cdot 10^8$ a
		238	99,274	238,05076	(0)		α, $4,5 \cdot 10^9$ a
93	Np	237		237,04803	$5/2$	$(-8,50)$	α, $2,2 \cdot 10^6$ a
94	Pu	239		239,05216	$1/2$		α, $3,8 \cdot 10^5$ a
95	Am	243		243,06138	$5/2$	1,4	α, $8 \cdot 10^3$ a
96	Cm	245		245,06534			α, 10^4 a
97	Bk	245		247,07018			α, 10^4 a
98	Cf	248		–			α, 360 a
99	Es	255		254,0881			β^-, 38 h
100	Fm	252		252,08265			α, 30 h
101	Md	256					
102	No	254					
103	Lw	257					

213. Relative Häufigkeit der Elemente auf der Erde[1]

Si $= 1 \cdot 10^6$

Ordnungszahl	Chem. Symbol	GOLDSCHMIDT	SUESS und UREY	Ordnungszahl	Chem. Symbol	GOLDSCHMIDT	SUESS und UREY
1	H		$4,00 \cdot 10^{10}$ [3]	28	Ni	$4,6 \cdot 10^4$	$2,74 \cdot 10^4$
2	He		$3,08 \cdot 10^9$ [3]	29	Cu	460	212
3	Li	100	100	30	Zn	360	486
4	Be	20	20	31	Ga	19	11,4
5	B	24	24	32	Ge	190	50,5
6	C		$3,5 \cdot 10^6$	33	As	18	4,0
7	N		$6,6 \cdot 10^6$	34	Se	15	67,6
8	O		$2,15 \cdot 10^7$	35	Br	43	13,4
9	F	1500	1600	36	Kr		51,3
10	Ne		$8,6 \cdot 10^6$	37	Rb	6,8	6,5
11	Na	$4,42 \cdot 10^4$	$4,38 \cdot 10^4$	38	Sr	40	18,9
12	Mg	$8,7 \cdot 10^5$	$9,12 \cdot 10^5$	39	Y	9,7	8,9
13	Al	$8,8 \cdot 10^4$	$9,48 \cdot 10^4$	40	Zr	140	54,5
14	Si	$1,0 \cdot 10^6$	$1,00 \cdot 10^6$	41	Nb	6,9	1,00
15	P	$5,8 \cdot 10^3$	$1,00 \cdot 10^4$	42	Mo	9,5	2,42
16	S	$1,14 \cdot 10^5$	$3,75 \cdot 10^5$	44	Ru	3,6	1,49
17	Cl	4000…6000	8850	45	Rh	1,3	0,214
18	A		$1,5 \cdot 10^5$	46	Pd	1,8	0,675
19	K	6900	3160	47	Ag	3,2	0,26
20	Ca	$5,71 \cdot 10^4$	$4,90 \cdot 10^4$	48	Cd	2,6	0,89
21	Sc	15	28	49	In	0,23	0,11
22	Ti	4700	2440	50	Sn	29	1,33
23	V	130	220	51	Sb	0,72	0,246
24	Cr	$1,13 \cdot 10^4$	7800	52	Te	0,2	4,67
25	Mn	6600	6850	53	I	1,4	0,80
26	Fe	$8,9 \cdot 10^5$	$6,00 \cdot 10^5$	54	Xe		4,0
27	Co	3500	1800	55	Cs	0,1	0,456

[1] Nach H. E. SUESS u. H. C. UREY. Rev. Mod. Phys. **28**, 56 (1956).
[2] Vergl. Fußnote[1] auf S. 76. [3] Häufigkeit im Sonnensystem.

Ordnungszahl	Chem. Symbol	GOLDSCHMIDT	SUES und UREY	Ordnungszahl	Chem. Symbol	GOLDSCHMIDT	SUESS und UREY
56	Ba	8,3	3,66	72	Hf	1,5	0,438
57	La	2,1	2,00	73	Ta	0,40	0,065
58	Ce	5,2	2,26	74	W	14,5	0,49
59	Pr	0,96	0,40	75	Re	0,12	0,135
60	Nd	3,3	1,44	76	Os	1,7	1,00
62	Sm	1,15	0,664	77	Ir	0,58	0,821
63	Eu	0,28	0,187	78	Pt	2,9	1,625
64	Gd	1,65	0,684	79	Au	0,27	0,145
65	Tb	0,52	0,0956	80	Hg	0,33	0,284
66	Dy	2,0	0,556	81	Tl	0,17	0,108
67	Ho	0,57	0,118	82	Pb	9,1	0,47
68	Er	1,6	0,316	83	Bi	0,11	0,144
69	Tm	0,29	0,0318	90	Th	0,59	
70	Yb	1,5	0,220	92	U	0,23	
71	Lu	0,48	0,050				

214. Elemente

Die folgenden Tabellen bringen Werte der physikalischen Konstanten der stabilen Elemente. Die Angaben beziehen sich in den Haupttabellen auf Raumtemperatur (25° C) und Normaldruck (760 Torr); wenn gelegentlich davon abgewichen wurde, ist dies besonders vermerkt. Außerdem sind die Haupttabellen aufgeteilt in solche Elemente, die im Normzustand kondensiert sind, und in solche, die dort als Gase vorliegen. Im Anschluß daran sind noch für genauer untersuchte und wichtigere Elemente jeweils Ergänzungen gebracht, die sich auf besondere Eigenschaften und eventuell die Temperaturabhängigkeit von Angaben beziehen, welche in den Haupttabellen enthalten sind.

Vorangestellt ist eine graphische Darstellung der Atomvolumina der Elemente. Es folgt dann die Haupttabelle für im Normzustand kondensierte Elemente. Die in den Haupttabellen angegebenen Eigenschaften sind mit den benutzten Symbolen und Einheiten und mit fortlaufenden Nummern versehen vorangestellt. In der gleichen Reihenfolge sind dann in der eigentlichen Zahlentabelle die Angaben aufgeführt. Es befinden sich am linken und rechten Rande die Nummern, Symbole und Einheiten und unter den am Kopf jeder Seite aufgeführten chemischen Symbolen der Elemente die reinen Zahlenangaben. Die gleiche Art der Anordnung gilt für die im Normzustand gasförmigen Elemente. Bei einigen Elementen, die normalerweise im mehratomigen Zustand vorliegen, beziehen sich die Angaben z.T. auf den atomaren und z.T. auf den mehratomigen molekularen Zustand. In diesen Fällen ist dort, wo Zweifel entstehen könnten, hinter der Zahlenangabe der Tabelle der Molekularzustand vermerkt, auf den sich die Einzelangabe bezieht.

In den Ergänzungen werden Angaben über die Temperaturabhängigkeit der jeweiligen Eigenschaften gemacht, die in diesem Band des Taschenbuchs (Bd. I) behandelt sind, und für die in diesem Band keine zusammenfassenden Tabellen gebracht sind. Weiter findet man Angaben über die allotropen Modifikationen und Umwandlungen unter Druck, über mechanische Eigenschaften der Metalle, über die Viskosität der flüssigen Phasen, über Selbstdiffusion, über die Änderung des elektrischen Widerstandes im

Magnetfeld und über den Hall-Koeffizienten. Ferner findet man bei einigen wichtigen Metallen Zahlenwerte über die thermodynamischen Zustandsgrößen und über das Emissionsvermögen sowie bei nicht regulär kristallisierenden Metallen über die Abhängigkeit physikalischer Eigenschaften von der Kristallorientierung. Für den Dampfdruck sei auf Tabelle 4111 hingewiesen, für die Molwärme auf Tabelle 6111 und für die Wärmeleitzahl auf Tabelle 731.

2141. Physikalische und chemische Eigenschaften der Elemente, die im Normzustand kondensiert sind

Zeile		Abkürzung
1	Ordnungszahl, in Klammern ist die Zahl der natürlich vorkommenden Isotopen hinzugefügt	Z (Isot.)
2	Relative Atommasse 1962	At.-masse
3	Elektronenkonfiguration und Grundterm	Elektr. K. Gr. T.
4a	Resonanzlinie in Å und Term	RL [Å]
4b	Resonanzlinie in Å und Term (zweite Resonanz)	RL [Å]
5	Ionisationspotential in eV und Term des ionisierten Atoms	Ion.-Pot. [eV]
6	Kristallsystem und Strukturtyp	Krist.
7	Raumgruppe, 1. Schönfliess, 2. Herman Maugin	R. G.
8	Einheitszelle Kantenlänge a, b in Å bei Z. T.	a, b [Å]
9	Kantenlänge c in Å oder Winkel β zwischen den Kristallachsen in Grad, in Klammern ist die Atomzahl in der Einheitszelle angegeben	c [Å], β [°] (Z)
10	Atomradius AR für die Koordinationszahl 12 bei Z.T. in Å	AR [Å]
11	Ionenradius IR für die Koordinationszahl 6 bei Z.T. in Å $(1+)$; $(2+)$... für ein- bzw. zweiwertige Ionen usw.	IR [Å]
12	Atomvolumen V_A in cm^3/g-Atom bei Z.T.	V_A [cm^3/g-Atom]
13	Dichte D in g/cm^3 bei Z.T.	D [g/cm^3]
14	Wärmeausdehnungszahl, lineare α bzw. $\bar{\alpha}$ (mittlere) oder kubische γ bzw. $\bar{\gamma}$, in 10^{-6} grd^{-1}; in Klammern ist die Temperatur bzw. der Temperaturbereich hinzugefügt	α, γ [10^{-6} grd^{-1}]
15	Relative Volumenänderung am Schmelzpunkt $v_{fl} - v_f / v_f$	$(v_{fl} - v_f)/v_f$
16	Kubische Kompressibilität $\varkappa$ bei Z.T. in 10^{-6} at^{-1}	$\varkappa$ [10^{-6} at^{-1}]
17	Elastizitätsmodul E bei Z.T. in kp/mm^2	E [kp/mm^2]
18	Gleitmodul oder Schubmodul G bei Z.T. in kp/mm^2	G [kp/mm^2]
19	Poissonsche Zahl (Verhältnis der Querkontraktion zur Längsdehnung)	μ
20	Schallgeschwindigkeit v in ms^{-1} (l) longitudinale und (t) transversale	v_{Schall} [ms^{-1}]
21	Temperatur von allotropen Umwandlung in °C	U [°C]
22	Umwandlungsenthalpie ΔH_U in J/g-Atom	ΔH_u [J/g-Atom]
23	Schmelztemperatur F in °C	F [°C]
24	Schmelzenthalpie ΔH_F in J/g-Atom	ΔH_F [J/g-Atom]
25	Siedetemperatur ϑ_v in °C	ϑ_v °C
26	Verdampfungsenthalpie ΔH_V in J/g-Atom	ΔH_V [J/g-Atom]
27	Atomwärme C_p^0 bei 25° C in J/(g-Atomgrd)	C_p^0 [J/(g-Atomgrd)]
28	Standardentropie S^0(25°C) bei 1 atm in J/(g-Atomgrd)	$S_{25°\text{C}}^0$ [J/(g-Atomgrd)]
29	Standardenthalpie $H^0$25°C $- H^0_{-273°\text{C}}$ in J/g-Atom	$H_{25°\text{C}}^0$ [J/g-Atom]
30	Wärmeleitzahl λ in W/cmgrd, in Klammern ist die Temperatur hinzugefügt	λ [W/cmgrd]
31	Spezifischer elektrischer Widerstand ϱ in 10^{-6} Ωcm	ϱ [10^{-6} Ωcm]
32	Temperaturkoeffizient des elektrischen Widerstandes $\dfrac{\Delta \varrho}{\varrho \Delta \vartheta}$ in 10^{-4} grd^{-1} (In Klammern Temperaturbereich)	$\dfrac{\Delta \varrho}{\varrho \Delta \vartheta}$ [10^{-4} grd^{-1}]
33	Druckkoeffizient $\dfrac{\varrho_2 - \varrho_1}{\varrho_1(p_2 - p_1)}$ des elektrischen Widerstandes $p_2 = 10000$ at	$\dfrac{\Delta \varrho}{\varrho \Delta p}$ [10^{-6} at^{-1}]
34	Massensusceptibilität χ_m in 10^{-6} cm^{3}g^{-1}	χ_m [10^{-6} cm^{3}g^{-1}]
35	Thermisches Austrittspotential ψ_{th} in V	ψ_{th} [V]
36	Photoelektrisches Austrittspotential ψ_{ph} in V	ψ_{ph} [V]

214. Elemente

Zeilen-nummer	Symbole und Einheiten	Ag	Al
1	Z (Isot.)	47 (2)	13 (1)
2	A^+.-masse	107, 870	26,9815
3	Elektr. K. Gr.T.	Kr $4d^{10}5s$; $^2S_{1/2}$	Ne $3s^23p$; $^2P_{1/2}$
4a	RL [Å]	3382, 980; $^2P_{1/2}$	
4b	RL [Å]	3380, 893; $^2P_{1/2}$	3961,53; ^2S
5	Ion.-Pot. [eV]	7,574; $^1S_0$	5,984 ^1S
6	Krist.	kub. A 1	kub. A 1
7	R. G.	$O_h^5, Fm3m$	$O_h^5, Fm3m$
8	a, b [Å]	a 4,0856	a 4,0495
9	c [Å], β [°] (Z)	(4)	(4)
10	AR [Å]	1,44	1,43
11	IR [Å]	(1+) 1,26; (2+) 0,89	(3+) 0,51
12	V_A [cm³/g-Atom]	10,27	10,00
13	D [g/cm³]	10,50	2,698 (25° C)
14	α, γ [10^{-6} grd^{-1}]	$\bar{\alpha}$ (0...100° C) 19,3	$\bar{\alpha}$ (0..100° C) 23,86
15	$(v_{jl}-v_f)/v_f$	0,038	0,048
16	$\varkappa$ [10^{-6} at^{-1}]	0,972	1,36
17	E [kp/mm²]	8350	7100
18	G [kp/mm²]	3080	2650
19	μ	0,363	0,339
20	v_{Schall} [ms^{-1}]	3640 (l); 1690 (t)	6360 (l); 3130 (t)
21	U [°C]	—	—
22	ΔH_u [J/g-Atom]	—	—
23	F [°C]	961,3	659
24	ΔH_F [J/g-Atom]	11,27·10³	10,7·10³
25	ϑ_v °C	2180	2447
26	ΔH_V [J/g-Atom]	254·10³	293,7·10³
27	C_p^0 [J/(g-Atomgrd)]	25,50	24,34
28	$S_{25°C}^0$ [J/(g-Atomgrd)]	42,71	28,31
29	$H_{25°C}^0$ [J/g-Atom]	5,76·10³	4,58·10³
30	λ [W/cmgrd]	4,18 (0° C)	2,38 (0° C)
31	ϱ [10^{-6} Ωcm]	1,49 (0° C)	2,5 (0° C)[1]
32	$\frac{\Delta \varrho}{\varrho \Delta \vartheta}$ [10^{-4} grd^{-1}]	43 (0...100° C)	46 (0...100° C)
33	$\frac{\Delta \varrho}{\varrho \Delta p}$ [10^{-6} at^{-1}]	−3,38 (30° C)	−4,06 (27,5° C)
34	χ_m [10^{-6} cm³g^{-1}]	−0,192 (20° C)	0,61 (20° C)
35	v_{th} [V]	4,51	3,74
36	v_{ph} [V]	4,63	4,23

[1] Sprungtemperatur 1,17° K.

2. Zusammenfassende Tabellen

Zeilen nummer	Symbole und Einheiten	As	Au[a]	B
1	Z (Isot.)	33 (1)	79 (1)	5 (2)
2	At.-masse	74,9211	196,967	10,811
3	Elektr. K. Gr. T.	Ar $3d^{10}\,4s^2\,4p^3$; $^4S_{3/2}$	Xe $4f^{14}\,5d^{10}\,6s$; $^2S_{1/2}$	He $2s^2\,2p$; $^2P_{1/2}$
4a	RL [Å]	1927,62 $^4P_{1/2}$	2427,95; $^2P_{3/2}$	3470,6; $^4P_{1/2}$
4b	RL [Å]	—	2675,95; $^2P_{1/2}$	2497,72; $^2S_{1/2}$
5	Ion.-Pot. [eV]	9,81 $^3P_0$	9,23 ^1S	8,296 S_0
6	Krist.	trig $A\,7$	kub. $A\,1$	tetr.
7	R. G.	$D_{3d}^5\,R\bar{3}m$	$O_h^5,\,Fm3m$	$D_{2d}^8,\,P\bar{4}n2$
8	a, b [Å]	a 3,77	a 4,0781	a 8,740
9	c [Å], β [°] (Z)	c 10,57 (6)	(4)	c 5,078 (50)
10	AR [Å]	1,48	1,44	0,95
11	IR [Å]	(3+) 0,58, (5+) 0,46	(1+) 1,37; (3+) 0,85	(3+) 0,22
12	V_A [cm³/g-Atom]	13,10	10,21	4,64
13	D [g/cm³]	5,72	19,3	2,33
14	α, γ [10^{-6} grd^{-1}]	$\alpha(\approx25°\,C)$ 6,0	$\bar{\alpha}(0…100°\,C)$ 14,2	$\bar{\alpha}(20…750°\,C)$ 8,3
15	$(v_{fl}-v_f)/v_f$	—	0,051	—
16	$\varkappa$ [10^{-6} at^{-1}]	0,66	0,575	0,551
17	E [kp/mm²]	—	7900	—
18	G [kp/mm²]	—	2480	—
19	μ	—	0,424	—
20	v_{Schall} [ms^{-1}]	—	32,80 (l); 1190 (t)	—
21	U [°C]	—	—	—
22	ΔH_u [J/g-Atom]	—	—	—
23	F [°C]	815 (36 atm)	1064,76 [b]	2030
24	ΔH_F [J/g-Atom]	—	12,77·10³	5,3·10³
25	ϑ_v °C	613 (Subl.)	2707	3900
26	ΔH_V [J/g-Atom]	127,6·10³ (Subl.)	324,4·10³	11,09·10³
27	C_p^0 [J/(g-Atomgrd)]	24,64	25,41	15,65
28	$S_{25°\,C}^0$ [J/(g-Atomgrd)]	35,1	47,39	5871
29	$H_{25°\,C}^0$ [J/g-Atom]	5,13·10³	6,00·10³	122
30	λ [W/cmgrd]	—	3,14 (0° C)	—
31	ϱ [10^{-6} Ωcm]	35,10 (0° C)[1]	2,06 (0° C)	—[3]
32	$\frac{\Delta\varrho}{\varrho\,\Delta\vartheta}$ [10^{-4} grd^{-1}]		40,2 (0…100° C)	—
33	$\frac{\Delta\varrho}{\varrho\,\Delta p}$ [10^{-6} at^{-1}]		−2,93 (30° C)	—
34	χ_m [10^{-6} cm³g^{-1}]	−0,075 (20° C)	−0,142 (23° C)	−0,62 (20° C)
35	ψ_{th} [V]	5,71	4,54	—
36	ψ_{ph} [V]	4,79	4,80	—

[1] Amorphes graues As ist Halbleiter.
[2] Als Fixpunkt für die Temperaturskala ist F zu 1063° C festgesetzt.
[3] Halbleiter.

Ba[1]	Be	Bi	Zeilen-nummer	Symbole und Einheiten
56 (7)	4 (1)	83 (1)	1	Z (Isot.)
137,34	9,0122	208,980	2	At.-masse
Xe $6s^2$; ^1S	He $2s^2$; $^1S_0$	Xe $4f^{14}5d^{10}6s^2$ $6p^3$; $^4S^\circ_{3/2}$	3	Elektr. K. Gr.T.
7911,36; $^3P_1$	4548,3; $^3P_1$	3068,6; $^4P^\circ_{1/2}$	4a	RL [Å]
—	2494,5; —		4b	RL [Å]
5,21; ^2S	9,32 $^2S_{1/2}$	7,287 $^3P_0$	5	Ion.-Pot. [eV]
kub. $A2$	hex. $A3$	trig. $A7$	6	Krist.
O_h^9, $Im3m$	D_{6h}^4, $P6_3/mmc$	D_{3d}^5, $R\bar{3}m$	7	R. G.
a 5,025	a 2,285	a 4,7356	8	a, b [Å]
(2)	c 3,5841 (2)	β 57,232° (2)	9	c [Å], β [°] (Z)
2,25	1,13	1,82	10	AR [Å]
(2+) 1,34	(2+) 0,35	(+3) 0,96; (+5) 0,74	11	IR [Å]
38,04	4,85	21,35	12	V_A cm³/g-Atom
3,61	1,86	9,79	13	D [g/cm³]
$\bar{\alpha}$(0...100° C)	$\bar{\alpha}$(0...100° C)	$\bar{\alpha}$(0...100° C)	14	α, γ [10^{-6} grd^{-1}]
19	12,3	13,5		
—	—	−0,033	15	$(v_{fl}-v_f)/v_f$
10,2	0,781	2,92	16	$\varkappa$ [10^{-6} at^{-1}]
1310	29200	3450	17	E [kp/mm²]
489	13100	1300	18	G [kp/mm²]
0,276	0,118	0,332	19	μ
2080 (l); 1160 (t)	12720 (l); 8330 (t)	2298 (l); 1140 (t)	20	v_{Schall} [ms^{-1}]
370[2]	≈1260	—	21	U [°C]
0,5910	—	—	22	ΔH_u [J/g-Atom]
710	1283	271	23	F [°C]
7,66·10³	12,5·10³	10,9·10³	24	ΔH_F [J/g-Atom]
1637	2477	1560	25	ϑ_v °C
150,9·10³	294·10³	151,5·10³	26	ΔH_V [J/g-Atom]
26,36	16,44	25,57	27	C_p^0 [J/(g-Atomgrd)]
64,85	9,56	56,76	28	$S_{25°}^0$ [J/(g-Atomgrd)]
—	1,96·10³	6,42·10³	29	$H_{25°C}^0$ [J/g-Atom]
—	1,68 (25° C)	0,081 (18° C)	30	λ [W/cmgrd]
36 (0° C)	3,2[3]	110,0	31	ϱ [10^{-6} Ωcm]
64,9 (0...100°C)	90 (0...100° C)	45,4	32	$\frac{\Delta\varrho}{\varrho\,\Delta\vartheta}$ [10^{-4} grd^{-1}]
−3,0 (30° C)	−1,6 (25° C)	+15,2	33	$\frac{\Delta\varrho}{\varrho\,\Delta p}$ [10^{-6} at^{-1}]
0,147 (20° C)	−1,0 (18° C)	−1,34 (21° C)	34	χ_m [10^{-6} cm³g^{-1}]
2,29	3,37	4,28	35	v_{th} [V]
2,56	3,92	4,36	36	v_{ph} [V]

[1] Keine weiteren Ergänzungen.
[2] Eine Umwandlung findet unter dem Druck von 17500 at bei 0° C statt $\Delta v = -0{,}00163\, v_0$.
[3] Wahrscheinlich supraleitend $T < 11°$ K.

2. Zusammenfassende Tabellen

Zeilen-nummer	Symbole und Einheiten	Br bzw. Br_2	C	Ca
1	Z (Isot.)	35 (2)	6 (3)	20 (6)
2	At.-Masse	79,909	12,01115	40,08
3	Elektr. K. Gr.T.	Ar $3d^{10}\,4s^2\,4p^5$; $^2P_{3/2}$	He $2s^2\,2p^2$; $^3P_0$	Ar $4s^2$; $^1S_0$
4a	RL [Å]	1576,5 $^4P_{5/2}$	2967,22	6572,78 $^3P_1$
4b	RL [Å]	1488,6 $^2P_{3/2}$	1656,998	4226,73 $^1P_1$
5	Ion.-Pot. [eV]	11,84 $^3P_2$	11,256 $^2P_{1/2}$	6,111 $^2S_{1/2}$
6	Krist.	(−150°) orh. A 14	hex. A 9	kub. A 1
7	R. G.	D_{2h}^{18}, $Cmca$	D_{6h}^4, $P6_3/mmc$	O_h^5, $Fm3m$
8	a, b [Å]	a 4,48; b 6,6	a 2,461	$a = 5,582$
9	c [Å], β [°] (Z)	c 8,72 (8)	c 6,707 (4)	(4)
10	AR [Å]	1,17 (Br)	0,86	1,90
11	IR [Å]	(1−) 1,96	(4+) 0,16	(2+) 0,99
12	V_A [cm³/g-Atom]	25,4 ($\frac{1}{2}$ Br_2)	5,46	26,03
13	D [g/cm³]	3,14 (20° C) (Br_2)	2,2	1,540
14	α, γ [10^{-6} grd⁻¹]	—	—	$\bar{\alpha}$(20...100° C) 25,2
15	$(v_{fl}-v_f)/v_f$	50,9 (20° C) (Br_2)	—	—
16	$\varkappa$ [10^{-6} at⁻¹]	—	0,16	5,84²
17	E [kp/mm²]	—	—	1990²
18	G [kp/mm²]	—	—	800
19	μ	—	—	0,305²
20	v_{Schall} [ms⁻¹]	—	—	4180 (l); 2210 (t)²
21	U [°C]	—	—	464
22	ΔH_u [J/g-Atom]	—	—	$1,0 \cdot 10^{-3}$
23	F [°C]	−8,25	3800	850
24	ΔH_F [J/g-Atom]	$10,58 \cdot 10^3$ (Br_2)	—	$8,66 \cdot 10^3$
25	ϑ_v °C	58,2	—	1487
26	ΔH_V [J/g-Atom]	$30 \cdot 10^3$ (Br_2)	—	$150 \cdot 10^3$
27	C_p^0 [J/(g-Atomgrd)]	75,71 (Br_2)	8,54	26,28
28	$S_{25°\,C}^0$ [J/(g-Atomgrd)]	152,3 (Br_2)	5,74	41,62
29	$H_{25°\,C}^0$ [J/g-Atom]	—	—	$5,77 \cdot 10^3$
30	λ [W/cmgrd]	—	—	—
31	ϱ [10^{-6} Ωcm]	—	—	4,0
32	$\frac{\Delta \varrho}{\varrho\,\Delta \vartheta}$ [10^{-4} grd⁻¹]	—	—	41,7 (0...100° C)
33	$\frac{\Delta \varrho}{\varrho\,\Delta p}$ [10^{-6} at⁻¹]	—	—	+15,2 (30° C)
34	χ_m [10^{-6} cm³g⁻¹]	−0,399	−¹	1,1 (18° C)
35	ψ_{th} [V]	—	—	2,76
36	ψ_{ph} [V]	—	4,36 ?	3,20

[1] s. Ergänzungen.
[2] Werte bei 75° C.

Cd	Ce	Co	Zeilen-nummer	Symbole und Einheiten
48 (8)	58 (4)	27 (1)	1	Z (Isot.)
112,40	140,12	58,9332	2	At.-masse
Kr $4d^{10}5s^2$; $^1S_0$	Xe $4f^2 6s^2$; $^3H_5$	Ar $3d^7 4s^2$; $^4F_{9/2}$	3	Elektr. K. Gr.T.
3261,04 $^3P_1$	—	4233,99 $^6F_{11/2}$	4a	RL [Å]
2288,02 $^1P_1$	—	3526,85 $^4F_{9/2}$	4b	RL [Å]
8,991 $^1P_{1/2}$	6,91	7,86 $^3F_4$	5	Ion.-Pot. [eV]
hex. $A3$	kub. $A1$	hex. $A3$	6	Krist.
D_{6h}^4, $P6_3/mmc$	O_h^5 $Fm3m$	D_{6h}^4, $P6_3/mmc$	7	R. G.
a 2,9736	a 5,1612	a 2,507	8	a, b [Å]
c 5,6058 (2)	(4)	c 4,069 (2)	9	c [Å], β [°] (Z)
1,48, 1,65[1]	1,82	1,25	10	AR [Å]
(2+) 0,97	(3+) 1,07; (4+) 0,94	(+2) 0,72; (+3) 0,63	11	IR [Å]
13,01	20,70	6,62	12	V_A [cm³/g-Atom]
8,642	6,768	8,9	13	D [g/cm³]
$\bar{\alpha}$(1...100° C) 29,4	$\bar{\alpha}$(0...25° C) 8,5	$\bar{\alpha}$(0...100° C) 12,6	14	α, γ [10^{-6} grd^{-1}]
0,05	—	—	15	$(v_{fl}-v_f)/v_f$
1,954	4,95	0,536	16	$\varkappa$ [10^{-6} at^{-1}]
6350	3060	21300	17	E [kp/mm²]
2500	1230	8150	18	G [kp/mm²]
0,262	0,248	0,310	19	μ
2980 (l); 1690 (t)	2300 (l); 1330 (t)[3]	5730 (l); 3000 (t)	20	v_{Schall} [ms^{-1}]
—		≈495	21	U [°C]
—			22	ΔH_u [J/g-Atom]
321	797	1493	23	F [°C]
6,4·10³	5,18·10³	15,3·10³	24	ΔH_F [J/g-Atom]
765	3470	2880	25	ϑ_v °C
99,87·10³	388·10³	283·10³	26	ΔH_V [J/g-Atom]
26,04	28,8	24,66	27	C_p^0 [J/(g-Atomgrd)]
51,76	69,62	30,04	28	$S_{25°\,C}^0$ [J/(g-Atomgrd)]
6,25·10³	7,31·10³	4,8·10³	29	$H_{25°\,C}^0$ [J/g-Atom]
0,96 (0° C)	0,109	0,69 (0...100° C)	30	λ [W/cmgrd]
7,07 (0° C)[2]	75,3 (25° C)	5,57 (0° C)	31	ϱ [10^{-6} Ωcm]
46,2 (0...200° C)	9,7	60,4 (0...10° C)	32	$\dfrac{\Delta\varrho}{\varrho\,\Delta\vartheta}$[$10^{-4}$ grd^{-1}]
−7,32	−45,2 (23,4° C)	−0,904 (23,5° C)	33	$\dfrac{\Delta\varrho}{\varrho\,\Delta p}$[$10^{-6}$ at^{-1}]
−0,175	—[4]	—	34	χ_m [10^{-6} cm³g^{-1}]
3,92	2,84	4,37	35	v_{th} [V]
4,04	2,88	3,90	36	v_{ph} [V]

[1] Durch Verzerrungen sind einige Abstände kurzer.
[2] Sprungtemperatur 0,54° K.
[3] 4 Modifikationen, Kristallstruktur, Umwandlungen s. Ergänzungen.
[4] Magnetische Eigenschaften s. Ergänzung.

Zeilen-nummer	Symbole und Einheiten	Cr	Cs	Cu
1	Z (Isot.)	24 (4)	55 (1)	29 (2)
2	At.-masse	51,996	132,905	63,54
3	Elektr. K. Gr.T.	Ar $3d^5\,4s$; $^7S_3$	Xe $6s$; $^2S_{1/2}$	Ar $3d^{10}\,4s$; ^2S
4a	RL [Å]	4289,72; $^7P_2$	8943,46; $^2P_{1/2}$	3273,967; $^2P_{1/2}$
4b	RL [Å]	—	8521,10; $^2P_{3/2}$	—
5	Ion.-Pot. [eV]	6,764	3,893; ^1S	7,724
6	Krist.	kub. $A2$	(-10°) kub. $A2$	kub. $A1$
7	R. G.	$O_h^9, Im3m$	$O_h^9, Im3m$	$O_h^5, Fm3m$
8	a, b [Å]	a 2,8850	a 6,076	a 3,6153
9	c [Å], β [°] (Z)	(2)	(2)	(4)
10	AR [Å]	1,25	2,74	1,27
11	IR [Å]	(2+) ≈0,83; (3+) 0,63[1]	(1+) 1,67	(1+) 0,96; (2+) 0,72
12	V_A [cm³/g-Atom]	7,2	70,95	7,09
13	D [g/cm³]	7,2	1,873 (20° C)	8,96
14	α, γ [10^{-6} grd^{-1}]	$\bar{\alpha}$(0…100° C) 6,6	$\bar{\gamma}$(0…23° C) 291	$\bar{\alpha}$(0…100° C) 16,8
15	$(v_{fl}-v_f)/v_f$	—	0,0263	0,042
16	$\varkappa$ [10^{-6} at^{-1}]	0,8	7,5	0,717
17	E [kp/mm²]	13 500…16 000[2]	172	13 200
18	G [kp/mm²]	—	66	4900
19	μ	0,245[2]	0,295	0,343
20	v_{Schall} [ms^{-1}]	6850 (l); 3980 (t)[2]	1090 (l); 590 (t)	4760 (l); 2320 (t)
21	U [°C]	1840	—	—
22	ΔH_u [J/g-Atom]	$1,46 \cdot 10^3$	—	—
23	F [°C]	1903	28,64	1083
24	ΔH_F [J/g-Atom]	$14,6 \cdot 10^3$	$2,18 \cdot 10^3$	$130 \cdot 10^3$
25	ϑ_v °C	2642	685	2595
26	ΔH_V [J/g-Atom]	$349 \cdot 10^3$	$65,9 \cdot 10^3$	$304 \cdot 10^3$
27	C_p^0 [J/(g-Atomgrd)]	23,35	31,4	24,52
28	$S_{25°C}^0$ [J/(g-Atomgrd)]	23,76	84,3	33,3
29	$H_{25°C}^0$ [J/g-Atom]	$4,07 \cdot 10^3$	$6,20 \cdot 10^3$	$5,04 \cdot 10^3$
30	λ [W/cmgrd]	0,69	—	3,98 (0° C)
31	ϱ [10^{-6} Ωcm]	14,1 (20° C)	18,1	1,55 (0° C)
32	$\frac{\Delta\varrho}{\varrho\,\Delta\theta}$ [10^{-4} grd^{-1}]	30,1 (20…100° C)	50,3 (0…25° C)	43,3 (0…100° C)
33	$\frac{\Delta\varrho}{\varrho\,\Delta p}$ [10^{-6} at^{-1}]	−17,3 (30° C)	+0,5 (30° C)	−1,86 (30° C)
34	χ_m [10^{-6} cm³g^{-1}]	3,17 (20° C)	0,226	−0,085
35	ψ_{th} [V]	4,47	1,87	4,39
36	ψ_{ph} [V]	4,37	1,94	4,36

[1] (6+) 0,52 Å.
[2] Bei 50°.

Dy	Er	Eu [a]	Zeilen-nummer	Symbole und Einheiten
66 (7)	68 (6)	63(2)	1	Z (Isot.)
162,50	167,26	151,96	2	At.-masse
Xe $4f^{10}\,6s^2$; $^5I_8$	Xe $4f^{12}\,6s^2$; $^3H_6$	Xe $4f^7\,6s^2$; $^8S_{7/2}$	3	Elektr. K. Gr.T.
—	—	7106,48; $^{10}P_{7/2}$	4a	RL [Å]
—	—	4661,88; $^8P_{5/2}$	4b	RL [Å]
6,82	—	5,62 ^9S	5	Ion.-Pot. [eV]
hex. $A\,3$	hex. $A\,3$	kub. $A\,2$	6	Krist.
$D_{6h}^4\;P6_3/mmc$	$D_{6h}^4\;P6_3/mmc$	$O_h^9,\,Im3m$	7	R. G.
a 3,5903	a 3,5588	a 4,5820	8	a, b [Å]
c 5,6475 (2)	c 5,5874 (2)	(2)	9	c [Å], β [°] (Z)
1,77	1,75	2,04	10	AR [Å]
(3+) 0,92	(3+) 0,89	(2+) 1,24; (3+) 1,15	11	IR [Å]
18,99	18,46	28,97	12	V_A [cm³/g-Atom]
8,559	9,062	5,24	13	D [g/cm³]
$\bar{\alpha}(0...25°C)\approx 8{,}6$	$\bar{\alpha}(0...25°C)\;9{,}2$	$\bar{\alpha}(-200...780°C)\approx 26$	14	α, γ [10^{-6} grd^{-1}]
—	—	—	15	$(v_{fl}-v_f)/v_f$
2,39	2,10	—	16	$\varkappa$ [10^{-6} at^{-1}]
6430	7470	—	17	E [kp/mm²]
2600	3020	—	18	G [kp/mm²]
0,245	0,238	—	19	μ
2960 (l); 1720 (t)	3080 (l); 1810 (t)	—	20	v_Schall [ms^{-1}]
—	—	—	21	U [°C]
—	—	—	22	ΔH_u [J/g-Atom]
1407, 1500	1497	826	23	F [°C]
15,8·10³	17,2·10³	8,36·10³	24	ΔH_F [J/g-Atom]
≈2330	2420	≈1430	25	ϑ_v °C
—	298·10³	—	26	ΔH_V [J/g-Atom]
28,17	28,11	26,8	27	C_p^0 [J/(g-Atomgrd)]
75,1	73,14	71,5	28	$S_{25°C}^0$ [J/(g-Atomgrd)]
8,86·10³	7,38·10³	—	29	$H_{25°C}^0$ [J/g-Atom]
0,10 (Z.T.)	0,096	—	30	λ [W/cmgrd]
50 (0° C)	107 (25° C)	81,3 (25° C)	31	ϱ [$10^{-6}\,\Omega$cm]
11,9 (25° C)	20,1 (0...25° C)	—	32	$\dfrac{\Delta \varrho}{\varrho\,\Delta\vartheta}$ [10^{-4} grd^{-1}]
−2,3 (25° C)	−2,7 (25° C)	—	33	$\dfrac{\Delta \varrho}{\varrho\,\Delta p}$ [10^{-6} at^{-1}]
¹	—¹	¹	34	χ_m [10^{-6} cm³g^{-1}]
3,09	3,12	2,54	35	v_{th} [V]
—	—	—	36	v_{ph} [V]

[1] Magnetische Eigenschaften s. Ergänzungen Ce.
[a] Keine Ergänzungen.

2. Zusammenfassende Tabellen

Zeilen-nummer	Symbole und Einheiten	Fe	Ga	Gd
1	Z (Isot.)	26	31 (2)	64 (7)
2	At.-masse	55,847	69,72	157,25
3	Elektr. K. Gr.T.	Ar $3d^6\,4s^2$; $^5D_4$	Ar $3d^{10}\,4s^2\,4p$; $^2P_{1/2}$	Xe $4f^7\,5d\,6s^2$; $^9D_2$
4a	RL [Å]	5166,29; $^7D_5$	4033,03; $^2S_{1/2}$	4225,85
4b	RL [Å]	3859,91; $^5D_4$	—	—
5	Ion.-Pot. [eV]	7,90	—	6,16; $^{10}D_{5/2}$
6	Krist.	kub. $A\,2$	orh. $A\,11$	hex. $A\,3$
7	R. G.	O_h^9, $Im3m$	D_{2h}^{18}, $Cmca$	D_{6h}^4; $P6_3/mmc$
8	a, b [Å]	a 2,8605	a 4,5167; b 4,5107	a 3,6260
9	c [Å], β [°] (Z)	(2)	c 7,644 (8)	c 5,748 (2)
10	AR [Å]	1,28	1,22 u. 1,41²	1,79
11	IR [Å]	(2+) 0,74; (3+) 0,64	(3+) 0,62	(3+) 0,97
12	V_A [cm³/g-Atom]	7,096	11,8	19,94
13	D [g/cm³]	7,87	5,91	7,886
14	α, γ [10^{-6} grd^{-1}]	$\bar{\alpha}$(0...20°C) 11,5	$\bar{\alpha}$(0...20°C) 5,2	$\bar{\alpha}$(0...25°C) 6,4
15	$(v_{fl}-v_f)/v_f$	0,03	−0,03	—
16	$\varkappa$ [10^{-6} at^{-1}]	0,58	2,0	2,52
17	E [kp/mm²]	21500	1000	5740
18	G [kp/mm²]	8390	680	2280
19	μ	0,291	0,467	0,259
20	v_{Schall} [ms^{-1}]	5950 (l); 3220 (t)	3030 (l); 750 (t)	2950 (l); 1680 (t)
21	U [°C]	910; 1398¹	—	1264
22	ΔH_U [J/g-Atom]	963; 1220	—	4,31·10³
23	F [°C]	1536	29,78	1312°±15
24	ΔH_F [J/g-Atom]	15,5·10³	5,586·10³	8,8·10³
25	ϑ_v °C	3070	2227	2800
26	ΔH_V [J/g-Atom]	354·10³	254·10³	—
27	C_p^0 [J/(g-Atomgrd)]	25,08	26,07	36,5
28	$S_{25°\,C}^0$ [J/(g-Atomgrd)]	27,15	41,09	66,4
29	$H_{25°\,C}^0$ [J/g-Atom]	4,478·10³	5,57·10³	7,65·10³
30	λ [W/cmgrd]	0,724 (30°C)	—	0,088
31	ϱ [10^{-6} Ωcm]	8,6 (0°C)	40 (0°C)	140,5 (0°C)
32	$\frac{\Delta\varrho}{\varrho\,\Delta\vartheta}$ [10^{-4} grd^{-1}]	65,1 (0...100°C)	39,6 (0...25°C)	17,6 (0...25°C)
33	$\frac{\Delta\varrho}{\varrho\,\Delta p}$ [10^{-6} at^{-1}]	−2,34	−2,47 (0°C)	−4,5 (25°C)
34	χ_m [10^{-6} cm³g^{-1}]	—¹	−0,31 (17°C)	—³
35	ψ_{th} [V]	4,50	3,96	3,07
36	ψ_{ph} [V]	4,70	4,16	

¹ Magnetische Eigenschaften s. Ergänzungen Co.
² Zwei Abstände in der Struktur vorhanden.
³ Magnetische Eigenschaften s. Ergänzungen Ce.

214. Elemente

Ge	Hf	Hg	Zeilen-nummer	Symbole und Einheiten
32 (5)	72 (6)	80	1	Z (Isot.)
72,59	178,49	200,61	2	At.-masse
Ar $3d^{10}\,4s^2\,4p^2$; $^5P_0$	Xe $4f^{14}\,5d^2\,6s^2$; $^3F_2$	Xe $4f^{14}\,5d^{10}\,6s^2$; $^1S_0$	3	Elektr. K. Gr.T.
2651,58 $^3P_1$	—	2536,52 $^2P_{1/2}$	4a	RL [Å]
	—	1849,57 $^2P_{3/2}$	4b	RL [Å]
7,88 $^2P_{1/2}$	5,5	10,434 $^2S_1$	5	Ion.-Pot. [eV]
kub. $A4$	hex. $A3$	trig. $A10$ ($-46°$ C)	6	Krist.
O_h^7, $Fd3m$	D_{6h}^4, $P6_3/mmc$	D_{3d}^5, $R\bar{3}m$	7	R. G.
a 5,658	a 3,195	a 2,999	8	a, b [Å]
(8)	c 5,055 (2)	β 70,53° (4)	9	c [Å], β [°] (Z)
1,39	1,66	1,50 u. 1,73[4]	10	AR [Å]
(2+) 0,73; (4+) 0,53	(4+) 0,78	(1+) 1,27	11	IR [Å]
13,63	13,36	14,81	12	V_A [cm³/g-Atom]
5,3263	13,36	13,5459 (20° C)	13	D [g/cm³]
α (0° C) 5,2	$\bar{\alpha}$ (20…100° C) 6,6	$\bar{\gamma}$ (0…20° C) 182	14	α, γ [10^{-6} grd^{-1}]
—	—	0,037	15	$(v_{fl}-v_f)/v_f$
1,41	0,82	3,85	16	$\varkappa$ [10^{-6} at^{-1}]
8300	14060	—	17	E [kp/mm²]
3040	5400	—	18	G [kp/mm²]
0,365	0,289	—	19	μ
4580 (l); 2420 (t)	3671 (l), 2000 (t)	1451 (20° C)	20	v_{Schall} [ms^{-1}]
—	1550[2]	-79?	21	U [°C]
—	—	—	22	ΔH_u [J/g-Atom]
937,2	2220	$-38,86$	23	F [°C]
29,8·10³	21,8·10³	2,295·10³	24	ΔH_F [J/g-Atom]
2830	5200	356,73	25	ϑ_v °C
334·10³	661·10³	59,11·10³	26	ΔH_V [J/g-Atom]
23,41	25,52	27,98	27	C_p^0 [J/(g-Atomgrd)]
31,08	45,65	76,09	28	$S_{25°C}^0$ [J/(g-Atomgrd)]
4,620·10³	6,06·10³	9,35·10³	29	$H_{25°C}^0$ [J/g-Atom]
0,62 (20° C)	0,933	0,081 (0° C)	30	λ [W/cmgrd]
[1]	30 (0° C)[3]	94,07[5]	31	ϱ [10^{-6} Ωcm]
—	44 (0…100° C)	99 (0…100° C)	32	$\dfrac{\Delta\varrho}{\varrho\,\Delta\vartheta}$ [10^{-4} grd^{-1}]
	$-0,87$ (25° C)	$-20,8$ (30° C)	33	$\dfrac{\Delta\varrho}{\varrho\,\Delta p}$ [10^{-6} at^{-1}]
$-0,1060$ (20° C)	0,42 (20° C)	$-0,167$ (20° C)	34	χ_m [10^{-6} cm³g^{-1}]
4,56	3,53	4,50	35	v_{th} [V]
4,66	—	4,52	36	v_{ph} [V]

[1] Halbleiter.
[2] Werte für U zwischen 1310 und 1950° C.
[3] Sprungtemperatur 0,35° K.
[4] 2 Abstände in der Struktur vorhanden.
[5] Sprungtemperatur 4,15° K.

Zeilen-nummer	Symbole und Einheiten	Ho	In	Ir
1	Z (Isot.)	67 (1)	49 (2)	77 (2)
2	At.-masse	164,930	114,82	192,2
3	Elektr. K. Gr.T.	Xe $4f^{11}6s^2$; $^4I_{15/2}$	Kr $4d^{10}5s^2 5p$; $^2P_{1/2}$	Xe $4f^{14}5d^7 6s^2$; $^4F_{9/2}$
4a	RL [Å]	—	4101,76 $^2S_{1/2}$	3800,12; $^6D_{9/2}$
4b	RL [Å]	—	—	—
5	Ion.-Pot. [eV]	—	5,785 $^1S_0$	9,2
6	Krist.	hex. A 3	tetr. A 6	kub. A 1
7	R. G.	D_{6h}^4; $P6_3/mmc$	D_{4h}^{17}, $I4/mmm$	O_h^5, $Fm3m$
8	a, b [Å]	a 3,5773	a 4,58	a 3,8389
9	c [Å], β [°] (Z)	c 5,6158 (2)	c 4,93 (4)	(4)
10	AR [Å]	1,75	1,62 u. 1,68[2]	1,35
11	IR [Å]	(3+) 0,91	(3+) 0,81	(4+) 0,68
12	V_A [cm³/g-Atom]	18,75	15,73	8,58
13	D [g/cm³]	8,799	7,30	22,4
14	α, γ [10^{-6} grd^{-1}]	—	$\bar{\alpha}$(0...100° C) 30	$\bar{\alpha}$(0...100° C) 6,5
15	$(v_{fl}-v_f)/v_f$	—	—	—
16	$\varkappa$ [10^{-6} at^{-1}]	2,17	2,76	0,264
17	E [kp/mm²]	6840	1090	53800
18	G [kp/mm²]	2720	370	21300
19	μ	0,255	0,455	0,262
20	v_{Schall} [ms^{-1}]	3040 (l); 1740 (t)	2460 (l); 710 (t)	5380 (l); 3050 (t)
21	U [°C]	—	—	—
22	ΔH_u [J/g-Atom]	—	—	—
23	F [°C]	1461	156,17	2443
24	ΔH_F [J/g-Atom]	17,2·10³	3,27·10³	26·10³
25	ϑ_v °C	2490	2047	4350
26	ΔH_V [J/g-Atom]	—	226·10³	~560·10³
27	C_p^0 [J/(g-Atomgrd)]	27,15	26,74	25,6
28	$S_{25°C}^0$ [J/(g-Atomgrd)]	75,19	58,07	35,6
29	$H_{25°C}^0$ [J/g-Atom]	—	6,6·10³	—
30	λ [W/cmgrd]	—	—	0,58 (0° C)
31	ϱ [10^{-6} Ω cm]	87 (0° C)	8,19 (0° C)	4,93 (0° C)
32	$\dfrac{\Delta\varrho}{\varrho\,\Delta\vartheta}$ [10^{-4} grd^{-1}]	17,1 (0...25° C)	49,0 (0...100° C)	41,1 (1...100° C)
33	$\dfrac{\Delta\varrho}{\varrho\,\Delta p}$ [10^{-6} at^{-1}]	−2,2 (25° C)	−12,2 (25° C)	−1,37 (22,7° C)
34	χ_m [10^{-6} cm³g^{-1}]	[1]	−0,11 (20° C)	0,133 (25° C)
35	ψ_{th} [V]	3,09	(4,0)	5,03
36	ψ_{ph} [V]	—	4,08	—

[1] Magnetische Eigenschaften s. Ergänzungen bei Ce.
[2] Durch Verzerrungen sind einige Abstände kürzer.

J bzw. J_2	K	La	Zeilen-nummer	Symbole und Einheiten
53 (1)	19 (3)	57 (2)	1	Z (Isot.)
126,9044	39,102	138,91	2	At.-masse
Kr $4d^{10} 5s^2 5p^5$; $^2P_{3/2}$	Ar $4s$; $^2S_{1/2}$	Xe $5d\, 6s^2$; $^2D_{3/2}$	3	Elektr. K. Gr.T.
2062,1 $^4P_{5/2}$	7664,94; $^2P_{3/2}$ (7664,91 $^2P_{1/2}$)	7539,24; $^4F_{3/2}$	4a	RL [Å]
2142,75 $^2S_1$	7699,01; $^2P_{1/2}$	6753,05; $^2D_{5/2}$	4b	RL [Å]
10,454 $^3P_2$	4,339; $^1S_0$	5,61 $^3F_2$	5	Ion.-Pot. [eV]
orh. A 14	kub. A 2	hex. A 3	6	Krist.
D_{2h}^{18}, $Cmca$	O_h^9, $Im3m$	D_{6h}^4, $P6_3/mmc$	7	R. G.
a 4,774; b 7,250	a 5,31	a 3,754	8	a, b [Å]
c 9,772 (8)	(2)	c 6,06 (2)	9	c [Å], β [°] (Z)
1,39	2,36	1,86	10	AR [Å]
(1−) 2,20; (5+) 0,62^1	(1+) 1,33	(3+) 1,14	11	IR [Å]
25,73 ($^1/_2 J_2$)	45,4	22,88	12	V_A [cm^3/g-Atom]
4,932 (J_2)	0,862	6,162	13	D [g/cm^3]
$\bar{\gamma}$(10...40° C) 264 (J_2)	$\bar{\alpha}$(0...50° C) 84	$\bar{\alpha}$(0...25° C) 4,9	14	α, γ [10^{-6} grd^{-1}]
—	0,023	—	15	$(v_{fl}-v_f)/v_f$
13 (J_2)	24,2	3,52	16	$\varkappa$ [10^{-6} at^{-1}]
—	360	3920	17	E [kp/mm^2]
—	133	1520	18	G [kp/mm^2]
—	0,350	0,288	19	μ
—	2600 (l); 1230 (t)	2770 (l); 1540 (t)	20	v_{Schall} [ms^{-1}]
—	—	≈316, 864	21	U [°C]
—	—	≈0,398·10^3, 3,18·10^3	22	ΔH_u [J/g-Atom]
113,6 (J_2)	63,2	920	23	F [°C]
15,77·10^3 (J_2)	2,33·10^3	6,7·10^3	24	ΔH_F [J/g-Atom]
182,8 (J_2)	753,8	3470	25	ϑ_v °C
41,71·10^3 (J_2)	77,5·10^3	393·10^3	26	ΔH_V [J/g-Atom]
54,44 (J_2)	29,51	27,8	27	C_p^0 [J/(g-Atomgrd)]
116,14 (J_2)	64,35	57,3	28	$S_{25°C}^0$ [J/(g-Atomgrd)]
13,3·10^3	7,09·10^3	6,560·10^3	29	$H_{25°C}^0$ [J/g-Atom]
—	0,97 (20° C)	0,138	30	λ [W/cmgrd]
Halbleiter	6,1	62,4 (0° C)^2	31	ϱ [10^{-6} Ωcm]
—	67,3 (0...55° C)	21,8 (0...25° C)	32	$\dfrac{\Delta\varrho}{\varrho\,\Delta\vartheta}$ [10^{-4} grd^{-1}]
—	−69,7 (30° C)	−1,7 (25° C)	33	$\dfrac{\Delta\varrho}{\varrho\,\Delta p}$ [10^{-6} at^{-1}]
−0,35 (17° C) (J_2)	0,532 (20° C)	0,81 (19° C)	34	χ_m [10^{-6} cm^{3}g^{-1}]
—	2,15	3,3	35	ψ_{th} [V]
—	2,25	2,69	36	ψ_{ph} [V]

^{1} (7+) 0,50.
^{2} Sprungtemperatur 4,9° K.

2. Zusammenfassende Tabellen

Zeilen-nummer	Symbole und Einheiten	Li	Lu [4]	Mg
1	Z (Isot.)	3 (2)	71 (2) [5]	12 (3)
2	At.-masse	6,939	174,97	24,312
3	Elektr. K. Gr.T.	He $2s$; $^2S_{1/2}$	Xe $4f^{14}\,5d\,6s^2$; $^2D_{3/2}$	Ne $3s^2$; $^1S_0$
4a	RL [Å]	6707,85 $^2P_{1/2}(^2/_2)$	—	4571,10; $^3P_1$
4b	RL [Å]	—	—	2852,11; $^1P_1$
5	Ion.-Pot. [eV]	5,390	6,15 ^1S	7,644; ^3S
6	Krist.	kub. $A\,2$	hex. $A\,3$	hex. $A\,3$
7	R. G.	O_h^9, $Im3m$	D_{6h}^4, $P6_3/mmc$	D_{6h}^4, $P6_3/mmc$
8	a, b [Å]	a 3,51	a 3,5031	a 3,2028
9	c [Å], β [°] (Z)	(2)	c 5,5509 (2)	c 5,1998 (2)
10	AR [Å]	1,56	1,74	1,60
11	IR [Å]	(1+) 0,68	(+3) 0,85	(2+) 0,66
12	V_A [cm³/g-Atom]	12,99	17,77	13,96
13	D [g/cm³]	0,534	9,849	1,741
14	α, γ [10^{-6} grd^{-1}]	$\bar{\alpha}$(0…95° C) 56	—	$\bar{\alpha}$(0…100° C) 26,0
15	$(v_{fl}-v_f)/v_f$	0,0151	—	0,041
16	$\varkappa$ [10^{-6} at^{-1}]	8,69[1,2]	4,3	2,94
17	E [kp/mm²]	1170[1,3]	—	4540
18	G [kp/mm²]	432[1]	—	1720
19	μ	0,359[1]	0,265	0,277
20	v_{Schall} [ms^{-1}]	6030 (l)[1]; 2820 (t)[1]	—	5700 (l); 3170 (t)
21	U [°C]	≈ -190	—	—
22	ΔH_u [J/g-Atom]	—	—	—
23	F [°C]	180,5	1652	649,5
24	ΔH_F [J/g-Atom]	$3,01\cdot 10^3$	$19\cdot 10^3$	$8,95\cdot 10^3$
25	ϑ_v °C	1317	3000	1120
26	ΔH_V [J/g-Atom]	$148,1\cdot 10^3$	—	$131,8\cdot 10^3$
27	C_p^0 [J/(g-Atomgrd)]	23,64	27,1	24,95
28	$S_{25°\,C}^0$ [J/(g-Atomgrd)]	28,03	51,4	32,68
29	$H_{25°\,C}^0$ [J/g-Atom]	$4,57\cdot 10^3$	—	$5,00\cdot 10^3$
30	λ [W/cmgrd]	0,71	—	1,71 (25° C)
31	ϱ [$10^{-6}\,\Omega$cm]	8,55 (0° C)	79 (0° C)	4,31 (0° C)
32	$\dfrac{\Delta\varrho}{\varrho\,\Delta\vartheta}$ [10^{-4} grd^{-1}]	48,9 (0…100° C)	24 (0…25° C)	41,2 (0…100° C)
33	$\dfrac{\Delta\varrho}{\varrho\,\Delta p}$ [10^{-6} at^{-1}]	+7,2 (30° C)	−1,31 (25° C)	−4,7 (25° C)
34	χ_m [10^{-6} cm³g^{-1}]	3,6…4,9 (20° C)	[6]	0,2 (20° C)
35	v_{th} [V]	2,39	3,14	3,46
36	v_{ph} [V]	2,69	—	3,67

[1] Bei —190° C.
[2] Bei 20°: $9,12\cdot 10^{-6}$ at^{-1}.
[3] Bei Z.T. 500 kpmm^{-2}.
[4] Keine Ergänzungen.
[5] ^{176}Lu Häufigkeit 2,6% β-Strahler Halbwertzeit $4,6\cdot 10^{10}$ a.
[6] Magnetisches Verhalten s. Ergänzungen Ce.

Mn	Mo	Na	Zeilen-nummer	Symbole und Einheiten
25 (1)	42 (7)	11 (1)	1	Z (Isot.)
54,9380	95,94	22,9898	2	At.-masse
Ar $3d^5\,4s^2$; ^6S	Kr $4d^5\,5s$; ^7S	Ne $3s$; $^2S_{1/2}$	3	Elektr. K. Gr.T.
5432,5; $^8P_{3/2}$	3902,96; $^7P_{1/2}$	5889, 950; $^2P_{3/2}$	4a	RL [Å]
—	—	5895, 924; $^2P_{1/2}$	4b	RL [Å]
7,432; ^7S	7,131; ^6S	5,138; $^1S_0$	5	Ion.-Pot. [eV]
kub. A 12	kub. A 2	kub. A 2	6	Krist.
T_d^2, $I\bar{4}3m$	O_h^9, $Im3m$	O_h^9, $Im3m$	7	R. G.
a 8,912	a 3,1410	a 4,282	8	a, b [Å]
(58)	(2)	(2)	9	c [Å], β [°] (Z)
1,31	1,40	1,91	10	AR [Å]
(2+) 0,80;	(3+) 0,92;	(1+) 0,97	11	IR [Å]
(3+) 0,66[1]	(4+) 0,70[3]			
7,39	9,387	23,68	12	V_A [cm³/g-Atom]
7,43	10,22	0,971	13	D [g/cm³]
$\bar{\alpha}$(0...100° C) 23	$\bar{\alpha}$(0...100° C) 5,1	$\bar{\alpha}$(0...95° C) 71	14	α, γ [10^{-6} grd^{-1}]
0,045	—	0,027	15	$(v_{fl}-v_f)/v_f$
0,731	0,345	13,7	16	$\varkappa$ [10^{-6} at^{-1}]
20000	33600	693	17	E [kp/mm²]
8100	12800	258	18	G [kp/mm²]
0,236	0,307	0,342	19	μ
5560 (l);	6650 (l);	3310 (l);	20	v_Schall [ms^{-1}]
3280 (t)	3510 (t)	1620 (t)		
727, 1101[2]	—	—	21	U [°C]
2,24·10³	—	—	22	ΔH_u [J/g-Atom]
2,28·10³				
1244	2620	97,82	23	F [°C]
14,6·10³	27,6·10³	2,602·10³	24	ΔH_F [J/g-Atom]
2095	4800	890	25	ϑ_v °C
224,7·10³	594·10³	89,04·10³	26	ΔH_V [J/g-Atom]
26,32	23,78	28,22	27	C_p^0 [J/(g-Atomgrd)]
31,76	28,60	51,42	28	$S_{25°\,C}^0$ [J/(g-Atomgrd)]
5,00·10³	4,99·10³	6,41·10³	29	$H_{25°\,C}^0$ [J/g-Atom]
0,297	1,42 (0° C)	1,38 (0° C)	30	λ [W/cmgrd]
39,2 (0° C)	5,03 (0° C)	4,28 (0° C)	31	ϱ [10^{-6} Ωcm]
62,8 (0...20° C)	43,3 (0...100° C)	54,6 (0...97° C)	32	$\frac{\Delta \varrho}{\varrho\,\Delta\vartheta}$ [10^{-4} grd^{-1}]
−3,54 (25° C)	−1,29	−38,3 (30° C)	33	$\frac{\Delta \varrho}{\varrho\,\Delta p}$ [10^{-6} at^{-1}]
8,9 (27° C)	0,93	0,664 (20° C)	34	χ_m [10^{-6} cm³g^{-1}]
3,91	4,26	—	35	v_{th} [V]
3,76	4,20	—	36	v_{ph} [V]

[1] (4+) 0,60; (7+) 0,46 Å.
[2] U bei 1137° C, ΔH_u = 1,8·10³ J/g-Atom.
[3] (6+) 0,62 Å.

Zeilen-nummer	Symbole und Einheiten	Nb	Nd	Ni
1	Z(Isot.)	41 (1)	60 (7)	28 (5)
2	At.-masse	92,906	144,24	58,71
3	Elektr. K. Gr. T.	Kr $4d^4\,5s$; $^6D^1/_2$	Xe $4f^4\,6s^2$; $^5I_4$	Ar $3d^8\,4s^2$; $^3F_4$
4a	RL [Å]	5320,21 $^6F^1/_2$	—	3884,58; $^5D_4$
4b	RL [Å]	4168,12 $^6F^1/_2$	—	3670,43; $^3P_2$
5	Ion.-Pot. [eV]	6,88 $^5D_0$	6,31; $^6I^1/_2$	7,633; $^2D^s/_2$
6	Krist.	kub. $A2$	hex. $\approx A3^2$	kub. $A1$
7	R. G.	O_h^9; $Im3m$	D_{6h}^4; $P6_3/mmc$	O_h^5; $Fm3m$
8	a, b [Å]	a 3,299	a 3,6579	a 3,5238
9	c [Å], β [°] (Z)	(2)	c 5,896 (2)	(4)
10	AR [Å]	1,47	1,82	1,24
11	IR [Å]	(4+) 0,74; (5+) 0,69	(3+) 1,04	(2+) 0,69
12	V_A [cm³/g-Atom]	10,87	20,59	6,589
13	D [g/cm³]	8,55	7,007	8,91
14	α, γ [10^{-6} grd^{-1}]	$\bar{\alpha}$(0...100° C) 7,31	$\bar{\alpha}$(0...25° C) $\approx$6,7	$\bar{\alpha}$(0...100° C) 13
15	$(v_{fl}-v_f)/v_f$	—	—	—
16	$\varkappa$ [10^{-6} at^{-1}]	0,57	3,02	0,524
17	E [kp/mm²]	10650	3860	22400
18	G [kp/mm²]	3800	1440	8500
19	μ	0,399	0,306	0,304
20	v_{Schall} [ms^{-1}]	5100 (l); 2090 (t)	2720 (l); 1440 (t)	5810 (l); 3080 (t)
21	U [°C]	—	862	—
22	ΔH_u [J/g-Atom]	—	$2,98 \cdot 10^3$	—
23	F [°C]	2468	1020	1455
24	ΔH_F [J/g-Atom]	$26,8 \cdot 10^3$	$7,2 \cdot 10^3$	$17,8 \cdot 10^3$
25	ϑ_v °C	$\sim$4900	3210	2800
26	ΔH_V [J/g-Atom]	$696 \cdot 10^3$	$296 \cdot 10^3$	$380,6 \cdot 10^3$
27	C_p^0 [J/(g-Atomgrd)]	24,81	30	26,05
28	$S_{25°C}^0$ [J/(g-Atomgrd)]	36,55	73,7	29,98
29	$H_{25°C}^0$ [J/g-Atom]	$5,29 \cdot 10^3$	$7,55 \cdot 10^3$	$4,78 \cdot 10^3$
30	λ [W/cmgrd]	0,523	0,16	0,605 (50° C)
31	ϱ [10^{-6} Ωcm]	15,22[1] (0° C)	71,8 (0° C)	6,14 (0° C)
32	$\frac{\Delta \varrho}{\varrho \Delta \vartheta}$ [10^{-4} grd^{-1}]	25,8 (0...100° C)	16,4 (0...25° C)	69,2 (0...100° C)
33	$\frac{\Delta \varrho}{\varrho \Delta p}$ [10^{-6} at^{-1}]	−1,37 (24° C)	−1,5 (25° C)	1,82 (24,7° C)
34	χ_m [10^{-6} cm³g^{-1}]	2,20 (25° C)	[2]	[3]
35	v_{th} [V]	3,99	3,3	4,85
36	v_{ph} [V]	—	—	5,01

[1] Sprungtemperatur 8,6° K.
[2] Magnetische Eigenschaften s. Ergänzungen Ce.
[3] Magnetische Eigenschaften s. Ergänzungen Co.

Os[1]	P	Pb	Zeilen-nummer	Symbole und Einheiten
76 (7)	15 (1)	82 (4)	1	Z (Isot.)
190,2	30,9738	207,19	2	At.-masse
Xe $4f^{14} 5d^6 6s^2$; $^5D_4$	Ne $3s^2 3p^3$; $^4S^\circ_{3/2}$	Xe $4f^{14} 5d^{10} 6s^2 6p^2$; $^3P_0$	3	Elektr. K. Gr.T.
4420,67; $^7D_4$	1787,65; ^4P	2833,07; $^3P_1$	4a	RL [Å]
—	1774,94		4b	RL [Å]
8,7	10,484 $^3P_0$	7,415; $^2P_{1/2}$	5	Ion.-Pot. [eV]
hex. A 3	orh. A 17[3]	kub. A 1	6	Krist.
D^4_{6h}, $P6_3/mmc$	D^{18}_{2h}, $Cmca$[3]	O^5_h, $Fm3m$	7	R. G.
a 2,7298	a 3,32; b 4,39[3]	a 4,9390	8	a, b [Å]
c 4,319 (2)	c 10,52 (8)[3]	(4)	9	c [Å], β [°] (Z)
1,35	1,13	1,74	10	AR [Å]
(4+) 0,88; (6+) 0,79	(3+) 0,4; (5+) 0,35	(2+) 1,20; (4+) 0,84	11	IR [Å]
8,46	12,89[3]	18,27	12	V_A [cm³/g-Atom]
22,48	2,69[3]	11,337	13	D [g/cm³]
$\bar\alpha$(0...100° C) 6,58	$\bar\gamma$(0...44° C) 372	$\bar\alpha$(0...100° C) 29,4	14	α, γ [10^{-6} grd^{-1}]
—	—	0,032	15	$(v_{fl}-v_f)/v_f$
0,266	2,9 (75° C)	2,42	16	$\varkappa$ [10^{-6} at^{-1}]
57000	—	1620	17	E [kp/mm²]
22600	—	560	18	G [kp/mm²]
0,253	—	0,434	19	μ
5480 (l); 3140 (t)	—	2050 (l); 710 (t)	20	v_{Schall} [ms^{-1}]
			21	U [°C]
			22	ΔH_u [J/g-Atom]
~2700	44,2[4]	327,4	23	F [°C]
~28·10³	2,51·10³	4,772·10³	24	ΔH_F [J/g-Atom]
~4400	281[4]	1751	25	ϑ_v °C
~630·10³	12,4·10³	179,5·10³	26	ΔH_V [J/g-Atom]
24,7		26,82	27	C^0_p [J/(g-Atomgrd)]
32,6		64,91	28	$S^0_{25°C}$ [J/(g-Atomgrd)]
—		6,88·10³	29	$H^0_{25°C}$ [J/g-Atom]
—	—	0,352 (0° C)	30	λ [W/cmgrd]
9,49 (20° C)[2]	—	19,2[5]	31	ϱ [10^{-6} Ωcm]
42 (0...100° C)	—	42,8 (0...100° C)	32	$\frac{\Delta\varrho}{\varrho\,\Delta\vartheta}$ [10^{-4} grd^{-1}]
—	—	−12,5 (25° C)	33	$\frac{\Delta\varrho}{\varrho\,\Delta p}$ [10^{-6} at^{-1}]
0,052 (25° C)	−0,85[3]	−0,111 (16° C)	34	χ_m [10^{-6} cm³g^{-1}]
4,55	—	4,02	35	v_{th} [V]
—	—	4,05	36	v_{ph} [V]

[1] Keine Ergänzungen.
[2] Sprungtemperatur 0,7° K.
[3] Die angegebenen Werte sind die für P schwarz.
[4] Werte für weißen Phosphor.
[5] Sprungtemperatur 7,22° K.

Zeilen-nummer	Symbole und Einheiten	Pd	Pm[1]	Pr
1	Z (Isot.)	46 (6)	61	59
2	At.-masse	106,4	(149)	140,907
3	Elektr. K. Gr.T.	Kr $4d^{10}$; $^1S_0$	Xe $4f^5 6s^2$; $^6H^{5}/_{2}$	Xe $4f^3 6s^2$; $^4I^{9}/_{2}$
4a	RL [Å]	2763,09; $^3P_1$	—	—
4b	RL [Å]	2447,91; $^1P_1$	—	—
5	Ion.-Pot. [eV]	8,33; $^2D^{5}/_{2}$	—	5,76 $^5I_4$
6	Krist.	kub. $A1$		hex. $A3$
7	R.G.	O_h^5, $Fm3m$		D_{6h}^4; $P6_3/mmc$
8	a, b [Å]	a 3,8902		a 3,6725
9	c [Å], β [°] (Z)	(4)		c 5,924 (2)
10	AR [Å]	1,37	1,81	1,82
11	IR [Å]	(2+) 0,80; (4+) 0,65	(3+) 1,06	(3+) 1,06; (4+) 0,92
12	V_A [cm³/g-Atom]	8,79	—	20,82
13	D [g/cm³]	12,1		6,769
14	α, γ [10^{-6} grd^{-1}]	$\bar{\alpha}$(0...100° C) 11,9		$\bar{\alpha}$(0...25°) ≈4,8
15	$(v_{fl}-v_f)/v_f$	—		—
16	$\varkappa$ [10^{-6} at^{-1}]	0,516	—	3,25
17	E [kp/mm²]	12340	—	3590
18	G [kp/mm²]	4430	—	1320
19	μ	0,394	—	0,31
20	v_{Schall} [ms^{-1}]	4540 (l); 1900 (t)	—	2660 (l); 1410 (t)
21	U [°C]	—	—	792
22	ΔH_u [J/g-Atom]	—	—	$3,18 \cdot 10^3$
23	F [°C]	1550	1035	935
24	ΔH_F [J/g-Atom]	$17,2 \cdot 10^3$	$7,1 \cdot 10^3$	$6,91 \cdot 10^3$
25	ϑ_v °C	3560	3200	3017
26	ΔH_V [J/g-Atom]	$94 \cdot 10^3$	—	$332 \cdot 10^3$
27	C_p^0 [J/(g-Atomgrd)]	26,2	27,2	26,7
28	$S_{25°C}^0$ [J/(g-Atomgrd)]	37,8	—	73,2
29	$H_{25°C}^0$ [J/g-Atom]	$5,46 \cdot 10^3$	—	—
30	λ [W/cmgrd]	0,69 (0° C)	—	0,117
31	ϱ [10^{-6} Ωcm]	9,77 (0° C)	—	70,7 (0° C)
32	$\frac{\Delta \varrho}{\varrho \Delta \vartheta}$ [10^{-4} grd^{-1}]	37,7 (0...100° C)	—	17,1 (0...25° C)
33	$\frac{\Delta \varrho}{\varrho \Delta p}$ [10^{-6} at^{-1}]	$-2,1$ (26° C)	—	$-0,4$ (25° C)
34	χ_m [10^{-6} cm³g^{-1}]	5,15 (25° C)	—	[2]
35	ψ_{th} [V]	4,85	≈3,07	2,7
36	ψ_{ph} [V]	4,97		—

[1] Keine Ergänzungen
[2] Magnetische Eigenschaften s. Ergänzungen Ce.

Pt	Rb	Re	Zeilen-nummer	Symbole und Einheiten
78 (6)	37 (2)	75 (2)	1	Z (Isot.)
195,06	85,47	186,2	2	At.-masse
Xe $4f^{14} 5d^9 6s$; $^3D_3$	Kr $5s$; $^2S_{1/2}$	Xe $4f^{14} 5d^5 6s^2$; ^6S	3	Elektr. K. Gr.T.
3315,05; $^5D_4$	7800,29; $^2P_{3/2}$	3464,72; $^6P_{5/2}$	4a	RL [Å]
—	7947,64; $^2P_{1/2}$	5275,53; $^8P_{5/2}$	4b	RL [Å]
8,96; $^2D_{5/2}$	4,176; $^1S_0$	7,87; ^7S	5	Ion.-Pot. [eV]
kub. $A1$	kub. $A2$	hex. $A3$	6	Krist.
O_h^5, $Fm3m$	O_h^9, $Im3m$	D_{6h}^4, $P6_3/mmc$	7	R. G.
a 3,9237	a 5,709	a 2,7609	8	a, b [Å]
(4)	(2)	c 4,4583 (2)	9	c [Å], β [°] (Z)
1,38	2,53	1,37	10	AR [Å]
(2+) 0,80; (4+) 0,65	(1+) 1,47	(4+) 0,72; (7+) 0,56	11	IR [Å]
9,07	55,79	8,850	12	V_A [cm³/g-Atom]
21,5	1,532 (20° C)	21,04	13	D [g/cm³]
$\bar{\alpha}$(0...100° C) 9,09	$\bar{\gamma}$(0...23° C) 270	$\bar{\alpha}$(20...100° C) 6,6	14	α, γ [10^{-6} grd^{-1}]
—	0,0228	—	15	$(v_{fl}-v_f)/v_f$
0,358	5,2	0,270	16	$\varkappa$ [10^{-6} at^{-1}]
17400	240	47500	17	E [kp/mm²]
6200	93	18400	18	G [kp/mm²]
0,397	0,292	0,286	19	μ
4080.(l); 1690 (t)	1430 (l); 770 (t)	5360 (l); 2930 (t)	20	v_{Schall} [ms^{-1}]
—	—	—	21	U [°C]
—	—	—	22	ΔH_u [J/g-Atom]
1769	38,7	3180	23	F [°C]
21,7·10³	2,20·10³	38·10³	24	ΔH_F [J/g-Atom]
4300	701	≈5600	25	ϑ_v °C
447·10³	69,20·10³	707·10³	26	ΔH_V [J/g-Atom]
25,9	30,88	25,7	27	C_p^0 [J/(g-Atomgrd)]
41,87	76,2	37,18	28	$S_{25° C}^0$ [J/(g-Atomgrd)]
5,79·10³	7,50·10³	5,46·10³	29	$H_{25° C}^0$ [J/g-Atom]
0,71 (0° C)	—	0,482 (0° C)	30	λ [W/cmgrd]
9,81 (0° C)	11,29	17,3[1]	31	ϱ [10^{-6} Ωcm]
39,6 (0...100° C)	63,7 (0...25° C)	31,1 (0...100° C)	32	$\dfrac{\Delta \varrho}{\varrho \, \Delta \vartheta}$ [10^{-4} grd^{-1}]
−1,88 (22,4° C)	−62,9 (30° C)	—	33	$\dfrac{\Delta \varrho}{\varrho \, \Delta p}$ [10^{-6} at^{-1}]
0,983 (25° C)	0,228	0,36 (25° C)	34	χ_m [10^{-6} cm³g^{-1}]
5,30	2,13	5,00	35	ψ_{th} [V]
5,55	2,13	4,97	36	ψ_{ph} [V]

[1] Sprungtemperatur 1,7° K.

Zeilen-nummer	Symbole und Einheiten	Rh	Ru	S
1	Z (Isot.)	45	44 (7)	16 (3)
2	At.-masse	102,905	101,07	32,064
3	Elektr. K. Gr.T.	Kr $4d^8\,5s$; $^4F_{9/2}$	Kr $4d^7\,5s$; $^5F_5$	Ne $3s^2\,3p^4$; $^3P_2$
4a	RL [Å]	3692,36; $^4D_{7/2}$	3964,90; $^7D_5$	1389,78; $^4P_{5/2}$
4b	RL [Å]	3502,54; $^4G_{9/2}$[1]	3799,35; $^5D_4$	1347,32; $^2P_{3/2}$
5	Ion.-Pot. [eV]	7,46 $^3F_4$	7,36; $^4F_{9/2}$	10,356 $^4S_{3/2}$
6	Krist.	kub. A 1	hex. A 3	orh. A 16
7	R. G.	O_h^5, $Fm3m$	D_{6h}^4 $P6_3/mmc$	D_{2h}^{24}, $Fddd$
8	a, b [Å]	a 3,7956	a 2,7038	a 10,437; b 12,845
9	c [Å], β [°] (Z)	(4)	c 4,2816; (2)	c 24,369 (16)
10	AR [Å]	1,34	1,33	1,05[4]
11	IR [Å]	(3+) 0,68	(4+) 0,67	(2−) 1,74; (4+) 0,37[5]
12	V_A [cm³/g-Atom]	8,23	8,22	15,49
13	D [g/cm³]	12,5	12,3	2,07 (23° C)
14	α, γ [10^{-6} grd^{-1}]	$\bar{\alpha}$(0…100° C) 8,5	$\bar{\alpha}$(0…100° C) 9,63	$\bar{\gamma}$(−79…18° C) 180
15	$(v_{fl}-v_f)/v_f$	0,12	—	0,0515
16	$\varkappa$ [10^{-6} at^{-1}]	0,357	0,338	13,3 (30° C)
17	E [kp/mm²]	38600	44000	—
18	G [kp/mm²]	15000	17600	—
19	μ	0,270	0,251	—
20	v_{Schall} [ms^{-1}]	6190 (l); 3470 (t)	6530 (l); 3740 (t)	—
21	U [°C]	—	1035; 1200[2]	95,3; 101
22	ΔH_u [J/g-Atom]	—	$0{,}14 \cdot 10^3$ —	401; 1,6
23	F [°C]	1960	2500	115,18
24	ΔH_F [J/g-Atom]	$\sim 21{,}8 \cdot 10^3$	$\sim 26 \cdot 10^3$	$1{,}718 \cdot 10^3$
25	ϑ_v °C	3960	4110	444,6
26	ΔH_V [J/g-Atom]	$494 \cdot 10^3$	$\sim 568 \cdot 10^3$	$90{,}57 \cdot 10^3$ [6]
27	C_p^0 [J/(g-Atomgrd)]	24,5	23,85	22,60
28	$S_{25°\,C}^0$ [J/(g-Atomgrd)]	31,6	28,53	31,88
29	$H_{25°\,C}^0$ [J/g-Atom]	—	—	$4{,}405 \cdot 10^3$
30	λ [W/cmgrd]	0,88 (0° C)	—	$2{,}56 \cdot 10^{-3}$ (20 °C)
31	ϱ [10^{-6} Ωcm]	4,35 (0° C)	7,16 (0° C)[3]	—
32	$\dfrac{\Delta \varrho}{\varrho\,\Delta\vartheta}$ [10^{-4} grd^{-1}]	46,2 (0…100° C)	45,8 (0…100° C)	—
33	$\dfrac{\Delta \varrho}{\varrho\,\Delta p}$ [10^{-6} at^{-1}]	−1,62 (25,6° C)	−2,48 (0° C)	—
34	χ_m [10^{-6} cm³g^{-1}]	1,08 (25° C)	0,427 (25° C)	—
35	v_{th} [V]	4,68	4,52	—
36	v_{ph} [V]	4,57	—	—

[1] Weitere R.L. 3434,90 Å; $^4G_{11/2}$; 3396,82 Å; $^4F_{9/2}$.
[2] U 1500° C; ΔH_u $0{,}96 \cdot 10^3$ Jg-Atom^{-1}.
[3] Sprungtemperatur 0,47° K.
[4] Nicht auf KZ=12 korrigierter Wert.
[5] (6+) 0,30.
[6] Dampf $(S_2 + S_6 + S_8)$.

214. Elemente

Sb	Sc[1]	Se[2]	Zeilennummer	Symbole und Einheiten
51 (2)	21 (1)	34 (6)	1	Z (Isot.)
121,75	44,956	78,96	2	At.-masse
Kr $4d^{10} 5s^2 5p^3$; $^4S_{3/2}$	Ar $3d 4s^2$; $^2D_{3/2}$	Ar $3d^{10} 4s^2 4p^4$; $^3P_2$	3	Elektr. K. Gr.T.
2311,47 $^4P_{1/2}$	6378,82; $^4F_{3/2}$	2074,79 ^2S	4a	RL [Å]
—	6305,67; $^6D_5$	1960,90 $^3S_4$	4b	RL [Å]
8,64 $^3P_0$	6,56 $^3D_1$	9,75 ^4S	5	Ion.-Pot. [eV]
trig. $A7$	hex. $A3$	trig. $A8$	6	Krist.
D_{3d}^5, $R\bar{3}m$	D_{6h}^4, $P6_3/mmc$	D_3^4, $P3_121^3$	7	R. G.
a 4,2995	a 3,090	a 4,35448	8	a, b [Å]
c 11,2515 (6)	c 5,273 (2)	c 4,94962 (3)	9	c [Å], β [°] (Z)
1,61	1,63	1,16[4]	10	AR [Å]
(3+) 0,76; (5+) 0,62	(3+) 0,81	—	11	IR [Å]
18,22	15,04	16,47	12	V_A [cm³/g-Atom]
6,69	2,99	4,7924	13	D [g/cm³]
α (25° C) 11,0	—	$\bar{\alpha}$(0...20° C) 49,27	14	α, γ [10^{-6} grd^{-1}]
0,0125	—	—	15	$(v_{fl}-v_f)/v_f$
2,7	—	11,8	16	$\varkappa$ [10^{-6} at^{-1}]
5550	—	5913	17	E [kp/mm²]
2210	—	—	18	G [kp/mm²]
0,251	—	0,447	19	μ
3140 (l); 1800 (t)	—	—	20	v_Schall [ms^{-1}]
—	—	—	21	U [°C]
—	—	—	22	ΔH_u [J/g-Atom]
630,5	1538	217,4	23	F [°C]
20,41·10³	17,6·10³	5,42·10³	24	ΔH_F [J/g-Atom]
1637	2730	684,9	25	ϑ_v °C
128,2·10³	≈330·10³	95,48·10³	26	ΔH_V [J/g-Atom]
25,43	25,1	25,38	27	C_p^0 [J/(g-Atomgrd)]
45,69	37,7	42,44	28	$S_{25°C}^0$ [J/(g-Atomgrd)]
5,90·10³	—	5,52·10³	29	$H_{25°C}^0$ [J/g-Atom]
0,185	—	—	30	λ [W/cmgrd]
39,0 (0° C)	61 (26° C)	Halbleiter	31	ϱ [10^{-6} Ωcm]
51,1 (0...100° C)	28,2 (0...25° C)	—	32	$\frac{\Delta\varrho}{\varrho\,\Delta\vartheta}$ [10^{-4} grd^{-1}]
+6,0 (25° C)	—	—	33	$\frac{\Delta\varrho}{\varrho\,\Delta p}$ [10^{-6} at^{-1}]
−0,80 (24° C)	7,0 (19° C)	−0,336	34	χ_m [10^{-6} cm³g^{-1}]
4,08	3,23	4,72	35	v_{th} [V]
4,56		4,86	36	v_{ph} [V]

[1] Keine Ergänzungen.
[2] Daten für die metallische Form.
[3] Oder D_3^6, $P3_221$.
[4] Nicht auf KZ=12 korrigierter Wert.

2. Zusammenfassende Tabellen

Zeilen-nummer	Symbole und Einheiten	Si	Sm	Sn
1	Z (Isot.)	14 (3)	62 (7)	50 (10)
2	At.-masse	28,086	150,35	118,69
3	Elektr. K. Gr.T.	Ne $3s^2\ 3p^2$; $^3P_0$	Xe $4f^6 6s^2$; $^7F_0$	Kr $4d^{10}\ 5s^2$, $5p^2$; $^3P_0$
4a	RL [Å]	2516,11 $^3P_1$	7141,13 $^8F_1$	2863,32; $^3P_1$
4b	RL [Å]		6725,88 $^9G_1$	—
5	Ion.-Pot. [eV]	8,149 $^2P_{1/2}$	5,6 $^8F_{1/2}$	7,332; $^2P_{1/2}$
6	Krist.	kub. $A4$	trig.	tetr. $A5$
7	R. G.	$O_h^7, Fd3m$	$D_{3d}^5, R\bar{3}m$	$D_{4h}^{19}, I4_1/amd$
8	a, b [Å]	a 5,4282	a 8,996	a 5,8314
9	c [Å], β [°] (Z)	(8)	β 23,22° (9)	c 3,1815 (4)
10	AR [Å]	1,34	≈1,8...1,9	1,58
11	IR [Å]	(4+) 0,42	(3+) 1,00	(2+) 0,93; (4+) 0,71
12	V_A [cm³/g-Atom]	12,08	19,95	16,28
13	D [g/cm³]	2,3263	7,53	7,29
14	α, γ [10^{-6} grd^{-1}]	α (25° C) 2,53	—	$\bar{\alpha}$(0...100° C) 27
15	$(v_{fl}-v_f)/v_f$		—	0,028
16	$\varkappa$ [10^{-6} at^{-1}]	0,98	2,56	1,870
17	E [kp/mm²]	—	3480	5400
18	G [kp/mm²]	—	1290	2030
19	μ	—	0,352	0,332
20	v_{Schall} [ms^{-1}]	—	2700 (l); 1290 (t)	3300 (l); 1650 (t)
21	U [°C]	—	917	13,2
22	ΔH_u [J/g-Atom]	—	≈3,12·10³	2,09·10³
23	F [°C]	1423	1072	231,9
24	ΔH_F [Jg/-Atom]	46,5·10³	8,63·10³	7,07·10³
25	ϑ_v °C	2355	1670	~2687
26	ΔH_V [J/g-Atom]	394,5·10³	—	290,4·10³
27	C_p^0 [J/(g-Atomgrd)]	19,79	29,53	26,36
28	$S_{25°\text{C}}^0$ [J/(g-Atomgrd)]	18,72	69,60	51,4
29	$H_{25°\text{C}}^0$ [J/g-Atom]	3,22·10³	—	6,30·10³
30	λ [W/cmgrd]	~0,8 (30° C)	—	0,63 (0° C)
31	ϱ [10^{-6} Ωcm]	Halbleiter	88 (0° C)	11,15[2]
32	$\dfrac{\Delta \varrho}{\varrho\, \Delta \vartheta}$ [10^{-4} grd^{-1}]	—	14,8 (0...20° C)	46,5 (0...100° C)
33	$\dfrac{\Delta \varrho}{\varrho\, \Delta p}$ [10^{-6} at^{-1}]	—	−3,57 (25° C)	−9,2 (25° C)
34	χ_m [10^{-6} cm³g^{-1}]	−0,111	[1]	0,026 (30° C)
35	ψ_{th} [V]	4,1	3,2	4,11
36	ψ_{ph} [V]	4,31	—	4,31

[1] Magnetische Eigenschaften s. Ergänzungen Ce.
[2] Sprungtemperatur 3,73° K.

Sr[1]	Ta	Tb	Zeilen-nummer	Symbole und Einheiten
38 (4)	73 (2)	65	1	Z (Isot.)
87,62	180,948	158,92	2	At.-masse
Kr $5s^2$; $^1S_0$	Xe $4f^{14}\,5d^3\,6s^2$; $^4F_{3/2}$	Xe $4f^9\,6s^2$	3	Elektr. K. Gr.T.
6892,62 $^3P_1$	4280,47	—	4a	RL [Å]
4607,35 ^1P	—	—	4b	RL [Å]
5,692	7,88; $^5F_1$	6,74	5	Ion.-Pot. [eV]
kub. A 1	kub. A 2	hex. A 3	6	Krist.
$O_h^5, Fm3m$	$O_h^9, Im3m$	$D_{6h}^4, P6_3/mmc$	7	R. G.
a 6,075	a 3,3026	a 3,6010	8	a, b [Å]
(2)	(2)	c 5,6936 (2)	9	c [Å], β [°] (Z)
2,13	1,48	1,77	10	AR [Å]
(2+) 1,12	(5+) 0,68	(3+) 0,93; (4+) 0,81	11	IR [Å]
32,82	10,90	19,26	12	V_A cm³/g-Atom
2,67	16,6	8,253	13	D [g/cm³]
—	$\bar{\alpha}$ (0...100° C) 6,5	$\bar{\alpha}$ (0...25° C) 7,6	14	α, γ [10^{-6} grd^{-1}]
—	—	—	15	$(v_{fl}-v_f)/v_f$
8,13	0,475	2,45	16	$\varkappa$ [10^{-6} at^{-1}]
1600	18830	5860	17	E [kp/mm²]
615	6600	2320	18	G [kp/mm²]
0,284	0,351	0,264	19	μ
2780 (l); 1520 (t)	4240 (l); 2030 (t)	2920 (l); 1060 (t)	20	v_{Schall} [ms^{-1}]
[2]	—	1317	21	U [°C]
—	—	4,24·10³	22	ΔH_u [J/g-Atom]
770	2996	1356	23	F [°C]
9,2·10³	31,4·10³	9,21·10³	24	ΔH_F [J/g-Atom]
1367	5400	2800	25	ϑ_v °C
138,9·10³	753·10³	—	26	ΔH_V [J/g-Atom]
25,1	25,5	28,95	27	C_p^0 [J/(g-Atomgrd)]
54,4	41,6	73,5	28	$S_{25°C}^0$ [J/(g-Atomgrd)]
—	5,68·10³	—	29	$H_{25°C}^0$ [J/g-Atom]
—	0,545 (20° C)	—	30	λ [W/cmgrd]
30,3	12,4[3]	91,2 (0° C)	31	ϱ [10^{-6} Ωcm]
38,2 (0...100° C)	38,2 (0...100° C)	11,9 (0...25° C)	32	$\dfrac{\Delta \varrho}{\varrho \Delta \vartheta}$ [10^{-4} grd^{-1}]
5,56	−1,62 (28,3° C)	—	33	$\dfrac{\Delta \varrho}{\varrho \Delta p}$ [10^{-6} at^{-1}]
1,05 (23° C)	0,840 (25° C)	[4]	34	χ_m [10^{-6} cm³g^{-1}]
2,35	4,15	3,09	35	v_{th} [V]
2,74	4,13	—	36	v_{ph} [V]

[1] Keine weiteren Ergänzungen.
[2] Umwandlung bei einem Druck von 25000 at bei Z.T., $\Delta v = -0,009\,v_0$.
[3] Sprungtemperatur 4,4° K.
[4] Magnetische Eigenschaften s. Ergänzungen Ce.

2. Zusammenfassende Tabellen

Zeilen-nummer	Symbole und Einheiten	Te	Th	Ti
1	Z (Isot.)	52 (8)	90 (1)	22 (5)
2	At.masse	127,60	232,038	47,90
3	Elektr. K. Gr.T.	Kr $4d^{10}\,5s^2\,5p^4$; $^3P_2$	Rn $6d^2\,7s^2\,(^3F_2)$	Ar $3d^2\,4s^2$; $^3F_2$
4a	RL [Å]	2259,73 $^5S_2$ (2259,02)	—	6296,65; $^5G_2$
4b	RL [Å]	2142,75 $^3S_1$	—	5173,74; $^3D_1$
5	Ion.-Pot. [eV]	9,01	—	6,83; $^2F^{3/2}$
6	Krist.	trig. $A\,8$	kub. $A\,1$	hex. $A\,3$
7	R. G.	$D_3^{4,6}\,P3_{1,2}21$	$O_h^5,\,Fm3m$	$D_{6h}^4,\,P6_3/mmc$
8	a, b [Å]	a 4,4669	a 5,0843	a 2,9503
9	c [Å], β [°] (Z)	c 5,91494 (3)	(4)	c 4,6831 (2)
10	AR [Å]	1,43[1]	1,78	1,46
11	IR [Å]	(2−) 2,11; (4+) 0,70[2]	(4+) 1,02	(2+) 0,80; (3+) 0,76[4]
12	V_A [cm³/g-Atom]	20,41	19,83	10,63
13	D [g/cm³]	6,25	11,7	4,505
14	α, γ [10^{-6} grd^{-1}]	α (40° C) 16,8	$\bar\alpha$(0…100° C) 10,5	$\bar\alpha$(0…100° C) 8,35
15	$(v_{fl}-v_f)/v_f$	—	—	—
16	$\varkappa$ [10^{-6} at^{-1}]	4,9	1,82	0,795
17	E [kp/mm²]	4800	8000	10400
18	G [kp/mm²]	≈1700	3120	3800
19	μ	0,16…0,3	0,258	0,359
20	v_{Schall} [ms^{-1}]	—	2850 (l); 1630 (t)	6260 (l); 2920 (t)
21	U [°C]	—	1400	882,5
22	ΔH_u [J/g-Atom]	—	$2,80\cdot 10^3$	$2,84\cdot 10^3$
23	F [°C]	449,5	1695	1668° C
24	ΔH_F [J/g-Atom]	$17,5\cdot 10^3$	$15,65\cdot 10^3$	$15,5\cdot 10^3$
25	ϑ_v °C	989,8	4200	3280
26	ΔH_V [J/g-Atom]	$114\cdot 10^3$	$544\cdot 10^3$	$430\cdot 10^3$
27	C_p^0 [J/(g-Atomgrd)]	25,56	27,33	25,0
28	$S_{25°C}^0$ [J/(g-Atomgrd)]	49,71	53,39	30,66
29	$H_{25°C}^0$ [J/g-Atom]	$6,13\cdot 10^3$	$6,50\cdot 10^3$	$4,81\cdot 10^3$
30	λ [W/cmgrd]	≈0,012 (25° C)	0,377 (20° C)	0,155 (50° C)
31	ϱ [10^{-6} Ωcm]	Halbleiter	≈13[3]	42[5]
32	$\dfrac{\Delta\varrho}{\varrho\,\Delta\vartheta}$ [10^{-4} grd^{-1}]	—	27,5 (0…25° C)	54,6 (0…100° C)
33	$\dfrac{\Delta\varrho}{\varrho\,\Delta p}$ [10^{-6} at^{-1}]	—	−3,4 (25° C)	−1,118 (23,2° C)
34	χ_m [10^{-6} cm³g^{-1}]	−0,290 (16° C)	0,57 (20° C)	3,2 (20° C)
35	v_{th} [V]	4,73	3,42	4,16
36	v_{ph} [V]	4,76	3,67	4,31

[1] Nicht auf KZ=12 korrigierter Wert.
[2] (6+) 0,56.
[3] Sprungtemperatur 1,4° K.
[4] (4+) 0,68.   [5] Sprungtemperatur ≈0,38° K.

Tl	Tm	U	Zeilen-nummer	Symbole und Einheiten
81 (2)	69	92 (3)	1	Z (Isot.)
204,37	168,93	238,03	2	At.-masse
Xe $4f^{14} 5d^{10}$ $6s^2 6p$; $^2P_{1/2}$	Xe $4f^{13} 6s^2$; $^2F_{7/2}$	Rn $5f^3 6d^1 7s^2$; $^5D_0$	3	Elektr. K. Gr.T.
3775,72 ^2S	5675,83	—	4a	RL [Å]
2767,81	—	—	4b	RL [Å]
6,106 $^1S_0$	—	≈4	5	Ion.-Pot. [eV]
hex. $A\,3$	hex. $A\,3$	orh. $A\,20$	6	Krist.
D_{6h}^4, $P6_3/mmc$	D_{6h}^4, $P6_3/mmc$	D_{2h}^{17}, $Cmcm$	7	R. G.
a 3,4564	a 3,5375	a 2,852, b 5,865	8	a, b [Å]
c 5,531 (2)	c 5,5546 (2)	c 4,945 (4)	9	c [Å], β [°] (Z)
1,67...1,70	1,74	1,53	10	AR [Å]
(1+) 1,47; (3+) 0,95	(3+) 0,87	(4+) 0,97; (6+) 0,80	11	IR [Å]
17,25	18,13	12,44	12	V_A cm³/g-Atom
11,85	9,318	19,1	13	D [g/cm³]
$\bar{\alpha}$(0...100° C) 29,4	—	$\bar{\alpha}$(0...100°) 15,3	14	α, γ [10^{-6} grd^{-1}]
0,03	—	—	15	$(v_{fl}-v_f)/v_f$
3,48	—	0,801	16	$\varkappa$ [10^{-6} at^{-1}]
800	—	18200	17	E [kp/mm²]
272	—	7200	18	G [kp/mm²]
0,454	0,298	0,252	19	μ
1630 (l); 480 (t)	—	3370 (l); 1940 (t)	20	v_{Schall} [ms^{-1}]
234	—	662, 772	21	U [°C]
0,3·10³ 303,5	— 1545	2,93·10³, 4,78·10³ 1130	22 23	ΔH_u [J/g-Atom] F [°C]
4,20·10³	18,4·10³	19,7·10³	24	ΔH_F [J/g-Atom]
1457	≈1720	3930	25	ϑ_v °C
162,4·10³	—	412·10³	26	ΔH_V [J/g-Atom]
26,4	27	27,45	27	C_p^0 [J/(g-Atomgrd)]
64,2	72,5	50,33	28	$S_{25°C}^0$ [J/(g-Atomgrd)]
6,83·10³	—	6,51·10³	29	$H_{25°C}^0$ [J/g-Atom]
0,502 (0° C)	—	0,24 (0° C)	30	λ [W/cmgrd]
16,2[1] (0° C)	79 (25° C)	~21 [3]	31	ϱ [10^{-6} Ωcm]
51,7 (0...100° C)	19,5 (0...25° C)	28,2 (0...100° C)	32	$\dfrac{\Delta\varrho}{\varrho\,\Delta\vartheta}$ [10^{-4} grd^{-1}]
−1,18 (25° C)	−2,6 (25° C)	—	33	$\dfrac{\Delta\varrho}{\varrho\,\Delta p}$ [10^{-6} at^{-1}]
−0,242	[2]	1,72 (20° C)	34	χ_m [10^{-6} cm³g^{-1}]
3,76	3,12	3,72	35	v_{th} [V]
4,05		4,10 (20° C)	36	v_{ph} [V]

[1] Sprungtemperatur 2,39° K.
[2] Magnetische Eigenschaften s. Ergänzungen Ce.
[3] Sprungtemperatur 0,8° K.

2. Zusammenfassende Tabellen

Zeilen-nummer	Symbole und Einheiten	V	W	Y
1	Z (Isot.)	23 (2)	74 (5)	39
2	At.-masse	50,942	183,85	88,905
3	Elektr. K. Gr.T.	Ar $3d^3\,4s^2$, $^4F_{3/2}$	Xe $4f^{14}\,5d^4\,6s^2$; $^5D_0$	Kr $4d\,5s^2$; $^2D_{3/2}$
4a	RL [Å]	5527,72; $^6G_{1/2}$	4982,9; $^7F_1$	9494,81; $^2P_{1/2}$
4b	RL [Å]	4851,48; $^4D_{1/2}$	—	—
5	Ion.-Pot. [eV]	6,8; $^5D_0$	7,98; $^6D_{1/2}$	6,38; $^1S_0$
6	Krist.	kub. $A2$	kub. $A2$	hex. $A3$
7	R. G.	$O_h^9, Im3m$	$O_h^9, Im3m$	$D_{6h}^4, P6_3/mmc$
8	a, b [Å]	a 3,039	a 3,156	a 3,6474
9	c [Å], β [°] (Z)	(2)	(2)	c 5,7306 (2)
10	AR [Å]	1,36	1,41	1,79
11	IR [Å]	(2+) 0,88; (3+) 0,74[1]	(4+) 0,70; (6+) 0,62	(3+) 0,92
12	V_A [cm³/g-Atom]	8,324	9,548	19,88
13	D [g/cm³]	6,12	19,27	4,472
14	α, γ [10^{-6} grd^{-1}]	$\bar{\alpha}$(23...100° C) 8,3	$\bar{\alpha}$(0...100°) 4,5	γ (0°) 28,3
15	$(v_{fl}-v_f)/v_f$	—	—	—
16	$\varkappa$ [10^{-6} at^{-1}]	0,64	0,29	2,09
17	E [kp/mm²]	13000	41500	6760
18	G [kp/mm²]	4,800	15900	2600
19	μ	0,363	0,299	0,265
20	v_{Schall} [ms^{-1}]	6000 (l); 2780 (t)	5320 (l); 2840 (t)	4280 (l); 2420 (t)
21	U [°C]	—	—	1490
22	ΔH_u [J/g-Atom]	—	—	$4{,}95 \cdot 10^3$
23	F [°C]	1890	3390	≈ 1500
24	ΔH_F [J/g-Atom]	$17{,}5 \cdot 10^3$	$35{,}2 \cdot 10^3$	$10{,}2 \cdot 10^3$
25	ϑ_v °C	≈ 3380	5500	3630
26	ΔH_V [J/g-Atom]	$458 \cdot 10^3$	$799 \cdot 10^3$	$393 \cdot 10^3$
27	C_p^0 [J/(g-Atomgrd)]	24,48	24,08	25,1
28	$S_{25°C}^0$ [J/(g-Atomgrd)]	29,3	32,76	46,0
29	$H_{25°C}^0$ [J/g-Atom]	$4{,}65 \cdot 10^3$	$5{,}09 \cdot 10^3$	—
30	λ [W/cmgrd]	0,32 (100° C)	1,3 (20° C)	0,138
31	ϱ [10^{-6} Ωcm]	18,2 (0° C)[2]	4,89 (0° C)	80 (0° C)
32	$\frac{\Delta\varrho}{\varrho\,\Delta\vartheta}$ [10^{-4} grd^{-1}]	39,0 (0...100° C)	51,0	27,1 (0...250° C)
33	$\frac{\Delta\varrho}{\varrho\,\Delta p}$ [10^{-6} at^{-1}]	$-1{,}6$ (25° C)	$-1{,}333$ (28,4° C)	—
34	χ_m [10^{-6} cm³g^{-1}]	5,0 (20° C)	0,32 (25° C)	2,15 (19° C)
35	ψ_{th} [V]	4,09	4,50	3,07
36	ψ_{ph} [V]	3,77	4,54	—

[1] (4+) 0,63; (5+) 0,59 Å.
[2] Sprungtemperatur 5,13° K.

214. Elemente

Yb	Zn	Zr	Zeilennummer	Symbole und Einheiten
70 (7)	30 (5)	40 (5)	1	Z (Isot.)
173,04	65,37	91,22	2	At.-masse
Xe $4f^{14}6s^2$; $^1S_0$	Ar $3d^{10}4s^2$; $^1S_0$	Kr $4d^2 5s^2$; $^3F_2$	3	Elektr. K. Gr.T.
3987,99	3075,90; $^3P_1$	6762,38; $^5G_2$	4a	RL [Å]
—	2138,61; $^1P_1$	4575,52; $^3G_3$	4b	RL [Å]
6,24; $^2S_{1/2}$	9,391; $^2S_{1/2}$	6,835 $^4F_{3/2}$	5	Ion.-Pot. [eV]
kub. $A1$	hex. $A3$	hex. $A3$	6	Krist.
$O_h^5, Fm3m$	$D_{6h}^4, P6_3/mmc$	$D_{6h}^4, P6_3/mmc$	7	R. G.
a 5,4862	a 2,6649	a 3,229	8	a, b [Å]
(4)	c 4,9451 (2)	c 5,141 (2)	9	c [Å], β [°] (Z)
1,93	1,32; 1,47²	1,60	10	AR [Å]
(3+) 0,86	(2+) 0,74	(4+) 0,79	11	IR [Å]
24,87	9,168	14,03	12	V_A cm³/g-Atom]
6,959	7,13	6,50	13	D [g/cm³]
$\bar{\alpha}$(0...25°) 25,0	γ (0° C) 83,3	α(20° C) 5,8	14	α, γ [10^{-6} grd^{-1}]
—	0,07	—	15	$(v_{fl}-v_f)/v_f$
7,25	1,68	1,10	16	$\varkappa$ [10^{-6} at^{-1}]
1930	9450	6900	17	E [kp/mm²]
750	3800	2510	18	G [kp/mm²]
0,284	0,235	0,374	19	μ
1820 (l); 1000 (t)	3890 (l); 2290 (t)	4360 (l); 1950 (t)	20	v_{Schall} [ms^{-1}]
798	—	862	21	U [°C]
1,78·10³	—	2,8·10³	22	ΔH_u [J/g-Atom]
824	419,5	1855	23	F [°C]
7,5·10³	7,28·10³	20·10³	24	ΔH_F [J/g-Atom]
1520	907	≈4380	25	ϑ_v °C
155·10³	114,7·10³	582·10³	26	ΔH_V [J/g-Atom]
25,1	25,4	25,5	27	C_p^0 [J/(g-Atomgrd)]
62,8	41,11	38,9	28	$S_{25°C}^0$ [J/(g-Atomgrd)]
—	5,64·10³	5,50·10³	29	$H_{25°C}^0$ [J/g-Atom]
—	1,13 (20° C)	0,21 (25° C)	30	λ [W/cmgrd]
30 (0° C)	5,65³	41 (0° C)⁴	31	ϱ [10^{-6} Ωcm]
13,0 (0...25° C)	41,7	44,0 (0...100° C)	32	$\dfrac{\Delta\varrho}{\varrho\,\Delta\vartheta}$ [10^{-4} grd^{-1}]
+9,7 (25° C)	−6,3 (25° C)	−0,33 (25° C)	33	$\dfrac{\Delta\varrho}{\varrho\,\Delta p}$ [10^{-6} at^{-1}]
—¹	−0,14 (20° C)	1,34 (20° C)	34	χ_m [10^{-6} cm³g^{-1}]
2,50	3,74	4,05	35	v_{th} [V]
—	4,22	3,96	36	v_{ph} [V]

¹ Magnetische Eigenschaften s. Ergänzungen Ce.
² Durch Verzerrungen sind einige Abstände kürzer.
³ Sprungtemperatur 0,905° K.
⁴ Sprungtemperatur 0,546° K.

2142. Physikalische und chemische Eigenschaften der Elemente, die im Normzustand gasförmig sind

Neben der Haupttabelle, die die unten aufgeführten Angaben bringt, sind in einer Ergänzungstabelle weitere Eigenschaften gebracht, und zwar die Dichte der koexistierenden Phasen im Sättigungszustand für diejenigen Gase, für welche diese Werte nicht bei den thermodynamischen Funktionen in Tabelle 63 aufgeführt sind. Ferner sind Daten für die Viskosität und die Wärmeleitfähigkeit im flüssigen Zustand in der Ergänzungstabelle enthalten.

Von den Eigenschaften, für die in der Haupttabelle nur der Wert in der Nähe der Zimmertemperatur aufgeführt ist, findet man für die meisten der beschriebenen Gase noch Werte bei anderen Temperaturen bzw. Drucken in den folgenden Tabellen:

Dampfdrucke in Tabelle 4111 und 1212
pv-Werte in Tabelle 3334
Wärmekapazität in Tabelle 6111
Thermodynamische Funktionen in Tabelle 63
Joule Thomson-Effekt in Tabelle 65
Viskosität von Gasen in Tabelle 7113 und 712
Selbstdiffusion in Tabelle 7231
Wärmeleitzahl in Tabelle 7331 und 7332

Zeile		Abkürzung
1	Ordnungszahl, in Klammern ist die Zahl der natürlich vorkommenden Isotopen hinzugefügt	Z (Isot. Z.)
2	Relative Atommasse 1962	At.-masse
3	Elektronenkonfiguration und Grundterm	Elektr. K. Gr.T.
4a	Resonanzlinie in Å und Term	RL [Å]
4b	Resonanzlinie in Å und Term	RL [Å]
5	Ionisationspotential in eV und Term des ionisierten Atoms	Ion.-Pot. [eV]
6	Kristallsystem und Strukturtyp bei der angegebenen Temperatur	Krist.
7	Raumgruppe, 1. Schönfliess, 2. Herman Maugin	R. G.
8	Einheitszelle Kantenlänge a, b in Å	a, b [Å]
9	Kantenlänge c in Å oder Winkel β zwischen den Kristallachsen, in Klammern ist die Atomzahl in der Einheitszelle angegeben	c Å, β [°] (Z)
10	Effektiver Radius bei van der Waalsschen Bindung in Å, in Klammern Koordinationszahl	AR [Å] (KoZ.)
11	Atomvolumen bei 0° K	V_A [cm³/g-Atom]
12	Molekel	
13	Grundzustand	GZ
14	Rotationskonstante B_0 in cm⁻¹	B_0 [cm⁻¹]

214. Elemente

Zeile		Abkürzung
15	$\Theta_{rot} = B_0 \cdot \dfrac{hc}{k}$ Rotationstemperatur	Θ_{rot} [°K]
16	Wellenzahl der Kernschwingungsfrequenz ω_0	ω_0 [cm^{-1}]
17	$\Theta_s = \dfrac{\omega_0 hc}{k}$ Schwingungstemperatur	Θ_0 [°K]
18	Anharmonizitätszahl · Kernschwingungswellenzahl ($x_0 \cdot \omega_0$)	$x_0 \, \omega_0$ (cm^{-1})
19	Wechselwirkungszahl zwischen Kernschwingung und Rotation	cm^{-1}
20	Kernabstand r_0 in Å	r_0 [Å]
21	Trägheitsmoment I in 10^{-40} cm²	I [10^{-40} cm²]
22	Dissoziationsenergie bei 0° K ΔH_{Dis} in eV	ΔH_{Dis} [eV]
23	Bildungsenthalpie des Atoms bei 25° C in JMol^{-1}	ΔH_B^0 [JMol^{-1}]
24	Gaskinetischer Durchmesser d aus Viskosität und kritischen Daten berechnet in Å	d [Å]
25	Sutherlandkonstante, Suth-K.	Suth-K
26	Selbstdiffusion	Dif [cm²s^{-1}]
27	Normdichte	D [mg·cm^{-3}]
28	Kritische Temperatur °C	ϑ_{krit} [°C]
29	Kritischer Druck	p_{krit} [at]
30	Kritische Dichte	D_{krit} [gcm^{-3}]
31	Schallgeschwindigkeit im Gas	v_g [ms^{-1}]
32	Schallgeschwindigkeit im verfl. Gas	v_{fl} [ms^{-1}]
33	Umwandlungspunkt im festen Zustand	U [°C]
34	Umwandlungsenthalpie in JMol^{-1}	ΔH_u [JMol^{-1}]
35	Tripelpunkt ,Trp in °C	Trp [°C]
36	Schmelzenthalpie in JMol^{-1}	ΔH_F [JMol^{-1}]
37	Druck am Tripelpunkt p_{Trp} in Torr	p_{Trp} [Torr]
38	Siedepunkt ϑ_v in °C	ϑ_v [°C]
39	Verdampfungsenthalpie ΔH_v in JMol^{-1}	ΔH_v [JMol^{-1}]
40	Standard Molwärme C_p^0 in JMol^{-1}grd^{-1}	C_p [JMol^{-1}grd^{-1}]
41	Standard molare Entropie $^{gas}S_{25°C}^0$ in JMol^{-1}grd^{-1}	S^0 [JMol^{-1}grd^{-1}]
42	Standard molare Enthalpie $H_{25°}^0 - H_{-273°C}^0$ in JMol^{-1}	H^0 [JMol^{-1}]
43	Wärmeleitfähigkeit bei 0° C λ in 10^{-6} Wcm^{-1}grd^{-1}	λ [10^{-6}Wcm^{-1}grd^{-1}]
44	Statische Dielektrizitätskonstante Differenz gegen 1	$(\varepsilon - 1) \cdot 10^6$
45	Massensusceptibilität χ	χ [10^{-6} cm³Mol^{-1}]
46	Brechzahl ($n_{760\,Torr}^{0°C}$) Differenz gegen 1	$(n-1) \cdot 10^6$

Zeilen-nummer	Symbole und Einheiten	Ar	Cl bzw. Cl_2	F bzw. F_2
1	Z (Isot.Z.)	18 (3)	17 (2)	9 (1)
2	At.-masse	39,948	35,453	18,9984
3	Elektr. K. Gr.T.	Ne $3s^2\,3p^6$; $^1S_0$	Ne $3s^2\,3p^5$; $^2P_{3/2}$	He $2s^2\,2p^5$; $^2P_{3/2}$
4a	RL [Å]	1066,66; $^3P_1$	1389,28	976,50; ^4P
4b	RL [Å]	1048,218; $^3P_1$	1347,32	954,82; ^2P
5	Ion.-Pot. [eV]	15,755; $^2P_{3/2}$	13,01; $^3P_2$	17,418; $^3P_2$
6	Krist.	$-253°$ kub. $A\,1$	$-185°$ tetr. $A\,18$	—
7	R. G.	O_h^5, $Fm3m$	D_{4h}^{16}, $P4_2/ncm$	—
8	a, b [Å]	a 5,40	a 8,56	—
9	c [Å], β [°] (Z)	(4)	c 6,12 (16)	—
10	AR [Å] (KoZ.)	1,90 (12)	1,84 (12)	1,49 (6)
11	V_A [cm³/g-Atom]	23,71		
12		—	Cl_2	F_2
13	GZ	—	$^1\Sigma_g^+$	$^1\Sigma_g^+$
14	B_0 [cm^{-1}]	—	0,2438	(0,90)
15	Θ_{rot} [°K]	—	0,351	(1,3)
16	ω_0 [cm^{-1}]	—	564,9	892,1
17	Θ_0 [°K]	—	812,8	1284
18	$x_0\,\omega_0$ (cm^{-1})	—	4,0	—
19	cm^{-1}	—	0,007	—
20	r_0 [Å]	—	1,988	(1,4)
21	I [10^{-40} cm²]	—	113,5	(31,5)
22	ΔH_{Dis} [eV]	—	2,475	(1,62)
23	ΔH_B^0 [JMol^{-1}]	—	121,1	(79,09)
24	d [Å]	3,66 (0° C)	5,47 (15,6°) Cl_2	3,19 ($-24,3$°C) (F_2)
25	Suth-K	142	351	129
26	Dif [cm²s^{-1}]	0,156 (0° C)	—	—
27	D [mg·cm^{-3}]	1,7837 (0° C, 760 Torr)	3,214	1,696
28	ϑ_{krit} [°C]	$-122,4$	144	-129
29	p_{krit} [at]	49,6	76,1	56,8
30	D_{krit} [gcm^{-3}]	0,536 gcm^{-3}	0,567	0,63
31	v_g [ms^{-1}]	308 (0° C, 1 atm)	206 (0° C) Cl_2	—
32	v_{fl} [ms^{-1}]	855 ($-188°$)	—	—
33	U [°C]	—	—	—
34	ΔH_u [JMol^{-1}]	—	—	—
35	Trp [°C]	$-189,3$	-101	$-218,0$
36	ΔH_F [JMol^{-1}]	$1,176\cdot 10^3$	$6,406\cdot 10^3$	$1,556\cdot 10^3$
37	p_{Trp} [Torr]	515,7	10,44	1,66
38	ϑ_v [°C]	$-185,87$	$-34,04$	$-188,1$
39	ΔH_v [JMol^{-1}]	$6,519\cdot 10^3$	$20,41\cdot 10^3$	$6,538\cdot 10^3$

H bzw. H_2	^{2}H(D) bzw. $^2H_2$	^{4}He[3]	Zeilen-nummer	Symbole und Einheiten
1 (3)	—	2 (2)	1	Z (Isot. Z.)
1,00797 (1,007825)[1]	2,01410	4,0026	2	At.-masse
$1s$; $^2S_{1/2}$	—	$1s^2$; $^1S_0$	3	Elektr. K. Gr. T.
1215,67; ^2P	—	591,43; $^3P_1$	4a	RL [Å]
—	—	584,35; $^1P_1$	4b	RL [Å]
13,595	—	24,58 $^2S_{1/2}$	5	Ion.-Pot. [eV]
−269° hex. $A3$	—	−271,7° (37 atm) hex. $A3$	6	Krist.
D_{6h}^4, $P6_3/mmc$	—	D_{6h}^4, $P6_3/mmc$	7	R. G.
a 3,75	—	a 3,75	8	a, b [Å]
c 6,12 (2)	—	c 5,83 (2)	9	c [Å], β [°] (Z)
0,78[2] (12)	—	—	10	AR [Å] (KoZ.)
22,5 (H_2)	—	22,44	11	V_A [cm³/g-Atom]
H_2	D_2	—	12	
$^1\Sigma_g^+$		—	13	GZ
60,809	30,4	—	14	B_0 [cm^{-1}]
87,5	43,00	—	15	Θ_{rot} [°K]
4395	3108	—	16	ω_0 cm^{-1}]
6322	4469	—	17	Θ_0 [°K]
117,995	60	—	18	$x_0 \omega_0$ (cm^{-1})
2,993	1,06	—	19	cm^{-1}
0,74166	0,742	—	20	r_0 [Å]
0,473	0,937	—	21	I [10^{-40} cm²]
4,475	—	—	22	ΔH_{Dis} [eV]
217,9	—	—	23	ΔH_B^0 [JMol^{-1}]
2,48 (0° C) H; 2,75 (0° C) H_2	—	2,19 (0° C)	24	d [Å]
31 (H); 234 (H_2)	—	173[4]	25	Suth-K
1,647 (23° C)	1,27 (23° C)	1,403 (0° C)	26	Dif [cm²s^{-1}]
0,08989	0,1796	0,17847	27	D [mg·cm^{-3}]
−239,9	−234,8	−267,93	28	ϑ_{krit} [°C]
13,23	16,98	2,26	29	p_{krit} [at]
0,0301	0,0668	0,06945	30	D_{krit} [gcm^{-3}]
1237 (0° C) H_2	—	969 (0° C)	31	v_g [ms^{-1}]
1340 (−258,4° C)	—	—	32	v_{jl} [ms^{-1}]
—	—	−270,96 (λ-Punkt)	33	U [°C]
—	—	—	34	ΔH_u [JMol^{-1}]
−259,2	−254,5	−269,7 (103 atm)	35	Trp [°C]
0,117·10³	0,197·10³	0,0209·10³	36	ΔH_F [JMol^{-1}]
54	128,5	—	37	p_{Trp} [Torr]
−252,76	−249,48°	−268,94	38	ϑ_v [°C]
0,904·10³	1,226·10³	0,0837·10³	39	ΔH_v [JMol^{-1}]

[1] Isotopengewicht von H.
[2] Elementradius bei metallischer Bindung.
[3] Werte für ^{3}He s. Ergänzungen.
[4] Für hohe Temperaturen.

2. Zusammenfassende Tabellen

Zeilen-nummer	Symbole und Einheiten	Ar	Cl bzw. Cl_2	F bzw. F_2
40	C_p [JMol^{-1}grd^{-1}]	20,79	33,84 (Cl_2); 21,84 (Cl)	31,32 (F_2); 22,75 (F)
41	S^0 [JMol^{-1}grd^{-1}]	154,8	223,0 (Cl_2); 165,1 (Cl)	202,7 (F_2); 158,6 (F)
42	H^0 [JMol^{-1}grd^{-1}]	$6,196 \cdot 10^3$	$9,18 \cdot 10^3$ (Cl_2); $6,272 \cdot 10^3$ (Cl)	$8,828 \cdot 10^3$ (F_2); $6,519 \cdot 10^3$ (F)
43	λ [10^{-6} Wcm^{-1}grd^{-1}]	164	79,9 (Cl_2)	243
44	$(\varepsilon - 1) \cdot 10^6$	545 (0° C, 760 Torr)	—	—
45	χ [10^{-6} cm^{3}Mol^{-1}]	−19,5 (20° C)	−40,4	—
46	$(n-1) \cdot 10^6$	283,14 (0,5462 μm)	7,84 (0,5462 μm)	2,06 (0,5894 μm)

Zeilen-nummer	Symbole und Einheiten	Kr	N bzw. N_2	Ne
1	Z (Isot. Z.)	36 (7)	7 (2)	10 (2)
2	At.-masse	83,80	14,0067	20,183
3	Elektr. K. Gr. T.	Ar $3d^{10} 4s^2 4p^6$; $^1S_0$	He $2s^2 2p^3$; $^4S^3/_2$	He $2s^2 2p^6$; $^1S_0$
4a	RL [Å]	1285,82; $^3P_1$	1200,71; ^4P	735,89; $^1P_1$
4b	RL [Å]	1164,86; ^1P	—	743,71; $^3P_1$
5	Ion.-Pot. [eV]	13,996; $^3P_2$	14,53; $^3P_0$	21,56; $^2P^3/_2$
6	Krist.	−252° kub. A 1	−234° hex. A 3	≈4° K kub. A 1
7	R. G.	$O_h^5, Fm3m$	$D_{6h}^4, P6_3/mmc$	$O_h^5, Fm3m$
8	a, b [Å]	a 5,60	a 4,034	a 4,52
9	c [Å], β [°] (Z)	(4)	c 6,588 (4)	(4)
10	AR [Å] (KoZ.)	1,97	1,79 (10)	1,60
11	V_A [cm^3/g-Atom]	22,35	—	22,4356
12		—	N_2	—
13	GZ	—	$^1\Sigma_g$	—
14	B_0 [cm^{-1}]	—	2,010	—
15	Θ_{rot} [°K]	—	2,89	—
16	ω_0 [cm^{-1}]	—	2359,61	—
17	Θ_0 [°K]	—	3395	—
18	$x_0 \omega_0$ (cm^{-1})	—	14,456	—
19	cm^{-1}	—	0,0186	—
20	r_0 [Å]	—	1,094	—
21	I [10^{-40} cm^2]	—	13,84	—
22	ΔH_{Dis} [eV]	—	9,756	—
23	ΔH_B^0 [JMol^{-1}]	—	470,6	—
24	d [Å]	3,95 (0° C)	3,78 (0° C) N_2	2,59 (20° C)
25	Suth-K	188	105	128
26	Dif [cm^{2}s^{-1}]	0,045 (0° C)	0,185 (0° C)	0,452 (0° C)

214. Elemente

H bzw. H_2	$^2H(D)$ bzw. $^2H_2$	^4He	Zeilen-nummer	Symbole und Einheiten
28,83 (H_2); 20,79 (H)	29,2	20,79	40	C_p [JMol^{-1}grd^{-1}]
130,6 (H_2); 114,6 (H)	144,9	126,0	41	S^0 [JMol^{-1}grd^{-1}]
$2,024 \cdot 10^3$ (H_2); $6,196 \cdot 10^3$ (H)	—	$6,190 \cdot 10^3$	42	H^0 [JMol^{-1}grd^{-1}]
1710 (H_2)	1310 ($^2H_2$)	1430	43	λ [10^{-6} Wcm^{-1}grd^{-1}]
270 (0° C, 760 Torr)	251 (20° C, 776 Torr)	68 (0° C 760 Torr)	44	$(\varepsilon-1) \cdot 10^6$
4,00 (20° C)	−4,0	−1,9	45	χ [10^{-6} cm^{3}Mol^{-1}]
139,6 (0,5462 μm)	137,66 (0,5462 μm)	34,9 (0,589 μm)	46	$(n-1) \cdot 10^6$

O bzw. O_2[1]	Xe	Zeilen-nummer	Symbole und Einheiten
8	54 (9)	1	Z (Isot. Z.)
15,9994	131,30	2	At.-masse
He $2s^2 2p^4$; $^3P_2$	Kr $4d^{10} 5s^2 5p^6$ $^1S_0$	3	Elektr. K. Gr. T.
1355,60; ^2S	1469,62; $^3P_1$	4a	RL [Å]
1302,17	1295,56; $^1P_1$	4b	RL [Å]
13,614; $^4S_{3/2}$	12,127; $^2P_{3/2}$	5	Ion.-Pot. [eV]
−223 kub.	(−185°) kub. $A1$	6	Krist.
T_h^6, $Pa3$	O_h^5, $Fm3m$	7	R. G.
a 6,83	a 6,24	8	a, b [Å]
(12)	(4)	9	c [Å], β [°] (Z)
∼1,8 (∼12)	2,20	10	AR [Å] (KoZ.)
		11	V_A [cm^3/g-Atom]
O_2	—	12	
$^3\Sigma_g^-$	—	13	GZ
1,446	—	14	B_0 [cm^{-1}]
2,08	—	15	Θ_{rot} [°K]
1580,32	—	16	ω_0]cm^{-1}]
2274	—	17	Θ_0 [°K]
11,993	—	18	$x_0 \omega_0$ (cm^{-1})
0,016	—	19	cm^{-1}
1,2074	—	20	r_0 [Å]
19,13	—	21	I [10^{-40} cm^2]
5,080	—	22	ΔH_{Dis} [eV]
247,4	—	23	ΔH_B^0 [JMol^{-1}]
3,62 (7° C) O_2	4,64 (0° C)	24	d [Å]
125 (O_2)	252	25	Suth-K
0,187 (0° C)	0,0480 (0° C)	26	Dif [cm^{2}s^{-1}]

[1] Daten für O_3 s. Ergänzungen.

2. Zusammenfassende Tabellen

Zeilen-nummer	Symbole und Einheiten	Kr	N bzw. N_2	Ne	O bzw. O_2 [1]	Xe	Zeilen-nummer	Symbole und Einheiten
27	D [mg·cm^{-3}]	3,744	1,25046	0,9006	1,4289	5,896	27	D [mg·cm^{-3}]
28	ϑ_{krit} [°C]	−63,75	−146,9	−228,75	−118,38	16,59	28	ϑ_{krit} [°C]
29	p_{krit} [at]	56,0	34,5	27,06	51,8	57,64	29	p_{krit} [at]
30	D_{krit} [gcm^{-3}]	0,9085	0,311	0,4835	0,419	1,100	30	D_{krit} [gcm^{-3}]
31	v_g [ms^{-1}]	213	336,9 (0° C) N_2	435 (0° C)	336,95 (0° C) O_2	168	31	v_g [ms^{-1}]
32	v_{fl} [ms^{-1}]	—	929 (−203° C)	—	1079	—	32	v_{fl} [ms^{-1}]
33	U [°C]	—	−237,34	—	(−203,6° C) −249,5; −229,4	—	33	U [°C]
34	ΔH_u [JMol^{-1}]	−157,2	232,7	−248,60	93,7; 743,1	−111,9	34	ΔH_u [JMol^{-1}]
35	Trp [°C]	1,636·10^3	−210,01	0,335·10^3	−218,81	2,295·10^3	35	Trp [°C]
36	ΔH_F [JMol^{-1}]	549	0,721·10^3	324,5	0,445·10^3	612	36	ΔH_F [JMol^{-1}]
37	p_{Trp} [Torr]	−153,2	94	−246,08	1,14	−108,1	37	p_{Trp} [Torr]
38	ϑ_v [°C]	9,029·10^3	−195,81	1,760·10^3	−183,0	1,264·10^3	38	ϑ_v [°C]
39	ΔH_v [JMol^{-1}]	20,79	3,577·10^3	20,79	6,819·10^3	20,79	39	ΔH_v [JMol^{-1}]
40	C_p [JMol^{-1}grd^{-1}]		29,08 (N_2); 20,79 (N)		29,36 (O_2); 21,90 (O)		40	C_p [JMol^{-1}grd^{-1}]
41	S^0 [JMol^{-1}grd^{-1}]	164,0	191,5 (N_2); (153,1) (N)	146,2	205 (O_2); 160,9 (O)	169,6	41	S^0 [JMol^{-1}grd^{-1}]
42	H^0 [JMol^{-1}grd^{-1}]	6,196·10^3	8,669·10^3 (N_2); 6,196·10^3 (N)	6,196·10^3	8,682·10^3 (O_2); 6,724·10^3 (O)	6,196·10^3	42	H^0 [JMol^{-1}grd^{-1}]
43	λ [10^{-6} Wcm^{-1}grd^{-1}]	87,8	240 (N_2)	461	245 (O_2)	51,0	43	λ [10^{-6} Wcm^{-1}grd^{-1}]
44	$(\varepsilon−1)\cdot 10^6$	768 (25°C, 760 Torr)	580 (0°C, 760 Torr)	130 (0°C, 760 Torr)	525 (0°C, 760 Torr)	1238 (23°C, 760 Torr)	44	$(\varepsilon−1)\cdot 10^6$
45	χ [10^{-6} cm^{3}Mol^{-1}]	−28,0	−12,0 (20°C)	−6,75	+3410 (Z.T.)	−42,4	45	χ [10^{-6} cm^{3}Mol^{-1}]
46	$(n−1)\cdot 10^6$	—	299,7 (0,5462 µm)	67,25 (0,5462 µm)	270,6 (0,5897 µm)	705,5 (0,5462 µm)	46	$(n−1)\cdot 10^6$

[1] Daten für O_3 s. Ergänzungen.

214. Elemente

2143. Zusätzliche Angaben über Eigenschaften von Elementen, die im Normzustand kondensiert sind

Ag

Umwandlung unter Druck bei 3200 at und $\approx 120°$ C.
Wärmeausdehnungszahl $\bar{\gamma}$:

	Ag (f)						Ag (fl)			
ϑ	338	459	596	724	943	961,3	970	1040	1302	°C
$\bar{\gamma}$ (0...ϑ)	61,6	63,0	64,7	66,3	71,5	81	132,0	130,8	128,9	10^{-6} grd^{-1}

Zugfestigkeit σ_B bei Z.T. $\sigma_B = 13...14,5$ kpmm^{-2}.
Vickershärte HV:

ϑ	20	100	200	400	600	800 °C
HV	25,6	25	23	17,5	9,3	5,6 kpmm^{-2}

Viskosität η:

ϑ	960,5	1000	1100	1200	1300 °C
η(fl)	>3,88	3,66	3,19	2,83	2,59 cP

Oberflächenspannung σ: 970° C   909 dyncm^{-1};
                              1100° C   800 dyncm^{-1}.

Selbstdiffusion:

Ag (f): $\Delta\vartheta$ (500...950° C), $D_0 = 0,54$ cm^{2}s^{-1}; $Q = 187$ kJg-Atom^{-1} (kleinkristallisiert);
Ag (fl): $\Delta\vartheta$ (1002...1105° C), $D_0 = 7,1 \cdot 10^{-4}$ cm^{2}s^{-1}; $Q = 7,1$ kJg-Atom^{-1}.

Thermodynamische Funktionen:

T °K	C_p^0 Jg-Atom^{-1}grd^{-1}	$H_T^0 - H_{298}^0$ kJg-Atom^{-1}	$S_T^0 - S_0^0$ Jg-Atom^{-1}grd^{-1}
298,15	25,50	0	42,71
300	25,54	0,046	42,87
400	25,91	2,616	50,27
600	27,13	7,912	60,99
800	28,47	13,479	68,99
1000	29,80	19,297	75,47
1200	31,14	25,367	81,00
1300	31,40	39,809	92,68
1500	31,40	46,088	97,16
2000	31,40	61,785	106,20

Änderung des elektrischen Widerstandes ϱ (Ag grobkrist.) im Magnetfeld H $\perp$ zum Meßstrom:

	H	$\left(\dfrac{\varrho_H - \varrho_0}{\varrho_0}\right)_{20,4°}$
$T = 20,4°$ K $\dfrac{\varrho_{20,4°}}{\varrho_{273°}} = 0,00293$	4,58 kOe	0,51
	10,85 kOe	1,33

∥ zum Meßstrom:

	H	$\left(\frac{\varrho_H - \varrho_0}{\varrho_0}\right)_{20°}$
$T = 20°$ K $\quad \dfrac{\varrho_{20°}}{\varrho_{273°}} = 0{,}00296$	20 kOe	0,19

Hall-Konstante R bei 23° C; magnetische Induktion

$$B = 0{,}3 \ldots 2{,}2 \text{ Vs/m}^2; \quad R = -0{,}84 \cdot 10^{-10} \text{ m}^3/\text{As}.$$

Reflexionsvermögen R in %:

λ µm	R_λ %	λ µm	R_λ %
0,263	20	0,500	92
0,300	8	0,600	95
0,315	4,3*	0,700	97
0,333	20	0,800	98
0,370	70	1,000	98
0,400	80	2,000	97

Spektrales Emissionsvermögen ε_λ:

ϑ	940	980 °C
ε ($\lambda = 0{,}65$ µm)	(f) 0,044	(fl) 0,072

Al

Umwandlungen unter Druck bei 8° C und 290 at,
bei 10° C und 5780 at.

Wärmeausdehnungszahl $\bar{\alpha}$ (Al 99,99 %):

ϑ	60		100	200	300	400	500 °C
α (10…ϑ)	22,06	(20…ϑ)	23,86	24,58	25,45	26,49	27,68 10^{-6} grd^{-1}

Dehngrenze $\sigma_{0,2}$, Zugfestigkeit σ_B, Bruchdehnung δ_5 und δ_{10} und Brinellhärte HB; Al (99,99 %) bei Z.T.:

Zustand	Dicke mm	$\sigma_{0,2}$ kpmm^{-2}	σ_B kpmm^{-2}	δ_5** %	δ_{10}** %	HB kpmm^{-2}
Bleche und Bänder						
weich	5…2	1,5…3	4…6	33…35	15…20	15…20
halbhart	3…2	3…5	6…9	18…20	20…25	20…25
hart	2	5…10	10…13	5…10	22…30	25…35
Stangen und Drähte	⌀ mm					
gepreßt	6	1,5	4	30…53	25…50	15
weichgeglüht	10	1,5…3	4…6	30…55	25…50	15…20
hart	2	9…12	11…14	5…10	4…8	25…35

* Minimalwert.
** 5 und 10 geben das Verhältnis der Meßlange L_0 zu dem Durchmesser der Probe an. Ist der Querschnitt kein Kreis, dann wird der Durchmesser des dem Querschnitt flächengleichen Kreises eingesetzt.

214. Elemente

Dehngrenze $\sigma_{0,1}$ Zugfestigkeit σ_B bei erhöhten Temperaturen; Al (99,5%):

ϑ °C	Zustand					
	weich		¹/₄ hart (H 14)		³/₄ hart (H 18)	
	$\sigma_{0,1}$	σ_B	$\sigma_{0,1}$	σ_B	$\sigma_{0,1}$	σ_B
	kpmm⁻²		kpmm⁻²		kpmm⁻²	
23,9	3,5	9,1	12,0	12,7	15,5	16,9
100	3,5	7,7	10,6	11,3	12,7	15,5
204,4	2,5	4,2	4,9	6,7	2,8	4,2
315,6	1,1	1,8	1,1	1,8	1,1	1,8
371,1	0,7	1,4	0,7	1,4	0,7	1,4

Viskosität η:

ϑ	662	679	700	768	806	833 °C
η	1,379	1,339	1,286	1,175	1,102	1,058 cP

Oberflächenspannung σ bei 700...740° C $\approx$ 860 dyncm⁻¹.

Selbstdiffusion (f)

$\Delta\vartheta(450...650°\,C)$, $D_0 = 1,7$ cm²s⁻¹; $Q = 142$ kJg-Atom⁻¹.

Thermodynamische Funktionen:

T °K	C_p^0 Jg-Atom⁻¹grd⁻¹	$H_T^0 - H_{298}^0$ kJg-Atom⁻¹	$S_T^0 - S_0^0$ Jg-Atom⁻¹grd⁻¹
298,15	24,35	0	28,35
300	24,40	0,046	28,47
400	25,61	2,512	35,54
600	28,12	7,912	46,51
800	30,58	13,85	55,05
900	31,84	16,99	58,73
930,15 (f)	30,76	—	—
930,15 (fl)	28,23	—	—

Elektrischer Widerstand ϱ_{fl} (660° C) = 20,1 Ωcm; $\dfrac{\varrho_{fl}}{\varrho_f} = 1,64$ (auch 2,2).

Änderung des elektrischen Widerstands ϱ (Al kleinkristallin) im Magnetfeld H:

	H	$\left(\dfrac{\varrho_H - \varrho_0}{\varrho_0}\right)_T$
$\perp$ zum Meßstrom:		
$T = 77,2°$ K $\dfrac{\varrho_{77,2°}}{\varrho_{273°}} = 0,16$	10,3 kOe	0,0025
	20,1 kOe	0,0087
$T = 20,2°$ K $\dfrac{\varrho_{20,2°}}{\varrho_{273°}} = 0,00675$	10,3 kOe	0,0172
	23,5 kOe	0,0640
$\parallel$ zum Meßstrom:		
$T = 77,2°$ K $\dfrac{\varrho_{77,2°}}{\varrho_{273°}} = 0,156$	12,6 kOe	0,0012
	20,1 kOe	0,0033
$T = 20,2°$ K $\dfrac{\varrho_{20,2°}}{\varrho_{273°}} = 0,00676$	10,3 kOe	0,0075
	23,5 kOe	0,0291

Hall-Koeffizient R bei 27° C; magnetische Induktion

$$B = 0{,}2\ldots 1{,}5 \text{ Vs/m}^2; \quad R = -0{,}343 \cdot 10^{-10} \text{ m}^3/\text{As}.$$

Magnetische Suszeptibilität 660°: χ (Al f) $= 0{,}578 \cdot 10^{-6}$ cm³g⁻¹;
χ (Al fl) $= 0{,}433 \cdot 10^{-6}$ cm³g⁻¹.

Spektrales Emissionsvermögen ε ($\lambda = 0{,}65$ μm):

ϑ	700...800	900	1000 °C
ε	0,12	0,14	0,17

As

Außer der kristallinen stabilen Form kommt As in einer amorphen grauen metastabilen Form vor.

Die graue amorphe Form ist ein Halbleiter, Bandabstand

$$\Delta E (300° \text{ K}) = 1{,}2 \text{ eV}; \quad \frac{d\,\Delta E}{dT}(300° \text{ K}) = -5 \cdot 10^{-4}\,\frac{\text{eV}}{\text{grd}}.$$

Dielektrizitätskonstante 11,2 (opt.).
Brechungsindex n (0,8 μm) $= 3{,}35$.
$\vartheta_{krit} = 1047°$ C; $p_{krit} = 125$ atm.

Der elektrische Widerstand von Arsen ändert sich bei Belichtung. Abb. 1, S. 166, zeigt das Absorptionsspektrum, Abb. 2, S. 166, die spektrale Verteilung der Photoempfindlichkeit.

Au

Wärmeausdehnungszahl α:

ϑ	0	50	100	200	400	800 °C
α	14,14	14,30	14,47	14,86	15,84	18,54·10⁻⁶ grd⁻¹

Elastizitätsmodul E:

ϑ	0	20	40	60	100 °C
E	8060	7998	7936	7871	7730 kpmm⁻²

Gleitmodul G:

ϑ	25	171	351	525	770	925 °C
G	2770	2625	2150	1780	1480	959 kpmm⁻²

Zugfestigkeit σ_B:
weiches Au $\quad \sigma_B = 11{,}25$ kpmm⁻²;
gezogenes Au $\quad \sigma_B = 12{,}43$ kpmm⁻²;
gezogener Draht $\sigma_B = 27{,}4$ kpmm⁻².

214. Elemente

Vickershärte HV:

ϑ	20	100	200	400	600	800 °C
HV	22	21	19	16	7,5	4 kpmm^{-2}

Viskosität η:

ϑ	1063	1100	1200	1300 °C
η	>5,68	5,13	4,64	4,26 cP

Oberflächenspannung σ Au (fl):

ϑ	1120	1200	1300 °C
σ	1128	1120	1110 dyncm^{-1}

Selbstdiffusion:

$\varDelta\vartheta(710...1000°\,C)$, $D_0 = 0{,}13$ cm^{2}s^{-1}; $Q = 180$ kJg-Atom^{-1}.

Änderung des elektrischen Widerstandes ϱ (Au kleinkristallin) im Magnetfeld H $\perp$ zum Meßstrom:

	H	$\left(\dfrac{\varrho_H-\varrho_0}{\varrho_0}\right)_{20,4°\,\mathrm{K}}$
$T = 20{,}4°$ K $\dfrac{\varrho_{20,4°}}{\varrho_{273°}} = 0{,}0071$	7,8 kOe	0,254
	26,0 kOe	1,07
	39,8 kOe	1,71

Hallkoeffizient R bei 18 °C; magnetische Induktion

$B = 0{,}69$ Vs/m^2; $R = -0{,}704 \cdot 10^{-10}$ m^3/As.

Reflexionsvermögen R:

λ µm	R %	λ µm	R %
0,300	28	0,500	66
0,333	29	0,600	81
0,370	25*	0,700	90
0,400	32	0,800	93
0,450	54	1,000	96
		2,000	96

Spektrales Emissionsvermögen ε_λ:

	ϑ °C	$\lambda = 0{,}65$ µm	$\lambda = 0{,}55$ µm
Au (f)	949...1061	0,130	0,342
Au (fl)	1067...1177	0,22	—

* Minimalwert.

B

Bor ist ein Halbleiter:

Bandabstand ΔE (0° K) = 1,5 eV; $\quad \dfrac{d\, \Delta E}{dT} = -4 \cdot 10^{-4}\ \dfrac{\text{eV}}{\text{grd}}$.

Elektronenbeweglichkeit $u_n = 1$ cm²/Vs.

Löcherbeweglichkeit $u_p = 55$ cm²/Vs, Dielektrizitätskonstante (bei 0,5 MHz) = 13, Brechzahl n (1 μm) = 3,2.

Bor zeigt lichtelektrische Leistung. Die Photoempfindlichkeit für aufgedampfte Schichten ist in Abb. 3, S. 166, und der Photostrom in Abhängigkeit von der Bestrahlungsleistung in Abb. 4, S. 166, wiedergegeben.

Be

Wärmeausdehnungszahl $\alpha \parallel$ und $\perp$ zur c-Achse:

$\vartheta_1 \ldots \vartheta_2$	−160...−140	−120...−100	−80...−60	−40...−20	−20...0	0...20 °C
$\bar{\alpha} \parallel$	1,57	3,50	5,37	7,13	8,03	8,59 · 10⁻⁶ grd⁻¹
$\bar{\alpha} \perp$	2,78	5,43	8,06	10,30	11,16	11,70 · 10⁻⁶ grd⁻¹

ϑ	57	127	227	327	427	527	627 °C
$\alpha \parallel$	9	12	13	14	15	15,5	16,5 · 10⁻⁶ grd⁻¹
$\alpha \perp$	12	16	17	18	19,5	20	21,5 · 10⁻⁶ grd⁻¹

Zugfestigkeit σ_B und Bruchdehnung δ bei Z.T.- a) gegossen und verformt, b) gepreßt und gesintert:

Zustand	Lage zur Verformungsrichtung	σ_B kpmm⁻²	δ %
a) gegossen		14	
stranggepreßt	parallel	23	0,36
	quer	13,6	0,30
stranggepreßt und bei 800° C geglüht	parallel	28	1,82
	quer	11,6	0,18
b) verformt	parallel	32,8	0,55
	quer	20,6	0,30
verformt und 1 h bei 800° C geglüht	parallel	44,5	5,00
	quer	18	0,30
verformt und 1 h bei 800° C und 1000° C geglüht	parallel	48	6,6
	quer	18,8	0,3

Brinellhärte HB:

ϑ	20	300	400	600	800	1000 °C
HB	106...130	88	85	61	21	9 kpmm⁻²

Hall-Koeffizient R bei 20° C (Be 99,5 %); magnetische Induktion

$$B = 2{,}749\ \dfrac{\text{Vs}}{\text{m}^2}; \qquad R = 2{,}4 \cdot 10^{-10}\ \dfrac{\text{m}^3}{\text{As}}.$$

Spektrales Emissionsvermögen ε ($\lambda = 0{,}65$ μm):

$Be_{(f)}$ bei $\vartheta < 1280°$ C, $\varepsilon = 0{,}61$;
$Be_{(fl)}$ bei $\vartheta > 1280°$ C, $\varepsilon = 0{,}81$.

Bi

Natürliche radioaktive Isotope:

	Strahlung	Halbwertzeit
^{214}Bi (Ra C)	β^- (99,96 %) α (0,04 %)	20 min
^{212}Bi (Th C)	β^- (64 %) α (36 %)	60,5 min
^{211}Bi (Ac C)	α (99,68 %) β^- (0,32 %)	2,15 min
^{210}Bi (Ra E)	β^- (100 %) α ($5 \cdot 10^{-5}$ %)	5 d

Umwandlungen unter Druck; Tripelpunkte (annähernde Werte):

at	°C	U	ΔV (cm^3 g^{-1})
17 300	183	I – fl	−0,0045
		I – II	−0,0047
		II – fl	+0,0002
22 400	185	II – fl	+0,0002
		II – III	−0,0029
		III – fl	+0,0031
32 300	−110	I – II	−0,0043
		II – III	−0,0025
		III – I	−0,0068

Wärmeausdehnungszahl $\bar{\alpha}$ (Bi vielkristalliner Gußkörper):

ϑ	100	271 °C
$\bar{\alpha}$ (20…ϑ)	15,3	$12{,}7 \cdot 10^{-6}$ grd^{-1}

Dichte Bi (fl)

ϑ	305	500	727	905	1077 °C
D	10,01	9,79	9,52	9,32	9,13 gcm^{-3}

Elastizitätsmodul von gegossenem Bi: $E = 3190…3390$ kpmm^{-2}.

Brinellhärte HB:

ϑ	−30	15	30	90 °C
HB	24,7	18,8	17,1	10,7 kpmm^{-2}

Viskosität η:

ϑ	300	350	400	500	600 °C
η	1,65	1,49	1,37	1,19	1,06 cP

2. Zusammenfassende Tabellen

Oberflächenspannung σ:

ϑ	300	400	500	600 °C
σ	373	368	366	352 dyncm^{-1}

Schallgeschwindigkeit in Bi (fl) bei 271° C 1635 ms^{-1} (12 MHz).

Elektrischer Widerstand bei 271° C $\varrho_{fl} = 123 \cdot 10^{-6}$ Ωcm; $\dfrac{\varrho_{fl}}{\varrho_f} = 0{,}43$. Änderung des elektrischen Widerstandes ϱ (Bi kleinkristallin) im Magnetfeld $H \perp$ zum Meßstrom:

	H	$\left(\dfrac{\varrho_H - \varrho_0}{\varrho_0}\right)_T$
$T = 291°$ K	300 kOe	37
$T = 80°$ K $\dfrac{\varrho_{80°}}{\varrho_{291°}} = 0{,}346$	300 kOe	1360

Hall-Koeffizient R bei 18° C (Bi kleinkristallin); magnetische Induktion

$B = 0{,}393$ Vs/m^2; $R = -6{,}33 \cdot 10^{-7}$ m^3/As.

Abhängigkeit physikalischer Eigenschaften von der Kristallorientierung:

Eigenschaft	Richtung		Dimension
	$\parallel$ zur c-Achse	$\perp$ zur c-Achse	
Wärmeausdehnungszahl $\bar{\alpha}$ (20...240° C)	16,2	12,0	$\cdot 10^{-6}$ grd^{-1}
Kompressibilität $\dfrac{l_p - l_0}{l_0 p}$	1,648	0,525	10^{-6} at^{-1}
Wärmeleitzahl λ (18° C)	0,0666	0,0925	Wcm^{-1}grd^{-1}
Selbstdiffusion $\Delta \vartheta = 210...270°$C			
$\quad D_0$	$1{,}0 \cdot 10^{-3}$	10^{47}	cm^{2}s^{-1}
$\quad Q$	130	586	kJg-Atom^{-1}
Elektrischer Widerstand ϱ (0° C)	127	99,1	10^{-6} Ωcm
Massensuszeptibilität χ (21° C)	$-1{,}05$	$-1{,}48$	10^{-6} cm^{3}g^{-1}

Br$_2$

Dichte D_{fl}:

ϑ	0	20	25	30	34,45	47,85	51,83 °C
D	3,186	3,1193	3,1023	3,0848	3,0689	3,0227	3,0003 gcm^{-3}

$\vartheta_{krit} = 319°$ C; $p_{krit} = 86{,}4$ atm; $D_{krit} = 1{,}064$ gcm^{-3}

Viskosität η:

ϑ	0,56	10,45	25,99	46,19	56,41 °C
η	1,259	1,114	0,916	0,786	0,721 cP

Oberflächenspannung σ:

ϑ	−21	+13	°C
σ	62 1	44,1	dyncm⁻¹

Brechzahl von Br_2 bei 15° C:

λ	0,5350	0,5890	0,6560	0,6710	0,7590 μm
n	1,671	1,659	1,646	1,644	1,636

C

Graphit.
Wärmeausdehnungszahl:

°C	langs	quer	
	geschnitten		
20...100	19	29	·10⁻⁶ grd⁻¹
20...300	22	32	·10⁻⁶ grd⁻¹
200...600	27	37	·10⁻⁶ grd⁻¹

Die Umwandlung von Graphit in Diamant ist ebenso wie die Änderung der Schmelztemperatur von Graphit unter Druck aus der Abb. 5, S. 166, zu ersehen.

Diamant-Halbleiter

$A\,4, O_h^7, Fd3m$; $a = 3{,}5670$ Å, $(Z=8)$; $D\,(22°\,C) = 3{,}515$ gcm⁻³;

$\Delta E\,(300°K) = 5{,}4$ eV; $\dfrac{d\Delta E}{dT}\,(300°K) = -3\cdot 10^{-4}\,\dfrac{\text{eV}}{\text{grd}}$.

Elektronenbeweglichkeit $u_n = 1800$ cm²/Vs.
Löcherbeweglichkeit $u_p = 1400$ cm²/Vs.
Dielektrizitätskonstante (statisch) 5,68.
Brechzahl $n\,(\lambda = 0{,}589\,\mu m) = 2{,}4173$.
Magnetische Massensuszeptibilität $\chi = -0{,}491\cdot 10^{-6}$ cm³g⁻¹ (20° C).

Die elektrische Leitfähigkeit von Diamant wird bei Belichtung erhöht. Abb. 6 und 7, S. 167, zeigen die spektrale Verteilung der Photoempfindlichkeit, Abb. 8, S. 167, das Absorptionsspektrum und Abb. 9, S. 167, die Beweglichkeit photoelektrisch ausgelöster Elektronen und Löcher.

Ca

Die Hochtemperaturmodifikation γ-Ca kristallisiert hex. $A\,3$, $a = 3{,}98$ Å, $c = 6{,}52$ Å bei $\vartheta > 450°$ C; $D = 1{,}48$ gcm⁻³; $\bar{\alpha}\,(450...500°\,C) = 29{,}9\cdot 10^{-6}$ grd⁻¹.

Es wird noch eine β-Ca-Modifikation im Temperaturgebiet $\approx 300 \leqq \vartheta \leqq 450°$ C vermutet.

Unter 64 000 at ist bei Z.T. eine Umwandlung festgestellt.

Wärmeausdehnungszahl $\bar{\alpha}$ (für α-Ca):

$\vartheta_1 \ldots \vartheta_2$	−195...−183	−160...−140	−120...−100	−80...−60 °C
$\bar{\alpha}\,(\vartheta\ldots\vartheta_2)$	15,32	17,95	19,30	20,39·10⁻⁶ grd⁻¹

$\vartheta_1 \ldots \vartheta_2$	−40...−20	−20...0	0...20	20...100 °C
$\bar{\alpha}\,(\vartheta\ldots\vartheta_2)$	21,32	21,50	22,14	25,2·10⁻⁶ grd⁻

Viskosität η:

ϑ	812	833	867	883 °C
η	1,22	1,15	1,06	1,01 cP

Debye-Temperatur Θ_D aus Wärmekapazität für T:

T	10,10	13,02	18,73	21,4	31,7 °K
Θ_D	223	220	219	220	226 °K

T	52,2	75,5	118,4 °K
Θ_D	225	234	229 °K

Cd

Umwandlungen unter Druck bei: 8° C und 290 at und 10° C und 5750 at.

Wärmeausdehnungszahl $\bar{\gamma}$:

ϑ	10	150	180 °C
$\bar{\gamma}\,(20\ldots\vartheta)$	83,3	87,5	92,5·10⁻⁶ grd⁻¹

Elastizitätsmodul E:

ϑ	−180	0	100	200 °C
E	7000	6400	5900	4000 kpmm⁻²

Elastizitätsgrenze σ_E 24° 0,13; 94° 0,065 kpmm⁻².
Streckgrenze σ_S 20° 2,93; 100° 1,64 kpmm⁻².
Zugfestigkeit σ_B von gewalztem 0,6 mm-Band je nach Vorbehandlung:
|| zur Walzrichtung $\sigma_B = 4,5\ldots 7$ kpmm⁻²; ⊥ zur Walzrichtung $\sigma_B = 7,2\ldots 10$ kpmm⁻².
Brinellhärte HB: 18...23 kpmm⁻².

Viskosität η:

ϑ	350	400	450	500	550	600 °C
η	2,37	2,17	2,00	1,86	1,74	1,63 cP

Oberflächenspannung σ:

ϑ	370	410 °C
σ	608	600 dyncm⁻¹

Schallgeschwindigkeit:

Cd (fl) bei 321° C: $u = 2200$ ms⁻¹ (12 MHz).

Atomsuszeptibilität beim Schmelzpunkt (321° C):

$\chi_{Cd(f)} = 18{,}1 \cdot 10^{-6}$ cm³g-Atom⁻¹; $\chi_{Cd(fl)} = 16{,}4 \cdot 10^{-6}$ cm³g-Atom⁻¹.

Hall-Koeffizient R bei 18° C; magnetische Induktion

$B = 0{,}69$ Vs/m²; $R = 0{,}589 \cdot 10^{-10}$ m³/As.

Abhängigkeit physikalischer Eigenschaften von der Kristallorientierung:

Physikalische Eigenschaft	‖ zur c-Achse	⊥ zur c-Achse	Dimension
Wärmeausdehnungszahl α (20...100° C)	52,6	21,4	10^{-6} grd^{-1}
Selbstdiffusion $\Delta\vartheta$ 125...215° C			
D_0	0,05	0,10	cm^{2}s^{-1}
Q	76,2	80,0	kJg-Atom^{-1}
Elektrischer Widerstand 20° C	8,24	6,82	10^{-6} Ωcm
Massensuszeptibilität 20° C	0,243	0,142	10^{-6} cm^{3}g^{-1}
Hall-Koeffizient (15° C) $B=1,35$ Vs/m^2	1,20	0,11	10^{-10} m^3/As

Ce

	r_A^* (Å)	D (gcm^{-3})
α-Ce, kub. $A\,1$, O_h^5, $Fm3m$, $a=4{,}85$ Å ($-106°$ C), $Z=4$	1,71	8,23
β-Ce, hex. $A\,3$, D_{6h}^4, $P6_3/mmc$, $a=3{,}65$ Å, $c=5{,}96$ Å; $Z=2$	1,82	6,66
γ-Ce, kub. $A\,1$, O_h^5, $Fm3m$, $a=5{,}1612$ Å (Z.T.) $Z=4$	1,825	6,768

Umwandlungen:

	ΔH_u (kJMol^{-1})
$\alpha \to \gamma$ bei (-113 ± 10) °C	3,68
$\gamma \to \alpha$ bei (-178 ± 5) °C	—
$\beta \to \gamma$ bei (100 ± 5) °C	0,272
$\gamma \to \beta$ bei (-10 ± 5) °C	—
$\gamma - \delta$ bei 725° C	2,92

Die β-Form kann durch zyklische Wärmebehandlung so stabil werden, daß sie bis über Zimmertemperatur stabil bleibt.

γ-Ce unter Druck: bei 7600 at und 30° C findet eine Umwandlung statt.

Streckgrenze $\sigma_{0,2}$, Zugfestigkeit σ_B, Bruchdehnung δ_B und Härte HV; G gegossenes Cer, SG gegossenes und durch Schmieden um 50% verformtes Cer:

Zustand	ϑ °C	$\sigma_{0,2}$ kpmm^{-2}	σ_B kpmm^{-2}	δ %	HV kpmm^{-2}
G	Z.T.	9,3	10,6	24	37
SG	Z.T.	11,4	15,5	17	—
G	204	5,3	4,1	21,4	—
SG	204	8	9,7	9,5	—
SG	427	1,4	3,6	8	—

* Mittlerer Atomradius bei Koordinationszahl 12.

Debye-Temperatur 135° K aus Schallgeschwindigkeit berechnet.

Spezifischer elektrischer Widerstand:

α-Ce bei −249° C $\varrho = 3 \cdot 10^{-6}$ Ωcm

γ-Ce bei 25° C $\varrho = 75{,}3 \cdot 10^{-6}$ Ωcm.

Hall-Koeffizient R bei 24° C magnetische Induktion

$$B = 1{,}07 \ldots 1{,}08 \text{ Vs/m}^2; \quad R = 1{,}92 \cdot 10^{-10} \text{ m}^3/\text{As}.$$

Magnetisches Verhalten der Metalle der Seltenen Erden.

Spalte 2, χ_{Atom}: Magnetische Suszeptibilität bei 25° C. Spalte 3 und 4, $(p_A)_{\text{eff}}$: effektive magnetische Atommomente im paramagnetischen Bereich. Spalte 5, Θ_p: Paramagnetische Curie-Temperatur im Curie-Weißschen Gesetz $\chi_A = \dfrac{C_A}{T - \Theta_p}$. Spalte 6: Gültigkeitsbereich des Curie-Weißschen Gesetzes. Spalte 7, Θ_N: Néel-Temperatur (antiferromagnetischer Punkt). Spalte 8, Θ_f: Curie-Temperatur (ferromagnetischer Punkt).

Element	χ_{Atom} in 10^{-6} cm³/g-Atom	$(p_A)_{\text{eff}}$ in μ_B theoretisch	$(p_A)_{\text{eff}}$ in μ_B experimentell	Θ_p °K	Temperaturbereich des Curie-Weiß-Gesetzes °K	Θ_N °K	Θ_f °K
γ-Ce[1]	2430	2,54	2,58	−42	90…293	—	—
			2,51	−38…−46	100…300	—	—
α-Pr	5320	3,58	3,56	−21	78…480	—	—
			3,34	−22	15…290	—	—
			3,56	0	120…300	—	—
α-Nd	5650	3,62	3,34	+1	31…145	—	—
			3,68	−16	145…300	—	—
			3,72	−15	290…500	—	—
			3,3	+4,3	35…300	7,5	—
Pm	—	2,68					
α-Sm	1275±25	7,9	8,3	gehorcht nicht dem Curie-Weiß-Gesetz		14,8	—
Eu	33100	3,5	7,12	+108	140…300	105	—
α-Gd	356000	7,94	7,97	+302	363…634		290±1
			7,8	+302	418…623		
α-Tb	193000	9,72	9,7	+237	275…375	230?	210?
Dy	99800	10,65	10,64	+157	250…430	179	85
Ho	70200	10,61	10,9	+87	133…300	133±2	≈20
Er	44100	9,58	9,5	+40	100…300	84	19
Tm	26200±100	7,56	7,6	+20	60…300	51	22…38?
α-Yb	71	4,54	0,035	−4,2	1,2…567	—	—
Lu	17,9	0,0	0,21	—	—	—	—

---

[1] β-Ce: $\Theta_N = 12{,}5°$ K. Vgl. hierzu und zu den übrigen seltenen Erden Abb. 10 S. 167.

Co

Die Bezeichnung der Co-Kristallmodifikationen ist uneinheitlich. Vielfach wird die bis 435° C stabile Modifikation (hier α-Co genannt) mit ε-Co und die hier mit β-Co bezeichnete Modifikation (stabil >435° C) mit α-Co oder mit γ-Co bezeichnet.

β-Co, kub. $A\,1$, O_h^5, $Fm3m$, $a=3{,}558$ Å (700° C); $D=8{,}85$ gcm^{-3}.

Die Umwandlung α→β zeigt Hysterese, bei Abkühlung ist sie erst bei ≈390° C vollendet.

Dichte Co (fl):

ϑ	1500	1700 °C
D	7,7	7,4 gcm^{-3}

Wärmeausdehnungszahl α:

ϑ	200	400	600	750 °C
α	14,2	15,7	16,0	16,8 10^{-6} grd^{-1}

Elastizitätsmodul E, Streckengrenze $\sigma_{0,2}$, Zugfestigkeit σ_B, Bruchdehnung δ von Co 99,9% und Härte von Co 99,65%:

Zustand	ϑ °C	E kpmm^{-2}	$\sigma_{0,2}$ kpmm^{-2}	σ_B kpmm^{-2}	δ %	HV kpmm^{-2}
geglüht	21		19,2	26	0…8	125
gesintert		21 500	30,8	69	13,5	178
gegossen			14,0	24	0,4	126
gesintert und	200	20 000	—	—	—	—
geschmiedet	500	18 000	—	—	—	—
	700	—	—	—	—	208
	900	14 700	—	—	—	—

Oberflächenspannung σ bei: 1493° C, $\sigma=1880$ dyncm^{-1},
1550° C, $\sigma=1936$ dyncm^{-1}.

Selbstdiffusion $\varDelta\vartheta$(770…1048° C), $D_0=0{,}5$ cm^{2}s^{-1}; $Q=264$ kJg-Atom^{-1};
$\varDelta\vartheta$(1100…1400° C), $D_0=0{,}5$ cm^{2}s^{-1}; $Q=275$ kJg-Atom^{-1}.

Thermodynamische Funktionen für die jeweils stabile Phase [$T<708°$ K α-Co; 708…1766° K β-Co; $T>1766°$ K Co(fl)]:

T °K	C_p^0 Jg-Atom^{-1}grd^{-1}	$H_T^0-H_{298}^0$ kJg-Atom^{-1}	$S_T^0-S_0^0$ Jg-Atom^{-1}grd^{-1}
298,15	24,66	0	30,04
300	24,70	0,041	30,18
400	26,60	2,608	37,55
600	30,01	8,288	49,02
700	30,77	11,344	53,75
800	32,02	14,693	58,23
900	34,33	18,021	62,12
1000	37,26	21,600	65,89
1200	43,95	29,679	73,26
1400	40,19	39,851	81,04
1600	40,19	47,88	86,40
1700	40,19	51,906	88,83
1800	34,74	70,953	99,63
2000	34,74	77,901	103,31

Änderung des elektrischen Widerstandes ϱ im Magnetfeld H:

	H	$\left(\dfrac{\varrho_H - \varrho_0}{\varrho_0}\right)_{290}$
⊥ zum Meßstrom $T = 290°$ K	10 kOe	−0,0011
	18 kOe	−0,0016
∥ zum Meßstrom	10 kOe	0,0027
	18 kOe	0,0021

Gesamtemissionsvermögen E und spektrales Emissionsvermögen ε_λ (relativ):

ϑ	Z.T.	500	1000 °C
E	0,03	0,13	0,23

ϑ	1280	1500 °C
λ	0,65	0,65 µm
ε_λ	0,36	0,37

ε_λ bei Zimmertemperatur:

λ	1	2	3	4	5	7	9	12 µm
ε_λ	0,32	0,28	0,23	0,19	0,15	0,07	0,04	0,03

Magnetische Größen der ferromagnetischen Übergangselemente.

Spalte 2: M_S^0 Sättigungsmagnetisierung bei 0° C in Gauß.

3: σ_S^0 Spezifische Sättigungsmagnetisierung bei 0° C in Gauß cm³g⁻¹.

4: p_A Magnetisches Moment je Atom in μ_B.

5: Θ_f Ferromagnetische Curie-Temperatur.

6: C_A Konstante des Curie-Weiß-Gesetzes: $\chi_A = \dfrac{C_A}{T - \Theta_p}$;
C_A in cm³grd Mol⁻¹.

7: Θ_p Paramagnetische Curie-Temperatur, s. Spalte 6.

8: $(p_A)_{\text{eff}} = \dfrac{\sqrt{3 R C_A}}{N_A}$ je Atom in μ_B;

R = Gaskonstante 8,317 Jgrd⁻¹Mol⁻¹;
N_A = Avogadrosche Zahl $6{,}023 \cdot 10^{23}$ Mol⁻¹.

Element	M_S^0 Gauß	σ_S^0 Gauß cm³g⁻¹	p_A in μ_B	Θ_f °K	$\dfrac{C_A}{\text{cm}^3\text{grd}}$ Mol	Θ_p °K	$(p_A)_{\text{eff}}$ in μ_B
Ni	508,8	57,50	0,604	631...636	0,321	650	1,61
α-Co	1445	162,5	1,71	~1130			
β-Co			(1,74)	1395	1,22	~1415	3,15
α-Fe	1735	221,9	2,218	1043	1,27	1100	3,20

Magnetostriktion der ferromagnetischen Übergangselemente s. Abb. 11 und 12 S. 168.

Cr

Bei elektrolytisch abgeschiedenen Cr-Schichten wurden außer der stabilen Struktur noch drei weitere beobachtet. 1. Eine hexagonale Modifikation: $A\,3$, D_{6h}^4, $P6/mmc$, $a=2,717$ Å, $c=4,418$ Å, Elementradius 1,35 Å; 2. eine mit α-Mn isomorphe Struktur $A\,13$ mit $a=8,718$ Å und 3. entsteht bei hohen Stromdichten und tiefen Temperaturen ein flächenzentriertes kubisches Gitter mit $a=3,8605$ Å. 2 und 3 werden durch einstundiges Erhitzen auf 150° C in die stabile Modifikation umgewandelt.

Wärmeausdehnungszahl $\bar{\alpha}$:

$\vartheta_1 \ldots \vartheta_2$	1…100	100…200	200…400 °C
$\bar{\alpha}$	6,6	7,3	8,4 · 10^{-6} grd^{-1}

Zugfestigkeit $\sigma_B = 10\ldots 49$ kpmm^{-2}.
Vickershärte $HV = 750\ldots 1050$ kpmm^{-2}.
Selbstdiffusion $\Delta\vartheta\,(950\ldots 1600°\,C)$; $D_0 = 0,13$ cm^{2}s^{-1}; $Q = 300$ kJg-Atom^{-1}.

Thermodynamische Funktionen:

T °K	C_p^0 Jg-Atom^{-1}grd^{-1}	$H_T^0 - H_{298}^0$ kJg-Atom^{-1}	$S_T^0 - S_0^0$ Jg-Atom^{-1}grd^{-1}
298,15	23,26	0	23,85
300	23,30	0,042	23,94
400	25,44	2,485	31,00
500	26,78	5,104	36,82
600	27,53	7,824	41,80
700	27,65	10,59	46,07
800	28,53	13,43	49,83
900	30,00	16,32	53,26
1000	31,55	19,41	56,48
1200	34,94	26,07	62,55
1400	37,61	33,35	68,16
1600	39,62	41,09	73,30
1800	41,63	49,20	78,11
2000	43,64	57,74	82,51

Änderung des elektrischen Widerstandes ϱ im Magnetfeld $H \perp$ zur Stromrichtung (Cr kleinkristallin):

		H	$\left(\dfrac{\varrho_H - \varrho_0}{\varrho_0}\right)_{78°}$
$T = 78°$ K	$\dfrac{\varrho_{78°}}{\varrho_{290°}} = 0,083$	100 kOe	1,06
		300 kOe	4,38

Hall-Koeffizient R bei 14° C (Cr 99,9%); magnetische Induktion $B = 1,0\ldots 2,9$ Vs/m^2; $R = 3,63 \cdot 10^{-10}$ m^3/As.

Reflexionsvermögen R in % von elektrolytisch abgeschiedenem Cr 100 μm dick:

λ	0,25	0,35	0,55	1,00	2,00	4,00 μm
R	62	71	70	63	70	88 %

Cs

Unter Druck bei 22 070 at findet bei 30° C eine Umwandlung statt.
Dichte:

ϑ	-273	-183	40	°C
$D_{(t)}$	2,01	1,98	$D_{(fl)}$ 1,827	gcm⁻³

Wärmeausdehnungszahl $\bar{\gamma}$:

$\vartheta_1...\vartheta_2$	29...50	50...123	29...100 °C
$\bar{\gamma}$ Cs$_{(fl)}$	341	348	394,8 ·10⁻⁶ grd⁻¹

Schallgeschwindigkeit für Cs (fl) bei 29° C: $u=967$ ms⁻¹ (12 MHz).

Verhältnis des elektrischen Widerstandes $\dfrac{\varrho_{fl}}{\varrho_f}$ bei 28,64 °C = 1,66.

Änderung des elektrischen Widerstandes (Cs vielkristallin) im Magnetfeld H $\perp$ zum Meßstrom:

$T=20{,}4°$ K $\dfrac{\varrho_{20,4°}}{\varrho_{273°}}=0{,}0746;$ $H=40\cdot 10^3$ kOe; $\left(\dfrac{\varrho_H-\varrho_0}{\varrho_0}\right)_{20,4°}=0{,}03.$

Hall-Koeffizient R bei $-5°$ C (Cs vakuumdestilliert), magnetische Induktion $B=0{,}337...1{,}86$ Vs/m²; $R=-7{,}8\cdot 10^{-10}$ m³/As.

Cu

Bei einem Druck von ≈ 4000 at findet bei 90...110° C eine Umwandlung statt.
Dichte D von Cu handelsüblicher Qualität:

ϑ	20	600	800	1000	1083	1083	1100	1200 °C
$D_{(t)}$	8,93	8,68	8,54	8,41	8,32	$D_{(fl)}$ 7,99	7,96	7,81 gcm⁻¹

Wärmeausdehnungszahl:

ϑ	60	100	200	300 °C
$\bar{\alpha}$ (20...ϑ)	16,6	16,8	17,1	17,7 ·10⁻⁶ grd⁻¹

$\vartheta_1...\vartheta_2$	$-252{,}84...185{,}47$	$185{,}47...102{,}87$	$-102{,}87...0$ °C
$\bar{\alpha}$	4,92	12,10	15,35 ·10⁻⁶ grd⁻¹

Streckgrenze $\varrho_{0,2}$, Zugfestigkeit ϱ_B, Bruchdehnung δ und Brinellhärte HB handelsüblicher Kupfersorten im Knetzustand (nach DIN 1787):

Bezeich-nung	Zustand	Verformungs-grad in %	Streck-grenze* kpmm⁻²	Zugfestig-keit* kpmm⁻²	δ* %	HB kpmm⁻²
F 20	weichgeglüht ggf. nach-gerichtet	0	<10 (3...10)	>20 (21...23)	>30 (40...60)	≈ 50
F 25	kalt verformt	$\approx 10...20$	>15 (15...28)	>25 (25...30)	>8 (15...40)	≈ 70
F 30	kalt verformt	$\approx 25...45$	>25 (25...35)	>30 (30...37)	>3 (5...15)	≈ 90
F 37	kalt verformt	$\approx >50$	>33 (33...43)	>37 (37...50)	>2 (2...8)	≈ 100

* Die eingeklammerten Werte geben den beobachteten Streubereich an.

214. Elemente

Viskosität η:

ϑ	1100	1200	1300 °C
η	3,90	3,20	2,85 cP

Oberflächenspannung $\sigma = [1355 - 0,18\,(\vartheta - 1083)]$ dyn cm^{-1}.
Selbstdiffusion
$\Delta\vartheta\,(650...1060°\,C)$, $D_0 = 0,47$ cm^{2}s^{-1}; $Q = 197,5$ kJg-Atom^{-1}.

Thermodynamische Funktionen:

T °K	C_p^0 Jg-Atom^{-1}grd^{-1}	$H_T^0 - H_{298}^0$ kJg-Atom^{-1}	$S_T^0 - S_0^0$ Jg-Atom^{-1}grd^{-1}
298,15	24,49	0	33,37
300	24,49	0,0418	33,53
400	25,16	2,512	40,60
600	26,41	7,723	51,15
800	27,67	13,102	58,90
1000	28,93	18,795	65,22
1200	30,18	24,67	70,62
1300	30,81	27,69	73,00
1400	31,40	43,86	84,93
1600	31,40	50,14	89,12
1800	31,40	56,42	92,80

Änderung des spezifischen elektrischen Widerstandes ϱ beim Schmelzen:

$$\varrho_{(fl)} \text{ (bei } 1083°\,C) = 21,5\ \Omega\text{cm}; \quad \frac{\varrho_{fl}}{\varrho_f} = 2,07.$$

Änderung des elektrischen Widerstandes ϱ (Cu kleinkristallin) im Magnetfeld H:

	H	$\left(\dfrac{\varrho_H - \varrho_0}{\varrho_0}\right)_{78°}$
$\perp$ zum Meßstrom:		
$T \approx 78°$ K $\dfrac{\varrho_{78°}}{\varrho_{290°}} = 0,141$	100 kOe	0,09
	300 kOe	0,46
$\parallel$ zum Meßstrom:		
$T \approx 78°$ K $\dfrac{\varrho_{78°}}{\varrho_{290°}} = 0,155$	100 kOe	0,03
	300 kOe	0,23

Hall-Koeffizient R bei 25°C; magnetische Induktion

$$B = 1,13...1,14\ \text{Vs/m}^2; \quad R = -0,536 \cdot 10^{-10}\ \text{m}^3/\text{As}.$$

Gesamtemissionsvermögen E relativ (metallische Oberfläche):

ϑ	200	400	600	1000	1125	1225 °C
E	0,18	0,185	0,19	0,16	0,15	0,14

Spektrales Emissionsvermögen ε relativ:

λ	1,5	2,0	2,5	3,0	3,5	4,5	5,0 µm
ε (700° C)	0,061	0,050	0,045	0,042	0,036	0,036	0,33
ε (900° C)	0,079	0,065	0,052	0,043	0,038		

ϑ	1000	1080	1100	1225 °C
ε ($\lambda=0{,}66$ µm)	$Cu_{(f)}$ 0,105	0,12	$Cu_{(fl)}$ 0,15	0,13
ε ($\lambda=0{,}55$ µm)	0,38	0,36	0,32	0,28

Dy

Streckgrenze $\sigma_{0,2}$, Zugfestigkeit σ_B, Bruchdehnung δ und Vickershärte HV; G Gußzustand, V durch Schmieden bei Z.T. um $\approx 50\%$ verformt:

Zustand	ϑ °C	$\sigma_{0,2}$ kpmm^{-2}	σ_B kpmm^{-2}	δ %	HV kpmm^{-2}
G	Z.T.	23,1	25,3	6	55
V	Z.T.	33,1	43,8	3	
G	204	14,8	22	8,5	
V	204	26	34	12	
V	427	19	21	4,2	

Debye-Temperatur: 158° K aus Wärmekapazität berechnet;
173° K aus Schallgeschwindigkeit berechnet.
Hall-Koeffizient $R = -2{,}7 \cdot 10^{-10}$ m^3/As.

Er

Streckgrenze $\sigma_{0,2}$, Zugfestigkeit σ_B, Bruchdehnung δ und Vickersharte HV; G Gußzustand, V durch Schmieden bei Z.T. um 50% verformt:

Zustand	ϑ °C	$\sigma_{0,2}$ kpmm^{-2}	σ_B kpmm^{-2}	δ %	HV kpmm^{-2}
G	Z.T.	29,9	30	4	60
V	Z.T.	29	32,2	7	
G	204	21	24,6	5,5	
V	204	32,6	39,6	4,6	
G	427	15,5	17,8	6,8	
V		13,5	16	4,6	

Debye-Temperatur: 163° K aus Wärmekapazität berechnet;
191° K aus Schallgeschwindigkeit berechnet.
Hall-Koeffizient R bei Z.T. (Er 99,9%); magnetische Induktion
$B \leq 0{,}56$ Vs/m^2; $R = -0{,}341 \cdot 10^{-10}$ m^3/As.

Fe

γ-Fe, stabil $910 \leq \vartheta \leq 1398°$ C; kub. $A1$, O_h^5, $Fm3m$; $a = 3{,}6314$ Å (916° C); $Z = 4$; $D = 7{,}58$ gcm^{-3} (928° C).
δ-Fe, stabil $1398 \leq \vartheta \leq 1536°$ C; kub. $A2$, O_h^9, $Im3m$; $a = 2{,}9256$ Å (1398° C).
α-Fe, ferromagnetische Curie-Temperatur 770° C, magnetisches Verhalten der ferromagnetischen Übergangsmetalle s. Ergänzungen bei Co.

Wärmeausdehnungszahl $\bar{a}$:

$\vartheta_1...\vartheta_2$	$-100...$ -50	$-50...0$	$0...20$	$20...100$	$100...200$ °C
$\bar{a}$	9,85	10,9	11,5	12,3	13,3 $\cdot 10^{-6}$ grd^{-1}
$\vartheta_1...\vartheta_2$	200...300	300...400	400...600	600...800	800...900 °C
$\bar{a}$	13,8	14,5	16,2	16	~ 16 $\cdot 10^{-6}$ grd^{-}

Die Festigkeitseigenschaften von Eisen hängen von der Reinheit stark ab Unter Reineisen sind Sorten mit 99,8...99,9 Eisen im Handel, sehr reines Elektrolyteisen hat etwa 99,92% Fe, vakuumerschmolzenes Eisen 99,96% Fe. Reinsteisen 99,99% Fe.

214. Elemente

Streckgrenze σ, Zugfestigkeit σ_B, Bruchdehnung δ und Brinellhärte HB:

Eisensorte	Zustand	σ kpmm^{-2}	σ_B kpmm^{-2}	δ %	HB kpmm^{-2}
Reineisen	feinkörnig	17,65	29,15	50[1]	—
Weicheisen	geglüht	25	32	30[1]	90
	grobkörnig rekristallisiert	19	18	40[1]	90
Elektrolyteisen	in abgeschiedenem Zustand	—	38,7...79,3	3...25[2]	140...350
	umgeschmolzen und geglüht	7,0...14,0	24,6...28,0	40...60[2]	45...90
Reinsteisen	—		4,2...5,6	19,7...21,0	36...46[2]	46...52

Viskosität:

ϑ	1600	1700	1800 °C
η	6,2	5,6	5,4 cP

Selbstdiffusion:

α-Fe, $\Delta\vartheta$ (700...790° C); $D_0 = 2,9$ cm^{2}s^{-1}; $Q = 253$ kJg-Atom^{-1}
γ-Fe, $\Delta\vartheta$ (910...1390° C); $D_0 = 0,62$ cm^{2}s^{-1}; $Q = 285$ kJg-Atom^{-1}.

Spezifische Wärme s. Abb. 13, S. 168.

Thermodynamische Funktionen für die jeweils stabile Phase

($T \leq 1183°$ K, α-Fe; $1183 \leq T \leq 1671°$ K, γ-Fe; $1671 \leq T \leq 1809°$ K, δ-Fe; $T > 1809°$ K, Fe$_{(fl)}$):

T °K	C_p^0 Jg-Atom^{-1}grd^{-1}	$H_T^0 - H_{298}^0$ kJg-Atom^{-1}	$S_T^0 - S_0^0$ Jg-Atom^{-1}grd^{-1}
298,15	25,08	0	27,15
300	25,12	0,046	27,29
400	27,42	2,675	34,87
600	31,56	8,548	46,72
800	38,64	15,488	56,64
1000	57,77	24,622	66,77
1100	45,33	30,260	72,21
1200	34,20	35,321	76,60
1400	35,92	42,337	82,00
1600	37,55	49,679	86,90
1700	39,68	54,204	89,62
1800	40,10	58,194	91,93
1900	44,12	77,914	102,77
2000	44,29	82,334	105,03

Änderung des elektrischen Widerstandes ϱ (Fe kleinkristallin) im Magnetfeld H $\perp$ zum Meßstrom:

	H	$\left(\dfrac{\varrho_H - \varrho_0}{\varrho_0}\right)_{80°}$
$T \approx 80°$ K	100 kOe	0,021
	200 kOe	0,053

[1] $L_0 = 10\, d_0$; [2] $L_0 = 50$ mm.

Reflexionsvermögen R von Fe (massiv) bei Z.T.:

λ	0,5	0,6	0,7	0,8	1,0	1,4 µm
R	55,0	87,5	59,5	61,5	65,0	71,5 %

λ	2,0	3,0	4,0	5,0	6,0	7,0	8,0	9,0 µm
R	78,0	84,5	89,5	91,5	93,0	94,0	93,0	93,8 %

Ga

Umwandlungen unter Druck: Eine stabile II- und eine instabile II'-Modifikation.

Tripelpunkte:

at	°C	U	Δv [cm³g⁻¹]
12050	2,4	I→fl	−0,0074
		I→II	−0,0098
		II→fl	+0,0024
12750	0,4	I→fl	−0,0075
		I→II'	−0,0098
		II'→fl	+0,0023

Viskosität η:

ϑ	52,9	97,7	200	402	600	806	1010	1100 °C
η	1,894	1,612	1,266	0,879	0,769	0,652	0,591	0,578 cP

Schallgeschwindigkeit Ga(fl) bei 30° C $u = 2740$ ms⁻¹ (12 MHz).

Selbstdiffusion $\Delta \vartheta$ (30...100° C);

$$D_0 = 1{,}07 \cdot 10^{-4} \text{ cm}^2\text{s}^{-1}; \quad Q = 4{,}7 \text{ kJg-Atom}^{-1}.$$

Gd

¹⁵²Gd, Häufigkeit 0,20 %, α-Strahler, Halbwertzeit 10¹⁵ a.

β-Gd, kub. $A\,2$, O_h^9, $I\,m\,3\,m$, $a = 4{,}07$ Å (> 1264° C) $Z = 4$; $r_{\text{Atom}} = 1{,}81$ Å; $D = 7{,}80$ gcm⁻³.

α-Gd, Streckgrenze $\sigma_{0,2}$, Zugfestigkeit σ_B, Bruchdehnung δ und Vickershärte HV. G Gußzustand, V durch Schmieden bei Z.T. um ≈ 50 % verformt:

Zustand	ϑ °C	$\sigma_{0,2}$ kpmm⁻²	σ_B kpmm⁻²	δ %	HV kpmm⁻²
G	Z.T.	18,6	19,6	8	52
V	Z.T.	27,6	40	7	—
G	204	11,2	12,7	6,8	—
V	204	22	29,3	4,2	—
G	427	10,1	13,6	12	—

Debye-Temperatur: 152° K aus C_p berechnet;

173° K aus Schallgeschwindigkeit berechnet.

Hall-Koeffizient R bei 350° C, magnetische Induktion

$$B \leq 0{,}56 \text{ Vs/m}^2; \quad R = -4{,}48 \cdot 10^{-10} \text{ m}^3/\text{As}.$$

Ge

Ge ist spröde, erst bei 600...700° C verformbar.
Ge ist ein Halbleiter.
Bandabstand

$$\Delta E \,(0°\ \mathrm{K}) = 0{,}785\ \mathrm{eV}, \qquad \Delta E \,(300°\ \mathrm{K}) = 0{,}66\ \mathrm{eV};$$

$$\frac{d\, \Delta E}{dT}\,(300°\ \mathrm{K}) = -4{,}4 \cdot 10^{-4}\ \mathrm{eV/grd}.$$

Elektronenbeweglichkeit $u_n = 3900\ \mathrm{cm^2/Vs}$.
Löcherbeweglichkeit $u_p = 1900\ \mathrm{cm^2/Vs}$.
Statische Dielektrizitätskonstante 16,0; Brechzahl n (25 μm) = 4,00.
Viskosität η:

ϑ	950	1000	1100	1200 °C
η	0,75	0,64	0,56	0,51 cP

Oberflächenspannung σ bei 938° C: $\sigma = 600\ \mathrm{dyn cm^{-1}}$.
Selbstdiffusion

$$\Delta \vartheta\ (790...925°\ \mathrm{C}), \qquad D_0 = 87\ \mathrm{cm^2 s^{-1}};\qquad Q = 307\ \mathrm{kJg\text{-}Atom^{-1}}.$$

Magnetische Suszeptibilität am Schmelzpunkt:

$$\chi_A\,(\mathrm{f}) = -5{,}7 \cdot 10^{-6}\ \mathrm{cm^3 g\text{-}Atom^{-1}},$$
$$\chi_A\,(\mathrm{fl}) = +3{,}2 \cdot 10^{-6}\ \mathrm{cm^3 g\text{-}Atom^{-1}};$$

Die elektrische Leitfähigkeit von Ge ändert sich bei Belichtung. In Abb. 14, S 169, ist die spektrale Verteilung der Photoempfindlichkeit dargestellt, in Abb. 15, S 169, das Absorptionsspektrum.

Hf

Natürlich radioaktives Isotop: ^{174}Hf, Haufigkeit 0,18 %; α-Strahler: Halbwertzeit $\sim 4 \cdot 10^{15}$ a; β-Hf, beständig $1550 \leq \vartheta \leq 2220°$ C; kub. $A\,2$, O_h^9, $Im3m$; $a = 3{,}50$ Å.

Wärmeausdehnungszahl $\bar{\alpha}$:

ϑ	100	200	400	600	1000 °C
$\bar{\alpha}\,(20...\vartheta)$	6,6	6,4	6,1	5,9	$5{,}5 \cdot 10^{-6}\ \mathrm{grd^{-1}}$

Elastizitätsmodul E:

ϑ	21	260	370 °C
E	13 900	10 800	9700 kpmm^{-2}

Dehngrenze $\sigma_{0,2}$, Zugfestigkeit σ_B, Bruchdehnung δ, in Abhängigkeit von der Größe der Verformung beim Schmelzen von Jodidhafnium in Walzrichtung gemessen:

Ver-formungs-grad	σ_B in kpmm^{-2}			$\sigma_{0,2}$ in kpmm^{-2}			δ in %		
	Z.T.	150° C	315° C	Z.T.	150° C	315° C	Z.T.	150° C	315° C
0	40,0	31,2	21,6	23,2	20,2	15,4	42,0	53,5	60,5
5	42,0	42,0	26,6	32,4	33,0	24,4	32,0	35,0	45,5
10	44,0	38,6	28,8	40,4	36,4	26,8	30,0	33,0	35,0
20	52,8	42,8	34,2	43,4	40,2	32,6	14,0	27,5	25,0

Debye-Temperatur Θ_D aus Wärmekapazität berechnet:

T	4,62	5,30	6,22	7,12	8,26	9,16	10,35	12,28	14,30	18,48 °K
Θ_D	262	252	245	246	240	237	231	225	218	208 °K

Spezifischer elektrischer Widerstand ϱ (Jodidhafnium: 0,7 % Zr, 0,015 % Si, 0,018 % Al, 0,0002 % N_2):

ϑ	0	200	400	600	800	1000 °C
ϱ	32,7	61,7	84,4	106	124	139 $\cdot 10^{-6}$ Ω cm

Gesamtemissionsvermögen E relativ:

T	266	364	550 °K
E	0,52	0,52	0,56

Hg

Unter Druck findet eine Umwandlung in eine 2. Modifikation, die mit β-Hg bezeichnet wird, statt. Einmal gebildet ist β-Hg die stabile Form für $\vartheta \leq -194°$ C; beim Erwärmen wandelt sich β-Hg erst bei $-174°$ C irreversibel in α-Hg um. β-Hg ist auch supraleitend, der elektrische Widerstand ist etwa halb so groß wie der von α-Hg. β-Hg kristallisiert tetragonal: $a=3{,}991$ Å, $b=2{,}825$ Å bei $-201°$ C; berechnete Dichte $D=14{,}77$ gcm^{-3}.

Dichte D in gcm^{-3} bei $p=1$ atm:

ϑ °C	0	1	2	3	4	5	6	7	8	9
0	13,5951	,5926	,5902	,5877	,5852	,5828	,5803	,5778	,5753	,5729
10	,5705	,5680	,5655	,5631	,5606	,5582	,5557	,5532	,5508	,5483
20	,5459	,5434	,5410	,5385	,5361	,5336	,5312	,5287	,5263	,5238
30	,5214	,5189	,5165	,5140	,5116	,5092	,5067	,5043	,5018	,4994

ϑ	40	50	60	70	80	90	100	200	300 °C
D	13,4969	,4726	,4483	,4240	,3998	,3756	,3515	,112	12,875 gcm^{-3}

Dichte bei 20 atm:

ϑ	200	300	400	500 °C
D	13,114	12,877	12,638	12,395 gcm^{-3}

Kompressibilität $\varkappa$:

ϑ °C	Schmelzdruck at	Kompressibilität $\varkappa$ in 10^{-6} at^{-1} Druckbereich p in at			
		0...1000	2000...3000	4000...5000	9000...10000
−30	1740	3,65	—	—	—
−20	3710	3,70	3,45	—	—
−10	5670	3,75	3,50	3,30	—
0	7640	3,80	3,55	3,35	—
10	9620	3,83	3,60	3,38	—
20	11000	3,85	3,63	3,40	3,0
30		3,90	3,65	3,45	3,0
50		4,00	3,75	3,55	3,1
100		4,25	4,00	3,70	3,2
150		4,5	4,2	4,0	3,2

Dichte koexistierender Phasen:

ϑ	200	300	400	500	600	800	1000	1200	1480 °C
D'	13,1139	12,8778	12,64	12,40	12,13	11,47	10,50	9,15	4,6 gcm^{-3}
D''	0,0001	0,0014	0,008	0,025	0,06	0,23	0,55	1,15	4,6 gcm^{-3}

Kritische Temperatur $\vartheta_{krit} = 1480°$ C;
Kritischer Druck · $p_{krit} = 1587$ atm;
Kritische Dichte $D_{krit} = 4,60$ gcm^{-3}.

Oberflächenspannung σ bei 20° C: $\sigma = 476$ dyncm^{-1}.

Viskosität η:

ϑ	−20	−10	0	10	20	50	100	200	300	340 °C
η	1,857	1,774	1,698	1,627	1,562	1,411	1,230	1,026	0,929	0,899 cP

Selbstdiffusion
$\Delta\vartheta$ (0...100° C); $D_0 = 1,1 \cdot 10^{-4}$ cm^{2}s^{-1}; $Q = 4,8$ kJg-Atom^{-1}

Schallgeschwindigkeit $u = 1478,56 - 0,458$ ($\vartheta + 38,86°$ C) ms^{-1}.
Dissoziationsenergie $D_0(Hg_2) = 0,121$ eV.
Debye Temperatur für 18,7...231,8° K: 96° K;
für 5,5° K: 110° K;
für 62...92° K: 60° K;
für 31,1...230° K: 97° K;
bei 232° K: 80° K.

Brechzahl
$(n_d - 1) \cdot 10^6$ von Hg$_2$-Dampf für $\lambda = 0,5462$ µm bei 300° C = 1882.

Ho

Streckgrenze $\sigma_{0,2}$, Zugfestigkeit σ_B, Bruchdehnung δ und Vickershärte HV im Gußzustand:

ϑ °C	$\sigma_{0,2}$ kpmm^{-2}	σ_B kpmm^{-2}	δ %	HV kpmm^{-2}
Z.T.	22,7	26,5	5	49
204	17,6	22	6	−

Debye-Temperatur: 161° K aus Wärmekapazität berechnet;
183° K aus Schallgeschwindigkeit berechnet.

In

Unter Druck von 30000 at findet bei Z.T. eine Umwandlung statt.
Schallgeschwindigkeit In (fl) bei 156° C $u = 2215$ ms^{-1} (12 MHz).
Selbstdiffusion:

∥ c-Achse $\Delta\vartheta$ (44...144° C), $D_0 = 2,7$ cm^{2}s^{-1}; $Q = 78,3$ kJg-Atom^{-1}.
⊥ c-Achse $\Delta\vartheta$ (44...144° C), $D_0 = 3,7$ cm^{2}s^{-1}; $Q = 78,3$ kJg-Atom^{-1}.

Ir

Wärmeausdehnungszahl $\bar{\alpha}$:

ϑ	−100	100	1000	1200	1500 °C
$\bar{\alpha}(0...\vartheta)$	−10,7	6,5	7,91	8,2	8,4 · 10^{-6} grd^{-1}

Zugfestigkeit σ_B, Streckgrenze $\sigma_{0,2}$ für a) Ir 99,92%, heißgewalzt, Zwischenglühung 1800°, harte Flachstäbe; b) Ir hochrein, 15 min bei 1500° geglüht, Drähte:

		20	500	1000	1500	2000 °C
a)	σ_B	117	81	52	12	6,5 kpmm^{-2}
	$\sigma_{0,2}$	115	80	29	4,7	3,2 kpmm^{-2}
b)	σ_B	63,5	54,0	33,8	–	– kpmm^{-2}
	$\sigma_{0,2}$	24,9	24,0	4,4	–	– kpmm^{-2}

Vickershärte HV (Ir 99,93%, 1,5 h bei 2000° C vakuumgeglüht):

ϑ	20	100	200	400	600	800	1000 °C
HV	179	173	161	144	129	105	97 kpmm^{-2}

Hall-Koeffizient R bei Z.T.; magnetische Induktion

$$B = 4,53...4,81 \text{ Vs/m}^2; \quad R = 0,318 \cdot 10^{-10} \text{ m}^3/\text{As}.$$

Reflexionsvermögen R in %:

λ	0,450	0,550	0,660	0,750	1,0	2,0	3,0	4,0	5,0 µm
R	64	70	74	78	77	86	91	93	94 %

Spektrales Emissionsvermögen ε ($\lambda = 0,65$ µm) bei 927...2027° C = 0,30.

J bzw. J_2

Unter Druck findet bei $p = 13\,000$ at eine Umwandlung statt, die ziemlich unabhängig von der Temperatur ist.
$\Delta V \approx 0,0045$ cm^{3}g^{-1}.

Viskosität η:

ϑ	116,0	128,7	149,0	169,8	178,7 °C
η	2,27	2,08	1,81	1,57	1,46 cP

Bei Lichteinstrahlung erhöht sich die elektrische Leitfähigkeit von Jod. Die Abb. 16 und 17, S. 169, zeigen das Absorptionsspektrum und die spektrale Verteilung der Photoempfindlichkeit.

K

Natürliches radioaktives Isotop: ^{40}K Häufigkeit 0,0117%; β^--Strahler (89%), K = Elektroneneinfang (11%); Halbwertzeit $1,3 \cdot 10^9$ a.

Viskosität η:

ϑ	70	100	150	200	300	350 °C
η	0,525	0,455	0,381	0,329	0,266	0,245 cP

La

^{138}La (Häufigkeit 0,089%); radioaktiv (K, β^-); Halbwertzeit $1,1 \cdot 10^{11}$ a.

β-La, kub. $A\,1$, O_h^5, $Fm3m$, $a = 5,304$ Å (>310° C) $Z = 4$; Atomradius $r_A = 1,875$ Å; Dichte $D = 6,19$ gcm^{-3}.

γ-La, kub. $A\,2$, O_h^9, $Im3m$, $a = 4,26$ Å (887° C), $Z = 2$; Atomradius $r_A = 1,90$ Å; Dichte $D = 5,97$ gcm^{-3}.

Umwandlung: $\alpha \rightarrow \beta$ bei 310° C, $\beta \rightarrow \alpha$ $220 \pm 20°$ C; Sprungtemperatur β-La 5,9° K.

α-La. Streckgrenze $\sigma_{0,2}$, Zugfestigkeit σ_B, Bruchdehnung δ und Vickershärte HV; G Gußzustand, V gegossen und durch Schmieden um $\approx 50\%$ verformt.

Zustand	ϑ °C	$\sigma_{0,2}$ kpmm^{-2}	σ_B kpmm^{-2}	δ %	HV kpmm^{-2}
G	Z.T.	12,9	13,4	8	37
V	Z.T.	19,1	22,6	4	—
G	204	8,8	10,9	9,4	—
V	204	17	18,5	3	—
G	427	2,6	4,8	21	—
V	427	3	3,1	27	—

Debye-Temperatur: $135 \pm 5°$ K aus Wärmekapazität berechnet;
149° K aus Schallgeschwindigkeit berechnet.

Hall-Koeffizient R bei Z.T.; magnetische Induktion

$$B \leq 0,56 \text{ Vs/m}^2; \quad R = -0,8 \cdot 10^{-10} \text{ m}^3/\text{As}.$$

Spezifischer elektrischer Widerstand:

β-La bei 560° C $\varrho = 98$ Ωcm; $\quad \gamma$-La bei 890° C $\varrho = 126$ Ωcm.

Li

U: $-193°$ C; kub. $A2 \rightleftharpoons$ hex. $A3$; D_{6h}^4, $P6/mmc$, $a = 3,111$ Å, $c = 5,093$ Å (bei $-195°$ C), $Z = 2$.
U durch Verformung bei $-193°$ C zu kub. $A1$, O_h^5, $Fm3m$, $a = 4,41$ Å (bei $-194°$ C), $Z = 4$. Beide Umwandlungen fraglich.
D (natürliches Li) = 0,531 gcm^{-3}.
D (^{6}Li 99,3%) = 0,460 gcm^{-3} bei 20° C, relative Häufigkeit 7,4%.
D (^{7}Li 99,8%) = 0,537 gcm^{-3} bei 20° C, relative Häufigkeit 92,6%.
Wärmeausdehnungszahl $\bar{\alpha}$:

ϑ	-170	-130	-90	-50	-30	$+20$ °C
$\bar{\alpha}(-194 \ldots \vartheta)$	36,6	39,6	44,2	44,6	45,7	$47,1 \cdot 10^{-6}$ grd^{-1}

$\bar{\alpha}(0 \ldots 95°$ C$) = 56 \cdot 10^{-6}$ grd^{-1}; $\bar{\gamma}(18 \ldots 180°$ C$) = 180 \cdot 10^{-6}$ grd^{-1}

Dichte Li (fl):

ϑ	180	200	300	400	600	800	1000 °C
D	0,508	0,507	0,498	0,490	0,474	0,457	0,441 gcm^{-3}

Zugfestigkeit: $\sigma_B = 0,06$ kpmm^{-2}.
Viskosität η:

ϑ	200	300	400	600 °C
η	0,566	0,458	0,402	0,317 cP

Selbstdiffusion:

$\Delta \vartheta$ (70...170° C); $\quad D_0 = 0,39$ cm^{2}s^{-1}; $\quad Q = 56,5$ kJg-Atom^{-1}.

Verhältnis des elektrischen Widerstandes am Schmelzpunkt

$$\frac{\varrho_{fl}}{\varrho_f} = 1,68.$$

Änderung des elektrischen Widerstandes ϱ (Li 99,9 %, kleinkristallin) im Magnetfeld $H \perp$ zum Meßstrom:

	H	$\left(\frac{\varrho_H - \varrho_0}{\varrho_0}\right)_{78°}$
$T \approx 78\,°\mathrm{K}\ \dfrac{\varrho_{78°}}{\varrho_{293°}} = 0{,}137$	100 kOe 300 kOe	0,024 0,152

Hall-Koeffizient R bei 24° C; magnetische Induktion

$$B = 1{,}7 \ldots 1{,}8\ \mathrm{Vs/m^2}; \qquad R = -1{,}70 \cdot 10^{-10}\ \mathrm{m^3/As}.$$

Mg

$$D_{(l)}(650°\,\mathrm{C}) = 1{,}6468\ \mathrm{gcm^{-3}}.$$
$$D_{(fl)}(650°\,\mathrm{C}) = 1{,}5804\ \mathrm{gcm^{-3}}.$$

Wärmeausdehnungszahl $\bar{\alpha}$:

ϑ	100	200	300	400	500 °C
$\bar{\alpha}(20\ldots\vartheta)$	26,0	26,9	27,9	28,8	$29{,}6 \cdot 10^{-6}$ grd^{-1}

Grenzwerte bei Z. T.	kp mm^{-2}
Elastizitätsmodul	4100…4700
Gleitmodul	1500…1800
Zugfestigkeit	3…17
Brinellhärte	32…40

Oberflächenspannung σ: bei 681° C $\sigma = 563$ dyncm^{-1};
bei 894° C $\sigma = 502$ dyncm^{-1}.
Entzündungstemperatur an Luft $\vartheta = 623°$ C.
Selbstdiffusion

$$\varDelta\vartheta(460\ldots 630°\,\mathrm{C}), \quad D_0 = 1{,}01\ \mathrm{cm^2 s^{-1}}; \quad Q = 134\ \mathrm{kJg\text{-}Atom^{-1}}.$$

Thermodynamische Funktionen:

T °K	C_p^0 Jg-Atom^{-1}grd^{-1}	$H_T^0 - H_{298}^0$ kJg-Atom^{-1}	$S_T^0 - S_0^0$ Jg-Atom^{-1}grd^{-1}
298,15	24,95	0	32,68
300	24,99	0,042	32,86
400	26,12	2,595	40,19
600	28,30	8,037	51,20
800	31,06	13,939	59,69
900	32,69	17,14	63,42
1000	32,99	29,34	76,56
1200	35,16	36,167	82,80
1300	36,25	39,725	85,65

Änderung des elektrischen Widerstandes ϱ am Schmelzpunkt 651° C:

$$\varrho_{fl} = 27{,}9\ \Omega\,\mathrm{cm}; \qquad \frac{\varrho_{fl}}{\varrho_f} = 1{,}63.$$

Änderung des elektrischen Widerstandes ϱ (Mg kleinkristallin) im Magnetfeld H $\perp$ zum Meßstrom:

	H	$\left(\dfrac{\varrho_H - \varrho_0}{\varrho_0}\right)_{78°}$
$T = 78°$ K $\dfrac{\varrho_{78°}}{\varrho_{298°}} = 0{,}17$	100 kOe	0,54
	300 kOe	2,82

Hall-Koeffizient R bei 27° C, magnetische Induktion
$B = 0{,}4 \ldots 2{,}5$ Vs/m^2; $R = -0{,}83 \cdot 10^{-10}$ m^3/As.

Abhängigkeit physikalischer Eigenschaften von der Kristallorientierung:

Eigenschaft	$\parallel$ c-Achse	$\perp$ c-Achse	Dimension
Wärmeausdehnungszahl α 77° C	28	27	$\cdot 10^{-6}$ grd^{-1}
α 327° C	29	28	$\cdot 10^{-6}$ grd^{-1}
Elektrischer Widerstand 0° C	3,50	4,22	$\cdot 10^{-6}$ Ωcm
Selbstdiffusion $\varDelta\vartheta$ (460 $\ldots$ 630° C)	1,0	1,5	cm^{2}s^{-1}
Q	135	136	kJg-Atom^{-1}

Mn

Eigenschaft	Modifikation			
	α-Mn	β-Mn	γ-Mn	δ-Mn
Stabilitätsbereich	$\vartheta \leqq 700°$ C	$721 \leqq \vartheta \leqq 1101°$ C	$1101 \leqq \vartheta \leqq 1137°$ C	$1137 \leqq \vartheta \leqq 1240°$
Kristallsystem Gittertyp	kub. A 12	kub. A 13	tetr. A 6	kub. A 1
Raumgruppe	$T_d^3, I\bar{4}3m$	$O^6, P4_33$ ($O^7, P4_13$)	$D_{4h}^{17}, I4mmm$	$O_h^5, Fm3m$
Kantenlänge der Einheitszelle bei Z.T. in Å	$a = 8{,}89$	$a = 6{,}30$	$a = 3{,}77$ $c = 3{,}54$	$a = 3{,}675$ (bei 1140° C)
Atomzahl in der Elementarzelle	58	20	4	4
Dichte bei 20° C in gcm^{-3}	7,43	7,29	7,18	—
Wärmeausdehnungszahl α von $\vartheta_1 \ldots \vartheta_2$ in 10^{-6} grd^{-1}	0 $\ldots$ 100° C 23	0 $\ldots$ 20° C 24,9 725 $\ldots$ 1000° C 43,0	0 $\ldots$ 20° C 14,7 0 $\ldots$ 1134° C 45,6	1137 $\ldots$ 1244° C 41,6
Spezifische Wärme bei 25° C in Jg^{-1}grd^{-1}	0,477	0,644	0,62	—
Spezifischer elektrischer Widerstand ϱ bei 0° C in 10^{-6} Ωcm	278	≈ 91	39,2	—
Temperaturkoeffizient des Widerstandes $\dfrac{\varDelta\varrho}{\varrho\varDelta\vartheta}$ von $\vartheta_1 \ldots \vartheta_2$ in 10^{-4} grd^{-1}	0 $\ldots$ 100° C 5,0	0 $\ldots$ 20° C 13,6	0 $\ldots$ 20° C 62,8	—

Volumenänderung bei Umwandlung:

$$\frac{V_\gamma - V_\beta}{V_\beta} (1101° \text{ C}) = 0{,}007; \quad \frac{V_\delta - V_\gamma}{V_\gamma} (1137° \text{ C}) = 0{,}0091.$$

$U(\alpha \to \beta)$ verläuft träge. β-Mn ist nach Abschrecken auch bei Z.T. beständig, γ-Mn nach Abschrecken nur bei $\vartheta < $ Z.T. α-Mn und β-Mn sind spröde.
Zugfestigkeit γ-Mn: $\sigma_B = 50$ kpmm^{-2} (extrapoliert).
Vickershärte HV für α-Mn: 1000 kpmm^{-2}, γ-Mn: 255 kpmm^{-2}.
Thermodynamische Funktionen für die jeweils stabile Phase:

$T \leq 973°$ K α-Mn; $973° \leq T \leq 1374°$ K β-Mn; $1374° \leq T \leq 1410°$ K γ-Mn; $1410° \leq T \leq 1517°$ K δ-Mn; $T > 1517°$ K Mn(fl).

T °K	C_p^0 Jg-Atom^{-1}grd^{-1}	$H_T^0 - H_{298}^0$ kJg-Atom^{-1}	$S_T^0 - S_0^0$ Jg-Atom^{-1}grd^{-1}
298,15	26,32	0	32,01
300	26,32	0,0460	32,17
400	28,24	2,778	40,04
500	30,04	5,690	46,53
600	31,55	8,786	52,13
700	32,93	12,01	57,11
800	34,35	15,36	61,58
900	35,98	18,87	65,73
1000	38,91[1]	24,77	71,88
1100	38,91[1]	28,66	75,56
1200	38,91[1]	32,55	78,95
1300	38,91[1]	36,44	82,09
1400	44,77	42,76	86,73
1500	47,28	49,29	91,25
1600	46,02[2]	68,53	104,3
1800	46,02[2]	77,74	111,9
2000	46,02[2]	86,94	114,6

Hall-Koeffizient R bei 24° C, Mn geglüht; magnetische Induktion

$B = 0{,}6\ldots2{,}9$ Vs/m^2; $\quad R = 0{,}84 \cdot 10^{-10}$ m^3/As.

Mo

Mo wird pulvermetallurgisch hergestellt.
Dichte D:

Bearbeitungszustand	D [gcm^{-3}]
Stäbe, gepreßte	6,1…6,3
gesintert	9,2…9,4
gehämmert	9,7…10,02
Drähte, gezogen ⌀ 2 mm	10,03
1 mm	10,06
0,5 mm	10,20
0,05 mm	10,22

Wärmeausdehnungszahl α:

T	300	400	600	800	1000	1400	1800	2000 °K
α	5,0	5,1	5,4	5,7	6,1	7,2	8,5	9,3 ·10^{-6} grd^{-1}

[1] C_p^0-Mittelwert für β-Mn; [2] Mittelwert für Mn (fl).

Elastizitätsmodul E:

ϑ	20	980	1090	1326 °C
E	32,6	23,2	20,4	14,5 ·10³ kpmm⁻²

Dehngrenze $\sigma_{0,1}$ und Zugfestigkeit σ_B; a) gewalzt und spannungsfrei geglüht, b) gewalzt und rekristallisiert:

ϑ °C	$\sigma_{0,1}$ kpmm⁻²		σ_B kpmm⁻²	
	a	b	a	b
20	58	39	68	48
650	34	7,7	46	23
1370	23	5,4	11	9,6

Vickershärte HV von gewalztem Mo:

ϑ	20	870	1000	1650 °C
HV	200...230	130	100	40 kpmm⁻²

Oberflächenspannung σ beim Schmelzpunkt: $\sigma = 2240$ dyncm⁻¹.

Selbstdiffusion

$\Delta\vartheta(1850...2345°\,C)$; $D_0 = 0,5$ cm²s⁻¹; $Q = 408$ kJg-Atom⁻¹.

Thermodynamische Funktionen:

T °K	C_p^0 Jg-Atom⁻¹grd⁻¹	$H_T^0 - H_{298}^0$ kJg-Atom⁻¹	$S_T^0 - S_0^0$ Jg-Atom⁻¹grd⁻¹
298,15	23,78	0	28,60
300	23,82	0,046	28,72
400	24,99	2,491	35,75
600	26,29	7,639	46,17
800	26,96	12,977	53,79
1000	28,05	18,460	59,94
1200	29,51	24,237	65,18
1400	31,19	30,348	69,82
1600	32,78	36,753	74,13
1800	34,24	43,451	78,07
2000	35,67	50,399	81,75
2200	37,05	57,641	85,23
2400	38,47	65,218	88,49
2600	39,89	73,088	91,63
2800	41,32	81,208	94,65
2900	41,86	112,98	110,76

Änderung des elektrischen Widerstandes ϱ im Magnetfeld H (Mo kleinkristallin):

		H	$\left(\dfrac{\varrho_H - \varrho_0}{\varrho_0}\right)_{78°}$
⊥ zum Meßstrom:			
$T \approx 78°$ K $\dfrac{\varrho_{78°}}{\varrho_{290°}} = 0,136$		100 kOe	0,16
		300 kOe	0,915
∥ zum Meßstrom:			
$T \approx 78°$ K $\dfrac{\varrho_{78°}}{\varrho_{290°}} = 0,135$		300 kOe	0,225

Hall-Koeffizient R bei 20° C; magnetische Induktion

$$B = 1{,}7 \ldots 1{,}8 \text{ Vs/m}^2; \quad R = 1{,}26 \cdot 10^{-10} \text{ m}^3/\text{As}.$$

Gesamtemissionsvermögen E und spektrales Emissionsvermögen ε_λ relativ einer gereinigten Oberfläche von Mo:

T	100	200	300	400	500	600	700	800	900 °K
E	0,030	0,032	0,037	0,040	0,043	0,050	0,054	0,066	0,076

T	1000	1100	1200	1300	1400	1500	1600	1700	1800 °K
E	0,090	0,108	0,138	0,170	0,154	0,140	0,148	0,163	0,181

ε_λ bei 22° C:

λ	0,50	0,60	0,80	1,0	2,0	3,0 µm
ε	0,55	0,52	0,48	0,42	0,18	0,12

λ	4,0	5,0	7,0	9,0	10,0	12,0 µm
ε	0,10	0,08	0,07	0,06	0,06	0,05

Na

Dichte D:

ϑ	0	100	200	400	600	800 °C
D	0,971	0,927	0,904	0,857	0,809	0,757 gcm^{-3}

Selbstdiffusion

$\Delta \vartheta (0 \ldots 95°$ C); $\quad D_0 = 0{,}24 \text{ cm}^2\text{s}^{-1}; \quad Q = 43{,}7 \text{ kJg-Atom}^{-1}.$

Viskosität η:

ϑ	143	196	250	368	447	571	686 °C
η	0,565	0,459	0,388	0,306	0,271	0,210	0,183 cP

Schallgeschwindigkeit Na (fl) bei 98° C 2395 ms^{-1} (12 MHz).
Verhältnis des elektrischen Widerstandes ϱ_{fl}/ϱ_f am Schmelzpunkt $= 1{,}44$.
Änderung des elektrischen Widerstandes ϱ (Na kleinkristallin) im Magnetfeld H
$\perp$ zum Meßstrom:

	H	$\left(\dfrac{\varrho H - \varrho_0}{\varrho_0}\right)_{20,4°}$
$T = 20{,}4 °$K $\dfrac{\varrho_{20,4°}}{\varrho_{273°}} = 0{,}00675$	15,6 kOe	0,15
	35,1 kOe	0,50

Hall-Koeffizient R bei 25° C (Na vakuumdestilliert); magnetische Induktion

$$B = 0{,}2 \ldots 2{,}04 \text{ Vs/m}^2; \quad R = -2{,}1 \cdot 10^{-10} \text{ m}^3/\text{As}.$$

Nb

Wärmeausdehnungszahl $\bar{\alpha}$, Zugfestigkeit σ_B, Bruchdehnung δ und Wärmeleitzahl λ:

ϑ °C	$\bar{\alpha}$ $(18...\vartheta)^1$ $10^{-6}\mathrm{grd}^{-1}$	$\sigma_B{}^2$ kpmm^{-2}	δ^2 %	λ^3 Wcm^{-1}grd^{-1}
0	—	—	—	0,523
20	—	34	19,2	—
100	7,10	—	—	0,545
200	7,21	37	14,2	0,565
400	7,42	34	13,2	0,607
600	7,64	32	17,5	0,652
800	7,85	31	20,7	—

Vickershärte HV von handelsüblichen Nb ≈ 84 kpmm^{-2}.
Selbstdiffusion
$\Delta\vartheta$ (1535...2120° C), $D_0 = 4$ cm^{2}s^{-1}; $Q = 420$ kJg-Atom^{-1}.

Dampfdruck p und Verdampfungsgeschwindigkeit v:

T °K	p Torr	v gcm^{-2}s^{-1}
1400	$4,2 \cdot 10^{-18}$	$6,3 \cdot 10^{-20}$
1600	$1,4 \cdot 10^{-14}$	$2,6 \cdot 10^{-16}$
1800	$7,5 \cdot 10^{-12}$	$1,0 \cdot 10^{-13}$
2000	$1,5 \cdot 10^{-9}$	$1,9 \cdot 10^{-11}$
2200	$1 \cdot 10^{-7}$	$1,3 \cdot 10^{-9}$
2400	$3,5 \cdot 10^{-6}$	$4,0 \cdot 10^{-8}$
2500	$1,8 \cdot 10^{-5}$	$2,0 \cdot 10^{-7}$

Thermodynamische Funktionen:

T °K	C_p^0 Jg-Atom^{-1}grd^{-1}	$H_T^0 - H_{298}^0$ kJg-Atom^{-1}	$S_T^0 - S_0^0$ Jg-Atom^{-1}grd^{-1}
298,15	24,91	0	36,55
1000	27,71	18,46	68,02
2000	31,73	48,18	88,45
3000	33,49	108,29	111,64

Änderung des elektrischen Widerstandes ϱ (Nb 99,9% kleinkristallin) im Magnetfeld $H \perp$ zum Meßstrom:

$$T = 20{,}4° \text{ K} \quad \frac{\varrho_{20,4°}}{\varrho_{273°}} = 0{,}0682; \quad H = 40 \text{ kOe} \left(\frac{\varrho_H - \varrho_0}{\varrho_0}\right)_{20,4°} = 0{,}001.$$

Hall-Koeffizient R bei 0° C; magnetische Induktion
$B = 0{,}54$ Vs/m^2; $R = 0{,}88 \cdot 10^{-10}$ m^3/As.
Spektrales Emissionsvermögen $\varepsilon(\lambda = 0{,}65$ μm) bei 1730° C; $\varepsilon = 0{,}37$.

Nd

Natürliches radioaktives Isotop: ^{144}Nd, Häufigkeit 23,8%, α-Strahler, Halbwertzeit $5 \cdot 10^{15}$ a.

β-Nd, kub. $A\,2$, O_h^9, $Im3m$, $a = 4{,}23$ Å (bei 850° C); Atomradius $r_A = 1{,}84$ Å; $D = 6{,}8$ gcm^{-3}; spezifischer elektrischer Widerstand bei 850° C, $\varrho = 137$ Ωcm.

α-Nd, Streckgrenze $\sigma_{0,2}$, Zugfestigkeit σ_B, Bruchdehnung δ und Vickershärte HV; G Gußzustand, V durch Schmieden bei Raumtemperatur um $\approx 50\%$ verformt:

---

[1] Nb 99,92%. [2] Nb 99,8%. [3] Nb 99,95%.

Zustand	ϑ °C	$\sigma_{0,2}$ kpmm⁻²	σ_B kpmm⁻²	δ %	HV kpmm⁻²
G	Z.T.	16,9	17,5	11	35
V	Z.T.	—	21,2	2	—
V	204	12,6	14,1	10,3	
G	427	41	4,3	13	
V	427	8,4	8,9	8	

Debye-Temperatur: 147° K aus Schallgeschwindigkeit berechnet.
Hall-Koeffizient R bei Z.T.; magnetische Induktion

$$B \leq 0,56 \text{ Vs/m}^2; \quad R = 0,971 \cdot 10^{-10} \text{ m}^3/\text{As}.$$

Ni

Ferromagnetischer Curie-Punkt 358...363° C.
Wärmeausdehnungszahl $\bar{\alpha}$:

$\vartheta_1...\vartheta_2$	25...100	100...200	300...400	500...600	700...800 °C
$\bar{\alpha}$	13,3	14,4	16,8	17,1	$17,7 \cdot 10^{-6}$ grd⁻¹

Elastizitätsmodul E und Gleitmodul G (Ni hochrein 99,7 %):

ϑ	0	100	200	400	600	800 °C
E	22500	21800	21000	19400	17800	16500 kpmm⁻²
G	7700	—	7600	7200	6600	6000 kpmm⁻²

Streckgrenze $\sigma_{0,2}$, Zugfestigkeit σ_B, Bruchdehnung δ und Brinellhärte HB:

Zustand	$\sigma_{0,2}$ kpmm⁻²	σ_B kpmm⁻²	δ [1] %	HB kpmm⁻²
Bleche warmgewalzt	14...35	38...59	55...35	100...150
Bleche weichgeglüht	10...28	38...56	60...40	90...140
Stangen gezogen	28...70	45...70	35...10	140...230
Stangen warmgewalzt	10...31	42...59	55...35	90...130
Stangen geschmiedet	14...42	45...63	55...40	100...170
Draht ¹/₄ hart	—	56...66		
Draht ¹/₂ hart	28...52	63...66	40...20	
Draht hart	73...94	73,5...98	15...4	
Draht federhart	73...94	87...101	15...2	

Selbstdiffusion

$\Delta\vartheta(700...1400° C), \quad D_0 = 2,5 \text{ cm}^2\text{s}^{-1}; \quad Q = 288 \text{ kJg-Atom}^{-1}.$

Thermodynamische Funktionen für die jeweils stabilen Phasen
$T < 1728°$ K Ni (f); $T > 1728°$ K Ni (fl):

T °K	C_p^0 Jg-Atom⁻¹grd⁻¹	$H_T^0 - H_{298}^0$ kJg-Atom⁻¹	$S_T^0 - S_0^0$ Jg-Atom⁻¹grd⁻¹
298,15	26,08	0	29,98
300	26,12	0,050	30,06
400	28,30	2,771	37,88
600	35,04	9,063	50,57
800	31,14	15,446	59,78
1000	32,65	21,809	66,89
1200	34,16	28,381	72,88
1500	36,42	39,014	80,79
1700	37,93	46,506	85,48
1800	38,5	67,939	97,83
2000	38,5	75,641	101,89

[1] 51 mm Meßlänge

Änderung des elektrischen Widerstandes ϱ (Ni kleinkristallin) im Magnetfeld H $\perp$ zum Meßstrom:

	H	$\left(\dfrac{\varrho_H - \varrho_0}{\varrho_0}\right)_{291°}$
$T \approx 291°$ K	100 kOe	$-0{,}027$
	300 kOe	$-0{,}046$

Magnetische Größen s. Ergänzungen Co.
Spektrales Emissionsvermögen ε_λ (relativ):

λ	1,2		1,4		1,8		2,4	µm
ϑ	800	1200	800	1200	800	1200	800	1200 °C
ε_λ	0,294	0,290	0,263	0,273	0,230	0,236	0,192	0,202

P

Phosphor kommt in verschiedenen Modifikationen vor. Die bei Z.T. stabile Form ist der schwarze Phosphor. Der weiße oder gelbe Phosphor ist wahrscheinlich unter $\approx -72°$ C die stabile Form, unter Druck erhöht sich die Umwandlungstemperatur, bei 6000 at ist sie $-2{,}4°$ C; bei 12000 at 64,4° C. Der rote Phosphor (pseudokub. $a=11{,}31$ Å, $Z=66$) ist vielleicht bei hohen Temperaturen die stabile Form; er entsteht bei Kompression z.B. bei 13000 at und 200° C aus weißem Phosphor. Bei höheren Drucken bzw. Temperaturen entsteht aus weißem Phosphor der schwarze.

Die rote bzw. violette und die schwarze Modifikation schmelzen nur unter Druck; zwischen 400 und 420° C erreicht der Dampfdruck 1 atm.

P weiß oder gelb, kub. $a=7{,}17$ Å; D (22° C) $=1{,}824$ gcm^{-3}; F 44,1° C.
Bandabstand ΔE (0° K) $>2{,}1$ eV; Dielektrizitätskonstante 4,1 ($\lambda=80$ cm); Brechzahl n (0,657 µm) $=2{,}093$.

P schwarz, orh., $a=3{,}32$ Å, $b=4{,}39$ Å, $c=10{,}52$ Å; D (22° C) $=2{,}69$ gcm^{-3}; Bandabstand ΔE (0° K) $=0{,}33$ eV; ΔE (300° K) $=0{,}57$ eV; $\dfrac{d \Delta E}{dT}$ (300° K) $= 8 \cdot 10^{-4} \dfrac{\text{eV}}{\text{grd}}$; Elektronenbeweglichkeit $u_n = 220 \dfrac{\text{cm}^2}{\text{Vs}}$; Löcherbeweglichkeit $u_p = 350 \dfrac{\text{cm}^2}{\text{Vs}}$.

P violett, mkl.; D (22° C) $=2{,}20$ gcm^{-3}; Bandabstand ΔE (0° K) $=1{,}55$ eV; ΔE (300° K) $=1{,}45$ eV; Dielektrizitätskonstante 6,4 ($\nu=0{,}1$ MHz); Brechzahl für lange Wellen $n=2{,}6$.

P gelb, Selbstdiffusion:

$\Delta \vartheta$ (0...30° C), $D_0 = 1{,}07$ cm^{2}s^{-1}; $Q = 39{,}4$ kJg-Atom^{-1}.

Bei Lichteinstrahlung erhöht sich die Leitfähigkeit des Phosphors.
Die Abb. 18, S. 169, zeigt die spektrale Verteilung der Photoempfindlichkeit von Schichten von rotem Phosphor.

Pb

Natürlich radioaktives Isotop ^{204}Pb, Häufigkeit 1,5 %; α-Strahler, Halbwertszeit 10^{17} a.

Zugfestigkeit σ_B von Walzblei:

ϑ	-75	-40	-20	0	20	40	80	°C
σ_B	10,5	9,3	5,0	3,0	1,4	1,0	0,80	kpmm^{-2}

Viskosität η:

ϑ	350	370	390	400	440	700	800	900	1000 °C
η	2,62	2,53	2,44	2,43	2,34	1,62	1,46	1,33	1,21 cP

Oberflächenspannung σ:

ϑ	350	400	600	800 °C
σ	442	438	424	410 dyncm^{-1}

Schallgeschwindigkeit:
$\qquad$ Pb(fl) bei 327° C 1790 ms^{-1} (12 MHz).

Selbstdiffusion:
$\qquad \Delta \vartheta$ (180...325° C), $\quad D_0 = 1,3$ cm^{2}s^{-1}; $\quad Q = 108$ kJg-Atom^{-1}.

Thermodynamische Funktionen für die jeweils stabile Phase ($>600°$ K Pb(fl)):

T °K	C_p^0 Jg-Atom^{-1}grd^{-1}	$H_T^0 - H_{298}^0$ kJg-Atom^{-1}	$S_T^0 - S_0^0$ Jg-Atom^{-1}grd^{-1}
298,15	26,44	0	64,81
300	26,48	0,050	64,98
400	27,45	2,745	72,72
500	28,41	5,540	78,95
600	29,37	8,427	84,22
700	30,33	16,25	96,81
800	30,00	19,27	100,9
1000	29,4	25,20	107,5
1200	27,9	31,02	112,8

Änderung des elektrischen Widerstandes ϱ am Schmelzpunkt (327° C):

$$\varrho_{fl} = 99,3 \cdot 10^{-6} \, \Omega \text{cm}; \quad \frac{\varrho_{fl}}{\varrho_f} = 2,07.$$

Änderung von ϱ (Pb vielkristallin) im Magnetfeld $H \perp$ zum Meßstrom:

	H	$\left(\frac{\varrho_H - \varrho_0}{\varrho_0}\right)_{20,4°}$
$T = 20,4°$ K $\quad \frac{\varrho_{20,4°}}{\varrho_{273°}} = 0,0296$	8 kOe	0,0026
	24,4 kOe	0,0182
	39,8 kOe	0,0470

Hall-Koeffizient R bei 20° C; magnetische Induktion

$\qquad B = 1,1...1,6$ Vs/m^2; $\quad R = 0,09 \cdot 10^{-10}$ m^3/As.

Änderung der Suszeptibilität am Schmelzpunkt (327° C):

Pb$_{(f)}$ $\chi = -22,2 \cdot 10^{-6}$ cm^{3}g-Atom^{-1}; $\quad$ Pb$_{(fl)}$ $\chi = -15,55 \cdot 10^{-6}$ cm^{3}g-Atom^{-1}.

Gesamtemissionsvermögen E für poliertes Pb (relativ):

ϑ	130	230 °C
E	0,056	0,075

Pd

Wärmeausdehnungszahl $\bar{\alpha}$:

ϑ	250	500	700	1000 °C
$\bar{\alpha}(0...\vartheta)$	12,1	12,8	13,3	$13,8 \cdot 10^{-6}$ grd^{-1}

Elastizitätsmodul E bei 560° C: $E = 5510$ kpmm^{-2}.
Gleitmodul G:

ϑ	20	200	600	1000 °C
G	4900	4870	4260	2790 kp·mm^{-2}

Zugfestigkeit σ_B, weiches Pd 99,9% geglüht $\sigma_B = 18...26$ kp·mm^{-2}; hartgezogenes Pd 99,9% geglüht $\sigma_B = 39$ kp·mm^{-2}.

Vickershärte HV (Pd 99,99%, 3 h bei 1300° C vakuumgeglüht):

ϑ	20	100	200	400	600	800	1000 °C
HV	47	47	47	46	28	14	9 kp·mm^{-2}

Änderung des elektrischen Widerstandes ϱ im Magnetfeld $H \perp$ zum Meßstrom:

	H	$\left(\frac{\varrho_H - \varrho_0}{\varrho_0}\right)_{78°}$
$T = 78°$ K $\frac{\varrho_{78°}}{\varrho_{293°}} = 0,17$	100 kOe	0,02
	300 kOe	0,102

Hall-Konstante R bei 23° C; magnetische Induktion

$B = 0,35...2,2$ Vs/m^2; $R = -0,86 \cdot 10^{-10}$ m^3/As.

Spektrales Emissionsvermögen ε ($\lambda = 0,65$ µm) bei 900...1530° C; $\varepsilon = 0,33$.

Pr

β-Pr, kub. $A\,1$, O_h^5, $Fm3m$, $a = 5,15$ Å (814° C), $Z = 4$; Atomradius $r_A = 1,84$ Å, $D = 6,64$ gcm^{-3}; spezifischer elektrischer Widerstand $\varrho = 132$ Ωcm bei 820° C.

α-Pr; Streckgrenze $\sigma_{0,2}$ Zugfestigkeit σ_B, Bruchdehnung δ und Vickershärte HV; G Gußzustand, V heißgeschmiedet:

Zustand	ϑ °C	$\sigma_{0,2}$ kpmm^{-2}	σ_B kpmm^{-2}	δ %	HV kpmm^{-2}
G	Z.T.	10,3	11,3	10	37
V	Z.T.	20,4	22	7	—
G	204	10,4	14,3	15,8	—
V	204	18	18,8	11,7	—
G	427	4,2	4,8	29	—
V	427	3,8	4,3	47,5	—

Debye-Temperatur: 144° K aus Schallgeschwindigkeit berechnet.
Hall-Koeffizient R bei Z.T.; magnetische Induktion

$B \leq 0,56$ Vs/m^2; $R = 0,709 \cdot 10^{-10}$ m^3/As.

Pt

Wärmeausdehnungszahl $\bar{\alpha}$:

ϑ	50	100	200	400	600	800	1000 °C
$\bar{\alpha}(0...\vartheta)$	8,89	8,99	9,15	9,40	9,67	9,92	$10,19 \cdot 10^{-6}$ grd^{-1}

Zugfestigkeit σ_B (Pt sehr rein geschmolzen, 1 h bei 900° geglüht):

ϑ	20	300	500	700	1000	1250 °C
σ_B	13,5	10,1	7,6	6,5	2,6	1,4 kpmm^{-2}

Vickershärte HV (Pt 99,99 %, 3 h bei 1300° C vakuumgeglüht):

ϑ	20	100	200	400	600	800	1000 °C
HV	56	57	53	51	47	32	17 kpmm^{-2}

Oberflächenspannung σ (bei 2000° C) = 1800 dyncm^{-1}.
Selbstdiffusion

$\Delta\vartheta(1250...1725°$ C), $D_0 = 0,23$ cm^{2}s^{-1}; $Q = 282$ kJg-Atom^{-1}.

Thermodynamische Funktionen:

T °K	C_p^0 Jg-Atom^{-1} grd^{-1}	$H_T^0 - H_{298}^0$ kJg-Atom^{-1}	$S_T^0 - S_0^0$ Jg-Atom^{-1}grd^{-1}
298,15	25,91	0	41,87
300	25,95	0,046	42,03
400	26,54	2,700	49,65
600	27,50	8,04	60,45
800	28,59	13,65	68,53
1000	29,68	19,51	75,06
1200	30,81	25,58	80,58
1400	31,90	31,81	85,35
1600	32,86	38,30	89,71
1800	33,70	44,95	93,64
2000	34,54	51,78	106,8
2100	34,7	74,93	108,5
2200	34,7	78,40	110,1
2500	34,7	88,83	114,6
3000	34,7	106,20	120,9

Spezifischer elektrischer Widerstand s. Tabelle 12131.
Änderung des elektrischen Widerstandes ϱ (Pt kleinkristallin) im Magnetfeld H:

	H	$\left(\dfrac{\varrho_H - \varrho_0}{\varrho_0}\right)_{20,4°}$
$\perp$ zum Meßstrom $T = 20,4°$ K $\dfrac{\varrho_{20,4°}}{\varrho_{273°}} = 0,0067$	8 kOe 30,7 kOe	0,0427 0,2849
$\parallel$ zum Meßstrom $T = 20,4°$ K $\dfrac{\varrho_{20,4°}}{\varrho_{273°}} = 0,0066$	33,4 kOe	0,146

Hall-Koeffizient R bei Z.T.; magnetische Induktion

$B = 2,71...4,59$ Vs/m^2; $R = -0,244 \cdot 10^{-10}$ m^3/As.

214. Elemente

Spektrales Emissionsvermögen ε_λ relativ ($\lambda = 0{,}66$ μm):

ϑ	727	1727	1777 °C
$Pt_{(f)}$	0,29		
$Pt_{(fl)}$		0,31	0,33

Rb

Natürlich radioaktives Isotop: ^{87}Rb Haufigkeit 27,9%, β^--Strahler, Halbwertzeit $4{,}7 \cdot 10^{10}$ a.
Warmeausdehnungszahl $\bar{\gamma}$ Rb$_{(fl)}$ (40…140° C): $\bar{\gamma} = 339 \cdot 10^{-6}$ grd^{-1}.
Viskosität η bei 99,7° C: $\eta = 0{,}48$ cP.
Schallgeschwindigkeit Rb$_{(fl)}$ bei 39° C: $u = 1260$ ms^{-1} (12 MHz).
Verhältnis des elektrischen Widerstandes bei 38,7° C:

$$\frac{\varrho_{fl}}{\varrho_f} = 1{,}612.$$

Änderung des elektrischen Widerstandes ϱ (Rb kleinkristallin) im Magnetfeld H $\perp$ zum Meßstrom:

$$T = 14° \text{K} \quad \frac{\varrho_{14°}}{\varrho_{723°}} = 0{,}0339; \quad H = 40 \text{ kOe} \quad \left(\frac{\varrho_H - \varrho_0}{\varrho_0}\right)_{14°} < 0{,}004.$$

Hall-Koeffizient R bei Z.T. (Rb reinst, destilliert); magnetische Induktion
$B = 2{,}73\ldots2{,}89$ Vs/m^2; $R = -5{,}92 \cdot 10^{-10}$ m^3/As.

Re

Naturlich radioaktives Isotop: ^{187}Re Häufigkeit 62,9%, β^--Strahler, Halbwertzeit $\approx 4 \cdot 10^{10}$ a.

Wärmeausdehnungszahl $\bar{\alpha}$ und α:

ϑ	100	150	200	250	500	1000 °C
$\bar{\alpha}(20\ldots\vartheta)$	6,6	6,6	6,6	6,6	6,7	6,8 $\cdot 10^{-6}$ grd^{-1}

α (20° C) $\parallel$ c-Achse: $12{,}45 \cdot 10^{-6}$ grd^{-1}; $\perp$ c-Achse: $4{,}67 \cdot 10^{-6}$ grd^{-1}.

Elastizitätsmodul E:

ϑ	20	200	400	880 °C
E	47,5	45,2	43	32 $\cdot 10^3$ kpmm^{-2}

Dehngrenze $\sigma_{0,2}$, Zugfestigkeit σ_B und Bruchdehnung δ:

Verarbeitungszustand	ϑ °C	$\sigma_{0,2}$ kpmm^{-2}	σ_B kpmm^{-2}	δ %
Stäbe (3,1 mm) geglüht	Z.T.	32,3	115,3	24
Bleche (0,12 mm) geglüht	Z.T.	27,4	105,5	19
kaltgewalzt				
Verformungsgrad 10%		170,3	191,2	3
20%		192,7	201,8	2
Drähte $\varnothing$ 1,5…1,6 mm				
Verformungsgrad 15%	20		237	—
	500		122	1
	1000		87	1
	1500		28	1
	2000		10	1

Änderung des elektrischen Widerstandes ϱ (Re 99,8% kleinkristallin) im Magnetfeld $H \perp$ zum Meßstrom:

	H	$\left(\dfrac{\varrho_H - \varrho_0}{\varrho_0}\right)_T$
$T = 80°$ K $\quad \dfrac{\varrho_{80°}}{\varrho_{273°}} = 0,166$	25,1 kOe	0,015
$T = 20,4°$ K $\quad \dfrac{\varrho_{20,4°}}{\varrho_{273°}} = 0,0179$	10,1 kOe	0,062
	34,3 kOe	0,266

Hall-Koeffizient R bei Z.T.; magnetische Induktion

$$B = 4,82 \text{ Vs/m}^2; \quad R = 3,15 \cdot 10^{-10} \text{ m}^3/\text{As}.$$

Gesamtemissionsvermögen E relativ:

ϑ	1400	2800 °C
E	0,425	0,36

Rh

Wärmeausdehnungszahl:

ϑ	50	100	200	300	400	500 °C
$\bar{\alpha}(20...\vartheta)$	8,1	8,3	8,5	8,9	9,3	$9,6 \cdot 10^{-6}$ grd^{-1}

Zugfestigkeit σ_B (Rh 99,95%, geschmolzen und bei 1400° C warmgewalzt):

ϑ	20	300	500	700	1000	1250	1500 °C
σ_B	41,8	45,3	37,8	27,0	15,4	7,6	4,4 kpmm^{-2}

Vickershärte HV (Rh 99,6%, 1,5 h bei 1600° C vakuumgeglüht):

ϑ	20	100	200	400	600	800	1000 °C
HV	127	123	121	103	81	69	52 kpmm^{-2}

Änderung des elektrischen Widerstandes ϱ (Rh kleinkristallin) im Magnetfeld $H \perp$ zum Meßstrom:

	H	$\left(\dfrac{\varrho_H - \varrho_0}{\varrho_0}\right)_{20,4°}$
$T = 20,4°$ K $\quad \dfrac{\varrho_{20,4°}}{\varrho_{293°}} = 0,0036$	13,0 kOe	0,628
	36,3 kOe	1,546

Hall-Koeffizient R bei 18° C; magnetische Induktion

$$B = 4,9 \text{ Vs/m}^2; \quad R = 0,505 \cdot 10^{-10} \text{ m}^3/\text{As}.$$

Spektrales Emissionsvermögen ε ($\lambda = 0,65$ μm) in der Nähe des Schmelzpunktes $\varepsilon = 0,29$.

Ru

Zugfestigkeit σ_B fur Ru (weich): $\sigma_B = 28...39$ kpmm^{-2}.
Brinellhärte $HB = 220$ kpmm^{-2}.
Änderung des elektrischen Widerstandes ϱ (Ru kleinkristallin gesintert) im Magnetfeld $H \perp$ zum Meßstrom:

$$T = 20,4° \text{K} \quad \frac{\varrho_{20,4°}}{\varrho_{293°}} = 0,0683; \quad H = 40 \text{ kOe} \left(\frac{\varrho_H - \varrho_0}{\varrho_0}\right)_{20,4°} = 0,151.$$

Hall-Koeffizient R bei Z.T., magnetische Induktion

$$B = 4,47 \text{ Vs/m}^2; \quad R = 2,2 \cdot 10^{-10} \text{ m}^3\text{/As}.$$

S

β-S, monoklin C_{2h}^5, $P2_1/c$; $a = 10,90$ Å, $b = 10,96$ Å, $c = 11,02$ Å; $\beta = 96,73°$.
Volumenänderung bei $U(V_\beta - V_\alpha) = 0,0236$ cm^{3}g^{-1}.
Volumenänderung beim Schmelzen $(V_{fl} - V_t) = 0,041$ cm^{3}g^{-1}.
S_2-Molekül im Grundzustand, Kernabstand 1,889 Å; Trägheitsmoment $94,57 \cdot 10^{-40}$ gcm^2.

Dichte D von α-S:

ϑ	0	20	40	60	80	100	°C
D	2,0477	2,0370	2,0283	2,0182	2,0014	1,9756	gcm^{-3}

Dichte D von S (fl):

ϑ	115,1	134,0	145,5	156,9	158,5	161,6	165,0	°C
D	1,8089	1,7938	1,7846	1,7746	1,7739	1,7739	1,7724	gcm^{-3}
ϑ	171,3	178,3	184,0	239,5	257,0	444		°C
D	1,7705	1,7681	1,7651	1,7391	1,6620	1,614		gcm^{-3}

Dichte koexistierender Phasen:

ϑ °C	D' [gcm^{-3}]	D'' [gcm^{-3}]
200	1,753	$0,170 \cdot 10^{-4}$
280	1,704	$1,98 \cdot 10^{-4}$
360	1,655	$10,62 \cdot 10^{-4}$
440	1,608	$34,08 \cdot 10^{-4}$
444,6	1,602	$36,41 \cdot 10^{-4}$
520	1,540	$82,15 \cdot 10^{-4}$
600	1,405	0,0160
646	1,313	0,0267

Viskosität η:

ϑ	118,7	125,7	140,7	151,1	157,3	159,2	164,8	170,1	°C
η	0,1146	0,1031	0,0767	0,0662	0,0672	0,116	100	436	P
ϑ	180,5	186,2	192,9	211,5	232	253,5	279,6	306,1	°C
η	857	933	918	613	302	136	53	21	P

Oberflächenspannung σ:

ϑ	119,4	155,7	183,5	211,0	280	444	°C
σ	60,46	55,4	54,3	52,8	48,2	39,4	dyncm^{-1}

Dielektrizitätskonstante bei 23° C für $10^5 \ldots 10^6$ Hz für einen S-Einkristall:

Feldrichtung in der a-Achse $\varepsilon = 3,75$;
Feldrichtung in der b-Achse $\varepsilon = 3,95$;
Feldrichtung in der c-Achse $\varepsilon = 4,45$.

Die elektrische Leitfähigkeit von Schwefel ändert sich bei Belichtung. Abb. 19, S. 170, zeigt das Absorptionsspektrum, Abb. 20, S. 170, die spektrale Verteilung der Photo-empfindlichkeit.

Sb

Umwandlung unter Druck bei Z. T. bei 85000 at, $\Delta V = 0,037$ cm^{3}g^{-1}.
Dichte:

ϑ	20	630,5	630,5	700 °C
$D_{(t)}$	6,68	6,58	$D_{(fl)}$ 6,50	6,45 gcm^{-3}

Wärmeausdehnungszahl $\bar{\alpha}$:

$\bar{\alpha}(20 \ldots 100°$ C) $\parallel$ c-Achse: $\bar{\alpha} = 17,17 \cdot 10^{-6}$ grd^{-1};
$\perp$ c-Achse: $\bar{\alpha} = 8,0 \cdot 10^{-6}$ grd^{-1}.

Brinellhärte: $HB = 38 \ldots 56$ kpmm^{-2}.
Viskosität η:

ϑ	650	700	750	800 °C
η	1,50	1,25	1,15	1,09 cP

Oberflächenspannung σ:

ϑ	640	700	750	800 °C
σ	384	383	382	380 dyncm^{-1}

Selbstdiffusion ($\vartheta = 390°$ C) $D_0 = 1,6 \cdot 10^{-11}$ cm^{2}s^{-1}.
Änderung des elektrischen Widerstandes beim Schmelzen (630,5° C):

$$\varrho_{fl} = 108 \ \Omega \text{cm}; \quad \frac{\varrho_{fl}}{\varrho_f} = 0,67.$$

Änderung des elektrischen Widerstandes ϱ (Sb kleinkristallin) im Magnetfeld H $\perp$ zum Meßstrom:

	H	$\left(\frac{\varrho H - \varrho_0}{\varrho_0}\right)_{291°}$
$T = 291°$ K	100 kOe	0,82
	300 kOe	3,50

Hall-Koeffizient R bei 20° C; magnetische Induktion

$$B = 0,913 \text{ Vs/m}^2; \quad R = 0,27 \cdot 10^{-7} \text{ m}^3/\text{As}.$$

Änderung der Atomsuszeptibilität beim Schmelzen (630,5° C):

$\chi_{\text{Atom}}(f) = -35 \cdot 10^{-6}$ cm^{3}g-Atom^{-1} \quad $\chi_{\text{Atom}}(fl) = -1,6 \cdot 10^{-6}$ cm^{3}g-Atom^{-1}.

Abhängigkeit physikalischer Eigenschaften von der Kristallorientierung:

Eigenschaft	∥ c-Achse	⊥ c-Achse	Dimension
Wärmeausdehnungszahl $\bar{\alpha}$ (0...100° C)	11,8	8,4	$\cdot 10^{-6}$ grd^{-1}
Elektrischer Widerstand ϱ	31,8	38,6	$\cdot 10^{-6}$ Ω cm
χ_{Atom} (20° C)	−172,9	−60,3	$\cdot 10^{-6}$ cm^{3}g-Atom^{-1}
Lineare Kompressibilität (30° C)	1,648	0,5256	$\cdot 10^{-6}$ at^{-1}

Se

Von Selen sind verschiedene Modifikationen bekannt. Das sogenannte metallische graue Selen (hexagonal) ist die stabile Form. Die als α und β bezeichneten Formen kristallisieren monoklin und sehen rot aus. Außerdem kommt Selen glasförmig (amorph) und als schwarzes oder rotes Pulver vor. Diese Formen wandeln sich monotrop in die hexagonale Form um, feste Umwandlungspunkte sind nicht angebbar.

Wärmeausdehnung $\bar{\alpha}$ (15...60° C): ∥ c-Achse: $\bar{\alpha} = -17{,}89 \cdot 10^{-6}$ grd^{-1};
⊥ c-Achse: $\bar{\alpha} = 74{,}09 \cdot 10^{-6}$ grd^{-1}.

Dichte der Flüssigkeit:

ϑ	228	252	283	315	°C
D	3,974	3,956	3,885	3,834	gcm^{-3}

Viskosität η:

ϑ	234,0	254,8	281,7	296,4	318,1	337,0	345,8 °C
η	1260	646	306	220	135	92	78 cP

Selen ist ein Halbleiter.
Se metallisch, hexagonal: Bandabstand ΔE (300° K) = 1,79 eV,

$$\frac{d\,\Delta E}{dT}(300°\,\text{K}) = -9 \cdot 10^{-4}\,\frac{\text{eV}}{\text{grd}}.$$

Dielektrizitätskonstante $\varepsilon = 8{,}5$ ($\lambda = 3{,}3$ cm), Brechzahlen für

$$\lambda = 0{,}589\,\mu\text{m}:\ n_\omega = 3{,}9,\ n_\varepsilon = 4{,}1.$$

Se rot monoklin: D (22° C) = 4,46 gcm^{-3}.
Bandabstand ΔE (0° K) = 1,7 eV; ΔE (300° K) = 1,6 eV.
Elektronenbeweglichkeit $u_n < 1$ cm^2/Vs.
Se rot amorph: D (22° C) = 4,20 gcm^{-3}.

Bandabstand ΔE (0° K) = 2,31 eV; ΔE (300° K) = 2,1 eV;

$$\frac{d\,\Delta E}{dT}(300°\,\text{K}) = -7 \cdot 10^{-4}\,\frac{\text{eV}}{\text{grd}}.$$

Elektronenbeweglichkeit $u_n = 0{,}005$ cm^2/Vs.
Löcherbeweglichkeit $u_p = 0{,}13$ cm^2/Vs.
Dielektrizitätskonstante $\varepsilon = 6{,}37$ ($\lambda = 3$ cm).
Brechzahl für $\lambda = 0{,}589$ µm; $n = 2{,}94$.
Magnetische Suszeptibilität $\chi = -0{,}290 \cdot 10^{-6}$ cm^{3}g^{-1} bei 20° C.
Bei Lichteinstrahlung erhöht sich die elektrische Leitfähigkeit, das Absorptionsspektrum gibt Abb. 21, die spektrale Verteilung der Photoempfindlichkeit geben Abb. 22 und Abb. 23 wieder. In Abb. 24 ist die Abhängigkeit des Photostroms von der Bestrahlungsleistung dargestellt (s. S. 170).

Si

Wärmeausdehnungszahl α bezogen auf $l_{293°K}$:

T	40	50	60	80	100	120	°K
α	−0,05	−0,2	−0,41	−0,77	−0,31	+0,01·10⁻⁶	grd⁻¹

T	160	200	240	273	300	°K
α	0,65	1,49	2,07	2,28	2,33·10⁻⁶	grd⁻¹

Si ist ein Halbleiter.

Bandabstand ΔE (0° C) = 1,21 eV; ΔE (300° K) = 1,09 eV;
$$\frac{d\,\Delta E}{dT}\,(300°\,K) = -4{,}1\cdot 10^{-4}\,\frac{eV}{grd}.$$
Elektronenbeweglichkeit $u_n = 1350$ cm²/Vs; Löcherbeweglichkeit $u_p = 480$ cm²/Vs; statische Dielektrizitätskonstante für 10^6 Hz bei −196° C $\varepsilon = 11{,}7$; Brechzahl (11 μm) $n = 3{,}4176$.
Die elektrische Leitfähigkeit von Si ändert sich bei Belichtung. Abb. 25 zeigt das Absorptionsspektrum, Abb. 26 und Abb. 27 die spektrale Verteilung der Photoempfindlichkeit (s. S. 171).

Sm

Natürlich radioaktives Isotop: ^{147}Sm Häufigkeit 15%, α-Strahler, Halbwertzeit $1{,}3\cdot 10^{11}$ a.
β-Sm, kub. $A\,2$, O_h^9, $Im3m$, $a = 4{,}07$ Å (> 917° C), $Z = 2$; Atomradius $r_A = 1{,}81$ Å; $D = 7{,}4$ gcm⁻³.
α-Sm, Streckgrenze $\sigma_{0,2}$, Zugfestigkeit σ_B, Bruchdehnung δ und Vickershärte HV. G Gußzustand, V durch Schmieden bei Z.T. um $\approx 50\%$ verformt:

Zustand	ϑ °C	$\sigma_{0,2}$ kpmm⁻²	σ_B kpmm⁻²	δ %	HV kpmm⁻²
G	Z.T.	11,5	12,8	≈3	42
G	204	12,7	15	10,4	—
V	204	13,6	17,6	14,5	—
G	427	7,8	8,5	5,6	—
V	427	9,2	10,4	12,5	—

Debye-Temperatur: 147° K aus Wärmekapazität berechnet;
135° K aus Schallgeschwindigkeit berechnet.
Hall-Koeffizient R bei Z.T.; $R = -0{,}2\cdot 10^{-10}$ m³/As.

Sn

α-Sn (graues Zinn) stabil $\leq 13{,}2°$ C; kub., $A\,4$; O_h^7, $Fd3m$; ($Z = 8$) $a = 6{,}4912$ Å; D (13° C) = 5,77 gcm⁻³. χ_g (0°) = $-0{,}13\cdot 10^{-6}$ cm³g⁻¹.
Halbleiter: Bandabstand

$\Delta E_0 = 0{,}094$ eV; ΔE (300° K) 0,08 eV; $\dfrac{d\,\Delta E}{dT}\,(300°\,K) = -5\cdot 10^{-5}$ eVgrd⁻¹.

Elektronenbeweglichkeit $u_n = 3600$ cm²V⁻¹s⁻¹; Löcherbeweglichkeit $u_p = 2400$ cm²V⁻¹s⁻¹.
Sn (fl) D (232° C) = 6,97 gcm⁻³; χ_g (250° C) = $-0{,}036\cdot 10^{-6}$ cm³g⁻¹.

214. Elemente

Kub. Wärmeausdehnungszahl $\bar{\gamma}$ oder γ:

Zustand	°C	$\bar{\gamma}$ oder γ 10^{-6} grd^{-1}
α-Sn	$-130\ldots 10$	14,1
β-Sn	0	59,8
	50	69,2
	100	71,4
	150	80,2
Sn (fl)	232…400	106
	400…700	105

Zugfestigkeit σ_B und Dehnung δ (22 mm), Zerreißgeschwindigkeit 0,4 mm/min:

ϑ	15	50	100	200 °C
σ_B	1,48	1,26	1,12	0,46 kpmm^{-2}
δ	75	85	55	45 %

Elastizitätsmodul E: Gußzustand grobkörnig 4240 kpmm^{-2}; rekristallisiert, feinkörnig 4520 kpmm^{-2}.
Schallgeschwindigkeit Sn (fl) bei 232° C 2270 ms^{-1} (12 MHz).
Viskosität η:

ϑ	232	300	400	600	800	1000	1200 °C
η	2,71	1,66	1,32	1,04	0,89	0,80	0,77 cP

Selbstdiffusion Sn (fl):

$\Delta\vartheta$ (227…550° C), $D_0 = 3{,}25 \cdot 10^{-4}$ cm^{2}s^{-1}; $Q = 11{,}6$ kJg-Atom^{-1}.

Änderung des elektrischen Widerstandes im Magnetfeld $H \perp$ zum Meßstrom:

	H	$\left(\dfrac{\varrho_H - \varrho_0}{\varrho_0}\right)_{80°}$
$T = 80°$ K $\dfrac{\varrho_{80°}}{\varrho_{291°}} = 0{,}22$	100 kOe	0,043
	300 kOe	0,23

Hall-Koeffizient R bei Z.T.; magnetische Induktion
$B = 1{,}05$ Vs/m^2; $R = -0{,}041$ m^3/As.

Richtungsabhängigkeit von physikalischen Eigenschaften bei β-Sn-Kristallen; $c_\|$: Richtung parallel zur c-Achse; $c_\perp$: senkrecht zur c-Achse:

	ϑ °C	$c_\|$	$c_\perp$	Dimension
Wärmeausdehnungszahl $\bar{\alpha}$	0…20	28,99	15,83	$\cdot 10^{-6}$ grd^{-1}
Selbstdiffusion D_0	177…220	8,2	1,4	cm^{2}s^{-1}
Q		107	97,5	kJg-Atom^{-1}
Elektrischer Widerstand	0	11	9,27	$\cdot 10^{-6}$ Ωcm
Suszeptibilität	20	0,0241	0,0270	$\cdot 10^{-6}$ cm^{3}g^{-1}
Kompressibilität	20	0,672	0,602	$\cdot 10^{-6}$ at^{-1}

Ta

Wärmeausdehnungszahl $\bar{\alpha}$:

ϑ	310	593	866	1116	1593	2204	2866 °C
$\bar{\alpha}(24\ldots\vartheta)$	7,0	7,05	7,1	7,3	7,65	8,25	9,1 $\cdot 10^{-6}$ grd^{-1}

Elastizitätsmodul E:

ϑ	−180	−50	25	200	500 °C
E	19,26	18,98	18,98	18,28	17,44 kpmm^{-2}

Zugfestigkeit σ_B und Bruchdehnung δ:

Bearbeitungszustand	σ_B kpmm^{-2}	δ %
Bleche rekristallisiert	28...35	30...40
kaltgewalzt Verformungsgrad 45%	42,5	
Drähte geglüht ⌀ 0,05 mm	70,3	11
gezogen ⌀ 0,05 mm	126,5	2

Vickershärte HV von lichtbogengeschmolzenen Barren (Gußzustand):

ϑ	20	400	600	800	1000	1200 °C
HV	89	82	73	37	29	21 kpmm^{-2}

Selbstdiffusion

$\Delta\vartheta$ (1800...2550° C), $D_0 = 2{,}0$ cm^{2}s^{-1}; $Q = 460$ kJg-Atom^{-1}.

Dampfdruck und Verdampfungsgeschwindigkeit V:

T (°K)	p (Torr)	V (gcm^{-2}s^{-1})
2000	$1 \cdot 10^{-10}$	$1{,}63 \cdot 10^{-12}$
2400	$2 \cdot 10^{-7}$	$3{,}04 \cdot 10^{-9}$
2800	$5 \cdot 10^{-5}$	$6{,}61 \cdot 10^{-7}$
3000	$4 \cdot 10^{-4}$	$5{,}79 \cdot 10^{-6}$
3200	$8 \cdot 10^{-3}$	$3{,}82 \cdot 10^{-5}$

Änderung des elektrischen Widerstands (Ta kleinkristallin) im Magnetfeld H ⊥ zum Meßstrom:

	H	$\left(\frac{\varrho_H - \varrho_0}{\varrho_0}\right)_{20{,}4°}$
$T = 20{,}4°$ K $\frac{\varrho_{20{,}4°}}{\varrho_{273°}} = 0{,}0144$	6,67 kOe	0,0067
	17,4 kOe	0,0297
	35,0 kOe	0,0985

Hall-Koeffizient R bei 22° C, magnetische Induktion

$B = 1{,}7...1{,}8$ Vs/m^2; $R = 1{,}01 \cdot 10^{-10}$ m^3/As.

Gesamtemissionsvermögen E und spektrales Emissionsvermögen ε_λ relativ:

ϑ	−173	−73	27	127	327	527	727	1027	1227 °C
E	0,025	0,026	0,028	0,030	0,040	0,053	0,065	0,085	0,094

ϑ	1100	1800	2996	1100	1800	2500 °C
λ	0,467	0,467	0,65	0,66	0,66	0,66 µm
ε_λ	0,505	0,460	0,350	0,442	0,416	0,392

ϑ	20	930	1730	25	25	25	25 °C
λ	0,665	0,665	0,665	1	3,0	5,0	9,0 µm
ε_λ	0,493	0,469	0,418	0,22	0,08	0,07	0,06

Tb

α-Tb:
Vickershärte HV im Gußzustand 88 kpmm^{-2}.
Debye-Temperatur: 158° K aus Warmekapazität berechnet;
173° K aus Schallgeschwindigkeit berechnet.

Te

Unter Druck findet bei 100° C und 20000 at eine Umwandlung und bei 45000 at eine zweite Umwandlung statt.
Zugfestigkeit von einem Draht (∅ 0,33 mm) 1,15 kpmm^{-2}.
Dielektrizitätskonstante ε, Feldrichtung $\parallel$ zur c-Achse, $\varepsilon = 5,0$;
Feldrichtung $\perp$ zur c-Achse, $\varepsilon = 2,2$.
Bei Lichteinstrahlung erhöht sich die elektrische Leitfähigkeit, die Abb. 28 und 29, S. 171, zeigen die Abhängigkeit der Lichtabsorption und der Photoempfindlichkeit von den Wellenlängen.

Th

Natürlich radioaktive Isotope:

^{234}Th (UX$_1$)	β^--Strahler	Halbwertzeit: 24 d
^{231}Th (UY)	β^--Strahler	Halbwertzeit: 25,6 h
^{230}Th (Jo)	α-Strahler	Halbwertzeit: 8·10^4 a
^{228}Th (Rd Th)	α-Strahler	Halbwertzeit: 1,91 a
^{227}Th (Rd Ac)	α-Strahler	Halbwertzeit: 18,6 d
^{232}Th	α-Strahler	Halbwertzeit: 1,4·10^{10} a

Häufigkeit 100%

β-Th stabil $1400 \leq \vartheta \leq 1690°$ C, kubisch $A\,2$, O_h^9, $Im3m$, $a = 4,11$ Å, $Z = 2$.
Wärmeausdehnungszahl $\bar{\alpha}$:

ϑ	100	200	400	600	800	1000 °C
$\bar{\alpha}(20...\vartheta)$	10,5	11,1	11,6	11,7	11,7	12,3·10^{-6} grd^{-1}

Dehngrenze $\sigma_{0,2}$, Zugfestigkeit σ_B und Bruchdehnung δ; Richtwerte bei Z.T.:

Herstellungsart	$\sigma_{0,2}$ kpmm^{-2}	σ_B kpmm^{-2}	δ %
Ca-reduziertes Th	10...15	10...30	4...23
unter Druck reduziertes Th	15...32	20...43	13...60
elektrolytisches Th	8...15	13...18	0...43
Jodid-Th	<8	10...15	36...44

Brinellhärte für Sinterkörper 40...54 kpmm^{-2}; geschmiedete Stücke $\gtrless$ 78 kpmm^{-2}; stark verformte Stücke $\approx$ 150 kpmm^{-2}.
Änderung des elektrischen Widerstandes ϱ (Th kleinkristallin 99,9%) im Magnetfeld $H \perp$ zum Meßstrom:

	H	$\left(\dfrac{\varrho_H - \varrho_0}{\varrho_0}\right)_{80°}$
$T = 80°$ K $\dfrac{\varrho_{80°}}{\varrho_{293°}} = 0,266$	100 kOe	0,022
	300 kOe	0,157

2. Zusammenfassende Tabellen

Hall-Koeffizient R bei Z.T., magnetische Induktion

$$B = 0{,}37\ldots0{,}45 \text{ Vs/m}^2;\ R = -1{,}2 \cdot 10^{-10} \text{ m}^3/\text{As}.$$

Spektrales Emissionsvermögen ε_λ bei $1025\ldots1435°$ C (relativ):

λ	(Th f) 0,667	0,656	0,550	(Th fl) 0,650 µm
ε	0,38	0,36	0,30	0,40

Ti

β-Ti, stabil $882° \leq \vartheta \leq 1665°$ C, kub. $A\,2$, O_h^9, $I\,m\,3\,m$, $Z=2$; $a\,(900°\text{ C}) = 3{,}32$ Å, $a\,(20°\text{ C}) = 3{,}282$ Å; $D\,(900°\text{ C}) = 4{,}319$ gcm^{-3}; $\varkappa = 5{,}15 \cdot 10^{-6}$ cm^{3}g^{-1}.

α-Ti, Wärmeausdehnungszahl $\bar{\alpha}$:

ϑ	100	200	400	600 °C
$\bar{\alpha}(20\ldots\vartheta)$	9,0	9,4	9,7	$10{,}1 \cdot 10^{-6}$ grd^{-1}

Dehngrenze $\sigma_{0,2}$, Zugfestigkeit σ_B und Bruchdehnung δ; Ti im geglühten (weichgeglühten) Zustand bei Z.T.:

Metall	$\sigma_{0,2}$ kpmm^{-2}	σ_B kpmm^{-2}	δ %
Jodidtitan[1]	10,5	25,5	72,0
Titan (99,3 %)	28,0[2]	35,0[2]	22,0[2,3]
Titan (99,15 %)	38,5[2]	45,5[2]	18,0[2,3]
Titan (98,9 %)	49,0[2]	56,0[2]	15,0[2,3]

Brinellhärte bei Z.T. $198\ldots240$ kpmm^{-2}.
Selbstdiffusion

$$\Delta\vartheta\,(690\ldots850°\text{ C});\ D_0 = 6{,}4 \cdot 10^{-3} \text{ cm}^2\text{s}^{-1};\ Q = 123 \text{ kJg-Atom}^{-1}.$$

Thermodynamische Funktionen: α-Ti: $T < 1175{,}6°$ K; β-Ti: $T > 1175{,}6°$ K:

T °K	C_p^0 Jg-Atom^{-1}grd^{-1}	$H_T^0 - H_{298}^0$ kJg-Atom^{-1}	$S_T^0 - S_0^0$ Jg-Atom^{-1}grd^{-1}
298,15	25,02	0	30,37
300	25,02	0,046	30,53
400	26,61	2,632	38,28
500	27,70	5,356	44,35
600	28,62	8,159	49,45
700	29,58	11,046	53,93
800	30,04	14,037	57,91
900	30,67	17,07	61,50
1000	31,25	20,17	64,77
1100	31,80	23,33	67,73
1200	32,30	30,50	73,97
1400	33,26	37,07	79,04
1600	34,14	43,81	83,51
1800	34,98	50,75	87,61

Änderung des elektrischen Widerstandes (Ti-Einkristall) im Magnetfeld H $\perp$ zum Meßstrom:

$$T = 20{,}4° \text{ K} \quad \frac{\varrho_{20,4°}}{\varrho_{273°}} = 0{,}1423, \quad H = 23{,}6 \text{ kOe} \left(\frac{\varrho_H - \varrho_0}{\varrho_0}\right)_{20,4°} = 0{,}002.$$

---

[1] Jodidtitan: besonders rein; [2] Mindestwerte; [3] Meßlänge 50,5 mm.

Hall-Koeffizient R bei 21° C (Ti 99,87%, vakuumgeglüht); magnetische Induktion $B=0,4...2,8$ Vs/m²; $R=0,10\cdot 10^{-10}$ m³/As.

Spektrales Emissionsvermögen ε_λ ($\lambda=0,65$ μm), relativ:

ϑ	882	977	1077 °C
ε	0,5	0,52	0,50

Tl

β-Tl, stabil $234 \leqq \vartheta \leqq 303,5°$ C; kub. $A\,2$, O_h^9, $Im3m$, $a=3,875$ Å, $Z=2$.
Dichte bei Z.T. $D=11,84$ gcm⁻³.
Dichte bei 303,5° C: $D_f=11,509$ gcm⁻³;
$D_{fl}=11,032$ gcm⁻³.
Umwandlung unter Druck in eine weitere Modifikation III.
Tripelpunkt 39000 at, 153° C:

U	ΔV (cm³g⁻¹)
I→III	+0,00029
II→III	−0,00053
I→II	−0,00024

α-Tl, Wärmeausdehnungszahl α:

ϑ	100	200	225 °C
α	29,9	30,0	$30,2\cdot 10^{-6}$ grd⁻¹

Bei 75° C α $\parallel$ zur c-Achse $72\cdot 10^{-6}$ grd⁻¹;
$\perp$ zur c-Achse $9\cdot 10^{-6}$ grd⁻¹.
Oberflächenspannung σ bei 327° C: $\sigma=401$ dyncm⁻¹.
Schallgeschwindigkeit Tl (fl) 303° C: $u=1625$ ms⁻¹ (12 MHz).
Selbstdiffusion α-Tl $\Delta\vartheta$ (150...230° C):
   $\parallel$ c-Achse $D_0=0,4$ cm²s⁻¹; $Q=96,0$ kJg-Atom⁻¹.
   $\perp$ c-Achse $D_0=0,4$ cm²s⁻¹; $Q=94,7$ kJg-Atom⁻¹.

Selbstdiffusion
β-Tl $\Delta\vartheta$ (240...275° C); $D_0=0,7$ cm²s⁻¹; $Q=83,7$ kJg-Atom⁻¹.

Debye-Temperatur Θ_D aus der Wärmekapazität berechnet:

T	11,5	16,08	18,36 °K
Θ_D	84	90	94 °K

Änderung des elektrischen Widerstandes Tl (kleinkristallin) im Magnetfeld H $\perp$ zum Meßstrom:

	H	$\left(\dfrac{\varrho_H - \varrho_0}{\varrho_0}\right)_{80°}$
$T=80°$ K $\dfrac{\varrho_{80°}}{\varrho_{293°}}=0,33$	100 kOe	0,025
	300 kOe	0,139

Hall-Koeffizient R bei 24° C; magnetische Induktion
$B=1,7...1,8$ Vs/m²; $R=0,240\cdot 10^{-10}$ m³/As.

Massensuszeptibilität bei 20° C: $\parallel$ c-Achse $\chi = -0,412\cdot 10^{-6}$ cm³g⁻¹
$\chi = -0,165\cdot 10^{-6}$ cm³g⁻¹
Massensuszeptibilität bei 303,5° C: $\perp$ c-Achse $\chi_{(f)} = -0,157\cdot 10^{-6}$ cm³g⁻¹
$\chi_{(fl)} = -0,137\cdot 10^{-6}$ cm³g⁻¹

U

Natürlich radioaktive Isotope:
^{238}U (U I)[1] relative Haufigkeit 99,27 %, α-Strahler, Halbwertzeit $4,5 \cdot 10^9$ a;
^{235}U (Ac U) relative Häufigkeit 0,720 % α-Strahler, Halbwertzeit $7 \cdot 10^8$ a;
^{234}U (U II) relative Häufigkeit 0,005 % α-Strahler, Halbwertzeit $2,5 \cdot 10^5$ a.

β-U, stabil $662 \leq \vartheta \leq 769{,}4°$ C, tetr. C_{4v}^4, $P4nm$, $a=10{,}52$ Å, $c=5{,}57$ Å; D (720° C) = 18,33 gcm^{-3}.

γ-U, stabil $769{,}4 \leq \vartheta \leq 1130°$ C, kub. $A2$, O_h^9, $Im3m$, $a=3{,}48$ Å; D (805° C) = 18,06 gcm^{-3}.

α-U, Wärmeausdehnungszahl $\bar{\alpha}$:

ϑ	100	200	300	400	500	600 °C
$\bar{\alpha}(0\ldots\vartheta)$	15,34	15,88	16,43	16,98	17,52	$18{,}07 \cdot 10^{-6}$ grd^{-1}

$\alpha \parallel$ a-Achse bei Z. T.: 21,0; $\parallel$ b-Achse: 0,6; $\parallel$ c-Achse: $18{,}7 \cdot 10^{-6}$ grd^{-1}.

Dehngrenze $\sigma_{0,2}$, Zugfestigkeit σ_B und Bruchdehnung δ:

ϑ °C	$\sigma_{0,2}$ kpmm^{-2}	σ_B kpmm^{-2}	δ %
40	14	32	6
60	13,2	39,5	10
100	15,2	46	17
200	13,2	29	24
300	11	20	25,5
400	10	15	26

Selbstdiffusion:
α-U: $\Delta\vartheta$ (500…650° C), $D_0 = 2{,}0 \cdot 10^{-3}$ cm^{2}s^{-1}; $Q = 167{,}5$ kJg-Atom^{-1}
β-U: $\Delta\vartheta$ (680…760° C), $D_0 = 1{,}0 \cdot 10^{-2}$ cm^{2}s^{-1}; $Q = 175$ kJg-Atom^{-1}
γ-U: $\Delta\vartheta$ (800…1070° C), $D_0 = 1{,}7 \cdot 10^{-3}$ cm^{2}s^{-1}; $Q = 115$ kJg-Atom^{-1}

Hall-Koeffizient R bei (293…573° K); magnetische Induktion

$B = 0{,}5\ldots 0{,}7$ Vs/m^2; $R = 0{,}34 \cdot 10^{-10}$ m^3/As.

Gesamtemissionsvermögen E, relativ:

ϑ	97…1050	1052…1097 °C
E	0,453	0,415

Spektrales Emissionsvermögen ε_λ: $\vartheta > 1689°$ C, $\lambda = 0{,}65$ μm, $\varepsilon = 0{,}34$.

V

Wärmeausdehnungszahl $\bar{\alpha}$:

ϑ	100	500	900	1100 °C
$\bar{\alpha}$ (13…ϑ)	8,3	9,6	10,4	$10{,}9 \cdot 10^{-6}$ grd^{-1}

Elastizitätsmodul E:

ϑ	100	200	400	600 °C
E	12,95	12,8	12,5	$12{,}2 \cdot 10^3$ kpmm^{-2}

Zugfestigkeit σ_B bei 0° C 30…48 kpmm^{-2}.
Oberflächenspannung σ bei ≈1900° C: $\sigma = 1510$ dyncm^{-1}.
Debye-Temperatur 399,3° K.

---

[1] Etwa der zweimillionste Teil zerfällt durch natürliche Kernspaltung Halbwertzeit ≈10^{16} a.

214. Elemente

Änderung des elektrischen Widerstandes ϱ (V kleinkristallin) im Magnetfeld H $\perp$ zum Meßstrom:

$$T = 80°\,\text{K} \quad \frac{\varrho_{80°}}{\varrho_{298°}} = 0{,}225; \quad H = 300 \text{ kOe} \quad \left(\frac{\varrho_H - \varrho_0}{\varrho_0}\right)_{80°} = 0{,}04.$$

Hall-Koeffizient R bei 28° C; magnetische Induktion

$$B = 0{,}3 \ldots 2{,}9 \text{ Vs/m}^2; \quad R = 0{,}82 \cdot 10^{-10} \text{ m}^3/\text{As}.$$

W

Herstellung des Metalls pulvermetallurgisch; deshalb sind die Eigenschaften besonders stark vom Bearbeitungszustand abhängig.
Dichte D:

	D in gcm^{-3}
vorgesintert bei 1000…1200° C	10…12,5
vorgesintert bei 1500° C	10…13
hochgesintert 3000° C	16…17
gehämmert auf 4 mm	17,6…19,2
Draht gezogen 0,15→0,01 mm	19,2…19,3

Brinellhärte HB:

Sinterbarren (18:18 mm) 200…250 kpmm^{-2}.
Gehämmerter Barren 350…400 kpmm^{-2}.

Elastizitätsmodul E, Gleitmodul G, Zugfestigkeit σ_B bei Z.T.:

Zustand	E oder G 10^4 kp·mm^{-2}	σ_B kp·mm^{-2}
Sinterbarren		11…13
Hartgezogener Draht		
⌀ 1 mm		180
0,3 mm	E 9	220
0,2 mm		250
0,1 mm		300
0,05 mm		345
0,03 mm	E 34	
0,02 mm		415
0,015 mm		470
Geglühte Drähte	G 14…19	110
Einkristalldraht	E 36…52	110…160
	G 15…22	

Kompressibilität bei Z.T.:

Hämmerstab $0{,}293 \cdot 10^{-6}$ at^{-1};
Draht gezogen $0{,}315 \cdot 10^{-6}$ at^{-1}.

Selbstdiffusion:

$\Delta\vartheta$ (2000…2700° C), $D_0 = 0{,}54$ cm^{2}s^{-1}, $Q = 505$ kJ·g-Atom^{-1}.

2. Zusammenfassende Tabellen

Thermodynamische Funktionen:

T °K	C_p^0 Jg-Atom^{-1}grd^{-1}	$H_T^0 - H_{298}^0$ kJg-Atom^{-1}	$S_T^0 - S_0^0$ Jg-Atom^{-1}grd^{-1}
298,15	24,78	0	33,66
300	24,78	0,042	33,82
400	25,15	2,537	40,98
600	25,83	7,635	51,28
800	26,54	12,87	58,81
1000	27,21	18,25	64,80
1500	28,93	32,27	76,19
2000	30,68	47,17	84,73
2500	32,40	62,95	91,76
3000	34,12	79,57	97,83

Änderung des elektrischen Widerstandes ϱ (W kleinkristallin) im Magnetfeld H $\perp$ zum Meßstrom:

		H	$\left(\dfrac{\varrho_H - \varrho_0}{\varrho_0}\right)_{78°}$
$T = 78°$ K	$\dfrac{\varrho_{78°}}{\varrho_{273°}} = 0{,}195$	100 kOe	0,16
		300 kOe	0,93

Hall-Koeffizient R bei 273° K; magnetische Induktion

$$B = 0{,}54 \text{ Vs/m}^2; \quad R = 1{,}11 \cdot 10^{-10} \text{ m}^3/\text{As}.$$

Emissionsvermögen s. Abb. 30, S. 171.

Übersicht über einige Eigenschaften von Wolfram bei höheren Temperaturen:

Temperatur °K	Wärmeausdehnung $\dfrac{l_T - l_{293°}}{l_{293°}}$	Dampfdruck Torr	Verdampfungsgeschwindigkeit gcm^{-2}s^{-1}	Wärmeleitfähigkeit Wcm^{-1}grd^{-1}	Spez. elektr. Widerstand 10^{-6} Ωcm	Gesamtemission
293					5,49	
300					5,65	
400	$0{,}5 \cdot 10^{-3}$				8,065	
600	$1{,}4 \cdot 10^{-3}$				13,23	
800	$2{,}3 \cdot 10^{-3}$				19,00	
1000	$3{,}2 \cdot 10^{-3}$	$1{,}40 \cdot 10^{-32}$		0,84	24,93	0,114
1200	$4{,}1 \cdot 10^{-3}$	$1{,}4 \cdot 10^{-25}$		0,90	30,98	0,143
1400	$5{,}2 \cdot 10^{-3}$	$1{,}22 \cdot 10^{-20}$		0,96	37,19	0,175
1600	$6{,}3 \cdot 10^{-3}$	$6{,}32 \cdot 10^{-17}$	$1{,}69 \cdot 10^{-20}$	1,02	43,55	0,207
1800	$7{,}5 \cdot 10^{-3}$	$4{,}73 \cdot 10^{-14}$	$3{,}61 \cdot 10^{-17}$	1,07	50,05	0,236
2000	$8{,}8 \cdot 10^{-3}$	$1{,}0 \cdot 10^{-11}$	$1{,}47 \cdot 10^{-14}$	1,11	56,67	0,260
2500	$12{,}4 \cdot 10^{-3}$	$1{,}28 \cdot 10^{-7}$	$7{,}58 \cdot 10^{-10}$	1,21	73,91	0,303
3000	$16{,}4 \cdot 10^{-3}$	$6{,}90 \cdot 10^{-5}$	$9{,}47 \cdot 10^{-7}$		92,04	0,334
3400	$19{,}8 \cdot 10^{-3}$	$2{,}56 \cdot 10^{-3}$	$6{,}35 \cdot 10^{-5}$		107,2	0,398
3500	$20{,}7 \cdot 10^{-3}$	$5{,}65 \cdot 10^{-3}$			111,1	0,351
3600	$21{,}6 \cdot 10^{-3}$	$1{,}15 \cdot 10^{-2}$			115,0	0,354

Y

β-Y, kub. $A\,2$, O_h^9, $Im3m$, $a=4{,}11\pm0{,}05$ Å (bei $\approx 1300°$ C); Atomradius $r_A=1{,}83$ Å; $D=4{,}25$ gcm^{-3}.

α-Y, Rockwellhärte gepreßter Stangen von 2,5 cm Durchmesser, verschieden verformt bei Z.T.:

Verformung		HRc
Art	Grad	
unverformt		20
rundgewalzt	5	27
	9	30
	13	35
geschmiedet	6	36
	13	40
	37	44
flachgewalzt	4	31
	17	39
	31	46

Debye-Temperatur 250° K aus Schallgeschwindigkeit berechnet.
Hall-Koeffizient R bei Z.T.; magnetische Induktion

$$B \leqq 0{,}56 \text{ Vs/m}^2; \quad R = -0{,}770 \cdot 10^{-10} \text{ m}^3/\text{As}.$$

Yb

β-Yb, kub. $A\,2$, O_h^9, $Im3m$, $a=4{,}45$ Å (bei 798° C), $Z=2$; Atomradius $r_A=1{,}98$ Å; $D=6{,}56$ gcm^{-3}.

Dehnungsgrenze $\sigma_{0,2}$, Zugfestigkeit σ_B, Bruchdehnung δ und Vickershärte HV im Gußzustand:

ϑ °C	$\sigma_{0,2}$ kpmm^{-2}	σ_B kpmm^{-2}	δ %	HV kpmm^{-2}
Z.T.	6,7	7,4	6	21
204	5,5	7,2	10,8	—

Debye-Temperatur: 94° K aus Schallgeschwindigkeit berechnet.
Hall-Koeffizient bei 80...300° K; $R = -0{,}53 \cdot 10^{-10}$ m^3/As.

Zn

Umwandlung unter Druck bei ≈ 3500 at und 95...112° C.
Wärmeausdehnungszahl $\bar{\alpha}$ (Kokillenguß):

ϑ	100	200	300	419,5 °C
$\bar{\alpha}(20\ldots\vartheta)$	30,7	33,5	35,5	38,7 $\cdot 10^{-6}$ grd^{-1}

Zugfestigkeit σ_B und Brinellhärte HB von Zn verschiedener Verarbeitungsarten:

Verarbeitungszustand	σ_B kpmm^{-2}	HB kpmm^{-2}
gegossen	2...4	28...33
gepreßt	12...16	30...38
gewalzt	12...17	30...34

2. Zusammenfassende Tabellen

Viskosität:

ϑ	450	500	550	600	650	700 °C
η	2,95	2,60	2,40	2,20	2,05	1,98 cP

Oberflächenspannung σ:

ϑ	440	460	500	670 °C
σ	816	808	798	756 dyncm^{-1}

Schallgeschwindigkeit Zn (fl) 420° C, $u = 2790$ ms^{-1} (12 MHz).

Thermodynamische Funktionen:

T °K	C_p^0 Jg-Atom^{-1}grd^{-1}	$H_T^0 - H_{298}^0$ kJg-Atom^{-1}	$S_T^0 - S_0^0$ Jg-Atom^{-1}grd^{-1}
298,15	25,40	0	41,64
300	25,40	0,046	41,80
400	26,40	2,64	42,64
500	27,41	5,31	55,23
600	28,41	8,12	60,29
800	31,38	21,55	79,62
1000	31,38	27,82	86,65

Änderung des elektrischen Widerstandes ϱ beim Schmelzen:

$$\varrho_{fl} = 32,6 \, \Omega\text{cm}; \quad \frac{\varrho_{fl}}{\varrho_t} = 2,1.$$

Änderung des elektrischen Widerstandes ϱ (Zn vielkristallin) im Magnetfeld H $\perp$ zum Meßstrom:

	H	$\left(\frac{\varrho H - \varrho_0}{\varrho_0}\right)_{20,4°}$
$T = 20,4°$ K $\frac{\varrho_{20,4°}}{\varrho_{273°}} = 0,0125$	10 kOe	0,488
	20 kOe	1,122

Hall-Koeffizient R bei 298° K (Zn kleinkristallin); magnetische Induktion $B = 0,4 \dots 2,2$ Vs/m^2; $R = 0,63 \cdot 10^{-10}$ m^3/As.

Atomsuszeptibilität bei $F = 419,5°$ C;

Zn (f): $\chi = -7,2 \cdot 10^{-6}$ cm^{3}g-Atom^{-1}; Zn (fl): $\chi = -6,9 \cdot 10^{-6}$ cm^{3}g-Atom^{-1}.

Reflexionsvermögen (Feinzink mechanisch poliert): $\lambda = 0,460$ μm: 84%; $\lambda = 0,650$ μm: 74%.

Abhängigkeit physikalischer Eigenschaften von der Kristallorientierung:

	$\parallel$ c-Achse	$\perp$ c-Achse	Dimension
Ausdehnung $\bar{\alpha}$ (20…100° C)	63,9	14,1	10^{-6} grd^{-1}
Selbstdiffusion D_0 (240…410° C)	0,13	0,58	cm^{2}s^{-1}
Q (240…410° C)	91	106	kJg-Atom^{-1}
Atomsuszeptibilität	$-11,1$	$-8,11$	10^{-6} cm^{3}g-Atom^{-1}
langwellige Grenze der Photoemission	0,377	0,400	μm
Elektronenaustrittspotential	3,28[1]	3,09[2]	eV

[1] Aus Basisflache. [2] Aus Prismenflachen.

Zr

β-Zr, kub. $A\,2$, O_h^9, $Im3m$, $a = 3{,}61$ Å (900° C).

Wärmeausdehnungszahl $\alpha \parallel$ und $\perp$ zur c-Achse, und γ von Zr mit einem Hf-Gehalt $<0{,}01\%$ und (letzte Spalte) $2{,}4\%$:

ϑ °C	$\alpha_\parallel$	$\alpha_\perp$	$\gamma(0{,}01)$ 10^{-6} grd^{-1}	$\gamma(2{,}4)$ 10^{-6} grd^{-1}
	10^{-6} grd^{-1}			
0	6,106	5,599	17,30	17,17
20	6,389	5,644	17,68	17,46
50	6,812	5,712	18,24	17,90
100	7,517	5,825	19,17	18,67
200	8,923	6,050	21,02	20,09
400	11,72	6,489	24,72	22,99
600	14,50	6,945	28,46	25,87

Richtwerte für die Dehngrenze $\sigma_{0,2}$, Zugfestigkeit σ_B und Bruchdehnung δ:

ϑ °C	$\sigma_{0,2}$ kpmm^{-2}	σ_B kpmm^{-2}	δ %
−200	15…25	40…55	30…60
20	5…30	15…45	25…45
100	5…20	15…30	40…60
200	4…15	10…25	45…60
300	3…10	8…17	50…65
500	3…5	7…12	60…100

Selbstdiffusion:

α-Zr (820° C): $D_0 = 3{,}0 \cdot 10^{-12}$ cm^{2}s^{-1};

β-Zr (900…1500° C): $D_0 = 1{,}4 \cdot 10^{-4}$ cm^{2}s^{-1}; $Q = 118$ kJg-Atom^{-1}.

Verdampfungsgeschwindigkeit V und Dampfdruck p
(A: Zr mit dünner Oxidschicht; B: nicht oxydiertes Metall):

T °K	V in gcm^{-2}s^{-1}		p in Torr	
	A	B	A	B
1600	$1 \cdot 10^{-9}$	$3 \cdot 10^{-9}$	$3 \cdot 10^{-8}$	$2 \cdot 10^{-7}$
1800	$8 \cdot 10^{-9}$	$1 \cdot 10^{-7}$	$6 \cdot 10^{-7}$	$1 \cdot 10^{-5}$
2000	$4 \cdot 10^{-8}$	$4 \cdot 10^{-6}$	$3 \cdot 10^{-6}$	$3 \cdot 10^{-4}$
2100	$8 \cdot 10^{-8}$	$1 \cdot 10^{-5}$	$7 \cdot 10^{-6}$	$1 \cdot 10^{-3}$

Debye-Temperatur Θ_D aus der Warmekapazität berechnet:

T	1,5	2,0	3,0	4,0	5,0	6,0	8,0	12	16	18 °K
Θ_D	310	304	300	295	290	285	274	267	255	249 °K

Änderung des elektrischen Widerstandes ϱ (Zr kleinkristallin) im Magnetfeld H $\perp$ zum Meßstrom:

$$T \approx 80° \text{ K} \quad \frac{\varrho_{80°}}{\varrho_{293°}} = 0{,}23; \quad H = 300 \text{ kOe}; \quad \left(\frac{\varrho_H - \varrho_0}{\varrho_0}\right)_{80°} = 0{,}05.$$

Hall-Koeffizient R bei 20° C, (Zr mit 2,4% Hf).
Magnetische Induktion $B = 0{,}54$ Vs/m²; $R = 1{,}385 \cdot 10^{-10}$ m³/As.

Abbildungen zu 2143

Abb. 1. **As-Schichten**; Absorptionsspektrum.
Schichtdicken: A 1,72 μ; B 0,28 μ

Abb. 2. **As-Schicht**. Relative spektrale Verteilung der Photoempfindlichkeit. Die Kurven haben verschiedenen Ordinatenmaßstab

Abb. 3. **B-Schichten**. Spektrale Verteilung der Photoempfindlichkeit für vier verschiedene aufgedampfte Schichten

Abb. 4. **B-Schicht**. Photostrom als Funktion der Bestrahlungsleistung

Abb. 5. Zustandsdiagramm Graphit-Diamant (Druckumwandlungen)

214. Elemente

Abb. 6. C-Kristall. (Diamant) Spektrale Verteilung der Photoempfindlichkeit

Abb. 7. C-Kristall (Diamant). Verhältnis der durch den Kristall fließenden Ladung zur auffallenden bzw. absorbierten Lichtenergie für hinreichend hohe Spannungen (Sättigungsfall) als Funktion der Wellenlänge (spektrale Verteilung der Photoempfindlichkeit)

Abb. 8. C-Kristall (Diamant). Absorptionsspektrum

Abb. 9. C-Kristall (Diamant). Beweglichkeit photoelektrisch ausgelöster Elektronen und Löcher in Abhängigkeit von der Temperatur (aus Hall-Effekt). Verschiedene Kristalle

Abb. 10. Θ_p, Θ_N, Θ_f der Metalle der Seltenen Erden. Θ_f ist nur bei Gd eine echte Curie-Temperatur, bei Tb bis Er ist es die Übergangstemperatur von Ferro- zu Antiferromagnetismus

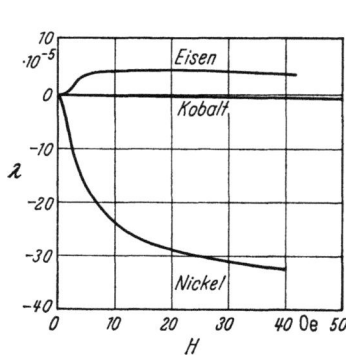

Abb. 11. Längsmagnetostriktion λ von Eisen, Kobalt und Nickel in Feldern mit geringer Feldstärke H

Abb. 12. Langsmagnetostriktion λ von Eisen, Kobalt und Nickel in starken Feldern

Abb. 13. Die horizontale Kurve — — — gilt fur γ-Fe. Magnetische Umwandlung (Curie-Temperatur) 770° C. γ-Fe stabil >910° C; δ-Fe stabil >1398° C. Die Spitzen der Kurven bei diesen Temperaturen enthalten die Umwandlungswärmen

Abb. 14. Ge-Kristall. Spektrale Verteilung der Photoempfindlichkeit, dargestellt als Quantenausbeute, bezogen auf die eingestrahlten Photonen. Ferner zum Vergleich: der **absorbierte** Bruchteil der eingestrahlten Photonen als Funktion der Wellenlänge

Abb. 15. Ge-Kristall. Absorptionsspektrum

Abb. 16. J-Schichten. Absorptionsspektrum

Abb. 17. J-Schichten (auf verschiedene Weise hergestellt). Spektrale Verteilung der Photoempfindlichkeit

Abb. 18. P-Schichten (rot). Spektrale Verteilung der Photoempfindlichkeit für verschiedene Proben

Abb. 19. S-Kristall. Absorptionsspektrum

Abb. 20. S-Kristall. Spektrale Verteilung der Photoempfindlichkeit

Abb. 21. Se (metallisch und amorph). Absorptionsspektrum

Abb. 22. Se-Kristall (rot, monoklin). Spektrale Verteilung der Photoempfindlichkeit

Abb. 23. Se (metallisch). Spektrale Verteilung der Photoempfindlichkeit. A Kristalle, aus der Dampfphase gezogen; B Sperrschichtzelle

Abb. 24. Se-Kristall (rot, monoklin). Photostrom als Funktion der Bestrahlungsleistung, Fläche

214. Elemente

Abb. 25. Si-Kristall. Absorptionsspektrum

Abb. 26. Si-Schicht. Spektrale Verteilung der Photoempfindlichkeit

Abb. 27. Si-Kristall (n-Typ, bei 293° K $4 \cdot 10^{15}$ Ladungsträger/cm³.) Spektrale Verteilung der Photoempfindlichkeit bei Heliumtemperatur, bezogen auf gleiche Quantenzahl. Das Absorptionsspektrum der Gitterschwingungen bei 293° K ist mit eingezeichnet

Abb. 28. Te-Schicht. Absorptionsspektrum

Abb. 29. Te-Schicht. Spektrale Verteilung der Photoempfindlichkeit

Abb. 30. Emissionsgrad von Wolfram in Abhängigkeit von der Temperatur.
Kurve A für $\lambda = 4{,}67 \cdot 10^{-5}$ cm;
Kurve C für $\lambda = 6{,}65 \cdot 10^{-5}$ cm;
Kurve B Mittelwert für die Lichtstrahlung;
Kurve D Mittelwert für die Gesamtstrahlung

2144. Zusätzliche Angaben über Eigenschaften von Elementen, die im Normzustand gasförmig sind

Ar

Dichte von festem Argon:

T	10	20	30	40	50	60	70	80	84	°K
D_t	(1,769)	1,764	1,753	1,736	1,714	1,689	1,664	1,636	(1,623)	gcm^{-3}

Wärmeleitzahl von Ar$_{fl}$ in Abhängigkeit vom Druck:

T °K	25 atm	100 atm	200 atm	300 atm	500 atm
91,1	121,3	126,5	133,0		
105,4	104,0	110,9	118,7	125,8	137,4
120,4	85,0	93,5	102,8	111,3	124,4
135,8	62,7	76,0	87,2	96,4	110,7
149,6	—	61,7	74,5	84,6	100,2

Statische Dielektrizitätskonstante ε, Ar (fl) bei $-184{,}4°$ C: $\varepsilon = 1{,}516$.
Brechzahl n, Ar (fl) bei $83{,}8°$ K für $\lambda = 0{,}589$ μm: $n = 1{,}2330$.

Cl$_2$

Dampfdruck und Dichte koexistierender Phasen:

ϑ °C	p at	D' (fl) gcm^{-3}	D'' (g) gcm^{-3}	ϑ °C	p at	D' (fl) gcm^{-3}	D'' (g) gcm^{-3}
0	3,762	1,468	0,0122	90	32,58	1,157	0,1006
10	5,142	1,439	0,0163	100	38,89	1,110	0,1237
20	6,864	1,409	0,0214	110	46,07	1,058	0,1537
30	8,973	1,377	0,0275	120	54,23	0,996	0,1935
40	11,52	1,345	0,0349	130	63,47	0,918	0,2499
50	14,55	1,311	0,0437	140	73,93	0,792	0,3519
60	18,11	1,276	0,0542	144	78,53	0,567	0,567
70	22,27	1,239	0,0668				
80	27,07	1,199	0,0820				

Viskosität η von Cl$_2$ (fl):

ϑ	$-76{,}5$	$-74{,}0$	$-70{,}5$	$-65{,}8$	$-60{,}2$	$-53{,}0$	$-45{,}1$ °C
η	0,729	0,710	0,680	0,649	0,616	0,569	0,530 cP

Statische Dielektrizitatskonstante ε, Cl$_2$ (fl) bei $-60°$ C: $\varepsilon = 2{,}15$.
Brechzahl n, Cl$_2$ (fl) bei $92°$ K ($D = 1{,}33$ gcm^{-3}) für $\lambda = 0{,}5890$ μm: $n = 1{,}367$.

F$_2$

Viskosität von F$_2$ (g):

T	90	100	110	150	200	273,15 °K
η	59,2	69,1	78,2	108,8	142,2	209,3 μP

214. Elemente

Dampfdruck und Dichte im Sättigungszustand:

T °K	p Torr	D gcm^{-3}
65,02	35,28	
65,78		1,638
74,93		1,578
75,59	223,73	
81,39	504,10	
81,72		1,532
85,05	763,08	
85,67		1,505
88,50		1,484
88,51	1122,29	
94,73		1,434
100,21		1,391

Statische Dielektrizitätskonstante ε, F_2 (fl) bei $-189{,}97°$ C: $\varepsilon = 1{,}517$.

H_2 (und D_2)

Dichte D verschiedener flüssiger Wasserstoff-Modifikationen und Isotope:

T °K	t °C	n-H_2	para-H_2	n-D_2	HD
			D in gcm^{-3}		
13,81	−259,35		0,07702		
13,96	−259,20	0,07722			
14	−259,16	0,07718	0,07687		
15	−258,16	0,07634	0,07602		
16	−257,16	0,07545	0,07512		
16,60	−256,56				0,1237
17	−256,16	0,07450	0,07417		0,1232
18	−255,16	0,07351	0,07318		0,1218
18,72	−254,44			0,1740	
19	−254,16	0,07247	0,07214	0,1740	0,1202
20	−253,16	0,07141	0,07107	0,1713	0,1185
20,39	−252,77	0,07098			
22	−251,16	0,06896			
24	−249,16	0,06620			
26	−247,16	0,06301			
28	−245,16	0,05919			
30	−243,16	0,05428			
32	−241,16	0,04665			

Dichte koexistierender Phasen von Tritium:

T °K	D'(fl) gcm^{-3}	D''(g) gcm^{-3}	T °K	D'(fl) gcm^{-3}	D''(g) gcm^{-3}
20,61	0,275	0,00079	25,66	0,256	0,00375
22,50	0,268	0,00097	26,36	0,253	0,00442
22,99	0,266	0,00175	27,09	0,249	0,00526
23,59	0,264	0,00211	28,32	0,244	0,00690
24,41	0,260	0,00266	29,13	0,239	0,00829
24,72	0,259	0,00290	40,6	0,1037	

2. Zusammenfassende Tabellen

Viskosität η von D_2 (fl):

T	18,8	19,0	19,5	20,0	20,4 °K
η	434	418	390	368	355 µP

Viskosität der gasförmigen Wasserstoffisotope bei $p=1$ atm:

T	14,4	20,4	71,5	90,1	196,0	229,0		293,1 °K
H_2 η	7,89	11,32	32,87	39,49	66,97	74,0		86,69 µP
HD η	8,18	12,67	39,76	47,75	81,46	90,57		105,26 µP
ϑ	−200	−160	−120	−80	−40	−20	0	+20 °C
D_2 η	46,8	63,2	78,7	93,1	106,0	112,0	118,1	124,0 µP

Dampfdruck p der verschiedenen Isotope und para- und ortho-Modifikationen des Wasserstoffs:

T °K	Normaler Wasserstoff (25% para-H_2, 75% ortho-H_2)	Wasserstoff mit 99,8% para-H_2, 0,2% ortho-H_2 (Gleichgewicht bei 20,4° K)	ortho-H_2 (100% ortho-H_2)	Normales Deuterium (33,33% para-D_2, 66,67% ortho-D_2)	Deuterium mit 2,2% para-D_2, 97,8% ortho-D_2 (Gleichgewicht bei 20,4° K)	HD	DT	T_2
				p in Torr				
10	1,73	1,93		0,05	0,05	0,28	—	
11	5,09	5,62		0,20	0,21	0,99	—	
12	12,7	13,9		0,73	0,75	2,94		0,154[2]
13	27,9	30,2		2,14	2,20	7,46		—
13,81	49,1	52,8[1]		4,61	4,73	14,6		
13,96	54,0[1]	57,4		5,24	5,37	16,3		—
14	55,4	58,8		5,44	5,57	16,8		—
14,05	57,0	60,5	55,1[1]	5,68	5,82	17,5		—
15	95,0	100,4	92,2	12,3	12,6	34,4		4,88[3]
16	153,3	161,2	149,1	25,4	26,0	65,2		—
16,60	199,7	209,3	194,4	37,9	38,7	92,8[1]		—
17	235,2	246,2	229,2	48,6	49,6	112,5		—
18	345,9	360,6	337,8	87,2	88,7	176,4		—
18,69	442,0	459,8	432,3	126,3	128,5[1]	234,5		—
18,72	446,9	464,9	437,1	128,5[1]	130,3	237,5		—
19	490,8	510,1	480,7	145,1	147,2	264,7		—
20	675,7	700,3	662,6	219,9	223,1	382,8	162,6	95,1[4]
20,27	733,9	760	720,0	244,9	248,4	420,9	—	—
20,39	760	786,8	745,7	256,2	259,9	438,1	—	—
20,45	774,4	801,7	760	262,5	266,2	447,7	—	—
21	906,4	937,0	890,6	322,2	326,9	536,2	246,2	194,5
22	1189,0	1226,6	1170,4	458,5	465,1	730,5	284,2	288,8
22,13	1230,8	1269,4	1211,8	479,6	486,5	760	—	—
23	1529,6	1574,9	1508,4	636,2	645,3	972,0	506,9	414,9
23,53	1734,5	1784,4	1712,2	749,3	760	1120,1	—	—
23,57	1753,3	1803,5	1730,8	760	770,6	1133,8	694,6	—
24	1854,4	—	—	851,2		1140,0	694,6	578,3
25				1102,0		1436,4	927,2	782,8
26				1390,8		1770,8	1216	1033
27				1740,0			1345	1345
28				—			1558	1710
29						—	1953	2143

[1] Schmelzpunkt.   [2] Bei 12,2° K.   [3] Bei 15,6° K.   [4] Bei 20,2° K.

H₂

Wärmeleitzahl von H_2 (fl)[1] bei $15 \leq T \leq 27°$ K:

$$\lambda = (71 + 2{,}333\ T) \cdot 10^{-5}\ \text{Wcm}^{-1}\text{grd}^{-1}.$$

Wärmeleitzahl von D_2 (fl)[2] bei $19 \leq T \leq 26°$ K:

$$\lambda = (84{,}5 + 2{,}078\ T) \cdot 10^{-5}\ \text{Wcm}^{-1}\text{grd}^{-1}.$$

Statische Dielektrizitätskonstante ε

H_2 (fl) bei $-252{,}85°$ C: $\varepsilon = 1{,}225$;

D_2 (fl) bei $-253{,}61°$ C ($p = 184$ Torr): $\varepsilon = 1{,}227$.

Brechzahl n: H_2 (fl) bei $20°$ K für $\lambda = 0{,}5890$ μm: $n = 1{,}112$.

He

Dampfdruck und spezifisches Volumen von flüssigem (V'_{fl}) und dampfförmigem (V''_g) ⁴He im Sättigungszustand:

T °K	p at	V' (fl) cm³g⁻¹	V'' (g) cm³g⁻¹
1,00	$0{,}163 \cdot 10^{-3}$	6,88	$128\ \cdot 10^3$
1,40	$2{,}93\ \cdot 10^{-3}$	6,88	$9{,}95 \cdot 10^3$
1,80	$16{,}95\ \cdot 10^{-3}$	6,87	$2{,}18 \cdot 10^3$
2,176[3]	$51{,}90\ \cdot 10^{-3}$	6,85	823
2,2	$55{,}01\ \cdot 10^{-3}$	6,84	798
2,6	0,1274	6,93	393
3,0	0,2475	7,08	223
3,4	0,4278	7,31	138
3,8	0,6807	7,60	89,8
4,2	1,019	7,99	58,7
4,215	1,033	8,00	(58,0)
4,6	1,456	8,0	(39,0)
5,0	2,010	10,4	(24,6)
5,23[4]	2,337	14,5	(14,5)

Statische Dielektrizitätskonstante ε, ⁴He (fl) bei $-269°$ C: $\varepsilon = 1{,}048$.

Brechzahl n:

⁴He (fl) bei $3{,}7°$ K für $\lambda = 0{,}5462$ μm: $n = 1{,}026124$;
⁴He I bei $2{,}20°$ K ($D = 0{,}1420$ gcm⁻³) für $\lambda = 0{,}5461$ μm: $n = 1{,}0269$;
⁴He II bei $2{,}18°$ K ($D = 0{,}1420$ gcm⁻³) für $\lambda = 0{,}5461$ μm: $n = 1{,}0269$.

---

[1] Für n-H_2 und p-H_2 übereinstimmend.
[2] Für n-D_2 und o-D_2 übereinstimmend.
[3] λ-Punkt.
[4] Kritischer Punkt.

Abb. 1. Viskosität von flüssigem ⁴He I

Abb. 2. Warmeleitzahl von flüssigem ⁴He II bei verschiedenen Drucken (unterhalb der λ-Umwandlung)

214. Elemente

Abb. 3. Zustandsdiagramm des ⁴He, λ-Umwandlung

Abb. 4. Schmelzdruckkurve von ³He

³He

Dampfdruck und Dichten von flüssigem (D'_{fl}) und dampfförmigem (D''_g) ³He im Sättigungszustand:

T °K	p Torr	$D'_{(fl)}$ gcm⁻³	$D''_{(g)}$ gcm⁻³
1,0	8,842	0,08185	0,00058
1,2	20,163	0,08147	0,00098
1,4	38,516	0,08093	0,00154
1,6	65,467	0,08020	0,00228
1,8	102,516	0,07924	0,00325
2,0	151,112	0,07801	0,00450
2,2	212,673	0,07645	0,00608
2,4	288,613	0,07448	0,00806
2,6	380,383	0,07200	0,01056
2,8	489,549	0,06882	0,01376
3,0	617,967	0,06462	0,01798
3,1	689,949	0,06193	0,02067
3,2	767,656	0,05861	0,02400
3,3	851,406	0,05416	0,02847

Viskosität von ³He bei 1 atm:

T	14,4	20,4	65,8	90,2	194,0	229,0	293,1 °K
η	28,5	35,0	74,1	91,1	149,3	166,4	196,1 μP

Wärmeleitzahl λ von ³He (fl) bei 0,3° K: $\lambda = 0{,}26 \cdot 10^{-3}$ Wcm⁻¹grd⁻¹.

Kr

Dichte koexistierender Phasen:

ϑ °C	D' (fl) gcm⁻³	D'' (g) gcm⁻³	ϑ °C	D' (fl) gcm⁻³	D'' (g) gcm⁻³
−147,18	2,3707	0,0133	−84,76	1,7255	0,2350
−139,02	2,3040	0,0220	−79,55	1,6379	0,2903
−129,11	2,2202	0,0374	−73,51	1,5161	0,3774
−119,81	2,1363	0,0577	−71,24	1,4590	0,4217
−109,46	2,0350	0,0900	−64,94	1,1926	0,6467
−102,22	1,9574	0,1201	−63,75	0,9085	
−92,32	1,8338	0,1758			

Wärmeleitfähigkeit von Kr (fl) in Abhängigkeit vom Druck:

T °K	λ in 10⁻⁵ Wcm⁻¹ grd⁻¹ bei p in atm				
	25	100	200	300	500 atm
125,5	87,9	91,2	95,2	98,8	—
150,3	71,2	75,8	81,1	85,7	93,6
175,3	54,2	60,4	67,2	72,7	82,0
200,3	—	46,2	54,4	60,9	71,0
235,5[1]	—	27,5	39,6	47,1	58,2

[1] Überkritisch.

N_2

α-N_2 stabil $T \leqq 35,4°$ K, kub. $B21$, T^4, $P2_13$, $a=5,667$ Å; $(Z=4)$.
Wärmeleitzahl λ von N_2 (fl) für $65 \leqq T \leqq 90°$ K:
$\lambda = (244,3 - 1,354\ T) \cdot 10^{-3}$ Wcm^{-1}grd^{-1}.
Wärmeleitzahl λ von N_2 (fl) in Abhängigkeit vom Druck:

T °K	λ in 10^{-3} Wcm^{-1}grd^{-1} bei p in atm			
	33,5	67,0	100,5	134,0 atm
85	126,0	128,9	131,8	135,4
90	117,6	121,0	124,5	128,5
100	100,4	105,9	110,3	115,1
110	83,3	90,4	96,1	101,3
120	66,1	75,1	82,2	87,9
124[1]	59,2	69,3	77,0	83,7

Statische Dielektrizitätskonstante ε, N_2 (fl) bei $-198,4°$ C: $\varepsilon = 1,445$.
Brechzahl n, N_2 (fl) bei $78°$ K für $\lambda = 0,5890$ μm: $n = 1,929$.

Ne

Dichte koexistierender Phasen:

ϑ °C	D'(fl) gcm^{-3}	D''(g) gcm^{-3}	ϑ °C	D'(fl) gcm^{-3}	D''(g) gcm^{-3}
$-247,92$	1,2382	0,00534	$-235,26$	0,9673	0,0931
$-246,94$	1,2222	0,00711	$-234,01$	0,9280	0,1159
$-245,94$	1,2042	0,00939	$-232,02$	0,8542	0,1656
$-242,90$	1,1496	0,02013	$-230,07$	0,7487	0,2394
$-240,00$	1,0883	0,0383	$-228,75$	0,4835	
$-237,04$	1,0175	0,0674			

O_2

Die Angaben über die Daten der Tieftemperaturmodifikationen des O_2 sind unsicher.

Dampfdruck von O_2 siehe Tabelle 4111 und 12112.

Wärmeleitzahl λ von O_2 (fl) in Abhängigkeit vom Druck:

T °K	λ in 10^{-3} Wcm^{-1}grd^{-1} bei p in atm				
	25	50	75	100	125 atm
80	164,5	166,2	167,8	169,5	171,2
90	151,5	153,6	155,7	157,8	159,9
100	138,5	141,0	143,6	146,1	148,6
110	125,1	127,9	130,6	133,5	136,4
120	110,9	114,3	117,4	120,6	123,9
130	96,3	100,4	104,0	107,6	111,2
140	—	85,8	90,0	94,2	98,4
150	—	67,8	75,4	80,8	85,8

Statische Dielektrizitätskonstante ε, O_2 (fl) bei $-192,4°$ C: $\varepsilon = 1,505$.
Brechzahl n, O_2 (fl) bei $92°$ K für $\lambda = 0,5890$ μm: $n = 1,221$.

---
[1] Kritische Temperatur.

O₃

Dichte (0° C, 760 Torr): $D = 2{,}1415 \cdot 10^{-3}$ gcm^{-3}.
Schmelzpunkt $F = -192{,}5°$ C.
Siedepunkt $V = -111{,}9°$ C; Verdampfungsenthalpie $\Delta H_v = 10{,}7$ kJ/Mol.
Kritischer Punkt: $\vartheta_{krit} = -12{,}1°$ C;
$p_{krit} = 16{,}4$ atm;
$D_{krit} = 0{,}537$ gcm^{-3}.

Dichte im Sättigungszustand:

°C	D gcm^{-3}	°C	D gcm^{-3}
	fest	−185,6	1,5839
−195,8	1,728	−183,0	1,574
	flüssig	−182,9	1,5727
−195,8	1,6137	−170,0	1,536
−195,6	1,6130	−150,0	1,473
−195,4	1,614	−120,0	1,376
−188,0	1,595	−112	1,354

Wärmeleitzahl λ von O₃ (fl):

ϑ	−196	−183	−165	−128 °C
λ	218	222	227	$231 \cdot 10^{-5}$ Wcm^{-1}grd^{-1}

Dielektrizitätskonstante $(\varepsilon - 1) \cdot 10^6 = 1900$ (0° C, 760 Torr).
Brechzahl O₃ (für $\lambda = 0{,}5462$ μm) $(n-1) \cdot 10^6 = 520$.

Xe

Dichte koexistierender Phasen:

ϑ °C	D' (fl) gcm^{-3}	D'' (g) gcm^{-3}	ϑ °C	D' (fl) gcm^{-3}	D'' (g) gcm^{-3}
−66,8	2,763	0,059	+5	1,879	0,501
−59,3	2,694	0,078	10	1,750	0,602
−42,9	2,605	0,103	12	1,677	0,662
−39,3	2,506	0,139	14	1,592	0,740
−30,3	2,411	0,180	15	1,528	0,779
−25,2	2,297	0,235	16	1,468	0,884
−10	2,169	0,313	16,6	1,155	
−5	2,074	0,363			
0	1,987	0,421			

Wärmeleitzahl λ von Xe (fl) in Abhängigkeit vom Druck:

T °K	λ in 10^{-5} Wcm^{-1}grd^{-1} bei p in atm				
	25	100	200	300	500 atm
170,3	68,9	72,0	74,8	—	—
190,4	62,0	64,9	68,3	71,5	76,8
210,2	54,4	57,7	61,8	65,4	71,2
235,0	44,7	49,0	54,1	57,7	64,5

214. Elemente

2145. Luft

214501. Zusammensetzung der trockenen Luft am Erdboden

	N_2	O_2	Ar	CO_2	Ne	He	Kr	Xe	H_2
Vol.-%	78,09	20,95	0,93	0,03	0,0018	0,0005	0,0001	0,0$_6$8	0,0$_4$5
Gew.%	75,52	23,15	1,28	0,05	0,0013	0,00007	0,0003	0,0$_4$4	0,0$_5$4

O_3 ist zu $1 \cdot 10^{-6}$ Vol.-% und Rn zu $\approx 6 \cdot 10^{-14}$ Vol.-% vorhanden.

214502 Dichte

214502a Dichte der trockenen Luft

| ϑ | \multicolumn{9}{c}{D in 10^{-6} gcm^{-3} bei p in Torr} |
°C	700	710	720	730	740	750	760	770	780
0	1191	1208	1225	1242	1259	1276	1293	1310	1327
2	1182	1199	1216	1233	1250	1267	1284	1301	1318
4	1174	1191	1207	1224	1241	1258	1274	1291	1308
6	1165	1182	1199	1215	1232	1249	1265	1282	1299
8	1157	1174	1190	1207	1223	1240	1256	1273	1289
10	1149	1165	1182	1198	1215	1231	1247	1264	1280
12	1141	1157	1173	1190	1206	1222	1239	1255	1271
14	1133	1149	1165	1181	1198	1214	1230	1246	1262
16	1125	1141	1157	1173	1189	1205	1221	1238	1254
18	1117	1133	1149	1165	1181	1197	1213	1229	1245
20	1110	1126	1141	1157	1173	1189	1205	1221	1236
22	1102	1118	1134	1149	1165	1181	1197	1212	1228
24	1095	1110	1126	1142	1157	1173	1189	1204	1220
26	1087	1103	1118	1134	1149	1165	1181	1196	1212
28	1080	1096	1111	1126	1142	1157	1173	1188	1204
30	1073	1088	1104	1119	1134	1150	1165	1180	1196

Dichte der trockenen Luft bei 760 Torr

ϑ	35	40	50	60	70	80	90	100° C
D	1146	1127	1092	1060	1029	999	972	$946 \cdot 10^{-6}$ gcm^{-3}

214502b. Dichte der trockenen Luft auf den physikalischen Normzustand bezogen
(D(0° C, 760 Torr) = 0,001293 gcm^{-3})
(Diese relative Dichte wird auch Amagat-Dichte genannt)

| T | \multicolumn{7}{c}{$\dfrac{D}{D_{(0° C, 760 Torr)}}$ bei p in atm} |
°K	1	4	7	10	40	70	100
100	2,7830						
200	1,3681	5,511	9,713	13,976	60,13	112,66	168,40
300	0,9102	3,644	6,383	9,125	36,72	64,34	91,61
400	0,6823	2,7277	4,771	6,811	27,043	46,89	66,27
500	0,5458	2,1809	3,813	5,441	21,526	37,23	52,53
600	0,4548	1,8171	3,176	4,532	17,917	30,977	43,71
700	0,3898	1,5575	2,7226	3,885	15,360	26,567	37,51
800	0,3411	1,3629	2,3825	3,400	13,449	23,274	32,879
900	0,3032	1,2115	2,1180	3,023	11,964	20,720	29,290
1000	0,2729	1,0905	1,9065	2,721	10,777	18,675	26,419

214502c. Kondensationsdruck p_{kond}, Verdampfungsdruck p_v und Dichte der flussigen (D') und der dampfförmigen Luft (D'') im Sättigungszustand

t °C	p_{kond} at	p_v at	D' gcm^{-3}	D'' gcm^{-3}	t °C	p_{kond} at	p_v at	D' gcm^{-3}	D'' gcm^{-3}
−150,12	24,47	25,87			−140,89	37,79			0,262
−146,32		30,82	0,523		−140,85	37,97	38,42	0,359	
−144,35		33,60	0,503		−140,84				0,269
−144,12	32,09	34,22			−140,83	37,90			
−143,35			0,488		−140,80	37,90	38,44	0,365	0,265
−143,34	32,91	34,91		0,188	−140,75	38,08			
−143,14	33,13				−140,74	38,22	38,66		0,277
−142,35	35,04	36,48	0,461		−140,73[1]		38,49	0,35	
−141,99	35,73			0,217	−140,70			0,328	
−141,35	36,41	37,70			−140,69	38,25	38,50	0,323	
−141,34			0,439		−140,64	38,35	38,48		
−140,99	37,56			0,253	−140,63[2]	38,41	38,41	0,31	0,31

[1] Faltenpunkt. [2] Kritischer Punkt.

214503. Kompressibilitat ($p \cdot v$-Werte) s. Tabelle 3333

214504. C_p/C_v

T °K	p in atm				
	1	10	40	70	100
200	1,4057	1,449	1,642	1,900	2,138
220	1,4048	1,439	1,574	1,732	1,877
240	1,4040	1,431	1,533	1,643	1,744
260	1,4032	1,426	1,506	1,589	1,663
280	1,4024	1,421	1,487	1,551	1,609
300	1,4017	1,418	1,472	1,524	1,571
350	1,3993	1,410	1,447	1,480	1,511
400	1,3961	1,404	1,430	1,454	1,475
500	1,3871	1,392	1,407	1,420	1,432
600	1,3768	1,379	1,388	1,397	1,404
800	1,354	1,355	1,359	1,363	1,367
1000	1,336	1,336	1,339	1,341	1,342

214505. Schallgeschwindigkeit in Luft V

	p in atm					
	0,1	0,5	1	2	5	10
V (17° C) ms^{-1}	341,39	341,46	341,49	341,60	341,92	342,55
V (27° C) ms^{-1}	347,22	347,26	347,33	347,46	347,82	348,49

214506. Viskosität

°C	Dichte 10^{-3} g/cm^3	η µP	ν cSt	°C	Dichte 10^{-3} g/cm^3	η µP	ν cSt
−200	4,830	51,5	1,07	−80	1,828	126,9	6,94
−180	3,792	64,7	1,71	−60	1,657	138,6	8,36
−160	3,120	77,6	2,49	−40	1,515	150,0	9,89
−140	2,654	90,4	3,40	−20	1,396	161,0	11,53
−120	2,308	102,8	4,46	0	1,293	171,0	13,28
−100	2,080	115,0	5,52	10	1,247	176,8	14,18

°C	Dichte 10^{-3} g/cm³	η µP	ν cSt	°C	Dichte 10^{-3} g/cm³	η µP	ν cSt
20	1,205	181,9	15,10	200	0,746	258,6	34,65
30	1,165	186,7	16,03	250	0,675	277,7	41,12
40	1,128	191,5	16,98	300	0,616	296	48,0
60	1,060	200,8	18,92	400	0,525	330	62,9
80	1,000	209,7	20,92	500	0,457	362	79,2
100	0,947	218,4	23,04	600	0,405	394	97,4
120	0,898	226,7	25,22	700	0,363	425	117,2
160	0,815	243,0	29,80				

214507. Thermodynamische Zustandsgrößen

214507a. Thermodynamische Zustandsgrößen von Luft im idealen Gaszustand. S_{id} ist unter Voraussetzung des idealen Gaszustandes die Entropie bei 1 atm (einschließlich der Mischungsentropie). H_{id} ist bei $T=0$ gleich Null gesetzt.
$R = 8,314$ J/Molgrd; $R\,T_{273,15°} = 2271,2$ JMol^{-1}

T °K	$\dfrac{Cp_{id}}{R}$	$\dfrac{H_{id}}{R \cdot T_{273,15}}$	$\dfrac{S_{id\,1}}{R}$	T °K	$\dfrac{Cp_{id}}{R}$	$\dfrac{H_{id}}{R \cdot T_{273,15}}$	$\dfrac{S_{id\,1}}{R}$
50	3,491	0,635	17,663	550	3,622	70,80	26,067
100	3,491	1,274	20,082	600	3,661	7,746	26,384
150	3,491	1,913	21,498	650	3,703	8,420	26,678
200	3,492	2,553	22,503	700	3,745	9,102	26,954
250	3,494	3,192	23,282	750	3,786	9,791	27,214
300	3,500	3,832	23,920	800	3,827	10,488	27,460
350	3,512	4,474	24,460	850	3,867	11,192	27,693
400	3,530	5,118	24,930	900	3,905	11,901	27,915
450	3,555	5,767	25,347	950	3,941	12,622	28,127
500	3,586	6,420	25,723	1000	3,975	13,346	28,330

214507b. Thermodynamische Zustandsgrößen von flüssiger und dampfförmiger Luft im Sättigungszustand

T_v Verdampfungstemperatur, T_{kond} Kondensationstemperatur V' Volumen der flüssigen, V''' Volumen der dampfförmigen Luft, H' Enthalpie, S' Entropie der flüssigen Luft, H'' Enthalpie, S'' Entropie der dampfförmigen Luft. H' und S' sind für 78,8° K $=0$ gesetzt.

p atm	T_v °K	T_{kond} °K	V' gcm^{-3}	V''' gcm^{-3}	H' JMol^{-1}	H'' JMol^{-1}	S' JMol^{-1}grd^{-1}	S'' JMol^{-1}grd^{-1}
1	78,8	81,8	33,14	6456,7	0	5942	0	74,00
2	85,55	88,31	34,39	3389,1	349	6096	4,19	70,30
3	90,94	92,63	35,40	2319,0	585	6176	6,81	68,03
5	96,38	98,71	36,94	1427,6	926	6251	10,39	64,98
7	101,04	103,16	38,21	1029,1	1196	6280	13,05	62,84
10	106,47	108,35	40,00	718,4	1549	6284	16,34	60,42
15	113,35	114,91	43,21	464,8	2063	6233	20,83	57,37
20	118,77	120,07	46,63	330,4	2527	6120	24,67	54,76
25	123,30	124,41	50,37	246,6	2966	5960	28,08	52,25
30	127,26	128,12	55,69	186,6	3412	5740	31,40	49,64
35	130,91	131,42	64,90	134,2	3930	5399	35,40	46,60
37,17[1]	132,52[1]		90,52		4755		41,36	
37,25[2]	132,42[2]		88,28		4707		41,00	

[1] Kritischer Punkt.   [2] Faltenpunkt.

Luft, Molwärme C_p bei tiefen Temperaturen ———— , --×--×-- verschiedene Autoren

Luft, Molwärme C_p bei tiefen Temperaturen und höheren Drucken
————, —o—o—, --×--×-- verschiedene Autoren

Luft, Molwärme C_v bei tiefen Temperaturen und hoheren Drucken
————, ---------- verschiedene Autoren

214507 c. Luft-

Temperatur °K	Zahl der Teilchen in cm³					
	n_{N_2}	n_{O_2}	n_{NO}	n_N	n_O	n_{B^+}

1 atm

1 000	$5,79 \cdot 10^{18}$	$1,54 \cdot 10^{18}$	$3,92 \cdot 10^{14}$	$2,02 \cdot 10^{-3}$	$6,02 \cdot 10^{8}$	
2 000	$2,87 \cdot 10^{18}$	$7,45 \cdot 10^{17}$	$5,05 \cdot 10^{16}$	$2,99 \cdot 10^{9}$	$1,18 \cdot 10^{15}$	
3 000	$1,80 \cdot 10^{18}$	$3,60 \cdot 10^{17}$	$1,75 \cdot 10^{17}$	$2,97 \cdot 10^{13}$	$1,11 \cdot 10^{17}$	
4 000	$1,21 \cdot 10^{18}$	$4,84 \cdot 10^{16}$	$1,23 \cdot 10^{17}$	$2,68 \cdot 10^{15}$	$4,56 \cdot 10^{17}$	
5 000	$8,70 \cdot 10^{18}$	$3,33 \cdot 10^{15}$	$5,18 \cdot 10^{16}$	$3,78 \cdot 10^{16}$	$5,03 \cdot 10^{17}$	
6 000	$6,22 \cdot 10^{17}$	$2,77 \cdot 10^{14}$	$1,82 \cdot 10^{16}$	$2,10 \cdot 10^{17}$	$3,73 \cdot 10^{17}$	
7 000	$2,57 \cdot 10^{17}$	$3,95 \cdot 10^{13}$	$2,08 \cdot 10^{15}$	$5,17 \cdot 10^{17}$	$2,72 \cdot 10^{17}$	$2,83 \cdot 10^{14}$
8 000	$5,39 \cdot 10^{16}$	$8,12 \cdot 10^{12}$	$1,41 \cdot 10^{15}$	$6,57 \cdot 10^{17}$	$2,02 \cdot 10^{17}$	$1,75 \cdot 10^{15}$
9 000	$9,75 \cdot 10^{15}$	$2,72 \cdot 10^{12}$	$4,00 \cdot 10^{14}$	$6,22 \cdot 10^{17}$	$1,71 \cdot 10^{17}$	$6,19 \cdot 10^{15}$
10 000	$2,07 \cdot 10^{15}$	$1,16 \cdot 10^{12}$	$1,32 \cdot 10^{14}$	$5,47 \cdot 10^{17}$	$1,48 \cdot 10^{17}$	$1,61 \cdot 10^{16}$
12 000				$3,58 \cdot 10^{17}$	$1,02 \cdot 10^{17}$	$6,22 \cdot 10^{16}$
14 000				$1,66 \cdot 10^{17}$	$5,43 \cdot 10^{16}$	$1,26 \cdot 10^{17}$
16 000				$5,14 \cdot 10^{16}$	$2,02 \cdot 10^{16}$	$1,56 \cdot 10^{17}$
18 000				$1,44 \cdot 10^{16}$	$6,13 \cdot 10^{15}$	$1,53 \cdot 10^{17}$
20 000				$4,51 \cdot 10^{15}$	$1,95 \cdot 10^{15}$	$1,41 \cdot 10^{17}$
22 000				$1,62 \cdot 10^{15}$	$6,94 \cdot 10^{14}$	$1,27 \cdot 10^{17}$
24 000				$6,54 \cdot 10^{14}$	$2,84 \cdot 10^{14}$	$1,11 \cdot 10^{17}$
26 000				$2,72 \cdot 10^{14}$	$1,28 \cdot 10^{14}$	$8,85 \cdot 10^{16}$
28 000				$1,08 \cdot 10^{14}$	$6,33 \cdot 10^{13}$	$6,01 \cdot 10^{16}$
30 000				$3,80 \cdot 10^{13}$	$3,38 \cdot 10^{13}$	$3,43 \cdot 10^{16}$

10 atm

1 000	$5,80 \cdot 10^{19}$	$1,54 \cdot 10^{19}$	$3,91 \cdot 10^{15}$	$6,38 \cdot 10^{-3}$	$1,91 \cdot 10^{9}$	
2 000	$2,87 \cdot 10^{19}$	$7,45 \cdot 10^{18}$	$5,05 \cdot 10^{17}$	$9,47 \cdot 10^{9}$	$3,72 \cdot 10^{15}$	
3 000	$1,82 \cdot 10^{19}$	$3,97 \cdot 10^{18}$	$1,85 \cdot 10^{18}$	$9,42 \cdot 10^{13}$	$3,68 \cdot 10^{17}$	
4 000	$1,25 \cdot 10^{19}$	$1,35 \cdot 10^{18}$	$2,09 \cdot 10^{18}$	$8,61 \cdot 10^{15}$	$2,41 \cdot 10^{18}$	
5 000	$8,00 \cdot 10^{18}$	$3,00 \cdot 10^{17}$	$1,49 \cdot 10^{18}$	$1,15 \cdot 10^{17}$	$4,78 \cdot 10^{18}$	
6 000	$7,31 \cdot 10^{18}$	$2,56 \cdot 10^{16}$	$5,92 \cdot 10^{17}$	$7,19 \cdot 10^{17}$	$3,59 \cdot 10^{18}$	
7 000	$4,95 \cdot 10^{18}$	$5,27 \cdot 10^{15}$	$1,06 \cdot 10^{17}$	$2,27 \cdot 10^{18}$	$3,15 \cdot 10^{18}$	$4,89 \cdot 10^{14}$
8 000	$2,38 \cdot 10^{18}$	$1,09 \cdot 10^{15}$	$1,09 \cdot 10^{17}$	$4,37 \cdot 10^{18}$	$2,34 \cdot 10^{18}$	$4,33 \cdot 10^{15}$
9 000	$7,60 \cdot 10^{17}$	$3,15 \cdot 10^{14}$	$3,80 \cdot 10^{16}$	$5,49 \cdot 10^{18}$	$1,84 \cdot 10^{18}$	$1,88 \cdot 10^{16}$
10 000	$2,06 \cdot 10^{17}$	$1,28 \cdot 10^{14}$	$1,38 \cdot 10^{16}$	$5,46 \cdot 10^{18}$	$1,55 \cdot 10^{18}$	$5,34 \cdot 10^{16}$
12 000				$4,30 \cdot 10^{18}$	$1,17 \cdot 10^{18}$	$2,43 \cdot 10^{17}$
14 000				$2,92 \cdot 10^{18}$	$8,40 \cdot 10^{17}$	$6,10 \cdot 10^{17}$
16 000				$1,60 \cdot 10^{18}$	$5,12 \cdot 10^{17}$	$1,02 \cdot 10^{18}$
18 000				$7,21 \cdot 10^{17}$	$2,60 \cdot 10^{17}$	$1,25 \cdot 10^{18}$
20 000				$2,94 \cdot 10^{17}$	$1,13 \cdot 10^{17}$	$1,31 \cdot 10^{18}$
22 000				$1,21 \cdot 10^{17}$	$4,92 \cdot 10^{16}$	$1,24 \cdot 10^{18}$
24 000				$5,40 \cdot 10^{16}$	$2,20 \cdot 10^{16}$	$1,16 \cdot 10^{18}$
26 000				$2,58 \cdot 10^{16}$	$1,05 \cdot 10^{16}$	$1,06 \cdot 10^{18}$
28 000				$1,29 \cdot 10^{16}$	$5,37 \cdot 10^{15}$	$9,32 \cdot 10^{17}$
30 000				$6,55 \cdot 10^{15}$	$2,97 \cdot 10^{15}$	$7,71 \cdot 10^{17}$

214. Elemente

Plasma

n_{O^+}	$n_{N^{++}}$	n_e	Dichte g/cm³	Enthalpie J/g	Spez.Warme J/g grd	Temperatur K°
				1 atm		
			$3{,}51 \cdot 10^{-4}$	$1{,}08 \cdot 10^3$	1,14	1 000
			$1{,}76 \cdot 10^{-4}$	$2{,}32 \cdot 10^3$	1,46	2 000
			$1{,}15 \cdot 10^{-4}$	$4{,}14 \cdot 10^3$	2,47	3 000
			$7{,}90 \cdot 10^{-5}$	$7{,}51 \cdot 10^3$	3,62	4 000
			$5{,}75 \cdot 10^{-5}$	$1{,}06 \cdot 10^4$	3,23	5 000
			$4{,}47 \cdot 10^{-5}$	$1{,}49 \cdot 10^4$	6,80	6 000
$1{,}38 \cdot 10^{14}$		$4{,}21 \cdot 10^{14}$	$3{,}13 \cdot 10^{-5}$	$2{,}61 \cdot 10^4$	$1{,}36 \cdot 10$	7 000
$4{,}23 \cdot 10^{14}$		$2{,}17 \cdot 10^{15}$	$2{,}33 \cdot 10^{-5}$	$3{,}73 \cdot 10^4$	7,70	8 000
$1{,}18 \cdot 10^{15}$		$7{,}37 \cdot 10^{15}$	$1{,}97 \cdot 10^{-5}$	$4{,}25 \cdot 10^4$	4,05	9 000
$2{,}82 \cdot 10^{15}$		$1{,}90 \cdot 10^{16}$	$1{,}72 \cdot 10^{-5}$	$4{,}65 \cdot 10^4$	4,69	10 000
$1{,}01 \cdot 10^{16}$		$7{,}23 \cdot 10^{16}$	$1{,}27 \cdot 10^{-5}$	$6{,}18 \cdot 10^4$	$1{,}13 \cdot 10$	12 000
$2{,}31 \cdot 10^{16}$		$1{,}49 \cdot 10^{17}$	$8{,}84 \cdot 10^{-6}$	$9{,}54 \cdot 10^4$	$2{,}04 \cdot 10$	14 000
$3{,}49 \cdot 10^{16}$		$1{,}91 \cdot 10^{17}$	$6{,}29 \cdot 10^{-6}$	$1{,}37 \cdot 10^5$	$1{,}72 \cdot 10$	16 000
$3{,}83 \cdot 10^{16}$	$3{,}64 \cdot 10^{13}$	$1{,}91 \cdot 10^{17}$	$5{,}07 \cdot 10^{-6}$	$1{,}63 \cdot 10^5$	9,25	18 000
$3{,}67 \cdot 10^{16}$	$2{,}75 \cdot 10^{14}$	$1{,}78 \cdot 10^{17}$	$4{,}41 \cdot 10^{-6}$	$1{,}76 \cdot 10^5$	4,94	20 000
$3{,}40 \cdot 10^{16}$	$1{,}44 \cdot 10^{15}$	$1{,}64 \cdot 10^{17}$	$3{,}95 \cdot 10^{-6}$	$1{,}86 \cdot 10^5$	5,52	22 000
$3{,}09 \cdot 10^{16}$	$5{,}50 \cdot 10^{15}$	$1{,}53 \cdot 10^{17}$	$3{,}56 \cdot 10^{-6}$	$2{,}00 \cdot 10^5$	8,40	24 000
$2{,}76 \cdot 10^{16}$	$1{,}53 \cdot 10^{16}$	$1{,}47 \cdot 10^{17}$	$3{,}16 \cdot 10^{-6}$	$2{,}24 \cdot 10^5$	$1{,}72 \cdot 10$	26 000
$2{,}40 \cdot 10^{16}$	$3{,}01 \cdot 10^{16}$	$1{,}44 \cdot 10^{17}$	$2{,}74 \cdot 10^{-6}$	$2{,}65 \cdot 10^5$	$2{,}28 \cdot 10$	28 000
$2{,}07 \cdot 10^{16}$	$4{,}38 \cdot 10^{16}$	$1{,}43 \cdot 10^{17}$	$2{,}37 \cdot 10^{-6}$	$3{,}15 \cdot 10^5$	$2{,}66 \cdot 10$	30 000
				10 atm		
			$3{,}52 \cdot 10^{-3}$	$1{,}08 \cdot 10^3$	1,14	1 000
			$1{,}76 \cdot 10^{-3}$	$2{,}32 \cdot 10^3$	1,34	2 000
			$1{,}16 \cdot 10^{-3}$	$3{,}88 \cdot 10^3$	1,90	3 000
			$8{,}21 \cdot 10^{-4}$	$6{,}56 \cdot 10^3$	3,50	4 000
			$5{,}92 \cdot 10^{-4}$	$1{,}02 \cdot 10^4$	2,62	5 000
			$4{,}83 \cdot 10^{-4}$	$1{,}20 \cdot 10^4$	2,69	6 000
$6{,}25 \cdot 10^{14}$		$1{,}11 \cdot 10^{15}$	$3{,}72 \cdot 10^{-4}$	$1{,}75 \cdot 10^4$	7,57	7 000
$1{,}83 \cdot 10^{15}$		$6{,}15 \cdot 10^{15}$	$2{,}80 \cdot 10^{-4}$	$2{,}66 \cdot 10^4$	$1{,}02 \cdot 10$	8 000
$4{,}37 \cdot 10^{15}$		$2{,}32 \cdot 10^{16}$	$2{,}14 \cdot 10^{-4}$	$3{,}66 \cdot 10^4$	8,51	9 000
$9{,}81 \cdot 10^{15}$		$6{,}32 \cdot 10^{16}$	$1{,}80 \cdot 10^{-4}$	$4{,}27 \cdot 10^4$	4,38	10 000
$3{,}79 \cdot 10^{16}$		$2{,}81 \cdot 10^{17}$	$1{,}38 \cdot 10^{-4}$	$5{,}20 \cdot 10^4$	5,78	12 000
$9{,}85 \cdot 10^{16}$		$7{,}09 \cdot 10^{17}$	$1{,}07 \cdot 10^{-4}$	$6{,}72 \cdot 10^4$	$1{,}02 \cdot 10$	14 000
$1{,}85 \cdot 10^{17}$		$1{,}21 \cdot 10^{18}$	$7{,}96 \cdot 10^{-5}$	$9{,}37 \cdot 10^4$	$1{,}56 \cdot 10$	16 000
$2{,}66 \cdot 10^{17}$	$4{,}91 \cdot 10^{13}$	$1{,}52 \cdot 10^{18}$	$5{,}99 \cdot 10^{-5}$	$1{,}26 \cdot 10^5$	$1{,}55 \cdot 10$	18 000
$3{,}10 \cdot 10^{17}$	$3{,}64 \cdot 10^{14}$	$1{,}59 \cdot 10^{18}$	$4{,}85 \cdot 10^{-5}$	$1{,}53 \cdot 10^5$	$1{,}14 \cdot 10$	20 000
$3{,}14 \cdot 10^{17}$	$1{,}83 \cdot 10^{15}$	$1{,}56 \cdot 10^{18}$	$4{,}15 \cdot 10^{-5}$	$1{,}72 \cdot 10^5$	7,36	22 000
$3{,}02 \cdot 10^{17}$	$7{,}22 \cdot 10^{15}$	$1{,}47 \cdot 10^{18}$	$3{,}70 \cdot 10^{-5}$	$1{,}84 \cdot 10^5$	5,59	24 000
$2{,}83 \cdot 10^{17}$	$2{,}30 \cdot 10^{16}$	$1{,}39 \cdot 10^{18}$	$3{,}35 \cdot 10^{-5}$	$1{,}96 \cdot 10^5$	6,14	26 000
$2{,}62 \cdot 10^{17}$	$6{,}01 \cdot 10^{16}$	$1{,}31 \cdot 10^{18}$	$3{,}05 \cdot 10^{-5}$	$2{,}10 \cdot 10^5$	8,73	28 000
$2{,}38 \cdot 10^{17}$	$1{,}29 \cdot 10^{17}$	$1{,}27 \cdot 10^{18}$	$2{,}75 \cdot 10^{-5}$	$2{,}32 \cdot 10^5$	$1{,}32 \cdot 10$	30 000

214508. Luft, Joule-Thomson-Koeffizient μ (Isobaren) ———, ------ verschiedene Autoren

214. Elemente

214509. Wärmeleitzahl λ bei 1 atm

ϑ °C	λ Wcm⁻¹grd⁻¹	ϑ °C	λ Wcm⁻¹grd⁻¹	ϑ °C	λ Wcm⁻¹grd⁻¹	ϑ °C	λ Wcm⁻¹grd⁻¹
−150	1,16	60	2,85	180	3,72	600	6,22
−100	1,61	80	2,99	200	3,86	700	6,66
−50	2,04	100	3,14	250	4,21	800	7,06
−0	2,43	120	3,28	300	4,54	900	7,41
20	2,57	140	3,43	400	5,15	1000	7,70
40	2,71	160	3,58	500	5,70		

Wärmeleitzahl bei höheren Drucken

ϑ	λ in μWcm⁻¹grd⁻¹ bei p in bar				
°C	1	100	200	300	400
0	242	(295)	(388)	(466)	(522)
25	260	299	381	454	504
50	276	304	378	443	490
75	296	311	377	436	479
100	314	321	378	432	472
150	354	360	391	432	477
200	385	390	418	444	496

214510. Durchbruchspannung U_d und Durchbruchfeldstärke E_d im homogenen Feld zwischen ebenen Elektroden im Abstand l für Gleichspannung und niederfrequente Wechselspannung für Luft von $p = 760$ Torr. $\vartheta_n = 20°$ C und 11 gm⁻³ absolute Feuchtigkeit

l cm	U_{d_n} kV	E_{d_n} kVcm⁻¹	l cm	U_{d_n} kV	E_{d_n} kVcm⁻¹	l cm	U_{d_n} kV	E_{d_n} kVcm⁻¹
0,01	0,96	96	0,4	13,9	34,8	5	137	27,4
0,02	1,46	73	0,5	16,9	33,8	6	163	27,1
0,03	1,89	63	0,6	19,8	33,0	7	188	26,8
0,04	2,36	57,6	0,7	22,7	32,4	8	213	26,7
0,05	2,70	53,9	0,8	25,5	31,9	9	238	26,5
0,06	3,07	51,2	0,9	28,3	31,4	10	263	26,3
0,07	3,44	49,2	1,0	31,0	31,0	11	288	26,2
0,08	3,85	47,5	1,5	45,0	30,0	13	338	26,0
0,09	4,14	46,1	2,0	58,6	29,3	15	388	25,9
0,1	4,51	45,1	2,5	72	28,8	17	430	25,8
0,2	7,82	39,1	3	85	28,4	20	514	27,7
0,3	10,95	36,3	4	112	27,9			

Die Durchschlagsfeldstärke E_d bei Abweichung vom Normzustand läßt sich aus $E_{d_n} = E_d \cdot \dfrac{p_n}{p} \cdot \dfrac{(\vartheta_n + 273)}{(\vartheta + 273)}$ errechnen. $p =$ Druck, $\vartheta =$ Temperatur.

214511. Dielektrizitätskonstante ε von trockener, CO₂ freier Luft

0° C	$(\varepsilon - 1) \cdot 10^6 = 586$
20° C	$(\varepsilon - 1) \cdot 10^6 = 590$

2. Zusammenfassende Tabellen

214512. Brechzahlen n für Luft von 15° C und 760 Torr mit 0,03 Vol.- % CO_2 gegenüber dem Vakuum in Abhängigkeit von der Wellenlänge λ_L, in Luft[1]. Die angegebenen Werte sind nach folgender Dispersionsformel (international 1952 vereinbart) für $\lambda_0 = 0{,}2000\ldots 1{,}3500$ μm angegeben (λ_0 Wellenlänge im Vakuum in μm)

$$(n_L - 1)\cdot 10^8 = 6432{,}8 + 2949810\left(146 - \frac{1}{\lambda_0^2}\right)^{-1} + 25540\left(41 - \frac{1}{\lambda_0^2}\right)^{-1} \text{(bei 15° C, 760 Torr)}$$

λ_L in μm	n	λ_L in μm	n	λ_L in μm	n	λ_L in μm	n
1,97	1,0002730	0,4808	1,0002795	0,3454	1,0002865	0,2872	1,0005935
1,310	1,0002735	0,4650	1,0002800	0,3398	1,0002870	0,2842	1,0002940
1,052	1,0002740	0,4506	1,0002805	0,3345	1,0002875	0,2814	1,0002945
0,904	1,0002745	0,4376	1,0002810	0,3295	1,0002880	0,2786	1,0002950
0,805	1,0002750	0,4256	1,0002815	0,3248	1,0002885	0,2759	1,0002955
0,738	1,0002755	0,4148	1,0002820	0,3202	1,0002890	0,2734	1,0002960
0,678	1,0002760	0,4048	1,0002825	0,3158	1,0002895	0,2708	1,0002965
0,634	1,0002765	0,3954	1,0002830	0,3117	1,0002900	0,2684	1,0002970
0,5978	1,0002770	0,3868	1,0002835	0,3078	1,0002905	0,2665	1,0002975
0,5674	1,0002775	0,3788	1,0002840	0,3079	1,0002910	0,2638	1,0002980
0,5413	1,0002780	0,3712	1,0002845	0,3004	1,0002915	0,2616	1,0002985
0,5185	1,0002785	0,3642	1,0002850	0,2968	1,0002920	0,2595	1,0002990
0,4985	1,0002790	0,3576	1,0002855	0,2935	1,0002925	0,2574	1,0002995
		0,3513	1,0002860	0,2903	1,0002930	0,2554	1,0003000

[1] Entnommen F. KOHLRAUSCH, Praktische Physik, Bd. II, S. 690.

215. Röntgenspektren

Die folgende Tabelle enthält die Röntgenspektrallinien der wichtigsten Elemente und Übergänge.

Die Tabelle enthält in den ersten beiden Spalten die Ordnungszahl und das chemische Symbol des Elements und in den folgenden Spalten die jeweiligen Röntgenwellenlängen in X-Einheiten [1 XE = (1,00202 ± 0,00003) · 10^{-11} cm].

Am Kopf der Tabelle ist jeweils der Niveauübergang nach Maßgabe der Abbildung vermerkt, so daß ein Übergang zwischen K- und L-Schale zunächst durch ein Symbol KL gekennzeichnet ist. Die Deutung des Index an dem Symbol KL usw., der die jeweilige Unterschale charakterisiert, geht aus der Abbildung hervor, in der zur Zusammenhang des Indices mit den Quantenschalen angegeben ist. Außerdem findet sich neben dieser Bezeichnung KL usw. die Charakterisierung der Linien nach SIEGBAHN α_1, α_2, vgl. Abbildung.

Gelegentlich, vornehmlich bei den leichteren Elementen, sind die Niveauübergänge zwischen der einen und den verschiedenen Unterschalen der nächsthöher gelegenen so wenig unterschieden, daß dann nur eine gemeinsame Wellenlänge angegeben wurde.

215. Röntgenspektren

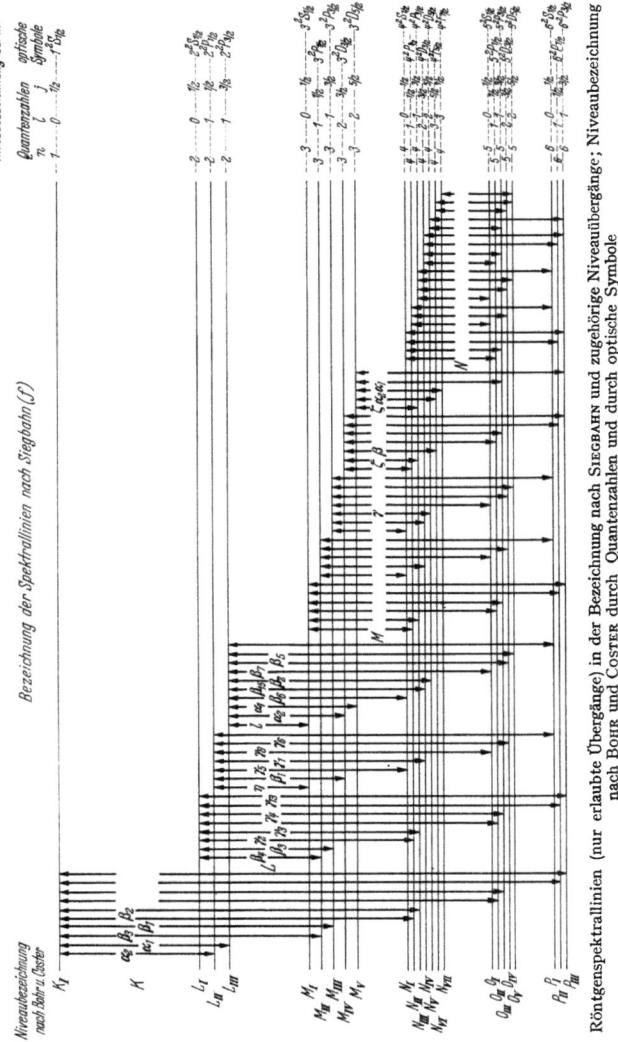

Röntgenspektrallinien (nur erlaubte Übergänge) in der Bezeichnung nach SIEGBAHN und zugehörige Niveauübergänge; Niveaubezeichnung nach BOHR und COSTER durch Quantenzahlen und durch optische Symbole

2. Zusammenfassende Tabellen

Ordnungszahl	Element	K-Serie					$L_{III}M_I$	$L_{III}M_V$	$L_{III}M_V$
		KL_{II}	KL_{III}	KM_{III}	\multicolumn{2}{c	}{KN_{III}}			
		α^1	α^2	β_1	β_2^{II}	β_2^{I}	l	α_2	α_1
11	Na	11,885		11,594					
12	Mg	9,869		9,539					
13	Al	8,3229		7,951					
14	Si	7,1111		6,751					
15	P	6,1425		5,7921					
16	S	5,3639	5,3611	5,0125			78,37		
17	Cl	4,7201	4,7181	4,3942			66,47		
18	Ar	4,1861	4,1831	3,8779			55,56		
19	K	3,7371	3,7337	3,4468			46,78		
20	Ca	3,3547	3,3515	3,0834			40,13		35,59
21	Sc	3,0284	3,0250	2,7739			34,88		30,70
22	Ti	2,7465	2,7429	2,5087			30,73		26,84
23	V	2,5021	2,4984	2,2797			27,21		23,77
24	Cr	2,2889	2,2850	2,0805			24,29		21,23
25	Mn	2,1015	2,0975	1,9062			21,82		19,06
26	Fe	1,9360	1,9321	1,7530			19,742		17,112
27	Co	1,7892	1,7853	1,6174			17,928		15,646
28	Ni	1,6584	1,6545	1,4971	\multicolumn{2}{c	}{1,4856}	16,373		14,272
29	Cu	1,5412	1,5374	1,3894	\multicolumn{2}{c	}{1,3782}	14,987		13,061
30	Zn	1,4360	1,4322	1,2926	\multicolumn{2}{c	}{1,2811}	13,769		12,009
31	Ga	1,3409	1,3372	1,2052	\multicolumn{2}{c	}{1,1938}	12,688		11,062
32	Ge	1,2552	1,2513	1,1267	\multicolumn{2}{c	}{1,1146}	11,922		10,224
33	As	1,1774	1,1734	1,0551	\multicolumn{2}{c	}{1,0429}	11,048		9,652
34	Se	1,1065	1,1025	0,99012	\multicolumn{2}{c	}{0,97788}	10,272		8,972
35	Br	1,0417	1,0376	0,93085	\multicolumn{2}{c	}{0,91858}	9,564		8,358
36	Kr	0,9821	0,9781	0,87668	\multicolumn{2}{c	}{0,86434}	—		—
37	Rb	0,9278	0,9236	0,82696	\multicolumn{2}{c	}{0,81476}	8,3644	7,3101	7,3033
38	Sr	0,8776	0,8735	0,78130	\multicolumn{2}{c	}{0,76921}	7,822	6,8556	6,8487
39	Y	0,8313	0,8271	0,73919	\multicolumn{2}{c	}{0,72727}	7,3412	6,4425	6,4355
40	Zr	0,7885	0,7843	0,70028	\multicolumn{2}{c	}{0,68850}	6,9043	6,0653	6,0580
41	Nb	0,7489	0,7447	0,66438	\multicolumn{2}{c	}{0,65280}	6,5042	5,7201	5,7125
42	Mo	0,71211	0,70783	0,63098	\multicolumn{2}{c	}{0,61970}	6,1381	5,40315	5,39535
43	Tc	0,6778	0,6735	0,6014	\multicolumn{2}{c	}{0,5899}	—	—	—
44	Ru	0,64606	0,64174	0,57131	\multicolumn{2}{c	}{0,56051}	5,4923	4,83575	4,83575
45	Rh	0,61637	0,61201	0,54449	\multicolumn{2}{c	}{0,53396}	5,2062	4,5880	4,5880
46	Pd	0,58861	0,58424	0,51947	\multicolumn{2}{c	}{0,50918}	4,9423	4,3588	4,3588
47	Ag	0,56264	0,55824	0,49601	\multicolumn{2}{c	}{0,48603}	4,6979	4,14575	4,14575
48	Cd	0,53832	0,53390	0,47412	\multicolumn{2}{c	}{0,46437}	4,4709	3,9483	3,9483
49	In	0,51548	0,51106	0,45360	\multicolumn{2}{c	}{0,44407}	4,2599	3,7643	3,7643
50	Sn	0,49402	0,48957	0,43434	\multicolumn{2}{c	}{0,42504}	4,0633	3,5926	3,5926
51	Sb	0,47383	0,46937	0,41622	\multicolumn{2}{c	}{0,40713}	3,8803	3,44133	3,43222
52	Te	0,45483	0,45035	0,39917	\multicolumn{2}{c	}{0,39029}	3,7094	3,2917	3,28246
53	J	0,43692	0,43242	0,38311	\multicolumn{2}{c	}{—}	3,5502	3,15143	3,14214
54	Xe	0,41958	0,41512	0,36772	\multicolumn{2}{c	}{0,35916}	—	—	—
55	Cs	0,40400	0,39946	0,35363	\multicolumn{2}{c	}{0,34539}	3,2601	2,8958	2,8862
56	Ba	0,38886	0,38431	0,34010	\multicolumn{2}{c	}{0,33207}	3,1287	2,7793	2,7696
57	La	0,37452	0,36996	0,32730	0,31973	0,31945	3,000	2,6689	2,6597
58	Ce	0,36094	0,35636	0,31516	0,30777	0,30751	2,8857	2,5651	2,5560
59	Pr	0,34803	0,34343	0,30363	0,29643	0,29617	2,7781	2,4676	2,4577
60	Nd	0,33577	0,33115	0,29268	\multicolumn{2}{c	}{0,28573}	2,6703	2,3756	2,3653
61	Pm	0,32368	0,31902	0,28200	\multicolumn{2}{c	}{0,27503}	—	2,2879	2,2775
62	Sm	0,31302	0,30833	0,27250	\multicolumn{2}{c	}{0,26575}	2,477	2,2057	2,1950
63	Eu	0,30265	0,29790	0,26307	\multicolumn{2}{c	}{0,25645}	2,3903	2,1273	2,1163
64	Gd	0,29261	0,28782	0,25394	\multicolumn{2}{c	}{0,24762}	2,3071	2,0526	2,0419
65	Tb	0,28286	0,27820	0,24551	\multicolumn{2}{c	}{0,23912}	2,2290	1,9823	1,9715
66	Dy	0,27375	0,26903	0,23710	\multicolumn{2}{c	}{0,23128}	2,1540	1,91593	1,90485
67	Ho	0,26499	0,26030	—	\multicolumn{2}{c	}{—}	2,0821	1,8521	1,8410
68	Er	0,25664	0,25197	0,22215	\multicolumn{2}{c	}{0,21671}	2,0151	1,7914	1,7804
69	Tm	0,24861	0,24387	0,21487	\multicolumn{2}{c	}{—}	1,9511	1,7339	1,7228
70	Yb	0,24098	0,23628	0,20834	\multicolumn{2}{c	}{0,20322}	1,890	1,6793	1,6685
71	Lu	0,23358	0,22882	0,20171	\multicolumn{2}{c	}{0,19649}	1,8318	1,6260	1,61617
72	Hf	0,22653	0,22173	0,19515	\multicolumn{2}{c	}{0,19042}	1,7777	1,5778	1,5663
73	Ta	0,21985	0,21505	0,18969	0,184802	0,184625	1,7248	1,5297	1,5188
74	W	0,21339	0,20858	0,18397	0,179212	0,179038	1,6750	1,48438	1,47336
75	Re	0,20718	0,20236	0,17851	0,173899	0,173698	1,6272	1,44096	1,42997
76	Os	0,20122	0,19639	0,17326	0,168756	0,168558	1,5817	1,39943	1,38833
77	Ir	0,19549	0,19065	0,16819	0,163808	0,163613	—	1,3598	1,34847
78	Pt	0,18999	0,18513	0,16333	0,159053	0,158863	1,4964	1,32155	1,31033

215. Röntgenspektren

L-Serie						M-Serie			
$L_{II}M_I$	$L_{II}M_{IV}$	L_IM_{II}	L_IM_{III}	$L_{III}N_V$	$L_{II}N_{IV}$	M_VN_{VI}	M_VN_{VII}	$M_{IV}N_{VI}$	$M_{III}N_V$
η	β_1	β_4	β_3	β_2	γ_1	α_2	α_1	β	γ
77,69									
65,89									
55,0									
46,28									
39,64									
34,42									
30,26									
26,77									
23,80									
21,38									
19,33		15,37							
17,48		14,07							
15,94		12,90							
14,61		11,85							
13,416		10,976							
12,341		—							
11,587		—							
10,711		8,912							
9,939		—	—						
9,235		—	—						
—		—	—						
8,0247	7,0614	6,8067	6,7736						
7,5046	6,6103	6,3897	6,3544						
7,0269	6,1992	6,0062	5,9708						
6,5933	5,8240	5,6565	5,6214	5,5748	5,3732				
6,1981	5,4810	5,3345	5,2993	5,2271	5,0258				
5,8354	5,16635	5,0384	5,0030	4,9131	4,7161				
—		—	—	—	—				
5,1944	4,6111	4,5137	4,4775	4,3627	4,1736				
4,9116	4,3651	4,2800	4,2435	4,1222	3,9355				
4,6508	4,1376	4,0627	4,0262	3,9008	3,7169				
4,4092	3,9265	3,8624	3,82545	3,6956	3,51545				
4,1845	3,73054	3,67435	3,6374	3,50699	3,3288				
3,97505	3,54803	3,49975	3,4627	3,33159	3,1557				
3,78095	3,37796	3,3365	3,2991	3,16879	2,995				
3,60025	3,2191	3,1836	3,1461	3,01724	2,84575				
3,4313	3,07046	3,04035	3,00275	2,87626	2,70648				
3,27325	2,9314	2,9061	2,8684	2,74489	2,57714				
—	—	—	—	—	—				
2,9867	2,6780	2,6611	2,6229	2,5064	2,3430				
2,8562	2,5622	2,5497	2,5109	2,3994	2,2367				
2,734	2,4533	2,4438	2,4053	2,2980	2,1372				
2,6147	2,3510	2,3442	2,3059	2,2041	2,0443				
2,507	2,2539	2,2501	2,2124	2,1148	1,9568				10,975
2,4042	2,1622	2,1622	2,1222	2,0314	1,8738	12,65		12,375	10,483
—	2,0754	—	2,0379	1,9518	1,7952				
2,214	1,9936	1,9964	1,9580	1,8781	1,7231	11,406		11,238	9,580
—	1,9163	1,9221	1,8827	1,8082	1,6543	10,932		10,723	9,192
—	1,8425	1,8493	1,8109	1,7419	1,5886	10,394		10,233	8,826
—	1,7729	1,7814	1,7425	1,6790	1,52728	9,917		9,772	8,468
1,8922	1,7071	1,7167	1,6777	1,62034	1,46962	9,524		9,345	8,127
1,8220	1,6435	1,6553	1,6160	1,5637	1,4142	9,143		8,947	7,849
1,7548	1,5834	1,5964	1,5579	1,5106	1,3623	8,783		8,576	7,530
1,6923	1,5268	1,5412	1,5023	1,4602	1,3127	—		—	—
1,631	1,4726	1,4883	1,4494	1,4125	1,2650	8,122		7,893	7,009
1,5738	1,4206	1,4376	1,3986	1,3673	1,2198	7,824		7,585	6,748
1,5201	1,37125	1,3893	1,3502	1,32364	1,17656	—	7,524	7,289	6,530
1,4680	1,3243	1,3429	1,3041	1,28188	1,13564	—	7,237	7,008	6,299
1,4181	1,2792	1,2988	1,2599	1,24203	1,09630	6,978	6,969	6,743	6,076
1,3706	1,2360	1,2566	1,2178	1,20415	1,05881	—	6,715	6,491	5,875
1,3251	1,1948	1,2159	1,1771	1,16742	1,02292	—	6,477	6,254	5,670
1,2817	1,1554	1,1771	1,1385	1,13297	0,98876	6,262	6,249	6,025	5,490
1,2403	1,1176	1,1399	1,1017	1,09974	0,95599	6,045	6,034	5,816	5,309

Ordnungszahl	Element	K-Serie					$L_{III}M_I$	$L_{III}M_{IV}$	$L_{III}M_V$
		KL_{II}	KL_{III}	KM_{III}	KN_{III}				
		α_1	α_1	β_1	β_2^{II}	β_2^{I}	l	α_2	α_1
79	Au	0,18469	0,17982	0,15865	0,154505	0,154295	1,4567	1,28502	1,27368
80	Hg	—	—	—	—	—	1,4187	1,25005	1,23864
81	Tl	0,17468	0,16979	0,14983	—	—	1,3820	1,21633	1,20492
82	Pb	0,16994	0,16503	0,14567	0,14183	0,14162	1,3471	1,18405	1,17267
83	Bi	0,16537	0,16045	0,14166	0,13786	0,13769	1,3135	1,15298	1,14154
84	Po	—	0,155	—	0,134		—	1,12329	1,11152
85	At	—	0,151	—	—	—	—	—	1,0826
88	Ra	—	—	—	—	—	1,1648	1,01445	1,00265
90	Th	0,13754	0,13254	0,11715	0,11405	0,11381	1,1128	0,96576	0,95405
91	Pa	—	—	—	—	—	1,0885	0,9427	0,9309
92	U	0,13070	0,12569	0,11116	0,10842		1,0649	0,92062	0,90874

216. Streuungs- und Absorptionsquerschnitt (Geschwindigkeits-

Element	σ_a (barn)	$\bar{\sigma}_s$ (barn)	Element	σ_a (barn)	$\bar{\sigma}_s$ (barn)
$_1$H	0,328±0,002	38±4 (gas)	$_{22}$Ti	5,8±0,4	4±1
$_2$He	0	0,8±0,2	$_{23}$V	5,00±0,01	5±1
$_3$Li	70,4±0,4	1,4±0,3	$_{24}$Cr	3,1±0,2	3,0±0,5
$_4$Be	0,010±0,001	7±1	$_{25}$Mn	13,2±0,1	2,3±0,3
$_5$B	758±4	4±1	$_{26}$Fe	2,62±0,06	11±1
$_6$C	3,73±0,07 ·10^{-3}	4,8±0,2	$_{27}$Co	37,1±1,0	7±1
			$_{28}$Ni	4,6±0,1	17,5±1
$_7$N	1,88±0,05	10±1	$_{29}$Cu	3,81±0,03	7,2±0,7
$_8$O	<2·10^{-4}	4,2±0,3	$_{30}$Zn	1,10±0,02	3,6±0,4
$_9$F	<1·10^{-2}	3,9±0,2	$_{31}$Ga	2,80±0,13	4±1
$_{10}$Ne	0,032±0,009	2,4±0,3	$_{32}$Ge	2,45±0,20	3±1
$_{11}$Na	0,531±0,008	4,0±0,5	$_{33}$As	4,3±0,2	6±1
$_{12}$Mg	0,063±0,003	3,6±0,4	$_{34}$Se	11,7±0,1	11±2
$_{13}$Al	0,241±0,003	1,4±0,1	$_{35}$Br	6,82±0,06	6±1
$_{14}$Si	0,16±0,02	1,7±0,3	$_{36}$Kr	31±2	7,2±0,7
$_{15}$P	0,20±0,02	5±1	$_{37}$Rb	0,73±0,07	5,5±0,5
$_{16}$S	0,52±0,02	1,1±0,2	$_{38}$Sr	1,21±0,06	10±1
$_{17}$Cl	33,8±1,1	16±3	$_{39}$Y	1,31±0,08	
$_{18}$A	0,66±0,04	1,5±0,5	$_{40}$Zr	0,185±0,004	8±1
$_{19}$K	2,07±0,07	1,5±0,3	$_{41}$Nb	1,16±0,02	5±1
$_{20}$Ca	0,44±0,02	3,2±0,3	$_{42}$Mo	2,70±0,04	7±1
$_{21}$Sc	24±1	24±2			

L-Serie						M-Serie			
$L_{II}M_I$	$L_{II}M_{IV}$	$L_I M_{II}$	$L_I M_{III}$	$L_{III} N_V$	$L_{II} N_{IV}$	$M_V N_{VI}$	$M_V N_{VII}$	$M_{VI} N_{VI}$	$M_{III} N_V$
η	β_1	β_4	β_3	β_2	γ_1	α_2	α_1	β	γ
1,2003	1,0813	1,1043	1,0656	1,06801	0,92470	5,842	5,828	5,612	5,135
1,1616	1,0465	1,0700	1,0315	1,03756	0,89461	5,541		5,331	—
1,1254	1,01314	1,0371	0,99863	1,00829	0,86580	5,461	5,450	5,239	4,815
1,0903	0,98099	1,00538	0,96710	0,98024	0,83802	5,288	5,274	5,065	4,665
1,0564	0,95005	0,97491	0,93664	0,95321	0,81148	5,119	5,108	4,899	4,522
—	0,92033	0,94554	0,90722	0,92743	0,78590	—	—	—	—
—	0,892	—	—	—	—	—	—	—	—
0,9055	0,81206	0,83897	0,80107	0,83364	0,69319	—	—	—	—
0,8527	0,76363	0,79098	0,75328	0,79192	0,65185	4,143	4,130	3,934	3,672
0,8278	0,7407	0,7683	0,7307	0,7721	0,6325	4,027	4,014	3,819	3,570
0,8035	0,7185	0,7464	0,70879	0,75307	0,61359	3,916	3,902	3,708	3,473

der Elemente für thermische Neutronen einheit 2200 m/sec)[1]

Element	σ_a (barn)	$\bar{\sigma}_s$ (barn)	Element	σ_a (barn)	$\bar{\sigma}_s$ (barn)
$_{43}$Tc	22±3	5±1	$_{65}$Tb	46±3	
$_{44}$Ru	2,56±0,12	6±1	$_{66}$Dy	940±20	100±20
$_{45}$Rh	149±4	5±1	$_{67}$Ho	65±3	
$_{46}$Pd	8,0±1,5	3,6±0,6	$_{68}$Er	173±17	
$_{47}$Ag	64,5±0,6	6±1	$_{69}$Tm	127±4	7±3
$_{48}$Cd	2537±9	7±1	$_{70}$Yb	37±4	12±5
$_{49}$In	194±2	2,2±0,5	$_{71}$Lu	112±5	
$_{50}$Sn	0,625±0,015	4±1	$_{72}$Hf	101,4±0,5	8±2
$_{51}$Sb	5,7±1,0	4,3±0,5	$_{73}$Ta	21,0±0,7	5±1
$_{52}$Te	4,7±0,1	5±1	$_{74}$W	19,2±1,0	5±1
$_{53}$I	6,22±0,25	3,6±0,5	$_{75}$Re	86±4	14±4
$_{54}$Xe	74±1	4,3±0,4	$_{76}$Os	15,3±0,7	15,3±1,5
$_{55}$Cs	28±1	7±1	$_{77}$Ir	440±20	
$_{56}$Ba	1,2±0,1	8±1	$_{78}$Pt	8,8±0,4	10±1
$_{57}$La	8,9±0,2	9,3±0,7	$_{79}$Au	98,6±0,3	9,3±1,0
$_{58}$Ce	0,73±0,08	2,8±0,5	$_{80}$Hg	374±5	20±5
$_{59}$Pr	11,3±0,2	4,0±0,4	$_{81}$Tl	3,4±0,5	14±2
$_{60}$Nd	49,9±2,2	16±3	$_{82}$Pb	0,170±0,002	11±1
$_{62}$Sm	5828±30		$_{83}$Bi	0,034±0,002	9±1
$_{63}$Eu	4406±30	8±1	$_{90}$Th	7,56±0,11	12,6±0,2
$_{64}$Gd	46617±100		$_{92}$U	7,68±0,07	8,3±0,2

[1] Nach BECKURTS/WIRTZ, Neutron Physics, Berlin-Göttingen-Heidelberg-New York: Springer 1964.

22. Anorganische Verbindungen
221. Tabelle der physikalischen und chemischen Daten

Die folgende Tabelle gibt für etwa 2200 anorganische Verbindungen die wichtigsten physikalischen und chemischen Daten an.

Die Tabelle ist so angelegt, daß neben den in der ersten Spalte aufgeführten Verbindungen in den folgenden Spalten fortlaufend die Eigenschaften angegeben sind. Die einzelnen Spalten enthalten:

Spalte 1		Formel.
Spalte 2		Name.
Spalte 3		Aggregatzustand bei 25° C.
Spalte 4	Zeile 1	Molekularmasse, berechnet nach den relativen Atommassen von 1961.
	Zeile 2	Dichte bei 20° C. Falls die Dichte bei einer wesentlich tiefer oder höher gelegenen Temperatur angegeben ist, findet man die Temperatur in der Spalte Bemerkungen. Der Hinweis erfolgt durch einen Stern. Betr. Nm³ s. S. 5.
Spalte 5		Kristalldaten: System, Typ und Symbol.

Es bedeutet kub. = kubisches System
               tetr. = tetragonales System
               orh. = orthorhombisches System
               hex. = hexagonales System
               trig. = trigonales oder rhomboedrisches System
               mkl. = monoklines System
               trikl.= triklines System.

Die Typen sind vom Strukturbericht übernommen. An Symbolen sind die nach SCHOENFLIES und HERMANN-MAUGUIN in der gekürzten Form angegeben.

Spalte 6	Kristalldaten: Kantenlängen der Einheitszelle in Å.
Spalte 7	Kristalldaten: Winkel der Einheitszelle des mkl., trig. oder trikl. Systems, darunter M die Anzahl der Moleküle in der Einheitszelle.
Spalte 8	Brechzahl bei Zimmertemperatur für die Na-Linie 5893 Å gegen Luft.

Ist die Brechzahl für eine andere Linie bestimmt, so ist diese in den Bemerkungen angegeben. Für feste Stoffe ist im kub. System nur eine Brechzahl vorhanden. Im tetr., hex. und trig. System tritt Doppelbrechung auf. Es bezieht sich dann die zuerst angegebene Brechzahl auf den ordentlichen Strahl (Omega), die zweite auf den außerordentlichen Strahl (Epsilon). Für optisch mehrachsige Kristalle (orh., mkl., trikl.) sind die kleinste (n_α), die mittlere (n_β) und die größte (n_γ) Brechzahl nacheinander aufgeführt.

221. Tabelle der physikalischen und chemischen Daten 1-197

Spalte 9 und 10   In Spalte 9 steht die Schmelztemperatur, wenn in Spalte 10 ein F steht, die Verdampfungstemperatur bei 760 Torr, wenn in Spalte 10 ein V steht, die Temperatur einer oft nicht näher gekennzeichneten Umwandlung im festen Zustand, wenn in Spalte 10 ein U steht. In einzelnen Fällen wurden die Umwandlungen in den Bemerkungen beschrieben. Ein Z vor der Zahl in Spalte 9 besagt, daß bei der angegebenen Temperatur Zersetzung erfolgt. Steht Z nach der Zahl, erfolgt die Phasenumwandlung unter Zersetzung.

Spalte 11   Molare Schmelzenthalpie, molare Verdampfungsenthalpie oder molare Umwandlungsenthalpie für die in Spalte 9 angegebene Temperatur.

Spalte 12 und 13   Standardwerte bei 25° C.

Spalte 12 Zeile 1 C_p^0 Molwärme bei konstantem Druck.

Zeile 2 S^0 molare Entropie.

Spalte 13 Zeile 1 ΔH_B^0 molare Bildungsenthalpie aus den Elementen im Normzustand.

Zeile 2 ΔG_B^0 molare freie Bildungsenthalpie. Es ist $\Delta G_B^0 = \Delta H_B^0 - T \Delta S^0$, ΔH_B^0 ist der in Spalte 13, Zeile 1 angegebene Wert, $T \Delta S^0$ die mit $T = 298,15°$ K (Standardtemperatur) multiplizierte Differenz zwischen dem S^0-Wert der Verbindung (Spalte 12, Zeile 2) und der Summe der S^0-Werte der die Verbindung bildenden Elemente, also zum Beispiel:
Für $SiCl_4$ ist $\Delta H_B^0 = -577,4$ kJ/Mol, $S^0 = 239,7$ J/Mol. S^0 ist für Si 18,72 und für Cl_2 223,0 J/Mol. Also ist $\Delta S^0 = 239,7 - (18,72 + 2 \cdot 223,0) = -225,02$ mit $T = 298,15°$ K multipliziert ergibt sich $-67,089$ kJ/Mol. ΔG_B^0 ist also $-510,3$ kJ/Mol.

Spalte 14   enthält die Dielektrizitätskonstante ε, den linearen oder kubischen Ausdehnungskoeffizienten α oder γ bei der angegebenen Temperatur bzw. $\bar{\alpha}$ und $\bar{\gamma}$ für den angegebenen Temperaturbereich, die Kompressibilität $\varkappa$, die molare Suszeptibilität χ_{Mol}, sowie alle weiteren Angaben zur Charakterisierung der Substanz wie Farbe und Beschaffenheit, Geruch, chemisches Verhalten, Umwandlungen und Veränderungen, Löslichkeit in Wasser, Säuren, Laugen und organischen Lösungsmitteln. Quantitative Angaben beziehen sich bei kristallwasserhaltigen Stoffen stets auf die wasserfreie Substanz. Die Konzentrationseinheit ist jeweils angegeben. % ohne Angabe bedeutet Gew.-%. Ein halbfett gesetztes L bei der Löslichkeitsangabe für Wasser, besagt, daß der Stoff auch in der Tabelle der Lösungsgleichgewichte zu finden ist. Bei Gasen sind die kritischen Daten angegeben.

Bei Verbindungen, die von der Kommission zur Prüfung gesundheitsschädlicher Arbeitsstoffe der Deutschen Forschungsgemeinschaft gemäß der Mitteilungen II und III, November 1961 und Juni 1964, geprüft sind, ist die maximale Arbeitsplatzkonzentration (MAK) für eine

2. Zusammenfassende Tabellen

Temperatur von 20° C und einen Druck von 760 Torr in cm³/m³ oder in mg/m³ angegeben. Wird ein Stoff auch durch die Haut resorbiert, so ist ein H hinzugefügt.

Von den genannten Konzentrationen kann nach der bisherigen Erfahrung beim Umgang mit den Stoffen oder/ und auf Grund langdauernder Tierversuche angenommen werden, daß sie selbst bei täglich rund achtstündiger Einwirkung im allgemeinen die Gesundheit nicht schädigen. Wir danken der Deutschen Forschungsgemeinschaft für die Bereitstellung der Angaben.

Anordnung der Stoffe: Eine gesuchte Verbindung findet man unter dem chemischen Symbol des Kations in lexikographischer Anordnung; sind zwei Kationen (Metalle) in der Verbindung vorhanden, so ist unter dem im Alphabet voranstehenden Kation zu suchen. H-Atome in sauren Salzen sind ebenso wie das Kristallwasser nicht alphabetisch geordnet; diese Verbindungen folgen den neutralen Salzen, kristallwasserhaltige den wasserfreien. Im Anion erfolgt die lexikographische Ordnung nach dem jeweils dominierenden Zentralatom.

221. Tabelle der physikalischen und chemischen Daten 1-199

Abkürzungsliste

abs.	absolut	Nd.	Niederschlag
Absp.	Abspaltung	Oxid.	Oxydation
Ä	Diäthyläther	oxid.	oxydiert (sich)
Al	Äthanol	or.	orange
Alk	Alkalilauge	orh.	orthorhombisch
alkohol.	alkoholisch	p	Druck
Bdk.	Bodenkörper	PÄ	Petroläther
Bzl	Benzol	Py	Pyridin
Chlf	Chloroform	red.	reduziert
D	Dichte	Red.	Reduktion
Darst.	Darstellung	S	Säure(n)
dkl	dunkel	Sb	Sublimation
E	Erstarrungspunkt	schw.	schwarz
Eg	Eisessig	sied.	siedend
Egester	Essigsäureäthylester	sll.	sehr leicht löslich
Egs	Essigsäure	subl.	sublimiert
expl.	explodiert, explosiv	swl.	sehr wenig löslich
F	Schmelzpunkt	techn	technisch
fbl.	farblos	Temp.	Temperatur
Fl.	Flüssigkeit	tetr.	tetragonal
fl.	flüssig	trig.	trigonal
flch.	flüchtig	trikl.	triklin
gebr.	gebräuchlich	unl.	(praktisch) unlöslich
geschl.	geschlossen	V	Verdampfung
Ggw.	Gegenwart	Vak.	Vakuum
g. Z.	geringe Zersetzung	verd.	verdünnt
h.	heiß	Verw.	Verwendung
h (vor Farbe)	hell	viol.	violett
hex.	hexagonal	Vol	Volumen
hygr.	hygroskopisch	Vork.	Vorkommen
k.	kalt	W	Wasser
konz.	konzentriert	wl.	wenig löslich
Krist.	Kristall(e)	wss.	wäßrig
krist.	kristallisiert, kristallin	Z.	Zersetzung
		zerfl.	zerfließlich
kub.	kubisch	zers.	zersetzt (sich)
KW	Kohlenwasserstoff(e)	zll.	ziemlich leicht löslich
l.	löslich		
L	Löslichkeit (bei quantitativen Angaben)	α	linearer thermischer Ausdehnungskoeffizient
Lg	Ligroin	γ	kubischer thermischer Ausdehnungskoeffizient
ll.	leicht löslich		
Lösm.	Lösungsmittel	ε	Dielektrizitätskonstante
Lsg.	Lösung		
MAK	maximale Arbeitsplatz-Konzentration	$\varkappa$	Kompressibilitätskoeffizient
Me	Methanol	χ	Suszeptibilität
met.	metallisch	%	Gewichts-%
mkl.	monoklin		

Formel	Name	Zustand	Mol.-Masse / Dichte g·cm⁻³	System, Typ und Symbol	Kantenlange in Å	Winkel und M	Brechzahl n_D
Ag	**Silber**						
Ag_3AsO_3	arsenit	f	446,53				
Ag_3AsO_4	arsenat	f	462,53 6,657	kub. $H\,2_1$ $T_d^4, P\bar{4}3n$	6,12	$M=2$	
AgBr	bromid	f	187,78 6,473	kub. $B\,1$ $O_h^5, Fm3m$	5,77	$M=4$	2,252
$AgBrO_3$	bromat	f	235,78 5,206	tetr. $C_{4h}^5, I4/m$	8,49 7,89	$M=8$	1,8466 1,9200
AgCN	cyanid	f	133,89 4,72 (trig.) 4,80 (kub.)	trig. $C_{3v}^5, R3m$	3,88	101,2° $M=1$	1,685 1,94
AgCON	fulminat	f	149,89 4,09				
Ag_2CO_3	carbonat	f	275,75 6,077	mkl. $C_2^2, P2_1$	4,83 9,52 3,23	92,7° $M=2$	
AgCd	cadmium	f	220,27	kub. $B\,2$ $O_h^1, Pm3m$	3,33	$M=1$	
AgCl	chlorid	f	143,32 5,56	kub. $B\,1$ $O_h^5, Fm3m$	5,54	$M=4$	2,0622
$AgClO_2$	chlorit	f	175,32 4,30	tetr. $4/mmm$	12,17 6,09	$M=16$	

Anorganische Verbindungen **Ag** 1-201

°C	ΔH kJ/Mol	C_p J/Molgrd	S^0 J/Molgrd	ΔH_B kJ/Mol	ΔG^0 kJ/Mol	Bemerkungen und Charakteristik
150 Z	F					gelbes Pulver; LW 20° 0,11 %; l. S, wss. NH_3; unl. Al
						schokoladebrauner Nd.; LW 20° $0,8 \cdot 10^{-3}$ %; l. S, wss. NH_3
259	U		52,38	−99,1		$\varkappa(100...510 \text{ at}, 20° C) = 2,7 \cdot 10^{-6}$ at^{-1}; $\varepsilon(10^6 \text{ Hz}) = 13,1$; $\chi_{Mol} = -59,7 \cdot 10^{-6}$ cm^{3}Mol^{-1}; Bromargyrit; gelblichweißes geruchloses Pulver; farbt sich am Licht viol.; LW 20° $1 \cdot 10^{-5}$ %; L Al 25° 8,7 Mol/l Lsg.; l. konz. wss. NH_3, KCN- und $Na_2S_2O_3$-Lsg.; unl. in den meisten S
430	F	916	107,1	−95,5		
1533	V	198				
						$\varkappa(10000...20000 \text{ at}) = 2,3 \cdot 10^{-6}$ at^{-1}; weißes Salz; LW 25° 0,166 %; wl. HNO_3, l. wss. NH_3
350	F	11,5		146,1		$\varepsilon(10^{12} \text{ Hz}) = 15,7$; $\chi_{Mol} = -43,2 \cdot 10^{-6}$ cm^{3}Mol^{-1}; weißes, körniges, geruchloses Pulver, an trockener Luft beständig; praktisch unl. Al, verd. S; LW 20° $2,2 \cdot 10^{-5}$ %; l.wss. NH_3, KCN-, $Na_2S_2O_3$-Lsg.; 2. Form kub. B1, O_h^5, $Fm3m$, $a = 5,69$ Å, $M = 4$
			83,7	164		
				182		Nadeln; LW 13° 0,075 %; l. wss. NH_3; unl. HNO_3; sehr expl.
218 Z	F		112,1	−506,0		$\chi_{Mol} = -40,45 \times 2 \cdot 10^{-6}$ cm^{3}Mol^{-1}; gelbes Pulver; LW 25° $3,2 \cdot 10^{-3}$ %; l. konz. Alkalicarbonatlsg., KCN-Lsg., HNO_3, H_2SO_4; beim Erhitzen →CO_2-Abspaltung
			167,3	−436,8		
211	U			−10,9		$\alpha(20° C) = 20 \cdot 10^{-6}$; über 443° C kub. A2, O_h^9, $Im3m$, $a = 3,32$ Å, $M = 1$
443	U	1,92	98,3	−12,0		
455	F	12,73	55,78	−126		$\bar{\gamma}(25...50° C) = 103 \cdot 10^{-6}$ grd^{-1}; $\varkappa(100...500 \text{ at}; 20° C) = 2,4 \cdot 10^{-6}$ at^{-1}; $\varepsilon(10^6 \text{ Hz}) = 12,3$; $\chi_{Mol} = -49,0 \cdot 10^{-6}$ cm^{3}Mol^{-1}; Chlorargyrit, Hornsilber; geschmeidig; käsig flockig, pulverförmig, körnig krist. Pulver; LW 20° $1,6 \cdot 10^{-4}$ %; LMe $3,9 \cdot 10^{-7}$ Mol/l Lsg.; L Al 25° $9,6 \cdot 10^{-8}$ Mol/l Lsg.; l. wss. NH_3, KCN-, $Na_2S_2O_3$-Lsg.
1547	V	199	96,07	−108,7		
			87,32	0		gelbe Kristallschuppen; verpufft bei 105°; beständig gegen sied. W; LW 0° 0,18 %; 20° 0,4 %; 60° 1,07 %; 100° 2,03 %
			134,7	66,9		

Formel	Name	Zustand	Mol.-Masse / Dichte g·cm⁻³	System, Typ und Symbol	Einheitszelle Kantenlänge in Å	Winkel und M	Brechzahl n_D
$AgClO_3$	chlorat	f	191,32 / 4,430	tetr. C_{4h}^5, $I4/m$	8,49 / 7,89	$M=8$	
$AgClO_4$	perchlorat	f	207,32 / 2,806	kub.* HO_5 T_d^2, $F\bar{4}3m$	7,0	$M=4$	
Ag_2CrO_4	chromat	f	331,73 / 5,625				
$Ag_2Cr_2O_7$	dichromat	f	431,73 / 4,770				
AgF	(I)-fluorid	f	126,87 / 5,852	kub. $B1$ O_h^5, $Fm3m$	4,92	$M=4$	
$AgF \cdot 2H_2O$		f	162,90				
AgF_2	(II)-fluorid	f	145,87 / 4,78				
Ag_2F	subfluorid	f	234,74 / 8,57	trig. $C6$ D_{3d}^3, $P\bar{3}m1$	2,99 / 5,71	$M=1$	
AgJ	jodid	f	234,77 / 5,709	hex. $B4$ C_{6v}^4, $P6_3mc$	4,58 / 7,49	$M=2$	2,218 / 2,229
$AgJO_3$	jodat	f	282,77 / 5,525	orh. D_{2h}^{15}, $Pbca$	7,24 / 5,77 / 15,13	$M=7,3$ bzw. 7,6	

Anorganische Verbindungen   Ag 1-203

°C	Phasen-umwandlungen ΔH kJ/Mol	Standardwerte bei 25° C C_p S^0 J/Molgrd	ΔH_B ΔG^0 kJ/Mol	Bemerkungen und Charakteristik
231 Z 270	F		−23,97	undurchsichtige weiße Krist.; LW 10° 10%, 20° 13%, 40° 22%; l. Al; zers. mit HCl, HNO$_3$, Egs
			−32,5	* über 155° C; LW 20° 84% Bdk. 1 H$_2$O; L Bzl 40° 6% Bdk. 1 C$_6$H$_6$; L Egs 19,8° 44%
		142,3 216,8	−711,7 −621,9	$\chi_{Mol} = -19{,}75 \times 2 \cdot 10^{-6}$ cm^{3}Mol^{-1}; rote Krist.; dklrotes krist. Pulver; LW 0° 1,4 · 10^{-3} %, 40° 5 · 10^{-3} %; l. KCN-Lsg., S, wss. NH$_3$; zers. durch längeres Kochen mit konz. HNO$_3$
				dklrote Krist.
435	F	84	−202,9 −208	$\chi_{Mol} = -36{,}5 \cdot 10^{-6}$ cm^{3}Mol^{-1}; weiße blätterig-krist. Masse, hornartig elastisch; sehr hygr.; färbt sich am Licht dkl; LW 15° 57,5%, Bdk. 4 H$_2$O; 28,5° 68,2%, Bdk. 2 H$_2$O; 108° 66%, Bdk. 0 H$_2$O; l. HF, Egs., CH$_3$CN; unl. Al; MAK: 2,94 mg/m^3 Luft
		159	−799,7	große glashelle harte Prismen, zerfl. an feuchter Luft LW s. AgF
690	F		−354	in reinem Zustand weißes, sonst bräunliches Pulver; chemisch sehr reaktionsfähig; in W sofort Hydrolyse; MAK: 3,38 mg/m^3 Luft
			−211	$\chi_{Mol} = 64{,}3 \cdot 10^{-6}$ cm^{3}Mol^{-1}; große glänzende bronzefarbene grünlich schillernde Krist., am Licht langsam grauschw.; >700° C→AgF+Ag; zers. W unter Abscheiden von grauem Ag; beständig gegen Al
147 557 1506	U* F V	6,1 9,41 143,9	54,43 114,2	−64,1 −68,15	* U B4→B23, kub. O_h^9, $Im3m$, $a=5{,}03$ Å, $M=2$; $\varkappa(100\ldots510$ at, 20° C$)=4{,}0 \cdot 10^{-6}$ at^{-1}; Jodargyrit; hgelbes krist. Pulver; lichtempfindlich; LW 25° 2,5 · 10^{-7} %; L Al 2,1 · 10^{-10} Mol/l Lsg.; l. KCN- und KJ-Lsg.; wl. wss. NH$_3$, Na$_2$S$_2$O$_3$-Lsg.; praktisch unl. S außer HJ
			102,9 156,9		weiße glänzende Nadeln, am Licht rasche Färbung; Zerfall in AgJ+O$_2$ bei höherer Temp.; LW 20° 4,3 · 10^{-3} %, 40° 8,5 · 10^{-3} %; l. wss. NH$_3$; wl. HNO$_3$

Formel	Name	Zustand	Mol.-Masse Dichte g·cm⁻³	System, Typ und Symbol	Einheitszelle Kantenlänge in Å	Einheitszelle Winkel und M	Brechzahl n_D
[Ag(CN)$_2$]K	Kaliumdicyanoargentat	f	199,01 2,364	trig. $F 5_{10}$ $D_{3d}^2, P\bar{3}1c$	7,38 17,55	$M=6$	1,4915 1,6035
AgMnO$_4$	permanganat	f	226,81	mkl. $H 0_9$ $C_{2h}^5, P2_1/c$	5,67 8,27 7,13	92,5° $M=4$	
Ag$_2$MoO$_4$	molybdat	f	375,68	kub. $H 1_1$ $O_h^7, Fd3m$	9,26	$M=8$	
AgN$_3$	azid	f	149,89	orh. $F 5_2$ $D_{2h}^{26}, Ibam$	5,6 5,9 6,0	$M=4$	
AgNO$_2$	nitrit	f	153,88 4,453	orh. $F 5_{12}$ $C_{2v}^{20}, Imm2$	3,51 6,14 5,15	$M=2$	
AgNO$_3$	nitrat	f	169,87 4,352	orh. $D_2^{2\cdots 4}$	7,328 10,118 6,995	$M=8$	1,729 1,744 1,788
Ag$_2$O	oxid	f	231,74 7,143	kub. $C3$ $O_h^8, Fd3c$	4,74	$M=2$	
Ag$_2$O$_2$	peroxid	f	247,74 7,44	kub.			
AgCNO	cyanat	f	149,89 4,09				
AgP$_2$	phosphid	f	169,82 4,653				
AgP$_3$	phosphid	f	200,79 3,881				
Ag$_3$PO$_4$	orthophosphat	f	418,58 6,370	kub. $H 2_1$ $T_d^4, P\bar{4}3n$	6,00	$M=2$	1,975
AgPO$_3$	metaphosphat	f	186,84 6,37				

Anorganische Verbindungen   Ag 1-205

°C	Phasenumwandlungen ΔH kJ/Mol	C_p J/Molgrd	S^0	ΔH_B kJ/Mol	ΔG^0	Bemerkungen und Charakteristik
				−16,3		fbl. sechsseitige Tafeln; lichtempfindlich; LW 5° 12,5%; L Al 4,85%; giftig
						dklviol. Krist.; LW 28° 1,68%, zers. Al
						LW 20° 3,4 · 10⁻³%, 60° 8 · 10⁻³%
252	F			279		fbl. Kristallnadeln, swl. in W, HNO_3, ll. wss. NH_3; l. KCN-Lsg. äußerst expl.; bei 170...80° grauviol. empfindlich gegen Stoß und Erhitzen
Z 140	F		79,2 128,1	−44,36 19,8		$\varkappa_{Mol}$ = −42 · 10⁻⁶ cm³Mol⁻¹; fbl. bis gelbliche Nadeln; schwärzt sich am Licht; LW 0° 0,15%; 20° 0,35%; 40° 0,72%; 60° 1,35%; l. S, wss. NH_3, Egs, unl. Al
160 210	U* F	2,55 11,54	93,05 140,9	−120,7 −29,7		* U orh.→trig.; $\varepsilon(3 \cdot 10^6$ Hz$) = 9$; $\varkappa_{Mol}$ = −45,7 · 10⁻⁶ cm³Mol⁻¹; $\varkappa(50...300$ at; 0°$) = 3,60 \cdot 10^{-6}$ at; fbl. Krist.; LW 20° 68,3%; L Bzl 35° 0,22%; L Me 20° 3,5%; L Al 20° 2,08%
Z 300			65,56 121,7	−30,56 −10,8		$\varepsilon = 8,8$; dklbraunes Pulver; LW 20° 1,6 · 10⁻³%; l. HNO_3, KCN-Lsg.; wl. NaOH, unl. Al
				−26,4		grauschw. Pulver, l. konz. HNO_3; konz. H_2SO_4 zers.→O_3-Entwicklung; wirkt stark oxid.; zers. >100° C
				−88,3		weißes Pulver; wl. W, l. HNO_3, wss. NH_3, KCN-Lsg.; zers. beim Erwärmen unter Bildung von met. Ag
			91,2	−41,8 −42,6		$\varkappa_{Mol}$ = −54 · 10⁻⁶ cm³Mol⁻¹; graue krist. Masse; l. HNO_3; wird von Cl_2, Br_2, Königsw. angegriffen
			110	−65,6 −65,2		$\varkappa_{Mol}$ = −66 · 10⁻⁶ cm³Mol⁻¹
849	F					$\varkappa_{Mol}$ = −40 × 3 · 10⁻⁶ cm³Mol⁻¹; gelbes amorphes Pulver, aus Egs oder verd. H_3PO_4 Krist.; am Licht allmählich Schwärzung; LW 19,5° 0,64 · 10⁻³%; l. S, wss. NH_3, KCN-Lsg.
209	F					weißes Pulver; unl. W, l. HNO_3, wss. NH_3

Formel	Name	Zustand	Mol.-Masse / Dichte g·cm⁻³	System, Typ und Symbol	Einheitszelle Kantenlänge in Å	Winkel und M	Brechzahl n_D
$Ag_4P_2O_7$	diphosphat	f	605,42 / 5,306				
$AgReO_4$	perrhenat	f	358,07 / 6,933	tetr. HO_4 C_{4h}^6, $I4_1/a$	5,35 11,92	$M=4$	
Ag_2S	sulfid, Akanthit	f	247,80 / 7,326	mkl. C_{2h}^5, $P2_1/c$	9,47 6,92 8,28	124° $M=4$	
Ag_2S	Argentit	f	247,80 / 7,317	kub. $C3$	4,91	$M=2$	
AgSCN	thiocyanat	f	165,95 / 3,746	mkl. C_{2h}^6, $C2/c$	8,74 7,96 8,16	93° 31′ $M=8$	
Ag_2SO_3	sulfit	f	295,80				
Ag_2SO_4	sulfat	f	311,80 / 5,45	orh. $H1_7$ D_{2h}^{24}, $Fddd$	5,82 12,65 10,25	$M=8$	1,7583 1,7747 1,7852
Ag_3Sb	antimonid	f	445,36 / 9,88	hex. $A3$ D_{6h}^4, $P6_3/mmc$	2,96 4,79		
Ag_2Se	selenid	f	294,70 / 8,200	kub.	5,0	$M=4$	
Ag_2SeO_4	selenat	f	358,70	orh. $H1_7$ D_{2h}^{24}, $Fddd$	6,07 12,82 10,21	$M=8$	
Ag_2Te	tellurid	f	343,34 / 8,5	mkl. C_{2h}^1, $P2/m$	6,57 6,14 6,10	118,8° $M=3$	
Al AlAs	**Aluminium** arsenid	f	101,90 / 3,81	kub. $B3$ T_d^2, $F\bar{4}3m$	5,62	$M=4$	
$AlAsO_4 \cdot 8H_2O$	arsenat	f	310,02 / 3,011				

Phasen-umwandlungen			Standardwerte bei 25° C			Bemerkungen und Charakteristik
°C		ΔH kJ/Mol	C_p J/Molgrd	S^0	ΔH_B ΔG^0 kJ/Mol	
585	F					fbl. Substanz; unl. W, Egs; l. S, wss. NH_3
430	F					$\chi_{Mol} = -47{,}6 \cdot 10^{-6}$ cm^{3}Mol^{-1}; LW 20° 3,2 g/l Lsg.
179	U	4,39	75,3		$-33{,}18$	$\bar{\gamma}(30…75°\,C) = 13 \cdot 10^{-6}$ grd^{-1};
586	U		140,6		$-40{,}1$	$\varkappa(1…12000\,at;\,30°\,C) = (3{,}206 \cdot$
842	F	14,05				$10^{-6} - 49{,}1 \cdot 10^{-12}\,p)$ at^{-1}; $\chi_{Mol} =$
						$30{,}25 \times 2 \cdot 10^{-6}$ cm^{3}Mol^{-1}; schweres
						grauschw. Pulver; LW 18° 1,37 ·
						10^{-5}%, Bdk. gefällt oder Silber-
						glanz; l. h. konz. HNO_3, KCN-Lsg.;
						unl. verd. HCl, NH_3
					$-29{,}4$	dklbleigraue Krist., meist würfeliger
				151	$-39{,}2$	Habitus
					88	$\chi_{Mol} = -61{,}8 \cdot 10^{-6}$ cm^{3}Mol^{-1}; fbl. Salz; LW 20° 1,4 · 10^{-5}%; l. wss. NH_3; unl. S
Z 100						fbl. pulverige Substanz, bei Belich-tung→purpur→schw.; wl. W, l. wss. NH_3, verd. S unter Z.; unl. fl. SO_2, HNO_3
412	U	7,9	131,4		$-713{,}1$	$\bar{\gamma}(-195…-78°\,C) = 25$ grd^{-1}; $\chi_{Mol} =$
657	F	17,9	199,9		-615	$-46{,}45 \times 2 \cdot 10^{-6}$ cm^{3}Mol^{-1}; fbl. krist. Substanz, am Licht geringe Red.→leicht viol. Z. bei 1085°; LW 18° 2,57 · 10^{-2}%
			101,7		~ -23	Dyskrasit (ε-Phase)
			167		$-21{,}5$	
133	U	6,74	83,68		$-20{,}9$	Halbleiter; grauschw. krist. Substanz; unl. W, l. h. HNO_3, wss. NH_3
880	F		163		$-31{,}6$	
					$-396{,}0$	fbl. Krist.; LW 20° 1,5 · 10^{-2}, 40° 2,9 · 10^{-2}, 100° 5,3 · 10^{-2}%
			202,0		280,8	
137	U*	0,69	96,65		$-20{,}9$	* U mkl.→kub., $a = 6{,}57$ Å; $M = 4$;
957	F		181,6		$-34{,}8$	Halbleiter; Hessit; schw.graue krist. Substanz; unl. W, l. HNO_3, KCN-Lsg.
>1200	F					Halbleiter; k. W zers. langsam→ AsH_3, in der Wärme schnell; mit Al > 300°→Alkylarsine
						weißes Pulver; unl. W; langsam l. S

Formel	Name	Zustand	Mol.-Masse / Dichte g·cm⁻³	System, Typ und Symbol	Einheitszelle Kantenlänge in Å	Einheitszelle Winkel und M	Brechzahl n_D
$(AlO_2)_2Be$	Berylliumaluminat	f	126,97 3,76	orh. $S1_2$ $D_{2h}^{16}, Pnma$	4,42 9,39 5,47	$M=4$	1,7443 1,7470 1,7530
Al_2Be_3 Si_6O_{18}	Berylliumaluminiumsilikat	f	537,50 2,66	hex. $S3_1$ $D_{6h}^2, P6/mcc$	9,21 9,17	$M=2$	1,5684 * 1,5640
Al_2Be_2 $(SiO_4)_2$· $(OH)_2$	Euklas	f	290,17 3,1	mkl. $S0_9$ $C_{2h}^5, P2_1/c$	4,62 14,24 4,75	100,3° $M=2$	1,6520 1,6553 1,6710
$AlBr_3$	bromid	f	266,71 3,20				
Al_4C_3	carbid	f	143,96 2,36	trig. $D7_1$ $D_{3d}^5, R\bar{3}m$	8,53	22,5° $M=1$	2,7 * 2,75
$Al_2O_3·CaO$		f	158,04 3,64	mkl. oder orh.			1,641 1,654 1,661
$Al_2O_3·$ $3CaO$		f	270,20 3,02	kub. $E9_1$ $O_h^1, Pm3m$	7,62	$M=3$	1,710
Al_2Ca Si_2O_8	calciumsilikat	f	278,21 2,77	trikl. $S6_8$ $C_i^1 P\bar{1}$	8,2 13,0 14,2	93,2° 115,9° 91,2° $M=8$	1,5756 1,5835 1,5885
$AlCl_3$	chlorid	f	133,34 2,44	mkl. $D0_{15}$ $C_{2h}^3, C2/m$	5,93 10,24 6,14	71,4° $M=4$	
$AlCl_3·$ $6H_2O$		f	241,43 2,398	trig. $I2_2$ $D_{3d}^6, R\bar{3}c$	7,85	97,3° $M=2$	1,560 1,507
$Al(ClO_3)_3·$ $6H_2O$	chlorat	f	385,43	trig.			
Al_2O_4Co	Kobalt(II)-aluminat	f	176,89 4,50	kub.	8,06	$M=8$	

Anorganische Verbindungen Al 1-209

°C	Phasen-umwandlungen ΔH kJ/Mol	Standardwerte bei 25° C C_p J/Molgrd	S^0	ΔH_B kJ/Mol	ΔG^0	Bemerkungen und Charakteristik
1870	F	104,6				Chrysoberyll; gelbgrüne bis smaragdgrüne Krist.
						* fbl.; hblau (Aquamarin) 1,5715, 1,5667; hgrün (Smaragd) 1,5739, 1,5685; $\chi_{Mol} = +365$ (calc.) · 10^{-6} cm^{3}Mol^{-1}; Beryll; durchsichtig bis durchscheinend, Glasglanz; verschiedene Farben
						fbl., hgrün, blaugrün, gelbgrünlich, durchsichtig, Glasglanz; nur HF greift an; wird durch Schmelzen mit Phosphorsalz oder Borax gelöst
97,5	F	11,3	102,5	−526,2		$\bar{\gamma}(20…150°$ C$) = 283 \cdot 10^{-6}$ grd^{-1}; fbl. glänzende Blättchen; reagiert explosionsartig mit W; ll. W, l. Al; L Nitrobzl. 20° 48 g/100 g Lsg.; ll. CS$_2$, Aceton, Bzl, Toluol
257	V	23	184	−502		
			140,5	−129,2		* $\lambda = 700$ mµ; goldgelbe Blättchen; zers. W und S→CH$_4$
			105	−121,5		
1600	F		120,6			fbl. Krist., glasiger Glanz; bindet mit W ab→Al$_2$O$_3$ · 3 CaO · xH$_2$O von HCl leicht angegriffen, schwerer von HNO$_3$, H$_2$SO$_4$, HF; zers. beim Schmelzen mit KOH, K$_2$CO$_3$
			114,2			
1535	F*		209,8	−3600		* F inkongruent; fbl. Krist., glasiger Glanz, muscheliger Bruch; bindet mit W ab→Al$_2$O$_3$ · 3 CaO · xH$_2$O; LW 21° 0,025 50° 0,027 g/100 cm^3 Lsg.; ll. HCl
			205,4			
1550	F	123	211,1			Anorthit; kleine weiße Krist.
			202,5			
192 (1625mm)	F	34,5	89,1	−705,5		$\bar{\gamma}(20…150°$ C$) = 60 \cdot 10^{-6}$ grd^{-1}; krist. Masse; sehr hygr.; raucht an der Luft; ätzend; LW 20° 31,6%, Bdk. 6 H$_2$O; L Bzl 17° 0,12%; l. Al, Ä
180	Sb	55,8	167	−646		
				−2683		Chloroaluminit; fbl. zerfl. Krist.; ll. W, Al; l. Ä, Glycerin
			376,6	−2265		
Z.						fbl. Rhomboeder; sehr hygr.; ll. W, l. verd. HCl
						dklblaue harte Krist.; Cl$_2$, Alk und Mineralsäuren greifen nicht an; KHSO$_4$-Schmelze zers.

Formel	Name	Zustand	Mol.-Masse Dichte g·cm⁻³	System, Typ und Symbol	Einheitszelle Kantenlänge in Å	Winkel und M	Brechzahl n_D
AlCs(SO₄)₂·12H₂O	Caesium-aluminium-sulfat	f	568,19 1,945	kub. $H4_{14}$ $T_h^6, Pa3$	12,13	$M=4$	1,4568
AlF₃	fluorid	f	83,98 3,197	trig. $D0_{14}$ $D_3^7, R32$	5,03	58° 39′ $M=2$	1,3765 1,3770
AlF₃·H₂O	fluorid	f	101,99 2,14	orh. $D_{2h}^{24}, Fddd$	11,40 21,14 8,52	$M=28$	1,473 1,490 1,511
AlJ₃	jodid	f	407,69 3,98				
AlO₂K	Kalium-metaaluminat	f	98,08	kub. $C9$ $O_h^7, Fd3m$	7,69	$M=4$	
AlK(SO₄)₂·12H₂O	Kalium-aluminium-sulfat	f	474,39 1,74	kub. $H4_{13}$ $T_h^6 Pa3$	12,13	$M=4$	1,4593
AlKSi₃O₈	kaliumsilikat	f	278,34 2,56	mkl. $S6_7$ $C_{2h}^3, C2/m$	~8,5 ~12,95 ~7,2	~116° $M=4$	1,5187 1,5226 1,5243
AlKSi₃O₈		f	278,34 2,54... 2,57	trikl. $S6_7$ $C_1^1, P1$	~8,4 ~13,0 ~7,1	89,5° ~116° 92,5°	1,5185 1,5238 1,5263
AlO₂Li	Lithium-metaaluminat	f	65,92 2,55	orh.			1,604 1,615
[AlF₆]₂Li₃Na₃	Lithium-natrium-hexafluoroaluminat	f	371,73 2,774	kub. $S1_4$ $O_h^{10}, Ia3d$	12,10	$M=8$	1,3393
AlN	nitrid	f	40,99 3,09*	hex. $B4$ $C_{6v}^4, P6_3mc$	3,10 4,97	$M=2$	2,13 2,20
Al(NO₃)₃·9H₂O	nitrat	f	375,13	orh.	0,8925: 1: 1,0202		1,54

Phasenumwandlungen		Standardwerte bei 25° C			Bemerkungen und Charakteristik
°C	ΔH kJ/Mol	C_p S^0 J/Molgrd		ΔH_B ΔG^0 kJ/Mol	
117	F	619,6 686		−6063	fbl. Krist.; LW 20° 0,4%
454 1254	U Sb	0,63 322	75,10 66,48	−1488 −1408	$\varkappa_{Mol} = -13{,}4 \cdot 10^{-6}$ cm³Mol⁻¹; fbl. durchsichtige Krist.; LW 20° 0,4%, Bdk. 3 H₂O; swl. org. Lösm.; MAK: 3,68 mg Staub/m³ Luft
					Fluellit; fbl. seidenglänzende Krist.
191 386	F V	8,0 32,2	201	−314,5 −314	$\bar{\gamma}(20\ldots120°\text{ C}) = 202 \cdot 10^{-6}$ grd⁻¹; zarte weiße Blättchen; sehr hygr.; auch schwach bräunliche Substanz, enthält meist J₂, ll. W, l. Al, CS₂, Ä; L Py 25° 0,82 g/100 cm³ Lösm. Erhitzen an Luft→Al₂O₃ + J₂
					fbl. Substanz; ll. W; l. Alk; unl. Al
−215,3 91	U F	0,20 28,0	651,0 687,2	−6055	$\varkappa(0\ldots12000$ at, 30° C$) = (6{,}303 - 116 \cdot 10^{-6}$ p$) \cdot 10^{-6}$ at⁻¹; $\chi_{Mol} = -250 \cdot 10^{-6}$ cm³Mol⁻¹; Alaun; fbl. Oktaeder oder Würfel; LW 20° 5,5% Bdk. 12 H₂O
					Feldspat; Orthoklas trübe weiß, gelblich, grau, rötlich Sanidin, Adular fbl., klar, durchsichtig
			48,4		Feldspat; Mikroklin
>1625	F		67,78 53,1	−1190 −1127	$\bar{\alpha}(25\ldots1000°\text{ C}) = 12{,}4 \cdot 10^{-6}$ grd⁻¹; weißes Pulver; LW 0,12 · 10⁻³ Mol/ l Lsg.
710	F				Kryolithionit; fbl. Krist.; l. W
2227 (4 at)	F		32,08 21	−320 −289	* berechnet 3,25; reines Produkt weiß, meistens grau; zers. W → Al(OH)₃ + NH₃; zers. S, Alk
73 Z. 135	F		569	−3756 −2930	mkl. $a:b:c = 1{,}1321:1:1{,}9174$, $\beta = 131° 32'$; weiße Krist., sehr zerfl.; LW 20° 41,9%, Bdk. 9 H₂O; ll. Al, l. Aceton, Alk; unl. Py

Formel	Name	Zustand	Mol.-Masse / Dichte g·cm⁻³	System, Typ und Symbol	Kanten-länge in Å	Winkel und M	Brechzahl n_D
$AlNH_4(SO_4)_2$	Ammonium-aluminium-sulfat	f	237,14 / 2,039	trig. $H3_2$ $D_3^2, P321$	4,72 8,23	$M=1$	
$AlNH_4(SO_4)_2 \cdot 12H_2O$	-	f	453,33 / 1,64	kub. $H4_{13}$ $T_h^6, I\bar{4}3d$	12,48	$M=4$	1,4594
AlF_6Na_3	Natrium-hexa-fluoro-aluminat	f	209,94 / 2,948	mkl. $I2_6$ $C_{2h}^5, P2_1/c$	5,46 5,61 7,80	90,2° $M=2$	1,3385 1,3389 1,3396
AlO_2Na	Natrium-meta-aluminat	f	81,97	kub. $C9^*$ $O_h^7, Fd3m$			1,566 1,575 1,580
$AlNa(SO_4)_2$	Natrium-aluminium-sulfat	f	242,09 / 2,85				
$AlNa(SO_4)_2 \cdot 12H_2O$		f	458,28 / 1,67	kub. $H4_{1b}$ $T_h^6, Pa3$	12,19	$M=4$	1,4388
$AlNaSi_2O_6$	natrium-silikat	f	202,14 / 2,2	kub. $S6_1$ $O_h^{10}, Ia3d$	13,7	$M=16$	1,4861
$AlNaSi_3O_8$		f	262,22 / 2,61	trikl. $S6_8$ $C_i^1, P\bar{1}$	8,1 12,9 7,2	94,1° 116,5° 88,2° $M=4$	1,5290 1,5329 1,5388
$\alpha\text{-}Al_2O_3$	α-Aluminium-oxid	f	101,96 / 3,99	trig. $D5_1$ $D_{3d}^6, R\bar{3}c$	5,13	55,3° $M=2$	1,7675 1,7594
$\gamma\text{-}Al_2O_3$	γ-Aluminium-oxid	f	101,96 / 3,423	kub. $D5_7$ $O_h^7, Fd3m$	7,9	$M=10,7$	1,696
$\alpha\text{-}Al_2O_3 \cdot H_2O$, $AlOOH$	Aluminium-meta-hydroxid, Diaspor	f	119,98 / 3,3... 3,5	orh. $E0_2$ $D_{2h}^{16}, Pnma$	4,4 9,4 2,8	$M=4$	1,702 1,722 1,747

Phasen-umwandlungen			Standardwerte bei 25° C		Bemerkungen und Charakteristik
°C	ΔH kJ/Mol	C_p J/Molgrd	S^0	ΔH_B ΔG^0 kJ/Mol	
			226,4 216,2	−2347 −2033	weiß, krist.; LW 20° 5,5 %, Bdk. 12 H_2O; l. Glycerin, unl. Al
−202,2 95	U F	0,811	683,0 696,8	−5939 −4934	$\varkappa$(0...12000 at, 30° C) = (6,198 · 10^{-6} − 100,8 · 10^{-12} p) at^{-1}; Tschermigit; weißes krist. Pulver von zusammen-ziehendem Geschmack; LW s. $NH_4Al(SO_4)_2$, ll. Glycerin, unl. abs. Al; wss. Lsg. reagiert sauer; 100°→ −H_2O, 190°→−11,5 H_2O, −NH_3
572 1027	U F	9,04 115,6	215,9 238	−3284 −3114	Kryolith; weiße Krist. mit feuchtem Glasglanz; LW 20° 0,4 %; 60° 0,8 %; 100° 1,3 %; Bdk. 0 H_2O; unl. HCl
1650	F		73,30 70,7	−1133 −1068	* ähnlich; körnige weiße Substanz; l. W, Al
					weiße Substanz; LW 20° 28,8 %, Bdk. 12 H_2O langsam l. W
61	F				fbl. Krist.; LW s. $NaAl(SO_4)_2$, l. verd. S, unl. Al
			209,9 234		Analcim; fbl. Ikositetraeder, durch-sichtig oder trüb, weiß, rötlich; Glasglanz
					Albit; weiß bis fbl., durchsichtig, durchscheinend, glasglänzend
2045 3530	F V	109	79,01 50,94	−1675 −1580	$\bar{\gamma}$(20...100° C) = 4,6 · 10^{-6} grd^{-1}; $\varkappa$(0...2000 at; 30° C) = 0,317 · 10^{-6} at^{-1}; χ_{Mol} = −18,5 × 2 · 10^{-6} cm^3Mol^{-1}; weißes Pulver; nicht hygr.; gewöhnliche Tonerde, in der Natur als Korund, Rubin, Saphir; entsteht beim Entwässern von $Al(OH)_3$ über 1000°
950... 1000	$U*$			−1610	* U monotrop→α-Al_2O_3; sehr hygr. weiße Substanz; entsteht beim Ent-wässern von $Al(OH)_3$ unter 950° bei 420° − H_2O → α-Al_2O_3

Formel	Name	Zustand	Mol.-Masse Dichte g·cm⁻³	System, Typ und Symbol	Einheitszelle Kantenlänge in Å	Winkel und M	Brechzahl n_D
γ-Al_2O_3 · H_2O	Böhmit	f	119,98 3,014	orh. $E\,0_4$ D_{2h}^{17}, $Cmcm$	3,70 12,24 2,85	$M=4$	1,649 1,659 1,665
Al_2O_3 · $3H_2O$, $Al(OH)_3$	Aluminiumhydroxid, Hydrargillit	f	156,01 2,42	mkl. $D\,0_7$ C_{2h}^{5}, $P2_1/c$	8,62 5,06 9,70	85,4° $M=8$	1,568 1,568 1,587
Al_2O_3 · $3H_2O$	Bayerit	f	156,01 2,53	hex.	5,01 4,76	$M=2$	1,583
AlP	phosphid	f	57,96 2,424	kub. $B\,3$ $T_d^2, F\bar{4}3m$	5,42	$M=4$	
$AlPO_4$	phosphat	f	121,95 2,58	trig. $C\,8$ $D_3^{4,\,6}$	4,92 10,91	$M=3$	1,524 1,530
$AlPO_4$ · $2H_2O$	Variscit	f	157,98	orh., $S\,0_7$ $D_{2h}^{15}, Pbca$	9,85 9,55 8,50	$M=8$	1,546 1,556 1,578
$AlRb$ · $(SO_4)_2$ · $12H_2O$	Rubidiumaluminiumsulfat	f	520,76 1,867	kub. $H\,4_{13}$ $T_h^6, Pa3$	12,22	$M=4$	1,4566
Al_2S_3	sulfid	f	150,16 2,37	hex. $C_{6v}^4, P6_3mc$	6,436 17,87		
$Al_2(SO_4)_3$	sulfat	f	342,15 2,71				
$Al_2(SO_4)_3$ · $6H_2O$		f	450,24				
$Al_2(SO_4)_3$ · $18H_2O$		f	666,42 1,69				1,483 1,484 1,496
AlSb	antimonid	f	148,73 4,23	kub. $B\,3$ $T_d^2, F\bar{4}3m$	6,10	$M=4$	
Al_2Se_3	selenid	f	290,84 3,91				

Anorganische Verbindungen

Phasenumwandlungen		Standardwerte bei 25° C		Bemerkungen und Charakteristik
°C	ΔH kJ/Mol	C_p S^0 J/Molgrd	ΔH_B ΔG^0 kJ/Mol	
				im Bauxit nachgewiesen; bei 300°— $H_2O \rightarrow \gamma\text{-}Al_2O_3$
		186,1 140,2	−2567 −2293	an Luft beständig, zieht keine Feuchtigkeit an; LW 20° 1,5 · 10⁻⁴ %, beim Erwärmen l. in S, Alk
				sehr kleine Krist.; erhältlich bei sehr raschem Ausfällen oder Mangel an Hydrargillit-Impfstoff; metastabil
				Halbleiter; dklgraue bis gelbgraue Krist.; schmilzt und zers. nicht <1000°; mit W, S, Alk→Phosphin
800	U^1			^1C 8 800°→C 10 1100°→C 9 (kub.), $a = 7{,}11$ Å, $M = 4$; piezoelektrisch, Berlinit, weiße prism. Krist.; unl. W, Al, kaum l. konz. HCl, HNO₃, l. Alk
1100	U^1			
>1460	F			
				weiße Krist.
99	F			fbl. Krist.; LW 20° 1,4 %, Bdk. 12 H₂O
1100	F		−723,4	Halbleiter; gelbe Krist. oder Pulver; subl. bei 1550° C in N₂-Atmosphäre; mit W→H₂S + Al(OH)₃; l. S; unl. Aceton
		96	−706	
770 Z.		259,3 239,2	−3434 −3092	$\chi_{Mol} = -46{,}5 \times 2 \cdot 10^{-6}$ cm³Mol⁻¹; weißes Pulver; LW 20° 26,9 %; Bdk. 18 H₂O; Z. >960°→Al₂O₃
		492,7 468,9	−5304 −4625	weiß, krist.
86,5 Z	F		−8865	$\bar{\gamma}(-190...17°\,C) = 81{,}1 \cdot 10^{-6}$ grd⁻¹; $\chi_{Mol} = -161{,}5 \times 2 \cdot 10^{-6}$ cm³Mol⁻¹; weiße nadelige Krist. von säuerlichem adstringierendem Geschmack LW s. Al₂(SO₄)₃, unl. Al
1080	F	61,5 71,1	−96,2± 10,5 −95,6	Halbleiter; beständig gegen trockene Luft; mit W→SbH₃
950	F		−542,7	Halbleiter; hgelbe bis lichtbraune Substanz, leicht zu zerreiben; riecht nach H₂Se; mit W→H₂Se

Formel	Name	Zustand	Mol.-Masse / Dichte $g \cdot cm^{-3}$	System, Typ und Symbol	Einheitszelle Kantenlänge in Å	Winkel und M	Brechzahl n_D
$Al_2O_3 \cdot$ SiO_2	silikat Andalusit	f	162,05 3,09	orh. SO_2 $D_{2h}^{12}, Pnnm$	7,76 7,9 5,56	$M = 4$	1,6326 1,6390 1,6440
$Al_2O_3 \cdot$ SiO_2	Disthen	f	162,05 3,6	trikl. SO_1 $C_i^1, P1$	7,1 7,7 5,6	90,1° 101,0° 105,7° $M = 4$	1,7171 1,7272 1,7290
$Al_2O_3 \cdot$ SiO_2	Sillimanit	f	162,05 3,15	orh. SO_3 $D_{2h}^{16}, Pnma$	7,5 7,7 5,8	$M = 4$	1,659 1,661 1,680
$3 Al_2O_3 \cdot$ $2 SiO_2$		f	426,05 2,7	orh. SO_3	7,5 7,6 5,7	$M = 1$	1,638 1,642 1,653
$Al_2O_3 \cdot$ $3 SiO_2$	silikat	f	218,22				
Al_2Te_3	tellurid	f	436,76				
$[AlF_4]Tl$	Thallium- tetra- fluoro- aluminat	f	307,35 6,09	tetr. $D_{4h}^1, P4/mmm$	3,61 6,37		
$AlTl(SO_4)_2 \cdot$ $12 H_2O$	Thallium- alu- minium- sulfat	f	639,66 2,32	kub. $H4_{13}$ $T_h^6, Pa3$	12,21	$M = 4$	1,49748
As $AsBr_3$	**Arsen** (III)-bro- mid	fl	314,65 3,54	orh. $D_2^4, P2_12_12_1$	10,15 12,07 4,31	$M = 4$	
$AsCl_3$	(III)- chlorid	f	181,28 2,16				1,598

Phasenumwandlungen		Standardwerte bei 25° C		Bemerkungen und Charakteristik
°C	ΔH kJ/Mol	C_p S^0 J/Molgrd	ΔH_B ΔG^0 kJ/Mol	
		122,8 93,22	−2686 −2551	Krist. durchsichtig rötlich oder undurchsichtig grau oder gelb; glasglänzend
		121,8 83,8	−2689 −2538	flache Säulen und strahlige Aggregate von blauer Farbe
1545	F^*	122,6 96,10	−2715 −2567	* F inkongruent, bei 1860° vollständig geschmolzen; $\bar{\gamma}(20...100°C) =$ 2,8 · 10⁻⁶ grd⁻¹; (20...800° C) = 4,3 · 10⁻⁶ grd⁻¹; faserige Krist., stark glänzend; unl. W; zers. mit NH₄F beim Erwärmen
1810	F^*			* F inkongruent, bei 1920° vollständig geschmolzen; Mullit; von W und S nicht angegriffen; zers. beim Erhitzen mit HF; Aufschluß mit Na₂O₂-Schmelze
~1800	F			gefälltes whaltiges Al-silikat; weiße amorphe Stücke oder weißes Pulver; praktisch unl. W und S
900	F		−326	schw.braune Substanz, met. glänzend, recht hart; an feuchter Luft→H₂Te
				weiße durchscheinende Krist.; sehr beständig, schmilzt unzers.; wl. W; unl. Al, Ä
91	F			fbl. klare Krist., meist Oktaeder; LW 20° 6,2%, Bdk. 12H₂O; im Vak. über H₂SO₄ Abgabe von H₂O
31,2	F	11,8	−195	$\bar{\gamma}(-194...79°\text{C}) - 250 \cdot 10^{-6}$ grd⁻¹; $\varepsilon(3,75 \cdot 10^8$ Hz$) = 3,3$; $\chi_{Mol} = -106 \cdot 10^{-6}$ cm³Mol⁻¹; fbl. Prismen, hygr.; raucht an feuchter Luft; Wzers.
−19,8 131,4	F V	10,1 35 233,5	−335,6 −300,8	$\bar{\gamma}(-194...79)°$C$= 190 \cdot 10^{-6}$ grd⁻¹; $\varepsilon(3,75 \cdot 10^8$ Hz$) = 3,6$; $\chi_{Mol} = -79,9 \cdot 10^{-6}$ cm³Mol⁻¹; fbl., ölige Fl., raucht an der Luft; äußerst giftig; mit W→HCl+As₂O₃; sll. Ä, Chlf; Lösm. für Schwefel, Phosphor, Alk.-jodide; fest: perlmuttglänzende Nadeln ϑ_{krit} 356° C

221. Übersichtstabelle

Formel	Name	Zustand	Mol.-Masse / Dichte g·cm⁻³	System, Typ und Symbol	Kantenlänge in Å	Winkel und M	Brechzahl n_D
AsF_3	(III)-fluorid	fl	131,92 / 3,01				
AsF_5	(V)-fluorid	g	169,91 / 7,71*				
AsH_3	wasserstoff	g	77,95 / 3,48*	kub. T^4 $O_h^5, Fm3m$	6,40	$M=4$	
AsJ_2	dijodid	f	328,73				
AsJ_3	(III)-jodid	f	455,63 / 4,39	trig. DO_5 $C_{3i}^2, R\bar{3}$	7,19 / 21,36	$M=6$	2,59* / 2,23*
A_2O_3	Arsenolith	f	197,84 / 3,86	kub. $D5_4$ $O_h^7, Fd3m$	11,068	$M=16$	1,755
As_2O_3	Claudetit	f	197,84 / 4,151	mkl. $C_{2h}^5, P2_1/c$	5,25 / 12,90 / 4,53	93° 53′ $M=4$	1,871 / 1,92 / 2,01
As_2O_3	(III)-oxid	f	197,84 / 3,702				
$H_3AsO_4 \cdot \frac{1}{2}H_2O$	säure	f	150,95 / 2,0…2,5				

Phasen-umwandlungen		Standardwerte bei 25° C			Bemerkungen und Charakteristik
°C		ΔH kJ/Mol	C_p S^0 J/Molgrd	ΔH_B ΔG^0 kJ/Mol	
−5,95 −58	F V	10,4 29,7	126,8 181,2	−948,9 −901	$\varepsilon(10^6\,\text{Hz}) = 5,7$; fbl. Fl.; sehr flch.; raucht an der Luft; sehr giftig; verursacht auf der Haut tiefe Brandwunden; l. W→As_2O_3+HF; l. Al, Ä unter Z.; l. Bzl
−79,8 −52,8	F V	11,46 20,8			* kg/Nm³; D^{-79}(fl) = 2,47; fbl. Gas, als Fl. wasserklar, fest schneeweiß; bildet an der Luft dicke weiße Nebel; l. W, Alk unter starker Wärmeentwicklung zu klarer Lsg.
−167,5 −116,9 −62,47	U F V	0,548 1,195 16,686	38,52 222,5	75	* kg/Nm³; D(g) bezogen auf Luft = 2,695; D^{-170}(f) = 1,96; fbl. Gas; unangenehmer, knoblauchart. Geruch; äußerst giftig, MAK: 0,05 cm³/m³; gegen O_2 empfindlich; Z. an porösen Oberflächen; verbrennt mit fahlblauer Flamme; ϑ_{kr} 99,9° C
128... 30	F				rote Prismen; an der Luft außerordentlich zers.; in W zers.→As + AsJ_3
144 424	F V	9,2 59,3		−57,3	* $\lambda = 656\,m\mu$; $\bar{\gamma}(-195...79°\,C) = 170 \cdot 10^{-6} \cdot \text{grd}^{-1}$; $\varepsilon(3,75 \cdot 10^8\,\text{Hz}) = 5,4$; glänzende rote Tafeln oder Blättchen, an Luft allmählich Z. → $J_2 + As_2O_3$; giftig, l. W unter Z., l. Al, Ä, Chlf, Bzl, CS_2; wl. konz. HCl
274 460	F V	49,8 30,8	95,65 107,1	−656,8 −575	$\chi_{Mol} = -20,6 \times 2 \cdot 10^{-6}\,\text{cm}^3\text{Mol}^{-1}$; fbl. Krist., nicht hygr.; LW 20° 1,8%; unl. Me, Al, fl. NH_3; swl. fl. SO_2; schmelzende Alk-hydroxide → Arsenate
315	F	18,7			fbl. Krist.
					$\bar{\gamma}(0...50°\,C) = 110 \cdot 10^{-6}\,\text{grd}^{-1}$; Halbleiter; weiße Stücke, weißes Pulver; klares durchsichtiges Glas von muscheligem Bruch, spröde, zersplittert beim Zerschlagen; Geschmack scharf, nachher süßlich; l. sied. W, ll. HCl, Alk; swl. k. W; giftig, MAK: 0,5 mg/m³ Luft
36,1	F				klare große Krist.; hygr.; LW 20° 44,5% Bdk. $\frac{1}{2}H_2O$

221. Übersichtstabelle

Formel	Name	Zustand	Mol.-Masse / Dichte g·cm⁻³	System, Typ und Symbol	Einheitszelle Kantenlänge in Å	Einheitszelle Winkel und M	Brechzahl n_D
As_2O_5	(V)-oxid	f	229,84 / 4,09				
As_2S_2	(II)-sulfid	f	213,97 / 3,506	mkl. $C_{2h}^5, P2_1/c$	9,27 / 13,50 / 6,56	106° 37′ $M=16$	2,538 / 2,700 / 2,704
As_2S_3	(III)-sulfid	f	246,04 / 3,43	mkl. $C_{2h}^5, P2_1/c$	11,46 / 9,57 / 4,22	90,5° $M=4$	2,4* / 2,81* / 3,02*
As_2S_5	(V)-sulfid	f	310,16				
Au	**Gold**						
AuBr	(I)-bromid	f	276,88 / 7,9				
$AuBr_3$	(III)-bromid	f	436,69				
AuCN	(I)-cyanid	f	222,98 / 7,122	hex. D_{6h}^1, $P6/mmm$	3,40 / 5,09	$M=1$	
$Au(CN)_3 \cdot 3H_2O$	(III)-cyanid	f	329,07				
AuCl	(I)-chlorid	f	232,42 / 7,8				
$AuCl_3$	(III)-chlorid	f	303,33 / 4,67				
$H[AuCl_4] \cdot 4H_2O$	Tetrachlorogoldsaure	f	411,85	mkl. $C_{2h}^5, P2_1/c$	14,5 / 11,6 / 15,0	104° $M=12$	

Phasen-umwandlungen		Standardwerte bei 25° C		Bemerkungen und Charakteristik
°C	ΔH kJ/Mol	C_p S^0 J/Molgrd	ΔH_B ΔG^0 kJ/Mol	
		117,5 105,4	−918 −775	$\bar{\gamma}(0...50°\ C) = 110 \cdot 10^{-6}\ \mathrm{grd}^{-1}$; Kristallaggregate; undurchsichtige weiße Masse; zerfl. langsam an Luft; l. W→H_3AsO_4; l. Al; gepulvert l. Glycerin; giftig
267 307 565	U F V		−133,5	Realgar; rote Krist. oder rotgelbes krist. Pulver; 2. Form schw. $D = 3,254$; unl. W, wss. NH_3; l. Alk; mit HNO_3, $HClO → As_2O_3 + S$; giftig
170 300 707	U F V		−146	* $\lambda = 671\ \mathrm{m}\mu$; Halbleiter; $\chi_{Mol} = -35 \times 2 \cdot 10^{-6}\ \mathrm{cm^3 Mol^{-1}}$; Auripigment; gelbe Stücke oder Pulver; LW 18° $5,1 \cdot 10^{-5}\%$; zers. Al; unl. CS_2, Bzl; mit HNO_3, $HClO → As_2O_3 + S$; mit ammoniakalischem $H_2O_2 → H_3AsO_4$
				zitronengelbes Pulver, stabil bis ~90°; unl. W, Al, CS_2; l. Alk und -sulfidlsg.; Kochen mit W→As_2O_3, S, As_2S_3; zers. sied. Al; giftig
Z 212*		113	−14,2 −11	* p_{Br_2} 1 atm.; $\chi_{Mol} = -61 \cdot 10^{-6}\ \mathrm{cm^3 Mol^{-1}}$; gelbgrau; l. KBr-, KCN-Lsg.; unl. HNO_3, H_2SO_4, CCl_4; zers. W; langsam zers. Al, Ä, Aceton
160	F^1		−54,4	[1] Z unter Bildg. $AuBr + Br_2$; dklbraun; wl. W, abs. Al, Glycerin; ll. wss. Lsg. von HBr, Chlorid, Bromid
				gelb; swl. W, verd. S; l. KCN-, $(NH_4)_2$S-Lsg.; unl. Al, Ä
Z 50				Krist. blätterig, tafelförmig; ll. Al, Ä, W
Z 290[1]		104	−35,1 −18,7	[1] $p_{Cl_2} = 1$ atm; $\chi_{Mol} = -67 \cdot 10^{-6}\ \mathrm{cm^3 Mol^{-1}}$; hgelb; l. Alkalichloridlsg., HCl, wss. NH_3; zers. W→$Au + AuCl_3$; langsam zers. Al, Ä, Aceton
288[1] 254 Z.	F	144,3	−115,1	[1] bei $p_{Cl_2} = 2$ atm.; $\chi_{Mol} = -112 \cdot 10^{-6}\ \mathrm{cm^3 Mol^{-1}}$; dklrote Krist; hygr.; LW Raumtemp. 68%; l. Al; Ä, NH_3, S; wl. abs. Al, wfreier Ä
			−1493	zerfl. Krist.; hgelb; ll. W, l. Al, Ä; ätzt die Haut

Formel	Name	Zustand	Mol.-Masse Dichte g·cm⁻³	Kristalldaten System, Typ und Symbol	Einheitszelle Kantenlänge in Å	Einheitszelle Winkel und M	Brechzahl n_D
Cs[AuCl$_4$]	Caesium-tetra-chloro-aurat-(III)	f	471,68	mkl.	1,1255: 1: 0,7228	108,4°	
AuJ	(I)-jodid	f	323,87 8,25				
[AuBr$_4$]K · 2H$_2$O	Kalium-tetra-bromo-aurat	f	591,74	mkl. $H4_{19}$ $C_{2h}^5, P2_1/c$	9,51 11,93 8,46	94,4° $M=4$	<1,74 >1,74
Au(CN)$_2$K	Kalium-dicyano-aurat	f	288,10 3,452	orh.			1,6005 1,6943
[AuCl$_4$]K	Kalium-tetra-chloro-aurat-(III)	f	377,88 3,75	mkl. $C_{2h}^5, P2_1/c$	12,18 6,35 8,67	95,4° $M=4$	1,55 1,56 1,69
[AuCl$_4$]K · 2H$_2$O		f	413,91	orh.			
AuO$_2$K · 3H$_2$O	Kalium-meta-aurat	f	322,11				
[AuCl$_4$]Na · 2H$_2$O	Natrium-tetra-chloro-aurat-(III)	f	397,80	orh.	0,7002: 1: 0,5462		1,545 — >1,75
[Au(S$_2$O$_3$)$_2$]Na$_3$ · 2H$_2$O	Natrium-dithiosul-fato-aurat-(I)	f	526,22 3,09	mkl. $C_{2h}^2, P2_1/m$	18,24 5,46 11,37	98,75° $M=4$	
Au$_2$O	(I)-oxid	f	409,93				
Au$_2$O$_3$	(III)-oxid	f	441,93				
Au(OH)$_3$	(III)-hydroxid	f	247,99				
Au$_2$P$_3$	(III)-phosphid	f	486,86 6,67				
[AuCl$_4$]Rb	Rubidium-tetra-chloro-aurat-(III)	f	424,25	mkl.	1,1954:[1] 1: 0,7385		

Phasen- umwandlungen		Standardwerte bei 25° C		Bemerkungen und Charakteristik
°C	ΔH kJ/Mol	C_p S^0 J/Molgrd	ΔH_B ΔG^0 kJ/Mol	
				gelbe Krist.; LW 20° 0,9%; swl. Al, unl. Ä
		119	−0,8 −4,82	zitronengelbes Pulver; swl. W, zers. beim Sieden→Au+J$_2$; l. KJ-Lsg.
				Krist.; halbmet. Glanz; l. W, Al; zers. Ä→AuBr$_3$+KBr
				fbl.; ll. W, l. Al, unl. Ä, Aceton
357 Z				$\chi_{Mol}=-152\cdot 10^{-6}$ cm^{3}Mol^{-1}; gelbe Krist.; LW 20° 38%, 60° 80,2%; unl. abs. Ä
				hgelbe Tafeln; l. W, Al, Ä
				hgelbe nadelförmige Krist., ll. W
				or.gelbe Krist.; zerfl.; LW 20° 60%, 40° 69,4%, 60° 90%; l. Al, Ä
				fbl.; sll. W, wl. wss. Al, unl. abs. Al
				Existenz zweifelhaft, wahrscheinlich Au$_2$O→Au+Au$_2$O$_3$
		125	80,7 164	braunschw. Pulver; unl. W, l. HCl, konz. S, Eg
		121	−418,4 −290	gelbbraun; l. NaCN, h. KOH, konz. S
		157	−90,4 −69	zers. HNO$_3$→H$_3$PO$_4$+Au
				[1] relative Werte; Prismen; LW 20° 9%, 40° 17,7%, 60° 26,6%, 100° 44,2%; swl. Al, unl. Ä

221. Übersichtstabelle

Formel	Name	Zustand	Mol.-Masse / Dichte g·cm⁻³	System, Typ und Symbol	Einheitszelle Kantenlänge in Å	Winkel und M	Brechzahl n_D
AuS	sulfid	f	229,03				
AuTe$_2$	tellurid	f	452,17 / 8,2…9,3				
B	**Bor**						
BBr$_3$	tribromid	fl	250,54 / 2,69	hex. $C_6^6, P6_3$	6,406 / 6,864	$M=2$	1,5312
B$_4$C	carbid	f	55,26 / 2,50	trig. $D_{3d}^5, R\bar{3}m$	5,60 / 12,12	$M=9$	
BH$_3$CO	Borincarbonyl	g	41,85				
BCl$_3$	trichlorid	g	117,17 / 1,434*	hex. $C_6^6, P6_3$	6,08 / 6,55	$M=2$	
B$_2$Cl$_4$	Tetrachlorodiboran	fl	163,43 / 1,50*	orh. $D_{2h}^{15}, Pbca$	11,90 / 6,281 / 7,69	$M=4$	
BF$_3$	trifluorid	g	67,81 / 2,99*				**
BF$_3 \cdot 2$H$_2$O		fl	103,84 / 1,6315	orh. HO_2 $D_{2h}^{16}, Pnma$	7,30 / 8,74 / 5,64	$M=4$	

Phasenumwandlungen		Standardwerte bei 25° C			Bemerkungen und Charakteristik
°C	ΔH kJ/Mol	C_p J/Molgrd	S^0	ΔH_B ΔG^0 kJ/Mol	
					schw. braun; kolloidal l. in W; unl. S, l. Königsw., KCN-Lsg.
472 Z					Calaverit; hgelb
−47,5 F 91,2 V	30,5		228,9	−220,9 −240,5	fbl. leicht bewegliche stechend riechende Fl.; raucht stark an feuchter Luft; zers. heftig mit W; l. CCl_4, CS_2, Bzl
2350 F			52,51 27,1	−57,7 −57	schw. glänzende Krist.; sehr beständig; nach Diamant der härteste Stoff; geschmolzenes Alk zers.; wss. Alk ohne Wirkung; Aufschluß mit Soda-Salpeter oder $KNaCO_3$; unl. S, selbst HF, HNO_3 oder Gemisch der beiden
−137 F −64 V	19,9				fbl. Gas; wird von W bei 100° in 3 Stunden quantitativ zers. zu $B(OH)_3 + 3 H_2 + CO$
−107,2 F 12,4 V	23,77		62,63 289,8	−395,4 −380,3	* D(fl) bei 0° C; ϑ_{krit}178,8°; p_{krit} 39,5 at; $\chi_{Mol} = -59,9 \cdot 10^{-6}$ cm³Mol⁻¹; fbl. Gas; leicht bewegliche, stark brechende Fl.; an der Luft dicke Nebel; zers. W→ HCl+H_3BO_3; mit Al→Borsäureester
−92,94 F 65,5 V	10,79 33,6				* D(fl) bei 0° C; fbl. Fl.; zers. langsam bei Raumtemp.; l. W unter Bildung von HCl
−131 U −128,7 F −99,9 V	0,08 4,24 18,9		50,53 254,2	−1110 −1093	* kg/Nm³; ** $n_{760\ Torr}^{0°}$ (5462 Å) = 1,0004079; ϑ_{krit} −12,2°; p_{krit} 50,63 at; fbl. stechend und erstickend riechendes Gas; greift Atmungsorgane an; l. konz. H_2SO_4, HNO_3 unter Bildung einer rauchenden Fl., beim Verdünnen mit W fällt Borsäure aus; l. W bei 0°; zers. quantitativ in NaOH→BO_2^-+F'; MAK: 1 cm³/m³
6 F					wasserklare, an der Luft nicht rauchende Fl.; fbl.; Blättchen; greift Glas nicht an; W hydrolysiert; mit Ä mischbar unter starker Wärmetönung; unl. org. Lösm.; l. Dioxan unter Salzbildung

Formel	Name	Zustand	Mol.-Masse Dichte g·cm⁻³	System, Typ und Symbol	Kantenlänge in Å	Winkel und M	Brechzahl n_D
B_2H_6	Diboran	g	27,67 1,2389*	hex. $D\,41$ $D_{6h}^4, P6_3/mmc$	4,54 8,69	$M=2$	
B_4H_{10}	Tetraboran	g	53,32 0,56*	mkl. $C_{2h}^5, P2_1/c$	8,68 10,14 5,78	105° 54′ $M=4$	
B_5H_9	Pentaboran	fl	63,13 0,61*	tetr. $C_{4v}^9, I4mm$	7,16 5,38	$M=2$	
B_5H_{11}		fl	65,14	mkl. $C_{2h}^5, P2_1/n$	6,76 8,51 10,14	94° 18′ $M=4$	
B_6H_{10}	Hexaboran	fl	74,95 0,70*	orh. $C_{2v}^{12}, Cmc2_1$	8,50 9,23 7,50	$M=4$	
$B_{10}H_{14}$	Decaboran	f	122,22 0,94	mkl.* $C_{2h}^4, P2/c$	12,70 5,68 12,70	110° 38′ $M=4$	
HBO_2	Metaborsäure	f	43,82 2,486	kub.	8,87	$M=24$	1,619
		f	43,82 2,044	mkl. $C_{2h}^5, P2_1/c$	7,132 8,852 6,772	92° 15′ $M=12$	1,434 1,570 1,588
		f	43,82 1,78	orh. $D_{2h}^{16}, Pnma$	8,03 9,69 6,25	$M=12$	1,378 1,503 1,507
H_3BO_3	säure	f	61,83 1,435	trikl. $G\,5_1$ $C_i^1, P\bar{1}$	7,039 7,053 6,578	92° 35′ 101° 10′ 119° 50′ $M=4$	1,337 1,461 1,462

Anorganische Verbindungen

Phasen-umwandlungen		Standardwerte bei 25° C			Bemerkungen und Charakteristik
°C	ΔH kJ/Mol	C_p J/Molgrd	S^0	ΔH_B ΔG^0 kJ/Mol	
−164,8 F	4,47	56,40		28,2	* kg/Nm³, bei 2° C; D^{-112} (fl) 0,447 g/cm³; ϑ_{krit} 16°; p_{krit} 41,2 at; D_{krit} 0,16 gcm⁻³; fbl. Gas von charakteristischem widerlichen Geruch; krist. in Nadeln; mit feuchter Luft Nebelbildung→H_3BO_3; sehr empfindlich gegen W→$H_3BO_3 + H_2$; trocken haltbar; etwas l. CS_2; MAK: 0,1 cm³/m³
−92,52 V	14,28	232,9		79,4	
−120 F				58,2	* D (fl) bei −35° C; fbl. Gas oder fbl. Fl. von widerlichem Geruch; durch W langsam zers.; ll. in trockenem Bzl
16 V	27,1	280			
−46,74 F		149,8		23,8	* bei 0° C; fbl. leicht bewegliche, widerlich riechende Fl.; ziemlich haltbar; das beständigste der leichtflch. Borhydride; durch W langsam zers.
58 V		184,8		152,6	
−123,3 F					fbl. leicht bewegliche Fl.; zerfällt schneller als B_5H_9
63 V	31,8				
−65,1 F					* bei 0° C; fbl., ziemlich stark lichtbrechende Fl.; zers. leicht in festes gelbes Hydrid und H_2; reagiert langsam mit k. W
98,78 F	22	218,0		33	* auch orh. angegeben D_{2h}^{12}, $Pnnm$, $a=7,225$, $b=10,44$, $c=5,68$ Å, $M=2$; lange fbl. Nadeln oder kompakte Krist.; stechender eigentümlicher Geruch; W greift nicht an; l. Al, Ä, Bzl; ll. CS_2; MAK: 0,05 cm³/m³, H
		177		270	
236 F				−782,0	glänzende Kriställchen; HBO_2 I
		46		−712,2	fbl. Körner; HBO_2 II
					$\chi_{Mol} = -22,6 \cdot 10^{-6}$ cm³Mol⁻¹; fbl. Prismen; HBO_2 III
170 (4 atm.) F		81,34		−1089	$\chi_{Mol} = -34,1 \cdot 10^{-6}$ cm³Mol⁻¹; Sassolin; weiße schuppige Blättchen, schwach; perlmuttglänzend; biegsam; fühlen sich fettig an; dicke Tafeln aus wss. Lsg.; LW 21° 4,89 %, Bdk. H_3BO_3; L Me 25° 2,9 Mol/l; L Al 25° 1,52 Mol/l; L Isobutanol 25° 0,6927 Mol/l; L Glycerin 20° 28 g/100 cm³; L Ä wfrei 0,00775 g/100 g, Ä mit W gesättigt 0,2391 g/100 g Lösm.
		88,74		−962,8	

Formel	Name	Zustand	Mol.-Masse Dichte g·cm⁻³	System, Typ und Symbol	Einheitszelle Kantenlänge in Å	Winkel und M	Brechzahl n_D
BJ_3	trijodid	f	391,52 3,35				
BN	nitrid	f	24,82 2,34	hex. $B12$ $D_{6h}^4, P6_3/mmc$	2,51 6,69	$M=2$	
$BH_3 \cdot NH_3$	Borin= ammin	f	30,87	orh. $D_{2h}^{15}, Pbca$	8,22 9,31 8,11	$M=8$	
$B_3N_3H_6$	Borazol	fl	80,50 0,8519*				
B_2O_3	oxid	f	69,62 1,844*	kub.	10,055	$M=16$	1,4623
B_2S_3	sulfid	f	117,81 1,55				
Ba Ba_3As_2	**Barium** arsenid	f	561,86 4,1				
$Ba_3(AsO_4)_2$	ortho= arsenat	f	689,86 5,6	trig. $D_{3d}^5, R\bar{3}m$	5,753 21,18		
$BaHAsO_4 \cdot H_2O$	hydrogen= arsenat	f	295,28 3,93	orh.	0,41708: 1: 0,4430		1,635
BaB_6	borid	f	202,21 4,25	kub. $D2_1$ $O_h^1, Pm3m$	4,28	$M=1$	

Anorganische Verbindungen

°C	Phasen-umwandlungen ΔH kJ/Mol	C_p S^0 J/Molgrd	ΔH_B ΔG^0 kJ/Mol	Bemerkungen und Charakteristik
43 210	F V	40,5		fbl. durchsichtige Krist. mit perl-muttartigem Glanz; sehr hygr.; an Luft zers. unter J_2-Abscheidung; zers. W; ll. CCl_4, CS_2, Benzin; schwer l. $AsCl_3$, PCl_3
		20,01 15,37	−253,9 −227,8	Halbleiter; weißes leichtes lockeres Pulver; langsam l. k. W, rasch l. sied. W; zers. durch Wdampf → $NH_3 + H_3BO_3$; zers. HNO_3, H_2SO_4, h. NaOH; unl. wfrei Hydrazin
				Borazan; fbl. glänzende Nadeln; an feuchter Luft langsame Hydrolyse; im Vak. bis 90° unverändert beständig; sll. fl. NH_3
−58 53	F V	32,2	213	* bei 9,7° C; wasserklare bewegliche leicht flch. Fl.; krist. fbl. Tafeln; brennbar; fettlösend; l. eisk. W, bei Raumtemp. langsam zers.
450 2247	F V	23,0	62,97 53,85	−1264 −1184	* für glasiges B_2O_3; D(krist.) 1,805 g/cm³; $\bar{\gamma}(275...325°$ C$) = 610 \cdot 10^{-6}$ grd^{-1}; $\chi_{Mol} = -19,5 \times 2 \cdot 10^{-2}$ cm³Mol^{-1}; fbl. durchsichtiges sehr hartes sprödes Glas oder schneeweiße gesinterte leicht pulverisierbare Masse; völlig geruchlos; sehr hygr.; schwach bitterer Geschmack; l. W, nicht sofort, sondern nach kurzzeitig erfolgtem Zerfall; 3,65%ige HF → BF_3; l. warmer konz. H_2SO_4; unl. fl. NH_3
310	F			−238	glänzende weiße Nadeln; porzellanart. oder glasige Masse je nach Darst.; stechend schwefliger Geruch; W zers. heftig; Me, Al zers. unter H_2S-Entwicklung; ll. PCl_3, SCl_2
				dkl gefärbte kompakte Masse; unter dem Mikroskop durchsichtige braunrot gefärbte Krist.; W zers. schnell → $AsH_3 + Ba(OH)_2$
1605	F		−3421	große durchsichtige fbl. Kristallblätter; LW 20° 5,5 · 10^{-2} %
150 −H₂O			−1722	kleine weiße glänzende Kristallschuppen; fast unl. W; wl. k. S, ll. sied. S
2270	F			viol. schw. Pulver; mikroskopisch sehr regelmäßige kleine Krist.; eisengraue glänzende Würfel

221. Übersichtstabelle

Formel	Name	Zustand	Mol.-Masse / Dichte g·cm⁻³	System, Typ und Symbol	Einheitszelle Kantenlänge in Å	Winkel und M	Brechzahl n_D
$BaBr_2$	bromid	f	297,16 / 4,781	orh. $C23$ $D_{2h}^{16}, Pnma$	4,95 8,25 9,84	$M=4$	
$BaBr_2 \cdot H_2O$		f	315,17 / 4,18	orh. $D_{2h}^{16}, Pnma$	4,59 9,41 11,59	$M=4$	
$BaBr_2 \cdot 2H_2O$		f	333,19 / 3,85	mkl.	1,4494 : 1 : 1,1656	113° 29'	1,7129 1,7266 1,7441
$Ba(BrO_3)_2 \cdot H_2O$	bromat	f	411,17 / 3,95	mkl. $C_{2h}^6, C2/c$	9,66 7,92 9,06	93° 30' $M=4$	
BaC_2	carbid	f	161,36 / 3,75	tetr. $C11$ $D_{4h}^{17}, I4/mmm$	4,40 7,06	$M=2$	
$Ba(CN)_2 \cdot 2H_2O$	cyanid	f	225,41				
$BaCO_3$	carbonat	f	197,35 / 4,43	orh. $G0_2$ $D_{2h}^{16}, Pnma$	5,252 8,828 6,544	$M=4$	1,529 1,676 1,677
$Ba(CHO_2)_2$	formiat	f	227,37 / 3,21	orh. $D_2^4, P2_12_12_1$	6,81 8,91 7,67	$M=4$	1,5729 1,5970 1,6361
$Ba(C_2H_3O_2)_2$	acetat	f	255,43 / 2,468				
$BaC_2O_4 \cdot H_2O$	oxalat	f	243,37 / 2,66				
$BaC_4H_4O_4$	succinat	f	253,41	tetr. $D_{4h}^{19}, I4_1/amd$	7,37 10,28	$M=4$	1,580 1,633
$BaCl_2$	chlorid	f	208,25 / 3,888	orh. $C23$ $D_{2h}^{16}, Pnma$	4,71 7,82 9,33	$M=4$	

Phasen-umwandlungen		Standardwerte bei 25° C		Bemerkungen und Charakteristik
°C	ΔH kJ/Mol	C_p S^0 J/Molgrd	ΔH_B ΔG^0 kJ/Mol	
847	F 25	148,5	−754,5	$\varkappa = 3,58 \cdot 10^{-6}$ at^{-1}; $\varkappa_{Mol} = -92 \cdot 10^{-6}$ cm^{3}Mol^{-1}; weißes krist. Pulver; LW 20° 49,8%, Bdk. 2H$_2$O; L Me 20° 29,5%; L Al 20° 3,97%; L Aceton 20° 0,026%; giftig; MAK: 1,08 mg Staub/m^3 Luft
			−1067	fbl. Krist.; LW s. BaBr$_2$
			−1365	$\varkappa_{Mol} = -119 \cdot 10^{-6}$ cm^{3}Mol^{-1}; weiße Krist., etwas durchsichtig; LW s. BaBr$_2$; ll. Me; wl. Al
		221,3 288		$\varkappa_{Mol} = -117,5 \cdot 10^{-6}$ cm^{3}Mol^{-1}; weiße seidenglänzende Krist. oder feinkrist. Pulver; LW 20° 0,9%, 100° 5,1%, Bdk. 1H$_2$O; unl. Al, Aceton und den meisten org. Lösm.
				graue bis schw. Substanz; über 1750° C Z.; mit W und Al stürmisch $\rightarrow$ C$_2$H$_2$
			−799,7	weiße zerfl. Krist.; LW 14° 44,4%, Bdk. 0H$_2$O; Kochen mit W wandelt um $\rightarrow$ BaCO$_3$; unl. abs. Al; giftig
806 968	U 16,2 U 2,9	85,35 112,1	−1202 −1123	$\varepsilon(1,67 \cdot 10^5$ Hz$) = 8,5$; $\varkappa_{Mol} = -58,9 \cdot 10^{-6}$ cm^{3}Mol^{-1}; Witherit; gefällt schweres weißes Pulver; LW 18° $1,72 \cdot 10^{-3}$%; etwas l. in CO$_2$-haltigem W; l. unter Aufbrausen in HCl, HNO$_3$, Eg
			−1366	$\varkappa_{Mol} = -66,6 \cdot 10^{-6}$ cm^{3}Mol^{-1}; klare durchsichtige schwach glänzende Krist.; LW 20° 23%, Bdk. 2H$_2$O; unl. Al, Ä; giftig
450	F		−1486	weißes krist. Pulver; kleine nicht hygr. Krist.; LW 20° 42,2%, Bdk. 3H$_2$O; wl. Al; giftig
				weißes Pulver; LW 20° $9 \cdot 10^{-3}$%, Bdk. 2H$_2$O; l. verd. HCl, HNO$_3$, h. konz. Oxalsäurelsg.; bei 140...150° wfrei, über 400° Z.; giftig
				weißes krist. Pulver; LW 20° 0,4%; swl. Me; unl. Al; giftig
920 960 1560	U F 22,47 V	75,3 125	−859,8 −810,8	$\bar{\gamma}(20...150°$ C$) = 60 \cdot 10^{-6}$ grd^{-1}; $\varkappa_{Mol} = -72,6 \cdot 10^{-6}$ cm^{3}Mol^{-1}; weiße krist. Masse; LW 20° 26% Bdk. 2H$_2$O; L Glycerin 15° 8,86%; wl. HCl, HNO$_3$; unl. Al, wfreiem Dioxan, Xylol, Nitrobzl, fl. NH$_3$, fl. SO$_2$ bei 0° C

Formel	Name	Zustand	Mol.-Masse / Dichte g·cm⁻³	System, Typ und Symbol	Einheitszelle Kantenlänge in Å	Winkel und M	Brechzahl n_D
$BaCl_2 \cdot H_2O$		f	226,26 / 3,28	orh. $D_{2h}^{16}, Pnma$	4,51 / 9,02 / 11,28	$M=4$	
$BaCl_2 \cdot 2H_2O$		f	244,28 / 3,097	mkl. $C_{2h}^5, P2_1/c$	6,69 / 10,85 / 7,15	91° 5′ / $M=4$	1,635 / 1,646 / 1,660
$Ba(ClO_2)_2$	chlorit		272,24				
$Ba(ClO_3)_2 \cdot H_2O$	chlorat	f	322,26 / 3,18	mkl. $C_{2h}^6, C2/c$	9,35 / 7,80 / 8,86	93° 30′ / $M=4$	
$Ba(ClO_4)_2$	perchlorat	f	336,24 / 3,2				
$Ba(ClO_4)_2 \cdot 3H_2O$		f	390,29 / 2,87	hex. $H4_{18}$ $C_{6h}^2, P6_3/m$	7,28 / 9,64	$M=2$	1,5330 / 1,5323
$BaCrO_4$	chromat	f	253,33 / 4,49	orh.	0,8038 : 1 : 1,2149		
BaF_2	fluorid	f	175,34 / 4,893	kub. $C1$ $O_h^5, Fm3m$	6,196	$M=4$	1,4741
BaH_2	hydrid	f	139,36 / 4,21	orh. $C29$ $D_{2h}^{16}, Pnma$	6,79 / 7,83 / 4,11	$M=4$	
BaJ_2	jodid	f	391,15 / 5,15	orh. $C23$ $D_{2h}^{16}, Pnma$	8,862 / 10,566 / 5,268	$M=4$	
$BaJ_2 \cdot 2H_2O$		f	427,18 / 5,15	mkl.	1,4580 : 1 : 1,1528	112° 58′	
$BaJ_2 \cdot 6H_2O$		f	499,24 / 2,61	trig. $C_{3i}^1, P\overline{3}$	8,9 / 4,6	$M=1$	

Anorganische Verbindungen Ba 1-233

Phasenumwandlungen		Standardwerte bei 25° C			Bemerkungen und Charakteristik
°C	ΔH kJ/Mol	C_p S^0 J/Molgrd		ΔH_B ΔG^0 kJ/Mol	
		117,9		−1164	fbl. Krist.; LW s. $BaCl_2$
		167		−1059	
100 −2H_2O		155,2 203		−1461 −1296	$\varkappa_{Mol} = -100 \cdot 10^{-6}$ cm³Mol⁻¹; fbl. Krist.; LW s. $BaCl_2$; unl. Al
				−662	feines Pulver; LW 20° 31 %, 100° 45 %
		199,6		−572,5	
		211,6		−1066	$\varkappa_{Mol} = -99,2 \cdot 10^{-6}$ cm³Mol⁻¹; fbl. durchsichtige Krist.; LW 20° 20,3 %, Bdk. 0H_2O; fast unl. Al; wl. Aceton; unl. Py; giftig; MAK: 1,17 mg Staub/m³ Luft
284 505	U F			−806,8	$\varkappa_{Mol} = -94,7 \cdot 10^{-6}$ cm³Mol⁻¹; fbl. Krist.; LW 25° 66,48 %, Bdk. 3 H_2O; L Me 68,5 %; L Al 25° 55,5 %; L Aceton 25° 55,5 %; ll. Propanol, Isobutanol; sll. fl. NH_3; mäßig l. fl. HF
400 Z.	F			−1696	weiße Nadeln, verwittern bei langem Aufbewahren über $CaCl_2$
1400	F*				* unter vollständiger Z.; hgelbe glänzende, durchsichtige Krist.; beim Erhitzen rotor., beim Abkühlen gelb; LW 20° 7 · 10⁻⁴ %; ll. verd. HCl, HNO_3; konz. H_2SO_4 zers.; Kochen mit wss. $Na_2CO_3 \rightarrow BaCO_3$; mit gasförmigem HCl $\rightarrow CrO_2Cl_2$
1290 2260	F V	12,5 292	71,21 92,6	−1200 −1147	$\varkappa_{Mol} = -51,0 \cdot 10^{-6}$ cm³Mol⁻¹; fbl. durchsichtige Krist.; LW 20° 0,15 %; l. S, NH_4Cl-Lsg.
675 Z	F			−171	blaßgraue bläuliche bis fbl. Masse von krist. Bruch; zers. W $\rightarrow Ba(OH)_2 + H_2$; l. HCl unter Zischen
740	F		167,4	−602,3	$\varkappa_{Mol} = -124 \cdot 10^{-6}$ cm³Mol⁻¹; fbl. Krist.; LW 20° 66,5 %; L Al 20° 43,5 %; L Me 15° 4,5 g/100 g Lösm.; L Py 25° 8,22 g/100 cm³ Lösm.; l. Aceton L fl. NH_3 0° 0,2 %; wl. fl. SO_2
				−1218	$\varkappa_{Mol} = -163 \cdot 10^{-6}$ cm³Mol⁻¹; fbl. zerfl. Krist.; zers. leicht; färben sich an der Luft rasch rotbraun; bei 98,8° C −H_2O, bei 539° wfrei
25,7	F*				* im eigenen Kristallwasser; fbl. Krist.

Formel	Name	Zustand	Mol.-Masse Dichte g·cm^{-3}	Kristalldaten System, Typ und Symbol	Einheitszelle Kantenlänge in Å	Winkel und M	Brechzahl n_D
Ba(JO$_3$)$_2$	jodat	f	487,15 4,998	mkl.	1,0833: 1: 1,2403	94° 6'	
Ba(JO$_3$)$_2$·H$_2$O		f	505,16 4,657	mkl.	1,151: 1: 1,265	92° 22'	
Ba(NH$_2$)$_2$	amid	f	169,39				
Ba(N$_3$)$_2$	azid	f	221,38 2,936	mkl.	6,22 29,29 7,02	105° 14' $M=10$	
Ba$_3$N$_2$	nitrid	f	440,03 6,46				
Ba(NO$_2$)$_2$·H$_2$O	nitrit	f	247,37 3,173	hex. $D_6^2, P6_122$	7,05 17,66	$M=6$	1,614 1,518
Ba(NO$_3$)$_2$	nitrat	f	261,35 3,24	kub.	8,11	$M=4$	1,5715
BaO	oxid	f	153,34 5,685	kub. $B1$ $O_h^5, Fm3m$	5,523	$M=4$	1,980
BaO$_2$	peroxid	f	169,34 4,958	tetr. $C11$ $D_{4h}^{17}, I4/mmm$	3,806 6,841	$M=2$	

Phasen-umwandlungen		Standardwerte bei 25° C		Bemerkungen und Charakteristik
°C	ΔH kJ/Mol	C_p S^0 J/Molgrd	ΔH_B ΔG^0 kJ/Mol	
				$\chi_{Mol} = -122,5 \cdot 10^{-6}$ cm³Mol⁻¹; durchsichtige Prismen; LW 20° 0,02 %, 90° 0,14 %, Bdk. 1 H₂O; wl. HNO₃; l. HCl; mit verd. H₂SO₄→BaSO₄+ HJO₃; unl. Aceton, abs. Al
130 −H₂O			−1337	$\chi_{Mol} = -135 \cdot 10^{-6}$ cm³Mol⁻¹; fbl. Krist.; LW s. Ba(JO₃)₂; l. HCl; wl. HNO₃; unl. Al, Aceton
280	F			weißes krist. Pulver; schmilzt unter Dklfärbung; zers. an feuchter Luft und mit W→Ba(OH)₂+2NH₃; unl. fl. NH₃; ll. Lsg. NH₄NO₃ in fl. NH₃
		124,7	−22,3 131	glänzende säulenförmige Krist. oder Nadeln; zers. ohne zu schmelzen; verpufft bei Schlag oder Erhitzen mit grünem Licht; LW 0° 11,6 %, Bdk. 8 H₂O; swl. abs. Al; unl. in trockenem Ä
		152	−373 −302,7	braune bis bronzefarbene harte Masse; gelbliche Nadeln; an feuchter Luft sofort trübe; zers. mit W; unl. fl. NH₃
115 Z			−1065	$\chi_{Mol} = -58,8 \cdot 10^{-6}$ cm³Mol⁻¹; weißgelbliche glänzende Nadeln; durchscheinend; LW 20° 41 %, Bdk. 1 H₂O; L Me 20° 0,057 %; L Aceton 25° 0,005 %; L Furfurol 25° 0,01 %; wl. 90 % Al; fast unl. abs. Al; unl. Egs
595	F	25	150,9 −991,6 213,7 −796	$\bar{\gamma}(-78...+15° C) = 50 \cdot 10^{-6}$ grd⁻¹; $\varepsilon(1,6 \cdot 10^6$ Hz$) = 5,7$; $\chi_{Mol} = -66,5 \cdot 10^{-6}$ cm³Mol⁻¹; fbl. Krist.; LW 20° 8 %, 100° 25,8 %, Bdk. 0 H₂O
1923 2000	F V	57,7	47,23 −556,6 70,3 −526,8	$\bar{\alpha}(20...875° C) = 17,8 \cdot 10^{-6}$ grd⁻¹; $\varkappa = 2,01 \cdot 10^{-6}$ at⁻¹; Halbleiter; $\chi_{Mol} = -29,1 \cdot 10^{-6}$ cm³Mol⁻¹; weißes bis schwach gelbliches Pulver; subl. unzers.; an feuchter Luft→ Ba(OH)₂+BaCO₃; zers. W; l. abs. Al, abs. und konz. Me; unl. wfreiem Aceton
450	F		−630	$\varepsilon(2 \cdot 10^6$ Hz$) = 10,7$; $\chi_{Mol} = -40,6 \cdot 10^{-6}$ cm³Mol⁻¹; schneeweißes lockeres Pulver; zieht Feuchtigkeit und CO₂ an; wl. W; mit verd. S→H₂O₂; unl. Al, Ä, Aceton

Formel	Name	Zustand	Mol.-Masse / Dichte g·cm⁻³	System, Typ und Symbol	Kantenlänge in Å	Winkel und M	Brechzahl n_D
$BaO_2 \cdot 8\,H_2O$		f	313,46	tetr. $D_{4h}^2, P4/mcc$	6,51 11,50	$M=2$	
$Ba(OH)_2$	hydroxid	f	171,35 4,50				
$Ba(OH)_2 \cdot 8\,H_2O$		f	315,48 2,188	mkl.	0,9990 : 1 : 1,2779	98° 56'	1,4710 1,5017 1,5017
$Ba(H_2PO_2)_2 \cdot H_2O$	dihydrogenhypophosphit	f	285,33 2,90	mkl.	1,5760 : 1 : 1,2002	79° 40'	
$BaHPO_4$	hydrogenphosphat	f	233,32 4,165	orh. $D_{2h}^{10}, Pccn$	4,61 14,08 17,10	$M=12$	1,617 — 1,635
$Ba_2P_2O_7$	pyrosulfat	f	448,62 3,9	orh.	9,35 13,87 5,61		
$Ba(H_2PO_4)_2$	dihydrogenphosphat	f	331,31 2,87	orh.	0,7602 : 1 : 0,8238		
$Ba_3(PO_4)_2$	orthophosphat	f	601,96 4,1	trig. $D_{3d}^5, R\bar{3}m$	7,70	42,6° $M=1$	
BaS	sulfid	f	169,40 4,25	kub. $B1$ $O_h^5, Fm3m$	6,37	$M=4$	2,155
BaS_3	sulfid	f	233,53 3,64	orh. $D_2^3, P2_12_12$	8,32 9,64 4,82	$M=4$	
$Ba(CNS)_2 \cdot 3\,H_2O$	thiocyanat	f	307,55 2,286				

Phasenumwandlungen		Standardwerte bei 25° C		Bemerkungen und Charakteristik
°C	ΔH kJ/Mol	C_p S^0 J/Molgrd	ΔH_B ΔG^0 kJ/Mol	
			−3010	perlmuttglänzende Schuppen; wl. k. W; unl. Al, Ä und den meisten org. Lösm.
408	F 14,2		−946	$\chi_{Mol} = -53,2 \cdot 10^{-6}$ cm³Mol⁻¹; weißes Pulver; LW 20° 3,9 %, Bdk. 8 H₂O; 100° 63,1 %, Bdk. 3 H₂O; wl. Al; unl. wfreiem Aceton; ll. verd. HCl, HNO₃; giftig; ätzend
78	F*		−3346	* im eigenen Kristallwasser; $\chi_{Mol} =$ 157 · 10⁻⁶ cm³Mol⁻¹; glänzende dünne Täfelchen, durchsichtige Blättchen; LW s. Ba(OH)₂; swl. Al; giftig; ätzend
			−2059	perlmuttglänzende biegsame Krist.; trocken an Luft beständig; LW 20° 23 %, Bdk. 1 H₂O; unl. Al
			−1949	kleine dünne Tafeln, durchsichtig; beim Erhitzen auf Rotglut → Ba₂P₂O₇; wss. NaOH hydrolysiert in der Siedehitze; wl. konz. HNO₃; 1,7n HNO₃ zers. beim Kochen
				fbl. Krist.; LW 20° 0,01 %; l. verd. S, konz. H₂SO₄
			−3137	weiße Krist.; zers. W, ll. starken Mineralsäuren; wl. wss. NH₃, Phosphatlsg.
1727	F 77,8		−4174	ziemlich große durchsichtige Kristallblättchen; l. verd. S, konz. H₂SO₄; wl. wss. NH₃, Phosphatlsg.; unl. Py
2470	F	87,8	−464 −461	$\bar{\gamma}(30...75°\,C) = 102 \cdot 10^{-6}$ grd⁻¹; Halbleiter; weißes krist. Pulver, an der Luft gelb; beim Übergießen mit S → H₂S-Entwicklung; zers. an feuchter Luft; LW 20° 7 %, 80° 33,3 %, Bdk. 6 H₂O; giftig; MAK: 0,62 mg Staub/m³ Luft
554 Z	F			gelbe Substanz, in der Hitze rotbraun; l. W erst beim Kochen zu alk. gelblichroten Fl., an Luft rasch zers.
				lange zerfl. Nadeln; LW 25° 62,6 %, Bdk. 3 H₂O; ll. Me, Al, CH₃NH₂, C₂H₅NH₂; mäßig l. (CH₃)₂NH; unl. (CH₃)₃N

221. Übersichtstabelle

Formel	Name	Zustand	Mol.-Masse Dichte g·cm⁻³	System, Typ und Symbol	Kantenlänge in Å	Winkel und M	Brechzahl n_D
$BaSO_3$	sulfit	f	217,40				
$BaSO_4$	sulfat	f	233,40 4,48	orh. HO_2 $D_{2h}^{16}, Pnma$	8,85 5,44 7,13	$M=4$	1,6363 1,6374 1,6480
$BaS_2O_3 \cdot H_2O$	thiosulfat	f	267,48 3,446	orh.	0,7304: 1: 0,7248		
$BaS_2O_6 \cdot 2H_2O$	dithionat	f	333,49 3,124	mkl. $C_{2h}^5, P2_1/c$	10,67 6,64 10,49	108° 22′ $M=4$	1,5860 1,5951 1,6072
$BaS_2O_8 \cdot 4H_2O$	peroxiddisulfat	f	401,52				
$BaSiF_6$	hexafluorosilikat	f	279,42 4,279	trig. $D_{3d}^5, R\overline{3}m$	4,75	97° 58′ $M=1$	
$BaSiO_3$	metasilikat	f	213,42 4,399	orh.*	5,56 12,27 4,54	$M=4$	1,673 1,674 1,678
$BaSiO_3 \cdot 6H_2O$		f	321,52 2,59	orh.	0,8555: 1: 0,5630		1,542 ~1,548 ~1,548
Ba_2SiO_4	orthosilikat	f	366,76 5,4	orh. $D_{2h}^{16}, Pnma$	5,76 10,17 7,56	$M=4$	1,810 — 1,830
$BaTiO_3$	titanat	f	233,24 6,02	tetr. $D_{4h}^1, P4/mmm$	3,9945 4,0335	$M=1$	

Anorganische Verbindungen

Phasenumwandlungen			Standardwerte bei 25° C		Bemerkungen und Charakteristik
°C		ΔH kJ/Mol	C_p S^0 J/Molgrd	ΔH_B ΔG^0 kJ/Mol	
				−1182,6	weiße feine Nadeln; LW 20° 1,97 · 10^{-2} %, Bdk. 0 H_2O, unl. 60 % Al; wss. HCl, H_2SO_4, HNO_3 zers. heftig; ebenso zers. Oxals., Weins., Citronens.; Egs zers. nicht, desgleichen Alk und Erdalkalihydroxide
1149 1350	U F	40,6	101,8 131,8	−1465 −1352	$\bar{\gamma}(-78 \cdots +21°\,C) = 75 \cdot 10^{-6}$ grd^{-1}; $\chi_{Mol} = -71{,}3 \cdot 10^{-6}$ cm^{3}Mol^{-1}; Schwerspat, Baryt; weißes schweres Pulver oder faserige körnige Aggregate; LW 20° 2,5 · 10^{-4} %; praktisch unl. verd. S; etwas l. konz. H_2SO_4 infolge Komplexbildung; unl. wfreiem Hydrazin, Lsg. NH_4NO_3 in fl. NH_3, Egester; l. in geschmolzenen Salzen wie NaCl, KCl, $BaCl_2$, $MnCl_2$, Na_2SO_4
100 − H_2O					silberglänzende weiße Blättchen; LW 20° 0,24 %
				−2312	$\chi_{Mol} = -120 \cdot 10^{-6}$ cm^{3}Mol^{-1}; fbl. glänzende Krist.; nur an feuchter Luft haltbar; LW 20° 15,9 %, Bdk. 2 H_2O; unl. Al
				−3091	weißes Pulver oder durchsichtige harte, stark geriefte Prismen; zers. langsam; LW 28 %, Bdk. 4 H_2O; wss. Lsg. zers. nur langsam; wss. Al zers. rasch
				−2894	runde säulenförmige Krist.; LW 20° 2,2 · 10^{-2} %; HCl fördert die L in W etwas; unl. Al
1605	F			−1597	* Hochtemperaturform; runde Körner oder abgerundete Stäbchen; LW 20° 0,012 %; l. HCl
~1490					fbl. Krist.; LW in der Kälte 0,17 %, in der Wärme Z.
				−2079	fbl. Krist.
120	U*		102,5 107,9		* U tetr.→kub., $a = 4{,}0092$ Å, $M = 1$; ferroelektrisch; piezoelektrisch

Formel	Name	Zustand	Mol.-Masse / Dichte $g \cdot cm^{-3}$	System, Typ und Symbol	Kantenlänge in Å	Winkel und M	Brechzahl n_D
Be Be$_2$(OH) BO$_3$	**Beryllium** hydroxyborat	f	93,84 2,35	orh. $G7_2$ $D_{2h}^{15}, Pbca$	9,73 12,18 4,42	$M=8$	1,5596 1,5908 1,6311
BeBr$_2$	bromid	f	168,83 3,465				
Be$_2$C	carbid	f	30,04 1,90	kub. $C1$ $O_h^5, Fm3m$	4,33	$M=4$	
BeCl$_2$	chlorid	f	79,92 1,899	orh. $D_{2h}^{26}, Ibam$	5,36 9,86 5,26	$M=4$	
BeCl$_2 \cdot$ 4 H$_2$O		f	151,98				
BeF$_2$	fluorid	f	47,01 1,986	tetr. $C9$	6,60 6,74	$M=8$	
[SiO$_4$Be YO]$_2$Fe	Gadolinit	f	467,85 4... 4,5	mkl. $C_{2h}^5, P2_1/c$	4,65 7,53 9,87	90,5° $M=2$	>1,775
BeJ$_2$	jodid	f	262,82 4,325	orh.	11,63 16,7 16,48	$M=32$	
[BeF$_4$]K$_2$	Kaliumtetrafluoroberyllat	f	163,21	orh. $H1_6$ $D_{2h}^{16}, Pnma$	5,69 9,90 7,27	$M=4$	
Be$_3$N$_2$	nitrid	f	55,05 2,73	kub. $D5_3$ $T_h^7, Ia3$	8,15	$M=16$	
Be(NO$_3$)$_2 \cdot$ 3 H$_2$O	nitrat	f	187,07				
Be(NO$_3$)$_2 \cdot$ 4 H$_2$O		f	205,08				
[BeF$_4$]Na$_2$	Natriumtetrafluoroberyllat	f	130,99	orh. $S1_2$ $D_{2h}^{16}, Pnma$	4,89 10,90 6,56	$M=4$	
BeNaPO$_4$	Natriumberylliumphosphat	f	126,97 2,845	mkl. $C_{2h}^5, P2_1/c$	8,13 7,74 14,17	~90° $M=12$	1,5520 1,5579 1,5608

Anorganische Verbindungen Be 1-241

Phasenumwandlungen			Standardwerte bei 25° C		Bemerkungen und Charakteristik
°C	ΔH kJ/Mol	C_p J/Molgrd	S^0	ΔH_B ΔG^0 kJ/Mol	
					Hambergit; prism. Krist.; fbl., weißgrau, durchsichtig oder durchscheinend; Glasglanz
488	F	18,8		$-369,7$	weiße, zerfl. Nadeln; subl.; ll. W, l. Al; L Py 25° 18,56 g/100 cm³ Lösm.
>2100	F (Z)				ziegelrote Oktaeder; zers. W, Alk, S unter Bildung von CH_4
410 547	F V	12,6 104,8	90,0	$-456,9$	$\chi_{Mol} = -26,5 \cdot 10^{-6}$ cm³Mol^{-1}; weiße zerfl. Krist.; ll. W, l. Al, Ä, Bzl
				-1828	$\bar{\gamma}(20...150°\,C) = 113 \cdot 10^{-6}$ grd^{-1}; fbl. zerfl. Tafeln
545 1159	F V	212,9*	57,3	-1011	* $803 < \vartheta < 968°$ C; sehr hygr. glasige Masse; LW 18° 18 Mol/l; L Al 25° 0,1 g/100 g Lösm.; gut l. 90% Al und Gemisch Al+Ä; l. H_2SO_4; auch hex. $C\,8$, $a=4,72$, $c=5,18$ Å, $M=3$ angegeben
					schw., schw.-braun, grünschw. prismatische Krist.; undurchsichtig, schwacher Glasglanz, etwas fettartig, Bruch muschelig bis splitterig
480 487	F V	18,8 79,5		$-211,6$	weiße Nadeln; zieht stark W an; W wirkt heftig→HJ; ll. W, Al, Ä
					$\chi_{Mol} = -98 \cdot 10^{-6}$ cm³Mol^{-1}
2200 ~3900	F V		69,04	$-563,6$	weißes Pulver; sd. W langsam→ $NH_3 + Be(OH)_2$; l. konz. Alk, S
~60 100 $-H_2O$	F				zerfl. Krist., sehr hygr.; Z. 200°, Rückstand unl. W
60,5	F				fbl. Krist.; verliert leicht an der Luft N_2O_5; LW 20° 52% Bdk. $4\,H_2O$; L Ä 20° $2 \cdot 10^{-3}$ g/100 cm³ Lsg.; l. Al, Aceton
~187	U^*				* $U \to$ trig. D_{3d}^3, $P\bar{3}m1$; $a=5,31$; $c=7,08$ Å; $M=2$; LW (orh.) 0° 0,99%; 20° 1,43%; 50° 2%; 80° 2,54%; LW (trig.) 0° 1,29%; 10° 1,5%; 20° 1,67%
					Beryllonit; fbl. weiß oder gelblich; langsam l. S

221. Übersichtstabelle

Formel	Name	Zustand	Mol.-Masse Dichte g·cm^{-3}	Kristalldaten System, Typ und Symbol	Einheitszelle Kantenlänge in Å	Einheitszelle Winkel und M	Brechzahl n_D
BeO	oxid	f	25,01 ; 3,025	hex. $B\,4$ $C_{6v}^4, P6_3mc$	2,69 ; 4,37	$M=2$	1,719 ; 1,733
Be(OH)$_2$	hydroxid	f	43,03 ; 1,924	orh. $C\,3\,1$ $D_2^4, P2_12_12_1$	4,61 ; 7,02 ; 4,53	$M=4$	
Be$_3$(PO$_4$)$_2$·3H$_2$O	orthophosphat	f	271,03				
BeS	sulfid	f	41,08 ; 2,36	kub. $B\,3$ $T_d^2, F\bar{4}3m$	4,86	$M=4$	
BeSO$_4$	sulfat	f	105,07 ; 2,443				
BeSO$_4$·4H$_2$O		f	177,14 ; 1,713	tetr. $H\,4_3$ $D_{2d}^{10}, I\bar{4}c2$	8,02 ; 10,75	$M=4$	1,4720 ; 1,4395
BeSe	selenid	f	87,97 ; 4,315	kub. $B\,3$ $T_d^2, F\bar{4}3m$	5,13	$M=4$	
BeSeO$_4$·4H$_2$O	selenat	f	224,03 ; 2,03	orh.	1 : 0,9602 : 0,9027		1,5027 ; 1,5007 ; 1,4667
Be$_2$SiO$_4$	silikat	f	110,11 ; 3,0	trig. $S\,1_3$ $C_{3i}^2, R\bar{3}$	7,68	108,0° ; $M=6$	1,6539 ; 1,6697
Be$_4$Si$_2$O$_7$(OH)$_2$		f	238,23 ; 2,6	orh. $S\,4_6$ $C_{2v}^{12}, Cmc2_1$	15,19 ; 8,67 ; 4,53	$M=4$	1,584 ; 1,603 ; 1,611
BeTe	tellurid	f	136,61 ; 5,09	kub. $B\,3$ $T_d^2, F\bar{4}3m$	5,61	$M=4$	
Bi	**Wismut**						
BiBr$_3$	(III)-bromid	f	449,71 ; 5,594	kub.	9,23		
BiC$_6$H$_5$O$_7$	citrat	f	399,08				
BiCl$_2$	(II)-chlorid	f	280,89 ; 4,86				

Phasen-umwandlungen		Standardwerte bei 25° C			Bemerkungen und Charakteristik
°C	ΔH kJ/Mol	C_p $\quad$ S^0 J/Molgrd	ΔH_B $\quad$ ΔG^0 kJ/Mol		
2550 ca.3900	F V	71,1	25,40 14,10	$-598,7$ -569	$\chi_{Mol} = -11,9 \cdot 10^{-6}$ cm^{3}Mol^{-1}; Bromellit; weißes lockeres Pulver; LW 20° 34,4 $\cdot$ 10^{-6} % unl. S; Aufschluß mit KHSO$_4$-Schmelze
				$-907,5$	$\chi_{Mol} = -23,1 \cdot 10^{-6}$ cm^{3}Mol^{-1}; weißes Pulver; LW 20° 0,6 $\cdot$ 10^{-6} %; l. S, Alk; zieht stark CO$_2$ an
100 $-H_2O$					fbl. Krist.; l. W, S, Egs
			31,0	-238 -232	graues Pulver; zers. W
540 Z			88	-1196	$\chi_{Mol} = -37 \cdot 10^{-6}$ cm^{3}Mol^{-1}; weiße mikrokrist. Substanz; LW 20° 28 %
100 $-2H_2O$ 250 $-4H_2O$				-2412	fbl. oktaedrische Krist.; an Luft beständig konz. H$_2$SO$_4$→BeSO$_4$ wfrei
					graue krist. Masse von großer Sprödigkeit; l. W; Lsg. langsam gerötet durch Se↓
100 $-2H_2O$					fbl. Krist.; bei 300° wfrei; LW 25° 36,2 %, Bdk. 4 H$_2$O
			95,8 64,5		Phenakit; kleine kurzprism. Krist.; wasserhell, gelblich, rötlich; unl. S
					Bertrandit; kleine tafelförmige Krist.; fbl. weiß, gelblich, wasserhell bis durchscheinend, glasglänzend; unl. HCl, HNO$_3$
					graues Pulver; feuchte Luft zers. etwas→H$_2$Te; W bildet lebhaft H$_2$Te
155 218 461	U F V	75,4		-247	$\bar{\gamma}(-79\cdots-17°$ C$)=200\cdot10^{-6}$ grd^{-1}; $\chi_{Mol} = -147 \cdot 10^{-6}$ cm^{3}Mol^{-1}; gelbe Krist., geschmolzen tiefrot; mit W→ BiOBr, l. HCl, HBr, Ä
					weißes amorphes Pulver, geruchlos, unl. W, Al, l. wss. NH$_3$, Ammoncitratlsg.
163	F				braunschw. krist. Masse, sehr hygr.; zers. W→BiOCl+Bi+HCl unl. org. Lösm.; bei 300° Z. in Bi und BiCl$_3$

Formel	Name	Zustand	Mol.-Masse / Dichte g·cm⁻³	Kristalldaten System, Typ und Symbol	Einheitszelle Kantenlange in Å	Winkel und M	Brechzahl n_D
$BiCl_3$	(III)-chlorid	f	316,34 4,75	kub.	8,14	$M=4$	
BiS_2Cu	Kupfer(I)-thiobismutit	f	337,65 6,10	orh. $F\,5_8$ $D_{2h}^{16}, Pnma$	6,125 14,512 3,890	$M=4$	
BiF_3	(III)-fluorid	f	266,98 8,73	kub. DO_3* $O_h^5, Fm3m$	5,865	$M=4$	
BiF_5	(V)-fluorid	f	304,97				
BiJ_3	(III)-jodid	f	590,69 5,778	trig. DO_5 $C_{3i}^2, R\bar{3}$	7,50 20,65	$M=6$	
$Bi(NO_3)_3 \cdot 5H_2O$	(III)-nitrat	f	486,07 2,83				
BiO_3Na	Natriumwismutat	f	280,97				
BiO	(II)-oxid	f	225,98 7,2				
Bi_2O_3	(III)-oxid	f	467,96 8,929	mkl. $C_{2h}^5, P2_1/c$	5,83 8,14 7,48	112° 56′ $M=4$	
$Bi(OH)_3$	(III)-hydroxid	f	261,00 4,36				
Bi_2O_5	(V)-oxid	f	499,96 5,10				
$BiOBr$	oxidbromid	f	305,89 8,082	tetr. $E\,0_1$ $D_{4h}^7, P4/nmm$	3,92 8,09	$M=2$	

Anorganische Verbindungen Bi 1-245

Phasenumwandlungen		Standardwerte bei 25° C			Bemerkungen und Charakteristik
°C	ΔH kJ/Mol	c_p S° J/Molgrd		ΔH_B ΔG^0 kJ/Mol	
244	F	10,9		−379,1	$\bar{\gamma}(20…150°\,C) = 167 \cdot 10^{-6}\,\text{grd}^{-1}$;
441	V	72,61	191,6	−319,4	$\chi_{Mol} = -100 \cdot 10^{-6}\,\text{cm}^3\text{Mol}^{-1}$; fbl. hygr. Krist.; zers. W, verd. Al; l. HNO_3, HCl, Aceton, Egester, abs. Al
					Emplektit; synthetisch schw. Pulver, nach Schmelzen grauweiß, kristallin strahlig
725	F			−887	* 2. Vorschlag ähnlich $C\,1$, T_d^1, $P\bar{4}3m$; $\chi_{Mol} = -61 \cdot 10^{-6}\,\text{cm}^3\text{Mol}^{-1}$; grauweißes krist. Pulver, unl. W, Al, l. S, wss. NH_3
~550	Sb				fbl. Pulver, sehr feuchtigkeitsempfindlich→gelb bis braun
408	F			−100	$\bar{\gamma}(-79…+17°\,C) = 160 \cdot 10^{-6}\,\text{grd}^{-1}$; grauschw. krist. Pulver; mit W→ BiOJ; l. Al, HCl, KJ-Lsg. zers. > 500°; sublimierbar
Z 30					fbl. säulenförmige Krist., zerfl., l. HNO_3, zers. W→BiO(NO_3)
					gelbes Pulver; oxid. saure $MnSO_4$-Lsg. rasch zu MnO_4; whaltig mit $3,5\,H_2O$ gelbe feine Nädelchen, reagiert mit S unter teilweiser Auflösung und Bildung von höheren Wismutoxiden
				−209	$\chi_{Mol} = -110 \cdot 10^{-6}\,\text{cm}^3\text{Mol}^{-1}$; schweres graues krist. Pulver, etwas hygr.; zers. W langsam sied. W schnell; zers. verd. HCl, HNO_3, H_2SO_4
720	U*				* U-α→δ; δ kub. $a = 5,665$ Å bei
817	F	28,5	113,5	−578,0	750°; Halbleiter; $\chi_{Mol} = -41,5 \times 2 \cdot$
1890	V		151,2	−560	$10^{-6}\,\text{cm}^3\text{Mol}^{-1}$; Wismutocker, Bismit, grauweiß, grünlichgelb, durchscheinend, durchsichtig; hgelbes krist. Pulver; Erhitzen→rotbraun, Erkalten→gelb; LW 20° $1,4 \cdot 10^{-4}\%$, Bdk. BiOOH; unl. Alk, l. S
Z. 415					$\chi_{Mol} = -65,8 \cdot 10^{-6}\,\text{cm}^3\text{Mol}^{-1}$; weiß, flockig, leicht kolloidal in Lsg.; 100°→BiO(OH); unl. verd. Alk; l. S, mit NaOH alk. gemachtem Glycerin
150	F^1				[1] unter Verlust von O_2;
357	V^1				rotbraunes Pulver
					fbl. krist. Pulver oder fbl. quadratische Krist., sehr stabil, schmilzt bei Rotglut; l. konz. HBr

Formel	Name	Zustand	Mol.-Masse / Dichte $g \cdot cm^{-3}$	System, Typ und Symbol	Einheitszelle Kantenlänge in Å	Winkel und M	Brechzahl n_D
BiOCl	oxidchlorid	f	261,43 7,72	tetr. $E\,0_1$ $D_{4h}^7, P4/nmm$	3,883 7,347	$M=2$	
BiOF	oxidfluorid	f	244,98 9,1	tetr. $E\,0_1$ $D_{4h}^7, P4/nmm$	3,75 6,22	$M=2$	
BiOJ	oxidjodid	f	352,88 7,922	tetr. $D_{4h}^7, P4/nmm$	3,89 9,14	$M=2$	
BiO(NO$_3$) · H$_2$O	oxidnitrat	f	306,00 4,73	hex.	15,54 7,63	$M=15$	
BiPO$_4$	(III)-phosphat	f	304,95 6,323	mkl. $C_{2h}^5, P2_1/c$	6,74 6,95 6,41	104°	
BiS	(II)-sulfid	f	242,04 7,7				
Bi$_2$S$_3$	(III)-sulfid	f	516,15 7,39	orh. $D\,5_8$ $D_{2h}^{16}, Pnma$	11,13 11,27 3,97	$M=4$	1,315 1,900 1,670
Bi$_2$(SO$_4$)$_3$	sulfat	f	708,14 5,08				
Bi$_2$STe$_2$	sulfidtellurid	f	707,22 7,1… 7,58	trig. $C\,33$ $D_{3d}^5, R\bar{3}m$	10,31	24,2° $M=1$	
Bi$_2$Se$_3$	(III)-selenid	f	656,84 6,82	trig. $D_{3d}^5, R\bar{3}m$	4,15 28,65	$M=3$	
Bi$_2$Te$_3$	(III)-tellurid	f	802,76 7,7	trig. $D_{3d}^5, R\bar{3}m$	4,376 30,39	$M=3$	
Br BrCl	**Brom** chlorid	f	115,36				
BrF$_3$	trifluorid	fl	136,904 2,49*				

Phasen-umwandlungen		Standardwerte bei 25° C		Bemerkungen und Charakteristik
°C	ΔH kJ/Mol	C_p S^0 J/Molgrd	ΔH_B ΔG^0 kJ/Mol	
		86,2	−365,3 −311,1	$\varkappa_{Mol} = -51,8 \cdot 10^{-6}$ cm³Mol⁻¹; weißes krist. Pulver; unl. W, Al, Egs, l. S; lichtempfindlich; Erhitzen→gelb, Erkalten→weiß
				zers. beim Erhitzen
				ziegelrotes geruchloses schweres Pulver; unl. W, Chlf, Al, l. HCl; zers. HNO_3, H_2SO_4, Alk→J_2
260 Z	F			weißes mikrokrist. Pulver, oder glänzende Schuppen, geruch- und geschmacklos; unl. W, Al, l. verd. S
				$\varkappa_{Mol} = -77 \cdot 10^{-6}$ cm³Mol⁻¹; weißes krist. Pulver, geruchlos; unl. W, Egs, Al, wl. verd. HCl, HNO_3, l. konz. HCl, HNO_3
685				schiefergraues Pulver
>750	F	8,9 192	−149 −145,4	Halbleiter; $\varkappa_{Mol} = -61,5 \times 2 \cdot 10^{-6}$ cm³Mol⁻¹; Wismutglanz, bleigrau bis zinnweiß, metallisch glänzende Oberfläche, bunt oder gelblich angelaufen, D 6,4...7,1; dklbraunes Pulver, l. konz. S, unl. Alk-sulfidlsg.; LW 18° 1,8 · 10⁻⁵ %
710	F		−2540	$\varkappa_{Mol} = -99,5 \times 2 \cdot 10^{-6}$ cm³Mol⁻¹; weißes krist. hygr. Pulver; unl. W, Al, l. verd. HCl, HNO_3
593... 602	F			Tetradymit; blätterig bis körnig, lichtgrau bis grauschw.; starker Metallglanz
710	F		−58,1	Halbleiter; $\varkappa_{Mol} = -92,5 \times 2 \cdot 10^{-6}$ cm³Mol⁻¹
573				Halbleiter
−54	F	34,98 239,9	14,7 −0,88	gelbrote Fl. oder Gas; zers. W; l. Ä, CS_2
8,8 125,75	F V	12,03 124,4 47,57 178,1	314 256	* bei 135° C; $D^{8,8} = 3,23$; ϑ_{krit} 327°; $\varkappa_{Mol} = -33,9 \cdot 10^{-6}$ cm³Mol⁻¹; fbl. schwere Fl.; raucht stark an der Luft; greift die Haut an; zers. W→O_2, HOBr, HF, $HBrO_3$; zers. Alk; Al, Ä, Bzl entzünden sich bei Berührung

Formel	Name	Zustand	Mol.-Masse / Dichte $g \cdot cm^{-3}$	System, Typ und Symbol	Einheitszelle Kantenlänge in Å	Winkel und M	Brechzahl n_D
BrF_5	pentafluorid	fl	174,90 2,466				
HBr	wasserstoff	g	80,92 3,6443[1]	kub.[2]	5,78	$M=4$	[3]
C	**Kohlenstoff**						
CO	Kohlenoxid	g	28,01 1,250[1]	kub. $B21$ $T^4, P2_13$	5,64	$M=4$	[2]
CO_2	Kohlendioxid	g	44,01 1,101*	kub. $T_h^6, Pa3$	5,64	$M=4$	**
C_3O_2	Kohlensuboxid	g	68,03 1,1137*				
CS_2	Schwefelkohlenstoff	fl	76,14 1,2705	tetr.	8,12 3,77	$M=3$	[1]
COS	Kohlenoxidsulfid	g	60,07 1,24*	trig. $F0_2$ $C_{3v}^5, R3m$	4,08	98° 58′ $M=1$	
Ca	**Calcium**						
$CaHAsO_4 \cdot H_2O$	hydrogenarsenat	f	198,02				
$Ca_3(AsO_4)_2$	arsenat	f	398,08 3,31				
$Ca_3(AsO_4)_2 \cdot 3H_2O$		f	452,12				

Phasenumwandlungen			Standardwerte bei 25° C			Bemerkungen und Charakteristik
°C		ΔH kJ/Mol	C_p J/Molgrd	S^0	ΔH_B ΔG^0 kJ/Mol	
−60,5 40,76	F V	7,3 30,6				$\chi_{Mol} = -45,1 \cdot 10^{-6}$ cm³Mol⁻¹; fbl. Fl.; raucht stark an der Luft, dabei blaßgelb bis rot; sehr reaktionsfähig; zers. W
−184,0 −160,0 −156,4 −86,9 −66,77	U U U F V	0,265 0,330 0,489 2,405 17,6	29,12 198,4		−36,2 −49,7	[1] kg/Nm³; [2] bei −173° C, D = 2,78 g/cm³; [3] n(0°; 760 Torr; 5462 Å) = 1,0006221; ϑ_{krit} 89,9°; p_{krit} 87 at; D_{krit} 0,807 gcm⁻³; $\chi_{Mol} = -32,9 \cdot 10^{-6}$ cm³Mol⁻¹; fbl. Gas; raucht an der Luft und bildet weiße Nebel; als Fl. klar fbl.; fest krist. fbl. durchsichtig; LW bei 10° etwa 600 Vol/ 1 Vol H₂O; ll. Acetonitril; fast unl. Bzl; MAK: 5 cm³/m³
−211,6 −205,1 −191,5	U³ F V	0,633 8,08 6,04	29,15 197,4		−110,5 −137	[1] kg/Nm³; [2] n(0°; 760 Torr; 5462 Å) = 1,0003361; [3] U kub.→hex., a = 4,11, c = 6,79 Å; fbl. geruchloses Gas; brennt mit blauer Flamme; sehr giftig; MAK: 100 cm³/m³
−56,6 5,28 atm	F	~7,95	37,13 213,6		−393,51 −394,2	* bei −37° C; D^{-79}(fest) 1,53 g/cm³; ** n(0°; 760 Torr; 5462 Å) = 1,0004505; fbl. Gas; subl. bei −78,5° C; LW 0° 171 ml/100 g W, 20° 90,1 ml/100 g W; l. Alk, Aceton
−111,3 6,8	F V	25	65,75 257,7			* bei 0° C; Gas; ll. CS₂, Xylol; mit W→Malonsäure; giftig
−112,1 46,25	F V	4,39 26,77	75,65 151,0		87,8	[1] n(20°, 5893 Å) = 1,62761; klare fbl. stark lichtbrechende Fl.; sehr leicht brennbar; swl. W; mischbar mit wfreiem Me, Al, Ä, Bzl, Chlf, CCl₄; ausgezeichnetes Lösm. für Schwefel, Phosphor, Selen, Brom, Jod, Fette, Harze, Kautschuk, Campher; giftig; MAK: 20 cm³/m³
−138,8 −50,28	F V	4,727 18,51	41,63 231,5		−137,2 −164,5	* bei −87° C; Gas; l. W, Al; ll. Toluol; mit W langsam→H₂S und CO₂; stark narkotische Wirkung
			146		−1715	weißes Pulver
1455	F					weißes Pulver; giftig; MAK: 0,1 mg Staub/m³ Luft; aus Schmelzfluß erstarrt, ist vollständig unl. W
						weißes Pulver; swl. W, ll. verd. S

Formel	Name	Zustand	Mol.-Masse / Dichte g·cm⁻³	System, Typ und Symbol	Einheitszelle Kantenlänge in Å	Winkel und M	Brechzahl n_D
CaB_6	borid	f	104,95 / 2,43	kub. $D2_1$ $O_h^1, Pm3m$	4,15	$M=1$	
$CaO \cdot B_2O_3$	diborat	f	125,70 / 2,70	orh. $D_{2h}^{14}, Pnca$	6,19 / 11,6 / 4,28	$M=4$	1,550 / 1,660 / 1,680
$CaO \cdot 2B_2O_3$	tetraborat	f	195,32				1,638 / 1,560
$2CaO \cdot B_2O_3$	Dicalciumdiborat	f	181,78				1,585 / 1,662 / 1,667
$3CaO \cdot B_2O_3$	Tricalciumdiborat	f	237,86				1,728 / 1,630
$CaBr_2$	bromid	f	199,90 / 3,354	orh. $C35$ $D_{2h}^{19}, Cmmm$	6,55 / 6,88 / 4,34	$M=2$	
$CaBr_2 \cdot 6H_2O$		f	307,99 / 2,313	trig. $I1_3$ $D_{3d}^1, P\bar{3}1m$	7,92 / 3,97	$M=1$	
CaC_2	carbid	f	64,10 / 2,22	tetr. $C11$ $D_{4h}^{17}, I4/mmm$	3,87 / 6,37	$M=2$	>1,75
$CaCN_2$	cyanamid	f	80,10	trig. $F5_1$ $D_{3d}^5, R\bar{3}m$	5,40	39,9° $M=1$	1,60 / >1,95
$CaCO_3$	carbonat, Aragonit	f	100,09 / 2,95	orh. $G0_2$ $D_{2h}^{16}, Pnma$	4,94 / 7,94 / 5,72	$M=4$	1,5296 / 1,6804 / 1,6849
$CaCO_3$	carbonat, Kalkspat	f	100,09 / 2,711	trig. $G0_1$ $D_{3d}^6, R\bar{3}c$	6,36	46,1° $M=2$	1,6583 / 1,4864
$Ca(CHO_2)_2$	formiat	f	130,12 / 2,023	orh. $D_{2h}^{15}, Pbca$	10,16 / 13,38 / 6,28	$M=8$	1,51005 / 1,51346 / 1,57754
$Ca(C_2H_3O_2)_2$	acetat	f	158,17 / 1,50				1,55 / 1,56 / 1,57

Anorganische Verbindungen Ca 1–251

Phasenumwandlungen		Standardwerte bei 25° C			Bemerkungen und Charakteristik
°C	ΔH kJ/Mol	C_p J/Molgrd	S^0	ΔH_B ΔG^0 kJ/Mol	
~2000	F				schw. Krist., glanzend, rechteckig oder kub.; W wirkt bei gewöhnlicher Temp. nicht ein, Lsg. $KClO_3 + HCl$ zers. langsam; schmelzende Alk-hydroxide und -carbonate, $KHSO_4$ schließen unter heftiger Reaktion auf
1162	F	73,91	103,9 105	−2077 −1969	lange flache Platten, Perlmuttglanz auf der Spaltfläche; teilweise Z. mit W
987	F	113,2	157,9 134,7	−3488 −3293	unregelmäßige Körner; gegen Luft beständig; hydrolysiert zu $CaO \cdot B_2O_3$ und H_3BO_3
531 1312	U F	4,6 100,8	147,1 145,1	−2757 −2617	unregelmäßige Körner, durchsichtig; beständig gegen k. W, l. verd. S
1487	F	148,4	187,8 183,6	−3420 −3248	unregelmäßige Körner; l. verd. S
760 810	F V	17,6	138	−672,4 −655,6	$\chi_{Mol} = -73,8 \cdot 10^{-6}$ cm^{3}Mol^{-1}; weißes krist. Pulver, hygr., salziger Geschmack; LW 20° 59,0 %, Bdk. 6H_2O; unl. Ä, Chlf; ll. Al
38,2	F			−2499	weiße, seidenglänzende Nadeln, sll. W
447 2300	U^1 F	5,56	62,34 70,3	−62,7 −67,8	[1] $C11 \rightarrow$ kub. $a = 5,92$ Å; $M = 4$; fbl. krist. Masse; zers. W$\rightarrow C_2H_2 +$ $Ca(OH)_2$
~1200	F				fbl. Krist.; mit W allmähliche Z.
825 Z			81,23 88,7	−1207 −1051	$\chi_{Mol} = -40,8 \cdot 10^{-6}$ cm^{3}Mol^{-1}; fbl., weiß, gelb, rötlich; zers. HCl$\rightarrow CO_2$; LW 20° 1,5 $\cdot 10^{-3}$ %
970	U		81,85 92,9	−1206 −1128	$\chi_{Mol} = -37,8 \cdot 10^{-6}$ cm^{3}Mol^{-1}; Marmor Kalkstein, Kreide, durchsichtig bis undurchsichtig, Glasglanz, zers. S$\rightarrow CO_2$; LW 20° 1,4 $\cdot 10^{-3}$ %
Z 360				−1354	$\chi_{Mol} = -39,5 \cdot 10^{-6}$ cm^{3}Mol^{-1}; fbl. Krist. oder weißes krist. Pulver; LW 20° 14,24 %; ll. Ameisensäure; unl. Al, Ä
				−1486	$\chi_{Mol} = -70,5 \cdot 10^{-6}$ cm^{3}Mol^{-1}; weißes Pulver; LW 0° 30,4 %, 100° 22,9 %; wl. Al; mit 2 H_2O lange seidige durchsichtige Nadeln von salzigbitterem Geschmack

Formel	Name	Zustand	Mol.-Masse / Dichte g·cm^{-3}	Kristalldaten System, Typ und Symbol	Einheitszelle Kantenlänge in Å	Einheitszelle Winkel und M	Brechzahl n_D
$CaC_2O_4 \cdot H_2O$	oxalat	f	146,12 / 2,2	mkl.	0,8696 : 1 : 1,3695	107° 18'	1,4900 / 1,5552 / 1,6497
$Ca(C_3H_5O_3)_2 \cdot 5H_2O$	lactat	f	308,30				
$Ca(C_4H_7O_2)_2$	butyrat	f	214,28				
$CaC_4H_4O_6 \cdot 4H_2O$	tartrat	f	260,21	orh. $D_2^3, P2_12_12$	9,20 / 10,54 / 9,62	$M=4$	
$Ca(C_7H_5O_2)_2 \cdot 3H_2O$	benzoat	f	336,36 / 1,44				
$Ca\ C_{14}H_{12}N_2O_6$	p-aminosalicylat	f	344,34				
$Ca\ C_{18}H_{32}N_2O_{10}$	pantothenat	f	476,54				
$Ca\ C_{32}H_{62}O_4$	palmitat	f	550,93				
$Ca\ C_{36}H_{66}O_4$	oleat	f	603,01				
$Ca\ C_{36}H_{70}O_4$	stearat	f	607,04				
$CaCl_2$	chlorid	f	110,99 / 2,152	orh. $C35$ $D_{2h}^{12}, Pnnm$	6,22 / 6,42 / 4,15	$M=2$	1,600 / 1,605 / 1,613
$CaCl_2 \cdot 2H_2O$		f	147,02	orh.	7,19 / 5,85		
$CaCl_2 \cdot 6H_2O$		f	219,08 / 1,68	trig. $I1_3$ $D_{3d}^1, P\bar{3}1m$	7,86 / 3,87	$M=1$	1,5504 / 1,4949

Anorganische Verbindungen   Ca 1-253

Phasen-umwandlungen		Standardwerte bei 25° C			Bemerkungen und Charakteristik
°C	ΔH kJ/Mol	C_p J/Molgrd	S^0	ΔH_B ΔG^0 kJ/Mol	
					weißes Krist.pulver, kleine mikroskopische Krist.; wfrei sehr hygr.; Whewellit große glanzende, fbl., durchsichtige bis opake, spröde Krist., mit muscheligem Bruch; bei 100° im Vak. beginnt Abgabe von H_2O, bei 200° völlig wfrei
120 $-H_2O$					weißes Pulver, fast geruch- und geschmacklos, l. W, unl. Al
					weiße Blättchen oder Prismen; LW 20° 15,25% $\chi_{Mol} = -120 \cdot 10^{-6}$ cm^{3}Mol^{-1}; weißes krist. Pulver, swl. W, wl. Al, l. verd. HCl, HNO$_3$
110 $-3H_2O$					weißes Pulver; mäßig l. W
					weißes oder schwach gelbliches krist. Pulver, geruchlos, bittersüßer Geschmack; ll. W, wl. Al; Lsg. zers. nach Stunden
199... 200	F				weißes, lockeres Pulver, hygr., geruchlos, von süßem Geschmack und bitterem Nachgeschmack; ll. W, l. Glycerin, wl. Me, 95% Al; swl. Aceton, Ä, Chlf
					gelblichweißes Pulver, unl. W, Al, Ä, Aceton, PÄ, l. h. Benzin, wl. sied. Chlf, Bzl; Z. 150...5°; sintert bei 110°
83...4	F				weiße, wachsartige Masse, unl. W, Al, Aceton, PÄ, Ä, l. Bzl, Chlf, Xylol, HCl-haltigem Al; Z. 140...80°
					weißes Pulver, fühlt sich fettig an; unl. W, wl. h. Al
782 2000	F V	29,36 230	72,61 113,8	−785,8 −740,5	$\bar{\gamma}(20...150°$ C$) = 67 \cdot 10^{-6}$ grd^{-1}; $\chi_{Mol} = -54,7 \cdot 10^{-6}$ cm^{3}Mol^{-1}; Chlorocalcit; weiße hygr. Masse von bitterem und salzigem Geschmack; LW 20° 42,5%, Bdk. 6H_2O; L Al 20° 19,7%; L Me 20° 23%; swl. Py
				−1404	leicht rieselnde, fbl. Krist., hygr.; ll. W, Al
30,2	F			−2608	$\bar{\gamma}(-190...17°$ C$) = 119,1$ grd^{-1}; fbl. hygr. Krist., sll. W, ll. Al; wss. Lsg. gegen Lackmus neutral

Formel	Name	Zustand	Mol.-Masse Dichte $g \cdot cm^{-3}$	Kristalldaten System, Typ und Symbol	Einheitszelle Kantenlänge in Å	Einheitszelle Winkel und M	Brechzahl n_D
$CaCl_2O$	Chlorkalk	f	126,99				
$Ca(ClO_3)_2 \cdot 2H_2O$	chlorat	f	243,01 / 2,711	mkl.			
$Ca(ClO_4)_2$	perchlorat	f	238,98				
$CaCrO_4$	chromat-(VI)	f	156,07 / 3,12	tetr. $S1_1$ $D_{4h}^{19}, I4_1/amd$	7,25 / 6,38	$M=4$	
$CaCrO_4 \cdot H_2O$		f	174,09 / 2,79	orh. $D_{2h}^{15}, Pbca$	7,99 / 12,77 / 8,11	$M=8$	
$CaCr_2O_4 \alpha$	chromat-(III)	f	208,07 / 4,70	tetr.	5,52 / 19,2	$M=8$	
$CaCr_2O_4 \beta$		f	208,07 / 4,87	orh. $D_{2h}^{16}, Pnma$	9,07 / 10,61 / 2,99	$M=4$	
$CaCrO_4 \cdot 2H_2O \beta$		f	192,10 / 2,5	orh. $D_{2h}^{11}, Pbcm$	16,02 / 11,39 / 5,60	$M=8$	
CaF_2	fluorid	f	78,08 / 3,18	kub. $C1$ $O_h^5, Fm3m$	5,45	$M=4$	1,4338
$CaGe$	germanid	f	112,67	orh. $D_{2h}^{17}, Cmcm$	4,575 / 10,845 / 4,001	$M=4$	
CaH_2	hydrid	f	42,10 / 1,7	orh. $C29$ $D_{2h}^{16}, Pnma$	5,94 / 6,84 / 3,60	$M=4$	

Anorganische Verbindungen

Phasenumwandlungen		Standardwerte bei 25° C			Bemerkungen und Charakteristik
°C	ΔH kJ/Mol	C_p J/Molgrd	S^0	ΔH_B ΔG^0 kJ/Mol	
				$-747,5$	gelblichweißes lockeres Pulver, hygr., eigenartiger Geruch; durch Feuchtigkeit und Luft zers. $\rightarrow$HOCl
100	F*				* im eigenen Kristallwasser; fbl. bis hgelbe hygr. Krist.; LW 20° 66,2%, Bdk. 2H$_2$O; l. Al, Aceton; Erhitzen zers.$\rightarrow$Cl$_2$- und O$_2$-Entwicklung
					$\chi_{Mol}=-70,5\cdot 10^{-6}$ cm^{3}Mol^{-1}; fbl. Salz; LW 25° 65,35%; ll. Al, Me; swl. Ä
1020*	F		134	-1379 -1276	* als Beginn angegeben; F unter Z.; gelbe Krist.; LW 20° 2,4%; l. S; L Al 50 Vol% 0,08 g/100 ml
					dklgelbe stark glänzende Krist.; verwittern kaum; $-H_2O$ erst ab 300°, dabei rot, beim Abkühlen wieder gelb; LW 25° 9,1%
					große fbl. oder rosafarbige Krist.
2170	F				dklgrüne, met. glänzende Nadeln; gepulvert hgrün; unl. W; reagiert nicht mit Wdampf bei Rotglut; beständig gegen konz. Lsgg. von HF, HCl, HNO$_3$, H$_2$SO$_4$; schmelzende Alk zers.; Aufschluß durch Schmelze KNO$_3$+K$_2$CO$_3$ oder Na$_2$O$_2$
					horgelbe Krist.; verwittern langsam; LW 20° 10,4%, Bdk. 2H$_2$O; α-Form mkl., hgelbe Prismen, verwittern in kurzer Zeit; LW 20° 14,2%
1151 1418 2500	U F V	4,77 29,7 317	67,03 68,87	-1214 -1159	$\bar{\gamma}(40°)=57,4\cdot 10^{-6}$ grd^{-1}; $\varkappa(50\ldots 200$ at; 0° C$)=1,22\cdot 10^{-6}$ at^{-1}; $\varepsilon(6,4\cdot 10^5$ Hz$)=6,7$; $\chi_{Mol}=-28,0\cdot 10^{-6}$ cm^{3}Mol^{-1}; Flußspat, Fluorit; selten fbl., meist gefärbt, Glasglanz, weißes Pulver, unl. W, wl. verd. S; konz. S$\rightarrow$HF
					dklgraues krist. Pulver; zers. an feuchter Luft rasch unter Gelbfärbung
816*	F		42	$-192,5$ $-153,6$	* in H$_2$-Atmosphäre; weißes krist. leicht zers. Pulver; zers. W, S$\rightarrow$H$_2$; unl. org. und anorg. Lösm., l. KOH-Schmelze

Formel	Name	Zustand	Mol.-Masse / Dichte g·cm⁻³	System, Typ und Symbol	Einheitszelle Kantenlänge in Å	Winkel und M	Brechzahl n_D
CaJ_2	jodid	f	293,89 / 3,956	trig. $C6$ $D_{3d}^3, P\bar{3}m1$	4,48 / 6,96	$M=1$	
$CaJ_2 \cdot 6H_2O$			401,98	trig. $I1_3$ $D_{3d}^1, P\bar{3}1m$	8,4 / 4,25	$M=1$	
$Ca(JO_3)_2$	jodat	f	389,89 / 4,519	mkl. $C_{2h}^5, P2_1/c$	7,18 / 11,38 / 7,32	106,4° $M=4$	1,792 / 1,840 / 1,888
$CaMg_2$	magnesium	f	88,70	hex. $C14$ $D_{6h}^4, P6_3/mmc$	6,43 / 10,47	$M=4$	
$CaMg(CO_3)_2$	magnesiumcarbonat	f	184,41 / 2,872	trig. $G1_1$ $C_{3i}^2, R\bar{3}$	6,0	47,5° $M=1$	1,6964 / 1,5115
$CaMg(SiO_3)_2$	magnesiumsilikat	f	216,56 / 3,3	mkl. $S4_1$ $C_{2h}^6, C2/c$	9,71 / 8,89 / 5,24	74,2° $M=4$	
$Ca_3Mg(SiO_4)_2$	magnesiumsilikat	f	328,72 / 3,150	mkl.	10,77 / 13,26 / 9,20	91° $M=8$	1,708 / 1,714 / 1,728
$Ca(MnO_4)_2 \cdot 4H_2O$	permanganat	f	350,01				
$CaMoO_4$	molybdat	f	200,02 / 4,35	tetr. HO_4 $C_{4h}^6, I4_1/a$	5,23 / 11,44	$M=4$	1,967 / 1,978
$Ca(N_3)_2$	azid	f	124,12	orh.			
Ca_3N_2	nitrid	f	148,25 / 2,63	kub. $D5_3$* $T_h^7, Ia3$	11,40	$M=16$	
$Ca(NO_2)_2$	nitrit	f	132,09 / 2,294				
$Ca(NO_2)_2 \cdot H_2O$		f	150,11 / 2,231	hex.			
$Ca(NO_3)_2$	nitrat	f	164,09 / 2,466	kub. $G2_1$ $T_h^6, Pa3$	7,60	$M=4$	1,595
$Ca(NO_3)_2 \cdot 2H_2O$		f	200,12				
$Ca(NO_3)_2 \cdot 3H_2O$		f	218,14				

Phasen-umwandlungen		Standardwerte bei 25° C		Bemerkungen und Charakteristik
°C	ΔH kJ/Mol	C_p S^0 J/Molgrd	ΔH_B ΔG^0 kJ/Mol	
575 718	F V	142	−534,5 −529,6	$\bar{\gamma}(20...150°\,C)=91\cdot 10^{-6}\,\text{grd}^{-1}$; $\chi_{Mol}=-109\cdot 10^{-6}\,\text{cm}^3\text{Mol}^{-1}$; fbl. krist. Pulver; LW 20° 67 %, Bdk. 6 H_2O
42 160	F V			weißes hygr. Pulver, zers. an der Luft; sll. W, l. Al
				$\chi_{Mol}=-101,4\cdot 10^{-6}\,\text{cm}^3\text{Mol}^{-1}$; Lautarit; LW 20° 0,25 %, Bdk. 6 H_2O
			−89	
			−158 −155	Dolomit, weiß, gelb, grau, durchsichtig, meist jedoch trüb; mit HCl erst in der Wärme→CO_2
1391	F	166,5 143,1		Diopsid; braune bis grünlichgraue, met. schmimmernde Krist.
				Merwinit; fbl. bis schwach grünliche Krist.
140	F*			* unter Z.; dkl. viol. Krist., hygr., l. W
				weiße Krist., leicht gelbstichig,-stark glänzend; unschmelzbar; LW 20° $5\cdot 10^{-3}$ %, Bdk. 0 H_2O; unl. Al
			317,3	fbl. Substanz; expl. bei 144...156° C LW 0° 27,5 %, 15° 31 %; l. Al; unl. Ä
1195	F	113,0 105	−436,4 −373	* Hochtemperaturform; Farbe je nach Temp. bei der Darst.; schw. (350°) bis goldgelb (1150°), meist Mischfarben; mit W→$Ca(OH)_2$+ NH_3; eine zweite Form hex. $a=3,55$, $c=4,11$ Å
			−746,3	fbl. Salz; LW 20° 47 %, Bdk. 4 H_2O
100 −H_2O				fbl. Krist.; zerfl.; ll. W; l. 90 % Al
561	F	21,3	149,2 193,2	−936,9 −741	$\varepsilon(1,67\cdot 10^5\,\text{Hz})=6,5$; $\chi_{Mol}=-45,9\cdot 10^{-6}\,\text{cm}^3\text{Mol}^{-1}$; weiße hygr. Krist.; LW 20° 56 %, Bdk. 4 H_2O
		268,9	−1539 −1228	fbl. Krist.
51,1	F	310	−1828 −1460	fbl. Krist.

Formel	Name	Zustand	Mol.-Masse / Dichte g·cm⁻³	System, Typ und Symbol	Einheitszelle Kantenlänge in Å	Einheitszelle Winkel und M	Brechzahl n_D
$Ca(NO_3)_2 \cdot 4H_2O$		f	236,15 / 1,82	mkl.			1,465 / 1,498 / 1,504
CaO	oxid	f	56,08 / 3,40	kub. $B1$ / $O_h^5, Fm3m$	4,80	$M=4$	1,837
CaO_2	peroxid	f	72,08	tetr. $C11$ / $D_{4h}^{17}, I4/mmm$	5,01 / 5,92		
$Ca(OH)_2$	hydroxid	f	74,09 / 2,23	trig. $C6$ / $D_{3d}^3, P\bar{3}m1$	3,6 / 4,9	$M=1$	1,575 / 1,547
Ca_3P_2	phosphid	f	182,19 / 2,51				
$Ca(H_2PO_2)_2$	hypophosphit	f	170,06 / 2,02	mkl. / $C_{2h}^6, C2/c$	15,08 / 5,66 / 6,73	102° 8′ / $M=4$	
$Ca_2P_2O_6 \cdot 2H_2O$	hypophosphat	f	274,13				
$Ca_3(PO_4)_2$	phosphat	f	310,18 / 3,14	trig. / $D_{3d}^6, R\bar{3}c$	10,32 / 36,9	$M=7$	1,625 / 1,626
$CaHPO_4$	hydrogenphosphat	f	136,06 / 2,9	trikl. / $C_i^1, P\bar{1}$	6,90 / 6,65 / 7,00	96° 21′ / 103° 54′ / 88° 44′ / $M=4$	
$CaHPO_4 \cdot 2H_2O$	Brushit	f	172,09 / 2,317	mkl. / $C_{2h}^6, C2/c$	5,812 / 15,18 / 6,239	116° 25′ / $M=4$	1,539 / 1,544 / 1,549
$Ca(H_2PO_4)_2 \cdot H_2O$	dihydrogenphosphat	f	252,07 / 2,220				
$Ca(PO_3)_2$	metaphosphat	f	198,02 / 2,82				1,587 / 1,591 / 1,595

Anorganische Verbindungen

Phasen-umwandlungen °C	ΔH kJ/Mol	C_p J/Molgrd	S^0	ΔH_B ΔG^0 kJ/Mol	Bemerkungen und Charakteristik
39,7 42,6	F_I F_{II}		339	−2130 −1701	fbl. zerfl. Krist., sll. W, l. Me, Al, Propanol, Isopropanol, Amylal., Aceton, unl. Ä; wird bei 170° wfrei
2600 3570	F V	51,2	42,8 39,7	−635,1 −603,7	$\bar{\alpha}(30...75°\,C)=21\cdot 10^{-6}$ grd^{-1}; $\varkappa(0...12000$ at; $30°\,C)=[4,57\cdot 10^{-6}-58,2\cdot 10^{-12}\,p)\cdot$ at^{-1}; $\chi_{Mol}=-15\cdot 10^{-6}$ cm^{3}Mol^{-1}; fast weiße harte Stücke, wl. W, unl. Al, l. Glycerin, verd. S; mit 4 Teilen W$\to$Ca(OH)$_2$ unter starker Wärmeentwicklung
Z 275				−659	$\chi_{Mol}=-23,8\cdot 10^{-6}$ cm^{3}Mol^{-1}; weiße Substanz; zers. S unter O$_2$-Entwicklung; mit W allmähliche Bildung des Oktahydrates
			87,49 83,40	−986 −898	$\chi_{Mol}=-22\cdot 10^{-6}$ cm^{3}Mol^{-1}; Portlandit; weißes Pulver, zieht CO$_2$ an; LW 20° 0,17%; l. HCl, HNO$_3$, Egs, unl. Aceton, Me
∼1600	F				rotbraune Stücke, die mit W selbstentzündlichen PH$_3$ entwickeln; giftig; an feuchter Luft langsam zers.
					weiße, geruchlose, bitterschmeckende Krist., ll. W, unl. Al
200 −H$_2$O					fbl. feinkörniger Nd.; etwas hygr.; unl. W; wl. Egs; ll. H$_4$P$_2$O$_6$-Lsg, HCl
∼1730	F		(α) 231,6 240,9 (β) 228,2 235,9	−4125 −3877 −4136 −3897	Whitlockit; weißes amorphes Pulver, unl. W, Al, ll. HCl, HNO$_3$; frisch gefällt l. in Egs
			88	−1820 −1678	durchsichtige, tafelige Krist.; Erhitzen auf 500°$\to$Ca$_2$P$_2$O$_7$; LW 25° 0,01%, Bdk. 2H$_2$O; mit W<36°$\to$Dihydrat$\to$Hydroxylapatit; mit W>36°$\to$Hydrolyse
			167	−2409 −2154	leichtes weißes krist. Pulver, luftbeständig, geruchlos; swl. W; l. NH$_4$-citrat, verd. HCl, HNO$_3$, unl. Al; mit W$\to$Hydroxylapatit
109[1] −H$_2$O			259,2 259,8	−3418	[1] Z.203°; weiße, an feuchter Luft zerfl. Krist., l. in viel W unter Z., l. verd. HCl, HNO$_3$, Eg, unl. Al
963 984	U^* F		145,1 145,9		Hochtemperaturform (α); Kristallite oder blätterige Lamellen; * $U\,\alpha\to\beta$, Platten oder Nadeln; n_α 1,573, n_β 1,587, n_γ 1,596; metastabiler F: 977°

Formel	Name	Zustand	Mol.-Masse / Dichte $g \cdot cm^{-3}$	System, Typ und Symbol	Kantenlänge in Å	Winkel und M	Brechzahl n_D
$Ca_3(P_3O_9)_2 \cdot 9H_2O$	trimetaphosphat	f	756,21				
$Ca_2P_4O_{12} \cdot 4H_2O$	tetrametaphosphat	f	468,11				
$Ca_2P_2O_7$	diphosphat	f	254,10 / 3,09	orh.[1]	8,44 / 12,52 / 5,26		1,584 / 1,599 / 1,605
$Ca_2P_2O_7 \cdot 2H_2O$		f	290,13 / 2,51	trikl.	7,38 / 8,31 / 6,70	102° 48′ / 107° 23′ / 85° 2′	
$Ca_{10}(PO_4)_6 \cdot F_2$	Fluorapatit	f	1008,63	hex. $H5_7$ $C_{6h}^2, P6_3/m$	9,36 / 6,88	$M=1$	1,6335 / 1,6316
$Ca_{10}(PO_4)_6 \cdot (OH)_2$	Hydroxylapatit	f	1004,64	hex. $H5_7$ $C_{6h}^2, P6_3/m$	9,4 / 6,9	$M=1$	1,651 / 1,644
CaS	sulfid	f	72,14 / 2,8	kub. $B1$ $O_h^5, Fm3m$	5,67	$M=4$	2,137
$Ca(SCN)_2 \cdot 3H_2O$	thiocyanat	f	210,29				
$CaSO_3$	sulfit	f	120,14				
$CaSO_3 \cdot 2H_2O$		f	156,17				
$CaSO_4$	sulfat	f	136,14 / 2,96	orh. $H0_1$ $D_{2h}^{17}, Cmcm$	6,22 / 6,96 / 6,97	$M=4$	1,5693 / 1,5752 / 1,6130

°C	ΔH kJ/Mol	C_p J/Molgrd	S^0	ΔH_B ΔG^0 kJ/Mol	Bemerkungen und Charakteristik
110 −6 H$_2$O 350 −H$_2$O					fbl. langgestreckte Prismen oder feinkrist. Pulver; mit wss. AgNO$_3$→ Ag$_3$P$_3$O$_9$ weißer Nd.
					nadelförmige Krist.; LW 2%; S greifen kaum an außer konz. H$_2$SO$_4$; bei Rotglut Entwässerung→ β Ca(PO$_3$)$_2$
1140 1353	U F	6,786 100,9	187,7 189,3		[1] Hochtemperaturform α; große Krist.; $U \alpha \to \beta$ tetr. C_4^2, $P4_1$ $a = 6{,}66$, $c = 23{,}86$ Å, $M = 4$; n_ω 1,630, n_ε 1,639 fbl. Prismen
			752 776 770 780,7		
Z.			47,4 56,5	−478,3 −473	$\bar{\alpha}(30\ldots75°\,\text{C}) = 17 \cdot 10^{-6}$ grd^{-1}; $\bar{\gamma}(30\ldots75°\,\text{C}) = 51 \cdot 10^{-6}$ grd^{-1}; $\varkappa(0\ldots12000$ at, $30°\,\text{C}) = (2{,}280 \cdot 10^{-6} - 33{,}8 \cdot 10^{-12}\,p)$ at^{-1}; $\varepsilon(2 \cdot 10^8\,\text{Hz}) = 20$; Oldhamit; weißes bis hgelbes Pulver, Geruch nach H$_2$S; LW 40° 0,11%, 80° 0,2%: unl. Al; ll. NH$_4$-salzlsg.; zers. durch schwache S und feuchte Luft
					weißes, krist. Pulver; ll. W, h. Al, l. Me, Aceton, Egester; konz. Lsg. ist Lösm. für Celluloseacetat
			91,63 101,3		fbl. Salz; LW 20° 0,13%
450 Z*					* Z→CaS+CaSO$_4$, 80° − 1^1/$_2$ H$_2$O, 150° − ^{1}/$_2$H$_2$O; weißes Pulver; oxid. langsam an der Luft→CaSO$_4$; l. SO$_2$-Lsg., S unter SO$_2$-Absp.
1193 1397	U F	28,0	99,66 106,7	−1424 −1312	$V_\vartheta = V_0(1 + 0{,}00010170 \cdot \vartheta + 0{,}0000000816 \cdot \vartheta^2)$; $\varkappa(50\ldots200$ at, $0°\,\text{C}) = 1{,}79 \cdot 10^{-6}$ at^{-1}; $\chi_\text{Mol} = −49{,}7 \cdot 10^{-6}$ cm^{3}Mol^{-1}; Anhydrit; prism. Krist., durchsichtig oder durchscheinend, weiß, grau, bläulich; „wasserfreier Stuckgips": weißes krist. Pulver, LW 20° 0,199%; l. S; bindet so schnell W ab, daß es praktisch nicht verwendet werden kann; durch Brennen bei 900°→„Estrichgips" bindet W langsam ab, >24 Stunden

Formel	Name	Zustand	Mol.-Masse / Dichte g·cm⁻³	System, Typ und Symbol	Einheitszelle Kantenlänge in Å	Winkel und M	Brechzahl n_D
CaSO$_4$ · ½H$_2$O		f	145,15	mkl. $H4_7$ $C_2^3, C2$	11,94 6,83 12,70	90,6° $M=12$	
CaSO$_4$ · 2H$_2$O		f	172,17 2,32	mkl. $H4_6$ $C_{2h}^6, C2/c$	10,47 15,15 6,28	99° $M=8$	1,5208 1,5229 1,5305
CaS$_2$O$_3$ · 6H$_2$O	thiosulfat	f	260,30 1,872	trikl. $C_i^1, P\bar{1}$	5,76 7,09 10,66	72° 24′ 98° 32′ 92° 40′ $M=2$	1,545 1,560 1,605
CaS$_2$O$_6$ · 4H$_2$O	dithionat	f	272,27 2,176	hex.	12,41 18,72	$M=12$	1,5516 1,5414
CaS$_2$O$_7$	disulfat	f	216,20				
CaS$_2$O$_8$ · 4H$_2$O	peroxiddisulfat	f	304,26				
CaS$_4$O$_6$	tetrathionat	f	264,33				1,535 1,540 1,675
CaSe	selenid	f	119,04 3,57	kub. $B1$ $O_h^5, Fm3m$	5,91	$M=4$	2,274
CaSeO$_4$	selenat	f	183,04 2,93				
CaSeO$_4$ · 2H$_2$O		f	219,07 2,672				
CaSi	silicid	f	68,17	orh. $D_{2h}^{17}, Cmcm$	3,91 4,59 10,80	$M=4$	
CaSi$_2$	disilicid	f	96,25 2,5	trig. $C12$ $D_{3d}^5, R\bar{3}m$	10,4	21,5° $M=2$	
CaSiF$_6$	hexafluorosilikat	f	182,16 2,662	tetr.			
CaSiF$_6$ · 2H$_2$O		f	218,19 2,254	tetr.			

Phasenumwandlungen °C	ΔH kJ/Mol	C_p J/Molgrd	S^0 J/Molgrd	ΔH_B kJ/Mol	ΔG^0 kJ/Mol	Bemerkungen und Charakteristik
200 −H$_2$O		(α) 119,4 130,5 (β) 124,1 134,3		−1575 −1435 −1572 −1434		$\chi_{Mol} = -55{,}7 \cdot 10^{-6}$ cm^{3}Mol^{-1}; Alabastergips; weißes Pulver, swl. W, unl. Al; erstarrt mit der Hälfte seines Gewichts W zu feinfaserigen Gipskriställchen
128 −1½ H$_2$O		186,0 193,9		−2020 −1797		$\varkappa(50...200$ at; $0°$ C$) = 2{,}45 \cdot 10^{-6}$at^{-1}; $\chi_{Mol} = -74 \cdot 10^{-6}$ cm^{3}Mol^{-1}; Gips, Marienglas, Alabaster; weißes krist. Pulver; wl. Glycerin, unl. Al, l. HCl
				−2520		fbl. Krist.; zers.; langsame Bildung von Schwefel und Sulfit; LW 20° 32,9 %, Bdk. 0 H$_2$O
						fbl. Tafeln; bitterer Geschmack; an Luft völlig beständig; LW 20° 20,2 %, Bdk. 4 H$_2$O; von 66° an langsame Absp. von H$_2$O
						fbl. lockere Masse, reagiert heftig mit W unter starker Erwärmung
						eisblumenartige Krist., zers. bei gewöhnlicher Temp. unter O$_3$-Absp.; ll. W, l. abs. Al
						fbl. Krist.
			69,9	−312,4 −308,4		weißes Pulver, an der Luft rötlich, nach einigen Stunden hbraun; zers. W; mit HCl→H$_2$Se + Se↓
						fbl. oder milchigweiße Tafeln, auch krist. Pulver; wl. W, HNO$_3$; langsam l. HCl in der Wärme
						durchsichtige gipsähnliche Nadeln; Erhitzen→Absp. H$_2$O, O$_2$, Se, Produkt mit W erhärtet erst nach Tagen
1245 F	69,0		62,8	−150,6 −151,3		met. glänzende Blättchen; zers. HCl unter Bildung von selbstentzündlichen Silanen
1220 F			92,0	−151 −156,5		Tafeln von bleigrauer Farbe und lebhaftem Metallglanz
						fbl. Krist. LW 22° 105,8 g/l Lsg., Bdk. 2 H$_2$O
						fbl. Krist.

Formel	Name	Zustand	Mol.-Masse / Dichte g·cm⁻³	System, Typ und Symbol	Einheitszelle Kantenlänge in Å	Einheitszelle Winkel und M	Brechzahl n_D
CaSiO$_3$, β		f	116,16 / 2,915	trikl.	7,88 / 7,27 / 7,03	90° / 95,3° / 91,2°	1,6144 / 1,6256 / 1,6265
CaSiO$_3$, α	metasilikat	f	116,16 / 2,916	mkl. $S3_3$ / $C_{2h}^5, P2_1/c$	15,33 / 7,28 / 7,07	95,3° / $M=6$	1,6177 / 1,6307 / 1,6325
Ca$_2$SiO$_4$, γ	orthosilikat	f	172,24	orh. $S1_2$ / $D_{2h}^{16}, Pnma$	5,06 / 11,28 / 6,78	$M=4$	1,640 / 1,645 / 1,651
Ca$_2$SiO$_4$, β		f	172,24	orh. / $D_{2h}^{12}, Pnnm$	11,08 / 18,55 / 6,76	$M=16$	1,718 / 1,738 / 1,746
Ca$_3$SiO$_5$	silikat	f	228,32	trig. / $D_{3d}^5, R\bar{3}m$	7,08 / 24,94	$M=9$	
CaTe	tellurid	f	167,68 / 4,33	kub. $B1$ / $O_h^5, Fm3m$	6,34	$M=4$	>2,51
CaTiO$_3$	titanat	f	135,98 / 4,10	mkl. $E2_1$ / $C_{2h}^2, P2_1/m$	7,65 / 7,65 / 7,65	90,6° / $M=8$	— / 2,33 / —
CaWO$_4$	wolframat	f	287,93 / 6,06	tetr. $H0_4$ / $C_{4h}^6, I4_1/a$	5,25 / 11,35	$M=4$	1,9200 / 1,9365
CaZrO$_3$	metazirkonat	f	179,30 / 4,78	ps. kub. $E2_1{}^*$ / $C_{2h}^2, P2_1/m$	8,022 / 8,010 / 8,022	91° 43′ / $M=8$	
Cd Cd$_3$As$_2$	**Cadmium** arsenid	f	487,04 / 6,25	tetr. $D5_9$ / $D_{4h}^{15}, P4_2/nmc$	8,94 / 12,65	$M=8$	
CdBr$_2$	bromid	f	272,22 / 5,192	trig. $C19$ / $D_{3d}^5, R\bar{3}m$	6,67	34° 48′ / $M=1$	
Cd(CN)$_2$	cyanid	f	164,44 / 2,23	kub. / $T_d^1, P\bar{4}3m$	6,32	$M=2$	

Anorganische Verbindungen

Phasen-umwandlungen		Standardwerte bei 25° C		Bemerkungen und Charakteristik
°C	ΔH kJ/Mol	C_p S^0 J/Molgrd	ΔH_B ΔG^0 kJ/Mol	
1190 1512	U^* F	85,24 82,0	−1583 −1497	* U β→α; Wollastonit; weiß, glasglänzend, in Aggregaten seidig; zers. S
		86,45 87,4	−1578 −1488	Pseudowollastonit
675	U^*	126,8 120,5	−2253 −2250	* $U \rightarrow D_{2h}^{12}, Pnnm$
1243 1983 2130	U^* U F	1,84 128,6 14,18 127,6	−2255 −2152	* $U \rightarrow D_{3d}^3$ trig.
		171,9 168,6	−2879 −2723	kleine fbl. Körner
		80,8	−263,6 −260,4	weiße Substanz, färbt sich an der Luft rasch dkl; mit S→H₂Te
1257	U	2,30 97,65 93,7		Perowskit; würfelige, meist gestreifte Krist., undurchsichtig, schw.
				weißes feines schweres Pulver, LW 20° 2,7 · 10⁻³ %, Bdk. 0 H₂O; unl. verd. S, zers. konz. S; Scheelit; gelb, braun, glasglänzend, durchscheinend; mit konz. H₂SO₄ erwärmt→blaue Lsg.
~2340	F			* deformiert $E2_1$, Perowskitstruktur; weiße kleine Krist., kurze Prismen; klar l. sied. verd. HCl
578 721	U F		−58,6	Halbleiter; spröde dklgraue Masse mit met. Glanz, rötliche Oktaeder; unl. W; langsam l. HCl, verd. HNO₃→AsH₃; Cl₂, Br₂, Königsw., Oxid. mittel greifen an
568 844	F V	20,9 115 133,4	−314,3 −292	$\varepsilon(0,5...3 \cdot 10^{-6}$ Hz$)=8,6$; $\chi_{Mol}=$ $-87,3 \cdot 10^{-6}$ cm³Mol⁻¹; fbl. krist. perlglänzende Schuppen; hygr.; LW 20° 49,0 %; l. Al, HCl; wl. Ä, Aceton; giftig; Wechselstruktur hex. $a=2,30$ Å, $c=6,23$ Å, $M=\frac{1}{3}$
				$\chi_{Mol}=-54 \cdot 10^{-6}$ cm³Mol⁻¹; weißes Pulver, durchsichtige Krist.; swl. W; unl. NaOH; l. NH₃ im Überschuß, Alk.-cyanidlsg.

Formel	Name	Zustand	Mol.-Masse / Dichte g·cm⁻³	System, Typ und Symbol	Einheitszelle Kantenlänge in Å	Einheitszelle Winkel und M	Brechzahl n_D
$CdCO_3$	carbonat	f	172,41 / 4,26	trig. $G0_1$ $D_{3d}^6, R\bar{3}c$	6,11	47° 24′ $M=2$	
$Cd(HCO_2)_2$	formiat	f	202,44 / 3,297	orh.			1,588 / 1,607 / 1,685
$Cd(HCO_2)_2 \cdot 2H_2O$		f	238,47 / 2,445	mkl.			1,496 / 1,506 / 1,547
$Cd(CH_3CO_2)_2$	acetat	f	230,49 / 2,34				
$Cd(COO)_2 \cdot 3H_2O$	oxalat	f	254,47				
$Cd\ C_{14}H_{10}O_6 \cdot H_2O$	salicylat	f	404,65				
$CdC_{36}H_{70}O_4$	stearat	f	679,36				
$CdCl_2$	chlorid	f	183,31 / 4,049	trig. $C19$ $D_{3d}^5, R\bar{3}m$	6,23	36° 2′ $M=1$	
$CdCl_2 \cdot 2^{1}/_2 H_2O$		f	228,34 / 3,327	mkl.			1,6513
CdF_2	fluorid	f	150,40 / 6,64	kub. $C1$ $O_h^5, Fm3m$	5,39	$M=4$	1,56
CdJ_2	jodid, α	f	366,21 / 5,67	trig. $C6$ $D_{3d}^1, P\bar{3}1m$	4,24 / 6,835	$M=1$	
$Cd(CN)_4K_2$	Kalium-tetracyano-cadmat	f	294,68 / 1,847	kub. $H11$ $O_h^7, Fd3m$	12,87	$M=8$	

Phasen-umwandlungen		Standardwerte bei 25° C			Bemerkungen und Charakteristik
°C	ΔH kJ/Mol	C_p J/Molgrd	S^0	ΔH_B ΔG^0 kJ/Mol	
			105,4	−747 −670	$\chi_{Mol} = -46{,}7 \cdot 10^{-6}$ cm³Mol⁻¹; weißes krist. Pulver; Z.>360° Farbe→gelb bis braun; unl. W; l. S, KCN- und NH₄-salz-lsg.; giftig
					fbl. Kristallaggregate, selten einzeln ausgeprägte Krist.; LW 20° 4,95%, 100° 49%
					oberhalb 66° Hydratform nicht beständig
256°	F				$\chi_{Mol} = -83{,}7 \cdot 10^{-6}$ cm³Mol⁻¹; weißes krist. Pulver; etwas hygr.; ll. W, Al
					weißes krist. Pulver; Prismen oder Täfelchen; unl. W, l. bei Anwesenheit von NH₄-Salzen; l. verd. S
					$\chi_{Mol} = -186 \cdot 10^{-6}$ cm³Mol⁻¹; fbl. nadelförmige Krist.; wl. W; swl. Me, Al, h. Glycerin
					$\chi_{Mol} = -440 \cdot 10^{-6}$ cm³Mol⁻¹; feines fast weißes Pulver; fühlt sich fettig an; unl. W; swl. Al, Ä
564 960	F V	48,58 124,3	76,64 115,3	−389 −341,5	$\bar{\gamma}(20\ldots150°\,C) = 73 \cdot 10^{-6}$ grd⁻¹; $\chi_{Mol} = -68{,}7 \cdot 10^{-6}$ cm³Mol⁻¹; fbl. glänzende Krist.; LW 20° 52,5%, 100° 60,2%; l. Al, Me; unl. Ä, Aceton; giftig
			233	−1130 −941,7	große fbl. Krist.; verwittern an trockener Luft; L Me 2,05%; wl. Al
1110 1748	F V	22,6 214	113	−689,7 −647,3	$\bar{\gamma}(20\ldots150°C) = 80 \cdot 10^{-6}$ grd⁻¹; $\chi_{Mol} = -40{,}6 \cdot 10^{-6}$ cm³Mol⁻¹; fbl. Krist.; LW 25° 4,16%, Bdk. 0H₂O; l. S, HF; unl. wfreie HF, NH₃, Al
387 742	F V	15,3 115	77,53 157,6	−200,7 −197,5	$\bar{\gamma}(20\ldots150°C) = 107 \cdot 10^{-6}$ grd⁻¹; $\chi_{Mol} = -117{,}2 \cdot 10^{-6}$ cm³Mol⁻¹; β-CdJ₂ C27, hex., C_{6v}^4, $P6_3mc$, $a = 4{,}24$ Å, $c = 13{,}67$ Å, $M = 2$; γ-CdJ₂ trig., D_{3d}^1, $P\bar{3}1m$, $a = 4{,}24$ Å, $c = 20{,}5$ Å, $M = 3$; fbl. ziemlich große glänzende Blätter; geschmolzenes CdJ₂ ist braun gefärbt; LW 20° 46%; l. S, wss. NH₃; ll. Me, Al, Ä, Aceton; giftig
					$\chi_{Mol} = -138 \cdot 10^{-6}$ cm³Mol⁻¹; große fbl. stark glänzende Oktaeder; luftbeständig; stark lichtbrechend; LW 20° 33%; kaum l. abs. Al; giftig

Formel	Name	Zustand	Mol.-Masse Dichte g·cm⁻³	Kristalldaten System, Typ und Symbol	Einheitszelle Kantenlänge in Å	Winkel und M	Brechzahl n_D
[CdCl$_3$]K	Kaliumtrichlorocadmat	f	257,86 3,33	orh. $E2_4$ $D_{2h}^{16}, Pnma$	8,78 14,56 3,99	$M=4$	
[CdJ$_4$]K$_2$·2H$_2$O	Kaliumtetrajodocadmat	f	734,25 3,359				
Cd$_3$N$_2$	nitrid	f	365,21 6,85	kub. $T_h^7, Ia3$	10,79	$M=16$	
Cd(N$_3$)$_2$	azid	f	196,44 3,24	orh. $D_{2h}^{15}, Pbca$	7,82 6,46 16,04	$M=8$	
Cd(NH$_2$)$_2$	amid	f	144,45 3,09				
Cd(NO$_3$)$_2$·4H$_2$O	nitrat	f	308,47 2,46				
[CdCl$_3$]NH$_4$	Ammoniumtrichlorocadmat	f	236,80 2,92	orh. $D_{2h}^{16}, Pnma$	8,96 14,87 3,97	$M=4$	
[CdCl$_6$](NH$_4$)$_4$	Ammoniumhexachlorocadmat	f	397,27 1,93	trig. $D_{3d}^5, R\bar{3}m$	8,91	88,9° $M=2$	1,6038 1,6042
CdO	oxid	f	128,40 6,95[1] 8,15[2]	kub. $B1$ $O_h^5, Fm3m$	4,68... 4,7	$M=4$	
Cd(OH)$_2$	hydroxid	f	146,41 4,81	trig. $C6$ $D_{3d}^3, P\bar{3}m1$	3,48 4,71	$M=1$	

Phasenumwandlungen		Standardwerte bei 25° C				Bemerkungen und Charakteristik
°C	ΔH kJ/Mol	C_p J/Molgrd	S^0 J/Molgrd	ΔH_B kJ/Mol	ΔG^0 kJ/Mol	
431	F					fbl. feine Nadeln; LW 20° 27,6 %
100 $-H_2O$						große wasserhelle Krist., verzerrte Oktaeder; LW 15° 57,8 %; l. Al, Ä, Egester
						schw. Pulver; an Luft zers. unter Oxidbildung; feuchtigkeitsempfindlich; zers. stürmisch durch NaOH, verd. und konz. HCl, H_2SO_4, $HNO_3 \rightarrow N_2$-Entwicklung
						weiße, leicht gelblich gefärbte Krist.; sehr expl.
						weißes Pulver, zuweilen etwas gelblich, an der Luft rasch oberflächlich or.braun; zers. W; expl. beim schnellen Erhitzen
59,5	F	32,6		-1650		$\chi_{Mol} = -114,5 \cdot 10^{-6}$ cm^{3}Mol^{-1}; fbl. Krist., Säulen oder Nadeln; an Luft zerfl.; LW 20° 60,5 %, Bdk. 4H_2O; l. Al, Egester, Aceton; unl. Py, Benzonitril L fl. NH_3 $-21°$ 2,68 g/100 g NH_3, $-33°$ 5,93 g/100 g NH_3
						durchscheinende weiße Nadeln
				-1655		rissige Krist.
>1230	F		43,43 54,8	-256 -226		[1] gelbrotes, braunrotes bis braunschw. Pulver; LW 20° 0,49 $\cdot 10^{-3}$ %; unl. Alk; l. verd. S, NH_4-Salzlsg., Alk-cyanidlsg.; giftig, MAK: 0,1 mg Staub/m^3 Luft; [2] kubische Krist.; Halbleiter; $\chi_{Mol} = -30 \cdot 10^{-6}$ cm^{3}Mol^{-1}
			95,4	$-557,4$ -470		$\chi_{Mol} = -41 \cdot 10^{-6}$ cm^{3}Mol^{-1}; perlmuttglänzende Blättchen bei langsamem Auskristallisieren; zieht CO_2 an; LW 25° 2,6 $\cdot 10^{-2}$ %, Bdk. 0H_2O; L 1 molarer NaOH 25° 7 $\cdot 10^{-6}$ Mol/l.; l. S, NH_3, NH_4-Salzlsg.

221. Übersichtstabelle

Formel	Name	Zustand	Mol.-Masse / Dichte g·cm^{-3}	System, Typ und Symbol	Einheitszelle Kantenlänge in Å	Winkel und M	Brechzahl n_D
Cd_3P_2	phosphid	f	399,15 / 5,60	tetr. $D5_9$ $D_{4h}^{15}, P4_2/nmc$	8,74 / 12,28	$M=8$	
CdS	sulfid	f	144,46 / 4,82	hex. $B4$ $C_{6v}^4, P6_3mc$	4,142 / 6,724	$M=2$	2,506 / 2,529
$CdSO_4$	sulfat	f	208,46 / 4,700				
$CdSO_4 \cdot {}^8/_3 H_2O$		f	256,50 / 3,09	mkl. $H4_{20}$ $C_{2h}^6, C2/c$	14,78 / 11,87 / 9,44	97° 19′ $M=4$	1,505
CdSb	antimonid	f	234,15 / 6,72	orh. $D_{2h}^{15}, Pbca$	6,458 / 8,236 / 8,509	$M=8$	
Cd_3Sb_2	antimonid	f	580,70 / 7,07	mkl.	7,20 / 13,51 / 6,16	100° 14′ $M=4$	
CdSe	selenid	f	191,36 / 5,63	hex. $B4$ $C_{6v}^4, P6_3mc$	4,30 / 7,01	$M=2$	
$CdSeO_4 \cdot 2H_2O$	selenat	f	291,39 / 3,632	orh. $D_{2h}^{15}, Pbca$	10,42 / 10,71 / 9,365	$M=8$	
$CdSiF_6 \cdot 6H_2O$	hexafluorosilikat	f	362,57				
$CdSiO_3$	metasilikat	f	188,48 / 4,928				>1,739
Cd_2SiO_4	orthosilikat	f	316,88 / 5,833				>1,739

Anorganische Verbindungen Cd 1-271

| Phasenumwandlungen | | Standardwerte bei 25° C | | Bemerkungen und Charakteristik |
°C	ΔH kJ/Mol	C_p S^0 J/Molgrd	ΔH_B ΔG^0 kJ/Mol	
~700	F^*			*unter beträchtlicher Subl.; Nadeln oder Blättchen, eisengraues Aussehen; unl. W; S greift langsam an, beim Kochen rascher→PH_3-Entwicklung
1380	Sb 209,6	55,2 71	−144,3 −140	$\chi_{Mol} = -50 \cdot 10^{-6}$ cm³Mol⁻¹; F bei 10,2 atm 1475°; Greenockit; klar gelbe bis braungelbe Krist.; zitronengelbes bis or.rotes Pulver; LW 18° 1,3·10⁻³%; l. H_2SO_4, HCl→H_2S-Entwicklung; l. HNO_3 unter Schwefelabscheidung; unl. Alk, fl. NH_3, Cyanidlsg.; β-CdS B 3, kub., T_d^2, $F\bar{4}3m$, $a=5,835$ Å, $M=4$
1000	F	99,60 123,1	−925,9 −814	$\chi_{Mol} = -59,2 \cdot 10^{-6}$ cm³Mol⁻¹; fbl. Prismen; an feuchter Luft Aufnahme von H_2O; LW 20° 43,5%; fast unl. Me, Al
41,5	F^*	213,3 229,7	−1722 −1600	* im eigenen Kristallwasser; durchsichtige Krist., verwittern an der Luft; Erhitzen auf 80°→Monohydrat
456	F 32,04	45,69 92,0	−15,1	Halbleiter; Nadeln oder prismatische Krist.
421	F	329,6	32,75 6,95	zinnweiße, met. glänzende Krist.
>1350	F	80,3	−105 −101	Halbleiter; im Dunkeln gefällt weiß bis hgelb, im Licht rot; β-CdSe kub. B 3, T_d^2, $F\bar{4}3m$, $a=6,05$ Å, $M=4$; entsteht beim Fällen sied. $CdSO_4$-Lsg. mit H_2Se und ist bis mindestens 300° beständig
				kleine durchsichtige Tafeln, luftbeständig; sll. W; bildet leicht übersättigte Lösungen
				fbl. lange gut ausgebildete Säulen; luftbeständig; im Exsiccator über H_2SO_4 langsam H_2O-Abgabe; sll. W; l. 50% Al
1243	F	88,2 97,5		unregelmäßig begrenzte Krist.
				fbl. durchscheinende Krist., Platten oder Prismen

1-272 Cd; Ce   221. Übersichtstabelle

Formel	Name	Zustand	Mol.-Masse / Dichte g·cm⁻³	Kristalldaten System, Typ und Symbol	Einheitszelle Kantenlänge in Å	Einheitszelle Winkel und M	Brechzahl n_D
CdTe	tellurid	f	240,00 / 5,86	kub. $B3$ / $T_d^2, F\bar{4}3m$	6,477	$M=4$	
CdWO$_4$	wolframat	f	360,25 / 6,4	mkl. / $C_{2h}^5, P2_1/c$	5,076 / 5,868 / 5,028	91° 27' / $M=2$	
Ce	**Cer**						
CeB$_6$	borid	f	204,99 / 4,801	kub. $D2_1$ / $O_h^1, Pm3m$	4,137	$M=1$	
CeBr$_3$	(III)-bromid	f	379,85	hex. $D0_{19}$ / $C_{6h}^2, P6_3/m$	7,936 / 4,435	$M=2$	
CeC$_2$	carbid	f	164,14 / 5,23	tetr. $C11$ / $D_{4h}^{17}, I4/mmm$	3,88 / 6,48	$M=2$	
Ce$_2$(CO$_3$)$_3$·5H$_2$O	carbonat	f	550,34				
Ce(C$_2$H$_3$O$_2$)$_3$·1½H$_2$O	(III)-acetat	f	344,28				
Ce$_2$(C$_2$O$_4$)$_3$·9H$_2$O	(III)-oxalat	f	706,44				
Ce(C$_6$H$_5$O$_7$)·3½H$_2$O	citrat	f	392,28				
Ce(C$_7$H$_5$O$_2$)$_3$·3H$_2$O	(III)-benzoat	f	557,52				
CeCl$_3$	(III)-chlorid	f	246,48 / 3,92	hex. $D0_{19}$ / $C_{6h}^2, P6_3/m$	7,436 / 4,304	$M=2$	
CeCl$_3$·7H$_2$O		f	372,59				
CeF$_3$	(III)-fluorid	f	197,12 / 6,16	hex. $D0_6$ / $D_{6h}^3, P6_3/mcm$	7,11 / 7,27	$M=6$	
CeF$_3$·½H$_2$O		f	206,12				
CeH$_3$	hydrid	f	143,14				

Anorganische Verbindungen Cd; Ce

Phasenumwandlungen		Standardwerte bei 25° C			Bemerkungen und Charakteristik
°C	ΔH kJ/Mol	C_p S^0 J/Molgrd		ΔH_B ΔG^0 kJ/Mol	
1042	F	94,5		−102,6 −100	Halbleiter; $\varepsilon(10^3 \text{ Hz}) = 10,9$; schwarze Substanz
					gelbes krist. Pulver; swl. W, verd. S; l. wss. NH_3; giftig
2190	F				α(Raumtemp.) = $6,8 \cdot 10^{-6}$ grd^{-1}; schw. bis dklbraune Substanz
732	F	188,5			weißes krist. Pulver, hygr.; ll. W; l. Aceton, Py
1705	V				
>2300	F				goldglänzend krist., rötlichgelbe Sechsecke; W zers.→C_2H_2, CH_4, C_2H_4; S, KOH- und K_2CO_3-Schmelze zers.
					weiße Kristallschuppen und Körner, luftbeständig; unl. W; etwas l. $(NH_4)_2CO_3$; ll. org. S
					weißes krist. Pulver; LW 15° 19,6%, 75° 13%; swl. Al
110° −8 H_2O					weißes krist. Pulver; swl. W; l. konz. S; wl. verd. S; unl. Oxalsäure
100° −H_2O					fbl. kleine Krist.; bei 120° Z.; unl. W; ll. S
100° −H_2O					weißes Pulver; swl. W; l. h. Al; ll. S
822	F	38,5		−1087	$\chi_{Mol} = 2490 \cdot 10^{-6}$ cm^{3}Mol^{-1}; weiße Krist., lange Prismen, sehr hygr.; ll. W, fbl. wss. Lsg. bald gelb→Ce IV; l. Al, HCl, Aceton, Methylacetat; unl. fl. NH_3
1925	V	200,9			
					fbl. durchscheinende Krist., zerfl.; ll. W; l. Al
1460	F			−1670	$\chi_{Mol} = 2190 \cdot 10^{-6}$ cm^{3}Mol^{-1}; weißes Pulver, beständiger als $CeCl_3$
					Prismen, durchscheinende Krist.; unl. W, S; starke S zers.
					schw. spröde Masse, als feines Pulver dklrot oder bräunlich bis dklblau; zers. an feuchter Luft schnell, häufig unter Entzündung; k. W zers. langsam, h. W schneller→ $Ce(OH)_3$, $Ce(OH)_4$; l. S

Formel	Name	Zustand	Mol.-Masse Dichte $g \cdot cm^{-3}$	Kristalldaten System, Typ und Symbol	Einheitszelle Kantenlänge in Å	Winkel und M	Brechzahl n_D
CeJ_3	(III)-jodid	f	520,83				
$CeJ_3 \cdot 9H_2O$		f	682,97				
CeN	nitrid	f	154,13	kub. $B1$ $O_h^5, Fm3m$	5,021	$M=4$	
$Ce(NO_3)_3 \cdot 6H_2O$	(III)-nitrat	f	434,23				
$Ce(OH)(NO_3)_3 \cdot 3H_2O$	(IV)-nitrat, basisch	f	397,19				
Ce_2O_3	(III)-oxid	f	328,24 6,86	trig. $D5_2$ $D_{3d}^3, P\bar{3}m1$	3,88 6,06	$M=1$	
CeO_2	(IV)-oxid	f	172,12 7,3	kub. $C1$ $O_h^5, Fm3m$	5,59	$M=4$	
CeOCl	oxidchlorid	f	191,47 5,5	tetr. $D_{4h}^7, P4/nmm$	4,080 6,831	$M=2$	
$CePO_4$	phosphat	f	235,09 5,22	mkl. $S1_1$ $C_{2h}^5, P2_1/c$	6,77 7,01 6,45	103° 38′ $M=4$	
Ce_2S_3	(III)-sulfid	f	376,43 5,10	kub. $D7_3$ $T_d^6, I\bar{4}3d$	8,6347	$M=5^1/_3$	
CeS_2	(IV)-sulfid	f	204,25 4,90	kub.	8,12	$M=8$	
$Ce_2(SO_4)_3$	(III)-sulfat	f	568,42 3,912				
$Ce_2(SO_4)_3 \cdot 5H_2O$		f	658,50 3,16	mkl.	1,4656: 1: 1,1264	102° 40′	

Anorganische Verbindungen   Ce 1-275

Phasen-umwandlungen		Standardwerte bei 25° C			Bemerkungen und Charakteristik
°C	ΔH kJ/Mol	C_p S^0 J/Molgrd	ΔH_B ΔG^0 kJ/Mol		
752	F		$-687,4$		fbl. krist. Substanz; l. wfrei Aceton
					fbl. bis schwach gefärbte rötliche Krist.; ll. W, Al
		46,8	-326		messinggelb, bronzefarben, fast schwarz mit Anlauffarben; hart, spröde; mit warmem W→NH_3; l. S; wss. KOH zers. langsam→ $Ce(OH)_3 + NH_3$
					fbl. Tafeln, sehr kleine Prismen; LW 25° 63,7%, 50° 73,9% Bdk. 9H_2O; wl. fl. NH_3; sll. Al; l. Aceton
					rote lange Krist.; l. W
1687	F		-1820 -1735		$\varepsilon(1,75...2\cdot 10^6\,Hz) = 7,0$; grünlichgelbe Krist.; mikrokrist. Masse; unl. k. W; sied. W allmählich→$CeO_2 \cdot aq$; l. sied. verd. HCl, HNO_3; unl. fl. NH_3
1950	F	63,2	-975		$\chi_{Mol} = +26 \cdot 10^{-6}\,cm^3Mol^{-1}$; schwach gefärbte Krist.; weißes Pulver mit gelbem Schimmer, beim Erhitzen gelb; unl. W, HCl, HNO_3, fl. NH_3; l. S mit Red.mitteln, konz. H_2SO_4
					dklpurpurfarbenes schimmerndes Pulver; ll. verd. S; wl. konz. H_2SO_4, HNO_3, unl. HCl
					Monazit; gelbe Prismen; unl. S, selbst h. konz. HCl, HNO_3; konz. H_2SO_4 zers. beim Abrauchen→ $Ce_2(SO_4)_3$; Aufschluß durch langes Schmelzen mit Na_2CO_3; 2. Form hex. D_6^4, $P6_222$, $a = 7,06$ Å, $c = 6,44$ Å, $M = 3$
1890	F		-644		$\chi_{Mol} = +2540 \times 2 \cdot 10^{-6}\,cm^3Mol^{-1}$; rote Mikrokrist. und Krist.; beständig an Luft; unl. W; l. verd. S unter H_2S-Entwicklung; sied. KOH→$CeO_2 \cdot aq$; H_2O_2 oxid. langsam
1400... 1500	F		-1250		dklgelbbraunes Pulver; l. verd. S unter H_2S-Entwicklung
		276			weißes Pulver; Erhitzen > 600°→SO_3; LW 20° 8,76%, Bdk. 8H_2O; swl. konz. H_2SO_4; unl. Al
		552	-5471		fbl. stark glänzende Prismen; luftbeständig; durch H_2O-Aufnahme undurchsichtig weiß; LW s. $Ce_2(SO_4)_3$

Formel	Name	Zustand	Mol.-Masse / Dichte g·cm⁻³	System, Typ und Symbol	Einheitszelle Kantenlange in Å	Winkel und M	Brechzahl n_D
$Ce_2(SO_4)_3 \cdot 8H_2O$		f	712,55 / 2,88	orh. $D_{2h}^{18}, Cmca$	9,93 / 17,33 / 9,52	$M=4$	
$Ce_2(SO_4)_3 \cdot 9H_2O$		f	730,56 / 2,831	hex.			
$Ce(SO_4)_2$	(IV)-sulfat	f	332,24 / 3,91				
$Ce_2(SeO_4)_3$	selenat	f	709,11 / 4,456				
$CeSi_2$	silicid	f	196,29 / 5,67	tetr. $D_{4h}^{19}, I4_1/amd$	4,156 / 13,84	$M=4$	
Cl	**Chlor**						
ClF	fluorid	g	54,45 / 1,62*				
ClF_3	trifluorid	g	92,45 / 3,57*				
HCl	wasserstoff	g	36,46 / 1,639*	kub.	5,45	$M=4$	1,3287**
$HCl \cdot 2H_2O$		f	72,49 / 1,46				
Cl_2O	(I)-oxid	g	86,91 / 3,887*				
ClO_2	(IV)-oxid	g	67,45 / 3,01*				

Anorganische Verbindungen

Phasen-umwandlungen		Standardwerte bei 25° C			Bemerkungen und Charakteristik
°C	ΔH kJ/Mol	C_p J/Molgrd	S^0	ΔH_B ΔG^0 kJ/Mol	
					milchige oder durchsichtige Pyramiden; an Luft sehr haltbar; LW s. $Ce_2(SO_4)_3$
					weiße Krist.; bei gelindem Glühen wfrei; LW s. $Ce_2(SO_4)_3$
				-2344	$\chi_{Mol} = +37 \cdot 10^{-6}$ cm³Mol^{-1}; gelbe Krist.; bis 150° beständig; beträchtlich l. Eisw.; wl. h. W unter Hydrolyse; l. verd. H_2SO_4; unl. konz. H_2SO_4
					weißes Pulver; an der Luft allmahlich H_2O-Aufnahme, Z. bei starkem Erhitzen
					stahlgraue Lamellen, silberweiß, als Pulver grau; hart, zerbrechlich; unl. W; verd. S zers.; Königsw., konz. und schmelzende Alk greifen an
-154	F		32,09	$-56,16$	* bei V; $\vartheta_{krit} - 14°$; fast fbl. Gas; außerordentlich aggressiv
$-100,1$	V	24,0	217,8	$-57,7$	
$-82,65$	U	1,508	65,06	$-163,1$	* kg/Nm³; ϑ_{krit} 153,7°; $\chi_{Mol} = -26,5 \cdot 10^{-6}$ cm³Mol^{-1}; außerordentlich reaktionsfähiges Gas; als Fl. lichtgrün; fest fbl.; MAK: 0,1 cm³/m³
$-76,31$	F	7,612	284,7	-124	
11,76	V	27,53			
$-174,7$	U	1,189	29,12	$-92,31$	* kg/Nm³; ** für fl. HCl bei 18°C, $\lambda = 5813$ Å; Gas n(0°, 760 Torr, 5462 Å) = 1,0004480; U kub → orh. D_4^0, $a = 5,03$, $b = 5,35$, $c = 5,71$ Å, $M = 4$; ϑ_{krit} 51,5°; p_{krit} 84,7 at; D_{krit} 0,41 gcm^{-3}; $\chi_{Mol} = -22,6 \cdot 10^{-6}$ cm³Mol^{-1} für fl. HCl bei 0°C; fbl. Gas; raucht stark an der Luft, zieht W an; LW 20° bei 760 mm Druck 718,8 g/l; ll. Al, Ä; MAK: 5 cm³/m³
$-114,2$	F	1,992	186,9	$-95,26$	
$-85,02$	V	16,15			
-18	F	10,5			fbl. Krist.; an Luft zers. unter Bildung weißer Nebel; ll. W
-116	F		45,6	75,7	* kg/Nm³; gelbes Gas, etwas rötlich; als Fl. rot bis bräunlich; greift Augen und Atmungsorgane stark an; LW 0° 200 Vol/1 Vol H_2O; konz. wss. Lsg. goldgelb
2,0	V	25,9	266,3	93,2	
-59	F		41,84	104,6	* kg/Nm³; gelbes bis or.gelbes Gas; als Fl. dklrot; fest rote durchscheinende Krist., spröde; expl. beim Erwärmen; LW 4° 20 Vol/1 Vol.H_2O; MAK: 0,1 cm³/m³
11,0	V	30	251,3	124	

Formel	Name	Zustand	Mol.-Masse Dichte g·cm⁻³	Kristalldaten System, Typ und Symbol	Einheitszelle Kantenlange in Å	Winkel und M	Brechzahl n_D
Cl_2O_7	(VII)-oxid	fl	182,90				
$HClO_4$	Überchlorsäure	fl	100,46 1,764				1,38189
$HClO_4 \cdot H_2O$		f	118,47 1,88	orh. $D_{2h}^{16}, Pnma$	7,339 9,065 5,569	$M=4$	
Co $Co_3(AsO_4)_2 \cdot 8H_2O$	**Kobalt** arsenat	f	583,94 2,948	mkl. $C_{2h}^3, C2/m$	10,18 13,34 4,73	105°	1,6263 1,6614 1,6986
CoB	borid	f	69,74 7,32	orh. $B27$ $D_{2h}^{16}, Pnma$	3,95 5,24 3,04	$M=4$	
$CoBr_2$	(II)-bromid	f	340,74 4,849	trig. $C6$ $D_{3d}^3, P\bar{3}m1$	3,685 6,120	$M=1$	
Co_2C	carbid	f	129,88 7,76	orh. $D_{2h}^{14}, Pbcn$	2,88 4,45 4,36	$M=2$	
Co_3C	carbid		188,80	orh. $D_{2h}^{16}, Pnma$	4,52 5,08 6,73	$M=4$	
$Co(CN)_2$	(II)-cyanid	f	110,97 1,872				
$CoCO_3$	carbonat	f	118,94 4,13	trig. $G0_1$ $D_{3d}^6, R\bar{3}c$	5,71	48,2° $M=2$	1,855 1,60
$[Co_2(CO)_8]$	tetracarbonyl, dimeres	f	341,95 1,87	mkl. $C_{2h}^2, P2_1/m$ oder $C_2^2, P2_1$	11,26 15,45 6,56	90° 22′ $M=4$	
$Co(C_2H_3O_2)_2 \cdot 4H_2O$	(II)-acetat	f	249,08 1,705	mkl. $C_{2h}^5, P2_1/c$	4,77 11,85 8,42	94° 30′	

Phasen-umwandlungen		Standardwerte bei 25° C			Bemerkungen und Charakteristik
°C	ΔH kJ/Mol	C_p J/Molgrd	S^0	ΔH_B ΔG^0 kJ/Mol	
−91,5 F				265	fbl. sehr flch. Öl; in W langsam Bildung von $HClO_4$
80 V	34,7				
−112 F				−46,5	$\chi_{Mol} = -29,8 \cdot 10^{-6}$ cm³Mol⁻¹; fbl. Fl.; sehr beweglich; raucht stark an der Luft; Dampf fbl. und durchsichtig; bildet aber an Luft dicke weiße Nebel, indem er W anzieht
50 F				−384,5	fbl. lange Nadeln; sehr hygr.; an Luft rauchend; l. W
					Erythrin; viol.-rote sehr feine Nadeln; unl. W; nicht hydrolysierbar; l. verd. S, NH_3
					glänzende lange Nadeln; zers. W; HCl, verd. H_2SO_4 greifen nicht an; l. HNO_3, Königsw.
687 F				−232,1	grünes Pulver; LW 20° 53%; L Al 20° 43,7%, Bdk. $3C_2H_5OH$; L Aceton 20° 37,5%, Bdk. 1$(CH_3)_2CO$; ll. Me, Acetonitril; l. Ä; wl. Egsanhydrid
		74,5			
		124,7	39,7	31	
					blauviol. Pulver; LW 18° 0,377 · 10⁻³ Mol/l Lsg.; Dihydrat bei 280° wfrei; ll. NH_3, $(NH_4)_2CO_3^-$, KCN-Lsg.; Tetrahydrat tiefrotviol. sehr zerfl. Krist.
				−722,8	hrotes Pulver aus mikroskopischen Rhomboedern; unl. W; l. S; Hexahydrat viol.rote mikroskopische Krist.
					or.gelbe gut ausgebildete Krist., auch rote Krist.; unl. W, verd. S, Alk, fl. NH_3; ll. Chlf, Al, Ä; l. Me dklrot; umkristallisierbar aus PÄ, Pentan, Ä
140 −4 H_2O					rote Krist.; Geruch nach Egs; zerfl.; ll. W, S; l. Al, Amylacetat und -alkohol

Formel	Name	Zustand	Mol.-Masse / Dichte g·cm⁻³	System, Typ und Symbol	Einheitszelle Kantenlänge in Å	Winkel und M	Brechzahl n_D
$CoC_2O_4 \cdot 2H_2O$	(II)-oxalat	f	182,98 / 2,296				
$CoCl_2$	(II)-chlorid	f	129,83 / 3,367	trig. $C\,19$ $D_{3d}^5, R\bar{3}m$	6,16	33° 26′ $M=1$	
$CoCl_2 \cdot 2H_2O$		f	165,86 / 2,477	mkl. $C_{2h}^3, C\,2/m$	7,32 / 8,54 / 3,58	97,5° $M=2$	1,626 / 1,662 / 1,721
$CoCl_2 \cdot 4H_2O$		f	201,90	mkl.			
$CoCl_2 \cdot 6H_2O$		f	237,93 / 1,924	mkl. $C_{2h}^3, C\,2/m$	8,81 / 7,06 / 6,67	97° 27′ $M=2$	
$[Co(NH_3)_5Cl]Cl_2$	Chloropentamminkobalt(III)-chlorid	f	250,44				
$[Co(NH_3)_6]Cl_3$	Hexamminkobalt(III)-chlorid	f	267,47 / 1,707	mkl.	0,9880 : 1 : 0,6501	88° 40′	
$[Co(NH_3)_5(H_2O)]Cl_3$	Aquopentamminkobalt(III)-chlorid	f	268,46				
$[Co(NH_3)_6](ClO_4)_3$	Hexamminkobalt(III)-perchlorat	f	459,47 / 2,048	kub. $C\,1$ $O_h^5, Fm3m$	11,409	$M=4$	
$Co(ClO_3)_2 \cdot 6H_2O$	chlorat	f	333,92 / 1,92				
$Co(ClO_4)_2$	perchlorat	f	257,83 / 3,327				
$Co(ClO_4)_2 \cdot 6H_2O$	(II)-perchlorat	f	365,92 / 2,2	ps.hex. $H4_{11}$ $C_{2v}^7, Pmn2_1$	15,52 / 5,26	$M=4$	1,489 / 1,480
$CoCr_2O_4$	(II)-chromit	f	226,92 / 5,4	kub.	8,319	$M=8$	

Phasen-umwandlungen		Standardwerte bei 25° C		Bemerkungen und Charakteristik
°C	ΔH kJ/Mol	C_p S^0 J/Molgrd	ΔH_B ΔG^0 kJ/Mol	
				rosenrotes Pulver; fast unl. W, wss. Oxalsäure; zll. NH_3; sll. $(NH_4)_2CO_3$-Lsg.; ll. Alk-oxalatlsg.
740 1053	F 31,0 V 144,9	78,6 106,6	−325,4 −281,5	blaue Krist.; subl. sehr feine Blättchen; sehr hygr.; bei W-Aufnahme hblau→dklrosa; LW 20° 33,5 %, Bdk. $6H_2O$; L Me 20° 27,8 %, Bdk. $3CH_3OH$; L Al 20° 35,5 %, Bdk. $3C_2H_5OH$; L Butanol 25° 34,6 %; L Aceton 22,5° 8,48 %; swl. Ä
110...20 $-2H_2O$				viol. Nädelchen; hygr.
			−1537	blaurote prismatische Krist.; sehr hart
56 $-4H_2O$			−2130	rote Krist.; LW s. $CoCl_2$; l. Me, Al tiefblau
				$\chi_{Mol} = -63 \cdot 10^{-6}$ cm³Mol⁻¹; „Purpureokobaltchlorid"; viol.rote Krist.; LW 20° 0,018 Mol/l Lsg., Bdk. $0H_2O$; unl. HCl
				„Luteokobaltchlorid"; bräunlich or.rote Krist.; LW 20° 0,26 Mol/l Lsg., Bdk. $0H_2O$; unl. konz. HCl; konz. H_2SO_4 entwickelt Cl_2
				„Roseokobaltchlorid"; ziegelrotes krist. Pulver; LW 17,5° 0,859 Mol/l Lsg., Bdk. $0H_2O$; wl. konz. HCl
				goldgelbe Krist.; LW 18° 0,013 Mol/l Lsg., Bdk. $0H_2O$
61	F			rote Nadeln; zerfl.; LW 20° 64,6 %, Bdk. $6H_2O$; ll. Al
				rote Nadeln; LW 20° 51,3 %, Bdk. $5H_2O$; l. Al, Aceton
191	F*			* im geschl. Rohr; rote Krist.; l. Al, Aceton
				grünes bis grünschw. Pulver; unl. konz. HCl, HNO_3

Formel	Name	Zustand	Mol.-Masse Dichte g·cm⁻³	System, Typ und Symbol	Einheitszelle Kantenlänge in Å	Winkel und M	Brechzahl n_D
CoF_2	(II)-fluorid	f	96,93 4,46	tetr. $C4$ $D_{4h}^{14}, P4_2/mnm$	4,70 3,19	$M=2$	
$CoF_2 \cdot 4H_2O$		f	168,99 2,192				
CoF_3	(III)-fluorid	f	115,92 3,89	trig. DO_{14} $D_3^7, R32$	5,30	57,0° $M=2$	
CoH_2	hydrid	f	60,95 0,533				
CoJ_2	(II)-jodid	f	312,74 5,584	trig. $C6$ $D_{3d}^3, P\bar{3}m1$	3,96 6,65	$M=1$	
$[Co(NH_3)_6]J_3$	Hexamminkobalt(III)-jodid	f	541,83 2,63	kub. $C1$ $O_h^5, Fm3m$	10,902	$M=4$	
$Co(JO_3)_2$	(II)-jodat	f	408,73 4,93				
$Co(JO_3)_2 \cdot 2H_2O$		f	444,76 4,16				
$Co(JO_3)_2 \cdot 4H_2O$		f	480,80 3,46				
$[Co(CN)_6]K_3$	Kaliumhexacyanokobaltat-(III)	f	332,34 1,9	mkl.	7,1 10,4 8,4	107° 20′ $M=2$	
$[Co(CN)_6]K_4$	Kaliumhexacyanokobaltat-(II)	f	371,45 2,039				
$[CoF_4]K_2$	Kaliumtetrafluorokobaltat-(II)	f	213,13 3,22	tetr.	4,074 13,08		
$[CoF_6]K_3$	Kaliumhexafluorokobaltat-(III)	f	290,23 3,11	kub. $O_h^5, Fm3m$	8,55	$M=4$	

Anorganische Verbindungen Co 1-283

Phasen-umwandlungen		Standardwerte bei 25° C		Bemerkungen und Charakteristik
°C	ΔH kJ/Mol	C_p S^0 J/Molgrd	ΔH_B ΔG^0 kJ/Mol	
1200	F	68,78 81,96	−665 −619,9	rosa Krist.; nicht luftempfindlich; LW 20° 1,358%, Bdk. 0 H$_2$O
			−1594	rosafarbiges mikrokrist. Pulver; luftbeständig
		94,6	−782	hbraunes Pulver; fettige, glimmerähnliche Schuppen; raucht an feuchter Luft und reagiert heftig mit W; unl. Al, Ä, Bzl
			−42,7	dklgraue fast schw. krist. Substanz; zers. W, Al, verd. S→H$_2$
515	F		−102,1	schwarzes CoJ$_2$ ist α-Form, graphitähnlich; β-Form ist okergelb, $D=5,45$; LW 46° 79%, Bdk. 2H$_2$O; L fl. SO$_2$ 0° 0,382 g/100 g Lösm.; ll. Al, Aceton, Acetonitril; l. Dioxan; mäßig l. Egs-anhydrid
				granatrote glänzende Krist.; LW 18° 0,015 Mol/l Lsg., Bdk. 0 H$_2$O
			−520,2	purpurfarbene Nadeln; LW 20° 0,46%, Bdk. 2H$_2$O
			−1109	hpurpurfarbene Krist.
			−1682	rosa-viol. Krist.
				gelbe Krist., durchsichtig; schwer l. sied. fl. NH$_3$
				kleine viol. Kristallblättchen; sehr zerfl.; zers. S; l. wenig W tiefrot; unl. Al, Ä, Chlf, CS$_2$
				durchscheinend rosa Blättchen; zll. W; ll. HF, HCl, HNO$_3$; wl. Al, Ä; unl. Benzin; H$_2$SO$_4$ zers. in der Wärme
				hblaues Salz

Formel	Name	Zustand	Mol.-Masse / Dichte g·cm⁻³	System, Typ und Symbol	Einheitszelle Kantenlänge in Å	Winkel und M	Brechzahl n_D
[Co(NO$_2$)$_6$]K$_3$	Kaliumhexanitritokobaltat-(III)	f	452,27 2,64	kub. $I2_4$ $T_h^3, Fm3$	10,48	$M=4$	
CoMoO$_4$·H$_2$O	(II)-molybdat	f	236,88				
[Co(NO$_2$)$_6$](NH$_4$)$_3$	Ammoniumhexanitritokobaltat-(III)	f	389,08 2,00	kub. $I2_4$ $T_h^3, Fm3$	10,80	$M=4$	
Co(NO$_3$)$_2$	(II)-nitrat	f	182,94 2,49				
Co(NO$_3$)$_2$·6H$_2$O		f	291,03 1,87	mkl. $C_{6h}^2, C2/c$	15,09 6,12 12,69	119°	1,38 1,52 1,547
[Co(NH$_3$)$_6$](NO$_3$)$_3$	Hexamminkobalt(III)-nitrat	f	347,13 1,804	tetr.	1: 1,016		
CoO	(II)-oxid	f	74,93 5,68*	kub. $B1$ $O_h^5, Fm3m$	4,249	$M=4$	2,33
Co$_2$O$_3$	(III)-oxid	f	165,86 5,18	kub.	8,13		
Co(OH)$_2$	(II)-hydroxid	f	92,94 3,597	trig. $C6$ $D_{3d}^3, P\bar{3}m1$	3,195 4,66	$M=1$	
Co(OH)$_3$	(III)-hydroxid	f	109,95				
Co$_3$O$_4$	(II, III)-oxid	f	240,79 6,07	kub. $H1_1$ $O_h^7, Fd3m$	8,09	$M=8$	
Co$_2$P	phosphid	f	148,84 6,4	orh. $C23$ $D_{2h}^{16}, Pnma$	6,64 5,67 3,52	$M=4$	

Phasen-umwandlungen		Standardwerte bei 25° C		Bemerkungen und Charakteristik
°C	ΔH kJ/Mol	C_p S^0 J/Molgrd	ΔH_B ΔG^0 kJ/Mol	
				tiefgelbes glänzendes Pulver; swl. W; unl. Al, Ä, S, wss. NH_3
				viol. glänzende Krist.; unl. k. und h. W; l. verd. S; konz. S zers.→ Molybdänsäure; Alk zers.→$Co(OH)_2$
				gelbe Krist.; trocken sehr beständig; LW 0° 0,88%; KOH färbt braun; zers. konz. H_2SO_4; nicht zers. Egs, verd. S
			−430,6	rosa Krist.; LW 20° 50%, Bdk. 6H_2O; unl. fl. NH_3, fl. HF
57	F			große or.rote Krist.; sehr zerfl.; ll. W, Al, Aceton, Egs
				kleine gelbe Tafeln; LW 20° 0,052 Mol/l Lsg., Bdk. 0H_2O; ll. h. W; fast unl. verd. S
1800	F 40,2	55,31 52,97	−238,9 −215	* D auch 6,46 angegeben; χ_{Mol}= +4900·10^{-6} cm^3Mol^{-1}; olivgrünes Pulver; l. HCl, H_2SO_4, HNO_3, Egs, Weinsäure; unl. fl. NH_3, verd. Alk; l. konz. Alk
				braunschw. Pulver; unl. W, fl. NH_3; l. S
			−549	rosa Krist, β-Modifikation; LW 18° 3,2·10^{-4}%; l. konz. NaOH, NH_4Cl-Lsg.; l. wss. NH_3, wenn frisch gefällt; α-Modifikation blau, a=3,1, c=8 Å, ist instabil, wandelt sich in β-$Co(OH)_2$ um
			−739	braune Substanz; LW 20° 3,2·10^{-4}%; l. S
		123,1 103	−905	χ_{Mol}=+7380·10^{-6} cm^3Mol^{-1}; schw. Krist.; unl. W, HCl, HNO_3, Königsw.; l. konz. H_2SO_4, $KHSO_4$-Schmelze
1386	F		−196	graue glänzende Nadeln; stahlgraue Masse; unl. W; HCl zers. langsam; l. HNO_3, Königsw.; zers. Alk-Schmelze

Formel	Name	Zustand	Mol.-Masse Dichte $g \cdot cm^{-3}$	System, Typ und Symbol	Kantenlänge in Å	Winkel und M	Brechzahl n_D
CoS	(II)-sulfid	f	91,00 5,45	hex. $B8$ $D_{6d}^4, P6_3/mmc$	3,374 5,188	$M=2$	
CoS$_2$	sulfid		123,06 4,732	kub. $T_h^6, Pa3$	5,535	$M=4$	
Co$_2$S$_3$	(III)-sulfid	f	214,06 4,897	kub. $O_h^7, Fd3m$			
Co$_3$S$_4$	(II, III)-sulfid	f	305,05 4,87	kub. $D7_2$ $O_h^7, Fd3m$	9,401	$M=8$	
Co(CNS)$_2$	(II)-thiocyanat	f	175,10 1,955				
CoSO$_3$ · 6H$_2$O	(II)-sulfit	f	247,09 2,011	trig. $C_3^4, R3$	5,92	96,4° $M=1$	1,55* 1,50*
CoSO$_4$	(II)-sulfat	f	154,99 3,71	orh. $H0_9$ $D_{2h}^{16}, Pnma$	4,65 6,71 8,45	$M=4$	
CoSO$_4$ · 6H$_2$O		f	263,09 2,019	mkl.	9,90 7,10 23,8	98,7°	1,495 1,460
CoSO$_4$ · 7H$_2$O		f	281,10 1,948	mkl. $C_{2h}^6, C2/c$	15,45 13,08 20,04	104,7° $M=16$	1,477 1,483 1,489
CoSe	selenid	f	137,89 7,647	hex. $B8$ $D_{6h}^4, P6_3/mmc$	3,61 5,28	$M=2$	
CoSeO$_4$ · 6H$_2$O	selenat	f	309,98 2,24	mkl.	1,3709: 1: 1,6815	98° 14'	1,47 1,5225 1,5227
CoSi	silicid	f	87,02 6,3	kub. $B20$ $T^4, P2_13$	4,447	$M=4$	
Co$_2$Si	silicid	f	145,95 7,28	orh. $C37$ $D_{2h}^{16}, Pnma$	7,109 4,918 3,738	$M=4$	
CoSi$_2$	silicid	f	115,11 4,92	kub. $C1$ $O_h^5, Fm3m$	5,35	$M=4$	
Co$_2$SiO$_4$	silikat	f	209,95 4,74	orh. $D_{2h}^{16}, Pnma$	5,99 10,27 4,77	$M=4$	2,08 2,03

Anorganische Verbindungen

Phasenumwandlungen °C		ΔH kJ/Mol	Standardwerte bei 25° C		Bemerkungen und Charakteristik
			C_p S^0 J/Molgrd	ΔH_B ΔG^0 kJ/Mol	
1100	F		47,7	−95,27	schw. Nd.; LW 18° $3,4 \cdot 10^{-4}$ %; polymorph; β-CoS messinggelbe Krist. von met. Glanz, fällt aus essigsaurer Lsg., schwer l. k. verd. HCl; γ-CoS ist trig. C_{3v}^5, $R\,3\,m$, $a=5,63$ Å, $\alpha=116°\,53'$, $M=3$, wandelt sich rasch in β-CoS um; α-CoS ist amorph, fällt aus alk. Lsg. mit Alkalisulfid
				−140,2	Cattierit; schw. glanzloses Pulver; unl. Alk, S; l. HNO$_3$, Königsw.
				−213,5	grauschw. glänzende Krist.
					Linneit; mattdklgraues Pulver
					gelbbraunes Pulver; LW mit rosa Farbe 25° 50,7 %
					* Tageslicht; rote Krist.; unl. W; l. wss. SO$_2$
989	F		138 113,3	−867,9 −760,5	rotes krist. Pulver; LW 20° 25,93 %, Bdk. 7 H$_2$O; HCl greift nicht an; etwas l. Me; mit gasförmigem NH$_3$→[Co(NH$_3$)$_6$]SO$_4$
				−2691,5	rote Krist.
98	F		402	−2986,5	rote Krist.; LW s. CoSO$_4$; ll. Me; l. Al; wl. Dimethylformamid
				−41,8	gelbe oder graue krist. metallähnliche Masse; unl. Alk; l. HNO$_3$, Königsw.; zers. durch Br$_2$-Wasser
					rote durchsichtige Krist.; LW 20° 35,8 %, Bdk. 6 H$_2$O
1393	F	66,9		−100,4	
1327	F	69,0		−115,5	graue Krist.
1277	F			−102,9	
1345	F				viol. bis dklrote Krist.; l. h. verd. HCl

Formel	Name	Zustand	Mol.-Masse / Dichte g·cm^{-3}	Kristalldaten System, Typ und Symbol	Einheitszelle Kantenlänge in Å	Einheitszelle Winkel und M	Brechzahl n_D
CoTe	tellurid	f	186,53 / 8,77	hex. $B\,8$ $D_{6h}^4, P6_3/mmc$	3,88 / 5,37	$M=2$	
CoWO$_4$	(II)-wolframat	f	306,78 / 8,42	mkl. $H\,0_6$ $C_{2h}^4, P2/c$	4,93 / 5,68 / 4,66	90° 8'	
CoWO$_4$·H$_2$O		f	324,79				
Cr CrAs	**Chrom** arsenid	f	126,92 / 6,35	orh. $B\,31$ $D_{2h}^{16}, Pnma$	6,21 / 5,73 / 3,48	$M=4$	
CrB	borid	f	62,81 / 5,4	orh. $D_{2h}^{17}, Cmcm$	2,969 / 7,858 / 2,932	$M=4$	
CrB$_2$	borid	f	73,62 / 5,60	hex. $C\,32$ $D_{6h}^1, P6/mmm$	2,969 / 3,066		
CrBr$_2$	(II)-bromid	f	211,81 / 4,356	mkl. $C_{2h}^3, C2/m$	7,11 / 3,64 / 6,21	93° 53' $M=2$	
CrBr$_3$	(III)-bromid	f	291,72 / 4,25	trig. $D\,0_5$ $C_{3i}^2, R\bar{3}$	7,06	52,6° $M=2$	
[Cr(H$_2$O)$_4$Br$_2$]Br·2H$_2$O	Dibromotetraquochrom(III)-bromid	f	399,82 / 2,49				
[Cr(H$_2$O)$_6$]Br$_3$	Hexaquochrom(III)-bromid	f	399,82				
Cr$_3$C$_2$	carbid	f	180,01 / 6,68	orh. $D\,5_{10}$ $D_{2h}^{16}, Pnma$	11,46 / 5,52 / 2,82	$M=4$	

Anorganische Verbindungen   Co; Cr 1-289

Phasenumwandlungen		Standardwerte bei 25° C			Bemerkungen und Charakteristik
°C	ΔH kJ/Mol	C_p J/Molgrd	S^0	ΔH_B ΔG^0 kJ/Mol	
968	F			−37,7	l. Br_2 und Br_2-Wasser
					grünlichblaue bis blauschw. Krist.; wl. k. verd. S; ll. h. konz. S
					viol. Pulver; unl. W, k. HNO_3; etwas l. Oxalsäure; l. warmer Egs, H_3PO_4, NH_3-Lsg.
					graue spröde Substanz, unl. W, HCl, HNO_3, verd. H_2SO_4; Königsw. zers. in der Hitze rasch; konz. H_2SO_4 reagiert in der Hitze heftig→SO_2; wss. Alk wirken nicht ein, geschmolzene Alk reagieren vollständig
1550	F*				* F auch 2000 angegeben; silbrige Nadeln oder Stäbchen; unl. W, HNO_3, wss. Alk; l. $HClO_4$, HCl, H_2SO_4 beim Erwärmen; Aufschluß mit Na_2O_2-Schmelze; geschmolzene Alk oxid. bei Weißglut
1850...1900	F			−130	met. harte Substanz
842	F	27,2		−335	weiße glänzende Krist., nach dem Schmelzen bernsteingelb
958	Sb			−427	schw. glänzende Krist., durchscheinend grün, als Pulver gelbgrün, unl. W, wenn nicht mit $CrBr_2$ verunreinigt; zers. Alk; l. warmer konz. HJ; Erhitzen an Luft→Cr_2O_3
					gelbgrüne Krist.; sehr hygr.; unter Feuchtigkeitsausschluß unbegrenzt haltbar; l. Al, Aceton; unl. Bzl, Toluol, abs. Ä; über H_2SO_4 im Vak→$CrBr_3 \cdot 4H_2O$
					grüne Krist., zerfl. sofort→viol. Lsg.; unter Luftausschluß bestädig; ll. Al, Aceton, unl. Ä
1850	F		98,41	−87,9	dklgraue, leicht pulverisierbare Masse; Körner mit silberglänzendem Bruch; unl. h. konz. HCl, rauchender HNO_3, Königsw., H_2SO_4; langsam l. konz. sied. $HClO_4$
3800	V		85,44	−88,5	

Formel	Name	Zustand	Mol.-Masse Dichte g·cm⁻³	System, Typ und Symbol	Einheitszelle Kantenlänge in Å	Winkel und M	Brechzahl n_D
					Kristalldaten		
Cr_4C	carbid	f	220,00 6,946	kub. $D8_4$ $O_h^5, Fm3m$	10,638	$M=4$	
Cr_7C_3	carbid	f	400,01 6,915	trig. $C_{3v}^4, P31c$	13,98 4,523	$M=8$	
$Cr(C_2H_3O_2)_2 \cdot H_2O$	(II)-acetat	f	188,10	mkl. $C_{2h}^6, C2/c$	13,15 8,55 13,94	117° $M=4$	
$[Cr(H_2O)_6](C_2H_3O_2)_3$	Hexaquochrom-(III)-acetat	f	337,22				
$Cr(CO)_6$	hexacarbonyl	f	220,06 1,77	orh. $C_{2v}^9, Pna2_1$	11,72 6,27 10,89	$M=4$	
$CrCl_2$	(II)-chlorid	f	122,90 2,75	orh. $D_{2h}^{12}, Pnnm$	5,99 6,65 3,48	$M=2$	
$CrCl_3$	(III)-chlorid	f	158,36 2,76	trig. $D0_4$ $D_3^{3,5}$	6,02 17,3	$M=6$	
$[Cr(H_2O)_4Cl_2]Cl \cdot 2H_2O$	Dichlorotetraquochrom-(III)-chlorid	f	266,45 1,836				
$[Cr(H_2O)_5Cl]Cl_2 \cdot H_2O$	Monochloropentaquochrom-(III)-chlorid	f	266,45 1,76				
$[Cr(H_2O)_6]Cl_3$	Hexaquochrom-(III)-chlorid	f	266,45 1,79	trig. $I2_2$ $D_{3d}^6, R\bar{3}c$	7,95	97° 20' $M=2$	

Anorganische Verbindungen Cr 1-291

Phasenumwandlungen		Standardwerte bei 25° C		Bemerkungen und Charakteristik
°C	ΔH kJ/Mol	C_p S^0 J/Molgrd	ΔH_B ΔG^0 kJ/Mol	
		108,29 105,8	−68,6 −70	„kubisches Chromcarbid", meist als $Cr_{23}C_6$ bezeichnet; l. verd. H_2SO_4; reagiert mit Wdampf bei 750°
1665	F		−177,8 −182,5	„hexagonales Chromcarbid", in der Lit. auch als Cr_5C_2 bezeichnet; silberglänzende Krist.; unl. verd. HCl; l. konz. HCl, sied. H_2SO_4; Königsw. greift nicht an
				rote glänzende Krist., beständig in CO_2- und N_2-atmosphäre; an Luft Oxid.; wl. k. W, l. h. W→rote Lsg. →viol.; wl. Al
				blauviol. nadelige Krist.; ll. W; mit Al Solvolyse
150 200 Z	F*	293	−1077 −962	* im Einschmelzrohr; $\chi_{Mol} = +11 \cdot 10^{-6}$ $cm^3 Mol^{-1}$; weiße Krist.; etwas l. Chlf, CCl_4, swl. Al, Ä, Bzl, Egs; subl. langsam schon bei gewöhnlicher Temp.
815* 1302	F V	32,2 197	70,65 114,6	−396,5 −357	* F auch 824° angegeben; feine weiße nadelige Krist.; ll. W ohne Luftzutritt blau, an Luft grün; unl. Petroleum, Bzl; wl. sied. Py
1150 945	F* Sb		91,80 122,9	−554,8 −484	* im geschlossenen Quarzröhrchen; samtartig glänzende, viol. Nadeln, feinkrist. hviol. Pulver; l. W, Me, Al in Gegenwart $CrCl_3$ oder Red.-mittel; LW 25° 33%, Bdk. $6H_2O$; unl. HNO_3, HCl, H_2SO_4, Königsw.; zers. sied. konz. Alk
			−2430	körnige hgrüne Krist., Schuppen; hygr.; LW 25° 58%, Bdk. $[CrCl_2(H_2O)_4]Cl \cdot 2H_2O$; unl. Benzin; ll. Me, Al mit grüner Farbe
				hgrüne Krist.; sehr zerfl.; bei Ausschluß Feuchtigkeit feinpulverig krist.; l. Gemisch Ä + HCl
			−2420	3 hydratisomere Formen; graublaue kleine Säulen; U allmählich und beim Schmelzen→$[CrCl_2(H_2O)_4]Cl \cdot 2H_2O$; LW 25° 62%; L in HCl-gesättigter wss. Lsg. 10° 0,05%; unl. Petroleum, Benzin, CCl_4, Gemisch rauchender HCl + Ä

Formel	Name	Zustand	Mol.-Masse Dichte g·cm⁻³	Kristalldaten System, Typ und Symbol	Einheitszelle Kantenlänge in Å	Winkel und M	Brechzahl n_D
CrO_4Cs_2	Caesiumchromat	f	381,80 4,237	orh. $H1_6$ $D_{2h}^{16}, Pnma$	6,23 11,14 8,36	$M=4$	
$Cr_2O_7Cs_2$	Caesiumdichromat	f	481,80	trikl.			1,95
$Cr Cs(SO_4)_2 \cdot 12H_2O$	Caesiumchromalaun	f	593,21 2,08	kub. $H4_{13}$ $T_h^6, Pa3$	12,38	$M=4$	1,4810
CrF_2	(II)-fluorid	f	89,99 4,11	mkl. $C_{2h}^5, P2_1/c$	4,732 4,718 3,505	96,5° $M=2$	
CrF_3	(III)-fluorid	f	108,99 3,8	trig. $D_{3d}^6, R\bar{3}c$	4,98 13,22	$M=6$	
$CrF_3 \cdot 4H_2O$		f	181,05 2,18				
CrO_4Hg	Quecksilber(II)-chromat	f	316,58				
CrO_4Hg_2	Quecksilber(I)-chromat	f	517,17				
CrJ_2	(II)-jodid	f	305,80 5,196	mkl. $C_{2h}^3, C2/m$	7,545 3,929 7,505	115,5°	
CrJ_3	(III)-jodid	f	432,71	hex.	6,86 19,88		
CrO_4K_2	Kaliumchromat	f	194,20 2,73	orh. $H1_6$ $D_{2h}^{16}, Pnma$	5,92 10,40 7,61	$M=4$	1,70873 1,72611 1,73035

°C	ΔH kJ/Mol	C_p J/Molgrd	S^0	ΔH_B kJ/Mol	ΔG^0	Bemerkungen und Charakteristik
956	F					gelbe Krist.; LW 30° 47%
						kleine glänzende hrote Krist., sehr beständig; LW 30° 5,2%
116	F					dklrote Oktaeder; beim Erhitzen auf 95° Farbänderung; $-12H_2O$ bei 200° in 4 Stunden; LW 25° 0,5%, 40° 1,5%, Bdk. $12H_2O$
1102	F		83,7	−762		grünes krist. Pulver; langsam und wl. W, verd. HNO_3, H_2SO_4; unl. Al; l. sied. HCl; Glühen an der Luft→Cr_2O_3
1100... 1200	F	47	78,74 93,88	−1110 −1039		gelbgrüne Krist., feine Nadeln, stark lichtbrechende Prismen; unl. W, Al; wl. verd. S, selbst in der Hitze nur allmählich; Schmelze mit KNO_3→ K_2CrO_4
						grünes krist. Pulver; LW 25° 44,8%; l. S; unl. Al
						$\chi_{Mol} = -12,5 \cdot 10^{-6}$ cm³Mol⁻¹; dklrote Krist.; W hydrolysiert schon in der Kälte, vollständig beim Erwärmen; l. wss. NH_4Cl-Lsg.; unl. Aceton; zers. S
						$\chi_{Mol} = -31,5 \times 2 \cdot 10^{-6}$ cm³Mol⁻¹; rote Krist.; W hydrolysiert in der Kälte→$Hg_2O \cdot 3Hg_2CrO_4$, in der Wärme $Hg_2O \cdot 2Hg_2CrO_4$; HCl, H_2SO_4, HNO_3 zers.; beim Lösen in HNO_3→HgII und CrIII; l. wss. KCN-Lsg.; unl. Aceton
795	F		154	−156 −160		dklbraune Krist., in der Durchsicht rotbraun; glänzende Blättchen, lange Nadeln; zerfl. an Luft→grüne Lsg.; ll. W, unter Ausschluß von O_2 blau
>600	F			−200		schw. glänzende Krist., ziemlich beständig gegen Luft und Feuchtigkeit
665 984	U* F	10,2 28,9	146,0 200	−1383 −1275		* U orh.→hex.; $\bar{\gamma}(0...100°C) = 113,4 \cdot 10^{-6}$ grd⁻¹; $\varepsilon = 7,31$; gelbe Krist.; nicht hygr.; LW 20° 38,5%, Bdk. $0H_2O$; unl. Al; MAK: 0,2 mg Staub/m³ Luft

Formel	Name	Zustand	Mol.-Masse Dichte g·cm⁻³	Kristalldaten System, Typ und Symbol	Einheitszelle Kantenlänge in Å	Winkel und M	Brechzahl n_D
$Cr_2O_7K_2$	Kaliumdichromat, α	f	294,19 2,69	trikl.	7,50 13,40 7,38	98° 90° 51' 83° 47' $M=4$	1,7202 1,7380 1,8197
$Cr_2O_7K_2$	β	f	294,19 2,10	mkl. $C_{2h}^5, P2_1/c$	7,47 7,35 12,97	99° 55' $M=4$	1,715 1,762 1,891
$Cr K (SO_4)_2 \cdot 12H_2O$	Kaliumchromalaun	f	499,41 1,813	kub. $H4_{13}$ $T_h^6, Pa3$	12,2	$M=4$	1,48137
CrO_8K_3	Kaliumperoxochromat	f	297,30 2,89	tetr. $D_{2d}^{11}, I\bar{4}2m$	6,71 7,62	$M=2$	
$CrO_4Li_2 \cdot 2H_2O$	Lithiumchromat	f	165,90	orh.	0,662: 1: 0,466		
$Cr_2O_7Li_2 \cdot 2H_2O$	Lithiumdichromat	f	265,90 2,34				
Cr_2O_4Mg	Magnesiumchromat-(III)	f	192,30 4,4	kub. $H1_1$ $O_h^7, Fd3m$	8,32		1,90
$CrO_4Mg \cdot 5H_2O$	Magnesiumchromat-(VI)	f	230,38 1,954	trikl.	0,5883: 1: 0,5348	76° 9' 97° 17' 108° 14'	
$CrO_4Mg \cdot 7H_2O$	Magnesiumchromat-(VI)	f	266,41 1,66	orh. $D_2^4, P2_12_12_1$	11,89 12,01 6,89	$M=4$	1,5211 1,5500 1,5680
CrN	nitrid	f	66,00 5,8…7,7	kub. $B1$ $O_h^5, Fm3m$	4,14	$M=4$	
$[Cr(H_2O)_6](NO_3)_3 \cdot 3H_2O$	Hexaquochrom-(III)-nitrat	f	400,15				
$(NH_4)_2CrO_4$	Ammoniumchromat	f	152,07 1,86	mkl. C_s^1, Pm	6,15 6,27 7,66	115,2° $M=2$	

Phasen-umwandlungen		Standardwerte bei 25° C		Bemerkungen und Charakteristik
°C	ΔH kJ/Mol	C_p S^0 J/Molgrd	ΔH_B ΔG^0 kJ/Mol	
241,6 398	U^* F 36,7	219,7 291,2	−2033 −1850	* U trikl. (α)→mkl. (β); or.rote Krist., tafelförmig oder prismatisch; LW 20° 11,3 %; wss. Lsg. schwach sauer; unl. Al; Z.>610°; MAK: 15 mg Staub/m³ Luft
89	F^*		−5788	* unter Farbänderung nach grün; blauviol. Krist., in dünner Schicht rubinrot durchsichtig; LW 25° 11,1 %
				große braunrote Krist.; wl. k. W, l. in der Wärme; unl. abs. Al, Ä
130 −2H₂O				gelbe durchscheinende Prismen; gelbes Pulver; zerfl.; LW 20° 8,5 %, Bdk. 2H₂O
130 −2H₂O 187	F^*			* unter teilweiser Z.; or.rote Krist., dünne Plättchen; zerfl. an Luft; unl. Ä, CCl₄, KW; l. Al, Lsg. zers. rasch
2190	F	126,8 105,8	−1266 −1150	Magnesiumchromspinell; Krist.; Farbe variiert von grün bis braun nach rot; keine Veränderung beim Glühen; unl. S, Alk; Aufschluß durch Schmelze KOH+KNO₃ oder Na₂CO₃+Na₂B₄O₇
60 −3H₂O				Krist., verwittern nicht an der Luft
130 −6H₂O				durchsichtige, topasgelbe Prismen; beim Liegen an der Luft −2H₂O
1450 Z^*		51,0 33,5	−121	* Z.→N₂+Cr; dklbraunes bis grau-schw. schweres Pulver; sehr hart; unl. W, S, Alk; l. Hypochlorit, h. konz. H₂SO₄
66	F			viol. Krist.; bei 36°→grün; LW 25° 44,8 % Bdk. 9H₂O; ll. S, Alk, Al
				goldgelbe Nadeln; LW 20° 25,5 %; l. Al; an der Luft unter NH₃-Abgabe→ (NH₄)₂Cr₂O₇

Formel	Name	Zustand	Mol.-Masse Dichte $g \cdot cm^{-3}$	Kristalldaten System, Typ und Symbol	Einheitszelle Kantenlänge in Å	Einheitszelle Winkel und M	Brechzahl n_D
$(NH_4)_2$ Cr_2O_7	Ammoniumdichromat	f	252,06 2,155	mkl. $C_{2h}^6, C2/c$	7,78 7,54 13,27	93,7° $M=4$	
NH_4Cr $(SO)_4 \cdot$ $12H_2O$	Ammoniumchromalaun	f	478,47 1,72	kub. $H4_{13}$ $T_h^6, Pa3$	12,25	$M=4$	1,4842
CrO_4Na_2	Natriumchromat	f	161,97 2,71	orh. $H18$ $D_{2h}^6, Pnna$	5,91 9,23 7,20	$M=4$	
$CrO_4Na_2 \cdot$ $4H_2O$		f	234,03	mkl.	1,1119: 1: 1,0624	105° 4'	
$Cr_2O_7Na_2 \cdot$ $2H_2O$	Natriumdichromat	f	298,00 2,34	mkl. $C_{2h}^2, P2_1/m$	12,6 10,5 6,05	94° 54' $M=4$	1,6610 1,6994 1,7510
CrO	(II)-oxid	f	68,00	hex.			
CrO_2	(IV)-oxid	f	83,99 4,8	tetr. $C4$ $D_{4h}^{14}, P4_2/mnm$	4,41 2,86	$M=2$	
CrO_3	(VI)-oxid	f	99,99 2,80	orh. $C_{2v}^{16}, Ama2$	4,789 8,557 5,743	$M=4$	
Cr_2O_3	(III)-oxid	f	151,99 5,21	trig. $D5_1$ $D_{3d}^6, R\bar{3}c$	4,94 13,57	$M=6$	2,5
$Cr(OH)_3$	(III)-hydroxid	f	103,02				
CrO_2Cl_2	Chromylchlorid	fl	154,90 1,912				1,524

Anorganische Verbindungen

°C	Phasenumwandlungen ΔH kJ/Mol	Standardwerte bei 25° C C_p S^0 J/Molgrd	ΔH_B ΔG^0 kJ/Mol	Bemerkungen und Charakteristik
			−1790	leuchtend or. Krist.; schnelle Z. beim Erhitzen; LW 20° 11 %; mit S→ $(NH_4)_2Cr_3O_{10}$, $(NH_4)_2Cr_4O_{13}$; mit NH_3→$(NH_4)_2CrO_4$; mit KOH→ NH_3-Entwicklung; wl. fl. NH_3; ll. Me, l. Al
94	F*	705,2 715,0		* im eigenen Kristallwasser; dkl viol. Krist., beim Erhitzen auf 70° grün; verwittert langsam an der Luft
413 792	U* F		−1329	* U orh.→hex.; gelbe kleine Nädelchen; zerfl. an feuchter Luft; LW 20° 44,2 %, Bdk. $6H_2O$; l. Me, wl. Al; MAK: 0,16 mg Staub/m³ Luft
				schwefelgelbe verfilzte Nadeln; verwittern nicht an der Luft; L Furfurol 25° 0,05 %
100° $-2H_2O$ 356	F			rote durchscheinende Krist.; lange Nadeln, kurze Prismen; sehr hygr.; LW 20° 65 %, Bdk. $2H_2O$; l. Al; unl. abs. Al, Ä; bei 400° Z.; MAK: 0,15 mg Staub/m³ Luft
				schw. Blättchen; an Luft wenig stabil, langsam→Cr_2O_3; unl. fl. SO_2
			−590 −540	schw. krist. harte Substanz; unl. W, HCl, HNO_3, Königsw. Alk; l. konz. H_2SO_4 beim Kochen; Schmelze mit Alk-hydroxiden→CrO_3, Cr_2O_3
187*	F	72	−594,5	* F auch 196° angegeben; $\bar{\gamma}(-78...$ 25°C$)=170 \cdot 10^{-6}$ grd^{-1}; dklrote Krist., hygr.; LW 20° 62,8 %; l. H_2SO_4; Al wird oxid.; MAK: 0,1 mg Staub/m³ Luft
2440*	F	118,7 81,1	−1141 −1059	* Werte der F-Bestimmungen von 1990° an aufwärts angegeben; $V \sim 3000°$ geschätzt; $\varepsilon(1,75...$ $2 \cdot 10^6$ Hz$)=12$; grünes Pulver, kann krist. und amorph auftreten; unl. W, S, Alk, Al, Aceton
				grün bis blaugrün; LW 20° $1,2 \cdot 10^{-6}$ g/l; l. S, Alk, besonders in frisch gefälltem Zustand; $Cr(OH)_3 \cdot$ aq. isomorph Bayerit; $D=3,12$ für käufliches Präparat
−96,5 116,7	F V	41,5 35,1	−567,8	dklrote ölartige Fl.; zers. am Tageslicht in einer Woche; zers. W; l. CS_2, CCl_4, Chlf, Eg; reagiert mit org. Lösm. wie Me, Al, Butanol, Anilin, Py zuweilen heftig

Formel	Name	Zustand	Mol.-Masse Dichte g·cm⁻³	Kristalldaten System, Typ und Symbol	Einheitszelle Kantenlänge in Å	Winkel und M	Brechzahl n_D
CrP	phosphid	f	82,97 5,71	orh. $B31$ $D_{2h}^{16}, Pnma$	5,93 5,36 3,12	$M=4$	
Cr₃P	phosphid	f	186,96 6,2	tetr. $S_4^2, I\bar{4}$	9,13 4,56	$M=8$	
CrPO₄	(III)-phosphat	f	146,97 2,99	orh.	6,11 7,77 5,15		
CrPO₄·4H₂O			219,03 2,10				
CrPO₄·6H₂O		f	255,06 2,121	trikl.			
CrO₄Pb	Bleichromat	f	323,18	orh. $H0_2$ $D_{2h}^{16}, Pnma$	7,13 8,67 5,59	$M=4$	
CrO₄Pb	Krokoit	f	323,18 6,123	mkl. $C_{2h}^5, P2_1/c$	7,11 7,41 6,77	102° 27′ $M=4$	2,31* 2,37 2,66
CrO₄Rb₂	Rubidiumchromat	f	286,93 3,5	orh. $H1_6$ $D_{2h}^{16}, Pnma$	10,70 7,98 6,29	$M=4$	
Cr₂O₇Rb₂	Rubidiumdichromat	f	386,93 3,125	trikl.	0,5609: 1· 0,5690	91° 93° 52′ 81° 34′	
Cr₂O₇Rb₂	Rubidiumdichromat	f	386,93 3,02	mkl. $C_{2h}^5, P2_1/c$	13,62 7,62 7,67	93,4° $M=4$	
Cr Rb(SO₄)₂·12H₂O	Rubidiumchromalaun	f	545,77 1,95	kub. $H4_{13}$ $T_h^6, Pa3$	12,26	$M=4$	1,4815
Cr₂(SO₄)₃	(III)-sulfat	f	392,18 3,012				
Cr(SO₄)₃·18H₂O		f	716,45 1,86				

Phasen-umwandlungen		Standardwerte bei 25° C		Bemerkungen und Charakteristik
°C	ΔH kJ/Mol	C_p S^0 J/Molgrd	ΔH_B ΔG^0 kJ/Mol	
				graues Pulver; unl. W, HCl, Königsw.; l. Gemisch HNO_3+HF; Aufschluß mit schmelzenden Alk
				schw. Pulver; unl. HCl, Königsw.; sied. H_2SO_4 greift an; Erhitzen mit $K_2SO_4 \rightarrow K_2CrO_4$
				grüne Krist.; beständig gegen feuchte Luft; l. HCl, H_2SO_4, konz. Alk; bei Dunkelrotglut wfrei
				viol. Krist.; wl. W; l. S, Alk
				$\chi_{Mol} = -18 \cdot 10^{-6}$ cm³Mol^{-1}; $PbCrO_4$ fällt orh., wandelt sich aber rasch in die mkl. Form um; orh. stabil 707...783°C; 3. Form > 783°C tetr., $a=6,74$, $c=13,97$ Å; $M=8$
707	U		−910,5	* $\lambda=671$ mμ; chromgelb; gelbrote, stark glänzende, lichtbrechende Krist.; feines gelbor. Pulver; trimorph: mkl. $\xrightarrow{707°}$ orh. $\xrightarrow{783°}$ tetr.; LW 18° $1 \cdot 10^{-4}$ g/l Lsg.; l. HNO_3, Alk; > 844° Z. unter Abgabe von O_2; MAK: 0,33 mg/m³ Luft
783	U			
844	F			
994	F			gelbe Krist.
				rote Krist.; LW 18° 4,96 %
				or.rote Krist.; LW 18° 5,42 %
107	F			$\varepsilon(10^{12}$ Hz$)=5$; viol. Oktaeder; beim Erhitzen auf 88° graugrün; $-12H_2O$ bei 200° in 4 Stunden; LW 25° 25,7 g/l
				viol. Pulver, l. W und S nur bei Gegenwart von Red.mitteln; LW 54,5 %, Bdk. $18H_2O$; l. sied. 12nHCl, 9nHBr
			−8340	viol. Krist.; l. W bei Gegenwart von Spuren Cr(II)-salz; unl. Al; bei 70...5° $\rightarrow Cr_2(SO_4)_3 \cdot 15H_2O$ dklgrünes krist. Pulver, $D=1,695$

Formel	Name	Zustand	Mol.-Masse / Dichte g·cm⁻³	Kristalldaten System, Typ und Symbol	Einheitszelle Kantenlänge in Å	Winkel und M	Brechzahl n_D
CrSi	silicid	f	80,08 / 5,38	kub. $B20$ $T^4, P2_13$	4,629	$M=4$	
CrSi$_2$	silicid	f	108,17 / 4,7	hex. $C40$ $D_6^4, P6_222$	4,42 / 6,35	$M=3$	
Cr$_2$Si	silicid	f	132,08 / 5,78				
Cr$_3$Si$_2$	silicid	f	212,16 / 5,51				
CrO$_4$Sr	Strontiumchromat	f	203,61 / 3,6	mkl.	0,9666 : 1 : 0,9173	77° 17′	
Cs	**Caesium**						
CsBF$_4$	tetrafluoroborat	f	219,71 / 3,2	orh. HO_2 $D_{2h}^{16}, Pnma$	9,4 / 5,8 / 7,7	$M=4$	~1,36 / ~1,36 / ~1,36
CsBr	bromid	f	212,81 / 4,44	kub. $B2$ $O_h^1, Pm3m$	4,29	$M=1$	1,6984
CsBrClJ	bromchlorjodid	f	375,17	orh.	0,7230 : 1 : 1,1760		
CsBr$_2$J	dibromjodid	f	419,63 / 4,2	orh. $D_{2h}^{16}, Pnma$	6,57 / 9,18 / 10,66	$M=4$	
CsBrO$_3$	bromat	f	260,81 / 4,093	hex.	6,506 / 8,230	$M=3$	1,608 / 1,601

Anorganische Verbindungen

Phasenumwandlungen		Standardwerte bei 25° C			Bemerkungen und Charakteristik
°C	ΔH kJ/Mol	C_p J/Molgrd	S^0	ΔH_B ΔG^0 kJ/Mol	
1630	F				met. aussehende Substanz; hart, spröde
1550	F				lange graue met. glänzende Nadeln, unl. k. HCl, Königsw.; l. HF, Schmelze von Alk, KNO_3, Na_2O_2, Alk-carbonat
1606	F				kleine met. glänzende facettenförmige Krist.; hart; ritzt Korund; F_2 greift an, Cl_2 erst bei Rotglut; gasförmige HCl bei 700°→$SiCl_4$+$CrCl_3$; geschmolzenes K_2CO_3→SiO_2+ K_2CrO_4; KNO_3-Schmelze reagiert langsam
1560	F				vierkantige Prismen; ritzt Glas, nicht Quarz; unl. W, wss. Alk, HNO_3, H_2SO_4; l. HCl, HF rasch, Alk-carbonat-Schmelze; KNO_3-Schmelze wirkt nicht ein
					gelbe glänzende, durchsichtige Krist.; beim Erhitzen rotor., beim Abkühlen gelb; LW 18° 1,18%, Al erniedrigt beträchtlich; L 25 Vol% Al 25° 0,011%; ll. Egs, HCl
550	F				LW 20° 0,92%, 100° 0,04%, Bdk. 0 H_2O
636 1300	F V	7,1 150,5	51,76 121	−394,4 −383	$\bar{\alpha}(30...75°C) = 59,8 \cdot 10^{-6}$ grd^{-1}; $\varkappa(0...12000$ at; $30°) = (6,918 - 144,9 \cdot 10^{-6}$ p$) \cdot 10^{-6}$ at^{-1}; $\varepsilon(9,7 \cdot 10^5$ Hz$) = 6,5$; $\chi_{Mol} = -67,2 \cdot 10^{-6}$ cm^{3}Mol^{-1}; fbl. reine Krist., aus wss. Lsg. sehr klein; LW 20° 52,6%; L Aceton 18° 4 · 10^{-3} g/100 g Lösm.; l. Al
235	F				gelblichrote Substanz; an Luft beständig; Z. ab 290°; l. W, Al; Ä zers. nicht sofort
248 Z 320	F				dklkirschrote glänzende Krist., gepulvert gelb; an Luft beständig; l. W, Al ohne nennenswerte Z.; Ä zers. nicht sofort
420	F				$\chi_{Mol} = -75,1 \cdot 10^{-6}$ cm^{3}Mol^{-1}; fbl. würfelförmig erscheinende Krist.; LW 25° 3,54%; 35° 5,15%

221. Übersichtstabelle

Formel	Name	Zustand	Mol.-Masse Dichte g·cm^{-3}	System, Typ und Symbol	Kantenlänge in Å	Winkel und M	Brechzahl n_D
CsCN	cyanid	f	158,92 2,93	kub. $B2*$ $O_h^1, Pm3m$	4,259	$M=1$	
Cs_2CO_3	carbonat	f	325,82				
$CsHCO_3$	hydrogen= carbonat	f	193,92				
$CsCHO_2$	formiat	f	177,92				
$CsC_2H_3O_2$	acetat	f	191,95				
$Cs_2C_2O_4$	oxalat	f	353,83 3,23				1,493 1,540 1,612
CsCl	chlorid	f	168,36 3,97	kub. $B2$ $O_h^1, Pm3m$	4,121	$M=1$	1,6397
$CsCl_2J$	dichlor= jodid	f	330,72 3,86	trig. $F5_1$ $D_{3d}^5, R\bar{3}m$	5,46	70,7° $M=1$	1,611 1,645
$CsClO_3$	chlorat	f	216,36 3,568	orh.			1,587 1,508
$CsClO_4$	perchlorat	f	232,36 3,327	orh. $H0_2$ $D_{2h}^{16}, Pnma$	9,82 6,00 7,79	$M=4$	1,4752 1,4788 1,4804
CsF	fluorid	f	151,90 4,5	kub. $B1$ $O_h^5, Fm3m$	6,01	$M=4$	1,578

Phasenumwandlungen		Standardwerte bei 25° C		Bemerkungen und Charakteristik
°C	ΔH kJ/Mol	C_p S^0 J/Molgrd	ΔH_B ΔG^0 kJ/Mol	
				* unter $-73°C$ trig. D_{3d}^5, $R\bar{3}m$, $a=4{,}23$ Å, $\alpha=86°\,21'$, $M=1$; sehr kleine weiße Krist.; an der Luft Geruch nach HCN; zerfl.; ll. W; die wss. Lsg. reagiert alk.
				$\chi_{Mol}=-103{,}6\cdot 10^{-6}$ cm^{3}Mol^{-1}; fbl. kleine undeutliche körnige Krist., auch blättrige Nadeln; Erhitzen im Vak. ab $600° \to Cs_2O+CO_2$; an Luft zerfl.; LW 20° 72,34%; L abs. Al 19° 11,1 g/100 g Lösm.
				fbl. große undeutlich ausgebildete Krist., an Luft beständig; ll. W, l. Al
265	F			fbl. Prismen; sehr hygr.; LW 20° 82%, Bdk. 1 H$_2$O
194	F			fbl. Krist., sehr hygr.; LW 21° 91,5%, Bdk. 0 H$_2$O; bildet leicht übersättigte Lsg.
				fbl. Krist.; LW 25° 75,8%
445	U*	7,5	52,63	$-432{,}9$
645	F	15,06	100,0	
1300	V	149,3		

* $U\,B\,2\to B\,1$, kub., O_h^5, $Fm3m$, $a=7{,}1$ Å, $M=4$, $n=1{,}534$; $\bar{\alpha}(30\ldots 75°C)=49{,}5\cdot 10^{-6}$ grd^{-1}; $\varkappa(0\ldots 12000$ at; $30°C)=(5{,}829-96{,}6\cdot 10^{-6}\,p)\cdot 10^{-6}$ at^{-1}; $\varepsilon(9{,}7\cdot 10^{-5}$ Hz$)=7{,}2$; weißes krist. Pulver; an feuchter Luft zerfl.; LW 20° 65%; L Aceton 18° 4,1·10^{-6} g/100 g Lösm.; l. Al; unl. in wfreien Alkoholen

| 230 | F | | | hor. Krist.; l. W unter g. Z.; kann aus W umkristallisiert werden; Ä zers. nicht sofort |

$\chi_{Mol}=-65\cdot 10^{-6}$ cm^{3}Mol^{-1}; fbl. winzige Krist.; LW 20° 6,0%

| 220 | U* | 107,6 | $-434{,}4$ | |
| | | 175,2 | -306 | |

* $U\,HO_2\to HO_5$ kub., T_d^2, $F\,\bar{4}\,3\,m$, $a=7{,}97$ Å, $M=4$; $\chi_{Mol}=-70{,}4\cdot 10^{-6}$ cm^{3}Mol^{-1}; fbl. Krist.; LW 20° 1,48%; L Me 25° 9,3·10^{-2}%; L Al 25° 1,1·10^{-2}%; L Aceton 25° 1,5·10^{-1}%

| 682 | F | 10,25 | 50,66 | $-530{,}8$ |
| 1250 | V | 143,6 | 82,8 | |

$\bar{\alpha}(30\ldots 75°C)=31{,}7\cdot 10^{-6}$ grd^{-1}; $\varkappa(0\ldots 12000$ at; $30°C)=[4{,}155-57{,}9\cdot 10^{-6}\,p]\cdot 10^{-6}$ at^{-1}; $\chi_{Mol}=-44{,}5\cdot 10^{-6}$ cm^{3}Mol^{-1}; fbl. Krist.; sehr hygr.; LW 18° 78,56%, Bdk. $^{1}/_{2}$H$_2$O; L Aceton 18° 7,7·10^{-6} g/100 g Lösm.; ll. fl. HF; unl. Py, Dioxan

Formel	Name	Zustand	Mol.-Masse Dichte $g \cdot cm^{-3}$	Kristalldaten System, Typ und Symbol	Einheitszelle Kantenlänge in Å	Winkel und M	Brechzahl n_D
CsF · HF	hydrogenfluorid	f	171,91				
Cs Ga(SO$_4$)$_2$ · 12H$_2$O	galliumsulfat	f	610,93 2,113	kub. $H4_{13}$ $T_h^6, Pa3$	12,402	$M=4$	1,46495
Cs$_2$[GeCl$_6$]	Caesiumhexachlorogermanat	f	551,12 3,45	kub. $I1_1$ $O_h^5, Fm3m$	10,21	$M=4$	1,68
Cs$_2$[GeF$_6$]	Caesiumhexafluorogermanat	f	452,39 4,10	kub. $I1_1$ $O_h^5, Fm3m$	8,99	$M=4$	
CsH	hydrid	f	133,91 3,4	kub. $B1$ $O_h^5, Fm3m$	6,38	$M=4$	
CsJ	jodid	f	259,81 4,51	kub. $B2$ $O_h^1, Pm3m$	4,56	$M=1$	1,7876
CsJ$_3$	polyjodid	f	513,62 4,47	orh. DO_{16} $D_{2h}^{16}, Pnma$	6,82 9,95 11,02	$M=4$	
CsJO$_3$	jodat	f	307,81 4,83	mkl. $E2_1$ $C_{2h}^2, P2_1/m$	9,32 9,32 9,32	$\sim 90°$	
CsJO$_4$	perjodat	f	323,81 4,259	orh. HO_4^* $D_{2h}^{16}, Pnma$	5,84 6,01 14,36	$M=1$	
CsNH$_2$	amid	f	148,93 3,43				
CsNO$_2$	nitrit	f	178,91	kub. $O_h^1, Pm3m$	4,34		

Anorganische Verbindungen

°C	Phasenumwandlungen ΔH kJ/Mol	C_p S^0 J/Molgrd	ΔH_B ΔG^0 kJ/Mol	Bemerkungen und Charakteristik
176	F		−903,9	fbl. lange Nadeln; hygr.; ll. W, wss. Lsg. reagiert sauer; ll. verd. S; wl. konz. HF-Lsg.; unl. 95%ig Al
				fbl. Krist.; wl. W
				or. Krist., hgelbes Pulver; ll. W unter Hydrolyse; unl. abs. Al, 12n HCl; läßt sich aus Mischung 1:2 beider Fl. umkristallisieren: L 0° 1,5 g/100 cm³, 75° 4,3 g/100 cm³
				kleine fbl. Krist.; wl. k. W, verd. S, in der Wärme leichter l.
		29,83* 214,4*	121,3* 101,3*	* für gasförmigen Zustand; fbl. stark glänzende, nadelförmige Krist.; zers. W→CsOH+H₂
~445 621 1280	U* F V 150,3	51,87 130	−336,7 −333	* $U\ B2 \to B1$, kub. O_h^5, $Fm3m$, $a=7,1$ Å, $M=4$, $n=1,661$; $\alpha(30…75°)=54,9\cdot 10^{-6}$ grd^{-1}; $\varkappa(0…12000$ at; $30°C)=(8,403-201,9\cdot 10^{-6}$ p$)\cdot 10^{-6}$ at^{-1}; $\varepsilon(9,7\cdot 10^5$ Hz$)=5,7$; $\chi_{Mol}=-82,6\cdot 10^{-6}$ cm³Mol^{-1}; rein weiße deutliche Krist.; LW 20° 43,3%; L Aceton 20° 0,2%; l. fl. NH₃; unl. Toluol
207,5	F*			* F inkongruent; glänzende schw. Krist., an dünnsten Kanten braunrot durchscheinend, gepulvert braun; an Luft beständig; swl. W, wss. CsJ; leichter l. Al; Ä zers. nicht sofort
				$\chi_{Mol}=-83,1\cdot 10^{-6}$ cm³Mol^{-1}; fbl. würfelförmige Krist.; beim Erhitzen keine Jodabgabe, sondern Schmelzen unter O₂-Entwicklung; nicht zers. durch W; unl. Al
				* deformiert; weiße Kristallplatten, leicht umkristallisierbar aus h. W
262	F			weiße kleine Prismen; heftig zers. W, an Luft unter Feuererscheinung; sll. fl. NH₃
				glänzende durchsichtige kleine Oktaeder, schwach gelb gefärbt, stark brechend; hygr.; ll. W, fl. NH₃, aus diesem umkristallisierbar

Formel	Name	Zustand	Mol.-Masse / Dichte $g \cdot cm^{-3}$	System, Typ und Symbol	Einheitszelle Kantenlänge in Å	Winkel und M	Brechzahl n_D
$CsNO_3$	nitrat	f	194,91 / 3,68	hex.	10,74 / 7,68	$M=9$	1,55 / 1,56
Cs_2O	oxid	f	281,81 / 4,36	trig. $C19$ / $D_{3d}^5, R\bar{3}m$	6,74	36,93° / $M=1$	
CsO_2	peroxid	f	164,90 / 3,77	tetr. $C11a$ / $D_{4h}^{17}, I4/mmm$	6,25 / 7,25	$M=2$	
Cs_2O_2	peroxid	f	297,81 / 4,47				
CsOH	hydroxid	f	149,91 / 3,675				
Cs_2O_3, $2CsO_2 \cdot Cs_2O_2$	Mischoxid	f	313,81 / 4,25	kub. $D7_3$ / $T_d^6, I\bar{4}3d$	9,86	$M=8$	
Cs[OsCl$_6$]	hexachloroosmat	f	535,82 / 4,24				
Cs_2[PtCl$_6$]	hexachloroplatinat-(IV)	f	673,62 / 3,98	kub. $I1_1$ / $O_h^5, Fm3m$	10,19	$M=4$	
$CsReO_4$	perrhenat	f	383,10 / 4,99	orh. HO_4 / $D_{2h}^{16}, Pnma$	5,74 / 5,97 / 14,24	$M=4$	
CsRh(SO$_4$)$_2\cdot$12H$_2$O	rhodiumsulfat	f	644,12 / 2,238	kub. $H4_{18}$ / $T_h^6, Pa3$	12,30	$M=4$	1,5077
Cs_2[RuCl$_6$]	hexachlororuthenat-(IV)	f	720,48				
Cs_2S	sulfid	f	297,87				

Phasen-umwandlungen		Standardwerte bei 25° C		Bemerkungen und Charakteristik
°C	ΔH kJ/Mol	C_p S^0 J/Molgrd	ΔH_B ΔG^0 kJ/Mol	
151,5 U^* 405,5 F	37,4 20,8		−494	* $U \to B2$, kub. O_h^1, $Pm3m$, $a=4{,}49$ Å, $M=1$; $\chi_{Mol} = -54{,}3 \cdot 10^{-6}$ cm^{3}Mol^{-1}; weiße prismatische glänzende Krist.; an Luft beständig; LW 20° 19%; wl. abs. Al
490 F			−317,5 −276	weiche verfilzte or.rote Nadeln, beim Erhitzen Farbvertiefung; zerfl. an Luft allmählich unter Entfärbung; reagiert heftig mit W unter Entflammung, mit Al etwas weniger heftig
433 F			−318	gelbe bis rötliche Krist., kleine Nadeln; stark hygr.; mit W ohne Zischen $\to$ CsOH + H$_2$O$_2$; langsam l. verd. Al $\to$ O$_2$-Entwicklung
594 F			−403	gelblichweiße Substanz; l. W langsam $\to$ H$_2$O$_2$
223 U 272 F	7,36 6,73		−406,5	weiße krist. Masse; zerfl.; LW 15° 79,4%, 30° 75,18%; l. Al
503 F			−565 −503	schw. bis braune Substanz; zers. W $\to$ H$_2$O$_2$ + O$_2$-Entwicklung; l. Al
				rote Oktaeder, an trockener Luft beständig; swl. k. W, leichter l. h. W; swl. HCl, unl. Al; die salzsaure Lsg. ist beständig, die wss. zers.
				kleine honiggelbe durchsichtige Krist.; LW 20° 8,6 · 10^{-3}%, 100° 9 · 10^{-2}%, Bdk. 0 H$_2$O
616 F			−1076	kleine Prismen oder flache quadratische Täfelchen; LW 20° 0,7%, Bdk. 0 H$_2$O
110 F				gelbe Krist.
				dklbraune bis schw. Oktaeder, durchscheinend purpurrot; fast unl. k. W, in der Wärme zers.; ll. warmer HCl hrot $\to$ dklrot; H$_2$S fällt das gesamte Ru daraus
			−339	weißes bis blaßgelbes krist. Pulver oder doppelbrechende Krist.; an feuchter Luft zerfl. unter Z.; l. W unter starker Wärmeentwicklung mit heftiger Reaktion

Formel	Name	Zustand	Mol.-Masse Dichte g·cm⁻³	System, Typ und Symbol	Einheitszelle Kantenlänge in Å	Einheitszelle Winkel und M	Brechzahl n_D
CsHS	hydrogensulfid	f	165,98	kub. $B2$ $O_h^1, Pm3m$	4,30	$M=1$	
Cs_2S_4	tetrasulfid	f	394,07				
Cs_2S_5	pentasulfid	f	426,13 2,806				
$Cs_2S_5 \cdot H_2O$		f	444,15 2,94	trikl. $C_i^1, P\bar{1}$	6,91 7,81 10,14	103,53° 108,17° 97,83° $M=2$	
Cs_2S_6	hexasulfid	f	458,19 3,076	trikl. $C_i^1, P\bar{1}$	11,53 9,17 4,67	89,15° 95,25° 95,12° $M=2$	
CsSCN	thiocyanat	f	190,99				
Cs_2SO_4	sulfat	f	361,87 4,243	orh. $H1_6$ $D_{2h}^{16}, Pnma$	6,24 10,93 8,23	$M=4$	1,5598 1,5644 1,5662
$CsHSO_4$	hydrogensulfat	f	229,97 3,352	orh.			
$Cs_2S_2O_6$	dithionat	f	425,93 3,49	hex. $K1_2$ $D_6^6, P6_322$	6,33 11,54	$M=2$	1,5230 1,5438
$Cs_2S_2O_8$	peroxiddisulfat	f	457,93 3,47	mkl. $K4_1$ $C_{2h}^5, P2_1/c$	8,13 8,33 6,46	95° 19′ $M=2$	
Cs_2SeCl_6	hexachloroselenat	f	557,49	kub. $I1_1$ $O_h^5, Fm3m$	10,26	$M=4$	
Cs_2SeO_4	selenat	f	408,77 4,4528	orh.	0,5700 : 1 : 0,7424		1,5989 1,5999 1,6003
Cs_2SiF_6	hexafluorosilikat	f	407,89 3,372	kub. $I1_1$ $O_h^5, Fm3m$	8,88	$M=4$	1,391
Cs_2SnCl_6	hexachlorostannat-(IV)	f	597,22 3,33	kub. $I1_1$ $O_h^5, Fm3m$	10,10	$M=4$	1,672

Anorganische Verbindungen

| Phasenumwandlungen | | Standardwerte bei 25° C | | Bemerkungen und Charakteristik |
°C	ΔH kJ/Mol	C_p S^0 J/Molgrd	ΔH_B ΔG^0 kJ/Mol	
				weiße hygr. Kristallmasse
160 Z.				$\chi_{Mol} = -139 \cdot 10^{-6}$ cm^{3}Mol^{-1}; rotgelbe Prismen, nicht hygr.; kurze Zeit luftbeständig; l. W ohne Schwefelabscheidung; l. verd. Al; unl. abs. Al
210	F			$\chi_{Mol} = -150 \cdot 10^{-6}$ cm^{3}Mol^{-1}; dkl. korallenrote Krist.; nicht hygr.; einige Tage an Luft haltbar; ll. 70%ig Al mit dklrotgelber Farbe
85	F			rote Krist.
185	F			$\chi_{Mol} = -160 \cdot 10^{-6}$ cm^{3}Mol^{-1}; rote bis bräunliche Krist.
				fbl. Krist., an Luft beständig; zerfl. nur an feuchter heißer Luft; sll. W; l. Me, aus diesem umkristallisierbar
660	U		−1419	$\chi_{Mol} = -116 \cdot 10^{-6}$ cm^{3}Mol^{-1}; weißes, luftbeständiges Kristallpulver; LW 20° 64%; unl. Al, Aceton
1004	F	40,1		
			−1145	fbl. kurze Prismen, nicht hygr.; Lsg. reagiert stark sauer; von Al und Ä nicht merklich angegriffen
				fbl. durchsichtige Tafeln, gut ausgebildete Krist.
				fbl. Nadeln; LW 23° 8,15%
				gelbe Oktaeder
				fbl. große Krist.; zerfl. vollständig an der Luft; LW 12° 71,2%, Bdk. 0 H$_2$O
				opalisierendes, durchscheinendes Pulver, glänzende Oktaeder; wl. k. W, besser l. h. W; unl. Al
				mikroskopische Krist.; unl. konz. HCl; zers. H$_2$SO$_4$

Formel	Name	Zustand	Mol.-Masse Dichte g·cm^{-3}	Kristalldaten System, Typ und Symbol	Einheitszelle Kantenlänge in Å	Winkel und M	Brechzahl n_D
Cs_2TeBr_6	hexabromotellurat	f	872,86				
Cs_2TeCl_6	hexachlorotellurat	f	606,13 3,51	kub. $I1_1$ $O_h^5, Fm3m$	10,45	$M=4$	
Cs_2TeJ_6	hexajodotellurat	f	1154,84 4,7	kub. $O_h^5, Fm3m$	11,72		
Cs_2ZrCl_6	hexachlorozirkonat	f	569,75 3,33	kub. $I1_1$ $O_h^5, Fm3m$	10,407	$M=4$	
Cu Cu_3As	**Kupfer** arsenid	f	265,54 8,0	kub. $T_d^6, I\bar{4}3d$	9,59	$M=16$	
$Cu_3(AsO_4)_2$	(II)-orthoarsenat	f	468,46 5,16	mkl.			
$Cu_2(OH)AsO_4$	orthoarsenat, bas.	f	283,01 4,54	orh. $D_2^4, P2_12_12_1$	8,18 8,56 5,87	$M=4$	1,772 1,810 1,863
$Cu_3(AsO_4)_2 \cdot 4H_2O$		f	540,52 3,86				
$Cu_3(AsO_4)_2 \cdot 5H_2O$		f	558,53	orh.	10,34 26,9 5,57	$M=4$	
$Cu_2As_2O_7$	(II)-diarsenat	f	388,32 4,67				
$Cu_2As_2O_7 \cdot H_2O$		f	406,93				
$Cu_2As_2O_7 \cdot 3H_2O$		f	442,96 3,65				
$Cu_4As_2O_7$	(I)-diarsenat	f	516,00				
$Cu_4(AsO_2)_6(CH_3CO_2)_2$	(II)-arsenitacetat	f	1013,77 3,18... 3,3				

°C	Phasenumwandlungen ΔH kJ/Mol	C_p J/Molgrd	S^0	ΔH_B ΔG^0 kJ/Mol	Bemerkungen und Charakteristik
					rubinrote Oktaeder, luftbeständig; zers. W→TeO_2; l. verd. HBr, durch konz. HBr ausfällbar; unl. Al
					gelbe, stark glänzende Oktaeder, luftbeständig; zers. W→TeO_2; l. verd. HCl, durch konz. HCl wieder ausfällbar; unl. Al
					schw. amorphes Pulver, gibt an der Luft langsam J_2 ab; zers. W→TeO_2; fast unl. HJ; unl. Al
					weißes krist. Salz; zers. leicht an der Luft
825	F			−107	Domeykit; zinnweiß bis stahlgrau, metallglänzend; synthetisch graue krist. Masse; sehr hart, spröde; Krist. laufen an der Luft sehr leicht an; unl. W; l. HNO_3, Königsw.
					Prismen oder Täfelchen, dichroitisch blau und olivgrün; nimmt an der Luft kein H_2O auf; ll. HCl; unl. Py
					Olivenit; hgrüne oder olivgrüne Krist., sehr beständig; l. in starken S
					grüne kurze Nadeln; sied. W hydrolysiert; l. in starken S; Abgabe von W: 110° −2H_2O, 250° −H_2O, 410° −H_2O
					Trichalcit; dünne Platten
					grünlichweiß; an Luft beständig; bei Feuchtigkeit Aufnahme von H_2O
200° −H_2O					grüne hygr. Verbindung; l. in starken S, wss. NH_3
120 −2H_2O					hblaue oder hgrüne glänzende Tafeln oder Blättchen; l. in starken S, wss. NH_3
					tiefrot; leicht schmelzbar; ll. HNO_3; mit verd. H_2SO_4→met. Cu
					Schweinfurter Grün; smaragdgrüne Krist., tafel-, nadel-, kugelförmig; an Luft nicht verändert; unl. W; wird aber durch W hydrolysiert; l. HCl beim Erhitzen, Bromwasser; teilweise l. h. Egs; zers. Alk; zers. S→As_2O_5; l. NH_3 tiefblau

221. Übersichtstabelle

Formel	Name	Zustand	Mol.-Masse / Dichte g·cm⁻³	System, Typ und Symbol	Einheitszelle Kantenlänge in Å	Winkel und M	Brechzahl n_D
Cu_3B_2	borid	f	212,24 / 8,116				
$Cu[BF_4]_2 \cdot 6H_2O$	(II)-tetrafluoroborat	f	345,24 / 2,253	mkl.			
CuB_2O_4	(II)-metaborat	f	149,16				
$CuBr$	(I)-bromid	f	143,45 / 4,72	kub. $B3$ $T_d^2, F\bar{4}3m$	5,68	$M=4$	2,345
$CuBr_2$	(II)-bromid	f	223,36 / 4,71	mkl. $C_{2h}^3, C2/m$	6,06 6,14 5,64	93,5° $M=1$	
$CuBr_2 \cdot 4H_2O$		f	295,42				
Cu_2C_2	(I)-acetylenid	f	151,10 / 4,62				
$Cu_2C_2 \cdot H_2O$		f	169,12 / 3,975				
$CuCN$	(I)-cyanid	f	89,56 / 2,91	orh.	12,79 18,14 7,82	$M=36$	
$Cu(CN)_2$	(II)-cyanid	f	115,58				
$Cu(CN)_2 \cdot N_2H_4$		f	147,62				
$CuCON$	(I)-fulminat	f	105,56				

°C	ΔH kJ/Mol	C_p J/Molgrd	S^0	ΔH_B kJ/Mol	ΔG^0	Bemerkungen und Charakteristik
						rötlichgelber met. Körper; läßt sich trotz seiner Sprödigkeit hämmern
						eisblumenartig aussehende Kristallmasse; sehr zerfl.; ll. W, Al
970 Z	F					blaue doppelbrechende Nadeln; unl. k. verd. S, wss. Alk; staubfein gepulvert l. h. konz. HCl; Abschrecken→tief dklgrünes fast schw. Glas, pulverisiert rasch l. verd. S
380	U 5,9	54,74		−105,0		$\bar{\alpha}(30...75°C) = 20,7 \cdot 10^{-6}$ grd^{-1};
465	U 2,9	96,07		−101		$\varkappa(1\text{ at}; 30°C) = 2,87 \cdot 10^{-6}$ at^{-1};
488	F 9,6					$\varepsilon(3 \cdot 10^6 \text{ Hz}) = 8,0$; feine weiße Krist.
1318	V 140					mit gelblichem Stich; verfärbt sich leicht; swl. W; l. HBr, HCl, HNO$_3$, wss. NH$_3$; unl. Egs, h. konz. H$_2$SO$_4$; L Acetonitril 3,7%
			142,3	−130 −117		grauschw. met. glänzende Krist.; LW 20° 56%; l. Al, Aceton, Py, wss. NH$_3$; unl. Bzl; Z. bei 327°, $p_{Br_2} = 1$ atm
						lange glänzende grüne Nadeln; zerfl. an feuchter Luft; über H$_2$SO$_4$ leicht H$_2$O-Abgabe→CuBr$_2$; ll. W
						schw. pulveriges Präparat; expl. bei Erschütterung oder Berührung mit scharfkantigen Gegenständen oder bei 120° in Gegenwart von Luft; in CO$_2$ nicht expl.; unl. W; l. KCN; zers. S
						rotes bis braunrotes Pulver
473	F					weiße sehr kleine Krist.; unl. W, sied. verd. H$_2$SO$_4$, Al; l. wss. NH$_3$, KCN, sied. verd. HCl, HNO$_3$→ HCN-Entwicklung; mäßig l. fl. NH$_3$; swl. Py
						gelber Nd.; färbt sich mit fl. NH$_3$ tiefblau und ist teilweise l.
160	F					gelbe glänzende Nadeln; unl. W, k. verd. S
						hgraues Produkt mit grünlichem Stich, an trockener Luft beständig; gegen Schlag empfindlich; unl. W; Verpuffungstemp. 205°

221. Übersichtstabelle

Formel	Name	Zustand	Mol.-Masse / Dichte g·cm^{-3}	System, Typ und Symbol	Einheitszelle Kantenlänge in Å	Winkel und M	Brechzahl n_D
$CuCO_3 \cdot Cu(OH)_2$	carbonat, bas.	f	221,10 4,0	mkl. $C_{2h}^5, P2_1/c$	9,38 11,95 3,13	91,1° $M=4$	1,655 1,875 1,909
$2CuCO_3 \cdot Cu(OH)_2$		f	344,65 3,88	mkl. $G7_4$ $C_{2h}^5, P2_1/c$	4,96 5,83 10,27	87,6° $M=2$	1,730 1,755 1,835
$CuHCO_2$	(I)-formiat	f	108,56				
$Cu(HCO_2)_2$	(II)-formiat	f	153,58				
$Cu(HCO_2)_2 \cdot 2H_2O$		f	189,61 2,56	mkl. $C_{2h}^5, P2_1/c$	8,952 6,726 8,235	96° 38′ $M=4$	
$Cu(HCO_2)_2 \cdot 4H_2O$		f	225,64 1,812	mkl. $C_{2h}^3, C2/m$	8,156 8,128 6,290	101° 5′ $M=2$	1,4143 1,5423 1,5571
$CuCH_3CO_2$	(I)-acetat	f	122,58				
$Cu(CH_3CO_2)_2$	(II)-acetat	f	181,63 1,93				
$Cu(CH_3CO_2)_2 \cdot H_2O$		f	199,64 1,907	mkl. $C_{2h}^6, C2/c$	13,176 8,463 13,89	117° 6′ $M=8$	1,545 1,55
$CuCl$	(I)-chlorid	f	98,99 3,53	kub. $B3$ $T_d^2, F\bar{4}3m$	5,41	$M=4$	1,973
$CuCl_2$	(II)-chlorid	f	134,45 3,44	mkl. $C_{2h}^3, C2/m$	6,85 3,30 6,70	121° $M=2$	

Phasenumwandlungen		Standardwerte bei 25° C			Bemerkungen und Charakteristik
°C	ΔH kJ/Mol	C_p J/Molgrd	S^0	ΔH_B ΔG^0 kJ/Mol	
					$\varepsilon(10^{12}\text{ Hz}) = 7{,}2$; Malachit; Krist. selten, meist nadelförmig oder glaskopfartige Aggregate; künstlicher Malachit grüne Krist., unl. W, Al; l. verd. S, wss. NH_3
					Azurit, Kupferlasur; flächenreiche Krist., auch in kugeligen Gruppen; zers. HCl; durch Aufnahme von H_2O und Verlust von $CO_2 \to$ Malachit
					fbl. sehr leichte Nadeln; an feuchter Luft schnell or.rot $\to Cu_2O$; zers. W $\to Cu_2O + HCO_2H$; zers. S, wss. NH_3; mit wss. $HCO_2H \to$ met. Cu + Cu(II)-formiat
				−750	blaue Kristallkrusten; wl. fl. NH_3
					hblaue Tafeln; im Vak. bei 110° $-H_2O$; Z. ab 200°
				−1955	blaue durchsichtige große Krist., auch grünlich blau; oft tafelig; LW 20° 1 g $Cu(HCO_2)_2 \cdot 4H_2O$/ 8 g H_2O; L Al 86% 17° 1 g/400 g Al
					weiße Krist.; leichte wollige krist. Masse; an trockener Luft ziemlich beständig; Geschmack ätzend und stumpf; durch W zers. $\to Cu_2O +$ Cu(II)-acetat
				−894	blaue Krist.; ll. W, Egs, Py; L Me 15° 0,48 g/100 g Lösm.; wl. Ä
105 $-H_2O$					grüne durchsichtige glasglänzende Krist., pleochroitisch hgrün-dklblau; LW 25° 6,79%; L Al 0° 0,33 g/ 100 ml abs. Al; wl. Ä
430 1490	F V	10,0 165,7	91,6	−134,7 −118,8	$\bar{\alpha}(30...75°C) = 21{,}8 \cdot 10^{-6}$ grd^{-1}; $\varkappa(0...12000$ at; 30°C$) = (2{,}463 \cdot 10^{-6} - 14{,}1 \cdot 10^{-12}$ p) at^{-1}; reinweißes Pulver, schneeweiße mikroskopische Krist.; am Licht Verfärbung; LW 25° 1,5%; l. HCl, NH_3, Py; ll. Acetonitril; unl. abs. Al, Aceton
630* 993 Z	F V	79,5 113		−205,9	* extrapoliert; $\varepsilon(3 \cdot 10^6\text{ Hz}) = 10$; gelbe mikroskopische Krist.; hygr. Pulver, an der Luft grün $\to$ Dihydrat; LW 20° 42,2%, Bdk. $3H_2O$; L Al 20° 33,2%, Bdk. $2C_2H_5OH$; L Me 20° 37%, Bdk. $2CH_3OH$; L Aceton 22° 2,2%

Formel	Name	Zustand	Mol.-Masse / Dichte $g \cdot cm^{-3}$	System, Typ und Symbol	Einheitszelle Kantenlänge in Å	Winkel und M	Brechzahl n_D
$CuCl_2 \cdot 2H_2O$		f	170,48 2,53	orh. $C45$ $D_{2h}^7, Pmna$	7,39 8,05 3,73	$M=2$	1,644 1,684 1,742
$[Cu(NH_3)_6]Cl_2$	(II)-hexamminchlorid	f	236,63 1,48				
$Cu(ClO_3)_2 \cdot 6H_2O$	chlorat	f	338,53	kub.			
$Cu(ClO_4)_2 \cdot 6H_2O$	perchlorat	f	370,53 2,22				
CuF	fluorid	f	82,54 7,07	kub. $B3$ $T_d^2, F\bar{4}3m$	4,26	$M=4$	
CuF_2	(II)-fluorid	f	101,54 4,24	kub. $B3$ $T_d^2, F\bar{4}3m$	5,41	$M=4$	
$CuF_2 \cdot 2H_2O$		f	137,57 2,934	mkl. $C_{2h}^3, C2/m$	6,416 7,397 3,301	99° 36' $M=2$	
CuH	hydrid	f	64,55 6,38	hex. $B4$* $C_{6v}^4, P6_3mc$	2,89 4,61	$M=2$	
$Cu_2[HgJ_4]$	(I)-tetrajodomerkurat-(II)	f	835,29 6,094	tetr. $D_{4h}^{15}, P4_2/nmc$	4,29 12,25	$M=1$	
CuJ	(I)-jodid	f	190,44 5,65	kub. $B3$ $T_d^2, F\bar{4}3m$	6,05	$M=4$	2,345

Phasenumwandlungen		Standardwerte bei 25°C			Bemerkungen und Charakteristik
°C	ΔH kJ/Mol	C_p J/Molgrd	S^0	ΔH_B ΔG^0 kJ/Mol	
110	F*			−808	* im eigenen Kristallwasser; Eriochalcit; hblaue Krist. mit grünlichem Stich; glänzende, durchsichtige Nadeln; zerfl. an feuchter Luft; LW s. $CuCl_2$; ll. Al, Me, Aceton, Py, NH_4Cl $\chi_{Mol} = +1480 \cdot 10^{-6}$ cm³Mol⁻¹; blaues Pulver, an Luft unter NH_3-Verlust grün; ll. W blau; viel W zers. → $Cu(OH)_2$; unl. fl. NH_3
65 Z 100	F				grüne Krist.; sehr zerfl.; LW 20° 69,5 %, Bdk. $4H_2O$; ll. Al
82	F				kleine hblaue Krist.; sehr zerfl.; Z. ab 120°; LW 0° 54,3 %; l. Al, Ä; wl. wfrei HF
908* ~1100	F Sb				* unter Druck; bildet sich in Schmelzen als rote durchsichtige Masse, zerfällt in $Cu+CuF_2$; unl. W; Al; l. HCl, HNO_3
950	F		113	−540 −503	$\chi_{Mol} = +1050 \cdot 10^{-6}$ cm³Mol⁻¹; rein weißes krist. Pulver, am Licht langsam blauviol., an feuchter Luft grün; LW 25° 0,07 %, Bdk. $2H_2O$; l. verd. HNO_3, HCl, H_2SO_4, Py; swl. Al; unl. Aceton, Egester
			151,4	−1148 −985	$\chi_{Mol} = +1600 \cdot 10^{-6}$ cm³Mol⁻¹; hblaue kleine Krist.; LW s. CuF_2
		29,19** 196,12**	297**	278**	* auch als kub. B 1 beschrieben mit $a=4,33$ Å, $M=4$; ** für den gasförmigen Zustand; für festes CuH ist $\Delta H_B=21{,}4$ kJ/Mol; dklbraunes Pulver, trocken rotbraun, gealtert schw. mit etwa 60 % CuH; zers. W→H_2; l. HCl→H_2; l. $FeCl_3$-Lsg., $AuCl_3$-Lsg.→H_2
					rotes Krist.pulver oder kleine tafelförmige Krist.; bei 70° braun und U→kub. B 3, T_d^2, $F\bar{4}3m$, $a=6{,}115$ Å, $M=1$
588 1207	F V	10,9 130	54,0 96,6	−68,2 −69,6	$\bar{\alpha}(30...75°C)=24{,}4 \cdot 10^{-6}$ grd⁻¹; $\varkappa(0...12000$ at, $30°C)=(2{,}752 \cdot 10^{-6}−25{,}1 \cdot 10^{-12}p)$ at⁻¹; weißes krist. Pulver, leicht graustichig; allmählich bräunliche Verfärbung; LW 18° $4{,}3 \cdot 10^{-4}$%; l. KJ, KCN, verd. NaOH, h. konz. HCl; zers. konz. HNO_3, H_2SO_4; ll. fl. NH_3; unl. Al

Formel	Name	Zustand	Mol.-Masse / Dichte $g \cdot cm^{-3}$	System, Typ und Symbol	Einheitszelle Kantenlänge in Å	Winkel und M	Brechzahl n_D
CuJ_2	(II)-jodid	f	317,35				
$CuJ_2 \cdot 3^1/_3 NH_3$		f	374,12				
$[Cu(NH_3)_6]J_2$	Hexamminkupfer(II)-jodid	f	419,53 / 2,14	kub. $O_h^5, Fm3m$	10,72	$M=4$	
$[CuBr_3]K$	Kaliumtribromocuprat-(II)	f	342,37	mkl. $C_{2h}^2, P2_1/m$	9,29 / 14,43 / 4,28	97° 32′ $M=4$	
$[Cu(CN)_2]K$	Kaliumdicyanocuprat-(I)	f	154,67 / 2,38	mkl. $C_{2h}^5, P2_1/c$	7,57 / 7,82 / 7,45	102° 12′ $M=4$	
$[Cu(CN)_4]K_2$	Kaliumtetracyanocuprat-(II)	f	245,81				
$[Cu(CN)_4]K_3$	Kaliumtetracyanocuprat-(I)	f	284,92 / 2,03	trig. $D_3^7, R32$	8,02	74,1° $M=2$	1,555 / 1,547
$[CuCl_3]K$	Kaliumtrichlorocuprat-(II)	f	209,00 / 2,86	mkl. $C_{2h}^5, P2_1/c$	8,87 / 13,87 / 4,05	98° 7′ $M=4$	
$[CuCl_4]K_2 \cdot 2H_2O$	Kaliumtetrachlorocuprat-(II)	f	319,59 / 2,392	tetr. $H4_1$ $D_{4h}^{14}, P4_2/mnm$	7,45 / 7,88	$M=2$	
$[CuF_4]K_2$	Kaliumtetrafluorocuprat	f	217,74 / 3,29	tetr. $D_{4h}^{17}, I4/mmm$	4,155 / 12,74	$M=2$	
Cu_3N	(I)-nitrid	f	204,63 / 5,84	kub. DO_9 $O_h^1, Pm3m$	3,81	$M=1$	

Anorganische Verbindungen

Phasen-umwandlungen			Standardwerte bei 25° C			Bemerkungen und Charakteristik
°C	ΔH kJ/Mol		C_p J/Molgrd	S^0	ΔH_B ΔG^0 kJ/Mol	
			84,1		−7,1	fest nur in Form von Anlagerungs-verbindungen beständig
					−405	schw. Kristallblättchen; schw. Pulver mit rötlichem Schimmer; zers. lang-sam an der Luft→CuJ; ll. fl. NH_3, beim Abdampfen der Lsg.→ $[Cu(NH_3)_6]J_2$
						χ_{Mol} = +1426 · 10^{-6} cm³Mol^{-1}; dkl-blaue Krist. oder krist. Pulver; an der Luft langsam schw.→CuJ_2 · $3^1/_3 NH_3$
						fast schw. glänzende Prismen, in geringer Dicke rot; luftbeständig
						fbl. bis blaßgelbe durchsichtige Krist. oder perlmuttartige Blättchen; wl. k. W; sied. W zers.; l. wss. NH_3 blau; zers. S→HCN-Entwicklung
						weiße Krist.; ll. W; die wss. Lsg. löst Ag und Au
						fbl. durchsichtige Krist.; zerfl.; ll. W, zers. S→HCN-Entwicklung
						granatrote feine Nadeln; ll. W
						grüne Krist.; l. W; wfrei braunrote krist. Masse
						blaß blaugrüne körnige Krist.; ll. W
Z>300*			90,8		74,4	* Z.→Cu+N_2; dklgrünes oder schw. Pulver; glänzende schw. Schuppen; an Luft beständig; zers. W unter Wärmeentwicklung; mit konz. S heftige Z.→Cu+N_2; ll. verd. S unter Bildung von NH_4-Salz; lang-same und g. Z. durch Alk→NH_3-Entwicklung

221. Übersichtstabelle

Formel	Name	Zustand	Mol.-Masse / Dichte g·cm⁻³	Kristalldaten System, Typ und Symbol	Einheitszelle Kantenlänge in Å	Einheitszelle Winkel und M	Brechzahl n_D
CuN_3	(I)-azid	f	105,56 3,26	tetr. $C_{4h}^6, I4_1/a$	8,653 5,594	$M=8$	
$Cu(N_3)_2$	(II)-azid	f	147,58 2,6				
$Cu(NO_3)_2 \cdot 3H_2O$	nitrat	f	241,60 2,32				1,43 1,49
$Cu(NO_3)_2 \cdot 6H_2O$		f	295,64 2,074				
$[Cu(NH_3)_2(NO_3)_2]$	(II)-diamminnitrat	f	221,61 2,17				
$[Cu(NH_2CH_2CH_2NH_2)](NO_3)_2 \cdot 2H_2O$	äthylendiaminnitrat	f	283,68 1,677				
$[CuCl_3]NH_4$	Ammoniumtrichlorocuprat-(II)	f	187,94 2,42	mkl. $C_{2h}^5, P2_1/c$	4,066 14,189 9,003	97° 30′ $M=4$	
$[CuCl_4](NH_4)_2 \cdot 2H_2O$	Ammoniumtetrachlorocuprat-(II)	f	277,46 1,98	tetr. $H4_1$ $D_{4h}^{14}, P4_2/mnm$	7,58 7,96	$M=2$	1,744 1,724
Cu_2O	(I)-oxid	f	143,08 6,0	kub. $C3$ $O_h^4, Pn3m$	4,26	$M=2$	2,705

Anorganische Verbindungen Cu 1-321

°C	Phasen-umwandlungen ΔH kJ/Mol	Standardwerte bei 25° C C_p S^0 J/Molgrd	ΔH_B ΔG^0 kJ/Mol	Bemerkungen und Charakteristik
		166,0	251,9 297,7	fbl. Krist.; außerordentlich expl.; lichtempfindlich; Verfärbung nach dklrot; LW 20° 0,0075 g/l; l. wss. NH_3, NH_4Cl-Lsg.; mit konz. H_2SO_4 →Abscheidung von Cu; L 2% HN_3 20° 0,289 g/l
				Farbe je nach Darstellung: Fällung $Cu^{++} + NaN_3 \to$ dklbraun, sehr feinkrist.; $Cu + HN_3 \to$ glänzende schw.-braune Kristallnadeln; konz. $HN_3 +$ CuO→moosgrüne, met.glänzende Nadeln; sehr expl., heftige Detonation; LW 20° 0,08 g/l; beim Kochen Hydrolyse→$CuO + HN_3$; l. HN_3; ll. S
114,5 170	F V		−1218	gut ausgebildete blaue Krist.; zerfl.; LW 20° 57%, Bdk. $6H_2O$; L Al 12,5° 50%
24,4	F*	36,4 415	−2110	* im eigenen Kristallwasser unter Bildung des Trihydrats; blaßblaue Krist.; zerfl.; im Vak.→Trihydrat
				hblaues Salz; unl. W; l. konz. NH_3
213	F			sehr beständige Verbindung; ll. W blauviol.; Fällungsreagenz für Hg und Cd gewichtsanalytisch
				dklrote Krist.
120 −$2H_2O$			−430,6	blaue bis grünliche Krist.; LW 20° 25,9%, Bdk. $2H_2O$; wfrei; fbl. Krist., an Luft schnell braun, dann grün
1230	F	56,0	63,64 94,27	−170,7 −148,4	$\varkappa(0...12000$ at; 30°C$)=(1,909 \cdot 10^{-6} - 19,92 \cdot 10^{-12}$ p$)$ at^{-1}; Halbleiter; $\varepsilon = 10,5$; rote Krist. oder rotes Pulver; LW 20° 0,1 mg/l Lsg.; l. verd. S, NH_4Cl-Lsg., wss. NH_3; unl. Al

Formel	Name	Zustand	Mol.-Masse Dichte $g \cdot cm^{-3}$	System, Typ und Symbol	Einheitszelle Kantenlänge in Å	Winkel und M	Brechzahl n_D
CuO	(II)-oxid	f	79,54 6,48	mkl. $B26$ $C_{2h}^6, C2/c$	4,65 3,41 5,11	99,5° $M=4$	$n_\beta(\text{rot})=$ 2,63
Cu(OH)$_2$	(II)-hydroxid	f	97,55 3,368				
Cu(OCN)$_2$	(II)-cyanat	f	147,57 2,418				
[Cu(C$_5$H$_5$N)$_2$](OCN)$_2$	Dipyridinokupfer(II)-cyanat	f	305,78				
[Cu(C$_5$H$_5$N)$_6$](OCN)$_2$	Hexapyridinokupfer(II)-cyanat	f	622,19 1,278				
Cu$_3$P	phosphid	f	221,59 7,147	trig. DO_{21} $D_{3d}^4, P\overline{3}c1$	6,94 7,14	$M=6$	
CuP$_2$	phosphid	f	125,49 4,2				
Cu$_3$P$_2$	phosphid	f	252,57 6,67				
Cu$_2$P$_2$O$_7$	pyrophosphat	f	301,03				
Cu$_2$(PO$_4$)$_3$	phosphat	f	411,99				
Cu$_3$(PO$_4$)$_2$ · Cu(OH)$_2$	phosphat, bas.	f	478,12 3,93	orh. $D_{2h}^{12}, Pnnm$	8,08 8,43 5,90	$M=4$	1,704 1,743 1,784

Phasenumwandlungen		Standardwerte bei 25° C			Bemerkungen und Charakteristik
°C	ΔH kJ/Mol	C_p S^0 J/Molgrd		ΔH_B ΔG^0 kJ/Mol	
1336	F	42,3	42,64	−165,3 −137	Halbleiter, Tenorit, Melaconit; eisenschw. Pulver, gefällt dklbraun, beim Erhitzen blaustichig schw.; LW 20° 0,15 mg/l Lsg.; unl. Al, Aceton; l. verd. S, $(NH_4)_2CO_3$, KCN; L 70% NaOH 1 Tl. Cu/30 Tl. Na; stark geglühtes CuO löst sich auch in h. konz. S schwer
				−469	Gel oder Krist., blau; LW 20° $5,3 \cdot 10^{-5}$ g/l Lsg.; L 12n NaOH 30 g/l, 1n NaOH 1,88 Millimol Cu/l; l. S, NH_3, KCN
					dklmoosgrünes Produkt; >80° Z.→ CO_2+Cu-cyanid
					blaßblaue seidige Nadeln; luftbeständig; zers. W; l. wfrei und wss. Py; l. Chlf mit blauer Farbe
					azurblaue Prismen; an Luft und über P_2O_5 langsame Umwandlung→ $[Cu(C_5H_5N)_2](OCN)_2$
1030	F			−152,3	$\chi_{Mol} = -33 \cdot 10^{-6}$ cm³Mol⁻¹; stahlgraues, sprödes Produkt, aus wss. Medium erhaltenes ist schw.; unl. W, HCl; ll. HNO_3; beim Kochen mit konz. HCl→PH_3
				−121	$\chi_{Mol} = -35 \cdot 10^{-6}$ cm³Mol⁻¹; grauschw. körniges Pulver oder glänzende Nadeln je nach Darst.; bei Rotglut Oxid. an Luft; reagiert nur langsam mit HCl-Lsg.; langsam l. sied. HNO_3
					grauschw. Pulver; unl. W, HCl; l. HNO_3, Königsw.
					hblaues krist. Pulver; unl. W; wl. konz. S; l. h. HCl, HNO_3
					graugrüne Krist., gelbdurchscheinende Blättchen, gelbgrünes Pulver; unl. W, verd. HCl; etwas l. sied. verd. HNO_3; ll. konz. H_2SO_4
					Libethenit; günlichgraues krist. Pulver

Formeln für inline: χ_{Mol} units as shown.

Formel	Name	Zustand	Mol.-Masse / Dichte $g \cdot cm^{-3}$	Kristalldaten			Brechzahl n_D
				System, Typ und Symbol	Einheitszelle		
					Kantenlänge in Å	Winkel und M	
$CuSO_4 \cdot Rb_2SO_4 \cdot 6H_2O$	Rubidium-kupfer-sulfat	f	534,70 2,57	mkl.	0,7490: 1: 0,5029	105° 18′	1,4886 1,4906 1,5036
Cu_2S	(I)-sulfid	f	159,14 5,76	orh. $C_{2v}^{15}, Abm2$	11,90 27,28 13,41	$M=96$	
CuS	(II)-sulfid	f	95,60 4,68	hex. $B18$ $D_{6h}^4, P6_3/mmc$	3,75 16,26	$M=6$	1,45
CuSCN	(I)-thiocyanat	f	121,62 2,843				
$Cu(SCN)_2$	(II)-thiocyanat	f	179,70 2,356				
$[Cu(NH_3)_4](SCN)_2$	(II)-tetramminthiocyanat	f	247,83				
$CuSO_4$	sulfat	f	159,60 3,606	orh. $D_{2h}^{16}, Pnma$	4,83 6,69 8,39	$M=4$	1,724 1,733 1,739
$CuSO_4 \cdot H_2O$		f	177,62 3,149	mkl.	6,80 7,90 12,6	$\sim 90°$	1,625* 1,671 1,699

Anorganische Verbindungen

°C	Phasenumwandlungen ΔH kJ/Mol	Standardwerte bei 25° C C_p S^0 J/Molgrd	ΔH_B ΔG^0 kJ/Mol	Bemerkungen und Charakteristik
				blaßgrünlichblaue tafelförmige Krist.; ll. W
103 350 1127	U* 5,60 U 0,837 F 23,0	76,32 120,9	−83,43 −90	* U $C_{2v}^{15} \rightarrow D_{6h}^{4}$, $P6_3/mmc$, $a=3,89$, $c=6,68$ Å, $M=2$, (Hochkupferglanz); Halbleiter; Kupferglanz, Chalkosit; schwärzlich bleigraues krist. Pulver; LW 25° 1,9 · 10^{-12} g/l Lsg.; l. Königsw.; langsam l. verd. HNO$_3$ beim Erwärmen, sied. konz. HCl; verd. HCl greift nicht an
		47,82 66,5	−48,5 −48,8	Covellin, Kupferindig; schw. glänzende mikroskopische Krist.; als feines Pulver tiefblau; LW 18° 3 · 10^{-4} g/l Lsg.; l. HNO$_3$, h. konz. HCl, H$_2$SO$_4$, KCN; unl. Alk, saurer konz. Alk-chloridlsg., fl. NH$_3$, Aceton, Egester
				weißes körniges Pulver; LW 18° 5 · 10^{-5} %; l. wss. NH$_3$, KSCN, Ä; unl. verd. S
				schw. krist. Pulver; zers. W, KOH; l. HNO$_3$, HCl, H$_2$SO$_4$ beim Erwärmen über Bildung von CuSCN; l. Al, Aceton, org. Lösm.; mit wss. NH$_3 \rightarrow$[Cu(NH$_3$)$_2$](SCN)$_2$, hblaue Nadeln, wl. W, oder [Cu(NH$_3$)$_4$](SCN)$_2$, dklblaue Tafeln, ll. W
				tiefblaue glänzende Krist., an Luft −NH$_3$ hblau; l. sied. konz. HCl, k. konz. HNO$_3$, wss. NH$_3$; l. W unter Z. zu [Cu(NH$_3$)$_2$](SCN)$_2$
		102 113,3	−771 −663	Hydrocyanit; blaßgrün, bräunlich. gelblich, auch himmelblau; weißes krist. Pulver; sehr beständig beim Erhitzen; nimmt leicht W auf→blau; mit trockenem NH$_3$-Gas→CuSO$_4$ · 5 NH$_3$; LW 20° 16,9 %, Bdk. 5 H$_2$O; L Me 18° 1,05 %, Bdk. 1 CH$_3$OH; Verw. zum Entwässern hochprozentigen Alkohols
		130,9 149,7	−1083	* für weißes Licht; $\varepsilon(1,6 \cdot 10^6$ Hz$)=7$; grünweiße, bläulichweiße, blaßblaue Krist.; an der Luft H$_2$O-Aufnahme→ CuSO$_4$ · 5 H$_2$O, beim Erhitzen→ CuSO$_4$

Formel	Name	Zustand	Mol.-Masse / Dichte $g \cdot cm^{-3}$	System, Typ und Symbol	Einheitszelle Kantenlänge in Å	Winkel und M	Brechzahl n_D
$CuSO_4 \cdot 3 H_2O$		f	213,65 / 2,66	mkl.	0,4321 : 1 : 0,5523	96° 25′	1,554* / 1,577 / 1,618
$CuSO_4 \cdot 5 H_2O$		f	249,68 / 2,286	trikl. $H 4_{10}$ $C_1^1, P1$	6,12 / 10,70 / 5,97	82,3° / 107,4° / 102,7° $M=2$	1,5141 / 1,5368 / 1,5434
$[Cu(NH_3)_4]SO_4 \cdot H_2O$	tetr-amminsulfat	f	245,74 / 1,81	orh. D_{2h}^{16}, $Pnma$*	7,07 / 12,12 / 10,66	$M=4$	
$CuSbS_2$	(I)-thioantimonit	f	249,42 / 4,98	orh. $F 5_6$ $D_{2h}^{16}, Pnma$	6,008 / 14,456 / 3,784	$M=4$	
$Cu_3(SbS_4)_2$	(II)-thioantimonat	f	690,63				
$CuSe$	(II)-selenid	f	142,50 / 6,65	hex. $D_{6h}^4, P6_3/mmc$	3,94 / 17,26	$M=6$	
Cu_2Se	(I)-selenid	f	206,04 / 6,84	kub. $C1$ $O_h^5, Fm3m$	5,76	$M=4$	
$CuSeO_3$	(II)-selenit	f	190,50				
$CuSeO_3 \cdot 2 H_2O$		f	226,53 / 3,3	orh. $D_2^4, P2_12_12_1$	6,56 / 9,10 / 7,36	$M=4$	1,712 / 1,732 / 1,732
$CuSeO_4 \cdot 5 H_2O$	selenat	f	296,57 / 2,56	trikl.	0,5675 : 1 : 0,5551	81° 58′ / 106° 34′ / 103° 11′	1,565

Phasen-umwandlungen		Standardwerte bei 25° C		Bemerkungen und Charakteristik
°C	ΔH kJ/Mol	C_p S^0 J/Molgrd	ΔH_B ΔG^0 kJ/Mol	
		204,9 225,0	−1682	* für weißes Licht; χ_{Mol}= +1480 · 10^{-6} cm³Mol⁻¹; himmelblaue Krist.; blaßblaues feinkrist. Pulver; nimmt H_2O auf→$CuSO_4 \cdot 5H_2O$; beim Erhitzen→$CuSO_4 \cdot H_2O$
54	U	281,1 305,3	−2277	Chalkanthit, Kupfervitriol; blaue Krist.; mit NH_3-Gas→$[Cu(NH_3)_4]SO_4 \cdot H_2O$; LW s. $CuSO_4$; L Al 3° 2,46 g/100 g Lösm.; L Me 18° 15,6 g/100 g Lösm.
150 Z				* oder D_{2h}^{13}, $Pmmn$; dklblaue Krist. oder feine blaue Nadeln; verwittert an der Luft unter NH_3-Abgabe zu grünem Pulver; LW 20° 15%; unl. Al, gesättigtem wss. NH_3
542	F*			* F der synthetischen Verbindung; Wolfsbergit; l. HNO_3+Weinsäure; unl. NH_3; zers. h. KOH, h. Alksulfidlsg.
				dklblauer Nd.; gibt beim Erhitzen Schwefel ab; zers. durch KOH
			−63,1	grünlichschw. oder blauschw. Nadeln; gibt beim Erhitzen Se ab; l. Br_2 und Br_2-Wasser; l. HCl→H_2Se-Entwicklung; l. H_2SO_4→SO_2-Entwicklung; HNO_3 oxid.→$CuSeO_3$
110 1113	U* F	4,85	88,7 −59,3	* $U\ O_h^5 \rightarrow T_d^2$, $F\bar{4}3m$, $a=5,84$ Å, $M=4$; bläulich schw. met. glänzende Krist.; dklbraunes oder dklolivgrünes Pulver gefällt aus Cu⁺-Lsg. mit H_2Se; l. Br_2 oder Br_2-Wasser; l. HCl→H_2Se-Entwicklung; l. H_2SO_4→SO_2-Entwicklung; HNO_3 oxid. in der Wärme→$CuSeO_3$; l. KCN
				kleine grüne Stäbchen; an der Luft rasch H_2O-Aufnahme; unl. W; l. S, NH_3
				Chalkomenit; kleine Kristallkörner, leuchtend blau; Prismen; unl. W, wss. SeO_2-Lsg.; ab 100° Abgabe von H_2O
1113	F*			χ_{Mol} = +1323 · 10^{-6} cm³Mol⁻¹; * F der wfreien Substanz; durchsichtige glänzende blaue Krist.; verwittern nur sehr langsam; 50...100° Abgabe von 4 H_2O, 175...250° Abgabe des letzten H_2O; unl. konz. $CuCl_2$-Lsg.; swl. Aceton

Formel	Name	Zustand	Mol.-Masse Dichte g·cm⁻³	System, Typ und Symbol	Einheitszelle Kantenlänge in Å	Winkel und M	Brechzahl n_D
$CuSiF_6 \cdot 4H_2O$	hexafluorosilikat	f	277,68 2,535	mkl.	0,7604 : 1 : 0,5519	105° 37'	
$CuSiF_6 \cdot 6H_2O$		f	313,71 2,207	trig. $C_{3i}^2, R\bar{3}$	9,15 9,87	$M=3$	1,4092 1,4080
Cu_2Te	(I)-tellurid	f	254,68 7,27	hex. $D_{6h}^1, P6/mmm$	4,23 7,27	$M=2$	
Dy	**Dysprosium**						
$DyCl_3$	(III)-chlorid	f	268,86 3,60	mkl. $C_{2h}^3, C2/m$	6,91 11,97 6,40	111,2° $M=4$	
$Dy(NO_3)_3 \cdot 5H_2O$	(III)-nitrat	f	438,59	trikl.			
Dy_2O_3	(III)-oxid	f	373,00 7,81	kub. $D5_3$ $T_h^7, Ia3$	10,63	$M=16$	
$Dy(OH)_3$	(III)-hydroxid	f	213,52	hex. $D0_{19}$ $C_{6h}^2, P6_3/m$	6,25 3,53	$M=2$	
$DyPO_4 \cdot 5H_2O$	(III)-phosphat	f	347,55				
$Dy_2(SO_4)_3 \cdot 8H_2O$	(III)-sulfat	f	757,31 3,12	mkl.			
Er	**Erbium**						
$ErCl_3$	(III)-chlorid	f	273,62 4,1	mkl. $C_{2h}^3, C2/m$	6,80 11,79 6,39	110,7° $M=4$	
$ErCl_3 \cdot 6H_2O$		f	381,71				
ErJ_3	(III)-jodid	f	547,97				
$Er(NO_3)_3 \cdot 6H_2O$	(III)-nitrat	f	461,37				

°C	ΔH kJ/Mol	C_p J/Molgrd	S^0	ΔH_B ΔG^0 kJ/Mol	Bemerkungen und Charakteristik
					krist. aus Lsg. bei 50° aus; LW 25° 59,08%, Bdk. 4H_2O
					blaßblaues krist. Pulver; verwittert an der Luft; an feuchter Luft zerfl.; ll. W; L wss. Al steigt mit W-Gehalt; zers. durch h. H_2SO_4, NaOH
870	F			−25	Halbleiter; Weissit; pseudokub., $a=7,22$ Å, $M=8$; bläulich schw. bis schw.; massiv mit unregelmäßigem Bruch; $D \approx 6$; glänzende blauschw. Krist., auch stahlblau; feuchte Luft greift langsam an; leicht oxydierbar; l. Br_2 und Br_2-Wasser; unl. k. HCl, H_2SO_4
655	F			−933,7	gelblichweiße perlmuttglänzende Schuppen; l. W, Me, Al
88,6	F*				* im eigenen Kristallwasser; gelbe Krist.; ll. W, Al; HNO_3 setzt die Löslichkeit in W herab; an trockener Luft rasche Verwitterung
2340	F			−1866	$\chi_{Mol} = +44\,800 \times 2 \cdot 10^{-6}$ cm^{3}Mol^{-1}; fast weiße Substanz; unl. W; wl. Ameisensäure; l. S
				−1279,7	fbl. Nd.
					weißes krist. Pulver, gelbstichig; unl. W; ll. verd. S, sogar l. Egs
				−5532	$\chi_{Mol} = +46\,380 \times 2 \cdot 10^{-6}$ cm^{3}Mol^{-1}; zitronengelbe Krist.; blaßgelblich körnig; LW 20° 4,83%, Bdk. 8H_2O; geringe hydrolytische Spaltung in wss. Lsg.
718 1500	F V			−970	fast fbl. hrosenrote blätterig krist. Masse; etwas hygr.; l. W
					rosafarbene sehr zerfl. Krist.; l. W, Al; ll. S
1020 1280	F V			−586,2	strahlig-krist. Masse; sehr zerfl.; ll. W, Al; unl. Ä
					große rote Krist.; nicht zerfl.; ll. W; l. Al, Ä, Aceton

Formel	Name	Zustand	Mol.-Masse / Dichte $g \cdot cm^{-3}$	Kristalldaten System, Typ und Symbol	Einheitszelle Kantenlänge in Å	Winkel und M	Brechzahl n_D
Er_2O_3	(III)-oxid	f	382,52 8,64	kub. $D\,5_3$ $T_h^7, Ia3$	10,54	$M=16$	
$Er(OH)_3$	(III)-hydroxid	f	218,28	hex. $D\,0_{19}$ $C_{6h}^2, P6_3/m$	6,25 3,53	$M=2$	
$Er_2(SO_4)_3$	(III)-sulfat	f	622,70 3,678				
$Er_2(SO_4)_3 \cdot 8H_2O$	(III)-sulfat	f	766,83 3,18	mkl.	3,0120: 1: 2,0043	118° 27'	
Eu $EuCl_3$	**Europium** (III)-chlorid	f	258,32				
Eu_2O_3	(III)-oxid	f	351,92 7,42	kub. $D\,5_3$ $T_h^7, Ia3$	10,864	$M=16$	
$Eu_2(SO_4)_3 \cdot 8H_2O$	(III)-sulfat	f	736,23 2,972	mkl.	18,25 6,74 13,49	102° 15' $M=4$	
F HF	**Fluor** wasserstoff	g	20,01 0,901*	orh.** $D_{2h}^{17}, Cmcm$	3,42 4,32 5,41	$M=4$	
OF_2	Sauerstoffdifluorid	g	54,00 2,421*				

Phasenumwandlungen		Standardwerte bei 25° C				Bemerkungen und Charakteristik
°C	ΔH kJ/Mol	C_p J/Molgrd	S^0	ΔH_B kJ/Mol	ΔG^0	
		104,6				$\varkappa_{Mol} = +36960 \times 2 \cdot 10^{-6}$ cm³Mol⁻¹; schwach rosenrotes Pulver; LW 30° 4,9 · 10⁻⁴ %; langsam l. verd. S; ll. konz. S
				−1425		voluminöser gallertartiger amethystfarbener Nd., trocknet zu harten Stücken ein; ll. S; langsam l. sied. NH₄Cl-Lsg.
		272				fast weißes Salz; LW 20° 13,7 %, Bdk. 8 H₂O
		581,7		−5499		$\varkappa_{Mol} = +37300 \times 2 \cdot 10^{-6}$ cm³Mol⁻¹; rosenrote glasglänzende harte durchsichtige Krist.; hygr.; verwittern nicht über H₂SO₄; LW s. Er₂(SO₄)₃
623	F			−1034		feine gelbe Krist.; l. W klar
						$\varkappa_{Mol} = +5050 \times 2 \cdot 10^{-6}$ cm³Mol⁻¹; fast weißes Pulver mit rötlichgelbem Ton, auch rosafarben
375 −8 H₂O		612,2		−5570		hrosafarbene Krist.; luftbeständig; LW 20° 2,5 %, Bdk. 8 H₂O
−83,36 19,46 (741,4 Torr)	F 3,928 V 7,489	29,14 173,7		−268,5		* kg/Nm³; ** bei −125° C, Dichte 1,663; ϑ_{krit} 188°, p_{krit} 66,2 at; D_{krit} 0,29 gcm⁻³; $\varkappa_{Mol} = -8,6 \cdot 10^{-6}$ cm³Mol⁻¹ für fl. HF bei 14° C; fbl. Gas; fbl. Fl., stechender Geruch; raucht an Luft; zieht begierig W an; fest krist. durchscheinend, weiß; mit W in jedem Verhältnis mischbar, ebenso Al, Ä, Ketonen, Nitrilen; nicht mischbar KW; mit HCl heftige Reaktion; mischbar konz. H₂SO₄, HNO₃; MAK: 3 cm³/m³
−223,8 −144,8	F 11,09 V	43,30 246,8		31,8 49,2		* kg/Nm³; D am F: 1,90, D am V: 1,52; ϑ_{krit} −58,0°; p_{krit} 50,5; D_{krit} 0,553 gcm⁻³; fbl. Gas; als Fl. or.gelb; charakteristischer Geruch; reizt Atmungsorgane heftig; wl. W; wss. Lsg. ist stark oxid.; alk. Lsg. zers. rasch; mischbar mit fl. F₂ und fl. O₂

Formel	Name	Zustand	Mol.-Masse / Dichte $g \cdot cm^{-3}$	Kristalldaten System, Typ und Symbol	Einheitszelle Kantenlange in Å	Winkel und M	Brechzahl n_D
O_2F_2	Disauerstoffdifluorid	g	70,0 *				
Fe	**Eisen**						
$FeBr_2$	(II)-bromid	f	215,67 / 4,636	trig. $C6$ $D_{3d}^3, P\bar{3}m1$	3,740 6,171	$M=1$	
$FeBr_3$	(III)-bromid	f	295,57	trig. $C_{3i}^2, R\bar{3}$	6,42 18,40	$M=6$	
$FeBr_3 \cdot 6H_2O$		f	403,67				
$H_4[Fe(CN)_6]$	Hexacyanoeisen(II)-säure	f	215,99				1,644
$FeCO_3$	(II)-carbonat	f	115,86 / 3,85	trig. $G0_1$ $D_{3d}^6, R\bar{3}c$	5,795	47° 45′ $M=2$	1,875 1,633
$Fe(CO)_4$	tetracarbonyl	f	167,89 / 1,996	mkl. $C_{2h}^5, P2_1/c$	8,88 11,33 8,35	97° 9,5′ $M=2$	
$Fe(CO)_5$	pentacarbonyl	fl	195,90 / 1,453				1,528
$Fe(HCO_2)_2 \cdot 2H_2O$	(II)-formiat	f	181,91				
$Fe(HCO_2)_3 \cdot H_2O$	(III)-formiat	f	208,92				
$Fe(CH_3CO_2)_2 \cdot 4H_2O$	(II)-acetat	f	246,00				
$FeC_2O_4 \cdot 2H_2O$	(II)-oxalat	f	179,90				

Anorganische Verbindungen

°C		ΔH kJ/Mol	C_p J/Molgrd	S^0 J/Molgrd	ΔH_B kJ/Mol	ΔG^0 kJ/Mol	Bemerkungen und Charakteristik
−163	F					19,8	* D^{-57} 1,44; D^{-163} 1,912; schwach braunes Gas; Fl. kirschrot; fest or. Nd.
−57	V	19,1					
689	F	46			−280		gelbe durchscheinende Krist.; an Luft allmählich Braunfarbung und zerfl.; LW 20° 53,5 %, Bdk. 6 H_2O
967	V		134		−266,3		
			176		−314 −287,1		braune grünschillernde met. glänzende Tafeln; sehr hygr. ll. W, Al, Ä, Acetonitril; l. NH_4Br-Lsg.; wl. fl. NH_3
27	F						dklgrüne feine nadelförmige Krist.; kaum hygr.; l. Al, A
							weiße perlmuttglänzende Blättchen; weißes Pulver, trocken haltbar; färbt sich an feuchter Luft blau; ll. W, Al, Me; l. konz. H_2SO_4; unl. Ä; beim Erhitzen NH_3- und HCN-Abgabe
			82,10 92,9		−747,4 −673,2		$\bar{\gamma}(-78\ldots15°\,C) = 60 \cdot 10^{-6}\,grd^{-1}$; $\varkappa(50\ldots200\,at;\,0°\,C) = 0{,}97 \cdot 10^{-6}\,at^{-1}$; Spateisenstein; weiß; LW 25° $6{,}7 \cdot 10^{-3}$ %; Wdampf zers.; l. S in der Wärme, $NaHCO_3$-, $KHCO_3$-, NH_4HCO_3-Lsg.; Kochen mit KOH → Fe_3O_4
140... 50 Z							wahrscheinlich $[Fe(CO)_4]_3$; dklgrüne glänzende Prismen; mit Wdampf <100° unzers. flch.; unl. konz. HCl, fl. NH_3; Alk wirken nur wenig ein, konz. H_2SO_4 nur in der Hitze; k. konz. HNO_3 greift an
−20	F						zähe blaßgelbe Fl.; entzündet sich leicht an der Luft → Fe_2O_3, zers. W; l. Al, Ä, Aceton, alkohol. NaOH oder KOH; unl. fl. NH_3
							grüne Tafeln; wl. W; etwas l. HCO_2H; unl. Al
							gelbes krist. Pulver; l. W; swl. Al; beim Erhitzen der wss. Lsg. vollständige Hydrolyse
							fbl. kleine Krist., auch grünlichweiße Nadeln; sll. W
							hgelbes Pulver; wl. W; l. Alk-oxalat-lsg. goldgelb, warmen verd. S; bei 142° im Vak. −2 H_2O

Formel	Name	Zustand	Mol.-Masse / Dichte g·cm⁻³	System, Typ und Symbol	Einheitszelle Kantenlänge in Å	Einheitszelle Winkel und M	Brechzahl n_D
$Fe_2(C_2O_4)_3 \cdot 6H_2O$	(III)-oxalat	f	483,85				
$FeC_6H_6O_7 \cdot H_2O$	(II)-citrat	f	263,97				
$FeC_6H_5O_7 \cdot 5H_2O$	(III)-citrat	f	335,03				
$FeCl_2$	(II)-chlorid	f	126,75 / 2,98	trig. $C19$ $D_{3d}^5, R\bar{3}m$	6,19	33° 33' $M=1$	
$FeCl_2 \cdot 2H_2O$		f	162,78 / 2,358	mkl.			
$FeCl_2 \cdot 4H_2O$		f	198,81 / 1,93	mkl. $C_{2h}^5, P2_1/c$	8,28 7,17 5,91	109° 13' $M=2$	
$FeCl_2 \cdot 6NH_3$	Hex= ammin	f	228,94 / 1,428	kub.	10,19		
$FeCl_3$	(III)-chlo= rid	f	162,21 / 2,804	trig. $D0_5$ $C_{3i}^2, R\bar{3}$	6,69	52° 30' $M=2$	
$FeCl_3 \cdot 6H_2O$		f	270,30				
FeF_2	(II)-fluorid	f	93,84 / 4,09	tetr. $C4$ $D_{4h}^{14}, P4_2/mnm$	4,83 3,36	$M=2$	
$FeF_2 \cdot 4H_2O$		f	165,91 / 2,095				
FeF_3	(III)-fluo= rid	f	112,84 / 3,52	trig. $D0_{12}$ $D_{3d}^6, R\bar{3}c$	5,393	58° 5' $M=2$	
FeJ_2	(II)-jodid	f	309,66 / 5,39	trig. $C6$ $D_{3d}^3, P\bar{3}m1$	4,04 6,75	$M=1$	

Phasen-umwandlungen		Standardwerte bei 25° C			Bemerkungen und Charakteristik
°C		ΔH kJ/Mol	C_p J/Molgrd	S^0	ΔH_B ΔG^0 kJ/Mol	
					gelbgrüne Blättchen; lichtempfindlich; ll. W; geht leicht in basisches Salz über
					schweres weißes Kristallpulver; wl. W; ll. wss. NH$_3$
					rotbraune Lamellen oder blaßbraunes Pulver; lichtempfindlich; langsam l. k. W; gut l. h. W; ll. wss. NH$_3$; unl. Al
677 1012	F V	43,0 125,5	76,33 120,1	−340,9 −302	weiße glänzende Krist., an der Luft grünlich gelb; LW 20° 38,6%, Bdk. 4H$_2$O; l. Me, Al, Aceton, Acetonitril; wl. Bzl, Eg; unl. Ä
				−955	feine grüne Krist. LW s. FeCl$_2$
				−1550	grüne Krist.; LW s. FeCl$_3$ sll. in schwach HCl-saurem W
				−995,2	sehr leichtes lockeres Pulver; weiß, an der Luft Verfärbung nach gelb oder braun, grün, schw.
303,9 319	F V	43,1 25,18	94,93 134,7	−391,2 −323,3	$\bar{\gamma}(-78...17°$ C$) = 50 \cdot 10^{-6}$ grd^{-1}; kleine stark glänzende irisierende Platten, verschiedenfarbige met. glänzende Flitter, im durchfallenden Licht purpurrot im reflektierten grün; subl.; sehr zerfl.; LW 20° 48%, Bdk. 6H$_2$O; ll. Me, Al, Ä; l. Aceton, Bzl, Toluol, Py; unl. Glycerin
37	F			−2226	harte gelbe Krist. von herbem salzigen Geschmack; LW s. FeCl$_3$; hygr.; ll. Al, Glycerin, Gemisch Al+Ä; wss. Lsg. reagiert sauer
−194,8 1100 1800	U F V		68,12 86,97	−703	weißes Salz; fbl. durchsichtige Krist.; langsam und wl. W; unl. Al, Ä
					kleine Krist., weißes Salz; wl. W; l. wss. HF, S; etwas l. Al, Ä; gut l. HCl, H$_2$SO$_4$, HNO$_3$
1030	F			−983,2	grünliche kleine durchsichtige lichtbrechende Krist.; wl. sied. W; ll. wss. HF; unl. Al, Ä
601 935	F V	75 111,9		−125,4	braune Krist.; hygr.; l. W

Formel	Name	Zustand	Mol.-Masse / Dichte g·cm⁻³	System, Typ und Symbol	Einheitszelle Kantenlänge in Å	Einheitszelle Winkel und M	Brechzahl n_D
[Fe(CN)$_6$]K$_3$	Kaliumhexacyanoferrat-(III)	f	329,26 1,894	mkl. C_{2h}^5, $P2_1/c$	13,42 10,40 8,38	90° 6′ $M=4$	1,566 1,569 1,583
[Fe(CN)$_6$]K$_4$	Kaliumhexacyanoferrat-(II)	f	368,36	tetr. C_{4h}^6, $I4_1/a$	9,37 33,69	$M=8$	1,585 1,589 1,591
[Fe(CN)$_6$]K$_4$·3H$_2$O		f	422,41 1,85	mkl. C_{2h}^6, $C2/c$	9,34 16,87 9,34	90° 5′ $M=4$	1,570 1,575 1,580
Fe$_2$N	nitrid	f	125,70 6,25	orh. $L'3$	4,830 5,523 4,425	$M=4$	
Fe$_4$N		f	237,39 6,57	kub. $L'1$ O_h^1, $Pm3m$	3,795	$M=1$	
Fe(NO$_3$)$_2$·6H$_2$O	(II)-nitrat	f	287,95				
Fe(NO$_3$)$_2$·9H$_2$O		f	341,99 1,684	mkl.	1,1296 : 1 : 1,9180		
[Fe(CN)$_6$](NH$_4$)$_4$·3H$_2$O	Ammoniumhexacyanoferrat-(II)	f	338,15				
[Fe(CN)$_6$]Na$_4$·10H$_2$O	Natriumhexacyanoferrat-(II)	f	484,07 1,458				1,519 1,530 1,544
FeO	(II)-oxid	f	71,85 5,745	kub. $B1$ O_h^5, $Fm3m$	4,299	$M=4$	
Fe$_2$O$_3$	(III)-oxid	f	159,69 5,25	trig. $D5_1$ D_{3d}^6, $R\bar{3}c$	5,42	55° 14′ $M=2$	3,042* 2,797*
Fe$_3$O$_4$	(II, III)-oxid	f	231,54 5,18	kub. $H1_1$ O_h^7, $Fd3m$	8,434	$M=8$	2,42

Anorganische Verbindungen

Phasen-umwandlungen		Standardwerte bei 25° C		Bemerkungen und Charakteristik
°C	ΔH kJ/Mol	C_p / S^0 J/Molgrd	ΔH_B / ΔG^0 kJ/Mol	
		316 / 420	−173 / −51	rote Krist.; zers. in der Hitze; LW 20° 31,5%, Bdk. 0 H_2O; l. Aceton; unl. Al, wss. NH_3
				weißes Pulver, hygr.; zers. beim stärkeren Erhitzen; LW 20° 22%, Bdk. 3 H_2O
				hgelbe Krist.; luftbeständig; LW s. [Fe(CN)$_6$]K$_4$; l. Aceton; unl. Al, Ä, wss. NH_3; zwischen 60...100° −3 H_2O
		70,6 / 101,2	−3,8 / 10,7	gelblich gefärbte Substanz; Pikrinsäure greift nicht an; h. alk. Pikratlsg. verfärbt nach bräunlich
		122,4 / 156,5	−10,7 / 3,46	gelblich gefärbte Substanz; Pikrinsäure greift nicht an; h. alk. Pikratlsg. verfärbt nach bräunlich
60,5	F			wasserhelle Krist.; zerfl.; LW 20° 45,5%, Bdk. 6 H_2O
50,1	F		−3279	das reine Salz ist fbl., sonst schwach viol.; Geruch nach HNO_3; zerfl.; ll. W; l. Al, Aceton; in HNO_3 steigender Konz. immer weniger löslich
				gelbes krist. Pulver; färbt sich an der Luft blau; ll. W; unl. abs. Al und verd. Al; die wss. Lsg. ist nicht haltbar
81,5 −10 H_2O				gelbe Prismen; verwittern leicht; LW 20° 15,5%, Bdk. 10 H_2O; unl. Al und den meisten org. Lösm.; zers. vollständig bei 435°
−84,7	U	48,12 / 59,4	−266,9 / −246	Wüstit; Zusammensetzung etwa Fe$_{0,95}$O; schw. Pulver; unl. W, Alk, Al; l. S
677 / 767	U / U	0,67 / 104,8 / 89,9	−822,2 / −740,8	* $\lambda = 656$ mµ; α-Fe_2O_3 Halbleiter; Hämatit; gut ausgebildete Krist. oder in feiner Verteilung, gelbrot bis rotbraun; unl. W; l. HCl; γ-Fe_2O_3 kub. T^4, $P2_13$, $a=8,339$ Å; δ-Fe_2O_3 hex. $a=5,09$, $c=4,41$ Å, $M=2$
627 / 1594	U / F	138 / 143,4 / 146,4	−1116 / −1013	Magnetit; schw. bis blauschw. Pulver; unl. W, HNO_3, Alk; langsam l. konz. HCl; l. HF

Formel	Name	Zustand	Mol.-Masse / Dichte g·cm⁻³	Kristalldaten System, Typ und Symbol	Einheitszelle Kantenlänge in Å	Einheitszelle Winkel und M	Brechzahl n_D
Fe(OH)$_2$	(II)-hydroxid	f	89,86 / 3,40	trig. $C6$ $D_{3d}^3, P\bar{3}m1$	3,24 4,47	$M=1$	
Fe(OH)$_3$	(III)-hydroxid	f	106,87 / 3,12	mkl. $C_{2h}^5, P2_1/c$	9,92 5,12 8,99	93° 26' $M=8$	
Fe$_2$P	phosphid	f	142,67 / 6,56	hex. $C22$ $D_{3h}^3, P\bar{6}2m$	5,87 3,45	$M=3$	
Fe$_3$P		f	198,51 / 6,74		9,10 4,45	$M=8$	
Fe$_3$(PO$_4$)$_2$·8H$_2$O	(II)-orthophosphat	f	501,61 / 2,58	mkl. $C_{2h}^3, C2/m$	9,99 13,43 4,70	102° 34' $M=2$	1,579 1,603 1,633
FePO$_4$·2H$_2$O	(III)-orthophosphat	f	186,85 / 2,87	orh. $D_{2h}^{15}, Pbca$	9,85 10,07 8,67	$M=8$	
FeS	(II)-sulfid	f	87,91 / 4,82	hex. $B8$ $D_{6h}^4, P6_3/mmc$	3,43 5,79	$M=2$	
FeS$_2$	sulfid	f	119,98 / 5,00	kub. $C2$ $T_h^6, Pa3$	5,415	$M=4$	
FeS$_2$		f	119,98 / 4,87	orh. $C18$ $D_{2h}^{12}, Pnnm$	4,436 5,414 3,381	$M=2$	
Fe$_2$S$_3$	(III)-sulfid	f	207,89 / 4,246	kub.	5,42	$M=2$	
Fe(SCN)$_2$	(III)-thiocyanat	f	172,01				
Fe(SCN)$_3$·3H$_2$O	(III)-thiocyanat	f	284,14				
FeSO$_4$	(II)-sulfat	f	151,91 / 2,841	orh. $D_{2h}^{17}, Cmcm$	6,59 7,975 5,225	$M=4$	

Anorganische Verbindungen

°C	Phasen-umwandlungen ΔH kJ/Mol	C_p J/Molgrd	S^0	ΔH_B ΔG^0 kJ/Mol	Bemerkungen und Charakteristik
			79	−568,0 −483,1	weißer feinflockiger Nd., an der Luft rasch oxid. und grün; LW 20° $1,3 \cdot 10^{-5}$ Mol/l Lsg.; l. HCl, konz. H_2SO_4, HF; auch l. verd. S
				−825	frisch gefällt gelartig, getrocknet rotbraune Stücke; LW 18° $4,8 \cdot 10^{-9}$ %; l. HCl; frisch gefällt l. HF, H_2SO_4, org. S
1360	F			−161	graue Krist.; unl. W, verd. S; l. Königsw., HNO_3+HF
1166	F			−164	graue Substanz; unl. W
					Vivianit; kleine fbl. Krist. auf frischen Bruchflächen, an der Luft aber rasch blau; unl. W
				−1845	Strengit; Phosphosiderit mkl. C_{2h}^2, $P2_1/m$, $a=8,67$, $b=9,79$, $c=5,30$ Å, $\beta=90°\,36'$, $M=4$; gelblichweißer Nd.; unl. W, Egs; l. HCl, H_2SO_4
138 325 1195	U U F	2,38 0,50 32,34	54,8 67,3	−96,2 −98,4	$\chi_{Mol}=+977 \cdot 10^{-6}$ cm³Mol⁻¹; grauschw. met. glänzende Stücke. Stäbchen oder Körner; sied. W zers.; LW 18° $6,1 \cdot 10^{-4}$ %; l. S→H_2S-Entwicklung; unl. wss. NH_3, Py, Egester
			61,9 53,1	−177,8 −166,5	$\varkappa(50...2000$ at, 0° C$)=0,70 \cdot 10^{-6}$ at⁻¹; Halbleiter; Pyrit; messinggelbe Krist.; LW 18° $5 \cdot 10^{-4}$ %; unl. verd. S; l. HNO_3, konz. HCl; h. konz. H_2SO_4 oxid.→$Fe_2(SO_4)_3$
				−154,3	$\varkappa(50...200$ at, 0° C$)=0,79 \cdot 10^{-6}$ at⁻¹; Markasit; Farbe wie Pyrit, aber mehr grünlich, met. glänzend
					gelblichgraue Substanz; LW 20° $3 \cdot 10^{-18}$ Mol/l; l. HCl→H_2S-Entwicklung
					rote Krist. von unangenehm met. Geschmack; sehr zerfl.; ll. W blutrot, Al, Amylal., Ä, Aceton; l. Py; unl. Chlf, CCl_4, PÄ, Pentan, CS_2
					rote Krist.; zerfl.; ll. W, Al blutrot, Ä viol.; sied. wss. Lsg. zers.
			107,5	−922,6	weißliches Pulver; zieht an der Luft W an; LW 20° 21 %, Bdk. 7H_2O

Formel	Name	Zustand	Mol.-Masse Dichte g·cm⁻³	System, Typ und Symbol	Einheitszelle Kantenlänge in Å	Winkel und M	Brechzahl n_D
$FeSO_4 \cdot 7H_2O$		f	278,02 1,89	mkl. $C_{2h}^5, P2_1/c$	14,02 6,50 11,01	105° 34' $M=4$	1,4713 1,4782 1,4866
$Fe_2(SO_4)_3$	(III)-sulfat	f	399,88 3,097				
Fe_2SiO_4	ortho= silikat	f	203,78 4,34				
$Fe(VO_3)_2$	(II)-van= adat	f	253,73				
Ga GaAs	**Gallium** (III)-ar= senid	f	144,64 5,307	kub. $B3$ $T_d^2, F\bar{4}3m$	5,63	$M=4$	
$GaBr_3$	(III)-bro= mid	f	309,45 3,69				
$GaBr_3 \cdot NH_3$	(III)-am= min= bromid	f	326,48 3,112				
$GaBr_3 \cdot 6NH_3$	(III)-hex= ammin= bromid	f	411,63				
$Ga(CH_3)_3$	trimethyl	fl	114,83				
$Ga(CH_3)_3 \cdot NH_3$	trimethyl- ammin	f	131,86				
$Ga(C_2H_5)_3$	triäthyl	fl	156,91 1,0576				
$Ga(C_2H_5)_3 \cdot NH_3$	triäthyl- ammin	fl	173,94				
$Ga(CH_3)_3 \cdot (C_2H_5)_2O$	trimethyl- ätherat	fl	188,95				
$Ga(C_2H_5)_3 \cdot (C_2H_5)_2O$	triäthyl- ätherat	fl	231,03				

Phasen-umwandlungen		Standardwerte bei 25° C		Bemerkungen und Charakteristik
°C	ΔH kJ/Mol	C_p S^0 J/Molgrd	ΔH_B ΔG^0 kJ/Mol	
64	F		−3006	grüne Krist.; mit HCl abdampfen→ Chlorid; LW s. $FeSO_4$; L 40% Al 15° 0,3%; l. abs. Me; wl. N_2H_4; unl. fl. NH_3, Eg, Aceton, Py
				krist. hrosa, rein weiß, grünlichgelb bis gelb; Farbe abhängig vom Reinheitsgrad; hygr.; l. W, wss. H_2SO_4; unl. 100% H_2SO_4, fl. NH_3, Eg, Aceton, Py
1205	F	132,8 148,1	−1438 −1337,5	Fayalit; zers. konz. sied. HCl→SiO_2
				rotbraunes voluminöses Pulver; unl. W; l. S
				Halbleiter; dklgraue schwach gesinterte Masse
124,5	F	11,7	−367	weiße krist. Substanz; äußerst hygr.;
279	V	38,9		ll. W unter Hydrolyse
124	F		−565,7	weißes Pulver
				weißes Pulver; ohne Feuchtigkeit beständig; l. wss. Alk, HCl; ziemlich l. fl. NH_3
−19	F			fbl. Fl., sehr reaktionsfähig gegen O_2; entzündet sich bei −76°
55	V			
31	F			weißer krist. Körper; subl. im Vak. bei gewöhnlicher Temp.; feuchtigkeitsempfindlich; ll. Ä, wss. KOH unter Hydrolyse
−82,3	F			fbl. etwas viskose Fl. von unangenehmem Geruch; an Luft selbstentzündlich, brennt mit purpurner Flamme und braunem Rauch; mit W und 95% Al heftig→C_2H_6-Entwicklung
142,6	V			
				fbl. Fl.; an Luft langsame Z.; mit W langsame Hydrolyse→NH_3, C_2H_6, $Ga(C_2H_5)_2OH$; ll. Al 95%, Bzl, Ä; H_2SO_4, KOH zers. rasch
98,3	V			fbl. Fl.; langsam oxid. an Luft; mit W stürmisch→CH_4; wss. KOH hydrolysiert→CH_4-Entwicklung
				fbl. Fl.; rasch zers. durch Feuchtigkeit; an Luft weiße Dämpfe; expl. mit O_2, HNO_3; zers. ammoniakalische H_2O_2-Lsg.

Formel	Name	Zustand	Mol.-Masse Dichte g·cm⁻³	System, Typ und Symbol	Kantenlänge in Å	Winkel und M	Brechzahl n_D
$Ga_2(C_2O_4)_3 \cdot 4H_2O$	oxalat	f	475,56				
$GaCl_3$	(III)-chlorid	f	176,08 2,47				
$GaCl_3 \cdot NH_3$	(III)-amminchlorid	f	193,11 2,189				
GaF_3	(III)-fluorid	f	126,72 4,47	trig. $D_{3d}^6, R\bar{3}c$	5,20	57,5° $M=6$	
$GaF_3 \cdot 3H_2O$		f	180,76				
Ga_2H_6	hydrid	fl	145,49				
GaJ_3	(III)-jodid	f	450,43 4,15	orh. $D_{2h}^{17}, Cmcm$	6,09 18,29 5,94	$M=4$	
$GaJ_3 \cdot NH_3$	(III)-amminjodid	f	467,46 3,635				
$GaJ_3 \cdot 6NH_3$	(III)-hexamminjodid	f	552,62				
$GaK(SO_4)_2 \cdot 12H_2O$	Kaliumgalliumsulfat	f	517,13 1,895	kub. $H4_{13}$ $T_h^6, Pa3$	12,22	$M=4$	1,4653
GaLi	lithium	f	76,66	kub. $B32$ $O_h^7, Fd3m$	6,20	$M=8$	
Ga_2O_4Mg	Magnesiumgallat	f	227,75 5,298	kub.	8,28		
GaN	(III)-nitrid	f	83,73 6,10	hex. $B4$ $C_{6v}^4, P6_3mc$	3,180 5,166	$M=2$	
$GaNH_4(SO_4)_2 \cdot 12H_2O$	Ammoniumgalliumsulfat	f	496,07 1,777	kub. $H4_{13}$ $T_h^6 Pa3$	12,268	$M=4$	1,4684
Ga_2O	(I)-oxid	f	155,44 4,77				

Anorganische Verbindungen

Phasenumwandlungen			Standardwerte bei 25° C		Bemerkungen und Charakteristik
°C		ΔH kJ/Mol	C_p S^0 J/Molgrd	ΔH_B ΔG^0 kJ/Mol	
Z 195				−3545	weißes mikrokrist. Pulver; wl. k. W unter Hydrolyse; ll. H_2SO_4
77	F	10,9		−524,7	$\varkappa_{Mol} = -63 \cdot 10^{-6}$ cm^{3}Mol^{-1}; weiße nadelförmige Krist.; raucht stark und zerfl. an Luft; ll. W unter Hydrolyse; l. Bzl, PÄ, CCl_4, CS_2; klar l. wenn Lösm. getrocknet sind
200	V	23,9	169,5		
124	F			−714,6	weißes Pulver
438	V	74,1			
					weißes Pulver; nicht hygr.; LW 20° 0,02%; l. sied. 2nHCl nur in Spuren; subl. bei 800° im N_2-Strom, bei 1000° vollständig verdampft
140° −H_2O					feines weißes Pulver; an Luft beständig; unl. k. W, l. h. W; wl. 50% wss. HF; ll. verd. HCl
−21,4	F				Digallan; fbl. Fl.; zers. W, S, Alk
210	F	16,3		−214	$\varkappa_{Mol} = -149 \cdot 10^{-6}$ cm^{3}Mol^{-1}; hgelbe krist. Substanz, geschmolzen gelbrot bis or.braun; hygr.; raucht an der Luft; hydrolysiert leicht
346	V	56,5			
140	F			−379	weißes Pulver
					weißes Pulver; an feuchter Luft NH_3-Abgabe und Aufnahme von H_2O
					fbl. Krist.; l. W
					graue, etwas poröse Legierung
					Gallium-magnesium-spinell
			46,0	−104,2 −77,2	dklgraues Pulver, an Luft beständig; unl. verd. und konz. HF, HCl, HNO_3, Königsw.; langsam l. h. konz. H_2SO_4, h. konz. NaOH
					fbl. durchsichtige Krist.; LW 25° 13,8%, Bdk. 12H_2O; l. verd. wss. Al
					$\varkappa_{Mol} = -34 \cdot 10^{-6}$ cm^{3}Mol^{-1}; braunschw. Pulver; subl. bei 500° im Vak.; wl. verd. HNO_3; konz. HNO_3 reagiert heftig, verd. H_2SO_4 wird zu H_2S reduziert

221. Übersichtstabelle

Formel	Name	Zustand	Mol.-Masse / Dichte g·cm⁻³	System, Typ und Symbol	Einheitszelle Kantenlänge in Å	Einheitszelle Winkel und M	Brechzahl n_D
Ga_2O_3 α	(III)-oxid		187,44 5,95	trig. $D5_1$ $D_{3d}^6, R\bar{3}c$	5,31	55,8° $M=2$	
$Ga(OH)_3$	(III)-hydroxid	f	120,74				
GaP	(III)-phosphid	f	100,69	kub. $B3$ $T_d^2, F\bar{4}3m$	5,44	$M=4$	
$GaRb(SO_4)_2 \cdot 12H_2O$	Rubidiumgalliumsulfat	f	563,50 1,962	kub. $H4_{13}$ $T_h^6, Pa3$	12,22	$M=4$	1,4658
GaS	(II)-sulfid	f	101,78 3,75	hex. $D_{6h}^4, P6_3/mmc$	3,585 15,50	$M=4$	
Ga_2S_3	(III)-sulfid	f	235,63 3,48	kub. $B3$ $T_d^2, F\bar{4}3m$	5,181	$M=4/3$	
$Ga_2(SO_4)_3 \cdot 18H_2O$	(III)-sulfat	f	751,90				
GaSb	(III)-antimonid	f	191,47 5,619	kub. $B3$ $T_d^2, F\bar{4}3m$	6,095	$M=4$	
GaSe	(II)-selenid	f	148,68 5,03	hex. $D_{6h}^4, P6_3/mmc$	3,742 15,919	$M=4$	
Ga_2Se_3	(III)-selenid	f	376,32 4,92	kub. $B3$ $T_d^2, F\bar{4}3m$	5,42	$M=4$	
GaTe	(II)-tellurid	f	197,32 5,44				
Ga_2Te_3	(III)-tellurid	f	522,24 5,57	kub. $B3$ $T_d^2, F\bar{4}3m$	5,87	$M=4$	
Ga_2O_4Zn	Zinkgallat	f	268,81 6,1544	kub. $H11$ $O_h^7, Fd3m$	8,323	$M=8$	>1,74

Anorganische Verbindungen

Phasenumwandlungen		Standardwerte bei 25° C			Bemerkungen und Charakteristik
°C	ΔH kJ/Mol	C_p S^0 J/Molgrd		ΔH_B ΔG^0 kJ/Mol	
~600 1725	U^* F	91,84 84,64		−1815 −1725	* U α→β; röntgenographisch ermittelte Dichte für α = 6,44, β = 5,88 gcm^{-3}; weißes Pulver; schwach geglühtes Oxid l. HCl, H$_2$SO$_4$; geglühtes wird von allen S und KOH nicht angegriffen; Aufschluß durch Schmelze mit KOH oder KHSO$_4$
					weißer flockiger Nd., zeigt Alterungserscheinung; bei 420...40° → Ga$_2$O$_3$; l. verd. S, Alk, wss. NH$_3$; Abnahme der L durch Alterung
1350	F				Halbleiter; or.gelbe, schwach gesinterte Masse
					fbl. Krist.; ll. W
965	F			−194,1	Halbleiter; $\chi_{Mol} = -23 \cdot 10^{-6}$ cm^{3}Mol^{-1}; kleine glitzernde gelbe Krist.; beständig gegen W; mit 15 % Egs in der Siedehitze→H$_2$S
550 1250	U^* F				* U $B3 \to B4$, hex. C_{6v}^4, $P6_3mc$, $a = 3,685$, $c = 6,028$ Å, $M = {}^2/_3$; Halbleiter; $\chi_{Mol} = -80 \cdot 10^{-6}$ cm^{3}Mol^{-1}; gelbe Substanz; an der Luft langsam Z.→H$_2$S; zers. W; mit verd. und konz. HNO$_3$→H$_2$S; Alk zers. unter Bildung von Gallat
					fbl. Krist.; nicht hygr.; ll. W; l. 60 % Al; unl. Ä
703	F	25,1		−20,8	Halbleiter; spröder metallischer Körper
960	F			−146,4	Halbleiter; dklrotbraune fettig glänzende Blättchen
1020	F				Halbleiter; fein zerrieben rotes Pulver; Schmelzkuchen schw.; ziemlich hart, spröde
824	F			−119,7	Halbleiter; schw. weiche fettig glänzende Blättchen, leicht zu zerreiben
790	F			−272	Halbleiter; schw. Substanz, hart, spröde
					weiße feinkrist. Substanz

Formel	Name	Zustand	Mol.-Masse Dichte g·cm^{-3}	System, Typ und Symbol	Einheitszelle Kantenlänge in Å	Winkel und M	Brechzahl n_D
Gd GdB$_6$	**Gadolinium** borid	f	222,12 5,309	kub. $D2_1$ O_h^1, $Pm3m$	4,1078	$M=1$	
GdCl$_3$	(III)-chlorid	f	263,61 4,52	hex. C_{6h}^2, $P6_3/m$	7,363 4,105	$M=2$	
Gd$_2$O$_3$	(III)-oxid	f	362,50 7,407	kub. $D5$ T_h^7, $Ia3$	10,819	$M=16$	
Gd(OH)$_3$	(III)-hydroxid	f	208,27	hex. $D0_{19}$ C_{6h}^2, $P6_3/m$	6,26 3,54	$M=2$	
Gd$_2$(SO$_4$)$_3$·8H$_2$O	(III)-sulfat	f	746,81 3,01	mkl.	3,0086: 1: 2,0068	118° 2′	
Ge GeBr$_4$	**Germanium** (IV)-bromid	f	392,23 3,132	kub.			1,6269
GeH$_3$Br	Monobromgerman	fl	155,52 2,34				
GeH$_2$Br$_2$	Dibromgerman	fl	234,42 2,80				
Ge(CH$_3$CO$_2$)$_4$	(IV)-acetat	f	308,77				
GeCl$_2$	(II)-chlorid	f	143,50				
GeCl$_4$	(IV)-chlorid	fl	214,40 1,88				1,4644
GeH$_3$Cl	Monochlorgerman	fl	111,07 1,75*				
GeHCl$_3$	Trichlorgerman	fl	179,96 1,93				

Phasenumwandlungen		Standardwerte bei 25° C		Bemerkungen und Charakteristik
°C	ΔH kJ/Mol	C_p S^0 J/Molgrd	ΔH_B ΔG^0 kJ/Mol	
				α(Raumtemp.) $= 5{,}88 \cdot 10^{-6}$ grd^{-1}
609 1580	F V		−1004	$\chi_{Mol} = +27930 \cdot 10^{-6}$ cm^{3}Mol^{-1}; rein weiße Nadeln mit schwach grauem Ton; l. W, Al; wird nicht hydrolysiert; $\cdot$ 6H$_2$O dicke tafelförmig abgestumpfte Krist., $D = 2{,}424$ gcm^{-3}
2330	F			$\bar{\alpha}(25\ldots 1000°$ C$) = 10{,}5 \cdot 10^{-6}$ grd^{-1}; $\chi_{Mol} = +26600 \times 2 \cdot 10^{-6}$ cm^{3}Mol^{-1}; 2. Modifikation mkl., $a = 14{,}061$, $b = 3{,}566$, $c = 8{,}760$ Å, $\beta = 100°$ 16′, $M = 6$; weißes Pulver; schwach gelbstichig; ziemlich hygr.; nimmt leicht CO$_2$ auf; l. S
			−1289	fast weißer gallertartiger Nd.
		587,9 651,9	−6355 −5565	$\chi_{Mol} = +26640 \times 2 \cdot 10^{-6}$ cm^{3}Mol^{-1}; fbl. sehr kleine glänzende Krist.; LW 20° 2,81 %, Bdk. 8H$_2$O
26,1 187,1	F V	12,1 41,4	−303,5	weiße glänzende Krist.; W hydrolysiert; l. abs. Al, CCl$_4$, Bzl, Ä
−32 52	F V			
−15 89	F V			
156	F			feine weiße Nadeln; W hydrolysiert→GeO$_2$; l. Egsanhydrid, Bzl, Aceton; wl. CCl$_4$
				in dünnen Schichten fbl. Substanz; sehr reaktionsfähig; W hydrolysiert→GeO, Sauerstoff greift schnell an; l. GeCl$_4$, Bzl, Ä; unl. Al, Chlf
−49,5 83,1	F V	29,7	−649	$\varepsilon = 2{,}65$; $\chi_{Mol} = -72 \cdot 10^{-6}$ cm^{3}Mol^{-1}; fbl. Fl., leicht beweglich; raucht stark an der Luft; W hydrolysiert→GeO$_2$, verd. NaOH mit heftiger Reaktion; l. abs. Al, CS$_2$, CCl$_4$, Chlf, Bzl, Ä, Aceton
−52 28,9	F V	54,77 263,6		* bei −52° C
−71 75,3	F V	33,5		„Germaniumchloroform"; fbl. bewegliche Fl.; mit W→Ge(OH)$_2$, desgleichen wss. NH$_3$

Formel	Name	Zustand	Mol.-Masse / Dichte g·cm⁻³	Kristalldaten System, Typ und Symbol	Einheitszelle Kantenlänge in Å	Einheitszelle Winkel und M	Brechzahl n_D
GeF_4	(IV)-fluorid	g	148,58 6,71*				
$GeFCl_3$	Fluortrichlorgerman	fl	197,95				
GeF_2Cl_2	Dichlordifluorgerman	g	181,49				
GeH_4	German	g	76,62 3,43¹				2
Ge_2H_6	Digerman	fl	151,23 1,98*				
Ge_3H_8	Trigerman	fl	225,83 2,2*				
GeJ_2	(II)-jodid	f	326,40 5,3	trig. $C6$ $D_{3d}^3, P\bar{3}m1$	4,13 6,79	$M=1$	
GeJ_4	(IV)-jodid	f	580,21 4,32	kub. $D11$ $T_h^6, Pa3$	11,91	$M=8$	
$[GeF_6]K_2$	Kaliumhexafluorogermanat	f	264,78	trig. $I1_{1_3}$ $D_{3d}^3, P\bar{3}m1$	5,62 4,78	$M=1$	
GeO_3Li_2	Lithiummetagermanat	f	134,47 3,53	orh. $C_{2v}^{12}, Cmc2_1$	5,557 9,625 4,815	$M=4$	1,73
$GeMg_2$	Magnesiumgermanid	f	121,21 3,086	kub. $C1$ $O_h^5, Fm3m$	6,38	$M=4$	
GeO_4Mg_2	Magnesiumgermanat	f	185,21	orh. $S1_2$ $D_{2h}^{16}, Pnma$			1,698 1,717 1,763
Ge_3N_4	(IV)-nitrid	f	273,80 5,25	trig. $C_{3i}^2, R\bar{3}$	8,57	107,8° $M=6$	

Anorganische Verbindungen

Phasenumwandlungen °C		ΔH kJ/Mol	Standardwerte bei 25° C			Bemerkungen und Charakteristik
			C_p J/Molgrd	S^0	ΔH_B ΔG^0 kJ/Mol	
−15 (3032 Torr) −36,8	F Sb	32,7	31,88	303,4		* kg/Nm³; D^0(fl) = 2,126; fbl. Gas, raucht stark an der Luft, stechender Geruch; greift Atmungsorgane an, verursacht Heiserkeit; zers. W→ H_2GeF_6
−49,8 37,5	F V	27,5				fbl. Fl.; raucht an der Luft; Geruch nach Knoblauch; gefriert zu einer weißen Masse; zers. W→GeO_2; l. abs. Al; mit verd. NaOH heftige Reaktion
−51,8 2,8	F V	23,65				fbl. Gas und Fl., gefriert zu einer weißen Masse; zers. W→GeO_2; l. abs. Al; mit verd. NaOH heftige Reaktion ϑ_{kr} 132,4°
−200 −196 −165,9 −88,35	U U F V	0,547 0,542 0,837 14,06	45,0 214,2			¹ kg/Nm³; D^{-142}(fl.) = 1,523; ² n = 1,000894; fbl. Gas; <280° nur sehr langsame Z. in Ge und H_2; 340...60° Z.
−109 30,8	F V	25,1				* bei −109° C; fbl. Fl.
−105 111,1	F V	32,2				* bei −105° C; fbl. Fl.
						gelbe Krist.
145 >300	F V					χ_{Mol} = −174 · 10⁻⁶ cm³Mol⁻¹; or.rote Krist.masse, beim Schmelzen rubinrote Fl.
730 835	F V					weiße Krist., Tafeln aus W; feines krist. Pulver; LW 18° 0,56%, 100° 2,7%; unl. Al
1238	F					weißes Pulver; strahlig ausgebildete Krist.; LW 25° 0,85%, Bdk. ⅓H_2O; wss. Lsg. reagiert alk.; ll. verd. S
1105	F					Halbleiter; grauschw. bröckelige Masse; mit S→Germaniumwasserstoffe
						rein weiße Substanz; LW 26° 1,6 · 10⁻³ %; ll. verd. S
Z 456				167	−65,3 −27,1	χ_{Mol} = −90,6 · 10⁻⁶ cm³Mol⁻¹; hellgrau; unl. 2nHCl, H_2SO_4, .HNO_3, NaOH, konz. HCl, HNO_3; swl. konz. H_2SO_4, konz. NaOH; Aufschluß mit Alk-Schmelze

Formel	Name	Zustand	Mol.-Masse / Dichte g·cm^{-3}	Kristalldaten System, Typ und Symbol	Einheitszelle Kantenlänge in Å	Einheitszelle Winkel und M	Brechzahl n_D
[GeF$_6$](NH$_4$)$_2$	Ammoniumhexafluorogermanat	f	222,66 2,564	trig. $I\,1_{13}$ $D_{3d}^3, P\bar{3}m1$	5,85 4,78	$M=1$	1,428 1,425
GeO$_3$Na$_2$	Natriummetagermanat	f	166,57 3,31	orh. $C_{2v}^{12}, Cmc2_1$	6,22 10,87 4,92	$M=4$	1,59
GeO	(II)-oxid	f	88,59 1,825				
GeO$_2$	(IV)-oxid	f	104,59 4,23	trig. $C\,8$ $D_3^4, P3_121$	4,972 5,684	$M=3$	1,695 1,735
GeO$_2$		f	104,59 6,24	tetr. $C\,4$	4,395 2,852	$M=2$	1,99 2,05
[GeF$_6$]Rb$_2$	Rubidiumhexafluorogermanat	f	357,52	trig. $I\,1_{13}$ $D_{3d}^3, P\bar{3}m1$	5,82 4,79	$M=1$	
GeS	(II)-sulfid	f	104,65 4,2	orh. $B\,16$ $D_{2h}^{16}, Pnma$	4,29 10,42 3,64	$M=4$	
GeS$_2$	(IV)-sulfid	f	136,72 2,94	orh. $C\,44$ $C_{2v}^{19}, Fdd2$	11,66 22,34 6,86	$M=24$	
H H$_2$O	**Wasserstoff** Wasser	fl	18,01 1,00	hex. $D_{6h}^4, P6_3/mmc$	4,51[1] 7,35	$M=4$	1,333

Phasen-umwandlungen		Standardwerte bei 25° C		Bemerkungen und Charakteristik
°C	ΔH kJ/Mol	C_p S^0 J/Molgrd	ΔH_B ΔG^0 kJ/Mol	
650	U^*		−323	weiße strahlig ausgebildete Krist.; aus der Luft CO_2-Aufnahme; LW 20° 19,85%, Bdk. 7 H_2O * U amorph→krist.; $\varkappa_{Mol}=-28,8 \cdot 10^{-6}$ cm³Mol⁻¹; gelbes Pulver, amorph; schw.braun, krist.; unl. W
1115	F	43,9 52,09 55,27	−540,6 −486,3	$\varkappa_{Mol}=-34,3 \cdot 10^{-6}$ cm³Mol⁻¹; weißes Pulver; feuerbeständig; LW 20° 0,4%; wl. H_2SO_4; l. HF, HCl; rasch l. 5nNaOH; Schmelze glasklar, gibt beim Abkühlen ein klares, stark lichtbrechendes Glas
1033 1086	U^* F			* U unl.→löslich; unl. W, HF, HCl, H_2SO_4; langsam l. 5nNaOH
615 827	F V	25 54,8	−108	Halbleiter; $\varkappa_{Mol}=-40,9 \cdot 10^{-6}$ cm³Mol⁻¹; dkl.grauschw. flimmernde Krist., im durchfallenden Licht rot bis gelbrot, gepulvert rot; ll. KOH; unl. fl. NH_3, HCl und anderen S; GeS frisch gefällt amorph, braunrotes Pulver; $D=3,31$; in W und an feuchter Luft langsam hydrolysiert; L fl. NH_3 −33° $3 \cdot 10^{-3}$ Mol/l Lsg.; etwas l. wss. NH_3; ll. Alk; l. HCl; unl. H_2SO_4, org. S
~800	F^2			$\varkappa_{Mol}=-53,3 \cdot 10^{-6}$ cm³Mol⁻¹; perlmuttglänzende Schuppen, gefällt weißes Pulver; wird von W nur schwierig benetzt; l. Alk, NH_3, mit $H_2O_2 \to GeO_2$; erstarrt aus Schmelze als bernsteingelbe durchsichtige Masse; L fl. NH_3 −33° 0,155 Mol/l Lsg.
0,00 100	F^2 V	6,007 75,15 40,66 66,56	−285,9 −236	[1] bei 0° C; [2] für luftgesättigtes Wasser; ausführliche Daten s. Tab. 222

1-352 H; Hf; Hg   221. Übersichtstabelle

| Formel | Name | Zustand | Mol.-Masse Dichte g·cm⁻³ | Kristalldaten ||| Brechzahl n_D |
				System, Typ und Symbol	Einheitszelle Kantenlänge in Å	Winkel und M	
H_2O_2	Wasserstoffperoxid	fl	34,01 1,448	tetr. $D_4^4, P4_12_12$	4,06 8,00	$M=4$	1,406
^2H_2O	Deuteriumoxid	fl	20,029 1,107	hex. $D_{6h}^4, P6_3/mmc$	4,513* 7,355	$M=4$	1,3284
Hf $HfBr_4$	**Hafnium** (IV)-bromid	f	498,13				
HfC	(IV)-carbid	f	190,50 12,20	kub. $B1$ $O_h^5, Fm3m$	4,641		
$HfCl_4$	(IV)-chlorid	f	320,30	kub.	10,41		
HfF_4	(IV)-fluorid	f	254,48 7,13	mkl. $C_{2h}^6, C2/c$	9,47 9,84 7,62	94° 29′ $M=12$	1,56
$[HfF_6]K_2$	Kaliumhexafluorohafnat	f	370,68 4,76	orh. $D_{2h}^{17}, Cmcm$	6,89 11,40 6,58	$M=4$	1,461* 1,449
HfN	nitrid	f	192,50				
HfO_2	oxid	f	210,49 9,68	kub. $C1$ $O_h^5, Fm3m$	5,125	$M=4$	
$HfOBr_2$	(IV)-oxidbromid	f	354,31	tetr.			
$HfOCl_2 \cdot 8H_2O$	(IV)-oxidchlorid	f	409,52	tetr.			1,557 1,543
Hg Hg_2Br_2	**Quecksilber** (I)-bromid	f	561,00 7,3	tetr. $D3_1$ $D_{4h}^{17}, I4/mmm$	4,65 11,12	$M=2$	
$HgBr_2$	(II)-bromid	f	360,41 5,73	orh. $C24$ $C_{2v}^{12}, Cmc2_1$	4,62 6,80 12,44	$M=4$	

Anorganische Verbindungen   H; Hf; Hg

Phasenumwandlungen		Standardwerte bei 25° C			Bemerkungen und Charakteristik
°C	ΔH kJ/Mol	C_p J/Molgrd	S^0	ΔH_B ΔG^0 kJ/Mol	
−0,41 150,2	F V	12,50	89,33	109,5	$\chi_{Mol} = -17{,}7 \cdot 10^{-6}$ cm³Mol⁻¹; fbl. sirupöse Fl.; erstarrt krist.; mischbar mit W; l. Ä; unl. PÄ; MAK: 1 cm³/m³ Luft; Perhydrol: wss. Lsg. mit 30 Gew% H_2O_2; klare fbl. Fl.; mischbar mit Al; starkes Oxid.-mittel; hautätzend; $D_4^{20} = 1{,}114$ g · cm⁻³; Gefrierpunkt −30° C
3,76 101,4	F V	6,280 41,69	84,35 72,36	−294,61 −244,2	* bei −50° C; ausführliche Daten s. Tab. 222
420	F				rein weiße Substanz; ll. W; subl. 322°, ΔH_{Sb} 100 kJ/Mol
3890 ±150	F				graue Substanz von met. Aussehen mit met. Glanz
432	F		120,5 190,8	−1050	rein weiße Substanz; subl. 317°, ΔH_{Sb} 100 kJ/Mol
					* n_{Max} und n_{Min}; L ¹/₈nHF 20° 0,1008 Mol/l; L 5,9 nHF 20° 0,1942 Mol/l
3300	F		54,8	−369,2	gelbbraunes Pulver
2790	F		60,25 59,33	−1113 −1053	weißes Pulver
					glänzende Nadeln; sll. verd. HCl; die L sinkt rasch mit steigender Konz. an HCl
					Nadeln; l. HCl
407	F		212,9	−206,7 −179,7	weiß-gelbliches Pulver; LW 25° 3,9 · 10⁻⁶%; l. S; unl. Al, Aceton
238,1 319	F V	17,91 58,89	162,8	−169,4	$\chi_{Mol} = -100{,}2 \cdot 10^{-6}$ cm³Mol⁻¹; fbl. glanzende Kristallblätter; geschmolzen hgelbe Fl.; LW 25° 0,62%; L Al 25° 30%; L Me 25° 69,4%; giftig

Formel	Name	Zustand	Mol.-Masse Dichte $g \cdot cm^{-3}$	System, Typ und Symbol	Einheitszelle Kantenlänge in Å	Winkel und M	Brechzahl n_D
$Hg(CN)_2$	(II)-cyanid	f	252,63 3,996	tetr. $F1_1$ $D_{2d}^{12}, I\bar{4}2d$	9,68 8,90	$M=8$	1,645 1,492
$Hg(CN)_2 \cdot HgO$	(II)-cyanid, bas.	f	469,214 4,437				
$Hg(CON)_2$	(II)-fulminat	f	284,62 4,42				
Hg_2CO_3	(I)-carbonat	f	461,19				
$Hg_2(CH_3CO_2)_2$	(I)-acetat	f	519,27				
$Hg(CH_3CO_2)_2$	(II)-acetat	f	318,68 3,254				
Hg_2Cl_2	(I)-chlorid	f	472,09 7,15	tetr. $D3_1$ $D_{4h}^{17}, I4/mmm$	4,46 10,91	$M=2$	1,9732 2,6559
$HgCl_2$	(II)-chlorid	f	271,50 5,44	orh. $C28$ $D_{2h}^{16}, Pnma$	5,963 12,735 4,325	$M=4$	1,725 1,859 1,965
$HgCl_2 \cdot 3HgO$	(II)-oxidchlorid	f	921,26 7,93	kub. $O_h^7, Fd3m$	9,55		
$Hg(NH_2)Cl$	(II)-amidochlorid	f	252,06 5,7	orh. $C_{2v}^1, Pmm2$	5,167 6,690 4,357	$M=2$	

°C	Phasenumwandlungen ΔH kJ/Mol	Standardwerte bei 25° C C_p S^0 J/Molgrd	ΔH_B ΔG^0 kJ/Mol	Bemerkungen und Charakteristik
			261,5	$\chi_{Mol}=-67 \cdot 10^{-6}$ cm³Mol⁻¹; weiße Krist.; geruchlos; lichtempfindlich; LW 0° 8%, 120° 41%, Bdk. 0 H₂O; L Me 19,5° 44,1%; L Al 19,5° 10,1%; l. NH₃, Py, Aceton; wl. Ä; unl. Bzl; giftig
				weiße Nadeln oder krist. Pulver; wl. k. W; expl. durch Reibung oder Schlag; giftig
				Krist.; LW 18° 0,07%; swl. sied. Ä, Chlf; wl. Egester in der Wärme; l. Aceton besonders in der Wärme; Initialexplosivstoff
		184	−553,3 −469	gelbes Pulver; LW 25° 8,8 · 10⁻¹⁰%; l. wss. NH₄Cl-Lsg.
			−841,6	weiße glänzende schuppige Krist.; lichtempfindlich; wl. W; l. verd. HNO₃; unl. Al, Ä; sied. W zers. → Hg + Hg(CH₃CO₂)₂; giftig
			−834,5	$\chi_{Mol}=-100 \cdot 10^{-6}$ cm³Mol⁻¹; fbl. glänzende Krist.; Geruch nach Egs; lichtempfindlich; ll. in mit Egs angesäuertem W; giftig
543	F*	101,6 195,7	−264,8 −211,3	* unter Druck; $\bar{\gamma}(20...150°$ C) = 103 · 10⁻⁶ grd⁻¹; Kalomel; weißes schweres mikrokrist. Pulver; geruch- und geschmacklos; an Luft beständig; färbt sich an Licht dunkler; LW 20° 2,3 · 10⁻⁴%; l. Bzl, Py, h. sauerstoffhaltigen S; unl. Al, Ä
277 304	F V	17,36 58,89	76,6 144,8	−230	$\chi_{Mol}=-81,7 \cdot 10^{-6}$ cm³Mol⁻¹; Sublimat; weiße durchscheinende strahlig krist. Stücke oder krist. Pulver; LW 20° 6%; L Me 20° 35%; L Al 25° 33,6%; L Ä 18° 6,05%; L Chlf 20° 0,1%; L Egester 25° 23,7%; ll. sied. W; l. Py, Egs, Glycerin, Aceton; giftig und ätzend
			−537,35	gelbes Pulver; bei 260° C zers.; unl. k. W; h. W zers.; l. HCl
				„unschmelzbares Präcipitat"; weißes Pulver; geruchlos; lichtempfindlich; unl. W, Al; l. S, (NH₄)₂CO₃- und Na₂S₂O₃-Lsg.; bei Rotglut flch. ohne zu schmelzen; giftig

Formel	Name	Zustand	Mol.-Masse Dichte $g \cdot cm^{-3}$	System, Typ und Symbol	Einheitszelle Kantenlänge in Å	Winkel und M	Brechzahl n_D
Hg(NH$_3$)$_2$Cl$_2$	Diamminquecksilber(II)-chlorid	f	305,56 3,77	kub.	4,07		
Hg$_2$(ClO$_3$)$_2$	(I)-chlorat	f	568,08 6,409				
Hg(ClO$_3$)$_2$	(II)-chlorat	f	367,49 4,998				
Hg$_2$F$_2$	(I)-fluorid	f	439,18 8,73	tetr. $D3_1$ $D_{4h}^{17}, I4/mmm$	3,66 10,9	$M=4$	
HgF$_2$	(II)-fluorid	f	238,59 8,67	kub. $C1$ $O_h^5, Fm3m$	5,54	$M=4$	
Hg$_2$J$_2$	(I)-jodid	f	654,99 7,70	tetr. $D3_1$ $D_{4h}^{17}, I4/mmm$	4,92 11,61	$M=2$	
HgJ$_2$	(II)-jodid	f	454,40 6,28	tetr. $C13$ $D_{4h}^{15}, P4_2/nmc$	4,357 12,36	$M=2$	2,748 2,555
[HgJ$_3$]K · H$_2$O	Kaliumtrijodomerkurat-(II)	f	638,42				
[HgJ$_4$]K$_2$	Kaliumtetrajodomerkurat-(II)	f	786,41				
Hg$_2$(N$_3$)$_2$	(I)-azid	f	485,22				
Hg(NO$_3$)$_2$ · ½H$_2$O	(II)-nitrat	f	333,61 4,3				

Anorganische Verbindungen   Hg 1-357

Phasenumwandlungen		Standardwerte bei 25° C			Bemerkungen und Charakteristik
°C	ΔH kJ/Mol	C_p J/Molgrd	S^0	ΔH_B ΔG^0 kJ/Mol	
300	F			−468,7	„schmelzbares Präcipitat"; weißes kleinkrist. Salz; schmilzt unter Z.; W zers.; l. Egs, wss. KJ-Lsg.
					fbl. lange Krist., die an der Luft Durchsichtigkeit und Glanz verlieren; weißes Pulver; expl. bei 250° C; l. k. W; h. W zers.; l. Al, Egs
					kleine Nadeln; zers. beim Erhitzen; l. W
570	F		184	−384	gelbes Pulver; W zers.
645 302 (178 Torr)	F Sb	67	117	−400	$\chi_{Mol} = -62 \cdot 10^{-6}$ cm³Mol^{-1}; fbl. durchsichtige Krist.; l. HF, verd. HNO$_3$
290	F		105,8 239,2	−120,9 −112	gelbes schweres Pulver; verfärbt sich am Licht; LW 25° $2 \cdot 10^{-9}$ %; l. KJ-Lsg., Hg(I)- und Hg(II)-nitratlsg.; unl. Al, Ä, Alk; giftig; ab 310° tritt Z. ein
127 257 354	U F V	2,72 18,8 59,64	77,4 176,6	−105,4	$\bar{\gamma}(129,8...138°\,C) = 235 \cdot 10^{-6}$ grd^{-1}; $\chi_{Mol} = -128,6 \cdot 10^{-6}$ cm³Mol^{-1}; scharlachrotes schweres krist. Pulver; bei 127° U rot→gelb; lichtempfindlich; giftig; LW 25° $6 \cdot 10^{-3}$ %; L abs. Al 25° 1,8 %; L Me 19,5° 3,15 %; l. Ä, Aceton, KJ-Lsg.; swl. Chlf; wl. Olivenöl; gelbes HgJ$_2$ orh. C_{2v}^{12}, $Cmc2_1$, $a = 7,59$, $b = 13,8$, $c = 4,97$ Å, $M = 4$
					hgelbe Kristallnadeln; zers. W → HgJ$_2$; l. KJ-Lsg.; beim Erhitzen subl. HgJ$_2$ ab
					schwefelgelbe Krist.; zerfl.; sll. W; l. Al; wl. Ä, Aceton; giftig
				556,6	weiße Krist.; expl. bei 245° C; LW 20° $2,5 \cdot 10^{-2}$ %
79	F			−389,2	fbl. Krist.; lichtempfindlich; zerfl.; ll. in HNO$_3$-haltigem W; viel W oder sied. W hydrolysiert; l. NH$_3$, Aceton; unl. Al

Formel	Name	Zustand	Mol.-Masse Dichte $g \cdot cm^{-3}$	Kristalldaten System, Typ und Symbol	Einheitszelle Kantenlänge in Å	Winkel und M	Brechzahl n_D
$Hg_2(NO_3)_2 \cdot 2H_2O$		f	570,23 4,78	mkl. $C_{2h}^5, P2_1/c$	8,64 7,52 6,30	103° 48' $M=2$	
Hg_2O	(I)-oxid	f	417,18 9,8				
HgO	(II)-oxid	f	216,59 11,14	orh. $D_{2h}^{16}, Pnma$	5,52 6,61 3,52	$M=4$	2,37* 2,5* 2,65*
HgO		f	216,59 11,14				
Hg_2S	(I)-sulfid		433,24				
HgS	(II)-sulfid	f	232,65 8,18	trig. $B9$ $D_3^{4,6}$, $P3_{1,2}21$	4,14 9,49	$M=3$	2,9051* 3,2560
HgS		f	232,65 7,8	kub. $B3$ $T_d^2, F\bar{4}3m$	5,853	$M=4$	
HgSCN	(I)-thiocyanat	f	258,67 5,318				
$Hg(SCN)_2$	(II)-thiocyanat	f	316,75				
Hg_2SO_4	(I)-sulfat	f	497,24 7,56				
$HgSO_4$	(II)-sulfat	f	296,65 6,47				

Phasen-umwandlungen		Standardwerte bei 25° C		Bemerkungen und Charakteristik
°C	ΔH kJ/Mol	C_p S^0 J/Molgrd	ΔH_B ΔG^0 kJ/Mol	
70 Z	F		−865,8	fbl. Krist.; lichtempfindlich; zerfl. an feuchter Luft; verwittern an trockener Luft; ll. sied. W; viel W hydrolysiert; l. verd. HNO_3; unl. Al; giftig
			−91,23	$\chi_{Mol} = -76{,}3 \cdot 10^{-6}$ cm³Mol⁻¹; braun-schw. Pulver; swl. W; l. Egs, HNO_3; unl. verd. HCl, fl. NH_3
		44,05 70,18	−90,83 −52,5	* $\lambda = 671$ mμ; $\chi_{Mol} = -44 \cdot 10^{-6}$ cm³Mol⁻¹; Montroydit; rotes schweres krist. Pulver; LW 25° $5 \cdot 10^{-3}$ %, 100° $3{,}9 \cdot 10^{-3}$ %; l. HCl, HNO_3; unl. fl. NH_3, Al; giftig
		73,2	−90,18 −58,7	$\chi_{Mol} = -44{,}6 \cdot 10^{-6}$ cm³Mol⁻¹; gelbes schweres Pulver; LW 25° $5{,}2 \cdot 10^{-3}$ %, 100° $4{,}3 \cdot 10^{-3}$ %; l. S, konz. NH_4Cl-Lsg.; unl. Al, giftig
				schw. Substanz; LW 25° $2{,}8 \cdot 10^{-24}$ %; unl. S, $(NH_4)_2$ S-Lsg.
386	U 4,2	50 76,6	−58,6 −48,12	* $\lambda = 5985$ Å; $\chi_{Mol} = -55{,}4 \cdot 10^{-6}$ cm³Mol⁻¹; optisch aktiv; U rot→schw.; Zinnober, Cinnabarit; scharlachrotes Pulver oder Stücke; LW 18° $1{,}25 \cdot 10^{-6}$ %; unl. Al, HCl, HNO_3; l. Königsw. unter Bildung von $HgCl_2$ und Abscheidung von Schwefel
		84,1	−53,6 −46,45	Metacinnabarit, Quecksilbermohr; feines schw. schweres Pulver; fällt bei Einheiten von H_2S in Hg(II)-salzlsg.; unl. W, Al, verd. S; l. Königsw.
				weißes krist. Pulver; unl. W; l. HCl, KSCN-Lsg.
			200,8	$\chi_{Mol} = -96{,}5 \cdot 10^{-6}$ cm³Mol⁻¹; weißes nadelförmig-krist. Pulver; LW 25° 0,07 %; wl. Al, Ä; l. HCl, NaCl-, KCN-, NH_4-salz-lsg.; zers. ohne zu schmelzen und brennt bläulich unter starker Aufblähung; giftig
		132,0 201	−741,7 −624,3	$\chi_{Mol} = -61{,}5 \times 2 \cdot 10^{-6}$ cm³Mol⁻¹; weißes krist. Pulver; färbt sich am Licht grau; LW 25° $6 \cdot 10^{-4}$ %; wl. verd. H_2SO_4; l. verd. HNO_3; giftig
			−704,3	$\chi_{Mol} = -78{,}1 \cdot 10^{-6}$ cm³Mol⁻¹; weißes krist. Pulver; viel W hydrolysiert; l. verd. S, NaCl-Lsg.; unl. Al; giftig

Formel	Name	Zustand	Mol.-Masse Dichte g·cm⁻³	Kristalldaten System, Typ und Symbol	Einheitszelle Kantenlange in Å	Winkel und M	Brechzahl n_D
$HgSO_4 \cdot 2HgO$	(II)-sulfat, bas.	f	729,83 6,44				
In $InBr$	**Indium** (I)-bromid	f	194,73 4,96				
$InBr_2$	(II)-bromid	f	274,64 4,22				
$InBr_3$	(III)-bromid	f	354,54				
$InCl$	(I)-chlorid	f	150,27 4,19				
$InCl_2$	(II)-chlorid	f	185,73 3,62	orh.	9,64 10,54 6,85	$M=8$	
$InCl_3$	(III)-chlorid	f	221,18 3,45	mkl. $C_{2h}^3, C2/m$	6,41 11,10 6,31	109° 8′ $M=4$	
$InCl_3 \cdot 3C_5H_5N$	(III)-pyridinchlorid	f	420,39				
InF_2	(II)-fluorid	f	152,82 6,1				
InF_3	(III)-fluorid	f	171,82 4,39				

Phasenumwandlungen		Standardwerte bei 25° C		Bemerkungen und Charakteristik
°C	ΔH kJ/Mol	C_p S^0 J/Molgrd	ΔH_B ΔG^0 kJ/Mol	
				schweres gelbes Pulver; geruchlos; met. Geschmack; unl. W, Al; l. S; giftig
220 656	F V	92,0 108,7	−173,6	$\chi_{Mol} = -107 \cdot 10^{-6}$ cm^{3}Mol^{-1}; rote krist. Masse, geschmolzen rotbraune bis braunschw. Fl.; zers. mit W → In+InBr$_3$; ll. verd. S→H$_2$-Entwicklung; l. k. konz. HCl
235 632	F V	85,6		fbl. schwach gelbliche durchscheinende Masse, geschmolzen dklgelbe Fl.; zers. W→InBr+InBr$_3$; ll. k. und h. verd. S; l. k. konz. HCl→H$_2$-Entwicklung
436 372	F* Sb	108,5	−406,3	* unter Druck; weiße krist. Substanz, leicht flch.; LW 25° 85,2%, Bdk. 2 H$_2$O; mit fl. NH$_3$→In(III)-Amminbromide, feine weiße Pulver
120 225 609	U* F V	6,91 17,2 96,2 89,9	−200,8	* U gelb→rot; $\chi_{Mol} = -30 \cdot 10^{-6}$ cm^{3}Mol^{-1}; die gelbe Form ist lichtempfindlich, die rote nicht; zerfl. und zerfällt in In+InCl$_3$ unter Graufärbung; zers. W
235 485	F V	192,4	−363,4	$\chi_{Mol} = -56 \cdot 10^{-6}$ cm^{3}Mol^{-1}; weiße krist. strahlige Masse; subl. weiße Nadeln, geschmolzen bernsteinfarben; zerfl. an feuchter Luft; zers. W→InCl$_3$+In
586 498	F* Sb	106	−537,6	* unter Druck; $\chi_{Mol} = -86 \cdot 10^{-6}$ cm^{3}Mol^{-1}; weiße leichte glänzende Kristallblättchen; leicht subl.; hygr.; LW 20° 66,7%, Bdk. 4 H$_2$O; l. abs. Al; mit fl. NH$_3$→In(III)-Amminchloride, feine weiße Pulver
253	F			schwere weiße Krist.; nicht hygr.; zers. W besonders beim Erwärmen; wl. abs. Al, Ä; l. Py in großem Überschuß
				$\chi_{Mol} = -61 \cdot 10^{-6}$ cm^{3}Mol^{-1}; fbl. Substanz; hygr.; zers. W sofort→In+InF$_3$ unter Graufärbung
1170	F			fbl. Substanz; LW 22° 7,83%, Bdk. 3 H$_2$O; L Me 20° 0,89 g/100 g Lsg.; L Al 20° 0,02 g/100 g Lsg.; l. verd. S

Formel	Name	Zustand	Mol.-Masse / Dichte g·cm⁻³	System, Typ und Symbol	Einheitszelle Kantenlänge in Å	Winkel und M	Brechzahl n_D
InF$_3$ · 9H$_2$O		f	333,95				
InJ	(I)-jodid	f	241,72 / 5,32	orh. $D_{2h}^{17}, Cmcm$	4,91 / 12,76 / 4,75	$M=4$	
InJ$_3$	(III)-jodid	f	495,53 / 4,68				
InJ$_3$ · NH$_3$	(III)-amminjodid	f	512,56 / 3,898				
InJ$_3$ · 2NH$_3$	(III)-diamminjodid	f	526,57 / 3,593				
InLi	lithium	f	121,76	kub. $B32$ $O_h^7, Fd3m$	6,79	$M=8$	
InN	nitrid	f	128,83 / 6,88	hex. $B4$ $C_{6v}^4, P6_3mc$	3,533 / 5,692	$M=2$	
In(NO$_3$)$_3$ · 3H$_2$O	nitrat	f	306,88				
InNa	natrium	f	137,81 / 4,70	kub. $B32$ $O_h^7, Fd3m$	7,312	$M=8$	
In$_2$O	(I)-oxid	f	245,64 / 6,31				
InO	(II)-oxid	f	130,82				
In$_2$O$_3$	(III)-oxid	f	277,63 / 7,179	kub. $D5_3$ $T_h^7, Ia3$	10,1056	$M=16$	
In(OH)$_3$	(III)-hydroxid	f	165,84 / 4,41	kub. $T_h^5, Im3$	7,923	$M=8$	
InOCl	(III)-oxidchlorid	f	166,27				

Anorganische Verbindungen

Phasenumwandlungen		Standardwerte bei 25° C			Bemerkungen und Charakteristik
°C	ΔH kJ/Mol	C_p J/Molgrd	S^0	ΔH_B ΔG^0 kJ/Mol	
					mattweiße Nadeln; wl. k. W; unl. Al, Ä; ll. HCl, HNO_3 beim Erwärmen; wss. Lsg. zers. beim Kochen
351	F	90,8	115,5	−116,3	braunrot, fein zerrieben rot; von W nicht zers., erst mit $O_2 \to In(OH)_3 +$ HJ; sehr langsam l. k. verd. S; mit Alk und wss. $NH_3 \to$ schw. flockige Masse; l. Al, Ä, Chlf
712	V				
210	F	21,3		−236,0	gelbe krist. Substanz; geschmolzen dklrotbraune Fl.; hygr.; LW 20° 93,0%, Bdk. 0 H_2O; l. Al, Ä, Chlf, Bzl; mit fl. $NH_3 \to$ In(III)-Amminjodide
141	F				feines weißes Pulver
					gelbe Krist. in der Wärme
630	F	25,5			leuchtend stahlblau; spröde
				−20,1	Halbleiter; schw. Produkt; mit wss. HCl $\to InCl_3 + NH_4Cl$
100° −2 H_2O					fbl. Krist.; an Luft zerfl.; ll. abs. Al
500	F				grau; wird leicht durch Luftfeuchtigkeit zers.
					$\chi_{Mol} = -47 \cdot 10^{-6}$ cm³Mol^{-1}; schw. feinkrist. Substanz, dünn durchscheinend gelb; spröde; ziemlich hart; Erhitzen an Luft $\to In_2O_3$; gegen k. W beständig; ll. HCl $\to$ H_2-Entwicklung
					in reiner Form weißes lockeres Pulver, meist schwach grau
≈2000	F	92,0 126		−907,1 −818	Halbleiter; $\chi_{Mol} = -56 \cdot 10^{-6}$ cm³Mol^{-1}; dklgelbe bis hgelbe Substanz; l. S; weiße Krist. (entstehen bei hohen Temp.), stark glänzend, hart; unl. S
			105	−895 −759	weißer voluminöser Nd.; frisch gefällt ll. verd. S; LW 20° 1,95 · 10^{-9} Mol/l; l. Ameisensäure, Egs, Weinsäure, Alk; unl. wss. NH_3; gealtert wl. verd. S; beim Erhitzen Gelbfärbung unter Absp. von H_2O
					weißes lockeres Pulver, nicht flch.; l. verd. S in der Kälte schwer, langsam beim Erwärmen; ll. k. konz. S

Formel	Name	Zustand	Mol.-Masse / Dichte $g \cdot cm^{-3}$	Kristalldaten System, Typ und Symbol	Einheitszelle Kantenlänge in Å	Winkel und M	Brechzahl n_D
InP	phosphid	f	145,79 / 4,783	kub. $B3$ $T_d^2, F\bar{4}3m$	5,8687		
InS	(II)-sulfid	f	146,88 / 5,18				
In_2S_3	(III)-sulfid	f	325,83 / 4,89	kub.	5,37	$M = 4/3$	
$In_2(SO_4)_3$	(III)-sulfat	f	517,82 / 3,438				
$In_2(SO_4)_3 \cdot 9H_2O$		f	679,96	mkl.			
InSb	antimonid	f	236,57 / 5,77	kub. $B3$ $T_d^2, F\bar{4}3m$	6,465	$M = 4$	
InSe	(II)-selenid	f	193,78 / 5,55	hex. $D_{6h}^4, P6_3/mmc$	4,05 / 16,93	$M = 4$	
In_2Se_3	(III)-selenid	f	466,52 / 5,67	hex. $C_6^2, P6_1$	7,11 / 19,30	$M = 6$	
In_2Te_3	(III)-tellurid	f	612,44 / 5,75	kub. $B3$ $T_d^2, F\bar{4}3m$	6,158	$M = 4/3$	
Ir	**Iridium**						
IrBr	(I)-bromid	f	272,11				
$IrBr_2$	(II)-bromid	f	352,02				
$IrBr_3$	(III)-bromid	f	431,93				
IrCl	(I)-chlorid	f	227,65 / 10,18				
$IrCl_2$	(II)-chlorid	f	263,11				
$IrCl_3$	(III)-chlorid	f	298,56 / 5,30				

Phasenumwandlungen		Standardwerte bei 25° C			Bemerkungen und Charakteristik
°C	ΔH kJ/Mol	C_p S^0 J/Molgrd		ΔH_B ΔG^0 kJ/Mol	
1054	F				Halbleiter; schw. Masse; l. HCl→PH$_3$
692	F		75,3	−140,6	$\chi_{Mol} = -28 \cdot 10^{-6}$ cm^{3}Mol^{-1}; dklfarbige Verbindung, weinrot; l. HCl→H$_2$S-Entwicklung; l. HNO$_3$ unter Bildung von Stickoxiden
1050	F		125,1	−425,1	β-In$_2$S$_3$ Halbleiter; $\chi_{Mol} = -98 \cdot 10^{-6}$ cm^{3}Mol^{-1}; rotes Pulver; durch H$_2$S gefällt gelber Nd., l. HCl, H$_2$SO$_4$→H$_2$S-Entwicklung; über 300° β-In$_2$S$_3$, kub. $O_h^4, Fd3m$, $a = 10,74$ Å, $M = \frac{32}{8}$
			280	−2907	weiße Masse; LW 25° 0,621 g In$_2$(SO$_4$)$_3$/g Lsg.
					fbl. kleine gut ausgebildete Krist.
525	F	25,5		−14,5	Halbleiter; metallartiger spröder Körper
660	F			−118,0	Halbleiter; schw. Substanz, zerreibbar, matt, fettglänzend
200	U			−345,6	Halbleiter; schw., ziemlich weiche Substanz; ll. in starken S→H$_2$Se; mit HNO$_3$→Se→SeO$_2$
890	F				
667	F			−198,3	Halbleiter; schw. harte spröde Substanz
			105	−63	dklbraunes bis hbraunrotes Pulver; subl. bei 500° unter Z.; swl. W, S, Alk
			150	−113	tiefbraunrote Substanz; unl. W, S; swl. Alk; bei 485°→IrBr
					dklrotbraunes Pulver; unl. W, S, Alk; beim Erhitzen→IrBr$_2$
			92	−67	kupferrote met. glänzende Krist.; subl. leicht; unl. S, konz. H$_2$SO$_4$, Alk; konz. Alk greifen etwas an
			130	−138	braunes krist. Produkt; Z. bei 773° → IrCl; unl. HCl, HNO$_3$, H$_2$SO$_4$, Königsw., KOH- und K$_2$CO$_3$-Lsg.; konz. Alk greifen etwas an; K$_2$CO$_3$-Schmelze→Oxid
			155	−209	$\chi_{Mol} = -14,4 \cdot 10^{-6}$ cm^{3}Mol^{-1}; dklgrün oder braun; flch. bei 470°; unl. W, S, Alk; konz. Alk zers. langsam→ Alkaliiridit, l. HCl

Formel	Name	Zustand	Mol.-Masse Dichte g·cm⁻³	Kristalldaten System, Typ und Symbol	Einheitszelle Kantenlänge in Å	Einheitszelle Winkel und M	Brechzahl n_D
$H_2[IrCl_6] \cdot 6H_2O$	(IV)-hexachlorowasserstoffsäure	f	515,03				
IrF_6	(VI)-fluorid	f	306,19 6,0*				
IrJ_3	(III)-jodid	f	572,91				
IrJ_4	(IV)-jodid	f	699,82				
$[IrBr_6]K_2$	Kaliumhexabromoiridat-(IV)	f	749,86				
$[IrCl_6]K_2$	Kaliumhexachloroiridat-(IV)	f	483,12 3,546				
$[IrCl_6]K_3$	Kaliumhexachloroiridat-(III)	f	522,22				
$[IrCl_6]K_3 \cdot 3H_2O$		f	576,27	tetr.	1 : 1,6149		
$[IrF_6]K_2$	Kaliumhexafluoroiridat-(IV)	f	384,39				
$[IrJ_6]K_2$	Kaliumhexajodoiridat-(IV)	f	1031,83				
$[IrJ_6]K_3$	Kaliumhexajodoiridat-(III)	f	1070,93				
$[Ir(NO_2)_6]K_3$	Kaliumhexanitritoiridat-(III)	f	585,54 3,297	kub. $I2_1$ $O_h^5, Fm3m$	10,57	$M=4$	

Anorganische Verbindungen

Phasen-umwandlungen			Standardwerte bei 25° C		Bemerkungen und Charakteristik
°C	ΔH kJ/Mol		C_p S^0 J/Molgrd	ΔH_B ΔG^0 kJ/Mol	
					rötlichschw. Krist.; lange schw. Nadeln; zerfl.; ll. W, Al mit rotbrauner Farbe; l. Ä, Me; unl. Chlf
0,4	U	7,1		-544	* bei $-190°$ C;
43,8	F	8,4			hgelbe glänzende Blättchen und Nadeln; zers. an feuchter Luft$\rightarrow$
53,6	V	7,38			HF+IrOF$_4$
					schw.braunes Pulver; swl. k. W, leichter l. h. W; l. Alk; fast unl. S, Al
					schw. Substanz; unl. W, S; l. Alk-jodidlsg. mit rubinroter Farbe; zers. beim Erhitzen
					dklblaue stark glänzende Oktaeder; l. W; unl. Al, Ä
					$\chi_{Mol} = +978 \cdot 10^{-6}$ cm^{3}Mol^{-1}; tiefschw. bis dklrote Oktaeder; LW 20° 1%, Bdk. 0 H$_2$O; unl. Al
					blaßolivgrünes Pulver; Glühen mit Alk-carbonat$\rightarrow$IrO$_2$
					kleine olivgrüne glänzende Krist., Pulver grünlichweiß, grüngelb; verwittert leicht; ll. W; unl. Al
					rote Krist.; l. h. W
					dkl. met. glänzende Oktaeder; ll. W; unl. Al; Alk zers.; gegen S beständig
					feines grünglänzendes Kristallpulver; unl. W, Al; langsam l. S; verd. Alk zers.
					weißes Kristallpulver; fast unl. k. W; wl. h. W; unl. wss. KCl-Lsg.; l. h. konz. H$_2$SO$_4$$\rightarrow$Ir$_2$(SO$_4$)$_3 \cdot$ xH$_2$O

Formel	Name	Zustand	Mol.-Masse Dichte g·cm⁻³	System, Typ und Symbol	Einheitszelle Kantenlänge in Å	Winkel und M	Brechzahl n_D
[IrCl₆](NH₄)₂	Ammoniumhexachloroiridat-(IV)	f	441,10				
[IrCl₆](NH₄)₃·H₂O	Ammoniumhexachloroiridat-(III)	f	477,05	orh.	0,8581: 1: 0,4946		
[IrBr₆]Na₃·12H₂O	Natriumhexabromoiridat-(III)	f	956,81				
[IrBr₆]Na₂·xH₂O	Natriumhexabromoiridat-(IV)	f	717,63*				
[IrCl₆]Na₃·12H₂O	Natriumhexachloroiridat-(III)	f	690,07				
[IrCl₆]Na₂	Natriumhexachloroiridat-(IV)	f	450,90				
[IrCl₆]Na₂·6H₂O		f	558,99	trikl.	0,50131: 1: 0,87023	84° 29' 128° 12' 100° 39'	
[IrJ₆]Na₂	Natriumhexajodoiridat-(IV)	f	999,61				
IrO₂	(IV)-oxid	f	224,20	tetr. $C4$ D_{4h}^{14}, $P4_2/mnm$	4,49 3,14		
Ir(OH)₄ IrO₂·2H₂O	(IV)-hydroxid, (IV)-oxidhydrat	f	260,23				
Ir₂S₃	(III)-sulfid	f	480,59 9,64				

Phasen-umwandlungen		Standardwerte bei 25° C		Bemerkungen und Charakteristik
°C	ΔH kJ/Mol	C_p S^0 J/Molgrd	ΔH_B ΔG^0 kJ/Mol	
				schw.rote Krist., stark lichtbrechende Oktaeder; Z. beim Erhitzen; LW 20° 0,8 %; mit intensiv brauner Farbe, Bdk. 0 H_2O
				glänzende olivgrüne Nadeln; Farbe stark von Kristallgröße abhängig; verwittert an der Luft; LW 19° 9,2 %, Bdk. 1 H_2O; konz. H_2SO_4 bei 100°→$(NH_4)_2[IrCl_6]$
				große schw. erscheinende Krist., Pulver gelblichgrün; verwittert an der Luft; schmilzt beim Erhitzen bis 100° im Kristallw.
				* ohne H_2O berechnet; schw.blaue nadelförmige Krist.; bei 100° $-H_2O$→hblau; sehr hygr.; ll. W, Al, Ä; wss. Lsg. zers. leicht
				olivgrüne Krist.; verwittert an der Luft→holivgrünes 2-Hydrat; LW 15° 31,46 g/100 ml, 85° 307,26 g/ 100 ml; unl. Al; wl. Aceton
				ziegelrotes Pulver; LW 20° 28 %, Bdk. 0 H_2O
				glänzende schw. Krist., Pulver dklbraunrot; sehr hygr.; sll. W; l. Al unter teilweiser Red., l. Aceton
				dklbraungrünes Kristallpulver; unl. k. W, Al; wl. h. W; leichter l. S; zers. beim Erhitzen
>1100	F	57,3 72	−184	schw. feines Pulver, auch mit blauem Schimmer; met. glänzende Krist.; unl. S, $KHSO_4$-Schmelze, fl. NH_3; mit W→Hydratbildung; LW 20° 0,2 · 10^{-3} %
				blaue Substanz; l. W kolloidal; l. wss. HF, HCl, HBr, H_2SO_4, Egs; unl. verd. HNO_3, Alk
		143	−176	schw. feinkrist. Pulver

Formel	Name	Zustand	Mol.-Masse Dichte $g \cdot cm^{-3}$	Kristalldaten System, Typ und Symbol	Einheitszelle Kantenlänge in Å	Winkel und M	Brechzahl n_D
IrS_2	(IV)-sulfid	f	256,33 8,43				
$Ir_2(SO_3)_3 \cdot 6H_2O$	(III)-sulfit	f	732,68				
$Ir_2(SO_4)_3 \cdot xH_2O$	(III)-sulfat	f	672,58*				
$Ir(SO_4)_2$	(IV)-sulfat	f	384,32				
Ir_2Se_3	(III)-selenid	f	621,28				
$IrSe_2$	(IV)-selenid	f	350,12	orh. $D_{2h}^{16}, Pnma$	5,93 20,94 3,74	$M=8$	
J JBr	**Jod** bromid	f	206,81 4,414				
JCl	monochlorid	f	162,36 3,86*	mkl. $C_{2h}^5, P2_1/c$	12,36 4,38 11,90	117° 26' $M=8$	
JCl_3	trichlorid	f	233,26 3,11				
JF_5	pentafluorid	fl	221,90 3,5				

Anorganische Verbindungen

Phasenumwandlungen		Standardwerte bei 25° C			Bemerkungen und Charakteristik
°C	ΔH kJ/Mol	C_p J/Molgrd	S^0	ΔH_B ΔG^0 kJ/Mol	
				−126	graues sandiges Pulver, auch schw.; braun; l. HNO_3 unter Bildung von $Ir(SO_4)_2$; unl. S, Alk, NH_3
180 −H_2O					gelber krist. Nd.; fast unl. W; l. S mit grüner Farbe; mit sied. Alk→ $Ir_2O_3 \cdot xH_2O$
					* ohne H_2O berechnet; kleine gelbe Prismen; ll. W mit gelber Farbe; mit Alk-sulfat→ Alaune
					gelbliche Substanz; l. W mit gelber Farbe
					glänzend schw. Pulver; unl. HNO_3; Königsw. greift nur langsam an; zum Teil zers. durch KNO_3, $KClO_3$, K_2CO_3 bei Rotglut
					feines grauschw. Kristallpulver; unl. S; sied. Königsw. greift spurenweise an; Z. 600...700° im CO_2-Strom
41 116	F V			−10,3	blauschw. Krist. ähnlich J_2; stechender bromähnlicher Geruch; geschmolzen braunrote Fl.; Dämpfe ätzen Augen und Nasenschleimhäute; ll. oft unter Z. W, Al, Ä, Chlf, CS_2, Eg
27,3	F	11,12	56,2 201,2		* bei 0° C; (α) rubinrote Krist.; wenig hygr.; stechender Geruch; greift Schleimhäute an; als Fl. dklrotbraun; l. W unter Z.→HJO_3+HCl+J_2; l. Me, Al, Ä, Aceton, Py, Egs, CCl_4, Chlf, Bzl, Toluol, CS_2; (β) braunrote Krist.; F 13,9° C, D_4^0 3,66 gcm^{-3}
101 (16 atm.)	F		172	−88,5 −22,6	gelbe Nadeln; stechender Geruch; an der Luft zerfl.; ll. W unter Z.→ HCl, HJO_3, JCl; l. Al, Ä, CCl_4, Bzl, Egs; bei 77° Z.
9,6 100,5	F V	12,6 41,3		−856	fbl. Fl.; raucht an der Luft; reizt die Atmungsorgane; mit W heftig→ HF+HJO_3; mit konz. H_2SO_4, HCl Reaktion; mischbar konz. HNO_3 ohne Reaktion; zers. Alk

Formel	Name	Zustand	Mol.-Masse Dichte $g \cdot cm^{-3}$	System, Typ und Symbol	Einheitszelle Kantenlänge in Å	Winkel und M	Brechzahl n_D
JF_7	heptafluorid	g	259,89 2,8*				
HJ	wasserstoff	g	127,91 5,789*				
HJO_3	säure	f	175,91 4,65	orh. $D_2^4, P2_12_12_1$	5,855 7,715 5,520	$M=4$	1,95
J_2O_5	pentoxid	f	333,81 4,799				
K $KAsO_2$	**Kalium** metaarsenit	f	146,02				
KH_2AsO_4	dihydrogenarsenat	f	180,04 2,867	tetr. $D_{2d}^{12}, I\bar{4}2d$	7,61 7,17	$M=4$	1,5674 1,5179
$K[BF_4]$	tetrafluoroborat	f	125,91 2,498	orh. HO_2 $D_{2h}^{16}, Pnma$	7,84 5,68 7,38	$M=4$	1,3239 1,3245 1,3247
KBO_2	metaborat	f	81,91	trig. $F5_{13}$ $D_{3d}^6, R\bar{3}c$	7,76	110,6° $M=6$	1,526 1,450
$K_2B_4O_7 \cdot 4H_2O$	diborat	f	649,70 1,94	orh.	11,77 12,80 6,83	$M=4$	
$KB_5O_8 \cdot 4H_2O$	pentaborat	f	293,21 1,74	orh.	11,065 11,171 9,054		

Anorganische Verbindungen

Phasenumwandlungen		Standardwerte bei 25°C			Bemerkungen und Charakteristik
°C	ΔH kJ/Mol	C_p S^0 J/Molgrd	ΔH_B ΔG^0 kJ/Mol		
6	F	99,16 328,7	−814		* bei 6°C fbl. Gas von muffig-saurem Geruch; bildet Nebel an der Luft; l. W ohne heftige Reaktion, teilweise unzers.
−247 −203 −147,6 −50,79 −35,34	U U U F V	 0,078 0,805 2,87 19,76	29,16 206,3	25,94 1,22	* kg/Nm³; ϑ_{krit} 151°; p_{krit} 84,7 at; fbl. stechend riechendes Gas; an feuchter Luft Nebel; klare fbl. Fl., zers. leicht am Licht; fest krist. fbl. durchsichtig; LW 10° 425 Vol/1 Vol H_2O; wss. Lsg. ist wenig stabil; l. Al, Acetonitril; unl. Chlf
110	F				fbl. durchscheinende Krist., Glasglanz, zuweilen fettartig; saurer Geschmack, schwach jodähnlicher Geruch; sll. W; swl. abs. Al, l. wss. Al; unl. Ä, Chlf, CS_2, Eg, KW
300	Z		−177		weiße geruchlose Blättchen; schmilzt nicht und subl. nicht; sll. W; l. konz. S besonders in der Wärme, wl. bei gewöhnlicher Temp.; l. sied. Egs-anhydrid
					weiße kleine gut ausgebildete Krist.; hygr.; nehmen leicht CO_2 auf; ll. W
−177,6 288	U F	0,36	126,7 155,1	−1136 −990,5	$\chi_{Mol} = −70,3 \cdot 10^{-6}$ cm³Mol⁻¹; piezoelektrisch; fbl. Krist.; vierseitige Säulen und Nadeln; salzigkühlender Geschmack; LW 7° 21,9%, 21° 19,35%; ll. S, NH_3; l. Glycerin; unl. Egester
278 530	U* F				* $U\,HO_2 \rightarrow HO_5$, kub. $T_d^2, F\,\bar{4}3m$, $a = 7,26$ Å, $M = 4$; Avogadrit; fbl. Krist.; zers. beim Erhitzen → $KF + BF_3$; LW 20° 0,4%, Bdk. 0 H_2O; fast unl. fl. HF, Al, Ä; swl. Egs
950	F				fbl. Krist.; aus Schmelze lange Nadeln; LW 25° 4,6 g/l Lsg.; unl. Al, Ä
					gut ausgebildete klare Krist.; l. W
					$\chi_{Mol} = −147 \cdot 10^{-6}$ cm³Mol⁻¹; fbl. Krist.; schmilzt bei Rotglut zu einem Glas; LW 20° 3%, Bdk. 4 H_2O

Formel	Name	Zustand	Mol.-Masse, Dichte $g \cdot cm^{-3}$	Kristalldaten System, Typ und Symbol	Einheitszelle Kantenlange in Å	Winkel und M	Brechzahl n_D
KBr	bromid	f	119,01 2,75	kub. $B1$ $O_h^5, Fm3m$	6,59	$M=4$	1,5593
KBrO$_3$	bromat	f	167,01 3,25	trig. GO_6 $C_{3v}^5, R3m$	4,40	86,0° $M=1$	1,678 1,599
KCN	cyanid	f	65,12 1,56	kub. FO_1 $T^4, P2_13$	6,51	$M=4$	1,410
K$_2$CO$_3$	carbonat	f	138,21 2,428	mkl.			1,426 1,531 1,541
K$_2$CO$_3 \cdot$ $^3/_2$H$_2$O		f	165,24 2,155	mkl.	0,9931 : 1 : 0,8540	111° 24′	
KHCO$_3$	hydrogencarbonat	f	100,12 2,17	mkl. $C_{2h}^5, P2_1/c$	15,1 5,69 3,68	104° 30′ $M=4$	1,380 1,482 1,578
KHCO$_2$	formiat	f	84,12 1,91	orh.			
KC$_2$H$_3$O$_2$	acetat	f	98,15 1,8				

Anorganische Verbindungen

Phasenumwandlungen		Standardwerte bei 25° C			Bemerkungen und Charakteristik
°C	ΔH kJ/Mol	C_p J/Molgrd	S^0	ΔH_B ΔG^0 kJ/Mol	
732	F 24,8	53,62	96,41	−392,0 −379	$\bar{\gamma}(0...25°\text{C}) = 112 \cdot 10^{-6}$ grd^{-1}; $\varkappa(30°) = 6,57 \cdot 10^{-6}$ at^{-1}; $\varepsilon(10^2...10^{10})$Hz = 4,9; $\varkappa_{Mol} = -49,1 \cdot 10^{-6}$ cm^{3}Mol^{-1}; fbl. glänzende Krist. von scharf-salzigem Geschmack; LW 20° 39,4%, Bdk. 0H$_2$O; L Me 20° 2%; L Al 20° 0,453%; L Aceton 18° 3,6 · 10^{-3}%; L Glykol 25° 13,4%
1383	V 155,1				
434	F	104,9 149,1		−332,1 −242,8	$\varepsilon(2 \cdot 10^6$ Hz) = 7,9; $\varkappa_{Mol} = -52,6 \cdot 10^{-6}$ cm^{3}Mol^{-1}; fbl. Krist.; LW 20° 6,5%, Bdk. 0H$_2$O; unl. Al
−104,9	U* 1,3			−112,5	* U orh.→kub.; < −104,9° orh., $a = 4,24$, $b = 5,14$, $c = 6,16$ Å, $M = 4$; $\varkappa(0...5000)$ at = 5,6 · 10^{-6} at^{-1}; $\varepsilon(2 \cdot 10^6$ Hz) = 6,2; $\varkappa_{Mol} = -37 \cdot 10^{-6}$ cm^{3}Mol^{-1}; fbl. Krist.; weißes Salz; LW 20° 40,4%; L Me 19,5° 4,68%; L Al 19,5° 0,87%; L Glycerin 15,5° 24,24%; L fl. NH$_3$ −33° 3,75 g/100 cm^3 Lösm.; schwer l. Py, Benzonitril; unl. CS$_2$, Egester, Egsmethylester; mit fl. HF stürmisch→HCN; wss. KCN-Lsg. wird durch S unter HCN-Entwicklung zers.
605	F 14,6				
250	U		151	−1138 −1049,5	$\bar{\gamma}(-78...19°$ C) = 130 · 10^{-6}; $\bar{\gamma}$ fl. (900...1000° C) = 240 · 10^{-6}; $\varepsilon(1,66 \cdot 10^5$ Hz) = 5,0; $\varkappa_{Mol} = -59 \cdot 10^{-6}$ cm^{3}Mol^{-1}; weißes Pulver; krist. schlecht; hygr.; LW 20° 52,5%, Bdk. $^3/_2$H$_2$O; L fl. NH$_3$ −33° 0,06 g/100 cm^3 Lösm.; L 99,7% Hydrazin 20° 1 g/100 cm^3 Lösm.; L Glykol 25° 25,6%; L abs. Me 4,29%; L abs. Al 25° 0,1114 g/100 cm^3 Lösm.
428	U				
622	U				
900	F 32,6				
					große glasglänzende Krist.; an feuchter Luft zerfl.; LW s. K$_2$CO$_3$
					fbl. durchscheinende Krist. oder weißes Pulver; beim Erhitzen→ K$_2$CO$_3$, CO$_2$, H$_2$O; LW 20° 25,0%; unl. abs. Al, Egester, Egs-methylester
167,5	F				$\varepsilon(10^4$ Hz) = 4,31; fbl. Krist.; sehr hygr.; LW 18° 76,8%, Bdk. 0H$_2$O; l. Al, Ä
292	F				weißes geruchloses krist. Pulver; LW 20° 72%, Bdk. 1,5H$_2$O; ll. Al; p$_H$ einer 1% wss. Lsg. 9,7

Formel	Name	Zustand	Mol.-Masse Dichte $g \cdot cm^{-3}$	Kristalldaten System, Typ und Symbol	Einheitszelle Kantenlänge in Å	Einheitszelle Winkel und M	Brechzahl n_D
$KH(C_2H_3O_2)_2$	hydrogenacetat	f	158,20				
$K_2C_2O_4$	oxalat	f	166,22				
$K_2C_2O_4 \cdot H_2O$		f	184,24 2,12	mkl. $C_{2h}^6, C2/c$	9,32 6,17 10,65	111,96° $M=4$	1,434 1,493 1,560
KHC_2O_4	hydrogenoxalat	f	128,13 2,030	mkl. $C_{2h}^5, P2_1/c$	4,32 12,88 10,32	133,48° $M=4$	1,382 1,553 1,573
$K_2C_4H_4O_6 \cdot 1/2 H_2O$	D- oder L-tartrat	f	235,28 1,984	mkl. $C_2^3, C2$	15,49 5,049 20,101	90,85° $M=8$	1,526
$K_2C_4H_4O_6 \cdot 2H_2O$	tartrat	f	262,34 1,887	trikl. $C_1^1, P1$	1,019: 1: 1,600	95,73° 102,87° 61,78°	
$K_2C_4H_4O_6 \cdot 2H_2O$	tartrat	f	262,34	mkl.	0,8866: 1: 0,7521	92° 28′	
$KHC_4H_4O_6$	hydrogentartrat	f	188,18 1,954	mkl.	0,9771: 1: 1,5476	116° 18′	
$KHC_4H_4O_6$	D- oder L-hydrogentartrat	f	188,18 1,956	orh.	7,61 10,70 7,80	$M=4$	1,5105 1,5498 1,5900
KCl	chlorid	f	74,56 1,984	kub. $B1$ $O_h^5, Fm3m$	6,28	$M=4$	1,4904
$KClO_3$	chlorat	f	122,55 2,338	mkl. $G0_6$ $C_{2h}^2, P2_1/m$	4,65 5,59 7,09	109,6° $M=4$	1,4084 1,5167 1,5234

Phasen-umwandlungen		Standardwerte bei 25° C		Bemerkungen und Charakteristik
°C	ΔH kJ/Mol	C_p S^0 J/Molgrd	ΔH_B ΔG^0 kJ/Mol	
148	F			dünne breite durchsichtige Blätter; biegsame Krist.; l. abs. Al in der Wärme; die h. konz. Lsg. erstarrt beim Erkalten
				weißes Salz; nimmt an feuchter Luft 1 H_2O auf; LW 20° 26,6 %, 50° 32,6 % fbl. Krist.; LW s. $K_2C_2O_4$; unl. Egester, Anilin
				glänzende durchsichtige Krist.; l. W; unl. abs. Al, Ä
				piezoelektrisch; große glasglänzende wasserhelle Krist.; sehr rein und klar durch langsames Eindunsten zu erhalten; bei 150° wfrei; ll. W; wl. Al
~90	F^*			* im eigenen Kristallwasser; inaktiv, nicht spaltbar; fbl. Krist.; LW 20° 48,7 %
				Racemat; inaktiv, spaltbar; große harte durchsichtige Krist.; fast unl. Al
				Racemat; fbl. vierseitige Platten; LW 15° 0,4 %, 28° 0,69 %; ll. S; unl. Al; Mesohydrogentartrat: kl. fbl. glasige Krist.; LW 20° 11,65 %
				piezoelektrisch; wasserhelle stark glänzende Krist., sehr wenig hygr.; unbegrenzt lange haltbar; LW 20° 0,5 %; L 17 % Al 25° 0,242 %, 51 % Al 0,062 %, 99,9 % Al 0,01 %
772	F	25,5	51,49 $-435,7$	$\bar{\alpha}(15...25°\,C) = 33{,}7 \cdot 10^{-6}\,grd^{-1}$;
1413	V	161,5	82,65 -408	$\bar{\gamma}(-78\cdots+25°\,C) = 101 \cdot 10^{-6}\,grd^{-1}$; $\varkappa(30°) = 5{,}52 \cdot 10^{-8}\,at^{-1}$; $\varepsilon(10^6\,Hz) = 4{,}68$; $\chi_{Mol} = -39{,}0 \cdot 10^{-6}\,cm^3Mol^{-1}$; Sylvin; fbl. Krist.; LW 20° 25,5 %, Bdk. 0 H_2O; L Me 25° 0,5 %; L Al 18,5° 0,034 %; L Glykol 25° 4,92 %; l. Glycerin; unl. Ä, Aceton; p_H der gesättigten wss. Lsg. = 7
368	F			$\bar{\gamma}(-78\cdots+21°\,C) = 220 \cdot 10^{-6}\,grd^{-1}$; $\varkappa(0...2000\,at) = 5{,}2 \cdot 10^{-6}\,at^{-1}$; $\chi_g = -0{,}333 \cdot 10^{-6}\,cm^3g^{-1}$; fbl. glänzende Krist. von kühlendem Geschmack; LW 20° 6,5 %, Bdk. 0 H_2O; L Glycerin 15° 3,4 %; wl. Al; entzündet sich expl. beim Verreiben mit org. und oxydierbaren Substanzen

Formel	Name	Zustand	Mol.-Masse / Dichte g·cm⁻³	System, Typ und Symbol	Einheitszelle Kantenlänge in Å	Einheitszelle Winkel und M	Brechzahl n_D
$KClO_4$	perchlorat	f	138,55 / 2,52	orh. HO_2 $D_{2h}^{16}, Pnma$	8,83 / 5,65 / 7,24	$M=4$	1,4731 / 1,4737 / 1,4769
KF	fluorid	f	58,10 / 2,49	kub. $B1$ $O_h^5, Fm3m$	5,33	$M=4$	1,3610*
$KF \cdot 2H_2O$		f	94,13 / 2,454	orh. $C_{2v}^2, Pmc2_1$	4,06 / 5,15 / 8,87	$M=2$	1,345 / 1,352 / 1,363
KHF_2	hydrogenfluorid	f	78,11 / 2,37	tetr. $F5_2$ $D_{4h}^{18}, I4/mcm$	5,67 / 6,81	$M=4$	
KH	hydrid	f	40,11 / 1,43	kub. $B1$ $O_h^5, Fm3m$	5,7	$M=4$	1,453
KJ	jodid	f	166,01 / 3,13	kub. $B1$ $O_h^5, Fm3m$	7,05	$M=4$	1,6666
$KJ_3 \cdot H_2O$	trijodid	f	437,83 / 3,498	mkl.	1,4154 : 1	93,21°	
$KJCl_4$	tetrachlorojodat	f	307,82 / 2,62	mkl. HO_{10} $C_{2h}^5, P2_1/c$	13,09 / 14,18 / 4,20	95,1° $M=4$	
KJO_3	jodat	f	214,00 / 3,89	mkl. $C_{2h}^2, P2_1/m$	8,92 / 8,92 / 8,92	~90° $M=8$	

Phasenumwandlungen		Standardwerte bei 25° C		Bemerkungen und Charakteristik
°C	ΔH kJ/Mol	C_p S^0 J/Molgrd	ΔH_B ΔG^0 kJ/Mol	
299,5	U^* 13,76	110,2 151,0	−433,3 −303,7	* $U\,HO_2 \to HO_5$ kub., T_d^2, $F\bar{4}3m$, $a = 7{,}47$ Å, $M = 4$; $\bar{\gamma}(-78\ldots 18°\,C) = 140 \cdot 10^{-6}\,\text{grd}^{-1}$; $\varkappa_g = -0{,}341 \cdot 10^{-6}\,\text{cm}^3\text{g}^{-1}$; $\varepsilon = 5{,}9$; $\varkappa_{Mol} = -47{,}4 \cdot 10^{-6}\,\text{cm}^3\text{Mol}^{-1}$; fbl. Krist.; LW 20° 1,7 %, Bdk. 0 H$_2$O; L Me 25° 0,105 %; L Al 25° 0,012 %; L Aceton 25° 0,155 %; L Egester 25° 1,5 · 10^{-3} %; unl. Ä; HCl zers. nicht; wird nicht gefärbt durch konz. H$_2$SO$_4$
857 1502	F 27,2 V 172,7	49,04 66,54	−562,4 −532,5	* $\lambda = 578\,m\mu$; $\bar{\gamma}(-79\ldots 0°\,C) = 100 \cdot 10^{-6}\,\text{grd}^{-1}$; $\varkappa(0°)\,3{,}25 \cdot 10^{-6}\,\text{at}^{-1}$; $\varepsilon_\infty = 1{,}85$; $\varkappa_{Mol} = -23{,}6 \cdot 10^{-6}\,\text{cm}^3\text{Mol}^{-1}$; weißes krist. Pulver; zerfl.; LW 20° 48,5 %, Bdk. 2 H$_2$O; L Me 20° 0,19 %; L Al 20° 0,11 %; L Aceton 18° 2,2 · 10^{-5} %; l. HF
		150,6	−1159	fbl. Krist.; LW s. KF; l. HF; unl. Al
196,0 238,7	U^* 11,12 F 6,61	76,82 104,2	−920,1 −851,8	* U tetr.→kub., $a = 6{,}36$ Å; fbl. Krist.; LW 20° 27,6 %, Bdk. 0 H$_2$O; l. verd. Al; unl. abs. Al
			−65,27	hgraue Substanz; zers. sofort an feuchter Luft; W zers. stürmisch unter H$_2$-Entwicklung; unl. Ä, CS$_2$, Bzl, Terpentinöl
685 1324	F 26,4 V 145,1	55,06 104,6	−327,5 −322	$\bar{\gamma}(25\ldots 50°\,C) = 114 \cdot 10^{-6}\,\text{grd}^{-1}$; $\varkappa(30°\,C) = 8{,}37 \cdot 10^{-6}\,\text{at}^{-1}$; $\varepsilon_\infty = -2{,}69$; $\varkappa_{Mol} = -63{,}8 \cdot 10^{-6}\,\text{cm}^3\text{Mol}^{-1}$; fbl. Krist., würfelförmig; geruchlos; scharf-salziger, etwas bitterer Geschmack; LW 20° 59 %, Bdk. 0 H$_2$O; L Me 19,5° 16,4 %; L Al 20° 1,72 %; L Glykol 25° 33 %; L Py 10° 0,26 %; ll. Glycerin
31	F			blauschw. glänzende Krist.; an Luft zerfl.; l. W unter Abscheidung von J$_2$
115	F^*			* im zugeschmolzenen Rohr; goldgelbe Nadeln; zers. leicht → JCl$_3$ + KCl; ll. W unter Z.
560 Z	F	106,4 151,4	−508,2 −436,8	$\bar{\gamma}(-78\cdots +15°\,C) = 95 \cdot 10^{-6}\,\text{grd}^{-1}$; $\varkappa((0\ldots 2000)\,\text{at, 20°}) = 3{,}4 \cdot 10^{-6}\,\text{at}^{-1}$; $\varepsilon(2 \cdot 10^6\,\text{Hz}) = 16{,}9$; $\varkappa_{Mol} = -63{,}1 \cdot 10^{-6}\,\text{cm}^3\text{Mol}^{-1}$; fbl. Krist.; LW 20° 7,5 %, Bdk. 0 H$_2$O; unl. Al

Formel	Name	Zustand	Mol.-Masse / Dichte g·cm⁻³	System, Typ und Symbol	Kantenlänge in Å	Winkel und M	Brechzahl n_D
KJO₄	meta= perjodat	f	230,00 3,618	tetr. HO_4 $C_{4h}^6, I4_1/a$	5,75 12,63	$M=4$	1,6205 1,6479
KMnO₄	per= manganat	f	158,04 2,703	orh. HO_2 $D_{2h}^{16}, Pnma$	7,4114 9,0992 5,7076	$M=4$	
K₂MoO₄	molybdat	f	238,14 2,91				
KN₃	azid	f	81,12 2,038	tetr. $F5_2$ $D_{4h}^{18}, I4/mcm$	6,09 7,06	$M=4$	1,410 1,656
KNH₂	amid	f	55,12				
KNO₂	nitrit	f	85,11 1,915	mkl. $F5_{11}$ C_s^3, Cm	4,45 4,99 7,31	114,8° $M=2$	
KNO₃	nitrat	f	101,11 2,109	orh. GO_2 $D_{2h}^{16}, Pnma$	5,43 9,14 6,41	$M=4$	1,3320 1,5038 1,5042
K₂[Ni(CN)₄]	tetracyano= nickel= lat-(II)	f	240,98 1,875				
K₂O	oxid	f	94,20 2,32	kub. $C1$ $O_h^5, Fm3m$	6,41	$M=4$	

Phasenumwandlungen		Standardwerte bei 25° C			Bemerkungen und Charakteristik
°C	ΔH kJ/Mol	C_p J/Molgrd	S^0	ΔH_B ΔG^0 kJ/Mol	
580	F				$\varkappa(0...2000$ at, $20°)=3,95 \cdot 10^{-6}$ at^{-1}; $\chi_{Mol}=-70 \cdot 10^{-6}$ cm^{3}Mol^{-1}; kleine weiße Krist.; LW 25° 0,51%; unl. Egsmethylester; swl. POCl$_3$
		119,2 171,7		−813,4 −713,4	dklblauviol. Krist. mit stahlblauem Glanz; luftbeständig; süßlicher, adstringierender Geschmack; LW 20° 6%, Bdk. 0H$_2$O starkes Oxid.-mittel; mit brennbaren Stoffen beim Verreiben oft explosionsartige Entzündung; Z. >240° unter O$_2$-Abgabe
323 458 480 926	U^1 U^2 U^3 F				$^1\gamma \rightleftharpoons \delta$; $^2\beta \rightleftharpoons \gamma$; $^3\alpha \rightleftharpoons \beta$; fbl. kleine Krist.; weißes Pulver; tetramorph; LW 20° 64,3%, Bdk. 0H$_2$O; zerfl. an feuchter Luft, zieht CO$_2$ an
354	F		85,98	−1,4 77,75	fbl. glänzende durchsichtige Krist.; luftbeständig; langsame Z. im Hochvak. liefert sehr reines N$_2$; LW 20° 34%, Bdk. 0H$_2$O; L Al 0° 0,16 g/100 g Lösm.; L sied. Bzl 0,15 g/100 g Lösm.; unl. Ä
338	F			−113,8	weiße wachsweiche krist. Masse; subl. federartige Krist.; feines weißes Pulver; hygr.; zers. an feuchter Luft→NH$_3$+KOH; zers. W, S unter starker Erwärmung; l. fl. NH$_3$
440	F			−370,2	$\chi_{Mol}=-23,3 \cdot 10^{-6}$ cm^{3}Mol^{-1}; weißes Salz mit gelblichem Stich; sehr kleine Krist.; sehr zerfl.; LW 20° 74%, Bdk. 0H$_2$O; ll. wss. NH$_3$; unl. k. 94% Al; etwas l. h. Al; unl. Aceton, Egester
127,7 337	U^* F	5,10 9,62	96,27 132,9	−492,5 −392,5	* U $GO_2 \rightarrow B22$, trig., D_{3h}^5, $a=4,50$ Å, $\alpha=73°$ 30', $M=1$; $\bar{\gamma}(-78...18°$ C$)=210$ grd^{-1}; $\varepsilon(1,67 \cdot 10^5$ Hz$)=4,37$; fbl. durchscheinende Krist.; wenig hygr.; LW 20° 24%, Bdk. 0H$_2$O; L Egs 25° 0,0183 Mol/l Lsg.; swl. wfreiem Aceton; unl. abs. Al, Egester, Propanol, Py, Acetonitril, Benzonitril
					rotgelbes krist. Pulver; l. W; wird durch S zers., · H$_2$O orgelbe Nadeln; bei 100° wfrei
>490	F	30,1		−361,5 98,3	rein weiße Substanz, in der Hitze gelb; heftige Reaktion mit W; langsam l. 95% oder abs. Al

Formel	Name	Zustand	Mol.-Masse Dichte g·cm⁻³	System, Typ und Symbol	Einheitszelle Kantenlänge in Å	Winkel und M	Brechzahl n_D
KO_2	peroxid	f	71,10	tetr. $C11a$ $D_{4h}^{17}, I4/mmm$	5,72 6,72	$M=2$	
K_2O_2	peroxid	f	110,20				
K_2O_3 $2 KO_2 \cdot K_2O_2$	K-Mischoxid	f	126,20				
KOH	hydroxid	f	56,11 2,044	orh. $B33$ $D_{2h}^{17}, Cmcm$	3,95 4,03 11,4	$M=4$	
KOCN	cyanat	f	81,12 2,056	tetr. $F5_2$ $D_{4h}^{18}, I4/mcm$	6,07 7,03	$M=4$	1,532 1,412
$K_2[OsBr_6]$	hexabromosmat	f	747,86	kub. $I1_1$ $O_h^5, Fm3m$	10,30		
$K_2[Os(CN)_6] \cdot 3 H_2O$	hexacyanosmat	f	478,56	mkl.	0,3929 : 1 : 0,3940	90° 6′	
$K_2[OsCl_3Br_3]$	trichlorotribromosmat	f	614,49				
$K_2[OsCl_6]$	hexachlorosmat	f	481,12 3,42	kub. $I1_1$ $O_h^5, Fm3m$	9,73	$M=4$	
$K_2OsO_4 \cdot 2 H_2O$	osmat	f	368,43				

Anorganische Verbindungen

Phasenumwandlungen		Standardwerte bei 25° C		Bemerkungen und Charakteristik
°C	ΔH kJ/Mol	C_p S^0 J/Molgrd	ΔH_B ΔG^0 kJ/Mol	
380	F	77,53 117	−282,8 −237,3	$\varkappa_{Mol}=+3230\cdot 10^{-6}$ cm^{3}Mol^{-1}; chromgelbe Substanz, auch schwefelgelb; an trockener Luft beständig; mit W heftige Reaktion→KOH und O_2; mit kaltem W→KOH, H_2O_2, O_2
490	F		−494	weiße Substanz; Gelbfärbung durch KO_2-Verunreinigung; reagiert heftig mit W
430	F		−523	je nach Darstellung ziegelrot, gelb oder braun gefärbt; mit wenig W→ Hydratbildung, andernfalls Sauerstoffentwicklung
249 410 1327	U^* F V	6,36 7,5 129	−425,7	* U orh.→B 1 kub., O_h^5, $Fm3m$, $a=5,79$ Å, $M=4$; $\bar{\gamma}(30...90°\,C)=188\cdot 10^{-6}$ grd^{-1}; $\varkappa_{Mol}=-22\cdot 10^{-6}$ cm^{3}Mol^{-1}; weiße spröde zerfl. Stücke von strahligem Gefüge; LW 20° 53%, Bdk. $2H_2O$; L Me 28° 40,2 g/100 g Lösm.; L Al 28° 29,0 g/100 g Lösm.; l. Glycerin; stark ätzend; unl. fl. NH_3, Py, Aceton
				$\varkappa_{Mol}=-38\cdot 10^{-6}$ cm^{3}Mol^{-1}; kleine wasserhelle Krist.; aus Al dünne Blättchen; LW 20° 69,9%; wss. Lsg. hydrolysiert rasch; wird durch S unter CO_2-Entwicklung zers.; etwas l. fl. NH_3; unl. fl. SO_2; L Al 0° 0,16 g/100 g Lösm.; L sied. Bzl 0,18 g/100 g Lösm.
				schw. braune met. glänzende Oktaeder, rot durchscheinend; wl. W, mit viel W Hydrolyse; l. konz. HBr, zwl. verd. HBr
				dicke fbl. Tafeln; l. W; verd. HNO_3 bewirkt heftige Gasentwicklung
				glänzende schw. Oktaeder, rötlich durchscheinend; ll. W; mit viel W Hydrolyse
				$\varkappa_{Mol}=+707\cdot 10^{-6}$ cm^{3}Mol^{-1}; kleine schw. Oktaeder, gepulvert karminrot; wss. Lsg. langsam zers.
				granatrote Krist.; ll. W; unl. Al, Ä

Formel	Name	Zustand	Mol.-Masse Dichte g·cm⁻³	System, Typ und Symbol	Einheitszelle Kantenlänge in Å	Einheitszelle Winkel und M	Brechzahl n_D
K[PF$_6$]	hexafluorophosphat	f	184,07	kub. $T_h^6, Pa3$	7,71	$M=4$	
K$_2$HPO$_4$	hydrogenphosphat	f	174,18 2,338				
KH$_2$PO$_4$	dihydrogenphosphat	f	136,09 2,338	tetr. $H2_2$ $D_{2d}^{12}, I\bar{4}2d$	7,43 6,94	$M=4$	1,5095 1,4684
K$_3$PO$_4$	orthophosphat	f	212,28 2,56				
K$_4$P$_2$O$_7$ · 3 H$_2$O	pyrophosphat	f	384,40 2,33				
K$_2$[PdBr$_4$]	tetrabromopalladat-(II)	f	504,24				
K$_2$[Pd(CN)$_4$] · H$_2$O	tetracyanopalladat-(II)	f	306,69	mkl. $C_{2h}^5, P2_1/c$	18,55 16,18 15,78	107,5° $M=20$	
K$_2$[Pd(CN)$_4$] · 3 H$_2$O		f	342,72				
K$_2$[PdCl$_4$]	tetrachloropalladat-(II)	f	326,42 2,67	tetr. $H1_5$ $D_{4h}^1, P4/mmm$	7,04 4,10	$M=1$	1,710 1,523
K$_2$[PdCl$_6$]	hexachloropalladat-(IV)	f	397,32 2,738	kub. $I1_1$ $O_h^5, Fm3m$	9,76	$M=4$	
K$_2$[PtBr$_4$]	tetrabromoplatinat-(II)	f	592,93 3,747				

Anorganische Verbindungen

Phasen-umwandlungen		Standardwerte bei 25° C			Bemerkungen und Charakteristik
°C	ΔH kJ/Mol	C_p S^0 J/Molgrd	ΔH_B ΔG^0 kJ/Mol		
575	F				dicke Tafeln; LW 20° 7%, Bdk. 0 H_2O; in wss. Lsg. keine Hydrolyse; gegen alk. Lsg. selbst beim Kochen beständig; langsame Z. in mineralsaurer Lsg.
					$\varepsilon = (2 \cdot 10^6 \text{ Hz}) = 9{,}1$; weißes körniges hygr. Pulver; LW 20° 61,5%, Bdk. 3 H_2O; wl. Al; beim Glühen→ $K_4P_2O_7$
−151,19 253	U^* F	0,36 117,0 134,9	−1568 −1411		$^* < -151{,}19°$ orh. C_{2v}^{19}, $Fdd2$, $a = 10{,}52$, $b = 10{,}44$, $c = 6{,}90$ Å, $M = 8$; $\varkappa(0...2500 \text{ at}) = 3{,}5 \cdot 10^{-6}$ at^{-1}, $\varepsilon(2 \cdot 10^6 \text{ Hz}) = 31$; $\chi_{Mol} = -59 \cdot 10^{-6}$ cm^{3}Mol^{-1}; piezoelektrisch; fbl. Krist.; LW 20° 18,2%, Bdk. 0 H_2O
1340	F	37,2	−2024		$\bar{\gamma}(-78...17° \text{ C}) = 120$ grd^{-1}; $\varepsilon(2 \cdot 10^6 \text{ Hz}) = 7{,}8$; weißes hygr. Pulver; LW 20° 49,7%, Bdk. 7 H_2O; unl. abs. Al
					blendend weiße strahlige Masse; bei 100° −1 H_2O, bei 180° −1 H_2O, bei 300° wfrei
					rotbraune Nadeln, luftbeständig; sll. W
200° −H_2O					fbl. durchsichtige Blättchen, perlmuttglanzend
100° −2H_2O					fbl. durchsichtige Nadeln oder Säulen; verwittern an Luft rasch; l. Al
524	F		−1095		$\chi_{Mol} = -136 \cdot 10^{-6}$ cm^{3}Mol^{-1}; goldgelbe Kristallnadeln, gepulvert gelbgrün; l. W; wl. Al; mit wss. NH_3→ $[Pd(NH_3)_2Cl_2]$
			−1188		zinnoberrote Krist.; wl. W; h. W zers.; ll. verd. HCl; unl. Al, Alkchloridlsg.
					braunrote fast schw. Nadeln; sll. W

Formel	Name	Zustand	Mol.-Masse Dichte g·cm⁻³	System, Typ und Symbol	Einheitszelle Kantenlänge in Å	Winkel und M	Brechzahl n_D
$K_2[PtBr_6]$	hexabromoplatinat-(IV)	f	752,75 4,54	kub. $I1_1$ $O_h^5, Fm3m$	10,4	$M=4$	
$K_2[Pt(CN)_4]\cdot 3H_2O$	tetracyanoplatinat-(II)	f	431,41 2,45	orh.	0,8795: 1: 0,2736		
K_2PtCl_4	Kaliumtetrachloroplatinat-(II)	f	415,11 3,305	tetr. $D_{4h}^1, P4/mmm$	6,99 4,13	$M=1$	1,683 1,553
K_2PtCl_6	hexachloroplatinat-(IV)	f	486,012 3,474	kub. $I1_1$ $O_h^5, Fm3m$	9,745	$M=4$	
K_2PtJ_6	hexajodoplatinat-(IV)	f	1034,72 4,963				
$K_2[Pt(NO_2)_4]$	tetranitritoplatinat-(II)	f	457,32 3,13	mkl. $C_{2h}^5, P2_1/c$	9,24 12,87 7,74	96° 15′	
$K_2[Pt(SCN)_6]\cdot 2H_2O$	hexathiocyanatoplatinat-(IV)	f	657,82	orh.	0,6224: 1: 0,9712		>1,95
K_2ReCl_6	hexachlororhenat	f	477,12 3,34	kub. $I1_1$ $O_h^5, Fm3m$	9,861	$M=4$	
$KReO_4$	perrhenat	f	289,30 4,887	tetr. $H0_4$ $C_{4h}^6, I4_1/a$	5,80 13,17	$M=4$	1,645 1,675
$K_3[Rh(CN)_6]$	hexacyanorhodat-(III)	f	376,32	mkl.	1,2858: 1: 0,8109	90° 29′	1,5498 1,5513 1,5634

Anorganische Verbindungen

Phasenumwandlungen		Standardwerte bei 25° C			Bemerkungen und Charakteristik
°C	ΔH kJ/Mol	C_p J/Molgrd	S^0	ΔH_B ΔG^0 kJ/Mol	
					$\chi_{Mol} = -230 \cdot 10^{-6}$ cm^{3}Mol^{-1}; hrote bis tiefrubinrote Krist.; wl. W; unl. Al, Toluol, Xylol
100 $-H_2O$					fbl. gelbliche oder grünliche Krist., blau fluoresz.; verwittert an der Luft; LW 20° 25,3 %; l. konz. H_2SO_4; fast unl. Al
					rubinrote Krist.; ll. W; fast unl. Al; wl. CH_3NH_2, $C_2H_5NH_2$
		205,4 333,8		-1259 -1108	$\chi_{Mol} = -177,5 \cdot 10^{-6}$ cm^{3}Mol^{-1}; orgelbe Krist.; LW 20° 1 %, 100° 4,75 %, Bdk. 0 H_2O; L 1 nH_2SO_4 15° 0,9 g/100 g Lösm.; L abs. Al 20° 9 · 10^{-4} g/100 g Lösm.; L 20 Gew % Al 20° 0,218 g/100 g Lösm.; unl. Ä
					$\chi_{Mol} = -302 \cdot 10^{-6}$ cm^{3}Mol^{-1}; met. glänzende schw. Tafeln; spröde; sll. W weinrot; die wss. Lsg. zers. besonders am Licht→PtJ_4; fast unl. Al
					feine fbl. Prismen, wasserhell, glänzend; wl. k. W, l. beim Erwärmen
					karminrote stark glänzende dünne Blättchen; gibt leicht H_2O ab und wird undurchsichtig; l. W
					gelbgrüne Oktaeder; LW 0° 0,8 %; L 10 % HCl 20° 30 g/l Lsg.; L 37 % HCl 18° 3,72 g/l Lsg.; L 20 % H_2SO_4 18° 46 g/l Lsg.
555	F 85,3	122,6 167,9		-1104 $-1001,3$	weißes Kristallpulver; kleine weiße stark lichtbrechende Rauten; subl. unverändert im Hochvak.; LW 20° 1,0 %, Bdk. 0 H_2O l. 80 % Al; wl. 90 % Al
					schwach gelb gefärbte Prismen; ll. W; zers. konz. HCl→HCN; zers. Alk

Formel	Name	Zustand	Mol.-Masse Dichte g·cm⁻³	System, Typ und Symbol	Einheitszelle Kantenlänge in Å	Einheitszelle Winkel und M	Brechzahl n_D
K_2 [Rh(H$_2$O) Cl$_5$]	aquo= penta= chloro= rho= dat-(III)	f	376,39	orh.	0,7604 : 1 : 0,6993		
K_3[RhCl$_6$]· H$_2$O	hexa= chloro= rho= dat-(III)	f	450,94	orh.	1,0268 : 1 : 1,2946		
K_3[RhCl$_6$]· 3 H$_2$O	hexa= chloro= rho= dat-(III)	f	486,98				
K_3[Rh (NO$_2$)$_6$]	hexa= nitrito= rho= dat-(III)	f	496,24 2,744	kub. $I\,2_4$ $T_h^3, Fm3$	10,63	$M=4$	
RhK (SO$_4$)$_2$· 12 H$_2$O	rhodium= sulfat	f	550,31 2,23				
K_4[Ru (CN)$_6$]· 3 H$_2$O	hexa= cyano= ruthenat	f	467,63 2,14	mkl. $C_{2h}^6, C2/c$	9,30 16,80 9,30	90° 8' $M=4$	1,5837
K_2[RuCl$_6$]	Kalium= hexa= chloro= ruthenat	f	391,99	kub. $I\,1_1$ $O_h^5, Fm3m$	9,738	$M=4$	
K_2[Ru (NO)J$_5$]	nitroso= penta= jodo= ruthe= nat-(IV)	f	843,80	orh.	0,9674 : 1 : 1,5089		
KRuO$_4$	per= ruthenat	f	204,17 3,32	tetr. $C_{4h}^6, I\,4_1/a$	5,609 12,991	$M=4$	
K$_2$RuO$_4$· H$_2$O	ruthenat	f	261,29	orh.	0,7935 : 1 : 1,1973		
K_2[Ru (OH)Cl$_5$]	Kalium-hydroxo= penta= chloro-ruthe= nat-(IV)	f	373,55				

Anorganische Verbindungen K 1-389

Phasenumwandlungen		Standardwerte bei 25° C		Bemerkungen und Charakteristik
°C	ΔH kJ/Mol	C_p S^0 J/Molgrd	ΔH_B ΔG^0 kJ/Mol	
				dicke schwärzlichrote Oktaeder, stark glänzende Blättchen; l. W
				dklrote Prismen oder glänzende Blätter
				dklrote glänzende Prismen; an der Luft $-1^1/_2 H_2O \rightarrow$hrot; wl. W mit dklroter bis viol. Farbe, beim Stehen bräunlich
				kleine weiße Krist.; fast unl. k. W, wl. h. W; zers. S; unl. Al; mit konz. HCl$\rightarrow$K$_3$[RhCl$_6$] · 3 H$_2$O
				braungelbe durchsichtige Oktaeder; glasglänzend; beständig an Luft; sll. W
110 $-H_2O$				fbl. durchsichtige Tafeln; an Luft beständig; wss. Lsg. in der Hitze mit S$\rightarrow$HCN
				$\chi_{Mol} = +3816 \cdot 10^{-6}$ cm^{3}Mol^{-1}; dklbraune bis schw. kleine Krist. mit grünlichem Schimmer, stark glänzend; ll. W mit gelber Farbe, hydrolysiert schnell$\rightarrow$schw.; unl. konz. HCl, Al
				lange schw. Krist., met. glänzend
Z. 440				schw. undurchsichtige Krist., luftbeständig; wl. k. W mit schw.-grüner Farbe; wss. Lsg. zers.
				schw. met. glänzende Krist., zerfl.; zers. an der Luft; ll. W mit dkl.or. Farbe; wss. Lsg. zers., besonders durch S
				rotbraune bis schw.glänzende Krist.; swl. k. W, l. h. W mit or. Farbe; unl. Al, konz. NH$_4$Cl-Lsg.

Formel	Name	Zustand	Mol.-Masse / Dichte $g \cdot cm^{-3}$	System, Typ und Symbol	Einheitszelle Kantenlänge in Å	Einheitszelle Winkel und M	Brechzahl n_D
K_2S	sulfid	f	110,27 / 1,805	kub. $C1$ $O_h^5, Fm3m$	7,39	$M=4$	
KHS	hydrogensulfid	f	72,17 / 1,71	trig. $B22$ $D_{3d}^5, R\bar{3}m$	4,37	69,03° $M=1$	
KSCN	thiocyanat	f	97,18 / 1,886	orh. $F5_9$ $D_{2h}^{11}, Pbcm$	6,7 / 7,6 / 6,6	$M=4$	1,532 / 1,660 / 1,730
K_2SO_3	sulfit	f	158,27				
K_2SO_4	sulfat	f	174,27 / 2,662	orh. $H1_6$ $D_{2h}^{16}, Pnma$	5,73 / 10,01 / 7,42	$M=4$	1,4933 / 1,4946 / 1,4973
$KHSO_4$	hydrogensulfat	f	136,17 / 2,24	orh. $D_{2h}^{15}, Pbca$	9,79 / 18,93 / 8,40	$M=16$	1,445* / 1,460* / 1,491*
$K_2S_2O_3 \cdot {}^5/_3 H_2O$	thiosulfat	f	220,36 / 2,23	orh.	0,8229 : 1 : 1,4372		
$K_2S_2O_5$	pyrosulfit	f	222,33 / 2,34	mkl. $K0_1$ $C_{2h}^2, P2_1/m$	6,95 / 6,19 / 7,55	102° 41′ $M=2$	.
$K_2S_2O_7$	pyrosulfat	f	254,33 / 2,277	mkl.	12,35 / 7,31 / 7,27	93° 7′	

Anorganische Verbindungen

Phasenumwandlungen		Standardwerte bei 25° C			Bemerkungen und Charakteristik
°C	ΔH kJ/Mol	C_p J/Molgrd	S^0	ΔH_B ΔG^0 kJ/Mol	
146,4 840	U F	0,36		−367,8	$\chi_{Mol} = -30 \times 2 \cdot 10^{-6}$ cm³Mol⁻¹; weiße zerfl. Krist.; an Luft Verfärbung; sll. W; l. Al, NH₃, Glycerin; h. K₂S-Lsg. löst Schwefel unter Bildung von Polysulfiden; K₂S · 5 H₂O aus W; fbl. Prismen, leicht zers., F 60°
180 455	U* F	2,3		−264,3	* U $B22 \rightarrow B1$, kub., O_h^5, $Fm3m$; $a = 6,62$ Å; $M = 4$; weiße Krist.; hygr.; ll. W; h. W zers.; l. Al mit geringer Alkoholyse
141,4 175,1	U F	0,13 14,2		−203,4	$\chi_{Mol} = -48 \cdot 10^{-6}$ cm³Mol⁻¹; fbl. Krist.; zerfl.; LW 20° 69,0 %, Bdk. 0 H₂O; L Aceton 22° 17,2 %; L Py 20° 5,79 %; L Egester 14° 0,4 %; L Acetonitril 18° 11,31 %; l. Al, fl. NH₃
				−1117	$\chi_{Mol} = -32 \times 2 \cdot 10^{-6}$ cm³Mol⁻¹; fbl. Prismen; nicht zerfl.; LW 20° 51,6 %, Bdk. 0 H₂O; unl. fl. NH₃, wfreiem Aceton
583 1069	U* F	8,11 36,64	129,9 175,7	−1433 −1315	* U orh.→trig. D_{3d}^3, $P\bar{3}m1$, $a = 5,71$, $c = 7,86$ Å, $M = 4$; $\bar{\gamma}(-78...21°C) = 130 \cdot 10^{-6}$ grd⁻¹; $\varkappa(20°C) = 3,250 \cdot 10^{-6}$ at⁻¹; $\varepsilon(4 \cdot 10^6$ Hz$) = 6,3$; $\chi_{Mol} = -33,5 \times 2 \cdot 10^{-6}$ cm³Mol⁻¹; Arcanit; fbl. harte Krist.; luftbeständig; bitterer Geschmack; LW 20° 10 %, Bdk. 0 H₂O; L Glycerin 25° 0,75 %; ll. fl. HF; unl. Me, Al, Aceton, Py, CS₂, fl. NH₃
164,2 180,5 218,6	U U F	2,05 0,40		−1158	* $\lambda = 550$ mμ; weiße durchscheinende Krist.; zerfl.; LW 0° 25,5 %, 100° 53 %; beim Erhitzen −H₂O→K₂S₂O₇
					fbl. glänzende Krist.; sll. W unter starker Abkühlung; LW 20° 60,7 %, Bdk. ⁵/₃H₂O
				−1517,5	$\chi_{Mol} = -43,2 \times 2 \cdot 10^{-6}$ cm³Mol⁻¹; glänzende Prismen; LW 20° 30,6 %, Bdk. 0 H₂O; in wss. Lsg. Bildung von HSO₃⁻; unl. Al; Z. bei 190°
225 315	U U			−1984,5	$\chi_{Mol} = -46 \times 2 \cdot 10^{-6}$ cm³Mol⁻¹; fbl. Prismen; an feuchter Luft langsam Aufnahme von H₂O

Formel	Name	Zustand	Mol.-Masse / Dichte $g \cdot cm^{-3}$	System, Typ und Symbol	Einheitszelle Kantenlänge in Å	Einheitszelle Winkel und M	Brechzahl n_D
$K_2S_2O_8$	peroxid-disulfat	f	270,33 2,477	trikl. $K4_1$ $C_i^1, P1$	5,1 6,8 5,4	106,9° 90,2° 102,6° $M=1$	1,4609 1,4669 1,5657
$K_2S_2O_6$	dithionat	f	238,33 2,277	trig. $K1_1$ $D_3^2, P321$	9,82 6,36	$M=3$	1,4550 1,5153
$K_2S_3O_6$	trithionat	f	270,39 2,32	orh. $K5_1$ $D_{2h}^{16}, Pnma$	9,8 13,6 5,76	$M=4$	1,4934 1,5641 1,602
$K_2S_4O_6$	tetra-thionat	f	302,46 2,29	mkl. C_s^4, Cc	22,65 7,99 10,09	102° 6′ $M=8$	1,5896* 1,6057* 1,6435*
$K_2S_5O_6 \cdot 1^1/_2 H_2O$	penta-thionat	f	361,54 2,112	orh. $D_{2h}^{14}, Pbcn$	0,4564: 1: 0,3051	$M=8$	1,570 1,630 1,658
$K_2S_6O_6$	hexa-thionat	f	366,54 2,15	trikl.	7,43 11,32 7,37	105° 56′ 90° 104° 54′ $M=2$	
K_3Sb	antimonid	f	239,06 2,35	hex. DO_{18} $D_{6h}^4, P6_3/mmc$	6,03 10,69	$M=2$	
$K(SbO)C_4H_4O_6 \cdot ^1/_2 H_2O$	antimonyl-tartrat	f	333,93 2,607	orh.			1,620 1,636 1,638
$K_3SbS_4 \cdot 4^1/_2 H_2O$	thio-anti-monat	f	448,38				
K_2Se	selenid	f	157,16 2,851	kub. $C1$ $O_h^5, Fm3m$	7,68	$M=4$	
K_2SeO_3	selenit	f	205,16				
K_2SeO_4	selenat	f	226,16 3,07	orh. $H1_6$ $D_{2h}^{16}, Pnma$	6,02 10,40 7,60	$M=4$	1,5352 1,5390 1,5446

Anorganische Verbindungen K 1-393

°C	Phasen-umwandlungen ΔH kJ/Mol	Standardwerte bei 25° C		Bemerkungen und Charakteristik
		C_p S^0 J/Molgrd	ΔH_B ΔG^0 kJ/Mol	
			−1918	$\chi_{Mol} = -51 \times 2 \cdot 10^{-6}$ cm^{3}Mol^{-1}; weiße geruchlose Krist.; zers. bei 100°; LW 20° 4,5 g/100 cm^3 Lsg.; L Furfurol 25° 0,01 %; unl. Al; die wss. Lsg. hydrolysiert unter Bildung von H_2O_2
			−1736,7	$\chi_{Mol} = -45,5 \times 2 \cdot 10^{-6}$ cm^{3}Mol^{-1}; optisch aktiv, piezoelektrisch; fbl. Krist. von bitterem Geschmack; LW 20° 6,23 %; Bdk. 0 H$_2$O; unl. Al
			−1678,2	$\chi_{Mol} = -50 \times 2 \cdot 10^{-6}$ cm^{3}Mol^{-1}; fbl. Krist. von schwach salzigem und bitterem Geschmack; LW 20° 18,5 %, Bdk. 0 H$_2$O; unl. Al
			−1644,7	* $\lambda = 656$ mµ; $\chi_{Mol} = -59 \times 2 \cdot 10^{-6}$ cm^{3}Mol^{-1}; fbl. Krist.; LW 20° 23 %, Bdk. 0 H$_2$O; unl. abs. Al
			−2156,9	fbl. Krist.; stark hygr.; LW 20° 24,8 %, Bdk. 1^1/$_2$H$_2$O; unl. abs. Al
				$\chi_{Mol} = -77 \times 2 \cdot 10^{-6}$ cm^{3}Mol^{-1}; kleine weiße Blättchen; trocken haltbar; l. W klar, zers. beim Stehen unter Abscheidung von Schwefel
812	F		−188	Halbleiter; gelblichgrüner Schmelzkörper, verändert sich an Luft; unl. fl. NH$_3$, Bzl
				Brechweinstein; fbl. Krist. oder weißes Pulver von widerlich süßlichem Geschmack; l. k. W; ll. h. W; l. Glycerin; unl. Al
				gelbliche Krist., klein und körnig; strahlige feste krist. Masse; zerfl.; ll. W; die wss. Lsg. wird durch HCl zers.
			−331,9	$\chi_{Mol} = -33,5 \times 2 \cdot 10^{-6}$ cm^{3}Mol^{-1}; weiße harte Substanz; sehr hygr.; zers. an Luft; wss. Lsg. zers. an Luft→Se; unl. fl. NH$_3$
				weißes feinkörniges Salz; hygr.; LW 20° 67,2 %, Bdk. 4 H$_2$O; kaum l. Al; bei 875° → K$_2$SeO$_4$
				fbl. Krist.; sehr hygr.; LW 20° 53,6 %, Bdk. 0 H$_2$O

Formel	Name	Zustand	Mol.-Masse / Dichte g·cm⁻³	System, Typ und Symbol	Kantenlänge in Å	Winkel und M	Brechzahl n_D
$K_2[SiF_6]$	hexafluorosilikat	f	220,28 / 2,66	kub. $I\,1_1$ $O_h^5, Fm3m$	8,17	$M=4$	1,3391
$K_2Si_4O_9$	tetrasilikat	f	334,54 / 2,335				1,477 / 1,482
K_2SnCl_6	hexachlorostannat	f	409,61 / 2,70	kub. $I\,1_1$ $O_h^5, Fm3m$	9,98	$M=4$	1,6574
K_2TaF_7	heptafluorotantalat	f	392,14 / 5,2	orh. $K\,6_2$ $D_{2h}^5, Pmma$	5,85 / 12,67 / 8,50	$M=4$	
K_2Te	tellurid	f	205,80 / 2,52	kub. $C\,1$ $O_h^5, Fm3m$	8,15	$M=4$	
K_2TiF_6	hexafluorotitanat	f	240,10 / 3,012	trig. $D_{3d}^3, P\bar{3}m1$	5,715 / 4,656	$M=1$	
K_2ThF_6	hexafluorothorat	f	424,23 / 4,33	kub. $C\,1$ $O_h^5, Fm3m$	5,99	$M=4/3$	
K_2WO_4	wolframat	f	326,05	mkl.	1,9702 : 1 : 1,2341		
$K_2WO_4 \cdot 2H_2O$		f	362,08	mkl.	0,9998 : 1 : 0,7830		
K_2ZrF_6	hexafluorozirkonat	f	283,41 / 3,58	orh. $D_{2h}^{17}, Cmcm$	6,94 / 11,40 / 6,58	$M=4$	
K_3ZrF_7	heptafluorozirkonat	f	341,51	kub. $O_h^5, Fm3m$	8,95	$M=4$	1,408
La	**Lanthan**						
LaB_6	borid	f	203,78 / 4,73	kub. $D\,2_1$ $O_h^1, Pm3m$	4,153	$M=1$	
$LaBr_3$	bromid	f	218,82	hex. $D0_{19}$ $C_{6h}^2, P6_3/m$	7,951 / 4,501	$M=2$	

°C	Phasen-umwandlungen ΔH kJ/Mol	Standardwerte bei 25° C C_p S^0 J/Molgrd	ΔH_B ΔG^0 kJ/Mol	Bemerkungen und Charakteristik
				fbl. Krist.; zers. beim Erhitzen→ SiF_4; ohne Z. schmelzbar unter Zusatz von KF; LW 20° 0,15 %; unl. fl. NH_3; wl. wss. Al, Benzonitril; unl. Egs-methylester
592 765	U 3,26 F 48,97			fbl. Krist., selten einfach, meist verwachsen
				oktaedrische Krist.; LW 70° 52,2 % unter Hydrolyse
				fbl. Krist.; wl. W unter Z.; etwas l. HF
				$\chi_{Mol} = -46,5 \times 2 \cdot 10^{-6}$ cm^{3}Mol^{-1}; fbl. Krist.; hygr.; zers. an Luft→ Te-Abscheidung; l. W fbl.→rot→ fbl. unter Te-Abscheidung in Nadeln oder Krist.
~780	F			weiße Blättchen; LW 20° 1,2 %, Bdk. 1 H_2O; Zusatz von HF erhöht die L; beim Erhitzen an Luft > 600° geringe Z.
				Krist.; LW 25° 6,4 · 10^{-5} %, Bdk. 1 H_2O; 2. Modifikation hex. D_{3h}^3, $P\bar{6}2m$, $a=6,565$, $c=3,815$ Å, $M=1$; $D=4,91$ g/cm^3
338 933	U F 18,4			nadelförmige sehr dünne Krist.; blendend weißes Pulver; hygr.; sll. W
				große glänzende Krist.; verwittern leicht; zerfl. sofort an feuchter Luft; sll. W; wss. Lsg. mit HNO_3, H_2SO_4, HCl, wss. SO_2→Wolframsäure desgl. Oxal- und Egs
				fbl. Krist., lange Nadeln, glänzende Prismen; LW 20° 1,48 %, Bdk. 0 H_2O; L HF steigt mit der HF-Konz.; unl. fl. NH_3
				kleine glänzende oktaedrische Krist.; verwittern an der Luft; wl. W
2200	F			α(Raumtemp.) = 5,6 · 10^{-6} grd^{-1}; schw. bis dklbraune Substanz
783 1735	F V 202			weiße sehr hygr. Substanz; ll. W, Al

Formel	Name	Zustand	Mol.-Masse Dichte $g \cdot cm^{-3}$	Kristalldaten System, Typ und Symbol	Einheitszelle Kantenlänge in Å	Winkel und M	Brechzahl n_D
$La(BrO_3)_3 \cdot 9H_2O$	bromat	f	684,77				
LaC_2	carbid	f	162,93 5,3	tetr. $C11$ $D_{4h}^{17}, I4/mmm$	3,934 6,572	$M=2$	
$LaCl_3$	chlorid	f	245,27 3,79	hex. DO_{19} $C_{6h}^2, P6_3/m$	7,468 4,366	$M=2$	
$LaCl_3 \cdot 7H_2O$		f	371,38	trikl.	1,1593: 1: 0,8659	91° 3' 114° 28' 88° 12'	
LaJ_3	jodid	f	519,62 5,057	orh. $D_{2h}^{17}, Cmcm$	10,05 14,1 4,33	$M=4$	
$La_2(MoO_4)_3$	molybdat	f	757,63 4,77	tetr.	1: 1,5504		
LaN	nitrid	f	152,92	kub. $B1$ $O_h^5, Fm3m$	5,295	$M=4$	
$La(NO_3)_3 \cdot 6H_2O$	nitrat	f	433,02	trikl. $C_i^1, P\bar{1}$	8,924 10,689 6,647	101° 4' 102° 12' 87° 30' $M=2$	
La_2O_3	oxid	f	325,82 5,84	trig. $D_3^2, P321$	3,93 6,12		
$La(OH)_3$	hydroxid	f	189,93 4,45	hex. $C_{6h}^2, P6_3/m$	6,523 3,855	$M=2$	
LaS_2	sulfid	f	203,04 4,83	kub.	8,20	$M=8$	
La_2S_3	sulfid	f	374,01 4,86	kub. $D7_3$ $T_d^6, I\bar{4}3d$	8,724	$M=5^{1}/_{3}$	
$La_2(SO_4)_3$	sulfat	f	566,00 3,60				
$La_2(SO_4)_3 \cdot 9H_2O$		f	728,14 2,82	hex. $C_{6h}^2, P6_3/m$	10,98 8,13	$M=2$	

Phasenumwandlungen		Standardwerte bei 25° C			Bemerkungen und Charakteristik
°C	ΔH kJ/Mol	C_p J/Molgrd	S^0	ΔH_B ΔG^0 kJ/Mol	
2356	F				fbl. Krist.; LW 20° 59,9%, Bdk. 9H_2O
872 1945	F V	43,1 224	180	−1171 −1107	$\bar{\gamma}(50…150°\ C)=48 \cdot 10^{-6}$ grd^{-1}; fbl. kurze dicke Krist.; weiße Substanz, wenn rein; hygr.; LW 20° 48,98%, Bdk. 7H_2O; ll. Al
					fbl. Krist.; zerfl. zuweilen vollständig; LW s. LaCl$_3$; ll. Al
761	F			−700,8	weißes Pulver; beim Auskrist. glänzende Schuppen; wl. k. W; l. h. W; sll. HCl
1181	F		360		weißer körniger Nd.; weißes Pulver; Krist. aus NaCl-KCl-Schmelze manchmal schwach hgrun getönt; swl. W
			46,0	−301,5	grauschw. graphitähnliche körnige Substanz; auch weißgraues Pulver; riecht an feuchter Luft nach NH$_3$; sll. S; mit h. W→NH$_3$; Alk.-schmelze→NH$_3$
40 126	F V		421,4		wasserhelle große Säulen; stark glänzend; LW 20° 54,5%, Bdk. 6H_2O; ll. Al
2315 4200	F V		101,2	−2255	$\chi_{Mol}=-39\times 2\cdot 10^{-6}$ cm^{3}Mol^{-1}; weißes Pulver; blättchenförmige Krist.; ll. S, Egs, konz. NH$_4$NO$_3$-Lsg.; l. wss. Alk, Erdalk, Alkcarbonatschmelze
					weißes Pulver; etwas l. W; l. S, k. NH$_4$Cl-Lsg.
				−656	gelbe Substanz; 17%ige HCl entwickelt H$_2$S$_2$
2100	F			−1284	$\chi_{Mol}=-18,5\times 2\cdot 10^{-6}$ cm^{3}Mol^{-1}; helle gelbe Substanz, in der Hitze or.gelb; an Luft beständig; zers. W; mit sied. W→H$_2$S; ll. verd. S
1150 Z.			280,4		schneeweißes hygr. Pulver; LW 20° 2,2%; 100° 0,68%, Bdk. 9H_2O; gut l. Eiswasser; wl. Al
			636	−5872	weiße nadelförmige Krist., glänzend; LW s. La$_2$(SO$_4$), Zusatz von verd. H$_2$SO$_4$ erhöht LW; konz. H$_2$SO$_4$ löst ziemlich reichlich

221. Übersichtstabelle

Formel	Name	Zustand	Mol.-Masse / Dichte $g \cdot cm^{-3}$	Kristalldaten System, Typ und Symbol	Einheitszelle Kantenlänge in Å	Einheitszelle Winkel und M	Brechzahl n_D
Li Li_3As	**Lithium** arsenid	f	95,74 / 2,42	hex. DO_{18} $D_{6h}^4, P6_3/mmc$	4,39 7,81	$M=2$	
Li_3AsO_4	ortho-arsenat	f	159,74 / 3,07	orh.			
$LiBH_4$	boranat	f	21,78 / 0,68	orh. $D_{2h}^{16}, Pnma$	6,82 4,44 7,18	$M=4$	
$LiBO_2$	metaborat	f	49,75 / 2,223*	trikl.			
$Li_2B_4O_7 \cdot 5H_2O$	tetraborat	f	259,19				
$LiBr$	bromid	f	86,85 / 3,464	kub. $B1$ $O_h^5, Fm3m$	5,49	$M=4$	1,784
$LiBr \cdot H_2O$			104,86 / 2,51				
Li_2C_2	carbid	f	37,90 / 1,65				
$LiCN$	cyanid	f	32,96 / 1,0755	orh. $D_{2h}^{16}, Pnma$	3,73 6,52 8,73	$M=4$	
Li_2CO_3	carbonat	f	73,89 / 2,111	mkl. $C_{2h}^6, C2/c$	8,11 5,00 6,21	109° 41′ $M=4$	1,428 1,567 1,572
$LiCHO_2 \cdot H_2O$	formiat	f	69,97 / 1,46	orh. $D_{2h}^{16}, Pnma$	6,49 10,01 4,85	$M=4$	

Anorganische Verbindungen

Phasen-umwandlungen		Standardwerte bei 25° C			Bemerkungen und Charakteristik
°C	ΔH kJ/Mol	C_p S⁰ J/Molgrd	ΔH_B ΔG^0 kJ/Mol		
					dklbraune krist. Masse, in geringer Dicke durchsichtig rotbraun; empfindlich gegen feuchte Luft; zers. W→AsH₃; reagiert heftig mit Oxid.mitteln
					kleine tafelförmige Krist., fbl.; swl. W; unl. Py
250... 75 Z.		77,4	−184,7		weiße Substanz; an trockener Luft beständig; zers. allmählich an Luft; mit W→LiBO₂+4H₂; l. Eiswasser unter geringer Z.; l. Ä, Tetrahydrofuran; unl. Bzl
785 836	U F	31			* D der zweiten Modifikation = 2,749; fbl. Pulver; perlmuttglänzende Blättchen; LW 20° 2,5 %; unl. Aceton, Egester; >1200° Z.
200 −2 H₂O					körniges weißes Pulver; ll. W; unl. Al, Aceton
550 1310	F V	13 148	51,9 71,1	−350,2	$\bar{\gamma}$(−78...0° C) = 140 · 10⁻⁶ grd⁻¹; $\varkappa$(0 at, 0° C) = 4,23 · 10⁻⁶ at⁻¹; ε(2 · 10⁶ Hz) = 10,95; χ_{Mol} = −34,7 · 10⁻⁶ cm³Mol⁻¹; weißes feinkörniges Pulver; zerfl.; LW 20° 61,5 %, Bdk. 2H₂O; L Glykol 25° 28 %; L Aceton 25° 15 %; ll. Al; beim Schmelzen→klare Fl., bei Luftzutritt Z.
			94,5	−662,3	krist. >44°; bei 44° LiBr · 2H₂O → LiBr · H₂O; LW s. LiBr
zers.				−59,5	Lithiumacetylid; weißes Pulver; glänzende Krist., durch Luftfeuchtigkeit leicht veränderlich; zers. W→C₂H₂; geschmolzene KOH zers.; konz. S greift nur langsam an
					fbl. Kristallmasse, von Luftfeuchtigkeit hydrolytisch gespalten → LiOH+HCN; ll. W
410 720	U F		97,4 90,34	−1215 −1130	ε(1,66 · 10⁵ Hz) = 4,9; weißes, sehr leichtes Pulver; LW 20° 1,32 %, Bdk. 0H₂O; l. S; unl. Al, Aceton, Py, Egester, Methylacetat
					fbl. Krist., hygr.; LW 20° 28,6 %

Formel	Name	Zustand	Mol.-Masse Dichte g·cm⁻³	System, Typ und Symbol	Einheitszelle Kantenlänge in Å	Einheitszelle Winkel und M	Brechzahl n_D
$LiC_2H_3O_2 \cdot 2 H_2O$	acetat	f	102,01	orh.			1,40 1,50
$Li_2C_2O_4$	oxalat	f	101,90 2,121	orh.	6,58 7,74 6,61	$M=4$	
$LiC_7H_5O_2$	benzoat	f	128,06	trikl.			
$LiC_7H_5O_3$	salicylat	f	144,05				
$Li_3C_6H_5O_7 \cdot 4 H_2O$	citrat	f	281,98				
$LiCl$	chlorid	f	42,39 2,068	kub. $B1$ $O_h^5, Fm3m$	5,13	$M=4$	1,662
$LiCl \cdot H_2O$		f	60,41 1,73	tetr.	3,81 3,88	$M=1$	
$LiClO_3$	chlorat	f	90,39	kub.			
$LiClO_4$	perchlorat	f	106,39 2,429				
$LiClO_4 \cdot 3 H_2O$		f	160,44 1,841	hex. $H4_{18}$ $C_{6v}^4, P6_3mc$	7,71 5,42	$M=2$	1,482 1,447
LiF	fluorid	f	25,94 2,64	kub. $B1$ $O_h^5, Fm3m$	4,0173	$M=4$	1,3915
LiH	hydrid	f	7,95 0,77	kub. $B1$ $O_h^5, Fm3m$	4,085	$M=4$	1,615

Anorganische Verbindungen Li 1-401

Phasen-umwandlungen		Standardwerte bei 25° C		Bemerkungen und Charakteristik
°C	ΔH kJ/Mol	C_p S^0 J/Molgrd	ΔH_B ΔG^0 kJ/Mol	
70	F			fbl. Krist.; LW 20° 28%, Bdk. 2 H_2O; L Me 15° 27,5%; l. Al; unl. Aceton
				fbl. prismatische Nadeln; l. W; Lsg. ist schwach alk.; unl. Al, Ä
				weißes krist. Pulver; ll. W, h. Al
				weißes Pulver; hygr.; geruchlos, süßlicher Geschmack; ll. W, Al
				fbl. Krist., hygr.; ll. W; swl. Al; wss. Lsg. schwach alk.
614 1382	F V	13,4 150,5	51,0 58,2	$-408,6$	$\bar{\gamma}(-79...0°\,C) = 122 \cdot 10^{-6}\,grd^{-1}$; $\varkappa[(50...200\,at); 20°\,C] = 3,6 \cdot 10^{-6}\,at^{-1}$; $\varepsilon(1,66 \cdot 10^5\,Hz) = 10,62$; $\chi_{Mol} = -24,3 \cdot 10^{-6}\,cm^3Mol^{-1}$; fbl. Krist.; zerfl.; LW 20° 45%, Bdk. 1 H_2O; L Al 25° 44%; L Me 20° 30,5%; l. Aceton, Py; wl. Methylacetat
98 $-H_2O$		97,9 103,7	$-712,3$ $-632,9$	fbl. Krist.; sehr hygr.; LW s. LiCl
41,5 99,1 127,6	U U F			$\chi_{Mol} = -28,8 \cdot 10^{-6}\,cm^3Mol^{-1}$; fbl. lange Nadeln; hygr.; LW 20° 79,8%; l. Al
236	F			$\varkappa(0...2000\,at) = 3,9 \cdot 10^{-6}\,at^{-1}$; fbl. Krist.; zerfl.; LW 20° 36%, Bdk. 3 H_2O; L Me 25° 64%; L Al 25° 60%; L Aceton 25° 58%; L Ä 25° 52%; L Egester 25° 49%
98 $-2H_2O$ 130... 50 $-H_2O$				$\chi_{Mol} = -71,7 \cdot 10^{-6}\,cm^3Mol^{-1}$; fbl. lange spröde Nadeln oder kurze Prismen; LW s. LiClO$_4$
848 1681	F V	26,4 213,3	41,9 35,65	$-611,9$ -582	$\alpha(0°\,C) = 38 \cdot 10^{-6}\,grd^{-1}$; $\varkappa[(0...12000\,at); 30°\,C] = (1,495 - 6,78 \cdot 10^{-6}\,at) \cdot 10^{-6}\,at^{-1}$; $\chi_{Mol} = -10,1 \cdot 10^{-6}\,cm^3Mol^{-1}$; sehr feines weißes Pulver, kleine Krist.körner; LW 20° 0,148%, Bdk. 0 H_2O; L Aceton 18° 0,3 · 10^{-6}%; unl. Al, Py, Methylacetat; ll. HNO$_3$, H$_2$SO$_4$
688	F	29,3	34,7 24,7	$-89,3$ $-68,7$	$\chi_{Mol} = -4,6 \cdot 10^{-6}\,cm^3Mol^{-1}$; weißes Pulver, glasige Masse, nadelförmige Krist.; zers. W→LiOH + H$_2$; abs. Al wirkt langsam ein → Alkoholat

221. Übersichtstabelle

Formel	Name	Zustand	Mol.-Masse / Dichte g·cm⁻³	Kristalldaten System, Typ und Symbol	Einheitszelle Kantenlänge in Å	Einheitszelle Winkel und M	Brechzahl n_D
LiJ	jodid	f	133,84 / 4,06	kub. $B1$ $O_h^5, Fm3m$	6,00	$M=4$	1,955
LiJ · H$_2$O		f	151,86 / 3,13				
LiJ · 2H$_2$O		f	169,87 / 2,607				
LiJ · 3H$_2$O		f	187,89 / 3,32	hex. $H4_{18}$ $D_{6h}^4, P6_3/mmc$	7,45 / 5,45	$M=2$	1,655* / 1,625
LiJO$_3$	jodat	f	181,84 / 4,5	hex. $E2_3$ $D_6^6, P6_322$	5,47 / 5,16	$M=2$	
Li$_2$MoO$_4$	molybdat	f	173,82	trig. $S1_3$ $C_{3i}^2, R\bar{3}$	8,77	108° 10' $M=6$	
Li$_3$N	nitrid	f	34,82 / 1,38	hex. $C32$ $D_{6h}^1, P6/mmm$	3,66 / 3,88	$M=1$	
LiN$_3$	azid	f	48,96				
LiNH$_2$	amid	f	22,96 / 1,178	tetr. $S_4^2, I\bar{4}$	5,01 / 10,22	$M=8$	
Li$_2$NH	imid	f	28,89 / 1,48	kub.	5,047	$M=4$	
LiNO$_2$ · H$_2$O	nitrit	f	70,96 / 1,615				

Phasen-umwandlungen		Standardwerte bei 25° C		Bemerkungen und Charakteristik
°C	ΔH kJ/Mol	C_p S^0 J/Molgrd	ΔH_B ΔG^0 kJ/Mol	
449 1170	F 5,94 V 170,6	54,4	−271	$\varkappa$ [(0...12000 at), 30° C] = (6,51 − 117 · 10^{-6} at) · 10^{-6} at^{-1}; ε(2 · 10^6 Hz) = 8,2; $\varkappa_{Mol}$ = − 50 · 10^{-6} cm^{3}Mol^{-1}; weiße Krist., Würfel oder Oktaeder; hygr.; LW 20° 62,3 %, Bdk. 3 H$_2$O; L Me 25° 77 %; L Al 25° 21 %; L Aceton 18° 29 %
131	F	98,7	−590,4	fbl. Krist., LW s. LiJ
78	F	137,6	−891	fbl. Krist.; LW s. LiJ
75,5	F	180,7	−1192	* λ = 550 mμ; $\bar{\gamma}$(−79...0°) = 167 · 10^{-6} grd^{-1}; $\varkappa$ [(50...200) at, 20°] = 7,1 · 10^{-6} at^{-1}; fbl. gut ausgebildete Prismen; plastische Krist., nicht spaltbar; LW s. LiJ; l. Al
				$\varkappa_{Mol}$ = −47 · 10^{-6} cm^{3}Mol^{-1}; fbl. kurze Prismen; LW 18° 44,5 %, Bdk. $^1/_2$H$_2$O; L Aceton 20° 0,3 %
705	F 17,6			weiße nadelförmige Krist., häufig in Kristallaggregaten; LW 20° 44,4 %; ll. LiOH-Lsg.
840	F	77,74	−197,4	dkl. rostbraunes Pulver, schw. bis stahlgrau, bunt angelaufen; äußerst feine Krist., rubinrot durchscheinend, grünlich met. glänzend
		71,76	10,8 8,2	fbl. spießförmige Krist.; sehr hygr.; LW 20° 40 %, Bdk. 1 H$_2$O; unl. Ä; l. abs. Al; zers. beim Erhitzen unter Expl.
373 430	F V		−182	fbl. lange durchscheinende Nadeln; l. k. W ohne heftige Reaktion, l. h. W unter Aufbrausen→LiOH+NH$_3$; wl. Al, leichter l. beim Sieden unter NH$_3$-Absp.; greift Glas schwach an
			−221	weiße Masse mit krist. Bruch; lichtempfindlich, im Sonnenlicht rot unter Bildung von Li$_3$N+LiNH$_2$; mit Al, Py, Anilin→NH$_3$-Entwicklung; zers. Chlf; unl. Bzl, Toluol, Ä
<100	F*			* im eigenen Kristallwasser; bei 160° vollständig entwässert; fbl. flache durchscheinende Nadeln; LW 20° 50,2 %, Bdk. 1 H$_2$O; ll. Al

Formel	Name	Zustand	Mol.-Masse / Dichte g·cm⁻³	System, Typ und Symbol	Kantenlänge in Å	Winkel und M	Brechzahl n_D
$LiNO_3$	nitrat	f	68,94 2,36	trig. $G0_1$ $D_{3d}^6, R\bar{3}c$	5,74	48,05° $M=2$	1,735 1,435
$LiNO_3 \cdot 3H_2O$		f	122,98				
Li_2O	oxid	f	29,88 2,013	kub. $C1$ $O_h^5, Fm3m$	4,62	$M=4$	1,644
Li_2O_2	peroxid	f	45,88 2,26	tetr.	5,48 7,74	$M=8$	
$LiOH$	hydroxid	f	23,95 1,43	tetr. $B10$ $D_{4h}^7, P4/nmm$	3,55 4,33	$M=2$	1,4644 1,4521
$LiOH \cdot H_2O$		f	41,96	mkl. $B36$ $C_{2h}^3, C2/m$	7,37 8,26 3,19	110,3° $M=4$	
Li_3P	phosphid	f	51,79 1,43	hex. $D0_{18}$ $D_{6h}^4, P6_3/mmc$	4,26 7,58	$M=2$	
Li_2HPO_3	hydrogenphosphit	f	93,86				
Li_3PO_4	orthophosphat	f	115,79 2,45	orh. $S1_2$ $D_{2h}^{16}, Pnma$	4,86 10,26 6,07	$M=4$	1,550 1,557 1,567
$Li_2[Pt(CN)_4] \cdot xH_2O$	tetracyanoplatinat-(II)	f	313,04*				1,95 1,59
$LiReO_4$	perrhenat	f	257,14				
$Li_3[RhCl_6] \cdot 12H_2O$	hexachlororhodat-(III)	f	552,62				
Li_2S	sulfid	f	45,94 1,63	kub. $C1$ $O_h^5, Fm3m$	5,71	$M=4$	

Anorganische Verbindungen

Phasen-umwandlungen		Standardwerte bei 25° C			Bemerkungen und Charakteristik
°C	ΔH kJ/Mol	C_p J/Molgrd	S^0	ΔH_B ΔG^0 kJ/Mol	
250	F 25,5	89,12		−482,2	wasserklare, scharfe Rhomboeder; sehr hygr.; geschmolzen klare Fl., die Glas stark angreift; >600° Z.→O_2+nitrose Gase; LW 20° 42%, Bdk. 3H_2O; L Eg 8,2 Mol%; l. Al, Aceton
29,9	F 36,4			−1375	χ_{Mol}= −62 · 10^{-6} cm^3Mol^{-1}; fbl. lange prism. Krist.; zerfl. Nadeln; LW s. $LiNO_3$
1727 2327	F V 75,3	54,09 37,89		−596,5 −560	fbl. durchscheinende Masse, unregel-mäßige Schuppen; langsam l. W; LW 30° 7,0%
				−635 −565	weiße Substanz, nicht hygr.
413 471,1	U F 21,0	49,58 42,81		−487,8 −442	$\bar{\gamma}$(20...120° C)=80 · 10^{-6} grd^{-1}; χ_{Mol}= −12,3 · 10^{-6} cm^3Mol^{-1}; weiße durchscheinende perlmuttglänzende Substanz, scharfer brennender Geschmack; LW 20° 11,3%, Bdk. 1H_2O; wl. Al; unl. Aceton, Py, Egs-methylester
		79,50 71,42		−790,5 −690	fbl. körniges Pulver, kleine spieß-förmige Krist.; LW s. LiOH
					rotbraune Substanz aus kleinen roten durchscheinenden Krist. und grauem Anteil mit muscheligem Bruch
					fbl. Krist.; LW 20° 7,7%, Bdk. 0H_2O
857	F				körniges weißes Krist.pulver, meist dünne Blättchen; LW 20° 0,03%, Bdk. 2H_2O; l. S, weniger l. Egs; swl. wss. NH_3; besser l. in NH_4-salzlsg. als in W; unl. Aceton
					* ohne H_2O berechnet; grüne spitze Nadeln; LW 0° 51%, 25° 59%
426 40 −6H_2O	F			−1060,4	fbl. Krist.; LW 20° 74%, Bdk. 2H_2O dklrote bis schw. dicke Krist.; sll. W; l. Al; unl. Ä; bei 200° wfrei
900... 975	F				rein weißes Pulver, an feuchter Luft rasch verfärbt; ll. W; l. Al

Formel	Name	Zustand	Mol.-Masse Dichte g·cm⁻³	System, Typ und Symbol	Einheitszelle Kantenlänge in Å	Winkel und M	Brechzahl n_D
LiSCN	thiocyanat	f	65,02				
Li_2SO_4	sulfat	f	109,94 2,221	mkl. $C_{2h}^5, P2_1/c$	8,24 4,95 8,44	107,9° $M=4$	— 1,465 —
$Li_2SO_4 \cdot H_2O$		f	127,95 2,06	mkl. $H4_8$ $C_2^2, P2_1$	5,43 4,83 8,14	107,58° $M=2$	1,4596 1,4768 1,4882
$LiS_2O_6 \cdot 2H_2O$	dithionat	f	203,09 2,158	orh.			1,5487 1,5602 1,5763
Li_3Sb	antimonid	f	142,57 3,2	hex. DO_{18} $D_{6h}^4, P6_3/mmc$	4,701 8,309	$M=2$	
Li_2Se	selenid	f	92,84 2,83	kub. $C1$ $O_h^5, Fm3m$	6,01	$M=4$	
Li_2SiF_6	hexafluorosilikat	f	155,96 2,8				
$Li_2[SiF_6] \cdot 2H_2O$			191,99 2,33	mkl.	1,235: 1: 2,160	118°	1,300 1,296
Li_2SiO_3	metasilikat	f	89,96 2,478	orh. $C_{2v}^{12}, Cmc2_1$	5,395 9,36 4,675	$M=4$	1,591 1,611
Li_4SiO_4	orthosilikat	f	119,84 2,326	pseudohex.			1,602* — 1,610
$Li_2Si_2O_5$	disilikat	f	150,05 2,454	orh. $C_{2v}^{13}, Ccc2$ oder $D_{2h}^{20}, Cccm$	5,80 14,66 4,806	$M=4$	1,547 1,550 1,558
Li_2Te	tellurid	f	141,48 3,39	kub. $C1$ $O_h^5, Fm3m$	6,50	$M=4$	
Li_2WO_4	wolframat	f	261,73	trig. $S1_3$ $C_{3i}^2, R\bar{3}$	8,77	108,2° $M=6$	

Anorganische Verbindungen   Li 1-407

Phasenumwandlungen		Standardwerte bei 25° C		Bemerkungen und Charakteristik
°C	ΔH kJ/Mol	C_p S^0 J/Molgrd	ΔH_B ΔG^0 kJ/Mol	
				zerfl. Blättchen; LW 20° 53,2 %; l. Egs-methylester
575 U	28,4		−1434	fbl. Krist.; LW 20° 25,65 %, Bdk.
857 F	7,74		−1315	1 H_2O; L fl. SO_2 0° 0,017 g/100 g Lösm.; unl. abs. Al, Aceton, Py, Egester, Egs-methylester, fl. NH_3
100			−1730	piezoelektrisch; fbl. Krist.; LW s.
−H_2O				Li_2SO_4; unl. abs. Al
70...87				fbl. Krist.; verwittern nicht; beim
−H_2O				Erhitzen ab 122° Z. unter SO_2-Verlust, bei 195°→Li_2SO_4; ll. W, Al
>950 F				dkl.graue krist. Substanz; Red.-mittel, red. MeO, MeS→Me mit W→H_2+flockiges Sb; verd. S→SbH_3-haltiges Gas
			−381,5	rotbraunes Pulver; zers. an der Luft leicht; l. W→rote nicht völlig klare Lsg.
			−2880	fbl. Substanz; zers. beim mäßigen Glühen→LiF+SiF_4; ll. W
				glänzende Krist.; LW 20° 43 %; etwas l. Al; unl. Ä, Benzin
1188... F	30,1		−1576	lange fbl. Prismen, wenig durchsichtige Nadeln; nicht hygr.; zers.
1209		83,7		sied. W, S; ll. verd. k. HCl→Rückstand Kieselsäure; unl. Py, Egester, Egs-methylester
1250 F**	31,1			* andere Angabe: n_α 1,59, n_β 1,60, n_γ 1,61; ** F inkongruent; fbl. durchsichtige Prismen; krist. Pulver; zers. sied. W und schwächste S; wss. Lsg. von Li_4SiO_4 scheidet Gemisch von Li_2SiO_3+$Li_2Si_2O_5$ aus; l. verd. HCl unter Abscheidung von Kieselsäuregallert
1030 F*		126	−159 −155	* F inkongruent; fbl. große Tafeln; gut spaltbar
				rein weißes Pulver, das sich an feuchter Luft rasch verfärbt
742 F	28,0			feinkörniges Pulver, mikroskopisch Kristallnadeln; ll. W, wss. LiOH

Formel	Name	Zustand	Mol.-Masse Dichte $g \cdot cm^{-3}$	Kristalldaten System, Typ und Symbol	Einheitszelle Kantenlänge in Å	Einheitszelle Winkel und M	Brechzahl n_D
Li_2ZrF_6	hexafluorozirkonat	f	219,09	hex.			
Li_4ZrO_4	orthozirkonat	f	182,97				
Li_2ZrO_3	metazirkonat	f	153,10				
Lu	**Lutetium**						
$LuCl_3$	(III)-chlorid	f	281,33 3,98	mkl. $C_{2h}^3, C2/m$	6,72 11,60 6,39	110,4° $M=4$	
Lu_2O_3	(III)-oxid	f	397,94 9,42	kub. $D5_3$ $T_h^7, Ia3$	10,37	$M=16$	
$Lu_2(SO_4)_3 \cdot 8H_2O$	(III)-sulfat	f	782,25 3,3				
Mg	**Magnesium**						
Mg_3As_2	arsenid	f	222,78 3,165	kub. $D5_3$ $T_h^7, Ia3$	12,35	$M=16$	
$Mg_3(AsO_4)_2 \cdot 8H_2O$	arsenat	f	494,89 2,609	mkl.			1,563 1,571 1,596
$MgHAsO_4 \cdot 7H_2O$	hydrogenarsenat	f	290,34 1,943	mkl.	0,4473: 1: 0,2598	85° 34′	
$MgB_2O_4 \cdot 3H_2O$	metaborat	f	163,98 2,28	tetr. $C_4^3, P4_2$	7,62 8,19	$M=4$	1,575 1,565
$MgB_2O_4 \cdot 8H_2O$		f	254,05				
$Mg_2B_2O_5$	pyroborat	f	150,24 2,92	trikl. $C_i^1, P\bar{1}$	6,19 9,22 3,12	90° 24′ 92° 8′ 104° 19′ $M=2$	

Phasenumwandlungen		Standardwerte bei 25°C		Bemerkungen und Charakteristik
°C	ΔH kJ/Mol	C_p S^0 J/Molgrd	ΔH_B ΔG^0 kJ/Mol	
				fbl. sehr kleine Prismen und Pyramiden
				weißes Pulver; mikroskopisch gedrungene Prismen; stark lichtbrechend; swl. sied. verd. HCl
				schneeweißes Pulver; mikroskopisch kleine Krist., stark lichtbrechend; l. sied. verd. HCl
892 1480	F V		−953,1	fbl. Salz; l. W
				fbl. Pulver
			−5474	fbl. krist. Masse; schwer zu zerkleinern; an trockener Luft beständig; LW 20° 32,12%, 40° 14,46%, Bdk. 8H_2O
				hartes sprödes braunes Produkt, mattglänzend; dklbraunes Pulver; zers. W und verd. S→AsH_3; mit sied. Al langsam→Mg-äthylat+AsH_3
				Hörnesit; fbl. Krist. oder gefällt krist. Nd.; bis 100° keine Veränderung; · 22H_2O fbl. Krist., an Luft langsam Verwitterung; $D = 1{,}788$ g/cm^3
100 −5 H_2O				Rösslerit; große Prismen, fbl. mit starkem Glanz; an Luft beständig; durch W allmählich zers.
				Pinnoit; feine doppelbrechende Nadeln; als Mineral sowohl derbkristallin als auch feinfaserig
				stark glänzende Kristallnadeln, hart und spröde; beim Erhitzen −H_2O, milchweiß; unl. k. und sied. W; ll. wss. HCl
				weißes feinkörniges Kristallpulver; unl. W; ll. S; als Mineral Suanit: mkl. C_{2h}^5, $P2_1/c$, $a = 12{,}10$, $b = 3{,}12$, $c = 9{,}36$ Å, $\beta = 104°\ 20'$, $M = 4$; $Mg_2B_2O_5 \cdot H_2O$ Ascharit, haarfeine gebogene asbestähnliche Nadeln; schwer l. 0,1 nHCl

Formel	Name	Zustand	Mol.-Masse Dichte g·cm^{-3}	Kristalldaten System, Typ und Symbol	Einheitszelle Kantenlänge in Å	Winkel und M	Brechzahl n_D
$Mg_3(BO_3)_2$	orthoborat	f	190,55 2,987	orh. $D_{2h}^{12}, Pnnm$	5,398 8,416 4,497	$M=2$	1,6527 1,6537 1,6748
$5MgO \cdot$ $7B_2O_3 \cdot$ $MgCl_2$	Boracit	f	784,12 2,89	orh. C_{2v}^{12}, Cmc	17,07 17,07 12,07	$M=8$	
$MgBr_2$	bromid	f	184,12 3,72	trig. $C6$ $D_{3d}^3, P\bar{3}m1$	3,82 6,26	$M=1$	
$MgBr_2 \cdot$ $6H_2O$		f	292,22 2,00	mkl. $I1_7$ $C_{2h}^3,$	10,25 7,40 6,30	93° 30' $M=2$	
$Mg(BrO_3)_2 \cdot$ $6H_2O$		f	388,21 2,289				1,5139
MgC_2	carbid	f	48,33 2,1	tetr.	5,55 5,03	$M=4$	
Mg_2C_3	carbid	f	84,66 2,2	hex.	7,45 10,61	$M=8$	
$MgCO_3$	carbonat	f	84,32 3,037*	trig. $G0_1$ $D_{3d}^6, R\bar{3}c$	5,61	48° 10' $M=2$	1,717 1,515
$MgCO_3 \cdot$ $3H_2O$		f	138,37 1,808	orh. $D_{2h}^1,$ $Pmmm$	7,68 11,93 5,39	$M=4$	1,495 1,501 1,526
$MgCO_3 \cdot$ $5H_2O$		f	174,40 1,73	mkl.	12,48 7,55 7,34	101° 49'	1,4559 1,4755 1,5023

Anorganische Verbindungen Mg 1-411

Phasen-umwandlungen		Standardwerte bei 25° C			Bemerkungen und Charakteristik
°C	ΔH kJ/Mol	C_p S^0 J/Molgrd		ΔH_B ΔG^0 kJ/Mol	
					Kotoit; durchscheinende prismatische Krist., perlmuttglänzend; schwer schmelzbar; unl. W, verd. Egs; Mineralsäuren greifen an; Aufschluß: Sodaschmelze
266	U*				* U orh.→kub. T_d^5, F $\bar{4}3c$, $a=12,1$ Å, $M=4$; weiße kleine glänzende Tetraeder; beim Erhitzen Sinterung; wl. verd. HCl
711 1230	F V	34,7 146		−517,4	$\chi_{Mol}= −72 \cdot 10^{-6}$ cm³Mol⁻¹; fbl. Krist.; sehr hygr.; LW 20° 50,5%, Bdk. 6H₂O; L Me 20° 44,6%, Bdk. 6CH₃OH; L Al 20° 32,7%, Bdk. 6C₂H₅OH; L Propanol 20° 85,1%, Bdk. 6C₃H₇OH; L Isobutanol 20° 65,2%, Bdk. 6C₄H₉OH; L Aceton 30° 0,8%, Bdk. 3CH₃COCH₃; mit wfreiem fl. HF lebhaft→HBr + MgF₂; swl. fl. NH₃
172,4	F	397		−2407 −2055	große durchsichtige Krist.; sehr hygr.; LW s. MgBr₂
200	F				fbl. Krist.; verwittern an der Luft und über H₂SO₄ im Vak.; LW 20° 48,2%, Bdk. 6H₂O
		58,6		75,0 70,6	$\bar{\gamma}(10...150°\,C)=74 \cdot 10^{-6}$ grd⁻¹; zers. W unter starker Wärmeentwicklung und Bildung von C₂H₂
					zers. W heftiger als MgC₂ unter Bildung von Methylacetylen; angefeuchtete Produkte erglühen und verbrennen an der Luft
350	Z	75,52 65,7		−1105 −1021	* $D=2,958$ g/cm³ für synthetisches MgCO₃; $\chi_{Mol}= −32,4 \cdot 10^{-6}$ cm³Mol⁻¹; Magnesit, Bitterspat, LW 25° 0,0034%; weißes Kristallpulver; geruch- und geschmacklos; LW 25° 0,094%; l. S unter CO₂-Entwicklung
165	F				$\chi_{Mol}= −72,7 \cdot 10^{-6}$ cm³Mol⁻¹; fbl. Krist.; verlieren beim Stehen an der Luft H₂O; in h. W bildet sich basisches Carbonat; LW 25° 0,12 g/100 cm³ Lsg.; ll. verd. HCl
					Lansfordit; tafel- und säulenförmige Krist.; zers. leicht; LW 20° 0,375 g MgCO₃ · 5H₂O/100 Tl. W; l. MgSO₄- und MgCl₂-Lsg., CO₂-haltigem W

Formel	Name	Zustand	Mol.-Masse / Dichte g·cm⁻³	System, Typ und Symbol	Einheitszelle Kantenlänge in Å	Einheitszelle Winkel und M	Brechzahl n_D
$4\,MgCO_3 \cdot Mg(OH)_2 \cdot 4\,H_2O$	bas. carbonat	f	287,64 2,16	orh. D_{2h}^1, $Pmmm$	9,32 8,98 8,42	$M=2$	1,527 1,530 1,540
$MgCl_2$	chlorid	f	95,22 2,41	trig. $C\,19$ D_{3d}^5, $R\bar{3}m$	6,35	36,7° $M=1$	1,675 1,59
$MgCl_2 \cdot 2\,H_2O$		f	131,25				
$MgCl_2 \cdot 6\,H_2O$		f	203,31 1,57	mkl. $I\,1_7$ C_{2h}^3, $C2/m$	9,90 7,15 6,10	94° 20′ $M=2$	1,495 1,507 1,518
$MgCl_2 \cdot 6\,NH_3$	hex= amminchlorid	f	197,40 1,243	kub. $C\,1$ O_h^5, $Fm3m$	10,179	$M=4$	
$Mg(ClO_2)_2 \cdot 6\,H_2O$	chlorit	f	267,31 1,619	pseudokub.	10,29 10,55		
$Mg(ClO_3)_2 \cdot 6\,H_2O$	chlorat	f	299,31 1,80				
$Mg(ClO_4)_2$	perchlorat	f	223,21 2,208				
$Mg(ClO_4)_2 \cdot 6\,H_2O$		f	331,30 1,98	orh. $H\,4_{1_1}$ C_{2v}^7, $Pmn2_1$	7,76 13,46 5,26	$M=2$	1,482[1] 1,458[1]
$Mg(ClO_4)_2 \cdot 6\,NH_3$	hex= amminperchlorat	f	325,40 1,41	kub.	11,53		
MgF_2	fluorid	f	62,31 3,13	tetr. $C\,4$ D_{4h}^{14}, $P4_2/mnm$	4,64 3,06	$M=2$	1,379 0,389

°C	ΔH kJ/Mol	C_p J/Molgrd	S^0	ΔH_B kJ/Mol	ΔG^0	Bemerkungen und Charakteristik
						Hydromagnesit; Magnesia alba; weißes lockeres Pulver; geruch- und geschmacklos; leichte zerreibbare Masse; unl. W, Al; wl. CO_2-haltigem W; l. verd. S unter CO_2-Entwicklung
714 1418	F V	43,1 136,8	71,30 89,5		−641,1 −591,6	$\bar{\gamma}(20...150°\,C)=74\cdot 10^{-6}\,grd^{-1}$; $\chi_{Mol}=-47,4\cdot 10^{-6}\,cm^3Mol^{-1}$; Chloromagnesit; dünne glänzende tafelige Krist.; durchscheinende Blättchen; an feuchter Luft zerfl.; LW 20° 35,2%, Bdk. $6\,H_2O$; l. Al; nimmt NH_3 auf unter Bildung von $MgCl_2\cdot 6\,NH_3$
			159,1 179,9		−1279 −1118	sehr kleine fbl. Blättchen; sehr hygr.; LW s. $MgCl_2$
117	F	34,3	315,8 366,0		−2499 −2117	$\bar{\gamma}(-190...17°\,C)=107,2\cdot 10^{-6}\,grd^{-1}$; fbl. durchsichtige Krist.; hygr.; LW s. $MgCl_2$; ll. 85% Al, Me
						bildet sich aus $MgCl_2$ durch Aufnahme von $6\,NH_3$
						fbl. Krist., meist abgeplattete Oktaeder; einige Tage haltbar
35 120	F Z					krist. blätterige Salzmasse; lange Nadeln; sehr zerfl.; LW 20° 57,2%, Bdk. $6\,H_2O$
251	F*				−588,5	* unter Z.; weißes Salz; sehr hygr.; LW 25° 49,9%, Bdk. $0\,H_2O$; reagiert mit W unter heftigem Zischen
193	F[2]				−2440	[1] für weißes Licht; [2] im geschlossenen Rohr; $\chi_{Mol}=-142,8\cdot 10^{-6}\,cm^3Mol^{-1}$; fbl. nadelähnliche Krist.; nimmt sehr begierig W auf
						fbl. Salz; l. Al, Egester unter Z.
1263 2260	F V	58,1 292	61,59 57,22		−1102 −1048	$\bar{\gamma}(20...150°\,C)=32\cdot 10^{-6}\,grd^{-1}$; $\chi_{Mol}=-22,7\cdot 10^{-6}\,cm^3Mol^{-1}$; Sellait; fbl. Krist.; längliche Prismen; LW 20° $9\cdot 10^{-3}$%; unl. S außer konz. H_2SO_4; fast unl. fl. HF

Formel	Name	Zustand	Mol.-Masse Dichte $g \cdot cm^{-3}$	Kristalldaten			Brechzahl n_D
				System, Typ und Symbol	Einheitszelle		
					Kantenlänge in Å	Winkel und M	
MgJ_2	jodid	f	278,12 4,48	trig. $C6$ $D_{3d}^3, P\bar{3}m1$	4,14 6,9	$M=1$	
$MgJ_2 \cdot 8H_2O$		f	422,24				
$Mg(JO_3)_2 \cdot 4H_2O$	jodat	f	446,18 3,283	mkl.	1,249: 1: 1,268	100° 40'	
Mg_3N_2	nitrid	f	100,95 2,712	kub. $D5_3$ $T_h^7, Ia3$	9,95	$M=16$	
$Mg(NO_2)_2$	nitrit	f	116,32				
$Mg(NO_3)_2$	nitrat	f	148,32				
$Mg(NO_3)_2 \cdot 2H_2O$		f	184,35 2,0256				
$Mg(NO_3)_2 \cdot 6H_2O$		f	256,41 1,6363	mkl. $C_{2h}^5, P2_1/c$	6,61 12,67 6,21	95° 56' $M=2$	1,344 1,506 1,506
MgO	oxid	f	40,31 3,576	kub. $B1$ $O_h^5, Fm3m$	4,20	$M=4$	1,7366
MgO_2	peroxid	f	56,31				

°C	Phasen-umwandlungen ΔH kJ/Mol	C_p J/Molgrd	S^0 J/Molgrd	ΔH_B kJ/Mol	ΔG^0 kJ/Mol	Bemerkungen und Charakteristik
650	F			−359,8		fbl. blättchenförmige Krist.; sehr hygr.; mit W zers. unter Zischen und J_2-Entwicklung; mit wfreiem fl. HF→HJ+MgF_2; LW 20° 59,7%, Bdk. 8H_2O; L Me 30° 54%, Bdk. 6CH_3OH; L Al 10° 27,5%, Bdk. 6C_2H_5OH; L Aceton 30° 6,7%, Bdk. 6CH_3COCH_3; L Benzaldehyd 20° 3,8%, Bdk. 6C_6H_5CHO
						krist. bei Raumtemp. aus wss. Lsg. aus; Ü 8H_2O→6H_2O bei 43° C; zerfl. Salz; verwittert über H_2SO_4
210 −4H_2O						glänzende Krist.; sehr beständig; LW 20° 7,8%, Bdk. 4H_2O
550 788 1077	U U Z	0,92 1,09	104,6 87,9	−461,1		grünlichgelbe leichte lockere Masse, gut pulverisierbar; kleine Krist. mikroskopisch; zers. an feuchter Luft; mit W stürmisch→$Mg(OH)_2$+NH_3; l. S
						weißes Salz; LW 20° 43,5%, Bdk. 6H_2O; wss. Lsg. zers. beim Erhitzen
		142,2	164,0	−789,8	−585	das wfreie Salz ist schwierig darzustellen; sehr zerfl.; LW 20° 41,5%, Bdk. 6H_2O; ll. Al unter Wärmeentwicklung; l. fl. NH_3
130	F					weißes grobes Pulver; durchsichtige kurze Krist.; LW s. $Mg(NO_3)_2$; sehr hygr.; l. konz. HNO_3, Al
90	F	41,0		−2611		wasserhelle Krist.; lange Prismen; sehr hygr.; LW s. $Mg(NO_3)_2$; l. Me, Al
2802	F	77,4	37,78 26,8	−601,2	−568,6	$\bar{\alpha}(20\ldots100°\,C)=11,2\cdot 10^{-6}$ grd^{-1}; $\bar{\gamma}(30\ldots75°\,C)=40\cdot 10^{-6}$ grd^{-1}; $\varkappa(0\ldots12000$ at, 30° C$)=(0,986\cdot 10^{-6}-10,8\cdot 10^{-12}\,p)$ at^{-1}; Halbleiter; $\chi_{Mol}=-10,2\cdot 10^{-6}$ cm^{3}Mol^{-1}; Periklas; weiße Krist. oder Pulver; LW 20° $6,2\cdot 10^{-4}$%; l. S, jedoch von vorheriger Glühtemp. abhängig; l. NH_4NO_3-Schmelze, Mg-citratlsg.; swl. NaOH- oder KOH-Schmelze; fast unl. Me, Al; unl. Aceton
						weißes Pulver, meist Gemisch mit MgO; unl. W; l. verd. HCl, HNO_3, H_2SO_4, Egs unter Absp. von H_2O_2; bei Lagerung Verlust von O_2

Formel	Name	Zustand	Mol.-Masse / Dichte $g \cdot cm^{-3}$	Kristalldaten System, Typ und Symbol	Einheitszelle Kantenlänge in Å	Einheitszelle Winkel und M	Brechzahl n_D
$Mg(OH)_2$	hydroxid	f	58,33 / 2,4	trig. $C6$ $D_{3d}^3, P\bar{3}m1$	3,11 4,73	$M=1$	1,5634 1,5840
$Mg(H_2PO_2)_2 \cdot 6H_2O$	hypophosphit	f	262,38 / 1,56	tetr. $D_{4h}^{20}, I4_1/acd$	10,36 20,46	$M=8$	
Mg_3P_2	phosphid	f	134,88 / 2,162	kub. $D5_3$ $T_h^7, Ia3$	12,01	$M=16$	
$Mg_2P_2O_7$	diphosphat	f	222,57 / 2,598	mkl.	13,28 8,36 9,06	104° 11′	1,602 1,604 1,615
$Mg_3(PO_4)_2$	orthophosphat	f	262,88				
$Mg_3(PO_4)_2 \cdot 8H_2O$		f	407,00 / 2,195	mkl. $C_{2h}^6, C2/c$	9,904 27,654 4,6395	103° 1′ $M=4$	1,5468 1,5533 1,5820
$MgHPO_4 \cdot 3H_2O$	hydrogenphosphat	f	174,34 / 2,123	orh.	0,9548 : 1 : 0,9360		1,517 1,520 1,531
$MgHPO_4 \cdot 7H_2O$		f	246,40 / 1,728	mkl. $C_{2h}^6, C2/c$	11,35 25,36 6,60	95° $M=8$	1,477 1,485 1,486
MgS	sulfid	f	56,38 / 2,82	kub. $B1$ $O_h^5, Fm3m$	5,19	$M=4$	2,271
$MgSO_3 \cdot 6H_2O$	sulfit	f	212,47 / 1,725	trig. $C_3^4, R3$	5,91	96,3° $M=1$	
$MgSO_4$	sulfat	f	120,37 / 2,66	orh. $D_{2h}^{17}, Cmcm$	6,506 7,893 5,182	$M=4$	

Phasenumwandlungen		Standardwerte bei 25° C			Bemerkungen und Charakteristik
°C	ΔH kJ/Mol	C_p J/Molgrd	S^0	ΔH_B ΔG^0 kJ/Mol	
		76,99 63,11		−924,3 −833	$\bar{\alpha}(20\ldots100° C) = 11,0 \cdot 10^{-6}$ grd^{-1}; $\varepsilon = 8,9$; $\chi_{Mol} = -22,1 \cdot 10^{-6}$ cm^{3}Mol^{-1}; Brucit; hexagonale Täfelchen, glimmerartige Blättchen; hygr.; nimmt aus der Luft CO_2 auf; ll. S, konz. NH_4Cl-Lsg. beim Erhitzen
180 −6 H_2O					fbl. große gut ausgebildete Krist., hart; verwittern an der Luft; ll. W; wl. Al
					fbl. bis blaßgelbe Krist., auch glänzend graugrün, stahlblau je nach Darst.; an trockener Luft haltbar; an feuchter rasch zers.→ PH_3; mit W heftig→PH_3+$Mg(OH)_2$; wss. S zers. heftig, konz. H_2SO_4 langsam
68 1380	U F				fbl. glasglänzende Krist.; an Luft beständig; kaum l. W; ll. wss. HCl, HNO_3, wss. NH_4-citratlsg.
1184	F	47,3		−4021	perlmuttglänzende Täfelchen; unl. sied. W, fl. NH_3, wfreiem N_2H_4; ll. S; langsam l. konz. HNO_3
					Bobierrit; kleine Aggregate winziger Prismen
					gut ausgebildete klare glänzende Krist.; weißes krist. Pulver; swl. W; ll. verd. S
					seidenglänzende Nadeln, verwittern an der Luft; in W löslicher als das Dreihydrat; frisch gefällt l. $MgSO_4$-Lsg.
>2000	F	44,4		−351 −344	rein: weißes Pulver; meist gelbgrau bis hellrötlich; mit W sofort→ $Mg(OH)_2$+$Mg(SH)_2$ bei amorphem MgS; krist. wird nur wenig angegriffen; verd. S entwickeln H_2S; mit konz. HNO_3 Abscheidung von Schwefel
200 −6 H_2O				−2819	fbl. Krist.; LW 20° 0,59%, Bdk. 6 H_2O; zers. >200°→SO_2 und Schwefel; das wfreie Salz in reinem Zustand schwer zu erhalten
1127	F	14,6	96,48 91,6	−1278 −1163	$\varepsilon(1,6 \cdot 10^6$ Hz$) = 8,2$; porzellanartig trübe Masse aus Schmelze; mikroskopisch kleine Krist.; sehr hygr.; LW 20° 25,8%, Bdk. 7 H_2O; L Al 15° 0,025 g/100 g Lösm.; zll. HCl, HNO_3; unl. fl. NH_3, Aceton

Formel	Name	Zustand	Mol.-Masse Dichte g·cm⁻³	System, Typ und Symbol	Kantenlänge in Å	Winkel und M	Brechzahl n_D
MgSO₄·H₂O		f	138,39 2,57	mkl. $C_{2h}^6, C2/c$	6,89 7,69 7,65	117° 54' $M=4$	1,523 1,535 1,586
MgSO₄·6H₂O		f	228,46 1,75	mkl. $C_{2h}^6, C2/c$	10,0 7,2 24,3	98° 36' $M=8$	1,456 1,453 1,426
MgSO₄·7H₂O		f	246,48 1,68	orh. $D_2^4, P2_12_12_1$	11,94 12,03 6,87	$M=4$	1,4325 1,4554 1,4609
MgS₂O₃·6H₂O	thiosulfat	f	244,53 1,818	orh. $D_{2h}^{16}, Pnma$	9,42 14,47 6,87	$M=4$	
MgS₂O₆·6H₂O	dithionat	f	292,53 1,666	trikl.	0,6898: 0,9858: 1	98° 32' 118° 10' 93° 21'	
Mg₃Sb₂	antimonid	f	316,44 4,088	trig. $D5_2$ $D_{3d}^3, P\overline{3}m1$	4,573 7,229	$M=1$	
MgSe	selenid	f	103,27 4,21	kub. $B1$ $O_h^5, Fm3m$	5,452	$M=4$	>2,42
MgSeO₄·6H₂O	selenat	f	275,36 1,928	mkl.	1,3853: 1: 1,6850	81° 28'	1,4856 1,4892 1,4911
Mg₂Si	silicid	f	76,71 1,95	kub. $C1$ $O_h^5, Fm3m$	6,39	$M=4$	
MgSiF₆·6H₂O	hexafluorosilikat	f	274,48 1,78	trig. $I6_1$ $C_{3i}^2, R\overline{3}$	9,58 9,91	$M=3$	1,3602 1,3439
MgSiO₃	metasilikat, Enstatit	f	100,40 3,11 …3,18	orh. $S4_3$ $D_{2h}^{15}, Pbca$	18,18 8,82 5,20	$M=16$	1,650 1,653 1,658
MgSiO₃	Klinoenstatit	f	100,40 3,19 …3,28	mkl. $C_{2h}^5, P2_1/c$	9,385 8,825 5,188	103° 19' $M=4$	1,651 1,654 1,660

Phasenumwandlungen		Standardwerte bei 25° C				Bemerkungen und Charakteristik
°C	ΔH kJ/Mol	C_p J/Molgrd	S^0 J/Molgrd	ΔH_B kJ/Mol	ΔG^0 kJ/Mol	
						$\chi_{Mol} = -61 \cdot 10^{-6}$ cm^{3}Mol^{-1}; Kieserit; weiße Kristallkrusten
				348,1 352	−3083	fbl. durchsichtige Krist., an der Luft bald trübe; lange schiefe Prismen; LW s. MgSO$_4$
						$\varepsilon(1,6 \cdot 10^6$ Hz$)=8,2$; $\chi_{Mol}=-135,7 \cdot 10^{-6}$ cm^{3}Mol^{-1}; optisch aktiv, piezoelektrisch; Epsomit, Bittersalz; Nadeln oder Prismen mit seidenartigem Glanz; 2. Modifikation mkl. $a:b:c=1,220:1:1,582$, $\beta=104°\,24'$; Tafeln oder blätterige Krist., $D=1,69$ g/cm^3
100 −3 H$_2$O					−2834,5	durchsichtige fbl. Krist., glänzend, tafelförmig
						fbl. Krist., nadelförmig; LW 20° 33,9%
930 1230	U F		152,7	124,6	−330,6	α-Mg$_3$Sb$_2$ Halbleiter; Blättchen von met. Aussehen; stahlgraue Krist.
						hgraues Pulver, färbt sich an Luft braunrot infolge Abscheidung von Se; zers. durch W; mit verd. S → H$_2$Se
						fbl. Krist.; LW 20° 27,2%, Bdk. 6 H$_2$O
1102	F	85,8	67,86		−77,4	Halbleiter; wird durch W und verd. S zers. unter Bildung von H$_2$ und Silanen
						schöne durchsichtige oder wasserklare Krist.; verwittern an trockener Luft; LW 20° 23%, Bdk. 6 H$_2$O; die wss. Lsg. reagiert sauer; wenig zers. durch konz. Al; schwer l. 30% HF bei 20°
1525	F	61,5	81,84 67,8		−1497 −1409	opalartig trübe Krist.; unl. W, verd. sied. HCl und stärkeren Mineralsäuren
						$\varepsilon=6$; weiße trübe oder durchscheinende Krist.; feinfaserige Aggregate

Formel	Name	Zustand	Mol.-Masse Dichte $g \cdot cm^{-3}$	System, Typ und Symbol	Einheitszelle Kantenlänge in Å	Winkel und M	Brechzahl n_D
Mg_2SiO_4	orthosilikat	f	140,71 3,21	orh. $S1_2$ $D_{2h}^{16}, Pnma$	4,76 10,21 5,99	$M=4$	1,6359 1,6507 1,6688
MgTe	tellurid	f	151,91 3,86	hex. $B4$ $C_{6v}^4, P6_3mc$	4,52 7,33	$M=2$	>2,51
Mn $MnBr_2$	**Mangan** (II)-bromid	f	214,76 4,549	trig. $C6$ $D_{3d}^3, P\bar{3}m1$	3,82 6,19	$M=1$	
Mn_3C	carbid	f	176,83 6,89				
$MnCO_3$	(II)-carbonat	f	114,95 3,125	trig. $G0_1$ $D_{3d}^6, R\bar{3}c$	5,84	47,3° $M=2$	1,816 1,597
$Mn(C_2H_3O_2)_2 \cdot 4H_2O$	(II)-acetat	f	245,09 1,589	mkl.			
$MnC_2O_4 \cdot 2H_2O$	(II)-oxalat	f	178,99				
$MnCl_2$	(II)-chlorid	f	125,84 2,977	trig. $C19$ $D_{3d}^5, R\bar{3}m$	6,20	34,5° $M=1$	
$MnCl_2 \cdot 4H_2O$		f	197,91 2,01	mkl. $C_{2h}^5, P2_1/c$	11,3 9,55 6,15	99° 38' $M=4$	1,555 1,575 1,607
MnF_2	(II)-fluorid	f	92,93	tetr. $C4$ $D_{4h}^{14}, P4_2/mnm$	4,87 3,31	$M=2$	
MnF_3	(III)-fluorid	f	111,93 3,54	mkl. $C_{2h}^6, C2/c$	13,448 5,037 8,904	92° 44' $M=12$	
$MnHPO_4 \cdot 3H_2O$	hydrogenphosphat	f	204,96	orh.	0,9445 : 1 : 0,9260		1,656
$Mn(H_2PO_2)_2 \cdot H_2O$	(II)-hypophosphit	f	202,93				

Phasenumwandlungen		Standardwerte bei 25° C		Bemerkungen und Charakteristik
°C	ΔH kJ/Mol	C_p S^0 J/Molgrd	ΔH_B ΔG^0 kJ/Mol	
1885	F	118,0 94,9	−2041 −1922	Olivin; weißes Pulver; erstarrte Schmelze weiß bis grünlichgelb durchscheinend; unl. W, k. verd. HCl; h. HCl zers. vollständig zu SiO_2
			−209,3	braunes gesintertes Produkt, an feuchter Luft unbeständig; mit W→H_2Te; mit S→H_2Te+H_2
698	F	138	−379,4	$\chi_{Mol}=+11000 \cdot 10^{-6}$ cm^{3}Mol^{-1}; rosarote Krist.; LW 20° 58,8%, 40° 62,8%, Bdk. $4H_2O$
1037 1245	U F	13,2	93,47 98,7	−4 −3,28	zers. durch W nach: Mn_3C+6H_2O→ $3Mn(OH)_2+CH_4+H_2$
		81,50 85,7	−894,7 −816,7	Manganspat, Rhodochrosit; himbeerrotes Mineral; fällt weißes Pulver, allmählich hbraun; unl. W, Al; l. verd. S; bei längerem Kochen mit W teilweise Hydrolyse; Glühen über 200° $-CO_2$→Mn_3O_4
			−2332	rosarote Krist.; sll. W; l. Al, Me
			−1626	weißes krist. Pulver; über 100° entsteht daraus das schwach rosa gefärbte wfreie MnC_2O_4
650 1231	F V	37,6 149	72,86 117,1	−466,9 −425,5	hrosarote Krist.; LW 20° 42,3%, Bdk. $4H_2O$, 100° 53,5%, Bdk. $2H_2O$; L Py 25° 1,06 g/100 cm^3; unl. Ä; l. abs. Al
			−1703	rosarote Krist.; zerfl. an Luft; LW s. $MnCl_2$; l. Al; unl. Ä
−206,7 930	U F		67,94 93,09	−791 −748,6	rosafarbene Prismen; LW 20° 1,05%, Bdk. $4H_2O$; unl. Ä
		117	−996	rote Krist.; l. wenig W rotbraun, beim Verdünnen zers.; $MnF_3 \cdot 2H_2O$ rubinrote Säulen
				blaßrote, fast fbl., stark glasglänzende Krist.; wl. W unter langsamer Z.; ll. wss. SO_2-Lsg.
				fbl. bis rosarote Krist.; LW 25° 13,1%, Bdk. $1H_2O$; unl. Al; zers. beim Erhitzen auf 180...200° unter Entwicklung entflammbarer Dämpfe

221. Übersichtstabelle

Formel	Name	Zustand	Mol.-Masse / Dichte g·cm⁻³	System, Typ und Symbol	Einheitszelle Kantenlänge in Å	Winkel und M	Brechzahl n_D
MnJ_2	(II)-jodid	f	308,75 / 5,01	trig. $C6$ $D_{3d}^3, P\bar{3}m1$	4,16 6,82	$M = 1$	
$Mn NH_4PO_4 \cdot H_2O$	ammoniumphosphat	f	185,96				
$Mn(NO_3)_2 \cdot 6H_2O$	(II)-nitrat	f	287,04 / 1,82				
$MnO_4Na \cdot 3H_2O$	Natriumpermanganat	f	195,97 / 2,46				
MnO	(II)-oxid	f	70,94 / 5,18	kub. $B1$ $O_h^5, Fm3m$	4,43	$M = 4$	2,18
MnO_2	(IV)-oxid	f	86,94 / 5,026	tetr. $C4$ $D_{4h}^{14}, P4_2/mnm$	4,380 2,856	$M = 2$	
$MnOOH$	Manganit	f	87,94 / 4,5	mkl. $E0_6$ $C_{2h}^5, P2_1/c$	8,86 5,24 5,70	90° $M = 8$	2,25* 2,25* 2,53*
$Mn(OH)_2$	(II)-hydroxid	f	88,95 / 3,258	trig. $C6$ $D_{3d}^3, P\bar{3}m1$	3,34 4,68	$M = 1$	1,733 1,729
Mn_2O_3	(III)-oxid	f	157,87 / 4,50	kub. $D5_3$ $T_h^7, Ia3$	9,43	$M = 16$	2,45* 2,15*
Mn_2O_7	(VII)-oxid	fl	221,87 / 2,4				
Mn_3O_4	(II), (III)-oxid	f	228,81 / 4,70	tetr. $D_{4h}^{19}, I4_1/amd$	5,71 9,37		
MnP	phosphid	f	85,91 / 5,39	orh. $B31$ $D_{2h}^{16}, Pnma$	5,91 5,27 3,17	$M = 4$	

Anorganische Verbindungen

Phasenumwandlungen		Standardwerte bei 25° C			Bemerkungen und Charakteristik
°C	ΔH kJ/Mol	C_p J/Molgrd	S^0 J/Molgrd	ΔH_B ΔG^0 kJ/Mol	
638	F		151	−248,0	rosa Krist., die an Licht und Luft braun werden; l. W unter Z.; kann mit Nitraten, Chloraten und anderen oxid. wirkenden Substanzen expl.
					seidenglänzende kleine Krist.; beim Glühen→$Mn_2P_2O_7+2NH_3+3H_2O$; LW 70° 0,005%; ll. verd. S; unl. NH_3 und NH_4-salzlsg.; konz. KOH zers. unter NH_3-Entwicklung
25,8	F	40,19	613,6	−2369	rosarote zerfl. Krist., auch fast fbl.; verwittern nicht über H_2SO_4; LW 20° 56,7%, Bdk. $6H_2O$; l. Al
					purpurfarbene Krist.; sehr zerfl.; LW 20° 58,8%, Bdk. $3H_2O$; l. NH_3
−155,4 1780	U F	54,4	44,10 59,71	−384,8 −362	blaßgrünes, pistaziengrünes Pulver; smaragdgrüne glänzende Krist.; l. HCl, NH_4Cl-Lsg.
250	U		54,02 53,1	−519,7 −465	Braunstein, Polianit; schw. Kristallpulver; l. HCl unter Cl_2-Entwicklung; über 500° Abgabe von O_2; starkes Oxid.mittel
					* $\lambda=671$ mµ; braunschw., in dünnen Splittern rot; unl. W; l. h. H_2SO_4, HCl
			88,3	−693,5 −610	Pyrochroit; weißer Nd., färbt sich an Luft braun→Mn^{IV}; l. in hochkonz. Alk
600	U		107,7 110,5	−959 −881	* $\lambda=671$ mµ; schw. Pulver, in feiner Verteilung braun; l. h. HCl, h. H_2SO_4; zers. sied. HNO_3
5,9	F			−742,2	dklrote Fl., schweres Öl; an trockener Luft haltbar; zers. beim Erwärmen; l. in viel k. W; in wenig W Z. durch die Erwärmung
1172 1590	U F	18,8	139,7 149,5	−1386 −1276	Hausmannit; zimtbraunes Pulver; l. h. konz. H_2SO_4, H_3PO_4 rot; l. Egs, HCl, Oxal- und Weinsäure braun
1190	F				graue Substanz; unl. W, HCl; l. HNO_3

Formel	Name	Zustand	Mol.-Masse / Dichte g·cm⁻³	System, Typ und Symbol	Einheitszelle Kantenlänge in Å	Winkel und M	Brechzahl n_D
MnS	(II)-sulfid	f	87,00 3,99	kub. $B1$ $O_h^5, Fm3m$	5,21	$M=4$	2,70*
MnSO₄	(II)-sulfat	f	151,00 3,181	orh. $D_{2h}^{17}, Cmcm$	4,86 6,84 8,58	$M=4$	
MnSO₄·H₂O		f	169,01 2,95	mkl.	6,74 8,10 13,3	~90°	1,562 1,595 1,632
MnSO₄·4H₂O		f	223,06 2,107	mkl.	5,97 13,8 7,87	90,9°	1,508 1,518 1,522
MnSO₄·5H₂O		f	241,08 2,103	trikl.	6,2 10,7 6,1		1,495 1,508 1,514
MnS₂	sulfid	f	119,07 3,465	kub. $C2$ $T_h^6, Pa3$	6,10	$M=4$	2,69*
MnS₂O₆·2H₂O	dithionat	f	251,09 1,75				
MnSe	selenid	f	133,90 5,59	kub. $B1$ $O_h^5, Fm3m$	5,45	$M=4$	
MnSeO₄·2H₂O	selenat	f	233,93 3,006	orh. $D_{2h}^{15}, Pbca$	10,47 10,51 9,24	$M=8$	
MnSi	silicid	f	83,02 5,90	kub. $B20$ $T^4, P2_13$	4,557	$M=4$	
MnSi₂	silicid	f	111,11 5,24	orh.	5,51 17,42 3,16	$M=16$	
Mn₂Si	silicid	f	137,96 6,20				

Phasenumwandlungen		Standardwerte bei 25° C		Bemerkungen und Charakteristik
°C	ΔH kJ/Mol	C_p S^0 J/Molgrd	ΔH_B ΔG^0 kJ/Mol	
1615	F 26,4	49,96 78,2	−207,0 −212,2	* $\lambda = 671$ mμ; Manganblende, Alabandin; schwarzschimmernde Krist., beim Zerreiben grünes Pulver; stabile Modifikation; instabile Modifikationen bei Fällung hrosafarben, rötlich: β-MnS kub. B3, T_d^2, $F\bar{4}3m$, $a = 5,611$ Å, $M = 4$; γ-MnS hex. B4, C_{6v}^4, $P6_3mc$, $a = 3,976$, $c = 6,432$ Å, $M = 2$; beim Kochen→grün; LW 18° 4,7·10^{-2}%, Bdk. 0 H$_2$O
700 Z~850	F	100,0 112,1	−1063 −955	fast rein weiße Substanz; LW 20° 38,7 %, Bdk. 5 H$_2$O; L Me 25° 0,114 g/100 g Lösm.; fast unl. Ä
			−1375	rosafarbige Krist.; LW s. MnSO$_4$
			−2257	rosafarbige Krist.; LW s. MnSO$_4$; unl. Al
		326	−2550	rosafarbige Krist.; LW s. MnSO$_4$
				* $\lambda = 671$ mμ; Hauerit, Mankankies; schw. krist. Substanz; gibt beim Erhitzen leicht Schwefel ab
		241,4 279,0		rosafarbige Krist.; l. W
		51,04 90,8	−117,8 −122,4	graue Krist. mit bläulichem Reflex; unl. W; l. verd. S; mit HCl→ H$_2$Se-Entwicklung; salzsaures H$_2$O$_2$ oxid. zu MnSeO$_4$; außer α-MnSe bestehen: β-MnSe kub. B3 T_d^2, $a = 5,82$ Å, $M = 4$; instabil, wandelt sich in α-MnSe um; γ-MnSe hex. B4 C_{6v}^4, $a = 4,12$, $c = 6,72$ Å, $M = 2$
				Tafeln oder kleine Nadeln, bisweilen verfilzt; LW 30° 36,8 %, 60° 35,4 %
1275	F	58,8	−58,8 −61,24	krist. Substanz; unl. W; swl. S; l. HF
				graue Substanz; unl. W, S; l. HF, Alk
1316	F			graue prismatische Krist.; unl. W; l. HCl, Alk

Formel	Name	Zustand	Mol.-Masse Dichte $g \cdot cm^{-3}$	Kristalldaten System, Typ und Symbol	Einheitszelle Kantenlänge in Å	Einheitszelle Winkel und M	Brechzahl n_D
$MnSiF_6 \cdot 6H_2O$	hexafluorosilikat	f	305,11 1,903	trig. $I6_1$ $C_{3i}^2, R\bar{3}$	9,71 9,73	$M=3$	1,3570 1,3742
$MnSiO_3$	(II)-metasilikat	f	131,02 3,72	trikl. $C_i^1, P\bar{1}$	7,8 12,5 6,7	85,2° 94,1° 111,5° $M=10$	
Mn_2SiO_4	orthosilikat	f	201,96 4,043	orh. $S1_2$ $D_{2h}^{16}, Pnma$	6,22 4,86 10,62	$M=4$	1,7720 1,8038 1,8143
Mo	**Molybdän**						
MoB	borid	f	106,75 8,65	tetr. $D_{4h}^{19}, I4_1/amd$	3,10 16,97	$M=8$	
MoB_2	borid	f	117,56 7,12	hex. $C3_2$ $D_{6h}^1, P6/mmm$	3,05 3,11	$M=1$	
Mo_2B	borid	f	202,69 9,26	tetr. $C16$ $D_{4h}^{18}, I4/mcm$	5,54 4,74	$M=4$	
$MoBr_2$	(II)-bromid	f	255,76 4,88				
$MoBr_3$	(III)-bromid	f	335,67				
$MoBr_4$	(IV)-bromid	f	415,58				
Mo_2C	carbid	f	203,89 8,9	hex.	2,994 4,722	$M=1$	
MoC	carbid	f	107,95 8,40	hex. $D_{6h}^4, P6_3/mmc$	2,932 10,97	$M=4$	
$Mo(CO)_6$	hexacarbonyl	f	264,003 1,96	orh. $C_{2v}^9, Pna2_1$	11,23 12,02 6,48	$M=4$	

Phasen-umwandlungen		Standardwerte bei 25°C		Bemerkungen und Charakteristik
°C	ΔH kJ/Mol	C_p S^0 J/Molgrd	ΔH_B ΔG^0 kJ/Mol	
				blaßrötliche Krist.; LW 17,5° 58,4%, Bdk. $6H_2O$
1120 U 1208 U 1274 F	34,3	86,36 89,09	−1265 −1184	Rhodonit; rosenrote Nadeln; findet sich auch schön krist. in der Hochofenschlacke
1300 F		130,4	−1678,5	Tephroit; schön krist. in der Hochofenschlacke anzutreffen
				unl. verd. und konz. HCl, wss. Alk; l. verd. HNO_3, in der Wärme rasch; konz. HNO_3 wirkt heftig ein; Alk-Schmelze oxid.
				unl. verd. und konz. HCl, wss. Alk; l. verd. HNO_3, in der Wärme rasch; konz. HNO_3 wirkt heftig ein; Alk-Schmelze oxid.
				unl. verd. und konz. HCl, wss. Alk; l. verd. HNO_3, in der Wärme rasch; konz. HNO_3 wirkt heftig ein; Alk-Schmelze oxid.
			−121,4	gelbrotes amorphes Pulver; unschmelzbar; unl. W, S, Königsw.; ll. h. verd. Alk; zers. konz. Alk→ $Mo(OH)_3$; wl. sied. Al; l. alkohol. Halogenwasserstoffs.; unl. Ä
			−171,5	schw. bis schw.grüne dichte verfilzte Kristallnadeln; unl. W, S; ll. sied. wfreiem Py dklbraun; zers. sied. Alk→$Mo(OH)_3$
			−188,3	schw. glänzende scharfe Nadeln; zerfl. an Luft; l. W gelbbraun
2672	F*	82,8	−17,6 −11,65	*F inkongruent; glänzende weiße Prismen; unl. nichtoxid. S; l. HNO_3, Königsw.
2677	F*			*F inkongruent; graue glänzende Krist.; Erhitzen an Luft oxid.→MoO_2+CO_2; l. konz. HF; zers. HNO_3, sied. konz. H_2SO_4; unl. sied. wss. HCl, Alk
		242,3 327,2	−982,4 −877,3	fbl. diamantglänzende Krist.; l. Ä, Bzl

Formel	Name	Zustand	Mol.-Masse Dichte $g \cdot cm^{-3}$	System, Typ und Symbol	Kantenlänge in Å	Winkel und M	Brechzahl n_D
$MoCl_2$ Mo_3Cl_6	(II)-chlorid	f	166,85 3,714				
$MoCl_3$	(III)-chlorid	f	202,30 3,579	mkl. $C_{2h}^3, C2/m$	6,065 9,760 7,250	124° $M=4$	
$MoCl_4$	(IV)-chlorid	f	237,75				
$MoCl_5$	(V)-chlorid	f	273,21 2,928	mkl. $C_{2h}^3, C2/m$	17,31 17,81 6,079	95° 42′ $M=12$	
MoF_6	(VI)-fluorid	fl	209,93 2,543*				
MoJ_2	(II)-jodid	f	349,75 4,3				
MoO_4Na_2	Natriummolybdat	f	205,92 3,6	kub. $H1_1$ $O_h^7, Fd3m$	8,99	$M=8$	
$MoO_4Na_2 \cdot 2H_2O$		f	241,95 2,566	orh. $D_{2h}^{15}, Pbca$	10,537 13,825 8,453	$M=8$	
$Mo(OH)_3$ $Mo_2O_3 \cdot 3H_2O$	(III)-hydroxid	f	146,96				
MoO_2	(IV)-oxid	f	127,94 4,516	mkl. $C_{2h}^5, P2_1/c$	5,584 4,842 5,517	119° 19′ $M=4$	
Mo_2O_5	(V)-oxid	f	271,88				
$MoO(OH)_3$ $Mo_2O_5 \cdot 3H_2O$	(V)-hydroxid	f	162,96				

Phasenumwandlungen		Standardwerte bei 25° C			Bemerkungen und Charakteristik
°C	ΔH kJ/Mol	C_p J/Molgrd	S^0	ΔH_B ΔG^0 kJ/Mol	
				−184	amorphes mattgelbes grünstichiges Pulver; luftbeständig; unschmelzbar; unl. W, aber langsam Hydrolyse; l. Alk, wss. NH_3, Me, Aceton, Py; ll. HCl, HBr; l. konz. H_2SO_4 in der Wärme; unl. HNO_3, Eg, Toluol, Ligroin, Brombzl.
				−272	dkl kupferrote Masse; sehr schwer flch.; unl. W, HCl, Al, Ä; wl. Py; l. HNO_3, k. H_2SO_4; zers. Alk
				−331	braunes mikrokrist. Pulver; empfindlich gegen Luft, Licht, Feuchtigkeit; nur teilweise l. W braun, Al, Ä rotbraun; wl. konz. HCl; l. konz. H_2SO_4, HNO_3
194 268	F V	33,5 62,8	270	−379,8	rein schw. Nadeln; schw.graue Krist.; sehr hygr.; an feuchter Luft rasch blaugrün und zerfl.; l. W, HCl, H_2SO_4, HNO_3, fl. NH_3, abs. Al, Ä, Chlf, CCl_4 und vielen org. Lösm.
17,5 35	F V	9,2 26,6	330	−1700	* D_{fl} bei 19° C; $\chi_{Mol} = -26 \cdot 10^{-6}$ cm³Mol⁻¹; schneeweiße weichkrist. Masse; Dampf fbl.; zers. mit wenig W; l. viel W fbl.; Alk und wss. NH_3 absorbieren leicht und vollständig
					braunes Pulver; unl. W, Al; zers. sied. W→HJ; zers. H_2SO_4, HNO_3 in der Wärme
440 580 620 687	U U U F	61,1 15,1		−1466	weiße Krist.; LW 15,5° 39,27 %, 100° 45,57 %, Bdk. 2 H_2O
100 −H_2O					kleine perlmuttglänzende Blättchen; luftbeständig ll. W; l. 30 % H_2O_2 blutrot, leicht zers.
					schw. Pulver; swl. verd. und konz. HCl, H_2SO_4; unl. Alk; l. 30 % H_2O_2
			55,98 46,28	−544 −502	dkl.blauviol. kleine glänzende Krist.; unl. HF, HCl; swl. H_2SO_4; mit HNO_3 in der Wärme→MoO_3
					viol. schw. Pulver; schwer l. H_2SO_4, HCl, leichter beim Erwärmen
					hbrauner Nd.; LW 0,2 %; unl. Alk; wl. NH_3; l. Alk-carbonat-lsg.

221. Übersichtstabelle

Formel	Name	Zustand	Mol.-Masse / Dichte g·cm^{-3}	System, Typ und Symbol	Einheitszelle Kantenlänge in Å	Winkel und M	Brechzahl n_D
MoO$_3$	(VI)-oxid	f	143,94 4,50	orh. DO_8 $D_{2h}^{16}, Pnma$	3,9 13,8 3,7	$M=4$	
H$_2$MoO$_4$ MoO$_3 \cdot$ H$_2$O	säure	f	161,95 3,112				
H$_2$MoO$_4 \cdot$ H$_2$O MoO$_3 \cdot$ 2H$_2$O	säure- hydrat	f	179,97 3,124	mkl.	1,0950: 1: 1,0664	90° 41′	
MoO$_2$Cl$_2$	(VI)-oxid- chlorid	f	198,84 3,31				
Mo$_2$O$_3$Cl$_5$	(V, VI)-oxid- chlorid	f	417,14				
Mo$_2$O$_3$Cl$_6$	(V, VI)-oxid- chlorid	f	452,60				
MoOF$_4$	(VI)-oxid- fluorid	f	187,93 3,0				
MoO$_2$F$_2$	(VI)-oxid- fluorid	f	165,94 3,494				
MoP	phosphid	f	126,91 6,167	hex. $D_{3h}^1, P\bar{6}m2$	3,23 3,20	$M=1$	
MoO$_4$Pb	Blei(II)- molybdat	f	367,13 6,05	tetr. HO_4 $C_{4h}^6, I4_1/a$	5,41 12,08	$M=4$	2,4053 2,2826

Phasen-umwandlungen		Standardwerte bei 25° C		Bemerkungen und Charakteristik
°C	ΔH kJ/Mol	C_p S^0 J/Molgrd	ΔH_B ΔG^0 kJ/Mol	
795 F 1155 V	52,5 138	75,02 77,74	−744,6 −666,8	$\bar{\gamma}(78\cdots+21°\,C) = 70 \cdot 10^{-6}\,\text{grd}^{-1}$; krist. weißes Pulver mit grünlichem Stich; beim Erhitzen gelb; strahlige seidenglänzende Krist. aus Schmelze; LW 20° 0,13 %, Bdk. 2 H_2O; frisch gefällt zll. S, geglüht unl. S; l. konz. H_2SO_4, 10 % HSCN; ll. alk. Fl. und Schmelzen; MAK: 7,5 mg/m³ Luft
115 F			−1075	feine weiße Nadeln; α- und β-Form bekannt; wl. W; l. Alk, wss. NH_3, H_3PO_4, Oxalsäure; MAK: 5,62 mg/m³ Luft
			−1387	gelbe kleine Krist.; LW 15° 0,5 g/l; ll. wss. H_2O_2 beim Erwärmen; swl. S; mit konz. $HNO_3 \rightarrow MoO_3$; l. wss. Alk und -carbonatlsg.
				gelblichweiße Substanz, auch Kristallschuppen oder Blättchen; leicht flch.; ll. W; l. Al; wl. abs. Al
				große dicke braune Krist.; schmilzt leicht; Dämpfe dklbraunrot; Erhitzen an Luft $\rightarrow MoO_2Cl_2$; zerfl. an Luft; l. W anfangs fbl., dann grün, blau; mit viel W blauer Nd.
				dklviol. Krist., rubinrot durchscheinend; zerfl. an feuchter Luft; beim Erhitzen $\rightarrow MoO_2Cl_2$; l. W, S, Ä
98 F 180 V				weiße durchscheinende Substanz; sehr hygr.; an Luft rasch blau und zerfl.; l. W, Al fbl.; l. Ä, Chlf hgrün, gelb; swl. Bzl, CS_2; unl. Toluol; zers. konz. H_2SO_4
270 Sb				weiße strahlig krist. Substanz; an Luft rasch grünblau und zerfl.; l. W, $AsCl_3$, $SiCl_4$, SO_2Cl_2 fbl.; PCl_3 blau; l. h. Py; swl. Ä, Chlf, CCl_4, CS_2; unl. Toluol
				graues krist. Pulver; sehr schwer schmelzbar; l. h. konz. HNO_3
1065 F			−1112	Wulfenit; graues oder gelblichweißes krist. Pulver; aus Lsg. rein weiß; lichtempfindlich; frisch gefällt l. HNO_3 und starken S, NaOH; wl. Na-acetatlsg.; unl. Egs

Formel	Name	Zustand	Mol.-Masse Dichte $g \cdot cm^{-3}$	Kristalldaten System, Typ und Symbol	Einheitszelle Kantenlänge in Å	Winkel und M	Brechzahl n_D
Mo_2S_3	(III)-sulfid	f	288,07 5,806	mkl. $C_{2h}^2, P2_1/m$	8,633 3,208 6,092	102,43° $M=2$	
MoS_2	(IV)-sulfid	f	160,07 5,06	hex. $C7$ $D_{6h}^4, P6_3/mmc$	3,15 12,30	$M=2$	5,67*
MoS_3	(VI)-sulfid	f	192,13				
MoS_4	persulfid	f	224,20				
$MoSi_2$	silicid	f	152,11 6,31	tetr. $D_{4h}^{17}, I4/mmm$	3,200 7,861	$M=2$	
N	**Stickstoff**						
NOBr	Nitrosyl= bromid	g	109,92				
NCl_3	Stickstoff= trichlorid	fl	120,37 1,653				
NOCl	Nitrosyl= chlorid	g	65,46 2,99*				
$NOClO_4 \cdot H_2O$	Nitrosyl= perchlorat	f	147,47				
NH_3	Ammoniak	g	17,03 0,77147*	kub. DO_1 $T^4, P2_13$	5,138	$M=4$	**

Anorganische Verbindungen   Mo; N   1-433

°C	Phasen-umwandlungen ΔH kJ/Mol	Standardwerte bei 25° C C_p / S^0 J/Molgrd	ΔH_B / ΔG^0 kJ/Mol	Bemerkungen und Charakteristik
1100	F	117	−427	lange stahlgraue Nadeln; unl. HCl, H_2SO_4; zers. konz. HNO_3 in der Wärme
450	Sb	63,47 / 63,2	−234,8 / −225,2	* $\lambda = 500$ mμ; Halbleiter; Molybdänit; graublaue Blättchen; fühlen sich fettig an; l. Königsw.; mit konz. H_2SO_4 beim Kochen→MoO_3
		66,5	−257,3 / −240,5	kleine schw. Blättchen, graphit-ähnlich; l. Alk in der Hitze; l. Alk-sulfidlsg. und -hydrogensulfidlsg.
				dklzimtbraunes Pulver; oxid. teilweise an Luft; l. sied. konz. H_2SO_4; l. Alk-Sulfidlsg. in der Kälte schwer, beim Kochen leicht
				eisengraue Substanz, met. glänzend; krist.; unl. HF, HCl, H_2SO_4, HNO_3, Königsw.; rasch l. Gemisch HF + HNO_3; unl. Alk; rasch zers. Alk-Schmelze
−55,5	F		81,84	braunes Gas, braune Fl.; zers. W;
		272,6	82,3	zers. Alk→KBr + KNO_2
				wachsgelbes dünnfl. Öl von un-angenehmem Geruch; Dämpfe greifen Augen und Atmungsorgane an; W zers. langsam, Alk rasch; fast unl. W; ll. Al, Bzl, Chlf, CCl_4, CS_2, PCl_3, Ä
−59,6	F	5,98 / 39,37	52,59	* kg/Nm^3;
−5,9	V	25,78 / 263,5	66,3	ϑ_{krit} 167,5°; p_{krit} 92,4 at; D_{krit} 0,47 gcm^{-3}; zitronengelbes bis rotes Gas von erstickendem Geruch; feurig rotgelbe Fl., sehr beweglich; blutrote Krist.; l. W unter Z. → HCl + HNO_2; zers. Alk→KCl + KNO_2
				weiße Krist.; mit W→grünblau durch freiwerdendes N_2O_3; Ä expl. heftig; Al, Aceton entflammen unter Verpuffen
−77,73	F	5,65 / 35,52	−46,19	* kg/Nm^3; ** n (0°, 760 Torr,
−33,41	V	23,35 / 192,5	−19,55	5462 Å) = 1,0003844; fbl. stechend riechendes Gas; LW 20° 33,0 %; l. Al, Me und anderen org. Lösm.; reizt Schleimhäute und Augen; MAK: 100 cm^3/m^3 Luft

Formel	Name	Zustand	Mol.-Masse Dichte g·cm⁻³	Kristalldaten System, Typ und Symbol	Einheitszelle Kantenlänge in Å	Winkel und M	Brechzahl n_D
N₂H₄	Hydrazin	fl	32,05 1,0083	mkl. $C_{2h}^2, P2_1/m$	4,53 5,78 3,56	109°30′ $M=2$	1,46979
HN₃	Stickstoffwasserstoffsäure	fl	43,03				
HNO₃	Salpetersäure	fl	63,002 1,503	mkl. $C_{2h}^5, P2_1/c$	16,23 8,57 6,31	90° $M=16$	1,3972
HNO₃·H₂O		fl	81,03 1,764*	orh. $C_{2v}^9, Pna2_1$	6,31 8,69 5,44	$M=4$	
HNO₃·3H₂O		fl	117,06 1,583*	orh. $D_2^4, P2_12_12_1$	9,50 14,66 3,38	$M=4$	
NO₂NH₂	Nitramid	f	62,03	mkl. $C_{2h}^6, C2/c$	7,86 4,79 6,65	112°24′ $M=4$	
N₂O	(I)-oxid	g	44,01 1,9775*	kub. $T_h^6, Pa3$	5,72	$M=4$	**
NO	(II)-oxid	g	30,006 1,3402*	mkl. $C_{2h}^5, P2_1/c$	6,55 3,96 5,81	114°54′ $M=2$	
N₂O₃	(III)-oxid	g	76,01 1,447*	tetr. $D_4^{10}, I4_122$	16,40 8,86	$M=32$	

Anorganische Verbindungen

Phasen-umwandlungen		Standardwerte bei 25° C			Bemerkungen und Charakteristik
°C	ΔH kJ/Mol	C_p J/Molgrd	S^0	ΔH_B ΔG^0 kJ/Mol	
1,54 113,5	F V	12,66 41,8	98,83 121,2	50,42 149	fbl. ölige Fl.; raucht an Luft; eigentümlicher Geruch; hygr.; nicht expl., außer bei Dest. größerer Mengen; l. W, Me, Al, Propanol, Isobutanol; fast unl. in anderen org. Lösm. wie KW und halogenierten KW; gutes Lösm.; giftig beim Einatmen; MAK: 1 cm³ Dampf/m³ Luft; brennbar, Flammpunkt 52°
−80 35,7	F V	30,5	138,2	269,3	wasserhelle leicht bewegliche Fl.; sehr expl.; stechender Geruch, giftig beim Einatmen; in wss. Lsg. gefahrlos zu handhaben; mit $NH_3 \rightarrow NH_4N_3$
−41,6 83	F V		109,8 156,1	−173,0 −79,76	* bei 14,2° C; $\chi_{Mol} = -19,9 \cdot 10^{-6}$ cm³Mol⁻¹; fbl. Fl.; raucht stark an der Luft und zieht H_2O an; stark ätzend; MAK: 10 cm³/m³ Luft
−37,62	F	17,51	182,5 216,9	−472,6 −328	* bei −79° C; fbl. Fl.; fest kleine etwas undurchsichtige Krist.
−18,47	F	29,09	325,5 347,0	−1055 −809,9	* bei −79° C; fbl. Fl.; fest durchsichtige große Krist.
72 Z	F				glänzende weiche weiße Kristallblätter; ll. W, Al, Ä, Aceton; wl. Bzl. unl. Ligroin; zers. h. W, konz. H_2SO_4
−90,91 −88,56	F V	6,54 16,552	38,71 220,0	81,55 103,5	* kg/Nm³; ** n(0°, 760 Torr, 5462 Å) = 1,000 5079; ϑ_{krit} 36,43°; p_{krit} 74,1 at; D_{krit} 0,452 gcm⁻³; fbl. Gas; fl. N_2O ist fbl., leicht beweglich, durchsichtig; erstarrt fbl. krist.; schwach angenehmer Geruch; schwach süßlicher Geschmack
−163,6 −151,73	F V	2,299 13,774	29,83 210,6	90,37 86,6	* kg/Nm³; fbl. Gas; an Luft→NO_2, braunrote Dämpfe; wl. W; l. wss. $FeSO_4$; mit $Cl_2, Br_2 \rightarrow$ Nitrosylhalogenide
−125 −102 3,5	U F V			83,7	* bei 2° C; tiefblaue Fl., blaßblaue Krist.; Gas dissoziiert schon unter 0° C, bei 25° zu 90 % in $NO + NO_2$; mit W → HNO_2, zers. rasch; mit Alk → Nitrit

Formel	Name	Zustand	Mol.-Masse Dichte g·cm⁻³	Kristalldaten System, Typ und Symbol	Einheitszelle Kantenlänge in Å	Winkel und M	Brechzahl n_D
$NO_2 \rightleftharpoons N_2O_4$	(IV)-oxid	g	46,01	kub. $T^5, I2_13$	7,79	$M=12$	
N_2O_5	(V)-oxid	f	108,01 1,64	hex. $D_{6h}^4, P6_3/mmc$	5,45 6,66	$M=2$	
NH_2OH	Hydroxylamin	f	33,03 1,2044				1,44047
$NH_2OH \cdot HCl$	Hydroxylaminhydrochlorid	f	69,49 1,67	mkl. $C_{2h}^5, P2_1/c$	6,95 5,95 7,27	114° 27' $M=4$	
NH_4	Ammonium						
$NH_4 H_2AsO_4$	dihydrogenarsenat	f	158,97 2,31				1,5766 1,5217
NH_4BF_4	tetrafluoroborat	f	104,84 1,851	orh. HO_2 $D_{2h}^{16}, Pnma$	9,06 5,64 7,23	$M=4$	
$NH_4B_5O_8 \cdot 4H_2O$	pentaborat	f	272,15	orh.	0,9831: 1: 0,8100		1,490 1,436 1,431
NH_4Br	bromid	f	97,95 2,548	kub. $B2$ $O_h^1, Pm3m$	4,05	$M=1$	1,7108
NH_4CN	cyanid	f	44,05 1,02	tetr. $D_{4h}^{10}, P4_2/mcm$	4,17 7,62	$M=2$	

Anorganische Verbindungen

Phasen-umwandlungen		Standardwerte bei 25° C			Bemerkungen und Charakteristik
°C	ΔH kJ/Mol	C_p S^0 J/Molgrd	ΔH_B ΔG^0 kJ/Mol		
−11,25 F 21,10 V	14,65 38,12	37,11 239,8 78,99* 304,3*	33,32 51,5 9,368* 97,9*		* für N_2O_4 braunrotes, stark giftiges Gas von charakteristischem Geruch; rot-braune Fl.; verblaßt beim Abkühlen, fbl. Krist.; Gleichgewicht bei 27° 20%, 50° 40%, 100° 89% NO_2
30 F 47 V		143,1 153,1			fbl. harte Krist., an Luft zerfl.; mit W begierig→HNO_3
33,1 F 58 V			−107		fbl. geruchlose durchsichtige Krist.; fl. NH_2OH neigt zur Unterkühlung; giftig; hygr.; flch.; zers. beim Erhitzen→N_2, NH_3, H_2O, HNO_2; l. Me, Al; wl. Propanol, Ä, Chlf; unl. Bzl, PÄ, CS_2, Aceton
157 F		92	−310		fbl. Krist.; hygr.; LW 20° 83 g/100 ml Lösm.; ll. Me; l. Al, Glycerin; unl. Ä
−57,1 U	0,92	151,2 172,0	−1052 −825,6		weißes krist. Pulver; LW 20° 32,5%, Bdk. 0 H_2O
236 U*					* U orh.→kub. HO_5, T_d^2, $F\bar{4}3m$, a = 7,55 Å, M = 4; feine fbl. Krist.; LW 20° 18,6%; l. Al
					große fbl. Krist.; an Luft beständig; LW 20° 6,5%, 40° 10,5%, Bdk. 4 H_2O
137,8 U*	3,22		−270,3		* U $B2\to B1$ kub., O_h^5, $Fm3m$, a = 6,90 Å, M = 4; $\varkappa$(0...3000 at, 0° C) = 6,0·10^{-6} at^{-1}; $\varepsilon(10^{12}$ Hz$)$ = 7,3; χ_{Mol} = −47,0·10^{-6} cm^{3}Mol^{-1}; weißes krist. Pulver; schwach hygr.; färbt sich an der Luft gelblich; LW 20° 42%, Bdk. 0 H_2O; L Me 19,5° 12,5%; l. Al
		133,9	0,0		fbl. vierseitige Tafeln oder Prismen; zers. sehr leicht; ll. W, Al; weniger l. Ä; die wss. Lsg. riecht nach NH_3 und HCN

Formel	Name	Zustand	Mol.-Masse Dichte $g \cdot cm^{-3}$	System, Typ und Symbol	Einheitszelle Kantenlänge in Å	Winkel und M	Brechzahl n_D
$(NH_4)CO_2NH_2$	carbamat	f	78,07				
$(NH_4)_2CO_3$	carbonat	f	96,09				
NH_4HCO_3	hydrogencarbonat	f	79,04 2,4	orh. $D_{2h}^{10}, Pccn$	7,29 10,79 8,76	$M=8$	1,4227 1,5358 1,5545
NH_4HCO_2	formiat	f	63,04 1,28				
$NH_4CH_3CO_2$	acetat	f	77,08 1,073				
NH_4Cl	chlorid	f	53,49 1,531	kub. $B2$ $O_h^1, Pm3m$	3,87	$M=1$	1,6422
NH_4ClO_4	perchlorat	f	117,49 1,95	orh. HO_2 $D_{2h}^{16}, Pnma$	9,20 5,82 7,45	$M=4$	1,4824 1,4828 1,4868
NH_4F	fluorid	f	37,04 1,0092	hex. $B4$ $C_{6v}^4, P6_3mc$	4,39 7,02	$M=2$	1,3147 1,3160
NH_4HF_2	hydrogenfluorid	f	57,04 1,21	orh. $F5_8$ $D_{2h}^7, Pmna$	8,43 8,18 3,69	$M=4$	1,368 1,385 1,387

°C	Phasen-umwandlungen ΔH kJ/Mol	C_p J/Molgrd	S^0	Standardwerte bei 25° C ΔH_B kJ/Mol	ΔG^0	Bemerkungen und Charakteristik
		131,8	166	−645	−456	weiße krist. Masse; ll. W unter Abkühlung; gibt allmählich an der Luft NH_3 ab
						$\chi_{Mol} = -21,25 \times 2 \cdot 10^{-6}$ cm³Mol⁻¹; kleine seidig glänzende Krist. oder flache Prismen; an Luft zers. unter Abgabe von NH_3, CO_2, $H_2O \to NH_4HCO_3$ als feuchtes Pulver; LW 16,7° 21%; wl. k. wss. NH_3, beim Erwärmen etwas reichlicher l.; ziemlich l. wss. Me; unl. fl. NH_3, Al, wss. Propanol, wss. Aceton
				−852,5		Teschemacherit; weißes grobes krist. Pulver; LW 20° 17,6%, 60° 37%, Bdk. 0 H_2O; unl. Al
117	F			−555,8		weiße Krist.; hygr.; LW 20° 58,5%, 100° 93,5%; l. Al
113	F			−618,6		weiße krist. Stücke; zerfl.; sll. W; ll. Al; saures Salz: lange Nadeln; zerfl.; F 66°; ll. W; l. Al
−30,6 184,3 520[1] 337,8	U^2 U F Sb	1,1	84,1 94,6	−314,6 −203		[1] bei 34,4 atm; [2] unter −30,6° und über 184,3° C B 1 kub., O_h^5, $Fm3m$, $a = 6,53$ Å, $M = 4$; $\bar{\gamma}(-78...19° C) = 280 \cdot 10^{-6}$ grd⁻¹; $\varkappa(0...2000$ at, 30° C$) = 5,9 \cdot 10^{-6}$ at⁻¹; $\varepsilon(10^{12}$ Hz$) = 6,8$; $\chi_{Mol} = -36,7 \cdot 10^{-6}$ cm³Mol⁻¹; piezoelektrisch; weißes krist. Pulver oder fbl. durchscheinende faserig-krist. Stücke hart, geruchlos; LW 20° 27%, Bdk. 0 H_2O; wl. Al; l. Glycerin
240	U^*			−290,6		* $U\,HO_2 \to HO_5$, kub. T_d^2, $F\bar{4}3m$, $a = 7,7$ Å, $M = 4$; $\varkappa(0...2000$ at$) = 6,25 \cdot 10^{-6}$ at⁻¹; $\chi_{Mol} = -46,5 \cdot 10^{-6}$ cm³Mol⁻¹; fbl. Krist.; LW 20° 18,5%, Bdk. 0 H_2O; zers. beim Erhitzen unter Abgabe von Cl_2 und O_2
		65,27	71,96	−467		$\chi_{Mol} = -23 \cdot 10^{-6}$ cm³Mol⁻¹; weiße Kristallnadeln; LW 20° 45%, Bdk. 0 H_2O; die wss. Lsg. reagiert sauer; beim Kochen Bildung von NH_4HF_2 unter NH_3-Entwicklung; MAK: 4,87 mg Staub/m³ Luft
126	F					weiße Krist.; LW 20° 37,5%, Bdk. 0 H_2O; MAK: 3,7 mg Staub/m³ Luft

221. Übersichtstabelle

Formel	Name	Zustand	Mol.-Masse / Dichte g·cm⁻³	System, Typ und Symbol	Einheitszelle Kantenlänge in Å	Einheitszelle Winkel und M	Brechzahl n_D
NH_4J	jodid	f	144,94 / 2,515	kub. $B1$ $O_h^5, Fm3m$	7,24	$M=4$	1,7007
NH_4N_3	azid	f	60,06 / 1,3459	orh. $F5_8$ $D_{2h}^{16}, Pnma$	8,642 / 8,930 / 3,800	$M=4$	
NH_4NO_2	nitrit	f	64,04 / 1,69				
NH_4NO_3	nitrat	f	80,04 / 1,725	orh. $G0_{11}$ D_{2h}^{13}, $Pmmn$	5,45 / 5,75 / 4,96	$M=2$	1,411 / 1,612 / 1,635
$(NH_4)_2Ni(SO_4)_2 \cdot 6H_2O$	nickelsulfat	f	395,00 / 1,923	mkl. $H4_4$ $C_{2h}^5, P2_1/c$	8,98 / 12,22 / 6,10	107° 6′ $M=2$	1,4949 / 1,5007 / 1,5081
$(NH_4)_2[OsCl_6]$	hexachloroosmat	f	438,0 / 2,93				

Phasen-umwandlungen		ΔH kJ/Mol	Standardwerte bei 25° C			Bemerkungen und Charakteristik
°C			C_p J/Molgrd	S^0	ΔH_B ΔG^0 kJ/Mol	
−42,5 −13 405	U^1 U^2 Sb	2,93			−202,1	[1] $U\,B\,25$ tetr.→$B\,2$ kub.; [2] $U\,B\,2$ kub.→$B\,1$ kub.; $<-42{,}5°$ C $B\,25$ tetr., D_{4h}^7, $P4/nmm$, $a=6{,}18$, $c=4{,}37$ Å, $M=2$; $<-13°$ C $B\,2$ kub. O_h^1, $Pm3m$, $a=4{,}38$ Å, $M=1$; $\varkappa(0\ldots560$ at, $20°$ C$)=3{,}6\cdot10^{-6}$ at^{-1}; $\varkappa_{Mol}=-66\cdot10^{-6}$ cm^{3}Mol^{-1}; weißes krist. Pulver.; sehr hygr.; färbt sich an Luft und Licht gelb bis gelbbraun; LW 20° 63%, Bdk. 0 H$_2$O; ll. Al, Glycerin
160	F				85,4	sehr kleine weiße Krist.; fbl. große Blätter, wasserhelle Prismen; expl. beim schnellen Erhitzen; sehr flch.; Dämpfe beim Einatmen giftig; ll. W, 80% Al; swl. abs. Al; unl. Ä, Bzl Aceton, Chlf, CS$_2$, Nitrobzl., Toluol, Xylol
					−264	fbl. Krist.; subl. rein weiß; beim Eindunsten gelbstichige und elastisch formbare Salzmasse; LW 20° 67%, Bdk. 0 H$_2$O; ll. wss. Al, Me; etwas l. abs. Al; fast unl. Ä, Chlf, Egester
−16 32,1 84,2 125,2 169,6	U^1 U^2 U^3 U^4 F	0,54 1,59 1,34 4,22 6,40	139,3 150,6		−365,1 −183,2	[1] $<-16°$ hex. $a=5{,}72$, $c=15{,}9$ Å, $M=6$; [1] U hex.→$G\,0_{11}$, orh.; [2] $U\,G\,0_{11}$→$G\,0_{10}$, orh., D_{2h}^{16}, $Pnma$, $a=7{,}06$, $b=7{,}66$, $c=5{,}88$ Å, $M=4$; $D=1{,}66$ g/cm^3; [3] $U\,G\,0_{10}$→$G\,0_9$ tetr., D_{2d}^3, $P\bar{4}2_1m$, $a=5{,}74$, $c=5{,}00$ Å, $M=2$; $D=1{,}60$ g/cm^3; [4] $U\,G\,0_9$→$G\,0_8$ kub., O_h^1, $Pm3m$, $a=4{,}41$, $M=1$; $D=1{,}55$ g/cm^3; $\varkappa(0\ldots10200$ at; $20°$ C$)=(6{,}554\cdot10^{-6}-132{,}3\cdot10^{-12}$ p) at^{-1}; fbl. Krist.; zerfl. an feuchter Luft; LW 20° 65,4%, Bdk. 0 H$_2$O; L abs. Al 20,5° 3,8 g/100 g Lösm.; L abs. Me 20,5° 17,1 g/100 g Lösm.; L 66% Al 25° 43,8 g/100 g Lösm.; L Py wfrei 25° 22,88 g/100 g Lösm.; fast unl. Egester; unl. Ä, Benzonitril; l. fl. NH$_3$; ll. Eg
						blaugrüne Krist.; LW 20° 6,5%, 80° 20,6%; unl. Al
						$\varkappa_{Mol}=+716\cdot10^{-6}$ cm^{3}Mol^{-1}; glänzende schw. Oktaeder; l. W; beim Erwärmen Hydrolyse

Formel	Name	Zustand	Mol.-Masse Dichte $g \cdot cm^{-3}$	System, Typ und Symbol	Einheitszelle Kantenlänge in Å	Winkel und M	Brechzahl n_D
$NH_4H_2PO_2$	dihydrogenhypophosphit	f	83,02 2,515	orh. $F5_7$ D_{2h}^{21}, $Cmma$	3,98 7,57 11,47	$M=4$	
$NH_4H_2PO_4$	dihydrogenphosphat	f	115,02 1,803	tetr. $H2_9$ $D_{2d}^{12}, I\bar{4}2d$	7,51 7,53	$M=4$	1,5246 1,4792
$(NH_4)_2 HPO_4$	hydrogenphosphat	f	132,05 1,619	mkl. $C_{2h}^5, P2_1/c$	10,72 6,68 8,03	109° 41′ $M=4$	
$(NH_4)_3PO_4 \cdot 3H_2O$	orthophosphat	f	202,23				
$(NH_4)_2 [PdBr_4]$	tetrabromopalladat-(II)	f	462,11 3,40				
$(NH_4)_2 [PdCl_4]$	tetrachloropalladat-(II)	f	284,29 2,17	tetr. $H1_5$ $D_{4h}^1, P4/mmm$	7,21 4,26	$M=1$	
$(NH_4)_2 [PdCl_6]$	hexachloropalladat-(IV)	f	355,20 2,418	kub. $I1_1$ $O_h^5, Fm3m$	9,90	$M=4$	
$(NH_4)_2 [PtCl_6]$	hexachloroplatinat-(IV)	f	443,89 3,0	kub. $I1_1$ $O_h^5, Fm3m$	9,834	$M=4$	1,95
$(NH_4)_2 [PtJ_6]$	hexajodoplatinat-(IV)	f	992,59 4,61				
NH_4ReO_4	perrhenat	f	268,24 3,63	tetr. $H0_4$ $C_{4h}^6, I4_1/a$	5,87 12,94	$M=4$	
$(NH_4)_3 RhCl_6 \cdot H_2O$	hexachlororhodat-(III)	f	387,75	orh.	1,0154: 1: 1,3124		

Anorganische Verbindungen

Phasenumwandlungen		Standardwerte bei 25° C			Bemerkungen und Charakteristik
°C	ΔH kJ/Mol	C_p J/Molgrd	S^0	ΔH_B ΔG^0 kJ/Mol	
200	F				piezoelektrisch; fbl. Krist.; hygr.; LW 20° 80 g/100 cm³ Lsg.; l. Al, NH$_3$
−124,28 190	U F	0,588	142,3 151,9	−1451 −1214	$\chi_{Mol} = -61 \cdot 10^{-6}$ cm³Mol^{-1}; weiße glänzende Krist.; wenig hygr.; LW 20° 27,2%, Bdk. 0 H$_2$O; p$_H$ der wss. Lsg. = 3,8; wl. Al
			182,0	−1574	$\bar{\gamma}(-191...17°\,C) = 160 \cdot 10^{-6}$ grd^{-1}; $\chi_{Mol} = -71 \cdot 10^{-6}$ cm³Mol^{-1}; fbl. Krist.; hygr.; LW 20° 40,8%, Bdk. 0 H$_2$O; p$_H$ der wss. Lsg. = 8; beim Kochen entweicht NH$_3$; unl. Al
					weißes krist. Pulver; riecht nach NH$_3$; LW 25° 18,9%, Bdk. 3 H$_2$O
					große olivbraune Krist.; beständig an Luft; sll. W; mit HNO$_3$ in der Hitze→(NH$_4$)$_2$[PdBr$_6$]
					grünlichgelbe oder braungrüne Prismen, gepulvert hbraun; ll. W mit dklroter Farbe, wss. Al; fast unl. abs. Al
					rote Krist., im durchscheinenden Licht gelb; wl. W; wss. Lsg. zers. beim Sieden→Cl$_2$; fast unl. NH$_4$Cl-Lsg.
					$\chi_{Mol} = -174 \cdot 10^{-6}$ cm³Mol^{-1}; zitronengelbes Krist.pulver oder kleine or. Krist.; LW 20° 0,49%; unl. k. HCl; in der Wärme: wl. HCl, l. verd. H$_2$SO$_4$, ll. HNO$_3$; wl. wss. NH$_3$, ll. beim Sieden; fast unl. konz. NH$_4$Cl-Lsg.; wl. Al; unl. Ä
					met. glänzende schw. Tafeln; zers. beim Erhitzen→J$_2$, NH$_3$, N$_2$, Pt, NH$_4$J; l. W rot; unl. NH$_4$J-Lsg., Al
					weiße dicke Krist.; bis 200° beständig; LW 20° 0,02%, Bdk. 0 H$_2$O; auch LW 20° 5,8% angegeben
					rote glasglänzende Nadeln; ll. W→ viol. Lsg.; l. verd. NH$_4$Cl-Lsg.; unl. Al

Formel	Name	Zustand	Mol.-Masse Dichte $g \cdot cm^{-3}$	System, Typ und Symbol	Einheitszelle Kantenlänge in Å	Winkel und M	Brechzahl n_D
$(NH_4)_3$ [Rh $(NO_2)_6$]	hexanitritorhodat-(III)	f	433,05 2,214	kub. $I2_4$ $T_h^3, Fm3$	10,93	$M=4$	
$(NH_4)_3[RhCl_6] \cdot H_2O$	hexachlororhodat-(III)	f	387,75	orh.	0,4924 : 1 : 0,8617		
NH_4HS	hydrogensulfid	f	51,11 1,17	tetr. $B10$ $D_{4h}^7, P4/nmm$	6,011 4,009	$M=2$	
NH_4SCN	thiocyanat	f	76,12 1,305	mkl. $C_{2h}^5, P2_1/c$	13,0 7,2 4,3	97° 40' $M=4$	1,533 1,684 1,696
$(NH_4)_2SO_4$	sulfat	f	132,14 1,766	orh. $H1_6$ $D_{2h}^{16}, Pnma$	5,97 10,61 7,78	$M=4$	1,5209 1,5230 1,5330
$(NH_4)_2S_2O_3$	thiosulfat	f	148,202 1,64	mkl. $C_{2h}^3, C2/m$	10,22 6,50 8,82	94° 34' $M=4$	
$(NH_4)_2S_2O_8$	peroxiddisulfat	f	228,20 1,98	mkl. $C_{2h}^5, P2_1/c$	7,83 8,04 6,13	95° 9' $M=2$	1,4981 1,5016 1,5866
$(NH_4)_2SbBr_6$	hexabromoantimonat	f	637,28	kub. $I1_1$ $O_h^5, Fm3m$	10,67	$M=4$	
$(NH_4)_2SeO_4$	selenat	f	179,03 2,194				1,5599 1,5605 1,5812
NH_4VO_3	metavanadat	f	116,98 2,326	orh. $D_{2h}^{11}, Pbcm$	5,63 11,82 4,96	$M=4$	1,828 1,90 1,925
$(NH_4)V(SO_4)_2 \cdot 12H_2O$	Vanadinammoniumalaun	f	477,29 1,683	kub.			1,475
$(NH_4)ZnPO_4$	Zinkammonphosphat	f	178,38				
$(NH_4)_2Zn(SO_4)_2 \cdot 6H_2O$	Zinkammonsulfat	f	401,66 1,931	mkl. $H4_4$ $C_{2h}^5, P2_1/c$	9,21 12,48 6,23	106,9° $M=2$	1,4890 1,4934 1,4996

Phasenumwandlungen		Standardwerte bei 25° C			Bemerkungen und Charakteristik
°C	ΔH kJ/Mol	C_p J/Molgrd	S^0	ΔH_B ΔG^0 kJ/Mol	
					weißes krist. Pulver; fast unl. k. W, etwas l. sied. W; zers. S; unl. Al, NH_4Cl-Lsg.
130 $-H_2O$					himbeerrote nadelige Krist.; glasglänzend; ll. W; l. verd. NH_4Cl-Lsg.; unl. Al; wss. Lsg. beim Erhitzen→$(NH_4)_3[Rh(H_2O)Cl_5]$
					fbl. Krist.; sehr hygr.; subl. bei Raumtemp.; ll. W, wss. NH_3, H_2S-Wasser, Al; fast unl. Ä, Bzl
87,7 149	U F	3,3		$-83,7$	$\chi_{Mol} = -48{,}1 \cdot 10^{-6}$ cm³Mol⁻¹; fbl. Krist.; LW 20° 61%, Bdk. 0H_2O; ll. Al; l. fl. SO_2, Egs-methylester; bei 170° Z. unter Entwicklung von CS_2, H_2S, NH_3
498 513	U F	187,5 220,3		$-1399,6$ -900	$\chi_{Mol} = -33{,}5 \times 2 \cdot 10^{-6}$ cm³Mol⁻¹; fbl. Krist.; zerfl. an feuchter Luft; LW 20° 43%, Bdk. 0H_2O; unl. Al, Aceton
					fbl. Krist.; ll. W; unl. Al, Ä; subl. beim Erhitzen auf 150° unter Z.
					$\chi_{Mol} = -50 \times 2 \cdot 10^{-6}$ cm³Mol⁻¹; fbl. Krist. oder körniges Pulver; zers. allmählich, bei 160...180° sofort unter O_2-Abgabe; LW 0° 32,5%, 20° 38%, Bdk. 0H_2O
					tiefschw. Oktaeder, an trockener Luft beständig, Feuchtigkeit zers.; l. 2nHCl, konz. HBr
					Krist.; LW 12° 1,2%; l. Eg; unl. Al, Aceton, wss. NH_3
		129,3 140,5		-1051 $-885,3$	weißes krist. Pulver; LW 20° 0,5%; l. wss. NH_3
					viol. Krist.; sll. W; an Luft allmählich Verwitterung
					fbl. Nd., der langsam krist.; LW 10,5° 1,36·10⁻² g/l Lsg.
110 $-6H_2O$				-3999	wasserhelle harte Krist.; LW 20° 12,5% mit saurer Reaktion

Formel	Name	Zustand	Mol.-Masse Dichte g·cm⁻³	System, Typ und Symbol	Einheitszelle Kantenlänge in Å	Winkel und M	Brechzahl n_D
(NH$_4$)$_3$ZrF$_7$	heptafluorozirkonat	f	278,32 2,20	kub. $O_h^5, Fm3m$	9,365	$M=4$	1,433
Na Na$_3$AsO$_4$·12H$_2$O	**Natrium** arsenat	f	424,07 1,759				1,4589 1,4669
Na$_2$HAsO$_4$	hydrogenarsenat	f	185,91				
Na$_2$HAsO$_4$·7H$_2$O		f	312,02 1,871	mkl.	1,2294: 1: 1,3526		1,4622 1,4658 1,4782
Na$_2$HAsO$_4$·12H$_2$O		f	402,09 1,667	mkl.	1,7499: 1: 1,6121		1,4453 1,4496 1,4513
NaBF$_4$	tetrafluoroborat	f	109,79 2,47	orh. HO_1 $D_{2h}^{17}, Cmcm$	6,25 6,77 6,82	$M=4$	1,301 1,3012 1,3068
NaBH$_4$	borhydrid	f	37,83 1,074	kub.	6,157	$M=4$	
NaBO$_2$	metaborat	f	65,80 2,464	trig. $F5_{13}$ $D_{3d}^6, R\bar{3}c$	7,22	111° 30' $M=6$	
Na$_2$B$_4$O$_7$	diborat	f	201,22 2,37				1,51323 1,51484
Na$_2$B$_4$O$_7$·10H$_2$O	Borax	f	381,37 1,73	mkl. $C_{2h}^6, C2/c$	11,89 10,74 12,19	106° 36' $M=4$	1,4467 1,4694 1,4724

Phasenumwandlungen		Standardwerte bei 25° C		Bemerkungen und Charakteristik
°C	ΔH kJ/Mol	C_p S^0 J/Molgrd	ΔH_B ΔG^0 kJ/Mol	
				kleine durchsichtige Oktaeder; verwittern an der Luft; LW 20° 0,551 MolZr/l und 1,655 MolNH$_3$/l
86,3 F			−5080	$\chi_{Mol} = -80 \times 3 \cdot 10^{-6}$ cm^{3}Mol^{-1}; fbl. lange Säulen oder Pulver; luftbeständig; LW 17° 10,5%; wird durch S zers.
				loses fbl. Pulver; LW 20° 23,5%, Bdk. 12 H$_2$O; ll. 100% H$_2$SO$_4$; unl. fl. Cl$_2$
57 Z F				fbl. Krist., verwittern nicht außer im Exsiccator; beim Erhitzen→ Na$_4$As$_2$O$_7$; LW s. Na$_2$HAsO$_4$; l. Glycerin; wl. Al
22 Z F				fbl. Krist.; verwittern stark und werden trübe; LW s. Na$_2$HAsO$_4$
384 F				große klare Prismen; LW 26° 52%; wl. Al
−83,3 U	0,97	86,90 101,5	−183,3 −118,5	fbl. Krist.; l. k. W unter Entwicklung von H$_2$; L Äthylamin 170° 20,9 g/100 g Lösm.; L Py 25° 3,1 g/100 g Lösm.; L Acetonitril 28° 0,9 g/100 g Lösm.; ll. Isopropylamin; wl. Tetrahydrofuran; unl. Ä; bei höheren Temp. (>300°) oder durch S zers. unter Bildung von H$_2$
966 F	33,5	65,94 73,53	−1058 −1001	$\chi_{Mol} = -52 \cdot 10^{-6}$ cm^{3}Mol^{-1}; fbl. gut ausgebildete Prismen; LW 20° 20,2%, Bdk. 4 H$_2$O; unl. Al
742 F		186,8 189,5	−3290 −3093	$\chi_{Mol} = -85 \cdot 10^{-6}$ cm^{3}Mol^{-1}; aus Schmelze durchsichtiges Glas oder krist. Masse von hohem Glanz und radial faseriger Struktur; LW 20° 2,5%, Bdk. 10 H$_2$O; HCl, H$_2$SO$_4$, HNO$_3$ zers. vollständig mit Hilfe von wfreiem Me, das Borsäure als Methylester verflüchtigt; unl. Al
75 F		615	−6262	$\bar{\gamma}(-188...17°\text{C}) = 100 \cdot 10^{-6}$ grd^{-1}; $\chi_{Mol} = -226 \cdot 10^{-6}$ cm^{3}Mol^{-1}; fbl. harte Krist.; verwittern oberflächlich an trockener Luft; bläht sich beim Erhitzen stark auf und schmilzt zu einem klaren Glas; LW s. Na$_2$B$_4$O$_7$; unl. Al, Egester

Formel	Name	Zustand	Mol.-Masse Dichte g·cm⁻³	Kristalldaten System, Typ und Symbol	Einheitszelle Kantenlänge in Å	Winkel und M	Brechzahl n_D
NaBr	bromid	f	102,90 3,202	kub. $B1$ $O_h^5, Fm3m$	5,96	$M=4$	1,6412
NaBr · 2 H₂O		f	138,93 2,176	mkl. $C_{2h}^5, P2_1/c$	6,59 10,20 6,51	112,08° $M=4$	1,5128 1,5192 1,5252
NaBrO₃	bromat	f	150,90 3,34	kub. $G0_3$ $T^4, P2_13$	6,703	$M=4$	1,5943
Na₂C₂	acetylenid	f	70,00 1,575	tetr. $D_{4h}^{20}, I4_1/acd$	6,756 12,688	$M=8$	
NaCN	cyanid	f	49,01 1,546	kub. $B1$ $O_h^5, Fm3m$	5,88	$M=4$	1,542
Na₂CO₃	carbonat	f	105,99 2,533				1,410 1,537 1,544
Na₂CO₃ · H₂O		f	124,00 1,55	orh. $G7_6$ $C_{2v}^5, Pca2_1$	10,72 6,44 5,24	$M=4$	1,421 1,505 1,524
Na₂CO₃ · 7 H₂O		f	232,10 1,51	orh.	0,7508 : 1 : 0,3604		1,422 1,433 1,437
Na₂CO₃ · 10 H₂O		f	286,14 1,46	mkl.	1,4828 : 1 : 1,4001	58° 52′	1,405 1,425 1,440

Anorganische Verbindungen   **Na** 1-449

Phasenumwandlungen		Standardwerte bei 25° C			Bemerkungen und Charakteristik
°C	ΔH kJ/Mol	C_p J/Molgrd	S^0	ΔH_B ΔG^0 kJ/Mol	
741 1392	F 23,1 V 185	52,3 83,7		−359,8	$\bar{\gamma}(-79...0°\,C)=119\cdot10^{-6}\,\text{grd}^{-1}$; $\varkappa(0...12000\,\text{at}, 30°\,C)=(4,98\cdot10^{-6}-62,1\cdot10^{-12}\,p)\,\text{at}^{-1}$; $\varepsilon(2\cdot10^6\,\text{Hz})=6,1$; $\chi_{\text{Mol}}=-41\cdot10^{-6}\,\text{cm}^3\text{Mol}^{-1}$; weiße Krist.; etwas hygr.; LW 20° 47,5%, Bdk. 2H$_2$O; L Me 15° 15%; L Al 20° 2,18%; L Aceton 18° 0,012%; ll. C$_2$H$_5$NH$_2$; l. Py, fl. NH$_3$; unl. Benzonitril
				−951	fbl. Krist.; LW s. NaBr
381 Z					$\chi_{\text{Mol}}=-44,2\cdot10^{-6}\,\text{cm}^3\text{Mol}^{-1}$; optisch aktiv, piezoelektrisch; weißes geruchloses krist. Pulver; LW 20° 27%, Bdk. 0H$_2$O; starkes Oxid.-mittel; gibt beim Erhitzen O$_2$ ab; l. fl. NH$_3$
				17,16	weißes Pulver; ohne Anwesenheit von Oxid.mitteln unempfindlich gegen Verreiben oder Stoß; sehr hygr.; mit wenig W→C$_2$H$_2$+NaOH; unl. in allen Lösm.
−101,1 15,3 562 1497	U 0,63 U* 2,93 F 18,2 V 156,0			−89,76	* U orh.→kub.; <15,3° orh. $D_{2h}^{25}, Immm$, $a=4,77$, $b=5,56$, $c=3,70$ Å, $M=2$; weißes krist. Pulver; etwas hygr.; LW 20° 36,7%, Bdk. 2H$_2$O; L Furfurol 25° 0,02%; wl. Al; giftig; MAK: 9,4 mg Staub/m^3 Luft
356 486 618 854	U U U F 33	110,5 136,0		−1129 −1045	$\varepsilon(10^3\,\text{Hz})=7,14$; $\chi_{\text{Mol}}=-20,5\times2\cdot10^{-6}\,\text{cm}^3\text{Mol}^{-1}$; weißes grießartiges Pulver; hygr.; LW 20° 17,9%, Bdk. 10H$_2$O; L Al 20° 8,8·10^{-3} g/100 cm^3 Lsg.; l. Glycerin, Glykol; unl. fl. NH$_3$, CS$_2$
				−1431	feine weiße Krist. oder weißes krist. Pulver; LW s. Na$_2$CO$_3$; wl. Glycerin; unl. Al
35,37	F*			−3202	* inkongruent; vierseitige Tafeln; krist. als stabiler Bdk. zwischen 32° und 35,37° aus; verwittern an trockener Luft
32	F*	536		−4077	* im eigenen Kristallwasser; $\bar{\gamma}(-186...17°\,C)=156\cdot10^{-6}\,\text{grd}^{-1}$; $\varepsilon(1,6\cdot10^6\,\text{Hz})=5,3$; fbl. bis weiße, durchscheinende, glasglänzende, leicht verwitternde Krist.; LW s. Na$_2$CO$_3$; l. Glycerin; unl. Al

Formel	Name	Zustand	Mol.-Masse Dichte g·cm⁻³	Kristalldaten System, Typ und Symbol	Einheitszelle Kantenlänge in Å	Einheitszelle Winkel und M	Brechzahl n_D
NaHCO₃	hydrogencarbonat	f	84,01 2,16	mkl. GO_{12} $C_{2h}^5, P2_1/c$	7,51 9,70 3,53	93° 19' $M=4$	1,378 1,500 1,582
NaCHO₂	formiat	f	68,01 1,92	mkl. $C_{2h}^6, C2/c$	6,19 6,72 6,49	121,7° $M=4$	
NaC₂H₃O₂	acetat	f	82,03				
NaC₂H₃O₂ · 3H₂O		f	136,08 1,45	mkl. $C_{2h}^3, C2/m$	12,4 10,5 10,3	112,1° $M=8$	1,464
Na₂C₂O₄	oxalat	f	134,00 2,34	mkl. $C_{2h}^5, P2_1/c$	10,35 5,26 3,46	92° 54' $M=2$	
NaHC₂O₄ · H₂O	hydrogenoxalat	f	130,03 1,925	trikl. $C_i^1, P\bar{1}$	6,52 6,70 5,67	95° 26' 109° 54' 75° 12' $M=2$	
Na₂ C₄H₄O₆ · 2H₂O	tartrat	f	230,08 1,818	orh. $D_2^4, P2_12_12_1$	11,49 14,67 4,97	$M=4$	
Na₃ C₆H₅O₇ · 5½H₂O oder 5H₂O	citrat	f	357,15[1] 1,857	orh.[1]	16,36 26,31 6,41	$M=8$	
NaC₇H₅O₂	benzoat	f	144,11				
NaC₇H₅O₃	salicylat	f	160,11				

Anorganische Verbindungen　　　　　　　　　　　Na 1-451

Phasenumwandlungen			Standardwerte bei 25° C		Bemerkungen und Charakteristik
°C		ΔH kJ/Mol	C_p　　S^0 J/Molgrd	ΔH_B　ΔG^0 kJ/Mol	
			87,70　102,1	−947,4　−849,2	$\varepsilon(10^4\text{ Hz})=4,39$; weißes luftbeständiges krist. Pulver; salziger und laugenhafter Geschmack; LW 20° 8,6%, Bdk. 0 H_2O; unl. Al; ab 50° beginnt die Z. unter Abspaltung von CO_2; p_H der frisch bereiteten 1% wss. Lsg. 8,2
255	F	16,7	69,47　110,6	−648,5	$\chi_{Mol}=-24{,}8\cdot 10^{-6}$ cm^{3}Mol^{-1}; weißes krist. Pulver; zerfl.; bitter-salziger Geschmack; schwach stechender Geruch; LW 20° 46,2%, Bdk. 2 H_2O; l. Glycerin; wl. Al
−251　198　324	U　U　F		81,5　123,1	−710,4	$\chi_{Mol}=-37{,}6\cdot 10^{-6}$ cm^{3}Mol^{-1}; weißes körniges Pulver; hygr.; LW 0° 119 g/100 ml Lösm.; L Al 18° 2,1 g/100 ml Lösm.
58	F				fbl. Krist.; bitter-salziger Geschmack; geruchlos; LW s. $NaC_2H_3O_2$; l. Al; bei 120° wfrei
			142	−1314,6	weißes krist. Pulver; LW 20° 3,3%, 100° 5,9%, Bdk. 0 H_2O; unl. Al, Ä
					kleine harte fbl. Krist.; luftbeständig; LW 10° 1,5%; l. verd. HCl; unl. Al, Ä; spurenweise l. 80% Al
					fbl. Krist.; LW 17° 31%; unl. Al
150	F[2]				[1] Angabe für $Na_3C_6H_5O_7 \cdot 5H_2O$; [2] F des wfreien Salzes; weißes körniges Pulver; verwittert; salzig-kühlender Geschmack; ll. W; wl. Al; beim Erhitzen auf 100°→ Dihydrat, mkl. C_{2h}^6, $C2/c$, $a=15{,}709$, $b=12{,}471$, $c=11{,}266$ Å, $\beta=103°\,41'$, $M=8$
					weißes geruchloses Pulver; süßlich adstringierender Geschmack; LW 20° 38,2%, Bdk. 0 H_2O; ll. Glycerin; wl. Al
					weißes feinschuppiges Pulver; bei längerer Lichteinwirkung rötliche Verfärbung; geruchlos; süßsalziger Geschmack; ll. W, Glycerin; l. 95% Al; unl. Ä

Formel	Name	Zustand	Mol.-Masse Dichte $g \cdot cm^{-3}$	System, Typ und Symbol	Einheitszelle Kantenlänge in Å	Winkel und M	Brechzahl n_D
NaCl	chlorid	f	58,44 2,163	kub. $B1$ $O_h^5, Fm3m$	5,6387	$M=4$	1,5443
NaClO · 5 H₂O	hypo= chlorit	f	164,52				
NaClO₃	chlorat	f	106,44 2,490	kub. $G0_3$ $T^4, P2_13$	6,55	$M=4$	1,5151
NaClO₄	perchlorat	f	122,44 2,50	orh. $H0_1$ $D_{2h}^{17}, Cmcm$	6,48 7,06 7,08	$M=4$	1,459 1,461 1,472
NaClO₄ · H₂O		f	140,46 2,02				
NaF	fluorid	f	41,99 2,79	kub. $B1$ $O_h^5, Fm3m$	4,62	$M=4$	1,328

Phasen-umwandlungen		Standardwerte bei 25° C		Bemerkungen und Charakteristik
°C	ΔH kJ/Mol	C_p $\quad$ S^0 J/Molgrd	ΔH_B $\quad$ ΔG^0 kJ/Mol	
800 1461	F $\quad$ 28,8 V $\quad$ 170	49,69 72,36	−410,9 −383,5	$\bar{\gamma}(-79...0°$ C$)=110 \cdot 10^{-6}$ grd^{-1}; $\varkappa(0...12000$ at, $30°$ C$)=(4,182 \cdot 10^{-6} - 50,4 \cdot 10^{-12}$ p) at^{-1}; $\chi_{Mol}=$ $-30,3 \cdot 10^{-6}$ cm^{3}Mol^{-1}; Steinsalz; weißes krist. Pulver; fbl. Würfel; LW 20° 26,5 %, Bdk. 0 H$_2$O; L abs. Me 25° 1,3 %; L abs. Al 25° $6,5 \cdot 10^{-2}$ %; L Aceton 18° $4,1 \cdot 10^{-6}$ %; L Egester 17° 0,24 %; unl. Anilin, Py; nur spurenweise l. Propanol
27	F			fbl. Krist.; zerfl.; im geschlossenen Glas haltbar; im Vak. über H$_2$SO$_4$, NaOH oder CaO -5 H$_2$O; LW 20° 34,6 %, Bdk. 5 H$_2$O; im Handel in Form der wss. Lsg.: „Eau de Labarraque"; grüngelbe Fl. von deutlichem Chlorgeruch; lichtempfindlich; zers. sich langsam
255	F $\quad$ 22,6	100,8	−358,6	$\varepsilon(1,6 \cdot 10^6$ Hz$)=5,9$; $\chi_{Mol}=-34,7 \cdot 10^{-6}$ cm^{3}Mol^{-1}; piezoelektrisch; weißes Kristallpulver; wenig hygr.; LW 20° 49,5 %, Bdk. 0 H$_2$O; ll. fl. NH$_3$, Glycerin; wl. CH$_3$NH$_2$, C$_2$H$_4$NH$_2$; kaum l. Al; l. Egester; beim Erhitzen Z.→NaCl, NaClO$_4$, O$_2$
308 482 Z	U* F	100,8	−385,5	* U $HO_1 \to HO_5$ kub., T_d^2, $F\bar{4}3m$, $a=7,08$ Å, $M=4$; $n_D=1,5152$; $\chi_{Mol}=-37,6 \cdot 10^{-6}$ cm^{3}Mol^{-1}; rechtwinklige lange Prismen oder durchsichtige Platten; weißes krist. Pulver; LW 20° 66,5 %, Bdk. 1 H$_2$O; L Me 25° 33,93 %; L Aceton 25° 34,1 %; L Egester 25° 8,8 %; sll. konz. Al; unl. Ä; HCl greift nicht an
130 Z	F			$\chi_{Mol}=-50,3 \cdot 10^{-6}$ cm^{3}Mol^{-1}; weiße Krist.; verwittern leicht über H$_2$SO$_4$; LW s. NaClO$_4$; ll. Me, Aceton; l. Al; unl. Ä
1012 1704	F $\quad$ 33,60 V $\quad$ 209	46,82 51,30	−570,3 −539,6	$\bar{\gamma}(-79...0°$ C$)=98 \cdot 10^{-6}$ grd^{-1}; $\varkappa(30°$ C$)=2,07 \cdot 10^{-6}$ at^{-1}; $\varepsilon(8,6 \cdot 10^5$ Hz$)=6,00$ (bezogen auf Benzol bei 20° C); $\chi_{Mol}=-16,4 \cdot 10^{-6}$ cm^{3}Mol^{-1}; weißes krist. Pulver; nicht hygr.; LW 20° 4 %, Bdk. 0 H$_2$O; konz. H$_2$SO$_4$ zers. beim Erhitzen→HF; nur in Spuren l. Al; MAK: 5,53 mg/m^3 Luft

Formel	Name	Zustand	Mol.-Masse Dichte g·cm⁻³	System, Typ und Symbol	Einheitszelle Kantenlänge in Å	Einheitszelle Winkel und M	Brechzahl n_D
NaH	hydrid	f	24,00 1,396	kub. $B1$ $O_h^5, Fm3m$	4,88	$M=4$	1,470
NaHF$_2$	hydrogen-fluorid	f	61,99 2,08	trig. $F5_1$ $D_{3d}^5, R\bar{3}m$	5,05	40° 2' $M=1$	
NaJ	jodid	f	149,89 3,665	kub. $B1$ $O_h^5, Fm3m$	6,46	$M=4$	1,7745
NaJ · 2H$_2$O		f	185,92 2,448	trikl. $C_i^1, P\bar{1}$	6,85 5,76 7,16	98° 119° 68,5° $M=4$	
NaJO$_3$	jodat	f	197,89 4,40	orh. $D_{2h}^{16}, Pnma$	5,74 6,37 8,10	$M=4$	1,58 1,63 1,74
NaJO$_4$	meta-perjodat	f	213,89 3,865	tetr. $H0_4$ $C_{4h}^6, I4_1/a$	5,32 11,93	$M=4$	1,705 1,743
NaJO$_4$ · 3H$_2$O		f	267,94 3,22	trig. $C_3^4, R3$	5,58	65° 1' $M=1$	1,7745
NaN$_3$	azid	f	65,01 1,846	trig. $F5_1$ $D_{3d}^5, R\bar{3}m$	5,48	38,72° $M=1$	
NaNH$_2$	amid	f	39,01 1,39	orh. $D_{2h}^{24}, Fddd$	8,928 10,427 8,060	$M=16$	
NaNO$_2$	nitrit	f	68,99 2,168	orh. $F5_5$ $C_{2v}^{20}, Imm2$	3,55 5,56 5,38	$M=2$	1,354 1,460 1,648

Anorganische Verbindungen

°C	ΔH kJ/Mol	C_p J/Molgrd	S^0	ΔH_B kJ/Mol	ΔG^0	Bemerkungen und Charakteristik
				−56,90		weiße lockere Masse, nadelförmige Kristallaggregate, manchmal durchsichtig; zers. an feuchter Luft; zers. W→NaOH+H$_2$
						weißes krist. Pulver; l. h. W; die wss. Lsg. ätzt Glas; über 160° zers.→NaF+HF; MAK: 4,08 mg/m³ Luft
662 1304	F V	21,9 159,7	54,3 91,2	−287,9		$\bar{\gamma}(-79...0°C) = 135 \cdot 10^{-6}$ grd^{-1}; $\chi_{Mol} = -57,0 \cdot 10^{-6}$ cm³Mol^{-1}; fbl. Krist.; hygr.; wird an Luft langsam gelb oder bräunlich, Abspaltung von J$_2$; LW 20° 64%, Bdk. 2H$_2$O; L Me 20° 42,2%, Bdk. 3CH$_3$OH; L Al 20° 30,8%; L Aceton 20° 23,5%; l. Glycerin
752	F			−883,2		fbl. Krist.; LW s. NaJ
						$\chi_{Mol} = -53 \cdot 10^{-6}$ cm³Mol^{-1}; weißes krist. Pulver; LW 20° 8,1%, Bdk. 1H$_2$O; unl. Al
						$\varkappa(0...2000\,at) = 3,9 \cdot 10^{-6}$ at^{-1}; weiße Krist.; LW 20° 9,3%, Bdk. 3H$_2$O; l. H$_2$SO$_4$, HNO$_3$, Egs; bei 300...400° oft expl. Z.
175 Z	F					fbl. Krist.; LW s. NaJO$_4$
			80,0 70,5	21,3	101,15	weißes krist. Pulver, nicht hygr.; expl. nicht; verpufft bei hoher Temp. mit glänzend gelbem Licht; LW 20° 29,3%, Bdk. 0H$_2$O; wl. abs. Al
208	F		66,15 76,90	−113,8		weiße durchscheinende Masse von krist. Struktur; zieht an Luft sofort H$_2$O und CO$_2$ an; mit W in lebhafter Reaktion→NH$_3$+NaOH
162 271	U F			−359		$\chi_{Mol} = -14,5 \cdot 10^{-6}$ cm³Mol^{-1}; schwach gelbliche Krist.; hygr.; LW 20° 45%, Bdk. 0H$_2$O; sll. fl. NH$_3$; l. Me; fast unl. k. Al; zll. 90% Al in der Wärme; swl. Py

Formel	Name	Zustand	Mol.-Masse Dichte $g \cdot cm^{-3}$	System, Typ und Symbol	Einheitszelle Kantenlänge in Å	Winkel und M	Brechzahl n_D
$NaNO_3$	nitrat	f	84,99 2,257	trig. $G0_1$ $D_{3d}^6, R\bar{3}c$	6,32	47° 14' $M=2$	1,5848 1,3360
Na_2O	oxid	f	61,98 2,27	kub. $C1$ $O_h^5, Fm3m$	5,55	$M=4$	
Na_2O_2	peroxid	f	77,98 2,802	hex. $D_{3h}^3, P\bar{6}2m$	6,22 4,47	$M=3$	
$Na_2O_2 \cdot$ $8H_2O$		f	222,10	mkl. $C_{2h}^6, C2/c$ oder C_s^4, Cc	13,49 6,45 11,49	110,52° $M=4$	
$NaOH$	hydroxid	f	40,00 2,13	orh. $B33$ $D_{2h}^{17}, Cmcm$	3,40 11,32 3,40	$M=2$	1,3576
$NaOH \cdot$ H_2O		f	58,01				
$NaOCN$	isocyanat	f	65,01 1,937	trig. $F5_1$ $C_{3v}^5, R3m$	5,44	38,37° $M=1$	1,389 1,627
Na_2 $[OsCl_6]$	hexachloroosmat	f	448,90				

Anorganische Verbindungen

Phasenumwandlungen		Standardwerte bei 25° C		Bemerkungen und Charakteristik
°C	ΔH kJ/Mol	C_p S^0 J/Molgrd	ΔH_B ΔG^0 kJ/Mol	
275 306	U^* F	93,05 116,3	14,6	−466,3 −365,6	* $U\ D_{3d}^6 \to D_{3d}^5$, trig., $R\bar{3}m$, $a = 6,56$ Å, $\alpha = 45,58°$, $M = 2$; $\bar{\gamma}(-78\cdots+20°\,C) = 110 \cdot 10^{-6}$ grd^{-1}; $\varkappa(50\ldots200\ \text{at}) = 3,83 \cdot 10^{-6}$ at^{-1}; $\varepsilon(1,66 \cdot 10^5\ \text{Hz}) = 6,85$; $\chi_{\text{Mol}} = -25,6 \cdot 10^{-6}$ cm^{3}Mol^{-1}; Natronsalpeter; fbl. Krist. von kühlendem schwach bitterem Geschmack; hygr.; LW 20° 46,4%, Bdk 0 H$_2$O; L Me 25° 0,41%; L Al 25° 0,036%; unl. wfreiem Aceton, Benzonitril, Anilin
920	F	46,9	68,2 71,1	−430,6 −390,9	$\chi_{\text{Mol}} = -9,9 \times 2 \cdot 10^{-6}$ cm^{3}Mol^{-1}; reinweiße amorphe pulverförmige Masse, die in der Hitze gelblich wird; l. W unter heftiger Erwärmung
237 460	U F	5,355	89,33 93,3	−510,9 −446,7	$\chi_{\text{Mol}} = -14,05 \times 2 \cdot 10^{-6}$ cm^{3}Mol^{-1}; gelblichweiße mikrokrist. Stücke; an der Luft CO$_2$-Aufnahme; l. warmem W unter O$_2$-Entwicklung; l. W 0° ohne Gasentwicklung; l. verd. S in gleicher Weise; Alk beschleunigen die Z. des Na$_2$O$_2$; starkes Oxid.mittel
>30	F^*			* im eigenen Kristallwasser; weiße große glimmerähnliche Tafeln; im Vak. über H$_2$SO$_4$ −6 H$_2$O; l. W unter Abkühlung und ohne Gasentwicklung
292,8 319,1 1390	U F V	6,36 6,36 144,3	59,45 64,18	−426,6 −380,3	$\bar{\gamma}(20\ldots120°\,C) = 84 \cdot 10^{-6}$ grd^{-1}; weiße sehr hygr. Stücke, Plätzchen, Tafeln; LW 20° 52%, Bdk. 1 H$_2$O; L Me 1 g/4,2 cm^3 Lösm.; L abs. Al 1 g/7,2 cm^3 Lösm.; unl. fl. NH$_3$, Aceton, Ä; starkes Ätzmittel; nimmt aus der Luft H$_2$O und CO$_2$ auf; MAK: 2 mg/m^3 Luft
64,2	F		84,5	−732,7	große spitze, halbdurchsichtige Krist.; LW s. NaOH
					fbl. Pulver; aus Al Nadeln; nicht hygr.; sll. W; L Al am Siedepunkt 0,52 g/100 g; L Bzl am Siedepunkt 0,13 g/100 g; beim Übergießen mit HCl entwickelt sich gasförmige Isocyansäure
					or. Prismen; ll. W; l. Al; wss. Lsg. zers. langsam

Formel	Name	Zustand	Mol.-Masse / Dichte g·cm⁻³	System, Typ und Symbol	Kantenlänge in Å	Winkel und M	Brechzahl n_D
$NaH_2PO_2 \cdot H_2O$	hypophosphit	f	105,99				
$NaPO_3$	metaphosphat	f	101,96 2,476	mkl.* $C_{2h}^5, P2_1/c$	13,92 6,10 13,75	118° 42' $M=16$	1,473 — 1,486
$Na_3PO_4 \cdot 12 H_2O$	phosphat	f	380,12 1,62	trig. $D_{3d}^4, P\bar{3}c1$	12,02 12,66	$M=12$	1,4486 1,4539
$Na_2HPO_4 \cdot 7 H_2O$	hydrogenphosphat	f	268,07 1,6789	mkl.	1,2047: 1: 1,3272	96° 57'	1,4412 1,4424 1,4526
$NaH_2PO_4 \cdot H_2O$	dihydrogenphosphat	f	137,99 2,040	orh.	0,9336: 1: 0,9624		1,4557 1,4852 1,4873
$Na_2HPO_4 \cdot 12 H_2O$		f	358,14 1,52	mkl.	1,7319: 1: 1,4163	121° 24'	1,4348 1,4389 1,4373
$Na_4P_2O_7$	pyrophosphat	f	265,90 2,534				
$Na_4P_2O_7 \cdot 10 H_2O$		f	446,06 1,82	mkl. $C_{2h}^6, C2/c$	16,81 6,97 14,50	114° 50' $M=4$	1,4499 1,4525 1,4604
$Na_2[PtBr_6] \cdot 6 H_2O$	hexabromoplatinat-(IV)	f	828,62 3,323	trikl.	0,9806: 1: 0,8553	101° 9,5' 126° 53,5' 73° 50,5'	
$Na_2[Pt(CN)_4] \cdot 3 H_2O$	tetracyanoplatinat-(II)	f	399,19 2,633	trikl.	8,97 15,25 7,25	92° 18' 95° 89° 23' $M=4$	
$Na_2[Pt(CN)_4] \cdot 3 H_2O$	tetracyanoplatinat-(II)	f	399,19 2,633	trikl.	8,84 15,01 7,25	92° 23' 95° 36' 89° 3' $M=4$	

Anorganische Verbindungen

Phasen-umwandlungen		Standardwerte bei 25° C			Bemerkungen und Charakteristik
°C	ΔH kJ/Mol	C_p S^0 J/Molgrd	ΔH_B ΔG^0 kJ/Mol		
					perlmuttglanzende vierseitige Tafeln; schneeweißes Pulver; hygr.; ll. W, Al, fl. NH_3
524	U	0,649	92	−1207	* β-Form, Kurrolsches Salz; α-Form, Maddrellsches Salz: mkl. C_{2h}^5, $P2_1/c$, $a=12,12$, $b=6,20$, $c=6,99$ Å, $\beta=92°$, $M=8$; $\bar{\gamma}(600...700° C) = 43 \cdot 10^{-6}$ grd^{-1}; $\chi_{Mol}=-42,5 \cdot 10^{-6}$ cm³Mol^{-1}; glasartige fbl. Stücke; hygr.; l. W, S; die wss. Lsg. reagiert alk. gegen Lackmus
577	U	3,60			
625	F				
75 Z	F			−5478	fbl. oder weiße Krist.; LW 20° 10,1 %, Bdk. 12 H_2O; unl. Al
			362,2	−3820	fbl. Krist.; LW 20° 7,1 %, Bdk. 12 H_2O
					$\chi_{Mol}=-66 \cdot 10^{-6}$ cm³Mol^{-1}; 2. Modifikation orh. $a:b:c=0,8170:1:0,4998$; fbl. durchsichtige Krist., an Luft undurchsichtig; LW 20° 46%, Bdk. 2 H_2O; beim Erhitzen auf 190...204°→$Na_2H_2P_2O_7$, bei weiterem Erhitzen→$NaPO_3$
34,6	F		557	−5297	fbl. durchscheinende Prismen; verwittern an trockener Luft; schwach salziger Geschmack; LW s. $Na_2HPO_4 \cdot 7H_2O$; unl. Al
970	F	57,3	255	−3182	weiße krist. Masse; LW 20° 5,35%, Bdk. 10 H_2O; L Glycerin der Dichte 1,2303 20° 9,6 g/100 g Lösm.; unl. fl. NH_3
					fbl. Krist.; verwittern schwach; bei 100° Entwässerung oder im Vak.; LW s. $Na_4P_2O_7$
150 −H_2O					$\chi_{Mol}=-292 \cdot 10^{-6}$ cm³Mol^{-1}; dklrote Prismen; luftbeständig; ll. W, Al; $Na_2[PtBr_6]$ addiert 6 Mol NH_3→ hgelb
120...125 −H_2O					fbl. große glasglänzende Prismen, durchsichtige Nadeln; l. W, Al
120...5 −3 H_2O					fbl. große glasglänzende Prismen, durchsichtige Nadeln; l. W, Al

Formel	Name	Zustand	Mol.-Masse / Dichte g·cm⁻³	System, Typ und Symbol	Kantenlänge in Å	Winkel und M	Brechzahl n_D
Na$_2$[PtCl$_4$]·4H$_2$O	Natriumtetrachloroplatinat-(II)	f	454,94				
Na$_2$[PtCl$_6$]·6H$_2$O	hexachloroplatinat-(IV)	f	561,88 / 2,5	trikl.	0,9625 : 1 : 0,8444	101° 56′ 128° 2′ 72° 6′	
Na$_2$[PtJ$_6$]·6H$_2$O	hexajodoplatinat-(IV)	f	1110,59 / 3,707				
NaReO$_4$	perrhenat	f	273,19 / 5,39	tetr. $C_{4h}^6, I4_1/a$	5,362 11,718	$M=4$	
Na$_3$[RhCl$_6$]·12H$_2$O	hexachlororhodat-(III)	f	600,78	mkl.	1,2034 : 1 : 1,4576	112° 50′	
Na$_2$S	sulfid	f	78,04 / 1,856	kub. $C1$ $O_h^5, Fm3m$	6,53	$M=4$	
Na$_2$S·9H$_2$O		f	240,18 / 2,471				
NaHS	hydrogensulfid	f	56,06 / 1,79	trig. $B22$ $D_{3d}^5, R\overline{3}m$	3,99	67° 56′ $M=1$	
NaHS·3H$_2$O		f	110,11				
NaCNS	thiocyanat	f	81,07 / 1,73				1,545 1,625 1,695
Na$_2$SO$_3$	sulfit	f	126,04 / 2,633	trig. $G3_2$ $C_{3i}^1, P\overline{3}$	5,44 6,13	$M=2$	1,568
Na$_2$SO$_3$·7H$_2$O		f	252,15 / 1,56	mkl.	1,5728 : 1 : 1,1694	93,60°	

Anorganische Verbindungen Na 1-461

Phasen-umwandlungen		Standardwerte bei 25° C			Bemerkungen und Charakteristik
°C	ΔH kJ/Mol	C_p S^0 J/Molgrd		ΔH_B ΔG^0 kJ/Mol	
					kleine dklrote Prismen; an feuchter Luft etwas zerfl.; verwittert an trockener Luft→rosa; sll. W, Al; zers. abs. Al
150... 160 −H_2O					$\chi_{Mol} = -239 \cdot 10^{-6}$ cm^{3}Mol^{-1}; hrote oder gelbe durchsichtige Krist.; luftbeständig; LW 20° 44%, Bdk. 6H_2O; $Na_2[PtCl_6]$ addiert 6 Mol NH_3→hgelb
					braune große met. glänzende Krist.; sll. W, Al mit dklroter Farbe
414	F			−1042	fbl. sechseckige Tafeln; an Luft zerfl.; LW 20° 57%, Bdk. 0H_2O L abs. Al 18° 11,14 g/l Lsg.; L 90% Al 19,5° 22,4 g/l Lsg.
					große tiefrote stark glänzende Krist.; verwittern leicht; sll. W; unl. Al
950	F	5,0	94,1	−389,1	$\chi_{Mol} = -39 \cdot 10^{-6}$ cm^{3}Mol^{-1}; weiße hygr. Masse; als Nd. gelblich gefärbt; an Luft gelb, beim Erhitzen weiß; geschmolzenes Na_2S greift Glas an; LW 20° 16%, Bdk. 9H_2O; unl. Egester
				−3083	fbl. hygr. Krist.; Geruch nach H_2S; an Licht und Luft Verfärbung nach gelb; LW s. Na_2S; l. Al; stark ätzend
85 350	U* F	2,9	82,8	−238,9 −219,3	* U B22→B1, kub., $O_h^5, Fm3m$, $a = 6,06$ Å, $M = 4$; rein weißes Pulver oder feste weiße Masse; hygr.; sll. W; l. HCl unter H_2S-Entwicklung zu einer klaren Fl.; mäßig l. Al
22	F				große fbl. glänzende Rhomben
323	F	18,6		−174,5	fbl. Krist.; zerfl.; LW 20° 57,5%, Bdk. 1H_2O; ll. Al, Aceton
			120,1 146,0	−1090 −1001	feines weißes Pulver; LW 20° 20,9%, Bdk. 7H_2O; l. Glycerin; wl. Al
				−3153	fbl. verwitternde Krist.; LW s. Na_2SO_3; l. Glycerin; wl. Al; bei 150° wfrei

Formel	Name	Zustand	Mol.-Masse Dichte $g \cdot cm^{-3}$	Kristalldaten System, Typ und Symbol	Einheitszelle Kantenlänge in Å	Einheitszelle Winkel und M	Brechzahl n_D
Na_2SO_4	sulfat	f	142,04 2,698	orh. $H\,1_7$ $D_{2h}^{24}, Fddd$	5,8 12,3 9,8	$M=8$	1,464 1,474 1,485
$Na_2SO_4 \cdot 10H_2O$		f	322,19 1,464	mkl. $C_{2h}^5, P2_1/c$	11,43 10,34 12,90	107° 40′ $M=4$	1,394 1,396 1,398
$NaHSO_4$	hydrogensulfat	f	120,06 2,103	trikl.	0,6460: 1: 0,8346		1,43 1,46 1,47
$Na_2S_2O_3$	thiosulfat	f	158,11 2,119				
$Na_2S_2O_3 \cdot 5H_2O$		f	248,18 1,685	mkl. $C_{2h}^5, P2_1/c$	7,53 21,57 5,944	103° 55′ $M=4$	1,4886 1,5079 1,5360
$Na_2S_2O_4$	dithionit	f	174,11 2,37	mkl. $C_{2h}^4, P2/c$	6,544 6,559 6,404	118° 51′ $M=2$	
$Na_2S_2O_5$	pyrosulfit	f	190,10 1,48				
$Na_2S_2O_6 \cdot 2H_2O$	dithionat	f	242,13 2,18	orh. $D_{2h}^{16}, Pnma$	10,62 10,75 6,42	$M=4$	1,4820 1,4953 1,5185
$Na_2S_2O_7$	pyrosulfat	f	222,10 2,658				

°C	Phasen-umwandlungen ΔH kJ/Mol	Standardwerte bei 25° C C_p J/Molgrd	S^0	ΔH_B ΔG^0 kJ/Mol	Bemerkungen und Charakteristik
177 241 884	U^1 U^2 F	3,10 7,03 28,7	127,7 149,4	−1384 −1265	[1] $U\ D_{2h}^{24} \to D_{2h}^6$, orh., $Pnna$, $a=5,59$, $b=8,93$, $c=6,98$ Å, $M=4$; [2] $U\ D_{2h}^6 \to D_{3d}^3$, trig., $R\bar{3}c$, $a=5,40$, $c=7,27$ Å, $M=2$; $\varkappa(0…10200\text{ at}; 20°\text{ C})=(2,324 - 22,9\cdot10^{-6})\cdot10^{-6}\text{ at}^{-1}$; $\varkappa_\text{Mol}=-26\times2\cdot10^{-6}$ cm³Mol⁻¹; Thenardit; weißes geruchloses Pulver; LW 20° 16,2 %, Bdk. 10 H₂O; unl. Al und den meisten org. Lösm.
32,38	F^*	69	575,7 585,6	−4323	* im eigenen Kristallwasser; $\varepsilon(10^3\text{ Hz})=7,9$; $\varkappa_\text{Mol}=-92\cdot2\cdot10^{-6}$ cm³Mol⁻¹; Glaubersalz; fbl. verwitternde Krist. von kühlendem und salzig-bitteren Geschmack; LW s. Na₂SO₄; l. Glycerin; unl. Al; bei 100° −10 H₂O
186	F			−1105	fbl. Krist.; an Luft leicht trübe; geruchlos; LW 25° 22,2 %, 100° 50 %; die wss. Lsg. reagiert sauer; unl. Ä
					weißes Pulver; LW 20° 41 %, Bdk. 5 H₂O; unl. Al
48,5	F	23,4	360,5	−2601	$\bar{\gamma}(-188…17°\text{ C})=96\cdot10^{-6}$ grd⁻¹; $\varkappa_\text{Mol}=-61\times2\cdot10^{-6}$ cm³Mol⁻¹; fbl. säulenförmige Krist. von salzig-bitterem Geschmack; an feuchter Luft etwas hygr.; an trockener Luft verwitternd; LW s. Na₂S₂O₃; unl. Al; bei 100° wfrei, bei höherer Temp. zers.
					weißes krist. Pulver von charakteristischem Geruch; LW 20° 18,3 %, Bdk. 2 H₂O; wl. Al
				−1460,7	weißes Kristallpulver; schwacher Geruch nach SO₂; über 150° Z.; LW 20° 39 %, Bdk. 0 H₂O; in wss. Lsg. liegt Na⁺HSO₃⁻ vor; wl. Al
					wasserklare Krist.; luftbeständig; LW 20° 15 %, Bdk. 2 H₂O; unl. Al; zwischen 60 und 100° C −H₂O
400,9	F				weiße durchscheinende Krist.; entsteht beim Erhitzen von NaHSO₄; bildet leicht unter H₂O-Aufnahme NaHSO₄; beim Erhitzen auf 460° beginnende Z.

Formel	Name	Zustand	Mol.-Masse Dichte g·cm⁻³	System, Typ und Symbol	Einheitszelle Kantenlänge in Å	Winkel und M	Brechzahl n_D
$Na_2S_2O_8$	peroxid= disulfat	f	238,10				
$Na_2S_3O_6 \cdot 3H_2O$	trithionat	f	292,21				
Na_3Sb	antimonid	f	190,72 2,67	hex. DO_{18} $D_{6h}^4, P6_3/mmc$	5,36 9,50	$M=2$	
$Na[Sb(OH)_6]$	hexa= hydroxo= anti= monat	f	246,78	tetr. $C_{4h}^4, P4_2/n$	8,01 7,88	$M=4$	
$Na_3SbS_4 \cdot 9H_2O$	thio= anti= monat	f	481,11 1,839	kub. $T^4, P2_13$	11,96	$M=4$	
Na_2Se	selenid	f	124,94 2,625	kub. $C1$ $O_h^5, Fm3m$	6,81	$M=4$	
Na_2SeO_3	selenit	f	172,94				
$NaHSeO_3$	hydrogen= selenit	f	150,96				
Na_2SeO_4	selenat	f	188,94 3,098	orh.	0,4910: 1: 0,8155		
$Na_2SeO_4 \cdot 10H_2O$		f	369,09 1,62	mkl.	1,10489: 1: 1,23637	107° 55′	
Na_2SiF_6	hexa= fluoro= silikat	f	188,06 2,755	hex. $C_{6v}^4, P6_3mc$	8,86 5,02	$M=2$	1,3125 1,3089
Na_2SiO_3	meta= silikat	f	122,06 2,4	orh. $C_{2v}^{12}, Cmc2_1$	6,02 10,43 4,81	$M=4$	1,513 1,520 1,528

Phasen-umwandlungen		Standardwerte bei 25° C		Bemerkungen und Charakteristik
°C	ΔH kJ/Mol	C_p $S°$ J/Molgrd	ΔH_B $\Delta G°$ kJ/Mol	
				weißes krist. Pulver; ll. W; die wss. Lsg. zers. bei höherer Temp. unter O_2-Entwicklung; durch NaOH wird die Z. verlangsamt, durch H_2SO_4 beschleunigt
				durchsichtige Prismen; verwittern langsam an Luft; im Vak. $-3 H_2O$; ll. W; HCl zers.→S, SO_2, H_2SO_4
856	F	77	−219,5	Halbleiter; schw. Pulver; tiefblaue Krist.; zers. W→H_2; mit verd. HCl, H_2SO_4→SbH_3; schwer l. NH_3
				weißes krist. Pulver; LW 12° 0,03 g/100 ml, 100° 0,3 g/100 ml; wl. Al
				Schlippesches Salz; hgelbe Krist.; ll. k. W; sll. sied. W; unl. Al
>875	F		−254,9	$\chi_{Mol} = -60 \cdot 10^{-6}$ cm³Mol⁻¹; weiße sehr harte Substanz von krist. Bruch oder Pulver; zerfl. unter Rotfärbung an der Luft; l. in luftfreiem W fbl., zers. W an Luft unter Abscheidung von rotem Se; unl. fl. NH_3
				$\chi_{Mol} = -25,9 \times 2 \cdot 10^{-6}$ cm³Mol⁻¹; weißes Kristallpulver; kleine milchweiße Prismen; LW 20° 46%, Bdk. $5 H_2O$; unl. Al; MAK: 0,22 mg/m³ Luft; beim Erhitzen auf 700° an der Luft→Na_2SeO_4
				fbl. sternförmig angeordnete Krist.; an Luft und bis 100° beständig; LW 20° 58%, Bdk. $3 H_2O$
			−1080	weißes krist. Pulver; krist. aus konz. wss. Lsg. oberhalb 33° aus; LW 20° 30%, Bdk. $10 H_2O$; l. CH_3NH_2
				große durchsichtige Krist., an Luft bald matt; verwittern zu weißem Pulver; LW s. Na_2SeO_4
			−2833,5	kleine glänzende Krist.; nicht hygr.; LW 20° 0,68%, 100° 2,4%, Bdk. $0 H_2O$; Kochen mit Sodalsg. zers.
1089	F	43,1	111,8 −1518	fbl. lange Krist.; klares Glas; LW
			113,8 −1423	20° 15,6%, Bdk. $9 H_2O$; konz. H_2SO_4 zers.

Formel	Name	Zustand	Mol.-Masse Dichte g·cm⁻³	Kristalldaten System, Typ und Symbol	Einheitszelle Kantenlänge in Å	Winkel und M	Brechzahl n_D
$Na_2SiO_3 \cdot$ $9H_2O$		f	284,20 1,646	orh.	11,7 16,9 11,5	$M=8$	1,451 1,455 1,460
Na_4SiO_4	ortho=silikat	f	184,04				1,536
$Na_2Si_2O_5$	meta=disilikat	f	182,15 2,49	mkl. $C_{2h}^5, P2_1/c$	12,307 4,849 8,124	104,12° $M=4$	1,500 1,510 1,515
Na_2Te	tellurid	f	173,58 2,93	kub. $C1$ $O_h^5, Fm3m$	7,31	$M=4$	
Na_2TiO_3	meta=titanat	f	141,88 3,19				
$Na_2Ti_2O_5$	dititanat	f	221,78 3,42	orh.	13,52 16,69 3,81	$M=8$	
$Na_2Ti_3O_7$	trititanat	f	301,68 3,507				
$NaUO_2$ $(CH_3CO_2)_3$	uranyl-acetat	f	470,15 2,55	kub. $T^4, P2_13$	10,692	$M=4$	1,50138
Na_2UO_4	uranat	f	348,01 5,51	orh. *D_{2h}^{23}, $Fmmm$	5,97 11,68 5,795	$M=4$	
Na_2WO_4	wolframat	f	293,83 4,174	kub. $H1_1$ $O_h^7, Fd3m$	8,99	$M=8$	
$Na_2WO_4 \cdot$ $2H_2O$		f	329,86 3,23				
Na_2ZrF_6	hexa=fluoro=zirkonat	f	251,19	hex.			

°C	Phasen-umwandlungen ΔH kJ/Mol	C_p J/Molgrd	S^0 J/Molgrd	ΔH_B kJ/Mol	ΔG^0 kJ/Mol	Bemerkungen und Charakteristik
40	F			−4194		fbl. Tafeln; über 100° wfrei; LW s. Na_2SiO_3; L 0,5 n NaCl 17,5° 33,8 g $Na_2SiO_3 \cdot 9H_2O$/100 cm³ Lösm.; L 0,5 nNaOH 17,5° 25,56 g/100 cm³ Lösm.; L in gesättigter NaCl-Lsg. 17,5° 20,6 g/100 cm³ Lösm.
960	U		184,2			glasklare Krist.
1018	F		195,8			
884	F	35,4	156,5	−2398		schuppenartige Krist., Platten oder Nadeln; durch W schwer zers.; Hochtemperaturform orh. $a=6,428$, $b=15,45$, $c=4,909$ Å, $M=4$
			164,8	−2251		
452	U			−351,3		$\chi_{Mol} = -75 \cdot 10^{-6}$ cm³Mol⁻¹; weiße krist. Masse, sehr zerfl.; an Luft sofort dkl; l. W; die wss. Lsg. zers. an Luft unter Abscheidung von schw. Te; etwas l. fl. NH_3
953	F					
287	U	1,7	125,6			kurze derbe Prismen; W hydrolysiert; vollständig l. verd. h. HCl
1030	F	70,3	121,7			
985	F	109,8	174,3			tafelige, fast nadelige Krist.; gut haltbar; unl. W; schwer l. k. HCl, ll. sied. HCl; Alk-sulfatschmelze zers. fast vollständig
			173,6			
1128	F	155,2	229,4			weiße glänzende Nadeln; unl. W fast unl. sied. HCl; etwas l. h. H_2SO_4; sied. H_2SO_4 zers.
			233,8			
						gelbe Krist. mit grünlicher Fluoresz.; LW 20° 4,62 %; L Me 15° 0,74 g/100 g Lösm.; L Aceton 15° 2,37 g/100 g Lösm.
				−2096		* β-Form; α-Form orh. D_{2h}^{19}, $Cmmm$, $a=5,72$, $b=9,74$, $c=3,49$ Å, $M=2$; glänzende grünlichgelbe bis goldgelbe Blättchen, auch durchsichtige rötlichgelbe Prismen; unl. W; ll. verd. S
587,6	U^1	31,0		−1652		[1] $\delta \rightleftharpoons \gamma$; [2] $\gamma \rightleftharpoons \beta$; weiße undurchsichtige krist. Masse
588,8	U^2	4,2				
695,5	F	23,8				
100 −H_2O						sehr dünne glänzende Tafeln oder Blättchen; luftbeständig; ll. W; unl. Al, Nitrobzl, Py, CS_2, Anilin
						fbl. sehr kleine Krist.

Formel	Name	Zustand	Mol.-Masse Dichte $g \cdot cm^{-3}$	System, Typ und Symbol	Einheitszelle Kantenlänge in Å	Winkel und M	Brechzahl n_D
Na_2ZrO_3	metazirkonat	f	185,20 4,0				1,720 — >1,80
Nb $NbBr_5$	**Niob** bromid	f	492,45 4,99	orh. $D_{2h}^9, Pbam$	12,92 18,60 6,125	$M=8$	
NbC	carbid	f	104,92 7,82	kub. $B1$ $O_h^5, Fm3m$	4,41	$M=4$	
$NbCl_5$	chlorid	f	270,17 2,75	mkl.	18,23 17,76 5,86	90° 36′ $M=12$	
NbF_5	fluorid	f	187,90 3,293				
NbN	nitrid	f	106,91 8,4	kub. $B1$ $O_h^5, Fm3m$	4,42	$M=4$	
NbO	(II)-oxid	f	108,91 7,3	kub. $B1$ $O_h^5, Fm3m$	4,21	$M=4$	
Nb_2O_3	(III)-oxid	f	233,81				
NbO_2	(IV)-oxid	f	124,90 7,28	tetr. $C4$ $D_{4h}^{16}, P4_2/ncm$	4,77 2,96	$M=2$	
Nb_2O_5	(V)-oxid	f	265,81 4,47	orh.* Pba	6,24 43,79 3,92	$M=12$	
Nd NdB_6	**Neodym** borid	f	209,11 4,948	kub. $D2_1$ $O_h^1, Pm3m$	4,126	$M=1$	

Phasen-umwandlungen		Standardwerte bei 25° C			Bemerkungen und Charakteristik
°C	ΔH kJ/Mol	C_p J/Molgrd	S^0	ΔH_B ΔG^0 kJ/Mol	
~1500	F*				* F inkongruent; krist. Masse; kleine sechsseitige Tafeln; zieht an der Luft Feuchtigkeit an; W hydrolysiert vollständig; l. sied. HCl; schwer l. NaOH- und Na_2CO_3-Schmelze
267 361,6	F V	78,2			rotes krist. Pulver; aus Schmelze granatrote Krist.; hygr.; raucht an der Luft; W zers. unter Zischen; ll. wfreiem C_2H_5Br, Al
3500	F	37,7		−140,6 −139,8	dklblaue stark glänzende, sehr feine Nadeln
203,4 247,4	F V	35,5 52,7		−787	schwefelgelbe durchsichtige Krist.; zers. W→HCl+Niobsäure l. HCl, Al, Ä, CCl_4, wss. KOH, konz. H_2SO_4
78,9 233,3	F V	36,0 52,3			fbl. stark lichtbrechende Krist.; hygr.; ll. W; l. Al
		44		−237,7 211,9	samtschw. Pulver; unl. HCl, H_2SO_4, HNO_3; l. HF+HNO_3; KOH-Schmelze zers.
2380	F	≈67 50,2		−486 458,9	schw. Pulver; schw. glänzende Krist.; $KHSO_4$-Schmelze oxid.→Nb_2O_5; etwas l. HCl; l. h. konz. H_2SO_4, Gemisch HF+H_2SO_4; unl. HNO_3; sied. KOH löst langsam
1772	F				bläulich schw. Substanz; unl. S; l. HF
~2000	F	~67	57,49 54,52	−795 −739	dichtes schw. Pulver, etwas bläulich; unl. W, HCl, H_2SO_4, HNO_3, HF, Königsw.; wl. sied. KOH
800 1100 1512	U U F	102,9	132,1 137,2	−1905 −1770	* γ-Form; β-Form mkl. $a=20{,}28$, $b=3{,}83$, $c=20{,}28$ Å, $\beta=120°$, $M=15$; α-Form mkl. C_{2h}^4, $P2/c$, $a=20{,}39$, $b=3{,}82$, $c=19{,}47$ Å, $\beta=115°\,39'$, $M=14$; $\varepsilon(10^3\,Hz)=280$; weißes Pulver; geruch- und geschmacklos; l. $KHSO_4$-Schmelze; geglühtes unl. Alk-laugen, ungeglühtes l. h. konz. H_2SO_4; Aufschluß auch mit Alkschmelze
2540	F				schw. bis dklbraune Substanz

Formel	Name	Zustand	Mol.-Masse / Dichte g·cm⁻³	System, Typ und Symbol	Kantenlänge in Å	Winkel und M	Brechzahl n_D
NdBr$_3$	bromid	f	383,97	orh. D_{2h}^{17}, $Cmcm$	9,15 12,63 4,10	$M=4$	
Nd(BrO$_3$)$_3$·9H$_2$O	bromat	f	690,10 2,79	hex. C_{6v}^4, $P6_3mc$	11,73 6,76	$M=2$	
NdC$_2$	carbid	f	168,26 5,15	tetr. $C11$ D_{4h}^{17}, $I4/mmm$	3,82 6,23	$M=2$	
NdCl$_3$	chlorid	f	250,60 4,134	hex. $D0_{19}$ C_{6h}^2, $P6_3/m$	7,381 4,231	$M=2$	
NdCl$_3$·6H$_2$O		f	358,69	mkl.	9,72 6,60 7,90	93° $M=2$	
NdJ$_3$	jodid	f	524,95				
Nd$_2$O$_3$	(III)-oxid	f	336,48 7,24	trig. $D5_2$ D_{3d}^3, $P\bar{3}m1$	3,84 6,01	$M=1$	
Nd(OH)$_3$	hydroxid	f	195,26	hex. $D0_{19}$ C_{6h}^2, $P6_3/m$	6,421 3,74	$M=2$	
Nd$_2$S$_3$	(III)-sulfid	f	384,67 5,179				
Nd$_2$(SO$_4$)$_3$	sulfat	f	576,66				
Nd$_2$(SO$_4$)$_3$·8H$_2$O	sulfat	f	720,79 2,85	mkl. C_{2h}^6, $C2/c$	18,430 6,837 13,660	102° 39′ $M=4$	1,5413 1,5505 1,5621
Ni NiAs	**Nickel** arsenid	f	133,63 7,57	hex. $B8$ D_{6h}^4, $P6_3/mmc$	3,6 5,0	$M=2$	
Ni$_3$(AsO$_4$)$_2$	(II)-orthoarsenat	f	453,97 4,98				
NiBr$_2$	(II)-bromid	f	218,53 4,64	trig. $C19$ D_{3d}^5, $R\bar{3}m$	6,465	33° 20′ $M=1$	

Phasen-umwandlungen		Standardwerte bei 25° C			Bemerkungen und Charakteristik
°C	ΔH kJ/Mol	C_p S^0 J/Molgrd	ΔH_B ΔG^0 kJ/Mol		
684 1675	F V	195,8			viol. bis rosagraue Krist.; W löst langsam; l. Me; mäßig l. Aceton
66,7	F				rosa Prismen; LW 20° 43%, Bdk. 9 H$_2$O; unl. Al
>2000	F				gelbe Blättchen; schwärzliche Masse, auf frischem Schnitt goldgelb; zers. W; l. verd. S
760 1858	F V	216,7	−1064		rosafarbenes Pulver; hrosa durchscheinende verfilzte Nadeln; LW 20° 49,5%, Bdk. 6 H$_2$O; ll. Al; unl. Ä, Chlf
126	F		−2897		rosafarbene große Krist.; LW s. NdCl$_3$
775 1370	F V		−665		weiße Substanz, geschmolzen schw., bleibt beim Erstarren zunächst dkl, wird dann hell; empfindlich gegen O$_2$ und W; l. W unter Zischen; ll. Aceton
2272	F	111,2 140,6	−1783 −1695		$\chi_{Mol} = +5100 \times 2 \cdot 10^{-6}$ cm^{3}Mol^{-1}; blaue Blättchen; LW 20° 1,9·10^{-4}%; ll. HCl
			−1295		viol. graues Pulver; konz. (NH$_4$)$_2$CO$_3$-Lsg. löst nur in Spuren
			−1179		braunoliv durchsichtige Tafeln oder olivgrünes Pulver; sied. W zers. langsam→H$_2$S; l. verd. S
			−3968		$\chi_{Mol} = +4995 \times 2 \cdot 10^{-6}$ cm^{3}Mol^{-1}; rosafarbene lockere Masse feiner Nadeln; LW 20° 6,4%, Bdk. 8 H$_2$O
			−6381 −5585		rosafarbene seidenglänzende Blättchen LW s. Nd$_2$(SO$_4$)$_3$
968	F	64,0	−54,3		$\chi_{Mol} = +43 \cdot 10^{-6}$ cm^{3}Mol^{-1}; Rotnickelkies; derbe hkupferrote Masse, oft mit einem Anflug apfelgrüner Nickelblüte; spröde; l. h. HNO$_3$, Königsw.
					gelbes bis gelbgrünes Pulver; unl. W; l. S; · 8 H$_2$O mkl. C_{2h}^3, $C2/m$, $a=10,015$, $b=13,284$, $c=4,698$ Å, $\beta=102°\ 14'$, $M=2$
963	F	54,4	−226,7		gelbe Krist.; zerfl.; subl. leicht ab 880° C; LW 20° 56,5%, Bdk. 6 H$_2$O; l. wss. NH$_3$, Al, Ä

Formel	Name	Zustand	Mol.-Masse / Dichte g·cm⁻³	Kristalldaten System, Typ und Symbol	Einheitszelle Kantenlänge in Å	Einheitszelle Winkel und M	Brechzahl n_D
[Ni(NH$_3$)$_6$]Br$_2$	hex-amminbromid	f	320,71 1,837	kub. $H6_1$ $O_h^5, Fm3m$	10,5	$M=4$	
Ni$_3$C	carbid	f	188,14 7,957	trig. $D_{3d}^6, R\bar{3}c$	4,553 12,92	$M=3$	
Ni(CN)$_2$	(II)-cyanid	f	110,75				
NiCO$_3$	carbonat	f	118,72	trig.	5,55	48° 56' $M=2$	
Ni(CO)$_4$	tetracarbonyl	fl	170,75 1,328	kub. $T_h^6, Pa3$	10,84	$M=8$	
Ni(C$_2$H$_3$O$_2$)$_2$·4H$_2$O	(II)-acetat	f	248,86 1,744	mkl. $C_{2h}^5, P2_1/c$	8,44 11,77 4,75	93° 36' $M=2$	
Ni(COO)$_2$·2H$_2$O	(II)-oxalat	f	182,76 2,227				
NiCl$_2$	(II)-chlorid	f	129,62 3,55	trig. $C19$ $D_{3d}^5, R\bar{3}m$	6,12	33,5° $M=1$	
NiCl$_2$·6H$_2$O		f	237,71				
[Ni(NH$_3$)$_6$]Cl$_2$	hex-amminchlorid	f	231,80 1,526	kub. $H6_1$ $O_h^5, Fm3m$	10,11	$M=4$	
NiF$_2$	(II)-fluorid	f	96,71 4,63	tetr. $C4$ $D_{4h}^{14}, P4_2/mnm$	4,71 3,11	$M=2$	
NiJ$_2$	(II)-jodid	f	312,52 5,834	trig. $C19$ $D_{3d}^5, R\bar{3}m$	6,92	32,7° $M=1$	
Ni(NO$_3$)$_2$·6H$_2$O	(II)-nitrat	f	290,81 2,05				
NiO	(II)-oxid	f	74,71 7,45	orh. $B1$ $O_h^5, Fm3m$	4,1768	$M=4$	

Phasenumwandlungen		Standardwerte bei 25° C		Bemerkungen und Charakteristik
°C	ΔH kJ/Mol	C_p S^0 J/Molgrd	ΔH_B ΔG^0 kJ/Mol	
				viol. krist. Pulver; l. W; wl. konz. wss. NH_3
		97,1	38,5 37,8	
				braungelbes Salz; frisch gefällt l. Alk-cyanidlsg. goldgelb; $\cdot$ 4 H_2O hgrüne Krist.; unl. W; l. KCN-Lsg., wss. NH_3; giftig
		87,9	−682,2 −605,8	hgrünes krist. Pulver; fast unl. W; l. S
−19,3 42,4	F V	13,83 29,3	−605,4 313,4	fbl. Fl.; oxid. an Luft; verbrennt mit heller Flamme; Gemische mit Luft expl. bei etwa 60°; swl. W; l. Al, Ä, Bzl, Aceton, Chlf, CCl_4; entflammt mit konz. H_2SO_4; MAK: 0,1 cm^3/m^3
				grüne Krist.; l. W, Al; unl. abs. Al; wfreies Salz: D 1,798 g/cm^3; l. W; unl. Al
				$\chi_{Mol} = +3880 \cdot 10^{-6}$ $cm^3 Mol^{-1}$; hgrünes Pulver; unl. W und org. Lösm.; l. S, NH_4-salzlsg.; bei 150° wfrei; über 200° Z.
1030	F	77,28	71,67 97,42	−315,8 −269,3	goldgelbe glänzende Kristallschuppen; fühlen sich talkartig an; subl. leicht ab 970° C; LW 20° 38%, Bdk. 6 H_2O; ll. Al; wl. Aceton
		314,5	−2115 −1718	grasgrüne körnige Krist.; grünes krist. Pulver, zerfl.; LW s. $NiCl_2$; ll. Al; verliert bei 140° das Kristallwasser
				blauviol. krist. Pulver; l. W; h. W zers.; wl. konz. wss. NH_3; unl. Al, Ä
1677	V	64,06 73,6	−667,3	grüne Krist.; LW 20° 2,5%, Bdk. 4 H_2O; unl. S, wss. NH_3, Al, Ä; $\cdot$ 3 H_2O körnige blaßgrüne Krist.
797	F		−85,7	schw. Krist.; zerfl.; LW 20° 59,5%, Bdk. 6 H_2O; l. Al
−30 56,7 137	U F V	7,5	402	−2223	smaragdgrüne, glasige Krist.; hygr.; LW 20° 48,5%, Bdk. 6 H_2O; l. Al; wl. Aceton
250 1960	U^1 F	50,6	44,31 38,0	−239,7 −211,4	[1] antiferromagnetische Umwandlung; Halbleiter; Bunsenit; pistaziengrüne kleine Krist.; grünlichgraues Pulver; unl. W; ll. S; wird durch starkes Glühen grauschw., met. glänzend und schwer l. S

221. Übersichtstabelle

Formel	Name	Zustand	Mol.-Masse Dichte g·cm⁻³	System, Typ und Symbol	Einheitszelle Kantenlänge in Å	Einheitszelle Winkel und M	Brechzahl n_D
Ni_2O_3	(III)-oxid	f	165,42 4,83	kub.	4,1798		
$Ni(OH)_2$	(II)-hydroxid	f	92,72 4,1	trig. $C6$ $D_{3d}^3, P\bar{3}m1$	3,12 4,60	$M=1$	
Ni_2P	phosphid	f	148,39 6,31	hex. $C22$ $D_{3h}^3, P\bar{6}2m$	5,85 3,37	$M=3$	
Ni_3P_2	phosphid	f	238,08 5,99				
$Ni_3(PO_4)_2 \cdot 8H_2O$	(II)-orthophosphat	f	510,20				
NiS	(II)-sulfid	f	90,77 5,25	trig. $B13$ $C_{3v}^5, R3m$	5,636	116° 35' $M=3$	
Ni_3S_2	sulfid	f	240,26 5,82	trig. $D_3^7, R32$	4,07	90,6° $M=1$	
Ni_3S_4	sulfid	f	304,39 4,7	kub. $D7_2$ $O_h^7, Fd3m$	9,46	$M=8$	
$NiSO_4$	(II)-sulfat	f	154,77 3,68	orh. $D_{2h}^{17}, Cmcm$	6,338 7,842 5,155	$M=4$	
$NiSO_4 \cdot 6H_2O$		f	262,86 2,07	tetr. $H4_5$ $D_4^4, P4_12_12$	6,80 18,3	$M=4$	
$NiSO_4 \cdot 7H_2O$		f	280,88 1,948	orh. $H4_{12}$ $D_2^4, P2_12_12_1$	11,8 12,0 6,8	$M=4$	1,4893
$NiS_2O_6 \cdot 6H_2O$	(II)-dithionat	f	326,93 1,908				
NiSb	antimonid	f	180,46 7,54	hex. $B8$ $D_{6h}^4, P6_3/mmc$	3,938 5,138	$M=2$	

Phasen-umwandlungen		Standardwerte bei 25° C			Bemerkungen und Charakteristik
°C	ΔH kJ/Mol	C_p J/Molgrd	S^0	ΔH_B ΔG^0 kJ/Mol	
					die Produkte sind meist noch whaltig; grauschw. Pulver; unl. W; l. S, wss. NH_3, KCN-Lsg.
			79	−538,1 −452	$\varkappa_{Mol} = +4500 \cdot 10^{-6}$ cm^{3}Mol^{-1}; hgrüner voluminöser Nd.; grünes Kristallpulver; ll. S, wss. NH_3, NH_4-salzlsg.; unl. Alk
1110	F			−184	graue krist. Substanz; unl. W, S; l. Gemisch HNO_3+HF
					graue Substanz; unl. W, HCl; l. HNO_3
					hgrüne körnige Krist.; unl. W; l. S, NH_4-salzlsg.
396 797	U F		54,7 67,4	−73,19	Millerit; künstlich dargestellt γ-NiS, wandelt sich bei Berührung mit der Lsg. um in β-NiS, hex. $B8$, D_{6h}^4, $P6_3/mmc$, $a=3,42$, $c=5,30$ Å, $M=2$; fällt aus egs. Lsg. durch H_2S, schwer l. k. verd. HCl; α-NiS fällt als schw. Nd. durch $(NH_4)_2S$; bleibt leicht kolloid in Lsg.; wird beim Stehen unl. k. verd. HCl; l. Königsw.; konz. HCl, HNO_3; Gemisch Egs und 30%igem H_2O_2
553 790	U F	24,3	153,1	−181,5	$\varkappa_{Mol} = +1030 \cdot 10^{-6}$ cm^{3}Mol^{-1}; bronzegelbe met. glänzende Substanz; unl. W; l. HNO_3
					Polydymit; grauschw. krist.; unl. W; l. HNO_3
			138,1 77,8	−893,7 −775,7	gelbgrünes krist. Salz; zers. >840° C in Nickeloxid und SO_3; LW 20° 27,5%, Bdk. 7H_2O; unl. Al, Ä, Aceton
53,3	U*		343 305,7	−2688 −2222	* U tetr.→mkl. C_{2h}^6, $C2/c$, $a=24,0$, $b=7,17$, $c=9,84$ Å, $\beta=97,5°$, $M=8$; $\varkappa(0...10000$ at$)=3,4 \cdot 10^{-6}$ at^{-1}; tetr. blaugrüne Krist.; mkl. grüne Krist.; LW s. $NiSO_4$
31,5 −1H_2O				−2983	smaragdgrüne Krist.
				−2962	grüne Krist.
1158 1400	F V			−66,2	Breithauptit; hkupferrote Masse

Formel	Name	Zustand	Mol.-Masse / Dichte g·cm⁻³	System, Typ und Symbol	Einheitszelle Kantenlänge in Å	Einheitszelle Winkel und M	Brechzahl n_D
NiSe	(II)-selenid	f	137,67 8,46	hex. $B8$ $D_{6h}^4, P6_3/mmc$	3,7 5,3	$M=2$	
NiSeO₄·6H₂O	(II)-selenat	f	309,76 2,314				1,5393
Os OsCl₄	**Osmium** (IV)-chlorid	f	332,01				
OsF₈	(VIII)-fluorid	f	342,19 3,87*				
OsO₂	(IV)-oxid	f	222,2 11,37	tetr. $C4$ $D_{4h}^{14}, P4_2/mnm$	4,51 3,19	$M=2$	
OsO₄	(VIII)-oxid	f	254,2 1,33	mkl. $C_2^3, C2$	7,69 4,52 4,75	95° 13′ $M=2$	
OsP₂	phosphid	f	252,15 8,9...9,2				
[OsCl₆]Rb₂	Rubidiumhexachloroosmat	f	573,86				
OsS₂	(IV)-sulfid	f	254,33 9,47	kub. $C2$ $T_h^6, Pa3$	5,65	$M=4$	
OsSe₂	selenid	f	348,12	kub. $C2$ $T_h^6, Pa3$	5,945	$M=4$	
OsTe₂	tellurid	f	445,40	kub. $C2$ $T_h^6, Pa3$	6,398	$M=4$	
P PBr₃	**Phosphor** (III)-bromid	fl	270,70 2,852				1,687

°C	ΔH kJ/Mol	C_p J/Molgrd	S^0 J/Molgrd	ΔH_B kJ/Mol	ΔG^0 kJ/Mol	Bemerkungen und Charakteristik
				−41,8		weißgraue bis silbrigweiße Substanz; unl. W, HCl; l. HNO_3, Königsw.
						grüne Krist.; LW 20° 26,4%, Bdk. $6 H_2O$
						schw. met. glänzende Krusten; nicht hygr.; l. W unter Hydrolyse; l. HCl, konz. oxid. S
34,4	F		28,4			* bei −183°; D_{fl} am V: 2,74 g/cm³; feine gelbe Nadeln; l. H_2SO_4; l. Alk mit gelbroter Farbe; OsF_8-Dämpfe in W fbl. löslich unter Hydrolyse
47,3	V					
650 Z	F					braune dichte krist. Substanz, unl. W, S, Alk, oder schw. Pulver, $D = 7,91$ g/cm³; l. konz. HCl
40,1	F	14,27		119	−391	hgelbe nadelförmige Krist. oder gelbe krist. Masse; LW 20° 6%, Bdk. $0 H_2O$; l. KW, Al, Ä, Alk, Na_2CO_3-Lsg.; mit konz. HCl Red. unter Cl_2-Entwicklung
130	V	39,5			−296	
			84		−138	grauschw. Pulver; Aufschluß durch alk. Schmelzen
						karminrote durchscheinende Oktaeder, stark glänzend; an trockener Luft beständig; fast unl. k. W, wl. h. W, h. verd. HCl; unl. Al; die Salzsäure-Lsg. ist beständig, die wss. zers.
			84		−100	schw. krist. Substanz; unl. W, S, Alk; l. HNO_3
						hgraue krist. Substanz; l. konz. HNO_3, Königsw.; unl. S, Alk
						grauschw. undeutlich krist. Substanz; unl. S, Alk; l. verd. HNO_3 unter Oxid.
−40,5	F		38,8		−198,7	wasserhelle dünne Fl. von stechendem Geruch; raucht stark an der Luft; zers. W, Al; l. Ä, Aceton, Chlf, CS_2, CCl_4, Bzl; Lösm. für P, J_2, $PSBr_3$ und org. Stoffe
173,2	V					

Formel	Name	Zustand	Mol.-Masse Dichte $g \cdot cm^{-3}$	Kristalldaten			Brechzahl n_D
				System, Typ und Symbol	Einheitszelle		
					Kantenlänge in Å	Winkel und M	
PBr_5	(V)-bromid	f	430,52 3,6	orh. $D_{2h}^{11}, Pbcm$	8,31 16,94 5,63	$M=4$	
PCl_3	(III)-chlorid	fl	137,33 1,5778				1,520
PCl_5	(V)-chlorid	f	208,24 2,12	tetr. $C_{4h}^3, P4/n$	9,22 7,44	$M=4$	
PF_3	(III)-fluorid	g	87,97 3,907*				
PF_5	(V)-fluorid	g	125,97 5,805*				**
PH_3	wasserstoff	g	34,00 1,5307*	kub. $T_h^2, Pn3$	6,32	$M=4$	1,317
PH_4J	Phosphoniumjodid	f	161,89 2,86				
PJ_3	(III)-jodid	f	411,69 4,18				
P_2J_4	jodid	f	569,57	trikl.	1,0365 : 1 : 0,6362	97° 54' 106° 25' 80° 30'	
P_3N_5	nitrid	f	162,95 2,51				

Anorganische Verbindungen

Phasenumwandlungen			Standardwerte bei 25° C			Bemerkungen und Charakteristik
°C		ΔH kJ/Mol	C_p S^0 J/Molgrd		ΔH_B ΔG^0 kJ/Mol	
					−276	zitronengelbe krist. Masse; subl. Nadeln; bildet stechend riechende Nebel; zerfl. an feuchter Luft; zers. W, Al; l. CS_2, CCl_4
−92 74,1	F V	4,52 30,5			−339	$\chi_{Mol} = -63{,}4 \cdot 10^{-6}$ cm³Mol⁻¹; fbl. sehr dünne Fl.; raucht stark an der Luft; reizt zu Tränen; zers. W, Al; l. Ä, Bzl, Chlf, CS_2; MAK: 0,5 cm³/m³
159	Sb	67,4			−463,2	$\chi_{Mol} = -102 \cdot 10^{-6}$ cm³Mol⁻¹; weißes glänzendes krist. Pulver; aus Schmelze durchsichtige Säulen; zerfl.; raucht an der Luft; stechender Geruch; die Dämpfe reizen Schleimhäute; zers. W, Al; l. CS_2, CCl_4; MAK: 1 mg/m³ Luft
−151,5 −101,2	F V	16,5	56,02 268,3			* kg/Nm³; ϑ_{krit} −2,05°; p_{krit} 44,1 at; fbl. Gas; raucht nicht an der Luft; zers. W, Alk
−93,8 −84,6	F V	11,8 17,2				* kg/Nm³; ** $n(0°; 760$ Torr; 5894 Å) = 1,000 6416; fbl. sehr stechend riechendes Gas; greift Schleimhäute stark an; raucht an der Luft; zers. W
−242,8 −223,7 −185,0 −133,8 −87,77	U U U F V	0,0824 0,778 0,485 1,130 14,598	37,11 210,2		9,25 18,2	* kg/Nm³; ** n(0°; 760 Torr; weiß) = 1,000 789; ϑ_{krit} 51,9°; p_{krit} 66 at; fbl. Gas; Geruch nach faulen Fischen; sehr giftig; MAK: 0,1 cm³/m³; LW 20° 26 cm³/100 cm³
			110,9		−66,1	fbl. große wasserhelle Krist., glänzend; zerfl. an Luft; zers. durch W, wss. NH_3 oder KOH zu $PH_3 + HJ$; HNO_3, HJO_3, $HBrO_3$, $HClO_3$ entflammen die Verbindung, $HClO_4$ zers. beim Erwärmen
61,5 227	F V	43,9			−45,6	$\bar{\gamma}(-195 \cdots -79° C) = 160 \cdot 10^{-6}$ grd⁻¹; rote Kristallblätter; zers. W; sll. CS_2
124,5	F				−82,7	hor. Krist.; gelbe krist. Masse; zers. W; l. CS_2
			149		−317	weißes geruch- und geschmackloses Pulver; kein Lösm. für P_3N_5 bekannt; wss. Lsg. aller Art oder konz. HNO_3 wirken nicht ein

Formel	Name	Zustand	Mol.-Masse Dichte g·cm⁻³	Kristalldaten System, Typ und Symbol	Einheitszelle Kantenlänge in Å	Winkel und M	Brechzahl n_D
$(PNCl_2)_3$	Triphosphornitrilchlorid	f	347,66 1,98	orh. $D_{2h}^{16}, Pnma$	12,99 14,09 6,19	$M=4$	
$(PNCl_2)_4$	Tetraphosphornitrilchlorid	f	463,55 2,18	tetr. $C_{4h}^4, P4_2/n$	10,79 5,93	$M=2$	
P_4O_6	(III)-oxid	fl	219,89 2,135				
P_4O_{10}	(V)-oxid	f	283,89 2,7	orh. $C_{2v}^{19}, Fdd2$	8,14 16,3 5,26	$M=8$	
P_4O_{10}		f	283,89 2,30	trig. $C_{3v}^6, R3c$	7,44	87° $M=2$	
$POCl_3$	oxidchlorid	fl	153,33 1,675				1,488
H_3PO_2	Unterphosphorige Säure	f	66,00 1,49				
HPO_3	Metaphosphorsäure	f	79,98 2,17				
H_3PO_3	Phosphorige Säure	f	82,00 1,65	orh. $C_{2v}^9, Pna2_1$	7,257 12,044 6,845	$M=8$	
H_3PO_4	säure	f	98,00 1,88	mkl. $C_{2h}^5, P2_1/c$	11,65 4,84 5,78	95,5° $M=4$	
$H_4P_2O_7$	Pyrophosphorsäure	f	177,97				

Anorganische Verbindungen

Phasenumwandlungen			Standardwerte bei 25° C		Bemerkungen und Charakteristik
°C		ΔH kJ/Mol	C_p $\quad$ S^0 J/Molgrd	ΔH_B $\quad$ ΔG^0 kJ/Mol	
114,9 252,7	F V	20,9 55,2			wasserhelle dünne Tafeln, stark glänzende Krist.; spröde; W benetzt nicht, aber allmählich Z.; flch. mit Wdampf; wss. S und Alk reagieren nicht; l. Al, Ä, Chlf, CS_2, Bzl, $POCl_3$, fl. SO_2; Al und Ä zers. allmählich
123,5 328,5	F V	63			Prismen; sehr wenig flch. mit Wdampf; sied. W, S, Alk greifen nicht an; l. Bzl, Ä, Eg; Al zers. allmählich
23,8 175,3	F V	14,2 37,7		−2192	weiße sehr voluminöse Flocken; schneeähnliche Masse; oxid. an der Luft zu P_2O_5; giftig; l. k. W→ H_3PO_3; h. W reagiert heftig→PH_3+ H_3PO_4 l. verd. k. Alk, Ä, CS_2, Bzl
569 591	F V	71,5 86,5	204,8 280	−3096 −2965	fbl. leichte Masse, weiß, schneeähnlich; sehr hygr.; geruchlos; schmeckt stark sauer; l. W→ Metaphosphorsäure→Orthophosphorsaure; mit HNO_3 sehr heftige Reaktion
422	F				metastabile Modifikation
1 105,3	F V	13,0 34,35		−631,8	fbl. Fl., stark lichtbrechend; stechender Geruch; raucht an der Luft; zers. W, S, Al; gutes Lösm. für viele anorganische Stoffe; giftig, ätzend; MAK: 0,5 cm^3/m^3
26,5	F	9,76		−608,8	zähe, sehr saure Fl.; fbl., ölig; krist. beim Reiben oder Impfen; große weiße blatterige Krist.; ll. W; zers. beim Erhitzen; HNO_3 oxid. zu H_3PO_4
				−955	weiche klebrige zerfl. Masse, fbl. durchsichtig oder weiß; ll. W unter Bildung von H_3PO_4; l. Al
70,1	F	12,8		−971,5	fbl. sehr hygr. Krist.; strahlig krist. Masse; an der Luft langsam oxid.→ H_3PO_4; sll. W; l. Al; mit konz. H_2SO_4→H_3PO_4
42,35	F	10,5	106,1 110,5	−1281 −1119,5	fbl. wasserhelle Krist.; spröde; sll. W; l. Al; beim Erhitzen auf 200°→ $H_4P_2O_7$
61	F	9,20		−2251	fbl. glasige Masse; undeutliche undurchsichtige Krist.; ll. W; l. Al, Ä; wss. Lsg. in der Wärme oder mit HNO_3→H_3PO_4

Formel	Name	Zustand	Mol.-Masse / Dichte g·cm⁻³	System, Typ und Symbol	Kantenlänge in Å	Winkel und M	Brechzahl n_D
P_2S_3	(III)-sulfid	f	158,14				
P_2S_5	(V)-sulfid	f	222,27 2,08	trikl. $C_i^1, \bar{1}$	9,18 9,19 9,07	101° 12' 110° 30' 92° 24' $M=2$	
P_4S_3	sulfid	f	220,08 2,03	orh. $D_{2h}^{16}, Pnma$	10,597 13,671 9,660	$M=8$	
P_4S_7	sulfid	f	348,34 2,19	mkl. $C_{2h}^5, P2_1/c$	8,87 17,35 6,83	92,7° $M=4$	
$PSBr_3$	sulfo-bromid	f	302,76 2,72	kub. $D1_1$ $T_h^6, Pa3$	11,05	$M=8$	
$PSCl_3$	sulfo-chlorid	fl	169,40 1,635				
Pb	**Blei**						
$Pb_3(AsO_3)_2$	(II)-arsenit	f	867,41				
$PbHAsO_4$	(II)-hydrogen-arsenat	f	347,12 5,78	mkl.	5,83 6,76 4,85	95° 30' $M=2$	1,8903 1,9097 1,9765
$Pb_3(AsO_4)_2$	(II)-arsenat	f	899,41 7,30	hex. $H5_7$ $C_{6h}^2, P6_3/m$	10,02 7,37	$M=3$	
$Pb_2As_2O_7$	(II)-pyro-arsenat	f	676,22 6,85				
$Pb(AsO_3)_2$	(II)-meta-arsenat	f	453,03 6,43	trig. $D_3^1, P312$	4,859 5,481		

Anorganische Verbindungen

°C	Phasen-umwandlungen ΔH kJ/Mol	Standardwerte bei 25° C C_p S^0 J/Molgrd	ΔH_B ΔG^0 kJ/Mol	Bemerkungen und Charakteristik
290 490	F V			gelblichweiße glänzende Krist.; graugelbe krist. Masse; krist. aus CS_2; zers. leicht an feuchter Luft; ll. k. wss. Alk-carbonatlsg., Alk, NH_3
288 514	F V			hgelbe derbe Krist.; graugelbe krist. leicht zerreibliche Masse; zers. an feuchter Luft; zers. W; l. Alk, NH_3, CS_2; langsam l. wss. Alk-carbonatlsg.; MAK: 1 mg/m³ Luft
172 407	F V			gelbe Masse; hgelbe Krist. aus CS_2, PCl_3, $PSCl_3$; beständig an Luft; unl. W; l. Al unter Z.; l. Na_2S-, K_2S-Lsg., CS_2, PCl_3, $PSCl_3$; Cl_2-Wasser zers. langsam
307	F			gelbliche, fast fbl. durchsichtige Krist.; hart; zers. schnell an Luft→ H_2S
38	F			zitronengelbe Blättchen von unangenehmem Geruch, stechend; als Fl. gelblich gefärbt, lichtbrechend; raucht an feuchter Luft; zers. W; ll. Ä, CS_2; konz. HNO_3 oder KOH zers. stürmisch
−36,2 124	F V			fbl. leicht bewegliche Fl. von scharfem Geruch; an der Luft dünne Nebel; greift Augen an; sinkt in W unter und zers. langsam in HCl, H_3PO_4, H_2S; l. CS_2
				weißes Pulver, am Licht langsam schwärzlich; fast unl. W; swl. KOH, l. NaOH; ll. HNO_3, Egs
				weißes Pulver; glimmerähnliche durchsichtige Tafeln; fühlt sich fettig an; bei dkl Rotglut→ $Pb_2As_2O_7$; unl. W, Egs; l. HNO_3
1042	F			weißes Pulver; unl. W, NH_3, NH_4-salzlsg.; konz. HNO_3 zers.
802	F			weiße glasige Masse, etwas krist.; schmelzbar bei Rotglut; beim Befeuchten mit W→$PbHAsO_4$
				sprödes durchsichtiges Glas; zieht W an und wird undurchsichtig unter Z.

Pb

221. Übersichtstabelle

Formel	Name	Zustand	Mol.-Masse / Dichte g·cm⁻³	System, Typ und Symbol	Einheitszelle Kantenlänge in Å	Winkel und M	Brechzahl n_D
$PbBr_2$	(II)-bromid	f	367,01 / 6,667	orh. $C23$ $D_{2h}^{16}, Pnma$	4,72 / 8,04 / 9,52	$M=4$	2,434 / 2,476 / 2,553
$Pb(CN)_2$	(II)-cyanid	f	259,23				
$PbCO_3$	(II)-carbonat	f	267,20 / 6,6	orh. GO_2 $D_{2h}^{16}, Pnma$	5,17 / 8,48 / 6,13	$M=4$	1,8036 / 2,0765 / 2,0786
$2PbCO_3 \cdot Pb(OH)_2$	carbonat, bas.	f	775,60 / 6,14	hex.	9,1064 / 24,839	$M=9$	
$Pb(C_2H_3O_2)_2$	(II)-acetat	f	325,28 / 3,25				
$Pb(C_2H_3O_2)_2 \cdot 3H_2O$		f	379,33 / 2,575	mkl.	2,1791 : 1 : 2,4790	70° 12′	
$Pb(C_2H_3O_2)_4$	(IV)-acetat	f	443,37 / 2,228	mkl.	0,5874 : 1 : 0,4848	74° 24′	
$PbCl_2$	(II)-chlorid	f	278,10 / 5,85	orh. $C23$ $D_{2h}^{16}, Pnma$	4,52 / 7,61 / 9,03	$M=4$	2,1992 / 2,2172 / 2,2596
$PbCl_2 \cdot PbO$	(II)-chlorid, bas.	f	501,29 / 7,21				
$PbCl_2 \cdot 2PbO$	Mendipit	f	724,47 / 7,08	orh.			2,24 / 2,27 / 2,31

Phasenumwandlungen		Standardwerte bei 25°C		Bemerkungen und Charakteristik
°C	ΔH kJ/Mol	C_p S^0 J/Molgrd	ΔH_B ΔG^0 kJ/Mol	
488 F 892 V	18,5 133	80,12 161,4	−277 −260	$\bar{\gamma}(0...50°\,C) = 90 \cdot 10^{-6}\,\text{grd}^{-1}$; $\varepsilon(5 \cdot 10^5...10^6\,\text{Hz}) = 30$; $\varkappa_{Mol} = -90{,}6 \cdot 10^{-6}\,\text{cm}^3\text{Mol}^{-1}$; weiße seidenglänzende Nadeln; im Licht langsam Schwärzung; LW 20° 0,85%, 100° 4,5%, Bdk. $0\,H_2O$; l. S, KBr-Lsg.; wl. NH_3; unl. Al, Bzl; zwl. h. Py; l. Anilin
				weißer dicker Nd.; swl. W; zers. S; l. wss. NH_3, Alk-cyanidlsg., NH_4-salzlsg.; giftig; MAK: 2,5 mg Staub/m³ Luft
Z 315		87,4 130,9	−700 −625	$\varkappa(50...200\,\text{at};\,0°\,C) = 1{,}86 \cdot 10^{-6}\,\text{at}^{-1}$; Weißbleierz, Cerussit; weißes krist. Pulver; swl. W; l. 0,1 n KOH, stärkere zers.; l. konz. Citronensäure
Z 400				Hydrocerussit; fbl. perlmuttglänzende Blättchen; Bleiweiß; weißes Pulver; H_2S schwärzt → PbS; l. verd. HCl
280 F			965	$\varkappa_{Mol} = -80{,}1 \cdot 10^{-6}\,\text{cm}^3\text{Mol}^{-1}$; weiße staubige oder feste Masse; aus Schmelze sechsseitige Tafeln; LW 20° 25%, Bdk. $0\,H_2O$; l. K-acetatlsg.
75,5 F				Bleizucker; wasserhelle glänzende Krist.; verwittern etwas an trockener Luft; süßlicher, met. Geschmack und schwacher Essiggeruch; giftig
175 F				fbl. durchsichtige Krist.; W zers. → PbO_2; l. 37% HF, HCl, HBr, HJ unter Z.; l. Eg unzers., ll. in der Wärme; l. Bzl, Nitrobzl, Chlf, $C_2H_2Cl_4$
498 F 951 V	23,6 127	77,8 136,4	−359,1 −314	$\bar{\gamma}(20...150°\,C) = 93 \cdot 10^{-6}\,\text{grd}^{-1}$; $\varepsilon(5 \cdot 10^6\,\text{Hz}) = 33{,}5$; $\varkappa_{Mol} = -73{,}8 \cdot 10^{-6}\,\text{cm}^3\text{Mol}^{-1}$; weiße glänzende kleine Krist.; LW 20° 0,97%, 100° 3,2%, Bdk. $0\,H_2O$; l. Alk, konz. NH_4Cl-Lsg.; swl. Al; L Glycerin 2,04 g/100 g Lösm.
524 Z. F				Matlockit; dünne Tafeln; gelblichgrün, durchscheinend bis durchsichtig
693 F			−833,2	gelbweiße Tafeln, glänzend, durchsichtig; l. KOH

Formel	Name	Zustand	Mol.-Masse Dichte $g \cdot cm^{-3}$	System, Typ und Symbol	Einheitszelle Kantenlänge in Å	Winkel und M	Brechzahl n_D
$PbCl_4$	(IV)-chlorid	fl	349,00 3,18				
$Pb(ClO_2)_2$	(II)-chlorit	f	342,09 5,30	tetr. $4/mmm$	4,14 6,25	$M=1$	
PbF_2	(II)-fluorid	f	245,19 8,37	orh. $C23$ $D_{2h}^{16}, Pnma$	3,89 6,43 7,63	$M=4$	
PbJ_2	(II)-jodid	f	461,00 6,06	trig. $C6$ $D_{3d}^3,$ $P\bar{3}m1*$	4,54 6,90	$M=1$	
$Pb(N_3)_2$	(II)-azid	f	291,23 4,71	orh. $D_{2h}^{16},$ $Pnma*$	6,63 11,32 16,25	$M=12$	1,86 2,24 2,64
$Pb(NO_3)_2$	(II)-nitrat	f	331,20 4,535	kub. $G2_1$ $T_h^6, Pa3$	7,81	$M=4$	1,7807
PbO	(II)-oxid	f	223,19 9,53	tetr. $B10$ $D_{4h}^7, P4/nmm$	3,96 5,00	$M=2$	2,665* 2,535*
PbO	Massicot, Bleiglätte	f	223,19 9,6	orh. $C_{2v}^5, Pca2_1$	5,48 4,74 5,88	$M=4$	2,51* 2,61* 2,71*
$PbO \cdot H_2O$		f	241,20 7,59	orh. $C_{2v}^5, Pca2_1$	14,08 5,71 8,70		2,229

Phasen-umwandlungen		Standardwerte bei 25° C		Bemerkungen und Charakteristik
°C	ΔH kJ/Mol	C_p S^0 J/Molgrd	ΔH_B ΔG^0 kJ/Mol	
−15 105 expl.	F		−330	gelbe klare schwere Fl.; stark lichtbrechend; raucht an feuchter Luft; l. konz. HCl, Chlf; W und wss. Alk zers. →PbO_2+HCl
~126 expl.				LW 20° 0,1 %, 100° 0,4 %, Bdk. 0 H_2O
250 824 1290	U^* F V	7,78 160,4	121	−666,5 −622,5	* U orh.→kub. C 1, O_h^5, $Fm3m$, a=5,94 Å, M=4; D=7,658 g/cm³; ε(<10^6 Hz)=3,6; χ_{Mol}=−58,1 · 10^{-6} cm³Mol^{-1}; weißes krist. Pulver; LW 20° 0,065 %, Bdk. 0 H_2O; swl. wss. HF, Alk-fluoridlsg.; mit konz. H_2SO_4→HF; unl. Anilin
412 872	F V	25,1 104	81,2 176,9	−175,1 −174	* oder trig. D_{3d}^5; a=4,54; c=20,7 Å; M=3; $\bar{\gamma}(20...150°C)$=108·10^{-6} grd^{-1}; $\varkappa(0...5000\ at)$=6,62·10^{-6} at^{-1}; $\varepsilon(5·10^5...10^6\ Hz)$=20,8; χ_{Mol}= −125,6·10^{-6} cm³Mol^{-1}; goldgelbes schweres krist. Pulver; LW 20° 0,09 %, 100° 0,45 %, Bdk. 0 H_2O; l. Alk, KJ-Lsg.; unl. Al
~350 expl.				436,5	* 2. Mod. mkl. C_{2h}, a=5,10; b=8,84; c=17,50 Å; β=90,2°; $n(\lambda=589\ m\mu)$: 1,98; 2,14; 2,7; fbl. lange Nadeln; sehr expl.; W zers. beim Sieden; unl. konz. wss. NH_3; ll. Egs unter langsamer Z.
Z 470	F		−449,3	$\varepsilon(5·10^5...10^6\ Hz)$=16,8; χ_{Mol}= −74·10^{-6} cm³Mol^{-1}; fbl. Krist., durchsichtig oder trübe; LW 20° 34,5 %, Bdk. 0 H_2O; L Me 20° 0,04 g/100 g Lösm.; L Al 22° 8,7 g/100 g Lösm.; l. fl. NH_3
489	U^{**}	45,81 65,3	−219,2 −188,5	* λ=671 mμ; ** U rot→gelb; $\bar{\gamma}(-78...+16°C)$=55·$10^{-6}$ grd^{-1}; χ_{Mol}=−47·10^{-6} cm³Mol^{-1}; Lithargit; rotes krist. Pulver; blätterige Krist. von starkem Glanz; LW 25° 0,23·10^{-3} %, Bdk. 0 H_2O; wl. HCl, H_2SO_4; ll. HNO_3; unl. HF; l. h. Alk; gut l. Alk-Schmelze
890 1472	F V	11,7 213	45,81 67,4	−217,8 −188	* λ=671 mμ; χ_{Mol}=−44·10^{-6} cm³Mol^{-1}; gelbes Pulver; metastabile Form; LW 20° 1,2·10^{-3} %
				weißes Pulver; fbl. Krist.

221. Übersichtstabelle

Formel	Name	Zustand	Mol.-Masse / Dichte g·cm⁻³	System, Typ und Symbol	Einheitszelle Kantenlänge in Å	Winkel und M	Brechzahl n_D
3 PbO · H₂O		f	687,58 7,592				
Pb(OH)₂	(II)-hydroxid	f	241,20	hex.	5,26 14,7		
PbO₂	(IV)-oxid	f	239,19 9,375	tetr. $C4$ $D_{4h}^{14}, P4_2/mnm$	4,93 3,37	$M=2$	2,229
Pb₃O₄ Pb₂[PbO₄]	(II,IV)-oxid, (II)-orthoplumbat	f	685,57 9,1	tetr. $D_{2d}^7, P\bar{4}b2$	8,80 6,56	$M=4$	2,42*
PbHPO₄	(II)-hydrogenphosphat	f	303,17 5,661	mkl. $C_{2h}^4, P2/c$	4,65 6,63 5,76	82,8° $M=2$	
Pb₂P₂O₇	(II)-pyrophosphat	f	588,32 5,8	kub. $K6_1$ $T_h^6, Pa3$	8,01	$M=4$	
Pb₃(PO₄)₂	(II)-orthophosphat	f	811,51 6,9... 7,3	hex.	9,66 7,11	$M=2$	1,969 1,932
PbS	(II)-sulfid	f	239,25 7,5	kub. $B1$ $O_h^5, Fm3m$	5,91	$M=4$	3,912
PbSO₄	(II)-sulfat	f	303,25 6,29	orh. $H0_2$ $D_{2h}^{16}, Pnma$	8,45 5,38 6,93	$M=4$	1,8781 1,8832 1,8947
PbSO₄ · PbO	(II)-sulfat, bas.	f	526,44 6,92	mkl. $C_{2h}^3, C2/m$	13,75 5,68 7,05	116,2° $M=4$	1,928 2,007 2,036
Pb(SO₄)₂	(IV)-sulfat	f	399,31				
PbS₂O₃	(II)-thiosulfat	f	319,32 5,18				

Phasenumwandlungen		Standardwerte bei 25° C			Bemerkungen und Charakteristik
°C	ΔH kJ/Mol	C_p S^0 J/Molgrd		ΔH_B ΔG^0 kJ/Mol	
					weißes Pulver; fbl. Krist.; l. wss. Alk→Plumbite; l. S
145 Z F		88		−514,5 −421	weißer Nd.; l. S, Alk; LW 20° 4,8·10⁻⁶ Mol/l
		64,4	76,44	−276,6 −218,8	braunes Pulver; LW 25° 0,57·10⁻³ Mol/1000 g Lsg.; etwas l. HNO_3; mit HCl→Cl_2-Entwicklung; l. h. konz. KOH
370 Z					* $\lambda = 671$ mµ; $\varepsilon(4 \cdot 10^8$ Hz$) = 17,8$; Mennige, rotes krist.-körniges Pulver; wl. HF; l. HCl; zers. verd. $HNO_3 \rightarrow PbO_2 +$ $Pb(NO_3)_2$; unl. Aceton, Pb(II)-acetatlsg., K-tartratlsg.
					glänzend weiße Blättchen, durchsichtig; unl. W, Egs; l. HNO_3, Alk, NH_4Cl-Lsg.
824 F					weißes Pulver; ll. verd. S; l. KOH, HNO_3; unl. NH_3, Egs, H_2SO_3
1014 F		256	353,2	−2594 −2380	$\chi_{Mol} = -60,7 \times 2 \cdot 10^{-6}$ cm³Mol⁻¹; weißes Pulver; h. W hydrolysiert langsam; l. Alk, NH_3; wl. Anilin; unl. $Pb(NO_3)_2$-Lsg.
1114 F	17,4	49,48	91,2	−94,28 −92,5	Halbleiter; $\chi_{Mol} = -84 \cdot 10^{-6}$ cm³Mol⁻¹; Bleiglanz; rötlich beigraue, stark metallglänzende kleine Krist.; schw. feines Pulver; LW 25° $3 \cdot 10^{-5}$ %; l. HNO_3, konz. HCl; Königsw. zers. leicht; ll. HBr, HJ
866 U	16,98	104,3		−918,1	$\varkappa(50…200$ at, 0° C$) = 1,89 \cdot 10^{-6}$ at⁻¹; $\chi_{Mol} = -69,7 \cdot 10^{-6}$ cm³Mol⁻¹; Anglesit; weißes krist. Pulver; LW 20° $4,21 \cdot 10^{-3}$ %, Bdk. $0H_2O$; l. Alk, HNO_3, konz. H_2SO_4; swl. verd. H_2SO_4; wl. h. HCl; konz. HCl→$PbCl_2$
1087 F	40,2	147,2		−810,2	
970 F				−1182	Lanarkit; gelblichweiß bis grau oder grünlichweiß, glänzend; weiße Krist., wasserhell oder undurchsichtig; swl. W; l. S unter Abscheidung von $PbSO_4$
					weißes Pulver, undeutlich krist.; W hydrolysiert, ebenso verd. H_2SO_4; wl. konz. H_2SO_4; ll. konz. HCl, Alk; l. Eg
				−661,3	$\chi_{Mol} = -84 \cdot 10^{-6}$ cm³Mol⁻¹; weißes krist. Pulver; zers. $> 120°$; swl. W; sied. W zers.; l. Alk-thiosulfatlsg.

Formel	Name	Zustand	Mol.-Masse / Dichte g·cm⁻³	Kristalldaten System, Typ und Symbol	Einheitszelle Kantenlänge in Å	Einheitszelle Winkel und M	Brechzahl n_D
$Pb_2Sb_2O_7$	pyro- antimonat	f	769,88 6,71	kub. $E8_1$ $O_h^7, Fd3m$	10,4	$M=8$	
PbSe	(II)-selenid	f	286,15 8,10	kub. $B1$ $O_h^5, Fm3m$	6,14	$M=4$	
$PbSeO_4$	(II)-selenat	f	350,15 6,37	orh.			1,96 — 1,98
$PbSiO_3$	(II)-meta- silikat	f	283,27	mkl.	12,27 7,03 11,28	112° 47′ $M=12$	1,947 1,961 1,968
PbTe	(II)-tellurid	f	334,79 8,16	kub. $B1$ $O_h^5, Fm3m$	6,44	$M=4$	
Pd $PdAs_2$	**Palladium** arsenid	f	256,24	kub. $C2$ $T_h^6, Pa3$	5,97	$M=4$	
$PdBr_2$	(II)-bromid	f	266,22 5,173				
$Pd(CN)_2$	(II)-cyanid	f	158,44				
$PdCl_2$	(II)-chlorid	f	177,306 4,0	orh. $C50$ $D_{2h}^{12}, Pnnm$	3,81 3,34 11,0	$M=2$	
$PdCl_2 \cdot 2H_2O$		f	213,34				
PdF_3	(III)-fluorid	f	163,40 5,06	trig. $D_{3d}^6, R\bar{3}c$	5,56	54° $M=2$	
PdJ_2	(II)-jodid	f	360,21 6,003				
PdO	(II)-oxid	f	122,40 8,70	tetr. $D_{4h}^9, P4_2/mmc$	3,036 5,327	$M=2$	
PdS	(II)-sulfid	f	138,46 6,60	tetr. $B34$ $C_{4h}^2, P4_2/m$	6,43 6,63	$M=8$	

°C	ΔH kJ/Mol	C_p S^0 J/Molgrd	ΔH_B ΔG^0 kJ/Mol	Bemerkungen und Charakteristik
1065	F	97,9	−75 −72,5	Halbleiter; Clausthalit; bleigraue weiche Masse, auch silberweiß; zers. H_2SO_4, $HNO_3 \to Se$; konz. HCl greift nur beim Sieden an; l. Citronensäure
				weißes Pulver; unl. W
766	F	90,04 109,6	−1082 −1016	weiße durchsichtige glänzende Fasern; schneeweißes Pulver; l. HNO_3 unter Abscheidung von SiO_2
905	F	110,5	−73,2	Halbleiter; graue krist. Substanz, spröde; ll. Br_2, Br_2-Wasser
600... 700	F			hgraues Pulver
				rotbraune Masse; beständig bis 310°; unl. W; l. HBr; ll. NaCl-Lsg.
				weißer flockiger Nd., getrocknet grau; nicht zers. durch S; l. konz. HCN, wss. NH_3, KCN; unl. $Hg(CN)_2$-Lsg.
678	F 40,6		−189,9	$\chi_{Mol} = -38 \cdot 10^{-6}$ cm³Mol⁻¹; rote Krist.; hygr.; addiert leicht NH_3 unter Weißfärbung; l. W, HCl, 2nNaCl-Lsg.; wl. Al; swl. Ä; unl. CS_2; l. Aceton
				kleine rotbraune Prismen; zerfl.
				schw. feinkrist. Pulver; hygr.; mit $W \to PdO \cdot xH_2O + O_2$; l. konz. HCl; zers. konz. HNO_3 und $H_2SO_4 \to$ HF-Entwicklung; Na_2CO_3-Schmelze $\to PdO + NaF$
				braunschw. Pulver; addiert NH_3 unter Weißfärbung; unl. W, Al, Ä, verd. HJ; l. wss. HCN, Cyanidlsg., Egsmethylester; swl. Py; sied. KOH zers. $\to PdO$
		31,4 56	−85,4	schw. Pulver; unl. W, S, Königsw.
970	F			grauschw. mattglänzendes krist. Pulver; unl. wfreiem HF, fl. NH_3 langsam l. Königsw.; swl. KCN-Lsg.

Formel	Name	Zustand	Mol.-Masse Dichte $g \cdot cm^{-3}$	Kristalldaten System, Typ und Symbol	Einheitszelle Kantenlänge in Å	Einheitszelle Winkel und M	Brechzahl n_D
PdS$_2$	(IV)-sulfid	f	170,53 4,71	orh. $D_{2h}^{15}, Pbca$	5,541 7,531 5,460	$M=4$	
PdSO$_4 \cdot$ 2H$_2$O	(II)-sulfat	f	238,49				
PdSe	(II)-selenid	f	185,36				
PdSe$_2$	(IV)-selenid	f	264,32 6,77	orh. $D_{2h}^{15}, Pbca$	5,866 7,691 5,741	$M=4$	
PdSi	(II)-silicid	f	134,49 7,31				
PdTe	(II)-tellurid	f	234,00	hex. $D_{6h}^4, P6_3/mmc$	4,1521 5,6719	$M=2$	
PdTe$_2$	(IV)-tellurid	f	361,60	trig. $D_{3d}^3, P\bar{3}m1$	4,0365 5,1262	$M=1$	
Pr	**Praseodym**						
PrBr$_3$	bromid	f	380,63	hex. DO_{19} $C_{6h}^2, P6_3/m$	7,92 4,38	$M=2$	
Pr(BrO$_3$)$_3 \cdot$ 9H$_2$O	bromat	f	686,77				
PrC$_2$	carbid	f	164,93 5,15	tetr. $C11$ $D_{4h}^{17}, I4/mmm$	3,85 6,38	$M=2$	
PrCl$_3$	chlorid	f	247,27 4,02	hex. DO_{19} $C_{6h}^2, P6_3/m$	7,41 4,25	$M=2$	
PrCl$_3 \cdot$ 7H$_2$O		f	373,37 2,25	trikl. $C_i^1, P\bar{1}$	8,2 9,0 8,0	107° 98° 40' 72° $M=2$	
PrF$_3$	fluorid	f	197,90	hex. DO_6 $D_{6h}^3, P6_3/mcm$	7,061 7,218	$M=6$	
Pr$_2$O$_3$	(III)-oxid	f	329,81 6,88	trig. $D5_2$ $D_{3d}^3, P\bar{3}m1$	3,85 6,00	$M=1$	
Pr(OH)$_3$	(III)-hydroxid	f	191,93	hex. DO_{19} $C_{6h}^2, P6_3/m$	6,47 3,76	$M=2$	

°C	ΔH kJ/Mol	C_p J/Molgrd	S^0	ΔH_B kJ/Mol	ΔG^0	Bemerkungen und Charakteristik
						schw. braunes dichtes krist. Pulver; l. Königsw.; unl. S
						rotbraune krist. Substanz; an feuchter Luft zerfl.; zll. W, viel W zers.
						harte glänzende Plättchen, Bruch met. glänzend; l. sied. Königsw.; wl. konz. HCl in der Kälte; beim Sieden zers.→Se
						olivgraue Substanz; langsam l. konz. HNO_3 beim Erwärmen; rasch l. Königsw.→$PdCl_2$+SeO_2; unl. S, Alk
						bläulichgraue stark glänzende Stücke; unl. HCl, H_2SO_4; zers. HNO_3, Königsw.; zers. Alk→Pd+ Alk-silikat
						gefällt schw. feiner Nd., unl. HCl, H_2SO_4; ll. Königsw.; HNO_3 oxid.; getempert doppelbrechende Krist.
						hsilberglänzende krist. Substanz; gut spaltbar; ll. Königsw., konz. und verd. HNO_3; l. h. H_2SO_4; unl. S, Alk
693 1550	F V					grüne durchsichtige Nadeln; langsam l. W
56,5	F					grüne Prismen; LW 20° 47,7%, Bdk. 9 H_2O; unl. Al
>2200	F					gelbe mikroskopische Blättchen; schwärzliche Masse, auf frischem Schliff goldgelb; zer.s W; l. verd. S
823 1905	F V	218,8			−1055	grüne lange Nadeln; blaßgrünes Pulver; LW 20° 48,9%, Bdk. 7 H_2O; ll. Al; unl. Ä, Chlf
106	F				−3199	große grüne Krist.; LW s. $PrCl_3$
1370 2300	F V					gelbliche glänzende Krist. von grünlichem Reflex
2200	F				−1860	grünlichgelbe Blättchen; 2. Modifikation kub. $D5_3$, $a=11,138$ Å; ll. S; l. Egs; LW 30° 2·10^{-5}%
					−1300	blaßgrünes Pulver; wl. W; l. Egs, k. konz. Citronensäure

Formel	Name	Zustand	Mol.-Masse / Dichte g·cm^{-3}	System, Typ und Symbol	Einheitszelle Kantenlänge in Å	Einheitszelle Winkel und M	Brechzahl n_D
PrO$_2$	(IV)-oxid	f	172,91 5,98	kub. C1 O_h^5, $Fm3m$	5,41	$M=4$	
Pr$_2$(SO$_4$)$_3$	sulfat	f	570,00 3,72				
Pr$_2$(SO$_4$)$_3$·5H$_2$O		f	660,17 3,173	mkl. C_{2h}^6, $C2/c$	13,7 9,5 10,3	100° 29' $M=4$	
Pr$_2$(SO$_4$)$_3$·8H$_2$O		f	714,22 2,827	mkl. C_{2h}^6, $C2/c$	18,467 6,880 13,721	102° 59' $M=4$	1,5494
Pt PtAs$_2$	**Platin** arsenid	f	344,93 11,8	kub. T_h^6, $Pa3$	5,966	$M=4$	
PtBr$_2$	(II)-bromid	f	354,91 6,652				
PtBr$_3$	(III)-bromid	f	434,82 6,504				
PtBr$_4$	(IV)-bromid	f	514,73 5,687				
H$_2$[PtBr$_6$]·9H$_2$O	(IV)-hexabromosäure	f	837,70				
Pt(CN)$_2$	(II)-cyanid	f	247,13				
PtCl$_2$	(II)-chlorid	f	266,0 6,054	orh.	3,86 11,05 3,35	$M=2$	1,99*

Phasenumwandlungen			Standardwerte bei 25° C			Bemerkungen und Charakteristik
°C	ΔH kJ/Mol	C_p J/Molgrd	S^0 J/Molgrd	ΔH_B kJ/Mol	ΔG^0 kJ/Mol	
				−962,5 −908		$\chi_{Mol}=+1930 \cdot 10^{-6}$ cm³Mol⁻¹; schw. mikrokrist. Pulver; l. S
						hgrünes Pulver, LW 20° 10,8 %, Bdk. 8 H₂O
						blaßgrüne Krist.; LW s. Pr₂(SO₄)₃
				−5595		dklgrüne durchsichtige Krist., hmeergrüne seidenglänzende Blätter; LW s. Pr₂(SO₄)₃
						graue Masse, mikroskopisch kleine Krist., zinnweiß mit glänzenden Flächen; l. konz. HNO₃ erst bei 180° im Einschmelzrohr; swl. Königsw.; wl. konz. HCl; zers. konz. H₂SO₄
151				−80		grünbraunes Pulver; unl. W, Al; l. HBr; wl. KBr-Lsg. mit schwach gelber Farbe
						grünschw.; langsam l. W, HBr; wl. Al, Egester; unl. Ä
250				−141		schw. braunes Pulver; luftbeständig; addiert 6 Mol NH₃→tiefgelb; LW 20° 0,4 % mit gelber bis rotgelber Farbe; sll. HBr; ll. Al, Ä mit tiefbrauner Farbe; l. Glycerin; wl. konz. Egs
						braunrote Krist.; zerfl.; sll. W, Al, Ä; l. Chlf, Egs; wl. CS₂
						gelbes Pulver, gefällt und getrocknet braun; frisch gefällt l. wss. NH₃, NH₄CN-Lsg.; trocken unl. W, S, Alk, wss. NH₃, NH₄CN-Lsg.; l. HCN
130				−118		* $\lambda=550$ mμ; $\chi_{Mol}=-54 \cdot 10^{-6}$ cm³Mol⁻¹; braungrünes oder gelbgrünes Pulver; luftbeständig; addiert 5 Mol NH₃→ hgrau bis weiß; unl. W, H₂SO₄, HNO₃, Al, Chlf, Eg, Benzin; langsam l. HCl, Königsw. beim Sieden; swl. fl. NH₃; wl. C₂H₅NH₂ l. Chinolin

Formel	Name	Zustand	Mol.-Masse Dichte g·cm⁻³	System, Typ und Symbol	Einheitszelle Kantenlänge in Å	Winkel und M	Brechzahl n_D
PtCl₃	(III)-chlorid	f	301,45 5,256				
PtCl₄	(IV)-chlorid	f	336,90 4,303	kub. $T_h^6, Pa3$	10,45	$M=8$	
PtCl₄ · 4H₂O		f	408,96				
H₂[PtCl₆] · 6H₂O	(IV)-hexachlorosäure	f	517,92				
PtClJ₃	(IV)-chlorojodid	f	611,26				
PtF₄	(IV)-fluorid	f	271,08				
PtJ₂	(II)-jodid	f	448,90 6,403				
PtJ₃	(III)-jodid	f	575,80 7,414				
PtJ₄	(IV)-jodid	f	702,71 6,064				
H₂[PtJ₆] · 9H₂O	(IV)-hexajodosäure	f	1120,67				
PtO	(II)-oxid	f	211,09 14,9	tetr. $D_{4h}^9, P4_2/mmc$	3,04 5,34		
PtO₂	(IV)-oxid	f	227,09 10,2	hex. $D_{6h}^4, P6_3/mmc$	3,08 4,19	$M=1$	

Phasen-umwandlungen		Standardwerte bei 25° C		Bemerkungen und Charakteristik
°C	ΔH kJ/Mol	C_p S^0 J/Molgrd	ΔH_B ΔG^0 kJ/Mol	
		209	−226	$\chi_{Mol} = -66{,}7 \cdot 10^{-6}$ cm³Mol⁻¹; schw. grünes Pulver; sehr langsam l. k. W, rasch l. sied. W; fast unl. konz. HCl, erst beim Erwärmen; l. wss. KJ-Lsg.; wss. Al red. zu Pt
				$\chi_{Mol} = -93 \cdot 10^{-6}$ cm³Mol⁻¹; rotes bis dklbraunes Pulver; hygr.; addiert 6 Mol NH₃→hgelb; l. HCl→ H₂[PtCl₆]; konz. H₂SO₄ zers.→Cl₂; LW 25° 58,7 %
				rote gut ausgebildete Krist.; ziegelrotes Pulver; l. Al; Z. 360° im Vak. →PtCl₂, Cl₂, H₂O
				orrote Krist., sehr zerfl.; ll. W; wl. fl. NH₃ unter Weißfärbung; mit gasförmigem NH₃→[Pt(NH₃)₄Cl₂]Cl₂, weiß
				schw. Pulver; unl. W, wl. Al; l. KOH mit roter Farbe; l. NH₃, NaOH, H₂SO₃, Alk-sulfitlsg. mit schwach gelber Farbe
				dklrote Masse, kleine braungelbe Krist.; sehr hygr.; flch.; l. W unter Z.
		160	−17	schw. feines Pulver; luftbeständig; Z. 330°→Pt+J₂; unl. W, Al, Ä, Egester; mäßig l. C₂H₅NH₂; swl. (C₂H₅)₂NH
				graphitähnliche Substanz; unl. W, Al, Ä, Egester; l. KJ-Lsg. tiefbraunrot
		268	−42	schw. Pulver, zuweilen krist.; gibt J₂ beim Erhitzen ab 131° ab; unl. W; l. fl. NH₃, wss. NH₃, NaOH, Na₂CO₃-Lsg. gelb, HJ, KJ-Lsg. braunrot; etwas l. Al; unl. Ä, Egester
				kleine kupferfarbene Nadeln; braune met. glänzende Tafeln; zerfl. schnell an Luft; sll. W dklrot; wss. Lsg. zers.→PtJ₄
Z.* 560				* Z. gemäß 2 PtO→2 Pt+O₂; schw. Pulver; unl. W; l. Königsw.
Z.* 380				* Z. gemäß 2 PtO₂→2 PtO+O₂; blauschw. Pulver; unl. in allen Mineralsäuren

Formel	Name	Zustand	Mol.-Masse / Dichte $g \cdot cm^{-3}$	System, Typ und Symbol	Einheitszelle Kantenlänge in Å	Winkel und M	Brechzahl n_D
$Pt(OH)_2$ $PtO \cdot$ xH_2O	(II)-hydroxid oder (II)-oxidhydrat	f	229,11				
$Pt(OH)_4$ $PtO_2 \cdot$ $2H_2O$	(IV)-hydroxid oder (IV)-oxidhydrat	f	263,12				
H_2 $[Pt(OH)_6]$	(IV)-hexahydroxosäure	f	299,15				
$[PtCl_6]Rb_2$	Rubidiumhexachloroplatinat-(IV)	f	578,75 3,68	kub. $I1_1$ $O_h^5, Fm3m$	9,88	$M=4$	
PtS	(II)-sulfid	f	227,15 10,04	tetr. $B17$ $D_{4h}^9, P4_2/mmc$	3,47 6,10	$M=2$	
PtS_2	(IV)-sulfid	f	259,22 7,66	trig. $D_{3d}^3, P\bar{3}m1$	3,5431 5,0389	$M=1$	
$Pt(SCN)_2$	(II)-thiocyanat	f	311,25				
$PtSe_2$	(IV)-selenid	f	353,01 9,53	trig. $D_{3d}^3, P\bar{3}m1$	3,7278 5,0813	$M=1$	
$PtTe_2$	(IV)-tellurid	f	450,29	trig. $D_{3d}^3, P\bar{3}m1$	4,010 5,201	$M=1$	
Ra $RaBr_2$	**Radium** bromid	f	385,87 5,78				
$RaCl_2$	chlorid	f	296,96 4,91				
$RaCl_2 \cdot$ $2H_2O$		f	332,99				

°C	ΔH kJ/Mol	C_p S^0 J/Molgrd	ΔH_B ΔG^0 kJ/Mol	Bemerkungen und Charakteristik
		1108*	−364,7*	* für Pt(OH)$_2$; tiefschw. Pulver; PtO · 2H$_2$O lange auf 120° erhitzt→PtO · H$_2$O; frisch gefällt l. konz. HNO$_3$, H$_2$SO$_4$, SO$_2$-Lsg.; unl. verd. HNO$_3$, H$_2$SO$_4$, verd. und konz. Egs; l. HCl, HBr, 3% wss. KCN-Lsg.
				braun; unl. verd. und konz. S; l. konz. HCl nach längerer Zeit, Königsw.; swl. sied. W; unl. Alk
				weiß bis hgelb, am Licht bräunliche Verfärbung; unl. W; frisch gefällt: weiß, ll. verd. S; getrocknet: strohgelb, l. 2nHCl, schwer l. 2nH$_2$SO$_4$, 2nHNO$_3$, unl. Egs; zll. Alk→ Alk$_2$[Pt(OH)$_6$]
				honiggelbe kleine glänzende Krist.; LW 20° 0,0282%, 100° 0,3%; Bdk. 0H$_2$O; unl. Al
		50,2 75	−50	Cooperit; schw. bis grauschw.; unl. S, Königsw., Alk; zers. durch Glühen mit KClO$_3$, KNO$_3$
		66,9 85	−86	grauschw. mikrokrist. Pulver; unl. S, Alk; zers. durch KOH-, KNO$_3$- oder KClO$_3$-Schmelze
				rotes oder hbraunes Pulver; unl. W, S, Alk; l. Königsw., wss. KCN-, KSCN-Lsg.
				grauschw. Pulver, mikroskopisch kleine Krist.; l. Königsw.; frisch gefällt l. Alk-sulfid- oder -selenidlsg.
1200... 1300	F			hgraues krist. Pulver, kleine glänzende Krist.; unl. HCl; l. HNO$_3$, Königsw.
				weißes Salz, schwach gelblich oder schwach grau gefärbt LW 20° 41,5%
900	F	133,9		weißes Salz, schwach gelblich oder schwach grau gefärbt; LW 20° 19,6%
		209,2	−1469 −1304	derbe undurchsichtige Nadeln, anfangs rein weiß, mit der Zeit gelblich

Formel	Name	Zustand	Mol.-Masse / Dichte $g \cdot cm^{-3}$	Kristalldaten System, Typ und Symbol	Einheitszelle Kantenlänge in Å	Einheitszelle Winkel und M	Brechzahl n_D
RaF_2	fluorid	f	264,05 6,75	kub. $C\,1$ $O_h^5, Fm3m$	3,81	$M=4$	
$Ra(NO_3)_2$	nitrat	f	350,06				
$RaSO_4$	sulfat	f	322,11				
Rb $RbBF_4$	**Rubidium** tetra= fluoro= borat	f	172,27 2,82	orh. HO_2 $D_{2h}^{16}, Pnma$	9,07 5,60 7,23	$M=4$	1,333
$RbBr$	bromid	f	165,38 3,35	kub. $B\,1$ $O_h^5, Fm3m$	6,85	$M=4$	1,5528
$RbBrO_3$	bromat	f	213,38 3,674				
$RbCN$	cyanid	f	111,49 2,32	kub.	6,82	$M=4$	
Rb_2CO_3	carbonat	f	230,95				
$RbHCO_3$	hydrogen= carbonat	f	146,49	orh.			
$RbC_2H_3O_2$	acetat	f	144,52				
$Rb_2C_2O_4 \cdot H_2O$	oxalat	f	276,98 2,76	mkl. $C_{2h}^6, C2/c$	9,66 6,38 11,20	110,5° $M=4$	1,438 1,485 1,557
$RbHC_2O_4$	hydrogen= oxalat	f	174,50 2,55	mkl. $C_{2h}^5, P2_1/c$	4,30 13,63 10,39	113° 15′ $M=4$	1,386 1,555 1,583

°C	ΔH kJ/Mol	C_p S^0 J/Molgrd	ΔH_B ΔG^0 kJ/Mol	Bemerkungen und Charakteristik
				fbl. Salz
		217,6	−991,8 −796,4	weiße Krist.; LW 20° 11,4 %
		142,3	−1473 −1364	weißes Pulver; LW 20° $1,4 \cdot 10^{-4}$ %, L 50 % H_2SO_4 25° $2,1 \cdot 10^{-6}$ g/ 100 cm³ Lösm.
590	F			fbl. sehr kleine glänzende Krist.; LW 20° 0,5 %, 100° 0,99 %
680 1352	F V	15,5 155,3	53,03 108,2	−389,1 −377	$\bar{\gamma}(-79...0° C) = 104 \cdot 10^{-6}$ grd^{-1}; $\varkappa(50...200$ at; 20° C$) = 8,0 \cdot 10^{-6}$ at^{-1}; $\varepsilon(8,6 \cdot 10^5$ Hz$) = 4,87$ (bezogen auf Bzl. von 20° C); $\chi_{Mol} = 56,4 \cdot 10^{-6}$ cm³Mol^{-1}; fbl. würfelförmige Krist.; luftbeständig; LW 10° 51 %, 20° 52,7 %; L Aceton 18° $5 \cdot 10^{-3}$ %; l. fl. NH_3
430	F			kleine weiße Krist.; LW 25° 2,85 %
				fbl. Krist.pulver; ll. W; wss. Lsg. reagiert alk. und entwickelt HCN; unl. Al, Ä
303 873	U F	118,8	−1128	$\varepsilon(1,67 \cdot 10^5$ Hz, 19° C$) = 6,7$; $\chi_{Mol} = -37,7 \times 2 \cdot 10^{-6}$ cm³Mol^{-1}; weiße, undurchsichtige Krist.; sehr hygr.; ll. W; wss. Lsg. reagiert alk.; fast unl. Al
				fbl. glasglänzende Krist., sehr lange Nadeln; an Luft beständig; ll. W; sied. wss. Lsg.→CO_2; l. Al
246	F			fbl. perlmuttglänzende Blättchen, fühlen sich fettig an; sehr hygr.; LW 44,7° 86,23 %, Bdk. 0H_2O; l. Al; ll. Egs
				fbl. Krist., glanzlos
				fbl. prismatische Krist.

Formel	Name	Zustand	Mol.-Masse / Dichte g·cm⁻³	System, Typ und Symbol	Einheitszelle Kantenlänge in Å	Winkel und M	Brechzahl n_D
RbCl	chlorid	f	120,92 / 2,76	kub. $B1$ $O_h^5, Fm3m$	6,54	$M=4$	1,4936
RbClO₃	chlorat	f	168,92 / 3,19	trig. GO_7 $C_{3v}^5, R3m$	4,44	86,6° $M=1$	1,572 / 1,484
RbClO₄	perchlorat	f	184,92 / 2,9	orh. HO_2 $D_{2h}^{16}, Pnma$	9,27 / 5,81 / 7,53	$M=4$	1,4692 / 1,4701 / 1,4731
RbF	fluorid	f	104,47 / 3,5	kub. $B1$ $O_h^5, Fm3m$	5,63	$M=4$	1,396
RbHF₂	hydrogenfluorid	f	124,47 / 3,7	tetr.	5,90 / 7,26		
RbH	hydrid	f	86,48 / 2,59	kub. $B1$ $O_h^5, Fm3m$	6,05	$M=4$	
RbJ	jodid	f	212,37 / 3,55	kub. $B1$ $O_h^5, Fm3m^1$	7,33	$M=4$	1,6474
RbJ₃	polyjodid	f	466,18 / 4,03	orh.	0,6858 : 1 : 1,1234		

Phasen-umwandlungen		Standardwerte bei 25° C		Bemerkungen und Charakteristik
°C	ΔH kJ/Mol	C_p S^0 J/Molgrd	ΔH_B ΔG^0 kJ/Mol	
717 1381	F 18,40 V 154,4	51,21 88,7	−430,4 −400	$\bar{\gamma}(-79...0°\,C)=98,5 \cdot 10^{-6}$ grd^{-1}; $\varkappa(0...800$ at; $30°\,C)=6,52 \cdot 10^{-6}$ at^{-1}; $\varepsilon(8,6 \cdot 10^5$ Hz$)=4,95$ (bezogen auf Bzl von 20° C); $\chi_{Mol}=-46 \cdot 10^{-6}$ cm^{3}Mol^{-1}; fbl. Krist.; beim langsamen Verdunsten glasglänzende Würfel; LW 20° 47,5%; L Me 25° 1,41%; L Al 25° 0,078%; L Aceton 18° 2,1 · 10^{-4}%; l. konz. alkohol. HCl; swl. fl. NH$_3$
		103,2 151,8	−392,3 −292	$\varkappa(0...2000$ at$)=5,2 \cdot 10^{-6}$ at^{-1}; kleine weiße Krist.; an Luft beständig; LW 20° 4,85%, 80° 45%
279	U^1	160,6	−434,4 −306	^{1} $HO_2 \rightarrow HO_5$ kub. $T_d^2, a=7,7$ Å, $M=4$; $\chi_{Mol}=-53,1 \cdot 10^{-6}$ cm^{3}Mol^{-1}; fbl. kleine Krist. mit stark glänzenden Flächen; luftbeständig; Erhitzen auf Rotglut$\rightarrow$RbCl+O$_2$; LW 20° 0,99%; L Me 25° 0,06%; L Al 25° 9 · 10^{-3}%; L Aceton 25° 9,5 · 10^{-2}%
775 1408	F 17,3 V 165,3	50,67 75,3	−549,1	$\chi_{Mol}=-31,9 \cdot 10^{-6}$ cm^{3}Mol^{-1}; weiße krist. Masse, zerspringt leicht; sehr hygr.; LW 18° 75%, Bdk. 1 H$_2$O; L Aceton 18° 3,6 · 10^{-4}%; unl. Al, Ä, fl. NH$_3$; ll. fl. HF 14...18°; wl. wss. HF$\rightarrow$Hydrogenfluorid
176 205	U^* F		−1135	* U tetr.$\rightarrow$kub. $a=6,71$ Å; fbl. Krist.; l. W etwas weniger als RbF; unl. Al, Ä
Z 300				fbl. prismatische Nadeln; zers. W$\rightarrow$ RbOH+H$_2$; mit HCl-Gas$\rightarrow$ RbCl+H$_2$
638 1304	F 12,51 V 150,4	52,28 118,0	−328,3 −325	^{1} bei 4500 at u. 25° kub., $B2, O_h^1$; $a=4,34$ Å, $M=1$; $\bar{\gamma}(-79...0°\,C)=119 \cdot 10^{-6}$ grd^{-1}; $\varkappa(50...200$ at; $20°\,C)=9,1 \cdot 10^{-6}$ at^{-1}; $\varepsilon(8,6 \cdot 10^5$ Hz$)=5,82$ (bezogen auf Bzl von 20° C.); $\chi_{Mol}=-72,2 \cdot 10^{-6}$ cm^{3}Mol^{-1}; kleine weiße Krist., würfelförmig; LW 20° 61,6%; L Furfurol 25° 4,9 g/100 cm^3 Lsg.; L Aceton 20° 2,8%; L Acetonitril 25° 1,35 g/100 cm^3 Lsg.; l. fl. NH$_3$
190	F			schw. glänzende Krist., gepulvert rotbraun; ll. W; l. Al ohne Z.; zers. Ä

Formel	Name	Zustand	Mol.-Masse Dichte $g \cdot cm^{-3}$	Kristalldaten System, Typ und Symbol	Einheitszelle Kantenlänge in Å	Einheitszelle Winkel und M	Brechzahl n_D
$RbJO_3$	jodat	f	260,37 4,47	mkl. $E2_1$ $C_{2h}^2, P2_1/m$	9,06 9,06 9,06	~90° $M=8$	
$RbJO_4$	perjodat	f	276,37 3,918	tetr. HO_4 $C_{4h}^6, I4_1/a$	5,87 12,94	$M=4$	
Rb_3N	nitrid	f	270,42				
RbN_3	azid	f	127,49 2,787	tetr. $F5_2$ $D_{4h}^{18}, I4/mcm$	6,09 7,06	$M=4$	
$RbNH_2$	amid	f	101,49 2,59				
$RbNO_3$	nitrat	f	147,47 3,11	trig. $C_{3v}^5, R3m$	7,36	109,47° $M=4$	1,51 1,52 1,524
Rb_2O	oxid	f	186,94 3,72	kub. $C1$ $O_h^5, Fm3m$	6,74	$M=4$	
$RbOH$	hydroxid	f	102,48 3,203	orh. $B33$ $D_{2h}^{17}, Cmcm$	4,15 4,30 12,2	$M=4$	
RbO_2	peroxid	f	117,47 3,05	tetr. $C11a$ $D_{4h}^{17}, I4/mmm$	5,98 7,00	$M=2$	
Rb_2O_2	peroxid	f	202,94 3,65	kub.			
Rb_2O_3 $2\,RbO_2 \cdot$ Rb_2O_2	Rb-Mischoxid	f	218,94 3,53	kub. $D7_3$ $T_d^6, I\bar{4}3d$	9,30	$M=8$	

Anorganische Verbindungen

°C	Phasen-umwandlungen ΔH kJ/Mol	Standardwerte bei 25° C C_p S^0 J/Molgrd	ΔH_B ΔG^0 kJ/Mol	Bemerkungen und Charakteristik
				weiße undurchsichtige Würfel; LW 23° 2,05%; ll. HCl unter Gelbfärbung $\varkappa (0...2000 \text{ at}) = 9{,}3 \cdot 10^{-6}$ at^{-1}; fbl. Krist.; LW 23° 0,7%
				graugrünes Pulver, sehr hygr.; an Luft Geruch nach NH_3, an trockener Luft beständig; mit W unter Zischen $\rightarrow$ RbOH + NH_4OH
				fbl. tafelförmige Krist., feine Nadeln, seidenglänzend, etwas hygr.; LW 16° 50%; wss. Lsg. reagiert alk.; wl. Al; unl. abs. Ä
309	F			weiße kleine Täfelchen, zerfl.; beim Schmelzen $\rightarrow$ grünlichbraune ölige Fl.; zers. W $\rightarrow$ RbOH + NH_3; zers. Al $\rightarrow$ Rb-alkoholat + NH_3; reichlich l. fl. NH_3
165 225 291 316	U^* U^* U F	5,60	−489,5	* U (165°) $C_{3v}^5 \rightarrow B\,2$, kub., O_h^1, $a = 4{,}37$ Å, $M = 1$; U (225°) $\rightarrow G\,0_1$, trig., D_{3d}^5, $a = 7{,}81$ Å, $\alpha = 41{,}1°$, $M = 2$; $\varkappa(1...10000 \text{ at}) = 4{,}3 \cdot 10^{-6}$ at^{-1}; $\chi_{Mol} = −41 \cdot 10^{-6}$ cm^{3}Mol^{-1}; fbl. Krist.; sehr hart beim langsamen Verdunsten; LW 20° 35,0%; L fl. $NH_3 \sim 3\%$; l. HNO_3, Aceton whaltig; swl. Aceton wfrei
>567	F	35,6	−330	$\varepsilon (8{,}6 \cdot 10^5$ Hz; 19° C) = 4,95 (bezogen auf Benzol von 20° C); blaßgelbe, durchsichtige Krist.; durch Licht allmählich zers. unter Freiwerden von Metall; reagiert heftig mit W unter Entflammung
245 301	U F	7,11 6,77	−413,7	weiße krist. Masse; sehr zerfl.; nimmt an Luft CO_2 auf $\rightarrow$ Carbonat; keine Z. beim Glühen; LW 15° 64,2%, 30° 63,4%; l. Al
412	F		−285	dklor., in der Kälte gelb, außerordentlich hygr.; zers. W unter Zischen $\rightarrow$ RbOH + H_2O_2
570	F		−425,6	weißes Pulver mit rötlichem Stich, mikroskopisch sehr feine blaßgelbe Nadeln
489	F		−527 −452	mattschwarze Verbindung

221. Übersichtstabelle

Formel	Name	Zustand	Mol.-Masse Dichte g·cm⁻³	System, Typ und Symbol	Einheitszelle Kantenlänge in Å	Winkel und M	Brechzahl n_D
RbH_2PO_4	dihydrogenphosphat	f	182,46	tetr. $H2_2$ $D_{2d}^{12}, I\bar{4}2d$	7,58	$M=4$	
$Rb_3PO_4 \cdot 4H_2O$	orthophosphat	f	423,44				
$RbReO_4$	perrhenat	f	335,67 5,7	tetr. $H0_4$ $C_{4h}^6, I4_1/a$	5,803 13,167	$M=4$	
$Rb_2[RuCl_6]$	hexachlororuthenat-(IV)	f	484,73				
Rb_2S	sulfid	f	203,00 2,912	kub. $C1$ $O_h^5, Fm3m$	7,64	$M=4$	
$RbHS$	hydrogensulfid	f	118,54	trig. $B22$ $D_{3d}^5, R\bar{3}m$	4,56	69,1° $M=1$	
Rb_2S_5	pentasulfid	f	331,26 2,618				
$RbSCN$	thiocyanat	f	143,55				
Rb_2SO_4	sulfat	f	267,00 3,613	orh. $H1_6$ $D_{2h}^{16}, Pnma$	5,97 10,43 7,81	$M=4$	1,5131 1,5133 1,5144
$RbHSO_4$	hydrogensulfat	f	182,54 2,892	orh. $D_{2h}^{21}, Cmma$	4,60 14,75 24,6	$M=16$	— 1,473 —
$Rb_2S_2O_6$	dithionat	f	331,06 2,89	trig. $K1_1$ $D_3^2, P321$	10,02 6,35	$M=3$	1,4574 1,5078
$Rb_2[SbCl_6]$	hexachloroantimonat	f	505,41 4,25	kub. $I1_1$ $O_h^5, Fm3m$	10,18	$M=4$	
$Rb_2[SeCl_6]$	hexachloroselenat	f	462,62 3,07	kub. $I1_1$ $O_h^5, Fm3m$	9,98	$M=4$	

Anorganische Verbindungen

Phasenumwandlungen		Standardwerte bei 25° C		Bemerkungen und Charakteristik
°C	ΔH kJ/Mol	C_p S^0 J/Molgrd	ΔH_B ΔG^0 kJ/Mol	
				piezoelektrisch; fbl. gut ausgebildete Prismen; Erhitzen→$RbPO_3$; sll. W; wss. Lsg. reagiert gegen Lackmus sauer; Al fällt aus der wss. Lsg. aus
				fbl. kurze Prismen, außerordentlich hygr.; wss. Lsg. reagiert alk; durch Al wieder ausgefällt
				oktaederähnliche Krist.; LW 20° 1%, Bdk. 0H_2O
				schw. Schuppen, undurchsichtig; ll. warmer verd. HCl hrot→dklrot; H_2S fällt daraus das gesamte Ru
530 Z*			−348	* im Vak.; $\chi_{Mol} = -40 \cdot 2 \cdot 10^{-6}$ cm³Mol⁻¹; weißes bis blaßgelbes krist. Pulver; zerfl. an feuchter Luft; beim Schmelzen Polysulfidbildung unter Verfärbung; l. W
130	U*	1,7	−268,2	* U B22→B1, kub., O_h^5, $a = 6,92$ Å, $M = 4$; weißglänzende undeutlich ausgebildete Nadeln; sehr zerfl.
231	F			$\chi_{Mol} = -61 \times 2 \cdot 10^{-6}$ cm³Mol⁻¹; dklkorallenrote Krist.; zerfl. an Luft→ dklrote Fl., aus der Schwefel abscheidet; sll. 70%ig Al
195	F		−226	fbl. Krist.
650 1074	U F		−1424	$\chi_{Mol} = -44,2 \times 2 \cdot 10^{-6}$ cm³Mol⁻¹; fbl. Krist., bei langsamem Verdampfen groß, hart und glasglänzend, sonst federartig; an Luft beständig; LW 20° 32,5%; unl. Aceton, Py
			−1145	fbl. strahlige Kristallmasse; nicht zerfl.; Erhitzen auf höhere Temp.→ $Rb_2S_2O_7$
				fbl. harte glasglänzende Krist.
				schw. glänzende mikroskopisch kleine Oktaeder, Strich viol.; zers. W
				gelbe Krist., Oktaeder

Formel	Name	Zustand	Mol.-Masse / Dichte g·cm⁻³	Kristalldaten System, Typ und Symbol	Einheitszelle Kantenlänge in Å	Winkel und M	Brechzahl n_D
Rb_2SeO_4	selenat	f	313,90 3,8995	orh.	0,5708 : 1 : 0,7386		1,5515 1,5537 1,5582
$Rb_2[SiF_6]$	hexafluorosilikat	f	313,02 3,332	kub. $I\,1_1$ $O_h^5, Fm3m$	8,45	$M = 4$	
$Rb_2[TeCl_6]$	hexachlorotellurat	f	511,26 3,146	kub. $I\,1_1$ $O_h^5, Fm3m$	10,23	$M = 4$	1,867
$Rb_2[ZrF_6]$	hexafluorozirkonat	f	376,15 2,971	kub. $I\,1_1$ $O_h^5, Fm3m$	10,178	$M = 4$	
Re	**Rhenium**						
$ReBr_3$	(III)-bromid	f	425,93				
$ReCl_3$	(III)-chlorid	f	292,56				
ReF_6	(VI)-fluorid	fl	300,19 3,616*				
ReO_2	(IV)-oxid	f	218,20 11,4	orh. $D_{2h}^{14}, Pbcn$	4,8094 5,6433 4,6007	$M = 4$	
ReO_3	(VI)-oxid	f	234,20 6,9	kub. $D\,0_9$ $O_h^1, Pm3m$	3,734	$M = 1$	
Re_2O_7	(VII)-oxid	f	484,39 6,103	orh. $D_{2h}^5,$ $Pmma$	12,5 15,25 5,48	$M = 8$	
$ReOF_4$	(VI)-oxidfluorid	f	278,19 3,717*				

Phasen-umwandlungen		Standardwerte bei 25° C			Bemerkungen und Charakteristik
°C	ΔH kJ/Mol	C_p S^0 J/Molgrd		ΔH_B ΔG^0 kJ/Mol	
					fbl. sehr große Krist.; stark hygr.
					opalisierendes durchscheinendes Pulver; LW 20° 0,16%; in S leichter l. als in W; unl. Al
					gelbe stark glänzende Krist., Oktaeder, luftbeständig zers. W→TeO$_2$-Nd.; l. verd. HCl, durch konz. HCl ausfällbar; wl. Al; beständig gegen Ä
					weißer Nd, mikroskopisch kleine Oktaeder; zers. bald an der Luft
				−140,6 −164,4	grünschw. Krist.; l. fl. NH$_3$; l. wss. HBr rot
				−200 −263,6	schw.rote stark glänzende Krist., beim Zerreiben hrotes Pulver; l. W mit langsamer Hydrolyse; l. fl. NH$_3$, Al, Propanol, Dioxan; wl. Ä; die saure Lsg. ist beständig gegen O$_2$
18,8 47,6	F V	21 28,8		−1150	* am Schmelzpunkt; blaßgelbe krist. Substanz; subl. glänzende federart. Krist.; zers. W→HReO$_4$+ReO$_2$·2 H$_2$O; l. konz. HNO$_3$ unter Bildung weißer Dämpfe; 8% NaOH zers. hydrolytisch→NaReO$_4$+NaF; mit org. Lösm. wie Al, Ä, Aceton, Egs, Bzl. Anilin, CS$_2$, CHCl$_3$, CCl$_4$ Schwärzung
		72,8		−424,7	schw.graue Substanz; schwache S greifen nicht an; l. konz. Halogenwasserstoffsäuren; l. 30% H$_2$SO$_4$ rot; mit H$_2$O$_2$, HNO$_3$, Chlor- oder Bromwasser→HReO$_4$
160	F	80,8		−610,9 −531,9	$\chi_{Mol} = +16 \cdot 10^{-6}$ cm^{3}Mol^{-1}; rotes feinkrist. Pulver, aber auch tiefblau oder blauviol.; luftbeständig; nicht hygr.; unl. k. W, h. verd. HCl, k. verd. NaOH; k. starke HNO$_3$→HReO$_4$
300,3 360,3	F V	66,15 74,1	166,2 207,3	−1238 −1063,2	$\chi_{Mol} = -8 \times 2 \cdot 10^{-6}$ cm^{3}Mol^{-1}; gelbe Krist.; sehr hygr.; l. W→HReO$_4$; ll. Al; wl. Ä
39,7 62,7	F V				* am Schmelzpunkt; schneeweiße Krist.; W hydrolysiert

Formel	Name	Zustand	Mol.-Masse Dichte g·cm⁻³	System, Typ und Symbol	Einheitszelle Kantenlänge in Å	Einheitszelle Winkel und M	Brechzahl n_D
$HReO_4$	Überrheniumsäure	f	251,20				
ReS_2	(IV)-sulfid	f	250,33 7,506				
Re_2S_7	(VII)-sulfid	f	596,85 4,866	tetr.	13,66 5,53	$M=5$	
Rh $RhCl_3$	**Rhodium** (III)-chlorid	f	209,26				
$RhCl_3 \cdot 4H_2O$		f	281,33				
$[Rh(NH_3)_6]Cl_3$	Hexamminrhodium(III)-chlorid	f	311,45 2,008				
$[Rh(NH_3)_5Cl]Cl_2$	(III)-chloropentamminchlorid	f	294,42 2,06	orh. $I\,1_s$ $D_{2h}^{16}, Pnma$	13,32 6,71 10,42	$M=4$	1,707 1,703 1,700
RhF_3	(III)-fluorid	f	159,90 5,38	trig. DO_{12} $D_{3d}^6\,R\bar{3}c$	5,33	54° 42′ $M=2$	
$[Rh(NH_3)_6](NO_3)_3$	Hexamminrhodium(III)-nitrat	f	391,10				
Rh_2O	oxid	f	221,81				
RhO	(II)-oxid	f	118,90				

Anorganische Verbindungen

°C	Phasen-umwandlungen ΔH kJ/Mol	Standardwerte bei 25° C C_p S^0 J/Molgrd	ΔH_B ΔG^0 kJ/Mol	Bemerkungen und Charakteristik
150	F		−762,3	feste gelbe Masse; erstarrt nach
		152,3	−652,9	Schmelzen zu klarem gelben Glas; starke S; beim Neutralisieren mit Alk→Salze
			−185,4	Halbleiter; schw. Blättchen von geringer Härte; unl. HCl, H$_2$SO$_4$, Alk, Alk-sulfidlsg.; Oxidationsmittel→HReO$_4$
				schw. feinverteiltes Pulver; unl. wss. Na$_2$SO$_3$-Lsg., Alk-hydroxid und -sulfid; bei Luftausschluß unl. HCl, H$_2$SO$_4$; HNO$_3$ und H$_2$O$_2$ oder Bromwasser oxid. zu HReO$_4$
		159	−230	$\chi_{Mol} = -7,5 \cdot 10^{-6}$ cm^{3}Mol^{-1}; braunrotes oder ziegelrotes Pulver; unl. W, S, Königsw.; l. in der Wärme in stark alk. Lsg. von Na- und K-tartrat, schwach alk. Lsg. von Na- und K-oxalat, konz. KCN-Lsg.
				dklrote glasart. Masse, zerrieben feines rotes Pulver; zerfl. an der Luft; ll. W, Al; unl. Ä
210 −NH$_3$				Tafeln oder flache Prismen; ll. W
				hschwefelgelbe Krist.; LW 25° 0,83%; l. Alk, wss. NH$_3$; unl. Al
				rotes feinkrist. Pulver; nicht hygr.; unl. W, konz. HCl, HNO$_3$, NaOH; konz. H$_2$SO$_4$ zers. in der Hitze→HF-Entwicklung; Na$_2$CO$_3$-Schmelze→ Rh$_2$O$_3$+NaF
				feines schneeweißes Kristallpulver; ll. W
1127 Z		73,2	−94,9	graues Pulver; unl. S, Königsw.
1121 Z		48,1 54	−100	dklgraues Pulver; unl. W, S, Königsw.

Formel	Name	Zustand	Mol.-Masse Dichte g·cm⁻³	Kristalldaten System, Typ und Symbol	Einheitszelle Kantenlänge in Å	Einheitszelle Winkel und M	Brechzahl n_D
Rh_2O_3	(III)-oxid	f	253,81 8,20	trig. $D\,5_1$ D_{3d}^6, $R\bar{3}c$	5,47	55,7° $M=2$	
$Rh_2O_3 \cdot$ 5 H_2O		f	343,88				
$Rh(OH)_3$	(III)-hydroxid	f	153,93				
Rh_2S_3	(III)-sulfid	f	302,00 6,40				
Rh_2S_5	(V)-sulfid	f	366,13 4,92				
$Rh_2(SO_4)_3 \cdot$ 4 H_2O	(III)-sulfat	f	566,06				
$Rh_2(SO_4)_3 \cdot$ 15 H_2O		f	764,22				
Rh_2Se_5	selenid	f	600,61 6,96				
Rh_2Te_5	tellurid	f	843,81 8,43				
Ru $H_4[Ru(CN)_6]$	**Ruthenium** (II)-cyanwasserstoffsäure	f	261,21				
$Ru(CO)_5$	pentacarbonyl	fl	241,12				
$Ru_2(CO)_9$	carbonyl	f	454,24	mkl.	0,5496: 1: 0,9861	100° 46′	
$RuCl_3$	(III)-chlorid	f	207,43 3,11				
$[Ru(NH_3)_6]Cl_3$	(III)-hexamminchlorid	f	309,61				

Anorganische Verbindungen

°C	Phasen-umwandlungen ΔH kJ/Mol	Standardwerte bei 25° C			Bemerkungen und Charakteristik
		C_p J/Molgrd	S^0	ΔH_B ΔG^0 kJ/Mol	
		104,1		−297	$\chi_{Mol} = +52 \times 2 \cdot 10^{-6}$ cm³Mol⁻¹; dklgrau bis schw. krist. Pulver; unl. W, S, Königsw.; KOH-Schmelze red. zum Metall
					zitronengelb; ll. H_2SO_4, HCl, HNO_3; l. HBr; wl. Weinsäure, HCN, konz. H_3PO_4; unl. Alk; frisch gefällt l. konz. KOH
					orgelbe glänzende Lamellen, spröde; l. W, S, Alk
					schw. sich fettig anfühlendes Pulver; unl. S, Königsw., Alk-sulfidlsg.
					dklgraue krist. Substanz; unl. verd. und konz. S, Königsw.
Z 280					„rotes Rhodiumsulfat"; rot, glasig; hygr.; bildet keine Alaune
					„gelbes Rhodiumsulfat"; gelber feinflockiger Nd.; bildet mit den Sulfaten des K, NH_4, Rb, Cs, Tl Alaune
					grauschw. mikrokrist.; beständig gegen verd. und konz. S; nur spurenweise l. Königsw.
					feines Pulver in gut ausgebildeten Kriställchen; unl. verd. und konz. S; rasch l. Königsw.
					perlmuttglänzende weiße Blättchen; ll, W, Al
−22	F				fbl. Fl., wird rasch gelb und scheidet $Ru_2(CO)_9$ ab; ll. Bzl, Al, Chlf, CCl_4; unl. W
					or. glänzende Krist., an Luft beständig; Z. an Luft > 150°; l. HNO_3, H_2SO_4, Al, Ä, Aceton, Chlf, Bzl, Egs-anhydrid, Py mit gelber Farbe
		159		−197	$\chi_{Mol} = +1998 \cdot 10^{-6}$ cm³Mol⁻¹; glänzende schw. Blättchen; unl. k. W; sied. W zers.; l. HCl; wl. Al
					kleine hgelbe Krist.; ll. W, HCl vermindert die L; mit konz. HCl → $[Ru(NH_3)_5Cl]Cl_2$ dklgelb, wl. k. W, ziemlich l. h. W; swl. konz. HCl

221. Übersichtstabelle

Formel	Name	Zustand	Mol.-Masse Dichte g·cm⁻³	Kristalldaten System, Typ und Symbol	Einheitszelle Kantenlänge in Å	Einheitszelle Winkel und M	Brechzahl n_D
[Ru(NH₃)₄(NO)Cl]Cl₂	(III)-tetrammin-nitroso-chlorochlorid	f	305,56				
RuCl₄·5 H₂O	(IV)-chlorid	f	332,96				
RuF₅	(V)-fluorid		196,06 2,963				
RuO₂	(IV)-oxid	f	133,07 6,97	tetr. C 4 D_{4h}^{14}, $P\,4_2/mnm$	4,51 3,11	$M=2$	
Ru(OH)₃	(III)-hydroxid	f	152,09				
RuO₄	(VIII)-oxid	f	165,07 3,29[1]				
RuS₂	(IV)-sulfid	f	165,20 6,14	kub. C 2 T_h^6, $Pa3$	5,59	$M=4$	
RuS₂O₃	(II)-dithionat	f	213,20				
[Ru(NH₃)₄(NO)(OH)]SO₄·H₂O	(III)-tetrammin-nitroso-hydroxosulfat	f	330,28	trikl.	1,63014: 1: 1,28274	110° 12′ 114° 4′ 83° 33′	
RuSe₂	(IV)-selenid	f	258,99	kub. C 2 T_h^6, $Pa3$	5,933	$M=4$	

Anorganische Verbindungen

Phasenumwandlungen		Standardwerte bei 25° C			Bemerkungen und Charakteristik
°C	ΔH kJ/Mol	C_p $\quad$ S^0 J/Molgrd	ΔH_B	ΔG^0 kJ/Mol	
					kleine dichte or. Krist.; swl. W, l. viel h. W; mit $H_2[PtCl_6] \rightarrow$ $[Ru(NH_3)_4(NO)Cl]PtCl_6$ sehr schwer, gelb, wl. W
					rote Krist.; zerfl. sofort an Luft; wss. Lsg. dklrotbraun; sehr rasch Hydrolyse; l. HCl
101	F				dklgrüne durchsichtige Masse; raucht an der Luft; sehr hygr.; W zers. $\rightarrow$ HF, RuO_4, niedere Oxide schw.; l. konz. HCl$\rightarrow$$Cl_2$-Entwicklung + $RuCl_4$; l. konz. NaOH$\rightarrow$Ruthenat + schw. Nd.
>955	F	60,7		−220	$\chi_{Mol} = +162 \cdot 10^{-6}$ cm^{3}Mol^{-1}; schw. blaues Pulver; met. glänzende blauschillernde Krist.; wird nicht angegriffen von S und Säuregemischen
					schw. braunes Pulver; unl. Alk; l. S mit gelber Farbe; wl. H_2SO_4, teilweise l. HNO_3, ll. Halogenwasserstoffsäuren
25	F^2				[1] für das geschmolzene Oxid; [2] gelb; [3] braun; gelbe Nadeln; sehr flch. ab
27	F^3				7°, Dämpfe giftig; unangenehmer Geruch; LW 20° 2%; l. verd. HCl, Alk, wss. und fl. NH_3, CCl_4; konz. HCl$\rightarrow$$RuCl_3$; konz. HJ explosionsart.$\rightarrow$$RuJ_3$; mit Al expl.; 2. Modifikation braun, körnig krist. Kugeln; fast unl. W; l. HCl erst in der Wärme
		73,2		−167	graue bläuliche Krist. oder hgrau kristallinisch; an Luft leicht oxydierbar; unl. W, S; l. HNO_3 unter Oxid.; auf trockenem Wege hergestelltes RuS_2 ist in allen S unl.
					dklgelbe kleine Krist., hgelbliches Pulver; bei 80° −SO_2; sll. W; l. S
100... 110 −H_2O					or.gelbe Krist.; gut ausgebildet; verwittern an der Luft; zll. W; unl. Al
					grauschw. gut krist. Produkt; unl. verd. und konz. S; Königsw. greift in der Hitze etwas an

Formel	Name	Zustand	Mol.-Masse Dichte g·cm⁻³	System, Typ und Symbol	Einheitszelle Kantenlänge in Å	Einheitszelle Winkel und M	Brechzahl n_D
RuTe₂	(IV)-tellurid	f	356,27	kub. $C\,2$ T_h^6, $Pa\,3$	6,373	$M=4$	
S	**Schwefel**						
S₂Br₂	Dischwefel= dibromid	fl	223,95 2,6355				1,62*
SCl₂	dichlorid	fl	102,97 1,6285				
SCl₄	tetra= chlorid	fl	173,88				
S₂Cl₂	Dischwefel= dichlorid	fl	135,03 1,678				1,670
SF₄	tetrafluo= rid	g	108,06 1,919*				
SF₆	hexafluo= rid	g	146,05 6,164*				**
S₂F₂	Dischwefel= difluorid	g	102,12 4,3*				

Phasen-umwandlungen		Standardwerte bei 25° C			Bemerkungen und Charakteristik
°C	ΔH kJ/Mol	C_p J/Molgrd	S^0	ΔH_B ΔG^0 kJ/Mol	
					blaugraues krist. Produkt; unl. verd. und konz. S; l. Königswasser in der Wärme
−46	F				* $\lambda = 782$ mμ; granatrote ölige schwere Fl.; zerfällt leicht in die Elemente, k. W und Al langsam→Schwefel; h. W und wss. KOH zers. sofort
−65 −24 (4 Torr)	F* V			−50,3	* Endschmelzpunkt; Bereich angegeben −78°···−61°; $\chi_{Mol} = -49,4 \cdot 10^{-6}$ cm^{3}Mol^{-1}; granatrote Fl; raucht an feuchter Luft stark→HCl; $D_4^0 = 1,6567$ g/cm^3; bei Dest. im Vak. etwas Cl$_2$-Absp.; W hydrolysiert vollständig
−31	F*			−57	* im geschl. Rohr unter Z.;
−76 138,1	F V	36	126	−60,2	$\varepsilon = 4,79$ (15°); $\chi_{Mol} = -31,1 \times 2 \cdot 10^{-6}$ cm^{3}Mol^{-1}; gelbe ölige Fl., raucht an der Luft→HCl-Absp.; stark ätzend; riecht unangenehm und greift Schleimhäute an; zerstört Kork und Kautschuk; Dampf sehr giftig; MAK: 1 cm^3/m^3 wird durch W hydrolysiert unter Abscheidung von Schwefel; l. Al, Ä, Bzl, CS$_2$, CCl$_4$; löst leicht Schwefel
−121 −38	F V	26,45		−736,6	* bei −73°; ϑ_{kr}; 70° fbl. Gas; charakteristischer, unangenehmer Geruch ähnlich S$_2$Cl$_2$, reizt zum Husten; sehr giftig; l. Bzl; vollständig l. W und wss. NaOH unter Z.
−178,9 −50,7 (1700 Torr) −63,7	U F Sb	1,607 5,02 22,8	96,1 290,4	−1096 −992	* mg/cm^3; ** n(0°; 760 Torr; 5462 Å) = 1,0007718; ϑ_{krit} 45,58°; p_{krit} 38,3 at; D_{krit} 0,730 g cm^{-3}; $\chi_{Mol} = -44 \cdot 10^{-6}$ cm^{3}Mol^{-1}; fbl. Gas, geruchlos, ungiftig, chem. inaktiv, nicht brennbar; swl. W, wl. Al; wird durch W nicht hydrolysiert; MAK: 1000 cm^3/m^3
∼−112 ∼−50	F V				* mg/cm^3; D^{-100} (fl.) 1,5 g/cm^3; fbl. Gas; schneeweiße Masse in fl. N$_2$; unangenehmer Geruch ähnlich S$_2$Cl$_2$, reizt Atmungsorgane, raucht an der Luft, zers. durch W; ziemlich reaktionsfähig, met. Na sofort→NaF

221. Übersichtstabelle

Formel	Name	Zustand	Mol.-Masse Dichte g·cm⁻³	Kristalldaten System, Typ und Symbol	Einheitszelle Kantenlänge in Å	Einheitszelle Winkel und M	Brechzahl n_D
H_2S	wasserstoff	g	34,08 1,539*	kub. C 2 O_h^5, $Fm3m$	5,78	$M=4$	**
^2H_2S	Deuteriumsulfid	g	36,09	kub. C 2 O_h^5, $Fm3m$			*
$(SN)_x$	nitrid	f	46,07 2,19				
S_2N_2	Dischwefeldinitrid	f	92,14				
S_4N_4	Tetraschwefeltetranitrid	f	184,28 2,20	mkl. C_{2h}^5, $P2_1/c$	8,75 7,16 8,65	92° 5′ $M=4$	
S_4N_2	Tetraschwefeldinitrid	f	156,27 1,71*				
$S_4N_4H_4$	Tetraschwefeltetraimid	f	188,31 1,88	orh. D_{2h}^{16}, $Pnma$	8,01 12,2 6,727	$M=4$	

Phasen-umwandlungen		Standardwerte bei 25° C		Bemerkungen und Charakteristik
°C	ΔH kJ/Mol	C_p S^0 J/Molgrd	ΔH_B ΔG^0 kJ/Mol	
−169,6 U	1,51	34,22	−20,7	* kg/Nm³; D^{20} bezogen auf Luft = 1,189; ** n(0°; 760 Torr; 5462 Å) = 1,0006499; ϑ_{krit} 100,38°, p_{krit} 88,87 at, D_{krit} 0,349 g cm⁻³; fbl. Gas; unangenehmer fauliger Geruch; brennt mit blaßblauer Flamme, entzündet sich bei 260°; expl. Gemische mit Luft 4,3... 46 Vol% H₂S; l. W, Al, Ä, Glycerin; starkes Red.mittel; giftig; MAK: 20 cm³/m³
−146,9 U	0,45	205,5	−33	
−85,6 F	2,38			
−60,4 V	18,67			
−165,3 U	1,682	35,70	−23,9	* n(0°; 760 Torr; 5462 Å) = 1,0006405
−140,3 U	0,519	219,6	−35,37	
−86,01 F	2,365			
Z 130				aus S₂N₂ bei Polym.; blaue Krist. mit messingart. Glanz, stark gestreift, faserig; unl. in allen gebr. Lösm.; verd. NaOH greift langsam an, konz. rascher; Z. ohne Expl.
				fbl. Krist., widerlicher jodart. Geruch; Darst. aus S₄N₄ bei −80°; expl. beim Zerreiben und ab 30°; bei 20°→polym. (SN)$_x$; l. Al gelbrot; fbl. l. Bzl, Ä, CCl₄, Dioxan, Aceton; W und S benetzen nicht; reagiert lebhaft mit Alk
178	F		533,9	$\chi_{Mol} = -25,5 \times 4 \cdot 10^{-6}$ cm³Mol⁻¹; or.gelbe Krist., bei −30° hgelb, bei 100° or.rot; expl. bei Schlag, Reibung, Stoß und Erhitzen >130° unter Luftabschluß; Erhitzen an Luft→rasche Verbrennung ohne Expl.; unl. W; L Bzl 0° 2,26 g/l, 30° 8,69 g/l; L Al 0° 0,64 g/l, 20° 1,05 g/l; l. Dioxan, CS₂; wl. Ä
				* D^{20} (fl.) der unterkühlten Schmelze; dklrote widerlich riechende Substanz; wenig beständig; bei 100° explosionsart. Z.; l. Bzl und Homologen, Nitrobzl., CS₂, CHCl₃; wl. Al; unl. W, jedoch langsame Hydrolyse
152 Z	F			$\chi_{Mol} = -22 \times 4 \cdot 10^{-6}$ cm³Mol⁻¹; fbl. kleine glänzende Krist.; 80...100° Verfärbung nach Rot; nicht expl.; unl. W, wl. org. Lösm., etwas l. Aceton, Al, Bzl bei höherer Temp.; ll. Py

Formel	Name	Zustand	Mol.-Masse Dichte $g \cdot cm^{-3}$	System, Typ und Symbol	Kantenlänge in Å	Winkel und M	Brechzahl n_D
$S_6(NH)_2$	Hexaschwefeldiimid	f	222,41	orh. $D_{2h}^{16}, Pnma$	7,87 12,83 7,38	$M=4$	
S_7NH	Heptaschwefelimid	f	239,46 2,01	orh. $D_{2h}^{16}, Pnma$	8,04 13,03 7,61	$M=4$	
SO_2	dioxid	g	64,06 2,9262*	orh. $C_{2v}^{17}, Aba2$	6,04 6,09 5,95	$M=4$	**
$SO_3 \gamma$	trioxid	fl	80,06 1,9229	orh. $C_{2v}^{9}, Pna2_1$	10,7 12,3 5,3	$M=12$	
SO_3		f	80,06 2,42	mkl. $C_{2h}^{5}, P2_1/c$	9,27 4,06 6,20	109° 9' $M=4$	
H_2SO_4	säure	fl	98,08 1,834				
$H_2SO_4 \cdot H_2O$		fl	116,09 1,788				
$H_2SO_4 \cdot 2 H_2O$		fl	134,11 1,650				
$H_2SO_4 \cdot 3 H_2O$		fl	152,12				
$H_2SO_4 \cdot 4 H_2O$		fl	170,14				

Anorganische Verbindungen

Phasen-umwandlungen		Standardwerte bei 25° C			Bemerkungen und Charakteristik
°C		ΔH kJ/Mol	C_p S^0 J/Molgrd	ΔH_B ΔG^0 kJ/Mol	
					reinst fbl. durchsichtige Krist., sonst etwas gelblich; unl. W; ll. Aceton, Py, Tetrahydrofuran
113,5	F				fast fbl. feste Substanz; unl. W, l. Bzl, Xylol, Chlf, Ä, Dioxan, Aceton, Py und verschiedenen Alkoholen; L CCl$_4$ 20° 0,811 g/100 ml
−75,5 −10,08	F V	7,4 24,9	39,87 248,1	−270 −300	* kg/Nm³; D^{-10}(fl.) = 1,46 g/cm³; ** n(0°; 760 Torr; 5462 Å) = 1,0006796; ϑ_{krit} 157,5°; p_{krit} 80,4 at; D_{krit} 0,525 g cm^{-3}; χ_{Mol} = −18,2 · 10^{-6} cm³Mol^{-1} für SO$_2$ bei Zimmertemp.; fbl. Gas, stechender Geruch, nicht brennbar; LW 20° 9,5%; fl. SO$_2$ l. Me, Al, Ä, Chlf, Aceton, H$_2$SO$_4$, S$_2$Cl$_2$; wirkt stark red., gärungshemmend, konservierend; MAK: 5 cm³/m³
16,8 43,3	F V	2,0 41,8		−437,9	$\bar{\gamma}$(−190 ··· −78° C) = 280 · 10^{-6} grd^{-1}; ϑ_{krit} 218,3°; p_{krit} 83,8 at; D_{krit} 0,633 g cm^{-3}; D^{100}(g) bezogen auf Luft = 2,75; D(f) = 1,9422 g/cm³; „eisartige Form"; fbl. durchscheinende Masse; sehr hygr.; raucht an der Luft; mit W explosionsartig→H$_2$SO$_4$
32,5 (β) 62,2 (α)	F F	10,3 25,5			„asbestartige Form"; nadelförmige Krist.
10,38 338	F V	10,71	138,9 156,9	−811,3 −932	$\bar{\gamma}$(−191 ... 78° C) = 220 · 10^{-6} grd^{-1}; klare, schwer bewegliche, fbl. Fl.; verkohlt org. Stoffe; MAK: 1 mg/m³ Luft; „konz. Schwefelsäure" ist bei 332,5° konstant siedendes Gemisch mit 1,7% W; fbl. stark ätzende Fl.; nimmt begierig W auf unter starker Erwärmung; D_4^{20} 1,838 g/cm³
8,49	F	19,41	215,1 211,3	−1127	$\bar{\gamma}$(−192... −78° C) = 80 · 10^{-6} grd^{-1}
−39,46	F	18,24	261 276,7		
−36,4	F	24,0	320,9 335,4		
−28,26	F	30,64	386,2 414,5		außerdem noch H$_2$SO$_4$ · 6 H$_2$O F: −54°; H$_2$SO$_4$ · 8 H$_2$O F: −62°

Formel	Name	Zustand	Mol.-Masse Dichte g·cm⁻³	Kristalldaten System, Typ und Symbol	Einheitszelle Kantenlänge in Å	Winkel und M	Brechzahl n_D
$SOCl_2$	Thionyl=chlorid	fl	118,97 1,638				1,517
SO_2Cl_2	Sulfuryl=chlorid	fl	134,97 1,667				1,4437
$S_2O_5Cl_2$	Disulfuryl=chlorid	fl	215,03 1,837				1,449
HSO_3Cl	Chlor=sulfon=säure	fl	116,52 1,753				1,437
SOF_2	Thionyl=fluorid	g	86,06 2,9*				
SO_2F_2	Sulfuryl=fluorid	g	102,06 3,55*				
HSO_3F	Fluor=sulfon=säure	fl	100,07 1,74				
$(NH_2)SO_3H$	Amido=sulfon=säure	f	97,09 2,12	orh. $D_{2h}^{15}, Pbca$	8,06 8,05 9,22	$M=8$	1,553* 1,563* 1,568*
$SO_2(NH_2)_2$	Sulfamid	f	96,11 1,807	orh. $C_{2v}^{19}, Fdd2$			
Sb $SbBr_3$	**Antimon** (III)-bromid	f	361,48 4,148	orh. $D_2^4,$ $P2_12_12_1$	0,7808: 1: 1,1645		>1,74

Anorganische Verbindungen

°C	Phasen-umwandlungen	ΔH kJ/Mol	C_p J/Molgrd	S^0 J/Molgrd	ΔH_B kJ/Mol	ΔG^0 kJ/Mol	Bemerkungen und Charakteristik
−104,5 75,3	F V	31,7	120,5		−205,9		fbl. Fl.; stark lichtbrechend, raucht an der Luft; hautätzend; zers. W→ HCl und SO$_2$; mischbar Bzl, Chlf, CCl$_4$
−54,1 69,4	F V	31,4	77,4 311,3		−389,1		$\chi_{Mol} = -54 \cdot 10^{-6}$ cm^{3}Mol^{-1}; $\varepsilon = 10,0$ (21,5°); Fl., ätzt die Haut; Dampf sehr giftig; mit W langsam→H$_2$SO$_4$, HCl, Cl$_2$
−37 153	F V		232,2		−697		Fl. von eigentümlichem Geruch; hygr.; raucht aber nicht stark an der Luft
−80 152	F V				−597		fbl. Fl. von stechendem Geruch; raucht stark; hautätzend; zers. explosionsart. mit W, auch beim Vermischen mit Al; als S stark assoziiert
−110 −43,8	F V	21,8	56,82 250				* D (g) 0° 760 Torr bezogen auf Luft; ϑ_{krit} 89,0°; p_{krit} 57,1 at; fbl. Gas; in fl. Luft feste weiße Substanz; raucht schwach an feuchter Luft; wird leicht hydrolysiert
−136,7 −55,4	F V						* D (g) 15° auf Luft bezogen; D (fl.) 182...204° K = 2,576−0,004044 T; fbl. und geruchloses Gas, in fl. N$_2$ schneeweiße Krist.; gegen chemische Einwirkungen sehr beständig; l. W ohne Z.
162,6	V						dünne fbl. Fl., schwach stechender Geruch; raucht an der Luft; reagiert heftig mit W; sehr starke S; erstarrt in fl. Luft zu glasiger Masse
205 Z	F						* $\lambda = 5461$ Å; große glashelle Krist., luftbeständig, nicht hygr., beständig gegen k. W; LW 20° 17,6%, 60° 27%; Kochen mit Al→NH$_4$-Alkyl-sulfate
92	F						fbl. Tafeln, nicht hygr., geschmacklos, an Luft beständig; ll. W; gut l. Me, Al, Egester, CH$_3$COOCH$_3$; swl. trocknem Ä
97 280	F V	14,7 59			−260		ϑ_{krit} 631,5° C, $p_{krit} = 56$ atm; $\bar{\gamma}(-79...+17°$ C$) = 260 \cdot 10^{-6}$ grd^{-1}; $\varepsilon(3,75 \cdot 10^8$ Hz$) = 5,1$; $\chi_{Mol} = -115 \cdot 10^{-6}$ cm^{3}Mol^{-1}; weiße seidenglänzende Krist.masse, hygr.; hydrolysiert in W; l. HCl, HBr, Aceton, CS$_2$, CCl$_4$, Toluol

Formel	Name	Zustand	Mol.-Masse / Dichte g·cm⁻³	System. Typ und Symbol	Einheitszelle Kantenlänge in Å	Winkel und M	Brechzahl n_D
$SbCl_3$	(III)-chlorid	f	228,11 3,14	orh.			
$SbCl_5$	(V)-chlorid	fl	299,02 2,346	hex. D_{6h}^4, $P6_3/mmc$	7,49 8,01	$M=2$	1,601
$HSbCl_6$	Hexachlorantimonsäure	f	335,48				
SbF_3	(III)-fluorid	f	178,75 4,38	orh. C_{2v}^{16}, $Ama2$	7,25 7,49 4,95	$M=4$	
SbF_5	(V)-fluorid	fl	216,74 2,99				
SbH_3	wasserstoff	g	124,77 5,30*				
SbJ_3	(III)-jodid		502,46 4,85	trig. $D0_5$ C_{3i}^2, $R\overline{3}$	7,48 20,89	$M=6$	2,78* 2,36*
Sb_2O_4	tetroxid	f	307,50 3,9	orh. C_{2v}^9, $Pna2_1$	5,424 11,76 4,804	$M=4$	1,83 2,04 2,04

Phasen-umwandlungen		Standardwerte bei 25° C			Bemerkungen und Charakteristik
°C	ΔH kJ/Mol	C_p J/Molgrd	S^0	ΔH_B ΔG^0 kJ/Mol	
73,3 F 221 V	12,68 45,19		186,2	−382,2 −301,5	$\vartheta_{krit} = 524°$ C, $p_{krit} = 61$ atm; $\varepsilon(3,6 \cdot 10^8$ Hz$) = 5,4$; $\chi_{Mol} = -86,7 \cdot 10^{-6}$ cm³Mol⁻¹; fbl. lange Krist. oder krist. Masse, zerfl.; raucht an der Luft, stark ätzend; LW 20° 90 %; mit viel W Hydrolyse→SbOCl; l. Al, Ä, Aceton, Bzl, CS₂, Tartrat; gutes Lösungsvermögen für viele Stoffe; giftig
4 F 70 V 18 Torr ~140 Z V	10 48,1			−438,5	$\varepsilon(3,8 \cdot 10^8$ Hz$) = 3,8$; fbl. bis gelbe ölige Fl., raucht an der Luft; mit wenig W→SbCl₅ · H₂O fest, auch SbCl₅ · 4 H₂O; mit viel W Hydrolyse→Sb₂O₅, l. HCl, Weinsäure; giftig
					grünliche Prismen, sehr hygr.; ll. Al, Aceton, Eg, wenig W, mit viel W Hydrolyse
290 F 376 V				−908,8	$\chi_{Mol} = -46 \cdot 10^{-6}$ cm³Mol⁻¹; schneeweiße Krist., schmeckt sehr sauer; raucht nicht an der Luft; LW 20° 82 % ohne Z.; Krist. zerfl. und zers. unter Abgabe von HF; starkes Red.mittel
8,3 F 142,7 V	9,74				fbl. dicke ölige Fl.; ätzt stark die Haut; sehr hygr.
−88 F −17 V	21,2				* mg/cm³; D^{15} bezogen auf Luft = 4,36; ϑ_{krit} 173° C; fbl. leicht entzündliches Gas von charakteristischem Geruch; empfindlich gegen Luft; zers. S, Alk; giftig, MAK: 0,1 cm³/m³
170 F 400 V	17,6 68,6			−95,4	* $\lambda = 671$ mμ; $\vartheta_{krit} = 828°$ C, $p_{krit} = 55$ atm; $\bar{\gamma}(-79...17°$ C$) = 170 \cdot 10^{-6}$ grd⁻¹; $\varepsilon(3,75 \cdot 10^8$ Hz$) = 9,1$; $\chi_{Mol} = -147 \cdot 10^{-6}$ cm³Mol⁻¹; rote blättchenförmige Krist., an der Luft Verfärbung nach gelb→SbOJ; Schmelzen: granatrote Fl., Dampf or.rot; mit W Hydrolyse→SbOJ; l. HJ, HCl, KJ, CS₂, Bzl
930 Z		114,6	126,8	−817,1 −706	$\varepsilon(1,75...2 \cdot 10^6$ Hz$) = 10,1$; winzige glitzernde Krist., beim Erhitzen gelb, unschmelzbar, bei höheren Temp.→Sb₂O₃+O₂; unl. W, wl. S, l. HCl, KOH

Formel	Name	Zustand	Mol.-Masse Dichte $g \cdot cm^{-3}$	Kristalldaten System, Typ und Symbol	Einheitszelle Kantenlänge in Å	Winkel und M	Brechzahl n_D
Sb_2O_5	(V)-oxid	f	323,50 3,78	kub.	10,22		
Sb_4O_6	(III)-oxid Senarmontit	f	583,00 5,2	kub. $D\,5_4$ $O_h^7, Fd3m$	11,16	$M=16$	2,087
Sb_4O_6	Valentinit	f	583,00 5,67	orh. $D\,5_{11}$ $D_{2h}^{10}, Pccn$	4,92 12,46 5,42	$M=4$	2,18 2,35 2,35
SbOCl	oxidchlorid	f	173,20	mkl. $C_{2h}^5, P2_1/c$	9,54 10,77 7,94	103,6° $M=12$	
Sb_2S_3	(III)-sulfid	f	339,69 4,61				
Sb_2S_3	Antimonglanz	f	339,69 4,63	orh. $D\,5_8$ $D_{2h}^{16}, Pnma$	11,20 11,28 3,83	$M=4$	3,41 4,37 5,12
Sb_2S_5	(V)-sulfid	f	403,82 4,12				
$(SbO)_2SO_4$	Antimonylsulfat	f	371,56				
$Sb_2(SO_4)_3$	sulfat	f	531,68				
Sb_2Se_3	(III)-selenid	f	480,38 5,8	orh. $D_{2h}^{16}, Pnma$	11,62 11,77 3,962	$M=4$	
Sb_2Te_3	(III)-tellurid	f	626,30 6,47	trig. $D_{3d}^5, R\overline{3}m$	4,252 29,96	$M=3$	

°C	ΔH kJ/Mol	C_p J/Molgrd	S^0 J/Molgrd	ΔH_B kJ/Mol	ΔG^0 kJ/Mol	Bemerkungen und Charakteristik
		117,7	125,1	−880 −742		feines blaßgelbes Pulver, im Vak. sublimierbar; unl. Al wl. W, wss. KOH; l. HCl, Alk-Schmelze; >300° Verlust von $O_2 \rightarrow Sb_2O_4$
557	U^* 13,6	202,8	246,0	−1400 −1237		* U kub.→orh.; $\varepsilon(1{,}75\ldots2\cdot10^6\,\text{Hz})=12{,}8$; weißes krist. Pulver, beim Erhitzen gelb; unl. W, l. HCl, Alk, Alksulfidlsg., Weinsäure, sauren Tartraten; wl. verd. HNO_3, H_2SO_4; giftig
655 1456	F V 17,6					fbl. oder weißlich; unl. W; l. konz. HCl, Königsw., sublimierbar
170 Z.					−380	$\chi_{\text{Mol}} = -37\cdot10^{-6}\,\text{cm}^3\text{Mol}^{-1}$; Antimonylchlorid; fbl. Krist. oder krist. Pulver; l. HCl, Weinsäure, CS_2; mit W Hydrolyse→Sb_2O_5
546 1150	F V 23,43		166	−160 −156		Halbleiter; grauschw. Pulver; 2. Modifikation or.rot, durch Fällung mit H_2S, $D=4{,}12\,\text{g/cm}^3$; LW 18° $1{,}7\cdot10^{-4}\%$ l. h. HCl, Alk, Polysulfidlsg., wl. wss. NH_3; subl. bei 530° C im Vak.
						$\chi_{\text{Mol}} = -43\times2\cdot10^{-6}\,\text{cm}^3\text{Mol}^{-1}$; bleigraue Krist., undurchsichtig, metallglänzend, sehr leicht schmelzbar
						or.gelbes feines Pulver; unl. W, l. h. wss. NH_3, Alk und -carbonatlsg., -sulfidlsg. unter Bildung von Thioantimonaten; l. HCl→H_2S-Entwicklung; giftig
						weißes Pulver; unl. W; l. verd. Weinsäure
						fbl. Krist., an der Luft zerfl.; k. W zers.→basisches Sulfat, beim Kochen vollständige Hydrolyse
605	F					Halbleiter; bleigraue met. Substanz von kristallinem Bruch, gefällt: schw. Nd., trocken mit Metallglanz; l. konz. HCl, Alk-selenidlsg.→Selenoantimonid
620	F				−117	Halbleiter; stahlgraue Substanz, met. glänzend, gefällt schw., an Luft beständig; k. verd. HCl greift nicht an; l. HNO_3, Königswasser; verd. HNO_3→SbH_3-Entwicklung

Formel	Name	Zustand	Mol.-Masse Dichte g·cm⁻³	System, Typ und Symbol	Einheitszelle Kantenlänge in Å	Winkel und M	Brechzahl n_D
Sc	**Scandium**						
ScBr₃	bromid	f	284,78 3,914				
ScCl₃	chlorid	f	151,32 2,38	trig. $D\,0_5$ $C_{3i}^2, R\bar{3}$	6,979	54° 26′ $M=2$	
ScCl₃ · 6 H₂O		f	259,41				
ScN	nitrid	f	58,96 4,21	kub. $B\,1$ $O_h^5, Fm3m$	4,45	$M=4$	
Sc(NO₃)₃ · 4 H₂O	nitrat	f	303,03				
Sc(OH)₃	hydroxid	f	95,98 2,65	kub. $T_h^5, Im3$	7,882	$M=8$	
Sc₂O₃	oxid	f	137,91 3,89	kub. $D\,5_3$ $T_h^7, Ia3$	9,81	$M=16$	
Sc₂(SO₄)₃	sulfat	f	378,10 2,579				
Se	**Selen**						
SeBr₄	(IV)-bromid	f	398,60				
Se₂Br₂	Diselendibromid	fl	317,74 3,604				
SeCl₄	(IV)-chlorid	f	220,77				
Se₂Cl₂	Diselendichlorid	fl	228,83 2,774				

Anorganische Verbindungen

Phasen-umwandlungen			Standardwerte bei 25° C		Bemerkungen und Charakteristik
°C		ΔH kJ/Mol	C_p S^0 J/Molgrd	ΔH_B ΔG^0 kJ/Mol	
927	Sb	264		−751	fbl. Krist.
960	Sb	272		−923,4	weiße krist. Masse; perlmuttglänzende Schuppen; ll. W; zll. Al, Ä
					verfilzte Masse feiner weißer Nadeln; gibt beim Erhitzen HCl neben H_2O ab
2647	F				tief dklblaue Substanz; KOH-Schmelze→NH_3; sll. HCl, HNO_3, H_2SO_4
150	F				fbl. platte kleine Prismen; zerfl.; ll. W, Al
					weißer voluminöser Nd., halb durchsichtig; LW 20° $1,2 \cdot 10^{-7}$ %; unl. Alk, NH_3; ll. verd. S, Na_2CO_3
			104,0	−1715	schneeweißes lockeres leichtes Pulver; unschmelzbar; verd. S greifen nur wenig an; ll. h. starken S; l. sied. verd. H_2SO_4; wl. HNO_3
					weiße kleine dünne Krist.; undurchsichtig; hygr.; LW 25° 28,5%, Bdk. 5 H_2O
					or.rote Krist., gepulvert gelb; unangenehmer Geruch; an Luft unbeständig→Se_2Br_2→Se; l. wenig W gelb; mit viel W zers.→H_2SeO_3+HBr; l. HCl, HBr, CS_2, Chlf, C_2H_5Br; l. Al teilweise Z.; fl. NH_3 zers. lebhaft
					dklrote Fl. von unangenehmem Geruch; zers. an feuchter Luft→H_2SeO_3+HBr; zers. h. W; l. wss. KOH, wss. NH_3 unter langsamer Z.; zers. Al; l. Chlf, CS_2, C_2H_5Br
196 305	Sb F*		213	−193	* im geschl. Rohr; weiße bis gelbliche kleine Krist.; zerfl. an feuchter Luft; l. W unter Z.→SeO_2+HCl; fast unl. CS_2, Al, Ä, Chlf, CCl_4, Acetylchlorid, Benzoylchlorid; unl. fl. SO_2, Cl_2, Br_2
−85 127	F V			−83,7	$\chi_{Mol} = -47,4 \times 2 \cdot 10^{-6}$ cm^{3}Mol^{-1}; klare rotbraune Fl.; zers. an feuchter Luft; mit W und wss. KOH allmählich→H_2SeO_3, HCl, Se; fl. NH_3 zers.→Se; l. rauchender H_2SO_4, Chlf, CCl_4, Bzl, Toluol, Xylol; ll. CS_2

221. Übersichtstabelle

Formel	Name	Zustand	Mol.-Masse Dichte g·cm⁻³	System, Typ und Symbol	Einheitszelle Kantenlänge in Å	Winkel und M	Brechzahl n_D
SeF_6	(VI)-fluorid	g	192,95 8,7*				**
H_2Se	wasserstoff	g	80,98 3,6624*	kub. C 1 $O_h^5, Fm3m$	6,03	$M=4$	
Se_4N_4	Tetraselentetranitrid	f	371,87				
SeO_2	(IV)-oxid	f	110,96 3,95	tetr. C 47 D_{4h}^{13}, $P4_2/mbc$	8,353 5,051	$M=8$	
$SeOBr_2$	(IV)-oxidbromid	f	254,78 3,38				
$SeOCl_2$	(IV)-oxidchlorid	fl	165,97 2,435				1,65159
$SeOF_2$	(IV)-oxidfluorid	fl	132,96 2,67				
H_2SeO_3	Selenige Säure	f	128,97 3,004	orh. D_2^4, $P2_12_12_1$	10,75 16,41 8,35	$M=4$	

Phasen-umwandlungen °C		Standardwerte bei 25° C			Bemerkungen und Charakteristik
	ΔH kJ/Mol	C_p J/Molgrd	S^0	ΔH_B ΔG^0 kJ/Mol	
−34,6 1500 Torr	F	6,69	110,0 314,2	−1029	* kg/Nm³; D^{-10} (fl.) 2,108 g/cm³; ** $n(0°; 760$ Torr; 5462 Å) = 1,0009047; $\varkappa_{Mol} = -51 \cdot$ 10^{-6} cm³Mol⁻¹; fbl. Gas; klare bewegliche Fl., weiße schneeart. Masse; giftig; verursacht Atembeschwerden; nicht zers. beim Aufbewahren; nicht hydrolysiert durch W oder 3 n KOH
−190,9 −100,6 −65,73 −41,5	U U F V	1,57 1,12 2,51 19,7	34,56 218,9	85,7	* kg/Nm³; D^{-42} (fl.) 2,12 g/cm³; fbl. Gas; wasserhelle Fl.; weiße krist. Substanz; subl. leicht; ziemlich leicht zers. an feuchter Luft; LW 4° 377 cm³, 22,5° 270 cm³/100 cm³ H₂O; fbl. Lsg., an Luft Rotfärbung→Se; zers. konz. H₂SO₄, HNO₃; l. CS₂; giftig; MAK: 0,05 cm³/m³ Luft
					hrotes bis or.farbenes Pulver; sehr expl.; unl. k. W; sied. W zers. langsam; expl. mit HCl; mit verd. S, KOH→NH₃
315 340	Sb F*			−240,8	* im geschl. Rohr; $\varkappa_{Mol} = -27,2 \cdot$ 10^{-6} cm³Mol⁻¹; blendend weiße krist. Substanz; glänzende Nadeln; hygr.; mit W sofort→H₂SeO₃; ll. W, Al, Me; l. wfreier H₂SO₄, H₂SeO₄; l. S₂Cl₂ unter Z.; swl. Aceton; unl. Bzl, CCl₄, fl. SO₂; giftig; MAK: 0,14 mg/m³ Luft
41,5 217 Z.	F V				lange gelbliche Nadeln; an feuchter Luft rasch zerfl. zu rotbrauner Fl.; mit W→H₂SeO₃+HBr; l. konz. H₂SO₄, Chlf, CS₂, CCl₄, C₂H₂Cl₄, Bzl, Toluol, Xylol
10,8 177,6	F V	4,23 42,7			$\varkappa_{Mol} = -48,6 \cdot 10^{-6}$ cm³Mol⁻¹; fahlgelbe Fl., stark ätzend; raucht an feuchter Luft; ll. W→H₂SeO₃+ HCl; l. CCl₄, Chlf, AsCl₃, CS₂, Bzl, Toluol, Ä
4,6 124	F V				fbl. rauchende Fl. von ozonart. Geruch; klare eisart. Masse; greift Glas an; W hydrolysiert vollständig; ll. Al
66,5	F				fbl. Krist.; zerfl. an feuchter Luft; verwittern an trockener Luft, sll. W; l. Al; unl. wss. NH₃; leicht red. durch Aldehyd, Sulfit, SO₂; MAK: 0,12 mg/m³ Luft

Formel	Name	Zustand	Mol.-Masse / Dichte g·cm⁻³	System, Typ und Symbol	Einheitszelle Kantenlänge in Å	Winkel und M	Brechzahl n_D
H_2SeO_4	säure	f	144,97 2,9	orh. D_2^1, $P222$	8,17 8,52 4,61	$M=4$	
$H_2SeO_4 \cdot H_2O$		f	162,99 2,63				
Si $SiBr_4$	**Silicium** tetrabromid	fl	347,72 2,814				1,5685
Si_2Br_6	Disiliciumhexabromid	f	535,63				
SiH_3Br	Monobromsilan	g	111,02 5,058*				
SiH_2Br_2	Dibromsilan	fl	189,92 2,17*				
$SiHBr_3$	Tribromsilan	fl	268,82 2,7				
SiC	carbid	f	40,1 3,20	hex. C_{6v}^4, $P6_3mc$	3,07 10,05	$M=4$	

Phasen-umwandlungen		Standardwerte bei 25° C		Bemerkungen und Charakteristik
°C	ΔH kJ/Mol	C_p S^0 J/Molgrd	ΔH_B ΔG^0 kJ/Mol	
60	F 14,4		$-538,1$	fbl. Krist.; geschmolzen ölige Fl.; bei 172° im Hochvak. unzers. destillierbar; sehr hygr.; sll. W; l. H_2SO_4; unl. wss. NH_3, Ä; verkohlt org. Substanzen; wird red. durch Aldehyd, org. S, Zucker; h. konz. H_2SeO_4 greift Au und Pt an; MAK: 0,18 mg/m³ Luft
25	F			kurze breite glänzende Krist.; die Schmelze neigt stark zur Unterkühlung
5,2 152,8	F V 37,9		-398	$\vartheta_{krit}=383°$ C; $\chi_{Mol}=-128,6 \cdot 10^{-6}$ cm³Mol^{-1}; fbl., vollkommen klare, ölige Fl.; raucht stark an der Luft; fest: weiße Schuppen mit Perlmuttglanz; zers. W unter starker Erwärmung→HBr und Kieselsäure
95 240	F V			fester weißer Körper, gut krist.; durch Luftfeuchtigkeit rasch hydrolysiert; zers. W, Alk, wss. NH_3; l. CCl_4, Chlf, CS_2, Bzl, $SiCl_4$, $SiBr_4$
-94 1,9	F V 24,4	53,09 262,6		* kg/Nm³; D^{-80} (fl.) 1,72 g/cm³, D^0 (fl.) 1,533 g/cm³; fbl. stechend riechendes Gas; entzündet sich sofort an Luft; mit W→Disiloxan; zers. NaOH→SiO_2+HBr+H_2
$-70,1$ 66	F V 31,0			* bei 0° C; fbl. leicht bewegliche Fl.; ziemlich stark lichtbrechend; entzündet sich an der Luft; sehr empfindlich gegen Feuchtigkeit; zers. W, Alk
$-73,5$ 111,8	F V 34,8			fbl. Fl.; raucht stark an der Luft und entzündet sich spontan; W, Alk zers. lebhaft
		26,56 16,46	$-111,7$ $-109,3$	$\bar{\gamma}(18...1200°$ C$)=6,25 \cdot 10^{-6}$ grd^{-1}; $\varkappa((50...200$ at^{-1}), 20° C$)=0,37 \cdot 10^{-6}$ at^{-1}; Halbleiter; $\chi_{Mol}=-12,8 \cdot 10^{-6}$ cm³Mol^{-1}; ,,α-SiC''; β-SiC kub. $B\ 3, T_d^2, F\bar{4}3m, a=4,35$ Å, $M=4$; in reinem Zustand fbl. Krist., sonst grün bis blauschw., schillernd; sehr widerstandsfähig; unl. konz. S, selbst HNO_3+HF; Aufschluß mit Alk-Schmelze bei Luftzutritt

221. Übersichtstabelle

Formel	Name	Zustand	Mol.-Masse / Dichte g·cm⁻³	System, Typ und Symbol	Kantenlänge in Å	Winkel und M	Brechzahl n_D
SiH₃Cl	Monochlorsilan	g	66,56 / 3,033*				
SiH₂Cl₂	Dichlorsilan	g	101,01 / 4,599*				
SiHCl₃	Trichlorsilan	fl	135,45 / 1,34				
SiCl₄	tetrachlorid	fl	169,90 / 1,483				1,413
Si₂Cl₆	Disiliciumhexachlorid	fl	268,89 / 1,56				1,4748
SiF₃Cl	trifluorchlorid	g	120,53 / 5,4549*				
SiF₂Cl₂	difluordichlorid	g	136,99 / 6,2756*				
SiFCl₃	fluortrichlorid	g	153,44 / 6,5046*				
SiJCl₃	jodtrichlorid	fl	261,35				
SiHF₃	Trifluorsilan	g	86,09 / 3,86*				

Phasen-umwandlungen		Standardwerte bei 25°C		Bemerkungen und Charakteristik
°C	ΔH kJ/Mol	C_p S^0 J/Molgrd	ΔH_B ΔG^0 kJ/Mol	
−118 −30,4	F V 21			* kg/Nm³; D^{-113} (fl.) 1,145 g/cm³; fbl. Gas von stechendem Geruch; als Fl. leicht beweglich; mit W sofort→ Disiloxan
−122 8,3	F V 25	60,46 283,8		* kg/Nm³; D^{-122} (fl.) 1,42 g/cm³; fbl. Gas von stechendem Geruch; raucht stark an der Luft; als Fl. leicht beweglich; empfindlich gegen Feuchtigkeit und Fett
−128,2 31,5	F V 26,6		−467	$\chi_{Mol}=-71,3\cdot 10^{-6}$ cm³Mol⁻¹; „Silicochloroform"; fbl. sehr leicht bewegliche Fl. von stark reizendem Geruch; raucht heftig an der Luft; mit W Hydrolyse→Dioxodisiloxan; wss. NH₃ zers.; l. CCl₄, Chlf, Bzl
−69,9 56,7	F 7,72 V 28,7	145,3 239,7	−577,4 −510	$\vartheta_{krit}=233,5°$ C, $p_{krit}=37,1$ atm, $D_{krit}=0,584$ g cm⁻³; $\chi_{Mol}=-88,3\cdot 10^{-6}$ cm³Mol⁻¹; fbl. Fl.; erstickender Geruch; raucht an der Luft; W hydrolysiert zu HCl und Kieselsäure; mischbar Ä, Bzl, Chlf
−1 145	F V 42			fbl. ölige Fl.; raucht an feuchter Luft; hydrolysiert sehr leicht; fest: weißer eisähnlicher Körper
−142 −70,0	F V 18,7			* kg/Nm³; ϑ_{krit} 34,48° C; p_{krit} 34,20 atm; D_{krit} 0,558 g cm⁻³; fbl. Gas von stechendem Geruch; starker Reiz beim Einatmen; hydrolysiert rasch an feuchter Luft
−139,7 −32,2	F V 21,2			* kg/Nm³; ϑ_{krit} 95,77° C; p_{krit} 34,54 atm; D_{krit} 0,563 g cm⁻³; fbl. Gas von stechendem Geruch; starker Reiz beim Einatmen; hydrolysiert rasch an feuchter Luft
−120,8 12,2	F V 25,1			* mg/cm³; $\vartheta_{krit}=165,26°$ C; $p_{krit}=35,33$ atm; $D_{krit}=0,577$ g cm⁻³; fbl. Gas von stechendem Geruch; starker Reiz beim Einatmen; hydrolysiert rasch an feuchter Luft
113	V			fbl. Fl.; raucht an der Luft infolge Hydrolyse; zers. W
−131,4 −95	F V 16,2			* kg/Nm³; fbl. Gas; zers. leicht; zers. W, Alk, Al, Ä

Formel	Name	Zustand	Mol.-Masse Dichte $g \cdot cm^{-3}$	Kristalldaten System, Typ und Symbol	Einheitszelle Kantenlänge in Å	Winkel und M	Brechzahl n_D
SiF_4	tetrafluorid	g	104,08 4,69*	kub. $D\,1_2$ $T_d^2, I\bar{4}3m$	5,42	$M=2$	**
Si_2F_6	Disiliciumhexafluorid	g	170,16 7,75*				
SiH_4	tetrahydrid, Monosilan	g	32,12 1,4469*				
Si_2H_6	Disilan	g	62,22 2,865*				
Si_3H_8	Trisilan	fl	92,32 0,743*				
Si_4H_{10}	Tetrasilan	fl	122,42 0,786				
$SiHJ_3$	Trijodsilan	fl	409,81 3,286				
SiJ_4	Siliciumtetrajodid	f	535,70 4,198*	kub. $D\,1_1$ $T_h^6, Pa3$	12,01	$M=8$	
Si_3N_4	nitrid	f	140,28 3,44	trig. $C_{3v}^4, P31c$	7,748 5,617	$M=4$	
SiO	monoxid	f	44,09 2,13	kub.	5,16	$M=4$	

Phasenumwandlungen °C		Standardwerte bei 25° C			Bemerkungen und Charakteristik
		ΔH kJ/Mol	C_p S^0 J/Molgrd	ΔH_B ΔG^0 kJ/Mol	
−90,3 1320 Torr	F		73,47 281,6	−1548 −1510	* kg/Nm³; ** n(0°; 760 Torr; 5462 Å) = 1,0005692; ϑ_{krit} = 6° C; p_{krit} = 33,8 atm; D_{krit} = 0,548 g · cm⁻³; fbl. stechend riechendes Gas; bildet an feuchter Luft dicke Nebel; mit W→H_2SiF_6 und H_2SiO_3; L Glykol 26,2%; L Butanol 23,4%; L abs. Al 36,4%; l. wss. Al, erst ab 8% W→H_2SiF_6+SiO_2; L abs. Me 32,8%; unl. Ä, wfrei HF; l. Aceton; wl. Bzl
−19,1	Sb	42,3			* kg/Nm³; fbl. Gas; fest schneeweiße Kristallmasse; raucht an feuchter Luft; hydrolysiert leicht
−209,7 −184,67 −111,4	U F V	0,615 0,667 12,1	42,76 204,5	−61,0 −39,48	* kg/Nm³; ϑ_{krit} = −3,5° C; p_{krit} = 49,4 atm; fbl. Gas von widerlichem Geruch; entzündet sich explosionsartig an der Luft; zers. W in Glasgefäßen (Alk-Gehalt), in Quarz keine Z.; mit Alk→Na_2SiO_3+H_2; l. Cyclohexanol; etwas l. org. Lösm.
−132 −14,3	F V	21,2		−147,2	* kg/Nm³; fbl. Gas von widerlichem Geruch; entzündet sich an der Luft; Alk zers.; W in Quarzgefäßen zers. nicht
−117 53	F V	28,5		−228	* bei 0° C; fbl. leicht bewegliche Fl.; zers. am Licht; entzündet sich an Luft
−89,1 108,1	F V	34,66			fbl. kristallklare Fl.; zers. bei Raumtemp.; entzündet sich an Luft
8	F				„Silicojodoform"; fbl. Fl., stark lichtbrechend; weiße leicht schmelzende Krist.; sehr empfindlich gegen Feuchtigkeit; zers. W; l. Bzl, CS_2; V bei 127° C und 45 Torr, ΔH_v 63 kJ Mol⁻¹
120,5 287,5	F V			−132	* bei −79° C; fbl. Krist., nach einiger Zeit rötlich unter Ausscheidung von J_2; subl. weiße glitzernde Krist.; zers. W→HJ und Kieselsäure
1900	F*		99,87 95,4	−750 −647,3	* unter Druck; weißes, schwach grau gefärbtes Pulver; schwammig und sehr leicht; unl. verd. S; zers. HF; zers. langsam mit konz. H_2SO_4 beim Erwärmen
				−431	braunes Pulver; sehr voluminös

221. Übersichtstabelle

Formel	Name	Zustand	Mol.-Masse / Dichte g·cm⁻³	System, Typ und Symbol	Einheitszelle Kantenlänge in Å	Winkel und M	Brechzahl n_D
SiO_2	dioxid, Quarz	f	60,08 / 2,66	trig. $C\,8\,\alpha$ $D_3^{4,6}$, $P\,3_{1,2}\,2\,1$	4,910 5,394	$M=3$	
SiO_2	Cristobalit	f	60,08 / 2,21	kub. $C\,9$ O_h^7, $F\,d\,3\,m$	7,04	$M=8$	
SiO_2	Tridymit	f	60,08 / 2,264	hex. $C\,10$ D_{6h}^4, $P\,6_3/mmc$	5,03 8,22	$M=4$	
$H(O)Si\cdot O\cdot Si(O)H$	Dioxodisiloxan	f	106,18				
$H_3SiOSiH_3$	Disiloxan	g	78,22 / 3,491*				
SiS_2	disulfid	f	92,21 / 2,02	orh. $C\,4\,2$ D_{2h}^{26}, $Ibam$	5,60 5,53 9,55	$M=4$	
Sm SmB_6	**Samarium** borid	f	215,23 / 5,074	kub. $D\,2_1$ O_h^1, $Pm3m$	4,13	$M=1$	
$SmCl_2$	(II)-chlorid	f	221,26 / 3,687	orh. D_{2h}^{16}, $Pnma$	4,50 7,53 8,97	$M=4$	
$SmCl_3$	(III)-chlorid	f	256,71 / 4,46	hex. C_{6h}^2, $P\,6_3/m$	7,378 4,171	$M=2$	
$SmCl_3\cdot 6\,H_2O$		f	364,80 / 2,382	mkl.	9,60 6,61 8,00	93° 40′ $M=2$	1,564 1,569 1,573

°C	Phasen-umwandlungen ΔH kJ/Mol	Standardwerte bei 25° C C_p S^0 J/Molgrd	ΔH_B ΔG^0 kJ/Mol	Bemerkungen und Charakteristik
575 867	U^1 U^2 0,50	44,43 42,09	−859,3 −804,6	[1] U α-Quarz→β-Quarz hex. $C\,8\,\beta$, $D_6^{5,4}$, $P\,6_{2,4}\,2\,2$, $a=5{,}01$, $c=5{,}47$ Å, $M=3$; [2] U β-Quarz→β-Tridymit; $\varepsilon(1{,}6\cdot10^6\,\text{Hz})=4{,}6$ (∥ c-Achse), 4,45 (⊥ c-Achse); $\chi_{\text{Mol}}=-22$ bis $-28\cdot10^{-6}\,\text{cm}^3\text{Mol}^{-1}$; optisch aktiv; β-Quarz piezoelektrisch; fbl. geschmacklose Krist.; ziemlich reaktionsträge, nur l. HF, Alk-Schmelze→Silikat; amorphes SiO_2 (Entwässern von Kieselgel) weißes Pulver; l. sied. Alk→Silikat
225... 262 1713	U^1 1,3 F 7,68	44,18 43,26	−857,7 −803,3	[1] U β-Cristobalit→α-Cristobalit, metastabil, tetr. $C\,30$, $D_4^{4,8}$, $P\,4_{1,3}\,2_1\,2$, $a=4{,}973$, $c=6{,}927$ Å, $M=4$
117 1470	U^1 0,29 U^2 0,21	44,60 43,93	−856,9 −802,8	[1] U β-Tridymit→α-Tridymit, metastabil, orh. $a=16{,}3$, $b=17{,}1$, $c=9{,}88$ Å, $M=64$; [2] U β-Tridymit→ β-Cristobalit
				„Silicoameisensäureanhydrid"; weiße sehr leichte, voluminöse Substanz; schwimmt auf W, sinkt in Ä unter; etwas l. W; l. Alk, wss. NH_3 unter stürmischer Gasentwicklung; S, selbst konz. HNO_3 sind ohne Wirkung; l. HF unter H_2-Entwicklung
−144 −15,2	F V			* kg/Nm³; fbl. geruchloses Gas; nicht selbstentzündlich; ohne Sauerstoff unzers. haltbar; W hydrolysiert
1090	F		−250,6	fbl. Nadeln oder faserige Masse; beständig an trockener Luft; zers. bei Feuchtigkeit→SiO_2+H_2S; l. unter Z. in W, Al, Alk; unl. Bzl
2540	F			α(Raumtemp.)$=6{,}5\cdot10^{-6}\,\text{grd}^{-1}$
740	F		−814,4	braunrotes Pulver, rot durchscheinend; hygr.; wird durch Feuchtigkeit zers.; ll. W dklbraun, zers.
686	F		−1045	weißes schwach gelbstichiges Pulver; schwach gelbe durchscheinende Krist.; LW 20° 48,5%, Bdk. 6 H_2O; l. Me, Al
142	F			topasgelbe große Tafeln; LW s. $SmCl_3$

Formel	Name	Zustand	Mol.-Masse Dichte g·cm⁻³	System, Typ und Symbol	Einheitszelle Kantenlänge in Å	Winkel und M	Brechzahl n_D
SmJ_3	(III)-jodid	f	531,06				
$Sm(NO_3)_3 \cdot 6\,H_2O$	nitrat	f	444,46 2,375				
Sm_2O_3	(III)-oxid	f	348,70 7,43	kub. $D\,5_3$ $T_h^7,\ Ia3$	10,87	$M=16$	
$Sm(OH)_3$	(III)-hydroxid	f	201,37	hex. $D\,0_{19}$ $C_{6h}^2,\ P\,6_3/m$	6,27 3,54	$M=2$	
$SmOCl$	(III)-oxidchlorid	f	201,80 7,017	tetr. $D_{4h}^7,\ P\,4/nmm$	3,982 6,721	$M=2$	
Sm_2S_3	(III)-sulfid	f	396,89 5,729	kub.	8,448		
$Sm_2(SO_4)_3 \cdot 8\,H_2O$	sulfat	f	733,01 2,93	mkl. $C_{2h}^6,\ C\,2/c$	18,364 6,77 13,776	102° 25′ $M=4$	1,5427 1,5516 1,5629
Sn $SnBr_2$	**Zinn** (II)-bromid	f	278,51 5,117				
$SnBr_4$	(IV)-bromid	f	438,33 3,34				
$SnCl_2$	(II)-chlorid	f	189,60 3,951	orh.	9,34 9,98 6,61	$M=8$	
$SnCl_2 \cdot 2\,H_2O$		f	225,62 2,70	mkl. $C_{2h}^5,\ P\,2_1/c$	9,38 7,22 9,02	114° 58′ $M=4$	
$SnCl_4$	(IV)-chlorid	fl	260,50 2,33				1,5112

Phasen-umwandlungen		Standardwerte bei 25° C			Bemerkungen und Charakteristik
°C	ΔH kJ/Mol	C_p J/Molgrd	S^0	ΔH_B ΔG^0 kJ/Mol	
820	F			$-641{,}8$	or. krist. Pulver
78	F				schwach gelbliche Prismen; gut ausgebildete Krist. oder strahlige Masse aus flachen Nadeln; LW 20° 58,9%, 50° 64,8%, Bdk. 6 H_2O
2325	F				$\bar{\alpha}(100\ldots1000°\,C)=9{,}9\cdot10^{-6}$ grd^{-1}; weißes Pulver, kaum gelbstichig, geglüht gelblich weiß; unl. W; l. S
				-1292	weißes Pulver, etwas gelblich; unl. W, Alk; l. S
					weißes Pulver; seidenglänzende Schüppchen; hygr.; etwas l. verd. Egs
1900	F				$\chi_{Mol}=+1650\times2\cdot10^{-6}$ cm^{3}Mol^{-1}; braungelbes Pulver; W zers. erst merklich in der Hitze; l. S unter Entwicklung von H_2S
			606,8 757,5	-5577	$\chi_{Mol}=+855\times2\cdot10^{-6}$ cm^{3}Mol^{-1}; topasgelbe glänzende Krist.; LW 20° 2,6%, 40° 1,82%; bei 450° wfrei
232 639	F V	7,1 102		$-266{,}0$	$\chi_{Mol}=-149\cdot10^{-6}$ cm^{3}Mol^{-1}; weiße krist. schwach gelblich durchscheinende Masse; l. wenig W, Al, Ä, Py, Aceton; durch viel W zers.
-6 30 205	U F V	12,5 43,5		$-406{,}1$	$\bar{\gamma}(-195\cdots-79°\,C)=300\cdot10^{-6}$ grd^{-1}; weiße krist. Substanz, auch große fbl. Krist., die an der Luft matt werden; geschmolzen fbl. stark lichtbrechende Fl.; ll. W (Hydrolyse), Al
247 623	F V	12,5 86,8	79	$-349{,}6$ $-491{,}1$	durchscheinende, fast reinweiße Masse; fettglänzend; LW 0° 45,6%, 25° 70,1%, Bdk. 2 H_2O; l. verd. und konz. S, Alk, Eg, Al, Egester und vielen anderen org. Lösm.
				$-945{,}4$	fbl. wasserhelle Säulen; LW s. $SnCl_2$; sll. Al, Eg
$-33{,}3$ 113,9	F V	9,16 34,9	165,2 258,5	$-544{,}9$ $-473{,}5$	$\bar{\gamma}(-195\cdots-79°\,C)=240\cdot10^{-6}$ grd^{-1}; $\chi_{Mol}=-115\cdot10^{-6}$ cm^{3}Mol^{-1}; fbl. dünne Fl.; raucht an der Luft; gutes Lösm. für viele Substanzen; fest weiße Krist.; ll. W unter Hydrolyse; ll. Al, CCl_4, Bzl, CS_2, Toluol

221. Übersichtstabelle

Formel	Name	Zustand	Mol.-Masse / Dichte g·cm⁻³	System, Typ und Symbol	Einheitszelle Kantenlänge in Å	Einheitszelle Winkel und M	Brechzahl n_D
SnF_4	(IV)-fluorid	f	194,68 / 4,78	tetr.	5,71 / 8,32	$M=4$	
SnH_4	wasserstoff	g	122,72				
SnJ_2	(II)-jodid	f	372,50 / 5,285				
SnJ_4	(IV)-jodid	f	626,22 / 4,69	kub. $D\,1_1$ $T_h^6, Pa3$	12,25	$M=8$	2,106
SnO	(II)-oxid	f	134,69 / 6,25	tetr. $D_{4h}^7, P4/nmm$	3,796 / 4,816	$M=2$	
$Sn(OH)_2$	(II)-hydroxid	f	152,70				
SnO_2	(IV)-oxid	f	150,69 / 6,85	tetr. $D_{4h}^{14}, P4_2/mnm$	4,718 / 3,161	$M=2$	1,997 / 2,093
SnP	phosphid	f	149,66 / 6,56	hex.	8,78 / 5,98	$M=8$	
SnS	(II)-sulfid	f	150,75 / 5,2	orh. $B\,29$ $D_{2h}^{16}, Pnma$	4,33 / 11,18 / 3,98	$M=4$	
SnS_2	(IV)-sulfid	f	182,82 / 4,5				
$SnSO_4$	(II)-sulfat	f	214,75				
$Sn(SO_4)_2 \cdot 2\,H_2O$	(IV)-sulfat	f	346,84 / 4,5				
$SnSb$	antimonid	f	240,44 / 6,94	kub. $B\,1$ $O_h^5, Fm3m$	6,142	$M=4$	

Phasen-umwandlungen		Standardwerte bei 25° C		Bemerkungen und Charakteristik
°C	ΔH kJ/Mol	C_p S^0 J/Molgrd	ΔH_B ΔG^0 kJ/Mol	
701	V			schneeweiße strahlig-krist. Masse; sehr hygr.; ll. W unter Hydrolyse
−150 −51,8	F V	19,05	414	fbl. Gas; rein ziemlich haltbar; bei Spuren met. Sn sofort zers.; verd. S und Alk zers. nicht; feste Alk, konz. H_2SO_4, $AgNO_3$- und $HgCl_2$-Lsg. zers.; stark giftig
320 714	F V	12,6 105	−144	gelbrote Nadeln; LW 20° 0,97 %, l. Bzl, Chlf, CS_2, Alk-jodidlsg.
143,4 348,4	F V	18,1 56,9		$\bar{\gamma}(-79...0°\,C) = 300 \cdot 10^{-6}\,grd^{-1}$; $\chi_{Mol} = -205 \cdot 10^{-6}\,cm^3Mol^{-1}$; rote krist. Masse; Oktaeder; W hydrolysiert; l. Al, Ä, Bzl, Chlf, CS_2
		44,31 56,74	−286,0 −256,8	schiefergraues bis schw. Pulver; unl. W, verd. Alk; l. S; mit sied. Alk → Stannat teilweise
		96,6	−578,4 −491,1	weißer Nd.; getrocknet rötlich gelbes bis gelbbraunes Pulver; swl. W; ll. S, Alk; unl. NH_3, Alk-carbonatlsg.
410 >1930	U F	1,9	52,59 52,34	−580,8 −519,6	Halbleiter; $\chi_{Mol} = -41 \cdot 10^{-6}\,cm^3Mol^{-1}$; Zinnstein, Kassiterit; fbl. glänzende Krist. oder weißes Pulver; unl. W, S, Alk; l. $KHSO_4$-Schmelze, fällt aber beim Verdünnen mit W wieder aus
				silberweiße Masse, spröde; ll. HCl; unl. HNO_3
584 880 1210	U F V	0,67 31,6	49,25 77,0	−101,8 −99,86	Halbleiter; dklbleigraue Masse, blätterig; weich; leicht zu verreiben; abfärbend; LW 18° $1,36 \cdot 10^{-6}$ %; l. konz. HCl, $(NH_4)_2S_x$
		74,31 87,4	−167	„Mussivgold"; goldgelbe durchscheinende feine Schuppen; fühlen sich weich und fettig an; LW 18° $1,46 \cdot 10^{-5}$ %; unl. konz. HCl, HNO_3; l. Königsw., Alk
				fbl. schwere Kristallnadeln; LW 25° 25 %; l. verd. H_2SO_4; die wss. Lsg. zers. leicht unter Bildung eines basischen Sulfats
				fbl. kleine Nadeln; ll. verd. H_2SO_4; viel W zers. unter Abscheidung eines weißen Nd.

Formel	Name	Zustand	Mol.-Masse Dichte g·cm⁻³	Kristalldaten System, Typ und Symbol	Einheitszelle Kantenlänge in Å	Winkel und M	Brechzahl n_D
SnSe	selenid	f	197,65 5,24				
SnTe	(II)-tellurid	f	246,29 6,478	kub. B 1 O_h^5, $Fm3m$	6,298	$M=4$	
Sr SrHAsO₄	**Strontium** hydrogenarsenat	f	227,55 4,035				
SrB₆	borid	f	152,49 3,42	kub. D 2 O_h^1, $Pm3m$	4,20	$M=1$	
SrB₄O₇	diborat		242,86				
SrBr₂	bromid	f	247,44 4,216	orh. C 5 3 D_{2h}^{16}, $Pnma$	9,20 11,42 4,3	$M=4$	1,575
SrBr₂ · 6 H₂O		f	355,53 2,428	trig. D_3^2, $P321$	8,205 4,146	$M=1$	
Sr(BrO₃)₂ · H₂O	bromat	f	361,47 3,773	mkl.	1,1642 : 1 : 1,2292		
SrC₂	carbid	f	111,64 3,26	tetr. C 1 1 D_{4h}^{17}, $I4/mmm$	4,11 6,68	$M=2$	
Sr(CN)₂ · 4 H₂O	cyanid	f	211,72				
SrCO₃	carbonat	f	147,63 3,736	orh. G 0₂ D_{2h}^{16}, $Pnma$	6,082 8,404 5,118	$M=4$	1,664
Sr(CHO₂)₂	formiat	f	177,66 2,695	orh. D_2^4, $P2_12_12_1$	6,87 8,74 7,77	$M=4$	
Sr(CHO₂)₂ · 2 H₂O		f	213,68 2,25	orh. D_2^4, $P2_12_12_1$	7,30 11,99 7,13	$M=4$	1,4838 1,5210 1,5382
Sr(CH₃CO₂)₂	acetat	f	205,71 2,099				

Phasen-umwandlungen		Standardwerte bei 25° C		Bemerkungen und Charakteristik
°C	ΔH kJ/Mol	C_p S^0 J/Molgrd	ΔH_B ΔG^0 kJ/Mol	
860	F	86,2	−69,0 −67,05	Halbleiter; hgraue met. glänzende Masse, leicht zu zerreiben, abfärbend; unl. W; ll. Königsw., Alksulfid und -selenidlsg.
790	F	101	−61,3 −61,39	graue Substanz; unl. W
			−1443	weißes krist. Pulver; bei 270°→ $Sr_3As_2O_7$; LW 15° 276 mg/100 g W; l. HCl, HNO_3, verd. Egs; zers. H_2SO_4
				grünlich schw. Pulver aus kleinen Krist., die in dünner Schicht rotbraun durchsichtig sind
930	F			lange feine Nadeln; l. k. HNO_3
643	F	20,1 80,04	−715,6	$\varkappa_{Mol} = -86,6 \cdot 10^{-6}$ cm³Mol⁻¹; fbl. nadelförmige Krist.; sehr hygr.; LW 20° 50%, Bdk. 6 H_2O; L Al 20° 63,9 g/100 g; L Me 20° 119,4 g/100 g; mit fl. HF lebhaft→SrF_2+HBr
88 −4 H_2O		343,2	−2528	$\varkappa_{Mol} = -160 \cdot 10^{-6}$ cm³Mol⁻¹; lange Prismen; LW s. $SrBr_2$; unl. Ä
120 −H_2O				hygr. Krist.; LW 20° 25,5%, Bdk. 1 H_2O
				schw. Masse mit krist. Bruch und einzelnen braunroten Krist.; zers. W→$Sr(OH)_2 + C_2H_2$
				kleine weiße Krist.; beim Erhitzen langsam HCN-Abspaltung
924 1497	U F	16,7 81,42 97,0	−1218 −1137	$\varepsilon(1,67 \cdot 10^5$ Hz$)=8,85$; $\varkappa_{Mol} = -47 \cdot 10^{-6}$ cm³Mol⁻¹; Strontianit; weißes krist. Pulver; LW 20° $1,0 \cdot 10^{-3}$%; etwas leichter l. in CO_2-haltigem W; l. verd. S, Aceton, Me
71,9	F		−1362	$\varkappa_{Mol} = -60 \cdot 10^{-6}$ cm³Mol⁻¹; weißes krist. Pulver; unl. Al, Ä
65 −2 H_2O				fbl. krist. Pulver; an Luft beständig; unl. Al, Ä
			−1600	$\varkappa_{Mol} = -79 \cdot 10^{-6}$ cm³Mol⁻¹; weißes krist. Pulver; ll. W; wl. Al

Formel	Name	Zustand	Mol.-Masse Dichte g·cm⁻³	System, Typ und Symbol	Kantenlänge in Å	Winkel und M	Brechzahl n_D
$SrCl_2$	chlorid	f	158,53 3,094	kub. C 1 $O_h^5, Fm3m$	6,98	$M=4$	
$SrCl_2 \cdot$ 2 H_2O		f	194,56 2,67	mkl. $C_{2h}^6, C2/c$	11,71 6,39 6,67	105,7° $M=4$	1,5942 1,5948 1,6172
$SrCl_2 \cdot$ 6 H_2O		f	266,62 1,954	trig. $D_3^2, P321$	7,956 4,116	$M=1$	1,5356 1,4856
$Sr(ClO_3)_2$		f	254,52 3,152				1,6047
$Sr(ClO_4)_2$		f	286,52 2,973				
SrF_2	fluorid	f	125,62 4,24	kub. C 1 $O_h^5, Fm3m$	5,78	$M=4$	1,442
SrJ_2	jodid	f	341,43 4,437				
$SrJ_2 \cdot$ 6 H_2O		f	449,52 2,67	trig. $I\,1_3$ $D_{3d}^1, P\bar{3}1m$	8,51 4,29	$M=1$	
$Sr(JO_3)_2$	jodat	f	437,42 5,045	trikl.	0,9697: 1: 0,5346		
Sr_3N_2	nitrid	f	290,87				
$Sr(N_3)_2$	azid	f	171,66 2,73	orh. $D_{2h}^{24}, Fddd$	11,82 11,42 6,08	$M=8$	
$Sr(NO_2)_2$	nitrit	f	179,63 2,867				

Anorganische Verbindungen

Phasenumwandlungen		Standardwerte bei 25° C		Bemerkungen und Charakteristik
°C	ΔH kJ/Mol	C_p S^0 J/Molgrd	ΔH_B ΔG^0 kJ/Mol	
872	F 17,1	79,66 117	−879	$\varepsilon(3,75 \cdot 10^6$ Hz$)=9,2$; $\chi_{Mol}=-63,0 \cdot 10^{-6}$ cm^{3}Mol^{-1}; fbl. Krist.; weißes Salz; LW 20° 34,5%, Bdk. 6 H$_2$O; L N$_2$H$_4$ 8 g/100 cm^3; wl. Aceton; unl. abs. Al, wss. NH$_3$, Benzonitril; swl. Py, die L steigt mit W-Gehalt; mit fl. HF→SrF$_2$+HCl
150 −2 H$_2$O		160,2	−1437	dünne glänzende durchsichtige Blätter; LW s. SrCl$_2$
61 100 −5 H$_2$O	F			$\varepsilon=8,5$; $\chi_{Mol}=-145 \cdot 10^{-6}$ cm^{3}Mol^{-1}; lange dünne sechsseitige Nadeln; hygr.; LW s. SrCl$_2$; L abs. Me 6° 38,7 g SrCl$_2 \cdot$ 6 H$_2$O/100 g Lsg.; l. Al
				große fbl. Krist.; nicht zerfl.; LW 20° 63,7%, Bdk. 0 H$_2$O; unl. Al
				fbl. zerfl. Kristallmasse; äußerst hygr.; LW 25° 75,6%, Bdk. 0 H$_2$O
1400 2410	F 17,8 V 343		−1209	$\chi_{Mol}=-37,2 \cdot 10^{-6}$ cm^{3}Mol^{-1}; weißes Pulver; durchsichtige Oktaeder; LW 20° $12 \cdot 10^{-3}$%; kaum l. in wfreiem HF 14...18° und wss. HF; MAK: 8,26 mg/m^3 Luft
515	F	82,0	−566,7	$\chi_{Mol}=-112 \cdot 10^{-6}$ cm^{3}Mol^{-1}; fbl. krist. Masse; sehr hygr.; LW 20° 64,2%, Bdk. 6 H$_2$O; l. Al; unl. Ä; ll. fl. NH$_3$, C$_2$H$_5$NH$_2$; in wfreiem HF→SrF$_2$+HJ
		355,1	−2389	fbl. hygr. Krist.; an Licht und Luft→ Gelbfärbung; LW s. SrJ$_2$; l. Al; unl. Ä
				$\chi_{Mol}=-108 \cdot 10^{-6}$ cm^{3}Mol^{-1}; kleine durchscheinende Krist.; zers. beim Erhitzen unter Abgabe von O$_2$ und J$_2$
		123	−382 −312,6	mikroskopisch goldgelbe Kristallsplitter, insgesamt aber mattschw. Substanz; zers. W→Sr(OH)$_2$+NH$_3$; l. HCl
		148,5	7,20 150,3	kleine gut ausgebildete Krist.; milchweiße Blättchen; l. W; wl. Al; unl. Ä
			−750,4	feine seidenglänzende Nadeln; LW 20° 41%, Bdk. 1 H$_2$O; swl. sied. abs. Al; etwas l. 90% Al

Formel	Name	Zustand	Mol.-Masse Dichte $g \cdot cm^{-3}$	Kristalldaten System, Typ und Symbol	Einheitszelle Kantenlänge in Å	Winkel und M	Brechzahl n_D
$Sr(NO_2)_2 \cdot H_2O$		f	197,65 2,408				1,588
$Sr(NO_3)_2$	nitrat	f	211,63 2,93	kub. $G\,2_1$ $T_h^6, Pa3$	7,80	$M=4$	1,5665
$Sr(NO_3)_2 \cdot 4\,H_2O$		f	283,70 2,249	mkl.	0,6547: 1: 0,8976	91° 10′	
SrO	oxid	f	103,62 4,078	kub. $B\,1$ $O_h^5, Fm3m$	5,14	$M=4$	
SrO_2	peroxid	f	119,63 4,45	tetr. $D_{4h}^{17}, I\,4/mmm$	5,02 6,55	$M=4$	
$SrO_2 \cdot 8\,H_2O$		f	263,74 1,951	tetr. $D_{4h}^1, P4/mmm$	6,32 5,56	$M=1$	
$Sr(OH)_2$	hydroxid	f	121,63 3,625				
$Sr(OH)_2 \cdot 8\,H_2O$		f	265,76 1,91	tetr. $D_{4h}^2, P\,4/mcc$	8,97 11,55	$M=4$	1,4991 1,4758
$SrHPO_4$	hydrogenphosphat	f	183,60 3,544	orh.	0,6477: 1: 0,8581		1,625 — 1,608
$Sr_3(PO_4)_2$	orthophosphat	f	452,80 4,53	trig. $D_{3d}^5, R\bar{3}m$	7,295	43° 21′ $M=1$	
SrS	sulfid	f	119,68 3,70	kub. $B\,1$ $O_h^5, Fm3m$	6,0079	$M=4$	2,107
$Sr(HS)_2 \cdot 4\,H_2O$	hydrogensulfid	f	225,82				
$SrSO_3$	sulfit	f	167,68				

Phasen-umwandlungen		Standardwerte bei 25° C				Bemerkungen und Charakteristik
°C	ΔH kJ/Mol	C_p J/Molgrd	S^0	ΔH_B kJ/Mol	ΔG^0	
						weiße Nadeln; feucht schwach gelblich; dünne glashelle Krist.; im Vak. $-H_2O$, desgleichen bei 118...120° C; LW s. $Sr(NO_3)_2$
645	F		160,2	−975,6		$\bar{\alpha}(30...75°\ C) = 32,2 \cdot 10^{-6}\ grd^{-1}$; $\varepsilon(1,67 \cdot 10^5\ Hz) = 5,33$; $\chi_{Mol} = -57,2 \cdot 10^{-6}\ cm^3Mol^{-1}$; fbl. Krist.; luftbeständig; LW 20° 41%, Bdk. 4 H_2O; wl. Me; swl. Al; ll. fl. NH_3; unl. Eg, konz. HNO_3, wfreiem HF
						$\chi_{Mol} = -106 \cdot 10^{-6}\ cm^3Mol^{-1}$; große wasserhelle Krist.; verwittern an der Luft sehr schnell; LW s. $Sr(NO_3)_2$; unl. wfreiem HF
2460	F	69,9	45,02	−589,1		$\chi_{Mol} = -35 \cdot 10^{-6}\ cm^3Mol^{-1}$; weißes
3200	V	530	54,4	−558,1		krist. Pulver; feuchte Luft oder $W \rightarrow Sr(OH)_2$; wl. W, Me, Al; l. S; unl. Ä, Aceton
						$\chi_{Mol} = -32,3 \cdot 10^{-6}\ cm^3Mol^{-1}$; weißes Pulver; LW 20° 0,018%; ll. S, NH_4Cl-Lsg.; unl. wss. NH_3, Aceton
						perlglänzende Schuppen; LW s. SrO_2; unl. Al, Ä, org. Lösm.; wird von Al teilweise entwässert
375	F*			−959,6		* im H_2-Strom; $\chi_{Mol} = -40 \cdot 10^{-6}\ cm^3Mol^{-1}$; weißes Pulver; LW 20° 0,9%, Bdk. 8 H_2O
						$\chi_{Mol} = -136 \cdot 10^{-6}\ cm^3Mol^{-1}$; fbl. Krist.; spaltbare Tafeln, zuweilen Prismen; verwittern an der Luft; LW s. $Sr(OH)_2$
				−1805		weißes krist. Pulver; unl. W; l. wss. H_3PO_4, HNO_3, HCl, NH_4Cl-Lsg.
1767	F	77,4		−4129		fbl. mikroskopisch dünne Schuppen; bei 100° harte glasige Masse; LW (gesättigt) 0,5 mg P_2O_5/l
>2270	F		71,1	−473	−468,2	Halbleiter; rein weißes körniges Produkt; an feuchter Luft schwach gelb; fast unl. k. W; sied. W zers.; mit $S \rightarrow H_2S$-Entwicklung
						weiße nadelförmige Krist.; zers. rasch unter Verfärbung nach orange; LW 20° 29,5%, Bdk. 4 H_2O; wl. Al, Ä
						weißes, sehr feines krist. Pulver; swl. W; l. Egs; ll. verd. HCl, Weinsäure; unl. sehr verd. Egs, 60% Al

1-550 **Sr; Ta** 221. Übersichtstabelle

Formel	Name	Zustand	Mol.-Masse Dichte g·cm^{-3}	System, Typ und Symbol	Kantenlänge in Å	Winkel und M	Brechzahl n_D
SrSO$_4$	sulfat	f	183,68 3,91	orh. $H\,0_2$ $D_{2h}^{16}, Pnma$	8,36 5,36 8,64	$M=4$	
SrS$_2$O$_3$ · 5 H$_2$O	thiosulfat	f	289,82 2,202	mkl.	1,2946: 1: 2,5848	107° 32'	
SrS$_2$O$_6$ · 4 H$_2$O	dithionat	f	319,81 2,373	hex.	12,84 19,28	$M=12$	1,5296 1,5252
SrSe	selenid	f	166,58 4,38	kub. $B\,1$ $O_h^5, Fm3m$	6,226	$M=4$	2,220
SrSeO$_4$	selenat	f	230,58 4,23	orh.	0,7806: 1: 1,2892		
SrSiF$_6$ · 2 H$_2$O	hexafluorosilikat	f	265,73 2,99				
SrSiO$_3$	metasilikat	f	163,70 3,65	mkl.			1,599 1,637
Sr$_2$SiO$_4$	orthosilikat	f	179,70 4,506	orh. $H\,1_6$ $D_{2h}^{16}, Pnma$	5,59 9,66 7,26	$M=4$	1,7275 1,732 1,756
Ta TaBr$_5$	**Tantal** bromid	f	580,49 4,67	orh.	6,125 12,92 18,60		
TaC	carbid	f	192,96 14,65	kub. $B\,1$ $O_h^5, Fm3m$	4,451	$M=4$	
TaCl$_5$	chlorid	f	358,21 3,68				
TaF$_5$	fluorid	f	275,94 4,74				

Phasenumwandlungen		Standardwerte bei 25° C			Bemerkungen und Charakteristik
°C	ΔH kJ/Mol	C_p J/Molgrd	S^0	ΔH_B ΔG^0 kJ/Mol	
1152 1605	U F		121,7	−1444 −1332	$\chi_{Mol} = -57,9 \cdot 10^{-6}$ cm^{3}Mol^{-1}; Cölestin; fbl. Krist.; LW 20° 13 · 10^{-3}%, Bdk. 0 H$_2$O; L 1 nHCl 1,88 g/l; L 1 nHNO$_3$ 2,17 g/l; l. konz. H$_2$SO$_4$, mit W wieder ausfällbar; fast unl. Al; unl. Aceton; mit Na$_2$CO$_3$ schmelzbar und vollständig l. HCl
					klare durchsichtige glänzende Krist.; luftbeständig; LW 0° 8,25%, 20° 17,7%, 40° 26,5%, Bdk. 5 H$_2$O; unl. Al
					optisch aktiv; große klare Krist., luftbeständig; LW 0° 4,3%, 20° 10,7%, Bdk. 4 H$_2$O; unl. Al
					weißes krist. Pulver; zers. an feuchter Luft; färbt sich rötlich durch freies Se; zers. W→Se; zers. HCl→H$_2$Se; l. klar in O$_2$-freier HCl
					durchsichtige Krist.; Erhitzen im H$_2$-Strom red.→SrSe
					fbl. durchsichtige Krist.; zers. W teilweise→SrF$_2$+SiO$_2$; sll. in angesäuertem W
1580	F			−1601	fbl. Prismen oder fächerförmige Aggregate; k. 2 nHCl zers. vollständig
1588	F			−2270,5	fbl. Kristallkörner
267 345	F V	45,6 62,3			gelbe Krist.; raucht an der Luft; zers. W; l. abs. Al, Me; ll. C$_2$H$_5$Br
3877	F		36,76 42,2	−161,1 −159,5	gelbe stark glänzende lange und sehr feine Nadeln; unl. W, S; l. HF + HNO$_3$
215,9 232,9	F V	46,4 54,8		−857,7	$\chi_{Mol} = +140 \cdot 10^{-6}$ cm^{3}Mol^{-1}; reingelbe pulverige Masse; zieht Feuchtigkeit an; zers. W; l. abs. Al, Eg; sied. verd. HCl löst unvollständig; ll. gesättigter HCl
95,1 229,2	F V		56,9		fbl. stark lichtbrechende Krist.; hygr.; l. W, HF, konz. HNO$_3$, HCl; wl. konz. H$_2$SO$_4$

Formel	Name	Zustand	Mol.-Masse / Dichte g·cm⁻³	Kristalldaten System, Typ und Symbol	Einheitszelle Kantenlänge in Å	Winkel und M	Brechzahl n_D
TaJ₅	jodid	f	815,47 5,8	orh. $D_{2h}^{16}, Pnma$	6,65 13,95 20,10		
TaN	nitrid	f	194,95 14,36	hex. $D_6^1, P622$ oder D_{6h}^1, $P6/mmm$	5,191 2,911	$M=3$	
Ta₃N₂	nitrid	f	570,86				
Ta₂O₅	(V)-oxid	f	441,89 7,529				
Ta₂S₄	sulfid	f	490,15				
Tb TbCl₃	**Terbium** (III)-chlorid	f	265,28 4,35				
Tb(NO₃)₃ · 6 H₂O	nitrat	f	453,03	mkl.			
Tb₂O₃	(III)-oxid	f	365,85 7,81	kub. $D\,5_3$ $T_h^7, Ia3$	10,70	$M=16$	
Tb₂(SO₄)₃ · 8 H₂O	sulfat	f	750,15				
Te TeBr₄	**Tellur** (IV)-bromid	f	447,24 4,31				
TeCl₄	(IV)-chlorid	f	269,41 3,26				
TeF₄	(IV)-fluorid	f	203,59				

Phasenumwandlungen		Standardwerte bei 25° C		Bemerkungen und Charakteristik
°C	ΔH kJ/Mol	C_p S^0 J/Molgrd	ΔH_B ΔG^0 kJ/Mol	
496 F 543 F	6,7 75,8			bräunlich schw. Lamellen, ähnlich J_2; fl. dklbraun; zers. etwas beim Stehen; zers. W
3090 F		40,6 51,9	−251 −225,6	schw. Substanz
				lebhaft rotes Pulver; unl. W, S; l. HF+HNO_3; mit KOH-Schmelze→ NH_3
1320 U 1880 F		135,1 143,0	−2090,9 −1954	$\varepsilon(1,75...2 \cdot 10^6$ Hz$)=11,6$; weißes Pulver; unl. W und in allen S; langsam l. HF, HNO_3+HF; Aufschluß mit $KHSO_4$-Schmelze
				dklmessinggelbes bis mattschw. Pulver; unl. W, HCl; l. HF+HNO_3, KOH-Schmelze; sied. HNO_3 zers., konz. H_2SO_4 in der Wärme
588 F 1550 V			−1011	rein weiße feine verfilzte Nadeln; l. W, Al
89,3 F*				* im eigenen Kristallwasser; fbl. Nadeln; ll. W; l. Al
2387 F				$\chi_{Mol}=+39170\times 2 \cdot 10^{-6}$ cm^{3}Mol^{-1}; weißes Pulver; l. S
			−5558	$\chi_{Mol}=+38250\times 2 \cdot 10^{-6}$ cm^{3}Mol^{-1}; fbl. Pulver aus dünnen Blättchen; luftbeständig; LW 20° 3,4%, 40° 2,4%, Bdk. 8 H_2O; unl. Al
363,5 F 414... 427 V			−208	or.gelbe Krist.; hygr.; an trockener Luft haltbar; l. wenig W ohne Z.; l. Ä, Eg; ll. HBr
224,1 F 388 V	18,9 77,0	138,9	−323,0	weiße Krist., geschmolzen bräunlich gelb; sehr hygr.; l. W unter Hydrolyse; l. wss. HCl, konz. wss. Weinsäure, Me, Al, Ä, Chlf, Toluol; wl. Aceton, PÄ, Benzaldehyd; unl. Cyclohexan; fast unl. CCl_4
129,6 F 374,5 V	26,57 52,80			fbl. Nadeln; sehr hygr.; mit W hydrolysiert→TeO_2

221. Übersichtstabelle

Formel	Name	Zustand	Mol.-Masse / Dichte g·cm⁻³	Kristalldaten System, Typ und Symbol	Einheitszelle Kantenlänge in Å	Winkel und M	Brechzahl n_D
TeF$_6$	(VI)-fluorid	g	241,59 3,76*				**
H$_2$Te	wasserstoff	g	129,62 2,701*				
TeJ$_4$	(IV)-jodid	f	635,22 5,403				
TeO	(II)-oxid	f	143,60				
TeO$_2$	(IV)-oxid	f	159,60 5,90	orh. $C\,5\,2$ $D_{2h}^{15}, Pbca$	5,59 11,75 5,50	$M=8$	
TeO$_3$	(VI)-oxid	f	175,6 5,1				
H$_2$TeO$_3$	Tellurige Säure	f	177,61				
Te(OH)$_6$	Orthotellursäure	f	229,64 3,158	kub. $O_h^5, Fd3c$	15,51	$M=32$	
Th ThBr$_4$	**Thorium** (IV)-bromid	f	551,67 5,67	tetr.	8,945 7,930	$M=4$	

Phasen-umwandlungen			Standardwerte bei 25° C			Bemerkungen und Charakteristik
°C		ΔH kJ/Mol	C_p J/Molgrd	S^0	ΔH_B ΔG^0 kJ/Mol	
−37,6	F		116,9 337,5		−1318 −1220	* bei −37,6°; ** $n(0°; 760$ Torr; 5462 Å) = 1,000 1020; $\chi_{Mol} = -66 \cdot 10^{-6}$ cm^{3}Mol^{-1}; fbl. Gas von unangenehmem Geruch; weiße krist. Masse, beim Schmelzen fbl. Fl.; von W und wss. KOH langsam aber vollständig hydrolysiert
−51 −4	F V	4,1 19,2	35,6 228,8		154,4 169,5	* bei −17,7° C; fbl. Gas, leicht zers.; krist. weiße schneeähnliche Masse, beim Schmelzen fbl. Fl.; giftig; unangenehmer Geruch; zers. W; zers. langsam durch H_2SO_4 unter Rotfärbung der S
						kleine schw. Krist.; an Luft beständig; swl. W; ll. wss. KOH, NH$_3$; mit HCl, H$_2$SO$_4$, HNO$_3$→J$_2$-Entwicklung; wl. Al, Aceton; unl. Ä, Egs, Chlf, CCl$_4$, CS$_2$
						braunschw. Pulver; gegen W beständig; zers. S, Alk
733	F	13,4	66,48 73,7		−325,5 −274	Tellurit; synthetisches TeO$_2$ tetr. C 4, D_{4h}^{14}, $P\,4_2/m\,n\,m$, a = 4,79, c = 3,77 Å, M = 2; weiße krist. Masse mit langen Nadeln; aus wss. Lsg. sehr kleine diamantglänzende Krist.; nicht hygr.; wl. W, HNO$_3$; l. HNO$_3$ beim Erwärmen; ll. KOH; langsam l. wss. NH$_3$; Alk-carbonatschmelze→ Tellurite
795	F*					* wahrscheinlich in O$_2$-Atmosphäre; or.gelbes lockeres Mehl; nicht hygr.; unl. W, Al, S, verd. Alk; langsam l. Königsw., sied. HCl; l. hochkonz. sied. Alk→Tellurat
			200		−605,4 −522	voluminöse weiße Substanz, flockig; l. HCl, HNO$_3$; ll. Alk, Alk-carbonatlsg., wss. NH$_3$; unl. Egs
136	F		197		−1283	fbl. sehr kleine Krist.; ll. W; wl. konz. HNO$_3$; unl. abs. Al; l. Al je nach W-Gehalt; fast unl. Ä, Aceton, org. Lösm.; 2. Modifikation große wasserklare Krist.; D = 3,07 g/cm^3; mkl. C_{2h}^5, $P\,2_1/c$, a = 5,70, b = 9,30, c = 9,74 Å; β = 104,5°, M = 4
680 857	F V	39,8 126,7	234		−949,9	weiße krist. Masse oder durchsichtige feine Nadeln; geschmolzen hgelb; hygr.; l. W, anfangs vollständig, dann teilweise zers.; wl. Ä

Formel	Name	Zustand	Mol.-Masse / Dichte $g \cdot cm^{-3}$	Kristalldaten System, Typ und Symbol	Einheitszelle Kantenlänge in Å	Winkel und M	Brechzahl n_D
$ThBr_4 \cdot 10\,H_2O$		f	731,83				
ThC_2	carbid	f	256,06 / 8,96	mkl. C_{2h}^6, $C\,2/c$	6,53 / 4,24 / 6,56	104° $M=4$	
$ThCl_4$	(IV)-chlorid	f	373,85 / 4,59	tetr. D_{4h}^{19}, $I\,4_1/amd$	8,473 / 7,468	$M=4$	
$ThCl_4 \cdot 7\,H_2O$		f	499,96				
$ThCl_4 \cdot 8\,H_2O$		f	517,97				
ThF_4	(IV)-fluorid	f	308,03 / 6,12	mkl. C_{2h}^6, $C\,2/c$	10,6 / 11,0 / 8,6	94° 51' $M=12$	
ThJ_4	(IV)-jodid	f	739,66				
Th_3N_4	(IV)-nitrid	f	752,14				
$Th(NO_3)_4 \cdot 6\,H_2O$	(IV)-nitrat	f	588,14				
ThO_2	(IV)-oxid	f	264,04 / 9,7	kub. $C\,1$ O_h^5, $Fm3m$	5,584	$M=4$	
$Th(OH)_4$	(IV)-hydroxid	f	300,07				
$ThOBr_2$	(IV)-oxidbromid	f	907,86				
$ThOCl_2$	(IV)-oxidchlorid	f	318,94 / 4,119				
$ThOJ_2$	(IV)-oxidjodid	f	501,85				

°C	Phasenumwandlungen ΔH kJ/Mol	Standardwerte bei 25° C C_p S^0 J/Molgrd	ΔH_B ΔG^0 kJ/Mol	Bemerkungen und Charakteristik
			−4066	fbl. Prismen oder feine Nadeln; ll. Al
2655	F	80,8	−187	dklgelbes Produkt, met. glänzend, undurchsichtig; gelbes mikrokrist. Aggregat; zers. W→KW und H_2
770 921	F V	40,2 146,4	−1190	$\bar{\alpha}$(20...150° C) = 30 · 10^{-6} grd^{-1}; fbl. weiße Krist.; hygr.; ll. W; l. Al; swl. Ä; unl. Bzl, Toluol, Chlf, CS_2
			−3373	glänzende Krist.; verwittern im Exsiccator; an Luft zerfl.; sll. W; l. Al
			−3673	χ_{Mol} = −180 · 10^{-6} cm^3Mol^{-1}; rein weiße Krist.; ll. W, abs. Al
1110 1680	F V	258	110,7 142,0	−1996 −1900	weißes Pulver; LW 25° 1,9 · 10^{-5} %; unl. wss. HF, konz. H_2SO_4; etwas l. mäßig verd. H_2SO_4, HCl
566 837	F V	33,5 120,5	264	−862	gelbe Blättchen; l. W; die thermische Z. dient zur Darst. des Metalls
2660	F		156,0 178,7	−1290	dklbraunes Pulver, auch schw. krist.; zerfällt an feuchter Luft unter NH_3-Entwicklung; W hydrolysiert in der Kälte langsam, in der Hitze schnell; ll. S
				große gut ausgebildete Krist.; wenig hygr., wenn gut getrocknet; weißes krist. Pulver; LW 20° 66%, Bdk. 6 H_2O; ll. Al; die wss. Lsg. zers. allmählich unter Abscheidung eines bas. Salzes
2990 4400	F V		61,76 65,24	−1231 −1173	χ_{Mol} = −16 · 10^{-6} cm^3Mol^{-1}; weißes schweres krist. Pulver; LW 25° 2 · 10^{-6} %; unl. verd. S, Alk; l. h. konz. H_2SO_4; Aufschluß mit $NaHSO_4$-Schmelze
			−1764	weißes Pulver oder gelartiger Nd.; unl. W, HF, Alk; l. S; in feuchtem Zustand leicht, getrocknet weit schwieriger löslich
			−1058	weißes Pulver; hygr.; ll. W
			−1150	kleine Nadeln; zerfl.; l. W klar; unl. Al
			−955	weißes Produkt, das sich am Licht rasch gelb färbt; l. W

Formel	Name	Zustand	Mol.-Masse / Dichte g·cm⁻³	System, Typ und Symbol	Einheitszelle Kantenlänge in Å	Winkel und M	Brechzahl n_D
ThS_2	(IV)-sulfid	f	296,17 / 7,234	orh. $C\,2\,3$ $D_{2h}^{16}, Pnma$	7,249 / 8,600 / 4,259	$M=4$	
Th_2S_3	(III)-sulfid	f	560,27 / 7,87	orh. $D_{2h}^{16}, Pnma$	10,97 / 10,83 / 3,95	$M=4$	
$Th(SO_4)_2$	(IV)-sulfat	f	424,16 / 4,225				
$Th(SO_4)_2 \cdot 4\,H_2O$		f	496,22				
$Th(SO_4)_2 \cdot 8\,H_2O$		f	568,28	mkl.	0,7535 : 1 : 0,5570	93°	
Ti	**Titan**						
$TiBr_2$	(II)-bromid	f	207,72 / 4,31				
$TiBr_3$	(III)-bromid	f	287,63	trig. $C_{3i}^2, R\bar{3}$	7,263	52° 48′ $M=2$	
$TiBr_4$	(IV)-bromid	f	367,54 / 3,25	kub. $D\,1_1$ $T_h^6, Pa\,3$	11,273	$M=8$	
TiC	carbid	f	59,91 / 4,08	kub. $B\,1$ $O_h^5, Fm3m$	4,32	$M=4$	
$TiCl_2$	(II)-chlorid	f	118,81 / 3,13	trig. $C\,6$ $D_{3d}^1, P3\bar{1}m$	3,561 / 5,875	$M=1$	
$TiCl_3$	(III)-chlorid	f	154,26	trig. $D\,0_5$ $C_{3i}^2, R\bar{3}$	6,820	53° 20′ $M=2$	
$TiCl_4$	(IV)-chlorid	fl	189,71 / 1,726				
TiF_3	(III)-fluorid	f	104,9 / 2,98	trig. $D_{3d}^6, R3\bar{c}$	5,523	58,88° $M=2$	
TiF_4	(IV)-fluorid	f	123,89 / 2,798				

Anorganische Verbindungen   Th; Ti 1-559

Phasenumwandlungen		Standardwerte bei 25° C				Bemerkungen und Charakteristik
°C	ΔH kJ/Mol	C_p J/Molgrd	S^0 J/Molgrd	ΔH_B kJ/Mol	ΔG^0 kJ/Mol	
1905	F			−460		graubraunes Pulver; unter dem Mikroskop schw. Krist., braun durchscheinend; unl. W, verd. Alk; l. verd. HNO_3 warm, k. konz. HNO_3; NaOH- und KOH-Schmelze→ThO_2
1950	F			−1082		
			171	−2518		weißes Pulver; unter dem Mikroskop krist. Struktur; etwas hygr.; LW 20° 1,3%, Bdk. 9 H_2O; unl. Al
100 −2 H_2O				−3694		milchweiße Krist., nadelförmig; wl. W; l. wss. NH_4-acetatlsg.
				−4890		fbl. Kristallaggregate
			120	−407		tiefschw. Pulver; stark reduzierend; l. W unter H_2-Entwicklung; entzündet sich an der Luft
			182	−546,4 −525,9		χ_{Mol} = +520 · 10^{-6} cm^3Mol^{-1}; blauschw. Krist., Blättchen oder Nadeln; l. W viol.
−15 38,2 233,4	U F V	13,4 44,37	241	−619,7 −591		$\bar{\gamma}$(−20...30° C) = 283 · 10^{-6} grd^{-1}; bernsteingelbe Krist.; hydrolysiert an feuchter Luft und in W→TiO_2 + HBr; zers. HNO_3, H_2SO_4, wss. NH_3, NaOH; ll. 34% HBr, konz. HCl
3170	F		33,51 24,3	−183,5 −179,8		graue Substanz, sehr spröde und hart; unl. W, HCl; l. HNO_3, verd. HF, HNO_3+HCl; Königsw. löst nur langsam, beim Sieden rasch; Fluoridschmelzen zers. TiC vollständig
1500	V	232	103,3	−504,6 −459,5		schw. Substanz; zers. W heftig; mit feuchter Luft→TiO_2; l. konz. HCl, konz. H_2SO_4 grün; unl. Ä, Chlf, CS_2
730 960	F V	20,9 124	143,9	−714,2 −647,9		χ_{Mol} = +705 · 10^{-6} cm^3Mol^{-1}; viol. Blättchen, sehr dünn; an feuchter Luft→HCl + TiO_2; ll. W, Al; schwer l. HCl; unl. Ä, Chlf, CCl_4, CS_2, Bzl, $TiCl_4$
−24,3 136,5	F V	9,37 36,2	157,0 249	800 732		fbl. Fl.; hygr.; raucht stark an der Luft; W hydrolysiert; l. Al, Me
						χ_{Mol} = +1300 · 10^{-6} cm^3Mol^{-1}; viol. Pulver; unl. W
283,1	Sb		90,2 131	−1548 −1456		weiße Substanz; hygr.; l. W klar, wfreiem Al, Py, 100% H_2SO_4; unl. Ä

Formel	Name	Zustand	Mol.-Masse / Dichte g·cm⁻³	System, Typ und Symbol	Einheitszelle Kantenlänge in Å	Einheitszelle Winkel und M	Brechzahl n_D
TiJ_2	(II)-jodid	f	301,71 / 4,99	trig. $C\,6$ $D_{3d}^1, P\bar{3}1m$	4,11 / 6,82	$M=1$	
TiJ_4	(IV)-jodid	f	555,52 / 4,3	kub.* $D\,1_1$ $T_h^6, Pa3$	12,02	$M=8$	
TiN	nitrid	f	61,91 / 5,21	kub. $B\,1$ $O_h^5, Fm3m$	4,23	$M=4$	
TiO	(II)-oxid	f	63,90 / 4,88	kub. $B\,1$ $O_h^5, Fm3m$	4,17	$M=4$	
TiO_2	(IV)-oxid, Rutil	f	79,90 / 4,24	tetr. $C\,4$ $D_{4h}^{14}, P4_2/mnm$	4,58 / 2,95	$M=2$	2,6158 / 2,9029
TiO_2	Anatas	f	79,90 / 3,90	tetr. $C\,5$ $D_{4h}^{19}, I4_1/amd$	3,73 / 9,37	$M=4$	2,534 / 2,493
TiO_2	Brookit	f	79,90 / 4,14	orh. $C\,21$ $D_{2h}^{15}, Pbca$	5,44 / 9,20 / 5,14	$M=8$	2,5832 / 2,5856 / 2,7414
Ti_2O_3	(III)-oxid	f	143,80 / 4,56	trig. $D\,5_1$ $D_{3d}^6, R\bar{3}c$	5,42	56° 32′ $M=2$	
TiS_2	(IV)-sulfid	f	112,03 / 3,27	trig. $C\,6$ $C_{3i}^2, P\bar{3}1m$	3,397 / 5,691	$M=1$	
$Ti(SO_4)_2$	(IV)-sulfat	f	240,02				

Anorganische Verbindungen Ti 1-561

Phasenumwandlungen		Standardwerte bei 25° C		Bemerkungen und Charakteristik
°C	ΔH kJ/Mol	C_p S^0 J/Molgrd	ΔH_B ΔG^0 kJ/Mol	
1170 V	223	150,6	−266	schw. met. glänzende Blättchen; zers. rasch an Luft, da hygr.; mit W heftige Z.; l. sied. HCl blau, konz. wss. HF; H_2SO_4, HNO_3 zers. unter J_2-Abscheidung
150 F 377,2 V	17,6 58,4	258,6	−427	* über 125° C; bei Raumtemp. hex. $a=7{,}978, c=19{,}68$ Å; $\bar{\gamma}(20{\ldots}150°C) = 222 \cdot 10^{-6}$ grd^{-1}; dklrötlichbraune große Krist.; raucht stark an der Luft; l. W unter Hydrolyse; l. konz. HF, HCl; unl. fl. H_2S, fl. PH_3
2947 F	84	37,07 30,11	−332,2 −303,3	hbraune pulverförmige Substanz, nach Pressen Bronzefarbe; unl. HCl, HNO_3, verd. und konz. H_2SO_4; l. Königsw. beim Erhitzen; KOH-Schmelze→K-titanat und NH_3-Entwicklung
991 U 1750 F 2700 V	3,43 58,5	39,96 34,76	−518,4 −488,6	hbronzefarbenes met. bis braunes grobkrist. Pulver; l. 40 % HF, unter H_2-Entwicklung verd. H_2SO_4, HCl; konz. HCl greift langsam an; sied. HNO_3→TiO_2
1855 F 2900 V	64,8	55,06 50,23	−943,9 −888	$\alpha(25° C)=7{,}1{\ldots}9{,}2 \cdot 10^{-6}$ grd^{-1}; $\varkappa_{Mol}=-480 \cdot 10^{-6}$ cm^{3}Mol^{-1}; $\varkappa(50{\ldots}200$ at; 0° C$)=0{,}57 \cdot 10^{-6}$ at^{-1}; Halbleiter; weiße Krist.; unl. W, S außer H_2SO_4 und HF; unl. verd. Alk; Aufschluß mit Schmelze $KHSO_4$, KHF_2, K_2CO_3; Schmelze mit Metalloxiden→Titanate
642 U	1,3	55,31 49,90		$\varepsilon(5 \cdot 10^5{\ldots}10^6$ Hz$)=48$
200 U 2130 F 3000 V	0,90 161	97,36 78,76	−1518 −1433	dklviol. bis schw. Pulver oder grobkrist. Masse; unl. W, HCl, HNO_3; l. H_2SO_4 unter Viol.färbung; wss. HF oder Königsw. greifen beim Erwärmen an
		67,91 78,37		dklgrüne Substanz, Strich messinggelb; olive Blättchen; l. HF beim Erwärmen; unl. konz. HCl, verd. H_2SO_4, wss. NH_3
				weißes Pulver, äußerst hygr.; l. W unter Wärmeentwicklung; zers. bei 150° C unter Verlust von SO_3

Formel	Name	Zustand	Mol.-Masse Dichte $g \cdot cm^{-3}$	System, Typ und Symbol	Einheitszelle Kantenlänge in Å	Winkel und M	Brechzahl n_D
$Ti_2(SO_4)_3$	(III)-sulfat	f	383,98				
$TiOSO_4 \cdot H_2O$	(IV)-oxid-sulfat	f	177,98 2,71	orh. D_2^4, $P2_12_12_1$	8,598 9,788 5,210	$M=4$	
Tl Tl_3AsO_3	**Thallium** (I)-ortho-arsenit	f	736,03				
$TlBr$	(I)-bromid	f	284,28 7,557	kub. $B2$ O_h^1, $Pm3m$	3,98	$M=1$	
$TlBr_3 \cdot 4H_2O$	(III)-bromid	f	516,16				
$Tl[TlBr_4]$	(I), (III)-bromid	f	728,38	orh. D_{2h}^8, $Pnna$	8,02 10,35 10,45	$M=8$	
$TlCN$	(I)-cyanid	f	230,39 6,523	kub. O_h^1, $Pm3m$	3,994	$M=1$	2,02
$Tl[Tl(CN)_4]$	(I), (III)-cyanid	f	512,81				
Tl_2CO_3	(I)-carbonat	f	468,75 7,11	mkl.	1,3956: 1: 1,9586	94° 47′	
$TlHCO_2$	(I)-formiat	f	249,39				
$Tl(HCO_2)_3$	(III)-formiat	f	339,42	mkl.	0,6218: 1: 0,4896	100° 35′	

Phasen- umwandlungen		Standardwerte bei 25° C			Bemerkungen und Charakteristik
°C	ΔH kJ/Mol	C_p S^0 J/Molgrd	ΔH_B ΔG^0 kJ/Mol		
					grünes krist. Pulver; unl. W, Al, konz. H_2SO_4, fl. NH_3; l. verd. H_2SO_4, HCl viol.
					fbl. Krist.; l. W unter Hydrolyse; l. k. HCl langsam, in der Wärme schnell
					or. Nädelchen, auch glänzende dicke Nadeln; swl. k. W; wl. Al; ll. verd. S
460 819	F V	17,2 99,56	127,4	−172,3 −168	$\bar{\gamma}(20...150°\,C) = 172 \cdot 10^{-6}$ grd^{-1}; $\varkappa(100...510\,\text{at}; 20°\,C) = 5{,}2 \cdot 10^{-6}$ at^{-1}; $\varepsilon(5 \cdot 10^5...10^6\,\text{Hz}) = 30$; $\chi_{\text{Mol}} = -63{,}9 \cdot 10^{-6}$ cm^{3}Mol^{-1}; fbl. krist. Pulver, am Licht gelblich grau und schw.braun; LW 20° 0,047 %; l. Al; unl. Aceton, Py
40	F				schwach gelbliche Nadeln; leicht zers. →Tl[TlBr$_4$]; ll. W
					dklgelbe lange Nadeln; etwas l. in Br$_2$; zers. W
					$\chi_{\text{Mol}} = -49 \cdot 10^{-6}$ cm^{3}Mol^{-1}; sehr kleine weiße glänzende Blättchen; starker Geruch nach HCN; zers. durch die schwächste S; LW 25° 14,2 %, Bdk. 0 H_2O; L fl. SO_2 0° 0,012 g/100 g SO_2; ll. wss. KCN; l. Al
125... 30	F*				* unter Entwicklung von Cyan und Z. zu schw.brauner Masse; fbl. stark glänzende Krist.; LW 30° 21,4 %; verd. S zers. →HCN-Entwicklung
228 273	U F	18,4	159,4	−699,6 −615	$\varepsilon(4 \cdot 10^8\,\text{Hz}) = 17$; $\chi_{\text{Mol}} = -50{,}8 \times 2 \cdot 10^{-6}$ cm^{3}Mol^{-1}; fbl. große glänzende Krist.; wasserhelle Nadeln; LW 20° 5,2 %, Bdk. 0 H_2O; L fl. SO_2 0° 0,01 g/100 g SO_2; unl. abs. Al, Ä, Aceton, Py
104	F				fbl. nadelförmige Krist.; sll. W unter Hydrolyse beim Verdünnen; ll. Me; wl. Al; swl. Chlf; MAK: 0,18 mg/m^3 Luft
					fbl. strahlig krist. Krusten; wird an Luft rasch braun; in W sofort Hydrolyse; ll. verd. S; l. Al; swl. org. Lösm.

Formel	Name	Zustand	Mol.-Masse Dichte $g \cdot cm^{-3}$	System, Typ und Symbol	Einheitszelle Kanten-länge in Å	Winkel und M	Brechzahl n_D
$TlCH_3CO_2$	(I)-acetat	f	263,42				
Tl_2CS_3	(I)-thiocarbonat	f	516,94				
$TlCl$	(I)-chlorid	f	239,82 7,00	kub. $B\,2$ O_h^1, $Pm3m$	3,838	$M=1$	2,247
$TlCl_3$	(III)-chlorid	f	310,73	mkl. C_{2h}^3, $C\,2/m$	6,54 11,33 6,32	110,2° $M=4$	
$TlCl_3 \cdot 4\,H_2O$		f	382,79				
$TlCl_3 \cdot 3\,C_5H_5N$	(III)-pyridinchlorid	f	548,04				
$TlCl_3 \cdot 3\,NH_3$	(III)-triamminchlorid	f	362,05				
$Tl_3[TlCl_6]$	(I), (III)-chlorid		1030,20 5,7	trig. D_{3d}^2, $P\bar{3}1c$	14,9 25,2	$M=32$	
$TlClO_3$	(I)-chlorat	f	287,82 5,50	trig. $8C_{3v}^5$, $R\,3\,m$	4,42	86° 20′ $M=1$	
$TlClO_4$	(I)-perchlorat		303,82 4,89	orh. $H\,2$ D_{2h}^{16}, $Pnma$	7,50 9,42 5,88	$M=4$	1,6427 1,6445 1,6541
TlF	(I)-fluorid	f	223,37 8,36	orh. $B\,24$ D_{2h}^{23}, $Fmmm$	5,495 6,080 5,180	$M=4$	

Phasen-umwandlungen		Standardwerte bei 25° C		Bemerkungen und Charakteristik
°C	ΔH kJ/Mol	C_p S^0 J/Molgrd	ΔH_B ΔG^0 kJ/Mol	
131	F			weiße seidenglänzende Krist.; hygr.; l. fl. SO_2 0° 7,5 g/100 g SO_2; ll. W, Me, Al, Chlf, Egester; swl. Aceton, Toluol; MAK: 0,19 mg/m³ Luft
		136,5	−87,9 −60	zinnoberrotes Pulver; zers. beim Erhitzen; swl. W; beständig gegen Alk; H_2SO_4, HNO_3 reagieren heftig; org. S zers. erst beim Sieden; unl. Me, Al, Ä, Aceton, Bzl, Chlf, CCl_4, CS_2, PÄ
427 807	F V	16,5 102,2	50,92 −204,9 111,2 −185,8	$\bar{\gamma}(20…150°\,C) = 168 \cdot 10^{-6}$ grd^{-1}; $\varkappa(100…510$ at; 20° C$) = 4,8 \cdot 10^{-6}$ at^{-1}; $\varepsilon(5 \cdot 10^5…10^6$ Hz$) = 32$; $\chi_{Mol} = −57,8 \cdot 10^{-6}$ cm³Mol^{-1}; fbl. Krist.; am Licht Verfärbung rötlich bis viol.; LW 20° 0,32%, 100° 2%, Bdk. 0 H_2O; l. 30% KOH, sied. NaOH; swl. wss. NH_3; wl. HCl unl. Al, Aceton, Py; MAK: 0,18 mg/m³ Luft
				rein weißes krist. Sublimat; durchsichtige Masse; sehr hygr.; LW 17° 37,6%, Bdk. 4 H_2O; ll. Al, Ä, Aceton; fast unl. in wfreiem HF
35	F		−1538	fbl. Krist.; LW s. $TlCl_3$; l. Al, Ä
				weißes krist. Pulver; l. W; sll. Al; wl. Ä
				weißes krist. Pulver; zers. W→Tl_2O_3; l. HCl, zers. beim Erhitzen→NH_3, NH_4Cl, TlCl
400… 500	F			zitronengelbe Blättchen; beim Schmelzen→dklbraune Fl.; l. W; wss. Lsg. mit Alk→Tl_2O_3+TlCl
				$\chi_{Mol} = −65,5 \cdot 10^{-6}$ cm³Mol^{-1}; fbl. lange Nadeln oder weißes Pulver, luftbeständig; LW 20° 3,75%
266 501	U* F			* $U\ D_{2h}^{16}$→kub. HO_5, T_d^2, $F\,\bar{4}\,3\,m$, $a = 7,72$ Å, $M = 4$; $\chi_{Mol} = −72,5 \cdot 10^{-6}$ cm³Mol^{-1}; fbl. durchsichtige glänzende Krist.; schweres krist. Pulver; nicht hygr.; LW 20° 11,5%; wl. Al
327 655	F V	14,0	87,4 −312,5 −263	$\chi_{Mol} = −44,4 \cdot 10^{-6}$ cm³Mol^{-1}; weiße glänzende Krist.; im Sonnenlicht Verfärbung; LW 20° 78,8%, Bdk. 0 H_2O; ll. fl. HF 14…18°; wl. Al

Formel	Name	Zustand	Mol.-Masse Dichte g·cm⁻³	Kristalldaten System, Typ und Symbol	Einheitszelle Kantenlänge in Å	Einheitszelle Winkel und M	Brechzahl n_D
TlF$_3$	(III)-fluorid	f	261,37 8,3				
TlJ	(I)-jodid	f	331,27 7,29	orh. B 3 3 D_{2h}^{17}, $Cmcm$	5,24 45,7 12,92	$M = 4$	2,78
TlJ$_3$ · 2 C$_5$H$_5$N	(III)-dipyridinjodid	f	743,29				
Tl$_3$N	(I)-nitrid	f	627,12				
TlN$_3$	(I)-azid	f	246,39				
TlNO$_3$	(I)-nitrat	f	266,38 5,56	orh. D_2^3, $P 2_1 2_1 2$	6,17 12,27 3,98	$M = 4$	1,817
Tl$_2$O	(I)-oxid	f	424,74 9,52				
Tl$_2$O$_3$	(III)-oxid	f	456,74 9,65	kub. D 5$_3$ T_h^7, $Ia3$	10,59	$M = 16$	
TlOH	(I)-hydroxid	f	221,38				
TlOF	(III)-oxidfluorid	f	239,37				
TlCNO	(I)-cyanat	f	246,39 5,487				

Phasenumwandlungen		Standardwerte bei 25° C			Bemerkungen und Charakteristik
°C	ΔH kJ/Mol	C_p J/Molgrd	S^0	ΔH_B ΔG^0 kJ/Mol	
550	F				weiß, durch Luftfeuchtigkeit zers. → braun und HF-Nebel; zers. W
165 440 823	U^* F V	11,3 104,7	125,5	−124,2 −125	* U gelb→rot; $\varkappa(100...510$ at; 20° C) $=6,8 \cdot 10^{-6}$ at^{-1}; $\varepsilon(10^{12}$ Hz) $=$ 35; $\chi_{Mol} = -82,2 \cdot 10^{-6}$ cm^{3}Mol^{-1}; dünne gelbe Blättchen; LW 20° 6,3 · 10^{-3}%, Bdk. 0 H$_2$O; l. HNO$_3$→ J$_2$-Entwicklung; l. Königsw.; wl. Al; unl. KJ; l. KOH, krist. aus nach Kochen in glänzenden roten Blättchen, 2. Modifikation, kub. $B\,2$ O_h^1, $Pm3m$, $a=4{,}19$ Å, $M=1$
					or. Pulver; ll. Me, Al, Aceton, Eg, Bzl, Nitrobzl, Nitromethan
					schw. Nd.; expl. bei Schlag oder Berührung mit W, verd. S; Wdampf hydrolysiert; l. in Lsg. von TlNO$_3$ in fl. NH$_3$, KNH$_2$ in fl. NH$_3$
334	F			233	große durchsichtige fbl. Krist., zerbrechlich; weißer feinkrist. Nd.; im Sonnenlicht→dklbraun; nicht hygr.; nicht expl.; LW 20° 0,35%; ll. h. W; unl. abs. Al, Ä
61 143 207 433	U U^* F V	1,00 3,18 9,58	99,37 160,7	−242,6 −151	* U D_2^3→kub. $B\,2$, O_h^1, $Pm3m$, $a=$ 4,31 Å, $M=1$; $\varepsilon(5 \cdot 10^5...10^6$ Hz) $=$ 16,5; $\chi_{Mol} = -56,5 \cdot 10^{-6}$ cm^{3}Mol^{-1}; fbl. Krist.; LW 20° 8,72%; ll. Methylamin; l. Aceton; wl. fl. NH$_3$; unl. Al; MAK: 0,2 mg/m^3 Luft
300 500	F V		99,5	−178 −139	schw. krist. Substanz; sehr hygr.; ll. W→TlOH; l. S; L abs. Al 20° 0,011 g/250 cm^3 Lösm.; MAK: 0,16 mg/m^3 Luft
717	F			−351	$\chi_{Mol} = +76 \cdot 10^{-6}$ cm^{3}Mol^{-1}; braun; unl. W, Alk, KOH-Schmelze; l. HCl, H$_2$SO$_4$, HNO$_3$; schw. Oxid $D=10,19$ g/cm^3
			72,4	−240,4 −196	gelber voluminöser Nd.; glänzend gelbe krist. Masse; gelbweiße Nadeln; LW 20° 25,55%; wss. Lsg. greift Glas an
					dklolivgrün; unl. W; zers. langsam durch sied. W; fast unl. HF; l. S
					$\chi_{Mol} = -55,5 \cdot 10^{-6}$ cm^{3}Mol^{-1}; fbl. kleine glänzende Blättchen, auch Nadeln; ll. W; swl. Al

Formel	Name	Zustand	Mol.-Masse Dichte g·cm⁻³	Kristalldaten System, Typ und Symbol	Einheitszelle Kantenlänge in Å	Winkel und M	Brechzahl n_D
Tl_3PO_4	(I)-ortho= phosphat	f	708,08 6,89				
Tl_2S	(I)-sulfid	f	440,80 8,0	trig. C 6 C_3^4, R 3 oder C_{3i}^2, $R\bar{3}$	13,61	82,1° $M=9$	
Tl_2S_3	(III)-sulfid	f	504,93				
Tl_2S_5	sulfid	f	569,06 5,19	orh. D_{2h}^{14}, $Pbcn$	10,57 23,45 8,877	$M=12$	
TlSCN	(I)-thio= cyanat	f	262,45 4,956	orh. D_{2h}^{11}, $Pbcm$	6,80 6,78 7,52		
Tl_2SO_4	(I)-sulfat	f	504,80 6,765	orh. D_{2h}^{16}, $Pnma$	7,808 10,665 5,929	$M=4$	1,8600 1,8671 1,8853
Tl_2Se	(I)-selenid	f	487,70 9,05	tetr. C_{4h}^3, $P4/n$	8,54 12,71	$M=10$	
Tl_2SeO_3	(I)-selenit	f	535,70				
$TlHSeO_3$	(I)-hy= drogen= selenit	f	332,34				
$Tl_2(SeO_3)_3$	(III)-se= lenit	f	789,62				
Tl_2SeO_4	(I)-selenat	f	551,70 7,043	orh. D_{2h}^{16}, $Pnma$	7,938 10,932 6,255	$M=4$	1,9493 1,9592 1,9640

°C	ΔH kJ/Mol	C_p J/Molgrd	$S°$ J/Molgrd	ΔH_B kJ/Mol	$\Delta G°$ kJ/Mol	Bemerkungen und Charakteristik
						$\chi_{Mol} = -48,4 \times 3 \cdot 10^{-6}$ cm^{3}Mol^{-1}; weißer krist. Nd. von seidigem Aussehen; swl. W; ll. HNO$_3$; sll. NH$_4$-salzlsg.; unl. Al
449 1367	F 12,5 V 154			−87,0		$\chi_{Mol} = -44,4 \times 2 \cdot 10^{-6}$ cm^{3}Mol^{-1}; schw. krist. Substanz; LW 20° 0,02%, Bdk. 0 H$_2$O; ll. verd. HNO$_3$, H$_2$SO$_4$; wl. verd. HCl; unl. Alk, Alk-carbonatlsg., -cyanidlsg., Egs, Aceton; rauchende HNO$_3$ oxid. → Sulfat
260	F					schw. amorphes Produkt: <12° hart, spröde mit glasglänzendem Bruch, >25° weich und zu Fäden ziehbar; unl. W; l. h. verd. H$_2$SO$_4$
310	F					glänzende schw. undurchsichtige Krist.
						weißer käsiger Nd., auch gelb, grau je nach Fällung; weiße glänzende Blättchen oder Prismen; LW 20° 0,314%; l. sied. W; L fl. SO$_2$ 0° 0,024 g/100 g SO$_2$; l. Na$_2$CO$_3$-Lsg., Me; gut l. Py; unl. Aceton
632	F 23,0		243,5	−933,9		$\varepsilon(5 \cdot 10^5...10^6$ Hz$)=25,5$; fbl. Krist.; LW 20° 4,5%; L fl. SO$_2$ 0° 0,021 g/100 g Lösm.; l. H$_2$SO$_4$; unl. Äthylamin; reagiert lebhaft mit gasförmigem HCl, HBr; MAK: 0,19 mg/m^3 Luft
398	F			−75		graue glänzende Blättchen; aus Schmelzfluß schw., hart, spröde; unl. W, Egs, Alk-sulfid- und -selenidlsg.; l. S
						feine glänzende glimmerart. Blättchen; wl. k. W; wss. Lsg. zeigt alk. Reaktion; Al, Ä fällt aus wss. Lsg. wieder aus
						große gelbe wächserne Krist.; sll. W; unl. Al, Ä
						weiße krist. Masse; unl. W; l. verd. HNO$_3$; zers. HCl, H$_2$SO$_4$; zers. Alk→Tl$_2$O$_3$, SeO$_2$
						lange weiße Nadeln; F >400°→klare gelbe Fl.; bildet dabei Selenit; LW 20° 2,7%, Bdk. 0 H$_2$O; unl. Al, Ä

Formel	Name	Zustand	Mol.-Masse Dichte $g \cdot cm^{-3}$	Kristalldaten System, Typ und Symbol	Einheitszelle Kantenlänge in Å	Winkel und M	Brechzahl n_D
$Tl_2[SiF_6]$	(I)-hexafluorosilikat	f	550,82 5,72	kub. $I\,1_1$ $O_h^5, F\,m3\,m$	8,58	$M=4$	
Tm $TmCl_3$	**Thulium** (III)-chlorid	f	275,29 4,34	mkl. $C_{2h}^3, C\,2/m$	6,75 11,73 6,39	110,6° $M=4$	
$TmCl_3 \cdot 7H_2O$		f	401,40				
Tm_2O_3	(III)-oxid	f	385,87 8,77	kub. $D\,5_3$ $T_h^7, I\,a3$	10,52	$M=16$	
U UBr_4	**Uran** (IV)-bromid	f	557,67 4,838	mkl.	10,29 8,69 7,05	93° 54′ $M=4$	
UC_2	carbid	f	262,05 11,28	tetr. $C\,1\,1$ $D_{4h}^{17}, I\,4/mmm$	3,54 5,99	$M=2$	
$UO_2(CH_3CO_2)_2$	Uranylacetat	f	388,12				
$UO_2(CH_3CO_2)_2 \cdot 2H_2O$		f	424,15 2,89	orh. $C_{2v}^9, Pna\,2_1$	9,61 14,95 6,93	$M=4$	
$UO_2(CH_3CO_2)_2 \cdot 3H_2O$		f	442,16	tetr.	1: 1,4054		1,63 1,545
UCl_3	(III)-chlorid	f	344,39 5,44	hex. $C_{6h}^2, P\,6_3/m$	7,428 4,312	$M=2$	
UCl_4	(IV)-chlorid	f	379,84 4,854	kub. oder tetr. $D_{4h}^{19}, I\,4_1/amd$	14,60 8,298 7,486	$M=24$ $M=4$	

Phasen-umwandlungen		Standardwerte bei 25° C			Bemerkungen und Charakteristik
°C	ΔH kJ/Mol	C_p J/Molgrd	S^0	ΔH_B ΔG^0 kJ/Mol	
					durchsichtige Krist.; feinkrist. Nd.; sll. W; konz. H_2SO_4 zers.→HF + SiF_4; wss. Lsg. scheidet langsam etwas SiO_2 ab
845 1490	F V			−959,8	fahl gelbgrünes Salz; l. W
					grünliche Krist.; ll. W, Al
					dichtes weißes Pulver mit schwach grünlichem Ton; unl. W; langsam l. in warmen konz. S
519 765	F V	75 134	243	−822,6 −789	$\varkappa_{Mol} = +3530 \cdot 10^{-6}$ cm³Mol⁻¹; glänzende braune bis schw. Blättchen; raucht an der Luft und zerfl.; l. W unter Zischen; l. Egester, Aceton, Py; unl. Ä
2425 4100	F V		59	−176 −175,2	silberweiß, met., besitzt dichte feinkrist. Struktur; zers. W unter Gasentwicklung, zers. verd. und konz. S, Alk
110	F				gelbliches Kristallpulver; ll. W, Al, Py in der Wärme; etwas l. $C_2H_5NH_2$ wl. CH_3NH_2; kaum l. Ä, Chlf; MAK: 0,081 mg/m³ Luft
					gelbe Prismen; l. W (Zusatz Egs zur Hemmung der Hydrolyse); wl. Al; unl. Ä, Egester
100 −H_2O					zitronengelbe Krist.
835	F		91,5 158,9	−891 −823	$\varkappa_{Mol} = +3460 \cdot 10^{-6}$ cm³Mol⁻¹; dklbraune bis dklrote glänzende Nadeln; sehr hygr.; sll. W, l. HCl; unl. Al, Chlf, CCl_4, Aceton, Py
589 618	F V	45,0	123,4 198,3	−1057 −967	$\varkappa_{Mol} = +3680 \cdot 10^{-6}$ cm³Mol⁻¹; grüne Krist.; met. glänzend sehr hygr.; raucht an der Luft; l. W grün unter HCl-Entwicklung; l. Al, Aceton, Egester; unl. Ä, Chlf, Bzl

Formel	Name	Zustand	Mol.-Masse Dichte g·cm⁻³	System, Typ und Symbol	Kantenlänge in Å	Winkel und M	Brechzahl n_D
UCl_5	(V)-chlorid	f	415,30				
UF_4	(IV)-fluorid	f	314,02	mkl. $C_{2h}^6, C\,2/c$	10,29 10,75 8,43	94° 57' $M=12$	
UF_6	(VI)-fluorid	f	352,02				
UJ_4	(IV)-jodid	f	745,65 5,6				
$UO_2(NO_3)_2 \cdot 6\,H_2O$	Uranylnitrat	f	502,13 2,807	orh. $D_{2h}^{17}, Cmcm$	11,42 13,15 8,02	$M=4$	1,4967*
UO_2	(IV)-oxid	f	270,03 10,8	kub. C 1 $O_h^5, Fm3m$	5,455	$M=4$	
U_3O_8	(IV, VI)-oxid	f	842,09 7,19	orh.	4,144 6,716 3,977	$M=^2/_3$	
UO_3	(VI)-oxid	f	286,03 7,368	trig.* $D_{3d}^3, P\bar{3}m1$	3,963 4,160	$M=1$	
$UO_3 \cdot H_2O$		f	304,04 5,926				
$UO_3 \cdot 2\,H_2O$		f	322,06				
$UO_4 \cdot 2\,H_2O$	peroxid	f	338,06				
UO_2Cl_2	Uranylchlorid	f	340,94				
UO_2F_2	Uranylfluorid	f	308,03	trig. $D_{3d}^5, R\bar{3}m$	5,755	42° 47' $M=1$	
UO_2J_2	Uranyljodid	f	523,84				

Anorganische Verbindungen

Phasenumwandlungen		Standardwerte bei 25° C		Bemerkungen und Charakteristik
°C	ΔH kJ/Mol	C_p S^0 J/Molgrd	ΔH_B ΔG^0 kJ/Mol	
		259	−1096 −991,7	nadelförmige dkl metallgrüne Krist., im durchfallenden Licht rubinrot; sehr hygr.; l. W unter HCl-Entwicklung; l. abs. Al, Aceton, CCl_3CO_2H, Egester, Benzonitril; etwas l. CCl_4, Chlf; unl. Ä, Bzl, Nitrobzl
		117,6 151,2	−1854 −1762	grünes Pulver; hygr.; unl. W, verd. S; schwierig l. konz. S, l. HF; etwas l. fl. NH_3; sied. NaOH zers.
69,2	F	166,75 227,8	−2163 −2033	fbl. glänzende Krist.; stark rauchend; schwach gelblich; hygr.; l. W gelblichgrün; org. Lösm. reagieren heftig; bestes Lösm.: 1,1,2,2-Tetrachloräthan
453... 505 520	U F	14,8 23,6	272	−531,4 −528	schw. feine Nadeln; zerfl. an feuchter Luft; l. W zu einer stark sauren Fl.
62,1	F	468,8 505,6	−3200	* n_β (gelbes Licht); gelbe Krist., fluoresz. gelbgrün; bei 100° Z. LW 20° 55%; ll. Al, Ä
2730	F	64,10 77,95	−1084 −1030	Halbleiter; braunes krist. Pulver; feine oktaedrische Krist.; luftbeständig; unl. verd. HCl, H_2SO_4; l. HNO_3, konz. H_2SO_4, rauchende HCl, Königsw.
		237,9 281,8		grünes Pulver; l. HNO_3, konz. H_2SO_4 sied.; swl. verd. HCl, H_2SO_4
		84,86 98,58	−1221 −1143	* α-UO_3; $\chi_{Mol} = +128 \cdot 10^{-6}$ cm^{3}Mol^{-1}; hor.gelbes Pulver; sehr hygr.; l. S
			−1571	or.gelbes Pulver oder orh. Krist.; amorph ll. verd. S, konz. Lsg. von $UO_2(NO_3)_2$
			−1867	hgelbes Pulver, luftbeständig; LW 27° 0,16 g/l
			−1825	gelbweißes amorphes Pulver; l. HCl→Cl_2-Entwicklung; zers. Alk→ UO_3+Peruranat
		107,9 150,5		gelbes krist. Produkt; sehr zerfl.; l. W gelb
		103,2 135,5		gelbes Pulver; sehr zerfl.; ll. W, Al; unl. Ä, Amylal.
				rote krist. Masse, sehr zerfl.; l. W gelb; ll. Al, Ä, Bzl; l. Egester, Aceton, Py

Formel	Name	Zustand	Mol.-Masse Dichte g·cm⁻³	System, Typ und Symbol	Kantenlänge in Å	Winkel und M	Brechzahl n_D
US$_2$	Uran(IV)-sulfid	f	302,16 8,03	orh. $D_{2h}^{16}, Pnma$	7,11 8,46 4,12	$M=4$	
UO$_2$SO$_4$ · 3 H$_2$O	Uranyl-sulfat	f	420,14 3,28	orh.	12,58 17,00 6,73	$M=8$	
U(SO$_4$)$_2$ · 4 H$_2$O	Uran(IV)-sulfat	f	502,22 3,60	orh. $D_{2h}^{16}, Pnma$	11,093 14,674 5,688	$M=4$	
U(SO$_4$)$_2$ · 8 H$_2$O		f	574,28	mkl.	0,7190 : 1 : 0,5697	93° 24'	
Y YC$_2$	**Yttrium** carbid	f	112,93 4,13	hex.	3,79 6,58		
Y$_2$(CO$_3$)$_3$ · 3 H$_2$O	(III)-carbonat	f	411,89 3,67				
YCl$_3$	(III)-chlorid	f	195,26 2,8	mkl. $C_{2h}^3, C2/m$	6,92 11,94 6,44	111,0° $M=4$	
YJ$_3$	(III)-jodid	f	469,62				
YN	nitrid	f	102,91 5,89	kub. $B1$ $O_h^5, Fm3m$	4,877	$M=4$	
Y(NO$_3$)$_3$	(III)-nitrat	f	274,92 1,7446				
Y(NO$_3$)$_3$ · 6 H$_2$O		f	383,01 2,68				
Y$_2$O$_3$	(III)-oxid	f	225,81 4,84	kub. $D5_3$ $T_h^7, Ia3$	10,61	$M=16$	
Y(OH)$_3$	(III)-hydroxid	f	139,93	hex. $D0_{19}$ $C_{6h}^2, P6_3/m$	6,24 3,53	$M=2$	
Y$_2$(SO$_4$)$_3$	(III)-sulfat	f	465,99 2,606				

Phasen-umwandlungen		Standardwerte bei 25° C		Bemerkungen und Charakteristik
°C	ΔH kJ/Mol	C_p S^0 J/Molgrd	ΔH_B ΔG^0 kJ/Mol	
				schw. oder eisengraue, sehr kleine Krist. von met. Glanz; zers. W-dampf, konz. HCl, HNO$_3$
100 −2 H$_2$O		264	−2790	zitronengelbe kleine Krist., LW 20° 60%; l. verd. S; kaum l. konz. Ameisensäure, Eg; wl. Al, Glykol
				hgrüne oder dklgrüne Krist.; luftbeständig; LW 20° 10,4%; l. verd. HCl, H$_2$SO$_4$; wl. konz. S
				kleine dklgrüne Krist.; W hydrolysiert; l. verd. S, Al, Glykol
				goldglänzende krist. Masse; mikroskopisch gelbe durchsichtige Krist.; zers. W unter Bildung von KW
130 −3 H$_2$O				weißes Pulver; praktisch unl. W; l. verd. S, überschüssiger Alk-carbonatlsg.
686	F		−935,9	fbl. strahlige Masse mit kleinen Krist.; durchscheinende Blättchen; LW 20° 43,9%, Bdk. 6 H$_2$O; ll. Al; etwas l. Py; l. in viel Aceton; · 6 H$_2$O fbl. platte große Prismen; wl. Al; unl. Ä; F 160° im eigenen Kristallwasser
			−599,3	wasserhaltig: lange sehr zerfl. Krist.; ll. W; l. Al; wl. Ä; wasserfrei ll. Aceton
~2670	F		−299	
		46,0 316,8		weiße Krist.; LW 20° 53,3%, 60° 68%; ll. Al; l. Aceton; etwas l. Ä
100 −3 H$_2$O				strahlige Masse aus fbl. Prismen; große durchsichtige Krist.; LW s. Y(NO$_3$)$_3$; l. Al, Ä
2400 4300	F V	123	−1906	$\bar{\alpha}(20...1000° C) = 9{,}3 \cdot 10^{-6}$ grd^{-1}; weißes gelblich getöntes Pulver; kleine Körner; LW 29° 1,8 · 10^{-4}%; l. S, sogar Egs; langsam l. verd. HCl, ll. konz. HCl
			−1413 −1290	weißer gallertartiger Nd.; unl. W, Alk; ll. S; etwas l. NH$_4$Cl-Lsg.; ll. NH$_4$-salzlsg. beim Kochen unter Entwicklung von NH$_3$
		255,2		weißes Pulver; LW 20° 6,8%, Bdk. 8 H$_2$O; W erhitzt heftig; ll. gesättigter K$_2$SO$_4$-Lsg.; unl. Aceton

Formel	Name	Zustand	Mol.-Masse Dichte g·cm⁻³	System, Typ und Symbol	Einheitszelle Kantenlänge in Å	Winkel und M	Brechzahl n_D
$Y_2(SO_4)_3 \cdot$ 8 H_2O		f	610,12 2,535	mkl.	3,0284 : 1 : 2,0092	118° 25'	1,5423 1,5490 1,5755
Yb $YbCl_3$	**Ytterbium** (III)-chlorid	f	279,40 3,98	mkl. $C_{2h}^3, C\,2/m$	6,73 11,65 6,38	110,4° $M=4$	
$YbCl_3 \cdot$ 6 H_2O		f	387,49 2,575				
Yb_2O_3	(III)-oxid	f	394,08 9,175	kub. $D\,5_3$ $T_h^7, I\,a\,3$	10,41	$M=16$	
$Yb_2(SO_4)_3$	(III)-sulfat	f	634,26 3,793				
$Yb_2(SO_4)_3 \cdot$ 8 H_2O		f	778,39 3,286				
V VC	**Vanadin** carbid	f	62,94 5,4	kub. $B\,1$ $O_h^5, F\,m\,3\,m$	4,17	$M=4$	
VCl_2	(II)-chlorid	f	121,85 3,23				
VCl_3	(III)-chlorid	f	157,30 3,00	trig. $D\,0_5$ $C_{3i}^2, R\,\overline{3}$	6,743	52° 55' $M=2$	
VCl_4	(IV)-chlorid	fl	192,75 1,836				
VF_3	(III)-fluorid	f	107,94 3,363	trig. $D_{3d}^6, R\,\overline{3}\,c$	5,373	57° 30' $M=2$	
VN	nitrid	f	64,95 5,75	kub. $B\,1$ $O_h^5, F\,m\,3\,m$	4,137	$M=4$	
VO	(II)-oxid	f	66,94 5,76	kub. $B\,1$ $O_h^5, F\,m\,3\,m$	4,12	$M=4$	
V_2O_3	(III)-oxid	f	149,88 4,87	trig. $D\,5_1$ $D_{3d}^6, R\,\overline{3}\,c$	5,45	53° 49' $M=2$	
V_2O_4	(IV)-oxid	f	165,88 4,65	tetr. $C\,4$ $D_{4h}^{14}, P\,4_2/m\,n\,m$	4,54 2,88	$M=2$	

Anorganische Verbindungen   Y; Yb; V 1-577

°C	Phasen-umwandlungen ΔH kJ/Mol		Standardwerte bei 25° C C_p S^0 J/Molgrd	ΔH_B ΔG^0 kJ/Mol	Bemerkungen und Charakteristik
120	F		577	−6329 −5554	fbl. kleine Krist., durchsichtig, luftbeständig; LW s. $Y_2(SO_4)_3$
854	F			−956,9	fbl. perlmuttglänzende Schuppen; ll. W unter Erwärmung; ll. abs. Al
154	F				wasserhelle Krist.; ll. W; l. abs. Al
2346	F			−1814	weißes schweres unschmelzbares Pulver; l. h. S; in der Kälte langsam l.; ll. HCl
					fbl. Nadeln, weiß, undurchsichtig; LW 20° 22,9%, Bdk. 8 H_2O; ll. in gesättigter K_2SO_4-Lsg.
				−5477	große glasglänzende luftbeständige Prismen; LW s. $Yb_2(SO_4)_3$
2770	F		33,35 28,3	−117 −105	silberweiße Krist.; unl. W, H_2SO_4; l. HNO_3; KNO_3- oder $KClO_3$-Schmelze zers.
			72,22 97,04	−452 −405,6	hgrüne glimmerglänzende Tafeln; l. W nach einiger Zeit, da anfangs nicht benetzt; sehr hygr.; l. Al, Ä
			93,18 130,9	−573 −504,2	pfirsichblütenfarbene glänzende Krist.; anfangs von W nicht benetzt, dann l. mit dklbrauner Farbe; l. Al, Ä
−25,7 144,6	F V	41,4		−577	braunrote, an der Luft rauchende Fl.; zers. am Licht und beim Sieden; zers. W; l. abs. Al, Ä, rauchender HCl
					$\chi_{Mol} = +2730 \cdot 10^{-6}$ cm^{3}Mol^{-1}; VF_3 · 3 H_2O dklgrüne Krist.; verwittern sehr schnell an der Luft; ll. h. W; unl. Al
2050	F		38,0 37,3	−173,3 −147,8	graubraunes Pulver mit met. glänzenden Teilchen
3100	V		45,44 38,9	−410 −382	met. glänzendes graues Pulver; unl. W; l. S
1967	F		103,9 98,3	−1213 −1133	schw. halb met. glänzendes Pulver; unl. W, S, Alk; l. HF, HNO_3; l. S und Alk erst nach Oxid.
72 1542 2700	U F V	8,57 113,8	118,0 101,7	−1439 −1329	tief dklblaue glänzende Krist.; schw.-erdige Substanz; stahlfarbenes schweres Kristallpulver; unl. W; l. S, Alk

Formel	Name	Zustand	Mol.-Masse / Dichte g·cm⁻³	System, Typ und Symbol	Einheitszelle Kantenlänge in Å	Winkel und M	Brechzahl n_D
V_2O_5	(V)-oxid	f	181,88 3,357	orh. D_{2h}^{13}, $Pmmn$	3,373 11,519 3,564	$M=2$	
VOCl	(III)-oxidchlorid	f	102,39 2,824				
V_2O_2Cl	Divanadylchlorid	f	169,33 3,64				
$VOCl_2$	Vanadin(IV)-oxidchlorid	f	137,85 2,88				
$VOCl_3$	(V)-oxidchlorid	fl	173,30 1,854				
VS	(II)-sulfid	f	83,01 4,20	hex. $B\,8$ D_{6h}^4, $P6_3/mmc$	3,34 5,785	$M=2$	
V_2S_3	(III)-sulfid	f	198,08 4,70				
V_2S_5	(V)-sulfid	f	262,20 3,00				
$VSO_4 \cdot 7H_2O$	(II)-sulfat	f	273,11				
VSi_2	silicid	f	107,11 4,42				
V_2Si	silicid	f	129,97 5,48				
W	**Wolfram**						
WAs_2	arsenid	f	333,69 6,9				
WB	borid	f	194,66 15,73	orh.* D_{2h}^{17}, $Cmcm$	3,19 8,40 3,07	$M=4$	

Anorganische Verbindungen

Phasenumwandlungen		Standardwerte bei 25° C			Bemerkungen und Charakteristik
°C	ΔH kJ/Mol	C_p J/Molgrd	S^0	ΔH_B ΔG^0 kJ/Mol	
670 1800	F V	65,08	127,3 130,9	−1560 −1428	rostgelbes bis ziegelrotes Pulver; rote Kristallnadeln; LW 20° 5 · 10⁻³ %; l. S, Alk; unl. abs. Al; wl. wss. Al; MAK: 0,1 mg Rauch bzw. 0,5 mg Staub/m³ Luft
127	F				leichtes braunes flockiges Pulver; unl. W; ll. HNO₃
					bronzefarbene Substanz, dem Mussivgold ähnlich; kleine met. glänzende gelbe Krist.; unl. W; ll. HNO₃
					glänzende grasgrüne Tafeln; zerfl. an Luft; zers. W langsam; ll. verd. HNO₃
−79 127,2	F V	36,78		−719	gelbe Fl., klar, leicht beweglich; l. W unter langsamer Z.; l. Al, Ä, Eg, konz. HCl
1900	F		60,7	−188 −187,7	braunschw. Pulver; schwach bronzeglänzende Blättchen; unl. HCl, verd. H₂SO₄; l. h. konz. H₂SO₄ grünlichgelb; l. verd. HNO₃ blau; mit konz. HNO₃ heftig→Vanadylsulfat
					grauschw. Pulver; l. HNO₃, Königsw., konz. H₂SO₄; wl. Alk; unl. W; ll. (NH₄)₂S-Lsg.
					schw. Pulver; unl. W; l. verd. HNO₃, Alk, Alk- und NH₄-sulfidlsg.
					rot- bis blauviol. Krist., durchsichtig; an der Luft oxid. und zerfl.→grüne Masse; sll. W
					met. glänzende Prismen; ritzen Glas; unl. W, Al, Ä, HCl, H₂SO₄, HNO₃, KOH, NH₃; l. k. verd. HF, Si-Schmelze
					silberweiße, spröde, met. glänzende Krist.; ritzen leicht Glas; unl. W, S, Al, Ä; l. HF
					schw. krist. glänzende Masse; unl. W, HF, HCl; l. Gemisch HF + HNO₃; mit Königsw., HNO₃ beim Erwärmen→WO₃; Alk-Schmelze reagiert heftig, KNO₃ + K₂CO₃ expl.
2920	F				* Hochtemperaturform

Formel	Name	Zustand	Mol.-Masse Dichte g·cm⁻³	System, Typ und Symbol	Einheitszelle Kantenlänge in Å	Winkel und M	Brechzahl n_D
WB_2	borid	f	205,47 10,77				
WBr_2	(II)-bromid	f	343,67				
WBr_5	(V)-bromid	f	583,40				
WC	carbid	f	195,86 15,7	hex.	2,94 2,86	$M=1$	
W_2C	carbid	f	379,71 16,06	hex. $L'3$ D_{6h}^4, $P6_3/mmc$	2,99 4,71	$M=1$	
$W(CO)_6$	hexacarbonyl	f	351,91	orh. C_{2v}^9, $Pna2_1$	11,27 11,90 6,42	$M=4$	
WCl_2	(II)-chlorid	f	254,76 5,436				
WCl_4	(IV)-chlorid	f	325,66 4,624				
WCl_5	(V)-chlorid	f	361,12 3,875				
WCl_6	(VI)-chlorid	f	396,57 3,52	trig. C_3^2, $P3_1$	6,58	55,0° $M=1$	

Anorganische Verbindungen

Phasenumwandlungen		Standardwerte bei 25° C			Bemerkungen und Charakteristik
°C	ΔH kJ/Mol	C_p J/Molgrd	S^0	ΔH_B ΔG^0 kJ/Mol	
~2900	F				silberfarbene spröde Masse; krist. in Oktaedern; mit Cl_2 bei 100°→W-chloride; l. konz. S, Königsw.; unl. Na_2O_2-, KHF_2-Schmelze; heftige Reaktion mit Schmelze KNO_3 + Na_2CO_3
				−79,5	schw. samtart. Substanz; wl. W; teilweise zers.→WO_2+HBr; Reduktionsvermögen
276 333	F V			−176	dklbraune bis schw. Nadeln; sehr hygr.; raucht an der Luft; zers. W→blaues Oxid+HBr, in der Wärme→gelbe Wolframsäure; l. wss. HF, konz. HCl; mit verd. H_2SO_4, verd. u. konz. HNO_3→Wolframsäure; l. Alk, abs. Al, Ä, Chlf, CCl_4
2867	F	36,1 35,5		−38,02	Härte nach Mohs: 9; unl. Gemisch 1 Tl. HNO_3+4 Tl. HF (Unterschied zu W_2C)
2857	F				ritzt noch den Korund; l. Gemisch 1 Tl. HNO_3+4 Tl. HF; mit Cl_2 bei 400°→WCl_6+Graphit
50	Sb				fbl. Krist.; unl. W, wss. HCl, HNO_3, Br_2-Wasser; rauchende HNO_3 zers.→CO; swl. Al, Ä, Bzl; bei 100° Z.→Wolfram+blaues Oxid
				−159	lose graue Masse, nicht krist.; nicht schmelzbar; wl. W mit bräunlicher Farbe; teilweise zers. zu WO_2+HCl; Reduktionsvermögen
				−297	lose graubraune krist. Masse; hygr.; nicht schmelzbar; nicht flch.; wl. W; teilweise zers. zu WO_2+HCl
230 286	F V	17,6 65,7		−351	glänzende schw. Nadeln; gepulvert grün; zerfl. an feuchter Luft; zers. W, HCl, Alk unter Bildung von blauem Oxid; l. frisch hergestellter HSCN, CS_2, CCl_4; l. Me, Al unter heftigem Zischen
169 226,9 284 348	U U F V	14,2 9,6 52,7		−412,8	ϑ_{krit} 417° C; p_{krit} 32 at; dklviol. bis braunschw. Krusten mit met. glänzendem Schimmer; viol. krist. Pulver; an Luft zers.→ WO_2Cl_2+HCl; swl. W, zers. bei 60°; mit sied. HCl→gelbe Wolframsäure; l. frisch hergestellter HSCN; l. Alk→Wolframat; ll. Al, Chlf, CCl_4, CS_2, Ä, Aceton, Bzl

Formel	Name	Zustand	Mol.-Masse / Dichte $g \cdot cm^{-3}$	Kristalldaten System, Typ und Symbol	Kristalldaten Einheitszelle Kantenlänge in Å	Kristalldaten Einheitszelle Winkel und M	Brechzahl n_D
WF_6	(VI)-fluorid	g	297,84 12,9*				
WJ_2	(II)-jodid	f	437,66 6,9				
WJ_4	(IV)-jodid	f	691,47 5,2				
WO_2	(IV)-oxid	f	215,85 12,11	tetr. $C4$ D_{4h}^{14}, $P4_2/mnm$	4,86 2,77	$M=2$	
WO_3	(VI)-oxid	f	231,85 7,16	mkl. C_{2h}^5, $P2_1/c$	7,274 7,501 3,824	90° 4′ $M=4$	
H_2WO_4 $WO_3 \cdot H_2O$	säure	f	249,86 5,5				2,09 2,24 2,26
$H_2WO_4 \cdot H_2O$ $WO_3 \cdot 2H_2O$	säurehydrat	f	267,88 4,613				1,70 1,95 2,04
$WOBr_4$	(VI)-oxidbromid	f	519,49				
WO_2Br_2	(VI)-dioxidbromid	f	375,67				

Phasenumwandlungen		Standardwerte bei 25° C		Bemerkungen und Charakteristik
°C	ΔH kJ/Mol	C_p S^0 J/Molgrd	ΔH_B ΔG^0 kJ/Mol	
−8,2 U 2,3 F 17,06 V	6,7 2,1 26,13	372		* mg/cm³; fbl. Gas; gelbe Fl.; feste weiße Masse; raucht stark an der Luft; wss. NH_3 und Alk absorbieren vollständig; Feuchtigkeit zers.
			−4,18	met. grüne, schuppige Krist.; nicht schmelzbar; unl. W, zers. beim Sieden; zers. H_2SO_4, HNO_3, Königsw.→ WO_3; wss. HF, HCl greifen nur langsam an; zers. Alk, besonders Alk-Schmelze; unl. CS_2, Al; l. wss. Alk-thiocyanatlsg. grün
			0	schw. krist. Masse; nicht schmelzbar; unl. W, beim Sieden zers.; zers. HCl, H_2SO_4, HNO_3, Königsw.; l. Alk, Alk-carbonat, $KHSO_4$-Schmelze unter Abscheidung von Jod; l. abs. Al; unl. Ä, Chlf
		67	−589,7 −511	2. Form mkl. C_{2h}^5, $P\,2_1/c$, $a=5,565$, $b=4,892$, $c=5,550$ Å, $\beta=118,9°$, $M=4$; braunes Pulver; bildet leicht Krist.; unl. HCl, H_2SO_4, Alk, wss. NH_3; HNO_3 oxid. zu WO_3; Alk-carbonatschmelze→Wolframat
720 U 1473 F 1800 V	62,8	81,50 83,26	−837,5 −760	Halbleiter; zitronengelbes Pulver, geschmolzen grün; aus Schmelze tafelförmige Krist.; geglüht unl. W, verd. und konz. H_2SO_4, HNO_3, verd. HCl, HBr, HJ; L Alk, wss. NH_3 abhängig von vorheriger Entwässerungstemp.; l. H_2O_2
			−1170	$\chi_{Mol}=-28,0 \cdot 10^{-6}$ cm³Mol^{-1}; „gelbe Wolframsäure"; gelbe Substanz, mikroskopisch amorph, röntgenographisch krist.; sehr stabil
				„weiße Wolframsäure"; blaßgelbes Pulver; mit der Zeit Übergang in gelbe Wolframsäure
277 F 327 V				braunschw. glänzende Nadeln; sehr zerfl.; zers. leicht an der Luft; zers. W→gelbe Wolframsäure+HBr
				zitronengelbe bis messinggelbe Schuppen, gepulvert gelb; an der Luft zers.→HBr+Wolframsäure; nicht schmelzbar; zers. W→HBr+ Wolframsäure

Formel	Name	Zustand	Mol.-Masse Dichte g·cm⁻³	System, Typ und Symbol	Einheitszelle Kantenlänge in Å	Winkel und M	Brechzahl n_D
WOCl₄	(VI)-oxidchlorid	f	341,66				
WO₂Cl₂	(VI)-dioxidchlorid	f	286,75				
WOF₄	(VI)-oxidfluorid	f	275,84				
WP	phosphid	f	214,82 8,5	orh. D_{2h}^{16}, $Pnma$	5,717 6,219 3,238	$M=4$	
W₂P		f	407,67 5,21	hex.	6,18 6,78		
WP₂		f	245,80 5,8				
WS₂	(IV)-sulfid	f	247,98 7,5	hex. $C\,7$ D_{6h}^{4}, $P6_3/mmc$	3,18 12,5	$M=2$	
WS₃	(VI)-sulfid	f	280,04				
WSi₂	silicid	f	240,02 9,4	tetr. $C\,11$ D_{4h}^{17}, $I4/mmm$	3,212 7,880	$M=2$	
W₂Si₃	silicid	f	460,96 10,9				

°C	Phasen-umwandlungen ΔH kJ/Mol	Standardwerte bei 25° C C_p S^0 J/Molgrd	ΔH_B ΔG^0 kJ/Mol	Bemerkungen und Charakteristik
204 224	F 5,9 V 67,8			lange durchsichtige glänzende Nadeln, zinnober- bis scharlachrot; zers. an feuchter Luft; zers. W→Wolframsäure; ll. CS_2, S_2Cl_2; wl. Bzl
				gelbe glänzende Schuppen, dünne kleine Tafeln; zers. W→Wolframsäure+HCl; l. Alk→Wolframat; l. wss. NH_3; unl. org. Lösm. außer Ä
110 188	F V			weiße krist. Substanz; äußerst hygr.; l. W→gelbe Wolframsäure; ll. abs. Al, Chlf; wl. Bzl; swl. CS_2; unl. CCl_4
				graue Krist. von met. Glanz; unl. wss. HF, HCl; l. Königsw., Gemisch HF+HNO_3; l. Alk-carbonatschmelze→Wolframat; $KHSO_4$ schließt nur langsam auf
				stahlgraue, stark glänzende Krist.; leitet metallisch; unl. S, Königsw.; Aufschluß durch Schmelze Na_2CO_3+$NaNO_3$
				schw. krist. Masse; unl. HF, HCl, ammoniakalischem H_2O_2, Al, Ä, Chlf, CS_2; l. Gemisch HF+HNO_3, Königsw. beim Erwärmen; mit H_2SO_4, HNO_3→Oxid; Aufschluß durch Schmelze Na_2CO_3, K_2CO_3, $NaNO_3$+Na_2CO_3, $KHSO_4$
		96	−193,7 −193	Halbleiter; $\varkappa_{Mol}=+5850 \cdot 10^{-6}$ cm³Mol⁻¹; grauschw. Pulver; blauschw. Krist., leicht zerreibbar, abfärbend; unl. W; l. Gemisch HF+HNO_3; wss. HF, HCl, HNO_3 wirken nicht ein; mit Cl_2 bei 400°→ WCl_6
				schw. Pulver, fein verteilt braun; etwas l. k. W, l. h. W, wss. NH_3, Alk, Alk-carbonatlsg.
				graue bläuliche met. glänzende Krist.; unl. S; l. Gemisch HF+HNO_3; Alk-Schmelze zers. rasch; $KHSO_4$ wirkt nicht ein, desgl. Königsw.; Aufschluß Schmelze Alk-carbonat mit -nitrat oder -chlorat
				stahlgraue Nadeln von met. Aussehen; unl. S, Königsw.; l. Gemisch HF+HNO_3; wl. wss. Alk, rasch l. Alk-Schmelze, auch Alk-carbonat- und KNO_3-Schmelze

Formel	Name	Zustand	Mol.-Masse Dichte g·cm⁻³	System, Typ und Symbol	Kantenlänge in Å	Winkel und M	Brechzahl n_D
Zn	**Zink**						
ZnAs$_2$	arsenid	f	215,21 5,08	orh.	7,72 7,99 36,28	$M=32$	
Zn$_3$As$_2$	arsenid	f	345,95 5,578	tetr. $D\,5_9$ D_{4h}^{15}, $P\,4_2/nmc$	8,32 11,76	$M=8$	
Zn$_3$(AsO$_4$)$_2$· 8 H$_2$O	ortho= arsenat	f	618,08 3,31	mkl. C_{2h}^3, $C\,2/m$	10,11 13,31 4,70	103° $M=2$	1,662 1,683 1,717
ZnBr$_2$	bromid	f	225,19 4,219	trig. D_{3d}^5, $R\,\bar{3}\,m$	6,64	34° 20′ $M=1$	
ZnBr$_2$· 2 H$_2$O		f	261,22				
Zn(CN)$_2$	cyanid	f	117,41 1,852	kub. $C\,3$ T_d^1, $P\,\bar{4}\,3\,m$	5,89	$M=2$	1,47
ZnCO$_3$	carbonat	f	125,38 4,44	trig. $G\,0_1$ D_{3d}^6, $R\,\bar{3}\,c$	5,67	48,4° $M=2$	1,8485 1,6212
2 ZnCO$_3$· 3 Zn(OH)$_2$	Hydro= zinkit	f	548,90	mkl. C_{2h}^3, $C\,2/m$	13,48 6,32 5,37	95,5° $M=2$	
Zn(HCO$_2$)$_2$· 2 H$_2$O	formiat	f	191,43 2,205	mkl.	1,3076: 1: 1,2209	82° 41′	1,513 1,526 1,566
Zn(CH$_3$CO$_2$)$_2$	acetat	f	183,46 1,84				
Zn(CH$_3$CO$_2$)$_2$· 2 H$_2$O		f	219,49 1,77	mkl. C_{2h}^6, $C\,2/c$	14,50 5,32 11,02	100° $M=4$	1,432 1,492 1,553
ZnC$_2$O$_4$· 2 H$_2$O	oxalat	f	189,42 3,28				

Anorganische Verbindungen Zn 1-587

Phasenumwandlungen			Standardwerte bei 25° C		Bemerkungen und Charakteristik
°C		ΔH kJ/Mol	C_p S^0 J/Molgrd	ΔH_B ΔG^0 kJ/Mol	
					undurchsichtige met. schw.graue Masse; subl. Nadeln oder Blättchen; W zers. nicht; zers. S→AsH$_3$
1015	F				α-Zn$_3$As$_2$ Halbleiter; met. glänzende Masse von blätterig krist. Struktur; W zers. nicht; zers. S→AsH$_3$
					Köttigit; durchsichtige Krist.; unl. W; l. verd. S
394	F	16,7		−326,9	fbl. glänzende Nadeln; geschmolzen
655	V	118	137,4	−310	fbl. Fl.; zerfl.; LW 20° 81,3 %, Bdk. 2 H$_2$O; L Aceton 20° 78,44 %; L Py 18° 4,4 g/100 cm^3; l. Al, Ä
37	F		235,1	−923,9	kleine Krist.; schmelzen zu einer klaren Fl., die sich schnell trübt; an feuchter Luft zerfl.
800 Z					$\chi_{Mol}=-46 \cdot 10^{-6}$ cm^{3}Mol^{-1}; feines weißes Pulver; bei langsamer Bildung glänzende Krist.; LW 20° 5 · 10^{-4} %; l. verd. S, Alk, wss. KCN, NH$_3$, fl. NH$_3$; unl. Al, Py
			80,17 82,4	−810,7 −729	$\chi_{Mol}=-34 \cdot 10^{-6}$ cm^{3}Mol^{-1}; Zinkspat; weißes Kristallpulver; LW 25° 1,46 · 10^{-4} Mol/l; l. S, wss. NH$_3$ nur in Gegenwart von NH$_4$-salz; unl. Aceton, Py
					fbl. Krist.; l. NH$_4$-salzlsg.
				−1540	tbl. prismatische Krist.; ll. sied. W; l. k. W; unl. Al; zers. beim Erhitzen
242,4	F				weiße Krist.; l. W, jedoch mäßig in k. W; L Egs 0,016 Mol/l; L abs. Al 0,027 Mol/l; L Ä 0,0027 Mol/l
100	F*				* im eigenen Kristallwasser; fbl. Krist.; schwacher Geruch nach Egs; l. Al, Aceton, Egester
					fbl. Krist.; LW 25° 1,67 · 10^{-4} Mol/l; l. HCl, H$_2$SO$_4$, HNO$_3$, Alk-oxalatlsg.

Formel	Name	Zustand	Mol.-Masse / Dichte $g \cdot cm^{-3}$	Kristalldaten System, Typ und Symbol	Einheitszelle Kantenlänge in Å	Winkel und M	Brechzahl n_D
$ZnCl_2$	chlorid	f	136,28 2,91	tetr.* $D_{2d}^{12}, I\bar{4}2d$	5,40 10,35	$M=4$	1,687 1,713
$Zn(ClO_4)_2 \cdot$ $6\,H_2O$	perchlorat	f	372,36 2,26	orh.* C_{2v}^7, Pmn	7,76 13,44 5,20	$M=2$	1,508 1,480
ZnF_2	fluorid	f	103,37 4,95	tetr. $C\,4$ $D_{4h}^{14}, P4_2/mnm$	4,72 3,14	$M=2$	
ZnH_2	hydrid	f	67,39				
ZnJ_2	jodid	f	319,18 4,736	trig. $D_{3d}^5, R\bar{3}m$	4,28 21,5	$M=3$	
$Zn(JO_3)_2$	jodat	f	415,18 5,063				
Zn_3N_2	nitrid	f	224,12 6,22	kub. $D\,5_3$ $T_h^7, Ia3$	9,743	$M=16$	
$Zn(NO_3)_2 \cdot$ $6\,H_2O$	nitrat	f	297,47 2,065				
ZnO	oxid	f	81,37 5,66	hex. $B\,4$ $C_{6v}^4, P6_3mc$	3,242 5,176	$M=2$	2,008 2,029

Anorganische Verbindungen Zn 1-589

Phasen-umwandlungen		Standardwerte bei 25° C		Bemerkungen und Charakteristik
°C	ΔH kJ/Mol	C_p S^0 J/Molgrd	ΔH_B ΔG^0 kJ/Mol	
318 721	F 23,0 V 126	76,5 108,3	−415,7 −368,9	* α-$ZnCl_2$; β-Modifikation mkl. C_{2h}^5, $P 2_1/c$, $a=6,54$, $b=11,31$, $c=12,33$ Å, $\beta=90°$, $M=12$, γ-Modifikation tetr. D_{4h}^{15}, $P 4_2/n\,m\,c$, $a=3,70$, $c=10,6$ Å; $\bar{\gamma}(20...150°\,C)=87\cdot 10^{-6}$ grd^{-1}; $\varkappa(0...12000$ at; $30°\,C)=(4,14\cdot 10^{-6}-107,71\cdot 10^{-12}\,p)$ at^{-1}; fbl. Krist.; geschmolzen fbl. klare Fl.; LW 20° 78,7%, Bdk. $1^1/_2$ H_2O; L Aceton 18° 30,3%; L Glycerin 15° 33%; l. Al, Ä
105	F			* hex. vorgetäuscht C_{6v}^4, $P 6_3\,m\,c$, $a=15,52$, $c=5,20$ Å, $M=4$; fbl. Krist.; lange Nadeln; zerfl.; l. Al
872 1500	F V 190,1	65,65 73,68	−736,4	$\bar{\gamma}(20...150°\,C)=34\cdot 10^{-6}$ grd^{-1}; $\chi_{Mol}=-38,2\cdot 10^{-6}$ cm^{3}Mol^{-1}; fbl. durchsichtige Krist.; l. W, h. S; unl. Al, fl. NH_3
				weiße nicht flch. Substanz, von W langsam hydrolysiert, von S und Alk rasch, wobei sich H_2 entwickelt; unl. Ä
446 624	F V	158,9	−209 −209	$\chi_{Mol}=-98\cdot 10^{-6}$ cm^{3}Mol^{-1}; 2. Form trig. D_{3d}^3, $P\bar{3}\,m\,1$, $a=4,25$, $c=6,54$ Å, $M=1$; 3. Form tetr., $a=4,27$, $c=11,80$ Å; fbl. Krist.; weißes Pulver; färbt sich an Luft und Licht braun; sehr hygr.; LW 20° 81,5%, Bdk. 0 H_2O; L Py 18° 12,6 g/100 cm^3; L Glycerin 15° 28,5%; l. Al, Ä, Aceton; etwas l. fl. NH_3; unl. CS_2
				kleine weiße sehr feine glänzende Nadeln; wl. k. W; l. HNO_3, Alk, NH_3
		107,5	−22,2	$\chi_{Mol}=-22,3\times 3\cdot 10^{-6}$ cm^{3}Mol^{-1}; schw.graues Pulver; l. verd. und konz. HCl, 2 nH_2SO_4, NaOH unter Bildung von NH_3; mit konz. H_2SO_4, verd. und konz. HNO_3 entwickelt sich N_2
36,1	F		−2306	wasserhelle Krist.; sehr hygr.; LW 20° 54%, Bdk. 6 H_2O; ll. Al
1975	F 52,3	40,25 43,5	−349 −318	Halbleiter; Rotzinkerz; weiße seidenglänzende Nadeln oder Prismen; nimmt an der Luft H_2O und CO_2 auf; l. S, Alk MAK: 15 mg/m^3 Luft als Rauch

Formel	Name	Zustand	Mol.-Masse / Dichte g·cm⁻³	System, Typ und Symbol	Einheitszelle Kantenlänge in Å	Einheitszelle Winkel und M	Brechzahl n_D
$Zn(OH)_2$	hydroxid	f	99,38 / 3,082	orh. $C\,3\,1$ D_2^4, $P\,2_1\,2_1\,2_1$	5,16 8,53 4,92	$M=4$	
ZnP_2	phosphid	f	127,32 / 3,51	tetr. D_4^4, $P\,4_1\,2_1\,2$ oder D_4^8, $P\,4_3\,2_1\,2$	5,07 18,65	$M=8$	
Zn_3P_2	phosphid	f	258,06 / 4,55	tetr. $D\,5_9$ D_{4h}^{15}, $P\,4_2/nmc$	8,10 11,45	$M=8$	
$Zn_2P_2O_7$	pyrophosphat	f	304,68 / 3,75				
$Zn_3(PO_4)_2 \cdot 4\,H_2O$	orthophosphat, Hopeit	f	458,11 / 3,04	orh. D_{2h}^{16}, $Pnma$	10,64 18,32 5,03	$M=4$	1,572 1,591 1,59
$Zn_3(PO_4)_2 \cdot 4\,H_2O$	Parahopeit	f	458,11 / 3,31	trikl. C_i^1, $P\bar{1}$	5,76 7,54 5,29	93° 18′ 91° 55′ 91° 19′ $M=1$	1,614 1,625 1,665
ZnS	sulfid, Blende		97,44 / 4,079	kub. $B\,3$ T_d^2, $F\bar{4}3m$	5,423	$M=4$	2,3688
ZnS	Wurtzit	f	97,43 / 4,087	hex. $B\,4$ C_{6v}^4, $P6_3mc$	3,81 6,23	$M=2$	2,378 2,356
$ZnSO_4$	sulfat	f	161,43 / 3,546	orh. D_{2h}^{16}, $Pnma$	8,6 6,7 4,8	$M=4$	1,658 1,669 1,670
$ZnSO_4 \cdot H_2O$		f	179,45 / 3,195	mkl.	6,64 7,80 13,2	∼90°	
$ZnSO_4 \cdot 6\,H_2O$		f	269,52 / 2,074	mkl.	9,95 7,05 24,0	98° 12′	

Anorganische Verbindungen   Zn 1-591

°C	Phasenumwandlungen ΔH kJ/Mol	Standardwerte bei 25° C C_p J/Molgrd	S^0	ΔH_B kJ/Mol	ΔG^0	Bemerkungen und Charakteristik
			72,4	−642,0		2. Form trig. C 6, D_{3d}^3, $P\,3\,m\,1$, $a=3,19$, $c=4,65$ Å, $M=1$; weiße Substanz in amorpher und krist. Formen; LW 29° $1,9 \cdot 10^{-4}$%; l. S, Alk
						or.rote durchsichtige nadelförmige Krist.; unl. nichtoxid. S; l. konz. HNO_3
						Halbleiter; dklgraue Nadeln oder Blättchen mit met. glänzenden Flächen; mit feuchter Luft→PH_3; unl. W; mit wss. HCl, H_2SO_4→PH_3; l. HNO_3 ohne Gasentwicklung
						schweres weißes krist. Pulver; l. S, Alk, wss. NH_3; unl. Egs beim Erhitzen in W→$Zn_3(PO_4)_2$+$ZnHPO_4$
						$\chi_{Mol}=-55 \times 3 \cdot 10^{-6}$ cm³Mol⁻¹; weiße glänzende Krist.; unl. W, fl. NH_3, Egs-methylester; l. NH_3 in Gegenwart von NH_4Cl
						weiße glänzende Krist.
1020 1830 (10,2 atm) 1665	U F V	13,4 250,2	46,0 57,7	−201 −196		$\varkappa(50…200$ at; 0° C$)=1,26 \cdot 10^{-6}$ at⁻¹; Halbleiter; $\varepsilon=8,3$ (10^{12} Hz); $\chi_{Mol}=-25 \cdot 10^{-6}$ cm³Mol⁻¹; piezoelektrisch; Sphalerit; künstlich dargestellte durchsichtige Krist.; LW 18° $6,8 \cdot 10^{-5}$%; ll. S, selbst in stark verd. Mineralsäuren
2122 (150 atm)	F			−189,6		$\varkappa(50…200$ at; 0° C$)=1,31 \cdot 10^{-6}$ at⁻¹; Halbleiter; gefällt weißes staubiges Pulver; LW 18° $2,81 \cdot 10^{-4}$%; ll. S
740 Z			117 124,6	−978,2 −873,1		$\chi_{Mol}=-45 \cdot 10^{-6}$ cm³Mol⁻¹; weißes Pulver von säuerlichem Geschmack; leicht zu zerreiben; LW 20° 34,9%, Bdk. 7 H_2O; langsam l. k. W, rasch l. h. W; L Me 18° 0,65%; L Al 25° 0,034%
			145,1 146	−1299		$\chi_{Mol}=-63 \cdot 10^{-6}$ cm³Mol⁻¹; fbl. Krist.; LW s. $ZnSO_4$
			356,8 363,6	−2774		fbl. Krist.; LW s. $ZnSO_4$

Formel	Name	Zustand	Mol.-Masse Dichte g·cm⁻³	System, Typ und Symbol	Einheitszelle Kantenlänge in Å	Winkel und M	Brechzahl n_D
$ZnSO_4 \cdot 7 H_2O$		f	287,54 1,957	orh. D_2^4, $P 2_1 2_1 2_1$	11,85 12,09 6,83	$M=4$	1,457 1,480 1,484
$ZnSb$	antimonid	f	187,12 6,41	orh. D_{2h}^{15}, $Pbcn$	6,471 8,253 8,526	$M=8$	
Zn_3Sb_2	antimonid	f	439,61 6,327				
$ZnSb_2O_6$	antimonat	f	404,87 6,75	tetr. $C4$ D_{4h}^{14}, $P4_2/mnm$	4,66 9,24	$M=2$	
$ZnSe$	selenid	f	144,33 5,261	kub. $B3$ T_d^2, $F\bar{4}3m$	5,66	$M=4$	
$ZnSiF_6 \cdot 6 H_2O$	hexafluorosilikat	f	315,54 2,15	trig. $I6_1$ C_{3i}^2, $R\bar{3}$	9,362 9,695	$M=3$	1,3824 1,3956
$ZnSiO_3$	metasilikat	f	141,45 3,52				1,616 1,62 1,623
Zn_2SiO_4	orthosilikat, Willemit	f	222,82 3,9	trig. $S1_3$ C_{3i}^2, $R\bar{3}$	8,63	107,8° $M=6$	1,694 1,723
$Zn_2SiO_4 \cdot H_2O$	Hemimorphit	f	240,84	orh. C_{2v}^{20}, $Imm2$	8,41 5,14 10,73	$M=4$	1,61376 1,61673 1,63576
$ZnTe$	tellurid	f	192,97 5,639	kub. $B3$ T_d^2, $F\bar{4}3m$	6,09	$M=4$	3,56
Zr ZrB_2	**Zirkon** borid	f	112,84 5,64	hex. D_{6h}^1, $P6/mmm$	3,170 3,533	$M=1$	
$ZrBr_2$	(II)-bromid	f	251,04				
$ZrBr_3$	(III)-bromid	f	330,95				

Anorganische Verbindungen — Zn; Zr

Phasenumwandlungen		Standardwerte bei 25° C			Bemerkungen und Charakteristik
°C	ΔH kJ/Mol	C_p S^0 J/Molgrd	ΔH_B ΔG^0 kJ/Mol		
		380,3 388,7	−3075		$\chi_{Mol} = -143 \cdot 10^{-6}$ cm^{3}Mol^{-1}; piezoelektrisch; fbl. durchsichtige glasglänzende Krist.; verwittern leicht; LW s. ZnSO$_4$; swl. Al
459	F	52,05 89,7	−151		Halbleiter; silberweiße Krist.; sied. W zers. etwas; unl. S
405 455 566	U U F	256	−30,5		silberweiße Krist.; zers. sied. W
					feines weißes Pulver
		65,7	−142 −136,8		Halbleiter; gelbes Pulver oder kleine Krist.; mit rauchender HCl→H$_2$Se; mit kalter verd. HNO$_3$→Se-Abscheidung
					wasserhelle Krist.; LW 20° 35%, Bdk. 6 H$_2$O
1429	F	85,8	−1232 −1147		weißes krist. Pulver; unl. W, S; l. 20% HF
1512	F	123,3 131,4	−1584 −1467		fbl. Krist.; unl. W; l. 20% HF; l. HCl unter Abscheidung von Kieselsäure
					Kieselzinkerz; fbl. Krist.; l. S, auch Egs, unter Abscheidung von Kieselsäure; etwas l. Citronensäure, wss. NH$_3$ mit NH$_4$Cl; unl. (NH$_4$)$_2$CO$_3$-Lsg.
1238	F	79	−120,5 −117		Halbleiter; rötlich braunes Pulver; an trockener Luft beständig; zers. W, verd. HCl unter H$_2$Te-Entwicklung
					graue Substanz mit met. Eigenschaften; beträchtliche Härte; beständig gegen sied. HCl, HNO$_3$
			−502,2		$\bar{\alpha}(20...500°\,C) = 6{,}36 \cdot 10^{-6}$ grd^{-1}; glänzend schw. Pulver; ab 400° Z→ Zr+ZrBr$_4$; heftige Reaktion mit H$_2$O
			−724		blauschw. Pulver; ab 310° Z→ ZrBr$_2$+ZrBr$_4$; l. Eisw. mit heftiger Reaktion unter H$_2$-Entwicklung

Formel	Name	Zustand	Mol.-Masse Dichte g·cm⁻³	System, Typ und Symbol	Kantenlänge in Å	Winkel und M	Brechzahl n_D
$ZrBr_4$	(IV)-bromid	f	410,86				
ZrC	carbid	f	103,23 6,51	kub. $B1$ $O_h^5, Fm3m$	4,76	$M=4$	
$Zr(CH_3CO_2)_4$	acetat	f	327,40				
$ZrCl_2$	(II)-chlorid	f	162,13 3,6				
$ZrCl_3$	(III)-chlorid	f	197,58 3,0				
$ZrCl_4$	(IV)-chlorid	f	233,03 2,80	kub. $T_h^6, Pa3$	10,43	$M=8$	
ZrF_4	(IV)-fluorid	f	167,21 4,43	mkl. $C_{2h}^6, C2/c$	11,69 9,87 7,64	126° 9' $M=16$	1,57 1,60
ZrJ_2	(II)-jodid	f	345,03				
ZrJ_3	(III)-jodid	f	471,93				

Phasenumwandlungen		Standardwerte bei 25° C		Bemerkungen und Charakteristik
°C	ΔH kJ/Mol	C_p S^0 J/Molgrd	ΔH_B ΔG^0 kJ/Mol	
450 357	F^* Sb 107,8		−803	* unter Druck; weißes krist. Pulver oder gelbliche Krist.masse; sehr hygr.; zers. an feuchter Luft oder mit W→ZrOBr$_2$; L fl. NH$_3$ −33° 1,05 g/5 cm³ fl. NH$_3$, bei 0° Ammonolyse; l. Eg, Aceton; wl. Ä; unl. Bzl, CCl$_4$, C$_2$H$_5$Br
3530 5100	F V	35,6	−184,5 −181,5	met. graue Substanz; unl. W; verd. oder konz. HCl greift nicht an; l. sied. konz. H$_2$SO$_4$; Königsw. zers. in der Wärme; KOH-Schmelze zers.; MAK: 5,66 mg/m³ Luft
				fbl. mikroskopische Prismen; ll. W, Al; unl. Ä; über H$_2$SO$_4$ Abgabe von Egs→ZrO(CH$_3$CO$_2$)$_2$; ll. W, Al
			−606	glänzende schw. Pulver; l. konz. S, Alk unter H$_2$-Entwicklung; unl. Al, Ä, Bzl
			−870	braunes krist. Pulver, an Luft oxid.→ZrOCl$_2$; zers. W; mit HCl-Lsg.→ZrOCl$_2$ · 8 H$_2$O in langen Nadeln; unl. fl. SO$_2$
437 331	F^* 38 Sb 106	119,9 186,1	−982 −881	* unter Druck; $\bar{\gamma}(20...100° C) = 89 \cdot 10^{-6}$ grd^{-1}; weiße Krist. oder krist. Pulver; raucht an der Luft; leicht flch.; l. W unter Hydrolyse; beim Eindampfen→ZrOCl$_2$ · 8 H$_2$O; l. Me, Al, Ä, Py, konz. HCl; MAK: 12,78 mg/m³ Luft
600°	Sb	156	−1862	schneeweiße kleine Krist., stark lichtbrechend; LW 20° 1,32%, bei 50° Hydrolyse; L fl. HF 12° 9 · 10^{-3} g/100 g Lösm.; l. wss. HF; swl. S, Alk; mit konz. H$_2$SO$_4$→HF; MAK: 11 mg/m³ Luft, auf Fluor bezogen, 9,17 mg/m³ Luft, auf Zr bezogen
			−376	blauschw. Schicht beim Erhitzen von ZrJ$_4$ mit Zr; heftige Reaktion mit H$_2$O→H$_2$-Entwicklung
			−535	blauschw. Schicht beim Erhitzen von ZrJ$_4$ mit Zr; heftige Reaktion mit H$_2$O→H$_2$-Entwicklung

221. Übersichtstabelle

Formel	Name	Zustand	Mol.-Masse / Dichte g·cm⁻³	Kristalldaten System, Typ und Symbol	Einheitszelle Kantenlänge in Å	Einheitszelle Winkel und M	Brechzahl n_D
ZrJ_4	(IV)-jodid	f	598,84				
ZrN	nitrid	f	105,23 6,97	kub. $B\,1$ $O_h^5, Fm3m$	4,63		
$Zr(NO_3)_4 \cdot$ $5\,H_2O$	nitrat	f	429,32				1,60 1,61
$ZrO(NO_3)_2 \cdot$ $2\,H_2O$	oxidnitrat	f	267,26 6,93				1,55 1,56
ZrO_2	oxid	f	123,22 5,56	mkl. $C\,4\,3$ $C_{2h}^5, P2_1/c$	5,21 5,26 5,37	99° 28′ $M=4$	2,13 2,19 2,20
ZrO_2 kub.		f	123,22 6,27	kub. $C\,1^*$ $O_h^5, Fm3m$	5,08	$M=4$	
$Zr(OH)_4$	hydroxid oxid= aquat	f	159,25 3,25				
$ZrOBr_2 \cdot$ $8\,H_2O$	oxid= bromid	f	411,16	tetr.			
$ZrOCl_2 \cdot$ $8\,H_2O$	oxid= chlorid	f	322,25	tetr.			1,552 1,563
$ZrOJ_2 \cdot$ $8\,H_2O$	oxidjodid	f	505,15				

Anorganische Verbindungen

Phasenumwandlungen		Standardwerte bei 25° C		Bemerkungen und Charakteristik
°C	ΔH kJ/Mol	C_p S^0 J/Molgrd	ΔH_B ΔG^0 kJ/Mol	
500 431	F* Sb		−544	* unter Druck; weiße feine Nadeln; gelb, rosa bis rot je nach Jodspuren; raucht an der Luft; sehr hygr.; l. W unter heftiger Reaktion→$ZrOJ_2+HJ$; l. S; wl. Bzl, PÄ, CS_2; zers. Al; unl. fl. NH_3; MAK: 32,83 mg/m³ Luft
2982	F	40,40 38,9	−365 −336	gelbbraunes Pulver mit goldgelben Krist.; hochgesintert zitronengelb sehr hart; ziemlich spröde; unl. W, HNO_3; l. konz. H_2SO_4, HF; sehr langsam l. HCl
140° −H_2O				große wasserklare Prismen; sehr hygr.; ll. W, etwas weniger l. Al; MAK: 8,66 mg/m³ Luft
			−1910	weißes krist. Pulver; ll. W; l. Al; Z. ab 110° an der Luft; MAK: 14,65 mg/m³ Luft
1205 2687 4300	U* F V	5,94 87,0	5,81 50,32	−1094 −1035	* U→stabile Hochtemperaturform tetr., $a=5{,}085$ Å, $c=5{,}166$ Å; $\bar{\alpha}(20...1000°\ C) = 7{,}1 \cdot 10^{-6}\ \text{grd}^{-1}$; $\varepsilon = 12{,}4$; $\chi_{Mol} = -13{,}8 \cdot 10^{-6}\ \text{cm}^3\text{Mol}^{-1}$; Baddeleyit; weißes krist. Pulver; unl. W; swl. S; l. H_2SO_4, HF; Aufschluß durch Schmelze mit Alkhydroxid; MAK: 6,75 mg/m³ Luft
				* leicht verzerrtes Gitter; $\bar{\alpha}(20...100°\ C) = 3{,}7 \cdot 10^{-6}\ \text{grd}^{-1}$, $(20...1000°\ C) = 5{,}51 \cdot 10^{-6}\ \text{grd}^{-1}$
			−1720	weißer gelatinöser Nd.; LW 20° $1{,}27 \cdot 10^{-9}$ %, Bdk. 0 H_2O; l. S; unl. Alk
			−3471	feine durchsichtige Kristallnadeln; leicht zerfl.; an Luft langsam undurchsichtig unter Abgabe von HBr; l. W, Al
			−3560	weiße seidenglänzende Prismen, lange Nadeln; verwittern beim längeren Stehen an der Luft; ll. W, Al; wl. HCl, Abnahme der L mit steigender Konz.; MAK: 17,66 mg/m³ Luft
				fbl. Nadeln; sehr hygr.; ll. W, Al; wss. Lsg. zers. beim Erwärmen

Formel	Name	Zustand	Mol.-Masse Dichte $g \cdot cm^{-3}$	Kristalldaten System, Typ und Symbol	Einheitszelle Kantenlänge in Å	Winkel und M	Brechzahl n_D
ZrP_2	phosphid	f	153,17 4,77				
ZrP_2O_7	diphosphat	f	265,16 3,135	kub. $T_h^6, Pa3$	8,20	$M=4$	
ZrS_2	sulfid	f	155,35 4,15	trig. $C6$ $D_{3d}^3, P\bar{3}m1$	3,68 5,85	$M=1$	
Zr_2S_3	sulfid	f	278,63 4,62				
Zr_2S_5	sulfid	f	342,76 4,10				
$ZrOS$	oxidsulfid	f	139,28 4,87	kub. $T^4, P2_13$	5,70	$M=4$	
$Zr(SO_4)_2$	sulfat	f	283,34 3,22				
$Zr(SO_4)_2 \cdot 4H_2O$		f	355,40 2,80	orh. $D_{2h}^{24}, Fddd$	11,62 25,92 5,532	$M=8$	
$ZrSi_2$	silicid	f	147,39 4,88	orh. $C49$ $D_{2h}^{17}, Cmcm$	3,72 14,61 3,67	$M=4$	
$ZrSiO_4$	silikat	f	183,30 4,70	tetr. $S1_1$ $D_{4h}^{19}, I4_1/amd$	6,58 5,93	$M=4$	1,924... 1,960 1,968... 2,015

Anorganische Verbindungen Zr 1–599

°C	ΔH kJ/Mol	C_p S^0 J/Molgrd	$ΔH_B$ $ΔG^0$ kJ/Mol	Bemerkungen und Charakteristik
				graue glänzende Verbindung; hart, spröde; unl. W, S; l. konz. H_2SO_4 in der Wärme
				stark lichtbrechende Oktaeder; nicht hygr.; schwer schmelzbar; NaOH-Schmelze→ZrO_2; vollständiger Aufschluß durch zweimaliges Schmelzen mit Na_2CO_3
~1550	F			schw. krist. Substanz, nach Pulvern braunrot; unl. W; mit NaOH-Lsg. in der Kälte langsam, in der Hitze schnell→Na_2S+ZrO_2·xH_2O; mit HCl bei 165°→$ZrCl_4$
				glänzendbraune Verbindung, undurchsichtige viereckige Plättchen; unl. konz. HCl; mit 10%iger HCl sied.→H_2S+$ZrCl_4$; reagiert mit konz. HNO_3, H_2SO_4; unl. NaOH, wss. NH_3
				schw. Krist. mit stahlblauen Reflexen; in der Durchsicht rötlich; mit konz. HCl sehr langsam, rascher mit 10% HCl sied.→H_2S+$ZrCl_4$; reagiert mit konz. H_2SO_4, HNO_3
				hgelbes Pulver
		111,7	−2499	weißes mikrokrist. Pulver; beim Erhitzen bis 400° beständig; sehr hygr.; wl. k. W, ll. h. W
110... 200 −3 H_2O				fbl. krist. Krusten, kurze Prismen; LW 18° 0,9045 g $Zr(SO_4)_2$·$4H_2O$/ml Lsg.; l. verd. H_2SO_4; swl. konz. H_2SO_4; unl. Al; MAK: 19,49 mg/m³ Luft
			−151	graue Krist.; unl. S, Königsw.; l. HF; NaOH-Schmelze zers.
2420	F	98,83 84,07		$\varkappa_{Mol}$=$-39{,}5·10^{-6}$ cm³Mol^{-1}; fbl. Krist.; unl. W, S, Königsw., Alk; Aufschluß durch Schmelze mit Alk oder Mischungen von Alk-verbindungen; MAK: 10,05 mg/m³ Luft

222. Wasser

22201. Übersicht allgemeiner Daten

	H_2O	^2H_2O
Relative Molekularmasse	18,01534	20,03128
Dichte bei 25° C, gcm^{-3}	0,99705	1,1043
Molwärme bei konstantem Druck bei 25° C, J/(Molgrd)	75,15	84,35
Standardentropie bei 25°C, J/Molgrd	66,36	72,36
Bildungsenthalpie bei 25° C, kJ/Mol	−285,9	−294,6
freie Bildungsenthalpie bei 25° C, kJ/Mol	−792,2	−819,4
Schmelzpunkt, °C	0,00	3,76
Schmelzenthalpie, kJ/Mol	6,007	6,28
Siedetemperatur V bei 760 Torr, °C	100	101,4
Verdampfungsenthalpie am V, kJ/Mol	40,66	41,69
Kritische Temperatur, °C	374,15	371,5
Kritischer Druck, atm	221,20	218,6
Kritische Dichte, g/cm^3	0,315	
Dipolmoment 10^{-18} g$^{\frac{1}{2}}$ cm$^{\frac{5}{2}}$ s^{-1}	1,842	1,84
Molekel: Abstand H...O Å	1,013	
H...H Å	1,53	
<HOH	105,05°	

22202. Schmelzen und Umwandlungen unter Druck

222021. Schmelztemperatur ϑ in °C und Volumenänderung Δv beim Schmelzen, $\Delta v = v_{fl} - v_f$ in cm^{3}g^{-1}

Eis I H_2O | | | Eis I ^2H_2O | | |

p (at)	ϑ (°C)	Δv (cm^{3}g^{-1})	p (at)	ϑ (°C)	Δv (cm^{3}g^{-1})
1	0,00	−0,0900	1	+3,82	−1,56
250	−1,93		400	0,84	−1,79
500	−4,05		800	−2,74	−2,01
610	−5,00	−0,1016	1200	−6,76	−2,23
750	−6,31		1600	−11,14	−2,45
1000	−8,72		2000	−15,82	−2,64
1130	−10	−0,1122	2400	−20,70	−2,77
1590	−15	−0,1218			
1970	−20	−0,1313			

222. Wasser

222022. Tripelpunkte

H₂O

p (at)	ϑ (°C)	Δv (cm³g⁻¹)	
2115	−22,0	III−fl.	+0,0466
		I−fl.	−0,1352
		I−III	−0,1818
2170	−34,7	II−III	+0,0215
		I−III	−0,1963
		I−II	+0,2178
3530	−17,0	III−V	+0,0547
		III−fl.	+0,0241
		V−fl.	+0,0788
3510	−24,3	II−V	−0,0401
		II−III	+0,0145
		III−V	+0,0546
6380	+0,16	V−VI	+0,0389
		V−fl.	+0,0527
		VI−fl.	+0,0916
22400	+81,6	VI−fl.	+0,0330
		VII−fl.	+0,0910
		VI−VII	+0,0580

²H₂O

p (at)	ϑ (°C)	Δv (cm³g⁻¹)	
2245	−18,75	I−fl.	−2,713
		III−fl.	+0,847
		I−III	−3,560
3555	−14,5	III−fl.	+0,498
		III−V	+0,985
		V−fl.	+1,483
5410	−6,2	IV−fl.	+1,492
		IV−VI	+0,352
		VI−fl.	+1,844
6405	+2,6	V−fl.	+0,978
		V−VI	+0,696
		VI−fl.	+1,674
2290	−31,0	I−III	−3,498
		II−III	+0,449
		I−II	+3,947
3540	−21,5	II−III	+0,317
		II−V	−0,712
		III−V	+1,029

Tripelpunkt von H₂O bei 1 at 0,01° C
Tripelpunkt von ³H₂O bei 1 at 4,49° C

Wasser (0...8000 at). H₂O; - - - - - ²H₂O; (V), (IV) (VI) sind Gebiete von ²H₂O. I, II, III, VI, VII sind Gebiete von H₂O und von ²H₂O mit wenig verschiedenen Grenzen. Die über die Tripelpunkte hinausgezogenen Linienstücke geben Beobachtungen instabiler Zustände wieder

Wasser (10...30 · 10³ at)

222023. Dichte und Kristalldaten für Eis (H₂O)

	ϑ (°C)	D (gcm³)	Kristall-system	Raumgruppe	Elementarzelle Kantenlänge	Zahl der Molekeln
Eis I	0	0,918	hex.	D_{6h}^4 $P\,6_3/m\,m\,c$	$a=4,51; c=7,35$ Å	4
Eis II	−115	1,15	orh.	D_2^5 $C\,2\,2\,2_1$	$a=7,80; b=4,50$ $c=5,56$ Å	8
Eis III	−155	—	tetr.	—	—	—

22203. *Dichte und spezifisches Volumen in Abhängigkeit von Druck und Temperatur*

222031. Dichte des Wassers in g/cm³

°C	g/cm³	°C	g/cm³	°C	g/cm³	°C	g/cm³
0	0,999840	16	0,998944	31	0,995344	46	0,98980
1	0,999899	17	0,998776	32	0,995030	47	0,98937
2	0,999940	18	0,998597	33	0,994706	48	0,98894
3	0,999964	19	0,998407	34	0,994375	49	0,98849
4	0,999972	20	0,998206	35	0,994036	50	0,98805
5	0,999964	21	0,997994	36	0,993688	55	0,98570
6	0,999940	22	0,997772	37	0,993332	60	0,98321
7	0,999902	23	0,997540	38	0,992969	65	0,98057
8	0,999849	24	0,997299	39	0,992598	70	0,97779
9	0,999781	25	0,997047	40	0,992219	75	0,97486
10	0,999700	26	0,996786	41	0,99183	80	0,97183
11	0,999606	27	0,996516	42	0,99144	85	0,96862
12	0,999498	28	0,996236	43	0,99104	90	0,96532
13	0,999378	29	0,995948	44	0,99033	95	0,96189
14	0,999245	30	0,995650	45	0,99022	100	0,95835
15	0,999101						

222. Wasser

222032. Dichte von ^2H_2O und H_2O mit ^2H_2O in g/cm³

Gew. %	0° C	5° C	10° C	20° C	25° C	30° C	40° C	60° C	80° C	100° C
5	1,0045	1,0047	1,0042	1,0029	1,0017	1,0003	0,9970	0,9879	0,9764	0,9630
10	1,0093	1,0094	1,0091	1,0078	1,0067	1,0053	1,0019	0,9929	0,9813	0,9679
20	1,0189	1,0190	1,0190	1,0177	1,0167	1,0152	1,0118	1,0028	0,9911	0,9775
30	1,0290	1,0292	1,0291	1,0278	1,0267	1,0253	1,0219	1,0129	1,0011	0,9875
40	1,0390	1,0395	1,0394	1,0380	1,0370	1,0357	1,0322	1,0231	1,0113	0,9976
50	1,0494	1,0499	1,0499	1,0487	1,0477	1,0463	1,0430	1,0338	1,0220	1,0079
60	1,0600	1,0606	1,0607	1,0593	1,0583	1,0570	1,0536	1,0443	1,0325	1,0185
70	1,0708	1,0713	1,0716	1,0704	1,0695	1,0681	1,0648	1,0556	1,0436	1,0292
80	1,0821	1,0828	1,0830	1,0819	1,0809	1,0796	1,0761	1,0670	1,0550	1,0404
90	1,0933	1,0941	1,0943	1,0934	1,0923	1,0911	1,0878	1,0785	1,0664	1,0518
100	1,1049	1,1060	1,1062	1,1053	1,1043	1,1031	1,0998	1,0904	1,0781	1,0633

222033. Dichte und Druck von gesättigtem Wasserdampf im Temperaturgebiet $-60 \leq \vartheta \leq 0°$ C

ϑ °C	D 10^{-3} gcm⁻³	p Torr	p 10^{-4} kp/cm²	ϑ °C	D 10^{-3} gcm⁻³	p Torr	p 10^{-4} kp/cm²
−60	0,011	0,007	0,0095	−28	0,41	0,34	0,46
−56	0,019	0,013	0,0177	−24	0,60	0,52	0,71
−52	0,030	0,022	0,029	−20	0,88	0,77	1,05
−48	0,048	0,037	0,050	−16	1,27	1,13	1,54
−44	0,074	0,058	0,079	−12	1,80	1,68	2,29
−40	0,117	0,093	0,126	−8	2,54	2,32	3,14
−36	0,178	0,150	0,204	−4	3,51	3,28	4,45
−32	0,271	0,227	0,308	0	4,84	4,58	6,23

222034. Dichte (D), Wärmeausdehnungszahl γ, Kompressibilitätskoeffizient $\varkappa$ in Abhängigkeit von der Temperatur für 0...100° bei 1 at, für $200 \leq \vartheta \leq 360°$ C beim Sättigungsdruck

ϑ °C	p at	D gcm⁻³	γ 10^{-3}grd⁻¹	$\varkappa$ 10^{-6} at⁻¹	ϑ °C	p at	D gcm⁻³	γ 10^{-3}grd⁻¹	$\varkappa$ 10^{-6} at⁻¹
0	1	0,99984	−0,07	50,6	140	3,6848	0,92609	0,975	57,2
10	1	0,99970	+0,088	48,6	160	6,3023	0,90736	1,098	64,5
20	1	0,99820	0,207	47,0	180	10,225	0,88692	1,233	74
30	1	0,99565	0,303	46,0	200	15,857	0,8647	1,392	85,5
40	1	0,99221	0,385	45,3	220	23,659	0,8403	1,597	102
50	1	0,98805	0,457	45,0	240	34,140	0,8136	1,862	125
60	1	0,98321	0,523	45,0	260	47,866	0,7840	2,21	160
70	1	0,97778	0,585	45,2	280	65,457	0,7507	2,70	220
80	1	0,97180	0,643	45,7	300	87,611	0,7125	3,46	312
90	1	0,96532	0,698	46,5	320	115,12	0,6670	4,60	—
100	1,0332	0,95835	0,752	48,0	340	148,96	0,6095	8,25	—
120	2,0245	0,94312	0,860	51,8	360	190,42	0,5245	—	—

2. Zusammenfassende Tabellen

222035. Dichte des Wassers D in 10^{-4} g/cm³ in Abhängigkeit von

ϑ °C	p in bar						
	100	200	300	400	500	600	800
200	8709	8780	8847	8911	8971	9031	9144
220	8468	8549	8626	8696	8764	8830	8953
240	8204	8299	8385	8469	8546	8619	8755
260	7907	8022	8125	8221	8310	8392	8544
280	7566	7711	7836	7950	8053	8148	8318
300	<u>7158</u>	7353	7512	7649	7770	7881	8075
320	516	6929	7140	7312	7460	5792	7816
340	466	6372	6698	6932	7119	7280	7543
360	429	<u>5484</u>	6146	6473	6725	6928	7244
380	400	1204	5316	5896	6262	6519	6928
400	380	1004	3571	5205	5731	6086	6577
420	364	891	2015	4277	5123	5609	6206
440	348	820	1605	3181	4401	5073	5818
460	333	763	1393	2402	3736	4488	5404
480	320	716	1258	2025	3024	3917	4990
500	309	677	1148	1778	2571	3403	4570
520	299	645	1067	1606	2261	2988	4167
540	289	619	1003	1476	2045	2666	3801
560	281	596	953	1372	1876	2413	3472
580	273	574	909	1291	1745	2213	3181
600	265	552	869	1224	1636	2063	2945
620	258	534	835	1167	1542	1934	2747
640	251	517	805	1118	1465	1828	2580
660	245	503	778	1075	1395	1737	2434
680	240	489	755	1037	1339	1656	2305
700	235	477	733	1003	1288	1585	2192
720	231	466	713	972	1242	1523	2095
740	227	456	695	945	1202	1468	2010
760	224	446	678	921	1167	1419	1933
780	220	435	661	893	1129	1369	1857
800	217	428	646	873	1100	1328	1792
820	214	419	632	850	1071	1288	1737
840	211	412	618	829	1044	1253	1685
860	207	404	605	810	1017	1221	1638
880	205	397	593	792	993	1190	1595
900	202	389	581	775	972	1163	1550
920	199	384	570	760	951	1136	1511
940	197	377	560	745	933	1111	1474
960	194	371	549	731	916	1087	1441
980	191	365	539	720	900	1066	1410
1000	189	359	529	704	885	1046	1382

[1] Auszug aus Landolt-Börnstein, 6. Aufl., Bd. III/2b. Werte nach G. C. KENNEDY. Amer.

der Temperatur $200 \leqq \vartheta \leqq 1000°$ C und dem Druck $100 \leqq p \leqq 2500$ bar

			p in bar				
1000	1200	1400	1600	1800	2000	2250	2500
9250	9349	9441	9552	9656	9748	9870	9973
9068	9175	9273	9383	9484	9578	9703	9808
8880	8995	9101	9208	9308	9408	9531	9642
8681	8806	8920	9025	9129	9235	9358	9471
8469	8606	8730	8840	8949	9062	9183	9304
8243	8394	8530	8651	8766	8883	9009	9135
8006	8174	8322	8458	8577	8703	8833	8972
7761	7948	8112	8252	8388	8507	8653	8794
7495	7705	7888	8056	8195	8334	8474	8622
7220	7458	7621	7832	7992	8141	8291	8447
6923	7196	7424	7620	7786	7942	8105	8269
6624	6938	7190	7395	7574	7738	7916	8089
6320	6680	6968	7171	7363	7535	7725	7905
5994	6405	6729	6948	7152	7329	7535	7723
5662	6126	6485	6733	6942	7129	7349	7543
5321	5835	6231	6509	6747	6943	7166	7371
4982	5544	5975	6290	6547	6755	6987	7202
4638	5240	5701	6064	6347	6567	6810	7033
4304	4936	5424	5827	6141	6385	6635	6876
3992	4639	5148	5584	5928	6201	6474	6715
3731	4391	4915	5342	5713	6013	6306	6556
3501	4142	4671	5098	5497	5816	6140	6399
3298	3924	4450	4885	5283	5625	5971	6242
3112	3717	4236	4681	5068	5422	5792	6087
2940	3522	4031	4488	4875	5227	5617	5928
2791	3350	3848	4304	4692	5050	5437	5765
2663	3200	3684	4130	4522	4878	5260	5601
2550	3065	3535	3963	4351	4703	5081	5437
2446	2939	3394	3815	4198	4549	4940	5270
2344	2816	3255	3673	4051	4399	4791	5141
2255	2708	3132	3541	3912	4255	4646	5000
2180	2612	3022	3417	3782	4118	4500	4863
2107	2525	2915	3300	3660	3992	4359	4730
2040	2442	2823	3194	3543	3871	4226	4599
1978	2367	2735	3095	3435	3759	4105	4474
1920	2299	2653	3003	3334	3652	3987	4355
1867	2234	2578	2915	3241	3551	3877	4246
1819	2172	2512	2833	3151	3457	3775	4139
1773	2118	2450	2757	3066	3368	3677	4042
1732	2067	2393	2686	2985	3281	3590	3951
1695	2021	2341	2619	2910	3202	3504	3862

J. Sci. 248, 540 (1950). Neu untergliedert und auf 4 Stellen abgerundet.

222036. *t, v*-Diagramm des Wasserdampfes; *p, t*-Diagramm des Wasserdampfes

22204. Kompressibilität $\varkappa = -\dfrac{V_{p_2} - V_{p_1}}{V_1 (p_2 - p_1)}$ in 10^{-6} at^{-1}

Druckbereich	in °C					
at	0	20	40	60	100	200
1...50	50,2	46,0	44,0	44,0	47,7	—
50...100	49,3	44,5	44,0	44,0	47,0	81,9
100...200	47,4	42,9	41,5	41,5	46,0	78,5
200...300	46,6	42,0	40,1	40,3	44,5	74,6
300...400	45,2	41,0	39,6	39,5	43,3	70,2
400...500	44,1	40,1	38,8	38,4	42,1	66,8
500...1000	40,6	37,1	36,1	36,0	66,8	59,3
1000...2000	33,3	31,6	31,3	—	—	—

Als ausgezogene Mittelwerte sind von A. T. J. HAYWARD, Acta Imeko 1964 angegeben

p	1	100	200	300	500	750	1000	1250	1500	bar
$\varkappa_{20°}$	45,9	45,2	44,6	43,9	42,7	41,2	39,8	38,5	37,3	10^{-6} bar^{-1}

22205. Oberflächenspannung γ in dyn cm^{-1} gegen Luft

H$_2$O $\qquad\qquad\qquad\qquad\qquad\qquad\qquad\qquad$ ²H$_2$O

ϑ °C	γ dyncm^{-1}	ϑ °C	γ dyncm^{-1}	ϑ °C	γ dyncm^{-1}	ϑ °C	γ dyncm^{-1}	°C	γ dyncm^{-1}
−10	77,10	15	73,48	23	72,28	35	70,35	15	73,35
−5	76,40	16	73,34	24	72,12	40	69,55	20	72,60
0	75,62	17	73,20	25	71,96	50	67,90	25	71,85
+5	74,90	18	73,05	26	71,80	60	66,17	30	71,10
10	74,20	19	72,89	27	71,64	70	64,41	35	70,30
11	74,07	20	72,75	28	71,47	80	62,60		
12	73,92	21	72,60	29	71,31	90	60,74		
13	73,78	22	72,44	30	71,15	100	58,84		
14	73,64								

22206. Dampfdruck

222061. Druck des Wasserdampfes über Eis in Abhängigkeit von der Temperatur p in Torr bei −59...0° C

	p in Torr bei ϑ in °C								
Zehner	Einer								
	−9	−8	−7	−6	−5	−4	−3	−2	−1	0
−50	0,008	0,009	0,011	0,013	0,015	0,017	0,019	0,022	0,025	0,029
−40	0,033	0,037	0,042	0,047	0,052	0,058	0,066	0,074	0,083	0,093
−30	0,105	0,119	0,134	0,150	0,167	0,185	0,205	0,227	0,252	0,280
−20	0,311	0,345	0,383	0,425	0,471	0,521	0,576	0,636	0,701	0,772
−10	0,850	0,935	1,027	1,128	1,238	1,357	1,486	1,627	1,780	1,946
0	2,125	2,321	2,532	2,761	3,008	3,276	3,566	3,879	4,216	4,579

222062. Dampfdruck p des Wassers in Torr von 0...100° C
Dampfdrucke für $0 \leq \vartheta \leq 374,15°$ C in Tabelle 22209

Zehner	ϑ in °C									
	Einer									
	0	1	2	3	4	5	6	7	8	9
0	4,581	4,924	5,291	5,681	6,097	6,539	7,010	7,510	8,041	8,606
10	9,204	9,839	10,512	11,226	11,982	12,781	13,628	14,524	15,47	16,47
20	17,53	18,64	19,82	21,06	22,37	23,75	25,20	26,73	28,34	30,03
30	31,81	33,69	35,65	37,72	39,89	42,17	44,55	47,06	49,69	52,44
40	55,32	58,33	61,49	64,80	68,25	71,87	75,65	79,60	83,72	88,03
50	92,52	97,21	102,11	107,21	112,53	118,07	123,83	129,85	136,11	142,63
60	149,39	156,5	163,8	171,4	179,3	187,6	196,1	205,0	214,2	223,8
70	233,7	244,0	254,7	265,8	277,2	289,2	301,4	314,2	327,4	341,1
80	355,2	369,8	385,0	400,7	416,9	433,6	450,8	468,7	487,2	506,2
90	525,9	546,2	567,1	588,8	611,0	634,0	657,8	682,2	707,3	733,3
100	760,0									

222063. Dampfdruck p von Wasser, schwerem Wasser und 50 Mol-%iger Mischung
a) Von 0° C bis zum Siedepunkt   b) Von 100...240° C

°C	p in Torr von		
	H_2O	^2H_2O	50%
0	4,581	3,65	4,091
1	4,924	3,93	
2	5,291	4,29	
3	5,681	4,65	
3,8		5,05	
10	9,204	7,79	8,468
20	17,53	15,2	16,293
30	31,81	28,0	29,84
40	55,32	49,3	52,24
50	92,52	83,6	87,945
60	149,39	136,6	142,86
70	233,7	216,1	224,75
80	355,2	331,6	343,25
90	525,9	495,5	510,6
100	760,0	722,2	740,8
100,7			760,0
101,43		760,0	

°C	p in at von		
	H_2O	^2H_2O	50 %
100	1,0339	0,982	1,007
110	1,461	1,353	1,393
120	2,025	1,888	1,950
130	2,754	2,584	2,714
140	3,685	3,474	3,637
150	4,854	4,596	4,801
160	6,302	5,993	6,246
170	8,076	7,707	8,020
180	10,23	9,788	10,173
190	12,80	12,29	12,75
200	15,86	15,26	15,82
210	19,46	18,77	19,44
220	23,66	22,87	23,66
230	28,53	27,63	28,54
240	34,14	33,17	34,26
371,5[1]		218,6[1]	

[1] Kritischer Punkt von ^2H_2O.

222. Wasser

222064. Siedetemperaturen von Wasser in °C bei Drucken von 600...860 Torr.

Zehner	\multicolumn{10}{c}{p in Torr}
	\multicolumn{10}{c}{Einer}
	0	1	2	3	4	5	6	7	8	9
600	93,509	93,555	93,600	93,645	93,690	93,735	93,779	93,823	93,868	93,913
610	93,957	94,000	94,043	94,087	94,132	94,177	94,221	94,265	94,309	94,352
620	94,396	94,439	94,483	94,526	94,570	94,613	94,657	94,700	94,744	94,787
630	94,829	94,871	94,913	94,957	95,000	95,043	95,087	95,129	95,171	95,214
640	95,257	95,300	95,343	95,387	95,429	95,471	95,512	95,554	95,596	95,638
650	95,682	95,725	95,767	95,808	95,850	95,892	95,932	95,972	96,013	96,054
660	96,097	96,138	96,179	96,220	96,262	96,303	96,344	96,385	96,426	96,467
670	96,508	96,549	96,589	96,630	96,671	96,712	96,752	96,793	96,833	96,874
680	96,914	96,954	96,995	97,035	97,075	97,115	97,156	97,196	97,236	97,276
690	97,316	97,356	97,395	97,435	97,475	97,515	97,554	97,594	97,633	97,673
700	97,712	97,752	97,791	97,831	97,870	97,909	97,948	97,988	98,027	98,066
710	98,105	98,144	98,183	98,221	98,260	98,299	98,338	98,377	98,415	98,454
720	98,492	98,531	98,569	98,608	98,646	98,685	98,723	98,761	98,799	98,838
730	98,876	98,914	98,952	98,990	99,028	99,066	99,104	99,141	99,179	99,217
740	99,255	99,292	99,330	99,368	99,405	99,443	99,480	99,517	99,555	99,592
750	99,629	99,667	99,704	99,741	99,778	99,815	99,852	99,889	99,926	99,963
760	100,000	100,037	100,074	100,110	100,147	100,184	100,220	100,257	100,294	100,330
770	100,367	100,403	100,439	100,476	100,512	100,548	100,585	100,621	100,657	100,693
780	100,729	100,765	100,801	100,837	100,873	100,909	100,945	100,981	101,017	101,052
790	101,088	101,124	101,159	101,195	101,231	101,266	101,302	101,337	101,372	101,408
800	101,443	101,478	101,514	101,549	101,584	101,619	101,654	101,690	101,725	101,760
810	101,795	101,829	101,864	101,899	101,934	101,969	102,004	102,038	102,073	102,108
820	102,143	102,177	102,212	102,246	102,281	102,315	102,349	102,384	102,418	102,453
830	102,487	102,521	102,555	102,589	102,624	102,658	102,692	102,726	102,760	102,794
840	102,828	102,862	102,896	102,930	102,964	102,997	103,031	103,065	103,099	103,132
850	103,166	103,199	103,233	103,267	103,300	103,334	103,367	103,400	103,434	103,467
860	103,501									

222065. Dampfdruck des Wassers über unterkühltem Wasser.

Zehner	\multicolumn{10}{c}{p in bar ϑ in °C}
	\multicolumn{10}{c}{Einer}
	−9	−8	−7	−6	−5	−4	−3	−2	−1	0
−10	--	—	—	1,315	1,429	1,551	1,684	1,826	1,979	2,143
0	2,320	2,509	2,712	2,928	3,158	3,404	3,669	3,952	4,256	4,579

22207. *Spezifische Wärme zwischen 0 und 100° C*

222071. Spezifische Wärme bei konstantem Druck

Werte in J/(ggrd) nach der internationalen Festsetzung (Comité International des Poids et Mesures 1950)

Zehner [°C]	\multicolumn{10}{c}{Einer [°C]}
	0	1	2	3	4	5	6	7	8	9
0	4,2174	4,2138	4,2104	4,2074	4,2045	4,2019	4,1996	4,1974	4,1954	4,1936
10	4,1919	4,1904	4,1890	4,1877	4,1866	4,1855	4,1846	4,1837	4,1829	4,1822
20	4,1816	4,1810	4,1805	4,1801	4,1797	4,1793	4,1790	4,1787	4,1785	4,1783
30	4,1782	4,1781	4,1780	4,1780	4,1779	4,1779	4,1780	4,1780	4,1781	4,1782
40	4,1783	4,1784	4,1786	4,1788	4,1789	4,1792	4,1794	4,1796	4,1799	4,1801
50	4,1804	4,1807	4,1811	4,1814	4,1817	4,1821	4,1825	4,1829	4,1833	4,1837
60	4,1841	4,1846	4,1850	4,1855	4,1860	4,1865	4,1871	4,1876	4,1882	4,1887
70	4,1893	4,1899	4,1905	4,1912	4,1918	4,1925	4,1932	4,1939	4,1946	4,1954
80	4,1961	4,1969	4,1977	4,1985	4,1994	4,2002	4,2011	4,2020	4,2029	4,2039
90	4,2048	4,2058	4,2068	4,2078	4,2089	4,2100	4,2111	4,2122	4,2133	4,2145
100	4,2156									

222072. Wärmekapazität bei hohen Drucken[1]

Die spezifische Wärmekapazität c_p bei konstantem Druck von 0,1...500 bar und Temperaturen von 0...800° ist in einer Tabelle gebracht, außerdem ist C_p und c_p für den überkritischen Zustand in zwei Abbildungen dargestellt.

222072a. Spezifische Wärmekapazität bei konstantem Druck, c_p in J/ggrd
(Der Strich kennzeichnet die Grenze zwischen Flüssigkeit und Dampf)

p bar	ϑ °C							
	0	50	100	150	200	250	300	350
0,1	4,219	1,925	1,898	1,919	1,943	1,970	1,999	2,029
1	4,218	4,178	2,337	1,961	1,967	1,986	2,010	2,037
5	4,215	4,177	4,215	4,307	2,098	2,059	2,061	2,079
10	4,213	4,176	4,214	4,305	2,422	2,167	2,127	2,120
25	4,205	4,172	4,211	4,301	4,487	2,745	2,378	2,274
50	4,192	4,167	4,205	4,293	4,473	4,860	3,164	2,630
75	4,179	4,161	4,200	4,285	4,460	4,828	4,756	3,207
100	4,167	4,156	4,195	4,278	4,447	4,798	5,698	4,110
125	4,155	4,150	4,190	4,271	4,434	4,769	5,586	5,436
150	4,143	4,145	4,184	4,264	4,422	4,743	5,489	7,369
175	4,131	4,140	4,179	4,257	4,410	4,717	5,403	9,642
200	4,120	4,135	4,174	4,250	4,399	4,693	5,327	8,147
225	4,109	4,130	4,169	4,243	4,387	4,670	5,259	7,381
250	4,098	4,125	4,165	4,237	4,376	4,648	5,197	6,950
275	4,087	4,120	4,160	4,230	4,366	4,627	5,141	6,598
300	4,077	4,115	4,155	4,224	4,356	4,608	5,089	6,351
350	4,057	4,106	4,146	4,211	4,336	4,570	4,997	5,979
400	4,037	4,097	4,137	4,199	4,317	4,536	4,918	5,673
500	4,002	4,080	4,119	4,177	4,282	4,474	4,786	5,321

p bar	ϑ °C							
	400	450	500	550	600	650	700	800
0,1	2,061	2,094	2,128	2,163	2,199	2,234	2,269	2,339
1	2,067	2,099	2,132	2,166	2,201	2,236	2,271	2,340
5	2,094	2,120	2,148	2,178	2,210	2,243	2,277	2,344
10	2,128	2,145	2,168	2,194	2,223	2,253	2,285	2,349
25	2,235	2,224	2,228	2,240	2,260	2,283	2,309	2,365
50	2,444	2,366	2,331	2,320	2,322	2,332	2,348	2,392
75	2,722	2,531	2,444	2,403	2,385	2,382	2,389	2,418
100	3,104	2,733	2,570	2,491	2,451	2,434	2,430	2,445
125	3,620	2,982	2,715	2,587	2,521	2,487	2,471	2,472
150	4,298	3,287	2,880	2,692	2,594	2,542	2,514	2,500
175	5,158	3,658	3,071	2,806	2,672	2,598	2,558	2,528
200	6,427	4,099	3,290	2,933	2,755	2,658	2,603	2,557
225	8,834	4,614	3,538	3,072	2,843	2,720	2,650	2,586
250	13,293	5,203	3,815	3,223	2,938	2,785	2,698	2,616
275	24,911	5,861	4,121	3,388	3,038	2,853	2,747	2,646
300	26,25	6,732	4,453	3,564	3,145	2,924	2,799	2,677
350	11,673	8,951	5,177	3,947	3,373	3,075	2,906	2,741
400	8,675	10,718	5,920	4,353	3,616	3,235	3,019	2,807
500	6,749	9,441	7,243	5,082	4,093	3,563	3,256	2,947

[1] Auszug aus VDI-Wasserdampftafeln, 6. Aufl. (B).

Wärmekapazität des Wasserdampfes bei überkritischen Drucken, bei 350...430° C

Wärmekapazität des Wasserdampfes bei überkritischen Drucken, bei 400...680° C

222073. Spezifische Wärme und Enthalpie

Temp. °K	Zahl der Teilchen im cm³					
	n_{H_2O}	n_{H_2}	n_{O_2}	n_{OH}	n_H	n_O

1 atm

Temp. °K	n_{H_2O}	n_{H_2}	n_{O_2}	n_{OH}	n_H	n_O
1 000	$7{,}25 \cdot 10^{18}$					
2 000	$3{,}58 \cdot 10^{18}$	$2{,}27 \cdot 10^{16}$	$7{,}19 \cdot 10^{15}$	$1{,}69 \cdot 10^{16}$	$2{,}79 \cdot 10^{14}$	$1{,}16 \cdot 10^{14}$
3 000	$1{,}43 \cdot 10^{18}$	$3{,}37 \cdot 10^{17}$	$8{,}80 \cdot 10^{16}$	$3{,}58 \cdot 10^{17}$	$1{,}45 \cdot 10^{17}$	$5{,}47 \cdot 10^{16}$
4 000	$4{,}65 \cdot 10^{16}$	$1{,}72 \cdot 10^{17}$	$4{,}27 \cdot 10^{16}$	$2{,}19 \cdot 10^{17}$	$9{,}02 \cdot 10^{17}$	$4{,}25 \cdot 10^{17}$
5 000	$2{,}63 \cdot 10^{14}$	$1{,}47 \cdot 10^{16}$	$2{,}91 \cdot 10^{15}$	$1{,}87 \cdot 10^{16}$	$9{,}42 \cdot 10^{17}$	$4{,}71 \cdot 10^{17}$
6 000	$5{,}16 \cdot 10^{12}$	$2{,}01 \cdot 10^{15}$	$3{,}20 \cdot 10^{14}$	$2{,}56 \cdot 10^{15}$	$8{,}02 \cdot 10^{17}$	$4{,}01 \cdot 10^{17}$
7 000	$3{,}10 \cdot 10^{11}$	$4{,}56 \cdot 10^{14}$	$6{,}32 \cdot 10^{13}$	$5{,}81 \cdot 10^{14}$	$6{,}90 \cdot 10^{17}$	$3{,}45 \cdot 10^{17}$
8 000					$6{,}01 \cdot 10^{17}$	$3{,}01 \cdot 10^{17}$
9 000					$5{,}28 \cdot 10^{17}$	$2{,}64 \cdot 10^{17}$
10 000					$4{,}61 \cdot 10^{17}$	$2{,}31 \cdot 10^{17}$
12 000					$3{,}20 \cdot 10^{17}$	$1{,}62 \cdot 10^{17}$
14 000					$1{,}70 \cdot 10^{17}$	$8{,}70 \cdot 10^{16}$
16 000					$6{,}39 \cdot 10^{16}$	$3{,}21 \cdot 10^{16}$
18 000					$2{,}02 \cdot 10^{16}$	$1{,}02 \cdot 10^{16}$
20 000					$6{,}84 \cdot 10^{15}$	$3{,}12 \cdot 15^{15}$
22 000					$2{,}70 \cdot 10^{15}$	$1{,}11 \cdot 10^{15}$
24 000					$1{,}21 \cdot 10^{15}$	$4{,}47 \cdot 10^{14}$
26 000					$6{,}23 \cdot 10^{14}$	$1{,}96 \cdot 10^{14}$
28 000					$3{,}50 \cdot 10^{14}$	$8{,}90 \cdot 10^{13}$
30 000					$2{,}17 \cdot 10^{14}$	$3{,}87 \cdot 10^{13}$

10 atm

Temp. °K	n_{H_2O}	n_{H_2}	n_{O_2}	n_{OH}	n_H	n_O
1 000	$7{,}25 \cdot 10^{19}$	$1{,}06 \cdot 10^{17}$	$3{,}35 \cdot 10^{16}$	$7{,}89 \cdot 10^{16}$		
2 000	$3{,}60 \cdot 10^{19}$	$1{,}89 \cdot 10^{18}$	$4{,}85 \cdot 10^{17}$	$1{,}99 \cdot 10^{18}$	$1{,}04 \cdot 10^{15}$	$2{,}49 \cdot 10^{14}$
3 000	$1{,}89 \cdot 10^{19}$	$3{,}43 \cdot 10^{18}$	$7{,}71 \cdot 10^{17}$	$4{,}15 \cdot 10^{18}$	$3{,}44 \cdot 10^{17}$	$1{,}29 \cdot 10^{17}$
4 000	$3{,}93 \cdot 10^{18}$	$1{,}03 \cdot 10^{18}$	$2{,}02 \cdot 10^{17}$	$1{,}31 \cdot 10^{18}$	$4{,}02 \cdot 10^{18}$	$1{,}82 \cdot 10^{18}$
5 000	$1{,}53 \cdot 10^{17}$	$1{,}87 \cdot 10^{17}$	$2{,}99 \cdot 10^{16}$	$2{,}39 \cdot 10^{17}$	$7{,}89 \cdot 10^{18}$	$3{,}92 \cdot 10^{18}$
6 000	$7{,}32 \cdot 10^{15}$	$4{,}47 \cdot 10^{16}$	$6{,}21 \cdot 10^{15}$	$5{,}70 \cdot 10^{16}$	$7{,}74 \cdot 10^{18}$	$3{,}88 \cdot 10^{18}$
7 000	$3{,}02 \cdot 10^{14}$				$6{,}83 \cdot 10^{18}$	$3{,}42 \cdot 10^{18}$
8 000					$6{,}03 \cdot 10^{18}$	$3{,}02 \cdot 10^{18}$
9 000					$5{,}34 \cdot 10^{18}$	$2{,}67 \cdot 10^{18}$
10 000					$4{,}75 \cdot 10^{18}$	$2{,}38 \cdot 10^{18}$
12 000					$3{,}70 \cdot 10^{18}$	$1{,}86 \cdot 10^{18}$
14 000					$2{,}63 \cdot 10^{18}$	$1{,}33 \cdot 10^{18}$
16 000					$1{,}61 \cdot 10^{18}$	$8{,}09 \cdot 10^{17}$
18 000					$8{,}37 \cdot 10^{17}$	$4{,}09 \cdot 10^{17}$
20 000					$3{,}93 \cdot 10^{17}$	$1{,}84 \cdot 10^{17}$
22 000					$1{,}82 \cdot 10^{17}$	$7{,}73 \cdot 10^{16}$
24 000					$9{,}04 \cdot 10^{16}$	$3{,}46 \cdot 10^{16}$
26 000					$4{,}92 \cdot 10^{16}$	$1{,}64 \cdot 10^{16}$
28 000					$2{,}91 \cdot 10^{16}$	$8{,}49 \cdot 10^{15}$
30 000					$1{,}85 \cdot 10^{16}$	$4{,}33 \cdot 10^{15}$

von H₂O im Plasmazustand

| \multicolumn{4}{c|}{Zahl der Teilchen im cm³} | Dichte g/cm³ | Enthalpie J/g | Spez. Wärme J/ggrd | Temp. °K |

n_p	n_{O+}	n_{O++}	n_e	Dichte g/cm³	Enthalpie J/g	Spez. Wärme J/ggrd	Temp. °K
				\multicolumn{3}{c}{1 atm}	
				$2{,}16 \cdot 10^{-4}$	$-1{,}05 \cdot 10^4$	$2{,}27$	1 000
				$1{,}09 \cdot 10^{-4}$	$-8{,}12 \cdot 10^3$	$5{,}43$	2 000
				$6{,}09 \cdot 10^{-5}$	$3{,}24 \cdot 10^3$	$2{,}55 \cdot 10$	3 000
				$2{,}34 \cdot 10^{-5}$	$3{,}38 \cdot 10^4$	$3{,}24 \cdot 10$	4 000
				$1{,}50 \cdot 10^{-5}$	$5{,}26 \cdot 10^4$	$8{,}62$	5 000
				$1{,}22 \cdot 10^{-5}$	$5{,}76 \cdot 10^4$	$4{,}38$	6 000
				$1{,}04 \cdot 10^{-5}$	$6{,}12 \cdot 10^4$	$3{,}80$	7 000
$1{,}47 \cdot 10^{15}$	$6{,}38 \cdot 10^{14}$		$2{,}11 \cdot 10^{15}$	$9{,}07 \cdot 10^{-6}$	$6{,}54 \cdot 10^4$	$4{,}42$	8 000
$4{,}63 \cdot 10^{15}$	$2{,}02 \cdot 10^{15}$		$6{,}65 \cdot 10^{15}$	$7{,}97 \cdot 10^{-6}$	$7{,}08 \cdot 10^4$	$5{,}90$	9 000
$1{,}15 \cdot 10^{16}$	$5{,}06 \cdot 10^{15}$		$1{,}66 \cdot 10^{16}$	$7{,}12 \cdot 10^{-6}$	$7{,}74 \cdot 10^4$	$8{,}98$	10 000
$4{,}20 \cdot 10^{16}$	$1{,}90 \cdot 10^{16}$		$6{,}11 \cdot 10^{16}$	$5{,}46 \cdot 10^{-6}$	$1{,}07 \cdot 10^5$	$2{,}50 \cdot 10$	12 000
$8{,}84 \cdot 10^{16}$	$4{,}21 \cdot 10^{16}$		$1{,}31 \cdot 10^{17}$	$3{,}89 \cdot 10^{-6}$	$1{,}73 \cdot 10^5$	$4{,}42 \cdot 10$	14 000
$1{,}19 \cdot 10^{17}$	$5{,}92 \cdot 10^{16}$		$1{,}79 \cdot 10^{17}$	$2{,}75 \cdot 10^{-6}$	$2{,}65 \cdot 10^5$	$4{,}30 \cdot 10$	16 000
$1{,}24 \cdot 10^{17}$	$6{,}57 \cdot 10^{16}$		$1{,}86 \cdot 10^{17}$	$2{,}28 \cdot 10^{-6}$	$3{,}22 \cdot 10^5$	$2{,}76 \cdot 10$	18 000
$1{,}17 \cdot 10^{17}$	$5{,}95 \cdot 10^{16}$		$1{,}76 \cdot 10^{17}$	$1{,}89 \cdot 10^{-6}$	$3{,}68 \cdot 10^5$	$1{,}54 \cdot 10$	20 000
$1{,}09 \cdot 10^{17}$	$5{,}44 \cdot 10^{16}$	$1{,}10 \cdot 10^{14}$	$1{,}63 \cdot 10^{17}$	$1{,}68 \cdot 10^{-6}$	$3{,}93 \cdot 10^5$	$1{,}04 \cdot 10$	22 000
$9{,}98 \cdot 10^{16}$	$4{,}95 \cdot 10^{16}$	$5{,}47 \cdot 10^{14}$	$1{,}50 \cdot 10^{17}$	$1{,}52 \cdot 10^{-6}$	$4{,}12 \cdot 10^5$	$1{,}00 \cdot 10$	24 000
$9{,}19 \cdot 10^{16}$	$4{,}42 \cdot 10^{16}$	$9{,}67 \cdot 10^{14}$	$1{,}40 \cdot 10^{17}$	$1{,}37 \cdot 10^{-6}$	$4{,}37 \cdot 10^5$	$1{,}34 \cdot 10$	26 000
$8{,}42 \cdot 10^{16}$	$3{,}66 \cdot 10^{16}$	$5{,}57 \cdot 10^{15}$	$1{,}32 \cdot 10^{17}$	$1{,}28 \cdot 10^{-6}$	$4{,}67 \cdot 10^5$	$1{,}91 \cdot 10$	28 000
$7{,}65 \cdot 10^{16}$	$2{,}67 \cdot 10^{16}$	$1{,}17 \cdot 10^{16}$	$1{,}27 \cdot 10^{17}$	$1{,}16 \cdot 10^{-6}$	$5{,}20 \cdot 10^5$	$3{,}18 \cdot 10$	30 000
				\multicolumn{3}{c}{10 atm}	
				$2{,}16 \cdot 10^{-3}$	$-1{,}05 \cdot 10^4$	$1{,}55$	1 000
				$1{,}09 \cdot 10^{-3}$	$-8{,}19 \cdot 10^3$	$3{,}90$	2 000
				$6{,}63 \cdot 10^{-4}$	$-2{,}86 \cdot 10^3$	$1{,}05 \cdot 10$	3 000
				$3{,}45 \cdot 10^{-4}$	$1{,}43 \cdot 10^4$	$2{,}62 \cdot 10$	4 000
				$1{,}74 \cdot 10^{-4}$	$4{,}20 \cdot 10^4$	$2{,}51 \cdot 10$	5 000
				$1{,}26 \cdot 10^{-4}$	$5{,}50 \cdot 10^4$	$6{,}90$	6 000
				$1{,}05 \cdot 10^{-4}$	$6{,}05 \cdot 10^4$	$5{,}28$	7 000
$4{,}87 \cdot 10^{15}$	$2{,}12 \cdot 10^{15}$		$6{,}98 \cdot 10^{15}$	$9{,}03 \cdot 10^{-5}$	$6{,}55 \cdot 10^4$	$4{,}21$	8 000
$1{,}58 \cdot 10^{16}$	$6{,}87 \cdot 10^{15}$		$2{,}26 \cdot 10^{16}$	$8{,}01 \cdot 10^{-5}$	$6{,}94 \cdot 10^4$	$4{,}10$	9 000
$4{,}16 \cdot 10^{16}$	$1{,}82 \cdot 10^{16}$		$5{,}99 \cdot 10^{16}$	$7{,}23 \cdot 10^{-5}$	$7{,}37 \cdot 10^4$	$5{,}21$	10 000
$1{,}67 \cdot 10^{17}$	$7{,}49 \cdot 10^{16}$		$2{,}41 \cdot 10^{17}$	$5{,}83 \cdot 10^{-5}$	$8{,}88 \cdot 10^4$	$1{,}14 \cdot 10$	12 000
$4{,}13 \cdot 10^{17}$	$1{,}93 \cdot 10^{17}$		$6{,}06 \cdot 10^{17}$	$4{,}60 \cdot 10^{-5}$	$1{,}19 \cdot 10^5$	$2{,}05 \cdot 10$	14 000
$7{,}06 \cdot 10^{17}$	$3{,}49 \cdot 10^{17}$		$1{,}06 \cdot 10^{18}$	$3{,}49 \cdot 10^{-5}$	$1{,}71 \cdot 10^5$	$3{,}24 \cdot 10$	16 000
$9{,}20 \cdot 10^{17}$	$4{,}71 \cdot 10^{17}$		$1{,}39 \cdot 10^{18}$	$2{,}65 \cdot 10^{-5}$	$2{,}39 \cdot 10^5$	$3{,}28 \cdot 10$	18 000
$1{,}01 \cdot 10^{18}$	$5{,}28 \cdot 10^{17}$		$1{,}52 \cdot 10^{18}$	$2{,}14 \cdot 10^{-5}$	$3{,}00 \cdot 10^5$	$2{,}80 \cdot 10$	20 000
$1{,}00 \cdot 10^{18}$	$5{,}16 \cdot 10^{17}$	$1{,}73 \cdot 10^{14}$	$1{,}52 \cdot 10^{18}$	$1{,}79 \cdot 10^{-5}$	$3{,}51 \cdot 10^5$	$2{,}12 \cdot 10$	22 000
$9{,}56 \cdot 10^{17}$	$4{,}90 \cdot 10^{17}$	$8{,}28 \cdot 10^{14}$	$1{,}45 \cdot 10^{18}$	$1{,}58 \cdot 10^{-5}$	$3{,}83 \cdot 10^5$	$1{,}46 \cdot 10$	24 000
$9{,}01 \cdot 10^{17}$	$4{,}56 \cdot 10^{17}$	$2{,}90 \cdot 10^{15}$	$1{,}36 \cdot 10^{18}$	$1{,}43 \cdot 10^{-5}$	$4{,}08 \cdot 10^5$	$1{,}06 \cdot 10$	26 000
$8{,}49 \cdot 10^{17}$	$4{,}24 \cdot 10^{17}$	$9{,}06 \cdot 10^{15}$	$1{,}29 \cdot 10^{18}$	$1{,}33 \cdot 10^{-5}$	$4{,}27 \cdot 10^5$	$1{,}18 \cdot 10$	28 000
$7{,}98 \cdot 10^{17}$	$3{,}65 \cdot 10^{17}$	$2{,}24 \cdot 10^{16}$	$1{,}21 \cdot 10^{18}$	$1{,}19 \cdot 10^{-5}$	$4{,}64 \cdot 10^5$	$1{,}71 \cdot 10$	30 000

22208. Thermodynamische Funktionen auf den Druck von einer Atmosphäre bezogen

In der Tabelle sind in Spalte 1 die charakteristischen Daten angegeben. (Erklärungen s. Liste der Symbole und Abkürzungen.)

In Spalte 2 ist die Temperatur, für die die Daten der Spalten 3−8 gelten, angegeben. In den Spalten 3−5 sind in der ersten Hälfte der Tabelle bei H_2O und ^2H_2O Daten für den kondensierten Zustand des Wassers gebracht, in der zweiten Hälfte Daten für die Änderung der thermodynamischen Funktionen bei der Bildung von $(H_2O)_g$ aus $(H_2) + 1/2\, O_2$ (den idealen Gaszustand vorausgesetzt), die Spalten 6−8 geben die Daten für den idealen Gaszustand. Unter S^0 ist bei $T = 0°$ der Wert der Entropiekonstante in Klammer bei H_2O und ^2H_2O angegeben. Die Entropie des Gases ist für den Druck von 1 atm berechnet.

I	= Trägheitsmoment
Θ_D	= Debye-Temperatur
Θ_{rot}	= $\dfrac{h^2}{8\pi^2 I k}$
Θ_s	= $\dfrac{h\nu_i}{k}$
$\Delta H_{0, f \to g}$	= Sublimationsenthalpie bei $0°\,K$
$\Delta H_{f \to fl}$	= Schmelzenthalpie bei F
$\Delta H_{fl \to g}$	= Verdampfungsenthalpie bei V
$\Delta H_{298,15°, g}$	= Bildungsenthalpie für das ideale Gas bei $298{,}15°\,K$ aus den Elementen im Normzustand
F	= Schmelztemperatur
h	= Plancksches Wirkungsquantum
k	= Boltzmann-Konstante
ν_i	= Schwingungsfrequenz
Trp	= Tripelpunkt
V	= Siedetemperatur bei 760 Torr
p_F	= Druck bei F
$S_{0,f}$	= Nullpunktentropie
s	= Symmetriezahl des Moleküls.

222081. H_2O [$M = 18{,}015$, Standarddruck $(S_T^0)_{gas}$ 1 atm] [1]

Charakteristische Daten und Bildungsreaktion	Temperatur	Kondensierter Zustand			Idealer Gaszustand		
		C_p^0	$\dfrac{H_T^0 - H_0^0}{T}$	S_T^0	C_p^0	$\dfrac{H_T^0 - H_0^0}{T}$	S_T^0
	°K	J/(Molgrd)	J/(Molgrd)	J/(Molgrd)	J/(Molgrd)	J/(Molgrd)	J/(Molgrd)
$I_1 = 1{,}022 \cdot 10^{-40}$ g·cm²	0						[−0,975]
$I_2 = 1{,}918 \cdot 10^{-40}$ g·cm²	20	2,05	0,54	0,33			
$I_3 = 2{,}940 \cdot 10^{-40}$ g·cm²	40	6,13	2,32	3,18			
$\Theta_{rot,1} = 39{,}4°$ K	60	9,64	4,21	6,32			
$\Theta_{rot,2} = 21{,}0°$ K	80	12,87	6,02	9,54			
$\Theta_{rot,3} = 13{,}7°$ K	100	15,88	7,66	12,80	33,29	32,88	152,2
$\Theta_D = 192°$ K; $0 < T < 20°$ K	120	18,55	9,32	15,94			
$\Theta_{s,1} = 5258{,}8°$ K	140	20,89	10,75	19,00			
$\Theta_{s,2} = 2293{,}0°$ K	160	23,22	12,16	21,97			
$\Theta_{s,3} = 5400{,}8°$ K	180	25,70	13,53	24,85			
$\Delta H_{0,f \to g} = 47{,}26$ kJ/Mol	200	28,22	14,87	27,70	33,33	33,09	175,4
$\Delta H_{F,f \to fl} = 6{,}007$ kJ/Mol	220	30,92	16,21	30,54			
$\Delta H_{V,fl \to g} = 40{,}66$ kJ/Mol	240	33,53	17,54	33,35			
	260	36,16	18,87	36,15	33,43	33,16	184,1
	273,15	38,07	19,65	37,95			
$\Delta H_{298,15,g} = -241{,}74$ kJ/Mol	273,15	75,81	41,65	59,94	33,46	33,17	185,7
$F = 273{,}15°$ K	280	75,55	42,47	61,81			
$Trp = 273{,}16°$ K	298,15	75,15	44,47	66,56	33,55	33,20	188,6
$V = 373{,}15°$ K	300	75,14	44,66	67,02	33,56	33,20	188,9
$p_F = 4{,}58$ Torr	320	75,15	46,57	71,80	33,67	33,23	191,0
	340	75,30	48,25	76,37	33,79	33,27	193,1
	360	75,57	49,76	80,69	33,92	33,29	195,0
	373,15	75,82	50,68	83,41			
$S_{0,f} = 3{,}11$ J/(Molgrd) $s = 2$	373,15	159,97	193,11		34,01	33,32	196,22

		Idealer Gaszustand			Idealer Gaszustand		
		ΔS^0	ΔH^0	$\dfrac{\Delta G^0}{T}$	C_p^0	$\dfrac{H_T^0 - H_0^0}{T}$	S_T^0
		J/(Molgrd)	kJ/Mol	J/(Molgrd)	J/(Molgrd)	J/(Molgrd)	J/(Molgrd)
$H_2 + \tfrac{1}{2}O_2 \to H_2O$		der Bildungsreaktion					
	400	−47,40	−242,9	−559,7	34,24	33,37	198,6
	500	−49,60	−243,8	−438,1	35,20	33,64	206,3
	600	−51,31	−244,8	−356,7	36,29	33,99	212,8
	700	−52,66	−245,6	−298,3	37,45	34,40	218,5
	800	−53,74	−246,5	−254,3	38,67	34,85	223,6
	900	−54,65	−247,2	−220,0	39,93	35,35	228,2
	1000	−55,35	−247,9	−192,5	41,20	35,87	232,5
	1100	−55,93	−248,5	−170,0	42,46	36,41	236,5
	1200	−56,40	−249,0	−151,1	43,68	36,97	240,2
	1300	−56,89	−249,5	−135,0	44,85	37,53	243,8
	1400	−57,15	−249,9	−121,3	45,95	38,09	247,1
	1500	−57,38	−250,3	−109,5	46,98	38,65	250,3
	2000	−58,16	−251,6	−67,6	51,08	41,28	264,5
	2500	−58,53	−252,4	−42,4	53,80	43,53	276,2
	3000	−58,75	−253,0	−25,5	55,64	45,40	286,2
	4000	−59,06	−254,2	−4,4	57,93	48,28	302,5
	5000				59,28	50,35	315,6

[1] Nach Landolt-Börnstein, 6. Aufl., Bd. II/4, Beitrag W. Auer.

222082. ^2H_2O Deuteriumoxid ($M = 20{,}031$)

Charakteristische Daten und Bildungsreaktion	Temperatur °K	Kondensierter Zustand			Idealer Gaszustand		
		C_p^0	$\dfrac{H_T^0 - H_0^0}{T}$	S_T^0	C_p^0	$\dfrac{H_T^0 - H_0^0}{T}$	S_T^0
		J/(Molgrd)	J/(Molgrd)	J/(Molgrd)	J/(Molgrd)	J/(Molgrd)	J/(Molgrd)
$I_1 = 1{,}833 \cdot 10^{-40}$ g·cm²	0						[8,44]
$I_2 = 3{,}841 \cdot 10^{-40}$ g·cm²	20	2,23	0,452	0,81			
$I_3 = 5{,}681 \cdot 10^{-40}$ g·cm²	40	6,38	2,39	3,60			
$\Theta_{rot,1} = 21{,}95°$ K	60	10,05	4,34	6,88			
$\Theta_{rot,2} = 10{,}48°$ K	80	13,53	6,20	10,24			
$\Theta_{rot,3} = 7{,}09°$ K	100	16,93	8,00	13,61	33,28	33,06	161,5
$\Theta_D = 192°$ K;	120	20,63	9,80	17,00			
$0 < T < 20°$ K							
$\Theta_{s,1} = 3842°$ K	140	23,89	11,59	20,43			
$\Theta_{s,2} = 1694°$ K	160	27,20	13,33	23,84			
$\Theta_{s,3} = 4009°$ K	180	30,47	15,05	27,23			
$\Delta H_{0, f \to g} = 50{,}09$ kJ/Mol	200	33,68	16,76	30,61	33,43	33,14	184,6
$\Delta H_{F, f \to fl} = 6{,}280$ kJ/Mol	220	36,83	18,44	33,96			
$\Delta H_{V, fl \to g} = 41{,}69$ kJ/Mol	240	39,75	20,09	37,29			
	260	42,63	21,72	40,59			
	276,97	45,27	23,07	43,35			
$\Delta H_{298,15, g}^0$	276,97	85,35	45,89	66,11	34,01	33,33	194,4
$= -249{,}21$ kJ/Mol	280	84,94	46,32	67,05			
$F = 276{,}97°$ K	298,15	84,35	48,65	72,36	34,25	33,39	198,2
$V = 374{,}58°$ K	300	84,27	48,87	72,85	34,27	33,39	198,4
$p_F = 5{,}06$ Torr	320	83,72	51,06	78,27	34,51	33,46	200,6
	340	83,30	52,97	83,34	34,77	33,53	202,7
	360	82,89	54,65	88,07	35,04	33,60	204,7
$S_{0, f} = 2{,}74$ J/(Molgrd)	374,57	82,80	55,74	91,33			
$s = 2$	374,57		167,37	203,34	35,26	33,66	206,0

		Idealer Gaszustand			Idealer Gaszustand		
		ΔS^0	ΔH^0	$\dfrac{\Delta G^0}{T}$	C_p^0	$\dfrac{H_T^0 - H_0^0}{T}$	S_T^0
		J/(Molgrd)	kJ/Mol	J/(Molgrd)	J/(Molgrd)	J/(Molgrd)	J/(Molgrd)
$^2H_2 + \tfrac{1}{2}O_2 = {}^2H_2O$		der Bildungsreaktion					
	400	−51,91	−250,1	−573,3	35,62	33,78	208,4
	500	−54,17	−250,9	−447,6	37,17	34,30	216,5
	600	−55,07	−251,6	−364,2	38,82	34,91	223,4
	700	−56,07	−252,2	−304,2	40,53	35,59	229,6
	800				42,84	36,32	235,1
	900				43,88	37,07	240,1
	1000	−67,57	−253,6	−186,0	45,41	37,83	244,9
	1100				46,81	38,58	249,2
	1200				48,07	39,32	253,4
	1300				49,21	40,04	257,3
	1400				50,22	40,73	261,0
	1500	−58,79	−254,8	−131,1	51,12	41,39	264,4
	2000				54,36	44,27	279,6
	2500				56,31	46,49	292,0
	3000				57,58	48,24	302,4
	4000				59,16	50,79	319,2
	5000				60,15	52,57	332,5

222. Wasser

222083. H²HO (HDO, $M = 19,023$)

Charakteristische Daten und Bildungsreaktion	Temperatur °K	Kondensierter Zustand			Idealer Gaszustand		
		C_p^0 J/(Molgrd)	$\dfrac{H_T^0 - H_0^0}{T}$ J/(Molgrd)	S_T^0 J/(Molgrd)	C_p^0 J/(Molgrd)	$\dfrac{H_T^0 - H_0^0}{T}$ J/(Molgrd)	S_T^0 J/(Molgrd)
$\frac{1}{2}$ H$_2$ + $\frac{1}{2}$ D$_2$ +	50				33,29	32,72	139,8
$+ \frac{1}{2}$ O$_2$ → HDO	100				33,29	33,00	162,9
$I_1 = 1,211 \cdot 10^{-40}$ g·cm²	150				33,30	33,10	176,4
$I_2 = 3,060 \cdot 10^{-40}$ g·cm²	200				33,35	33,15	186,0
$I_3 = 4,271 \cdot 10^{-40}$ g·cm²	250				33,50	33,21	193,4
$\Theta_{rot,1} = 33,2°$ K	300	−40,97	−245,8	−858,3	33,79	33,28	199,5
$\Theta_{rot,2} = 13,15°$ K	400	−43,79	−246,7	−572,9	34,76	33,52	209,4
$\Theta_{rot,3} = 9,42°$ K	500	−46,04	−247,7	−449,4	36,03	33,89	217,3
$\Theta_{s,1} = 3916,6°$ K	600	−47,38	−248,5	−368,4	37,44	34,36	224,0
$\Theta_{s,2} = 2017,2°$ K	700	−48,56	−249,3	−307,5	38,91	34,91	229,8
$\Theta_{s,3} = 5331,3°$ K	800				40,40	35,50	235,1
$\Delta H_{0,g} = -242,82$ kJ/Mol	900				41,86	36,12	240,0
	1000	−50,78	−250,4	−199,6	43,27	36,77	244,5
	1100				44,61	37,42	248,6
	1200				45,86	38,07	252,6
	1300				47,01	38,72	256,3
	1400				48,07	39,35	259,8
	1500	−52,30	−253,0	−116,4	49,04	39,96	263,2
	2000	−52,83	−253,9	−74,1	52,71	42,43	277,8
	2500				55,04	44,97	289,9
	3000				56,60	46,79	300,0
	4000				58,54	49,51	316,6
	5000				59,72	51,44	329,8

22209. Zustandsgrößen von Wasser, Sättigungsdruck, thermodynamischen

(Für Enthalpie und Entropie und innere Energie des flüssigen Wassers ist der Wert

Temperatur °C ϑ	Druck bar p	Spezifisches Volumen		Enthalpie kJ/kg	
		des Wassers dm³/kg v'	des Dampfes m³/kg v''	des Wassers h'	des Dampfes h''
0	0,006107	1,0002	206,3	0,00	2500,5
5	0,008722	1,0000	147,1	21,05	2509,7
10	0,012275	1,0002	106,4	42,03	2518,9
15	0,017045	1,0008	77,96	62,96	2528,1
20	0,02337	1,0017	57,84	83,86	2537,3
25	0,03166	1,0029	43,41	104,74	2546,4
30	0,04241	1,0043	32,94	125,61	2555,5
35	0,05621	1,0059	25,26	146,47	2564,5
40	0,07374	1,0078	19,56	167,34	2573,5
45	0,09581	1,0099	15,28	188,22	2582,4
50	0,12334	1,0121	12,05	209,11	2591,3
55	0,15740	1,0146	9,583	230,00	2600,1
60	0,1992	1,0172	7,682	250,91	2608,8
65	0,2501	1,0200	6,205	271,84	2617,4
70	0,3116	1,0229	5,048	292,78	2625,9
75	0,3855	1,0260	4,135	313,74	2634,2
80	0,4736	1,0293	3,410	334,72	2642,5
85	0,5780	1,0327	2,829	355,72	2650,7
90	0,7011	1,0363	2,361	376,75	2658,7
95	0,8453	1,0400	1,982	397,80	2666,6
100	1,0132	1,0438	1,673	418,88	2674,4
105	1,2080	1,0479	1,419	439,99	2682,1
110	1,4326	1,0520	1,210	461,13	2689,6
115	1,6905	1,0563	1,036	482,31	2697,0
120	1,9853	1,0608	0,8913	503,5	2704,2
125	2,3208	1,0654	0,7700	524,8	2711,4
130	2,7011	1,0702	0,6679	546,1	2718,3
135	3,131	1,0751	0,5817	567,5	2725,1
140	3,614	1,0802	0,5084	588,9	2731,8
145	4,155	1,0855	0,4459	610,4	2738,3
150	4,760	1,0910	0,3924	631,9	2744,5
155	5,433	1,0966	0,3464	653,5	2750,6
160	6,180	1,1024	0,3068	675,2	2756,5
165	7,008	1,1085	0,2724	696,9	2762,2
170	7,920	1,1147	0,2426	718,8	2767,6
175	8,925	1,1211	0,2166	740,7	2772,7
180	10,027	1,1278	0,1939	762,7	2777,6
185	11,234	1,1347	0,1740	784,8	2782,1
190	12,552	1,1418	0,1564	807,0	2786,3
195	13,989	1,1491	0,1409	829,4	2790,2
200	15,551	1,1568	0,1273	851,8	2793,7
205	17,245	1,1647	0,1151	874,4	2796,8

222. Wasser

Dichte, Verdampfungsenthalpie und relative Werte der Funktionen

0 bei 0° C eingesetzt, die Entropie ist auf den jeweiligen Sättigungsdruck bezogen.)

Verdampfungs-enthalpie kJ/kg	Entropie kJ/kggrd		Innere Energie kJ/kg	
	des Wassers	des Dampfes	des Wassers	des Dampfes
r	s'	s''	u'	u''
2500,5	0,0000	9,1545	0	2374,5
2488,6	0,0764	9,0234	21,05	2360,4
2476,9	0,1511	8,8985	42,03	2388,3
2465,1	0,2244	8,7793	62,96	2395,2
2453,4	0,2963	8,6652	83,86	2402,1
2441,7	0,3669	8,5561	104,74	2409,0
2429,9	0,4364	8,4516	125,61	2415,7
2418,0	0,5046	8,3514	146 46	2422,5
2406,2	0,5718	8,2553	167 33	2429,3
2394,2	0,6379	8,1631	188,21	2436,0
2382,2	0,7031	8,0745	209,10	2442,7
2370,1	0,7672	7,9893	229,98	2449,3
2357,9	0,8304	7,9074	250,89	2455,8
2345,5	0,8928	7,8286	271,81	2462,2
2333,1	0,9542	7,7526	292,75	2468,6
2320,5	1,0149	7,6794	313,70	2474,8
2307,8	1,0747	7,6088	334,67	2481,0
2295,0	1,1337	7,5407	355,66	2487,2
2281,9	1,1920	7,4749	376,68	2493,2
2268,8	1,2495	7,4114	397,71	2499,1
2255,5	1,3063	7,3500	418,77	2504,9
2242,1	1,3625	7,2906	439,86	2510,7
2228,5	1,4179	7,2331	460,98	2516,3
2214,7	1,4728	7,1775	482,13	2521,9
2200,7	1,5270	7,1236	503,3	2527,3
2186,6	1,5807	7,0714	524,6	2532,7
2172,2	1,6338	7,0208	545,8	2537,9
2157,6	1,6863	6,9717	567,2	2543,0
2142,9	1,7383	6,9240	588,5	2548,1
2127,9	1,7899	6,8776	610,0	2553,1
2112,6	1,8409	6,8325	631,4	2557,7
2097,1	1,8915	6,7885	652,9	2562,4
2081,3	1,9416	6,7456	674,5	2566,9
2065,3	1,9913	6,7037	696,1	2571,3
2048,8	2,0407	6,6628	717,9	2575,5
2032,0	2,0896	6,6227	739,7	2579,4
2014,9	2,1382	6,5833	761,6	2583,2
1997,3	2,1864	6,5447	783,5	2586,6
1979,3	2,4233	6,5067	805,6	2590,0
1960,8	2,2820	6,4692	827,8	2593,1
1941,9	2,3293	6,4322	850,0	2595,7
1922,4	2,3764	6,3955	872,4	2598,3

2. Zusammenfassende Tabellen

Temperatur °C ϑ	Druck bar p	Spezifisches Volumen		Enthalpie kJ/kg	
		des Wassers dm³/kg v'	des Dampfes m³/kg v''	des Wassers h'	des Dampfes h''
210	19,080	1,1729	0,1043	897,1	2799,4
215	21,063	1,1814	0,09471	920,0	2801,7
220	23,201	1,1903	0,08611	943,0	2803,4
225	25,504	1,1994	0,07841	966,2	2804,6
230	27,979	1,2090	0,07150	989,6	2805,4
235	30,635	1,2190	0,06528	1013,2	2805,5
240	33,480	1,2293	0,05967	1036,9	2805,1
245	36,524	1,2402	0,05460	1060,9	2804,1
250	39,78	1,2515	0,05002	1085,1	2802,5
255	43,24	1,2633	0,04586	1109,5	2800,3
260	46,94	1,2757	0,04209	1134,3	2797,4
265	50,87	1,2888	0,03865	1159,3	2793,8
270	55,05	1,3025	0,03552	1184,5	2789,5
275	59,49	1,3169	0,03266	1210,2	2784,5
280	64,19	1,3322	0,03005	1236,1	2778,7
285	69,17	1,3483	0,02766	1262,5	2772,2
290	74,45	1,3655	0,02546	1289,3	2764,9
295	80,03	1,3837	0,02345	1316,5	2756,9
300	85,92	1,4033	0,02160	1344,2	2748,0
305	92,14	1,424	0,01989	1372,5	2738,3
310	98,70	1,447	0,01832	1401,3	2727,7
315	105,61	1,471	0,01687	1430,9	2716,8
320	112,90	1,498	0,01549	1461,3	2702,4
325	120,57	1,527	0,01420	1492,5	2685,7
330	128,65	1,560	0,01298	1524,8	2666,4
335	137,14	1,597	0,01184	1558,4	2644,3
340	146,08	1,638	0,01077	1593,5	2620,2
345	155,48	1,687	0,009765	1630,5	2593,4
350	165,37	1,746	0,008803	1670,3	2562,3
355	175,77	1,817	0,007878	1714,5	2527,3
360	186,74	1,908	0,006967	1762,2	2483,1
365	198,30	2,03	0,00604	1817,9	2425,9
370	210,52	2,23	0,00499	1893,7	2339,9
371	213,06	2,30	0,00474	1914,2	2316,1
372	215,62	2,37	0,00447	1938,1	2287,1
373	218,22	2,49	0,00415	1972,0	2252,3
374	220,86	2,79	0,00362	2043,2	2187,5
374,15	221,29	3,18	0,00318	2099,7	

222. Wasser

Verdampfungs-enthalpie kJ/kg	Entropie kJ/kggrd		Innere Energie kJ/kg	
	des Wassers	des Dampfes	des Wassers	des Dampfes
r	s'	s''	u'	u''
1902,3	2,4232	6,3593	894,9	2600,4
1881,7	2,4698	6,3233	917,5	2602,3
1860,4	2,5162	6,2875	940,2	2603,6
1838,4	2,5625	6,2518	963,1	2604,6
1815,8	2,6086	6,2162	986,2	2605,4
1792,4	2,6545	6,1807	1009,5	2605,5
1768,2	2,7004	6,1452	1032,8	2605,3
1743,3	2,7461	6,1096	1056,4	2604,7
1717,4	2,7918	6,0738	1080,1	2603,5
1690,7	2,8375	6,0380	1104,0	2602,0
1663,1	2,8832	6,0019	1128,3	2599,8
1634,5	2,9289	5,9656	1152,8	2597,2
1604,9	2,9747	5,9290	1177,3	2594,0
1574,3	3,0206	5,8921	1202,4	2590,2
1542,5	3,0666	5,8549	1227,5	2585,8
1509,6	3,1128	5,8174	1253,2	2580,9
1475,6	3,1593	5,7794	1279,1	2575,4
1440,2	3,2061	5,7410	1305,4	2569,2
1403,6	3,2532	5,7022	1332,1	2562,4
1365,5	3,3008	5,6629	1359,4	2555,1
1326,0	3,3489	5,6232	1387,0	2546,9
1285,8	3,3977	5,5837	1415,4	2538,6
1241,3	3,4473	5,5401	1444,4	2527,5
1193,1	3,4978	5,4924	1474,1	2514,5
1141,5	3,5495	5,4422	1504,7	2499,4
1086,0	3,6026	5,3884	1536,5	2481,0
1026,7	3,6577	5,3321	1569,6	2462,9
963,0	3,7154	5,2733	1604,3	2441,6
892,2	3,7768	5,2087	1641,4	2416,7
812,8	3,8431	5,1371	1682,6	2388,8
720,9	3,9159	5,0545	1726,6	2353,0
608,0	4,0013	4,9541	1777,6	2306,1
446,2	4,1131	4,8069	1846,8	2234,9
401,9	4,1437	4,7675	1865,2	2214,2
349,0	4,1801	4,7211	1887,0	2190,7
280,4	4,229	4,6625	1917,7	2161,7
144,4	4,325	4,548	1981,6	2107,5
0	4,430		2029,3	

22210. Wasser, Joule-Thomson-Koeffizient μ (Isothermen)

22211. Viskosität von Wasser bzw. Wasserdampf

222111. Viskosität[1] (Trennungsstrich zwischen den Phasen) η in cP, r in cSt

°C	1 at		20 at		50 at		100 at		200 at		300 at	
	η', η''	r', r''	η''	r''	η', η''	r', r''	η', η''	r', r''	η', η''	r', r''	η	r
0	1,792	1,792	—	—	1,781	1,776	1,770	1,761	1,748	1,731	1,726	1,702
10	1,307	1,307	—	—	1,301	1,299	1,296	1,290	1,289	1,276	1,281	1,266
20	1,002	1,004	—	—	1,001	1,001	1,000	0,997	0,998	0,991	0,995	0,984
30	0,797	0,801	—	—	0,797	0,799	0,789	0,798	0,798	0,795	0,800	0,792
40	0,653	0,658	—	—	0,653	0,657	0,654	0,656	0,656	0,656	0,658	0,655
50	0,546	0,553	—	—	0,547	0,553	0,549	0,553	0,552	0,554	0,555	0,555
60	0,466	0,474	—	—	0,468	0,475	0,469	0,475	0,472	0,476	0,476	0,478
70	0,404	0,413	—	—	0,406	0,414	0,408	0,415	0,411	0,418	0,416	0,420
80	0,355	0,365	—	—	0,358	0,367	0,361	0,370	0,366	0,373	0,372	0,377
90	0,315	0,326	—	—	0,319	0,329	0,324	0,334	0,330	0,339	0,337	0,345
100	0,282	0,295	—	—	0,287	0,299	0,293	0,304	0,301	0,311	0,309	0,318
100	0,0124	21,5	—	—								
120	0,0132	24,1	—	—	0,228	0,252	0,245	0,259	0,253	0,266	0,262	0,274
140	0,0140	26,9	—	—	0,202	0,218	0,207	0,222	0,216	0,230	0,224	0,238
160	0,0148	29,9	—	—	0,175	0,192	0,178	0,195	0,185	0,202	0,193	0,209
180	0,0155	32,9	—	—	0,154	0,173	0 157	0,176	0,163	0,181	0,169	0,186
200	0,0163	36,1	—	—	0,139	0,161	0,141	0,162	0,145	0,165	0,149	0,169
220	0,0171	39,5	0,0184	1,92	0,127	0,150	0,129	0,152	0,131	0,154	0,134	0,156

222. Wasser

°C	1 at		20 at		50 at		100 at		200 at		300 at	
	η', η''	r', r'	η''	r''	η', η''	r', r''	η', η''	r', r''	η', η''	r', r''	η	r
240	0,0179	43,0	0,0190	2,11	0,116	0,142	0,118	0,143	0,120	0,144	0,123	0,146
260	0,0186	46,6	0,0196	2,29	0,108	0,137	0,109	0,138	0,111	0,138	0,114	0,140
					60 at							
280	0,0194	50,4	0,0203	2,49	0,0232	0,790	0,101	0,134	0,103	0,134	0,106	0,135
300	0,0202	54,3	0,0210	2,69	0,0236	0,876	0,094	0,132	0,096	0,131	0,099	0,132
320	0,0209	58,3	0,0217	2,89	0,0242	0,962	0,0268	0,531	0,089	0,129	0,093	0,131
340	0,0217	62,5	0,0225	3,11	0,0248	1,04	0,0272	0,601	0,079	0,125	0,085	0,128
360	0,0225	66,8	0,0232	3,34	0,0254	1,13	0,0278	0,664	0,067	0,123	0,077	0,125
380	0,0232	71,2	0,0240	3,58	0,0261	1,21	0,0283	0,725	0,0361	0,313	0,065	0,123
400	0,0240	75,8	0,0247	3,81	0,0268	1,30	0,0289	0,783	0,0354	0,365	0,043	0,130
420	0,0247	80,4	0,0254	4,04	0,0275	1,38	0,0295	0,841	0,0354	0,409	—	—
440	0,0254	85,2	0,0262	4,30	0,0282	1,47	0,0302	0,900	0,0358	0,450	—	—
450	—	—	—	—	—	—	—	—	—	—	0,030	0,212
460	0,0262	90,2	0,0269	4,55	0,0288	1,56	0,0308	0,975	0,0363	0,491	—	—
480	0,0269	95,2	0,0277	4,81	0,0294	1,65	0,0315	1,017	0,0370	0,531	—	—
500	0,0277	100,4	0,0284	5,09	0,0301	1,74	0,0322	1,078	0,0380	0,575	—	—

[1] Nach Landolt-Börnstein, 6. Aufl., Bd. IV/1, Beitrag VOGELPOHL/FRITZ. Die Trennungsstriche in den Zahlenspalten kennzeichnen den Übergang zwischen Flüssigkeit und Dampf.

222112. Dynamische Viskosität von Wasser η'; Wasserdampf η'' bei Sättigung

Umrechnung: 1 bar = 1,01972 at; 1 bar = 9,8692 · 10⁻¹ atm
 1 kg/ms = 10 P; 9,81 kg/ms = 1 kps/m²

t	p	η'	η''	t	p	η'	η''
°C	bar	10^{-3} (kg/ms)		°C	bar	10^{-3} (kg/ms)	
0	0,0061	178,8	0,82	200	15,55	13,60	1,62
10	0,0123	130,5	0,86	210	19,08	13,00	1,66
20	0,0234	100,4	0,89	220	23,20	12,45	1,71
30	0,0424	80,1	0,93	230	27,98	11,96	1,76
40	0,0737	65,3	0,97	240	33,48	11,40	1,80
50	0,123	55,0	1,01	250	39,78	10,90	1,85
60	0,199	47,0	1,05	260	46,94	10,43	1,90
70	0,312	40,6	1,08	270	55,05	9,99	1,96
80	0,474	35,5	1,12	280	64,19	9,59	2,02
90	0,701	31,5	1,16	290	74,45	9,25	2,08
100	1,013	28,2	1,20	300	85,92	8,91	2,15
110	1,433	25,9	1,24	310	98,70	8,58	2,22
120	1,985	23,7	1,28	320	112,90	8,26	2,30
130	2,701	21,7	1,32	330	128,65	7,91	2,40
140	3,614	20,10	1,36	340	146,08	7,55	2,52
150	4,760	18,60	1,40	350	165,37	7,18	2,67
160	6,180	17,40	1,44	360	186,74	6,62	2,90
170	7,920	16,30	1,49	370	210,52	5,59	3,38
180	10,03	15,23	1,53				
190	12,55	14,30	1,57	374,15	221,29	4,70	

22212. Wärmeleitvermögen

222121. Wärmeleitvermögen von Wasser

ϑ	λ' in 10^{-3} Wm^{-1}grd^{-1} bei p in at			ϑ	λ' in 10^{-3} Wm^{-1}grd^{-1} bei p in at		
°C	p_s	100	400	°C	p_s	100	400
0	56,0	56,4	57,8	140	68,5	69,2	71,4
10	57,9	58,4	59,9	160	68,0	68,7	71,0
20	59,7	60,2	61,8	180	67,1	67,9	70,4
30	61,3	61,8	63,3	200	65,7	66,5	69,4
40	62,7	63,2	64,7	220	64,0	64,8	68,0
50	64,0	64,5	66,1	240	62,0	62,8	66,3
60	65,1	65,6	67,2	260	59,7	60,4	64,3
70	66,1	66,6	68,3	280	57,0	57,5	62,1
80	67,0	67,5	69,2	300	53,7	53,9	59,5
90	67,7	68,2	70,0	320	49,9	—	—
100	68,2	68,8	70,6	340	44,8	—	—
120	68,4	69,2	71,3	350	40,9	—	—

ϑ	λ in 10^{-3} Wm^{-1}grd^{-1} bei p in at					
°C	1	1000	2500	4000	6000	8000
30	611	64,9	70,7	75,3	80,8	85,4
50	636	67,8	73,7	78,7	84,1	88,7
70	653	69,9	76,2	81,2	86,6	92,1
90	665	72,0	78,3	83,3	89,1	94,6
110	678	73,2	79,9	85,8	91,2	96,7
130	—	74,5	81,6	87,9	93,3	98,8

222122. Wärmeleitvermögen von schwerem Wasser

ϑ	λ in 10^{-3} Wm^{-1}s^{-1} bei p in atm			ϑ	λ in 10^{-3} Wm^{-1}s^{-1} bei p in atm		
°C	p_s	100	500	°C	p_s	100	500
10	56,6			160	62,3	63,6	66,4
20	58,3			180	60,9	62,4	65,4
30	59,3			200	59,4	60,8	64,1
40	60,2			220	57,3	59,0	62,4
50	61,1			240	54,9	56,6	60,3
60	61,9			260	52,2	54,0	58,0
70	62,6			280	49,3		
80	63,2	65,0	66,9	300	46,2		
100	63,7	65,5	67,8	320	42,4		
120	63,6	65,3	67,7	340	37,8		
140	63,2	64,6	67,2	360	30,8		

222. Wasser

222123. Wärmeleitvermögen von Wasser λ' und Dampf λ'' bei Sättigung

t °C	p bar	λ' 10^{-2} W/(mgrd)	λ''	t °C	p bar	λ' 10^{-2} W/(mgrd)	λ''
0	0,006107	55,0	1,38	160	6,180	68,2	3,00
10	0,0123	57,6	1,44	180	10,03	67,4	3,35
20	0,0234	59,8	1,52	200	15,55	66,2	3,71
30	0,0424	61,7	1,60	220	23,20	64,7	4,16
40	0,0737	63,3	1,67	240	33,48	62,7	4,66
50	0,123	64,7	1,75	260	46,94	60,4	5,31
60	0,199	65,8	1,83	280	64,19	57,6	6,22
70	0,312	66,7	1,91				
80	0,474	67,5	2,00	300	85,92	54,2	7,47
90	0,701	68,0	2,08	320	112,90	56,2	9,26
100	1,013	68,3	2,17	340	146,08	45,7	11,93
120	1,985	68,6	2,41	360	186,74	39,5	16,5
140	3,614	68,5	2,69	370	210,52	34,7	30,7
				374,15	221,29	26,8	

Wärmeleitvermögen von Eis bei $-100°$ C 3,5; bei $0°$ C 2,2 Wm^{-1}grd

222124. Wärmeleitfähigkeit von Wasserdampf bei erhöhtem Druck

ϑ °C	λ in 10^{-2} W/(mgrd) bei p in bar						
	1	10	20	50	100	200	300
300	4,35	(4,52)	4,75	5,30	—	—	—
400	5,40	(5,49)	5,60	5,94	6,50	10,70	(24,70)
500	6,60	(6,68)	6,80	7,08	7,60	9,20	11,30

222125. Wärmeleitfähigkeit von schwerem Wasserdampf bei erhöhtem Druck

ϑ °C	λ in 10^{-2} W/(mgrd) bei p in bar							
	1	10	20	50	100	150	200	250
350	5,09	(5,11)	(5,20)	5,65	6,82	—	—	—
400	5,77	(5,82)	(5,92)	6,20	6,88	8,12	10,70	16,20
450	6,49	(6,53)	(6,59)	6,79	7,27	8,12	9,39	11,00
500	(7,26)	(7,31)	(7,36)	7,55	7,96	8,60	9,45	10,50

22213. Schallgeschwindigkeit c in destilliertem Wasser bei 750 kHz[1]

Schallgeschwindigkeit in H$_2$O-Dampf berechnet für $0°$ C und 1 atm, 402,5 ms^{-1}
(aber auch Angaben bis zu 349,2 ms^{-1})

ϑ °C	c ms^{-1}	ϑ °C	c ms^{-1}	ϑ °C	c ms^{-1}	ϑ °C	c ms^{-1}	ϑ °C	c ms^{-1}
0	1402,74	5	1426,50	10	1447,59	15	1466,25	20	1482,66
1	1407,71	6	1430,92	11	1451,51	16	1469,70	21	1485,69
2	1412,57	7	1435,24	12	1455,34	17	1473,07	22	1488,63
3	1417,32	8	1439,46	13	1459,07	18	1476,35	23	1491,50
4	1421,96	9	1443,58	14	1462,70	19	1479,55	24	1494,29

ϑ °C	c ms⁻¹	ϑ °C	c ms⁻¹	ϑ °C	c ms⁻¹	ϑ °C	c ms⁻¹	ϑ °C	c ms⁻¹
25	1497,00	40	1529,18	60	1551,30	80	1554,81	100	1543,41
26	1499,64	42	1532,37	62	1552,42	82	1554,30		
27	1502,20	44	1535,33	64	1553,35	84	1553,63		
28	1504,68	46	1538,06	66	1554,11	86	1552,82		
29	1507,10	48	1540,57	68	1554,70	88	1551,88		
30	1509,44	50	1542,87	70	1555,12	90	1550,79		
32	1513,91	52	1544,95	72	1555,37	92	1549,58		
34	1518,12	54	1546,83	74	1555,47	94	1548,23		
36	1522,06	56	1548,51	76	1555,40	96	1546,75		
38	1525,74	58	1550,00	78	1555,18	98	1545,15		

[1] Nach Landolt-Börnstein, Neue Serie, Molekularakustik, Beitrag SCHARFF.

Schallgeschwindigkeit von Wasser (oberhalb 100° C unter Druck)

22214. Elektrische Leitfähigkeit reinsten Wassers

	Temperatur in °C							
	−2	0	2	4	10	18	26	34	50
$\varkappa$ in $10^{-8} \cdot \Omega^{-1} \cdot cm^{-1}$	1,47	1,58	1,80	2,12	2,85	4,41	6,70	9,62	18,9

22215. Ionenprodukt des Wassers H_2O

°C	$\log K_w$	°C	$\log K_w$
0	14,9435	35	13,6801
5	14,7338	40	13,5348
10	14,5346	45	13,3960
15	14,3463	50	13,2617
20	14,1669	55	13,1369
25	13,9965	60	13,0171
30	13,8330		

22216. Statische Dielektrizitätskonstante ε

Wasser   Wasser beim Sättigungsdruck

ϑ °C	ε	ϑ °C	ε
0	87,69	100	55,39
10	83,82	120	50,48
20	80,08	140	46,00
25	78,25	160	41,87
30	76,49	180	38,10
40	73,02	200	34,59
50	69,70	220	31,32
60	66,51	240	28,24
70	63,45	260	25,29
80	60,54	280	22,45
90	57,77	300	19,66
100	55,15	340	14,10
		370	9,74

Schweres Wasser (99,95 % ^2H_2O)

25°	78,54

Wasserdampf, $\dfrac{\varepsilon-1}{\varepsilon+2}\dfrac{M}{D}$ = Molpolarisation,

M = rel. Molmasse, D = Dichte

ϑ °C	p Torr	$(\varepsilon-1)\cdot 10^6$	$\dfrac{\varepsilon-1}{\varepsilon+2}\dfrac{M}{D}$
119,8	564,9	4060	57
109	138	—	58
210,8	222	—	47

22217. Brechzahlen n_λ von Wasser

222171. Im sichtbaren und ultravioletten Gebiet gegen gleichtemperierte Luft unter normalen Druck

Wellenlänge in μm	n_λ bei ϑ in °C				
	15	20	25	30	40
0,70652	1,331409	1,330019	1,329544	1,328993	1,327685
0,66871	1,331269	1,330876	1,330398	1,329843	1,328528
0,65628	1,331545	1,331151	1,330672	1,330116	1,328798
0,58926	1,333387	1,332988	1,332503	1,331940	1,330610
0,58756	1,333440	1,33041	1,332555	1,331993	1,330662
0,57696	1,333781	1,333380	1,332894	1,332331	1,330998
0,54607	1,334869	1,334466	1,333977	1,333411	1,332071
0,50157	1,336760	1,336353	1,335860	1,335289	1,333939
0,48613	1,337531	1,337123	1,336628	1,336055	1,334702
0,47131	1,338341	1,337931	1,337435	1,336860	1,335504
0,44715	1,339835	1,339423	1,338925	1,338347	1,336984
0,43583	1,340626	1,340210	1,339716	1,339131	1,337765
0,40466	1,343158	1,342742	1,342239	1,341656	1,340280
0,5893	1,33334	1,33296	1,33252	1,33195	1,33058

| Wellenlänge | n_λ bei ϑ in °C | | | | |
in µm	15	20	25	30	40
0,4358	1,34055	1,34014	1,33966	1,33907	1,33757
0,4078	1,34252	1,34216	1,34172	1,34115	1,33960
0,4047	1,34303	1,34269	1,34223	1,34166	1,34017
0,3906	1,34421	1,34380	1,34327	1,34264	1,34091
0,3663	1,34731	1,34677	1,34616	1,34543	1,34379
0,3655	—	1,34697	1,34643	1,34583	1,34419
0,3341	1,35207	1,35152	1,35090	1,35015	1,34844
0,3132	1,35610	1,35559	1,35500	1,35430	1,35252
0,3023	1,35865	1,35818	1,35763	1,35696	1,35525
0,2968	1,36014	1,35957	1,35872	1,35816	1,35643
0,2925	—	1,36092	1,36029	1,35944	1,35783
0,2894	1,36218	1,36160	1,36094	1,36017	1,35836
0,2804	1,36495	1,36443	1,36383	1,36311	1,36138
0,2753	—	1,36597	1,36536	1,36463	1,36279
0,2699	—	1,36817	1,36755	1,36682	1,36521
0,2655	1,37046	1,36984	1,36914	1,36832	1,36643
0,2593	—	1,37213	1,37143	1,37062	1,36871
0,2537	1,37552	1,37504	1,37447	1,37378	1,37187
0,2482	1,37835	1,37795	1,37719	1,37619	1,37425
0,2447	1,38018	1,37956	1,37865	1,37803	1,37613
0,2400	1,38323	1,38268	—	1,38128	1,37916
0,2378	—	1,38405	—	1,38272	1,38084
0,2353	—	1,38537	—	1,38384	—

222172. Im nahen Infrarot bei 20° C gegen Luft

λ in µm	n_λ
0,808	1,32815
0,871	1,3270
0,943	1,3258
1,028	1,3245
1,130	1,3230
1,256	1,3210
1,5	1,316
2,0	1,300

222173. n_λ für H_2O und ^2H_2O gegen Luft bei 20° C

| λ | n_λ | |
in µm	H_2O	^2H_2O
0,404658	1,34274	1,33749
0,434048	1,34034	1,33521
0,479994	1,33745	1,33250
0,546075	1,33447	1,32976
0,58765	1,33304	1,32848
0,58930	1,33299	1,32844
0,643850	1,33146	1,32709
0,656282	1,33115	1,32683
0,76820	1,32889	1,32495

222174. Brechzahl von Eis (H$_2$O) bei 0° C

n_D (ordentlicher Strahl)	1,3091
n_D (außerordentlicher Strahl)	1,3105

222175. Brechungsindex von Wasserdampf

Es ist der durch Vergleich mit H$_2$ bei 0° und 760 Torr gewonnene Index n_d angegeben; die Reduktion auf den idealen Gaszustand (gegen H$_2$) ergibt
$$n_{1760}^0 = 1,00063\ n_d$$

$\lambda =$	0,6709	0,6440	0,5792	0,5462	0,5210	0,5087	0,4801 µm
$(n_d - 1) \cdot 10^6 =$	250,28	250,69	251,91	252,70	253,45	253,80	254,95

$(n_d - 1) \cdot 10^6$ für ^{2}H$_2$O bei 0,546 µm $= 250,1$

223. Kristallsymbole

Strukturtyp		Raumgruppe	Zahl der Moleküle in der Einheitszelle
$A\ 1$ (Cu)	kub.	$O_h^5,\ Fm3m$	4
$A\ 2$ (W)	kub.	$O_h^9,\ Im3m$	2
$A\ 3$ (Mg)	hex.	$D_{6h}^4,\ P6_3/mmc$	2
$A\ 4$ (Diamant)	kub.	$O_h^7,\ Fd3m$	8
$A\ 5$ (Sn)	tetr.	$D_{4h}^{19},\ I4_1/amd$	4
$A\ 6$ (In)	tetr.	$D_{4h}^{17},\ I4/mmm$	2
$A\ 7$ (As)	trig.	$D_{3d}^5,\ R\bar{3}m$	1
$A\ 8$ (Se)	trig.	$D_3^4,\ P3_121$	3
$A\ 9$ (Graphit)	hex.	$D_{6h}^4,\ P6_3/mmc$	4
$A\ 10$ (Hg)	trig.	$D_{3d}^5,\ R\bar{3}m$	1
$A\ 11$ (Ga)	orh.	$D_{2h}^{18},\ Cmca$	8
$A\ 12$ (α-Mn)	kub.	$T_d^3,\ I\bar{4}3m$	58
$A\ 13$ (β-Mn)	kub.	$O^6,\ P4_332$	20
		$O^7,\ P4_132$	20
$A\ 14$ (J$_2$)	orh.	$D_{2h}^{18},\ Cmca$	8
$A\ 15$ (β-W)	kub.	$O_h^3,\ Pm3n$	8
$A\ 16$ (S$_8$)	orh.	$D_{2h}^{24},\ Fddd$	128
$A\ 17$ (P schwarz)	orh.	$D_{2h}^{18},\ Cmca$	8
$A\ 18$ (Cl$_2$)	tetr.	$D_{4h}^{16},\ P4_2/ncm$	16
$A\ 19$ (Po)	mkl.	$C_2^3,\ C2$	12
$A\ 20$ (U)	orh.	$D_{2h}^{17},\ Cmcm$	4
$B\ 1$ (NaCl)	kub.	$O_h^5,\ Fm3m$	4
$B\ 2$ (CsCl)	kub.	$O_h^1,\ Pm3m$	1
$B\ 3$ (ZnS, Blende)	kub.	$T_d^2,\ F\bar{4}3m$	4

Strukturtyp		Raumgruppe	Zahl der Moleküle in der Einheitszelle
$B\,4$ (ZnS, Wurtzit)	hex.	C_{6v}^4, $P6_3mc$	4
$B\,8$ (NiAs)	hex.	D_{6h}^4, $P6_3/mmc$	2
$B\,9$ (HgS, Cinnabarit)	trig.	D_3^4, $P3_121$	3
		D_3^6, $P3_221$	3
$B\,10$ (LiOH, PbO)	tetr.	D_{4h}^4, $P4/nmm$	2
$B\,11$ (γ-TiCu)	tetr.	D_{4h}^7, $P4/nmm$	4
$B\,12$ (BN)	hex.	D_{4h}^7, $P6_3/mmc$	2
$B\,13$ (NiS)	trig.	C_{3v}^5, $R3m$	3
$B\,16$ (GeS)	orh.	D_{2h}^{16}, $Pnma$	8
$B\,17$ (PtS, Cooperit)	tetr.	D_{4h}^9, $P4_2/mmc$	2
$B\,18$ (CuS, Covellin)	hex.	D_{6h}^4, $P6_3/mmc$	6
$B\,19$ (AuCd)	orh.	D_{2h}^5, $Pmma$	4
$B\,20$ (FeSi)	kub.	T^4, $P2_13$	4
$B\,22$ (KSH)	trig.	D_{3d}^5, $R\bar{3}m$	1
$B\,23$ (α-AgJ)	kub.	O_h^9, $Im3m$	2
$B\,24$ (TlF)	orh.	D_{2h}^{23}, $Fmmm$	4
$B\,26$ (CuO, Tenorit)	mkl.	C_{2h}^6, $C2/c$	4
$B\,27$ (FeB)	orh.	D_{2h}^{16}, $Pnma$	4
$B\,29$ (SnS)	orh.	D_{2h}^{16}, $Pnma$	4
$B\,31$ (MnP)	orh.	D_{2h}^{16}, $Pnma$	4
$B\,32$ (NaTl)	kub.	O_h^7, $Fd3m$	8
$B\,33$ (TlJ)	orh.	D_{2h}^{17}, $Cmcm$	4
$B\,34$ (PdS)	tetr.	C_{4h}^2, $P4_2/m$	8
$B\,35$ (CoSn)	hex.	D_{6h}^1, $P6/mmm$	3
$B\,37$ (TlSe)	tetr.	D_{4h}^{18}, $I4/mcm$	8
$C\,1$ (CaF$_2$)	kub.	O_h^5, $Fm3m$	4
$C\,2$ (FeS$_2$, Pyrit)	kub.	T_h^6, $Pa3$	4
$C\,3$ (Cu$_2$O, Cuprit)	kub.	O_h^4, $Pn3m$	4
$C\,4$ (TiO$_2$, Rutil)	tetr.	D_{4h}^{14}, $P4_2/mnm$	2
$C\,5$ (TiO$_2$, Anatas)	tetr.	D_{4h}^{19}, $I4_1/amd$	4
$C\,6$ (CdJ$_2$)	trig.	D_{3d}^3, $P\bar{3}m1$	1
$C\,7$ (MoS$_2$)	hex.	D_{6h}^4, $P6_3/mmc$	2
$C\,8$ (SiO$_2$, Quarz, $>575°$ C)	hex.	D_6^4, $P6_222$	
		D_6^5, $P6_422$	
(SiO$_2 < 575°$ C)	trig.	D_3^4, $P3_121$	
		D_3^6, $P3_221$	
$C\,9$ (β-Cristobalit)	kub.	O_h^7, $Fd3m$	8
$C\,10$ (β-Tridymit)	hex.	D_{6h}^4, $P6_3/mmc$	4
$C\,11$ (CaC$_2$)	tetr.	D_{4h}^{17}, $I4/mmm$	2
$C\,12$ (CaSi$_2$)	trig.	D_{3d}^5, $R\bar{3}m$	2
$C\,13$ (HgJ$_2$)	tetr.	D_{4h}^{15}, $P4_2/nmc$	2

Strukturtyp		Raumgruppe	Zahl der Moleküle in der Einheitszelle
$C\,14$ (MgZn$_2$)	hex.	D_{6h}^4, $P6_3/mmc$	4
$C\,15$ (Cu$_2$Mg)	kub.	O_h^7, $Fd3m$	8
$C\,16$ (CuAl$_2$)	tetr.	D_{4h}^{18}, $I4/mcm$	4
$C\,18$ (FeS$_2$, Markasit)	orh.	D_{2h}^{12}, $Pnnm$	2
$C\,19$ (CdCl$_2$)	trig.	D_{3d}^5, $R\bar{3}m$	1
$C\,21$ (TiO$_2$, Brookit)	orh.	D_{2h}^{15}, $Pbca$	8
$C\,22$ (Fe$_2$P)	trig.	D_3^2, $P321$	3
$C\,23$ (PbCl$_2$)	orh.	D_{2h}^{16}, $Pnma$	4
$C\,24$ (HgBr$_2$)	orh.	C_{2v}^{12}, $Cmc2_1$	4
$C\,27$ (β-CdJ$_2$)	hex.	C_{6v}^4, $P6_3/mc$	2
$C\,28$ (HgCl$_2$)	orh.	D_{2h}^{16}, $Pnma$	4
$C\,29$ (SrH$_2$)	orh.	D_{2h}^{16}, $Pnma$	4
$C\,36$ (MgNi$_2$)	hex.	D_{6h}^4, $P6_3/mmc$	8
$C\,40$ (CrSi$_2$)	hex.	D_6^4, $P6_222$	3
$C\,42$ (SiS$_2$)	orh.	D_{2h}^{26}, $Ibam$	4
$C\,43$ (ZrO$_2$)	mkl.	C_{2h}^5, $P2_1/c$	4
$C\,44$ (GeS$_2$)	orh.	C_{2v}^{19}, $Fdd2$	24
$D\,0_3$ (BiF$_3$)	kub.	O_h^5, $Fm3m$	4
$D\,0_4$ (CrCl$_3$)	trig.	D_3^3, $P3_112$	6
$D\,0_5$ (BiJ$_3$)	trig.	C_{3i}^2, $R\bar{3}$	2
$D\,0_6$ (LaF$_3$)	hex.	D_{6h}^3, $P6_3/mcm$	6
$D\,0_7$ (Al(OH)$_3$, Hydrargillit)	mkl.	C_{2h}^5, $P2_1/c$	8
$D\,0_9$ (ReO$_3$)	kub.	O_h^1, $Pm3m$	1
$D\,0_{11}$ (Fe$_3$C)	orh.	D_{2h}^{16}, $Pnma$	4
$D\,0_{14}$ (AlF$_3$)	trig.	D_3^7, $R32$	2
$D\,0_{15}$ (AlCl$_3$)	mkl.	C_2^3, $C2$	4
$D\,0_{19}$ (Ni$_3$Sn)	hex.	D_{6h}^4, $P6_3/mmc$	2
$D\,0_{22}$ (TiAl$_3$)	tetr.	D_{4h}^{17}, $I4/mmm$	4
$D\,0_{23}$ (ZrAl$_3$)	tetr.	D_{4h}^{17}, $I4/mmm$	4
$D\,1_1$ (SnJ$_4$)	kub.	T_h^6, $Pa3$	8
$D\,1_3$ (Al$_4$Ba)	tetr.	D_{4h}^{17}, $I4/mmm$	2
$D\,2_1$ (CaB$_6$)	kub.	O_h^1, $Pm3m$	1
$D\,2_3$ (NaZn$_{13}$)	kub.	O_h^6, $Fm3c$	8
$D\,3_1$ (HgCl)	tetr.	D_{4h}^{17}, $I4/mmm$	2
$D\,5_1$ (Al$_2$O$_3$, α-Korund)	trig.	D_{3d}^6, $R\bar{3}c$	2
$D\,5_2$ (La$_2$O$_3$)	trig.	D_{3d}^3, $P\bar{3}m1$	1
$D\,5_3$ (Mn$_2$O$_3$)	kub.	T_h^7, $Ia3$	16
$D\,5_8$ (Sb$_2$S$_3$)	orh.	D_{2h}^{16}, $Pnma$	4
$D\,5_9$ (Zn$_3$P$_2$)	tetr.	D_{4h}^{15}, $P4_2/nmc$	8
$D\,5_{13}$ (Ni$_2$Al$_3$)	trig.	D_{3d}^3, $P\bar{3}m1$	1
$D\,7_1$ (Al$_4$C$_3$)	trig.	D_{3d}^5, $R\bar{3}m$	1

Strukturtyp		Raumgruppe	Zahl der Moleküle in der Einheitszelle
$D\,8_1$ (Fe_3Zn_{10})	kub.	O_h^9, $Im3m$	4
$D\,8_2$ (Cu_5Zn_8)	kub.	T_d^3, $I\bar{4}3m$	4
$D\,8_3$ (Cu_9Al_4)	kub.	T_d^1, $P\bar{4}3m$	4
$D\,8_4$ ($Cr_{23}C_6$)	kub.	O_h^5, $Fm3m$	4
$D\,8_5$ (Fe_7W_6)	trig.	D_{3d}^5, $R\bar{3}m$	1
$D\,8_7$ (V_2O_5)	orh.	D_{2h}^{13}, $Pmmn$	2
$D\,8_9$ (Co_9S_8)	kub.	O_h^5, $Fm3m$	4
$D\,8_{10}$ (Cr_5Al_8)	trig.	C_{3d}^5, $R3m$	2
$D\,8_{11}$ (Co_2Al_5)	hex.	D_{6h}^4, $P6_3/mmc$	4
$E\,0_1$ (PbFCl)	tetr.	D_{4h}^7, $P4/nmm$	2
$E\,0_2$ (α-AlOOH, Diaspor)	orh.	D_{2h}^{16}, $Pnma$	4
$E\,0_4$ (γ-FeOOH)	orh.	D_{2h}^{17}, $Cmcm$	4
$E\,0_7$ (FeAsS)	mkl.	C_{2h}^5, $P2_1/c$	8
$E\,2_1$ ($CaTiO_3$, Perowskit)	kub.	O_h^1, $Pm3m$	1
$E\,2_2$ ($FeTiO_3$, Ilmenit)	trig.	C_{3i}^2, $R\bar{3}$	2
$F\,5_1$ ($NaHF_2$)	trig.	D_{3d}^5, $R\bar{3}m$	1
$F\,5_2$ (KHF_2)	tetr.	D_{4h}^{18}, $I4/mcm$	4
$F\,5_7$ ($NH_4H_2PO_2$)	orh.	D_{2h}^{21}, $Cmma$	4
$F\,5_9$ (KSCN)	orh.	D_{2h}^{11}, $Pbcm$	4
$G\,0_1$ ($CaCO_3$, Calcit)	trig.	D_{3d}^6, $R\bar{3}c$	2
$G\,0_2$ ($CaCO_3$, Aragonit)	orh.	D_{2h}^{16}, $Pnma$	4
$G\,0_3$ ($NaClO_3$)	kub.	T^4, $P2_13$	4
$G\,0_7$ ($KBrO_3$)	trig.	D_{3d}^5, $R3m$	1
$G\,1_1$ ($CaMg(CO_3)_2$, Dolomit)	trig.	C_{3i}^2, $R\bar{3}$	1
$G\,2_1$ ($Pb(NO_3)_2$)	kub.	T_h^6, $Pa3$	4
$G\,5_1$ (H_3BO_3)	trikl.	C_i^1, $P\bar{1}$	4
$H\,0_1$ ($CaSO_4$)	orh.	D_{2h}^{17}, $Cmcm$	4
$H\,0_2$ ($BaSO_4$)	orh.	D_{2h}^{16}, $Pnma$	4
$H\,0_4$ ($CaWO_4$)	tetr.	C_{4h}^6, $I4_1/a$	4
$H\,0_5$ ($KClO_4$)	kub.	T_d^2, $F\bar{4}3m$	4
$H\,1_1$ ($MgAl_2O_4$, Spinell)	kub.	O_h^7, $Fd3m$	8
$H\,1_5$ (K_2PtCl_4)	tetr.	D_{4h}^{17}, $P4/mmm$	1
$H\,1_6$ (β-K_2SO_4)	orh.	D_{2h}^{16}, $Pnma$	4
$H\,1_7$ (Na_2SO_4)	orh.	D_{2h}^{24}, $Fddd$	8
$H\,2_2$ (KH_2PO_4)	tetr.	D_{2d}^{12}, $I\bar{4}2d$	4
$H\,3_2$ ($KAl(SO_4)_2$)	trig.	D_3^2, $P321$	1
$H\,4_1$ ($K_2CuCl_4 \cdot 2H_2O$)	tetr.	D_{4h}^{14}, $P4/mnm$	2
$H\,4_6$ ($CaSO_4 \cdot 2H_2O$, Gips)	mkl.	C_{2h}^6, $C2/c$	4
$H\,4_{10}$ ($CuSO_4 \cdot 5H_2O$)	trikl.	C_i^1, $P\bar{1}$	2
$H\,4_{12}$ ($NiSO_4 \cdot 7H_2O$)	orh.	D_2^4, $P2_12_12_1$	4
$H\,4_{13}$ ($KAl(SO_4)_2 \cdot 12H_2O$, α-Alaun)	kub.	T_h^6, $Pa3$	4

Strukturtyp		Raumgruppe	Zahl der Moleküle in der Einheitszelle
$H\,4_{14}$ $((NH_3 \cdot CH_3)Al(SO_4)_2 \cdot 12\,H_2O,$ β-Alaun)	kub.	$T_h^6, Pa3$	4
$H\,4_{15}$ $((NaAl(SO_4)_2 \cdot 12\,H_2O),$ γ-Alaun)	kub.	$T_h^6, Pa3$	4
$H\,5_7$ $((Ca_5(Cl, F, OH)(PO_4)_3),$ Apatit)	hex.	$C_{2h}^6, P6_3/m$	2
$I\,1_1$ (K_2PtCl_6)	kub.	$O_h^5, Fm3m$	4
$I\,1_3$ $(K_2Pt(SCN)_6)$	trig.	$D_{3d}^1, P\bar{3}1m$	1
$I\,2_1$ $((NH_4)_3AlF_6)$	kub.	$O_h^5, Fm3m$	4
$I\,2_4$ $(K_3Co(NO_2)_6)$	kub.	$T_h^3, Fm3$	4
$I\,2_5$ $(Cu_3[Fe(CN)_6]_2 \cdot 2\,H_2O)$	kub.	$O_h^5, Fm3m$	2
$L\,1_0$ $(AuCu)$	tetr.	$D_{4h}^1, P4/mmm$	4
$L\,1_1$ $(PtCu)$	trig.	$D_{3d}^5, R\bar{3}m$	32
$L\,1_2$ $(AuCu_3)$	kub.	$O_h^1, Pm3m$	4
$L\,2_1$ (Cu_2AlMn)	kub.	$O_h^5, Fm3m$	16
$S\,0_1$ $(Al_2SiO_5,$ Cyanit oder Disthen)	trikl.	$C_i^1, P\bar{1}$	4
$S\,0_2$ (Andalusit)	orh.	$D_{2h}^{12}, Pnnm$	4
$S\,0_3$ (Sillimanit)	orh.	$D_{2h}^{16}, Pnma$	4
$S\,1_1$ $(ZrSiO_4,$ Zirkon)	tetr.	$D_{4h}^{19}, I4_1/amd$	4
$S\,1_2$ $((Mg, Fe, Mn)_2SiO_4)$ (Olivin)	orh.	$D_{2h}^{16}, Pnma$	4
$S\,1_3$ $(Be_2SiO_4,$ Phenakit)	trig.	$C_{3i}^2, R\bar{3}$	6
$S\,4_1$ $(CaMgSi_2O_6,$ Diopsid)	mkl.	$C_{2h}^6, C2/c$	4
$S\,4_2$ $(Ca_4(Mg, Fe)_{10}$ $([(OH)_4Si_{16}O_{44}])$ (Tremolit)	mkl.	$C_{2h}^3, C2/m$	1
$S\,4_3$ $(MgSiO_3,$ Enstatit)	orh.	$D_{2h}^{15}, Pbca$	16

23. Minerale und mineralische Rohstoffe
Von S. Koritnig, Göttingen

231. Minerale

2311. Chemische und physikalische Daten der wichtigsten Minerale

Verwendete Abkürzungen

a	kristallogr. a-Achse	n'_α	Brechzahlwert zwischen n_α und n_β gelegen
Absg.	Absonderung		
AE	opt. Achsenebene		
am.	amorph	$n'_{e\,(10\bar{1}0)}$	Brechzahlwert auf der Fläche $(10\bar{1}1)$
An.-Eff.	Anisotropie-Effekt		
aszend.	aszendent	n_γ/c	Auslöschungsschiefe z. B. von n_γ zur c-Achse
b	kristallogr. b-Achse		
bas.	basisch		
Begl.	Begleiter	or.	orange
ber.	berechnet	orh.	orthorhombisch (= rhombisch)
Birefl.	Bireflexion		
c	kristallogr. c-Achse	opt.	optisch
d.	deutlich	pegm.	pegmatitisch
diagen.	diagenetisch	Perlm.	Perlmutt
dkl.	dunkel	pneumat(olyt).	pneumatolytisch
durchs.	durchsichtig	ps.	pseudo
durchschein.	durchscheinend	R, R_α usw., $\bar{R}$	Reflexionsvermögen im kub. Krist.-System, parallel n_α usw., oder mittleres Reflexionsvermögen
einachs.	einachsig		
entm.	entmischt		
fbl.	farblos		
gef.	gefärbt		
Gest.	Gestein		
...gest.	...gestein	Rohst.	Rohstoff
getr.	getrübt	schw.	schwach
-Gl.	-Glanz	sed.	sedimentär
...gl.	...glanz	sek.	sekundär
glä.	glänzend	selt.	selten
h vor Farben	hell	st.	stark(er)
halbmet.	halbmetallisch	s. v.	sehr vollkommen
hex.	hexagonal	synth.	synthetisch
h.v.	höchst vollkommen	T.	Translationsfläche
hydrotherm.	hydrothermal	t.	Translationsrichtung
krist.	kristallin(e)	tetr.	tetragonal
kub.	kubisch, tesseral	trig.	trigonal
$\varkappa_\omega$	Absorptionsindex; z. B. in Richtung von n_ω	trikl.	triklin
		uv.	unvollkommen
		v.	vollkommen
l.hinterFarben	lich	versch.	verschieden
Lgst.	Lagerstätte	viol.	violett
magmat.	magmatisch	vorw.	vorwiegend
metall.	metallisch	vulk.	vulkanisch
met(am).	metamorph	$2V_\alpha, 2V_\gamma$	opt. Achsenwinkel mit n_α bzw. n_γ als I. Mittellinie
metasom.	metasomatisch		
mkl.	monoklin		
Mod.	Modifikation	wgr.	weniger
Mtgl.	Metallglanz	zweiachs.	zweiachsig

Erläuterungen

Die *chemischen Formeln* sind gegenüber der natürlichen Zusammensetzung meist idealisiert. *Kristall-Klassen-* und *Raumgruppen-Symbole* nach HERMANN-MAUGUIN bzw. SCHÖNFLIESS (vgl. S. 629). Die *Spaltbarkeit* ist in den fünf Abstufungen — h.v. = höchst vollkommen; s.v. = sehr vollkommen; v. = vollkommen; d. = deutlich; uv. = unvollkommen — angegeben. Eine Gradzahl dabei gibt den Spaltwinkel zwischen den vorher genannten Spaltflächen an. Als *Härte* ist die Ritzhärte n. MOHS (vgl. S. 59) aufgeführt. Der *Strich* ist die charakteristische Farbe des gepulverten Minerals. Die *optische Hauptgruppe* gibt die Form der Lichtausbreitung im Kristall an. Bei *isotropen* ist sie eine Kugel, bei *opt. einachsigen* ein Rotationsellipsoid und bei *opt. zweiachsigen* ein dreiachsiges Ellipsoid. *Brechzahlen:* Isotrope Körper haben eine Brz. n; opt. einachsige zwei, n_ω (ordentlicher Strahl/kugelförm. Ausbreitung) und n_ε (außerordentl. Strahl/rotationsellipt. Ausbreit.); *opt. zweiachsige* haben drei charakteristische Brzn.: n_α (kleinster Wert), n_β (den Kreisschnitten des Indexellipsoides entsprechend) und n_γ (größter Wert). Bei opaken Substanzen ist an Stelle der Brechzahl meist das *Reflexionsvermögen* R, R_α, R_β usw. entsprechend der opt. Hauptgruppe oder das mittlere Reflexionsvermögen $\bar{R}$ angegeben. Der *opt. Achsenwinkel* $2V$ gibt den spitzen Winkel der auf den beiden Kreisschnitten des dreiachsigen Indexellipsoides senkrecht stehenden Geraden (opt. Achsen) an. Je nachdem n_α oder n_γ in diesem spitzen Winkel liegt, hat das Mineral opt. negativen ($2V_\alpha$) oder opt. positiven ($2V_\gamma$) Charakter. Die *Achsendispersion* $\varrho \gtreqless v$ gibt an, ob $2V$ für rotes Licht $\gtreqless$ als blaues ist. Die maximale Doppelbrechung $\varDelta$ entspricht bei opt. zweiachsigen Kristallen $(n_\gamma - n_\alpha)$ und bei opt. einachsigen $(n_\varepsilon - n_\omega)$. Je nachdem $n_\varepsilon \gtreqless n_\omega$ ist, hat das Mineral opt. positiven oder negativen Charakter. Bei opt. zweiachsigen Kristallen gilt die Faustregel, daß, wenn $(n_\gamma - n_\beta) \gtreqless (n_\beta - n_\alpha)$ ist, der opt. Charakter positiv bzw. negativ ist. Bei opaken Substanzen sind an Stelle der Doppelbrechung qualitative Angaben über die Stärke des *Anisotropie-Effektes* gemacht. Unter *opt. Orientierung* ist die Lage des Indexellipsoides zum Kristallkörper angegeben, wobei die Lage der *opt. Achsenebene* (AE), in der n_α und n_γ liegen und auf der n_β senkrecht steht, eine besonders charakteristische Fläche darstellt. Unter *Pleochroismus* finden sich Angaben über die chromatischen Absorptionsunterschiede beim Lichtdurchgang in verschiedenen Richtungen. Bei *Vorkommen* finden sich allgemeine Angaben über die Art des Auftretens, die Hinweise auf die Bildungsart geben.

2. Zusammenfassende Tabellen

Mineral und Formel	Krist.-Syst.	Krist.-Kl. und Raumgruppe	Gitter-konstanten	Spalt-barkeit	Härte nach Mohs	Dichte in g·cm⁻³	Farbe	Strich	Glanz	Optische Hauptgruppe
Akanthit (Argentit, Silberglanz) Ag_2S <175° C	mkl. ps.orh.	$2/m$ C_{2h}^5	$a_0 = 4{,}23$ $b_0 = 6{,}91$ $c_0 = 7{,}87$ $\beta = 99°\,35'$	—	2...2,5	7,3	dkl.bleigrau, schwarz anlaufend	dkl.bleigrau, glä.	Mtgl.	opt. „zweiachs."
Aktinolith (Strahlstein) $Na_2Ca_4[Mg, Fe]_{10}[(OH)_2O_2Si_8O_{44}]$	mkl.	$2/m$ C_{2h}^3	$a_0 = 9{,}89$ $b_0 = 18{,}14$ $c_0 = 5{,}31$ $\beta = 105°\,48'$	(110) v. 124° 11'	5...6	3,0...3,1	grün...dkl.grün	hell...grünl.-grau	Glasgl.	opt. zweiachs.
Albit $Na[AlSi_3O_8]$	trikl.	$\bar{1}$ C_i^1	$a_0 = 8{,}135$ $b_0 = 12{,}788$ $c_0 = 7{,}154$ $\alpha = 94°\,13\tfrac{1}{2}'$ $\beta = 116°\,31'$ $\gamma = 87°\,42\tfrac{1}{2}'$	(001) v. (010) wgr. v. ~87°	6...6,5	2,605	fbl.; weiß, gelbl., lichtrot, bläul.	—	(001): Perlm.-Gl. sonst. Glasgl.	opt. zweiachs.
Almandin $Fe_3^{2+}Al_2[SiO_4]_3$	kub.	$m3m$ O_h^{10}	$a_0 = 11{,}52$	—	6,5...7,5	~4,2	dklrot, blaustichig, braun...fast schwarz	—	Glasgl... Fettgl.	opt. isotrop
Anglesit $Pb[SO_4]$	orh.	mmm D_{2h}^{16}	$a_0 = 8{,}47$ $b_0 = 5{,}39$ $c_0 = 6{,}94$	(001) d. (210) d. 76° 16'	3	6,38	fbl.; getr. u. versch. gef.	—	Diamantgl... fettig	opt. zweiachs.
Anhydrit $Ca[SO_4]$	orh.	mmm D_{2h}^{17}	$a_0 = 6{,}23$ $b_0 = 6{,}97$ $c_0 = 6{,}98$	(001) v. (010) v. (100) d.	3...4	2,93	fbl.; weiß, bläul.-grau; rötl.	—	Glasgl.	opt. zweiachs.
Anorthit $Ca[Al_2Si_2O_8]$	trikl.	$\bar{1}$ C_i^1	$a_0 = 8{,}177$ $b_0 = 12{,}877$ $c_0 = 2 \cdot 7{,}084_5$ $\alpha = 93°\,10'$ $\beta = 115°\,51'$ $\gamma = 91°\,13'$	(001) v. (010) wgr. v. ~86,5°	6	2,765	trübweiß, grauweiß, rötl.	—	(001): Perlm.-Gl. sonst Glasgl.	opt. zweiachs.

231. Minerale

Mineral und Formel	Brechzahlen	Opt. Achsenwinkel $2V$ maxim. Doppelbrechung Δ	Optische Orientierung	Pleochroismus	Vorkommen
Akanthit (Argentit, Silberglanz) (Forts.)	$\bar{R}_{grün} = 37\%$ $\bar{R}_{rot} = 30\%$	An.-Eff. deutl.	—	—	Auf hydrotherm. Ag-Erzgängen
Aktinolith (Strahlstein) (Forts.)	$n_\alpha = 1{,}63\ldots1{,}66$ $n_\beta = 1{,}64\ldots1{,}67$ $n_\gamma = 1{,}65\ldots1{,}68$	$2V_\alpha = 80°$ $\varrho < v$ $\Delta\ 0{,}020$	$(-)$ AE (010) $n_\gamma/c\ 10°\ldots20°$	$n_\alpha \sim n_\beta$ $n_\beta =$ gelbl.... gelbgrün $n_\gamma =$ grün	In krist. Schiefern
Albit (Forts.)	$n_\alpha = \begin{cases}1{,}5286\ \text{Tieft. Mod.}\\ 1{,}5273\ \text{Hocht. Mod.}\end{cases}$ $n_\beta = \begin{cases}1{,}5326\ \text{Tieft. Mod.}\\ 1{,}5344\ \text{Hocht. Mod.}\end{cases}$ $n_\gamma = \begin{cases}1{,}5388\ \text{Tieft. Mod.}\\ 1{,}5357\ \text{Hocht. Mod.}\end{cases}$	$2V_\gamma = \begin{cases}77{,}2°\ \text{T.Mod.}\\ 133{,}1°\ \text{H.Mod.}\end{cases}$ $\varrho < v$ $\Delta \begin{cases}0{,}0102\ \text{Tieft. Mod.}\\ 0{,}0084\ \text{Hocht. Mod.}\end{cases}$	$(+)$ Tieft. Mod. $(-)$ Hocht. Mod. AE $\sim \perp c$	—	Magmat., Gemengteil SiO$_2$-reicher Gest., pegm., hydrotherm. auf Klüften (Periklin), metam., diagen. i. Sed.
Almandin (Forts.)	$n \sim 1{,}76\ldots1{,}83$	—	—	—	Metam. in Gneisen u. Glimmerschiefern
Anglesit (Forts.)	$n_\alpha = 1{,}877$ $n_\beta = 1{,}882$ $n_\gamma = 1{,}894$	$2V_\gamma = 75°\ 24'$ $\Delta\ 0{,}017$	$(+)$ AE (010) $n_\gamma \| a$	—	Im Ausgehenden von Bleigl.-Lgst.
Anhydrit (Forts.)	$n_\alpha = 1{,}5698$ $n_\beta = 1{,}5754$ $n_\gamma = 1{,}6136$	$2V_\gamma = 43°\ 41'$ $\varrho < v$ $\Delta\ 0{,}044$	$(+)$ AE (010) $n_\gamma \| a$	—	Sed., z. T. metam. In hydrotherm. Gängen
Anorthit (Forts.)	$n_\alpha = 1{,}5750$ Hocht. Mod. $n_\beta = 1{,}5834$ Hocht. Mod. $n_\gamma = 1{,}5883$ Hocht. Mod.	$2V_\alpha = 75{,}2°$ $\varrho > v$ $\Delta\ 0{,}0133$	$(-)$ AE $\sim \| c$	—	Magmat. i. SiO$_2$-armen Gest., metam. in krist. Schiefern, kontaktmet.-vulk. (Somma-Auswürflinge)

2. Zusammenfassende Tabellen

Mineral und Formel	Krist.-Syst.	Krist.-Kl. und Raumgruppe	Gitter-konstanten	Spalt-barkeit	Härte nach Mohs	Dichte in g·cm⁻³	Farbe	Strich	Glanz	Optische Hauptgruppe
Antimonit (Stibnit) Sb_2S_3	orh.	mmm D_{2h}^{16}	$a_0 = 11,22$ $b_0 = 11,30$ $c_0 = 3,84$	(010) s.v. (100) uv. (110) uv.	2	4,63	bleigrau	dkl.bleigrau	st. Mtgl. z.T. matt angelaufen	opt. zweiachs.
Apatit $Ca_5[F(PO_4)_3]$ $F \rightarrow Cl, OH$	hex.	$6/m$ C_{6h}^2	$a_0 = 9,38$ $c_0 = 6,86$	(0001) d. (10$\bar{1}$0) uv.	5	3,16...3,22	klar u. trüb, fbl. u. gef.	weiß	Glasgl... Fettgl.	opt. einachs.
Aragonit $CaCO_3$	orh.	mmm D_{2h}^{16}	$a_0 = 4,95$ $b_0 = 7,96$ $c_0 = 5,73$	(010) uv.	3,5...4	2,947	weiß, weingelb u.a. gef.	—	Glasgl... Harzgl.	opt. zweiachs.
Arsenkies (Arsenopyrit) $FeAsS$	mkl. ps.orh.	$2/m$ C_{2h}^5	$a_0 = 6,43$ $b_0 = 9,53$ $c_0 = 5,66$ $\beta = 90°\,00'$	(110) uv.	5,5...6	5,9...6,2	zinnweiß... hstahlgrau, oft angelaufen	schwarz	Mtgl.	opt. zweiachs.
Augit $Ca_6,Na_9,Fe^{2+}Mg_6$ $(Al, Fe^{3+}, Ti)_2[Al_{1,5-2,5}$ $Si_{4,5-11,5}O_{48}]$	mkl.	$2/m$ C_{2h}^6	$a_0 \sim 9,8$ $b_0 \sim 9,0$ $c_0 \sim 5,25$ $\beta \sim 105°$	(110) d. 87°	5,5...6	3,3...3,5	grün... schwarzgrün, braun	graugrün	Glasgl.	opt. zweiachs.
Auripigment As_2S_3	mkl.	$2/m$ C_{2h}^5	$a_0 = 11,49$ $b_0 = 9,59$ $c_0 = 4,25$ $\beta = 90°\,27'$	(010) s.v. $T = [010]$ $l = [001]$	1,5...2	3,48	zitronengelb	gelb	Fettgl... Perlm.-Gl.	opt. zweiachs.
Azurit (Kupferlasur) $Cu_3[(OH)CO_3]_2$	mkl.	$2/m$ C_{2h}^5	$a_0 = 5,00$ $b_0 = 5,85$ $c_0 = 10,35$ $\beta = 92°\,20'$	(011) v. (100) d. (110) d.	3,5...4	3,7...3,9	lasurblau durchschein.	heller blau	Glasgl.	opt. zweiachs.

Mineral und Formel	Brechzahlen	Opt. Achsenwinkel 2V maxim. Doppelbrechung Δ	Optische Orientierung	Pleochroismus	Vorkommen
Antimonit (Stibnit) (Forts.)	$n_\alpha=3{,}194$ 760 mμ $n_\beta=4{,}046$ 760 mμ $n_\gamma=4{,}303$ 760 mμ R grün R rot ‖ a 38,6% 32,0% ‖ b 30,5% 24,9% ‖ c 43,9% 35,4%	$2V_\alpha=25°\ 45'$ (760 mμ) $\Delta\ 1{,}71$	$(-)$ AE (100) $n_\gamma\|b$	—	Auf Sb-Quarzgängen; auf Pb- u. Ag-Erzgängen; z. T. metasom.
Apatit (Forts.)	$n_\omega=1{,}632$ $n_\varepsilon=1{,}630$	$\Delta\ 0{,}002$	$(-)$		In Eruptivgest., Sedimenten u. Metamorphiten; hydrotherm. Gängen
Aragonit (Forts.)	$n_\alpha=1{,}5300$ $n_\beta=1{,}6810$ $n_\gamma=1{,}6854$	$2V_\alpha=18°\ 05'$ $\varrho<v$ $\Delta\ 0{,}1554$	$(-)$ AE (100) $n_\alpha\|c$	—	Hydrotherm....hydrisch, sed. u. biogen
Arsenkies (Arsenopyrit) (Forts.)	grün rot R_α 47,02% 49,88% R_β 47,94% 50,04% R_γ 51,00% 50,74%	An.-Eff. sehr stark	—	Birefl. schwach	Pneumatolyt....hydrotherm., oft Au-haltig. Auch metam.
Augit (Forts.)	$n_\alpha=1{,}69...1{,}74$ $n_\beta=1{,}70...1{,}77$ $n_\gamma=1{,}71...1{,}78$	$2V_\gamma=42°...70°$ $\Delta\sim0{,}028$	$(+)$ AE (010) $n_\gamma/c\ 39°...48°$	schwach, $n_\alpha=$hellgrün, $n_\beta=$hellgelbgrün... hellgrün, $n_\gamma=$oliv... graugrün	Magmat. in Eruptivgest., Kontaktmetam., metam. In Schlacken
Auripigment (Forts.)	$n_\alpha=2{,}4$ Li $n_\beta=2{,}81$ Li $n_\gamma=3{,}02$ Li	$2V_\gamma=76°$ $\Delta\ 0{,}62$	$(-)$ AE ⊥ (010) $n_\beta/c\ 1{,}5°...3°$	in gelb. Tönen. Absorption $n_\alpha>n_\beta$ u. n_γ	Auf Erzgängen niedriger Temperatur. Verwitterungsprodukt
Azurit (Kupferlasur) (Forts.)	$n_\alpha=1{,}730$ $n_\beta=1{,}758$ $n_\gamma=1{,}838$	$2V_\gamma=67°$ $\varrho\gg v$ $\Delta\ 0{,}108$	$(+)$ AE ⊥ (010) $n_\gamma/c\ 12{,}5°$	gering, mit Absorption $n_\gamma>n_\beta>n_\alpha$	In der Oxydationszone von Cu-Lgst.; Imprägnation in Sandsteinen

Mineral und Formel	Krist.-Syst.	Krist.-Kl. und Raumgruppe	Gitterkonstanten	Spaltbarkeit	Härte nach Mohs	Dichte in g·cm^{-3}	Farbe	Strich	Glanz	Optische Hauptgruppe
Baryt (Schwerspat) $Ba[SO_4]$	orh.	mmm D_{2h}^{16}	$a_0 = 8,87$ $b_0 = 5,45$ $c_0 = 7,14$	(001) v. (210) d.	3..3,5	4,48	klar u. durchs., weiß, trüb, oft gef. gelbl....rötl.	—	Glasgl., auf (001) Perlm.-Gl.	opt. zweiachs.
Beryll $Al_2Be_3[Si_6O_{18}]$ grün = Smaragd; hellblau = Aquamarin	hex.	$6/mmm$ D_{6h}^2	$a_0 = 9,23$ $c_0 = 9,19$	(0001) d.	7,5..8	2,63...2,80	fbl. u. versch. gef., klar u. getr.	—	Glasgl.	opt. einachs.
Bleiglanz (Galenit) PbS	kub.	$m3m$ O_h^5	$a_0 = 5,94$	(100) s. v. $T = (100)$	2,5	7,58	bleigrau	graul.... schwarz	st. Mtgl., matt anlaufend	opt. isotrop
Bornit (Buntkupferkies) Cu_5FeS_4 < ca. 200° C	tetr.	$\bar{4}2m$ D_{2d}^4	$a_0 = 10,94$ $c_0 = 21,88$	(111) uv.	3	5,08	frisch: bronzegelb ...kupferrot; rötl.-viol., blau anlaufend	grauschwarz	Mtgl.	opt. einachs.
Calcit (Kalkspat) $CaCO_3$	trig.	$\bar{3}m$ D_{3d}^6	$a_0 = 4,98$ $c_0 = 17,02$	$(10\bar{1}1)$ s. v. 74° 55′	3	2,71	fbl. u. gef., durchs.... undurchs.	—	Glasgl.	opt. einachs.
Carnallit $KMgCl_3 \cdot 6H_2O$	orh.	mmm D_{2h}^4	$a_0 = 9,56$ $b_0 = 16,05$ $c_0 = 22,56$	—	1..2	1,60	fbl.; weiß, gelbl., rötl.	weiß	Glasgl... Fettgl.	opt. zweiachs.
Cassiterit (Zinnstein) SnO_2	tetr.	$4/mmm$ D_{4h}^{14}	$a_0 = 4,73$ $c_0 = 3,18$	(100) uv.	6...7	6,8...7,1	braun... schwarz	gelbl.... weiß	Glasgl. Bruchfläche = Fettgl.	opt. einachs.
Cerussit (Weißbleierz) $PbCO_3$	orh.	mmm D_{2h}^{16}	$a_0 = 5,15$ $b_0 = 8,47$ $c_0 = 6,11$	(110) d. (021) d.	3..3,5	6,55	fbl., weiß, grau, braun... schwärzl.	—	Diamantgl.... Fettgl.	opt. zweiachs.
Chalkanthit (Kupfervitriol) $Cu[SO_4] \cdot 5H_2O$	trikl.	$\bar{1}$ C_i^1	$a_0 = 6,12$ $b_0 = 10,69$ $c_0 = 5,96$ $\alpha = 97° 35′$ $\beta = 107° 10′$ $\gamma = 77° 33′$	$(1\bar{1}0)$ uv.	2,5	2,286	blau	weiß	Glasgl. durchschein.	opt. zweiachs.

231. Minerale

Mineral und Formel	Brechzahlen	Opt. Achsenwinkel 2V maxim. Doppelbrechung Δ	Optische Orientierung	Pleochroismus	Vorkommen
Baryt (Schwerspat) (Forts.)	$n_\alpha = 1{,}636$ $n_\beta = 1{,}637$ $n_\gamma = 1{,}648$	$2V_\gamma = 37°\,02'$ $\varrho < v$ $\Delta\,0{,}012$	$(+)$ AE (010) $n_\gamma \| a$	—	Vorw. hydrotherm., z.T. diagen. sed.
Beryll (Forts.)	$n_\omega = 1{,}57\ldots1{,}602$ $n_\varepsilon = 1{,}56\ldots1{,}595$	$\Delta\,0{,}004\ldots0{,}008$	$(-)$	n_ω = heller n_ε = dunkler	In pegm. Gägnen, z.T. hydrotherm.
Bleiglanz (Galenit) (Forts.)	$n = 4{,}30$ Na $\varkappa = 0{,}40$ Na $R_{\text{grün}} = 43{,}4\%$ $R_{\text{rot}} = 40{,}1\%$	—	—	—	Vorw. hydrotherm., z.T. kontaktpneumat., z.T. sed.
Bornit (Buntkupferkies) (Forts.)	$\bar{R}_{\text{grün}} = 18{,}5\%$ $\bar{R}_{\text{rot}} = 21\%$	An.-Eff. schw.	—	—	Vorw. hydrotherm.; pegm.-pneumat., z.T. sed.
Calcit (Kalkspat) (Forts.)	$n_\omega = 1{,}6584$ $n_\varepsilon = 1{,}4864$ $n'_\varepsilon(10\bar{1}1) = 1{,}566$	$\Delta\,0{,}172$	$(-)$	Absorption $n_\omega > n_\varepsilon$	Hydrotherm…hydrisch; sed., auch magmat.
Carnallit (Forts.)	$n_\alpha = 1{,}466$ $n_\beta = 1{,}475$ $n_\gamma = 1{,}494$	$2V_\gamma = 70°$ $\varrho < v$ $\Delta\,0{,}028$	$(+)$ AE (010) $n_\alpha \| c$	—	In Kalisalzlagerstätten
Cassiterit (Zinnstein) (Forts.)	$n_\omega = 1{,}997$ $n_\varepsilon = 2{,}093$	$\Delta\,0{,}096$	$(+)$	—	Zinnsteinpegmatite. Pneumat. Imprägnationen (Greisenbildung). Hydrotherm. Gänge. Seifen-Lgst.
Cerussit (Weißbleierz) (Forts.)	$n_\alpha = 1{,}804$ $n_\beta = 2{,}076$ $n_\gamma = 2{,}078$	$2V_\gamma = 9°$ $\varrho \gg v$ $\Delta\,0{,}274$	$(-)$ AE (010) $n_\alpha \| c$	⋮	Verwitterungsprodukt in Bleigl.-Lgst.
Chalkanthit (Kupfervitriol) (Forts.)	$n_\alpha = 1{,}514$ $n_\beta = 1{,}537$ $n_\gamma = 1{,}543$	$2V_\alpha = 56°$ $\varrho < v$ $\Delta\,0{,}029$	$(-)$ auf $(1\bar{1}0)$ Austritt 1 Achse; auf (110) 1 Achse u. n_γ	⋮	Verwitterung v. Cu-Erzen, bes. in alten Grubenbauten. In Trockengebieten (Chile)

Mineral und Formel	Krist.-Syst.	Krist.-Kl. und Raumgruppe	Gitterkonstanten	Spaltbarkeit	Härte nach Mohs	Dichte in g · cm⁻³	Farbe	Strich	Glanz	Optische Hauptgruppe
Chamosit $\{[Fe, Fe^{2+}]_3[(OH)_2AlSi_3O_{10}]\{[Fe, Mg]_3(O, OH)_6\}\}$	mkl.	$2/m$ (?)	$a_0 = 5,40$ $b_0 = 9,36$ $c_0 = 14,03$ $\beta = 90°$	?	2,5...3	3,2	schwarzgrün	licht-graugrün	—	opt. zweiachs.
Chloanthit (Weißnickelkies) $NiAs_3$	kub.	$2/m\bar{3}$ T_h^5	$a_0 = 8,28$	—	5,5...6	6,5	zinnweiß... hstahlgrau, dkl. anlaufend	grauschwarz	Mtgl.	opt. isotrop
Chromit $FeCr_2O_4$	kub.	$m3m$ O_h^7	$a_0 = 8,361$	—	5,5	4,5...4,8	bräunl.-schwarz, undurchs.	braun	Mtgl. fettartig	opt. isotrop
Chrysotil (Serpentinasbest) $Mg_6[(OH)_8Si_4O_{10}]$	mkl.	Röllchen-Textur, ⌀ 50... 200 Å Faserachse a_0 (häufigster Fall)	$a_0 = 5,34$ $b_0 = 9,25$ $c_0 = 14,65$ $\beta = ?$	(110) uv. ~130°	2...3	2,36...2,50	grün... goldgelb	—		opt. zweiachs.
Cobaltin (Kobaltglanz) $CoAsS$	kub.	$2/m\bar{3}$ T_h^5	$a_0 = 5,61$	(100) uv.	5,5	6,0...6,4	undurchs., silberweiß... rötl.	grau... schwarz	auf frischen Flächen Mtgl.	opt. isotrop
Coelestin $Sr[SO_4]$	orh.	mmm D_{2h}^{16}	$a_0 = 8,38$ $b_0 = 5,37$ $c_0 = 6,85$	(001) v. (210) d. (010) uv.	3...3,5	3,9...4	fbl., weiß, gelbl., bläul.	—	Glasgl... Perlm.-Gl.	opt. zweiachs.
Covellin (Kupferindig) CuS	hex.	$6/mmm$ D_{6h}^4	$a_0 = 3,77$ $c_0 = 16,29$	(0001) s.v.	1,5...2	4,68	blauschwarz	schwarz	matt, durch Reiben halbmet.	opt. einachs.
Cuprit Cu_2O	kub.	$m3m$ O_h^4	$a_0 = 4,27$	(111) d.	3,5...4	6,15	rotbraun...grau, durchschein... undurchs.	braunrot	Mtgl. auf frischen Flächen	opt. isotrop

231. Minerale

Mineral und Formel	Brechzahlen	Opt. Achsenwinkel 2V maxim. Doppelbrechung Δ	Optische Orientierung	Pleochroismus	Vorkommen
Chamosit (Forts.)	$n_\alpha = 1{,}62...1{,}65$ $n_\beta = 1{,}63...1{,}66$ $n_\gamma = 1{,}65...1{,}66$	$2V_\alpha \cong 0°$ $\Delta \sim 0{,}005$	(−) AE ? $n_\alpha \perp (001)$	n_α = gelbl...fbl, n_β u. n_γ = dkl.grün	In oolithischen Eisenerzen
Chloanthit (Weißnickelkies) (Forts.)	$R_{\text{grün}} = 58{,}5\%$ $R_{\text{rot}} = 50{,}0\%$	—	—	—	Hydrotherm., auf Co-Ni-Ag-Lagerst.
Chromit (Forts.)	$n = 2{,}1$ Li $R_{\text{grün}} = 15\%$ $R_{\text{rot}} = 12{,}5\%$	—	—	—	Magmat. Ausscheidung; in Verbindung mit Peridotiten u. Serpentinen
Chrysotil (Serpentinasbest) (Forts.)	$n_\alpha = 1{,}53...1{,}560$ $n_\beta \cong 1{,}54$ $n_\gamma = 1{,}54...1{,}567$	$2V_\gamma = 30°...35°$ $\varrho > v$ $\Delta\ 0{,}008...0{,}013$	(±) AE (010)	—	Hydrotherm...hydrisch, Umwandlprod. aus Mg-Silikaten (z. B. Olivin)
Cobaltin (Kobaltglanz) (Forts.)	$R_{\text{grün}} = 52\%$ $R_{\text{rot}} = 48\%$	—	—	—	Vorw. hydrotherm. Auf Fahlbändern pneumat.
Coelestin (Forts.)	$n_\alpha = 1{,}622$ $n_\beta = 1{,}624$ $n_\gamma = 1{,}631$	$2V_\gamma = 50°\ 25'$ $\varrho < v$ $\Delta\ 0{,}009$	(+) AE (010) $n_\gamma \| a$	—	Hydrotherm. u. sek. Kluftfüllungen in Sedimenten
Covellin (Kupferindig) (Forts.)	$n_\omega = 1{,}00\quad 635\ m\mu$ $\quad\quad\ 1{,}97\quad 505\ m\mu$ $\quad\quad R_\omega\quad R_\varepsilon$ grün $18{,}5\%\ 27{,}0\%$ rot $\ 10\ \%\ 22\ \%$	—	(+)	Birefl. sehr stark n_ω = tiefblau n_ε = blauweiß	Verwitterungsprodukt von Kupfersulfiden. Selt. aszendent hydrotherm.; exhalativ
Cuprit (Forts.)	$n = 2{,}849$ Li $R_{\text{grün}} = 30\%$ $R_{\text{rot}} = 21{,}5\%$	—	—	—	Oxydationsprodukt v. Cu-Erzen

2. Zusammenfassende Tabellen

Mineral und Formel	Krist.-Syst.	Krist.-Kl. und Raumgruppe	Gitterkonstanten	Spaltbarkeit	Härte nach Mohs	Dichte in g·cm^{-3}	Farbe	Strich	Glanz	Optische Hauptgruppe
Descloizit $Pb(Zn, Cu)[(OH)(VO_4)]$	orh.	222 D_2^4	$a_0=6{,}06$ $b_0=9{,}41$ $c_0=7{,}58$	—	3...3,5	6,2	rotbraun... schwarzbraun auch grünl.	or...gelb; grünl.	Diamantgl.	opt. zweiachs.
Diamant β-C	kub.	$m3m$ O_h^7	$a_0=3{,}5668$	(111) v.	10	3,52	fbl...durchs... trübe, z.T. schw. gef.	—	st. Gl. „Diamantgl."	opt. isotrop
Diaspor α-AlOOH	orh.	mmm D_{2h}^{16}	$a_0=4{,}41$ $b_0=9{,}40$ $c_0=2{,}84$	(010) s. v.	6,5...7	3,3...3,5 (3,37)	durchs.... durchschein., fbl. u. gef. (rot)	—	Glasgl. Perlm.-Gl.	opt. zweiachs.
Diopsid $CaMg[Si_2O_6]$	mkl.	$2/m$ C_{2h}^6	$a_0=9{,}73$ $b_0=8{,}91$ $c_0=5{,}25$ $\beta=105°\,50'$	(110) d. 87°	5,5...6 [001] $\sim$7	3,27	durchs.... durchschein. fbl., grau, grünl.	—	Glasgl.	opt. zweiachs.
Dolomit $CaMg[CO_3]_2$	trig.	$\overline{3}$ C_{3i}^2	$a_{rh}=6{,}19$ $\alpha=102°\,50'$	(10$\overline{1}$1) v. 73° 45'	3,5...4	2,85...2,95	durchs.... durchschein., fbl., weiß u. gef.	—	Glasgl.	opt. einachs.
Enargit Cu_3AsS_4	orh.	$2mm$ C_{2v}^7	$a_0=6{,}47$ $b_0=7{,}44$ $c_0=6{,}19$	(110) v. (100) d. (010) d.	3,5	4,45	stahlgrau., eisenschwarz, viol.braunstichig	grauschwarz	Mtgl.	opt. zweiachs.
Enstatit $Mg_{2n}[Si_2O_6]$ Mg→Fe	orh.	mmm D_{2h}^{15}	$a_0=18{,}22$ $b_0=8{,}81$ $c_0=5{,}21$	(110) d...uv. 88°	5...6	$\sim$3,15	grau, gelbl.grün...dkl.grün	—	Glasgl.	opt. zweiachs.
Fluorit (Flußspat) CaF_2	kub.	$m3m$ O_h^5	$a_0=5{,}46$	(111) v.	4	3,18	meist gef., durchs... durchschein.	weiß	Glasgl.	opt. isotrop
Gips $Ca[SO_4]\cdot 2H_2O$	mkl.	$2/m$ C_{2h}^6	$a_0=5{,}68$ $b_0=15{,}18$ $c_0=6{,}29$ $\beta=113°\,50'$	(010) s. v. ($\overline{1}$11) d. (100) d.	1,5...2	2,317	durchs... undurchs. fbl., weiß, manchmal gef.	—	(010) Perlm.-Gl. sonst Glasgl.	opt. zweiachs.
Goethit (Nadeleisenerz) α-FeOOH (Limonit z.T.)	orh.	mmm D_{2h}^{16}	$a_0=4{,}65$ $b_0=10{,}02$ $c_0=3{,}04$	(010) v. (100) d.	5...5,5	4,28	schwarzbraun ...lichtgelb	braun... braungelb	diamantartig; seidig; matt, halbmet.	opt. zweiachs.

231. Minerale

Mineral und Formel	Brechzahlen	Opt. Achsenwinkel $2V$ maxim. Doppelbrechung Δ	Optische Orientierung	Pleochroismus	Vorkommen
Descloizit (Forts.)	$n_\alpha=2,185$ $n_\beta=2,265$ $n_\gamma=2,35$	$2V_\alpha\sim 90°$ $\Delta\ 0,17$	AE (010) $n_\gamma=a$	$n_\alpha=n_\beta$ =hellgelb n_γ =braungelb	Im Ausgehenden v. Pb-Cu-Zn-Lgst.
Diamant (Forts.)	$n=2,4172$ Na	—	—	—	In olivinreichem Eruptivgest. (Kimberlit). In Seifen. Techn. wicht. Rohstoff
Diaspor (Forts.)	$n_\alpha=1,702$ $n_\beta=1,722$ $n_\gamma=1,750$	$2V_\gamma\sim 85°$ $\varrho\lessgtr v$ $\Delta\ 0,048$	$(+)$ AE (010) $n_\gamma \| a$	—	In metam. Gest., Bauxiten, auch auf Klüften
Diopsid (Forts.)	$n_\alpha=1,664$ $n_\beta=1,6715$ $n_\gamma=1,694$	$2V_\gamma=59°$ $\varrho>v$ $\Delta\ 0,030$	$(+)$ AE (010) $n_\gamma/c\ 39°$	—	In Tiefen- und Ganggest. In krist. Schiefern. Kontaktmet. in Hornfelsen
Dolomit (Forts.)	$n_\omega=1,6799$ Na $n_\varepsilon=1,5013$ Na $n_\varepsilon(10\bar{1}1)=1,588$	$\Delta\ 0,178$	$(-)$	—	In Gängen, gesteinsbildend d. metasom. Verdräng. v. Kalkstein
Enargit (Forts.)	R_α R_γ grün $=24,28\%$ $28,50\%$ rot $=22,25\%$ $24,66\%$	An.-Eff. stark	—	Birefl. ΔR grün 4,22 ΔR rot 2,41	Hydrotherm. (Gänge, Verdrängung, Imprägnationen)
Enstatit (Forts.)	$n_\alpha=1,650...1,696$ $n_\beta=1,653...1,707$ $n_\gamma=1,659...1,710$	$2V_\gamma=55°...85°$ $\Delta\ 0,009...0,014$	$(+)$ AE (100) $n_\gamma \| c$	—	Magmat. in Tiefen- u. Ergußgest.; in Meteoriten
Fluorit (Flußspat) (Forts.)	$n=1,4338$	—	—	—	Durchläufermineral. In Eruptivgest. pneumat., hydrotherm. auf Gängen, diagen. in Sedimenten
Gips (Forts.)	$n_\alpha=1,5205$ $n_\beta=1,5226$ $n_\gamma=1,5296$	$2V_\gamma=58°$ $\varrho>v$ (geneigt) $\Delta\ 0,009$	$(+)$ AE (010) $n_\gamma/c\ 52°\ 30'$	—	Aus wäßriger Lösg., Salz-Lgst., Ausscheidung in Tonen
Goethit (Nadeleisenerz) (Forts.)	$n_\alpha=2,260$ $n_\beta=2,394$ $n_\gamma=2,400$	$2V_\alpha=$ klein $\varrho\gg v$ $\Delta\ 0,140$	$(-)$ für rot: AE (100), für gelb...blau: AE (001)	n_α =hellgelb n_β =braungelb n_γ =rotgelb	Verwitterungsprodukt eisenhaltiger Minerale. Selten tiefhydrotherm.

2. Zusammenfassende Tabellen

Mineral und Formel	Krist.-Syst.	Krist.-Kl. und Raumgruppe	Gitterkonstanten	Spaltbarkeit	Härte nach Mohs	Dichte in g·cm^{-3}	Farbe	Strich	Glanz	Optische Hauptgruppe
Gold Au	kub.	$m3m$ O_h^5	$a_0 = 4,0783$	—	2,5...3	15,5...19,3 rein: 19,23	goldgelb... messinggelb	metall. goldfarben	st. Mtgl.	opt. isotrop
Graphit α-C	hex.	$6/mmm$ D_{6h}^4	$a_0 = 2,46$ $c_0 = 6,88$	(0001) v.	1	2,1...2,3 rein: 2,255	undurchs., stahlgrau, bräunl. Stich	grau	Mtgl. oder matt	opt. einachs.
Haematit (Eisenglanz, Roteisenerz) α-Fe$_2$O$_3$	trig.	$\bar{3}m$ D_{3d}^6	$a_0 = 5,04$ $c_0 = 13,77$	gelegentl. Absg. n.(0001)	6,5	5,2...5,3	stahlgrau... eisenschwarz, bunt angelaufen oder rot	rot... rotbraun	Mtgl. matt	opt. einachs.
Halloysit (Endellit) $\{Al_4[(OH)_8Si_4O_{10}]\}$ $(H_2O)_4$	mkl.	m C_s^3	$a_0 = 5,15$ $b_0 = 8,9$ $c_0 = 10,1...9,5$ $\beta = 100° 12'$	dicht, erdig	(1...2)	2,0...2,2 berechn. 2,12	wachsartig w>ß, bläul. grätl. u.a.	—	schimmernd	opt. zweiachs.
Hemimorphit (Kieselzinkerz) $Zn_4[(OH)_2Si_2O_7] \cdot H_2O$	orh.	$2mm$ C_{2v}^{20}	$a_0 = 10,72$ $b_0 = 8,40$ $c_0 = 5,12$	(110) v. (101) d.	5	3,3...3,5	durchs... durchschein. fbl, weiß, auch gef.	—	(010) Glasgl.	opt. zweiachs.
Hornblende, gem. $(Na,K)_{0,5-1}Ca_{3-4}Mg_{3-8}$ $Fe^{2+}_{2-4}\{Al,Fe^{3+}\}_{2}[(OH)_4$ $Al_{2-4}Si_{14-12}O_{44}]$	mkl.	$2/m$ C_{2h}^3	$a_0 = 9,96 (?)$ $b_0 = 18,42$ $c_0 = 5,37$ $\beta = 105° 45'$	(110) v. 124°	5...6	3,0...3,4	grün... grünschwarz	graugrün	Glasgl.	opt. zweiachs.
Hydrargillit γ-Al(OH)$_3$	mkl.	$2/m$ C_{2h}^5	$a_0 = 8,64$ $b_0 = 5,07$ $c_0 = 9,72$ $\beta = 94° 34'$	(001) v.	2,5...3	2,3...2,4	fbl, weiß, grünl., grau	—	—	opt. zweiachs.
Ilmenit FeTiO$_3$	trig.	$\bar{3}$ C_{3i}^2	$a_0 = 5,09$ $c_0 = 14,07$	Absg. nach (0001), (10$\bar{1}$1)	5...6	4,79	eisenschwarz... braunschwarz	schwarzbraun	Mtgl, teilweise matt	opt. einachs.

231. Minerale

Mineral und Formel	Brechzahlen	Opt. Achsenwinkel $2V$ maxim. Doppelbrechung Δ	Optische Orientierung	Pleochroismus	Vorkommen
Gold (Forts.)	$n = 0{,}368$ Na $\varkappa = 7{,}71$ Na $R_{grün} = 47{,}0\%$ $R_{rot} = 86{,}0\%$	—	—	—	Wichtigstes Golderz, vorw. hydrotherm. In Seifen
Graphit (Forts.)	$\\|n_\omega$ $\\|n_\varepsilon$ $R_{grün} = 22{,}5\%$ 5% $R_{rot} = 23\%$ $5{,}5\%$	$\Delta R_g = 17{,}5$ $\Delta R_r = 17{,}5$	$(-)$	—	In metam. Gest. (Ostalpen). Pegm. Spaltenfüllung (Ceylon)
Haematit (Eisenglanz, Roteisenerz) (Forts.)	$n_\omega = 3{,}042$ Li $n_\varepsilon = 2{,}7975$ Li 589 mµ R_ω R_ε 27,8% 24,9%	An.-Eff. deutl. Δ 0,244	$(-)$	Birefl. $\Delta R589$ mµ 2,9	Hydrotherm., pneumat., metam., exhalativ, sed.
Halloysit (Endellit) (Forts.)	$n_{Mitt.} = 1{,}490$ theoret.	$2V = ?$ Δ fast isotrop	—	—	Hydrisch, Bestandteil v. Tonen u. Böden
Hemimorphit (Kieselzinkerz) (Forts.)	$n_\alpha = 1{,}614$ $n_\beta = 1{,}617$ $n_\gamma = 1{,}636$	$2V_\gamma = 46°$ $\varrho \gg v$ Δ 0,022	$(+)$ AE (100) $n_\gamma = c$	—	Metasom., hydrotherm.
Hornblende, gem. (Forts.)	$n_\alpha = 1{,}63\ldots 1{,}68$ $n_\beta = 1{,}64\ldots 1{,}70$ $n_\gamma = 1{,}64\ldots 1{,}71$	$2V_\alpha = 87°\ldots 63°$ $\varrho \gtrless v$ Δ 0,014...0,026	$(-)$ AE (010) n_γ/c 10°...27°	stark n_α = hellgrünl.-gelb n_β = grünlich-bräunlich n_γ = oliv-blaugrün	In vielen Eruptivgest., in manchen kristall. Schiefern (Amphiboliten)
Hydrargillit (Forts.)	$n_\alpha = 1{,}567$ $n_\beta \simeq n_\alpha$ $n_\gamma = 1{,}589$	$2V_\gamma \simeq 0°$ $\varrho \lessgtr v$ Δ 0,02	$(+)$ AE (010) $n_\gamma/c \sim 25°$ auch $n_\alpha \\| b$	—	Häufiges Mineral d. Bauxit-Lgst.
Ilmenit (Forts.)	$\bar{R}_{grün} = 18\%$ $R_{rot} = 18\%$	An.-Eff. deutl.	—	—	In Eruptivgest., in Gängen, in metam. Gest. u. Sedimenten

2. Zusammenfassende Tabellen

Mineral und Formel	Krist.-Syst.	Krist.-Kl. und Raumgruppe	Gitterkonstanten	Spaltbarkeit	Härte nach Mohs	Dichte in g·cm^{-3}	Farbe	Strich	Glanz	Optische Hauptgruppe
Kainit $KMg[Cl(SO_4)] \cdot 3H_2O$	mkl.	$2/m$ C_{2h}^3	$a_0 = 19,76$ $b_0 = 16,26$ $c_0 = 9,57$ $\beta = 94°56'$	(100) v. (110) d.(?)	3	2,15	weiß, gelbl., grau, rötl. u.a.	—	schimmernde Bruchflächen.	opt. zweiachs.
Kaolinit $Al_4[(OH)_8Si_4O_{10}]$	trikl.	$\bar{1}$ C_i^1	$a_0 = 5,14$ $b_0 = 8,93$ $c_0 = 7,37$ $\alpha = 91°48'$ $\beta = 104°30'...$ $105°$ $\gamma = 90°$	(001) v.	2...2,5	2,6	weiß, gelb, grünl., bläul.	—	Perlm.-Gl. teilweise matt	opt. zweiachs.
Kernit $Na_2B_4O_7 \cdot 4H_2O$	mkl.	$2/m$ C_{2h}^4	$a_0 = 15,68$ $b_0 = 9,09$ $c_0 = 7,02$ $\beta = 108°52'$	(100) h.v. (001) s.v.	2,5	1,91	fbl., weiß	weiß	Glasgl. Seidengl.	opt. zweiachs.
Kieserit $Mg[SO_4] \cdot H_2O$	mkl.	$2/m$ C_{2h}^6	$a_0 = 6,90$ $b_0 = 7,71$ $c_0 = 7,54$ $\beta = 116°05\tfrac{1}{2}'$	(110) v. (111) d. ($\bar{1}11$) d. ($\bar{1}01$) d. (011) d.	3,5	2,57	fbl. u. trübe, weiß, gelbl.	—	Glasgl., schimmernd	opt. zweiachs.
Klinoenstatit $Mg_2[Si_2O_6]$	mkl.	$2/m$ C_{2h}^5	$a_0 = 9,62$ $b_0 = 8,83$ $c_0 = 5,19$ $\beta = 108°21\tfrac{1}{2}'$	(110) d. 88°	6	3,19	fbl...gelbl.	—	Glasgl.	opt. zweiachs.
Korund Al_2O_3 rot = Rubin blau = Saphir	trig.	$\bar{3}m$ D_{3d}^6	$a_{rh} = 6,99$ $\alpha = 85°43'$	Absg. nach ($10\bar{1}1$) u. (0001)	9	3,9...4,1	fbl. u. gef, bläul. u. rot, durchs...trübe	weiß	Glasgl.	opt. einachs.
Kryolith $\alpha\text{-}Na_3[AlF_6]$ $<550°C$	mkl.	$2/m$ C_{2h}^5	$a_0 = 5,47$ $b_0 = 5,62$ $c_0 = 7,82$ $\beta = 90°11'$	Absg. n. (001), (110), (101)	2,5...3	2,97	schneeweiß, rötl., braun, durchschein.	—	(001) Perlm.-Gl, sonst Glasgl.	opt. zweiachs.

Mineral und Formel	Brechzahlen	Opt. Achsenwinkel $2V$ maxim. Doppelbrechung Δ	Optische Orientierung	Pleochroismus	Vorkommen
Kainit (Forts.)	$n_\alpha = 1{,}495$ $n_\beta = 1{,}506$ $n_\gamma = 1{,}520$	$2V_\alpha = 85°$ $\varrho > v$ (geneigt) $\Delta\, 0{,}025$	$(-)$ AE (010) $n_\alpha/c\ 8°\ldots13°$	—	Wichtiges Mineral d. Kalisalz-Lgst. (metam. aus Carnallit)
Kaolinit (Forts.)	$n_\alpha = 1{,}553\ldots1{,}563$ $n_\beta = 1{,}559\ldots1{,}569$ $n_\gamma = 1{,}560\ldots1{,}570$	$2V_\alpha = 20°\ldots55°$ $\varrho > v$ $\Delta \sim 0{,}006$	$(-)$ AE $\perp$ (010) $n_\alpha/\perp$ (001) $1°\ldots3^1/_2°$	—	Durch Verwitterung oder hydrotherm. Umsetzung v. Feldspat u. ähnl. Silikaten; in Tonen, Böden
Kernit (Forts.)	$n_\alpha = 1{,}454$ $n_\beta = 1{,}472$ $n_\gamma = 1{,}488$	$2V_\alpha = 80°$ $\varrho > v$ $\Delta\, 0{,}034$	$(-)$ AE $\perp$ (010) $n_\alpha/c\ 38{,}5°$	—	Metam. i. Boraxseen, z.Z. wichtigster B-Rohstoff
Kieserit (Forts.)	$n_\alpha = 1{,}523$ $n_\beta = 1{,}535$ $n_\gamma = 1{,}586$	$2V_\gamma = 55°$ $\varrho > v$ (geneigt) $\Delta\, 0{,}063$	$(+)$ AE (010) $n_\alpha/c\ 14°$	—	In Kalisalz-Lgst.
Klinoenstatit (Forts.)	$n_\alpha = 1{,}651$ $n_\beta = 1{,}654$ $n_\gamma = 1{,}660$	$2V_\gamma = 53°$ $\varrho < v$ $\Delta\, 0{,}009$	$(+)$ AE $\perp$ (010) $n_\gamma/c\ 22°$	—	In Meteoriten; Ergußgest. selten
Korund (Forts.)	$n_\omega = 1{,}769$ $n_\varepsilon = 1{,}761$	$\Delta\, 0{,}008$	$(-)$	teilw. pleochroitisch z.B. n_ω = indigoblau, tiefpurpur n_ε = lichtblau, hellgelb	Magmat., pegm., metam., kontaktmetam. Auf Edelsteinseifen
Kryolith (Forts.)	$n_\alpha = 1{,}3385$ $n_\beta = 1{,}3389$ $n_\gamma = 1{,}3396$	$2V_\gamma = 43°$ $\varrho < v$ $\Delta\, 0{,}0011$	$(+)$ AE $\perp$ (010) $n_\gamma/c\ 44°$	—	In Pegmatiten (Ivigtut, Grönland)

Mineral und Formel	Krist.-Syst.	Krist.-Kl. und Raumgruppe	Gitterkonstanten	Spaltbarkeit	Härte nach Mohs	Dichte in g·cm⁻³	Farbe	Strich	Glanz	Optische Hauptgruppe
Kryptomelan $K_{\leq 2}Mn_8O_{16}$ „Psilomelan", Hartmanganerz...Wad z.T.	tetr. mkl. Mod.	$4/m$ C_{4h}^5 $2/m$	$a_0 = 9{,}84$ $c_0 = 2{,}86$ $a_0 = 9{,}78$ $b_0 = 2{,}88$ $c_0 = 9{,}94$ $\beta = 90°\,37'$	dicht	6,5 (...1)	4,1...4,9	schwarz... bläul.schwz.	schwarz... schwzbraun	matt, auch st. glä.	—
Kupferglanz (Chalkosin) Cu_2S $<103°\,C$	orh.	$2mm$ C_{2v}^{15}	$a_0 = 11{,}92$ $b_0 = 27{,}33$ $c_0 = 13{,}44$	(110) uv.	2,5...3	5,5...5,8 ber. 5,77	dkl.bleigrau	grau glä.	Mtgl.	opt. zweiachs.
Kupferkies (Chalkopyrit) $CuFeS_2$	tetr.	$\bar{4}2m$ D_{2d}^{12}	$a_0 = 5{,}25$ $c_0 = 10{,}32$	manchmal (014) uv.	3,5...4	4,1...4,3	messinggelb mit grünl. Stich, bunt anlaufend	grünl.-schwarz	Mtgl.	opt. einachs.
Lepidokrokit (Rubinglimmer) γ-FeOOH (Limonit z.T.)	orh.	mmm D_{2h}^{17}	$a_0 = 3{,}88$ $b_0 = 12{,}54$ $c_0 = 3{,}07$	(010) v. (100) wgr. v. (001) d.	5	4,09	rubinrot.. gelbrot	bräunl.gelb or.braun	Diamantgl.	opt. zweiachs.
Lepidolith $K(Li, Al)_3[(F, OH, O)_2$ $Si_3AlO_{10}]$	mkl.	$2/m$ C_{2h}^6	$a_0 = 5{,}21$ $b_0 = 8{,}97$ $c_0 = 20{,}16$ $\beta = 100°\,48'$	(001) s. v.	2,5...4	2,8...2,9	hrot, weiß, grau, grünl.	—	Perlm.-Gl.	opt. zweiachs.
Leucit $K[AlSi_2O_6]$ $<$ ca. 600° C	tetr. ps. kub.	$4/m$ C_{4h}^6	$a_0 = 13{,}04$ $c_0 = 13{,}85$	—	5,5	2,5	weiß...grau	—	Glasgl.	opt. zweiachs.
Magnesit $MgCO_3$	trig.	$\bar{3}m$ D_{3d}^6	$a_0 = 4{,}584$ $c_0 = 14{,}92$	$(10\bar{1}1)$ s.v. 72° 36'	4...4,5	3,00	fbl, weiß, gelb, braun, grau	—	Glasgl.	opt. einachs.
Magnetit Fe_3O_4	kub.	$m\bar{3}m$ O_h^7	$a_0 = 8{,}391$	(111) uv.	5,5	5,2	undurchs. eisenschwarz	schwarz	Mtgl. matt	opt. isotrop

Mineral und Formel	Brechzahlen	Opt. Achsenwinkel $2V$ maxim. Doppelbrechung Δ	Optische Orientierung	Pleochroismus	Vorkommen
Kryptomelan (Forts.)	—	—	—	—	Oxydationszone, Verwitterungsprod. Wicht. Mn-Erz
Kupferglanz (Chalkosin) (Forts.)	$\bar{R}_{\text{grün}} = 30\%$ $\bar{R}_{\text{rot}} = 23\%$	An.-Eff. schwach	—	—	Hydrotherm. u. Zementationszone. Wicht. Cu-Erz
Kupferkies (Chalkopyrit) (Forts.)	$R_{\text{grün}} = 41{,}5\%$ $R_{\text{rot}} = 40\%$	—	—	—	Durchläufermineral: Tiefengest. (magmat. Absg.) pegm., hydrotherm., sed., metam.
Lepidokrokit (Rubinglimmer) (Forts.)	$n_\alpha = 1{,}94$ $n_\beta = 2{,}20$ $n_\gamma = 2{,}51$	$2V_\alpha = 83°$ $\Delta\ 0{,}57$	AE (001) $n_\alpha = b$	n_α = hellgelb n_β = dkl.rotor. n_γ = dkler.rotor.	Wie Nadeleisenerz, doch seltener
Lepidolith (Forts.)	$n_\alpha \cong 1{,}543$ $n_\beta \cong 1{,}555$ $n_\gamma \cong 1{,}558$	$2V_\alpha = 45°$ $\Delta \sim 0{,}015$	(−) AE ⊥ (010) $n_\alpha/c \sim 0°$ oder AE ∥ (010) $n_\alpha/c\ 6°\ldots 7°$	—	Pneumat. u. pegm., Li-Rohstoff
Leucit (Forts.)	$n_\alpha = 1{,}508$ $n_\beta = ?$ $n_\gamma = 1{,}509$	$2V_\gamma$ = sehr klein $\Delta\ 0{,}001$	(+)	—	Magmat, in Ergußgest.
Magnesit (Forts.)	$n_\omega = 1{,}700$ $n_\varepsilon = 1{,}509$ $n'_\varepsilon(10\bar{1}1) = 1{,}599$	$\Delta\ 0{,}191$	(−)	—	In metam. Gest.: Chlorit- und Talkschief.; d. metasom. Umwandlung von Kalkstein
Magnetit (Forts.)	$n = 2{,}42$ Na $R_{\text{grün}} = 21\%$ $R_{\text{rot}} = 21\%$	—	—	—	Eisenerz. Magmat. (Kiruna), kontaktpneumat., sed.

Mineral und Formel	Krist.-Syst.	Krist.-Kl. und Raumgruppe	Gitterkonstanten	Spaltbarkeit	Härte nach Mohs	Dichte in g·cm⁻³	Farbe	Strich	Glanz	Optische Hauptgruppe
Malachit $Cu_2[(OH)_2CO_3]$	mkl.	$2/m$ C_{2h}^5	$a_0 = 9,48$ $b_0 = 12,03$ $c_0 = 3,21$ $\beta = 98 \pm 1/2°$	$(\overline{2}01)$ v.	3,5...4	4,0	smaragdgrün	hgrün	Glasgl. Seidengl.	opt. zweiachs.
Mikroklin $K[AlSi_3O_8]$ Tieftemp.-Mod. grün=Amazonenstein	trikl.	$\overline{1}$ C_i^1	$a_0 = 8,57$ $b_0 = 12,98$ $c_0 = 7,22$ $\alpha = 90°41'$ $\beta = 115°59'$ $\gamma = 87°30'$	(001) v. (010) wgr. v. 89,5°...90°	6	2,54...2,57	fbl, weiß, gelb, grün, lichtfleischrot	—	(001) Perlm.-Gl., sonst Glasgl.	opt. zweiachs.
Molybdänglanz (Molybdänit) MoS_2	hex.	$6/mmm$ D_{6h}^4	$a_0 = 3,16$ $c_0 = 12,32$	(0001) s. v.	1...1,5	4,7...4,8	bleigrau (bläul.)	dkl.grau	Mtgl.	opt. einachs.
Monazit $Ce[PO_4]$	mkl.	$2/m$ C_{2h}^5	$a_0 = 6,79$ $b_0 = 7,04$ $c_0 = 6,47$ $\beta = 104°24'$	(100) v. (010) d.	5...5,5	4,8...5,5	hgelb... dkl.braun, rot	hgelb... hrotbraun	Harzgl.	opt. zweiachs.
Montmorillonit $\{[Al_{1,67}Mg_{0,33}]\ [(OH)_2Si_4O_{10}]^{0,33-}\ Na_{0,33}(H_2O)_4\}$	mkl.	$2/m$ (?) (?)	$a_0 = 5,17$ $b_0 = 8,94$ $c_0 = 15,2$ $\beta \sim 90°$	(001) v.	1...2	2,1	**weiß**, bräunl, grünl.	—	—	opt. zweiachs.
Mullit $Al_4^{[6]}Al_4^{[4]}[O_2{,}_5, OH, F]\ Si_2AlO_{10}]$	orh.	mmm (?) (?)	$a_0 = 7,50$ $b_0 = 7,65$ $c_0 = 5,75$	(010) d... uv.	(?)	3,03	fbl...rosa	—	Glasgl.	opt. zweiachs.
Muskovit $KAl_2^{[6]}[(OH, F)_2AlSi_3O_{10}]$	mkl.	$2/m$ C_{2h}^6	$a_0 = 5,19$ $b_0 = 9,04$ $c_0 = 20,08$ $\beta = 95°30'$	(001) h. v.	2...2,5	2,78...2,88	durchs... durchschein., fbl, gelbl, bräunl, grünl.	—	Perlm.-Gl.	opt. zweiachs.
Natrolith $Na_2[Al_2Si_3O_{10}] \cdot 2H_2O$	orh. ps. tetr.	$2mm$ C_{2v}^{19}	$a_0 = 18,35$ $b_0 = 18,70$ $c_0 = 6,61$	(110) d. 88°45'	5...5,5	2,2...2,4	fbl, weiß, grau, gelbl, rötl.	—	Glasgl.	opt. zweiachs.

231. Minerale

Mineral und Formel	Brechzahlen	Opt. Achsenwinkel $2V$ maxim. Doppelbrechung Δ	Optische Orientierung	Pleochroismus	Vorkommen
Malachit (Forts.)	$n_\alpha=1,655$ $n_\beta=1,875$ $n_\gamma=1,909$	$2V_\alpha=43°$ $\varrho \ll v$ $\Delta 0,254$	(−) AE (010) $n_\alpha/c\,23°$ $n_\alpha \sim \perp(001)$	n_α=fast fbl. n_β=gelbgrün n_γ=tiefgrün	In der Oxydationszone von Kupfererzen
Mikroklin (Forts.)	$n_\alpha=1,5186$ $n_\beta=1,5223$ $n_\gamma=1,5250$	$2V_\alpha \cong 80°$ $\varrho > v$ $\Delta 0,006$	(−) AE $\perp$ (010) $n_\alpha/a\,5°$ auf (001) 15°...20°	—	Gemengteil in Tiefengest., krist. Schiefern. Kristalle in Drusen von Graniten u. Pegmatiten
Molybdänglanz (Molybdänit) (Forts.)	$n_\omega=4,336$ 852 mµ $n_e=2,03$ 852 mµ R_ω R_e grün =36,0% 15,5% rot =30,5% 15%	$\Delta 2,30$	(−)	Birefl. $\Delta R_{grün}$ 20,5 ΔR_{rot} 15,5	Pegm.-pneumat.
Monazit (Forts.)	$n_\alpha=1,796$ $n_\beta=1,797$ $n_\gamma=1,841$	$2V_\gamma \cong 13°$ $\varrho < v$ $\Delta 0,045$	(+) AE $\perp$ (010) $n_\gamma/c\,2°...6°$	Absorpt. $n_\gamma > n_\alpha$ u. n_γ	Selten; in Graniten, Gneisen u. Pegmatiten. Auf Seifenlgst.
Montmorillonit (Forts.)	$n_\alpha \sim 1,49$ * $n_\beta=1,50...1,56$ $n_\gamma=1,50...1,56$	$2V_\alpha=7°...27°$ $\Delta 0,025$	(−) AE (010) $n_\alpha \sim \perp(001)$	—	In Walkerden, Bentoniten, Tonen u. Böden. Umwandl.-prod. v. vulk. Gläsern
Mullit (Forts.)	$n_\alpha \sim 1,642$ $n_\beta \sim 1,644$ $n_\gamma \sim 1,654$	$2V_\gamma=45°...50°$ $\varrho > v$ $\Delta 0,012$	(+) AE (010) $n_\gamma \| c$	n_α u. n_β=fbl. n_γ=rosa (Ti-haltig)	Hauptkomponente v. Porzellan u. anderen keramischen Massen; kontaktmet. in Tonbrocken im Basalt
Muskovit (Forts.)	$n_\alpha=1,552...1,57$ $n_\beta=1,582...1,60$ $n_\gamma=1,588...1,61$	$2V_\alpha=35°...50°$ $\varrho > v$ $\Delta 0,036...0,054$	(−) AE $\perp$ (010) $n_\alpha \| b$ $n_\alpha/c\,1/3°...2°$	n_α=fbl. n_β u. n_γ=selten blaß gelblich	Häufigster Glimmer. Eruptivgest. (Granite). In metam. Gest. Große Krist. in Pegmatiten. Sek. in Sedimenten
Natrolith (Forts.)	$n_\alpha=1,4789$ $n_\beta=1,4822$ $n_\gamma=1,4911$	$2V_\gamma=63°\,03'$ $\Delta 0,012$	(+) AE (010) $n_\gamma \| c$	—	Hydrotherm. i. Hohlräumen u. Klüften v. Phonolithen, Basalten, auch Syeniten

* Brechzahlen abhängig vom Einbettungsmittel!

2. Zusammenfassende Tabellen

Mineral und Formel	Krist.-Syst.	Krist.-Kl. und Raumgruppe	Gitterkonstanten	Spaltbarkeit	Härte nach Mohs	Dichte in g·cm⁻³	Farbe	Strich	Glanz	Optische Hauptgruppe
Nephelin (Na, K)[AlSiO$_4$] Im Idealfall Na:K=3:1	hex.	6 C_6^6	$a_0=10,01$ $c_0=8,41$	(10$\bar{1}$0) uv. (0001) uv.	5,5...6	2,619	fbl. u. klar, trübe, weiß, grau u. verschied. gef.	—	Glasgl., Bruchfl.= Fettgl.	opt. einachs.
Nitrokalit (Kalisalpeter) KNO$_3$	orh.	mmm D_{2h}^{16}	$a_0=5,43$ $b_0=9,19$ $c_0=6,46$	(011) v. (010) d. (110) d.	2	2,1	fbl., weiß, grau	—	Glasgl.	opt. zweiachs.
Nitronatrit (Natronsalpeter) NaNO$_3$	trig.	$\bar{3}m$ D_{3d}^6	$a_0=5,07$ $c_0=16,81$	(10$\bar{1}$1) v. 73° 37'	1,5...2	2,27	fbl., wenig gef.	—	Glasgl.	opt. einachs.
Olivin (Mg, Fe)$_2$[SiO$_4$] Mg-Endgl.=Forsterit Fe-Endgl.=Fayalit	orh.	mmm D_{2h}^{16}	$a_0=6,01$ $b_0=4,78$ $c_0=10,30$	(010) d. (100) uv.	6,5...7	3,4	durchs., grünl...gelbl... rotbraun	weiß	Glasgl., Bruchfl.= Fettgl.	opt. zweiachs.
Opal SiO$_2$ + aq.	am.	—	—	—	5,5...6,5	2,1...2,2	durchs... durchschein. versch. gef.	—	Glasgl... Wachsgl.	opt. isotrop
Orthoklas K[AlSi$_3$O$_8$]	mkl.	$2/m$ C_{2h}^3	$a_0=8,562$ $b_0=12,996$ $c_0=7,193$ β 116°01'	(001) v. (010) wgr.v.	6	2,53...2,56	durchs., trüb, weiß, gelb, rötl., grünl.	—	(001) Perlm.-Gl., sonst Glasgl.	opt. zweiachs.
Pentlandit (Ni, Fe)$_9$S$_8$ Ni:Fe~1:1	kub.	$m3m$ O_h^5	$a_0=10,04$	(111) d.	3,5...4	4,6...5	hbräunl.	schwarz	Mtgl.	opt. isotrop
Polyhalit K$_2$Ca$_2$Mg[SO$_4$]$_4 \cdot$ 2H$_2$O	trikl. ps.orh.	$\bar{1}$ C_i^1	$a_0=6,96$ $b_0=6,97$ $c_0=8,97$ $\alpha=104°30'$ $\beta=101°30'$ $\gamma=113°54'$	(10$\bar{1}$) v. Querabsg. ~∥(010)	3,5	2,78	fbl, weiß, grau, blaß... ziegelrot	—	Glasgl... Harzgl.	opt. zweiach.

231. Minerale

Mineral und Formel	Brechzahlen	Opt. Achsenwinkel 2V maxim. Doppelbrechung Δ	Optische Orientierung	Pleochroismus	Vorkommen
Nephelin (Forts.)	$n_\omega = 1{,}537$ $n_\varepsilon = 1{,}533$	$\Delta\ 0{,}004$	$(-)$	—	In Eruptivgest. Durch Entm. v. KAlSiO$_4$ od. and. Umwandlprod. getrübt = Eläolith
Nitrokalit (Kalisalpeter) (Forts.)	$n_\alpha = 1{,}335$ $n_\beta = 1{,}505$ $n_\gamma = 1{,}506$	$2V_\alpha = 7°$ $\varrho < v$ $\Delta\ 0{,}171$	$(-)$ AE (100) $n_\alpha \| c$	—	Untergeordnet auf den Salpeter-Lgst. Chiles, Höhlenprodukt
Nitronatrit (Natronsalpeter) (Forts.)	$n_\omega = 1{,}585$ $n_\varepsilon = 1{,}337$ $n'_\varepsilon(10\bar{1}1) = 1{,}467$	$\Delta\ 0{,}248$	$(-)$	—	Hauptvorkommen i. d. Salpeterlagern in Chile
Olivin (Forts.)	$n_\alpha = 1{,}635\ldots1{,}686$ $n_\beta = 1{,}651\ldots1{,}707$ $n_\gamma = 1{,}670\ldots1{,}726$	$2V_\alpha = 94°\ldots83°$ $\varrho < v \| \varrho > v$ $\Delta\ 0{,}035\ldots0{,}040$	$(\pm)$ AE (100) $n_\gamma = b$	$n_\alpha =$ grünlichgelb $n_\beta =$ orangegelb $n_\gamma =$ grünlichgelb	Magmat. in bas. Eruptivgest.; kontaktmetam., metam.; in Meteoriten, Schlacken
Opal (Forts.)	$n = 1{,}3\ldots1{,}45$	—	—	—	Hydrotherm., biogen
Orthoklas (Forts.)	$n_\alpha = 1{,}5168$ $n_\beta = 1{,}5202$ $n_\gamma = 1{,}5227$	$2V_\alpha = 66°\ 58'$ $\varrho > v$ $\Delta\ 0{,}006$	$(-)$ AE $\perp$ (010) auch $\|$ (010) auf (010) $n_\alpha/a\ 5°$	—	In Eruptivgest., Gneisen u. Sedimentgest. In Pegmatiten, auf Klüften (Adular)
Pentlandit (Forts.)	$R_\text{grün} = 51\%$ $R_\text{rot} = 51\%$	—	—	—	Liquidmagmat…pneumat. mit Magnetkies verwachsen. Wichtigstes Ni-Erz
Polyhalit (Forts.)	$n_\alpha = 1{,}547$ $n_\beta = 1{,}560$ $n_\gamma = 1{,}567$	$2V_\alpha = 62°$ $\varrho < v$ $\Delta\ 0{,}020$	$(-)$ auf (100): $n'_\alpha/(010) + 6°$ (010): $n'_\alpha/(100) - 13°$ (001): $n'_\alpha/(010) + 8°$	—	Metam. in Salzlgst.

2. Zusammenfassende Tabellen

Mineral und Formel	Krist.-Syst.	Krist.-Kl. und Raumgruppe	Gitterkonstanten	Spaltbarkeit	Härte nach Mohs	Dichte in g·cm^{-3}	Farbe	Strich	Glanz	Optische Hauptgruppe
Pyrit (Eisenkies, Schwefelkies) FeS_2	kub.	$2/m\bar{3}$ T_h^6	$a_0 = 5{,}41\ldots5{,}42$	(100) uv.	6…6,5	5…5,2	speisgelb… goldgelb	schwarz… grünl.	Mtgl. undurchs.	opt. isotrop
Pyrolusit β-$MnO_{2,00-1,88}$ (gut ausgeb. Kristalle = Polianit)	tetr.	$4/mmm$ D_{4h}^{14}	$a_0 = 4{,}39$ $c_0 = 2{,}87$	(110) v.	6…6,5 (Pol.); 6…2 (Pyr.)	5,06 (Pol.); 4,4…5,0 (Pyr.)	schwarz (Pol.); eisengrau… schwarz abfärbend (Pyr.)	schwarz	Mtgl.	opt. einachs.
Pyrop $Mg_5Al_2[SiO_4]_3$	kub.	$m3m$ O_h^{10}	$a_0 = 11{,}53$	—	6,5…7,5	~3,5	blutrot	—	Glasgl… Fettgl.	opt. isotrop
Quarz SiO_2 $<573°C$	trig.	32 D_3^4	$a_0 = 4{,}9130$ $c_0 = 5{,}4045$	—	7	2,65	fbl, weiß, trübe u. versch. gef.	—	Glasgl., Bruchfl. = Fettgl.	opt. einachs.
Realgar As_4S_4	mkl.	$2/m$ C_{2h}^5	$a_0 = 9{,}29$ $b_0 = 13{,}53$ $c_0 = 6{,}57$ $\beta = 106°33'$	(010) v.	1,5…2	3,5…3,6	rot, durchschein.	or.-gelb	Diamantgl.	opt. zweiachs.
Rotnickelkies (Nickelin) $NiAs$	hex.	$6/mmm$ D_{6h}^4	$a_0 = 3{,}58$ $c_0 = 5{,}11$	$(10\bar{1}0)$ uv. (0001) uv.	5,5	7,3…7,7	lichtkupferrot	bräunl.-schwarz	Mtgl. matt	opt. einachs.
Rutil TiO_2	tetr.	$4/mmm$ D_{4h}^{14}	$a_0 = 4{,}59$ $c_0 = 2{,}96$	(110) v. (100) d.	6…6,5	4,2…4,3	rot, braun… schwarz	gelbl.braun	metallartiger Diamantgl. Fettgl.	opt. einachs.

231. Minerale

Mineral und Formel	Brechzahlen	Opt. Achsenwinkel $2V$ maxim. Doppelbrechung Δ	Optische Orientierung	Pleochroismus	Vorkommen
Pyrit (Eisenkies, Schwefelkies) (Forts.)	$R_{grün} = 54\%$ $R_{rot} = 52,5\%$	—	—	—	Durchläufermineral. In Kieslagern. Hydrotherm., sed. In manch. Eruptivgest.
Pyrolusit (Forts.)	$\bar{R} = 55...40\%$ (Pol.) $\bar{R} = 55...30\%$ (Pyr.)	An.-Eff. sehr stark...stark	—	—	Hydrisch, Oxydationszone Mn-halt. Lgst. u. Gest. Sed. Wicht. Mn-Erz.
Pyrop (Forts.)	$n \sim 1,70$	—	—	—	Aus Serpentingest. (Böhmische Granate); im Kimberlit u. in Diamantseifen
Quarz (Forts.)	$n_\omega = 1,54425$ Na $n_\varepsilon = 1,55336$ Na	Δ 0,009	(+) zirkularpolarisierend	—	Gest.bildend in Eruptiven, krist. Schiefern u. Sedimentgest. Hydrotherm. in Gängen
Realgar (Forts.)	$n_\alpha = 2,46$ Li $n_\beta = 2,59$ Li $n_\gamma = 2,61$ Li	$2V_\alpha \simeq 40°$ Δ 0,15	(−) $n_\beta \| b$ n_α/c 11°	$n_\alpha =$ fast fbl...orangerot n_β, $n_\gamma =$ blaßgoldgelb...zinnoberrot	Hydrotherm. auf Erzgängen, Verwitt.prod. von As-Erzen
Rotnickelkies (Nickelin) (Forts.)	grün rot $n_\omega = 1,46$ 1,05 $n_\varepsilon = 1,36$ 1,93 $\varkappa_\omega = 1,59$ 2,37 $\varkappa_\varepsilon = 1,46$ 2,46 $R_\omega = 48,9\%$ 59,5% $R_\varepsilon = 42,8\%$ 58,5%	An.-Eff. sehr stark $\Delta_{grün}$ 0,10 Δ_{rot} 0,88	(−)	Birefl. $\Delta R_{grün}$ 6,1 ΔR_{rot} 1,0	Auf hydrotherm. Gängen mit Co-Ni-Erzen
Rutil (Forts.)	$n_\omega = 2,616$ $n_\varepsilon = 2,903$	Δ 0,287	(+)	$n_\omega =$ gelb...bräunl.gelb $n_\varepsilon =$ braungelb...gelbgrün, dkl.blutrot	Pegm., hydrotherm., metam. u. in Seifen

Mineral und Formel	Krist.-Syst.	Krist.-Kl. und Raumgruppe	Gitterkonstanten	Spaltbarkeit	Härte nach Mohs	Dichte in g·cm^{-3}	Farbe	Strich	Glanz	Optische Hauptgruppe
Sanidin $K[AlSi_3O_8]$ Hochtemp.-Mod.	mkl.	$2/m$ C_{2h}^3	$a_0 = 8,56$ $b_0 = 13,03$ $c_0 = 7,175$ $\beta = 115° 59'$	(001) v. (010) wgr. v.	6	2,53…2,56	glasig, trüb fbl…blaßgelbl, blaßgrau	—	(001): Perlm.-Gl. sonst st. Glasgl.	opt. zweiachs.
Sassolin $B(OH)_3$	trikl.	$\bar{1}$ C_i^1	$a_0 = 7,04$ $b_0 = 7,05$ $c_0 = 6,58$ $\alpha = 92° 35'$ $\beta = 101° 10'$ $\gamma = 119° 50'$	(001) v.	1	1,48	weiß, blaßgrau	—	Perlm.-Gl.	opt. zweiachs.
Scheelit $Ca[WO_4]$	tetr.	$4/m$ C_{4h}^6	$a_0 = 5,25$ $c_0 = 11,40$	(111) d. (101) uv.	4,5…5	5,9…6,1	grauweiß… gelbl.	—	Fettgl… Diamantgl.	opt. einachs.
Schwefel α-S	orh.	mmm D_{2h}^{24}	$a_0 = 10,44$ $b_0 = 12,84$ $c_0 = 24,37$	—	1,5…2	2,06	gelb, wachsgelb… braun	weiß	Diamant-gl…. Fettgl.	opt. zweiachs.
Siderit (Eisenspat) $FeCO_3$	trig.	$\bar{3}m$ D_{3d}^6	$a_{rh} = 6,03$ $\alpha = 103° 05'$	(10$\bar{1}$1) v. 73°	4…4,5	3,89	gelbweiß… gelbbraun	—	Glasgl… Perlm.-Gl. metall. anlaufend	opt. einachs.
Silber Ag	kub.	$m3m$ O_h^5	$a_0 = 4,0856$	—	2,5…3	9,6…12 rein: 10,5	silberweiß, gelbl, graubraun anlaufend	silberweiß	Mtgl.	opt. isotrop
Smithsonit (Zinkspat) $ZnCO_3$	trig.	$\bar{3}m$ D_{3d}^6	$a_{rh} = 5,88$ $\alpha = 103° 30'$	(10$\bar{1}$1) v. 72° 20'	5	4,3…4,5	fbl, gelbl, braun, grau, grünl.	—	Glasgl… Perlm.-Gl.	opt. einachs.
Soda (Natron) $Na_2CO_3 \cdot 10H_2O$	mkl.	$2/m$ C_{2h}^6	$a_0 = 12,76$ $b_0 = 9,01$ $c_0 = 13,47$ $\beta = 122° 48'$	(100) d. (010) uv.	1…1,5	1,42…1,47	fbl, weiß, grau, gelbl.	—	Glasgl. durchs… durchschein.	opt. zweiachs.

231. Minerale

Mineral und Formel	Brechzahlen	Opt. Achsenwinkel $2V$ maxim. Doppelbrechung Δ	Optische Orientierung	Pleochroismus	Vorkommen
Sanidin (Forts.)	$n_\alpha = 1,5203$ $n_\beta = 1,5248$ $n_\gamma = 1,5250$	$2V_\alpha \cong 10°\ldots 20°$ $\varrho \lessgtr v$ $\Delta\, 0,005$	$AE \parallel$ u. $\perp (010)$ $n_\alpha/a\ 0°\ldots 9°$ $(-)$	—	Magmat. i. SiO_2-reichen Ergußgest.
Sassolin (Forts.)	$n_\alpha = 1,340$ $n_\beta = 1,456$ $n_\gamma = 1,459$	$2V_\alpha = 7°$ $\Delta\, 0,119$	$AE \sim (010)$ $n_\alpha \sim \parallel c$ $(-)$	—	Sublimationsprod. v. Fumarolen, Absätze heißer Quellen
Scheelit (Forts.)	$n_\omega = 1,9185$ $n_\varepsilon = 1,9345$	$\Delta\, 0,0160$	$(+)$	—	Pegm.-pneumat., hydrotherm., Begl. v. Sn-Erz.
Schwefel (Forts.)	$n_\alpha = 1,960$ $n_\beta = 2,040$ $n_\gamma = 2,248$	$2V_\gamma = 69°\ 5'$ $\varrho < v$ $\Delta\, 0,288$	$AE \parallel (010)$ $n_\gamma \parallel c$ $(+)$	—	Vulk. Exhalationen; sed. d. Reduktion organ. Substanz.
Siderit (Eisenspat) (Forts.)	$n_\omega = 1,875$ $n_\varepsilon = 1,633$ $n'_\varepsilon(10\bar{1}1) = 1,747$	$\Delta\, 0,242$	$(-)$	Absorpt. $n_\varepsilon < n_\omega$	Pegm.-pneumat., hydrotherm. u. sed.
Silber (Forts.)	$n = 0,181$ Na $\varkappa = 20,3$ Na $R_\text{grün} = 95,5\%$ $R_\text{rot} = 93\%$	—	—	—	Hydrotherm. u. aszendent zementativ i. Silber-Lgst.; auch sed.
Smithsonit (Zinkspat) (Forts.)	$n_\omega = 1,849$ $n_\varepsilon = 1,621$ $n'_\varepsilon(10\bar{1}1) = 1,733$	$\Delta\, 0,228$	$(-)$	—	In der Verwitterungszone von ZnS i. Verbindung mit Kalken
Soda (Natron) (Forts.)	$n_\alpha = 1,405$ $n_\beta = 1,425$ $n_\gamma = 1,440$	$2V_\alpha = $ groß $\varrho > v$ (gekreuzt) $\Delta\, 0,035$	$AE \perp (010)$ $n_\alpha \parallel b$ $n_\beta/c\ 41°$ $(-)$	—	In Natronseen. Ausblühung des Bodens

2. Zusammenfassende Tabellen

Mineral und Formel	Krist.-Syst.	Krist.-Kl. und Raumgruppe	Gitterkonstanten	Spaltbarkeit	Härte nach Mohs	Dichte in g · cm⁻³	Farbe	Strich	Glanz	Optische Hauptgruppe
Speiskobalt (Skutterudit) $CoAs_3$	kub.	$2/m\bar{3}$ T_h^5	$a_0 = 8,21...8,29$	—	5,5...6	6,5	zinnweiß... hstahlgrau, dkl. anlaufend	grauschwarz	Mtgl.	opt. isotrop
Sperrylith $PtAs_2$	kub.	$2/m\bar{3}$ T_h^6	$a_0 = 5,94$	—	6...7	10,6	zinnweiß	schwarz	st. Mtgl.	opt. isotrop
Spinell (Magnesiospinell) $MgAl_2O_4$ $Mg \to Fe$	kub.	$m3m$ O_h^7	$a_0 = 8,102$	(111) uv.	8	3,6	fbl. u. in allen Farben	—	Glasgl.	opt. isotrop
Spodumen $LiAl[Si_2O_6]$	mkl.	$2/m$ C_{2h}^6	$a_0 = 9,52$ $b_0 = 8,32$ $c_0 = 5,25$ $\beta = 110°\,28'$	(110) v. ~87°	6...7	3,12...3,2	aschgrau, grünl.-weiß, gelb, grün u. viol.	—	hoher Glasgl.	opt. zweiachs.
Steinsalz (Halit) $NaCl$	kub.	$m3m$ O_h^5	$a_0 = 5,6404 \pm 0,0001$	(100) v. $T=(110)$	2	2,1...2,2	fbl. u. rot, gelb, grau, blau gef.	—	Glasgl.	opt. isotrop
Strontianit $SrCO_3$	orh.	mmm D_{2h}^{16}	$a_0 = 5,13$ $b_0 = 8,42$ $c_0 = 6,09$	(110) d.	3,5	3,7	fbl, graul, gelbl, grünl.	—	Glasgl. fettartig durchs... durchschein.	opt. zweiachs.
Sylvin KCl	kub.	$m3m$ O_h^5	$a_0 = 6,29$	(100) v. $T=(110)$	2	1,9...2	fbl. u. gef., trübe	—	Glasgl. durchs... durchschein.	opt. isotrop
Talk $Mg_3[(OH)_2Si_4O_{10}]$	mkl.	$2/m$ C_{2h}^3	$a_0 = 5,27$ $b_0 = 9,12$ $c_0 = 18,85$ $\beta = 100°\,00'$	(001) s.v.	1	2,7...2,8	weiß, grünl. u.a. Farben	—	Perlm.-Gl.	opt. zweiachs.
Tantalit $(Fe, Mn)(Ta, Nb)_2O_6$	orh.	mmm D_{2h}^{14}	$a_0 \approx 5,7$ $b_0 \approx 14,3$ $c_0 \approx 5,1$	(100) d.	6...6,5	8,2	eisenschwarz... bräunl.-schwarz	bräunl.-schwarz	pechart. Mtgl.	opt. zweiachs.
Tetraedrit (Fahlerz) $Cu_{12}Sb_4S_{13}$	kub.	$\bar{4}3m$ T_d^3	$a_0 = 10,34$	—	3...4	4,99...5,1	stahlgrau mit olivfarbenen Stich	schwarz... rotbraun	Mtgl.	opt. isotrop

Mineral und Formel	Brechzahlen	Opt. Achsenwinkel $2V$ maxim. Doppelbrechung Δ	Optische Orientierung	Pleochroismus	Vorkommen
Speiskobalt (Skutterudit) (Forts.)	$R_{grün}=60,0\%$ $R_{rot}=51,0\%$	—	—	—	Hydrotherm., auf Co-Ni-Ag-Lgst. Wicht. Co-Erz
Sperrylith (Forts.)	R ca. 56%	—	—	—	Magmat. mit Magnetkies in bas. Tiefengest. Pt-Träger der Ni-Magnetkieslgst.
Spinell (Magnesiospinell) (Forts.)	$n=1,715...4,785$*	—	—	—	Kontaktmetam. In Silikatschmelzen. Edelstein
Spodumen (Forts.)	$n_\alpha=1,65...1,668$ $n_\beta=1,66...1,674$ $n_\gamma=1,676...1,681$	$2V_\gamma=50°...70°$ $\varrho<v$ $\Delta 0,025...0,013$	$(+)$ AE (010) $n_\gamma/c\ 23°...27°$	Absorption $n_\alpha > n_\beta > n_\gamma$	Auf pegm. Gängen, in Granit u. Gneis. Klar u. durchs. wertvoller Edelstein (viol.=Kunzit, grün=Hiddenit)
Steinsalz (Halit) (Forts.)	$n=1,5441$	—	—	—	Sed. in Steinsalzlgst., vulk. Sublimationsprod.
Strontianit (Forts.)	$n_\alpha=1,516$ $n_\beta=1,664$ $n_\gamma=1,666$	$2V_\alpha=7°$ $\varrho<v$ $\Delta 0,150$	$(-)$ AE (010) $n_z \| c$	—	Auf Erzgängen. Ausscheidung in Mergeln
Sylvin (Forts.)	$n=1,4930$ für 346 mµ	—	—	—	Exhalationsprodukt. In Kalisalzlagern metam. aus Carnallit
Talk (Forts.)	$n_\alpha=1,538...1,545$ $n_\beta=?\ ...1,589$ $n_\gamma=1,575...1,590$	$2V_\alpha=0°...30°$ $\varrho>v$ $\Delta 0,03...0,05$	$(-)$ AE (100) $n_\alpha \sim \perp (001)$	—	Metam., hydrotherm....metasom. Umwandlungsprod. v. Olivin, Enstatit u. ähnl. Mg-Silikaten
Tantalit (Forts.)	$n_\alpha=2,26$ $n_\beta=2,32$ $n_\gamma=2,43$	$2V_\gamma=$ groß $\varrho<v$ $\Delta 0,17$	$(+)$ AE (100) $n_\gamma \| c$	dkl.-rot Absorption $n_\alpha < n_\beta < n_\gamma$	In Granitpegmatiten. Rohmaterial zur Tantalgewinnung
Tetraedrit (Fahlerz) (Forts.)	$R_{grün}=27\%$ $R_{rot}=20,5\%$	—	—	—	In hydrotherm. Gängen; sed.

* Mg:Fe=1:0,9.

2. Zusammenfassende Tabellen

Mineral und Formel	Krist.-Syst.	Krist.-Kl. und Raumgruppe	Gitterkonstanten	Spaltbarkeit	Härte nach Mohs	Dichte in g·cm^{-3}	Farbe	Strich	Glanz	Optische Hauptgruppe
Thuringit $\{[Fe^{2+}, Fe^{3+}, Al]_3 \ \{[(OH)_2Al_{1,2-2}Si_{2,8-2}O_{10}] \ [Mg, Fe, Fe^{3+}]_3(O, OH)_6$	mkl.	$2/m$	$a_0 = 5,39$ $b_0 = 9,33$ $c_0 = 14,10$ $\beta = 97°\ 20'$	(001) s.v.	1…2	3,2	grün… dkl.grün	graugrün	—	opt. zweiachs.
Topas $Al_2[F_2SiO_4]$	orh.	mmm D_{2h}^{16}	$a_0 = 4,65$ $b_0 = 8,80$ $c_0 = 8,40$	(001) v.	8	3,5…3,6	fbl, meist gef., weingelb, blau, grün	—	Glasgl.	opt. zweiachs.
Turmalin $XY_3Z_6[(OH, F)_4(BO_3)_3Si_6O_{18}]$ wobei für: $X = Na, Ca$ $Y = Li, Al, Mg, Fe^{2+}, Mn$ $Z = Al, Mg, tritt$	trig.	$3m$ C_{3v}^5	$a_0 = 15,84$ } fbl. $c_0 = 7,10$ $a_0 = 16,03$ } schwz. $c_0 = 7,15$	—	7	3…3,25	durchs.… undurchs., verschied. gef., schwarz (Schörl)	—	Glasgl., pechartig	opt. einachs.
Uraninit (Uranpecherz) UO_2	kub.	$m3m$ O_h^5	$a_0 = 5,449…$ 5,510	—	4…6	10,3…10,9	undurchs., pechschwarz, bräunl.	dkl.grün… bräunl.-schwarz	Pech-… Fettgl., matt	opt. isotrop
Vanadinit $Pb_5[Cl(VO_4)_3]$	hex.	$6/m$ C_{6h}^2	$a_0 = 10,49$ $c_0 = 7,44$	—	3	6,8…7,1	gelb, braun, or.rot	weißl.… rötl.gelb	Diamantgl.	opt. einachs.
Vermiculit $\{[Mg, Fe, Al]_3[(OH)_2(Si, Al)_4]O_{10}\}^{0,44-}\cdot Mg_{0,32}(H_2O)_4$	mkl. ps.hex.	m C_s^4	$a_0 = 5,33$ $b_0 = 9,18$ $c_0 = 28,90$ $\beta = 97°$	(001) v.	1…2	2,75	weißl. gelbl., grünl., bräunl.… bronzefarben	—	—	opt. zweiachs.
Willemit $Zn_2[SiO_4]$	trig.	$\bar{3}$ C_{3i}^2	$a_0 = 13,96$ $c_0 = 9,34$	(0001) d. (11$\bar{2}$0) d.	5,5	4,0…4,2	fbl. u. versch. gef., oft grüngelb	—	fettiger Glasgl.	opt. einachs.
Wismut Bi	trig.	$\bar{3}m$ D_{3d}^5	$a_0 = 4,55$ $c_0 = 11,85$	(0001) v. (02$\bar{2}$1) d.	2…2,5	9,7…9,8	rötl.…silberweiß, oft bunt angelaufen	bleigrau	undurchs. Mtgl.	opt. einachs.
Wismutglanz (Bismuthinit) Bi_2S_3	orh.	mmm D_{2h}^{16}	$a_0 = 11,15$ $b_0 = 11,29$ $c_0 = 3,98$	(010) s.v.	2	6,78…6,81	bleigrau… zinnweiß	grau metallglä.	Mtgl.	opt. zweiachs.

Mineral und Formel	Brechzahlen	Opt. Achsenwinkel $2V$ maxim. Doppelbrechung Δ	Optische Orientierung	Pleochroismus	Vorkommen
Thuringit (Forts.)	$n_\beta = 1{,}65...1{,}68$	$2V_\alpha =$ klein $\varrho > v$ $\Delta\ 0{,}008$	$(-)$ $n_\alpha/c\ 5°...7°$	stark $n_\alpha =$ fast fbl. n_β u. $n_\gamma =$ dkl.grün	Metam. aus sed. Fe-Erzen, auf Klüften
Topas (Forts.)	$n_\alpha = 1{,}607...1{,}629$ $n_\beta = 1{,}610...1{,}630$ $n_\gamma = 1{,}617...1{,}638$	$2V_\gamma = 48°...67°$ $\varrho > v$ $\Delta\ 0{,}008...0{,}010$	$(+)$ AE (010) $n_\gamma \| c$	—	Vorw. pneumat. in der Granitgefolgschaft. Edelstein
Turmalin (Forts.)	$n_\omega = 1{,}63...1{,}69$ $n_\varepsilon = 1{,}61...1{,}65$	$\Delta\ 0{,}015...0{,}046$	$(-)$	Absorption $n_\omega \gg n_\varepsilon$	Vorw. pneumat.-pegm., bes. geknüpft an Granite. Kontaktmineral. In Sedimenten
Uraninit (Uranpecherz) (Forts.)	$R_\text{grün} = 15\%$ $R_\text{or.} = 12{,}5\%$ $R_\text{rot} = 12{,}5\%$	—	—	—	Besond. i. Pegmatiten u. hydrotherm. Gängen
Vanadinit (Forts.)	$n_\omega = 2{,}416$ $n_\varepsilon = 2{,}350$	$\Delta\ 0{,}066$	$(-)$	Absorption $n_\varepsilon < n_\omega$	Oxydationszone v. Pb-Lgst.
Vermiculit (Forts.)	$n_\alpha = 1{,}540$ $n_\beta = 1{,}560$ $n_\gamma = 1{,}560$	$2V_\alpha = 0°...8°$ $\Delta\ 0{,}020$	$(-)$ AE (?) $n_\alpha \perp (001)$	$n_\alpha =$ fbl...gelbl. n_β, $n_\gamma =$ zart gelbgrün	Kontaktmetam., hydrotherm., Verwitterungsprod. (besond. v. Biotiten)
Willemit (Forts.)	$n_\omega = 1{,}691$ $n_\varepsilon = 1{,}719$	$\Delta\ 0{,}028$	$(+)$	—	Oxydationszone v. Zn-Lgst., metam. (Franklin)
Wismut (Forts.)	$\bar{R}_\text{grün} = 67{,}5\%$ $\bar{R}_\text{rot} = 65\%$	—	—	—	Pegm.-pneumat., hydrotherm. Mit Sn-Erz auf Co-Ni-Ag-Erzgängen
Wismutglanz (Bismuthinit) (Forts.)	R_α R_γ grün: $41{,}46\%$ $54{,}51\%$ rot : $39{,}60\%$ $49{,}18\%$	An.-Eff. stark	—	—	Hydrotherm. In d. Zinnstein- u. Ag-Co-Formation in den Ag-Sn-Bi-Gängen Boliviens. Exhalat. auf Vulcano

2. Zusammenfassende Tabellen

Mineral und Formel	Krist.-Syst.	Krist.-Kl. und Raumgruppe	Gitterkonstanten	Spaltbarkeit	Härte nach Mohs	Dichte in g·cm^{-3}	Farbe	Strich	Glanz	Optische Hauptgruppe
Wolframit $(Mn, Fe)[WO_4]$	mkl.	$2/m$ C_{2h}^4	$a_0 = 4{,}79$ $b_0 = 5{,}74$ $c_0 = 4{,}99$ $\beta = 90°\,26'$	(010) v.	5...5,5	7,14...7,54	dkl.braun... schwarz	gelbbraun... tiefbraun	Mtgl... fettig	opt. zweiachs.
Wollastonit (−1T) $Ca_3[Si_3O_9]$	trikl. ps. mkl.	$\bar{1}$ C_i^1	$a_0 = 7{,}94$ $b_0 = 7{,}32$ $c_0 = 7{,}07$ $\alpha = 90°\,02'$ $\beta = 95°\,22'$ $\gamma = 103°\,26'$	(100) v. (001) v.	4,5..5	2,8...2,9	weiß od. blaß gef.	—	Glasgl. Seidengl.	opt. zweiachs.
Wulfenit (Gelbbleierz) $Pb[MoO_4]$	tetr.	4	$a_0 = 5{,}42$ $c_0 = 12{,}10$	(111) d.	3	6,7...6,9	gelb...or.	weiß... hgrau	Diamant... Harzgl.	opt. einachs.
Wurtzit β-ZnS $>1020\,°C$	hex.	$6mm$ C_{6v}^4	$a_0 = 3{,}85$ $c_0 = 6{,}29$	($10\bar{1}0$) v. (0001) v....d.	3,5...4	4,0	hell... dkl.braun	lichtbraun	Glasgl.	opt. einachs.
Zinkblende (Sphalerit) α-ZnS	kub.	$\bar{4}3m$ T_d^2	$a_0 = 5{,}43$	(110) v.	3,5...4	3,9...4,2 rein: 4,06	braun, gelb, rot, grün, schwarz	braun... gelb.weiß	halbmet. Diamantgl. Glasgl.	opt. isotrop
Zinkit (Rotzinkerz) ZnO	hex.	$6mm$ C_{6v}^4	$a_0 = 3{,}25$ $c_0 = 5{,}19$	(0001) v. ($10\bar{1}0$) d.	4,5...5	5,4...5,7	blutrot	or.gelb	Diamantgl.	opt. einachs.
Zinnkies (Stannin) Cu_2FeSnS_4	tetr.	$\bar{4}2m$ D_{2d}^{11}	$a_0 = 5{,}47$ $c_0 = 10{,}74$	(110) uv.	4	4,3...4,5	stahlgrau (grünl.)	schwarz	Mtgl.	opt. einachs.
Zinnober (Cinnabarit) HgS	trig.	32 D_3^4	$a_0 = 4{,}146$ $c_0 = 9{,}497$	($10\bar{1}0$) v.	2...2,5	8,18	rot; bräunl... schwarz	rot	Diamantgl.	opt. einachs.
Zirkon $Zr[SiO_4]$ gelbrot = Hyazinth	tetr.	$4/mmm$ D_{4h}^{19}	$a_0 = 6{,}59$ $c_0 = 5{,}94$	(110) uv.	7,5	3,9...4,8	braun, braunrot, gelb, grau, grün, durchs....trüb	—	Diamantgl., Bruchfläche Fettgl.	opt. einachs.

231. Minerale

Mineral und Formel	Brechzahlen	Opt. Achsenwinkel $2V$ maxim. Doppelbrechung Δ	Optische Orientierung	Pleochroismus	Vorkommen
Wolframit (Forts.)	$n_\alpha = 2{,}26$ Li $n_\beta = 2{,}32$ Li $n_\gamma = 2{,}42$ Li	$2V_\gamma = 78{,}5°$ $\Delta 0{,}16$	$(+)$ AE $\perp$ (010) $n_\gamma/c\ 17°\ldots21°$ (mit Mn-Geh. zunehmend)	Absorption $n_x > n_\beta > n_\gamma$	Pegm. u. pneumat. in Verbindung mit Graniten. In Seifen. Wolframerz
Wollastonit (Forts.)	$n_\alpha = 1{,}619$ $n_\beta = 1{,}632$ $n_\gamma = 1{,}634$	$2V_\alpha = 35°\ldots40°$ $\varrho > v$ $\Delta 0{,}015$	$(-)$ AE (010) $n_\alpha/c\ 32°$	—	Kontaktmetam., besonders in Kalken
Wulfenit (Gelbbleierz) (Forts.)	$n_\omega = 2{,}405$ $n_\varepsilon = 2{,}283$	$\Delta 0{,}122$	$(-)$	—	In d. Oxylationszone von Bleiglanz-Lgst.
Wurtzit (Forts.)	$n_\omega = 2{,}356$ $n_\varepsilon = 2{,}378$	$\Delta 0{,}022$	$(+)$	—	Mit Zinkblende in Schalenblende, Hüttenprodukt
Zinkblende (Sphalerit) (Forts.)	$n = 2{,}369$ $R\text{grün} = 18{,}5\%$ $R\text{rot} = 18\%$	—	—	—	Pegm.-pneumat., hydrotherm., metasom., sed.
Zinkit (Rotzinkerz) (Forts.)	$n_\omega = 2{,}013$ $n_\varepsilon = 2{,}029$	$\Delta 0{,}016$	$(+)$	—	Metam., fast nur auf der Zn-Lgst. von Franklin N.J.; Hüttenprod. (dann gelblich))
Zinnkies (Stannin) (Forts.)	$\bar{R}\text{grün} = 23\%$ $\bar{R}\text{rot} = 19\%$	—	—	—	Hydrotherm.…pegm.
Zinnober (Cinnabarit) (Forts.)	$n_\omega = 2{,}913$ Na $n_\varepsilon = 3{,}272$ Na	$\Delta 0{,}359$	$(+)$	—	Hydrotherm. b. sehr niedrigen Temp. Wichtigstes Hg-Erz
Zirkon (Forts.)	$n_\omega = 1{,}960$ $n_\varepsilon = 2{,}01$	$\Delta 0{,}05$	$(+)$	—	In Eruptivgest. u. krist. Schiefern; in Sedimenten, Edelsteinseifen. Edelstein

2312. Mineralverzeichnis mit chemischen Formeln

Aus den insgesamt etwa 6300[1] vorhandenen Mineralnamen findet sich hier eine Auswahl von etwa 900. Minerale, die einer wichtigen Gruppe — z. B. Granate — angehören, sind unter dem Gruppennamen nochmals zusammen aufgeführt. Es sind nur häufigere Synonyme in die Liste aufgenommen. Mineral-Varietäten (V.) sind durch geringe chemische Unterschiede oder charakteristische Farbe und dergleichen besonders hervorgehobene Ausbildungen einer Mineralart (z. B. violetter Quarz = Amethyst). Für die mit einem (*) gekennzeichneten Minerale finden sich in Tabelle 2311 nähere Daten, die mit (†) bezeichneten Namen sind veraltet.

Achat	schichtig aufgebauter Chalcedon	Amblygonit	$LiAl[F\|PO_4]$
Adular	K-Feldspat-V. (Tieftemp.-Modif.)	Amesit	Serpentin-Gr., $(Mg_{3,2}Al_{2,0}Fe^{\cdot\cdot}_{0,8})$ $[(OH)_8\|Al_2Si_2O_{10}]$
Aegirin	Pyroxen-Gr., $NaFe^{\cdot\cdot\cdot}[Si_2O_6]$	Amethyst	violette Quarz-V., SiO_2
Afwillit	$Ca_3[SiO_3OH]_2 \cdot 2H_2O$	Amianth	feinfaseriger Amphibol
Agalmatolith	dichter Pyrophyllit	Amphibole:	
Akanthit*	Argentit, Silberglanz Ag_2S	Aktinolith Anthophyllit	
Åkermanit	Melilith-Gr., $Ca_2Mg[Si_2O_7]$	Arfvedsonit Barkevikit	
Akmit	Pyroxen-Gr., brauner Aegirin	Glaukophan Hornblende, basalt.	
Aktinolith*	Strahlstein, Amphibol-Gr., $Na_2Ca_4(Mg, Fe)_{10}$ $[(OH)_2O_2\|Si_{16}O_{44}]$	Hornblende, gem. Kaersutit Krokydolith	
Alabandin	Manganblende, α-MnS	Riebeckit Tremolit	
Alabaster	dichter Gips, $Ca[SO_4] \cdot 2H_2O$	Analbit	instabile (eingefrorene) K-haltige Albit-Hochtemp.-Modif. (trikl.)
Albit*	Na-Feldspat, Plagioklas-Endglied, $Na[AlSi_3O_8]$	Analcim	$Na[AlSi_2O_6] \cdot H_2O$
Alexandrit	Chrysoberyll-V., Al_2BeO_4	Anatas Anauxit	TiO_2 (D_{4h}^{19}) Kaolinit-Gr., $(Al, H_3)_4$ $[(OH)_8\|Si_4O_{10}]$
Allanit	s. Orthit	Andalusit	$Al^{[6]}Al^{[5]}[O\|SiO_4]$
Allemontit	Gemenge von Stibarsen mit As oder Sb	Andesin	Ca-Na-Feldspat, Plagioklas, $Ab_{70}An_{30}$ — $Ab_{50}An_{50}$
Allophan	Aluminiumsilikat mit Al:Si = 1:1	Andradit	Granat-Gr., $Ca_3Fe^{\cdot\cdot\cdot}_2[SiO_4]_3$
Almandin*	Granat-Gr., $Fe^{\cdot\cdot}_3Al_2[SiO_4]_3$	Anglesit*	$Pb[SO_4]$
Aluminit	$Al_2[(OH)_4\|SO_4] \cdot 7H_2O$	Anhydrit* Ankerit	$Ca[SO_4]$ $CaFe[CO_3]_2$
Alunit	$KAl_3[(OH)_6\|(SO_4)_2]$	Annabergit	Nickelblüte, $Ni_3[AsO_4]_2 \cdot 8H_2O$
Amazonenstein Amazonit	} grüner Mikroklin, $K[AlSi_3O_8]$		

---

[1] Ein vollständiges Verzeichnis mit chemischer Formel und Gitterkonstanten findet man in: H. STRUNZ u. CH. TENNYSON: Mineralogische Tabellen. 4. Aufl. Leipzig 1966. Diese Auflage konnte hier nur mehr zum Teil berücksichtigt werden.

Anorthit*	Ca-Feldspat, Plagioklas, Ca$[Al_2Si_2O_8]$, $Ab_{10}An_{90}$ — Ab_0An_{100}	Aventurinfeldspat	Plagioklas mit eingelagerten Glimmerschüppchen
Anorthoklas	Trikl. K-Na-Feldspat-Mischkristall	Aventurinquarz	Quarz mit eingelagerten Glimmerschüppchen
Anthophyllit	Amphibol-Gr., $(Mg, Fe)_7[OH\|Si_4O_{11}]_2$	Axinit	$Ca_2(Fe, Mn)AlAl[OH\|BO_3\|Si_4O_{12}]$
Antigorit	Serpentin-Gr., $Mg_6[(OH)_8\|Si_4O_{10}]$	Azurit*	Kupferlasur, $Cu_3[OH\|CO_3]_2$
Antimonglanz	s. Antimonit*	Baddeleyit	ZrO_2
Antimonit*	Antimonglanz, Stibnit, Sb_2S_3	Bandeisen	s. Taenit
Antimonocker	Roméit, $(Ca, NaH)Sb_2O_6(O, OH, F)$	Bariumfeldspat	s. Celsian u. Hyalophan
Antiperthit	Albit mit K-Feldspat-Spindeln	Barkevikit	Amphibol-Gr., $(Na, K)_{2-3}Ca_4$
Antlerit	$Cu_3[(OH)_4\|SO_4]$		$Mg_{4-6}Fe_{1-3}Ti_{0-2}$
Apatit*	$Ca_5[(F, Cl)(PO_4)_3]$		$(Fe^{\cdots}, Al)_{2-3}$
Apophyllit	$KCa_4[F\|(Si_4O_{10})_2] \cdot 8H_2O$		$[(O, OH)_4\|Al_2Si_{12}O_{44}]$
		Baryt*	Schwerspat, $Ba[SO_4]$
Aquamarin	Beryll-V. (hellblau), $Al_2Be_3[Si_6O_{18}]$	Barytocalcit	$BaCa[CO_3]_2$
Aragonit*	$CaCO_3$	Bastnäsit	$Ce[F\|CO_3]$
Arfvedsonit	Amphibol-Gr., $Na_5Ca(Fe^{\cdot\cdot}, Mg, Ti)_7Fe_2^{\cdots}[(OH)_4\|(Al, Fe^{\cdots})Si_{15}O_{44}]$	Bauxit	Gestein aus Böhmit, Hydrargillit, Diaspor u. a.
		Beidellit	$Al_{2,17}[(OH)_2\|Al_{0,83}Si_{3,17}O_{10}]^{0,32-}Na_{0,32}(H_2O)_4$
Argentit	Silberglanz, Akanthit*, Ag_2S		
Argyrodit	$4 Ag_2S \cdot GeS_2$	Benitoit	$BaTi[Si_3O_9]$
Arsen	Scherbenkobalt, As	Bentonit	Montmorillonitreicher Ton
Arsenkies*	Arsenopyrit, FeAsS		
Arsenolith	As_2O_3	Beraunit	$Fe_3^{\cdot\cdot}[(OH)_3\|(PO_4)_2] \cdot 2\frac{1}{2}H_2O$
Arsenopyrit	Arsenkies*, FeAsS		
Asbest	1. Serpentinasbest = Chrysotil 2. Hornblendeasbest	Bergholz Bergkork	z. T. Chrysotil, z. T. Palygorskit
		Bergkristall	farbloser, klarer Quarzkristall aus alpinen Klüften
Asbolan	Co-haltiger Wad		
Ascharit	Szaibelyit, Camsellit, $MgHBO_3$	Bergleder	verfilzter Palygorskit oder Chrysotil
Astrakanit	Blödit, $Na_2Mg[SO_4]_2 \cdot 4H_2O$	Bernstein	fossiles Harz, durchschn. Zus.: 78% C, 10% H, 11% O, S u. a.
Atacamit	$Cu_2(OH)_3Cl$		
Attapulgit	Palygorskit, $Mg_{2,5}[(H_2O)_2\|OH\|Si_4O_{10}] \cdot 2H_2O$	Berthierin	Serpentin-Gr., $(Fe^{\cdot\cdot}, Fe^{\cdots}, Al, Mg)_6[(OH)_8\|Al_{1,5}Si_{2,5}O_{10}]$
Augit*	Pyroxen-Gr., $Ca_{6,5}Na_{0,5}Fe^{\cdot\cdot}Mg_6(Al, Fe^{\cdots}, Ti)_2[Al_{1,5-3,5}Si_{14,5-12,5}O_{48}]$		
		Berthierit	$FeS \cdot Sb_2S_3$
		Bertrandit	$Be_4[(OH)_2\|SiO_4\|SiO_3]$
Auripigment*	As_2S_3		
Autunit	$Ca[UO_2\|PO_4]_2 \cdot 10(12-10)H_2O$	Beryll*	$Al_2Be_3[Si_6O_{18}]$
		Berzelianit	Cu_2Se

Betafit	(Ca, Ce, Y, U, Pb)(Nb, Ti, Ta)$_2$(O, OH)$_7$ (?)	Brochantit	Cu$_4$[(OH)$_6$|SO$_4$]
Bildstein	Agalmatolith, dichter Pyrophyllit	Bröggerit	Uraninit-V., reich an Th
Bindheimit	Pb$_{1-2}$Sb$_{2-1}$(O, OH, H$_2$O)$_{6-7}$	Bronzit	Pyroxen-Gr., (Mg, Fe)$_2$[Si$_2$O$_6$]
Biotit	Glimmer-Gr., K(Mg, Fe, Mn)$_3$[(OH, F)$_2$|AlSi$_3$O$_{10}$]	Brookit	TiO$_2$
		Brucit	Mg(OH)$_2$
		Brushit	CaH[PO$_4$] · 2H$_2$O
		Buntkupferkies	Bornit*, Cu$_5$FeS$_4$
Bischofit	MgCl$_2$ · 6H$_2$O	Bytownit	Ca-Na-Feldspat, Plagioklas, Ab$_{30}$An$_{70}$ — Ab$_{10}$An$_{90}$
Bismuthinit	Wismutglanz*, Bi$_2$S$_3$		
Bismutit	Bi$_2$[O$_2$|CO$_3$]		
Bitterspat	Epsomit, Mg[SO$_4$] · 7H$_2$O		
Bitterspat	Magnesit*, MgCO$_3$ (z. T. auch Dolomit)	Calaverit	(Au, Ag)Te$_2$
		Calcit*	Kalkspat, CaCO$_3$
		Calderit	Granat-Gr., Mn$_3$Fe$_2^{...}$[SiO$_4$]$_3$
Bixbyit	Sitaparit, (Mn, Fe)$_2$O$_3$	Camsellit	Ascharit, MgHBO$_3$
Bleiglanz*	Galenit, PbS	Cancrinit	(Na$_2$, Ca)$_4$[CO$_3$|(H$_2$O)$_{0-3}$|(AlSiO$_4$)$_6$]
Bleiglätte	Massicot, β-PbO		
Blödit	Astrakanit, Na$_2$Mg[SO$_4$]$_2$ · 4H$_2$O	Carbonado	Graphit-haltiger, koksartiger Diamant
Blomstrandin	Priorit, (Y, Ce, Th, Ca, Na, U)[(Ti, Nb, Ta)$_2$O$_6$]		
		Carbonat-Apatit	Francolith, Ca$_5$[F|(PO$_4$, CO$_3$OH)$_3$]
Böhmit	γ-AlOOH	Carborund	Moissanit, SiC
Boracit	Mg$_3$[Cl|B$_7$O$_{13}$]	Carnallit*	KMgCl$_3$ · 6H$_2$O
Borax	Tinkal, Na$_2$B$_4$O$_7$ · 10H$_2$O	Carnegieit	Na[AlSiO$_4$]
		Carneol	gelblicher bis orangeroter Chalcedon
Bornit*	Buntkupferkies, Cu$_5$FeS$_4$		
Bort	Industriediamanten	Carnotit	K$_2$[UO$_2$|VO$_4$]$_2$ · 3H$_2$O
Botryogen	MgFe$^{...}$[OH|(SO$_4$)$_2$] · 7H$_2$O	Cassiterit*	Zinnstein, SnO$_2$
		Celsian	Feldspat-Gr., Ba[Al$_2$Si$_2$O$_8$]
Boulangerit	5PbS · 2Sb$_2$S$_3$		
Bournonit	Rädelerz, 2PbS · Cu$_2$S · Sb$_2$S$_3$	Cementit	Cohenit, Fe$_3$C
		Cerfluorit	Yttrocerit, (Ca,Ce)F$_{2-2,33}$
Brammallit	Hydroparagonit, (Na, H$_2$O)Al$_2$[(H$_2$O, OH)$_2$|AlSi$_3$O$_{10}$]		
		Cerussit*	Weißbleierz, PbCO$_3$
		Chabasit	Zeolith-Gr., (Ca, Na$_2$)[Al$_2$Si$_4$O$_{12}$] · 6H$_2$O
Brasilianit	NaAl$_3$[(OH)$_2$PO$_4$]$_2$		
Brauneisenerz	z. T. Goethit, z. T. Lepidokrokit	Chalcedon	Quarz-V., SiO$_2$
		Chalkanthit*	Kupfervitriol, Cu[SO$_4$] · 5H$_2$O
Braunit	Mn$_2^{..}$Mn$_3^{...}$[O$_8$|SiO$_4$]		
Braunstein	wesentlich Gemenge verschied. Mn-Oxid-Minerale	Chalkomenit	Cu[SeO$_3$] · 2H$_2$O
		Chalkophanit	ZnMn$_3$O$_7$ · 3H$_2$O
		Chalkopyrit	Kupferkies*, CuFeS$_2$
Bravaisit	Hydromuskovit-V.	Chalkosin	Kupferglanz*, α-Cu$_2$S
Bravoit	Nickelpyrit, (Ni, Fe)S$_2$		
		Chamosit*	Chlorit-Gr., (Fe, Fe$^{...}$)$_3$[(OH)$_2$|AlSi$_3$O$_{10}$](Fe, Mg)$_3$(O, OH)$_6$
Breithauptit	NiSb		
Breunnerit †	Mesitinspat, (Mg, Fe)CO$_3$		

Chiastolith	Andalusit-V.	Corrensit	$Mg_8[Al_3Si_6O_{20}(OH)_{10}] \cdot 4H_2O +$ 1 Äquiv. (Ca, Na, K u.a.)
Chilesalpeter	Nitronatrit, Natronsalpeter, $NaNO_3$		
Chiolith	$Na_5[Al_3F_{14}]$		
Chloanthit*	Weißnickelkies, $NiAs_3$	Covellin*	Kupferindig, CuS
		Crednerit	$Cu_2Mn_2O_5$
Chlorite:		Cristobalit	SiO_2
Chamosit		Cronstedtit	Serpentin-Gr., $Fe_4^{\cdot\cdot}Fe_2^{\cdot\cdot\cdot}[(OH)_8 \vert Fe_2^{\cdot\cdot\cdot}Si_2O_{10}]$
Delessit			
Kämmererit			
Klinochlor		Cubanit	$CuFe_2S_3$
Korundophilit		Cuprit*	Rotkupfererz, Cu_2O
Leuchtenbergit		Curit	$3PbO \cdot 8UO_3 \cdot 4H_2O$
Pennin		Cuspidin	$Ca_4[(F, OH)_2 \vert Si_2O_7]$
Rhipidolith		Cyanit	Disthen, $Al^{[6]}Al^{[6]}[O \vert SiO_4]$
Thuringit			
Chloritoid	$(Fe, Mg)_2Al_4[(OH)_4 \vert O_2 \vert (SiO_4)_2]$	Cyclowollastonit	$Ca_3[Si_3O_9]$
Chloropal	durch Nontronit gelb gefärbter Opal		
Chondrodit	$Mg_5[(OH, F)_2 \vert (SiO_4)_2]$	Danait	Arsenopyrit mit 6–9% Co
Chromeisenerz	s. Chromit*	Danburit	$Ca[B_2Si_2O_8]$
Chromit*	Chromeisenerz, Spinell-Gr., $FeCr_2O_4$	Datolith	$CaB^{[4]}[OH \vert SiO_4]$
		Daubréelith	$FeCr_2S_4$ (in Meteoriten)
Chromspinell	Cr-haltiger Spinell		
Chrysoberyll	Alexandrit, Al_2BeO_4	Davidit	U-haltiger, metamikter Ilmenit
Chrysokoll	$CuSiO_3 \cdot nH_2O$		
Chrysolith	Olivin-V.	Delafossit	$CuFeO_2$
Chrysopras	durch Ni grün gefärbt. Chalcedon	Delessit	Chlorit-Gr., $(Mg, Fe^{\cdot\cdot}, Fe^{\cdot\cdot\cdot})_3[(OH)_2 \vert Al_{0-0,9}Si_{4-3,1}O_{10}](Mg, Fe^{\cdot\cdot})_3(O, OH)_6$
Chrysotil*	Serpentin m. Röllchen-Textur (Faserserpentin) $Mg_6[(OH)_8 \vert Si_4O_{10}]$		
		Demantoid	Granat-Gr., grünl.-gelbe Andradit-V.
Cinnabarit	Zinnober*, HgS	Descloizit*	$Pb(Zn,Cu)[OH \vert VO_4]$
Citrin	gelber Quarz	Desmin	Stilbit, Zeolith-Gr., $Ca[Al_2Si_7O_{18}] \cdot 7H_2O$
Clausthalit	PbSe		
Cobaltin*	Kobaltglanz, CoAsS		
Coelestin*	$Sr[SO_4]$		
Coesit	Hochdruckmodif. von SiO_2	Diallag	Pyroxen-Gr., $Ca_7Fe^{\cdot\cdot}Mg_{6,5}Fe^{\cdot\cdot\cdot}_{0,5}Al[Al_{1,5}Si_{14,5}O_{48}]$
Coffinit	$U[(Si, H_4)O_4]$		
Cohenit	Fe_3C	Diamant*	β-C
Colemanit	$Ca[B_2^{[4]}B^{[3]}O_4(OH)_3] \cdot H_2O$	Diaspor*	α-AlOOH
		Dichroit	Cordierit, $Mg_2Al_2[AlSi_5O_{18}]$
Columbit	Niobit, $(Fe, Mn)(Nb, Ta)_2O_6$	Dickit	$Al_4[(OH)_8 \vert Si_4O_{10}]$
Cooperit	PtS	Digenit	Cu_9S_5
Copiapit	$(Fe^{\cdot\cdot}, Mg)Fe_4^{\cdot\cdot\cdot}[OH \vert (SO_4)_3]_2 \cdot 20H_2O$	Diopsid*	Pyroxen-Gr., $CaMg[Si_2O_6]$
		Dioptas	$Cu_6[Si_6O_{18}] \cdot 6H_2O$
Coquimbit	$Fe_2^{\cdot\cdot\cdot}[SO_4]_3 \cdot 9H_2O$	Dipyr	Skapolith-Gr., $Ma_8 Me_2$ bis Ma_5Me_5
Cordierit	$Mg_2Al_3[AlSi_5O_{18}]$		
Cornetit	$Cu_3[(OH)_3 \vert PO_4]$	Disthen	Cyanit, $Al^{[6]}Al^{[6]}[O \vert SiO_4]$
Coronadit	$Pb_{\leq 2}Mn_8O_{16}$		

Dolomit*	CaMg[CO$_3$]$_2$	Eulytin	Bi$_4$[SiO$_4$]$_3$
Domeykit	Cu$_3$As	Euxenit	(Y, Er, Ce, U, Pb, Ca)
Dravit	brauner Turmalin, NaMg$_3$Al$_6$[(OH)$_4$| (BO$_3$)$_3$| Si$_6$O$_{18}$]		[(Nb, Ta, Ti)$_2$ (O, OH)$_6$]
Dufrenit	Fe$_3^{··}$Fe$_6^{···}$[(OH)$_3$| PO$_4$]$_4$	Fahlerz	Tetraedrit*, Cu$_{12}$Sb$_4$S$_{13}$
Dufrenoysit	2PbS · As$_2$S$_3$		Tennantit
Dumortierit	(Al, Fe)$_7$[O$_3$|BO$_3$| (SiO$_4$)$_3$]	Famatinit	Cu$_{12}$As$_4$S$_{13}$ Stibioluzonit, Cu$_3$SbS$_4$
Dyskrasit	Antimonsilber, Ag$_3$Sb	Faserserpentin	s. Chrysotil
		Fassait	Pyroxen-Gr., Ca$_8$ Mg$_{6,5}$(Fe$^{···}$, Ti)$_{0,5}$ Al$_1$[Al$_{1,5-2}$Si$_{14,5-14}$ O$_{48}$]
Edelopal	SiO$_2$ + aq., mit prächtigem Farbspiel		
Eisenblüte	bäumchenförmiger Aragonit	Faujasit	Zeolith-Gr., Na$_2$Ca [Al$_2$Si$_4$O$_{12}$]$_2$ · 16H$_2$O
Eisenglanz	Haematit-V.		
Eisenglimmer	dünnblättriger bis schuppiger Haematit	Fayalit Feldspate: a) Kalifeldspate	Olivin-Gr., Fe$_2$[SiO$_4$]
Eisenkies	Pyrit*, FeS$_2$	Adular	
Eisenkiesel	Quarz, durch Fe-Oxid gefärbt	Anorthoklas Mikroklin	
Eisenspat	Siderit*, FeCO$_3$	Orthoklas	
Eisenvitriol	Melanterit, Fe[SO$_4$] · 7H$_2$O	Sanidin b) Plagioklase	
Eläolith	durch Entmischung getrübter Nephelin	Albit (Ab) Andesin Anorthit (An)	
Elektrum	Au mit 25...28% und mehr Ag	Bytownit Labradorit	
Elpidit	Na$_2$Zr[Si$_6$O$_{15}$] · 3H$_2$O	Oligoklas	
Enargit*	Cu$_3$AsS$_4$	Ferberit	Fe[WO$_4$]
Endellit	s. Halloysit	Fergusonit	Y(Nb, Ta)O$_4$
Enstatit*	Pyroxen-Gr., Mg$_2$[Si$_2$O$_6$]	Ferrospinell Feuerblende	Hercynit, FeAl$_2$O$_4$ Pyrostilpnit, Ag$_3$SbS$_3$
Epidot	Ca$_2$(Al, Fe$^{···}$)Al$_2$ [O|OH|SiO$_4$| Si$_2$O$_7$]	Feueropal	SiO$_2$ + aq., orange-gelb...rot, wasser-klar
Epsomit	Bittersalz, Mg[SO$_4$] · 7H$_2$O	Feuerstein	s. Flint
Erdwachs	s. Ozokerit	Fireclay	schlecht geordneter Kaolinit
Erythrin	Kobaltblüte, Co$_3$[AsO$_4$]$_2$ · 8H$_2$O	Flint	Feuerstein, Opal-Chalcedon-Gemenge
Ettringit	Ca$_6$Al$_2$[(OH)$_4$|SO$_4$]$_3$ · 26H$_2$O		
Euchroit	Cu$_2$[OH|AsO$_4$] · 3H$_2$O	Fluorit* Flußspat	Flußspat, CaF$_2$ s. Fluorit*
Eudialyt	(Na, Ca, Fe)$_6$Zr [(OH, Cl)|(Si$_3$O$_9$)$_2$]	Forsterit	Olivin-Gr., Mg$_2$[SiO$_4$]
Eudidymit	Na[BeSi$_3$O$_7$OH]	Francolith	Carbonat-Apatit, Ca$_5$[F|(PO$_4$, CO$_3$OH)$_3$]
Euklas	Al[BeSiO$_4$OH]		
Eukolit	Nb-haltiger Eudialyt		
Eukryptit	α-LiAl[SiO$_4$]	Franklinit	Spinell-Gr., ZnFe$_2$O$_4$

Friedelit	(Mn, Fe)$_{14}$[(OH, Cl)$_{14}$| Si$_{14}$O$_{35}$]	Margarit Muskovit	
Fulgurit	durch Blitz gefritteter Quarzsand	Paragonit Phlogopit	
Fülleisen	s. Plessit	Roscoelith Seladonit	
Gadolinit	Y$_2$FeBe$_2$[O| SiO$_4$]$_2$	Zinnwaldit	
Gagat	Jet, schwarzglänzende Braunkohlen-V.	Goethit*	Nadeleisenerz, α-FeOOH
		Gold*	Au, meist 2…20% u. mehr Ag enthaltend
Gahnit	Zinkspinell, ZnAl$_2$O$_4$		
Galaxit	Manganspinell, MnAl$_2$O$_4$	Gonnardit	Zeolith-Gr., (Ca, Na)$_3$ [(Al, Si)$_5$O$_{10}$]$_2$ · 6H$_2$O
Galenit	Bleiglanz*, PbS		
Galenobismutit	PbS · Bi$_2$S$_3$	Görgeyit	K$_2$Ca$_5$[SO$_4$]$_6$·1,5H$_2$O
Galmei	z. T. Zinkspat, z. T. Hemimorphit (Kieselgalmei)	Goslarit	„Zinkvitriol", Zn[SO$_4$]·7H$_2$O
		Granate:	
Garnierit	Nickel-Chrysotil	Almandin	
Gaylussit	Na$_2$Ca[CO$_3$]$_2$·5H$_2$O	Andradit	
Gehlenit	Melilith-Gr., Ca$_2$Al [(Si, Al)$_2$O$_7$]	Calderit Grossular	
Geikielith	MgTiO$_3$	Hessonit	
Gelbbleierz	Wulfenit*, Pb[MoO$_4$]	Hibschit Melanit	
Germanit	Cu$_3$(Ge, Fe)S$_4$	Pyrop	
Gersdorffit	NiAsS	Spessartin	
Gibbsit	Al(OH)$_3$ trikl.	Uwarowit	
Gips*	Ca[SO$_4$]·2H$_2$O	Graphit*	α-C
Gismondin	Zeolith-Gr., Ca [Al$_2$Si$_2$O$_8$]·4H$_2$O	Grauspießglanz	Antimonit, Sb$_2$S$_3$
Glaserit	Aphthitalit, K$_3$Na [SO$_4$]$_2$	Greenockit Grossular	β-CdS Granat-Gr., Ca$_3$Al$_2$ [SiO$_4$]$_3$
Glaskopf	roter: Fe$_2$O$_3$ brauner: FeOOH schwarzer: ∼MnO$_2$	Grünbleierz	Pyromorphit, Pb$_5$ [Cl|(PO$_4$)$_3$]
		Gummit	gummiartiges Gemenge verschiedener U-Minerale
Glauberit	CaNa$_2$[SO$_4$]$_2$		
Glaubersalz	Mirabilit, Na$_2$[SO$_4$]· 10H$_2$O		
Glaukochroit	CaMn[SiO$_4$]	Haematit*	Eisenglanz, Roteisenerz, α-Fe$_2$O$_3$
Glaukodot	(Co, Fe)AsS		
Glaukonit	Glimmer-Gr., (K, Ca, Na)$_{<1}$(Al, Fe''', Fe'', Mg)$_2$ [(OH)$_2$|Al$_{0,35}$ Si$_{3,65}$O$_{10}$]	Halit Halloysit	Steinsalz*, NaCl Al$_4$[(OH)$_8$Si$_4$O$_{10}$]· (H$_2$O)$_4$ s.a. Metahalloysit
		Halotrichit	Fe''Al$_2$[SO$_4$]$_4$· 22H$_2$O
Glaukophan	Amphibol-Gr., Na$_4$Mg$_{3-6}$Fe''$_{2-3}$ Fe'''$_{0-0,5}$Al$_{3,5-4}$ [(OH)$_4$|Al$_{0-0,5}$ Si$_{15,5-16}$O$_{44}$]	Hambergit Hardystonit Harmotom	Be$_2$[OH|BO$_3$] Ca$_2$Zn[Si$_2$O$_7$] Zeolith-Gr., Ba[Al$_2$Si$_6$O$_{16}$]· 6H$_2$O
Glimmer: Biotit Glaukonit Lepidolith		Hartmanganerz	z. T. Kryptomelan, Psilomelan u. a. Mn-Oxide

Hauerit	Mangankies, MnS_2	Hortonolith	Olivin-Gr., $(Fe, Mg)_2[SiO_4]$
Hausmannit	$MnMn_2O_4$	Hübnerit	$Mn[WO_4]$
Hauyn	Sodalith-Gr., $(Na, Ca)_{8-4}$ $[(SO_4)_{2-1}\|$ $(AlSiO_4)_6]$	Humboldtin	Oxalit, $Fe[C_2O_4] \cdot 2H_2O$
Heazlewoodit	Ni_3S_2	Humit	$Mg_7[(OH, F)_2\| (SiO_4)_3]$
Hectorit	$(Mg, Li)_3[(OH, F)_2\|$ $Si_4O_{10}]^{0,33-}$ $Na_{0,33}(H_2O)_4$	Hyacinth	Zirkon-V.
		Hyalit	Opal-V.
Hedenbergit	Pyroxen-Gr., $CaFe[Si_2O_6]$	Hyalophan	Feldspat-Gr., $(K, Ba)[Al (Al, Si)Si_2O_8]$
Heliodor	Beryll-V., grünlichgelb	Hydrargillit*	γ-$Al(OH)_3$
		Hydrocerussit	$Pb_3[OH\|CO_3]_2$
Heliotrop	Chalcedon-V. (grün m. roten Flecken)	Hydroglimmer	Glimmer, deren Alkalien durch Auslaugung z. T. durch H_2O oder $(H_3O)^+$ ersetzt sind
Helvin	$(Mn, Fe, Zn)_8[S_2\| (BeSiO_4)_6]$		
Hemimorphit*	Kieselzinkerz, Zn_4 $[(OH)_2\|Si_2O_7] \cdot H_2O$	Hydromagnesit	$Mg_5[OH\|(CO_3)_2]_2 \cdot 4H_2O$
Hercynit	Ferrospinell, $FeAl_2O_4$	Hydromuskovit	Bravaisit, (K, H_2O) $Al_2[(H_2O, OH)_2\| AlSi_3O_{10}]$
Herzenbergit	SnS		
Hessit	Ag_2Te	Hydroparagonit	Brammallit, $(Na, H_2O)Al_2 [(H_2O, OH)_2\| AlSi_3O_{10}]$
Hessonit	Granat-Gr., Fe-haltiger Grossular		
Heulandit	Zeolith-Gr., $Ca[Al_2Si_7O_{18}] \cdot 6H_2O$	Hydrotalkit	$Mg_6Al_2[(OH)_{16}\| CO_3] \cdot 4H_2O$
Hewettit	$CaH_2[V_6O_{17}] \cdot 8H_2O$	Hydrozinkit	Zinkblüte, $Zn_5[(OH)_3\|CO_3]_2$
Hibschit	Granat-Gr., $Ca_3Al_2 [(Si, H_4)O_4]_3$	Hypersthen	Pyroxen-Gr., $(Fe, Mg)_2[Si_2O_6]$
Hiddenit	Pyroxen-Gr., Spodumen-V. (grün)		
Hillebrandit	$Ca_2[SiO_4] \cdot H_2O$	Ianthinit	$[UO_2\|(OH)_2]$
Hochquarz	SiO_2, hexag.	Illit	feinstkörniger Hydromuskovit
Hollandit	$Ba_{\leq 2}Mn_8O_{16}$		
Honigstein	Mellit, $Al_2[C_{12}O_{12}] \cdot 18H_2O$	Ilmenit*	$FeTiO_3$
		Ilvait	Lievrit, $CaFe_2^{\cdot\cdot}Fe^{\cdot\cdot\cdot} [OH\|O\|Si_2O_7]$
Hopeit	$Zn_3[PO_4]_2 \cdot 4H_2O$		
Hornblende, basaltische	Amphibol-Gr., $(Na, K)_{2-3}Ca_4$ $Mg_{4-6}Fe_{1-3}Ti_{0-2}$ $(Fe^{\cdot\cdot\cdot}, Al)_{2-3}$ $[(O, OH)_4\|Al_4 Si_{12}O_{44}]$	Inderit	$Mg_2B_6O_{11} \cdot 15H_2O$
		Isokit	$CaMg[F\|PO_4]$
		Jade $\}$ Jadeit	Pyroxen-Gr., $NaAl[Si_2O_6]$
		Jakobsit	Spinell-Gr., $MnFe_2O_4$
Hornblende, gemeine*	Amphibol-Gr., $(Na, K)_{0,5-2}$ $Ca_{3-4}Mg_{3-8}Fe_{4-2}^{\cdot\cdot}$ $(Al, Fe^{\cdot\cdot\cdot})_2[(OH)_4\| Al_{2-4}Si_{14-12}O_{44}]$	Jamesonit	$4PbS \cdot FeS \cdot 3Sb_2S_3$
		Jarosit	$KFe_3^{\cdot\cdot\cdot}[(OH)_6\| (SO_4)_2]$
		Jaspis	durch Beimengungen getrübter, farbiger Chalcedon
Hornblende-Asbest	feinfaseriger Amphibol		
Hornstein	Gemenge von Chalcedon u. Opal	Jet	s. Gagat

231. Minerale

Jodargyrit	Jodyrit, AgJ	Kieselgur	Diatomeenreste aus Opal
Johannit	Uranvitriol, $Cu[UO_2|OH|SO_4]_2 \cdot 6 H_2O$	Kieselzinkerz	Hemimorphit*, $Zn_4[(OH)_2|Si_2O_7] \cdot H_2O$
		Kieserit*	$Mg[SO_4] \cdot H_2O$
Kaersutit	Amphibol-Gr., $(Na, K)_{2-3}Ca_4 Mg_{4-6}Fe_{1-3}Ti_{0-2} (Fe^{\cdots}, Al)_{2-3} [(O, OH)_4|Al_4Si_{12}O_{44}]$	Klinochlor	Chlorit-Gr., $(Mg, Al)_3[(OH)_2|AlSi_3O_{10}] Mg_3(OH)_6$
		Klinoedrit	$Ca_2Zn_2[(OH)_2|Si_2O_7] \cdot H_2O$
Kainit*	$KMg[Cl|SO_4] \cdot 3 H_2O$	Klinoenstatit*	Pyroxen-Gr., $Mg_2[Si_2O_6]$
Kakoxen	$Fe_4^{\cdots}[OH|PO_4]_3 \cdot 12 H_2O$	Klinoferrosilit	Pyroxen-Gr., $Fe_2[Si_2O_6]$
Kalialaun	$KAl[SO_4]_2 \cdot 12 H_2O$	Klinohumit	$Mg_9[(OH, F)_2|(SiO_4)_4]$
Kalifeldspat	s. u. Adular, Mikroklin, Orthoklas, Sanidin	Klinohypersthen	Pyroxen-Gr., $(Mg, Fe)_2[Si_2O_6]$
Kaliophilit	$K[AlSiO_4]$	Klinopyroxene:	
Kalisalpeter	Nitrokalit*, KNO_3	Aegirin	
Kalkeisengranat	s. Andradit	Augit	
		Diallag	
Kalkspat	Calcit*, $CaCO_3$	Diopsid	
Kalktongranat	s. Grossular	Fassait	
		Hedenbergit	
Kallait	Türkis, $CuAl_6[(OH)_2|PO_4]_4 \cdot 4 H_2O$	Jadeit	
		Klinoenstatit	
		Klinoferrosilit	
Kalsilit	$K[AlSiO_4]$	Klinohypersthen	
Kamazit	Ni-armes Meteoreisen, α-Fe	Omphacit	
		Spodumen	
Kämmererit	Chlorit-Gr., $(Mg, Cr)_3[(OH)_2|Cr^{\cdots}Si_3O_{10}] Mg_3(OH)_6$	Klinostrengit	Phosphosiderit, $Fe^{\cdots}[PO_4] \cdot 2 H_2O$
		Klinozoisit	$Ca_2Al_3[O|OH|SiO_4|Si_2O_7]$
Kammkies	Markasit-V.	Kobaltblüte	Erythrin, $Co_3[AsO_4]_2 \cdot 8 H_2O$
Kaolinit*	Kaolin, $Al_4[(OH)_8|Si_4O_{10}]$	Kobaltglanz	Cobaltin*, CoAsS
Karborund	s. Carborund		
Karneol	s. Carneol	Kobaltkies	Linneit, Co_3S_4
Karpholith	$MnAl_2[(OH)_4|Si_2O_6]$	Kollophan	mikrokristalliner, meist CO_3 u. F enthaltender Apatit
Kascholong	weißer, trüber Opal		
Kasolit	$Pb[UO_2|SiO_4] \cdot H_2O$		
Kassiterit	s. Cassiterit	Kornerupin	Prismatin, $(Mg, Fe, Al)_4(Al, B)_6[(O, OH)_{5-6}|(SiO_4)_4]$
Katapleit	$Na_2Zr[Si_3O_9] \cdot H_2O$		
Katzengold	angewitterter Biotit		
Katzensilber	angewitterter Muskovit	Korund*	Al_2O_3
Kermesit	Rotspießglanz, Sb_2S_2O	Korundophilit	Chlorit-Gr., $(Mg, Fe, Al)_3 [(OH)_2|Al_{1,5-2} Si_{2,5-2}O_{10}] Mg_3(OH)_6$
Kernit*	$Na_2B_4O_7 \cdot 4 H_2O$		
Kieselgalmei	Hemimorphit, $Zn_4[(OH)_2|Si_2O_7] \cdot H_2O$	Köttigit	$Zn_3[AsO_4]_2 \cdot 8 H_2O$

Kramerit	Probertit, $NaCaB_5O_9 \cdot 5H_2O$	Laumontit	Zeolith-Gr., $Ca[AlSi_2O_6]_2 \cdot 4H_2O$
Krokoit	Rotbleierz, $Pb[CrO_4]$	Lawsonit	$CaAl_2[(OH)_2\|Si_2O_7] \cdot H_2O$
Krokydolith	Amphibol-Gr., $(Na, K, Ca)_{3-4}$ $Mg_6Fe\cdot\cdot(Fe\cdot\cdot\cdot,$ $Al)_{3-4}[(OH)_4\|$ $Si_{16}O_{44}]$	Lazulith	$(Mg, Fe\cdot\cdot)Al_2$ $[OH\|PO_4]_2$
		Leadhillit	$Pb_4[(OH)_2\|SO_4\|$ $(CO_3)_2]$
Kryolith*	$\alpha\text{-}Na_3[AlF_6]$	Lechatelierit	SiO_2-Glas
Kryolithionit	$Na_3Li_3[AlF_6]_2$	Leonit	$K_2Mg[SO_4]_2 \cdot 4H_2O$
Kryptomelan*	$K_{\leq 2}Mn_8O_{16}$	Lepidokrokit*	Rubinglimmer, $\gamma\text{-}FeOOH$
Kryptoperthit	K-Feldspat mit sehr fein entmischten Albitspindeln	Lepidolith*	Glimmer-Gr., $K(Li, Al)_3[(F, OH, O)_2\|AlSi_3O_{10}]$
Kunzit	Pyroxen-Gr., Spodumen-V. (rosa)	Lepidomelan	Glimmer-Gr., sehr Fe-reicher Biotit
Kupferglanz*	Chalkosin, Cu_2S	Leuchten- bergit	Chlorit-Gr., fast Fe- freier Klinochlor
Kupferindig	Covellin*, CuS		
Kupferkies*	Chalkopyrit, $CuFeS_2$	Leucit*	$K[AlSi_2O_6]$
Kupferlasur	Azurit*, $Cu_3[OH\|CO_3]_2$	Leukoxen	Gemenge von vor- zugsw. Titanit
Kupfer- manganerz	Cu-halt. Wad	Libethenit	$Cu_2[OH\|PO_4]$
		Liebigit	Uranothallit, $Ca_2[UO_2\|(CO_3)_3] \cdot 10H_2O$
Kupfer- pecherz	Gemenge von Stilpnosiderit mit Chrysokoll u. a.		
Kupfer- schaum	Tirolit, $Ca_2Cu_9[(OH)_{10}\|$ $(AsO_4)_4] \cdot 10H_2O$	Lievrit	Ilvait, $CaFe_2\cdot\cdot Fe\cdot\cdot\cdot$ $[OH\|O\|Si_2O_7]$
		Limonit	Brauneisenerz, Sam- melname für Goe- thit u. Lepido- krokit
Kupfer- schwärze	Co- u. Cu-halt. Wad		
Kupferuran- glimmer	s. Torbernit		
		Linarit	$PbCu[(OH)_2\|SO_4]$
Kupfervitriol	Chalkanthit*, $Cu[SO_4] \cdot 5H_2O$	Linneit	Kobaltkies, Co_3S_4
		Lithion- glimmer†	z. T. Lepidolith, z. T. Zinnwaldit
Kyanit	s. Cyanit		
		Lithiophilit	$Li(Mn\cdot\cdot, Fe\cdot\cdot)[PO_4]$
Labradorit	Ca-Na-Feldspat, Plagioklas, An_{50} $Ab_{50}\text{-}An_{70}Ab_{30}$	Löllingit	$FeAs_2$
		Löweit	$Na_2Mg[SO_4]_2 \cdot 2H_2O$
Långbanit	$Mn_4\cdot\cdot Mn_3\cdot\cdot\cdot\cdot[O_8\|SiO_4]$	Ludwigit	$(Mg, Fe\cdot\cdot)_2Fe\cdot\cdot\cdot$ $[O_2\|BO_3]$
Langbeinit	$K_2Mg_2[SO_4]_3$		
Langit	$Cu_4[(OH)_6\|SO_4] \cdot H_2O$	Lüneburgit	$Mg_3[PO_4\|BOOH]_2 \cdot 7H_2O$
Lansfordit	$MgCO_3 \cdot 5H_2O$		
Lanthanit	$(La, Dy, Ce)_2$ $[CO_3]_3 \cdot 8H_2O$	Lussatin	Cristobalitchalcedon, c-Achsen $\|$ Faserrichtung
Lapis lazuli	Lasurstein, Lasurit, Sodalith-Gr., $(Na, Ca)_8[(SO_4,$ $S, Cl)_2\|(AlSiO_4)_6]$	Lussatit	Cristobalitchalcedon, c-Achsen $\perp$ Faserrichtung
		Lutecin	Chalcedon-V., Faserrichtung $\|$ c
Larnit	$\beta\text{-}Ca_2[SiO_4]$	Luzonit	Cu_3AsS_4
Larsenit	$PbZn[SiO_4]$	Lydit	schwarzer Kiesel- schiefer (Probier- stein der Juweliere)
Lasurit	s. Lapis lazuli		
Lasurstein	s. Lapis lazuli		

231. Minerale

Maghaemit	γ-Fe_2O_3
Magnesiaton-	s. Pyrop
granat	
Magnesio-	Spinell-Gr.,
ferrit	$MgFe_2O_4$
Magnesio-	Spinell*,
spinell	$MgAl_2O_4$
Magnesit*	Bitterspat, $MgCO_3$
Magneteisenerz	s. Magnetit
Magnetit*	Spinell-Gr., Fe_3O^V
Magnetkies	Pyrrhotin, $Fe_{1,00-0,83}S_1$
Malachit*	$Cu_2[(OH)_2\|CO_3]$
Manganblende	Alabandin, α-MnS
Manganit	γ-MnOOH
Mangankies	Hauerit, MnS_2
Mangano-	Glimmer-Gr., Mn-
phyll(it)	reicher Biotit
Manganosit	MnO
Manganspat	Rhodochrosit, $MnCO_3$
Manganspinell	Galaxit, $MnAl_2O_4$
Margarit	Glimmer-Gr., $CaAl_2[(OH)_2\|Al_2Si_2O_{10}]$
Marialith	Skapolith-Gr., $Na_8[(Cl_2, SO_4, CO_3)\|(AlSi_3O_8)_6]$
Markasit	FeS_2
Martit	Pseudomorphose von Haematit n. Magnetit
Massicot	Bleiglätte, gelb, β-PbO
Matlockit	PbFCl
Maucherit	Ni_4As_3
Meerschaum	Sepiolith, $Mg_4[(H_2O)_3\|(OH)_2\|Si_6O_{15}] \cdot 3H_2O$
Mejonit	Skapolith-Gr., $Ca_8[(Cl_2, SO_4, CO_3)_{2(?)}\|(Al_2Si_2O_8)_6]$
Melanit	Granat-Gr., dunkler Ti-reicher Andradit
Melanterit	Eisenvitriol, $Fe[SO_4] \cdot 7H_2O$
Melilith	$(Ca, Na)_2(Al, Mg)[(Si, Al)_2O_7]$
Melinophan	$(Ca, Na)_2(Be, Al)[Si_2O_6F]$
Mellit	Honigstein, $Al_2[C_{12}O_{12}] \cdot 18H_2O$
Merwinit	$Ca_3Mg[SiO_4]_2$
Mesitinspat	Fe-haltiger Magnesit
Mesolith	Zeolith-Gr., $Na_2Ca_2[Al_2Si_3O_{10}]_3 \cdot 8H_2O$
Messingblüte	Aurichalcit, $(Zn, Cu)_5[(OH)_3\|CO_3]_2$
Metacinn-	HgS (schwarz)
abarit	
Metahalloysit	$Al_4[(OH)_8\|Si_4O_{10}]$
Metahewettit	$CaH_2[V_6O_{17}] \cdot 2H_2O$
Meteoreisen	mit ca. 6—7% Ni (Kamazit), ca. 13—48% Ni (Taenit) u. Plessit
Miargyrit	$AgSbS_2$
Mica	Glimmer (englisch)
Mikroklin*	K-Feldspat, Tieftemp.-Modif. $K[AlSi_3O_8]$
Milarit	$KCa_2AlBe_2[Si_{12}O_{30}] \cdot \frac{1}{2}H_2O$
Milchopal	milchig getrübter Opal
Milchquarz	milchig getrübter Quarz
Millerit	β-NiS
Mimetesit	$Pb_5[Cl\|(AsO_4)_3]$
Mirabilit	Glaubersalz, $Na_2[SO_4] \cdot 10H_2O$
Mizzonit	Skapolith-Gr., Ma_5Me_5 bis Ma_2Me_8
Moissanit	SiC
Moldavit	Glas, kosmischer (?) Herkunft
Molybdän-	Molybdänit, MoS_2
glanz*	
Molybdänit	s. Molybdänglanz*
Monalbit	$Na[AlSi_3O_8]$, monokl. Hochtemperatur-Modif. s. Analbit
Monazit*	$Ce[PO_4]$
Mondstein	K-Feldspat, milchig getrübter Sanidin oder Orthoklas
Monetit	$CaH[PO_4]$
Montebrasit	$LiAl[OH\|PO_4]$
Monticellit	$CaMg[SiO_4]$
Montmorillo-	$(Al_{1,67}Mg_{0,33})[(OH)_2\|Si_4O_{10}]^{0,33-}$ $Na_{0,33}(H_2O)_4$
nit*	
Moosachat	Achat mit moosähnlichen Einschlüssen
Mordenit	Zeolith-Gr., $(Ca, K_2, Na_2)[AlSi_5O_{12}]_2 \cdot 7H_2O$

Morion	tiefbrauner Quarz	Olivenit	$Cu_2[OH\|AsO_4]$
Mottramit	$Pb(Cu, Zn)$ $[OH\|VO_4]$	Olivin*	$(Mg, Fe)_2[SiO_4]$
		Omphacit	Pyroxen-V. in Eklogiten
Mullit*	$Al_4^{[6]}Al_4^{[4]}[O_3(O_{0,5}, OH, F)\|Si_3AlO_{16}]$	Onyx	gebänderte Achat-V. (schwarz-weiß); auch gebänderter Aragonit oder Alabaster
Muskovit*	Glimmer-Gr., KAl_2 $[(OH, F)_2\|AlSi_3O_{10}]$		
Nadeleisenerz	Goethit*, α-FeOOH	Opal*	SiO_2 + aq.
Nakrit	$Al_4[(OH)_8\|Si_4O_{10}]$	Orangit	Thorit-V.
Natrit	Soda*, Natron, $Na_2CO_3 \cdot 10H_2O$	Orthit	Allanit, (Ca, Ce, La, Na)$_2$(Al, Fe, Be, Mg, Mn)$_3$[O$\|$OH$\|$ SiO$_4\|$Si$_2O_7$]
Natrolith*	Zeolith-Gr., Na_2 $[Al_2Si_3O_{10}]\cdot 2H_2O$		
Natron	Soda*, Natrit, $Na_2CO_3 \cdot 10H_2O$	Orthoklas*	K-Feldspat, $K[AlSi_3O_8]$
Natronalaun	$NaAl[SO_4]_2 \cdot 12H_2O$	Orthopyroxene:	
Natronsalpeter	Nitronatrit*, $NaNO_3$	Bronzit	
Nephelin*	$KNa_3[AlSiO_4]_4$	Enstatit	
Nephrit	dichter Aktinolith oder Anthophyllit	Hypersthen	
		Ottrelith	Fe··-reicher Chloritoid
Neptunit	$Na_2FeTi[Si_4O_{12}]$		
Nesquehonit	$MgCO_3 \cdot 3H_2O$	Oxalit	Humboldtin, $Fe[C_2O_4]\cdot 2H_2O$
Niccolit	s. Nickelin, NiAs		
Nickelblüte	Annabergit, $Ni_3[AsO_4]_2 \cdot 8H_2O$	Ozokerit	Erdwachs, Gemenge hochmolekularer Kohlenwasserstoffe
Nickeleisen	meteorisch: Kamazit, Taenit, Plessit		
Nickelin	Rotnickelkies*, Niccolit, NiAs	Palygorskit	Attapulgit, $Mg_{2,5}[(H_2O)_2\|$ $OH\|Si_4O_{10}]\cdot$ $2H_2O$
Nickelpyrit	Bravoit, $(Ni, Fe)S_2$		
Nickelvitriol	Morenosit, $Ni[SO_4] \cdot 7H_2O$	Pandermit	Priceit, $Ca_2B_5O_9$ $OH \cdot 3H_2O$
Nigrin	stark Fe-haltiger Rutil	Paragonit	Glimmer-Gr., $NaAl_2[(OH, F)_2\|$ $AlSi_3O_{10}]$
Niobit	Columbit, (Fe, Mn) $(Nb, Ta)_2O_6$		
Niter	Nitrokalit*, KNO_3	Parawollastonit	$Ca_3[Si_3O_9]$, monokl.
Nitrokalit*	Kalisalpeter, Niter, KNO_3	Parisit	$CaCe_2[F_2\|(CO_3)_3]$
		Patronit	VS_4
Nitronatrit*	Natronsalpeter, $NaNO_3$	Pechblende	Uraninit, UO_2
		Pektolith	$Ca_2Na[Si_3O_8OH]$
Nontronit	$Fe_2^{\cdots}[(OH)_2\|Al_{0,33}$ $Si_{3,67}O_{10}]^{0,33-}$ $Na_{0,33}(H_2O)_4$	Pennin	Chlorit-Gr., $(Mg, Al)_3[(OH)_2\|$ $Al_{0,5-0,9}$ $Si_{3,5-3,1}O_{10}]$ $Mg_3(OH)_6$
Norbergit	$Mg_3[(OH, F)_2\|SiO_4]$		
Nosean	Sodalith-Gr., $Na_8[SO_4\|$ $(AlSiO_4)_6]$		
		Pentlandit*	Eisennickelkies, $(Fe, Ni)_9S_8$
		Peridot	Olivin, $(Mg, Fe)_2[SiO_4]$
Obsidian	vulk. Gesteinsglas		
Oldhamit	CaS	Periklas	MgO
Oligoklas	Ca-Na-Feldspat, Plagioklas, Ab_{90} $An_{10} - Ab_{70}An_{30}$	Periklin	Ca-Na-Feldspat, Plagioklas-Tracht-V.

Perlglimmer	Margarit, Glimmer-Gr., $CaAl_2[(OH)_2\|Al_2Si_2O_{10}]$	Portlandit	$Ca(OH)_2$
		Powellit	$Ca[MoO_4]$
		Prasem	Quarz-V. m. Strahlstein-Einschl.
Perowskit	$CaTiO_3$		
Perthit	K-Feldspat m. entmischten Albit-Spindeln	Prehnit	$Ca_2Al^{[6]}[(OH)_2\|Si_3AlO_{10}]$
		Priceit	Pandermit, $Ca_2B_5O_9OH \cdot 3H_2O$
Petalit	$Li[AlSi_4O_{10}]$		
Petzit	$(Ag, Au)_2Te$	Priorit	Blomstrandin, (Y, Ce, Th, Ca, Na, U)[(Ti, Nb, Ta)$_2O_6$]
Pharmakolith	$CaH[AsO_4] \cdot 2H_2O$		
Phenakit	$Be_2[SiO_4]$		
Phillipsit	Zeolith-Gr., $KCa[Al_3Si_5O_{16}] \cdot 6H_2O$	Prismatin	Kornerupin, (Mg, Fe, Al)$_4$ (Al, B)$_6$ [(O, OH)$_{5-6}\|$(SiO$_4$)$_4$]
Phlogopit	Glimmer-Gr., $KMg_3[(F, OH)_2\|AlSi_3O_{10}]$		
		Probertit	Kramerit, $NaCaB_5O_9 \cdot 5H_2O$
Phosgenit	$Pb_2[Cl_2\|CO_3]$		
Phosphorit	Apatit- u. Kollophan-reiches Sedimentgestein	Prochlorit	Rhipidolith, Chlorit-Gr., (Mg, Fe, Al)$_3$ [(OH)$_2\|$Al$_{1,2-1,5}$ Si$_{2,8-2,5}O_{10}$] Mg$_3$(OH)$_6$
Phosphosiderit	Klinostrengit, $Fe^{\cdots}[PO_4] \cdot 2H_2O$		
Pickeringit	$MgAl_2[SO_4]_4 \cdot 22H_2O$		
Picotit	Spinell-Gr., (Fe, Mg)(Al, Cr, Fe)$_2O_4$	Proustit	Lichtes Rotgültigerz, Ag_3AsS_3
Piemontit	$Ca_2(Al, Fe, Mn)_2 Al[O\|OH\|SiO_4\|Si_2O_7]$	Pseudobrookit	$Fe_2^{\cdots}TiO_5$
		Pseudomalachit	$Cu_5[(OH)_2\|PO_4]_2$
Pigeonit	Pyroxen-Gr., Ca-haltiger Klinohypersthen	Pseudowollastonit	s. Cyclowollastonit
		Psilomelan	$(Ba, H_2O)_2Mn_5O_{10}$
Pikromerit	Schönit, $K_2Mg[SO_4]_2 \cdot 6H_2O$	Pucherit	$Bi[VO_4]$
		Pumpellyit	Ca$_2$(Mg, Fe, Mn, Al)(Al, Fe, Ti)$_2$ [(OH, H$_2$O)$_2$SiO$_4$ Si$_2O_7$] (?)
Pimelit	Ni-Saponit		
Pinit	durch glimmerartige Minerale pseudomorphisierter Cordierit		
		Pyrargyrit	Dunkles Rotgültigerz, Ag_3SbS_3
Plagioklas	Ca-Na-Feldspat, Mischglieder von Albit (Ab) bis Anorthit (An)	Pyrit*	Schwefelkies, FeS_2
		Pyrochlor	(Na, Ca)$_2$(Nb, Ta, Ti)$_2O_6$(OH, F, O)
		Pyrolusit*	Polianit, β-MnO$_{2,00-1,89}$
Plasma	grüne Chalcedon-V.		
Plattnerit	PbO_2	Pyromorphit	$Pb_5[Cl\|(PO_4)_3]$
Pleonast	Fe$^{\cdots}$-haltiger Spinell	Pyrop*	Granat-Gr., $Mg_3Al_2[SiO_4]_3$
Plessit	Fülleisen, feines Aggregat von Kamazit u. Taenit		
		Pyrophanit	$MnTiO_3$
		Pyrophyllit	$Al_2[(OH)_2\|Si_4O_{10}]$
Polianit	Pyrolusit*, β-MnO$_{2,00-1,89}$	Pyrostilpnit	Feuerblende, Ag_3SbS_3
Pollucit	$(Cs, Na)[AlSi_2O_6] \cdot H_2O_{<1}$	Pyroxene: s. Klinopyroxene s. Orthopyroxene	
Polydymit	Ni_3S_4		
Polyhalit*	$K_2Ca_2Mg[SO_4]_4 \cdot 2H_2O$	Pyrrhotin	Magnetkies, $Fe_{1,00-0,83}S_1$

Quarz*	SiO_2
Quarzin †	s. Lutecin
Quecksilberfahlerz	Schwazit, Hg-haltiger Tetraedrit
Rädelerz	Bournonit, $2PbS \cdot Cu_2S \cdot Sb_2S_3$
Rammelsbergit	$NiAs_2$
Ramsdellit	$\gamma\text{-}MnO_2$
Rauchquarz	rauchbrauner Quarz
Realgar*	As_4S_4
Reichardtit †	Bittersalz, $Mg[SO_4] \cdot 7H_2O$
Reniérit	$Cu_3(Fe, Ge)S_4$
Rhabdit	Schreibersit, $(Fe, Ni, Co)_3P$
Rhipidolith	Prochlorit, Chlorit-Gr., $(Mg, Fe, Al)_3 [(OH)_2|Al_{1,2-1,5} Si_{2,8-2,5}O_{10}] Mg_3(OH)_6$
Rhodochrosit	Manganspat, $MnCO_3$
Rhodonit	$CaMn_4[Si_5O_{15}]$
Riebeckit	Amphibol-Gr., $(Na, K)_{4-6}Ca_{0-1} Mg_{0-2}Fe_{3-8}^{\cdot\cdot}Fe_{0-6}^{\cdot\cdot\cdot} [(O, OH)_4|Al_{0-1} Si_{15-16}O_{44}]$
Rinneit	$K_3Na[FeCl_6]$
Roscoelith	Glimmer-Gr., $KV_2[(OH)_2|AlSi_3O_{10}]$
Rosenquarz	rosafarbiger Quarz
Rotbleierz	Krokoit, $Pb[CrO_4]$
Roteisenerz	Haematit*, $\alpha\text{-}Fe_2O_3$
Rotgültigerz	Dunkles: Pyrargyrit, Ag_3SbS_3 Lichtes: Proustit, Ag_3AsS_3
Rotkupfererz	Cuprit*, Cu_2O
Rotnickelkies*	Nickelin, NiAs
Rotspießglanz	Kermesit, Sb_2S_2O
Rotzinkerz	Zinkit*, ZnO
Rubellit	rote Turmalin-V.
Rubin	roter Korund
Rubinglimmer	Lepidokrokit*, $\gamma\text{-}FeOOH$
Rutil*	TiO_2 (D_{4h}^{14})
Safflorit	$CoAs_2$
Sagenit	feinnadeliges, verzwill. Rutil-Netz
Salmiak	$\alpha\text{-}NH_4Cl$
Samarskit	$(Y, Er)_4 [(Nb, Ta)_2O_7]_3$
Sanidin*	K-Feldspat, Hochtemp.-Modif., $K[AlSi_3O_8]$
Saponit	$Mg_3[(OH)_2|Al_{0,33} Si_{3,67}O_{10}]^{0,33-} Na_{0,33}(H_2O)_4$
Sapphir	blauer Korund
Sapphirin	$Mg_2Al_4[O_6|SiO_4]$
Sarkolith	$(Ca, Na)_8[O_2|(Al (Al, Si)Si_2O_8)_6](?)$
Sassolin*	(Borsäure), $B(OH)_3$
Saussurit	Umwandlungsprodukt An-reicher Plagioklase in Zoisit, Skapolith u.a.
Scawtit	$Ca_6[Si_3O_9]_2 \cdot CaCO_3 \cdot 2H_2O$
Schalenblende	z.T. Wurtzit, z.T. Zinkblende
Schapbachit	$\alpha\text{-}AgBiS_2$
Scheelit*	$Ca[WO_4]$
Scherbenkobalt	Arsen-V.
Schmirgel	Smirgel, Gestein aus Korund, Magnetit, Eisenglanz u. Quarz
Schönit	Pikromerit, $K_2Mg[SO_4]_2 \cdot 6H_2O$
Schörl	schwarzer Turmalin, $NaFe_3^{\cdot\cdot}Al_6 [(OH)_{1+3}|(BO_3)_3| Si_6O_{18}]$
Schreibersit	$(Fe, Ni, Co)_3P$
Schuchardtit	Ni-haltiger Antigorit (?)
Schungit	hoch inkohlter Anthracit
Schwazit	Hg-haltiger Tetraedrit
Schwefel*	$\alpha\text{-}S$
Schwefelkies	Pyrit*, FeS_2
Schwerspat	Baryt*, $Ba[SO_4]$
Seladonit	Glimmer-Gr., $(K, Ca, Na)_{<1} (Al, Fe^{\cdot\cdot\cdot}, Fe^{\cdot\cdot}, Mg)_2[(OH)_2|Al_{0,11} Si_{3,89}O_{10}]$
Sellait	MgF_2
Senarmontit	Sb_2O_3
Sepiolith	Meerschaum, $Mg_4[(H_2O)_3| (OH)_2|Si_6O_{15}] \cdot 3H_2O$

Sericit	dichter Muskovit	Spinelle:	
Serpentin	Sammelname für Antigorit u. Chrysotil	Chromit Franklinit Gahnit	
Serpentin-asbest	Chrysotil*, $Mg_6[(OH)_8\|Si_4O_{10}]$	Galaxit Hercynit	
Siderit*	Eisenspat, $FeCO_3$	Jakobsit	
Sideronatrit	$Na_2Fe^{\cdots}[OH\|(SO_4)_2]\cdot 3H_2O$	Magnesioferrit Magnetit	
Silber*	Ag	Picotit	
Silberfahlerz	Freibergit	Spinell	
Silberglanz	Argentit, Akanthit*, Ag_2S	Ulvit	
Silex(it)	dichte SiO_2-Minerale	Spodumen*	Pyroxen-Gr., $LiAl[Si_2O_6]$
Sillimanit	$Al^{[6]}Al^{[4]}[O\|SiO_4]$	Spurrit	$Ca_5[CO_3\|(SiO_4)_2]$
Sinhalit	$MgAl[BO_4]$	Stannin	Zinnkies*, Cu_2FeSnS_4
Sitaparit	Bixbyit, $(Mn, Fe)_2O_3$	Staßfurtit	α-Boracit-V.
Skapolith	Mischkristalle von Marialith u. Mejonit	Staurolith	$Al_4Fe^{\cdot\cdot}[O_2(OH)_2(SiO_4)_2]$
Skolezit	Zeolith-Gr., $Ca[Al_2Si_3O_{10}]\cdot 3H_2O$	Steatit	Speckstein, dichter Talk
		Steenstrupin	$Na_2Ce(Mn, Ta, Fe, ...)H_2[(Si, P)O_4]_3$
Skorodit	$Fe^{\cdots}[AsO_4]\cdot 2H_2O$		
Skutterudit	Speiskobalt*, $CoAs_3$	Steinmark	Nakrit, z. T. auch Kaolinit oder Halloysit
Smaltin	Skutterudit		
Smaragd	grüner Beryll	Steinsalz*	Halit, NaCl
Smaragdit	Cr-haltige aktinolithische Hornblende	Sternrubin	Rubin mit Asterismus
Smirgel	s. Schmirgel	Stern-sapphir	Sapphir mit Asterismus
Smithsonit*	Zinkspat, $ZnCO_3$	Stibarsen	AsSb
Soda*	Natrit, Natron, $Na_2CO_3\cdot 10H_2O$	Stibioluzonit	Famatinit, Cu_3SbS_4
		Stibiotantalit	$Sb(Ta, Nb)O_4$
Sodalith	$Na_8[Cl_2\|(AlSiO_4)_6]$	Stibnit	Antimonit*, Sb_2S_3
Sonnenstein	Feldspat-Gr., Plagioklas m. Einschlüssen v. Haematit-Schüppchen	Stichtit	$Mg_6Cr_2[(OH)_{16}\|CO_3]\cdot 4H_2O$
		Stilbit	Desmin, Zeolith-Gr., $Ca[Al_2Si_7O_{18}]\cdot 7H_2O$
Spargelstein	lichtgrüner Apatit		
Spateisenstein	Siderit, $FeCO_3$	Stilpnomelan	$(K, H_2O)(Fe^{\cdot\cdot}, Fe^{\cdots}, Mg, Al)_{<3}[(OH)_2\|Si_4O_{10}]X_n(H_2O)_2$
Speckstein	Steatit, dichter Talk		
Speerkies	Markasit-V.		
Speiskobalt*	Skutterudit, $CoAs_3$		
Sperrylith*	$PtAs_2$	Stilpnosiderit	Limonit-V.
Spessartin	Granat-Gr., $Mn_3Al_2[SiO_4]_3$	Stinkquarz	bituminöser Quarz
		Stishovit	Höchstdruck-Modif. von SiO_2
Sphaero-kobaltit	Kobaltspat, $CoCO_3$	Stolzit	$β-Pb[WO_4]$
		Stottit	$FeGe(OH)_6$
Sphalerit	Zinkblende*, α-ZnS	Strahlstein	Aktinolith*, Amphibol-Gr., $Na_2Ca_4(Mg, Fe)_{10}[(OH)_2O_2\|Si_{16}O_{44}]$
Sphen	keilförmige Titanitkristalle		
Spinell*	Magnesiospinell, $MgAl_2O_4$		
		Strengit	$Fe^{\cdots}[PO_4]\cdot 2H_2O$

Stromeyerit	$Cu_2S \cdot Ag_2S$	Topas*	$Al_2[F_2 \mid SiO_4]$
Strontianit*	$SrCO_3$	Topazolith	Granat-Gr.,
Struvit	$NH_4Mg[PO_4] \cdot 6H_2O$		Andradit-V.
Sulfoborit	$Mg_3[SO_4 \mid B_2O_5] \cdot 4\frac{1}{2}H_2O$	Torbernit	$Cu[UO_2 \mid PO_4]_2 \cdot 10(12-8)H_2O$
Sulfohalit	$Na_6[F \mid Cl \mid (SO_4)_2]$	Tremolit	Amphibol-Gr.,
Sulvanit	Cu_3VS_4		$Ca_2(Mg, Fe)_5$
Sussexit	$MnHBO_3$		$[OH \mid Si_4O_{11}]_2$
Svabit	$Ca_5[F \mid (AsO_4)_3]$	Tridymit	SiO_2
Sylvanit	$AuAgTe_4$	Triphylin	$Li[Fe^{..}, Mn^{..}][PO_4]$
Sylvin*	KCl	Triplit	$(Mn, Fe^{..})_2[F \mid PO_4]$
Szaibelyit	Ascharit, $MgHBO_3$	Triploidit	$(Mn, Fe^{..})_2[OH \mid PO_4]$
		Trögerit	$H_2[UO_2 \mid AsO_4]_2 \cdot 8H_2O$
Tachyhydrit	$CaCl_2 \cdot 2MgCl_2 \cdot 12H_2O$	Troilit	Magnetkies in Meteoriten, FeS
Taenit	Bandeisen der Meteorite, α-(Fe, Ni)	Trona	$Na_3H[CO_3]_2 \cdot 2H_2O$
		Troostit	$(Zn, Mn)_2[SiO_4]$
Talk*	$Mg_3[(OH)_2 \mid Si_4O_{10}]$	Tungstit	Wolframocker, $WO_2(OH)_2$
Tantalit*	$(Fe, Mn)(Ta, Nb)_2O_6$	Türkis	Kallait, $CuAl_6[(OH)_2 \mid PO_4]_4 \cdot 4H_2O$
Tapiolit	$(Fe, Mn)(Ta, Nb)_2O_6$		
Tarapacait	$K_2[CrO_4]$		
Teallit	$PbSnS_2$		
Tennantit	$Cu_{12}As_4S_{13}$	Turmalin*	ein Bor-Silikat: Formel vgl. S. 662
Tenorit	CuO		
Tephroit	$Mn_2[SiO_4]$	Tysonit	Fluocerit, $(Ce, La)F_3$
Tetradymit	Bi_2Te_3S		
Tetraedrit*	Fahlerz, $Cu_{12}Sb_4S_{13}$	Ulexit	$NaCaB_5O_9 \cdot 8H_2O$
Thalenit	$Y[Si_2O_7]$	Ullmannit	$NiSbS$
Thaumasit	$Ca_3H_2[CO_3 \mid SO_4 \mid SiO_4] \cdot 13H_2O$	Ulvit	Spinell-Gr., $Fe_2^{..}TiO_4$
		Ulvöspinell	
Thenardit	α-$Na_2[SO_4]$	Umangit	Cu_3Se_2
Thermonatrit	$Na_2CO_3 \cdot H_2O$	Uralit	Pseudomorphose von Hornblende nach Pyroxen
Thomsenolith	$NaCa[AlF_6] \cdot H_2O$		
Thomsonit	Zeolith-Gr., $NaCa_2[Al_2(Al, Si)Si_2O_{10}]_2 \cdot 5H_2O$		
		Uranblüte	Zippeit, $[6UO_2 \mid 3(OH)_2 \mid 3SO_4] \cdot 12H_2O \cdot 3H_2O$
Thorianit	$(Th, U)O_2$		
Thorit	$Th[SiO_4]$		
Thortveitit	$Sc_2[Si_2O_7]$	Uranglimmer	$A[UO_2 \mid zO_4]_2 \cdot 2-10H_2O$; $A = H_2$, Ba, Ca, Mg, Fe, Cu u.a.; $z =$ P oder As
Thuringit*	Chlorit-Gr., $(Fe^{..}, Fe^{...}, Al)_3[(OH)_2 \mid Al_{1,2-2}Si_{2,8-2}O_{10}](Mg, Fe, Fe^{...})_3(O, OH)_6$		
		Uraninit*	Uranpecherz, UO_2
		Uranocircit	$Ba[UO_2 \mid PO_4]_2 \cdot 8H_2O$
Tiemannit	$HgSe$	Uranophan	Uranotil, $Ca(H_3O)_2[UO_2 \mid SiO_4]_2 \cdot 3H_2O$
Tigerauge	Quarz mit Krokydolith-Einschlüssen		
Tinkal	Borax, $Na_2B_4O_7 \cdot 10H_2O$	Uranospinit	$Ca[UO_2 \mid AsO_4]_2 \cdot 10H_2O$
Titaneisenerzt	Ilmenit, $FeTiO_3$	Uranothallit	Liebigit, $Ca_2[UO_2 \mid (CO_3)_3] \cdot 10H_2O$
Titanit	$CaTi[O \mid SiO_4]$		
Titanomagnetit	Ti-haltiger Magnetit, z.T. entmischt	Uranotil	Uranophan, $Ca(H_3O)_2[UO_2 \mid SiO_4]_2 \cdot 3H_2O$
Tobermorit	$Ca_5H_2[Si_3O_9]_2 \cdot 4H_2O$		

Uranpecherz	Uraninit*, UO_2	Wurtzit*	β-ZnS
Uranvitriol	Johannit, $Cu[UO_2\vert OH\vert SO_4]_2 \cdot 6H_2O$	Wüstit	FeO
Uvanit	$[(UO_2)_2\vert V_6O_{17}] \cdot 15H_2O$	Xenotim	$Y[PO_4]$
Uwarowit	Granat-Gr., $Ca_3Cr_2^{\cdot\cdot\cdot}[SiO_4]_3$	Yttrocerit	Cerfluorit, $(Ca, Ce)F_{2-2,33}$
Valentinit	Antimonblüte, Sb_2O_3	Yttrofluroit	$(Ca, Y)F_{2-2,33}$
Valleriit	$CuFeS_2$	Yttrotantalit	$Y_4[Ta_2O_7]_3$
Vanadinit*	$Pb_5[Cl\vert(VO_4)_3]$		
Vanadinocker	V_2O_5		
Vanthoffit	$Na_6Mg[SO_4]_4$	Zaratit	$Ni_3[(OH)_4\vert CO_3] \cdot 4H_2O$
Variscit	$Al[PO_4] \cdot 2H_2O$		
Vaterit	hexag. $CaCO_3$-Modif.	Zeolithe: Chabasit	
Vermiculite*	beim Erhitzen sich stark aufblähende glimmerartige Schichtsilikate	Faujasit Gismondin Gonnardit Harmotom	
Vesuvian	$Ca_{10}(Mg, Fe)_2Al_4 [(OH)_4\vert(SiO_4)_5\vert (Si_2O_7)_2]$	Heulandit Laumontit Mesolith	
Villiaumit	NaF	Mordenit	
Vivianit	$Fe_3^{\cdot\cdot}[PO_4]_2 \cdot 8H_2O$	Natrolith Phillipsit	
Wad	Sammelname für Weichmanganerze (lockere Mn-Oxide)	Skolezit Stilbit Thomsonit	
Wagnerit	$Mg_2[F\vert PO_4]$	Zinkblende*	Sphalerit, α-ZnS
Wavellit	$Al_3[(OH)_3\vert(PO_4)_2] \cdot 5H_2O$	Zinkblüte	Hydrozinkit, $Zn_5[(OH)_3\vert CO_3]_2$
Weddelit	$Ca[C_2O_4] \cdot H_2O$	Zinkit*	Rotzinkerz, ZnO
Weichmanganerz	hauptsächlich β-MnO_2	Zinkosit	$Zn[SO_4]$
		Zinkspat	Smithsonit*, $ZnCO_3$
Weißbleierz†	Cerussit*, $PbCO_3$	Zinkspinell	Gahnit, $ZnAl_2O_4$
Weißnickelkies	Chloanthit*, $NiAs_3$	Zinnerz	Zinnstein, SnO_2
		Zinnkies*	Stannin, Cu_2FeSnS_4
Whewellit	$Ca[C_2O_4] \cdot H_2O$	Zinnober*	Cinnabarit, HgS
Willemit*	$Zn_2[SiO_4]$	Zinnstein	Cassiterit*, SnO_2
Wismut*	Bi	Zinnwaldit	Glimmer-Gr., $KLiFe^{\cdot\cdot}Al [(F, OH)_2\vert AlSi_3O_{10}]$
Wismutglanz*	Bismuthinit, Bi_2S_3		
Wismutocker	z.T. Bismit, z.T. Bismutit		
Witherit	$BaCO_3$	Zippeit	Uranblüte, $[6UO_2\vert 3(OH)_2\vert 3SO_4] \cdot 12H_2O \cdot 3H_2O$
Wöhlerit	$Ca_2NaZr[F\vert(SiO_4)_2]$		
Wolframit*	(Mn, Fe)$[WO_4]$		
Wolframocker	Tungstit, $WO_2(OH)_2$		
Wollastonit*	$Ca_3[Si_3O_9]$	Zirkon*	$Zr[SiO_4]$
Wulfenit*	Gelbbleierz, $Pb[MoO_4]$	Zoisit	$Ca_2Al_3[O\vert OH\vert SiO_4\vert Si_2O_7]$

232. Mineralische Rohstoffe[1]
2321. Mineralische Rohstoffe zur Gewinnung von Metallen (Erze) und Nichtmetallen

Element	Erzmineral	Theoretischer Höchstgehalt	Erz und Gehalt	Weltförderung Hauptförderungsländer (Anteil an der Weltförderung in %)	Verwendung
Ag	*Silberglanz* ged. Silber Rotgültigerze	87,1 % Ag bis 65% Ag	Blei-Zink- u. a. sulfid. Lagerst. (75% d. Prod.) Bleigl. mit ⌀ 0,01…0,03%, bis 1 % Ag	*Welt* (1965): 7981 t Ag Mexico (15,7), USA (15,0), Peru (13,8), UdSSR (13,2), Canada (12,4), Japan (3,4)	Münzmetall (ca. ⅓), Hptteil für Schmuck; Chem. Industr., Photo, Apparatebau
Al	*Hydrargillit* Diaspor Böhmit	65,4% Al_2O_3 85,0% Al_2O_3 85,0% Al_2O_3	Bauxit 50…70% Al_2O_3	*Welt* (1965): 36764·10³ t Bauxit Jamaika (23,7), Surinam (11,9), UdSSR (11,7), Brit. Guiana (7,8), Frankreich (7,2), USA (4,6)	Leichtmet.-Leg. für Flugzeug- u. Motorenbau, Elektrotechnik, Chem. Industr., Verpackungsmaterial.
As	Arsenkies Löllingit Speiskobalt	46% As 72,8% As ca. 60% As	Nebenprodukt, z. B. d. Golderze von Boliden (Roherz ca. 12,5 % As)	*Welt* (1960): 56,2·10³ t As_2O_3 Mexico (26,8), Schweden (24,4), Frankreich (14,2), USA (8,4), Japan, Italien, Canada	Schädlingsbekämpfung (ca. 75%), Bleilegierungen (härten), Konservierungsmittel für Holz
Au	Gold in Pyrit ged. Gold Goldtelluride		z. B. Witwatersrand-Konglomerate: 11…12 g Au/t, Golderzgänge in Californien 15…20 g Au/t, Seifenlagerstätten	*Welt* (1960): 1402·10³ kg Au S-Afrika (47,5), UdSSR (24,4), Canada (10,0), USA (3,7), Australien (2,4), Columbien, S-Rhodesien, Ghana	Währungsmetall, Schmuck, Chem. Ind., Medizin
B	*Kernit* Pandermit Sassolin Borax Colemanit	51 % B_2O_3 49,8% B_2O_3 56,5% B_2O_3 36,5% B_2O_3 50,8% B_2O_3	Sediment. Lager in USA, Kleinasien; vulkan. Exhalationen in Italien	*Welt* (1960): ca. 900·10³ t Rohborat USA (85), Türkei (12), Argentinien (1,5), Chile, Italien	Glasindustr., Emaille (zus. ca. 50%), Waschmittel, Raketentechnik, Reaktorbau

Ba	Vgl. Tabelle 2322, S. 690 unter Baryt			
Be	Beryll	5 % Be	In pegmatitischen Gängen	*Welt* (1960): ca. *10 000 t* Beryll-Erz (mit ca. 11 % BeO) Brasilien (35), Mozambique (15), Indien (9,0), Argentinien (6,7), Madagaskar (6,0), S-Rhodesien (4,9), USA (4,6)	Legierungszusatz, Flugzeugindustr., Raketentechnik, Reaktorbau, Motorenbau, Tiegelmat.
Bi	*Bleiglanz* Wismutglanz ged. Wismut	81,3 % Bi	aus der Pb-Raffination als Nebenproduktion; aus Wismuterzgängen	*Welt* (1960): 2360 t Bi Peru (17,7), Canada (8,9), Bolivien (7,7), S-Korea (6,8), Japan (4,7), Jugoslawien (4,5), Frankreich (3,5)	Niedrig schmelzende Legier., Atomkraftwerke, Apparatebau, Elektroindustr., Leuchtfarben, Medizin
Cd	Cd-haltige Zinkblende	0,1...0,5 % Cd	Blei-Zinkerze	*Welt* (1965): 12202 t Cd USA (36,0), UdSSR (15,6), Belgien (5,7), Polen (4,1), Frankreich (3,6), Canada (3,5), Rep. Kongo (L) (3,3), Deutschland (BR) (2,7), Peru (1,6)	Rostschutz, Elektroindustr., Leuchtfarben, strateg. Schutzfarben
Co	*Kobaltglanz* *Speiskobalt* Asbolan	35,4 % Co 28,0 % Co 4...34 % Co	Cu-Lagerst. mit Kobaltnickelkies (0,5–1 % Co), deren Oxydationszonen (...3 % Co); hydrotherm. Co-Ni-Arsenid-Gänge	*Welt* (1960): 16600 t Co Rep. Kongo (49,4), Finnland (11,5), Fed. Rhodesien-Nyassa (11,4), USA (8,2), Uganda	Stahllegierungen, Hartmetall, Hochtemp.-Material, Katalysator, Farben, Glasurfarb., Dauermagnete, Medizin

[1] *Kursiv* gedruckte Mineralnamen deuten an, daß dieses Mineral unter den genannten Mineralen zu den Hauptlieferanten gehört. Bei den Angaben über die Weltförderung — wobei meist der Metallinhalt angegeben ist — sind, sofern bei der Aufführung der Hauptförderländer die UdSSR, China u.a. Ostblockstaaten nicht aufgeführt sind, diese auch nicht in den Zahlen der Weltförderung enthalten. Geschätzte Zahlen sind *kursiv* gedruckt.

Element	Erzmineral	Theoretischer Höchstgehalt	Erz und Gehalt	Weltförderung Hauptförderungsländer (Anteil an der Weltförderung in %)	Verwendung
Cr	Chromit	46,7 % Cr	magmat. Ausscheidungen ultrabas. Gest. 23…37 % Cr	*Welt* (1960): 980000 t Cr S-Afrik. Un. (24), Philippinen (23), Fed. Rhodesien-Nyassa (20), Türkei (15) (*UdSSR* etwas mehr als S-Afrik. Un.)	Stahlveredler, Ferrochromlegierungen, hochfeuerfeste Steine, Cr-Ni-Legierungen, Chem. Industr.
Cu	*Kupferglanz* *Kupferkies* Enargit Bornit Covellin	79,8 % Cu 34,5 % Cu 48,3 % Cu 55…69 % Cu 66 % Cu	Erze zwischen 10…2 % Cu	*Welt* (1965): 5022·10³ t Cu USA (24,5), UdSSR (13,9), Sambia (13,8), Chile (11,6), Canada (9,2)	Elektroindustr.
F	Vgl. Tabelle 2322, S. 690 unter Flußspat				
Fe	Magnetit Haematit Brauneisen Siderit Chamosit	72,4 % Fe 70 % Fe 63 % Fe 48 % Fe …33 % Fe	Kirunaerz 58…68 % Fe, Sideriterze 35…39 % Fe, sedim. Brauneisenerze 28…35 % Fe	*Welt* (1960): 226,3·10⁶ t Fe UdSSR (27,7), USA (21,2), Frankreich (9,6), Schweden (5,8), Canada (4,8), Deutschl. (BR 2,0)	
Ge	Germanit Argyrodit Stottit	ca. 8 % Ge 6,5 % Ge 28 % Ge	Mit Cu-Erzen in Tsumeb, Katanga; Gewinnung aus Spurengehalten von Blei-Zink-erzen, Kohlenaschen, Erdölrückständen	*Welt*: (?) Tsumeb (1955: 32 t Ge-Erz), Katanga, Bolivien	Halbleitertechnik (Gleichrichter, Fotozellen, Transistormetall)
Hg	Zinnober Metacinnabarit Quecksilberfahlerz ged. Quecksilber	86,2 % Hg 86,2 % Hg …17 % Hg	Gänge u. Imprägnationen 0,2…7 % Hg	*Welt* (1965): 9790 t Hg Spanien (29,1), Italien (20,2), UdSSR (14,3), China (9,2), USA (6,9), Mexico (6,8), Jugoslawien (5,8), Japan (3,3)	Chem. Industr.

232. Mineralische Rohstoffe

K	Carnallit Sylvin Kainit	16,9% K_2O 63,0% K_2O 18,9% K_2O	Salzlagerstätten: Carnallit-Gestein ca. 10...12% K_2O, Sylvinit 10...24% K_2O, Hartsalz 12...17% K_2O	Welt (1960): $8850 \cdot 10^3$ t K_2O Deutschl. (BR 27, Sowjetzone 19,4), USA (28), Frankreich (20), Spanien	Düngemittel ($\sim$95%), Chem. Industr., Glas, Keramik
Li	Spodumen Amblygonit Lithiumglimmer Petalit	3,5% Li_2O 8...9% Li_2O 3,5...8% Li_2O 2...4% Li_2O	Li-Erz ca. 1...3% Li_2O	Welt (1958): 87800 t Li-Erz S-Rhodesien (86), SW-Afrika (8), USA (?) (1954: 54000 t)	Legierungen (Lagermetall), Glas, Emaille, Chem. Ind. Schmiermittel (Li-Stearat), Reaktortechnik. Desoxydationsmittel i. NE-Metallindustr. Raketentechnik (Brennstoff). Feuerfeste Keramik
Mg	Magnesit Dolomit Carnallit Kieserit	29% Mg 13% Mg 9% Mg 17% Mg	Magnesit, Dolomit u. dolomitischer Kalkstein, Meerwasser (0,13% Mg), Ablaugen der Kalisalzgewinnung	Welt (1965): $160,5 \cdot 10^3$ t Mg USA (45,8), UdSSR (21,1), Norwegen (16,4), Canada (6,3), Italien (3,9), Japan (2,4), Frankreich (1,7) s. a. u. Magnesit u. Dolomit i. Tabelle 2322 Industrieminerale	Leichtmetallegierungen f. Flugzeug-, Motoren-, Maschinenbau, s. a. u. Magnesit u. Dolomit Tabelle 2322 Industrieminerale
Mn	Pyrolusit Psilomelan Manganit Manganspat Hausmannit	63% Mn 63% Mn 62% Mn 48% Mn 72% Mn	sedimentäre oolithische Erze ca. 40...60% Mn	Welt (1960): 5300000 t¹ Mn UdSSR (49), Indien (9,3), S-Afrika (8,3), Brasilien (7,1), Ghana (5,0), Rep. Kongo (3,7), Marokko (3,3), Japan (2,0)	Desoxydationsmittel i. d. Stahlindustr., Stahlveredler, Elektroindustr., Glasindustr.

[1] Ohne China.

Element	Erzmineral	Theoretischer Höchstgehalt	Erz und Gehalt	Weltförderung Hauptförderungsländer (Anteil an der Weltförderung in %)	Verwendung
Mo	*Molybdänglanz* Wulfenit	60% Mo 26% Mo	pegmatit. Quarzgänge; mit Kupfererzen	*Welt* (1960): 39090 t Mo USA (79,2), UdSSR (*12,8*), Chile (5,1), Canada (0,9), Norwegen (0,63)	Stahlveredler, Legier.-Zus., Elektroindustr., Schmiermittelzusatz
Na	Steinsalz Meerwasser	39,3% Na 1,05% Na	Steinsalzbergbau, Salinen, Salzgärten	*Welt* (1960): 64,477·10⁶ t NaCl N-Amer. (41), Europa (35), UdSSR (10,4), Asien (10), Afrika (2,5), Deutschl. (BR 7 Steinsalz, 0,53 Siedesalz)	Chem. Industr. Schwerchemikal, Seifen, Detergentien, Glasindustr., Wasserenthärtung
Nb	Niobit Pyrochlor	22...54% Nb	In Pegmatiten	*Welt* (1960): ca. 2500 t Erzkonzentrat Nigeria (75), Rep. Kongo (5), Malaya (3), Brasilien (2)	Sonderleg. f. Elektrotechnik (Spulen f. sehr starke Magnetfelder), hitzebeständig. strateg. Mat. f. Raketentechnik
Ni	*Pentlandit* Garnierit Rotnickelkies Chloanthit Rammelsbergit.	34,6% Ni ...30% Ni 43,9% Ni ca. 28% Ni 28% Ni	Ni-haltiger Magnetkies mit meist 1...3% Ni, auch bis 6% Verwitterungslagerstätten auf Peridotiten 3...15% Ni	*Welt* (1965): 430·10³ t Ni Canada (56,8), UdSSR (18,6), Neu Kaledonien (13,4), Kuba (4,7), USA (2,9)	Stahlveredler, Rostschutz, Sonderleg, Elektroindustr., Katalysator, Münzmetall
P	*Phosphorit* Apatit	...38% P_2O_5 42% P_2O_5	Phosphorit durchschn. 15% P_2O_5; pegmatit. Apatit, P-haltige Eisenerze	*Welt* (1960): *39 400*·10³ t¹ Rohphosphat versch. P-Geh. USA (45,2), N-Afrika (24,6), UdSSR (*16,7*), Nauru (3,2)	Düngemittel (Superphosphat), Chem. Industr.

Pb	*Bleiglanz* *Bournonit* Cerussit Anglesit	86,8% Pb 42,4% Pb 77,5% Pb 68,3% Pb	hydrotherm. Gangerze Oxydationszone von Pb-Lagerst.	*Welt* (1965): $2715 \cdot 10^3$ t Pb UdSSR (14,7), Australien (13,3), USA (9,9), Canada (9,9), Mexico (6,3), Peru (5,4), SW-Afrika (4,0), Bulgarien (3,7), Marokko (2,8), Deutschland (BR) (1,8)	Legierungen, Elektro- industr. (Bleikabel, Akkumulatoren), Bleirohre, Farben, Strahlenschutz
Pt	Sperrylith Cooperit ged. Platin	56,6% Pt 86,5% Pt	Ni-Magnetkieslagerst. als Nebenprod. (z.B. Sudbury 0,21 g Pt/t), Seifenlager- stätten	*Welt*: (1961): 34000 kg Canada (38,7), S-Afrik. Un. (34,2), UdSSR (22,9), USA (3), Columbien (2,3)	Schmuck, Chemie (Katalysator, Geräte), Elektro- industr., Medizin. Geräte
S	ged. Schwefel Pyrit Magnetkies Gips Erdöl-Erdgas- Rückstände	53,4% S 36,5% S 18,6% S 0,1…2% S	ca. 42% der Förderung ca 41% der Förderung ca. 17% der Förderung	*Welt* (1960): $7080 \cdot 10^3$ t ged. S. $6830 \cdot 10^3$ t aus Pyrit *Ged. S*: USA (72), Mexico (19), Japan (3,5), Italien (1,44). *Aus Pyrit*: Japan (22,6), Spanien (14,6), Ita- lien (10), USA (6,2), Cana- da (5,6), Norwegen (5,3)	Schwerchemikalien, Schwefelsäure, Schädlingsbekämp- fung, Cellulose-, Gummi-Industr.
Sb	*Antimonit* Antimonocker Sb-haltige Bleierze	71,4% Sb …75% Sb mehrere %	Antimonit-Quarz ± Pyrit- Gänge	*Welt* (1960): *58700* t Sb China (*29,3*), S-Afrika (21), UdSSR (*10,2*), Bolivien (9,1), Jugoslawien (8,1), Mexico (7,2), CSR (*2,7*), USA (0,1)	Legierungszus. Let- tern-, Lager-, Weiß- Metall), Farben, Keramik, Gummi- industr.
Sn	*Zinnstein* Zinnkies	78,6% Sn 27,6% Sn	Zinnerzseifen, 0,5 g/t …1% Sn, pneumatolyt. Gänge	*Welt* (1965): $205 \cdot 10^3$ t Sn Malaysia (31,6), China (12,2), Bolivien (11,8), UdSSR (11,2), Thailand (9,5), Indonesia (7,3), Nigerien (4,7)	Weißblech, Lager- metall, Elektro- industr., Lötzinn

[1] Ohne China, N-Vietnam.

Element	Erzmineral	Theoretischer Höchstgehalt	Erz und Gehalt	Weltförderung Hauptförderungsländer (Anteil an der Weltförderung in %)	Verwendung
Sr	Coelestin Strontianit	56,4% SrO 70% SrO	in Gängen	Welt (1959)[1]: 12200 t Strontiumerz Goßbritannien (66,7), Mexico (16,8), Italien, W-Pakistan	Zuckerindustrie, Feuerwerkerei, Glas-, Keramik-Emailleindustrie, Legier.-Zusatz
Ta	Tantalit	43...66% Ta	in Pegmatiten	Welt: (?) ca. 300...500 t Tantalerz-Konzentr. Rep. Kongo (38), Mozambique (21), Brasilien (20)	Stahlveredler, Elektroindustr. (Kondensatoren), Hartmetall
Th	Monazit Thorit Thorianit	8...10% ThO_2 ...81,5% ThO_2 38...93% ThO_2	Seifenlagerstätten, in Pegmatiten	Welt: (?) geheim! ca. 600 t Th-Erz Madagaskar, Canada	Mg-Th-Legier. als Reaktorwerkstoff; Brutelement
Ti	Ilmenit Rutil	31,6% Ti 61,6% Ti	magmat. Ausscheidungen bas. Gesteine 7...12,...24% Ti, Seifenlagerstätten mit ca. 6% Ti	Welt (1959): $1730 \cdot 10^3$ t Ilmenit; 6620 t Rutil Ilmenit: USA (33,5), Indien (19,4), Norwegen (14,3), Canada (14,3) Rutil: Australien (30), Mozambique (21)	Titanstahl, Hartmetall, Sonderleg. (Raketen- u. Düsentriebwerke), Apparatebau, Glas, Emaille, Schweißelektroden, Titanweiß
U	Uranpecherz Carnotit Autunit Torbernit	88% U 53% U 48,7% U 47,6% U	Canad. Pechbl.-Erze 0,025... 0,045% U, USA-Carnotiterze 0,08...0,9% U, Witwatersrand 0,007...0,09% U	Welt: (?) (ca. 32000 t U) USA (1961) 13400 t U; Canada (1961) 7500 t U; S-Afrik. Un. (1961) 4000 t U; Frankreich (1960) ca. 2000...2200 t U; Australien (1960); 1150 t U; Katanga, Brit. Ostafr.	Herst. spaltbar. Materials f. Kernbrennstoff u. strateg. Zwecke, säurefeste Leg., Chem. Ind., Leuchtfarben, Glasfärbung

232. Mineralische Rohstoffe

V	Carnotit Descloizit Vanadinit Patronit Roscoelith Titanomagnetit	…13 % V …14 % V 10,7 % V 28,4 % V 5,3 % V 1…6 % V	Großenteils Nebenprodukt bei der Uran-(Carnotit), Ilmenit- (Titanomagnetit), Asphalt- (Patronit) u. Zink-Gewinnung	*Welt* (1960): 6440 t V^2 USA (70), SW-Afrika (11,8), S-Afrika (9,2), Finnland (8,8)	Stahlveredler, Farbstoff (Keramik)
W	*Wolframit* Scheelit	…75 % WO_3 …80 % WO_3	Wolframitgänge ca. 0,5 % WO_3, Seifenlagerstätten	*Welt* (1960)[3]: 16900 t WO_3 USA (22,5), Rep. Korea (19), Portugal (10), Bolivien (7,6), Brasilien (7,1); China (1959): (11200 t), UdSSR (5700 t)	Stahlveredler, Hartmetalle, hitzebeständ. Stellite, Glühbirnen
Zn	*Zinkblende* Wurtzit Franklinit Rotzinkerz Galmei	67,1 % Zn 67,1 % Zn 18,7 % Zn 80,4 % Zn 52 % Zn	Hydrothermale…metasom. Gangerze (7…30 % Zn-Gehalt, gelegentl. auch niedriger)	*Welt* (1965): $4188 \cdot 10^3$ t Zn Canada (17,8), USA (13,2), UdSSR (10,7), Peru (6,2), Mexico (5,4), Japan (5,3), Polen (4,4), Italien (2,8), Deutschland (BR) (2,6)	Verzinken, Messing u.a. Legierungen, Kfz.-Industrie, Farbmittel (Zinkoxid, Lithopone)
Zr	Baddeleyit Zirkon	97…99 % ZrO_2 67,3 % ZrO_2	in Seifenlagerstätten	*Welt* (1959)[4]: ca. 160000 t Australien (69), USA (19), Senegal (6), S-Afrik. Un. (3,7)	Hochtemperaturmaterial (Atomreaktor- u. Raketenbau), Stahlveredler, Medizin. Geräte, Getter-Material

[1] Ohne UdSSR. [2] Ohne Argentinien, Kongo, Spanien, UdSSR. [3] Ohne China, UdSSR, N-Korea. [4] Ohne Ostblock.

2322. Industrieminerale, Kohlen, Erdöl

Mineralischer Rohstoff	Weltförderung 1960 Hauptförderungsländer (Anteil an der Weltförderung in %)	Verwendung
Asbest	*Welt:* 2195 · 10^3 t Canada (46), UdSSR (*27*), S-Afrika (7), Ver. Rhodes. Rep. (5,5), China, Italien, USA	Isolationsmittel in Wärme- u. Elektrotechnik, feuerfeste Gewebe, Füllmittel f. Gummi, Zementsteine. Chem. Industrie (Filter, Katalysatorträger)
Baryt	*Welt:* 2812 · 10^3 t USA (25), Deutschl. (BR 16,8), Mexico (10), Griechenld. (5,3), Canada (5), UdSSR, Großbrit., Frankr.	Beschweren von Tiefbohrspülschlamm u. Beton, Füllmittel f. Papier, Gummi, Linoleum, Farben (Lithopone), Strahlenschutz, Chem. Industrie
Diamant	*Welt:* 5460 kg (davon 5140 kg Industriediamanten) Kongo (49), Ghana (12), S-Afrika (11,5), Sierra Leone (7), Angola, Liberia, Indien, Brasilien. Auch synthetisch.	Besatz v. Gesteins-Sägen u. -Bohrkronen, Glasschneider, Schleifmittel, Ösen z. Herstellung feinst. Drähte, Lager v. Präzis.-Instrum.
Feldspat	*Welt:* ca. *1200* · 10^3 t USA (48), Deutschl. (BR 16), Frankr. (7,3), Norwegen (5,5), Italien (5,2), Schweden (3,8)	Porzellan- u. Eisenhüttenindustrie (Schlackenbildner), Glasindustrie
Flußspat	*Welt:* *1700* · 10^3 t Mexico (18,4), China (*12*), UdSSR (*10*), USA (10), Deutschl. (BR 12)	Metallurg. Flußmittel, Zusatz f. Hüttenzement, Glasindustr., Chem. Industr., Pharmazie
Gips	*Welt* (1959): 30,7 · 10^6 t USA (32), Canada (17,5), UdSSR (13), Frankr. (12,3), Deutschl. (BR 6,5)	Stuck- u. Estrichgips, Düngemittelindustr., Chem. Industr., Farbträger, Wandkreide, Füllmittel i. d. Papier- u. Kautschukindustr., Keramik-, Zementindustr.
Glimmer (Mica)	*Welt:* 186 · 10^3 t USA (58,6), Indien (16), S-Afrik. Un. (1,8), Norwegen (1,6), Brasilien, Madagaskar	Isolationsmittel i. d. Elektroindustr., hitzebeständ. Isoliermaterial, Ofenfenster, Brokatfarben (Tapetenindustr.), Wärmeisolationsmittel (Abfälle)
Graphit	*Welt:* 422 · 10^3 t S-Korea (22), Österr. (21), N-Korea (*12*), UdSSR (*10*), China (*9,5*), Mexico (8), Madagaskar (3,4), Deutschl. (BR 2,7), Ceylon (2,1), Norwegen (1,2)	Metallurg. Industr. (Schmelztiegel), Rostschutzanstriche, Erdfarben, Schmiermittel, Bleistifte, Elektroindustrie

232. Mineralische Rohstoffe

Mineralischer Rohstoff	Weltförderung 1960 Hauptförderungsländer (Anteil an der Weltförderung in %)	Verwendung
Kaolin	Welt: ca. $2 \cdot 10^6$ t (Rohkaolin) England (ca. 40), Deutschl. (BR ca. 15), Japan (ca. 15), Tschechoslow. (ca. 10), Frankr. (ca. 5), USA (ca. 5)	Füllstoff i. d. Papier-, Gummi- u. Farbindustr., feuerfeste Keramik (Schamotte), Porzellan
Korund (Schmirgel)	Welt: 7250 t S-Rhodesien (35), S-Afrik. Un. (7,5), Indien (3), UdSSR (?)	Schleifmittel (Schleifpapiere, Schleifscheiben u. Schleifpulver), Zuschlag f. rutschfeste Betonfußböden
Kryolith	Welt: $42,4 \cdot 10^3$ t Grönland (Ivigtut) praktisch 100	Flußmittel b. d. elektrolyt. Aluminium-Gewinnung (ca. 80%), Milchglas, Emaille (Hauptmenge synthet. hergestellt)
Kyanit (Disthen) einschl. Sillimanit u. Mullit	Welt (1959): ca. $132 \cdot 10^3$ t USA (ca. 40), S-Afrika (34), Indien (18,5), Australien, SW-Afrika, S-Korea, Kongo	Hochfeuerfeste Keramik, Zündkerzen
Magnesit	Welt: $2880 \cdot 10^3$ t Österr. (56), USA (15,7), Jugoslaw. (8,8), Griechenld. (6,1), Indien (5,4)	Feuerfeste Ofenauskleidung, Eisen-, Zement-, Kalk-Industr., Chem. Industr.
Quarz	Welt: ? weit verbreitet Deutschl. (BR 1960): Quarzit $350,1 \cdot 10^3$ t Quarz u. Quarzsand $1030 \cdot 10^3$ t Brasilien (1959): 1100 t Piezoquarze	Glas- u. Keram. Industr., feuerfeste Steine (Dinas), Schlackenbildner i. d. Eisenindustr., Schleifmittel, Quarz-Glas u. -Gut; Schwingquarze (USA 1957: $53,6 \cdot 10^5$ Stück!) f. Radio, Fernsehen, Radar, Ultraschall; optische Industr. Präzisionsgerätebau
Talk	Welt: $2220 \cdot 10^3$ t USA (30), Japan (27), Frankr. (7,9), Italien, Indien, Österr. (3,7), Deutschl. (BR 1,45)	Farbfüllstoff, Füllstoff i. d. Gummi- u. Papierindustr., Dachpappe, Träger v. Insektiziden, Kosmetik; Steatit-Keramik
Vermiculit	Welt: (1952) $233,6 \cdot 10^3$ t USA (85), S-Afrika (14), S-Rhodesien u. a.	Isolationsmittel geg. Wärme u. Schall, Adsorptionsmittel
Steinkohle	Welt: $1988,3 \cdot 10^6$ t USA (19,6), UdSSR (18,8), Großbrit. (9,9), Deutschl. (BR 7,2), Polen (5,2)	Energiegewinnung, Reduktionsmittel i. d. Hüttenindustrie, Rohstoff d. Chem. Industrie

Mineralischer Rohstoff	Weltförderung 1960 Hauptförderungsländer (Anteil an der Weltförderung in %)	Verwendung
Braunkohle	*Welt:* 639,4 · 10⁶ t Deutschl. (Sowjetzone 35, BR 15), UdSSR (21,6), Tschechoslow. (9,1), Jugoslawien, Österr.	Energiegewinnung

24. Zusammenfassende Tabellen mit mechanisch-
241. Metall-
2411.

Die nachstehenden Tabellen enthalten eine Reihe häufig benutzter essierenden physikalischen Eigenschaften wie den thermischen Aus- lich die elektrische Leitfähigkeit.

Die mechanischen Eigenschaften wie Härte, Zugfestigkeit für Bau- Tabellen zusammengefaßt.

24111. Zusammensetzung in Gew.%

Stahl	C %	Si %	Mn %	P %	S %	Cr %	Ni %	W %	Mo %
									Eisen-Kohlen-
1	0,06	0,01	0,38	0,017	0,035	0,022	0,055	—	0,030
2	0,08	0,08	0,31	0,029	0,050	0,045	0,07	—	0,020
3	0,23	0,11	0,635	0,034	0,034	Sp.	0,074	—	—
4	0,415	0,11	0,643	0,031	0,029	Sp.	0,063	—	—
5	0,435	0,20	0,69	0,037	0,038	0,03	0,04	—	0,01
6	0,80	0,13	0,32	0,008	0,009	0,11	0,13	—	0,01
7	0,84	0,13	0,24	0,014	0,014	Sp.	Sp.	—	—
8	1,22	0,16	0,35	0,009	0,015	0,11	0,13	—	0,01
									niedriglegierte
9	0,23	0,12	1,51	0,037	0,038	0,06	0,04	—	0,025
10	0,325	0,18	0,55	0,032	0,034	0,17	3,47	—	0,04
11	0,33	0,17	0,53	0,031	0,033	0,80	3,38	—	0,07
12	0,325	0,25	0,55	0,018	0,025	0,71	3,41	—	0,06
13	0,34	0,27	0,55	0,024	0,003	0,78	3,53	—	0,39
14	0,315	0,20	0,69	0,039	0,036	1,09	0,073	—	0,012
15	0,35	0,21	0,59	0,028	0,031	0,88	0,26	—	0,20
16	0,485	1,98	0,90	0,044	0,047	0,04	0,156	—	—
									hochlegierte
17	1,22	0,22	13,00	0,038	0,010	0,03	0,07	—	—
18	0,28	0,15	0,89	0,009	0,003	Sp.	28,37	—	—
19	0,08	0,68	0,37	0,022	0,011	19,11	8,14	0,60	—
20	0,13	0,17	0,25	0,018	0,024	12,95	0,14	—	—
21	0,27	0,18	0,28	0,022	0,022	13,69	0,20	0,25	0,01
22	0,715	0,30	0,25	0,018	0,028	4,26	0,067	18,45	Sp.

241. Metallegierungen

Mineralischer Rohstoff	Weltförderung 1960 Hauptförderungsländer (Anteil an der Weltförderung in %)	Verwendung
Erdöl	*Welt:* 1056,8 · 10⁶ t USA (33), Venezuela (14,4), UdSSR (14), Arabische Halbinsel (18,1), Irak (4,5), Deutschl. (BR 0,55), Österr. (0,23)	Motorenbenzin, Diesel-, Schmier-, Heiz- u. Leuchtöl; Rohstoff i. d. Chem. Industr. (Petrochemie)

kalorischen Daten für wichtige Werkstoff
legierungen

Stähle

Stahllegierungen, deren Zusammensetzung und ihre in erster Linie interdehnungskoeffizienten, die Enthalpie, die Wärmeleitfähigkeit und gelegentstähle, Einsatzstähle und Vergütungsstähle sind in zwei besonderen

der Stähle für Tabelle 24112...24115

V %	Cu %	Al %	As %	Dichte bei 15°C	Wärmebehandlung
\multicolumn{6}{l}{stoff-Legierungen}					
—	0,08	0,001	0,039	7,871	geglüht bei 930° C
—	Sp.	0,002	0,032	7,856	geglüht bei 930° C
—	0,13	0,010	0,036	7,859	geglüht bei 930° C
—	0,12	0,006	0,033	7,854	geglüht bei 860° C
—	0,060	0,006	0,024	7,844	geglüht bei 860° C
—	0,070	0,004	0,021	7,851	geglüht bei 800° C
—	0,02	0,004	0,009	—	—
—	0,077	0,006	0,025	7,830	geglüht bei 800° C
Stähle					
—	0,105	0,015	0,033	7,849	geglüht bei 860° C
0,01	0,086	0,006	0,023	7,855	geglüht bei 860° C
0,01	0,053	0,006	0,028	7,847	geglüht bei 860° C, angelassen bis 640° C und im Ofen abgekühlt
0,01	0,123	0,008	0,023	7,848	
—	0,050	0,007	0,037	7,859	
—	0,066	0,005	0,028	7,842	geglüht bei 860° C
Sp.	0,12	0,004	0,039	7,845	geglüht bei 860° C, angelassen bis 640° C, Ofenabkühlung
—	0,086	0,007	0,029	7,725	geglüht bei 930° C
Stähle					
—	0,070	0,004	0,038	7,870	erwärmt bis 1050° C und an der Luft abgekühlt
—	0,030	0,012	0,027	8,161	erwärmt bis 950° C und in Wasser abgeschreckt
—	0,030	0,004	0,025	7,916	erwärmt bis 1100° C und in Wasser abgeschreckt
0,012	0,060	0,034	0,015	7,745	in Luft bei 960° C geglüht, 2 Std bei 750° C angelassen, anschließend Luftabkühlung
0,022	0,074	0,031	0,003	7,741	
1,075	0,064	0,004	0,035	8,691	geglüht bei 830° C

24112. Wärmeleitfähigkeit in W/cmgrd bei °C

Stahl-Nr.	0°	50°	100°	200°	500°	800°	1000°	1200°
1	0,653	0,628	0,603	0,557	0,410	0,301	0,276	0,297
2	0,594	0,586	0,578	0,536	0,402	0,285	0,276	0,297
3	0,519	0,515	0,506	0,486	0,393	0,260	0,272	0,297
4	0,519	0,515	0,506	0,481	0,381	0,247	0,268	0,297
5	0,481	0,481	0,481	0,465	0,385	0,268	0,268	0,297
6	0,498	0,494	0,481	0,452	0,352	0,243	0,268	0,301
7	0,511	0,502	0,490	0,460	0,356	0,243	0,268	0,297
8	0,452	0,452	0,448	0,427	0,347	0,239	0,260	0,285
9	0,460	0,460	0,465	0,448	0,373	0,297	0,272	0,297
10	0,364	0,373	0,377	0,385	0,343	0,251	0,276	0,301
11	0,343	0,352	0,360	0,368	0,352	0,260	0,276	0,297
12	0,334	0,347	0,356	0,364	0,343	0,260	0,276	0,297
13	0,331	0,335	0,339	0,352	0,335	0,268	0,285	0,301
14	0,486	0,447	0,465	0,444	0,356	0,260	0,280	0,301
15	0,431	0,427	0,427	0,419	0,364	0,264	0,280	0,301
16	0,251	0,268	0,285	0,301	0,310	0,251	0,264	0,293
17	0,130	0,138	0,146	0,163	0,205	0,234	0,255	0,280
18	0,126	0,138	0,146	0,163	0,205	0,251	0,276	0,297
19	0,159	0,159	0,163	0,172	0,218	0,268	0,280	0,297
20	0,268	0,272	0,276	0,276	0,272	0,251	0,276	0,306
21	0,251	0,260	0,264	0,272	0,272	0,251	0,276	0,301
22	0,243	0,251	0,260	0,272	0,280	0,260	0,276	0,293

24113. Mittlerer linearer Ausdehnungskoeffizient in $10^{-6}\,\text{grd}^{-1}$

Stahl-Nr.	α_m 20…100° C	α_m 20…1000°C	Stahl-Nr.	α_m 20…100° C	α_m 20…1000°C	Stahl-Nr.	α_m 20…100°C	α_m 20…1000°C
1	12,62	13,79	9	11,89	13,67	17	18,01	23,13
2	12,19	13,49	10	11,20	13,29	18	13,73	18,83
3	12,18	13,37	11	11,36	13,11	19	14,82	19,36
4	11,21	13,59	13	11,63	12,96	20	10,13	11,70
6	11,11	15,72	14	12,16	13,66	21	9,98	12,18
8	10,60	16,84	16	11,19	14,54	22	11,23	12,44

24114. Enthalpie $h - h_{50°}$ in J/g bei °C

Stahl-Nr.	50°	100°	150°	200°	250°	500°	750°	1000°	1250°
1	0,0	24,3	49,4	75,3	102,1	252,4	463,8	655,9	823,3
2	0,0	24,3	49,4	75,3	102,5	252,8	463,8	660,9	826,2
3	0,0	24,3	49,4	75,3	102,1	252,8	478,4	660,1	825,0
4	0,0	24,3	49,4	74,9	101,3	249,9	473,8	619,9	781,4
5	0,0	23,9	49,4	75,3	102,1	251,1	493,1	658,8	819,9
6	0,0	24,3	50,2	77,0	104,2	257,0	506,0	663,4	828,3
7	0,0	25,1	51,1	78,7	105,5	258,2	521,1	676,0	839,2
8	0,0	24,3	50,2	77,3	104,6	254,1	504,4	663,0	825,8
9	0,0	23,9	48,6	74,1	100,5	248,6	473,8	628,7	784,4
10	0,0	24,3	49,4	75,3	102,1	251,5	493,1	651,3	812,8
11	0,0	24,7	50,2	76,2	103,0	255,3	494,7	643,7	805,3
12	0,0	24,3	50,2	76,2	103,0	253,2	493,5	642,1	806,1
13	0,0	24,3	49,4	75,8	103,0	255,3	506,4	665,5	825,4
14	0,0	24,7	50,2	76,2	103,0	253,2	480,5	642,2	802,4
15	0,0	23,9	48,6	74,5	100,9	249,5	481,3	643,3	799,4
16	0,0	25,1	50,2	76,6	103,8	255,3	453,7	647,1	812,4
17	0,0	26,0	52,7	81,2	110,1	262,0	428,6	594,4	767,2
18	0,0	25,1	50,6	76,6	103,4	240,7	387,2	534,9	688,9
19	0,0	25,5	51,9	78,7	105,5	248,2	406,0	567,6	734,1
20	0,0	23,4	48,6	74,5	100,9	253,6	458,7	631,6	794,4
21	0,0	23,4	48,1	73,7	100,5	251,5	464,6	649,6	812,4
22	0,0	20,5	41,9	63,6	86,2	212,6	370,0	535,3	688,1

24115. Elektrischer Widerstand in $10^{-6}\,\Omega \cdot cm$ bei °C

Stahl-Nr.	0°	50°	100°	200°	500°	800°	1000°	1200°
1	12,0	14,7	17,8	25,2	57,5	107,3	116,0	121,6
2	13,2	15,9	19,0	26,3	58,4	108,1	116,5	122,0
3	15,9	18,7	21,9	29,2	60,1	109,4	116,7	121,9
4	16,0	18,9	22,1	29,6	61,9	111,1	117,9	123,0
5	17,7	20,7	23,8	31,2	62,6	111,3	118,0	122,7
6	17,0	19,8	23,2	30,8	62,8	112,9	119,1	123,1
7	16,5	19,4	22,8	30,3	62,2	112,9	119,7	124,6
8	18,4	21,6	25,2	33,3	66,5	115,2	122,6	127,1
9	19,7	22,5	25,9	33,3	64,5	110,3	117,4	122,7
10	25,9	28,9	32,0	39,0	67,9	112,2	118,0	122,8
11	25,6	28,5	31,7	38,7	68,1	111,5	117,8	122,5
12	26,5	29,4	32,5	39,5	68,6	111,7	118,0	122,8
13	27,7	30,6	33,7	40,6	69,4	111,4	117,6	122,2
14	20,0	22,7	25,9	33,0	63,6	110,6	117,7	123,0
15	21,1	24,0	27,1	34,2	64,6	110,3	117,1	122,2
16	41,9	44,4	47,0	52,9	78,8	117,3	122,3	127,1
17	66,5	71,1	75,7	84,7	105,9	120,4	127,5	131,4
18	82,9	86,1	89,1	94,7	107,7	116,5	120,6	124,3
19	69,4	73,6	77,6	85,0	102,6	114,1	119,6	124,1
20	48,6	53,6	58,4	67,9	93,8	116,0	117,0	121,6
21	50,3	54,9	59,5	68,4	93,5	115,7	117,9	122,9
22[1]	40,6	43,8	47,2	54,4	81,5	115,2	120,9	126,6

[1] Diskontinuierlich aufgeheizt.

2. Zusammenfassende Tabellen

24116. Zusammensetzung und

Stahl	Werkstoff-Nr.	C	P max.	S max.	N	Si
Baustähle						
a) für allgemeine Anforderungen		~0,20	0,10	0,05...0,06	—	
b) für höhere Anforderungen		~0,20	0,10	0,05...0,06	0,01	
kaltgezogen						
a)						
b)						
Einsatzstähle unlegierte						
C 10/Ck 10		0,06...0,12	0,045...0,035	0,045...0,035	—	0,15...0,35
C 15/Ck 15		0,12...0,18	0,045...0,035	0,045...0,035	—	0,15...0,35
legierte* (Kurzzeichen nach DIN 17006)						
15 Cr 3	1.7015	0,12...0,18	0,035	0,035	—	0,15...0,35
16 MnCr 5	1.7131	0,14...0,19	0,035	0,035	—	0,15...0,35
20 MnCr 5	1.7147	0,17...0,22	0,035	0,035	—	0,15...0,35
15 CrNi 6	1.5919	0,12...0,17	0,035	0,035	—	0,15...0,35
18 CrNi 8	1.5920	0,15...0,20	0,035	0,035	—	0,15...0,35

24117. Zusammensetzung und Festigkeits-

Stahlsorte	Werkstoff-Nr.	C	Si	Mn	P max.	S max.	Cr
C 22[1]	1.0611	0,18...0,25	0,15...0,35	0,39...0,60	0,045	0,045	
C 35[1]	1.0651	0,32...0,40	0,15...0,35	0,40...0,70	0,045	0,045	
C 45[1]	1.0721	0,42...0,50	0,15...0,35	0,50...0,80	0,045	0,045	
C 60[1]	1.0751	0,57...0,65	0,15...0,35	0,50...0,80	0,045	0,045	
Kurzname nach DIN 17006:							
40 Mn 4	1.5038	0,36...0,44	0,25...0,50	0,80...1,1	0,035	0,035	
25 CrMo 4	1.7218	0,22...0,29	0,15...0,35	0,50...0,80	0,035	0,035	0,90...1,2
37 MnSi 5	1.5122	0,33...0,41	1,1 ...1,4	1,1 ...1,4	0,035	0,035	
34 Cr 4	1.7033	0,30...0,37	0,15...0,35	0,50...0,80	0,035	0,035	0,90...1,2
34 CrMo 4	1.7220	0,30...0,37	0,15...0,35	0,50...0,80	0,035	0,035	0,90...1,2
36 CrNiMo 4	1.6511	0,32...0,40	0,15...0,35	0,50...0,80	0,035	0,035	0,90...1,2
42 MnV 7	1.5223	0,38...0,45	0,15...0,35	1,6 ...1,9	0,035	0,035	
27 MnCrV 4	1.8162	0,24...0,30	0,15...0,35	1,0 ...1,3	0,035	0,035	0,60...0,90

[1] Neben den hier aufgeführten Stahlsorten C 22, C 35, C 45, C 60 gibt es Ck 22, Ck 35, Ck 45,

Festigkeitswerte besonderer Stähle

Mn	Cr	Mo	Ni	HB [1,4] kp/mm²	σ_B [2,4] kp/mm²	δ [2,4] %	Bemerkungen
					33...50	23	gewährleistete Eigenschaften bei Lieferung
					40...60	20	
					40...80		von der Dicke abhängig
					80...110		
0,25...0,50				131	42...52		
0,25...0,50				140	50...65		
							* Norm: DIN 17210 wärmebehandelt zur Erzielung einer bestimmten Zugfestigkeit
0,40...0,60	0,50...0,80			143...187	65...85		
1,0...1,3	0,80...1,1			156...207	80...100		
1,1...1,4	1,0...1,3			170...217	100...130		
0,40...0,60	1,4...1,7	1,4...1,7		170...217	90...120		
0,40...0,60	1,8...2,1	1,8...2,1		187...235	120...145		

[1] Brinellhärte;   [2] Zugfestigkeit;   [3] Bruchdehnung;   [4] Siehe a. 2412.

werte deutscher Vergütungsstähle

Mo	Ni	V	HB kp/mm²	σ_B kp/mm²		Bemerkungen
				bis 16 mm ø	über 16...40 mm ø	
			155	55...65	50...60	⎫ unlegierte
			172	65...80	60...72	⎬ Vergütungsstähle
			206	75...90	65...80	⎪ nach DIN 17200
			243	85...105	75...90	⎭
			217	90...105	80...95	⎫
0,15...0,25			217	90...105	80...95	⎪
			217	100...120	90...105	⎬ legierte
			217	100...120	90...105	⎪ Vergütungsstähle
0,15...0,25			217	100...120	90...105	⎪ nach DIN 17200
0,15...0,25	0,90...1,2		217	110...130	100...120	⎪
		0,07...0,12	217	110...130	100...120	⎪
		0,07...0,12	217	90...105	80...95	⎭

Ck 60, die sich nur unwesentlich unterscheiden, aber andere Werkstoffnummern haben.

2412. Legierungen außer Stählen

Die Tabellen 241201…241217 enthalten die maßgebenden physikalischen — insbesondere die mechanischen — Eigenschaften einer Reihe wichtiger Legierungen außer Stählen. Abgesehen von speziellen Ausnahmefällen findet man in einer ersten Tabelle die Zusammensetzung der Legierungen zusammen mit ihren handelsüblichen Bezeichnungen. In einer zweiten Tabelle sind dann die physikalischen Eigenschaften wie Dichte, Längsausdehnung in einem Temperaturintervall, spezifische Wärme, Wärmeleitfähigkeit und gelegentlich elektrische Leitfähigkeit sowie Elastizitätsmodul und Gleitmodul zu finden. Die Festigkeitseigenschaften sind in einer gemeinsamen Tabelle zusammengefaßt. In dieser sind neben der durch ihr Symbol bzw. ihren Handelsnamen gekennzeichneten Legierung Angaben über die Zugfestigkeit σ_B, die 0,2%-Grenze ($\sigma_{0,2}$ das ist der zur Längsdehnung von 0,2% erforderliche Zug) die Bruchdehnung δ (Prozent der Längsdehnung bis zum Bruch) und die Härte (s. S. 59) zu

241201. Kupfer mit geringen Legierungs-

Legierung und Werkstoffzustand	Dichte	Mittlerer Längsausdehnungskoeffizient	
% = Gew.%	bei 20° C g/cm³	bei °C	in 10^{-6} grd^{-1}
CuMg 0,4…0,7 [1]	8,89	20…300	18
CuCd 0,7…1,3	8,9…8,94	20…300	17.5
CuNi 1,5 Si lösungsgeglüht warmausgehärtet	8,88	20…300	16
CuNi 2 Si lösungsgeglüht warmausgehärtet	8,88	20…300	16
CuNi 1 P (Cu 98,15%, Ni 0,85…1,35%, P 0,18…0,3%) lösungsgeglüht 760° C warmausgehärtet	8,92	20…300	17,7
CuCr 0,7 lösungsgeglüht warmausgehärtet lösungsgeglüht bei 1000° abgeschreckt, kalt verformt ausgehärtet bei 450° C (1 h)	8,90	20…100 20…300 20…600	16,27 18,05 20,71
CuBe 1,2 lösungsgeglüht, kalt verformt und ausgehärtet	8,6		
CuBe 1,7 lösungsgeglüht lösungsgeglüht und ausgehärtet lösungsgeglüht kalt verformt lösungsgeglüht, kalt verformt und ausgehärtet	8,4	20…200	17,1
CuBe 2 lösungsgeglüht warmausgehärtet	8,3	20…200	17,1
CuMn 2	8,8	20…300	17,5
CuMn 5	8,6	20…300	21,2
CuMn 14	8,3	20…300	19,9

[1] Bei den Legierungen werden oft die Konzentrationen wichtiger Legierungselemente

finden. Für Messing ist eine eigene Tabelle der Festigkeitseigenschaften vorhanden.

Vorangestellt sind Kupfer- und Messinglegierungen, es folgen hitzebeständige Gußlegierungen von Ni—Cr—Fe, denen sich Knet- und Gußlegierungen mit überwiegend Ni-Gehalt anschließen. Danach folgen Kupfer-Knetlegierungen mit weniger als 50% Ni, Zinnbronzen, Aluminiumbronzen und Neusilber. Den Schluß bilden Legierungen für besondere Zwecke, wie Legierungen hoher Härte, Lagerlegierungen, Lote und Lettermetalle.

zusätzen; Physikalische Eigenschaften

Spezifische Wärme		Wärmeleitfähigkeit		Elastizitätsmodul E bei 20° C in kp/mm²
bei °C	J/ggrd	bei °C	J/cmsgrd	
20...400	0,376	20	3,05...2,3	12 200
20...400	0,376	20	0,322	12 500
20...400	0,376			
		20	7,5	1 200
		20	1,25...1,6	14 300
20...400	0,376			
		20	6,7	1 200
		20	1,2...1,5	14 300
20	0,385			
			1,38	12 000
			2,51	13 400
20	0,385			
		20	1,67	
		20	3,14	
				11 100 (400° C)
				12 700
				11 400
				12 200...12 700
				11 500
				12 800
30...100	0,4			
		20	0,59...0,7	12 000
		20	0,84...1,17	
20	0,38	20	1,30	12 700
20	0,38	20	0,42	12 500
20	0,41	20	0,23	12 000

durch Anfügen der durchschnittlichen Prozentzahl hinter dem chemischen Symbol vermerkt.

241202. Messingsorten nach DIN 17660.

Nähere Qualitätskennzeichnung und Verwendungshinweise

Werkstoff	Kurz-zeichen	Zusammensetzung in Gew.%		Besondere Eigenschaften und Verwendungshinweise
		Legierungs-bestandteile	zulässige Beimengungen, Höchstgehalte	
α-Messinge (ausgezeichnete Kaltformbarkeit)				
Messing 90 („Rottombak")	Ms 90	Cu: 88,0...92,0 Zn: Rest	Fe: 0,1 Ni: 0,2 Sn: 0,1 Pb: 0,05 Al: 0,1 Sb: 0,01 Mn: 0,1 sonst.: 0,1	plattier- und emaillierfähig; Installationsteile für Elektrotechnik; Geschoß-hülsen; Schmuckwaren
Messing 85 („Goldtombak")	Ms 85	Cu: 83,0...87,0 Zn: Rest	wie bei Ms 90	korrosionsbeständig; unemp-findlich gegen Spannungs-korrosion: Leitungsrohre für Trinkwasser; Metall-schläuche; Schmuckwaren
Messing 80 („Hellrot-tombak")	Ms 80	Cu: 78,0...82,0 Zn: Rest	wie bei Ms 90	Hülsen für Federungskörper; Metallschläuche; Schmuck-waren
Messing 72 („Gelbtombak") („Kartusch-messing")	Ms 72	Cu: 69,5...73,0 Zn: Rest	Pb: 0,07 sonst wie bei Ms 90	höchste Tiefziehfähigkeit; gute Federungseigenschaften; korrosionsbeständig: Hülsen; Musikinstrumente; Auto-kühler; Federn; Rohre für Wärmeaustauscher (DIN 1785: KMs 72); Plattierwerkstoff für Flußstahl
Messing 67 („Halbtombak")	Ms 67	Cu: 66,0...69,0 Zn: Rest	Fe: 0,2 Ni: 0,5 Sn: 0,1 Pb: 0,1 Al: 0,1 Sb: 0,01 Mn: 0,1 sonst.: 0,1	gut tiefziehfähig und ätzbar: Hülsen; Autokühler; Metall-tücher; Holzschrauben; Schilder; Zifferblätter
Messing 63 Pb („Nippel-messing")	Ms 63 Pb	Cu: 62,0...65,0 Pb: 0,2...3,0 Zn: Rest Cu: 63 Pb: 1,7 Zn: Rest	wie bei Ms 67	gut zerspanbar; kaltstauchfähig: Nippel; Schrauben
Messing 63 („Druck-messing") („Ätzqualität")	Ms 63 KMs 63	Cu: 62,0...65,0 Zn: Rest Cu: 63,0 Zn: Rest Cu: 63,7 Zn: Rest Cu: 63,5 Zn: Rest	Pb: 0,2 sonst wie Ms 67	gut tiefziehfähig; gute Fede-rungseigenschaften; gut ätzbar; korrosionsbeständig gegen Süßwasser: Hohlwaren; Autokühler; Reißverschlüsse; Blattfedern Schilder; Zifferblätter; Druckwalzen Rohre für Wärmeaustauscher (DIN 1785)
α+β-Messinge (ausgezeichnete Warmformbarkeit und Zerspanbarkeit)				
Messing 60 Pb („amerik. Bohr- und Dreh-qualität") („weiche Bohr- und Dreh-qualität")	Ms 60 Pb	Cu: 59,5...62 Pb: 0,3...3,0 Zn: Rest Cu: 61,5 Pb: 3 Zn: Rest Cu: 60 Pb: 2 Zn: Rest	Fe: 0,3 Ni: 0,5 Sn: 0,2 Sb: 0,01 Al: 0,1 sonst.: 0,2 Mn: 0,2	gut zerspanbar; ausgezeichnet bohrfähig; warm- und kalt-umformbar durch Biegen, Nieten Stauchen, Prägen: USA-Universalqualität für Dreh- und Frästeile; Warmschmiedeteile Rohre für Lampenindustrie

241. Metallegierungen

Werkstoff	Kurz-zeichen	Zusammensetzung in Gew.%		Besondere Eigenschaften und Verwendungshinweise
		Legierungs-bestandteile	zulässige Beimengungen, Höchstgehalte	
Messing 60 („Schmiede-messing") („Muntzmetall")	Ms 60	Cu: 59,5...62 Zn: Rest Cu: 60,5 Zn: Rest	Pb: 0,3 sonst wie Ms 60 Pb	warm- und kaltformbar; korrosionsbeständig gegen Süßwasser: Warmpreßteile; Beschläge; Schrauben; Reißzeug; Rohrböden für Wärmeaustauscher
Messing 58 („Warmpreß-qualität") („Automaten-messing") („Uhren-messing")	Ms 58	Cu: 57,0...59,5 Pb: 1,0...3,0 Zn: Rest Cu: 59 Pb: 1,8 Zn: Rest Cu: 58,3 Pb: 2,75 Zn: Rest Cu: 58 Pb: 1,75 Zn: Rest	Fe: 0,5 Ni: 0,5 Sn: 0,3 Sb: 0,02 Al: 0,1 sonst.: 0,2 Mn: 0,5	sehr gut zerspanbar; ausgezeichnet warmschmiedbar im Gesenk; gut stanzbar: Warmpreßteile Automaten-Drehteile für Uhrenindustrie: Räder; Platinen; Wellen („Anstellqualität")
Messing 56 („Profilmessing")	Ms 56	Cu: 54...57 Pb: 0...2,5 Zn: Rest Cu: 56 Pb: 0,5 Zn: Rest	Fe: 0,5 Ni: 0,5 Sn: 0,3 Sb: 0,02 Al: 0,2 sonst.: 0,2 Mn: 0,5	ausgezeichnete Warmformbarkeit im Strangpreßverfahren (schlecht kaltformbar): dünnwandige Profile mit guter Maßhaltigkeit, insbesondere für Architektur

241203. Physikalische Eigenschaften handelsüblicher Messinge

Physikalische Eigenschaft	Ms 90	Ms 85	Ms 80	Ms 72	Ms 67	Ms 63	Ms 60	Ms 58 Pb-haltig	Ms 56 Pb-haltig
Siedepunkt bei 760 Torr in °C	1400	1300	1240	1160	1130	1110	1100	1080	1070
Spezifische Wärme bei 20° C in J/ggrd	0,377	0,377	0,377	0,377	0,377	0,377	0,377	0,377	0,377
Dichte bei 20° C in gcm^{-3}	8,80	8,73	8,67	8,56	8,50	8,47	8,40	8,44	8,42
Mittlerer Längsausdehnungskoeffizient (25...100) °C in 10^{-6} grd^{-1}	17,4	17,7	18	18,5	18,8	19	19,2	19,3	19,4
Wärmeleitfähigkeit bei 20° C in J/cmsgrd	1,84	1,55	1,42	1,25	1,17	1,13	1,13	1,13	—
Spezifischer elektrischer Widerstand in $10^{-6} \Omega \cdot$ cm bei 20° C	3,9	4,7	5,4	6,05	6,4	6,4	6,2	6,2	—
Elektrische Leitfähigkeit bei 20° C in m/Ωmm²	25,5	21,5	19	16,5	15,5	15	15	15	15
Elastizitätsmodul E kp/mm² (Richtwerte) bei 20° C	11 900	11 900	11 200	11 200	10 500	10 500	10 500	9800	9800
Gleitmodul G in kp/mm² bei 20° C (Richtwerte)	4500	4500	4200	4200	3930	3930	3930	3720	3720

241204. Richtwerte für die Festigkeitskenngrößen handelsüblicher Messinge im Knetzustand

Werkstoff	Zustand	Dehn-grenze[1] kp/mm²	Festig-keit σ_B kp/mm²	Dehnung[2] δ %	Härte[3]	Scher-festigkeit τ_B kp/mm²
Ms 90	Bleche, Bänder (1 mm), (Rohre) weichgeglüht: 0,015 mm[4]	$\sigma_{0,5}$: 10,5	29	δ(50 mm): 42	HRF: 65	22,4
	0,035 mm	8,5	26,5	45	57	21
	0,050 mm	7	26	45	53	18,6
	kaltverformt: 21%	31,5	36,5	11	HRB: 58	24,5
	37%	38	43	5	70	26,6
	50%	40,5	47	4	75	28
	60%	43,5	50,5	3	78	29,4
gemäß	F 24 (weichgeglüht)		≧24	δ_5≧41	HB 10: ~60	
DIN 17670	F 30 (kaltverformt)		≧30	≧14	~80	
und 17671	F 36 (kaltverformt)		≧36	≧7	~110	
	F 44 (kaltverformt)		≧44	≧3	~140	
	Drähte (2 mm ⌀), Stangen weichgeglüht: 0,015 mm[4]		29	δ(50 mm): 48		22,4
	0,035 mm		28	50	HRF: 55	21
	kaltverformt: 11%		31	27	HRB: 42	23,2
	21%		35	13		24
	37%		42	6		26
	60%		52	4		29,5
	75%		58	3		
	84%		63	3		
Ms 85	Bleche, Bänder (1 mm), (Rohre) weichgeglüht: 0,015 mm[4]	$\sigma_{0,5}$: 12,5	32	δ(50 mm): 42	HRF: 74	23,2
	0,035 mm	10	29	46	63	22,2
	0,050 mm	8,5	28	47	59	21,8
	kaltverformt: 21%	34	40	12	HRB: 65	26,0
	37%	40	49	5	77	29,5
	50%	43	55	4	83	30,9
	60%	44	59	3	86	32,3
gemäß	F 26 (weichgeglüht)		≧26	δ_5≧42	HB 10: ~60	
DIN 17670	F 32 (kaltverformt)		≧32	≧16	~90	
und 17671	F 38 (kaltverformt)		≧38	≧8	~115	
	F 47 (kaltverformt)		≧47	≧4	~145	
	Drähte (2 mm ⌀), (Stangen) weichgeglüht: 0,015 mm[4]		31,5	δ(50 mm): —		23,2
	0,035 mm		29	48		21,8
	kaltverformt: 11%		35	25		24,6
	21%		41,5	11		26,7
	37%		50,5	8		30,2
	60%		62	6		33,7
	84%		73,5	—		37,9
Ms 80	Bleche, Bänder (1 mm), (Rohre) weichgeglüht: 0,015 mm[4]	$\sigma_{0,5}$: 14	35	δ(50 mm): 46	HRF: 75	23,2
	0,035 mm	10,5	32	48	66	—
	0,050 mm	10	31	50	61	22,4
	kaltverformt: 21%	35	43	18	HRB: 70	27,4
	37%	41,5	52	7	82	30,2
	60%	45,5	64	3	91	33,7
gemäß	F 27 (weichgeglüht)		≧27	δ_5≧43	HB 10: ~65	
DIN 17670	F 33 (kaltverformt)		≧33	≧18	~95	
und 17671	F 40 (kaltverformt)		≧40	≧9	~120	
	F 50 (kaltverformt)		≧50	≧4	~150	

241. Metallegierungen

Werkstoff	Zustand	Dehn-grenze[1] $\sigma_{0,5}$ kp/mm²	Festig-keit σ_B kp/mm²	Dehnung[2] δ %	Härte[3]	Scher-festigkeit τ_B kp/mm²
	Drähte (2 mm ∅), (Stangen)			δ(50 mm):		
	weichgeglüht: 0,015 mm[4]		35	47		23,2
	0,035 mm		32	50		—
	kaltverformt: 11%		39	27		26
	21%		48	12		29,5
	37%		57,5	8		33
	60%		75	5		37,2
	84%		88	3		42
Ms 72 (Ms 70)	Bleche, Bänder (1 mm), (Rohre)	$\sigma_{0,5}$:		δ(50 mm):		
	weichgeglüht: 0,015 mm[4]	15,5	37	54	HRF: 78	24,5
	0,035 mm	12	34	57	68	23,9
	0,050 mm	10,5	33	62	64	—
	0,070 mm	10	32	65	58	22,5
	0,100 mm	8	31	66	54	—
	kaltverformt: 21%	36,5	43,5	23	HRB: 70	28
	37%	44	53	8	82	30,9
	50%	45,5	60	5	88	32,3
	60%	46	66	3	91	33,8
	68%	46,5	70	3	93	
gemäß	F 28 (weichgeglüht)		≧28	δ_5≧44	HB 10: ~70	
DIN 17670	F 36 (kaltverformt)		≧36	≧19	~100	
und 17671	F 43 (kaltverformt)		≧43	≧10	~125	
	F 53 (kaltverformt)		≧53	≧5	~155	
	Drähte (2 mm ∅)			δ(50 mm):		
	weichgeglüht: 0,015 mm[4]		38	56		—
	0,035 mm		35	60		33,9
	0,050 mm		34	64		—
	kaltverformt: 11%		41	35		36,7
	21%		49	20		—
	75%		87	4		—
	84%		91	3		42
	Stangen (25 mm ∅)	$\sigma_{0,5}$:				
	weichgeglüht: 0,050 mm[4]	11	34	65	HRF: 65	23,8
	kaltverformt: 6%	28	38,5	48	HRB: 60	25,2
	20%	36	49	30	80	29,4
Ms 65 (Ms 67)[5]	Bleche, Bänder ≧ (Rohre)	$\sigma_{0,5}$:		δ(50 mm):		
	weichgeglüht:	12	34	57	HRF: 68	23,8
	kaltverformt: 21%	35	43	23	HRB: 70	28
	37%	42	52	8	80	30,2
Ms 67	60%	43,5	64	3	90	33
gemäß	F 29 (weichgeglüht)		≧29	δ_5≧45	HB 10: ~70	
DIN 17670	F 37 (kaltverformt)		≧37	≧20	~100	
und 17671	F 44 (kaltverformt)		≧44	≧10	~130	
	F 54 (kaltverformt)		≧54	≧5	~160	
Ms 63 (Ms 65)[5]	Bleche, Bänder Rohre): Richtwerte entsprechend Ms 65					
gemäß	F 30 (weichgeglüht)		≧30	δ_5≧45	HB 10: ~70	
DIN 17670	F 38 (kaltverformt)		≧38	≧20	~100	
und 17671	F 45 (kaltverformt)		≧45	≧10	~130	
	F 55 (kaltverformt)		≧55	5	~160	
	F 62 (kaltverformt)		≧62	—	—	
gemäß	Drähte (Stangen):					
DIN 17672	F 30 (weichgeglüht)		≧30	δ_5≧45	HB 10: ~70	
	F 38 (kaltverformt)		≧38	≧25	~100	
	F 45 (kaltverformt)		≧45	≧10	~130	
	F 55 (kaltverformt)		≧55	≧8	~145	

2. Zusammenfassende Tabellen

Werkstoff	Zustand	Dehn-grenze[1] kp/mm²	Festig-keit σ_B kp/mm²	Dehnung[2] δ %	Härte[3]	Scher-festigkeit τ_B kp/mm²
Ms 60 gemäß DIN 17670 und 17671 gemäß DIN 17672	Bleche (Rohre) weichgeglüht: kaltverformt: 21% F 34 (weichgeglüht) F 41 (kaltverformt) F 48 (kaltverformt) F 59 (kaltverformt) Drähte, Stangen: F 34 (weichgeglüht) F 41 (kaltverformt) F 48 (kaltverformt)	$\sigma_{0,2}$: 15 35	38 49 $\geq$34 $\geq$41 $\geq$48 $\geq$59 $\geq$34 $\geq$41 $\geq$48	δ(50 mm): 45 10 $\delta_5 \geq$30 $\geq$16 $\geq$8 $\geq$3 $\delta_5 \geq$30 $\geq$20 $\geq$10	HRF: 80 HRB: 67 HB 10: ~80 ~100 ~130 ~170 HB 10: ~80 ~100 ~130	28 30,8
Ms 58 (Pb-haltig) gemäß DIN 17670 und 17671	Bleche, Rohre: F 37 (weichgeglüht) F 44 (kaltverformt) F 51 (kaltverformt) F 62 (kaltverformt) F 37 (weichgeglüht) F 44 (kaltverformt) F 51 (kaltverformt) F 62 (kaltverformt) F 68 (kaltverformt)	$\sigma_{0,2}$: 17 30 47 55	40 50 57 65 $\geq$37 $\geq$44 $\geq$51 $\geq$62 $\geq$68	δ_5 45 25 12 10 $\geq$25 $\geq$8 $\geq$5 2 —	HB 10: ~95 ~120 ~150 ~160 ~90 ~115 ~140 ~170 —	
   gemäß DIN 17672	Stangen (Drähte): F 37 (weichgeglüht) F 44 (kaltverformt) F 51 (kaltverformt) F 62 (kaltverformt) F 37 (weichgeglüht) F 44 (kaltverformt) F 51 (kaltverformt)	$\sigma_{0,2}$: 17 28 45 65	40 48 55 70 $\geq$37 $\geq$44 $\geq$51	δ_5 40 20 10 5 $\geq$25 $\geq$15 $\geq$10	HB 10: ~95 ~120 ~150 ~160 ~90 ~115 ~140	24,5
Ms 56 (Pb-haltig) gemäß DIN 17672	Stangen, Profile F 45 (gepreßt und nach- gezogen) F 45 (gepreßt)	$\sigma_{0,2}$: 25	50 $\geq$45	δ_5 25 $\geq$10	HB 10: ~110 ~110	

[1] Dehngrenze $\sigma_{0,5}$: Mechanische Spannung für 0,5% Dehnung unter Last,
Dehngrenze $\sigma_{0,2}$: Mechanische Spannung für bleibende Dehnung von 0,2% (nach Entlastung).

[2] δ(50 mm): Bruchdehnung bei einer Anfangsmeßlänge von 50 mm ~2 Zoll).

[3] Härte HRF bzw. HRB: Rockwellhärte der Skala F bzw. B.
Härte HB 10: Brinellhärte (in kp/mm²) der Belastungsstufe 10.

[4] Mittlerer Korndurchmesser in mm.

[5] Ms 65 entspricht "yellow brass" (nach ASTM B 36) mit einer Legierungstoleranz für Cu von 64...
68,5%, Rest Zn. Es überschneidet damit die Legierungsbereiche von Ms 67 und Ms 63 nach DIN.

241205. Zusammensetzung in Gew. % der Legierungen auf der Basis Ni—Cr—Fe. Heizleiterwerkstoffe und hitzebeständige Gußlegierungen

Kurzzeichen oder kennzeichnender Handelsname	Werkstoff-Nr.	Ni	Cr	Fe	Mn	Si	C	Ti	Mo
NiCr 80 20[1]	2.2212	76...80	19...21	<2	1	1,5	<0,15	—	—
NiCr 60 15	2.2556	58...62	15...16	Rest	1	1,5	<0,15	—	—
NiCr 30 20	1.4860	29...31	20...22	Rest	1	3,0...4,0	<0,20	—	—
CrNi 25 20	1.4843	18,5...19,5	23...25	Rest	0,5	1,8...2,3	<0,20	—	—
NiCr 20 Ti Nimonic 75	2.4630	Rest	18...21	<0,5	<1,0	<1,0	<0,15	0,2...0,6	—
Incoloy DS	—	36...39	17...19	Rest	1,3	2,0...2,5	<0,15	—	—
Incoloy 800	—	32	20,5	44...46	~0,8	~0,4	0,04	—	—
Incoloy 801	—	32	20,5	44...46	~0,8	~0,4	0,04	1,0	—
Incoloy 901	—	43	12...13	35	—	—	0,05	2,4	5,7
GFeCr 30 Ni 20 HL[2]		18...22	28...32	Rest	2,00	2,00	0,2...0,6	—	0,5
GFeNi 35 Cr 15 HT[2]		33...37	13...17	Rest	2,00	2,50	0,35...0,75	—	0,5
GFeNi 39 Cr 19 HU[2]		37...41	17...21	Rest	2,00	2,50	0,35...0,75	—	0,5
GNi 60 Cr 12 HW[2]		58...62	10...14	Rest	2,00	2,50	0,35...0,75	—	0,5
GNi 66 Cr 17 HX[2]		64...68	15...19	Rest	2,00	2,50	0,35...0,75	—	0,5
CrNi 40		37,5...42,2	Rest	—	0,01...0,3	0,9...1,2	0,01...0,15	—	—

[1] Bei den Legierungen werden oft die Konzentrationen wichtiger Legierungselemente durch Anfügen der durchschnittlichen Prozentzahl direkt hinter dem chemischen Symbol vermerkt.
[2] Bezeichnung nach Alloy Casting Institute.

241206. Physikalische Eigenschaften der Heizleiterwerkstoffe und hitzebeständigen Gußlegierungen

Legierung	Dichte bei 20°C in g·cm⁻³	Schmelztemperatur in °C	C_p bei 20°C in J/g·grd	Wärmeleitfähigkeit λ		Mittlerer Längsausdehnungskoeffizient α_m		Spez. el.-Widerstand ϱ bei 20°C in $10^{-6} \Omega \cdot$ cm	Elastizitätsmodul E bei 20°C kp/mm²
				bei °C	in J/cm·s·grd	zwischen °C	in 10^{-6}/grd		
NiCr 80 20	8,3	1400	0,46	20	0,146	20...200	14	112	21 700
NiCr 60 15	8,2	1390	0,46	20	0,133	20...200	14	113	—
Nimonic 75	8,37	1390...1420	0,46	20	0,130	20...100	12,2	109	21 360
Incoloy DS	7,91	1320...1350	0,50	20	0,138	20...100	14,2	—	17 990
Incoloy 800	8,02	1355...1385	0,50	20	0,113	~100	15,2	93...100	20 000
Incoloy 801	7,99	—	—	—	—	~100	14,4	—	19 700
Incoloy 901	8,23	—	—	—	—		27	13,95	112	19 600
NiCr 30 20	7,9	1390	0,50	20	0,130	20...200	15	104	—
CrNi 25 20	7,8	1380	0,50	20	0,130	20...200	16	95	—
HL	7,71	1427	0,50	100	0,146	20...538	16,0	94	20 300
HT	7,92	1345	0,46	100	0,138	20...538	15,3	100	18 900
HU	8,03	1345	0,46	538	0,159	20...538	15,8	105	18 900
HW	8,14	1290	0,46	100	0,138	20...538	14,0	112	17 500
HX	8,14	1290	0,46	—	—	20...538	14,0	—	17 500

241207. Zusammensetzung von

Kurzzeichen	Werkstoff-Nr.	Ni	Co	Cu	Fe	Mn	Mg
NiAl 4 Ti	2.4128	94	—	0,2	0,5	0,4	0,15
NiBe 2	2.4132	96	—	0,2	0,5	1	0,1
NiCo 4		Rest	4...5				
NiCo 2,4 Cr		Rest	2,4				
NiCo 1,4 Cr		Rest	1,4				
NiMn 1	2.4106	98	—	0,5	0,5	0,3...1,0	0,15
NiMn 1 C	2.4108	98	—	0,5	0,5	0,8...1,2	0,15
NiMn 2	2.4110	97	—	0,2	0,3	1,5...2,5	0,15
NiMn 3 Al	2.4122	95	—	0,1	0,3	2...4	0,1
NiMn 3 Si		Rest				2,75	
NiMn 5	2.4116	94		0,2	0,3	4,5...5,5	0,15
NiSi 2		Rest				0,5	
NiSi 4		Rest				0,3	
NiTi; Permanickel		98	—	0,5	0,1	0,1	—
NiTi 1 Al	2.4162	94	—	0,25	0,75	0,3...1,0	—
NiTi 2 Al	2.4160	92	—	0,25	0,75	0,5...1,5	—
S-NiTi 3	2.4156	93	—	0,25	1	0,3...1	0,15

241208. Zusammensetzung von

Kurz- oder Handelsname	Ni	Cu	Fe	Mn	Si
GNi 95 (Nickelguß)	93...97	1,25	1,25	1,50	2,0
GNi 94 C (G-Nickel)	93...95	1,25	1,25	1,50	2,0
GNi 88 Si (S-Nickel)	88	1,25	1,25	1,50	5,5...6,5
GNi 85 Si 10 Cu (Hastelloy D)	83...85	2,0...4,0	2,0	0,5...1,25	7,5...8,5
GNiCu 30 Fe	62...68	26...33	<2,5	<1,5	<2,0
Monel 505	60,0	27...31	<2,5	<1,5	3,5...4,5
Monel 506	63,0	27...31	1,5	0,8	3,2
Monel 507	64,0	30,5	1,5	0,8	2,7

241. Metallegierungen

Ni-Knetlegierungen in Gew. %

Si	C	S	W	Al	Ti	Sonstige	Eigenschaften
1	0,15	—	—	4...5	—	—	aushärtbar; hoher Verschleißwiderstand
0,1	0,1	—	—	—	—	—	aushärtbar, hohe Festigkeitswerte
						2,3 Cr	Magnetostriktive
						0,8 Cr	Schwinger hohen Wirkungsgrades
0,1	0,1	—	—	—	—	—	chem. Apparatebau
0,1	0,15...0,2	—	—	—	—	—	verbesserte Zerspanung
0,2	0,1	—	—	—	—	—	erhöhte Warmfestigkeit
0,5...1,5	0,05	—	—	1...2	—	—	hohe Thermokraft gegen Ni−Cr
1							erhöhte Beständigkeit gegen PbS und PbSO$_4$
0,2	0,1						hohe Warmfestigkeit, erhöhte Beständigkeit gegen S
2,0							erhöhte Beständigkeit gegen PbS und PbSO$_4$
4,0							
0,1	0,25	—	—	—	0,4	—	aushärtbar
0,3...1,5	0,05	0,02	—	0,5...2,0	0,5...2,0	—	Schweißzusatz-Werkstoffe
0...1,3	0,4	0,02	—	0,2...1,0	0...4	—	
0,5...1,3	0,1	—	—	0,3...1,0	1...4	—	

Ni-Gußlegierungen in Gew. %

C	S	sonstige	Eigenschaften
1,0	0,015	—	erhöhte Abriebfestigkeit
1,0...2,5	0,015		
1,0	0,015	—	
0,12	—	1,5 Co	gut beständig gegen Schwefelsäure, Essigsäure, Phosphorsäure; hohe Abriebfestigkeit
<0,35			gleiche Korrosionsbeständigkeit wie NiCu 30 Fe
<0,25	0,015	—	erhöhte Beständigkeit gegen Abrieb und Festfressen
0,1	0,008	—	wie Monel 505
0,55	0,008	—	verbesserte Bearbeitbarkeit

241209. Physikalische Eigenschaften

Legierung	Dichte bei 20° g/cm³	Schmelztemperatur °C	Spezifische Wärme bei °C	J/ggrd
NiAl 4 Ti	8,26	1400...1440	20...100	0,435
NiTi	8,75	–		0,444
NiBe 2	8,1	1160		–
NiMn 1	8,83	1445	100	0,50
NiMn 2	8,81	1440	100	0,50
NiMn 5	8,78	1425	100	0,54
NiMn 3 Si	8,75	1420	100	0,54
NiSi 2	8,68	1350...1450	–	–
NiSi 4	7,94	1370...1400	–	–
GNi 95	8,34	1345...1427	–	–
GNi 94 C	8,34	1345...1427	–	–
GNi 88 Si	8,01	1260...1370	–	–
GNi 85 Si 10 Cu	7,8	1110...1120	–	–
GNiCu 30 Fe	8,63	1305...1330	–	0,54
Monel 506	8,48	1295...1305	–	0,54
Monel 505	8,36	1240...1330	–	0,54

241210. Zusammensetzung, Hinweise auf Anwendung und typische Eigenschaften von Knetlegierungen des Kupfers mit < 50 % Nickel

Kurzzeichen oder kennzeichnender Handelsname	Werkstoff-Nr.	Zusammensetzung in Gew.%					Hinweise für Verwendung, typische Eigenschaften
		Ni mind.	Cu	Fe	Mn	Sonstige	
CuNi 44		43...45	Rest	0,5	1	0,2 Zn 0,02 Sn +Pb	allgemeine Präzisionswiderstände; kleiner Temperaturkoeffizient des elektr. Widerstandes
CuNi 30 Mn		29,0...31,0	Rest	0,5	0,5...1,5		allgemeine Widerstände; hoher elektr. Widerstand
CuNi 30 Fe	2.0882	30,0...32,0	Rest	0,4...1,0		0,5 Zn 0,05 Sn +Pb 0,1 and.	Kondensatorrohre; beständig gegen Wasser, Kühl- und Lösungsmittel
CuNi 30	2.0836	29...30	Rest	0,3	0,5	0,2 Zn 0,05 Sn +Pb 0,1 and.	chemischer Apparatebau, für dekorative Zwecke; korrosionsfest gegen Wasser
CuNi 25	2.0830	24,0...26,0	Rest	0,3	0,3		Münzlegierung; verschleißfest
CuNi 20 Fe	2.0878	20...22	Rest	0,4...1,0	0,5...1,5	0,5 Zn 0,05 Sn +Pb 0,1 and.	Kondensatorrohre
CuNi 20	2.0822	19...21	Rest	0,3	0,2	0,2 Zn 0,05 Sn +Pb 0,1 and.	wie CuNi 25, weiße Farbe
CuNi 15	2.0818	14,0...16,0	Rest	0,3	0,2		wie CuNi 25, bereits helle Farbe

der Ni-Knet- und Gußlegierungen

Wärmeausdehnungs-koeffizient		Wärmeleitfähigkeit		Elastizitäts-modul E
bei °C	10^{-6} grd^{-1}	bei °C	J/cmsgrd	kp/mm²
25...100	13	20...100	0,184	21 000
25...100	13	—	—	21 000
20...200	13,9	20	0,314	20 000
—	—	—	—	—
—	—	—	—	22 200
—	—	0...100	0,48	22 700
—	12,9	300	0,3...0,4	17 000
—	12,9	300	0,33	16 000...18 000
—	13,1	300	0,3...0,4	16 000
20...760	16	100	0,59	15 200
20...760	15,7	—	—	15 400
20...760	15,8	—	—	16 800
20	18,1	100	0,21	18 200
25...600	16,2	100	0,268	16 100
25...600	16	—	—	16 800
25...600	16	100	0,197	16 800

Kurzzeichen oder kennzeichnender Handelsname	Werkstoff-Nr.	Zusammensetzung in Gew.%					Hinweise für Verwendung, typische Eigenschaften
		Ni mind.	Cu	Fe	Mn	Sonstige	
CuNi 10 Fe	2.0872	9,0...11,0	Rest	0,7...1,4	0,3...0,8	0,5 Zn 0,05 Sn +Pb 0,1 and.	Kondensatorrohre
CuNi 10	2.0812	9,0...11,0	Rest	0,2	0,3	0,2 Zn 0,05 Sn +Pb 0,1 and.	Leonische Drähte
CuNi 5 Fe	2.0862	4,0...6,0	Rest	0,9...1,5	0,3...0,8	0,3 Zn 0,05 Sn +Pb 0,1 and.	Rohre für Seewasserleitungen
CuNi 5	2.0806	4,0...6,0	Rest	0,2	0,3		für elektronische Zwecke

241211. Physikalische Eigenschaften von Kupfer-Knetlegierungen mit weniger als 50 % Nickel

Legierung	Dichte bei 20° C in gcm^{-3}	Schmelztemperatur °C	Spezifische Wärme C_p		Wärmeleitfähigkeit λ		Mittlerer Längsausdehnungskoeffizient α_m		Elastizitätsmodul E bei 20° C in kp/mm²
			bei °C	in J/ggrd	bei °C	in J/cmsgrd	zwischen °C	in 10^{-6}grd^{-1}	
CuNi 44	8,9	1230...1290	20	0,41	20	0,22	20...300	14,5	16 000
CuNi 30	8,8	1170...1230	20	0,4	20	0,25	20...300	15,5	15 300
CuNi 30 Fe	8,94	1180...1240	20	0,38	20	0,29	20...300	15,3	15 000
CuNi 30 Mn	8,94	1180...1240	20	0,4	20	0,25	20...300	15,3	15 000
CuNi 25	8,94	1150...1210	20	0,37	20	0,33	20...300	15,8	15 000
CuNi 20	8,96	1136...1190	20	0,37	20	0,37	20...300	16,0	14 500
CuNi 20 Fe	8,96	1130...1190	20	0,37	20	0,37	20...300	16,0	14 500
CuNi 15	8,98	1115...1117	20	0,37	20	0,4	20...300	16,0	14 000
CuNi 10	8,89	1108...1145	20	0,38	20	0,67	20...300	16,0	13 500
CuNi 10 Fe	8,89	1100...1145	20	0,38	20	0,46	20...300	16,0	13 500
CuNi 5	8,92	1090...1125	20	0,38	20	0,46	20...300	16,3	12 600
CuNi 5 Fe	8,92	1090...1125	20	0,38	20	0,46	20...300	16,3	12 600

241212. Zusammenstellung der knetbaren Neusilber-Legierungen nach DIN 17663
Eigenschaften und Verwendungshinweise

Werkstoff	Kurzzeichen	Zusammensetzung in Gew.%		Besondere Eigenschaften und Verwendungshinweise
		Legierungsbestandteile	zulässige Beimengungen, Höchstgehalte	
Neusilber 4712	Ns 4712	Cu: 45,0...49,0 Ni: 11,0...13,0 Zn: Rest	Pb: 0,1 Mn: 0,5 Fe: 0,5 sonst.: 0,1	gut warmpreßbar und schmiedbar: Profile für Bauwesen und Innenarchitektur; Kleinschmuckwaren
Neusilber 4711 Pb	Ns 4711 Pb	Cu: 45,0...49,0 Ni: 10,0...12,0 Pb: 2 Zn: Rest	Mn: 0,5 Fe: 0,5 sonst.: 0,1	bohr- und drehfähig, gut warmpreßbar: Teile für die optische, feinmechanische und Uhrenindustrie; Schmuckwaren
Neusilber 5712 Pb	Ns 5712 Pb	Cu: 55,0...59,0 Ni: 11,0...13,0 Pb: 2,5 Zn: Rest	Mn: 0,5 Fe: 0,5 sonst.: 0,1	bohr- und drehfähig, gut kaltformbar: Schlüssel, Teile für die optische, feinmechanische und Uhrenindustrie
Neusilber 6512	Ns 6512	Cu: 63,0...67,0 Ni: 11,0...13,0 Zn: Rest	Pb: 0,05 Mn: 0,5 Fe: 0,3 sonst.: 0,1	sehr gut kaltformbar (Tiefziehen, Prägen Drücken), emaillierfähig: Tafelgeräte und Bestecke, Ätzbleche, Federn, kunstgewerbliche Artikel
Neusilber 6218 Pb	Ns 6218 Pb	Cu: 59,0...63,0 Ni: 17,0...19,0 Pb: 2 Zn: Rest	Mn: 0,7 Fe: 0,3 sonst.: 0,1	ähnlich Ns 5712 Pb; anlaufbeständig: Teile für die optische und feinmechanische Industrie; Reißzeug
Neusilber 6025	Ns 6025	Cu: 58,0...62,0 Ni: 24,0...26,0 Zn: Rest	Pb: 0,03 Mn: 0,7 Fe: 0,3 sonst.: 0,1	gut kaltformbar, sehr anlaufbeständig: Schanktischverkleidungen; Beschläge aller Art (Innenarchitektur)

Guß-Neusilber. Legierungszusammensetzung in Gew.% (Richtanalysen)

	Cu	Sn	Pb	Ni	Zn
Neusilber-Gußwerkstoffe	66	5	1,5	25	Rest
	64	4	5	20	Rest
	60	3	5	16	Rest
	57	2	9	12	Rest
	65	—	—	20	Rest
	50	—	—	12	Rest

241213. Physikalische Eigenschaften von Zinnbronzen, Aluminiumbronzen und Neusilber

Bezeichnung oder Zusammensetzung in in Gew.%	Dichte bei 20° C in gcm^{-3}	Mittlerer Längsausdehnungskoeffizient		Spezifische Wärme		Wärmeleitfähigkeit		Elastizitätsmodul E bei 20° C in kp/mm^2
		bei °C	in 10^{-6}grd^{-1}	bei °C	in J/ggrd	bei °C	in J/cmsgrd	
SnBz2[1] (Sn1...2%, Rest Cu)	8,89	20...300	17,8	20	0,38	20	1,88	12200
SnBz4 (Sn3...5%, Rest Cu)	8,86	20...300	17,8	20	0,38	20	0,92	11800
SnBz6 (Sn5...7%, Rest Cu)	8,83	20...300	18,0	20	0,38	20	0,67	11400
SnBz8 (Sn7,5...9%, Rest Cu)	8,80	20...300	18,2	20	0,38	20	0,58	11000
Cu 95,72, Sn 4,09, P 0,035	8,86	25...300	19	—		20	0,828	
Cu 96,84, Sn 3,11, P 0,02	8,93	25...200	17,5	—		20	1,17	
		25...300	18,1			204	1,45	
Cu 96,50, Sn 3,09, P 0,39	8,89	25...200	17,5	—		20	0,67	
						204	0,98	
Cu 92,444, Sn 7,50, P 0,056	8,81	25...300	18,2	—		20	0,63	
Cu 92,20, Sn 7,41, P 0,38	8,89	25...200	18,3	—		20	0,46	
		25...300	19,0			204	0,63	
Cu 91,70, Sn 8,0, P 0,30	8,81	25...300	18,2	—		20	0,63	
AlBz 5	8,15	25...300	18	20	0,4	20	0,75	11500...12300
AlBz 8	7,75	25...300	17,8	20	0,44	20	0,67	10500...11500
AlBz 8 Fe[2], (Cu 90,6, Fe 2,3, Al 6,9)	7,7	20...300	16,4	20	0,38	20	0,75	
AlBz 10 Fe(Cu 85,1, Fe 3,5, Al 10,3)	7,6	20...300	17	20	0,42	20	0,33	
AlBz 9 Mn(Cu 86,6, Al 9,99, Fe 0,02, Mn 3,05)	7,6	20...300	17	20	0,4	20	0,33	
AlBz 10 Ni(Cu 81,6, Fe 2,63, Al 9,6, Ni 5,47)	7,5	20...300	16	20	0,44	20	0,33	
Neusilber:[3]								
Ns 6512	8,65	20...300	16	20	0,41	20	0,48	
Ns 6218	8,70	20...300	16,5	20	0,42	20	0,3	
Ns 6025	8,75	20...300	17	20	0,43	20	0,23	
Ns 6218 Pb	8,7	20...300	16,5	20	0,42	20	0,27	
Ns 5712 Pb	8,6	20...300	19	20	0,41	20	0,33	
Ns 4711 Pb	8,5	20...300	19,5	20	0,41	20	0,34	

[1] Bei den Legierungen werden oft die Konzentrationen wichtiger Legierungselemente durch Anfügen der durchschnittlichen Prozentzahl direkt hinter dem chemischen Symbol vermerkt.
[2] Die Zusammensetzung handelsüblicher Legierungen ist in Klammern angegeben.
[3] Zusammensetzung siehe Tabelle 241212.

241214. Festigkeitseigenschaften der Legierungen außer Messing

Legierung	Zustand	σ_B kp/mm^2	$\sigma_{0,2}$ kp/mm^2	δ %	HB kp/mm^2
CuMg 0,7	weich geglüht	27,5	8	50	
	hartgezogen 50%	46	42	5	
	hartgezogen 98%	71	65	2	
CuCd 1,05	kaltverformt	39,4	39		
CuNi 1,5 Si	lösungsgeglüht und abgeschreckt	25...30	8...15		50...70
	lösungsgeglüht und kaltverformt	42...55	36...50		110...150
	lösungsgeglüht und warmausgehärtet	45...60	30...40		120...160
	lösungsgeglüht, kaltverformt und warmausgehärtet	55...75	45...65		160...200
CuCr 0,76	lösungsgeglüht, kaltverformt und warmausgehärtet	48,7	43,3		148

2. Zusammenfassende Tabellen

Legierung	Zustand	σ_B kp/mm²	$\sigma_{0,2}$ kp/mm²	δ %	HB kp/mm²
CuBe 1,7	warmausgehärtet	>110	>100	2	
	kaltverformt, ausgehärtet	>120	>110	0,5	
CuBe 2	warmausgehärtet	>120	>110	2	
	kaltverformt, ausgehärtet	>130	>120	0,5	
CuMn 2	weich geglüht	28...32	11...15		65...75
	kalt gezogen 40%	41...45	38...42		110...120
CuMn 5	weich geglüht	33...37	13...17		70...80
	kalt gezogen 40%	48...52	45...49		120...130
CuMn 14	weichgeglüht	40...50	16...23		110...140
	kaltgezogen 40%	60...65	55...61		180...210
NiCr 20 (NiCr 8020)	weich	60...75[1]	30	30	
NiFe 20 Cr (NiCr 6015)	weich	60...75[1]	30	30	
NiCr 3020	weich	60...75[1]	30	30	
CrNi 2520	weich	60...75[1]	30	40	
NiCr 20 Ti (Nimonic 75)	Stäbe, warmgewalzt und weichgeglüht Blech kaltgewalzt kaltgewalzt und weichgeglüht	82	36	44	
NiCr 50	gewalzt	115,3	93,8	10,5	
	geglüht, 1 Std. 980 °C/Öl	112,5	77,5	15,4	
	geglüht, 1 Std. 1090°C/Öl	100	68	7,1	
	geglüht, 1 Std. 1200°C/Öl	91,6	57,8	10,0	
FeNi 32 Cr 20 (Incoloy 800)	Stäbe kaltgezogen	68...101,5	54...86,5	30...10	186...290 HV[2]
	weichgeglüht	51...67	20...38,5	50...30	121...170 HV[2]
	warmgewalzt und weichgeglüht	51...67	20...38,5	50...30	121...170 HV[2]
	warmgewalzt	54...151	24,5...62	50...25	135...225 HV[2]
	geschmiedet	54...151	24,5...62	50...25	135...225 HV[2]
	Draht kaltgewalzt und weichgeglüht	51...71	17...38,5	50...25	—
	Grobbleche warmgewalzt	54...151	24,5...38,5	50...30	121...184 HV[2]
	gewalzt und weichgeglüht	51...71	20...62	50...25	135...225 HV[2]
	Bleche kaltgewalzt und weichgeglüht	51...67	20...38,5	50...30	—
	Druck- und Tiefziehqualität	51...67	20...31	50...30	—
	Band kaltgewalzt und weichgeglüht	51...62	20...34	50...30	—
	Druck- und Tiefziehqualität	51...67	20...31	55...35	—
	Rohre kaltgezogen und weichgeglüht	51...67	20...38,5	50...30	—
FeNi 38 Cr 16 (Incoloy DS)	Stäbe warmgewalzt und weichgeglüht	74	—	38	—
FeNi 32 Cr 20 Ti (Incoloy 801)	weichgeglüht	63	36	40	—
FeNi 40 Cr 13 MoTi (Incoloy 901)	weichgeglüht u. warm ausgehärtet	117,5	73	26	—

[1] Für Nenndurchmesser oder Nenndicken = 1 mm.
[2] Härte nach VICKERS.

241. Metallegierungen

Legierung	Zustand	σ_B kp/mm²	$\sigma_{0,2}$ kp/mm²	δ %	HB kp/mm²
HL	gegossen	57,4	36	19	192
HT	gegossen	49	28	10	180
	gealtert	52	31	5	200
HU	gegossen	49	28	9	170
	gealtert	51	30	5	190
HW	gegossen	47	25	4	185
	gealtert	58	37	4	205
HX	gegossen	45	25	9	176
	gealtert	51	31	9	185
NiCr 40	gegossen	98...104	66...84		
NiTi und NiAl 4 Ti	lösungsgeglüht	63...84	21	35	135...185
	lösungsgeglüht und warmausgehärtet	105...123	77	20	185...360
	warmverarbeitet	63...91	24	30	190...240
	warmverarbeitet und warmausgehärtet	112...140	80	15	300...375
	kaltgezogen	77...105	42	15	185...300
	kaltgezogen und warmausgehärtet	113...147	87	15	300...380
NiBe 2	weich	75...85	35	40	140...160 HV[1]
	weich und warmausgehärtet	130	80	12	420 HV[1]
	halbhart	100...200	—	—	200...250 HV[1]
	halbhart und warmausgehärtet	140	—	—	450 HV[1]
	hart	160	140	—	360 HV[1]
	hart und warmausgehärtet	185	150	6	500 HV[1]
NiMn 5	weichgeglüht	50...60	23	45	115
	hart	84	—	3	225
NiMn 2	weich	54	—	45	100
	hart	75	—	3	205
NiMn 1 C	weich	52	—	40	110
	hart	73	—	3	220
NiMn 3 Si	warmgewalzt und weichgeglüht	50...57	13...16	55...60	110...130
NiSi 2	warmgewalzt und weichgeglüht	50...57	13...16	55...60	110...130
NiSi 4	warmgewalzt und weichgeglüht	56,5	16,5	56	130
GNi 95		35	10,5	15	90...130
GNi 94 C		35	17,5	15	90...125
GNi 88 Si		49...70	35	6...2	185...250
GNi 85 Si 10 Cu		70...80	70...80	2...1	255...385
GNiCu 30 Fe	Gußzustand	45...61	22...31[2]	25...50	125...150
Monel 506	Gußzustand	70...87	42...56[2]	10...20	240...290
Monel 505	Gußzustand	84...101	56...91[2]	4...1	275...350
	weichgeglüht	70...87	38...63[2]	15...5	260...175
	weichgeglüht und warmausgehärtet	84...101	59...91[2]	4...1	300...380
CuNi 5	weich	25...30	5...9		50...60
CuNi 10	weich	26...31	7...10		55...70
	halbhart	32...37	25...30		70...90
	hart	38...45	32...40		100...120
CuNi 15	weich	28...33	7...10		60...70
	halbhart	34...39	28...33		20...100
	hart	40...48	35...42		110...130

[1] Härte nach VICKERS.
[2] $\sigma_{0,5}$.

Legierung	Zustand	σ_B kp/mm²	$\sigma_{0,2}$ kp/mm²	δ %	HB kp/mm²
CuNi 20	weich	30...36	10...15		65...75
	halbhart	37...42	32...37		90...110
	hart	45...50	38...45		120...140
CuNi 25	weich	32...37	10...15		70...80
	halbhart	38...44	35...40		100...120
	hart	45...50	40...50		120...140
CuNi 30	weich	36...42	12...18		70...90
	halbhart	43...49	38...44		110...130
	hart	50...60	45...55		130...160
CuNi 10 Fe[1]	weichgeglüht	32	12...18		
CuNi 20 Fe[1]	weichgeglüht	34	12...18		
	halbweichgeglüht	38	18...24		
CuNi 30 Fe[1]	weichgeglüht	35	12...18		
	halbweichgeglüht	40	18...24		
SnBz 2	weichgeglüht	27	9		60
	halbhart	32	24		90
	hart	38	35		105
	federhart	48	46		120
SnBz 4	weichgeglüht	33	13		75
	halbhart	40	32		110
	hart	46	43		130
	federhart	60	58		150
SnBz 6	weichgeglüht	37	17		80
	halbhart	44	34		120
	hart	52	48		145
	federhart	66	64		165
SnBz 8	weichgeglüht	40	21		85
	halbhart	48	38		130
	hart	56	52		155
	federhart	72	69		175
AlBz 5	weichgeglüht	41	13		80
AlBz 8	weichgeglüht	46	17		85
AlBz 8 Fe	warmverformt und geglüht (oberhalb 500° C)	50...65	22...32		145...180
AlBz 10 Fe	warmverformt und geglüht (oberhalb 500° C)	60...70	25...35		150...170
AlBz 9 Mn	warmverformt und geglüht (oberhalb 500° C)	50...70	15...40		100...160
AlBz 10 Ni	warmverformt und geglüht (oberhalb 500° C)	65...90	34...65		150...240
Ns 6512	weichgeglüht	40	20		85
	hart	56	—		160
	federhart	72	—		190
Ns 6218	weichgeglüht	42	20		85
	hart	59	—		165
	federhart	76	—		195
Ns 6025	weichgeglüht	45	22		90
	hartgewalzt	63	—		170
	federhart gewalzt	80	—		200
Ns 5712 Pb	weichgeglüht	40	20		80
	hartgewalzt	56	50		150
	federhart gewalzt	60	55		170
Ns 4711 Pb	weichgeglüht	45	22		110
	halbhartgezogen	50	35		125
	hartgezogen	60	54		170
	stranggepreßt	40...50	22...30		110

[1] Gilt für Kondensatorrohre.

241215. Hartmetalle und Hartstoffe, Eigenschaften von Hartmetallen

a) WC—Co und WC—TiC—Co.

Zusammensetzung in Gew.% Sollanalyse			Dichte g/cm³	Vickers-Härte kp/mm²	Biegebruchfestigkeit kp/mm²	Mittelwert Druckfestigkeit kp/mm²	Mittelwert Elastizitätsmodul kp/mm²	Wärmeleitfähigkeit cal/cm · s · grd	Längsausdehnungskoeffizient in 10⁻⁶/grd	Spezifischer elektrischer Widerstand in 10⁻⁶ Ω · cm
WC		Co								
100		—	15,7	1800...2000	30...50	300	72200	—	5,7...7,2	53
97		3	15,1...15,2	1600...1700	100...120	590	67000	0,21	—	21
95,5		4,5	15,0...15,1	1550...1650	120...140	580	64000	0,20	—	—
94...94,5		5,5...6	14,8...15,0	1600...1700	140...160	550	63000	0,19	5,0	21
90		10	14,3...14,5	1350...1450	155...195	470	58500	0,17	—	—
85		15	13,8...14,0	1150...1250	180...220	390	54000	—	6	—
80		20	13,1...13,3	1050...1150	200...240 (260)	340	50000	—	—	30
75		25	12,8...13,0	900...1000	180...230 (270)	320	47000	—	—	—
WC	TiC	Co								
94	1	5	14,5...14,7	1500...1600	140...160	560	63000	0,19	5	20
87,5	2,5	10	14,0...14,2	1400...1500	160...180	460	57000	0,16	—	—
84,5	2,5	13	13,7...13,8	1300...1400	180...200	450	55000	0,15	5,5	23
86	5	9	13,2...13,4	1450...1550	150...160	460	59000	0,15	5,5	25
78	14	8	11,1...11,3	1550...1650	130...140	420	54000	0,08	6,2	44
78	16	6	11,0...11,2	1600...1700	110...125	430	52000	0,09	6	43
69	25	6	9,6...9,8	1650...1750	90...110	—	—	0,05	7	65
61	32	7	8,7...9,0	1650...1750	80...100	410	42000	0,04	—	—
34	60	6	6,5...6,8	1750...1850	70...80	380	38000	0,03	7,5	77

b) WC—TiC—TaC(NbC)Co.
Zusammensetzung und Eigenschaften von WC—TiC—TaC(NbC)—Co-Hartmetallen

Zusammensetzung in Gew.% Sollanalyse				Dichte	Vickers-Härte	Biegebruchfestigkeit	Mittlerer Längsausdehnungskoeffizient in 10^{-6}/grd	
WC	TiC	TaC(NbC)	Co	g/cm³	kp/mm²	kp/mm²	0…300° C	300…600° C
83,5	4	6	6,5	12,7…12,9	1550…1650	150…170	—	—
81	5	5	9	13,0…13,2	1350…1450	175…190	4,81	5,80
74,5	13	4	8,5	11,5…11,7	1450…1550	155…165	4,85	5,76
69,5	18	5	7,5	10,4…10,6	1550…1650	130…140	4,83	5,73
50,5	38	5	6,5	8,5…8,7	1600…1700	95…105	—	—

c) Eigenschaften von nichtmetallischen Hartstoffen im Vergleich zu Hartmetallen

Hartstoff Hartmetall	Dichte g/cm³	Schmelzpunkt °C	Vickers-Härte kp/mm²	Biegebruchfestigkeit kp/mm²	Druckfestigkeit kp/mm²	Elastizitätsmodul kp/mm²	Wärmeleitfähigkeit W/cmgrd	Längsausdehnungskoeffizient 10^{-6}/grd	Spezifischer elektrischer Widerstand $10^{-6}\,\Omega\cdot$cm
Diamant	3,52	3700±100	—	30	~200	~90000	1,38	0,9…1,18	nicht leitend
Borkarbid	2,52	2450	~3700	30	180	29600	—	4,5	schlecht leitend
Siliziumkarbid	3,2	~2200	~3500	10	100	—	1,55	4,4	schlecht leitend
Sinterkorund	3,8…3,9	2050	~2800	34	300	36500	1,97	7,8	nicht leitend
Geschmolzenes Wolframkarbid	~16	~2800	1800…2000	30…40	~200	—	0,29	4	~80
TiC heißgepreßt	4,9	3140±90	~3200	30…50	300	—	0,72	—	105
WC heißgepreßt	15,6	2800	1600…1800	170	300	72200	0,795	5,7…7,2	53
WC-Co 94/6	14,9	—	1600	190	500	60000	0,795	5	20
WC-Co 89/11	14,2	—	1400	190	460	58000	0,67	5,5	18

241216. Lagermetalle. Zusammensetzung und Brinellhärte HB von Lagermetallen auf Blei- und Zinnbasis (DIN 1703, Dezember 1952)

Benennung	Kurzzeichen (..): veraltete Kurzzeichen	Zusammensetzung in Gew.%	Zulässige Beimengungen % höchstens	HB in kp/mm² bei 20° C	HB in kp/mm² bei 100° C
Weißmetall 80	LgSn 80 (WM 80)	Sn 79..81 Cu 5...7 Sb 11...13 Pb 1...3	Fe 0,1 Zn 0,05 Al 0,05 zusammen höchstens 0,15	27...29	10
Weißmetall 80 F	LgSn 80 F (WM 80 F)	Sn 79..81 Cu 8...10 Sb 10...12	Pb <0,5 sonst wie Weißmetall 80	27...29	10
Weißmetall 10	LgPbSn 10 (WM 10)	Sn 9,5...10,5 Cu 0,5...1,5 Sb 14,5...16,5 Pb 72,5...74,5	Fe 0,1 Zn 0,05 Al 0,05 zusammen höchstens 0,15	23...25	8,5...10
Weißmetall 5	LgPbSn 5 (WM 5)	Sn 4,5...5,5 Cu 0,5...1,5 Sb 14,5...16,5 Pb 77,5...79,5		21...22	5,5...10
Kadmiumhaltiges Weißmetall 9	LgPbSn 9 Cd	Sn 8...10 Sb 13...15 Cu 0,8...1,2 Cd 0,3...0,7 As 0,3...1,0 Ni 0,2...0,6 Pb Rest	nicht festgelegt	24...28	12..15

2. Zusammenfassende Tabellen

Benennung	Kurzzeichen (..) veraltete Kurzzeichen	Zusammensetzung in Gew. %	Zulässige Beimengungen % höchstens	HB in kp/mm² bei	
				20° C	100° C
Kadmiumhaltiges Weißmetall 6	LgPbSn 6 Cd	Sn 5...7 Sb 14...16 Cu 0,8...1,2 Cd 0,6...1,0 As 0,3...1,0 Ni 0,2...0,6 Pb Rest	nicht festgelegt	26...28	14...16
Lagerhartblei 12	LgPbSb 12	Sb 10,5...13,0 Cu 0,3...1,5 Ni ...0,3 As ...1,5 Pb Rest		18...25	7...13
Blei-Alkali-Lagermetall	LgPb	Ca 0,4...0,75 Ba ...0,8 Na 0,15...0,70 Li ...0,04 Mg ...0,05 Al ...0,05 Pb Rest	nicht festgelegt	20...36	10...20

241. Metallegierungen

Zusammensetzung und Brinellhärte HB von Lagerlegierungen auf Zinkbasis (DIN 1743, September 1952)

Benennung	Kurzzeichen	Zusammensetzung in Gew.%	Zulässige Beimengungen % höchstens	HB in kp/mm² bei 20° C	HB in kp/mm² bei 100° C
Feinzink-Gußlegierung	G-ZnAl 4 Cu 1	Al 3,5...4,3 Cu 0,6...1,0 Mg 0,02...0,05 Zn Rest	Pb+Cd 0,011 Sn 0,001 Fe 0,075	70...80	45
Feinzink-Knet- und Gußlegierung		Al 30...50 Cu 1...5 Mg 0...0,05 Zn Rest		87...130	65
Guß-Legierung	G-ZnCu 5 Pb 2	Cu 4...5 Pb 2...2,5 Sn 0,5...1 Zn Rest	Al 0,2 Cd 0,5 Bi+Tl 0,1 Mg 0,1 Fe 3,5	78	61

Zusammensetzung und Brinellhärte von Lagerlegierungen auf Aluminiumbasis[1]

Bezeichnung	Zusammensetzung in Gew.% Rest Aluminium	Zulässige Beimengungen % höchstens	HB in kp/mm² bei 20° C	HB in kp/mm² bei 100° C
AlSi 12 CuNi (Guß- und Knetwerkstoff)	Si 11...13 Cu 0,8...1,5 Ni 0,8...1,3	Fe 0,7 Zn 0,2 Mn 0,2 Ti 0,2	70...125	90...125
AlZn 5 PbCuMg (Knetwerkstoff)	Zn 4,5...5,5 Mg 0,4...0,6 Si 1...2 Pb 0,7...1,3 Cu 0,8...1,2	Fe 0,7	40...55	38...45
AlSn 6 Cu (Knetwerkstoff)	Sn 5,5...6,5 Cu 1,3...1,7		35...40	28...30
AlSn 20 Cu (Knetwerkstoff)	Sn 17,5...22,5 Cu 0,7...1,3	Si 0,7 Mn 0,7 Fe 0,7	28...35	—
AlSn 2 Cu 3 Mg (Knetwerkstoff)	Sn 2,0...2,6 Cu 3,2...3,8 Si 0,2...0,5 Mg 0,8...1,3	Fe 0,5 Zn 0,5 Mn 0,2...0,5	40...45	38...42
USA Alcoa (Guß- und Knetwerkstoff)	Sn 6,5...7,5 Ni 0,2...1,5 Si 0,2...1,5 Mg 0,1...0,8 Cu 0,7...1,3	Ti 0,1		
M 400 (Knetwerkstoff)	Si 4 Ni 0,5 Cd 2 Mg 0,5			

[1] Zur Zeit in der Praxis verwendete Werkstoffe.

241. Metallegierungen

Zusammensetzung und Brinellhärte von Kupfer-Gußlegierungen für Lager

Benennung	Kurzzeichen	Zusammensetzung in Gew.% ≈				Zulässige Abweichungen in %			Mindestgehalt in % Sn+Cu	Norm	HB in kp/mm² bei	
		Pb	Sn	Zn	Cu	Pb	Sn	Cu			20°C	100°C
Bleibronze	G-PbBz 25	25	—	—	Rest	+3,0 −7,0	—	—		DIN 1716 (Dez. 1953)	27…35	33
Zinn-Blei-Bronze	G-SnPbBz 5	5	10	—	Rest	±2,0	±1,0	—			70…85	73
	G-SnPbBz 10	10	10	—	Rest	±2,0	±1,0	—			65…75	67
	G-SnPbBz 15	15	7	—	Rest	+3,0 −2,0	±1,0	—			60…70	65
	G-SnPbBz 22	22	5	—	Rest	+3,0 −4,0	−3,0	—			45…55	53
Guß-Zinn-Bronze	G-SnBz 14	—	14	—	86	—	±1,0	±1,0	99	DIN 1705 (Dez. 1953)	85…115	80
	G-SnBz 12	—	12	—	88	—	±1,0	±1,0	99		80…95	75
	GZ-SnBz 12										95…110	90
Rotguß	Rg 10	—	10	4	86	—	±1,0	±1,0	95		65…90	55
	GZ-Rg 10										85…95	60
	Rg 5	3	5	7	85	—	+1,5	±1,0	90		60…80	50…68
	GZ-Rg 5										75…85	—
	RgA	4	5	7	84	—	+3,0	±3,0	86		60…80	—
		Al	Fe		Cu	Al	Fe	Ni				
Guß-Eisen-Aluminium-Bronze	G-FeAlBzF 45	10	3		Rest	±1,5	±1,5	+1,0		DIN 1714 (Dez. 1953)	120	115

GZ = Schleuderguß.

Zusammensetzung und Brinellhärte von Kupfer-Knetlegierungen für Lager

Benennung	Kurzzeichen[1]	Zusammensetzung in Gew.%											Norm	HB in kp/mm² bei	
		Cu	Al	Sn	Zn	Ni	Mn	Fe	Si	Pb	P		20° C	100° C
Zinnbronze	SnBz 8	Rest	—	7,5...9	—	—	—	—	—	—	...0,4	DIN 17662 (Juli 1959)	80...115	99...105
Mehrstoff-Zinnbronze	MSnBz 4 Pb	Rest	—	3...5	3...5	—	—	—	—	3...5	...0,1		70...135	55
Sondermessing	SoMs 58 Al 1	56...61	0,4...1,3	...0,5	Rest	...2	0,2...3	...1,5	...0,8	...1,0	—	DIN 17661 (Febr. 1958)	120...135	—
	SoMs 58 Al 2	56...61	1,3...2,5	...0,5	Rest	...2	0,2...3	0,5...1,5	...0,8	...0,8	—		140...180	125
	SoMs 68	66...70	—	—	Rest	0,5	—	0,4	0,75...1,25	...0,8	—		100...140	100
Mehrstoff-Aluminium-bronze	AlBz 8 Fe (CuAl 8 Fe)	86,5...91,0	6,5...9,0	—	—	0,8	0,8	1,5...3,5	—	—	—	DIN 17665 (Aug. 1961)	110...140	—
	AlBz 10 Fe (CuAl 10 Fe)	80,0...86,5	9,0...11,0	—	—	1,0	1,5...3,5	1,5...4,0	—	—	—		150...175	—
	AlBz 10 Ni (CuAl 10 Ni)	79,5...85,0	8,5...10,5	—	—	3,0...6,0	—	2,5...5,3	—	—	—		170...190	—

[1] Die eingeklammerten Kurzzeichen entsprechen DIN 1700 „Systematik der Kurzzeichen der Nichteisenmetalle".

241. Metallegierungen

241217. Lote und Lettermetalle
Niedrigschmelzende Lote mit Bleigehalten

Benennung	Zusammensetzung in Gew.%	Schmelzpunkt bzw. Intervall °C
L 38 E	21,7 Pb, 42,9 Bi, 5,1 Cd, 4 Hg, 18,3 Zn, 8 Sn	43...38
L 41	22,2 Pb, 40,3 Bi, 8,1 Cd, 17,7 In, 10,7 Sn, 1 Te	41,5
L 46	22,4 Pb, 40,6 Bi, 8,2 Cd, 18 In, 10,8 Sn	46,5
L 47 E	22,6 Pb, 44,7 Bi, 11,3 Sn, 5,3 Cd, 16,1 Zn	52...47
L 47	22,6 Pb, 44,7 Bi, 5,3 Cd, 19,1 In, 8,3 Sn	47,2
L 56 E	25,1 Pb, 47,5 Bi, 9,5 Cd, 12,6 Sn, 5 Zn	65...46
L 58	18 Pb, 49 Bi, 21 In, 12 Sn	57,8
L 58 E	18 Pb, 49 Bi, 15 Sn, 18 Zn	69...58
L 61 E	25,6 Pb, 48 Bi, 9,6 Cd, 12,8 Sn, 4 Zn	65...61
L 66	25,7 Pb, 46,5 Bi, 9,5 Cd, 12,3 Sn, 6 Tl	66
	27,3 Pb, 49,6 Bi, 10 Cd, 13,1 Sn	71
	40,2 Pb, 51,7 Bi, 8,1 Cd	91,5
	31,3 Pb, 50 Bi, 18,7 Sn	96
	43 Pb, 55 Bi, 2 Zn	124
	43,5 Pb, 56,5 Bi	125
L 134 E	37,5 Pb, 37,5 Sn, 25 In	282...134
	28,6 Pb, 52,5 Sn, 16,7 Cd, 2,2 Zn	138
	32 Pb, 18,2 Cd, 49,8 Sn	145
	24 Pb, 71 Sn, 5 Zn	177
	37,7 Pb, 62,3 Sn	183
L 184 E 1	73,7 Pb, 25 Sn, 1,3 Sb	263...184
L 184 E 2	79 Pb, 20 Sn, 1 Sb	270...184
L 184	64,1 Pb, 34,5 Sn, 1,3 Sb, 0,1 As	184
L 185 E 1	58 Pb, 40 Sn, 2 Sb	231...185
L 185 E 2	63,2 Pb, 35 Sn, 1,8 Sb	243...185
L 185 E 3	68,4 Pb, 30 Sn, 1,6 Sb	250...185
L 230	75 Pb, 25 In	300...230
	81,7 Pb, 17,3 Cd, 1 Zn	245
	82,5 Pb, 17,5 Cd	248
L 302 E	93...95 Pb, 5...6 Ag, 1...2 Sn	304...302
	97,5 Pb, 2,5 Ag	304
L 304 E	94...95 Pb, 5...6 Ag	380...304
L 309	97,5 Pb, 1,5 Ag, 1 Sn	309
L 314	95 Pb, 5 In	314
	99,5 Pb, 0,5 Zn	318,2

Zusammensetzung und Eigenschaften einiger warm- und zunderfester Legierungen

Bezeichnung	Zusammensetzung in Gew.%					Dichte	Härte HV	Biegebruchfestigkeit
	TiC	TaC (NbC)	Ni	Co	Cr	g/cm³	kp/mm²	kp/mm²
WZ 1 b	60		32	—	8	6,20	1010	135...150
WZ 1 c	50		40	—	10	6,40	830	150...170
WZ 2	60		—	28	12	6,10	1160	110...125
WZ 3	50	10	32	—	8	6,30	1070	140...150
WZ 12a	75		15	5	5	6,00	1220	105...115
WZ 12b	60		24	8	8	6,20	1090	130...145
WZ 12c	50	—	30	10	10	6,40	860	150...165
WZ 12d	35	—	39	13	13	6,65	720	170...180

241218. Legierungen für das graphische Gewerbe

Legierungen für das graphische Gewerbe (DIN 16512) und ihre Eigenschaften

Benennung	Kurzzeichen	Sb Gew.%	Sn Gew.%	HB kp/mm²	Schmelz-Temp. °C	Gieß-Temp. °C
Hintergießmetall	PbSn 3 Sb 4	3,5...4,5	2,5...3,5	—	292	320
Typometall	PbSn 3 Sb 12	11,5...12,5	2,5...3,5	18	255	270...280
Linometall	PbSn 3 Sb 12	11,5...12,5	4,5...5,5	20	250	280
Stereometall	PbSn 4 Sb 15	14,5...15,5	3,5...4,5	22	265	290
Monometall	PbSn 9 Sb 19	18,5...19,5	8,5...9,5	29	285	350...390
Letternmetall	PbSn 5 Sb 28	28...29	5...6	21...25	350...380	380...420
Notenmetall	PbSn 15 Sb 4	4...5	15,5...16	—	—	—
Zusatzmetall	V PbSn 30 Sb 6	5...7	29...31	—	—	—
Zusatzmetall	V PbSn 5 Sb 28	28...29	5...5,5	—	—	—

Zulässige Beimengungen für alle Legierungen maximal: 0,001% Zn, 0,01% Al, 0,001% Fe.

Im besonderen ist zulässig für:

PbSn 3 Sb 4 ...0,3% As, 0,3% (Cu+Ni), verwendet zum Hintergießen von Galvanos.
PbSn 3 Sb 12...0,3% As, 0,05% (Cu+Ni), für Typographsetzmaschinen, alle Sorten Blindmaterial.
PbSn 5 Sb 12...0,3% As, 0,05% (Cu+Ni), für Linotypen und Intertype-Setzmaschinen.
PbSn 4 Sb 15...0,3% As, 0,3% (Cu+Ni), für Flach- und Rundstereoplatten.
PbSn 9 Sb 19...0,3% As, 0,05% (Cu+Ni), für Monotype-Gießmaschinen.
PbSn 5 Sb 28...0,2% As, 0,3% (Cu+Ni), Komplettgußschriften.
PbSn 15 Sb 4...0,3% As, 0,3% (Cu+Ni), für Notenstichplatten.

242. Holz[1]

Holz besteht etwa zu 50% aus Kohlenstoff, 6,1% Wasserstoff, ca. 43% Sauerstoff und ca. 0,2% Stickstoff, der Rest sind mineralische Bestandteile.

Die Reinwichte γ des Holzes, d.h. das spezifische Gewicht der wasserfreien porenlosen Holzsubstanz beträgt etwa $1,5\ \mathrm{g \cdot cm^{-3}}$. Die Rohwichte r_0 im Darrzustand, d.h. die Wichte nach Trocknung bei $103°$ C bis zur Gewichtskonstanz berechnet sich aus γ und dem Porenvolumen c, je cm³ zu $r_0 = (1-c) \cdot \gamma$.

Als Holzfeuchtigkeit u bezeichnet man die relative Raumgewichtszunahme gegenüber dem Darrzustand

$$u = \frac{G_u - G_d}{G_d} \qquad (G_d = \text{Darrgewicht},\ G_u = \text{Naßgewicht}).$$

Die Quellung ist die relative Raumzunahme α_{vu} gegenüber dem Darrzustand. Die Rohwichte bei einem Feuchtigkeitsgehalt u berechnet sich zu $r_u = r_0 \dfrac{1+u}{1+\alpha_{vu}}$.

Als normaler Wassergehalt des lufttrocknen Holzes gelten 12%.

Das Höchstmaß der Quellung α_{max} (Fasersättigungspunkt) hat im Mittel den Wert $0,28\ r_0$ (niedrigere Werte z.B. bei Eichenkernholz $0,22\ r_0$, höhere Werte z.B. bei Linde $0,34\ r_0$). Das Schwindmaß $\beta = \dfrac{\alpha}{1+\alpha}$ wird nicht auf den Darrzustand sondern auf das Volumen des grünen (frischen) Holzes bezogen. Als Raumdichtezahl wird im deutschen Schrifttum das Verhältnis des Darrgewichtes zum Volumen im Frischzustand angegeben.

$$R = \frac{G_d}{V_u} = \frac{G_d}{V_d(1+\alpha_{v\,max})} = r_0(1 - \beta_{v\,max}).$$

Bei Holz als anisotropen Körper weichen die Werte für die Quellung bzw. Schwindung wie auch weiter physikalische Eigenschaften in verschiedenen Richtungen voneinander ab. Die Richtungen werden in den Tabellen wie folgt bezeichnet: l oder $\|$ längs zur Faser, r radial quer zur Faser, t tangential zur Faser. Die spezifische Wärme vom trocknen Holz ist bei $0°\,\mathrm{C} = 1{,}11\ \mathrm{J\,g^{-1} \cdot grd^{-1}}$ bei $\vartheta^0 = (1{,}11 + 0{,}00485\,\vartheta)\ \mathrm{J\,g^{-1}grd^{-1}}$.

Der Absorptionsgrad für Wärmestrahlung beträgt etwa 0,9%.

Richtwerte physikalischer Eigenschaften des Holzes sind in Tabelle 2421a, Werte für die verschiedenen Holzarten, vor allem Dichte, Schwindung und elastische Eigenschaften, in Tabelle 2421b angegeben.

---

[1] Nach F. KOLLMANN: Technologie des Holzes Bd.I, 1951.

2421. Eigenschaften von Holz und Holzprodukten

a) Richtwerte

	Rohwichte g·cm^{-3}	Wärmeausdehnungszahl $\alpha \cdot 10^4$ grd^{-1}	Wärmeleitfähigkeit 10^{-3} W/cmgrd	Elastizitätsmodul 10^3 kgcm^{-2}	Druckfestigkeit kgcm^{-2}	Zugfestigkeit kgcm^{-2}	Biegefestigkeit kgcm^{-2}	Spezifischer Widerstand Ωcm	Dielektrizitätskonstante ε bei 50 Hz	Dielektrischer Verlustfaktor tg δ bei 50 Hz
Nicht imprägniert Naturholz	0,3…1,3	‖ 2…10 ⊥ 15…65	‖ 2,3…4,2 ⊥ 0,6…2,1	‖110…160 ⊥ 5…15	‖ 300…850 ⊥ 50…100	‖ 400…2100 ⊥ 20…70	‖ 500…1800 ⊥ —	ofentrocken[1] 10^{17}…5·10^{18}	ofentrocken[1] 2…3,5	ofentrocken[1] ≈0,01
Preßvollholz	1,05…1,45	⊥ 125	‖2,9…3,3	‖ 280	‖ 1500 ⊥ 1000	‖ 2500	‖ 2500	—	—	—
Imprägniert: Mineralölholz	0,85…0,9	—	‖ 3,56 ⊥2,1	—	‖ 800 ⊥ 600…650	‖ 450…700	‖ 1000…1200	—	3,3 60°C:4,1	0,05…0,1
Leinölholz	0,9…0,95	—	‖ 3,56 ⊥ 2,1	—	‖ 800 ⊥ 600…650	‖ 450…700	‖ 1000…1200	—	3,3	—
Kunstharzholz	≈20% höher als Naturholz	‖ 5 ⊥ 35…40	—	—	‖ 600…2000 ⊥ 150…1500	‖ 600…3500 ⊥ 50…350	‖ 700…3000 ⊥ 50…550	bei gleichem Feucht. geh. wie Holz²	4…8	0,05…0,1 100°:00…1
Hartschichtholz, Preßschichtholz	1,3…1,4	10…40	‖ 2,94	100…250	1000…400	150…3500	300…3000		4…8	0,05…0,15

ϱ ε tg δ
[1] 5…10% Feuchtigkeit | 10^{10}…10^{13} | 4…6 | stark ansteigend
30% Feuchtigkeit | 10^5…10^9 | …10|
² Bei gleicher Luftfeuchtigkeit höhere Werte.

b) Eigenwerte

Name	Rohwichte γ_0 g/cm³ Darrtrocken	Mittleres Schwindmaß %				Wärmeausdehnungszahl $\alpha \cdot 10^6$ grd^{-1}		Elastizitätsmodul $E_\parallel$ kgcm^{-2} bei $u=0,12$	Druckfestigkeit $\sigma_\parallel$ kgcm^{-2} bei $u=0,12$	Zugfestigkeit kgcm^{-2} bei $u=0,12$		Biegefestigkeit kgcm^{-2} bei $u=0,12$	Scherfestigkeit kgcm^{-2} bei $u\approx 0,12$
		β_l	β_r	β_t	β_v	‖ Faser	⊥ Faser			‖ Faser	⊥ Faser		
Nadelhölzer:													
Fichte	0,43	0,3	3,6	7,8	11,7	5,41	34,1	110000	500	900	27	780	67
Kiefer	0,49	0,4	4,0	7,7	12,1	—	—	120000	550	1040	30	1000	100
Weymouthskiefer	0,37	0,2	2,3	6,0	8,5	—	—	90000	340	1040	21	620	60
Lärche, europ.	0,55	0,3	3,3	7,8	11,4	—	—	138000	840	1070	23	990	90
Tanne (Weißtanne)	0,41	0,1	3,8	7,6	11,2	3,71	58,4	110000	470	840	23	730	50
Laubhölzer:													
Ahorn (Bergahorn)	0,59	0,5	3,0	8,0	11,5	6,38	48,4	94000	580	820	—	1120	90
Balsa	0,18	0,6	3,5	3,5	7,1	—	—	26000	94	—	—	190	11
Birke (Weißbirke)	0,61	0,6	5,3	7,8	13,7	—	—	165000	510	1370	70	1470	120
Buche (Rotbuche)	0,60	0,3	5,8	11,8	17,9	—	—	160000	620	1350	70	1230	80
Buchsbaum	0,92	0,7	11,0	15,0	26,7	2,57	61,4 rad. 28,3 tg. 42,3	—	—	—	—	—	—
Eiche (Roteiche)	0,66	0,7	4,0	8,2	12,9	3,43	—	128000	470	—	36	1000	125
Erle	0,49	0,5	4,4	7,8	12,7	—	—	77000	570	—	20	850	45
Esche	0,64	0,2	5,0	8,0	13,2	9,51	—	134000	520	1650	70	1200	128
Gabun, Okume	0,42	0,2	4,1	6,6	10,9	—	—	30000	630	660	18	966	—
Hickory, filzige	0,77	0,6	7,8	11,0	19,4	—	—	156000	630	1520	97	1350	123
Linde (Winter- und Sommerlinde)	0,49	0,3	5,5	9,1	14,9	—	—	74000	520	850	—	1000	45
Mahagoni	0,55	0,3	3,2	5,1	8,6	3,61	40,4	≈84000	—	—	25	680	105
Nuß (Walnuß)	0,64	0,5	5,4	7,5	13,4	6,55	48,4	125000	720	1000	35	1470	—
Schwarzpappel	0,41	0,3	5,2	8,3	13,8	—	—	88000	350	770	—	650	50
Pockholz	1,23	0,1	5,6	9,3	15,0	—	—	123000	1260	—	—	1440	—
Robinie	0,73	0,1	4,4	6,9	11,1	—	—	136000	780	1480	43	1500	160
Teakholz	0,63	0,6	3,0	5,8	9,4	—	—	130000	720	1190	40	1480	83
Ulme (Feldulme)	0,64	0,3	4,6	8,3	13,2	5,65	44,3	110000	560	800	40	890	70
Weide (Silberweide)	0,52	0,5	3,9	6,8	11,2	—	—	72000	340	640	—	370	70
Weißbuche	0,79	0,5	6,8	11,5	18,8	6,04	—	162000	820	1350	—	1600	85

Räumliches Schwindmaß, $\beta_v = \beta_l + \beta_r + \beta_t$.

243. Natursteine und künstliche Steine

2431. Richtzahlen für Natursteine (DIN 52100)

	1	2	3	4	5		6	7	8	9	10	
Gesteinsgruppen	Rohwichte (Raumgewicht)	Reinwichte (Spezifisches Gewicht) DIN 52102	Wahre Porosität $\left(\frac{\gamma-s}{s}\right)\cdot 100$ Raum-%	Raummetergewicht von Schotter 30/60 eingefüllt DIN 52110	Wasseraufnahme DIN 52103		Druckfestigkeit des trockenen Gesteins DIN 52105	Mindestdruckfestigkeit	Biegezugfestigkeit	Schlagfestigkeit DIN 52107 Anzahl der Schläge bis zur Zerstörung	Abnutzung durch Schleifen Verlust auf 50 cm³	
					Gew.-%	"scheinbare Porosität" Raum-%						
	γ	s		t/m³			kg/cm²	kg/cm²	kg/cm²		cm³	
A. Erstarrungsgesteine												
1. Granit, Syenit	2,60...2,80	2,62...2,85	0,4...1,5	1,30...1,40	0,2...0,5	0,4...1,4	1600...2400	1200	100...200	10...12	5...8	
2. Diorit, Gabbro	2,80...3,00	2,85...3,05	0,5...1,2	1,40...1,50	0,2...0,4	0,5...1,2	1700...3000	1200	100...220	10...15		
3. Quarzporphyr, Keratophyr, Porphyrit, Andesit	2,55...2,80	2,58...2,83	0,4...1,8	1,30...1,40	0,2...0,7	0,4...1,8	1800...3000	1200	150...200	11...13		
4. Basalt, Melaphyr Basaltlava	2,95...3,00 2,20...2,35	3,00...3,15 3,00...3,15	0,2...0,9 20...25	1,40...1,50 1,10...1,25	0,1...0,3 4...10	0,2...0,8 9...24	2500...4000 800...1500	1200 500	150...250 80...120	12...17 4...5	5...8,5 12...15	
5. Diabas	2,80...2,90	2,85...2,95	0,3...1,1	1,35...1,45	0,1...0,4	0,3...1,0	1800...2500	1200	150...250	11...16	5...8	
B. Schichtgesteine												
6. Kieselige Gesteine												
a) Gangquarz, Quarzit, Grauwacke	} 2,60...2,65	2,64...2,68	0,4...2,0	} 1,25...1,35	0,2...0,5	0,4...1,3	1500...3000	800	130...250	10...15	} 7...8	
b) quarzitische Sandsteine							1200...2000		120...200	8...10		
c) sonstige Quarzsteine	2,00...2,65	2,64...2,72	0,5...25		0,2...9	0,5...24	300...1800		30...150	5...10	10...14	

243. Natursteine und künstliche Steine

Gesteinsart											
7. Kalksteine											
a) Dichte (feste) Kalke und Dolomite (einschl. Marmore)	2,65...2,85	2,70...2,90	0,5...2,0	1,30...1,40	0,2...0,6	0,4...1,8	800...1800	500	60...150	8...10	15...40
b) sonstige Kalksteine einschl. Kalkkonglomerate	1,70...2,60	2,70...2,74	0,5...30	—	0,2...10	0,5...25	200...900	200	50...80	—	—
c) Travertin	2,40...2,50	2,69...2,72	5...12	—	2...5	4...10	200...600	200	40...100	—	—
8. Vulkanische Tuffsteine	1,80...2,00	2,62...2,75	20...30	—	6...15	12...30	200...300	200	20...60	—	—
C. Metamorphe Gesteine											
9. a) Gneise, Granulit	2,65...3,00	2,67...3,05	0,4...2,0	1,30...1,50	0,1...0,6	0,3...1,8	1600...2800			6...12	4...10
b) Amphibolit	2,70...3,10	2,75...3,15	0,4...2,0	1,40...1,50	0,1...0,4	0,3...1,2	1700...2800			10...16	6...12
c) Serpentin	2,60...2,75	2,62...2,78	0,3...2,0	1,30...1,40	0,1...0,7	0,3...1,8	1400...2500			6...15	8...18
d) Dachschiefer	2,70...2,80	2,82...2,90	1,6...2,5	—	0,5...0,6	1,4...1,8	—		500...800	—	—

Elastizitätsmodul E in kg/cm^2, Richtwerte[1]

Gestein	E in kg/cm^2
Basalt	$500...1000 \cdot 10^3$
Diabas	$700...800 \cdot 10^3$
Quarzit	$650...800 \cdot 10^3$
Granit	$150...700 \cdot 10^3$
Porphyr	$570...680 \cdot 10^3$
Kalkstein	$250...700 \cdot 10^3$
Sandstein	$40...400 \cdot 10^3$
Gneis	$130...360 \cdot 10^3$

[1] Ausführliche Tabellen s. Landolt-Börnstein IV/1.

Schwinden und Quellen

Die zwischen Austrocknen und Durchfeuchten sich ergebenden Längenänderungen hängen vom mineralischen Aufbau, von der Dauer und vom Grad der Einwirkung, vom Gefüge, von der Körpergröße usw. ab.

Als Mittelwerte lassen sich angeben:

Gesteinsart	Schwinden in mm/m	Quellen in mm/m
Sandstein	0,45	0,45
Kalkstein	0,30	0,12
Basalt	0,40	0,35
Granit	0,15	0,10

Schwankungen zwischen dem Minimal- und Maximalwert relativ groß ($x_{max}/x_{min} \approx 2$).

2432. Künstliche Steine[1]

Begriffsbestimmungen. *a) Mauerziegel nach DIN 105:* Aus Lehm, Ton oder tonigen Massen gebrannt, zum Teil mit Magerungsmitteln. Steinrohwichte $\sim$1,8 kg/dm³. Normalform $25 \cdot 12 \cdot 6,5$ cm³ (Schornsteinziegel, vgl. DIN 1057). *b) Kalksandstein nach DIN 106.* Aus Quarzsand und Kalk gepreßt und unter Dampfdruck erhärtet. Abmessungen wie bei a). *c) Hüttensteine nach DIN 398.* Aus gekörnter Hochofenschlacke und Kalk, Schlackenmehl oder Zement. Abmessungen wie bei a). *d) Hüttenschwemmsteine nach DIN 399.* Leichte hochporige Mauersteine aus geschäumter Hocholfenschacke, sonst wie Hüttensteine. Abmessungen $25 \cdot 12$ cm²; Höhe 6,5 cm, 9,5 cm und 14 cm. *e) Schlackensteine nach DIN 400.* Leichte, porige Mauersteine aus Verbrennungsrückständen von Steinkohlen und Koks mit hydraulischen Bindemitteln (die Verbrennungsrückstände dürfen keinen reinen, ungelöschten oder dolomitischen Kalk, höchstens 15% unverbrannte Bestandteile, bis 1 Gew.% SO₃ und bis 0,2 Gew.% Sulfidschwefel enthalten). *f) Zementschwemmsteine aus Bimskies nach DIN 1059.* Leichte hochporige Mauersteine aus rheinischem, gekörntem Bims mit hydraulischen Bindemitteln. Abmessungen wie d).

Gütewerte

Mauerziegel und Hüttensteine

Steinart	Prüfung nach	Druckfestigkeit (Mittelwert) kg/cm²	Wasseraufnahme Gew.%
Hochbauklinker KMz 350	DIN 105	≥ 350	≤ 6
Vormauerziegel VMz 250	DIN 105	≥ 250	≤ 12
Vormauerziegel VMz 150	DIN 105	≥ 150	≥ 8
Mauerziegel, Mz 150	DIN 105	≥ 150	≥ 8
Mauerziegel, Mz 100	DIN 105	≥ 100	≥ 8
Kalksandsteine	DIN 106	≥ 150	≥ 10
Hüttenhartsteine HHS	DIN 398	≥ 250	≥ 5
Hüttensteine HS 150	DIN 398	≥ 150	≥ 10
Hüttensteine HS 100	DIN 398	≥ 100	≥ 10
Hüttensteine HS 50	DIN 398	≥ 50	≥ 10

Leichtbausteine

Steinart	Prüfung nach	Druckfestigkeit (Mittelwert) kg/cm²	Raumgewicht (Rohwichte) kg/dm³	Wärmeleitzahl bei 20° C kcal·m⁻¹·h⁻¹·°C⁻¹
Sonder-Schwemmsteine	DIN 399	≥ 30	$\leq 1,2$	$\leq 0,25$
Hüttenschwemmsteine	DIN 399	≥ 20	$\leq 1,0$	$\leq 0,20$
Sonder-Schlackensteine	DIN 400	≥ 50	$\leq 1,4$	$\leq 0,28$
Schlackensteine	DIN 400	≥ 30	$\leq 1,2$	$\leq 0,25$
Sonder-Schwemmsteine	DIN 1059	≥ 30	$\leq 0,85$	$\leq 0,15$
Schwemmsteine	DIN 1059	≥ 20	$\leq 0,80$	$\leq 0,15$

[1] Weitere Einzelheiten s. Landolt-Börnstein IV/1, S. 133.

2433. Zementmörtel und -beton

Größtkorn des Zuschlags für Mörtel bis 7 mm, für Beton bis 30 mm oder mehr. Die Eigenschaften des mit Normenzementen hergestellten Betons hängen in erster Linie ab: vom Zementgehalt, von der Kornzusammensetzung (Sieblinien vgl. DIN 1045) und vom Wassergehalt des Frischbetons (weitere Einflüsse: Kornform und Eigenschaften des Zuschlags, Feuchtigkeit der Luft und Temperatur bei der Erhärtung, Probenform, Alter, Art der Verarbeitung usw.)[1].

a) Druckfestigkeit. Gemittelte Verhältnisse aus Betonmischungen mit Kiessand bzw. mit nur gebrochenem Gestein, hergestellt und geprüft nach DIN 1045 und 1048 (Eignungsprüfung):

Würfeldruckfestigkeit in kg/cm² für 28 Tage alten Beton

Zementgehalt	Gemischtkörniger Zuschlag (bis 30 mm, stetig abgestuft)		
kg/m³	grobkörnig	mittelkörnig	feinkörnig
Stampfbeton, etwas nässer als erdfeucht			
180	210	160	110
240	310 (6%)	260 (8%)	190 (10%)
300	420	380	260
Weicher Beton			
180	140	120	90
240	210 (8%)	190 (11%)	150 (13%)
300	290	270	220
Flüssiger Beton			
180	120	100	80
240	170 (10%)	160 (13%)	130 (15%)
300	230	210	190

b) Raumgewicht. Gewöhnlicher Beton: vorwiegend 2,2...2,5 kg/dm³; Leichtbeton mit Bims und ähnlichen Stoffen $\leq 1,8$ kg/dm³.

c) E-Modul (Druck). Gewöhnlicher Beton: rund 100000...500000 kg/cm², Leichtbeton: bis rund 10000 kg/cm² und kleiner.

d) Schwinden beim Austrocknen. Kleinere Körper im trockenen Raum zwischen 0,2 und 0,8 mm/m. Größere Betonkörper im Freien unter 0,2 mm/m. Putzmörtel bis 0,8 mm/m und mehr[1].

e) Wasseraufnahme durch Capillarwirkung zwischen rund 2 und 12 Raum-%.[2]

---

[1] Vgl. GRAF: Die Prüfung nichtmetallischer Baustoffe, 2. Aufl., 1957, Springer-Verlag
[2] Wegen weiterer Einzelheiten vgl. Landolt-Börnstein IV/1, S. 142.

Mauerwerk

Druckfestigkeit und Elastizität des Mauerwerks hängen ab von der Gesteinsfestigkeit, dem Mauermörtel, dem Verband, der Körperform usw.

Mauerwerk aus	Druckfestigkeit kg/cm²	E-Modul kg/cm²	Raumgewicht kg/dm³
Schwemmsteinen	17	16000	1,0
Hartbrandziegeln	80	50000	1,9
Betonformsteinen	150	27000...150000	2,2
Sandstein	440	80000	2,3
Kalkstein	320	225000	2,5
Granit	560	325000	2,5

2434. Lineare Wärmeausdehnung α_ϑ, Wärmeleitzahl λ und spezifische Wärme c_p

Lineare Wärmeausdehnung α_ϑ

Die Werte für α_ϑ streuen bei Gebrauchstemperaturen entsprechend der Uneinheitlichkeit der Gesteinsbeschaffenheit, innerhalb gleicher Art in weiten Grenzen. Vergleichsweise seien folgende Werte angeführt:

Stoff	α_ϑ für 1° C	Stoff	α_ϑ für 1° C
Basalt	$9 \cdot 10^{-6}$	Mörtel	$8...11 \cdot 10^{-6}$
Granit	$8 \cdot 10^{-6}$	Zementstein	$11...18 \cdot 10^{-6}$
Kalkstein	$7 \cdot 10^{-6}$	Beton mit	
Sandstein	$12 \cdot 10^{-6}$	Granit	$9 \cdot 10^{-6}$
Quarzit	$13 \cdot 10^{-6}$	Basalt	$9 \cdot 10^{-6}$
Ziegelstein	$5 \cdot 10^{-6}$	Kalkstein	$9 \cdot 10^{-6}$
Steinholz	$17 \cdot 10^{-6}$	Quarzgestein	$12 \cdot 10^{-6}$
		Hochofenschlacke	$7...10 \cdot 10^{-6}$
Schaumbeton	$11 \cdot 10^{-6}$	Kies	$9...12 \cdot 10^{-6}$

Bei Temperaturen um 1000° C weisen besonders Ziegelbruch, dann Hochofenstückschlacke und Basalt geringe Wärmedehnung auf.

Wärmeleitzahl λ (kcal $\cdot$ m^{-1} $\cdot$ h^{-1} $\cdot$ grad C^{-1})
und spezifische Wärme c_p (kcal $\cdot$ kg^{-1} $\cdot$ grad C^{-1})

Die Werte λ sind weitgehend von der Feuchtigkeit abhängig, ferner von der Struktur, dem Porenraum, der Porengröße, dem Grundstoff usw.

Stoff	Raumgewicht kg/dm³	λ	c_p
Dichte Natursteine	2,8	2,50	0,21
Feinporige Natursteine	2,6	1,50	0,22
Sandschüttung, trocken	1,6	0,50	—
Sandschüttung, naß	2,1	2,00	—
Zementstein	2,0	0,80	—
Kiesbeton	2,2	1,10	0,21
Bimsbeton	1,1	0,40	0,24
Ziegelmauerwerk	1,8	0,75	0,22
Gipsdielen	0,8	0,30	0,2
Steinholz	1,5	0,15	—
Faserstoffplatten	0,35	0,05	—

244. Quarz und Gläser

2441. Quarz und Quarzglas

24411. Allgemeine Daten

Quarz SiO_2, 25° C Molwärme C_p = 44,43 J/grd Mol
Entropie S^0 = 42,09 J/grd Mol
Bildungsenthalpie ΔH_B^0 = 859,3 kgJ/Mol
freie Bildungsenthalpie ΔG_B = −809 kJ/Mol
Umwandlung → Tridymit bei 867° C, ΔH_U = 0,50 kJ/Mol.

24412. Umwandlungsdiagramme

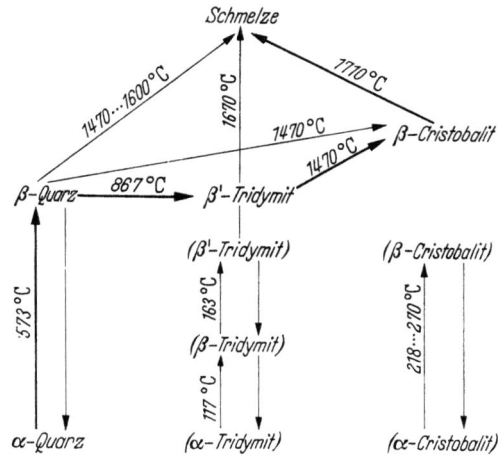

24412a. Phasengleichgewichte von SiO_2. Die instabilen Phasen sind eingeklammert. Umwandlungs temperaturen (abgerundet) nach L.B., 6. Aufl., Bd. II/3, S. 272

24412 b Löslichkeit von SiO₂ in Wasser bzw. Wasserdampf (überkritisch). Hydrothermales Gleichgewicht.

24413. Kristalldaten

Kristalldaten	Kristall-system	Typ	Raumgruppe	Gitterkonstante in Å			M
				a	b	c	
α-Quarz tief	hex.	C 8	$D_3^{4(6)}, C3_{1(2)} 1 2$	4,91	—	5,39	3
β-Quarz hoch	hex.	C 8	$D_6^{5(4)}, H6_{4(2)} 2$	5,01	—	5,47	3
α-Cristobalit	tetrag.	C 36	$D_4^{4,8}, P4_1 2_1$	4,96	—	6,94	4
β-Cristobalit	kub.	C 9	$O_h^7, Fd3m$	7,04	—	—	8
α-Tridymit	orh.	—	$D_{2h}^{23}, Fmmm$	9,91	17,18	81,78	320
β-Tridymit	hex.	C 10	$D_{6h}^4, C6/mmc$	5,03		8,22	4

24414. Thermische Ausdehnungszahl $\bar{\alpha}$

Temperatur-bereich °C	$\bar{\alpha}$ ∥	$\bar{\alpha}\perp$ zur c-Achse
	\multicolumn{2}{c}{$10^{-6}\mathrm{grd}^{-1}$}	
0...118	8,7	14,2
0...418	10,5	18,5
0...567	14	24,0
0...579	17,8	29,7
0...750[1]	13,5	24,0

[1] $U(\alpha \rightleftharpoons \beta)$ 578° C.

Quarzglas

Lineare Längenänderung a, in mm/m (‰) zwischen 0 und ϑ °C.

ϑ (C°)	−250	−200	−150	−100	−50	+50	+100
a	+0,076	+0,027	−0,002	−0,015	−0,013	+0,022	0,051

ϑ (C°)	+200	+400	+600	800	1000
a	0,117	0,254	0,36	0,45	0,54

Thermische Ausdehnung der SiO$_2$-Modifikationen in % bis zu der Temperatur ϑ

24415. Spezifische Wärme von Quarz und Quarzglas

	C_p in J/g grd							
	−200	−100	0	20	100	300	600	1000 °C
Quarzkristall	0,168	0,485	0,712	0,745	0,855	1,07	—	—
Quarzglas	0,18	0,485	0,70	0,730	0,83	1,02	1,14	1,19

24416. Elektrische Eigenschaften von Quarz

24416a. Spezifischer Widerstand ϱ von Quarz in Abhängigkeit von der Temperatur. Kurve *1* für kristallinen Quarz ∥ zur Achse; Kurve *2* für kristallinen Quarz ⊥ zur Achse; Kurve *3* für amorphen, umgeschmolzenen Quarz

24416b. Dielektrischer Verlustfaktor tg δ von kristallinem und von amorphem Quarz bei 50 Hz in Abhängigkeit von der Temperatur T. *a* Umgeschmolzener Quarz, *b* Quarzkristall ∥ zur Achse, *c* Quarzkristall ⊥ zur Achse

24417. Brechzahlen und natürliche Drehung des Quarzes bei 20° und Brechzahlen des Quarzglases bei in Klammern hinzugefügten Temperaturen. Die Werte bei 20° C sind Durchschnittswerte, die Werte 24° C sind mit einer Dispersionsformel berechnet

λ in μm	Quarz ⊥ zur optischen Achse		Drehung α bei 20° in Grad/mm	Quarzglas n
	n_{ord} bei 20° C	n_{ex} bei 20° C		
0,18621	—	—	365,6	
0,19	1,66632	—	—	
0,22	1,62441	—	—	
0,22100	—	—	216,50	
0,26	1,59473	—	—	
0,26604	—	—	131,607	
0,28	1,58522	—	—	
0,28163	—	—	114,10	
0,30	1,57793	—	—	
0,30876	—	—	91,19	
0,35	1,56544	—	—	1,47701 (24° C)
0,3726	—	—	58,86	—
0,40467 (h)	1,557061	1,56667	48,948	1,4697 (20° C)
0,43405 (G')	1,553944	1,56337	41,927	1,4669 (20° C)
0,47999 (F')	1,550097	1,55941	33,678	1,4635 (20° C)
0,48613 (F)	1,549662	1,55896	32,766	1,4631 (20° C)
0,54608 (C)	1,546152	1,55531	25,538	1,4601 (20° C)
0,58930 (D)	1,544220	1,55332	21,725	1,4584 (20° C)
0,64385 C'	1,542249	1,55129	18,024	1,4567 (20° C)
0,65628 (C)	1,541873	1,55089	17,314	1,4563 (20° C)
0,76820 (A')	1,539034	1,54794	12,451	1,4539 (20° C)
1,00	1,535050	—	—	1,45047 (24° C)
1,040	—	—	6,69	—
1,20	1,532340	—	—	1,44811 (24° C)
1,40	1,529742	—	—	1,44584 (24° C)
1,450	—	—	3,41	—
1,60	1,527047	—	—	1,44349 (24° C)
1,770	—	—	2,28	—
1,80	1,524145	—	—	1,44095 (24° C)
2,0	1,520972	—	—	1,43817 (24° C)
2,140	—	—	1,55	—
2,30	1,515610	—	—	1,43346 (24° C)
2,60	1,50986	—	—	1,42800 (24° C)
3,00	1,49953	—	—	1,41937 (24° C)
3,50	1,48451	—	—	1,40601 (24° C)
4,00	1,46617	—	—	—

2. Zusammenfassende Tabellen

2442. Glä-
24421. Kennzeichnende physikalische

$\vartheta_{0\ E}$ Temperatur bei der die Viskosität des Glases 10^{13} Poise beträgt.
$\vartheta_{E\ w}$ Temperatur bei der die Viskosität des Glases $10^{7,65}$ Poise beträgt.
$\vartheta_{\varkappa\ 100}$ Temperatur bei der das Glas einen spezifischen, elektrischen Durchgangswiderstand von 10^8 Ωcm hat.

Bezeichnung		Farbe	Hauptverwendung	Mittlere lineare Wärmeausdehnungszahl zwischen 20 und 300°C in 10^{-6} grd^{-1}	Dichte D bei 20° in gcm^{-3}	Obere Entspannungstemperatur $\vartheta_{0\ E}$ in °C	Erweichungstemperatur $\vartheta_{E\ w}$ in °C
Nr.	Art u. Name						
							Hersteller
8330	Duran 50 Borosilikatglas	farblos klar	für allgemeine Zwecke, chemische Glasapparate und Laborgeräte, feuerfestes Haushaltsglas	32	2,23	568	815
2955	Supremax	farblos, klar	hoch hitzebeständig, Verbrennungsrohre, Entladungslampen, Thermometer	37	2,47	715	938
3891	Suprax Borosilikatglas	farblos, klar	für allgemeine Zwecke, Wolframeinschmelzungen, Lampenkolben	39	2,31	567	793
8212	Wolfram-Glas	farblos, klar	Wolframeinschmelzungen, hochisolierend	41	2,31	520	742
1646	Wolfram-Glas	farblos, klar	Wolframeinschmelzungen	42	2,27	534	754
8412	Fiolax Borosilikatglas	farblos, klar	chemisch hoch resistent Ampullenfertigung	49	2,39	565	783
2877	Geräteglas 20 Borosilikatglas	klar	chemisch hoch resistent Laboratoriumsgläser	49	2,39	569	794
1447	Molybdän-Glas	farblos, klar	Röntgenröhren für elektr. Zwecke, hochisolierend Einschmelzungen von Ni–Fe–Co-Legierungen u. Molybdän	51	2,48	529	725
8243	Kovar-Glas	farblos, klar		52	2,26	497	715
2963	Fiolax	braun	chemisch noch resistent Ampullen für lichtempfindliche Präparate	55	2,46	560	773
2954	Thermometerglas	farblos, klar	Thermometer, Einschmelzungen von Fe-Ni–Co-Legierungen	64	2,42	590	780
8407	—	farblos, klar	pharmazeutisches Glas	80	2,50	732	732
16III	Normalglas	farblos, klar	Thermometer	90	2,58	537	712
8095	Bleiglas	farblos, klar	für elektrische Zwecke, Einschmelzungen von Fe-Ni–Cr-Legierungen	99	3,02	430	595
8405	Uviolglas	farblos, klar	UV-durchlässiges Glas Platineinschmelzungen	99	2,51	446	657
4210	Eiseneinschmelzglas	farblos, glas	Eiseneinschmelzungen	127	2,68	455	614

Eigenschaften technischer Gläser

n_d Brechzahl für die He-Linie 587,6 nm
n_D Brechzahl für die Na-Linie 589,3 nm
n_C Brechzahl für die H-Linie 656,3 nm
n_F Brechzahl für die H-Linie 486,1 nm

$\vartheta_{\varkappa\,100}$ in °C	Elastizitätsmodul E in kpmm^{-2}	Brechzahl n_d	Dispersion $n_F - n_C$	Abbesche Zahl $= \dfrac{n_d - 1}{n_F - n_C}$	Spezifische Wärme J/ggrd	Wärmeleitfähigkeit W/cmgrd	Dielektrizitätskonstante bei 800 Hz	Dielektrischer Verlustfaktor tg δ bei $10^6\ldots10^7$ Hz	Durchschlagfestigkeit effektiver Wert kV/cm
Schott									
248	6290	1,472	71,9	65,6	0,8	0,117	—	—	—
517	8790	1,526	84,8	62,1	—	0,117	6,0	$18 \cdot 10^{-4}$	—
245	6640	1,484	74,5	64,9	—	0,113	—	—	—
401	6440	1,484	77,3	62,6	—	—	—	—	—
252	6750	1,481	73,4	65,6	—	—	—	—	—
—	—	1,493	76,2	64,8	—	—	—	—	—
195	7240	1,494	76,6	64,5	—	0,117	6,1	$75 \cdot 10^{-4}$	380
197	6870	1,507	83,1	61,0	—	—	6,55	$66 \cdot 10^{-4}$	370
342	6060	1,482	73,8	65,3	—	—	—	—	—
—	7060	1,509	—	—	—	—	—	—	—
137	7350	1,507	80,4	63,0	0,8	0,109	7,5…8	$(5\ldots6) \cdot 10^{-4}$	200…300
—	7530	1,510	80,6	63,3	—	—	—	—	—
165	7370	1,525	90,4	58,1	0,8	0,100	8,1	$79 \cdot 10^{-4}$	370
326	—	1,559	127,7	43,8	—	—	—	—	—
268	—	1,501	80,7	62,1	—	—	—	—	—
177	—	1,530	94,5	56,1	—	—	—	—	—

2. Zusammenfassende Tabellen

Nr.	Art u. Name	Farbe	Hauptverwendung	Mittlere lineare Wärmeausdehnungszahl zwischen 20 und 300° C in 10^{-6} grd^{-1}	Dichte D bei 20° in gcm^{-3}	Obere Entspannungstemperatur ϑ_B in °C	Erweichungstemperatur ϑ_{Ew} in °C
			Hersteller				
7910	96% SiO$_2$ Silikatglas	farblos, klar	UV-durchlässiges Glas, Verwendung bei hohen Temperaturen	8	2,18	910	1500
7070	Borosilikatglas	farblos, klar	für elektrische Zwecke (geringe dielektrische Verluste), Wolframeinschmelzungen	32	2,13	495	—
7740	Pyrex, Borosilikatglas	farblos, klar	für allgemeine Zwecke, Wolframeinschmelzungen, Röntgenröhren	32,5	2,23	565	820
7760	Borosilikatglas	farblos, klar	für elektrische Zwecke	34	2,23	525	780
7720	Soda-Blei-Borosilikatglas, Nonex (mit PbO)	farblos, klar	für dielektrische Zwecke, Wolframeinschmelzungen	36	2,35	525	755
7250	Borosilikatglas	farblos, klar	Backgeräte	36	2,24	530	780
9700	—	farblos, klar	UV-durchlässiges Glas	37	2,26	565	804
3320	Soda-Pottasche-Borosilikatglas (m. Farbstoff)	gelbgrün, klar	Wolframeinschmelzungen, Röntgenröhren, Zwischenglas	40	2,29	540	780
2405	Hartglas	rot	für allgemeine Zwecke	43	2,50	540	770
7052	Soda-Pottasche-Lithium-Borosilikatglas (relat. hoher Al$_2$O$_3$-Gehalt)	gelbgrün, klar	Kovar-, Fe–Ni–Co-, Molybdän-Einschmelzungen	46	2,28	480	708
7050	(Soda-) Borosilikatglas (ca. 70% SiO$_2$)	farblos, klar	Kovar-, Fernico-, Molybdän-, Wolframeinschmelzungen, Röntgenröhren	46	2,25	500	703
8800	Borosilikatglas	farblos, klar	Thermometer	60	2,39	570	755
7340	Borosilikatglas	farblos, klar	Manometer	67	2,43	580	785
0041	Soda-Pottasche-Bleiglas	klar	Thermometer	85	2,89	465	648
0120	Soda-Pottasche-Bleiglas	farblos, klar	Glühlampen (Röhren) Platineinschmelzungen	89	3,05	435	630
8870	Bleiglas (mit hohem Bleigehalt)	farblos, klar	für elektrische Zwecke, Einschmelzungen	91	4,28	430	580
0010	Soda-Pottasche-Bleiglas (ca. 20% PbO)	hellgrün, klar	Glühlampen (Röhren), Platineinschmelzungen	91	2,85	430	626
0080	Soda-Kalkglas	farblos, klar	Lampenkolben	92	2,47	510	696
2475	Weichglas	rot	Neonröhren	93	2,59	505	690

* Bei 10^6 Hz.

244. Quarz und Gläser

$\vartheta_{\varkappa\,100}$ in °C	Elastizitätsmodul E in kpmm^{-2}	Brech-zahl n_D	Spezifischer Widerstand in Ωcm bei ϑ in °C		Dielektrizitätskonstante bei 60 Hz	Dielektrischer Verlustfaktor tg δ bei		Maximale Gebrauchs-temperatur °C
			250	350		60 Hz	10^6 Hz	

Corning

430	6749	1,458	—	$1,6 \cdot 10^9$	3,8*		$2,4 \cdot 10^{-4}$	800
419	5132	1,469	$1,5 \cdot 10^{11}$	$6,1 \cdot 10^9$	3,85	$70 \cdot 10^{-4}$	$10 \cdot 10^{-4}$	230
256	6538	1,474	$1,4 \cdot 10^8$	$(4...4,7) \cdot 10^6$	5,6	$135 \cdot 10^{-4}$	$45 \cdot 10^{-4}$	—
329	6397	1,473		$5,0 \cdot 10^7$	4,5*		$(15...20) \cdot 10^{-4}$	—
296	6679	1,487	$6,5 \cdot 10^8$	$1,6 \cdot 10^7$	4,75	$95 \cdot 10^{-4}$	$(20...25) \cdot 10^{-4}$	—
261	—	1,475	—	—	—	—	—	—
250	—	1,478	—	—	—	—	—	—
286	—	1,481	$4,2 \cdot 10^8$	$1,1 \cdot 10^7$	5,0	$80 \cdot 10^{-4}$	$30 \cdot 10^{-4}$	—
—	—	1,507	—	—	—	—	—	—
313	—	1,484	$1,0 \cdot 10^9$	$(2...2,5) \cdot 10^7$	5,2	$75 \cdot 10^{-4}$	$25 \cdot 10^{-4}$	
296	—	1,479	$2,0 \cdot 10^8$	$5,9 \cdot 10^6 ... 1,6 \cdot 10^7$	4,9	$90 \cdot 10^{-4}$	$30 \cdot 10^{-4}$	230
—	—	1,502	—	—	—	—	—	—
278	8085	1,506	—	—	—	—	—	—
225	—	1,545	—	—	—	—	—	—
350	5765	1,560	$1,2 \cdot 10^{10}$	$9,6 \cdot 10^7$	6,75	$50 \cdot 10^{-4}$	$20 \cdot 10^{-4}$	—
464	5343	1,693	—	—	—	—	—	—
293	6327	1,539	$1,2 \cdot 10^9$	$\approx 1,1 \cdot 10^7$	6,7	$900 \cdot 10^{-4}$	$100 \cdot 10^{-4}$	—
164	6889	1,512	$2,3 \cdot 10^6$	$\approx 1,4 \cdot 10^5$	8,5	$8,5 \cdot 10^{-4}$	$15 \cdot 10^{-4}$	—
240	—	1,511	—	—	—	—	—	—

Spezifischer Widerstand von Quarzglas und verschiedenen Gläsern in Abhängigkeit von der Temperatur T. a Quarzglas; b Geräteglas; c Duranglas; d Glas 59^{III} (71,95 Gew.% SiO_2, 11% Na, 5% Al_2O_3, 12% B_2O_3, 0,5% Mn_2O_3)

24422. Durchlässigkeit von Gläsern im Ultraviolett und Infrarot

Glasbezeichnung Hersteller (in Klammern)[1]	Glastyp	Transmissionsgrade[2] für 1 mm Schichtdicke bei den Wellenlängen			Linearer Wärmeausdehnungskoeffizient α in $10^{-7} \cdot °C^{-1}$ (20 bis 300° C)	Obere Entspannungstemperatur[3] T_{0E} in °C	Erweichungstemperatur[4] T_{Ew} in °C	Dichte ϱ in gcm^{-3}
		200 nm	250 nm	300 nm				
Ultrasil (H)	Quarzglas	0,88	0,94	—	5,6	1075	1585	2,20
Suprasil (H)		0,93	0,94	—				
Vycor (C) 9710	96% SiO$_2$	<0,01	0,82	—	8	910	1500	2,18
Vycor (C) 9712		0,06	0,85	—				
WG 10 (S)	Phosphatglas	0,53	0,80	—	81	525	675	2,74
WG 8 (S)	Phosphatglas	0,10	0,77	0,89	101	410	605	2,72

[1] Die Tabelle wurde aus folgenden Quellen zusammengestellt: (C) Corning, Ultraviolet Transmitting Glasses, Bulletin UV-1 (1952); (H) Heraeus Quarzschmelze, Hanau, Prospektblatt: Quarzglas für die Optik; (S) Schott & Gen., Mainz, nach unveröffentlichten Angaben dieser Firma.

[2] Kleinste Verunreinigungen in der Glasschmelze sowie der Schmelzablauf selbst können die angegebenen Transmissionsgrade bis zu ±10% schwanken lassen.

[3] Temperatur des Glases beim Viskositätswert $10^{13,0}$ Poise.

[4] Temperatur des Glases beim Viskositätswert $10^{7,65}$ Poise.

1-744   2. Zusammenfassende Tabellen

Abb. 1. UV-Durchlässigkeit technischer Gerätegläser für 2 mm Schichtdicke nach unveröffentlichten Angaben der Fa. Schott & Gen., Mainz

Kurve a = Duran 50 ⎫ Borosilikatgläser
Kurve b = Geräteglas 20 ⎬ Hersteller: Schott & Gen.,
Kurve c = Supremax 2955 ⎭   Mainz
   (Al_2O_3-Gehalt ca. 20%)
Kurve d = Spiegelglas der DESAG, Grünenplan
Kurve e = Fensterglas

Abb. 2. UV-Durchlässigkeit verschiedener optischer Gläser für 2 mm Schichtdicke nach unveröffentlichten Angaben der Fa. Schott & Gen., Mainz

Die Klammer hinter der folgenden Typenbezeichnung enthält (Brechzahl n_d/Abbesche Zahl ν_d).

Kurve A = BK 7 (1,5168/64,2)   Kurve D_1, D_2 = SK 16 (1,6204/60,3) D_1 im Schamottehafen,
Kurve B = BK 1 (1,5101/63,4) D_2 im Platintiegel erschmolzen.
Kurve C = BaK 4 (1,5688/56,0)   Kurve E = F 5 (1,6034/38,0)
                                    Kurve F = SF 4 (1,7552/27,5)

244. Quarz und Gläser

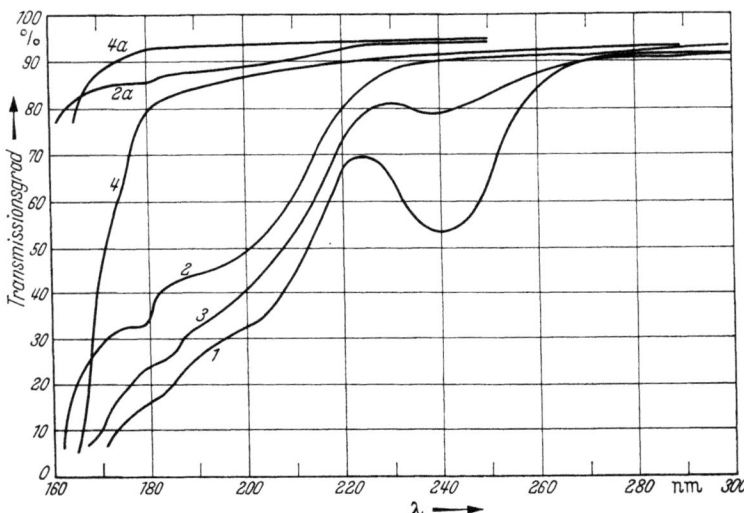

Abb. 3. UV-Durchlässigkeit von vier verschiedenen Quarzglassorten der Fa. Heraeus für 10 mm und teilweise 1 mm (Zusatzbezeichnung *a* Glasdicke, nach unveröffentlichen Messungen von H. PRUGGER, Elektrochemisches Institut der TH. München.

Homosil: Kurve *1*   Ultrasil: Kurve *2*, *2a*
Infrasil: Kurve *3*   Suprasil: Kurve *4*, *4a*

Abb. 4. IR-Durchlässigkeit handelsüblicher technischer Gerätegläser der Fa. Schott & Gen., Mainz, für 2 mm Schichtdicke, nach unveröffentlichten Angaben dieser Firma

Kurve *A:* Glas-Nummer 8243, Einschmelzglas für Fe–Ni–Co-Legierungen
    Kurve *B:* Glas-Nummer 2954, Supremax
    Kurve *C:* Glas-Nummer 8330, Duran-Glas
    Kurve *D:* Glas-Nummer 2877, Geräteglas 20
    Kurve *E:* Glas-Nummer 8095, Bleiglas

2. Zusammenfassende Tabellen

Abb. 5. IR-Durchlässigkeit handelsüblicher optischer Gläser für 2 mm Schichtdicke, nach unveröffentlichten Angaben der Fa. Schott & Gen., Mainz. Die Klammer hinter der Typenbezeichnung enthält (Brechzahl n_d/Abbesche Zahl v_d)

Kurve A = BK 7 (1,517/64,2)
Kurve B = BK 1 (1,510/63,4)
Kurve C = BaK 4 (1,569/56,0)
Kurve D = SK 16 (1,620/60,3)
Kurve E = F 5 (1,603/38,0)
Kurve F = SF 4 (1,755/27,5)

Abb. 6. Infrarotdurchlässigkeit verschiedener Quarzglassorten der Fa. Heraeus.

Kurve *1*: Herasil, Homosil Ultrasil ⎫
Kurve *2*: Suprasil ⎬ 10 mm Schichtdicke
Kurve *3*: Infrasil ⎭
Kurve *4*: Infrasil, 2 mm Schichtdicke

24423. Viskosität

	Kurve Nr.	SiO_2	Al_2O_3	Fe_2O_3	MnO	CaO	MgO
Schweres Bleikristall	1	52,54	0,34	0,38	0,16	0,30	0,15
Thüringer Glas	2	65,96	4,98	0,78	0,10	6,04	0,93
Sehr tonerdereiches Thüringer Glas	3	66,22	7,10	0,48	0,38	6,40	0,28
Geräteglas	4	67,60	3,40	0,26	0,10	6,24	0,34
Hartglas	5	66,26	5,48	0,64	—	0,42	—
Tafelglas	6	70,72	1,86	0,26	0,16	13,78	0,41
Jenaer Geräteglas	7	69,82	5,34	0,54	—	8,30	0,48

	Kurve Nr.	Na_2O	K_2O	B_2O_3	ZnO	BaO	PbO
Schweres Bleikristall	1	0,18	12,10	—	—	—	33,82
Thüringer Glas	2	15,74	5,72	—	—	—	—
Sehr tonerdereiches Thüringer Glas	3	15,46	3,46	—	—	—	—
Geräteglas	4	14,24	0,18	2,28	5,59	—	—
Hartglas	5	11,66	0,30	7,91	7,30	—	—
Tafelglas	6	12,40	0,30	—	—	—	—
Jenaer Geräteglas	7	3,69	2,06	—	—	5,48	—

24424. Chemische Zusammen-

Art des Glases, Hersteller und Bezeichnung (in Klammern) und hauptsächliche Verwendung	Bestandteile		
	SiO_2	Al_2O_3	B_2O_3

Silicate

Fensterglas, Mittelwerte (Kalknatronsilicat)	73,0		
Normal-Natronkalkglas (Kalknatronsilicat)	75,5		
Moosbrunner-Apparateglas (Kalkmagnesiasilicat)	70,5		
Normal-Kalikalkglas (Kalikalksilikat)	70,8		

Bleisilicate

Weiches Bleiglas (Corning soft glass G 1), für Quetschfüße	63,1	0,28	
Weiches Bleiglas, für allgemeines Einschmelzen und für Glühlampen	56,5	0,8	0,2
Minosglas (Schott 1650 III), für Kondensatoren	45,5	0,6	

Alumosilicate

Glühlampenkolbenglas	72,0	3,0	
Thüringisches Apparateglas	68,5	3,2	
Gundelach-Apparateglas (Osramglas V 584)	65,22	5,22	1,67
Normalglas (Schott 16III), für Thermometer	67,3 66,58	2,5 3,84	2,0 0,91
Amerikanisches Apparateglas (Corning Pyrex 774), u. a. für Röntgenröhren	80,9	1,8	12,6
Duranglas (Schott 2956III)	76,1	1,75	16,0
Wolfram-Einschmelzglas	77,0	1,1	15,4
Molybdän-Einschmelzglas	71,2	2,5	14,6
Fernico-Einschmelz- und Röntgenröhrenglas (Corning G 705 A 3)	67,0	2,0	22,0
Fernico-, Kovar-, Nicosil-Einschmelzglas, u. a. für Quecksilberdampfgleichrichter	66,0	2,0	24,0
Nonexglas (Corning 772), u. a. für Röntgenröhren (Bleiborosilicat)	73,0		16,5

Alumoborosilicate

Alkalifreies Jenaer Geräteglas (Schott)	65,3	3,5	15,0
Hartglas, für Quecksilberdampfgleichrichter	72,9	3,0	14,4
Thermometerglas G 80 (Corning)	72,4	5,1	10,2
Thermometerglas (Schott 59III)	72,68 71,95	6,24 5,0	10,43 12,0
Geräteglas 20 (Schott 2877, III) für chemische Geräte	75,3	6,2	7,6
Supremaxglas (Schott 2950III)	56,0 56,4	20,0 20,13	9,0 8,87
Hartglas, für Benutzung an offener Flamme (Kochgeräte)	57,5	19,5	5,7
Hochdruckquecksilberdampflampenglas	58,7	22,5	3,0
Natriumdampffestes Glas, für Natriumdampflampen	22,9	21,2	41,3

setzung verschiedener Gläser

in Gew.%

Na_2O	K_2O	BaO	CaO	MgO	PbO	ZnO	sonstige
13,5			13,5				
12,9			11,6				
16,6	1,0	2,5	5,5	3,9			
	18,3		10,9				
7,6	5,5		0,94		20,2		Mn_2O_3: 0,9
5,1	7,2				30,2		
6,0	3,0		0,3	5,0	43,9		
16,0	1,0		5,0	3,0			
14,2	6,3		7,1				
11,86	3,28	4,8	7,71				Fe_2O_3: 0,24
14,0			7,0			7,0	
14,8			7,18	0,17		6,24	Mn_2O_3: 0,28
4,4							
5,4	0,6		0,2				
4,6	1,9		0,4				
3,6	4,0		2,9				
6,5							
4,0	3,5		0,5				
4,5					6		
		12,0				4,2	
2,4	4,2		3,1				
9,8					1,8		
9,82							
11,0	0,1		0,35	0,2			Mn_2O_3: 0,05
5,7	0,8	3,5	1,1				
1,0	1,0		5,0	8,0			
0,63	0,64		4,8	8,65			Fe_2O_3: 0,17
1,1			6,5	9,2			
1,1	0,2		5,9	8,4			
4,8	0,8		9,0				

245. Ke-
2451. Feinkerami-

$\bar{\alpha}$ mittlere lineare Ausdehnungszahl, $\bar{C}_p$ mittlere spezifische

	Raumgewicht kg/dm³	H₂O-Aufnahme %	Mohs-Härte	Zugfestigkeit kp/cm²	Druckfestigkeit kp/cm²
1 Hartporzellan:					
glasiert	2,3...2,5	0	7	300... 500	4500...5500
unglasiert				250...350	4000...4500
Preßporzellan:					
glasiert	2,3...2,5	0,5...1,5	7	—	3000...4000
unglasiert					2500...3500
2 Steinzeug:					
chemisches und Isolatoren-St.	2,1...2,3	0,7...7	7	100...180	1400...4000
Sillimanit- und Korund-St.	2,3...2,7	0,1...0,2	7...8	140...250	5500...6500
temperaturwechselbeständig	2,1...2,5	0,3...4,3	7	100...150	1300...4000
3 Zirkonporzellan	3,0...3,8	0	7,5	700...1000	5600...10000
4 Steatit:					
glasiert	2,6...2,8	0	7	600...1000	8500...10000
unglasiert				450...600	
5 Cordiermasse	2,1...2,2	0...0,5	7	250...350	2800...5000
6 Lithiumkeramik	1,6...2,3	0...21	—	190...380	1400...4200
7 Erzeugnisse mit erhöhtem Al₂O₃-Gehalt	2,5...3,3	0	7...<9	400...≈1000	6500...12000

Rohstoffe:

1 } Ton, Kaolin, Feldspat, Quarz.
2 }
3 Zirkonsand, Ton, Bindemittel.
4 Kalk oder Speckstein.
5 Ton (Kaolin), Speckstein (Talk).
6 Lithiummineralien.
7 Ton, Disten, Tonerde bis zu 90% Al_2O_3, wenig Sinterungsmittel.

ramik

sche Massen*

Wärme, $\bar{\lambda}$ mittlere Wärmeleitfähigkeit, F Schmelzpunkt

Biegefestigkeit kp/cm²	Elastizitätsmodul 10⁶ kp/cm²	$\bar{\alpha}$(20...100)°C 10⁻⁶/grd	$\bar{C}_p$(20...100) °C J/ggrd	$\bar{\lambda}$(20...100) °C J/mhgrd	F °C	Segerkegel Nr.
600...1000 400...700	0,7...0,8	3,5...4,5	0,8...0,88	4,2...5,9	1670	30
— 300...600	—	3,5...4,5	0,8...0,88	4,2...5,9	1670	30
250...700	0,4...0,6	3,8...5,0	0,8	4,6...6,7	—	—
590...900	—	3,6	—	6,0	—	—
250...400	0,4...0,6	1,5...2,9	0,8	5,8...7,3	—	—
1400...2400	1,4...2,1	3,5...5,5¹	—	15...22	—	—
1200...1600	0,8...1,2	6...9	0,8...0,92	8,4...10	1400...1460	14...16
500...850	0,7...1,1	1,1	0,84...0,92	7,1...8,4	—	—
300...560	—	0,06...0,85²	—	—	—	—
1000...2500	0,9...≈2	3,5...5	≈0,84	8,4...42	1750...1850	34...38

Besondere Eigenschaften:
Mechanisch und thermisch gut, Preßporzellan mittelgut.
Mechanisch und thermisch brauchbar.
Mechanisch fester als Hartporzellan, gute Temperaturwechselbeständigkeit.
Mechanisch sehr fest aber empfindlich gegen schroffen Temperaturwechsel.
Sehr kleine Wärmeausdehnung, hohe Temperaturwechselbeständigkeit.
Wärmeausdehung fast Null, höchste Temperaturwechselbeständigkeit.
Mechanisch gut bis sehr gut, erhöhte Wärmeleitfähigkeit, hohe Feuerbeständigkeit.

* Nach Landolt-Börnstein, 6. Aufl., Bd. IV/1, Beitrag SCHUSTERIUS.
¹ $\bar{\alpha}$(20...700) °C.   ² $\bar{\alpha}$(20...500) °C.

2452. Feuer-

Stoff	Chemische Grundzusammensetzung	Mechanische Eigenschaften			
		Dichte	Porosität	Kaltdruckfestigkeit	Kaltbiegefestigkeit
		g/cm³	%	kg/cm²	kg/cm²
Silika	96...93 SiO_2	1,7...1,9	18...26	200...400	30...100
Schamotte	15...25 Al_2O_3 75...85 SiO_2 } bis 30...45 Al_2O_3 55...70 SiO_2	1,7...2,1	10...30	100...1000	30...150
Sillimanit (Mullit)	60...72 Al_2O_3 28...40 SiO_2	2,2...2,4	19...24	300...1000	100...250
Corhart Standard	73...75 Al_2O_3 18...20 SiO_2	2,9...3	ca. 0	2000	—
Corhart Zac	49...51 Al_2O_3 33...35 ZrO_2 11...13 SiO_2	3,3...3,6	ca. 0	4000	—
Korund	80...99 Al_2O_3	2,5...3,2	15...25	300...1000	100...250
Magnesit	80...95 MgO Rest: Fe_2O_3; Al_2O_3 u.a.	2,6...3,1	14...25	300...1000	100...200
Chromit	30...45 Cr_2O_3 14...19 MgO 10...17 Fe_2O_3 15...33 Al_2O_3	3,0...3,8	18...25	200...500	80...150
Chrom-Magnesit	>60 MgO Rest: Cr_2O_3 und Fe_2O_3	2,8...3,2	18...25	150...350	60...150
Forsterit	47...55 MgO 33...39 SiO_2 0...11 Fe_2O_3	2,4...2,6	18...27	100...300	30...60
Zirkon	66 ZrO_2 33 SiO_2	3,2...3,5	16...20	400...900	100...250
Siliziumkarbid	50...95 SiC Rest: Al_2O_3, SiO_2	2,2...2,7	12...24	300...1000	—
Kohlenstoff	90...98 C	1,3...1,8	15...35	200...700	150...500
Poröse Silika	>92 SiO_2	0,7...1,2	50...72	30...45	—
Poröse Schamotte	30...42 Al_2O_3	0,7...1,2	55...70	35...55	—
Poröser Sillimanit	60...72 Al_2O_3	1,1...1,7	45...70	50...140	—
Moler Kieselgur	>90 SiO_2	0,3...0,9	65...80	3...10	—

245. Keramik

feste Stoffe

Thermische Eigenschaften						
Spezifische Wärme kJ/kggrd		Wärmeleitfähigkeit kJ/mh·grd		Wärmeausdehnungskoeffizient 10^{-6}/grd		
300° C	1200° C	300° C	1200° C	300° C	20 bis 800° C	1200° C
0,92	1,13	3,3...4,19	6,7...7,5	unregelmäßig		
0,88	1,05	3,3...3,8	4,6...5,0	4,1...7,2	4,3...7,5	4,6...7,6
0,92	1,0	5,4...5,9	4,6...5,0	4,1	4,3	4,6
0,24 / 1,0	0,26 / 1,05	10,5	16,7	—	5	—
1,05	0,28 / 1,17	11,4	16,3	—	6,5	—
0,92	0,27 / 1,13	9,2	7,9	7,0	7,9	9,4
0,24 / 1,0	0,29 / 0,29	15,9...40,7	11...16	12	13	14
0,79	0,92	5,4	7,5	6,9	7,0	7,1
0,92	0,27 / 1,13	1,9...3,5 / 14,6	7,5	7,1	7,6	8,0
0,88	1,0	6,3	5,0	—	—	11,6
0,15 / 0,63	0,75	5,9	7,9	3,0	3,3	3,5
90% SiC 8,4	1,13	SiC% 50 | 17,2 90 | 63 95 | 105	14,2 33,4 54	—	—	4,5...5,5
1,25	1,59	1,5...10,5 poröse Kohle 12,5...41,8 Hartkohle 3,78...130 Elektrographit			—	—	5
0,92	1,13	0,3...0,4 / 1,25...1,67	2,5...3,76			
0,88	0,26 / 1,09	0,2...0,3 / 1,25				
0,92	0,25 / 1,05	0,3...0,9 / 1,25...3,76	1,67...2,51			
0,92	1,13	0,1...0,2 / 4,1...8,4	—			

2. Zusammenfassende Tabellen

Stoff	Kegel-schmelz-Temperatur °C S. K.	Ver-wendungs-grenze in oxydierender Atmosphäre °C	Therm. mech. Eigenschaften		
			Druck-erweichungs-temperatur bei Belastung von 2 kg/cm² °C	Abschreck-festigkeit	Elastizitäts-modul · 10^6 kg/cm²
Silika	1700...1750 32...34	1700	1650...1700	Unterhalb Rotglut sehr empfindlich, oberhalb Rotglut sehr gut	0,1...0,2
Schamotte	1630...1750 28...34	1300...1450	1250...1450	mittel bis gut	0,2...0,6
Sillimanit (Mullit)	1790...1880 36...39	1600	1550...1650	gut	0,3...0,6
Corhart Standard	1825 37	1700	1800	mittel	1,0
Corhart Zac	1750 34	1650	1740	mittel	—
Korund	1850...2000 38...42	1800	1550...1700	mittel	—
Magnesit	>2000 >42	1800	1500...1750	gering bis mittel	0,2...1,2
Chromit	1800...1900 36...40	1700	1400...1450	mäßig	0,8
Chrom-Magnesit	1920...2000 40...42	1800	1500...1600	mittel bis gut	—
Forsterit	>2000 >42	1800	1600...1700	gering	—
Zirkon	>2000 >42	1800	ca. 1500	gut	—
Siliziumkarbid	ca. 1920 ca. 40	—	1500...1750	sehr gut	0,3...0,5
Kohlenstoff	— —	—	>1800	sehr gut	0,1...0,3 0,05...0,15 (Elektrographit)
Poröse Silika	1710 32	1700	1610...1640	unterhalb Rotglut schlecht	—
Poröse Schamotte	1650...1730 29...33	1350	1250...1400	mittel bis gut	—
Poröser Sillimanit	1825...1880 37...39	1500	1530...1650	gut	—
Moler Kieselgur	— —	1000	1000...1200	gering	—

245. Keramik

Elektrische Eigenschaften			Chemische Eigenschaften — Stabilität				
Spezifischer Widerstand in Ω cm			Reduzierende Atmosphäre	Kohlenstoff	Saure	Basische	Geschmolzene Metalle
800° C	1200° C	1400° C			Flußmittel		
$3 \cdot 10^5$	$7 \cdot 10^3$	$3 \cdot 10^3$	mäßig	gut	gut	schlecht	gut
$2 \cdot 10^4$	$2 \cdot 10^3$	10^3	mäßig	mäßig bis gut	mäßig	mäßig	mäßig
$2 \cdot 10^5$	$2 \cdot 10^4$	10^4	mäßig	mäßig	gut	mäßig	gut
$3 \cdot 10^4$	$2 \cdot 10^3$	10^3	gut	gut	gut	gut	gut
$6 \cdot 10^3$	10^3	10^3	gut	gut	gut	gut	gut
$6 \cdot 10^6$	10^5	$2 \cdot 10^4$	gut	mäßig	gut	gut	gut
$15 \cdot 10^6$	$2 \cdot 10^5$	10^4	mäßig	gut	schlecht	gut	gut
—	—	—	mäßig	mäßig	gut	gut	gut
$2 \cdot 10^6$	10^5	$2 \cdot 10^3$	mäßig	mäßig	schlecht	gut	gut
$2 \cdot 10^6$	10^4	10^3	gut	mäßig	schlecht	gut	gut
10^6	$2 \cdot 10^4$	$4 \cdot 10^3$	mäßig	mäßig	gut	schlecht	gut
$4 \cdot 10^4$	$5 \cdot 10^3$	$2 \cdot 10^3$	gut	gut	gut	schlecht	gut
—	—	—	gut	gut	gut	gut	gut

Abbildung „Lineare Wärmeausdehnung feuerfester Baustoffe" s. S. 764

2453. Oxidische

Thermische Eigen-

Stoff	Zusammensetzung Gew %	Schmelzpunkt °C	Verwendungsgrenze in oxydierender Atmosphäre °C	Spezifische Wärme in J/ggrd			Wärmeleitfähigkeit kJ/mhgrd		
				C_p bei 25°	$\vartheta_1...\vartheta_2$ in °C	$\bar{C}_p$ ($\vartheta_1...\vartheta_2$)	100	500	1000
Aluminiumoxid	100 Al$_2$O$_3$	2015	1950	0,775	20...900 20...1700	0,88 1,17	109	39,8	22,2
Berylliumoxid	100 BeO	2550	2400	1,017	20...400 20...800	1,17 1,71	792	236	73,5
Calciumoxid	100 CaO	2600	2400	0,770	—	—	54,5	28,9	28,6
Magnesiumoxid	100 MgO	2800	2400	0,94	20...900 20...1700	1,17 1,63	129	60,3	25,1
Siliziumdioxid Kieselglas	100 SiO$_2$	—	1200	0,746	—	—	3,45	5,87	7,5
Thoriumoxid	100 ThO$_2$	3300	2700	0,234	20...400 20...900	0,255 0,276	36,8	18,4	10,9
Titanoxid	100 TiO$_2$	1840	—	0,692	—	—	25,4	13,8	11,7
Uranoxid	100 UO$_2$	2878	—	0,234	—	—	35,2	18,4	12,1
Zirkonoxid	93 ZrO$_2$ 5 CaO 2 HfO$_2$	2677	2500	0,453	20...400 20...800	0,528 0,565	7,13	7,55	8,4
Mullit	72 Al$_2$O$_3$ 28 SiO$_2$	1830 inkongruent	1850	0,633	—	—	22,2	15,5	14,2
Spinell	71,8 Al$_2$O$_3$ 28,2 MgO	2135	1900	0,805	—	—	54	32,6	20,9
Forsterit	57,3 MgO 42,7 SiO$_2$	1885	1750	0,843	—	—	19,2	11,3	8,8
Zirkon	67,1 ZrO$_2$ 32,9 SiO$_2$	2420 inkongruent	1870	0,537	—	—	20,9	15,5	14,6

* Nach G. VAN GIJN aus: Die physikalischen und chemischen Grundlagen der Keramik

hochfeuerfeste Stoffe *

schaften			Mechanische Eigenschaften							
Wärmeausdehnungskoeffizient 10^{-6} grd^{-1}			Dichte	Härte MOHS	Druckfestigkeit		Zugfestigkeit		Elastizitätsmodul	
$\bar{\alpha}(20\ldots)$					10^3 kpcm^{-2}		10^2 kpcm^{-2}		10^6 kpcm^{-2}	
500	1000	1500	g/cm³		20°	1000°	20°	1000°	20°	1000°
7,6	8,6	9,6	3,97	9	30	7,5	27	25	9,8	3,3
7,7	9,1	10,2	3,01	9	8	2,5	10	4,8	3,2	2,3
11,2	13,0	14,7	3,32	4,5	—	—	—	—	—	—
12,8	14,2	16,0	3,58	6	—	—	9,8	8,1	2,1	1,5
—	0,54	—	2,20	6…7	—	—	—	—	—	—
8,4	9,4	9,8	9,69	6,5	15	3,6	—	—	1,5	1,2
7,3	8,0	9,1	4,24	5,5…6	—	—	—	—	—	—
9,3	—	—	10,90	—	—	—	—	—	—	—
—	—	9,4	5,9	6,5	21	12	14	10,4	1,9	1,3
4,0	4,5	5,3	3,16	6…7	—	—	—	—	—	—
7,2	0,2	9,0	3,58	8	19	9	13,4	7,0	2,4	2,1
8,3	9,5	11,0	3,22	6…7	—	—	—	—	—	—
3,0	4,0	4,2	4,60	7,5	—	—	—	6,3	—	—

4. Aufl., 1956.

2. Zusammenfassende Tabellen

Stoff	Zusammen-setzung Gew %	Elektrische Eigenschaften Elektrischer Widerstand Ωcm				
		100° C	500° C	1000° C	1500° C	2000° C
Aluminium-oxid	100 Al_2O_3	$2 \cdot 10^{15}$	$7 \cdot 10^{11}$	$7 \cdot 10^6$	$3 \cdot 10^3$	—
Beryllium-oxid	100 BeO	—	$7 \cdot 10^8$	10^7	$8 \cdot 10^4$	$2 \cdot 10^3$
Calciumoxid	100 CaO	—	760° C $7 \cdot 10^8$		10^3	—
Magnesium-oxid	100 MgO	—	—	10^7	$5 \cdot 10^4$	$7 \cdot 10^2$
Siliziumdioxid Kieselglas	100 SiO_2	$8 \cdot 10^{13}$	$9 \cdot 10^7$	10^3	—	—
Thoriumoxid	100 ThO_2	—	$8 \cdot 10^7$	10^5	10^3	—
Titanoxid	100 TiO_2	—	$3 \cdot 10^7$	800° C 10^4	1200° C $8 \cdot 10$	—
Uranoxid	100 UO_2	20° C $4 \cdot 10^4$	$5 \cdot 10^2$	—	—	—
Zirkonoxid	93 ZrO_2 5 CaO 2 HfO_2	10^6	$2 \cdot 10^4$	10^2	$3 \cdot 10$	10
Mullit	72 Al_2O_3 28 SiO_2	—	$3 \cdot 10^5$	$7 \cdot 10^3$	$5 \cdot 10^2$	—
Spinell	71,8 Al_2O_3 28,2 MgO	—	$3 \cdot 10^7$	$2 \cdot 10^5$	$6 \cdot 10^4$	—
Forsterit	57,3 MgO 42,7 SiO_2	—	$4 \cdot 10^7$	10^5	10^2	—
Zirkon	67,1 ZrO_2 32,9 SiO_2	$4 \cdot 10^9$	$2 \cdot 10^7$	10^5	10^3	—

245. Keramik

		Chemische Eigenschaften — Stabilität		
Reduzierende Atmosphäre	Kohlenstoff	Saure	Basische	Geschmolzene Metalle
		Flußmittel		
gut	mäßig	gut	gut	gut
sehr gut	sehr gut	gut	mäßig	gut
schlecht	schlecht	schlecht	mäßig	mäßig
schlecht	gut	schlecht	gut	mäßig
mäßig	gut	gut	schlecht	—
gut	mäßig	schlecht	gut	sehr gut
—	—	—	—	—
gut	gut	—	—	schlecht
gut	mäßig	gut	schlecht	gut
mäßig	mäßig	gut	mäßig	mäßig
—	mäßig	mäßig	gut	—
gut	mäßig	schlecht	gut	gut
mäßig	mäßig	gut	schlecht	gut

2454. Keramische Isolierstoffe für die Elektrotechnik*

Eigenschaften \ Stoffe		Hoch- und Niederspannungsporzellan	Zirkon-Porzellan	Niederfrequenzsteatit (Steatit)	Hochfrequenzsteatit (Sondersteatit)	Naturspeckstein	Poröser Sonderwerkstoff	Forsterit
Hauptrohstoffe		Ton, Kaolin, Feldspat, Quarz	Zirkonsand, Ton und Sinterungsmittel	Talk oder Speckstein und Sinterungsmittel		Speckstein	Tonerde, Magnesit, Kieselsäure	Talk (Speckstein), Magnesit oder Olivin
Chemische Grundzusammensetzung		Aluminiumsilikat	Zirkon-Aluminium-Silikat	Magnesiumsilikate				
Kennzeichnende Eigenschaften		Gute Durchschlagsfestigkeit bei Raumtemperatur. Unbeschränkte Formgebung. Bewährt in der Hochspannungstechnik	Verringerter Verlustfaktor. Gute Isolation auch bei höheren Temperaturen. Relativ stoßfest und temperaturwechselbeständig	Für Niederspannungsisolierteile, mittlerer Verlustfaktor, gute Maßhaltigkeit	Kleiner Verlustfaktor. Hohe Durchschlagsfestigkeit, auch bei erhöhten Temperaturen. Gute Maßhaltigkeit	Weiche, leicht zu bearbeitende, poröse Werkstoffe		Kleiner Verlustfaktor. Gute Isolierfähigkeit bei erhöhten Temperaturen. Hohe Wärmedehnung
Hauptanwendungsgebiete in der Elektrotechnik		Hoch- und Niederspannungsisolatoren; auch großer Abmessungen	Isolatoren in der Hochfrequenztechnik für hohe Beanspruchung, Zündkerzen	Hoch- und Niederspannungsisolatoren und Isolierteile jeder Art	Isolierteile und Kondensatoren für die H.F.-Technik. Isolierkleinteile für die Elektrowärmetechnik	Modell- und Isolierteile	Modellteile, Maßgenaue Isolierteile, Halterungen in Vacuumröhren	Isolierteile für die H.F.-Technik, insbesondere für Metall-Keramik-Verbindungen von Vacuumröhren
Wasseraufnahme	%	0...0,5	0	0	0	~3	~20	0
Rohdichte	g/cm³	2,3...2,5	3,0...3,8	2,6...2,8	2,6...2,8	2,6...2,8	1,9...2,1	2,9
Dielektrizitätskonstante	ε	5,5...6,0	7...9	~6	~6	—	—	6,4
Temp.-Koeff. der Diel.-Konst. von −20...85° C in $10^{-6}/°C$		+500...+600	+100...+200	+120...+160	+100...+160	—	—	+130

245. Keramik

Eigenschaft							
Dielektrischer Verlustfaktor tg δ bei 20°C in 10^{-3}	50 Hz	17...25	—	2,5...3,0	1,0...1,5	—	1,4
	10^3 Hz	~15	1,5...2,5	—	0,8...1,2	—	0,5
	10^6 Hz	6...12	1...1,5	1,5...2,0	0,3...0,5	—	0,4
Dielektrischer Verlustfaktor tg δ bei 50 Hz in 10^{-3}	60°C	~40	—	~15	4...6	—	—
	80°C	~60	—	~35	7...12	—	—
	100°C	~120	—	~65	12...15	—	—
Elektrische Durchschlagsfestigkeit bei 50 Hz in kV$_{eff}$/mm		25...35	20...30	20...30	30...40	—	30
Spezifischer elektrischer Widerstand (Wirkwiderstand) ϱ bei 50 Hz in Ohm·cm	20°C	10^{12}	10^{14}	10^{12}	10^{13}	—	10^{14}
	200°C	$10^7...10^9$	$10^{11}...10^{12}$	10^{10}	$10^{11}...10^{12}$	10^{10}	10^{12}
	400°C	$10^5...10^6$	10^9	$10^6...10^7$	$10^9...10^{10}$	$10^8...10^9$	10^{10}
	600°C	$10^4...10^5$	10^7	$10^5...10^6$	$10^7...10^8$	$10^7...10^8$	$10^8...10^9$
	800°C	—	$10^5...10^6$	$10^4...10^5$	$10^6...10^7$	10^6	$10^7...10^8$
	1000°C	—	—	—	—	$10^5...10^6$	—
Linearer Ausdehnungskoeffizient α zwischen +20 u. +100°C in 10^{-6}/°C		3,5...4,5	3,5...5,5 (20...700°C)	7...9	6...8	8,5...9,5	10,6 (25...700°C)
Wärmeleitfähigkeit λ zwischen 20 und 100°C in kJ/mhgrd		4,2...5,8	1,5...2,3	8,4...10	8,4...10	5,0...5,8	12
Spezifische Wärme 20...100°C kJ/kggrd		0,79...0,88	—	0,42...0,92	0,42...0,92	0,88	—
Zugfestigkeit kp/cm²	glasiert	300...500	700...1000	—	—	—	—
	unglasiert	250...350	—	550...850	550...950	—	—
Druckfestigkeit kp/cm²	glasiert	4500...5500	5000...10000	8500...9500	9000...10000	4000...8000	1000...2000
	unglasiert	4000...4500	—	—	—	—	—
Biegefestigkeit kp/cm²	glasiert	600...1000	1400...2400	1200...1400	1400...1600	~1000	350...600
	unglasiert	400...700	—	—	—	—	—
Schlagbiegefestigkeit kcpm/cm²	unglasiert	1,8...2,2	4,4	3...5	4...5	2,3...2,8	1,6...2,2
Elastizitätsmodul in kp/cm² · 10^6		0,7...0,8	1,4...2,1	0,8...1,0	1,0...1,2	—	—

* Nach G. van Gija aus „Die physikalischen und chemischen Grundlagen der Keramik", 4. Aufl. 1958.

2. Zusammenfassende Tabellen

Eigenschaften \ Stoffe		Rutilkeramik			Cordierit-Keramik	Lithium-Keramik	Tonerdeporzellan Mullitporzellan
Hauptrohstoffe		Synthetischer Rutil und reine Oxidpräparate der chemischen Industrie			Lithiummineralien Quarz, Ton		Ton, Tonerde, Cyanit, Sillimanit
Chemische Grundzusammensetzung	Ca 50% Titandioxid und andere Oxide, vielfach Magnesiumoxid	Mehr als 50% Titandioxid; vielfach Zirkondioxid-Zusatz	80...100% Titandioxid. Geringe Fremdzusätze		Magnesium-Aluminium-Silikat	Lithium-Aluminium-Silikat	Aluminiumsilikat mit Aluminiumoxid
Kennzeichnende Eigenschaften		Erhöhte Dielektrizitätskonstante Kleiner Verlustfaktor Geringe Durchschlagsfestigkeit			Kleine Wärmedehnung	Extreme kleine Wärmedehnung, sehr temperaturwechselbeständig	Thermisch und mechanisch hochwertiges Porzellan
Hauptanwendungsgebiete in der Elektrotechnik		Kondensatoren für die Hochfrequenztechnik			Lichtbogenfeste und temperaturwechselbeständige Isolierteile, für die Elektrowärmetechnik. Auch poröse Halterungen mit geringer Wärmedehnung		Zündkerzen, Schutzrohre für Pyrometer, Iolierteile für höhere Temperaturen, wenn tonerdereich
Wasseraufnahme %	0	0	0		0...0,5	0...21	0
Rohdichte g/cm³	3,1...3,6	3,5...5,3	3,5...3,9		2,1...2,2	1,6...2,3	2,5...3,3
Rel. Dielektrizitätskonstante ε	12...20	30...60	60...100		~5	5,5...6	6...8
Temp.-Koeff. der Diel.-Konst. von −20...85 °C in 10^{-6}/°C	+100...−30	−40...−600	−650...−850		+500...+600	—	+150...+300

245. Keramik

Dielektrischer Verlustfaktor tg δ bei 20°C in 10⁻³	50 Hz	—	—	—	20	—	2...6
	10³ Hz	0,3...2,0	0,2...3,0	0,3...2,0	—	—	1,5...3
	10⁴ Hz	0,05...0,3	0,05...1,0	0,3...0,8	4...7	4...5	1...3
Dielektrischer Verlustfaktor tg δ bei 50 Hz in 10⁻³	60°C	10⁶ Hz 1...2	10⁶ Hz 3...10		—	—	—
	80°C	1...2	3...10		—	—	—
	100°C	1,5...2,5	3...10		—	—	—
Elektrische Durchschlagsfestigkeit bei 50 Hz in kV$_{eff}$/mm		>10	>10	>10	10...20	10	20...30
Spezifischer elektrischer Widerstand (Wirkungswiderstand) ρ bei 50 Hz in Ohm · cm	20°C	10¹²...10¹³	10¹²...10¹³	10¹³...10¹³	10¹²	10¹²	10¹⁴
	200°C	10⁹...10¹¹	10⁹...10¹¹	10⁹...10¹¹	10⁹	10⁸	10¹²
	400°C	10⁷...10⁹	10⁷...10⁹	10⁷...10⁹	10⁷	10⁶	10⁹...10¹⁰
	600°C	10⁵...10⁷	10⁵...10⁷	10⁵...10⁷	10⁵	—	10⁷...10⁸
	800°C	10⁴...10⁶	10⁴...10⁶	10⁴...10⁶	10⁴	—	10⁶
	1000°C	—	—	—	—	—	—
Linearer Ausdehnungskoeffizient α zwischen +20 u. +100°C in 10⁻⁶/°C		6...10	6...9	6...8	1,1...1,5	0,06...0,05 (20...700°C)	3,5...6
Wärmeleitfähigkeit λ zwischen 20 und 100°C in kJ/mhgrd		12,5...13,8	11,3...13,8	11,3...14,6	7...8,4	—	8,4...42
Spezifische Wärme 20...100°C kJ/kggrd		0,92	0,79...0,88	0,71...0,79	0,84...0,92		0,88
Zugfestigkeit kp/cm²	glasiert	—	—	—	250...350	190...380	400...1000
	unglasiert	600...700	300...800				
Druckfestigkeit kp/cm²	glasiert	—	—	—	2800...5000	1400...4200	6500...12000
	unglasiert	5000...6000	3000...9000				
Biegefestigkeit kp/cm²	glasiert	—	—	—	500...850	300...500	1000...2500
	unglasiert	800...1100	900...1500				
Schlagbiegefestigkeit unglasiert kpcm/cm²		2,6...3,2	2,5...3,3	2,5...3,3	1,8...2,2	1,9...3,0	2,4...5
Elastizitätsmodul in kp/cm² · 10⁶		1,2	1,0...1,3	1,0...1,3	0,7...1,1	—	0,9...ca. 2

Lineare Wärmeausdehnung feuerfester Baustoffe. Angegeben ist $\dfrac{l_{x\,°C} - l_{20°\,C}}{l_{20°\,C}} \cdot 100$

246. Glimmer

Muskovit: Kalium-Aluminium-Doppelsilikat.
Phlogopit: Kalium-Magnesium-Aluminium-Eisen-Doppelsilikat.

	Muskovit	Phlogopit
Dichte gcm^{-3}	2,65...3,2	2,75...2,9
Zugfestigkeit kpcm^{-2}	3900	—
Zerreißdehnung %	3500...3900	2000...2800
Druckfestigkeit kpcm^{-2}	1770	1075
Elastizitätsmodul kpcm^{-2}	3,8...10^5	
Scherfestigkeit kpcm^{-2}	2350...2650	1000...1300
Härte (Mohs)	2,8...3,2	2,5...2,7
Wärmeausdehnungszahl grd^{-1}	3,3...8,5 · 10^{-6}	13,5 · 10^{-6}
Spezifische Wärme Jg^{-1}grd^{-1}	8,7...9	8,6
Wärmeleitzahl Wcm^{-1}grd^{-1}	0,00344...0,0059	—
Schmelztemperatur °C	1200...1300	≈1030
Maximale Gebrauchstemperatur °C	400...500	800...900
Spezifischer Widerstand Ω cm 20°	3 · 10^{17}	
100°	1,3 · 10^{15}	<Muskovit
200°	2 · 10^{14}	
700°	1 · 10^9	
Dielektrizitätskonstante ε	6...8	5...6
Dielektrischer Verlustfaktor tg δ		
60...10^6 Hz	1...8 · 10^{-4}	30...900 · 10^{-4}

247. Kunststoffe

Von Dr. H. WILSKI, Frankfurt-Höchst

Im folgenden sind die technisch wichtigsten Kunststoffe und ihre Eigenschaften dargestellt. Wegen der notwendigen Platzbeschränkung wurden dabei nur die Kunststoffe im engeren Sinne, also die handelsüblichen hochmolekularen organischen Werkstoffe, behandelt. Nicht aufgenommen wurden hochmolekulare Lackrohstoffe, Klebstoffe, Elastomere (gummiähnliche Stoffe) und Wachse; viele dieser Produkte sind zwar den Kunststoffen chemisch nahe verwandt, doch haben sie ganz andere Anwendungsgebiete. Ebenso wurde im allgemeinen auf Angaben für spezielle Mischungen und Verarbeitungsformen wie z.B. Fußbodenbelagstoffe, Bauplatten, Profile, Schaumstoffe usw. verzichtet. Ausnahmen von dieser Regel bilden nur die Tabellen für Folien und Fasern.

Wegen der großen Zahl der im Handel angebotenen Typen wurden von jeder Kunststoff-Sorte nur wenige typische Vertreter ausgewählt. Die angegebenen Zahlen sind Mittelwerte, meist nach den Angaben der Merkblätter der Rohstoff-Hersteller. Bereiche wurden immer dann angegeben, wenn die entsprechenden Zahlen stärker von der Art der Verarbeitung (d.h. von der mechanischen und thermischen Vorgeschichte) abhängen oder die Erzeugnisse verschiedener Firmen größere Unterschiede aufweisen.

Ausführliche Angaben finden sich in der ausgezeichneten Zusammenstellung von B. CARLOWITZ: ,,Kunststofftabellen für Typen, Eigenschaften, Halbzeugabmessungen", Fritz Schiffmann-Verlag, Bensberg-Frankenforst 1963.

Liste der Abkürzungen

Entzt. = Entzündungstemperatur °C

F. = Schmelzpunkt °C

Fas. = Faser

Fol. = Folie

o. B. = ohne Bruch

r. F. = relative Feuchtigkeit (der Luft)

Strb. = Strahlenbeständigkeit

T. = Teil(e)

2471. Allgemeine Eigenschaften von Kunststoffen

In die Tabelle wurden — soweit möglich — nur solche Eigenschaften aufgenommen, die unter genormten Bedingungen (DIN) erhalten wurden. Sämtliche Zahlen gelten für Proben, die ausreichend lange im Normalklima, d.h. bei 20° C und 65% relativer Luftfeuchtigkeit, gelagert und unter diesen Bedingungen geprüft wurden (Abweichungen hiervon ergeben sich von selbst bei den thermischen Eigenschaften). Die gebrachten Eigenschaften sind in den angeführten Normblättern ausführlich erläutert; eine zusammenfassende Behandlung der Prüfmethoden findet sich in ,,Kunststoffe" von R. NITSCHE und K. A. WOLF, Band II: „Praktische Kunststoffprüfung" von R. NITSCHE und P. NOWAK, Springer-Verlag, Berlin-Göttingen-Heidelberg 1961.

In den Zeilen 1 bis 3 sind die Kunststoffe beschrieben und — soweit dies sinnvoll war — durch die chemische Formel ihrer *Struktureinheit* charakterisiert. Zur weiteren Kennzeichnung sind die *Dichte* (Zeile 4) angegeben (bei den teilkristallinen Stoffen als Maß für die Kristallinität), die mit dem Dilatometer bestimmte *Einfriertemperatur* (Glastemperatur; Temperatur des Übergangs vom harten, glasartig spröden in den weichen, zähen Zustand) (Zeile 5) und — bei den teilkristallinen Hochpolymeren — der, meist mit dem Polarisationsmikroskop bestimmte *Kristallitschmelzpunkt* (optischer Schmelzpunkt) (Zeile 6).

Mechanische Eigenschaften

Die Eigenschaften (Zeilen 8—12) sind aus dem im Zugversuch nach DIN 53371 und 53445 ermittelten Kraft-Verlängerungsdiagramm entnommen. Der *Elastizitätsmodul* (Zeile 12) wird aus dem (linearen) Anstieg im Anfang des Diagramms berechnet. Eine Streckgrenze (Yield point), d.h. ein relatives Maximum der Spannung tritt nicht bei allen Kunststoffen auf; die diesem entsprechenden Angaben der *Zugfestigkeit* (Zeile 8) und *Dehnung an der Streckgrenze* (Zeile 9) entfallen daher z. B. bei den verhältnismäßig spröden Duroplasten, aber auch bei einigen Thermoplasten. Die Festigkeitsangaben sind stets auf den Anfangsquerschnitt der Proben bezogen, sie gelten außerdem nur für kurzzeitige Beanspruchung. Die entsprechenden Werte für sehr lange (Monate) anhaltende Beanspruchung liegen oft (besonders bei nicht vernetzten Stoffen) erheblich niedriger („Fließen").

Die *Druckfestigkeit* (Zeile 13) wird im Druckversuch DIN 53454 gemessen, man versteht unter ihr die auf den Anfangsquerschnitt der Probe bezogene Höchstkraft bei Druckbeanspruchung unmittelbar vor dem Zusammenbruch des Probengefüges.

Die *Biegefestigkeit* (Zeile 14) wird im „Biegeversuch" DIN 53452 z. B. an Normstäben ermittelt, die auf zwei 100 mm voneinander entfernte Stützen gelegt und in der Mitte belastet werden. Als Biegefestigkeit bezeichnet man die Biegespannung unmittelbar vor dem Bruch der Probe. Weiche und flexible Stoffe brechen bei diesem Versuch überhaupt nicht, für sie läßt sich daher keine Biegefestigkeit angeben. (In solchen Fällen wurde statt dessen die „Grenzbiegespannung" bei einer bestimmten Durchbiegung (in Klammern) angegeben.)

Die *Schlagzähigkeit* (Zeile 15) wird im „Schlagbiegeversuch" nach DIN 53453 bestimmt, indem ein Normstab lose in eine Haltevorrichtung eingesetzt und durch ein Pendel mit einem bestimmten Arbeitsinhalt zerschlagen wird. Die für das Durchschlagen des Stabes verbrauchte Arbeit (bezogen auf den Querschnitt) wird als Schlagzähigkeit bezeichnet. Flexible Proben brechen bei diesem Versuch nicht; sie sind in den Tabellen mit „o. B." = ohne Bruch) gekennzeichnet. Die Zahlenwerte für die Schlagzähigkeit hängen von den Versuchsbedingungen ab; Umrechnungen auf andere Prüfmethoden sind nicht möglich. Bei neueren amerikanischen Kunststoffen, die bisher nur nach ASTM ausgeprüft wurden, mußte daher auf entsprechende Angaben verzichtet werden.

247. Kunststoffe

Die *Kerbschlagzähigkeit* (Zeile 16) wird wie vorher, aber an einem gekerbten Normstab, gemessen. Im übrigen gelten die gleichen Angaben wie vorher.

Die *Kugeldruckhärte* (Zeile 17) wird im „Eindruckversuch zur Prüfung der Härte" nach DIN 53456 (Entwurf) gemessen, indem eine Stahlkugel mit einer bestimmten Kraft in die Oberfläche des Prüfkörpers eingedrückt und die Eindringtiefe abgelesen wird. Die Härtewerte sind bei vielen Kunststoffen wegen des Fließens von der Meßzeit abhängig; der Einfachheit halber wurde in der Tabelle 60 sec als Meßzeit zugrunde gelegt. Umrechnungen auf andere Meßzeiten oder Härteskalen sind im allgemeinen unmöglich.

Thermische Eigenschaften

Die *lineare Wärmedehnzahl* (Wärmeausdehnungskoeffizient, Längenausdehnungskoeffizient) (Zeile 19) wird mit handelsüblichen Dilatometern bestimmt. Die angegebenen Zahlen gelten für die Umgebung von $+20°$ C; es ist zu beachten, daß die Wärmedehnzahl bei den teilkristallinen Hochpolymeren stark von der Temperatur abhängt.

Die *spezifische Wärme* (Zeile 20) wird — soweit es sich um Präzisionsmessungen handelt — mit adiabatischen Kalorimetern bestimmt. Bei den teilkristallinen Stoffen ist auch dieser Wert stark von der Temperatur abhängig.

Die *Wärmeleitfähigkeit* (Zeile 21) wird jetzt meist nach der Zweiplatten-Methode in Anlehnung an DIN 52612 (vgl. auch 52613) gemessen. Eine für Kunststoffe sehr praktische Ausführungsform beschreibt W. KNAPPE, Z. angew. Physik **12**, 508 (1960).

Die *Vicat-Temperatur* (Zeile 22) ist nach VDE 0302 die Temperatur, bei der ein Stahlstift von 1 mm^2 Querschnitt, belastet mit 5 kp, 1 mm tief in einen Normstab eindringt, der mit 50° C/h aufgeheizt wird. Die Vicat-Temperatur ist eine Art „Erweichungstemperatur".

Die *Formbeständigkeit in der Wärme nach Martens* (Zeile 23) wird nach DIN 53458 mit dem Gerät DIN 53462 gemessen. Bei dieser Prüfung wird ein senkrecht stehender, unten eingespannter Normstab durch einen am oberen Ende befestigten Hebel mit einer Biegespannung von 50 kp/cm^2 belastet und mit 50° C/h erhitzt. Angegeben wird die Temperatur, bei der das Ende des 240 mm langen Hebels um 6 mm abgesunken ist.

Die *höchstzulässige Dauergebrauchstemperatur ohne mechanische Belastung* (Zeile 24) ist ein praxisnaher Wert, der sich nicht sehr genau festlegen läßt. Er wird von der Festigkeit bei höherer Temperatur und von der Alterungsbeständigkeit (chemischer Abbau) beeinflußt. Die höchstzulässigen Gebrauchstemperaturen bei *kurz*zeitiger Beanspruchung können erheblich höher liegen als die Zahlen der Zeile 24.

Zur Prüfung auf *Brennbarkeit* (Zeile 25) werden waagerecht eingespannte Probestreifen 30 sec mit der Flamme eines Bunsenbrenners berührt (vgl. z. B. VDE 0302). Nach dieser Prüfung können Proben „brennbar", „unbrennbar" oder „selbstverlöschend" sein. Die „selbstverlöschenden" Stoffe brennen nach Entfernen der Flamme nicht weiter. Die Angabe „schwer entflammbar" ist der Norm DIN 4102 entnommen und bezeichnet ein ähnliches Verhalten; die Zündung erfolgt jedoch in diesem Fall mit einem Holzwolle-Feuer. Bei einigen Kunststoffen wurden Entzündungstemperaturen angegeben. Die Zahlenwerte hängen vom Prüfverfahren ab und können nur als Anhaltspunkte dienen. Auf Angaben der Glutfestigkeit, die eine feinere Differenzierung innerhalb der selbstverlöschenden Stoffe ermöglicht, wurde verzichtet.

Elektrische Eigenschaften

Die elektrischen Eigenschaften von Kunststoffen hängen stark vom Wassergehalt (und damit von der relativen Luftfeuchtigkeit) ab. Dies macht sich besonders bei Stoffen mit größerem Wasseraufnahmevermögen bemerkbar. Abweichungen von den Norm-Meßbedingungen (20° C, 65% r. F.) sind in Fußnoten vermerkt.

Relative Dielektrizitätskonstante (Zeile 27) und *dielektrischer Verlustfaktor* tan δ (Zeile 28) werden nach DIN 53483 gemessen. Beide Größen hängen von der Meßfrequenz ab. Im allgemeinen wurden Angaben für 1 MHz gemacht, abweichende Frequenzen sind in Klammern hinter dem betreffenden Wert angegeben.

Der *spezifische Durchgangswiderstand* (Zeile 29) ist der Widerstand eines Kubikzentimeterwürfels; er wird nach DIN 53482 mit Schutzringelektroden und Gleichspannungen für Feldstärken bis zu 1000 V/cm gemessen, nachdem auf den Kunststoff elektrisch leitende Haftschichten (z. B. Leitsilber) aufgebracht wurden. Als Probeform werden Platten oder Rohre empfohlen

Zur Prüfung der *Durchschlagfestigkeit* (Zeile 30) wird nach DIN 53481 eine Probeplatte zwischen zwei Elektroden mit sinusförmiger, mit etwa 1 kV/sec steigender Wechselspannung von 50 Hz belastet bis Durchschlag eintritt. Die Durchschlagspannung, dividiert durch die Probendicke, wird als Durchschlagfestigkeit bezeichnet. Da diese von der Probendicke nicht unabhängig ist, muß die Dicke stets mit angegeben werden.

Sonstige Eigenschaften

Die qualitativen Angaben der *Lichtdurchlässigkeit* (Zeile 32) gelten für dünne (einige mm) Platten mit den Grenzfällen „undurchsichtig" und „glasklar".

Die *Brechungszahl* (Brechungsindex,) (Zeile 33) wird nach DIN 53491 mit dem Refraktometer gemessen; die angegebenen Zahlen gelten für die Na-D-Linie.

Die *Wasseraufnahme* (Zeile 34) nach DIN 53472 wird durch viertägige Lagerung der getrockneten Proben $50 \times 50 \times 4$ mm³ in Wasser bestimmt und in Milligramm angegeben. Die so bestimmte Maßzahl ist ein praxisnaher Wert, Umrechnungen auf 1 cm² Oberfläche, auf Prozent oder andere Prüfmethoden sind nicht sinnvoll. Die Zeiten bis zum Erreichen der Sättigungswerte hängen von der Probenform ab, sie sind im allgemeinen sehr groß. Bei Phenoplasten der angegebenen Abmessungen betragen sie z.B. mehr als 20 Wochen.

Als *Beständigkeit gegen energiereiche Strahlen* (Gamma-Strahlen, Elektronen usw.) (Zeile 35) wird die Dosis (Mrad) angegeben, die ausreicht, um den Kunststoff so weit zu schädigen, daß mindestens eine wichtige mechanische Eigenschaft (z.B. Zugfestigkeit, Schlagzähigkeit) auf die Hälfte

247. Kunststoffe

ihres Ausgangswertes verkleinert wird. Bei Ausschluß von Sauerstoff (dicke Teile, kurze Bestrahlungszeiten) ist die Halbwertsdosis häufig relativ groß, bei gleichzeitiger Sauerstoff-Einwirkung (dünne Teile, lange Zeiten) in vielen Fällen wesentlich kleiner. Die Kunststoffe lassen sich — soweit überhaupt Angaben vorliegen — in 5 Güteklassen einteilen (vgl. H. WILSKI, Kunstst. **53**, 862 (1963) und Atomwirtsch. **2**, 70 (1965), sowie B. CARLOWITZ, loc. cit. S. 241):

Halbwertsdosis (Mrad)	Bei Sauerstoffausschluß	Bei Sauerstoffeinwirkung
< 1	I	A
1 — 10	II	B
10 — 100	III	C
100 — 1000	IV	D
> 1000	V	E

Strukturbeispiele für hochvernetzte Duroplaste

Harnstoff-Harz

Melaminharz

2. Zusammenfassende Tabellen

	Duroplaste	
1 Kunststoff	Phenoplast-preßmasse füllstofffrei	Phenoplast-preßmasse Typ 15 mit langfaserigem Asbest
2 Struktureinheit	$-\langle\!\!\!\bigcirc\!\!\!\rangle\!\!-CH_2-$ mit OH	—
3 Bemerkungen	vernetzt	vernetzt
4 Dichte [g/cm³]	1,26...1,27	1,7...1,9
5 Einfriertemperatur [°C]	—	—
6 Kristallitschmelzpunkt [°C]	—	—
7 Mechanische Eigenschaften		
8 Zugfestigkeit an der Streckgrenze [kp/cm²]	—	—
9 Dehnung an der Streckgrenze [%]	—	—
10 Reißfestigkeit [kp/cm²]	550	>200
11 Reißdehnung [%]	0,5...1,5	0,2...0,5
12 Elastizitätsmodul (Zug) · 10^{-3} [kp/cm²]	60...90	130...170
13 Druckfestigkeit [kp/cm²]	3000	>1000
14 Biegefestigkeit [kp/cm²]	750...900	>500
15 Schlagzähigkeit [kpcm/cm²]	5...10	>5
16 Kerbschlagzähigkeit [kpcm/cm²]	1,5	>5
17 Kugeldruckhärte, 60 sec-Wert [kp/cm²]	1900	>1500
18 Thermische Eigenschaften		
19 Lineare Wärmedehnzahl · 10^5 [grd^{-1}]	5...8	1,5...3
20 Spezifische Wärme [kJ/kggrd]	1,3	1,1
21 Wärmeleitfähigkeit [kJ/mhgrd]	0,71	2,5
22 Vicat-Temperatur [°C]	—	—
23 Formbeständigkeit nach MARTENS [°C]	155	>150
24 Dauergebrauchstemperatur [°C]	125	150
25 Brennbarkeit	selbstverlöschend	selbstverlöschend
26 Elektrische Eigenschaften		
27 Rel. Dielektrizitätskonstante bei 1 MHz	5,0 (800 Hz)	15...25 (800 Hz)
28 Dielektrischer Verlustfaktor bei 1 MHz	0,05 (800 Hz)	0,5 (800 Hz)
29 Spezifischer Durchgangswiderstand [Ωcm]	>10^{12}	10^8
30 Durchschlagfestigkeit, 1 mm-Platte [kV/mm]	8...15	3...5
31 Sonstige Eigenschaften		
32 Lichtdurchlässigkeit	transparent	undurchsichtig
33 Brechungszahl (Na-D-Linie)	1,55...1,65	—
34 Wasseraufnahme [mg]	30	<130
35 Beständigkeit gegen energiereiche Strahlen	IV	V

247. Kunststoffe

	Duroplaste			
1	Phenoplast-preßmasse Typ 31 mit Holzmehl	Harnstoffharz-preßmasse Typ 131 mit kurzfaserigem Zellstoff	Melaminharz-preßmasse Typ 150 mit Holzmehl	Melaminharz-preßmasse Typ 155 mit Gesteinsmehl
2	—	s. Strukturbilder S. 1–769	s. Strukturbilder S. 1–769	s. Strukturbilder S. 1–769
3	vernetzt	vernetzt	vernetzt	vernetzt
4	1,3…1,4	1,5	1,5	2,0
5	—	—	—	—
6	—	—	—	—
8	—	—	—	—
9	—	—	—	—
10	>250	>300	>300	>300
11	0,4…0,8	—	0,5…1	—
12	70…100	—	80…110	—
13	>2000	>2000	>1700	>1400
14	>700	>800	>700	>400
15	>6	>6,5	>6	>2,5
16	>1,5	>1,5	>1,5	>1
17	>1300	>1400	>1500	—
19	3…5	4…5	4…6	—
20	1,3	1,5	1,4	—
21	1,1	1,3	1,4	2,3
22	—	—	—	—
23	>125	>100	>120	>130
24	100	—	100	—
25	selbstverlöschend	selbstverlöschend	selbstverlöschend	selbstverlöschend
27	6…9 (800 Hz)	6…9 (800 Hz)	6…12 (800 Hz)	5…10 (800 Hz)
28	0,3 (800 Hz)	0,3 (800 Hz)	0,3 (800 Hz)	0,3 (800 Hz)
29	10^{10}	10^{11}	10^{10}	10^{9}
30	5…10	8…15	5…14	5…15
32	undurchsichtig	Harz: durchsichtig	Harz: durchsichtig	undurchsichtig
33	—	—	—	—
34	<180	<300	<250	<200
35	III	III	IV	IV

49*

2. Zusammenfassende Tabellen

	Duroplaste	
1 Kunststoff	Polyester-preßmasse (Alkydharz) mit 30...35% Glasfaser und 30% anderen anorganischen Füllstoffen	Epoxidharz-preßmasse (Äthoxylinharz) mit Glasfasern
2 Struktureinheit	—	—
3 Bemerkungen	vernetzt	vernetzt
4 Dichte [g/cm³]	1,7...1,8	1,9
5 Einfriertemperatur [°C]	—	—
6 Kristallitschmelzpunkt [°C]	—	—
7 Mechanische Eigenschaften		
8 Zugfestigkeit an der Streckgrenze [kp/cm²]	—	—
9 Dehnung an der Streckgrenze [%]	—	—
10 Reißfestigkeit [kp/cm²]	300...600	300...400
11 Reißdehnung [%]	1,5...2,5	1...2
12 Elastizitätsmodul (Zug) · 10^{-3} [kp/cm²]	—	—
13 Druckfestigkeit [kp/cm²]	1500...2000	700...1500
14 Biegefestigkeit [kp/cm²]	600...1000	1200
15 Schlagzähigkeit [kpcm/cm²]	25...50	20
16 Kerbschlagzähigkeit [kpcm/cm²]	25...50	20
17 Kugeldruckhärte, 60 sec-Wert [kp/cm²]	2000	4000
18 Thermische Eigenschaften		
19 Lineare Wärmedehnzahl · 10^6 [grd⁻¹]	—	—
20 Spezifische Wärme [kJ/kggrd]	—	—
21 Wärmeleitfähigkeit [kJ/mhgrd]	—	—
22 Vicat-Temperatur [°C]	—	—
23 Formbeständigkeit nach MARTENS [°C]	125...145	135...140
24 Dauergebrauchstemperatur [°C]	—	—
25 Brennbarkeit	selbstverlöschend	selbstverlöschend
26 Elektrische Eigenschaften		
27 Rel. Dielektrizitätskonstante bei 1 MHz	3...4 (800 Hz)	5...6 (800 Hz)
28 Dielektrischer Verlustfaktor bei 1 MHz	0,03 (800 Hz)	0,01 (800 Hz)
29 Spezifischer Durchgangswiderstand [Ωcm]	$>10^{12}$	10^{15}
30 Durchschlagfestigkeit, 1 mm-Platte [kV/mm]	10...15	5...10
31 Sonstige Eigenschaften		
32 Lichtdurchlässigkeit	—	—
33 Brechungszahl (Na-D-Linie)	—	—
34 Wasseraufnahme [mg]	50...100	50
35 Beständigkeit gegen energiereiche Strahlen	—	—

247. Kunststoffe

	Duroplaste		Thermoplaste	
1	Polyesterharz ungesättigt normale Type Gießharz	Epoxidharz mittelviskos Gießharz (Äthoxylinharz) (100 T. Harz + 90 T. Härter)	Polyäthylen niedrige Dichte (Hochdruckpolyäthylen)	Polyäthylen mittlere Dichte (vorwiegend Hochdruckpolyäthylen)
2	—	—	$-CH_2-CH_2-$ stärker verzweigt	$-CH_2-CH_2-$ weniger verzweigt
3	vernetzt	vernetzt		
4	1,18...1,26	1,22	0,915...0,925	0,925...0,940
5	—	—	-21	
6	—	—	108...115	115...125
8	—	—	80...120	120...200
9	—	—	20	10...20
10	500...850	800	100...200	150...300
11	2...6	—	300...1000	300...1000
12	32...38	36	2...5	5...8
13	1200...1800	1600	—	—
14	900...1500	1200	—	(>250)
15	5...15	15	o. B.	o. B.
16	1,5	—	o. B.	o. B.
17	1300...2000		100...170	170...300
19	10...15	6	23	20
20	1,3...1,7	—	2,1...2,2	2,0...2,1
21	0,54...0,71	54	1,2...1,3	1,3...1,4
22	70...180[1]	—	—	—
23	55...90[1]	120	40	—
24	—	80	80	90
25	brennt langsam	brennbar	Entzt. 350° C, brennt wachsähnlich	
27	3,0...3,5[2]	3,3 (50 Hz)	2,28	2,29
28	0,01...0,03[2]	0,004 (50 Hz)	$<3 \cdot 10^{-4}$	$<3 \cdot 10^{-4}$
29	$10^{15}...10^{16}$ [2]	$>10^{16}$	10^{18}	10^{18}
30	30...40[2]	38	40	40
32	fast glasklar	—	je nach Dicke: durchsichtig bis opak	
33	1,55...1,57	—	1,51	1,51...1,52
34	30...45	—	0	0
35	—	—	IV, B	IV, B

[1] Je nach Type. [2] Absolut trocken.

1-774 2. Zusammenfassende Tabellen

	Thermoplaste	
1 Kunststoff	Polyäthylen hohe Dichte (Niederdruckpolyäthylen)	Polypropylen
2 Struktureinheit	$-CH_2-CH_2-$	$-CH_2-CH-$ $\quad\quad\quad\;\;\|$ $\quad\quad\quad CH_3$
3 Bemerkungen	fast unverzweigt	isotaktisch
4 Dichte [g/cm³]	0,940...0,965	0,905...0,907
5 Einfriertemperatur [°C]		−10...−20
6 Kristallitschmelzpunkt [°C]	125...135	160...170
7 **Mechanische Eigenschaften**		
8 Zugfestigkeit an der Streckgrenze [kp/cm²]	200...330	300...330
9 Dehnung an der Streckgrenze [%]	8...10	12...16
10 Reißfestigkeit [kp/cm²]	180...320	320...350
11 Reißdehnung [%]	200...1000	>650
12 Elastizitätsmodul (Zug) · 10⁻³ [kp/cm²]	8...14	11...14
13 Druckfestigkeit [kp/cm²]	−	1100
14 Biegefestigkeit [kp/cm²]	(250...420)	(450)
15 Schlagzähigkeit [kpcm/cm²]	o. B.	o. B.
16 Kerbschlagzähigkeit [kpcm/cm²]	5...20	3...12
17 Kugeldruckhärte, 60 sec-Wert [kp/cm²]	300...580	580...750
18 **Thermische Eigenschaften**		
19 Lineare Wärmedehnzahl · 10⁵ [grd⁻¹]	15...20	16...18
20 Spezifische Wärme [kJ/kggrd]	1,8...2,0	1,7
21 Wärmeleitfähigkeit [kJ/mhgrd]	1,4...1,8	0,79
22 Vicat-Temperatur [°C]	60...70	85...90
23 Formbeständigkeit nach MARTENS [°C]	−	−
24 Dauergebrauchstemperatur [°C]	95	100
25 Brennbarkeit	Entzt. 350° C, brennt wachsähnlich	
26 **Elektrische Eigenschaften**		
27 Rel. Dielektrizitätskonstante bei 1 MHz	2,31...2,38	2,25
28 Dielektrischer Verlustfaktor bei 1 MHz	<5·10⁻⁴	<6·10⁻⁴
29 Spezifischer Durchgangswiderstand [Ωcm]	10¹⁸	10¹⁸
30 Durchschlagfestigkeit, 1 mm-Platte [kV/mm]	40	40
31 **Sonstige Eigenschaften**		
32 Lichtdurchlässigkeit	je nach Dicke: durchsichtig bis opak	
33 Brechungszahl (Na-D-Linie)	1,52...1,53	1,50
34 Wasseraufnahme [mg]	0	0
35 Beständigkeit gegen energiereiche Strahlen	IV, B	III, A

247. Kunststoffe

	Thermoplaste			
1	Polystyrol Standard-Typen	Polystyrol hochschlagfest	Polystyrol Copolymerisat	Polyvinyl-carbazol
2	$-CH_2-CH-$ mit Phenylrest	modifiziert mit butadienhaltigem Elastomeren	Copolymerisat mit Acrylnitril	$-CH_2-CH-$ mit Carbazolyl
3	ataktisch	—	—	—
4	1,05	1,05...1,06	1,08	1,19
5	90...100	—	—	180...190
6	—	—	—	—
8	—	—	—	—
9	—	—	—	—
10	300...600	300...500	750	—
11	3...4	20...30	5...6	<1
12	33	—	—	—
13	—	—	—	—
14	900...1000	600...750	1250	700...1000
15	16...20	55...85	30...32	5...15
16	2...3	8...15	3	—
17	1100...1500	700...900	1200...1600	1000
19	6...8	8...10	6...8	5...6
20	1,3	0,59	—	1,3
21	0,59...0,63	0,59...0,63	0,59	0,54
22	80...92	80...90	100	200
23	63...70	67...71	75...77	150...170
24	63...70	65...70	80...85	150
25	Entzündungstemperatur 300...400° C, brennbar			brennbar
27	2,5	2,6...2,9	2,9	3,0...3,1
28	$3 \cdot 10^{-4}$	$(2...10) \cdot 10^{-3}$	$8 \cdot 10^{-3}$	$(4...10) \cdot 10^{-4}$
29	10^{16}	$10^{14}...10^{16}$	10^{16}	$10^{16}...10^{17}$
30	>50	>30	>30	50
32	glasklar	milchig trüb	durchsichtig	transparent/opak[1]
33	1,59	—	1,57	1,696
34	2...5	10...20	9...11	0...0,2[1]
35	V	—	V	V

[1] Je nach Verarbeitungsart.

1-776 2. Zusammenfassende Tabellen

	Thermoplaste	
1 Kunststoff	Polymethyl- methacrylat (Acrylglas)	Polymethyl- methacrylat (Acrylglas)
2 Struktureinheit	$\begin{array}{c} CH_3 \\ \| \\ -CH_2-C- \\ \| \\ COOCH_3 \end{array}$	
3 Bemerkungen	nieder- molekular	hochmolekular nur als
4 Dichte [g/cm^3]	1,18	1,18
5 Einfriertemperatur [°C]	105	106...112
6 Kristallitschmelzpunkt [°C]	—	—
7 **Mechanische Eigenschaften**		
8 Zugfestigkeit an der Streckgrenze [kp/cm^2]	—	—
9 Dehnung an der Streckgrenze [%]	—	—
10 Reißfestigkeit [kp/cm^2]	700	800
11 Reißdehnung [%]	3	4
12 Elastizitätsmodul (Zug) · 10^{-3} [kp/cm^2]	32	32
13 Druckfestigkeit [kp/cm^2]	1300	1400
14 Biegefestigkeit [kp/cm^2]	1450	1450
15 Schlagzähigkeit [kpcm/cm^2]	12	12
16 Kerbschlagzähigkeit [kpcm/cm^2]	2	2
17 Kugeldruckhärte, 60 sec-Wert [kp/cm^2]	1700	1900
18 **Thermische Eigenschaften**		
19 Lineare Wärmedehnzahl · 10^5 [grd^{-1}]	7...8	7...8
20 Spezifische Wärme [kJ/kggrd]	1,2...1,4	1,2...1,4
21 Wärmeleitfähigkeit [kJ/mhgrd]	0,67	0,67
22 Vicat-Temperatur [°C]	110	115...120
23 Formbeständigkeit nach MARTENS [°C]	95	100...105
24 Dauergebrauchstemperatur [°C]	75	100
25 Brennbarkeit	brennbar	brennbar
26 **Elektrische Eigenschaften**		
27 Rel. Dielektrizitätskonstante bei 1 MHz	3,7 (50 Hz)	3,6 (50 Hz)
28 Dielektrischer Verlustfaktor bei 1 MHz	0,06 (50 Hz)	0,06 (50 Hz)
29 Spezifischer Durchgangswiderstand [Ωcm]	>10^{15}	>10^{15}
30 Durchschlagfestigkeit, 1 mm-Platte [kV/mm]	40 (3 mm)	40 (3 mm)
31 **Sonstige Eigenschaften**		
32 Lichtdurchlässigkeit	glasklar	glasklar
33 Brechungszahl (Na-D-Linie)	1,492	1,492
34 Wasseraufnahme [mg]	40...50	40...50
35 Beständigkeit gegen energiereiche Strahlen	III	III

[1] Der höhere Wert gilt für Acetalcopolymerisat. [2] Sättigungswert bei einer relativen Luft-

247. Kunststoffe

		Thermoplaste		
1	Polymethyl-methacrylat (Acrylglas)	Polyoxymethylen (Polyformaldehyd) (Polyacetal)	Polycarbonat	Polyäthylen-terephthalat
2	Copolymerisat mit Acrylnitril	$-CH_2-O-$	CH_3-C-CH_3 (with phenyl rings, $C=O$, O)	O / $C=O$ / (phenyl) / $C=O$ / O / $(CH_2)_2$
3	— Halbzeug lieferbar	—		Zusatz von Kristallisations-hilfsmitteln
4	1,17	1,41...1,42	1,20	1,37...1,38
5	—	−30...−75	140...141	69
6	—	165...175	222...230	250...255
8	—	(700)	620...670	800
9	—	(10)	12...60	6
10	900	630...700	500...550	500
11	60	25...40	80	5−20
12	48	30...35	22...25	28
13	1400	—	790...840	1300
14	1700	(1000−1200)	1100...1200	(1170)
15	45	o. B.	o. B.	o. B.
16	4	10...12	15...25	4,4
17	2100	1300...1400	870...1000	1200
19	7...8	8...13	6...7	7
20	1,2...1,4	1,4	1,2	1,1
21	0,84	1,1...1,3	0,71	0,96
22	100	154	165	—
23	80	—	115...127	—
24	75	85...100[1]	135...140	130
25	brennbar	brennbar	Entzt. $>500°$ C	brennbar
27	4,8 (50 Hz)	4,1	2,7	3,37
28	0,06 (50 Hz)	0,01	0,01	0,02
29	$>10^{15}$	10^{15}	10^{16}	$3\cdot 10^{16}$
30	70 (3 mm)	70 (0,2 mm)	27	16
32	glasklar leicht gelblich	opak	fast glasklar	undurchsichtig
33	1,508	1,48	1,587	—
34	35...45	20	10	0,4 %[2]
35	—	II, B	III	IV, C

feuchtigkeit von 65 %.

1-778 2. Zusammenfassende Tabellen

	Thermoplaste	
1 Kunststoff	Polyphenylenoxid	Chlorierte Polyäther
2 Struktureinheit	$CH_3-\underset{\underset{|}{O}}{\bigcirc}-CH_3$	$ClCH_2-\underset{\underset{\underset{|}{O}}{CH_2}}{\overset{\overset{CH_2}{|}}{C}}-CH_2Cl$
3 Bemerkungen	—	—
4 Dichte [g/cm³]	1,06	1,40
5 Einfriertemperatur [°C]	206	−8...+10
6 Kristallitschmelzpunkt [°C]	—	(180...183)
7 Mechanische Eigenschaften		
8 Zugfestigkeit an der Streckgrenze [kp/cm²]	750	—
9 Dehnung an der Streckgrenze [%]	9	—
10 Reißfestigkeit [kp/cm²]	700	420
11 Reißdehnung [%]	80	60...160
12 Elastizitätsmodul (Zug) · 10^{-3} [kp/cm²]	26	11
13 Druckfestigkeit [kp/cm²]	—	—
14 Biegefestigkeit [kp/cm²]	1000	—
15 Schlagzähigkeit [kpcm/cm²]	—	—
16 Kerbschlagzähigkeit [kpcm/cm²]	10	—
17 Kugeldruckhärte, 60 sec-Wert [kp/cm²]	1100	—
18 Thermische Eigenschaften		
19 Lineare Wärmedehnzahl · 10^5 [grd^{-1}]	5	8...10
20 Spezifische Wärme [kJ/kggrd]	—	1,15
21 Wärmeleitfähigkeit [kJ/mhgrd]	0,67	0,66
22 Vicat-Temperatur [°C]	—	—
23 Formbeständigkeit nach MARTENS [°C]	170	—
24 Dauergebrauchstemperatur [°C]	190	—
25 Brennbarkeit	selbstverlöschend	selbstverlöschend
26 Elektrische Eigenschaften		
27 Rel. Dielektrizitätskonstante bei 1 MHz	2,58	2,9
28 Dielektrischer Verlustfaktor bei 1 MHz	$9 \cdot 10^{-4}$	0,01
29 Spezifischer Durchgangswiderstand [Ωcm]	10^{17}	10^{15}
30 Durchschlagfestigkeit, 1 mm-Platte [kV/mm]	20 (3mm)	28
31 Sonstige Eigenschaften		
32 Lichtdurchlässigkeit	opak, beige	opak, strohgelb
33 Brechungszahl (Na-D-Linie)	—	—
34 Wasseraufnahme [mg]	5	<0,01 %
35 Beständigkeit gegen energiereiche Strahlen	—	—

247. Kunststoffe

	Thermoplaste			
1	Polyvinylchlorid normal (hart)	Polyvinylchlorid hochschlagfest	Polyvinylchlorid mit Weichmacher	Polyvinylchlorid-acetat
2	$-CH_2-CH-$ $\vert$ Cl	modifiziert mit chloriertem Polyäthylen	60 T. PVC + 40 T. Dioctylphthalat	Copolymerisat mit 13% Vinylacetat
3	—	—	—	—
4	1,38...1,40	1,35	1,19	1,30...1,35
5	70...87	85	−30...−35	59...65
6	—	—	—	—
8	500...600	—	—	—
9	15	—	—	—
10	400...420	230...400	140...180	500...600
11	20...100	50...100	370...400	20...50
12	20...30	10...20	(0,05)	24...26
13	—	570	—	700...800
14	(750...1100)	(200...500)	—	—
15	o. B.	o. B.	o. B.	o. B.
16	2...5	50...o. B.	—	2...3
17	1000...1200	300...500	(50)	1000
19	7...8	8...10	20	7
20	0,92...1,04	1,2	1,5	1,0
21	0,59	0,59	0,54	0,59
22	75...85	55...75	—	65...75
23	65...70	40	—	65
24	60	60	—	50
25	schwer entflammbar	schwer entflammbar	brennbar	schwer entflammbar
27	3,1...4,3 (50 Hz)	3,8 (50 Hz)	7,5...8,0 (50 Hz)	3,5 (800 Hz)
28	0,015 (50 Hz)	0,02 (50 Hz)	0,08 (50 Hz)	0,01 (800 Hz)
29	$10^{15}...10^{16}$	10^{16}	10^{13}	$>10^{15}$
30	40	50 (0,2 mm)	25	—
32	opak-glasklar	opak	glasklar	glasklar
33	1,52...1,55	—	—	—
34	2...20	10...12	20	3...5
35	IV, C	IV, C	IV, C	V, C

2. Zusammenfassende Tabellen

	Thermoplaste	
1 Kunststoff	Polyvinyliden-fluorid	Polytrifluor-chloräthylen
2 Struktureinheit	$-CF_2-CH_2-$	$-CF_2-CF-$ $\|$ Cl
3 Bemerkungen	—	—
4 Dichte [g/cm³]	1,74…1,78	2,1
5 Einfriertemperatur [°C]	−35…−45	45…52
6 Kristallitschmelzpunkt [°C]	171	216
7 Mechanische Eigenschaften		
8 Zugfestigkeit an der Streckgrenze [kp/cm²]	380	280…310
9 Dehnung an der Streckgrenze [%]	—	12…16
10 Reißfestigkeit [kp/cm²]	490	320…350
11 Reißdehnung [%]	20…400	185
12 Elastizitätsmodul (Zug) · 10^{-3} [kp/cm²]	17	9…10
13 Druckfestigkeit [kp/cm²]	700	—
14 Biegefestigkeit [kp/cm²]	—	(550)
15 Schlagzähigkeit [kpcm/cm²]	—	o. B.
16 Kerbschlagzähigkeit [kpcm/cm²]	—	8…9
17 Kugeldruckhärte, 60 sec-Wert [kp/cm²]	—	670
18 Thermische Eigenschaften		
19 Lineare Wärmedehnzahl · 10^5 [grd⁻¹]	15	9
20 Spezifische Wärme [kJ/kggrd]	—	0,92
21 Wärmeleitfähigkeit [kJ/mhgrd]	0,67…0,88	0,42…0,84
22 Vicat-Temperatur [°C]	—	76…89
23 Formbeständigkeit nach Martens [°C]	—	56…64
24 Dauergebrauchstemperatur [°C]	—	150
25 Brennbarkeit	selbstverlöschend	unbrennbar
26 Elektrische Eigenschaften		
27 Rel. Dielektrizitätskonstante bei 1 MHz	—	2,35…2,45
28 Dielektrischer Verlustfaktor bei 1 MHz	—	(5…9) · 10^{-3}
29 Spezifischer Durchgangswiderstand [Ωcm]	—	10^{18}
30 Durchschlagfestigkeit, 1 mm-Platte [kV/mm]	—	100 (0,1 mm)
31 Sonstige Eigenschaften		
32 Lichtdurchlässigkeit	transparent	transp./opak
33 Brechungszahl (Na-D-Linie)	1,42	1,42
34 Wasseraufnahme [mg]	fast 0	0
35 Beständigkeit gegen energiereiche Strahlen	IV	III

[1] Absolut trocken. Bei geringem Wassergehalt liegt die Einfriertemperatur 20…40° C niedriger
[2] 32…100° C. Zwischen 10 und 22° C Volumensprung von 0,8…1%, zwischen 30 und 32° C
[3] Absolut trocken. [4] Sättigungswerte bei einer relativen Luftfeuchtigkeit von 65%.

	Thermoplaste			
1	Polytetrafluor-äthylen	Polyurethan mittlere Type	6-Polyamid (Perlon)	6,6-Polyamid (Nylon)
2	$-CF_2-CF_2-$	$-NH(CH_2)_6NH$ $-CO(CH_2)_4OC$ $\parallel \quad\quad \parallel$ $O \quad\quad O$	$-NH(CH_2)_5C-$ $\parallel$ O	$-NH(CH_2)_6NH$ $-C(CH_2)_4C$ $\parallel \quad\quad \parallel$ $O \quad\quad O$
3	extrem hochmolekular; nur durch Pressen (Sintern) zu verarb.	—	—	—
4	2,1…2,3	1,21	1,12…1,14	1,12…1,15
5	−113 und 127	30[1]	50…75[1]	57[1]
6	327	170…175	217…221	250…255
8	140…160	460	300…700	570
9	—	25	10…40	—
10	200…350	—	—	—
11	200…500	—	150…250	70…170
12	4…5	—	15…22	24
13	—	450	440…900	—
14	(200)	(450)	(270…400)	(500)
15	o. B.	—	o.B.	o.B.
16	13…15	8	20…o. B.	20…40
17	300	550	400…1100	900
19	12…14[2]	19	6…12	7…10
20	1,0	1,7…2,1	1,7…2,1	1,7…2,1
21	0,84…1,7	1,3	0,97…1,1	0,84…1,1
22	110	160	210…220	250
23	—	—	50	—
24	260	80	80…100	80…100
25	unbrennbar	selbstverlöschend	selbstverlöschend	selbstverlöschend
27	2,0	3,6	3,6…4,1[3]	3,5[3]
28	$<5 \cdot 10^{-4}$	0,05	0,03…0,09[3]	0,02[3]
29	10^{18}	$10^{13}…10^{14}$	$10^{13}…10^{14}$ [3]	10^{15} [3]
30	50 (0,1 mm)	37	31…34[3]	40[3]
32	undurchsichtig	opak	opak-glasklar	opak-transparent
33	1,35	—	1,53	1,53
34	0	85	3,5…4,2 %[4]	3,4…3,8 %[4]
35	II, A	—	III, B	III, B

(Wasser als Weichmacher).
Sprung von 0,1…0,2% (Kristallstrukturumwandlungen).

	Thermoplaste	
1 Kunststoff	6,10-Polyamid	Celluloseacetat (Acetylcellulose) Typ 432
2 Struktureinheit	$-NH(CH_2)_6NH$ $-C(CH_2)_8C$ $\parallel\quad\quad\parallel$ $O\quad\quad O$	—
3 Bemerkungen	—	—
4 Dichte [g/cm³]	1,06…1,09	1,29…1,32
5 Einfriertemperatur [°C]	45…50 [1]	(50…69)
6 Kristallschmelzpunkt [°C]	210…215	240…260
7 Mechanische Eigenschaften		
8 Zugfestigkeit an der Streckgrenze [kp/cm²]	500…550	420
9 Dehnung an der Streckgrenze [%]	—	6
10 Reißfestigkeit [kp/cm²]	—	—
11 Reißdehnung [%]	60…100	—
12 Elastizitätsmodul (Zug) · 10^{-3} [kp/cm²]	17	22
13 Druckfestigkeit [kp/cm²]	—	400
14 Biegefestigkeit [kp/cm²]	(350)	(450)
15 Schlagzähigkeit [kpcm/cm²]	o. B.	65
16 Kerbschlagzähigkeit [kpcm/cm²]	o. B.	18
17 Kugeldruckhärte, 60 sec-Wert [kp/cm²]	700	365
18 Thermische Eigenschaften		
19 Lineare Wärmedehnzahl ·10^5 [grd⁻¹]	7…10	8…9
20 Spezifische Wärme [kJ/kggrd]	1,7…2,1	1,3…1,7
21 Wärmeleitfähigkeit [kJ/mhgrd]	0,84…1,1	0,92
22 Vicat-Temperatur [°C]	205…215	60
23 Formbeständigkeit nach MARTENS [°C]	—	50
24 Dauergebrauchstemperatur [°C]	80…100	75
25 Brennbarkeit	selbstverlöschend	brennbar
26 Elektrische Eigenschaften		
27 Rel. Dielektrizitätskonstante bei 1 MHz	3,3 [3]	4,6
28 Dielektrischer Verlustfaktor bei 1 MHz	0,03 [3]	0,06 [3]
29 Spezifischer Durchgangswiderstand [Ωcm]	10^{14} [3]	10^{13} [3]
30 Durchschlagfestigkeit, 1 mm-Platte [kV/mm]	50 [3]	32 [3]
31 Sonstige Eigenschaften		
32 Lichtdurchlässigkeit	opak-transp.	transparent
33 Brechungszahl (Na-D-Linie)	1,53	1,45…1,46
34 Wasseraufnahme [mg]	1,8…2,0 % [4]	130
35 Beständigkeit gegen energiereiche Strahlen	III, B	III

[1] Absolut trocken. Bei geringem Wassergehalt liegt die Einfriertemperatur 20…40° niedriger
[2] Längs/quer.   [3] Absolut trocken   [4] Sättigungswerte bei einer relativen Luftfeuchtigkeit

247. Kunststoffe

		Thermoplaste		
1	Cellulose-acetobutyrat Typ 412	Cellulose-äthyläther (Äthylcellulose)	Celluloid (Zellhorn)	Vulkanfiber (Elektro-) Typ 3120
2	—	—	70...75 T. Cellulosedinitrat +30...25 T. Kampfer	Cellulosehydrat
3	—	—	nur als Halbzeug lieferbar	
4	1,19	1,12...1,15	1,35...1,40	1,3
5	50	45...65	55...65	—
6	—	170...180	—	—
8	330	—	—	—
9	6	—	—	—
10	—	350	600...700	1000/600[2]
11	—	—	30...50	10/15[2]
12	16	—	14...18	—
13	360	—	400...800	2500
14	(500)	(600)	(600...800)	1200/1000[2]
15	o. B.	50	100...200	120
16	18	20	20...30	—
17	500	450	650...700	800
19	10	10	10	—
20	1,3...1,7	—	1,3...1,7	—
21	0,75...0,88	0,84	0,84	—
22	85	75	70	200
23	45	45	58	100...120
24	75	75	50	—
25	brennbar	brennbar	brennbar	brennbar
27	3,3	4	7...9 (800 Hz)	—
28	0,02[3]	0,01	0,01 (800 Hz)	0,08 (800 Hz)
29	10^{15} [3]	10^{13}	10^{12}	$10^8...10^9$
30	38[3]	20 (3 mm)	15 (3 mm)	6,5
32	transparent	transparent	durchscheinend	undurchsichtig
33	1,45...1,46	1,46	1,5	—
34	50	120	200	7...9 % [4]
35	III	II	—	—

(Wasser als Weichmacher).
von 65%.

2472. Chemische Bestän-

Für die Prüfung auf Chemikalienbeständigkeit gibt es keine einheit-
dicken Platten gewonnen, die mindestens 1 Monat (meist erheblich länger)
+ beständig (keine nennenswerte Veränderung)
○ bedingt beständig (Quellung 3—8%, Gewichtsverlust 0,5—5% oder
— unbeständig (Proben stärker gequollen oder aufgelöst).

Angaben wie (z.B.) ,,+...—" bedeuten, daß sich die verschiedenen
Frage kommenden Kunststoff verhalten.

	Ver-dünnte Säuren	Konzen-trierte Säuren[1]	Ver-dünnte Laugen
Preßmassen:			
Phenoplaste	+	—	+
Harnstoffharz	○	—	○
Melaminharz	○	—	○
Polyester (Alkydharz)	+	+...—	○
Epoxidharz (Äthoxylinharz)	+	+...—	+
Gießharze:			
Polyester (ungesättigt), normale Type	+	+...—	○
Epoxidharz (Äthoxylinharz), 100 T.Harz+90 T.Härter	+	+	+
Thermoplaste:			
Polyäthylen, niedrige Dichte	+	+	+
Polyäthylen, hohe Dichte	+	+	+
Polypropylen (isotaktisch)	+	+	+
Polystyrol, Standardtypen	+	+	+
Polystyrol, hochschlagfest	+	○	+
Polystyrol, Copolymerisat mit Acrylnitril	+	○	+
Polyvinylcarbazol	+	+	+
Polymethylmethacrylat	+	—	+
Polymethylmethacrylat, Copolymerisat mit Acrylnitril	+	—	○
Polyoxymethylen (Polyacetal)	+...—	—	+[2]
Polycarbonat (aus Bisphenol A)	+	—	—
Polyäthylenterephthalat	+	—	+
Polyphenylenoxid	+	+	+
Polyäther, chloriert (Penton)	+	+	+
Polyvinylchlorid, hart, normal	+	+	+
Polyvinylchlorid, hochschlagfest	+	+	+
Polyvinylchlorid, weich (60 T.PVC+40 T. DOP)	+	○	+
Polyvinylchloridacetat, Copolymerisat mit 13% VAc	+...—		
Polyvinylidenfluorid	+	+	+
Polytrifluorchloräthylen	+	+	+
Polytetrafluoräthylen	+	+	+
Polyurethan, mittlere Type	○	—	+
6-Polyamid (Perlon)	—	—	+
6,6-Polyamid (Nylon)	—	—	+
6,10-Polyamid	—	—	+
Celluloseacetat	—	—	+
Celluloseacetobutyrat	+	—	○
Celluloseäthyläther	ähnlich wie Celluloseacetat		
Celluloid	+	—	+
Vulkanfiber, Typ 3120	+	—	+

[1] Stark oxidierende Säuren ausgenommen.
[2] Nur die Acetalcopolymerisate sind laugenbeständig.

247. Kunststoffe

digkeit von Kunststoffen

lichen Prüfvorschriften. Die Angaben der Tabelle wurden meist an 1 mm bei 20° C in der Prüfflüssigkeit gelagert wurden. Die Angaben bedeuten:

stärkere Änderung der Reißdehnung)

Vertreter der betreffenden Stoffklasse sehr verschieden gegenüber dem in

Konzentrierte Laugen	Alkohole	Ester	Ketone	Äther	Chlorkohlenwasserstoffe	Benzol	Benzin	Mineralöl, tierische u. pflanzliche Öle
−	+	+...○	+...○	+...○	+...○	+...○	+...○	+
−	+	+...○	+...○	+...○	+...○	+...○	+	+
−	+	+...○	+...○	+...○	+...○	+...○	+...○	+
○	○	−	−	−	−	−	+	+
○	+	−	−	+	−	+	+	+
○	−	−	−	−	−	○	+	+
−	+	−	−	+...−	−	+	+	+
+	+	−	+	○	−	−	○	+
+	+	+	+	○	−	○	+	+
+	+	+...○	+	+	○	○	○	+...−
+	+	−	−	−	−	−	−	+...−
+	+	−	−	−	−	−	+	+...−
+	+	+	+	+	○	○	+	+
+	+	−	−	−	−	−	+	+
○	+	+	−	+	−	+	+	+
+[1]	+...−	+...○	+...○	+...○	+...−	○	+	+
−	+...−	−	−	−	−	+	+	+
−	+	+	+	+	○...−	+	+	+
+	+	−	○	+	○	+	+	+
+	+	○	○	+	○	−	+	+
+	+	−	−	○	−	−	+...○	+
○	+	−	−	−	−	−	+	○
+	+	−	−	−	−	+	+	+
+	+	−	+	−	○	+	+	+
+	+	+	+	+	+	+	+	+
+	+	+	+	+	○...−	+	+	+
○	○	+	+	+	○...−	+	+	+
○	○	+	+	+...○	○...−	+	+	+
−	○	−	−	+	+...−	−	+	+
			ähnlich wie Celluloseacetat					
−	○	−	−	−	−	○	+	+
−	+	+	+	+	+	+	+	+

2473. Kunst-

Die Angaben der Tabelle gelten für Normalklima, 20° C und 65% relative heblich größer, die *Reißdehnung* kleiner als bei den auf andere Weise unten begrenzt durch das Verspröden des Materials, nach oben durch das Flexibilität und Stoßfestigkeit (wie z. B. im Verpackungswesen) verlangt tiefen Temperaturen ausgedehnt werden. Als Maß für die Wasserdampf-Wasserdampfdurchlässigkeit kann man z. B. bestimmen, indem man ein Gewichtsverlust (pro Zeit) im Exsikkator mißt. Der Permeationskoeffizient 1 cm dicken Folie bei einem Wasserdampfdruckgefälle von 1 Torr diffunden Druckanstieg hinter einer Folie definierter Fläche messen. Der Permeter an, die in einer Sekunde durch 1 cm² einer 1 cm dicken Folie bei einem

	Dichte	Reißfestigkeit		Reißdehnung		Temperatur-anwendungs-bereich
		längs	quer	längs	quer	
	g/cm³	kp/cm²	kp/cm²	%	%	°C
Polyäthylen, niedrige Dichte	0,92	150...200		300...800	600...1000	−60...+80
Polyäthylen, hohe Dichte	0,95	250...400	200...300	700...1100	500...1000	−50...+110
Polyäthylen, hohe Dichte, biaxial gereckt	0,96	1100...1600	1200...1800	40...80	20...60	−60...+80
Polypropylen	0,89	300...600	250...500	600...1000	700...1100	−10...+100
Polypropylen, biaxial gereckt	0,91	1200...1800	1400...2000	40...70	40...80	−50...+90
Polyisobutylen, rußgefüllt	1,70	15		200		−30...+65
Polystyrol, gereckt	1,05	400		2		...+80
Polycarbonat, normal	1,20	800...900		100...120		...+140
Polyäthylen-terephthalat	1,40	1800...2500[1]	1600...2500	40...140	60...150	−60...+130
Polyvinylchlorid, hart, ungereckt	1,38	500...600		30...100	10...50	−20...+75
Polyvinylchlorid, hart, gereckt	1,38	900...1200	400...500	20...50	5...20	−20...+75
Polyvinylchlorid, weich	1,30	180...350	160...340	250...340		−30...+50
Polyvinyliden-chlorid	1,68	500...1000		25...40		...+140
Kautschuk-hydrochlorid	1,13	350...420		max. 800		...+95
Polychlor-trifluoräthylen	2,10	max. 450		max. 200		−100...+200
Polyvinylfluorid, biaxial gereckt	1,38	1120		135		
Polyamid	1,10	300...400		300...500		−20...+120
Polypyromellitimid (H-Film)	1,42	1800		70		−270...+400
Polyvinylalkohol (wasserlösliche Folie)	1,28	280		350		−10...+100
Cellulosehydrat, normal	1,45	900...1200	400...700	15...25	45...75	...+190
Celluloseacetat	1,30	800...1000		20...40		−10...+120
Cellulosetriacetat, normal	1,27	800...1000		20...25		...+120
Celluloseaceto-butyrat, normal	1,24	700...800		20...30		...+120

[1] Es sind auch Folien mit Reißfestigkeiten (längs) bis zu 3500 kp/cm² im Handel.

stoff-Folien

Luftfeuchtigkeit. Bei den gereckten Folien ist die *Reißfestigkeit* ganz erverarbeiteten Kunststoffen. Der *Temperaturanwendungsbereich* ist nach Erweichen, Schrumpfen oder chemischen Abbau. Wenn keine besondere werden, kann der Anwendungsbereich bei fast allen Folien zu beliebig und Gasdurchlässigkeit sind die *Permeationskoeffizienten* angegeben. Die Gefäß mit Wasser durch eine Folie bestimmter Fläche abschließt und den gibt die Menge Wasserdampf (Gramm) an, die in einer Stunde durch 1cm² einer diert. Die Gasdurchlässigkeit kann man z. B. nach ASTM D 1434-58 durch meationskoeffizient gibt in diesem Fall die Zahl der Normalkubikzenti-Druckgefälle von 1 Torr diffundieren.

	Permeationskoeffizienten					
Wasserdampf	Luft	Sauerstoff	Stickstoff	Kohlendioxid	Helium	Bemerkungen
10^9 g/cmhTorr	10^{13} cm³/cmsecTorr					
2...3	120...130	240...270	75...80	1000...1100	400...500	
1	40...50	100...120	25...30	400...450	200...250	
1,5	35...40	80...100	20...25	320...350	1000	
30...35	40...50	180...200	28...30	1000...1200	1500	
30...50	100	500	17 .	1500		
4...4,5	0,7	1,5	0,2	8...9	70...80	F. 255° C, Strb. IV, C
7...9	1...1,5	4...5	0,3...0,4	10...12	200...250	
20...30						
0,2...2	0,3	0,5	0,2	1...2		
3	3...4	8...10	2	35...40		
0,05	0,3	1...2	0,2	4...5		
						F. 200° C
20...40	2...3	6...8	2	40...50	80...100	
		15	4	27	250	Strb. V, sehr hitzefest
500		80...100				
300	20...25	60...70				
800...1000			12...14	450	900	

2474. Faser-

Die Angaben der Tabelle gelten für endlose Fäden (Kunststoff-Drähte, drücklich anders vermerkt, 65% relative Luftfeuchtigkeit.

Die *Reißfestigkeit* (Zerreißfestigkeit, Zugfestigkeit) wird nach DIN 53801
Da die Festigkeit bei manchen Faserstoffen vom Wassergehalt abhängt,
festigkeit" (= Reißfestigkeit bei 65% r. F.) angegeben. Die Umrechnung (p/Denier) ist nach folgenden Formeln möglich:

$$\text{Reißlänge (km)} \quad R = \frac{P}{D}$$

$$\text{Gütezahl (p/den)} \quad Q = \frac{P}{9 \cdot D}$$

Als Maß für den *Querschnitt* verwendet man häufig das Gewicht eines (den = g/9000 m Faden).

Die *Schlingenfestigkeit* und die *Knotenfestigkeit* sind, wie üblich, als gleichen Bedingungen wie die Reißfestigkeitsprüfung. Unter der *Feuchtig-* durch Adsorption bis zum Gleichgewichtszustand aufnimmt. Die Werte der zogen.

Das *Wasserrückhaltevermögen* (Quellwert) beschreibt die Wasserauf- der Tabelle (Prozent) geben die Menge des nach dem Zentrifugieren zurück- Fadens, an. Die Werte sind nicht nur von der speziellen Vorbehandlung

	Dichte	Reiß-festigkeit bei 65% r.F.	Relative Naß-festigkeit
	g/cm³	kp/mm²	%
Kunstfasern (Chemiefasern):			
Polyäthylen (niedrige Dichte)	0,92	8...25	100
Polyäthylen (hohe Dichte)	0,95...0,96	30...60	100
Polypropylen	0,90...0,91	30...65	100
Polystyrol	1,05	> 4	100
Polyäthylenterephthalat, normal	1,38	50...60	100
Polyäthylenterephthalat, hochfest	1,38	80...100	100
Polyvinylchlorid	1,38...1,39	30...35	100
Polyvinylchlorid, nachchloriert (PeCe-Faser)	1,44	25	100
Polyvinylidenchlorid (mind. 80%)	1,65...1,75	17...36	100
Polytetrafluoräthylen	2,2	10...25	100
6-Polyamid (Perlon), normal	1,14...1,15	45...65	85...90
6-Polyamid (Perlon), hochfest	1,14...1,15	75...85	85...90
6,6-Polyamid (Nylon), normal	1,14...1,15	45...65	85...90
6,6-Polyamid (Nylon), hochfest	1,14...1,15	75...95	85...90
Polyacrylnitril (rein)	1,16...1,19	20...35	80...100
Polyacrylnitril (Copolymerisat mit mind. 85% Acrylnitril), hochfest	1,16...1,19	40...60	80...100
Polyurethan (Elastomer)	1,19...1,21	6,5...8,7	
Polyurethan (Perlon U)	1,19...1,21	45...50	95
Polyvinylalkohol, nachformalisiert	1,3	40...70	75...85
Fasern aus Naturstoffen und abgewandelten Naturstoffen:			
Schafwolle	1,30...1,32	12...25	75...95
Naturseide	1,33...1,37	40...65	80...90
Proteinfasern (aus Casein)	1,29	8...12	45...65
Baumwolle	1,47...1,54	26...82	100...120
Bastfasern (Flachs, Hanf)	1,49	60...104	115...125
Zellwolle (Viskose-), mittelfest	1,50...1,52	40...50	60...65
Zellwolle (Kupfer-)	1,52	20...35	60...65
Zellwolle (Triacetat)	1,33	13...20	55...70
Anorganische Fasern:			
Glasfasern (Stabziehverfahren)	2,49	115...185	75...92
Glasfasern (Düsenziehverfahren)	2,49	200...275	98

stoffe

Monofilamente), nicht aber für Stapelfasern, bei 20° C und, falls nicht aus-

bei 20° C, 65% r. F., 10 mm Einspannlänge und 20 sec Prüfdauer gemessen.
wurde auch die *relative Naßfestigkeit* in Prozent von der ,,Trockenreiß-
der Festigkeitswerte von (kp/mm²) in die Einheiten (Reißkilometer) und

P = Reißfestigkeit (kp/mm²)
R = Reißlänge (km)
Q = Gütezahl (p/den)
D = Dichte (g/cm³).

Fadens von 9000 m Länge *(Gewichtstiter)*. Die Einheit ist das Denier

Prozentsatz der Reißfestigkeit angegeben. Die Prüfung erfolgt unter den
keitsaufnahme versteht man die Menge an Feuchtigkeit, die ein Faserstoff
Tabelle (Prozent) sind auf das Gewicht des absolut trockenen Fadens be-

nahme von Faserstoffen bei Sättigung mit (flüssigem) Wasser. Die Zahlen
gehaltenen Wassers, bezogen auf das Gewicht des absolut trockenen
der betreffenden Faser, sondern auch vom Meßverfahren abhängig.

Reißdehnung bei 65% r.F. %	Reißdehnung naß %	Relative Schlingenfestigkeit %	Relative Knotenfestigkeit %	Feuchtigkeitsaufnahme bei 65% %	Feuchtigkeitsaufnahme bei 95% %	Wasserrückhaltevermögen %
20...80	20...80		80...100	0	0	
10...45	10...45	60...70	70...90	0	0	
15...50	15...50		70...90	0	0	
>2	>2			<0,1	<0,1	
20...30	20...30	90	80	0,3...0,4	0,5	3...5
8...15	8...15	75...90	40...70	0,3...0,4	0,5	3...5
20...25	20...25	60	65	0,1	<1	
25...45	25...45			0,1	1	
15...25	15...25	45...60	50...90	0	0,1	
17...27	17...27	75	75	0	0	
30...45	30...50	75...95	80...90	4...4,5	8...9	10...12
15...20	15...20	70...90	70...80	4...4,5	8...9	9...11
30...45	30...50	75...95	80...90	4...4,5	8...9	10...12
15...20	15...20	70...90	60...70	3...4	8...9	9...11
25...35	25...35	60	70	1		4...6
15...22	15...22	60...70	70	1		4...6
500...700				0,3...1,3		
12...14		90		1...1,5		6
20...25	20...25	35...40	55...65	3,5...5		25
25...45	30...60	80	85	13...16	25	40...45
15...35	25...35	60...80	80...85	9...11	22...25	40...50
25...60	60...150			13...15	25	50
6...10	7...11	70	90...100	7...11	15...25	45...50
2...3	2...3			7...11	25	50...55
15...20	23...30	25...35	40...60	11...14	30...32	90...95
10...30	15...30	70...75	60...75	11...13	27	100...125
20...30	30...40	80...90	80...90	4...8	16	12...25
2,6...3,7	3,5...4,5	15...25	30...60	0,1...0,8		13
3,6...5,1	4,3	15...25	30...60	0,1...0,8		13

2475. Handelsnamen von Kunststoffen

Die Tabelle enthält die deutschen Handelsnamen (meist eingetragene Warenzeichen) von Kunststoffen (Rohstoffe), Folien und Fasern; ausländische Markennamen wurden nur in einigen besonders wichtigen Fällen berücksichtigt. Nicht aufgeführt sind Namen für Spezialmischungen, Verbundwerkstoffe, Halbzeuge usw. Sehr umfangreiche Tabellen aller Handelsnamen befinden sich im Kunststoff-Taschenbuch von H. SAECHTLING und W. ZEBROWSKI, Verlag Carl Hanser, München 1965 (16. Ausgabe), sowie in European Plastics, herausgegeben vom bureau voor bedrijfs documentatie Hilversum 1965...67 (3. Auflage).

In der Tabelle bedeutet:

Abk. = Abkürzung nach American Society for Testing Materials (ASTM)
Fol. = Folie
Fas. = Faser.

Acetylcellulose
s. Celluloseacetat

Alkydharz
s. Polyesterpreßmasse

Äthoxylinharz
s. Epoxydharz

Äthylcellulose
s. Celluloseäthyläther

Celluloseacetat
CA(Abk.); Acetat-Folie (Fol.); Cellidor A, S, U; Cellit; Ecaron; Trolit WW, W, WH

Celluloseacetobutyrat
CAB (Abk.); Cellidor B; Cellit; Osnacell; Rabasan; Stoxyrat (Fol.); Triafol (Fol.)

Cellulosediacetat
Aceta (Fas.); Cellon (Fol.); Hacoplast; Lonzona (Fas.); Osnacell; Rhenon; Rhenophan (Fol.); Stox; Synthazen (Fol.); Ultraphan (Fol.)

Cellulosedinitrat und Campher
Campholoid; Celluloid; Collodiumwolle (=Cellulosenitrat); Dynoid; Zellhorn

Cellulosehydrat
Bemberg-Zellglas-Cuprophan (Fol.); Cellophan (Fol.); Phriphan (Fol.)

Cellulosetriacetat
CTA (Abk.); Cellidor ($2^1/_2$-Acetat und höher veresterte Typen); Stox; Stoxit; Triafol (Fol.)

Celluloseäthyläther
EC (Abk.); Trolit AE

Chlorierte Polyäther
Penton

Epoxid-Gießharz
EP (Abk.); Araldit; Beckosol; Dobeckot; Duroxyn; Epikote; Epoxin 162; Formolit; GfT-Harze; Lekutherm; Metallon

Epoxid-Preßmasse
EP (Abk.); Preßmasse GL 125; Macroplast; Madurit; Metallon

Harnstoffharz
UF (Abk.); Albamit; Bakelite; Beckamin; Beckurol; Pollopas; Resart; Resopal; Ultrapas; Urbanit

Kautschukhydrochlorid
Pliofilm

Melaminharz
MF (Abk.); Albamit; Bakelite; Biramin; Chemoplast; Formica; Keramin; Melan; Nyhamin; Resart; Resipas; Resopal; SKW-Melaminharz; Supraplast; Ultrapas

Phenolharz
PF (Abk.); Alberit; Bakelit; Beckacite; Beckophen; Biradur; Birakrit; Biralit; Chemoplast; Condensite; Dekorit; Dimikanit; Duralon; Durapol; Durax; Faturan; Fibresinol; Hefra; Kerit; Keritex; Pertinax; Resart; Resiform; Resinit; Resinol; SKW-Schnellpreßmasse; Supraplast; Trolitan; Trolon; Trolonit

Polyacetal (und Copolymerisate)
POM (Abk.); Delrin; Hostaform C

Polyacrylnitril (und Copolymerisate)
PAN (Abk.)
Fasern: Acrilan; Creslan; Dolan; Dralon; Orlon; PAN; Prelana; Redon; Wollcrylon

6-Polyamid
PA (Abk.); 6-Nylon (Fas.); Durethan BK; Perlon (Fas.); Ultramid BM

6,6-Polyamid
PA (Abk.); 6,6-Nylon (Fas.); Ultramid A

6,10-Polyamid
PA (Abk.); 6,10-Nylon; Ultramid S

Polyäthylen
PE (Abk.); Hostalen G; Hostalen GUR; (extrem hochmolekular); Irrathene (vernetzt); Lupolen; Marlex; Trolen; Trolen DUR (vernetzt); Vestolen
Folien: Baulen; Helioflex; L-Film (vernetzt); Phriolan; Polyen; Platofol; Renolen; Stoxylen; Supraflex; Suprathen; Synthen; Trespalen; Ylopan
Fasern: Polythene; Trofil

Polyäthylenterephthalat
PETP (Abk.); Arnite; *Folien:* Hostaphan; Mylar
Fasern: Dacron; Diolen; Tergal; Terital; Terlenka; Terylene; Teteron; Trevira

Polycarbonat
PC (Abk.); Lexan; Makrofol (Fol.); Makrolon; Synthon (Fol.)

Polyester-Gießharz, ungesättigt
UP (Abk.); Bendurplast; Dalespol; Dobeckan; Gießharz S; Herberts Polyester; Leguval; Palatal; Polyleit; Supraplast; Tropal; Vestopal

Polyesterpreßmasse
Bakelite; Keripol

Polyisobutylen
PIB (Abk.); Oppanol B (Fol.); Rhepanol (Fol.); Simandur (Fol.); Vistanex

Polymethylmethacrylat
PMMA (Abk.); Lucite; Perspex; Plexiglas; Plexigum; Resarit; Resartglas; Sadur

Polymethylmethacrylat, Copolymerisat mit Acrylnitril
Plexidur

Polyphenylenoxid
PPO (Abk.)

Polypropylen
PP (Abk.); Coroflex (Fol.); Hostalen PP; Luparen; Meraklon (Fas.); Moplen (Fas.); Pokalon (Fol.); Polyen (Fol.); Profax; Prolene (Fas.); Syntopron (Fol.); Trespaphan (Fol.); Trofil P (Fas.); Trolen P; Vestolen P

Polypyromellitimid
H-Film (Fol.), Kapton

Polystyrol, Copolymerisat mit Acrylnitril
SAN (Abk.); Luran 52; Trolitul AN; Vestyron B

Polystyrol, schlagfest
Polystyrol 400; Trolitul T; Vestyron MI und HI

Polystyrol, rein
PS (Abk.); Poliflex (Fol.); Polystyrol III, VI, EF; Styroflex (Fol.); Styrofol; Trolitul III, VI; Vestyron D, L, N, S, T

Polytetrafluoräthylen
PTFE (Abk.); Fluon; Hostaflon TF; Polyflon; Teflon

Polytrifluormonochloräthylen
PTFCE (Abk.); Fluorothene; Hostaflon C; Kel-F; Polyflon; Synthofluon (Fol.)

Polyurethan (schwach vernetzte Elastomere)
PUR (Abk.); Lycra (Fas.); Vulkollan

Polyurethan (linear)
PUR (Abk.); Durethan U; Perlon U (Fas.)

Polyvinylalkohol
PVAL (Abk.); Kuralon (Fas.); Manryo (Fas.); Mowiol; Polyviol; Synthol (Fol.); Vinylon (Fas.)

Polyvinylcarbazol
Luvican; Polectron

Polyvinylchlorid
PVC (Abk.); Astralit; Astralon; Hostalit; Howenol-Plastics; Lonza; Mipolam; Solivic; Trovidur; Vestolit; Vinnol; Vinoflex
Folien[1]: Acella; Adretta; Adrettin; Aerocella; Alkor; Alkorit; Alkorpack; Alkorphan; Alkortex; Astraglas; Baulanit; Benefol; Benelit; Beneron; Berolan; D-C-Fix; Delifol; Deliplan; Doxaphan; Elaston; Elopan; Flex; Floracella; Genafol (h); Genotherm (h); Gerstyl; Guttagena; GUV-Folie; Hagelit (h); Heliofil; Howelon; Kontakt; Mipofix; Pegulan; Plastikor; Polytherm (h); Renolit (h); Rhenofol; Sumit; Synthophan (h)
Fasern: PCU, PeCeU; PeCu Borsten; Rhovyl; Thermovyl

Polyvinylchlorid, nachchloriert
PeCe-Faser (Fas.); Rhenoflex

Polyvinylchloridacetat
PVCA (Abk.); Vinnol; Vinoflex

Polyvinylfluorid
PVF (Abk.); Tedlar (Fol.)

Polyvinylidenchlorid (und Copolymerisate)
PVDC (Abk.); Bolta-Saran (Fas.); Geon; Saran (Fas.); Vestan (Fas.)

Polyvinylidenfluorid
Kynar

Vulkanfiber
VF und Vf (Abk.); Hornex; Lignovulkan

Zellhorn
s. Celluloid

---

[1] Meist Weich-PVC, Hart-PVC ist durch (h) gekennzeichnet.

248. Kau-

Nr.	Eigenschaften von typischen Kautschukarten	Dichte gcm^{-3}	Zugfestigkeit kpcm^{-2}
1	Naturkautschuk	0,914	10...40
2	Naturkautschuk mit S vulkan. (Weichgummi)	0,92...0,99	175...300
3	Gummi mit $\approx$25 Vol-% Ruß	1,15	150...350
4	Gummi mit inaktiven Füllstoffen	1,1...1,8	50...300
5	Buna-S-Gummi ohne Füllstoffe	1,8	20...60
6	Buna S mit 20...30 Vol-% Ruß	1,2	50...300
7	Perbunan Gummi ohne Füllstoffe	1,0...1,1	40...60
8	Perbunan mit 35...40 Vol-% Ruß	1,2	80...350
9	Butylgummi ohne Füllstoffe	0,91...0,92	220...240
10	Butylgummi mit $\approx$30 Vol-% Ruß	1,1...1,2	175...250
11	Neoprengummi	1,25	200...400
12	Neoprengummi mit $\approx$25 Vol-% Ruß	1,4	200...300
13	Thiokolgummi	1,5...1,53	5...10
14	Thiokolgummi mit $\approx$25 Vol-% Ruß	1,4...1,65	40...150
15	Silikonkautschuk	1,2...2,3	28...50

Nr.	Eigenschaften von typischen Kautschukarten	Wärmeleitfähigkeit 10^{-3}Wcm^{-1}grd^{-1}	Spezifische Wärme Jg^{-1}grd^{-1}
1	Naturkautschuk	1,26...1,47	2,3
2	Naturkautschuk mit S vulkan. (Weichgummi)	1,47	2,1
3	Gummi mit $\approx$25 Vol-% Ruß[1]	1,68...2,1	1,68
4	Gummi mit inaktiven Füllstoffen	1,68...2,5	—
5	Buna-S-Gummi ohne Füllstoffe	—	1,89
6	Buna S mit 20...30 Vol-% Ruß	2,5	1,47
7	Perbunan Gummi ohne Füllstoffe	—	—
8	Perbunan mit 35...40 Vol-% Ruß	2,5	—
9	Butylgummi ohne Füllstoffe	—	—
10	Butylgummi mit $\approx$30 Vol-% Ruß	—	—
11	Neoprengummi	0,82	2,06
12	Neoprengummi mit $\approx$25 Vol-% Ruß	2,1	1,77
13	Thiokolgummi	—	—
14	Thiokolgummi mit $\approx$25 Vol-% Ruß	—	—
15	Silikonkautschuk	—	—

Bruch-dehnung %	Shore-Härte	Versprödungs-temperatur (Splitterpunkt) °C	Elastizitäts-modul kpcm^{-2}	Lineare Wärme-dehnzahl 10^{-6} grd^{-1}
800…1200	20…30	−62…−58	−	220
600…950	35…55	−58…−53	−	200…220
350…650	60…70	−58…−56	30…40	120…150
250…600	60…85	−50…−40	−	100…120
300…600	35…55	−55…−25	10…30	120…185
400…750	−	…−60	25…45	210…230
300…800	25…55	−52…−20	20…30	−
200…700	50…85	−45…−30	20…40	200…220
950	35	−50…−45	7…15	−
800	45…55	−40…−35	30…40	−
800…1050	20…40	−40…−30	15…30	−
500…750	60…70	−40…−30	30…50	200…220
500…600	25…30	−	−	−
100…700	40…90	0…+80	−	−
150…300	50…65	unter −57	−	−

Spezifischer Widerstand Ωcm	Relative Di-elektrizitäts-konstante bei 10^3 Hz	Dielektrischer Verlustfaktor tan δ bei		Durchschlag-festigkeit kVcm^{-1}	Temperatur-bereich für die Verwendung °C
		50…60 Hz	10^6 Hz		
10^{14}…10^{16}	2,4…2,5	0,002…0,003	0,002…0,003	100…200	−
10^{14}…5·10^{16}	2,5…3,7	0,001…0,01	0,002…0,03	150…300	−30…+60
10^9…5·10^{13}	6	0,1	−	−	−45…+70
10^{13}…10^{17}	2,7…9,5	0,003…0,03	0,005	200…350	−45…+70
10^{14}…10^{15}	2,7…2,75	0,001…0,006	0,001…0,02	200…250	−25…+75
10^7…10^{10}	3…7	0,02…0,1	0,02…0,5	−	−
10^9…5·10^{10}	5…15	0,08…0,13	0,2…0,4	−	−25…+85
<10^6…10^{10}	10…20	0,05…0,1	0,5…0,02	100…150	−
10^{18}	2,1…2,6	2,6	−	200	…≈+90
3·10^6	2,3	−	−	−	−
10^8…10^{10}	6,7…8,2	0,003…0,01	0,01…0,02	150	−40…+85
10^{11}…10^{12}	…20	−	…0,05	−	−15…+50
10^{10}…5·10^{14}	4…15	0,004…0,2	0,06…0,1	−	…+80
10^{11}…10^{16}	2,9…10	−	1…10	200…400	−

MIX
Papier aus verantwortungsvollen Quellen
Paper from responsible sources
FSC® C105338

If you have any concerns about our products,
you can contact us on
ProductSafety@springernature.com

In case Publisher is established outside the EU,
the EU authorized representative is:
**Springer Nature Customer Service Center GmbH
Europaplatz 3, 69115 Heidelberg, Germany**

Printed by Libri Plureos GmbH
in Hamburg, Germany

D'Ans · Lax

Taschenbuch
für
Chemiker und Physiker

Dritte, völlig neu bearbeitete Auflage

Band II
Makroskopische physikalisch-chemische Eigenschaften

Herausgegeben von
Dr. phil. Ellen Lax

unter Mitarbeit von
Dr. rer. nat. Claudia Synowietz

Springer-Verlag Berlin Heidelberg GmbH
1967

Alle Rechte, insbesondere das der Übersetzung in fremde Sprachen, vorbehalten

Ohne ausdrückliche Genehmigung des Verlages ist es auch nicht gestattet, dieses Buch oder Teile daraus auf photomechanischem Wege (Photokopie, Mikrokopie) oder auf andere Art zu vervielfältigen

© by Springer-Verlag Berlin Heidelberg 1967
Ursprünglich erschienen bei Springer-Verlag Berlin · Heidelberg 1967
Softcover reprint of the hardcover 3rd edition 1967

Library of Congress Catalog Card Number 64-16887

ISBN 978-3-642-49542-7   ISBN 978-3-642-49833-6 (eBook)
DOI 10.1007/978-3-642-49833-6

Die Wiedergabe von Gebrauchsnamen, Handelsnamen, Warenbezeichnungen usw. in diesem Werk berechtigt auch ohne besondere Kennzeichnung nicht zu der Annahme, daß solche Namen im Sinne der Warenzeichen- und Markenschutz-Gesetzgebung als frei zu betrachten waren und daher von jedermann benutzt werden durften

Titel-Nr. 1268

Vorwort zur dritten Auflage

Die 3. Auflage des Taschenbuchs für Chemiker und Physiker ist vollständig umgearbeitet. Der jetzt vorliegende erste Band ist in 7 Kapitel eingeteilt, von denen das erste einen Überblick über die Maßsysteme, Einheiten und Meßmethoden sowohl fur makroskopische Eigenschaften als auch für atomare Größen gibt. In diesem Kapitel findet der Benutzer die Symbole, die in den späteren Kapiteln zur Kennzeichnung der Einheiten usw. verwendet werden. Es ist zwar in den jeweiligen Einleitungen zu den Einzeltabellen der Kapitel 2 bis 7 eine Liste der in der vorliegenden Tabelle benutzten Einheiten zusammengestellt; wenn jedoch der Benutzer noch irgendeine Bezeichnung vermissen sollte, so ist in den Tabellen des 1. Kapitels nachzuschlagen.

In den Kapiteln 2 bis 7 wurde die Anordnung der Elemente und der anorganischen Verbindungen alphabetisch nach den chemischen Symbolen vorgenommen, während die organischen Verbindungen nach dem Hillschen System geordnet sind.

Die einzelnen Kapitel enthalten zunächst zusammenfassende Tabellen mit gleichzeitiger Angabe verschiedener makroskopischer Eigenschaften des gleichen Stoffes (Kap. 2), wobei das Schwergewicht bei den mechanischen Eigenschaften liegt. Es folgen dann Tabellen über mechanisch-thermische Eigenschaften und Gleichgewichte homogener Systeme (Kap. 3) und heterogener Systeme (Kap. 4). Die Grenzflächeneigenschaften bilden den Inhalt von Kap. 5. Eingehend sind die thermodynamischen Funktionen der Elemente und Verbindungen als Funktion von Temperatur, Druck und Zusammensetzung (Kap. 6) behandelt. Den Schluß bilden Angaben über Viskosität, Diffusion, Wärmeleitvermögen und die Kinetik chemischer Systeme (Kap. 7).

Der Plan zu diesem ersten Band rührt von Dr. ELLEN LAX her, die eine größere Zahl von Tabellen noch selbst zusammenstellte oder vorbereiten konnte. Nach ihrem altersbedingten Ausscheiden wurde der Band unter enger Beratung und Mitwirkung von Professor Dr. KLAUS SCHÄFER fertiggestellt. Ihm sei an dieser Stelle für seine überaus wertvolle Hilfe herzlich gedankt.

SPRINGER-VERLAG

Inhaltsverzeichnis

1. Maßsysteme und meßtechnische Daten 1
   11. Maßsysteme 1
       111. Kurzzeichen 1
            1111. Kurzzeichen von Vorsätzen 1
            1112. Kurzzeichen der metrischen elektrischen und chemischen Maßeinheiten 1
       112. Grundeinheiten des internationalen Einheitssystems . . 2
       113. Mechanisch-thermische Einheiten und Umrechnungstabellen 3
            1131. Einheiten 3
            1132. Umrechnungstabellen und -tafeln 12
                  11321. Umrechnungstafel für die Dezimaleinheiten des Stunden- und Winkelmaßes auf Minuten und Sekunden 12
                  11322. Umrechnung der 360°-Teilung auf die 400°-Teilung und umgekehrt 12
                  11323. Gradmaß in Bogenmaß Bogenmaß in Gradmaß 13
                  11324. Umrechnung von Temperaturangaben . . 13
                  11325. Umrechnung von Druckeinheiten 25
                  11326. Umrechnung von Energieeinheiten 25
       114. Elektrische und magnetische Einheiten 26
       115. Physikalische und lichttechnische Strahlungsgrößen . . 28
            1151. Spektraler Hellempfindlichkeitsgrad 28
            1152. Strahlungsgrößen 29
            1153. Umrechnungsfaktoren für Leuchtdichteeinheiten . 31
            1154. Umrechnungsfaktoren für Beleuchtungsstärkeeinheiten 32
       116. Einheiten der Bestrahlung 32
       117. Empfindlichkeit des menschlichen Ohres und phonometrische Einheiten 32
       118. Chemische Bezugseinheiten 33
   12. Meßtechnische Daten 36
       121. Temperatur 36
            1211. Die empirische Temperaturskala 36
                  12111. Festsetzungen für die Temperaturskala . 36
                  12112. Weitere thermometrische Hilfsfixpunkte . 37
                  12113. Siedetemperaturen von Sauerstoff und Schwefel in Abhängigkeit vom Druck nach den Formeln der deutschen gesetzlichen Temperaturskala von 1950 37
                  12114. Unterschied zwischen den Temperaturskalen 1948 und 1927 38
            1212. Dampfdruck p verflüssigter Gase für Tensionsthermometer 39
                  12121. Dampfdruck p des flüssigen Heliums . . . 39

Inhaltsverzeichnis

12122. Zur Messung von Temperaturen unterhalb 90° K 39
12123. Zur Messung von Temperaturen von −180 bis 0° C 40
1213. Widerstandsthermometer 42
    12131. Platin-Widerstandsthermometer 42
    12132. Nickel-Widerstandsthermometer 42
1214. Thermoelemente Thermospannung der Thermopaare 42
    12141. Platinrhodium (10% Rh)−Platin 43
    12142. Kupfer−Konstantan 44
    12143. Eisen−Konstantan 44
    12144. Chromel−Alumel Nickelchrom−Nickel 45
    12145. Gold−Silber 46
    12146. Legierungen von Gold, Silber und Kobalt . 46
    12147. Thermopaare aus Molybdän, Wolfram oder Tantal 46
1215. Temperaturmessung mit Teilstrahlungspyrometer 46
1216. Erweichungspunkte der Segerkegel in °C 47
1217. Temperatur-Meßfarben und -Meßfarbstifte 48
    12171. Einfach-Meßfarben mit einem Farbumschlag 48
    12172. Mehrfach-Meßfarben 48
1218. Korrektionswerte für Ablesungen an Flüssigkeitsthermometern bei herausragendem Faden 48
122. Reduktion einer Wägung in Luft auf den luftleeren Raum 49
123. Druckmessung 50
  1231. Reduktion des am Maßstab aus Messing abgelesenen Barometerstandes auf 0° C 50
  1232. Kapillardepression des Quecksilbers 50
  1233. Korrektionswert für den Meniskus bei Wassersäulen 52
  1234. Korrektionswert für die geographische Breite φ und Höhe h 52
    12341. Korrektion für die geographische Breite 52
    12342. Der Luftdruck p in Torr als Funktion der Höhe h 53
  1235. Ortstabelle für die Fallbeschleunigung 53
  1236. Normalatmosphäre 54
124. Reduktion eines Gasvolumens auf den Normzustand . . 55
125. Psychrometrische Daten zur Bestimmung der Luftfeuchtigkeit 57
126. Härte 59
13. Grundkonstanten 60

2. Zusammenfassende Tabellen 63
21. Elemente 63
  211. Periodensysteme 63
    2111. Relative Atommasse 66
  212. Natürlich vorkommende Isotope der Elemente 71
  213. Relative Häufigkeit der Elemente auf der Erde 77
  214. Elemente 78
    2141. Physikalische und chemische Eigenschaften der Elemente, die im Normzustand kondensiert sind . 80

2142. Physikalische und chemische Eigenschaften der Elemente, die im Normzustand gasförmig sind . . 106
2143. Zusätzliche Angaben über Eigenschaften von Elementen, die im Normzustand kondensiert sind . 113
2144. Zusätzliche Angaben über Eigenschaften von Elementen, die im Normzustand gasförmig sind . 172
2145. Luft. 181
215. Röntgenspektren 190
216. Streuungs- und Absorptionsquerschnitt der Elemente für thermische Neutronen 194
22. Anorganische Verbindungen 196
221. Tabelle der physikalischen und chemischen Daten . . . 196
222. Wasser 600
22201. Übersicht allgemeiner Daten 600
22202. Schmelzen und Umwandlungen unter Druck 600
22203. Dichte und spezifisches Volumen in Abhängigkeit von Druck und Temperatur . . 602
22204. Kompressibilität $\varkappa = -\dfrac{V_{p_2}-V_{p_1}}{V_1(p_2-p_1)}$ in 10^{-6} at^{-1} 607
22205. Oberflächenspannung γ in dyn cm^{-1} gegen Luft 607
22206. Dampfdruck 607
22207. Spezifische Wärme zwischen 0 und 100° C . 609
22208. Thermodynamische Funktionen auf den Druck von einer Atmosphäre bezogen . . . 614
22209. Zustandsgrößen von Wasser, Sättigungsdruck, Dichte, Verdampfungsenthalpie und relative Werte der thermodynamischen Funktionen 618
22210. Wasser, Joule-Thomson-Koeffizient μ . . . 622
22211. Viskosität von Wasser bzw. Wasserdampf . 622
22212. Wärmeleitvermögen 624
22213. Schallgeschwindigkeit c in destilliertem Wasser bei 750 kHz 625
22214. Elektrische Leitfähigkeit reinsten Wassers . 626
22215. Ionenprodukt des Wassers H_2O 626
22216. Statische Dielektrizitätskonstante ε 627
22217. Brechzahlen n_λ von Wasser 627
223. Kristallsymbole 629
23. Minerale und mineralische Rohstoffe. Von S. KORITNIG . . 634
231. Minerale 634
2311. Chemische und physikalische Daten der wichtigsten Minerale 634
2312. Mineralverzeichnis mit chemischen Formeln . . . 666
232. Mineralische Rohstoffe 682
2321. Mineralische Rohstoffe zur Gewinnung von Metallen (Erze) und Nichtmetallen 682
2322. Industrieminerale, Kohlen, Erdöl 690
24. Zusammenfassende Tabellen mit mechanisch-kalorischen Daten für wichtige Werkstoffe 692
241. Metallegierungen 692
2411. Stähle 692
24111. Zusammensetzung in Gew.% der Stähle für Tabelle 24112...24115 692

24112. Wärmeleitfähigkeit in W/cmgrd 694
24113. Mittlerer linearer Ausdehnungskoeffizient in
10^{-6} grd^{-1} 694
24114. Enthalpie $h\text{-}h_{50°}$ in J/g 695
24115. Elektrischer Widerstand in 10^{-6} $\Omega \cdot$cm bei °C 695
24116. Zusammensetzung und Festigkeitswerte besonderer Stähle 696
24117. Zusammensetzung und Festigkeitswerte deutscher Vergütungsstähle 696
2412. Legierungen außer Stählen 698
242. Holz 725
2421. Eigenschaften von Holz und Holzprodukten . . . 726
243. Natursteine und künstliche Steine 728
2431. Richtzahlen für Natursteine (DIN 52100) 728
2432. Künstliche Steine 730
2433. Zementmörtel und -beton 731
2434. Lineare Wärmeausdehnung α_ϑ, Wärmeleitzahl λ und spezifische Wärme c_p 732
244. Quarz und Gläser 733
2441. Quarz und Quarzglas 733
24411. Allgemeine Daten 733
24412. Umwandlungsdiagramme 733
24413. Kristalldaten 734
24414. Thermische Ausdehnungszahl $\bar{\alpha}$ 735
24415. Spezifische Wärme von Quarz und Quarzglas 735
24416. Elektrische Eigenschaften von Quarz . . . 736
24417. Brechzahlen und natürliche Drehung des Quarzes und Brechzahlen des Quarzglases . 737
2442. Gläser 738
24421. Kennzeichnende physikalische Eigenschaften technischer Gläser 738
24422. Durchlässigkeit von Gläsern im Ultraviolett und Infrarot 743
24423. Viskosität 747
24424. Chemische Zusammensetzung verschiedener Gläser 748
245. Keramik 750
2451. Feinkeramische Massen 750
2452. Feuerfeste Stoffe 752
2453. Oxidische hochfeuerfeste Stoffe 756
2454. Keramische Isolierstoffe für die Elektrotechnik . . 760
246. Glimmer 764
247. Kunststoffe. Von H. WILSKI. 765
2471. Allgemeine Eigenschaften von Kunststoffen . . . 765
2472. Chemische Beständigkeit von Kunststoffen . . . 784
2473. Kunststoff-Folien 786
2474. Faserstoffe 788
2475. Handelsnamen von Kunststoffen 790
248. Kautschuk 794
3. Mechanisch-thermische Konstanten homogener Stoffe 796
31. Dichte, Ausdehnung, Kompressibilität und Festigkeitseigenschaften fester Stoffe 796
311. Mittlerer kubischer Ausdehnungskoeffizient $\bar{\gamma}$ von anorschen festen Verbindungen 796

Inhaltsverzeichnis

312. Mittlerer kubischer Ausdehnungskoeffizient $\bar{\gamma}$ von organischen festen Verbindungen 798
313. Kubischer Kompressibilitätskoeffizient $\varkappa$ in 10^{-6} at^{-1} .. 799

32. Dichte, Ausdehnung und Kompressibilität von reinen Flüssigkeiten 802
   321. Dichte reiner Flüssigkeiten 802
      3211. Druckabhängigkeit der relativen Volumen von Äthanol Diäthyläther bei verschiedenen Temperaturen 802
      3212. Dichte D, kubischer Ausdehnungs- (γ) und Kompressibilitätskoeffizient ($\varkappa$) von reinen anorganischen und organischen Flüssigkeiten bei 18° C .. 802
      3213. Dichte schwerer, reiner Flüssigkeiten 804
   322. Dichte von Lösungen 805
      3221. Dichte wäßriger Lösungen anorganischer Verbindungen, binäre Systeme 805
         32211. Ausführliche Dichte-Tabellen für Stoffe H_2O_2, Laugen und Säuren 805
         32212. Dichte D_0 wäßriger Lösungen anorganischer Verbindungen, binäre Systeme 809
         32213. Temperatur des Dichtemaximums wäßriger Lösungen anorganischer Stoffe 815
         32214. Dichte wäßriger Lösungen anorganischer Stoffe (geordnet nach Dichten) 816
      3222. Litergewicht wäßriger Lösungen anorganischer Stoffe, ternäre Systeme 817
      3223. Dichte von Meerwasser in Abhängigkeit von Salzgehalt (S) bzw. Chlorgehalt (Cl) und Temperatur des Dichtemaximums 817
      3224. Dichte wäßriger Lösungen organischer Verbindungen 818
         32241. Ausführliche Dichtetabellen Methanol, Äthanol, Propanol-(1), Propanol-(2), Glycerin, Glucose, Saccharose, Ameisensäure, Essigsäure und Aceton 818
         32242. Dichte wäßriger Lösungen von organischen Säuren und deren Salzen 824
         32243. Litergewicht von wäßrigen Lösungen von CH_3COH-H_2O Acetaldehyd-Wasser 826
      3225. Dichte nichtwäßriger Lösungen 826
   323. Kompressibilität von wäßrigen Lösungen bei 25° C ... 827

33. Dichte, Ausdehnung und Kompressibilität von Gasen 828
   331. Übersichtstabelle über mechanisch-thermische Eigenschaften von Gasen 828
   332. Umrechnung des Gasvolumens bei kleinen Abweichungen vom Normzustand 836
   333. Zustandsgleichungen 836
      3331. Die einzelnen Gleichungen 836
      3332. Van der Waalssche Konstante für das Molvolumen (22416 cm³) im idealen Gaszustand 838
      3333. pv-Werk von Gasen in Abhängigkeit vom Druck p in atm und von der Temperatur t in °C. Von J. Otto 840

3334. Die zweiten Virialkoeffizienten von Gasen. Von
J. OTTO 860
34. Gleichgewichtskonstanten 862
341. Dissoziationskonstante in wäßriger Lösung 862
3411. Anorganische Säuren und Basen 862
3412. Organische Stoffe in waßriger Lösung 864
34121. Säuren und Basen 864
34122. Dissoziationskonstanten von amphoteren Elektrolyten 870
3413. Löslichkeitsprodukt von in Wasser schwer löslichen Salzen anorganischer Säuren 872
342. Aktivitätskoeffizient 874
3421. Elektrolyte in wäßrigen Lösungen 874
343. Gleichgewichte in Gasen 876
4. Mechanisch-thermische Konstanten für das Gleichgewicht heterogener Systeme 899
41. Einstoffsysteme 899
411. Dampfdruck 899
4111. Dampfdruck der Elemente 899
41111. Dampfdruck p zwischen 10^{-4} und 760 Torr. 900
41112. Dampfdruck p zwischen 10^{-9} und 10^{-5} Torr. 903
41113. Dampfdruck p zwischen 2 und 20 atm . . . 903
41114. Dampfdruck p des Quecksilbers. 904
4112. Dampfdruck anorganischer Verbindungen 905
41121. Dampfdruck p zwischen 10^{-1} und 760 Torr . 905
41122. Dampfdruck p zwischen 10^{-6} und 10^{-2} Torr. 909
41123. Dampfdruck zwischen 2 und 60 atm ... 911
4113. Dampfdruck organischer Verbindungen 912
41131. Dampfdruck p zwischen 1 und 760 Torr .. 912
41132. Dampfdruck p zwischen 1 und 40 atm ... 946
41133. Werte der Konstanten A und B für den
Dampfdruck in Torr: $\log p = \dfrac{-A}{273 + \vartheta} + B$
und Geltungsbereich 948
4114. Dampfdrucke von Trockenmitteln........ 950
4115. Dampfdruck p von Dichtungsfetten und Kitten . . 951
4116. Dampfdruck p von Treibmitteln für Diffusionspumpen 951
412. Dichte koexistierender Phasen und Cailletet-Mathiassche Regel 952
4121. Anorganische Verbindungen 952
4122. Organische Verbindungen 954
4123. Cailletet-Mathiassche Regel 957
413. Schmelzen und Umwandlungen unter Druck 958
4131. Anorganische Verbindungen 958
4132. Organische Verbindungen 963
42. Mehrstoffsysteme 964
421. Heterogene Gleichgewichte 964
4211. Heterogene Gleichgewichte bei thermischer Zersetzung 964
4212. Heterogene Gleichgewichte mit Umsetzungen .. 971
422. Dampfdruck von Mischsystemen 972
4221. Binäre Systeme 972
42211. Übersicht über die Systeme 974
42212. Die Systeme 977
4222. Ternäre Systeme 1009

4223. Dampfdrucke p in Torr über gesättigten wäßrigen Salzlösungen 1014
4224. Siedetemperatur (bei 760 Torr) ϑ_V wäßriger Lösungen in Abhängigkeit von der Konzentration k 1015

423. Azeotrope Gemische 1018
  4231. Azeotrope Punkte von binären Mischungen . . . 1018
  4232. Siedepunkte ternärer azeotroper Gemische bei 760 Torr 1028

424. Molale Siedepunktserhöhung E_0 („Ebullioskopische Konstanten E_0") anorganischer und organischer Lösungsmittel 1029
  4241. Anorganische Lösungsmittel 1029
  4242. Organische Löungsmittel 1029

425. Gefrierpunktserniedrigung 1030
  4251. Molale Gefrierpunktserniedrigung E_0 („Kryoskopische Konstanten") anorganischer und organischer Lösungsmittel 1030
    42511. Anorganische Lösungsmittel 1031
    42512. Organische Lösungsmittel 1031
  4252. Reale Gefrierpunktserniedrigung in anorganischen und organischen Lösungsmitteln 1033
    42521. Anorganische Stoffe 1033
    42522. Organische Stoffe 1036
  4253. Reale molale Gefrierpunktserniedrigung $\Delta T/m$ (Anorganische Stoffe in Schwefelsäure) 1037
  4254. Reale molale Gefrierpunktserniedrigung $\Delta T/m$ (Organische Stoffe in Benzol) 1037

426. Osmotischer Druck 1037
  4261. Osmotischer Druck niedermolekularer Stoffe in Wasser 1038
    42611. Anorganische Stoffe 1038
    42612. Organische Stoffe 1039
  4262. Osmotischer Druck hochmolekularer Stoffe (Nichtelektrolyte) 1040
    42621. Synthetische Stoffe 1040
    42622. Naturstoffe, Polysaccharide (Nichtelektrolyte) 1043

427. Lösungsgleichgewichte (Zustandsdiagramme) 1045
  4271. Lösungsgleichgewichte zwischen zwei kondensierten Stoffen 1048
    42711. Lösungsgleichgewichte zwischen zwei Elementen 1048
    42712. Lösungsgleichgewichte zwischen anorganischen Verbindungen 1077
    42713. Lösungsgleichgewichte zwischen anorganischen und organischen Stoffen 1129
    42714. Lösungsgleichgewichte zwischen 2 organischen Verbindungen 1155
  4272. Lösungsgleichgewichte zwischen drei kondensierten Phasen 1174
    42721. Anorganische Verbindungen in wäßrigen Lösungen organischer Verbindungen . . . 1174
    42722. Lösungsgleichgewichte mit mehreren nicht mischbaren flüssigen Phasen 1176
    42723. Verteilungskoeffizienten 1190

Inhaltsverzeichnis

4273. Lösungsgleichgewichte zwischen Gasen und kondensierten Stoffen 1198
    42731. Gase in Metallen 1198
    42732. Gase in Flüssigkeiten. Von A. MAY 1203
4274. Lösungsgleichgewichte von Lösungsmitteln untereinander 1233

5. Grenzflächen 1238

51. Grenzflächenspannung γ von Flüssigkeiten gegen den eigenen Dampf oder Luft (Oberflächenspannung) 1238
  511. Reine Verbindungen 1238
    5111. Anorganische Verbindungen 1238
    5112. Organische Verbindungen 1240
  512. Grenzflächenspannung von Lösungen 1242
    5121. Metalle in Metallen 1242
    5122. Grenzflächenspannung γ in wäßrigen Lösungen . . 1243
      51221. Anorganische Stoffe in Wasser 1243
      51222. Organische Stoffe in Wasser 1244
    5123. Organische Substanzen in organischen Lösungsmitteln 1245

52. Grenzflächenspannung von Flüssigkeiten gegeneinander . . . 1246
  521. Grenzflächenspannung γ von Wasser gegen nichtwäßrige Flüssigkeiten 1246
  522. Grenzflächenspannung γ organischer Flüssigkeiten gegen Quecksilber bei 18° C 1246

53. Parachore 1247
  531. Atom-Parachor nach SUGDEN 1247
  532. Bindungs-Parachore für organische Verbindungen . . . 1248
  533. Gruppen-Parachore nach GIBLING 1248

54. Grenzflächenfilme auf Wasser 1248

55. Adsorption 1250
  551. Adsorption aus der Gasphase 1250
    5511. Anorganische Dämpfe an Adsorptionsmitteln, Abbildungen 1250
    5512. Adsorption an Aktivkohle bei 20° C 1253
  552. Adsorption aus flüssiger Phase an pulverförmigen Adsorptionsmitteln 1254

6. Kalorische Daten 1258

61. Wärmekapazität 1258
  611. Wärmekapazität bei konstantem Druck 1258
    6111. Atomwärme C_p von Elementen 1258
    6112. Molwärmen bei konstantem Druck, C_p von anorganischen Verbindungen 1266
    6113. Molwärmen bei konstantem Druck, C_p von organischen Verbindungen 1277
    6114. Relative Wärmekapazität von Lösungen 1286
    6115. Spezifische Wärme von Mineralien 1289
  612. Wärmekapazität von Gasen in Abhängigkeit vom Druck 1290
    61201. Ar, Argon 1290

61202. Dichlordifluormethan, C_p 1290
61203. Methan, C_p 1291
61204. CO, Kohlenstoffmonoxid 1291
61205. CO_2, Kohlenstoffdioxid 1292
61206. Acetylen, C_p 1292
61207. Äthylen, C_p (C_{p0}) 1293
61208. Propan, C_p 1293
61209. H_2 Wasserstoff 1294
61210. Helium, C_p/C_{p0} 1295
61211. N_2 Stickstoff 1295
61212. NH_3 Ammoniak 1296
61213. O_2 Sauerstoff 1297
61214. Xe Molwärme C_p und C_v in J/Molgrd . . . 1297
62. Thermodynamische Funktionen (Einzelwerte) 1298
  621. Verbrennungswärme und Zusammensetzung der wichtigsten Nahrungsmittel 1298
  6211. Brennstoffe 1309
    62111. Zusammensetzung und Einteilung fester Brennstoffe 1309
    62112. Flüssige Brennstoffe 1311
    62113. Gasförmige Brennstoffe 1312
    62114. Heizwert der festen, flüssigen und gasförmigen Brennstoffe 1316
  622. Bildungsenthalpie und -entropie bei metallischen Lösungsphasen 1318
    6221. Metallegierungen 1318
    6222. Lösungsenthalpie bei unendlicher Verdünnung . . 1320
    6223. Metallische Lösungsphasen mit O_2 und S 1320
  623. Bildungsenthalpie ΔH_B in kJ · Mol^{-1} von Ammoniakaten 1322
  624. Hydratationsenthalpie von ΔH in kJMol^{-1} organischer Verbindungen bei Anlagerung von n-Molen flüssigen Wassers 1323
  625. Neutralisationsenthalpie 1326
    6251. Anorganische einbasische Säure mit anorganischen Basen 1326
    6252. Anorganische mehrbasische Säuren mit anorganischen Basen 1327
    6253. Organische Säuren mit anorganischen Basen . . . 1327
  626. Adsorptionswärme 1328
63. Thermodynamische Zustandsgrößen 1329
  631. Einleitung. Von K. SCHÄFER 1329
    6321. Elemente 1333
    6322. Anorganische Verbindungen 1347
    6323. Organische Verbindungen 1363
    6324. Kältemittel 1378
64. Joule-Thomson-Effekt 1390
  6401. Ar Argon 1390
  6402. Argon Joule-Thomson-Koeffizient μ (Isobaren) . 1390
  6403. CO Kohlenstoffmonoxid 1391
  6404. CO_2 Kohlendioxid 1391
  6405. C_2H_4 Äthen 1391
  6406. H_2 Wasserstoff 1391
  6407a Wasserstoff. Joule-Thomson-Koeffizient μ (Isobaren) 1392

Inhaltsverzeichnis

6407b Deuterium. Joule-Thomson-Koeffizient μ (Isobaren) 1392
6408. He Helium 1392
6409. N_2 Stickstoff 1393
6410. Ammoniak Joule-Thomson-Koeffizient μ(Isothermen) 1393
6411. O_2 bei $p = 2$ atm 1393
6412. Xe Xenon 1394
6413. Inversionskurven des Joule-Thomson-Koeffizienten μ im reduzierten Diagramm 1394

65. Tabellen zur Berechnung thermodynamischer Funktionen für Gase und Festkörper 1394
   651. Planck-Einstein-Funktionen 1394
   652. Debye-Funktionen 1398
   653. Anharmonizitäten 1402
   654. Innere Rotation (bzw. Drillschwingungen) 1403

7. Dynamische Konstanten 1407

71. Viskosität 1407
   711. Viskosität von Stoffen unter dem Druck von 1 atm oder Sättigungsdruck 1409
      7111. Flüssigkeiten 1409
         71111. Anorganische Verbindungen 1409
         71112. Organische Verbindungen 1410
         71113. Viskosität von Brennstoffen und Ölen . . . 1416
         71114. Viskosität von Schmelzen 1417
      7112. Lösungen 1418
         71121. Seewasser 1418
         71122. Viskosität von Säuren—Wassergemischen . 1419
         71123. Relative Viskosität von wäßrigen Lösungen anorganischer Stoffe in Abhängigkeit von der Konzentration 1420
         71124. Viskosität von wäßrigen Lösungen organischer Stoffe in Abhängigkeit von Temperatur und Konzentration 1421
      7113. Viskosität von Gasen 1423
         71131. Anorganische Gase 1423
         71132. Organische Gase 1424
         71133. Viskosität von reinen Gasen und Gasgemischen in Abhängigkeit von der Temperatur 1425
   712. Viskosität bei hohen Drucken 1430
      7121. Elemente 1430
      7122. Mischungen von Elementen bei 20° C 1431
      7123. Anorganische Verbindungen 1432
      7124. Organische Verbindungen 1433

72. Diffusion 1437
   721. Diffusion zwischen zwei kondensierten Phasen 1437
      7211. Metallische Lösungen 1438
      7212. Ionendiffusion in Metallverbindungen 1440
   722. Diffusion von Flüssigkeiten ineinander 1441
      7221. Diffusionskoeffizienten D in Lösungen von anorganischen Verbindungen in Wasser gegen reines H_2O 1441
      7222. Diffusionskoeffizienten D von Gasen in H_2O . . . 1443
      7223. Diffusionskoeffizienten D flüssiger anorganischer Stoffe in flüssigen anorganischen Stoffen. 1443

7224. Diffusionskoeffizient D organischer Verbindungen in Wasser und Lösungen der Verbindung in Wasser in Abhängigkeit von der Konzentration der Lösung und der Temperatur 1444
7225. Diffusionskoeffizient D organischer Verbindungen in organischen Verbindungen in Abhängigkeit von Temperatur ϑ und Konzentration 1447
7226. Diffusionskoeffizient D organischer Verbindungen in organischen Lösungsmitteln 1449

723. Diffusion in Gasen 1450
    72311. Elemente 1451
    72312. Anorganische Verbindungen 1451
    72313. Organische Verbindungen 1452
  7232. Diffusion von Gasen in Luft 1452
  7233. Diffusion weiterer Gase ineinander 1453

73. Wärmeleitfähigkeit 1456
  731. Wärmeleitfähigkeit λ von Flüssigkeiten 1456
    7311. Wärmeleitfähigkeit λ von reinen Flüssigkeiten . . 1456
      73111. Elemente 1456
      73112. Anorganische Verbindungen 1458
      73113. Organische Verbindungen 1459
    7312. Wärmeleitfähigkeit von wäßrigen Lösungen . . . 1462
      73121. Anorganische Verbindungen 1462
      73122. Organische Verbindungen 1464

  732. Wärmeleitfähigkeit von Gasen 1466
    7321. Temperaturabhängigkeit der Wärmeleitfähigkeit . 1466
      73211. Elemente und anorganische Verbindungen . 1466
      73212. Organische Gase 1468
      73213. Gasmischungen, Abweichungen von der Linearität für $p \approx 1$ bar 1470
    7322. Druckabhängigkeit der Wärmeleitfähigkeit . . . 1472
      73221. Elemente und anorganische Verbindungen . 1472
      73222. Organische Verbindungen (CH_4, C_2H_4, C_2H_6, C_3H_8) 1473
      73223. Weitere organische Verbindungen 1473

74. Effekte in ungleich temperierten Systemen 1474
  741. Thermodiffusion in Gasen 1474
  742. Thermodiffusion in Flüssigkeitsgemischen (Ludwig-Soret-Effekt) 1476
    7421. Thermodiffusion in Flüssigkeitsgemischen 1476
    7422. Thermodiffusion in wäßrigen Elektrolytlösungen . 1478

75. Reaktionsgeschwindigkeiten 1479
  751. Oxydationsgeschwindigkeit von Metallen an Oberflächen 1479
  752. Zunderkonstante k'' von Metallen 1480
  753. Phasenreaktionskonstante von Metallen 1482
  754. Zündgrenzen in Luft und Sauerstoff 1482

76. Quantenausbeute 1483
  761. Reaktionen in der Gasphase 1484
  762. Reaktionen in der flüssigen Phase 1485

77. Reaktionsgeschwindigkeiten in Gasen 1485
  771. Reaktionen mit Molekülen 1489
    7711. Umlagerungen 1489
    7712. Zerfallsreaktionen 1492
    7713. Anlagerungsreaktionen 1496
    7714. Austauschreaktionen 1498
    7715. Sonstige Reaktionen 1499
  772. Reaktionen mit Atomen bzw. Radikalen 1500
    7721. Zerfallsreaktionen 1500
    7722. Anlagerungsreaktionen 1503
    7723. Austauschreaktionen 1505
    7724. Sonstige Reaktionen 1511
  773. Reaktionen mit Ionen 1511
Sachverzeichnis 1513

Druckfehlerberichtigung

S. 3 in Tabelle 113101 Längenmaße ist einzufügen:
1 Seemeile = 1852 m

S. 7 in Tabelle 113107 Geschwindigkeit ist einzufügen:
1 Knoten = 1 Seemeile/h = 1,852 km/h

S. 61 Normalbeschleunigung:
statt 9,80665 cm^{2}s^{-2} lies
9,80665 m s^{-2}

S. 62 Stefan-Boltzmannsche Strahlungskonstante:
statt 5,668·10^{-12} W cm^{2}grd^{-4} lies
5,668·10^{-12} W cm^{-2}grd^{-4}

Zeeman-Aufspaltungskonstante:
statt 4,6686·10^{-5} cm/Oersted lies
4,6686·10^{-5} cm^{-1} Oersted^{-1}

S. 68 Entdeckungsjahr Francium:
statt 1993 lies
1939

3. Mechanisch-thermische Konstanten homogener Stoffe

31. Dichte, Ausdehnung, Kompressibilität und Festigkeitseigenschaften fester Stoffe

311. Mittlerer kubischer Ausdehnungskoeffizient $\bar{\gamma}$ von anorganischen festen Verbindungen

(s. auch Tabelle 221; Elemente s. Tab. 214)

Stoff	Temperaturbereich °C	$\bar{\gamma}$ in 10^{-6} grd^{-1}	Temperaturbereich °C	$\bar{\gamma}$ in 10^{-6} grd^{-1}
AlBr$_3$	−192...−78	15	−78...+18	40
AgCl	−	−	20...150	10,3
AlCl$_3$	−183...−78	6	−78...+17	7
AlJ$_3$	−183...−78	19	−78...+17	23
Al$_2$O$_3$	20...100	0,46	20...200	0,58
Sinterkorund	20...400	0,68	20...600	0,75
AsBr$_3$	−194...−79	25	−	−
AsCl$_3$	−194...−79	19	−	−
As$_2$O$_3$	−	−	0...50	11
B$_2$O$_3$	100...150	5	275...325	61
BaCl$_2$	−	−	20...150	6
Ba(NO$_3$)$_2$	−195...−78	2	−78...15	5
BaS	−	−	30...75	10,2
BaSO$_4$	−183...−78	6	−78...+21	7,5
BeCl$_2$	−	−	20...150	11,3
BiBr$_3$	−195...−79	14	−79...+17	20
BiCl$_3$	−195...−79	15	−	−
BiJ$_3$	−194...−79	11	−79...+17	16
CaCl$_2$	−	−	20...150	6,7
CaF$_2$	−	−	40	5,74
	−	−	52	5,80
CaJ$_2$	−	−	20...150	9,1
CaO	−	−	30...75	6,3
β-Ca$_3$(PO$_4$)$_2$	−193...−78	6	−78...+15	10
CaS	−	−	30...75	5,1
CdCl$_2$	−	−	20...150	7,3
CdF$_2$	−	−	20...150	8
CdJ$_2$	−	−	20...150	10,7
CrO$_3$	−183...−78	17	−78...+25	17
CrO$_4$K$_2$	−	−	0...100	11,3
CsBr	30...75	17,9	−	−
CsCl	30...75	14,9	−	−
CsF	30...75	9,5	−	−
CsJ	30...75	16,5	−	−
CuBr	20...150	5,6	−	−
CuCl	30...75	6,5	−	−
CuJ	20...150	6,7	−	−
HF	−191...−94	80	−	−
FeCO$_3$	−195...−78	4	−78...+15	6
FeCl$_3$	−194...−78	6	−78...+17	5
GeCl$_4$	−195...−79	52	−	−

311. Ausdehnungskoeffizient $\bar{\gamma}$ von anorganischen Verbindungen

Stoff	Temperaturbereich °C	$\bar{\gamma}$ in 10^{-5} grd^{-1}	Temperaturbereich °C	$\bar{\gamma}$ in 10^{-5} grd^{-1}
H_2O	−5...0	21,3	−	−
HgJ_2	18...125,1	14	129,8...138	23,5
HJO_3	−190...−78	11	−	−
J_2O_5	−195...−78	8	−	−
KBr	−184...−79	10,1	−79...0	11
K_2CO_3	−183...−78	9	−78...+19	13
KCl	−195...+14	18,9	−78...+25	10,1
$KClO_3$	−195...−78	13	−78...+21	22
KF	−184...−79	17,9	−79...0	10,0
KJ	−184...−79	11,6	−79...0	12,5
KJO_3	−194...−78	9	−78...+15	9,5
$KMnO_4$	−194...−78	17	−78...+18	22
KNO_2	−195...−78	14	−78...+18	21
KOH	30...90	18,8	30...130	19,6
K_3PO_4	−193...−78	8	−78...+17	12
K_2SO_4	−195...−78	7	−78...+21	13
LiBr	−184...−79	11,8	−79...0	14,0
LiCl	−184...−79	10	−79...0	12,2
LiF	−184...−79	6,1	−79...0	9,2
LiJ	−184...−79	14,1	−79...0	16,7
MgC_2	−	−	10...150	7,4
MgF_2	−	−	20...150	3,2
MgO	−	−	30...75	4
MoO_3	−195...−78	5	−78...+21	7
NH_4Cl	−195...−78	9	−78...+19	28
$(NH_4)_2HPO_4$	−191...+17	16	−	−
$(NH_4)_3PO_4$	−195...−78	22	−	−
$(NH_4)_4P_2O_7$	−195...+18	6	−	−
NaBr	−184...−79	10,7	−79...0	11,9
NaCl	−184...−79	9,3	−79...0	11,0
NaF	−184...−79	6,8	−79...0	9,8
NaJ	−184...−79	12,3	−79...0	13,5
$NaNO_3$	−188...−78	9	−78...+20	11
NaOH	−	−	20...120	8,4
$NaPO_3$	−	−	600...770	4,3
NaH_2PO_4	−	−	620...935	5,3
$POBr_3$	−183...−79	24	−19...−21	20
PCl_5	−183...−79	22	−	−
$POCl_3$	−183...−79	19	−	−
H_3PO_4	−195...−78	19	−	−
P_2O_5	−195...−78	17	−	−
P_2O_5 (glasig)	−195...−78	14	−	−
$PbBr_2$	−	−	0...50	9
$PbCl_2$	−	−	20...150	9,3
PbJ_2	−	−	20...150	10,8
PbO	−195...−78	13,5	−78...+16	5,5
RbBr	−184...−79	9,7	−79...0	10,4
RbCl	−184...−79	9,2	−79...0	9,9
RbJ	−184...−79	11,2	−79...0	11,9
SO_3	−190...−78	28	−	−
$H_2SO_4 \cdot H_2O$	−192...−78	8	−78...0	12
$SbBr_3$	−195...−79	21	−79...+17	26
$SbCl_3$	−195...−79	20	20...150	23,9
SbJ_3	−195...−79	15	−79...+17	17

Stoff	Temperaturbereich °C	$\bar{\gamma}$ in 10^{-5} grd^{-1}	Temperaturbereich °C	$\bar{\gamma}$ in 10^{-5} grd^{-1}
SeO_3	−195...−78	9	—	—
$SiBr_4$	−194...−71	44	—	—
SiC	18...1200	6,25	—	—
$SiCl_4$	−195...−79	51	—	—
SiJ_4	−195...−79	30	—	—
$SnBr_4$	−195...−79	30	—	—
$SnCl_4$	−195...−79	24	—	—
SnJ_4	−195...−79	24	−79...0	30
SnO_2 (synth.)	−192...−78	36	—	—
$Sr(NO_3)_2$	30...75	9,7	—	—
WCl_6	−195...−78	17	−78...+19	20
$ZnCl_2$	—	—	20...150	8,7
ZnF_2	—	—	20...150	3,4

312. Mittlerer kubischer Ausdehnungskoeffizient $\bar{\gamma}$ von organischen festen Verbindungen

Formel	Name	Temperaturbereich °C	$\bar{\gamma}$ in 10^{-5} grd^{-1}
CBr_4	Tetrabromkohlenstoff	−194...−79	33
CCl_4	Tetrachlorkohlenstoff	−195...−79	45
$CHBr_3$	Bromoform	−195...−79	28
CHJ_3	Jodoform	−195...−79	28
CH_2Br_2	1,2-Dibrom-methan	−194...−79	46
CH_2J_2	1,2-Dijod-methan	−194...−79	29
CH_2O_2	Ameisensäure	−183...−79	24
CH_4N_2O	Harnstoff	−190...17	32
$C_2H_3O_2K$	Essigsaures K	−78...+25	32
$C_2H_4O_2$	Essigsäure	−183...−79	28
$C_3H_4O_4$	Malonsäure	−195...+16	18
$C_3H_6O_2$	Propionsäure	−183...−79	38
$C_4H_6O_3$	Acetanhydrid	−195...−79	35
$C_4H_8O_2$	Buttersäure	−183...−79	40
$C_5H_{10}O_2$	Valeriansäure	−183...−79	35
C_6H_6	Benzol	−183...−79	35
C_6H_6O	Phenol	−195...−79	36
		−79...−21	34
		−21...+16	42
C_7H_6O	Benzaldehyd	−195...−81	26
$C_7H_6O_2$	Benzoesäure	−195...−79	20
		−79...+16	23
$C_7H_6O_3$	Salicylsäure	−195...−79	16
		−79...+17	22
C_7H_8O	Benzylalkohol	−79...+17	26
$C_8H_{16}O_2$	Caprylsäure	−195...−79	47
$C_8H_{18}O$	Octanol-(1)	−195...−79	19
$C_9H_{18}O_2$	Pelargonsäure	−195...−18	27
		−18...0	50
$C_{10}H_5$	Naphthalin	−20...+20	27
		+20...+60	28,2

313. Kubischer Kompressibilitätskoeffizient $\varkappa$ in 10^{-6} at^{-1}

Formel	Name	Temperaturbereich °C	$\bar{\gamma}$ in 10^{-5} grd^{-1}
$C_{10}H_{16}O$	Campher	20..100	48,5
		100...140	49,4
$C_{10}H_{20}O_2$	Caprinsäure	−195...−79	44
$C_{12}H_{24}O_2$	Laurinsäure	−195...+13	40
$C_{12}H_{26}O$	Dodecanol	−195...−79	32
$C_{14}H_{10}$	Anthracen	−195...+22	19
		20...100	22,2
		100...180	28,7
$C_{16}H_{31}O_2K$	Palmitinsaures K	−78...+25	26
$C_{16}H_{32}O_2$	Palmitinsäure	−195...−79	27
		−79...+17	38
$C_{18}H_{35}O_2K$	Stearinsaures K	−78...+25	24
$C_{18}H_{36}O_2$	Stearinsäure	−195...−79	32
$C_{62}H_{126}$	Dohexacontan	−195...+16	26

313. Kubischer Kompressibilitätskoeffizient $\varkappa$ in 10^{-6} at^{-1}

$\varkappa$ ist aus $\varkappa = a + bp$ zu berechnen, a in 10^{-6} at^{-1}, b in 10^{-12} at^{-2}

Abkürzungen: a. Schm. = aus dem Schmelzfluß, a. Wss. = aus wäßriger Lösung, E. = Einkrystall, gepr. = gepreßt, ges. = gesintert, Kr. = Krystall, Pulv. = Pulver, wssfr. = wasserfrei.

Formel, Angaben über Zustand	°C	Druckbereich kg · cm^{-2}	$\varkappa = a + bp$	
			a in 10^{-6} at^{-1}	b in 10^{-12} at^{-2}
AgBr	20	100...510	2,7	—
AgCl	20	100...510	2,4	—
AgJ	20	100...510	4,0	—
AgNO$_3$	0	50...200	3,60	—
Ag$_2$S	0	50...200	2,94	—
AlK(SO$_4$)$_2$ · 12 H$_2$O, E. a. Wss.	30	0...12000	6,303	−116,1
	75	0...12000	5,574	−93,3
AlNH$_4$(SO$_4$)$_2$ · 12 H$_2$O, E. a. Wss.	30	0...12000	6,354	−102,3
	75	0...12000	6,198	−100,8
Al$_2$O$_3$, synth. Saphir	30	0...2000	0,317	—
Al$_2$O$_3$, Pulv. gepr.	30	0...9000	9,294	−272,4
As$_2$O$_3$, Pulv. gepr.	30	0...9000	9,294	−272,4
BaCO$_3$, Witherit	0	50...200	1,98	—
BaF$_2$, Pulv. ges.	30	0...12000	2,07	−17,7
	75	0...12000	2,08	−18,1
BaSO$_4$, Schwerspat	0	50...200	1,73	—
Bi$_2$S$_3$, Wismutgl.	0	50...200	3,25	—
CSi, Carborund	20	50...200	0,37	—
CaCO$_3$, Kalkspat	20	0...10200	1,36	—
CaCO$_3$, Marmor	20	0...10200	1,36	—
CaCO$_3$, Aragonit	0	50...200	1,50	—
CaF$_2$	0	50...200	1,22	—
CaO, Pulv. gepr.	30	0...12000	4,57	−58,2
	75	0...12000	4,64	−58,5
CaSO$_4$, Anhydrit	0	50...200	1,79	—
CaSO$_4$ · 2 H$_2$O (Gips)	0	50...200	2,45	—

3. Mechanisch-thermische Konstanten homogener Stoffe

Formel, Angaben über Zustand	°C	Druckbereich kg·cm^{-2}	$\varkappa=a+bp$ a in 10^{-6} at^{-1}	b in 10^{-12} at^{-2}
CaS, Pulv. gepr.	30	0...12000	2,280	−38,8
	75	0...12000	2,022	−25,8
CdF$_2$	30	0...12000	1,102	−8,5
	75	0...12000	1,096	−8,4
CoAsS, Kobaltgl.	0	50...200	0,8	—
CrK(SO$_4$)$_2$ · 12 H$_2$O, E. a. Wss.	30	0...12000	6,486	−112,5
CsBr, Pulv. gepr.	30	0...12000	6,918	−144,9
	75	0...12000	7,200	−141,6
CsCl, Pulv. gepr.	30	0...12000	5,829	−96,9
	75	0...12000	6,060	−101,1
CsF, grobkryst. a. Schm.	30	0...12000	4,155	−57,9
	75	0...12000	4,347	−61,8
CsJ, Pulv. gepr.	30	0...12000	8,403	−201,9
	75	0...12000	8,661	−195,6
CuBr, Pulv. gepr.	30	0	2,87	—
	75	0	3,16	—
CuCl, Pulv. gepr.	30	0...12000	2,463	−14,1
	75	0...12000	2,716	−24,2
CuFeS$_2$, Kupferkies	0	50...200	1,25	—
CuJ, Pulv. gepr.	30	0...12000	2,752	−25,1
	75	0...12000	2,957	−33,6
Cu$_2$O, Pulv. gepr.	30	0...12000	1,909	−19,92
	75	0...12000	2,003	−22,74
FeAsS, Arsenkies	0	50...200	0,96	—
FeCO$_3$, Eisenspat	0	50...200	0,97	—
Fe$_2$O$_3$, Roteisenstein	0	50...200	1,06	—
FeS$_2$, Pyrit	0	50...200	0,70	—
KBr	30	0...12000	6,56	—
KCl	30	0...12000	5,53	—
KF	30	0	3,25	—
KJ	30	0...12000	8,37	—
K$_2$SO$_4$, Pulv. gepr.	Z.T.	0...10200	3,250	−36,8
LiBr	20	50...200	4,9	—
	30	0	4,23	—
LiCl	20	50...200	3,6	—
	30	0	3,34	—
LiF	30	0	1,50	—
LiJ · 3 H$_2$O	30	0...12000	6,51	−117
MgO, Pulv. gepr.	30	0...12000	0,986	−10,8
	75	0...12000	0,997	−12,2
MgO, synth. Kr.	30	0...12000	0,5904	−2,22
	75	0...12000	0,5979	−2,22
MnCO$_3$, Manganspat	0	50...200	1,3	—
MnCl$_2$, Pulv. gepr.	30	0...12000	5,409	−96,3
	75	0...12000	5,562	−106,5
NH$_4$Br, Pulv. gepr.	0	0...3000	6,0	—
	75	0...3000	6,7	—
NH$_4$Cl, Pulv. gepr.	30	0...2000	5,9	—
	75	0...2000	6,2	—
NH$_4$NO$_3$, Pulv. gepr.	Z.T.	0...10200	6,554	−132,3
NaBr	30	0...12000	4,98	—
NaBrO$_3$, E. a. Wss.	30	0...12000	4,32	−74,2

313. Kubischer Kompressibilitätskoeffizient $\varkappa$ in 10^{-6} at^{-1} 1–801

Formel, Angaben über Zustand	°C	Druckbereich kg·cm^{-2}	$\varkappa = a + bp$	
			a in 10^{-6} at^{-1}	b in 10^{-12} at^{-2}
NaCl, Kr. a. Schm.	30	0...12000	4,182	−50,4
	75	0...12000	4,344	−51,9
NaClO$_3$, E. a. Wss.	30	0...12000	4,94	−93
	75	0...12000	5,28	−93
NaF, Pulv. ges.	30	0...12000	2,07	−17,7
	75	0...12000	2,08	−18,1
NaJ, Pulv. gepr.	30	0	6,936	—
NaNO$_3$, E. a. Schm.	30	0...12000	3,854	−39,2
Na$_2$SO$_4$, Thenardit	Z.T.	0...10200	2,324	−22,9
PbSO$_4$, Anglesit	0	50...200	1,89	—
PbS, Bleiglanz	0	50...200	1,92	—
RbBr	20	50...200	8,0	—
	30	0	7,78	—
RbCl, E. a. Schm.	30	0...800	6,52	—
	75	0...800	6,75	—
RbJ	20	50...200	9,1	—
	30	0	9,39	—
Sb$_2$S$_3$, Antimonglanz	0	50...200	1,46	—
SiO$_2$, Quarz	0	50...200	2,62	—
SnO$_2$, Zinnstein	0	50...200	0,47	—
SrF$_2$, Pulv. ges.	30	0...12000	1,58	−10,3
	75	0...12000	1,61	−10,8
Sr(NO$_3$)$_2$, Pulv. gepr.	30	0...12000	3,249	−43,2
	75	0...12000	3,366	−41,1
SrS, Pulv. gepr.	30	0...12000	2,383	−38,6
	75	0...12000	2,318	−43,5
TiO$_2$, Rutil	0	50...200	0,57	—
TlBr	20	100...510	5,2	—
TlCl	20	100...510	4,8	—
TlJ	20	100...510	6,8	—
ZnCl$_2$, wssfr. Pulv. gepr.	30	0...12000	4,14	−107,7
ZnO, Rotzinkerz	0	50...200	0,75	—
ZnS, Zinkblende	0	50...200	1,26	—

32. Dichte, Ausdehnung und Kompressibilität von reinen Flüssigkeiten

321. Dichte reiner Flüssigkeiten

3211. Druckabhängigkeit der relativen Volumen von Äthanol und Diäthyläther bei verschiedenen Temperaturen

Bezugsgröße: Volumen bei 20° C und 1 at

Druck in at.	Temperatur								
	20° C		100° C		200° C		300° C	350° C	400° C
	Alkohol	Äther	Alkohol	Äther	Alkohol	Äther	Alkohol	Äther	Äther	Alkohol
1	1,0000	1,0000	—	—	—	—	—	—	—	—
100	0,9913	0,9877	1,1053	1,3333	—	—	—	—	—	—
200	9839	9767	0852	1030	1,2534	—	—	—	—	—
300	9769	9670	0677	0854	2305	1,2594	—	—	—	—
400	9699	9587	0541	0692	2115	2177	—	—	—	—
500	9629	9517	0433	0530	1927	1787	—	—	—	—
600	9567	9446	0324	0383	1751	1476	1,3947	1,3406	—	—
700	9513	9376	0215	0246	1575	1232	3520	3003	1,4506	—
800	9460	9306	0106	0123	1398	1015	3190	2732	4075	1,7040
900	9406	9249	0010	0026	1249	0824	2947	2487	3751	6573
1000	9353	9192	0,9928	0,9930	1139	0720	2758	2269	3466	6251
1200	9246	9105	9806	9749	0918	0458	2419	1900	3004	5672
1400	9147	9004	9684	9596	0755	0249	2105	1584	2647	5147
1600	9065	8917	9594	9469	0621	0094	1831	1308	2357	4779
1800	8999	8830	9504	9368	0520	0,9951	1643	1098	2081	4438
2000	8943	8723	9422	9281	0428	9836	1508	0901	1817	4150
2200	8886	8663	9349	9194	0337	9735	1381	0731	1620	3875
2400	8845	8603	9283	9134	0261	9646	1254	0591	1463	3675
2500	8825	8586	9255	9103	0232	9615	1199	0550	1404	3596

Der absolute Wert des spezifischen Volumens für Alkohol bei 20° und 1 at = 1,262. Der absolute Wert des spezifischen Volumens für Äther bei 20° und 1 at = 1,40.

3212. Dichte D, kubischer Ausdehnungs- (γ) und Kompressibilitätskoeffizient ($\varkappa$) von reinen anorganischen und organischen Flüssigkeiten bei 18° C

Stoff	D in g·cm^{-3}	γ in 10^{-5} grd^{-1}	$\varkappa$ in 10^{-6} atm^{-1}	Stoff	D in g·cm^{-3}	γ in 10^{-5} grd^{-1}	$\varkappa$ in 10^{-6} atm^{-1}
32121. Anorganische Flüssigkeiten							
Arsenchlorid	2,17	102	—	Schwefelsäure	1,834	57	—
Brom	3,120	113	64	Siliciumtetrabromid	2,812	—	86,6
Phosphortrichlorid	1,578	—	—	Siliciumtetrachlorid	1,483	140,44	165,2
Quecksilber	13,5457	18,1	3,91	Titantetrachlorid	1,76	—	89,6
Salpetersäure	1,512	124	—	Wasser	0,9982	18	45,9
Schwefelkohlenstoff	1,263	118	92,7[1]	Zinntetrachlorid	2,232	—	108,9

321. Dichte reiner Flüssigkeiten

32122. Organische Flüssigkeiten

Stoff	D in g·cm^{-3}	γ in 10^{-5} grd^{-1}	$\varkappa$ in 10^{-6} atm^{-1}	Stoff	D in g·cm^{-3}	γ in 10^{-5} grd^{-1}	$\varkappa$ in 10^{-6} atm^{-1}
Aceton	0,791	143	125,6	Glutarsäure-äthylester	1,0270	98,6	—
Actonitril	0,783	138	—	Glutarsäure-amylester	—	86,4	—
Acetophenon	1,0238	84,6	—	Glycerin	1,2604	50	21,7
Adipinsäure-diäthylester	1,009	94,9	—	Heptan	0,6898	124,4	120
				Heptylbromid	1,133	94,5	—
Äthanol	0,7892	110	114[1]	Heptyljodid	1,366	88,6	—
Äthylbenzol	0,8669	96	83	Heptylsäure (Önanthsäure)	0,9216	90,2	—
Äthylbromid	1,4586	142	122				
Äthylenglykol	1,1131	62	—	Hexan	0,6603	135	150
Äthyljodid	1,9330	117	—	Isoamylalkohol	0,8130	93	—
Äthylmercaptan	0,8454	145,56	—	Isobutanol	0,805	94	100
Allylalkohol	0,8703	103	—	Isobuttersäure	0,9682	108	—
Allylchlorid	0,938	141	—	Isopentan	0,6206	154	—
Ameisensäure	1,22	102	—	Isopropanol	0,786	106	100
Ameisensäure-äthylester	0,9229	141	—	Isopropylbromid	1,3222	128	—
				Isopropylchlorid	0,8588	147	—
Ameisensäuremethylester	0,975	124	—	Isopropyljodid	1,7109	113	—
				Isovaleriansäure	0,9332	100	—
Amylalkohol	0,81	88	90	Isovaleriansäurenitril	0,7884	167	—
Anilin	1,022	84	36,1	Jodbenzol	1,8228	83	—
Anisol	1,0124	93	—	Malonsäure-diäthylester	1,0550	101	—
Benzoesäure-äthylester	1,047	88	—				
Benzoesäure-amylester	1,01	85	61	Malonsäure-diamylester	—	90,7	—
				Methanol	0,7923	119	120
Benzoesäure-methylester	1,10	88	—	Methyläthylketon	0,8255	128	—
				Methylanilin	0,9868	81,5	—
Benzol	0,8786	106	95,4[1]	Methylcyclohexan	0,7718	118	—
Benzonitril	1,0051	89	—	Methyljodid	2,279	124	—
Benzylalkohol	1,0427	75	—	Nitrobenzol	1,203	88	47
Benzylchlorid	1,1027[1]	97,2	—	Nitromethan	1,1322	119	—
Brombenzol	1,4952	92	95,4	o-Nitrotoluol	1,1674	84	—
Bromoform	2,8899	91	41,2	m-Nitrotoluol	1,160	81	—
Butanol	0,8098	—	92	Nonylsäure (Pelargonsäure)	0,9068	84,8	—
tert. Butanol	0,7887	135	—				
Buttersäure	0,9599	104	—	n-Octan	0,702	114	101,6
Buttersäure-äthylester	0,879	119	101	Octanol	0,827	81,6	—
Butylchlorid	0,8972	145	—	Octylbromid	1,116	91,1	—
Butyljodid	1,614	104	—	Octyljodid	1,341	87,6	—
Caprinsäure-äthylester	0,870	94,0	—	Oxalsäure-diäthylester	1,0785	108	—
Caprinsäure-nitril	0,8295	88,4	—				
Cetyljodid	1,123	80,9	—	Oxalsäure-diamylester	—	93,4	—
Chloral	1,512	93	—	Pentan	0,626	160	242
Chlorbenzol	1,1064	98	74,9[1]	Pentanol-(3)	0,8154	102	—
Chloroform	1,489	128	100[1]	Propanol-(1)	0,8044	98	100
o-Chlortoluol	1,0817	89	—	Propionitril	0,8021	127	—
Cyanwasserstoff	0,6969	193	—	Propionsäure	0,992	109	—
Cyclohexan	0,7791	120	118	Propionsäure-äthylester	0,8907	127	—
Cyclohexanon	0,9466	91,4	—				
Diäthyläther	0,71925	162	183	Propylbenzol	0,8617	97	—
Diäthylketon	0,8159	121	—	Propylbromid	1,3539	124,5	—
Diäthylsulfid	0,8364	119	—	Propylchlorid	0,8918	139	—
1,2-Dibromäthan	2,1804	87,5	59	Propyljodid	1,7472	109,5	—
Dibrommethan	2,4953	104	—	Pyridin	0,983	112,2	—
1,2-Dichloräthan	1,2576	117	—	Terpentinöl	0,855	97	79
Dichlormethan	1,336	137	—	Tetrachlorkohlenstoff	1,5985	122	110,5[1]
Dijodmethan	3,3254	81	—	o-Toluidin	0,9986	84	—
Dimethylanilin	0,9555	85,4	—	m-Toluidin	0,9891	82	—
Dimethylsulfid	0,8458	146	—	Toluol	0,866	110,9	87[1]
Dioxan	1,0329	109,4	—	Triäthylamin	0,7277	126	—
Essigsäure	1,0492	107	—	Trichloräthylen	1,464	119	—
Essigsäureanhydrid	1,082	113	—	Valeriansäure	0,9397	94	—
Essigsäure-äthylester	0,9010	138	104	Valeriansäurenitril	0,9566	108	—
Essigsäure-isoamylester	0,8708	114	—	o-Xylol	0,8892	97	—
				m-Xylol	0,8642	99	—
Fluorbenzol	1,0236	116	—	p-Xylol	0,8611	102	—
Formamid	1,1284	75	—				

[1] 0° C.

Kubischer Kompressibilitätskoeffizient von reinen Flüssigkeiten in Abhängigkeit von der Temperatur. *1* Diäthyläther, *2* Aceton, *3* Methanol, *4* Äthanol, *5* Tetrachlorkohlenstoff, *6* Chloroform *7* Benzol, *8* Schwefelkohlenstoff, *9* Toluol, *10* Chlorbenzol

3213. Dichte schwerer reiner Flüssigkeiten[1]

Anorganische reine Stoffe

Formel	ϑ °C	D_ϑ g·cm^{-3}	Formel	ϑ °C	D_ϑ g·cm^{-3}
$SnCl_4$	17	2,23	$HgNO_3 + H_2O$	70	4,3
	48	2,169	OsO_4	42	4,44
MoF_6	19	2,543		100	4,19
H_2SeO_4	Z.T.	2,611	$AgHg(NO_3)_2$	110	4,5
$BaHgBr_4$	10	3,137	$AgTl(NO_3)_2$	70	4,8
$Li_2HgJ_4 + H_2O$	Z.T.	3,28		90	4,6$_8$
$SnBr_4$	37,5	3,320		100	4,6$_6$
WF_6	15	3,441	$2AgNO_3 + 3AgJ$	70	5,0
$Na_2HgJ_4 + H_2O$	26	3,46	$HgTl(NO_3)_2$	76	5,3
$BaHgJ_4$	Z.T.	3,576			

[1] Weitere schwere Flüssigkeiten s. Tabelle 32214.

322. Dichte von Lösungen

Organische reine Stoffe

Name und Formel	ϑ °C	D_ϑ g·cm^{-3}	Name und Formel	ϑ °C	D_ϑ g·cm^{-3}
Äthyljodid, C_2H_5J	15	1,941	Bromoform, $CHBr_3$	20	2,8899
	20	1,929		50	2,7934
1,2-Dibromäthan $C_2H_4Br_2$	20	2,1804		70	2,7364
				90	2,6823
Methyljodid, CH_3J	20	2,2790	1,1,2,2-Tetrabromäthan	0	2,996
				20	2,9673
Dibrommethan CH_2Br_2	20	2,4953		30,4	2,934
				50	2,897
			Dijodmethan CH_2J_2	20	3,3254
				25	3,304

322. Dichte von Lösungen

3221. Dichte wäßriger Lösungen anorganischer Verbindungen, binäre Systeme

32211. Ausführliche Dichte-Tabellen von H_2O_2 Laugen und Säuren

a) $H_2O_2 - H_2O$, Wasserstoffperoxid — Wasser

Gew.%	Dichte in gcm^{-3}			Gew.%	Dichte in gcm^{-3}		
	0° C	10° C	20° C		0 °C	10° C	20° C
2	1,0079	1,0071	1,0056	30	1,1213	1,1164	1,1111
5	1,0195	1,0184	1,0164	35	1,1431	1,1371	1,1314
10	1,0395	1,0374	1,0345	40	1,1649	1,1588	1,1525
15	1,0594	1,0564	1,0529	45	1,1867	1,1801	1,1735
20	1,0797	1,0758	1,0717	50	1,2092	1,2021	1,1952
25	1,1002	1,0959	1,0910	55	1,2321	1,2248	1,2173

b) $Ca(OH)_2 - H_2O$, Kalkmilch — Wasser bei 20°

l-Gew. in g	Gew.% CaO	Gew.% $Ca(OH)_2$	gCaO/l	l-Gew. in g	Gew.% CaO	Gew.% $Ca(OH)_2$	gCaO/l
1008,5	0,99	1,31	10	1118,5	14,30	18,90	160
1017,0	1,96	2,59	20	1125,5	15,10	19,95	170
1024,5	2,93	3,87	30	1132,5	15,89	21,00	180
1031,5	3,88	5,13	40	1140,0	16,67	22,03	190
1039,0	4,81	6,36	50	1147,5	17,43	23,03	200
1046,0	5,74	7,58	60	1154,5	18,19	24,04	210
1053,5	6,65	8,79	70	1161,5	18,94	25,03	220
1060,5	7,54	9,96	80	1168,5	19,68	26,01	230
1067,5	8,43	11,14	90	1176,0	20,41	26,96	240
1075,0	9,30	12,29	100	1183,5	21,12	27,91	250
1082,5	10,16	13,43	110	1190,5	21,84	28,86	260
1089,5	11,01	14,55	120	1197,5	22,55	29,80	270
1096,5	11,86	15,67	130	1205,0	23,24	30,71	280
1104,0	12,68	16,76	140	1212,5	23,92	31,61	290
1111,0	13,50	17,84	150	1219,5	24,60	32,51	300

3. Mechanisch-thermische Konstanten homogener Stoffe

c) KOH—H₂O, Kalilauge—Wasser

Gew.% KOH	Dichte in gcm⁻³ bei									
	0° C	10° C	15° C	20° C	25° C	30° C	40° C	50° C	75° C	100° C
2	1,0193	1,0183	1,0174	1,0162	1,0148	1,0133	1,0098	1,0054	0,9922	0,9765
5	1,0481	1,0462	1,0450	1,0435	1,0420	1,0403	1,0363	1,0319	1,0186	1,0030
10	1,0962	1,0931	1,0913	1,0896	1,0877	1,0857	1,0812	1,0767	1,0633	1,0482
15	1,1457	1,1417	1,1396	1,1374	1,1352	1,1330	1,1283	1,1232	1,1096	1,0946
20	1,1954	1,1910	1,1887	1,1861	1,1840	1,1817	1,1766	1,1713	1,1571	1,1425
25	1,2461	1,2414	1,2390	1,2367	1,2340	1,2317	1,2264	1,2210	1,2068	1,1914
30	1,2990	1,2938	1,2910	1,2882	1,2858	1,2830	1,2776	1,2720	1,2578	1,2423
35	1,3522	1,3470	1,3441	1,3415	1,3389	1,3360	1,3304	1,3249	1,3099	1,2938
40	1,4073	1,4020	1,3992	1,3966	1,3939	1,3910	1,3850	1,3792	1,3640	1,3470
45	1,4650	1,4590	1,4560	1,4531	1,4500	1,4470	1,4413	1,4352		
50	1,5257	1,5187	1,5151	1,5120	1,5090	1,5059	1,4999	1,4940		

d) NH₃—H₂O, Ammoniak—Wasser

Gew.% NH₃	Dichte in gcm⁻³ bei									
	0° C	10° C	15° C	20° C	25° C	30° C	40° C	50° C	75° C	100° C
2	0,9919	0,9911	0,9903	0,9893	0,9881	0,9867	0,9832	0,9791	0,9660	0,9500
5	0,9804	0,9792	0,9782	0,9770	0,9756	0,9739	0,9700	0,9656	0,9517	0,9350
10	0,9625	0,9604	0,9590	0,9574	0,9556	0,9537	0,9490	0,9441	0,9289	0,9110
15	0,9464	0,9432	0,9414	0,9393	0,9371	0,9349	0,9297	0,9240	0,9082 60°	0,8900
20	0,9313	0,9272	0,9250	0,9227	0,9200	0,9172	0,9116	0,9057	0,8993	
25	0,9175	0,9127	0,9099	0,9070	0,9040	0,9010	0,8947	0,8880	0,8807	
30	0,9040	0,8980	0,8950	0,8919	0,8885	0,8850	0,8780	0,8704	0,8625	
35	0,8901	0,8832	0,8799	0,8761	0,8727	0,8689	0,8610	0,8527	0,8440	
40	0,8758	0,8685	0,8649	0,8609	0,8569	0,8527	0,8441	0,8351	0,8262	
45	0,8614	0,8531	0,8490	0,8449	0,8403	0,8360	0,8270	0,8175	0,8080	

e) NaOH—H₂O, Natronlauge—Wasser

Gew.% NaOH	Dichte in gcm⁻³ bei									
	0° C	10° C	15° C	20° C	25° C	30° C	40° C	50° C	75° C	100° C
2	1,0244	1,0231	1,0220	1,0208	1,0192	1,0177	1,0139	1,0095	0,9960	0,9796
5	1,0598	1,0570	1,0554	1,0537	1,0519	1,0500	1,0455	1,0407	1,0270	1,0115
10	1,1170	1,1132	1,1111	1,1090	1,1068	1,1044	1,0994	1,0941	1,0799	1,0643
15	1,1738	1,1690	1,1666	1,1641	1,1616	1,1590	1,1536	1,1479	1,1330	1,1172
20	1,2293	1,2243	1,2219	1,2191	1,2164	1,2137	1,2079	1,2020	1,1862	1,1699
25	1,2851	1,2798	1,2769	1,2740	1,2710	1,2680	1,2620	1,2559	1,2399	1,2229
30	1,3400	1,3340	1,3310	1,3280	1,3249	1,3218	1,3155	1,3090	1,2925	1,2753
35	1,3925	1,3861	1,3830	1,3799	1,3765	1,3732	1,3669	1,3601	1,3431	1,3259
40	1,4433	1,4368	1,4330	1,4300	1,4265	1,4231	1,4162	1,4096	1,3925	1,3750
45	1,4921	1,4850	1,4814	1,4780	1,4744	1,4710	1,4640	1,4570	1,4395	1,4220
50	1,5400	1,5326	1,5289	1,5251	1,5217	1,5180	1,5110	1,5039	1,4860	1,4689

f) HCl—H₂O, Salzsäure—Wasser

Gew.% HCl	Dichte in gcm⁻³								
	0° C	10° C	15° C	20° C	25° C	30° C	50° C	75° C	100° C
2	1,0118	1,0109	1,0100	1,0090	1,0076	1,0060	0,9981	0,9845	0,9680
5	1,0266	1,0253	1,0242	1,0230	1,0216	1,0200	1,0120	0,9993	0,9841
10	1,0521	1,0501	1,0487	1,0473	1,0457	1,0440	1,0359	1,0234	1,0090
15	1,0795	1,0761	1,0744	1,0726	1,0707	1,0687	1,0600	1,0475	1,0333
20	1,1065	1,1022	1,1000	1,0979	1,0957	1,0933	1,0839	1,0711	1,0575
25	1,1338	1,1287	1,1261	1,1238	1,1211	1,1186	1,1081	1,0947	1,0806
30	1,1611	1,1551	1,1522	1,1493	1,1463	1,1433	1,1318	1,1175	1,1030
35	1,1875	1,1805	1,1771	1,1738	1,1705	1,1671	1,1540	1,1379	1,1220

322. Dichte von Lösungen

Litergewicht gl^{-1} gesättigter HCl-Lösungen
bei verschiedenen Temperaturen

°C	gl^{-1}	Gew.%	°C	gl^{-1}	Gew.%	°C	gl^{-1}	Gew.%
0	1225,7	45,15	12	1214,8	43,28	23	1201,4	41,54
4	1226,5	44,36	14	1207,4	42,83			
8	1218,5	43,83	18	1206,4	42,34			

g) HNO$_3$ – H$_2$O, Salpetersäure – Wasser

Gew.% HNO$_3$	Dichte in gcm^{-3} bei								
	0° C	10° C	15° C	20° C	25° C	30° C	50° C	75° C	100° C
2	1,0107	1,0100	1,0091	1,0081	1,0067	1,0053	0,9976	0,9844	0,9685
5	1,0287	1,0275	1,0264	1,0253	1,0239	1,0221	1,0137	0,9997	0,9827
10	1,0605	1,0579	1,0561	1,0543	1,0523	1,0501	1,0401	1,0253	1,0082
15	1,0926	1,0888	1,0866	1,0842	1,0818	1,0791	1,0680	1,0520	1,0339
20	1,1256	1,1203	1,1177	1,1150	1,1121	1,1091	1,0966	1,0791	1,0597
25	1,1594	1,1531	1,1500	1,1468	1,1435	1,1400	1,1259	1,1066	1,0857
30	1,1945	1,1871	1,1834	1,1798	1,1760	1,1720	1,1561	1,1349	1,1122
35	1,2305	1,2223	1,2180	1,2138	1,2095	1,2051	1,1870	1,1631	1,1384
40	1,2653	1,2561	1,2514	1,2468	1,2419	1,2370	1,2171	1,1911	1,1638
45	1,2992	1,2896	1,2841	1,2790	1,2738	1,2683	1,2465	1,2181	1,1884
50	1,3323	1,3212	1,3158	1,3100	1,3041	1,2983	1,2746	1,2439	1,2117
55	1,3639	1,3517	1,3455	1,3393	1,3331	1,3270	1,3011	1,2681	1,2338
60	1,3932	1,3802	1,3737	1,3669	1,3601	1,3536	1,3261	1,2909	1,2546
65	1,4199	1,4057	1,3984	1,3913	1,3841	1,3770	1,3484	1,3120	1,2750
70	1,4438	1,4289	1,4210	1,4137	1,4060	1,3983	1,3686	1,3312	1,2940
75	1,4652	1,4493	1,4412	1,4337	1,4260	1,4180	1,3868	1,3487	1,3110
80	1,4845	1,4682	1,4600	1,4521	1,4437	1,4357	1,4039	1,3648	1,3264
85	1,5020	1,4851	1,4768	1,4688	1,4603	1,4520	1,4195	1,3789	1,3390
90	1,5172	1,5000	1,4910	1,4829	1,4740	1,4657	1,4320	1,3910	1,3511
95	1,5288	1,5109	1,5019	1,4931	1,4847	1,4760	1,4425	1,4019	1,3632
100	1,5495	1,5312	1,5220	1,5130	1,5040	1,4955	1,4610	1,4202	1,3824

h) H$_2$SO$_4$ – H$_2$O, Schwefelsäure – Wasser

Gew.% H$_2$SO$_4$	Dichte in gcm^{-3} bei								
	0° C	10° C	15° C	20° C	25° C	30° C	50° C	75° C	100° C
2	1,0148	1,0138	1,0129	1,0117	1,0103	1,0089	1,0006	0,9869	0,9705
5	1,0363	1,0344	1,0330	1,0317	1,0300	1,0280	1,0192	1,0052	0,9888
10	1,0736	1,0700	1,0680	1,0661	1,0638	1,0615	1,0517	1,0371	1,0205
15	1,1115	1,1069	1,1043	1,1020	1,0996	1,0970	1,0858	1,0703	1,0538
20	1,1503	1,1450	1,1421	1,1394	1,1366	1,1337	1,1216	1,1058	1,0885
25	1,1909	1,1844	1,1812	1,1781	1,1750	1,1717	1,1589	1,1421	1,1250
30	1,2321	1,2252	1,2220	1,2185	1,2150	1,2117	1,1979	1,1804	1,1630
35	1,2745	1,2671	1,2637	1,2600	1,2562	1,2528	1,2381	1,2202	1,2027
40	1,3174	1,3101	1,3066	1,3029	1,2990	1,2954	1,2809	1,2626	1,2445
45	1,3628	1,3551	1,3512	1,3475	1,3437	1,3400	1,3250	1,3066	1,2885
50	1,4109	1,4030	1,3990	1,3950	1,3910	1,3871	1,3719	1,3531	1,3348
55	1,4615	1,4533	1,4491	1,4452	1,4411	1,4371	1,4216	1,4021	1,3835
60	1,5152	1,5067	1,5022	1,4982	1,4940	1,4900	1,4737	1,4538	1,4345
65	1,5709	1,5620	1,5576	1,5532	1,5490	1,5449	1,5279	1,5070	1,4874
70	1,6287	1,6196	1,6150	1,6105	1,6061	1,6016	1,5840	1,5624	1,5417
75	1,6872	1,6781	1,6734	1,6691	1,6642	1,6598	1,6415	1,6188	1,5965
80	1,7480	1,7373	1,7320	1,7271	1,7220	1,7170	1,6971	1,6727	1,6492
85	1,8005	1,7894	1,7839	1,7787	1,7731	1,7679	1,7468	1,7211	1,6966
90	1,8359	1,8250	1,8196	1,8143	1,8090	1,8039	1,7830	1,7578	1,7331
95	1,8545	1,8439	1,8387	1,8336	1,8285	1,8235	1,8040	1,7801	1,7570
100	1,8511	1,8408	1,8357	1,8305	1,8257	1,8207	1,8013	1,7789	1,7578

3. Mechanisch-thermische Konstanten homogener Stoffe

Litergewicht gl^{-1} rauchender Schwefelsäure verschiedener Konzentration nach KNIEBECK

Gew.% SO$_3$		gl^{-1} 15° C	gl^{-1} 35° C	Gew.% SO$_3$		gl^{-1} 15° C	gl^{-1} 35° C
frei	gesamt			frei	gesamt		
0	81,63	1850,0	1818,6	52	91,18		1974,9
2	81,99		1827,0	54	91,55		1976,0
4	82,36		1836,0	56	91,91		1977,2
6	82,73		1842,5	58	92,28		1975,4
8	83,09		1849,8	60	92,65	2020 Max.	1973,8
10	83,46	1888	1856,5	62	93,02		1970,9
12	83,82		1862,7	64	93,38		1967,2
14	84,20		1869,2	66	93,75		1963,6
16	84,56		1875,6	68	94,11		1960,0
18	84,92		1883,0	70	94,48	2018	1955,0
20	85,30	1920	1891,9	72	94,85		1950,2
22	85,66		1902,0	74	95,21		1944,2
24	86,03		1909,2	76	95,58		1937,9
26	86,40		1915,8	78	95,95		1931,5
28	86,76		1922,0	80	96,32	2008	1925,1
30	87,14	1957	1928,0	82	96,69		1918,3
32	87,50		1933,8	84	97,05		1911,5
34	87,87		1940,5	86	97,42		1904,6
36	88,24		1947,4	88	97,78		1896,5
38	88,60		1953,5	90	98,16	1990	1888,8
40	88,97	1979	1958,4	92	98,53		1880,0
42	89,33		1961,2	94	98,90		1871,2
44	89,70		1964,3	96	99,26		1860,5
46	90,07		1967,2	98	99,63		1848,8
48	90,44		1970,2	100	100,00	1984	1837,0
50	90,81	2009	1973,3				

32212. Dichte D_ϑ wäßriger Lösungen anorganischer Verbindungen, binäre Systeme

Dichte D_ϑ in g cm^{-3} bei der Konzentration in Gew.%

Verbindung	ϑ °C	2	4	6	8	10	12	14	16	18	20	25	30	35	40	45	50
AgNO$_3$	20	1,0154	1,0327	1,0506	1,0690	1,0882	1,1080	1,1284	1,1495	1,1715	1,1942	1,2545	1,3205	1,3931	1,4743		1,668
AlCl$_3$	18	1,0164	1,0344	1,0526	1,0711	1,0900	1,1093	1,1290	1,1491								
AlK(SO$_4$)$_2$	19	1,0174	1,0369	1,0565													
Al(NO$_3$)$_3$	18	1,0144	1,0305	1,0469	1,0638	1,0811	1,0989	1,1171	1,1357	1,1549	1,1745		1,2805				
Al$_2$(SO$_4$)$_3$	19	1,019	1,040	1,061	1,083	1,105	1,129	1,152	1,176	1,201	1,226						
H$_3$AsO$_4$	20	1,0112	1,0245	1,0379	1,0515	1,0659	1,0802	1,0951									
H$_3$BO$_3$	20	1,0056	1,0136														
Na$_2$B$_4$O$_7$ [1]	15																
BaBr$_2$	20	1,0158	1,0335	1,0520	1,0711	1,0908	1,1113	1,1321	1,1542	1,1773	1,2009	1,2608	1,3320	1,4086	1,4929		
BaCl$_2$	20	1,0159	1,0341	1,0528	1,0721	1,0921	1,1128	1,1342	1,1564	1,1793	1,2031	1,2668					
Ba(ClO$_3$)$_2$	20	1,0145	1,0309	1,0477	1,0651	1,0836	1,1024	1,1220	1,1419	1,1623	1,1831						
Ba(ClO$_4$)$_2$	20	1,0150	1,0318	1,0484	1,0652	1,0829	1,1012	1,1202	1,1400	1,1602	1,1809	1,2355	1,2943	1,3602	1,4320	1,5085	1,5894
BaJ$_2$	20	1,0152	1,0330	1,0513	1,0700	1,0895	1,1100	1,1310	1,1529	1,1755	1,1989	1,2601	1,3283	1,4040	1,4898	1,5867	1,6978
Ba(NO$_3$)$_2$	20	1,0150	1,0318	1,0492	1,0670												
Ba(OH)$_2$	20	1,0204	1,0440														
BeCl$_2$	20	1,0112	1,0249	1,0382	1,0517	1,0658	1,0761	1,0902	1,1046	1,1193	1,1344						
Be(NO$_3$)$_2$	18	1,0108	1,0233	1,0361	1,0491	1,0624											
BeSO$_4$	20	1,0160	1,0336	1,0520	1,0708	1,0903	1,0876	1,1040	1,1210	1,1380	1,1566	1,2042	1,2560	1,3121	1,3733	1,4410	
HBr	20	1,0120	1,0262	1,0410	1,0560	1,0718											
HCN	18	0,996	0,993	0,990	0,986	0,982						0,958	0,925	0,908	0,892	0,876	0,860
CaBr$_2$	20	1,0152	1,0326	1,0504	1,0688	1,0877	1,1071	1,1272	1,1480	1,1696	1,1919	1,2499	1,3125	1,3809	1,457	1,541	1,635
CaCl$_2$	20	1,0148	1,0316	1,0486	1,0659	1,0835	1,1015	1,1198	1,1386	1,1578	1,1775	1,2284	1,2816	1,3373	1,3957		
Ca(ClO$_3$)$_2$	20	1,0129	1,0279	1,0430	1,0590	1,0749	1,0912	1,1081	1,1252	1,1428	1,1610	1,2090	1,2597	1,3125	1,3692	1,4285	1,4920
CaJ$_2$	20	1,0150	1,0323	1,0500	1,0683	1,0873	1,1069	1,1273	1,1485	1,1703	1,1928	1,2530	1,3195	1,3928	1,4734		
Ca(NO$_3$)$_2$	20	1,0130	1,0285	1,0442	1,0600	1,0762	1,0929	1,1100	1,1274	1,1450	1,1630	1,2096	1,2594	1,3122	1,3667	1,4235	1,4840
Ca(OH)$_2$ [2]	15																
CaSO$_4$	20	1,0130	1,0280	1,0431	1,0590	1,0749	1,0912	1,1082	1,1251	1,1429	1,1610	1,2090	1,2595	1,3125	1,3690	1,4282	1,4920
CdCl$_2$	20	1,0159	1,0339	1,0524	1,0715	1,0912	1,1115	1,1324	1,1540	1,1762	1,1994	1,2604	1,3273	1,4010	1,4833	1,5748	1,6762
Cd(NO$_3$)$_2$	18	1,0154	1,0326	1,0502	1,0683	1,0869	1,1061	1,1261	1,1468	1,1682	1,1904	1,2488	1,3124	1,3822	1,4590		
CdSO$_4$	18	1,0182	1,0383	1,0590	1,0803	1,1023	1,1250	1,1485	1,1729	1,1982	1,2243	1,2940	1,3714	1,4551	1,5470		
Ce$_2$(SO$_4$)$_3$	15	1,0190	1,0395	1,0606	1,0823	1,1047	1,1279	1,1520	1,1770	1,2030	1,2300						1,6356

[1] 15° 0,5% 1,0042 g/cm^3; 1,0% 1,0084 g/cm^3; 1,5% 1,0131 g/cm^3; 2,0% 1,0179 g/cm^3; 2,5% 1,0226 g/cm^3; 3,0% 1,0274 g/cm^3; 3,5% 1,0321 g/cm^3.
[2] 15° 0,05% 0,9998 g/cm^3; 0,10% 1,0004 g/cm^3; 0,15% 1,0011 g/cm^3 s. auch Tabelle „Kalkmilch" S. 805.

3. Mechanisch-thermische Konstanten homogener Stoffe

Dichte D_ϑ in gcm^{-3} bei der Konzentration in Gew.%

Verbindung	ϑ °C	2	4	6	8	10	12	14	16	18	20	25	30	35	40	45	50
HCl	20	1,0081	1,0180	1,0280	1,0376	1,0474	1,0573	1,0673	1,0774	1,0877	1,0980	1,1237	1,1491	1,1739	1,1980		
HClO$_3$	20	1,0010	1,0216	1,0336	1,0461	1,0590	1,0718	1,0852	1,0990	1,1129	1,1271	1,1627	1,2033	1,2469	1,2945	1,3460	1,4034
HClO$_7$	20	1,0098	1,0212	1,0333	1,0452	1,0578	1,0705	1,0836	1,0972	1,1109	1,1253	1,240	1,300				
Co(NO$_3$)$_2$	18	1,015	1,032	1,049	1,067	1,085	1,104	1,123	1,143	1,163	1,184						
CoSO$_4$	0	1,0215	1,0436	1,0662	1,0890												
CrCl$_3$ violett dunkelgrün	18																
CrK(SO$_4$)$_2$ violett	15	1,0166	1,0349	1,0535	1,0724	1,0917	1,1114	1,1316									
		1,0157	1,0332	1,0510	1,0691	1,0876	1,1065										
Cr(NO$_3$)$_3$ violett grün	15	1,0082	1,0376	1,0573	1,0773	1,089	1,109	1,129	1,150	1,171	1,193		1,315	1,383	1,456	1,533	1,615
		1,016	1,034	1,052	1,070												
CrO$_3$	15	1,0155	1,0325	1,0492	1,0666	1,0844	1,1027	1,1214	1,1407	1,1606	1,1810		1,2929	1,313	1,371	1,435	1,505
CrO$_4$Na$_2$	18	1,014	1,030	1,045	1,060	1,076	1,093	1,110	1,127	1,145	1,163		1,260				
Cr$_2$O$_4$Na$_2$	15	1,0163	1,0344	1,0529													
NH$_4$Cr(SO$_4$)$_2$ violett	15	1,013	1,027	1,041	1,056	1,070	1,084	1,098	1,112	1,126			1,207	1,244	1,279	1,312	1,342
Cr$_2$(SO$_4$)$_3$ violett grün	15	1,0072	1,0357	1,0545	1,065	1,082	1,100	1,118	1,137	1,156	1,176			1,341	1,403		1,542
		1,015	1,031	1,048													
CsBr	20	1,0191	1,0395	1,0604	1,0817	1,1034	1,1257	1,1486	1,1722	1,1966	1,2218	1,2380	1,3401	1,4123	1,4893	1,5266	1,6199
CsCl	20	1,0072	1,0358	1,0551	1,0751	1,0958	1,1172	1,1392	1,1618	1,1851	1,2091	1,2294	1,2995	1,3679	1,4424	1,4999	1,5852
CsF	20	1,0142	1,0299	1,0470	1,0648	1,0830	1,1018	1,1207	1,1406	1,1606	1,1818	1,2653	1,2881	1,3520	1,4227	1,5920	1,6226
CsJ	20	1,0139	1,0298	1,0462	1,0632	1,0806	1,0987	1,1170	1,1360	1,1552	1,1754	1,2653	1,3351	1,4120	1,4960		
CsNO$_3$	20	1,0156	1,0335	1,0520	1,0711	1,0910	1,1120	1,1334	1,1560	1,1790	1,2023	1,2653	1,3351	1,4120	1,4960	1,5920	
CsOH	20	1,0142	1,0299	1,0470	1,0640	1,0820	1,1009	1,1199	1,1399	1,1599	1,1809	1,2375	1,2995	1,3679	1,4430	1,5282	
Cs$_2$SO$_4$	20	1,0130	1,0281	1,0442	1,0608	1,0776	1,0944	1,1120	1,1306	1,1500	16,198						
CuCl$_2$	20	1,0160	1,0345	1,0536	1,0730	1,0930	1,1140	1,1360									
Cu(NO$_3$)$_2$	20	1,0160	1,0340	1,0521	1,0709	1,0902	1,1100	1,1302	1,1516	1,1730	1,1952	1,2545	1,3190	1,3909	1,4713	1,5600	1,6573
CuSO$_4$	20	1,017	1,036	1,056	1,076	1,096	1,116	1,138	1,160	1,182	1,205	1,248					
HF	20	1,015	1,032	1,050	1,069	1,088	1,107	1,126	1,147	1,168	1,189						
	20	1,019	1,040	1,062	1,084	1,107	1,131	1,155	1,180	1,206							
K$_3$Fe(CN)$_6$	20	1,0050	1,0121	1,0192	1,0258	1,0326	1,0395	1,0463	1,0535	1,0608	1,0680	1,0865	1,1052	1,1252	1,1460	1,1669	1,1870
K$_4$Fe(CN)$_6$	20	1,0090	1,0201	1,0314	1,0427	1,0542	1,0656	1,0789	1,0910	1,1030	1,1150						
FeCl$_2$	18	1,0165	1,0348	1,0535	1,0726	1,0923	1,1126	1,1336	1,1551	1,1771	1,1996	1,2596					
FeCl$_3$	20	1,015	1,032	1,049	1,067	1,085	1,104	1,123	1,142	1,162	1,182	1,234	1,291	1,353	1,417	1,485	1,551

322. Dichte von Lösungen

Fe(NO$_3$)$_3$	18	1,0044	1,0304	1,0468	1,0636	1,0810	1,0989	1,1172	1,1359	1,1551	1,1748	1,2281	1,307	1,376	1,449	1,1735	1,613
FeSO$_4$	18	1,0180	1,0375	1,0575	1,0785	1,1000	1,1220	1,1445	1,1675	1,1905	1,2135	1,380	1,1111	1,1315	1,1525	1,4735	1,1952
NH$_4$Fe(SO$_4$)$_2$	15	1,016	1,032	1,050	1,068	1,086	1,104	1,122	1,141	1,1161	1,181	1,241					
Fe$_2$(SO$_4$)$_3$	17,5	s. S. 603	1,033	1,050	1,067	1,084	1,103		1,141		1,181						
^{3}H$_2$O	20	1,0055	1,0128	1,0200	1,0271	1,0344	1,0417	1,0490	1,0565	1,0640	1,0717	1,0910	1,1111				
H$_3$O$_3$	20	1,0150	1,0323	1,0500													
HgCl$_2$	20	1,0126	1,0272	1,0429	1,0585	1,0750	1,0918	1,1090	1,1270	1,1457	1,1649	1,2170	1,2735	1,3355	1,4027	1,4735	
HJ	20	1,0046	1,0318	1,0495	1,0685	1,0880	1,1081	1,1291	1,1510	1,1732	1,1961	1,2565	1,3210	1,3900			
HJO$_3$	17	1,0065	1,0349	1,0539	1,0737	1,0944	1,1161	1,1388	1,1623	1,1865	1,2116	1,3545	1,2593	1,3144	1,3745		
HJO$_4$	20	1,0124	1,0273	1,0424	1,0580	1,0739	1,0900	1,1069	1,1242	1,1418	1,1600	1,2078					
KBr	20	1,0130	1,0284	1,0440													
KBrO$_3$	20	1,0082	1,0185	1,0289	1,0395	1,0500	1,0601	1,0702	1,0805	1,0909	1,1012	1,1275	1,1539	1,1807			
KCN	20	1,0079	1,0180	1,0283	1,0388	1,0490	1,0595	1,0699	1,0805	1,0911	1,1020	1,1293					
KCNS	20	1,0108	1,0238	1,0370	1,0502	1,0635	1,0770	1,0906	1,1043	1,1181	1,1324	1,1668					
KCl	20	1,0108	1,0241	1,0372													
KClO$_3$	15																
KClO$_4^1$	20																
KF	20	1,0153	1,0326	1,0501	1,0681	1,0865	1,1050	1,1238	1,1425	1,1625	1,1811	1,2315	1,2840	1,3394	1,3970	1,4580	1,3144
KHCO$_3$	20	1,0125	1,0260	1,0396	1,0534	1,0674											
KHS	18	1,0105	1,0224	1,0343	1,0463	1,0583	1,0704	1,0826	1,0949	1,1072	1,1196			1,2152	1,2479	1,2810	
KHSO$_4$	20	1,0125	1,0267	1,0411	1,0563	1,0715	1,0870					1,1920	1,2713	1,3308	1,3960	1,4667	1,5455
KH$_2$PO$_4$	20	1,0125	1,0269	1,0411	1,0558	1,0705	1,0858	1,1012	1,1170	1,1330	1,1492	1,2167					
KJ	20	1,0030	1,0282	1,0438	1,0597	1,0760	1,0930	1,1105	1,1286	1,1470	1,1660						
KJO$_3$	20	1,0030	1,0326	1,0503													
KMnO$_4$	15	1,0030	1,0271	1,0444													
KNO$_2$	17,5	1,011	1,024	1,037	1,049	1,062	1,075	1,088	1,102	1,116			1,203	1,242	1,284		1,378
KNO$_3$	20	1,007	1,0234	1,0360	1,0492	1,0625	1,0760	1,0898	1,1039	1,1181	1,1325	1,1705					
KOH	20	1,0162	1,0343	1,0525	1,0711	1,0897	1,1087	1,1277	1,1469	1,1664	1,1861	1,2365	1,2884	1,3415	1,3967	1,4532	1,5120
K$_2$CO$_3$	20	1,0163	1,0346	1,0531	1,0717	1,0906	1,1098	1,1292	1,1490	1,1693	1,1897	1,2428	1,2979				
K$_2$MoO$_4$	15	1,0152	1,0316	1,0484	1,0657	1,0834	1,1015	1,1200	1,1389								
K$_2$S	18	1,017	1,033	1,049	1,066	1,083	1,100	1,118	1,136	1,154	1,173			1,320	1,372	1,432	
K$_2$SO$_3$	15	1,016	1,032	1,049	1,067	1,085	1,103	1,121	1,140	1,160	1,179	1,2527	1,2884				
K$_2$SO$_4$	20	1,0140	1,0306	1,0472	1,0640	1,0809											
K$_2$SiO$_3$	20	1,0163	1,0349	1,0537	1,0729	1,0922	1,1121	1,1325	1,1535	1,1749	1,1963						
K$_2$WO$_4$	15	1,0164	1,0341	1,0523	1,0711	1,0905	1,1105	1,1312	1,1527	1,1750	1,2052						
La(NO$_3$)$_3$	18	1,0167	1,0353	1,0545	1,0742	1,0945	1,1153	1,1368	1,1589	1,1817	1,1613	1,2102					
LiBr	20	1,0128	1,0277	1,0429	1,0585	1,0746	1,0910	1,1079	1,1253	1,1429			1,3360		1,3830	1,4540	1,5325
LiBrO$_3$	20	1,0135	1,0292	1,0457	1,0625	1,0799							1,2625	1,3210				
LiCl	20	1,0099	1,0211	1,0325	1,0440	1,0555	1,0671	1,0790	1,0910	1,1031	1,1155	1,1468	1,1800	1,2151	1,2522	1,2950	
LiClO$_3$	20	1,0110	1,0241	1,0375	1,0510	1,0645	1,0786	1,0926									

^{1} 15° 0,2% 1,0004 g/cm^3; 0,4% 1,0016 g/cm^3; 0,6% 1,0029 g/cm^3; 0,8% 1,0041 g/cm^3; 1,0% 1,0054 g/cm^3; 1,2% 1,0067 g/cm^3; 1,4% 1,0079 g/cm^3; 1,6% 1,0092 g/cm^3; 1,8% 1,0105 g/cm^3.

3. Mechanisch-thermische Konstanten homogener Stoffe

Dichte D_ϑ gcm^{-3} bei der Konzentration in Gew.%

Verbindung	ϑ °C	2	4	6	8	10	12	14	16	18	20	25	30	35	40	45	50
LiClO$_4$	20	1,0103	1,0223	1,0350	1,0475	1,0606	1,0740	1,0874	1,1013	1,1155	1,1300	1,1675	1,2077	1,2508	1,4078	1,4840	1,5690
LiJ	20	1,0130	1,0282	1,0441	1,0601	1,0771	1,0943	1,1120	1,1303	1,1492	1,1688	1,2204	1,2772	1,3393	1,4881		
LiJO$_3$	20	1,0156	1,0335	1,0520	1,0711	1,0910	1,1116	1,1328	1,1554	1,1781	1,2017	1,2638	1,3325	1,4066	1,2837		
LiNO$_3$	20	1,0100	1,0220	1,0341	1,0463	1,0590	1,0718	1,0848	1,0981	1,1119	1,1254	1,1610	1,1988	1,2392			
LiOH	20	1,0217	1,0437	1,0650	1,0862	1,1072											
Li$_2$SO$_4$	20	1,0155	1,0327	1,0501	1,0679	1,0860	1,1040	1,1228	1,1411	1,1600	1,1789	1,2280					
MgBr$_2$	20	1,0151	1,0324	1,0501	1,0683	1,0871	1,1065	1,1265	1,1471	1,1683	1,1903	1,2432	1,3110	1,379	1,452	1,532	
MgCl$_2$	20	1,0150	1,0315	1,0483	1,0654	1,0829	1,1008	1,1188	1,1374	1,1562	1,1757	1,2249	1,2772	1,3349	1,3493	1,4075	
Mg(ClO$_4$)$_2$	20	1,0127	1,0272	1,0420	1,0567	1,0718	1,0871	1,1030	1,1199	1,1370	1,1546	1,1990	1,2460	1,2960	1,4730		
MgJ$_2$	20	1,0149	1,0321	1,0498	1,0680	1,0869	1,1065	1,1268	1,1480	1,1695	1,1920	1,2519	1,3180	1,3914			
Mg(NO$_3$)$_2$	20	1,0132	1,0285	1,0441	1,0600	1,0762	1,0928	1,1098	1,1272	1,1449	1,1630	1,2096					
MgSO$_4$	20	1,0186	1,0392	1,0498	1,0816	1,1034	1,1256	1,1484	1,1717	1,1955	1,2198	1,2830					
MnCl$_2$	18	1,0153	1,0324	1,0498	1,0676	1,0859	1,1046	1,1238	1,1435	1,1638	1,1846		1,2988	1,3367	1,3993	1,5378	
Mn(NO$_3$)$_2$	18	1,0140	1,0298	1,0459	1,0624	1,0794	1,0969	1,1149	1,1333	1,1522	1,1717		1,2781				
MnSO$_4$	15	1,0188	1,0389	1,0595	1,0807	1,1025	1,1248	1,1478	1,1714	1,1956	1,2205		1,3565				
Na$_2$MoO$_4$	15	1,0165	1,0343	1,0526	1,0713	1,0905	1,1102	1,1304	1,1511	1,1724	1,1943						
HNO$_3$	20	s. S. 807															
NH$_4$OH · HCl	17	1,0084	1,0167	1,0253	1,0340	1,0437	1,0263	1,0815	1,0943	1,1077	1,0888	1,1126	1,1923	1,2315	1,2733		1,1108
NH$_4$Br	20	1,0096	1,0210	1,0327	1,0444	1,0567	1,0263	1,1309	1,1356	1,0402	1,1210	1,1558	1,0645				
NH$_4$CNS	15	1,0032	1,0078	1,0124	1,0170	1,0216		1,0582	1,0667	1,0753	1,0838	1,0954					
(NH$_4$)$_2$CO$_3$	20	1,0069	1,0155	1,0241	1,0326	1,0410	1,0497	1,0401	1,0457	1,0512	1,0567	1,0700					
NH$_4$Cl	20	1,0045	1,0107	1,0168	1,0227	1,0286	1,0344										
NH$_4$ClO$_4$	20	1,0077	1,0173	1,0272	1,0374	1,0476	1,0579	1,0681									
NH$_4$F	18	1,0085	1,0178	1,0265	1,0346	1,0420	1,0487	1,0547									
NH$_4$J	20	1,0110	1,0240	1,0371	1,0507	1,0648	1,0789	1,0936	1,1088	1,1241	1,1398	1,1815	1,2252	1,2732	1,3255	1,3810	1,2258
NH$_4$NO$_3$	20	1,0064	1,0147	1,0230	1,0313	1,0397	1,0482	1,0567	1,0653	1,0740	1,0828	1,1052	1,1281	1,1512	1,1754	1,2004	0,8274
NH$_4$OH	20	0,9894	0,9810	0,9730	0,9650	0,9574	0,9500	0,9430	0,9361	0,9292	0,9226	0,9070	0,8918	0,8762	0,8606	0,8446	
NH$_4$H$_2$PO$_4$	20	1,0090	1,0205	1,0338	1,0431	1,0545	1,0660	1,0808	1,0890	1,1008	1,1125						
(NH$_4$)$_2$SO$_4$	20	1,0101	1,0220	1,0338	1,0456	1,0574	1,0691	1,0808	1,0924	1,1039	1,1154	1,1440	1,1721	1,2000	1,2277	1,2550	1,2825
N$_2$H$_4$	15	1,0013	1,0034	1,0056	1,0077	1,0099	1,0121	1,0143	1,0164								
N$_2$H$_4$ · HCl	20	1,0070	1,0158	1,0246	1,0334	1,0422	1,0509	1,0596	1,0683	1,0770							
Na$_3$AsO$_4$	17	1,0207	1,0431	1,0659	1,0892	1,1130	1,1373										
Na$_2$HAsO$_4$	14	1,0200	1,0355	1,0553	1,0755	1,0964	1,1180	1,1406	1,1635								
NaBO$_3$[1]	20		1,0421	1,0642	1,0870	1,1095											
NaBr	15	1,0139	1,0298	1,0462	1,0631	1,0803	1,0981	1,1163	1,1352	1,1545	1,1745	1,2271	1,2841	1,3462	1,4138		

322. Dichte von Lösungen

NaBrO$_3$	20	1,0140	1,0302	1,0469	1,0638	1,0815	1,0995	1,1180	1,1370	1,1564	1,1765	1,2300	1,1649	1,1955	1,2300	1,2630	
NaCNS	20	1,0092	1,0195	1,0299	1,0404	1,0515	1,0620	1,0729	1,0839	1,0950	1,1061	1,1350					1,4402
Na$_2$CO$_3$	20	1,0190	1,0398	1,0607	1,0820	1,1035	1,1254	1,1473	1,1697	1,1922	1,2145	1,2739					
NaHCO$_3$	20	1,0129	1,0272	1,0410	1,0542	1,0665											
NaCl	20	1,0125	1,0268	1,0413	1,0559	1,0707	1,0857	1,1009	1,1162	1,1319	1,1478	1,1887	1,2300				
NaClO$_3$	20	1,0115	1,0252	1,0390	1,0530	1,0675	1,0822	1,0972	1,1125	1,1280	1,1440	1,1859	1,2287	1,2766	1,3275	1,3820	1,5944
NaClO$_4$	20	1,1014	1,0247	1,0381	1,0520	1,0667	1,0811	1,0962	1,1115	1,1270	1,1430	1,1850					
NaF	20	1,0194	1,0405														
NaJ	20	1,0138	1,0298	1,0463	1,0633	1,0808	1,0988	1,1174	1,1366	1,1565	1,1729	1,2314	1,2910	1,3556	1,4271	1,5065	
NaJO$_3$	20	1,0160	1,0350														
NaNO$_2$	20	1,0114	1,0247	1,0381	1,0518	1,0657	1,0796	1,0935	1,1078	1,1227	1,1373	1,1773	1,2150	1,2560	1,2985	1,3685	1,5252
NaNO$_3$	20	1,0117	1,0253	1,0390	1,0530	1,0675	1,0820	1,0970	1,1120	1,1275	1,1430	1,1835	1,2256	1,2701	1,3176		
NaOH	20	1,0209	1,0427	1,0646	1,0868	1,1087	1,1310	1,1530	1,1749	1,1971	1,2191	1,2736	1,3278	1,3799	1,4300	1,4778	
NaPO$_3$	20	1,0145	1,0309	1,0461	1,0615												
Na$_2$PO$_4$	15	1,0194	1,0405	1,0624	1,0850	1,1083											
Na$_2$HPO$_4$	20	1,020	1,043	1,067													
NaH$_2$PO$_4$	25	1,0120	1,0270	1,0422	1,0575	1,0730											
Na$_4$P$_2$O$_7$	20	1,019	1,037														
Na$_2$S	20	1,0190	1,0399	1,0600	1,0806	1,1013	1,1215	1,1419	1,1625	1,1755							
Na$_2$SO$_3$	19	1,0172	1,0363	1,0556	1,0751	1,0948	1,1146	1,1346	1,1549	1,185							
NaHSO$_3$	15	1,017	1,044	1,063	1,084	1,104	1,124	1,144	1,165								
Na$_2$SO$_4$	20	1,0164	1,0348	1,0535	1,0724	1,0915	1,1109	1,1306	1,1507	1,1710	1,202	1,2450					
NaHSO$_4$	20	1,0138	1,0393	1,0450	1,0608	1,0772	1,0935	1,1101	1,1266	1,1439	1,1915						
Na$_2$S$_2$O$_3$	20	1,0149	1,0315	1,0481	1,0654	1,0828	1,1001	1,1180	1,1366	1,1550	1,1614						
Na$_2$SiO$_3$	18	1,0203	1,0425	1,0652	1,0884	1,1122	1,1365	1,1613	1,1866	1,2123	1,1739	1,2228	1,2740	1,3275	1,3826		
Na$_2$O·1,69 SiO$_2$	18	1,017	1,036	1,056	1,077	1,098	1,119	1,141		1,186	2,1385						
Na$_2$O·2,06 SiO$_2$	20	1,016	1,035	1,054	1,073	1,093	1,113	1,134	1,151	1,178							
Na$_2$O·2,4 SiO$_2$	20	1,014	1,034	1,052	1,071	1,090	1,110						1,309				
Na$_2$O·3,36 SiO$_2$	20	1,014	1,030	1,047		1,083							1,290				
Na$_3$SnO$_3$	20	1,015	1,033	1,051	1,069	1,088	1,107	1,126	1,146	1,166	1,187		1,3344				
Na$_3$WO$_4$	18	1,0166	1,0354	1,0546	1,0742	1,0944	1,1154	1,1372	1,1598	1,1833	1,2076			1,378			
NiCl$_2$	18	1,018	1,038	1,058	1,079	1,100	1,122	1,144	1,167	1,191	1,216	1,249	1,311				
Ni(NO$_3$)$_2$	18	1,016	1,033	1,051	1,069	1,088	1,108	1,128	1,148	1,169	1,191						
NiSO$_4$	18	1,020	1,042	1,063	1,085	1,109	1,133	1,158	1,183	1,209							
PbCl$_2^2$	20	1,0087	1,0198	1,0308	1,0419	1,0531	1,0646	1,0764	1,0884	1,1008	1,1134	1,1460	1,1806	1,2169	1,2554	1,2955	1,3377

[1] 15° 0,5% 1,0042 g/cm³; 1,0% 1,0084 g/cm³; 1,5% 1,0131 g/cm³; 2,0% 1,0179 g/cm³; 2,5% 1,0226 g/cm³; 3,0% 1,0274 g/cm³; 3,5% 1,0321 g/cm³.
[2] 18° 0,1% 0,99954 g/cm³; 0,2% 1,00046 g/cm³; 0,3% 1,00138 g/cm³; 0,4% 1,00230 g/cm³; 0,5% 1,00320 g/cm³; 0,6% 1,00444 g/cm³; 0,7% 1,00506 g/cm³; 0,8% 1,00598 g/cm³; 0,9% 1,00690 g/cm³.

3. Mechanisch-thermische Konstanten homogener Stoffe

Dichte D_ϑ gcm^{-3} bei der Konzentration in Gew.%

Verbindung	ϑ °C	2	4	6	8	10	12	14	16	18	20	25	30	35	40	45	50
Pb(NO$_3$)$_2$	18	1,0163	1,0344	1,0529	1,0720	1,0918	1,1123	1,1336	1,1557	1,1789	1,2030	1,283	1,3289	1,448	1,543	1,663	1,782
PtCl$_4$	20	1,017	1,035	1,054	1,074	1,095	1,117	1,139	1,162	1,186	1,212		1,360	1,3520	1,4226	1,5000	1,5863
RbBr	20	1,0036	1,0296	1,0460	1,0630	1,0804	1,0984	1,1168	1,1280	1,1550	1,1748	1,2290	1,2880	1,3235	1,3842	1,4521	1,5251
RbCl	20	1,0130	1,0283	1,0439	1,0600	1,0762	1,0934	1,1102	1,1359	1,1460	1,1641	1,2140	1,2663	1,3235			
RbF	20	1,0159	1,0340	1,0525	1,0716	1,0913	1,1116	1,1328	1,1546	1,1772	1,2001	1,2607	1,3273	1,3991			
RbJ	20	1,0037	1,0298	1,0460	1,0630	1,0804	1,0986	1,1168	1,1367	1,1560	1,1762	1,2312	1,2910	1,3561	1,4280	1,5080	1,5964
RbNO$_3$	20	1,0126	1,0275	1,0422	1,0577	1,0734	1,0897	1,1060	1,1227	1,1401	1,1580	1,2052	1,2550	1,3100			
RbOH	20	1,0070	1,0363	1,0563	1,0770	1,0980	1,1199	1,1422	1,1655	1,1897	1,2143	1,2795					
Rb$_2$SO$_4$	20	1,0042	1,0319	1,0499	1,0680	1,0863	1,1055	1,1246	1,1446	1,1650	1,1860	1,2428	1,3028				
H$_2$SO$_3$	15,5	1,002562	1,005124	1,007686	1,010248	1,01281											
H$_2$SO$_3$	20	1,0017	1,0250	1,0384	1,0523	1,0661	1,0802	1,0946	1,1094	1,1244	1,1396	1,1783	1,2185	1,2600	1,3027	1,3476	1,3953
H$_2$S$_2$O$_6$	14	1,011	1,022	1,034	1,046	1,059	1,072	1,085	1,099	1,113	1,127		1,205	1,245			
H$_2$SeO$_4$	20	1,0135	1,0291	1,0448	1,0607	1,0769	1,0932	1,1101	1,1279	1,1456	1,1640	1,2129	1,2653	1,3212	1,3819	1,4470	1,5181
H$_2$SiF$_6$	17,5	1,015	1,031	1,048	1,065	1,082	1,100	1,117	1,136	1,154	1,173						
SnCl$_2$	15	1,0046	1,0306	1,0470	1,0638	1,0810	1,0986	1,1167	1,1353	1,1545	1,1743						
SnCl$_4$	18	1,0045	1,0306	1,0469	1,0634	1,0802	1,0974	1,1150	1,1331	1,1516	1,1706			1,3461	1,4445		1,5729
SrBr$_2$	20	1,0160	1,0338	1,0521	1,0711	1,0910	1,1109	1,1318	1,1534	1,1760	1,1996	1,2604	1,3305	1,396	1,3990	1,4675	1,5428
SrCl$_2$	20	1,0161	1,0344	1,0532	1,0726	1,0925	1,1130	1,1341	1,1558	1,1781	1,2010	1,260	1,325	1,3348	1,4900	1,5840	
Sr(ClO$_4$)$_2$	20	1,0150	1,0308	1,0460	1,0621	1,0790	1,0961	1,1139	1,1317	1,1502	1,1691	1,2201	1,2762	1,4056			
SrJ$_2$	20	1,0156	1,0330	1,0512	1,0701	1,0896	1,1100	1,1310	1,1528	1,1750	1,1983	1,2604	1,3300	1,352	1,419		
Sr(NO$_3$)$_2$	20	1,015	1,031	1,048	1,065	1,083	1,101	1,119	1,138	1,158	1,179	1,233	1,290				
Sr(OH)$_2$ [1]	25									1,1885							
Th(NO$_3$)$_4$	15																
Tl(NO$_3$)	25					1,0957	1,1176	1,1404	1,1640								
Tl$_2$SO$_4$	20																
UO$_2$(NO$_3$)$_2$	25	1,0104	1,0242	1,039	1,055	1,072	1,091	1,111	1,132	1,154	1,177	1,2380	1,304	1,3678	1,4173		1,630
ZnCl$_2$	20	1,0167	1,0350	1,0532	1,0715	1,0899	1,1085	1,1275	1,1468	1,1665	1,1866	1,2427	1,2928	1,3029	1,4378	1,5000	1,5681
Zn(NO$_3$)$_2$	18	1,0154	1,0322	1,0496	1,0675	1,0859	1,1048	1,1244	1,1445	1,1652	1,1865		1,3029				1,5944
ZnSO$_4$	20	1,0190	1,0403	1,0620	1,0842	1,1071	1,1308	1,1553	1,1806		1,232	1,304	1,378				

[1] 25° 0,1% 1,0004 g/cm^3; 0,2% 1,0018 g/cm^3; 0,3% 1,0032 g/cm^3.

32213. Temperatur des Dichtemaximums wäßriger Lösungen anorganischer Stoffe

Gel. Stoff	Gew.%	°C	Gel. Stoff	Gew.%	°C
Al(NO$_3$)$_3$	0,551	3,56	KNO$_3$	0,16	3,77
	1,940	0,73		1,29	1,89
Al$_2$(SO$_4$)$_3$	0,418	3,52	KOH	3,57	−5,6
	1,899	1,02	K$_2$SO$_4$	0,62	2,92
BaCl$_2$	0,67	3,21		3,57	−2,28
	4,00	−0,84		6,89	−8,4
Ba(NO$_3$)$_2$	0,567	3,20	LiNO$_3$	0,400	3,25
	1,165	2,47		0,812	2,52
	2,440	0,95		1,650	0,87
Be(NO$_3$)$_2$	0,484	3,33	Li$_2$SO$_4$	0,194	3,61
	2,022	1,32		0,405	3,23
BeSO$_4$	0,680	3,07		0,826	2,52
	1,375	2,19		1,685	1,00
CaCl$_2$	1,23	2,05	MgCl$_2$	1,100	2,39
	3,57	−2,43		2,330	0,58
	6,89	−10,4	Mg(NO$_3$)$_2$	0,412	3,24
Ca(NO$_3$)$_2$	0,431	3,19		1,741	0,90
	1,787	0,70	MgSO$_4$	0,227	3,59
CaSO$_4$	0,185	3,63		1,745	1,15
CdCl$_2$	1,873	2,27	MnCl$_2$	1,114	2,71
	3,884	0,39		2,279	1,33
Cd(NO$_3$)$_2$	0,303	3,63	Mn(NO$_3$)$_2$	0,494	3,23
	2,606	1,07		2,069	0,81
CdSO$_4$	0,604	3,37	MnSO$_4$	0,453	3,32
	2,558	1,39		1,896	1,42
HCl	1,49	1,19	NH$_3$	2,12	0,8
	3,29	−2,26		5,61	−7,2
	5,87	−10,6		7,96	−10,5
	6,77	−14,5	NH$_4$Cl	1,23	2,28
	9,82	−16,3		2,45	0,60
CoCl$_2$	0,883	2,87	NH$_4$NO$_3$	0,458	3,19
	1,859	0,28		2,017	0,56
CoSO$_4$	0,181	3,70	(NH$_4$)$_2$SO$_4$	0,240	3,56
	1,823	1,43		1,597	1,36
CsCl	2,000	2,54	Na$_2$CO$_3$	3,57	−7,0
	4,044	0,98		6,89	−17,3
CsNO$_3$	0,796	3,25	NaCl	0,5	2,91
	2,993	1,18		2	−0,61
Cs$_2$SO$_4$	0,416	3,60		3	−3,33
	1,704	2,49		4	−5,72
CuCl$_2$	1,032	2,63		6	−11,16
	2,149	1,06		7	−13,78
Cu(NO$_3$)$_2$	0,163	3,55	NaNO$_3$	0,14	3,77
	2,365	0,29		0,54	2,83
CuSO$_4$	0,389	3,37		1,09	1,69
	1,915	1,11	Na$_2$SO$_4$	0,62	2,52
K$_2$CO$_3$	3,57	−3,95		2,43	−1,51
	6,89	−12,4		3,57	−4,33
KCl	0,74	2,65		6,89	−12,3
	1,46	1,33	NiCl$_2$	0,508	3,32
KJ	3,22	1,01		2,104	1,27

3. Mechanisch-thermische Konstanten homogener Stoffe

Gel. Stoff	Gew.%	°C	Gel. Stoff	Gew.%	°C
$Ni(NO_3)_2$	0,182	3,68		2,45	−1,92
	1,593	1,47		3,57	−5,0
$NiSO_4$	0,189	3,68		6,89	−13,7
	1,667	1,60	$SrCl_2$	0,870	2,79
$Pb(NO_3)_2$	0,32	3,73		2,240	0,84
	1,29	3,07	SrJ_2	0,88	3,23
	5,16	0,25	$Sr(NO_3)_2$	0,34	3,50
$PtCl_4$	1,29	3,33		2,70	0,03
$RbNO_3$	0,650	3,19	Tl_2SO_4	0,478	3,68
	2,721	0,63		2,677	2,43
Rb_2SO_4	0,591	3,31	$Zn(NO_3)_2$	0,203	3,67
	2,468	1,24		1,858	1,17
H_2SO_4	0,62	2,18	$ZnSO_4$	0,205	3,68
	1,23	0,60		2,383	0,64

32214. Dichte wäßriger Lösungen anorganischer Stoffe (geordnet nach Dichten)

Z.T. = Zimmertemperatur, ges. = gesättigt, ges. Al. = gesättigte Lösung in absolutem Alkohol, wf. = wasserfreie Substanz.

Formel	°C	Gew.%	D_ϑ	Formel	°C	Gew.%	D_ϑ
$Nd(NO_3)_3$	25,8	60,1	1,7986	H_2SeO_4	20	90	2,386
CaJ_2	20	29,48	1,864		20	80	2,122
$CdCl_2$	Z.T.	60	1,89		20	70	1,887
NaJ	25	39,24	1,9190	ZnJ_2	Z.T.	76	2,40
MgJ_2	Z.T.	60	1,92	$PbSiF_6 + 4H_2O$	20	81,90	2,4314
$CsCl$	Z.T.	65,46	1,93	As_2O_5	Z.T.	77	2,45
HJ	Z.T.	67	1,94	HJO_3	18	74,56	2,471
$SnCl_2$	Z.T.	67	1,95	$Pb(ClO_4)_2$	Z.T.	78	2,6
$ZnCl_2$	Z.T.	72	1,95	AgF	18	66,2	2,62
NaJ	35	66,4	1,951	$ZnBr_2$	25	84	2,65
	0	61,5	1,861		25	77,5	2,39
CaJ_2	Z.T.	62	1,96		25	71	2,17
$FeCl_3$	Z.T.	79	1,98	$ZnBr_2 + 2H_2O$	18	81,5 wf.	2,660
$UO_2(NO_3)_2$	Z.T.	63	2,03	$ZnJ_2 + 2H_2O$	18	81,2 wf.	2,725
$CsCl$	100	72,5	2,037	ZnJ_2	25	81,5	2,73
	100	67,2	1,893		25	74	2,36
BaJ_2	Z.T.	63	2,05		25	68,5	2,16
$ZnCl_2$	25	75	2,07	$UO_2Cl_2 + 3H_2O$	18	88,2 wf.	2,740
$Cr(ClO_4)_3$	25	75,59	2,0837	$Pb(ClO_4)_2$	25	ges.	2,7753
$ZnBr_2$	Z.T.	68	2,10	$AgClO_4$	25	84,5	2,806
J_2O_5	Z.T.	65	2,13	$AgNO_3$	100	90,4	3,195
SrJ_2	Z.T.	65	2,15		100	81,7	2,657
$HReO_4$	17	65,1	2,15		100	77,1	2,525
BaJ_2	25	68,8	2,277		100	69,1	2,125
	20	67,2	2,222		100	51,2	1,622
	15	65,8	2,176		100	44,9	1,495
	10	64,8	2,149		100	33,2	1,310
$Cd(ClO_3)_2$	18	82,30	2,284		100	22,6	1,170
$AgNO_3$	30	ges.	2,3803		100	16,2	1,098

322. Dichte von Lösungen

Formel	°C	Gew. %	D_ϑ	Formel	°C	Gew. %	D_ϑ
H_2WO_4(Kolloid)	25	79,86	3,243	$AgTl(NO_3)_2$	90	83,36	2,960
$TiBr_4$	20	ges. Al.	3,25	(Fortsetzung)	90	80	2,921
$SnBr_2$	29	ges.	3,32		90	75	2,702
$AgTl(NO_3)_2$	90	99,1	4,525		90	70	2,431
	90	97,82	4,390		90	65	2,210
	90	92,18	4,292		90	60	2,030
	90	89,1	3,651		90	45,4	1,873
	90	83,87	3,368		90	40	1,540

3222. Litergewicht g l⁻¹ wäßriger Lösungen anorganischer Stoffe, ternäre Systeme

J_2 in KJ-Lösung (7,9°) Die Lösungen sind an Jod gesättigt			KCl in KOH-Lösung (20°) Die Lösungen sind an KCl gesättigt			NaCl in NaOH-Lösung (20°) Die Lösungen sind an NaCl gesättigt		
Gew.% KJ	Gew.% J_2	$g\,l^{-1}$	$\frac{g\,KOH}{l}$	$\frac{g\,KCl}{l}$	$g\,l^{-1}$	$\frac{g\,NaOH}{l}$	$\frac{g\,NaCl}{l}$	$g\,l^{-1}$
1,80	1,17	1023,3	10	293	1185	10	308	1200
3,16	2,30	1043,2	50	255	1195	50	297	1230
4,63	3,64	1066,7	100	211	1210	100	253	1250
5,94	4,78	1088,0	150	178	1225	150	213	1270
7,20	6,04	1111,1	200	148	1245	200	173	1290
8,66	7,37	1138,1	250	124	1270	250	139	1305
10,04	8,88	1163,6	300	104	1295	300	112	1330
11,03	9,95	1189,2	350	85	1320	350	85	1350
11,89	11,18	1210,9	400	68	1345	400	61	1375
12,64	12,06	1229,2	450	53	1370	450	42	1400
			500	40	1397	500	30	1425
			550	29	1425	550	26	1450
			600	22	1450	600	22	1470
			650	16	1475	640	18	1490
			700	14	1500			
			750	13	1525			
			800	11	1550			
			850	9	1580			

3223. Dichte von Meerwasser in Abhängigkeit von Salzgehalt (S) bzw. Chlorgehalt (Cl) und Temperatur des Dichtemaximums

| S°/₀₀ | Cl°/₀₀ | Dichte in gcm^{-3} des Meerwassers bei ϑ in °C | | | | $\vartheta\,D_{max}$ °C | D gcm^{-3} |
		0°	10°	20°	25°		
5	2,76	1,00397	1,00367	1,00207	1,00088	1,86	1,00818
10	5,53	1,00801	1,00756	1,00586	1,00463		
15	8,30	1,01204	1,01443	1,009643	1,00837		
20	11,07	1,01607	1,01532	1,013422	1,01212	−0,31	1,01607
25	13,84	1,02008	1,01920	1,01720	1,01586		
30	16,61	1,02410	1,02308	1,02099	1,01961	−2,47	1,02415
35	19,37	1,02813	1,02698	1,02478	1,02337		
40	22,14	1,03218	1,03089	1,02860	1,02714	−4,54	1,03232

3224. Dichte wäßriger Lösungen organischer Verbindungen

32241. Ausführliche Dichtetabellen Methanol, Äthanol, Propanol-(1), Propanol-(2), Glycerin, Glucose, Saccharose, Ameisensäure, Essigsäure und Aceton

a) CH_4O-H_2O, Methanol—Wasser, Dichte D bei 15°

Gew.% CH_4O	Vol.%	D gcm⁻³	Vol.%	D gcm⁻³	Vol.%	D gcm⁻³	Vol.%	D gcm⁻³	Vol.%	D gcm⁻³
Zehner	0		2		Einer 4		6		8	
0			2,50	0,99543	4,99	0,99198	7,45	0,98864	9,91	0,98547
10	12,35	0,98241	14,77	0,97945	17,18	0,97660	19,58	0,97377	21,96	0,97096
20	24,33	0,96814	26,69	0,96533	29,03	0,96251	31,35	0,95963	33,66	0,95668
30	35,95	0,95366	38,22	0,95056	40,48	0,94734	42,71	0,94404	44,92	0,94067
40	47,11	0,93720	49,28	0,93365	51,42	0,93001	53,54	0,92627	55,64	0,92242
50	57,71	0,91852	59,76	0,91451	61,78	0,91044	63,78	0,90631	65,75	0,90210
60	67,69	0,89781	69,61	0,89341	71,49	0,88890	73,34	0,88433	75,17	0,87971
70	76,98	0,87507	78,75	0,87033	80,48	0,86546	82,18	0,86051	83,86	0,85551
80	85,50	0,85048	87,11	0,84536	88,68	0,84009	90,21	0,83475	91,72	0,82937
90	93,19	0,82396	94,63	0,81849	96,02	0,81285	97,37	0,80713	98,70	0,80143
100	100,00	0,79577								

322. Dichte von Lösungen

b) $C_2H_6O-H_2O$, Äthanol–Wasser, Dichte in Abhängigkeit von Temperatur und Konzentration

Dichte in gcm^{-3} bei ϑ

Gew.-% C_2H_6O	0 °C	5 °C	10 °C	15 °C	20 °C	25 °C	30 °C	35 °C	40 °C	50 °C	60 °C	70 °C	80 °C	90 °C	100 °C
2	0,9959	0,9960	0,9959	0,9952	0,9943	0,9932	0,9919	0,9901	0,9884	0,9842	0,9792	0,9738	0,9679	0,9612	0,9543
5	0,9914	0,9914	0,9910	0,9902	0,9894	0,9882	0,9867	0,9850	0,9831	0,9789	0,9738	0,9681	0,9620	0,9551	0,9480
10	0,9849	0,9847	0,9839	0,9830	0,9818	0,9803	0,9786	0,9768	0,9746	0,9698	0,9641	0,9581	0,9515	0,9443	0,9369
15	0,9800	0,9792	0,9781	0,9769	0,9752	0,9733	0,9712	0,9691	0,9668	0,9614	0,9555	0,9490	0,9420	0,9344	0,9265
20	0,9757	0,9742	0,9726	0,9708	0,9687	0,9665	0,9640	0,9615	0,9588	0,9529	0,9463	0,9395	0,9321	0,9242	0,9160
25	0,9711	0,9690	0,9669	0,9644	0,9620	0,9591	0,9563	0,9535	0,9503	0,9439	0,9370	0,9297	0,9220	0,9137	0,9050
30	0,9653	0,9627	0,9599	0,9570	0,9540	0,9508	0,9476	0,9442	0,9409	0,9337	0,9262	0,9184	0,9102	0,9020	0,8936
35	0,9578	0,9548	0,9516	0,9483	0,9450	0,9417	0,9380	0,9342	0,9305	0,9229	0,9150	0,9070	0,8989	0,8905	0,8820
40	0,9494	0,9461	0,9426	0,9389	0,9351	0,9315	0,9278	0,9239	0,9200	0,9120	0,9038	0,8954	0,8870	0,8786	0,8700
45	0,9398	0,9361	0,9326	0,9287	0,9249	0,9210	0,9170	0,9130	0,9089	0,9007	0,8923	0,8839	0,8753	0,8666	0,8580
50	0,9295	0,9259	0,9220	0,9180	0,9139	0,9099	0,9057	0,9015	0,8974	0,8890	0,8804	0,8717	0,8630	0,8543	0,8460
55	0,9184	0,9146	0,9108	0,9067	0,9027	0,8986	0,8945	0,8902	0,8861	0,8777	0,8690	0,8602	0,8514	0,8423	0,8335
60	0,9073	0,9032	0,8992	0,8951	0,8911	0,8869	0,8827	0,8784	0,8740	0,8651	0,8563	0,8477	0,8389	0,8299	0,8209
65	0,8958	0,8917	0,8878	0,8835	0,8794	0,8751	0,8710	0,8667	0,8624	0,8538	0,8449	0,8359	0,8269	0,8178	0,8084
70	0,8842	0,8801	0,8760	0,8718	0,8676	0,8632	0,8590	0,8546	0,8500	0,8411	0,8321	0,8231	0,8140	0,8048	0,7954
75	0,8724	0,8683	0,8641	0,8599	0,8555	0,8511	0,8468	0,8423	0,8380	0,8290	0,8199	0,8105	0,8012	0,7918	0,7825
80	0,8604	0,8561	0,8520	0,8477	0,8433	0,8390	0,8347	0,8301	0,8257	0,8167	0,8074	0,7979	0,7885	0,7790	0,7695
85	0,8479	0,8437	0,8395	0,8351	0,8309	0,8264	0,8220	0,8175	0,8131	0,8041	0,7949	0,7855	0,7760	0,7665	0,7565
90	0,8347	0,8306	0,8265	0,8221	0,8179	0,8136	0,8091	0,8046	0,8000	0,7908	0,7814	0,7720	0,7624	0,7529	0,7430
95	0,8213	0,8172	0,8131	0,8087	0,8043	0,8000	0,7953	0,7909	0,7864	0,7771	0,7678	0,7584	0,7490	0,7395	0,7294
100	0,8063	0,8020	0,7979	0,7935	0,7892	0,7849	0,7803	0,7759	0,7715	0,7625	0,7535	0,7439	0,7347	0,7250	0,7156

3. Mechanisch-thermische Konstanten homogener Stoffe

Gew.% Äthanol in Abhängigkeit von der Temperatur bezogen auf 15°C [1]

Wird mit einer auf 15° C geeichten Weingeistspindel ein Alkoholgehalt von a Gew.% bei einer der in den Spalten 2...6 angegebenen Temperaturen abgelesen, so gibt die Zahl in der 1. Spalte, die in gleicher Zeile steht, den wahren Gew.%-Gehalt an. (Wahre und scheinbare Stärke.)

1	2	3	4	5	6	1	2	3	4	5	6
Gew.% bei 15°	5° C	10° C	20° C	25° C	30° C	Gew.% bei 15° C	5° C	10° C	20° C	25° C	30° C
10	11	10,5	9,5	8,5	8	86	89,2	87,6	84,4	82,6	80,8
15	17	16	14	13	12	88	91,2	89,6	86,4	84,6	83,0
20	23	21,5	18,5	17	16	90	93,0	91,5	88,4	86,8	85,0
30	33,5	32	28	26,5	24,5	91	94,0	92,5	89,4	87,8	86,0
40	43,5	41,5	38	36,5	34,5	92	95,0	93,5	90,4	88,8	87,2
50	53,5	51,5	48,5	46,5	45	93	95,9	94,5	91,5	89,8	88,2
60	63,5	61,5	58,5	56,5	55	94	96,9	95,5	92,5	90,9	89,2
65	68,4	66,8	63,5	61,5	59,5	95	97,8	96,4	93,5	92,0	90,3
70	73,4	71,8	68,2	66,4	64,5	96	98,7	97,4	94,5	93,0	91,4
75	78,4	76,8	73,2	71,4	69,8	97	99,7	98,4	95,6	94,1	92,5
80	83,4	81,8	78,2	76,6	74,8	98		99,3	96,6	95,1	93,6
82	85,4	83,8	80,2	78,6	76,8	99			97,6	96,2	94,7
84	87,2	85,6	82,4	80,6	78,7	100			98,7	97,3	95,8

$C_2H_6O - H_2O$ [2], Gew.% zu Vol.%

Gew.% C_2H_6O	Vol.% C_2H_6O bei 15° C	Gew.% C_2H_6O	Vol.% C_2H_6O bei 15° C	Gew.% C_2H_6O	Vol.% C_2H_6O bei 15° C
1	1,2	46	53,7	78	83,8
2	2,5	48	55,8	79	84,7
4	5,0	50	57,8	80	85,5
6	7,5	52	59,9	81	86,3
8	9,9	54	61,9	82	87,1
10	12,4	56	63,8	83	87,9
12	14,8	58	65,8	84	88,7
14	17,3	60	67,7	85	89,5
16	19,7	62	69,6	86	90,3
18	22,1	64	71,5	87	91,0
20	24,5	65	72,4	88	91,8
22	26,8	66	73,3	89	92,5
24	29,2	67	74,2	90	93,3
26	31,5	68	75,1	91	94,0
28	33,9	69	76,0	92	94,7
30	36,2	70	76,9	93	95,4
32	38,5	71	77,8	94	96,1
34	40,7	72	78,7	95	96,8
36	42,9	73	79,6	96	97,5
38	45,2	74	80,4	97	98,1
40	47,3	75	81,3	98	98,8
42	49,5	76	82,1	99	99,4
44	51,6	77	83,0	100	100,0

[1] Auszug aus Tafel 1, S. 5, der Tafeln für die amtliche Weingeistermittlung Berlin 1954
[2] Auszug aus der Tafel 1 b, S. 109, der Tafel für die amtliche Weingeistermittlung Berlin 1954.

322. Dichte von Lösungen

c) $C_3H_8O - H_2O$, Propanol-(1) — Wasser

Gew.% C_3H_8O	Dichte in gcm⁻³ bei					
	0° C	10° C	20° C	25° C	30° C	40° C
5	0,9925	0,9922	0,9904	0,9892	0,9877	0,9842
10	0,9874	0,9863	0,9840	0,9824	0,9806	0,9764
15	0,9832	0,9810	0,9774	0,9753	0,9730	0,9680
20	0,9788	0,9747	0,9699	0,9672	0,9644	0,9585
25	0,9717	0,9662	0,9605	0,9575	0,9545	0,9483
30	0,9626	0,9565	0,9502	0,9471	0,9440	0,9377
35	0,9530	0,9470	0,9402	0,9369	0,9333	0,9260
40	0,9430	0,9366	0,9297	0,9261	0,9227	0,9155
45	0,9332	0,9265	0,9196	0,9160	0,9123	0,9050
50	0,9231	0,9160	0,9088	0,9051	0,9014	0,8940
55	0,9131	0,9059	0,8985	0,8947	0,8910	0,8834
60	0,9032	0,8958	0,8882	0,8843	0,8806	0,8728
65	0,8933	0,8859	0,8780	0,8740	0,8701	0,8620
70	0,8833	0,8759	0,8680	0,8640	0,8600	0,8518
75	0,8734	0,8659	0,8579	0,8538	0,8498	0,8415
80	0,8633	0,8554	0,8474	0,8433	0,8391	0,8310
85	0,8533	0,8455	0,8372	0,8330	0,8288	0,8200
90	0,8429	0,8349	0,8268	0,8226	0,8183	0,8100
95	0,8320	0,8240	0,8159	0,8117	0,8073	0,7989
100	0,8192	0,8115	0,8035	0,7996	0,7953	0,7872

d) C_3H_8O, Propanol-(2) — Wasser

Gew.% C_3H_8O	Dichte in gcm⁻³ bei					
	0° C	10° C	20° C	25° C	30° C	40° C
5	0,9916	0,9910	0,9894	0,9882	0,9869	0,9837
10	0,9855	0,9844	0,9823	0,9809	0,9792	0,9755
15	0,9814	0,9793	0,9760	0,9740	0,9719	0,9669
20	0,9776	0,9740	0,9697	0,9671	0,9644	0,9585
25	0,9727	0,9672	0,9614	0,9582	0,9550	0,9480
30	0,9651	0,9587	0,9517	0,9480	0,9445	0,9373
35	0,9557	0,9486	0,9410	0,9370	0,9330	0,9251
40	0,9450	0,9375	0,9298	0,9260	0,9220	0,9145
45	0,9338	0,9260	0,9183	0,9145	0,9105	0,9027
50	0,9224	0,9149	0,9070	0,9028	0,8987	0,8905
55	0,9110	0,9031	0,8951	0,8912	0,8871	0,8790
60	0,8992	0,8918	0,8836	0,8795	0,8753	0,8670
65	0,8879	0,8800	0,8715	0,8671	0,8629	0,8540
70	0,8760	0,8679	0,8597	0,8552	0,8510	0,8425
75	0,8643	0,8561	0,8478	0,8435	0,8391	0,8306
80	0,8528	0,8445	0,8360	0,8317	0,8272	0,8184
85	0,8408	0,8325	0,8239	0,8193	0,8150	0,8060
90	0,8287	0,8203	0,8117	0,8071	0,8029	0,7939
95	0,8160	0,8076	0,7990	0,7946	0,7901	0,7814
100	0,8016	0,7937	0,7853	0,7811	0,7770	0,7686

3 Mechanisch-thermische Konstanten homogener Stoffe

e) $C_3H_5(OH)_3 - H_2O$, Glycerin—Wasser

Gew.% $C_3H_8O_3$	Dichte in gcm^{-3} bei						
	0° C	10° C	20° C	25° C	30° C	40° C	60° C
5	1,0126	1,0119	1,0103	1,0091	1,0077	1,0042	0,9952
10	1,0252	1,0241	1,0219	1,0207	1,0191	1,0156	1,0068
15	1,0390	1,0371	1,0346	1,0330	1,0312	1,0274	1,0180
20	1,0520	1,0408	1,0469	1,0451	1,0434	1,0393	1,0301
25	1,0653	1,0629	1,0597	1,0579	1,0559	1,0519	1,0425
30	1,0786	1,0760	1,0727	1,0707	1,0688	1,0643	1,0542
35	1,0927	1,0896	1,0858	1,0837	1,0815	1,0770	1,0671
40	1,1080	1,1034	1,0994	1,0972	1,0950	1,0902	1,0794
45	1,1215	1,1173	1,1128	1,1105	1,1081	1,1031	1,0926
50	1,1357	1,1311	1,1262	1,1237	1,1211	1,1160	1,1154
55	1,1498	1,1452	1,1402	1,1375	1,1348	1,1293	1,1184
60	1,1640	1,1590	1,1538	1,1511	1,1483	1,1426	1,1312
65	1,1784	1,1731	1,1676	1,1648	1,1619	1,1561	1,1444
70	—	1,1869	1,1813	1,1783	1,1756	1,1698	1,1583
75	—	—	—	—	1,1899	1,1830	1,1712

f) $C_6H_{12}O_6 - H_2O$, Glucose—Wasser, bei 20° C

Gew.% $C_6H_{12}O_6$	g l^{-1}	$\dfrac{\text{g } C_6H_{12}O_6}{1 \text{ } H_2O}$	$\dfrac{\text{Mol}}{1 \text{ } H_2O}$
2	1005,8	20,116	0,1117
4	1013,8	40,552	0,2251
6	1021,6	61,296	0,3402
8	1029,6	82,368	0,4572
10	1037,7	103,770	0,5760
12	1046,0	125,520	0,6967
14	1054,2	147,588	0,8192
16	1062,6	170,016	0,9437
18	1071,2	192,816	1,0703
20	1079,8	215,960	1,1987
22	1088,6	239,492	1,3294
24	1097,4	263,376	1,4619
26	1106,4	287,664	1,5967
28	1115,5	312,340	1,7337
30	1124,7	337,410	1,8729

g) $C_{12}H_{22}O_{11} - H_2O$; Saccharose—Wasser

Gew.% $C_{12}H_{22}O_{11}$	Dichte in gcm^{-3} bei								
	0° C	10° C	20° C	25° C	30° C	40° C	60° C	80° C	100° C
2	1,0080	1,0077	1,0060	1,0049	1,0034	0,9990	0,9907	0,9789	0,9650
5	1,0203	1,0197	1,0179	1,0177	1,0150	1,0118	1,0022	0,9904	0,9770
10	1,0414	1,0403	1,0381	1,0369	1,0353	1,0318	1,0220	1,0105	0,9964
15	1,0630	1,0617	1,0592	1,0579	1,0561	1,0522	1,0421	1,0300	1,0164
20	1,0855	1,0837	1,0810	1,0795	1,0778	1,0738	1,0634	1,0513	1,0380
25	1,1087	1,1066	1,1036	1,1020	1,1000	1,0959	1,0856	1,0740	1,0615
30	1,1327	1,1302	1,1271	1,1252	1,1232	1,1188	1,1085	1,0969	1,0836
35	1,1577	1,1547	1,1512	1,1493	1,1471	1,1426	1,1323	1,1204	1,1076
40	1,1834	1,1803	1,1765	1,1744	1,1722	1,1675	1,1569	1,1456	1,1330
45	—	—	—	—	—	—	1,1826	1,1714	1,1590

322. Dichte von Lösungen

Gelegentlich mißt man Dichten von Flüssigkeiten (Lösungen) mit Aräometern, die in Baumé-Graden geeicht sind. Der Zusammenhang zwischen Baumégrad (rationell) n und Dichte D bei 15° C wird gegeben durch $D = \dfrac{144{,}30}{144{,}30-n}$ für $D > 1$ bzw. $D = \dfrac{144{,}30}{144{,}30+n}$ für $D < 1$.

h) HCOOH–H_2O, Ameisensäure–Wasser

Gew.% HCOOH	Dichte in gcm^{-3} bei					
	0° C	10° C	20° C	25° C	30° C	40° C
2	1,0059	1,0053	1,0034	1,0021	1,0005	0,9966
5	1,0150	1,0137	1,0111	1,0095	1,0076	1,0031
10	1,0294	1,0270	1,0237	1,0219	1,0199	1,0152
20	1,0571	1,0528	1,0480	1,0453	1,0429	1,0372
30	1,0840	1,0780	1,0720	1,0688	1,0656	1,0590
40	1,1094	1,1023	1,0950	1,0912	1,0875	1,0799

i) CH_3COOH–H_2O, Essigsäure–Wasser

Gew.% CH_3COOH	Dichte in gcm^{-3} bei						
	0° C	10° C	20° C	25° C	30° C	40° C	50° C	60° C
2	1,0033	1,0029	1,0011	0,9999	0,9982	0,9946	0,9901	0,9850
10	1,0177	1,0156	1,0125	1,0108	1,0089	1,0042	0,9991	0,9935
20	1,0342	1,0303	1,0260	1,0235	1,0210	1,0155	1,0098	1,0035
30	1,0492	1,0440	1,0381	1,0350	1,0320	1,0253	1,0184	1,0111
40	1,0621	1,0559	1,0488	1,0450	1,0411	1,0336	1,0260	1,0180
50	1,0729	1,0655	1,0577	1,0537	1,0495	1,0408	1,0318	1,0225
60	1,0811	1,0729	1,0641	1,0600	1,0555	1,0465	1,0375	1,0281
70	1,0870	1,0779	1,0685	1,0639	1,0590	1,0492	1,0396	1,0299
80	1,0897	1,0800	1,0700	1,0650	1,0600	1,0497	1,0390	1,0286
90	1,0863	1,0763	1,0660	1,0608	1,0555	1,0447	1,0339	1,0229

k) CH_3COCH_3–H_2O, Aceton–Wasser

Gew.% CH_3COCH_3	Dichte in gcm^{-3} bei						
	0° C	10° C	20° C	30° C	40° C	50° C	60° C
10	0,9901	0,9880	0,9851	0,9813	0,9766	0,9715	0,9660
20	0,9809	0,9770	0,9722	0,9669	0,9610	0,9543	0,9474
30	0,9702	0,9646	0,9582	0,9518	0,9442	0,9368	0,9291
40	0,9561	0,9490	0,9413	0,9331	0,9245	0,9157	0,9070
50	0,9382	0,9300	0,9213	0,9121	0,9033	0,8940	0,8844
60	0,9155	0,9079	0,8994	0,8897	0,8799	0,8692	0,8587
70	0,8957	0,8860	0,8761	0,8660	0,8553	0,8442	0,8332
80	0,8704	0,8607	0,8501	0,8398	0,8282	0,8170	0,8058
90	0,8433	0,8330	0,8220	0,8101	0,7990		
100	0,8123	0,8018	0,7905	0,7797	0,7722		

32242. Dichte wäßriger Lösungen von

Name	°C	1	2	4	6	8
Ameisensäure		s. S. 823				
$(CHO_2)_2Ca$	18	1,0056	1,0126	1,0268	1,0413	1,0560
$(CHO_2)NH_4$	15	1,0019	1,0046	1,0101	1,0155	1,0209
CHO_2Na	18	1,0049	1,0112	1,0239	1,0368	1,0498
Oxalsäure	17,5	1,0035	1,0082	1,0181	1,0278	1,0375
$C_2O_4K_2$	18	1,0061	1,0136	1,0288	1,0441	1,0596
C_2HO_4K	17,5	1,0050	1,0112	1,0235		
$C_2O_4(NH_4)_2$	15	1,0035	1,0085	1,0186	1,0292	
Essigsäure		s. S. 823				
$(C_2H_3O_2)_2Ba$	18	1,0059	1,0133	1,0282	1,0433	1,0587
$(C_2H_3O_2)_2Ca$	18	1,0043	1,0100	1,0215	1,0331	1,0447
$C_2H_3O_2K$	18	1,0038	1,0089	1,0191	1,0293	1,0395
$C_2H_3O_2NH_4$	18	1,0008	1,0030	1,0074	1,0117	1,0159
$C_2H_3O_2Na$	20	1,0033	1,0084	1,0186	1,0289	1,0392
$(C_2H_3O_2)_2Pb$	18	1,0061	1,0137	1,0290	1,0446	1,0605
$(C_2H_3O_2)_2UO_2$	20	1,0055	1,0129	1,0278		
Äthylaminchlorhydrat $C_2H_7N \cdot HCl$	20	0,9992	1,0003	1,0027	1,0050	1,0073
Dimethylaminchlorhydrat $C_2H_7N \cdot HCl$	20	0,9992	1,0003	1,0024	1,0045	1,0065
Milchsaures Na $C_3H_5O_3Na$	25	1,0022	1,0072	1,0173	1,0275	1,0377
Glycerin $C_3H_8O_3$	20	1,0006	1,0030	1,0077	1,0125	1,0173
K-tartrat $C_4H_4O_6K_2$	20	1,0048	1,0114	1,0248	1,0383	1,0519
Na-K-tartrat $C_4H_4O_6KNa$	20	1,0049	1,0116	1,0252	1,0390	1,0530
Brechweinstein $C_4H_4O_6KSbO$	17,5	1,005	1,012	1,026	1,042	
Weinsäure $C_4H_6O_6$	20	1,0028	1,0071	1,0158	1,0247	1,0340
$C_4H_4O_6Na_2$	20	1,0052	1,0123	1,0266	1,0410	1,0555
Diäthylaminchlorhydrat $C_4H_{11}N \cdot HCl$	21	0,99835	0,99869	0,99936	1,00004	1,00072
Citronensäure $C_6H_8O_7$	18		1,0072	1,0145	1,0220	1,0298
$C_6H_5O_7Na_3$	25	1,0047	1,0124	1,0278	1,0432	1,0589
Dextrose, Glucose $C_6H_{12}O_6$	20		1,0058	1,0138	1,0216	1,0296
Phthalsaures Na $C_8H_4O_4Na_2$	25	1,0031	1,0092	1,0213	1,0334	1,0456
Palmitinsaures Na $C_{16}H_{31}O_2Na$	90	0,965	0,9651	0,9649	0,9647	0,9644
Stearinsaures Na $C_{18}H_{35}O_2Na$	90	0,2965	0,964	0,964	0,963	0,962

322. Dichte von Lösungen

ganischen Säuren und deren Salzen

10	12	16	20	25	30	35	40	50 Gew.%
1,0708	1,0858							
1,0262	1,0314	1,0418	—	—	1,0760	1,0874	1,0984	1,1189
1,0630	1,0762	1,1029	1,1300					
1,0753	1,0912							
1,0745	1,0908	1,1246	1,1599		1,2554	1,3069	1,3608	
1,0563	1,0679	1,0912	1,1146					
1,0497	1,0599	1,0808	1,1022			1,1868	1,2162	1,2761
1,0200	1,0240	1,0318	1,0393		1,0569			
1,0495	1,0598	1,0807	1,1021					
1,0768	1,0936	1,1283	1,1663		1,2711	1,3304	1,3994	
1,0096	1,0118	1,0162	1,0204	1,0254	1,0300	1,0342	1,0380	1,0441
1,0085	1,0104							
1,0478								
1,0221			1,0470	1,0597	1,0727	1,0860	1,0995	1,1263
1,0657	1,0798	1,1087	1,1387		1,2181	1,2606	1,3051	1,4001
1,0673	1,0818	1,1114	1,1419					
1,0702	1,0851	1,1156	1,1471		1,1477		1,2055	1,2660
1,0435	1,0533	1,0736	1,0944					
1,00140	1,00209	1,00354	1,00510		1,00918	1,0110	1,0125	1,0144
1,0375	1,0460	1,0620			1,1242			1,2223
1,0377	1,0460	1,0626	1,0798		1,1247			
1,0579								
0,9642	0,9640	0,9637	0,9633		0,9624			
0,962	0,961	0,960						

32243. Litergewicht von wäßrigen Lösungen von CH_3COH—H_2O, Acetaldehyd—Wasser

Gew.%	°C	g l^{-1}
15,86	19,0	1002,8
44,90	19,4	985,7
55,03	18,4	972,5
60,18	19,0	958,6
70,24	18,6	923,6
70,90	18,4	917,0
85,47	18,6	854,4
100	19,0	783,0

3225. Dichte nichtwäßriger Lösungen

Gew.% Schwefel in CS_2 (15°)		HCl in Äthylalkohol (25°)		H_2SO_4 in Essigsäure (15°)		H_2SO_4 in Diäthyläther (10°)		Äthylalkohol in Diäthyläther (15°)	
Gew.%	g l^{-1}	Gew.%	g l^{-1}	Gew.%	g l^{-1}	Gew.%	g l^{-1}	Gew.%	g l^{-1}
0	1270,8	0,00	785,1						
1	1275,5	1,27	790,7						
2	1280,2								
3	1285,2	5,22	817,4						
4	1290,1					9,84	767	10	732,0
5	1294,9	13,47	864,2			16,8	819	12	734,4
6	1299,8					21,8	858	14	736,8
7	1304,7					29,6	926	16	739,3
8	1309,6			29,9	1271	39,2	1013	18	741,9
9	1314,5					46,2	1083	20	744,3
10	1319,5			49,9	1422	52,1	1147	22	746,7
11	1324,6					58,3	1217	24	749,0
12	1329,7			70,1	1592	64,9	1299	26	751,4
13	1334,8					72,0	1383	28	754,0
14	1339,9			90,1	1758	78,1	1461	30	756,7
15	1345,0					84,9	1559		
16	1350,2					91,6	1666		
17	1355,3					97,4	1769		
18	1360,4					98,7	1795		
19	1365,6					100	1828		
20	1370,9								

Name	ϑ °C	Gew.% CH_3J	D_ϑ g·cm^{-3}	Name	ϑ °C	Gew.% CH_3J	D_ϑ g·cm^{-3}
Methyljodid + Äthyljodid-Mischung	15	90	2,228	Methyljodid in Äthyljodid	15	40	2,059
	15	80	2,192		15	30	2,028
	15	70	2,157		15	20	1,999
	15	60	2,123		15	10	1,970
	15	50	2,091				

323. Kompressibilität von wäßrigen Lösungen bei 25° C

1 Essigsäure, *2* HCl, *3* LiCl, *4* KCl, *5* NaCl, *6* K-Acetat, *7* LiOH, *8* KOH, *9* NaOH

3. Mechanisch-thermische Konstanten homogener Stoffe

33. Dichte, Ausdehnung und
331. Übersichtstabelle über mechanisch-

Angegeben sind:

M relative Molekularmasse, D_N Normdichte (bei 0° C und 1 atm), Schmelzpunkt, Δh_F spezifische Schmelzenthalpie, K_p Siedepunkt bei tur, p_krit kritischer Druck, D_krit kritische Dichte.

Einteilung:
1. Elemente geordnet nach den chemischen Symbolen.
2. Anorganische Verbindungen, geordnet nach den chemischen Sym-
3. Organische Verbindungen, geordnet nach dem Hillschen System.

Ele-

Formel	Name des Gases	M	D_N kg/Nm³	V_M Nm³/kMol
Ar	Argon	39,944	1,7836	22,395
Cl$_2$	Chlor	70,914	3,214	22,064
F$_2$	Fluor	38,00	1,696	22,406
n-H$_2$[1]	Wasserstoff	2,016	0,08989	22,427
p-H$_2$[1]	Wasserstoff	2,016		
n-²H$_2$[1]	Deuterium	4,028	0,1796	22,428
o-²H$_2$[1]	Deuterium	4,028		
H²H	Deuteriumhydrid	3,03		
³H$_2$	Tritium	6,05		
H³H	Tritiumhydrid	4,03		
²H³H	Tritiumdeuterium	5,04		
³He	Helium 3			
⁴He	Helium 4	4,003	0,17847	22,430
Kr	Krypton	83,80	3,744	22,382
N$_2$	Stickstoff	28,016	1,25046	22,405
¹⁵N$_2$	Stickstoff 15			
Ne	Neon	20,183	0,9000	22,426
O$_2$	Sauerstoff	32,000	1,42895	22,394
O$_3$	Ozon	48,000	2,1415	22,414
	Luft	28,96	1,2928	22,401
Rn	Radon	222		
Xe	Xenon	131,30	5,896	22,269

[1] Weitere Eigenschaften der Wasserstoff- bzw. Deuteriummodifikationen s. Tabelle 63.

Anorganische

Formel	Name des Gases	M	D_N kg/Nm³	V_M Nm³/kMol
AsF$_5$	Arsenpentafluorid	169,91		
AsH$_3$	Arsenwasserstoff	77,93		
BCl$_3$	Bortrichlorid	117,19	5,252	22,313
BF$_3$	Bortrifluorid	67,82	3,065	22,127
B$_2$H$_6$	Diboran	27,69	1,259	21,994
B$_2$²H$_6$	Deuteriumdiboran	33,73		
HBr	Bromwasserstoff	80,924	3,6443	22,206

Kompressibilität von Gasen

thermische Eigenschaften von Gasen

V_m Molvolumen, F Schmelzpunkt, Trp Tripelpunkt, p_F Dampfdruck am 1 atm, Δh_v spezifische Verdampfungsenthalpie, ϑ_{krit} kritische Temperabolen. Verbindungen mit H stehen unter dem 2. aufgeführten Element.

mente

ϑ_{Trp} °C	p_{Trp} Torr	Δh_F kJ/kg	K_p °C	Δh_v kJ/kg	ϑ_{krit} °C	p_{krit} at	D_{krit} kg/dm³
−189,38	515,7	29,3	−185,88	163,2	−122,44	49,6	0,531
−101,0	10,44	90,3	−34,1	288	144	78,5	0,567
−219,62	1,66	13,4	−188,1	172	−129	56,8	0,63
−259,20	54	58,0	−252,77	454	−239,9	13,22	0,0301
−259,27	52,8	58,0	−252,87	446	−240,2	13,2	0,0308
−254,50	128	48,9	−249,48	304	−234,8	16,98	0,0668
−254,52	128,5	48,9	−249,56	304	−234,9	16,82	0,0668
−256,5	92,8	51,1	−251,02	366	−237,2	15,13	0,0482
−252,9	157		−248,24	230	−232,6	18,7	0,106
−254,7	124,6		−249,6		−234,9	16,9	0,0668
−253,5	142,9		−248,9		−233,7	17,9	0,0862
			−269,95		−269,81	1,21	0,04131
			−268,94	20,6	−267,95	2,336	0,6945
−157,17	549	19,5	−153,40	108	−63,75	56,0	0,908
−210,00	94,0	25,7	−195,82	198,2	−146,9	34,5	0,311
−209,96		24,0	−195,75	186,4	−146,8	34,6	0,332
−248,61	324,8		−246,06	91,2	−228,75	27,06	0,4835
−218,80	1,14	13,9	−182,97	213	−118,32	51,8	0,430
−192,5		43,5	−111,9	316	−12,1	56,4	0,537
			−191,4		−140,73	38,49	0,328
−71	500	12,3	−62	82,7	103,8	64,5	1,6
−111,8	612	17,5	−108,12	99,2	16,59	60,2	1,105

Verbindungen

ϑ_{Trp} °C	p_{Trp} Torr	Δh_F kJ/kg	K_p °C	Δh_v kJ/kg	ϑ_{krit} °C	p_{krit} at	D_{krit} kg/dm³
−79,8	149	67,5	−52,8	123			
−116,93	22,38	15,35	−62,48	214	99,9		
−107,5		18,0	12,5	208	178,8	39,5	
−128,7		62,5	−100,3	279	−12,2	50,63	0,59
−164,85		161,6	−92,5	516	16	41,2	0,16
			−93,4	436			
−86,86	224,2	37,4	−66,72	218	89,9	87	0,807

1-830   3. Mechanisch-thermische Konstanten homogener Stoffe

Formel	Name des Gases	M	D_N kg/Nm³	V_M Nm³/kMol
²HBr	Bromdeuterium	81,93		
HCN	Cyanidwasserstoff	27,027		
²HCN	Deuteriumcyanid	28,03		
C₂N₂	Cyanogen	52,038		
CO	Kohlenoxid	28,011	1,25001	22,408
COS	Kohlenoxidsulfid	60,077	2,721	22,079
CO₂	Kohlendioxid	44,011	1,9769	22,263
C₃O₂	Kohlenstoffsuboxid	68,033		
ClF	Chlorfluorid	54,46	2,425	22,458
ClFO₃	Perchlorylfluorid	102,46		
ClF₃	Chlortrifluorid	92,46	3,57	25,899
HCl	Chlorwasserstoff	36,465	1,6392	22,246
²HCl	Chlordeuterium	37,47		
ClO₂	Chlordioxid	67,457		
Cl₂O	Chloroxid	86,914	3,89	22,343
HF	Fluorwasserstoff	20,01		
²HF	Fluordeuterium	21,02		
FO	Sauerstofffluorid	35,00		
F₂O	Sauerstoffdifluorid	54,00	2,421	22,305
F₂O₂	Disauerstoffdifluorid	70,00		
GeClF₃	Germaniumchlortrifluorid	165,06		
GeCl₂F₂	Germaniumdichlordifluorid	181,51		
GeF₄	Germaniumtetrafluorid	148,60	6,715	22,130
GeH₄	Germaniumwasserstoff	76,63		
Ge²H₄	Germaniumdeuterium	80,66		
HJ	Jodwasserstoff	127,92	5,789	22,097
²HJ	Joddeuterium	128,93		
NF₂	Stickstoffdifluorid	52,0		
NF₃	Stickstofftrifluorid	71,01	3,16	22,472
NHF₂	Difluoramin	53,02		
NH₃	Ammoniak	17,032	0,77142	22,078
N²H₃	Trideuteriumammoniak	20,05		
NO	Stickstoffoxid	30,008	1,3402	22,391
NOCl	Stickstoffoxidchlorid	65,465	2,9919	21,881
NOF	Stickstoffoxidfluorid	49,01	2,231	21,968
NO₂F	Nitrylfluorid	65,01	2,971	21,882
NO₃F	Nitroxylfluorid	81,01		
N₂O	Distickstoffoxid	44,016	1,9804	22,226
N₂O₄	Stickstofftetroxid	92,016		
PBrF₂	Phosphorbromidfluorid	148,89		
PClF₂	Phosphorchlordifluorid	104,43		
PClF₂S	Thiophosphorchlordifluorid	136,50		
PCl₂F	Phosphordichlorfluorid	120,89		
PF₃	Phosphortrifluorid	87,98	3,922	22,432
PF₃O	Phosphoryltrifluorid	103,98	4,8	21,663
PF₃S	Thiophosphortrifluorid	120,04		
PF₅	Phosphorpentafluorid	125,98	5,80	21,721
PH₃	Phosphorwasserstoff	33,999	1,531	22,207
SF₂O	Schwefeloxidfluorid	86,07		
SF₂O₂	Sulfurylfluorid	102,07		
SF₄	Schwefeltetrafluorid	108,07		
SF₆	Schwefelhexafluorid	146,07	6,602	22,125

331. Mechanisch-thermische Eigenschaften von Gasen

ϑ_{Trp} °C	p_{Trp} Torr	Δh_F kJ/kg	K_p °C	Δh_v kJ/kg	ϑ_{krit} °C	p_{krit} at	D_{krit} kg/dm³
−87,5		29,3	−66,8	218	88,8		
−13,3	140,4	311	25,70	933,5	183,5	55,0	0,195
−12			26				
−27,83	553,6	155,9	−21,15	448	126,55	60,1	
−205,07	115,3	29,8	−191,55	216	−140,2	35,68	0,301
−138,8		78,7	−50,23	308	102,2	63	0,44
−56,57		180,7	−78,45		31,0	75,27	0,468
			6,8	368			
−154			−100,8	440,7	−14		
−147,7		37,4	−46,67	188,7	95,2	54,8	0,64
−76,32		82,38	11,75	298	153,7		
−114,19	103,4	54,7	−85,03	443	51,54	84,7	0,411
−144,66	92,3		−84,75	464	50,3		
−59			10,5	445			
−116			2,0	298			
−83,37		196	19,51	375	188	66,2	0,29
−83,6			18,64				
−223			−185,4	193			
−223,8			−145,3	205	−58	50,2	0,553
−163,5			−57	237			
−66,2			−20,5	134	107,6		
−51,8			2,8	130,3	132,4		
−150,0	303,2		−36,8	219,4			
−165,98		10,9	−88,5	183,6			
−166,2			−89,2	194,3			
−50,8		22,4	−35,2	154	151	84,7	
−51,8	366	22,2	−360	153	148,6		
			−73	127,6	36	79,6	
−206,79		5,60	−129,0	163,2	−39,26	44,96	
−124			−23	469	130	96	
−77,74	45,58	332	−33,41	1371	132,4	115,2	0,235
−74,4	48,22		−31,04	1209	136,4	114,7	0,274
−163,6	164,38	76,6	−151,75	459	−92,9	66,7	0,52
−59,6	41,3	91,4	−5,6	394	167,5	92,4	0,47
−132,5			−59,9	393			
−166,0			−72,4	278	76,3		
−175			−45,9	244	67		
−90,81	658,9	149	−88,47	376	36,43	74,1	0,4525
−11,20	139,8	153,3	21,10	414,4	158,2	103,3	0,5504
−133,8			−16,1	161	113		
−164,8			−47,3	168,4	89,17	46,09	
−155,2			6,3	175	166,0	42,3	
−144			13,85	206,0	189,84	50,9	
−151,5	10,7	10,7	101,38	166	−2,05	44,1	
−39,1	780	145	−39,7	221	73,3	43,2	
−148,8			−52,3	163	72,8	39,0	
−93,8	427	94,0	−84,6	136,5			
−133,80	27,33	33,3	−87,77	429,6	51,9	66	
−129,5			−43,8	253	89,0	57,1	
−135,8		44,04	−55,4	188,5			
−121,0	1,3		−40,4	244	70		
−50,8		40	−63,8	162	45,58	38,3	0,730

3. Mechanisch-thermische Konstanten homogener Stoffe

Formel	Name des Gases	M	D_N kg/Nm³	V_M Nm³/kMol
S_2F_2	Schwefelfluorid	102,13	4,3	
H_2S	Schwefelwasserstoff	34,082	1,5362	22,186
^2H_2S	Schwefeldeuterium	36,09		
SO_2	Schwefeldioxid	64,066	2,9262	21,894
SbH_3	Antimonwasserstoff	124,78		
SeF_6	Selenhexafluorid	192,96	8,687	22,213
H_2Se	Selenwasserstoff	80,98	3,6643	22,099
^2H_2Se	Deuteriumselenid	82,99		
H^2HSe	Deuteriumwasserstoffselenid	81,98		
$SiBrH_3$	Bromsilan	111,03	4,970	22,340
$SiClF_3$	Trifluorchlorsilan	120,55	5,455	22,099
$SiClH_3$	Monochlorsilan	66,57	3,033	21,949
$SiCl_2F_2$	Difluordichlorsilan	137,00	6,276	21,829
$SiCl_2H_2$	Dichlorsilan	101,02	4,599	21,966
$SiCl_3F$	Fluortrichlorsilan	153,46	6,5	
SiF_4	Tetrafluorsilan	104,09	4,6905	22,191
Si_2F_6	Hexafluordisilan	70,18	7,759	
SiH_4	Silan	32,12	1,44	22,306
Si^2H_4	Deuteriumsilan	36,15		
$Si_2{}^2H_6$	Deuteriumdisilan	68,27		
Si_2H_6	Disilan	62,23	2,85	21,835
Si_2H_6O	Disiloxan	78,23	3,552	22,024
SnH_4	Stannan	122,73		
TeF_6	Tellurhexafluorid	241,61	10,915	22,136
H_2Te	Tellurwasserstoff	129,63	5,76	22,505
WF_6	Wolframhexafluorid	297,86		

Organische

Bruttoformel	Name des Gases	Relative Molekularmasse	D_N kgm⁻³	Molekularvolumen Nm³/kMol
$CBrF_3$	Bromtrifluormethan	148,93		
CBr_2F_2	Dibromdifluormethan	209,84		
$CClF_3$	Chlortrifluormethan	104,47		
CCl_2F_2	Dichlordifluormethan	120,92		
CCl_2O	Phosgen	98,925		
CCl_3F	Fluortrichlormethan	137,38		
CF_4	Tetrafluormethan	88,01		
$CHClF_2$	Chlordifluormethan	86,48		
$CHCl_2F$	Dichlorfluormethan	102,93		
CHF_3	Trifluormethan	70,02		
CH_2ClF	Chlor-fluor-methan	68,48		
CH_2Cl_2	Dichlormethan	84,94		
CH_2F_2	Difluormethan	52,03		
CH_3Br	Brommethan	94,951	3,97	23,8
CH_3Cl	Chlormethan	50,942	2,3075	22,077
CH_3F	Fluormethan	34,04	1,5450	22,032

331. Mechanisch-thermische Eigenschaften von Gasen

ϑ_{Trp} °C	p_{Trp} Torr	Δh_F kJ/kg	K_p °C	Δh_v kJ/kg	ϑ_{krit} °C	p_{krit} at	D_{krit} kg/dm³
−105,5			−99				
−85,70	170	69,8	−60,2	548	100,38	91,9	0,349
−86,0	163	65,5			99,1		
−75,5	12,56	116	−10,02	390	157,5	80,4	0,525
−88,5			−17,0	170			
−34,7		43,6	−46,6	143			
−65,7	205,4	31,1	−41,4	243	141,2	94,0	
−66,9	193,4	30,1			139,2		
−66,35	199,4	30,5					
−94,0			1,9	219,8			
−142			−70,0	153	34,48	35,34	
−118,0			−30,4	302			
−139,7			−32,2	155	95,77	35,69	
−122,0			8,4	249			
−120,08			12,2	164	165,26	36,5	
−86,80	1680	90,2	−95,2	143	−14,15	37,9	
−18,7	780	86	−19,1	248,5			
−186,4	<1	24,6	−111,4	363	−3,5	49,4	
−186,4	<1		−111,4	343			
−130,2	<1		−15,4	312			
−132,6			−14,3	344			
−144			−15,2	276			
−149,84			−51,8	155,2			
−37,7	800	32,9	−38,9	117			
−49		31,6	−1,3	148			
2,3	419,8	71,5	17,6	87,8			

Verbindungen (Gase)

Schmelz- oder Tripelpunkt			Siedepunkt		Kritischer Punkt		
F oder Trp °C	p_{Trp} Torr	ΔH_F kJ/kg	V °C	ΔH_v kJ/kg	ϑ_{krit} in °C	p_{krit} in at	D_{krit} in gcm⁻³
(α) −174,43			−57,89	152	66,8	40,4	0,745
(β) −174,68							
(α) −146,46			22,79		198,2	42,2	0,844
(β) −141,54							
−139,0	181,6		−81,9	140	28,9	39,36	0,578
−155,2		34,3	−24,9	162	112,0	41,96	0,558
−127,76		58,0	7,44	246,5	182,3	58,3	0,52
−109,5		50,2	24,4	182	198,0	44,6	0,554
−183,7		7,95	−128	140	−45,7	38,2	0,626
−157,4		47,6	−40,6	233,8	96,0	50,3	0,525
−135			8,92	242	178,5	52,7	0,522
−155,2	0,46	57,98	−82,18	239	26,0	49,3	0,516
			−9,1	341	154		0,443
−96,7			39,8	326,5	235,4	60,9	0,509
			−51,5	360,4	67		0,422
−93,66	62,79	63,0	3,56	252	192	70,5	0,642
−97,71	6,57	127,4	−23,76	428	143	68	0,353
−141,8			−78,41	516	44,55	59,9	0,300

3. Mechanisch-thermische Konstanten homogener Stoffe

Bruttoformel	Name des Gases	Relative Molekularmasse	D_N kg m^{-3}	Molekularvolumen Nm³/kMol
CH_4	Methan	16,043	0,7168	22,381
CH_4S	Methanthiol	48,11		
CH_5N	Methylamin	31,059		
CH_6Si	Methylsilan	46,15	2,076	22,230
C_2ClF_3	Chlor-trifluor-äthen	116,48		
C_2ClF_5	Chlor-pentafluor-äthan	154,48		
$C_2Cl_2F_4$	1,2-Dichlor-1,1,2,2-tetrafluor-äthan	170,94		
$C_2Cl_2F_4$	1,1-Dichlor-1,2,2,2-tetrafluoräthan	170,94		
C_2F_4	Tetrafluoräthen	100,02		
C_2F_6	Hexafluoräthan	138,02		
C_2HClF_2	1-Chlor-2,2-difluor-äthen	98,49		
C_2H_2	Acetylen	26,038	1,1747	22,166
$C_2H_2F_2$	1,1-Difluor-äthen	64,04		
C_2H_2O	Keten	42,038		
C_2H_3Cl	Chloräthen (Vinylchlorid)	62,503		
$C_2H_3ClF_2$	1-Chlor-1,1-difluor-äthan	100,50		
C_2H_3F	Fluoräthen	46,05		
$C_2H_3F_3$	1,1,1-Trifluoräthan	84,05		
C_2H_4	Äthen	28,054	1,2604	22,258
$C_2H_4F_2$	1,1-Difluor-äthan	66,05		
C_2H_4O	Acetaldehyd	44,054		
C_2H_4O	Äthylenoxid	44,054		
C_2H_5Cl	Chloräthan	64,519		
C_2H_5F	Fluoräthan	48,06	2,19	21,945
C_2H_6	Äthan	30,070	1,3566	22,166
C_2H_6O	Dimethyläther	46,070	2,1097	21,837
C_2H_7N	Äthylamin	45,086		
C_3F_8	Octafluorpropan	188,03		
C_3H_4	Propin	40,065		
C_3H_6	Propen	42,081	1,9149	21,976
C_3H_6	Cyclopropan	42,081	1,88	22,384
C_3H_8	Propan	44,097	2,00963	21,943
C_3H_8O	Methyläthyläther	60,097		
C_3H_9N	Trimethylamin	59,113		
C_4F_8	Octafluorcyclobutan	200,04		
C_4F_{10}	Perfluorbutan	238,04		
C_4H_6	Butadien-(1,2)	54,092		
C_4H_6	Butadien-(1,3)	54,092	2,4787	21,823
C_4H_6	Butin-(1)	54,092		
C_4H_8	Buten-(1)	56,108		
C_4H_8	cis-Buten-(2)	56,108		
C_4H_8	trans-Buten-(2)	56,108		
C_4H_8	2-Methyl-propen	56,108		
C_4H_{10}	n-Butan	58,124	2,73204	21,275
C_4H_{10}	2-Methyl-propan	58,124	2,6467	21,961
C_5H_{10}	3-Methyl-1-buten	70,135		
C_5H_{12}	2,2-Dimethyl-propan (Neopentan)	72,151		

331. Mechanisch-thermische Eigenschaften von Gasen

Schmelz- oder Tripelpunkt			Siedepunkt		Kritischer Punkt		
F oder T_{rp} °C	p_{Trp} °C	ΔH_F kJ/kg	V °C	ΔH_v kJ/kg	ϑ_{krit} in °C	p_{krit} in at	D_{krit} in gcm^{-3}
−182,52	87,75	58,4	−161,5	510	−82,5	47,2	0,138
−123,0		123	5,96	511	196,8	73,8	0,3315
−93,46		198	−6,33	831	156,9	75,5	0,216
−156,8			−57,5	398	79,3		
−158,1		47,7	−28,36	178	105,8	41,4	0,55
−99,4		12,18	−39,1	126	80,0	31,85	0,596
−94			3,5	145	145,7	33,2	0,582
−56,6			3,0	167	145,5	33,7	0,582
−142,5		77,12	−75,12	168	33,3	38,9	0,58
−100,06		19,46	−78,2	117	19,7	29,9	0,515
−138,5			−18,6	228	127,4	45,5	0,499
−80,8	962	96,5	−84,03	687	35,5	61,7	0,231
−144			−84		30,1	43,8	0,417
−134,0		179,2	−41,0	482	107		
−159,7		75,8	−13,7	334	321,9		
−130,8		26,7	−9,6	223	137,1	40,7	0,435
−160,5			−72,2	372	47,5		
−111,34		73,7	−47,6	230	73,1	37,1	0,434
−169,15	1·10^{-5}	119,5	−103,78	483	9,50	50,1	0,215
−117			−25,0	326	113,5	44,4	0,365
−123,5		73,2	20,2	584	195,7	71,0	0,314
−112,55		117,5	10,7	580	195,78	71,0	0,314
−138,3		69,0	12,28	382	189	55,0	0,334
−143,2			−37,1	425,3	102,16	49,6	0,8176
−183,3	0,01	45,0	−88,6	489	32,05	48,4	0,206
−141,5			−24,82	467	126,9	52,0	0,2714
−81,0			16,6	603	183,2	55,5	0,2483
−183			−36,07	104	71,9	27,3	0,628
−101,5			−23,3	581	129,23	57,39	0,245
−185,25		71,37	−47,70	438	91,76	45,6	0,220
−127,62		129,4	−32,86	477	124,65	56,03	
−187,7		79,95	−42,1	425,9	96,8	42,1	0,224
			7	353	164,7	43,4	0,272
−117,1		111	2,87	388	160,15	40,2	0,234
−40,2	143		−6,42	116	115,32	28,4	0,620
			−1,7	98,1	113,3	23,7	0,63
−136,21		128,8	10,8	455	176,1	44	
−108,92		147,7	−4,5	418	152,0	42,7	0,245
−125,73		111,5	8,07	454	190,5		
−135,35		68,6	−6,25	391	146,4	39,7	0,233
−138,90		130,3	3,72	416,3	160	42,9	0,239
−105,5		174,0	0,88	406	155	41,8	0,238
−140,35		105,6	−7,12	401	144,7	40,8	0,234
−138,29		80,2	−0,50	385	152,01	37,4	0,228
−159,42		78,15	−11,7	366	134,98	36,0	0,221
−168,44		76,44	20,06	347	171,5	32,65	0,225
−16,60		45,15	9,50	315	160,60	31,6	0,238

332. Umrechnung der Gasvolumen bei kleinen Abweichungen vom Normzustand

Wird das Volumen eines Gases nicht im Normzustand, sondern bei dem Druck p (in Torr) und bei der Temperatur ϑ (in °C) gemessen $(V_{p,\vartheta})$, so ist das Volumen dieser Gasmenge im Normzustand V_N im allgemeinen mit genügender Genauigkeit bei kleinen Abweichungen von p und ϑ vom Normzustand gegeben durch die Beziehung: (s. a. Tab. 124, S. 55)

$$V_N = \frac{273}{273+\vartheta} \cdot \frac{p}{760} \cdot V_{p,\vartheta} = \frac{1}{1+\alpha\vartheta} \cdot \frac{p \cdot V_{p,\vartheta}}{760} \quad (\alpha = 0{,}00367)$$

oder

$$V_N = \frac{0{,}395}{273+\vartheta} \cdot p \cdot V_{p,\vartheta}.$$

Wenn es erforderlich ist, die Abweichungen vom idealen Gasgesetz zu berücksichtigen, so sind die rechten Seiten der Gleichungen mit

$$[1 - \varkappa_0(p-760)]$$

zu multiplizieren. Für einige Gase ist der Wert $\varkappa_0$ für $\vartheta=0°$ nachstehend angegeben. Diese Werte gelten in den Formeln mit ausreichender Genauigkeit zwischen 0° und Raumtemperatur für Drucke in der Nähe von 760 Torr.

Korrekturwerte $\varkappa_0$

Gas		$\varkappa_0 \cdot 10^6$	Gas		$\varkappa_0 \cdot 10^6$
Ar	Argon	−1,3	HCl	Chlorwasserstoff	−9,8
CH_3Cl	Chlormethan	−32,4	H_2	Wasserstoff	+0,8
CH_4	Methan	−2,9	He	Helium	+0,7
CO	Kohlenstoffmonoxid	−0,6	N_2	Stickstoff	−0,6
CO_2	Kohlenstoffdioxid	−9,2		Luft	−0,8
C_2H_2	Acetylen	−11,8	NH_3	Ammoniak	−20,3
C_2H_4	Äthylen	−10,5	NO	Stickstoffmonoxid	−1,5
C_2H_6	Äthan	−15,5	N_2O	Distickstoffmonoxid	−9,7
C_3H_6	Propen	−26,4	Ne	Neon	+0,6
C_3H_8	Propan	−34,6	O_2	Sauerstoff	−1,3
C_4H_{10}	Butan	−54,0	H_2S	Schwefelwasserstoff	−13,7
	2-Methyl-propen	−37,6	SO_2	Schwefeldioxid	−31,2
Cl_2	Chlor	−22,9			

333. Zustandsgleichungen
3331. Die einzelnen Gleichungen

Es bedeuten:

V Molvolumen, T Temperatur in °K, p Druck, R Gaskonstante.

Der für R einzusetzende Zahlenwert richtet sich nach den Maßeinheiten für p und V, für V in l, p in at ist $R = 8{,}47868 \cdot 10^{-2}$ l · at grd^{-1} · Mol^{-1}, für V in cm^3 und p in atm ist $R = 82{,}0617$ cm^3 atm grd^{-1} Mol^{-1}.

1. Zustandsgleichung für ideale Gase:

$$pV = RT.$$

2. Van der Waalssche Zustandsgleichung:

$$\left(p + \frac{a}{V^2}\right)(V-b) = RT$$

$$pV\left(1 + \frac{a}{V^2 p}\right)\left(1 - \frac{b}{V}\right) = RT.$$

333. Zustandsgleichungen

b trägt dem Eigenvolumen der Molekülen Rechnung; a/V^2 der Druckvermehrung infolge Kohäsion. Für einige Gase sind die Konstanten a und b in 3332 angegeben. Diese Gleichung ist dritten Grades in bezug auf V; zu bestimmten p und T gehören also drei Werte von V. Im kritischen Punkt müssen dann die drei reellen Wurzeln der van der Waalsschen Gleichung zusammenfallen, hieraus ergibt sich das

$$V_{kr}=3b, \qquad p_{kr}=\frac{a}{27b^2}, \qquad T_{kr}=\frac{8a}{27bR}.$$

Oberhalb T_{kr} existiert nur eine reelle Wurzel. Für geringe Drucke kann man für V in den Korrektionsgliedern $\frac{a}{p \cdot V^2}$ und $\frac{b}{V}$ den Wert $V=\frac{RT}{p}$ einsetzen und erhält als Näherungsformel bei Entwicklung nach für kleine Größen gültigen Gesetzen:

$$pV = RT\left(1-\frac{ap}{(RT)^2}\right)\left(1+\frac{bp}{RT}\right)$$

$$= RT\left[1+\frac{p}{RT}\left(b-\frac{a}{RT}\right)\right].$$

Setzt man $b-\dfrac{a}{RT}=B$, so erhält man $pV=RT+Bp$.

B wird der zweite Virialkoeffizient genannt.

3. Reduzierte van der Waalssche Gleichung (Theorem der übereinstimmenden Zustände). Bei Einführung der kritischen Größen als Maßgrößen für Volumen, Druck und Temperatur sollen die individuellen Eigenschaften der einzelnen Gase verschwinden, man erhält eine Gleichung ohne individuelle Konstanten.

Diese reduzierte Gleichung lautet:

$$\left(\frac{p}{p_{kr}}+\frac{3V_{kr}^2}{V^2}\right)\left(3\frac{V}{V_{kr}}-1\right)=8\frac{T}{T_{kr}}.$$

Es sei $\dfrac{p}{p_{kr}}=\mathfrak{p}$; $\dfrac{V}{V_{kr}}=\mathfrak{V}$ und $\dfrac{T}{T_{kr}}=\mathfrak{T}$ gesetzt.

$$\left(\mathfrak{p}+\frac{3}{\mathfrak{V}^2}\right)\left(\mathfrak{V}-\frac{1}{3}\right)=\frac{3}{8}\mathfrak{T}.$$

Die reduzierte Zustandsgleichung gibt das Verhalten der Gase nicht vollständig wieder. Auch die van der Waalssche Gleichung ist nur in beschränkten Druckbereichen gültig.

Zustandsgleichungen, die in gewissen Bereichen von Druck und Temperatur das Verhalten der Gase besser wiedergeben, sind:

4. Berthelotsche Zustandsgleichung:

Es wird die Konstante a als abhängig von T angesehen und durch a'/T ersetzt

$$\left(p+\frac{a'}{V^2 T}\right)(V-b)=RT.$$

5. Die von Beattie und Bridgeman:

$$p=\frac{RT\left(1-\dfrac{c}{VT^3}\right)\left[V+B_0\left(1-\dfrac{b}{V}\right)\right]}{V^2}-\frac{A_0}{V^2}\left(1-\frac{a}{V}\right).$$

3332. Van der Waalssche Konstante für das Molvolumen (22416 cm³) im idealen Gaszustand

Elemente

Stoff	a in 10^6 atm cm⁶/Mol²	b in cm³/Mol	Stoff	a in 10^6 atm cm⁶/Mol²	b in cm³/Mol
Ar	1,348	32,188	Kr	2,323	39,782
Cl₂	6,508	56,224	N₂	1,348	38,505
H₂	1,941	21,884	Ne	0,212	17,091
He	0,342	23,699	O₂	1,363	31,830
Hg	8,113	16,956	Xe	4,114	51,587

Anorganische Verbindungen

Stoff	a in 10^6 atm cm⁶/Mol²	b in cm³/Mol	Stoff	a in 10^6 atm cm⁶/Mol²	b in cm³/Mol
(CN)₂	7,686	69,014	NH₃	4,180	37,184
CO	1,488	39,849	NO	1,343	27,888
CO₂	3,601	42,672	N₂O	3,792	44,150
CS₂	11,649	76,854	N₂O₄	5,296	44,240
GeCl₄	22,655	148,512	PH₃	4,643	51,565
HBr	4,462	44,307	PH₄Cl	4,064	45,449
HCl	3,677	40,813	SO₂	6,730	56,358
H₂O	5,477	30,509	SiF₄	4,205	55,709
H₂S	4,441	42,873	SiH₄	4,331	57,859
H₂Se	5,281	46,368	SnCl₄	26,976	164,237

Organische Verbindungen

Formel	Name	a in 10^6 atm cm⁶/Mol²	b in cm³/Mol
CCl₄	Tetrachlorkohlenstoff	19,577	126,80
CHCl₃	Chloroform	15,206	102,19
CH₃Cl	Chlormethan	7,489	64,825
CH₄	Methan	2,258	42,784
CH₄O	Methanol	9,547	67,021
CH₅N	Methylamin	7,147	59,920
C₂H₂	Acetylen	4,401	51,363
C₂H₃N	Acetonitril	17,620	116,838
C₂H₄	Äthylen	4,482	57,142
C₂H₄O₂	Ameisensäuremethylester	11,398	84,313
C₂H₄O₂	Essigsäure	17,630	106,780
C₂H₅Cl	Chloräthan	10,935	86,509
C₂H₆	Äthan	54,022	63,795
C₂H₆O	Äthanol	12,047	84,067
C₂H₇N	Äthylamin	10,628	84,089
C₂H₇N	Dimethylamin	10,407	85,702
C₃H₅N	Propionsäurenitril	16,483	106,40
C₃H₆	Propen	8,40	82,723
C₃H₆O	Aceton	13,953	99,388
C₃H₆O₂	Ameisensäureäthylester	14,833	105,59
C₃H₆O₂	Essigsäuremethylester	15,326	109,088
C₃H₆O₂	Propionsäure	20,160	118,653

Formel	Name	a in 10^6 atm cm^6/Mol^2	b in cm^3/Mol
C_3H_7Cl	Chlorpropan	15,945	114,195
C_3H_8	Propan	8,687	84,448
C_3H_8O	Isopropanol	13,817	98,045
C_3H_8O	Methyläthyläther	11,976	97,75
C_3H_8O	Propanol	14,959	101,875
C_3H_9N	Propylamin	15,029	108,976
C_3H_9N	Trimethylamin	13,048	108,438
C_4H_4S	Thiophen	20,774	127,008
$C_4H_6O_3$	Essigsäureanhydrid	19,954	126,313
C_4H_7N	Buttersäurenitril	25,778	159,622
$C_4H_8O_2$	Ameisensäurepropylester	20,552	137,625
$C_4H_8O_2$	Essigsäureäthylester	20,502	141,187
$C_4H_8O_2$	Propionsäuremethylester	20,256	137,648
C_4H_{10}	Isobutan	12,897	114,195
C_4H_{10}	Butan	14,506	122,573
$C_4H_{10}O$	Diäthyläther	17,424	134,445
$C_4H_{10}O$	Isobutanol	17,072	114,307
$C_4H_{11}N$	Diäthylamin	19,194	139,24
$C_5H_{10}O_2$	Buttersäuremethylester	25,517	165,85
$C_5H_{10}O_2$	Essigsäurepropylester	25,874	169,725
$C_5H_{10}O_2$	Isobuttersäuremethylester	24,561	163,699
$C_5H_{10}O_2$	Propionsäureäthylester	24,451	161,482
C_5H_{12}	Isopentan	18,364	143,56
C_5H_{12}	Pentan	19,053	145,96
C_6H_5Br	Brombenzol	28,631	153,93
C_6H_5Cl	Chlorbenzol	25,492	145,26
C_6H_5F	Fluorbenzol	19,979	128,62
C_6H_5J	Jodbenzol	33,158	165,65
C_6H_6	Benzol	18,047	115,36
C_6H_7N	Anilin	26,568	136,93
C_6H_{12}	Cyclohexan	21,865	142,44
$C_6H_{12}O_2$	Ameisensäureamylester	27,645	173,02
$C_6H_{12}O_2$	Buttersäureäthylester	30,145	191,90
$C_6H_{12}O_2$	Essigsäureisobutylester	28,570	183,34
$C_6H_{12}O_2$	Isobuttersäureäthylester	28,942	188,38
C_6H_{14}	Hexan	24,788	175,84
$C_6H_{15}N$	Dipropylamin	27,786	181,977
$C_6H_{15}N$	Triäthylamin	27,237	183,14
C_7H_8	Toluol	24,119	146,34
C_7H_8O	m-Kresol	33,158	165,65
C_7H_{16}	Heptan	31,588	265,44
$C_8H_{11}N$	Dimethylanilin	37,589	196,963
C_8H_{18}	Octan	37,423	236,77
$C_{10}H_8$	Naphthalin	39,853	193,715

3333. pv-Werte von Gasen in Abhängigkeit vom Druck p in atm und von der Temperatur t in °C

Von J. OTTO, Braunschweig

Das Volumen des Gases V im Normzustand (0° C und 760 Torr) wird gleich 1 gesetzt. Diese Einheit wird vielfach als Amagat-Einheit bezeichnet. Soll das Volumen in dm³/g oder in dm³/Mol dargestellt werden, so sind die Tabellenwerte mit dem reziproken Wert der Normdichte oder dem Molvolumen im Normzustand zu multiplizieren.

Helium

p atm	ϑ in °C					
	−258	−252,8	−208	−183	−150	−100
0	0,0555	0,0745	0,2384	0,3299	0,4506	0,6336
1	0,0549	0,0744	0,2388	0,3304	0,4511	0,6341
10	0,0523	0,0743	0,2428	0,3348	0,4558	0,6390
20	0,0536	0,0760	0,2474	0,3397	0,4610	0,6444
30	0,0578	0,0792	0,2522	0,3447	0,4662	0,6498
40	0,0638	0,0836	0,2571	0,3497	0,4715	0,6553
50	0,0706	0,0891	0,2621	0,3549	0,4769	0,6608
60	0,0775	0,0952	0,2673	0,3601	0,4823	0,6663
80	0,0911	0,1083	0,2777	0,3706	0,4932	0,6773
100	0,1060	0,1209	0,2880	0,3815	0,5043	0,6885

p atm	ϑ in °C					
	−50	0	+50	100	200	300
0	0,8165	0,9995	1,1824	1,3654	1,7313	2,0972
1	0,8171	1,0000	1,1830	1,3659	1,7318	2,0976
10	0,8219	1,0048	1,1877	1,3705	1,7362	2,1018
20	0,8272	1,0100	1,1929	1,3756	1,7411	2,1065
30	0,8326	1,0153	1,1982	1,3807	1,7460	2,1111
40	0,8380	1,0206	1,2034	1,3858	1,7509	2,1158
50	0,8434	1,0259	1,2087	1,3910	1,7559	2,1205
60	0,8488	1,0312	1,2139	1,3961	1,7608	2,1251
80	0,8597	1,0418	1,2244	1,4063	1,7706	2,1345
100	0,8707	1,0523	1,2349	1,4165	1,7805	2,1438

p atm	ϑ in °C					
	400	500	600	800	1000	1200
0	2,4630	2,8289	3,1948	3,9266	4,6584	5,3902
1	2,4635	2,8294	3,1953	3,9270	4,6588	5,3906
10	2,4675	2,8335	3,1992	3,9307	4,6623	5,3938
20	2,4720	2,8380	3,2036	3,9348	4,6661	5,3975
30	2,4765	2,8425	3,2080	3,9389	4,6700	5,4012
40	2,4810	2,8470	3,2124	3,9430	4,6738	5,4048
50	2,4855	2,8515	3,2167	3,9471	4,6777	5,4084
60	2,4899	2,8561	3,2211	3,9512	4,6816	5,4121
80	2,4989	2,8651	3,2299	3,9593	4,6893	5,4194
100	2,5078	2,8741	3,2386	3,9675	4,6970	5,4267

333. Zustandsgleichungen

p atm	ϑ in °C					
	−70	−35	0	50	100	200
100	0,7964	0,9248	1,0523	1,2349	1,4165	1,7805
200	0,8490	0,9759	1,1036	1,2859	1,4660	1,8283
400	0,9491	1,0769	1,2026	1,3848	1,5635	1,9179
600	1,0481	1,1744	1,3003	1,4768	1,6553	2,0152
800	1,1417	1,2682	1,3924	1,5706	1,7481	2,0983
1000	1,2327	1,3583	1,4838	1,6602	1,8359	2,1889

Neon

p atm	ϑ in °C				
	−207,9	−182,5	−150	−100	−50
0	0,2388	0,3317	0,4506	0,6336	0,8166
1	0,2379	0,3314	0,4507	0,6339	0,8170
10	0,2298	0,3283	0,4509	0,6365	0,8206
20	0,2207	0,3254	0,4514	0,6395	0,8248
40	0,2037	0,3208	0,4531	0,6458	0,8334
60	0,1903	0,3180	0,4559	0,6526	0,8422
80	0,1830	0,3168	0,4597	0,6599	0,8514
100	0,1842	0,3175	0,4645	0,6677	0,8610

p atm	ϑ in °C				
	0	50	100	200	300
0	0,9995	1,1825	1,3654	1,7313	2,0972
1	1,0000	1,1830	1,3660	1,7319	2,0978
10	1,0044	1,1880	1,3709	1,7372	2,1033
20	1,0092	1,1935	1,3765	1,7432	2,1094
40	1,0191	1,2045	1,3877	1,7551	2,1217
60	1,0292	1,2156	1,3991	1,7671	2,1339
80	1,0395	1,2267	1,4107	1,7791	2,1461
100	1,0500	1,2379	1,4224	1,7912	2,1583

p atm	ϑ in °C			
	400	500	600	700
0	2,4631	2,8290	3,1949	3,5608
1	2,4637	2,8296	3,1955	3,5614
10	2,4692	2,8351	3,2010	3,5670
20	2,4754	2,8412	3,2072	3,5732
40	2,4877	2,8535	3,2196	3,5857
60	2,4999	2,8657	3,2320	3,5982
80	2,5122	2,8780	3,2444	3,6106
100	2,5245	2,8902	3,2568	3,6231

3. Mechanisch-thermische Konstanten homogener Stoffe

Argon

p atm	ϑ in °C				
	−100	−50	0	25	50
0	0,6345	0,8178	1,0010	1,0926	1,1842
1	0,6317	0,8161	1,0000	1,0919	1,1837
10	0,6050	0,8012	0,9914	1,0856	1,1794
20	0,5733	0,7847	0,9823	1,0790	1,1750
40	0,5033	0,7521	0,9653	1,0670	1,1671
60	0,4239	0,7209	0,9500	1,0565	1,1608
80	0,3344	0,6922	0,9367	1,0476	1,1558
100	0,2341	0,6669	0,9259	1,0416	1,1521

p atm	ϑ in °C				
	75	100	125	150	174
0	1,2758	1,3674	1,4590	1,5506	1,6386
1	1,2755	1,3672	1,4590	1,5507	1,6387
10	1,2727	1,3657	1,4587	1,5514	1,6403
20	1,2699	1,3643	1,4587	1,5524	1,6423
40	1,2652	1,3623	1,4593	1,5550	1,6468
60	1,2619	1,3617	1,4609	1,5586	1,6521
80	1,2599	1,3622	1,4634	1,5630	1,6584
100	1,2595	1,3641	1,4667	1,5680	1,6652

p atm	ϑ in °C				
	200	300	400	500	600
0	1,7338	2,1003	2,4668	2,8333	3,1997
1	1,7341	2,1008	2,4674	2,8340	3,2006
10	1,7361	2,1052	2,4736	2,8412	3,2084
20	1,7386	2,1103	2,4810	2,8491	3,2171
40	1,7441	2,1208	2,4943	2,8650	3,2345
60	1,7505	2,1317	2,5082	2,8808	3,2519
80	1,7578	2,1430	2,5222	2,8967	3,2693
100	1,7661	2,1545	2,5362	2,9205	3,2954

p atm	ϑ in °C			
	0	25	50	75
100	0,9259	1,0416	1,1522	1,2595
200	0,9122	1,0396	1,1611	1,2775
300	0,9629	1,0875	1,2096	1,3281
400	1,0518	1,1690	1,2869	1,4034
600	1,2709	1,3769	1,4858	1,5957
800	1,5029	1,6033	1,7067	1,8117
1000	1,7341	1,8318	1,9323	2,0344
1200	1,9614	2,0579	2,1571	2,2575
1500	2,2939	2,3903	2,4889	2,5881
2000	2,8274	2,9254	3,0250	3,1243
2500	3,3395	3,4397		

333. Zustandsgleichungen

p atm	ϑ in °C		
	100	125	150
100	1,3641	1,4667	1,5680
200	1,3902	1,4999	1,6076
300	1,4436	1,5564	1,6670
400	1,5183	1,6313	1,7426
600	1,7060	1,8161	1,9256
800	1,9179	2,0245	2,1314
1000	2,1377	2,2419	2,3465
1200	2,3591	2,4615	2,5644
1500	2,6886	2,7894	2,8909
2000	3,2249	3,3246	3,4252
2500	3,7440		

Krypton

p atm	ϑ in °C				
	0	50	100	150	200
0	1,0028	1,1864	1,3699	1,5535	1,7370
1	1,0000	1,1844	1,3686	1,5527	1,7366
10	0,9746	1,1674	1,3571	1,5456	1,7324
20	0,9461	1,1488	1,3447	1,5381	1,7282
30	0,9172	1,1307	1,3329	1,5310	1,7243
40	0,8880	1,1130	1,3215	1,5244	1,7208
50	0,8586	1,0956	1,3107	1,5182	1,7177
60	0,8288	1,0786	1,3003	1,5124	1,7150
70	0,7986	1,0620	1,2905	1,5070	1,7126
80	0,7682	1,0458	1,2811	1,5020	1,7106

p atm	ϑ in °C			
	300	400	500	600
0	2,1042	2,4713	2,8384	3,2055
1	2,1042	2,4716	2,8389	3,2063
10	2,1045	2,4746	2,8441	3,2132
20	2,1050	2,4781	2,8500	3,2210
30	2,1059	2,4819	2,8560	3,2288
40	2,1070	2,4858	2,8621	3,2367
50	2,1083	2,4899	2,8684	3,2447
60	2,1099	2,4942	2,8747	3,2527
70	2,1118	2,4987	2,8812	3,2607
80	2,1139	2,5034	2,8878	3,2689

Xenon

p atm	ϑ in °C				
	0	25	30	40	50
0	1,0070	1,0992	1,1176	1,1544	1,1913
1	1,0000	1,0932	1,1119	1,1491	1,1863
5	0,9714	1,0692	1,0887	1,1275	1,1660
10	0,9337	1,0382	1,0588	1,0996	1,1400
30	0,7477	0,8984	0,9257	0,9781	1,0284
50		0,7111	0,7548	0,8316	0,8995
100		0,3297	0,3491	0,4089	0,5107
150		0,4427	0,4556	0,4862	0,5248
200		0,5569	0,5689	0,5954	0,6259
250		0,6688	0,6805	0,7058	0,7338
300		0,7781	0,7899	0,8149	0,8420
350		0,8852	0,8971	0,9222	0,9489
400		0,9903	1,0024	1,0277	1,0543
450		1,0936	1,1059	1,1315	1,1583
500		1,1953	1,2079	1,2338	1,2608
600		1,3846	1,4076	1,4343	1,4619
700		1,5891	1,6025	1,6300	1,6582
800		1,7795	1,7934	1,8216	1,8505
900		1,9663	1,9806	2,0096	2,0391
1000		2,1500	2,1647	2,1944	2,2246
1100		2,3309	2,3460	2,3764	2,4072
1200		2,5093	2,5247	2,5558	2,5872
1300		2,6853	2,7010	2,7328	2,7648
1400		2,8592	2,8752	2,9076	2,9403
1500		3,0311	3,0475	3,0805	3,1137
1600		3,2013	3,2180	3,2515	3,2852
1700		3,3697	3,3867	3,4208	3,4551
1800		3,5366	3,5538	3,5884	3,6232
1900		3,7021	3,7195	3,7546	3,7899
2000		3,8662	3,8838	3,9193	3,9551
2100				4,0827	4,1190
2200				4,2448	4,2815

p atm	ϑ in °C			
	75	100	125	150
0	1,2835	1,3756	1,4678	1,5600
1	1,2792	1,3720	1,4646	1,5572
5	1,2619	1,3572	1,4519	1,5462
10	1,2398	1,3384	1,4358	1,5323
30	1,1480	1,2615	1,3707	1,4768
50	1,0490	1,1816	1,3047	1,4217
100	0,7819	0,9819	1,1470	1,2939
150	0,6674	0,8536	1,0355	1,2013
200	0,7244	0,8563	1,0096	1,1675
250	0,8182	0,9246	1,0509	1,1896
300	0,9202	1,0145	1,1246	1,2475
350	1,0242	1,1120	1,2126	1,3245
400	1,1282	1,2123	1,3070	1,4115
450	1,2315	1,3133	1,4042	1,5037
500	1,3338	1,4143	1,5026	1,5985
600	1,5352	1,6145	1,6999	1,7915

333. Zustandsgleichungen

p atm	ϑ in °C			
	75	100	125	150
700	1,7325	1,8116	1,8958	1,9851
800	1,9259	2,0054	2,0892	2,1774
900	2,1158	2,1960	2,2799	2,3676
1000	2,3026	2,3836	2,4678	2,5554
1100	2,4865	2,5684	2,6532	2,7410
1200	2,6678	2,7507	2,8362	2,9243
1300	2,8467	2,9307	3,0169	3,1054
1400	3,0234	3,1084	3,1954	3,2845
1500	3,1981	3,2842	3,3719	3,4617
1600	3,3709	3,4581	3,5466	3,6370
1700	3,5420	3,6302	3,7195	3,8106
1800	3,7113	3,8006	3,8907	3,9825
1900	3,8791	3,9695	4,0604	4,1529
2000	4,0455	4,1368	4,2286	4,3218
2100	4,2104	4,3028	4,3954	4,4894
2200	4,3741	4,4674	4,5609	4,6556
2300	4,5365	4,6307	4,7251	4,8205
2400	4,6977	4,7928		4,9842
2500	4,8578	4,9537		5,1467

p atm	ϑ in °C					
	200	300	400	500	600	700
0	1,7437	2,1123	2,4808	2,8493	3,2178	3,5864
1	1,7416	2,1111	2,4803	2,8493	3,2182	3,5870
10	1,7226	2,1011	2,4761	2,8493	3,2214	3,5928
20	1,7019	2,0905	2,4718	2,8495	3,2250	3,5991
30	1,6814	2,0802	2,4679	2,8499	3,2286	3,6055
40	1,6014	2,0703	2,4643	2,8504	3,2321	3,6119
50	1,6416	2,0608	2,4611	2,8510	3,2357	3,6183

Wasserstoff

p atm	ϑ in °C					
	−175	−160	−170	−150	−135	−120
0	0,3591	0,3774	0,4140	0,4506	0,5055	0,5603
1	0,3590	0,3773	0,4140	0,4507	0,5057	0,5606
10	0,3581	0,3770	0,4146	0,4520	0,5078	0,5636
30	0,3578	0,3778	0,4173	0,4562	0,5138	0,5710
50	0,3601	0,3810	0,4219	0,4620	0,5212	0,5795
100	0,3769	0,3986	0,4412	0,4830	0,5444	0,6064
150	0,4060	0,4272	0,4696	0,5114	0,5733	0,6341
200	0,4420	0,4626	0,5038	0,5450	0,6063	0,6670
250	0,4815	0,5013	0,5413	0,5816	0,6422	0,7023
300	0,5226	0,5418	0,5807	0,6201	0,6796	0,7392
350		0,5829	0,6209	0,6595	0,7181	0,7670
400			0,6615	0,6994	0,7570	0,8153
450				0,7394	0,7963	0,8539
500				0,7793	0,8355	0,8926
600						0,9698

3. Mechanisch-thermische Konstanten homogener Stoffe

p atm	ϑ in °C					
	−100	−75	−50	−25	0	25
0	0,6335	0,7250	0,8164	0,9079	0,9994	1,0909
1	0,6339	0,7255	0,8170	0,9085	1,0000	1,0915
10	0,6376	0,7299	0,8219	0,9138	1,0055	1,0973
30	0,6465	0,7401	0,8331	0,9257	1,0181	1,1104
50	0,6562	0,7509	0,8448	0,9380	1,0310	1,1236
100	0,6833	0,7801	0,8756	0,9701	1,0640	1,1574
150	0,7139	0,8118	0,9082	1,0035	1,0980	1,1919
200	0,7470	0,8453	0,9422	1,0379	1,1328	1,2271
250	0,7819	0,8802	0,9772	1,0731	1,1683	1,2627
300	0,8182	0,9162	1,0131	1,1090	1,2042	1,2987
350	0,8554	0,9529	1,0496	1,1454	1,2404	1,3349
400	0,8930	0,9900	1,0864	1,1820	1,2769	1,3713
450	0,9310	1,0274	1,1234	1,2187	1,3135	1,4078
500	0,9691	1,0649	1,1605	1,2556	1,3501	1,4443
600	1,0452	1,1400	1,2348	1,3293	1,4234	1,5173
700	1,1208	1,2147	1,3088	1,4027	1,4963	1,5899
800		1,2888	1,3822	1,4756	1,5688	1,6620
900			1,4548	1,5478	1,6406	1,7336
1000				1,6192	1,7117	1,8044
1100					1,7820	1,8745
1200					1,8516	1,9438
1300					1,9204	2,0124
1400					1,9884	2,0802
1500					2,0557	2,1473
1600					2,1222	2,2137
1700					2,1881	2,2794
1800					2,2533	2,3446
1900					2,3179	2,4090
2000					2,3818	2,4730
2100					2,4451	2,5364
2200						2,5992
2300						2,6616

p atm	ϑ in °C				
	50	75	100	125	150
0	1,1823	1,2738	1,3653	1,4568	1,5482
1	1,1830	1,2745	1,3660	1,4575	1,5489
10	1,1890	1,2807	1,3724	1,4639	1,5555
30	1,2024	1,2945	1,3864	1,4782	1,5700
50	1,2160	1,3083	1,4004	1,4923	1,5842
100	1,2504	1,3432	1,4356	1,5279	1,6200
150	1,2854	1,3785	1,4714	1,5638	1,6561
200	1,3209	1,4143	1,5073	1,6000	1,6925
250	1,3568	1,4503	1,5435	1,6363	1,7289
300	1,3928	1,4864	1,5797	1,6727	1,7653
350	1,4291	1,5228	1,6161	1,7091	1,8017
400	1,4654	1,5591	1,6524	1,7455	1,8381
450	1,5018	1,5955	1,6888	1,7818	1,8743
500	1,5383	1,6318	1,7250	1,8180	1,9105
600	1,6110	1,7044	1,7974	1,8902	1,9825
700	1,6833	1,7765	1,8693	1,9619	2,0541

333. Zustandsgleichungen

p atm	ϑ in °C				
	50	75	100	125	150
800	1,7552	1,8482	1,9407	2,0331	2,1251
900	1,8264	1,9192	2,0115	2,1038	2,1956
1000	1,8970	1,9895	2,0817	2,1737	2,2654
1100	1,9668	2,0592	2,1512	2,2430	2,3345
1200	2,0359	2,1281	2,2200	2,3117	2,4030
1300	2,1042	2,1964	2,2881	2,3797	2,4709
1400	2,1719	2,2639	2,3555	2,4470	2,5381
1500	2,2388	2,3308	2,4223	2,5137	2,6047
1600	2,3051	2,3970	2,4884	2,5798	2,6707
1700	2,3708	2,4625	2,5539	2,6452	2,7360
1800	2,4359	2,5275	2,6188	2,7100	2,8008
1900	2,5004	2,5919	2,6831	2,7743	2,8650
2000	2,5643	2,6557	2,7469	2,8381	2,9286
2100	2,6276	2,7190	2,8101	2,9012	2,9918
2200	2,6904	2,7818	2,8728	2,9639	3,0544
2300	2,7528	2,8440	2,9350	3,0261	3,1165
2400	2,8146	2,9058	2,9968	3,0878	3,1782
2500	2,8759	2,9672	3,0580	3,1490	3,2394
2600		3,0280	3,1189	3,2098	

Deuterium

p atm	ϑ in °C				
	−175	−170	−160	−150	−135	−120
0	0,3591	0,3774	0,4140	0,4506	0,5055	0,5603
1	0,3589	0,3773	0,4140	0,4507	0,5057	0,5607
10	0,3574	0,3764	0,4141	0,4516	0,5076	0,5634
30	0,3558	0,3760	0,4158	0,4549	0,5128	0,5701
50	0,3568	0,3779	0,4193	0,4598	0,5194	0,5779
100				0,4785	0,5406	0,6012
150				0,5044	0,5674	0,6290
200				0,5354	0,5983	0,6601
250				0,5699	0,6320	0,6936
300				0,6065	0,6677	0,7286
350				0,6440	0,7045	0,7648
400				0,6820	0,7418	0,8017
450					0,7794	0,8388
500					0,8173	0,8760

p atm	ϑ in °C				
	−100	−75	−50	−25	0	25
0	0,6335	0,7250	0,8164	0,9079	0,9994	1,0909
1	0,6339	0,7255	0,8170	0,9085	1,0000	1,0915
10	0,6374	0,7296	0,8217	0,9136	1,0052	1,0969
30	0,6457	0,7394	0,8324	0,9251	1,0174	1,1095
50	0,6548	0,7497	0,8437	0,9370	1,0299	1,1225
100	0,6805	0,7777	0,8733	0,9680	1,0620	1,1555
150	0,7095	0,8081	0,9048	1,0004	1,0950	1,1892
200	0,7411	0,8402	0,9376	1,0338	1,1288	1,2235

3. Mechanisch-thermische Konstanten homogener Stoffe

p atm	in ϑ °C					
	−100	−75	−50	−25	0	25
250	0,7744	0,8738	0,9715	1,0680	1,1633	1,2582
300	0,8091	0,9083	1,0061	1,1027	1,1982	1,2932
350	0,8448	0,9436	1,0414	1,1379	1,2335	1,3286
400	0,8811	0,9795	1,0770	1,1734	1,2690	1,3641
450	0,9177	1,0156	1,1129	1,2092	1,3047	1,3997
500	0,9545	1,0520	1,1490	1,2451	1,3404	1,4353
600	1,0280	1,1249	1,2211	1,3169	1,4118	1,5066
700		1,1974	1,2931	1,3883	1,4830	1,5775
800			1,3645	1,4594	1,5537	1,6479
900				1,5298	1,6238	1,7178
1000					1,6932	1,7870
1100					1,7619	1,8555
1200					1,8299	1,9233
1300					1,8971	1,9904
1400					1,9636	2,0568
1500					2,0294	2,1225
1600					2,0944	2,1875
1700					2,1588	2,2518
1800					2,2226	2,3156
1900					2,2856	2,3787
2000					2,3481	2,4412
2100					2,4100	2,5031
2200					2,4712	2,5648
2300					2,5320	2,6254

p atm	in ϑ °C				
	50	75	100	125	150
0	1,1823	1,2738	1,3653	1,4568	1,5482
1	1,1830	1,2745	1,3660	1,4575	1,5489
10	1,1887	1,2804	1,3720	1,4636	1,5551
30	1,2017	1,2937	1,3855	1,4773	1,5690
50	1,2150	1,3072	1,3992	1,4912	1,5830
100	1,2486	1,3414	1,4339	1,5263	1,6184
150	1,2828	1,3760	1,4690	1,5617	1,6540
200	1,3174	1,4110	1,5042	1,5972	1,6896
250	1,3524	1,4461	1,5396	1,6327	1,7254
300	1,3876	1,4815	1,5750	1,6683	1,7610
350	1,4230	1,5169	1,6105	1,7038	1,7967
400	1,4585	1,5525	1,6461	1,7394	1,8323
450	1,4941	1,5880	1,6816	1,7750	1,8678
500	1,5297	1,6236	1,7171	1,8104	1,9033
600	1,6008	1,6946	1,7880	1,8811	1,9739
700	1,6715	1,7651	1,8584	1,9514	2,0441
800	1,7417	1,8352	1,9282	2,0212	2,1138
900	1,8114	1,9047	1,9975	2,0904	2,1823
1000	1,8804	1,9736	2,0662	2,1590	2,2513
1100	1,9488	2,0418	2,1342	2,2270	2,3191
1200	2,0165	2,1094	2,2016	2,2943	2,3863
1300	2,0834	2,1763	2,2683	2,3610	2,4529
1400	2,1497	2,2425	2,3344	2,4270	2,5188
1500	2,2153	2,3081	2,4000	2,4925	2,5842

333. Zustandsgleichungen

p atm	ϑ in °C				
	50	75	100	125	150
1600	2,2803	2,3730	2,4650	2,5573	2,6490
1700	2,3446	2,4373	2,5294	2,6215	2,7132
1800	2,4083	2,5011	2,5932	2,6851	2,7768
1900	2,4714	2,5642	2,6564	2,7482	2,8399
2000	2,5340	2,6268	2,7191	2,8106	2,9023
2100	2,5960	2,6889	2,7812	2,8726	2,9642
2200	2,6575	2,7504	2,8428	2,9341	3,0255
2300	2,7185	2,8115	2,9039	2,9952	3,0862
2400		2,8721	2,9645	3,0557	
2500			3,0246	3,1158	

Sauerstoff

p atm	ϑ in °C			
	0	25	50	100
0	1,0010	1,0926	1,1842	1,3674
1	1,0000	1,0919	1,1837	1,3673
10	0,9913	1,0855	1,1792	1,3660
20	0,9821	1,0788	1,1745	1,3648
30	0,9731	1,0724	1,1702	1,3639
40	0,9646	1,0664	1,1663	1,3632
50	0,9565	1,0609	1,1628	1,3629
60	0,9489	1,0557	1,1596	1,3628
80	0,9352	1,0468	1,1546	1,3634
100	0,9238	1,0398	1,1512	1,3650
120	0,9149	1,0348	1,1495	

p atm	ϑ in °C			p atm	ϑ in °C		
	0	100	200		0	100	200
200	0,91	1,40	1,82	600	1,27	1,72	2,14
300	0,96	1,45	1,89	700	1,39	1,83	2,24
400	1,05	1,53	1,96	800	1,50	1,94	2,34
500	1,16	1,62	2,05	1000	1,74	2,15	

Schwefelhexafluorid

p atm	ϑ in °C					
	0	50	100	150	200	250
0	1,0153	1,2012	1,3870	1,5729	1,7587	1,9446
1	1,0000	1,1912	1,3798	1,5675	1,7551	1,9421
2	0,9843	1,1811	1,3725	1,5621	1,7515	1,9397
5	0,9346	1,1495	1,3504	1,5460	1,7402	1,9324
10	0,8432	1,0928	1,3126	1,5192	1,7230	1,9202
15	0,7408	1,0310	1,2737	1,4924	1,7051	1,9080
20	0,6266	0,9641	1,2336	1,4655	1,6872	1,8958
25	0,5003	0,8921	1,1924	1,4387	1,6694	1,8837

Stickstoff

p atm	ϑ in °C					
	−125	−100	−75	−50	−25	0
0	0,5427	0,6343	0,7258	0,8174	0,9089	1,0005
1	0,5384	0,6312	0,7236	0,8162	0,9080	1,0000
3	0,5306	0,6252	0,7196	0,8137	0,9062	0,9991
5	0,5220	0,6194	0,7156	0,8112	0,9046	0,9982
10	0,5030	0,6058	0,7060	0,8052	0,9007	0,9962
30	0,4250	0,5556	0,6726	0,7834	0,8879	0,9893
50	0,3425	0,5146	0,6456	0,7654	0,8782	0,9856
100	0,2846	0,4482	0,6091	0,7448	0,8705	0,9847
200	0,4378	0,5335	0,6555	0,7862	0,9154	1,0362
300	0,5945	0,6809	0,7843	0,8988	1,0178	1,1344
400	0,7465	0,8310	0,9278	1,0341	1,1459	1,2566
600	1,0356	1,1216	1,2155	1,3160	1,4214	1,5250
800	1,3096	1,3990	1,4940	1,5939	1,6977	1,7983
1000	1,5727	1,6656	1,7628	1,8638	1,9679	2,0676
1200	1,8270	1,9234	2,0232	2,1258	2,2312	2,3309
1500	2,1957	2,2971	2,4006	2,5065	2,6143	2,7153
2000	2,7836	2,8925	3,0025	3,1139	3,2264	3,3311
2500	3,3468	3,4622	3,5782	3,6949	3,8121	3,9224
3000	3,891	4,0123	4,1336	4,2552	4,3775	4,4940
3500					4,9256	5,0496
4000					5,4598	5,5916
4500					5,9818	6,1224
5000						6,6431
5500						7,167
6000						7,682

p atm	ϑ in °C					
	25	50	75	100	125	150
0	1,0920	1,1836	1,2752	1,3667	1,4583	1,5498
1	1,0918	1,1836	1,2753	1,3670	1,4587	1,5504
3	1,0914	1,1836	1,2756	1,3676	1,4595	1,5514
5	1,0910	1,1836	1,2759	1,3682	1,4604	1,5524
10	1,0902	1,1837	1,2768	1,3698	1,4625	1,5551
30	1,0879	1,1851	1,2812	1,3768	1,4718	1,5663
50	1,0877	1,1883	1,2872	1,3852	1,4822	1,5785
100	1,0968	1,2044	1,3095	1,4122	1,5135	1,6136
200	1,1545	1,2690	1,3803	1,4889	1,5956	1,7007
300	1,2515	1,3661	1,4786	1,5889	1,6976	1,8048
400	1,3699	1,4825	1,5939	1,7039	1,8128	1,9204
600	1,6325	1,7407	1,8488	1,9567	2,0642	2,1710
800	1,9029	2,0086	2,1147	2,2208	2,3268	2,4327
1000	2,1710	2,2756	2,3808	2,4858	2,5910	2,6962
1200	2,4342	2,5386	2,6435	2,7481	2,8529	2,9580
1500	2,8193	2,9241	3,0292	3,1340	3,2389	3,3442
2000	3,4384	3,5444	3,6506	3,7572	3,8632	3,9695
2500	4,0342	4,1418	4,2496	4,3585	4,4671	4,5745
3000	4,6110	4,7221	4,8316	4,9426	5,0545	5,1639
3500	5,1715	5,2860	5,3988	5,5126	5,6271	5,7393
4000	5,7185	5,8370	5,9528	6,0700	6,187	6,3024

333. Zustandsgleichungen

p atm	ϑ in °C					
	25	50	75	100	125	150
4500	6,2536	6,3764	6,4958	6,1664	6,737	6,8549
5000	6,7793	6,9057	7,0285	7,1529	7,276	7,3974
5500	7,2949	7,426	7,5522	7,6805	7,807	7,9311
6000	7,810	7,938	8,0678	8,2000	8,332	8,4569

p atm	ϑ in °C						
	200	300	400	500	600	700	800
0	1,7330	2,0992	2,4655	2,8317	3,1980	3,5642	3,9304
1	1,7337	2,1002	2,4665				
10	1,7399	2,1084	2,4761	2,8434	3,2104	3,5773	3,9439
40	1,7617	2,1366	2,5084	2,8789	3,2481	3,6165	3,9844
70	1,7852	2,1657	2,5414	2,9147	3,2859	3,6559	4,0249
100	1,8104	2,1959	2,5751	2,9509	3,3240	3,6954	4,0654
200	1,911	2,304	2,692	3,074	3,452	3,828	4,201
300	2,016	2,421	2,814	3,200	3,582	3,960	4,336
400	2,133	2,544	2,940	3,329	3,713	4,094	4,472
500	2,256	2,671	3,069	3,460	3,846	4,228	4,607
600	2,380	2,800	3,200	3,592	3,979	4,362	4,743
700		2,929	3,331	3,724	4,112	4,496	4,889
800			3,461	3,856	4,246	4,630	5,030
900			3,589	3,986	4,379	4,764	5,148

Luft

p atm	ϑ in °C						
	−170	−165	−160	−155	−145	−135	−125
0	0,3779	0,3962	0,4145	0,4328	0,4694	0,5061	0,5427
1	0,371	0,390	0,408	0,4273	0,4647·	0,5020	0,5392
2	0,363	0,383	0,402	0,4217	0,4600	0,4980	0,5357
4	0,348	0,369	0,390	0,4100	0,4502	0,4896	0,5286
6	0,331	0,354	0,376	0,3978	0,4401	0,4812	0,5213
8				0,3849	0,4296	0,4725	0,5140
10				0,3711	0,4188	0,4635	0,5065
15				0,3315	0,3894	0,4402	0,4873
20					0,3554	0,4148	0,4670
30						0,3553	0,4232
40						0,2714	0,3735
50						0,1610	0,3171
60						0,1585	0,2624
80						0,1866	0,2343
100						0,2193	0,2547
150						0,3014	0,3299
200						0,3813	0,4085
300							0,5618

3. Mechanisch-thermische Konstanten homogener Stoffe

p atm	ϑ in °C						
	−115	−100	−85	−70	−50	−25	0
0	0,5793	0,6343	0,6892	0,7442	0,8174	0,9090	1,0006
1	0,5763	0,6318	0,6872	0,7425	0,8161	0,9081	1,0000
2	0,5732	0,6293	0,6852	0,7408	0,8149	0,9072	0,9994
4	0,5671	0,6243	0,6811	0,7375	0,8123	0,9054	0,9982
6	0,5609	0,6193	0,6770	0,7342	0,8098	0,9037	0,9971
8	0,5546	0,6143	0,6729	0,7309	0,8073	0,9020	0,9960
10	0,5483	0,6092	0,6689	0,7276	0,8049	0,9003	0,9949
15	0,5321	0,5965	0,6587	0,7194	0,7987	0,8961	0,9922
20	0,5154	0,5836	0,6486	0,7113	0,7928	0,8921	0,9898
30	0,4807	0,5576	0,6284	0,6955	0,7812	0,8846	0,9852
40	0,4440	0,5315	0,6087	0,6803	0,7704	0,8778	0,9814
50	0,4059	0,5057	0,5898	0,6660	0,7604	0,8716	0,9780
60	0,3684	0,4810	0,5720	0,6527	0,7513	0,8662	0,9753
80	0,3159	0,4395	0,5414	0,6300	0,7362	0,8578	0,9718
100	0,3098	0,4171	0,5210	0,6141	0,7258	0,8528	0,9710
150	0,3663	0,4374	0,5220	0,6100	0,7235	0,8564	0,9810
200	0,4407	0,4992	0,5688	0,6455	0,7514	0,8818	1,0072
300	0,5922	0,6435	0,7015	0,7652	0,8563	0,9753	1,0952
400	0,7395	0,7895	0,8440	0,9026	0,9861	1,0963	1,2096
500		0,9322	0,9858	1,0424	1,1222	1,2271	1,3356
600			1,1250	1,1810	1,2590	1,3610	1,4663
700				1,3173	1,3946	1,4950	1,5984
800					1,5284	1,6281	1,7302
900						1,7596	1,8612
1000						1,8896	1,9909

p atm	ϑ in °C					
	25	50	75	100	150	200
0	1,0922	1,1838	1,2753	1,3669	1,5501	1,7332
1	1,0918	1,1836	1,2753	1,3671	1,5504	1,7338
2	1,0915	1,1835	1,2754	1,3672	1,5508	1,7343
4	1,0908	1,1832	1,2755	1,3676	1,5516	1,7354
6	1,0901	1,1829	1,2756	1,3679	1,5523	1,7365
8	1,0895	1,1827	1,2757	1,3683	1,5531	1,7376
10	1,0888	1,1825	1,2758	1,3687	1,5539	1,7387
15	1,0876	1,1820	1,2762	1,3697	1,5559	1,7415
20	1,0861	1,1816	1,2766	1,3708	1,5581	1,7444
30	1,0839	1,1813	1,2777	1,3732	1,5625	1,7503
40	1,0823	1,1814	1,2794	1,3761	1,5672	1,7565
50	1,0811	1,1820	1,2814	1,3793	1,5723	1,7629
60	1,0805	1,1830	1,2838	1,3828	1,5776	1,7695
80	1,0808	1,1865	1,2898	1,3910	1,5892	1,7835
100	1,0834	1,1917	1,2972	1,4007	1,6019	1,7985
150	1,0991	1,2125	1,3224			
200	1,1275	1,2436	1,3560			
300	1,2136	1,3300				
400	1,3239	1,4376				
500	1,4462	1,5570				
600	1,5740	1,6824				
700	1,7040	1,8105				
800	1,8345					
900	1,9645					
1000	2,0936					

333. Zustandsgleichungen

Ammoniak

p atm	ϑ in °C		
	50	75	100
0	1,2019	1,2948	1,3878
1	1,1925	1,2862	1,3813
5	1,1549	1,2550	1,3555
10	1,1051	1,2156	1,3229
20		1,128	1,251
30		1,022	1,180
40			1,094

p atm	ϑ in °C			
	150	200	250	300
0	1,5738	1,7598	1,9457	2,1317
1	1,569	1,755	1,942	2,129
5	1,549	1,741	1,931	2,120
10	1,527	1,726	1,919	2,110
20	1,482	1,692	1,895	2,092
30	1,433	1,658	1,868	2,072
40	1,382	1,623	1,846	2,052
50	1,330	1,589	1,819	2,036
60	1,274	1,552	1,794	2,017
80	1,150	1,477	1,743	1,982
100	1,032	1,408	1,695	1,948
200	0,432	0,976	1,426	1,764
300	0,545	0,811	1,234	1,630
400	0,681	0,868	1,190	1,560
500	0,806	0,974	1,225	1,553
600	0,938	1,092	1,312	1,595
700	1,059	1,208	1,414	1,671
800	1,185	1,330	1,522	1,757
900	1,304	1,451	1,635	1,859
1000	1,421	1,567	1,748	1,970

Distickstoffmonoxid

p atm	ϑ in °C				
	−30	−15	0	+15	30
0	0,8966	0,9519	1,0072	1,0625	1,1178
1	0,8873	0,9437	1,0000	1,0560	1,1123
2	0,8778	0,9355	0,9927	1,0495	1,1062
4	0,8580	0,9184	0,9777	1,0363	1,0946
6	0,8371	0,9008	0,9625	1,0230	1,0828
8	0,8155	0,8829	0,9469	1,0097	1,0710
10	0,7923	0,8638	0,9304	0,9959	1,0589
15		0,8123	0,8877	0,9592	1,0274
20		0,7524	0,8410	0,9203	0,9942
30			0,7271	0,8328	0,9216
40				0,7224	0,8397
50					0,7384
60					0,5891

3. Mechanisch-thermische Konstanten homogener Stoffe

p atm	ϑ in °C				
	50	75	100	125	150
0	1,1916	1,2838	1,3760	1,4682	1,5604
1	1,1867	1,2797	1,3725	1,4652	1,5579
2	1,1818	1,2755	1,3690	1,4623	1,5554
4	1,1718	1,2672	1,3619	1,4563	1,5504
6	1,1617	1,2588	1,3548	1,4502	1,5453
8	1,1515	1,2503	1,3476	1,4442	1,5402
10	1,1410	1,2416	1,3404	1,4381	1,5351
15	1,1142	1,2197	1,3221	1,4227	1,5221
20	1,0869	1,1971	1,3036	1,4071	1,5088
30	1,0285	1,1508	1,2654	1,3756	1,4822
40	0,9653	1,1024	1,2266	1,3435	1,4559
50	0,8963	1,0518	1,1868	1,3115	1,4296
60	0,8185	0,9985	1,1461	1,2795	1,4034
70	0,7275	0,9427	1,1052	1,2475	1,3785
80	0,6106	0,8839	1,0639	1,2157	1,3532
90	0,4555	0,8219	1,0223	1,1841	1,3281
100	0,3608	0,7577	0,9804	1,1528	1,3037
120	0,3591	0,6389	0,8996	1,0935	1,2574
140	0,3888	0,5715	0,8306	1,0404	1,2157
160	0,4239	0,5579	0,7823	0,9966	1,1801
180	0,4603	0,5721	0,7579	0,9662	1,1517
200	0,4976	0,5966	0,7549	0,9480	1,1319
220	0,5353	0,6268	0,7646	0,9417	1,1208
240	0,5729	0,6588	0,7840	0,9455	1,1171
260	0,6084	0,6938	0,8088	0,9576	1,1202
280	0,6480	0,7295	0,8366	0,9753	1,1289
300	0,6847	0,7637	0,8674	0,9976	1,1444

Kohlenmonoxid

p atm	ϑ in °C			p atm	t in °C		
	−70	−50	−25		−70	−50	−25
0	0,744	0,817	0,909	200	0,663	0,765	0,902
1	0,743	0,816	0,908	300	0,796	0,887	1,009
25	0,703	0,790	0,894	400	0,943	1,028	1,140
50	0,664	0,762	0,877	500	1,092	1,176	1,283
75	0,632	0,739	0,863	600	1,239	1,322	1,428
100	0,615	0,726	0,859	800	1,524	1,610	1,715
150	0,619	0,730	0,866	1000	1,799	1,887	1,994

p atm	ϑ in °C						
	0	25	50	75	100	125	150
0	1,0006	1,0922	1,1838	1,2754	1,3670	1,4585	1,5501
1	1,0000	1,0918	1,1836	1,2754	1,3672	1,4589	1,5506
50	0,9775	1,0813	1,1829	1,2829	1,3816	1,4793	1,5761
100	0,9720	1,0854	1,1948	1,3012	1,4053	1,5075	1,6085
200	1,0182	1,1387	1,2553	1,3684	1,4786	1,5864	1,6925
300	1,1188	1,2368	1,3528	1,4668	1,5784	1,6880	1,7960
400	1,2452	1,3586	1,4718	1,5843	1,6953	1,8047	1,9132

333. Zustandsgleichungen

p atm	ϑ in °C						
	0	25	50	75	100	125	150
600	1,5218	1,6290	1,7372	1,8458	1,9541	2,0616	2,1690
800	1,8024	1,9068	2,0123	2,1185	2,2246	2,3304	2,4366
1000	2,0781	2,1816	2,2860	2,3910	2,4960	2,6007	2,7059
1200	2,3473	2,4510	2,5551	2,6598	2,7643	2,8686	2,9733
1500	2,7396	2,8442	2,9492	3,0541	3,1588	3,2632	3,3678
2000	3,3670	3,4737	3,5809	3,6876	3,7940	3,8998	4,0052
2500	3,965	4,0757	4,1859	4,2954	4,4041	4,5118	4,6186
3000	4,541	4,6559	4,769	4,882	4,993	5,103	5,211

Kohlendioxid

p atm	ϑ in °C				
	0	50	100	150	200
0	1,0070	1,1914	1,3757	1,5600	1,7444
1	1,0000	1,1868	1,3725	1,5578	1,7428
10	0,9340	1,1442	1,3431	1,5373	1,7291
20	0,8520	1,0948	1,3100	1,5146	1,7138
30	0,7506	1,0426	1,2762	1,4919	1,6985
40		0,9924	1,2419	1,4691	1,6832
50		0,9262	1,2070	1,4464	1,6678

p atm	ϑ in °C			
	300	400	500	600
0	2,1130	2,4817	2,8504	3,2190
1	2,1124	2,4816	2,8506	3,2196
10	2,1070	2,4810	2,8531	3,2245
20	2,1009	2,4803	2,8558	3,2299
30	2,0948	2,4796	2,8586	3,2354
40	2,0887	2,4789	2,8613	3,2408
50	2,0826	2,4782	2,8640	3,2462

p atm	ϑ in °C						
	50	75	100	125	150	198	258
0	1,1914	1,2836	1,3757	1,4679	1,5600	1,7369	1,9581
1	1,1868	1,2796	1,3725	1,4651	1,5578	1,7355	1,9574
100	0,4926	0,8272	1,0286	1,1922	1,3368	1,582	1,847
200	0,5017	0,6245	0,8098	1,0083	1,1904	1,496	1,804
300	0,6788	0,7690	0,8882	1,0331	1,1915	1,494	1,820
400	0,8534	0,7373	1,0387	1,1577	1,2911	1,563	1,883
600	1,1902	1,2726	1,3652	1,4679	1,5800	1,812	
800	1,5124	1,5968	1,6888	1,7878	1,8935	2,108	
1000	1,8232	1,9109	2,0041	2,1027	2,2065		
1200	2,1253	2,2161	2,3113	2,4109	2,5144		
1500	2,5651	2,6604	2,7591	2,8609	2,9657		
2000		3,3726	3,4770	3,5832	3,6920		

3. Mechanisch-thermische Konstanten homogener Stoffe

Kohlenstofftetrafluorid

p atm	ϑ in °C						
	0	50	100	150	250	300	400
0	1,0050	1,1889	1,3729	1,5569	1,9248	2,1087	2,4766
1	1,0000	1,1858	1,3710	1,5557	1,9248	2,1091	2,4777
10	0,9542	1,1575	1,3539	1,5458	1,9257	2,1132	2,4874
20	0,9008	1,1264	1,3358	1,5360	1,9273	2,1183	2,4984
30	0,8455	1,0959	1,3186	1,5273	1,9297	2,1241	2,5098
40	0,7881	1,0665	1,3026	1,5199	1,9328	2,1304	2,5215
50	0,7285	1,0389	1,2883	1,5136	1,9366	2,1375	2,5335

Methan

p atm	ϑ in °C			p atm	in °C		
	−70	−50	−25		−70	−50	−25
0	0,7455	0,8189	0,9106	160	0,392	0,460	0,589
1	0,7410	0,8150	0,9075	180	0,429	0,492	0,608
20	0,647	0,740	0,849	200	0,466	0,527	0,632
40	0,524	0,655	0,787	300	0,646	0,702	0,788
60	0,337	0,555	0,724	400	0,818	0,875	0,956
80	0,256	0,460	0,665	500	0,987	1,043	1,122
100	0,281	0,409	0,617	600	1,149	1,207	1,286
120	0,318	0,410	0,588	800	1,463	1,525	1,605
140	0,354	0,430	0,580	1000	1,766	1,829	1,911

p atm	ϑ in °C					
	0	25	50	100	150	200
0	1,0024	1,0941	1,1859	1,3695	1,5528	1,7365
1	1,0000	1,0922	1,1843	1,3684	1,5523	1,7363
20	0,9546	1,0562	1,1559	1,3513	1,5436	1,732
40	0,9074	1,0200	1,1280	1,3354	1,5361	1,731
60	0,8616	0,9862	1,1027	1,3218	1,5303	1,731
80	0,8197	0,9558	1,0805	1,3107	1,5265	1,732
100	0,7843	0,9303	1,0622	1,3024	1,5249	1,735
120	0,7584	0,9109	1,0483	1,2970	1,5254	1,740
140	0,7445	0,8984	1,0393	1,2947	1,5281	1,747
160	0,7413	0,8937	1,0356	1,2954	1,5330	1,755
180	0,7482	0,8960	1,0369	1,2992	1,5401	1,765
200	0,7630	0,9036	1,0437	1,3060	1,5492	1,776
300	0,889	1,006	1,129	1,378	1,623	1,853
400	1,049	1,150	1,261	1,493	1,727	1,959
500	1,209	1,306	1,411	1,628	1,854	2,080
600	1,371	1,466	1,565	1,773	1,994	2,213
800	1,689	1,780	1,878	2,074	2,283	2,495
1000	2,000	2,089	2,184	2,376	2,580	2,786

333. Zustandsgleichungen

Äthan

p atm	ϑ in °C		p atm	ϑ in °C	
	0	25		0	25
0	1,0103	1,1028	5	0,9606	1,0593
1	1,0000	1,0942	10	0,9195	1,0140
2	0,9895	1,0856	20		0,9115

p atm	ϑ in °C			
	50	75	100	125
0	1,1952	1,2877	1,3802	1,4726
1	1,1880	1,2816	1,3751	1,4682
2	1,1810	1,2757	1,3698	1,4638
5	1,1592	1,2573	1,3545	1,4508
10	1,1225	1,2264	1,3287	1,4289
20	1,0434	1,1628	1,2760	1,3848
40	0,8504	1,0199	1,1648	1,2937
60	0,5498	0,8531	1,0438	1,2024
80	0,3980	0,6838	0,9275	1,1148
100	0,4300	0,6037	0,8364	1,0404
150	0,5615	0,6565	0,7971	0,9660
200	0,6992	0,7765	0,8819	1,0117
250	0,8394	0,9112	1,0015	1,1125
300	0,9770	1,0466	1,1309	1,2308
350	1,1126	1,1819	1,2622	1,3560
400	1,2458	1,3147	1,3941	1,4838
450	1,3771	1,4467	1,5251	1,6122
500	1,5065	1,5770	1,6555	1,7402

p atm	ϑ in °C			
	150	175	200	225
0	1,5651	1,6576	1,7500	1,8425
1	1,5613	1,6543	1,7490	1,8401
2	1,5576	1,6511	1,7444	1,8375
5	1,5465	1,6417	1,7364	1,8307
10	1,5277	1,6254	1,7224	1,8185
20	1,4908	1,5946	1,6954	1,7955
40	1,4166	1,5325	1,6432	1,7517
60	1,3425	1,4728	1,5942	1,7115
80	1,2735	1,4172	1,5505	1,6763
100	1,2169	1,3715	1,5132	1,6472
150	1,1402	1,3029	1,4572	1,6052
200	1,1586	1,3120	1,4620	1,6100
250	1,2396	1,3768	1,5176	1,6586
300	1,3452	1,4686	1,5992	1,7343
350	1,4610	1,5754	1,6975	1,8255
400	1,5826	1,6896	1,8048	1,9263
450	1,7063	1,8074	1,9171	2,0334
500	1,8313	1,9285	2,0323	2,1436

3. Mechanisch-thermische Konstanten homogener Stoffe

Äthylen

p atm	ϑ in °C					
	0	10	20	30	40	50
0	1,0073	1,0442	1,0811	1,1180	1,1548	1,1917
1	1,0000	1,0374	1,0747	1,1120	1,1492	1,1864
2	0,9925	1,0305	1,0682	1,1059	1,1435	1,1811
5	0,9693	1,0092	1,0482	1,0874	1,1263	1,1649
10	0,9279	0,9716	1,0135	1,0554	1,0967	1,1374
15	0,8832	0,9313	0,9768	1,0220	1,0660	1,1091
20	0,8350	0,8883	0,9383	0,9871	1,0343	1,0801
25	0,7834	0,8426	0,8978	0,9508	1,0015	1,0502

p atm	ϑ in °C					
	0	25	50	75	100	125	150
0	1,0073	1,0995	1,1917	1,2839	1,3761	1,4683	1,5605
1	1,0000	1,0932	1,1864	1,2796	1,3728	1,4660	1,5592
50	0,1740	0,6812	0,8868	1,0435	1,1807	1,3071	1,4264
100	0,3105	0,3794	0,5617	0,8042	1,0005	1,1666	1,3151
200	0,5672	0,6256	0,7054	0,8131	0,9474	1,0972	1,2502
300	0,8081	0,8692	0,9427	1,0306	1,1331	1,2486	1,3737
400	1,0386	1,1031	1,1768	1,2602	1,3533	1,4557	1,5661
600	1,4780	1,5491	1,6264	1,7096	1,7984	1,8930	1,9926
800	1,8969	1,9738	2,0553	2,1410	2,2305	2,3241	2,4213
1000	2,3007	2,3827	2,4684	2,5573	2,6486	2,7431	2,8406
1200	2,6925	2,7791	2,8688	2,9608	3,0544	3,1507	3,2493
1500	3,2624	3,3551	3,4501	3,5468	3,6440	3,7434	3,8443
2000	4,1750	4,2762	4,3791	4,4828	4,5859	4,6905	4,7961
2500	5,0518	5,1600	2,5699	5,3797	5,4881	5,5976	5,7077

Acetylen

p atm	ϑ in °C				
	0	15	25	40	50
0	1,0088	1,0641	1,1015	1,1569	1,1938
1	1,0000	1,0561	1,0939	1,1501	1,1875
2	0,9911	1,0479	1,0863	1,1433	1,1811
5	0,9637	1,0230	1,0631	1,1224	1,1621
10	0,9158	0,9798	1,0231	1,0871	1,1299
15	0,8651	0,9345	0,9814	1,0508	1,0972
20	0,8116	0,8871	0,9381	1,0135	1,0641
25	0,7553	0,8375	0,8932	0,9754	1,0306

Propan

p atm	ϑ in °C			
	0	10	20	30
0	1,0193	1,0566	1,0939	1,1312
1	1,0000	1,0377	1,0759	1,1141
2	0,9777	1,0177	1,0577	1,0978

333. Zustandsgleichungen

p atm	ϑ in °C			
	0	10	20	30
4		0,9718	1,0168	1,0605
6			0,9741	1,0218
8				0,9759

p atm	ϑ in °C			
	40	50	75	100
0	1,1685	1,2245	1,2991	1,3924
1	1,1528	1,1914	1,2869	1,3815
2	1,1369	1,1751	1,2733	1,3715
4	1,1032	1,1455	1,2483	1,3479
6	1,0682	1,1132	1,2201	1,3242
8	1,0268	1,0759	1,1910	1,2997
10	0,9832	1,0368	1,1605	1,2765
20		0,9823		1,1405

p atm	ϑ in °C				
	125	150	200	250	300
0	1,4857	1,5790	1,7656	1,9522	2,1387
1	1,4757	1,5698	1,7590	1,9472	2,1346
2	1,4661	1,5643	1,7535	1,9427	2,1310
4	1,4466	1,5452	1,7390	1,9327	2,1255
6	1,4270	1,5280	1,7262	1,9227	2,1150
8	1,4079	1,5098	1,7140	1,9136	2,1091
10	1,3874	1,4925	1,7008	1,9031	2,1009
20	1,2797	1,4024	1,6344	1,8554	2,0637
40	1,0182	1,2024	1,5025	1,7626	1,9932
60	0,6480	0,9795	1,3752	1,6753	1,9313
80	0,5357	0,7831	1,2587	1,5994	1,8808
100	0,5853	0,7385	1,1723	1,5380	1,8417
150	0,7708	0,8643	1,1391	1,4834	1,8108
200	0,9577	1,0450	1,2724	1,5507	1,8645
300	1,3397	1,4215	1,6125	1,8281	
400	1,7008	1,7863	1,9700	2,1719	
500	2,0532	2,1351	2,3192	2,5193	
600	2,3902	2,4747	2,6630	2,8595	

Propen

p atm	ϑ in °C					
	25	50	75	100	125	150
0	1,1129	1,2062	1,2995	1,3928	1,4861	1,5794
1	1,0969	1,1928	1,2882	1,3831	1,4777	1,5721
10	0,9276	1,0586	1,1780	1,2907	1,3991	1,5045
30			0,8298	1,0404	1,2010	1,3422
50				0,5773	0,9555	1,1618
100				0,4819	0,5871	0,7843
200				0,8429	0,9152	1,0056
300				1,1859	1,2583	1,3409

p atm	ϑ in °C					
	25	50	75	100	125	150
400				1,5146	1,5897	1,6721
600				2,1415	2,2230	2,3092
800				2,7392	2,8267	2,9177
1000				3,3156	3,4086	3,5042
1200				3,8751	3,9731	4,0731
1500				4,6895	4,7942	4,9000
2000				5,9954	6,1097	6,2239
2500					7,3749	7,4965

p atm	ϑ in °C			
	175	200	225	250
0	1,6727	1,7660	1,8595	1,9527
5	1,640	1,738	1,834	1,931
10	1,607	1,710	1,810	1,909
30	1,471	1,595	1,711	1,822
50	1,330	1,477	1,614	1,742
100	1,020	1,228	1,412	1,574
200	1,113	1,242	1,388	1,538

3334. Die zweiten Virialkoeffizienten von Gasen

Von J. Otto, Braunschweig

Unter dem zweiten Virialkoeffizienten soll hier der Koeffizient B der Zustandsgleichung $pv = (pV)/(pV)_{0°C; 1\,atm} = A + Bp + Cp^2 \ldots$ verstanden werden, also für den Fall, daß die Volumwerte in Amagat-Einheiten ausgedrückt werden. $A = RT$; T °K $= (t + 273,15)$ °C.

Die Zustandsgleichung wird auch häufig in den Formen

$$pv = RT + B'/v + C'/v^2 + \cdots$$

oder

$$pv = RT(1 + B''/v + C''/v^2 + \cdots)$$

dargestellt. Für die zweiten Virialkoeffizienten gelten dann folgende Beziehungen: $B = B'/RT = B''$.

ϑ °C	$B \cdot 10^3$ in atm^{-1}							
	Helium He	Neon Ne	Argon Ar	Krypton Kr	Xenon Xe	Wasserstoff H_2	Deuterium D_2	Sauerstoff O_2
1000	0,38		(1,05)*	(1,13)*	(1,14)*			
900	0,39		(1,02)*	(1,06)*	(1,00)*			
800	0,41		(0,98)*	(0,98)*	(0,83)*			
700	0,42	0,624	(0,93)*	(0,88)*	0,64			
600	0,43	0,619	0,87	0,75	0,36			
500	0,45	0,613	0,79	0,57	−0,01			
400	0,46	0,612	0,68	0,33	−0,48	0,70		

* Extrapolierte Werte.

333. Zustandsgleichungen

ϑ °C	$B \cdot 10^3$ in atm^{-1}							
	Helium He	Neon Ne	Argon Ar	Krypton Kr	Xenon Xe	Wasserstoff H$_2$	Deuterium D$_2$	Sauerstoff O$_2$
300	0,474	0,611	0,49	0,19	−1,09	0,72		
200	0,491	0,597	0,22	−0,48	−2,08	0,73		0,25
175	0,495	0,588	0,17	−0,65	−2,40	0,72		0,18
150	0,500	0,579	0,06	−0,83	−2,74	0,710	0,694	0,08
125	0,504	0,567	−0,04	−1,05	−3,17	0,705	0,688	−0,02
100	0,509	0,550	−0,18	−1,30	−3,68	0,699	0,673	−0,14
75	0,514	0,540	−0,33	−1,58	−4,26	0,686	0,662	−0,30
50	0,519	0,530	−0,55	−1,91	−4,98	0,665	0,644	−0,46
25	0,524	0,51	−0,72	−2,34	−5,85	0,641	0,621	−0,62
0	0,529	0,48	−0,98	−2,81	−6,95	0,612	0,594	−0,95
−25	0,535	0,45	−1,28			0,581	0,555	−1,30
−50	0,539	0,40	−1,67			0,538	0,514	−1,72
−75	0,540	0,35	−2,19			0,481	0,453	−2,30
−100	0,540	0,28	−2,91			0,398	0,374	−3,06
−125	0,538	0,17	−3,95			0,311	0,285	−4,15
−150	0,532	0,01				0,12	0,08	−5,72
−175	0,495	−0,27				−0,13	−0,19	
−200	0,445	−0,68						
−225	0,350							
−250	−0,010							

ϑ °C	$B \cdot 10^3$ in atm^{-1}						
	Schwefelhexafluorid SF$_6$	Stickstoff N$_2$	Luft	Ammoniak NH$_3$	Distickstoffmonoxid N$_2$O	Kohlenmonoxid CO	Kohlendioxid CO$_2$
1000		(1,42)*					(1,02)*
900		(1,39)*					(0,95)*
800		1,36					(0,85)*
700		1,32					(0,72)*
600		1,27					0,54
500		1,19					0,27
400		1,06					−0,08
300		0,91				0,91	−0,61
200	−3,60	0,686	0,53	−3,5		0,64	−1,53
175	−4,45	0,620	0,46	−4,0		0,50	−1,90
150	−5,37	0,530	0,37	−4,6	−2,62	0,44	−2,31
125	−6,20	0,418	0,27	−5,5	−3,07	0,33	−2,75
100	−7,21	0,290	0,16	−6,5	−3,61	0,20	−3,25
75	−8,40	0,150	0,02	−7,8	−4,25	0,04	−3,85
50	−9,82	−0,018	−0,153	−9,5	−5,02	−0,15	−4,63
25	−11,3	−0,209	−0,358	−12,0	−6,00	−0,37	−5,56
0	−15,1	−0,464	−0,600	−16,1	−7,25	−0,63	−6,90
−25		−0,78	−0,90				−8,4
−50		−1,12	−1,29				−12,2
−75		−1,65	−1,68				
−100		−2,31	−2,48				
−125		−3,30	−3,48				
−150		−4,80					

* Extrapolierte Werte.

3. Mechanisch-thermische Konstanten homogener Stoffe

	Kohlen-stofftetrafluorid CF_4	Methan CH_4	Äthan C_2H_6	Äthylen C_2H_4	Acetylen C_2H_2	Propan C_3H_8	Propen C_3H_6
400	1,06						
300	0,42					−4,0	
200	−0,45					−6,4	
175	−0,75					−7,4	
150	−1,16	−0,52	−3,80	−2,80		−8,6	−7,29
125	−1,50	−0,73	−4,44	−3,25		−9,8	−8,36
100	−1,93	−0,97	−5,17	−3,82		−11,5	−9,67
75	−2,25	−1,25	−6,04	−4,48		−13,2	−11,26
50	−3,16	−1,55	−7,09	−5,30	−6,30	−15,4	−13,27
25	−3,95	−1,94	−8,39	−6,31	−7,52	−18,0	−15,76
0	−4,98	−2,41	−9,98	−7,54	−8,73	−21,7	
−25						−27,5	

34. Gleichgewichtskonstanten

341. Dissoziationskonstante in wäßriger Lösung

3411. Anorganische Säuren und Basen

Formel	Name	Stufe	°C	Konstante Konz. in Mol/l
H_3AlO_3	Aluminiumhydroxid	—	25	$6 \cdot 10^{-12}$
H_3AsO_3	Arsenige Säure	1	25	$4 \cdot 10^{-10}$
		2	25	$3 \cdot 10^{-14}$
		3	32	$<10^{-15}$
H_3AsO_4	Arsensäure	1	18	$5,62 \cdot 10^{-3}$
		2	18	$1,70 \cdot 10^{-7}$
		3	18	$2,95 \cdot 10^{-12}$
HBO_2	Metaborsäure	—	25	$7,5 \cdot 10^{-10}$
H_3BO_3	Borsäure	1	20	$5,27 \cdot 10^{-10}$
		2	20	$1,8 \cdot 10^{-13}$
		3	20	$1,6 \cdot 10^{-14}$
HBr	Bromwasserstoffsäure	—	25	10^9
$HBrO$	Unterbromige Säure	—	20	$2,0 \cdot 10^{-9}$
HCN	Cyanwasserstoffsäure	—	18	$4,79 \cdot 10^{-4}$
$HCNO$	Cyansäure	—	25	$2,2 \cdot 10^{-4}$
$HCNS$	Thiocyansäure	—	25	0,142
H_2CO_3	Kohlensäure	1	25	$4,31 \cdot 10^{-7}$
		2	25	$5,61 \cdot 10^{-11}$
HCl	Chlorwasserstoffsäure	—	25	10^7
$HClO$	Unterchlorige Säure	—	15	$3,2 \cdot 10^{-8}$
$HClO_2$	Chlorige Säure	—	25	$4,9 \cdot 10^{-3}$
H_2CrO_4	Chromsäure	1	25	0,18
		2	25	$3,2 \cdot 10^{-7}$
HF	Fluorwasserstoffsäure	—	25	$6,7 \cdot 10^{-4}$
HJ	Jodwasserstoffsäure	—	25	$3 \cdot 10^9$
HJO	Unterjodige Säure	—	25	$2 \cdot 10^{-10}$
HN_3	Stickstoffwasserstoffsäure	—	25	$1,9 \cdot 10^{-5}$

341. Dissoziationskonstante in wäßriger Lösung

Formel	Name	Stufe	°C	Konstante Konz. in Mol/l
HNO_2	Salpetrige Säure	—	20	$7 \cdot 10^{-4}$
HNO_3	Salpetersäure	—	30	22
NH_2OH	Hydroxylamin	—	25	$9,3 \cdot 10^{-9}$
H_2O_2	Wasserstoffperoxid	—	20	$1,78 \cdot 10^{-12}$
H_3PO_2	Unterphosphorige Säure	1	18	$8,5 \cdot 10^{-2}$
H_3PO_3	Phosphorige Säure	1	18	$1,0 \cdot 10^{-2}$
		2	18	$2,6 \cdot 10^{-7}$
H_3PO_4	Phosphorsäure	1	20	$7,46 \cdot 10^{-3}$
		2	20	$6,12 \cdot 10^{-8}$
$H_4P_2O_7$	Pyrophosphorsäure	1	18	$1,1 \cdot 10^{-1}$
		2	18	$3,2 \cdot 10^{-2}$
		3	25	$2,7 \cdot 10^{-7}$
		4	25	$2,4 \cdot 10^{-10}$
H_2S	Schwefelwasserstoffsäure	1	20	$8,73 \cdot 10^{-7}$
		2	20	$3,63 \cdot 10^{-12}$
H_2SO_3	Schweflige Säure	1	18	$1,66 \cdot 10^{-2}$
		2	18	$1,02 \cdot 10^{-7}$
H_2SO_4	Schwefelsäure	2	20	$1,27 \cdot 10^{-2}$
H_2SO_5	Peroxidmonoschwefelsäure	2	25	$4 \cdot 10^{-10}$
HO_3SNH_2	Amidosulfonsäure	—	20	$1,014 \cdot 10^{-1}$
H_2Se	Selenwasserstoffsäure	1	25	$1,88 \cdot 10^{-4}$
H_2SeO_3	Selenige Säure	1	18	$2,88 \cdot 10^{-3}$
		2	18	$9,55 \cdot 10^{-9}$
H_2SeO_4	Selensäure	1	25	~ 3
		2	30	$1,13 \cdot 10^{-2}$
H_2SiO_3	Metakieselsäure	1	25	$3,1 \cdot 10^{-10}$
		2	25	$1,7 \cdot 10^{-12}$
H_4SiO_4	Orthokieselsäure	1	30	$2,2 \cdot 10^{-10}$
		2	30	$2,0 \cdot 10^{-12}$
		3	30	$1 \cdot 10^{-12}$
		4	30	$1 \cdot 10^{-12}$
H_2Te	Tellurwasserstoffsäure	1	18	$2,27 \cdot 10^{-3}$
		2	25	$1,59 \cdot 10^{-9}$
H_2TeO_3	Tellurige Säure	1	25	$3 \cdot 10^{-3}$
		2	25	$1,4 ... 4,3 \cdot 10^{-6}$
H_2TeO_4	Tellursäure	1	25	$1,55 \cdot 10^{-8}$
		2	25	$4,7 \cdot 10^{-11}$
$Ag(NH_3)_2OH$	Diamminsilberhydroxid	—	18	$3,31 \cdot 10^{-8}$
$AgOH$	Silberhydroxid	—	25	$1,1 \cdot 10^{-4}$
$Ba(OH)_2$	Bariumhydroxid	2	25	0,23
$Be(OH)_2$	Berylliumhydroxid	2	25	$5 \cdot 10^{-11}$
$Ca(OH)_2$	Calciumhydroxid	1	25	$3,74 \cdot 10^{-3}$
		2	25	$4,3 \cdot 10^{-2}$
$Fe(OH)_2$	Eisen(II)-hydroxid	2	25	$8,3 \cdot 10^{-7}$
$Ga(OH)_3$	Gallium(III)-hydroxid	2	18	$\sim 1,6 \cdot 10^{-11}$
		3	18	$\sim 4 \cdot 10^{-12}$
$LiOH$	Lithiumhydroxid	—	25	0,665
$Mg(OH)_2$	Magnesiumhydroxid	2	25	$2,6 \cdot 10^{-3}$
NH_3	Ammoniak	1	20	$1,71 \cdot 10^{-5}$
		—	50	$1,89 \cdot 10^{-5}$
N_2H_4	Hydrazin	1	25	$8,5 \cdot 10^{-7}$
		2	25	$8,9 \cdot 10^{-16}$
NH_2Cl	Chloramid	—	25	$\sim 10^{-15}$
NH_2OH	Hydroxylamin	—	20	$1,07 \cdot 10^{-8}$

3. Mechanisch-thermische Konstanten homogener Stoffe

Formel	Name	Stufe	°C	Konstante Konz. in Mol/l
NaOH	Natriumhydroxid	—	25	3,7…5,9
PH_3	Phosphorwasserstoff	—	—	$\sim 4 \cdot 10^{-28}$
$Pb(OH)_2$	Bleihydroxid	1	25	$9,6 \cdot 10^{-4}$
		2	25	$3 \cdot 10^{-8}$
$Sr(OH)_2$	Strontiumhydroxid	2	25	0,150
$Zn(OH)_2$	Zinkhydroxid	2	25	$1,5 \cdot 10^{-9}$

3412. Organische Stoffe in wäßriger Lösung

34121. Säuren und Basen

Formel	Name	Stufe	°C	Konstante Konz. in Mol/l
CH_2O	Formaldehyd		0	$1,4 \cdot 10^{-14}$
CH_2O_2	Ameisensäure		20	$1,765 \cdot 10^{-4}$
CH_3NO_2	Nitromethan		25	$1 \cdot 10^{-11}$
$CH_3N_3O_3$	Nitroharnstoff		20	$7,0 \cdot 10^{-5}$
CH_4N_2O	Harnstoff		25	$1,5 \cdot 10^{-14}$
CH_4O	Methanol		18	10^{-17}
CH_5N	Methylamin		20	$4,169 \cdot 10^{-4}$
$C_2H_2Cl_2O_2$	Dichloressigsäure		25	$5,1 \cdot 10^{-2}$
$C_2H_2O_4$	Oxalsäure	1	20	$2,4 \cdot 10^{-2}$
		2	20	$5,4 \cdot 10^{-5}$
$C_2H_3BrO_2$	Monobromessigsäure		20	$1,2963 \cdot 10^{-3}$
$C_2H_3ClO_2$	Monochloressigsäure		20	$1,3944 \cdot 10^{-3}$
$C_2H_3Cl_3O_2$	Chloralhydrat		18	$1 \cdot 10^{-11}$
$C_2H_3FO_2$	Monofluoressigsäure		20	$2,6843 \cdot 10^{-3}$
$C_2H_3JO_2$	Monojodessigsäure		20	$6,946 \cdot 10^{-4}$
C_2H_4O	Acetaldehyd		0	$7 \cdot 10^{-13}$
$C_2H_4O_2$	Essigsäure		20	$1,753 \cdot 10^{-5}$
$C_2H_4O_2S$	Thioglykolsäure	1	25	$2,8 \cdot 10^{-4}$
		2	25	$1 \cdot 10^{-6}$
C_2H_5NO	Acetamid		25	$3,1 \cdot 10^{-15}$
$C_2H_5NO_2$	Glykokoll		25	$1,2 \cdot 10^{-10}$
$C_2H_6O_2$	Glykol		19	$6 \cdot 10^{-15}$
C_2H_6S	Äthylmercaptan		25	$1,0 \cdot 10^{-12}$
C_2H_7N	Äthylamin		20	$3,02 \cdot 10^{-4}$
C_2H_7N	Dimethylamin		20	$5,689 \cdot 10^{-4}$
C_2H_7NO	α-Aminoäthanol		25	$3,0 \cdot 10^{-5}$
C_2H_7NO	β-Aminoäthanol		25	$3,18 \cdot 10^{-5}$
$C_3H_2N_2O_3$	Parabansäure	1	20	$6 \cdot 10^{-7}$
		2	20	$1,59 \cdot 10^{-11}$
$C_3H_3ClO_4$	Chlormalonsäure		25	$4 \cdot 10^{-12}$
$C_3H_3NO_2$	Cyanessigsäure		25	$3,42 \cdot 10^{-3}$
$C_3H_4N_2$	Pyrazol		25	$3,0 \cdot 10^{-12}$
$C_3H_4N_2O_2$	Hydantoin		25	$7,6 \cdot 10^{-10}$
$C_3H_4N_2O_4$	Oxalursäure		25	$4,5 \cdot 10^{-4}$
$C_3H_4O_2$	Acrylsäure		18	$5,6 \cdot 10^{-5}$
$C_3H_4O_4$	Malonsäure	1	20	$1,5 \cdot 10^{-3}$
		2	20	$2 \cdot 10^{-6}$
$C_3H_4O_5$	Tartronsäure	1	25	$5 \cdot 10^{-3}$
		2	25	$1,04 \cdot 10^{-5}$

341. Dissoziationskonstante in wäßriger Lösung

Formel	Name	Stufe	°C	Konstante Konz. in Mol/l
$C_3H_5ClO_2$	α-Chlorpropionsäure		25	$1{,}47 \cdot 10^{-3}$
$C_3H_5ClO_2$	β-Chlorpropionsäure		25	$1{,}04 \cdot 10^{-4}$
$C_3H_6N_6$	Melamin		25	$1{,}0 \cdot 10^{-9}$
$C_3H_6O_2$	Propionsäure		20	$1{,}338 \cdot 10^{-5}$
$C_3H_6O_2S$	α-Thiomilchsäure	1	25	$2{,}0 \cdot 10^{-4}$
		2	25	$2{,}0 \cdot 10^{-11}$
$C_3H_6O_2S$	β-Thiomilchsäure	1	25	$4{,}6 \cdot 10^{-5}$
		2	25	$2{,}9 \cdot 10^{-11}$
$C_3H_6O_3$	Milchsäure		25	$1{,}374 \cdot 10^{-4}$
C_3H_7NO	Acetoxim		25	$6{,}0 \cdot 10^{-13}$
$C_3H_7NO_2$	α-Alanin		25	$9 \cdot 10^{-10}$
C_3H_8O	Propanol-(2)		25	$6{,}3 \cdot 10^{-4}$
$C_3H_8O_3$	Glycerin		17,5	$7 \cdot 10^{-15}$
C_3H_9N	Trimethylamin		20	$5{,}75 \cdot 10^{-5}$
$C_4H_2ClO_4$	Chlorfumarsäure	1	25	$1{,}67 \cdot 10^{-2}$
		2	25	$1{,}54 \cdot 10^{-4}$
$C_4H_3ClO_4$	Chlormaleinsäure	1	25	$1{,}9 \cdot 10^{-2}$
		2	25	$1{,}37 \cdot 10^{-4}$
$C_4H_3N_3O_4$	Violursäure		25	$2{,}7 \cdot 10^{-5}$
$C_4H_4Br_2O_4$	Dibrombernsteinsäure	1	25	$3{,}4 \cdot 10^{-2}$
		2	25	$1{,}6 \cdot 10^{-3}$
$C_4H_4N_2$	Pyrazin		20	$2{,}5 \cdot 10^{-14}$
$C_4H_4N_2$	Pyridazin		20	$1{,}95 \cdot 10^{-12}$
$C_4H_4N_2$	Pyrimidin		20	$1{,}35 \cdot 10^{-13}$
$C_4H_4N_2O_3$	Barbitursäure		25	$1{,}0 \cdot 10^{-4}$
$C_4H_4O_3$	Bernsteinsäureanhydrid		25	$6{,}8 \cdot 10^{-5}$
$C_4H_4O_4$	Fumarsäure	1	25	$9{,}5 \cdot 10^{-4}$
		2	25	$2{,}73 \cdot 10^{-5}$
$C_4H_4O_4$	Maleinsäure	1	25	$1{,}5 \cdot 10^{-2}$
		2	25	$7{,}7 \cdot 10^{-7}$
$C_4H_5BrO_4$	Brombernsteinsäure	1	25	$2{,}8 \cdot 10^{-3}$
		2	25	$3{,}9 \cdot 10^{-5}$
$C_4H_5ClO_2$	α-Chlorcrotonsäure		25	$7{,}2 \cdot 10^{-4}$
$C_4H_5ClO_2$	β-Chlorcrotonsäure		25	$1{,}44 \cdot 10^{-4}$
$C_4H_5ClO_2$	α-Chlorisocrotonsäure		25	$1{,}6 \cdot 10^{-3}$
$C_4H_5ClO_2$	β-Chlorisocrotonsäure		25	$9 \cdot 10^{-5}$
$C_4H_6N_4O_3$	Allantoin		25	$1{,}1 \cdot 10^{-9}$
$C_4H_6O_2$	Cyclopropancarbonsäure		25	$1{,}44 \cdot 10^{-5}$
$C_4H_6O_2$	Crotonsäure		25	$2{,}2 \cdot 10^{-5}$
$C_4H_6O_2$	Isocrotonsäure		25	$4{,}16 \cdot 10^{-5}$
$C_4H_6O_2$	Vinylessigsäure		25	$4{,}445 \cdot 10^{-5}$
$C_4H_6O_3$	Acetessigsäure		18	$2{,}62 \cdot 10^{-4}$
$C_4H_6O_4$	Bernsteinsäure	1	20	$6{,}07 \cdot 10^{-5}$
		2	20	$2{,}3 \cdot 10^{-6}$
$C_4H_6O_5$	l-Äpfelsäure	1	20	$3{,}86 \cdot 10^{-4}$
		2	20	$13{,}9 \cdot 10^{-6}$
$C_4H_6O_6$	d-Weinsäure	1	20	$9{,}04 \cdot 10^{-4}$
		2	20	$4{,}25 \cdot 10^{-5}$
$C_4H_6O_6$	l-Weinsäure	1	25	$9{,}7 \cdot 10^{-4}$
$C_4H_6O_6$	dl-Weinsäure (Traubensäure)	1	25	$1{,}1 \cdot 10^{-3}$
$C_4H_6O_6$	meso-Weinsäure	1	25	$6 \cdot 10^{-4}$
		2	25	$1{,}5 \cdot 10^{-5}$
$C_4H_7ClO_2$	α-Chlorbuttersäure		25	$1{,}39 \cdot 10^{-3}$
$C_4H_7ClO_2$	β-Chlorbuttersäure		25	$8{,}94 \cdot 10^{-5}$

Formel	Name	Stufe	°C	Konstante Konz. in Mol/l
$C_4H_7ClO_2$	γ-Chlorbuttersäure		25	$3 \cdot 10^{-5}$
$C_4H_7NO_3$	Acetursäure		25	$2,3 \cdot 10^{-4}$
$C_4H_7NO_4$	d-Asparaginsäure	1	25	$2,09 \cdot 10^{-4}$
		2	25	$3,47 \cdot 10^{-10}$
$C_4H_8N_2O_2$	Butandion-2,3-dioxim	1	25	$2,5 \cdot 10^{-11}$
		2	25	$1,3 \cdot 10^{-12}$
$C_4H_8O_2$	Buttersäure		20	$1,542 \cdot 10^{-5}$
$C_4H_8O_2$	Isobuttersäure		18	$1,44 \cdot 10^{-5}$
$C_4H_{10}N_2$	Piperazin	1	25	$6,4 \cdot 10^{-5}$
		2	15	$3,7 \cdot 10^{-9}$
$C_4H_{10}S$	Butylmercaptan		25	$4,0 \cdot 10^{-13}$
$C_4H_{10}S$	tert. Butylmercaptan		25	$1,6 \cdot 10^{-14}$
$C_4H_{11}N$	Diäthylamin		25	$8,57 \cdot 10^{-4}$
$C_5H_4N_4$	Purin		25	$3,3 \cdot 10^{-12}$
$C_5H_4N_4O_2$	Xanthin		40	$1,24 \cdot 10^{-10}$
$C_5H_4N_4O_3$	Harnsäure	1	25	$1,5 \cdot 10^{-6}$
		2	25	$\sim 10^{-9}$
$C_5H_4O_2$	Furfurol		0	$<1 \cdot 10^{-16}$
$C_5H_4O_3$	Brenzschleimsäure		25	$7,5 \cdot 10^{-4}$
$C_5H_4O_3$	Furan-2-carbonsäure		25	$4,17 \cdot 10^{-5}$
C_5H_5N	Pyridin		20	$1,15 \cdot 10^{-9}$
$C_5H_6O_4$	Citraconsäure	1	25	$5,14 \cdot 10^{-3}$
		2	25	$7,15 \cdot 10^{-7}$
$C_5H_6O_4$	Cyclopropan-1,1-dicarbonsäure		25	$2 \cdot 10^{-2}$
$C_5H_6O_4$	Cyclopropan-1,2-dicarbonsäure, cis	1	25	$4,7 \cdot 10^{-4}$
		2	25	$3,4 \cdot 10^{-7}$
$C_5H_6O_4$	Cyclopropan-1,2-dicarbonsäure, trans	1	25	$2,2 \cdot 10^{-4}$
		2	25	$7,4 \cdot 10^{-6}$
$C_5H_6O_4$	Itaconsäure	1	25	$1,53 \cdot 10^{-4}$
		2	25	$2,8 \cdot 10^{-6}$
$C_5H_6O_4$	Mesaconsäure	1	25	$8,1 \cdot 10^{-4}$
		2	25	$1,78 \cdot 10^{-4}$
$C_5H_8O_2$	Acetylaceton		25	$1,5 \cdot 10^{-6}$
$C_5H_8O_2$	Angelicasäure		25	$5,0 \cdot 10^{-5}$
$C_5H_8O_2$	Tiglinsäure		25	$1,0 \cdot 10^{-5}$
$C_5H_8O_2$	Cyclobutancarbonsäure		25	$1,8 \cdot 10^{-5}$
$C_5H_8O_3$	Lävulinsäure		25	$2,55 \cdot 10^{-5}$
$C_5H_8O_4$	Glutarsäure	1	18	$4,6 \cdot 10^{-5}$
		2	18	$5,34 \cdot 10^{-6}$
$C_5H_{10}O_2$	Valeriansäure		25	$1,38 \cdot 10^{-5}$
$C_5H_{10}O_2$	Isovaleriansäure		25	$1,73 \cdot 10^{-5}$
$C_5H_{10}O_2$	Methyl-äthyl-essigsäure		25	$1,64 \cdot 10^{-5}$
$C_5H_{10}O_2$	Trimethylessigsäure		25	$8,91 \cdot 10^{-6}$
$C_5H_{11}N$	Piperidin		25	$1,32 \cdot 10^{-3}$
$C_6H_3N_3O_7$	Pikrinsäure		18	$1,6 \cdot 10^{-1}$
C_6H_5BrO	o-Bromphenol		25	$2,66 \cdot 10^{-10}$
C_6H_5BrO	m-Bromphenol		25	$7,76 \cdot 10^{-10}$
C_6H_5BrO	p-Bromphenol		25	$4,6 \cdot 10^{-10}$
C_6H_5ClO	o-Chlorphenol		25	$3,0 \cdot 10^{-10}$
C_6H_5ClO	m-Chlorphenol		25	$8,5 \cdot 10^{-10}$
C_6H_5ClO	p-Chlorphenol		25	$4,3 \cdot 10^{-10}$
$C_6H_5NO_2$	Nitrobenzol		0	$1,5 \cdot 10^{-4}$

341. Dissoziationskonstante in wäßriger Lösung

Formel	Name	Stufe	°C	Konstante Konz. in Mol/l
$C_6H_5NO_2$	p-Nitrosophenol		25	$6,2 \cdot 10^{-7}$
$C_6H_5NO_2$	Pyridincarbonsäure-(2) (Picolinsäure)	1	25	$8,3 \cdot 10^{-2}$
		2	25	$4,8 \cdot 10^{-6}$
$C_6H_5NO_2$	Pyridincarbonsäure-(3) (Nicotinsäure)	1	25	$8,1 \cdot 10^{-3}$
		2	25	$1,78 \cdot 10^{-5}$
$C_6H_5NO_2$	Pyridincarbonsäure-(4) (Isonicotinsäure)	1	25	$1,51 \cdot 10^{-2}$
		2	25	$1,66 \cdot 10^{-5}$
$C_6H_5NO_3$	o-Nitrophenol		25	$6,8 \cdot 10^{-8}$
$C_6H_5NO_3$	m-Nitrophenol		25	$5,3 \cdot 10^{-9}$
$C_6H_5NO_3$	p-Nitrophenol		25	$1,38 \cdot 10^{-9}$
C_6H_6ClN	o-Chloranilin		25	$3,71 \cdot 10^{-12}$
C_6H_6ClN	m-Chloranilin		25	$2,88 \cdot 10^{-11}$
C_6H_6ClN	p-Chloranilin		25	$8,45 \cdot 10^{-11}$
$C_6H_6N_2O$	Nicotinsäureamid		20	$1,45 \cdot 10^{-11}$
C_6H_6O	Phenol		20	$1,05 \cdot 10^{-10}$
$C_6H_6O_2$	Resorcin		25	$1,55 \cdot 10^{-10}$
$C_6H_6O_2$	Brenzkatechin		20	$1,4 \cdot 10^{-10}$
$C_6H_6O_2$	Hydrochinon	1	20	$0,91 \cdot 10^{-10}$
		2	20	$1,5 \cdot 10^{-12}$
$C_6H_6O_6$	Aconitsäure		25	$1,58 \cdot 10^{-3}$
$C_6H_6O_6$	Hexahydroxybenzol		25	$1 \cdot 10^{-9}$
C_6H_6S	Thiophenol		25	$5,0 \cdot 10^{-9}$
$C_6H_7BO_2$	Phenylborsäure		25	$1,37 \cdot 10^{-10}$
C_6H_7N	Anilin		20	$4,0 \cdot 10^{-10}$
C_6H_7NO	Phenylhydroxylamin		25	$6,3 \cdot 10^{-4}$
$C_6H_7NO_3S$	o-Amino-benzolsulfonsäure		20	$3,254 \cdot 10^{-3}$
$C_6H_8N_2$	Phenylhydrazin		40	$1,6 \cdot 10^{-9}$
$C_6H_8N_2$	o-Phenylendiamin		25	$3,3 \cdot 10^{-10}$
$C_6H_8N_2$	m-Phenylendiamin	1	21	$6,0 \cdot 10^{-10}$
		2	21	$3,6 \cdot 10^{-12}$
$C_6H_8N_2$	p-Phenylendiamin	1	21	$9,5 \cdot 10^{-9}$
		2	21	$1,5 \cdot 10^{-11}$
$C_6H_8N_2O_2S$	Sulfanilamid		20	$3,2 \cdot 10^{-4}$
$C_6H_8O_4$	Cyclobutan-1,1-dicarbonsäure		25	$7,0 \cdot 10^{-4}$
$C_6H_8O_6$	l-Ascorbinsäure		25	$6,3 \cdot 10^{-5}$
$C_6H_8O_7$	Citronensäure	1	20	$7,21 \cdot 10^{-4}$
		2	20	$1,7 \cdot 10^{-5}$
		3	20	$4,09 \cdot 10^{-5}$
$C_6H_9N_3O_2$	Histidin		25	$5,7 \cdot 10^{-3}$
$C_6H_{10}O_2$	Cyclopentancarbonsäure		25	$1,1 \cdot 10^{-4}$
$C_6H_{10}O_4$	Adipinsäure	1	18	$3,9 \cdot 10^{-5}$
		2	18	$5,3 \cdot 10^{-6}$
$C_6H_{10}O_4$	Methyl-äthyl-malonsäure	1	25	$1,4 \cdot 10^{-3}$
		2	25	$3,86 \cdot 10^{-7}$
$C_6H_{12}O_2$	Capronsäure		25	$1,32 \cdot 10^{-5}$
$C_6H_{12}O_2$	Diäthylessigsäure		25	$1,87 \cdot 10^{-5}$
$C_6H_{12}O_2$	Galaktose		18	$5 \cdot 10^{-13}$
$C_6H_{12}O_6$	d-Glucose		25	$5,1 \cdot 10^{-13}$
$C_6H_{15}N$	Triäthylamin		25	$5,6 \cdot 10^{-4}$
$C_7H_5BrO_2$	o-Brombenzoesäure		25	$1,45 \cdot 10^{-3}$
$C_7H_5BrO_2$	m-Brombenzoesäure		25	$1,37 \cdot 10^{-4}$

3. Mechanisch-thermische Konstanten homogener Stoffe

Formel	Name	Stufe	°C	Konstante Konz. in Mol/l
$C_7H_5BrO_2$	p-Brombenzoesäure		25	$9{,}95 \cdot 10^{-5}$
$C_7H_5ClO_2$	o-Chlorbenzoesäure		25	$1{,}23 \cdot 10^{-3}$
$C_7H_5ClO_2$	m-Chlorbenzoesäure		25	$1{,}55 \cdot 10^{-4}$
$C_7H_5ClO_2$	p-Chlorbenzoesäure		25	$1{,}3 \cdot 10^{-3}$
$C_7H_5NO_4$	o-Nitro-benzoesäure		25	$6{,}1 \cdot 10^{-3}$
$C_7H_5NO_4$	m-Nitro-benzoesäure		25	$3{,}48 \cdot 10^{-4}$
$C_7H_5NO_4$	p-Nitro-benzoesäure		25	$3{,}93 \cdot 10^{-4}$
$C_7H_5NO_4$	Pyridindicarbonsäure-(2,3) (Chinolinsäure)	1	25	$3{,}93 \cdot 10^{-3}$
		2	25	$8{,}98 \cdot 10^{-6}$
$C_7H_5NO_4$	Pyridindicarbonsäure-(2,4) (Lutidinsäure)	1	25	$6{,}8 \cdot 10^{-3}$
		2	25	$8{,}16 \cdot 10^{-6}$
$C_6H_5NO_4$	Pyridindicarbonsäure-(2,5) (Isocinchomeronsäure)	1	25	$4{,}95 \cdot 10^{-3}$
		2	25	$8{,}77 \cdot 10^{-6}$
$C_7H_5NO_4$	Pyridindicarbonsäure-(3,4) (Cinchomeronsäure)	1	25	$2{,}54 \cdot 10^{-3}$
		2	25	$8{,}57 \cdot 10^{-6}$
$C_7H_5NO_4$	Pyridindicarbonsäure-(3,5) (Dinicotinsäure)		25	$1{,}5 \cdot 10^{-3}$
$C_7H_5NO_4$	Pyridindicarbonsäure-(4,5) (Dipicolinsäure)	1	25	$6{,}8 \cdot 10^{-3}$
		2	25	$1{,}08 \cdot 10^{-5}$
C_7H_6O	Benzaldehyd		21	$5 \cdot 10^{-13}$
$C_7H_6O_2$	Benzoesäure		20	$6{,}237 \cdot 10^{-5}$
$C_7H_6O_2$	o-Hydroxy-benzaldehyd (Salicylaldehyd)		25	$1{,}6 \cdot 10^{-9}$
$C_7H_6O_2$	m-Hydroxy-benzaldehyd		25	$1{,}0 \cdot 10^{-8}$
$C_7H_6O_2$	p-Hydroxy-benzaldehyd		25	$2{,}2 \cdot 10^{-9}$
$C_7H_6O_3$	o-Hydroxy-benzoesäure (Salicylsäure)		20	$2{,}04 \cdot 10^{-3}$
$C_7H_6O_3$	m-Hydroxy-benzoesäure		20	$4{,}37 \cdot 10^{-5}$
$C_7H_6O_3$	p-Hydroxy-benzoesäure		20	$1{,}1 \cdot 10^{-4}$
$C_7H_6O_3$	Protocatechualdehyd		25	$2{,}8 \cdot 10^{-8}$
$C_7H_6O_4$	2,3-Dihydroxy-benzoesäure		25	$1{,}14 \cdot 10^{-3}$
$C_7H_6O_4$	2,4-Dihydroxy-benzoesäure		25	$5{,}15 \cdot 10^{-4}$
$C_7H_6O_4$	2,5-Dihydroxy-benzoesäure		25	$1{,}08 \cdot 10^{-3}$
$C_7H_6O_4$	2,6-Dihydroxy-benzoesäure		25	$5{,}0 \cdot 10^{-2}$
$C_7H_6O_4$	3,4-Dihydroxy-benzoesäure		25	$3{,}3 \cdot 10^{-5}$
$C_7H_6O_4$	3,5-Dihydroxy-benzoesäure		25	$9{,}1 \cdot 10^{-5}$
$C_7H_6O_5$	2,4,6-Trihydroxy-benzoesäure		25	$2{,}1 \cdot 10^{-2}$
$C_7H_7NO_2$	o-Amino-benzoesäure		25	$1{,}07 \cdot 10^{-5}$
$C_7H_7NO_2$	m-Amino-benzoesäure		25	$1{,}65 \cdot 10^{-5}$
$C_7H_7NO_2$	p-Amino-benzoesäure		25	$1{,}18 \cdot 10^{-5}$
$C_7H_8N_2$	Benzamidin		20	$2{,}5 \cdot 10^{-3}$
$C_7H_8N_2O_2$	3,5-Diamino-benzoesäure		25	$5 \cdot 10^{-6}$
$C_7H_8N_4O_2$	Theobromin		25	$1{,}1 \cdot 10^{-10}$
C_7H_8O	o-Kresol		25	$5 \cdot 10^{-11}$
C_7H_8O	m-Kresol		25	$9 \cdot 10^{-11}$
C_7H_8O	p-Kresol		25	$6 \cdot 10^{-11}$
$C_7H_8O_2$	Guajacol		25	$1{,}17 \cdot 10^{-10}$
$C_7H_8O_2$	o-Methoxy-phenol		25	$1{,}037 \cdot 10^{-10}$
$C_7H_8O_2$	m-Methoxy-phenol		25	$2{,}24 \cdot 10^{-10}$

341. Dissoziationskonstante in wäßriger Lösung 1–869

Formel	Name	Stufe	°C	Konstante Konz. in Mol/l
$C_7H_8O_2$	p-Methoxy-phenol		25	$6,3 \cdot 10^{-11}$
C_7H_8S	Benzylmercaptan		25	$1,6 \cdot 10^{-12}$
C_7H_9N	o-Toluidin		25	$2,9 \cdot 10^{-10}$
C_7H_9N	m-Toluidin		25	$4,6 \cdot 10^{-10}$
C_7H_9N	p-Toluidin		25	$1,253 \cdot 10^{-9}$
$C_7H_{12}O_2$	Cyclohexancarbonsäure		25	$1,3 \cdot 10^{-5}$
$C_7H_{12}O_6$	Chinasäure		14	$2,77 \cdot 10^{-4}$
$C_7H_{14}O_2$	Önanthsäure		25	$1,29 \cdot 10^{-5}$
$C_8H_5ClO_4$	4-Chlorphthalsäure		25	$2,5 \cdot 10^{-2}$
$C_8H_6O_4$	Phthalsäure		25	$1,123 \cdot 10^{-3}$
$C_8H_6O_4$	Isophthalsäure		25	$2,5 \cdot 10^{-5}$
$C_8H_6O_4$	Terephthalsäure		25	$3,5 \cdot 10^{-5}$
$C_8H_6O_4$	Piperonylsäure		25	$4,5 \cdot 10^{-5}$
$C_8H_7NO_3$	Oxanilsäure		25	$1,21 \cdot 10^{-2}$
$C_8H_7NO_3$	Phthalamidsäure		25	$1,6 \cdot 10^{-4}$
$C_8H_8O_2$	Phenylessigsäure		25	$5,3 \cdot 10^{-5}$
$C_8H_8O_2$	o-Toluylsäure		25	$1,22 \cdot 10^{-4}$
$C_8H_8O_2$	m-Toluylsäure		25	$5,32 \cdot 10^{-5}$
$C_8H_8O_2$	p-Toluylsäure		25	$4,33 \cdot 10^{-5}$
$C_8H_8O_3$	Mandelsäure		25	$4,29 \cdot 10^{-4}$
$C_8H_8O_3$	o-Methoxy-benzoesäure		20	$8,3 \cdot 10^{-5}$
$C_8H_8O_3$	m-Methoxy-benzoesäure		20	$7,8 \cdot 10^{-5}$
$C_8H_8O_3$	p-Methoxy-benzoesäure		20	$3,0 \cdot 10^{-5}$
$C_8H_8O_3$	Phenylglykolsäure		25	$7,56 \cdot 10^{-4}$
$C_8H_8O_3$	Vanillin		25	$4 \cdot 10^{-8}$
$C_8H_8O_4$	Vanillinsäure		25	$3,0 \cdot 10^{-5}$
$C_8H_8O_4$	Isovanillinsäure		25	$3,2 \cdot 10^{-5}$
$C_8H_{10}N_4O_2$	Coffein		25	$\sim 10^{-13}$
$C_8H_{11}N$	Äthylanilin		20	$1,0 \cdot 10^{-9}$
$C_8H_{11}N$	Dimethylanilin		25	$1,15 \cdot 10^{-9}$
$C_8H_{14}O_2$	Cyclohexylessigsäure			$2,36 \cdot 10^{-5}$
$C_8H_{14}O_2$	Suberonsäure	1	25	$3 \cdot 10^{-5}$
		2	25	$1,9 \cdot 10^{-5}$
$C_8H_{14}O_4$	Korksäure		25	$2,98 \cdot 10^{-5}$
$C_8H_{16}N_2O_3$	Leucylglycin		25	$3 \cdot 10^{-10}$
$C_9H_6O_2$	Phenylpropiolsäure		25	$5,9 \cdot 10^{-3}$
$C_9H_6O_5$	Phthalonsäure		25	$2,7 \cdot 10^{-2}$
$C_9H_6O_6$	Trimellithsäure	1	25	$3,2 \cdot 10^{-3}$
		2	25	$1,1 \cdot 10^{-4}$
$C_9H_7ClO_2$	o-Chlorzimtsäure		25	$3,8 \cdot 10^{-5}$
$C_9H_7ClO_2$	m-Chlorzimtsäure		25	$5,085 \cdot 10^{-5}$
$C_9H_7ClO_2$	p-Chlorzimtsäure		25	$3,86 \cdot 10^{-5}$
C_9H_7N	Chinolin		20	$5,9 \cdot 10^{-10}$
$C_9H_8O_2$	Atropasäure		25	$1,43 \cdot 10^{-4}$
$C_9H_8O_2$	Zimtsäure		25	$3,8 \cdot 10^{-5}$
$C_9H_8O_3$	Phenylbrenztraubensäure		25	$2,09 \cdot 10^{-3}$
$C_9H_8O_4$	2,4-Dihydroxy-zimtsäure		25	$1,9 \cdot 10^{-5}$
$C_9H_8O_4$	Homophthalsäure	1	25	$1,9 \cdot 10^{-4}$
		2	25	$0,9 \cdot 10^{-6}$
$C_9H_9NO_3$	Hippursäure		25	$2,2 \cdot 10^{-4}$
$C_9H_{10}O_2$	Hydratropasäure		25	$4,2 \cdot 10^{-5}$
$C_9H_{10}O_2$	Hydrozimtsäure		25	$2,14 \cdot 10^{-5}$
$C_9H_{10}O_2$	Mesitylensäure		25	$4,8 \cdot 10^{-5}$
$C_9H_{10}O_3$	Tropasäure		25	$7,5 \cdot 10^{-5}$

3. Mechanisch-thermische Konstanten homogener Stoffe

Formel	Name	Stufe	°C	Konstante Konz. in Mol/l
$C_9H_{10}O_4$	Veratrumsäure		25	$3,6 \cdot 10^{-5}$
$C_9H_{12}O$	Mesitol		25	$1,32 \cdot 10^{-11}$
$C_9H_{14}O_4$	Azelainsäure	1	25	$2,81 \cdot 10^{-5}$
		2	25	$3,85 \cdot 10^{-6}$
$C_9H_{16}O_2$	Cyclohexylpropionsäure		25	$1,34 \cdot 10^{-5}$
$C_9H_{18}O_2$	Pelargonsäure		25	$1,12 \cdot 10^{-5}$
$C_{10}H_{10}O_4$	Benzylmalonsäure		25	$1,51 \cdot 10^{-3}$
$C_{10}H_{12}O_2$	γ-Phenylbuttersäure		25	$1,75 \cdot 10^{-5}$
$C_{10}H_{12}O_2$	2,4,6-Trimethylbenzoesäure		25	$3,66 \cdot 10^{-4}$
$C_{10}H_{14}O$	Carvacrol		25	$4,5 \cdot 10^{-11}$
$C_{10}H_{14}O$	Thymol		25	$3,2 \cdot 10^{-11}$
$C_{10}H_{16}O_4$	d-Camphersäure		25	$2,29 \cdot 10^{-5}$
$C_{10}H_{16}O_4$	l-Camphersäure		25	$2,28 \cdot 10^{-5}$
$C_{10}H_{24}N_2$	Tetraäthyl-äthylendiamin	1	25	$3,5 \cdot 10^{-5}$
		2	25	$1,51 \cdot 10^{-8}$
$C_{12}H_8N_2$	Phenazin		20	$1,15 \cdot 10^{-13}$
$C_{12}H_{12}N_2$	Benzidin	1	30	$9,3 \cdot 10^{-10}$
		2	30	$5,6 \cdot 10^{-11}$
$C_{13}H_9N$	Acridin		20	$2,69 \cdot 10^{-9}$
$C_{13}H_{11}NO$	Benzophenonoxim		25	$5,0 \cdot 10^{-12}$
$C_{15}H_8O_4$	Anthrachinoncarbonsäure-(1)		20	$4,27 \cdot 10^{-4}$
$C_{15}H_8O_4$	Anthrachinoncarbonsäure-(2)		20	$3,82 \cdot 10^{-4}$
$C_{15}H_{10}O_2$	Anthracencarbonsäure-(1)		20	$2,062 \cdot 10^{-4}$
$C_{15}H_{10}O_2$	Anthracencarbonsäure-(2)		20	$6,68 \cdot 10^{-4}$
$C_{15}H_{10}O_2$	Anthracencarbonsäure-(9)		20	$2,26 \cdot 10^{-4}$
$C_{15}H_{15}N_3O_?$	Methylrot		25	10^{-9}
$C_{16}H_{32}O_2$	Palmitinsäure		25	$2,0 \cdot 10^{-5}$
$C_{17}H_{19}NO_3$	Morphin		15	$6,8 \cdot 10^{-7}$
$C_{20}H_{14}O_4$	Phenolphthalein		18	$2 \cdot 10^{-10}$
$C_{20}H_{30}O_2$	Abietinsäure		20	$2,5 \cdot 10^{-8}$
$C_{24}H_{40}O_5$	Cholsäure		18	$6,46 \cdot 10^{-6}$

34122. Dissoziationskonstanten von amphoteren Elektrolyten

Formel	Name	Stufe	Temp.	K_{ac} (Konz. in Mol/l)	K_{bas} (Konz. in Mol/l)
$C_2H_5NO_2$	Glycin		25	$1,66 \cdot 10^{-10}$	$2,25 \cdot 10^{-12}$
$C_3H_7NO_2$	α-Alanin		25	$1,35 \cdot 10^{-10}$	$2,23 \cdot 10^{-12}$
$C_3H_7NO_2$	β-Alanin		25	$5,78 \cdot 10^{-11}$	$3,56 \cdot 10^{-11}$
$C_3H_7NO_2$	Methylglycin		25	$1,2 \cdot 10^{-10}$	$1,7 \cdot 10^{-12}$
$C_3H_7NO_3$	dl-Serin		25	$6,19 \cdot 10^{-10}$	$1,53 \cdot 10^{-12}$
$C_3H_7NO_3$	Isoserin		25	$5,37 \cdot 10^{-10}$	$6,03 \cdot 10^{-12}$
$C_4H_5N_3O$	Cytosin	1	25	—	$2,5 \cdot 10^{-5}$
		2	25	—	$7,0 \cdot 10^{-13}$
$C_4H_5N_3O$	Isocytosin	1	25	—	$9,8 \cdot 10^{-5}$
		2	25	—	$3,8 \cdot 10^{-10}$
$C_4H_7NO_4$	Asparaginsäure	1	25	$1,26 \cdot 10^{-4}$	$9,77 \cdot 10^{-13}$
		2	25	$9,95 \cdot 10^{-11}$	—
$C_4H_7N_3O$	Kreatinin		25	—	$7,05 \cdot 10^{-10}$
$C_4H_8N_2O_3$	Glycylglycin		25	$5,59 \cdot 10^{-9}$	$1,4 \cdot 10^{-11}$
$C_4H_8N_2O_3$	β-Asparagin		25	$1,59 \cdot 10^{-9}$	$1,05 \cdot 10^{-12}$
$C_4H_9NO_2$	dl-α-Amino-n-buttersäure		25	$1,47 \cdot 10^{-10}$	$1,93 \cdot 10^{-12}$
$C_4H_9NO_2$	α-Amino-isobuttersäure		25	$6,21 \cdot 10^{-11}$	$2,27 \cdot 10^{-12}$

341. Dissoziationskonstante in wäßriger Lösung 1–871

Formel	Name	Stufe	Temp.	K_{ac}	K_{bas}
$C_4H_9NO_2$	Dimethylglycin		25	$1,3 \cdot 10^{-10}$	$9,8 \cdot 10^{-13}$
$C_4H_9NO_2$	N-Dimethylglycin		25	$1,38 \cdot 10^{-10}$	$8,7 \cdot 10^{-13}$
$C_4H_9NO_3$	dl-Threonin		25	$7,94 \cdot 10^{-10}$	$1,23 \cdot 10^{-12}$
$C_5H_4N_4O_2$	Xanthin		40	$1,2 \cdot 10^{-10}$	$4,8 \cdot 10^{-14}$
C_5H_5NO	2-Hydroxy-pyridin		20	$2,4 \cdot 10^{-12}$	$3,8 \cdot 10^{-14}$
C_5H_5NO	3-Hydroxy-pyridin		20	$1,9 \cdot 10^{-9}$	$4,9 \cdot 10^{-10}$
C_5H_5NO	4-Hydroxy-pyridin		20	$8,13 \cdot 10^{-12}$	$1,26 \cdot 10^{-11}$
$C_5H_5NO_2$	2,4-Dihydroxy-pyridin	1	20	$3,16 \cdot 10^{-7}$	$1,59 \cdot 10^{-13}$
		2	20	$1,59 \cdot 10^{-13}$	—
$C_5H_9NO_2$	l-Prolin		25	$2,29 \cdot 10^{-11}$	$8,95 \cdot 10^{-13}$
$C_5H_9NO_4$	Glutaminsäure	1	25	$4,74 \cdot 10^{-5}$	$7,0 \cdot 10^{-12}$
		2	25	$1,10 \cdot 10^{-10}$	—
$C_5H_{10}N_2O_3$	Alanyl-glykokoll		25	$2,43 \cdot 10^{-8}$	$1,41 \cdot 10^{-11}$
$C_5H_{10}N_2O_3$	Glutamin		25	$1,32 \cdot 10^{-8}$	$6,5 \cdot 10^{-11}$
$C_5H_{10}N_2O_3$	Glycyl-alanin		25	$5,6 \cdot 10^{-9}$	$1,4 \cdot 10^{-11}$
$C_5H_{10}N_2O_3$	Glycyl-sarcosin		25	$2,9 \cdot 10^{-9}$	$6,8 \cdot 10^{-12}$
$C_5H_{10}N_2O_3$	Isoglutamin		25	$7,4 \cdot 10^{-10}$	$1,5 \cdot 10^{-12}$
$C_5H_{10}N_2O_3$	Sarcosyl-glykokoll		25	$3,1 \cdot 10^{-9}$	$1,3 \cdot 10^{-11}$
$C_5H_{11}NO_2$	Betain		20	—	$6,9 \cdot 10^{-13}$
$C_5H_{11}NO_2$	Valin		25	$1,89 \cdot 10^{-10}$	$1,93 \cdot 10^{-12}$
$C_5H_{12}N_2O_2$	Ornithin	1	25	$2,24 \cdot 10^{-9}$	$1,74 \cdot 10^{-11}$
		2	25	—	$1,7 \cdot 10^{-13}$
$C_6H_5NO_2$	Nicotinsäure		25	$3,55 \cdot 10^{-11}$	$8,5 \cdot 10^{-11}$
C_6H_7NO	o-Aminophenol		20	$1,53 \cdot 10^{-10}$	$2,35 \cdot 10^{-10}$
C_6H_7NO	m-Aminophenol		21	$5 \cdot 10^{-11}$	$3,1 \cdot 10^{-9}$
C_6H_7NO	p-Aminophenol		20	$3 \cdot 10^{-11}$	$3,9 \cdot 10^{-9}$
$C_6H_9NO_6$	Nitrilotriessigsäure	1	20	$3,24 \cdot 10^{-3}$	$7,1 \cdot 10^{-13}$
		2	20	$1,86 \cdot 10^{-10}$	—
$C_6H_9N_3O_2$	Histidin	1	25	$1 \cdot 10^{-6}$	$6,8 \cdot 10^{-10}$
		2	25	—	$6,6 \cdot 10^{-13}$
$C_6H_{12}N_2O_3$	Alanyl-alanin		20	$4,6 \cdot 10^{-9}$	$1,43 \cdot 10^{-11}$
$C_6H_{12}N_2O_3$	Sarcosyl-sarcosin		25	$7,95 \cdot 10^{-10}$	$7,25 \cdot 10^{-12}$
$C_6H_{13}NO_2$	α-Amino-n-capronsäure		25	$1,456 \cdot 10^{-10}$	$2,16 \cdot 10^{-12}$
$C_6H_{13}NO_2$	ε-Amino-n-capronsäure		25	$1,57 \cdot 10^{-11}$	$2,36 \cdot 10^{-12}$
$C_6H_{13}NO_2$	dl-Leucin		25	$1,786 \cdot 10^{-10}$	$2,13 \cdot 10^{-12}$
$C_6H_{13}NO_2$	dl-Isoleucin		25	$2,1 \cdot 10^{-10}$	$2,3 \cdot 10^{-12}$
$C_6H_{14}N_2O_2$	Lysin	1	25	$1,12 \cdot 10^{-10}$	$2,95 \cdot 10^{-11}$
		2	25	—	$1,51 \cdot 10^{-12}$
$C_6H_{14}N_4O_2$	Arginin	1	25	$7,2 \cdot 10^{-10}$	$1,32 \cdot 10^{-12}$
		2	25	—	$3,3 \cdot 10^{-13}$
$C_7H_7NO_2$	o-Amino-benzoesäure		20	$1,5 \cdot 10^{-5}$	$1,1 \cdot 10^{-12}$
$C_7H_7NO_2$	m-Amino-benzoesäure		20	$2,34 \cdot 10^{-5}$	$1,48 \cdot 10^{-11}$
$C_7H_7NO_2$	p-Amino-benzoesäure		20	$2,3 \cdot 10^{-5}$	$1,7 \cdot 10^{-12}$
$C_7H_8N_4O_2$	Theobromin		18	$1,3 \cdot 10^{-8}$	$1,3 \cdot 10^{-14}$
$C_7H_8N_4O_2$	Theophyllin		25	$4,0 \cdot 10^{-9}$	10^{-13}
$C_7H_{12}N_2O_3$	Glycyl-prolin		25	$4,19 \cdot 10^{-9}$	$6,95 \cdot 10^{-12}$
$C_7H_{12}N_2O_5$	Glutaminyl-glycin		25	$3,02 \cdot 10^{-8}$	$1,41 \cdot 10^{-11}$
$C_7H_{14}N_2O_3$	Glycyl-valin		25	$5,6 \cdot 10^{-9}$	$1,48 \cdot 10^{-11}$
$C_8H_{10}N_4O_2$	Coffein		25	$<1 \cdot 10^{-14}$	—
			40	—	$4,0 \cdot 10^{-14}$
$C_8H_{12}N_2O_7$	Asparagyl-asparaginsäure	1	25	$4,0 \cdot 10^{-4}$	$8,5 \cdot 10^{-10}$
		2	25	$2,0 \cdot 10^{-5}$	$5,0 \cdot 10^{-12}$
$C_8H_{12}N_4O_3$	Histidyl-glykokoll	1	25	$1,59 \cdot 10^{-6}$	$1,51 \cdot 10^{-8}$
		2	25	—	$2,51 \cdot 10^{-12}$

Formel	Name	Stufe	Temp.	Konz. in Mol/l $K_{ac.}$	$K_{bas.}$
$C_9H_{11}NO_2$	Phenylalanin		25	$2{,}5 \cdot 10^{-9}$	$1{,}3 \cdot 10^{-12}$
$C_9H_{11}NO_3$	l-Tyrosin	1	25	$7{,}8 \cdot 10^{-10}$	$1{,}59 \cdot 10^{-12}$
		2	25	$8{,}5 \cdot 10^{-11}$	—
$C_{10}H_{15}NO$	l-Ephedrin		18	$2{,}8 \cdot 10^{-10}$	$2{,}3 \cdot 10^{-5}$
$C_{10}H_{16}N_2O_7$	Glutaminyl-glutaminsäure	1	25	$4{,}2 \cdot 10^{-5}$	$1{,}38 \cdot 10^{-11}$
		2	25	$2{,}4 \cdot 10^{-8}$	—
$C_{10}H_{19}N_3O_4$	Leucyl-asparagin		20	$5{,}9 \cdot 10^{-9}$	$5{,}7 \cdot 10^{-12}$
$C_{11}H_{12}N_2O_2$	Tryptophan		25	$4{,}2 \cdot 10^{-10}$	$1{,}85 \cdot 10^{-12}$
$C_{11}H_{21}N_3O_5$	Lysyl-glutaminsäure	1	25	$1{,}78 \cdot 10^{-8}$	$2{,}95 \cdot 10^{-11}$
		2	25	$3{,}16 \cdot 10^{-11}$	$8{,}5 \cdot 10^{-12}$
$C_{12}H_{26}N_4O_3$	Lysyl-lysin	1	25	$6{,}8 \cdot 10^{-9}$	$3{,}5 \cdot 10^{-10}$
		2	25	—	$2{,}34 \cdot 10^{-11}$
		3	25	—	$8{,}9 \cdot 10^{-13}$
$C_{13}H_{16}N_2O_6$	Asparagyl-tyrosin	1	25	$2{,}69 \cdot 10^{-4}$	$5{,}9 \cdot 10^{-12}$
		2	25	$1{,}20 \cdot 10^{-9}$	$1{,}35 \cdot 10^{-11}$
$C_{15}H_{15}N_3O_2$	Methylrot		18	$1 \cdot 10^{-5}$	$3 \cdot 10^{-12}$
$C_{15}H_{23}N_5O_3$	Phenylalanyl-arginin	1	25	$4{,}1 \cdot 10^{-8}$	$4{,}4 \cdot 10^{-12}$
		2	25	—	$4{,}0 \cdot 10^{-13}$
$C_{15}H_{23}N_5O_4$	Tyrosyl-arginin	1	25	$2{,}82 \cdot 10^{-8}$	$4{,}3 \cdot 10^{-12}$
		2	25	$1{,}59 \cdot 10^{-10}$	$5{,}0 \cdot 10^{-13}$
$C_{18}H_{21}NO_3$	Codein		18	$6{,}7 \cdot 10^{-9}$	$7{,}9 \cdot 10^{-7}$
$C_{21}H_{21}NO_7$	Narcotolin		25	$9{,}8 \cdot 10^{-9}$	$1{,}15 \cdot 10^{-8}$
$C_{23}H_{27}NO_8$	Narcein		25	$1{,}6 \cdot 10^{-6}$	$1 \cdot 10^{-11}$

3413. Löslichkeitsprodukt von in Wasser schwer löslichen Salzen anorganischer Säuren

Steht ein Elektrolyt im Gleichgewicht mit seiner festen Phase, so ist aus dem Lösungsgleichgewicht die Zahl der gelösten Moleküle bekannt. Nach dem Massenwirkungsgesetz gilt für das Gleichgewicht für ein-einwertige Elektrolyte

$$\frac{[A-] \cdot [B+]}{[AB]} = K, \quad [A-][B+] = K \cdot [AB] = L_{AB}.$$

Die Konstante L nennt man das Löslichkeits- oder Ionenprodukt.

Stoff	Temp. °C	Löslichkeitsprodukt Konz. in Mol/l	Stoff	Temp. °C	Löslichkeitsprodukt Konz. in Mol/l
Ag_3AsO_3	25	$4{,}5 \cdot 10^{-19}$	$AgJO_3$	25	$3{,}2 \cdot 10^{-8}$
Ag_3AsO_4	25	$1{,}0 \cdot 10^{-19}$	$AgMoO_4$	18	$3{,}1 \cdot 10^{-11}$
$AgBr$	25	$6{,}3 \cdot 10^{-13}$	$AgOH$	18	$1{,}24 \cdot 10^{-8}$
$AgBrO_3$	25	$5{,}77 \cdot 10^{-5}$	Ag_3PO_4	20	$1{,}8 \cdot 10^{-18}$
$AgCH_3COO$	25	$4{,}4 \cdot 10^{-3}$	Ag_2S	18	$1{,}6 \cdot 10^{-49}$
$AgCN$	25	$7 \cdot 10^{-15}$	Ag_2SO_4	25	$7{,}7 \cdot 10^{-5}$
$AgCN_2$	25	$1{,}4 \cdot 10^{-9}$	Ag_3VO_4	20	$5 \cdot 10^{-7}$
$AgCNO$	18...20	$2{,}3 \cdot 10^{-7}$	$AgWO_4$	18	$5{,}2 \cdot 10^{-10}$
$AgCNS$	25	$1{,}16 \cdot 10^{-12}$	$Al(OH)_3$	18	$1{,}5 \cdot 10^{-15}$
Ag_2CO_3	25	$6{,}15 \cdot 10^{-12}$		25	$3{,}7 \cdot 10^{-15}$
$AgCl$	20	$1{,}61 \cdot 10^{-10}$	As_2S_3	18	$4 \cdot 10^{-29}$
	50	$13{,}2 \cdot 10^{-10}$	$BaCO_3$	16	$7 \cdot 10^{-9}$
Ag_2CrO_4	25	$4{,}05 \cdot 10^{-12}$	$BaC_2O_4 \cdot 3\tfrac{1}{2}H_2O$	18	$1{,}62 \cdot 10^{-7}$
$Ag_2Cr_2O_7$	25	$2 \cdot 10^{-7}$	$BaCrO_4$	18	$1{,}6 \cdot 10^{-10}$
AgJ	25	$1{,}5 \cdot 10^{-16}$	BaF_2	18	$1{,}7 \cdot 10^{-6}$

341. Dissoziationskonstante in wäßriger Lösung

Stoff	Temp. °C	Löslichkeitsprodukt Konz in Mol/l	Stoff	Temp. °C	Löslichkeitsprodukt Konz. in Mol/l
$BaMnO_4$	25	$2,5 \cdot 10^{-10}$	Hg_2WO_4	18	$1,1 \cdot 10^{-17}$
$BaSO_4$	25	$1,08 \cdot 10^{-10}$	$KClO_4$	25	$1,07 \cdot 10^{-2}$
	50	$1,98 \cdot 10^{-10}$	$KHC_4H_4O_6$ Tartrat	18	$3,8 \cdot 10^{-4}$
$Be(OH)_2$	25	$2,7 \cdot 10^{-19}$			
$Bi(OH)_3$	18	$4,3 \cdot 10^{-31}$	K_2PdCl_6	25	$5,97 \cdot 10^{-6}$
$BiOCl$	25	$1,6 \cdot 10^{-31}$	K_2PtCl_6	18	$1,1 \cdot 10^{-5}$
Bi_2S_3	18	$1,6 \cdot 10^{-72}$	$La_2[(COO)_2]_3$	18	$2,02 \cdot 10^{-28}$
$CaCO_3$	25	$4,8 \cdot 10^{-9}$	$La(OH)_3$	25	$\sim 10^{-20}$
$Ca(COO)_2 \cdot H_2O$	18	$1,78 \cdot 10^{-9}$	$MgCO_3 \cdot 3H_2O$	12	$2,6 \cdot 10^{-5}$
$CaC_4H_4O_6 \cdot$ 2 H_2O, Tartrat	25	$7,7 \cdot 10^{-7}$	$Mg(COO)_2$	18	$8,57 \cdot 10^{-5}$
			MgF_2	27	$6,4 \cdot 10^{-9}$
$CaCrO_4$	18	$2,3 \cdot 10^{-2}$	$MgNH_4PO_4$	25	$2,5 \cdot 10^{-13}$
CaF_2	18	$3,4 \cdot 10^{-11}$	$Mg(OH)_2$	25	$5,5 \cdot 10^{-12}$
$Ca(JO_3)_2 \cdot 6H_2O$	18	$7,4 \cdot 10^{-7}$	$MnCO_3$	18	$8,8 \cdot 10^{-10}$
	30	$3,9 \cdot 10^{-6}$	$Mn(OH)_2$	18	$4 \cdot 10^{-14}$
$Ca(OH)_2$	18	$5,47 \cdot 10^{-6}$	MnS	18	$7 \cdot 10^{-16}$
$CaHPO_4$	25	$\sim 5 \cdot 10^{-6}$	$Nd_2[(COO)_2]_3$	25	$5,87 \cdot 10^{-29}$
$Ca_3(PO_4)_2$	25	$1 \cdot 10^{-25}$	$NiCO_3$	25	$1,35 \cdot 10^{-7}$
$CaSO_4$	10	$6,1 \cdot 10^{-5}$	$Ni(OH)_2$	25	$1,6 \cdot 10^{-14}$
$CdCO_3$	25	$2,5 \cdot 10^{-14}$	NiS	20	$1 \cdot 10^{-26}$
$Cd(OH)_2$	18	$1,2 \cdot 10^{-14}$	$PbBr_2$	25	$3,9 \cdot 10^{-5}$
CdS aus $CdCl_2$	18	$7,1 \cdot 10^{-28}$	$PbCO_3$	18	$3,3 \cdot 10^{-14}$
CdS aus $CdSO_4$	18	$5,1 \cdot 10^{-29}$	$Pb(COO)_2$	18	$2,74 \cdot 10^{-11}$
$CoCO_3$	25	$1 \cdot 10^{-12}$	$PbCl_2$	25	$2,12 \cdot 10^{-5}$
CoS	20	$1,9 \cdot 10^{-27}$	$PbCrO_4$	25	$1,77 \cdot 10^{-14}$
$Cr(OH)_2$	18	$2,0 \cdot 10^{-20}$	PbF_2	9	$2,7 \cdot 10^{-8}$
$Cr(OH)_3$	25	$6,7 \cdot 10^{-31}$	PbJ_2	25	$8,7 \cdot 10^{-9}$
$CuBr$	18...20	$4,15 \cdot 10^{-8}$	$Pb(JO_3)_2$	18	$1,2 \cdot 10^{-13}$
$CuCO_3$	25	$1,37 \cdot 10^{-10}$	PbS	18	$3,4 \cdot 10^{-28}$
$Cu(COO)_2$	25	$2,87 \cdot 10^{-8}$	$PbSO_4$	25	$1,58 \cdot 10^{-8}$
$CuCNS$	18	$1,6 \cdot 10^{-11}$	$RaSO_4$	20	$4,25 \cdot 10^{-11}$
$CuCl$	18...20	$1,02 \cdot 10^{-6}$	$Sb(OH)_3$	—	$4 \cdot 10^{-42}$
CuJ	18...20	$5,06 \cdot 10^{-12}$	$Sn(OH)_2$	25	$5 \cdot 10^{-26}$
$Cu(JO_3)_2$	25	$1,4 \cdot 10^{-7}$	$Sn(OH)_4$	25	$1 \cdot 10^{-56}$
$Cu(OH)_2$	25	$5,6 \cdot 10^{-20}$	$SrCO_3$	25	$1,6 \cdot 10^{-9}$
Cu_2S	18	$2 \cdot 10^{-47}$	$Sr(COO)_2$	18	$5,6 \cdot 10^{-8}$
CuS	18	$8 \cdot 10^{-45}$	$SrCrO_4$	18	$3,6 \cdot 10^{-5}$
$FeCO_3$	20	$2,5 \cdot 10^{-11}$	SrF_2	18	$2,8 \cdot 10^{-9}$
$Fe(COO)_2$	25	$2,1 \cdot 10^{-7}$	$SrSO_4$	25	$2,8 \cdot 10^{-7}$
$Fe(OH)_2$	18	$4,8 \cdot 10^{-16}$	$Te(OH)_4$	18	$7 \cdot 10^{-53}$
$Fe(OH)_3$	18	$3,8 \cdot 10^{-38}$	$TlBr$	25	$3,9 \cdot 10^{-6}$
FeS	18	$3,7 \cdot 10^{-19}$	$TlCl$	25	$1,9 \cdot 10^{-4}$
$HgBr$	25	$1,3 \cdot 10^{-21}$	TlJ	25	$5,8 \cdot 10^{-8}$
Hg_2CO_3	25	$9 \cdot 10^{-17}$	$Tl(OH)_3$	25	$1,4 \cdot 10^{-53}$
$HgCN$	25	$5 \cdot 10^{-40}$	Tl_2S	25	$9 \cdot 10^{-23}$
$HgCl$	25	$2 \cdot 10^{-18}$	$Yb(COO)_2 \cdot$ 10 H_2O	25	$4,45 \cdot 10^{-25}$
Hg_2CrO_4	25	$2 \cdot 10^{-9}$			
HgJ	25	$1,2 \cdot 10^{-28}$	$ZnCO_3$	25	$6 \cdot 10^{-11}$
Hg_2O	25	$1,6 \cdot 10^{-23}$	$Zn(COO)_2$	18	$1,35 \cdot 10^{-9}$
HgO	25	$1,7 \cdot 10^{-26}$	$Zn(OH)_2$	25	$1 \cdot 10^{-17}$
Hg_2S	18	$1 \cdot 10^{-47}$	ZnS, α	20	$6,9 \cdot 10^{-26}$
HgS	18	$3 \cdot 10^{-54}$	ZnS, β	25	$1,1 \cdot 10^{-24}$
Hg_2SO_4	25	$4,8 \cdot 10^{-7}$			

342. Aktivitätskoeffizient
3421. Elektrolyte in wäßrigen Lösungen

γ = Stöchiometrischer Aktivitätskoeffizient bei 25° C.
γ' = Stöchiometrischer Aktivitätskoeffizient bei einer Temperatur in der Nähe des Gefrierpunktes der Lösung.

Stoff		Mol in 1000 g Wasser										
		0,001	0,005	0,01	0,05	0,1	0,5	1,0	2,0	3,0	4,0	5,0
AgNO$_3$	γ					(0,734)	0,536	0,429				
	γ'		0,925	0,896	0,787	0,717	0,501	0,390	0,316	0,252	0,210	0,181
AlCl$_3$	γ					(0,337)	0,331	0,539				
Al(ClO$_3$)$_3$	γ'	0,783	0,620	0,533	0,350	0,299	0,258					
Al$_2$(SO$_4$)$_3$	γ					(0,035)	0,0143	0,0175				
BaBr$_2$	γ		0,800	0,740	0,594		0,443	0,511				
BaCl$_2$	γ	0,881	0,774	0,716	0,564	0,499	0,392	0,388				
BaJ$_2$	γ'	0,907	0,839	0,798	0,686	0,634						
Ba(NO$_3$)$_2$	γ	0,882	0,772	0,705	0,517	0,433						
Ba(OH)$_2$	γ		0,773	0,712	0,526	0,443						
Be(NO$_3$)$_2$	γ'	0,885	0,762	0,694	0,541	0,478						
BeSO$_4$	γ'	0,754	0,534	0,426	0,222	0,157						
CaCl$_2$	γ	0,883	0,783	0,730	0,589	0,531	0,447	0,505				
CaJ$_2$	γ'	0,885	0,779	0,717	0,589	0,538						
Ca(NO$_3$)$_2$	γ'	0,885	0,78	0,71	0,55	0,48	0,34	0,31				
CaS$_2$O$_3$	γ	0,754	0,540	0,446	0,267	0,208	0,122	0,111				
CdBr$_2$	γ'		0,527	0,432	0,249	0,179	0,072					
CdCl$_2$	γ	0,85	0,65	0,50	0,23	0,17	0,08	0,06				
	γ'		0,648	0,567	0,380	0,289	0,130					
CdJ$_2$	γ	0,755	0,569	0,475	0,277	0,206	0,093	0,061				
	γ'	0,70	0,47	0,36	0,15	0,094	0,032	0,021				
			0,56	0,40	0,14	0,092	0,031	0,02				
Cd(NO$_3$)$_2$	γ'	0,906	0,835	0,800	0,696	0,653	0,60	0,61				
CdSO$_4$	γ	0,754	0,540	0,432	0,227	0,166	0,067	0,045	0,032	0,033		
CeCl$_3$	γ					(0,309)	0,264	0,342	0,847			
CoCl$_2$	γ'	0,900	0,806	0,751	0,618	0,567	0,524	0,628				
CrCl$_3$	γ					(0,331)	0,314	0,481				
Cr(NO$_3$)$_3$	γ					(0,319)	0,291	0,401				
Cr$_2$(SO$_4$)$_3$	γ					(0,046)	0,019	0,021				
CsBr	γ'		0,926	0,898	0,795	0,733	0,564	0,483				
	γ					0,754	0,603	0,538	0,486	0,465	0,457	0,453
CsCH$_3$CO$_2$	γ					0,799	0,762	0,802	0,950	1,145		
CsCl	γ		0,924	0,896	0,795	0,739	0,598	0,534	0,495	0,478	0,473	0,474
CsF	γ'	0,982	0,963	0,952	0,913	0,892	0,851	0,874				
CsJ	γ					0,754	0,599	0,533	0,470	0,434		
CsNO$_3$	γ		0,924	0,894	0,780	0,707	0,528	0,422				
CsOH	γ					0,795	0,739	0,771				
Cs$_2$SO$_4$	γ'	0,894	0,806	0,752	0,587	0,494						
CuBr$_2$	γ'	0,896	0,812	0,768	0,667	0,634	0,659					
CuCl$_2$	γ	0,888	0,783	0,723	0,577	0,518	0,416	0,43				
CuSO$_4$	γ	0,74	0,53	0,41	0,209	0,149	0,061	0,041				
EuCl$_3$	γ					(0,318)	0,276	0,371	0,995			
FeCl$_2$	γ'	0,895	0,804	0,752	0,624	0,580	0,568	0,668				
FeCl$_3$	γ'	0,80	0,65	0,59	0,47	0,41	0,35	0,42				
HBr				0,91	0,84	0,81	0,78	0,87				
HCl	γ	0,965	0,928	0,904	0,830	0,796	0,757	0,809	1,009	1,316	1,762	2,38
HClO$_4$	γ					0,803	0,769	0,823	1,055	1,448	2,08	3,11
HJ	γ		0,927	0,902	0,822	0,818	0,839	0,963	1,356	2,015		
HJO$_3$	γ		0,908	0,865	0,691	0,580	0,294	0,186				
HNO$_3$	γ	0,965	0,927	0,902	0,823	0,785	0,715	0,720	0,793	0,909		
H$_2$SO$_4$	γ	0,837	0,646	0,543		0,379	0,221	0,186				
KBO$_2$	γ'		0,930	0,906	0,818	0,763	0,582	0,495				
KBr	γ	0,965	0,927	0,903	0,822	0,777	0,665	0,625				
KBrO$_3$	γ'		0,926	0,896	0,795	0,729						
KCH$_3$CO$_2$	γ					0,796	0,751	0,783	0,910	1,086		
KCN	γ'		0,926	0,900	0,809	0,755	0,617	0,615				
K$_2$CO$_3$	γ	0,892	0,807	0,745	0,576	0,497	0,357	0,327				
KCl	γ	0,965	0,927	0,902	0,818	0,771	0,655	0,611				
KClO$_3$	γ	0,967	0,932	0,907	0,813	0,755	0,568					
KClO$_4$	γ	0,965	0,924	0,895								
KF	γ	0,971	0,949	0,934	0,881	0,848	0,741	0,710	0,658	0,705	0,779	

342. Aktivitätskoeffizient

Stoff		Mol in 1000 g Wasser									
		0,001	0,005	0,01	0,05	0,1	0,5	1,0	2,0	3,0	4,0	5,0
$K_4Fe(CN)_6$	γ'	0,650	0,447	0,360	0,189	0,134	0,062					
$K_3Fe(CN)_6$	γ'	0,785	0,618	0,547	0,365	0,291	0,155					
KJ	γ	0,965	0,927	0,905	0,837	0,799	0,706	0,680				
KNO_3	γ					0,739	0,545	0,443	0,333	0,269		
KOH	γ		0,924	0,898	0,805	0,754	0,666	0,675				
KH_2PO_4	γ					0,731	0,529	0,421				
KSCN	γ'		0,926	0,902	0,820	0,771	0,629	0,555				
	γ					0,769	0,646	0,559	0,556	0,538	0,529	0,524
K_2SO_4	γ	0,889	0,781	0,715	0,529	0,441						
$LaCl_3$	γ					(0,314)	0,266	0,342	0,847			
$La(NO_3)_3$	γ'	0,792	0,630	0,551	0,380	0,317						
LiBr	γ	0,966	0,932	0,909	0,842	0,810	0,783	0,848				
	γ					0,796	0,753	0,803	1,015	1,341	1,897	2,74
$LiCH_3CO_2$	γ					0,784	0,700	0,689	0,729	0,798	0,877	
LiCl	γ	0,963	0,921	0,895	0,819	0,782	0,729	0,761				
	γ					0,790	0,739	0,774	0,921	1,156	1,510	2,02
$LiClO_3$	γ'	0,967	0,933	0,911	0,842	0,810	0,769	0,808				
$LiClO_4$	γ'	0,967	0,935	0,915	0,853	0,825	0,821	0,913				
	γ					0,812	0,808	0,887	1,158	1,582	2,18	
LiF	γ'	0,965	0,922	0,889								
LiJ	γ'		0,95	0,94	0,91							
	γ					0,815	0,824	0,910	1,198	1,715		
$LiNO_3$	γ	0,966	0,930	0,904	0,834	0,798	0,743	0,765				
	γ					0,788	0,726	0,743	0,835	0,966	1,125	1,310
LiOH	γ					0,760	0,617	0,554	0,513	0,494	0,481	
$MgCl_2$	γ'	0,891	0,800	0,751	0,627	0,577	0,540	0,659				
$Mg(NO_3)_2$	γ	0,882	0,771	0,712	0,554	0,508	0,443	0,496				
$MgSO_4$	γ					0,195	0,091	0,067	0,042			
$MnCl_2$	γ'	0,892	0,790	0,731	0,594	0,543	0,490	0,568				
$MnSO_4$	γ	0,780	0,621	0,536	0,333	0,247	0,110	0,080				
	γ					(0,150)	0,064	0,044	0,035	0,038	0,048	
NH_4Br	γ	0,964	0,901	0,870	0,780	0,733	0,617	0,572				
NH_4Cl	γ	0,961	0,911	0,880	0,790	0,742	0,620	0,574				
NH_4J	γ'	0,962	0,917	0,889	0,804	0,760	0,646	0,600				
NH_4NO_3	γ	0,959	0,912	0,882	0,783	0,726	0,558	0,471				
NaBr	γ	0,966	0,934	0,914	0,844	0,807	0,726	0,717				
	γ					0,782	0,697	0,687	0,731	0,812	0,929	
$NaBrO_3$	γ	0,967	0,934	0,911	0,826	0,775						
$NaCH_3CO_2$	γ					0,791	0,735	0,757	0,851	0,982		
Na_2CO_3	γ'	0,891	0,791	0,729	0,565	0,488	0,281					
NaCl	γ	0,966	0,929	0,906	0,828	0,786	0,688	0,664				
	γ					0,778	0,681	0,657	0,668	0,714	0,783	0,874
$NaClO_3$	γ'	0,966	0,930	0,905	0,819	0,769	0,621	0,544				
	γ					0,772	0,645	0,589	0,538	0,515		
$NaClO_4$	γ'	0,966	0,929	0,904	0,821	0,773	0,640	0,576				
	γ					0,775	0,668	0,629	0,609	0,611	0,626	0,649
NaF	γ'		0,926	0,900	0,807	0,752	0,615					
	γ					0,765	0,632	0,573				
NaJ	γ	0,966	0,935	0,917	0,866	0,841	0,808	0,844				
	γ					0,787	0,723	0,736	0,820	0,963		
$NaJO_3$	γ		0,924	0,895	0,784	0,714						
$NaNO_3$	γ					0,762	0,617	0,548	0,478	0,437	0,408	0,386
NaOH	γ			0,905	0,815	0,772	0,678	0,668				
	γ					0,766	0,690	0,678	0,709	0,784	0,903	1,077
Na_2HPO_4	γ'	0,885	0,771	0,706	0,530	0,441						
NaH_2PO_4	γ					0,744	0,563	0,468	0,371	0,320	0,293	0,276
NaSCN	γ					0,787	0,715	0,712	0,744	0,804	0,897	
Na_2SO_3	γ'	0,891	0,808	0,757	0,610	0,530	0,327	0,24				
Na_2SO_4	γ	0,887	0,778	0,714	0,536	0,453						
Na_2SiO_3	γ				0,50	0,41	0,23	0,18				
$NdCl_3$	γ					(0,310)	0,264	0,344	0,867			
$NiCl_2$	γ'	0,900	0,807	0,753	0,619	0,567						
$Ni(NO_3)_2$	γ	0,90	0,805	0,76	0,63	0,58	0,515	0,58				
$NiSO_4$	γ'	0,764	0,561	0,455	0,246	0,180	0,078	0,056				
$PbCl_2$	γ	0,802	0,660	0,584								
$Pb(NO_3)_2$	γ'	0,885	0,763	0,687	0,464	0,373	0,168	0,112				
$PrCl_3$	γ					(0,311)	0,262	0,338	0,825			
RbBr	γ'		0,929	0,905	0,818	0,765	0,621	0,556				
	γ					0,763	0,632	0,578	0,536	0,520	0,514	0,515
$RbCH_3CO_2$	γ					0,796	0,755	0,792	0,933	1,126		

Stoff		0,001	0,005	0,01	0,05	0,1	0,5	1,0	2,0	3,0	4,0	5,0
RbCl	γ		0,927	0,903	0,816	0,765	0,638	0,585	0,546	0,536	0,538	0,546
RbF	γ'		0,940	0,924	0,871	0,839	0,756	0,729				
RbJ	γ					0,762	0,629	0,575	0,533	0,518	0,515	0,517
RbNO$_3$	γ'		0,297	0,902	0,792	0,720						
ScCl$_3$	γ					0,734	0,534	0,430	0,321	0,257	0,216	
SmCl$_3$	γ					(0,320)	0,298	0,443				
SnCl$_2$	γ	0,809	0,624	0,512	0,283	0,233	0,271	0,362	0,940			
SrCl$_2$	γ	0,898	0,814	0,759	0,616	0,558	0,455	0,496				
SrJ$_2$	γ'	0,93	0,88	0,85	0,76	0,73	0,82	1,11				
Sr(NO$_3$)$_2$	γ'	0,895	0,82	0,77	0,62	0,54	0,34	0,27				
Th(NO$_3$)$_4$	γ					(0,279)	0,189	0,207	0,326	0,486	0,647	0,791
TlCH$_3$CO$_2$	γ					0,750	0,589	0,515	0,444	0,405	0,376	0,354
TlNO$_3$	γ		0,922	0,890	0,765	0,680						
UO$_2$Cl$_2$	γ'	0,93	0,88	0,85	0,75	0,70	0,57					
UO$_2$(NO$_3$)$_2$	γ'	0,912	0,845	0,801	0,674	0,615	0,554	0,658				
UO$_2$SO$_4$	γ'	0,754	0,533	0,420	0,214	0,150	0,060					
YCl$_3$	γ					(0,314)	0,278	0,385	1,136			
ZnCl$_2$	γ'	0,891	0,797	0,746	0,62	0,580	0,490	0,465				
	γ	0,881	0,767	0,708	0,556	0,502	0,376	0,325				
Zn(NO$_3$)$_2$	γ	0,89	0,79	0,75	0,62	0,57	0,49	0,56				
ZnSO$_4$	γ	0,700	0,477	0,387	—	0,144	0,060	0,043	0,035	0,041		

343. Gleichgewichte in Gasen[1]

Die folgende Tabelle gibt für wichtige chemische Gas-Reaktionen die Werte der Gleichgewichtskonstanten K_p als Funktion der Temperatur an. In besonderen Fällen wurden für einige spezielle Drucke (Gesamtdrucke) die Werte des Dissoziationsgrades α hinzugefügt, die sich aus den vorliegenden Gleichgewichtskonstanten für die Dissoziation des Ausgangsstoffs ergeben. Im einzelnen kann man sich für die verschiedenen Reaktionstypen mit Hilfe der unten angegebenen Zusammenstellung S. 879 die Dissoziationsgrade wie folgt selbst errechnen:

Für die Reaktionsgleichung

$$\nu_A A + \nu_B B \rightleftharpoons \nu_C C + \nu_D D \tag{1}$$

in der die ν_i die stöchiometrischen Umsatzzahlen sind, gilt für $K_p(T)$ mit den Partialdrucken p_i der Einzelkomponenten im Gleichgewicht:

$$\frac{p_A^{\nu_A} \cdot p_B^{\nu_B}}{p_C^{\nu_C} \cdot p_D^{\nu_D}} = K_p(T). \tag{2}$$

Von einem Dissoziationsgrad spricht man meist nur dann, wenn auf der einen Seite der Umsatzgleichung (1) nur ein Stoff steht, also z.B. $\nu_D = 0$ ist. Für die am häufigsten vorkommenden Werte von ν_A, ν_B und ν_C ist in der erwähnten Zusammenstellung der Zusammenhang von Dissoziationsgrad α und Gleichgewichtskonstante K_p angegeben. Zum Beispiel findet man dort für $\nu_A = 3$, $\nu_B = 1$ und $\nu_C = 2$ unter der Reaktion:

$$3A + B \rightleftharpoons 2C \tag{1a}$$

---

[1] Nach Landolt-Börnstein, 6. Aufl., Bd. II/5, Beitrag GRAU.

343. Gleichgewichte in Gasen

unter der Spalte K_p die Angabe $K_p = 27\alpha^4 \, p^2/16(1-\alpha^2)^2$, die besagt, daß

$$\frac{27\alpha^4 p^2}{16(1-\alpha^2)^2} = K_p(T) = \frac{p_A^3 \cdot p_B}{p_C^2} \tag{3}$$

ist, so daß aus den von der Tabelle aufgeführten K_p-Werten bei gegebenem Gesamtdruck p des reagierenden Gas-Systems α berechnet werden kann.

Bei der numerischen Auswertung von Gl. (3) ist darauf zu achten, daß der $K_p(T)$-Wert auf die Umsatzgleichung (1) bezogen ist. Zum Beispiel gilt Gl. (1 a) für die Bildung von Ammoniak aus den Elementen. In der Tabelle ist aber auf S. 891 der K_p-Wert auf die Reaktionsgleichung $\tfrac{3}{2}A + \tfrac{1}{2}B = C$ bezogen, nämlich auf $\tfrac{3}{2}H_2 + \tfrac{1}{2}N_2 = NH_3$, so daß

$$K_p = \frac{p_A^{3/2} \cdot p_B^{1/2}}{p_C} = \frac{p_{H_2}^{3/2} \cdot p_{N_2}^{1/2}}{p_{NH_3}} \tag{4}$$

als K_p-Wert auf S. 891 aufgeführt ist; der Wert, der in Gl. (3) zu verwenden ist, wird aus dem Gleichgewichtswert nach Gl. (4) offensichtlich durch Quadrieren erhalten. Entsprechend hat man in anderen Fällen zu verfahren.

Die Zahlentabelle für die Gleichgewichtskonstanten K_p ist so angelegt, daß am Kopf der Tabelle die chemische Reaktionsgleichung aufgeführt ist, daneben steht die Reaktionsenthalpie (für die stöchiometrischen Umsatzzahlen) der Reaktionsgleichung. Die Reaktionsenthalpie ist meist auf 0° K bezogen, in einigen Fällen auch auf Zimmertemperatur (298° K).

In Spalte 1 sind die Temperaturen aufgeführt, auf welche sich die Angaben von $\log K_p$ und K_p in Spalte 2 und 3 beziehen. Am Kopf von Spalte 3 findet man die genaue Definition von K_p; die dabei benutzte Druckeinheit steht hinter der Reaktionsenthalpie.

Die weiteren Spalten, sofern solche vorhanden sind, geben — wie oben bereits vermerkt wurde — die Werte des Dissoziationsgrades α für die am Kopf dieser Spalten vermerkten Gesamtdrucke p an.

Sucht man die Werte der Gleichgewichtskonstanten für eine Reaktion, die nicht in der vorliegenden Tabelle aufgeführt ist — sie enthält Zahlenwerte nur für besonders wichtige Fälle —, so kann man die $\log K_p$-Werte wie folgt aus den Angaben der Tabelle 63 entnehmen, sofern dort die freien Enthalpien ΔG_B^0 für sämtliche an der Reaktion beteiligten Stoffe A, B, C, D der Reaktionsgleichung (1) aufgeführt sind oder doch aus den Angaben der Tabelle 63 leicht zu entnehmen sind. Es gilt nämlich für die Reaktion von Gl. (1)

$$\begin{aligned}\Delta G_{\text{Reakt}} &= \nu_C \Delta G_B^0(C) + \nu_D \Delta G_B^0(D) - \nu_A \Delta G_B^0(A) - \nu_B \Delta G_B^0(B) \\ &= RT \ln K_p,\end{aligned} \tag{5}$$

wobei die für die Temperatur T gültigen ΔG_B^0-Werte zu verwenden sind. Zum Beispiel findet man die ΔG_B^0-Werte für die Partner der Reaktion.

$$CO + H_2O = CO_2 + H_2$$

bei 1000° K zu $\Delta G_B^0(CO) = -200{,}6 \text{ kJ/Mol}$

$\Delta G_B^0(H_2O) = -192{,}5 \text{ kJ/Mol}; \quad \Delta G_B^0(CO_2) = -395{,}8 \text{ kJ/Mol}$

$\Delta G_B^0(H_2) = 0{,}0 \text{ kJ/Mol},$

3. Mechanisch-thermische Konstanten homogener Stoffe

womit Gl. (5) die Gestalt

$8{,}314 \cdot 1000 \, (\text{J/Mol}) \cdot 2{,}303 \log K_p = 19{,}138 \, \text{kJ/Mol} \cdot \log K_p$
$= +1\,(-395{,}8) + 1\,(0{,}0) - 1\,(-200{,}6) - 1\,(-192{,}5) = -2{,}7 \, \text{kJ/Mol}$

enthält, so daß daraus

$$\log K_p = -2{,}7/19{,}138 = -0{,}14$$
$$K_p = 0{,}72 \tag{5a}$$

bei $T = 1000°$ K entnommen werden kann.

Sind die ΔG_B^0-Werte der Reaktionspartner nicht in Tabelle 63 aufgeführt, so kann man in den Fällen, in denen man in Tabelle 214 für Elemente, in Tabelle 221 für anorganische und in Tabelle 143, Bd. II, für organische Verbindungen für $T = 298°$ K die Bildungsenthalpien und die Normalentropien S^0 der Reaktionspartner findet, über die Beziehung

$$RT \ln K_p = \Delta(\Delta H_B^0) - T\Delta S^0 \tag{6}$$

die Gleichgewichtskonstanten wenigstens näherungsweise ermitteln. In dem obigen Falle findet man z. B. in der Tabelle 214 und 221 die ΔH_B^0 bzw. S^0-Werte

$\Delta H_B^0(\text{CO}) = -110{,}5 \, \text{kJ/Mol}$ bzw. $S^0 = 197{,}4 \, \text{J/Molgrd}$

$\Delta H_B^0(\text{H}_2\text{O}) = -241{,}8 \, \text{kJ/Mol}$ $S^0 = 188{,}7 \, \text{J/Molgrd}$

$\Delta H_B^0(\text{H}_2) = 0 \qquad \text{kJ/Mol}$ $S^0 = 130{,}6 \, \text{J/Molgrd}$

$\Delta H_B^0(\text{CO}_2) = -393{,}5 \, \text{kJ/Mol}$ $S^0 = 213{,}6 \, \text{J/Molgrd}$

Womit Gl. (6) die Gestalt erhält.

$$\left.\begin{array}{l} 19{,}138 \cdot 1000 \, \text{J/Mol} \log K_p = RT \ln K_p \\ = [1\,(-393{,}5) + 1(0{,}0) - 1\,(-110{,}5) - 1\,(-241{,}8) \, \text{kJ/Mol}] - \\ -1000\,[1\,(213{,}6) + 1\,(130{,}6) - 1\,(197{,}4) - 1\,(188{,}7)] \, \text{J/Mol}, \end{array}\right\} \tag{6a}$$

d. h. $19{,}138 \, \text{kJ/Mol} \cdot \log K_p(1000°\,\text{K}) = -41{,}20 \, \text{kJ/Mol} - 1000\,(-41{,}9) \, \text{J/Mol}$
$= 0{,}7 \, \text{kJ/Mol}$

oder
$$\log K_p = 0{,}04$$
$$K_p = 1{,}1.$$

Die Übereinstimmung mit den experimentellen Werten ist jetzt weniger gut als nach Gl. (5) bzw. (5a) (s. S. 895, wo für K_p bei 1000° K 0,776 angegeben ist). Zum Schluß sei noch darauf aufmerksam gemacht, daß das M. W. G. in der Form der Gl. (2) nur gilt, so lange die Partialdrucke p_i der Komponenten noch so gering sind, daß die Gase dem idealen Gasgesetz mit ausreichender Genauigkeit gehorchen. Betreffs der Abweichungen von der einfachen Gl. (2), wenn diese Voraussetzung nicht mehr zutrifft, s. z. B. NH_3-Gleichgewicht S. 892.

343. Gleichgewichte in Gasen

Zusammenhang zwischen Gleichgewichtskonstante K_p und Dissoziationsgrad α für verschiedene Reaktionstypen

Reaktion	Gleichgewichtskonstante K_p	Dissoziationsgrad α
$2A \rightleftharpoons C$	$K_p = \dfrac{4\alpha^2 p}{1-\alpha^2}$ für $\alpha \ll 1$ $K_p = 4\alpha^2 p$	$\alpha = \sqrt{\dfrac{K_p}{4p+K_p}}$ für $\alpha \ll 1$ $\alpha = \tfrac{1}{2}\sqrt{\dfrac{K_p}{p}}$
$A+B \rightleftharpoons 2C$	$K_p = \dfrac{\alpha^2}{4(1-\alpha^2)}$	$\alpha = 2\sqrt{\dfrac{K_p}{1+4K_p}}$ α druckunabhängig
$3A \rightleftharpoons 2C$	$K_p = \dfrac{27\alpha^2 p}{4(2+\alpha)(1-\alpha)^2}$	für $\alpha \ll 1$; $\alpha = \sqrt{\dfrac{8K_p}{27p}}$
$A+2B \rightleftharpoons 2C$	$K_p = \dfrac{\alpha^3 p}{(1-\alpha)^2(2+\alpha)}$	für $\alpha \ll 1$; $\alpha = \sqrt[3]{\dfrac{2K_p}{p}}$
$A+B \rightleftharpoons C$	$K_p = \dfrac{\alpha^2 p}{1-\alpha^2}$	$\alpha = \sqrt{\dfrac{K_p}{K_p+p}}$ für $\alpha \ll 1$ $\alpha = \sqrt{\dfrac{K_p}{p}}$
$3A+B \rightleftharpoons 2C$	$K_p = \dfrac{27\alpha^4 p^2}{16(1-\alpha^2)^2}$	$\left(\dfrac{\alpha^2}{1-\alpha^2}\right) = \sqrt{\dfrac{16K_p}{27p^2}}$
$2A \rightleftharpoons C+2D$	$K_p = \dfrac{\alpha^2(3-\alpha)}{(1-\alpha)^2 p}$	für $\alpha \ll 1$; $\alpha = \sqrt{\dfrac{K_p \cdot p}{3}}$
$A+B \rightleftharpoons C+D$	$K_p = \dfrac{\alpha^2}{(1-\alpha)^2}$	$\dfrac{\alpha}{1-\alpha} = \sqrt{K_p}$ α druckunabhängig

Die Anordnung der Gleichgewichte ist die folgende:
Dissoziationsgleichgewichte von Elementen
Dissoziationsgleichgewichte einfacher anorganischer Verbindungen und Radikale
Reaktionen zwischen mehreren anorganischen Verbindungen
Bildungsgleichgewichte einfacher organischer Verbindungen
Hydrierungsgleichgewichte organischer Verbindungen

3. Mechanisch-thermische Konstanten homogener Stoffe

$$\text{o-}H_2 \rightleftharpoons \text{p-}H_2$$

$T(°K)$	% p-H_2	$T(°K)$	% p-H_2	$T(°K)$	% p-H_2
20	99,7	120	33,0	240	25,1
30	97,0	140	29,8	260	25,0
40	90,0	160	27,8	280	25,0
60	65,0	180	26,6	300	25,0
80	48,5	200	25,8		
100	38,5	220	25,3		

$$\text{o-}D_2 \rightleftharpoons \text{p-}D_2$$

$T(°K)$	% p-D_2	$T(°K)$	% p-D_2	$T(°K)$	% p-D_2
20	1,2	80	30,2	160	33,4
30	8,0	100	32,2	180	33,5
40	15,0	120	33,0	200	33,5
60	25,6	140	33,3	220	33,5

$$\text{o-}T_2 \rightleftharpoons \text{p-}T_2$$

$T(°K)$	% p-T_2	$T(°K)$	% p-T_2	$T(°K)$	% p-T_2
10	97,2	35	37,2	125	25,0
15	83,6	40	33,2	150	25,0
20	66,2	50	28,7	175	25,0
25	52,6	75	25,5		
30	43,3	100	25,1		

$$Br + Br \rightleftharpoons Br_2, \quad \Delta H_0^0 = -190{,}20 \text{ kJ/Mol } (p \text{ in atm})$$

$T(°K)$	$\log K_p$	$K_p = \dfrac{p_{Br}^2}{p_{Br_2}}$	$T(°K)$	$\log K_p$	$K_p = \dfrac{p_{Br}^2}{p_{Br_2}}$
900	$-5,63$	$2,34 \cdot 10^{-6}$	1600	$-0,68$	$2,09 \cdot 10^{-1}$
1000	$-4,53$	$2,95 \cdot 10^{-5}$	1800	$+0,02$	$1,05$
1200	$-2,82$	$1,51 \cdot 10^{-3}$	2000	$+0,59$	$3,89$
1400	$-1,60$	$2,51 \cdot 10^{-2}$	2200	$+1,06$	$1,15 \cdot 10$
1500	$-1,12$	$7,59 \cdot 10^{-2}$	2500	$+1,60$	$3,98 \cdot 10$

$$Cl + Cl \rightleftharpoons Cl_2, \quad \Delta H_{298}^0 = -242{,}2 \text{ kJ/Mol } (p \text{ in atm})$$

$T(°K)$	$\log K_p$	$K_p = \dfrac{p_{Cl}^2}{p_{Cl_2}}$	$T(°K)$	$\log K_p$	$K_p = \dfrac{p_{Cl}^2}{p_{Cl_2}}$
1000	$-6,84$	$1,45 \cdot 10^{-7}$	2000	$-0,28$	$5,25 \cdot 10^{-1}$
1200	$-4,65$	$2,24 \cdot 10^{-5}$	2200	$+0,30$	$2,00$
1400	$-3,10$	$7,94 \cdot 10^{-4}$	2400	$+0,80$	$6,31$
1500	$-2,47$	$3,39 \cdot 10^{-3}$	2500	$+1,03$	$1,07 \cdot 10$
1600	$-1,93$	$1,18 \cdot 10^{-2}$	2600	$+1,23$	$1,70 \cdot 10$
1800	$-1,03$	$9,33 \cdot 10^{-2}$			

343. Gleichgewichte in Gasen

$F+F \rightleftharpoons F_2$, $\Delta H^0_{298} = -158,18$ kJ/Mol (p in atm)

T(°K)	$\log K_p$	$K_p = \dfrac{p_F^2}{p_{F_2}}$	T(°K)	$\log K_p$	$K_p = \dfrac{p_F^2}{p_{F_2}}$
800	−4,16	$6,92 \cdot 10^{-5}$	1500	+0,85	7,08
1000	−2,01	$9,77 \cdot 10^{-3}$	1600	+1,20	$1,59 \cdot 10$
1200	−0,60	$2,51 \cdot 10^{-1}$	1800	+1,80	$6,31 \cdot 10$
1400	+0,43	2,69			

$H+H \rightleftharpoons H_2$, $\Delta H^0_0 = -431,8$ kJ/Mol (p in atm)

T(°K)	$\log K_p$	$K_p = \dfrac{p_H^2}{p_{H_2}}$	T(°K)	α		
				1 atm	10 atm	100 atm
1500	−9,52	$3,02 \cdot 10^{-10}$	1500	$8,70 \cdot 10^{-6}$	$2,75 \cdot 10^{-6}$	$8,70 \cdot 10^{-7}$
1800	−6,90	$1,26 \cdot 10^{-7}$	1800	$1,78 \cdot 10^{-4}$	$5,61 \cdot 10^{-5}$	$1,78 \cdot 10^{-5}$
2000	−5,58	$2,63 \cdot 10^{-6}$	2000	$8,10 \cdot 10^{-4}$	$2,56 \cdot 10^{-4}$	$8,10 \cdot 10^{-5}$
2200	−4,48	$3,31 \cdot 10^{-5}$	2200	$2,88 \cdot 10^{-3}$	$9,10 \cdot 10^{-4}$	$2,88 \cdot 10^{-4}$
2500	−3,20	$6,31 \cdot 10^{-4}$	2500	$1,26 \cdot 10^{-2}$	$3,98 \cdot 10^{-3}$	$1,26 \cdot 10^{-3}$
3000	−1,63	$2,34 \cdot 10^{-2}$	3000	$7,6 \cdot 10^{-2}$	$2,42 \cdot 10^{-2}$	$7,6 \cdot 10^{-3}$

$D+D \rightleftharpoons D_2$, $\Delta H^0_0 = -439,3$ kJ/Mol ($p=1$ atm)

T(°K)	$\log K_p$	$K_p = \dfrac{p_D^2}{p_{D_2}}$	T(°K)	$\log K_p$	$K_p = \dfrac{p_D^2}{p_{D_2}}$
1000	−17,400	$3,98 \cdot 10^{-18}$	2500	−3,198	$6,34 \cdot 10^{-4}$
1500	−9,549	$2,83 \cdot 10^{-10}$	3000	−1,596	$2,54 \cdot 10^{-2}$
2000	−5,589	$2,58 \cdot 10^{-6}$			

$T+T \rightleftharpoons T_2$, $\Delta H^0_{298} = -443,2$ kJ/Mol (p in atm)

T(°K)	$\log K_p$	$K_p = \dfrac{p_T^2}{p_{T_2}}$	T(°K)	$\log K_p$	$K_p = \dfrac{p_T^2}{p_{T_2}}$
1000	−17,521	$3,01 \cdot 10^{-18}$	2000	−5,629	$2,35 \cdot 10^{-6}$
1500	−9,613	$2,44 \cdot 10^{-10}$	2500	−3,226	$5,94 \cdot 10^{-4}$

$H+D \rightleftharpoons HD$, $\Delta H^0_0 = -435,4$ kJ/Mol (p in atm)

T(°K)	$\log K_p$	$K_p = \dfrac{p_H \cdot p_D}{p_{HD}}$	T(°K)	$\log K_p$	$K_p = \dfrac{p_H \cdot p_D}{p_{HD}}$
1000	−17,606	$2,48 \cdot 10^{-18}$	2500	−3,485	$3,27 \cdot 10^{-4}$
1500	−9,805	$1,57 \cdot 10^{-10}$	3000	−1,888	$1,29 \cdot 10^{-2}$
2000	−5,866	$1,36 \cdot 10^{-6}$			

3. Mechanisch-thermische Konstanten homogener Stoffe

$$\tfrac{1}{2}H_2 + \tfrac{1}{2}T_2 \rightleftharpoons HT, \quad \Delta H^0_{298} = -0{,}710 \text{ kJ/Mol} \ (p \text{ in atm})$$

$T(°K)$	$\log K_p$	$K_p = \dfrac{p_{H_2}^{\frac{1}{2}} \cdot p_{T_2}^{\frac{1}{2}}}{p_{HT}}$	$T(°K)$	$\log K_p$	$K_p = \dfrac{p_{H_2}^{\frac{1}{2}} \cdot p_{T_2}^{\frac{1}{2}}}{p_{HT}}$
300	−0,206	$6{,}22 \cdot 10^{-1}$	800	−0,284	$5{,}20 \cdot 10^{-1}$
400	−0,237	$5{,}79 \cdot 10^{-1}$	1000	−0,291	$5{,}12 \cdot 10^{-1}$
500	−0,256	$5{,}55 \cdot 10^{-1}$	2000	−0,305	$4{,}95 \cdot 10^{-1}$
600	−0,269	$5{,}38 \cdot 10^{-1}$			

$$H + T \rightleftharpoons HT, \quad \Delta H^0_{298} = -436{,}9 \text{ kJ/Mol} \ (p \text{ in atm})$$

$T(°K)$	$\log K_p$	$K_p = \dfrac{p_H \cdot p_T}{p_{HT}}$	$T(°K)$	$\log K_p$	$K_p = \dfrac{p_H \cdot p_T}{p_{HT}}$
1000	−17,646	$2{,}26 \cdot 10^{-18}$	2000	−5,879	$1{,}32 \cdot 10^{-6}$
1500	−9,827	$1{,}49 \cdot 10^{-10}$	2500	−3,494	$3{,}21 \cdot 10^{-4}$

$$D + T \rightleftharpoons DT, \quad \Delta H^0_{298} = -441{,}5 \text{ kJ/Mol} \ (p \text{ in atm})$$

$T(°K)$	$\log K_p$	$K_p = \dfrac{p_D \cdot p_T}{p_{DT}}$	$T(°K)$	$\log K_p$	$K_p = \dfrac{p_D \cdot p_T}{p_{DT}}$
1000	−17,777	$1{,}67 \cdot 10^{-18}$	2000	−5,917	$1{,}21 \cdot 10^{-6}$
1500	−9,893	$1{,}28 \cdot 10^{-10}$	2500	−3,519	$3{,}03 \cdot 10^{-4}$

$$\tfrac{1}{2}H_2 + \tfrac{1}{2}D_2 \rightleftharpoons HD, \quad \Delta H^0_{298} = -0{,}155 \text{ kJ/Mol} \ (p \text{ in atm})$$

$T(°K)$	$\log K_p$	$K_p = \dfrac{p_{H_2}^{\frac{1}{2}} \cdot p_{D_2}^{\frac{1}{2}}}{p_{HD}}$	$T(°K)$	$\log K_p$	$K_p = \dfrac{p_{H_2}^{\frac{1}{2}} \cdot p_{D_2}^{\frac{1}{2}}}{p_{HD}}$
1000	−0,299$_1$		2500	−0,299$_5$	
1500	−0,299$_6$		3000	−0,299$_3$	
2000	−0,299$_8$				

$$J + J \rightleftharpoons J_2, \quad \Delta H^0_0 = -148{,}70 \text{ kJ/Mol} \ (p \text{ in atm})$$

$T(°K)$	$\log K_p$	$K_p = \dfrac{p_J^2}{p_{J_2}}$	$T(°K)$	$\log K_p$	$K_p = \dfrac{p_J^2}{p_{J_2}}$
800	−4,50	$3{,}16 \cdot 10^{-5}$	1600	+0,52	3,31
1000	−2,50	$3{,}16 \cdot 10^{-3}$	1800	+1,05	$1{,}12 \cdot 10$
1200	−1,15	$7{,}08 \cdot 10^{-2}$	2000	+1,52	$3{,}31 \cdot 10$
1400	−0,21	$6{,}17 \cdot 10^{-1}$	2200	+1,88	$7{,}59 \cdot 10$
1500	+0,18	1,51			

343. Gleichgewichte in Gasen

$K + K \rightleftharpoons K_2$, $\Delta H_0^0 = -49,4$ kJ/Mol ((p in atm))

T(°K)	$\log K_p$	$K_p = \dfrac{p_K^2}{p_{K_2}}$	T(°K)	$\log K_p$	$K_p = \dfrac{p_K^2}{p_{K_2}}$
500	−1,61	$2,46 \cdot 10^{-2}$	1500	+2,00	$1,00 \cdot 10^2$
600	−0,73	$1,86 \cdot 10^{-1}$	2000	+2,47	$2,95 \cdot 10^2$
800	+0,43	2,69	2500	+2,72	$5,25 \cdot 10^2$
1000	+1,10	$1,26 \cdot 10$	3000	+2,92	$8,32 \cdot 10^2$
1200	+1,55	$3,55 \cdot 10$			

$Li + Li \rightleftharpoons Li_2$, $\Delta H_0^0 = -109,9$ kJ/Mol (p in atm)

T(°K)	$\log K_p$	$K_p = \dfrac{p_{Li}^2}{p_{Li_2}}$	T(°K)	$\log K_p$	$K_p = \dfrac{p_{Li}^2}{p_{Li_2}}$
800	−3,05	$8,91 \cdot 10^{-4}$	2000	+1,44	$2,75 \cdot 10$
1000	−1,54	$2,88 \cdot 10^{-2}$	2500	+2,03	$1,07 \cdot 10^2$
1200	−0,55	$2,82 \cdot 10^{-1}$	3000	+2,45	$2,82 \cdot 10^2$
1500	+0,45	2,82			

$N + N \rightleftharpoons N_2$, $\Delta H_{298}^0 = -941,2$ kJ/Mol (p in atm)

T(°K)	$\log K_p$	$K_p = \dfrac{p_N^2}{p_{N_2}}$	T(°K)	$\log K_p$	$K_p = \dfrac{p_N^2}{p_{N_2}}$
2500	−12,93	$1,18 \cdot 10^{-13}$	4000	−5,45	$3,55 \cdot 10^{-6}$
2800	−10,80	$1,59 \cdot 10^{-11}$	4500	−4,05	$8,91 \cdot 10^{-5}$
3000	−9,65	$2,24 \cdot 10^{-10}$	5000	−3,00	$1,00 \cdot 10^{-3}$
3500	−7,25	$5,62 \cdot 10^{-8}$			

$Na + Na \rightleftharpoons Na_2$, $\Delta H_0^0 = -73,3$ kJ/Mol (p in atm)

T(°K)	$\log K_p$	$K_p = \dfrac{p_{Na}^2}{p_{Na_2}}$	T(°K)	$\log K_p$	$K_p = \dfrac{p_{Na}^2}{p_{Na_2}}$
600	−2,52	$3,02 \cdot 10^{-3}$	1500	+1,52	$3,31 \cdot 10$
800	−0,83	$1,48 \cdot 10^{-1}$	2000	+2,20	$1,59 \cdot 10^2$
1000	+0,18	1,51	2500	+2,60	$3,98 \cdot 10^2$
1200	+0,84	6,92	3000	+2,87	$7,41 \cdot 10^2$

$O + O \rightleftharpoons O_2$, $\Delta H_0^0 = -490$ kJ/Mol (p in atm)

T(°K)	$\log K_p$	$K_p = \dfrac{p_O^2}{p_{O_2}}$	T(°K)	$\log K_p$	$K_p = \dfrac{p_O^2}{p_{O_2}}$
1500	−10,65	$2,24 \cdot 10^{-11}$	3000	−1,75	$1,78 \cdot 10^{-2}$
1800	−7,63	$2,34 \cdot 10^{-8}$	3500	−0,50	$3,16 \cdot 10^{-1}$
2000	−6,20	$6,31 \cdot 10^{-7}$	4000	+1,80	$6,31 \cdot 10$
2500	−3,50	$3,16 \cdot 10^{-4}$			

$O_2 + O \rightleftharpoons O_3$, $\Delta H^0_{298} = -106{,}2$ kJ/Mol (p in atm)

T(°K)	$\log K_p$	$K_p = \dfrac{p_{O_2} \cdot p_O}{p_{O_3}}$	T(°K)	$\log K_p$	$K_p = \dfrac{p_{O_2} \cdot p_O}{p_{O_3}}$
800	$-0{,}10$	$7{,}94 \cdot 10^{-1}$	2000	$+4{,}13$	$1{,}35 \cdot 10^4$
1000	$+1{,}30$	$2{,}00 \cdot 10$	2500	$+4{,}67$	$4{,}68 \cdot 10^4$
1200	$+2{,}25$	$1{,}78 \cdot 10^2$	3000	$+5{,}05$	$1{,}12 \cdot 10^5$
1500	$+3{,}15$	$1{,}41 \cdot 10^3$	3500	$+5{,}32$	$2{,}09 \cdot 10^5$
1800	$+3{,}80$	$6{,}31 \cdot 10^3$	4000	$+5{,}80$	$6{,}31 \cdot 10^5$

$O_3 \rightleftharpoons \tfrac{3}{2} O_2$, $\Delta H^0_0 = -145{,}8$ kJ/Mol (p in atm)

T(°K)	$\log K_p$	$K_p = \dfrac{p_{O_3}}{p_{O_2}^{3/2}}$	T(°K)	$\log K_p$	$K_p = \dfrac{p_{O_3}}{p_{O_2}^{3/2}}$
800	$-12{,}05$	$8{,}91 \cdot 10^{-13}$	2000	$-7{,}20$	$6{,}31 \cdot 10^{-8}$
1000	$-10{,}44$	$3{,}63 \cdot 10^{-11}$	2500	$-6{,}57$	$2{,}69 \cdot 10^{-7}$
1200	$-9{,}33$	$4{,}68 \cdot 10^{-10}$	3000	$-6{,}13$	$7{,}41 \cdot 10^{-7}$
1500	$-8{,}30$	$5{,}01 \cdot 10^{-9}$	3500	$-5{,}85$	$1{,}41 \cdot 10^{-6}$
1800	$-7{,}55$	$2{,}82 \cdot 10^{-8}$	4000	$-5{,}25$	$5{,}62 \cdot 10^{-6}$

$P + P \rightleftharpoons P_2$, $\Delta H^0_0 = -483{,}0$ kJ/Mol (p in atm)

T(°K)	$\log K_p$	$K_p = \dfrac{p_P^2}{p_{P_2}}$	T(°K)	$\log K_p$	$K_p = \dfrac{p_P^2}{p_{P_2}}$
2000	$-6{,}61$	$2{,}46 \cdot 10^{-7}$	3000	$-2{,}32$	$4{,}79 \cdot 10^{-3}$
2200	$-5{,}40$	$2{,}51 \cdot 10^{-6}$	3500	$-1{,}07$	$8{,}51 \cdot 10^{-2}$
2500	$-4{,}00$	$1{,}00 \cdot 10^{-4}$	4000	$-0{,}13$	$7{,}41 \cdot 10^{-1}$
2800	$-2{,}90$	$1{,}26 \cdot 10^{-3}$			

$S + S \rightleftharpoons S_2$, $\Delta H^0_0 = -314{,}8$ kJ/Mol (p in atm)

T(°K)	$\log K_p$	$K_p = \dfrac{p_S^2}{p_{S_2}}$	T(°K)	$\log K_p$	$K_p = \dfrac{p_S^2}{p_{S_2}}$
1800	$-2{,}83$	$1{,}48 \cdot 10^{-3}$	2500	$+0{,}10$	$1{,}26$
2000	$-1{,}79$	$1{,}62 \cdot 10^{-2}$	2800	$+0{,}90$	$7{,}94$
2200	$-0{,}92$	$1{,}20 \cdot 10^{-1}$			

$Se + Se \rightleftharpoons Se_2$, $\Delta H^0_0 = -259{,}8$ kJ/Mol (p in atm)

T(°K)	$\log K_p$	$K_p = \dfrac{p_{Se}^2}{p_{Se_2}}$	T(°K)	$\log K_p$	$K_p = \dfrac{p_{Se}^2}{p_{Se_2}}$
1800	$-1{,}91$	$1{,}23 \cdot 10^{-2}$	2500	$+0{,}31$	$2{,}04$
2000	$-1{,}12$	$7{,}59 \cdot 10^{-2}$	2800	$+0{,}92$	$8{,}32$
2200	$-0{,}47$	$3{,}39 \cdot 10^{-1}$			

343. Gleichgewichte in Gasen

$Te + Te \rightleftharpoons Te_2$, $\Delta H_0^0 = -221{,}3$ kJ/Mol (p in atm)

$T(°K)$	$\log K_p$	$K_p = \dfrac{p_{Te}^2}{pTe_2}$	$T(°K)$	$\log K_p$	$K_p = \dfrac{p_{Te}^2}{pTe_2}$
1800	−1,13	$7{,}41 \cdot 10^{-2}$	2200	+0,09	1,23
2000	−0,46	$3{,}47 \cdot 10^{-1}$	2500	+0,74	5,50

$\tfrac{1}{2}Br_2 + \tfrac{1}{2}Cl_2 \rightleftharpoons BrCl$, $\Delta H_0^0 = -0{,}84$ kJ/Mol (p in atm)

$T(°K)$	$\log K_p$	$K_p = \dfrac{p_{Br_2}^{1/2} \cdot p_{Cl_2}^{1/2}}{pBrCl}$	$T(°K)$	$\log K_p$	$K_p = \dfrac{p_{Br_2}^{1/2} \cdot p_{Cl_2}^{1/2}}{pBrCl}$
300	−0,452	$3{,}53 \cdot 10^{-1}$	800	−0,356	$4{,}41 \cdot 10^{-1}$
400	−0,414	$3{,}86 \cdot 10^{-1}$	1000	−0,344	$4{,}53 \cdot 10^{-1}$
500	−0.390	$4{,}07 \cdot 10^{-1}$	1200	−0,336	$4{,}61 \cdot 10^{-1}$
600	−0,376	$4{,}21 \cdot 10^{-1}$			

$\tfrac{1}{2}F_2 + \tfrac{1}{2}Br_2 \rightleftharpoons BrF$, $\Delta H_{298}^0 = -76{,}83$ kJ/Mol (p in atm)

$T(°K)$	$\log K_p$	$K_p = \dfrac{p_{F_2}^{1/2} \cdot p_{Br_2}^{1/2}}{pBrF}$	$T(°K)$	$\log K_p$	$K_p = \dfrac{p_{F_2}^{1/2} \cdot p_{Br_2}^{1/2}}{pBrF}$
500	−8,27	$5{,}37 \cdot 10^{-9}$	1500	−2,92	$1{,}20 \cdot 10^{-3}$
600	−6,93	$1{,}18 \cdot 10^{-7}$	1800	−2,46	$3{,}47 \cdot 10^{-3}$
800	−5,26	$5{,}50 \cdot 10^{-6}$	2000	−2,25	$5{,}62 \cdot 10^{-3}$
1000	−4,26	$5{,}50 \cdot 10^{-5}$	2500	−1,85	$1{,}41 \cdot 10^{-2}$
1200	−3,57	$2{,}69 \cdot 10^{-4}$			

$\tfrac{1}{2}J_2 + \tfrac{1}{2}Br_2 \rightleftharpoons JBr$, $\Delta H_0^0 = -5{,}94$ kJ/Mol (p in atm)

$T(°K)$	$\log K_p$	$K_p = \dfrac{p_{J_2}^{1/2} \cdot p_{Br_2}^{1/2}}{pJBr}$	$T(°K)$	$\log K_p$	$K_p = \dfrac{p_{J_2}^{1/2} \cdot p_{Br_2}^{1/2}}{pJBr}$
400	−1,080	$8{,}32 \cdot 10^{-2}$	1000	−0,606	$2{,}48 \cdot 10^{-1}$
500	−0,922	$1{,}20 \cdot 10^{-1}$	1200	−0,555	$2{,}79 \cdot 10^{-1}$
600	−0,818	$1{,}52 \cdot 10^{-1}$	1500	−0,502	$3{,}15 \cdot 10^{-1}$
800	−0,685	$2{,}07 \cdot 10^{-1}$			

$\tfrac{1}{2}Cl_2 + \tfrac{1}{2}F_2 \rightleftharpoons ClF$, $\Delta H_0^0 = -51{,}6$ kJ/Mol (p in atm)

$T(°K)$	$\log K_p$	$K_p = \dfrac{p_{Cl_2}^{1/2} \cdot p_{F_2}^{1/2}}{pClF}$	$T(°K)$	$\log K_p$	$K_p = \dfrac{p_{Cl_2}^{1/2} \cdot p_{F_2}^{1/2}}{pClF}$
400	−7,68	$2{,}09 \cdot 10^{-8}$	1200	−2,68	$2{,}09 \cdot 10^{-3}$
500	−6,16	$6{,}92 \cdot 10^{-7}$	1500	−2,18	$6{,}61 \cdot 10^{-3}$
600	−5,17	$6{,}76 \cdot 10^{-6}$	1800	−1,86	$1{,}38 \cdot 10^{-2}$
800	−3,92	$1{,}20 \cdot 10^{-4}$	2000	−1,70	$2{,}00 \cdot 10^{-2}$
1000	−3,18	$6{,}61 \cdot 10^{-4}$	2500	−1,40	$3{,}98 \cdot 10^{-2}$

3. Mechanisch-thermische Konstanten homogener Stoffe

$\frac{1}{2}J_2 + \frac{1}{2}Cl_2 \rightleftharpoons JCl$, $\Delta H^0_{298} = -14{,}0$ kJ/Mol (p in atm)

$T(°K)$	$\log K_p$	$K_p = \dfrac{p^{\frac{1}{2}}_{J_2} \cdot p^{\frac{1}{2}}_{Cl_2}}{p_{JCl}}$	$T(°K)$	$\log K_p$	$K_p = \dfrac{p^{\frac{1}{2}}_{J_2} \cdot p^{\frac{1}{2}}_{Cl_2}}{p_{JCl}}$
400	−2,12	$7{,}59 \cdot 10^{-3}$	1200	−0,90	$1{,}26 \cdot 10^{-1}$
500	−1,74	$1{,}82 \cdot 10^{-2}$	1500	−0,77	$1{,}70 \cdot 10^{-1}$
600	−1,50	$3{,}16 \cdot 10^{-2}$	1800	−0,70	$2{,}00 \cdot 10^{-1}$
800	−1,20	$6{,}31 \cdot 10^{-2}$	2000	−0,65	$2{,}24 \cdot 10^{-1}$
1000	−1,02	$9{,}55 \cdot 10^{-2}$	2500	−0,57	$2{,}69 \cdot 10^{-1}$

$\frac{1}{2}H_2 + \frac{1}{2}Br_2 \rightleftharpoons HBr$, $\Delta H^0_0 = -35{,}8$ kJ/Mol (p in atm)

$T(°K)$	$\log K_p$	$K_p = \dfrac{p^{\frac{1}{2}}_{H_2} \cdot p^{\frac{1}{2}}_{Br_2}}{p_{HBr}}$	$T(°K)$	$\log K_p$	$K_p = \dfrac{p^{\frac{1}{2}}_{H_2} \cdot p^{\frac{1}{2}}_{Br_2}}{p_{HBr}}$
1000	−2,97	$1{,}07 \cdot 10^{-3}$	1800	−1,77	$1{,}70 \cdot 10^{-2}$
1200	−2,53	$2{,}95 \cdot 10^{-3}$	2000	−1,63	$2{,}34 \cdot 10^{-2}$
1400	−2,20	$6{,}31 \cdot 10^{-3}$	2500	−1,36	$4{,}37 \cdot 10^{-2}$
1600	−1,97	$1{,}07 \cdot 10^{-2}$	3000	−1,17	$6{,}76 \cdot 10^{-2}$

$\frac{1}{2}D_2 + \frac{1}{2}Br_2 \rightleftharpoons DBr$, $\Delta H^0_0 = -50{,}9$ kJ/Mol (p in atm)

$T(°K)$	$\log K_p$	$K_p = \dfrac{p^{\frac{1}{2}}_{D_2} \cdot p^{\frac{1}{2}}_{Br_2}}{p_{DBr}}$	$T(°K)$	$\log K_p$	$K_p = \dfrac{p^{\frac{1}{2}}_{D_2} \cdot p^{\frac{1}{2}}_{Br_2}}{p_{DBr}}$
500	−5,84	$1{,}45 \cdot 10^{-6}$	1200	−2,61	$2{,}46 \cdot 10^{-3}$
600	−4,92	$1{,}20 \cdot 10^{-5}$	1500	−2,16	$6{,}92 \cdot 10^{-3}$
800	−3,76	$1{,}74 \cdot 10^{-4}$	1700	−1,95	$1{,}12 \cdot 10^{-2}$
1000	−3,08	$8{,}32 \cdot 10^{-4}$	2000	−1,70	$2{,}00 \cdot 10^{-2}$

$\frac{1}{2}H_2 + \frac{1}{2}Cl_2 \rightleftharpoons HCl$, $\Delta H^0_{298} = -92{,}2$ kJ/Mol (p in atm)

$T(°K)$	$\log K_p$	$K_p = \dfrac{p^{\frac{1}{2}}_{H_2} \cdot p^{\frac{1}{2}}_{Cl_2}}{p_{HCl}}$	$T(°K)$	$\log K_p$	$K_p = \dfrac{p^{\frac{1}{2}}_{H_2} \cdot p^{\frac{1}{2}}_{Cl_2}}{p_{HCl}}$
1000	−5,26	$5{,}50 \cdot 10^{-6}$	1800	−3,06	$8{,}71 \cdot 10^{-4}$
1200	−4,43	$3{,}72 \cdot 10^{-5}$	2000	−2,79	$1{,}62 \cdot 10^{-3}$
1400	−3,84	$1{,}45 \cdot 10^{-4}$	2500	−2,29	$5{,}13 \cdot 10^{-3}$
1600	−3,40	$3{,}98 \cdot 10^{-4}$	3000	−1,95	$1{,}12 \cdot 10^{-2}$

$\frac{1}{2}D_2 + \frac{1}{2}Cl_2 \rightleftharpoons DCl$, $\Delta H^0_0 = -93{,}2$ kJ/Mol (p in atm)

$T(°K)$	$\log K_p$	$K_p = \dfrac{p^{\frac{1}{2}}_{D_2} \cdot p^{\frac{1}{2}}_{Cl_2}}{p_{DCl}}$	$T(°K)$	$\log K_p$	$K_p = \dfrac{p^{\frac{1}{2}}_{D_2} \cdot p^{\frac{1}{2}}_{Cl_2}}{p_{DCl}}$
800	−6,50	$3{,}16 \cdot 10^{-7}$	1500	−3,60	$2{,}51 \cdot 10^{-4}$
1000	−5,25	$5{,}62 \cdot 10^{-6}$	1700	−3,21	$6{,}17 \cdot 10^{-4}$
1200	−4,42	$3{,}80 \cdot 10^{-5}$	2000	−2,76	$1{,}74 \cdot 10^{-3}$

343. Gleichgewichte in Gasen

$\frac{1}{2}H_2 + \frac{1}{2}F_2 \rightleftharpoons HF$, $\Delta H^0_{298} = -268,5$ kJ/Mol (p in atm)

$T(°K)$	$\log K_p$	$K_p = \dfrac{p_{H_2}^{\frac{1}{2}} \cdot p_{F_2}^{\frac{1}{2}}}{p_{HF}}$	$T(°K)$	$\log K_p$	$K_p = \dfrac{p_{H_2}^{\frac{1}{2}} \cdot p_{F_2}^{\frac{1}{2}}}{p_{HF}}$
1000	−14,35	$4,47 \cdot 10^{-15}$	1400	−10,26	$5,50 \cdot 10^{-11}$
1200	−11,95	$1,12 \cdot 10^{-12}$	1600	−9,00	$1,00 \cdot 10^{-9}$

$\frac{1}{2}H_2 + \frac{1}{2}J_2 \rightleftharpoons HJ$, $\Delta H^0_0 = -3,85$ kJ/Mol (p in atm)

$T(°K)$	$\log K_p$	$K_p = \dfrac{p_{J_2}^{\frac{1}{2}} \cdot p_{H_2}^{\frac{1}{2}}}{p_{HJ}}$	$T(°K)$	$\log K_p$	$K_p = \dfrac{p_{J_2}^{\frac{1}{2}} \cdot p_{H_2}^{\frac{1}{2}}}{p_{HJ}}$
400	−1,155	$7,00 \cdot 10^{-2}$	1000	−0,715	$1,93 \cdot 10^{-1}$
500	−1,010	$9,77 \cdot 10^{-2}$	1200	−0,657	$2,20 \cdot 10^{-1}$
600	−0,913	$1,22 \cdot 10^{-1}$	1500	−0,587	$2,59 \cdot 10^{-1}$
800	−0,791	$1,62 \cdot 10^{-1}$			

$\frac{1}{2}D_2 + \frac{1}{2}J_2 \rightleftharpoons DJ$, $\Delta H^0_0 = -4,06$ kJ/Mol (p in atm)

$T(°K)$	$\log K_p$	$K_p = \dfrac{p_{D_2}^{\frac{1}{2}} \cdot p_{J_2}^{\frac{1}{2}}}{p_{DJ}}$	$T(°K)$	$\log K_p$	$K_p = \dfrac{p_{D_2}^{\frac{1}{2}} \cdot p_{J_2}^{\frac{1}{2}}}{p_{DJ}}$
500	−0,97	$1,07 \cdot 10^{-1}$	1200	−0,62	$2,40 \cdot 10^{-1}$
600	−0,87	$1,35 \cdot 10^{-1}$	1500	−0,57	$2,69 \cdot 10^{-1}$
800	−0,74	$1,82 \cdot 10^{-1}$	1700	−0,55	$2,82 \cdot 10^{-1}$
1000	−0,67	$2,14 \cdot 10^{-1}$	2000	−0,53	$2,95 \cdot 10^{-1}$

$O + H \rightleftharpoons OH$, $\Delta H^0_0 = -418,8$ kJ/Mol ($p = 1$ atm)

$T(°K)$	$\log K_p$	$K_p = \dfrac{p_O \cdot p_H}{p_{OH}}$	$T(°K)$	$\log K_p$	$K_p = \dfrac{p_O \cdot p_H}{p_{OH}}$
1500	−9,42	$3,80 \cdot 10^{-10}$	2500	−3,28	$5,25 \cdot 10^{-4}$
1800	−6,85	$1,41 \cdot 10^{-7}$	3000	−1,75	$1,78 \cdot 10^{-2}$
2000	−5,57	$2,69 \cdot 10^{-6}$	4000	+0,20	$1,59$

$\frac{1}{2}H_2 + \frac{1}{2}O_2 \rightleftharpoons OH$, $\Delta H^0_0 = +41,0$ kJ/Mol (p in atm)

$T(°K)$	$\log K_p$	$K_p = \dfrac{p_{O_2}^{\frac{1}{2}} \cdot p_{H_2}^{\frac{1}{2}}}{p_{OH}}$	$T(°K)$	$\log K_p$	$K_p = \dfrac{p_{O_2}^{\frac{1}{2}} \cdot p_{H_2}^{\frac{1}{2}}}{p_{OH}}$
1000	+1,35	$2,24 \cdot 10$	2500	+0,07	$1,18$
1500	+0,64	$4,37$	3000	−0,07	$8,51 \cdot 10^{-1}$
1800	+0,40	$2,51$	4000	−0,24	$5,75 \cdot 10^{-1}$
2000	+0,28	$1,91$			

3. Mechanisch-thermische Konstanten homogener Stoffe

$$H_2 + O \rightleftharpoons H_2O, \quad \Delta H_0^0 = -484{,}3 \text{ kJ/Mol} \quad (p \text{ in atm})$$

$T(°K)$	$\log K_p$	$K_p = \dfrac{p_{H_2} \cdot p_O}{p_{H_2O}}$	$T(°K)$	$\log K_p$	$K_p = \dfrac{p_{H_2} \cdot p_O}{p_{H_2O}}$
1200	$-15{,}40$	$3{,}98 \cdot 10^{-16}$	2500	$-4{,}00$	$1{,}00 \cdot 10^{-4}$
1500	$-11{,}05$	$8{,}91 \cdot 10^{-12}$	3000	$-2{,}25$	$5{,}62 \cdot 10^{-3}$
1800	$-8{,}10$	$7{,}94 \cdot 10^{-9}$	4000	$-0{,}05$	$8{,}91 \cdot 10^{-1}$
2000	$-6{,}60$	$2{,}51 \cdot 10^{-7}$			

$$H_2 + \tfrac{1}{2}O_2 \rightleftharpoons H_2O, \quad \Delta H_0^0 = -238{,}91 \text{ kJ/Mol} \quad (p \text{ in atm})$$

$T(°K)$	$\log K_p$	$K_p = \dfrac{p_{H_2} \cdot p_{O_2}^{\frac{1}{2}}}{p_{H_2O}}$	$T(°K)$	α		
				1 atm	10 atm	100 atm
1500	$-5{,}73$	$1{,}86 \cdot 10^{-6}$	1500	$0{,}000_2$	$0{,}000_1$	$0{,}0000$
1800	$-4{,}28$	$5{,}25 \cdot 10^{-5}$	2000	$0{,}005_2$	$0{,}002_6$	$0{,}001_2$
2000	$-3{,}54$	$2{,}88 \cdot 10^{-4}$	2500	$0{,}041$	$0{,}019$	$0{,}008_8$
2500	$-2{,}23$	$5{,}89 \cdot 10^{-3}$	3000	$0{,}14_6$	$0{,}071$	$0{,}034$
3000	$-1{,}35$	$4{,}47 \cdot 10^{-2}$	4000	$0{,}54_5$	$0{,}31_9$	$0{,}16_5$
4000	$-0{,}26$	$5{,}50 \cdot 10^{-1}$				

$$\tfrac{1}{2}H_2 + OH \rightleftharpoons H_2O, \quad \Delta H_0^0 = -279{,}9 \text{ kJ/Mol} \quad (p \text{ in atm})$$

$T(°K)$	$\log K_p$	$K_p = \dfrac{p_{H_2}^{\frac{1}{2}} \cdot p_{OH}}{p_{H_2O}}$	$T(°K)$	α		
				1 atm	10 atm	100 atm
1500	$-6{,}37$	$4{,}27 \cdot 10^{-7}$	1500	$7{,}15 \cdot 10^{-5}$	$3{,}32 \cdot 10^{-5}$	$1{,}54 \cdot 10^{-5}$
1800	$-4{,}70$	$2{,}00 \cdot 10^{-5}$	1800	$9{,}29 \cdot 10^{-4}$	$4{,}31 \cdot 10^{-4}$	$2{,}00 \cdot 10^{-4}$
2000	$-3{,}85$	$1{,}41 \cdot 10^{-4}$	2000	$3{,}41 \cdot 10^{-3}$	$1{,}58 \cdot 10^{-3}$	$7{,}36 \cdot 10^{-4}$
2500	$-2{,}34$	$4{,}57 \cdot 10^{-3}$	2500	$3{,}41 \cdot 10^{-2}$	$1{,}60 \cdot 10^{-2}$	$7{,}46 \cdot 10^{-3}$
3000	$-1{,}35$	$4{,}47 \cdot 10^{-2}$	3000	$1{,}46 \cdot 10^{-1}$	$7{,}10 \cdot 10^{-2}$	$3{,}36 \cdot 10^{-2}$
4000	$-0{,}05$	$8{,}91 \cdot 10^{-1}$	4000	$6{,}4 \cdot 10^{-1}$	$4{,}0_5 \cdot 10^{-1}$	$2{,}20 \cdot 10^{-1}$

$$2HDO \rightleftharpoons H_2O + D_2O, \quad \Delta H_0^0 = -0{,}293 \text{ kJ/Mol} \quad (p \text{ in atm})$$

$T(°K)$	$\log K_p$	$K_p = \dfrac{p_{HDO}^2}{p_{H_2O} \cdot p_{D_2O}}$	$T(°K)$	$\log K_p$	$K_p = \dfrac{p_{HDO}^2}{p_{H_2O} \cdot p_{D_2O}}$
298,1	0,5717	3,73	700	0,6010	3,99
400	0,5843	3,84	800	0,6042	4,02
500	0,5922	3,91	900	0,6064	4,04
600	0,5977	3,96	1000	0,6075	4,05

$$D_2O + H_2 \rightleftharpoons H_2O + D_2, \quad \Delta H_0^0 = +7{,}399 \text{ kJ/Mol} \quad (p \text{ in atm})$$

$T(°K)$	$\log K_p$	$K_p = \dfrac{p_{D_2O} \cdot p_{H_2}}{p_{H_2O} \cdot p_{D_2}}$	$T(°K)$	$\log K_p$	$K_p = \dfrac{p_{D_2O} \cdot p_{H_2}}{p_{H_2O} \cdot p_{D_2}}$
298,1	1,0469	11,14	700	0,3010	2,00
400	0,7160	5,20	800	0,2330	1,71
500	0,5238	3,34	900	0,1790	1,51
600	0,3945	2,48	1000	0,1367	1,37

343. Gleichgewichte in Gasen

$HDO + H_2 \rightleftharpoons H_2O + HD$, $\Delta H_0^0 = +3{,}871$ kJ/Mol (p in atm)

T(°K)	$\log K_p$	$K_p = \dfrac{p_{HDO} \cdot p_{H_2}}{p_{H_2O} \cdot p_{HD}}$	T(°K)	$\log K_p$	$K_p = \dfrac{p_{HDO} \cdot p_{H_2}}{p_{H_2O} \cdot p_{HD}}$
298,1	0,5527	3,57	700	0,1614	1,45
400	0,3802	2,40	800	0,1271	1,34
500	0,2788	1,90	900	0,1004	1,26
600	0,2122	1,63	1000	0,0755	1,19

$D_2O + HD \rightleftharpoons HDO + D_2$, $\Delta H_0^0 = +3{,}511$ kJ/Mol (p in atm)

T(°K)	$\log K_p$	$K_p = \dfrac{p_{D_2O} \cdot p_{HD}}{p_{HDO} \cdot p_{D_2}}$	T(°K)	$\log K_p$	$K_p = \dfrac{p_{D_2O} \cdot p_{HD}}{p_{HDO} \cdot p_{D_2}}$
298,1	0,4942	3,12	700	0,1399	1,38
400	0,3365	2,17	800	0,1072	1,28
500	0,2455	1,76	900	0,0792	1,20
600	0,1847	1,53	1000	0,0607	1,15

$OH + H \rightleftharpoons H_2O$, $\Delta H_0^0 = -494{,}3$ kJ/Mol ($p = 1$ atm)

T(°K)	$\log K_p$	$K_p = \dfrac{p_{OH} \cdot p_H}{p_{H_2O}}$	T(°K)	α 1 atm	α 10 atm	α 100 atm
1200	−15,50	$3{,}16 \cdot 10^{-16}$	1200	$1{,}78 \cdot 10^{-8}$	$5{,}63 \cdot 10^{-9}$	$1{,}78 \cdot 10^{-9}$
1500	−11,05	$8{,}91 \cdot 10^{-12}$	1500	$2{,}99 \cdot 10^{-6}$	$9{,}46 \cdot 10^{-7}$	$2{,}99 \cdot 10^{-7}$
1800	−8,10	$7{,}94 \cdot 10^{-9}$	1800	$8{,}90 \cdot 10^{-5}$	$2{,}82 \cdot 10^{-5}$	$8{,}90 \cdot 10^{-6}$
2000	−6,60	$2{,}51 \cdot 10^{-7}$	2000	$5{,}01 \cdot 10^{-4}$	$1{,}58 \cdot 10^{-4}$	$5{,}01 \cdot 10^{-5}$
2500	−3,95	$1{,}12 \cdot 10^{-4}$	2500	$1{,}06 \cdot 10^{-2}$	$3{,}34 \cdot 10^{-3}$	$1{,}06 \cdot 10^{-3}$
3000	−2,15	$7{,}08 \cdot 10^{-3}$	3000	$8{,}39 \cdot 10^{-2}$	$2{,}66 \cdot 10^{-2}$	$8{,}40 \cdot 10^{-3}$
4000	+0,10	1,26	4000	$7{,}46 \cdot 10^{-1}$	$3{,}35 \cdot 10^{-1}$	$1{,}12 \cdot 10^{-1}$

$2\,OH \rightleftharpoons H_2O + \tfrac{1}{2}O_2$, $\Delta H_0^0 = -320{,}9$ kJ/Mol (p in atm)

T(°K)	$\log K_p$	$K_p = \dfrac{p_{OH}^2}{p_{H_2O} \cdot p_{O_2}^{\frac{1}{2}}}$	T(°K)	$\log K_p$	$K_p = \dfrac{p_{OH}^2}{p_{H_2O} \cdot p_{O_2}^{\frac{1}{2}}}$
1200	−9,80	$1{,}59 \cdot 10^{-10}$	2500	−2,40	$3{,}98 \cdot 10^{-3}$
1500	−6,95	$1{,}12 \cdot 10^{-7}$	3000	−1,25	$5{,}62 \cdot 10^{-2}$
1800	−5,05	$8{,}91 \cdot 10^{-6}$	3500	−0,45	$3{,}55 \cdot 10^{-1}$
2000	−4,05	$8{,}91 \cdot 10^{-5}$			

$H_2 + O_2 \rightleftharpoons H_2O_2$, $\Delta H_0^0 = -129{,}9$ kJ/Mol (p in atm)

T(°K)	$\log K_p$	$K_p = \dfrac{p_{H_2} \cdot p_{O_2}}{p_{H_2O_2}}$	T(°K)	$\log K_p$	$K_p = \dfrac{p_{H_2} \cdot p_{O_2}}{p_{H_2O_2}}$
400	−14,535	$2{,}92 \cdot 10^{-15}$	1000	−1,499	$3{,}17 \cdot 10^{-2}$
600	−6,364	$4{,}33 \cdot 10^{-7}$	1300	+0,214	1,64
800	−3,307	$4{,}93 \cdot 10^{-4}$	1500	+1,071	$1{,}18 \cdot 10$

3. Mechanisch-thermische Konstanten homogener Stoffe

$$D_2 + O_2 \rightleftharpoons D_2O_2, \quad \Delta H_0^0 = -138{,}3 \text{ kJ/Mol} \ (p \text{ in atm})$$

$T(°K)$	$\log K_p$	$K_p = \dfrac{p_{D_2} \cdot p_{O_2}}{p_{D_2O_2}}$	$T(°K)$	$\log K_p$	$K_p = \dfrac{p_{D_2} \cdot p_{O_2}}{p_{D_2O_2}}$
400	−13,046	$9{,}00 \cdot 10^{-14}$	1000	−1,625	$2{,}37 \cdot 10^{-2}$
600	−6,703	$1{,}98 \cdot 10^{-7}$	1300	+0,125	1,33
800	−3,532	$2{,}94 \cdot 10^{-4}$	1500	+0,904	8,02

$$CO + Cl_2 \rightleftharpoons COCl_2, \quad \Delta H_{646-724}^0 = -109{,}4 \text{ kJ/Mol} \ (p \text{ in atm})$$

$T(°K)$	$\log K_p$	$K_p = \dfrac{p_{CO} \cdot p_{Cl_2}}{p_{COCl_2}}$	$T(°K)$	$\log K_p$	$K_p = \dfrac{p_{CO} \cdot p_{Cl_2}}{p_{COCl_2}}$
500	−4,23	$5{,}89 \cdot 10^{-5}$	800	+0,08	1,20
600	−2,32	$4{,}79 \cdot 10^{-3}$	900	+0,90	7,94
700	−0,95	$1{,}12 \cdot 10^{-1}$	1000	+1,52	$3{,}31 \cdot 10$

$$CO + O \rightleftharpoons CO_2, \quad \Delta H_0^0 = -524{,}8 \text{ kJ/Mol} \ (p \text{ in atm})$$

$T(°K)$	$\log K_p$	$K_p = \dfrac{p_{CO} \cdot p_{O}}{p_{CO_2}}$	$T(°K)$	$\log K_p$	$K_p = \dfrac{p_{CO} \cdot p_{O}}{p_{CO_2}}$
1500	−10,70	$2{,}00 \cdot 10^{-11}$	2500	−3,20	$6{,}31 \cdot 10^{-4}$
1800	−7,55	$2{,}82 \cdot 10^{-8}$	3000	−1,28	$5{,}25 \cdot 10^{-2}$
2000	−6,00	$1 \cdot 10^{-6}$	3500	+0,10	1,26

$$CO + \tfrac{1}{2}O_2 \rightleftharpoons CO_2, \quad \Delta H_0^0 = -279{,}4 \text{ kJ/Mol} \ (p \text{ in atm})$$

$T(°K)$	$\log K_p$	$K_p = \dfrac{p_{CO} \cdot p_{O_2}^{\frac{1}{2}}}{p_{CO_2}}$	$T(°K)$	$\log K_p$	$K_p = \dfrac{p_{CO} \cdot p_{O_2}^{\frac{1}{2}}}{p_{CO_2}}$
1300	−6,78	$1{,}66 \cdot 10^{-7}$	2500	−1,42	$3{,}80 \cdot 10^{-2}$
1500	−5,27	$5{,}37 \cdot 10^{-6}$	3000	−0,43	$3{,}72 \cdot 10^{-1}$
1800	−3,66	$2{,}19 \cdot 10^{-4}$	3500	+0,27	1,86
2000	−2,87	$1{,}35 \cdot 10^{-3}$			

$$\tfrac{1}{2}S_2 + CO \rightleftharpoons COS, \quad \Delta H_0^0 = -91{,}0 \text{ kJ/Mol} \ (p \text{ in atm})$$

$T(°K)$	$\log K_p$	$K_p = \dfrac{p_{S_2}^{\frac{1}{2}} \cdot p_{CO}}{p_{COS}}$	$T(°K)$	$\log K_p$	$K_p = \dfrac{p_{S_2}^{\frac{1}{2}} \cdot p_{CO}}{p_{COS}}$
400	−8,38	$4{,}17 \cdot 10^{-9}$	1000	−0,80	$1{,}59 \cdot 10^{-1}$
500	−5,86	$1{,}38 \cdot 10^{-6}$	1200	+0,03	1,07
600	−4,17	$6{,}76 \cdot 10^{-5}$	1500	+0,87	7,41
800	−2,08	$8{,}32 \cdot 10^{-3}$			

343. Gleichgewichte in Gasen

$CS_2 + CO_2 \rightleftharpoons 2COS$, $\Delta H_0^0 = -5{,}7$ kJ/Mol (p in atm)

$T(°K)$	$\log K_p$	$K_p = \dfrac{p_{CO_2} \cdot p_{CS_2}}{p_{COS}^2}$	$T(°K)$	$\log K_p$	$K_p = \dfrac{p_{CO_2} \cdot p_{CS_2}}{p_{COS}^2}$
400	−1,42	$3{,}80 \cdot 10^{-2}$	1000	−0,90	$1{,}26 \cdot 10^{-1}$
500	−1,24	$5{,}75 \cdot 10^{-2}$	1200	−0,84	$1{,}45 \cdot 10^{-1}$
600	−1,13	$7{,}41 \cdot 10^{-2}$	1500	−0,80	$1{,}59 \cdot 10^{-1}$
800	−0,98	$1{,}05 \cdot 10^{-1}$			

$NO + \tfrac{1}{2} Br_2 \rightleftharpoons NOBr$, $\Delta H_0^0 = -23{,}8$ kJ/Mol (p in atm)

$T(°K)$	$\log K_p$	$K_p = \dfrac{p_{NO} \cdot p_{Br_2}^{1/2}}{p_{NOBr}}$	$T(°K)$	$\log K_p$	$K_p = \dfrac{p_{NO} \cdot p_{Br_2}^{1/2}}{p_{NOBr}}$
250	−1,80	$1{,}59 \cdot 10^{-2}$	400	+0,09	1,23
300	−0,96	$1{,}10 \cdot 10^{-1}$	500	+0,73	5,37
350	−0,36	$4{,}37 \cdot 10^{-1}$			

$2NO + Cl_2 \rightleftharpoons 2NOCl$, $\Delta H_0^0 = -63{,}6$ kJ/Mol (p in atm)

$T(°K)$	$\log K_p$	$K_p = \dfrac{p_{NO}^2 \cdot p_{Cl_2}}{p_{NOCl}^2}$	$T(°K)$	$\log K_p$	$K_p = \dfrac{p_{NO}^2 \cdot p_{Cl_2}}{p_{NOCl}^2}$
400	−3,64	$2{,}29 \cdot 10^{-4}$	800	+1,17	$1{,}48 \cdot 10$
500	−1,72	$1{,}91 \cdot 10^{-2}$	1000	+2,13	$1{,}35 \cdot 10^2$
600	−0,43	$3{,}72 \cdot 10^{-1}$			

$H_2 + \tfrac{1}{2} S_2 \rightleftharpoons H_2S$, $\Delta H_{298}^0 = -84{,}7$ kJ/Mol (p in atm)

$T(°K)$	$\log K_p$	$K_p = \dfrac{p_{H_2} \cdot p_{S_2}^{1/2}}{p_{H_2S}}$	$T(°K)$	$\log K_p$	$K_p = \dfrac{p_{H_2} \cdot p_{S_2}^{1/2}}{p_{H_2S}}$
400	−9,08	$8{,}32 \cdot 10^{-10}$	1000	−2,11	$7{,}76 \cdot 10^{-3}$
500	−6,75	$1{,}78 \cdot 10^{-7}$	1200	−1,33	$4{,}68 \cdot 10^{-2}$
600	−5,22	$6{,}03 \cdot 10^{-6}$	1500	−0,53	$2{,}95 \cdot 10^{-1}$
800	−3,26	$5{,}50 \cdot 10^{-4}$	1800	−0,01	$9{,}77 \cdot 10^{-1}$

$\tfrac{3}{2} H_2 + \tfrac{1}{2} N_2 \rightleftharpoons NH_3$, $\Delta H_0^0 = -39{,}26$ kJ/Mol (p in atm)

$T(°K)$	$\log K_p$	$K_p = \dfrac{p_{H_2}^{3/2} \cdot p_{N_2}^{1/2}}{p_{NH_3}}$	$T(°K)$	α			
				1 atm	10 atm	100 atm	1000 atm
600	+1,32	$2{,}09 \cdot 10$	600	0,970	0,785	0,372	0,126
800	+2,52	$3{,}31 \cdot 10^2$	800	0,998	0,981	0,846	0,450
1000	+3,24	$1{,}74 \cdot 10^3$	1000	0,999	0,996	0,964	0,757
1200	+3,71	$5{,}13 \cdot 10^3$	1200	1,000	0,999	0,986	0,893
1500	+4,18	$1{,}51 \cdot 10^4$	1500	1,000	1,000	0,996	0,960
2000	+4,65	$4{,}47 \cdot 10^4$	2000	1,000	1,000	0,999	0,986
2500	+4,94	$8{,}71 \cdot 10^4$	2500	1,000	1,000	1,000	0,993

3. Mechanisch-thermische Konstanten homogener Stoffe

Druckabhängigkeit der realen K_p-Werte für die Ammoniakbildung in stöchiometrischen Gemischen

T (°K)	K_p (p in atm) bei dem Gesamtdruck p				
	10 atm	30 atm	100 atm	300 atm	1000 atm
623	$3,79 \cdot 10$	$3,70 \cdot 10$	—	—	—
673	$7,82 \cdot 10$	$7,75 \cdot 10$	$7,25 \cdot 10$	$5,82 \cdot 10$	$1,66 \cdot 10$
723	$1,53 \cdot 10^2$	$1,49 \cdot 10^2$	$1,39 \cdot 10^2$	$1,14 \cdot 10^2$	$4,39 \cdot 10$
773	$2,62 \cdot 10^2$	$2,60 \cdot 10^2$	$2,45 \cdot 10^2$	$2,00 \cdot 10^2$	$1,02 \cdot 10^2$
873	$6,55 \cdot 10^2$	$6,80 \cdot 10^2$	$6,54 \cdot 10^2$	$5,24 \cdot 10^2$	$3,10 \cdot 10^2$
973	$1,70 \cdot 10^3$	$1,61 \cdot 10^3$	$1,69 \cdot 10^3$	$1,38 \cdot 10^3$	$1,01 \cdot 10^3$

$$\tfrac{1}{2}H_2 + \tfrac{3}{2}N_2 \rightleftharpoons HN_3, \quad \Delta H^0_{298} = -299{,}8 \text{ kJ/Mol} \ (p \text{ in atm})$$

T(°K)	$\log K_p$	$K_p = \dfrac{p_{H_2}^{\frac{1}{2}} \cdot p_{N_2}^{\frac{3}{2}}}{p_{HN_3}}$	T(°K)	$\log K_p$	$K_p = \dfrac{p_{H_2}^{\frac{1}{2}} \cdot p_{N_2}^{\frac{3}{2}}}{p_{HN_3}}$
800	$-25{,}80$	$1{,}59 \cdot 10^{-26}$	2000	$-13{,}80$	$1{,}59 \cdot 10^{-14}$
1000	$-21{,}78$	$1{,}66 \cdot 10^{-22}$	2500	$-12{,}17$	$6{,}76 \cdot 10^{-13}$
1200	$-19{,}10$	$7{,}94 \cdot 10^{-20}$	3000	$-11{,}10$	$7{,}94 \cdot 10^{-12}$
1500	$-16{,}45$	$3{,}55 \cdot 10^{-17}$	4000	$-9{,}75$	$1{,}78 \cdot 10^{-10}$
1800	$-14{,}70$	$2{,}00 \cdot 10^{-15}$	5000	$-9{,}00$	$1 \cdot 10^{-9}$

$$N_2 + \tfrac{1}{2}O_2 \rightleftharpoons N_2O, \quad \Delta H^0_0 = 84{,}94 \text{ kJ/Mol} \ (p \text{ in atm})$$

T(°K)	$\log K_p$	$K_p = \dfrac{p_{N_2} \cdot p_{O_2}^{\frac{1}{2}}}{p_{N_2O}}$	T(°K)	$\log K_p$	$K_p = \dfrac{p_{N_2} \cdot p_{O_2}^{\frac{1}{2}}}{p_{N_2O}}$
400	$-14{,}52$	$3{,}02 \cdot 10^{-15}$	1200	$-7{,}37$	$4{,}27 \cdot 10^{-8}$
500	$-12{,}35$	$4{,}47 \cdot 10^{-13}$	1500	$-6{,}70$	$2{,}00 \cdot 10^{-7}$
600	$-10{,}93$	$1{,}18 \cdot 10^{-11}$	1800	$-6{,}20$	$6{,}31 \cdot 10^{-7}$
800	$-9{,}15$	$7{,}08 \cdot 10^{-10}$	2000	$-5{,}97$	$1{,}07 \cdot 10^{-6}$
1000	$-8{,}08$	$8{,}32 \cdot 10^{-9}$			

$$\tfrac{1}{2}N_2 + \tfrac{1}{2}O_2 \rightleftharpoons NO, \quad \Delta H^0_0 = +89{,}83 \text{ kJ/Mol} \ (p \text{ in atm})$$

T(°K)	$\log K_p$	$K_p = \dfrac{p_{N_2}^{\frac{1}{2}} \cdot p_{O_2}^{\frac{1}{2}}}{p_{NO}}$	T(°K)	$\log K_p$	$K_p = \dfrac{p_{N_2}^{\frac{1}{2}} \cdot p_{O_2}^{\frac{1}{2}}}{p_{NO}}$
500	$+8{,}80$	$6{,}31 \cdot 10^8$	1800	$+1{,}98$	$9{,}55 \cdot 10$
600	$+7{,}22$	$1{,}66 \cdot 10^7$	2000	$+1{,}72$	$5{,}25 \cdot 10$
800	$+5{,}25$	$1{,}78 \cdot 10^5$	2500	$+1{,}25$	$1{,}78 \cdot 10$
1000	$+4{,}08$	$1{,}20 \cdot 10^4$	3000	$+0{,}94$	$8{,}71$
1200	$+3{,}30$	$2{,}00 \cdot 10^3$	4000	$+0{,}55$	$3{,}55$
1500	$+2{,}51$	$3{,}24 \cdot 10^2$	5000	$+0{,}31$	$2{,}04$

$$N + O \rightleftharpoons NO, \quad \Delta H^0_0 = -496 \text{ kJ/Mol} \ (p \text{ in atm})$$

T(°K)	$\log K_p$	$K_p = \dfrac{p_N \cdot p_O}{p_{NO}}$	T(°K)	$\log K_p$	$K_p = \dfrac{p_N \cdot p_O}{p_{NO}}$
800	$-26{,}60$	$2{,}51 \cdot 10^{-27}$	1800	$-10{,}60$	$2{,}51 \cdot 10^{-11}$
1000	$-20{,}80$	$1{,}59 \cdot 10^{-21}$	2000	$-9{,}30$	$5{,}01 \cdot 10^{-10}$
1200	$-17{,}00$	$1 \cdot 10^{-17}$	2500	$-6{,}95$	$1{,}12 \cdot 10^{-7}$
1500	$-13{,}15$	$7{,}08 \cdot 10^{-14}$			

343. Gleichgewichte in Gasen

$NO + \frac{1}{2}O_2 \rightleftharpoons NO_2$, $\Delta H_0^0 = -52,5$ kJ/Mol (p in atm)

$T(°K)$	$\log K_p$	$K_p = \dfrac{p_{NO} \cdot p_{O_2}^{\frac{1}{2}}}{p_{NO_2}}$	$T(°K)$	$\log K_p$	$K_p = \dfrac{p_{NO} \cdot p_{O_2}^{\frac{1}{2}}}{p_{NO_2}}$
300	−6,12	$7,59 \cdot 10^{-7}$	600	−1,08	$8,32 \cdot 10^{-2}$
400	−3,60	$2,51 \cdot 10^{-4}$	800	+0,18	1,51
500	−2,10	$7,94 \cdot 10^{-3}$	1000	+0,95	8,91

$NO_2 \rightleftharpoons \frac{1}{2}N_2 + O_2$, $\Delta H_{298}^0 = -33,32$ kJ/Mol (p in atm)

$T(°K)$	$\log K_p$	$K_p = \dfrac{p_{NO_2}}{p_{N_2}^{\frac{1}{2}} \cdot p_{O_2}}$	$T(°K)$	$\log K_p$	$K_p = \dfrac{p_{NO_2}}{p_{N_2}^{\frac{1}{2}} \cdot p_{O_2}}$
300	−8,94	$1,15 \cdot 10^{-9}$	800	−5,39	$4,07 \cdot 10^{-6}$
400	−7,52	$3,02 \cdot 10^{-8}$	1000	−4,95	$1,12 \cdot 10^{-5}$
500	−6,67	$2,14 \cdot 10^{-7}$	1200	−4,67	$2,14 \cdot 10^{-5}$
600	−6,09	$8,13 \cdot 10^{-7}$			

$2NO_2 \rightleftharpoons N_2O_4$, $\Delta H_0^0 = -56,8$ kJ/Mol (p in atm)

$(T°K)$	$\log K_p$	$K_p = \dfrac{p_{NO_2}^2}{p_{N_2O_4}}$	$T(°K)$	$\log K_p$	$K_p = \dfrac{p_{NO_2}^2}{p_{N_2O_4}}$
275	−1,68	$2,09 \cdot 10^{-2}$	350	+0,65	4,47
300	−0,77	$1,70 \cdot 10^{-1}$	375	+1,21	$1,62 \cdot 10$
325	0,00	1,00	400	+1,71	$5,13 \cdot 10$

$\frac{1}{2}S_2(g) + \frac{1}{2}O_2 \rightleftharpoons SO$, $\Delta H_{298}^0 = +16,2$ kJ/Mol (p in atm)

$T(°K)$	$\log K_p$	$K_p = \dfrac{p_{S_2}^{\frac{1}{2}} \cdot p_{O_2}^{\frac{1}{2}}}{p_{SO}}$	$T(°K)$	$\log K_p$	$K_p = \dfrac{p_{S_2}^{\frac{1}{2}} \cdot p_{O_2}^{\frac{1}{2}}}{p_{SO}}$
300	+2,49	$3,09 \cdot 10^2$	800	+0,77	5,89
400	+1,80	$6,31 \cdot 10$	1000	+0,56	3,63
500	+1,39	$2,46 \cdot 10$	1200	+0,42	2,63
600	+1,11	$1,29 \cdot 10$	1500	+0,28	1,91

$\frac{1}{2}S_2(g) + O_2 \rightleftharpoons SO_2$, $\Delta H_{298}^0 = -361,4$ kJ/Mol (p in atm)

$T(°K)$	$\log K_p$	$K_p = \dfrac{p_{S_2}^{\frac{1}{2}} \cdot p_{O_2}}{p_{SO_2}}$	$T(°K)$	$\log K_p$	$K_p = \dfrac{p_{S_2}^{\frac{1}{2}} \cdot p_{O_2}}{p_{SO_2}}$
800	−19,80	$1,59 \cdot 10^{-20}$	1800	−6,70	$2,00 \cdot 10^{-7}$
1000	−15,07	$8,51 \cdot 10^{-16}$	2000	−5,67	$2,14 \cdot 10^{-6}$
1200	−11,95	$1,12 \cdot 10^{-12}$	2500	−3,80	$1,59 \cdot 10^{-4}$
1500	−8,80	$1,59 \cdot 10^{-9}$	3000	−2,50	$3,16 \cdot 10^{-3}$

$SO + \frac{1}{2}O_2 \rightleftharpoons SO_2$, $\Delta H_0^0 = -325{,}1$ kJ/Mol (p in atm)

T(°K)	$\log K_p$	$K_p = \dfrac{pso \cdot p_{O_2}^{\frac{1}{2}}}{pso_2}$	T(°K)	$\log K_p$	$K_p = \dfrac{pso \cdot p_{O_2}^{\frac{1}{2}}}{pso_2}$
800	−17,70	$2{,}00 \cdot 10^{-18}$	1800	−5,50	$3{,}16 \cdot 10^{-6}$
1000	−13,30	$5{,}01 \cdot 10^{-14}$	2000	−4,57	$2{,}69 \cdot 10^{-5}$
1200	−10,35	$4{,}47 \cdot 10^{-11}$	2500	−2,80	$1{,}59 \cdot 10^{-3}$
1500	−7,50	$3{,}16 \cdot 10^{-8}$	3000	−1,60	$2{,}51 \cdot 10^{-2}$

$2SO \rightleftharpoons SO_2 + \frac{1}{2}S_2$, $\Delta H_0^0 = -298{,}2$ kJ/Mol (p in atm)

T(°K)	$\log K_p$	$K_p = \dfrac{pso}{pso_2 \cdot p_{S_2}^{\frac{1}{4}}}$	T(°K)	$\log K_p$	$K_p = \dfrac{pso}{pso_2 \cdot p_{S_2}^{-\frac{1}{2}}}$
800	−15,70	$2{,}00 \cdot 10^{-16}$	1800	−4,55	$2{,}82 \cdot 10^{-5}$
1000	−11,62	$2{,}40 \cdot 10^{-12}$	2000	−3,65	$2{,}24 \cdot 10^{-4}$
1200	−8,95	$1{,}12 \cdot 10^{-9}$	2500	−2,07	$8{,}51 \cdot 10^{-3}$
1500	−6,35	$4{,}47 \cdot 10^{-7}$	3000	−1,00	$1 \cdot 10^{-1}$

$SO_2 + \frac{1}{2}O_2 \rightleftharpoons SO_3$, $\Delta H_0^0 = -95{,}0$ kJ/Mol (p in atm)

T(°K)	$\log K_p$	$K_p = \dfrac{pso_2 \cdot p_{O_2}^{\frac{1}{2}}}{pso_3}$	T(°K)	$\log K_p$	$K_p = \dfrac{pso_2 \cdot p_{O_2}^{\frac{1}{2}}}{pso_3}$
500	−5,48	$3{,}31 \cdot 10^{-6}$	1000	−0,24	$5{,}75 \cdot 10^{-1}$
600	−3,74	$1{,}82 \cdot 10^{-4}$	1200	+0,62	$4{,}17$
800	−1,54	$2{,}88 \cdot 10^{-2}$	1500	+1,48	$3{,}02 \cdot 10$

$PCl_3 + Cl_2 \rightleftharpoons PCl_5$, $\Delta H_0^0 = -89{,}2$ kJ/Mol (p in atm)

T(°K)	$\log K_p$	$K_p = \dfrac{pPCl_3 \cdot pCl_2}{pPCl_5}$	T(°K)	$\log K_p$	$K_p = \dfrac{pPCl_3 \cdot pCl_2}{pPCl_5}$
400	−2,60	$2{,}51 \cdot 10^{-3}$	700	+2,45	$2{,}82 \cdot 10^{2}$
500	−0,23	$5{,}89 \cdot 10^{-1}$	800	+3,27	$1{,}86 \cdot 10^{3}$
600	+1,33	$2{,}14 \cdot 10$	1000	+4,50	$3{,}16 \cdot 10^{4}$

$\frac{1}{4}P_4 + \frac{3}{2}H_2 \rightleftharpoons PH_3$, $\Delta H_0^0 = -1{,}60$ kJ/Mol (p in atm)

T(°K)	$\log K_p$	$K_p = \dfrac{p_{P_4}^{\frac{1}{4}} \cdot p_{H_2}^{\frac{3}{2}}}{pPH_3}$	T(°K)	$\log K_p$	$K_p = \dfrac{p_{P_4}^{\frac{1}{4}} \cdot p_{H_2}^{\frac{3}{2}}}{pPH_3}$
400	+2,19	$1{,}55 \cdot 10^{2}$	700	+2,86	$7{,}24 \cdot 10^{2}$
500	+2,50	$3{,}16 \cdot 10^{2}$	800	+2,97	$9{,}33 \cdot 10^{2}$
600	+2,70	$5{,}01 \cdot 10^{2}$	1000	+3,12	$1{,}32 \cdot 10^{3}$

343. Gleichgewichte in Gasen

Deacon-Prozeß
$4\ HCl + O_2 \rightleftharpoons 2H_2O + 2Cl_2$, $\Delta H_0^0 = -110{,}0$ kJ/Mol (p in atm)

T(°K)	$\log K_p$	$K_p = \dfrac{p_{HCl}^4 \cdot p_{O_2}}{p_{H_2O}^2 \cdot p_{Cl_2}^2}$	T(°K)	$\log K_p$	$K_p = \dfrac{p_{HCl}^4 \cdot p_{O_2}}{p_{H_2O}^2 \cdot p_{Cl_2}^2}$
500	−5,20	$6{,}31 \cdot 10^{-6}$	800	−0,62	$2{,}40 \cdot 10^{-1}$
600	−3,15	$7{,}08 \cdot 10^{-4}$	1000	+0,90	7,94

Wassergas-Gleichgewicht
$CO + H_2O \rightleftharpoons CO_2 + H_2$, $\Delta H_0^0 = -40{,}4$ kJ/Mol (p in atm)

T(°K)	$\log K_p$	$K_p = \dfrac{p_{CO} \cdot p_{H_2O}}{p_{CO_2} \cdot p_{H_2}}$	T(°K)	$\log K_p$	$K_p = \dfrac{p_{CO} \cdot p_{H_2O}}{p_{CO_2} \cdot p_{H_2}}$
500	−2,12	$7{,}59 \cdot 10^{-3}$	1200	+0,21	1,62
600	−1,45	$3{,}55 \cdot 10^{-2}$	1500	+0,48	3,02
800	−0,62	$2{,}40 \cdot 10^{-1}$	2000	+0,69	4,90
1000	−0,11	$7{,}76 \cdot 10^{-1}$	2500	+0,79	6,17

$COS + H_2O \rightleftharpoons H_2S + CO_2$, $\Delta H_0^0 = -2{,}9$ kJ/Mol (p in atm)

T(°K)	$\log K_p$	$K_p = \dfrac{p_{COS} \cdot p_{H_2O}}{p_{CO_2} \cdot p_{H_2S}}$	T(°K)	$\log K_p$	$K_p = \dfrac{p_{COS} \cdot p_{H_2O}}{p_{CO_2} \cdot p_{H_2S}}$
400	−3,83	$1{,}48 \cdot 10^{-4}$	1000	−1,47	$3{,}39 \cdot 10^{-2}$
500	−3,03	$9{,}33 \cdot 10^{-4}$	1200	−1,20	$6{,}31 \cdot 10^{-2}$
600	−2,50	$3{,}16 \cdot 10^{-3}$	1500	−0,93	$1{,}18 \cdot 10^{-1}$
800	−1,86	$1{,}38 \cdot 10^{-2}$			

$CS_2 + H_2O \rightleftharpoons COS + H_2S$, $\Delta H_0^0 = -34{,}4$ kJ/Mol (p in atm)

T(°K)	$\log K_p$	$K_p = \dfrac{p_{CS_2} \cdot p_{H_2O}}{p_{COS} \cdot p_{H_2S}}$	T(°K)	$\log K_p$	$K_p = \dfrac{p_{CS_2} \cdot p_{H_2O}}{p_{COS} \cdot p_{H_2S}}$
400	−5,24	$5{,}75 \cdot 10^{-6}$	1000	−2,37	$4{,}27 \cdot 10^{-3}$
500	−4,28	$5{,}25 \cdot 10^{-5}$	1200	−2,05	$8{,}91 \cdot 10^{-3}$
600	−3,64	$2{,}29 \cdot 10^{-4}$	1500	−1,73	$1{,}86 \cdot 10^{-2}$
800	−2,84	$1{,}45 \cdot 10^{-3}$			

$2H_2O + CS_2 \rightleftharpoons 2H_2S + CO_2$, $\Delta H_0^0 = -0{,}940$ kJ/Mol (p in atm)

T(°K)	$\log K_p$	$K_p = \dfrac{p_{H_2O}^2 \cdot p_{CS_2}}{p_{H_2S}^2 \cdot p_{CO_2}}$	T(°K)	$\log K_p$	$K_p = \dfrac{p_{H_2O}^2 \cdot p_{CS_2}}{p_{H_2S}^2 \cdot p_{CO_2}}$
400	−9,03	$9{,}33 \cdot 10^{-10}$	1000	−3,94	$1{,}15 \cdot 10^{-4}$
500	−7,33	$4{,}68 \cdot 10^{-8}$	1200	−3,37	$4{,}27 \cdot 10^{-4}$
600	−6,21	$6{,}17 \cdot 10^{-7}$	1500	−2,82	$1{,}51 \cdot 10^{-3}$
800	−4,79	$1{,}62 \cdot 10^{-5}$			

$2\,CO + SO_2 \rightleftharpoons 2\,CO_2 + \tfrac{1}{2} S_2$, $\Delta H_0^0 = -195{,}4$ kJ/Mol (p in atm)

$T(°K)$	$\log K_p$	$K_p = \dfrac{p_{CO_2}^2 \cdot p_{SO_2}^{\tfrac{1}{2}}}{p_{CO_2}^2 \cdot p_{S_2}^{\tfrac{1}{2}}}$	$T(°K)$	$\log K_p$	$K_p = \dfrac{p_{CO_2}^2 \cdot p_{SO_2}^{\tfrac{1}{2}}}{p_{CO_2}^2 \cdot p_{S_2}^{\tfrac{1}{2}}}$
600	$-12{,}30$	$5{,}01 \cdot 10^{-13}$	1200	$-3{,}51$	$3{,}09 \cdot 10^{-4}$
800	$-7{,}95$	$1{,}12 \cdot 10^{-8}$	1500	$-1{,}73$	$1{,}86 \cdot 10^{-2}$
1000	$-5{,}28$	$5{,}25 \cdot 10^{-6}$			

$3\,H_2 + SO_2 \rightleftharpoons 2\,H_2O + H_2S$, $\Delta H_0^0 = -196{,}7$ kJ/Mol (p in atm)

$T(°K)$	$\log K_p$	$K_p = \dfrac{p_{H_2}^3 \cdot p_{SO_2}}{p_{H_2O}^2 \cdot p_{H_2S}}$	$T(°K)$	$\log K_p$	$K_p = \dfrac{p_{H_2}^3 \cdot p_{SO_2}}{p_{H_2O}^2 \cdot p_{H_2S}}$
1000	$-7{,}31$	$4{,}90 \cdot 10^{-8}$	1800	$-1{,}85$	$1{,}41 \cdot 10^{-2}$
1200	$-5{,}29$	$5{,}13 \cdot 10^{-6}$	2000	$-1{,}20$	$6{,}31 \cdot 10^{-2}$
1500	$-3{,}20$	$6{,}31 \cdot 10^{-4}$	2500	$+0{,}03$	$1{,}07$

$CO + 2\,H_2 \rightleftharpoons CH_3OH$, $\Delta H_0^0 = -74{,}0$ kJ/Mol (p in atm)

$T(°K)$	$\log K_p$	$K_p = \dfrac{p_{CO} \cdot p_{H_2}^2}{p_{CH_3OH}}$	$T(°K)$	$\log K_p$	$K_p = \dfrac{p_{CO} \cdot p_{H_2}^2}{p_{CH_3OH}}$
400	$-0{,}12$	$7{,}59 \cdot 10^{-1}$	800	$+6{,}21$	$1{,}62 \cdot 10^6$
500	$+2{,}41$	$2{,}57 \cdot 10^2$	1000	$+7{,}48$	$3{,}02 \cdot 10^7$
600	$+4{,}08$	$1{,}20 \cdot 10^4$	1200	$+8{,}33$	$2{,}14 \cdot 10^8$
700	$+5{,}30$	$2{,}00 \cdot 10^5$	1500	$+9{,}17$	$1{,}48 \cdot 10^9$

$2\,CO + 2\,H_2 \rightleftharpoons CH_4 + CO_2$, $\Delta H_0^0 = -227{,}8$ kJ/Mol (p in atm)

$T(°K)$	$\log K_p$	$K_p = \dfrac{p_{CO}^2 \cdot p_{H_2}^2}{p_{CO_2} \cdot p_{CH_4}}$	$T(°K)$	$\log K_p$	$K_p = \dfrac{p_{CO}^2 \cdot p_{H_2}^2}{p_{CO_2} \cdot p_{CH_4}}$
600	$-7{,}77$	$1{,}70 \cdot 10^{-8}$	1000	$+1{,}25$	$1{,}78 \cdot 10$
700	$-4{,}55$	$2{,}82 \cdot 10^{-5}$	1200	$+3{,}50$	$3{,}16 \cdot 10^3$
800	$-2{,}14$	$7{,}24 \cdot 10^{-3}$	1400	$+5{,}14$	$1{,}38 \cdot 10^5$
900	$-0{,}24$	$5{,}75 \cdot 10^{-1}$			

$CO + 3\,H_2 \rightleftharpoons CH_4 + H_2O$, $\Delta H_0^0 = -188{,}1$ kJ/Mol (p in atm)

$T(°K)$	$\log K_p$	$K_p = \dfrac{p_{CO} \cdot p_{H_2}^3}{p_{CH_4} \cdot p_{H_2O}}$	$T(°K)$	$\log K_p$	$K_p = \dfrac{p_{CO} \cdot p_{H_2}^3}{p_{CH_4} \cdot p_{H_2O}}$
600	$-6{,}37$	$4{,}27 \cdot 10^{-7}$	1000	$+1{,}46$	$2{,}88 \cdot 10$
700	$-3{,}56$	$2{,}75 \cdot 10^{-4}$	1200	$+3{,}42$	$2{,}63 \cdot 10^3$
800	$-1{,}48$	$3{,}31 \cdot 10^{-2}$	1400	$+4{,}85$	$7{,}08 \cdot 10^4$
900	$+0{,}16$	$1{,}45$			

343. Gleichgewichte in Gasen

$CO_2 + 4H_2 \rightleftharpoons CH_4 + 2H_2O$, $\Delta H_0^0 = -148{,}5$ kJ/Mol (p in atm)

$T(°K)$	$\log K_p$	$K_p = \dfrac{p_{CO_2} \cdot p_{H_2}^4}{p_{CH_4} \cdot p_{H_2O}^2}$	$T(°K)$	$\log K_p$	$K_p = \dfrac{p_{CO_2} \cdot p_{H_2}^4}{p_{CH_4} \cdot p_{H_2O}^2}$
600	−4,88	$1{,}32 \cdot 10^{-5}$	800	−0,88	$1{,}32 \cdot 10^{-1}$
700	−2,60	$2{,}51 \cdot 10^{-3}$	900	+0,45	2,82

$C_2H_4 + H_2 \rightleftharpoons C_2H_6$, $\Delta H_0^0 = -127{,}3$ kJ/Mol (p in atm)

$T(°K)$	$\log K_p$	$K_p = \dfrac{p_{C_2H_4} \cdot p_{H_2}}{p_{C_2H_6}}$	$T(°K)$	$\log K_p$	$K_p = \dfrac{p_{C_2H_4} \cdot p_{H_2}}{p_{C_2H_6}}$
600	−5,41	$3{,}89 \cdot 10^{-6}$	1000	−0,42	$3{,}80 \cdot 10^{-1}$
700	−3,63	$2{,}34 \cdot 10^{-4}$	1200	+0,83	6,76
800	−2,30	$5{,}01 \cdot 10^{-3}$	1500	+2,05	$1{,}12 \cdot 10^2$

$C_3H_6 + H_2 \rightleftharpoons C_3H_8$, $\Delta H_0^0 = -114{,}8$ kJ/Mol (p in atm)

$T(°K)$	$\log K_p$	$K_p = \dfrac{p_{C_3H_6} \cdot p_{H_2}}{p_{C_3H_8}}$	$T(°K)$	$\log K_p$	$K_p = \dfrac{p_{C_3H_6} \cdot p_{H_2}}{p_{C_3H_8}}$
600	−3,93	$1{,}18 \cdot 10^{-4}$	1000	+0,57	3,72
700	−2,35	$4{,}47 \cdot 10^{-3}$	1200	+1,68	$4{,}79 \cdot 10$
800	−1,13	$7{,}41 \cdot 10^{-2}$	1500	+2,78	$6{,}03 \cdot 10^2$

$C_4H_8\text{-(1)} + H_2 \rightleftharpoons n\text{-}C_4H_{10}$, $\Delta H_0^0 = -117{,}7$ kJ/Mol (p in atm)

$T(°K)$	$\log K_p$	$K_p = \dfrac{p_{1\text{-}C_4H_8} \cdot p_{H_2}}{p_{n\text{-}C_4H_{10}}}$	$T(°K)$	$\log K_p$	$K_p = \dfrac{p_{1\text{-}C_4H_8} \cdot p_{H_2}}{p_{n\text{-}C_4H_{10}}}$
600	−4,05	$8{,}91 \cdot 10^{-5}$	800	−1,22	$6{,}03 \cdot 10^{-2}$
700	−2,45	$3{,}55 \cdot 10^{-3}$	1000	+0,50	3,16

$C_4H_8\text{-(1)} + H_2 \rightleftharpoons \text{iso-}C_4H_{10}$, $\Delta H_0^0 = -124{,}6$ kJ/Mol (p in atm)

$T(°K)$	$\log K_p$	$K_p = \dfrac{p_{C_4H_8\text{-}1} \cdot p_{H_2}}{p_{\text{iso-}C_4H_{10}}}$	$T(°K)$	$\log K_p$	$K_p = \dfrac{p_{C_4H_8\text{-}1} \cdot p_{H_2}}{p_{\text{iso-}C_4H_{10}}}$
500	−5,88	$1{,}32 \cdot 10^{-6}$	800	−0,56	$2{,}76 \cdot 10^{-1}$
600	−3,53	$2{,}95 \cdot 10^{-4}$	1000	+1,22	$1{,}66 \cdot 10^{+1}$
700	−1,83	$1{,}48 \cdot 10^{-2}$			

$\text{iso-}C_4H_8 + H_2 \rightleftharpoons n\text{-}C_4H_{10}$, $\Delta H_0^0 = -101{,}5$ kJ/Mol (p in atm)

$T(°K)$	$\log K_p$	$K_p = \dfrac{p_{\text{iso-}C_4H_8} \cdot p_{H_2}}{p_{n\text{-}C_4H_{10}}}$	$T(°K)$	$\log K_p$	$K_p = \dfrac{p_{\text{iso-}C_4H_8} \cdot p_{H_2}}{p_{n\text{-}C_4H_{10}}}$
500	−5,50	$3{,}16 \cdot 10^{-6}$	800	−1,04	$9{,}12 \cdot 10^{-2}$
600	−3,53	$2{,}95 \cdot 10^{-4}$	1000	+0,48	3,02
700	−2,10	$7{,}94 \cdot 10^{-3}$			

3. Mechanisch-thermische Konstanten homogener Stoffe

$\text{cis-}C_4H_8\text{-(2)} + H_2 \rightleftharpoons \text{n-}C_4H_{10}$, $\Delta H_0^0 = -110{,}0$ kJ/Mol (p in atm)

$T(°K)$	$\log K_p$	$K_p = \dfrac{P_{\text{cis-}C_4H_8} \cdot P_{H_2}}{P_{\text{n-}C_4H_{10}}}$	$T(°K)$	$\log K_p$	$K_p = \dfrac{P_{\text{cis-}C_4H_8} \cdot P_{H_2}}{P_{\text{n-}C_4H_{10}}}$
600	−3,95	$1{,}12 \cdot 10^{-4}$	800	−1,34	$4{,}57 \cdot 10^{-2}$
700	−2,45	$3{,}55 \cdot 10^{-3}$	1000	+0,25	1,78

$\text{cis-}C_4H_8\text{-(2)} + H_2 \rightleftharpoons \text{iso-}C_4H_{10}$, $\Delta H_0^0 = -118{,}9$ kJ/Mol (p in atm)

$T(°K)$	$\log K_p$	$K_p = \dfrac{P_{\text{cis-}C_4H_8\text{-(2)}} \cdot P_{H_2}}{P_{\text{iso-}C_4H_{10}}}$	$T(°K)$	$\log K_p$	$K_p = \dfrac{P_{\text{cis-}C_4H_8\text{-(2)}} \cdot P_{H_2}}{P_{\text{iso-}C_4H_{10}}}$
500	−5,52	$3{,}02 \cdot 10^{-6}$	800	−0,60	$2{,}51 \cdot 10^{-1}$
600	−3,33	$4{,}68 \cdot 10^{-4}$	1000	+1,08	$1{,}20 \cdot 10^{+1}$
700	−1,75	$1{,}78 \cdot 10^{-2}$			

$\text{trans-}C_4H_8\text{-(2)} + H_2 \rightleftharpoons \text{n-}C_4H_{10}$, $\Delta H_0^0 = -106{,}1$ kJ/Mol (p in atm)

$T(°K)$	$\log K_p$	$K_p = \dfrac{P_{\text{trans-}C_4H_8} \cdot P_{H_2}}{P_{\text{n-}C_4H_{10}}}$	$T(°K)$	$\log K_p$	$K_p = \dfrac{P_{\text{trans-}C_4H_8} \cdot P_{H_2}}{P_{\text{n-}C_4H_{10}}}$
600	−3,70	$2{,}00 \cdot 10^{-4}$	800	−1,13	$7{,}41 \cdot 10^{-2}$
700	−2,23	$5{,}89 \cdot 10^{-3}$	1000	+0,42	2,63

$\text{trans-}C_4H_8\text{-(2)} + H_2 \rightleftharpoons \text{iso-}C_4H_{10}$, $\Delta H_0^0 = -113{,}5$ kJ/Mol (p in atm)

$T(°K)$	$\log K_p$	$K_p = \dfrac{P_{\text{trans-}C_4H_8\text{-(2)}} \cdot P_{H_2}}{P_{\text{iso-}C_4H_{10}}}$	$T(°K)$	$\log K_p$	$K_p = \dfrac{P_{\text{trans-}C_4H_8\text{-(2)}} \cdot P_{H_2}}{P_{\text{iso-}C_4H_{10}}}$
500	−5,27	$5{,}37 \cdot 10^{-6}$	800	−0,47	$3{,}39 \cdot 10^{-1}$
600	−3,13	$7{,}41 \cdot 10^{-4}$	1000	+1,15	$1{,}41 \cdot 10$
700	−1,62	$2{,}40 \cdot 10^{-2}$			

$\text{iso-}C_4H_8 + H_2 \rightleftharpoons \text{iso-}C_4H_{10}$, $\Delta H_0^0 = -110{,}0$ kJ/Mol (p in atm)

$T(°K)$	$\log K_p$	$K_p = \dfrac{P_{\text{iso-}C_4H_8} \cdot P_{H_2}}{P_{\text{iso-}C_4H_{10}}}$	$T(°K)$	$\log K_p$	$K_p = \dfrac{P_{\text{iso-}C_4H_8} \cdot P_{H_2}}{P_{\text{iso-}C_4H_{10}}}$
500	−5,20	$6{,}31 \cdot 10^{-6}$	800	−0,50	$3{,}16 \cdot 10^{-2}$
600	−3,13	$7{,}41 \cdot 10^{-4}$	1000	+1,09	$1{,}23 \cdot 10^{+1}$
700	−1,63	$2{,}34 \cdot 10^{-2}$			

$1\text{-}C_5H_{10} + H_2 \rightleftharpoons \text{n-}C_5H_{12}$, $\Delta H_{298}^0 = -123{,}5$ kJ/Mol (p in atm)

$T(°K)$	$\log K_p$	$K_p = \dfrac{P_{1\text{-}C_5H_{10}} \cdot P_{H_2}}{P_{\text{n-}C_5H_{12}}}$	$T(°K)$	$\log K_p$	$K_p = \dfrac{P_{1\text{-}C_5H_{10}} \cdot P_{H_2}}{P_{\text{n-}C_5H_{12}}}$
600	−3,93	$1{,}18 \cdot 10^{-4}$	800	−1,08	$8{,}32 \cdot 10^{-2}$
700	−2,31	$4{,}90 \cdot 10^{-3}$	1000	+0,65	4,47

411. Dampfdruck

$1\text{-}C_6H_{12} + H_2 \rightleftharpoons n\text{-}C_6H_{14}$, $\Delta H_0^0 = -116{,}0$ kJ/Mol (p in atm)

$T(°K)$	$\log K_p$	$K_p = \dfrac{p_{1\text{-}C_6H_{12}} \cdot p_{H_2}}{p_{n\text{-}C_6H_{14}}}$	$T(°K)$	$\log K_p$	$K_p = \dfrac{p_{1\text{-}C_6H_{12}} \cdot p_{H_2}}{p_{n\text{-}C_6H_{14}}}$
600	−3,95	$1{,}12 \cdot 10^{-4}$	800	−1,08	$8{,}32 \cdot 10^{-2}$
700	−2,32	$4{,}79 \cdot 10^{-3}$	1000	+0,63	4,27

4. Mechanisch-thermische Konstanten für das Gleichgewicht heterogener Systeme

41. Einstoffsysteme

411. Dampfdruck

Für begrenzte Temperaturgebiete läßt sich die Abhängigkeit des Dampfdrucks von der Temperatur wiedergeben durch die Formel

$$\log p = -\frac{A}{T} + B + C \log T + D \cdot T.$$

(A, B, C, D = Konstante; A in °K, D in (°K)$^{-1}$, C dimensionslos, der Wert von B hängt von der für p benutzten Druckeinheit ab.)

Innerhalb kleinerer Temperaturintervalle genügt es sogar, mit der zweigliedrigen Formel zu rechnen:

$$\log p = -\frac{A}{T} + B$$

In den folgenden Tabellen sind für einige Elemente und organische Verbindungen die Konstanten A, B und C für diese Gleichungen angegeben.

4111. Dampfdruck der Elemente[1]

Anordnung der Elemente alphabetisch nach den chemischen Symbolen[2]

41111. Dampfdrucke zwischen 10^{-4} und 760 Torr

Es sind die Temperaturen in °C angegeben, bei denen der Dampfdruck des Elementes den in der betreffenden Spalte angegebenen Wert hat. Bei der letzten Spalte ist der Schmelz- (F) bzw. Tripelpunkt (Trp) und in Klammern der Dampfdruck bei dieser Temperatur p_F vermerkt und eventuell Umwandlungstemperaturen (U) und der festen Phase. Ein unterer Index an den Elementsymbolen gibt den Assoziationsgrad der Molekeln im Dampf an. K (1+2) heißt, Dampf besteht aus K- und K$_2$-Molekeln.

Bei eingeklammerten Werten ist die Unsicherheit groß.

---

[1] Nach LANDOLT-BÖRNSTEIN, 6. Aufl. Bd. II/2a, Beitrag SCHÄFER/GRAU.
[2] Angaben für Ar, H$_2$, He, N$_2$, Ne, O$_2$ im flüssigen Zustand finden sich in Tabelle 1212 (Dampfdruck p verflüssigter Gase für Tensionsthermometer).

41111. Dampfdruck p zwischen 10^{-4} und 760 Torr

Chem. Symbol	Temperatur in °C bei p in Torr								U, F oder Trp in °C, p_F(Trp) in Torr
	10^{-4}	10^{-3}	10^{-2}	10^{-1}	1	10	100	760 = 1 atm	
Ag	840	931	1042	1177	1346	1560	1840	2180	960,5° (1,95 · 10⁻³ Torr)
Al	974	1079	1206	1359	1549	1790	2110	2490	658,6°
Ar¹	−238,42	−235,03	−230,92	−225,84	−219,49	−211,29	−200,13	−185,90	−189,37° (515,7 Torr)
As₄	—	—	(267)	313	369	436	519	610	817° (36 atm)
Au	1203	1319	1451	1616	1810	2050	2360	2710	1064,7°
B	—	(1240)	(1340)	1490	(1650)	(1907)	(2197)	(2527)	2030°
Ba	—	(547)	(627)	725	862	1045	1300	1640	710° (~7 · 10⁻³ Torr)
Be	990	1090	1210	1360	1540	1770	2060	2400	1283° (0,034 Torr)
Bi	538,2	607,5	689	788	924	1064	1341	1641	271,3°
Br₂	−110,3	−98,5	−84,7	−68,6	−49,1	−25,4	8,6	57,9	−7,31° (43,25 Torr)
C	2230	2380	2560	2760	2990	3260	3580	3920	
Ca	462	526	603	698	818	979	1210	1490	850° (~0,35 Torr)
Cd	179,4	217,8	263,5	318,6	391,1	485,1	611	765	321° (1,085 · 10⁻¹ Torr)
Cl₂	−164,3	−155,7	−145,5	−133,3	−118,2	−101,5	−72	−34,1	−101,04° (10,44 Torr)
Co	1260	1380	(1510)	(1690)	(1880)	(2120)	(2430)	(2750)	1490° (1,4 · 10⁻² Torr)
Cr	1160	1260	1390	(1540)	(1710)	(1930)	(2190)	(2480)	1903°
Cs	75	109	152	206	276	372	512	703	28,8° (2,13 · 10⁻⁶ Torr)
Cu		1142	1273	1426	1620	1870	2160	2580	1084° (2,9 · 10⁻⁴ Torr)
F₂			(−231,2)	−226,6	(−221)	−213,6	−202,6	−188,1	−219,6° (1,66 Torr)
Fe	1189	1300	1430	1600	1800	2050	2400		1535° (4,2 · 10⁻² Torr)
Ge	1127	1242	1428	1541	1740	(1990)	(2320)	(2690)	960°
n-¹H₂			−266,30	−265,16	−263,60	−261,43	−258,05	−252,76	−259,20° (54,0 Torr)
p-¹H₂					−263,69	−261,53	−258,16	−252,88	−259,35° (52,8 Torr)
o-¹H₂							−257,49	−252,70	−259,11° (55,1 Torr)
n-²H₂(D)			(−264,01)	−262,66	−260,87	−258,42	−254,90	−249,58	−254,44° (128,5 Torr)

411. Dampfdruck

o-^{2}H$_2$(D$_2$)	−272,59		(−264,02)	−262,68	−260,90	−258,45	−254,93	−249,62	−254,47° (128,5 Torr)
^{4}He	−272,90	−272,49	−272,36	−272,17	−271,91	−271,44	−270,51	−268,93	U: −270,96° (38,30 Torr)
^{3}He		−272,85	−272,75	−272,55	−272,49	−272,12	−271,36	−269,96	F −269,7 bei 104 atm
Hf	(1970)	(2150)	(2360)	(2630)	(2930)	(3300)			~2222°
Hg[1]	−6,3	17,6	46,8	82,0	126,5	184,0	261,6	356,7	−38,86° (2,5 · 10^{-6} Torr)
In	742	834	945	1080	1243	1454	1737	2079	157°
Ir		(2330)	(2550)	(2800)	(3100)	(3480)			2443°
J$_2$	−46,6	−30,2	−10,8	12,2	39,4	73,3	116	183	113,6° (91,62 Torr)
K (1+2)	123	162	207	266	341	441	582	765	63,2°
Kr			(−214,6)	−206,8	−198,3	−187,1	−172,3	−153,4	−157,22° (549 Torr)
Li (1+2)	(383)	(445)	521	614	730	884	1100	1360	180,5°
Mg	325	376	437	515	602	723	890	1097	650° (2,8 Torr)
Mn	(812)	(901)	(1005)	(1130)	(1290)	(1505)	(1795)	(2150)	1219° (0,397 Torr)
Mo	2130	2340	2610	2770	3110	3540	4120	4700	2622° (3,4 · 10^{-2} Torr)
N$_2$	−241,82	−239,03	−235,61	−231,40	−226,11	−219,21	−209,70	−195,80	−210,00° (94,6 Torr)
Na (1+2)	194,5	238,2	292	358	439	549	698	882	97,8°
Nb			(2580)	(3110)	(3480)	(3900)	(4480)	(5100)	2487°
Ne	−263,12	−262,10	−260,84	−259,28	−257,28	−254,66	−251,03	−246,08	−248,59° (325 Torr)
Ni	1203	1320	1450	1610	1800	2050	2370	2730	1455° (1,6 · 10^{-2} Torr)
O$_2$	−236,37	−233,34	−229,74	−225,05	−219,01	−210,65	−198,73	−182,96	−218,80° (1,14 Torr)
O$_3$									U: −229,39
Os	−207,4	−201,6	−194,6	−186,0	−172,1	−157,1	−137,0	−111,9	−192,5
	(2450)	(2650)	(2930)	(3230)	(3630)				2700°
P (violett)									590° (43 atm)
(weiß)	−34,2	−14,6	8,8	37,2	72,8	123,6	192,9	279,8	44,10° (0,18 Torr)
Pb	558	635	726	840	(983,5)	(1172)	(1429)	(1750)	327°
Pd		1400	(1540)	(1760)	(1990)	(2300)	(2700)		1555°
Pt		1912	2110	2350	2650	3030			1769,3° (1,47 · 10^{-4} Torr)
Rb	89	124	168	222	293	389	526	710	38,7°
Re	(2560)	(2790)	(3060)	(3400)			(5630)		3180°

[1] s. a. Tabelle 1212

4. Mechanisch-thermische Konstanten usw.

Chem. Symbol	Temperatur in °C bei p in Torr							U, F oder Trp in °C, p_F (Trp) in Torr
	10^{-4}	10^{-3}	10^{-2}	10^{-1}	1	10	100	760 = 1 atm	
Rh		(1950)	(2150)	(2350)	(2630)	(2980)	(3380)		1960°
Ru		(2230)	(2430)	(2660)	(2930)				2500°
S	58,7	81	107	141	186	245	328	444	U 95,54° (3,8 · 10⁻³ Torr)
Sb (4)	(425,7)	480,2	544	620	760	956	1242	(1635)	124,3° (2,62 · 10⁻² Torr)
Se (2+6)	170	198	234	287	344	431	566	685	630°
Si (1, 2, 3+4)	1250	1360	1490	1650	1850	2080	2260	(2600)	220,5° (5,1 · 10⁻³ Torr)
Sn	(1001)	1113	1247	1409	(1610)	(1870)	(2200)	1380	1412° (7,5 · 10⁻³ Torr)
Sr		(477)	(547)	(637)	(752)	896	1110		231,9°
Ta	2590	2810	(3060)	(3380)					U = 5890°, p 770° (~1,8 Torr)
Te	280	323	373	432	511	730	791	990	2996° (5 · 10⁻³ Torr)
Th		(2000)	(2200)	(2450)	(2700)				452,5° (~0,8 Torr)
Ti	1430	1560	1720	1910	2150	2440	2820		1700°
Tl	473	540	619	716	837	993	1204	1460	1700° (~3 · 10⁻² Torr)
U	1580	1740	(1930)	(2090)	2340	2700			303°
V	2067	2277	2627	—	3527				1140°
W	2760	3000	3290	(3630)	(4060)				1890°
Xe		(−196,8)	(−188,9)	(−179,6)	−167,9	−152,8	−132,8	−108,13	3390° (1,84 · 10⁻² Torr)
Zn	248,6	292,3	344,4	407,0	485,9	590,9	731	904	−111,80° (612,2 Torr)
Zr		(2180)	(2410)	(2680)	(2980)				419,50° (1,55 · 10⁻¹ Torr)
									1855°

41112. Dampfdruck p zwischen 10^{-9} und 10^{-5} Torr

Symbol	Temperatur in °C bei p in Torr				
	10^{-9}	10^{-8}	10^{-7}	10^{-6}	10^{-5}
C	1591	1690	1800	1922	2047
Ca [1]	249,7	280,5	317,1	357,9	406,7
Co			(994)	1068	1150
Cs	−31,3	−15,9	1,6	21,7	fl. 45,7
Cr		(844)	908	981	1063
Cu		(722)	782	851	928
Fe	798	857	930	1005	1091
Hg fl.	−83,9	−72,3	−59,0	−44,0	−26,7
In fl.	453,1	497,4	547,4	604,9	664
K	4,9	22,3	42,0	64,8	91,4
Mn	520,9	565,6	615,8	672,7	(738)
Mo			(1669)	1799	1950
N_2	−250,81	−249,44	−247,91	−246,15	−244,20
Na	56,7	77,0	fl. 100,3	fl. 127,1	fl. 158,1
Ni	818	880	947	1025	1106
O_2	−246,51	−244,95	−243,21	−241,23	−238,98
Pt	1205,7	1287,9	1381,7	1484,9	1608
Rb	−11,4	4,7	23,1	—	fl. 51,7
Re		(1948)	(2075)	2218	2380
S_8	−20,7	−8,0	6,2	21,9	39
Ta	(1836)	1954	2087	2235	2404
Ti	980	1049	1076	1215	1314
U		(1134)	(1224)	1327	1444
V		(1156)	1238	1330	1433
W	1947	2073	2215	2375	2549
Zn	103,3	125,4	150,3	178,2	216,3
Zr		(1473)	1574	1701	1840

[1] U 400° C.

41113. Dampfdruck p zwischen 2 und 20 atm

Symbol	Temperatur in °C bei			
	1520 Torr = 2 atm	3800 Torr = 5 atm	7600 Torr = 10 atm	15200 Torr = 20 atm
Ar fl.	−178,79	−163,86	−156,36	−143,19
Br_2 fl.	78,8	110,3	139,8	174,0
Cl_2 fl.	−17,7	10,4	35,0	63,6
n-$^1H_2$ fl.	−250,17	−245,75	−241,57	
n-$^2H_2(D_2)$ fl.	−246,96	−242,55	−238,33	
^{4}He fl.	−268,24			
Hg fl.	399	461	519	527
Kr fl.	−143,77	−128,23	−113,69	−96,03
N_2 fl.	−189,33	−179,07	−169,28	−157,33
Ne fl.	−243,55	−239,36	−235,52	−230,82
O_2 fl.	−175,8	−164,1	−153,3	−140,1
O_3 fl.	−101,0	−83,7	−67,8	−48,6
S fl.	507	663		
Xe fl.	−95,09	−73,93	−54,19	−30,18
Zn fl.	991,84	1091,84	1166,84	1276,84

41114. Dampfdruck des Quecksilbers

411141. Dampfdrucke des Quecksilbers in Torr zwischen -40 und $+358\,°\mathrm{C}$

ϑ in °C	Einer					
Zehner	+0	+2	+4	+6	+8	
− 40	0,1793	0,2354	0,3066	0,4005	0,5195	⎫
− 30	0,6696	0,8559	1,090	1,383	1,747	⎬ ×10⁻⁵ Torr
− 20	2,200	2,771	3,479	4,379	5,425	⎭
− 10	0,6734	0,8343	1,032	1,279	1,553	⎱ ×10⁻⁴ Torr
0	1,898	2,314	2,811	3,407	4,130	⎰
+ 10	0,4971	0,5980	0,7193	0,8658	1,024	⎫
+ 20	1,220	1,448	1,713	2,023	2,385	⎬ ×10⁻³ Torr
+ 30	2,801	3,289	3,852	4,503	5,257	⎭
+ 40	0,6118	0,7109	0,8240	0,9532	1,101	⎫
+ 50	1,272	1,464	1,679	1,930	2,210	⎬ ×10⁻² Torr
+ 60	2,526	2,883	3,285	3,738	4,243	⎪
+ 70	4,823	5,463	6,177	6,979	7,869	⎭
+ 80	0,8865	0,9975	1,120	1,2575	1,408	⎫
+ 90	1,576	1,761	1,965	2,190	2,439	⎬ ×10⁻¹ Torr
+100	2,713	3,014	3,343	3,706	4,009	⎪
+110	4,535	5,010	5,527	6,095	6,722	⎭
+120	0,7383	0,8113	0,8908	0,9772	1,094	⎫
+130	1,173	1,283	1,400	1,530	1,672	⎪
+140	1,821	1,983	2,158	2,346	2,549	⎪
+150	2,768	3,001	3,252	3,522	3,812	⎪
+160	4,126	4,458	4,813	5,194	5,599	⎪
+170	6,034	6,494	6,990	7,521	8,063	⎪
+180	8,678	9,311	9,988	10,706	11,47	⎪
+190	12,28	13,13	14,04	15,01	16,03	⎪
+200	17,12	18,26	19,47	20,75	22,10	⎪
+210	23,52	25,03	26,65	28,27	30,06	⎪
+220	31,92	33,87	35,93	38,09	40,36	⎪
+230	42,75	45,25	47,90	50,64	53,54	⎬ Torr
+240	56,57	59,79	63,12	66,60	70,28	⎪
+250	74,12	78,13	82,30	86,68	91,26	⎪
+260	95,98	100,97	106,15	111,6	117,2	⎪
+270	123,14	129,3	135,6	142,3	149,4	⎪
+280	156,55	164,1	171,9	180,1	188,5	⎪
+290	197,31	206,4	215,9	225,8	236,0	⎪
+300	246,55	257,5	268,9	280,7	293,0	⎪
+310	305,63	318,7	332,4	346,6	361,1	⎪
+320	376,2	391,7	407,9	424,4	441,7	⎪
+330	459,5	477,9	496,7	515,2	536,5	⎪
+340	557,6	579,0	601,2	624,2	647,6	⎪
+350	672,3	697,4	723,1	749,7	777,0	⎭

411. Dampfdruck

411142. Dampfdrucke des Quecksilbers in atm zwischen +350 und 675° C

ϑ in °C Zehner	Einer					
	+0	+5	+10	+15	+20	+25
+350	0,8847	0,9690	1,060	1,157	1,259	1,375
380	1,497	1,623	1,762	1,909	2,064	2,230
410	2,408	2,597	2,799	3,014	3,248	3,480
440	3,733	4,000	4,281	4,577	4,889	5,219
470	5,567	5,929	6,310	6,713	7,132	7,568
500	8,035	8,517	9,016	9,550	10,08	1,065
530	11,27	11,89	12,51	13,22	13,92	14,65
560	15,41	16,20	17,01	17,86	18,79	19,65
590	20,60	21,57	22,58	23,63	24,72	25,83
620	26,97	28,16	29,38	30,65	31,96	33,30
650	34,68	36,10	37,57	39,08	40,63	42,21

4112. Dampfdruck anorganischer Verbindungen [1]

41121. Dampfdruck p zwischen 10^{-1} und 760 Torr

(Der Aggregatzustand ist aus der letzten Spalte zu ersehen, eingeklammerte Werte sind unsicher)

Chem. Symbol	Temperatur in °C, p in Torr					Trp oder F
	10^{-1}	1	10	100	760	
AgBr	(653)	(797)	(900)	(1322)	(1834)	259 U 430°
AgCl	789	914	1075	1294	1559	455°
AgJ	697	819	981	1148	1507	557°
Al$_2$Br$_6$	55,6	81,2	118	176	256	97,5°
Al$_2$Cl$_6$	178	99	123	151	180	192° (1625 Torr)
AlF$_3$	883	956	1043	1146	1256	>1273°
Al$_2$J$_6$	147	178	225	296	388	191°
Al$_2$O$_3$	—	2146	2380	2664	2974	2045°
AsBr$_3$	(20)	(51)	93	152	221	31,2°
AsCl$_3$	—	(−6)	26	70,4	131	19,8°
AsF$_3$	(−61)	(−43)	−16	13,5	62,2	−5,95°
AsF$_5$	−131,6	−108,7	−103,2	−84,2	−52,9	−79,8°
						−167,5 U
AsH$_3$	−157,6	−143,4	−125,2	−98,1	−62,4	116,92
AsJ$_3$	(121)	(163)	(220)	307	414	144°
BBr$_3$	—	−41,5	−10,4	33,2	90,9	−47,5°
BCl$_3$ monokl.Form	—	−92,1	−67,7	−33,5	12,4	−107,2°
						−132 U
BF$_3$	−167	−155	−142	−124	−101	−128,7°
B$_2$H$_6$	—	−162	−146	−122	−92,6	−164,8°
B$_4$H$_{10}$	−112	−91,5	−64,6	−28,6	15,4	−120°
						920 U
BaCl$_2$	≈987	≈1080	≈1242	≈1507	1827	960°
BaF$_2$	—	1436	1639	1905	≈2220	1290°
BeBr$_2$	≈(244)	288	349	404	471	488°
BeCl$_2$	262	303	351	409	481	410°
BeF$_2$	≈(693)	775	880	1013	1159	545°
BeJ$_2$	(234)	282	339	410	—	480°
						155 U
BiBr$_3$	≈183	≈222	280	361	460	218°

[1] Nach LANDOLT-BÖRNSTEIN, 6. Aufl. Bd. II/2a, Beitrag GRAU.

4. Mechanisch-thermische Konstanten usw.

Chem. Symbol	Temperatur in °C, p in Torr					Trp oder F
	10^{-1}	1	10	100	760	
$BiCl_3$	≈167	≈213	264	343	440	244°
BrF				−26,3	23	−33,0°
HBr		−140	−122	−98	−67	−86,9°
CClN	−96	−77	−54	−25	12,6	−5,2°
CFN	−149	−136	−119	−97	−73	—
HCN	−92,2	−72,9	−49	−18,6	25,6	−13,3°
²HCN	−91,1	−72,0	−48,2	−18,1	25,9	−12,2°
C_2N_2	−113	−97	−77	−52	−21	−27,88°
CO	−231,3	−227	−221	−206	−192	−205,1°
						U −211,6°
COS	—	−134	−114	−56	−50	−138,8°
CO_2	−148	−135	−120	−100	−78	—
CS_2	−96	−74	−45	−5	46	−112,1°
CSe_2	—	≈−22	14	63	≈122	−45,5°
						1151 U
CaF_2	1447	1625	1850	2145	2501	1418°
$CdBr_2$	450	519	≈607	≈727	863	568°
$CdCl_2$	484	558	654	794	968	564°
CdJ_2	402	487	596	742	918	387°
CdO	903	1012	1146	1313	1499	—
CdS	767	875	1009	1182	1382	—
ClF		−153	−139	−121	−101	−154°
						−82,65 U
ClF_3	—	—	−61	−29	11	−76,31°
						−174,7 U
HCl	−165	−151,8	−136	−114,5	−85	−114,12°
						−168,1 U
²HCl	—	−153,5	−136,8	−113,8	−84,3	−114,7°
ClJ	−40	−19	7,8	46,6	97	23,2°
ClO_2	—	—	—	−28,8	9,5	−59°
Cl_2O	—	−99	−73	−39	2,0	−116°
Cl_2O_6	−12,2	19	66	≈133	≈220	3,5°
$CoCl_2$	594	660	738	880	1053	740°
$CrBr_3$	626	693	772	864	959	842°
$Cr(CO)_6$	9,3	35,8	67,9	107	151	—
$CrCl_2$	750	842	966	1114	1308	815°
$CrCl_3$	618	684	761	852	94,9	1152°
CrF_2O_2	−44,7	−30,9	−14,5	6	25	—
CsBr	642	748	885	1071	1303	636°
						445 U
CsCl	638	745	882	1068	1301	642°
CsF	—	710	844	1025	1252	682°
CsJ	633	737	872	1056	1280	621°
						380 U
						465 U
Cu_2Br_2	—	570	714	946	1387	488°
Cu_2Cl_2	—	546	702	960	1490	430°
Cu_2J_2	—	—	654	905	1339	588°
HF			−66,6	−28,1	19,9	−83,36°
F_2O	−205	−196	−184	−167	−145	−223,8°
F_2O_2	−156	−140	−120	−93	−57	−163°
$FeBr_2$	516	583	659	799	968	689°
$Fe(CO)_5$			4,7	50	105	−21°
$FeCl_2$	519	582	691	828	1012	677°
Fe_2Cl_6	173	203	230	271	320	304°
$GaBr_3$	—	—	141	204	278	124°
$GaCl_3$	23	48	78	133	204	77°
Ga_2H_6	—	−12,9	23	71	139	−21,4°
$GeCl_3H$	−63	−41	−13	25	74	−71°
$GeCl_4$		−44	−14,3	28	86	−49,5°
GeF_4	—	−109	−85	−61	−36	—
GeH_4	—	−166	−146	−121	−89	−165,9°
Ge^2H_4	—	−(164)	−144	−119	−89,3	−166°
Ge_2H_6	−110	−88	−60	−294	31	∼−109°
$Ge_3^2H_6$	—	(−86)	−58	−19,16	29	−108°
GeJ_4	93	126	195	277	377	144°
HgBr	143	187	242	313	393	407°
$HgBr_2$	99,8	136,8	180,8	236,8	320,8	238°
HgCl	161	199	247	309	383	543°
$HgCl_2$	100	135	179	235	305	277°
HgJ_2	120	156	203	262	354	257°

411. Dampfdruck

Chem. Symbol	Temperatur in °C, p in Torr					Trp oder F
	10^{-1}	1	10	100	760	
InBr	(245)	312	398	502	658	290°
InBr$_2$	(235)	298	382	494	630	240°
InBr$_3$	(174)	212	257	312	371	120 U
InCl	(240)	304	386	496	627	225°
InCl$_2$	(303)	341	385	436	488	235°
InCl$_3$	(292)	334	382	438	497	586°
HJ	−136	−120	−99,5	−72	−35,7	−50,8°
²HJ	−136,1	−120,1	−99,8	−72,4	−36	−51,82°
KBr	674	794	939	1137	1386	732°
KCl	766	819	965	1162	1406	772°
KF	752	884	1038	1246	1503	857°
KJ	623	747	886	1079	1323	685°
KOH	611	718	860	1060	1326	410°
LiBr	640	747	886	1076	1311	546°
LiCl	674	785	934	1130	1380	614°
LiF	920	1048	1209	1427	1679	848°
LiJ	631	724	841	994	1170	449°
Li$_2$O		955	1056	1145	1298	1727°
MgCl$_2$	—	776	925	1137	1417	714°
MgF$_2$	(1271)	(1434)	1641	1917	(2250)	1263°
MnCl$_2$	—	729	844	1017	1231	650°
Mo(CO)$_6$	(19,2)	45,5	77	115	156	—
MoCl$_5$	70	103	142	190	—	194°
MoF$_6$	−87,6	−67,0	−41,1	−8,1	36,3	17,5°
MoO$_3$	662	734	797	954	1153	795°
NF$_3$	—	—	−171,1	−152,7	−129	−216,5 U −207°
N$_3$H		−72,8	−44,9	−8,1	35,8	−80°
N$_2$H$_4$	—	—	10,9	61,0	113,6	1,54°
NH$_3$	−125	−110,2	−94,9	−67,4	−33,4	−77,7°
NH$_4$CN	—	−50,6	−28,6	−0,5	31,7	35,9°
NH$_4$N$_3$	4,9	29,5	58,8	94,4	132,8	—
NH$_4$HS	—	−51,3	−28,7	0,0	33,3	—
N$_2$O	−155,4	−143,6	−131	−111,5	−88,6	−90,8°
NO	−195,2	−187,6	−178,3	−166,9	−151,8	−163,6°
NOCl	−113,06	−96	−74,9	−44,68	−4,4	−59,6°
NOF	—	−131,3	−114,4	−91,2	−70	−132,5°
NO$_2$		−40,7	−20,0	4,4	29,2	−11,2°
NO$_2$F	−156	−142,9	−126	−102,8	−72,6	−166°
N$_2$O$_4$	−71,7	−56	−37	−15	29,2	−11,2°
NaBr	697	805	950	1147	1392	741°
NaCN	687	816	984	1216	1497	562°
NaCl	752	863	1014	1216	1467	800°
NaF	916	1005	1170	1390	1659	1012°
NaJ	597	768	903	1083	1304	662° 292,8 U
NaOH	618	738	896	1111	1378	320°
NbCl$_5$	(76)	(107)	143	186	250	203°
NbF$_5$	45	67,1	104	163	233	78,9°
NiBr$_2$	587	653	730	823	919	963°
Ni(CO)$_4$				−5,26	40,94	−19,3°
NiCl$_2$	620	684	767	865	970	1030°
H$_2$O	−39,8	−17,3	11,2	51,6	100,00	0,01 (Trp) (3,76)
²H$_2$O			13,25	54,05	101,43	3,82°
H$_2$O^{18}			11,4	51,7	100,12	—
H$_2$O$_2$			50,2	95,4	150	−0,40°
OsO$_4$ weiß	−30,7	−5,4	25,6			40,1°
OsO$_4$ gelb	−20,7	3	31,4	75,2	129	41°
PCl$_3$	−74,8	−51,8	−21,5	20,6	75,1	−92°
PClH$_4$	—	−91,0	−74,0	−52,0	−27	28,5°
PH$_3$			−143,1	−119	−87,8	−134°
POF$_3$	—	−98,7	−81,9	−62,5	−39,6	−39,3° (778 Torr)
P$_4$O$_6$			53	107,7	173,7	23,8°
P$_4$O$_{10}$	332	382	440	511	503	569° (456 Torr)
PbBr$_2$	438	514	613	748	918	488°
PbCl$_2$	474	549	650	786	956	498°
PbF$_2$			904	1080	1297	824°
PbJ$_2$	404	479	571	700	868	412°
PbO	833	944	1085	1265	1473	890°

4. Mechanisch-thermische Konstanten usw.

Chem. Symbol	Temperatur in °C, p in Torr					Trp oder F
	10^{-1}	1	10	100	760	
PbS	755	853	967	1108	1281	1114°
RbBr	668	777	919	1112	1352	677°
RbCl	685	791	936	1134	1380	717°
RbF	—	827	972	1168	1409	775°
RbJ	649	749	887	1073	1306	638°
ReF$_6$	—	(−43,6)	−21,3	5,2	47,6	19°
HReO$_4$	4,3	40,5	87,4	151	229	—
ReOF$_4$	—	(−46,4)	−18,6	17,0	62,7	39,7°
Re$_2$O$_7$	184,04	215	249	289	360	300,4°
SCl$_2$	—	—	−64	−33	9	70	−78,1°
S$_2$Cl$_2$	−34,7	−8,2	26,5	74	137	−80°
SF$_6$	−159	−141	−119	−92	−64	−50,7°
H$_2$S¹	−153,6	−134,9	−116,5	−92,4	−60,2	−85,6°
SO$_2$	−111,6	−96,2	−77,4	−47,9	−10,1	−75,5°
SOCl$_2$	−81,2	−56,2	−23,5	20,6	75	−104,5°
SbBr$_3$	(61)	(92)	(140)	(208)	284	96,6°
SbCl$_3$	(18)	45	85	143	218	73°
SbJ$_3$	—	164	223	303	397	170°
Sb$_2$O$_3$	512	577	660	953	1423	655°
ScBr$_3$	—	(689)	761	844	930	960°
ScJ$_3$	—	(669)	741	824	909	945°
SeCl$_4$	—	71,7	105,5	146,6	191,1	305°
SeF$_6$	−134,1	−118,6	−99,2	−74,3	−45,7	−34,7° (1500 Torr)
H$_2$Se	—	—	−109	−78	−41,7	−66°
SeO$_2$	155	189	231	282	337	—
SiBr$_3$H$_2$	—	−59,3	−27,6	16,7	74,1	−70,0°
SiBr$_3$H	−61,7	−34,0	2,24	51,3	111,7	−73,4°
SiClH$_3$	—	−168	−97,7	−68,5	−30,4	−118°
SiCl$_3$H	−101	−80,7	−53,8	−16,5	31,5	−128°
SiCl$_4$	—	−63	−35	5,3	57,3	−69,8°
Si$_2$Cl$_6$	—	2,5	38,2	84,6	139	−1,15°
SiF$_4$	−156	−144	−131	−114	−95	−90,3° (1320 Torr)
Si$_2$F$_6$	−96	−89	−63	−42	−19	−18,2°
SiH$_4$	—	−175,5	−160,4	−129,3	−111,2	−184°
Si²H$_4$	—	−175,2	−160,2	−129,2	−111,3	—
Si$_2$H$_6$	—	−111,3	−88,4	−56,5	−14,2	−132°
Si$_3$H$_8$	−91,1	−68,6	−39,1	1,6	53,0	−117°
Si$_3$H$_9$N	−90,6	−69,0	−40,7	−1,76	48,64	−106°
Si$_4$H$_{10}$	−52,66	−28,16	3,84	46,34	99,84	—
SiO$_2$	—	—	1737	1967	2227	+1724°
SnBr$_2$	284	343	417	518	636	232°
SnBr$_4$	5	33	75	135	217	30°
SnCl$_2$	257	319	398	508	649	247°
SnCl$_4$	—	−22,6	10,2	55	113	−33,1°
SnH$_4$	—	−140	−119	−89	−53	−150°
SnJ$_2$	—	388	468	576	712	320°
SnJ$_4$	87	123	181	262	361	143,4°
SnO	682	804	962	1174	1431	—
SnS	682	777	—	—	—	880°
SrF$_2$	—	1600	1827	2128	(2493)	1400°
TaBr$_5$	(143)	176	215	261	344	267°
TaCl$_5$	90	118	151	190	240	215,9°
TaF$_5$	—	80	104	161	229	95°
TaJ$_5$	213	265	331	420	544	496°
TeF$_6$	−128,3	−112,6	−92,4	−67,7	−38,9	−37,7° (800 Torr)
H$_2$Te	−114,2	−96,8	−74,9	−45,3	−1,26	−51°
ThBr$_4$	—	548	624	726	857	679°
ThCl$_4$	—	629	697	781	920	770°
ThJ$_4$	—	—	579	699	837	566°
TiBr$_4$	16,1	45	59,8	249	220	38,2°
TiCl$_4$	—	−13,1	22,5	73,3	138	−24,3°
TiJ$_4$	—	—	191	274	377	150°
TlBr	367	433	520	652	819	460°
TlCl	357	422	515	645	805	427°
TlJ	369	433	533	662	824	440°
UBr$_3$	860	977	1127	1332	1576	752°
UBr$_4$	428	476	538	643	761	519°
UCl$_3$	895	1023	1202	1448	1778	835°

¹ Werte bei 0,1 Torr für H$_2$S-Modifikation III, bei 1 Torr für H$_2$S II, bei 10 und 100 Torr für H$_2$S I, Übergang III→II 166,9 °C II→I 146,9° C.

411. Dampfdruck

Chem. Symbol	Temperatur in °C, p in Torr					Trp oder F
	10^{-1}	1	10	100	760	
UCl_4	457	512	577	645	761	598°
UF_3	(1294)	(1447)	(1657)	(1944)	(2307)	1427°
UF_4	872	973	1089	1243	1418	1036°
UF_6	−40,1	−30,3	−6,2	23,6	56,6	64 (1133 Torr)
UJ_4	428	476	540	642	762	≈520°
VCl_4	—	−9,6	30,4	83	152	−25°
$VOCl_3$	—	—	13,5	64	125	—
$W(CO)_6$	36	63	95	133	175	—
						169 U
						206,9 U
WCl_6	117	154	198	256	336	284°
WF_6	−89,4	−71,7	−49,1	−21	18	2,3°
WO_3	1206	1301	1408	—	—	1473°
$WOCl_4$	65	96	134	180	232	204°
$ZnBr_2$	340		463	574	702	394°
$ZnCl_2$	361	427	507	611	733	318°
ZnF_2	—	922	1070	1266	1507	872°
ZnJ_2	323	390	487	602	727	446°
$Zr(BH_4)_4$	−22,9	0,05	27,6	64,9	123	28,7°
$ZrBr_4$	172	208	250	301	357	450°
$ZrCl_4$	157	189	230	279	331	437°
ZrF_4	586	651	725	813	903	≈920°
ZrJ_4	226	265	311	369	431	499°

41122. Dampfdruck p zwischen 10^{-6} und 10^{-2} Torr

Fester Aggregatzustand. Der flüssige Aggregatzustand ist durch fl. gekennzeichnet.

	Temperatur in °C bei p in Torr				
	10^{-6}	10^{-5}	10^{-4}	10^{-3}	10^{-2}
AgCl	431	fl. 480	fl. 539	fl. 607	fl. 685
$Al_2Br_2Cl_4$	—	−6	7	21	37
Al_2Br_6	—	—	—	15	33,7
Al_2Cl_6	—	—	27,1	42,1	58,9
AlF_3	624	665	710	760	817
Al_2J_6	54	71,1	90,4	112	137
As_4O_6	65,5	83,6	104	126	152
BaO	1053	1150	1263	1395	1552
CO	−244,6	−242,6	−240,4	−237,8	−234,9
CO_2	−186	−181	−174	−167	−158
CaO	1464	1582	(1717)	—	—
$CdBr_2$	232	264	301	343	392
$CdCl_2$	266	299	337	380	430
CdJ_2	178	210	247	290	340
CdO	551	603	662	729	809
CdS	440	486	541	605	679
HCl	−200,6	−196,4	−190,4	−183,5	−175
Cl_2O_6	—	—	—	−54	−35
$CoCl_2$	373	407	445	488	537
$CrCl_2$	466	509	558	613	677
CsBr	355	394	439	490	549
CsCl	—	—	(442)	497	562
CsJ	340	378	421	471	528
$FeBr_2$	—	337	376	419	—
Fe_2Cl_6	77	92,6	110	129	151
$HgBr_2$	—	—	24,2	46	71,3

4. Mechanisch-thermische Konstanten usw.

	Temperatur in °C bei p in Torr				
	10^{-6}	10^{-5}	10^{-4}	10^{-3}	10^{-2}
HgCl	43,3	60,6	80,5	103	130
$HgCl_2$	—	4,0	22,8	44,5	69,7
HgJ_2	4,2	21,3	40,8	62,8	89
KBr	387	429	477	532	598
KCl	412	457	506	566	634
KF	430	476	530	592	665
KJ	358	397	442	494	553
MoO_3	441	476	516	561	611
NH_3	−180	−175	−168	−161	−153
NO	—	−217,8	−213,7	−208,2	−203,4
N_2O	−192	−187	−181	−174	−165
NaBr	352	445	495	552	618
NaCl	442	487	539	599	670
NaF	556	606	666	738	820
NaJ	357	390	431	478	534
$NiCl_2$	382	418	458	503	555
NiO	1133	1217	(1317)	—	—
H_2O	−111	−100	−88	−75	−59
P_4O_{10}	172	197	226	258	294
$PbBr_2$	226	256	290	329	fl. 377
$PbCl_2$	259	291	327	369	417
PbJ_2	214	242	275	312	354
PbO	500	549	605	669	745
PbS	460	505	547	614	681
RbBr	377	420	468	524	590
RbCl	387	429	479	534	603
$SbCl_3$	—	—	−40	−23,4	−4,3
Sb_2O_3	297	330	367	409	457
SeO_2	37	55	75	98	124
SrO	1307	1404	(1514)	—	—
$TaBr_5$	41,4	57,9	76,3	97,1	120,8
$TaCl_5$	—	—	27,7	46,0	66,2
TaJ_5	63	84	109	138	172
TeO_2	443	486	534	589	653
ThO_2	1944	1972	—	—	—
$TiCl_2$	—	—	480	539	609
TiO	1328	1426	1538	1666	1811
TiO_2	1300	1391	1494	1608	1740
UBr_3 fl.	—	566	623	690	769
UCl_3	554	602	658	724	799
UF_3	177	200	227	257	291
UJ_3	508	556	611	674	748
UO_2	1508	1624	1748	—	—
U_2O_4	—	—	—	1967	2107
WO_3	864	919	980	1047	1122
$ZnBr_2$	147	175	207	245	288
$ZnCl_2$	183	211	241	275	315
ZnJ_2	127	155	187	225	270
ZnS	—	—	779	863	962
$ZrBr_4$	55	73	93	116	142
$ZrCl_4$	45	62	82	103	128
ZrJ_4	95	115	138	163	192
ZrO_2	1495	1600	1718	1855	2014

41123. Dampfdruck zwischen 2 und 60 atm

f = fest, fl = flüssig

Verbindung	Temperatur in °C beim Dampf in atm					
	2	5	10	20	40	60
AsH_3 fl.	−40	−17	4			
BF_3 fl.	−87,8	−71	−56	−39	−18,9	
B_2H_6 fl.	−73,3	−57,8	−37,4	−11,9		
HBr fl.	−51,5	−29,1	−8,5	16,8	48,1	76,6
HCN fl.	44,5	75,7	105	142		
C_2N_2 fl.	−6,4	21,4	44,6	72,6	107	
CO fl.	−184,8	−174,4	−164	−151,6		
CO_2 f.	−69,8	−57				
CO_2 fl.			−39,8	−19,1	5,9	22,9
COS fl.	−33	−4	20	49	85	103
CS_2 fl.	69,1	105	136	176	223	256
HCl fl.	−71,6	−50,5	−31,7	−8,8	18	36
$ClFO_3$ fl.	−30,6	−5	18,2	45,9	79,4	
HF fl.	40,1	70,2	98,3			
$GeCl_4$ fl.	120	167	202	242		
HJ fl.	−18,9	7,3	32	62,2	101	127
NH_3 fl.	−18,7	4,7	25,7	50,1	78,9	98,3
NH_4Cl fl.	367	417	452	492		
N_2H_4 fl.	131	157	182	227	272	302
NO fl.	−145,5	−135,8	−126,9	−117,0	−104,8	−96,4
N_2O fl.	−74,7	−54,5	−36,4	−14,9	11,2	28,3
N_2O_4 fl. ($+NO_2$)	37,3	60,4	79,4	100,3	121,4	132,2
H_2O fl.[1]	120,1	152,4	180,5	213,1	251,1	276,5
^2H_2O fl.[1]	120,9	153,0	180,8	213,2	251,1	276,4
H^2HO fl.	120,5	152,7	180,7	213,1	251,1	
H_2O_2 fl.	174	208	241			
$PClH_4$ fl.	−17	−7	3	13	23	34
PF_3 fl.	−82	−62	−46	−28	−10	
PF_3S fl.	−38	−10	14			
PH_3 fl.	−69	−43	−19	7	33	50
H_2S fl.	−45,9	−22,3	−0,4	25,5	55,8	76,2
SO_2 fl.	6,2	32,1	55,5	83,8	118	141,7
SO_3 fl.	58	78	94,7	113	134	147
H_2Se fl.	−25	0	23,4	50,8	84,6	118,7
$SiClF_3$ fl.	−57,3	−37,2	−18,6	4,1		
$SiCl_2F_2$ fl.	−15,1	11,6	36,6	66,2		
$SiCl_3F$ fl.	32,4	64,6	93,2	132		
SiF_4 fl.	−84,4	−67,9	−52,6	−33,4		
SiH_4 fl.	−97	−75	−57	−34	−11	
$SnCl_4$ fl.	141	184	223	270		
UF_6 fl.	74,4	108				

[1] S. a. Tabelle 222062 f.

4113. Dampfdruck organischer Verbindungen

41131. Dampfdruck p zwischen 1 und 760 Torr

Formel	Verbindung		Temperatur in °C bei p in Torr				Tripel- oder Schmelzpunkt °C
	Name	1	10	100	760		
CBrN	Bromcyan	−35,7	−10,0	22,6	61,5		58
CBr$_4$	Tetrabromkohlenstoff	29,1	68,0	119,7	189,5		90,1
CClF$_3$[1]	Chlortrifluormethan	−149,5	−134,1	−111,7	−81,2		—
CClN	Chlorcyan	−76,7	−53,8	−24,9	+13,1		−6,5
CCl$_2$F$_2$[1]	Dichlordifluormethan	−118,5	−97,8	−68,6	−29,8		—
CCl$_2$O	Phosgen	−92,9	−69,3	−35,6	+8,3		−104
CCl$_3$F[1]	Fluortrichlormethan	−84,3	−59,0	−23,0	23,7		—
CCl$_3$NO$_2$	Chlorpikrin	−25,5	+7,8	53,8	111,9		−64
CCl$_4$	Tetrachlorkohlenstoff	−50,0	−19,6	23,0	76,7		−22,6
CFN	Fluorcyan	−134,4	−118,5	−97,0	−72,6		—
CF$_4$	Tetrafluorkohlenstoff	−184,6	−169,3	−150,7	−127,7		—
CHBr$_3$	Tribrommethan	—	34,0	85,9	150,5		8,5
CHClF$_2$[1]	Chlordifluormethan	−122,8	−103,7	−76,4	−40,8		−160
CHCl$_2$F[1]	Dichlorfluormethan	−91,3	−67,5	−33,9	+8,9		−135
CHCl$_3$	Trichlormethan	−58,0	−29,7	10,4	61,3		−63,5
CHF$_3$	Trifluormethan	−156,9	−138,7	−113,7	−72,4		—
CHN	Cyanwasserstoff, Ameisensäurenitril	−70,8	−48,2	−18,8	25,8		−14
CH$_2$Br$_2$	Dibrommethan	−35,1	−2,4	42,3	98,6		−52,8
CH$_2$Cl$_2$[1]	Dichlormethan	−70,0	−43,3	−6,3	40,7		−96,7
CH$_2$O	Formaldehyd	—	−91,0	−57,3	−19,5		−92
CH$_2$O$_2$	Ameisensäure	−20,0	+2,1	43,8	100,6		8,2
CH$_3$AsCl$_2$	Dichlormethylarsin	−11,1	24,3	73,0	134,5		—
CH$_3$BO	Borincarbonyl	−139,2	−121,1	−95,3	−64,0		—
CH$_3$Br[1]	Brommethan	−96,3	−72,8	−39,4	+3,6		−93

411. Dampfdruck

CH₃Br	Trideuterobrommethan	—	−73,6	−40,1	29	−97,7
CH₃Cl	Chlormethan	—	−92,4	−63,0	−24,0	—
C²H³Cl	Trideuterochlormethan	—	−93,4	−63,2	−24,6	−90
CH₃Cl₃Si	Siliciummethyltrichlorid	−60,8	−30,7	12,1	66,4	—
CH₃F	Fluormethan	−147,3	−131,6	−109,0	−78,2	−64,4
CH₃J	Jodmethan	—	−45,8	−7,0	42,4	—
CH₃NO	Formamid	70,5	109,5	157,5	210,5	−29
CH₃NO₂	Nitromethan	−29,0	+2,8	46,6	101,2	−182,48
CH₄	Methan	−205,9	−195,5	−181,4	−161,5	—
CH₄Cl₂Si	Siliciummethyldichlorhydrid	−75,0	−47,8	−9,0	41,9	−97,8
CH₄O	Methanol	−44,0	−16,2	21,2	64,7	−121
CH₄S	Methylmercaptan	−90,7	−67,5	−34,8	+6,8	—
CH₅ClSi	Siliciummethylchlordihydrid	−95,0	−71,0	−36,4	+8,7	—
CH₅N	Methylamin	−95,8	−73,8	−43,7	−6,3	−93,5
CH₆Si	Siliciummethyltrihydrid	−138,5	−120,0	−93,0	−56,9	—
CH₉NSi₂	2-Methyl-disilazan	−76,3	−50,1	−13,1	34,0	—
CJN	Jodcyan	25,2	57,7	97,6	141,1	13
CN₄O₈	Tetranitromethan	—	22,7	68,9	125,7	−138,8
COS	Kohlenoxidsulfid	−132,4	−113,3	−85,9	−49,9	—
COSe	Kohlenoxidselenid	−117,1	−95,0	−61,7	−21,9	−75,2
CSSe	Kohlensulfidselenid	−47,3	−16,0	28,3	85,6	−110,8
CS₂	Schwefelkohlenstoff	−73,8	−44,7	−5,1	46,5	—
C₂BrCl₃O	Trichlor-acetylbromid	−7,6	29,3	79,5	143,0	—
C₂ClF₃	1-Chlor-1,2,2-trifluor-äthen	−116,0	−95,9	−66,7	−27,9	−157,5
C₂Cl₂F₂	1,2-Dichlor-1,2-difluor-äthen	−82,0	−57,3	−23,0	20,9	−112
C₂Cl₂F₄ [1]	1,2-Dichlor-1,1,2,2-tetrafluor-äthan	−95,0	−72,3	−39,1	+3,5	−94
C₂Cl₃F₃	1,1,2-Trichlor-1,2,2-trifluor-äthan	−68,0	−40,3	−1,7	47,6	−35
C₂Cl₄	Tetrachloräthen	−20,6	13,8	61,3	120,8	−19,0
C₂Cl₄F₂	1,1,2,2-Tetrachlor-1,2-difluor-äthan	−37,5	−5,0	58,6	93	—
C₂Cl₆	Hexachloräthan	32,7	75,5	124,2	185,6	186,6

[1] S. a. Tabelle 6324 (Kältemittel).

4. Mechanisch-thermische Konstanten usw.

Formel	Verbindung Name	Temperatur in °C bei p in Torr				Tripel- oder Schmelzpunkt °C
		1	10	100	760	
C_2HBr_3O	Tribromacetaldehyd	18,5	58,0	110,2	174,0	—
C_2HCl_3	Trichloräthen	−43,8	−12,4	31,4	86,7	−73
C_2HCl_3O	Trichloracetaldehyd	−37,8	−5,0	40,2	97,7	−57
$C_2HCl_3O_2$	Trichloressigsäure	51,0	88,2	137,8	195,6	57
C_2HCl_5	Pentachloräthan	+1,0	39,8	94,5	161,5	−22
C_2H_2	Acetylen	−142,9	−128,2	−107,9	−84,0	−81,5
$C_2H_2Br_4$	1,1,2,2-Tetrabromäthan	65,0	110,0	170,0	243,5	—
$C_2H_2Cl_2$	1,1-Dichloräthen	−77,2	−51,2	−15,0	31,7	−122,5
$C_2H_2Cl_2$	cis-1,2-Dichlor-äthen	−58,4	−31,4	+9,5	61,0	−80,5
$C_2H_2Cl_2$	trans-1,2-Dichloräthen	−65,4	−38,0	−1,9	47,8	−50,0
$C_2H_2Cl_2O_2$	Dichloressigsäure	44,0	82,6	134,0	194,4	9,7
$C_2H_2Cl_4$	1,1,1,2-Tetrachloräthan	−16,3	19,3	68,0	130,5	−68,7
$C_2H_2Cl_4$	1,1,2,2-Tetrachloräthan	−3,8	33,0	83,2	145,9	−36
C_2H_3Br	Bromäthen	−95,4	−68,8	−31,9	+15,8	−138
$C_2H_3BrO_2$	Bromessigsäure	54,7	94,1	146,3	208,0	49,5
$C_2H_3Br_3$	1,1,2-Tribromäthan	32,6	70,6	123,5	188,4	−26
C_2H_3Cl	Chloräthen	−105,6	−83,7	−53,2	−13,8	−153,7
$C_2H_3ClO_2$	Chloressigsäure	43,0	81,0	130,7	189,5	61,2
$C_2H_3Cl_3$	1,1,1-Trichloräthan	−52,0	−21,9	20,0	74,1	−30,6
$C_2H_3Cl_3$	1,1,2-Trichloräthan	−24,0	+8,3	55,7	113,9	−36,7
$C_2H_3Cl_3O_2$	Trichloracetaldehyd-hydrat	−9,8	19,5	55,0	96,2	51,7
C_2H_3F	Fluoräthen	−149,3	−132,2	−106,2	−72,2	−160,5
C_2H_3N	Acetonitril	−47,0	−16,3	26,8	82,0	−41
C_2H_3NS	Methylthiocyanat	−14,0	21,6	70,4	132,9	−51
C_2H_4	Äthen	−168,3	−153,2	−131,8	−103,9	−169
C_2H_4BrCl	1-Brom-1-chlor-äthan	−36,0	−9,4	28,0	82,7	16,6
C_2H_4BrCl	1-Brom-2-chlor-äthan	−28,8	+4,1	49,5	106,7	−16,6
$C_2H_4Br_2$	1,2-Dibromäthan	−27,0	18,6	70,4	131,5	10

$C_2H_4Cl_2$	1,1-Dichloräthan	−60,7	−32,3	+7,2	57,4	−96,7
$C_2H_4Cl_2$	1,2-Dichloräthan	−44,5	−13,6	29,4	82,4	−35,3
$C_2H_4F_2$	1,1-Difluoräthan	−112,5	−91,7	−63,2	−26,5	−117
C_2H_4O	Acetaldehyd	−81,5	−56,8	−22,6	20,2	−123,5
C_2H_4O	Äthylenoxid	−89,7	−65,7	−32,1	+10,7	−111,3
$C_2H_4O_2$	Ameisensäuremethylester	−74,2	−48,6	−12,9	32,0	−99,8
$C_2H_4O_2$	Essigsäure	−17,2	−17,5	63,0	118,1	16,7
C_2H_5Br	Bromäthan	−74,3	−47,5	−10,0	38,4	−117,8
$C_2H_5Cl^1$	Chloräthan	−89,8	−65,8	−32,0	+12,3	−139
C_2H_5ClO	2-Chlor-äthanol-(1)	−4,0	30,3	75,0	128,8	−69
$C_2H_5Cl_3OSi$	Siliciumäthoxytrichlorid	−32,4	0,0	45,2	102,4	—
$C_2H_5Cl_3Si$	Siliciumäthyltrichlorid	—	−10,9	37,5	99,8	−40
C_2H_5F	Fluoräthan	−117,0	−97,7	−69,3	−32,0	—
$C_2H_5F_3Si$	Siliciumäthyltrifluorid	−95,4	−73,7	−43,6	−5,4	—
C_2H_5J	Jodäthan	−54,4	−24,3	18,0	72,4	−105
C_2H_5NO	Acetaldehyd-oxim	−5,8	25,8	66,2	115,0	47
C_2H_5NO	Acetamid	65,0	105,0	158,0	222,0	81
$C_2H_5NO_2$	Nitroäthan	−21,0	12,5	57,8	114,0	−90
C_2H_6	Äthan	−159,5	−142,9	−119,3	−88,6	−183,21
$C_2H_6Cl_2Si$	Siliciumdimethyldichlorid	−53,5	−23,8	17,5	70,3	−86,0
C_2H_6O	Äthanol	−31,3	−2,3	34,9	78,4	−112
C_2H_6O	Dimethyläther	−115,7	−93,3	−62,7	−23,7	−138,5
$C_2H_6O_2$	Äthandiol-(1,2)	53,0	92,1	141,8	197,3	−15,6
C_2H_6S	Äthylmercaptan	−76,7	−50,2	−13,0	35,0	−121
C_2H_6S	Dimethylsulfid	−75,6	−49,2	−12,0	36,0	−83,2
C_2H_7N	Äthylamin	−82,3	−58,3	−25,1	16,6	−80,6
C_2H_7N	Dimethylamin	−87,7	−64,6	−32,6	+7,4	−96
$C_2H_8N_2$	Äthylendiamin	−11,0	21,5	62,5	117,2	8,5
C_2H_8Si	Siliciumdimethyldihydrid	−115,0	−93,1	−61,4	−20,1	—
$C_2H_{10}B_2$	Dimethyldiboran	−106,5	−82,1	−47,0	−2,6	−150,2
$C_2H_{11}NSi_2$	2-Äthyl-disilazan	−62,0	−32,2	+10,4	65,9	−127
C_2N_2	Dicyan	−95,8	−76,8	−51,8	−21,0	−34,4

[1] S. a. Tabelle 6324 (Kältemittel).

Formel	Verbindung		Temperatur in °C bei p in Torr				Tripel- oder Schmelzpunkt °C
	Name	1	10	100	760		
C_3H_3N	Acrylsäurenitril	−51,0	−21,5	23,0	78,0		−82
C_3H_4	Propadien	−120,6	−101,0	−71,5	−35,0		−136
C_3H_4	Propin	−111,0	−90,5	−61,3	−23,3		−102,7
$C_3H_4Br_2$	2,3-Dibrom-propen	−6,0	30,0	79,5	141,2		—
$C_3H_4Cl_2O_2$	Dichloressigsäuremethylester	3,2	38,1	85,4	143,0		−87,7
C_3H_4O	Acrolein	−64,5	−36,7	+2,5	52,5		14
$C_3H_4O_2$	Acrylsäure	3,5	39,0	86,1	141,0		13,6
$C_3H_4O_3$	Brenztraubensäure	21,4	57,9	106,5	165,0		16,5
$C_3H_5Br_3$	1,2,3-Tribrom-propan	47,5	90,0	148,0	220,0		−99,0
C_3H_5Cl	1-Chlor-propen-(1)	−81,3	−54,1	−15,1	37,0		−136,4
C_3H_5Cl	3-Chlor-propen-(1)	−70,0	−42,9	−4,5	44,6		−25,6
C_3H_5ClO	3-Chlor-1,2-epoxy-propan	−16,5	16,6	62,0	117,9		−31,9
$C_3H_5ClO_2$	Chloressigsäure-methylester	−2,9	30,0	73,5	130,3		−77,7
$C_3H_5Cl_3$	1,1,1-Trichlor-propan	−28,8	+4,2	50,0	108,2		−14,7
$C_3H_5Cl_3$	1,2,3-Trichlor-propan	+9,0	46,0	96,1	158,0		—
$C_3H_5Cl_3Si$	Siliciumallyltrichlorid	−20,7	13,2	59,3	118,0		—
C_3H_5N	Propionsäurenitril	−35,0	−3,0	40,6	97,1		−91,9
C_3H_5NO	3-Hydroxypropionsäurenitril	58,7	102,0	157,7	221,0		—
C_3H_5NS	Äthylisothiocyanat	−13,2	22,8	71,9	131,0		−5,9
$C_3H_5N_3O_9$	Glycerintrinitrat	127	188	—	—		11
C_3H_6	Cyclopropan	−121,3	−100,2	−71,8	−33,5		−126,6
C_3H_6	Propen	−131,9	−112,1	−84,1	−47,7		−185
C_3H_6BrNO	2-Brom-2-nitroso-propan	−33,5	−4,3	35,2	83,0		—
$C_3H_6Br_2$	1,2-Dibrom-propan	−7,0	29,4	78,7	144,6		−55,5
$C_3H_6Br_2$	1,3-Dibrom-propan	+9,7	48,0	111,3	167,5		−34,4
$C_3H_6Br_2O$	2,3-Dibrom-propanol-(1)	57,0	98,2	153,0	219,0		—
$C_3H_6Cl_2$	1,2-Dichlor-propan	−38,5	−6,1	39,4	96,8		—
$C_3H_6Cl_2O$	1,3-Dichlor-propanol-(2)	28,0	64,7	114,8	174,3		—

411. Dampfdruck

C_3H_6O	Aceton	−59,4	−31,1	+7,7	56,5	−94,6
C_3H_6O	Allylalkohol	−20,0	10,5	50,0	96,6	−129
C_3H_6O	1,2-Propylenoxid	−75,0	−49,0	−12,0	34,5	−112,1
$C_3H_6O_2$	Ameisensäureäthylester	−60,5	−33,0	+5,4	54,3	−79
$C_3H_6O_2$	Essigsäuremethylester	−57,2	−29,3	+9,4	57,8	−98,7
$C_3H_6O_2$	Propionsäure	4,6	39,7	85,1	141,1	−22
$C_3H_6O_2$	Glykolsäuremethylester	+9,6	45,3	93,7	151,5	
$C_3H_6O_3$	Methoxyessigsäure	52,5	92,0	144,5	204,0	
C_3H_6S	Trimethylensulfid			37,2	95,0	−73,3
C_3H_7Br	1-Brompropan	−53,0	−23,3	18,0	71,0	−109,9
C_3H_7Br	2-Brompropan	−61,8	−32,8	+8,0	60,0	−89,0
C_3H_7Cl	1-Chlorpropan	−68,3	−41,0	−2,5	46,4	−122,8
C_3H_7Cl	2-Chlorpropan	−78,8	−52,0	−13,7	36,5	−117
$C_3H_7Cl_3Si$	Siliciumisopropyltrichlorid	−24,3	+9,9	57,8	118,5	
C_3H_7J	1-Jodpropan	−36,0	−2,4	43,8	102,5	−98,8
C_3H_7J	2-Jodpropan	−43,3	−11,7	32,8	89,5	−90
C_3H_7NO	Propionsäureamid	65,0	105,0	156,0	213,0	79
$C_3H_7NO_2$	Carbamidsäureäthylester		77,8	126,2	184,0	49
$C_3H_7NO_2$	1-Nitropropan	−9,6	25,3	72,3	131,6	−108
$C_3H_7NO_2$	2-Nitropropan	−18,8	15,8	62,0	120,3	−93
C_3H_8	Propan	−128,9	−108,5	−79,6	−42,1	−187,1
$C_3H_8Cl_2OSi$	Dichloräthoxymethylsilan	−33,8	−1,3	44,1	100,6	
C_3H_8O	Methyläthyläther	−91,0	−67,8	−34,8	+7,5	
C_3H_8O	Propanol-(1)	−15,0	14,7	52,8	97,8	−127
C_3H_8O	Propanol-(2)	−26,1	+2,4	39,5	82,5	−85,8
$C_3H_8O_2$	Glykolmonomethyläther	−13,5	22,0	68,0	124,4	
$C_3H_8O_2$	Propandiol-(1,2)	45,5	83,2	132,0	188,2	
$C_3H_8O_2$	Propandiol-(1,3)	59,4	100,6	153,4	214,2	
$C_3H_8O_3$	Glycerin	125,5	167,2	220,1	290,0	17,9
C_3H_8S	Propanthiol-(1)	−54,0	−26,3	15,3	67,4	−112
C_3H_9ClSi	Siliciumtrimethylchlorid	−62,8	−34,0	+6,0	57,9	
C_3H_9Ga	Gallium-trimethyl	−62,3	−31,7	+8,0	55,6	−19

4. Mechanisch-thermische Konstanten usw.

Formel	Name	1	10	100	760	Tripel- oder Schmelzpunkt °C
C_3H_9N	Propylamin	−64,4	−37,2	+0,5	48,5	—
C_3H_9N	Trimethylamin	−97,1	−73,8	−40,2	+2,9	—
C_3S_2	Kohlensubsulfid	14,0	54,9	109,9	—	+0,4
$C_4Cl_6O_3$	Trichloressigsäureanhydrid	56,2	99,6	155,2	223,0	—
C_4H_2	Butadiin-(1,3)	−82,5	−61,2	−34,0	+9,7	−34,9
$C_4H_2O_3$	Maleinsäureanhydrid	44,0	79,8	135,8	202,0	58
$C_4H_3NO_2S$	2-Nitrothiophen	48,2	92,0	151,5	224,5	46
C_4H_4	Buten-(1)-in-(3)	−93,2	−70,0	−37,1	+5,3	—
$C_4H_4Cl_2O_2$	Bernsteinsäuredichlorid	39,0	78,0	130,0	192,5	17
$C_4H_4Cl_2O_3$	Chloressigsäureanhydrid	67,2	108,0	159,8	217,0	46
$C_4H_4O_3$	Bernsteinsäureanhydrid	92,0	128,2	189,0	261,0	119,6
$C_4H_4O_4$	Glykolid	—	116,6	173,2	240,0	97
C_4H_4S	Thiophen	−40,7	−10,9	30,5	84,4	−38,3
C_4H_4Se	Selenophen	−39,0	−4,0	+47,0	+105,3	—
$C_4H_5Cl_3O_2$	Trichloressigsäure-äthylester	20,7	57,7	107,4	167,0	—
C_4H_5N	cis-Crotonsäurenitril	−29,0	+4,0	50,1	108,0	—
C_4H_5N	trans-Crotonsäurenitril	−19,5	15,0	62,8	122,8	—
C_4H_5N	Methacrylsäurenitril	−44,5	−12,5	32,8	90,3	—
$C_4H_5NO_2$	Succinimid	115,0	157,0	217,0	287,5	125,5
C_4H_5NS	Allylisothiocyanat	−2,0	38,3	89,5	150,7	−80
C_4H_6	Butadien-(1,2)	−93,0	−68,7	−34,8	10,6	—
C_4H_6	Butadien-(1,3)	−102,8	−79,7	−46,8	−4,5	−108,9
C_4H_6	Butin-(1)	−93,1	−68,7	−33,9	+8,7	−130
C_4H_6	Butin-(2)	−73,0	−50,5	−18,8	27,2	−32,5
C_4H_6	Cyclobuten	−99,1	−75,4	−41,2	+2,4	—
$C_4H_6Cl_2O_2$	Chloressigsäure-[β-chlor-äthyl]-ester	46,0	86,0	140,0	205,0	—
$C_4H_6Cl_2O_2$	Dichloressigsäureäthylester	9,6	46,3	96,1	156,5	—

411. Dampfdruck

Formel	Name				
C₄H₆O₂	Acrylsäuremethylester	−43,7	−13,5	28,0	80,2	—
C₄H₆O₂	cis-Crotonsäure	33,5	69,0	116,3	171,9	15,5
C₄H₆O₂	trans-Crotonsäure	—	80,0	128,0	185,0	72
C₄H₆O₂	Essigsäurevinylester	−48,0	−18,0	23,3	72,5	15
C₄H₆O₂	Methacrylsäure	25,5	60,0	106,6	161,0	—
C₄H₆O₃	Essigsäureanhydrid	1,7	36,0	82,2	139,6	−73
C₄H₆O₄	Oxalsäuredimethylester	20,0	56,0	104,8	163,3	—
C₄H₇Br	cis-1-Brom-buten-(1)	−44,0	−12,8	30,8	86,2	—
C₄H₇Br	trans-1-Brom-buten-(1)	−38,4	−6,4	38,1	94,7	−100,3
C₄H₇Br	2-Brom-buten-(1)	−47,3	−16,8	26,3	81,0	−133,4
C₄H₇Br	cis-2-Brom-buten-(2)	−39,0	−7,2	37,5	93,9	−111,2
C₄H₇Br	trans-2-Brom-buten-(2)	−45,0	−13,8	29,9	85,5	−114,6
C₄H₇BrO	1-Brom-butanon-(2)	+6,2	41,8	89,2	147,0	—
C₄H₇Br₃	1,1,2-Tribrom-butan	45,0	87,8	146,0	216,2	—
C₄H₇Br₃	1,2,2-Tribrom-butan	41,0	83,2	141,8	213,8	—
C₄H₇Br₃	2,2,3-Tribrom-butan	38,2	79,8	136,3	206,5	—
C₄H₇ClO₂	Chloressigsäure-äthylester	+1,0	37,5	86,0	144,2	−26
C₄H₇Cl₃	1,2,3-Trichlor-butan	+0,5	40,0	96,2	169,0	—
C₄H₈	Buten-(1)	−104,8	−81,6	−48,9	−6,3	−130
C₄H₈	cis-Buten-(2)	−96,4	−73,4	−39,8	+3,7	−138,9
C₄H₈	trans-Buten-(2)	−99,4	−76,3	−42,7	+0,9	−105,4
C₄H₈	Cyclobutan	−92,0	−67,9	−32,8	+12,9	−50
C₄H₈	Methylcyclopropan	−96,0	−72,8	−39,3	+4,5	—
C₄H₈	2-Methyl-propen	−105,1	−81,9	−49,3	−6,9	−140,3
C₄H₈BrClO	[2-Brom-äthyl]-[2-chlor-äthyl]-äther	36,5	76,3	129,8	195,8	—
C₄H₈Br₂	1,2-Dibrom-butan	+7,5	46,1	99,8	166,3	−64,5
C₄H₈Br₂	dl-2,3-Dibrom-butan	+5,0	41,6	95,3	160,5	—
C₄H₈Br₂	meso-2,3-Dibrom-butan	+1,5	39,3	91,7	157,3	−34,5
C₄H₈Br₂	1,4-Dibrom-butan	32,0	72,4	128,7	197,5	−20
C₄H₈Br₂	1,2-Dibrom-2-methyl-propan	−28,8	+10,5	68,8	149,0	−70,3
C₄H₈Br₂	1,3-Dibrom-2-methyl-propan	14,0	53,0	107,4	174,6	—
C₄H₈Br₂O	Bis-[2-brom-äthyl]-äther	47,7	88,5	144,0	212,5	—

4. Mechanisch-thermische Konstanten usw.

Formel	Verbindung Name	Temperatur in °C bei p in Torr 1	10	100	760	Tripel- oder Schmelzpunkt °C
$C_4H_8Cl_2$	1,2-Dichlor-butan	−23,6	+11,5	60,2	123,5	—
$C_4H_8Cl_2$	2,3-Dichlor-butan	−25,2	+8,5	56,0	116,0	−80,4
$C_4H_8Cl_2$	1,1-Dichlor-2-methyl-propan	−31,0	+2,6	50,0	105,0	—
$C_4H_8Cl_2$	1,2-Dichlor-2-methyl-propan	−25,8	+6,7	51,7	108,0	—
$C_4H_8Cl_2$	1,3-Dichlor-2-methyl-propan	−3,0	32,0	78,8	135,0	—
$C_4H_8Cl_2O$	Bis-[2-chlor-äthyl]-äther	23,5	62,0	114,5	178,3	—
C_4H_8O	Butanon-(2)	−48,3	−17,7	25,0	79,6	−85,9
C_4H_8O	1,2-Epoxy-2-methyl-propan	−69,0	−40,3	+1,2	55,5	—
$C_4H_8O_2$	Ameisensäurepropylester	−43,0	−12,6	29,5	81,3	−92,9
$C_4H_8O_2$	Ameisensäure-isopropylester	−52,0	−22,7	17,8	68,3	—
$C_4H_8O_2$	Buttersäure	25,5	61,5	108,0	163,5	−4,7
$C_4H_8O_2$	1,4-Dioxan	−35,8	−1,2	45,1	101,1	10
$C_4H_8O_2$	Essigsäureäthylester	−43,4	−13,5	27,0	77,1	−82,4
$C_4H_8O_2$	Isobuttersäure	14,7	51,2	98,0	154,5	−47
$C_4H_8O_2$	Propionsäure-methylester	−42,0	−11,8	29,0	79,8	−87,5
$C_4H_8O_3$	Glykolsäure-äthylester	14,3	50,5	99,8	158,2	—
$C_4H_8O_3$	α-Hydroxyisobuttersäure	73,5	110,5	157,7	212,0	79
$C_4H_8O_3$	Perbuttersäure	−4,1	30,2	74,7	126,2	—
C_4H_8S	Tetrahydrothiophen	—	—	61,4	121,1	−96,2
C_4H_9Br	1-Brom-butan	−33,0	−0,3	44,7	101,6	−112,4
C_4H_9BrO	1-Brom-butanol-(2)	23,7	55,8	97,6	145,0	—
C_4H_9Cl	1-Chlor-butan	−49,0	−18,6	24,0	77,8	−123,1
C_4H_9Cl	1-Chlor-2-methyl-propan	−53,8	−24,5	16,0	68,9	−131,2
C_4H_9Cl	2-Chlor-2-methyl-propan	—	—	−1,0	51,0	−26,5
C_4H_9J	1-Jod-2-methyl-propan	−17,0	17,0	63,5	120,4	−90,7
$C_4H_{10}Cl_2Si$	Siliciumdiäthyldichlorid	−9,2	+25,4	+71,8	130,4	—
$C_4H_{10}F_2Si$	Siliciumdiäthyldifluorid	−56,8	−28,8	+9,8	+58,0	—
$C_4H_{10}O$	Butanol-(1)	−1,2	30,2	70,1	117,5	−79,9

411. Dampfdruck

C$_4$H$_{10}$O	Butanol-(2)	−12,2	16,9	54,1	99,5	−114,7
C$_4$H$_{10}$O	Diäthyläther	−74,3	−48,0	−11,5	34,6	−116,3
C$_4$H$_{10}$O	2-Methyl-propanol-(1)	−9,0	21,7	61,5	108,0	−108
C$_4$H$_{10}$O	2-Methyl-propanol-(2)	−20,4	+5,5	39,8	82,9	25,3
C$_4$H$_{10}$O	Methylpropyläther	−72,2	−45,4	−8,1	39,1	—
C$_4$H$_{10}$O$_2$	Butandiol-(1,3)	22,2	85,3	141,2	206,5	77
C$_4$H$_{10}$O$_2$	Butandiol-(2,3)	44,0	80,3	127,8	182,0	22,5
C$_4$H$_{10}$O$_2$	1,2-Dimethoxyäthan	−48,0	−15,3	31,8	93,0	—
C$_4$H$_{10}$O$_3$	Butantriol-(1,2,3)	102,0	146,0	202,5	264,0	—
C$_4$H$_{10}$O$_3$	Diglykol	91,8	133,8	187,5	244,8	—
C$_4$H$_{10}$O$_3$S	Diäthylsulfit	10,0	46,4	96,3	159,0	—
C$_4$H$_{10}$O$_4$S	Diäthylsulfat	47,0	87,7	142,5	209,5	−25,0
C$_4$H$_{10}$S	Diäthylsulfid	−39,6	−8,0	35,0	88,0	−104,0
C$_4$H$_{10}$Zn	Zinkdiäthyl	−22,4	+11,7	+59,1	118,0	—
C$_4$H$_{11}$N	Diäthylamin	—	−33,0	+6,0	55,5	—
C$_4$H$_{11}$N	Isobutylamin	−50,0	−21,0	+18,8	68,6	—
C$_4$H$_{12}$Pb	Bleitetramethyl	−29,0	+4,4	50,8	110,0	—
C$_4$H$_{12}$Si	Siliciumtetramethyl	−83,8	−58,0	−20,9	+27,0	—
C$_4$H$_{12}$Sn	Zinntetramethyl	−51,3	−20,6	+23,2	+78,0	—
C$_4$H$_{14}$B$_2$	Tetramethyldiboran	−59,6	−27,4	+15,3	+68,5	—
C$_5$H$_4$O$_3$	Citraconsäureanhydrid	47,1	88,9	145,4	213,5	—
C$_5$H$_5$N	Pyridin	−18,9	+13,2	+57,8	115,4	—
C$_5$H$_6$O$_2$	Furfurylalkohol	31,8	68,0	115,9	170,0	—
C$_5$H$_6$O$_3$	Methylbernsteinsäureanhydrid	69,7	114,2	173,8	247,4	—
C$_5$H$_6$O$_3$	Glutarsäure-anhydrid	100,8	149,5	212,5	287,0	—
C$_5$H$_6$S	2-Methyl-thiophen	−27,4	6,0	53,1	112,5	−63,5
C$_5$H$_6$S	3-Methyl-thiophen	−24,5	9,1	55,8	115,4	−68,9
C$_5$H$_8$	Cyclopenten	—	−45,7	−5,7	44,4	—
C$_5$H$_8$	2-Methyl-butadien-(1,3)	−79,8	−53,3	−16,0	32,6	−146,7
C$_5$H$_8$	trans-Pentadien-(1,3)	−71,8	−45,0	−6,7	42,1	—
C$_5$H$_8$	Pentadien-(1,4)	−83,5	−57,1	−20,6	26,1	—

4. Mechanisch-thermische Konstanten usw.

Formel	Verbindung Name	Temperatur in °C bei p in Torr				Tripel- oder Schmelzpunkt °C
		1	10	100	760	
C_5H_8O	Tiglinaldehyd	−25,0	10,0	57,7	116,4	−
$C_5H_8O_2$	Acrylsäure-äthylester	−29,5	2,0	44,5	99,5	−71,2
$C_5H_8O_2$	α-Äthylacrylsäure	47,0	82,0	127,5	179,2	−
$C_5H_8O_2$	Lävulinaldehyd	28,1	68,0	121,8	187,0	−
$C_5H_8O_2$	Methacrylsäure-methylester	−30,8	1,5	45,6	101,2	−
$C_5H_8O_2$	Tiglinsäure	52,0	90,2	140,5	198,5	64,5
$C_5H_8O_2$	γ-Valerolacton	37,5	79,8	136,5	207,5	−
$C_5H_8O_3$	Lävulinsäure	102,0	144,8	190,2	245,8	33,5
$C_5H_8O_4$	Glutarsäure	155,5	196,0	247,0	303,0	97,5
$C_5H_8O_4$	Malonsäuredimethylester	35,0	72,0	121,9	180,7	−62
$C_5H_9ClO_2$	Chloressigsäure-isopropylester	+3,8	40,2	90,3	148,6	−
C_5H_9N	Valeriansäurenitril	−6,0	+30,0	78,6	140,8	−
C_5H_{10}	Cyclopentan	−68,0	−40,4	−1,3	49,3	−93,7
C_5H_{10}	2-Methyl-buten-(1)	−89,1	−64,3	−28,0	20,2	−135
C_5H_{10}	2-Methyl-buten-(2)	−75,4	−47,9	−9,9	38,5	−124
C_5H_{10}	Penten-(1)	−80,4	−54,5	−17,7	30,1	−
$C_5H_{10}Cl_2O$	β-Chloräthyl-β-chlorpropyläther	29,8	70,0	125,6	194,1	−
$C_5H_{10}Cl_2O$	β-Chloräthyl-β-chlorisopropyläther	24,7	**63,0**	115,8	180,0	−
$C_5H_{10}Cl_2O_2$	Bis-[2-chlor-äthoxy]-methan	53,0	94,0	149,6	215,0	−
$C_5H_{10}O$	3-Methyl-butanon-(2)	−19,9	8,3	45,5	88,9	−92
$C_5H_{10}O$	Pentanon-(2)	−12,0	17,9	56,8	103,3	−77,8
$C_5H_{10}O$	Pentanon-(3)	−12,7	17,2	56,2	102,7	−42
$C_5H_{10}O_2$	Ameisensäure-butylester	−26,4	6,1	51,0	106,0	−
$C_5H_{10}O_2$	Ameisensäure- sec. butylester	−34,4	−3,1	40,2	93,6	−
$C_5H_{10}O_2$	Ameisensäure-isobutylester	−32,7	−0,8	43,4	98,2	−95,3
$C_5H_{10}O_2$	Buttersäure-methylester	−26,8	5,0	48,0	102,3	−
$C_5H_{10}O_2$	Essigsäure-isopropylester	−38,3	−7,2	35,7	89,0	−
$C_5H_{10}O_2$	Essigsäure-propylester	−26,7	5,0	47,8	101,8	−92,5

411. Dampfdruck

$C_5H_{10}O_2$	4-Hydroxy-3-methyl-butanon-(2)	44,6	81,0	129,0	185,0	—
$C_5H_{10}O_2$	Isobuttersäure-methylester	−34,1	−2,9	39,6	92,6	−84,7
$C_5H_{10}O_2$	Isovaleriansäure	34,5	71,3	118,9	175,1	−37,6
$C_5H_{10}O_2$	Valeriansäure	42,2	79,8	128,3	184,4	−34,5
$C_5H_{10}O_3$	Kohlensäurediäthylester	−10,1	23,8	69,7	125,8	—
$C_5H_{11}Br$	1-Brom-3-methyl-butan	−20,4	13,6	60,4	120,4	—
$C_5H_{11}N$	Piperidin	—	+3,9	49,0	106,0	−9
$C_5H_{11}NO_3$	Isoamylnitrat	+5,2	40,3	88,6	147,5	—
C_6H_{12}	2,2-Dimethyl-propan	−102,0	−76,7	−39,1	+9,5	−16,6
C_5H_{12}	2-Methyl-butan	−82,9	−57,0	−20,2	27,8	−159,7
C_5H_{12}	Pentan	−76,6	−50,1	−12,6	36,1	−129,7
$C_5H_{12}O$	Äthylpropyläther	−64,3	−35,0	6,8	61,7	—
$C_5H_{12}O$	2-Methyl-butanol-(2)	−12,9	17,2	55,3	101,7	−11,9
$C_5H_{12}O$	3-Methyl-butanol-(1)	10,0	40,8	80,7	130,6	−117,2
$C_5H_{12}O$	Pentanol-(1)	13,6	44,9	85,8	137,8	—
$C_5H_{12}O$	Pentanol-(2)	1,5	32,2	70,7	119,7	—
$C_5H_{12}O_3$	Pentantriol-(2,3,4)	155,0	204,5	263,5	327,2	—
$C_5H_{14}OSi$	Siliciumäthoxytrimethyl	−50,9	−20,7	22,1	75,7	—
$C_5H_{14}Si$	Siliciumtrimethyläthyl	−60,6	−31,8	+9,2	62,0	—
$C_5H_{14}Sn$	Zinntrimethyläthyl	−30,0	+3,8	50,0	108,8	—
C_6Cl_6	Hexachlorbenzol	114,4	166,4	235,5	309,4	—
C_6HCl_5	Pentachlorbenzol	98,6	144,3	205,5	276,0	85,5
C_6HCl_5O	Pentachlor-phenol	f.	f.	239,6	309,3	188,5
$C_6H_2Cl_4$	1,2,3,4-Tetrachlor-benzol	68,5	114,7	175,7	254,0	46,5
$C_6H_2Cl_4$	1,2,3,5-Tetrachlor-benzol	58,2	104,1	168,0	246,0	54,5
$C_6H_2Cl_4$	1,2,4,5-Tetrachlor-benzol	—	—	173,5	245,0	139
$C_6H_2Cl_4O$	2,3,4,6-Tetrachlor-phenol	100,0	145,3	205,2	275,0	69,5
$C_6H_3Cl_3$	1,2,3-Trichlor-benzol	40,0	85,6	146,0	218,5	52,5
$C_6H_3Cl_3$	1,2,4-Trichlor-benzol	38,4	81,7	140,0	213,0	17
$C_6H_3Cl_3$	1,3,5-Trichlor-benzol	—	78,0	136,0	208,4	63,5
$C_6H_3Cl_3O$	2,4,5-Trichlor-phenol	72,0	117,3	178,0	251,8	62

4. Mechanisch-thermische Konstanten usw.

Formel	Verbindung		Temperatur in °C bei p in Torr				Tripel- oder Schmelzpunkt °C
	Name	1	10	100	760		
$C_6H_3Cl_3O$	2,4,6-Trichlor-phenol	76,5	120,2	177,8	246,0		68,5
C_6H_4BrCl	1-Brom-4-chlor-benzol	40,3	72,7	128,0	196,9		—
$C_6H_4Br_2$	1,4-Dibrom-benzol	61,0	87,7	146,5	218,6		87,5
$C_6H_4Cl_2$	1,2-Dichlor-benzol	20,0	59,1	112,9	179,0		−17,6
$C_6H_4Cl_2$	1,3-Dichlor-benzol	12,1	52,0	105,0	173,0		−24,2
$C_6H_4Cl_2$	1,4-Dichlor-benzol	29	54,8	108,4	173,9		53,0
$C_6H_4Cl_2O$	2,4-Dichlor-phenol	53,0	92,8	146,0	210,0		45,0
$C_6H_4Cl_2O$	2,6-Dichlor-phenol	59,5	101,0	154,6	220,0		—
$C_6H_4Cl_3N$	2,4,6-Trichlor-anilin	134,0	170,0	214,6	262,0		78
$C_6H_5AsCl_2$	Phenylarsin-dichlorid	61,8	116,0	178,9	256,5		—
C_6H_5Br	Brombenzol	+2,9	40,0	90,8	156,2		−30,7
C_6H_5Cl	Chlorbenzol	−13,0	22,2	70,7	132,2		−45,2
C_6H_5ClO	2-Chlor-phenol	12,1	51,2	106,0	174,5		7
C_6H_5ClO	3-Chlor-phenol	44,2	86,1	143,0	214,0		32,5
C_6H_5ClO	4-Chlor-phenol	49,8	92,2	150,0	220,0		42
$C_6H_5ClO_2S$	Benzolsulfosäurechlorid	65,2	112,0	174,5	251,5		14,5
$C_6H_5Cl_3Si$	Siliciumphenyltrichlorid	33,0	74,2	130,5	201,0		—
C_6H_5F	Fluorbenzol	−43,4	−12,4	30,4	84,7		−42,1
$C_6H_5F_3Si$	Siliciumphenyltrifluorid	−31,0	+0,8	44,2	98,3		—
C_6H_5J	Jodbenzol	24,1	64,0	118,3	188,6		−28,5
$C_6H_5NO_2$	Nitrobenzol	44,4	84,9	139,9	210,6		+5,7
$C_6H_5NO_3$	2-Nitrophenol	49,3	90,4	146,4	214,5		45
C_6H_6	Benzol	−36,7	−11,5	26,1	80,1		+5,5
C_6H_6	Divinylacetylen	−45,1	−14,0	29,5	84,0		—
C_6H_6O	Phenol	40,1	73,8	121,4	181,9		40,6
$C_6H_6O_2$	1,2-Dihydroxy-benzol	—	118,3	176,0	245,5		105
$C_6H_6O_2$	1,3-Dihydroxy-benzol	108,4	152,1	209,8	276,5		110,7
$C_6H_6O_2$	1,4-Dihydroxy-benzol	132,4	163,5	216,5	286,2		170,3

C₆H₆O₃	Pyrogallol	99,1	167,7	232,0	309,0	133
C₆H₆S	Thiophenol	18,6	56,0	106,6	168,0	—
C₆H₇N	Anilin	+34,8	69,4	119,9	184,4	—
C₆H₈O₃	α,α-Dimethylbernsteinsäureanhydrid	61,4	102,0	155,3	219,5	—
C₆H₈O₃	α-Methylglutarsäure-anhydrid	93,8	141,8	205,0	282,5	—
C₆H₈O₄	Fumarsäure-dimethylester	44,7	85,3	137,8	198,6	—
C₆H₈O₄	Maleinsäure-dimethylester	45,7	86,4	140,3	205,0	—
C₆H₁₀Cl₂O₂	Dichloressigsäure-isobutylester	28,6	67,5	119,8	183,0	—
C₆H₁₀O	Cyclohexanon	1,4	38,7	90,4	155,6	−45,0
C₆H₁₀O	Mesityloxid	—	23,6	70,1	129,6	−59
C₆H₁₀O₃	Lävulinsäure-methylester	39,8	79,7	133,0	197,7	—
C₆H₁₀O₃	Propionsäureanhydrid	20,6	57,2	107,2	167,0	−45
C₆H₁₀O₄	Adipinsäure	159,5	205,5	265,0	337,5	152
C₆H₁₀O₄	Glykoldiacetat	30,0	70,1	128,0	190,5	−31
C₆H₁₀O₄	Oxalsäurediäthylester	47,4	83,8	115,6	183,9	—
C₆H₁₀O₆	DL-Weinsäure-dimethylester	100,4	147,5	209,5	282,0	89
C₆H₁₀O₆	L(+)-Weinsäure-dimethylester	102,1	148,2	208,8	280,0	61,5
C₆H₁₀S	Diallylsulfid	−9,5	26,6	75,8	138,6	−83
C₆H₁₁ClO₂	Chloressigsäure-sec. butylester	17,0	54,6	105,5	167,8	—
C₆H₁₁N	Capronsäurenitril	+9,2	47,5	99,8	163,7	—
C₆H₁₂	Cyclohexan	−45,3	−18,9	25,5	80,7	+6,6
C₆H₁₂	Hexen-(1)	−57,5	−28,1	13,0	66,0	−98,5
C₆H₁₂	Methylcyclopentan	−52,7	−23,7	17,9	71,8	−142,4
C₆H₁₂O	Allylisopropyläther	−43,7	−12,9	29,0	79,5	—
C₆H₁₂O	Allylpropyläther	−39,0	−7,9	35,8	90,5	—
C₆H₁₂O	Cyclohexanol	21,0	56,0	103,7	161,0	23,9
C₆H₁₂O	Hexanon-(2)	7,7	38,8	79,8	127,5	−56,9
C₆H₁₂O	4-Methyl-pentanon-(2)	—	13,0	57,2	116,2	—
C₆H₁₂O₂	Capronsäure	71,4	99,5	144,0	202,0	−1,5
C₆H₁₂O₂	Essigsäure-isobutylester	−21,2	12,8	59,7	118,0	−98,9
C₆H₁₂O₂	Isocapronsäure	66,2	94,0	141,4	207,7	−35
C₆H₁₂O₂	Isovaleriansäure-methylester	−19,2	14,0	59,8	116,7	—

4. Mechanisch-thermische Konstanten usw.

Formel	Verbindung Name	Temperatur in °C bei p in Torr				Tripel- oder Schmelzpunkt °C
		1	10	100	760	
$C_6H_{12}O_3$	Paraldehyd	−9,4	24,1	69,0	124,0	155±5
C_6H_{14}	2,2-Dimethyl-butan	−69,3	−41,5	−2,0	49,7	−99,8
C_6H_{14}	2,3-Dimethyl-butan	−63,6	−34,9	+5,4	58,0	−128,2
C_6H_{14}	Hexan	−53,9	−25,0	15,8	68,7	95,3
C_6H_{14}	2-Methyl-pentan	−60,9	−32,1	+8,1	60,3	−154
C_6H_{14}	3-Methyl-pentan	−59,0	−30,1	10,5	63,3	−118
$C_6H_{14}O$	Diisopropyläther	—	—	15,8	67,4	—
$C_6H_{14}O$	Dipropyläther	−43,3	−11,8	33,0	89,5	−122
$C_6H_{14}O$	Hexanol-(1)	24,4	58,2	102,8	157,0	−51,6
$C_6H_{14}O$	Hexanol-(2)	14,6	45,0	87,3	139,9	—
$C_6H_{14}O$	Hexanol-(3)	2,5	36,7	81,8	135,5	—
$C_6H_{14}O$	2-Methyl-pentanol-(1)	15,4	49,6	94,2	147,9	—
$C_6H_{14}O$	2-Methyl-pentanol-(2)	−4,5	27,6	69,2	121,1	−103
$C_6H_{14}O$	4-Methyl-pentanol-(2)	−0,3	33,3	78,0	131,7	—
$C_6H_{14}O_2$	1,1-Diäthoxy-äthan	−23,0	8,0	50,1	102,2	—
$C_6H_{14}O_2$	1,2-Diäthoxy-äthan	−33,5	1,6	51,8	119,5	—
$C_6H_{14}O_3$	Diglykolmonoäthyläther	45,3	85,8	140,3	201,9	—
$C_6H_{14}O_3$	Dipropylenglykol	73,8	116,2	169,9	231,8	—
$C_6H_{14}O_4$	Triglykol	111,5	152,9	204,2	(260,9)	—
$C_6H_{15}B$	Bortriäthyl	—	−148,0	−116,0	−56,2	—
$C_6H_{15}ClSi$	Siliciumtriäthylchlorid	−4,9	32,0	82,3	146,3	—
$C_6H_{15}O_4P$	Phosphorsäuretriäthylester	39,6	82,1	142,1	210,8	—
$C_6H_{15}Tl$	Thalliumtriäthyl	+9,3	51,7	112,1	192,1	−63,0
$C_6H_{16}O_2Si$	Silicium-diäthoxy-dimethyl	−19,1	13,3	57,6	113,5	—
$C_6H_{16}Si$	Siliciumtrimethylpropyl	−46,0	−13,9	31,6	90,0	—
$C_6H_{16}Sn$	Zinntrimethylpropyl	−12,0	21,8	69,8	131,7	—
$C_6H_{18}Cl_2O_2Si_3$	1,5-Dichlorhexamethyltrisiloxan	26,0	65,1	118,2	184,0	−53
$C_6H_{18}O_3Si_3$	Hexamethylcyclotrisiloxan	—	35,7	78,7	134,0	64

411. Dampfdruck

$C_8H_3Cl_2F_3$	3,4-Dichlor-α,α,α-trifluor-toluol	11,0	52,2	109,2	172,8	−12,1
$C_7H_4ClF_3$	2-Chlor-α,α,α-trifluor-toluol	0,0	37,1	88,3	152,2	−6,0
$C_7H_4Cl_4$	2-α,α,α-Tetrachlor-toluol	69,0	117,9	185,0	262,1	28,7
C_7H_5BrO	Benzoylbromid	47,0	89,8	147,7	218,5	0
C_7H_5ClO	Benzoylchlorid	32,1	73,0	128,0	**197,2**	−0,5
$C_7H_5Cl_3$	Benzotrichlorid	45,8	87,6	144,3	213,5	−21,2
$C_7H_5F_3$	Benzotrifluorid	−32,0	0,4	45,3	102,2	−29,3
C_7H_5N	Benzonitril	28,2	69,2	123,5	190,6	−12,9
C_7H_5N	Phenylisocyanid	12,0	49,7	101,0	165,0	—
C_7H_5NO	Phenylisocyanat	10,6	48,5	100,6	165,6	—
$C_7H_5NO_3$	2-Nitrobenzaldehyd	85,8	133,4	196,2	273,5	40,9
$C_7H_5NO_3$	3-Nitrobenzaldehyd	96,2	142,8	204,3	278,3	58
C_7H_5NS	Phenylisothiocyanat	47,2	89,8	147,7	218,5	−21,0
$C_7H_6Cl_2$	Benzalchlorid	35,4	78,7	138,3	214,0	−16,1
C_7H_6O	Benzaldehyd	26,2	62,0	112,5	179,0	−26
$C_7H_6O_2$	Benzoesäure	96,0	132,1	186,2	249,2	121,7
$C_7H_6O_2$	4-Hydroxy-benzaldehyd	121,2	169,7	233,5	310,0	115,5
$C_7H_6O_2$	Salicylaldehyd	33,0	73,8	129,4	196,5	−7
$C_7H_6O_3$	Salicylsäure	113,7	146,2	193,4	256,0	159
C_7H_7Br	Benzylbromid	32,2	73,4	129,8	198,5	−4
C_7H_7Br	2-Brom-toluol	24,4	62,3	112,0	181,8	−28
C_7H_7Br	3-Brom-toluol	14,8	64,0	117,8	183,7	−39,8
C_7H_7Br	4-Brom-toluol	10,3	61,1	116,4	184,5	28,5
C_7H_7Cl	Benzylchlorid	22,0	60,8	114,2	179,4	−39
C_7H_7Cl	2-Chlortoluol	5,4	43,2	94,7	159,3	—
C_7H_7Cl	3-Chlor-toluol	4,8	43,2	96,3	162,3	—
C_7H_7Cl	4-Chlor-toluol	5,5	43,8	96,6	162,3	+7,3
C_7H_7F	2-Fluortoluol	−24,2	8,9	55,3	194,0	−80
C_7H_7F	3-Fluortoluol	−22,4	11,0	57,5	116,0	−110,8
C_7H_7F	4-Fluor-toluol	−21,8	11,8	58,1	117,0	—
C_7H_7J	2-Jod-toluol	37,2	79,8	138,1	211,0	—
$C_7H_7NO_2$	2-Nitrotoluol	50,0	93,8	151,5	222,3	−4,1

4. Mechanisch-thermische Konstanten usw.

Formel	Verbindung Name	Temperatur in °C bei p in Torr				Tripel- oder Schmelzpunkt °C
		1	10	100	760	
$C_7H_7NO_2$	3-Nitrotoluol	50,2	96,0	156,9	231,9	15,5
$C_7H_7NO_2$	4-Nitrotoluol	—	98,9	159,9	233,1	51,9
C_7H_8	Toluol	−26,7	+6,4	51,9	110,6	−95,0
$C_7H_8Cl_2Si$	Siliciumbenzyldichlorid	45,3	83,2	133,5	194,3	—
$C_7H_8Cl_2Si$	Siliciummethylphenyldichlorid	35,7	77,4	134,2	205,5	—
$C_7H_8Cl_2Si$	Silicium-4-tolyl-dichlorid	46,2	84,2	135,5	196,3	—
C_7H_8O	Anisol	5,4	42,2	93,0	155,5	−37,3
C_7H_8O	Benzylalkohol	58,0	92,6	141,7	204,7	−15,3
C_7H_8O	o-Kresol	38,2	76,7	124,4	190,8	30,8
C_7H_8O	m-Kresol	52,0	87,8	138,0	202,8	10,9
C_7H_8O	p-Kresol	53,0	88,6	140,0	201,8	35,5
$C_7H_8O_2$	3,5-Dimethyl-pyron-(2)	78,6	122,0	177,5	245,0	51,5
$C_7H_8O_2$	2-Methoxy-phenol	52,4	92,0	144,0	205,0	28,3
C_7H_9N	Benzylamin	29,0	67,7	120,0	184,5	—
C_7H_9N	N-Methylanilin	36,0	76,2	129,8	195,5	−57
C_7H_9N	o-Toluidin	44,0	81,4	133,0	199,7	−16,3
C_7H_9N	m-Toluidin	41,0	82,0	136,7	203,3	−31,5
C_7H_9N	p-Toluidin	42,0	81,8	133,7	200,4	44,5
$C_7H_{10}O_3$	Trimethylbernsteinsäureanhydrid	53,5	97,4	156,5	231,0	—
$C_7H_{10}O_4$	Citraconsäure-dimethylester	50,8	91,8	145,8	210,5	—
$C_7H_{10}O_4$	Itaconsäure-dimethylester	69,3	106,6	153,7	208,0	38
$C_7H_{10}O_4$	Mesaconsäure-trans-dimethylester	46,8	87,8	141,5	206,0	—
C_7H_{12}	1-Methyl-cyclohexen-(3)	−36,2	−1,3	54,3	96,9	—
$C_7H_{12}O_3$	Lävulinsäureäthylester	47,3	87,3	141,3	206,2	—
$C_7H_{12}O_4$	Malonsäurediäthylester	40,0	81,3	136,2	198,9	−49,8
$C_7H_{12}O_4$	Pimelinsäure	163,4	212,0	272,0	342,1	103
C_7H_{14}	Äthylcyclopentan	−31,2	−0,1	45,0	103,4	−138,6
C_7H_{14}	Hepten-(2)	−35,8	−3,5	41,3	98,5	—

411. Dampfdruck

C_7H_{14}	Methylcyclohexan	−34,9	−2,2	42,1	100,9	−126,4
C_7H_{14}	2-Methyl-hexen-(1)		−6,2	38,0	91,1	—
$C_7H_{14}O$	2,4-Dimethyl-pentanon-(3)	5,2	36,7	77,0	123,7	—
$C_7H_{14}O$	Heptanon-(2)	19,3	55,5	100,0	150,2	−32,6
$C_7H_{14}O$	Heptanon-(4)	23,0	55,0	96,0	143,7	−42
$C_7H_{14}O$	Önanthaldehyd	12,0	43,0	84,0	155,0	−95,2
$C_7H_{14}O_2$	Buttersäure-propylester	−1,6	34,0	82,6	142,7	—
$C_7H_{14}O_2$	Essigsäure-isoamylester	0,0	35,2	83,2	142,0	—
$C_7H_{14}O_2$	Isobuttersäure-isopropylester	−16,3	17,0	62,3	120,5	—
$C_7H_{14}O_2$	Isobuttersäure-propylester	−6,2	28,3	73,9	133,9	—
$C_7H_{14}O_2$	Önanthsäure	81,4	113,2	160,7	220,5	−10
$C_7H_{14}O_2$	Propionsäure-isobutylester	−2,3	32,3	79,5	136,8	−71
$C_7H_{14}O_4$	Glycerin-α-n-butyrat	116,5	156,3	(205,2)	(258,6)	
C_7H_{16}	3-Äthyl-pentan	−36,8	−6,8	36,9	93,5	−118,6
C_7H_{16}	2,2-Dimethyl-pentan	−49,0	−18,7	23,9	79,2	−123,7
C_7H_{16}	2,3-Dimethyl-pentan	−42,0	−10,3	33,3	89,8	−135
C_7H_{16}	2,4-Dimethyl-pentan	−48,0	−17,1	25,4	80,5	−119,5
C_7H_{16}	3,3-Dimethyl-pentan	−44,9	−14,4	29,3	86,1	−135,0
C_7H_{16}	Heptan	−34,0	−2,1	41,8	98,4	−90,6
C_7H_{16}	2-Methyl-hexan	−39,4	−9,1	34,1	90,0	−118,2
C_7H_{16}	3-Methyl-hexan	−39,0	−7,8	35,6	101,9	−119,4
C_7H_{16}	2,2,3-Trimethyl-butan		−18,8	24,4	80,9	−25,0
$C_7H_{16}O$	Heptanol-(1)	42,4	74,7	119,5	175,8	34,6
$C_7H_{16}O_3$	Orthoameisensäuretriäthylester	5,5	40,5	88,0	146,0	—
$C_7H_{18}Si$	Siliciumtrimethylbutyl	−23,4	+9,9	56,3	115,0	—
$C_7H_{18}Si$	Siliciumtriäthylmethyl	−18,2	16,6	65,6	127,0	—
$C_8H_4Cl_2O_2$	Phthalylchlorid	86,3	134,2	197,8	275,8	88,5
$C_8H_4O_3$	Phthalsäureanhydrid	96,5	134,0	202,3	284,5	—
$C_8H_5Cl_5$	Pentachloräthylbenzol	96,2	148,0	216,0	299,0	—
$C_8H_6Cl_2$	2,3-Dichlor-styrol	61,0	104,6	163,5	235,0	!
$C_8H_6Cl_2$	2,4-Dichlor-styrol	53,5	97,4	153,8	225,0	—

4. Mechanisch-thermische Konstanten usw.

Verbindung		Temperatur in °C bei p in Torr				Tripel- oder Schmelzpunkt °C
Formel	Name	1	10	100	760	
$C_8H_6Cl_2$	2,5-Dichlor-styrol	55,5	98,2	155,8	227,0	—
$C_8H_6Cl_2$	2,6-Dichlor-styrol	47,8	90,0	147,6	217,0	—
$C_8H_6Cl_2$	3,4-Dichlor-styrol	57,2	100,4	158,2	230,0	—
$C_8H_6Cl_2$	3,5-Dichlor-styrol	53,5	97,4	153,8	225,0	—
$C_8H_6Cl_4$	3,4,5,6-Tetrachlor-1,2-dimethyl-benzol	94,4	140,3	200,5	273,5	—
$C_8H_6O_2$	Phenylglyoxal	—	87,8	136,2	193,5	73
$C_8H_6O_2$	Phthalid	95,5	144,0	210,0	290,0	73
$C_8H_6O_3$	Piperonal	87,0	132,0	191,7	263,0	37
C_8H_7Cl	2-Chlor-styrol	—	—	118,6	186,4	—
C_8H_7Cl	3-Chlor-styrol	25,3	65,2	121,2	190,0	—
C_8H_7Cl	4-Chlor-styrol	28,0	67,5	122,0	189,2	−15,0
C_8H_7N	o-Tolunitril	36,7	77,9	135,0	205,2	−13
C_8H_7N	p-Tolunitril	42,5	85,8	145,2	217,6	29,5
C_8H_7NS	Benzylisothiocyanat	79,5	121,8	177,7	243,0	—
C_8H_7NS	2-Methylbenzthiazol	70,0	111,2	163,9	225,5	15,4
C_8H_8	Cyclooctatetraen	−5,7	28,9	77,6	145,2	−30,6
C_8H_8	Styrol	7,0	30,8	82,0	226,6	−76,4
$C_8H_8Cl_2$	1,2-Dichlor-4-äthyl-benzol	47,0	92,3	153,3	222,1	−40,8
$C_8H_8Cl_2$	1,2-Dichlor-3-äthyl-benzol	46,0	90,0	149,8	216,3	−61,2
$C_8H_8Cl_2$	1,4-Dichlor-2-äthyl-benzol	38,5	83,2	144,0	202,4	20,5
C_8H_8O	Acetophenon	37,1	78,0	133,6	248,0	2,5
C_8H_8O	Anisaldehyd	73,2	117,8	176,7	199,5	−12,5
$C_8H_8O_2$	Benzoesäuremethylester	39,0	77,3	130,8	195,9	—
$C_8H_8O_2$	Essigsäurephenylester	38,2	78,0	131,6	265,5	76,5
$C_8H_8O_2$	Phenylessigsäure	97,0	141,3	198,2	223,0	−8,3
$C_8H_8O_3$	Salicylsäuremethylester	54,0	95,3	150,0	285,0	81,5
$C_8H_8O_3$	Vanillin	107,0	154,0	214,5		

411. Dampfdruck

$C_8H_8O_4$	Dehydracetsäure	91,7	137,3	197,5	269,0	—
C_8H_9Br	1-Brom-4-äthyl-benzol	30,4	74,0	135,5	206,0	−45,0
C_8H_9Br	(2-Brom-äthyl)-benzol	48,0	90,5	148,2	219,0	—
C_8H_9Br	2-Brom-1,4-dimethyl-benzol	37,5	78,8	135,7	206,7	+9,5
C_8H_9Cl	1-Chlor-2-äthyl-benzol	17,2	56,1	110,0	177,6	−80,2
C_8H_9Cl	1-Chlor-3-äthyl-benzol	18,6	58,2	113,6	181,1	−53,3
C_8H_9Cl	1-Chlor-4-äthyl-benzol	19,2	60,0	116,0	184,3	−62,6
C_8H_9NO	Acetanilid (Antifebrin)	114,0	162,0	227,2	303,8	113,5
$C_8H_9NO_2$	Anthranilsäuremethylester	77,6	124,2	187,8	266,5	24
C_8H_{10}	1,2-Dimethyl-benzol	−3,8	32,1	81,3	144,4	−25,2
C_8H_{10}	1,3-Dimethyl-benzol	−6,9	28,3	76,8	139,1	−47,9
C_8H_{10}	1,4-Dimethyl-benzol	−8,1	27,3	75,9	138,3	+13,3
$C_8H_{10}Cl_2OSi$	Siliciumäthoxyphenyldichlorid	52,4	94,6	151,5	222,2	—
$C_8H_{10}Cl_2Si$	Siliciumäthylphenyldichlorid	48,5	92,3	152,3	225,5	—
$C_8H_{10}O$	2-Äthyl-phenol	46,2	87,0	141,8	207,5	−45
$C_8H_{10}O$	3-Äthyl-phenol	60,0	100,2	152,0	214,0	−4
$C_8H_{10}O$	4-Äthyl-phenol	59,3	100,2	154,2	219,0	46,5
$C_8H_{10}O$	1,2-Dimethyl-3-hydroxy-benzol	56,0	97,6	152,2	218,0	75
$C_8H_{10}O$	1,2-Dimethyl-4-hydroxy-benzol	66,2	107,7	161,0	225,2	62,5
$C_8H_{10}O$	1,3-Dimethyl-4-hydroxy-benzol	51,8	91,3	143,0	211,5	25,5
$C_8H_{10}O$	1,4-Dimethyl-5-hydroxy-benzol	51,8	91,3	143,0	211,5	74,5
$C_8H_{10}O$	Phenetol	18,1	56,4	108,4	172,0	−30,2
$C_8H_{10}O$	α-Phenyl-äthanol	49,0	88,0	140,3	204,0	—
$C_8H_{10}O$	β-Phenyl-äthanol	58,2	100,0	154,0	219,5	—
$C_8H_{10}O_2$	4,6-Dimethylresorcin	49,0	90,7	147,3	215,0	—
$C_8H_{10}O_2$	2,5-Dimethyl-hydrochinon	70,6	94,5	(122,8)	(149,9)	—
$C_8H_{10}O_2$	2-Phenoxy-äthanol	78,0	121,2	176,5	245,3	11,6
$C_8H_{11}N$	N-Äthylanilin	38,5	80,6	137,3	204,0	−63,5
$C_8H_{11}N$	N,N-Dimethylanilin	29,5	70,0	125,8	193,1	+2,5
$C_8H_{11}NO$	o-Phenetidin	67,0	108,6	163,5	228,0	—
$C_8H_{12}O_4$	Fumarsäure-diäthylester	53,2	95,3	151,1	218,5	+0,6
$C_8H_{12}O_4$	Maleinsäure-diäthylester	57,3	100,0	156,0	225,0	—

Formel	Verbindung Name	Temperatur in °C bei p in Torr				Tripel- oder Schmelzpunkt °C
		1	10	100	760	
$C_8H_{14}O_4$	Bernsteinsäure-diäthylester	54,6	96,6	151,1	216,5	−20,8
$C_8H_{14}O_4$	Diäthylisosuccinat	39,8	80,0	134,8	201,3	—
$C_8H_{14}O_4$	Korksäure	172,8	219,5	279,0	345,5	142
$C_8H_{14}O_4$	Oxalsäurediisopropylester	43,2	81,9	132,6	193,5	—
$C_8H_{14}O_6$	DL-Weinsäure-diäthylester	100,0	147,2	208,0	280,0	—
$C_8H_{14}O_6$	L(+)-Weinsäure-diäthylester	102,0	148,0	208,5	280,0	—
$C_8H_{15}Br$	2-Brom-1-äthyl-cyclohexan	38,7	80,5	138,0	213,0	—
C_8H_{16}	Äthylcyclohexan	−14,5	20,6	69,0	131,8	−111,3
C_8H_{16}	1,1-Dimethyl-cyclohexan	−24,4	+10,3	57,9	119,5	−34
C_8H_{16}	2-Methyl-hepten-(2)	−16,1	17,8	64,6	122,5	—
C_8H_{16}	2,4,4-Trimethyl-penten-(2)	—	−12,9	37	109	—
$C_8H_{16}O$	Caprylaldehyd	73,4	101,2	133,9	168,5	—
$C_8H_{16}O$	6-Methyl-hepten-(3)-ol-(2)	41,6	76,7	122,6	175,5	—
$C_8H_{16}O$	6-Methyl-hepten-(5)-ol-(2)	41,9	77,8	123,8	174,3	—
$C_8H_{16}O$	Octanon-(2)	23,6	60,9	111,7	172,9	−16
$C_8H_{16}O$	2,2,4-Trimethyl-pentanon-(3)	14,7	46,4	87,6	135,0	—
$C_8H_{16}O_2$	Buttersäure-isobutylester	+4,6	42,2	94,0	156,9	—
$C_8H_{16}O_2$	Caprylsäure	92,3	124,0	172,2	237,2	16
$C_8H_{16}O_2$	Isobuttersäure-isobutylester	+4,1	39,9	88,0	147,5	−80,7
$C_8H_{16}O_2$	Isovaleriansäure-propylester	+8,0	45,1	95,0	155,9	—
$C_8H_{17}J$	1-Jod-octan	45,8	90,0	150,0	225,5	−45,9
$C_8H_{17}NO_2$	L-Leucin-äthylester	27,8	72,1	131,8	184,0	—
C_8H_{18}	3-Äthyl-hexan	−20,0	12,8	58,9	118,5	—
C_8H_{18}	2,2-Dimethyl-hexan	−29,7	+3,1	48,2	106,8	—
C_8H_{18}	2,3-Dimethyl-hexan	−23,0	+9,9	56,0	115,6	—
C_8H_{18}	2,4-Dimethyl-hexan	−26,9	+5,2	50,6	109,4	—
C_8H_{18}	2,5-Dimethyl-hexan	−26,7	+5,3	50,5	109,1	−90,7
C_8H_{18}	3,3-Dimethyl-hexan	−25,8	46,1	52,2	112,0	—

411. Dampfdruck

C_8H_{18}	3,4-Dimethyl-hexan	−22,1	11,3	57,7	117,7	—
C_8H_{18}	2-Methyl-3-äthyl-pentan	−24,0	+9,5	55,7	115,6	−114,5
C_8H_{18}	3-Methyl-3-äthyl-pentan	−23,9	+9,9	57,1	118,3	−90
C_8H_{18}	2-Methyl-heptan	−21,0	12,3	58,3	117,6	−109,5
C_8H_{18}	3-Methyl-heptan	−19,8	13,3	59,4	118,9	−120,8
C_8H_{18}	4-Methyl-heptan	−20,4	12,4	58,3	117,7	−121,1
C_8H_{18}	Octan	−14,0	19,2	65,7	125,6	−56,8
C_8H_{18}	2,2,3,3-Tetramethyl-butan	−17,4	13,5	54,8	106,3	−102,2
C_8H_{18}	2,2,3-Trimethyl-pentan	−29,0	+3,9	49,9	109,8	−112,3
C_8H_{18}	2,2,4-Trimethyl-pentan	−25,8	+6,9	53,8	114,8	−101,5
C_8H_{18}	2,3,4-Trimethyl-pentan	−26,3	+7,1	53,4	113,5	−109,2
$C_8H_{18}O$	Octanol-(1)	54,0	88,3	135,2	195,2	−15,4
$C_8H_{18}O$	Octanol-(2)	32,8	70,0	119,8	178,5	−38,6
$C_8H_{18}O_2$	1,2-Dipropyloxyäthan	−38,8	5,0	74,2	180,0	—
$C_8H_{18}O_3$	Diglykolmonobutyläther	70,0	107,8	159,8	231,2	—
$C_8H_{18}O_5$	Tetraäthylenglykol	153,9	197,1	250,0	307,8	—
$C_8H_{20}O_4Si$	Siliciumtetraäthoxy	9,2	49,3	103,4	168,6	—
$C_8H_{20}Pb$	Blei-tetraäthyl	38,4	74,8	123,8	183,0	−136
$C_8H_{20}Sb_2$	Bis-[diäthyl-stibin]	97,0	151,2	225,6	320,3	—
$C_8H_{20}Si$	Siliciumtrimethylamyl	−9,2	26,7	76,2	139,0	—
$C_8H_{20}Si$	Siliciumtetraäthyl	−1	+36,3	+88,0	153,0	—
$C_8H_{22}O_3Si_2$	1,3-Diäthoxytetramethyldisiloxan	14,8	51,2	100,3	160,7	—
$C_8H_{24}Cl_2O_3Si_4$	1,7-Dichloroctamethyltetrasiloxan	53,3	95,8	152,7	222,0	−62
$C_8H_{24}O_2Si_3$	Octamethyltrisiloxan	7,4	43,1	91,1	150,2	—
$C_8H_{24}O_4Si_4$	Octamethylcyclotetrasiloxan	21,7	59,0	110,0	171,2	17,4
$C_9H_6O_2$	Cumarin	106,0	153,4	216,5	291,0	—
C_9H_7N	Chinolin	59,7	103,8	163,2	237,7	−15
C_9H_7N	Isochinolin	63,5	107,8	167,6	240,5	24,6
C_9H_8	Inden	16,4	58,2	114,7	181,6	−2
C_9H_8O	Zimtaldehyd	76,1	120,0	177,7	246,0	−7,5
$C_9H_8O_2$	trans-Zimtsäure	127,5	173,0	232,4	300,0	133

Verbindung		Temperatur in °C bei p in Torr				Tripel- oder Schmelzpunkt °C
Formel	Name	1	10	100	760	
C_9H_9N	3-Methyl-indol	95,0	139,6	197,4	266,2	95
C_9H_{10}	4-Methylstyrol	15,0	55,1	108,2	171,5	—
C_9H_{10}	α-Methylstyrol	7,4	47,1	102,2	165,4	−23,2
C_9H_{10}	β-Methylstyrol	17,5	57,0	111,7	179,0	−30,1
$C_9H_{10}O$	Propiophenon	50,2	92,2	149,3	218,0	21
$C_9H_{10}O$	2-Vinyl-anisol	41,9	81,0	132,3	194,0	—
$C_9H_{10}O$	3-Vinyl-anisol	43,4	83,0	135,3	197,5	—
$C_9H_{10}O$	4-Vinyl-anisol	45,2	85,7	139,7	204,5	—
$C_9H_{10}O$	Zimtalkohol	72,6	117,8	177,8	250,0	33
$C_9H_{10}O_2$	Benzoesäureäthylester	44,0	86,0	143,2	213,4	−34,6
$C_9H_{10}O_2$	Essigsäurebenzylester	45,0	87,6	144,0	213,5	−51,5
$C_9H_{10}O_2$	Hydrozimtsäure	102,2	148,7	209,0	279,8	48,5
$C_9H_{10}O_3$	Salicylsäure-äthylester	61,2	104,2	161,5	231,5	1,3
$C_9H_{11}NO$	N-Methylacetanilid	—	118,6	179,8	253,0	102
$C_9H_{11}NO_2$	Carbanilsäure-äthylester	107,8	143,7	187,9	237,0	52,5
C_9H_{12}	2-Äthyl-toluol	9,4	48,4	99,2	165,1	—
C_9H_{12}	3-Äthyl-toluol	7,2	45,6	96,3	161,3	−104,7
C_9H_{12}	4-Äthyl-toluol	7,6	44,9	96,3	162,0	—
C_9H_{12}	Cumol	2,9	38,3	88,1	152,4	−96,0
C_9H_{12}	Propylbenzol	6,3	43,4	94,0	159,2	−99,5
C_9H_{12}	1,2,3-Trimethyl-benzol	16,8	56,8	109,1	176,0	−25,5
C_9H_{12}	1,2,4-Trimethyl-benzol	13,6	51,7	103,3	171,2	−44,1
C_9H_{12}	1,3,5-Trimethyl-benzol	9,6	48,8	99,7	164,7	−44,8
$C_9H_{12}O$	Äthylbenzyläther	26,0	65,0	118,9	185,0	—
$C_9H_{12}O$	2-Isopropyl-phenol	56,6	97,0	150,3	214,5	15,5
$C_9H_{12}O$	3-Isopropyl-phenol	62,0	104,1	160,2	228,0	26
$C_9H_{12}O$	4-Isopropyl-phenol	67,0	108,0	163,3	228,2	61
$C_9H_{13}ClOSi$	Siliciumäthoxymethylphenylchlorid	44,8	94,6	142,6	212,0	—

$C_9H_{13}N$	Cumidin	60,0	102,2	158,0	227,0	—
$C_9H_{13}N$	N,N-Dimethyl-2-toluidin	28,8	66,0	118,1	184,8	−61
$C_9H_{13}N$	N,N-Dimethyl-4-toluidin	50,1	86,7	140,3	209,5	—
$C_9H_{13}N$	2,4,5-Trimethyl-anilin	68,4	109,0	162,0	234,5	67
$C_9H_{14}O$	Isophoron	38,0	81,2	140,6	215,2	—
$C_9H_{14}O$	Phoron	42,0	81,5	134,0	197,2	28
$C_9H_{14}O_4$	Citraconsäure-(cis)-diäthylester	59,8	103,0	160,0	230,3	—
$C_9H_{14}O_4$	Itaconsäure-diäthylester	51,3	95,2	154,3	227,9	—
$C_9H_{14}O_4$	Mesaconsäure-diäthylester	62,8	105,3	161,6	229,0	—
$C_9H_{14}O_7$	Citronensäure-trimethylester	106,2	160,4	219,6	287,0	78,5
$C_9H_{16}O_3$	Lävulinsäure-isobutylester	65,0	105,9	160,2	229,9	—
$C_9H_{16}O_4$	Äthylenmalonsäure-diäthylester	49,9	91,6	146,0	211,5	—
$C_9H_{16}O_4$	Azelainsäure	178,3	225,5	286,5	356,5	106,5
$C_9H_{16}O_4$	Glutarsäure-diäthylester	65,6	109,7	167,8	237,0	—
$C_9H_{18}O$	Pelargonaldehyd	33,3	71,6	123,0	185,0	—
$C_9H_{18}O$	Nonanon-(2)	32,1	72,3	127,4	195,0	−19
$C_9H_{18}O_2$	Buttersäure-isoamylester	21,2	59,9	113,1	178,6	—
$C_9H_{18}O_2$	Isobuttersäure-isoamylester	14,8	52,8	104,4	168,8	—
$C_9H_{18}O_2$	Isovaleriansäure-isobutylester	16,0	53,8	105,2	168,7	—
$C_9H_{18}O_2$	Pelargonsäure	108,2	137,4	184,4	253,5	12,5
$C_9H_{19}J$	Jodnonan	70,0	109,0	159,8	219,5	—
C_9H_{20}	Nonan	+2,4	39,1	87,9	150,8	−53,7
$C_9H_{20}O$	Nonanol-(1)	59,5	99,7	151,3	213,5	−5
$C_9H_{22}Si$	Siliciumtrimethylhexyl	+6,7	44,8	97,2	163,0	—
$C_9H_{22}Si$	Siliciumtriäthylpropyl	15,2	54,0	107,4	173,0	—
$C_{10}H_7Br$	1-Brom-naphthalin	84,2	133,6	198,8	281,1	5,5
$C_{10}H_7Cl$	1-Chlor-naphthalin	80,6	118,6	180,4	259,3	−20
$C_{10}H_8$	Naphthalin	52,6	86,8	144,2	217,9	80,2
$C_{10}H_6Cl_2Si$	Silicium-1-naphthyl-dichlorid	106,2	149,2	205,9	273,3	—
$C_{10}H_8O$	Naphthol-(1)	94,0	142,0	206,0	282,5	96
$C_{10}H_8O$	Naphthol-(2)	—	145,5	209,8	288,0	122,5

4. Mechanisch-thermische Konstanten usw.

Verbindung			Temperatur in °C bei p in Torr				Tripel- oder Schmelzpunkt °C
Formel	Name		1	10	100	760	
$C_{10}H_9N$	2-Methyl-chinolin		75,3	119,0	176,2	246,5	−1
$C_{10}H_9N$	1-Naphthylamin		104,3	153,8	220,0	300,8	50
$C_{10}H_9N$	2-Naphthylamin		108,0	157,6	224,3	306,1	111,5
$C_{10}H_{10}$	1,3-Divinyl-benzol		32,7	73,8	130,0	199,5	−66,9
$C_{10}H_{10}O_2$	α-Methylzimtsäure		125,7	169,8	224,8	288,0	—
$C_{10}H_{10}O_2$	Safrol		63,8	107,6	165,1	233,0	11,2
$C_{10}H_{10}O_2$	Zimtsäuremethylester		77,4	123,0	185,8	263,0	33,4
$C_{10}H_{10}O_4$	Phthalsäuredimethylester		100,3	147,6	210,0	283,7	—
$C_{10}H_{12}$	3-Äthyl-styrol		28,3	68,3	123,2	191,5	—
$C_{10}H_{12}$	4-Äthyl-styrol		26,0	66,3	121,5	189,0	—
$C_{10}H_{12}$	2,4-Dimethyl-styrol		34,2	75,8	132,3	202,0	—
$C_{10}H_{12}$	2,5-Dimethyl-styrol		29,0	69,0	124,7	193,0	—
$C_{10}H_{12}$	Tetralin		38,0	79,0	135,3	207,2	−31,0
$C_{10}H_{12}O$	Anethol		62,6	106,0	164,2	235,3	22,5
$C_{10}H_{12}O$	Cuminaldehyd		58,0	102,0	160,0	232,0	—
$C_{10}H_{12}O$	Estragol		52,6	93,7	148,5	215,0	—
$C_{10}H_{12}O$	4-Methyl-propiophenon		59,6	103,8	164,2	238,5	—
$C_{10}H_{12}O_2$	Chavibetol		83,6	127,0	185,5	254,0	—
$C_{10}H_{12}O_2$	Eugenol		78,4	123,0	182,2	253,5	—
$C_{10}H_{12}O_3$	Essigsäure-2-phenoxyäthylester		82,6	128,0	189,2	259,7	−6,7
$C_{10}H_{14}$	2-Äthyl-1,4-dimethyl-benzol		24,1	64,0	118,0	185,0	—
$C_{10}H_{14}$	4-Äthyl-1,3-dimethyl-benzol		23,2	63,0	117,2	184,5	—
$C_{10}H_{14}$	5-Äthyl-1,3-dimethyl-benzol		23,2	62,8	117,2	185,0	—
$C_{10}H_{14}$	n-Butyl-benzol		22,7	62,0	115,2	183,1	−81,2
$C_{10}H_{14}$	sec. Butyl-benzol		18,6	53,7	105,9	173,3	−82,7
$C_{10}H_{14}$	tert. Butyl-benzol		13,0	50,8	102,4	169	−58
$C_{10}H_{14}$	o-Cymol		19,0	57,6	110,1	178,0	—
$C_{10}H_{14}$	p-Cymol		13,0	56,6	109,2	137,2	—

$C_{10}H_{14}$	1,2-Diäthyl-benzol	25,6	62,8	115,6	183,4	—
$C_{10}H_{14}$	1,3-Diäthyl-benzol	21,7	61,4	113,8	181,1	−84,2
$C_{10}H_{14}$	1,4-Diäthyl-benzol	20,7	62,8	115,8	183,7	—
$C_{10}H_{14}$	Isobutyl-benzol	14,1	53,2	105,4	172,7	—
$C_{10}H_{14}$	1,2,3,4-Tetramethyl-benzol	42,6	79,5	134,8	205	−4,0
$C_{10}H_{14}$	1,2,3,5-Tetramethyl-benzol	40,6	77,8	128,3	197,9	−24,0
$C_{10}H_{14}$	1,2,4,5-Tetramethyl-benzol	45,0	73	127	195,9	79,5
$C_{10}H_{14}N_2$	Nicotin	61,8	107,2	169,5	247,3	—
$C_{10}H_{14}O$	4-Äthyl-phenetol	48,5	89,5	143,5	208,0	—
$C_{10}H_{14}O$	2-sec. Butyl-phenol	57,4	100,8	157,3	228,0	—
$C_{10}H_{14}O$	4-sec. Butyl-phenol	71,4	114,8	172,4	242,1	—
$C_{10}H_{14}O$	2-tert. Butyl-phenol	56,6	98,1	153,5	219,5	—
$C_{10}H_{14}O$	4-tert. Butyl-phenol	70,0	114,0	170,2	238,0	99
$C_{10}H_{14}O$	Carvacrol	70,0	113,2	169,7	237,0	+0,5
$C_{10}H_{14}O$	Carvon	57,4	100,4	157,3	227,5	—
$C_{10}H_{14}O$	Cuminalkohol	74,2	118,0	176,2	246,6	—
$C_{10}H_{14}O$	4-Isobutyl-phenol	72,1	115,5	171,2	237,0	—
$C_{10}H_{14}O$	Thymol	64,3	107,4	164,1	231,8	51,5
$C_{10}H_{14}O$	N,N-Diäthylanilin	49,7	91,9	147,3	215,5	−34,4
$C_{10}H_{15}N$	Camphen	5	47,2	97,9	160,5	50
$C_{10}H_{16}$	Dipenten	14,0	53,8	108,3	174,6	—
$C_{10}H_{16}$	d-Limonen	14,0	53,8	108,3	175,0	−96,9
$C_{10}H_{16}$	Myrcen	14,5	53,2	106,0	171,5	—
$C_{10}H_{16}$	α-Phellandren	20,0	58,0	110,6	175,0	—
$C_{10}H_{16}$	α-Pinen	−1,0	37,3	90,1	155,0	−55
$C_{10}H_{16}$	β-Pinen	+4,2	42,3	94,0	158,3	—
$C_{10}H_{16}$	Terpinolen	32,3	70,6	122,7	185,0	—
$C_{10}H_{16}AsNO_3$	Arsanilsäurediäthylester	38,0	74,8	123,8	181,0	—
$C_{10}H_{16}O$	d-Campher	41,5	82,3	138,0	209,2	178,5
$C_{10}H_{16}O$	α-Citral	61,7	103,9	160,0	228,0	—
$C_{10}H_{16}O$	l-Dihydrocarvon	46,6	90,0	149,7	223,0	—
$C_{10}H_{16}O$	d-Fenchon	28,0	68,3	123,6	191,0	5

4. Mechanisch-thermische Konstanten usw.

Formel	Verbindung Name	Temperatur in °C bei p in Torr				Tripel- oder Schmelzpunkt °C
		1	10	100	760	
$C_{10}H_{16}O$	Pulegon	58,3	94,0	143,1	221,0	—
$C_{10}H_{16}O$	α-Thujon	38,3	79,3	134,0	201,0	—
$C_{10}H_{16}OSi$	Siliciumäthoxydimethylphenyl	36,3	76,2	131,4	199,5	—
$C_{10}H_{16}O_2$	Campholensäure	97,6	139,8	193,7	256,0	—
$C_{10}H_{18}$	cis-Decalin	22,5	64,2	123,2	194,6	−43,3
$C_{10}H_{18}$	trans-Decalin	−0,8	47,2	114,6	186,7	−30,7
$C_{10}H_{18}O$	Cineol	15,0	54,1	108,2	176,0	−1
$C_{10}H_{18}O$	d-Citronellal	44,0	84,8	140,1	206,5	—
$C_{10}H_{18}O$	Dihydrocarveol	63,9	105,0	159,8	225,0	—
$C_{10}H_{18}O$	d,l-Fenchol	45,8	82,1	132,3	201,0	35
$C_{10}H_{18}O$	Geraniol (trans)	69,2	110,0	165,3	230,0	—
$C_{10}H_{18}O$	d-Linalool	40,0	79,8	133,3	198,0	—
$C_{10}H_{18}O$	Nerol (cis)	61,7	104,0	159,8	226,0	—
$C_{10}H_{18}O$	α-Terpineol	52,8	94,3	150,1	217,5	35
$C_{10}H_{18}O_2$	Citronellsäure	99,5	141,4	195,4	257,0	—
$C_{10}H_{18}O_3$	Lävulinsäure-amylester	81,3	124,0	180,5	253,2	—
$C_{10}H_{18}O_3$	Lävulinsäure-isoamylester	75,6	118,8	177,0	247,9	—
$C_{10}H_{18}O_4$	Bernsteinsäurediisopropylester	77,5	122,2	180,3	250,8	—
$C_{10}H_{18}O_4$	Oxalsäure-diisobutylester	63,2	105,3	161,8	229,5	—
$C_{10}H_{18}O_4$	Sebacinsäure	183,0	232,0	294,5	352,3	134,5
$C_{10}H_{18}O_6$	L(+)-Weinsäure-diisopropylester	103,7	148,2	207,3	275,0	—
$C_{10}H_{18}O_6$	L(+)-Weinsäure-dipropylester	115,6	163,5	127,0	303,0	—
$C_{10}H_{20}$	Decen-(1)	14,0	53,3	106,0	171,3	—
$C_{10}H_{20}$	Menthan	+9,7	48,3	102,1	169,5	—
$C_{10}H_{20}Br_2$	1,2-Dibrom-decan	95,7	137,3	190,2	250,4	—
$C_{10}H_{20}O$	Caprinaldehyd	51,9	92,0	145,3	208,5	—
$C_{10}H_{20}O$	Citronellol	66,4	107,0	159,8	221,5	—
$C_{10}H_{20}O$	Decanon-(2)	44,2	85,8	142,0	211,0	+3,5

Formel	Name				
$C_{10}H_{20}O$	l-Menthol	56,0	96,0	149,4	212,0	42,5
$C_{10}H_{20}O_2$	Decansäure-(1)	109,9	149,9	203,7	267,2	31,5
$C_{10}H_{20}O_2$	Isovaleriansäure-isoamylester	27,0	68,6	125,1	194,0	—
$C_{10}H_{22}$	Decan	17,1	57,7	108,5	174,1	−29,7
$C_{10}H_{22}O$	2,7-Dimethyl-octan	+6,3	42,3	93,9	159,7	−52,8
$C_{10}H_{22}O$	Decanol-(1)	69,5	111,3	165,8	231,0	+7
$C_{10}H_{22}O$	Dihydrocitronellol	68,0	103,0	145,9	193,5	—
$C_{10}H_{22}O$	Diisoamyläther	18,6	57,0	109,6	173,4	—
$C_{10}H_{22}O_2$	2-Butyl-2-äthylbutandiol-(1,3)	94,1	136,8	191,9	255,0	—
$C_{10}H_{24}Si$	Siliciumtrimethylheptyl	22,3	62,1	116,5	184,0	—
$C_{10}H_{24}Si$	Siliciumtriäthylbutyl	27,1	67,5	123,2	192,0	—
$C_{10}H_{28}O_4Si_3$	1,5-Diäthoxyhexanmethyltrisiloxan	41,8	80,7	133,2	196,6	—
$C_{10}H_{30}O_3Si_4$	Decamethyltetrasiloxan	35,3	74,3	127,3	193,5	—
$C_{10}H_{30}O_5Si_5$	Decamethylcyclopentasiloxan	45,2	86,2	142,0	210,0	−38,0
$C_{11}H_8O_2$	α-Naphthoesäure	156,0	196,8	245,8	300,0	160,5
$C_{11}H_8O_2$	β-Naphthoesäure	160,8	202,8	252,7	308,5	184
$C_{11}H_{12}O_2$	trans-Zimtsäureäthylester	87,6	134,0	196,0	271,0	12
$C_{11}H_{12}O_3$	Myristicin	95,2	142,0	205,0	280,0	—
$C_{11}H_{14}$	2,4,5-Trimethyl-styrol	48,1	91,6	149,8	221,2	—
$C_{11}H_{14}$	2,4,6-Trimethyl-styrol	37,5	79,7	136,8	207,0	—
$C_{11}H_{14}O$	2,3,5-Trimethyl-acetophenon	79,0	122,3	179,7	247,5	—
$C_{11}H_{14}O_2$	Benzoesäure-isobutylester	64,0	108,6	166,4	237,0	—
$C_{11}H_{16}$	2,4,5-Trimethyl-1-äthyl-benzol	43,7	84,6	140,3	208,1	—
$C_{11}H_{16}$	2,4,6-Trimethyl-1-äthyl-benzol	38,8	80,5	137,9	208,0	—
$C_{11}H_{16}O$	4-tert. Amyl-phenol	—	125,5	189,0	266,0	93
$C_{11}H_{18}O_2$	Ameisensäurebornylester	47,0	89,3	145,8	214,0	—
$C_{11}H_{18}O_2$	Ameisensäuregeranylester	61,8	104,3	160,7	230,0	—
$C_{11}H_{18}O_2$	Ameisensäurenerylester	57,3	99,7	155,6	224,5	—
$C_{11}H_{18}O_2Si$	Siliciumdiäthoxymethylphenyl	56,5	97,2	151,2	216,5	—
$C_{11}H_{20}O_2$	Ameisensäurementhylester	47,3	90,0	148,0	219,0	—
$C_{11}H_{20}O_3$	Lävulinsäure-hexylester	90,0	134,7	193,6	266,8	—

Formel	Verbindung Name	Temperatur in °C bei p in Torr				Tripel- oder Schmelzpunkt °C
		1	10	100	760	
$C_{11}H_{22}O$	Undecanon-(2)	68,2	108,9	161,0	224,0	15
$C_{11}H_{22}O_2$	Undecansäure-(1)	101,4	149,0	212,5	290,0	29,5
$C_{11}H_{24}$	Hendecan	32,7	75,1	127,9	195,8	−25,6
$C_{11}H_{26}Si$	Siliciumtrimethyloctyl	41,8	82,3	136,5	202,0	—
$C_{12}H_9Cl$	2-Chlor-diphenyl	89,3	134,7	197,0	267,5	34
$C_{12}H_9Cl$	4-Chlor-diphenyl	96,4	146,0	212,5	292,9	75,5
$C_{12}H_9N$	Carbazol	—	—	265,0	354,8	244,8
$C_{12}H_{10}$	Acenaphthen	—	131,2	197,5	277,5	95
$C_{12}H_{10}$	Diphenyl	70,6	117,0	180,7	254,9	69,5
$C_{12}H_{10}ClO_3P$	Diphenylchlorphosphat	121,5	182,5	265,0	378,0	—
$C_{12}H_{10}Cl_2Si$	Siliciumdiphenyldichlorid	109,6	158,0	223,8	304,0	—
$C_{12}H_{10}F_2Si$	Siliciumdiphenyldifluorid	68,4	115,5	176,3	252,5	—
$C_{12}H_{10}N_2$	Azobenzol	103,5	151,5	216,0	293,0	68
$C_{12}H_{10}O$	α-Acetylnaphthalin	115,6	161,5	223,8	295,5	—
$C_{12}H_{10}O$	β-Acetylnaphthalin	120,2	168,5	229,8	301,0	—
$C_{12}H_{10}O$	Diphenyläther	66,1	114,0	178,8	258,5	27
$C_{12}H_{10}O$	2-Hydroxy-diphenyl	100,0	146,2	205,9	275,0	56,5
$C_{12}H_{10}O$	4-Hydroxy-diphenyl	f.	176,2	240,9	308,0	164,5
$C_{12}H_{10}S$	Diphenylsulfid	96,1	145,0	211,8	292,5	—
$C_{12}H_{10}S_2$	Diphenyldisulfid	+131,6	180,0	241,3	310,0	—
$C_{12}H_{10}Se$	Diphenylselenid	105,7	154,4	220,8	301,5	+2,5
$C_{12}H_{11}N$	Diphenylamin	108,3	157,0	222,8	302,0	52,9
$C_{12}H_{12}$	1-Äthyl-naphthalin	70,0	120,0	180,7	258,3	−27
$C_{12}H_{12}$	2-Äthyl-naphthalin	—	119,1	180,1	257,9	—
$C_{12}H_{12}N_2$	1,1'-Diphenyl-hydrazin	126,0	176,1	242,5	322,2	44
$C_{12}H_{14}O_3$	Essigsäure-eugenylester	101,6	148,0	209,7	282,0	29,5
$C_{12}H_{14}O_4$	Apiol	116,0	160,2	218,0	285,0	30

411. Dampfdruck

Formel	Name					
$C_{12}H_{14}O_4$	Phthalsäure-diäthylester	108,8	156,0	219,5	294,0	—
$C_{12}H_{16}$	2,5-Diäthyl-styrol	49,7	92,6	151,0	223,0	—
$C_{12}H_{16}$	Phenylcyclohexan	67,5	111,3	169,3	240,0	+7,5
$C_{12}H_{18}$	1,2-Diisopropyl-benzol	40,0	81,8	138,7	209,0	—
$C_{12}H_{18}$	1,3-Diisopropyl-benzol	34,7	76,0	132,3	202,0	−105
$C_{12}H_{18}$	1,2,4-Triäthyl-benzol	46,0	88,5	146,8	218,0	—
$C_{12}H_{18}$	1,3,4-Triäthyl-benzol	47,9	90,2	147,7	217,5	—
$C_{12}H_{18}O$	4-tert. Butyl-2,6-xylenol	74,0	119,0	176,0	239,8	—
$C_{12}H_{18}O$	6-tert. Butyl-2,4-xylenol	70,3	115,0	172,0	236,5	—
$C_{12}H_{18}O$	6-tert. Butyl-3,4-xylenol	83,9	127,0	184,0	249,5	—
$C_{12}H_{20}O_2$	Essigsäure-bornylester	46,9	90,2	149,8	223,0	29
$C_{12}H_{20}O_2$	Essigsäure-geranylester	73,5	117,9	175,2	243,3	—
$C_{12}H_{20}O_2$	Essigsäure-linalylester	55,4	96,0	151,8	220,0	—
$C_{12}H_{20}O_3Si$	Siliciumtriäthoxyphenyl	71,0	112,6	167,5	233,5	—
$C_{12}H_{20}O_7$	Citronensäure-triäthylester	107,0	144,0	217,8	294,0	—
$C_{12}H_{22}O_2$	Essigsäure-citronellylester	74,7	113,0	161,0	217,0	—
$C_{12}H_{22}O_2$	Essigsäure-menthylester	57,4	100,0	156,7	227,0	—
$C_{12}H_{22}O_3$	Oxalsäure-diisoamylester	85,4	131,4	192,2	265,0	—
$C_{12}H_{22}O_4$	Sebacinsäure-dimethylester	104,0	156,2	222,6	293,5	38
$C_{12}H_{24}$	Dodecen-(1)	46,8	87,6	142,9	208,4	−31,5
$C_{12}H_{24}O$	Laurinaldehyd	77,7	123,7	184,5	257,0	44,5
$C_{12}H_{24}O_2$	Laurinsäure	129,3	172,4	225,9	299,0	48
$C_{12}H_{26}$	Dodecan	47,9	91,6	146,1	215,9	−9,6
$C_{12}H_{26}O$	Dodecanol	91,0	134,7	192,0	259,0	24
$C_{12}H_{27}N$	Dodecylamin	82,8	127,8	182,1	248,0	—
$C_{12}H_{28}Si$	Siliciumtriäthylhexyl	52,4	96,4	156,0	230,0	—
$C_{12}H_{34}O_3Si_4$	1,7-Diäthoxyoctamethyltetrasiloxan	67,7	108,6	162,0	227,5	—
$C_{12}H_{36}O_5Si_5$	Dodecamethylpentasiloxan	56,6	98,0	162,8	220,5	—
$C_{12}H_{36}O_6Si_6$	Dodecamethylcyclohexasiloxan	67,3	110,0	166,3	236,0	−3,0
$C_{13}H_9N$	Acridin	129,4	184,0	256,0	346,0	110,5
$C_{13}H_{10}$	Fluoren	—	146,0	214,7	295,0	113

4. Mechanisch-thermische Konstanten usw.

Formel	Verbindung Name	Temperatur in °C bei p in Torr				Tripel- oder Schmelzpunkt °C
		1	10	100	760	
$C_{13}H_{10}O$	Benzophenon	108,2	157,6	224,4	305,4	48,5
$C_{13}H_{10}O_2$	Benzoesäurephenylester	106,8	157,8	227,8	314,0	70,5
$C_{13}H_{10}O_3$	Salol	117,8	167,0	233,8	313,0	42,5
$C_{13}H_{12}$	Diphenylmethan	76,0	122,8	186,3	264,5	26,5
$C_{13}H_{12}O$	Benzhydrol	110,0	162,0	227,5	301,0	68,5
$C_{13}H_{12}O$	Benzylphenyläther	95,4	144,0	209,2	287,0	—
$C_{13}H_{13}ClSi$	Siliciumdiphenylmethylchlorid	105,0	152,7	216,0	295,5	—
$C_{13}H_{13}N$	N,N-Diphenyl-methyl-amin	103,5	149,7	210,1	282,0	—7,6
$C_{13}H_{14}$	2-Isopropyl-naphthalin	76,0	123,4	187,6	266,0	—
$C_{13}H_{14}Si$	Siliciumdiphenylmethyl	88,0	132,8	193,7	266,8	—
$C_{13}H_{20}$	Heptylbenzol	66,2	109,0	165,7	233,0	—
$C_{13}H_{20}O$	α-Jonon	79,5	123,0	181,2	250,0	—
$C_{13}H_{22}O_2$	Propionsäure-bornylester	64,6	108,0	165,7	235,0	—
$C_{13}H_{26}O$	Tridecanon-(2)	86,8	131,8	191,5	262,5	28,5
$C_{13}H_{26}O_2$	Laurinsäure-methylester	87,8	133,2	190,8	—	5
$C_{13}H_{26}O_2$	Tridecansäure-(1)	137,8	181,0	236,0	299,0	41
$C_{13}H_{28}$	Tridecan	59,4	107,0	163,4	235,4	—6,2
$C_{13}H_{30}Si$	Siliciumtrimethyldecyl	67,4	111,0	169,5	240,0	—
$C_{13}H_{30}Si$	Siliciumtriäthylheptyl	70,0	114,6	174,0	247,0	—
$C_{14}H_8O_2$	Anthrachinon	190,0	234,2	285,0	379,9	286
$C_{14}H_8O_4$	1,4-Dihydroxy-anthrachinon	196,7	259,8	344,5	450,0	194
$C_{14}H_{10}$	Anthracen	145,0	187,2	250,0	342,0	217,5
$C_{14}H_{10}$	Phenanthren	118,2	173,0	249,0	340,2	99,5
$C_{14}H_{10}O_2$	Benzil	128,4	183,0	255,8	347,0	95
$C_{14}H_{10}O_3$	Benzoesäureanhydrid	143,8	198,0	270,4	360,0	42
$C_{14}H_{12}$	1,1-Diphenyläthen	87,4	135,0	198,6	277,0	—
$C_{14}H_{12}$	cis-1,2-Diphenyl-äthen	94,1	137,9	193,4	—	—

Formel	Name					
$C_{14}H_{12}$	trans-1,2-Diphenyl-äthen	113,2	161,0	227,4	306,5	124
$C_{14}H_{12}O$	Desoxybenzoin	123,3	173,5	241,3	321,0	60
$C_{14}H_{12}O_2$	Benzoin	135,6	188,0	258,0	343,0	132
$C_{14}H_{14}$	Dibenzyl	86,8	136,0	202,8	284,0	51,3
$C_{14}H_{15}N$	Äthyldiphenylamin	98,3	146,0	209,8	286,0	—
$C_{14}H_{15}N$	Dibenzylamin	118,3	165,6	227,3	300,0	−26
$C_{14}H_{20}Cl_2$	1,2-Dichlor-3,4,5,6-tetraäthyl-benzol	105,6	155,0	220,7	302,0	—
$C_{14}H_{20}Cl_2$	1,4-Dichlor-2,3,5,6-tetraäthyl-benzol	91,7	143,8	212,0	296,5	—
$C_{14}H_{22}$	1,2,3,4-Tetraäthyl-benzol	65,7	111,6	172,4	248,0	11,6
$C_{14}H_{22}O$	2,4-Di-tert. butyl-phenol	84,5	130,0	190,0	260,8	—
$C_{14}H_{24}O_2$	Isobuttersäurebornylester	70,0	114,0	172,2	243,0	—
$C_{14}H_{26}O_4$	Sebacinsäure-diäthylester	125,3	172,1	234,4	305,5	1,3
$C_{14}H_{28}O$	Tetradecanal	99,0	148,3	214,5	297,8	23,5
$C_{14}H_{28}O$	Myristinsäure	149,3	192,4	248,7	318,0	57,5
$C_{14}H_{29}Cl$	1-Chlor-tetradecan	98,5	148,2	215,5	296,0	+0,9
$C_{14}H_{30}$	Tetradecan	76,4	122,0	179,7	253,6	5,5
$C_{14}H_{32}Si$	Siliciumtriäthyloctyl	73,7	120,6	184,3	262,0	—
$C_{14}H_{40}O_6Si_5$	1,9-Diäthyloxydecamethyl= pentasiloxan	89,0	131,5	187,0	253,3	—
$C_{14}H_{42}O_5Si_6$	Tetradecamethylhexasiloxan	73,7	117,6	175,2	245,5	—
$C_{14}H_{42}O_7Si_7$	Tetradecamethylcycloheptasiloxan	86,3	131,5	191,8	264,0	−32
$C_{15}H_{14}O$	1,3-Diphenyl-propanon-(2)	125,5	177,6	246,6	330,5	34,5
$C_{15}H_{14}O_2$	1-Diphenyloxy-2,3-epoxy-propan	135,3	187,2	255,0	340,0	—
$C_{15}H_{18}OSi$	Siliciumäthoxydiphenylmethyl	109,0	152,7	211,8	282,0	—
$C_{15}H_{24}$	Cadinen	101,3	146,0	205,6	275,0	—
$C_{15}H_{24}O$	2,6-Di-tert. butyl-4-kresol	85,8	131,0	190,0	262,5	—
$C_{15}H_{26}O_6$	Camphoronsäure-triäthylester	f.	166,0	228,6	301,0	135
$C_{15}H_{30}O_2$	Myristinsäure-methylester	115,0	160,8	222,6	295,8	18,5
$C_{15}H_{32}$	Pentadecan	91,6	135,0	195,2	270,7	10
$C_{16}H_{14}O_2$	Zimtsäurebenzylester	173,8	221,5	281,5	350,0	39
$C_{16}H_{20}O_2Si$	Siliciumdiäthoxydiphenyl	111,5	157,6	220,0	296,0	—

4. Mechanisch-thermische Konstanten usw.

Formel	Verbindung Name	Temperatur in °C bei p in Torr				Tripel- oder Schmelzpunkt °C
		1	10	100	760	
$C_{16}H_{22}O_4$	Phthalsäure-dibutylester	148,2	198,2	263,7	340,0	—
$C_{16}H_{25}Cl$	Pentaäthylchlorbenzol	90,0	140,7	208,0	285,0	—
$C_{16}H_{26}$	Pentaäthyl-benzol	86,0	135,8	200,0	277,0	—
$C_{16}H_{26}O$	2,6-Di-tert. butyl-4-äthyl-phenol	89,1	137,0	198,0	268,6	—
$C_{16}H_{26}O$	4,6-Di-tert. butyl-3-äthyl-phenol	111,5	157,4	218,0	290,0	—
$C_{16}H_{30}O$	Muscon	118,0	170,0	241,5	328,0	—
$C_{16}H_{32}O$	Palmitinaldehyd	121,6	171,8	239,5	321,0	34
$C_{16}H_{32}O$	Hexadecanon-(2)	109,8	167,3	230,5	307,0	—
$C_{16}H_{32}O_2$	Palmitinsäure	165,2	211,8	272,2	351,8	64,0
$C_{16}H_{34}O$	Cetylalkohol	122,7	177,8	251,7	344,0	49,3
$C_{16}H_{35}N$	Cetylamin	123,6	176,0	245,8	330,0	—
$C_{16}H_{36}Si$	Siliciumtriäthyldecyl	108,5	155,6	218,3	293,0	—
$C_{17}H_{10}O$	Benzanthron	225,0	297,2	390,0	—	174
$C_{17}H_{24}O_3$	Benzoesäure-menthylester	123,2	170,0	230,4	301,0	54,5
$C_{17}H_{34}O$	Heptadecanon-(2)	129,6	178,0	242,0	319,5	—
$C_{17}H_{34}O_2$	Palmitinsäure-methylester	134,3	184,3	—	—	30
$C_{17}H_{36}$	Heptadecan	115,0	163,0	223,9	302,5	22,5
$C_{17}H_{38}Si$	Siliciumtrimethyltetradecyl	120,0	166,2	227,8	300,0	—
$C_{18}H_{15}O_4P$	Phosphorsäuretriphenylester	193,5	249,8	322,5	413,5	49,4
$C_{18}H_{30}$	Hexaäthyl-benzol	—	150,3	216,0	298,3	130
$C_{18}H_{30}O$	2,4,6-Tri-tert. butyl-phenol	95,2	142,0	203,0	276,3	—
$C_{18}H_{35}O_2$	Elaidinsäure	171,3	233,5	288,0	362,0	51,5
$C_{18}H_{34}O_2$	Ölsäure	176,5	223,0	286,0	360,0	14
$C_{18}H_{36}O$	Stearinaldehyd	140,0	192,1	260,0	342,5	63,5
$C_{18}H_{36}O_2$	Stearinsäure	182,8	229,9	291,6	370,0	69,3
$C_{18}H_{38}$	2-Methyl-heptadecan	119,8	168,7	231,5	306,5	—

411. Dampfdruck

$C_{18}H_{38}$	Octadecan	119,6	175,0	236,0	317,0	28
$C_{18}H_{38}O$	Stearylalkohol	150,3	202,0	269,4	349,5	58,5
$C_{19}H_{16}$	Triphenylmethan	169,7	197,0	228,4	259,2	93,4
$C_{19}H_{40}$	Nonadecan	133,2	187,0	250,0	331,5	32
$C_{20}H_{20}OSi$	Siliciumäthoxytriphenyl	167,0	213,5	273,5	344,0	—
$C_{20}H_{58}O_9Si_8$	1,15-Diäthoxyhexadekamethyloctasiloxan	133,7	179,7	240,0	311,5	—
$C_{24}H_{60}O_8Si_9$	Eicosamethylnonasiloxan	144,0	189,0	244,3	307,5	—
$C_{21}H_{44}$	Heneicosan	152,6	205,4	272,0	350,5	40,4
$C_{22}H_{42}O_2$	Brassidinsäure	209,6	256,0	316,2	382,5	61,5
$C_{22}H_{42}O_2$	Erucasäure	206,7	254,5	314,4	381,5	33,5
$C_{22}H_{46}$	Docosan	157,8	213,0	286,0	376,0	44,5
$C_{22}H_{56}O_9Si_{10}$	Dokosamethyldekasiloxan	160,3	202,8	255,0	314,0	—
$C_{23}H_{48}$	Tricosan	170,0	223,0	289,8	366,5	47,7
$C_{24}H_{50}$	Tetracosan	183,8	237,6	305,2	386,4	51,1
$C_{24}H_{72}O_{10}Si_{11}$	Tetrakosamethylhendekasiloxan	175,2	216,7	266,3	322,8	—
$C_{25}H_{52}$	Pentakosan	194,2	248,2	314,0	390,3	53,3
$C_{26}H_{54}$	Hexakosan	204,0	257,4	323,2	399,8	56,6
$C_{27}H_{56}$	Heptakosan	211,7	266,8	333,5	410,6	59,5
$C_{28}H_{58}$	Octakosan	226,5	277,4	341,8	412,5	61,6
$C_{29}H_{60}$	Nonakosan	234,2	286,4	350,0	421,8	63,8

41132. Dampfdruck p zwischen 1 und 40 atm

Verbindung		Temperatur in °C bei p in atm				
Formel	Name	1	5	10	20	40
$CClF_3$	Chlortrifluor-methan	−81,2	−42,7	−18,5	12,0	52,8
CCl_2F_2	Dichlordifluor-menthan	29,8	16,1	42,4	74,0	−
CCl_2O	Phosgen	8,3	57,2	84,6	119,0	160
CCl_3F	Fluortrichlor-methan	23,7	77,3	108	147	194
CCl_4	Tetrachlor-kohlenstoff	76,7	142	178	222	276
$CHCl_3$	Chloroform	61,3	120	152	192	238
CH_3Br	Brommethan	3,6	54,8	84	122	170
CH_3Cl	Chlormethan	−24,0	22,0	37,3	77,3	114
CH_3F	Fluormethan	−78,2	−42,0	−21,0	2,5	26,5
CH_3J	Jodmethan	42,4	102	138	176	228
CH_4	Methan	−161	−138	−125	−108	−86,3
CH_4O	Methanol	64,7	111,7	137,3	166,5	200,1
CH_4S	Methyl-mercaptan	6,8	55,9	83,4	117	158
CH_5N	Methylamin	−6,3	36,0	59,5	87,8	122
C_2ClF_3	1-Chlor-1,2,2-tri-fluor-äthen	−27,9	15,5	40,0	71,1	−
C_2H_2	Äthin	−84,0	−50,2	−32,7	−10,0	16,8
C_2H_4	Äthen	−104	−71,1	−52,8	−29,1	−1,5
$C_2H_4Cl_2$	1,2-Dichloräthan	82,4	147,8	183,5	226,5	272,0
$C_2H_4O_2$	Ameisensäure-methylester	32,0	83,5	112,0	147	188
$C_2H_4O_2$	Essigsäure	118	180	214	252	297
C_2H_5Br	Bromäthan	38,4	95,0	127	164	206
C_2H_5Cl	Chloräthan	12,3	64,0	92,6	127	167
C_2H_6	Äthan	−88,6	−52,8	−32,0	−6,4	23,6
C_2H_6O	Äthanol	78,4	126,0	152	183	218
C_2H_6O	Dimethyläther	−23,7	20,8	45,5	75,7	112,1
C_2H_6S	Äthyl-mercaptan	35,0	90,7	122	159	205
C_2H_7N	Äthylamin	16,6	65,3	91,8	124	163
C_2H_7N	Dimethylamin	7,4	53,9	80,0	112	150
C_3H_4	Propadien	−35,0	8,0	33,2	64,5	103
C_3H_4	Propin	−23,3	19,5	43,8	74,0	111
C_3H_6	Propen	−47,7	2,5	31,6	67,5	113
C_3H_6O	Aceton	56,5	113	144	181	214
$C_3H_6O_2$	Ameisensäure-äthylester	54,3	110,5	142,2	180,0	225,0
$C_3H_6O_2$	Essigsäure-methylester	57,8	113,1	144,2	181,0	225,0
$C_3H_6O_2$	Propansäure	141	186	203	220	233
C_3H_8	Propan	−42,1	1,4	26,9	58,1	94,8
C_3H_8O	Methyläthyl-äther	7,5	56,4	84,0	108	160
C_3H_8O	Propanol-(1)	97,8	149	177	211	250
C_3H_8O	Propanol-(2)	82,5	130	156	186	220
C_3H_9N	Propylamin	48,5	103	133	170	214

411. Dampfdruck

Verbindung		Temperatur in °C bei p in atm				
Formel	Name	1	5	10	20	40
C_4H_6	Butadien-(1,3)	−4,5	47,0	76,0	114	158
$C_4H_6O_3$	Essigsäure-anhydrid	140	194	221	253	288
C_4H_8	Buten-(1)	−6,3	43,5	71,8	105	147
$C_4H_8O_2$	Propansäure-methylester	79,8	140	173	212	
C_4H_{10}	Butan	−0,5	50,0	79,5	116	—
$C_4H_{10}O$	Butanol-(1)	117,5	170,0	202,3	239,7	283,5
$C_4H_{10}O$	Diäthyläther	34,6	89,0	119,8	156,4	—
$C_4H_{11}N$	Diäthylamin	55,5	113,0	145,3	184,5	—
C_5H_{10}	Cyclopentan	49,2	109	143	182	230
C_5H_{10}	Penten-(1)	29,9	86,0	118	156	—
$C_5H_{10}O_2$	Buttersäure-methylester	102	167	203	244	—
$C_5H_{10}O_2$	Isobuttersäure-methylester	92,6	155	190	232	—
C_5H_{12}	2,2-Dimethyl-propan	9,5	61,1	90,7	128	—
C_5H_{12}	2-Methyl-butan	27,8	82,8	114	154	—
C_5H_{12}	Pentan	30,0	92,4	125	164	—
$C_5H_{12}O$	Äthoxypropan	61,7	123	156	197	—
C_6H_5Br	Brombenzol	156	232	274	327	387
C_6H_5Cl	Chlorbenzol	132	205	245	293	350
C_6H_5F	Fluorbenzol	84,7	148	184	228	279
C_6H_5J	Jodbenzol	189	270	316	371	437
C_6H_6	Benzol	180	142	179	221	272
C_6H_6O	Phenol	182	248	284	229	382
C_6H_{12}	Cyclohexan	80,7	146	184	228	—
C_6H_{14}	Hexan	68,7	132	167	208	—
C_7H_8	Toluol	111	178	216	262	319
C_7H_{16}	Heptan	98,4	166	203	247	—
C_7H_{16}	2,2,3-Trimethyl-butan	80,8	148,2	186,0	—	—
C_8H_{10}	Äthylbenzol	136	207	246	294	—
C_8H_{18}	Octan	126	+196	+236	+281	—

41133. Werte der Konstanten A und B der Formel für den Dampfdruck p in Torr: $\log p = \dfrac{-A}{273+\vartheta} + B$ und Geltungsbereich[1]

Formel	Name	Geltungsbereich in °C	A	B	Geltungsbereich in °C	A	B
CCl$_2$O	Phosgen	−70...−30	1444	8,086	−15...+10	1315	7,561
CCl$_4$	Tetrachlorkohlenstoff	−50...−25	1975	8,821	+60...+90	1627	7,531
CH$_3$O$_2$N	Nitromethan	−30...+20	2118	8,671	30...110	1940	8,065
CH$_4$	Methan	−205...−195	505,7	7,521	−182...−162	451,2	0,920
CH$_4$O	Methanol	−5...+110	1984	8,740	110...250	1835	8,349
C$_2$H$_2$	Acetylen	−130...−80	1164	9,0286			
C$_2$H$_3$ClO$_2$	Chloressigsäure	81...150	2878	9,125	150...190	2796	8,923
C$_2$H$_3$N	Acetonitril	−40...+20	1838	8,151	26...90	1716	7,739
C$_2$H$_4$	Äthen	−150...−130	799,4	7,645	−130...−100	725,2	7,148
C$_2$H$_4$Cl$_2$	1,1-Dichlor-äthan	−60...−30	1776	8,372	+5...+60	1637	7,839
C$_2$H$_4$Cl$_2$	1,2-Dichlor-äthan	−45...−10	1910	8,364	+15...+90	1785	7,900
C$_2$H$_4$O	Acetaldehyd	−82...−50	1664	8,690	−40...+20	1537	8,133
C$_2$H$_4$O$_2$	Essigsäure	−17...+30	2174	8,483	90...120	2017	8,027
C$_2$H$_5$Cl	Chloräthan	−90...−60	1536	8,401	+10...+20	1299	7,432
C$_2$H$_5$O$_2$N	Nitroäthan	−20...+30	2119	8,411	35...120	2020	8,101
C$_2$H$_6$	Äthan	−160...−140	919,9	8,033	−130...−90	803,6	7,233
C$_2$H$_6$O	Äthanol	−30...+30	2257	9,336	30...90	2171	9,062
C$_3$H$_6$	Cyclopropan	−120...−80	1227	8,093	−50...−30	1087	7,409
C$_3$H$_6$	Propen	−140...−90	1151	8,154	−60...−40	875,4	7,205
C$_3$H$_6$O$_2$	Propionsäure	0...+60	2472	8,905	+60...+150	2331	8,506
C$_3$H$_7$Br	1-Brom-propan	−60...−20	1823	8,298	+10...+80	1691	7,807
C$_3$H$_7$Cl	1-Chlor-propan	−70...−20	1743	8,521	−10...+50	1516	7,626
C$_3$H$_8$	Propan	−150...−90	1166	8,079	−70...−30	995,5	7,196
C$_3$H$_8$O	Propanol-(1)	−20...+30	2457	9,543	30...70	2372	9,243
C$_4$H$_6$O$_3$	Essigsäureanhydrid	+0...+50	2443	8,898	50...140	2281	8,410

411. Dampfdruck

C_4H_8	Cyclobutan	$-100...-50$	1488	8,246	$-53...+13$	1327	7,521
$C_4H_8O_2$	Buttersäure	$+25...+170$	2695	9,070			
$C_4H_8O_2$	Dioxan	$+40...+110$	1890	7,930			
C_4H_9Cl	1-Chlor-butan	$-49...-10$	1847	8,250	$+10...+90$	1688	7,693
$C_4H_{10}O$	Diäthyläther	$-60...-30$	1657	8,367	$-30...+50$	1546	7,909
C_5H_{10}	Cyclopentan	$-70...-20$	1738	8,475	$0...+50$	1437	7,337
C_5H_{12}	Pentan	$-80...-30$	1739	8,792	$+10...200$	1381	7,345
		$-30...+10$	1510	7,799			
C_6H_4BrCl	1-Chlor-4-brom-benzol	$+35...+55$	3614	11,527	$+55...+180$	2475	8,162
$C_6H_4Cl_2$	1,2-Dichlor-benzol	$+20...+90$	2493	8,506	$+90...+190$	2338	8,054
$C_6H_4Cl_2$	1,3-Dichlor-benzol	$+12...80$	2318	8,131	$+90...+190$	2204	7,831
$C_6H_4Cl_2$	1,4-Dichlor-benzol	$+20...+53$	3876	12,826	$+53...+180$	2313	8,058
C_6H_5Br	Brombenzol	$0...+60$	2336	8,455	$+130...+160$	1965	7,458
C_6H_5Cl	Chlorbenzol	$0...+50$	2141	8,248	$+50...+150$	2004	7,832
C_6H_5F	Fluorbenzol	$-50...0$	1914	8,344	$+10...+90$	1758	7,795
C_6H_5J	Jodbenzol	$+20...+90$	2427	8,206	$+100...+190$	2262	7,785
$C_6H_5NO_2$	Nitrobenzol	$42...210$	2564	8,205			
C_6H_6	Benzol	$-58...-10$	2250	9,583	$20...80$	2388,4	20,818
C_6H_6O	Phenol	$45...110$	3017	9,693	$150...190$	2461	8,297
C_6H_{12}	Cyclohexan	$-50...-10$	1957	8,605			
C_6H_{12}	Hexen-(1)	$10...70$	1597	7,625			
C_6H_{14}	Hexan	$-60...0$	1781	8,182	$0...+70$	1645	7,702
C_6H_5N	Benzonitril	$28...90$	2504	8,320	$90...200$	2413	8,083
$C_7H_6O_2$	Benzoesäure	$90...200$	3521	9,680	$210...250$	3279	9,164
C_7H_7Cl	2-Chlor-toluol	$+5...+70$	2320	8,333	$+70...+180$	2189	7,945
C_7H_7Cl	3-Chlor-toluol	$+5...+65$	2255	8,125	$+70...+170$	2126	7,759
C_7H_7Cl	4-Chlor-toluol	$+5...+65$	2276	8,180	$+70...+170$	2154	7,822
C_7H_8	Toluol	$-30...+20$	2047	8,460	$+52...+110$	1871	7,762
C_7H_8O	Benzylalkohol	$58...92$	3409	10,597	$90...142$	3096	9,468
C_7H_8O	o-Kresol	$+35...+90$	2828	9,084	$90...130$	2703	8,739
C_7H_8O	m-Kresol	$52...120$	3280	10,090	$120...150$	2875	8,976

[1] LANDOLT-BÖRNSTEIN, 6. Aufl. Bd. II/2a, Beitrag KLEMENC/KOHL.

Formel	Name	Geltungsbereich in °C	A	B	Geltungsbereich in °C	A	B
C_7H_8O	p-Kresol	50...170	2939	9,123	170...210	2697	8,560
C_7H_{16}	Heptan	30...100	1812	7,757			
C_7H_{16}	2-Methyl-hexan	−45...+50	1890	8,157		1742	7,648
C_7H_{16}	3-Methyl-hexan	−40...+40	1894	8,140	+102	1893	7,511
C_8H_{18}	Octan	−14...+80	1922	7,714	50...120	2584	7,938
C_9H_7N	Chinolin	59...140	2833	8,516	140...240		
C_9H_8	Inden	10...190	2291	7,919			
C_9H_{20}	Nonan	0...+100	2296	8,364			
$C_{10}H_8$	Naphthalin	0...−80	3616	11,109	120...200	2317	7,601
$C_{10}H_{12}$	Tetralin	+35...+80	2666	8,571	+207	2387	7,848
$C_{10}H_{16}O$	d-Campher	−3...+180	2652	8,440	180...220	2283	7,623
$C_{10}H_{18}$	cis-Dekalin	20...200	739,27	−13,605			
$C_{10}H_{18}$	trans-Dekalin	−1...+190	947,80	−13,176			
$C_{12}H_{10}$	Acenaphthen	131...197	2885	8,139	+277	2832	8,027
$C_{12}H_{10}N_2$	Azobenzol	100...180	3336	8,857	200...310	3166	8,472
$C_{12}H_{11}N$	Diphenylamin	100...180	3317	8,697	200...305	3197	8,440
$C_{13}H_{10}O$	Benzophenon	108...180	3345	8,766	180...250	3205	8,142
$C_{14}H_{10}$	Anthracen	145...187	4595	10,97	250...342	3105	7,932
$C_{14}H_{10}$	Phenanthren	118...340	2990	7,771			

4114. Dampfdrucke von Trockenmitteln[1]

Trockenmittel		H_2O-Partialdruck in Torr bei 25° C	Trockenmittel		H_2O-Partialdruck in Torr bei 25°C	Trockenmittel		H_2O-Partialdruck in Torr bei 25°C
P_2O_5		$2 \cdot 10^{-5}$	Al_2O_3		$3 \cdot 10^{-3}$	H_2SO_4	90%	$7,7 \cdot 10^{-3}$
$Mg(ClO_4)_2$		$5 \cdot 10^{-4}$	H_2SO_4	80%	$1,24 \cdot 10^{-1}$	H_2SO_4	konz.	$3 \cdot 10^{-3}$
KOH (geschmolzen)		$2 \cdot 10^{-3}$	H_2SO_4	85%	$3,9 \cdot 10^{-2}$	CaO		$2 \cdot 10^{-1}$
						$CaCl_2$		$1,4-2,5 \cdot 10^{-1}$

[1] Nach LEYBOLD, Vakuum-Taschenbuch, Berlin-Göttingen-Heidelberg 1958.

4115. Dampfdruck p von Dichtungsfetten und Kitten[1]

Material	p in Torr bei:	
	20° C	90° C
Apiezon-Fett L, frisch	$5 \cdot 10^{-6}$	
Apiezon-Fett L, entgast	$\approx 10^{-10}$	10^{-7}
Apiezon-Fett M, frisch	10^{-5}	
Apiezon-Fett M, entgast	$10^{-8} \ldots 10^{-9}$	$6 \cdot 10^{-6}$
Apiezon-Fett P	$\approx 10^{-10}$	10^{-7}
Apiezon-Fett R	$\approx 10^{-10}$	10^{-7}
Apiezon-Fett S	$\approx 10^{-10}$	10^{-7}
Apiezon-Wachs Q	10^{-4}	$2 \cdot 10^{-4}$ (70° C)
Apiezon, weiches Wachs	10^{-4}	
Picein	$3 \ldots 4 \cdot 10^{-4}$	
Ramsay-Fett	$10^{-4} \ldots 10^{-5}$	
Siegellack, weiß	10^{-3}	
Silikon-Fett	$< 10^{-10}$	10^{-8}

[1] Nach Leybold, Vakuum-Taschenbuch, Berlin-Göttingen-Heidelberg 1957.

4116. Dampfdruck p von Treibmitteln für Diffusionspumpen[1]

$$\left(\text{Dampfdruckgleichung: } \log p = -\frac{A}{T} + B\right)$$

Trivialname	Chemische Formel	p in Torr bei 25° C	ϑ in °C bei		Konstanten d. Dampfdruck-gleichung	
			10^{-5} Torr	10^{-2} Torr	A	B
Amoil	Di-isoamylphthalat	$1,3 \cdot 10^{-5}$	22	93	4610	13,60
Amoil S	Di-isoamylsebacat	$1,0 \cdot 10^{-6}$	25	114	5190	14,40
Apiezon A		$2,0 \cdot 10^{-6}$	37	110		
Apiezon B	Gemisch aus Kohlenwasserstoffen	$4,0 \cdot 10^{-7}$	50	127		
Apiezon C		$1,0 \cdot 10^{-8}$	77	160	5925	14,67
Arochlor	ähnlich Pentachlordiphenyl	$8,0 \cdot 10^{-6}$	27	93		
Butylphthalat	Di-n-butylphthalat	$3,3 \cdot 10^{-5}$	18	81	4680	14,215
b−S	Di-benzylsebacat	$4,0 \cdot 10^{-9}$	64	155	6320	15,775
m−Cr	Tri-m-kresylphosphat	$9,0 \cdot 10^{-8}$	50	141	5373	13,982
p−Cr	Tri-p-kresylphosphat	$2,0 \cdot 10^{-8}$	52	144	5926	15,223
Chlophen A 40	Chloriertes Benzol	$2,0 \cdot 10^{-4}$	0	67	4135	13,15
Diffelen		$5,0 \cdot 10^{-8}$				
Diffelen V		$1,5 \cdot 10^{-8}$				
Littonoil	gerade Kohlenwasserstoff-ketten C_nH_{2n}	$1,4 \cdot 10^{-7}$	57	132		
Narcoil 40	Di-(3,5,5-trimethylhexyl)-phthalat	$6,0 \cdot 10^{-8}$	57	124	5936	15,88
Nonylphthalat	Di-n-nonylphthalat	$1,0 \cdot 10^{-8}$	73	146	5690	16,41
Octoil	Di-2-äthylhexylsebacat	$2,3 \cdot 10^{-7}$	54	128	5590	15,116
		$3,3 \cdot 10^{-8}$	67	134	6157	15,90
Octoil S	Di-2-äthylhexylsebacat	$2,0 \cdot 10^{-8}$	50	142	5514	14,26
Octylphthalat	Di-n-octylphthalat	$4,0 \cdot 10^{-8}$	65	128	6035	15,94
Silikon DC 703	halborganische Verbindung des Siliciums	$5,0 \cdot 10^{-9}$	83	153	6165	14,32

[1] Nach Leybold-Taschenbuch Berlin-Göttingen-Heidelberg 1958.

412. Dichte koexistierender Phasen und Cailletet-Mathiassche Regel

In einzelnen Fällen ist nur die Dichte verfestigter oder flüssiger Gase angegeben. Die Dichte bzw. das spezifische Volumen koexistierender Phasen von gasförmigen Elementen ist in Tabelle 6321, S. 1333, von Wasser in Tabelle 22209, S. 618, von Luft in Tabelle 214502 c, S. 182, die von Kältemitteln in Tabelle 6324 zu finden.

Reihenfolge:

4121. Anorganische Verbindungen, alphabetisch nach den chemischen Symbolen geordnet.

4122. Organische Verbindungen in der Hillschen Ordnung.

4123. Cailletet-Mathiassche Regel.

D' Dichte der Flüssigkeit, D'' Dichte des Dampfes. Reichen die Angaben bis zum kritischen Punkt, so ist der Dichtewert an diesem Punkt zwischen die Spalten D' und D'' gesetzt.

4121. Anorganische Verbindungen

ϑ °C	D' g/cm³	D'' g/cm³	ϑ °C	D' g/cm³	D'' g/cm³	ϑ °C	D' g/cm³	D'' g/cm³
AsH₃ Arsenwasserstoff			0	1,896		16,3	1,004	0,025
−111,8	1,766		20	1,792		29,8	0,956	0,050
−96,0	1,723		40	1,682		44,1	0,907	0,071
−85,4	1,692		60	1,566		59,8	0,841	0,096
−76,9	1,670		80	1,446		75,1	0,762	0,142
−64,3	1,640					93,5	0,606	0,269
−60	1,625		**HCN Cyanwasserstoff**			99,8	0,523	0,371
−40	1,562		161,4	0,3949		102,3	0,44	
−20	1,501		168,5	0,3761		$F-138,8, V-50,23$		
−10	1,473		168,8		0,0744			
0	1,445		177,2		0,1098	**HCl Chlorwasserstoff**		
			177,4	0,3221		−110	1,253	0,00051
BF₃ Bortrifluorid			182,1	0,2368	0,1260	−97,3	1,224	0,00105
−124,3	1,696		182,9		0,1740	−80,5	1,177	0,00263
−120,7	1,680		183,2	0,2175		0,0	0,908	0,0550
−117,8	1,667		183,5	0,195		10,0	0,860	0,0742
−114,6	1,653		$F-13,3, V 25,7$			20,0	0,813	0,0995
−108,2	1,624					30,0	0,760	0,1385
−106,3	1,617		**CO Kohlenstoffmonoxid**			40,0	0,695	0,195
−102,4	1,598		−205,01	0,8474	0,0008	45,0	0,645	0,238
			−195,11	0,8064	0,0030	48,0	0,610	0,274
B₂H₆ Diboran			−185,99	0,7690	0,0077	50,0	0,550	0,319
−37,8	0,341	0,0348	−178,98	0,7341	0,0142	51,0	0,500	0,358
−32,9	0,334	0,0407	−165,53	0,6617	0,0368	51,54	0,42	
−27,1	0,325	0,0382	−152,24	0,5658	0,0820			
−17,9	0,309	0,0470	−143,33	0,4564	0,1636	**ClFO₃ Perchlorylfluorid**		
−7,4	0,284	0,541	−141,75	0,4220	0,1939	141,8	1,989	
−2,5	0,274	0,0588	−140,23	0,301		123,6	1,935	
+5,7	0,256	0,0581	$F-205,07, V-191,53$			103,5	1,877	
12	0,228	0,0927				93,6	1,846	
15	0,210	0,1100	**COS Kohlenstoffoxidsulfid**			83,6	1,816	
15,8	0,16		−72,3	1,220	0,0012	73,8	1,786	
			−58,3	1,196	0,0023	63,9	1,751	
HBr Bromwasserstoff			−46,2	1,168	0,004	54,0	1,718	
−100	2,332		−34,2	1,142	0,006	43,9	1,684	
−80	2,256	0,0028	−23,3	1,113	0,008	38,9	1,667	
−60	2,175		−9,7	1,083	0,012	**HF Fluorwasserstoff**		
−40	2,087		+3,6	1,040	0,018	−73,9	1,1828	
−20	1,994					−71,5	1,1773	

412. Dichte koexistierender Phasen

ϑ °C	D' g/cm³	D'' g/cm³	ϑ °C	D' g/cm³	D'' g/cm³	ϑ °C	p at	D' g/cm³	D'' g/cm³
−68,0	1,1705		−20	1,013	0,038	−20	5,57	0,891	0,007
−63,0	1,1617		−10	0,975	0,051	0	10,5	0,847	0,017
−55,1	1,1364		0	0,925	0,073	20	18,3	0,796	0,031
−49,1	1,1222		10	0,861	0,111	40	29,2	0,741	0,049
−42,2	1,1022		20	0,793	0,153	60	44,4	0,679	0,078
−37,2	1,0979		30	0,704	0,217	80	64,7	0,595	0,133
−33,2	1,0827		36,5		0,459	90	77,0	0,535	0,180
−25,8	1,0616					100	91,5	0,420	0,282
−20,3	1,0493					104	91,5		0,349

ϑ °C	p at	D' g/cm³	D'' g/cm³

−13,4	1,0354	
−9,4	1,0252	
−5,4	1,0136	
−1,4	1,0047	
+4,2	0,9918	

ϑ °C	D' g/cm³	D'' g/cm³

N_2O_4 Stickstoffdioxid

20	0,968	0,00317
40	0,928	0,00498
60	0,888	0,00765
80	0,844	0,01144
100	0,796	0,01664
120	0,741	0,02235
140	0,682	0,0345
160	0,606	0,0545
170	0,555	0,079
180	0,470	0,130
184	0,415	0,175
188	0,290	0,290

ϑ °C	p at	D' g/cm³	D'' g/cm³
21,11	1,04	1,439	0,00340
32,22	1,70	1,415	0,00516
43,33	2,71	1,387	0,00781
54,44	4,22	1,359	0,01171
65,56	6,40	1,332	0,01722
76,67	9,53	1,300	0,02489
87,78	13,81	1,265	0,03519
98,89	19,89	1,225	0,04956
110,0	27,69	1,176	0,06904
121,1	38,24	1,119	0,09632
132,2	52,26	1,050	0,1359
143,3	70,65	0,9534	0,1978
154,4	93,96	0,7731	0,3408
158,22	103,28		0,5504

F_2O Sauerstofffluorid

−155,9	1,573	
−152,4	1,555	
−148,8	1,537	
−147,4	1,530	
−145,3	1,521	

GeF_4 Germaniumtetrafluorid

−195	f. 3,148	
−36,5	fl. 2,40	
−10	fl. 2,195	
−9	fl. 2,189	
−5	fl. 2,160	
0	fl. 2,126	

NO_2F Nitrylfluorid

272,3	f. 1,951	
272,2	fl. 1,909	
257,9	fl. 1,738	
255,7	fl. 1,668	
254,5	fl. 1,636	
253,5	fl. 1,604	
252,6	fl. 1,575	
250,4	fl. 1,507	

N_2O Distickstoffoxid

−50	1,079	0,032
−40	1,067	0,031
−30	1,044	0,029

ϑ °C	D' g/cm³	D'' g/cm³

PH_3 Phosphorwasserstoff

−106,3	0,760	0,00079
−101,3	0,756	0,00101
−97,7	0,753	0,00122
−93,2	0,746	0,00151
2,4	0,618	
8,4	0,595	
18,4	0,559	
24,6	0,545	
29,4	0,536	
39,4	0,502	
44,4	0,469	
49,4	0,417	
54,0		0,218

ϑ °C	p at	D' g/cm³	D'' g/cm³

H_2S Schwefelwasserstoff

−80	0,335	0,998	0,001
−60	1,05	0,969	0,001
−40	2,58	0,930	0,002

ϑ °C	D' g/cm³	D'' g/cm³

SF_6 Schwefelhexafluorid

9,0	1,47	0,14
12,5	1,44	0,16
16,5	1,41	0,17
20,0	1,37	0,19
26,0	1,30	0,25
30,0	1,26	0,27
34,0	1,21	0,30
38,0	1,14	0,34
40,0	1,10	0,35
42,0	1,07	0,39
43,0	1,03	0,43
45,5		0,727

$SnCl_4$ Zinntetrachlorid

0	2,27875	(0,00009)
40	2,1749	(0,0007)
80	2,0717	(0,0031)
110	1,9916	0,007610
140	1,9073	0,01618
170	1,8182	0,03077
200	1,7224	0,05459
230	1,6090	0,09149
250	1,5221	0,1280
270	1,4219	0,1812
280	1,3628	0,2160
318,7		0,7419

$F = 33°C$, $V\ 113°\ C$

SO_3 Schwefeltrioxid

98,74	1,541	0,023
130,5	1,421	0,047
154,6	1,326	0,071
182,6	1,182	0,148
197,2	1,055	0,236
205,3	1.006	0,271
209,6	0,960	0,307
212,1	0,921	0,333
214,3	0,901	0,365
218,3		0,633

4122. Organische Verbindungen

ϑ °C	D' g/cm³	D'' g/cm³	ϑ	D' g/cm³	D'' g/cm³	ϑ °C	D' g/cm³	D'' g/cm³
CCl₃F Fluortrichlormethan[1]			169,3	0,5825	0,1006	71,2	0,8070	0,01227
71,11	1,3592	0,02232	176,8	0,5490	0,1213	87,8	0,7754	0,01820
98,89	1,2791	0,04225	182,1	0,5227	0,1393	104,5	0,7416	0,02630
126,67	1,1891	0,07525	191,1	0,4686	0,1873	121,2	0,7060	0,03748
152,8	1,0837	0,122	196,8	0,3315		137,8	0,6675	0,05306
170,0	0,9917	0,177				154,5	0,6209	0,07482
183,4	0,8965	0,243	**C₂H₃N Äthannitril**			171,2	0,5621	0,1064
190,9	0,8170	0,306	212,34	0,5340	0,0248	187,8	0,4854	0,1560
[1] Werte für −70...+70° C			227,72	0,4983	0,0388	195,7	0,314	
s. Tabelle 6324.			236,52	0,4756	0,0480			
			245,77	0,4527	0,0589	**C₂H₄O₂ Ameisensäure-methylester**		
CCl₄ Tetrachlorkohlenstoff			252,01	0,4291	0,0728			
70	1,4963	0,004570	262,00	0,3932	0,0963	30	0,9598	0,002291
100	1,4343	0,01027	269,00	0,3502	0,1288	60	0,9133	0,006039
140	1,3450	0,02500	270,92	0,3355	0,1455	100	0,8452	0,01723
160	1,2982	0,03650	274,7	0,237		140	0,7638	0,04124
180	1,2470	0,05249				160	0,7136	0,06231
200	1,1888	0,07418	**C₂H₄ Äthylen**			180	0,6521	0,09434
220	1,1227	0,1040	−145,07	0,62465	0,00009363	200	0,5658	0,1524
240	1,0444	0,1464	−114,69	0,58380	0,0011127	210	0,4857	0,2188
260	0,9409	0,2146	−103,01	0,56740	0,0021928	212	0,4549	0,2451
270	0,8666	0,2710	−63,41	0,50588	0,012584	213	0,4328	0,2681
280	0,7634	0,3597	−48,15	0,47822	0,20407	213,5	0,4157	0,2865
283,4	0,558		−24,33	0,42655	0,041854	214,0	0,349	
			−14,18	0,39855	0,059942			
CHCl₂F Dichlorfluormethan			−7,70	0,37721	0,076050	**C₂H₆ Äthan**		
71,11	1,2478	0,02837	+5,84	0,30840	0,13266	−123	0,584	0,000234
90,2	1,1893	0,04441	6,50	0,30342	0,13716	−88,48	0,547	0,00204
120,6	1,0838	0,085	7,98	0,28726	0,15268	−83,1	0,541	0,002635
141,3	0,9918	0,132	9,5	0,215		−73	0,529	0,004089
157,9	0,8965	0,192				−53	0,504	0,009044
168,0	0,8132	0,253	**C₂H₄O Acetaldehyd**			−33	0,475	0,017564
			0,1	0,8112	0,0007	−13	0,440	0,03165
CHCl₃ Chloroform			10,0	0,7973	0,0011	+7	0,396	0,05598
210,0	1,044	0,108	20,0	0,7831	0,0018	+27	0,316	0,11918
220,0	0,998	0,123	29,0	0,7704	0,0024	32,05	0,206	
230,0	0,947	0,145	38,8	0,7565	0,0031			
240,0	0,890	0,175	46,0	0,7461	0,0037	**C₂H₆O Äthanol**		
250,0	0,812	0,218	50,0	0,7404	0,0040	0	0,80625	0,000033
260,0	0,697	0,305				20	0,7894	0,000111
262,5	0,496		**C₂H₄O₂ Essigsäure**			50	0,7633	0,000506
			20	1,0491	0,0000764	80	0,7348	0,00174
CH₄ Methan			60	1,0060	0,0004621	110	0,7057	0,00486
−145,5	0,402	0,00521	100	0,9599	0,001833	140	0,6631	0,01152
−134,4	0,382	0,00983	140	0,9091	0,005515	170	0,6165	0,02446
−123,2	0,362	0,0164	180	0,8555	0,01370	200	0,5568	0,0508
−117,7	0,349	0,0204	220	0,7941	0,03021	220	0,4958	0,0854
−112,1	0,335	0,0253	240	0,7571	0,04327	240	0,3825	0,1715
−106,6	0,321	0,0312	260	0,7136	0,06165	241	0,3705	0,1835
−101,0	0,307	0,0388	280	0,6629	0,0883	242,5	0,3419	0,2164
−95,5	0,292	0,0490	300	0,5950	0,1331	243,1	0,276	
−90,0	0,263	0,0636	310	0,5423	0,1718			
−84,5	0,223	0,0916	320	0,4615		**C₃H₄ Propin**		
−82,5	0,1381		321,6	0,351		−57,0	0,7109	
						−47,4	0,6992	
CH₄S Methylmercaptan			**C₂H₄O Äthylenoxid**			−36,8	0,6873	
			−52,0	0,9658	0,0001	−26,5	0,6759	
92,7	0,7612	0,0115	−43,4	0,9547	0,0002	−17,5	0,6652	
116,5	0,7214	0,0245	−32,5	0,9403	0,0003	−12,7	0,6582	
131,1	0,6896	0,0381	−21,1	0,9252	0,0005	−0,5	0,6447	
136,8	0,6765	0,0438	−9,6	0,9100	0,0009			
144,3	0,6581	0,0536	−0,3	0,8976	0,0012	50	0,5703	0,0207
150,4	0,6422	0,0615	+5,8	0,8895	0,0016	60	0,5501	0,0259
154,4	0,6317	0,0688	13,3	0,8826	0,0021	70	0,5279	0,0333
161,2	0,6103	0,0820	37,8	0,8603	0,00499	80	0,5088	0,0424
			54,5	0,8361	0,00799			

412. Dichte koexistierender Phasen

ϑ °C	D' g/cm³	D'' g/cm³	ϑ °C	D' g/cm³	D'' g/cm³	ϑ °C	D' g/cm³	D'' g/cm³
90	0,4861	0,0547	120,0	0,456	0,06508	100	0,6105	0,01867
100	0,4603	0,0705	140,0	0,390	0,11141	110	0,5942	0,02349
110	0,4275	0,0915	152,0	0,245		140	0,5385	0,04488
120	0,3812	0,1252	C_4H_8 Buten-(1)			180	0,4268	0,1135
128,5	0,3011	0,1927				190	0,3663	0,1620
129,0	0,2709	0,2221	−78,1	0,705		193	0,3300	0,2012
129,23	0,2449		−49,8	0,674		193,4	0,265	
			−31,1	0,653				
C_3H_6O Aceton			−15,1	0,636		$C_5H_{10}O_2$ Buttersäure-methylester		
211	0,479	0,086	0	0,619				
215	0,466	0,089	50	0,561		100	0,8068	0,003300
220	0,446	0,096	75	0,523		140	0,7551	0,009294
225	0,421	0,107	100	0,477		180	0,6964	0,02215
230	0,390	0,127	125	0,411		220	0,6251	0,04831
232	0,372	0,140	146,1	0,247	0,210	240	0,5773	0,07143
235	0,326	0,180	146,4	0,233		250	0,5505	0,08696
236,3	0,278					260	0,5166	0,1091
			$C_4H_8O_2$ Essigsäureäthylester			270	0,4721	0,1416
$C_3H_6O_2$ Essigsäure-methylester			20	0,9005	(0,0003)	275	0,4386	0,1691
			70	0,8376	0,002561	278	0,4100	0,1948
20	0,9338	(0,0007)	100	0,7972	0,006158	280	0,3812	0,2201
50	0,8939	0,002212	140	0,7378	0,01650	281,2	0,300	
80	0,8519	0,005618	180	0,6653	0,03883			
120	0,7893	0,01570	200	0,6210	0,05797	$C_5H_{10}O_2$ 2-Methyl-propansäure-methylester		
160	0,7133	0,03731	220	0,5648	0,08095			
200	0,6100	0,08658	230	0,5281	0,1131	90	0,8069	0,003361
220	0,5281	0,1416	240	0,4778	0,1499	120	0,7680	0,007628
227	0,4818	0,1776	247	0,4195	0,1996	160	0,7095	0,01903
230	0,4527	0,2028	249	0,3839	0,2288	200	0,6411	0,04228
232	0,4226	0,2288	250,1	0,308		220	0,5961	0,06289
233	0,3995	0,2525				240	0,5386	0,09615
233,7	0,320		C_4H_{10} n-Butan			250	0,5021	0,1218
			51,89	0,541	0,0128	260	0,4495	0,1623
C_3H_8 Propan			72,50	0,513	0,0208	263	0,4258	0,1838
30	0,4858	0,0200	88,06	0,489	0,0301	265	0,4036	0,2033
40	0,4715	0,0290	100,83	0,467	0,0396	266,5	0,3790	0,2268
50	0,4543	0,0395	111,56	0,446	0,0508	267,5	0,301	
60	0,4340	0,0520	120,61	0,425	0,0625			
70	0,4080	0,0655	132,72	0,391	0,0844	$C_5H_{10}O_2$ Propansäure-äthylester		
80	0,3760	0,0832	139,72	0,366	0,1030			
90	0,3320	0,1180	146,11	0,334	0,1288	80	0,8201	0,0019
95	0,2930	0,1580	149,17	0,310	0,1502	100	0,7951	0,003580
96,85	0,224		152,22	0,228		140	0,7415	0,01024
						180	0,6795	0,02469
C_3H_8O Propanol-(1)			C_4H_{10} 2-Methyl-propan (Isobutan)			220	0,6027	0,05435
80	0,7520	0,00104				240	0,5501	0,08230
100	0,7325	0,00226	0	0,582	0,00435	250	0,5181	0,1030
120	0,7110	0,00443	8,0	0,573	0,00554	260	0,4744	0,1335
140	0,6875	0,00805	16,0	0,563	0,00703	265	0,4459	0,1562
160	0,6600	0,01380	24,0	0,553	0,00898	268	0,4227	0,1751
180	0,6285	0,0225	32,0	0,543	0,0109	270	0,4018	0,1957
200	0,5920	0,0353	40,0	0,533	0,0134	272,9	0,297	
220	0,5485	0,0556	56,0	0,511	—			
240	0,4920	0,0904				$C_5H_{10}O_2$ Essigsäure-propylester		
250	0,4525	0,1180	$C_4H_{10}O$ Butanol-(1)					
260	0,3905	0,1610	190	0,6251		80	0,8201	0,0017
263,5	0,3380		210	0,5956		100	0,7957	0,003328
			230	0,5618	0,0417	120	0,7702	0,005760
C_4H_6 Butadien-(1,3)			250	0,5197	0,0625	140	0,7435	0,009497
−108,92	0,7638	0,00000275	270	0,4585	0,0987	160	0,7149	0,01489
−100,0	0,7545	0,0000073	280	0,4146	0,1317	180	0,6835	0,02268
−80,0	0,7335	0,0000445	289,7	0,267		200	0,6488	0,03390
−60,0	0,7122	0,0001817				220	0,6087	0,05025
−40,0	0,69048	0,0005572	$C_4H_{10}O$ Diäthyläther			240	0,5586	0,07576
0,0	0,64522	0,002977	0	0,7362	0,000827	250	0,5289	0,09390
+40,0	0,59533	0,010096	20	0,7135	0,001870	260	0,4908	0,1205
80,0	0,5364	0,02666	40	0,6894	0,003731	270	0,4333	0,1661
100,0	0,5006	0,04154	60	0,6658	0,006771	276,2	0,296	
			80	0,6402	0,01155			

4. Mechanisch-thermische Konstanten usw.

ϑ °C	D' g/cm³	D'' g/cm³	ϑ °C	D' g/cm³	D'' g/cm³	ϑ °C	D' g/cm³	D'' g/cm³
\multicolumn{3}{c}{C_5H_{12} Pentan}	160	1,6134	(0,0029)	240	0,656	0,028
30	0,6165	0,002451	180	1,5803	0,004733	250	0,641	0,034
60	0,5850	0,006020	200	1,5470	0,007278	260	0,625	0,040
100	0,5377	0,01626	220	1,5115	0,01076	270	0,609	0,046
140	0,4787	0,0386	240	1,4764	0,01555	280	0,593	0,052
160	0,4394	0,0591	250	1,4581	0,01852			
180	0,3867	0,0935	260	1,4384	0,02200			
190	0,3445	0,1269	270	1,4172	0,02604	\multicolumn{3}{c}{C_8H_{10} 1,3-Dimethylbenzol (m-Xylol)}
193	0,3253	0,1440	\multicolumn{3}{c}{C_6H_6 Benzol}	190	0,690	0,020
196	0,2915	0,1746	100	0,7927	0,004704	200	0,678	0,023
197	0,2640	0,2005	140	0,7440	0,01176	210	0,666	0,026
197,2	\multicolumn{2}{c	}{0,232}	180	0,6906	0,02487	220	0,654	0,030
\multicolumn{3}{c}{C_5H_{12} 2-Methyl-butan}	200	0,6605	0,03546	230	0,642	0,034
10	0,6295	0,001650	220	0,6255	0,05015	240	0,629	0,038
40	0,5988	0,004456	240	0,5851	0,07138	250	0,615	0,043
80	0,5540	0,01287	260	0,5328	0,1034	260	0,600	0,048
120	0,4991	0,03106	270	0,4984	0,1287	270	0,585	0,054
140	0,4642	0,04728	280	0,4514	0,1660	280	0,570	0,060
160	0,4206	0,07289	286,1	0,4078				
170	0,3914	0,09337	288,0	0,3856				
180	0,3498	0,1258	288,9	\multicolumn{2}{c	}{0,309}	\multicolumn{3}{c}{C_8H_{10} 1,4-Dimethylbenzol (p-Xylol)}
183	0,3311	0,1418	\multicolumn{3}{c}{C_6H_{12} Cyclohexan}	190	0,620	0,028
186	0,3028	0,1676	80	0,7206	0,002898	200	0,612	0,030
187,4	0,2761	0,1951	120	0,6791	0,007962	210	0,603	0,032
187,8	\multicolumn{2}{c	}{0,234}	160	0,6325	0,01818	220	0,594	0,035
\multicolumn{3}{c}{C_5H_{12}O Äthoxypropan}	200	0,5780	0,03738	230	0,585	0,038
108,4	0,6220	0,0206	220	0,5456	0,05249	240	0,575	0,041
130,8	0,5898	0,0290	240	0,5063	0,07496	250	0,562	0,045
148,1	0,5680	0,0339	260	0,4533	0,1111	260	0,548	0,051
161,5	0,5451	0,0422	270	0,4125	0,1433	270	0,534	0,057
170,4	0,5312	0,0473	274	0,3891	0,1634	280	0,520	0,062
189,7	0,5093	0,0577	277	0,3642	0,1855			
192,4	0,4859	0,0708	279	0,3393	0,2105	\multicolumn{3}{c}{C_8H_{18} Octan}
202,8	0,4577	0,0878	281,02	\multicolumn{2}{c	}{0,273}	120	0,6168	0,003247
209,7	0,4365	0,1020	\multicolumn{3}{c}{C_6H_{14} Hexan}	140	0,5973	0,005405
216,2	0,4055	0,1230	60	0,6221	0,002488	160	0,5772	0,008591
220,5	0,3839	0,1393	100	0,5814	0,00754	180	0,5556	0,01316
227,4	\multicolumn{2}{c	}{0,260}	140	0,5343	0,01866	200	0,5317	0,01965
\multicolumn{3}{c}{C_6H_5Br Brombenzol}	180	0,4751	0,04228	220	0,5053	0,02874
120	1,3583	(0,0019)	200	0,4365	0,06329	240	0,4732	0,04237
150	1,3146	0,004125	220	0,3810	0,1011	260	0,4364	0,06223
160	1,2994	0,005241	230	0,3329	0,1405	270	0,4123	0,07716
180	1,2697	0,008117	233	0,3040	0,1638	280	0,3818	0,09833
200	1,2385	0,01209	234	0,2883	0,1807	290	0,3365	0,1346
220	1,2037	0,01745	234,7	\multicolumn{2}{c	}{0,233}	296,2	\multicolumn{2}{c	}{0,233}
240	1,1689	0,02482	\multicolumn{3}{c}{C_7H_{16} Heptan}			
260	1,1310	0,03427	80	0,6311	0,002000	\multicolumn{3}{c}{C_8H_{18} 2,2,4-Trimethylpentan}
270	1,1099	0,04018	120	0,5926	0,006075	150	0,567	0,0105
\multicolumn{3}{c}{C_6H_5Cl Chlorbenzol}	160	0,5481	0,01511	175	0,540	0,0178
120	0,9960	(0,0026)	200	0,4952	0,03304	200	0,507	0,0287
160	0,9480	0,006784	220	0,4616	0,04892	225	0,466	0,0479
180	0,9224	0,01023	240	0,4177	0,07446	250	0,407	0,0793
200	0,8955	0,01506	250	0,3877	0,09461			
220	0,8672	0,02145	260	0,3457	0,1287	\multicolumn{3}{c}{C_8H_{18} Di-isobutyl}
240	0,8356	0,03000	265	0,3059	0,1631	20	0,6934	(0,0002)
260	0,8016	0,04172	266,5	0,2819	0,1895	40	0,6764	(0,0004)
270	0,7834	0,04921	267,2	\multicolumn{2}{c	}{0,241}	80	0,6417	(0,0016)
329,2	0,6411					120	0,6046	0,005219
348,8	0,5530		\multicolumn{3}{c}{C_8H_{10} 1,2-Dimethylbenzol (o-Xylol)}	160	0,5620	0,01321
358,8	0,4400					200	0,5117	0,02874
359,2	\multicolumn{2}{c	}{0,365}	190	0,716	0,014	220	0,4810	0,04202
			200	0,705	0,016	240	0,4434	0,06223
\multicolumn{3}{c}{C_6H_5J Jodbenzol}	210	0,694	0,019	260	0,3912	0,09699
80	1,7391	(0,0003)	220	0,682	0,021	270	0,3482	0,1321
120	1,6767	(0,0009)	230	0,670	0,024	274	0,3187	0,1572

412. Dichte koexistierender Phasen

ϑ °C	D' g/cm³	D'' g/cm³	ϑ °C	D' g/cm³	D'' g/cm³	ϑ °C	D' g/cm³	D'' g/cm³
$C_{10}H_8$ Naphthalin			$C_{12}H_{10}$ Diphenyl			$C_{12}H_{10}O$ Diphenyläther		
300	0,7813	0,0126	93,3	0,9747	0,0000173	280	0,8344	0,0064
320	0,7598	0,0163	121,1	0,9525	0,0000066	300	0,8140	0,0084
340	0,7362	0,0218	148,7	0,9304	0,000187	320	0,7924	0,0120
360	0,7100	0,0298	176,7	0,9074	0,000455	340	0,7695	0,0166
380	0,6789	0,0424	204,4	0,8849	0,000987	360	0,7452	0,0266
400	0,6410	0,0617	232,2	0,8620	0,001954	380	0,7178	0,0316
420	0,5989	0,0850	255,3	0,8424	0,003363	400	0,6881	0,0428
440	0,5510	0,1139	287,8	0,8126	0,00713	420	0,6538	0,0585
460	0,4935	0,1522	343,3	0,7577	0,01898	440	0,6160	0,0777
470	0,4590	0,1770	398,9	0,6933	0,03844	460	0,5738	0,1012
478,5	0,314		454,4	0,6103	0,07512	480	0,5210	0,1353
			482,2	0,5539	0,10972	490	0,4595	0,1874
			528	0,393		494	0,322	

4123. Cailletet-Mathiassche Regel

Im kritischen Punkt sind die Dichten der gesättigten Dampfphase und der flüssigen Phase gleich. Trägt man graphisch die Dichten der flüssigen und der Gasphase gegen die Temperatur auf, so erhält man parabelähnliche Kurven; die Mittelwerte für gleiche Temperaturen $\frac{\varrho_{fl} + \varrho_D}{2}$ liegen fast genau auf einer Geraden. Dieser Befund wird die Cailletet-Mathiassche Regel genannt. Sie gestattet es, die kritische Dichte genauer zu bestimmen, als es durch direkte Messungen möglich ist. Die Abbildung zeigt für einige Elemente (He, Ar, Xe, O_2), Diäthyläther und Pentan den Verlauf der Kurve für die reduzierten Dichten und Temperaturen.

Es sind die reduzierten Dichten $\frac{D}{D_{krit}}$ in Abhängigkeit von den reduzierten Temperaturen $\frac{T}{T_{krit}}$ für Helium —··—··—, Argon ———, Xenon und Sauerstoff ·········, Pentan —·—·—, Diäthyläther ———— aufgetragen

413. Schmelzen und Umwandlungen unter Druck[1]

Angaben über Schmelzen und Umwandlungen unter Druck von Elementen sind in der Tabelle 2141, für H_2O und D_2O in Tabelle 222 zu finden.

Einteilung der Tabelle 4131: Anorganische Verbindungen, Ordnung alphabetisch nach den Symbolen.

Einteilung der Tabelle 4132: Organische Verbindungen, Ordnung nach dem Hillschen System.

Abkürzungen

I, II, III	verschiedene Modifikationen
F	Schmelzpunkt
fl.	flüssig
p	Druck
Trp	Tripelpunkt
U	Umwandlungspunkt
ΔV	Volumenänderung bei Phasenumwandlung
ϑ	Temperatur in °C

4131. Anorganische Verbindungen

Ordnung alphabetisch nach den Symbolen

			p at	ϑ °C	ΔV cm³g⁻¹
AgClO₄	U	I–II	1	155	
		II–III	7 500	0	0,0145
			9 200	200	0,0120
AgJ	U	I–II	1	144,6	−0,00860
			3 000	96,1	−0,01020
		I–III	3 000	104,8	0,01390
			6 500	212,3	0,00830
		II–III	2 800	100,0	−0,02412
			3 000	30,0	−0,0239
	Trp.	I–II	2 810	99,4	−0,01010
		I–III			+0,01402
		II–III			−0,02412
AgNO₃	U	I–II	1	159,4	−0,00250
			1 000	151,8	−0,00254
			5 000	118,7	−0,00279
			9 000	56,8	−0,00320
			9 770	0,0	−0,00330
		II–III	32 000	0	0,00400
			35 000	100	0,00375
			38 000	200	0,00350
		III–IV	37 200	200	−0,0108
			40 200	100	−0,0112
			43 200	0	−0,0116
CO₂	F		1 000	−37,3	
			2 000	−20,5	
			4 000	+8,5	0,0979
CsClO₄	U		800	0	0,01390
			1 675	100	0,01475
			2 550	200	0,01560

---

[1] Die Daten sind größtenteils dem Beitrag S. Valentiner Landolt-Börnstein 6. Auflage Band II/2a S. 216 entnommen. Literatur ist dort angegeben.

413. Schmelzen und Umwandlungen unter Druck

			p at	ϑ °C	ΔV cm³g⁻¹
CsMnO₄	U	I–II	9600	200	−0,0045
			12900	100	−0,0062
			16200	0	−0,0080
		II–III	37400	200	−0,0137
			39500	100	−0,0135
			41600	0	−0,0133
CsNO₃	U	I–II	1	153,7	0,00405
			3000	181,3	0,00352
			6000	207,1	0,00298
CuJ	U		12200	150	−0,00480
			13880	50	−0,00630
			15560	−50	−0,00698
			16400	−100	−0,00705
FeS	U		1	138	
			1000	53,5	
			2000	32,7	
HgBr₂	U	I–II	1700	50	0,00185
			2600	200	0,00185
		II–III	23000	50	0,00112
			25200	150	0,00092
		III–IV	37600	150	−0,00250
			39200	0	−0,00204
HgCl₂	U		1	276	
			12600	150	−0,0016
			20800	0	−0,0010
KCN	U	I–II	4000	150	−0,0230
			4800	80	−0,0150
		II–III	20660	50	0,0553
			21780	150	0,0507
		II–IV	17700	−80	0,0638
			20100	+20	0,0602
		III–IV	23540	50	0,0034
			40900	130	0,0016
	Trp.	II–IV	20500	36	+0,0595
		II–III			+0,0558
		III–IV			+0,0037
KCl	U		20590	−78	−0,0564
KClO₃	U		5680	0	0,02510
			7730	200	0,02466
KHSO₄	U	I–II	1	180,5	0,00066
			1000	190,4	0,00137
			2000	200,3	0,00209
		I–IV	2000	201,5	0,00307
			3000	218,4	0,00290
		II–III	1	164,2	−0,00556
			2000	132,6	−0,00566
			3000	116,6	−0,00571
		II–IV	1810	200,0	−0,00113
			2340	160,0	−0,00111
			2875	120,0	−0,00110

			p at	ϑ °C	ΔV cm³g⁻¹
		III—IV	3000	116,4	—0,0068
			4000	97,5	—0,0064
			6000	51,4	—0,0058
	Trp.	I—II	1830	198,6	+0,00197
		II—IV			—0,00113
		I—IV			+0,00310
		II—III	2900	118,2	—0,00570
		II—IV			—0,00110
		III—IV			—0,00680
KNO$_2$	U		5000	—3,0	0,0312
			8000	50,8	0,0355
			10000	109,3	0,0383
KNO$_3$	U	I—II	1	127,7	0,0060
		II—III	103,0	127,75	
			256,0	125,20	—0,0091
			510	120,0	—0,0105
			2350	60,0	—0,01480
			2955	20,0	—0,01560
		II—IV	2665	0,0	0,04474
			2920	20,0	0,04410
		III—IV	3000	23,9	0,02830
			5000	96,8	0,02680
			9000	214,5	0,02500
	Trp.	II—III	2930	21,3	—0,01560
		III—IV			+0,02840
		II—IV			+0,04400
		I—III	115	128,3	+0,01420
		II—III	83,6	128,0	—0,00886
		I—II			+0,00534
KSCN	U	I—II	1	140,0	0,00306
			2000	173,9	0,00200
			4000	208,3	0,00151
K$_2$S	U		1	146,4	0,000948
			2000	170,4	0,000886
			5000	206,4	0,000794
NH$_4$Br	U		1	137,8	0,0647
			300	163,4	0,0659
			600	191,8	0,0658
NH$_4$Cl	U		1	184,3	0,0985
			200	197,8	0,1160
NH$_4$HSO$_4$	U	I—II	1220	40	0,01330
			1520	80	0,01259
			1810	120	0,01188
		I—III	1860	130	0,00529
			1860	150	0,00529
		II—III	2000	128,4	0,00635
			4000	156,9	0,00524
		III—IV	5650	177,0	—0,00168
			5530	181,0	—0,00265

413. Schmelzen und Umwandlungen unter Druck

			p at	ϑ °C	ΔV cm³g⁻¹
		IV−V	6000	178,3	0,00466
			8000	187,1	0,00360
			10000	193,8	0,00300
	Trp.	(I−II−III)	1860	126,2	
		(II−III−IV)	5660	176,9	
NH₄J	U		1	−17,6	0,0561
			742	40,0	0,0540
			1537	120,0	0,0518
NH₄NO₃	F	I−fl.	1	168	
s. auch Abb. S. 962			1000	202	(0,0510)
	U	I−II	1	125,5	0,01351
			2000	143,0	0,01028
			5000	164,5	0,00751
			9000	186,6	0,00476
		II−III	1	82,7	0,00758
			400	75,1	0,00836
			800	65,0	0,00913
		II−IV	1000	65,3	0,01210
			4000	106,8	0,01215
			8000	156,0	0,01250
NaClO₃	U	I−II	13000	170	−0,00013
			15200	70	−0,00028
			16300	20	−0,00035
		II−III	31500	100	−0,0065
			33100	70	−0,0030
		II−IV	24640	170	−0,0055
			28070	135	−0,0061
			31500	100	−0,0055
		III−IV	31500	100	0,0010
			35900	135	0,0012
			40290	170	0,0014
	Trp.	II−IV	31500	100	−0,0055
					+0,0010
					−0,0065
		III−IV	1	32,0	0,02026
			400	45,4	0,02077
			800	60,8	0,02128
		IV−V	1	−18,0	−(0,0170)
		I−IV	9000	186,6	0,00858
			11000	201,6	0,00740
		II−VI	9034	185,0	−0,00373
			9154	170,0	−0,00312
		IV−VI	9000	167,9	0,00959
			11000	184,3	0,00952
	Trp.	III−IV	860	63,3	+0,02135
		II−III			−0,00925
		II−IV			+0,01210
		I−II	9020	186,7	+0,00475
		I−VI			+0,00855
		II−VI			
		II−IV	9160	169,2	+0,01267
		II−VI			−0,00309
		IV−VI			+0,00958

4. Mechanisch-thermische Konstanten usw.

			p at	ϑ °C	ΔV cm³g⁻¹
NH₄SCN	U		1	88	−0,0419
			1000	53	−0,0412
			2000	26	−0,0407
NaBrO₃	U		17600	170	−0,0078
			20200	100	−0,0076
NaClO₄	U	I−II	22300	50	0,00115
			28300	150	0,00148
		II−III	29000	20	
			32500	100	0,0131
			31500	160	−0,0190
NaNO₂	U		6000	−80	
			17000	150	
RbBr	U		4925	50	−0,0325
			5050	0	−0,0313
RbCl	U		5525	50	−0,0505
			5600	0	−0,0484
RbNO₃	U	I−II	1	164,4	0,00688
			3000	192,6	0,00561
			6000	218,6	0,00434
		II−III	16500	0	0,0017
			21300	100	0,0025
			26000	200	0,0033
SiCl₄	F		1	−68,7	
			2000	−10,0	0,0522
			4000	+42,6	0,0428
TlNO₃	U	I−II	1	144,6	0,00244
			3000	169,2	0,00239
			7000	200,7	0,00232
		II−III	1	75,0	0,00073
			3000	94,5	0,00065
			8000	125,3	0,00052
			12000	149,1	0,00042
ZnSO₄ · K₂SO₄	U		1	149	0,0150
			1000	165	0,0150
			2000	179	0,0150
			4000	202	0,0150

Umwandlungsdruck-Kurven verschiedener Modifikationen des NH₄NO₃

4132. Organische Verbindungen
Ordnung nach Hillschem System

Formel	Name		Druck						
			1 at		1000 at		2000 at		4000 at	
			ϑ °C	ΔV cm³g⁻¹	ϑ °C	ΔV cm³g⁻¹	ϑ °C	ΔV cm³g⁻¹	ϑ °C	ΔV cm³g⁻¹
CCl_4	Tetrachlormethan	F	−22,6	0,02580	14,2	0,02006	45,9	0,016	102,7	0,01197
$CHBr_3$	Bromoform	F	7,78	0,03906	31,5	0,0355	53,8	0,0322	94,7	0,0266
$CHCl_3$	Chloroform	F	−61,0	0,115	−45,7		−28,3		+3,4	0,0498
CH_2O_2	Ameisensäure	F	8,5	0,0100						
CH_4N_2O	Harnstoff	F	131,7	0,1560	37,7	0,1148	54,3	0,0887	83,4	0,0828
$C_2H_4O_2$	Essigsäure	FI	16,68				54,1	0,1003	119,0	0,0429
		FII					103,1	0,0668	111,5	0,0746
C_2H_5NO	Acetamid	FI	81,5	0,1098	93,1	0,0852				
		FII								
$C_2H_7NO_2$	Carbaminsäureäthylester	FI	47,9	0,05990	57,3	0,03762	64,2	0,02774	75,8	0,0188
	Urethan	FII							132,6	0,0798
$C_2H_4O_4$	Oxalsäuredimethylester	F	54,24	0,1453	75,8	0,1115	95,8	0,0957		
$C_6H_4NO_2Br$	m-Nitrobrombenzol		53,6		76,8		99,7			
$C_6H_4NO_2Cl$	m-Nitrochlorbenzol		44,5		67,3		89,4			
$C_6H_4N_2O_4$	1,3-Dinitrobenzol		89,8	0,0937	114,8		138,0			
C_6H_5Br	Brombenzol	F	−31,1	0,0564	−12,1	0,0486	+5,3	0,0428	35,9	0,0345
C_6H_5Cl	Chlorbenzol	FI	−45,5	0,0711	−28,0		−12,0	0,0565	+16,7	0,0469
$C_6H_5NO_2$	Nitrobenzol		5,67	0,08136	27,9	0,07326	48,1	0,06639	87,6	0,05552
$C_6H_5NO_3$	o-Nitrophenol		46,0		68,2		89,0		130,6	
$C_6H_5NO_3$	m-Nitrophenol		95,7		115,0		133,9			
$C_6H_5NO_3$	p-Nitrophenol		112,4	0,0891	137,7	0,0740	159,8	0,0614	198,8	0,0445
C_6H_6	Benzol	F	5,43	0,1317	32,5	0,1026	56,5	0,0872	96,6	0,0675
C_7H_8O	Phenol	FI	40,87	0,0567	53,4	0,0395	63,3	0,0280		
		FII					62,1	0,0831	99,8	0,0714
		F					31,6	0,0724	64,5	0,0631
C_7H_9N	Anilin	F	−6,4	0,0854	+13,1	0,0784	99,6			
$C_7H_9NO_2$	p-Nitrotoluol	F	51,5	0,0838	76,5	0,0678	61,9	0,0557	81,8	0,0406
C_7H_9O	o-Kresol	F	30,8	0,1443	47,4	0,1195	91,5	0,1037	131,3	0,0852
C_7H_9N	p-Toluidin	F	43,6	0,0958	69,0	0,0807	103,0	0,0708	144,9	0,0586
$C_{12}H_{11}N$	Diphenylamin	F	54,0	0,0904	79,1	0,0773	98,9	0,0689	142,0	0,0571
$C_{13}H_{10}O$	Benzophenon	F	47,77		74,6					

42. Mehrstoffsysteme

421. Heterogene Gleichgewichte

Der Abschnitt ist unterteilt in:

4211. Gleichgewichte bei thermischer Zersetzung

z. B. $CaCO_{3f} \rightleftharpoons CaO_f + CO_{2p}$

4212. Gleichgewichte mit Umsetzung

z. B. $CH_{4g} + 3 Fe_f \rightleftharpoons Fe_3C_f + 2 H_{2g}$

Nach dem Massenwirkungsgesetz erhält man in diesen Fällen

$$K_p = p_{CO_2} \quad \text{und} \quad K_p = \frac{p_{H_2}^2}{p_{CH_4}}$$

p ist streng genommen die Fugazität, die aber bei Drucken $\lesssim 1$ atm mit dem Partialdruck fast übereinstimmt.

Die freie Enthalpie der Reaktion ist $\Delta G = -RT \ln K_p$.

ΔH ist die Änderung der Enthalpie des Systems bei der Reaktion. (Negativer Wert der Wärmetönung.)

4211. Heterogene Gleichgewichte bei thermischer Zersetzung

$$BaCO_{3f} \rightleftharpoons BaO_f + CO_{2g}$$
$$K_p = p_{CO_2}$$

T °K	p_{CO_2} Torr	T °K	p_{CO_2} Torr
1073	0,0240	1329	5,42
1121	0,0788	1395	14,6
1161	0,187	1435	26,3
1220	0,681	1477	52,0
1271	1,77		

$$\log K_p (K_p \text{ in atm}) = -\frac{13075}{T} + 7{,}668.$$

$$C_f + CO_{2g} \rightleftharpoons 2 CO$$
$$K_p = \frac{p_{CO}^2}{p_{CO_2}}$$

ϑ °C	K_p atm	ϑ °C	K_p atm
400	$9{,}2 \cdot 10^{-5}$	800	10,0
500	$3{,}7 \cdot 10^{-3}$	900	37,6
600	0,0794	1000	143
700	1,01	1100	759

421. Heterogene Gleichgewichte

$$C_{Graphit} + 2\,S_g \rightleftharpoons CS_{2g}$$
$$S_g = (S_8 \rightleftharpoons S_6 \rightleftharpoons S_2)$$
$$K_p = \frac{p_{CS_2}}{p_{Schwefel}}$$

T °K	p_s atm	p_{CS_2} atm	T °K	p_s atm	p_{CS_2} atm
400	1,000	0,000	1000	0,087	0,913
600	0,976	0,024	1200	0,102	0,898
800	0,213	0,787	1500	0,126	0,874

$$CH_{4g} \rightleftharpoons C_f + 2\,H_{2g}$$
$$K_p = \frac{p_{H_2}^2}{p_{CH_4}}$$

ϑ °C	K_p atm	ϑ °C	K_p atm
400	0,071	900	47,9
500	0,427	1000	105
600	2,14	1050	141
700	7,24	1150	257
800	20,0		

$$CaBr_2 \cdot 8\,NH_{3f} \rightleftharpoons CaBr_2 \cdot 6\,NH_{3f} + 2\,NH_3$$
$$K_p = p_{NH_3}^2$$

ϑ °C	p_{NH_3} Torr	ϑ °C	p_{NH_3} Torr
0,0	130,0	20,00	503,0
14,85	362,0	22,75	619,3
18,30	469,5	26,80	770,6

$$\log K_p\,(K_p \text{ in atm}^2) = 2\left(-\frac{2387}{T} + 7,97\right)$$

$$CaBr_2 \cdot 6\,NH_{3f} = CaBr_2 \cdot 2\,NH_{3f} + 4\,NH_{3g}$$
$$K_p = p_{NH_3}^4$$

ϑ °C	p_{NH_3} Torr	ϑ °C	p_{NH_3} Torr
30,10	29,6	61,30	188,0
51,60	109,0	70,10	305,0
56,10	145,5	77,60	436,0

$$\log K_p\,(K_p \text{ in atm}^4) = 4\left(-\frac{2613}{T} + 7,16\right)$$

$$CaBr_2 \cdot 2NH_{3f} \rightleftharpoons CaBr_2NH_{3f} + NH_3\,g$$
$$K_p = p_{NH_3}$$

ϑ °C	p_{NH_3} Torr	ϑ °C	p_{NH_3} Torr
178,0	130,0	211,0	447,0
183,0	165,0	222,5	635,0
201,0	310,5	226,0	723,0

$$\log K_p\,(K_p \text{ in atm}) = -\frac{3399}{T} + 6,79$$

$CaCO_{3f} \rightleftharpoons CaO_f + CO_2\,g$

$K_p = p_{CO_2}$

Temperaturabhängigkeit von $\log K_p$

$CaCl_2 - CH_3NH_2$

Isothermen des Systems $CaCl_2 - CH_3NH_2$ bei $-16°$ und $24°$ C

$$CaSO_{4f} \rightleftharpoons CaO_f + SO_2\,g + \tfrac{1}{2}O_2\,g$$
$$K_p = p_{SO_2} \cdot p_{O_2}^{1/2} = \frac{2 p_{ges}^{3/2}}{3^{3/2}}$$

ϑ	p_{ges} Torr		K_p atm$^{3/2}$	
°C	Messung	Rechnung	Messung	Rechnung
1300	1,33	0,19	$2,82 \cdot 10^{-5}$	$1,55 \cdot 10^{-6}$
1500	10,5	9,3	$6,25 \cdot 10^{-4}$	$5,25 \cdot 10^{-4}$

$\Delta H_{298°\,K} = 154,0$ kJ/Mol $CaSO_4$ (aus Bildungsenthalpien)
$\Delta G_{1300°\,K} = 144,3$ kJ/Mol $CaSO_4$
$\Delta G_{1500°\,K} = 94,1$ kJ/Mol $CaSO_4$
Standarddruck 1 atm
Messung und Rechnung nach verschiedenen Autoren.

421. Heterogene Gleichgewichte

$$2\,FeCl_{2\,f} + Cl_{2\,g} \rightleftharpoons Fe_2Cl_{6\,g}$$

$$K_p = \frac{p_{Fe_2Cl_6}}{p^2_{Cl}}$$

T °K	log K_p exp.	log K_p ber.	T °K	log K_p exp.	log K_p ber.
606	1,209	1,121	745	1,804	1,721
649	1,357	1,343	855	2,16	2,003
671	1,499	1,447	949	2,44	2,176
721	1,708	1,639	970	2,48	2,210

$\Delta H_{775°\,K} = (41,0 \pm 1,3)$ kJ/Mol Cl_2 $\Delta S_{778°\,K} = (89,5 \pm 1,7)$ J/Mol Cl_2

I. $FeCl_2 \cdot 6\,NH_{3\,f} \rightleftharpoons FeCl_2 \cdot 2\,NH_{3\,f} + 4\,NH_{3\,g}$
$$K_p = p^4_{NH_3}$$

II. $FeCl_2 \cdot 6\,N^2H_{3\,f} \rightleftharpoons FeCl_2 \cdot 2\,N^2H_{3\,f} + 4\,N^2H_{3\,g}$
$$K_p = p^4_{N^2H_3}$$

ϑ °C	I p_{NH_3} Torr	II $p_{N^2H_3}$ Torr	ϑ °C	I p_{NH_3} Torr	II $p_{N^2H_3}$ Torr
46,7	28,2	—	100,5	465,0	430,0
80,9	180	157,0	106,6	612,0	574,0
86,4	250,0	226,0	109,9	706,5	666,0
92,8	327,0	299,0			

I. $\log K_p\,(K_p\text{ in atm}^4) = 4\left(-\dfrac{2719}{T} + 7,014\right)$

II. $\log K_p\,(K_p\text{ in atm}^4) = 4\left(-\dfrac{2807}{T} + 7,273\right)$

$$2\,FeO_f \rightleftharpoons 2\,Fe_f + O_{2\,g}$$
$$K_p = p_{O_2}$$

T °K	log K_p K_p in atm	T °K	log K_p K_p in atm
1123	−17,803	1323	−13,932
1173	−16,639	1373	−13,156
1223	−15,664	1423	−12,440
1273	−14,765	1473	−11,764

$$2\,KH_f \rightleftharpoons 2\,K_{fl} + H_{2\,g}$$
$$K_p = p_{H_2}$$

ϑ °C	p_{H_2} Torr	ϑ °C	p_{H_2} Torr
314	15	364	89
326	25	376,3	134
339	38	389,5	200
352	59		

$$\log K_p\,(K_p\text{ in atm}) = -\frac{5850}{T} + 8,3$$

$$\text{LiCl} \cdot 4\,\text{NH}_3{}_f \rightleftharpoons \text{LiCl} \cdot 3\,\text{NH}_3{}_f + \text{NH}_3{}_g$$
$$K_p = p_{\text{NH}_3}$$

ϑ °C	p_{NH_3} Torr	ϑ °C	p_{NH_3} Torr
0,0	389,0	10,00	677,0
5,30	515,0	14,10	800,1

$$\log K_p \,(K_p \text{ in atm}) = -\frac{1750}{T} + 6{,}113$$

$$\text{LiCl} \cdot 3\,\text{NH}_3{}_f \rightleftharpoons \text{LiCl} \cdot 2\,\text{NH}_3{}_f + \text{NH}_3{}_g$$
$$K_p = p_{\text{NH}_3}$$

ϑ °C	p_{NH_3} Torr	ϑ °C	p_{NH_3} Torr
20,10	82,5	45,80	378,0
26,80	126,6	49,90	470,9
30,10	154,5	54,10	586,7
40,40	282,0		

$$\log K_p \,(K_p \text{ in atm}) = -\frac{2395}{T} + 7{,}21$$

$$\text{LiCl} \cdot 4\,\text{N}^2\text{H}_3{}_f \rightleftharpoons \text{LiCl} \cdot 3\,\text{N}^2\text{H}_3{}_f + \text{N}^2\text{H}_3{}_g$$
$$K_p = p_{\text{N}^2\text{H}_3}$$

ϑ °C	p_{NH_3} Torr	ϑ °C	p_{NH_3} Torr
0,0	322,6	10,00	560,0
5,30	430,5	14,10	700,0

$$\log K_p \,(K_p \text{ in atm}) = -\frac{1884}{T} + 6{,}523$$

$$\text{LiCl} \cdot 3\,\text{N}^2\text{H}_3{}_f \rightleftharpoons \text{LiCl} \cdot 2\,\text{N}^2\text{H}_3{}_f + \text{N}^2\text{H}_3{}_g$$
$$K_p = p_{\text{N}^2\text{H}_3}$$

ϑ °C	$p_{\text{N}^2\text{H}_3}$ Torr	ϑ °C	$p_{\text{N}^2\text{H}_3}$ Torr
25,10	102,4	50,20	432,0
30,10	137,0	56,50	601,0
39,90	248,0	59,80	715,0
40,40	251,0		

$$\log K_p \,(K_p \text{ in atm}) = -\frac{2455}{T} + 7{,}35$$

I. $MnCl_2 \cdot 6NH_{3f} \rightleftharpoons MnCl_2 \cdot 2NH_{3f} + 4NH_{3g}$
$$K_p = p^4_{NH_3}$$
II. $MnCl_2 \cdot 6N^2H_{3f} \rightleftharpoons MnCl_2 \cdot 2N^2H_{3f} + 4N^2H_{3g}$
$$K_p = p^4_{N^2H_3}$$

	I	II		I	II
ϑ °C	p_{NH_3} Torr	$p_{N^2H_3}$ Torr	ϑ °C	p_{NH_3} Torr	$p_{N^2H_3}$ Torr
48,50	107,4	91,0	82,00	616,0	556,5
60,50	204,0	178,7	86,1	734,0	679,5
66,00	277,5	244,0			

I. $\log K_p \ (K_p \text{ in atm}^4) = 4\left(-\dfrac{2557}{T} + 7,100\right)$

II. $\log K_p \ (K_p \text{ in atm}^4) = 4\left(-\dfrac{2673}{T} + 7,386\right)$

$$NH_4CO_2NH_{2f} \rightleftharpoons 2NH_{3g} + CO_{2g}$$
$$K_p = \dfrac{4}{27} p^3_{ges}$$

$$\Delta H = 157,3 \ \dfrac{kJ}{Mol \ NH_4CO_2NH_2}$$

ϑ °C	p_{ges} atm	K_p atm³	ϑ °C	p_{ges} atm	K_p atm³
20	0,0811	7,90·10⁻⁵	80	3,153	4,64
40	0,3212	4,91·10⁻³	100 extrapol.	8,223	8,23·10¹
60	1,078	1,86·10⁻¹	140 extrapol.	42,33	11,23·10³

$$NH_4HSe_f \rightleftharpoons NH_{3g} + H_2Se_g$$
$$K_p = \dfrac{p^2_{ges}}{4}$$

ϑ °C	p_{ges} Torr	K_p atm²	ϑ °C	p_{ges} Torr	K_p atm²
15,0	6,8	0,20·10⁻⁴	23,0	12,0	0,62·10⁻⁴
17,0	7,7	0,25·10⁻⁴	24,8	14,0	0,85·10⁻⁴
19,0	9,1	0,36·10⁻⁴	27,7	18,05	1,4·10⁻⁴
21,0	10,2	0,45·10⁻⁴	30,1	23,1	2,3·10⁻⁴

$$Na_2HAsO_4 - H_2O_{Dampf}$$

Abbauisobare bei 10 Torr

Aufbauisobare bei 10 Torr

I. $NiCl_2 \cdot 6NH_{3f} \rightleftharpoons NiCl_2 \cdot 2NH_{3f} + 4NH_{3g}$
$K_p = p_{NH_3}^4$

II. $NiCl_2 \cdot 6N^2H_{3f} \rightleftharpoons NiCl_2 \cdot 2N^2H_{3f} + 4N^2H_{3g}$
$K_p = p_{N^2H_3}^4$

	I	II		I	II
ϑ	p_{NH_3}	$p_{N^2H_3}$	ϑ	p_{NH_3}	$p_{N^2H_3}$
°C	Torr	Torr	°C	Torr	Torr
99,6	32,6	28,6	158,0	517,2	463,5
110,0	56,5	49,9	164,7	664,5	614,0
118,6	87,3	77,5	172,7	929,6	853,0

I. $\log K_p (K_p \text{ in atm}^4) = 4\left(-\dfrac{3285}{T} + 7,45\right)$

II. $\log K_p (K_p \text{ in atm}^4) = 4\left(-\dfrac{3349}{T} + 7,53\right)$

$SrCO_{3f} \rightleftharpoons SrO_f + CO_{2g}$
$K_p = p_{CO_2}$

T	p_{CO_2}	T	p_{CO_2}
°K	Torr	°K	Torr
969	0,0335	1195	9,6
999	0,0804	1209	11,9
1052	0,378	1248	24,1
1113	1,71	1308	54,2
1158	4,21	1364	115,3

bei 1197° K U orh $\rightleftharpoons$ hex.

$2 SrO_{2f} \leq SrO_f + O_{2g}$
$K_p = p_{O_2}$

ϑ	p_{O_2}	ϑ	p_{O_2}
°C		°C	
322	315 Torr	445...450	11...21 atm
338	474 Torr	515...520	27...36 atm
344	564 Torr	545...550	45...60 atm
348	644 Torr	590...600	95...115 atm
351	673 Torr		

$\Delta H_{595...873°K} = 84,8$ kJ/Mol O_2
$\Delta H_{298°K} = 92,0$ kJ/Mol O_2

$VOSO_{4f} \rightleftharpoons 1/2\, V_2O_{4f} + SO_{3g}$
$K_p = p_{SO_3}$

T	$-\log K_p (K_p \text{ in atm})$		T	$-\log K_p (K_p \text{ in atm})$	
°K	exp.	ber.	°K	exp.	ber.
843	1,90	1,90	800	2,51	2,55
831	2,07	2,08	798	2,64	2,58
810	2,38	2,39	796	2,72	2,60

4212. Heterogene Gleichgewichte mit Umsetzungen

$$Al_2O_{3f} + 6\,HCl_g \rightleftharpoons 2\,AlCl_3 + 3\,H_2O_g$$

$$K_p = \frac{p^2_{AlCl_3} + p^3_{H_2O}}{p^6_{HCl}}$$

$$\log K_p\,(K_p \text{ in atm}^{-1}) = -\frac{14879}{T} - 1{,}63$$

T °K	$\log K_p$ (K_p in atm^{-1}) exp.	ber.	T °K	$\log K_p$ (K_p in atm^{-1}) exp.	ber.
1276	−13,37	−13,315	1466	−11,75	−11,78
1363	−12,54	−12,55	1475	−11,73	−11,72
1378	−12,49	−12,43	1490	−11,63	11,62

$$CH_{4\,g} + 3\,Fe(\alpha)_f \rightleftharpoons FeC(\beta)_f + 2\,H_{2\,g}$$

$$K_p = \frac{p^2_{H_2}}{p_{CH_4}}$$

$$\Delta H = 110 \text{ kJ/Mol Fe}_3C$$

ϑ °C	K_p atm	ϑ °C	K_p atm
320,3	0,00065	415,9	0,01750
337,2	0,00141	452,6	0,0425
372,1	0,00402	468,0	0,0710
391,8	0,00728		

$$Fe_f + 2\,HCl_g \rightleftharpoons FeCl_{2\,fl} + H_{2\,g}$$

$$K_p = \frac{p_{H_2}}{p^2_{HCl}}$$

$$\log K_p\,[K_p \text{ in atm}^{-1}] = -10{,}66 + \frac{5{,}96 \cdot 10^3}{T} \quad \text{für } \alpha\text{-Fe Bodenkörper}$$

$$\log K_p\,[K_p \text{ in atm}^{-1}] = -1071 + \frac{6{,}02 \cdot 10^3}{T} \quad \text{für } \beta\text{-Fe Bodenkörper}$$

$$\log K_p\,[K_p \text{ in atm}^{-1}] = -1078 + \frac{6{,}10 \cdot 10^{-3}}{T} \quad \text{für } \gamma\text{-Fe Bodenkörper}$$

ϑ °C	Bodenkörper	K_p atm^{-1} (ber.)	ϑ °C	Bodenkörper	K_p atm^{-1} (ber.)
702	α-Fe	2,89 · 10^{-5}	925	γ-Fe	2,11 · 10^{-6}
725	α-Fe	2,11 · 10^{-5}	932	γ-Fe	1,07 · 10^{-6}
800	β-Fe	7,91 · 10^{-6}			

$$FeCl_{2\,f} + H_{2\,g} \rightleftharpoons \alpha\text{-}Fe_f + 2\,HCl_g$$

$$K_p = \frac{p^2_{HCl}}{p_{H_2}}$$

T °C	$\log K_p$ (K_p in atm) exp.	ber.	T °C	$\log K_p$ (K_p in atm) exp.	ber.
757	3,52	3,438	883	1,937	1,973
803	2,82	2,849	904	1,799	1,771
843	2,43	2,392	935	1,551	1,480

$$SiO_{2f} + H_{2g} \rightleftharpoons SiO_g + H_2O$$
$$K_p = \frac{p_{SiO} \cdot p_{H_2O}}{p_{H_2}}$$

T °K	log p_{SiO} p in Torr	K_p atm	T °K	log p_{SiO} p in Torr	K_p atm
1473	−1,5228	$1,55 \cdot 10^{-9}$	1673	−0,5529	$1,35 \cdot 10^{-7}$
1573	−1,0458	$1,40 \cdot 10^{-8}$	1773	−0,2079	$6,65 \cdot 10^{-7}$

422. Dampfdruck von Mischsystemen[1]

4221. Binäre Systeme

42210. Vorbemerkungen

Die Partialdrucke p_i der einzelnen Komponenten über einer Mischung sind von den Dampfdrucken p_{0i} der reinen Komponenten verschieden. Nach dem Raoultschen Gesetz sollte $p_i = p_{0i} \cdot x'_i$ (x_i Molenbruch) sein. Der beobachtete Verlauf ist jedoch meist anders; (s. z. B. System 13 Wasser-1,4 Dioxan) es treten Abweichungen von der Raoultschen Geraden sowohl nach oben wie nach unten auf. Systeme, die wenig abweichen, werden als ideal bezeichnet. Man verwendet sie zum Eichen von Apparaturen, wie z.B. die Systeme Benzol-1,2-Dichloräthan (Nr. 41) und Benzol-Toluol (Nr. 57).

In einem Zweistoffsystem mit einer flüssigen und einer dampfförmigen Phase sind nach der Gibbschen Phasenregel 2 Freiheitsgrade vorhanden. In den Tabellen werden entweder der Druck p oder die Temperatur ϑ und x'_2 vorgegeben, p oder ϑ als Festwert und x'_2 als Parameter. Bei Systemen, die bis ins kritische Gebiet untersucht sind, wird häufig auch x'_2 als Festwert gewählt. Bei p bzw. ϑ als Festwert und x'_2 als Parameter sind x''_2 und die Siedetemperaturen ϑ bzw. der Siededruck p die abhängigen Größen. Bei x'_2 als Festwert und p als Parameter sind ϑ' und ϑ'' (Siedetemperatur und Kondensationstemperatur), bei ϑ als Parameter p' und p'' (Siededruck und Verflüssigungsdruck) die abhängigen Größen.

In den Diagrammen sind die flüssigen Phasen mit ———, die Dampfphasen mit - - - - (extrapolierte Werte mit ······) gekennzeichnet.

Die p-ϑ-Diagramme für Systeme, die bis ins kritische Gebiet untersucht sind, zeigen schleifenartige Kurven. Die Punkte mit dem größten Abstand von der p-Achse jeder Schleife (Punkte maximaler Temperatur) bilden die sogenannte *kritische Kurve 2. Ordnung*; die Punkte höchsten Druckes aller Schleifen die *Kurve maximalen* Druckes. Die Envelope der Kurven verbindet die Punkte, in denen $x'_2 = x''_2$ ist; es ist die *kritische Kurve I. Ordnung*.

Im (p-x_2)-Diagramm bilden im kritischen Gebiet die Maxima der zu konstantem ϑ gehörenden Schleifen die kritische Kurve I. Ordnung, die Punkte größten Abstandes von der p-Achse bilden wieder die kritische Kurve II. Ordnung und die Envelope der Schleifen die Kurve maximalen Druckes.

Schließlich werden im (ϑ − x_2)-Diagramm bei festem Druck schleifenförmige Kurven erhalten, deren Maxima die kritische Kurve I. Ordnung bilden. Alle verschiedenen Diagramme sind in dem System SO_2−CO_2 (Nr. 38) zu finden.

Die kritischen Kurven I. und II. Ordnung und die Kurven maximalen Druckes unterscheiden sich oft nur sehr wenig voneinander (z. B. System 38).

---

[1] Der weitaus größte Teil des Abschnittes 4221 und 4222 ist dem Beitrag C. Kux, Landolt-Börnstein 6. Auflage Bd. II/2a, S. 336, entnommen. Literaturangaben sind dort zu finden.

422. Dampfdruck von Mischsystemen

Besondere Fälle: Azeotropismus. Bei großen Abweichungen vom idealen Verhalten kann der Gesamtdruck bei vorgegebener Temperatur für einen bestimmten Molenbruch ein Maximum (z. B. Äthanol-Tetrachlorkohlenstoff, Nr. 24), oder ein Minimum (z. B. Wasser-Hydrazin, Nr. 20) erreichen. An dieser Stelle haben Dampf- und Flüssigkeitsphase die gleiche Zusammensetzung; man nennt diesen ausgezeichneten monovarianten Punkt einen azeotropen Punkt. Ist der Druck vorgegeben, so erhält man einen ausgezeichneten Wert in der Siedekurve, und zwar bei Systemen, bei denen der Druck einen Maximalwert zeigt, ein Minimum und umgekehrt. Der azeotrope Punkt verschiebt sich mit Druck und Temperatur, so daß manche Systeme nur in gewissen Druck- und Temperaturbereichen azeotrop sind. Bei den Abbildungen ist gewöhnlich auf den Azeotropismus hingewiesen.

Mischungslücken. Bei großer endothermer Mischungswärme der Komponenten kann, solange die Temperatur nicht zu hoch ist, in einem gewissen Bereich eine Mischungslücke auftreten. Im Normalfall verschwindet sie bei einer bestimmten, höher gelegenen Temperatur (oberer kritischer Lösungspunkt o. kr. Lp.). Erstrecken sich die Mischungslücken bis ins kritische Gebiet, so fällt der obere kritische Lösungspunkt mit einem kritischen Punkt erster Ordnung zusammen (kritischer Endpunkt), z. B. Wasser-Diäthyläther, Nr. 15. Es gibt auch Systeme, bei denen bei Temperaturerniedrigung sich die Mischungslücke schließt. Systeme mit geschlossenen Mischungslücken sind in den Tabellen 427132 und 42714 zu finden.

Für die Zusammensetzung des Dampfes, der sich mit den beiden nicht mischbaren Phasen im Gleichgewicht befindet, sind die folgenden Fälle möglich:

1. $(x_2')_{\text{Phase I}} < x_2'' < (x_2')_{\text{Phase II}}$. Hier ist der Gesamtdruck der Dampfphase im Gebiet der Mischungslücke größer als der Dampfdruck jeder einzelnen Komponenten. Die Siedetemperatur liegt unterhalb der Siedetemperatur der reinen Komponenten (System Ameisensäure—Benzol, Nr. 30).

2. $(x_2')_{\text{Phase I}} < (x_2')_{\text{Phase II}} < x_2''$. Hier liegt der Gesamtdruck im Gebiet der Mischungslücke zwischen den Dampfdrucken der beiden reinen Komponenten. Die Siedetemperatur der Mischung liegt zwischen den Siedetemperaturen der reinen Komponenten. (System $H_2O - 1{,}2$-Propylenoxid, Nr. 11).

Es gibt Systeme, die azeotrop sind und gleichzeitig eine Mischungslücke haben, z. B. Ameisensäure—Benzol (Nr. 30).

Bei extremen Drucken — weit oberhalb normaler kritischer Drucke — beobachtet man gelegentlich das Aufspalten eines Mischsystems in zwei Phasen, die man beide als Gasphasen bezeichnen kann. Beispiel Ammoniak—Stickstoff (Nr. 3).

Abkürzungsliste

f	feste Phase
fl	flüssige Phase
g	gasförmige Phase
g_i'	Gewichtsbruch der i-ten Komponente in der flüssigen Mischung
g_i''	Gewichtsbruch der i-ten Komponente in der Gasphase
M	Molekulargewicht (Molmasse)
M.L.	Mischungslücke
o. kr. Lp.	oberer kritischer Lösungspunkt
p	Gesamtdampfdruck
p_i	Partialdruck der i-ten Komponente
p_{0i}	Dampfdruck der reinen Komponente i
p'	Siededruck

p''	Taudruck
p_{az}	Druck am azeotropen Punkt
$p_{kr\,I}$	Druck der kritischen Punkte I. Ordnung
$p_{kr\,II}$	Druck der kritischen Punkte II. Ordnung
p_{III}	Dreiphasendruck (fl, fl, g)
Qdrp.	Quadrupelpunkt
T	Temperatur in °K
u. kr. Lp.	unterer kritischer Lösungspunkt
V	Siedepunkt bei 760 Torr
x'_i	Molenbruch der i-ten Komponente in der flüssigen Mischung
x''_i	Molenbruch der i-ten Komponente der Gas-Phase
$x_{i\,az}$	Molenbruch am azeotropen Punkt
ϑ	Temperatur in °C
$\vartheta_{0\,i}$	Siedetemperatur der reinen Komponente i (bei gegebenem Druck)
ϑ'	Siedetemperatur
ϑ''	Tautemperatur
ϑ_{az}	Temperatur am azeotropen Punkt
ϑ_{III}	Dreiphasentemperatur
$\vartheta_{kr\,I}$	Temperatur der kritischen Punkte I. Ordnung
$\vartheta_{kr\,II}$	Temperatur der kritischen Punkte II. Ordnung

In den Abbildungen ist —— der Kurvenzug der flüssigen Phase,
----- der Kurvenzug der gasförmigen Phase,
· · · · extrapolierte Werte

42211. Übersicht über die Systeme

Das Verhalten der einzelnen Systeme ist entweder mittels Zahlenangaben (Tabellen = T) oder mittels graphischer Wiedergabe (Diagramme = D) charakterisiert.

Reihenfolge: Systeme mit Elementen, Systeme mit H_2O dann weitere Verbindungen nach den chemischen Symbolen geordnet. Die Komponente, die im Alphabet vorangeht, ist für die Stellung in den einzelnen Teilen maßgebend. Die organischen Verbindungen sind nach dem Hillschen System geordnet. Neben der Systemübersicht ist noch eine für die einzelnen Komponenten gebracht, in der neben den Systemen, in denen die betreffende Komponente vorkommt, die relative Molekularmasse und der Siedepunkt der Verbindung angegeben ist.

422111. Systemübersicht

	Tabellen: Nr.	Diagramme: Nr.
Ar Argon — N_2 Stickstoff		1
Ar Argon — O_2 Sauerstoff	1	
H_2 Wasserstoff — CH_4 Methan	2	
H_2 Wasserstoff — CO Kohlenstoffmonoxid	3	
H_2 Wasserstoff — N_2 Stickstoff	4	
N_2 Stickstoff — CH_4 Methan		2
N_2 Stickstoff — CO Kohlenstoffmonoxid	5	
N_2 Stickstoff — NH_3 Ammoniak		3
N_2 Stickstoff — O_2 Sauerstoff		4
H_2O Wasser — HBr Bromwasserstoff		5
H_2O Wasser — CH_4O Methanol		6
H_2O Wasser — CH_2O_2 Ameisensäure	6	
H_2O Wasser — C_2H_4O Acetaldehyd		7
H_2O Wasser — $C_2H_4O_2$ Essigsäure	7	

422. Dampfdruck von Mischsystemen

	Tabellen: Nr.	Diagramme: Nr.
H_2O Wasser — C_2H_6 Äthan		8
H_2O Wasser — C_2H_6O Äthanol		9
H_2O Wasser — C_3H_6O Aceton		10
H_2O Wasser — C_3H_6O 1,2-Propylenoxid		11
H_2O Wasser — C_3H_8O Propanol-(2)		12
H_2O Wasser — $C_4H_8O_2$ 1,4-Dioxan		13
H_2O Wasser — $C_4H_{10}O$ Butanol-(1)		14
H_2O Wasser — $C_4H_{10}O$ Diäthyläther		15
H_2O Wasser — $C_4H_{11}N$ Diäthylamin		16
H_2O Wasser — $C_5H_4O_2$ Furfurol		17
H_2O Wasser — C_6H_6O Phenol		18
H_2O Wasser — $C_6H_{12}O_6$ Glucose	8	
H_2O Wasser — $C_{12}H_{22}O_{11}$ Saccharose	9	
H_2O Wasser — HCl Chlorwasserstoff	10	
H_2O Wasser — NH_3 Ammoniak		19
H_2O Wasser — HNO_3 Salpetersäure	11	
H_2O Wasser — H_4N_2 Hydrazin		20
H_2O Wasser — H_2S Schwefelwasserstoff		21
H_2O Wasser — SO_2 Schwefeldioxid	12	
H_2O Wasser — SO_3 Schwefeltrioxid	13	
H_2O Wasser — H_2SO_4 Schwefelsäure	14	
CCl_4 Tetrachlorkohlenstoff — $CHCl_3$ Chloroform		22
CCl_4 Tetrachlorkohlenstoff — CS_2 Schwefelkohlenstoff		23
CCl_4 Tetrachlorkohlenstoff — C_2H_6O Äthanol		24
CCl_4 Tetrachlorkohlenstoff — $C_4H_8O_2$ Essigsäureäthylester		25
CCl_4 Tetrachlorkohlenstoff — $C_4H_{10}O$ Diäthyläther		26
$CHCl_3$ Chloroform — C_2H_6O Äthanol		27
$CHCl_3$ Chloroform — C_3H_6O Aceton		28
$CHCl_3$ Chloroform — C_6H_6 Benzol		29
CH_2O_2 Ameisensäure — C_6H_6 Benzol		30
CH_4 Methan — CO_2 Kohlenstoffdioxid		31
CH_4 Methan — C_5H_{12} Pentan		32
CH_4 Methan — H_2S Schwefelwasserstoff		33
CH_4O Methanol — C_3H_6O Aceton		34
CH_4O Methanol — C_6H_6 Benzol		35
CO_2 Kohlenstoffdioxid — C_2H_4 Äthylen		36
CO_2 Kohlenstoffdioxid — C_2H_6 Äthan	15	
CO_2 Kohlenstoffdioxid — C_3H_8 Propan		37
CO_2 Kohlenstoffdioxid — SO_2 Schwefeldioxid		38
CS_2 Schwefelkohlenstoff — C_3H_6O Aceton		39
C_2H_4 Äthylen — C_7H_{16} Heptan		40
$C_2H_4Cl_2$ 1,2-Dichlor-äthan — C_6H_6 Benzol		41
$C_2H_4O_2$ Essigsäure — C_6H_6 Benzol		42
$C_2H_4O_2$ Essigsäure — $C_6H_{15}N$ Triäthylamin		43
C_2H_5Br Bromäthan — C_6H_6 Benzol		44
C_2H_6 Äthan — C_6H_6 Benzol		45
C_2H_6 Äthan — HCl Chlorwasserstoff		46
C_2H_6 Äthan — N_2O Distickstoffmonoxid		47
C_2H_6 Äthan — H_2S Schwefelwasserstoff		48
C_2H_6O Äthanol — C_6H_6 Benzol		49
C_2H_6O Äthanol — $C_6H_{15}N$ Triäthylamin		50
C_2H_6O Dimethyläther — HCl Chlorwasserstoff		51
C_3H_6O Aceton — C_6H_6 Benzol		52
C_5F_{12} Perfluorpentan — C_5H_{12} Pentan		53

		Tabellen: Nr.	Diagramme: Nr.
C_6H_6 Benzol — C_6H_7N Anilin			54
C_6H_6 Benzol — C_6H_{12} Cyclohexan			55
C_6H_6 Benzol — C_6H_{14} Hexan			56
C_6H_6 Benzol — C_7H_8 Toluol			57
C_6H_6 Benzol — C_7H_{16} Heptan			58
C_6H_6 Benzol — C_7H_{16} 2,2,3-Trimethylbutan			59
C_6H_6 Benzol — C_8H_{10} m-Xylol			60
C_6H_6O Phenol — C_7H_8 Toluol			61
C_8H_{10} Äthylbenzol — C_8H_{10} p-Xylol			62
C_8H_{10} m-Xylol — NH_3 Ammoniak			63
$FeCl_3$ Eisentrichlorid — NH_4Cl Ammoniumchlorid			64
NH_4Cl Ammoniumchlorid — $ZnCl_2$ Zinkchlorid			65

422112. Übersicht über die einzelnen Komponenten der Systeme

Formel	Name	Relative Molekularmasse	Siedepunkt V bei 760 Torr in °C	Angaben in System
Ar	Argon	39,948	−185,87	T 1, D 1
HBr	Bromwasserstoff	80,917	−66,77	D 5
CCl_4	Tetrachlorkohlenstoff	153,82	76,7	D 22, 23, 24, 25, 26
$CHCl_3$	Chloroform	119,38	61,5	D 22, 27, 28, 29
CH_2O_2	Ameisensäure	46,03	100,75	T 6, D 30
CH_4	Methan	16,04	−164	T 2, D 2, 31, 32, 33
CH_4O	Methanol	32,04	64,7	D 6, 34, 35
CO	Kohlenstoffmonoxid	28,01	−191,5	T 3, 5
CO_2	Kohlenstoffdioxid	44,01	−78,8	T 15, D 31, 36, 37, 38
CS_2	Schwefelkohlenstoff	76,14	46,4	D 23, 39
C_2H_4	Äthylen	28,05	−170	D 36, 40
$C_2H_4Cl_2$	1,2-Dichlor-äthan	98,96	84,1	D 41
C_2H_4O	Acetaldehyd	44,05	20,26	D 7
$C_2H_4O_2$	Essigsäure	60,05	118,5	T 7, D 42, 43
C_2H_5Br	Bromäthan	108,97	38,3	D 44
C_2H_6	Äthan	30,07	−88,6	T 15, D 8, 45, 46, 47, 48
C_2H_6O	Äthanol	46,07	78,32	D 9, 24, 27, 49, 50
C_2H_6O	Dimethyläther	46,07	−24,9	D 51
C_3H_6O	Aceton	58,08	56,2	D 10, 28, 34, 39, 52
C_3H_6O	1,2-Propylenoxid	58,08	34,1	D 11
C_3H_8O	Propanol-(2)	60,10	82,5	D 12
C_3H_8	Propan	44,10	−42,1	D 37
$C_4H_8O_2$	1,4-Dioxan	88,11	11,8	D 13
$C_4H_8O_2$	Essigsäureäthylester	88,11	77,06	D 25
$C_4H_{10}O$	Butanol-(1)	74,12	117,5	D 14
$C_4H_{10}O$	Diäthyläther	74,12	34,6	D 15, 26
$C_4H_{11}N$	Diäthylamin	73,14	−116,4	D 16
C_5F_{12}	Perfluorpentan	288,04	29,2	D 53
$C_5H_4O_2$	Furfurol	96,08	161,6	D 17
C_5H_{12}	Pentan	72,15	36,15	D 32, 53
C_6H_6	Benzol	78,11	80,2	D 29, 30, 35, 41, 42, 44, 45, 49, 52, 54, 55, 56, 57, 58, 59, 60

422. Dampfdruck von Mischsystemen

Formel	Name	Relative Molekularmasse	Siedepunkt V bei 760 Torr in °C	Angaben in System
C_6H_6O	Phenol	94,11	182,2	D 18, 61
C_6H_7N	Anilin	93,13	184,4	D 54
C_6H_{12}	Cyclohexan	84,16	80,4	D 55
$C_6H_{12}O_6$	Glucose	180,16	—	T 8
C_6H_{14}	Hexan	86,18	68,8	D 56
$C_6H_{15}N$	Triäthylamin	101,19	89	D 43, 50
C_7H_8	Toluol	92,14	110,8	D 57, 61
C_7H_{16}	Heptan	100,21	98,32	D 40, 58
C_7H_{16}	2,2,3-Trimethyl-butan	100,21	80,9	D 59
C_8H_{10}	Äthylbenzol	106,17	136,1	D 62
C_8H_{10}	m-Xylol	106,17	139	D 60, 63
C_8H_{10}	p-Xylol	106,17	138,4	D 62
$C_{12}H_{22}O_{11}$	Saccharose	342,30	—	T 9
HCl	Chlorwasserstoff	36,46	−85,1	T 10, D 46, 51
$FeCl_3$	Eisentrichlorid	162,21	307	D 64
H_2	Wasserstoff	2,015	—	T 2, 3, 4
H_2O	Wasser	18,02	100	T 6, 7, 8, 9, 10, 11, 12, 13, 14, D 5, 6, 7, 8, 9, 10, 11, 12, 13, 14, 15, 16, 17, 18, 19, 20, 21
N_2	Stickstoff	28,013	−195,65	T 4, 5, D 1, 2, 3, 4
NH_3	Ammoniak	17,03	−33,5	D 3, 19, 63
H_4N_2	Hydrazin	32,05	113,5	D 20
NH_4Cl	Ammoniumchlorid	53,49	337,6	D 64, 65
HNO_3	Salpetersäure	63,01	—	T 11
N_2O	Distickstoffmonoxid	44,01	−88,6	D 47
O_2	Sauerstoff	32,0	−182,83	T 1, D 4
H_2S	Schwefelwasserstoff	34,08	−60,19	D 21, 33, 48
SO_2	Schwefeldioxid	64,06	—	T 12, D 38
SO_3	Schwefeltrioxid	80,06	—	T 13
H_2SO_4	Schwefelsäure	98,08	—	T 14
$ZnCl_2$	Zinkchlorid	136,28	730	D 65

42212. Die Systeme

422121. Tabellen

Tabelle 1. x_1 O_2, Sauerstoff, x_2 Ar, Argon

x_2'	x_2''	$\frac{p}{\text{Torr}}$	x_2''	$\frac{p}{\text{Torr}}$	x_2''	$\frac{p}{\text{Torr}}$
	−183,2° C		−173,2° C		−163,2° C	
0,1	0,1402	783,8	0,1314	1990	0,1245	4221
0,2	0,2623	818,9	0,2401	2063	0,2387	4352
0,3	0,3713	851,5	0,3567	2131	0,3450	4472
0,4	0,4709	881,7	0,4568	2192	0,4453	4581
0,5	0,5641	909,4	0,5514	2250	0,5417	4682
0,6	0,6529	934,6	0,6426	2300	0,6342	4770
0,7	0,7391	956,8	0,7317	2345	0,7236	4849
0,8	0,8246	975,7	0,8201	2384	0,8161	4914
0,9	0,9112	990,8	0,9091	2412	0,9073	4964

4. Mechanisch-thermische Konstanten usw.

Tabelle 2. x_1 CH$_4$, Methan, x_2 H$_2$, Wasserstoff

x_2'	x_2''	p atm	x_2'	x_2''	p atm
−182,5° C			−182,5° C		
0,0038	0,9835	16,89	0,0559	0,9882	99,32
0,0070	0,9854	21,61	0,0760	0,9683	128,22
0,0056	0,9799	36,41	0,0890	0,9783	166,78
0,0064	0,9863	46,10	0,1020	0,9789	195,75
0,0170	0,9875	55,61	0,0958	0,9787	205,43
0,0383	0,9905	79,56			

Kritischer Punkt II. Ordnung: $x_2'' \approx 0,99$, ≈ 60 atm, $= -182,5°$ C
Tripelpunkt von CH$_4$: p 0,1150 atm, 182,46° C

Tabelle 3. x_1 CO, Kohlenstoffmonoxid, x_2 H$_2$, Wasserstoff

x_2'	x_2''	p atm	x_2'	x_2''	p atm	x_2'	x_2''	p atm	x_2'	x_2''	p atm
−205° C			−200° C			−190° C			−185° C		
0,030	0,979	17,02	0,033	0,967	17,3	0,027	0,899	17,2	0,036	0,840	17,2
0,033	0,982	21,69	0,056	0,975	31,8	0,102	0,931	51,2	0,052	0,866	22,1
0,042	0,976	26,61	0,084	0,967	51,0	0,195	0,918	89,5	0,071	0,888	31,4
0,049	0,986	31,67	0,120	0,964	80,1	0,206	0,906	109,6	0,129	0,893	55,8
0,062	0,985	41,41	0,165	0,948	113,7	0,292	0,840	166,7	0,134	0,902	55,9
0,102	0,977	79,89	0,206	0,930	152,4	0,368	0,808	186,1	0,203	0,888	89,3
0,138	0,965	118,38	0,218	0,917	176,4	0,415	0,777	200,6	0,217	0,887	89,6
0,163	0,946	152,33	0,236	0,914	186,2	0,448	0,759	210,4	0,303	0,848	128,2
0,188	0,939	190,97	0,257	0,902	205,4	0,486	0,694	220,9	0,410	0,771	166,7
0,202	0,934	215,16	0,275	0,890	224,9	0,541	0,663	224,8	0,454	0,704	181,3

Kritische Punkte I. Ordnung

x_2	p atm	ϑ °C
0,00	34,6	−138,7
0,58	187	−185
0,60	228	−190
0,64	325	−200
0,66	380	−205
1,00	12,80	−240

Tabelle 4. x_1 N$_2$, Stickstoff, x_2 H$_2$, Wasserstoff

x_2'	x_2''	p atm	x_2'	x_2''	p atm	x_2'	x_2''	p atm	x_2'	x_2''	p atm
−210° C			−205° C			−195° C			−185° C		
0,020	0,987	12,15	0,033	0,973	17,19	0,023	0,905	17,19	0,024	0,770	17,01
0,041	0,981	26,70	0,046	0,976	26,58	0,073	0,930	36,59	0,053	0,833	26,76
0,075	0,982	46,11	0,066	0,976	35,98	0,119	0,937	55,56	0,092	0,853	41,04
0,085	0,974	55,59	0,076	0,979	45,89	0,175	0,922	79,90	0,207	0,866	80,00
0,120	0,963	89,58	0,094	0,973	55,88	0,248	0,895	113,60	0,283	0,821	104,0
0,143	0,948	118,41	0,154	0,955	89,55	0,334	0,840	147,37	0,345	0,783	118,34
0,172	0,957	147,40	0,181	0,944	118,47	0,379	0,813	161,88	0,387	0,745	128,08
0,195	0,933	176,40	0,219	0,922	147,41	0,430	0,759	176,63	0,420	0,712	132,81
0,216	0,935	205,46	0,252	0,903	176,40	0,479	0,700	185,08	0,470	0,608	137,73
0,222	0,929	215,12	0,296	0,870	209,28	0,549	0,617	190,89	0,53[1]		138
			0,296	0,883	210,28	0,58[1]		191			
			0,307	0,881	222,84						
			0,311	0,854	224,81						

[1] Kritischer Punkt I. Ordnung.

422. Dampfdruck von Mischsystemen

Tabelle 5. x_1 CO, Kohlenstoffmonoxid, x_2 N$_2$, Stickstoff

x_2'	x_2''	p atm	x_2''	p atm	x_2''	p atm	x_2''	p atm	x_2''	p atm	x_2''	p'' atm
	70° K		80° K		90° K		100° K		110° K		122° K	
0,10	0,173	0,24	0,149	0,98	0,142	2,58	0,136	5,84	0,129	11,15	0,119	21,63
0,20	0,305	0,26	0,274	1,03	0,262	2,67	0,238	6,04	0,231	11,47	0,224	22,00
0,30	0,435	0,28	0,385	1,07	0,372	2,75	0,358	6,15	0,340	11,75	0,325	22,54
0,40	0,559	0,29	0,500	1,13	0,468	2,85	0,454	6,36	0,440	12,12	0,429	23,14
0,50	0,658	0,30	0,615	1,19	0,582	2,93	0,564	6,53	0,550	12,49	0,532	23,80
0,60	0,736	0,33	0,700	1,23	0,665	3,02	0,650	6,70	0,643	12,87	0,630	24,45
0,70	0,817	0,35	0,784	1,26	0,765	3,12	0,751	6,91	0,739	13,27	0,724	25,22
0,80	0,887	0,36	0,869	1,30	0,852	3,16	0,840	7,15	0,835	13,63	0,818	26,00
0,90	0,952	0,38	0,940	1,35	0,926	3,36	0,922	7,50	0,918	13,97	0,914	26,75

Zwischen 80 und 120° K ist das Raoultsche Gesetz erfüllt

Tabelle 6. x_1 H$_2$O, Wasser, x_2 CH$_2$O$_2$, Ameisensäure

$p_{01} > p_{02}$ bei $p < 726$ Torr; $\vartheta < 99{,}3°$ C
$p_{01} < p_{02}$ bei $p > 726$ Torr; $\vartheta = 99{,}3°$ C

p_{21} = Partialdruck von (HCOOH) $\quad p_{22}$ = Partialdruck von (HCOOH)$_2$
$p_2 = p_{21} + p_{22} \quad K_p = p_{22}/(p_{21})^2$

x_2'	g_2'	x_2''	g_2''	p_1 Torr	p_2 Torr	p_{21} Torr	p_{22} Torr	Kp
				$\vartheta = 60°$ C				
0,104	0,229	0,055	0,130	132,7	6,2	4,8	1,4	0,060
0,235	0,439	0,150	0,311	114,0	14,9	9,5	5,4	0,059
0,368	0,598	0,318	0,543	94,6	29,0	15,3	13,7	0,053
0,421	0,650	0,381	0,611	79,8	33,2	17,3	15,9	0,053
0,499	0,717	0,541	0,751	66,4	50,4	22,2	28,2	0,057
0,689	0,850	0,794	0,908	40,5	95,0	32,3	64,7	0,062
				$\vartheta = 80°$ C				
0,016	0,040	0,0062	0,0156	—	—	—	—	—
0,096	0,213	0,045	0,107	324,8	13,5	11,7	1,8	0,013
0,210	0,405	0,123	0,264	274,8	31,3	23,8	7,5	0,013
0,383	0,613	0,319	0,545	211,8	73,6	48,0	25,6	0,011
0,489	0,710	0,465	0,689	177,9	106,8	58,8	48,0	0,014
0,521	0,735	0,535	0,746	156,3	122,5	65,1	57,4	0,014
0,548	0,756	0,583	0,781	146,9	138,3	72,0	66,6	0,013
0,607	0,798	0,683	0,846	123,6	172,7	80,1	91,6	0,014
0,641	0,820	0,722	0,869	112,5	191,3	87,8	103,5	0,013
0,963	0,985	0,977	0,991	14,2	376,4	143,4	233,0	0,011

Azeotrope Punkte

x_2	°C	Torr
0,466	60	113
0,514	80	280
0,56	≈107	≈760

4. Mechanisch-thermische Konstanten usw.

Tabelle 7. $x_1 H_2O$, Wasser, x_2 CH_3COOH, Essigsäure
p_{21} Partialdruck von (CH_3COOH); p_{22} Partialdruck von $(CH_3COOH)_2$

x'_2	x''_2	g'_2	g''_2	p_1 Torr	p_2 Torr	p_{21} Torr	p_{22} Torr
\multicolumn{8}{c}{42,0° C}							
0,0632	0,0437	0,1835	0,1323	58,3	1,9	1,1	0,8
0,2281	0,1690	0,4962	0,4040	51,4	6,6	2,7	3,9
0,3589	0,2899	0,6510	0,5763	44,2	11,2	4,2	7,0
0,5691	0,4665	0,8040	0,7445	35,2	17,6	4,4	13,2
0,8540	0,7765	0,9512	0,9205	16,4	30,8	4,6	26,2
1,00	1,000	1,000	1,000	0,0	38,5	6,5	32,0
\multicolumn{8}{c}{80,09° C}							
0,0150	0,0097	0,0484	0,0315	—	—	—	—
0,0636	0,0437	0,1845	0,1323	339,8	12,3	0,9	3,3
0,1385	0,0965	0,3689	0,2625	319,5	25,1	16,1	9,0
0,2264	0,1586	0,4938	0,3858	299,0	38,2	20,2	18,0
0,3699	0,2636	0,6617	0,5431	262,6	61,0	28,0	33,0
0,5454	0,4329	0,7999	0,7178	205,9	97,6	38,0	59,6
0,8781	0,7704	0,9600	0,9179	74,8	171,9	54,9	117,0
1,000	1,000	1,000	1,000	0,0	208,3	56,1	152,2

Tabelle 8. g_1 H_2O, Wasser, g_2 $C_6H_{12}O_6$, Glucose[1]

| g'_2 | p in Torr bei | | | | | 45° C |
	0° C	10° C	20° C	25° C	35° C	
0,0	4,581	9,204	17,53	23,75	42,17	71,88
0,5	4,557	9,156	17,44	23,63	41,95	71,50
0,10	4,530	9,101	17,33	23,49	41,70	71,09
0,15	4,498	9,039	17,22	23,33	41,43	70,63
0,20	4,463	8,969	17,09	23,15	41,12	70,10
0,25	4,422	8,888	16,93	22,94	40,75	69,49
0,30	4,375	8,791	16,75	22,70	40,32	68,77
0,35	4,318	8,680	16,54	22,42	39,83	67,92
0,40	4,252	8,547	16,29	22,08	39,23	66,92
0,45	4,173	8,390	15,99	21,67	38,52	65,71
0,50	4,076	8,198	15,63	21,18	37,65	64,23
0,55	3,959	7,966	15,19	20,59	36,61	62,48
0,60	3,814	7,675	14,64	19,86	35,31	60,29

[1] Nach H. ROTHER, Dissertation Braunschweig 1960.

Tabelle 9. g_1 H_2O, Wasser, g_2 $C_{12}H_{22}O_{11}$, Saccharose[1]

| g'_2 | p in Torr bei | | | | | | | | | | |
	0° C	10° C	20° C	25° C	30° C	40° C	50° C	60° C*	70° C*	80° C*	90° C*
0,00	4,581	9,204	17,53	23,75	31,81	55,31	92,52	149,4	233,7	355,2	525,7
0,05	4,568	9,178	17,48	23,68	31,72	55,15	92,26	149,0	233,1	354,2	524,2
0,10	4,553	9,149	17,42	23,61	31,62	54,98	91,97	148,5	232,3	353,1	522,6
0,15	4,536	9,115	17,36	23,52	31,51	54,78	91,65	148,0	231,5	351,9	520,8
0,20	4,516	9,075	17,29	23,42	31,37	54,55	91,27	147,4	230,6	350,5	518,8
0,25	4,493	9,028	17,20	23,30	31,21	54,28	90,82	146,7	229,5	348,8	516,3
0,30	4,465	8,972	17,09	23,16	31,03	53,96	90,29	145,8	228,2	346,9	513,5

[1] Nach H. ROTHER, Dissertation Braunschweig 1960.
* Extrapolierte Werte.

422. Dampfdruck von Mischsystemen

g'_2	p in Torr bei									
	0°C	10°C	20°C	25°C	30°C	40°C	50°C	60°C*	70°C*	80°C*	90°C*
0,35	4,431	8,906	16,97	22,99	30,80	53,57	89,64	144,8	226,6	344,5	510,0
0,40	4,390	8,823	16,81	22,78	30,52	53,09	88,84	143,5	224,6	341,5	505,7
0,45	4,339	8,721	16,62	22,52	30,18	52,50	87,86	141,9	222,1	337,8	500,3
0,50	4,275	8,594	16,38	22,20	29,75	51,76	86,64	140,0	219,1	333,2	493,5
0,55	4,193	8,433	16,08	21,79	29,20	50,82	85,09	137,5	215,3	327,4	484,9
0,60	4,085	8,221	15,68	21,26	28,49	49,61	83,10	134,3	210,4	320,1	474,2
0,65		7,936	15,15	20,55	27,55	47,99	80,43	130,1	203,9	310,3	460,0

* Extrapolierte Werte

Tabelle 10. g_1 H$_2$O, Wasser, g_2 HCl, Chlorwasserstoff

g'_2	x'_2	p_1	p_2	p_1	p_2	p_1	p_2
		Torr					
		0°C		10°C		20°C	
0,06	0,0306	4,18	0,000066	8,45	0,000234	15,9	0,00076
0,10	0,0520	3,84	0,00042	7,70	0,00134	14,6	0,00134
0,14	0,0744	3,39	0,0024	6,95	0,0071	13,1	0,00395
0,18	0,0978	2,87	0,0135	5,92	0,037	11,3	0,095
0,20	0,1099	2,62	0,0316	5,40	0,084	10,3	0,205
0,22	0,1223	2,33	0,0734	4,82	0,187	9,30	0,45
0,24	0,1350	2,05	0,175	4,31	0,43	8,30	1,00
0,26	0,1479	1,76	0,41	3,71	0,98	7,21	2,17
0,28	0,1612	1,50	1,0	3,21	2,27	6,32	4,90
0,30	0,1748	1,26	2,4	2,73	5,23	5,41	10,6
0,32	0,1887	1,04	5,7	2,27	11,8	4,55	23,5
0,34	0,2029	0,85	13,1	1,87	26,4	3,81	50,5
0,36	0,2175	0,68	29,0	1,50	56,4	3,10	105,5
0,38	0,2324	0,53	63,0	1,20	117	2,51	210
0,40	0,2478	0,41	130	0,94	233	2,00	399
0,42	0,2635	0,31	253	0,72	430	1,56	709

g'_2	x'_2	p_1	p_2	p_1	p_2	p_1	p_2
		Torr					
		25°C		30°C		40°C	
0,06	0,0306	21,8	0,00131	29,1	0,00225	50,6	0,0062
0,10	0,0520	20,0	0,0067	26,8	0,0111	47,0	0,0282
0,14	0,0744	18,0	0,0316	24,1	0,050	42,1	0,121
0,18	0,0978	15,4	0,148	20,6	0,228	36,4	0,515
0,20	0,1099	14,1	0,32	19,0	0,48	33,3	1,06
0,22	0,1223	12,6	0,68	17,1	1,02	30,2	2,18
0,24	0,1350	11,4	1,49	15,4	2,17	27,1	4,5
0,26	0,1479	9,95	3,20	13,5	4,56	24,0	9,2
0,28	0,1612	8,75	7,05	11,8	9,90	21,1	19,1
0,30	0,1748	7,52	15,1	10,2	21,0	18,4	39,4
0,32	0,1887	6,37	32,5	8,70	44,5	15,7	81
0,34	0,2029	5,35	68,5	7,32	92	13,5	161
0,36	0,2175	4,41	142	6,08	188	11,4	322
0,38	0,2324	3,60	277	5,03	360	9,52	598
0,40	0,2478	2,88	515	4,09	627	7,85	
0,42	0,2635	2,30	900	3,28		6,45	

4. Mechanisch-thermische Konstanten usw.

g'_2	x'_2	p_1	p_2	p_1	p_2	p_1	p_2
		\multicolumn{6}{c}{Torr}					
		50° C		60° C		80° C	
0,06	0,0306	86,0	0,0163	139	0,040	333	0,206
0,10	0,0520	80,0	0,069	130	0,157	310	0,73
0,14	0,0744	72,0	0,275	116	0,60	273	2,50
0,18	0,0978	62,5	1,11	102	2,3	248	8,6
0,20	0,1099	57,0	2,21	93,5	4,4	230	15,6
0,22	0,1223	52,0	4,42	85,6	8,6	211	29,3
0,24	0,1350	46,7	8,9	77,0	16,9	194	54,5
0,26	0,1479	41,5	17,5	69,0	32,5	173	100
0,28	0,1612	36,5	35,7	60,7	64	154	188
0,30	0,1748	32,0	71	53,5	124	136	340
0,32	0,1887	27,7	141	46,5	238	120	623
0,34	0,2029	24,0	273	40,5	450	104	
0,36	0,2175	20,4	535	34,8	860	90,0	
0,38	0,2374	17,4	955	29,6		77,5	
0,40	0,2478	14,5		25,0		67,3	
0,42	0,2635	12,1		21,2		57,2	

g'_2	x'_2	p_1	p_2	p_1	p_2
		\multicolumn{4}{c}{Torr}			
		100° C		110° C	
0,06	0,0306	715	0,92	—	1,78
0,10	0,0520	677	2,9	960	5,4
0,14	0,0744	625	9,0	892	16,0
0,18	0,0978	550	28	783	48
0,20	0,1099	510	49	729	83
0,22	0,1223	467	90	670	146
0,24	0,1350	426	157	611	253
0,26	0,1479	387	276	555	436
0,28	0,1612	349	493	499	760
0,30	0,1748	310	845	444	
0,32	0,1887	275		396	
0,34	0,2029	243		355	
0,36	0,2175	212		311	
0,38	0,2324	182		266	
0,40	0,2478	158		230	
0,42	0,2635	135		195	

Azeotrope Punkte

g_2	x_2	p Torr	ϑ °C	g_2	x_2	p Torr	ϑ °C
0,1936	0,1060	1220	122,98	0,2134	0,1176	400	92,08
0,2022	0,1113	760	108,58	0,2188	0,1216	250	81,21
0,2064	0,1139	600	102,21	0,2252	0,1256	150	69,96
0,2092	0,1156	500	97,58	0,2342	0,1313	50	48,72

Tabelle 11. g_1 H$_2$O, Wasser, g_2 HNO$_3$, Salpetersäure

g_2'	x_2'	\multicolumn{12}{c}{Torr}
		p_1	p_2	p_1	p_2	p_1	p_2	p_1	p_2	p_1	p_2	p_1	p_2
		\multicolumn{2}{c}{0° C}	\multicolumn{2}{c}{10° C}	\multicolumn{2}{c}{20° C}	\multicolumn{2}{c}{25° C}	\multicolumn{2}{c}{30° C}	\multicolumn{2}{c}{40° C}
0,20	0,067	4,1	—	8,0	—	15,2	—	20,6	—	27,6	—	47,5	—
0,25	0,087	3,8	—	7,6	—	14,2	—	19,2	—	25,7	—	44	—
0,30	0,109	3,6	—	7,1	—	13,2	—	17,8	—	23,8	—	41	0,11
0,35	0,133	3,3	—	6,5	—	12,0	—	16,2	—	21,7	0,09	37,7	0,20
0,40	0,160	3,0	—	5,8	—	10,8	—	14,6	0,12	19,5	0,17	33,5	0,36
0,45	0,190	2,6	—	5,0	—	9,4	0,15	12,7	0,23	16,9	0,33	29,3	0,68
0,50	0,222	2,1	—	4,2	0,12	7,9	0,27	10,7	0,39	14,4	0,56	25,0	1,13
0,55	0,259	1,8	—	3,5	0,21	6,7	0,45	9,1	0,66	12,2	0,93	21,3	1,82
0,60	0,300	1,5	0,19	3,0	0,41	5,6	0,84	7,7	1,21	10,3	1,66	18,1	3,10
0,65	0,347	1,3	0,41	2,6	0,86	4,9	1,68	6,6	2,32	8,8	3,17	15,5	5,70
0,70	0,400	1,1	0,79	2,2	1,58	4,1	3,00	5,5	4,10	7,4	5,50	12,8	9,65
0,80	0,533	—	2	1,2	4	2,4	8	3,2	10,5	4	14	7	24,5
0,90	0,720	—	5,5	—	11	—	20	1	27	1,3	36	2,4	62
1,00	1,00	—	11	—	22	—	42	—	57	—	77	—	133

g_2'	x_2'	\multicolumn{12}{c}{}
		\multicolumn{2}{c}{50° C}	\multicolumn{2}{c}{60° C}	\multicolumn{2}{c}{80° C}	\multicolumn{2}{c}{100° C}	\multicolumn{2}{c}{110° C}	\multicolumn{2}{c}{120° C}
0,20	0,067	80	—	128	0,13	307	0,53	675	1,87	—	—	—	—
0,25	0,087	75	0,13	121	0,28	287	1,05	628	3,50	—	—	—	—
0,30	0,109	69	0,25	113	0,51	267	1,87	580	6,05	—	—	—	—
0,35	0,133	63	0,42	102	0,85	243	3,07	530	9,7	—	—	—	—
0,40	0,160	56	0,75	90	1,48	218	5,10	480	15,5	—	—	—	—
0,45	0,190	49,5	1,35	80	2,54	195	8,15	430	23,0	—	—	—	84
0,50	0,222	42,5	2,18	70	4,05	170	12,5	383	34,2	755	16,5	785	110
0,55	0,259	36,3	3,41	60	6,15	148	18,0	331	47	688	25,7	685	156
0,60	0,300	31,0	5,68	51	9,9	126	27,5	285	69,5	625	37,0	590	218
0,65	0,347	26,0	10,0	43,0	16,8	106	43,5	238	103	560	54,5	490	218
0,70	0,400	21,8	16,5	35,3	27,1	86	67,5	192	152	485	73	393	312
0,80	0,533	12	41	20	67	48	158	108	330	417	103	219	640
0,90	0,720	4	103	6,5	157	16	338	35	675	345	152	—	—
1,00	1,00	—	215	—	320	—	625	—	—	270	221	—	—

Azeotrope Punkte: $x_2' = 0,352$, 0°C, 1,1 Torr; $x_2' = 0,347$, 20°C, 5,01 Torr.

4. Mechanisch-thermische Konstanten usw.

Tabelle 12. x_1 H$_2$O, Wasser, x_2 SO$_2$, Schwefeldioxid

x'_2	p_1	p_2	p_1	p_2	p_1	p_2	p_1	p_2	p_1	p_2
	\multicolumn{10}{c}{Torr}
	$\vartheta=10°$ C		$\vartheta=20°$ C		$\vartheta=30°$ C		$\vartheta=40°$ C			
0,0070	9,1	108	17,4	157	31,5	224	54,9	311		
0,0152	9,0	247	17,2	375	31,3	536	54,4	733		
0,0207	9,0	345	17,1	524	31,1	752	—	—		
0,0287	8,9	499	17,0	751	—	—	—	—		
0,0353	8,8	635	—	—	—	—	—	—		
0,0405	8,8	743	—	—	—	—	—	—		
	$\vartheta=50°$ C		$\vartheta=60°$ C		$\vartheta=70°$ C		$\vartheta=80°$ C			
0,0014	92,3	83	149,2	111	234	144	354	182		
0,0028	92,2	164	149,0	217	233	281	354	356		
0,0042	92,0	247	148,8	328	233	426	353	543		
0,0070	91,8	421	148,3	562	232	739	352	956		
0,0097	91,5	603	147,9	804	—	—	—	—		
0,0125	91,2	793	—	—	—	—	—	—		
	$\vartheta=90°$ C		$\vartheta=100°$ C		$\vartheta=110°$ C		$\vartheta=120°$ C		$\vartheta=130°$ C	
0,0014	525	225	758	274	1072	326	1486	377	2024	420
0,0028	524	445	757	548	1071	661	1484	775	2022	879
0,0042	523	684	756	850	1070	1032	—	—	—	—

Tabelle 14. x_1 H$_2$O, Wasser;

Berechnung nach der

g'_2	x'_2	0° C	5° C	10° C	15° C	20° C	25° C	30° C
		\multicolumn{7}{c}{Gesamtdruck}
0,10	0,02	4,53	6,38	8,87	12,3	16,6	22,4	29,8
0,20	0,044	4,17	5,92	8,20	11,3	15,4	20,7	27,7
0,30	0,073	3,55	5,02	7,00	9,64	13,2	17,7	23,7
0,35	0,090	3,21	4,53	6,32	8,73	11,9	16,0	21,6
0,40	0,109	2,67	3,80	5,32	7,36	10,1	13,6	18,3
0,45	0,131	2,04	2,90	4,07	5,65	7,76	10,5	14,2
0,50	0,155	1,60	2,29	3,23	4,50	6,21	8,53	11,4
0,55	0,183	1,10	1,59	2,25	3,16	4,38	6,01	8,15
0,60	0,216	0,698	1,01	1,45	2,05	2,87	3,96	5,42
0,65	0,254	0,381	0,560	0,811	1,26	1,66	2,29	3,16
0,70	0,300	0,156	0,234	0,347	0,507	0,733	1,04	1,47
0,75	0,355	0,0561	0,0857	0,129	0,192	0,282	0,408	0,585
0,80	0,424	0,0147	0,0232	0,0362	0,0556	0,0841	0,126	0,185
0,85	0,510	0,00415	0,00670	0,0107	0,0167	0,0257	0,0391	0,0586
0,90	0,623	—	0,00118	0,00193	0,00311	0,00493	0,00771	0,0108
0,95	0,777	—	—	—	—	—	—	—

Azeotroper Punkt $x_2=0,925$, 335° C; 760 Torr.

422. Dampfdruck von Mischsystemen

Tabelle 13. x_1 H$_2$O, Wasser, x_2 SO$_3$, Schwefeltrioxid

x_2'	p_{SO_3} in Torr								
	20° C	25° C	30° C	40° C	50° C	60° C	70° C	80° C	90° C
0,52828	—	—	—	0,6	1,6	3,8	8,5	18,2	37,5
0,54314	—	—	—	0,9	2,1	4,8	10,5	22,0	44,4
0,55854	0,2	0,3	0,5	1,3	3,0	6,7	14,2	29,0	56,8
0,56646	0,3	0,4	0,7	1,7	4,0	8,9	18,8	37,9	73,9
0,57455	0,4	0,7	1,1	2,6	6,0	13,1	27,2	54,1	103,7
0,58277	0,8	1,2	1,9	4,4	9,8	20,7	42,1	81,5	153,1
0,59115	1,4	2,1	3,2	7,3	15,7	32,1	63,0	119,0	217,2
0,59970	2,4	3,6	5,5	12,0	25,0	49,8	95,5	171,2	311,9
0,60841	4,0	6,0	8,9	18,8	38,1	74,0	138,2	249,2	434,9
0,61729	6,9	10,0	14,6	29,2	56,4	104,6	167,3	323,7	547,7
0,62637	—	15,9	22,4	43,4	80,6	144,2	249,3	—	—
0,63561	—	—	35,1	64,8	115,7	199,4	333,6	—	—
0,64504	—	—	—	86,6	152,1	258,3	425,0	—	—
0,66449	—	—	—	133,7	230,1	383,5	—	—	—
0,68479	—	—	105,2	185,7	316,3	—	—	—	—
0,70594	76,1	103,2	138,5	242,4	409,9	—	—	—	—
0,72804	96,9	130,9	175,1	304,9	512,9	—	—	—	—
0,75113	119,1	160,7	214,9	373,3	626,9	—	—	—	—
0,77533	144,2	194,3	259,2	448,8	751,2	—	—	—	—

Rauchende Schwefelsäure ist hier als ein binäres Gemisch von H$_2$O und SO$_3$ mit $x_2' > 0,5$ betrachtet. Wird sie als binäres Gemisch von (wasserfreier) H$_2$SO$_4$ mit SO$_3$ angesetzt, so ist $x_{H_2SO_4} = 2 x_{SO_3}'$ (stets > 1).

x_2 H$_2$SO$_4$, Schwefelsäure

Formel $\lg p = A - \dfrac{B}{T}$

50° C	75° C	100° C	125° C	150° C	200° C	250° C	A	B	V°C
in Torr									
86,3	273,5	744,7	1664	3413	—	—	8,925	2259	102
80,4	256,4	699,8	1548	3184	—	—	8,922	2268	104
68,7	219,8	601,2	1379	2863	—	—	8,864	2271	108
63,2	203,2	559,8	1264	2649	—	—	8,873	2286	110
53,8	174,2	483,1	1125	2378	—	—	8,844	2299	114
42,2	138,4	386,4	966	2063	—	—	8,809	2322	118
34,6	115,6	328,1	818,5	1742	—	—	8,832	2357	123
25,4	86,1	248,9	631,0	1396	—	—	8,827	2400	130
17,2	59,7	179,9	465,6	1221	—	—	8,841	2458	140
10,4	37,9	115,6	310,5	737,9	—	—	8,853	2533	151
5,19	20,6	67,5	191,4	478,6	—	—	9,032	2688	165
2,19	9,20	32,0	94,8	247,7	—	—	9,034	2810	182
0,771	3,66	14,0	45,6	128,8	739,6	—	9,293	3040	202
0,260	1,32	5,36	18,4	54,6	338,0	—	9,239	3175	225
0,0583	0,330	1,48	5,52	17,5	123,6	597,0	9,255	3390	255
0,0058	0,0422	0,236	1,12	4,01	37,5	230,7	9,790	3888	290

Tabelle 15. x_1 C_2H_6, Äthan, x_2 CO_2, Kohlenstoffdioxid

ϑ °C	p' atm	p'' atm	ϑ °C	p' atm	p'' atm	ϑ °C	p' atm	p'' atm	ϑ °C	p' atm	p'' atm
$x_2=0{,}5$			$x_2=0{,}57$			$x_2=0{,}70$			$x_2=0{,}85$		
8,8	47,47	—	8,95	48,46	47,27	8,95	49,07	48,58	10,35	49,46	48,84
8,85	—	45,74	14,95	55,30	54,50	14,95	56,28	55,82	16,0	56,32	55,72
9,05	—	45,94	17,55	58,42	—	17,28	59,31	59,02	23,15	66,32	—
9,1	47,74	—	17,58	—	58,18	18,68	61,19	—	23,2	—	66,15
14,95	54,10	52,94	17,62	58,37¹		18,69	—	61,14	23,35	66,52	66,44
17,55	57,18	56,63				18,73	61,28	—	23,37	66,57	—
17,75	57,24	56,90				18,75	61,31	61,21	23,4	66,54¹	
17,85	57,15	56,99				18,77	61,29	—			
17,88	57,10¹					18,80	61,26¹					

¹ Kritische Punkte I. Ordnung.

422122. Diagramme

Nr. 1. x_1 Argon, x_2 Stickstoff

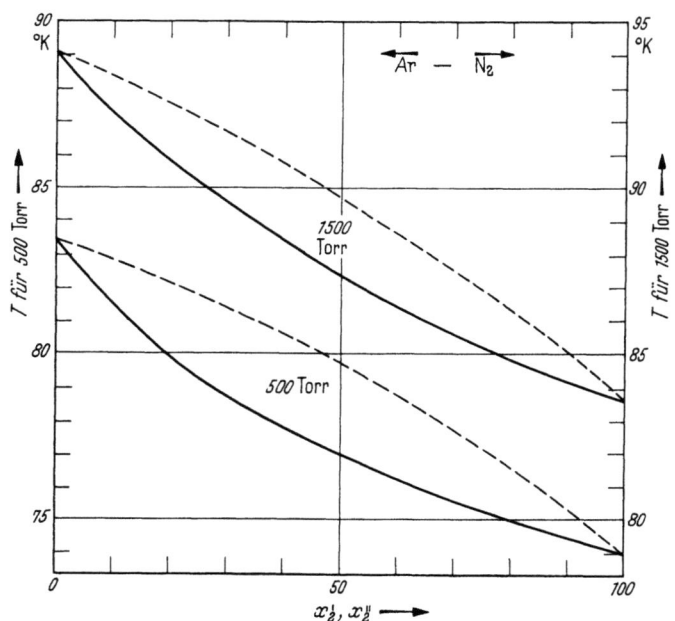

Siedediagramm des Systems Ar—N₂ bei verschiedenen Drucken

Nr. 2. x_1 Methan, x_2 Stickstoff

Dampfdruckdiagramm im kritischen Gebiet

Nr. 3. x_1 Ammoniak, x_2 Stickstoff

Doppelfaltenpunkt: 1000 atm; 86,5° C
Kritische Punkte oberhalb des Doppelfaltenpunktes

atm	°C
1500	88,8
1790	90
2030	100
3000	110

Aufspaltung des überkritischen Gasgemisches in 2 Phasen bei extrem hohen Drucken

Nr. 4. x_1 Sauerstoff, x_2 Stickstoff

x_2	Kritische Punkte			
	I. Ordnung		II. Ordnung	
	°C	atm	°C	atm
0,00	−118,8	49,7	—	—
0,25	−125,6	45,9	−125,5	45,8
0,50	−132,6	41,9	−132,5	41,9
1,00	−147,1	33,4	—	—
Luft $g_2=75,5\%$	−140,73	37,25	−140,63	37,17

(4a). Siedetemperaturen des Systems O₂—N₂ bei verschiedenen Drucken

(4b). Siededrucke des Systems O₂—N₂ bei verschiedenen Temperaturen

x_1 O$_2$, x_2 N$_2$

x_2'	x_2''	°C	x_2''	°C	D fl.Ph gcm⁻³
		0,5 atm		1 atm	
0	0	−188,99	0	−182,83	1,135
0,05	0,1980	−190,29	0,1735	−184,09	1,125
0,1	0,3545	−191,53	0,3100	−185,33	1,110
0,2	0,5585	−193,53	0,5081	−187,38	1,078
0,3	0,6850	−195,13	0,6405	−189,06	1,045
0,4	0,7705	−196,45	0,7350	−190,46	—
0,5	0,8313	−197,56	0,8046	−191,65	0,970
0,6	0,8784	−198,50	0,8591	−192,67	—
0,7	0,9158	−199,30	0,9031	−193,56	0,895
0,8	0,9476	−200,00	0,9399	−194,34	0,855
0,9	0,9751	−200,60	0,9717	−195,02	0,835
1	1	−201,09	1	−195,65	0,805

Nr. 5. x_1 Wasser, x_2 Bromwasserstoff

x_2'	x_2''	p_1 Torr	p_2 Torr
	$\vartheta = 54,83°$ C		
0,0240	0,0000	109,6	0,0
0,0545	0,0000	99,7	0,0
0,1285	0,0025	57,3	0,1
0,1694	0,0050	36,4	1,9
0,1820	0,1330	32,0	4,9
0,1820	0,1300	31,7	4,7
0,1880	0,1990	27,7	6,9
0,1880	0,1990	27,3	6,6
0,1920	0,2489	27,3	9,0
0,2028	0,4552	21,5	18,0
0,2112	0,5490	23,3	28,3
0,2285	0,8593	14,6	89,4
0,2517	0,9630	11,3	260,7

(5a). Azeotropismus im Siedediagramm H₂O—HBr

Azeotrope Punkte		
x_2	Torr	°C
0,196	4,3	19,93
0,187	33,9	54,83
0,180	—	79,9

(5b). Azeotropismus im Siededruck-Diagramm H_2O—HBr

Nr. 6. x_1 Wasser, x_2 Methanol

(6a). Siedediagramm H_2O—CH_4O. Kritischer Punkt I. Ordnung $x_2 = 0,773$; $p = 83$ atm

(6b). Siededruck-Diagramm des Systems H_2O—CH_4O

Nr. 7. x_1 Wasser, x_2 Acetaldehyd

Siedediagramm bei Atmosphärendruck

Nr. 8. x_1 Wasser, x_2 Äthan

	x_2''		
	ϑ		
p atm	37,8° C	104,4° C	171,1° C
13,61	0,994993	0,91218	0,4046
27,22	0,997359	0,95493	0,6964
40,83	0,998141	0,96921	0,7935
68,05	0,998756	0,98048	0,8709
102,1	0,999051	0,98604	0,90953
204,1	0,999312	0,991447	0,94678
306,2	0,999374	0,993095	0,95862
408,3	0,999383	0,993827	0,96440
476,3	0,999381	0,994110	0,96682
544,4	0,999377	0,994350	0,96883
612,4	0,999374	0,994569	0,97056
680,5	0,999371	0,994793	0,97205

Relative Dampfdruckerhöhung durch Fremdgaszusatz

Nr. 9. x_1 Wasser, x_2 Äthanol

9 a

9 c

9 b

Nr. 10. x_1 Wasser, x_2 Aceton

Azeotrope Punkte		
x_2	°C	atm
0,854	125,6	6,805
0,779	157,6	13,61
0,685	200	30,14
0,555[1]	259	66,69

[1] zugleich kritischer Punkt I. Ordnung.

Siedediagramme bei verschiedenen Drucken, Azeotropismus

Nr. 11. x_1 Wasser, x_2 1,2-Propylenoxid

Siedediagramm mit Mischungslücke

Nr. 12. x_1 Wasser, x_2 Propanol-(2)

Azeotrope Punkte		
x_2	°C	Torr
0,6670	36,00	95
0,6705	49,33	190
0,6750	63,90	380
0,6870	80,10	760
0,6950	120,15	3087

Siedediagramm und Azeotropismus

(9a). Siededrucke und kritische Kurve
(9b). Siedediagramme und Azeotropismus bei verschiedenen Drucken
(9c). ○ Experimentelle Aktivitätskoeffizienten; —— Theoretische Aktivitätskoeffizienten nach Gleichung von VAN LAAR

Nr. 13. x_1 Wasser, x_2 1,4-Dioxan

Nr. 14. x_1 Butanol-(1), x_2 Wasser

Siedediagramm mit Mischungslücke

Siedediagramm, Azeotropismus und Partialdrucke

Nr. 15. x_1 Wasser, x_2 Diäthyläther

Dreiphasenlinie	
p_{III} atm	ϑ °C
21,2	150,3
23,5	155,9
26,0	161,5
28,1	165,9
30,45	170,15
32,8	174,5
35,75	179,55
39,1	184,85
42,65	190,15
45,9	194,7
49,2	199,1
51,8[1]	202,2[1]

[1] Kritischer Endpunkt.

Kritische Kurve I. Ordnung bis zur Löslichkeitsgrenze (Dreiphasenlinie)

422. Dampfdruck von Mischsystemen

Kritische Punkte I. Ordnung			Kritische Punkte I. Ordnung			Kritische Punkte I. Ordnung		
$x_2' = x_2''$	$p_{kr\,I}$ atm	$\vartheta_{kr\,I}$ °C	$x_2' = x_2''$	$p_{kr\,I}$ atm	$\vartheta_{kr\,I}$ °C	$x_2' = x_2''$	$p_{kr\,I}$ atm	$\vartheta_{kr\,I}$ °C
—	51,8[1]	202,2[1]	0,725	49,7	200,1	0,882	41,9	194,85
0,684	51,55	201,9	0,740	48,9	199,35	0,949	38,6	194,1
0,700	50,65	201,0	0,774	47,1	197,6	0,976	33,7	194,0
0,702	50,4	200,8	0,8075	45,3	196,4	1,000	36,1	193,9

[1] Kritischer Endpunkt.

Nr. 16. x_1 Wasser, x_2 Diäthylamin

Siededrucke bei verschiedenen Temperaturen

Nr. 17. x_1 Furfurol, x_2 Wasser

Siedediagramm mit Mischungslücke

Nr. 18. x_1 Phenol, x_2 Wasser

Azeotrope Punkte

x_2	°C	Torr
0,981	99,6	760
0,985	75	294
0,989	56,3	127

Mischungslücke bei tiefer Temperatur

Mischungslücke			
x_2'	x_2''	°C	Torr
0,691	0,984	0,9880	29,8	29
0,729	0,979	0,9860	42,4	62
0,777	0,969	0,9840	60,1	150
0,850	0,947	0,9822	64,4	182
o. kr. Lp.	0,910		68	

Siedediagramm mit Azeotropismus

Nr. 19. g_1 Wasser, g_2 Ammoniak

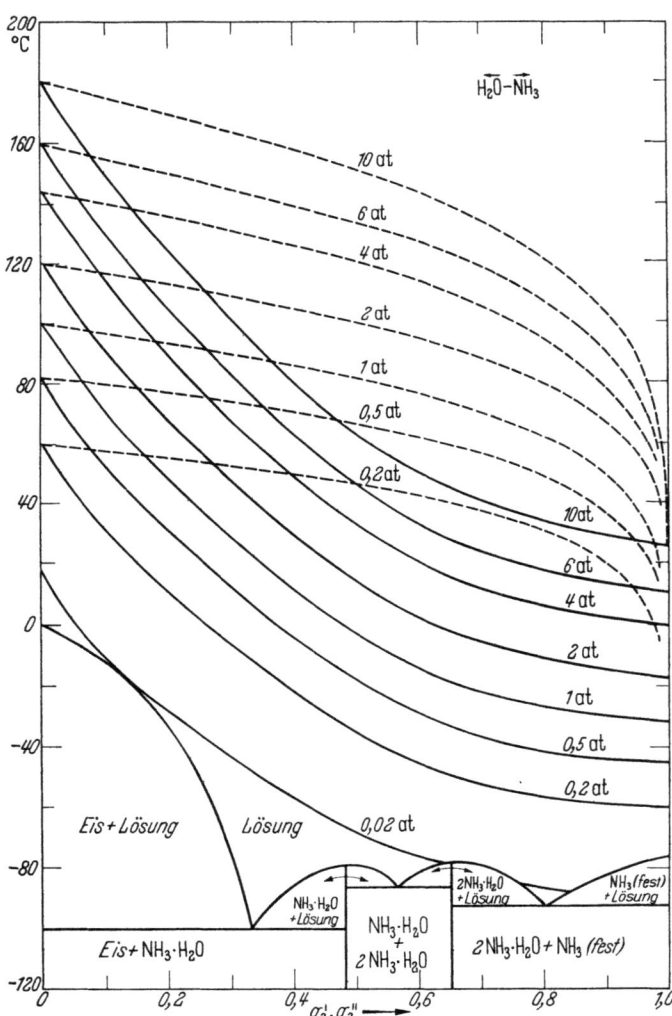

(19a). Siedediagramm und Gleichgewicht mit verschiedenen Bodenkörpern

(19b). Siededruck-Kurve bei gegebener Temperatur

Nr. 20. x_1 Hydrazin, x_2 Wasser

Azeotrope Punkte		
x_2	°C	Torr
0,4700	74,3	124,8
0,4606	93,4	281,4
0,4500	111,3	560,8

Siedediagramm und Azeotropismus

Nr. 21. x_1 Wasser, x_2 Schwefelwasserstoff

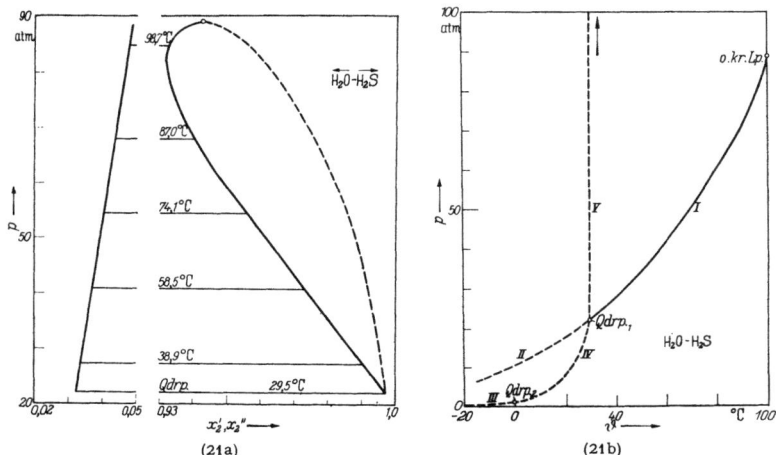

(21a). Qdrp. $\vartheta = 29{,}5°$ C $x_2' = 0{,}0323$ bzw. 0,997 $x_2'' = 0{,}9971$, $p = 22{,}09$ atm

(21b). Drucke der Gebiete mit 3 Phasen in Abhängigkeit von der Temperatur. *I* Gasdruck über den 2 flüssigen Phasen; *II* über festem Hydrat und der H$_2$S-reichen flüssigen Phase; *III* über festem Hydrat und Eis; *IV* über festem Hydrat und H$_2$O-reicher, flüssiger Phase; *V* Druck über festem Hydrat und H$_2$O-reicher und H$_2$S-reicher, flüssiger Phase

Qdrp. $\vartheta = -0{,}4°$ C, Eis + festes Hydrat, H$_2$O-reiche, flüssige Phase, $p = 0{,}919$ atm

Nr. 22. x_1 Tetrachlorkohlenstoff, x_2 Chloroform

Nr. 23. x_1 Tetrachlorkohlenstoff, x_2 Schwefelkohlenstoff

Siedediagramm bei Atmosphärendruck

Siedediagramm bei Atmosphärendruck

Nr. 24. x_1 Äthanol, x_2 Tetrachlorkohlenstoff

(24a). Siededruck-Diagramm mit Azeotropismus

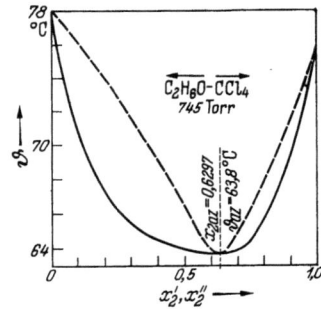

(24b). Siedediagramm mit Azeotropismus

Nr. 25. x_1 Essigsäureäthylester, x_2 Tetrachlorkohlenstoff

Nr. 26. x_1 Tetrachlorkohlenstoff, x_2 Diäthyläther

Siedediagramm mit Azeotropismus

Siedediagramm

422. Dampfdruck von Mischsystemen

Nr. 27. x_1 Äthanol, x_2 Chloroform

Siededruck-Diagramm mit Azeotropismus bei verschiedenen Temperaturen

Nr. 28. x_1 Chloroform, x_2 Aceton

Siedediagramm mit Azeotropismus

Nr. 29. x_1 Benzol, x_2 Chloroform

Siedediagramm

Nr. 30. x_1 Ameisensäure, x_2 Benzol

(30a). Siededruckdiagramm mit Mischungslücke

(30b) Dampfdruck und Partialdrucke mit Mischungslücke

Nr. 31. x_1 Kohlenstoffdioxid, x_2 Methan

Kritische Punkte I. Ordnung		
x_2	°C	atm
0	31,1	73,00
0,12	13,3	82,68
0,295	0,6	85,06
0,457	−16,7	83,36
0,82	−51,1	67,03
1,00	−82,2	43,79

(31 b). Dampfdruckdiagramm im kritischen Gebiet und Gleichgewicht mit festem Bodenkörper

(31 a). Siedediagramm und Gleichgewicht mit festem Bodenkörper

Nr. 32. x_1 Pentan, x_2 Methan

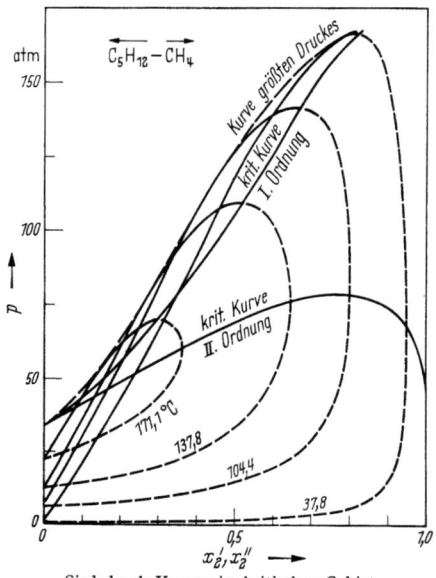

Siededruck-Kurven im kritischen Gebiet

422. Dampfdruck von Mischsystemen

Nr. 33. x_1 Schwefelwasserstoff, x_2 Methan

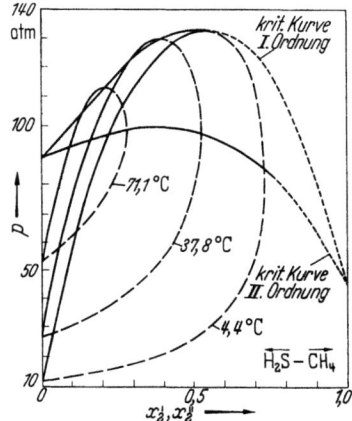

Siededruck-Kurven im kritischen Gebiet

Nr. 34. x_1 Methanol, x_2 Aceton

Azeotrope Punkte		
x_2	°C	atm
0,228	150	14,09
0,507	100	3,97
0,754	55,7	1

Siededruck-Diagramm und Azeotropismus bei verschiedenen Temperaturen

Nr. 35. x_1 Benzol, x_2 Methanol

Siededruck-Diagramm mit Azeotropismus

Nr. 36. x_1 Äthen, x_2 Kohlenstoffdioxid

Siedediagramme mit Azeotropismus bei höheren Drucken

Nr. 37. x_1 Propan, x_2 Kohlenstoffdioxid

Siededruck-Kurven bis zum kritischen Gebiet

422. Dampfdruck von Mischsystemen

Nr. 38. x_1 Schwefeldioxid, x_2 Kohlenstoffdioxid

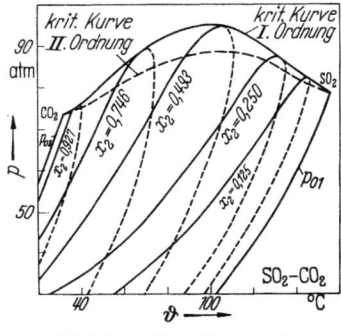

(38a). Dampfdruckdiagramm im kritischen Gebiet

(38b). Siedediagramme bei verschiedenen Drucken

(38c). Siededruck-Kurven im kritischen Gebiet

(38d). Flüssigkeits- und Dampfzusammensetzung bei verschiedenen Temperaturen

(38e). Flüssigkeits- und Dampfzusammensetzung bei verschiedenen Drucken

Nr. 39. x_1 Aceton, x_2 Schwefelkohlenstoff

Siededruck-Diagramm mit Azeotropismus.
Azeotroper Punkt bei Atmosphärendruck
$p = 760$ Torr, $\vartheta = 39{,}0°$ C, $x'_{2az} = 0{,}664$

Nr. 40. x_1 Heptan, x_2 Äthen

Siede- und Taulinien bis ins kritische Gebiet

Nr. 41. x_1 1,2-Dichloräthan, x_2 Benzol

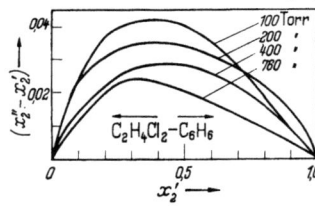

(41 a). Differenz der Dampf- und Flüssigkeitszusammensetzung bei verschiedenen Gesamtdrucken (Testgemisch)

(41 b). Siede- und Taulinie bei konstanter Temperatur

Nr. 42. x_1 Essigsäure, x_2 Benzol

Siedediagramm

Nr. 43. x_1 Essigsäure, x_2 Triäthylamin

System mit Azeotropismus und Mischungslücke. — · — · — Dreiphasenkurve (fl, fl, g)
o. kr. Lp $x_2 = 0{,}640$, $\vartheta = 130°$ C, $p = 760$ Torr,
M. L. 92° C, 760 Torr, $x'_2 = 0{,}983$

Nr. 44. x_1 Benzol, x_2 Bromäthan

Siedediagramm bei Atmosphärendruck

Nr. 45. x_1 Benzol, x_2 Äthan

(45a). Siede- und Taulinien bei verschiedenen Drucken bis ins kritische Gebiet

(45b)

(45c). *I* KritischeKurve I. Ordnung;
II KritischeKurve II. Ordnung;
III Kurve größten Druckes

Nr. 46. x_1 Chlorwasserstoff, x_2 Äthan

Kritische Punkte I. Ordnung		
x_2	°C	atm
0,00	51,3	84,1
0,1318	43,1	77,5
0,4035	30,5	65,4
0,6167	27,2	59,3
0,7141	27,4	50,8
1,000	31,9	48,9

Azeotrope Punkte		
x_2	atm	°C
0,513	5,049	−60
0,503	7,397	−50
0,495	10,48	−40
0,480	14,24	−30

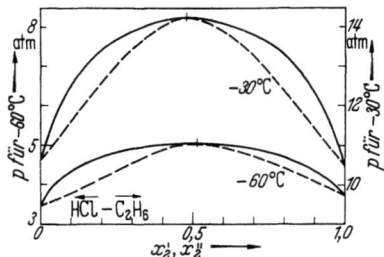

Siededruck bei verschiedenen Temperaturen; Azeotropismus

Nr. 47. x_1 Äthan, x_2 Distickstoffmonoxid

Kritische Punkte I. Ordnung		
x_2	°C	atm
0,00	32,0	48,8
0,24	27,85	52,55
0,45	26,05	56,12
0,57	26,05	58,42
0,75	28,15	63,32
0,82	29,8	65,32
1,00	36,6	71,9

Kritisches Gebiet des Systems

Nr. 48. x_1 Schwefelwasserstoff, x_2 Äthan

Kritische Punkte I. Ordnung		
x_2	°C	atm
0,000	99,9	88,26
0,1103	87,2	82,83
0,2890	68,3	72,97
1,4990	50,6	62,30
0,6694	40,7	55,87
0,7779	36,4	52,78
0,8901	33,5	50,20
0,000	32,0	48,12

Azeotrope Punkte		
x_2	°C	atm
0,823	23,5	40,83
0,845	15,0	34,02
0,870	4,9	27,22
0,896	−6,5	26,41
0,930	−21,7	13,61

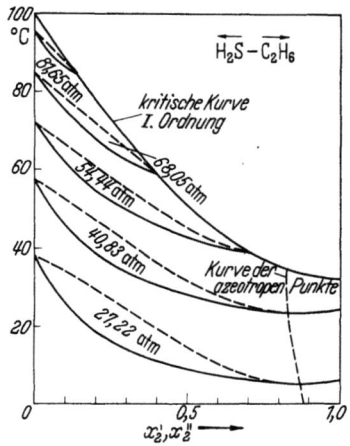

Siede- und Taulinien bei gegebenen Drucken bis ins kritische Gebiet; Azeotropismus

Nr. 49. x_1 Benzol, x_2 Äthanol

Azeotrope Punkte		
x_2	°C	Torr
0,297	34,8	198
0,397	60,0	570
0,443	67,8	760

Siedediagramm bei Atmosphärendruck, Azeotropismus

Nr. 50. x_1 Triäthylamin, x_2 Äthanol

Azeotrope Punkte		
x_2	°C	Torr
0,395	34,85	119,0
0,520	49,60	239,1
0,629	64,85	463,3
0,716	77,10	759,9

Siededrucke bei gegebener Temperatur; Azeotropismus

Nr. 51. x_1 Dimethyläther, x_2 Chlorwasserstoff

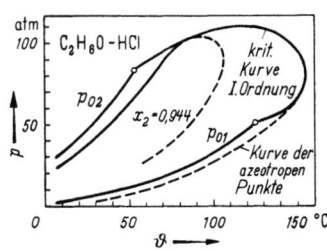

Kritisches Gebiet; Azeotropismus

Nr. 52. x_1 Benzol, x_2 Aceton

Siededrucke bei verschiedenen Temperaturen

Nr. 53. x_1 Pentan, x_2 Perfluorpentan

Azeotrope Punkte		
x_2	°C	Torr
0,522	5,4	445
0,526	15,0	652
0,528	19,7	781

(53b). Dampf- und Flüssigkeitszusammensetzung bei gegebenen Temperaturen; Mischungslücke und Azeotropismus

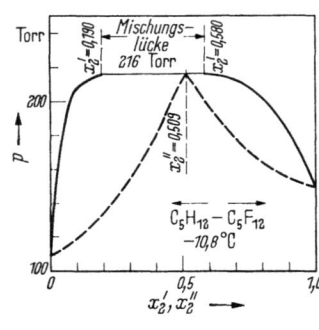

(53a). Siede- und Taulinien; Siededruckkurve bei konstanter Temperatur; Mischungslücke

Nr. 54. x_1 Anilin, x_2 Benzol

Siedediagramm bei Atmosphärendruck

Nr. 55. x_1 Cyclohexan, x_2 Benzol

Differenz der Dampf- und Flüssigkeitszusammensetzung bei verschiedenen Temperaturen; Azeotropismus

Nr. 56. x_1 Benzol, x_2 Hexan

Siedediagramm

Nr. 57. x_1 Toluol, x_2 Benzol

Siedediagramm bei Atmosphärendruck

Nr. 58. x_1 Heptan, x_2 Benzol

Siedediagramm bei Atmosphärendruck

Nr. 59. x_1 2,2,3-Trimethyl-butan, x_2 Benzol

Siedediagramm bei Atmosphärendruck, Azeotropismus

Nr. 60. x_1 m-Xylol, x_2 Benzol

Siededruckdiagramm bei gegebener Temperatur

Nr. 61. x_1 Phenol, x_2 Toluol

Siedediagramm bei Atmosphärendruck

Nr. 62. x_1 p-Xylol, x_2 Äthylbenzol

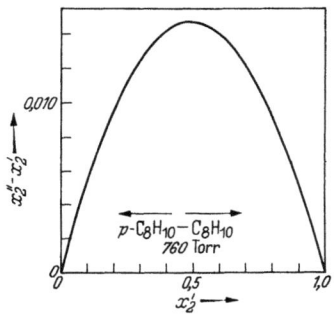

Differenz der Dampf- und Flüssigkeitszusammensetzungen bei Atmosphärendruck

Nr. 63. x_1 m-Xylol, x_2 Ammoniak

Mischungslücke		
x_2'	°C	atm
0,567 u. 0,936	7,83	5,50
0,604 u. 0,922	9,82	5,87
0,638 u. 0,905	11,81	6,28
0,718 u. 0,875	13,79	6,69
o. kr. Lp. 0,814	14,5	6,85

Dampfdrucke bei verschiedenen Temperaturen; Mischungslücke

Nr. 64. x_1 Ammoniumchlorid, x_2 Eisentrichlorid

— Siedekurve;
—·—·— Schmelzkurve

Nr. 65. x_1 Zinkchlorid, x_2 Ammoniumchlorid

— Siedekurve;
—·—·— Schmelzkurve

4222. Ternäre Systeme

Ternäre Systeme haben gemäß dem Phasengesetz, sofern nur eine Flüssigkeitsphase neben der gasförmigen vorhanden ist, drei Freiheitsgrade.

In den Diagrammen sind bei fester Temperatur die zu verschiedenen Drucken gehörenden Siedelinien (———) oder Taulinien (-----) eingezeichnet. Zusammengehörige Punkte der Siede- und Taulinien sind durch Verbindungslinien (Konoden) gekennzeichnet. Im Falle idealer Mischungen sind Siede- und Taulinien geradlinig. In einer anderen Art der Darstellung ist ohne Angabe des jeweiligen Druckes, bzw. der jeweiligen Temperatur, nur durch Linien angezeigt, welche Dampfzusammensetzung mit einer gegebenen Flüssigkeitszusammensetzung im Gleichgewicht steht. Andere Diagramme geben an, welche Mischungen bei konstantem Druck die gleiche Siedetemperatur haben oder bei konstanter Temperatur unter dem gleichen Druck sieden.

Besondere Fälle: *Azeotropismus*. Neben einem Azeotropismus von einem oder mehreren binären Teilsystemen gibt es ternäre azeotrope Punkte mit einem Extremwert des Druckes bzw. der Temperatur. Einem Maximum des Druckes entspricht wieder ein Minimum der Temperatur. Daneben gibt es auch noch Extrema von der Natur eines Sattelpunktes.

Mischungslücken. In ternären Systemen gibt es Mischungslücken die bei gegebener Temperatur nur im Inneren liegen und solche, die sich an die Mischungslücke von einem oder mehreren binären Teilsystemen stetig anschließen. Mit zunehmender Temperatur werden die Lücken im allgemeinen kleiner und verschwinden oberhalb einer oberen kritischen Lösungstemperatur vollständig. Liegt die Mischungslücke bei gegebener Temperatur nur im Inneren, so sind bei Änderung der Zusammensetzung zwei Punkte auf der Begrenzungslinie ausgezeichnet, in denen die im Gleichgewicht stehenden Schichten identisch werden.

Es gibt Systeme, die eine Mischungslücke und gleichzeitig in der Mischungslücke Azeotropismus aufweisen.

---

[1] Entnommen dem Beitrag C. Kux, Landolt-Börnstein, 6.Auflage, Bd. II/2 a

4. Mechanisch-thermische Konstanten usw.

Nr. 1. x_1 O$_2$, Sauerstoff M: 32,0 V: $-183,01°$ C
         x_2 Ar, Argon M: 39,94 V: $-185,94°$ C
         x_3 N$_2$, Stickstoff M: 28,016 V: $-195,8°$ C

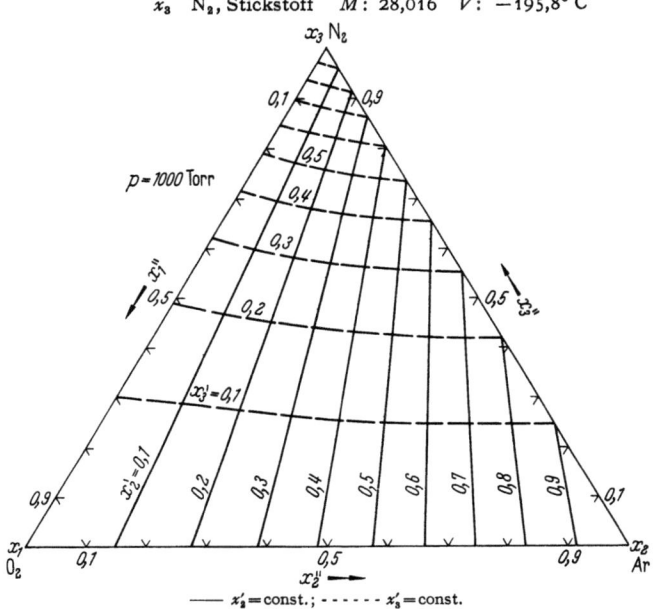

—— x'_3 = const.; - - - - - x''_3 = const.

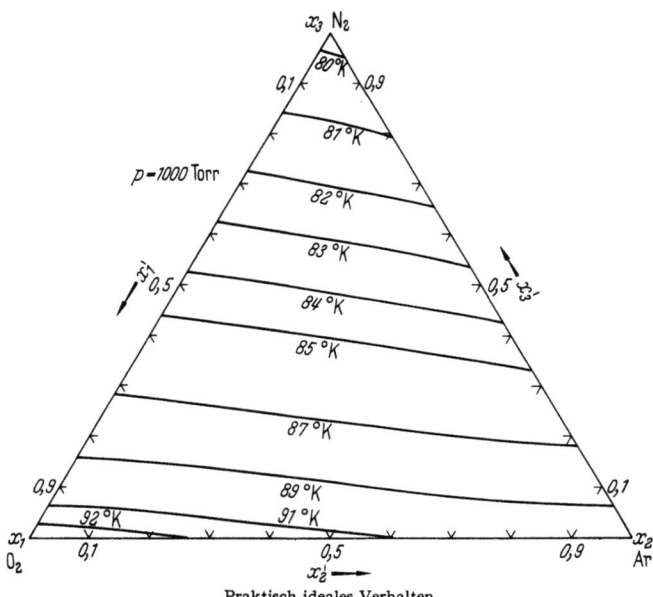

Praktisch ideales Verhalten

422. Dampfdruck von Mischsystemen

Nr. 2. x_1, g_1 C_6H_6O, Phenol M: 94,11 V: 181,9° C
$\quad\quad$ x_2, g_2 H_2O, Wasser M: 18,02 V: 100° C
$\quad\quad$ x_3, g_3 C_3H_6O, Aceton M: 58,08 V: 56,5° C

Mischungslücke und Konoden bei verschiedenen Gesamtdrucken und gegebener Temperatur

Kurve der kritischen Lösungspunkte DF = Doppelfaltenpunkt; $\vartheta = 92°$ C; $o.kr.Lp.$ = oberer kritischer Lösungspunkt im System C_6H_6O—H_2O; $\vartheta = 68°$ C

Nr. 3. x_1 H_2O, Wasser M: 18,02 V: 100° C
$\quad\quad$ x_2 C_6H_6, Benzol M: 78,11 V: 80,2° C
$\quad\quad$ x_3 C_2H_6O, Äthanol M: 46,07 V: 78,32° C

Mischungslücke. Die Dampfzusammensetzung der koexistierenden Phasen ist mit entsprechender Markierung auf der Dampfkurve eingetragen

Nr. 4. x_1 H$_2$O, Wasser M: 18,02 V: 100° C
         x_2 C$_3$H$_6$O, Propen-(2)-ol-(1) M: 58,08 V: 96,99° C
         x_3 CCl$_4$, Tetrachlorkohlenstoff M: 153,84 V: 76,7° C

Nr. 5. x_1 H$_2$O, Wasser M: 18,02 V: 100° C
         x_2 C$_2$H$_6$O, Äthanol M: 46,07 V: 78,4° C
         x_3 C$_4$H$_8$O$_2$, Essigsäureäthylester M: 88,10 V: 77,1° C

a Gebiet niedrig siedender Gemische (ternärer, azeotroper Punkt, $\vartheta_{\min}$). Zweiphasengleichgewicht (flüssig-flüssig): Eigendampfdruck im System $<$ 760 Torr. Der Druck wurde durch äußeren Zwang auf 760 Torr heraufgesetzt

Nr. 6. x_1 C$_2$H$_6$, Äthan
          M: 30,07 V: −88,6° C
          x_2 C$_2$H$_4$, Äthen
          M: 28,05 V: −103,9° C
          x_3 CH$_4$, Methan
          M: 16,04 V: −161,5° C

Flüssigkeits- und Dampfzusammensetzungen bei 10 und 35 atm und −78° C

Nr. 7. x_1 C_2H_6, Äthan M: 30,07 V: $-88{,}6°$ C
        x_2 C_2H_2, Acetylen M: 26,04 V: $-83{,}6°$ C
        x_3 C_2H_4, Äthen M: 28,05 V: $-103{,}9°$ C

Flüssigkeits- und Dampfzusammensetzungen in der Nähe der azeotropen Punkte im kritischen Gebiet

4223. Dampfdrucke p in Torr über gesättigten wäßrigen Salzlösungen

Es sind die Temperaturen ϑ in °C angegeben, bei denen der in der Kolonnenüberschrift angegebene Druck vorhanden ist.

Formel des gelösten Stoffes	20	30	50	100	500	760	1520	3800	7600	Bodenkörper
CH_4N_2O Harnstoff	26,6	34,8	46,1							
$C_4H_6O_6$ Weinsäure	24,25	32,43	43,27							
$CaHPO_4 \cdot 2H_2O$	22,8	30,1	39							
$CdBr_2$	24	31,6	41,5							$CdBr_2 \cdot 4H_2O$
$CdSO_4$	23,9	31,4								$CdSO_4 \cdot {}^8/_3 H_2O$
$CuCl_2 \cdot 2H_2O$	28,9	36,1								
$CuSO_4$	22,6	29,5	38,7							$CuSO_4 \cdot 5H_2O$
$CuSO_4$					91,74					$CuSO_4 \cdot 3H_2O$
$C_4H_4O_6K_2 \cdot {}^1/_2 H_2O$ Kaliumtartrat	27,3	34,6								
KCl	24,5	32,3	41,8	55,4	95,5					
$KClO_3$				52,4	91,52					
KNO_3	24,8	30,6	39,3	55,3	99,9					
KH_2PO_4	22,7	30,2	39,3			115,6				
K_2SO_4	22,2	29,5	38,6	52	90,3					
LiCl	64,62	73,06	88,96	105,8	153,4	168,6	195,4	236,9	273,5	
Li_2SO_4	24,7	31,7	41,0	54,5	92,3	103,8				
$MgCl_2$	41,7	50,8	62,3	79,5						
$MgSO_4$		30	40,8	55,1	95,4					
$Mg(NO_3)_2$	33,9	42,6	54,8	76,3	95,6	116,5	141,6			$Mg(NO_3)_2 \cdot 6H_2O$
NH_4Br	26,1	38,8	43,7							
NH_4Cl	28	42	52,9	76						
NH_4NO_3	23,3	30,4	40							
$NH_4H_2PO_4$										
$(NH_4)_2SO_4$	25,6	32,6	42,3							

Stoff	10	25	50	75	100	500	1000	1500	3000	θv °C	k g Stoff/100g H₂O	Bodenkörper
$C_4H_6O_6Na_2 \cdot 2H_2O$ Natriumtartrat	23,7	30,6										
$C_4H_6O_6NaK \cdot 4H_2O$	24,3	31,7	41									
Na_2CO_3	24,5	35	42,4	56,3		91,9	104,8	123,5	149,7		181,8	$Na_2CO_3 \cdot H_2O$
Na_2CO_3		32,8										$Na_2CO_3 \cdot 7H_2O$
Na_2CO_3		31,7										$Na_2CO_3 \cdot 10H_2O$
$NaCl$	26,82	34,2	43,71	57,49		96,8						
$NaNO_3$	27,4	35,1	44	59		102	119					
Na_2HPO_4	22,9											$Na_2HPO_4 \cdot 12H_2O$
$Na_4P_2O_7$	22,6											$Na_4P_2O_7 \cdot 10H_2O$
Na_2SO_3	24,2	31,1	40,3	53,7		89,7	100,3	119,5	148,1		172,6	Na_2SO_3
Na_2SO_3	23,5	30,9	40,8	55,4		94,9	106,8	128,3	160,7		188,9	$Na_2SO_3 \cdot 7H_2O$
Na_2SO_4	25,3	31,9	40,9	53,9		91,5	104,8	123,1	154,2		182,9	Na_2SO_4
Na_2SO_4	23,4	31,3										$Na_2SO_4 \cdot 10H_2O$
$TlNO_3$			53,9				104,5					$Na_2S_2O_3 \cdot 5H_2O$

4224. Siedetemperatur (bei 760 Torr) ϑ_V wäßriger Lösungen in Abhängigkeit von der Konzentration k

Stoff	ϑ_V in °C bei k in g Stoff/100 g H₂O									Sättigung		
	10	25	50	75	100	500	1000	1500	3000	ϑ_V °C	k g Stoff/100g H₂O	Bodenkörper
$AlK(SO_4)_2$		100,8	101,9	103,4	105,2							
$BaCl_2$		102,0	104,0									
$BaCl_2 \cdot 2H_2O$		101,5	103,2									
$Ba(NO_3)_2$		101,0								101,1	27,5	$Ba(NO_3)_2$
Oxalsäure $(COOH)_2$		102,0	104,1	106,5	109,2	139,2	147,5	150,5	154,2			

4. Mechanisch-thermische Konstanten usw.

Stoff	ϑ_V in °C bei k in g Stoff/100 g H_2O									Sättigung		
	10	25	50	75	100	500	1000	1500	3000	ϑ_V °C	k g Stoff/ 100gH_2O	Bodenkörper
Weinsäure $C_4H_6O_6$		101,5	102,9	104,3	105,7	125,7	140,4	148,1	157,7			
Citronensäure $C_6H_8O_7$						120,6	131,3	137,7	147,3			
$CaCl_2$		105,0	102,0	103,0	104,2					178,0	305,0	$CaCl_2 \cdot 1H_2O$ oder $2H_2O$
$Ca(NO_3)_2$		102,5	113,0	122,0	129,7							
$Ca(NO_3)_2 \cdot 2H_2O$	101,0	101,9	105,0	107,5	110,0							
$CuSO_4$		100,6	103,7	105,5	107,0					104,2	82,2	$CuSO_4 \cdot 5H_2O$
$FeSO_4$		100,7	101,5	103,5								
$KC_2H_3O_2$	101,7	104,1	108,0	112,5	115,1	153,0				161,0	626,0	
K-acetat												
$K_2C_4H_4O_6$		101,5	103,0	104,5	106,0					115,0	246,3	
K-tartrat												
$K_2C_4H_4O_6 \cdot {}^1/_2 H_2O$		101,3	102,8	104,0	105,6							
K_2CO_3		102,2	105,3	108,4	113,1							
KCl	101,1	103,3	107,7							108,5	57,4	KCl
$KClO_3$	100,7	101,8								104,4	69,2	$KClO_3$
KJ		101,3	103,3	105,0	107,1					118,5	220,0	KJ
KNO_3		101,7	103,2	104,6	106,1					115,0	338,5	KNO_3
KOH		106,0	116,5	129,0	145,0	312,0						
K_2SO_4	100,7	101,7								102,1	31,6	K_2SO_4
LiCl	103,0	109,5	125,0	140,9	152,0					168,6	151,0	LiCl
$LiCl \cdot 2H_2O$	101,5	103,9	108,0	112,2	116,3							
$MgCl_2$	102,2	106,5	120,4							130,0	62,9	
$MgCl_2 \cdot 6H_2O$	100,9	102,3	104,6	106,6	109,1							
$MgSO_4$	100,6	101,6	104,3	108,0						108,0	75,0	

422. Dampfdruck von Mischsystemen

MgSO₄·7H₂O	101,5	100,8	101,2	101,7	102,3				102,4	NH₄Cl
MnSO₄	101,0	104,0	101,8						114,8	68,4	
NH₄Cl		102,5	108,9	113,1	109,3	132,7	150,6	163,0	188,3	87,1	(NH₄)₂SO₄
NH₄NO₃		101,6	104,8	107,1	107,1						
(NH₄)₂SO₄	100,6	101,6	104,4	105,6	104,3					108,2	Na₂B₄O₇·5H₂O
Na₂B₄O₇			102,6	103,5	102,0	103,5	104,1	104,3	104,4	115,3	
Na₂B₄O₇·10H₂O	101,2	103,2	101,3	101,6	115,0					104,5	5555,5
NaC₂H₃O₂			107,3	111,4						125,0	207,0
Na-acetat											
NaC₂H₃O₂·3H₂O		101,7	103,3	104,8	106,2	115,3	117,6	118,8	119,8	108,4	
Na₂C₄H₄O₆		101,4	102,9	104,4	105,8					146,0	
Na-tartrat											
Na₂C₄H₄O₆·2H₂O		101,2	102,3	103,3	104,2					108,4	273,3	Na₂CO₃·1H₂O
Na₂CO₃	101,0	102,4	104,9							105,0	51,2	
Na₂CO₃·10H₂O			101,3	101,9	102,3	104,3	104,9					
NaCl	101,1	104,6	105,2	107,6	110,1				285,3	108,8	40,7	NaCl
NaNO₃	101,1	102,7	119,5	132,5	142,5	217,4	250,0	264,1		120,0	222,0	NaNO₃
NaOH		108,1	102,9	104,4	105,9							
NaHPO₄	100,6	101,5								106,5	110,5	Na₂SO₄
Na₂SO₄	100,6	101,6	104,1	106,8	109,6	110,7	113,5	114,6	119,0	103,2	46,7	Na₂S₂O₃·5H₂O
Na₂S₂O₃		101,8	102,0	102,9	103,7	105,4	109,5	112,6		126,0	348,0	
Na₂S₂O₃·5H₂O		101,1			101,4							
PbC₆H₆O₄												
Pb(II)-acetat												
Pb(NO₃)₂		101,0	101,6	102,2	102,8					103,5	137,0	
SrCl₂		102,5	106,0	110,7	115,1	114,6						
SrCl₂·6H₂O		101,3	102,5	103,7	104,9							
Sr(NO₃)₂		101,0	102,3	103,6	105,2					106,3	116,5	
ZnSO₄		101,0	102,3							105,0	85,7	

423. Azeotrope Gemische
4231. Azeotrope Punkte von binären Mischungen

Alle aufgeführten Systeme enthalten organische Verbindungen. Die Systeme, die eine anorganische Komponente enthalten, sind vorausgenommen und diese ist als 1. Komponente aufgeführt (Reihenfolge H_2O, Br_2, HBr, CS_2, $SiCl_4$). Die organischen Komponenten sind nach dem Hillschen System angeordnet. Bei zwei organischen Komponenten sind die Systeme bei der Komponente, die in dem Hillschen System vorangeht, gebracht. Systeme von denen der azeotrope Punkt bei 760 Torr in Tabelle 4221 zu finden ist, sind nicht aufgenommen.

In Spalte 1 sind die Formeln, in Spalte 2 die Namen der Verbindungen angegeben. Für die 1. Komponente ist die Formel herausgestellt, und Formel, Name und Siedepunkt (Spalte 3) sind halbfett gedruckt. Spalte 3 gibt die Siedepunkte der Komponenten bei Atmosphärendruck an. Spalte 4 gibt die Siedetemperatur des Azeotropengemisches bei 760 Torr an. In Spalte 5 ist die Zusammensetzung des Gemisches durch Angabe des Molenbruches x_1 der 1. Komponente gekennzeichnet. Falls der Druck, auf den sich die Angaben über das azeotrope Gemisch beziehen von 760 Torr abweicht, ist sein Wert als p_{az} mit in Spalte 2 angegeben.

Formel	Namen	ϑ_V °C	ϑ_{az} °C	$x_{1\,az}$
H_2O	**Wasser**	**100**		
CH_3O_2N	Nitromethan	101,0	83,6	0,512
C_2HCl_3	Trichloräthen	86,9	73,6	0,268
$C_2H_4Cl_2$	1,2-Dichlor-äthan	84	72	0,60
$C_2H_2Cl_2$	cis-1,2-Dichlor-äthen	60,2	55,3	0,156
$C_2H_2Cl_2$	trans-1,2-Dichlor-äthen	48,55	45,3	0,129
C_2H_3N	Acetonitril	81,5	76,8	0,31
C_2H_6O	Äthanol	78,3	78,39	0,105
$C_2H_8N_2$	1,2-Diamino-äthan	116,2	118,5	0,375
C_3H_6O	Allylalkohol	96,99	88,7	0,56
$C_3H_6O_2$	Essigsäuremethylester ($p_{az}=776$ Torr)	57	56,9	0,102
$C_3H_6O_2$	Propansäure	141,3	99,98	0,947
C_3H_8O	Propanol-(1)	97,3	87,8	0,568
$C_3H_8O_2$	2-Methoxy-äthanol-(1)	124,5	99,75	0,949
$C_4H_6O_2$	Acrylsäuremethylester	80	71	0,314
C_4H_8O	Butanon-(2)	79,5	73,1	0,347
$C_4H_8O_2$	Ameisensäure-propylester	80,9	71,6	0,535
$C_4H_8O_2$	Butanol-(2)-on-(3)	143,6	99,87	0,965
$C_4H_8O_2$	Buttersäure	164,0	99,4	0,94
$C_4H_8O_2$	Essigsäure-äthylester			
	($p_{az}=1500$ Torr)	77,15	90,30	0,354
	($p_{az}=1000$ Torr)		78,17	0,327
	($p_{az}=760$ Torr)		70,37	0,31
	($p_{az}=500$ Torr)		59,36	0,286
	($p_{az}=100$ Torr)		23,03	0,194
	($p_{az}=25,5$ Torr)		−1,89	0,155
$C_4H_8O_2$	Ameisensäure-isopropylester	68,8	65,0	0,215
$C_4H_8O_2$	Propansäure-methylester	79,85	71,4	0,166
C_4H_9J	1-Jod-2-methyl-propan	122,5	≈96	0,21 Vol.
$C_4H_{10}O$	2-Methyl-propanol-(2)	82,57	79,9	0,354
$C_4H_{10}O_2$	1,1-Dimethoxy-äthan	64,3	61,3	0,067

Formel	Name	ϑ_p °C	ϑ_{az} °C	$x_{1\,az}$
C_5H_5N	Pyridin	115,5	94,4	0,0076
$C_5H_{10}O$	Pentanon-(3)	102,05	82,9	0,438
$C_5H_{10}O_2$	2-Methyl-butanol-(2)-on-(3)	143	98,8	0,897
$C_5H_{10}O_2$	Ameisensäurebutylester	106,6	83,8	0,535
$C_5H_{10}O_2$	Essigsäurepropylester	101,6	82,4	0,481
$C_5H_{10}O_2$	Propansäureäthylester	99,1	81,0	0,463
$C_5H_{10}O_2$	Butansäure-methylester	102,65	82,7	0,48
$C_5H_{10}O_2$	Isobutansäure-methylester	92,5	77,9	0,359
$C_5H_{10}O_3$	Kohlensäurediäthylester	126,5	≈91	0,737
$C_5H_{12}O$	Pentanol-(1)	137,8	95,8	0,855
$C_5H_{12}O$	3-Methyl-butanol-(1)	132,05	95,15	0,828
$C_5H_{12}O$	2-Methyl-butanol-(2) ($p_{az} = 768,5$ Torr)	101,7	91,1	0,656
$C_5H_{12}O$	Äthylpropyläther	63,85	60,0	0,169
$C_5H_{10}O$	Pentanon-(2)	102,35	83	0,427
$C_5H_{11}N$	Piperidin	105,8	93,7	0,735
C_6H_5Cl	Chlorbenzol	131,8	90,2	0,714
C_6H_6	Benzol	80,2	69,3	0,296
C_6H_6O	Phenol	181,4	99,6	0,98
C_6H_7N	Anilin	184,4	41	0,975
	(Druck nicht angegeben)		56,3	0,969
			75	0,962
			90	0,956
C_6H_7N	2-Methyl-pyridin	128	94,8	0,819
$C_6H_{12}O_2$	Diacetonalkohol	164	99,5	0,972
$C_6H_{14}O_2$	2-Butoxy-äthanol-(1)	171,2	98,8	0,961
C_7H_8O	Benzylalkohol	205,25	99,8	≈0,98
C_7H_8O	Anisol	153,85	95,5	0,83
$C_7H_{16}O$	Heptanol-(1)	176,15	98,7	0,969
$C_8H_8O_2$	Benzoesäure-methylester	199,4	99,08	0,966
C_8H_{10}	m-Xylol	139	92	0,757
$C_8H_{10}O$	Phenetol	170,45	97,3	0,90
$C_8H_{18}O$	Octanol-(1)	195,2	99,5	0,983
$C_9H_{10}O_2$	Essigsäurebenzylester	215,0	99,60	0,988
$C_9H_{10}O_2$	Benzoesäureäthylester	212,5	99,40	0,98
$C_{10}H_{10}O_2$	Safrol	235,9	99,72	0,99
$C_{10}H_{14}N_2$	Nicotin	247,3	99,85	0,997
$C_{10}H_{18}O$	Cineol	176,35	97,65	0,926
$C_{12}H_{10}O$	Diphenyläther	259,0	99,93	0,995
Br_2	**Brom**	57,9		
CCl_4	Tetrachlorkohlenstoff ($p_{az} = 735,6$ Torr)	76,7	57,7	0,884
$C_2Cl_3F_3$	1,1,2-Trifluor-1,2,2-trichlor-äthan	47,6	41,0	0,455
$C_7H_5F_3$	Benzotrifluorid	102,2	58,1	0,967
HBr	**Bromwasserstoff**	−66,8		
H_2S	Schwefelwasserstoff ($p_{az} = 420$ Torr)	−60,4	−70	0,393
H_2S	**Schwefelwasserstoff**	−60,2		
C_2H_6	Äthan ($p_{az} = 13,61$ Torr)	−88,6	−21,7	0,07
C_3H_8	Propan ($p_{az} = 13,61$ Torr)	−42,1	7,8	0,797

4. Mechanisch-thermische Konstanten usw.

Formel	Name	ϑ_V °C	ϑ_{az} °C	x_{1az}
CS_2	Schwefelkohlenstoff	46,2		
CH_2Cl_2	Dichlormethan	40,0	37,0	0,415
CH_2O_2	Ameisensäure	100,75	42,55	0,748
CH_3J	Jodmethan	42,5	41,55	0,553
CH_3NO_2	Nitromethan	101,22	44,25	0,88
CH_4O	Methanol	64,65	37,65	0,716
$C_2H_4Cl_2$	1,1-Dichlor-äthan	57,25	44,75	0,771
$C_2H_4O_2$	Ameisensäure-methylester	31,7	24,75	0,281
C_2H_5Br	Bromäthan	38,4	37,8	0,414
C_3H_5Cl	3-Chlor-propen-(1)	45,3	41,2	0,502
C_3H_6O	Allylalkohol	96,85	45,25	0,915
C_3H_6O	Propionaldehyd	48,7	40,0	0,535
C_3H_6O	Aceton	56,2	39,0	0,664
C_3H_7Br	2-Brom-propan	59,4	46,08	0,935
C_3H_7Cl	1-Chlor-propan	46,65	42,05	0,563
C_3H_7Cl	2-Chlor-propan	34,9	33,7	0,227
C_3H_8O	Propanol-(1)	97,2	45,65	0,932
C_3H_8O	Propanol-(2)	82,42	44,22	0,885
$C_4H_{10}O$	2-Methyl-propanol-(2)	82,45	44,8	0,928
$C_4H_{10}O$	Diäthyläther	34,6	20,10	0,136
C_4H_8O	Butanon-(2)	79,6	45,85	0,84
C_5H_{10}	Cyclopentan	49,4	44,0	0,652
C_5H_{12}	Pentan	36,15	35,7	0,105
$SiCl_4$	Siliciumtetrachlorid	57,3		
CH_3O_2N	Nitromethan	101	53,8	0,847
C_2H_3N	Acetonitril	82	49	0,698
C_3H_3N	Acrylsäurenitril	79	51,2	0,524
C_3H_5N	Propansäurenitril	97	55,6	0,801
CCl_3NO_2	**Trichlornitromethan**	**111,9**		
$C_2H_4O_2$	Essigsäure	118,1	107,65	0,602
$C_4H_{10}O$	Butanol-(1)	117,5	106,65	0,644
$C_5H_{12}O$	Pentanol-(2)	119,8	108,0	0,724
$C_5H_{12}O$	2-Methyl-butanol-(2)	102,35	98,9	0,50
CCl_4	**Tetrachlorkohlenstoff**	**76,7**		
CH_4O	Methanol	64,7	55,7	0,449
$C_2H_4Cl_2$	1,2-Dichlor-äthan	82,85	75,5	0,746
C_3H_6O	Aceton	56,08	55,98	0,052
C_3H_8O	Propanol-(1)	97,19	73,4	0,818
C_6H_{12}	Methylcyclopentan	71,8	71,6	0,205
$CHBr_3$	**Bromoform**	**149,5**		
CH_2O_2	Ameisensäure	100,75	97,4	0,163
$C_2H_2Cl_4$	1,1,2,2-Tetrachlor-äthan	146,2	145,5	0,352
$C_2H_3ClO_2$	Chloressigsäure	189,35	148,5	0,538
$C_2H_4O_2$	Essigsäure	118,1	117,9	0,049
$C_2H_6O_2$	Glykol	197,4	146,45	0,776
$C_4H_8O_2$	Buttersäure	164,0	146,8	0,825
$C_6H_{11}O$	Hexanol-(1)	157,85	147,6	0,713
$CHCl_3$	**Chloroform**	**61,3**		
CH_2O_2	Ameisensäure	100,75	59,15	0,687
CH_4O	Methanol ($p_{az}=770,2$ Torr)	64,7	54,0	0,657
$C_3H_8O_2$	Dimethoxymethan ($p_{az}=289,5$ Torr)	42,3	35,0	0,853

Formel	Name	ϑ_V °C	ϑ_{az} °C	$x_{1\,az}$
C_6H_{12}	Methylcyclopentan	71,8	60,5	0,747
C_6H_{14}	Hexan	68,7	59,95	0,65
$C_6H_{14}O$	Diisopropyläther	68,00	70,48	0,324
CH_2Br_2	**Dibrommethan**	**97,0**		
CH_4O	Methanol	64,65	64,25	0,812
$C_2H_4O_2$	Essigsäure	118,1	94,8	0,646
C_2H_6O	Äthanol	78,3	75,5	0,285
CH_2Cl_2	**Dichlormethan**	**40,0**		
CH_4O	Methanol	64,65	37,8	0,828
C_2H_6O	Äthanol	78,3	39,85	0,912
$C_4H_{10}O$	Diäthyläther	34,6	40,8	0,672
$C_4H_{10}O$	Methylpropyläther	38,9	44,8	0,541
CH_2J_2	**Dijodmethan**	**181**		
$C_2H_6O_2$	Glykol	197,4	168,65	0,576
$C_4H_8O_2$	Buttersäure	164,0	159,1	0,35
CH_2O_2	**Ameisensäure**	**100,75**		
C_2HCl_3	Trichloräthen	86,9	74,1	0,487
C_5H_{10}	Cyclopentan	49,2	46,0	0,225
C_6H_5Cl	Chlorbenzol	131,75	93,7	0,779
C_6H_{14}	Hexan	68,7	60,5	0,421
C_8H_{10}	o-Xylol	144,3	95,7	0,868
C_8H_{10}	m-Xylol	139,0	92,8	0,855
C_8H_{10}	p-Xylol	138,3	94,5	0,83
CH_3Br	**Brommethan**	**3,65**		
CH_4O	Methanol	64,7	≈3,55	0,984
CH_3J	**Jodmethan**	**42,5**		
CH_4O	Methanol	64,7	37,8	0,795
C_2H_6O	Äthanol	78,3	40,7	0,91
C_3H_6O	Aceton	56,15	42,4	0,885
CH_3NO_2	**Nitromethan**	**101,2**		
CH_4O	Methanol	64,7	64,5	0,043
C_2HCl_3	Trichloräthen	86,9	80,2	0,346
	(p_{az} = 740 Torr)			
$C_2H_4O_2$	Essigsäure	118,1	101,2	0,954
C_2H_6O	Äthanol	78,4	75,95	0,216
C_3H_8O	Propanol-(1)	97,2	89,3	0,471
C_3H_8O	Propanol-(2)	82,3	79,3	0,279
$C_4H_8O_2$	Dioxan	101,35	100,55	0,652
$C_4H_{10}O$	Butanol-(1)	117,5	97,8	0,739
C_5H_{10}	Cyclopentan	49,2	<47,5	<0,10
$C_5H_{12}O$	2-Methyl-butanol-(2)	102,35	93,1	0,585
C_6H_{14}	Hexan	68,7	62,0	0,273
C_7H_8	Toluol	110,6	96,5	0,648
C_7H_{14}	Methylcyclohexan	101,15	81,25	0,512
C_7H_{16}	Heptan	98,4	80,2	0,491
C_8H_{18}	Octan	125,6	92,0	0,632
CH_4O	**Methanol**	**64,65**		
C_4H_4O	Furan	31,7	<30,5	<0,138
C_4H_4S	Thiophen	84,7	<59,55	<0,244
C_5H_6	2-Methyl-butadien-(1,3)	34,3	29,5	0,101
C_5H_{10}	Cyclopentan	49,2	38,8	0,26
C_6H_5F	Fluorbenzol	84,9	59,7	0,585
C_6H_6	Benzol	80,1	57,6	0,609

Formel	Namen	ϑ_r °C	ϑ_{az} °C	$x_{1\,az}$
C_6H_{12}	Methylcyclopentan	71,8	51,3	0,552
C_6H_{12}	Cyclohexan	80,7	54,2	0,618
C_6H_{14}	Hexan ($p_{az}=630,3$ Torr)	68,7	45	0,495
C_7H_8	Toluol	110,6	63,6	0,88
C_8H_{18}	Octan	125,6	63,0	0,902
C_8H_{18}	2,2,4-Trimethyl-pentan	99,2	59,4	0,801
C_2Cl_4	**Tetrachloräthen**	**121,1**		
C_2H_6O	Äthanol	78,3	76,6	0,133
$C_2H_6O_2$	Glykol	197,4	119,1	0,857
C_3H_8O	Propanol-(1)	97,2	94,05	0,28
C_3H_8O	Propanol-(2)	82,4	81,65	0,125
C_4H_5N	Pyrrol	130,0	113,35	0,626
$C_4H_{10}O$	Butanol-(1)	117,8	108,95	0,523
$C_4H_{10}O$	Butanol-(2)	99,5	97,0	0,25
C_5H_5N	Pyridin	115,4	112,85	0,336
C_2HCl_3	**Trichloräthen**	**86,9**		
$C_2H_4O_2$	Essigsäure	118,1	86,45	0,92
C_2H_6O	Äthanol	78,3	70,8	0,474
C_3H_6O	Allylalkohol	96,85	80,9	0,705
$C_4H_{10}O$	Butanol-(1)	117,8	86,65	0,948
$C_4H_{10}O$	Butanol-(2)	99,5	84,2	0,761
$C_4H_{10}O$	2-Methyl-propanol-(1)	108,0	85,35	0,851
$C_4H_{10}O$	2-Methyl-propanol-(2)	82,45	77,0	0,546
$C_2HCl_3O_2$	**Trichloressigsäure**	**197,55**		
$C_6H_4Cl_2$	1,4-Dichlor-benzol	174,4	174,1	0,09
C_6H_5J	Jodbenzol	188,45	<184,3	0,265
$C_2H_2Cl_2$	**cis-1,2-Dichlor-äthen**	**60,3**		
C_2H_6O	Äthanol	78,3	—	0,902
C_3H_6O	Aceton	56,4	61,9	0,674
$C_3H_6O_2$	Essigsäuremethylester	57,2	61,7	0,674
C_4H_8O	Tetrahydrofuran	66,1	69,9	0,386
$C_2H_2Cl_2$	**trans-1,2-Dichlor-äthen**	**48,3**		
C_2H_6O	Äthanol	78,3	—	0,94
$C_2H_2Cl_4$	**1,1,2,2-Tetrachlor-äthan**	**146,2**		
C_2H_5ClO	2-Chlor-äthanol-(1)	128,6	128,2	0,177
$C_2H_6O_2$	Glykol	197,4	144,9	0,82
$C_5H_4O_2$	Furfurol	161,45	161,55	0,018
$C_6H_{10}O$	Cyclohexanon	155,7	159,0	0,324
$C_2H_3ClO_2$	**Monochloressigsäure**	**189,35**		
$C_{10}H_8$	Naphthalin	218,0	187,1	0,828
C_2H_3N	**Acetonitril**	**81,6**		
C_2H_6O	Äthanol	78,4	72,6	0,469
C_3H_8O	Propanol-(1)	97,2	<81,0	>0,838
C_6H_{14}	Hexan	68,7	56,8	0,25 Vol.
C_7H_8	Toluol	110,6	81,1	0,78 Vol.
C_7H_{14}	Methylcyclohexan	101,15	71,1	0,51 Vol.
C_8H_{18}	Octan	125,6	77,2	0,64 Vol.
C_8H_{18}	2,2,4-Trimethyl-pentan	99,2	68,9	0,38 Vol.
$C_2H_4Br_2$	**1,2-Dibrom-äthan**	**131,6**		
C_4H_5N	Pyrrol	130,0	126,5	0,421
$C_2H_4Cl_2$	**1,2-Dichlor-äthan**	**83,4**		
C_2H_6O	Äthanol	78,3	70,5	0,464

423. Azeotrope Gemische

Formel	Name	ϑ_F °C	ϑ_{az} °C	$x_{1\,az}$
C_6H_{12}	Cyclohexan	80,7	74,1	0,462
C_2H_4O	**Acetaldehyd**	**20,2**		
$C_4H_{10}O$	Diäthyläther	34,6	18,9	0,846
$C_2H_4O_2$	**Essigsäure**	**118,1**		
$C_2H_5NO_2$	Nitroäthan	114,2	112,4	0,348
$C_4H_8O_2$	Dioxan	101,35	119,5	0,83
C_5H_5N	Pyridin	115,5	83,8	0,605
C_6H_{14}	Hexan	68,7	67,5	0,071
C_7H_8	Toluol	110,6	100,6	0,632
C_8H_{10}	o-Xylol	144,3	116,2	0,863
C_8H_{10}	m-Xylol	139,0	115,35	0,177
C_8H_{10}	p-Xylol	138,3	115,2	0,812
C_2H_5J	**Jodäthan**	**72,4**		
$C_4H_8O_2$	Essigsäureäthylester	77,1	71,0	0,658
C_2H_5NO	**Acetamid**	**221,15**		
C_6H_5ClO	4-Chlor-phenol	219,75	231,7	0,517
C_7H_6O	Benzaldehyd	179,2	178,6	0,101
C_8H_8O	Acetophenon	202,0	197,45	0,284
C_8H_{10}	o-Xylol	144,3	142,6	0,182
$C_{10}H_8$	Naphthalin	218,0	199,55	0,446
$C_{12}H_{12}O$	Diphenyläther	259,0	214,5	0,758
$C_2H_5NO_2$	**Nitroäthan**	**114,2**		
C_3H_8O	Propanol-(1)	97,2	<95,0	>0,19
$C_4H_{10}O$	Butanol-(1)	117,5	107,7	0,547
C_7H_{14}	Methylcyclohexan	101,15	90,8	0,36
C_2H_6O	**Äthanol**	**78,4**		
C_4H_4S	Thiophen	84,7	70,0	0,596
C_4H_8O	Butanon-(2)	79,2	74,0	0,501
$C_4H_8O_2$	Dioxan	101,07	78,13	0,949
C_5H_8	2-Methyl-butadien-(1,3)	34,3	32,65	0,045
C_5H_{10}	Cyclopentan	49,2	44,7	0,11
C_6H_5F	Fluorbenzol	84,9	69,5	0,435
C_6H_{12}	Methylcyclopentan	71,8	60,3	0,378
C_6H_{12}	Cyclohexan	80,7	25	0,334
	($p_{az}=140,5$ Torr)			
C_6H_{14}	Hexan	68,7	58,68	0,332
C_7H_8	Toluol	110,6	55	0,76
C_7H_{14}	Methylcyclohexan	101,15	55	0,613
	($p_{az}=380,06$ Torr)			
C_8H_{18}	Octan	125,6	76,3	0,886
$C_2H_6O_2$	**Glykol**	**197,4**		
$C_6H_4Cl_2$	1,2-Dichlor-benzol	179,5	165,8	0,373
C_6H_5Br	Brombenzol	156,1	150,2	0,255
C_6H_5Cl	Chlorbenzol	131,75	129,8	0,097
C_6H_5J	Jodbenzol	188,45	170,2	0,545
C_7H_6O	Benzaldehyd	179,2	<173,5	>0,23
C_7H_8	Toluol	110,6	110,2	0,09
C_7H_8O	Benzylalkohol	205,25	193,35	0,667
C_7H_8O	Anisol	153,85	150,45	0,185
C_7H_8O	o-Kresol	191,1	189,6	0,392
C_7H_8O	m-Kresol	202,8	—	0,736
C_7H_{14}	Methylcyclohexan	101,15	100,6	≈0,06
C_8H_8	Styrol	145,8	141,2	0,312

Formel	Name	ϑ_V °C	ϑ_{az} °C	$x_{1\ az}$
C_8H_8O	Acetophenon	202,0	185,65	0,677
C_8H_{10}	Äthylbenzol	136,15	133,2	0,21
C_8H_{10}	o-Xylol	144,3	140,0	0,245
C_8H_{10}	m-Xylol	139,0	135,8	0,23
C_8H_{10}	p-Xylol	138,3	135,2	0,225
C_8H_{18}	Octan	125,6	123,5	0,193
$C_{10}H_8$	Naphthalin	218,0	183,9	0,683
$C_{12}H_{10}$	Diphenyl	256,1	192,25	0,833
C_2H_6S	**Äthanthiol**	**35,04**		
C_5H_{10}	Cyclopentan	49,2	34,95	0,99
C_3H_6O	**Aceton**	**56,3**		
$C_3H_6O_2$	Essigsäuremethylester	56,9	≈56	0,56
C_5H_8	2-Methyl-butadien-(1,3)	34,3	30,5	0,224
C_5H_{10}	Cyclopentan	49,2	41,0	0,405
C_6H_{12}	Cyclohexan	80,7	53,0	0,749
C_6H_{12}	Methylcyclopentan	71,8	50,3	0,658
C_6H_{14}	Hexan	68,7	49,7	0,631
$C_3H_6O_2$	**Propansäure**	**141,3**		
C_8H_8	Styrol	145,8	135,0	0,535
C_3H_8O	**Propanol-(1)**	**97,2**		
$C_4H_8O_2$	Dioxan	101,35	95,3	0,642
C_6H_5Cl	Chlorbenzol	131,75	96,90	0,895
C_6H_{12}	Cyclohexan	80,7	74,3	0,259
C_8H_{18}	2,2,4-Trimethyl-pentan	99,2	<85,3	<0,57
C_3H_8O	**Propanol-(2)**	**82,4**		
C_6H_{12}	Cyclohexan	80,7	68,6	0,408
C_8H_{18}	2,2,4-Trimethyl-pentan	99,2	76,8	0,69
$C_3H_8O_2$	**Propandiol-(1,2)**	**187,8**		
C_6H_7N	Anilin	184,35	179,5	0,48
C_8H_8O	Acetophenon	202,0	183,5	—
$C_3H_8O_3$	**Glycerin**	**290,5**		
$C_6H_{14}O_4$	Triäthylenglykol	288,7	≈285,1	≈0,49
$C_{10}H_8$	Naphthalin	218,0	215,2	0,135
$C_{12}H_{10}$	Diphenyl	256,1	245,8	0,358
C_3H_8S	**Propanthiol-(1)**	**67,82**		
C_6H_{14}	2-Methyl-pentan	60,2	59,20	0,262
C_3H_8S	**Propanthiol-(2)**	**52,60**		
C_5H_{10}	Cyclopentan	49,2	47,75	0,334
C_4H_4S	**Thiophen**	**83,97**		
C_6H_{14}	Hexan	68,7	68,46	0,113
C_7H_{16}	Heptan	98,4	83,09	0,855
C_4H_8O	**Butanon-(2)**	**79,6**		
C_7H_{14}	Methylcyclohexan	101,15	77,7	0,845
$C_4H_8O_2$	**Buttersäure**	**164,0**		
$C_5H_4O_2$	Furfurol	161,45	159,4	0,447
C_6H_5Cl	Chlorbenzol	131,75	131,5	0,036
C_7H_8O	Anisol	153,85	152,85	0,143
C_8H_{10}	o-Xylol	144,3	143,0	0,118
C_8H_{10}	p-Xylol	138,3	137,8	0,065
C_8H_{10}	Äthylbenzol	136,15	135,8	0,048
$C_8H_{10}O$	Phenetol	170,45	162,35	0,72

423. Azeotrope Gemische

Formel	Name	ϑ_V °C	ϑ_{az} °C	$x_{1\,az}$
$C_4H_8O_2$	**Dioxàn**	101,35		
$C_4H_{10}O$	Butanol-(2)	99,5	<98,8	<0,555
$C_5H_{12}O$	2-Methyl-butanol-(2)	102,35	100,65	0,80
C_6H_{12}	Methylcyclopentan	71,8	<71,5	>0,047
C_7H_{14}	Methylcyclohexan	101,15	93,5	>0,48
C_7H_{16}	Heptan	98,4	91,85	0,472
C_4H_8S	**Tetrahydrothiophen**	120,79		
C_5H_5N	Pyridin	115,4	113,5	0,424
C_8H_{16}	Äthylcyclohexan	131,8	120,46	0,841
$C_4H_{10}O$	**Butanol-(1)**	117,5		
C_5H_5N	Pyridin	115,4	118,7	0,723
C_6H_5Cl	Chlorbenzol	131,75	115,35	0,64
C_6H_{12}	Cyclohexan	80,7	79,8	0,045
C_6H_{12}	Methylcyclopentan	71,8	71,8	<0,09
C_8H_{10}	o-Xylol	144,3	117,1	0,828
C_8H_{10}	p-Xylol	138,3	116,2	0,752
$C_4H_{10}O$	**Butanol-(2)**	99,5		
C_6H_{12}	Cyclohexan	80,7	76,5	0,20
C_6H_{12}	Methylcyclopentan	71,8	69,7	0,129
C_6H_{14}	Hexan	68,7	67,1	0,098
C_7H_{14}	Methylcyclohexan	101,1	90,8	0,49
$C_4H_{10}O$	**2-Methyl-propanol-(1)**	108,0		
C_6H_5Cl	Chlorbenzol	131,7	107,2	0,721
C_6H_{12}	Cyclohexan	80,7	78,15	0,156
C_6H_{12}	Methylcyclopentan	71,8	71,0	≈0,056
$C_4H_{14}O$	**2-Methyl-propanol-(2)**	82,45		
C_6H_{12}	Cyclohexan	80,7	71,45	0,40
C_6H_{12}	Methylcyclopentan	71,8	66,6	0,304
C_6H_{14}	Hexan	68,7	64,2	0,258
$C_5H_4O_2$	**Furfurol**	161,45		
$C_6H_4Cl_2$	1,2-Dichlor-benzol	179,5	161,0	≈0,845
$C_6H_4Cl_2$	1,4-Dichlor-benzol	174,4	160,3	0,727
C_6H_5Br	Brombenzol	156,1	153,3	0,327
$C_6H_{12}O$	Cyclohexanol	160,8	156,4	0,56
$C_6H_{14}O$	Hexanol-(1)	157,85	154,1	0,455
C_7H_8O	Anisol	153,85	153,2	0,241
$C_7H_{16}O$	Heptanol-(1)	176,15	<160,9	<0,655
C_8H_8	Styrol	145,8	<145	—
C_8H_{10}	o-Xylol	<144,3	<144,1	<0,084
$C_8H_{10}O$	Phenetol	170,45	161,0	0,86
C_8H_{18}	2,2,4-Trimethyl-pentan	99,2	99,0	0,04
$C_{10}H_{16}$	Dipenten	177,7	155,95	0,725
C_5H_5N	**Pyridin**	115,4		
C_7H_8	Toluol	110,6	110,15	0,247
C_7H_{16}	Heptan	98,4	<97,0	<0,17
C_8H_{18}	Octan	125,6	<112,8	<0,92
C_8H_{18}	2,2,4-Trimethyl-pentan	99,2	95,4	0,306
$C_6H_4Cl_2$	**1,2-Dichlor-benzol**	179,5		
C_6H_6O	Phenol	182,2	173,7	0,543
C_6H_7N	Anilin	184,35	177,4	0,597
C_7H_6O	Benzaldehyd	179,2	<178,5	>0,40
$C_6H_4Cl_2$	**1,4-Dichlor-benzol**	174,4		
C_6H_6O	Phenol	182,2	171,05	0,655

Formel	Name	ϑ_V °C	ϑ_{az} °C	$x_{1\,az}$
C_6H_7N	Anilin	184,35	173,95	0,822
$C_6H_{14}O$	Hexanol-(1)	157,85	157,65	0,14
C_6H_5Br	**Brombenzol**	**156,1**		
$C_6H_{12}O$	Cyclohexanol	160,8	153,6	0,587
$C_6H_{14}O$	Hexanol-(1)	157,85	151,6	0,559
C_6H_5J	**Jodbenzol**	**188,45**		
C_6H_6O	Phenol	182,2	177,7	0,311
C_6H_7N	Anilin	184,35	181,6	>0,208
$C_6H_5NO_2$	**Nitrobenzol**	**210,75**		
C_7H_8O	Benzylalkohol	205,25	204,2	0,35
C_6H_6	**Benzol**	**80,10**		
C_6H_{12}	Cyclohexan	80,7	77,62	0,545
C_6H_{12}	Methylcyclopentan	71,8	71,5	0,099
C_8H_{18}	2,2,4-Trimethylpentan	99,2	80,1	0,984
C_6H_6O	**Phenol**	**181,9**		
C_6H_7N	Anilin	184,35	186,2	≈0,418
$C_6H_{10}O_4$	Glykoldiacetat	186,3	189,9	0,509
C_7H_5N	Benzonitril	191,1	192,0	0,215
C_7H_6O	Benzaldehyd	179,2	186,0	0,54
C_7H_9N	Benzylamin	185	196,6	0,482
$C_7H_{16}O$	Heptanol-(1)	176,15	185,0	0,76
C_8H_8O	Acetophenon	202	—	0,193
$C_8H_{18}O$	Octanol-(1)	195,2	194,4	≈0,107
$C_{10}H_{16}$	Dipenten	177,7	168,95	0,495
$C_6H_6O_3$	**Pyrogallol**	**309**		
$C_{12}H_{10}$	Diphenyl	256,1	253,5	0,12
C_6H_7N	**Anilin**	**184,35**		
$C_7H_{16}O$	Heptanol-(1)	176,15	175,4	0,263
$C_8H_{18}O$	Octanol-(1)	195,2	183,95	0,872
$C_6H_{10}O$	**Cyclohexanon**	**155,7**		
$C_6H_{14}O$	Hexanol-(1)	157,85	155,65	0,94
$C_6H_{10}O_2$	**Hexandion-(2,5)**	**194,4**		
C_7H_8O	m-Kresol	202,8	—	0,34
C_7H_8O	p-Kresol	201,8	—	0,314
$C_6H_{10}O_4$	**Glykoldiacetat**	**190,5**		
C_7H_8O	m-Kresol	202,8	—	0,20
$C_{10}H_{16}$	Dipenten	177,7	173,5	0,354
$C_6H_{12}O$	**Cyclohexanol**	**160,8**		
C_7H_8O	Anisol	153,85	152,3	0,306
C_8H_8	Styrol	145,8	144,4	0,165
$C_8H_{10}O$	Phenetol	170,45	159,5	0,758
$C_{10}H_{16}$	Dipenten	177,7	159,3	0,79
$C_6H_{14}O$	**Hexanol-(1)**	**157,85**		
C_7H_8O	Anisol	153,85	151,0	0,382
C_8H_8	Styrol	145,8	≈144	0,234
C_8H_{10}	o-Xylol	144,3	143,1	0,206
$C_8H_{10}O$	Phenetol	170,45	157,55	0,825
$C_{10}H_{16}$	Dipenten	177,7	157,2	0,825
C_7H_6O	**Benzaldehyd**	**179,2**		
C_7H_8O	o-Kresol	191,1	192,0	0,234
$C_7H_{16}O$	Heptanol-(1)	176,15	<174,5	<0,473
$C_8H_{10}O$	Phenetol	170,45	<169,8	<0,135

Formel	Name	ϑ_V °C	ϑ_{az} °C	$x_{1\,az}$
$C_7H_6O_2$	Benzoesäure	250,8		
$C_7H_7NO_2$	4-Nitro-toluol	238,9	237,4	0,122
$C_{10}H_8$	Naphthalin	218,0	217,65	0,054
$C_{10}H_{10}O_2$	Safrol	235,9	234,75	0,159
$C_{10}H_{14}O$	Carvacrol	237,85	<237,75	—
C_7H_8O	**Benzylakohol**	**205,25**		
C_7H_8O	m-Kresol	202,2	206,6	0,63
C_7H_8O	p-Kresol	201,7	206,7	0,62
C_7H_9N	N-Methyl-anilin	196,25	195,8	0,698
$C_8H_{11}N$	N-Äthyl-anilin	205,5	202,8	0,528
$C_{10}H_8$	Naphthalin	218,0	204,15	0,64
$C_{10}H_{15}N$	N,N-Diäthyl-anilin	217,05	204,2	0,781
C_7H_8O	**o-Kresol**	**191,1**		
C_8H_8O	Acetophenon	202,0	203,75	0,281
$C_8H_{16}O$	Octanon-(2)	172,85	192,05	0,79
$C_8H_{18}O$	Octanol-(1)	195,2	196,4	0,393
$C_7H_8O_2$	**Guajacol**	**205,05**		
C_8H_8O	Acetophenon	202,0	205,25	0,667
$C_8H_8O_2$	**Essigsäurephenylester**	**195,7**		
$C_8H_{18}O$	Octanol-(1)	195,2	192,8	0,519
$C_8H_8O_2$	**Benzoesäuremethylester**	**199,4**		
$C_8H_{18}O$	Octanol-(1)	195,2	194,4	0,34
$C_8H_8O_2$	**Anisaldehyd**	**249,5**		
$C_9H_{10}O$	Zimtalkohol	257,0	<248,0	—
$C_8H_8O_2$	**Phenylessigsäure**	**266,5**		
$C_{10}H_{12}O_2$	Isoeugenol	268,8	<266,2	>0,625
$C_{12}H_{10}$	Diphenyl	256,1	252,35	0,256
$C_{12}H_{10}O$	Diphenyläther	259,0	255,05	0,324
C_8H_{10}	**Äthylbenzol**	**136,15**		
C_8H_{18}	Octan	125,6	<125,6	<0,128
C_9H_8O	**Zimtaldehyd**	**253,7**		
$C_{12}H_{10}$	Diphenyl	256,1	252,5	0,567
$C_9H_{10}O$	**Zimtalkohol**	**257,0**		
$C_{12}H_{10}$	Diphenyl	256,1	253,0	≈0,485
$C_{12}H_{10}O$	Diphenyläther	259,0	<256,0	—
$C_{10}H_8$	**Naphthalin**	**218,0**		
$C_{10}H_{20}O$	Menthol	216,3	215,05	0,706

4232. Siedepunkte ternärer azeotroper Gemische bei 760 Torr

1. Stoff			2. Stoff			3. Stoff			ϑ_v in °C
Formel	Name	x_{1az}	Formel	Name	x_{2az}	Formel	Name	x_{3az}	
H_2O	Wasser	0,251	CCl_4	Tetrachlorkohlenstoff	0,645	C_3H_6O	Allylalkohol [Propen-(2)-ol-(1)]	0,104	65,4
H_2O	Wasser	0,163	$CHCl_3$	Chloroform	0,353	C_3H_6O	Aceton	0,484	60,4
H_2O	Wasser	0,306	CH_2O_2	Ameisensäure	0,455	C_8H_{10}	m-Xylol	0,239	97,9
H_2O	Wasser	0,417	CH_3NO_2	Nitromethan	0,393	C_3H_8O	Propanol-(1)	0,190	82,3
H_2O	Wasser	0,176	CH_3NO_2	Nitromethan	0,278	C_3H_8O	Propanol-(2)	0,546	78
H_2O	Wasser	0,315	C_2HCl_3	Trichloräthen	0,555	C_3H_6O	Allylalkohol [Propen-(2)-ol-(1)]	0,130	71,6
H_2O	Wasser	0,105	C_2H_6O	Äthanol	0,853	$C_4H_8O_2$	1,4-Dioxan	0,042	78,08
H_2O	Wasser	0,233	C_2H_6O	Äthanol	0,228	C_6H_6	Benzol	0,539	64,85
H_2O	Wasser	0,283	C_3H_6O	Allylalkohol	0,095	C_6H_6	Benzol	0,622	68,3
H_2O	Wasser	0,283	C_3H_8O	Propanol	0,089	C_6H_6	Benzol	0,628	68,48
H_2O	Wasser	0,7005	$C_4H_{10}O$	Butanol-(1)	0,1594	$C_6H_{12}O_2$	Essigsäure-butylester	0,1401	91,4
CS_2	Carbondisulfid	0,405	CH_4O	Methanol	0,241	C_2H_5Br	Äthylbromid	0,354	68,3
$C_2H_4O_2$	Ameisensäure-methylester	0,452	C_2H_5Br	Äthylbromid	0,238	C_5H_{12}	Isopentan	0,31	16,95
$C_2H_4O_2$	Ameisensäure-methylester	0,446	$C_4H_{10}O$	Diäthyläther	0,072	C_5H_{12}	Pentan	0,482	20,4
$C_3H_8O_2$	2-Methoxy-äthanol-(1)	0,0953	C_6H_6	Benzol	0,4055	C_6H_{12}	Cyclohexan	0,4992	73
$C_6H_{10}O_3$	Milchsäurepropylester	0,307	$C_8H_{10}O$	Phenetol	0,352	$C_{10}H_{18}$	Menthen	0,341	163

424. Molale Siedepunktserhöhung E_0
("Ebullioskopische Konstanten E_0") anorganischer und organischer Lösungsmittel

E_0 ist der auf unendliche Verdünnung extrapolierte Grenzwert der Siedepunktserhöhung, den ein Mol einer nicht dissoziierenden Substanz hervorruft, wenn es in 1000 g Lösungsmittel gelöst ist und nur reines Lösungsmittel verdampft.

Außer der Bestimmung auf experimentellem Wege kann man E_0 auch berechnen z. B. nach der Formel von VAN'T HOFF

$$E_0 = \frac{RT_v^2}{1000\, \Delta H_v}.$$

R Gaskonstante, T_v Siedetemperatur in °K, ΔH_v Verdampfungsenthalpie pro g Lösungsmittel.

In der Tabelle ist für die anorganischen Lösungsmittel neben der Formel die Siedetemperatur und E_0 angegeben. In der Tabelle der organischen Lösungsmittel ist außerdem noch der Name der Verbindung hinzugefügt.

4241. Anorganische Lösungsmittel

Formel	Siedetemperatur °C	E_0	Formel	Siedetemperatur °C	E_0	Formel	Siedetemperatur °C	E_0
$AsCl_3$	130	7,1	Hg	357	11,4	H_2SO_4	331,7	5,33
Br_2	58,8	5,2	H_2O	100	0,521	$SiCl_4$	57,5	5,5
HBr	−68,7	1,50	J_2	184	10,5	$SnCl_4$	114	10,2
CS_2	46,3	2,40	HJ	−35,7	2,83	SCl_2O	75,6	3,89
Cl_2	−33,6	1,73	NH_3	−33,46	0,34	SCl_2O_2	69,5	4,5
HCl	−82,9	0,64	N_2O_4	22,0	1,37	S_2Cl_2	138	5,02
$CrCl_2O_2$	118	5,50	PCl_3	74,7	5,0	SO_3	46	1,34
HF	19,54	1,90	H_2S	−60,2	0,63	$TiCl_4$	135,8	6,6

4242. Organische Lösungsmittel

Formel	Name	Siedetemperatur °C	E_0
CCl_4	Tetrachlorkohlenstoff	76,50	5,07
$CHCl_3$	Chloroform	61,12	3,80
CH_2O_2	Ameisensäure	101	2,4
CH_3J	Methyljodid	41,3	4,23
CH_3NO_2	Nitromethan	101,2	1,86
CH_4O	Methanol	64,67	0,83
C_2Cl_4	Tetrachloräthylen	121,9	5,50
$C_2H_2Cl_2$	1,2-Dichlor-äthylen, trans	60	3,44
$C_2H_4Br_2$	1,2-Dibrom-äthan	130	6,43
$C_2H_4Cl_2$	1,1-Dichlor-äthan	57	3,20
$C_2H_4Cl_2$	1,2-Dichlor-äthan	82,3	3,12
$C_2H_4O_2$	Essigsäure (wasserfrei)	118,5	3,08
C_2H_5Br	Äthylbromid	37,7	2,29

Lösungsmittel		Siede-temperatur °C	E_0
Formel	Name		
C_2H_5Cl	Äthylchlorid	12,5	1,95
$C_2H_5NO_2$	Nitroäthan	114	2,60
C_2H_6O	Äthanol	78,3	1,07
C_3H_6O	Aceton	56,2	1,69
$C_3H_6O_2$	Propionsäure	141	3,51
$C_3H_6O_2$	Methylacetat	56,5	2,06
$C_3H_6O_2$	Äthylformiat	53,8	2,18
C_3H_8O	n-Propanol	97,3	1,73
$C_4H_8O_2$	1,4-Dioxan	100,3	3,27
$C_4H_{10}O$	Diäthyläther	34,5	2,16
C_5H_5N	Pyridin	115,8	2,69
$C_5H_{12}O$	2-Methyl-butanol-(4)	131,5	2,58
$C_5H_{12}O$	2-Methyl-butanol-(2)	102	2,26
C_6H_6	Benzol	18,15	2,54
C_6H_6O	Phenol	182,2	3,60
C_6H_7N	Anilin	184,3	3,69
C_6H_{12}	Cyclohexan	81,5	2,75
C_6H_{14}	n-Hexan	68,7	2,78
C_7H_9N	p-Toluidin	198	4,14
C_7H_{16}	n-Heptan	98,4	3,58
C_8H_{18}	2,2,4-Trimethylpentan	99,3	5,042
$C_{10}H_8$	Naphthalin	218,0	5,80
$C_{10}H_{16}O$	Campher	204	6,09
$C_{10}H_{18}$	Dekahydronaphthalin („Dekalin")	191,7	5,76
$C_{12}H_{10}$	Diphenyl	254,9	7,06

425. Gefrierpunktserniedrigung

4251. Molale Gefrierpunktserniedrigung E_0 („Kryoskopische Konstanten") anorganischer und organischer Lösungsmittel

E_0 ist der auf unendliche Verdünnung extrapolierte Grenzwert der Gefrierpunktserniedrigung, den ein Mol einer nicht dissoziierenden Substanz hervorruft, wenn es in 1000 g Lösungsmittel gelöst ist und nur reines Lösungsmittel auskristallisiert.

Kryoskopische Konstanten lassen sich auch nach der Formel von VAN'T HOFF

$$E_0 = \frac{RT_F^2}{1000 \cdot \Delta H_F}$$

berechnen. R Gaskonstante, T_F: Schmelztemperatur in °K; ΔH_F: Schmelzenthalpie pro g Lösungsmittel.

In der Tabelle ist für die anorganischen Lösungsmittel neben der Formel die Schmelztemperatur und E_0 angegeben. In der Tabelle der organischen Lösungsmittel ist außerdem noch der Name der Verbindung hinzugefügt.

425. Gefrierpunktserniedrigung

42511. Anorganische Lösungsmittel

Formel	Schmelztemperatur °C	E_0	Formel	Schmelztemperatur °C	E_0
$AgNO_3$	208,5	28,36	Li_2SO_4	870	95
$AlNa_3F_6$	1008	41,1	NH_3	−77,3	1,32
$AsBr_3$	31,2	18,2	NH_4NO_3	169,6	22,1
Br_2	−7,20	8,8	N_2O_4	−11,26	4
HBr	−86	9,41	$NaCl$	800	20,5
HCl	−112	4,98	$NaNO_3$	305,8	15,0
HCN	−13,3	1,845	Na_2SO_4	885	62
$CaCl_2$	767	38,0	$Na_2SO_4 \cdot 10 H_2O$	32,383	3,27
$CaCl_2 \cdot 6 H_2O$	29,5	4,13	H_2O	0	1,858
$HgBr_2$	238,5	37,45	^2H_2O	3,82	2,00 ± 0,01
$HgCl_2$	265	34,0	$POCl_3$	1,3	7,57
J_2	114	20,4	P_4O_6	23,8	11,45
HJ	−51	20,26	H_2S	−82,3	3,83
KCl	772	25	H_2SO_4	10,36	6,12
KNO_3	335,08	29,0	$SbCl_3$	73,2	18,4
$KSCN$	177,9	17,4	$SbCl_5$	3,0	18,5
$LiBO_2$	840	15	$SeOCl_2$	8,5	26
$LiNO_3$	246,7	6,04	$SnBr_4$	29,5	27,6
$LiNO_3 \cdot 3 H_2O$	29,88	2,6			

42512. Organische Lösungsmittel

Formel	Name	Schmelztemperatur °C	E_0
CBr_4	Tetrabrommethan	92,7	87,1
CCl_4	Tetrachlorkohlenstoff	−24,7	29,8
$CHBr_3$	Bromoform	7,8	14,4
$CHCl_3$	Chloroform	−63,2	4,90
CH_2O_2	Ameisensäure	8,40	1,932
CH_3NO	Formamid	2,45	3,56
CH_4N_2O	Harnstoff	132,1	21,5
CH_4O_3S	Methansulfonsäure	19,66	5,69
$C_2Cl_4F_2$ sym.	Difluortetrachloräthan	24,7	37,7
$C_2Cl_4F_2$ unsym.	Difluortetrachloräthan	52	38,6
C_2Cl_5F	Fluorpentachloräthan	99,9	42,0
$C_2HCl_3O_2$	Trichloressigsäure	57,0	12,1
$C_2H_2Br_4$	Tetrabromäthan	0,13	21,7
$C_2H_4Br_2$	1,2-Dibromäthan	9,975	12,5
$C_2H_4N_2O_6$	Glykoldinitrat	−22,3	4,17
$C_2H_4O_2$	Essigsäure	16,60	3,59
C_2H_5NO	Acetamid	82,3	5,5
$C_3H_2N_2$	Malonitril	31,5	4,89
$C_3H_7NO_2$	Urethan	48,7	5,14
$C_4H_4O_3$	Bernsteinsäureanhydrid	118,6	6,3
$C_4H_8O_2$	1,4-Dioxan	11,78	4,63
$C_4H_{10}O$	tert. Butanol	25,4	8,25
$C_4H_{10}O$	Diäthyläther	−117	1,79
C_5H_5N	Pyridin	−40	4,97

4. Mechanisch-thermische Konstanten usw.

Lösungsmittel		Schmelz-temperatur °C	E_0
Formel	Name		
$C_5H_8N_2$	endo-Methylendehydro-piperidazin	100	29,4
$C_5H_{10}N_2$	endo-Methylenpiperidazin	53	32,4
C_6Cl_6	Hexachlorbenzol	227	20,75
$C_6H_4BrNO_2$	o-Bromnitrobenzol	36,5	9,10
$C_6H_4BrNO_2$	m-Bromnitrobenzol	54,0	8,75
$C_6H_4BrNO_2$	p-Bromnitrobenzol	124	11,53
$C_6H_4ClNO_2$	o-Chlornitrobenzol	32,5	7,50
$C_6H_4ClNO_2$	m-Chlornitrobenzol	44,4	6,07
$C_6H_4ClNO_2$	p-Chlornitrobenzol	83	10,9
$C_6H_4N_2O_4$	m-Dinitrobenzol	91	10,6
C_6H_5ClO	o-Chlorphenol	7	7,72
C_6H_5ClO	m-Chlorphenol	28,5	8,30
C_6H_5ClO	p-Chlorphenol	37	8,58
$C_6H_5NO_2$	Nitrobenzol	5,668	6,89
$C_6H_5NO_3$	o-Nitrophenol	44,3	7,44
C_6H_6	Benzol	5,455	5,065
$C_6H_6Cl_6$	γ-Hexachlorcyclohexan	114	16,1
C_6H_6O	Phenol	40	7,1
$C_6H_6O_2$	Brenzcatechin	104,03	5,9
$C_6H_6O_2$	Resorcin	110	6,5
C_6H_7N	Anilin	$-5,96$	5,87
$C_6H_{10}N_2$	1,4-endo-Azocyclohexan	141	32,2
C_6H_{12}	Cyclohexan	6,2	20,2
$C_6H_{12}O$	Cyclohexanol	24,5	37,7
$C_6H_{12}O_3$	Paraldehyd	12,6	7,05
C_6H_{14}	n-Hexan	$-95,45$	1,8
$C_7H_5F_3$	Benzotrifluorid	$-28,16$	4,90
$C_7H_5N_3O_6$	2,4,6-Trinitrotoluol	82	11,5
$C_7H_6N_2O_4$	2,4-Dinitrotoluol	70	8,9
$C_7H_6O_2$	Benzoesäure	119,53	8,79
C_7H_7Cl	p-Chlortoluol	6,86	5,53
$C_7H_7NO_2$	o-Nitrotoluol	$-4,14$	7,18
$C_7H_7NO_2$	m-Nitrotoluol	16,1	6,78
$C_7H_7NO_2$	p-Nitrotoluol	52	7,8
C_7H_8O	o-Kresol	30	5,60
C_7H_8O	p-Kresol	37	7,00
C_7H_{16}	n-Heptan	$-90,7$	1,9
C_8H_8O	Acetophenon	19,7	4,83
$C_8H_8O_2$	Phenylessigsäure	78	9,0
C_8H_9NO	Acetanilid	113,94	6,93
C_8H_{10}	p-Xylol	16	4,3
$C_8H_{11}N$	Dimethylanilin	2,40	6,8—7,2
C_8H_{18}	n-Octan	$-57,0$	2,0
C_9H_8	Inden	$-1,76$	7,28
C_9H_{20}	n-Nonan	$-53,7$	3,1
$C_{10}H_7Br$	β-Bromnaphthalin	59	12,4
$C_{10}H_7Cl$	β-Chlornaphthalin	54	9,76
$C_{10}H_7NO_2$	α-Nitronaphthalin	61	9,1
$C_{10}H_8$	Naphthalin	79,25	6,9
$C_{10}H_8O$	β-Naphthol	121	11,25
$C_{10}H_{12}O$	Anethol	20,1	6,2
$C_{10}H_{15}BrO$	3-Bromcampher	76	9,6
$C_{10}H_{16}O$	Campher	179,5	40

425. Gefrierpunktserniedrigung

Lösungsmittel		Schmelz-temperatur °C	E_0
Formel	Name		
$C_{10}H_{20}O_2$	Caprinsäure	27	4,7
$C_{10}H_{22}$	n-Decan	—30,0	2,3
$C_{12}H_{10}$ ·	Diphenyl	70,5	7,8
$C_{12}H_{10}N_2$	Azobenzol	69	8,25
$C_{12}H_{10}O$	Diphenyläther	27	7,59
$C_{12}H_{11}N$	Diphenylamin	50,2	8,6
$C_{13}H_{10}O$	Benzophenon	48,1	9,8
$C_{13}H_{10}O_3$	Salol	43	13
$C_{13}H_{11}NO$	Benzanilid	161	9,65
$C_{14}H_8O_2$	Anthrachinon	277	14,8
$C_{14}H_{10}$	Anthracen	213	11,65
$C_{14}H_{10}$	Phenanthren	96,25	12,0
$C_{14}H_{10}O_2$	Benzil	94	10,5
$C_{14}H_{14}$	Dibenzyl	52	7,23
$C_{14}H_{14}O$	Dibenzyläther	3,60	6,27
$C_{16}H_{32}O_2$	Palmitinsäure	61,2	4,35

4252. Reale Gefrierpunktserniedrigung in anorganischen und organischen Lösungsmitteln

Die Tabellen enthalten Angaben über die reale Gefrierpunktserniedrigung von Lösungen anorganischer und organischer Stoffe in Wasser, ferner für anorganische Stoffe in Schwefelsäure und für organische Stoffe in Benzol.

Die Konzentrationsangaben für die Lösungen sind in Molalitäten m (Zahl der Mole des gelösten Stoffes in 1000 g Lösungsmittel) angegeben. Die in der Tabelle angegebene reale molale Gefrierpunktserniedrigung $E = \dfrac{\Delta T}{m}$ hat die Einheit: Grad · Mol^{-1} · 1000 g.

42521. Anorganische Stoffe

Stoff	Molekular-gewicht	Konzentration: Mol in 1000 g H_2O								
		0,001	0,005	0,01	0,05	0,1	0,5	1	2	5
$AgNO_3$	169,87	—	—	3,60	3,42	3,32	2,96	2,63	2,16	—
$AlCl_3$	133,34	—	—	7,10	6,02	5,68	7,06	9,45	—	—
$Al(NO_3)_3$	212,99	—	—	—	6,3	6,1	7,9	10,6	—	—
$Al_2(SO_4)_3$	342,15	—	—	—	—	—	4,19	—	—	—
$BaCl_2$	208,25	5,30	5,120	5,034	4,796	4,698	4,82	5,20	—	—
$Ba(ClO_4)_2$	336,24	5,38$_6$	5,21$_1$	5,107	4,845	4,780	4,893	5,300	—	—
$Ba(NO_3)_2$	261,35	5,38	5,13	4,98	—	—	—	—	—	—
Br_2	159,82	—	—	—	1,95	1,875	1,870	—	—	—
$CaCl_2$	110,99	—	—	5,112	4,886	4,832	4,98	5,85	7,68	—
$Ca(ClO_4)_2$	238,98	5,40$_6$	5,24$_7$	5,145	4,956	4,941	5,566	6,742	—	—
$Ca(NO_3)_2$	164,09	—	—	—	4,7	4,58	—	4,59	4,86	—
$CdBr_2$	272,22	—	4,76	4,47	3,65	3,22	—	—	—	—
$CdCl_2$	183,31	—	4,79	4,71	4,12	3,84	3,24	—	—	—
CdJ_2 ·	366,21	—	4,06	3,86	2,69	2,27	2,1	2,25	—	—

4. Mechanisch-thermische Konstanten usw.

Stoff	Molekulargewicht	Konzentration: Mol in 1000 g H_2O								
		0,001	0,005	0,01	0,05	0,1	0,5	1	2	5
$Cd(NO_3)_2$	236,42	—	5,28	5,20	—	5,08	—	5,42	6,2	—
$CdSO_4$	208,46	—	2,916	2,744	2,3	2,1	—	1,79	—	—
Cl_2	70,91	—	—	4,0	3,145	—	—	—	—	—
HCl	36,46	3,651	3,634	3,617	3,542	3,526	3,654	3,925	—	—
$CoCl_2$	129,83	—	5,208	5,107	4,918	4,882	—	6,31	8,51	—
$Co(NO_3)_2$	182,94	—	—	—	—	4,6	—	5,5	—	—
$CoSO_4$	154,99	—	—	—	—	—	1,75	—	—	—
K_2CrO_4	194,20	—	—	—	3,0	3,3	—	—	—	—
$K_2Cr_2O_7$	294,19	7,06	—	—	—	—	—	—	—	—
Na_2CrO_4	161,97	—	—	—	—	4,49	—	3,71	—	—
$Cr_2(SO_4)_3$	392,18	—	—	—	4,6	4,2	—	—	—	—
$CuSO_4$	159,60	3,37	3,040	2,800	—	2,12	—	—	—	—
HF	21,00	—	—	—	—	1,98	—	1,93	2,03	—
$FeCl_3$	162,21	—	—	—	6,28	6,01	6,55	8,18	12,45	—
$K_3[Fe(CN)_6]$	329,26	7,10	6,53	6,26	5,60	5,30	5,00	4,55	—	—
$K_4[Fe(CN)_6]$	368,36	—	—	—	5,72	5,18	—	—	—	—
$Fe(NO_3)_3$	241,86	—	—	—	—	6,30	—	9,4	—	—
$FeSO_4$	151,91	—	—	—	—	2,39	—	—	—	—
H_2O_2	34,01	—	—	—	—	1,84	1,86	1,88	1,91	1,96
HJ	127,91	—	—	—	—	3,50	—	4,09	4,75	7,70
HJO_3	175,91	—	—	—	3,12	2,95	2,21	1,72	1,16	0,75
KBr	119,01	3,67	3,63	3,601	3,505	3,453	3,324	3,280	—	—
KCN	65,12	—	—	—	3,49	3,41	3,27	3,25	3,27	3,44
K_2CO_3	138,21	—	—	5,20	4,74	4,56	4,39	4,51	5,01	—
$KHCO_3$	100,12	—	—	—	—	—	3,09	2,91	2,68	—
$KHCO_2$	84,12	$3,67_6$	$3,63_6$	3,610	3,528	3,487	3,452	3,497	—	—
$KC_2H_3O_2$	98,15	$3,67_5$	$3,63_4$	3,609	3,544	3,527	3,625	3,825	—	—
KCl	74,56	$3,67_5$	$3,62_9$	3,599	3,498	3,443	3,314	3,2634	—	—
$KClO_3$	122,55	3,68	3,63	3,602	3,461	3,359	—	—	—	—
$KClO_4$	138,55	3,67	3,62	3,575	—	—	—	—	—	—
KF	58,10	—	—	—	—	3,39	3,36	3,39	—	—
KJ	166,01	—	—	—	—	3,54	3,88	3,37	3,40	3,50
KNO_3	101,11	3,67	3,62	3,587	3,438	3,331	2,893	2,561	—	—
KOH	56,11	—	3,706	—	—	—	—	—	—	—
KH_2PO_4	136,09	—	—	—	3,47	3,34	—	—	—	—
$KSCN$	97,18	—	—	—	—	3,44	3,25	—	—	—
K_2SO_4	124,27	5,280	5,150	5,01	4,559	4,319	—	—	—	—
$LiBr$	86,85	3,676	3,637	3,613	—	3,537	3,666	3,934	$4,54_6$	—
$LiHCO_2$	51,96	3,675	3,632	3,603	3,511	3,469	3,421	3,467	—	—
$LiC_2H_3O_2$	65,98	3,675	3,632	3,604	3,524	3,494	3,531	3,677	—	—
$LiCl$	42,39	3,670	3,622	3,594	3,528	3,505	3,589	3,800	—	—
$LiClO_3$	90,39	3,675	3,636	3,610	3,544	3,524	3,607	3,803	—	—
$LiClO_4$	106,39	3,677	3,640	3,618	3,561	3,550	3,718	4,013	—	—
$LiNO_3$	68,94	$3,67_5$	3,635	3,607	3,538	—	3,569	3,724	—	—
$MgCl_2$	95,22	—	—	5,144	4,974	4,938	5,38	6,35	8,8	—
$Mg(ClO_4)_2$	223,21	$5,39_6$	$5,23_7$	5,147	4,959	4,953	5,844	7,2061	—	—
$Mg(NO_3)_2$	148,32	—	—	—	—	4,74	5,08	5,78	7,0	—
$MgSO_4$	120,37	3,38	3,02	2,85	2,420	2,252	—	2,02	—	—
$MnCl_2$	125,84	—	—	—	—	4,86	—	6,05	—	—
$Mn(NO_3)_2$	178,95	—	—	—	—	—	—	6,00	6,64	—
$MnSO_4$	151,00	—	—	—	—	—	—	2,02	2,5	—
HN_3	17,03	—	—	—	—	—	—	1,94	1,94	2,06
HNO_3	63,00	$3,67_4$	3,630	3,601	3,519	3,494	3,496	3,604	3,861	4,708

425. Gefrierpunktserniedrigung

Stoff	Molekulargewicht	Konzentration: Mol in 1000 g H_2O								
		0,001	0,005	0,01	0,05	0,1	0,5	1	2	5
NH_4Br	97,95	3,65$_6$	3,58$_6$	3,556	3,470	3,425	3,331	3,3169	—	—
NH_4Cl	53,49	3,66$_4$	3,59$_7$	3,563	3,474	3,424	3,315	3,3002	—	—
NH_4NO_3	80,04	3,66$_0$	3,60$_4$	3,568	3,451	3,379	3,119	2,9342	—	—
NH_4NaHPO_4	137,00	—	—	4,95	4,51	4,23	—	—	—	—
$NaBr$	102,90	3,68	3,64	3,620	3,540	3,499	3,444	3,4815	—	—
Na_2CO_3	105,99	—	—	5,12	—	4,44	—	—	—	—
$NaHCO_3$	84,01	—	—	—	—	3,65	—	—	—	—
$NaHCO_2$	68,01	3,68	3,63	3,606	3,523	3,482	3,414	3,423	—	—
$NaC_2H_3O_2$	82,03	3,68	3,63	3,609	3,542	3,521	3,581	3,730	—	—
$NaCl$	58,44	3,67$_6$	3,63$_4$	3,606	3,516	3,470	3,383	3,388	—	—
$NaClO_3$	106,44	3,67$_5$	3,62$_9$	3,598	3,494	3,433	3,238	3,111	—	—
$NaClO_4$	122,44	3,67	3,63	3,598	3,501	3,447	3,292	3,217	—	—
NaJ	149,89	—	—	—	—	3,68	—	3,66	3,97	—
$NaNO_3$	84,99	3,67$_5$	3,630	3,600	3,489	3,418	3,173	3,007	—	—
$NaOH$	40,00	—	3,719	3,654	3,408	—	—	—	—	—
Na_3PO_4	163,94	—	—	7,15	6,11	5,69	—	—	—	—
Na_2HPO_4	143,97	—	—	4,99	4,61	4,34	—	—	—	—
Na_2S	78,04	—	—	—	—	7,12	—	6,87	—	—
Na_2SO_4	142,04	—	5,2	5,04	—	4,344	—	—	—	—
Na_2SiO_3	122,06	—	—	6,6	—	5,32	4,02	—	—	—
$NiCl_2$	129,62	—	—	—	5,41	5,38	5,69	6,22	8,67	—
$Ni(NO_3)_2$	182,72	—	—	—	5,32	5,20	—	—	—	—
$NiSO_4$	154,77	—	3,036	2,832	2,37	2,20	—	1,94	—	—
H_3PO_4	98,00	—	3,1	2,95	—	2,36	—	2,14	2,41	—
$Pb(NO_3)_2$	331,20	5,368	5,090	4,898	4,276	3,955	2,940	2,435	—	—
H_2SO_3	82,09	—	—	—	—	2,8	—	2,35	—	—
H_2SO_4	98,08	—	4,814	4,584	4,112	3,940	—	4,04	5,07	—
$SrCl_2$	158,53	—	—	5,3	—	4,82	—	5,83	7,54	—
$Sr(ClO_4)_2$	286,52	5,40	5,29	5,137	4,941	4,925	5,374	6,2262	—	—
$Sr(NO_3)_2$	211,64	—	—	5,7	—	4,63	—	3,90	—	—
$UO_2(NO_3)_2$	394,04	—	—	—	5,16	5,00	—	6,15	—	—
$ZnCl_2$	136,28	—	5,28	5,15	—	4,94	—	5,21	5,49	—
$Zn(NO_3)_2$	189,38	—	—	—	—	4,89	—	5,83	7,12	—
$ZnSO_4$	161,43	—	—	2,80	—	2,29	—	1,87	—	—

42522. Organische Stoffe

Stoff		Molekular-gewicht	Konzentration: Mol in 1000 g H_2O								
Formel	Name		0,005	0,01	0,05	0,1	0,2	0,5	1	2	5
CHO_2K	Kaliumformiat	84,12	3,63₆	3,610	3,528	3,487	3,457	3,452	3,497	—	—
CHO_2Li	Lithiumformiat	51,96	3,632	3,603	3,511	3,469	3,433	3,421	3,467	—	—
CHO_2Na	Natriumformiat	68,01	3,63	3,606	3,523	3,482	3,444	3,414	3,423	—	—
CH_4O	Methanol	32,04	—	1,82	—	1,81	1,81	—	—	1,86	—
$C_2H_2O_4$	Oxalsäure	90,04	—	—	3,04	2,84	2,64	—	—	—	—
$C_2H_3O_2K$	Kaliumacetat	98,15	3,63₄	3,609	3,544	3,527	3,533	3,625	3,825	—	—
$C_2H_3O_2Li$	Lithiumacetat	65,98	3,63	3,604	3,524	3,494	3,482	3,531	3,677	—	—
$C_2H_3O_2Na$	Natriumacetat	82,03	3,63	3,609	3,542	3,521	3,519	3,581	3,730	—	—
$C_2H_4O_2$	Essigsäure	60,05	—	—	—	1,90	—	—	1,79	—	—
C_2H_6O	Äthanol	46,07	—	—	—	1,83	—	—	1,83	1,84	1,6
C_2O_4K	Kaliumoxalat	127,12	—	—	—	4,46	—	4,18	—	—	—
C_3H_6O	Aceton	58,08	—	—	—	1,85	—	—	1,79	—	1,76
C_3H_8O	Propanol-(1)	60,09	—	1,86	1,84	1,83	1,87	1,89	1,79	1,79	2,1
$C_3H_8O_3$	Glycerin	92,09	—	1,86	—	—	2,37	—	1,92	—	—
$(C_2H_3O_2)_2Pb$	Bleiacetat	325,28	—	—	3,63	2,85	4,37	—	—	—	—
$(C_2H_3O_2)_2Zn$	Zinkacetat	183,46	—	—	—	4,74	1,98	1,94	—	—	2,35
$C_4H_6O_6$	Weinsäure	150,09	—	2,34	2,12	2,05	1,83	1,82	—	—	—
$C_4H_8O_2$	Essigsäureäthylester	88,11	—	1,67	1,70	1,85	1,70	—	—	—	—
$C_4H_{10}O$	Diäthyläther	74,12	—	—	—	1,72	—	—	—	—	—
$C_6H_3O_7N_3$	Pikrinsäure	229,10	3,82	3,63	—	—	—	—	—	—	—
C_6H_6O	Phenol	94,11	—	—	1,82	1,81	1,83	1,63	—	—	—
C_6H_7N	Anilin	93,19	—	1,85	2,08	1,79	1,73	—	—	—	—
$C_6H_8O_7$	Zitronensäure	192,12	—	2,26	—	2,03	—	1,93	1,94	2,00	—
$C_6H_{12}O_6$	Dextrose	180,16	—	—	1,86	1,86	1,87	—	1,92	—	—
$C_{12}H_{22}O_{11}$	Rohrzucker	342,30	1,86	—	1,87	1,88	1,90	1,96	2,06	2,3	—

4253. Reale molale Gefrierpunktserniedrigung $\dfrac{\Delta T}{m}$

Anorganische Stoffe in Schwefelsäure H_2SO_4

Die Gefrierpunktserniedrigungen ΔT sind wegen Autoprotolyse ($2\,H_2SO_4 = H_3SO_4^+ + HSO_4^-$) und wegen ionischer Selbstdehydratation ($2\,H_2SO_4 = H_3O^+ + HS_2O_7^-$) der Schwefelsäure korrigiert. Sie entsprechen daher dem durch den gelösten Stoff allein bewirkten Effekt.

Stoff		Molekulargewicht	Konzentration: Mol in 1000 g H_2SO_4		
Formel	Name		0,01	0,05	0,1
Ag_2SO_4	Silbersulfat	311,80	23,2	$23,4_0$	$23,4_0$
Cs_2SO_4	Caesiumsulfat	361,87	23,5	$24,3_2$	$24,4_5$
K_2SO_4	Kaliumsulfat	174,27	23,7	$24,4_0$	$24,9_8$
Li_2SO_4	Lithiumsulfat	109,94	23,7	24,3	$24,8_5$
$(NH_4)_2SO_4$	Ammoniumsulfat	132,14	23,5	$23,8_2$	$24,0_0$
Na_2SO_4	Natriumsulfat	142,04	24,0	$24,9_0$	$25,6_5$
Tl_2SO_4	Thallium(I)-sulfat	504,80	23,2	$23,3_6$	$23,3_5$

4254. Reale molale Gefrierpunktserniedrigung $\dfrac{\Delta T}{m}$

Organische Stoffe in Benzol C_6H_6

Stoff		Molekulargewicht	Konzentration: Mol in 1000 g C_6H_6			
Formel	Name		0,05	0,1	0,2	0,5
C_6H_6O	Phenol	95,11	3,80	3,40	3,15	2,80
$C_2H_3ClO_2$	Monochloressigsäure	94,50	3,00	3,00	2,90	2,46
$C_2HCl_3O_2$	Trichloressigsäure	163,39	4,40	—	3,30	3,22
CH_3CN	Acetonitril	41,05	4,80	4,70	4,80	4,50
$C_6H_4(OH)NO_2$	o-Nitrophenol	139,11	5,00	5,20	5,25	4,90

426. Osmotischer Druck

Der osmotische Druck wird aus der Druckdifferenz ermittelt, die sich zwischen dem reinen Lösungsmittel und der Lösung (zu untersuchende Substanz in bekannter Konzentration in dem Lösungsmittel gelöst) einstellt. Zur Trennung der gelösten Moleküle von dem reinen Lösungsmittel benutzt man semipermeable Membranen. Zur Untersuchung von niedermolekularen Stoffen werden meistens Kupfer(II)-hexacyanoferrat(II)-Membranen benutzt, für hochmolekulare solche auf Cellulosebasis. Für ideale Lösungen gilt für die Konzentrationsabhängigkeit des osmotischen Druckes das van't Hoffsche Gesetz.

$$p = \frac{RT}{M} \cdot c$$

p = osmotischer Druck
R = Gaskonstante
T = absolute Temperatur

M = relative Molekularmasse ⎫ des
c = Konzentration ⎬ gelösten
⎭ Stoffes

Besteht die zu untersuchende Substanz aus verschieden großen Molekülen so wird für M ein Mittelwert gewonnen, der dem Zahlendurchschnitt

$$M = \frac{\sum m_i}{\sum \dfrac{m_i}{M_i}}$$

entspricht.

4261. Osmotischer Druck niedermolekularer Stoffe in Wasser

42611. *Anorganische Stoffe*

Membran: Kupfer(II)-hexacyanoferrat(II)

Gelöster Stoff	Temperatur °C	Konzentration	Osmotischer Druck in atm
$Ca_2[Fe(CN)_6]$	0	29,89 g/kg H_2O	2,54
		313,88 g/kg H_2O	41,22
		395,03 g/kg H_2O	70,84
		428,89 g/kg H_2O	87,09
		472,18 g/kg H_2O	112,84
		500,48 g/kg H_2O	131,21
$Ca_3[Fe(CN)_6]_2$	0	19,84 g/kg H_2O	2,56
		26,26 g/kg H_2O	3,23
		67,02 g/kg H_2O	8,68
		101,36 g/kg H_2O	14,33
$CaSO_4$	15...19	0,007125 Mol/l Lsg.	0,245
		0,01435 Mol/l Lsg. (gesätt. Lsg.)	0,467
$[Fe(CN)_6]K_3$	0	40,0 g/l Lsg.	7,58
		194,0 g/l Lsg.	32,39
		280,1 g/l Lsg.	47,61
$[Fe(CN)_6]Mg_2$	0	61,05 g/kg H_2O	6,20
		84,44 g/kg H_2O	8,70
$[Fe(CN)_6]Na_4$	0	22,63 g/kg H_2O	5,33
		35,33 g/kg H_2O	7,84
		50,67 g/kg H_2O	10,69
		70,03 g/kg H_2O	14,21
		89,64 g/kg H_2O	17,69
NH_4NO_3	0	0,0250 Mol/l Lsg.	0,66
		0,0500 Mol/l Lsg.	1,48
$(NH_4)_2SO_4$	0	0,0250 Mol/l Lsg.	1,30
		0,0500 Mol/l Lsg.	2,64
$NaNO_3$	0	0,0250 Mol/l Lsg.	0,60
		0,0500 Mol/l Lsg.	1,64
		0,1000 Mol/l Lsg.	3,11
Na_2HPO_4	0	0,0125 Mol/l Lsg.	0,51
		0,0250 Mol/l Lsg.	1,50
		0,0500 Mol/l Lsg.	1,82
$Na_2S_2O_3$	0	0,0250 Mol/l Lsg.	1,30
		0,0500 Mol/l Lsg.	2,21

42612. *Organische Stoffe*

426121. Rohrzucker ($C_{12}H_{22}O_{11}$) in Wasser
Membran: Kupfer(II)-hexacyanoferrat(II)

Konzentration Mol/kg H_2O	Osmotischer Druck p in atm bei einer Temperatur von			
	0° C	10° C	20° C	50° C
0,1	(2,462)	2,498	2,590	2,635
0,2	4,722	4,893	5,064	5,278
0,3	7,085	7,334	7,605	7,974
0,4	9,442	9,790	10,137	10,724
0,5	11,895	12,297	12,748	13,504
0,6	14,381	14,855	15,388	16,319
0,7	16,886	17,503	18,128	19,202
0,8	19,476	20,161	20,905	22,116
0,9	22,118	22,884	23,717	25,123
1,0	24,825	25,693	26,638	28,213

426122. Weitere Zuckerarten
Membran: Kupfer(II)-hexacyanoferrat(II)

c g/kg H_2O	p atm	c g/kg H_2O	p atm
Glucose $C_6H_{12}O_6$ $\vartheta = 10°$ C		Mannit $C_6H_{14}O_6$ $\vartheta = 0°$ C	
18,01	2,39	100	13,1
36,02	4,76	110	14,6
72,04	9,52	125	16,7
108,06	14,31		
144,08	19,05	β-Dextrin $\vartheta = 25°$ C	
180,10	23,80		
Galaktose $C_6H_{12}O_6$ $\vartheta = 0°$ C		0,00452	0,00748
		0,00822	0,0108
250	35,5	0,0158	0,0148
380	62,8	0,0321	0,0207
500	95,8	0,0513	0,0246

4262. Osmotischer Druck hochmolekularer Stoffe (Nichtelektrolyte)
42621. Synthetische Stoffe

Gelöster Stoff	Lösungsmittel	Membran	Temp. °C	Konzentration c	Osmot. Druck p	p/c	$(p/c)_{c \to 0}$	Molekular-gewicht M
Polystyrol	Methyl-iso-propylketon	Ultracella	27	5,0 g/l Lsg	10^{-3} at	0,144		
				9,9 g/l Lsg.	10^{-3} at	0,156	0,132	190000
				19,8 g/l Lsg.	10^{-3} at	0,164		
				5,0 g/l Lsg.	10^{-3} at	0,044		
				9,9 g/l Lsg.	10^{-3} at	0,058	0,029	870000
				19,8 g/l Lsg.	10^{-3} at	0,087		
Polystyrol	Benzol	Polyvinylalkohol	31,5	0,216 g/l Lsg.	10^{-3} at	13,65		1900
				0,435 g/l Lsg.	10^{-3} at	13,71		
				0,437 g/l Lsg.	10^{-3} at	1,640		
				1,452 g/l Lsg.	10^{-3} at	1,663		15800
				2,923 g/l Lsg.	10^{-3} at	1,697		
				0,858 g/l Lsg.	10^{-3} at	0,1727		
				2,890 g/l Lsg.	10^{-3} at	0,1910		156500
				8,663 g/l Lsg.	10^{-3} at	0,2431		
Polystyrol	Toluol	Polyvinylalkohol	31,5	0,858 g/l Lsg.	10^{-3} at	0,134		
				2,851 g/l Lsg.	10^{-3} at	0,171		220000
				5,985 g/l Lsg.	10^{-3} at	0,230		
				8,546 g/l Lsg.	10^{-3} at	0,278		
Polystyrol	Butanon	Polyvinylalkohol	31,5	0,789 g/l Lsg.	10^{-3} at	0,125		220000
				1,971 g/l Lsg.	10^{-3} at	0,135		

426. Osmotischer Druck

Polyisobutylen	Cyclohexan	25	5,918 g/l Lsg.	10^{-3} at	0,170		
			7,897 g/l Lsg.	10^{-3} at	0,188		
	denitriertes Kollodium, Cellophan (alkalisch behandelt)		20,4 g/l Lsg.	10^{-3} at	0,531	0,030	840000
			10,0 g/l Lsg.	10^{-3} at	0,242		
			3,4 g/l Lsg.	10^{-3} at	0,088		
			20,0 g/l Lsg.	10^{-3} at	0,605	0,099	255000
			10,0 g/l Lsg.	10^{-3} at	0,312		
			2,5 g/l Lsg.	10^{-3} at	0,144		
			20,0 g/l Lsg.	10^{-3} at	0,820	0,324	78000
			5,0 g/l Lsg.	10^{-3} at	0,415		
			10,0 g/l Lsg.	10^{-3} at	1,077	0,867	29000
			2,5 g/l Lsg.	10^{-3} at	0,900		
			7,5 g/l Lsg.	10^{-3} at	1,975	1,820	13900
			3,75 g/l Lsg.	10^{-3} at	1,877		
			3,75 g/l Lsg.	10^{-3} at	4,54	4,49	5640
			2,5 g/l Lsg.	10^{-3} at	4,544		
Polymethacryl-säuremethylester unfraktioniert	Benzol	31,5	1,450 g/l Lsg.	10^{-3} at	0,1970		141100
			2,910 g/l Lsg.	10^{-3} at	0,2110		
			8,700 g/l Lsg.	10^{-3} at	0,2652		
Polyvinylacetat	Aceton	25	5,0 g/l Lsg.	10^{-3} at	0,088	0,0155	1630000
			15 g/l Lsg.	10^{-3} at	0,249		
			5,0 g/l Lsg.	10^{-3} at	0,120	0,046	540000
			20,0 g/l Lsg.	10^{-3} at	0,352		
			5,0 g/l Lsg.	10^{-3} at	0,196	0,124	204000
			20,0 g/l Lsg.	10^{-3} at	0,462		
			5,0 g/l Lsg.	10^{-3} at	0,484	0,424	60000
			15,0 g/l Lsg.	10^{-3} at	0,635		

Polyvinylalkohol — regenerierte Cellulose

Gelöster Stoff	Lösungsmittel	Membran	Temp. °C	Konzentration c	Osmot. Druck p	p/c	$(p/c)_{c\to 0}$	Molekulargewicht M
Polyvinylalkohol	Wasser	Polyvinylalkohol (auf 215° C erhitzt)	30	5,36 g/l Lsg.	10^{-3} at	0,238	0,217	118 000
				10,72 g/l Lsg.	10^{-3} at	0,264		
				4,52 g/l Lsg.	10^{-3} at	0,490	0,465	55 000
				11,97 g/l Lsg.	10^{-3} at	0,508		
				3,25 g/l Lsg.	10^{-3} at	0,942	0,315	28 000
				13,01 g/l Lsg.	10^{-3} at	1,077		
Emulsionsbuna	Toluol	Ultracella		2,15 g/l Lsg.	10^{-3} at	0,56		54 000
				7,91 g/l Lsg.	10^{-3} at	0,69		
				2,07 g/l Lsg.	10^{-3} at	0,17		227 000
				3,95 g/l Lsg.	10^{-3} at	0,21		
				8,30 g/l Lsg.	10^{-3} at	0,31		
				1,90 g/l Lsg.	10^{-3} at	0,09		440 000
				4,00 g/l Lsg.	10^{-3} at	0,14		
				8,30 g/l Lsg.	10^{-3} at	0,24		

42622. Naturstoffe, Polysaccharide (Nichtelektrolyte)

Gelöster Stoff	Lösungsmittel	Membran	Temp. °C	Konzentration	Osmot. Druck p	p/c	$(p/c)_{c \to 0}$	Molekulargewicht M
Cellulosenitrat Ramie	Aceton	Ultracella	27	5,0 g/l Lsg.	10^{-3} at	0,249		224400
				7,5 g/l Lsg.	10^{-3} at	0,312		
				2,5 g/l Lsg.	10^{-3} at	0,467		75750
				7,5 g/l Lsg.	10^{-3} at	0,568		
Celluloseacetat	Aceton	denitriertes Cellulosenitrat	26	2,59 g/l Lsg.	10^{-3} at	0,258		130000
			24	5,47 g/l Lsg.	10^{-3} at	0,286		
			24	4,28 g/l Lsg.	10^{-3} at	0,570		61000
			25	8,55 g/l Lsg.	10^{-3} at	0,617		
			25	1,46 g/l Lsg.	10^{-3} at	3,10		11000
			25	2,91 g/l Lsg.	10^{-3} at	3,55		
Amyloseacetat Tapioka	Chloroform	Kollodium	27	5,18 g/l Lsgm.	10^{-3} at	0,138	} 0,069	370000
				12,5 g/l Lsgm.	10^{-3} at	0,291		
Kartoffel				5,74 g/l Lsgm.	10^{-3} at	0,169	} 0,098	260000
				12,8 g/l Lsgm.	10^{-3} at	0,312		
Korn				5,71 g/l Lsgm.	10^{-3} at	0,182	} 0,113	230000
				14,8 g/l Lsgm.	10^{-3} at	0,371		
Sago				5,00 g/l Lsgm.	10^{-3} at	0,176	} 0,116	220000
				10,00 g/l Lsgm.	10^{-3} at	0,273		

Gelöster Stoff	Lösungsmittel	Membran	Temp. °C	Konzentration	Osmot. Druck p	p/c	$(p/c)_{c \to 0}$	Molekulargewicht M
Apfelstärke	Chloroform	Kollodium	27	5,74 g/l Lsgm.	10^{-3} at	0,235	} 0,157	160000
				10,05 g/l Lsgm.	10^{-3} at	0,319		
Amylopectinacetat Korn				10,4 g/l Lsgm.	10^{-3} at	0,144	} 0,0030	8000000
				20,0 g/l Lsgm.	10^{-3} at	0,515		
Tapioka				12,5 g/l Lsgm.	10^{-3} at	0,0216	0,0045	6000000
				20,1 g/l Lsgm.	10^{-3} at	0,0538		
Sago				12,2 g/l Lsgm.	10^{-3} at	0,0248	0,0115	2000000
				20,1 g/l Lsgm.	10^{-3} at	0,0527		
Apfelstärke	Wasser	Ultracella	27	12,3 g/l Lsg.	10^{-3} at	0,0389	0,0210	1200000
				20,0 g/l Lsg.	10^{-3} at	0,0778		
Glykogen				5 g/l Lsg.	10^{-3} at	0,089	0,090	283000
				20 g/l Lsg.	10^{-3} at	0,090		
	0,1 n CaCl$_2$-Lösung			5 g/l Lsg.	10^{-3} at	0,089	0,090	283000
				40 g/l Lsg.	10^{-3} at	0,089		
	Formamid			5 g/l Lsg.	10^{-3} at	0,091	0,089	286000
				40 g/l Lsg.	10^{-3} at	0,088		
Guttapercha I	Tetrachlorkohlenstoff	Ultracella	27	2,19 g/l Lsg.	10^{-3} at	0,33		127000
				7,74 g/l Lsg.	10^{-3} at	0,68		
Guttapercha II	Toluol	Ultracella	27	1,03 g/l Lsg.	10^{-3} at	0,29		105000
				8,07 g/l Lsg.	10^{-3} at	0,54		
Balata I	Toluol	Ultracella	27	1,04 g/l Lsg.	10^{-3} at	0,34		88000
				6,01 g/l Lsg.	10^{-3} at	0,52		

427. Lösungsgleichgewichte (Zustandsdiagramme)

Bei den zwischen zwei oder mehr Komponenten auftretenden Gleichgewichten pflegt man meist zwischen den Schmelzgleichgewichten und den Lösungsgleichgewichten im engeren Sinne (Auskristallisieren aus flüssigen Lösungen und Gemischen) zu unterscheiden, obwohl vom thermodynamischen Standpunkt prinzipiell kein Unterschied zwischen diesen Fällen besteht. Die genannte Klassifizierung wird lediglich durch die verschiedene experimentelle Methodik nahegelegt, weshalb diese Fallunterscheidung auch hier gemacht werden soll.

Bei den zunächst behandelten binären Schmelzen handelt es sich um Gemische zweier Komponenten, die unter Normalbedingungen fest sind und erst bei höherer Temperatur d. h. im geschmolzenen Zustand zur Mischung gebracht werden. Bei genügend hoher Temperatur bildet das Gemisch bei jedem vorgegebenen Molverhältnis (Mischungsverhältnis) eine homogene flüssige Phase. Im Einklang mit dem Phasengesetz kann bei „normalem Druck" d. h. bei gleichzeitigem Vorliegen der Gasphase neben der flüssigen Phase außer der Konzentration nur noch die Temperatur willkürlich gewählt werden. Beim Abkühlen der Schmelze kristallisieren teils Mischkristalle, teils die reinen Komponenten aus; die Temperatur, bei der eine neue Phase auftritt, kennzeichnet das Gleichgewicht. Im einzelnen pflegt man folgende Fälle zu unterscheiden:

Typus 1: Mischbarkeit der flüssigen Komponenten A und B in allen Verhältnissen, keine Mischbarkeit im kristallisierten Zustand. Die eutektische Schmelze E kristallisiert zu einem Eutektikum aus den beiden reinen Komponenten. Das Eutektikum ist im Sinne des Phasengesetzes ein mechanisches Gemenge von zwei Phasen. Unter den metallischen Systemen ist der Typus 1 selten, da gewöhnlich eine, wenn auch nur geringe Löslichkeit der Komponenten im festen Zustand vorhanden ist.

Typus 2: Die im flüssigen Zustand völlig, im festen Zustand nicht mischbaren Komponenten bilden eine kongruent schmelzende Verbindung mit einem „offenen" Kurvenmaximum als Schmelzpunkt. Die Verbindung bildet einerseits mit A ein Eutektikum E_1 andererseits mit B ein zweites E_2.

Typus 3: Die Komponenten bilden eine inkongruent schmelzende Verbindung mit einem „verdeckten" (instabilen) Maximum. Bildung und Zerfall der Verbindung entspricht der Reaktion: Schmelze u + Kristalle $B \rightleftharpoons V$. Die Verbindung bildet nur mit A ein Eutektikum E. Der Grenzfall zwischen kongruent und inkongruent schmelzender Verbindung entsteht, wenn die Konzentrationen von u (Übergangspunkt) und V zusammenfallen.

Gelegentlich beobachtet man im gesamten Mischungsgebiet mehrere Verbindungen mit gegenseitigem Eutektikum oder auch eine Verbindung vom Typus 2 in Kombination mit einem verdeckten Maximum Typus 3.

Typus 4: Die Komponenten sind im flüssigen Zustand nur partiell mischbar. Die Mischungslücke $S_1 - S_2$ führt zur Schichtenbildung. Nach beendigter Kristallisation enthält Schicht S_1 das Eutektikum, Schicht S_2 besteht aus B-Kristallen.

Grenzfall: vollständige Nichtmischbarkeit. Die Löslichkeitsgebiete beiderseits der Mischungslücke fallen fort, die beiden Schichten bestehen aus den reinen Komponenten.

Oberhalb einer bestimmten Temperatur tritt in der flüssigen Phase schließlich vollständige Mischbarkeit auf (oberer kritischer Lösungspunkt).

Typus 5: Die Komponenten bilden eine Verbindung, die zu zwei Flüssigkeiten S_1 und S_2 schmilzt, entsprechend der Reaktion: $S_1 + S_2 \rightleftharpoons V$.

Typus 6: Die Komponenten bilden eine lückenlose Mischkristallreihe, ihre Schmelzintervalle liegen zwischen den Schmelzpunkten der Komponenten.

Typus 7: Lückenlose Mischkristallreihe mit Temperaturminimum. (Der entsprechende Fall mit Temperaturmaximum kommt praktisch nicht vor.)

Typus 8: Begrenzte gegenseitige Mischkristallbildung der Komponenten. Eutektikum E aus zwei gesättigten Mischkristallen m_1 und m_2. Mischungslücke $\alpha + \beta$.

Typus 9: Begrenzte Mischkristallbildung der Komponenten mit peritektischer Reaktion.

$$\text{Schmelze } u + m_2 \rightleftharpoons m_1 \quad \text{(vgl. Typus 3)}$$

Der α-Mischkristall m_1 schmilzt inkongruent. Im Grenzfall (entsprechend Typus 3) fallen u und m_1 zusammen.

Typus 10: Es tritt eine kongruent schmelzende Verbindung auf (intermetallische Phase mit Homogenitätsbereich β). Bei gleichzeitiger begrenzter Mischkristallbildung auf seiten der Komponenten entstehen drei Mischkristallgebiete α, β, γ getrennt durch zwei Mischungslücken $\alpha + \beta$ und $\beta + \gamma$.

427. Lösungsgleichgewichte (Zustandsdiagramme)

Typus 11: Eine intermetallische Phase mit Homogenitätsbereich (β) schmilzt inkongruent. Peritektische Reaktion: Schmelze $u + m_2 \rightleftharpoons m_1$, entsprechend Typus 9. Im kristallisierten Zustand sind die Verhältnisse wie bei Typus 10.

Bei den Lösungsgleichgewichten im engeren Sinne kann man die gleichen Fallunterscheidungen wie oben durchführen; gelegentlich beobachtet man hier in flüssiger Phase noch das Auftreten einer geschlossenen Mischungslücke mit einem oberen und unteren kritischen Lösungspunkt (Typus 12).

In den folgenden Tabellen sind die Zustandsdiagramme der Lösungsgleichgewichte entweder in Gestalt von Abbildungen gegeben oder vielfach nur durch Angabe der charakteristischen Punkte wie Eutektikum, Schmelzpunkte von Verbindungen usw. gekennzeichnet.

In den Abschnitten „Lösungsgleichgewichte" benutzte Bezeichnungen und Abkürzungen:

α, β	Mischkristallphasen
Bdk.	Bodenkörper
E	Eutektikum
F	Schmelzpunkt
$F(\mathrm{I} \cdot 2\mathrm{II})$	Schmelzpunkt einer Verbindung aus 1 Mol Komponente I und 2 Mol Komponente II
$IF(\mathrm{I} \cdot \mathrm{II})$	Inkongruenter Schmelzpunkt einer Verbindung aus 1 Mol, Komponente I und 1 Mol Komponente II
L	flüssige Phasen (in den Diagrammen)
L	Löslichkeit
$M.L.$	Mischungslücke
U	Umwandlungspunkt einer Komponente
u bzw. U	Übergangspunkt
V	Verbindung

Bei Lösungsgleichgewichten mit Wasser:

$F(6)$	Schmelzpunkt des Bodenkörpers mit 6 Mol Kristallwasser
$(6 \rightarrow 4)$	Übergangspunkt vom Gebiet mit Bodenkörper aus Komponente I mit 6 Kristallwasser zum Gebiet mit Bodenkörper aus Komponente I mit 4 Kristallwasser.

4271. Lösungsgleichgewichte zwischen zwei kondensierten Stoffen

42711. *Lösungsgleichgewichte zwischen zwei Elementen*

System	wo	System	wo	System	wo
Ag		**Au**		**Ce**	
Ag—Au	1	Au—Bi	T	Ce—Fe	23
Ag—Bi	T	Au—Cu	T	Ce—La	T
Ag—Cr	T	Au—Ge	T	Ce—Ti	24
Ag—Cu	T	Au—Mn	14	**Cl**	
Ag—Ge	T	Au—Pb	T	Cl—J$_2$	T
Ag—La	T	Au—Pd	T	Cl$_2$—S	T
Ag—Pb	T	Au—Sb	T	**Co**	
Ag—Pd	T	Au—Si	T	Co—Fe	25
Ag—S	2	Au—Te	T	Co—Ni	26
Ag—Se	T	**Ba**		Co—U	T
Ag—Si	T	Ba—Ca	T	Co—W	27
Ag—Tl	T	Ba—Mg	T	**Cr**	
		Be		Cr—Cu	T
Al		Be—Cu	15	Cr—Fe	28
Al—Be	T	Be—Si	T	Cr—Mn	29
Al—Ca	T			Cr—Mo	T
AlCo—Mn	3	**Bi**		Cr—Ni	30
Al—Cr	4	Bi—Cd	T	Cr—O	T
Al—Cu	5 u. 5a	Bi—Cu	T	Cr—Re	31
	$+T$	Bi—Ge	T	Cr—S	T
Al—Fe	5b	Bi—J$_2$	T	Cr—Ti	32
Al—Ge	T	Bi—Pb	16	Cr—Zr	33
Al—Hg	T	Bi—Sb	T	**Cs**	
Al—In	T	Bi—Si	T	Cs—K	T
Al—Mg	6	Bi—Sn	T	Cs—Na	T
Al—MgZn$_2$	7	Bi—Te	17	Cs—Rb	T
Al—Mn	$8+T$	Bi—Zn	T	**Cu**	
Al—Ni	9			Cu—Fe	34
Al—Pb	T	**C**		Cu—Ge	35
Al—Sb	T	C—Cr	18	Cu—La	T
Al—Si	T	C—Fe	19	Cu—Mg	36
Al—Sn	T	C—Ni	T	Cu—Mn	37
Al—Ti	10	C—U	20	Cu—Ni	T
Al—U	11			Cu—O	38
Al—Zn	12	**Ca**		Cu—P	39
		Ca—Mg	T	Cu—Pb	T
Ar				Cu—S	T
Ar—N$_2$	T	**Cd**		Cu—Si	40
Ar—O$_2$	T	Cd—Cu	21	Cu—Sn	41
		Cd—Ge	T	Cu—U	T
As		Cd—In	T	Cu—Zn	42
As—Bi	T	Cd—Pb	T	**Fe**	
As—Cu	T	Cd—Sb	22	Fe—Mn	43
As—Ge	13	Cd—Tl	T	Fe—Mo	44
As—In	T	Cd—Zn	T		
As—Si	T				

427. Lösungsgleichgewichte (Zustandsdiagramme)

System	wo	System	wo	System	wo
Fe—N	45	**J**		**Ni**	
Fe—Ni	46	J_2—S	T	Ni—Si	65
Fe—O	47	J_2—Se	T	Ni—Ti	66
Fe—P	48	J_2—Te	T	Ni—Zr	67
Fe—S	49	**K**			
Fe—Si	50	K—Na	T	**O**	
Fe—Te	51	K—Pb	56	O—Ti	68
Fe—Ti	52	K—Rb	T	O—Zr	69
Fe—V	53	**Kr**			
Fe—Zr	54	Kr—O_2	T	**P**	
Ga				P—S	T
Ga—Ge	T	**Li**			
Ga—Mg	T	Li—Na	T	**Pb**	
Ga—Pr	T	Li—Si	T	Pb—Sb	T
Ga—Sb	T			Pb—Sn	T
Ga—Si	T	**Mg**		Pb—Te	70
Ga—Sn	T	Mg—Na	T	Pb—U	71
Ga—Zn	T	Mg—Si	57		
		Mg—Zn	57a	**Pt**	
Ge				Pt—Rh	T
Ge—In	T	**Mn**			
Ge—Mg	T	Mn—N	58	**S**	
Ge—Pb	T	Mn—Ni	59	S—Sb	T
Ge—Sb	T	Mn—P	60	S—Te	T
Ge—Si	T				
Ge—Sn	T	**Mo**		**Sb**	
Ge—Te	T	Mo—Ni	61	Sb—Si	T
Ge—Zn	T	Mo—Ti	T	Sb—Te	72
		Mo—U	62	Sb—Zn	73
H					
H_2—Pd	55	**N**		**Se**	
		N_2—O_2	T	Se—Te	T
Hg					
Hg—Na	T	**Nb**		**Sn**	
		Nb—Ni	63	Sn—Te	74
In		Nb—O_2	T	Sn—Zn	T
In—Sb	T	Nb—Ta	T	Sn—Zr	75
In—Si	T	Nb—Ti	T		
In—Zn	T	Nb—V	T		
		Nb—U	64	**Ti**	
Ir		Nb—W	T	Ti—Zr	T
Ir—Pt	T				

Ag	960,5°	$E \approx 961°$; Monotekt. Cr + 2 fl. Ph. (≈ 15 u. ≈ 96 At.-%) $\approx 1445°$		(1800°)	Cr
Ag	960,5°	E 39,9 At.-%/779°; $(ML\ 14,1...95,1\ At.-\%)$		1083°	Cu
Ag	960,5°	E 25,9 At.-%/651°; $(ML \approx 9,6...100\ At.-\%)$		945°	Ge
Ag	960,5°	$E \approx 11$ At.-%/778°; $F(Ag_3La)$ 955°; $IF(Ag_2La)$ 864°; ($\ddot{U} \approx 34$ At.-%); $E \approx 43,5$ At.-%/741°; $F(AgLa)$ 886°; $E \approx 71$ At.-%/518°		(812°)	La

Ag	960,5°	E 95,3 At.-%/304° (ML 0,8...100 At.-%); f. L_{max} 2,8 At.-% Pb $\approx$ 650°	327°	Pb
Ag	960,5°	Lückenlos mb.	1552°	Pd
Ag	960°	Monotekt. Ag+2 fl. Ph. (12 u. $\approx$ 31 At.-%)/ 890°; $E \approx$ 32 At.-%/840°; F(Ag$_2$Se) 897°; Monotekt. Ag$_2$Se +2 fl. Ph. (44,5 u. $\approx$ 95,5 At.-%/616°	217°	Se
Ag	950°	E 15,4 At.-%/830°; L 20 At.-%/1015°; L 40 At.-%/1210°; 60 At.-%/1290°; 80 At.-%/1340°; 90 At.-%/1365°	1415°	Si
Ag	960,5°	E 98,7 At.-%/29°; (ML 9,2...100%); f. L_{max} 13,2%/55°; U(Tl) 232°	302°	Tl
Al	660°	E 2,5 At.-%/645°; L 20 At.-%/980°; 40 At.-%/1090°; , 90 At.-%/1225°	1264°	Be
Al	660°	E 5,32 At.-%/616°; f. $L \approx$ 0,4 At.-%; IF Al$_4$Ca 700° ($\ddot{U}$ 10 At.-%); F(Al$_2$Ca) 1079°; E 65 At.-%/545°	(816°)	Ca
Al		E 33%/548° (f. L 5,65%); f. L 4%/500°, 2%/400°, 0,7%/300°, 0,5%/100°, 0,3%/0°		Cu
Al	660°	E 30 At.-%/424° ($ML \approx$ 2,8...100 At.-%)	940°	Ge
Al	660°	L 10 At.-%/620°, 40 At.-%/575°, 80 At.-%/510°	−38,9°	Hg
Al	660°	Monotekt. Al +2 fl. Ph. (4,7 u. $\approx$ 89 At.-%)/ $\approx$ 637°	−156°	In
Al	660°	f. L 1,40%/658,5°, 0,95%/600°, 0,78%/570°, 0,60%/550°, 0,36%/500°, 0,09%/400°, 0,02%/300°	1252	Mn
Al	660°	Monotekt. Al +2 fl. Ph. (0,2 u. 99,1 At.-%)/ 658°; E 99,84 At.-%/326,2°	327,3°	Pb
Al	660°	E 0,25 At.-%/657°; L 10 At.-%/920°, 40 At.-%/985°; F(AlSb)/1065°; L 70 At.-%/990°	630,5°	Sb
Al	660°	E 11,7%/577° (ML 1,65...100%); f. L 1,30%/ 550°, 0,8%/480°, 0,29%/400°, 0,06%/300°, 0,008%/250°	1430°	Si
Al	660°	L 30 At.-%/590°, 60 At.-%/5,50°, 80 At.-%/ 470°; E 97,8 At.-%/228,3°	232°	Sn
Ar	−189,1°	lückenlos mb. Min. 75 Mol%/−210,3°	−210,1°	N$_2$
Ar	−189,4°	ML 79...90 Mol%/−217,4°	−218,7°	O$_2$
As	811°	E 98,2%/270,3°	271,3°	Bi
As	—	IF(As$_2$Cu$_5$) 710° ($\ddot{U}$ 64,2 At.-%); F(AsCu$_3$) 830°; E 81,6% At.-%/689° (f. L 93,15 At.-%)	1083°	Cu
As	(813°)	E 16,5 At.-%/731°; F(InAs) 942°; E nahe 100 At.-%/155,2°; $p>1$ atm	156,4°	In
Au	1063°	IF(Au$_2$Bi) 373° ($\ddot{U} \approx$ 36 At.-%); E 81,2 At.-%/241° (Au$_2$Bi) supraleitend	(288°)	Bi
Au	1063°	lückenlos mb.; Min. 43,5 At.-%/889°; bei tieferer Temp. geordnete Atomverteilung; F AuCu 410°; F AuCu$_3$ 390°	1085°	Cu
Au	1063°	E 27 At.-%/356° (ML 3,2...100 At.-%)	930°	Ge
Au	1063°	IF(Au$_2$Pb) 418° ($\ddot{U}$ 44 At.-%); IF(AuPb$_2$) 254° ($\ddot{U} \approx$ 71,5 At.-%); $E \approx$ 84,4 At.-%/ 215°	327°	Pb
Au	1063°	lückenlos mb.; L 20 At.-%/1300°, 40 At.-%/ 1410°, 60 At.-%/1470°	1541°	Pd

Au	1063°	$E \approx 34$ At.-%/360° (f. L 0,64 At.-%); IF AuSb$_2$ 460° ($\ddot{U} \approx 66$ At.-%)	631°	Sb
Au	1063°	L 20 At.-%/840°; $E \approx 31$ At.-%/370°; L 60 At.-%/1150°	1404°	Si
Au	1063°	L 30 At.-%/845°; E 53 At.-%/447°; F AuTe$_2$ 464°; E 88 At.-%/416°	$\approx 451°$	Te
Ba	712°	lückenlose M.K.; Min. $\approx 45,4$ At.-%/605°; durch U(Ca) 610° u. 355°; Änderung der Kristallstruktur der M.K. und Auftreten von 2 Phasengebieten, bei Z.T. zwischen 19 u. 44 At.-%	842°	Ca
Be	1262°	$E \approx 61$%/1090°	1414°	Si
Bi	271°	$E \approx 60$%/144°	321°	Cd
Bi	271°	E 0,5 At.-%/270°; L 20 At.-%/670°, 40 At.-%/800°, 70 At.-%/870°	1083°	Cu
Bi	271°	E $2 \cdot 10^{-2}$ At.-%/271° ($ML \approx 0...99$ At.-%); L 1,5 At.-%/600°, 10 At.-%/700°, 22 At.-%/800°, 40 At.-%/850°, 80 At.-%/885°	936°	Ge
Bi	272°	E 0,5 Mol%/270°; IF(BiJ) 281°; F(BiJ$_3$) 408°; E 85 Mol%/113°	113,5°	J$_2$
Bi	271°	lückenlos mb.	630,5°	Sb
Bi	(267°)	Monotekt. Si +2 fl. Ph. (≈ 4 u. ≈ 95 At.-%) 1393°	(1417°)	Si
Bi	271°	E 57 At.-%/139° (ML 0...86,9 At.-%; f. L 93,1 At.-%/100°; 99,5 At.-%/20°	231,9°	Sn
Bi	269°	$E \approx 28,1$ At.-%/$\approx 254°$; Monotekt. 2 fl. Ph.+Zn (47 u. 99,4 At.-%) 416°	419°	Zn
C	—	E 90 At.-%/1318° (f. L 2,7 At.-%)	1455°	Ni
Ca	850°	$E \approx 27$ At.-%/445°; F(CaMg$_2$) 714°; E 89,5 At.-%/517° (f. $L \approx 99,4$ At.-%)	650°	Mg
Cd	321°	E 2,9 At.-%/319°; L 5 At.-%/560°, 20 At.-%/700°, 50 At.-%/800°, 80 At.-%/875°	958°	Ge
Cd	321°	E 74 At.-%/125° (ML 3...≈ 90 At.-%)	151°	In
Cd	321°	E 72 At.-%/248° ($ML \approx 0,14...94$ At.-%)	327°	Pb
Cd	321°	E 72,8 At.-%/203,5° (ML 0...≈ 96 At.-%)	301°	Tl
Cd	321°	E 26,5%/266° (ML 5,01...98,7 At.-%)	419,5°	Zn
Ce	800°	α-Ce mit α-La, β-Ce mit β-La und γ-Ce mit γ-La; lückenlos mb.	865°	La
Cl$_2$	−102,0°	E 0,1 Mol%/−102,0°; F(Cl$_3$J) 101,0°; E 45,6 Mol%/22,7°; F(ClJ) 27,5°; E 69,2 Mol%/7,9°	114,5°	J$_2$
Cl$_2$	−101°	F(Cl$_4$S) ?°; IF(Cl$_2$S) −86,1°; E 58 Mol%/−107,4°; IF(Cl$_4$S$_3$) $\approx -100°$; F(Cl$_2$S$_2$) −79°; E 69 Mol%/−83,1°	119° (48,5... 100 Mol%)	S
Co	1495°	E 13,5 At.-%/1063°; F(Co$_2$U) 1170°; IF(CoU) 805°; ($\ddot{U}$ 62,5 At.-%); E 66 At.-%/734°; IF(CoU$_3$) 826°; ($\ddot{U}$ 78,5 At.-%); $U(\alpha$-$U \rightleftarrows \beta$-$U)$ 645°; (β-$U \rightleftarrows \gamma$-$U)$ 756°	1125°	U
Cr	1550°	Monotekt. Cr +2 fl. Ph. (≈ 6 u. ≈ 58 At.-%)/1470°; $E \approx 98,2$ At.-%/1075° (f. L 99,2 At.-%)	1083°	Cu

Cr	≈1900°	lückenlos mb.; Min. ≈12 At.-%/1860°	≈2620°	Mo
			0...40 At.-%	
Cr	1900°	Monotekt. Cr+2 fl. Ph. (2 u. ≈48 At.-%)/ ≈1800°; E(Cr+Cr$_2$O$_4$) ≈52 At.-%/1660°; IF Cr$_2$O$_4$?/≈2090°; f. Ph. <1600°; Cr+Cr$_2$O$_3$	(0...60 At.-%)	O
Cr	1850°	Monotekt. Cr+2 fl. Ph. (3,5 u. 38,1 At.-%)/ 1550°; E 43,9 At.-%/ 1350°; F CrS≈1565°	(0...50 At.-%)	S
Cs	28,4°	lückenlos mb.; Min. bei 50 At.-%/−37,5°	63,6°	K
Cs	28°	E≈25 At.-%/−29°; IF CsNa$_2$ −8°; ($Ü$ 30 At.-%); L 50 At.-%/45°; 90 At.-%/78°	97,5°	Na
Cs	28,4°	lückenlos mb.; Min. 50 At.-%/9°	38,9°	Rb
Cu	1083°	E 9 At.-%/840°; F Cu$_6$La 913°; IF Cu$_4$La ≈785°; ($Ü$≈25,5 At.-%); E≈27,5 At.-%/ 725°; F(Cu$_2$La) 834°; IF(CuLa) 551°; ($Ü$≈57 At.-%); E 74 At.-%/468°	(812°)	La
Cu	1083°	lückenlos mb.; Magnet. U bei 43 At.-%/ −273° steigend auf 368° bei 100% Ni	1453°	Ni
Cu	1083°	Monotekt. Cu+2 fl. Ph. (36 u. ~92,5%)/954°; L 95%/850°; L 98%/630°	327°	Pb
Cu	1083°	E 1,5 At.-%/1067°; Monotekt. Cu$_2$S+2 fl. Ph. (2,9 u. 32,9 At.-%)/1105°; F(Cu$_2$S) 1129°; U(Cu$_2$S) ≈103°	1...35 At.-%	S
Cu	1083°	E 8 At.-%/950°; IF(Cu$_6$U) 1052° ($Ü$≈16 At.-%); Monotekt. U+2 fl. Ph. (≈22,5 u. ≈95,1 At.-%)/1080°	1132°	U
Ga	29,8°	E≈29,8° (ML 0...>95 At.-%);	937°	Ge
Ga	29,8°	E 29,8°; IF(Ga$_2$Mg) 285° ($Ü$≈33,3 At.-%); IF(GaMg) 375° ($Ü$≈49 At.-%); IF(GaMg$_2$) 441° ($Ü$≈66,6 At.-%); F(Ga$_2$Mg$_5$) 456°; E 80,9 At.-% 422,7° (M.K. 91,5...100 At.-%)	650°	Mg
Ga	≈28,9°	E 28,9°; F(Ga$_2$Pr) 1470°; IF(GaPr) 1044° ($Ü$≈57 At.-%); IF(Ga$_2$Pr$_3$) 852° ($Ü$≈67 At.-%); IF(GaPr$_3$?) 686° ($Ü$≈75,5 At.-%); E≈80 At.-%/576°	911°	Pr
Ga	29,8°	E 29,8°; L 10 At.-%/585°, 40 At.-% 700°; F(GaSb) 706°; E≈88 At.-%/≈590°	630,5°	Sb
Ga	29,9°	E 5·10^{-8}/29,9°; L 5 At.-%/800°, 18 At.-%/ 1000°, 40 At.-%/1150°, 60 At.-%/1230°, 80 At.-%/1300°	1396°	Si
Ga	29,8°	E≈5 At.-%/≈20°	232°	Sn
Ga	28,8°	E≈5 At.-%/≈25°; L 20 At.-%/140°	419°	Zn
Ge	936°	L 40 At.-%/790°, 80 At.-%/600°; E 156°	156°	In
Ge	936°	E≈39 At.-%/680°; F(GeMg$_2$) 1115°; E 98,5 At.-%/635°	650°	Mg
Ge	936°	L 80 At.-%/810°, 95 At.-%/780°; E 327°	327°	Pb
Ge	936°	E≈83 At.-%/590°	630,5°	Sb
Ge	936°	lückenlos mb.	1412°	Si
Ge	(940°)	L 40 At.-%/800°, 80 At.-%/600°, 95 At.-%/ 400°; E nahe F Sn	232°	Sn
Ge	936°	IF(GeTe) 725° ($Ü$≈50 At.-%); E 85 At.-%/ ≈375°	452,5°	Te
Ge	936°	E 94,5 At.-%/398°	419°	Zn

Hg	$-38,9°$	E 2,8 At.-%/$-48°$; $IF(Hg_4Na)$ 157° ($Ü$ 18 At.-%); $F(Hg_2Na)$ 353°; $IF(Hg_3Na_7)$ 223° ($Ü$ 48 At.-%); $U(Hg_8Na_7)$ 180° $IF(HgNa) \approx 215°$ ($Ü$ 51 At.-%); $IF(Hg_2Na_3)$ 121° ($Ü$ 62 At.-%); $IF(Hg_2Na_5)$ 66° ($Ü$ 71,8 At.-%); $IF(HgNa_3)$ 34° ($Ü$ 84,1 At.-%); E 85,2 At.-%/21,4°	97,5°	Na
In	156,4°	E 0,66 At.-%/155°; L 20 At.-%/430°; $F(InSb)$ 530°; E 68,3 At.-%/500°	630,5°	Sb
In	156°	E 2·10^{-8} At.-%/156°; L 5 At.-%/1100°, 10 At.-%/1200°, 30 At.-%/1300°, 80 At.-%/1350°	1396°	Si
In	156°	E 4,8 At.-%/143,5° ($ML \approx 2,5 \ldots 100$ At.-%); L 20 At.-%/283°, 50 At.-%/350,5°, 90 At.-%/380°	419°	Zn
Ir	2454°	lückenlos mb.; im festen Zustand unterhalb 960° bei 60…90% wahrscheinl. ML	1769°	Pt
J_2	108°	E 89,2 Mol%/65,6°	114,5°	S
J_2	113°	E 66,7 Mol%/58°	218,5°	Se
J_2	113,5°	E nahe I; $F(J_4Te)$ 280°; E 58,5 Mol%/176°	453°	Te
K	63°	E 34 At.-%/$-12,5°$; $IF(KNa_2)$ 6,6° ($Ü \approx 58,2$ At.-%)	97,5°	Na
K	63°	lückenlos mb.; Min. ≈ 70 At.-%/34°	39°	Rb
Kr	$-156,6°$	E 96,4 Mol%/$-220,8°$	$-218,8°$	O_2
Li	179,4°	Monotekt. Li+2 fl. Ph. (3,8 u. 86,9 At.-%)/171°; $E \approx 96,3$ At.-% 93,4°	97,8°	Na
Li	179°	$IF(Li_4Si)$ 633° ($Ü$ 18,8 At.-%); $F(Li_2Si)$ 752°; E 39,4 At.-%/635° (auch 42 At.-%/590° gefunden)	1412°	Si
Mg	650°	Monotekt.; Mg+2 fl. Ph. (2,1 u. 98,6 At.-%)/638°	97,5°	Na
Mo	$\approx 2625°$	lückenlos mb.	1660	Ti
N_2	$-210,1°$	E 77,5 Mol%/$-223,1°$ (ML 69…84,3 Mol%)	$-219,1°$	O_2
Nb	$\approx 2420°$	$E \approx 10°/1915°$ ($L \approx 2\%$); F NbO $\approx 14,5\%/\approx 1930°$; $E \approx 21\%/1810°$; F NbO$_2 \approx 26\%/\approx 1910°$; $Ü? \approx 29,5\%/1510°$	— 0…30%	O_2
Nb	2468°	lückenlos mb.	3000°	Ta
Nb	2410°	lückenlos mb.	1720°	Ti
Nb	2420°	lückenlos mb.; Min. 77,2 At.-%/1810°	1860°	V
Nb	2468°	lückenlos mb.	3410°	W
P	44°	E 20 Mol%/$-7°$; $IF(P_2S?)$ 44°; $F(P_4S_3)$ 167°; E 50 Mol%/46°; $F(P_2S_3)$ 296°; E 67,5 Mol%/230°; $F(P_2S_5)$ 271°; E 72,1 Mol%/243°; $F(P_2S_6)$ 314°	115,2°	S
Pb	327°	E 17,5 At.-%/252° (ML 5,8…≈ 97 At.-%); f. L 0,75 At.-%/100°	630,5°	Sb
Pb	327°	E 61,9 At.-%/183° ($ML \approx 19$…97,5 %); f. L 11 %/150°, 4 %/100°, 2 %/20°	232°	Sn
Pb	1769°	lückenlos mb.	1966°	Rh
S	112,8°	[Monotekt. Sb$_2$S$_3$+2 fl. Ph. (≈ 2 u. ≈ 37 At.-%) 530°]?; $F(S_9Sb_2)$ 546°; $E \approx 43$ At.-%/520°; Monotekt. Sb+2 fl. Ph. ($\approx 44,5°$ u. $\approx 94,5$ At.-%)/615°	630,5°	Sb

S	112,8°	$E \approx 2$ At.-%/$\approx 107°$ ($ML \approx 1...84$ At.-%); L 10 At.-%/295°; 30 At.-%/362°	453°	Te
Sb	630,5°	E 0,3 At.-%/630°; L 10 At.-%/1090°, 20 At.-%/1220°, 40 At.-%/1260°, 70 At.-%/1315°	1414°	Si
Se	220°	lückenlos mb.	453°	Te
Sn	232°	E 15 At.-%/198° ($ML \approx 2...99,4$ At.-%)	419,4°	Zn
Ti	1720°	lückenlos mb.; Min. bei ≈ 35 At.-%/$\approx 1615°$; U $\alpha \rightleftarrows \beta$-Ti 882°; U $\alpha \rightleftarrows \beta$-Zr 865°; α-Ti mit α-Zr lückenlos mb.; Min. ≈ 51 At.-%/$\approx 530°$	1860°	Zr

Abb. 1

Abb. 2

Abb. 3

Abb. 4

Abb. 5

Abb. 5a

Abb. 5b

4. Mechanisch-thermische Konstanten usw.

Abb. 6

Abb. 7

Abb. 8

427. Lösungsgleichgewichte (Zustandsdiagramme)

Abb. 9

Abb. 10

Abb. 11

Abb. 12

Abb. 13

Abb. 14

Abb. 16

Abb. 15

Abb. 17

427. Lösungsgleichgewichte (Zustandsdiagramme)

Abb. 18

Abb. 19

Abb. 20

Abb. 21

Abb. 22

Abb. 23

427. Lösungsgleichgewichte (Zustandsdiagramme)

Abb. 24

Abb. 25

Abb. 26

Abb. 27

4. Mechanisch-thermische Konstanten usw.

Abb. 28

Abb. 29

Abb. 30

Abb. 31

Abb. 32

Abb. 33

Abb. 34

Abb. 35

Abb. 36

Abb. 37

Abb. 38

Abb. 39

427. Lösungsgleichgewichte (Zustandsdiagramme)

Abb. 40

Abb. 41

Abb. 42

Abb. 43

427. Lösungsgleichgewichte (Zustandsdiagramme)

Abb. 44

Abb. 45

Abb. 46

Abb. 47

Abb. 48

427. Lösungsgleichgewichte (Zustandsdiagramme)

Abb. 49

Abb. 50

Abb. 51

Abb. 52

Abb. 53

427. Lösungsgleichgewichte (Zustandsdiagramme)

Abb. 54

Abb. 55

Abb. 56

Abb. 57

Abb. 57a

427. Lösungsgleichgewichte (Zustandsdiagramme)

Abb. 58
Abb. 59
Abb. 60
Abb. 61
Abb. 62
Abb. 63

Abb. 64

Abb. 65

Abb. 66

427. Lösungsgleichgewichte (Zustandsdiagramme)

Abb. 67

Abb. 68

Abb. 69

Abb. 70

Abb. 71

Abb. 72

Abb. 73

Abb. 74

Abb. 75

42712. Lösungsgleichgewichte zwischen anorganischen Verbindungen

427121 Lösungsgleichgewichte zwischen anorganischen Verbindungen mit Ausnahme von H_2O und anorganischen Flüssigkeiten (Schmelzgleichgewichte)

Verbindung I		Angaben über die Liquiduskurve und das Zustandsdiagramm in % (=Gew.%) oder Mol% der Verbindung II, Temperaturangaben in °C	Verbindung II	
Formel	F in °C		F in °C	Formel
AgBr	422	lückenlos mb.; Min. 35 Mol%/413°	452	AgCl
AgBr	422	lückenlos mb.; Min. 28 Mol%/377°	556	AgJ
AgBr	422	E 32 Mol%/285°	740	KBr
AgBr	419	lückenlos mb.	766	NaBr
AgCN	350	E 15,2 Mol%/290°; $F(I \cdot II)$ 370°; E 67,3 Mol%/290°	622,5	KCN
AgCN	350	E 7,8 Mol%/320°; $F(I \cdot II)$ 471°; E 69,1 Mol%/422°	562,3	NaCN
AgCl	455	E 47 Mol%/264°	552	AgJ
AgCl	455	$IF(I \cdot II)$ 200°; E 81,5 Mol%/176°	209	$AgNO_3$
AgCl	455	E 40,4 Mol%/376°	834	Ag_2S
AgCl	455	E 18,6 Mol%/450°	772	$CaCl_2$
AgCl	455	E 29 Mol%/260°; $IF(I \cdot II)$ 310°	639	CsCl
AgCl	455	E 54 Mol%/260°	422	CuCl
AgCl	465	E 42,6 Mol%/$\approx$250°	383	HgCl
AgCl	452	E 30 Mol%/318°	774	KCl
AgCl	465	E 91,5 Mol%/245°	335 (subl.)	NH_4Cl
AgCl	455	lückenlos mb.	806	NaCl
AgCl	455	E 40 Mol%/251°	717	RbCl
AgCl	455	E 40 Mol%/210°; $IF(I \cdot 2II)$ 252°	429	TlCl
AgJ	554	E 41 Mol%/103°; $F(I \cdot II)$/109°; E 55,7 Mol%/106°; $F(I \cdot 2II)$/119°; E 73,5 Mol%/113°	208	$AgNO_3$
AgJ	554	E 26,8 Mol%/234°	640	CsCl
AgJ	555	lückenlos mb.; Min. 50 Mol%/500°	602	CuJ
AgJ	556	E 89,5 Mol%/245°	257	HgJ_2
AgJ	552	E 38 Mol%/243°; $IF(4I \cdot II)$ 263°	680	KJ
AgJ	546	lückenlos mb.; Min. 80 Mol%/422°	440	LiJ
AgJ	546	E 40 Mol%/394	662	NaJ
AgJ	554	E 15 Mol%/370°	713	RbCl
$AgNO_3$	208	$U(I)$ 159°; E 2 Mol%/205°; $U(II)$ 412°	656	Ag_2SO_4
$AgNO_3$	208	$U(I)$ 159,6°; E 39 Mol%/131°; $IF(I \cdot II)$ 136°	337	KNO_3
$AgNO_3$	208	$U(I)$ 159°; E 25 Mol%/171,5°	249	$LiNO_3$
$AgNO_3$	209	$U(I)$ 159,6°; $IF(I \cdot II)$ 109,6° E 68 Mol%/101,5° $U(II)$ 35°, 85,4° u. 185°	167,8	NH_4NO_3
$AgNO_3$	209,5	E 4,5 Mol%/200,2°	zers.	$Pb(NO_3)_2$

4. Mechanisch-thermische Konstanten usw.

Verbindung I		Angaben über die Liquiduskurve und das Zustandsdiagramm in % (=Gew.%) oder Mol% der Verbindung II, Temperaturangaben in °C	Verbindung II	
Formel	F in °C		F in °C	Formel
Ag_2S	835	lückenlos mb.; Min. 33 Mol%/665°	1121	Cu_2S
Ag_2S	812	E 25,8 Mol%/610°	1171	FeS
Ag_2S	835	23,5 Mol%/630°	1114	PbS
Ag_2S	842	E 19 Mol%/463°; $F(3I \cdot II)$ 483°; E 35,5 Mol%/455°; $F(I \cdot II)$ 509°; E 64 Mol%/449°	546	Sb_2S
Ag_2S	843	E 9,6 Mol%/807°	1670	ZnS
Ag_2SO_4	654	E 36 Mol%/583°	1000	$CdSO_4$
Ag_2SO_4	655	$U(I)$ 412°; E 25 Mol%/567°; $F(I \cdot II)$ 575°; E 68,5 Mol%/556°; $U(II)$ 572°	845	Li_2SO_4
Ag_2SO_4	651	$U(I)$ 412°; lückenlos mb.; $U(II)$ 235°	883	Na_2SO_4
Ag_2SO_4	656	E 33 Mol%/474°; $F(I \cdot II)$ 502°; E 62 Mol%/500°	632	Tl_2SO_4
Ag_2Se	880	E —/760°; $F(3I \cdot 4II)$ 773°; E —/692°	—	Bi_2Se_3
$AlBr_3$	97	E 42 Mol%/76°	190	$AlCl_3$
$AlBr_3$	97,1	E 0,7 Mol%/95,6°; $F(2I \cdot II)$ 224°; E 35,3 Mol%/223,1°	566	$CdBr_2$
$AlBr_3$	97,1	E 0,6 Mol%/96,6°; Monotekt. (I · II) +2 fl. Ph. (1,8 u. 30,8 Mol%)/238,1°; $F(I \cdot II)$ 261°; E 60 Mol%/241°	345	$HgBr$
$AlBr_3$	97	Monotekt. I+2 fl. Ph (2 u. 13 Mol%)/96°; E 28 Mol%/83°; $IF(I \cdot II)$ 177°	682	KJ
$AlBr_3$	97,1	E nahe I; Monotekt. $(2I \cdot II)$+ 2 fl.Ph. (0,8 u. 16,2 Mol%)/210,4°; $F(2I \cdot II)$ 274°; E 47 Mol%/234°	488	$PbBr_2$
$AlBr_3$	97,1	E 1 Mol%/96,3°; Monotekt. $(2I \cdot II)$+2 fl. Ph. (1,8 u. 14,2 Mol%)/161,1°; $F(2I \cdot II)$ 205°; E 44 Mol%/175°; $F(I \cdot II)$ 183°; E 63 Mol% 158°	232	$SnBr_2$
$AlBr_3$	≈95	E 77 Mol%/20°	30	$SnBr_4$
$AlCl_3$	190,2	E 90 Mol%/69°	73,4	$SbCl_3$
AlF_3	—	E 64 Mol%/820°	1360	CaF_2
AlF_3	—	E≈60 Mol%/490°; $F(I \cdot 3II)$/820°; E 95 Mol%/685°	715	CsF
AlF_3	—	$IF(I \cdot II)/575°$; E 55 Mol%/565°; $F(I \cdot 3II)/1025°$; E 94 Mol%/840°	875	KF
AlF_3	—	E 64 Mol%/710°; $F(I \cdot 3II)/790°$; E 85 Mol%/715°	860	LiF
AlF_3	—	E 53 Mol%/685°; $IF(3I \cdot 5II)/725°$; $F(I \cdot 3II)/1000°$; E 86 Mol%/885°	992	NaF

427. Lösungsgleichgewichte (Zustandsdiagramme)

Verbindung I		Angaben über die Liquiduskurve und das Zustandsdiagramm in % (=Gew.%) oder Mol% der Verbindung II, Temperaturangaben in °C	Verbindung II	
Formel	F in °C		F in °C	Formel
AlF_3	—	E 60 Mol%/560°; $F(I \cdot 3II)$/980°; E 93 Mol%/790°	833	RbF
AlJ_3	188	E 35 Mol%/120°; $F(I \cdot II)$/157°; E 58 Mol%/132°	≈ 250	HgJ_2
AlJ_3	188	E 67 Mol%/94°	113,6	J_2
AlJ_3	188	E 34 Mol%/140°; $F(I \cdot II)$ $\approx 147°$; E 60 Mol%/$\approx 135°$	170	SbJ_3
AlK_3F_6	991	E 23,5 Mol%/945°; $F(5I \cdot 2II)$ 952°; E 31 Mol%/948°; $F(2I \cdot II)$ 952°; E 34,5 Mol%/950°; $F(5I \cdot 3II)$ 952°; E 45 Mol%/941°; $F(I \cdot II)$ 948°; E 57 Mol%/940°; $F(3I \cdot 5II)$ 945°; E 66 Mol%/936°; $F(I \cdot 2II)$ 941°; E 68,5 Mol%/939°	1001	$AlNa_3F_6$
$AlLi_3F_6$	≈ 790	lückenlos mb.; Min. 35 Mol%/$\approx 730°$	1000	$AlNa_3F_6$
$AlLi_3F_6$	790	E nahe II	2050	Al_2O_3
$AlNa_3F_6$	1000	E 27,5 Mol%/937°	2050	Al_2O_3
$AlNa_3F_6$	977	$E \approx 27$ Mol%/$\approx 900°$	1360	CaF_2
Al_2O_3	2050	E 12 Mol%/1890°; $F(6I \cdot II)$ 1900°; E 35 Mol%/1790°; $F(I \cdot II)$ 1830°; E 69,5 Mol%/1710°; $F(I \cdot 3II)$ 1750°; E 79 Mol%/1660°	1923	BaO
Al_2O_3	2015	E 21 Mol%/1890°; $F(3I \cdot II)$ 1910°; E 40 Mol%/1850°; $F(I \cdot II)$ 1870°; E 58 Mol%/1835	2500	BeO
Al_2O_3	2040	E 36 Mol%/1715°; $F(5I \cdot 3II)$ 1735°; E 48 Mol%/1596°; $F(I \cdot II)$/1606°; E 62 Mol%/1402°; $F(3I \cdot 5II)$/1458°; E 65 Mol%/1397°; $IF(I \cdot 3II)$/1539°	2570	CaO
Al_2O_3	2050	E 45 Mol%/1785°	>2600	CeO_2
Al_2O_3	2050	E 20 Mol%/1910°; $F(I \cdot II)$/1960°; E 90 Mol%/1715°	1810	CoO
Al_2O_3	2045	lückenlos mb.	2275	Cr_2O_3
Al_2O_3	2050	E 92 Mol%/1160°	1230	Cu_2O
Al_2O_3	2050	$IF(I \cdot II)$/1440°; E 96,4 Mol%/1305°	1370	FeO
Al_2O_3	2050	lückenlos mb.	1740	Ga_2O_3
Al_2O_3	2050	E 30 Mol%/1870°	2315	La_2O_3
Al_2O_3	2050	E 17 Mol%/2000°; $F(I \cdot II)$ 2115°; E 66 Mol%/1990°	2800	MgO
Al_2O_3	2050	$IF(I \cdot II)$ 1560°; E 81 Mol%/1520°	1785	MnO
Al_2O_3	2045	lückenlos mb.	1560	Mn_3O_4
Al_2O_3	2050	E 20 Mol%/1955°; $F(I \cdot II)$ 2020°; E 90 Mol%/1875°	1960	NiO

4. Mechanisch-thermische Konstanten usw.

Verbindung I		Angaben über die Liquiduskurve und das Zustandsdiagramm in % (=Gew.%) oder Mol% der Verbindung II, Temperaturangaben in °C	Verbindung II	
Formel	F in °C		F in °C	Formel
Al_2O_3	2035	$U(I \to 3I \cdot 2II) \approx 44\%/1810°$; $E(3I \cdot 2II + \alpha\text{-Crist.})$ 94,5%/ 1595°	1730	SiO_2
Al_2O_3	2050	E 33 Mol%/1805°; $F(I \cdot II)$ 2015°; $E-$	2430	SrO
Al_2O_3	2050	E 46 Mol%/1870°; $F(I \cdot 2II)$ 1900°; E 87 Mol%/1700°	1850	TiO_2
Al_2O_3	2050	E 25 Mol%/1920°	3055	ThO_2
Al_2O_3	2050	$E-$; $F(I \cdot II)$ 1950°; E 83 Mol%/ 1820°	1975	ZnO
Al_2O_3	2015	E 50 Mol%/1885°	—	ZrO_2
Al_2S_3	1100	E 63 Mol%/1060°; $F(I \cdot 4II)$ 1110°; E 96 Mol%/1025°	1131	Cu_2S
$AsBr_3$	30,8	lückenlos mb.	−16,2	$AsCl_3$
$AsBr_3$	31	E 28 Mol%/22,2°	142	AsJ_3
$AsBr_3$	31	E 66 Mol%/−31,5°	−7,3	Br_2
$AsBr_3$	30	lückenlos mb.	−40	PBr_3
$AsBr_3$	30	E 18 Mol%/23°	108	PBr_5
$AsBr_3$	30	E 87 Mol%/−56°	−46	S_2Br_2
$AsBr_3$	30	lückenlos mb.	90	$SbBr_3$
$AsCl_3$	−13	E 2,5 Mol%/−20,9°	142	AsJ_3
$AsCl_3$	−16	E 94 Mol%/−107°	−102,5	Cl_2
AsJ_3	135,5	E 8 Mol%/71,5°	114,5	J_2
AsJ_3	135,5	lückenlos mb.; Min. 70 Mol%/ 128°	165	SbJ_3
As_2S_3	540	E 17,3 Mol%/580°; $IF(I \cdot 2II)$ 580°	1109	PbS
BBr_3	−47,5	E 20 Mol%/−60,4°	−5,7	Br_2
BCl_3	−108,7	E 46,5 Mol%/−135,4°	−103	Cl_2
BCl_3	−108,7	E 80,3 Mol%/−134,5°	−115,5	HCl
BF_3	−127,0	E 8,1 Mol%/−130,2°; 2 fl. Ph. (21,3...87,5 Mol%)/−92°	−86,0	HBr
BF_3	−127,0	E 27,7 Mol%/−134,2°	−113,1	HCl
BF_3	−126,8	E 23,4 Mol%/−138°	−91	N_2O
BF_3	−127,5	E 78,5 Mol%/−163,5°	−151,5	PF_3
BF_3	−128,8	E 22 Mol%/−148°; $F(I \cdot II)$ −137°; E 53 Mol%/−140°; $IF(I \cdot 7II)$ −99°	−85,5	H_2S
BF_3	−126,8	E 4,8 Mol%/−128,6°; $F(I \cdot II)$ −96°; E 62 Mol%/−97,2°	−73,5	SO_2
B_2O_3	580	$E-$; Monotekt (3I · II) +2 fl. Ph. (3 u. 19 Mol%)/740°; $F(2I \cdot II)$ 768°; $IF(4I \cdot 5II)$ 548°; $IF(I \cdot 2II)$ 497°; E 70 Mol%/493°; $F(I \cdot 4II)$ 565°; E 83 Mol%/560°; $U(II)$ 552°	886	PbO
$BaBr_2$	847	E 48 Mol%/613°; $F(I \cdot 2II)$ 634°; E 77 Mol%/632°	730	KBr
$BaBr_2$	847	E 60 Mol%/600°	742	$NaBr$

427. Lösungsgleichgewichte (Zustandsdiagramme)

Verbindung I		Angaben über die Liquiduskurve und das Zustandsdiagramm in % (=Gew.%) oder Mol% der Verbindung II, Temperaturangaben in °C	Verbindung II	
Formel	F in °C		F in °C	Formel
$BaCO_3$	1740	$U(I)$ 982°; E 92,5 Mol%/860°; $U(II)$ 925°	960	$BaCl_2$
$BaCO_3$	1740	E 52 Mol%/1139°	1259	$CaCO_3$
$BaCO_3$	1740	E 63 Mol%/686°	857	Na_2CO_3
$BaCl_2$	958	E 19 Mol%/854°; $F(I \cdot II)$ 1008°; E 73,5 Mol%/936°	1280	BaF_2
$BaCl_2$	960	E 90 Mol%/700°	740	BaJ_2
$BaCl_2$	962	$U(I)$ 921°; E 12,5 Mol%/900°; $IF(I \cdot 2II)$ 995°; $IF(I \cdot 3II)$ 1335°	1923	BaO
$BaCl_2$	962	$IF(I \cdot II)$ 623°; E 63,3 Mol%/592°	772	$CaCl_2$
$BaCl_2$	960	$U(I)$ 923°; E 56 Mol%/450°	568	$CdCl_2$
$BaCl_2$	963	$U(I)$ 927°; E 55 Mol%/655°; $F(I \cdot 2II)$ 670°; E 75 Mol%/670°	775	KCl
$BaCl_2$	923	E 70 Mol%/511°	602	$LiCl$
$BaCl_2$	922	E 37 Mol%/550°	720	$MgCl_2$
$BaCl_2$	960	$IF(2I \cdot II)$ 545°; E 63 Mol%/505°	650	$MnCl_2$
$BaCl_2$	962	E 61 Mol%/640°	800	$NaCl$
$BaCl_2$	955	lückenlos mb.	510	$PbCl_2$
$BaCl_2$	955	$U(I)$ 922°; lückenlos mb.; Min. 70 Mol%/847°	870	$SrCl_2$
$BaCl_2$	962	$U(I)$ 925°; E nahe II	435	$TlCl$
BaF_2	1280	E 72 Mol%/750°	885	KF
BaF_2	1285	E 65 Mol%/825°	992	NaF
BaF_2	1280	lückenlos mb.; Min. 50 Mol%/1080°	1260	SrF_2
BaJ_2	710	E 80 Mol%/475°	528	SrJ_2
$Ba(NO_3)_2$	592	E 94 Mol%/284°	312	$NaNO_3$
BaO	1923	E 45 Mol%/1475°	2800	MgO
BaO	—	$F(2I \cdot II)$ 16,4%/>1750°; E 25,5%/1551°; $F(I \cdot II)$ 28,2%/1604°; E 35%/1437°; $F(2I \cdot 3II)$ 37,1%/1450°; $U(2I \cdot 3II \rightarrow I \cdot 2II)$ 44%/1420°; E 53%/1374°; $U(\alpha\text{-Trid} \rightleftharpoons \alpha\text{-Crist.}) \approx 57\%/1470°$	1740	SiO_2
BaO	1923	E 10 Mol%/1340°; $F(I \cdot II)$ 2630°; E 86 Mol%/2060°	2687	ZrO_2
$BaSO_4$	1350	lückenlos mb.	1297	$CaSO_4$
$BaSO_4$	1350	E 80 Mol%/760°	856	Li_2SO_4
$BaSiO_3$	1604	E 27,%/1263°; $U(I \cdot 2II \rightleftharpoons II)$ 48%/51320°	1540	$CaSiO_3$
$BeCl_2$	404	E 53 Mol%/292°	498	$PbCl_2$
BeF_2	543	E 11 Mol%/495°; $IF(I \cdot II)$ 890°	1330	CaF_2
BeF_2	540	$IF(2I \cdot II)$ 417°; E 48 Mol%/360°; $IF(I \cdot II)$ 360°; $IF(2I \cdot 3II)$ 445°; $F(I \cdot 2II)$ 475°; E 69 Mol%/462°	845	LiF

4. Mechanisch-thermische Konstanten usw.

Verbindung I		Angaben über die Liquiduskurve und das Zustandsdiagramm in % (= Gew.%) oder Mol% der Verbindung II, Temperaturangaben in °C	Verbindung II	
Formel	F in °C		F in °C	Formel
BeF_2	543	E 6 Mol%/528°	1240	MgF_2
BeF_2	540	E 38 Mol%/340°; $F(I \cdot II)$ 372°; E 55,7 Mol%/340°; $IF(2I \cdot 3II)$ 348°; $F(I \cdot 2II)$ 578°; E 69 Mol%/560°	990	NaF
BeO	2520	lückenlos mb.; Min. 35 Mol%/2230°	≈2400	Cr_2O_3
BeO	2520	E 94 Mol%/1200°	1230	Cu_2O
BeO	2520	E 40 Mol%/1855°	2800	MgO
BeO	2520	E 40 Mol%/1530°	1590	Mn_3O_4
BeO	2570	E ≈36 Mol%/2240°	2687	ZrO_2
$BeSO_4$	1000	E ≈20 Mol%/≈880°; $F(2I \cdot II)$ 910°; E 68 Mol%/768°; $U(II)$ 588°	1071	K_2SO_4
$BiCl_3$	224	E 36 Mol%/190°	424	CuCl
$BiCl_3$	224	E 36,8 Mol%/171,5°	298	$FeCl_3$
$BiCl_3$	224	E 11,2 Mol%/205,3°	510	$PbCl_2$
$BiCl_3$	224	E 33 Mol%/150°; $IF(2I \cdot 3II)$ 225°; $IF(I \cdot 2II)$ 330°; $F(I \cdot 3II)$ 413°; E 87,5 Mol%/360°	429	TlCl
$BiCl_3$	232,5	E 5 Mol%/215°	318	$ZnCl_2$
$Bi_2(MoO_4)_3$	643	E 30 Mol%/616°	1065	$PbMoO_4$
Bi_2O_3	817	$IF(4I \cdot II)$ 695°; E 36 Mol%/680°; $F(3I \cdot 2II)$ 686°; E 65 Mol%/610°; $F(I \cdot 2II)$ 625°; E 74 Mol%/580°	870	PbO
Bi_2S_3	727	E 50 Mol%/614°; $F(I \cdot II)$ 615°; E 97 Mol%/570°	575	Bi_2Te_3
Br_2	−7,2	E 18 Mol%/−15,5°	93	$SbBr_3$
Br_2	−7,3	E 92,3 Mol%/−95°	−87,3	HBr
Br_2	−7,3	E 77 Mol%/−52°	−39,5	S_2Br_2
Br_2	−7,1	E 99 Mol%/−75,5°	−75,1	SO_2
HBr	−83,1	lückenlos mb.; Min. 51,5 Mol%/−88°	−82,6	H_2S
Ca	851	E 3 Mol%/780° oder 809°	1195	Ca_3N_2
$CaBr_2$	760	lückenlos mb.; Min. 40 Mol%/740°	780	$CaCl_2$
$CaCO_3$	zers.	$IF(2I \cdot II)$ ≈840°; E ≈40 Mol%/≈790°; $F(I \cdot II)$ ≈820°; E ≈60 Mol%/≈750°	≈890	K_2CO_3
$CaCl_2$	765	E 19 Mol%/664°; $IF(I \cdot II)$ 755°	1360	CaF_2
$CaCl_2$	770	lückenlos mb.; Min. 85 Mol%/545°	565	$CdCl_2$
$CaCl_2$	772	E 9 Mol%/708°; $F(I \cdot II)$ 1030°; E 90 Mol%/610°	640	CsCl
$CaCl_2$	777	E 26 Mol%/640°; $F(I \cdot II)$ 754°; E 73,5 Mol%/600°	776	KCl
$CaCl_2$	774	E 62 Mol%/496°	612	LiCl
$CaCl_2$	777	E 60,9 Mol%/621°	711	MgC_2l

427. Lösungsgleichgewichte (Zustandsdiagramme)

Verbindung I		Angaben über die Liquiduskurve und das Zustandsdiagramm in % (= Gew.%) oder Mol% der Verbindung II, Temperaturangaben in °C	Verbindung II	
Formel	F in °C		F in °C	Formel
CaCl$_2$	782	lückenlos mb.; Min. 65,4 Mol%/590°	650	MnCl$_2$
CaCl$_2$	777	E 47 Mol%/500°	800	NaCl
CaCl$_2$	772	E 83 Mol%/468°	495	PbCl$_2$
CaCl$_2$	777	E 98,3 Mol%/245°	245	SnCl$_2$
CaCl$_2$	782	E 33 Mol%/648°; F(I · II) 683°; E 93 Mol%/419°	435	TlCl
CaCl$_2$	777	E 98,8 Mol%/274°	274	ZnCl$_2$
CaF$_2$	1330	E 81 Mol%/620°	740	CaJ$_2$
CaF$_2$	1386	E 23,5 Mol%/1362°	2570	CaO
CaF$_2$	1360	E 37,5 Mol%/1060°; F(I · II) 1068°; E 84,5 Mol%/782°	860	KF
CaF$_2$	1403	E 57 Mol%/945°	1270	MgF$_2$
CaF$_2$	1403	E 68 Mol%/810°	990	NaF
Ca(NO$_3$)$_2$	556	lückenlos mb.; Min. nahe II	—	Mg(NO$_3$)$_2$
Ca(NO$_3$)$_2$	561	E 90 Mol%/129°	169,6	NH$_4$NO$_3$
Ca(NO$_3$)$_2$	561	E 71 Mol%/222,8°	305,5	NaNO$_3$
Ca(NO$_3$)$_2$	561	lückenlos mb.	645	Sr(NO$_3$)$_2$
CaO	2580	E 58 Mol%/1425°	1810	CoO
CaO	2570	E 68 Mol%/1079°	1370	FeO
CaO	2570	IF(2I · II) 1436°; IF(I · II) 1216°; E 54 Mol%/1203°; IF(I · 2II) 1227°	1580	Fe$_2$O$_3$
CaO	2580	E 57 Mol%/1725°	1960	NiO
CaO	2570	IF(4I · II) 1630°; E 22 Mol%/1570°; F(3I · II) 1730°; E 30 Mol%/1270°; F(2I·II) 1300°; E 45 Mol%/960°; F(I · II) 975°; IF(2I·3II) 780°; E 63 Mol%/740°; F(I · 2II) 800°; E 85,5 Mol%/480°	566	P$_2$O$_5$
CaO	2570	E 32,5%/2065°; F(α-2I · II) 35%/2130°; Ü(α-2I · II) → (3I · 2II) 41,8%/1475°; E 46%/1455°; F(α-I · II) 51,8%/1540; E 63%/1436°; U(α-Trid ⇌α-Crist.) ≈68%/1470°; Monotekt. α-Crist. +2 fl. Ph. (≈72 u. 99,4%)/1698°	1730	SiO$_2$
CaO	2570	lückenlos mb.	2430	SrO
CaO	2580	E 24 Mol%/1860°; F(3I · II)? 1870°; E 32 Mol%/1760°; F(2I · II) 1800°; E 42 Mol%/1750°; F(I · II) 1980°; E 83 Mol%/1440°	1855	TiO$_2$
CaO	2580	E 40 Mol%/2300°	3055	ThO$_2$
CaO	2500	E ≈45 Mol%/2080°; MK-Bildung bei II	2700	UO$_2$
CaO	2580	E 24 Mol%/2230°; F(I · II) 2580°; E 62 Mol%/2370°	2687	ZrO$_2$

4. Mechanisch-thermische Konstanten usw.

Verbindung I		Angaben über die Liquiduskurve und das Zustandsdiagramm in % (=Gew.%) oder Mol% der Verbindung II, Temperaturangaben in °C	Verbindung II	
Formel	F in °C		F in °C	Formel
CaS	2450	E 77 Mol%/1120°	1174	FeS
CaSO$_4$	1450	U(I) 1196°; $E \approx$ 87 Mol%/ $\approx$730°	777	CaCl$_2$
CaSO$_4$	1450	U(I) 1196°; F(2I · II) 1004°; E 58 Mol%/867°; U(I · 2II) 938°; U(II) 580°	1057	K$_2$SO$_4$
CaSO$_4$	1450	U(I) 1205°; E 83,5 Mol%/695°; U(II) 575°	852	Li$_2$SO$_4$
CaSO$_4$	1297	E 80 Mol%/725°	800	NaCl
CaSiO$_3$	1540	lückenlos mb.; Min. 56%/1477°		SrSiO$_3$
CdBr$_2$	567	lückenlos mb.; Min. 40 Mol%/ 551°	563	CdCl$_2$
CdBr$_2$	567	E 45 Mol%/345°; F(I · II) 354°; E 63 Mol%/305°; IF(I+4II) 324°	735	KBr
CdBr$_2$	567	E 53 Mol%/368°	747	NaBr
CdBr$_2$	575	E 82 Mol%/344°	375	PbBr$_2$
CdCl$_2$	563	E 69 Mol%/359°	385	CdJ$_2$
CdCl$_2$	571	E 16,5 Mol%/542°	1000	CdSO$_4$
CdCl$_2$	560	lückenlos mb.	724	CoCl$_2$
CdCl$_2$	562	E 26 Mol%/440°; F(I · II) 545°; E 65 Mol%/454°; F(I · 2II) 462°; E 77 Mol%/445°	630	CsCl
CdCl$_2$	560	lückenlos mb.	674	FeCl$_2$
CdCl$_2$	562	E 34 Mol%/382°; F(I · II) 431°; E 62 Mol%/391°; IF(I·4II) 461°	774	KCl
CdCl$_2$	568	E 21 Mol%/312°; F(2I·II) 366°; E 47 Mol%/267°; IF(I · II) 289°; F(I · 4II) 340°; (I · 4II) im Gleichgewicht mit fl. CdCl$_2$ und NH$_4$Cl-Dampf	340 subl.	NH$_4$Cl
CdCl$_2$	562	E 45 Mol%/392°; IF(I·2II) 425°	798	NaCl
CdCl$_2$	568	E 90 Mol%/235°	250	SnCl$_2$
CdCl$_2$	578	E 35 Mol%/408°; F(I·II) 436°; E 79 Mol%/315°	435	TlCl
CdCl$_2$	568	E nahe II	261,5	ZnCl$_2$
CdF$_2$	1110	E 53 Mol%/660°	1040	NaF
CdJ$_2$	380	lückenlos mb.; U(II) 128°	253	HgJ$_2$
CdJ$_2$	383	E 47,5 Mol%/185°; IF(I · 2II) 269° U(I·2II) 215°;	678	KJ
CdJ$_2$	385	E 47 Mol%/287°	653	NaJ
Cd(NO$_3$)$_2$	350	E 54 Mol%/168°; F(I·2II) 199°; E 75 Mol%/175°	337	KNO$_3$
Cd(NO$_3$)$_2$	350	E 53 Mol%/135°	309	NaNO$_3$
CdSO$_4$	1000	IF(3I · II) 813°; IF(2I·II) 763°; E 54,5 Mol%/653°	1066	K$_2$SO$_4$
CeF$_3$	≈197	E 75 Mol%/660°	885	KF
CeO$_2$	>2600	E 30 Mol%/2240°	2800	MgO

427. Lösungsgleichgewichte (Zustandsdiagramme)

Verbindung I		Angaben über die Liquiduskurve und das Zustandsdiagramm in % (=Gew.%) oder Mol% der Verbindung II, Temperaturangaben in °C	Verbindung II	
Formel	F in °C		F in °C	Formel
CeO_2	≈ 2550	lückenlos mb.; Min. 80 Mol%/$\approx 2200°$	2680	ZrO_2
Cl_2	$-94,4$	E 60 Mol%/$-107,4°$	$-64,5$	$NOCl$
Cl_2	-103	E 18 Mol%/$-107,2°$; $IF(I \cdot 2II) - 55°$	1,15	$POCl_3$
Cl_2	$-100,9$	E 3 Mol%/$-102,2°$	$-75,2$	SO_2
Cl_2	$-100,9$	E 22,7 Mol%/$-109,1°$	$-54,1$	SO_2Cl_2
Cl_2	$-102,5$	E 25 Mol%/$-117,0°$	$-67,8$	$SiCl_4$
Cl_2	$-102,5$	E 22 Mol%/$-108°$	$-22,5$	$TiCl_4$
HCl	$-111,5$	E 5,8 Mol%/$-122°$; $IF(3I \cdot II)$ $-99,4°$; $F(2I \cdot II) -61°$; E 43,1 Mol%/$-77°$; $F(I \cdot II)$ $-54,8°$; E 61,5 Mol%/$-90°$ $F(I \cdot 3II) -57,2°$; E 86,2% $-86,2°$	$-41,3$	HNO_3
HCl	$-111,6$	lückenlos mb.; Min. 28,7 Mol%/ $-117,4°$	$-82,6$	H_2S
HCl	$-112,0$	E 20,7 Mol%/$-133,4°$	$-72,0$	SO_2
$ClNO$	$-60,8$	E 38 Mol%/$-74,8°$	$-9,3$	N_2O_4
Cl_3PO	1	E 74,9 Mol%/$-738°$	$-54,1$	SO_2Cl_2
$CoCl_2$	732	$U(I)$ 700°; E 30 Mol%/658°	1050	$CoSO_4$
$CoCl_2$	730	lückenlos mb.	677	$FeCl_2$
$CoCl_2$	724	lückenlos mb.	649	$MnCl_2$
$CoCl_2$	≈ 730	E 60,4 Mol%/424°	498	$PbCl_2$
$CoCl_2$	735	E 93 Mol%/312°	313	$ZnCl_2$
$Co(NO_3)_2 \cdot 4H_2O$		lückenlos mb.	45,5	$Zn(NO_3)_2 \cdot 4H_2O$
CoO	1810	lückenlos mb.	1370	FeO
CoO	1810	lückenlos mb.	2800	MgO
CoO	1810	E 55 Mol%/1725°	2687	ZrO_2
CoS	1060	lückenlos mb.	1180	FeS
$CoSO_4$	1076	E 32 Mol%/729°; $F(2I \cdot II)$ 739°; $IF(I \cdot II)$ 590°; E 60 Mol%/536°; $U(2I \cdot II)$ 440°; $U(II)$ 595°	1069	K_2SO_4
$CoSO_4$	990	E 52 Mol%/575°; $IF(I \cdot 3II)$ 425°	887	Na_2SO_4
CrO_4K_2	978	$U(I)$ 666°; lückenlos mb.; Min. 75 Mol%/740°; $U(II)$ 392°	780	CrO_4Na_2
CrO_4K_2	971	$U(I)$ 666°; E 99 Mol%/393°	396	$Cr_2O_7K_2$
CrO_4K_2	984	$U(I)$ 666°; E 69 Mol%/650°	770	KCl
CrO_4K_2	976	$U(I)$ 670°; E 47 Mol%/758°; $F(I \cdot II)$ 762°; E 70 Mol%/732°; $U(I \cdot II)$ 616°	857	KF
CrO_4K_2	978	lückenlos mb.	926	K_2MoO_4
CrO_4K_2	976	E 99 Mol%/325°	336	KNO_3
CrO_4K_2	976	E 92 Mol%/358°; $U(II)$ 375°	403	KOH
CrO_4K_2	971	lückenlos mb.	1072	K_2SO_4
CrO_4K_2	971	$U(I)$ 666°; lückenlos mb.; $U(II)$ 575°	894	K_2WO_4
$Cr_2O_7K_2$	393	$E-$; $F(I \cdot II)$ 310°; E 74 Mol%/308°; $U(II)$ 350°	360	$Cr_2O_7Na_2$

4. Mechanisch-thermische Konstanten usw.

Verbindung I		Angaben über die Liquiduskurve und das Zustandsdiagramm in % (=Gew.%) oder Mol% der Verbindung II, Temperaturangaben in °C	Verbindung II	
Formel	F in °C		F in °C	Formel
$Cr_2O_7K_2$	395	E 28 Mol%/366°	790	KCl
CrO_4Li_2	517	E 31,5 Mol%/383°; $F(I \cdot II)$ 412°; E 53,5 Mol%/408°	790	CrO_4Na_2
CrO_4Li_2	517	E 36 Mol%/450°; $F(I \cdot II)$ 458°; E 53 Mol%/427°; $F(3I \cdot 4II)$ 430°; E 71 Mol%/318°	477	LiOH
CrO_4Na_2	780	E 45 Mol%/572°	800	NaCl
Cr_2O_3	>2200	E 45 Mol%/≈2200°	2687	ZrO_2
CsCl	632	E 17 Mol%/574°	860	Cs_2SO_4
CsCl	639	$IF(3I \cdot 2II)$ 320°; E 55 Mol%/235°; $F(I \cdot 2II)$ 274°; E 77 Mol%/218°	422	CuCl
CsCl	632	lückenlos mb.; Min. 34 Mol%/616°	775	KCl
CsCl	630	$U(I)$ 397°; E 58,5 Mol%/332°	607	LiCl
CsCl	646	$U(I)$ 451°; E 35 Mol%/493°	819	NaCl
CsCl	629	lückenlos mb.	722	RbCl
CsF	705	E 16 Mol%/648°; $F(I \cdot II)$ 798°; E 54 Mol%/793°	1019	Cs_2SO_4
CsF	705	E 45 Mol%/151,5°; $F(I \cdot II)$ 176°; E 64 Mol%/38,3°; $F(I \cdot 2II)$ 50,2°; E 71 Mol%/16,9°; $F(I \cdot 3II)$ 32,6°; E 83 Mol%/−49,5°; $F(I \cdot 6II)$ −42,3°; E —	−85	HF
$CsNO_3$	414	MK mehrerer Typen	169	NH_4NO_3
$CsNO_3$	414	MK mehrerer Typen	316	$RbNO_3$
Cs_2SO_4	860	lückenlos mb.	1076	K_2SO_4
Cs_2SO_4	—	E 31 Mol%/680°; $F(I \cdot II)$ 738°; E 75,5 Mol%/630°; $F(I \cdot 4II)$ 637°; E 89,5 Mol%/620°	852	Li_2SO_4
CuBr	480	$U(I)$ 384°; lückenlos mb.; Min. 70 Mol%/408°	419	CuCl
CuCN	473	E 24,4 Mol%/280°; $F(2I \cdot II)$ 327°; E 39,3 Mol%/324°; $F(I \cdot II)$ 327°; E 57,9 Mol%/277°; $E(I \cdot 3II)$ 398°; E∼75 Mol%/398°	622,5	KCN
CuCN	473	E 26 Mol%/350°; $F(I \cdot II)$ 398°; E 60 Mol%/370°; $F(I \cdot 2II)$ 375°; E 67 Mol%/375°; $IF(I \cdot 3II)$ 400°	562,3	NaCN
CuCl	422	E 13 Mol%/378°	622	$CuCl_2$
CuCl	419	E 43 Mol%/284°; $U(II)$ 400°	590	CuJ
CuCl	423	E nahe I	1230	Cu_2O
CuCl	424	E 37,9 Mol%/304°; $F(I \cdot II)$ 320°; E 81,7 Mol%/263°	298	$FeCl_3$
CuCl	425	E 44 Mol%/330°	383	HgCl
CuCl	422	E 34 Mol%/150°; $IF(I \cdot 2II)$ 245°	760	KCl
CuCl	422	E 27 Mol%/314°	806	NaCl

Verbindung I		Angaben über die Liquiduskurve und das Zustandsdiagramm in % (=Gew.%) oder Mol% der Verbindung II, Temperaturangaben in °C	Verbindung II	
Formel	F in °C		F in °C	Formel
CuCl	440	E 32 Mol%/258°	496	PbCl$_2$
CuCl	422	E 32 Mol%/150°; IF(3I·2II) 190°; IF(I·2II) 250°	717	RbCl
CuCl	424	E 64,3 Mol%/171,7°	247,3	SnCl$_2$
CuCl	422	E 40 Mol%/122°; IF(I·2II) 225°	429	TlCl
CuCl	424	E 84,7 Mol%/241,6°	261,5	ZnCl$_2$
CuCl$_2$	622	E 46 Mol%/360°; F(I·II) 364°; E 62 Mol%/320°; F(I·2II) 330°; E 70 Mol%/325°	760	KCl
CuO·Fe$_2$O$_3$	455	lückenlos mb.	590	NiO·Fe$_2$O$_3$
CuJ	605	E nahe II	113,6	J$_2$
CuO	1336	E 19,9 Mol%/698°	875	PbO
Cu$_2$O	1230	E 20 Mol%/1175°	2800	MgO
Cu$_2$S	1140	E —; F(2I·II) 1090°; E 70 Mol%/940°	1191	FeS
Cu$_2$S	1121	E 41 Mol%/540°	1114	PbS
Cu$_2$S	1115	E 24 Mol%/610°; F(3I·II) 610°; E 49 Mol%/542°; F(I·II) 552°; E 79 Mol%/490°	545	Sb$_2$O$_3$
HF	−83,7	E 6,9 Mol%/−97°; F(4I·II) 72°; E 22,9 Mol%/63,6°; F(3I·II) 65,8°; E 27,3 Mol%/62,4°; F(5I·2II) 64,3°; E 30,3 Mol%/61,8°; F(2I·II) 71,7°; E 35,1 Mol%/68,3°; F(I·II) 239°; E 51,4 Mol%/229,5°; U(I·II) 195°	857	KF
FeCl$_2$	674	lückenlos mb.	712	MgCl$_2$
FeCl$_2$	677	lückenlos mb.	690	MnCl$_2$
FeCl$_2$	677	E 53,4 Mol%/421°	498	PbCl$_2$
FeCl$_2$	675	E 98 Mol%/≈240°	248	SnCl$_2$
FeCl$_2$	683	E nahe II	300	ZnCl$_2$
FeCl$_3$	303	E 35 Mol%/221°; F(I·II) 295°; E 62 Mol%/235°	340 subl.	NH$_4$Cl
FeCl$_3$	303	E 46 Mol%/158°	800	NaCl
FeCl$_3$	298	E 36,8 Mol%/178,6°	501	PbCl$_2$
FeCl$_3$	298	E 73,5 Mol%/214°	261,5	ZnCl$_2$
FeO	1370	E 65 Mol%/920°	1174	FeS
FeO	≈1370	lückenlos mb.	≈2800	MgO
FeO	1370	E 33 Mol%/950	—	Na$_2$O
FeO	1380	E 24%/1177°; F(2I·II) 29,5%/1205°; E 38%/1178°; $Ü$(α-Trid→α-Crist.) 42,5%/1470°; Monotekt. α-Crist. +2 fl. Ph. (58 u. 97%) 1690° s. Abb. 1	1730	SiO$_2$
FeO	1380	E 4,5 Mol%/1305°; F(2I·II) 1470°; E 39,4 Mol%/1370; F(I·II) 1470°; E 65,6 Mol%/1330°	1775	TiO$_2$

4. Mechanisch-thermische Konstanten usw.

Verbindung I		Angaben über die Liquiduskurve und das Zustandsdiagramm in % (=Gew.%) oder Mol% der Verbindung II, Temperaturangaben in °C	Verbindung II	
Formel	F in °C		F in °C	Formel
Fe_2O_3	—	lückenlos mb. s. Abb. 2	—	$FeTiO_3$
Fe_2O_3	1550... 1590	E 35 Mol%/1520°	2687	ZrO_2
$Fe_2O_3 \cdot NiO$	590	lückenlos mb.	—	Fe_2O_3ZnO
Fe_3O_4	1600	lückenlos mb.	2800	MgO
Fe_3O_4	1591	lückenlos mb.	1565	Mn_3O_4
FeS	1163	E 6,5 Mol%/1164°	1610	MnS
FeS	1174	$IF(I \cdot II)$ 660°; E 57 Mol%/585°	970	Na_2S
FeS	1187	E 46,2 Mol%/863°	1114	PbS
FeS	1188	E 70 Mol%/785°	870	SnS
FeS	1188	E 6,4 Mol%/1180°	1680	ZnS
Ga_2O_3	1741	lückenlos mb.	>2000	In_2O_3
GeO_2	1126	E 19,7 Mol%/1006°; $F(3I \cdot II)$ 1038°; E 46,7 Mol%/789°; $F(I \cdot II)$ 797°; E 63,7 Mol%/710°	842	GeO_3K_2
GeO_2	1126	E 20,5 Mol%/1042°; $F(3I \cdot II)$ 1052°; E 46,2 Mol%/789°; $F(I \cdot II)$ 799°; E 53,8 Mol%/778°	1083	GeO_3Na_2
H_2O_2	−1,72	E 16 Mol%/−32,2°	770	KCl
H_2O_2	−1,72	E 15 Mol%/−14°	800	NaCl
H_2O_2	−1,72	E 6,5 Mol%/−15,2°	992	NaF
H_2O_2	−1,72	E 22 Mol%/−11°	312	$NaNO_3$
HfC	3880	lückenlos mb.; Max. 80 Mol%/≈3940°	3890	TaC
$HgBr_2$	222	lückenlos mb.; Min. 30 Mol%/215°	265	$HgCl_2$
$HgBr_2$	236	lückenlos mb.; Min. 45 Mol%/216,7°; $U(II)$ 127°	255	HgJ_2
$HgBr_2$	240	E <1 Mol%/240°	850	$HgSO_4$
$HgCl_2$	281	E 48 Mol%/145°	257	HgJ_2
HgCl	383	E 55 Mol%/328°; U 67 Mol%/336°	340	NH_4Cl
HgJ_2	252	E 86,2 Mol%/100,8°	113,6	J_2
$InCl_3$	—	E 72 Mol%/374°	498	$PbCl_2$
$InCl_3$	—	E 96 Mol%/276°	313	$ZnCl_2$
J_2	112,5	E 20 Mol%/78°; $F(3I \cdot 2II)$ 79,8°; E 50 Mol%/77°	682	KJ
J_2	113,6	E 66,7 Mol%/64,1°	73,3	$SbCl_3$
J_2	114,5	E 93,3 Mol%/80°	165	SbJ_3
J_2	113,5	E 38 Mol%/79,6°	143,5	SnJ_4
J_2	113,6	E 37 Mol%/90°	440	TlJ
HJ	−46	lückenlos mb.; Min. 71,6 Mol%/−90,8°	−82,6	H_2S
KBO_2	947	E 24 Mol%/770°; $F(I \cdot II)$ 885°; E 88 Mol%/681°	810	KPO_3
KBO_2	947	E 57 Mol%/582°; $U(II)$ 794°	843	$LiBO_2$
$K_2B_4O_7$	814	$IF(2I \cdot II)$ 754°; E 72 Mol%/712°	856	KF
KBr	740	lückenlos mb.; Min. 28,5 Mol%/734°	775	KCl

427. Lösungsgleichgewichte (Zustandsdiagramme)

Verbindung I		Angaben über die Liquiduskurve und das Zustandsdiagramm in % (= Gew.%) oder Mol% der Verbindung II, Temperaturangaben in °C	Verbindung II	
Formel	F in °C		F in °C	Formel
KBr	732	E 40 Mol%/576°	846	KF
KBr	737	lückenlos mb.; Min. 70 Mol%/664°	683	KJ
KBr	760	E 75 Mol%/300°; U(II) 205°	380	KOH
KBr	730	E 60 Mol%/348°	552	LiBr
KBr	740	lückenlos mb.; Min. 54 Mol%/638°	760	NaBr
KBr	740	lückenlos mb.; Min. 50 Mol%/615°	800	NaCl
			800	NaCl
KBr	740	E 91,5 Mol%/435°	457	TlBr
KCN	622	lückenlos mb.	755	KCl
KCN	622	lückenlos mb.; Min. 55 Mol%/500°	561,7	NaCN
K_2CO_3	896	E 62 Mol%/623°	774	KCl
K_2CO_3	896	$IF(I \cdot II)$ 688°; E 63 Mol%/677°	850	KF
K_2CO_3	896	E 96,3 Mol%/326°	336	KNO_3
K_2CO_3	896	lückenlos mb.	1066	K_2SO_4
K_2CO_3	860	E 42 Mol%/500°; $F(I \cdot II)$ 515°; E 61 Mol%/492°	710	Li_2CO_3
K_2CO_3	860	E 42 Mol%/500°; $F(I \cdot II)$ 515°; E 61 Mol%/492°	710	Li_2CO_3
K_2CO_3	896	lückenlos mb.; Min. 55 Mol%/712°	860	Na_2CO_3
KCl	775	E 87,35 Mol%/345°	370	$KClO_3$
KCl	772	E 45 Mol%/606°	850	KF
KCl	775	E 52,5 Mol%/598°	680	KJ
KCl	775	$IF(I \cdot II)$ 360°; E 94 Mol%/320°	337	KNO_3
KCl	775	$IF(I \cdot II)$ 592°; $IF(I \cdot 2II)$ 448°; E 84 Mol%/401°	404	KOH
KCl	774	E 15 Mol%/720°	1340	K_3PO_4
KCl	775	E 94,5 Mol%/260°	273	KH_2PO_4
KCl	774	E 15 Mol%/735°	1088	$K_4P_2O_7$
KCl	778	E 40 Mol%/691°; U(II) 587°	1074	K_2SO_4
KCl	775	E 58 Mol%/358	605	LiCl
KCl	775	E 96 Mol%/458°	477	LiOH
KCl	776	E 30 Mol%/430°; $F(2I \cdot II)$ 433°; E 35 Mol%/431°; $F(I \cdot II)$ 488°; E 62 Mol%/470°	712	$MgCl_2$
KCl	776	lückenlos mb.	530	NH_4Cl
KCl	774	E 42 Mol%/563°	860	Na_2CO_3
KCl	775	lückenlos mb.; Min. 50 Mol%/658°	800	NaCl
KCl	772	E 26,5 Mol%/648°	990	NaF
KCl	775	$IF(2I \cdot II)$ 490°; E 52 Mol%/412°; $F(I \cdot 2II)$ 440°; E 77 Mol%/429°	500	$PbCl_2$
KCl	770	lückenlos mb.; Min. 67 Mol%/685°	689	RbBr
KCl	775	lückenlos mb	730	RbCl

Verbindung I		Angaben über die Liquiduskurve und das Zustandsdiagramm in % (=Gew.%) oder Mol% der Verbindung II, Temperaturangaben in °C	Verbindung II	
Formel	F in °C		F in °C	Formel
KCl	777	E nahe $(I \cdot II)$; $F(I \cdot II)$ 224°; E 62 Mol%/180°; $F(I \cdot 3II)$ 208°; E 83 Mol%/201°	239	$SnCl_2$
KCl	775	E 28 Mol%/595°; $F(2I \cdot II)$ 597°; E 43 Mol%/575°; $F(I \cdot 2II)$ 638°; E 67 Mol%%/638°	870	$SrCl_2$
KCl	775	E 92,5 Mol%/426°	429	TlCl
$KClO_3$	365	lückenlos mb.; Min. 89 Mol%/236°	258	$NaClO_3$
KF	857	lückenlos mb.; $U(II)$ 265°	380	KOH
KF	855	E 17,5 Mol%/742°; $IF(2I \cdot II)$ 790°; $F(I \cdot II)$ 880°; E 82 Mol%/604	798	KPO_3
KF	855	E 48 Mol%/766°	1340	K_3PO_4
KF	855	E 20 Mol%/730°	1088	$K_4P_2O_7$
KF	850	E 18 Mol%/786°; $F(I \cdot II)$ 887°; E 59 Mol%/883°	1076	K_2SO_4
KF	857	E 28 Mol%/729°; $F(I \cdot II)$ 761°; E 60 Mol%/757°; $U(II)$ 370°	922	K_2WO_4
KF	856	E 50 Mol%/492°	844	LiF
KF	856	E 40 Mol%/710°	990	NaF
KF	848	E 9 Mol%/797°; $IF(2I \cdot II)$ 930°; $F(I \cdot II)$ 1130°; E 65,5 Mol%/1084°	>1250	NiF_2
KJ	680	E 60 Mol%/457°	560	KJO_3
KJ	695	E 71 Mol%/250°; $U(II)$ 265°	380	KOH
KJ	705	E 15 Mol%/660°; $U(II)$ 587°	1050	K_2SO_4
KJ	682	E 50 Mol%/77°; $F(2I \cdot 3II)$ 79,8°; E 80 Mol%/78°	112,5	J_2
KJ	682	$E \approx$ 39 Mol%/255°	≈650	MgJ_2
KJ	682	lückenlos mb.	—	NH_4J
KJ	680	E 43,5 Mol%/514°	800	NaCl
KJ	680	lückenlos mb.; Min. 58 Mol%/586°	670	NaJ
KJ	686	E 47,5 Mol%/346°; $F(I \cdot II)$ 349°; E 69 Mol%/321°	412	PbJ_2
KJ	680	E 90 Mol%/438°	440	TlJ
K_2MoO_4	926	lückenlos mb.; Min. 20 Mol%/920°; $U(II)$ 595°	1066	K_2SO_4
K_2MoO_4	926	$U(II)$ 475° lückenlos mb.; $U(II)$ 575°	894	K_2WO_4
K_2MoO_4	926	$U(I)$ 323°; 458° u. 480°; E 40 Mol%/550°; $F(I \cdot II)$ 571°; E 67,5 Mol%/522°; $U(I \cdot II)$ 412°; s. a. Abb. 3	705	Li_2MoO_4

427. Lösungsgleichgewichte (Zustandsdiagramme)

Verbindung I		Angaben über die Liquiduskurve und das Zustandsdiagramm in % (=Gew.%) oder Mol% der Verbindung II, Temperaturangaben in °C	Verbindung II	
Formel	F in °C		F in °C	Formel
K_2MoO_4	926	$U(I)$ 480°; E 45 Mol%/467°; $F(I \cdot II)$ 489°; E 53 Mol%/481°; $F(I \cdot 2II)$ 571°; E 73 Mol%/553°; $F(I \cdot 3II)$ 559°; E 78 Mol%/547°; $IF(I \cdot 5II)$ 589°; $IF(I \cdot 7II)$ 646°	795	MoO_3
KNO_2	387	lückenlos mb.; Min. 86 Mol%/320°	336	KNO_3
KNO_2	387	lückenlos mb.; Min. 70 Mol%/230,5°	284	$NaNO_2$
KNO_3	337	E 31 Mol%/217°; $F(I \cdot II)$ 236,5°; E 67 Mol%/223°; $U(II)$ 256° u. 375°	403	KOH
KNO_3	339	$U(I)$ 120°; E 3 Mol%/332°	1096	K_2SO_4
KNO_3	337	E 44 Mol%/125°	255	$LiNO_3$
KNO_3	336	E 19 Mol%/195°; $F(2I \cdot II)$ 225°; E 44 Mol%/178°	—	$Mg(NO_3)_2$
KNO_3	340	E 88,9 Mol%/156,5°	169,6	NH_4NO_3
KNO_3	337	lückenlos mb.	670	NaJ
KNO_3	337	lückenlos mb.; Min. 50 Mol%/223°	309	$NaNO_3$
KNO_3	340	E 23 Mol%/217,8°	zers.	$Pb(NO_3)_2$
KNO_3	336,5	lückenlos mb.; Min. 70 Mol%/291°	312	$RbNO_3$
KNO_3	337	E 15 Mol%/275°	645	$Sr(NO_3)_2$
K_2O	—	$F(I \cdot II)$ 38,9%/976°; $F(I \cdot 2II)$ 56,1%/1045°; E 45,5%/780°; E 67,6%/742°; $F(I \cdot 4II)$ 71,8%/770°; E 72,5%/769°; $Ü(\alpha\text{-Quarz}\rightarrow \alpha\text{-Trid})$ 74,9%/870°; $Ü(\alpha\text{-Trid}\rightarrow \alpha\text{-Crist.})$ 89,7%/1470° s.a. Abb. 4	1730	SiO_2
KOH	403	$U(I)$ 256° u. 375°; E 29 Mol%/226°; $IF(I \cdot 2II)$ 312°	477	$LiOH$
KOH	360	$U(I)$ 248°; lückenlos mb.; Min. 60 Mol%/185°; $U(II)$ 299,6°; s.a. Abb. 5	318,4	$NaOH$
KPO_3	823	E 44 Mol%/615°	1097	$K_4P_2O_7$
$K_4P_2O_7$	1090	$U(I)$ 275°; lückenlos mb.; Min. 65 Mol%/875°; $U(II)$ 395°	994	$Na_4P_2O_7$
K_2S	912	E 22 Mol%/730°; $F(3I \cdot II)$ 759°; E 33 Mol%/587°	1067	K_2SO_4
K_2S	840	$IF(I \cdot II)$ 475°; $IF(I \cdot 2II)$ ≈250°; E 72,5 Mol%/110°; $F(I \cdot 3II)$ 144°; $F(I \cdot 4II)$ 206°; E 83 Mol%/183°; $IF(I \cdot 5II)$ 189°; ab 86 Mol% feste Lsg. von K_2S_2 in S bei 188,2°	119	S

Verbindung I		Angaben über die Liquiduskurve und das Zustandsdiagramm in % ($=$ Gew.%) oder Mol% der Verbindung II, Temperaturangaben in °C	Verbindung II	
Formel	F in °C		F in °C	Formel
K_2SO_4	1072	$U(I)$ 586°; lückenlos mb.; Min. 65 Mol%/884°; $U(II)$ 575°	894	K_2WO_4
K_2SO_4	1076	E 40 Mol%/698°; $F(I \cdot II)$ 716°; E 80 Mol%/535°	845	Li_2SO_4
K_2SO_4	1076	$E \approx 36$ Mol%/725°; $F(I \cdot 2II)$ 930°; $E \approx 67$ Mol%/875°	1185	$MgSO_4$
K_2SO_4	1076	E 40 Mol%/680°; $F(I \cdot 2II)$ 845°; E 80 Mol%/800°	1030	$MnSO_4$
K_2SO_4	1074	E 65 Mol%/540°; an beiden Enden MK(K, Na)$_2$SO$_4$ und (K, Na)Cl	801	NaCl
K_2SO_4	1076	lückenlos mb.; Min. 80 Mol%/830°	884	Na_2SO_4
K_2SO_4	1076	E 45 Mol%/792°; $F(I \cdot 2II)$ 948°; E 81 Mol%/837°; $U(I \cdot 2II)$ 544°	1080	$PbSO_4$
K_2SO_4	1076	lückenlos mb.	890	Rb_2SO_4
K_2SO_4	1096	E 42 Mol%/400°; $F(I \cdot II)$ 470°; E 58 Mol%/440°; $F(I \cdot 2II)$ 484°; E 78 Mol%/475°	730	$ZnSO_4$
$KHSO_4$	207,1	E 83 Mol%/110,5°	144,8	NH_4HSO_4
$KHSO_4$	207,1	E 53,5 Mol%/125°	178,3	$NaHSO_4$
K_2WO_4	921	E 40 Mol%/603°; $F(I \cdot II)$ 632°; E 70 Mol%/572°; s.a. Abb. 3	742	Li_2WO_4
K_2WO_4	926	lückenlos mb.; Min. 82 Mol%/646°	705	Na_2WO_4
K_2WO_4	919	E 32 Mol%/792°; $F(I \cdot II)$ 840°; E 59 Mol%/825°	1123	$PbWO_4$
La_2O_3	2315	E 45 Mol%/1960°; $F(I \cdot II)$ 2030°; E 80 Mol%/2000°	2800	MgO
$LiBO_2$	843	$U(I)$ 815°; E 53 Mol%/737°; $F(2I \cdot 3II)$ 742°; E 72 Mol%/737°	860	Li_2SO_4
$LiBO_2$	843	E 42 Mol%/648°	966	$NaBO_2$
LiBr	549	lückenlos mb.; Min. $\approx$ 22 Mol%/522°; s.a. Abb. 6	607	LiCl
LiBr	550	E 45 Mol%/275°; $IF(I \cdot 3II)$ 310°	462	LiOH
LiBr	552	lückenlos mb.; Min. 80 Mol%/525°	742	NaBr
Li_2CO_3	732	E 60 Mol%/506°	605	LiCl
Li_2CO_3	732	E 98 Mol%/250°	258	$LiNO_3$
Li_2CO_3	732	E 60 Mol%/540°	860	Li_2SO_4
Li_2CO_3	735	E 47 Mol%/510°; $F(I \cdot II)$ 514°; E 52 Mol%/510°	860	Na_2CO_3
LiCl	605	E 28 Mol%/498°	847	LiF
LiCl	606	E 88,2 Mol%/252°	258	$LiNO_3$
LiCl	610	$IF(I \cdot II)$ 285°; E 63 Mol%/262°	477	LiOH
LiCl	605	E 36,5 Mol%/478°; $U(II)$ 575°	852	Li_2SO_4

Verbindung I		Angaben über die Liquiduskurve und das Zustandsdiagramm in % (=Gew.%) oder Mol% der Verbindung II, Temperaturangaben in °C	Verbindung II	
Formel	F in °C		F in °C	Formel
LiCl	606	E 3 Mol%/598°	1230	Li_3VO_4
LiCl	602	lückenlos mb.; Min. 40 Mol%/570°	712	$MgCl_2$
LiCl	602	lückenlos mb.; Min. 52 Mol%/555°	650	$MnCl_2$
LiCl	614	E 50 Mol%/267°; $U(II)$ 174°	330 subl.	NH_4Cl
LiCl	605	lückenlos mb.; Min. 27 Mol%/546°	800	NaCl
LiCl	596	E 55 Mol%/410°	496	$PbCl_2$
LiCl	607	E 42,3 Mol%/316°; $IF(I \cdot II)$ 321°	722	RbCl
LiCl	602	E 48 Mol%/473°	872	$SrCl_2$
LiF	845	E 62 Mol%/617°	702	Li_2MoO_4
LiF	870	E 80 Mol%/430°	462	LiOH
LiF	845	E 62 Mol%/642°	740	Li_2WO_4
LiF	844	lückenlos mb.; Min. 33 Mol%/742°	1270	MgF_2
LiF	844	E 39 Mol%/652°	990	NaF
LiJ	440	E 45 Mol%/180°; $IF(I \cdot 4II)$ 310°	462	LiOH
$LiNO_3$	255	E 13 Mol%/252°; $U(II)$ 574°	860	Li_2SO_4
$LiNO_3$	258	E 12 Mol%/233°	800	NaCl
$LiNO_3$	253	E 53 Mol%/206°	308	$NaNO_3$
$LiNO_3$	254	E 35 Mol%/179,5°; $F(I \cdot II)$ 191°; E 68 Mol%/154°	312	$RbNO_3$
Li_2O (0...60%)	≈1700	$U(I \to 2I \cdot II)$ 50,9%/1255°; E 52,9%/1024°; $F(I \cdot II)$ 66,8%/1201°; $U(I \cdot II \to I \cdot 2II)$ 80,1%/1033°; E 82,2%/1028°; $U(\alpha\text{-Trid} \to \alpha\text{-Crist.})$ 91%/1470°	1730	SiO_2
LiOH	477	E 93 Mol%/≈290°	309	$NaNO_3$
LiOH	477	$IF(I \cdot II)$ 254°; E 63 Mol%/238°	320	NaOH
Li_2SO_4	856	E 35 Mol%/585°	1030	$MnSO_4$
Li_2SO_4	852	lückenlos mb.; Min. 40 Mol%/596°	884	Na_2SO_4
Li_2SO_4	856	E 16,6 Mol%/746°	1605	$SrSO_4$
Li_2WO_4	742	E 20 Mol%/696°, $F(I \cdot II)$ 745°; E 55 Mol%/740°; $IF(I \cdot 3II)$ 800°	—	WO_3
$MgBr_2$	711	E 59 Mol%/431°	742	NaBr
$MgCl_2$	712	E 19 Mol%/656°	1185	$MgSO_4$
$MgCl_2$	712	$IF(I \cdot II)$ 465°; E 62 Mol%/450°; $IF(I \cdot 2II)$ 485°	790	NaCl
$MgCl_2$	711	E nahe II	245	$SnCl_2$
$MgCl_2$	712	E 49,5 Mol%/535°	872	$SrCl_2$
$MgCl_2$	711	E nahe II	271	$ZnCl_2$
MgF_2	1270	E 36 Mol%/1000°; $F(I \cdot II)$ 1030°; E 75 Mol%/830°	990	NaF

Verbindung I		Angaben über die Liquiduskurve und das Zustandsdiagramm in % (=Gew.%) oder Mol% der Verbindung II, Temperaturangaben in °C	Verbindung II	
Formel	F in °C		F in °C	Formel
MgF$_2$	1396	E 37,5 Mol%/883°; $F(I \cdot II)$ 912°; E 66,5 Mol%/792°; $F(I \cdot 2II)$ 792°; E 81 Mol%/686°	780	RbF
Mg(NO$_3$)$_2$	—	E 67 Mol%/136°	310	NaNO$_3$
MgO	2800	E 67 Mol%/1600°	zers.	MgS
MgO	2800	lückenlos mb.	1560	Mn$_3$O$_4$
MgO	2800	lückenlos mb.	1990	NiO
MgO	≈2800	$E \approx 38\%/1850°$; $F(2I \cdot II)$ 42,7%/1890°; $U(2I \cdot II \rightarrow I \cdot II)$ ≈62%/1557°; E 65%/1543°; Monotekt. α-Crist. + 2 fl. Ph. (70 u. 99,2%) 1698°	1730	SiO$_2$
MgO	2800	E 50 Mol%/1935°	2430	SrO
MgO	—	E 21 Mol%/1707°; $F(2I \cdot II)$ 1732°; E 44 Mol%/1583°; $F(I \cdot II)$ 1630°; E 56 Mol%/1592°; $F(I \cdot 2II)$ 1652°; E 86 Mol%/1606°	1840	TiO$_2$
MgO	2800	lückenlos mb.; Min. 40 Mol%/2080°	2780	ThO$_2$
MgO	2800	E 51 Mol.%/2070°	2715	ZrO$_2$
MgSO$_4$	1185	E 65 Mol%/642°	800	NaCl
MgSO$_4$	1185	$IF(3I \cdot II)$ 818°; E 55 Mol%/668°	884	Na$_2$SO$_4$
MnCl$_2$	650	$IF(2I \cdot II)$ 441°; E 50 Mol%/425°; $IF(I \cdot 4II)$ 445°	803	NaCl
MnCl$_2$	650	E 70 Mol%/408°	495	PbCl$_2$
MnCl$_2$	650	E nahe II	275	ZnCl$_2$
MnO	1585	E 45 Mol%/1285°	1620	MnS
MnO	1785	E 31 Mol%/1320°; $F(2I \cdot II)$ 1455°; $IF(I \cdot II)$ 1360°; E 61 Mol%/1290°	1775	TiO$_2$
MnSO$_4$	1030	E —; $F(3I \cdot II)$ 715°; E 45 Mol%/645°	887	Na$_2$SO$_4$
MoO$_3$	795	E 22 Mol%/507°; $IF(3I \cdot II)$ 515°; $IF(2I \cdot II)$ 528°; $F(I \cdot II)$ 612°; E 74 Mol%/556°; $U(II)$ 423°, 580° u. 621°	687	MoO$_4$Na$_2$
MoO$_3$	795	E 2 Mol%/765°...770°	1473	WO$_3$
MoO$_4$Na$_2$	698	lückenlos mb.; Min. 30 Mol%/680°	884	Na$_2$SO$_4$
MoO$_4$Na$_2$	692	$U(I)$ 431°, 587°, 619°; lückenlos mb.; Min. 30 Mol%/685°; $U(II)$ 564°, 588°	698	Na$_2$WO$_4$
MoO$_4$Pb	1065	E 47,8 Mol%/962°	1170	PbSO$_4$
HNO$_3$	−42	s. Abb. 7	−10,2	N$_2$O$_4$
N$_2$O$_3$	−102	E 13,7 Mol%/−107°	−11,3	N$_2$O$_4$
N$_2$O$_4$	−9,5	E 9 Mol%/−15,8°	41	N$_2$O$_5$
N$_2$O$_4$	−11,3	E 92,3 Mol%/−84,2°	−75,7	SO$_2$
NH$_4$Br	542	lückenlos mb.; Min. 65 Mol%/512°	520	NH$_4$Cl

427. Lösungsgleichgewichte (Zustandsdiagramme)

Verbindung I		Angaben über die Liquiduskurve und das Zustandsdiagramm in % (=Gew.%) oder Mol% der Verbindung II, Temperaturangaben in °C	Verbindung II	
Formel	F in °C		F in °C	Formel
NH_4Cl	591	E 83 Mol%/141°	169,6	NH_4NO_3
NH_4Cl	340	$F(4I \cdot II)$ 340°; $F(3I \cdot II)$ 340°; $F(2I \cdot II)$ 340°; E 51 Mol%/179°; $F(I \cdot 2II)$ 250°; E 67 Mol%/232°; $V(4I \cdot II)$, $V(3I \cdot II)$ u. $V(2I \cdot II)$ im Gleichgew. mit fl. $ZnCl_2$ u. NH_4Cl-Dampf	383	$ZnCl_2$
NH_4NO_3	169,6	E 19,5 Mol%/120,8°	312	$NaNO_3$
NH_4NO_3	169	E 33 Mol%/131,5°	zers.	$Pb(NO_3)_2$
$NaBO_2$	966	$F(I \cdot II)$? 800°; 5...25 Mol% und 60...75 Mol% glasig	610	$NaPO_3$
NaBr	760	lückenlos mb.; Min. 28 Mol%/731°	800	NaCl
NaBr	740	E 23 Mol%/642°	997	NaF
NaBr	760	lückenlos mb.; Min. 68 Mol%/636°	670	NaJ
NaBr	765	E 79 Mol%/260°	310	NaOH
NaBr	765	E 40 Mol%/645°	880	Na_2SO_4
NaCN	562	E 50 Mol%/490°	—	NaCNO
NaCN	562	E 14 Mol%/550°	850	Na_2CO_3
NaCN	562,5	lückenlos mb.	795	NaCl
Na_2CO_3	860	E 57 Mol%/638°	800	NaCl
Na_2CO_3	860	E 39 Mol%/690°	996	NaF
Na_2CO_3	854	E 97,5 Mol%/304°	310	$NaNO_3$
Na_2CO_3	854	E 90 Mol%/286°; $U(II)$ 294°	320	NaOH
Na_2CO_3	852	E 50 Mol%/795°	1180	Na_2S
Na_2CO_3	820	lückenlos mb.; Min. 33 Mol%/790°	859	Na_2SO_4
NaCl	800	E 85 Mol%/417°	482 zers.	$NaClO_4$
NaCl	800	E 33,5 Mol%/676°	996	NaF
NaCl	800	E 63 Mol%/570°	670	NaJ
NaCl	800	lückenlos mb.; Min. nahe II	281,5	$NaNO_2$
NaCl	800	E 95,2 Mol%/304°	312	$NaNO_3$
NaCl	800	E 7 Mol%/775°	≈1550	Na_3PO_4
NaCl	800	E 21,5 Mol%/724°	990	$Na_4P_2O_7$
NaCl	800	E 48 Mol%/628°	884	Na_2SO_4
NaCl	801	E 76 Mol%/589°	636	$NaVO_3$
NaCl	798	E 72 Mol%/411°	493	$PbCl_2$
NaCl	819	E 54 Mol%/541°	726	RbCl
NaCl	800	E 69 Mol%/183°	239	$SnCl_2$
NaCl	798	E 50 Mol%/565°	870	$SrCl_2$
NaCl	800	E 14,5 Mol%/738°; $U(II)$ 1150°	≈1600	$SrSO_4$
NaCl	806	E 82 Mol%/412°	429	TlCl
NaCl	800	$IF(2I \cdot II)$ 410°; E 58,5 Mol%/262°	318	$ZnCl_2$
NaF	990	E 82 Mol%/603°	670	NaJ
NaF	922	$IF(I \cdot II)$ 673°; E 85 Mol%/627°; $U(II)$ 426°, 582°, 620°	689	Na_2MoO_4
NaF	955	E 30 Mol%/850°	≈1510	Na_3PO_4

4. Mechanisch-thermische Konstanten usw.

Verbindung I		Angaben über die Liquiduskurve und das Zustandsdiagramm in % (=Gew.%) oder Mol% der Verbindung II, Temperaturangaben in °C	Verbindung II	
Formel	F in °C		F in °C	Formel
NaF	997	E 40 Mol%/772°; $F(I \cdot II)$ 781°; E 70 Mol%/742°	884	Na_2SO_4
NaF	992	$IF(I \cdot II)$ 693°; E 80 Mol%/635°	692	Na_2WO_4
NaF	1040	E 67 Mol%/540°	855	PbF_2
NaF	992	E 67 Mol%/644°	780	RbF
NaJ	665	$IF(3I \cdot 2II)$ 295°; E 82 Mol%/225°; $U(II)$ 290°	310	NaOH
$NaNO_3$	311	E 27 Mol%/245°; $F(I \cdot II)$ 272°; E 58 Mol%/262°; $F(I \cdot 2II)$ 272°; E 81 Mol%/256°; $U(II)$ 296°	320	NaOH
$NaNO_3$	310	E 13 Mol%/300°	883	Na_2SO_4
$NaNO_3$	310	E 15,8 Mol%/275°	zers.	$Pb(NO_3)_2$
$NaNO_3$	312	E 55 Mol%/178,5°	312	$RbNO_3$
$NaNO_3$	308	E 77 Mol%/162°	206	$TlNO_3$
NaOH	318	E 22 Mol%/241°; $F(2I \cdot II)$ 278°; E 64 Mol%/237°	301	RbOH
$NaPO_3$	619	E 15 Mol%/552°; $IF(I \cdot II)$ 662°	972	$Na_4P_2O_7$
Na_2S	1040	E 59,5 Mol%/740°	888	Na_2SO_4
Na_2SO_4	888	lückenlos mb.; Min. 70 Mol%/662°	698	Na_2WO_4
Na_2SO_4	884	E 53 Mol%/735°; $U(II)$ 860°	1170	$PbSO_4$
Na_2SO_4	887	$E-$; $F(3I \cdot II)$ 965°; E 50 Mol%/955°	1225	$SrSO_4$
Na_2WO_4	695	E 20 Mol%/605°	1123	$PbWO_4$
Na_2WO_4	700	E 22 Mol%/629°; $F(I \cdot II)$ 738°; E 52,5 Mol%/730°; $IF(I \cdot 3II)$ 784°	—	WO_3
NbC	3500	lückenlos mb.	3890	TaC
NbC	3500	lückenlos mb.; Min. 80 Mol%/2830°	2860	W_2C
NbC	3500	lückenlos mb.	3530	ZrC
NiO	1990	E 30 Mol%/1950°	2687	ZrO_2
PBr_3	−40	E nahe I	93	$SbBr_3$
PBr_5	108	lückenlos mb.	−46	S_2Br_2
PCl_3	−92	E nahe I	149	PCl_5
H_3PO_3	73,6	E 61 Mol%/−13,0°	35,0	H_3PO_4
$PbCl_2$	499	E 22 Mol%/438°; $IF(I \cdot II)$ 522°; $F(I \cdot 2II)$ 693°; E 70 Mol%/690°; $F(I \cdot 4II)$ 711°; E 84 Mol%/703°	835	PbO
$PbCl_2$	499	E 22,5 Mol%/442°	1106	PbS
$PbCl_2$	496	E 4 Mol%/474°	1080	$PbSO_4$
$PbCl_2$	500	lückenlos mb.; Min. 80 Mol%/308°	310	$ZnCl_2$
PbF_2	824	$IF(4I \cdot II)$ 573°; $IF(I \cdot II)$ 432°; E 90 Mol%/383°	400	PbJ_2
PbF_2	824	E 54 Mol%/494°	892	PbO
$Pb(NO_3)_2$	zers.	E 87,8 Mol%/175,5°	206,2	$TlNO_3$

427. Lösungsgleichgewichte (Zustandsdiagramme)

Verbindung I		Angaben über die Liquiduskurve und das Zustandsdiagramm in % (= Gew.%) oder Mol% der Verbindung II, Temperaturangaben in °C	Verbindung II	
Formel	F in °C		F in °C	Formel
PbO	883	E 25 Mol%/790°	1110	PbS
PbO	886	$Ü(I \to 4I \cdot II)$ 6,3%/725°; $U(\alpha \to \beta\ 4I \cdot II)$ 6%/720°; E 8,2%/714°; $F(2I \cdot II)$ 11,9%/743°; E 15,4%/716°; $F(I \cdot II)$ 21,2%/764°; E 29,6%/732; $Ü(\alpha\text{-Quarz} \to \alpha\text{-Trid.})$ $\approx$29%/870°	1730	SiO$_2$
PbS	1120	$IF(2I \cdot II)$ 609°; $IF(5I \cdot 4II)$ 570°; E 80 Mol%/485°; $U(5I \cdot 4II)$ 523°	546	Sb$_2$O$_3$
PbS	1110	MK 53...100% bei 890°	880	SnS
PbS	1108	E 45 Mol%/282°	448,5	Tl$_2$S
PbS	1114	E 17,6 Mol%/1044°	1675	ZnS
PbWO$_4$	1123	E 82,5 Mol%/837°	844	PbCrO$_4$
RbCl	730	E 20 Mol%/642°	890	Rb$_2$SO$_4$
RbCl	726	E 28 Mol%/542°; $F(I \cdot II)$ 705°; E 66 Mol%/623°	872	SrCl$_2$
RbF	794	E 14 Mol%/723°; $F(I \cdot II)$ 856°; E 57 Mol%/847°	1051	Rb$_2$SO$_4$
SO$_2$	−75,1	E 28,5 Mol%/−84,5°	−54,1	SO$_2$Cl$_2$
SO$_2$Cl$_2$	−54,1	E 22,7 Mol%/−66,4°; $F(2I \cdot II)$ −19,1°; E 46 Mol%/−39,1°	16,8	SO$_3$
HSO$_3$Cl	−80	E 13,9 Mol%/−109,3°	10,4	H$_2$SO$_4$
H$_2$SO$_4$	10,4	E 26,9 Mol%/−12°	36	H$_2$S$_2$O$_7$
H$_2$SO$_4$	10,3	E 11,4 Mol%/3,2°	56,0	H$_2$SeO$_4$
H$_2$SO$_4$ · H$_2$O	95	E 30 Mol%/5°	24,0	H$_2$SeO$_4$ · H$_2$O
H$_2$SO$_4$ · 4H$_2$O	−28,8	lückenlos mb.	−50,5	H$_2$SeO$_4$ · 4H$_2$O
SbBr$_3$	93	lückenlos mb.; Min. 30 Mol%/54°	73	SbCl$_3$
SbBr$_3$	93	lückenlos mb.; Min. 15 Mol%/84°	165	SbJ$_3$
SbCl$_3$	73	E 95 Mol%/2°	4	SbCl$_5$
SbCl$_3$	73	E 18 Mol%/41,5°; (ML 0...55 Mol%)	165	SbJ$_3$
Sb$_2$O$_3$	656	E 75 Mol%/485°	546	Sb$_2$S$_3$
Sb$_2$S$_3$	546	E 36 Mol%/461°; $IF(I \cdot II)$ 510°	880	SnS
SiBr$_4$	5	E 87 Mol%/−67°	−65	SiCl$_4$
SiBr$_4$	5	E 8 Mol%/3°	120	SiJ$_4$
SiCl$_4$	−65	E nahe I	120	SiJ$_4$
SiCl$_4$	−70,3	E nahe I	−24,8	TiCl$_4$
SiO$_2$	1730	Monotekt. α-Crist.+2 fl. Ph.; (2,4 u. $\approx$30%) 1698°; $Ü(\alpha$-Crist.$\to\alpha$-Trid.)$\approx$44%/1470°; E 46,5%/1358°; $F(1 \cdot II)$ 63,2%/1580°; E 65,5%/1545°; $F(I \cdot 2II)$ 77,2%/>1755°	—	SrO

4. Mechanisch-thermische Konstanten usw.

Verbindung I		Angaben über die Liquiduskurve und das Zustandsdiagramm in % (=Gew.%) oder Mol% der Verbindung II, Temperaturangaben in °C	Verbindung II	
Formel	F in °C		F in °C	Formel
$SnCl_2$	241	E 28 Mol%/178°; $F(I \cdot II)$ 244°; E 57 Mol%/233°; $F(I \cdot 3II)$ 310°; E 80 Mol%/299°	435	TlCl
$SnCl_2$	247,2	E 43,9 Mol%/171°	261,5	$ZnCl_2$
$SnCl_4$	−36,2	lückenlos mb.	−24,8	$TiCl_4$
$SrBr_2$	650	lückenlos mb.; Min. 70 Mol%/470°	528	SrJ_2
$SrCl_2$	863	E 14 Mol%/763°; $F(I \cdot II)$ 960°; E 58 Mol%/944°	1400	SrF_2
$SrCl_2$	875	E 5 Mol%/825°; $F(4I \cdot II)$ 1000°; E 28 Mol%/950°; $IF(I \cdot 2II)$ 1022°	2430	SrO
SrO	2430	E 38 Mol%/2220°; $F(I \cdot II)$ >2700°; E 74 Mol%/2160°	2687	ZrO_2
TaC	3890	lückenlos mb.	3090	TaN
TaC	3890	lückenlos mb.; Min. 85 Mol%/2780°	2860	W_2C
TaC	3890	lückenlos mb.; Max. 20 Mol%/3940°	3530	ZrC
Te	453	E 22,4 Mol%/200°; 3 verschiedene MK	363	$TeBr_4$
Te	453	E 23,5 Mol%/205°; 3 verschiedene MK	223	$TeCl_4$
ThO_2	3055	E 75,5 Mol%/1625°	1855	TiO_2
ThO_2	>3200	lückenlos mb.	2875	UO_2
ThO_2	3050	lückenlos mb.	2687	ZrO_2
TiC	3140	lückenlos mb.; Max. 50 Mol%/3180°	2950	TiN
TiO_2	1830	lückenlos mb.; Min.≈42 Mol%/≈1600°	2680	ZrO_2
TlBr	455	lückenlos mb.; Min. 60 Mol%/423°	428	TlCl
TlCl	431	E 48 Mol%/316°	426	TlJ
TlCl	429	E 22 Mol%/358°	632	Tl_2SO_4
TlCl	435	E 23 Mol%/334°; $F(2I \cdot II)$ 352°; E 52 Mol%/193°; $F(I \cdot 2II)$ 226°; E 70 Mol%/214°	275	$ZnCl_2$
ZnO	≈1970	E 30 Mol%/1810°	2687	ZrO_2

427. Lösungsgleichgewichte (Zustandsdiagramme)

SiO$_2$—FeO
Abb. 1. F SiO$_2$ (Cristobalit) 1710° C; F FeO$_2$ (Wüstit) 1380° C; U (Tridymit⇌Cristobalit) 1470° C; F 2FeO · SiO$_2$ (Fayalit) 1205° C

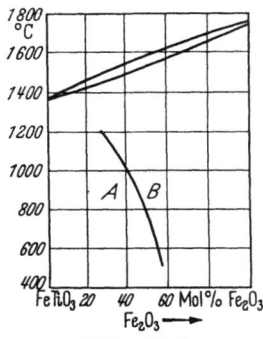

FeTiO$_3$—Fe$_2$O$_3$
Abb. 2. A geordnet Ilmenit (FeTiO$_3$), Strukturtyp: C_{3i}^2, $R\bar{3}$; B ungeordnet Hämatit (Fe$_2$O$_3$),Strukturtyp: D_{3d}^6, $R\bar{3}c$

Abb. 3
Li$_2$WO$_4$—K$_2$WO$_4$ und Li$_2$MoO$_4$—K$_2$MoO$_4$
F(LiWO$_4$) 742° C; F(K$_2$WO$_4$) 930° C
F(LiMoO$_4$) 705° C; F(Li$_2$WO$_4$ · K$_2$WO$_4$) 632° C
F(K$_2$MoO$_4$) 922° C; F(LiMoO$_4$ · K$_2$MoO$_4$) 571° C
U(α-K$_2$MoO$_4$⇌β-K$_2$MoO$_4$) 480° C
U(β-K$_2$MoO$_4$⇌γ-K$_2$MoO$_4$) 458° C
U(γ-K$_2$MoO$_4$⇌δ-K$_2$MoO$_4$) 323° C
U(Li$_2$MoO$_4$ · K$_2$MoO$_4$) 412° C

Abb. 4. K$_2$O—SiO$_2$
U α-Quarz⇌Tridymit 870° C
U Tridymit⇌Cristobalit 1470° C
F Cristobalit 1710° C
F(K$_2$O · SiO$_2$) 976° C; F(K$_2$O · 2SiO$_2$) 1045° C
F(K$_2$O · 4SiO$_2$) 770° C

Abb. 5. KOH—NaOH

Abb. 6. LiBr—LiCl

Abb. 7. HNO₃—N₂O₄

427. Lösungsgleichgewichte (Zustandsdiagramme)

427122a. Lösungsgleichgewichte anorganischer Stoffe in Wasser
Betreffs der Bezeichnungen siehe Einleitung S. 1045 f.

Verbindung	Lösungsgleichgewicht in Gew.% der Verbindung bei ϑ in °C							Angaben über die Liquiduskurve
	0°	10°	20°	40°	60°	80°	100°	
AgBr								
AgCl	$5 \cdot 10^{-5}$		$1 \cdot 10^{-5}$	$3 \cdot 10^{-5}$	$7,5 \cdot 10^{-5}$	$1,6 \cdot 10^{-5}$	$2,5 \cdot 10^{-4}$	
AgClO$_4$	$1,5 \cdot 10^{-3}$	$2 \cdot 10^{-3}$	$1,6 \cdot 10^{-4}$	$3,5 \cdot 10^{-4}$	$7 \cdot 10^{-4}$	$1,3 \cdot 10^{-3}$	$2 \cdot 10^{-3}$	$E(\text{Eis}+2)\,73,9\%/-58,2°;\,U(1\to0)$
	80	82	84	85,5	87	88	89	86,5%/43°
AgCrO$_4$	$1,5 \cdot 10^{-3}$		$2,9 \cdot 10^{-3}$	$4,4 \cdot 10^{-3}$	$6,5 \cdot 10^{-3}$	$1,6 \cdot 10^{-3}$		
AgNO$_3$	53,49	61,45	68,30	77,0	82,49	86,70	91,10	$E(\text{Eis}+0)\,46,9\%/7,57°$
Ag$_2$O			$1,6 \cdot 10^{-3}$	$3,6 \cdot 10^{-3}$	$4,75 \cdot 10^{-3}$	$5,5 \cdot 10^{-3}$		
Ag$_2$SO$_4$			0,784	0,941	1,108	1,283	1,48	
AlCl$_3$	31,0	31,3	31,6	32,0	32,2	32,5	33,0	Bdk. 6H$_2$O
Al(NO$_3$)$_3$	38,1	40,1	41,9	45,6	50,0	59,4	61,3	$E(\text{Eis}+9)\,30,5\%/-27°;\,F(9)\,56,8\%/72°$
Al$_2$(SO$_4$)$_3$	23,9	25,0	26,9	31,5	36,4	41,7	47,0	$E(9+8)\,59\%/71°;\,U(8\to6)\,82\%/102°$
CsAl(SO$_4$)$_2$	0,2	0,3	0,4	0,8	2,0	5,2	17,2	$E(\text{Eis}+18)\,23,1\%/-4°$
KAl(SO$_4$)$_2$	3,0	4,0	5,5	10,2	19,5	33,5	60,8	$F(12)\,62,0\%/122°$
NaAl(SO$_4$)$_2$	27,5	28,2	28,8	30,6				$F(12)\,54,5\%/92,5°;\,E(12+x)\,56,8\%/91,5°$
NH$_4$Al(SO$_4$)$_2$	2,5	3,9	5,5	10,5	18,0	30,5	57,8	$E(\text{Eis}+12)\,2,59\%/-0,2°;\,F(12)$
								$52,2\%/95°$
RbAl(SO$_4$)$_2$	0,8	1,1	1,4	3,1	7,0	17,7	38,0	$E(12+x)\,53,7\%/94,5°$
TlAl(SO$_4$)$_2$	3,05	4,398	6,19	12,66	26,03			$F(12)\,58,5\%/109°$
H$_3$AsO$_4$	*35,5*	*99,3*	*44,5*	*55*	*59*	*63,5*	*68,2*	Mol% H$_3$AsO$_4$; 2H$_3$AsO$_4 \cdot \frac{1}{2}$H$_2$O = As$_2$O$_5 \cdot$4H$_2$O; $E(\text{Eis}+$As$_2$O$_5 \cdot$4) *22* Mol% H$_3$AsO$_4/-59°;\,U$(As$_2$O$_5 \cdot$ 4 $\to$As$_2$O$_5 \cdot \frac{5}{3}$)/*53* Mol% H$_3$AsO$_4$/30°
CsAuCl$_4$	—	0,5	0,9	3,2	8,2	16,3	27,5	
KAuCl$_4$		27,6	38	59,2	80,4			

4. Mechanisch-thermische Konstanten usw.

Verbindung	Lösungsgleichgewicht in Gew.% der Verbindung bei ϑ in °C							Angaben über die Liquiduskurve
	0°	10°	20°	40°	60°	80°	100°	
LiAuCl$_4$		53	57,5	67,3	76,4	85,5		
NaAuCl$_4$		58,2	60	69,4	90	35,3	44,2	
RbAuCl$_4$		4,6	9	17,5	26,6			
H$_3$BO$_2$ s. Ergänzungstabelle								
BaBr$_2$	48,2		49,8	51,4	53,0	55,0	57,0	E(Eis+2) 46,6%/−22,6°; U(2→1) 58,5%/113°; U(1→0) 83%/350°
BaCl$_2$	23,5	25,0	26,0	29,0	31,6	34,2	37,0	E(Eis+2) 22,5%/−7,8°; U(2→1) 37,5%/102°; U(1→0) 50%/270°; L:150° 39%; 200° 41%; 250° 46%; 300° 49,7%
BaF$_2$		0,16	0,15	0,13	0,11	0,09	0,08	L 150° 0,05%; 200° 0,032%
BaI$_2$	62,8	64,5	66,5	69,6	70,5	71,6	73,0	U(6?→2) 69,3%/34,5°
Ba(NO$_2$)$_2$	31	36	41	52	59	67,8	76	E(Eis+1β) 29,4%/−5,9°; U(1β→1α) 52%/40°
Ba(NO$_3$)$_2$	4,95	6,0	8,0	12,0	17,0	21,5	25,0	E(Eis+0) 4,56%/−0,55°; L:150 35%; 200% 44%; 300° 61%; 400° 79%
Ba(OH)$_2$	1,50	2,5	3,9	7,9	17,5	53,5	63,1	E(Eis+8) 1,65%/−0,5°; U(8→3) 52,4%/77,9°, Auftreten mst. Ph.
BaS	2,91	4,76	7,25	13,71	21,88	33,28	38,0	U(6↔?) 40,2%/90°
BaSO$_3$			19,7·10^{-3}				1,7·10^{-3}	
BaSO$_4$	1,7·10^{-4}	2,14·10^{-4}	2,5·10^{-4}	3,2·10^{-4}	3,5·10^{-4}	3,8·10^{-4}	3,9·10^{-4}	
BaS$_2$O$_3$		0,19	0,249	0,328	0,398			
BaSiF$_6$	0,015	0,018	0,022	0,029	0,036			
Be(NO$_3$)$_2$	49,5	50,5	52,0	55,5	63,0			L 70° 0,041%; 78° 0,044%; Bdk. 4H$_2$O; F(4) 64,8%/61°
BeSO$_4$	26,2	27,0	28,0	31,0	38,8	37,5	30,0	E(Eis+5) 24,0%/−18,5; U(5→4) 25,0%/−16,9°; U(4→1) 76°/41,14 % Mol%; E(Eis+8)[1] 0,49 Mol%/−0,3°; U(8→0)[1] 0,855 Mol%/5,84°
Br[1]	0,4	0,84	0,78	0,77	0,82			
HBr s. Ergänzungstabelle								

HCN s. Ergänzungstabelle								
HCNO s. Ergänzungstabelle								
CaBr$_2$	55,5	57,0	59,0	68,0	73,5	74,3	75,4	$F(6)$ 65%/34°; $E(6+4?)$ 67%/34°; $\dot{U}(4?\rightarrow 2?)$ 73%/54°
CaCO$_3$			1,5·10^{-3}				2·10^{-3}	
CaCl$_2$	37,0	39,5	42,5	56,0	58,0	59,5	61,2	E(Eis+6) 30,2°/−49,8°; $\dot{U}(6\rightarrow 4)$ 50,1%/29,8°; $\dot{U}(4\rightarrow 2)$ 56,6%/45,3°; $\dot{U}(2\rightarrow 1)$ 74,8%/175,5°; L 120° 63,2%; 160° 69%; 200° 75,7%; 240° 77%
Ca(ClO$_3$)$_2$	63,7	65,0	66,2	69,4	73,1	77,1	78,5	E(Eis+6) 45,5%/−41°; $\dot{U}(6\rightarrow 4)$ 55%/−26,8°; $\dot{U}(4\rightarrow 2)$ 62,7%/−7,8°; $\dot{U}(2\rightarrow 0)$ 77%/76°; L 120° 79,7%; 200° 85%; Abb. 1
Ca$_2$Fe(CN)$_6$	32,0	33,5	35,5	39,7	44,2	44		E(Eis+11) 30,45%/−10,1°; $\dot{U}(11\rightarrow ?)$ 44/50°
CaHPO$_4$				0,014	0,018		0,025	Bdk. OH$_2$O; L 25° 0,01%; Bdk. 2H$_2$O
CaJ$_2$	66,0	66,4	67,0	70,8				$F(6)$ 73%/42°; $E(6+x)$ 74%/41,5°
Ca(JO$_3$)$_2$	0,10	0,15	0,25	0,505	0,62	0,68		$\dot{U}(6\rightarrow 1)$ 0,48%/33°; $\dot{U}(1\rightarrow 0)$ 0,62%/57,5°
CaMoO$_4$	4·10^{-3}		5·10^{-3}		9·10^{-3}		2,4·10^{-2}	
Ca(NO$_2$)$_2$	39,0	43,0	47,0	55,2	57,3	60,3	64	E(Eis+4) 34,2%/−20°; $\dot{U}(4\rightarrow 1)$ 55%/34,5°
Ca(NO$_3$)$_2$	50,0	53,0	56,0	65,2	78,0	78,2	78,6	E(Eis+4) 42,9%/−28,7°; $F(4\alpha)$ 69,5%/42,7°; $E(4\alpha+3)\approx 69,6\%/42,6°$; $F(3)$ 75,25%/51,1°; $E(3+2)\approx 77\%/$ 50,6°; $\dot{U}(2\rightarrow 0)$ 77,8%/51,6°. Auftreten mst. Ph.
Ca(OH)$_2$	0,19	0,18	0,17	0,13	0,11	0,087	0,066	L 120° 0,048%; 160° 0,002%
CaS				0,11	0,14	0,2		
CaSO$_3$		0,132	0,134	0,135	0,134	0,132	0,13	
CaSO$_4$	0,176	0,193	0,199	0,21	0,15	0,1	0,065	$\dot{U}(2\rightarrow 0)\approx 0,21\%/42°$; $\dot{U}(\text{mst. 2}\rightarrow \text{mst.}^1/_2)$ 0,17%/97°; L 120° 0,04%; 200° 0,008%

[1] Die Mol% sind auf Br bezogen, die Verbindung ist Br$_2$·8H$_2$O.

Verbindung	Lösungsgleichgewicht in Gew.% der Verbindung bei ϑ in °C							Angaben über die Liquiduskurve
	0°	10°	20°	40°	60°	80°	100°	
CdBr$_2$	36,0	42,8	49,0	60,8	61,0	61,2	61,7	E[Eis+4) 33,2%/−4,4°; U(4→0) 60,3%/36°
CdCl$_2$	49,0	55,5	57,5	57,6	58,0	58,5	59,5	E(Eis+4) 43,4%/−11,5°; U(4→$^5/_2$) 46,2%/−5°; U($^5/_2$→1) 57,3%/12,5°; U(1→0) 69%/174°
[CdCl$_3$]K	21	24,2	27,6	34,5	39,4	45,7	50,3	E(Eis+1) 19%/4,1°; U(1→0) 33,5%/36,6°
Cd(ClO$_3$)$_2$	74	75,5	76,5	79	82	1	²	F(2) 88,6%/79°
Cd(ClO$_4$)$_2$	56,5	57,4	88,2	60	62			E(Eis+6) 51,2%/−66,5°; F(6) 74,3%/129°; E(6+2β) 82,4%/58,5°; U(2β⇌2α) 82,8%/66°; F(2, α) 89,6%/157,9°; E(2+0) 92%/144,4° ¹ L 80°: 65% u. 81% Bdk. 6; 83,5% Bdk. 2α. ² L 100°: 67% Bdk. 6; 80% Bdk. 2α
CdJ$_2$	44,2	45,0	46,0	47,8	50,0	52,2	44,9	E(Eis+0) 43,5%/−7,5°
Cd(NO$_3$)$_2$	51,5	57,5	60,5	66	86	86,6	87,2	E(Eis+9) 36,9%/−16°; U(9→4) 56,1%/3,5°; F(4) 76,6%/59,5°; E(4+2) 82,3%/48,7°; U(2→0) 86%/56,8°
CdSO$_4$	43,0	43	43,5	44,3	45,0	43,5	37,0	E(Eis+$^8/_3$) 43%/−12°; U($^8/_3$→1β) 44,3%/−41,5°; U(1β→1α) 40,9%/74,5°; U(1α→0) (34,5%/114,5°)
Ce$_2$(SO$_4$)$_3$	14,2	11,5	8,76	5,3	2,15	0,89	0,398	U(12→8) 14,31%/3°; U(8→9) 6,36%/33°; U(9→4) 5,21%/42°; [U(12→9) mst. 14,34%/4,5°]; [U(8→4) mst. 5,39%/41,2°]; [U(8→5) mst. 4,286%/54,5°]; [U(9→5) mst. 4,03%/56°]
Cl¹	0,25	0,5	0,96					Mol%; E(Eis+8 Cl$_2$) 0,25 Mol%/−0,24°; ¹ 1,843 Mol%/28,7°

427. Lösungsgleichgewichte (Zustandsdiagramme)

								Anmerkungen
HCl s. Ergänzungstabelle								
HClO s. Ergänzungstabelle								
HClO$_4$ s. Ergänzungstabelle								
ClO$_2$	0,75	1,55						Mol%; E(Eis+8) *0,73* Mol%/−0,79°; $Ü$(8→0) *3,13* Mol%/18,2°
CoBr$_2$	48,0	50,3	53,0	61,0	69,4	70,6	72	$Ü$(6→4) 65,2%/43°; $Ü$(4→2) 69,4%/60°
CoCl$_2$	28,8	31	33,5	40,2	48,1	49,3	51,3	E(Eis+6) 24%/−22,5°; $Ü$(6→4) 46,3%/50°; $Ü$(4→2) 48,1%/60°
Co(ClO$_3$)$_2$	58,4	60,6	64,6	68,0				$Ü$(6→4) 64,2%/18,5°
Co(ClO$_4$)$_2$	50,3	50,8	51,3	53,0				$Ü$(9→5) (50%)/(15°)
Co(JO$_3$)$_2$	0,32	0,39	0,46	0,60	0,73	0,74	0,69	$Ü$(2→0) 0,77%/65°
Co(NO$_3$)$_2$	45,4	47,6	50,0	55,5	62,8	68,0		E(Eis+9) 38,7%/−29°; $Ü$(9→6) 41,5%/−22°; $Ü$(6→3) 61,7%/55°; F(3) 77,2%/91°
CoSO$_4$	20,0	22,77	25,93	31,97	35,9	32,9	27,55	E(Eis+7) 19,0%/−2,7°; $Ü$(7→6) 32,9%/43,3°; $Ü$(6→1) 36,63%/64,2°
CoSeO$_4$	31,97	34,64	35,81	37,5	37,9	32,66	18,0	E(Eis+7) 30,27%/−6,4°; $Ü$(7→6) 30,27%/11,4°; $Ü$(6→4) (37,3%)/33,5°; $Ü$(4→1) (38,46%)/73,2°
CrO$_3$	62,0	62,4	62,8	64,0	65,2	66,5	68,5	E(Eis+0) 60,5%/−155°; L 120° 71,0%; 140° 75°; 160° 82%
CrO$_4$K$_2$	37,0	38,0	38,5	40,0	41,5	43,0	44,0	E(Eis+0) 36,2%/−11,35°; L 150° 47%; 200° 49,8%; 250° 52,4%; 300° 54,8%
Cr$_2$O$_7$K$_2$	4,5	7,3	11,0	21,0	32,0	42,0	50,5	E(Eis+0) ≈4,2%/≈ −0,63°; L 120° 57,9%; 140° 64%; 160° 69%; 180° 72,5%
CrO$_4$Li$_2$	7,2	7,8	8,5	10,7	13,5	16,2	17	$Ü$(2→0) ≈56,2%/74,6°
Cr$_2$O$_7$Li$_2$	62,2	63,2	64	66	68	70,5	73,5	E(Eis+2) 56,3%/−70°
CrO$_4$Na$_2$	24,0	33,5	44,2	49,0	53,2	55,0	55,8	$Ü$(10→6) 44%/19,9°; $Ü$(6→4) 46,2%/26,8°; $Ü$(4→0) 55%/68°; L 160 56,8%; 200° 58,6%; 260°; 62%;

[1] Mol% sind auf Cl bezogen.

4. Mechanisch-thermische Konstanten usw.

Verbindung	\multicolumn{6}{c}{Lösungsgleichgewicht in Gew.% der Verbindung bei ϑ in °C}	Angaben über die Liquiduskurve
	0°	10°	20°	40°	60°	80°	100°	
$Cr_2O_7Na_2$	62,0	63,3	65,0	69,0	73,9	79,5	81,3	$\check{U}(2\to0)\approx80,0\%/83°$
$Cr_2O_7(NH_4)_2$	15,0	21,0	26,0	36,6	46,0	53,8	61,0	
CrO_4Rb_2	38,3	40,5	42,5	46,0	48,8			$E(\text{Eis}+0)\approx36,5\%/\approx-8°$
$CsBr$			52,6					$L\ 30°\ 57,3\%$
$CsCl$	61,9	63,5	65,0	67,5	69,6	71,5	73,0	$L\ 120°\ 74,5\%$
$CsClO_3$	2,44	3,84	6,0	12,3	20,6	31,05	43,5	
$CsClO_4$		0,99	1,48	3,1	6,8	12,6	22,2	
CsJ	30,5	37,5	43,6	53,4	60,0	65,5	69,8	$E(\text{Eis}+0)\ 27,45\%/-4°;\ L\ 110°\ 71,5\%$
$CsNO_3$	9,0	12,5	19,0	32,0	46,0	57,0		$E(\text{Eis}+0)\ 7,84\%/-1,25°;\ L\ 90°\ 66\%$
Cs_2PtCl_6	0,005	0,006	0,009	0,016	0,029	0,053	0,092	
$CsReO_4$	0,299	0,497	0,74	1,67				$L\ 25°\ 0,912\%;\ 50°\ 2,39\%$
Cs_2SO_4	62,5	63,4	64,0	65,5	66,5	68,0	69,0	$\check{U}(4\to0)\approx56\%/\approx18°$
$CuBr_2$	51,8	53,7	56,0	56,3				$E(\text{Eis}+4)\ 39,9\%/-43,4°;\ \check{U}(4\to3)$
$CuCl_2$	41,0	41,6	42,2	44,7	46,6	49,2	52,5	$42,1\%/15°;\ \check{U}(3\to2)\ 43,6\%/25,7°;$
								$\check{U}(2\to1)\ 45,2\%/42,2°$
$[CuCl_4](NH_4)_2$	22	23,9	25,9	30,5	36,2			$E(\text{Eis}+2)\ 20,3\%/-11°$
$Cu(ClO_3)_2$	59,0	60,6	62,0	65,5	69,4			Bdk. $4H_2O$
$Cu(NO_3)_2$	45,0	50,2	57,0	61,8	64,0	67,5	71,6	$E(\text{Eis}+9)\ 35,9\%/-24°;\ \check{U}(9\to6)$
								$39,8\%/-20°;\ \check{U}(6\to3)\ 61,4\%/24,5°;$
								$F(3)\ 77,6\%/114,5°$
$CuSO_4$	12,5	14,4	16,9	22,2	28,5	35,9	43,5	$E(\text{Eis}+5)\ 11,97\%/-1,5°;\ \check{U}(5\to3)$
								$43,37\%/95,5°$
$CuSeO_4$	10,7	12,3	14,2	19,5	26,5	34,6		$E(\text{Eis}+5)\approx11,2\%/\approx-1,0°$
$Dy_2(SO_4)_3$			4,83	3,23				Bdk. $8H_2O$
$Er_2(SO_4)_3$			13,8	6,10				Bdk. $8H_2O$
$Eu_2(SO_4)_3$			2,5	1,855				Bdk. $8H_2O$
HF s. Ergänzungstabelle								

427. Lösungsgleichgewichte (Zustandsdiagramme)

FeBr$_2$	50,8	52,0	53,5	57,0	59,0	62,6	64,5	E(Eis+9) 42,25%/−43,6°; U(9→6) 47,65%/−29,3°; U(6→4) 58,45%/49°; U(4→2) 63,3%/83°
Fe(CN)$_6$K$_3$	23,5	28,0	31,5	37,0	41,4	44,5	47	E(Eis+0) 21,7%/−3,9°
Fe(CN)$_6$K$_4$	12,5	17,0	22,0	27,0	32,3	38,5	42	E(Eis+3β) 11,8%/−1,7°; U(3β⇌3α) 21,6%/17,7°; U(3α→0) 41%/87,3°; L 140° 45%
Fe(CN)$_6$Na$_4$	33,0	36,7						U(10→x) (38,9%)/81,5°
FeCl$_2$			15,5	22,6	30,0	38,0	48,6	E(Eis+6) 30,4%/−36,5°; U(6→4) 37,6%/12,3°; U(4→2) 47,4%/76,5°
			38,6	41,0	44,0	47,5		
FeCl$_3$	43,0	45,0	48,0	74,3	79,0	84,0	84,2	E(Eis+6) 28,5%/−35°; F(6) 60%/37°; E(6+3,5) 68,6%/27,4°; F(3,5) 72%/32,5°; E(3,5+2,5) 73,2%/30°; F(2,5) 78,3%/56°; E(2,5+2) 78,6%/55°; F(2) 84%/66°; Auftreten mst. Ph.
Fe(NO$_3$)$_2$	41,5	43,3	45,5	50,8	61,0			E(Eis+9) 35,5%/−28°; U(9→6) 39,4%/−12°; F(6) 62,5%/60,5°
FeSO$_4$	13,8	17,0	21,0	28,5	36,5	30,0		E(Eis+7) 12,99%/−1,82°; U(7→4) 35,32%/56,17°; U(4→1) 35,65%/64°
Fe(SO$_4$)$_2$(NH$_4$)$_2$	15,11	18,1	21,2	27,8	34,8	42,2		Bdk. 6H$_2$O
Gd(BrO$_3$)$_3$	25,7	32,05	37,54	47,89				Bdk. 9H$_2$O
Gd$_2$(SO$_4$)$_3$	3,84	3,1	2,81	2,13				Bdk. 8H$_2$O
H$_2$O$_2$ s. Ergänzungstabelle								
HfO			2,2·10^{-6}	2,4·10^{-6}	3·10^{-6}	3,8·10^{-6}		
HgBr$_2$				1,0	1,8	3,0	4,6	L 140° 11,5%; 160° 20%; 180° 45%; 200° 96%
HgCl$_2$	4,3	5,1	6,2	8,8	13,3	22,0	35,0	E(Eis+0) 3,29%/−0,2°; L 140° 70%; 180° 88%; 220° 95,5%; 260° 98,7%
Hg$_2$Cl$_2$	1,4·10^{-4}	1,7·10^{-4}	2,3·10^{-4}	6·10^{-4}				
Hg$_2$(SO$_4$)$_3$			7,58	4,284				Bdk. 8H$_2$O

4. Mechanisch-thermische Konstanten usw.

Verbindung	Lösungsgleichgewicht in Gew.% der Verbindung bei ϑ in °C							Angaben über die Liquiduskurve
	0°	10°	20°	40°	60°	80°	100°	
InBr$_3$	71,0	73,3	*	85,7	86,0	86,9	87,7	F(5) (79,7%/20,5°); E(5+2) (85%/14°); U(2→0) 85,5%/30,5° * L 20° (5) 79,5% u. (2) 85% U(4/3) 69,4%/28°, U(3/5/2) 78,45%/71,5°; U(5/2/2) 81,2%/100,5°; Auftreten mst. Phasen
InCl$_3$	62,1	64,0	66,7	71,4	75,2	78,8	81,0	
InJ$_3$	92,2	92,6	93,0	93,7	94,6			Mol/l
In(OH)$_3$		$1,1 \cdot 10^{-9}$	$1,95 \cdot 10^{-9}$	$3 \cdot 10^{-9}$				
IrCl$_6$(NH$_4$)$_2$	0,596	0,695	0,794	1,186	2,34	4,21		
IrCl$_6$Na$_2$			28,0	48,4	65,5	73,5		
J$_2$	0,017	0,022	0,03	0,055	0,105	0,23	0,46	
HJ s. Ergänzungstabelle								
HJO$_3$	22,7	23,3	24,4	26,2	99	32,3	36,8	Mol%, E(Eis+HJO$_3$) 21,6 Mol%/−14°; U(HJO$_3$→HJ$_3$O$_8$) 39,6 Mol%/110°
KB$_5$O$_8$	1,6	2,3	3,0	5,2	9,0	14,7	22,3	E(Eis+4) 1,54%/−0,53°
KBr	35,0	37,5	39,4	43,0	46,0	48,7	51,0	E(Eis+0) 31,2%/−11,5°, L 120° 53%; 140° 55,5%; 180° 59%; 220° 62%
KBrO$_3$	3,0	4,5	6,5	11,7	18,2	25,4	32,5	L 140° 45,8%; 180° 58%; 220° 68,6%; 260° 77%; 300° 84,1%
KCN	38,0	39,1	40,4	43,5	46,9	50,7	54,4	E(Eis+0) 34,64%/−29,61°
K$_2$CO$_3$	51,2	52,0	52,5	54,0	56,0	58,0	61,0	E(Eis+6) 39,6%/−36,5°; U(6→3/2) 51,6%/−6,2°
KHCO$_3$	18,5	21,6	25,0	31,0	37,5	33,6	35,6	E(Eis+0) 16,5%/−5,43°
KCl	22,0	23,8	25,5	28,5	31,3			E(Eis+0) 19,34%/−10,7°; L 120° 37,5%; 160° 41%; 200° 44,8%
KClO$_3$	3,0	4,5	6,5	12,7	20,4	28,2	36,5	L 120° 44%; 160° 59%; 200° 72%; 240° 83%; 280° 91%; 300° 95%
KClO$_4$	0,7	1,1	1,7	4,1	7,5	12,0	18,0	L 140° 31,5%; 180° 46,5%; 220° 59%; 260° 68,7%

427. Lösungsgleichgewichte (Zustandsdiagramme)

							Bemerkungen
KF	30,3	35,0	48,5	58,5	59,0	60,0		$E(\text{Eis}+4)$ 21,5%/−21,8°; $F(4) \approx 44,7\%/\approx 18,5°$; $E(4+2)$ 47,7%/17,7°; $\ddot{U}(2\to 0)$ 58,6%/40,2°. Auftreten mst. Ph.
KHF$_2$	19,6	23,5	27,6	36,0	44,5	53,3		$E(\text{Eis}+0)$ 16,5%/−7,6°
KJ	56,0	57,5	59,0	61,5	63,8	65,6	67,5	$E(\text{Eis}+0)$ 52,2%/−23,0°; L 140° 70,5%; 180° 73,4%; 200° 74,6%; 250° 77,5%; 300° 80,5%; 350° 83,4%; 400° 86,2%
KJO$_3$	4,5	6,0	7,5	11,2	15,2	19,1	23,0	L 140° 30,4%; 180° 37,7%; 220° 44,6%; 260° 51,3%; 300° 58%
KJO$_4$	0,1	0,3	0,5	1,0	2,1	4,1	7,4	$E(\text{Eis}+0)$ 2,86%/−0,58°
KMnO$_4$	3,0	4,0	6,0	11,1	18,0			$E(\text{Eis}+0)$ 62,7%/−38°; L 120° 67,53%
K$_2$MoO$_4$	63,71	64,03	64,3	64,84	63,1	63,95	66,93	$E(\text{Eis}+0)$ 26,2%/−12,9°
KN$_3$	29,2	31,6	34,0	38,2	43,0	47,1	51,2	$E(\text{Eis}+^1/_8)$ 65%/−40°; $\ddot{U}(^1/_8 \to 0)$ 72%/−9,5°; L 120° 64,5%
KNO$_2$	72,5	73,2	74,0	75,3	76,7	78,2	79,8	
KNO$_3$	11,5	17,5	24,0	39,3	52,6	62,5		$E(\text{Eis}+0)$ 9,66%/−2,85°; L 140° 81%; 180° 86,5%; 220° 91%; 260° 94,5%; 300° 98,8%
KOCN	33,3	37,4	41,1					$E(\text{Eis}+0)$ 26,5%/−18,1°
KOH	49,0	51,0	53,2	57,6	59,1	61,5	64,2	$E(\text{Eis}+4?)$ (31%/−74°); $\ddot{U}(4\to 2)$ 43,3%/−33,0°; $\ddot{U}(2\to 1)$ 57,0%/33°; $F(1)$ 143°/75,7%; L 120° 67,8%; 140° 73,5% Auftreten mst. Ph.
K$_3$PO$_4$	44,0	47,0	49,7	57,8	64,0			$E(\text{Eis}+9)$ 38,33%/−24°; $\ddot{U}(9\to 7) \approx 42,4\%/\approx 11,2°$; $\ddot{U}(7\to 3)$ 63,3%/45,4° Auftreten mst. Ph.
K$_2$HPO$_4$	46,0	54,0	61,5	67,5	72,2	72,9	73,8	$E(\text{Eis}+6)$ 36,78%/−13,5°; $\ddot{U}(6\to 3)$ 60,2%/14,3°; $\ddot{U}(3\to 0)$ 71,9%/48,3°
KH$_2$PO$_4$	12,5	15,0	18,2	25,0	33,0	41,0		$E(\text{Eis}+0)$ 12,1%/−2,5°

4. Mechanisch-thermische Konstanten usw.

Verbindung	Lösungsgleichgewicht in Gew.% der Verbindung bei ϑ in °C							Angaben über die Liquiduskurve
	0°	10°	20°	40°	60°	80°	100°	
$K_2Pt(CN)_4$	10,5	16,8	25,0	44,0	58,0	63,6		$U(5\to3)$ 21,4%/15,3°; $U(3\to2)$ 55%/52,4°; $U(2\to1)$ 63,7°/74,5°
K_2PtCl_6	0,596	0,794	1,088	1,67	2,53	3,57	4,76	$E(Eis+0)$ 0,343%/−0,06°; $F(0)$ 518°
$KReO_4$	0,47	0,5	1,0	2,0	4,0	7,6	11,8	L 200° 44%; 400° 88%
$KSCN$	62,8	66,0	69,0	74,0	78,8	83,8	87,5	$E(Eis+0\beta)$ 50,25%/−31,2°; $U(0\beta\to0\alpha)$ ≈94,9%/≈141°; L 120° 91,2%; 140° 95%
K_2SO_3	51,4	51,4	51,6	52,0	52,3	52,8	53,1	$E(Eis+0)$ 51,0%/−45,5°
K_2SO_4	7,0	8,5	10,0	12,7	15,2	17,5	19,4	$E(Eis+1)$ 7,09%/−1,8°; $U(1\to0)$ 8,48%/9,7°; L 160° 24,3%; 200° 25,7%; 240° 26%; 300° 25,8%; 320° 19%; 340° 10,4%
$K_2S_2O_3$	49,0	53,5	60,8	67,2	70,2	74,6		$U(^5/_3\to1)$ 66,9%/35°; $U(1\to^1/_3)$ 70%/56,1°; $U(^1/_3\to0)$ 74,5°/78,3°
$K_2S_2O_5$	22,0	26,5	30,6	39,0	46,0	52,0		$E(Eis+^2/_3)$ 19,2%/−5,5°; $U(^2/_3\to0)$ 24,1%/4,0°
$K_2S_2O_6$	1,77	2,5	6,0	10,0				Angabe in g/100 cm³ Lösung
$K_2S_2O_8$			4,5					$E(Eis+6)$ 62,0%/−34°; $U(6\to5)$ 75,5%/0°
K_3SbS_4	75,5	76,0	76,2	77,2	78,2	79,2		$U(4\to0)$ 68,5%/24,3°
K_2SeO_3	63,0	65,4	67,2	68,5	68,7	68,8	68,9	
K_2SeO_4	52,4	53,0	53,2	54,0	54,9	55,8	56,5	
K_2SiF_6	0,07	0,1	0,15	0,24	0,35	0,52	0,79	
$KSnCl_3$		31,7	40,8	57	73,5			
K_2TiF_6	0,497	0,89	1,28	2,06	3,84	6,54		
K_2ZrF_6		1,18	1,48					
$La(BrO_3)_3$	49,4	54,5	59,9	50,44	53,7	58,84	18,9	Bdk. 1 H_2O
$LaCl_3$	48,18	48,45	48,98					Bdk. 9 H_2O; L 25°/63,0%; 30°/66,3% Bdk. 7 H_2O

427. Lösungsgleichgewichte (Zustandsdiagramme)

									Bemerkungen
La(NO$_3$)$_3$	50,0	52,0	54,5	61,5	70,0				Ü(6β→6α) 43°/63,5 %; F(6α) 65,4°/75 % Bdk. 9H$_2$O
La$_2$(SO$_4$)$_3$	2,91	2,53	2,2	1,57	1,28	0,89	0,69		
LiBO$_2$	1,0	1,5	2,5	*					E(Eis+8) −0,515°/0,78 %; F(8) 47°/25,76 %; *L.40° 10,1 % u. 35,1 % Ü(3→2) 4°/59 %; Ü(2→1) 33,2°/67,5 %; Auftreten mst. Ph.
LiBr	58,8	59,1	61,5	68,0	69,0	70,5	73,0	78,5	E(Eis+1) −47°/54,5 %; Ü(1→0) 52°/72,4 %
LiBrO$_3$	61,1	62,8	64,5	69,0	73,4	76,0			
Li$_2$CO$_3$	1,5	1,415	1,32	1,15	0,99	0,84	0,73		Ü(3→2) ≈ −15° ≈ 38,5 %; Ü(2→1) 19,1°/45,0 %; Ü(1→0) ≈ 95° ≈ 56,0 %; L 140°/57,9 %
LiCl	41,0	42,8	45,0	47,0	49,7	53,0	56,1		
LiClO$_3$	53,0	74,0	79,8	86,0	88,5	91,2	95,0		E(Eis+3) −40°/37 %; F(3) 8°/62,6 %; E(3+1) 1,5°/71,1 %; Ü(3→0γ) 21°/81,2 %; Ü(0γ→0β) 41,5°/86,6 %; Ü(0β→0α) 90°/94,9 %; Auftreten mst. Ph.
LiClO$_4$	30,0	32,7	36,0	41,8	48,2	55,8	71,2		F(3) 95,1°/66,3 %; E(3+1) 92,5°/70,2 %; F(1) 149°/86,5 %; E(1+0) 145,7°/89,6 % L 200° 0,745 %; 400° 0,159 %
LiF	0,152	0,15	0,148	0,139	0,13	0,12	0,112		Bdk. $^3/_4$H$_2$O E(Eis+4) −47,5°/26 %; Ü(4→1) −31°/33,5 %; Ü(1→0) 68,2°/48,0 %
LiJ	60,2	61,2	62,3	64,1	67,0	81,5	83,0		
Li$_2$MoO$_4$	45	44,7	44,4	43,8	43,3	42,8			
LiN$_3$	37,2	38,9	40,0	43,2	46,6				
LiNO$_2$	44,8	47,0	50,2	58,0	64,8	70,0	76,3		E(Eis+$^3/_2$) −38,7°/26,58 %; Ü($^3/_2$→1) −7,95°/43,5 %; Ü(1→$^1/_2$) 50°/63 %; Ü($^1/_2$→0) 94,2°/75,9 %; s. Abb. 3
LiNO$_3$	35,0	37,6	42,0	59,0	62,5				E(Eis+3) −17,8°/31,2 %; F(3) 29,88°/56,1 %; E(3+$^1/_2$) 29,6°/57,8 %; Ü($^1/_2$→0) 61,1°/65 %; s. Abb. 4
LiOH	11,2	11,25	11,3	11,5	12,3	13,2	15,0		E(Eis+1) −18°/11,2 %
Li$_2$HPO$_3$	9,0	8,4	7,7	6,6	5,7	4,9	4,2		

4. Mechanisch-thermische Konstanten usw.

Verbindung	Lösungsgleichgewicht in Gew.% der Verbindung bei ϑ in °C							Angaben über die Liquiduskurve
	0°	10°	20°	40°	60°	80°	100°	
Li_2SO_4	26,47	25,93	25,65	24,81	24,24	23,66	23,13	E(Eis+2?) −23°/27,8%; U(2→1) −8°/≈27,01%; U(1→0) 232,8°/ ≈23,55%
$Li_2Pt(CN)_4$	56,2	57,0	58,4	61,0	64,0	68,3		U(?) 29,5°/(60,1%); U(?) 39,5°/(61%); U(?) 49°/(63,4%); U(?) 72°/(67,3%); Auftreten mst. Ph.
LiSCN								E(2+1) 32°/58,5%
Li_3SbS_4	45,5	46,8	53,2	60,5				E(Eis+10) −42°/40,4%
Li_3SeO_3	20	18,8	48,5	51				
Li_3VO_4	2,7	3,4	17,5	15,3	13,1	11,0	9	U(9→1) 35,2°/6,25%
$Lu_2(SO_4)_3$			4,6	4,6	2,5			Bdk. $8H_2O$
$MgBr_2$	49,5	50,0	32,12 50,5	14,46 51,8	53,0	54,1	55,6	E(Eis+10) 36,8%/−42,7°; U(10→6) 49,4%/0,8°; F(6) 172,4°; L 120° 57%; 160° 60,1%
$Mg(BrO_3)_2$	42,4	45,5	48,5	54,5	61	70,1	71,3	E(Eis+6) 38,5%/−13°
$MgCl_2$	34,5	35,0	35,2	36,5	38,0	40,0	42,0	E(Eis+12) 20,6%/−33,6°; F(12) 30,5%/−16,4°; U(8α→6) 34,3%/ −3,4°; U(6→4) 46,1%/116,7°; U(4→2) 55,8%/181,5°; L 120° 46,2%; 160° 50,5%; 200° 57,2%; 250° 62%; 300° 67,8%; Auftreten mst. Ph.
$Mg(ClO_3)_2$	53,4	55	57,2	64,3	68			U(6→4) 63,6%/35°; U(4→2) 72,1%/75°
$Mg(JO_3)_2$	3,2	6	7,8	10,2	13	13,4		E(Eis+10) 3,18%/−0,36°; U(10→4) 7,32%/13°; U(4→0) 13,1%/57,5°
$MgMoO_4$	12,13	14,31	15,25	17,35	19,74	13,8		E(Eis+7) 11,58%/1,67°; U(7→5) 15,11%/12,7°; U(5→2) 60,8°/19,87%
$Mg(NH_4)PO_4$			0,052	0,036		0,019		
$Mg(NH_4)_2(SO_4)_2$	10,3	12,66	15,25	20,32	25,93	32,66	38,78	E(Eis+6) 9,58%/−2,34°

427. Lösungsgleichgewichte (Zustandsdiagramme) 1-1113

Mg(NO$_3$)$_2$	32,0	38,0	43,5	57,5	48,0	52,0	72,2	E(Eis+9) 23,2%/−21,2°; $\ddot{U}$(9→6) 38,5%/11°; F(6) 51,7%/29,5°; E(6+3) 52,5%/29,3°
Mg(NO$_3$)$_2$	39,0	40,5	41,5	44,5				E(Eis+9) 32,4%/−31,9°; L 120°75,8%; 140°82,3%; 180°84,2%
MgPt(CN)$_4$	26,6	30,0	33,3	40,0	42,0	44,7	44,0	$\ddot{U}$(6,8 bis 8,1→4) (40%/40°); $\ddot{U}$(4→2) (46%/91°)
MgSO$_4$	20,64	23,66	25,82	30,6	35,24	35,9	32,9	E(Eis+12) 19%/−3,9°; L 120°28,6%; 140°22,24%; 160°13,04%; 180°5,124%; 200°1,96%
MnCl$_2$	39,0	40,5	42,3	47,0	51,8.	52,5	53,5	E(Eis+6) 30,5%/−26,5°; $\ddot{U}$(6→4) 38,5%/−2°; $\ddot{U}$(4→2) 51,6%/58°; $\ddot{U}$(2→1) 63,7%/198°; $\ddot{U}$(1→0) 85%/362°; Abb. 2
Mn(NO$_3$)$_2$	49,8	53,0	56,6	81,0	82,0			F(6) 62,4%/25,3°; E(6+4) 64%/23,5°; F(4) 71,3%/35,5°; E(4+2) 77,2%/36°; $\ddot{U}$(2→1) (81%)/36°
MnO$_4$Na	48,7	54	58,5	76,5	82,3			E(Eis+3) 41,4%/−15,8°; F(3) 72%/36°; E(3+1) 75,2%/33,7°; F(1) 88%/68,7°
MnSO$_4$	34,5	37,0	38,5	37,4	35,0	31,2	25,0	E(Eis+7) 32,3%/−11,4°; $\ddot{U}$(7→5) 37,2%/9°; $\ddot{U}$(5→1) 39%/23,9°
MoO$_4$Na$_2$	30,8	39,1	39,4 / 0,13	40,5 / 0,448	42,2 / 1,18	43,82 / 2,06	45,6	$\ddot{U}$(10→2) 39,21%/11°
MoO$_3$								$\ddot{U}$(2→1) (2,04%/70,5°)
HNO$_3$ s. Ergänzungstabelle								
NH$_3$ s. Ergänzungstabelle								
NH$_4$Br	37,0	40,0	42,0	49,0	51,0	54,0	58,0	E(Eis+0) 32,1%/−17°; L 150°66%; 200°72%; 250°77%; 300°81%; 350°85%; 400°88%
NH$_4$HCO$_3$	10	13,5	17,2	26	37	52	78	E(Eis+0) 9,5%/−3,9°
NH$_4$Cl	23,0	25,0	27,0	32,0	35,0	40,0	44,0	E(Eis+0) 19,5%/−16°; L 150°56%; 200°62%; 250°69%; 300°76%; 350°82%; 400°88%

4. Mechanisch-thermische Konstanten usw.

Verbindung	Lösungsgleichgewicht in Gew.% der Verbindung bei ϑ in °C							Angaben über die Liquiduskurve
	0°	10°	20°	40°	60°	80°	100°	
NH_4ClO_4	11	14,8	18,4	26,0	33,6			$E(Eis+0)\ 9,8\%/-2,7°$
NH_4F	42,0	43,0	45,0	48,0	53,0	59,0		$E(Eis+1)\ 32,3\%/-26,5°;\ \mathring{U}(1\to 0)$ $41\%/-16°$
NH_4HF_2	28,8	32,0	37,8	49,0	61,8	74,2	86,0	$E(Eis+0)\ 23,6\%/-14,8°;\ L\ 120°\ 96,8\%$
NH_4J	60,2	62,0	63,0	65,8	67,9	69,7	71,2	$E(Eis+0)\ 55,5\%/-27,4°;\ L\ 120°\ 70,3\%$
NH_4NO_3	53,6	60,0	65,5	74,5	80,5	86,2	91,0	$E(Eis+0,\varepsilon)\ 42,3\%/-16,9°;\ \mathring{U}(\varepsilon\to\delta)$ $(43,3\%)/-16°;\ \mathring{U}(\delta\to\gamma)\ 72\%/32,5°;$ $\mathring{U}(\gamma\to\beta)\ (87,4\%)/84°;\ \mathring{U}(\beta\to\alpha)\ (96,1\%)/$ $125°$
$(NH_4)_3PO_4$	8,6		16,87					$L\ 25°\ 18,96\%;\ 50°\ 27,38\%;\ Bdk.\ 3\ H_2O$
$(NH_4)_2HPO_4$	36,5	38,5	40,8	45	49,2	54	59	
$NH_4H_2PO_4$	18	22,5	27	36,2	45,6	54,8	63,5	$E(Eis+0)\ 16,5\%/-4°;\ L\ 120°\ 72,6$
$(NH_4)_2PtBr_6$	0,398	0,457	0,695	0,99	1,575	2,34	3,47	
$(NH_4)_2PtCl_6$	0,299	0,398	0,497	0,794	1,283	2,057	3,19	
NH_4ReO_4		0,01	0,02	0,05				
NH_4SCN	55,0	35,0	62,0	70,0	78,0	59	60,5	$E(Eis+0)\ 42\%/-25,2°;\ L\ 70°\ 82\%$
$(NH_4)_2SO_3$	32,5		37,8	44,3	51,0			$E(Eis+1)\ 28,9\%/-12,96°;\ \mathring{U}(1\to 0)$ $(59\%)/80,8°$
$(NH_4)_2SO_4$	41,0	42,0	43,0	45,0	46,7	48,5	50,5	$E(Eis+0)\ 39,7\%/-18,5°;\ L\ 150°\ 55\%;$ $200°\ 59,7\%;\ 250°\ 64,5\%;\ 300°\ 69\%;$ $350°\ 73,3\%;\ 400°\ 78\%$
$(NH_4)_2SnCl_4$	0,65	0,85	38,8	50	62,5			
$(NH_4)_2ZrF_6$			1,1	1,6	2,14	2,67		Angaben in Mol/l
N_2H_4 s. Ergänzungstabelle								
Na_2HAsO_4	5,4	11	22,9	29	39,1	45,8	55,8	$\mathring{U}(12\to 7)\ (25,9\%)/(21,5°)$
$NaBO_2$	14	17	20,2					$\mathring{U}(4\to 2)\ 37,85\%/54°$
NaB_5O_8	6,3	8,1	10,6	17,5	26,9	37,8	50,5	$E(Eis+5)\ 5,80\%/-1,70°;\ \mathring{U}(5\to 1)$ $(52,60\%/103°)$

427. Lösungsgleichgewichte (Zustandsdiagramme)

Na₂B₄O₇	1,1	1,6	2,5	6,0	15,0	20,0	28,3	$E(\text{Eis}+10)$ 1,09%/−0,45°; $\check{U}(10\to 4)$ 14,5%/58,5°; [$\check{U}(10\to 5)$ 16,65%/60,8°]; L 120° 49%; 140° 69%
NaBr	44,2	45,7	47,5	51,5	54,0	54,4	55,0	$E(\text{Eis}+5)$ 40,3%/−28,0°; $\check{U}(5\to 2)$ 41%/−24,0°; $\check{U}(2\to 0)$ 53,97%/50,8°; L 120° 55,5%; 160° 57,5%; 200° 60%
NaBrO₃	21,5	24,0	27,0	33,0	38,0	43,0	48,0	$E(\text{Eis}+2)$ 23,46%/−26,4°; $\check{U}(2\to 0)$ 44,82/34°
NaCN	30,0	32,9	36,7	46,0				
Na₂CO₃	6,5	11,0	17,9	32,8	31,5	30,6	30,6	$E(\text{Eis}+10)$ 5,93%/−2,10°; $\check{U}(10\to 7)$ 31,2/32°; $\check{U}(7\to 1)$ 33,3%/35,3°; $\check{U}(1\to 0)$ 30,8%/112,5°; L 150° 27,2%; 200° 23%; 250° 16,8%; 300° 8,5%
NaHCO₃	6,5	7,5	8,6	11,2	13,7	15,4	19,2	$E(\text{Eis}+0)$ 6,26%/−2,33°; L 120° 22,2%; 140° 25,5%; 160° 29,5%; 180° 34,5%
NaCl	26,3	26,4	26,5	26,8	27,0	27,5	28,0	$E(\text{Eis}+2)$ 22,42%/−21,2°; $\check{U}(2\to 0)$ 26,27%/0,1°; L 120° 28,5%; 160° 30%; 200° 31,5%
NaClO	22,7	26,8	34,6	53,0				$E(\text{Eis}+5)$ 19,2%/−16,6°; $F(5)$ 44,0%/24,5°; $E(5+2,5)$ 48,5%/23,0°
NaClO₃	45,0	47,0	49,0	54,0	58,0	63,0	68,0	$E(\text{Eis}+1)$ 56%/−32°; $\check{U}(1\to 0)$ 73,8%/52,75°
NaClO₄	62,5	64,3	66,5	71,0	74,0	75,3	77,0	
NaF	3,94	3,96	4,03	4,06	4,22	4,49		$E(\text{Eis}+0)$ 3,92%/−3,5°
NaJ	61,5	62,8	64,0	68,5	72,0	74,6	75,0	$E(\text{Eis}+5)$ 55,9%/−33°; $\check{U}(5\to 2)$ 60,2%/−13,5°; $\check{U}(2\to 0)$ 74,57%/68,2°; L 180°/77,5%
NaJO₃	2,1	4,0	8,1	12,0	16,5	21,0	25,0	$E(\text{Eis}+5)$ 2,38%/−0,35°; $\check{U}(5\to 1)$ 7,83%/19,85°; $\check{U}(1\to 0)$ 20,0%/73,4°
NaJO₄		5,2	9,3	23,0				$\check{U}(3\to 0)$ 21,3%/34,5°
NaN₃	28,0	28,5	29,2	30,9	32,2	34,0	35,5	$E(\text{Eis}+3)$ 21,6%/−15,1°; $[E(\text{Eis}+0)$ 26,8%/−20°]; $\check{U}(3\to 0)$ 27,8%/−2,1°

4. Mechanisch-thermische Konstanten usw.

Verbindung	Lösungsgleichgewicht in Gew.% der Verbindung bei ϑ in °C							Angaben über die Liquiduskurve
	0°	10°	20°	40°	60°	80°	100°	
$NaNO_2$	42,0	43,4	45,0	49,0	53,0	57,0	61,0	E(Eis+$^1/_2$) 28,1%/$-19,5°$; [E(Eis+0) 36%/$-26°$]; U($^1/_2$→0) 41,65%/$-5,1°$; L 120° 66%
$NaNO_3$	41,8	44,0	46,4	51,0	55,5	59,6	63,5	E(Eis+0) 36,9%/$-18,5°$; L 120° 67,5%; 140° 71,5%; 160° 76%; 200° 83%; 250° 92%; 300° 99%
$NaOH$	29,6	3 Werte	52,0	56,3	64,0	75,5	77,0	s. Abb. 3
Na_3PO_4	4,29	7,4	10,15	18,03	28,2	36,9	43,4	U(12→10) 20,94%/45,5°; U(10→8) 30,8%/64,5°; E(8+1) 48,18%/121°; E(1+0) 33,8%/215°
Na_2HPO_4	1,2	3,5	7,1	35	44,5	48	51	E(Eis+12/β) 1,2%/$-0,5°$; U(12β→12α) 29,6°/19,2%; U(12→7) 29,3%/35,2°; U(7→2) 48,3°/44,4%; U(2→0)95,0°/51,3°
NaH_2PO_4	36	41	46	58	65,7	68	71	E(Eis+2) 32,4%/$-9,9°$. U(2→1) 58,5%/40,8°; U(1→0) 65,5%/57,4°
$Na_4P_2O_7$	2,63	3,84	5,19	11,1	17,96	23,08		E(Eis+10) 2,124%/$-0,43°$; E(10+0) 36,38%/79,5°
Na_2PtCl_6	38,5	41,5	44,0	50,0	56,5	64,0	72,0	Bdk. $6H_2O$
Na_2S	11,0	13,2	16,0	22,0	28,0	33,0	60,8	E(Eis+9) 9,5%/$-9,5°$; U(9→6) 26,3%/48,0°; U(6→5,5) 38,0%/92,0°; F(5,5) 44,1%/98,0°; E(5,5+1) 55,5%/85,0°; U(1→x) 60,0%/95,0°
$NaSCN$	12,45	53,0	57,5	63,9	65,0	67,0	69,0	U(1→0) 63,15%/30,4°
Na_2SO_3		16,31	20,89	27,01	24,43	22,24	21,02	E(Eis+7) 10,47%/$-3,35°$; U(7→0) 28%/33,4°
$Na_2SO_4 \cdot 7H_2O$	15,6	23,36	30,9					Bdk. $7H_2O$, metastabil, E(Eis+7) 12,73%/$-3,6°$; U(7→0 monokl.) 34%/24,5°

427. Lösungsgleichgewichte (Zustandsdiagramme)

Na$_2$SO$_4 \cdot$10H$_2$O	4,36	8,37	16,2				71,0	Bdk. 10H$_2$O; E(Eis+10) 3,84%/−1,2°; U(10→0 monoklin) 33,11%/32,2°; U(0 monokl.→0 rhomb. I) (220°)/(33°); U(0 rhomb. I→0 rhomb. II) (270°)/(29)%;
Na$_2$S$_2$O$_3$	33,5	37,0	41,0	50,8	65,3	69,7		E(Eis+5α) 30,25%/−10,6°; U(5α→2α) 61,6%/48,17°; U(2α→¹/₂) 67,6%/65,0°; U(¹/₂→0) 69,4%/75°; Auftreten mst. Phasen
Na$_2$S$_2$O$_4$	16,5	17,4	18,3	20,5	22,8			E(Eis+2) 15,95%/−4,58°; U(2→0) 21,8%/52°
Na$_2$S$_2$O$_5$	31,0	38,0	39,0	41,2	44,0	46,8	65,0	E(Eis+7) 23,5%/−9,05; U(7→0) 37,8%/5,5°
Na$_2$S$_2$O$_6$	6,0	11,0	15,0	24,6	36,0	49,0	45,5	E(Eis+8) 5,72%/−1,136°; U(8→6) 6,27%/0°; U(6→2) 10,75%/9,1°
Na$_2$SeO$_3$	43,2	44,3	46	49,8	47,8	46,5		U(8→5) 42,65%/−7,2°; U(5→0) 49,79%/37,0°
NaHSeO$_3$	41	49	57,9	68,6	72,1	76,6		E(Eis+3) 33,6%/−9,3°; U(3→0) 67,11%/28,0
Na$_2$SeO$_4$	11,5	20,0	30,0	45,0	43,8	42,5	42,0	U(10→0) 46%/32°
Na$_2$SiF$_6$	0,428	0,517	0,69	1,02	1,43	1,89	2,39	Bdk. 0 H$_2$O
Na$_2$SiO$_3$	6,7	10,8	15,7	30,2	48,2	51,8		E(Eis+9) 5,6%/−2,7°; U(9→6) 39,8%/46,8°; U(6→5) 48%/59,8°; U(5→0) 56,6%/72°
Na$_3$VO$_4$	36,31	41,86	42,36	20,64	24,81	29,1	49,24	U(2→0) (19,49%/35°)
Na$_2$WO$_4$	30,5	37,2	43,0	43,82	45,62	47,26		U(10→2) 41,8%/6°
Nd(BrO$_3$)$_3$				54,1				Bdk. 9H$_2$O; L 45° 56,8%
NdCl$_3$	49,24	49,3	49,5	50,8	53,27	55,95	58,1	Bdk. 6H$_2$O; L 50° 51%
Nd(NO$_3$)$_3$	56,0	56,8	58,5	61,5	68,5			U(6β→6α) (20°/58,5%); F(6α) 67,5°/75,3%
Nd$_2$(SO$_4$)$_3$	11,38	8,76	6,37	4,22	2,91	2,15	1,09	U(15→8) (11,38%/1°); U(8β→8α) (2,15%/80°)

Verbindung	Lösungsgleichgewicht in Gew.% der Verbindung bei ϑ in °C							Angaben über die Liquiduskurve
	0°	10°	20°	40°	60°	80°	100°	
NiBr$_2$	53,1	54,9	56,6	59,1	60,4	60,6	60,8	$\tilde{U}(9\to 6)$ (53%)/$-2,5°$; $\tilde{U}(6\to 3)$ (57,8%)/ 28,5°; $\tilde{U}(3\to ?)$ (60,1%/52°)
NiCl$_2$	35,0	36,0	38,0	42,0	44,6	46,5	46,8	E(Eis+7) 29,9%/$-45,3°$; $\tilde{U}(7\to 6)$ 33,8%/$-33,3°$; $\tilde{U}(6\to 4)$ 28,8°/41,6%; $\tilde{U}(4\to 2)$ 64,3°/46,1%
Ni(ClO$_3$)$_2$	52,8	55,0	57,2	64,5	69,0	69,5		$\tilde{U}(6\to 5)$ (68%)/(48°)
Ni(ClO$_3$)$_2$	51,1	51,9	52,5	54,0				$\tilde{U}(9\to 5)$ (50,9%)/($-2,8°$)
Ni(ClO$_3$)$_2$	51,1	51,8	52,3	54				$\tilde{U}(9\to 5)$ (50,9%/$-2,8°$)
NiJ$_2$	55,9	57,5	59,5	63,6	64,5	65,1		$\tilde{U}(6\to 4)$ (64,2%/43°)
Ni(NO$_3$)$_2$	44,2	46,5	48,5	54,5	61,3	65,3	68,6	E(Eis+9) 36%/$-27,8°$; $\tilde{U}(9\to 6)$ (42%)/(9°); $\tilde{U}(6\to 4)$ 60%/54°; $\tilde{U}(4\to 2)$ 67,2%/85,4°
NiSO$_4$	21,88	24,81	27,55	32,62	36,22	39,94	40,93	E(Eis+7) 20,64%/$-3,4°$; $\tilde{U}(7\to 6\beta)$ 30,7/30,7°; $\tilde{U}(6\beta\to 6\alpha)$ 35,32%/53,8°; $\tilde{U}(6\beta\to 1)$ 40,93%/84,8°
NiSeO$_4$	21,81	24,0	26,3	31,12	36,83	42,73	45,66	E(Eis+6) 21,02%/$-3°$; $\tilde{U}(6\to 4)$ 43,62%/(82°)
H$_3$PO$_4$ s. Ergänzungstabelle								
H$_4$P$_2$O$_7$ s. Ergänzungstabelle								
PbBr$_2$	0,45	0,62	0,85	1,45	1,97	3,3	4,55	2 fl. Ph. (39 u. 80%)/302°
PbCl$_2$	0,63	0,75	0,97	1,42	1,97	2,55	3,2	2 fl. Ph. (24 u. 76%)/345°
PbF$_2$		$6,1 \cdot 10^{-2}$	$6,5 \cdot 10^{-2}$					
PbJ$_2$	0,05	0,05	0,09	0,11	0,2	0,3	0,44	2 fl. Ph. (12 u. 82%)/334°
Pb(NO$_3$)$_2$	26,8	30,8	34,5	41,0	46,8	52,0	56,0	E(Eis+0) 26,0%/$-2,7$
Pb$_3$(PO$_4$)$_2$			$1,3 \cdot 10^{-5}$					
Pb(SCN)$_2$			$1,37 \cdot 10^{-3}$					
PbSO$_4$	$3,34 \cdot 10^{-3}$	$0,37 \cdot 10^{-3}$	$4,21 \cdot 10^{-3}$					
PbSiF$_6$	5,5	7,0	8,5	12,0	—	21	22	$\tilde{U}(4\to 2)$ 60°/20,1%
Pr(BrO$_3$)$_3$	35,8	42,2	47,7	59,0				Bdk. 9H$_2$O; L 45° 62%

427. Lösungsgleichgewichte (Zustandsdiagramme)

PrCl$_3$	47,77	48,24	48,89	50,7	54,12	58,1		Bdk. 6H$_2$O; F(6) 75,2%/56°; L 50° 68%
Pr(NO$_3$)$_3$	16,46	13,57	60,0	64,1	4,579	2,44	0,764	Ü(8→5) 29,57%/75°
Pr$_2$(SO$_4$)$_3$			10,95	6,8	74,0	78,2	88,0	Ü(5→4) 72%/52°; Ü(4→3) 78%/75°
PtCl$_4$	0,0137	0,020	0,0282	62,2	0,0997	0,182	0,334	
PtCl$_4$Rb$_2$				0,0565				
RaBr$_2$			41,5					
Ra(NO$_3$)$_2$			12,2					
RaSO$_4$			1,4·10^{-4}	5·10^{-6}				
RbBr	43,5	50,6	52,7	50,8	53,5	56,0	58,0	L 110° 59%
RbCl	1,96	45,8	47,5	10,3	18,05	27,55	38,7	
RbClO$_3$		3,1	4,85	2,34	4,76	8,42	14,9	
RbClO$_4$		0,59	0,99					E(Eis+0) 50,0%/−13,0°; L 110° 75%
RbJ	55,6	59,0	61,6	65,1	68,3	71,2	73,8	
RbNO$_3$	17,0	25,0	35,0	54,0	66,0	75,0	86,0	
RbReO$_4$	0,398	0,695	1,08	2,34				L 25° 1,33%; 50° 3,353%
Rb$_2$SO$_4$	26,6	30,0	32,5	36,6	40,5	42,9	45,0	L 120° 46,9%; 140° 48%; 160° 48,8%
ReO$_4$Tl			0,15	0,547	0,91	1,29		
SO$_2$ s. Ergänzungstabelle								
H$_2$SO$_4$ s. Ergänzungstabelle								
SbCl$_3$	85,8	87,7	89,6	93,3	97,8			Bdk. 0 H$_2$O
Sc(OH)$_3$			1,25·10^{-7}					* bei 25° C; Bdk. 5 H$_2$O
Sc$_2$(SO$_4$)$_3$			28,53*					
SeO$_2$ } s. Ergänzungstabelle								
H$_2$SeO$_4$								
SmCl$_3$		48,03	48,28	49,1				Bdk. 6H$_2$O
Sm$_2$(SO$_4$)$_3$			2,6	1,967				Bdk. 8H$_2$O; L 25° 1,48%
SnCl$_2$	45,6		•					L 15° 73,0%; 25° 70,1%; Bdk. 2H$_2$O
SnJ$_2$			0,97	1,37	1,99	2,79	3,74	Ü(6→2?)68%/88°; Ü(2?→1) 72%/∼140°;
SrBr$_2$	47,0	48,2	50,0	53,5	58,0	64,0	69,0	Ü(1→0) 92,8%/344,5°

4. Mechanisch-thermische Konstanten usw.

Verbindung	Lösungsgleichgewicht in Gew.% der Verbindung bei ϑ in °C								Angaben über die Liquiduskurve
	0°	10°	20°	40°	60°	80°	100°		
$SrCl_2$	30,0	32,2	34,5	40,0	46,0	48,0	51,0		$E(\text{Eis}+6)$ 26,2 %/−18,7°; $\ddot{U}(6\to2)$ 46,65 %/ 61,3°; $\ddot{U}(2\to1)$ 56,1 %/134,4°; $\ddot{U}(1\to0)$ 78,5 %/320°; L 150° 57 %; 200° 62 %; 300° 75 %; 350° 89 %; 400° 81 %
$Sr(ClO_3)_2$	61,5	63,4	63,7	64,4	65	66,2	66,5		$E(\text{Eis}+3)$ 54,5 %/−37°
SrF_2	$11,3 \cdot 10^{-3}$	$11,5 \cdot 10^{-3}$	$12 \cdot 10^{-3}$						
SrJ_2	62,5	63,0	64,5	66,5	69,5	73,7	78,5		$F(6)$ 76 %/84°; $E(6+2)$ (77 %/83°); L 120° 80,8 %; 160° 84,3 %
$Sr(NO_2)_2$	31	36	41,0	44,0	48	52	57		$E(\text{Eis}+4)$ 26,4 %/−8,8°; $\ddot{U}(4\to1)$ 39 %/15°
$Sr(NO_3)_2$	28,0	33,0	41,0	48,9	49,0	50,0	50,1		$E(\text{Eis}+4)$ 24,7 %/−5,4°; $\ddot{U}(4\to0)$ 47,4 %/ 31,3°; L 150° 53 %; 200° 57 %; 300° 67 %; 400° 77,2 %
$Sr(OH)_2$	0,34	0,497	0,89	1,87	3,48	8,1	22,48		$E(\text{Eis}+8)$ 0,438 %/−0,1°
$SrSO_4$	$11,3 \cdot 10^{-3}$	$12,6 \cdot 10^{-3}$	$13 \cdot 10^{-3}$	$13,8 \cdot 10^{-3}$	$13 \cdot 10^{-3}$	$11,5 \cdot 10^{-3}$	$10,1 \cdot 10^{-3}$		L 200° 4,5 · 10⁻³; 400° 8 · 10⁻⁴
$Tb(BrO_3)_3$	30,75	36,3	41,5	51,2					Bdk. 9 H₂O
$Tb_2(SO_4)_3$			3,44	2,45					Bdk. 8 H₂O
H_2TeO_4	s. Ergänzungstabelle								
$Th(NO_3)_4$	65,0	65,4	66,0	68,0	71,0	74,5	78,5		$E(\text{Eis}+6)(64\%)/-48°$; $E(6+4)$ 81,6 %/ 111°; $E(4+x)$ 86,9 %/151°; $F(6)$ etwa zusammenfallend mit $E(6+4)$ (81,6 %)/111°; $F(4)$ etwa mit $E(4+x)$ (86,9 %)/151°; L 120° 82 %; 160° 87,6 %; 200° 90,8 %
$Th(SO_4)_2$	0,69	0,99	1,28	2,91	1,57	0,892			$\ddot{U}(9\to4)$ 3,24 %/43°
$TlBr$	$23,8 \cdot 10^{-3}$		$47,6 \cdot 10^{-3}$		$20,4 \cdot 10^{-2}$				
$TlBrO_3$			0,345	0,70					
Tl_2CO_3	−	−	5,2	8,2	11,2	14,7	18,3		F 430°
$TlCl$	0,169		0,318	0,596	1,01	1,575	2,32		L 17° 37,57 %; Bdk. 4 H₂O
$TlCl_3$									

427. Lösungsgleichgewichte (Zustandsdiagramme)

								Anmerkungen
TlClO₃	1,96	2,53	3,75	8,1	15,25	25,15	36,31	E(Eis+0) 12,3%/−7°; L 160° 97,5%
TlClO₄		7,92	11,5					U(rhomb.→rhomboedr.) 72,8°/45%; U(rhomboedr.→regulär) 142,5°/96%
TlN₃	0,17		0,35				96	
TlNO₂	15	22	29	45,5	62	92	80,52	
TlNO₃	3,67	6,0	8,72	17,29	31,6	52,67		
TlSCN	3,0	3,6	0,314	0,725	9,5	12,5	16,8	L 200° 28,7%; 300° 36%; 2 fl. Ph. 360° 37...76%; 400° 98%
Tl₂SO₄			4,5	7,0				
UO₂(NO₃)₂	48,6	51,5	55,0	63,2	76,6	79,0	82,0	E(Eis+6) 43%/−18,1°; U(6→3) 76,2% 58,6°; [F(6) 78%/59,5°]; U(3→2) 84,8%/113°; F(2) 91,63%/184°; L 140° 87%; 180° 91%
UO₂SO₄	59,2	59,8	60,0	61,0	62,3	64,0	66,0	E(Eis+3) 58,3%/−38,5°; U(3→1) 76%/181°
U(SO₄)₂			10,4	8,4	6,8	51		Bdk. 4 H₂O; U(8→4) 10,5%/19,5°
			10,6	22	37	53,7		Bdk. 8 H₂O, metastabil
						46,67		Bdk. ? H₂O
YBr₃	39,03	41,5	43,66	47,26	50,49			Bdk. 6 H₂O
YCl₃		43,82	43,98	44,75	45,66			L 65° 67,5%
Y(NO₃)₃	48,0	53,0	56,7	62,2	66,6			Bdk. 8 H₂O
Y₂(SO₄)₃	7,4	7,0	6,8	5,84	4,4	3,0	1,57	Bdk. 8 H₂O
Yb₂(SO₄)₃	30,7	26,8	22,9	15,04	9,09	6,0	4,4	U(3→2) 79,1%/−8°; F(2) 86,2%/37°; mst.
ZnBr₂	79,5	80,2	81,3	85,6	86,0	86,5	87,0	U(2→0) 85,4%/35°
ZnCl₂	67,6	73,0	78,7	82,0	83,0	84,5	86,0	E(Eis+4) 51%/−62°; Übergänge bei Bodenkörpern verschiedenen Kristallwassergehaltes: U(4→3) 61,5%/−30,0°; U(3→2,5)71,6%/6,5°; F(2,5) 75,2%/12,5°; E(2,5+1,5) 77,0%/11,5°; U(1,5→1) 80,9%/26,0°; U(1→0) 81,3%/28,0°
Zn(ClO₃)₂	59	63,5	66,7	69,4	76			U(6/4) 66,3%/14,5°; U(4→2) 75,4%/55°

4. Mechanisch-thermische Konstanten usw.

Verbindung	Lösungsgleichgewicht in Gew.% der Verbindung bei ϑ in °C								Angaben über die Liquiduskurve
	0°	10°	20°	40°	60°	80°	100°		
ZnJ$_2$	81,0	81,2	81,4	82,0	82,4	83,0	83,6		$U(2\to 0)$ 81,1%/0°; $F(2)$ 89,9%/27°; mst.
Zn(NO$_3$)$_2$	48,0	51,0	54,0	Anm.	87,4				Anm.: L 40° (4) 67,5% und 77,0%; L 40° (2) 78,6%; Übergänge bei Bodenkörpern verschiedenen Kristallwassergehaltes: E(Eis+9) 38,9%/−32,0°; $U(9\to 6)$ 44,8%/−17,6° $F(6)$ 63,4%/36,1°; $E(6+4)$ 65,0%/35,6°; $F(4)$ 72,5%/44,7°; $E(4+2)$ 77,9%/37,0°; $F(2)$ 84,0%/55,4°; $E(2+1)$ 86,2%/51,8°, $F(1)$ 91,4%/73,0°
ZnSO$_4$	29,2	32	35	41,5	45	46	44		E(Eis+7, rhomb.) 27,2%/−6,55°; $U(7\to 6)$ 41,2%-39°; $U(6\to 1)$ 47,1%/70°; L 150° 37%; 200° 26%; 260° 7%
ZnSeO$_4$	33,5	35	37,2	42,9	40,4	35,8	~31		E(Eis+6) 32,2%/−7,8°; $U(6\to 5)$ 41,8%/34,4°; $U(5\to 1)$ 43,8%/43,4°; $U(1\to 0)$ 40,4%/60°
ZnSiF$_6$	33,5	34,3	35	37	39	40,5	42		E(Eis+6) 32%/−14,6°

427. Lösungsgleichgewichte (Zustandsdiagramme)

Abb. 1. H_2O—$Ca(ClO_3)_2$

Abb. 2. H_2O—$MnCl_2$

Abb. 3. (NaOH)

427. Lösungsgleichgewichte (Zustandsdiagramme)

427122b. Lösungsgleichgewichte anorganischer Säuren in Wasser

Verbindung	Angaben über die Liquiduskurve in % (= Gew.-%) oder Mol% der Verbindung Temperaturangaben in °C
H_3AsO_4	E(Eis $+\frac{1}{2}$ H_2O (= $As_2O_5 \cdot 4$ H_2O); 22,03 Mol%/— 59°; $Ü$($As_2O_5 \cdot 4$ $H_2O \to As_2O_5 \cdot \frac{5}{3}$ H_2O) 53,04 Mol%/30°
H_3BO_3	E(Eis + 0) 0,333 Mol% B_2O_3/—0,76°; 10 Mol% B_2O_3/141°; $Ü$(0 → HBO_2I) 21 Mol% B_2O_3/169°; E(I + B_2O_3) 55,1 Mol% B_2O_3/235°; Auftreten mst. Ph. von HBO_2
HBr	10 Mol%/— 55° Bdk. Eis; F(4) 20 Mol%/— 55,8°; E(4 + 3) 21,24 Mol%/— 57°; F(3) 25,0 Mol%/— 48°; E(3 + 2) 25,17 Mol%/— 48,2°; F(2) 33,33 Mol%/— 11,3°; E(2 + 1) 37,4 Mol%/— 15,5°; 2 fl. Ph. 45,4 Mol%/— 3,3°
HCN	10 Mol%/— 12,5°; 20 Mol%/14,6°; 40 Mol%/— 16,0°; 60 Mol%/— 17,5°; E(Eis + 0) 74,5 Mol%/— 23,4°; Auftreten mst. Phasen
HCNO Cyansäure	20 Mol%/— 15,8°; 40 Mol%/— 36°; 60 Mol%/— 76°; E(Eis + 0) 67 Mol%/— 102,5°; 80 Mol%/— 95°
HCl	10 Mol%/— 15°; E(Eis + 3) 14,02 Mol%/— 86°; F(3) 25 Mol%/ — 24,9°; E(3 + 2) 27,93 Mol%/— 27,5°; F(2) 33,33 Mol%/ — 17,7°; E(2 + 1) 39,86 Mol%/— 23,2°
HClO	E(Eis + 2) 11,7 Mol%/— 38,95°; Monotekt. (2 + 2 fl. Ph.) 20,7 und 97,1 Mol%/— 36,4°
$HClO_4$	E(Eis + 5,5) 10,9 Mol%/— 59,7°; F(5,5) 15,4 Mol%/— 41,0°; E(5,5 + 3,5) ≈ 17,1 Mol%/≈ — 46,7°; F(3,5α) 22,2 Mol%/ — 33,5°; E(3,5α + 3α) 23,7 Mol%/— 38,0°; F(3α) 25 Mol%/37°; E(3α + 2,5) 25,0 Mol%/— 37°; F(2,5) 28,6 Mol%/— 29,8°; E(2,5 + 2) 28,6 Mol%/— 29,8°; F(2) 33,33 Mol%/— 17,8°; E(2 + 1) 36,5 Mol%/— 23,6°; F(1) 50 Mol%/50°; E(1 + 0) ≈ 99,5 Mol%/≈ — 102°; Auftreten mst. Ph. (β-Form)
HF	20 Mol%/— 36,8°; E(Eis + 1) 27,6 Mol%/— 70,2°; F(1) 50 Mol%/— 35,4°; $Ü$(1 → $\frac{1}{2}$) 68,5 Mol%/— 75,2°; $E(\frac{1}{2} + \frac{1}{4})$ 77,6 Mol%/— 101,4°; $F(\frac{1}{4})$ 80 Mol%/— 100,3°; $E(\frac{1}{4} + 0)$ 88,3 Mol%/— 110,9°; F(0) — 83,0°
HJ	E(Eis + 4) 11,31 Mol%/— 80°; F(4) ≈ 20 Mol%/ ≈ 36,5°; E(4 + 3) 21,77/— 49°; F(3) 25 Mol%/— 48°; E(3 + 2) 28,05 Mol%/56°
NH_3	20 Mol%/— 33°; E(Eis + 1) 34,5 Mol%/— 100,3°; F(1) 50,0 Mol%/— 70°; E(1 + $\frac{1}{2}$) 58,5 Mol%/— 88,0°; $F(\frac{1}{2})$ 66,6 Mol%/— 78,8°; $E(\frac{1}{2} + 0)$ 81,4 Mol%/— 92,5°; F(0) — 77,0° s. a. Tabelle 422122, S. 994
HNO_3	10 Mol%/— 30,5°; E(Eis + 3) 12,2 Mol%/— 43,0°; F(3) 25 Mol%/— 18,5°; E(3 + 1) 40,6 Mol%/— 42,0°; F(1) 50 Mol%/— 38,2°; E(1 + 0) ≈ 71,5 Mol%/≈ — 66°
N_2H_4	20 Mol%/— 51° Bdk Eis; 40 Mol%/— 56°; F(1) 50 Mol%/ — 51,7°; E(1 + 0) 56 Mol%/— 54°; F(0) + 2°
H_2O_2	10 Mol%/— 12°; 20 Mol%/— 28°; E(Eis + 2) 29,9 Mol%/ — 51,8°; F(2) 33,3 Mol%/— 52,1°; E(2 + 0) ≈ 45,5 Mol%/ ≈ — 56,5°; F(0) — 1,7°
H_3PO_4	10 Mol%/— 21°; E(Eis + $\frac{1}{2}$) 23,41 Mol%/— 85,0°; $F(\frac{1}{2})$ 66,67 Mol%/29°; $E(\frac{1}{2} + 0)$ 76,97 Mol%/23,5°; 90 Mol%/36°
$H_4P_2O_7$	10 Mol%/— 41°; E(Eis + 1$\frac{1}{2}$) 12,69 Mol%/— 75°; F(1$\frac{1}{2}$) 40 Mol%/26°; E(1$\frac{1}{2}$ + 0) 44,46 Mol%/23°; 60 Mol%/40,5°; 80 Mol%/54,6°; F(0) 61°

Verbindung	Angaben über die Liquiduskurve in % (= Gew.%) oder Mol% der Verbindung Temperaturangaben in °C
SO_2	E(Eis + 7) ≈ 0,65 Mol%/≈ − 3°; Monotekt (7 + 2 fl. Ph.) 2,38 u. 87 Mol%/12,2°; E(7 + 0) 90,1 Mol%/− 74°; F(0) − 72,5°
SO_3	s. Abb.
H_2SO_4	E(Eis + 4) 10,3 Mol%/− 83,0°; F(4) 20 Mol%/− 51,7°; E(4 + 1) 26,6 Mol%/− 55°; F(1) 50 Mol%/≈ 26°; 1(E + 0) 55,9 Mol%/17°
SeO_2	10 Mol%/− 11°; E(Eis + 1) 17,75 Mol%/− 23°; F(1) 50 Mol%/66,5°
H_2SeO_4	E(Eis + 4) 10,3 Mol%/− 83,0°; F(4) 20 Mol%/− 51,7°; E(4 + 1) 26,6 Mol%/− 55°; F(1) ≈ 50 Mol%/≈ 26°; E(1 + 0) 55,9 Mol%/17,0°
H_2TeO_4	E(Eis + 6) 1,37 Mol%/− 1,5°; U(6 → 2) 3,20 Mol%/10°

H_2O—SO_3

○ GABLE, C. M., H. F. BETZ und S. H. MARON: J. Am. Chem. Soc. **72** (1950), 1445.
▽ KUNZLER, J. E., und W. F. GIAUQUE: J. Am. Chem. Soc. **74** (1952), 5271.

E Eis + $SO_3 \cdot 7 H_2O$ 8,53 Mol%/− 61,98° C
U $SO_3 \cdot 7 H_2O \rightleftharpoons SO_3 \cdot 5 H_2O$ 10,64 Mol%/− 53,73° C
F $SO_3 \cdot 5 H_2O$ 16,66 Mol%/− 28,36° C
E $SO_3 \cdot 5 H_2O + SO_3 \cdot 4 H_2O$ 20,09 Mol%/− 36,56° C
E $SO_3 \cdot 4 H_2O + SO_3 \cdot 3 H_2O$ 22 Mol%/− 42,7° C
F $SO_3 \cdot 3 H_2O$ 25 Mol%/− 39,51° C
E $SO_3 \cdot 3 H_2O + SO_3 \cdot 2 H_2O$ 25,37 Mol%/− 39,85° C
F $SO_3 \cdot 2 H_2O$ 33,33 Mol%/+ 8,36° C
E $SO_3 \cdot 2 H_2O + SO_3 \cdot 1 H_2O$ 42,56 Mol%/− 34,86° C
F $SO_3 \cdot 1 H_2O$ 50 Mol%/+10,37° C
E $SO_3 \cdot 1 H_2O + SO_3 \cdot \frac{1}{2} H_2O$ 55 Mol%/− 10,15° C
F $SO_3 \cdot \frac{1}{2} H_2O$ 66,67 Mol%/+35,15° C

427122c. Lösungsgleichgewichte anorganischer Verbindungen in schwerem Wasser.
(Erläuterungen zur letzten Spalte s. S. 1047)

Ver- bindung	Gew.% der Verbindung in der gesättigten Lösung bei ϑ in °C								
	0	10	20	40	60	80	100	
BaCl$_2$		20	22	24,7	27,6	30,6	32,4	$\ddot{U}(2\to1)$ 32%/93,3°
CdJ$_2$		34,2	35,6	30	41,5	44,4	47,6	$E(0+5)$ 10,5°
CuSO$_4$			10	18,7	26,4	33,2		$\ddot{U}(5\to3)$ 40%/95,5°
HgCl$_2$		2,9	4,04	6,8	10,7	17,4	29,1	
KBr			35,1	38,1	41,5	44,7	47,5	
KCl		19,4	20,6	24,3	27,6	30,5	35,1	
KJ			34,4	38,3	44,5	44,5	47,4	
NaBr	41,3	43	44,6	48,7	50,5	51	51,5	$\ddot{U}(2\to0)$ 50,4%/47°
NaCl	22,6	22,9	23	23,5	24	24,5	25	Bdk. 0²H$_2$O
NaJ			61,3	64,9	70	72,2	72,6	$\ddot{U}(2\to0)$ 72%/66°
Na$_2$SO$_4$		6,3	13,0	30	38,6	38,0	37,2	$\ddot{U}(10\to0)$ 30,6%/34,2° $\ddot{U}(6\to2)$ 43%/56,4°
SrCl$_2$		30,5	32,4	37,3	43,2	45,0	47,5	$\ddot{U}(2\to1)$ 50,2%/128,5°

4. Mechanisch-thermische Konstanten usw.

427123. Lösungsgleichgewichte anorganischer Verbindungen in anorganischen Flüssigkeiten

a) in Ammoniak (Erläuterungen zur letzten Spalte S. 1047)

Gelöste Verbindung	Gew.% der Verbindung in der gesättigten Lösung bei ϑ in °C							Weitere Angaben
	−60	−40	−20	0	20	60		
Ba(NO$_3$)$_2$	39,2	43,2	4,28	21,2	49,0			$U(4\ (?) \to 0)\ 12{,}1\%/-9{,}0°$
Ca(NO$_3$)$_2$	22,9	8,2	44,2	45,7	47,5	54,6		$U(6{,}5\ (?)\to 4\ (?))\ 43{,}2\%/-43°;\ U(4\ (?)\to 0)\ 48\%/20°$
Cd(NO$_3$)$_2$	32,3	32,4	2,92	1,53	0,795			$E(?\ NH_3?+4)\ 22{,}8\%/-77{,}5°$
K			32,5	32,6	32,7			
KCl	0,225	0,195	0,165	0,134	0,104			$E(NH_3+0)\ 0{,}25\%/-77{,}2°$
Li	9,74	9,75	9,75	9,75				
LiCl			0,795	1,32	2,72			
LiNO$_3$	30	38	41,8	47	69,8	73		Bdk. 0 NH$_3$
								$F(NH_3)\ -77{,}7°;\ E(NH_3+8)\approx 23\%/\approx -81{,}0°;$
								$F(8)\approx 33{,}6\%/\approx -52{,}5°;\ E(8+4)\approx 35{,}8\%/-57{,}0°;$
								$F(4)\approx 50{,}3\%/\approx 6{,}0°;\ E(4+2)\ 57\%/-3{,}0°;$
								$F(2)\approx 66{,}9\%/\approx 15{,}0°;\ E(2+0)\ 69{,}2\%/12{,}5°;$
								$F(\text{LiNO}_3)\ 264{,}0°$
NH$_4$Br	39,5	43,7	49,6	56,8	69,8	71,3		$E(NH_3+3)\approx 36{,}7\%/\approx -78{,}0°;\ F(3)\ 65{,}7\%/13{,}7°;$
								$E(3+0)\ 69{,}3\%/9{,}2°$
NH$_4$Cl	4,0	10,8	22,7	38,5	54,7	78,5		$F(3)\ 51{,}2\%/10{,}7°;\ E(3+0)\approx 54{,}2\%/\approx 8{,}5°;$
NH$_4$CO$_4$	55	59,9	65	72	73,8			$E(NH_3+6)\ 49{,}0\%/-96{,}5°;\ U(6\to 4)\approx 57{,}6\%/\approx -50{,}0°;$
								$U(4\to 0)\approx 72{,}0\%/0{,}0°$
NH$_4$J	46	52,6	60,5	77	78,3	81		$E(NH_3+4)\approx 39{,}7\%/\approx -81{,}0°;\ F(4)\ 68{,}0\%/-5{,}1°;$
								$E(4+3)\approx 71{,}8\%/\approx -11{,}0°;\ F(3)\ 73{,}9\%/-8{,}0°;$
								$E(3+0)\approx 76{,}0\%/\approx -12{,}5°$
NH$_4$NO$_3$	24	61	72	74	77	84		$F(3)\ 61\%/-40{,}0°;\ E(3+0)\approx 68{,}0\%/\approx -41{,}5°$
Na	20,3	20	19,4	18,6	18			
NaBr		2	26,5	41,4				$F(5)\approx 54{,}7\%/\approx 13{,}2°;\ U(5\to 0)\ ?\%/?\ °C$
NaCl	0,06		8	10,5	5,3			$F(NH_3)\ -76{,}3°;\ E(NH_3+5)\ 0{,}28\%/-76{,}6°;\ U(5\to 0)$
								$15{,}37\%/-9{,}5°$
NaNO$_3$	7,84	52	54	55,8	57	59,7		Bdk. 0 NH$_3$
Sr(NO$_3$)$_2$		11,5	19,3	29,0	39,6			$U(x\to 0)\ 37{,}23\%/14{,}0°$
Zn(NO$_3$)$_2$	24,8	24,6	23,0	22,4	23	27		$E((?)\ NH_3+10)\ 16{,}7\%/-77°;\ U(10\to 8)\ 25{,}97\%/$
								$-58°;$
								$U(8\to 6)\ 22{,}5\%/0°;\ U(6\to 4)\ 25{,}9\%/58°$

b) in Schwefeldioxid

Gelöste Verbindung	g der Verbindung/ 100 g SO$_2$ in der gesättigten Lösung bei ϑ in °C	
	0	25
AgCl	<0,001	
AgJ	0,016	
BaCl$_2$	unlöslich	
CaCl$_2$		0,03
CoCl$_2$		0,02
HgBr$_2$	0,013	0,02
HgSO$_4$	0,074	
KBr	0,010	
	2,81	
KCl	0,041	0,50
LiBr	0,052	0,38
LiCl	0,012	0,0126
NH$_4$Br	0,059	0,067
NH$_4$Cl	0,009	0,00062
NaBr	0,014	0,052
NaCl	0,016	0,0031
PbCl$_2$	0,019	0,0038
SrCl$_2$		0,0004
TlBr		<0,01
TlCl		0,017
ZnCl$_2$		0,007
		0,160

42713. Lösungsgleichgewichte zwischen anorganischen und organischen Stoffen

427131. Organische Säuren und deren Salze in Wasser
Betreffs der Bezeichnungen siehe Einleitung S. 1045 f.

Verbindung		Lösungsgleichgewicht in Gew.-% der Verbindung bei ϑ in °C						Bemerkungen
Formel	Name	0°	10°	20°	40°	60°	80°	100°	
CH_2O_2	Ameisensäure	95	∞						$E(\text{Eis}+0) -49°/70\%$
$(CHO_2)_2Ba$	Ba-formiat	21,88	23,08	24,24	25,37	27,55	30,6	34,12	Bdk. 2 H_2O
$(CHO_2)_2Ca$	Ca—	13,94	14,09	14,24	14,54	14,9	15,25	15,61	$\ddot{U}(2\to 0) 68°/90,8\%; E(1+0)$
$(CHO_2)_2Cd$	Cd—	8,25	9,91	12,3	20,38	37,11	44,75	48,72	$F(1) 45°/90,8\%; E(1+0)$
CHO_2Cs	Cs—	76	78	82	87	94,7	95	95,2	$41°/94,2\%$
CHO_2K	K—	74,8	75,9	76	79,5	82,3	85,2	88,5	$L 120° 92\%; F(0) 157°$
CHO_2Li	Li—	24,81	26,47	28,6	32,9	39,4	48,75	57,26	$\ddot{U}(1\to 0) 88°/56,72\%$
$(CHO_2)_2Mg$	Mg—	12,3	12,45	12,66	13,8	15,25	17,01	19,35	Bdk. 2 H_2O
CHO_2NH_4	NH_4—	52	54	58,5	66,5	75	83,6	92,5	$F(0) 116°$
CHO_2Na	Na—	30,6	37,5	46,24	51,69	54,75	57,98	62,4	$\ddot{U}(3\to 2) 17°/44,15\%;$ $\ddot{U}(2\to 0) 25°/49,9\%$
CHO_2Rb	Rb—	77	82	85	87,4	90	92	93,8	$\ddot{U}(1\to\tfrac{1}{2}) 16°/84,7\%;$ $\ddot{U}(\tfrac{1}{2}\to 0) 50°/89,5\%$
$(CHO_2)_2Sr$	Sr—	9,09	9,91	10,7	15,25	21,26	24,24	25,37	$\ddot{U}(2\to 1) 72°/23,78\%$
$(CHO_2)_2Zn$	Zn—	3,84	4,28	4,76	6,98	10,7	14,9	27,55	Bdk. 2 H_2O
$C_2H_2O_4$	Oxalsäure	3,84	5,48	7,4	18,7				
C_2O_4Ba	Ba-oxalat	$5,5\cdot 10^{-3}$	$7\cdot 10^{-3}$	$9,4\cdot 10^{-3}$	$1,5\cdot 10^{-2}$	$1,75\cdot 10^{-2}$	$1,9\cdot 10^{-2}$	$2,1\cdot 10^{-2}$	$\ddot{U}(?\to\tfrac{1}{2}) 40° 1,5\cdot 10^{-2}\%$
C_2O_4Ca	Ca—	$5\cdot 10^{-4}$	$5\cdot 10^{-4}$	$5,1\cdot 10^{-4}$	$8\cdot 10^{-4}$	$1\cdot 10^{-3}$	$1,3\cdot 10^{-3}$		
$C_2O_4K_2$	K—	20,19	22,2	25,37					$E(\text{Eis}+1) -6,3°/19,87\%;$ $L 30° 44,4\%$
C_2O_4Mn	Mn—	$2\cdot 10^{-2}$	$2,4\cdot 10^{-2}$	$2,9\cdot 10^{-2}$					Bdk. 2 H_2O
C_2O_4Mn	Mn—	$3,3\cdot 10^{-2}$	$4,4\cdot 10^{-2}$	$5,9\cdot 10^{-2}$	7,4	10,7	15,25		Bdk. 3 H_2O
$C_2O_4(NH_4)_2$	NH_4—	1,96	2,91	3,84				20,94	Bdk. 1 H_2O

Verbindung		Lösungsgleichgewicht in Gew.% der Verbindung bei ϑ in °C							Bemerkungen
Formel	Name	0°	10°	20°	40°	60°	80°	100°	
$C_2O_4Na_2$	Na—								
C_2O_4Sr	Sr—	1,96	4,94	9,09	18,7	31,05	46,24		Bdk. 2 H_2O
$C_2O_4UO_2$	UO_2—	$3 \cdot 10^{-3}$	$4 \cdot 10^{-3}$	$4,7 \cdot 10^{-3}$					
$C_2H_3ClO_2$	Monochlor-essigsäure		0,448	0,497	0,794	1,186	1,86	3,10	Bdk. 3 H_2O
	α-Modifikation								F 62,4°
	β-Modifikation								F 56,5°
	γ-Modifikation								F 51°
$C_2H_4O_2$	Essigsäure	87		88		98			E(Eis+0) −26,7°/60 %
$C_2H_3O_2Ag$	Ag-acetat	0,744	0,863	0,99	1,38	1,845	2,44		
$(C_2H_3O_2)_2Ba$	Ba—	32,9	38,7	41,86	44,15	35,49	35,07	35,49	$\ddot{U}(3 \to 1)\ 24°/43,82\ \%$; $\ddot{U}(1 \to 0)\ 41°/44,2\ \%$
$(C_2H_3O_2)_2Ca$	Ca—	27,55	26,47	25,65	24,81	24,81	27,27	22,48	$\ddot{U}(2 \to 1)\ 84°/27,27\ \%$
$C_2H_3O_2Cs$	Cs—	91	91	91,5	92	92,5	93	94	L 160° 98 %; F 194°
$C_2H_3O_2K$	K—	68,3	70	72	76,3	78	79,3		$\ddot{U}(^3/_2 \to ^1/_2)\ 40°/76,3\ \%$
$C_2H_3O_2Li$	Li—	24	25	28	40	66	66	67	$\ddot{U}(2 \to 0)\ 38°/66\ \%$; L 200° 79 %
$(C_2H_3O_2)_2Mg$	Mg—	35,9	37,3	38,7	42,96	53,7			E(Eis+4) −28,5°/34,64 %; L 68° 64,3 %
$C_2H_3O_2Na$	Na—	26,47	29,1	32,1	39,4				E(Eis+3) 18°/23,31 %; $\ddot{U}(3 \to 0)\ 58°/58\ \%$
$(C_2H_3O_2)_2Pb$	Pb—	13,8	16,81	24,24	35,07				Bdk. 3 H_2O
$C_2H_3O_2Rb$	Rb—	83	84	84,5	86	87	88	91	L 150° 94 %; 200° 97 %; F 242°
$(C_2H_3O_2)_2Sr$	Sr—	24,24	30,0	29,1	27,8	26,74	26,47		$\ddot{U}(4 \to ^1/_2)\ 8,5°/30,31\ \%$
$C_2H_4O_3$	Glykolsäure			0,04	0,06	0,099	0,239	0,84	
$(C_2H_3O_2)_3Gd$	Gd-glykolat			1,38					
$(C_2H_3O_2)_3La$	La—			0,329					

427. Lösungsgleichgewichte (Zustandsdiagramme)

$C_2H_5NO_2$	Aminoessigsäure	14,15	15,25	17,35	25,09	31,27	36,9	42,96	L 16,1° 57,95 %; Bdk. 2 H_2O; Bdk. 4 H_2O; E(Eis+0))−29,4°/87,65 %; F −19,3°
$C_2H_5NO_3S$	Taurin	3,84	5,66	8,256	14,54	21,6	27,55	31,05	
$C_3H_2O_4$	Malonsäure	54,9							
$C_3H_2O_4Ba$	Ba-malonat	0,1398	0,1797	0,2195	0,2693	0,304	0,329		
$C_3H_2O_4Ca$	Ca —	0,279	0,329	0,359	0,418	0,453	0,478		
$C_3H_6O_2$	Propionsäure								
$C_3H_5O_2Ag$	Ag-propionat	0,497	0,675	0,813	1,147	1,55			Bdk. 1 H_2O
$(C_3H_5O_2)_2Ba$	Ba —	36,7	36,18	36,10	36,9	38,27	40,48	44,91	Bdk. ½ H_2O
$(C_3H_5O_2)_2Ca$	Ca —	29,82	29,1	28,6	28,0	27,8	28,6	32,9	
$C_3H_6O_3$	Milchsäure								
$(C_3H_5O_3)_2Ca$	Ca-lactat	3,0	4,398	5,838					
$(C_3H_5O_3)_2Zn$	d-Zn —	4,58	4,625	4,94					L 30° 6,54 %
$(C_3H_5O_3)_2Zn$	l-Zn —	4,25	4,398	4,76					L 30° 6,05 %
$(C_3H_5O_3)_2Zn$	inaktives Zn —	1,088	1,33	1,575					L 30° 1,77 %
$C_3H_7NO_2$	α-Aminopropionsäure d-Alanin	11,5	12,66	13,8	16,67	19,35	23,37	27,27	
	d, l —	10,7	12,3	13,8	17,01	21,26	26,47	30,6	
$C_3H_7NO_3$	α-Amino-β-hydroxypropionsäure d,l-Serin	2,246	2,91	4,03					
$C_4H_4O_4$	Fumarsäure				7,322	11,97	17,63	24,43	
$C_4H_2O_4HNa$	Na-hydrogenfumarat				1,5	2,5	5,2	9,0	L 25° 6,43 %
					9,698	15,79		23,2	
$C_4H_4O_4$	Maleinsäure				51	60	70,5		
$C_4H_2O_4Ca$	Ca-maleat				2,799				
$(C_4H_2O_4)_2H_2Ca$	—hydrogen —				29,5	48	44,9		L 25° 2,43 % Bdk 1 H_2O
$C_4H_2O_4HNa$	Na-hydrogen —				11	23,5	81	74	Bdk. 5 H_2O
$C_4H_6O_5$	Äpfelsäure, rac.				65	72,8			Bdk. 3 H_2O

4. Mechanisch-thermische Konstanten usw.

Verbindung		Lösungsgleichgewicht in Gew.-% der Verbindung bei ϑ in °C							Bemerkungen
Formel	Name	0°	10°	20°	40°	60°	80°	100°	
$C_4H_4O_5Ba$	l-Ba-malat	0,99	1,127	1,20					L 25° 0,576%
$C_4H_4O_5Ba$	d,l-Ba—	0,76							
$C_4H_4O_5Ca$	l-Ca—	0,665	0,774	0,882					Bdk. 2 H_2O
$C_4H_4O_5Ca$	d,l-Ca—	0,239	0,269	0,284					Bdk. 3 H_2O
$(C_4H_4O_5)_2H_2Ca$	Ca-hydrogen			1,48					Bdk. 6 H_2O
$C_4H_4O_5Mg$	Mg— aktives	2	2,18	2,4	5,48				Bdk. 3 H_2O
$C_4H_4O_5Mg$	Mg— inaktives	0,9	1,05	1,19					Bdk. $^5/_2$ H_2O
$C_4H_4O_5Pb$	l-Pb—	0,02	0,025	0,04					Bdk. 2 H_2O
$C_4H_4O_5Pb$	d,l-Pb—	0,02	0,021	0,03					Bdk. 2 H_2O
$C_4H_4O_5Sr$	l-Sr—	0,189	0,299	0,428					Bdk. 4 H_2O
$C_4H_4O_5Sr$	d,l-Sr—	0,289	0,309	0,378					Bdk. 5 H_2O
$C_4H_6O_6$	Weinsäure, rac. Traubensäure	8,5	12	17,5	30	43,5	55,5	65	Bdk. 1 H_2O
$C_4H_6O_6$	d- oder l-Weinsäure	53,5	56	58	64	68	73	77,5	
$C_4H_4O_6K_2$	K-tartrat	68	64	56	49				
$C_4H_4O_6HK$	K-hydrogen—	0,199	0,398	0,596	1,186	2,39	4,17	6,45	Bdk. $^1/_2$ H_2O
$C_4H_4O_6NaK$	d-KNa—	24,53	31,51	40,48					E(Eis+0) −5°/22,36%; Bdk. 4 H_2O
$C_4H_4O_6NaK$	rac. KNa—	32,25	36,7	42,53					E(Eis+0) −7°/29,82%; Bdk. 3 H_2O
$C_4H_4O_6HLi$	d-Li-hydrogen	29,57	24,24	21,26	21,26	22,77			U(2→0) 17,5°/21,88%
$C_4H_4O_6(NH_4)_2$	NH_4—	30,6	33,56	36,31	41,5	46,53			
$C_4H_6O_4$	Bernsteinsäure	3,0	4,5	7,0	14	26,5	41,5	56	L 120° 69%; 140° 79,5%; 160° 88%; 180° 97%

$C_4H_4O_4Ba$	Salze: Ba-succinat	0,418	0,408	0,398	0,379	0,299	0,199		Bdk. 3 H_2O
$C_4H_4O_4Ca$	Ca—	1,108	1,234	1,28	1,137	0,892			L 25° 55,31%
$C_4H_6O_4$	Methylmalonsäure, Isobernsteinsäure								
$C_4H_4O_4Ba$	Ba-isosuccinat	1,82	2,77	3,47	4,32	4,44	3,80		Bdk. 2 H_2O
$C_4H_4O_4Ca$	Ca—	0,517	0,507	0,497	0,487	0,398	0,279		Bdk. 1 H_2O
$C_4H_8O_2$	Buttersäure								E(Eis+0) 13,4°/87,62%; F −4,7°
$C_4H_7O_2Ag$	Ag-butyrat	0,349	0,398	0,487	0,636	0,843	1,127		
$(C_4H_7O_2)_2Ba$	Ba—	27,01	26,47	26,15	26,03	27,17	29,48		
$(C_4H_7O_2)_2Ca$	Ca—	16,67	16,11	15,25	14,15	13,11	13,04	13,65	Bdk. 1 H_2O
$C_4H_8O_2$	Isobuttersäure Salze:								
$C_4H_7O_2Ag$	Ag-isobutyrat	0,794	0,863	0,941	1,166	1,45	1,86		
$(C_4H_7O_2)_2Ca$	Ca—	16,67	17,35	18,37	20,32	22,2	21,26	20,76	$\ddot{U}(5\rightarrow 2)$ 62°/22,3%
$C_4H_7NO_4$	Asparaginsäure								
	d,l—	0,2494	0,4282	0,636	1,38	2,724	3,148		
	l—	0,2494	0,299	0,4282	0,8428	1,67	22,36		
$C_4H_8N_2O_3$	l-Asparagin	0,99	1,575	2,34	5,66	11,97			
$C_5H_4N_4O_3$	Harnsäure	0,002	0,004	0,006	0,013	0,023	0,0395	0,063	
$C_5H_8O_4$	Glutarsäure	27	40	52,5	71				
$C_5H_9NO_4$	Glutaminsäure								
	d,l—	0,99	1,283	1,77	3,475	6,542	12,81	22,2	
	d—	0,3984	0,4975	0,7936	1,48	2,91	6,542	12,3	
$C_5H_{10}O_2$	2-Methylbuttersäure Salze: Ag—								
$C_5H_9O_2Ag$	Ag—	1,088	1,117	1,176	1,39	1,80	2,34		
$(C_5H_9O_2)_2Ca$	Ca—	18,7	19,0	19,68	22,48	19,68	17,69	16,67	$\ddot{U}(5\rightarrow {}^1/_2)$ 36,5°/23,02%
$C_6H_{10}O_2$	3-Methylbuttersäure								

Verbindung		Lösungsgleichgewicht in Gew.% der Verbindung bei ϑ in °C							Bemerkungen
Formel	Name	0°	10°	20°	40°	60°	80°	100°	
$C_5H_9O_2Ag$	Salze: Ag-isovalerat	0,189	0,209	0,249	0,319	0,398	0,487		
$(C_5H_9O_2)_2Ca$	Ca-Valeriansäure	20,94	18,5	17,96	18,03	15,33	14,38	14,15	$U(3\rightarrow 1)$ 45,5°/18,27 %
$C_5H_9O_2Ag$	Ag-valerat	0,25	0,26	0,3	0,4	0,55	0,73		
$(C_5H_9O_2)_2Ba$	Ba —	22	21	20	20	21			
$(C_5H_9O_2)_2Ca$	Ca —	9,8	9,3	8,8	8,0	7,75	8,0	8,6	Bdk. 1 H_2O
$C_5H_{11}NO_2$	d,l-Valin	5,66	6,0	6,366	7,49	9,256	11,97	15,25	
$C_5H_{11}NO_2S$	d,l-Methionin	1,77	2,246	2,91	4,579	7,06			
$C_6H_5NO_2$	Nicotinsäure	0,744	1,186	1,575	2,53	3,938	6,19	9,67	
$C_6H_4NO_2Na$	Na-Salz	9,48	19,35	25,93	34,21	39,03	43,98	50,0	Bdk. ¹/₂ H_2O
$C_6H_5NO_2$	Isonicotinsäure	0,4975	0,7936	1,186	2,34	5,30	9,67	14,9	
$C_6H_6O_4S$	p-Phenylsulfonsäure Ni-Salz	15,98	19,0	23,8	30,6	40,12	48,18		Bdk. 8 H_2O
	o-Anilinsulfonsäure	0,793	1,186	1,67	2,91	4,94	8,00		$U(1\rightarrow 0)$ 15,55°/1,46 %
$C_6H_7NO_3S$	m-Anilinsulfonsäure	0,793	1,1	1,45	2,45	3,98	6,25		Bdk. 0 H_2O
	p-Anilinsulfonsäure	0,398	0,744	1,186	2,152	3,05	4,286	6,278	
$C_6H_8O_6$	l-Ascorbinsäure	11,38	14,97	18,17	24,7	29,7	33,6	36,63	$U(2\rightarrow 1)$ 18,9°/1,137 %; $U(1\rightarrow 0)$ 44°/2,44 %
$C_6H_8O_7$	Citronensäure	55,7	59,2	62					
$C_6H_{10}O_4$	Adipinsäure			1,86	4,76	15,25	33,8	50,0	
$C_6H_{12}N_2O_4S_2$	l-Cystin	0,005	0,007	0,0095	0,0175	0,033			
$C_6H_{12}O_2$	Diäthylessigsäure								$E(Eis+1)$ −11,8°/46,47 %
$(C_6H_{11}O_2)_2Ca$	Ca-Salz	23,31	21,88	20,38	18,17	16,53			

$C_6H_{12}O_2$	Capronsäure	0,793	0,892	0,99	1,088	1,186	2,296	2,44	Bdk. 1 H$_2$O
$(C_6H_{11}O_2)_2Ca$	Ca-capronat	2,246	2,152	2,152	2,057	2,152			
$C_6H_{12}O_2$	2-Methyl pentansäure								
$(C_6H_{11}O_2)_2Ba$	Salze: Ba	12,6	11,82	11,19	11,02	12,81	14,02		Bdk. 4 H$_2$O
$(C_6H_{11}O_2)_2Ca$	Ca—	14,15	13,72	13,19	12,45	12,2	12,3		
$C_6H_{12}O_2$	3-Methyl pentansäure								
$(C_6H_{11}O_2)_2Ba$	Salze: Ba	10,23	7,66	6,36	5,48	7,75	12,81		Bdk. 7/2 H$_2$O
$(C_6H_{11}O_2)_2Ca$	Ca—	10,86	13,11	14,68	15,98	14,97	11,82		Bdk. 3 H$_2$O
$C_6H_{12}O_2$	4-Methyl pentansäure								
$(C_6H_{11}O_2)_2Ca$	Ca-Salz	6,98	6,0	5,30	5,12	6,0	8,25		
$C_7H_5JO_3$	3-Jodsalicylsäure Na-Salz			7	10	16	25	50	
$C_7H_4JO_3Na$	5-Jodsalicylsäure Na-Salz			4,5	6,5	11,5	20	33,5	$\ddot{U}(1\to 0)\ 42,5°/0,1647\%$
$C_7H_5NO_5$	5-Nitrosalicylsäure		0,06	0,07	0,1598	0,3289	0,6655	1,55	
$C_7H_6O_2$	Benzoesäure	2,2	2,3	2,4	3,5	5	7	9	$E(\text{Eis}+3)\ -0,37°/2,22\%$; $\ddot{U}(3\to 1)\ 84,7°/7,62\%$
$(C_7H_5O_2)_2Ca$	Ca-benzoat								
$C_7H_5O_2Cs$	Cs—	74	74,8	75,5	76,5	77,5	78,8	80	$E(\text{Eis}+0)\ -19°/73\%$
$C_7H_5O_2K$	K—	38,2	40	41,5	45	48	51	54	$E(\text{Eis}+0)\ -8°/37\%$
$C_7H_5O_2Li$	Li—	28	29	31	33,5	33,5	34,3	36	$E(\text{Eis}+1)\ -11°/26\%$; $\ddot{U}(1\to 0)\ 34°/33,5\%$
$C_7H_5O_2Na$	Na—	38,2	38,2	38,3	38,5	39	40,8	43	$E(\text{Eis}+0)\ -14°/38,5\%$
$C_7H_5O_2Rb$	Rb—	55	56	57	58,8	60,8	63	65,4	$E(\text{Eis}+0)\ -22°/55\%$
$C_7H_6O_3$	o-Hydroxybenzoesäure	0,08	0,12	0,179	0,398	0,852			

4. Mechanisch-thermische Konstanten usw.

Verbindung		Lösungsgleichgewicht in Gew.% der Verbindung bei ϑ in °C							Bemerkungen
Formel	Name	0°	10°	20°	40°	60°	80°	100°	
$C_7H_5O_3Cs$	Salze: Cs-salicylat	67	70,5	74	83,5	87,2	92,3	94	$E(\text{Eis}+1) -12,5°/63\%$; $\bar{U}(1\to{}^1/_2)\ 39,5°/83,5\%$; $\bar{U}({}^1/_2\to 0)\ 73°/92\%$
$C_7H_5O_3K$	K —	44	48	51,8	59,5	62	65	68	$E(\text{Eis}+1) -10,5°/42\%$; $\bar{U}(1\to 0)\ 31°/58\%$
$C_7H_5O_3Li$	Li —	50	52,5	54	59,5	66	67,2	69,5	$E(\text{Eis}+6) -16,5°/42\%$; $\bar{U}(6\to 1)\ 1,5°/51,5\%$; $\bar{U}(1\to 0)\ 55°/65,5\%$
$C_7H_5O_3Na$	Na —	22	31	50	54	57	59,7	62	$E(\text{Eis}+6) -5,04°/21,18\%$; $\bar{U}(6\to 0)\ 21°/51,5\%$
$C_7H_5O_3Rb$	Rb —	63	65,5	67,8	73	76	78,8	81,5	$E(\text{Eis}+1) -16°/60\%$; $\bar{U}(1\to 0)\ 49,0°/74,97\%$
$C_7H_6O_3$	m-Hydroxybenzoesäure						10,8	33	
$C_7H_5O_3Cs$	Salze: Cs —	74,5	76	79	86	88,8	90	91,5	$E(\text{Eis}+1) -25°/71,5\%$; $\bar{U}(1\to 0)\ 41,5°/87,88\%$
$C_7H_5O_3K$	K —	57,9	59	60	62,5	65	67,5	58	$E(\text{Eis}+0) -22,5°/55,5\%$
$C_7H_5O_3Li$	Li —	52	52,5	53	54	55,2	56,5		$E(\text{Eis}+0) -22,5°/52\%$
$C_7H_5O_3Rb$	Rb —	50	50,5	51,5	57,5	63,5	68,5	73,5	$E(\text{Eis}+1) -13,8°/50,5\%$; $\bar{U}(1\to 0)\ 45°/60,02\%$
$C_7H_6O_3$	p-Hydroxybenzoesäure					4	11,5	34,0	$L\ 120°\ 58\%;\ 140°\ 75\%$; $180°\ 94\%$; $F\ 213°$
$C_7H_5O_3Cs$	Salze: Cs —	29	33	38	46	55	62	68,8	$E(\text{Eis}+1) -4,27°/27\%$; $\bar{U}(1\to 0)\ 62°/56\%$
$C_7H_5O_3K$	K —	18	25,5	32	43,5	54	62,4	64	$E(\text{Eis}+3) -3,24°/15,55\%$; $\bar{U}(3\to 0)\ 78°/62,3\%$
$C_7H_5O_3Li$	Li —	31	30,5	30,2	30,0	30,7	31,7	33,8	$E(\text{Eis}+0) -16,3°/32\%$

427. Lösungsgleichgewichte (Zustandsdiagramme)

$C_7H_5O_3Na$	Na—	13	21	28	43,5	47	48,1	49,7	E(Eis+5) −2,07°/10,43 %; $Ü$(5→0) 39°/45,61 %
$C_7H_5O_3Rb$	Rb—	28	32	36,5	44,5	52,5	60	67,2	E(Eis+1) −4,22°/26,22 %; $Ü$(1→0) 74°/58 %
$C_7H_{14}O_2$	Önanthsäure Heptansäure	0,87	0,92	0,97	1,06	1,17			
$C_7H_{13}O_2Ag$	Salze: Ag—	0,045	0,05	0,06	0,07	0,1	0,17		
$(C_7H_{13}O_2)_2Ca$	Ca—	0,95	0,9	0,86	0,81	0,82	0,98	1,21	Bdk. 1 H_2O
$C_8H_2Cl_4O_4$	Tetrachlorphthalsäure	0,299	0,329	0,359	0,488	0,695	1,186		
$C_8Cl_4O_4K_2$	K-tetrachlorphthalat	28,0	28,6	29,2	31,51	34,86			
$C_8Cl_4O_4Na_2$	Na—	13,42	14,54	16,67	23,08	32,43	34,64	38,8	$Ü$(5→0) 63,5°/34,0 %
$C_8H_6O_4$	Phthalsäure	0,95	0,8	1,0	2,3	6,0	15		F 193,3°
$C_8H_4O_4Na_2$	Na-phthalat	39,94	41,31	43,01	47,09				Bdk. 7/2 H_2O
$C_8H_8O_3$	d-Mandelsäure	9	10,5	17	60				
$C_8H_8O_3$	l—				21	65			
$C_8H_{16}O_2$	Caprylsäure, Octansäure	0,044		0,068	0,1129	0,239		0,249	L 30° 0,079 %; 45° 0,095 %
$(C_8H_{15}O_2)_2Ca$	Ca-caprylat	0,329	0,54	0,309	0,279		0,319	0,497	Bdk. 1 H_2O
$C_9H_8O_2$	Allozimtsäure, cis	0,38		0,73	1,27				F 68°
$(C_9H_7O_2)_2Ba$	Ba-allocinnamat			0,636					Bdk. 3 H_2O
$C_9H_9Br_2NO_3$	l-Dibromtyrosin	0,1199	0,1647	0,2425	0,3825				$Ü$(1→0) 17,5°/0,2345 %
$C_9H_9Cl_2NO_3$	l-Dichlortyrosin	0,0999	0,1298	0,1697	0,313				Bdk. 1 H_2O
$C_9H_9J_2NO_3$	l-Dijodtyrosin d,l—	0,02 0,015	0,034 0,02	0,05 0,029	0,1189 0,057	2,579			
$C_9H_{11}NO_2$	d,l-Phenylalanin l—	0,99 1,96	1,137 2,246	1,283 2,676	1,82 3,615	4,94	6,67	9,0	

Verbindung		Lösungsgleichgewicht in Gew.% der Verbindung bei ϑ in °C						Bemerkungen
Formel	Name	0°	10°	20°	40°	60°	80°	100°	
$C_9H_{11}NO_3$	d,l-Tyrosin d bzw. l —	0,014 0,02	0,021 0,027	0,029 0,038	0,058 0,075	0,1478			
$C_9H_{18}O_2$	Pelargonsäure	0,014	0,02	0,026	0,038	0,051			
$(C_9H_{17}O_2)_2Ca$	Ca-Salz	0,1598	0,1528	0,1448	0,1298	0,1228	0,1408	0,259	Bdk. 1 H_2O
$C_9H_{16}O_4$	Azelainsäure	0,1	0,13	0,2	0,54	1,55			
$C_{10}H_{20}O_2$	Caprinsäure, Decansäure	$9 \cdot 10^{-3}$	$1,2 \cdot 10^{-2}$	$1,5 \cdot 10^{-2}$	$2,1 \cdot 10^{-2}$	$2,7 \cdot 10^{-2}$			
$C_{11}H_{12}N_2O_2$	l-Tryptophan	0,7936	0,941	1,04	1,38	2,01	3,0	4,76	
$C_{11}H_{22}O_2$	Undecylsäure	$6,4 \cdot 10^{-3}$	$8 \cdot 10^{-3}$	$9,5 \cdot 10^{-3}$	$1,34 \cdot 10^{-2}$	$1,5 \cdot 10^{-2}$			
$C_{12}H_{24}O_2$	Laurinsäure	$3,7 \cdot 10^{-3}$	$4,6 \cdot 10^{-3}$	$5,5 \cdot 10^{-3}$	$7,1 \cdot 10^{-3}$	$8 \cdot 10^{-3}$			
$C_{13}H_{26}O_2$	Dodecan-carbonsäure	$2,1 \cdot 10^{-3}$	$2,7 \cdot 10^{-3}$	$3,3 \cdot 10^{-3}$	$4,36 \cdot 10^{-3}$	$5,4 \cdot 10^{-3}$			
$C_{14}H_{28}O_2$	Myristinsäure	$1,3 \cdot 10^{-3}$	$1,65 \cdot 10^{-3}$	$2 \cdot 10^{-3}$	$2,7 \cdot 10^{-3}$	$3,4 \cdot 10^{-3}$			
$C_{15}H_{30}O_2$	Pentadecyl-säure	$7,5 \cdot 10^{-4}$	$1 \cdot 10^{-3}$	$1,2 \cdot 10^{-3}$	$1,6 \cdot 10^{-3}$	$2 \cdot 10^{-3}$			
$C_{16}H_{32}O_2$	Palmitinsäure	$4,5 \cdot 10^{-4}$	$5,7 \cdot 10^{-4}$	$7 \cdot 10^{-4}$	$9,4 \cdot 10^{-4}$	$1,2 \cdot 10^{-3}$			
$C_{16}H_{31}O_2Na$	Na-palmitat								L 30° 0,497%; 50° 1,088% 90° 27,48%; 150° 34,21%
$C_{17}H_{34}O_2$	Margarinsäure	$2,8 \cdot 10^{-4}$	$3,7 \cdot 10^{-4}$	$4,7 \cdot 10^{-4}$	$6,4 \cdot 10^{-4}$	$8,1 \cdot 10^{-4}$			
$C_{18}H_{33}O_2Tl$	Tl-oleat			0,05	0,07	0,09	0,1498	0,299	
$C_{18}H_{36}O_2$	Stearinsäure	$1,8 \cdot 10^{-4}$	$2,35 \cdot 10^{-4}$	$2,9 \cdot 10^{-4}$	$3,9 \cdot 10^{-4}$	$5 \cdot 10^{-4}$			
$C_{18}H_{35}O_2Tl$	Tl-stearat			0,01	0,02	0,05	1,088		
$C_{24}H_{39}O_4Na$	Na-salz der Desoxychol-säure	48	48,5	49	52	64	71,5	74	E(Eis+8) $-2,9°/47,8\%$; U(8→0) 64°/70%; F(8) (64,5°)/74,2%
$C_{26}H_{43}NO_6$	Glykocholsäure			0,3488	0,4975	1,04	2,39	8,5	

427. Lösungsgleichgewichte (Zustandsdiagramme)

427 132. Lösungsgleichgewichte organischer Verbindungen außer Säuren und deren Salze in Wasser

Verbindung		Angaben über die Liquiduskurve in % (=Gew.%) oder Mol% der Verbindung, Temperaturangaben in °C
CBr_4	Tetrabromkohlenstoff	2 fl. Ph. 0,024%/30°
CCl_4	Tetrachlorkohlenstoff	2 fl. Ph. (0,096 u. 99,993%)/0°, (0,08 u. 99,992%)/20°; 99,985%/40°
$CHCl_3$	Chloroform	2 fl. Ph. (0,98 u. 99,98%)/0°, (0,87 u. 99,96%)/10°, (0,795 u. 99,94%)/20°, (0,72 u. 99,88%)/40°
CH_2Br_2	Dibrommethan	2 fl. Ph. 1,16%/0°, 1,13%/10°; 1,135%/20°
CH_2Cl_2	Dichlormethan	2 fl. Ph. (2,3 u. 99,92%)/0°, (2,08 u. 99,9%)/10°, (1,96 u. 99,86%)/20°; 1,92 u. 99,80%/30°
CH_2N_2	Cyanamid	L 20%/− 8°; E(Eis + 0) 37,8%/16,6°; L 60%/0°, 82%/20°; F(0) 43°
CH_3NO	Formamid	L 24,8%/− 10°, 41%/− 20°; E(Eis + 1) 65,3%/− 45,4°; F(1) 71,4%/− 40°; E(1 + 0) 71,4%/− 40°; L 80%/− 28°
CH_4N_2O	Harnstoff	E(Eis + 0) 32,5%/− 11,5°; L 40%/0°, 51%/20°; 62,5%/40°, 80,2%/80°, 95%/120°
CH_4N_2S	Thioharnstoff	L 4%/0°, 24%/40°, 57%/80°, 80%/120°; F(0) 180°
CH_4O	Methanol	L 40%/− 40°, 60%/− 75°; E(Eis + 1) 69,0%/− 104,5°; F(1) 64%/− 104°; E(1 + 0) 82,1%/− 125°; F(0) − 98°
C_2HBr_3O	Bromal	E(Eis + 1) 11,3%/− 1°; o. kr. Lp. 52%/≈ 110°; F(1) 93,94%/53,5°
C_2HCl_3	Trichloräthylen	2 fl. Ph. $12,5 \cdot 10^{-3}$ g H_2O/100 g Lsg. bei 0°; $25 \cdot 10^{-3}$ g H_2O/100 g Lsg. bei 20°
$C_2HCl_3O_2$	Trichloracrylsäure	E(Eis + $^5/_2$) 4,5%/− 0,6°; Monotekt. $^5/_2$ + 2 fl. Ph. (4,8 u. 64,1%)/13,7°; o. kr. Lp. 38,0%/62,0°; F($^5/_2$) 80%/19,2°; E($^5/_2$ + 0) 81,1%/17,0°; F(0) ≈ 73°
$C_2H_2Cl_4$	1,1,1,2-Tetrachloräthan	2 fl. Ph. (0,12 u. 99,98%)/0°, (0,11 u. 99,97%)/10°, (0,11 u. 99,96%)/20°, 0,12%/40°
$C_2H_2Cl_4$	1,1,2,2-Tetrachloräthan	2 fl. Ph. (0,292 u. 99,87%)/30°
$C_2H_3Cl_3$	1,1,1-Trichloräthan	2 fl. Ph. (0,16 u. 99,98%)/0°, (0,14 u. 99,975%)/10°, (0,13 u. 99,97%)/20°
$C_2H_3Cl_3$	1,1,2-Trichloräthan	2 fl. Ph. (0,46 u. 99,94%)/0°, (0,44 u. 99,92%)/10°, (0,43 u. 99,9%)/20°, 0,47%/40°
$C_2H_3Cl_3O_2$	Chloralhydrat	E(Eis + 7) ≈ 6,6 Mol%/≈ − 7,6°; F(7) − 1,4°; E(7 + 1) ≈ 15 Mol%/≈ − 2°; F(1) 47,4°; E(1 + $^1/_2$) 62 Mol%/43,4°; F($^1/_2$) 49°; Auftreten mst. Phasen
$C_2H_4Cl_2$	1,1-Dichlor-äthan	2 fl. Ph. (0,59 u. 99,88%)/0°, (0,54 u. 99,86%)/10°, (0,5 u. 99,82%)/20°, 0,482%/40°

4. Mechanisch-thermische Konstanten usw.

Verbindung		Angaben über die Liquiduskurve in % (= Gew.%) oder Mol% der Verbindung, Temperaturangaben in °C
$C_2H_4Br_2$	1,2-Dibrom-äthan	2 fl. Ph. 0,25%/0°, 0,28%/10°, 0,33%/20°, (0,46 u. 99,18%)/40°, (0,62 u. 98,63%)/60°
$C_2H_4Cl_2$	1,2-Dichlor-äthan	2 fl. Ph. (0,91 u. 99,8%)/0°, (0,88 u. 99,79%)/10°, (0,86 u. 99,73%)/20°, 0,91%/40°
C_2H_4O	Äthylenoxid	L 6,5%/0°, 20%/10°, 40%/10°, 60%/8°, 80%/6°, 90%/0°, 95,5%/−20°
C_2H_5Br	Bromäthan	2 fl. Ph. 1,06%/0°, 0,96%/10°, 0,91%/20°
C_2H_5Cl	Chloräthan	0,447 g C_2H_5Cl/100 g H_2O/0°
C_2H_5J	Jodäthan	2 fl. Ph. 0,44%/0°, 0,415%/10°, 0,405%/20°
C_2H_5NO	Acetamid	L 58%/0°, 69%/20°, 80,5%/40°, 89,5%/60°
C_2H_6O	Äthanol	L 20%/−11°, 40%/−26°, 60%/−43°, 80%/−70°; E(Eis + 0) 92,5%/−125°
$C_2H_6O_2$	Äthandiol	L 20%/−9°, 40%/−24°; E(Eis + 2) 57,3%/−51,2°; F(2) 61,6%/−49,6°; $E(2 + {}^2/_3)$ 75,6%/−63,3°; $F({}^2/_3)$ 84,4%/−39,7°; $E({}^2/_3 + 0)$ 87,0%/−49,4°; F(0) −12,8°
C_3H_3N	Acrylsäurenitril	2 fl. Ph. (7,2 u. 98%)/0°, (8 u. 95%)/40°, (11 u. 89,5%)/80°
$C_3H_4N_2$	Pyrazol	L(2,9 Mol%/1000 g H_2O)/10°, (8,3 Mol%/1000 g)/20°, (17 Mol%/1000 g H_2O)/24°
C_3H_4O	Acrolein	2 fl. Ph. (20 u. 95%)/0°, (20,1 u. 94%)/10°, (20,6 u. 93%)/20°, (23,5 u. 90%)/40°, (29,5 u. 84,5%)/60°, (41,4 u. 72,5%)/80°; o. kr. Lp. 56,2%/85°
C_3H_5ClO	Epichlorhydrin	2 fl. Ph. (7,0 u. 97,73%)/40°, (8,1 u. 96,5%)/60°, (10,4 u. 94,2%)/80°
C_3H_5N	Propionsäurenitril	2 fl. Ph. (11 u. 92%)/40°, (12 u. 88%)/60°, (15 u. 83%)/80°, (22,5 u. 75,5%)/100°; o. kr. Lp. 48,8%/113,5°
$C_3H_6N_6$	Melamin	L 0,35%/20°, 1,5%/60°, 2,8%/80°, 4,8%/100°
$C_3H_6O_2$	Essigsäuremethyl=ester	L 22,3%/0°, 22,48%/10°, 22,60%/20°, 23,08%/40°, 23,96%/60°, 27,55%/80°
$C_3H_7NO_2$	Urethan	L 15%/0°, 23%/10°, 60,5%/20°, 76,5%/30°, 79%/40°
$C_3H_8O_2$	Formaldehyd=dimethylacetal	Monotekt. Eis + 2 fl. Ph. (34,4 u. 97,5%)/−11°; 2 fl. Ph. (35 u. 93%)/40°, (35 u. 91,5%)/60°, (35,9 u. 88,5%)/80°, (36 u. 88%)/100°; o. kr. Lp. 57,34%/160,3°
$C_3H_8O_3$	Glycerin	L 46%/−20°; E(Eis + 0) 66,7%/−46,5°; L 91%/0°; F(0) 18°
$C_4H_4N_2$	Bernsteinsäure-dinitril	2 fl. Ph. (11 u. 91,5%)/20°, (18,5 u. 84,5%)/40°, (28 u. 72,5%)/50°; o. kr. Lp. 51%/55,4°
$C_4H_5NO_2$	Succinimid	L 9,5%/0°, 15,5%/10°, 23,5%/20°, 49%/40°, 65%/60°; Bdk. 1 H_2O
C_4H_6	Butadien	2 fl. Ph. $38 \cdot 10^{-3}$ g H_2O/100 g Lsg. bei 0°, $64 \cdot 10^{-3}$ g H_2O/100 g Lsg. bei 20°

427. Lösungsgleichgewichte (Zustandsdiagramme)

Verbindung		Angaben über die Liquiduskurve in % (=Gew.%) oder Mol% der Verbindung, Temperaturangaben in °C
$C_4H_6O_3$	Essigsäureanhydrid	2 fl. Ph. (10,72 u. 97,74%)/15°
C_4H_8	Buten-(2)	2 fl. Ph. 18 · 10^{-3} g H_2O/100 g Lsg. bei 0°, 43 · 10^{-3} g H_2O/100 g Lsg. bei 20°
C_4H_8	Buten-(1)	2 fl. Ph. 16 · 10^{-3} g H_2O/100 g Lsg. bei 0°, 37 · 10^{-3} g H_2O/100 g Lsg. bei 20°
C_4H_8	2 Methylpropen	2 fl. Ph. 14 · 10^{-3} g H_2O/100 g Lsg. bei 0°, 40 · 10^{-3} g H_2O/100 g Lsg. bei 20°
C_4H_8O	Butanon-(2)	2 fl. Ph. (30 u. 90%)/0°, (23 u. 90%)/ 20°, (18 u. 89,8%)/40°, (16,2 u. 88%)/ 60°, (16 u. 86%)/80°, (16,2 u. 82%) 100°, (18,3 u. 77%)/120°; o. kr. Lp. 45%/150°; bei 150 atm.: o. kr. Lp. 44%/132,8° u. kr. Lp. 62,35%/ −6,1°
$C_4H_8O_2$	Essigsäureäthylester	2 fl. Ph. (10,0 u. 97,7%)/0°, (8,8 u. 97,4%)/10°, (7,8 u. 97,0%)/20°, (6,6 u. 96,1%)/40°, 95,55%/50°, 95,0%/60°
C_4H_{10}	n-Butan 2 Methyl-propan	2 fl. Ph. 2 · 10^{-3} g H_2O/100 g Lsg. bei 0°
$C_4H_{10}O$	Butanol-(1)	Qdrp. Eis + 2 fl. Ph. −2,95°; 2 fl. Ph. (10 u. 80,4%)/0°, (8 u. 80%)/20°, (6 u. 76%)/60°, (8 u. 66,5%)/100°; o. kr. Lp. 32,5%/125,5°
$C_4H_{10}O$	Butanol-(2)	2 fl. Ph. (28,0 u. 61%)/0°, (26 u. 61%)/ 10°, (20 u. 64%)/20°, (14 u. 66%)/40°, (13 u. 66%)/60°, (13 u. 65%)/80°, (17 u. 60%)/100°; o. kr. Lp. 35,2%/ 114,9°
$C_4H_{10}O$	Diäthyläther	Monotekt. Eis + 2 fl. Ph. (12,75 u. 99,02%)/−3,83°; 2 fl. Ph. (11,6 u. 99,0%)/0°, (8,8 u. 98,9%)/10° (6,4 u. 98,8%)/20°, (4,4 u. 98,5%)/40°, (3,5 u. 98,2%)/60°, (2,8 u. 97,8%)/80°
$C_4H_{10}O$	2-Methyl-propanol-(1)	2 fl. Ph. (9,8 u. 84%)/20°, (6,8 u. 81,5%)/40°, (6,0 u. 78,5%)/60°, (7,2 u. 75%)/80°, (9,3 u. 70,6%)/100°; o. kr. Lp. ≈ 35%/≈ 134°
$C_4H_{10}O_2$	1-Butandiol-(2,3)	L 24%/−10°, 52%/−40°; E(Eis + 0) ≈ 67%/≈ −67°, L 57%/−40°, 87%/−10°; F(0) 20°; Auftreten mst. Ph.
$C_4H_{10}O_4$	Erythrit	E(Eis + 0) 3,0 Mol%/−4,4°; L 4 Mol%/ 0°, 8 Mol%/20°, 14 Mol%/40°, 37 Mol%/80°, 61 Mol%/100°; F(0) 116,5°
$C_4H_{11}N$	Diäthylamin	2 fl. Ph. (23,5 u. 54,5%)/150°; u. kr. Lp. 37,4%/143,5°
$C_5H_4O_2$	Furfurol	2 fl. Ph. (8,0 u. 96%)/10°, (8,5 u. 93,5%)/40°, (10,5 u. 91,5%)/60°, (14 u. 88%)/80°, (19 u. 83%)/100°, (34,2 u. 68%)/120°; o. kr. Lp. 52,1%/ 122,8°

Verbindung		Angaben über die Liquiduskurve in % (=Gew.%) oder Mol% der Verbindung, Temperaturangaben in °C
C_5H_5N	Pyridin	L 20%/−2°, 60%/11,5°, 58%/−10°; $Ü$(Eis + 2) ≈ 72%/−28,6°; E(2+0) 85%/65°; F(0) ≈ −42°
$C_5H_6N_2$	Glutarsäure= dinitril	2 fl. Ph. (10 u. 92%)/20°, (14 u. 86,7%)/40°, (25 u. 75,5%)/60°; o. kr. Lp. 48,83%/68,3°
$C_5H_8O_2$	Acetylaceton, Pentandion-(2,4)	2 fl. Ph. (17,5 u. 93,5%)/40°, (23,0 u. 89,5%)/60°, (34,0 u. 78,5%)/80°; o. kr. Lp. 56,8%/87,7°
$C_5H_{10}O$	Pentanon-(2)	2 fl. Ph. (5,94 u. 96,6%)/20°, (5,19 u. 96,3%)/30°
$C_5H_{10}O$	Pentanon-(3)	2 fl. Ph. (5,1 u. 98,55%)/20°, (3,08 u. 96,18%)/60°, (3,20 u. 94,02%)/80°, (3,68 u. 93,10%)/100°
$C_5H_{10}O$	Tetrahydropyran	2 fl. Ph. (13,5 u. 98,4%)/0°, (10,7 u. 98,0%)/10°, (8,7 u. 97,4%)/20°
C_5H_{12}	n-Pentan	2 fl. Ph. 2,6 · 10^{-3} g H_2O/100 g Lsg. bei 0°, 8,4 · 10^{-3} g H_2O/100 g Lsg. bei 20°
$C_5H_{12}O$	Äthyl-n-propyl= äther	2 fl. Ph. (3,6 u. 99,3%)/0°, (2,7 u. 99,2%)/10°, (2,0 u. 99,0%)/20°
$C_5H_{12}O$	2,2-Dimethyl-propanol-(1)	2 fl. Ph. (3,74 u. 91,77%)/20°, (3,28 u. 91,49%)/30°
$C_5H_{12}O$	Methyl-n-butyl= äther	2 fl. Ph. (2,5 u. 99,5%)/0°, (1,5 u. 99,55%)/10°, (1,0 u. 99,3%)/20°
$C_5H_{12}O$	2-Methyl-butanol-(1)	2 fl. Ph. (3,18 u. 91,05%)/20°; (2,83 u. 90,74%)/30°
$C_5H_{12}O$	2-Methyl-butanol-(2)	2 fl. Ph. (12,15 u. 75,74%)/20°, (10,10 u. 77,31%)/30°
$C_5H_{12}O$	3-Methyl-butanol-(1)	2 fl. Ph. (2,8 u. 90,5%)/20°, (2,0 u. 88,5%)/40°, (3 u. 84%)/100°, (11,8 u. 69,5%)/160°; o. kr. Lp. ≈ 36%/≈ 188°
$C_5H_{12}O$	3-Methyl-butanol-(2)	2 fl. Ph. (6,07 u. 88,12%)/20°, (5,10 u. 87,95%)/30°
$C_5H_{12}O$	Pentanol-(1)	2 fl. Ph. (2,36 u. 92,52%)/20°, (2,03 u. 92,35%)/30°
$C_5H_{12}O$	Pentanol-(2)	2 fl. Ph. (4,86 u. 88,30%)/20°, (4,13 u. 88,10%)/30°
$C_5H_{12}O$	Pentanol-(3)	2 fl. Ph. (5,61 u. 91,81%)/20°, (4,75 u. 91,42%)/30°
$C_6H_4N_2O_5$	2,3-Dinitro-phenol	Monotekt. 0 + 2 fl. Ph. (6,75 u. 73%)/95°; 2 fl. Ph. (11 u. 66%)/110°, (21 u. 54%)/120°, o. kr. Lp. ≈ 37/122,5°; L 92,5%/120°; F(0) 145,1°
$C_6H_4N_2O_5$	2,4-Dinitro-phenol	Monotekt. (0 + 2 fl. Ph. (1,2 u. 97%)/104°; 2 fl. Ph. (4 u. 96,5%)/140°, (12,5 u. 90,5%)/180°; o. kr. Lp. ≈ 52%/200°; F(0) 112,9°
$C_6H_4N_2O_5$	2,5-Dinitro-phenol	Monotekt. 0 + 2 fl. Ph. (≈ 2,8 u. ≈ 97%)/97,5°; 2 fl. Ph. (3 u. 96%)/140°, (8 u. 90%)/180°; o. kr. Lp. ≈ 48%/200°; F(0) 105,6°

427. Lösungsgleichgewichte (Zustandsdiagramme)   1–1143

Verbindung		Angaben über die Liquiduskurve in % (= Gew.%) oder Mol% der Verbindung, Temperaturangaben in °C
$C_6H_4N_2O_5$	2,6-Dinitro-phenol	Monotekt. 0 + 2 fl. Ph. ($\approx$ 1 u. $\approx$ 99%)/ 59,2°; 2 fl. Ph. (3 u. 96%)/140°, (8 u. 90%)/180°; o. kr. Lp. $\approx$ 48%/200°; F(0) 62,2°
$C_6H_4N_2O_5$	3,4-Dinitro-phenol	Monotekt. (0 + 2 fl. Ph.) ($\approx$ 2 u. $\approx$ 73%)/52,2°; 2 fl. Ph. (5,5 u. 68,5%)/ 80°, (15 u. 57%)/100°; o. kr. Lp. 36,65%/105,2°; L 89%/80°, 94,5%/ 100°; F 134,7°
$C_6H_4N_2O_5$	3,5-Dinitro-phenol	Monotekt. 2 + 2 fl. Ph. $\approx$ (1,3 u. 77,6%)/59,1°; 2 fl. Ph. (4 u. 73,5%)/ 80°, (8 u. 68%)/100°, (17 u. 58,5%)/ 120°; o. kr. Lp. $\approx$ 36%/125°; L 92,5%/ 80°, 96%/100°; F(0) 126,1°
$C_6H_4N_2O_6$	2,4-Dinitro-resorcin	Monotekt. 0 + 2 fl. Ph. (8,7 u. 71,8%)/ 95,1°; 2 fl. Ph. (11 u. 68%)/120°, (14 u. 63%)/140°, (21 u. 54%)/160°; o. kr. Lp. 37,7%/167°; L94%/120°; F(0) 142°
C_6H_5Cl	Chlorbenzol	0,0488 g C_6H_5Cl/100 g H_2O bei 30°
C_6H_5ClO	2-Chlorphenol	Monotekt. 0 + 2 fl. Ph. (2,44 u. 86,5%)/ − 0,30°; 2 fl. Ph. (2,5 u. 86,5%)/20°, (3 u. 86,2%)/60°, (4,7 u. 85%)/100°, (9 u. 77%)/140°, (14 u. 67%)/160°; o. kr. Lp. 33,0%/173°; E(Eis + 0) 91,2%/− 9°; F(0) 7°
C_6H_5ClO	3-Chlorphenol	Monotekt. 0 + 2 fl. Ph. $\approx$ (2,1 u. 82,3%)/ 3,2°; 2 fl. Ph. (2,3 u. 82,5%)/20°, (3,5 u. 80,3%)/60°, (4,75 u. 78%)/80°, (6,9 u. 75%)/100°, (13 u. 65,8%)/ 120°; o. kr. Lp. 32%/130,8°; E(Eis + 0) 83,4%/− 0,4°; F(0) 32,5°
C_6H_5ClO	4-Chlorphenol	Monotekt. 0 + 2 fl. Ph. (2,07 u. $\approx$ 86,5%)/− 0,2°; 2 fl. Ph. (2,3 u. 85%)/20°, (3,7 u. 81,4%)/60°, (5,25 u. 77,8%)/80°, (7,7 u. 73%)/100°, (16,2 u. 62%)/120°; o. kr. Lp. $\approx$ 36%/129°; E(Eis + 0) 86,5%/− 0,3°
$C_6H_5NO_2$	Nitrobenzol	2 fl. Ph. (0,167 u. $\approx$ 100%)/0°, (0,19 u. $\approx$ 100%)/20°, (1 u. 99%)/100°, (4,8 u. 96%)/160°, (12 u. 92%)/200°, (19 u. 84%)/220°; o. kr. Lp. 50%/235°
$C_6H_5NO_3$	o-Nitrophenol	Monotekt. 0 + 2 fl. Ph. (0,35 u. 99,48%)/ 43,5°; 2 fl. Ph. (1 u. 98%)/100°, (4 u. 95%)/160°, (11 u. 90%)/200°
$C_6H_5NO_3$	m-Nitrophenol	Monotekt. 0 + 2 fl. Ph. (3,16 u. 74%)/ 41,5°; 2 fl. Ph. (4,5 u. 70,9%)/60°, (8 u. 64,5%)/80°; o. kr. Lp. 40,94%/98,7°; L 89%/60°, 96%/80°; F(0) 95,1°
$C_6H_5NO_3$	p-Nitrophenol	Monotekt. 0 + 2 fl. Ph. (3,26 u. 71,2%)/ 39,6°; 2 fl. Ph. (5,5 u. 67,5%)/60°, 11,0 u. 60%)/80°; o. kr. Lp. 33,19%/ 92,8°; L 84%/60°, 91%/80°, 96,8%/ 100°; F(0) 113,8°

4. Mechanisch-thermische Konstanten usw.

Verbindung		Angaben über die Liquiduskurve in % (=Gew.%) oder Mol% der Verbindung, Temperaturangaben in °C
$C_6H_5NO_4$	Nitrohydrochinon	E(Eis + 0) 0,5%/— 0,6°; Monotekt. 0 + 2 fl. Ph. (17,5 u. 75,7%)/66,5°; 2 fl. Ph. (18 u. 71%)/80°, (21,3 u. 67%)/100°; o. kr. Lp. 42%/120,2°, 87%/80°, 97%/120°; F(0) 131,2°
$C_6H_5NO_4$	2-Nitro-resorcin	Monotekt. 0 + 2 fl. Ph. (1,83 u. 96,9%)/78,9°; 2 fl. Ph. (3,5 u. 95,4%)/120°; F(0) 84,8°
$C_6H_5NO_4$	4-Nitro-resorcin	Monotekt. 0 + 2 fl. Ph. (6,4 u. 62%)/54,4°; 2 fl. Ph. (9 u. 59%)/60°; o. kr. Lp. 32,7%/74,4°; L 91%/80°; F(0) 112,2°
C_6H_6	Benzol	2 fl. Ph. (0,138 u. 99,97%)/0°, (0,148 u. 99,96%)/10°, (0,16 u. 99,94%)/20°, (0,2 u. 99,92%)/40°, (0,26 u. 99,79%)/60°, (0,34 u. 99,64%)/80°, 0,45%/100°
C_6H_6ClN	o-Chloranilin	2 fl. Ph. (1 u. 98,4%)/80°, (1,9 u. 97,4%)/120°, (2,6 u. 96,7%)/140°; E(Eis + 0) 99,8%/— 7,0°; F(0) — 2,1°
C_6H_6ClN	m-Chloranilin	2 fl. Ph. (0,6 u. 98%)/80°, (0,9 u. 97,6%)/100°, (1,35 u. 96,8%)/120°; E(Eis + 0) 99,5%/— 15°; F(0) — 10,4°
C_6H_6ClN	p-Chloranilin	L 0,5%/42°; Monotekt. 0 + 2 fl. Ph. (1,45 u. 97,5%)/65,0°; 2 fl. Ph. (1,55 u. 97%)/80°, (1,9 u. 96,45%)/100°, (2,5 u. 95,3%)/120°, (3,5 u. 94,5%)/140°; F(0) 70,5°
$C_6H_6N_2O_2$	2-Nitro-anilin	Monotekt. 0 + 2 fl. Ph. $\approx$(0,5 u. 97,5%)/63°; 2 fl. Ph. (1,5 u. 95,5%)/100°, (6 u. 91%)/160°, (22 u. 73%)/200°; o. kr. Lp. $\approx$ 48%/211°; F(0) 69,7°
$C_6H_6N_2O_2$	3-Nitro-anilin	Monotekt. 0 + 2 fl. Ph. ($\approx$ 3,5 u. 93,5%)/99°; 2 fl. Ph. (7 u. 87,5%)/140°, (11,5 u. 83,5%)/160°, (25 u. 71%)/180°; o. kr. Lp. $\approx$ 47%/187,5°; F(0) 114,6°
$C_6H_6N_2O_2$	4-Nitro-anilin	Monotekt. 0 + 2 fl. Ph. ($\approx$ 4 u. 90%)/115,2°; 2 fl. Ph. (8,5 u. 83%)/140°, (19 u. 73%)/160°; o. kr. Lp. $\approx$ 44%/172,5°; F(0) 147,0°
C_6H_6O	Phenol	E(Eis + $^1/_2$) 5%/— 0,85°; Monotekt. $^1/_2$ + 2 fl. Ph. (9 u. 72%)/12,2°; 2 fl. Ph. (8,3 u. 71,8%)/20°, (9,0 u. 66,0%)/40°, (16,0 u. 55,5%)/60°; o. kr. Lp. $\approx$ 33,5%/$\approx$ 65,90°; $F(^1/_2)$ 15,9°; $E(^1/_2 + 0) \approx$ 91,7%/15,8°; F(0) 40,8°; Auftr. mst. Ph.
$C_6H_6O_2$	Brenzcatechin	L 18,5 Mol%/20°, 30 Mol%/40°, 44,5 Mol%/60°, 62,7 Mol%/80°, 86,8 Mol%/100°
$C_6H_6O_2$	Hydrochinon	L 1,0 Mol%/20°, 2 Mol%/40°, 5,5 Mol%/60°, 12,5 Mol%/80°, 24,3 Mol%/100°, 39 Mol%/120°, 58 Mol%/140°, 82 Mol%/160°

Verbindung		Angaben über die Liquiduskurve in % ($=$ Gew.%) oder Mol% der Verbindung, Temperaturangaben in °C
$C_6H_6O_2$	Resorcin	L 7 Mol%/20°, 21,8 Mol%/40°, 40,5 Mol%/60°, 63,5 Mol%/80°, 92 Mol%/100°
C_6H_7N	Anilin	Monotekt. 0 + 2 fl. Ph. (3,28 u. 95,64%)/ — 0,665°; 2 fl. Ph. (4 u. 94%)/40°, (5,8 u. 91,5%)/80°, (9 u. 86%)/120°, (23 u. 69%)/160°; o. kr. Lp. 48,6%/ 167°; E(Eis + 0) 97,17%/— 11,7°
C_6H_7N HCl	Anilin-hydro= chlorid	L 40%/0°, 44,5%/10°, 50%/20°, 60,3%/ 40°, 68,5%/60°, 74,2%/80°, 78,5%/ 100°
C_6H_7N	3-Methyl-pyridin	u. kr. Lp. 26,4%/49,4°; 2 fl. Ph. (14 u. 49%)/60°, (11,3 u. 58%)/80°, (11 u. 61%)/100°, (12 u. 61,5%)/120°, (16,3 u. 56%)/140°; o. kr. Lp. 26,4%/152,5°
C_6H_7NO	2-Aminophenol	L 1,6%/20°, 2%/40°, 2%/60°, 7%/100°, 25%/120°, 77%/140°, 95%/160°; F(0) 177,0°
C_6H_7NO	3-Aminophenol	L 2,4%/20°, 5%/40°, 18%/60°, 75%/80°, 91%/100°; F(0) 122,1°; Auftreten mst. Phasen
C_6H_7NO	4-Aminophenol	L 1,6%/20°, 2%/40°, 3%/60°, 29%/ 100°, 71%/120°, 87%/140°, 94%/160°; F(0) 186,0°
$C_6H_8N_2$	o-Phenylen= diamin	L 4%/40°, 20%/61,8°, 40%/65,5°, 60%/67,5°, 80%/74°, 90%/82°; F(0) 103,8°
$C_6H_8N_2$	m-Phenylendiamin	L β 3%/0°, 6,6%/10°, 14,5%/20°, 68%/ 30°; L α 8,5%/0°, 19%/10°, 60%/20°, 81,2%/30°; $Ü$ $\alpha \to \beta$ 87%/36°; F 62,8°
$C_6H_8N_2$	p-Phenylendiamin	L 2%/10°, 3%/20°, 11%/40°, 28,8%/60°, 59%/80°, 82%/100°; F(0) 139,7°
$C_6H_8N_2$	Phenylhydrazin	E(Eis +$^1/_2$) 4,6%/— 0,7°. Monotekt. $^1/_2$ + 2 fl. Ph. (11,6 u. 60,1%)/19,8°; 2 fl. Ph. (13 u. 59%)/30°, (15 u. 56%)/ 40°, (18,7 u. 50%)/50°; o. kr. Lp. 33,6%/55,2°; F($^1/_2$) 92,3%/26,2°; E($^1/_2$ + 0) 99%/16,6°; F(0) 19,6° s. a. Abb. 1
$C_6H_{10}O$	Diallyläther	2 fl. Ph. (11,65 u. 99,29%)/0°, (10,2 u. 99,09%)/10°, (9,2 u. 98,75%)/20°
C_6H_{12}	Cyclohexan	2 fl. Ph. 10 · 10^{-3} g H_2O/100 g Lsg. bei 20°, 30 · 10^{-3} g H_2O/100 g Lsg. bei 40°
$C_6H_{12}O$	Cyclohexanol	Monotekt. Eis + 2 fl. Ph. (5 u. 88,4%)/ — 0,9°; 2 fl. Ph. (4,0 u. 88,2%)/20°, (3,3 u. 88,0%)/40°, (3,9 u. 84,5%)/ 100°, (10,5 u. 72%)/160°; o. kr. Lp. $\approx$ 40%/189,5°; E(Eis + 0) 95,03%/ — 57,7°; F(0) 22,45°
$C_6H_{12}O$	Hexanon-(2)	2 fl. Ph. (1,75 u. 97,88%)/20°, (1,53 u. 97,64%)/30°
$C_6H_{12}O$	Hexanon-(3)	2 fl. Ph. (1,57 u. 98,47%)/20°, (1,98 u. 98,30%)/30°

Verbindung		Angaben über die Liquiduskurve in % (=Gew.%) oder Mol% der Verbindung, Temperaturangaben in °C
$C_6H_{12}O$	3,3-Dimethyl-butanon-(2)	2 fl. Ph. (2,04 u. 98,35%)/20°, (1,77 u. 98,14%)/30°
$C_6H_{12}O$	3-Methyl-pentanon-(2)	2 fl. Ph. (2,26 u. 98,05%)/20°, (1,93 u. 97,83%)/30°
$C_6H_{12}O$	4-Methyl-pentanon-(3)	2 fl. Ph. (1,63 u. 98,79%)/20°, (1,42 u. 98,60%)/30°
$C_6H_{12}O_3$	Paraldehyd	E(Eis + 0) 11,8%/−1,71°; Monotekt. 0 + 2 fl. Ph. (12,7 u. 99,1%)/10,0°; 2 fl. Ph. (12,68 u. 99,1%)/10°, (10,4 u. 98,9%)/20°, (7,6 u. 98,37%)/40°, (6,35 u. 97,65%)/60°, (96,8%)/80°
$C_6H_{12}O_6$	Glucose	E(Eis + 1) 31,75%/−5,3°; L 35%/0°, 40%/10°, 47%/20°, 62%/40°; $Ü(1 + 0)$ 70,9%/50°; L 74,5%/60°, 81,5%/80°
$C_6H_{12}O_6$	Sorbose	L 37,5%/0°, 41%/10°, 44%/20°, 51%/40°, 57,7%/60°, 64,5%/80°, 72%/100°
$C_6H_{13}N$	1-Methyl-piperidin	u. kr. Lp. 16,7%/48,3°; s. Abb. 2
	2-Methyl-piperidin	u. kr. Lp. 19,4%/79,3°; o. kr. Lp. ≈24%/227°; s. Abb. 2
	3-Methyl-piperidin	u. kr. Lp. 19,2%/56,9°; o. kr. Lp. 29,2%/235°; s. Abb. 2
	4-Methyl-piperidin	u. kr. Lp. 23,7%/84.9°; o. kr. Lp. 36,2%/189,5°; s. Abb. 2
$C_6H_{14}O$	2,2-Dimethyl-butanol-(1)	2 fl. Ph. (0,82 u. 98,28%)/20°, (0,71 u. 98,16%)/30°
$C_6H_{14}O$	2,2-Dimethyl-butanol-(3)	2 fl. Ph. (2,64 u. 92,74%)/20°, (2,26 u. 92,67%)/30°
$C_6H_{14}O$	2,3-Dimethyl-butanol-(3)	2 fl. Ph. (4,65 u. 89,06%)/20°, (3,76 u. 89,26%)/30°
$C_6H_{14}O$	Hexanol-(3)	2 fl. Ph. (1,75 u. 95,34%)/20°, (1,49 u. 94,93%)/30°
$C_6H_{14}O$	Hexanol-(2)	2 fl. Ph. (1,51 u. 93,5%)/20°, (1,28 u. 93,25%)/30°
$C_6H_{14}O$	2-Methyl-pentanol-(2)	2 fl. Ph. (3,63 u. 89,87%)/20°, (2,96 u. 89,99%)/30°
$C_6H_{14}O$	2-Methyl-pentanol-(3)	2 fl. Ph. (2,24 u. 94,97%)/20°, (1,82 u. 94,72%)/30°
$C_6H_{14}O$	2-Methyl-pentanol-(4)	2 fl. Ph. (1,79 u. 93,79%)/20°, (1,52 u. 93,45%)/30°
$C_6H_{14}O$	3-Methyl-pentanol-(2)	2 fl. Ph. (2,09 u. 93,43%)/20°, (1,79 u. 93,21%)/30°
$C_6H_{14}O$	Di-n-propyläther	2 fl. Ph. (1,05 u. 99,63%)/0°, (0,72 u. 99,71%)/10°, (0,54 u. 99,63%)/20°
$C_6H_{14}O$	n-Propyl-isopropyl-äther	2 fl. Ph. (0,75 u. 99,71%)/10°, (0,51 u. 99,63%)/20°
$C_6H_{14}O_2$	Glykolmono-n-butyläther	u. kr. Lp. 24,78%/49,1°; 2 fl. Ph. (10,8 u. 51,5%)/60°, (8,8 u. 58,0%)/80°, (10,0 u. 56,5%)/100°, (25 u. 48%)/120°; o. kr. Lp. 24,78%/128°
$C_6H_{14}O_2$	Pinakon	E(Eis + 6) −0,45°; $F(6)$ 45,4°; $E(6 + 1)$ 36,5 Mol%/40,4°; $F(1)$ 41,25°; $E(1 + 0)$ 80,4 Mol%/29,4°; $F(0)$ 41,1°
$C_6H_{14}O_6$	Mannit	L 10,5%/10°, 26%/40°, 53%/80°, 80%/120°, 97%/160°

Verbindung		Angaben über die Liquiduskurve in % (=Gew.%) oder Mol% der Verbindung, Temperaturangaben in °C
$C_6H_{14}O_6$ $\cdot 1/2 H_2O$	Sorbit	L 41,8%/20°, 46,5%/60°, ≈ 49%/100°
$C_6H_{15}N$	Dipropylamin	u. kr. Lp. ≈ 25%/≈ — 5°; 2 fl. Ph. (9 u. 51,5%)/0°, (5,5 u. 67%)/10°, (4,0 u. 76%)/ 20°, (2,2 u. 86%)/40°
$C_6H_{15}N$	Triäthylamin	u. kr. Lp. zwischen 31 u. 52%/≈ 18,5°; 2 fl. Ph. (13,8 u. 82%)/20°, (4,0 u. 96,0%)/40°, (2,0 u. 96,1%)/60°
$C_7H_5N_3O_6$	2,4,5-Trinitro-toluol	L 0,01%/0°, 0,012%/10°, 0,014%/20°, 0,027%/40°, 0,066%/60°, 0,147%/100°
$C_7H_5N_5O_8$	Tetryl, Trinitro-phenylmethyl-nitramin	L 0,005%/0°, 0,0055%/10°, 0,007%/20°, 0,013%/40°, 0,035%/60°, 0,084%/80° 0,155%/96°
$C_7H_6O_2$	o-Hydroxybenz-aldehyd	2 fl. Ph. (2 u. 94,5%)/100°, (4 u. 91%)/ 140°
$C_7H_6O_2$	m-Hydroxybenz-aldehyd	L 6%/50°; Monotekt. 0 + 2 fl. Ph. (≈ 13 u. ≈ 59%)/≈ 60°; o. kr. Lp. ≈ 62°; L 88%/80°, 97,5%/100°
$C_7H_6O_2$	p-Hydroxybenz-aldehyd	L 1,9%/40°, 9%/60°; Monotekt. 0 + 2 fl. Ph. (27,4 u. 46,2%)/62,8°, L 86%/ 80°, 95,5%/100°
C_7H_7NO	Benzamid	L 2%/50°, 10%/74°, 20%/78°, 60%/83°, 80%/89,5°, 90%/100°
$C_7H_7NO_2$	2-Nitro-toluol	2 fl. Ph. (1 u. 97%)/160°, (3 u. 93,5%)/ 200°, (11 u. 84%)/240°; o. kr. Lp. 51%/245°
C_7H_8	Toluol	2 fl. Ph. (0,037 u. 99,98%)/10°, (0,051 u. 99,96%)/20°, 99,92%/40°, 99,72%/80°
C_7H_8O	Benzylalkohol	2 fl. Ph. (3,92 u. 95,1%)/20°, (4,18 u. 92,8%)/40°
C_7H_8O	o-Kresol	Monotekt. 0 + 2 fl. Ph. (2,5 u. 87,0%)/ 8°; 2 fl. Ph. (3 u. 86%)/40°, (3,4 u. 85%)/60°, (4,5 u. 82%)/100°, (7,5 u. 73%)/140°, (15 u. 63%)/160°; o. kr. Lp. 40,89%/≈ 169°
C_7H_8O	m-Kresol	2 fl. Ph. (2,4 u. 87%)/20°, (2,5 u. 85,2%)/40°, (5 u. 78%)/100°, (13 u. 61%)/140°; o. kr. Lp. 35,07%/147°
C_7H_8O	p-Kresol	Qdrp. 0 + 2 fl. Ph. (≈ 2 u. 86,86%)/ 8,7°; 2 fl. Ph. (2,5 u. 83,5%)/40°, (4,8 u. 74,5%)/100°, (18 u. 52%)/140°; o. kr. Lp. 36%/142,6°
C_7H_9N	2,4-Dimethyl-pyridin	u. kr. Lp. ≈ 25%/22,5°; 2 fl. Ph. (6 u. 55%)/40°, (5 u. 60,8%)/50°
C_7H_9N	2,6-Dimethyl-pyridin	u. kr. Lp. 27,2%/45,3°; 2 fl. Ph. (16,5 u. 46%)/50°, (12 u. 55,5%)/60°, (9,2 u. 64,5%)/80°, (11 u. 68%)/120°, (23 u. 50%)/160°; o. kr. Lp. 33,8%/164,9°
C_7H_9N	o-Toluidin	2 fl. Ph. (2 u. 97,5%)/20°, (2,3 u. 95%)/ 80°, (4 u. 93,3%)/120°, (7 u. 89%)/ 160°, (18 u. 79%)/200°; o. kr. Lp. 50,09%/216°
C_7H_9N	p-Toluidin	2 fl. Ph. (44,5 u. 98,2%)/44°, (58,9 u. 97,7%)/69°

Verbindung		Angaben über die Liquiduskurve in % (=Gew.%) oder Mol% der Verbindung, Temperaturangaben in °C
C_7H_{14}	Hepten-(1)	2 fl. Ph. 70 · 10^{-3} g H_2O/100 g Lsg. bei 10°, 0,111 g H_2O/100 g Lsg. bei 20°
$C_7H_{14}O$	Önanthaldehyd	E(Eis + 1) 0,016 Mol%/− 0,058°; Monotekt. 1 + 2 fl. Ph. (0,019 u. 90 Mol%)/11,4°; E(1 + 0) fast 100 Mol%/− 42,5°
$C_7H_{15}N$	Äthylpiperidin	u. kr. Lp. 27%/7,45°; 2 fl. Ph. (6 u. 82%)/20°, (2,8 u. 92,6%)/40°
C_7H_{16}	Heptan	2 fl. Ph. 7 · 10^{-3} g H_2O/100 g Lsg. bei 10°, 14 · 10^{-3} g H_2O/100 g Lsg. bei 20°
$C_7H_{16}O$	3-Äthyl-pentanol-(3)	2 fl. Ph. (1,91 u. 94,25%)/20°, (1,26 u. 94,31%)/40°
$C_7H_{16}O$	2,2-Dimethyl-pentanol-(3)	2 fl. Ph. (0,88 u. 97,0%)/20°, (0,79 u. 96,88%)/30°
$C_7H_{16}O$	2,3-Dimethyl-pentanol-(2)	2 fl. Ph. (1,69 u. 93,69%)/20°, (1,40 u. 93,71%)/30°
$C_7H_{16}O$	2,3-Dimethyl-pentanol-(3)	2 fl. Ph. (1,87 u. 94,11%)/20°, (1,43 u. 94,12%)/30°
$C_7H_{16}O$	2,4-Dimethyl-pentanol-(3)	2 fl. Ph. (0,78 u. 96,79%)/20°, (0,67 u. 96,56%)/30°
$C_7H_{16}O$	Heptanol-(1)	2 fl. Ph. (0,053 Mol%)/0°, (0,046 Mol%)/10°, (0,031 Mol%)/20°, (0,020 Mol%)/40°
$C_7H_{16}O$	2-Methyl-hexanol-(2)	2 fl. Ph. (1,08 u. 93,77%)/20°, (0,87 u. 93,56%)/30°
$C_7H_{16}O$	3-Methyl-hexanol-(3)	2 fl. Ph. (1,35 u. 94,77%)/20°, (1,07 u. 94,73%)/30°
$C_8H_6O_2$	o-Phthalaldehyd	E(Eis + 1) 0,64 Mol%/− 0,61°; L 0,69 Mol%/40°; Monotekt. 1 + 2 fl. Ph. (0,69 u. 50 Mol%)/45,3°; 2 fl. Ph. (0,68 u. 50 Mol%)/50°; L 60 Mol%/ 46°, 80 Mol%/48,5°; F(0) 53,2°
C_8H_8	Styrol	2 fl. Ph. (0,028 u. 99,97%)/0°, (0,032 u. 99,95%)/20°, (0,039 u. 99,90%)/40°, 0,053%/60°
$C_8H_8O_2$	2-Hydroxy-5-methyl-benzaldehyd	2 fl. Ph. (99%)/60°, (2,4 u. 95%)/100°, (3,8 u. 93,5%)/120°
$C_8H_8O_2$	4-Hydroxy-5-methyl-benzaldehyd	L 2%/60°; Monotekt. 0 + 2 fl. Ph. ($\approx$ 3 u. 56%)/79,5°; 2 fl. Ph. (6 u. 56%)/100°, (12,5 u. 54,5%)/120°; o. kr. Lp. 35,4%/136,8°; L 80%/83°, 92%/ 100°
$C_8H_8O_2$	4-Hydroxy-6-methyl-benzaldehyd	L 6%/60°; Monotekt. 1 + 2 fl. Ph. ($\approx$ 6,5 u. 50,6%)/69,1°; 2 fl. Ph. (7,5 u. 50%)/80°, (10 u. 50%)/100°, (17 u. 49%)/120°; o. kr. Lp. 34%/125°; L 71%/70°, 86%/80°, 96%/100°
C_8H_9NO	Acetanilid	E(Eis + 0) 0,5%/− 0,03°; L 0,4%/10°, 0,9%/40°, 1,84%/60°; Monotekt. 0 + 2 fl. Ph. (5,2 u. 87,0%)/83,2°; 2 fl. Ph. (7 u. 80%)/100°, (13 u. 79%)/120°, (28 u. 63%)/140°; o. kr. Lp. 45%/144°; L 98%/100°; F(0) 114°

427. Lösungsgleichgewichte (Zustandsdiagramme)

Verbindung		Angaben über die Liquiduskurve in % (= Gew.%) oder Mol% der Verbindung, Temperaturangaben in °C
C_8H_{10}	o-Xylol	2 fl. Ph. 0,0228%/22°
	m-Xylol	2 fl. Ph. 0,0187%/22°
	p-Xylol	2 fl. Ph. 0,0192%/22°
$C_8H_{10}N_4O_2$	Coffein	E(Eis + 0) 3,84%/− 0,4°; L 4,40%/10°, 5,21%/20°, 9,75%/40°, 15,2%/50°; $Ü$(1 → 0) 31%/61°; L 44,7%/80°, 59%/100°
$C_8H_{10}O$	1,3,5-Xylenol	Monotekt. 0 + 2 fl. Ph. ($\approx$ 1 u. 90,2%)/43,2°; 2 fl. Ph. (1 u. 89,7%)/60°, (1,4 u. 88,3%)/80°; o. kr. Lp. $\approx$ 200°; L 99,0%/60°
$C_8H_{11}N$	2,4,6-Trimethylpyridin	u. kr. Lp. 17,2%/5,7°; 2 fl. Ph. (7,5 u. 42%)/10°, (3,5 u. 55%)/20°, (2,0 u. 70%)/40°, (2 u. 86%)/80°, (2,0 u. 88,5%)/120°
C_8H_{18}	n-Octan	2 fl. Ph. 14 · 10⁻³ g H_2O/100 g Lsg. bei 20°
$C_{10}H_8$	Naphthalin	2 fl. Ph. 1,9 · 10⁻³%/0°, 3 · 10⁻³%/30°
$C_{10}H_{12}$	1,2,3,4-Tetrahydronaphthalin	0,02 cm³ $C_{10}H_{12}$/100 cm³ H_2O bei 15°, 0,04 cm³ $C_{10}H_{12}$/100 cm³ H_2O bei 20°
$C_{10}H_{14}N_2$	Nicotin	u. kr. Lp. 32,2%/61°; 2 fl. Ph. (8,3 u. 74,5%)/80°, (6,3 u. 80,8%)/100°, (6,5 u. 82%)/140°, (11 u. 74,5%)/180°, (17 u. 59%)/200°; o. kr. Lp. 32,2%/210°; s. a. Abb. 3
$C_{11}H_{12}N_2O$	Antipyrin	E(Eis + 0) 37,5%/− 3,3°; L 47,6%/10°, 57%/20°, 74%/40°, 85%/60°, 92%/80°; F 109,0°
$C_{12}H_{11}N$	Diphenylamin	2 fl. Ph. (1,8 u. 89,5%)/240°, (3 u. 87,5%)/260°, (6,9 u. 85%)/280°, (21 u. 71%)/300°; o. kr. Lp. 52,5%/305°
$C_{12}H_{22}O_{11}$	Lactose	L 10,8%/0°, 16%/20°, 25%/40°, 37%/60°, 49,5%/80°; $Ü$(1 → 0) 58%/93,5°; L 60,8%/100°, 69%/120°, 82%/160°
$C_{12}H_{22}O_{11}$	Maltose	E(Eis + 1) $\approx$ 35%/$\approx$ − 2°; L 36%/0°, 44%/20°, 53%/40°, 64%/60°, 75%/80°
$C_{13}H_{17}N_3O$	Pyramidon	L 5%/20°, 9,5%/60°; Monotekt. (0 + 2 fl. Ph.) 45%/70°; u. kr. Lp. 45%/70°; 2 fl. Ph. (16 u. 71,5%)/80°, (10,5 u. 79%)/100°, (10 u. 77%)/140°, (13,5 u. 73%)/160°, (24 u. 61%)/180°; o. kr. Lp. 45%/190°; L 83%/80°, 98%/100°; F(0) 108°
$C_{14}H_{10}$	Anthracen	2 fl. Ph. 89 · 10⁻⁶ g $C_{14}H_{10}$/l Lsg. bei 20°
$C_{14}H_{10}$	Phenanthren	2 fl. Ph. 2,7 · 10⁻³ g $C_{14}H_{10}$/l Lsg. bei 20°
$C_{17}H_{19}NO_3$	Morphin	L 0,026%/20°, 0,04%/40°, 0,065%/60°, 0,11%/80°

Abb. 1. Wasser—Phenylhydrazin

Abb. 3. Wasser—Nikotin

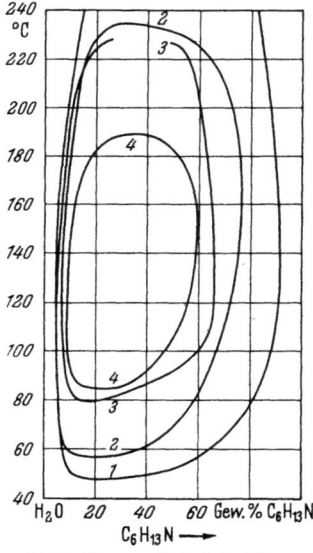

Abb. 2. Wasser—Methylpiperidine
Kurve *1*: 1-Methyl-piperidin
Kurve *2*: 3-Methyl-piperidin
Kurve *3*: 2-Methyl-piperidin
Kurve *4*: 4-Methyl-piperidin

427. Lösungsgleichgewichte (Zustandsdiagramme)

427133. Lösungsgleichgewichte anorganischer Verbindungen in organischen Lösungsmitteln

Es sind die bei den vorgegebenen Temperaturen gelösten Mengen der anorganischen Verbindungen in dem organischen Lösungsmittel angegeben. Die Einheiten der Konzentration sind in Spalte 10 vermerkt. Ein Strich zwischen den Zahlen weist darauf hin, daß auf der Liquiduskurve zwischen den beiden Temperaturen ein ausgezeichneter Punkt liegt. In der Spalte „Weitere Angaben" ist dieser vermerkt. In diesen ist bei der Kennzeichnung des Stoffes der anorganischen Verbindung die Formel fortgelassen, und sie nur durch die Zahl der vom Lösungsmittel in den betreffenden Temperaturgebieten enthaltenen Mole des Bodenkörpers gekennzeichnet, also z. B. beim System $CaCl_2$ in Methanol $U(4\rightarrow 3) = U\ CaCl_2 \cdot 4CH_4O \rightarrow CaCl_2 \cdot 3CH_4O$ oder im System $CaCl_2$ in Essigsäure $E(CH_3CO_2H+4)$ Eutektikum, bei dem sich Essigsäure und $CaCl_2 \cdot 4CH_3CO_2H$ ausscheiden.

F = Schmelzpunkt, E = Eutektischer Punkt, U = Übergangspunkt

In dem Anhang sind die Stoffpaare aufgeführt, bei denen die Liquiduskurve in anderen Temperaturgebieten liegt.

Gelöste Verbindung	Lösungsmittel	Lösungsgleichgewicht bei ϑ in °C							Einheit der Konzentration	Weitere Angaben
		0	10	20	40	60	80	100		
$B(OH)_3$	Glycerin	13	16	18,2	23,5	28,5	32,6	36,2	Gew. %	
$BaCl_2$	Nitrobenzol	—	—	0,0167	—	—	—	0,040	g/100cm³ Lösung	
$BaBr_2$	Methanol	30,7	30,1	29,5	28,5	28	—	—	Gew. %	Bdk. 0 CH_3OH
	Äthanol	5,553	4,823	3,966	2,375	1,457	—	—	Gew. %	Bdk. 0 C_2H_5OH
	Aceton	0,0287	0,0275	0,0262	0,0254	—	—	—	Gew. %	Bdk. 0 $(CH_3)_2CO$
BaJ_2	Äthanol	43,74	43,61	43,50	43,25	43,02	—	—	Gew. %	Bdk. 0 C_2H_5OH
Br_2, HBr^1										
$CaCl_2$	Methanol	—	20,3	22,7	28	32,8	34	36	Gew. %	$U(4\rightarrow 3)$ 32,4%/55°; $F(3)$ 536%/177°; $E(3+1)\approx 55\%/\approx 176°$
	Äthanol	15	17,5	20	25	31	37	—	Gew. %	$F(3)$ 44,45%/≈97,5°
	Propanol-(1)	7,5	10,5	13,5	19,5	25,5	—	—	Gew. %	
	Aceton	0,006	0,007	0,01	0,017	—	—	—	Gew. %	
	Essigsäure	—	—	14,7	18,2	24	—	—	Gew. %	$E(CH_3CO_2H+4)$ 13,3%/11,1°; $F(4)$ 31,6%/73°
	Butanol	14	17,5	20,5	24	25,8	—	—	Gew. %	

[1] s. Anhang.

4. Mechanisch-thermische Konstanten usw.

Gelöste Verbindung	Lösungsmittel	\multicolumn{7}{c	}{Lösungsgleichgewicht bei ϑ in °C}	Einheit der Konzentration	Weitere Angaben
		0	10	20	40	60	80	100		
$CaBr_2$	Methanol	33,5	34,3	36	42	59,5	—	—	Gew. %	$\bar{U}(4\to3)\approx34,5\%/17°$;
	Äthanol	32	32,5	34,8	37,2	43,5	50,9	—	Gew. %	$\bar{U}(3\to1)\approx50,3\%/73,9°$
	Propanol	6	11,8	18,5	33	43	—	—	Gew. %	Bdk. 2 $(CH_3)_2CO$
	Aceton	2,81	2,72	2,67	2,81	—	—	—	Gew. %	Bdk. 6 CH_3OH
CaJ_2	Methanol	53,7	54,8	55,8	57,7	60	—	—	Gew. %	Bdk. 3 $(CH_3)_2CO$
	Aceton	42	44,6	47	51,1	54,5	—	—	Gew. %	
$Ca(NO_3)_2$	Methanol	—	57,3	57,7	59	61,3	62,9	—	Gew. %	$\bar{U}(2\to0)\approx63,1\%/72,2°$
	Äthanol	—	31,6	33,7	38,8	45,3	47,8	—	Gew. %	$\bar{U}(2\to0)\approx47,3\%/65,5°$
	Aceton	17,3	14,5	14,4	14,99	—	—	—	Gew. %	Bdk. 1 $(CH_3)_2CO$
KBr	Methanol	1,8	1,9	2,0	2,3	2,7	—	—	Gew. %	
	Äthanol	—	—	0,453	0,563	—	—	—	Gew. %	
KF	Methanol	—	—	0,19	0,15	—	—	—	Gew. %	
	Äthanol	—	—	0,108	0,069	—	—	—	Gew. %	
KJ	Methanol	12,0	12,7	13,6	15,4	17	18,6	20	Gew. %	$F(4)\ 32\%/23,8°; E(4+0)$
LiBr	Äthanol	24,7	26,5	29,3[1] 37,2[1] 41,3[2]	42,5	45,1	50	—	Gew. %	$\approx41,5°/13,2°$
LiCl	Aceton	—	12	15,5	21	28,5	—	—	Gew. %	$\bar{U}(2\to0)\ 18,5\%/35,5°$
	Methanol	31,1	30,7	30,5	30,5	31	—	—	Gew. %	$\bar{U}(3\to0)\ 31,1\%/0,1°$
	Äthanol	79,3	84,7	79,1	78,4	79,7	—	—	Gew. %	$\bar{U}(4\to0)\ 79,3\%/17,4°$
	Aceton	—	1,5	1,2	0,7	—	—	—	Gew. %	Bdk. 1 $(CH_3)_2CO$
	Pyridin	—	11,3	11,6	11,6	11,4	11,7	12,9	Gew. %	$\bar{U}(2\to1)\ 11,8\%/28°$
$LiNO_3$	Essigsäure	—	—	8,3	9,7	11,8	14,3	17	Mol %	$E(CH_3CO_2H+0)\approx8$ Mol %/ $\approx13°$
$MgBr_2$	Methanol	21	21,4	21,9	23	24	25,1	27,1	Gew. %	Bdk. 6 CH_3OH
	Äthanol	6,9	10	13,1	19,2	25	29,6	34,7	Gew. %	Bdk. 6 C_2H_5OH
	Ameisensäure	20	21,5	23	26	29,3	34,5	—	Gew. %	$F(6)\ 40,0\%/88°$
	Propanol-(1)	26,2	27,5	28,9	31,1	—	—	—	Gew. %	$F(6)\ 33,8\%/52°$
	tert. Butanol	—	—	—	4	11,9	29,0	—	Gew. %	$F(4)\ 29,3\%/80°$

427. Lösungsgleichgewichte (Zustandsdiagramme)

MgCl$_2$	Methanol	15,5	15,6	16	17,7	20,4	—	—	Gew. %	Bdk. 6 CH$_3$OH
	Äthanol	3,5	4,5	5,5	10	16	—	—	Gew. %	Bdk. 6 C$_2$H$_5$OH
MgJ$_2$	Aceton	—	2,4	2,6	3,3	4,7	13,5	—	Gew. %	F(6) 4,4%/106,3°
	Äthanol	—	13,8	16,6	22,2	27,8	33	37,5	Gew. %	F(6) 50,2%/146,5°
Mg(NO$_3$)$_2$	Methanol	—	13,7	14,9	18,5	26	—	—	Gew. %	Bdk. 6 CH$_3$OH
NH$_4$Br	Methanol	10,5	2	3	9,5	19,5	24,7	—	Gew. %	$U'(6\rightarrow 0)$ 24,5%/67,5°
	Äthanol	3	11,5	12,49	14	15,5	—	—	Gew. %	
NH$_4$NO$_3$	Essigsäure	—	3,1	3,4	4	4,5	3,9	32	Gew. %	
			—	—	1	2,3			Mol%	$E(\mathrm{CH_3CO_2H}+0)$ 0,129 Mol%/ 16,47°[5]
N$_2$H$_4$[3]	Methanol	14,7	14,6	14,4	13,9	13,3	—	—	Gew. %	
NaBr	Äthanol	2,39	2,33	2,28	2,22	2,25	—	—	Gew. %	
NaF	Methanol	—	—	0,42	0,46	—	—	—	Gew. %	
	Äthanol	—	—	0,09	0,12	—	—	—	Gew. %	
NaJ	Aceton	11,5	16,5	23	26,5	22,5	18	—	Gew. %	$U'(3\rightarrow 0)$ 29,2%/25,7°
	Methanol	—	39,4	42,2	44,69	44,3	31	31	Gew. %	$U'(3\rightarrow 0)\approx 45\%/27,4°$
	Äthanol	—	30,5	30,9	31	31	—	—	Gew. %	
NaNO$_3$	Essigsäure	—	—	0,150	0,175	0,29	0,475	0,775	Mol%	$E(\mathrm{CH_3CO_2H}+0)$ 0,15 Mol%; 16,5°
SbBr$_3$[4]	Benzol	—	10	14,9	26,8	44,0	67,99	—	Gew. %	$E(\mathrm{C_6H_6}+2)$ 1,93 Mol%/4,5°/ F(2) 66,7 Mol%/92,5°;
	o-Xylol	13,7	22	37	58	66,9	81,9	—	Mol%	$E(2+0)$ 84,9 Mol%/85° $E(\mathrm{C_{10}H_{10}}+1)$ 3,4 Mol%/ −33°; F(1) 50 Mol%/24°;
	m-Xylol	20,7	39	49	55,8	65	80	—	Mol%	$E(1+0)$ 52 Mol%/22,5° $E(\mathrm{C_8H_{10}}+1)$ 2 Mol%/−59,2°; $U'(1\rightarrow 10)$ 47 Mol%/13°
	p-Xylol	—	10,9	14,7	25	46	—	—	Mol%	$E(\mathrm{C_8H_{10}}+{}^1\!/_2)$ 10,5 Mol%/10°; $F({}^1\!/_2)$ 66,7 Mol%/67,3°;
	Essigsäure	—	10	23	30,8	43	69,9	—	Mol%	$E({}^1\!/_2+0)$ 68,9 Mol%/66,5° $E(\mathrm{C_2H_4O_2}+0)$ 18,5 Mol%/4°
SbCl$_3$[3]	Methanol	—	53,5	54,5	55,6	57,8	—	—	Gew. %	$U'(1{}^1\!/_2\rightarrow{}^1\!/_2)\approx 56\%/45,7°$
SrBr$_2$	Äthanol	—	39	39	42,4	43	43,8	—	Gew. %	$U'({}^1\!/_2\rightarrow 0)\approx 42,8$ Mol%/40,5°

[1] Bdk. 4 C$_2$H$_5$OH. [2] Bdk. 0 C$_2$H$_5$OH. [3] s. Anhang. [4] s. auch Anhang. [5] $U(8 0\rightarrow\gamma 0)=0,5$ Mol%/32°; $U(\gamma 0\rightarrow\beta 0)=3,8$ Mol%/82°; $U(\beta 0\rightarrow\alpha 0)$ 66,8 Mol%/124,8°.

4. Mechanisch-thermische Konstanten usw.

Anhang zur Tabelle 427133

Anorganischer Stoff	Angaben über die Liquiduskurven in % (=Gew.%) oder in Mol% der anorganischen Verbindung. Temperaturangaben in °C	Organischer Stoff	
Br_2	$E(CH_3OH+2)$ 7,5 Mol%/−106,5°; $F(2)$ 33,3 Mol%/64,5°; $E(2+0)$ 33,5 Mol%/64,7°	CH_4O	Methanol
Br_2	$F(2)$ 33,3 Mol%/−67,5°; $E(2+1)$ 43,5 Mol%/−76°, $F(^1/_2)$ 66,7 Mol%/−35°; $E(^1/_2+0) \approx 67$ Mol%/−34,5°	C_2H_6O	Äthanol
HBr	L 33%/−20°; 51,5%/−40°; 68,5%/−60°; $E(C_6H_6+0)$ 93%/−95°	C_6H_6	Benzol
N_2H_4	$E(CH_4O+4) = 2$ Mol%/≈−100°; $F(4)$ 20 Mol%/−69,5°; $E(2+4) \approx 20$ Mol%/≈−69,7°; $F(2)$ 33,3 Mol%/−57,8°; $E(2+1) \approx 34$ Mol%/≈−58°; $Ü(1 \to 0) \approx 45$ Mol%/−47,3°	CH_4O	Methanol
N_2H_4	$E(C_2H_5OH+2)$ 2 Mol%/−117,3°; $F(2)$ 33,3 Mol%/−31,2°; $E(2+0)$ 46 Mol%/−33,7°	C_2H_5OH	Äthanol
S	$Ü$ $S_{rhomb} \to S_{mon} \approx 16\%/\approx 95,5°$, Monotekt. $S_{mon}+2$ fl. Ph. (29 u. 93,6%)/103°; o. kr. Lp. 68,3%/179,5°	C_7H_8	Toluol
S	$Ü(S_{rhomb} \to S_{mon}$ 15,9%/95,2°; Monotekt. $S_{mon}+2$ fl. Ph. (19,2 u. ≈95,5%)/101°; o. kr. Lp. 70%/161°	C_5H_5N	Pyridin
S	U $S_{rhomb} \to S_{mon} \approx 16\%/\approx 95,5°$; Monotekt. $S_{mon}+2$ fl. Ph. (20 u. 93,6%)/103°; o. kr. Lp. 68,34%/179,5°	C_7H_8	Toluol
$SbBr_3$	$E(C_6H_{12}+0)$ 0,07 Mol%/6,0°; Monotekt. 0+2 fl. Ph. (4,7 u. 91 Mol%)/85°; o. kr. Lp. 39,9 Mol%/175°	C_6H_{12}	Cyclohexan
$SbCl_3$	$E(SbCl_3+C_6H_{12})$ 0,08 Mol%; Monotekt. 0+2 fl. Ph. (5,9 u. 92,3 Mol%)/70°; o. kr. Lp. 44,1 Mol%/123°	C_6H_{12}	Cyclohexan
$SbCl_3$	$E(C_8H_{10}+1)$ 7,1 Mol%/−35°; $F(1)$ 50 Mol%/19,5°; $E(1+^1/_2)$ 50 Mol%/19,5°; $F(^1/_2)$ 66,7 Mol%/33,5°; $E(^1/_2+0)$ 69 Mol%/31,5°	C_8H_{10}	o-Xylol
$SbCl_3$	$E(C_8H_{10}+1)$ 3,6 Mol%/−60,5°; $Ü(1 \to ^1/_2)$ 31 Mol%/−2°; $F(^1/_2)$ 66,7 Mol%) 38°; $E(^1/_2+0)$ 70,6 Mol%/36,5°	C_8H_{10}	m-Xylol

42714. Lösungsgleichgewichte zwischen 2 organischen Verbindungen

Verbindung I und F	Angaben über die Liquiduskurve in % (=Gew.%) oder Mol% der Verbindung II, Temperaturangabe in °C	F und Verbindung II
CCl_4 $-22,9°$ Tetrachlormethan	$U(\alpha I \rightleftharpoons \beta I) \approx 12$ Mol%/$-45°$; L 12,5 Mol%/$-43,5°$; 35,5 Mol%/$-63,7°$; $E(\beta I + II)$ 66,9 Mol%/$-81,4°$; L 75 Mol%/$-75°$	$-63,5°$ $CHCl_3$ Chloroform
CCl_4 $-23°$ Tetrachlormethan	$U(\alpha I \rightleftharpoons \beta I) \approx 13$ Mol%/$\approx -48°$; $E(\beta I + II)$ ≈ 33 Mol%/$-65°$	$-22,4°$ C_2Cl_4 Tetrachloräthylen
CCl_4 $-22,9°$ Tetrachlormethan	$U(\alpha I \rightleftharpoons \beta I) \approx 12$ Mol%/$-45°$; $E(\beta I + II) \approx 36,5$ Mol%/$-68°$	$-29,3°$ C_2HCl_5 Pentachloräthan
CCl_4 $-22,9°$ Tetrachlormethan	$U(\alpha I \rightleftharpoons \beta I)$ 55,4 Mol%/$-47,6°$; $E(\beta I + II)$ 89 Mol%/$-118°$	$-113,9°$ C_2H_6O Äthanol
CCl_4 $-22,9°$ Tetrachlormethan	lückenlos mb.	$-34,5°$ $C_3H_6Cl_2$ 2,2-Dichlorpropan
CCl_4 $-23°$ Tetrachlormethan	$U(\alpha I \rightleftharpoons \beta I)$ 21,7 Mol%/$-48,9°$; $Ü(\beta I \to I \cdot II)$ 39 Mol%/$-75,5°$; $E(I \cdot II + II)$ 81,5 Mol%/$-101°$; Auftreten mst. Ph.	$-94,8°$ C_3H_6O Aceton
CCl_4 $-23°$ Tetrachlormethan	$U(\alpha I \rightleftharpoons \beta I)$ 13,9 Mol%/$-47,8°$; $E(\beta I + I \cdot 2II)$ 58 Mol%/$-87°$; $F(I \cdot 2II)$ $\approx 85°$; $E(I \cdot 2II + II)$ 83,5 Mol%/$-90°$	$-83,7°$ $C_4H_8O_2$ Äthylacetat
CCl_4 $-22,7°$ Tetrachlormethan	$E(\alpha I + 2I \cdot II)$ 5,2 Mol%/$-24,7°$; $F(2I \cdot II)$ $-18,2°$; $E(2I \cdot II + II)$ 49,5 Mol%/$-20,2°$	11,8° $C_4H_8O_2$ 1,4-Dioxan
CCl_4 $-22,7°$ Tetrachlormethan	$E(\alpha I + 2I \cdot II)$ 21,6 Mol%/$-47,9°$; $F(2I \cdot II)$ $-42,6°$; $E(2I \cdot II + II) \approx 72,5$ Mol%/$\approx -62,5°$	$-41,8°$ C_5H_5N Pyridin
CCl_4 $-23,7°$ Tetrachlormethan	$E(\alpha I + I \cdot II) \approx 23$ Mol%/$\approx -47°$; $Ü(I \cdot II \to II)$ 48 Mol%/$-34,2°$; Auftreten mst. Ph.	5,3° C_6H_6 Benzol
CCl_4 $-22,9°$ Tetrachlormethan	Monotekt. (II) + 2 fl. Ph. (≈ 3 u. ≈ 74 Mol%)/162,3°	173° $C_6H_6O_2$ Hydrochinon
CCl_4 $-22,9°$ Tetrachlormethan	$U(\alpha I \rightleftharpoons \beta I) \approx 12$ Mol%/$-46°$; $E(\beta I + I \cdot II) \approx 24$ Mol%/$-52,5°$; $F(I \cdot II)$ $-42°$; $E(I \cdot II + \beta II) \approx 75$ Mol%/$-61,5°$; $U(\beta II \rightleftharpoons \alpha II)$ ≈ 90 Mol%/$-53°$	$-32°$ $C_6H_{10}O$ Cyclohexanon
CCl_4 $-23,7°$ Tetrachlormethan	$U(\alpha I \rightleftharpoons \beta I) \approx 11$ Mol%/$\approx -48°$; $E(\beta I + I \cdot II)$ 40,5 Mol%/$-69,5°$; $F(I \cdot II) \approx -68,5°$; $E(I \cdot II + II)$ 92 Mol%/$-99,5°$	$-95,4°$ C_7H_8 Toluol

4. Mechanisch-thermische Konstanten usw.

Verbindung I und F	Angaben über die Liquiduskurve in % (=Gew.%) oder Mol% der Verbindung II, Temperaturangabe in °C	F und Verbindung II
CCl_4 $-23°$ Tetrachlormethan	$U(\alpha I \rightleftharpoons \beta I)$ 13 Mol%/$-48°$; $E(\beta I + I \cdot II)$ 18 Mol%/$-51°$ $F(I \cdot II)$ $-42°$; $E(I \cdot II + \beta II)$ 90 Mol%/$-64,5°$; $U(\beta II \rightleftharpoons \alpha II)$ 91 Mol%/$-62°$	$-47°$ $C_8H_{10}O$ 3-Methyl-anisol
CCl_4 $-22,9°$ Tetrachlormethan	$E(\beta I + II)$ 39%/$-66,3°$	$-56,8°$ C_8H_{18} Octan
CCl_4 $-22,9°$ Tetrachlormethan	$E(\alpha I + II)$ 20,2%/$-38,9°$	$-14,5°$ $C_{10}H_{19}N$ Caprinsäurenitril
CCl_4 $-22,9°$ Tetrachlormethan	$E(I + II)$ 5,7%/$-25,2°$; L 8,8%/$-20°$, 70,6%/$0°$	$6,9°$ $C_{10}H_{22}O$ Decanol-(1)
CCl_4 $-23°$ Tetrachlormethan	$U(\alpha I \rightleftharpoons \beta I) \approx$ 14 Mol%/$-48°$; $E(\beta I + \beta II)$ 35 Mol%/$-62°$; $U(\beta II \rightleftharpoons \alpha II) \approx$ 94 Mol%/$-33°$	$26,9°$ $C_{12}H_{10}O$ Diphenyläther
CCl_4 $-22,9°$ Tetrachlormethan	$E(\alpha I + II)$ 9,9%/$-34,2°$	$-9,6°$ $C_{12}H_{26}$ Dodecan
CCl_4 $-22,9°$ Tetrachlormethan	$E(I + II)$ 1,1%/$-23,3°$; L 1,3%/$-20°$, 15,9%/$0°$, 45,3%/$10°$, 81,8%/$20°$	$23,9°$ $C_{12}H_{26}O$ Dodecanol-(1)
CCl_4 $-22,9°$ Tetrachlormethan	$E(\alpha I + II)$ 3,5%/$-26,2°$ °C -20 -10 0 10 15; % II 5,2 13,1 35,9 71,0 88,9	$18,2°$ $C_{16}H_{34}$ Hexadecan
CCl_4 $-22,9°$ Tetrachlormethan	$E(\alpha I + II)$ 3,3%/$-25,6°$; L 11,1%/$-10°$, 32%/$0°$, 79,2%/$15°$	$21,7°$ $C_{17}H_{36}$ Heptadecan
$CHBr_3$ $8°$ Tribrommethan	$E(I + II)$ 47,6 Mol%/$-27°$;	$5,5°$ C_6H_6 Benzol
$CHCl_3$ $-63,5°$ Chloroform	$IF(I \cdot II) \approx -77°$; $U(I \rightarrow I \cdot II)$ 55,2 Mol%/$\approx -77°$; $E(I \cdot II + II)$ 87,6 Mol%/$-111,8°$	$-97,8°$ CH_4O Methanol
$CHCl_3$ $-63,5°$ Chloroform	$E(I + II) \approx$ 50 Mol%/$\approx -87°$	$-32,2°$ $C_2H_3Cl_3$ 1,1,1-Trichloräthan
$CHCl_3$ $-63,5°$ Chloroform	$E(I + I \cdot II)$ 38 Mol%/$-114°$; $F(I \cdot II)$ $-99,5°$; $E(I \cdot II + II)$ 73 Mol%/$-117°$	$-96,5°$ C_3H_6O Aceton
$CHCl_3$ $-63,5°$ Chloroform	$E(I + 2I \cdot II)$ 12,6 Mol%/$-76,2°$; $F(2I \cdot II)$ $-59,2°$; $E(2I \cdot II + II)$ 37,5 Mol%/$-60°$; L 60 Mol%/$-17°$	$11,8°$ $C_4H_8O_2$ 1,4-Dioxan
$CHCl_3$ $-62,6°$ Chloroform	$E(I + I \cdot II)$ 25,4 Mol%/$-80,4°$; $F(I \cdot II)$ $-65,9°$; $E(I \cdot II + II)$ 69,7 Mol%/$-68,8°$	$-41,3°$ C_5H_5N Pyridin
$CHCl_3$ $-63,0°$ Chloroform	$E(I + II)$ 18 Mol%/$-71°$; L 40 Mol%/$-36°$, 60 Mol%/$-16,5°$	$5,9°$ $C_6H_5NO_2$ Nitrobenzol
$CHCl_3$ $-63,5°$ Chloroform	$E(I + II) \approx$ 26 Mol%/$\approx -77°$; L 40 Mol%/$-52°$, 60 Mol%/$-28°$	$5°$ C_6H_6 Benzol

427. Lösungsgleichgewichte (Zustandsdiagramme)

Verbindung I und F		Angaben über die Liquiduskurve in % (=Gew.%) oder Mol% der Verbindung II, Temperaturangabe in °C	F und Verbindung II	
$CHCl_3$ Chloroform	$-63,5°$	L 2 Mol%/20°, 7,5 Mol%/60°, 20 Mol%/73°, 40 Mol%/80°	104,5° Brenzcatechin	$C_6H_6O_2$
$CHCl_3$ Chloroform	$-63,5°$	$E(I+II) \approx 38$ Mol%/$\approx -80°$; L 60 Mol%/$-58°$, 80 Mol%/$-28°$	6,2° Cyclohexan	C_6H_{12}
$CHCl_3$ Chloroform	$-63,5°$	$E(I+II) \approx 95$ Mol%/$-98°$	$-94,6°$ Hexan	C_6H_{14}
$CHCl_3$ Chloroform	$-62,1°$	$E(I+I \cdot II)$ 24,3 Mol%/$-77°$; $F(I \cdot II) -48,3°$; $E(I \cdot II+II)$ 56,4 Mol%/$-51,6°$; L 80 Mol%/$-19°$	$-5,5°$ 2,6-Dimethylpyridin	C_7H_9N
$CHCl_3$ Chloroform	$-63,5°$	L 0,95 g/100 g $C_8H_8O_3$ bei 15°, 1,95 g/100 g $C_8H_8O_3$ bei 35°	133° D-Mandelsäure	$C_8H_8O_3$
$CHCl_3$ Chloroform	$-63,5°$	$E(I+II)$ 25,3%/$-67,8°$; L 73,3%/$-60°$	56,8° Octan	C_8H_{18}
$CHCl_3$ Chloroform	$-63,5°$	$E(I+2I \cdot II)$ 5,9 Mol%/$-69,2°$; $F(2I \cdot II) -40,6°$; $E(2I \cdot II+I \cdot II)$ 38,3 Mol%/$-48,6°$; $F(I \cdot II) -41,5°$; $E(I \cdot II+II)$ 52,6 Mol%/$-46°$	178,4° Campher (0...60 Mol%)	$C_{10}H_{16}O$
$CHCl_3$ Chloroform	$-63,5°$	$E(I+II)$ 0,3%/$-63,6°$; L 16,5%/$-30°$, 54,0%/$-20°$, 76,0%/15°	$-9,6°$ Dodecan	$C_{12}H_{26}$
CH_2O_2 Ameisensäure	8,2°	2 fl. Ph. (13 u. 91%)/20°, (19 u. 87%)/40°, (26 u. 79%)/60°; o. kr. Lp. 52%/73,2°	5,3° Benzol	C_6H_6
CH_3Cl Methylchlorid	$-93°$	L 15 Mol%/$-93,5°$, 31 Mol%/$-97°$, 58 Mol%/$-106°$, 68 Mol%/$-108°$; $E(I+II)$ 76 Mol%/$-112°$; L 84 Mol%/$-98°$	$-94°$ Methanol	CH_4O
CH_3J Methyljodid	$-63,5°$	$E(I+3I \cdot II) \approx 22$ Mol%/$\approx -73,5°$; $F(3I \cdot II) -72,5°$; $E(3I \cdot II+2I \cdot II)$ 32,3 Mol%/$-78,7°$; $F(2I \cdot II) -77°$; $E(2I \cdot II+I \cdot II) \approx 48$ Mol%/$\approx -92,5°$; $F(I \cdot II) -91,8°$; $E(I \cdot II+\alpha II)$ 80,6 Mol%/$-123,5°$	$-117,6°$ Diäthyläther	$C_4H_{10}O$
CH_3NO Formamid	2,5°	L 21,4 Mol%/$-12,7°$, 48,5 Mol%/$-34,6°$, 76,2 Mol%/$-65,6°$; $E(I+II)$ 90,5 Mol%/$-103,1°$	$-98,4°$ Methanol	CH_4O
CH_3NO Formamid	2,4°	$E(I+I \cdot 2II)$ 32,5 Mol%/$-29,3°$; $F(I \cdot 2II) \approx -8°$; $E(I \cdot 2II+II) \approx 68,2$ Mol%/$\approx -8,2°$	16,6° Essigsäure	$C_2H_4O_2$
CH_3NO Formamid	$\approx 2,4°$	$E(I+2I \cdot II)$ 25,6 Mol%/$-16,3°$; $F(2I \cdot II) -11,6°$; $E(2I \cdot II+I \cdot II) \approx 50$ Mol%/$\approx -21,8°$; $F(I \cdot II) -21,8°$; $E(I \cdot II+II) \approx 63$ Mol%/$\approx -38°$	$-20,9°$ Propionsäure	C_3H_6O

Verbindung I und F	Angaben über die Liquiduskurve in % (=Gew.%) oder Mol% der Verbindung II, Temperaturangabe in °C	F und Verbindung II
CH_3NO 2,5° Formamid	$E(I+II) \approx 4$ Mol%/ $-0,6°$; Monotekt. II + 2 fl. Ph. (10,4 u. ≈ 95 Mol%)/4,7°	5,8° $C_6H_5NO_2$ Nitrobenzol
CH_3NO_2 $-28,5°$ Nitromethan	2 fl. Ph. o. kr. Lp. 43,5%/17°	— $C_4H_{10}O$ 2-Methylpropanol-(1)
CH_3NO_2 $-28,5°$ Nitromethan	$E(I+II) \approx 28$ Mol%/ $\approx -44,3°$	5,8° $C_6H_5NO_2$ Nitrobenzol
CH_3NO_2 $-28,5°$ Nitromethan	L 12,6 Mol%/$-33,5°$, 32,5 Mol%/$-22,6°$, 62,8 Mol%/$-12,8°$; $E(I+II)$? Mol%/$-36°$	5,5° C_6H_6 Benzol
CH_3NO_2 $-28,5°$ Nitromethan	2 fl. Ph. (22 u. 66%)/$-8°$, (25,8 u. 62%)/$-6°$; o. kr. Lp. 44%/$-3,4°$	3° $C_6H_{12}O_2$ Capronsäure
CH_3NO_2 $-28,5°$ Nitromethan	2 fl. Ph. o. kr. Lp. 50%/106°	$-93,5°$ C_6H_{14} Hexan
CH_3NO_2 $-28,5°$ Nitromethan	Monotekt. (II) + 2 fl. Ph. (7 u. 80%)/ $\approx 24°$; o. kr. Lp. 54,8°	31° $C_{10}H_{20}O_2$ Caprinsäure
CH_4N_2O 132° Harnstoff	L 40 Mol%/85°; $E(I + I \cdot 2II)$ 58 Mol%/37°; $F(I \cdot 2II)$ 41°; $E(I \cdot 2II + II)$ 95 Mol%/13°	16,6° $C_2H_4O_2$ Essigsäure
CH_4N_2O 132° Harnstoff	$E(I + I \cdot 2II)$ 64 Mol%/60°; $F(I \cdot 2II)$ 61°; $E(I \cdot 2II + II)$ 93 Mol%/35°	40,8° C_6H_6O Phenol
CH_4O $-97°$ Methanol	$E(I + 2I \cdot II) \approx 9$ Mol%/ $\approx -104°$; $F(2I \cdot II) -48°$; $E(2I \cdot II + II) \approx 34$ Mol%/ $\approx -48°$	8,5° $C_2H_8N_2$ Äthylendiamin
CH_4O $-98°$ Methanol	$U(\alpha I \rightleftharpoons \beta I) -113,5°$; $E(I + I \cdot II) \approx 21$ Mol%/ $-134°$; $F(I \cdot II) -66,7°$; $E(I \cdot II + II) \approx 83$ Mol%/ $-114,9°$	$-80°$ C_3H_6O Propionaldehyd
CH_4O $-95°$ Methanol	$E(I+II)$ 4 Mol%/$-97,7°$; L 9 Mol%/$-80°$, 54 Mol%/$-40°$	$-20°$ $C_3H_6O_2$ Propionsäure
CH_4O $-97,8°$ Methanol	$U(\alpha I \rightleftharpoons \beta I) \approx 15$ Mol%/ $-112°$; $E(\beta I + \alpha II) \approx 45$ Mol%/$\approx -122°$; Auftreten mst. Ph.	$-117°$ $C_4H_{10}O$ Diäthyläther
CH_4O $-97,9°$ Methanol	2 fl. Ph. (33 u. 97%)/20°; (49 u. 90,5%)/40°; o. kr. Lp. 71%/49,1°	6,6° C_6H_{12} Cyclohexan
CH_4O $-97,9°$ Methanol	2 fl. Ph. (31,5 u. 96%)/20°, (53 u. 86%)/40°; o. kr. Lp. 69,6%/42,6°	$-95,3°$ C_6H_{14} Hexan
$C_2HCl_3O_2$ 57° Trichloressigsäure	$E(I + I \cdot II) \approx 49$ Mol%/ $\approx -38°$; $F(I \cdot II) -38°$	$-114,5°$ C_2H_6O Äthanol
$C_2HCl_3O_2$ 57,3° Trichloressigsäure	L 10 Mol%/40°; $E(I + I \cdot II) \approx 43$ Mol%/$\approx -31°$; $F(I \cdot II) -27,5°$; $E(I \cdot II + II) \approx 94$ Mol%/$\approx -90°$	$-83,0°$ $C_4H_6O_2$ Essigsäure-äthylester

427. Lösungsgleichgewichte (Zustandsdiagramme)   1-1159

Verbindung I und F	Angaben über die Liquiduskurve in % (=Gew.%) oder Mol% der Verbindung II, Temperaturangabe in °C	F und Verbindung II
$C_2HCl_3O_2$ 57° Trichloressigsäure	$E(I + I \cdot II)$ 40 Mol%/− 13°; $F(I \cdot II) − 3,5°$; $E(I \cdot II + II)$ 72 Mol%/− 47°	25° $C_4H_{10}O$ 2-Methyl- propanol-(2)
$C_2HCl_3O_2$ 57,3° Trichloressigsäure	$E(I + II)$ 76,5 Mol%/− 3,8°	5,4° C_6H_6 Benzol
$C_2HCl_3O_2$ 58° Trichloressigsäure	$E(I + I \cdot II)$ 31,2 Mol%/31°; $F(I \cdot II)$ 38,5°; $E(I \cdot II + II)$ ≈ 79 Mol%/21,5°	41° C_6H_6O Phenol
$C_2HCl_3O_2$ 57,0° Trichloressigsäure	$E(I + I \cdot II)$ 38 Mol%/0°; $F(I \cdot II)$ 6°; $E(I \cdot II + II)$ 90 Mol%/− 40°	− 26° C_7H_6O Benzaldehyd
$C_2HCl_3O_2$ 57,0° Trichloressigsäure	$E(I + I \cdot II)$ 31 Mol%/7°; $F(I \cdot II)$ 66°; $E(I \cdot II + II)$ 64 Mol%/37°	178° $C_{10}H_{16}O$ Campher
C_2HCl_5 − 29° Pentachloräthan	$E(I + II)$ ≈ 50 Mol%/− 62°	− 35° $C_2H_4Cl_2$ 1,2-Dichlor-äthan
$C_2H_2Br_4$ 0° 1,1,2,2-Tetrabrom- äthan	$E(I + I \cdot II)$ ≈ 40 Mol%/ ≈ − 29°; $F(I \cdot II) − 27,5°$; $E(I \cdot II + II)$ ≈ 88 Mol%/ − 41°	− 35,5° $C_2H_4Cl_2$ 1,2-Dichlor-äthan
$C_2H_2Cl_2$ − 81° cis-Dichlor-äthylen	$E(I + II)$ ≈ 27%/− 91°	− 36° $C_2H_4Cl_2$ 1,2-Dichlor-äthan
$C_2H_2Cl_2$ − 53° trans-Dichlor- äthylen	lückenlos mb; Min. ≈ 20%/ − 56°	− 36° $C_2H_4Cl_2$ 1,2-Dichlor-äthan
$C_2H_2Cl_4$ − 42,5° 1,1,2,2-Tetrachlor- äthan	$E(I + I \cdot II)$ ≈ 12 Mol%/− 48°; $Ü(I \cdot II \rightarrow II)$ 48 Mol%/ − 33,7°	10° $C_2H_4Br_2$ 1,2-Dibrom-äthan
$C_2H_2Cl_4$ − 42,5° 1,1,2,2-Tetrachlor- äthan	$E(I + I \cdot II)$ ≈ 17 Mol%/− 57°; $F(I \cdot II) − 31,3°$; $E(I \cdot II + II)$ ≈ 80 Mol%/ − 46°	− 35,3° $C_2H_4Cl_2$ 1,2-Dichlor-äthan
$C_2H_3ClO_2$ 61,8° Chloressigsäure	$Ü(I \rightarrow 2I \cdot II)$ 34 Mol%/13,2°; $E(2I \cdot II + I \cdot II)$ 45 Mol%/ 4,7°; $F(I \cdot II)$ 8,0°; $E(I \cdot II + II)$ 55,1 Mol%/5,6°	82° C_2H_5NO Acetamid
$C_2H_3ClO_2$ 61,3° Chloressigsäure	L 40 Mol%/47°, 60 Mol%/39°, 80 Mol%/27,5°; $E(\alpha I + II)$ 94,6 Mol%/4°; Auftreten mst. Ph.	5,5° C_6H_6 Benzol
$C_2H_3ClO_2$ 61,9° Chloressigsäure	L 40 Mol%/40°, 60 Mol%/25°; $Ep(\alpha I + II)$ ≈ 69 Mol%/ ≈ 16,5°; Auftreten mst. Ph.	42,4° C_6H_6O Phenol
$C_2H_3ClO_2$ 61,4° Chloressigsäure	$E(\alpha I + II)$ ≈ 28,5 Mol%/ ≈ 47°; L 40 Mol%/65°, 80 Mol%/106°	121,0° $C_7H_6O_2$ Benzoesäure
$C_2H_3ClO_2$ 61,9° Chloressigsäure	$E(\alpha I + II)$ 73,2 Mol%/13,5°; Auftreten mst. Ph.	32,0° $C_7H_8O_2$ Guajakol
$C_2H_3ClO_2$ 61,3° Chloressigsäure	$E(\alpha I + I \cdot II)$ 30 Mol%/5,1°; $F(I \cdot II)$ 39,9°; $E(I \cdot II + II)$ ≈ 50 Mol%/≈ 39,8°	132,1° $C_7H_8O_2$ 2,6-Dimethylpyron
$C_2H_3ClO_2$ 61,4° Chloressigsäure	L 40 Mol%/22,5°; $E(\alpha I + II)$ ≈ 59,5 Mol%/≈ − 7,5°	21,2° C_8H_8O Acetophenon

4. Mechanisch-thermische Konstanten usw.

Verbindung I und F	Angaben über die Liquiduskurve in % (= Gew.%) oder Mol% der Verbindung II, Temperaturangabe in °C	F und Verbindung II
$C_2H_3ClO_2$ 61,4° Chloressigsäure	$E(\alpha I + II) \approx 46$ Mol%/$\approx 30°$	76,7° $C_8H_8O_2$ Phenylessigsäure
$C_2H_3ClO_2$ 61,4° Chloressigsäure	$E(\alpha I + II) \approx 26$ Mol%/$\approx 48°$; L 60 Mol%/101°, 80 Mol%/120°	136,8° $C_9H_8O_2$ Zimtsäure
$C_2H_3ClO_2$ 62° Chloressigsäure	L 20 Mol%/49°, 40 Mol%/22°; $E(\alpha I + II)$ 60 Mol%/$-18°$; L 80 Mol%/107°	178° $C_{10}H_{16}O$ Campher
$C_2H_3ClO_2$ 61,4° Chloressigsäure	$E(\alpha I + II) \approx 23,5$ Mol%/ $\approx 50°$; L 60 Mol%/76°	94,0° $C_{14}H_{10}O_2$ Benzil
$C_2H_3Cl_3$ $-36,6°$ 1,1,2-Trichlor-äthan	$E(I + II) \approx 54$ Mol%/$-79°$	$-35,3°$ $C_2H_4Cl_2$ 1,2-Dichlor-äthan
C_2H_3N $-45°$ Acetonitril	$E(I + II) \approx 5$ Mol%/$-51,4°$; L 20 Mol%/$-39°$, 60 Mol%/ $-16°$	5,5° C_6H_6 Benzol
C_2H_4 $-169,5°$ Äthen	$E(I + I \cdot II)$ 21,5 Mol%/ $-178,5°$; $F(I \cdot II)$ $-163,2°$; $E(I \cdot II + II) \approx 50$ Mol%/ $\approx 163°$	$-138°$ C_2H_6O Dimethyläther
$C_2H_4Br_2$ 9,6° 1,2-Dibrom-äthan	L 20 Mol%/$-3°$, 38,4 Mol%/ $-15,7°$; $E(I + II)$ 55 Mol%/ $-26,7°$; L 60,5 Mol%/ $-22,3°$, 80,8 Mol%/$-7,5°$	5,5° C_6H_6 Benzol
$C_2H_4Br_2$ 10° 1,2-Dibrom-äthan	$E(I + II) \approx 37$ Mol%/$-2°$	40,2° C_6H_6O Phenol
$C_2H_4Br_2$ 9,7° 1,2-Dibrom-äthan	L 9,2 Mol%/5,1°, 23,5 Mol%/ $-0,4°$, 55 Mol%/$-9,6°$; $E(I + II) \approx 84$ Mol%/$\approx -25°$	6,3° C_6H_{12} Cyclohexan
$C_2H_4Br_2$ 10° 1,2-Dibrom-äthan	L 10,7 Mol%/0°, 37,7 Mol%/ $-12,4°$; $E(I + II)$ 46,2 Mol% $-18,9°$; L 57 Mol%/$-10,5°$, 82,3 Mol%/5,1°	10° C_8H_{10} p-Xylol
$C_2H_4Cl_2$ $-96,5°$ 1,1-Dichlor-äthan	$E(I + II) \approx 60$ Mol%/$\approx -139°$	$-118,6°$ C_2H_5Br Äthylbromid
$C_2H_4Cl_2$ $-35,9°$ 1,2-Dichlor-äthan	L 23,5 Mol%/$-48,8°$, 52,8 Mol%/$-73°$; $E(I + I \cdot 3II) \approx 72,5$ Mol%/ $\approx -104°$; $F(I \cdot 3II)$ $-103,8°$; $E(I \cdot 3II + \alpha II)$ ≈ 95 Mol%/$\approx -120°$; Auftreten mst. Ph.	$-116,3°$ $C_4H_{10}O$ Diäthyläther
$C_2H_4Cl_2$ $-35,8°$ 1,2-Dichlor-äthan	$E(I + II)$ 32 Mol%/$-55,4°$	5,4° C_6H_6 Benzol
$C_2H_4Cl_2$ $-35,9°$ 1,2-Dichlor-äthan	$E(I + II)$ 81 Mol%/$-104°$	$-95,5°$ C_7H_8 Toluol
$C_2H_4Cl_2$ $-35,9°$ 1,2-Dichlor-äthan	L 60 Mol%/$-46°$, 80 Mol%/ $-52°$; $E(I + II)$ ≈ 99 Mol%/$-128°$	$-126°$ C_7H_{14} Methylcyclohexan
$C_2H_4Cl_2$ $-35,9°$ 1,2-Dichlor-äthan	$E(I + II) \approx 39,5$ Mol%/$-62°$	$-29,1°$ C_8H_{10} o-Xylol
$C_2H_4Cl_2$ $-35,9°$ 1,2-Dichlor-äthan	$E(I + II) \approx 53$ Mol%/$-76°$	$-56°$ C_8H_{10} m-Xylol

427. Lösungsgleichgewichte (Zustandsdiagramme)

Verbindung I und F		Angaben über die Liquiduskurve in % (=Gew.%) oder Mol% der Verbindung II, Temperaturangabe in °C	F und Verbindung II	
$C_2H_4Cl_2$ 1,2-Dichlor-äthan	$-35{,}9°$	$E(I+II) \approx 15$ Mol%$/-46°$; L 40 Mol%$/-23{,}5°$	13,2° p-Xylol	C_8H_{10}
$C_2H_4O_2$ Essigsäure	16,6°	$E(I+I \cdot II)$ 30 Mol%$/-11°$; $Ü(I \cdot II \to \alpha II)$ 47,4 Mol%/ $-0{,}2°$	82° Acetamid	C_2H_5NO
$C_2H_4O_2$ Essigsäure	16,3°	$Ü(I \to 4I \cdot II)$ 25,2 Mol%/ $-44{,}5°$; $E(4I \cdot II + I \cdot II)$ 34 Mol%$/-59°$; $F(I \cdot II)$ $-48°$; $E(I \cdot II + II)$ 70 Mol%$/-70°$; Auftreten mst. Ph.	43,5° Pyridin	C_5H_5N
$C_2H_4O_2$ Essigsäure	16,7°	L 9,2 Mol%/12,6°, 22 Mol%/ 7,2°, 65,3 Mol%$/-9{,}9°$; $E(I+II)$ 97 Mol%$/-48{,}5°$	$-45{,}2°$ Chlorbenzol	C_6H_5Cl
$C_2H_4O_2$ Essigsäure	16,5°	$E(I+2I \cdot II)$ 16 Mol%/ $-2{,}4°$; $F(2I \cdot II)$ 17°; $E(2I \cdot II + II)$ 80 Mol%/ $-15{,}5°$ Auftreten mst. Ph.	$-6{,}4°$ Anilin	C_6H_7N
$C_2H_4O_2$ Essigsäure	15,3°	L 7,8%/12,7°, 36,7%/5,3°; $E(I+II)$ 52,4%/0,5°; L 60,5%/2,3°, 79,1%/7°	13,4° p-Xylol	C_8H_{10}
C_2H_5Br Äthylbromid	$-118{,}8°$	$E(I+II)$ 32 Mol%$/-137°$	$-112{,}4°$ Butylbromid	C_4H_9Br
C_2H_5Br Äthylbromid	$-118{,}6°$	$E(I+II) \approx 59$ Mol%$/-149°$	$-117{,}4°$ Isobutylbromid	C_4H_9Br
C_2H_5Br Äthylbromid	$-118{,}2°$	L 40 Mol%$/-129°$, 80 Mol%/ $-131°$, 90 Mol%$/-137°$; $E(I+II) \approx 96$ Mol%/ $\approx -160{,}5°$	$-160°$ 2-Methyl-butan	C_5H_{12}
C_2H_5Br Äthylbromid	$-119°$	$E(I+II)$ 4,5 Mol%$/-120{,}5°$	5,5° Benzol	C_6H_6
C_2H_5Br Äthylbromid	$-118°$	$E(I+II)$ 13,5 Mol%$/-123°$; L 34,6 Mol%$/-110°$, 61,5 Mol%$/-96{,}3°$	$-84{,}8°$ 1-Brom-hexan	$C_6H_{13}Br$
C_2H_5NO Acetamid	82°	$E(\alpha I + I \cdot II)$ 41,5 Mol%/ 32,5°; $Ü$ (I · II $\rightleftharpoons$ I · 2II) 49 Mol%/34°; $F(I \cdot 2II)$ 42,3°; $E(I \cdot 2II + II)$ ≈ 88 Mol%/27,5°; Auftreten mst. Ph.	40,9° Phenol	C_6H_6O
C_2H_5NO Acetamid	82°	$E(\alpha I + II)$ 12,5 Mol%/70,2° (M.L. 10...93 Mol%)	178° Campher	$C_{10}H_{16}O$
C_2H_6O Äthanol	$-114{,}1°$	$E(I+II) \approx 21$ Mol%$/-119{,}1°$; L 40 Mol%/108°, 80 Mol%$/-100°$	$-95{,}6°$ Aceton	C_3H_6O
C_2H_6O Äthanol	$-114{,}5°$	Monotekt. II + 2 fl. Ph. ($\approx 7{,}6$ u. 70 Mol%)/13°; 2 fl. Ph. (9,5 u. 61,5 Mol%)/ 20°, (22 u. 44 Mol%)/30°; o. kr. Lp. ≈ 30 Mol%/30,5°	$\approx 54°$ Bernsteinsäuredinitril	$C_4H_4N_2$
C_2H_6O Äthanol	$-114{,}5°$	2 fl. Ph.; o. kr. Lp 54 Mol%$/-31{,}8°$	$-46{,}9°$ 2,2'-Dichlordiäthyläther	$C_4H_8Cl_2O$

Verbindung I und F	Angaben über die Liquiduskurve in % (=Gew.%) oder Mol% der Verbindung II, Temperaturangabe in °C	F und Verbindung II
C_2H_6O $-114,1°$ Äthanol	$E(I+II) \approx 15$ Mol%/$-118,5°$; L 20 Mol%/$-105°$, 40 Mol%/$-92°$	$-83,7°$ $C_4H_8O_2$ Äthylacetat
C_2H_6O $-114,5°$ Äthanol	$E(I+\alpha II)$ 31,7 Mol%/ $-125°$; Auftreten mst. Ph.	$-116,3$ $C_4H_{10}O$ Diäthyläther
C_2H_6O $-113,9°$ Äthanol	$E(I+II)$ 1,3 Mol%/$-115°$; L 3 Mol%/$-85°$, 10 Mol%/ $-43°$, 20 Mol%/$-19,5°$, 50 Mol%/$-2,2°$, 80 Mol%/1,8°	5,5° C_6H_6 Benzol
C_2H_6O $-113,9°$ Äthanol	2 fl. Ph. (37 u. 88 Vol.%)/30°, o. kr. Lp. 60 Vol.%/38,7°	— $C_{16}H_{34}$ Diisooctyl
$C_2H_8N_2$ 8,5° Äthylendiamin	$E(I+I\cdot 2II)$ 60,1 Mol%/ $-36°$; $F(I\cdot 2II)$ $-34°$, $E(I\cdot 2II+II)$ 95,2 Mol%/ $-94°$	$-83°$ $C_4H_{10}O$ Butanol-(1)
$C_2H_8N_2$ 8,5° Äthylendiamin	$E(I+I\cdot 2II)$ 58 Mol%/ $-35,5°$; $F(I\cdot 2II)$ $-33°$; $E(I\cdot 2II+II)$ 95,5 Mol%/ $-115°$	$-104°$ $C_4H_{10}O$ Butanol-(2)
$C_2H_8N_2$ 8,5° Äthylendiamin	$E(I+I\cdot 2II)$ 52 Mol%/ $-23,5°$; $F(I\cdot 2II)$ $-21°$; $E(I\cdot 2II+II)$ 73 Mol%/$-24°$	25,5° $C_4H_{10}O$ 2-Methyl-propanol-(2)
$C_2H_8N_2$ 9° Äthylendiamin	2 fl. Ph. (14 u. 94 Mol%)/60°, (29 u. 93) Mol%/80°; o. kr. Lp. ≈ 68 Mol%/$\approx 94°$	6,6° C_6H_{12} Cyclohexan
C_3H_5N $-91,4°$ Propionitril	$E(I+II) \approx 7$ Mol%/$-96°$; L 20 Mol%/$-63°$, 60 Mol%/$-20°$	5,5° C_6H_6 Benzol
C_3H_6O $-96,5°$ Aceton	2 fl. Ph. (10,5 u. 85%)/40°, (22 u. 74%)/80°; o. kr. Lp. 47%/95,7°	18,2° $C_3H_8O_3$ Glycerin
C_3H_6O $-95,6°$ Aceton	$E(I+II) \approx 37$ Mol%/$-118°$	$-87,2°$ C_4H_8O Butanon
C_3H_6O $-94,6°$ Aceton	$E(I+II) \approx 22$ Mol%/$\approx -109°$	$-79°$ $C_5H_{10}O$ Pentanon-(2)
C_3H_6O $-94°$ Aceton	$E(I+I\cdot II)$ 7,2 Mol%/ $-97,1°$; $F(I\cdot II)$ $-39,8°$; $E(I\cdot II+II)$ 62,4 Mol%/ $-47,6°$	8° C_6H_5ClO o-Chlorphenol
C_3H_6O $-94,8°$ Aceton	$E(I+II) \approx 8$ Mol%/$-98°$; L 19 Mol%/$-60°$, 54,5 Mol%/$-20°$	5,1° C_6H_6 Benzol
C_3H_6O $-96,5°$ Aceton	$F(2I\cdot II)$ $-28°$; $E(2I\cdot II+II)$ ≈ 43 Mol%/$\approx -47°$; L 58 Mol%/50°, 71 Mol%/80°	109,4° $C_6H_6O_2$ Resorcin
C_3H_6O $-95,6°$ Aceton	$E(I+2I\cdot II) \approx 7$ Mol%/ $-102°$; $F(2I\cdot II)$ $-70°$; $E(2I\cdot II+II) \approx 46$ Mol%/ $-76°$; L 88,1 Mol%/$-18,5°$	$-6,1°$ C_6H_7N Anilin
C_3H_6O $-94,6°$ Aceton	$E(I+\beta II) \approx 16,5$ Mol%/$-105°$; L 24,5 Mol%/$-97,5°$, 38,5 Mol%/$-86°$, 73 Mol%/$-62°$; $U(II\beta \rightleftarrows \alpha) \approx 94$ Mol%/$-53°$	$-31,2°$ C_6HO_{10} Cyclohexanon

Verbindung I und F		Angaben über die Liquiduskurve in % (=Gew.%) oder Mol% der Verbindung II, Temperaturangabe in °C	F und Verbindung II	
C_3H_6O Aceton	$-96,4°$	Monotekt. I + 2 fl. Ph. ($\approx$ 2 u. $\approx$ 98 Mol%)/$\approx -96°$; 2 fl. Ph. (3 u. 97 Mol%)/ $-80°$, (6 u. 94 Mol%)/$-60°$, (12,5 u. 87,5 Mol%)/$-40°$; o. kr. Lp. 49,6 Mol%/ $-27,6°$	$-90,6°$ Heptan	C_7H_{16}
C_3H_8O Propanol-(2)	$-86°$	$E(I + II)$ 1 Mol%/$-88°$; L 3,3 Mol%/$-63°$, 9 Mol%/ $-37°$, 31 Mol%/$-10°$, 49 Mol%/$-3°$, 68 Mol%/0,7°	$5,4°$ Benzol	C_6H_6
$C_3H_8O_2$ Dimethylacetal	$-104,8°$	$E(I + \alpha II) \approx 37$ Mol%/ $\approx -125°$; Auftreten mst. Ph.	$-116,2°$ Diäthyläther	$C_4H_{10}O$
$C_3H_8O_3$ Glycerin	—	2 fl. Ph. (5,5 u. 91%) 80°, (12 u. 86%)/120°, (33,5 u. 67%)/160°; o. kr. Lp. $\approx 50\%/164°$	$-87,2°$ Butanon	C_4H_8O
$C_3H_8O_3$ Glycerin	$18°$	2 fl. Ph. (5 u. 82%)/20°, (7 u. 75%)/40°, (11 u. 63,5%)/60°; o. kr. Lp. 68,1%/74,2°	— Isoamylalkohol	$C_5H_{12}O$
$C_3H_8O_3$ Glycerin	$18,2°$	2 fl. Ph. (10 u. 94,5%)/120°, (16 u. 92%)/140°, (23,5 u. 86%)/160°; o. kr. Lp. 52,2%/176,6°	$-7°$ o-Hydroxy-benzaldehyd	$C_7H_6O_2$
$C_3H_8O_3$ Glycerin	$18,2°$	2 fl. Ph. (24,6 u. 88%)/240°, (32,5 u. 80%)/260°; o. kr. Lp. 53,5%/275,5°	$-37,2°$ Anisol	C_7H_8O
$C_3H_8O_3$ Glycerin	$18,2°$	u. kr. Lp. 60%/39,5°; 2 fl. Ph. (30 u. 75%)/50°, (28,5 u. 75,8%)/60°, (39 u. 67%)/ 80°; o. kr. Lp. $\approx 58\%/\approx 83,7°$	$28,2°$ Guajakol	$C_7H_8O_2$
$C_3H_8O_3$ Glycerin	$18,2°$	2 fl. Ph. (14 u. 91%)/110°, (19 u. 86%)/130°, (33 u. 73%)/150°; o. kr. Lp. 52,5%/154,4°	$-27,7°$ o-Toluidin	C_7H_9N
$C_3H_8O_3$ Glycerin	$18,2°$	u. kr. Lp. 48,8%/6,7°; 2 fl. Ph. (16 u. 79%)/20°, (12 u. 84%)/ 40°, (21 u. 80%)/100°; o. kr. Lp $\approx 58\%/\approx 120,6°$	$-31,0°$ m-Toluidin	C_7H_9N
$C_3H_8O_3$ Glycerin	$18,2°$	2 fl. Ph. (7 u. 87,5 Mol%)/ 220°, (9 u. 83,5 Mol%)/240°, (12,8 u. 77 Mol%)/260°; o. kr. Lp. 43,1 Mol%/287°	$2,45°$ N,N-Dimethyl-anilin	$C_8H_{11}N$
C_4H_4S Thiophen	$-38,5°$	$E(I + II)$ 32,8 Mol%/$-60°$	$11,6°$ 1,4-Dioxan	$C_4H_8O_2$
C_4H_4S Thiophen	$-38,5°$	$E(I + II)$ 44 Mol%/$-80°$ (M.L. 40,5...71 Mol%)	$-41,8°$ Pyridin	C_5H_5N
C_4H_4S Thiophen	$-38,3°$	$E(I + II)$ 49 Mol%/$-66°$	$6,6°$ Cyclohexan	C_6H_{12}
C_4H_4S Thiophen	$-38,5°$	$E(I + II)$ 62,9 Mol%/$-111°$ (M.L. 26...78 Mol%)	$-95°$ Toluol	C_7H_8

Verbindung I und F	Angaben über die Liquiduskurve in % (= Gew.%) oder Mol% der Verbindung II, Temperaturangabe in °C	F und Verbindung II
C_4H_4S $-38,5°$ Thiophen	$E(I+II)$ 37,9 Mol%/$-80°$ (M.L 16...74 Mol%)	$-47,8°$ C_8H_{10} m-Xylol
$C_4H_6N_2$ $56,3°$ 4-Methylimidazol	$E(I+II)$ 62,5%/3,2°	$5,5°$ C_6H_6 Benzol
$C_4H_6O_3$ $-73,1°$ Essigsäureanhydrid	2 fl. Ph. (13 u. 93%)/20°, (20,5 u. 86%)/40°; o. kr. Lp. 52,67%/52,3°	$6,6°$ C_6H_{12} Cyclohexan
$C_4H_6O_6$ $168,5°$ D-Weinsäure	$E(I+I\cdot II)$ 5,7 Mol%/161°; $F(I\cdot II$ Racemat) 205°; $E(I\cdot II+I)$ 94,3 Mol%/161°	$168,5°$ $C_4H_6O_6$ L-Weinsäure
$C_4H_8Cl_2O$ $-46,7°$ 2,2'-Dichlordiäthyläther	$E(I+II)$ 29 Mol%/$-60°$	$5,4°$ C_6H_6 Benzol
$C_4H_8Cl_2O$ $-46,7°$ 2,2'-Dichlordiäthyläther	$E(I+II)$ 5,4 Mol%/$-48,7°$; Monotekt. II + 2 fl. Ph. (52 u. 72 Mol%)/$-12,5°$; o. kr. Lp. 63 Mol%/$-10,3°$	$6,2°$ C_6H_{12} Cyclohexan
$C_4H_8O_2$ $11,7°$ 1,4 Dioxan	L 9,7 Mol%/6,3°, 37,5 Mol%/$-0,8°$; $E(I+II) \approx$ 56 Mol%/$-9,1°$; L 67 Mol%/$-4,5°$, 88,7 Mol%/12,1°	$25,4°$ $C_4H_{10}O$ 2-Methylpropanol-(2)
$C_4H_8O_2$ $11,6°$ 1,4-Dioxan	L 40 Mol%/$-12°$; $E(I+II)$ 81,5 Mol%/$-51°$	$-41,8°$ C_5H_5N Pyridin
$C_4H_8O_2$ $11,6°$ 1,4-Dioxan	$E(I+II)$ 66,5 Mol%/$-26°$	$5,5°$ C_6H_6 Benzol
$C_4H_8O_2$ $11,8°$ 1,4-Dioxan	lückenlos mb.; Min. 78,1 Mol%/$-12°$	$6,5°$ C_6H_{12} Cyclohexan
$C_4H_{10}O$ $-116,4°$ Diäthyläther	L 40 Mol%/$-129°$, 80 Mol%/$-147°$; $E(\alpha I + I)$ $\approx$ 87,5 Mol%/$-160,6°$	$-160°$ C_5H_{12} Isopentan
$C_4H_{10}O$ $-116,4°$ Diäthyläther	L 1,38%/$-30°$, 5,1%/$-20°$, 14,0%$-10°$, 39,0%/0°, 75,2/10°, 92,4%/15°	$18,18°$ $C_{16}H_{24}$ Hexadecan
$C_4H_{10}O$ $24°$ 2-Methylpropanol-(2)	$E(I+2I\cdot II) \approx$ 12 Mol%/1°; $F(2I\cdot II) \approx 34,5°$; $E(2I\cdot II+II) \approx$ 42,5 Mol%/28°	$95°$ $C_6H_5NO_3$ 3-Nitrophenol
$C_4H_{10}O$ $21°$ 2-Methylpropanol-(2)	$E(I+2I\cdot II) \approx$ 7 Mol%/$\approx 13°$; $F(2I\cdot II\ 36°$; $E(2I\cdot II+II) \approx 42$ Mol%/31°	$45°$ $C_6H_5NO_3$ 2-Nitrophenol
$C_4H_{10}O$ $24°$ 2-Methylpropanol-(2)	$E(I+2I\cdot II)$ 10,5 Mol%/8°; $F(2I\cdot II)$ 37°; $E(2I\cdot II+II)$ 43 Mol%/30,5°	$114°$ $C_6H_5NO_3$ 4-Nitrophenol
$C_4H_{10}O$ $25°$ 2-Methylpropanol-(2)	$E(I+2I\cdot II)$ 14 Mol%/9,7°; $F(2I\cdot II) \approx 23,5°$; $E(2I\cdot II + I\cdot 2II)$ 53,7 Mol%/10°; $F(I\cdot 2II) \approx 16°$; $E(I\cdot 2II+II)$ 77 Mol%/12,2°	$40,1°$ C_6H_6O Phenol
$C_4H_{10}O$ $23°$ 2-Methylpropanol-(2)	$E(I+2I\cdot II)$ 10,2 Mol%/9,5°; $F(2I\cdot II)$ 29°; $E(2I\cdot II + I\cdot 2II)$ 40,2 Mol%/26°; $F(I\cdot 2II)$ 69,7°; $E(I\cdot 2II+II)$ 69,3 Mol%/69,0°	$103°$ $C_6H_6O_2$ Brenzcatechin

427. Lösungsgleichgewichte (Zustandsdiagramme)

Verbindung I und F		Angaben über die Liquiduskurve in % (= Gew.%) oder Mol% der Verbindung II, Temperaturangabe in °C	F und Verbindung II	
$C_4H_{10}O$ 2-Methyl- propanol-(2)	23°	$E(I + 2I \cdot II)$ 7,6 Mol%/9°; $F(2I \cdot II)$ 47,3°; $E(2I \cdot II + I \cdot II)$ 42,6 Mol%/43,5°; $F(I \cdot II)$ 45,8°; $E(I \cdot II + II)$ 51,2 Mol%/45,5°	109° Resorcin	$C_6H_6O_2$
$C_4H_{10}O$ 2-Methyl- propanol-(2)	23°	$E(I + 2I \cdot II)$ 3,3 Mol%/16°; $F(2I \cdot II)$ 56,2°; $E(2I \cdot II + II)$ $\approx$ 38 Mol%/$\approx$ 55°	126° Pyrogallol	$C_6H_6O_3$
$C_4H_{10}O$ 2-Methyl- propanol-(2)	23°	$E(I + II)$ 4,5 Mol%/21,3°; L 20 Mol%/41°, 60 Mol%/47°	60,5° m-Phenylen- diamin	$C_6H_8N_2$
$C_4H_{10}O$ 2-Methyl- propanol-(2)	23,0°	$E(I + II)$ 23,2 Mol%/5,1°	43,5° p-Toluidin	C_7H_9N
$C_4H_{10}O$ 2-Methyl- propanol-(2)	23,0°	$E(I + 2I \cdot II)$ 23,5 Mol%/ $-11,5°$; $F(2I \cdot II)$ 1°; $E(2I \cdot II + II)$ 39,5 Mol%/ 3°; L 50 Mol%/37°, 70 Mol%/72°	92,5° 1-Naphthol	$C_{10}H_8O$
$C_4H_{10}O$ 2-Methyl- propanol-(2)	23°	$E(I + 2I \cdot II)$ 12,6 Mol%/4°; $F(2I \cdot II)$ 24°; $E(2I \cdot II + II)$ 35,7 Mol%/23°; L 60 Mol%/86°	122° 2-Naphthol	$C_{10}H_8O$
$C_4H_{10}O$ 2-Methyl- propanol-(2)	23°	$E(I + 6I \cdot II)$ 8,3 Mol%/15°; $F(6I \cdot II)$ 16°; $E(6I \cdot II + 2I \cdot II)$ 23 Mol%/14°; $F(2I \cdot II)$ 24,1°; $E(2I \cdot II + I \cdot 2II)$ 38,7 Mol%/21°; $F(I \cdot 2II)$ 29,5°; $E(I \cdot 2II + II)$ 68,8 Mol%/28,5°	48,1° 1-Naphthylamin	$C_{10}H_9N$
$C_4H_{10}O$ 2-Methyl- propanol-(2)	23°	$E(I + \beta 2I \cdot II)$ 2,3 Mol%/18°; $U(\beta$-$2I \cdot II \rightleftharpoons \alpha$-$2I \cdot II)/$ 17,5 Mol%/70°; $F(\alpha$-$2I \cdot II)$ 92°; $E(\alpha$-$2I \cdot II + I \cdot 2II)$ 37,7 Mol%/90°; $U(I \cdot 2II$ $\rightleftharpoons II)$ 64,7 Mol%/95,5°; Auftreten mst. Ph.	109° 2-Naphthylamin	$C_{10}H_9N$
$C_4H_{10}O_3$ 2,2'-Dihydroxy- diäthyläther	$-10,5°$	2 fl. Ph. o. kr. Lp. 50%/ 153°	$-25,2°$ o-Xylol	C_8H_{10}
C_5F_{12} Perfluorpentan	—	2 fl. Ph. (10,2 u. 72,5 Mol%)/ $-20°$, (20 u. 57 Mol%)/ $-10°$; o. kr. Lp. 37 Mol%/ $-7,5°$	$-129,7°$ Pentan	C_5H_{12}
$C_5H_4O_2$ Furfurol	$-36,5°$	2 fl. Ph. (19 u. 91 Mol%)/ 40°,(33 u. 79 Mol%)/60°; o. kr. Lp. $\approx$ 55 Mol%/$\approx$ 66,5°	6,6° Cyclohexan	C_6H_{12}
C_5H_5N Pyridin	$-40,5°$	$E(I + II)$ 54 Mol%/$-63,5°$	$-45,2°$ Chlorbenzol	C_6H_5Cl
C_5H_5N Pyridin	$-40,7°$	$E(I + I \cdot II)$ 22,2 Mol%/ $-61,4°$; $F(I \cdot II)$ $-21,6°$; $E(I \cdot II + II)$ 66,1 Mol%/ $-36,9°$	8° o-Chlorphenol	C_6H_5ClO

Verbindung I und F		Angaben über die Liquiduskurve in % (=Gew.%) oder Mol% der Verbindung II, Temperaturangabe in °C	F und Verbindung II	
C_5H_5N Pyridin	$-40,5°$	$E(I + I \cdot II)$ 13,5 Mol%/ $-47,3°$; $F(I \cdot II)$ $-3,7°$; $E(I \cdot II + II)$ 66,6 Mol%/ $-19,5°$	42,9°	C_6H_5ClO p-Chlorphenol
C_5H_5N Pyridin	$-41°$	$E(I + II)$ 25,5 Mol%/$-57°$, (M.L. 16...61 Mol%)	5,5°	C_6H_6 Benzol
C_5H_5N Pyridin	$-41,7°$	$E(I + I \cdot II)$ 19,2 Mol%/ $-57°$; $F(I \cdot II) \approx -9°$; $E(I \cdot II + I \cdot 2II)$, 53,7 Mol%/ $-10,8°$; $F(I \cdot 2II) \approx 6°$; $E(I \cdot 2II + II)$, 76,8 Mol%/ $-2,4°$	41°	C_6H_6O Phenol
C_5H_5N Pyridin	$-41,8°$	$E(I + II)$ 13,5 Mol%/$-50°$; L 40 Mol%/$-30°$, 60 Mol%/ $-24°$, 80 Mol%/$-16°$	6,6°	C_6H_{12} Cyclohexan
C_5H_5N Pyridin	$-40,2°$	$E(I + I \cdot II)$ 8 Mol%/$-47,8°$; $F(I \cdot II)$ 5,6°; $E(I \cdot II + II)$ 69 Mol%/$-5°$	28°	$C_7H_8O_2$ Guajakol
C_5H_5N Pyridin	$-37,5°$	$E(I + II)$ 5 Mol%/$-41°$; L 20 Mol%/4°, 60 Mol%/53°	79,4°	$C_{10}H_8$ Naphthalin
$C_5H_{11}N$ Piperidin	$-10°$	$E(I + I \cdot II)$ 20,3 Mol%/ $-16,5°$; $F(I \cdot II)$ 18,5°; $E(I \cdot II + I \cdot 3II)$ 59,6 Mol%/ 10,9°; $F(I \cdot 3II)$ 49,3°; $E(I \cdot 3II + II)$ 89,1 Mol%/ 10,5°	40,5°	C_6H_6O Phenol
$C_5H_{11}N$ Piperidin	$-13°$	L 8 Mol%/$-16,6°$, 22,7 Mol%/ $-23,2$; $E(I + II)$ 37,7 Mol%/ $-32°$; L 59,2 Mol%/$-11,6°$, 75,6 Mol%/$-2,6°$	6,2°	C_6H_{12} Cyclohexan
C_5H_{12} 2-Methyl-butan	$-160°$	$E(I + II) \approx 2$ Mol%/ $\approx -162°$; L 20 Mol%/ $-127°$, 40 Mol%/$-113°$	$-94,6°$	C_6H_{14} Hexan
$C_6H_2ClN_3O_6$ 2,4,6-Trinitro- chlorbenzol	81°	$E(I + I \cdot 2II) \approx 61$ Mol%/ $\approx 38°$; $F(I \cdot 2II)$ 39°; $E(I \cdot 2II + II)$ 94,5 Mol%/ 2,5°	5,4°	C_6H_6 Benzol
$C_6H_3BrN_2O_4$ 2,4-Dinitrobrom- benzol		s. Abb. 1		$C_6H_3ClN_2O_4$ 2,4-Dinitrochlor- benzol
$C_6H_3ClN_2O_4$ 2,4-Dinitrochlor- benzol		s. Abb. 2		$C_7H_6N_2O_4$ 2,4-Dinitroanisol
$C_6H_3N_3O_6$ 1,3,5-Trinitro- benzol	121,0°	$E(I + I \cdot 2II)$ 57 Mol%/ 70,8°; $F(I \cdot 2II)$ 71,2°; $E(I \cdot 2II + II) \approx 98$ Mol%/ $\approx 2°$	5,4°	C_6H_6 Benzol
$C_6H_4Cl_2$ 1,3-Dichlorbenzol	$-26,2°$	$E(I + II) \approx 35$ Mol%/$\approx -66°$	$-45°$	C_6H_5Cl Chlorbenzol
$C_6H_4Cl_2$ 1,3-Dichlorbenzol	$-26,2°$	L 17,7 Mol%/$-36,4°$, 34 Mol%/$-49°$; $E(I + II)$ ≈ 58 Mol%/$-68,5°$; L 71 Mol%/$-57°$	$-36,5°$	C_7H_7Cl o-Chlortoluol

427. Lösungsgleichgewichte (Zustandsdiagramme)

Verbindung I und F	Angaben über die Liquiduskurve in % (= Gew.%) oder Mol% der Verbindung II, Temperaturangabe in °C	F und Verbindung II
$C_6H_4ClNO_2$ 43,7° 1,3-Chlornitrobenzol	L 40 Mol%/27°; $E(I + II)$ 81,9 Mol%/− 5,7°	5,5° Benzol C_6H_6
$C_6H_4ClNO_2$ 83,2° 1,4-Chlornitrobenzol	L 20 Mol%/69°, 40 Mol%/54°, 60 Mol%/35°; $E \approx$ 84 Mol%/ $\approx$ − 5°	5,5° Benzol C_6H_6
$C_6H_4N_2O_4$ 116,0° 1,2-Dinitrobenzol	L 43,5 Mol%/95,5°, 55,2 Mol%/ 87°, 70 Mol%/75°, 84 Mol%/ 58°, 93 Mol%/39°	5,0° Benzol C_6H_6
$C_6H_4N_2O_4$ 90° 1,3-Dinitrobenzol	L 20 Mol%/78,5°, 60 Mol%/ 45°; $E(I \cdot II)$ 89 Mol%/0,5°	5,5° Benzol C_6H_6
$C_6H_4N_2O_4$ 172° 1,4-Dinitrobenzol	L 92 Mol%/80,9°, 94,5 Mol%/ 70,5°, 97,6 Mol%/40,6°, 99,4 Mol%/4,8°	5,2° Benzol C_6H_6
$C_6H_4N_2O_4$ (172°) 1,4-Dinitro-benzol	L 13,8 Mol%/167°, 32,5 Mol%/ 154°, 49,3 Mol%/133°; $Ü(I \rightleftharpoons I \cdot II)$? Mol%/108°; $E(I \cdot II + II)$ 86 Mol%/82°	96,0° 1-Naphthol $C_{10}H_8O$
C_6H_5Br − 30,8° Brombenzol	L 16,7 Mol%/− 42°; $E(I + II)$ 55 Mol%/− 65°; L 65,5 Mol%/ − 60°, 81 Mol%/− 48°	− 36,5° o-Chlortoluol C_7H_7Cl
C_6H_5Cl − 44,0° Chlorbenzol	lückenlos mb.; Min. 43 Mol%/ − 51,5°	− 29° Jodbenzol C_6H_5J
C_6H_5Cl − 44° Chlorbenzol	$E(I + II)$ 20,2 Mol%/− 50,7°; L 60 Mol%/− 15°	5,9° Nitrobenzol $C_6H_5NO_2$
C_6H_5Cl − 45,5° Chlorbenzol	$E(I + II)$ 27 Mol%/− 60,8°	5,3° Benzol C_6H_6
C_6H_5Cl − 45,5° Chlorbenzol	lückenlos mb.	− 95,4° Toluol C_7H_8
C_6H_5ClO 7° o-Chlorphenol	$E(I + II)$ 38,4%/− 19,5°	5,3° Benzol C_6H_6
C_6H_5ClO 32,5° m-Chlorphenol	$E(I + II)$ 61,6%/− 6,5°	5,5° Benzol C_6H_6
C_6H_5ClO 41° p-Chlorphenol	$E(I + II)$ 62,5%/− 5,5°	5,5° Benzol C_6H_6
C_6H_5ClO 8,0° o-Chlorphenol	$E(I + I \cdot II)$ 16,2 Mol%/ − 1,8°; $F(I \cdot II)$ 30,5°; $E(I \cdot II + II)$ 90,3 Mol%/− 12°	− 6,5° Anilin C_6H_7N
$C_6H_5NO_2$ 5,6° Nitrobenzol	$E(I + II)$ 59 Mol%/− 29,8°	− 6,1° Anilin C_6H_7N
$C_6H_5NO_3$ 44,5° 2-Nitrophenol	L 20 Mol%/35°, 60 Mol%/15°; $E(I + II) \approx$ 83,5 Mol%/ $\approx$ − 5°	5,5° Benzol C_6H_6
$C_6H_5NO_3$ 94° 3-Nitrophenol	20 Mol%/88°, 60 Mol%/75°, 80 Mol%/68°, 98 Mol%/28°	5,5° Benzol C_6H_6
$C_6H_5NO_3$ 114° 4-Nitrophenol	20 Mol%/101,5°; 40 Mol%/ 94,5°, 60 Mol%/89,2°, 80 Mol%/83°; $E(I + II)$ $\approx$ 99,8 Mol%/$\approx$ 5°	5,5° Benzol C_6H_6
C_6H_6 5,5° Benzol	L 2 Mol%/72°, 10 Mol%/102°, 40 Mol%/119°, 80 Mol%/ 136,5°	147,5° p-Nitranilin $C_6H_6N_2O_2$
C_6H_6 5,5° Benzol	$E(I + II)$ 37,5 Mol%/− 5,5°	40,8° Phenol C_6H_6O

Verbindung I und F		Angaben über die Liquiduskurve in % (=Gew.%) oder Mol% der Verbindung II, Temperaturangabe in °C	F und Verbindung II	
C_6H_6 Benzol	5,5°	L 0,6 Mol%/20°, 5,2 Mol%/60°, 29 Mol%/80°, 60 Mol%/88,5°	104,5° Brenzcatechin	$C_6H_6O_2$
C_6H_6 Benzol	5,5°	Monotekt. (II) + 2 fl. Ph. (13 u. 61 Mol%)/96°; o. kr. Lp. 35 Mol%/109,5°, L 80 Mol%/100°	110° Resorcin	$C_6H_6O_2$
C_6H_6 Benzol	5,5°	Monotekt. (II) + 2 fl. Ph. (18 u. 63 Mol%)/157,1°	173° Hydrochinon	$C_6H_6O_2$
C_6H_6 Benzol	5,6°	L 10 Mol%/0,7°, 31 Mol%/7,6°, 50 Mol%/−16,8°; $E(I+II)$ 65 Mol%/−25°, 81 Mol%/−16,8°	−6,3° Anilin	C_6H_7N
C_6H_6 Benzol	5,5°	Monotekt. (II) + 2 fl. Ph. (12,3 u. 61,8 Mol%)/110,6°; o. kr. Lp. 32,3 Mol%/122,3°	122° m-Aminophenol	C_6H_7NO
C_6H_6 Benzol	5,5°	$E(I+II)$ 73,5 Mol%/−42,5°	6,6° Cyclohexan	C_6H_{12}
C_6H_6 Benzol	5,4°	L 60 Mol%/−29°, 80 Mol%/−49°; $E(I+II) \approx$ 94,5 Mol%/−99,5°	−94,6° Hexan	C_6H_{14}
C_6H_6 Benzol	5,3°	$E(I+II)$ 15,7 Mol%/−1,7°; L 30,2 Mol%/11,3°, 69,7 Mol%/30,2°	43,5° o-Nitrobenzaldehyd	$C_7H_5NO_3$
C_6H_6 Benzol	5,3°	$E(I+II)$ 8,8 Mol%/−0,8°; L 10 Mol%/2,8°, 24,7 Mol%/21,7°, 46 Mol%/33°, 65 Mol%/41,2°, 80,3 Mol%/47,7°	58° m-Nitro-benzaldehyd	$C_7H_5NO_3$
C_6H_6 Benzol	5,3°	$E(I+II)$ 1,8 Mol%/4,1°; L 2,7 Mol%/12,5°, 8,3 Mol%/40,5°, 33,8 Mol%/71,3°, 59 Mol%/85°, 87,0 Mol%/98,6°	106,5° p-Nitrobenzaldehyd	$C_7H_5NO_3$
C_6H_6 Benzol	5,5°	L 11,9%/17°, 35,9%/50°	106,5° 2,4,6-Trinitrokresol	$C_7H_5N_3O_7$
C_6H_6 Benzol	5,0°	$E(I+II)$ 11 Mol%/−0,5°; L 20 Mol%/15°, 60 Mol%/51°	69,0° 2,4-Dinitro-toluol	$C_7H_6N_2O_4$
C_6H_6 Benzol	5,1°	$E(I+II) \approx$ 23 Mol%/$\approx$ −4,5°; L 60 Mol%/35,5°	59° 3,4-Dinitro-toluol	$C_7H_6N_2O_4$
C_6H_6 Benzol	5,3°	$E(I+II)$ 8,7 Mol%/0,1°; L 20 Mol%/13,5°, 60 Mol%/43°	65° 2,6-Dinitro-toluol	$C_7H_6N_2O_4$
C_6H_6 Benzol	5,5°	$E(I+II)$ 3,3 Mol%/4,3°; L 12,5 Mol%/40°, 44 Mol%/80°	122,4° Benzoesäure	C_7H_6O
C_6H_6 Benzol	5,5°	L 10,2 Mol%/−1,6°; $E(I+II) \approx$ 34 Mol%/$\approx$ −19°; L 51,5 Mol%/−2,6°, 86 Mol%/19,5°	26,7° p-Bromtoluol	C_7H_7Br
C_6H_6 Benzol	5,5°	L 20 Mol%/−9,0°, 40 Mol%/−25,2°, 80 Mol%/−82,7°; $E(I+II)$ 86 Mol%/−100,5°	−95° Toluol	C_7H_8

427. Lösungsgleichgewichte (Zustandsdiagramme)

Verbindung I und F		Angaben über die Liquiduskurve in % (=Gew.%) oder Mol% der Verbindung II, Temperaturangabe in °C	F und Verbindung II	
C_6H_6 Benzol	5,4°	$E(I+II)$ 61 Mol%/$-22°$	10,8° m-Kresol	C_7H_8O
C_6H_6 Benzol	5,4°	L 10 Mol%/1,7°; $E(I+II)$ 35 Mol%/$-7,5°$; L 50 Mol%/$-0,4°$, 80 Mol%/16,5°	28,3° Guajakol	$C_7H_8O_2$
C_6H_6 Benzol	5,5°	$E(I+II)$ 28 Mol%/$-9,5°$	53° Indol	C_8H_7N
C_6H_6 Benzol	5,5°	L 20 Mol%/$-7,6°$, 60 Mol%/$-46,3°$, 80 Mol%/$-74°$; $E(I+II)$ 89,2 Mol%/$-98°$	$-94,4°$ Äthylbenzol	C_8H_{10}
C_6H_6 Benzol	5,5°	$E(I+II)$ 59,3 Mol%/$-43,5°$	$-25,5°$ o-Xylol	C_8H_{10}
C_6H_6 Benzol	5,5°	L 50 Mol%/$-32°$; $E(I+II)$ 72,4 Mol%/$-59,5°$	$-50°$ m-Xylol	C_8H_{10}
C_6H_6 Benzol	5,5°	$E(I+II)$ 37,3 Mol%/$-22,2°$; L 60 Mol%/$-7°$	13,3° p-Xylol	C_8H_{10}
C_6H_6 Benzol	5,5°	$E(I+II)$ 50,5%/$-10,5°$; L 88,5 Mol%/10°	16,3° Caprylsäure	$C_8H_{16}O_2$
C_6H_6 Benzol	5,5°	$E(I+II)$ 91,8%/$-58,4°$	$-56,8°$ Octan	C_8H_{18}
C_6H_6 Benzol	5,5°	L 27,3 Mol%/$-12,5°$, 30,5 Mol%/$-15,5°$, $E(I+II)$ 37,2 Mol%/$-20°$; L 43 Mol%/$-15°$, 58,3 Mol%/$-2,0°$, 72,4 Mol%/7,3°	24° Isochinolin	C_9H_7N
C_6H_6 Benzol	5,5°	L 22,1 Mol%/$-11,4°$, 39,3 Mol%/$-24,7°$; $E(I+II)$ 56 Mol%/$-39°$; L 79,9 Mol%/$-18,0°$	$-1,8°$ Inden	C_9H_8
C_6H_6 Benzol	5,5°	$E(I+II)$ 57,1%/$-26,9°$	$-7,5°$ Nonanon-(2)	$C_9H_{18}O$
C_6H_6 Benzol	5,5°	$E(I+II)$ 54,1%/$-13,1°$; L 96,4%/10°	12,2° Pelargonsäure	$C_9H_{18}O_2$
C_6H_6 Benzol	5,5°	$E(I+II)$ 13,4 Mol%/$-3,6°$; L 20 Mol%/11°, 60 Mol%/55°	80° Naphthalin	$C_{10}H_8$
C_6H_6 Benzol	5,03°	$E(I+II)$ 1,0 Mol%/4,3°; L 1,8 Mol%/12°, 3,6 Mol%/32,3°, 14,6 Mol%/67°, 25,1 Mol%/77,4°, 51,8 Mol%/95,3°	121° 2-Naphthol	$C_{10}H_8O$
C_6H_6 Benzol	5,5°	L 23,5 Mol%/$-13,0°$, 41,2 Mol%/$-27°$; $E(I+II)$ 63,4 Mol%/$-45°$; L 79 Mol%/$-17,5°$, 83,8 Mol%/$-4°$	49,3° Camphen	$C_{10}H_{16}$
C_6H_6 Benzol	5,5°	$E(I+II)$ 38%/$-7,5°$	6,9° Decanol-(1)	$C_{10}H_{22}O$
C_6H_6 Benzol	5,5°	$E(I+II)$ 31,7%/$-5,6°$	16,1° Decylamin	$C_{10}H_{23}N$
C_6H_6 Benzol	5,5°	$E(I+II) \approx 64,3\%/\approx -24°$	$-10°$ 1-Chlor-dodecan	$C_{12}H_{25}Cl$
C_6H_6 Benzol	5,5°	$E(I+II) \approx 64,3\%/\approx -19°$	$\approx 2°$ 1-Jod-dodecan	$C_{12}H_{25}J$

4. Mechanisch-thermische Konstanten usw.

Verbindung I und F		Angaben über die Liquiduskurve in % (=Gew.%) oder Mol% der Verbindung II, Temperaturangabe in °C	F und Verbindung II	
C_6H_6 Benzol	$5,4°$	$E(I+II) \approx 24,5$ Mol%/ $\approx -10,5°$; L 40 Mol%/8,5°, 60 Mol%/25°	$48°$	$C_{13}H_{10}O$ Benzophenon
C_6H_6 Benzol	$5,5°$	$E(I+II)$ 11,7 Mol%/$-1,6°$; L 21,6 Mol%/22,5°, 48,9 Mol%/59,0°, 71,4 Mol%/79,0°	$101°$	$C_{14}H_{10}$ Phenanthren
C_6H_6 Benzol	$5,5°$	$E(I+II)$ 6,4%/5,2°; L 12,4%/10°, 78%/30°	$38,3°$	$C_{14}H_{30}O$ Tetradecanol
C_6H_6O Phenol	$41°$	$E(I+I \cdot II)$ 22 Mol%/14,8°; $F(I \cdot II)$ 30,4°; $E(I \cdot II + II)$ 92,3 Mol%/$-11,7°$	$-6,4°$	C_6H_7N Anilin
C_6H_6O Phenol	$41°$	$E(I+I \cdot II)$ 20,5 Mol%/18,1°; $F(I \cdot II)$ 42°; $E(I \cdot II + II)$ 80 Mol%/3,5°	$20°$	$C_6H_8N_2$ Phenylhydrazin
C_6H_6O Phenol	$41°$	$E(I+2I \cdot II)$ 1,3 Mol%/40°; $F(2I \cdot II)$ 104,9°; $E(2I \cdot II + II)$ 54,5 Mol%/94°; L 80 Mol%/125°	$139,1°$	$C_6H_8N_2$ p-Phenylendiamin
C_6H_6O Phenol	$40,8°$	Monotekt. (I) + 2 fl. Ph. (20,4 u. 87,4%)/33,1°; 2 fl. Ph. 25 u. 85,5%/40°, 37 u. 68,5%/50°; o. kr. Lp. 52,2%/52,6°	$-95,3°$	C_6H_{14} Hexan
C_6H_6O Phenol	$41°$	$E(I+II)$ 57,5 Mol%/4°	$13,4°$	C_8H_{10} p-Xylol
$C_6H_6O_2$ Brenzcatechin	$105°$	$Ü$ (I $\rightleftharpoons$ I $\cdot$ II) 53 Mol%/39°; $E(I \cdot II + II) \approx 88$ Mol%/ $\approx -14,5°$	$-6,5°$	C_6H_7N Anilin
C_6H_7N Anilin	$-6,1°$	E (I + II) 5,6%/$-10°$; Monotekt. II + 2 fl. Ph. (9,7 u. 95,7%)/$-0,5°$; o. kr. Lp. 53,3%/30,9°	$6,4°$	C_6H_{12} Cyclohexan
C_6H_7N Anilin	$-6,7°$	$E(I+I \cdot II)$ 17 Mol%/$-20°$; $F(I \cdot II) \approx 10°$; $E(I \cdot II + II)$ 69 Mol%/0°	$30,4°$	C_7H_8O o-Kresol
C_6H_7N Anilin	$-6,7°$	$E(I+I \cdot II)$ 23 Mol%/$-30°$; $F(I \cdot II) \approx -13,5°$; $E(I \cdot II + II)$ 70 Mol%/$-30°$	$4,2°$	C_7H_8O m-Kresol
C_6H_7N Anilin	$-6,4°$	$E(I+I \cdot II)$ 11 Mol%/$-16°$; $F(I \cdot II)$ 21,2°; $E(I \cdot II + II)$ 72,7 Mol%/9°	$33,2°$	C_7H_8O p-Kresol
C_6H_7N Anilin	$-6°$	$E(I+I \cdot II)$ 8 Mol%/$-12°$; $F(I \cdot II)$ 17°; $E(I \cdot II + II)$ 78 Mol%/10,3°	$28°$	$C_7H_8O_2$ Guajakol
C_6H_7N Anilin	$-6°$	$E(I+2I \cdot II)$ 7,5 Mol%/$-14°$; $F(2I \cdot II)$ 28°; $E(2I \cdot II + I \cdot II)$ 38 Mol%/26,5°; $F(I \cdot II)$ 32°; $E(I \cdot II + II)$ 53 Mol%/31,5°; L 69 Mol%/60°	$90,5°$	$C_{10}H_8O$ Naphthol-(1)

427. Lösungsgleichgewichte (Zustandsdiagramme)

Verbindung I und F		Angaben über die Liquiduskurve in % (=Gew.%) oder Mol% der Verbindung II, Temperaturangabe in °C	F und Verbindung II	
C_6H_7N Anilin	$-6°$	$E(I + I \cdot II)$ 2,7 Mol%/$-7°$; $F(I \cdot II)$ 82,2°; $E(I \cdot II + II)$ 60,2 Mol%/80,5°; L 73 Mol%/100°	121,8° Naphthol-(2)	$C_{10}H_8O$
C_6H_7N Anilin	$-6°$	$E(I + II)$ 15 Mol%/$-19°$; L 40 Mol%/12°, 80 Mol%/42°	53,2° Diphenylamin	$C_{12}H_{11}N$
C_6H_{12} Cyclohexan	6,2°	$U(\alpha I \rightleftharpoons \beta I) \approx$ 37 Mol%/$-91°$; $E(\beta I + II) \approx$ 70 Mol%/$-109°$	$-94,6°$ Hexan	C_6H_{14}
C_6H_{12} Methylcyclopentan	$-140,5°$	$E(I + II)$ 4,1 Mol%/$-143,5°$	95,3° Hexan	C_6H_{14}
C_6H_{12} Cyclohexan	6,2°	$U(\alpha I \rightleftharpoons \beta I)$ 48,4 Mol%/$-91°$; $E(\beta I + II) \approx$ 75 Mol%/$-106,5°$	$-95°$ Toluol	C_7H_8
C_6H_{12} Cyclohexan	6,2°	$U(\alpha I \rightleftharpoons \beta I) \approx$ 44 Mol%/$-91°$; $E(\beta I + II) \approx$ 95 Mol%/$\approx -130°$	$-126,3°$ Methylcyclohexan	C_7H_{14}
C_6H_{12} Cyclohexan	6,4°	$E(I + II)$ 22%/$-14°$; L 87%/10°	16,5° Caprylsäure	$C_8H_6O_2$
C_6H_{12} Cyclohexan	6,6°	$E(I + II)$ 39,1%/$-71,6°$	$-56,8°$ Octan	C_8H_{18}
C_6H_{12} Cyclohexan	6,4°	$E(I + II)$ 30,8%/$-25,4°$	$-7,5°$ Nonanon-(2)	$C_9H_{18}O$
C_6H_{12} Cyclohexan	6,4°	$E(I + II)$ 24,1%/$-17,5°$; L 95,8%/10°	12,2° Pelargonsäure	$C_9H_{18}O_2$
C_6H_{12} Cyclohexan	6,4°	$E(I + 2I \cdot II)$ 3,8 Mol%/$-3°$; $F(2I \cdot II)$ 28,8°; $E(2I \cdot II + II)$ 44,5 Mol%/27,3°; L 59,5 Mol%/80°	176° Campher	$C_{10}H_{16}O$
C_6H_{12} Cyclohexan	6,6°	$E(I + II)$ 29,3%/$-10,8°$	6,9° Decanol-(1)	$C_{10}H_{22}O$
C_6H_{12} Cyclohexan	6,4°	$E(I + II)$ 12,8%/$-10,5°$	16,1° Decylamin	$C_{10}H_{23}N$
C_6H_{12} Cyclohexan	6,4°	$E(I + II)$ 16,2%/$-5,9°$; L 60%/10°, 84%/20°	28,1° Undecansäure	$C_{11}H_{22}O_2$
C_6H_{12} Cyclohexan	6,4°	$E(I + II)$ 6,8%/3,2°; L 16,5%/10°, 40,4%/20°, 68,3%/30°	43,9° Laurinsäure	$C_{12}H_{24}O_2$
C_6H_{12} Cyclohexan	6,4°	$E(I + II) \approx$ 32%/$\approx -32°$	$-10°$ 1-Chlordodecan	$C_{12}H_{25}Cl$
C_6H_{12} Cyclohexan	6,4°	$E(I + II)$ 15,8%/$-0,9°$; L 55,6%/10°, 92,8%/20°	23,9° Dodecanol-(1)	$C_{12}H_{26}O$
C_6H_{12} Cyclohexan	6,4°	$E(I + II) \approx$ 28%/$\approx -21°$	$\approx 6°$ 1-Bromtetradecan	$C_{14}H_{29}Br$
C_6H_{12} Cyclohexan	6,4°	$E(I + II)$ (21,4 g/100 g C_6H_{12})/$-12,5°$	18,2° Hexadecan	$C_{16}H_{34}$
C_6H_{14} 2,3-Dimethyl-butan	$-128°$	$E(I + II)$ 7 Mol%/$-138°$	$-95°$ Hexan	C_6H_{14}
C_6H_{14} Hexan	$-95,3°$	2 fl. Ph. o. kr. Lp. 36%/21,1°	— o-Toluidin	C_7H_9N
C_6H_{14} Hexan	$-94,6°$	L 20 Mol%/$-98°$, 60 Mol%/$-114,5°$; $E(I + II) \approx$ 85 Mol%/$\approx -130°$	$-126,3°$ Methylcyclohexan	C_7H_{14}

4. Mechanisch-thermische Konstanten usw.

Verbindung I und F		Angaben über die Liquiduskurve in % (= Gew.%) oder Mol% der Verbindung II, Temperaturangabe in °C	F und Verbindung II	
C_7H_7Cl o-Chlortoluol	−35,1°	$E(I+II)$ 27%/−50°	7,8° p-Chlortoluol	C_7H_7Cl
C_7H_8 Toluol	−95°	$E(I+II)$ 43 Mol%/−116°	−94,4° Äthylbenzol	C_8H_{10}
C_7H_8 Toluol	−95°	$E(I+II)$ 7,9 Mol%/−97,5°; L 20 Mol%/−75,5°, 40 Mol%/−56,5°	−25,5° o-Xylol	C_8H_{10}
C_7H_8 Toluol	−95°	$E(I+II)$ 18,2 Mol%/−103,8°; L 40 Mol%/−81°, 60 Mol%/−67°	−49° m-Xylol	C_8H_{10}
C_7H_8 Toluol	−95°	$E(I+II)$ 2,6 Mol%/−96°; L 20 Mol%/−41°, 40 Mol%/−20°, 60 Mol%/−6,5°	13,3° p-Xylol	C_8H_{10}
C_7H_8 Toluol	−95°	$E(I+II)$ 2,2 Mol%/−96°; L 20 Mol%/11°, 60 Mol%/55°	80° Naphthalin	$C_{10}H_8$
C_7H_8 Toluol	−95°	$F(2I \cdot II)$ −22,2°; $E(2I \cdot II+II) \approx 41$ Mol%/ $\approx 30°$; L 54 Mol%/40°	176° Campher	$C_{10}H_{16}O$
C_7H_8 Toluol	−95°	$E(I+II)$ 0,54 Mol%/−95,4°; L 2 Mol%/−70°, 4 Mol%/−37°, 14,5 Mol%/10,4°, 40,3 Mol%/49,5°, 73,7 Mol%/80°	101° Phenanthren	$C_{14}H_{10}$
C_8H_7N Indol	53,0°	$E(I+II)$ 20 Mol%/40°; M.L.(12...45 Mol%)	80° Naphthalin	$C_{10}H_8$
$C_8H_8O_3$ D-Mandelsäure	133°	$E(I+I \cdot II)$ 37%/114,8°; $F(I \cdot II,$ Racemat.)/118°; $E(I \cdot II+II)$ 63%/114,8°	133° L-Mandelsäure	$C_8H_8O_3$
$C_8H_8O_3$ rac. Mandelsäure	119°	lückenlos mb.	135° Hexahydromandelsäure	$C_8H_{14}O_3$
C_8H_{10} Äthylbenzol	−94,4°	$E(I+II)$ 6,7%/−96,3°	−25,5° o-Xylol	C_8H_{10}
C_8H_{10} Äthylbenzol	−94,4°	$E(I+II)$ 16%/−99,3°	−49° m-Xylol	C_8H_{10}
C_8H_{10} Äthylbenzol	−95°	$E(I+II)$ 1,2%/−99,8°	13,3° p-Xylol	C_8H_{10}
C_8H_{10} o-Xylol	−25,5°	$E(I+II)$ 67%/−63°	−49° m-Xylol	C_8H_{10}
C_8H_{10} o-Xylol	−25,5°	$E(I+II) \approx 24\%/\approx -36°$	13,2° p-Xylol	C_8H_{10}
C_8H_{10} m-Xylol	−47,8°	$E(I+II)$ 12,5%/−55,7°; L 20%/−41,5°, 60%/−7°	13,2° p-Xylol	C_8H_{10}
C_8H_{10} o-Xylol	−25,5°	$E(I+II)$ 6,6 Mol%/−28°; L 20 Mol%/9°, 60 Mol%/53°	80° Naphthalin	$C_{10}H_8$
C_8H_{10} m-Xylol	−47,8°	$E(I+II)$ 3,7 Mol%/−49°; L 20 Mol%/10°, 60Mol%/55°	80° Naphthalin	$C_{10}H_8$
C_8H_{10} p-Xylol	13,3°	$E(I+II)$ 18,2 Mol%/4,2°; L 40 Mol%/35,5°, 60 Mol%/53°	80° Naphthalin	$C_{10}H_8$
C_8H_{10} m-Xylol	−47,8°	$E(I+II)$ 2,7 Mol%/−48,6°; L 20 Mol%/34°, 60Mol%/87°	114° Fluoren	$C_{13}H_{10}$

427. Lösungsgleichgewichte (Zustandsdiagramme)

Verbindung I und F	Angaben über die Liquiduskurve in % (=Gew.%) oder Mol% der Verbindung II, Temperaturangabe in °C	F und Verbindung II
C_8H_{10} −25,5° o-Xylol	$E(I+II)$ 5,2 Mol%/−28°; L 7,5 Mol%/−20,1°, 10,3 Mol%/−6,3°, 34,5 Mol%/40,7°, 60,8 Mol%/69°	101° $C_{14}H_{10}$ Phenanthren
C_8H_{10} −47,8° m-Xylol	$E(I+II)$ 3 Mol%/−50°; L 19,9 Mol%/18,5°, 50 Mol%/59,7°, 84,5 Mol%/89,2°	100° $C_{14}H_{10}$ Phenanthren
$C_9H_{10}O_3$ 47,8° D-Mandelsäuremethylester	$E(I+I\cdot II)$ 15,5%/38,4°; $F(I\cdot II,$ Racemat.$)$ 50%/52,2° $E(I\cdot II+I)$ 84,5%/38,4°	47,8° $C_9H_{10}O_3$ L-Mandelsäuremethylester
$C_{10}H_7Cl$ 58° 2-Chlornaphthalin	lückenlos mb.; Min. 52,7 Mol%/52°	60° $C_{10}H_7F$ 2-Fluornaphthalin
$C_{10}H_7J$ 54° 2-Jodnaphthalin	$E(I+II)$ 15 Mol%/48,4° (M.L. < 7...68,5 Mol%)	110,8° $C_{10}H_9N$ 2-Naphthylamin
$C_{12}H_{10}N_2$ 66,2° Azobenzol	$E(I+II)$ 39,3 Mol%/51°; (M.L. 15...76 Mol%)	92,7 $C_{14}H_{10}O_2$ Benzil

Mol% II	21,7	26,4	45,0
°C liq.	57,0	55,0	57,0
°C sol.	51,5	52,0	50,3
Mol% II	53,7	64,4	73,7
°C liq.	65,3	72,6	77,6
°C sol.	50,3	50,5	56,0

Abb. 1. 2,4-Dinitro-brombenzol—2,4-Dinitro-chlorbenzol

Abb. 2. 2,4-Dinitro-anisol—2,4-Dinitro-chlorbenzol
$E(C_7H_6N_2O_5 + C_6H_3ClN_2O_4)$ 64,5 Mol%/38°; M.L. (26,5...91,8 Mol%)

4272. Lösungsgleichgewichte zwischen drei kondensierten Phasen

42721. Anorganische Verbindungen in wäßrigen Lösungen organischer Verbindungen

Es ist die Masse des Stoffes I, in der in Spalte 3 angegebenen Konzentrationseinheit, die in dem aus Stoff II und H_2O zusammengesetzten Lösungsmittel gelöst ist, angegeben. Die Zusammensetzung des Lösungsmittels ist aus dem Tabellenkopf und der in Spalte 12 angegebenen Einheit zu ersehen.

Stoff I	Temperatur °C	Konzentrationseinheit für Stoff I	Konzentration des Stoffes I in der gesättigten Lösung des Lösungsmittels (Stoff II mit Wasser) der Konzentration des Stoffes II									Konzentrationseinheit für Stoff II
			0	10	20	30	40	60	80	100	
			II. Stoff CH_4O Methanol									
$B(OH)_3$	25	g/100 cm³ Lsg.	—	—	5,1	5,6	6,15	7,5	11,2	18	Gew. %
KBr	25	Gew. %	41	35,7	30,5	26	21	12	5,5	2	Gew. %
KCl	25	Gew. %	26,6	21,8	17,4	13,5	10	4,5	1,5	0,6	g/100 g Lsgm.
KJ	25	Gew. %	59,6	56	52,7	49	44,8	35,6	25	14	g/100 g Lsgm.
NaBr	25	Gew. %	48,5	46	43,4	40,5	37,5	30,5	22,75	14,5	g/100 g Lsgm.
NaCl	25	Gew. %	26,5	23	19,5	16	13	6,7	3	1,5	g/100 g Lsgm.
$NaNO_3$	25	Gew. %	47,8	43,4	38,3	32,4	26,2	15	6,6	—	g/100 g Lsgm.
			II. Stoff C_2H_6O Äthanol									
$B(OH)_3$	25	Gew. %	5,4	5,3	5,2	5,15	5,1	5,0	5,05	11,2	Gew. %
$BaCl_2$ [1]	15	Gew. %	—	20	15,5	11	8,5	3	0,3	—	g/100 g Lsgm.
KBr	30	Gew. %	41,5	36	31	26	21,3	11,5	3	—	Gew. %
KCl	25	Gew. %	26,5	21,3	16,6	12,6	9,1	3,8	—	—	g/100 g Lsgm.
$KClO_3$	30	Gew. %	9,2	6,4	4,5	3,2	2,4	1,0	0,2	—	g/100 g Lsgm.
$KClO_4$	14	Gew. %	1,24	0,85	0,67	0,53	0,42	0,25	0,11	—	g/100 g Lsgm.
KJ	18	Gew. %	—	54,5	51	46	42,5	31,7	16	—	g/100 g Lsgm.
Li_2SO_4 [2]	30	g/100 g Lsgm.	33,5	21	13,5	9	5	1,1	0	—	g/100 g Lsgm.
NaBr [3]	30	Gew. %	49,5	46,5	43,2	39,5	35,5	26	15	3,0	g/100 g Lsgm.
NaCl	30	Gew. %	26,5	22,5	19	15,5	12,5	6,4	1,5	—	g/100 g Lsgm.
NaJ [4]	30	Gew. %	65,2	59,5	53,4	47,8	42,8	34,5	—	—	g/100 g Lsgm.

NaNO$_3$	30	Gew. %	49	43,4	37,3	31,2	25,1	13	4,1	—	g/100 g Lsgm.
Na$_2$SO$_4$	36	Gew. %	33	21,3	11,5	4,6	1,65	—	—	—	g/100 g Lsgm.
SrCl$_2$	18	Gew. %	—	32	29,3	26	22,8	15,7	7,8	—	Gew. %

II. Stoff C$_2$H$_6$O$_2$ Glykol

K$_2$CO$_3$	25	Gew. %	52,8	50	47	43,7	40,3	32,9	26,3	25,6	g/100 g Lsgm.
K$_2$CO$_3$	40	Gew. %	54	51	48,4	45	41,5	34	27	27,5	g/100 g Lsgm.
KJ	30	Gew. %	60,5	58	56	53,5	50,6	45	39,5	33,5	g/100 g Lsgm.

II. Stoff C$_3$H$_6$O Aceton

KBr	25	Gew. %	41,5	38,3	34,5	30,5	26,5	17	6,3	0	Gew. %
KCl	20	Gew. %	30,5	26,3	21,6	16,9	12,6	5,4	1,0	—	g/100 g Lsgm.
NaJ[5]	25	Gew. %	64,5	62,6	60,3	57,8	55	50	45	29,5	g/100 g Lsgm.
NaOH	0	Gew. %	—	13	7,8	5,0	3,3	1	—	—	Gew. %

II. Stoff C$_3$H$_8$O Propanol-(2)

KNO$_3$[6]	25	Gew. %	26,5	18,5	13,4	9,5	6,5	2,75	0,5	—	g/100 g Lsgm.
MgSO$_4$	25	Gew. %	—	13,8	7,6	3,7	1,5	—	—	—	g/100 g Lsgm.

II. Stoff C$_3$H$_8$O$_3$ Glycerin

B(OH)$_3$	25	g/100 cm³ Lsg.	5,5	5,4	5,2	5,3	5,4	6,3	10,3	19	Gew. %
KBr	25	Gew. %	41,6	39	36,5	34	31,3	25,7	20,3	15	g/100 g Lsgm.

II. Stoff C$_4$H$_{10}$O tert. Butanol

KBr	30	Gew. %	41,5	24	15,5	11,8	9	5	—	—	Gew. %
KJ	30	Gew. %	—	46	38	32	27	17	—	—	g/100 g Lsgm.
K$_2$SO$_3$	30	Gew. %	34,3	9,3	4,5	2,7	1,7	—	—	—	g/100 g Lsgm.

[1] Bdk. BaCl$_2$ · H$_2$O. [2] Bdk. Li$_2$SO$_4$ · H$_2$O. [3] U NaBr · 2H$_2$O→NaBr 30°/2,03%/NaBr, 87,5 g C$_2$H$_4$O/100 g Lsgm. [4] U NaJ · 2H$_2$O→NaJ 30°/37,5% NaJ; 55,37 g C$_2$H$_4$O/100 g Lsgm. [5] U NaJ · 2H$_2$O→NaJ 44,5% NaJ; 85,1 g (CH$_3$)$_2$CO/100 g Lsgm. 25°C. [6] 2 fl. Ph. oberhalb 47°C; 50°C 31% KNO$_3$, 18 g C$_3$H$_8$O-(2)/ 100 g Lsgm. und 7,5% KNO$_3$, 50 g C$_3$H$_8$O-(2)/100 g Lsgm.

42722. Lösungsgleichgewichte mit mehreren nicht mischbaren flüssigen Phasen

427221. Einige Systeme mit Angabe der Zusammensetzung der im Gleichgewicht befindlichen flüssigen Phasen[1]

Sind alle drei Komponenten flüssig, so sind bei Systemen, die mehrere nicht mischbare Phasen bilden, im wesentlichen folgende Fälle zu unterscheiden.

1. Ein binäres Teilsystem besitzt ein Entmischungsgebiet (Mischungslücke), das sich als geschlossene Mischungslücke in das ternäre System fortsetzt. Bei steigender Temperatur, wird die Mischungslücke meist kleiner.

Es kommt auch vor, daß bei steigender Temperatur die Mischungslücke in dem Teilsystem verschwindet, jedoch noch ein Entmischungsgebiet im ternären System vorhanden bleibt. Beispiel: Phenol—Wasser—Aceton.

2. Zwei binäre Teilsysteme haben Entmischungsgebiete die sich in das ternäre Gebiet als zwei getrennte Mischungslücken fortsetzen oder auch eine durchgehende Mischungslücke bilden. Mit steigender Temperatur geht die durchgehende Mischungslücke oft in eine einzige geschlossene Mischungslücke über. Beispiel für diesen Fall: C_6H_7N Anilin—C_6H_{14} Hexan—C_6H_{12} Methylcyclopentan, Nr. 31.

3. Alle drei binäre Teilsysteme haben Entmischungsgebiete, es können sich drei geschlossene Mischungslücken bilden oder eine geschlossene Lücke mit einer durchgehenden Lücke, oder alle drei Lücken schließen sich zusammen. Dann entsteht in der Mitte des ternären Systems eine dreieckige Lücke bei der drei flüssige Phasen miteinander im Gleichgewicht stehen. Außerhalb dieser Lücke sind im allgemeinen drei verschiedene zweiphasige und davon getrennt drei einphasige Gebiete zu unterscheiden. Beispiel: $C_2H_6O_2$ Glykol—$C_{12}H_{26}O$ Dodecanol-(1)—CH_3NO_2 Nitromethan. In den zweiphasigen Gebieten sind in den Diagrammen einige der zusammengehörigen Werte des flüssig-flüssig-Gleichgewichtes auf der die Mischungslücke begrenzenden Isotherme gradlinig verbunden (Konoden). Ist der kritische Lösungspunkt bestimmt, so ist er als Kreis in die Isotherme eingetragen und seine Lage angegeben.

Die Systeme sind in der nachstehenden Übersicht aufgeführt. In dieser ist die Reihenfolge der Komponenten folgende: Zuerst stehen die Systeme mit Wasser und 2 organischen Komponenten anschließend die mit einer anderen anorganischen und 2 organischen Verbindungen und zum Schluß die mit drei organischen Komponenten. Die Reihenfolge der organischen Komponenten in den Systemen ist die nach HILL. Bei den Abbildungen sind die Komponenten oft anders geordnet und zwar so, daß als erste Komponente die in der Dreiecksdarstellung links an der Basis, als zweite die rechts an der Basis, und als dritte die an der Dreiecksspitze stehende aufgeführt ist.

Abkürzungen

g_i Gewichtsbruch der i-Komponente
x_i Molenbruch der i-Komponente
krit. Lp. Kritischer Lösungspunkt
p Druck
p_s Sättigungsdruck
I, II usw. Gebiete verschiedener Phasen

---

[1] Nach dem Beitrag C. Kux, Landolt-Börnstein, 6. Aufl., Bd. II/2c.

427. Lösungsgleichgewichte (Zustandsdiagramme)

Verzeichnis der Abbildungen

H_2O	CCl_4	C_2H_6O	Wasser	Tetrachlor-kohlenstoff	Äthanol	1
		C_3H_6O			Aceton	2
		C_3H_8O			Propanol-(1)	3
	$CHCl_3$	$C_2H_4O_2$		Chloroform	Essigsäure	4
		C_3H_6O			Aceton	5
	C_2H_4	C_4H_8O		Äthylen	Butanon-(2)	6
	$C_2H_4O_2$	$C_4H_{10}O$		Essigsäure	Diäthyläther	7
	C_2H_6O	$C_4H_{10}O$		Äthanol	Diäthyläther	8
		C_6H_6			Benzol	9
		C_6H_7N			Anilin	10
	C_3H_6O	$C_4H_{10}O$		Aceton	Diäthyläther	11
	C_3H_8O	C_6H_6		Aceton	Benzol	12
		C_6H_6O			Phenol	13
		C_8H_{10}			Xylol	14
	$C_3H_4O_2$	C_8H_{18}		Propansäure	Octan	15
	C_3H_8O	C_6H_6		Propanol-(1)	Benzol	16
		C_7H_8			Toluol	17
	$C_4H_{10}O$	$C_6H_{15}N$		Diäthyläther	Triäthylamin	18
	$C_4H_{10}O_2$	C_8H_8		Äthylcellosolve	Styrol	19
	$C_6H_5NO_2$	C_6H_7N		Nitrobenzol	Anilin	20
	C_6H_6	C_6H_7N		Benzol	Anilin	21
	C_6H_6O	C_6H_7N		Phenol	Anilin	22
		$C_6H_{15}N$			Triäthylamin	23
	C_6H_7N	C_7H_{16}		Anilin	Heptan	24
NH_3	C_6H_6	C_6H_{12}	Ammoniak	Benzol	Cyclohexan	25
	C_6H_6	C_6H_{14}			Hexan	26
SO_2	C_7H_{14}	C_7H_{16}	Schwefeldioxid	Methylcyclohexan	Heptan	27
CCl_4	C_2H_6O	$C_3H_8O_3$	Tetrachlor-kohlenstoff	Äthanol	Glycerin	28
CH_3NO_2	$C_2H_6O_2$	$C_{12}H_{26}O$	Nitromethan	Glycol	Dodecanol-(1)	29
C_5H_{10}	C_6H_7N	C_6H_{14}	Cyclopentan	Anilin	2,2-Dimethyl-butan	30
C_6H_7N	C_6H_{12}	C_6H_{14}	Anilin	Methylcyclo-pentan	Hexan	31

Abb. 1. x_1 CCl_4 Tetrachlorkohlenstoff
x_2 H_2O Wasser
x_3 C_2H_6O Äthanol
krit. Lp.: $x_2=0,237$; $x_3=0,447$

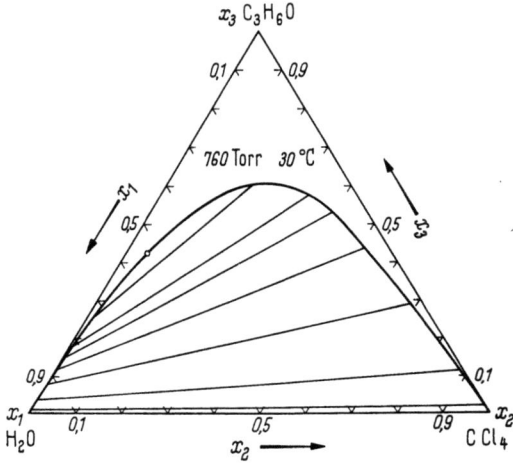

Abb. 2. x_1 H$_2$O Wasser
x_2 CCl$_4$ Tetrachlorkohlenstoff
x_3 C$_3$H$_6$O Aceton
krit. Lp.: $x_2 = 0{,}0486$; $x_3 = 0{,}4223$

Abb. 3. x_1 H$_2$O Wasser
x_2 CCl$_4$ Tetrachlorkohlenstoff
x_3 C$_3$H$_8$O Propanol-(1)
krit. Lp.: $x_2 = 0{,}012$; $x_3 = 0{,}188$

Abb. 4. x_1 H$_2$O Wasser
x_2 CHCl$_3$ Chloroform
x_3 C$_2$H$_4$O$_2$ Essigsäure

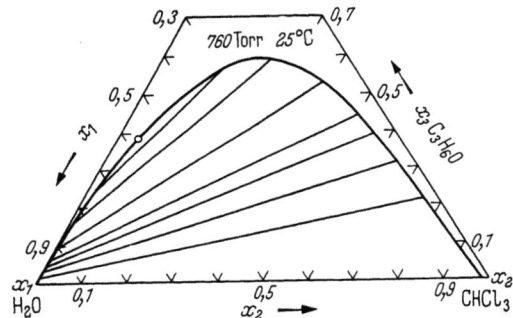

Abb. 5. x_1 H_2O Wasser
x_2 $CHCl_3$ Chloroform
x_3 C_3H_6O Aceton
krit. Lp.: $x_2 = 0,044$; $x_3 = 0,382$

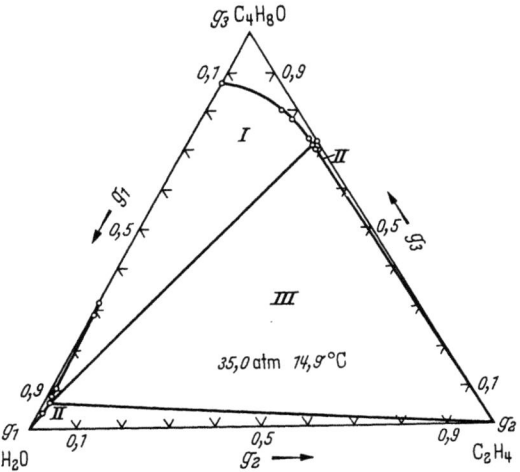

Abb. 6. g_1 H_2O Wasser
g_2 C_2H_4 Äthylen
g_3 C_4H_8O Butanon-(2)

Phasengebiete: *I* 2 flüssige Phasen; *II* 1 flüssige und 1 gasförmige Phase; *III* 2 flüssige Phasen und 1 gasförmige Phase

Abb. 7. g_1 H$_2$O Wasser
g_2 C$_4$H$_{10}$O Diäthyläther
g_3 C$_2$H$_4$O$_2$ Essigsäure
— — — reiner Diäthyläther, krit. Lp.: g_2=0,305; g_3=0,323.
······· handelsüblicher Diäthyläther, krit. Lp.: g_2=0,300; g_3=0,302

Abb. 8. x_1 H$_2$O Wasser
x_2 C$_4$H$_{10}$O Diäthyläther
x_3 C$_2$H$_6$O Äthanol

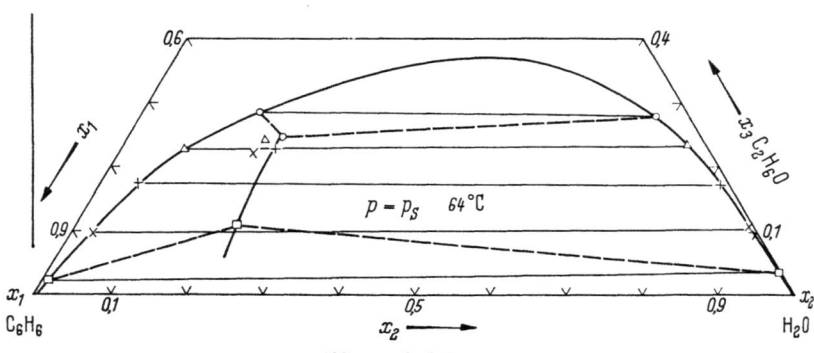

Abb. 9. x_1 C$_6$H$_6$ Benzol
x_2 H$_2$O Wasser
x_3 C$_2$H$_6$O Äthanol
Die Punkte innerhalb des zweiphasigen Bereichs geben die Zusammensetzung der jeweiligen Dampfphase an

427. Lösungsgleichgewichte (Zustandsdiagramme)

Abb. 10. x_1 H$_2$O Wasser
x_2 C$_6$H$_7$N Anilin
x_3 C$_2$H$_6$O Äthanol

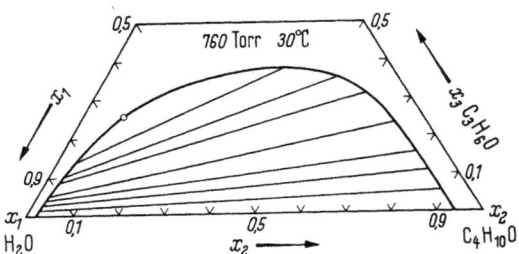

Abb. 11. x_1 H$_2$O Wasser
x_2 C$_4$H$_{10}$O Diäthyläther
x_3 C$_3$H$_6$O Aceton
krit. Lp.: $x_2 = 0{,}092$; $x_3 = 0{,}259$

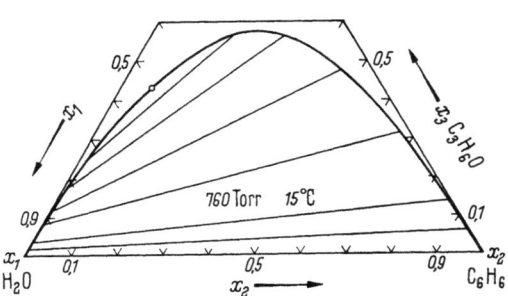

Abb. 12. x_1 H$_2$O Wasser
x_2 C$_6$H$_6$ Benzol
x_3 C$_3$H$_6$O Aceton
krit. Lp.: $x_2 = 0{,}067$; $x_3 = 0{,}431$

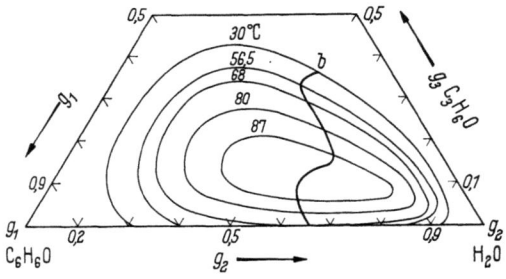

Abb. 13. g_1 C$_6$H$_6$O Phenol
g_2 H$_2$O Wasser
g_3 C$_3$H$_6$O Aceton
Die Kurve b verbindet die kritischen Lösungspunkte

Abb. 14. x_1 H$_2$O Wasser
x_2 C$_8$H$_{10}$ Xylol
x_3 C$_3$H$_6$O Aceton

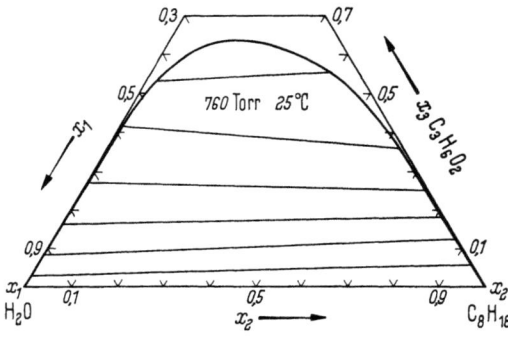

Abb. 15. x_1 H$_2$O Wasser
x_2 C$_8$H$_{18}$ Octan
x_3 C$_3$H$_6$O$_2$ Propansäure

Abb. 16. x_1 H$_2$O Wasser
x_2 C$_6$H$_6$ Benzol
x_3 C$_3$H$_8$O Propanol-(1)
krit. Lp.: $x_2 = 0{,}014$; $x_3 = 0{,}178$

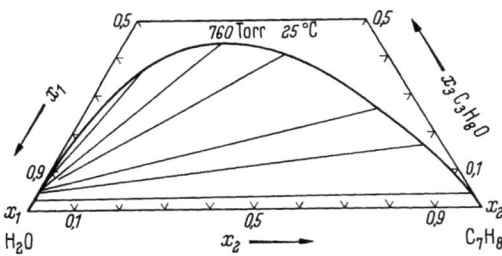

Abb. 17. x_1 H$_2$O Wasser
x_2 C$_7$H$_8$ Toluol
x_3 C$_3$H$_8$O Propanol-(1)
krit. Lp.: $x_2 = 0{,}003$; $x_3 = 0{,}102$

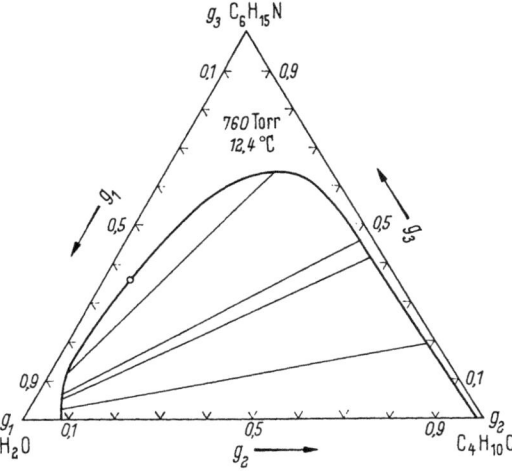

Abb. 18. g_1 H$_2$O Wasser
g_2 C$_4$H$_{10}$O Diäthyläther
g_3 C$_6$H$_{15}$N Triäthylamin
krit. Lp.: 12,4° C; $x_2 = 0{,}060$; $x_3 = 0{,}360$

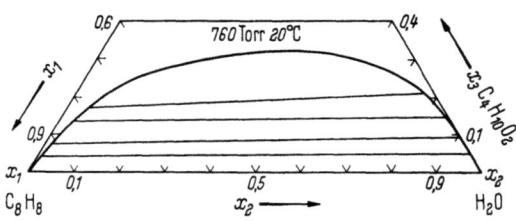

Abb. 19. x_1 C_8H_8 Styrol
x_2 H_2O Wasser
x_3 $C_4H_{10}O_2$ Äthylcellosolve (2-Äthoxyäthanol)

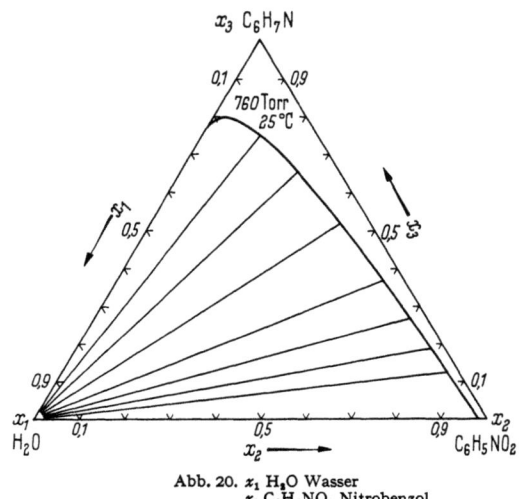

Abb. 20. x_1 H_2O Wasser
x_2 $C_6H_5NO_2$ Nitrobenzol
x_3 C_6H_7N Anilin

427. Lösungsgleichgewichte (Zustandsdiagramme) 1-1185

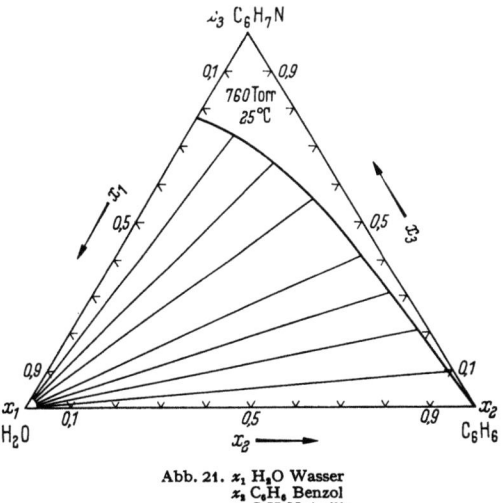

Abb. 21. x_1 H$_2$O Wasser
x_2 C$_6$H$_6$ Benzol
x_3 C$_6$H$_7$N Anilin

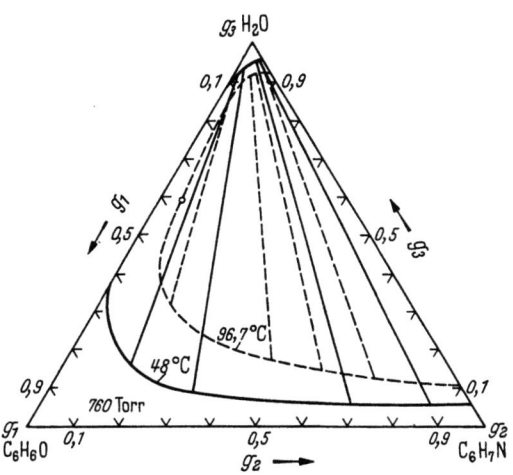

Abb. 22. g_1 C$_6$H$_6$O Phenol
g_2 C$_6$H$_7$N Anilin
g_3 H$_2$O Wasser
krit. Lp.: 96,7° C; $g_1=0{,}047$; $g_3=0{,}598$

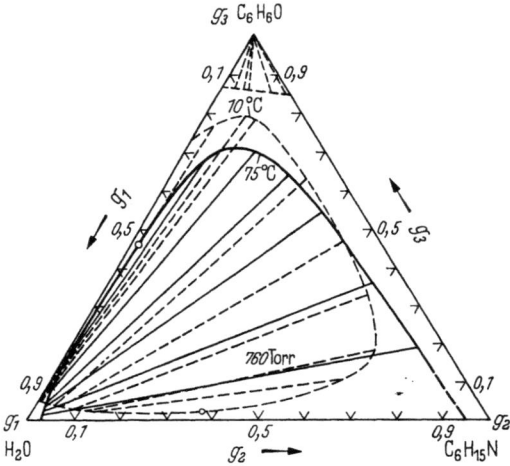

Abb. 23. g_1 H$_2$O Wasser
g_2 C$_6$H$_{15}$N Triäthylamin
g_3 C$_6$H$_6$O Phenol
krit. Lp.: 10° C; g_2 0,370; g_3 0,020;
75° C; g_2 0,015; g_3 0,460

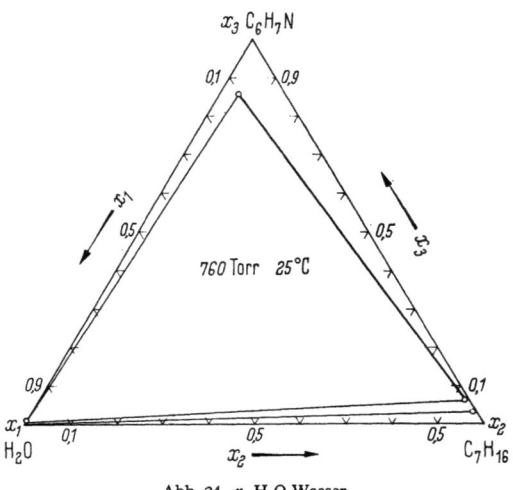

Abb. 24. x_1 H$_2$O Wasser
x_2 C$_7$H$_{16}$ Heptan
x_3 C$_6$H$_7$N Anilin

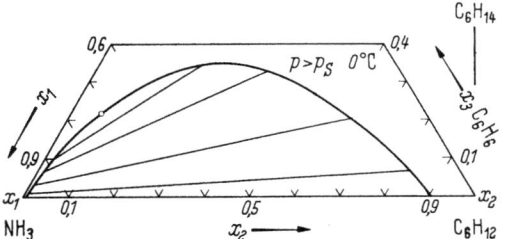

Abb. 25. x_1 NH$_3$ Ammoniak
x_2 C$_6$H$_{12}$ Cyclohexan
x_3 C$_6$H$_6$ Benzol
krit. Lp.: $x_2 = 0{,}066$; $x_3 = 0{,}214$

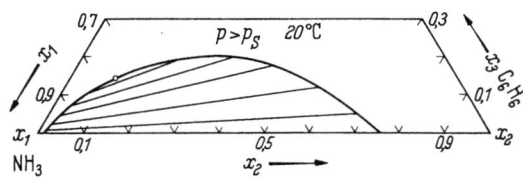

Abb. 26. x_1 NH$_3$ Ammoniak
x_2 C$_6$H$_{14}$ Hexan
x_3 C$_6$H$_6$ Benzol
krit. Lp.: $x_2 = 0{,}099$; $x_3 = 0{,}142$

Abb. 27. x_1 SO$_2$ Schwefeldioxid
x_2 C$_7$H$_{16}$ Heptan
x_3 C$_7$H$_{14}$ Methylcyclohexan

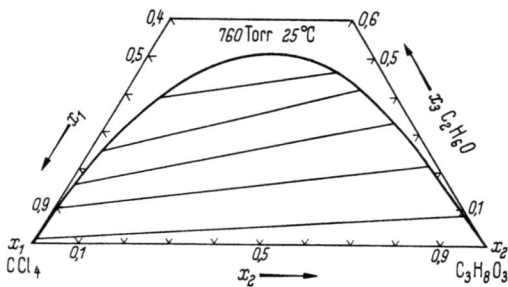

Abb. 28. x_1 CCl$_4$ Tetrachlorkohlenstoff
x_2 C$_3$H$_8$O$_3$ Glycerin
x_3 C$_2$H$_6$O Äthanol

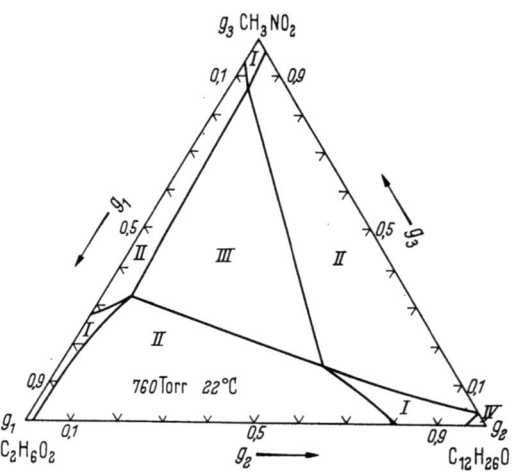

Abb. 29. g_1 C$_2$H$_6$O$_2$ Glykol; g_2 C$_{12}$H$_{26}$O Dodekanol-(1); g_3 CH$_3$NO$_2$ Nitromethan
Phasengebiete: *I* 1 flüssige Phase; *II* 2 flüssige Phasen; *III* 3 flüssige Phasen; *IV* 1 flüssige und 1 feste Phase; Das Gebiet *IV* verschwindet bereits bei 24° C

Abb. 30. x_1 C$_6$H$_7$N Anilin
x_2 C$_6$H$_{14}$ 2,2-Dimethyl-butan
x_3 C$_5$H$_{10}$ Cyclopentan
krit. Lp.: 25° C; $x_2 = 0{,}074$; $x_3 = 0{,}625$

Abb. 31. x_1 C$_6$H$_7$N Anilin
x_2 C$_6$H$_{14}$ Hexan
x_3 C$_6$H$_{12}$ Methylcyclopentan

42723. Verteilungskoeffizienten

Stoff	Temperatur °C	Konzentration	In Phase A	In Phase B	k
Wasser und Benzol					
HCl Chlorwasserstoffsäure	20	Mol/l Lsg.	0,946	$4,94 \cdot 10^{-5}$	20000
			2,599	$7,68 \cdot 10^{-4}$	3400
			8,555	0,025	342
			13,504	0,246	54,9
			15,062	0,477	31,6
			16,562	0,485	34,1
			19,709	0,507	38,9
$HgBr_2$ Quecksilber(II)-bromid	25	Mol/l Lsg.	0,00320	0,00353	0,90
			0,00634	0,00715	0,89
			0,01147	0,01303	0,88
			0,0170	0,0194	0,88
$HgCl_2$ Quecksilber(II)-chlorid	25	Mol/l Lsg.	0,263	0,0197	13,4
HgJ_2 Quecksilber(II)-jodid	25	Mol/l Lsg.	0,00013	0,00493	0,026
J_2 Jod	20	g/l	0,03499	12,972	0,00272
			0,05498	20,432	0,00269
			0,10997	41,240	0,00267
			0,17245	66,446	0,00260
			0,22494	90,633	0,00248
			0,25868	105,74	0,00245
CH_2O_2 Ameisensäure	25	Mol/l Lsg.	2,5739	0,00568	453
			7,4000	0,0265	279
			12,5290	0,0796	157
			22,0488	0,7760	28,4
CH_5N Methylamin	25	Mol/l Lsg.	0,5515	0,0242	22,78
			1,0545	0,0424	24,87
			1,5636	0,0485	32,23
			2,0758	0,0576	36,04
$C_2HCl_3O_2$ Trichloressigsäure	18	Mol/l Lsg.	0,0535	0,000465	115
			0,1096	0,00163	67,2
			0,2366	0,00622	35,8
			0,4512	0,02213	20,4
			1,153	0,1525	7,55
$C_2H_4O_2$ Essigsäure	25	Mol/l Lsg.	0,531	0,0125	42,5
			1,148	0,0443	25,9
			2,976	0,224	13,6
			4,743	0,486	9,99
			8,710	1,463	5,95
			11,137	3,111	3,58
C_2H_6O Äthanol	25	Gew. %	2,5	0,7	3,6
			10,6	1,2	8,8
			16,4	1,6	10,2
			24,3	2,4	10,1
			31,8	3,9	8,1
			40,5	7,0	5,8
			57,3	9,8	4,9

427. Lösungsgleichgewichte (Verteilungskoeffizienten)

Stoff	Temperatur °C	Konzentration	In Phase A	In Phase B	k
C_2H_7N Dimethylamin	25	Mol/l Lsg.	0,3212	0,0394	8,152
			0,6234	0,0576	10,84
			0,9061	0,0788	11,50
			1,2001	0,1061	11,31
C_3H_6O Aceton	25	Mol/l Lsg.	0,01583	0,01437	1,113
			0,03209	0,02898	1,110
			0,1058	0,09650	1,098
			0,3125	0,2909	1,074
			0,6150	0,5940	1,035
			0,9040	0,9062	0,998
$C_3H_6O_2$ Propionsäure	25	Mol/l Lsg.	0,0310	0,00245	12,65
			0,0780	0,00858	9,09
			0,1241	0,0179	6,93
			0,2062	0,0398	5,18
			0,2979	0,0742	4,14
			0,4540	0,1560	2,91
			1,401	1,002	1,40
			2,799	2,710	1,03
			3,562	3,556	1,00
C_3H_9N Trimethylamin	25	Mol/l Lsg.	0,0584	0,0295	1,98
			0,2474	0,1237	2,00
			0,4663	0,2328	2,01
			1,1135	0,5681	1,90
$C_4H_8O_2$ Buttersäure	20	g/100 cm³	2,39	6,49	0,368
			3,57	13,20	0,270
			4,96	21,82	0,227
			6,39	32,16	0,196
$C_4H_8O_2$ Isobuttersäure	25	Mol/l Lsg.	0,00774	0,00213	3,63
			0,0164	0,00639	2,66
			0,0364	0,0232	1,57
			0,0877	0,1156	0,76
			0,1906	0,5014	0,38
$C_4H_{11}N$ Diäthylamin	25	Mol/l Lsg.	0,0726	0,0653	1,112
			0,1387	0,1326	1,046
			0,1979	0,1877	1,053
			0,2652	0,2501	1,060
C_5H_5N Pyridin	25	Mol/l Lsg.	0,0147	0,0363	0,405
			0,0447	0,109	0,410
			0,0933	0,207	0,450
			0,170	0,308	0,553
			0,405	0,396	1,02
C_6H_6O Phenol	25	Mol/l Lsg.	0,00202	0,00466	0,433
			0,00565	0,01324	0,427
			0,00797	0,01859	0,429
			0,01094	0,02528	0,433
			0,01440	0,03428	0,420
			0,01829	0,04370	0,419
			0,03105	0,07485	0,415
			0,05306	0,1329	0,399
			0,1029	0,2913	0,353

Stoff	Temperatur °C	Konzentration	In Phase A	In Phase B	k
			0,2531	1,198	0,211
			0,3660	2,978	0,12
			0,5299	6,487	0,08
$C_6H_{15}N$ Triäthylamin	25	Mol/l Lsg.	0,0156	0,1794	0,087
			0,0417	0,5280	0,079
			0,0762	1,1233	0,068
			0,2152	3,3049	0,065
			0,2781	4,7107	0,059
$C_7H_6O_2$ Benzoesäure	6	Mol/l Lsg.	0,00329	0,0156	0,120
			0,00493	0,0355	0,081
			0,00644	0,0616	0,063
			0,00874	0,1144	0,046
			0,0114	0,195	0,036
$C_7H_6O_3$ Salicylsäure	25	Mol/l Lsg.	0,00260	0,00440	0,591
			0,00373	0,00634	0,588
			0,00503	0,01149	0,438
			0,00950	0,03904	0,320
			0,01187	0,04079	0,291
			0,01460	0,06150	0,237
			0,01635	0,07370	0,222
$C_8H_8O_2$ Phenylessigsäure	25	Mol/l Lsg.	0,00430	0,00761	0,565
			0,00514	0,00998	0,515
			0,00732	0,01812	0,400
			0,01102	0,03682	0,292
			0,01626	0,07454	0,218

Wasser und Chloroform

Stoff	Temperatur °C	Konzentration	In Phase A	In Phase B	k
J_2 Jod	25	Mol/l Lsg.	0,00025	0,0338	0,0074
			0,00120	0,1546	0,00775
			0,00184	0,2318	0,00793
			0,00242	0,3207	0,00752
NH_3 Ammoniak	25	Mol/l Lsg.	0,01098	0,00045	24,1
			0,1388	0,005794	23,94
			0,2330	0,009777	23,83
			0,4677	0,01993	23,47
			0,6882	0,02960	23,24
			1,022	0,04466	22,88
			2,08	0,095	21,9
			3,98	0,205	19,4
			6,25	0,365	17,1
			8,34	0,549	15,2
			10,23	0,864	11,8
			12,23	1,227	10,0
CH_2O_2 Ameisensäure	0	Mol/l Lsg.	1,7495	0,00709	247
			7,7546	0,0543	143
			11,7973	0,1418	83,2
			16,6676	0,4610	36,2
			19,5283	1,7377	11,2
			19,9538	2,3997	8,3

427. Lösungsgleichgewichte (Verteilungskoeffizienten) 1–1193

Stoff	Temperatur °C	Konzentration	In Phase A	In Phase B	k
CH_5N Methylamin	25	Mol/l Lsg.	0,02113	0,001521	13,89
			0,06876	0,005611	12,25
			0,10151	0,008380	12,11
			0,2484	0,02104	11,80
			0,5837	0,05018	11,63
			1,1157	0,09788	11,40
			1,6858	0,1501	11,23
			2,0384	0,1834	11,11
			2,6180	0,2402	10,90
$C_2HCl_3O_2$ Trichloressigsäure	25	Mol/l Lsg.	0,0488	0,0017	28,71
			0,2960	0,0218	13,58
			0,6224	0,0765	8,14
			0,9750	0,1666	5,85
			1,4221	0,3277	4,34
			2,6737	0,7089	3,77
			3,6039	1,0011	3,60
$C_2H_4O_2$ Essigsäure	25	Mol/l Lsg.	0,405	0,0231	17,5
			0,727	0,0583	12,5
			1,188	0,1351	8,8
			2,056	0,3493	5,9
C_3H_6O Aceton	25	Mol/l Lsg.	0,0320	0,168	0,190
			0,145	0,676	0,216
			0,493	1,98	0,249
			1,01	3,06	0,332
$C_3H_6O_2$ Propionsäure	25	Mol/l Lsg.	0,036	0,0075	4,80
			0,169	0,081	2,09
			0,452	0,427	1,06
			1,004	1,506	0,67
			2,511	4,620	0,54
			5,386	6,930	0,78
$C_4H_8O_2$ Buttersäure	25	Mol/l Lsg.	0,00178	0,000924	1,925
			0,00367	0,00213	1,721
			0,01435	0,01258	1,140
			0,02832	0,03808	0,744
			0,04670	0,08520	0,548
			0,08160	0,2324	0,351
			0,1260	0,4710	0,267
C_6H_6O Phenol	25	Mol/l Lsg.	0,0737	0,254	0,29
			0,163	0,761	0,21
			0,247	1,85	0,13
			0,436	5,43	0,08
$C_9H_8O_4$ Acetylsalicylsäure	25	Mol/l Lsg.	0,0094	0,0440	0,214
			0,0127	0,0764	0,166
			0,0198	0,1810	0,109

Wasser-Tetrachlorkohlenstoff

Stoff	Temperatur °C	Konzentration	In Phase A	In Phase B	k
Br_2 Brom	25	Mol/l Lsg.	0,00853	0,1949	0,0441
			0,03085	0,7008	0,0441
			0,13132	3,9880	0,0330

4. Mechanisch-thermische Konstanten usw.

Stoff	Temperatur °C	Konzentration	In Phase A	In Phase B	k
J_2 Jod	20	mg/l	16,9		0,0132
			27,3		0,0131
			65,1		0,0125
			93,8		0,0123
			119,9		0,0121
			182,5		0,0118
NH_3 Ammoniak	25	Mol/l Lsg.	1,73	0,00787	222
			2,35	0,0118	200
			6,86	0,0464	147
			8,59	0,0735	116
CH_2O_2 Ameisensäure	25	Mol/l Lsg.	4,1492	0,00473	878
			10,0005	0,0212	472
			14,3270	0,0473	303
			20,0011	0,1773	113
			23,1692	0,4137	56
$C_2HCl_3O_2$ Trichloressigsäure	25	Mol/l Lsg.	0,2772	0,0012	231
			0,6262	0,0088	71,2
			1,2285	0,0268	45,8
			3,1972	0,0949	33,8
			5,5014	0,3391	16,2
			5,6000	0,6388	8,77
$C_2H_4O_2$ Essigsäure	25	Mol/l Lsg.	0,0733	0,000945	77,6
			1,8560	0,0709	26,2
			3,4699	0,2128	16,8
			4,9412	0,3664	13,5
			7,7546	0,7447	10,4
			11,1354	1,7022	6,54
C_2H_6O Äthanol	25	Mol/l Lsg.	0,406	0,0097	41,8
			0,792	0,0201	39,2
			1,477	0,0353	41,8
C_3H_6O Aceton	25	Mol/l Lsg.	0,186	0,0833	2,22
			1,01	0,514	1,96
			1,66	0,997	1,66
			2,87	2,10	1,37
$C_3H_6O_2$ Propionsäure	25	Mol/l Lsg.	0,0129	0,0004	32
			0,0898	0,0088	10,2
			0,716	0,283	2,53
			2,090	1,637	1,28
			7,175	5,950	1,20
$C_4H_8O_2$ Buttersäure	25	Mol/l Lsg.	0,01524	0,00267	5,70
			0,2040	0,1797	1,14
			0,8858	4,4528	0,199
			1,4564	8,1204	0,179
			1,8414	8,1664	0,225
$C_4H_8O_2$ Isobuttersäure	25	Mol/l Lsg.	0,01425	0,00302	4,712
			0,1221	0,0907	1,346
			0,3048	0,8561	0,356
			0,6456	3,2122	0,201

427. Lösungsgleichgewichte (Verteilungskoeffizienten)

Stoff	Temperatur °C	Konzentration	In Phase A	In Phase B	k
C_6H_6O Phenol	25	Mol/l Lsg.	1,2888	7,9640	0,162
			1,9827	8,6235	0,230
			2,1339	8,0745	0,264
			0,0605	0,0247	2,04
			0,140	0,0712	1,92
			0,489	1,47	0,33
			0,525	2,49	0,21
	Wasser und Diäthyläther				
$Fe(CNS)_3$ Eisen(III)-thiocyanat	10	Mol/l Lsg.	0,0127	0,0128	1,00
	20	Mol/l Lsg.	0,0165	0,0091	1,81
	30	Mol/l Lsg.	0,0207	0,0048	4,3
$Fe(NO_3)_3$ Eisen(III)-nitrat	15	g/l Lösm.	150	0,088	1700
HNO_3 Salpetersäure	25	Mol/l Lsg.	0,0847	0,0011	76,0
			0,4326	0,0165	26,2
			1,9071	0,4263	4,47
H_2O_2 Wasserstoffperoxid	18	Mol/l Lsg.	0,7194	0,0518	13,90
			1,6376	0,1300	12,60
			2,9126	0,2721	10,76
			4,0711	0,4026	10,11
			6,2749	0,8003	7,84
			9,0157	1,5103	5,97
CH_2O_2 Ameisensäure	18	Mol/l Lsg.	0,0486	0,0181	2,69
			0,1860	0,0721	2,58
			0,3699	0,1476	2,51
			0,6782	0,2812	2,41
			0,8450	0,3555	2,38
			1,342	0,6016	2,23
CH_3J Jodmethan	21	Mol/l Lsg.	0,00975	0,817	0,012
CH_4O Methanol	20	Mol/l Lsg.	1,920	0,274	7,14
CH_5N Methylamin	15	Mol/l Lsg.	0,094	0,0022	43,5
$C_2H_2O_4$ Oxalsäure	15	Mol/l Lsg.	0,0435	0,0022	19,8
			0,0892	0,0055	16,1
			0,1885	0,01395	13,5
			0,3435	0,02945	11,6
C_2H_3N Acetonitril	20	Mol/l Lsg.	0,624	0,376	1,66
$C_2H_4O_2$ Essigsäure	25	Mol/l Lsg.	0,01323	0,00609	2,17
			0,03309	0,01528	2,17
			0,06654	0,03110	2,14
			0,1341	0,06355	2,11
			0,3265	0,1624	2,01
			0,6497	0,3406	1,91
			1,2600	0,7413	1,70

4. Mechanisch-thermische Konstanten usw.

Stoff	Temperatur °C	Konzentration	In Phase A	In Phase B	k
$C_2H_4O_3$ Glykolsäure	20	Mol/l Lsg.	0,250	0,0087	28,7
			0,447	0,0141	31,7
			0,634	0,0195	32,5
			0,890	0,0267	33,3
			1,146	0,0339	33,8
C_2H_6O Äthanol	25	Mol/l Lsg.	0,252	0,356	0,707
			0,628	1,077	0,583
			1,496	2,448	0,611
			2,215	4,118	0,538
C_2H_7N Dimethylamin	21	Mol/l Lsg.	0,0909	0,005	18,2
C_2H_7NO Äthanolamin	19	Mol/l Lsg.	0,945	0,0012	770
C_3H_6O Aceton	20	Mol/l Lsg.	0,617	0,383	1,61
$C_3H_6O_2$ Propionsäure	25	Mol/l Lsg.	0,9427	2,4408	0,39
			1,6002	3,8173	0,42
			1,9605	4,3089	0,46
$C_3H_6O_3$ Milchsäure	20	Mol/l Lsg.	0,0818	0,00684	11,9
	25	Mol/l Lsg.	0,3575	0,0320	11,17
$C_3H_6O_4$ Glycerinsäure	20	Mol/l Lsg.	0,0921	0,00082	111
$C_3H_7NO_2$ α-Alanin	19	Mol/l Lsg.	1,0	0,0014	714
C_3H_9N Propylamin	19	Mol/l Lsg.	0,194	0,0558	3,45
C_3H_9N Trimethylamin	20	Mol/l Lsg.	0,0444	0,0178	2,4
$C_4H_6O_6$ Weinsäure	27	Mol/l Lsg.	0,427	0,0016	268
			0,857	0,0033	259
			1,625	0,0070	233
$C_4H_8O_2$ Buttersäure	21	Mol/l Lsg.	0,0121	0,0744	0,163
			0,0264	0,1707	0,155
$C_4H_{10}N_2$ Piperazin	20	Mol/l Lsg.	0,798	0,00041	1887
$C_4H_{10}O$ Butanol-(1)	18	Mol/l Lsg.	0,242	1,860	0,13
$C_4H_{10}O$ Butanol-(2)	20	Mol/l Lsg.	0,390	1,743	0,222
$C_4H_{10}O$ Isobutanol	20	Mol/l Lsg.	0,259	1,789	0,145
$C_4H_{11}N$ Diäthylamin	18	Mol/l Lsg.	0,0646	0,0342	1,90
$C_4H_{11}NO_2$ Diäthanolamin	18	Mol/l Lsg.	0,921	0,0005	1840

427. Lösungsgleichgewichte (Verteilungskoeffizienten) 1–1197

Stoff	Temperatur °C	Konzentration	In Phase A	In Phase B	k
$C_4H_{12}N_2$ Tetramethylendiamin	23	Mol/l Lsg.	0,468	0,00059	770
C_5H_5N Pyridin	18	Mol/l Lsg.	0,302	0,354	0,833
$C_5H_8O_3$ Lävulinsäure	20	Mol/l Lsg.	0,478	0,123	3,85
$C_5H_{10}O_2$ Valeriansäure	22	Mol/l Lsg.	0,0041 0,0100	0,0907 0,2333	0,0452 0,0429
C_6H_6O Phenol	19	Mol/l Lsg.	0,0135	0,598	0,0227
$C_6H_8O_7$ Citronensäure	25,5	Mol/l Lsg.	0,241 0,481	0,00155 0,0031	154 155
$C_6H_{15}N$ Triäthylamin	18	Mol/l Lsg.	0,0164	0,0974	0,170
$C_6H_{15}NO_3$ Triäthanolamin	20	Mol/l Lsg.	0,707	0,00078	910
$C_7H_6O_2$ Benzoesäure	10	Mol/l Lsg.	0,041 0,205 0,823	0,0078 0,0373 0,124	5,3 5,3 6,6
$C_7H_8N_2O$ Phenylharnstoff	18	Mol/l Lsg.	0,0704	0,077	0,9
C_7H_9N Benzylamin	18	Mol/l Lsg.	0,0359	0,0676	0,526
$C_8H_8O_2$ Phenylessigsäure	18	Mol/l Lsg.	0,0286	1,068	0,027
$C_9H_9NO_3$ Hippursäure	17	Mol/l Lsg.	0,0237	0,00933	2,56
$C_{10}H_{15}NO$ Ephedrin	18	Mol/l Lsg.	0,0173	0,0345	0,5
$C_{13}H_{17}N_3O$ Pyramidon	20	Mol/l Lsg.	0,205	0,130	1,59
$C_{17}H_{21}NO_4$ Cocain	18	Mol/l Lsg.	0,00095	0,125	0,00725
$C_{17}H_{23}NO_3$ Atropin	19	Mol/l Lsg.	0,00522	0,0217	0,244
$C_{18}H_{21}NO_3$ Codein	18	Mol/l Lsg.	0,0127	0,0102	1,25
$C_{20}H_{24}N_2O_2$ Chinin	20	Mol/l Lsg.	0,00082	0,036	0,0227
$C_{23}H_{26}N_2O_4$ Brucin	18	Mol/l Lsg.	0,00558	0,00103	5,55

4273. Lösungsgleichgewichte zwischen Gasen und kondensierten Stoffen

42731. Gase in Metallen

Die folgende Tabelle gibt die Löslichkeit von Gasen in festen und flüssigen Metallen wieder. Dabei ist in der 1. Spalte das lösende Metall durch sein chemisches Symbol gekennzeichnet, die 2. Spalte gibt den Aggregatzustand oder die Modifikation an. Die 3. Spalte kennzeichnet das gelöste Gas durch sein chemisches Symbol. Dabei findet das für den Gaszustand maßgebende Symbol Verwendung, auch dann, wenn die molekulare Einheit im gelösten Zustand eine andere ist (H_2 im Gas, H im Metall).

Die 4. Spalte gibt den Gleichgewichtsdruck des Gases, die 5. die Temperatur. Die Spalten 6 und 7 geben die eigentliche Löslichkeit an, in Spalte 6 durch den Gew.%-Anteil des gelösten Gases und in Spalte 7 durch die Zahl der gelösten Mole/1000 cm^3 Metall. Auch hier liegt der Angabe die molare Einheit des Gases im Gaszustand zugrunde. Die 8. Spalte gibt schließlich die molare Lösungsenthalpie in kJ/Mol an.

Bei der Lösung in Metallen wird die Gasmolekel stets aufgespalten, und für zweiatomige Gase folgt deshalb im Gültigkeitsbereich des Henryschen Gesetzes

$$c = k \sqrt{p}$$

wo k bei konstanter Temperatur eine Konstante ist. Dieser Sonderfall des Henryschen Gesetzes wird auch als „Gesetz von SIEVERTS" bezeichnet.

Bei Gültigkeit des Henryschen Gesetzes folgt ferner für die Temperaturabhängigkeit der Gaslöslichkeit

$$c = c_0 \cdot e^{-\Delta H / 2RT}$$

für zweiatomige Gase bei konstantem Druck.

Wenn die Affinität eines Gases zu einem Metall relativ hoch ist, so bilden die Komponenten gewöhnlich eine neue stabile Phase, auch bei einem kleineren Gasdruck als 1 at. In solchen Fällen ist in der Tabelle die Löslichkeit im Metall im Gleichgewicht mit dieser Phase angegeben.

Wenn ein Metall Verunreinigungen enthält, die eine wesentlich höhere Affinität zu dem Gas haben, so können diese die Löslichkeit des Gases stark heraufsetzen. Dieser Effekt bedingt speziell bei Löslichkeiten von $^2H_2$ und N_2 einen größeren Meßfehler.

Für einige Metalle und Legierungen sowie Phasengleichgewichte sind Löslichkeitsdiagramme gebracht.

427. Lösungsgleichgewichte (Gase in Metallen)

Metall	Zustand oder Modifikation	Gas	Im Gleichgewicht mit	Temperatur °C	Löslichkeit Gew.%	Löslichkeit Mol/1000 cm³ Metall	Lösungsenthalpie kJ/Mol
Ag Silber	f.	H_2	$H_2, p=1$ atm	400	$0,6 \cdot 10^{-5}$	0,0003	+50,2
	f.	N_2	$N_2, p=1$ atm	200...800	$<2,5 \cdot 10^{-5}$	<0,0001	
	f.	O_2	$O_2, p=1$ atm	200	(0,00187)	(0,0061)	
				600	(0,00174)	(0,0058)	
	fl.	O_2	$O_2, p=1$ atm	973	0,305	1,00	
				1075	0,277	0,91	
Al Aluminium	f.	H_2	$H_2, p=1$ atm	400	$4,5 \cdot 10^{-7}$	$6 \cdot 10^{-6}$	+79,5
				500	$1,1 \cdot 10^{-6}$	$1,5 \cdot 10^{-5}$	
				650	$3,3 \cdot 10^{-6}$	$4,3 \cdot 10^{-5}$	
	fl.	H_2	$H_2, p=1$ atm	660	$5,7 \cdot 10^{-5}$	$7,8 \cdot 10^{-4}$	+105
Ce Cer	f.	H_2	$H_2, p=1$ atm	700	1,35	45,5	
				800	1,27	43	
				1000	1,16	39,5	
				1200	0,5	16	
Co Kobalt (einige Zehntel Prozente Sauerstoff)	f.	H_2	$H_2, p=1$ atm	600	0,00008	0,004	+69,1
				900	0,00023	0,010	
				1200	0,00049	0,0215	
Kobalt (99,5%)	α	O_2	CoO	600	0,006	0,017	
				700	0,009	0,026	
				875	0,0205	0,056	
	β	O_2	CoO	875	0,0058	0,016	
				1200	0,013	0,036	
Cr Chrom (99,7%)	f.	H_2	$H_2, p=1$ atm	600	$2,9 \cdot 10^{-5}$	0,00105	+48,2
				1000	$2,35 \cdot 10^{-4}$	0,0085	
				1200	$4,35 \cdot 10^{-4}$	0,0157	
		N_2	Cr_2N	800	0,0012	0,003	+138 für 1 Cr_2N
				1000	0,014	0,036	
				1200	0,085	0,22	
		O_2	Cr_2O_3	1100	0,00066	0,0015	+151 für ½Cr_2O_3
				1300	0,0036	0,0080	
				1500	0,0132	0,030	
Cu Kupfer (Elektrolyt)	f.	H_2	$H_2, p=1$ atm	600	$8,0 \cdot 10^{-6}$	0,00036	+117
				800	$2,8 \cdot 10^{-5}$	0,0013	
				1000	$1,0 \cdot 10^{-4}$	0,0045	
	fl.		$p=1$ atm	1100	$4,9 \cdot 10^{-4}$	0,022	+99,6
				1300	$8,5 \cdot 10^{-4}$	0,038	
				1500	$1,3 \cdot 10^{-3}$	0,058	
Kupfer 99,99%	f.	O_2	Cu_2O	600	0,0071	0,020	
				800	0,0087	0,0245	
	fl.	O_2	Cu_2O	1100	0,45	2,0	
Fe Eisen (99,9%)	α	H_2	$H_2, p=1$ atm	600	0,00010	0,00395	+54,2
				700	0,00015	0,0058	
				800	0,00020	0,0080	
				900	0,00026	0,0103	
	γ	H_2	$H_2, p=1$ atm	1000	0,00050	0,0195	+45,2
				1200	0,000665	0,026	
				1400	0,00083	0,0325	
	δ	H_2	$H_2, p=1$ atm	1450	0,00058	0,023	(+54,4) +62,6
	fl.	H_2	$H_2, p=1$ atm	1550	0,0026	0,102	
				1800	0,00332	0,13	
	α	$^2H_2$	$^2H_2, p=1$ atm	600	$2,43 \cdot 10^{-4}$	0,00475	+54,8
				700	$3,57 \cdot 10^{-4}$	0,0070	
				800	$4,91 \cdot 10^{-4}$	0,0096	
				900	$6,38 \cdot 10^{-4}$	0,0125	
	γ	$^2H_2$	$^2H_2, p=1$ atm	1000	0,00105	0,020	+49,4
				1200	0,0014	0,027	
				1400	0,00178	0,035	
	α	N_2	Fe_8N	200	0,0088	0,025	
	α	N_2	γ—Fe—N	700	0,069	0,195	
99,96%	γ	O_2	FeO	1325..1423	0,003	0,007	
	δ	O_2	FeO	1528	0,005	0,01	
	fl.	O_2	FeO, flüssig	1550	0,19	0,43	+110 für 1 FeO
				1700	0,33	0,75	
				1750	0,39	0,88	

4. Mechanisch-thermische Konstanten usw.

Metall	Zustand oder Modifikation	Gas	Im Gleichgewicht mit	Temperatur °C	Löslichkeit Gew.%	Löslichkeit Mol/1000 cm³ Metall	Lösungsenthalpie kJ/Mol
Ge Germanium (spektralrein)	f.	H₂	H₂, $p=1$ atm	800...1000	$<10^{-4}$	$<0,003$	
Mn Mangan (dest.)	α	H₂	H₂, $p=1$ atm	25	0,0027	0,10	} −7,95
				400	0,0011	0,041	
				600	0,0010	0,037	
	β¹		H₂, $p=1$ atm	800	0,0024	0,090	
				1050	0,0030	0,11	
	γ¹		H₂, $p=1$ atm	1100	0,0037	0,138	
				1125	0,00375	0,14	
	δ		H₂, $p=1$ atm	1165	0,0036	0,133	
				1244	0,00395	0,147	
	fl.		H₂, $p=1$ atm	1244	0,0053	0,197	
				1320	0,0056	0,208	
Mn (99,9%)	fl.	N₂	N₂, $p=1$ atm	1270	2,75	7,3	} −118,7
				1400	1,9	5,0	
				1500	1,5	4,0	
Mo Molybdän (chem.-anal.) 100%)	f.	H₂	H₂, $p=1$ atm	600	$(1,4 \cdot 10^{-5})$	(0,0007)	} (+50,2)
				800	$(2,8 \cdot 10^{-5})$	(0,0014)	
				1100	$(5,3 \cdot 10^{-5})$	(0,0027)	
		N₂	Mo₂N ?	800	(0,0061)	(0,022)	} (−147)
				1200	(0,00061)	(0,0022)	
		O₂	MoO₂	1100	(0,0046)	(0,015)	
				1600	(0,0060)	(0,02)	
Ni Nickel (99,52%)	f.	H₂	H₂, $p=1$ atm	600	0,00051	0,023	} +25,8
				1000	0,00091	0,041	
				1200	0,0011	0,048	
	fl.	H₂	H₂, $p=1$ atm	1500	0,0036	0,16	
Pd Palladium	f.	H₂	H₂, $p=1$ atm	300	0,0146	0,87	} −7,2
				600	0,0083	0,493	
				1000	0,0070	0,42	
Pt Platin	f.	H₂	H₂, $p=1$ atm	800	$0,5 \cdot 10^{-5}$	0,00052	} +146,4
				1000	$1,8 \cdot 10^{-5}$	0,0019	
				1400	$9,2 \cdot 10^{-5}$	0,0099	
Sn Zinn (99,99%)	fl.	H₂	H₂, $p=1$ atm	1000	$0,3 \cdot 10^{-5}$	0,0001	} +266
				1200	$1,9 \cdot 10^{-5}$	0,0007	
Ta Tantal	f.	H₂	H₂, $p=1$ atm	400	0,22	17,9	
				500	0,11	9,1	
				600	0,056	4,6	
	f.	N₂	TaN	1970	(0,8)	(4,0)	
	f.	O₂	Ta$_x$O	700	0,135	0,70	
				1100	0,28	1,45	
				1650	0,60	3,1	
Th Thorium	f.	H₂	ThH₂	500	0,024	1,38	+66
				800	0,124	7,2	
Ti Titan	α	H₂	β—Ti—H	500	0,187	4,25	
				700	0,137	3,1	
				800	0,07	1,5	
	β	H₂	γ—Ti—H	500	2,15	48	
				600	2,18	48	
Titan (99,9%)	α	N₂	TiN	20...800	≤6,2	≤9,2	
	β		αTi—N	1000	0,2	0,3	
	β	O₂	αTi—O	1000	0,6	0,85	
				1300	1,6	2,3	
				1500	1,8	2,6	
Zr Zirkon 0,015% O	α	H₂	δ(Zr₂H₃)	400	0,02	0,67	
	β	H₂	δ(Zr₂H₃)	600	0,71	23	
				800	1,09	35	
Zirkon (99,8%)	α	O₂	ZrO₂	600...1900	6,75	14,7	
	β		α—Zr—O	1100	0,35	0,7	
				1700	1,6	3,3	

[1] Hystereseerscheinungen an den Umwandlungspunkten.

427. Lösungsgleichgewichte (Gase in Metallen)

Löslichkeit von Wasserstoff in Palladium unter Druck ausgedrückt durch das Atomverhältnis Pd:H = 1:X

p_{H_2} in atm	326° C X	366° C X	396° C X	437° C X	477° C X	p_{H_2} in atm	326° C X	366° C X	396° C X	437° C X	477° C X
25	—	0,109	0,084	0,075	0,033	290	0,602	0,587	0,568	0,558	0,508
50	0,426	0,348	0,214	0,160	0,055	990	0,691	0,676	0,664	0,655	0,611
100	0,522	0,494	0,466	0,331	0,172						

Wasserstoff-Löslichkeit bei p_{H_2} = 760 Torr und 700° C in feste Kupferlegierungen in Abhängigkeit von der Höhe des Legierungszusatzes

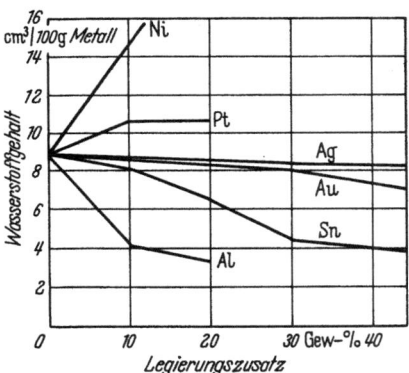

Wasserstoff-Löslichkeit bei 1200° C und p_{H_2} = 760 Torr in einigen Kupferlegierungen in geschmolzenem Zustand in Abhängigkeit von der Höhe des Legierungszusatzes

Löslichkeit von Wasserstoff p = 1 atm in Uran in Abhängigkeit von der Temperatur ϑ. ppm = 1 · 10⁻⁴ Gew.%

Löslichkeit von Sauerstoff p = 1 atm in Uran in Abhängigkeit von der Temperatur ϑ

4. Mechanisch-thermische Konstanten usw.

Löslichkeit von Schwefeldioxid in flüssigem Reinkupfer.
Abhängigkeit vom SO$_2$-Druck

Wasserstoff-Löslichkeit in Reinkupfer bei einem Wasserstoffdruck von 760 Torr im Temperaturbereich von 300...1400° C

Wasserstofflöslichkeit bei $p_{H_2}=760$ Torr in flüssigen Kupfer-Zinn-Legierungen in Abhängigkeit vom Zinngehalt

Temperaturabhängigkeit der Kohlenstoff-Löslichkeit in flüssigem Reinkupfer. ○ Versuchsreihe A
● Versuchsreihe B

42732. Löslichkeit von Gasen in Flüssigkeiten

Von Anna May, München

Einleitung

Die Zahlenwerte der Löslichkeit werden hier in folgenden Größen ausgedrückt:

α, der *Bunsen*sche Löslichkeitskoeffizient (*Bunsen*scher Absorptionskoeffizient), ist diejenige Gasmenge in Ncm^3 (cm^3 reduziert auf 0° C, 1 atm, Norm-cm^3), die von 1 cm^3 Lösungsmittel bei der Meßtemperatur aufgenommen wird, wenn der Teildruck des Gases 1 atm beträgt.

λ, der technische Löslichkeitskoeffizient, ist diejenige Gasmenge in Ncm^3, die von 1 g Lösungsmittel aufgenommen wird, wenn der Teildruck des Gases 1 at (1 kp/cm^2) beträgt.

l ist diejenige Gasmenge in Ncm^3, die von 1 cm^3 Lösungsmittel bei der Meßtemperatur aufgenommen wird, wenn der Gesamtdruck (Teildruck des Gases + Dampfdruck des Lösungsmittels) 1 atm beträgt.

α'_H, die *Horiuti*sche Löslichkeit = Verhältnis der Konzentration des Gases in der Flüssigkeit zu der in der Gasphase, wobei unter Flüssigkeit das Volumen der Gaslösung verstanden wird (vgl. Definition von α').

L Löslichkeit in Ncm^3 (Gas)/g (Lösungsmittel) bzw. Ncm^3 (Gas)/cm^3 (Lösungsmittel).

Weitere in der Literatur gebräuchliche Meßgrößen:

α', die *Ostwald*sche Löslichkeit = Verhältnis der Konzentration des Gases in der Flüssigkeit zu der in der Gasphase, wobei unter Flüssigkeit das Volumen des reinen gasfreien Lösungsmittels verstanden wird (vgl. α'_H).

β, der *Kuenen*sche Absorptionskoeffizient, ist diejenige Gasmenge in Ncm^3, die von 1 g Lösungsmittel aufgenommen wird, wenn der Teildruck des Gases 1 atm beträgt.

4. Mechanisch-thermische Konstanten usw.

Umrechnung von Löslichkeitswerten:

$$\alpha = \frac{\alpha' \cdot 273}{T},$$

$$\alpha = \beta \cdot D,$$

$$\lambda = \beta \cdot 0{,}9678 = \frac{\alpha}{D} \cdot 0{,}9678$$

$T=$ Meßtemperatur in °K,
$D=$ Dichte des Lösungsmittels bei der Meßtemperatur.

Im Gültigkeitsbereich des Henryschen Gesetzes: gelöste Gasmenge ist dem Teildruck des Gases proportional, ist

$$L \frac{\text{Ncm}^3\,(\text{Gas})}{\text{cm}^3\,(\text{Lösungsmittel})} = \alpha \cdot p \quad (p \text{ in atm}),$$

$$L \frac{\text{Ncm}^3\,(\text{Gas})}{\text{g}\,(\text{Lösungsmittel})} = \lambda \cdot p \quad (p \text{ in at}).$$

Umrechnung von λ-Werten in Wasser in α-Werte:

$$\alpha = \lambda \cdot \frac{D_{H_2O}}{0{,}9678} = \lambda \cdot f.$$

°C	0	5	10	15	20	25
f	1,0330	1,0331	1,0329	1,0323	1,0313	1,0301

°C	30	40	50	60	70	90
f	1,0287	1,0251	1,0208	1,0158	1,0102	0,9974

Abkürzungen

D	Dichte,	Lsg.	Lösung,
fl. Ph.	flüssige Phase,	Lsgm.	Lösungsmittel,
g. Ph.	gasförmige Phase,	Ncm³	Normkubikzentimeter,
H. G.	Henrysches Gesetz,	T	Temperatur in °K,
Konz.	Konzentration,	ϑ	Temperatur in °C.

Übersicht

Löslichkeit in Wasser. 1205
Löslichkeit in wäßrigen Lösungen von anorganischen und organischen Stoffen 1209
Löslichkeit in verflüssigten Gasen 1218
Löslichkeit in organischen Flüssigkeiten 1220
Löslichkeit von Quecksilberdampf in Flüssigkeiten 1228
Löslichkeit in Ölen, Gummi, Gläsern 9122

427. Lösungsgleichgewichte (Gase in Flüssigkeiten)

427321. Löslichkeit von Gasen und Dämpfen in Wasser
427321I. Technischer Löslichkeitskoeffizient bei 0—80°C

λ in $\dfrac{Ncm^3 \,(Gas)}{g\,(H_2O)}$ bei ϑ in °C at

Gas	0	5	10	15	20	25	30	40	50	60	70	90	Gültigkeit des Henry-Gesetzes bis at
Argon	0,053	0,045₅	0,040₅	0,036₅	0,033₀	0,030	0,028	0,024	0,022	0,020	0,019	—	30 (0°C)
Chlordioxid	58	47	39	31	24	19 (21)	(14)	(11)	—	(6)	—	—	0,2
Distickstoffmonoxid	1,26	1,02	0,85	0,71₅	0,605	0,52	0,45	0,35	0,28	—	—	—	
Helium	0,0092	0,0089	0,0087	0,0084₅	0,0083	0,0082	0,0081₅	0,0082	0,0083₅	0,0086₅	0,0091	0,0102	50
Kohlenstoffdioxid	1,658	1,378	1,159	0,987	0,851	0,738	0,646	0,516	0,423	0,353	0,30	—	5
Kohlenstoffmonoxid	0,0342	0,0305	0,0273	0,0246	0,0225	0,0208	0,0194	0,0173	0,0158	0,0146	0,0143	0,0142	
Krypton	—	0,84	0,73	0,64	0,57	0,52	0,47	0,40	0,35	0,32	0,30	—	50
Luft	0,028	0,025	0,022	0,020	0,018	0,016₅	0,015						30
Neon	—	—	0,0111	0,0106	0,0102	0,0098	0,0096	0,0092	0,0091	0,0092	0,0094	—	50
Radon	0,49	0,38	0,32	0,26	0,22	0,19	0,165	0,136	0,112	0,096	0,086	—	
Sauerstoff	0,0473	0,0415	0,0368	0,0330	0,0300	0,0275	0,0255	0,0225	0,0204	0,0190	0,0181	0,0172	20
Schwefelwasserstoff	4,52	3,80	3,28	2,85	2,51	2,22	2,00	1,63	1,36	1,17	1,01	0,84	1
Stickstoff	0,0225	0,0200	0,0181	0,0165	0,0152	0,0141	0,0133	0,0119	0,0110	0,0105	0,0103	0,010	30
Stickstoffmonoxid	0,071	0,063	0,055	0,050	0,046	0,042	0,039	0,034	0,031	0,029	0,028	0,027	
Wasserstoff	0,0209	0,0198	0,0189	0,0182	0,0176	0,0171	0,0167	0,0161	0,0158	0,0157	0,0157	0,0160	
Xenon	—	—	0,152	0,121	0,105	0,093	0,083	0,067	0,056	0,048	0,043	0,040	50
Acetylen	1,69	1,46	1,28	1,13	1,01	0,91	0,83	0,69	0,59	0,52	—	—	
Äthan	0,090	0,071	0,057	0,048	0,042	0,037	0,033	0,028	0,024	0,021	0,019	0,017	
Äthylen	0,216	0,177	0,150	0,120	0,115	0,104	0,094	0,078	0,067	0,060	0,055	0,052	10
Methan	0,054	0,046	0,040	0,036	0,032	0,029	0,027	0,023	0,021	0,019	0,018	0,017	20
Propan	—	—	0,053	0,045	0,038	0,032	0,028	0,022	0,018	0,016	0,014	0,013	

4. Mechanisch-thermische Konstanten usw.

4273212. Technischer Löslichkeitskoeffizient bei 0 und 25° C

Gas bzw. Dampf	λ in $\frac{Ncm^3\,(Gas)}{g\,(H_2O)\,at}$ bei		Gas bzw. Dampf	λ in $\frac{Ncm^3\,(Gas)}{g\,(H_2O)\,at}$ bei	
	0° C	25° C		0° C	25° C
Bromdampf Br_2	58,5	16,5	n-Butan C_4H_{10}	—	0,025
Kohlenstoffoxid-sulfid COS	1,35	0,46	Chlormethan CH_3Cl	—	2,5
Ozon O_3	0,48	0,21	Chloroform $CHCl_3$	—	5,6
Phosgen $COCl_2$	4,8	1,2	Cyclopropan C_3H_6	—	0,25
Phosphorwasserst. PH_3	—	0,19	Dichlormethan CH_2Cl_2	—	6,1
Quecksilberdampf Hg	—	s. Tab. 427325	Methanol CH_4O	—	$5 \cdot 10^6$
Schwefel-hexafluorid SF_6	0,0142	0,0049	Methylacetylen C_3H_4	—	1,65
Schwefelkohlenst. CS_2	4,24	1,25	Naphthalin $C_{10}H_8$	—	≈ 40
Stickstoff-wasserstoffsäure HN_3	910	260	Propylen C_3H_6	0,46	0,17
Aceton* C_3H_6O	—	≈ 680	Tetrachlor-kohlenstoff CCl_4	—	0,75
Acrylnitril* C_3H_9N	—	210	Toluol C_7H_8	—	$\approx 3,5$
Äthylamin C_2H_7N	—	2100	Trichloräthylen C_2HCl_3	—	1,9
Benzol C_6H_6	15	4,0	m-Xylol C_8H_{10}	—	$\approx 3,5$
Butadien —1,3 C_4H_6	—	0,19	o-Xylol C_8H_{10}	—	3,7
			p-Xylol C_8H_{10}	—	3,5

* Das Henry-Gesetz ist nur bei Teildrucken $\leq$ 20 Torr erfüllt.

4273213. Prozentgehalt an Sauerstoff der aus CO_2- und NH_3-freier Luft in Wasser gelösten Phase (Sättigungszustand)[1]

ϑ °C	O_2-Gehalt %	ϑ °C	O_2-Gehalt %	ϑ °C	O_2-Gehalt %	ϑ °C	O_2-Gehalt %	ϑ °C	O_2-Gehalt %	ϑ °C	O_2-Gehalt %	ϑ °C	O_2-Gehalt %
0	35,5	6	35,0	12	34,5	16	34,2	22	33,9	26	33,8		
2	35,3	8	34,8	14	34,4	18	34,1	24	33,9	28	33,7		
4	35,1	10	34,6	15	34,3	20	34,0	25	33,8	30	33,6		

[1] Berechnet nach Tabelle 4273211.

4273214. Löslichkeit von Cl_2, HCl und HBr in Wasser

Gas	l in $\frac{Ncm^3\,(Gas)}{cm^3\,(H_2O)}$ beim Gesamtdruck 1 atm und der Temperatur						
	—20	—10	0	+10	20	30	50° C
HBr	680	640	610	580	545	530	475
Cl_2			(4,6)	(4,95) 3,15	2,30	1,80	1,23
HCl	597	552	512	476	443	413	366

4273215. Chlor-Teildrücke über wäßrigen Lösungen von Chlor

4273216. Technischer Löslichkeitskoeffizient von NH_3, HCN und SO_2 in Wasser bei Drücken ≤ 1 at

4273217. Technischer Löslichkeitskoeffizient von CO_2, CH_4, H_2 und N_2 in Wasser bei Drücken $\geqq 1$ at

427. Lösungsgleichgewichte (Gase in Flüssigkeiten)

427322. Löslichkeit von Gasen in wäßrigen Lösungen

4273221. *Bunsen*scher und technischer Löslichkeitskoeffizient in wäßrigen Lösungen von anorganischen Salzen und Säuren bei 25° C

$$\alpha \text{ in } \frac{Ncm^3(Gas)}{cm^3(Lsgm.)\ atm}, \quad \lambda \text{ in } \frac{Ncm^3(Gas)}{g(Lsgm.)\ at}$$

Gas	Gelöster Stoff	Konzentration								
		0 Gew.%		5 Gew.%		10 Gew.%		20 Gew.%		40 Gew.%	
		α	λ	α	λ	α	λ	α	λ	α	λ
Argon	$CaCl_2$	0,0325	0,0316	0,0298	0,0278	0,0274	0,0245	0,0222	0,0183	0,0148	0,0103
	KCl			0,0290	0,0273	0,0257	0,0234	0,0189	0,0162	—	—
	LiCl			0,0287	0,0271	0,0248	0,0228	—	—	—	—
	$MgCl_2$			0,0303	0,0282	0,0279	0,0250	0,0239	0,0197	—	—
	NaCl			0,0286	0,0268	0,0248	0,0225	0,0173	0,0146	—	—
	$NaNO_3$			0,0292	0,0274	0,0262	0,0238	0,0198	0,0168	0,0090	0,0066
Chlor	HCl^1	2,06	2,00	1,50	1,42	1,76	1,63	2,21	1,95		
	KCl			1,39	1,31	1,22	1,11	0,97	0,83		
	NaCl			1,32	1,24	1,06	0,96	0,71	0,60	0,71	0,53
	H_2SO_4			1,36	1,28	1,18	1,07	0,96	0,82		
Chlorwasserstoff	$H_2SO_4^1$	—	—								
Distickstoff-	HCl^3	0,54	0,52	0,52	0,49	0,50	0,46	0,51	0,45		
monoxid	$CaCl_2$			0,42	0,39$_5$	0,33	0,30	0,19	0,15$_5$		
	KCl			0,46	0,44	0,40	0,36	0,29	0,25		
	KNO_3			0,49	0,46	0,45	0,41	0,37$_5$	0,32		
	KOH			0,41	0,38						
	LiCl			0,42	0,40						
	NH_4Cl			0,48	0,46	0,43$_5$	0,41	0,35$_5$	0,32$_5$		
	NaCl			0,42	0,39	0,32	0,29	0,19	0,16		
	$NaNO_3$			0,47	0,44	0,41	0,37	0,30	0,25		
	Na_2SO_4			0,39	0,36	0,29	0,26	0,14	0,11		
	$H_2SO_4^4$			0,50	0,47	0,46	0,42	0,41	0,35	0,39	0,29

[1] Minimum bei 0,7% HCl. [2] Minimum bei 89% H_2SO_4. [3] Minimum bei 13% für α, bei 17% für λ. [4] Minimum bei 35% für α, bei 40% für λ.

Gas	Gelöster Stoff	0 Gew.% α	0 Gew.% λ	5 Gew.% α	5 Gew.% λ	10 Gew.% α	10 Gew.% λ	20 Gew.% α	20 Gew.% λ	40 Gew.% α	40 Gew.% λ
Helium	HCl	0,0084₅	0,0082	0,0080	0,0076	0,0076	0,0070	0,0066	0,0058	—	—
	KCl			0,0075	0,0070	0,0065	0,0059	—	—	—	—
	LiCl			(0,0076)	(0,0071)	(0,0067)	(0,0061)				
				0,0079	0,0075	0,0073	0,0067				
	NH₄Cl			(0,0072)	(0,0068)	(0,0060)	(0,0055)				
	NaCl			0,0077	0,0074	0,0069	0,0065	0,0055	0,0050	—	—
	Na₂SO₄			0,0075	0,0070	0,0065	0,0059	0,0046	0,0039	—	—
				0,0069	0,0064	0,0055	0,0049	0,0032	0,0026	—	—
Kohlenstoffdioxid	CaCl₂	0,76	0,74	—	—	—	—	—	—	—	—
	KCl			0,67	0,63	0,60	0,54₅	0,48	0,41	0,14	0,10
	KNO₃			0,72	0,67₅	0,68	0,62	0,61	0,52	—	—
	NaCl			0,61	0,57	0,49	0,44	0,31	0,26	—	—
	NaNO₃			0,68	0,64	0,59₅	0,55	0,47	0,40	0,25	0,18
	Na₂SO₄			0,58	0,54	0,44	0,39	0,24	0,19	—	—
	H₂SO₄			0,70	0,66	0,66	0,60	0,60	0,51	0,59	0,45
Radon	NaCl	0,20	0,19	0,14	0,13	0,10	0,09	0,06	0,05	—	—
Sauerstoff	CaCl₂	0,0283	0,0275	0,021	0,020	0,018	0,016	0,015	0,012	0,012	0,007
	KCl			0,0224	0,0211	0,0182	0,0166	0,0110	0,0095	—	—
	KNO₃			0,0245	0,0231	0,0218	0,0199	—	—	—	—
	KOH			0,0195	0,0181	—	—	—	—	—	—
	K₂SO₄			0,0223	0,0208	—	—	—	—	—	—
	LiCl			0,0212	0,0200	0,0139	0,0128	0,008₅	0,007	—	—
	MgCl₂			0,020	0,019	0,016	0,014	0,0082	0,0069	—	—
	NaCl			0,0208	0,0195	0,0153	0,0138	—	—	—	—
	NaOH			0,0164	0,0151	—	—	—	—	—	—
	Na₂SO₄			0,0208	0,0193	0,0169	0,0150	—	—	—	—
	H₂SO₄			0,0250	0,0235	0,0226	0,0206	0,0182	0,0155	—	—

427. Lösungsgleichgewichte (Gase in Flüssigkeiten)

Gas	Salz								
Schwefeldioxid	KCl KNO₃ NH₄Cl NaCl Na₂SO₄	31,1	30,2	— — — — —	— — — — —	— — — — —	— — — — —	— — — — —	— — — — —
Schwefelwasserstoff	KCl KNO₃ NH₄Cl NaCl NaNO₃	2,27	2,21	33 31,5 33,5 29,5 29 2,04 2,17 2,18 1,98 2,12	31 29 32 27,7 27 1,93 2,04 2,07 1,86 1,99₅	34,5 32 — — — — 2,07 — — —	31,5 29 — — — — 1,89 — — —	—	—
Stickstoff	LiCl NaCl	0,0148	0,0143	0,013 0,093	0,012 0,0087	— 0,005₅	— 0,005	—	—
Wasserstoff	KOH NaCl NaOH H₂SO₄	0,0176	0,0171	0,0134 0,0042 0,0114 0,0161	0,0124 0,0133 0,0105 0,0151	— 0,0070 — 0,0146	— 0,0061 — 0,0134	—	—
Acetylen	CaCl₂ KCl KNO₃ MgCl₂ NH₄Cl NaCl NaNO₃ Na₂SO₄	0,94	0,91	0,75 0,81 0,88 0,73 0,84 0,75 0,85 0,72	0,70 0,77 0,83 0,68₅ 0,80 0,70 0,80 0,67	0,60 0,70 0,83 0,58 0,76 0,59 0,76₅ 0,55	0,53₅ 0,64 0,75₅ 0,52 0,72 0,54 0,69₅ 0,49	0,38 0,53 0,72₅ 0,35 0,66 0,37 0,62 —	0,31₅ 0,46 0,62₅ 0,29 0,60 0,31 0,52₅ —
Äthan	LiCl NaCl	0,038	0,037	0,036 0,037	0,034 0,035	0,017₅ 0,016₅	0,016 0,015	— 0,007	— 0,006
Äthylen	LiCl NaCl	0,108	0,105	0,082 0,081	0,077 0,076	0,058 0,059	0,053₅ 0,053₅	— 0,037	— 0,031
Methan	LiCl NaCl	0,030	0,029	0,022 0,022	0,021 0,021	0,016 0,015₅	0,015 0,014	— 0,007	— 0,006
Propan	LiCl NaCl	0,0335	0,0325	0,021 0,022	0,020 0,020₅	0,012 0,013₅	0,011 0,012	— 0,005	— 0,004

Temperaturen (°C) der Spalten 3–8 (acetylen/andere Gase, obere Reihe 38,5/34 bzw. 33/29):

Spalte	Temperaturen
3	33 / 31,5 / 33,5 / 29,5 / 29
4	31 / 29 / 32 / 27,7 / 27
5	34,5 / 32 / 36 / 29,1 / 28
6	31,5 / 29 / 34 / 26,4 / 25
7	38,5 / 34
8	33 / 29

4. Mechanisch-thermische Konstanten usw.

4273222. Löslichkeit von atmosphärischen Gasen in Meerwasser (MW)

Gas	$\frac{g\,Cl^-}{1\,MW}$	$\frac{Ncm^3\,(Gas)}{1\,(MW)}$ aus Luft von 1 atm bei °C						
		0	4	8	12	16	20	24	28
Sauerstoff	0	10,29	9,26	8,40	7,68	7,08	6,57	6,14	5,75
	4	9,83	8,85	8,04	7,36	6,80	6,33	5,91	5,53
	8	9,36	8,45	7,68	7,04	6,52	6,07	5,67	5,31
	12	8,90	8,04	7,33	6,74	6,24	5,82	5,44	5,08
	16	8,43	7,64	6,97	6,43	5,96	5,56	5,20	4,86
	20	7,97	7,23	6,62	6,11	5,69	5,31	4,95	4,62
„Stickstoff"[1]	0	18,64	17,02	15,63	14,45	13,45	12,59	11,86	11,25
	4	17,74	16,27	14,98	13,88	12,94	12,15	11,46	10,89
	8	16,90	15,51	14,32	13,30	12,44	11,70	11,07	10,52
	12	16,03	14,75	13,66	12,72	11,93	11,25	10,67	10,16
	16	15,18	14,00	13,00	12,15	11,73	10,81	10,27	9,80
	20	14,31	13,27	12,34	11,57	10,92	10,36	9,87	9,44
Rein-Stickstoff	16	15,02	13,56	12,47	11,56	10,72	9,98	9,36	8,84
	18	14,61	13,24	12,17	11,28	10,47	9,76	9,16	8,62
	20	14,21	12,89	11,87	10,99	10,21	9,54	8,96	8,44
„Argon"[2]	16	0,400	0,379	0,343	0,313	0,288	0,268	0,249	0,231
	18	0,389	0,369	0,333	0,304	0,280	0,260	0,242	0,224
	20	0,379	0,358	0,324	0,296	0,273	0,253	0,235	0,217

[1] Edelgashaltig.
[2] Summe der atmosphärischen Edelgase.

4273223. Löslichkeit von Gasen in Sperrflüssigkeit, schwefelsäurehaltige Na_2SO_4-Lösung. Mischungsverhältnis 200 g Na_2SO_4 + 40 cm³ konz. H_2SO_4 + 800 g H_2O

Dampfdruck der Na_2SO_4-Lösung		Löslichkeiten reiner Gase bei 25° C		Löslichkeiten von Gasmischungen bei 25° C			
°C	Torr	Gas	$\frac{cm^3\,Gas}{cm^3\,Lsg.}$	Vol %	Gas	Vol %	Gas	$\frac{cm^3\,Gas}{cm^3\,Lsg.}$
16	11,6	H_2	0,0073			100	Luft	0,0053
18	12,9	O_2	0,0089	5	CO_2	95	Luft	0,0135
20	14,7	N_2	0,0049	10	CO_2	90	Luft	0,0235
22	16,7	SO_2	13,6	20	CO_2	80	Luft	0,0447
24	18,9	N_2O	0,159	14,5	CO_2	6,1	O_2	} 0,0310
26	21,4	CH_4	0,0093			79,4	N_2	
28	24,7	C_2H_6	0,0108	40,3	CH_4	39,9	C_2H_4	} 0,056
30	27,2	C_2H_4	0,024			19,8	C_2H_2	
		C_2H_2	0,343					
		CO	0,0039					
		CO_2	0,270					

4273224. Löslichkeit von – – – CO_2 und ─── H_2S in Alkazidlauge DIK

4273225. Löslichkeit von – – – CO_2 und ─── H_2S in Alkazidlauge M

4273226. *Bunsen*scher Löslichkeitskoeffizient von CO_2 in wäßrigen Lösungen von *I* Aceton, *II* Äthanol, *III* Glycerin

4273227. Löslichkeit von CO_2 in wäßrigen Äthanolaminlösungen[1]

Amin	Normalität des Amins	Gew. % ca.	CO_2-Teildruck Torr	Löslichkeit Mole CO_2/ MolAmin	CO_2-Teildruck Torr	Löslichkeit Mole CO_2/ Mol Amin
			25° C		75° C	
Mono- äthanol- amin	0,5	3,0	10,8	0,607	50,0	0,476
	0,5	3,0	99,6	0,795	130,3	0,584
	0,5	3,0	735,7	1,004	475,8	0,685
	2,0	12,1	10,6	0,527	51,1	0,430
	2,0	12,1	98,6	0,623	130,6	0,474
	2,0	12,1	736,4	0,795	477,0	0,560
	5,0	30,2	10,6	0,507	54,8	0,418
	5,0	30,2	98,7	0,563	142,6	0,460
	5,0	30,2	742,9	0,657	518,1	0,493
	12,5	75,6	45,4	0,521	64,2	0,395
	12,5	75,6	256,3	0,518	168,1	0,453
	12,5	75,6	749,1	0,548	629,9	0,479
Diäthanol- amin	0,5	5	11,0	0,551	50,0	0,355
	0,5	5	97,9	0,797	129,8	0,456
	0,5	5	732,3	0,987	474,5	0,630
	2,0	20	10,5	0,451	51,1	0,263
	2,0	20	99,3	0,633	133,3	0,356

427. Lösungsgleichgewichte (Gase in Flüssigkeiten) 1-1215

Amin	Normalität des Amins	Gew. % ca.	CO_2-Teildruck Torr	Löslichkeit Mole CO_2/ Mol Amin	CO_2-Teildruck Torr	Löslichkeit Mole CO_2/ Mol Amin
			25° C		75° C	
	2,0	20	729,0	0,813	488,6	0,464
	5,0	50	44,8	0,506	54,9	0,242
	5,0	50	253,6	0,589	142,6	0,327
	5,0	50	741,1	0,661	520,0	0,403
	8,0	80	78,4	0,480	58,9	0,215
	8,0	80	268,4	0,553	155,9	0,302
	8,0	80	744,0	0,582	574,0	0,368
Triäthanolamin	0,5	7,1	10,5	0,191	50,1	0,116
	0,5	7,1	99,3	0,512	129,9	0,177
	0,5	7,1	739,3	0,921	474,7	0,327
	2,0	28,4	1,4	0,0332	51,2	0,0518
	2,0	28,4	11,0	0,0930	132,6	0,0771
	2,0	28,4	99,5	0,316	485,9	0,158
	2,0	28,4	734,0	0,715		
	5,0	71,0	10,6	$0,0344^2$	56,1	0,0133
	5,0	71,0	98,7	0,115	146,6	0,0302
	5,0	71,0	737	$0,432^2$	534,7	0,0669

[1] Nach J. W. Mason, B. F. Dodge, Trans. A. I. Ch. E. 32 (1936) 27.
[2] Mittelwert mehrerer Messungen.

4273228. Löslichkeit von H_2S in wäßrigen Äthanolaminlösungen[1]

Amin	Mole Amin / 1000 g H_2O	Gew.%	H_2S-Teildruck Torr	Mole H_2S/Mol Amin	H_2S-Teildruck Torr	Mole H_2S/Mol Amin	H_2S-Teildruck Torr	Mole H_2S/Mol Amin
			25° C		60° C			
	0,6	3,5	25	0,866	25	0,551		
	0,6	3,5	100	0,986	100	0,811		
	0,6	3,5	700	1,148	700	1,083		
	0,86	5			0,00804	0,00582		
	0,86	5			106	0,714		
	1,0	5,8	25	0,833	25	0,490		
	1,0	5,8	100	0,956	100	0,757		
	1,0	5,8	700	1,086	700	1,040		
Monoäthanolamin	2,0	10,2	25	0,777	25	0,388		
	2,0	10,2	100	0,919	100	0,674		
	2,0	10,2	700	1,033	700	0,968		
	5,0	23,4	25	0,643	25	0,285		
	5,0	23,4	100	0,852	100	0,547		
	5,0	23,4	700	0,991	700	0,891		
			26,7° C					
	0,86	5	0,000626	0,00336				
	0,86	5	0,0518	0,0591				
	0,86	5	73,0	0,945	48,9° C			
	2,9	15	0,0137	0,00995	0,0439	0,0156		
	2,9	15	2,24	0,190	60,8	0,609		
	2,9	15	275	0,895				

4. Mechanisch-thermische Konstanten usw.

Amin	Mole Amin / 1000 g H$_2$O	Gew. %	H$_2$S-Teildruck Torr	Mole H$_2$S/Mol Amin	H$_2$S Teildruck Torr	Mole H$_2$S/ Mol Amin	H$_2$S-Teil druck Torr	Mole H$_2$S/ Mol Amin
Monoäthanolamin			26,7° C		48,9° C			
	7,0	30	0,000525	0,00121	0,0266	0,00758		
	7,0	30	0,00465	0,00557	5,92	0,133		
	7,0	30	1,50	0,155	264	0,733		
	7,0	30	57,5	0,699				
	7,0	30	289	0,908				
			15° C		25° C		50° C	
	0,987	5,7	0,53	0,243	3,14	0,454	65,6	0,714
	0,987	5,7	8,6	0,714				
	2,94	15,2	1,06	0,250	20,4	0,614	7,25	0,250
Diäthanolamin			37,8° C		60° C			
	1,06	10	0,346	0,0543	0,587	0,352		
	1,06	10	712	0,997	178	0,713		
			26,7° C		48,9° C			
	3,17	25	0,00870	0,00505	0,131	0,0134		
	3,17	25	2,89	0,130	682	0,852		
	3,17	25	320	0,862				
			37,8° C		60° C			
	9,51	50	0,0566	0,00560	0,135	0,00559		
	9,51	50	63,1	0,394	35,7	0,153		
	9,51	50	422	0,751	646	0,653		
			15° C		25° C		50° C	
	1,07	10,1	24	0,670	38	0,670	6,17	0,194
	2,47	20,6	14,6	0,465	3,3	0,175	15,1	0,221
Triäthanolamin			26,7° C		48,9° C			
	1,18	15	1,31	0,0395	0,00424	0,000776		
	1,18	15	241	0,531	4,19	0,0387		
					115	0,259		
			60° C					
	1,68	20	5,66	0,0324				
	1,68	20	624	0,412				
			37,8° C		60° C			
	2,87	30	0,568	0,0124	0,0222	0,00107		
	2,87	30	55,3	0,151	624	0,345		
			26,7° C		48,9° C			
	6,70	50	0,655	0,0106	0,00295	0,000271		
	6,70	50	22,9	0,0739	57,2	0,0829		
	6,70	50	242	0,313	693	0,334		

[1] Nach E. Riegger, H. V. Tartar u. E. G. Lingafelter, J. Am. Chem. Soc. 66 (1944) 2024; A. G. Leibusch u. A. L. Schneerson, J. angew. Chem. U.S.S.R. 23, (1950) 145; K. Atwood, M. R. Arnold u. R. C. Kindrick, Ind. Engng. Chem. 49 (1957) 1439.

427. Lösungsgleichgewichte (Gase in Flüssigkeiten)

4273229. Gleichzeitige Löslichkeit von CO_2 und H_2S in 15,3 %iger wäßriger Monoäthanolaminlösung[1]

°C	p_{H_2S} Torr	reines H_2S	Mole H_2S/Mol C_2H_7NO p_{H_2S}/p_{CO_2}				Mole H_2S/Mol C_2H_7NO in der Flüssigkeit Mole CO_2/Mol C_2H_7NO			p_{CO_2} Torr	Mole CO_2/Mol C_2H_7NO reines CO_2
			0,01	0,1	1,0	10	0,01	0,1	1,0		
40	1	0,128	0,0013	0,0050	0,0178	0,0500	0,0047	0,0327	0,1140	1	0,383
	10	0,374	0,0039	0,0149	0,0540	0,1450	0,0066	0,0468	0,2220	10	0,471
	100	0,802	0,0107	0,0415	0,1510	0,3900	0,0092	0,0619	0,3260	100	0,576
	1000	1,00	—	0,0920	0,3050	0,7300	—	0,0830	0,4250	1000	0,727
60	1	0,085	0,0019	0,0070	0,0239	0,0643	0,0037	0,0237	0,0775	1	—
	10	0,240	0,0044	0,0172	0,0565	0,1420	0,0059	0,0396	0,1600	10	0,412
	100	0,600	0,0102	0,0405	0,1360	0,3140	0,0092	0,0605	0,2750	100	0,516
	1000	0,970	—	0,0940	0,2900	0,5500	—	0,0910	0,3840	1000	0,650
100	1	0,029	0,0017	0,0046	0,0118	0,0224	0,0024	0,0103	0,0247	1	0,096
	10	0,091	0,0056	0,0155	0,0381	0,0720	0,0056	0,0239	0,0675	10	0,194
	100	0,279	0,0176	0,0483	0,1200	0,2250	—	0,0524	0,1650	100	0,347
	1000	0,680	—	—	0,2880	0,5820	—	—	0,3340	1000	0,509
120	1	0,012	0,0013	0,0031	0,0078	0,0115	0,0016	0,0040	0,0088	1	—
	10	0,056	0,0056	0,0140	0,0352	0,0520	0,0059	0,0163	0,0393	10	—
	100	0,182	—	0,0573	0,1380	0,1800	—	0,0558	0,1400	100	0,227
	1000	0,520	—	—	0,3630	0,5000	—	—	0,4050	1000	0,413

[1] J.H. Jones, H. R. Froning u. E. E. Claytor jr, J. Chem. Engng. Data 4 (1959) 85.

4. Mechanisch-thermische Konstanten usw.

427323. Löslichkeit in verflüssigten Gasen
4273231. Löslichkeit von Ar, N_2, H_2 und „Synthesegas" in flüssigem Ammoniak

Gas	Gesamt-druck at	\multicolumn{8}{c}{L in Ncm³ (Gas)/g (NH_3) bei °C}							
		−70	−50	−20	0	+25	50	75	100
Argon[1]	25,8	—	—	—	—	—	1,92	—	—
	25,9	—	—	—	—	4,05	—	—	—
	51,7	—	—	—	7,4	10,3	9,58	6,38	—
	103,4	—	—	—	14,5	21,5	27,0	30,7	27,5
	206,2	—	—	—	25,0	39,4	58,7	84,6	120,9
	413	—	—	—	—	65,5	112,0	215,2	—
	621	—	—	—	—	79,4	(131)	387	—
	828	—	—	—	—	88,0	167,5	675	—
Methan[2]	25	—	—	6,3	7,0	6,4	—	—	—
	50	—	—	12	15	16	15	—	—
	100	—	—	24	28	37	46	—	—
	200	—	—	30	44	70	110	—	—
	400	—	—	43	73	150	350	—	—
Stickstoff	51,7	—	—	—	4,10	5,73	6,63	—	—
	103,3	—	—	—	7,90	12,04	17,2	21,4	20,5
	207	—	—	—	13,7	22,5	36,2	55,5	86,3
	414	—	—	—	20,8	37,0	65,4	120,7	—
	620	—	—	—	25,0	45,4	84,8	178,0	—
	827	—	—	—	28,1	51,1	97,2	219,0	—
	1033	—	—	—	29,7	54,8	104,6	241,8	—
Wasserstoff	51,7	—	—	—	3,28	4,47	5,1	3,5	—
	103,3	—	—	—	6,70	9,88	13,5	16,4	15,7
	207	—	—	—	13,1	20,1	29,4	41,4	57,1
	414	—	—	—	24,3	38,1	58,3	88,3	140,6
	620	—	—	—	34,0	53,7	83,5	131,0	224,0
	827	—	—	—	42,3	67,6	105,4	169,2	305,2
	1033	—	—	—	49,8	79,3	124,9	203,3	388,2
„Synthesegas" (75% H_2, 25% N_2)	103,3	—	—	5,12	7,56	—	—	—	—
	100±10	—	2,70	5,25	7,4	5,96	13,2	16,3	14,9
	300±10	—	6,95	13,75	—	—	—	—	—
[3]	300±10	—	—	—	18,4	25,6	41,0	67,6	104
[3]	500±10	7,05	10,85	19,65	28,45	—	69,80	—	—
	500±10	—	—	—	27,0	42,5	—	113	200
	600±10	—	—	—	—	51,4	81,3	—	—
	800±10	—	—	—	39,5	62,6	98,5	—	352

[1] Nach A. MICHELS, E. DUMOULIN u. J. J. TH. VAN DIJK, Physica 27 (1961) 886. 0° C: G. I. KAMINISHI, Internat. Chem. Engng. 5 (1965) 749.

[2] Aus K-Werte-Diagramm nach F. ISAACSON u. CH. H. VIENS, Chem. Engng. 21. 1. 63, S. 136 berechnet und graphisch interpoliert. Die von G. I. KAMINISHI (s. [1]) bei 0,25 und 50° C, 50...200 at gemessenen Löslichkeiten sind 11...13% größer.

[3] Nach B. LEFRANÇOIS u. C. VANISCOTTE, Génie chimique 83 (1960) Nr. 5, S. 139.

427. Lösungsgleichgewichte (Gase in Flüssigkeiten) 1–1219

4273232 Löslichkeit von $^2H_2$ (D_2), He und H_2 in flüssigem Ammoniak

Gas	Temp. °C	Teil-druck at	L in $\frac{Ncm^3(Gas)}{cm^3(NH_3)}$	Gas	Temp. °C	Teil-druck at	L in $\frac{Ncm^3(Gas)}{cm^3(NH_3)}$
Deuterium[1]	−64,0	1,03	0,0117	Wasserstoff	−64	1,03	0,010 (extrapoliert)
	−41,6	1,03	0,025		−41	1,03	0,018 (extrapoliert)
					−15	103,3	3,04
Helium	−16	36,7	0,554		−11	103,3	3,48
	−10	35,7	0,521		− 2,5	103,3	3,95
	+20	5,54	0,126		+ 5	103,3	4,25
	+20	13,0	0,273		10	103,3	4,62
	+20	24,1	0,465		20	103,3	5,90
	+20	40,0	0,719		25	25,8	1,61
	25	39,0	0,750		25	51,7	3,03
	30	37,8	0,824		25	103,3	6,11
					25	207	12,18

[1] K. Bar-Eli u. F. S. Klein, J. chem. Phys. 35 (1961) 1915.

4273233. Löslichkeit von Helium in flüssigem Stickstoff[1]

Gesamt-druck at	Mol% He in der Flüssigkeit									
	Temperatur									
	−195,9° C		−180,3° C		−161,0° C		−154,6° C		−154,6° C	
	He-Teil-druck at	Mol%	He-Teil-druck at	Mol%	He-Teil-druck at	Mol%	He-Teil-druck at	Mol%	He-Teil-druck at	Mol%
11,9	10,6	0,25	6,9	0,38	—	—	—	—	—	—
23,1	21,7	0,44	17,7	0,92	—	—	—	—	—	—
35,1	33,7	0,75	29,0	1,50	13,7	1,92	6,6	1,71	2,45	1,17
56,1	54,7	1,1	49,3	2,6	30,8	4,1	20,8	4,8	13,1	5,4
70,2	68,6	1,3	62,7	3,2₅	43,3	5,5	31,6	6,9	22,1	8,3

[1] G. Buzyna, R. A. Macriss u. R. T. Ellington, Chem. Engng. Progr. Sympos. Series Vol. 59, Nr. 44.

4273234. Löslichkeit von H_2 in fl. N_2 und von He in fl. N_2, fl. CH_4, Gemischen von fl. N_2 und fl. CH_4 und Erdgaskondensat

427324. Löslichkeit
4273241. Gasförmige

$$\alpha \text{ in } \frac{\text{Ncm}^3(\text{Gas})}{\text{cm}^3(\text{Lsgm.}) \cdot \text{atm}}$$

Lösungsmittel	°C	Ar α	Ar λ	H$_2$ α	H$_2$ λ	^{2}H$_2$ (D$_2$) α	^{2}H$_2$ (D$_2$) λ	He α	He λ
Aceton	−80	—	—	0,040	0,043	—	—	—	—
	−50	—	—	0,053	0,059	—	—	—	—
	−25	—	—	0,065	0,075	—	—	—	—
	0	—	—	0,0783	0,0933	—	—	—	—
	+15	0,271	0,329	0,086	0,104$_5$	—	—	0,0284	0,0345
	25	0,274	0,338	0,092	0,113	—	—	0,0331	0,0407
	40	0,281	0,354	0,0986	0,1241	—	—	—	—
Äthanol	−25	—	—	—	—	—	—	—	—
	0	0,251	0,301	0,072	0,086	—	—	—	—
	+15	0,243	0,296	0,075	0,092	—	—	0,0268	0,0327
	25	0,237	0,292	0,0784	0,0966	—	—	0,0294	0,0362
	50	—	—	0,0864	0,1096	—	—	—	—
Benzol	10	—	—	0,058$_5$	0,063$_5$	0,0595	0,0647	—	—
	20	0,221	0,242	0,063	0,069$_5$	0,0641	0,0706	0,018	0,021
	30	0,222	0,247	0,068	0,078	0,0690	0,0769	0,021	0,023
	40	(0,223)	(0,252)	0,0727	0,0821	—	—	0,023	0,026
	60	—	—	0,083$_5$	0,096$_5$	—	—	—	—
Butanol-1	0	—	—	—	—	—	—	—	—
	25	0,22$_5$	0,27	—	—	—	—	—	—
	50	—	—	—	—	—	—	—	—
Chlorbenzol	−40	—	—	0,036	0,030$_5$	—	—	—	—
	−20	—	—	0,041$_5$	0,035	—	—	—	—
	0	—	—	0,0479	0,0411	—	—	—	—
	+20	0,188	0,164	0,055	0,048	—	—	0,014	0,012$_5$
	40	0,187	0,167	0,0612	0,0546	—	—	0,0184	0,0164
	80	—	—	0,075	0,069$_5$	—	—	—	—
Chloroform	−20	—	—	—	—	—	—	—	—
	0	—	—	—	—	—	—	—	—
	+25	—	—	0,061	0,040	—	—	—	—
	50	—	—	—	—	—	—	—	—
Cyclohexan	15	0,31	0,39	—	—	—	—	0,0220	0,0272
	18	0,31	0,38$_5$	—	—	—	—	0,0227	0,0281
	25	0,30$_5$	0,38	—	—	—	—	0,0252	0,0315
	30	0,30	0,38	—	—	—	—	0,0268	0,0337
	37	0,30	0,37$_5$	—	—	—	—	0,029	0,037
n-Decan	15	0,30	0,39	—	—	—	—	0,023	0,031$_3$
	25	0,285	0,379	—	—	—	—	0,0273	0,036
	40	0,276	0,374	—	—	—	—	0,030	0,041
Dimethylformamid	25	—	—	0,04	0,04	—	—	—	—
Glycerin	20	—	—	—	—	—	—	—	—
n-Hexan	−20	—	—	—	—	—	—	—	—
	0	—	—	—	—	—	—	—	—
	+15	0,449	0,655	—	—	—	—	0,0406	0,0591
	25	0,432	0,638	0,114	0,168	—	—	0,044	0,0645
	40	0,40	0,60	—	—	—	—	0,051	0,076
„Isooctan" (2,2,4-Trimethylpentan)	−25	—	—	0,083	0,110	0,086	0,114	—	—
	0	—	—	0,094	0,129	0,097	0,132	—	—
	+15	0,413	0,575	—	—	—	—	0,0376	0,0524
	25	0,395	0,555	0,106	0,149	0,108	0,151	0,0420	0,0589
	35	0,38	0,54	0,110	0,157	0,112	0,160	0,045$_5$	0,065
	50	—	—	—	—	—	—	—	—
Methanol	−25	—	—	—	—	—	—	—	—
	0	0,262	0,313	—	—	—	—	—	—
	+15	0,253	0,308	—	—	—	—	0,0298	0,0363
	25	0,245	0,302	0,087	0,107	—	—	0,0328	0,0404
	50	—	—	—	—	—	—	—	—

427. Lösungsgleichgewichte (Gase in Flüssigkeiten)

in organischen Flüssigkeiten
Elemente und Luft

λ in $\dfrac{\text{Ncm}^3(\text{Gas})}{\text{g(Lsgm.)} \cdot \text{at}}$

Kr		N$_2$		Ne		O$_2$		Rn		Luft	
α	λ	α	λ	α	λ	α	λ	α	λ	α	λ
—	—	0,135	0,145	—	—	0,306	0,326	—	—	—	—
—	—	0,140	0,156	—	—	0,270	0,302	—	—	—	—
—	—	0,147	0,170	—	—	0,260	0,298	13,5	15,7	0,173	0,199
—	—	0,155	0,185	—	—	0,256	0,303	8,0	9,5	0,178	0,206
—	—	0,162	0,197	0,043	0,052	0,256	0,310	6,2	7,5	—	—
—	—	0,165	0,203	0,048	0,059	0,256	0,315	5,3	6,5	0,186	0,229
—	—	0,169	0,212	—	—	0,258	0,324	4,5	5,7	—	—
—	—	0,141	0,165	—	—	0,263	0,308	14	17	0,168	0,196
—	—	0,139	0,167	—	—	0,241	0,289	8,2	9,8	0,162	0,194
—	—	—	—	0,0381	0,0464	—	—	6,1	7,4	—	—
—	—	0,136	0,168	0,0417	0,0514	0,221	0,273	5,1	6,3	0,155	0,191
—	—	0,136	0,173	—	—	0,210	0,266	3,6	4,6	0,152	0,193
—	—	—	—	0,0236	0,0257	0,199	0,216	16,0	17,5	—	—
0,71	0,78	0,108	0,119	0,0271	0,0298	0,204	0,224	9,6	10,7	—	—
0,67$_5$	0,75	—	—	0,0306	0,0341	0,205	0,229	6,4	7,1	—	—
0,65$_5$	0,74	0,118	0,133	(0,036)	(0,041)	0,206	0,231	4,5	5,0	—	—
—	—	0,129	0,149	—	—	0,211	0,244	2,9	3,3	—	—
—	—	0,108	0,126	—	—	0,209	0,244	—	—	0,130	0,152
—	—	0,112	0,134	—	—	0,193	0,231	—	—	0,130	0,156
—	—	0,115	0,141	—	—	0,183	0,226	—	—	0,130	0,160
—	—	0,081	0,067	—	—	—	—	—	—	—	—
—	—	0,084	0,071	—	—	—	—	—	—	—	—
—	—	0,088	0,076	—	—	0,175	0,150	—	—	—	—
0,612	0,535	0,093	0,081	0,020	0,017$_8$	0,174	0,152	—	—	—	—
0,553	0,494	0,097	0,087	0,0253	0,0226	0,172	0,154	—	—	—	—
—	—	0,108	0,100	—	—	0,171	0,159	—	—	—	—
—	—	—	—	—	—	—	—	3,2	2,0	—	—
—	—	—	—	—	—	—	—	1,95	1,25	—	—
≈0,9	≈0,6	0,124	0,081	—	—	—	—	1,45	0,82	—	—
—	—	—	—	—	—	—	—	0,94	0,63	—	—
1,03	1,27	—	—	0,0333	0,0411	—	—	—	—	—	—
1,01	1,25	—	—	0,0345	0,0427	—	—	16,9	20,9	—	—
0,97	1,21	0,15	0,19	0,0373	0,0466	0,258	0,323	—	—	—	—
0,94	1,18	—	—	0,0392	0,0492	—	—	—	—	—	—
0,90	1,14	—	—	0,0419	0,0530	—	—	—	—	—	—
0,90	1,19	—	—	0,036	0,048	—	—	—	—	—	—
0,832	1,108	—	—	0,0407	0,0542	—	—	—	—	—	—
0,74	1,00	—	—	0,044	0,060	—	—	—	—	—	—
—	—	0,04	0,04	—	—	0,11	0,12	—	—	—	—
0,06	0,04	—	—	—	—	0,007	0,006	0,20	0,15	—	—
—	—	—	—	—	—	—	—	40	56	—	—
—	—	—	—	—	—	—	—	23	33	—	—
1,32	1,93	—	—	0,059	0,086	—	—	17	24,5	—	—
1,16	1,72	0,24	0,35	0,065	0,095	—	—	13,5	20	—	—
1,07	1,62	—	—	0,068	0,102	—	—	—	—	—	—
—	—	0,214	0,285	—	—	0,426	0,567	—	—	0,260	0,347
—	—	0,209	0,285	—	—	0,370	0,506	—	—	0,244	0,334
1,12	1,56	—	—	0,057	0,079	—	—	—	—	—	—
1,07	1,51	0,207	0,291	0,0625	0,0879	0,341	0,480	—	—	0,236	0,333
1,00	1,42	—	—	0,065	0,093	—	—	—	—	—	—
—	—	0,207	0,301	—	—	0,327	0,473	—	—	0,233	0,339
—	—	0,158	0,183	—	—	0,268	0,310	—	—	0,182	0,211
—	—	0,153	0,183	—	—	0,245	0,292	—	—	0,173	0,207
—	—	—	—	0,0413	0,0503	—	—	5,5	6,7	—	—
—	—	0,151	0,186	0,0444	0,0547	0,227	0,279	—	—	0,167	0,206
—	—	0,149	0,190	—	—	0,216	0,274	—	—	0,164	0,208

4. Mechanisch-thermische Konstanten usw.

Lösungsmittel	°C	Ar		H_2		$^2H_2$ (D_2)		He	
		α	λ	α	λ	α	λ	α	λ
n-Octan	−25	—	—	—	0,094	—	0,098	—	—
	0	—	—	0,082	0,112	0,085	0,115	—	—
	+15	0,338	0,462	—	—	—	—	0,0300	0,0412
	25	0,336	0,466	0,094	0,130	0,096	0,133	0,0332	0,0460
	35	(0,33)	0,46	0,098	0,138	0,100	0,140	0,036₅	0,051
Toluol	−79	—	—	—	—	—	—	—	—
	−15	—	—	0,0505	0,0544	0,0530	0,0571	—	—
	0	—	—	0,0564	0,0617	0,0587	0,0643	—	—
	+15	0,228	0,253	0,0663	0,0746	—	—	0,0179	0,0199
	25	0,228	0,256	0,0704	0,0800	0,0684	0,0769	0,0205	0,0231
	35	0,228	0,260	—	—	0,0724	0,0823	0,023	0,026
	60	—	—	—	—	—	—	—	—
Xylol (techn.)	−20	—	—	≈0,11	≈0,12	—	—	—	—
	0	0,20	0,22	0,07	0,08	—	—	—	—
	+20	—	—	0,07	0,08	—	—	—	—
	40	—	—	0,09	0,10	—	—	—	—
	80	—	—	—	—	—	—	—	—

427. Lösungsgleichgewichte (Gase in Flüssigkeiten)

Kr		N₂		Ne		O₂		Rn		Luft	
α	λ	α	λ	α	λ	α	λ	α	λ	α	λ
—	—	—	—	—	—	—	—	—	—	—	—
1,06	1,45	—	—	0,046	0,063	—	—	—	—	—	—
0,98	1,35	—	—	0,049	0,068	—	—	—	—	—	—
0,90	1,27	—	—	0,053₅	0,075	—	—	—	—	—	—
—	—	—	—	—	—	—	—	94	94	—	—
—	—	≈0,12	≈0,11	—	—	≈0,10	≈0,11	26,5	29	—	—
—	—	—	—	—	—	—	—	18,5	20	—	—
0,744	0,828	—	—	0,0266	0,0296	—	—	13	14,5	—	—
0,710	0,798	0,11	0,12₅	0,0294	0,0331	≈0,13	≈0,15	10,5	11,7	—	—
0,68	0,77	—	—	0,032	0,036	—	—	8,5	9,7	—	—
—	—	—	—	—	—	—	—	5,2	6,1	—	—
—	—	≈0,10	≈0,11	—	—	—	—	29	31	—	—
—	—	—	—	—	—	—	—	18	20	—	—
0,79	0,89	0,111	0,124	—	—	≈0,16	≈0,18	11,5	12,5	—	—
—	—	—	—	—	—	—	—	7,3	8,2	—	—
—	—	—	—	—	—	0,18	0,21	—	—	—	—

4273242. Löslichkeit von H_2 in Butan, Dodecan, Toluol und Xylol bei hohen Gesamtdrücken

4. Mechanisch-thermische Konstanten usw.

4273243. Gasförmige α in $\dfrac{Ncm^3(Gas)}{cm^3(Lsgm.)\ atm}$,

Lösungs-mittel	°C	CO		CO_2		HCl		NH_3	
		α	λ	α	λ	α	λ	α	λ
Aceton	−80	0,271	0,291	430	460	—	—	—	—
	−40	0,241	0,272	44	50	—	—	—	—
	0	0,233	0,278	11	13	—	—	—	—
	+10	—	—	8,7	10,5	—	—	—	—
	20	0,236	0,290	6,7	8,2	—	—	—	—
	40	0,241	0,303	4,3	5,4	—	—	—	—
Äthanol	−80	—	—	≈90	≈100	—	—	—	—
	−40	—	—	24,₅	28	—	—	—	—
	0	—	—	4,4	5,3	412	495	≈270	≈320
	+10	—	—	3,6	4,3	369	447	≈195	235
	20	0,186	0,229	2,9₅	3,6	328	402	≈140	≈175
	30	0,184	0,228	2,6	3,2	290	360	105	130
Benzol	10	—	—	2,6	2,9	—	—	—	—
	20	0,165	0,182	2,5	2,8	10,4	11,5	10	(13)
	25	0,165	0,183	2,4	2,7	9,6	10,6	—	—
	40	0,168	0,190	—	—	6,6	7,4	—	—
	60	0,180	0,209	—	—	—	—	—	—
Butanol-1	5	—	—	—	—	251	296	—	—
	20	—	—	—	—	213	255	—	—
	50	—	—	—	—	147	181	—	—
Chlor-benzol	−40	0,140	0,116	—	—	—	—	—	—
	−21	0,138	0,116	—	—	—	—	—	—
	0	0,138	0,118	—	—	—	—	—	—
	+20	0,138	0,121	2,3	2,0	7,1	6,3	11,4	10,0
	40	0,140	0,124	—	—	4,2₅	3,8	—	—
	80	0,146	0,136	—	—	—	—	—	—
Chloroform	0	—	—	—	—	(10,9)	6,6	—	—
	15	—	—	3,7	2,4	7,6	5,0	—	—
	20	—	—	—	—	—	—	66	43
	25	0,18	0,12	3,2	2,1	6,3	4,1	—	—
Cyclohexan	0	—	—	—	—	—	—	—	—
	20	—	—	—	—	—	—	—	—
	25	—	—	1,58	1,97	—	—	—	—
	40	—	—	—	—	—	—	—	—
	70	—	—	—	—	—	—	—	—
Dekalin	−45	—	—	—	—	—	—	—	—
	−21	—	—	2,0	2,1	—	—	—	—
	0	—	—	1,4	1,5	—	—	—	—
	+20	—	—	1,12	1,23	—	—	—	—
	40	—	—	0,82	0,92	—	—	—	—
Dimethyl-formamid	25	0,06	0,06	— 4,6	— 4,70	750 —	750 —	— —	77,4 30,8
Glycerin	25	—	—	0,028	0,022	—	—	—	—
Hexan	20	—	—	—	—	3,39	(5,06)	4,⋮	5,8
	25	—	—	—	—	2,7	4,1	—	—
	40	—	—	—	—	—	—	—	—
	70	—	—	—	—	—	—	—	—
Methanol	−80	—	—	200	220	—	—	—	—
	−40	—	—	21,5	24,5	—	—	—	—
	−20	—	—	9,8	11,4	—	—	—	—
	0	—	—	5,3	6,3	540	645	440	530
	+20	0,21	0,25	3,3	4,1	423	518	270	330
	40	0,21	0,26	2,5	3,2	323	406	≈160	≈200
Tetrachlor-kohlen-stoff	−20	0,198	0,115	—	—	—	—	—	—
	0	0,198	0,117	—	—	—	—	—	—
	+20	0,200	0,121	—	—	5,9	3,5	—	—
	40	0,202	0,125	2,3	1,4	4,2	2,5	7,2	(4,1)

[1] Beim Sättigungsdruck

427. Lösungsgleichgewichte (Gase in Flüssigkeiten)

anorganische Verbindungen

λ in $\dfrac{\text{Ncm}^3 \text{(Gas)}}{\text{g (Lsgm.) at}}$, α'_H s. S. 1203

NO		N$_2$O			H$_2$O		H$_2$S		SO$_2$		
α	λ	α'_H	α	λ	ppm (Gew.)[1]	λ	α	λ	α'_H	α	λ
—	—	—	—	—	—	—	—	3000	—	—	—
—	—	—	—	—	—	—	300	340	—	—	—
—	—	9,05	—	—	—	—	—	—	—	616	735
—	—	7,64	—	—	—	—	—	—	276	—	—
—	—	6,45	—	—	—	—	—	—	—	—	—
—	—	4,73	—	—	—	—	—	—	171	—	—
—	—	—	—	—	—	—	—	—	—	—	—
0,31$_5$	0,38	—	4,2	5,0	—	—	17,8	21,4	—	330	395
0,28$_5$	0,34$_5$	—	3,5	4,3	—	—	12,0	14,6	—	190	230
0,26$_5$	0,32$_5$	—	3,0	3,7	—	—	7,4	9,1	—	120	150
—	—	—	—	—	—	—	—	—	—	—	—
0,26	0,29	—	4,26	4,63	310	31	—	—	—	—	—
0,27	0,30	—	3,68	4,05	450	23,5	15	16,6	84,8	—	—
0,28	0,31	(3,67)	—	—	550	21	—	—	70,0	—	—
—	—	(4,12)	2,79	3,15	910	15	—	—	43,0	—	—
—	—	—	—	—	1700	10,$_5$	—	—	25,4	—	—
—	—	—	—	—	—	—	—	—	—	—	—
—	—	—	—	—	—	—	—	—	—	—	—
—	—	—	—	—	—	—	—	—	—	—	—
—	—	—	—	—	—	—	—	—	169,3	—	—
—	—	3,38	—	—	—	—	13,7	12,0	59,1	—	—
—	—	2,65	—	—	—	—	—	—	29,9	—	—
—	—	—	—	—	—	—	—	—	12,2	—	—
—	—	—	—	—	—	—	—	—	—	—	—
—	—	—	—	—	—	—	32,3	20,9	—	—	—
—	—	—	—	—	—	—	—	—	—	—	—
—	—	—	—	—	30	6,1	—	—	—	—	—
—	—	—	—	—	100	5,0	7,2	9,0	—	—	—
—	—	—	—	—	125	4,8	—	—	—	—	—
—	—	—	—	—	270	4,4	—	—	—	—	—
—	—	—	—	—	1020	4,0	—	—	—	—	—
—	—	—	—	—	—	—	44	46	—	—	—
—	—	—	—	—	—	—	19	20	—	—	—
—	—	—	—	—	—	—	11	12	—	—	—
—	—	—	—	—	—	—	—	—	—	≈7,0	≈7,7
—	—	—	—	—	—	—	—	—	—	963	962
—	—	—	—	—	—	—	—	—	—	—	—
—	—	—	—	—	—	—	2,0	1,5	—	—	—
—	—	—	—	—	115	6,0	—	—	—	6,2	8,9
—	—	—	—	—	150	5,6	—	—	—	—	—
—	—	—	—	—	280	4,7	—	—	—	—	—
—	—	—	—	—	950	3,7	—	—	—	—	—
—	—	—	—	—	—	—	1270	1400	—	—	—
—	—	—	—	—	—	—	153	175	—	—	—
—	—	—	—	—	—	—	58	68	—	—	—
0,36	0,43	—	—	—	—	—	29	35	—	710	850
0,33	0,40	—	3,1	3,79	—	—	17	21	—	210	255
—	—	—	—	—	—	—	—	—	—	—	—
—	—	—	6,07	3,60	≈34	≈6,8	—	—	—	—	—
0,33	0,20	(4,57)	4,26	2,59	≈85	≈4,4	10,2	6,2	21,7	—	—
—	—	(3,67)	3,11	1,94	≈175	≈2,9	—	—	12,5	—	—

Lösungs-mittel	°C	CO		CO_2		HCl		NH_3	
		α	λ	α	λ	α	λ	α	λ
Toluol	−80	—	—	—	21	—	37	—	—
	−60	≈0,42	≈0,43	≈8,5	≈8,7	—	—	—	—
	−40	≈0,31	≈0,33	≈4,2	≈4,4	—	—	—	—
	0	—	—	3,25	3,5	—	—	9,2	10,1
	+20	0,16	0,18	2,7	3,0	11	12,6	7,2	(7,5)
	30	—	—	2,5	2,8	—	—	5,6	6,3
	60	—	—	—	—	—	—	—	—
Trichlor-äthylen	−70	—	—	37	23	—	—	—	—
	−46	—	—	13,1	8,3	—	—	—	—
	−21	—	—	6,5	4,2	—	—	—	—
	0	—	—	3,8	2,5	—	—	—	—
	+20	—	—	—	—	5,4	(3,5)	—	—
Xylol (techn.)	−60	≈0,31	≈0,32	≈7,6	≈7,8	—	—	—	—
	−40	≈0,22	≈0,23	≈4,7	≈4,9	—	—	—	—
	0	—	—	—	—	—	—	—	—
	+20	0,16	0,17	2,0	2,3	—	—	—	—
	25	0,16	0,18	1,9	$2,1_5$	—	—	—	—

[1] Beim Sättigungsdruck.

4273244. Gasförmige α in $\dfrac{\text{Ncm}^3 (\text{Gas})}{\text{cm}^3 (\text{Lsgm.}) \text{ atm}}$,

Lösungs-mittel	Temp. °C	$CClH_3$ (Methylchlorid)			CH_4 (Methan)		C_2H_2 (Acetylen)		
		α'_H	α	λ	α	λ	α'_H	α	λ
Aceton	−80	—	—	—	1,27	1,37	—	≈650	≈700
	−40	—	—	—	0,81	0,92	—	160	181
	0	—	—	—	0,623	0,742	38,6	42	50
	+10	—	—	—	0,60	0,72	30,7	32	38
	25	69,3	—	—	0,56	0,69	22,0	21	26
	40	—	—	—	0,533	0,669	16,2	$14,_5$	18
Äthanol	20	—	34,7	42,5	—	—	—	—	—
	25	—	—	—	0,494	0,609	—	5,7	7,0
Benzol	10	—	—	—	—	—	6,18	—	—
	20	—	47,2	52	0,528	0,582	5,20	4,74[1]	5,22[1]
	25	55,9	—	—	—	—	4,82	4,35[1]	4,82[1]
	30	—	—	—	0,51	0,57	4,50	4,03[1]	4,49[1]
	45	—	—	—	0,49	0,56	3,62	3,22[1]	3,66[1]
Chlorbenzol	−40	—	—	—	$0,66_5$	0,55	—	—	—
	0	—	—	—	0,498	0,428	5,19	—	—
	+20	(47,2 b.25° C)	—	—	0,448	0,392	3,80	—	—
	40	—	—	—	0,413	0,367	2,92	—	—
	70	—	—	—	0,37	0,34	2,18	—	—
Chloroform	20	—	68	44	—	—	—	—	—
	25	—	—	—	—	—	—	3,8	2,5
Dekalin	−60	—	—	—	—	—	—	—	—
	−30	—	—	—	$0,8_5$	0,9	—	—	—
	0	—	—	—	$0,4_5$	0,5	—	—	—
	+20	—	—	—	—	—	—	—	—
Dimethyl-formamid	0	—	—	—	0,44	0,44	—	67	67
	25	—	—	—	0,32	0,33	—	31	32
	100	—	—	—	—	—	—	4,0	4,4
Glykol (Äthylen-glykol)	25	—	—	—	—	—	—	—	—

[1] Aus Interpolationsformel nach J. Vítovec u. K. Fried, Collect. czechoslov. chem. Commun. 25 (1960) 1522 berechnet.

427. Lösungsgleichgewichte (Gase in Flüssigkeiten)

NO		N$_2$O			H$_2$O		H$_2$S		SO$_2$		
α	λ	$α'_H$	α	λ	ppm (Gew.)[1]	λ	α	λ	$α'_H$	α	λ
—	—	—	—	—	—	—	—	—	—	—	—
—	—	—	—	—	—	—	—	—	—	—	—
—	—	—	—	—	≈155	≈31	—	—	—	—	—
—	—	—	—	—	≈385	≈20	—	—	81,6	—	—
—	—	—	—	—	≈570	≈16	—	—	48,3	—	—
—	—	—	—	—	≈1630	≈10	—	—	23,4	—	—
—	—	—	—	—	—	—	—	—	—	—	—
—	—	—	—	—	—	—	—	—	—	—	—
—	—	—	—	—	—	—	—	—	—	—	—
—	—	—	—	—	—	—	12,5	8,3	—	—	—
—	—	—	—	—	—	—	—	—	—	—	—
—	—	—	—	—	—	—	—	—	—	—	—
—	—	—	—	—	≈120	≈24	—	—	—	—	—
—	—	—	—	—	≈320	≈17	—	16,6	—	—	—
—	—	—	—	—	≈400	≈15	—	—	—	—	—

organische Verbindungen

λ in $\dfrac{\text{Ncm}^3(\text{Gas})}{\text{g(Lsgm.) at}}$, $α'_H$ s. S. 1203

C$_2$H$_4$ (Äthylen)			C$_2$H$_6$ (Äthan)			C$_3$H$_6$ (Propylen)		C$_3$H$_8$ (Propan)	
$α'_H$	α	λ	$α'_H$	α	λ	α	λ	α	λ
—	48	52	—	—	—	—	—	—	—
—	11,1	12,5	—	—	—	—	—	—	—
4,84	4,8	5,7	4,20	—	—	—	—	—	—
4,31	4,1	4,9	3,76	—	—	—	—	—	—
3,64	3,2	3,9	3,23	—	—	≈11	≈14	—	—
3,14	—	—	2,79	—	—	—	—	—	—
—	—	—	—	—	—	—	—	—	—
—	2,35	2,89	—	2,63	3,24	—	—	—	—
4,02	—	—	4,89	—	—	—	—	—	—
3,59	—	—	4,36	—	—	—	—	—	—
3,40	—	—	4,12	—	—	—	—	—	—
3,24	—	—	3,92	—	—	—	—	—	—
2,83	—	—	3,40	—	—	—	—	—	—
—	—	—	—	—	—	—	—	—	—
3,88	—	—	4,90	—	—	—	—	—	—
3,02	—	—	3,75	—	—	—	—	—	—
2,46	—	—	3,01	—	—	—	—	—	—
1,93	—	—	2,31	—	—	—	—	—	—
—	—	—	—	—	—	—	—	—	—
—	—	—	—	—	—	—	—	—	—
—	9,9	10,2	—	—	—	—	—	—	—
—	5,3	5,6	—	—	—	—	—	—	—
—	3,4	3,7	—	—	—	—	—	—	—
—	—	—	—	—	—	—	—	—	—
—	2,3$_7$	2,3$_7$	2,0	2,0	2,0	—	—	6,5	6,5
—	1,3$_8$	1,4$_2$	1,6	1,50	1,54	8,1	8,3	4,0	4,1
—	—	—	—	—	—	—	—	—	—
—	—	—	—	0,215	—	—	—	—	—

4. Mechanisch-thermische Konstanten usw.

Lösungs-mittel	Temp. °C	CClH$_3$ (Methylchlorid) α'_H	CClH$_3$ (Methylchlorid) α	CClH$_3$ (Methylchlorid) λ	CH$_4$ (Methan) α	CH$_4$ (Methan) λ	C$_2$H$_2$ (Acetylen) α'_H	C$_2$H$_2$ (Acetylen) α	C$_2$H$_2$ (Acetylen) λ
n-Hexan	−60	—	—	—	—	—	—	—	—
	−40	—	—	—	—	—	—	—	—
	0	—	—	—	—	—	—	—	—
	+20	—	—	—	0,57	0,84	—	—	—
	40	—	—	—	—	—	—	—	—
Methanol	−80	—	—	—	—	—	—	490	540
	−40	—	—	—	—	—	—	72	82
	−20	—	—	—	—	—	—	36	42
	0	—	—	—	—	—	—	19	23
	+10	—	—	—	—	—	—	—	—
	20	—	—	—	—	—	—	—	—
	25	—	—	—	0,506	0,623	—	—	—
Tetrachlor-kohlenstoff	−20	—	—	—	0,873	0,506	—	—	—
	0	—	89[2]	53[2]	0,762	0,452	3,97	—	—
	+10	—	53[2]	32[2]	—	—	3,48	—	—
	20	—	37[2]	22[2]	0,677	0,410	3,10	—	—
	40	—	—	—	0,613	0,381	2,50	—	—
Toluol	−60	—	—	—	1,05	1,07	—	—	—
	−40	—	—	—	0,80	0,84	—	—	—
	−20	—	—	—	0,62	0,66	—	—	—
	0	—	—	—	0,43	0,46	—	—	—
	+20	—	—	—	—	—	—	4,20[1]	4,69[1]
	60	—	—	—	(0,37)	(0,43)	—	2,24[1]	2,61[1]
Trichlor-äthylen	−80	—	—	—	—	—	—	—	—
	−40	—	—	—	—	—	—	—	—
	0	—	—	—	—	—	—	—	—
Xylol (techn.)	−60	—	—	—	1,05	1,07	—	—	—
	−40	—	—	—	0,81	0,85	—	—	—
	−20	—	—	—	0,63	0,68	—	—	—
	0	—	—	—	0,44	0,47	—	—	—
	+20	—	—	—	0,37	0,41	—	—	—

[1] Siehe Fußnote 1, S. 1226 (unten) [2] Beim Teildruck 1 at. Henry-Gesetz gilt nicht.

427325. Löslichkeit von Quecksilberdampf in Flüssigkeiten[1]

Lösungsmittel	Temp. °C	Löslichkeit[2] µMol/l	Löslichkeit[2] 10^{-4} Gew.%
Wasser	25	0,3	0,06
	120	5,0	1,0$_5$
Benzol	25	12,0	2,7$_5$
Cyclohexan	25	11,0	2,8$_5$
Decan	25	5,5	1,5
Hexan	25	6,4	2,0
	40	13,5	4,2
	63	50,8	
Isopentan	25	5,5	
Methanol	25	0,78 (1,52)	0,20 (0,39)
	40	3,0	0,78
	63	18,0	
Pentan	25	5,8	
Tetrachlor-kohlenstoff	25	7,5	0,95
Toluol	25	12,5	2,9

[1] R. R. Kuntz u. G. J. Mains, J. phys. Chem. 68 (1964) 408. [2] Beim Sättigungsdruck.

427. Lösungsgleichgewichte (Gase in Flüssigkeiten)

C₂H₄ (Äthylen)			C₂H₆ (Äthan)			C₃H₆ (Propylen)		C₃H₈ (Propan)	
α'_H	α	λ	α'_H	α	λ	α	λ	α	λ
—	14,8	19,5	—	—	—	—	—	—	—
—	8,6	11,7	—	—	—	—	—	—	—
—	3,3	4,7	—	—	—	—	—	—	—
—	1,8	2,6₅	—	3,1	4,6	—	—	—	—
—	—	—	—	2,7	4,0	—	—	—	—
—	—	—	—	51	56	—	—	—	—
—	8,9	10,2	—	8,5	9,7	160	180	92	105
—	5,2	6,1	—	4,8	5,6	36	42	25	29
—	3,4	4,1	—	3,0	3,6	17	20	12,3	14,7
—	2,8	3,4	—	2,6	3,1	—	—	9	11
—	—	—	—	—	—	—	—	7	9
—	2,41	2,97	—	2,14	2,64	—	—	—	—
5,03	—	—	7,65	—	—	—	—	—	—
4,12	—	—	6,60	—	—	—	—	—	—
3,92	—	—	5,72	—	—	—	—	—	—
3,16	—	—	4,45	—	—	—	—	—	—
—	16,4	16,8	—	—	—	220	226	—	—
—	8,8	9,2	—	—	—	120	126	—	—
—	5,6	6,0	—	—	—	53	57	—	—
—	3,2	3,4	—	—	—	27	29	—	—
—	(1,9)	(2,2)	—	—	—	(13)	(14,5)	—	—
—	≈65	≈40	—	—	—	—	—	—	—
—	7,9	12,5	—	—	—	—	—	—	—
—	(2,8)	4,3	—	—	—	—	—	—	—
—	15,0	15,4	—	—	—	—	—	—	—
—	8,5	8,9	—	—	—	—	—	—	—
—	5,7	6,1	—	—	—	75[2]	80[2]	—	—
—	3,3	3,5	—	—	—	37[2]	40[2]	—	—
—	(2,0)	(2,2)	—	—	—	21	23	—	—

427326. Löslichkeit von Gasen in Ölen, Gummi, Gläsern

4273261. Bunsenscher Löslichkeitskoeffizient in Kerosin bei 20° C

Gas	α in $\frac{\text{Ncm}^3(\text{Gas})}{\text{cm}^3(\text{Lsgm.}) \cdot \text{atm}}$	Gas	α in $\frac{\text{Ncm}^3(\text{Gas})}{\text{cm}^3(\text{Lsgm.}) \cdot \text{atm}}$
Kohlenstoff- monoxid	≈0,10	Sauerstoff	0,20
Kohlenstoffdioxid	1,5	Schwefeldioxid	≈12
Krypton	0,6	Schwefelwasserstoff	2,₃
Luft	0,14	Stickstoff	0,12
Methan	≈0,5	Wasserstoff	≈0,08
		Xenon	3,2

4. Mechanisch-thermische Konstanten usw.

4273262. Bunsenscher Löslichkeits-

Öl	Dichte		Zähigkeit		Oberflächenspannung	
	g/cm^3	bei °C	cSt.	bei °C	dyn/cm	bei °C
Apiezonöl „GW"	0,878	20	183	20	31,7	20
	0,842	80	10,8	80	27,3	80
Clophen A 40	1,49	20	—	—	—	—
Dibutylphthalat	1,035	20	20,1	20	—	—
Paraffinöl	0,889	20	272	20	24	20
Vaseline	0,840	70	19,4	70	—	—
Siliconöl DC 200	0,971	20	107,5	20	26,7	20
	0,919	80	39,1	80	24,0	80
Siliconöl DC 702	1,072	20	37,1	20	29,1	20
	1,023	80	6,3	80	26,7	80
Öl „A 1"[1]	0,894	15	615	38	—	—
			34,4	99		
Öl „A 2"[1]	0,885	15	268	38	—	—
			20,3	99		
Öl „A 3"[1]	0,884	15	181	38	—	—
			15,7	99		
Öl „A 4"[1]	0,873	15	80,3	38	—	—
			9,1	99		
Öl „A 5"[1]	0,869	15	34,9	38	—	—
			5,4	99	—	—
Öl „B"[1]	0,890	15	260	38	—	—
			20	99	—	—
Kerosin	0,822	15	2,75	0	—	—
Oel „C" („100 Octan")	0,7096	15	—	—	—	—
Oel „D" („100 Octan")	0,7188	15	—	—	—	—
„Fuel Nr. 19"[2]	0,7665	15,6	3,60	17,7	—	—
„Fuel Nr. 20"[2] (22% Aromaten)	0,8285	15,6	3,80	17,7	—	—

[1] Nach R. R. Baldwin u. S. G. Daniel: J. Inst. Petrol. 39, 105 (1953).
[2] Nach L. D. Derry, E. B. Evans, B. A. Faulkner u. E. C. G. Jelfs: J. Inst. Petr. 28, 475 (1952).

4273263. Löslichkeit in Mineralölen bei hohen Drücken

Gas	Gesamtdruck at	Teildruck at	Lösungsmittel	λ $\left(\dfrac{\text{Ncm}^3(\text{Gas})}{\text{g (Lsgm.) at}}\right)$		L $\left(\dfrac{\text{Ncm}^3(\text{Gas})}{\text{cm}^3(\text{Lsgm.})}\right)$
				bei 25° C	bei 50° C	bei 25° C
Kohlenstoffdioxid	—	3—15	Gasöl[1]	1,1	0,8	—
Kohlenstoffmonoxid	—	5—25	Gasöl[1]	0,107	0,11	—
Methan	—	3—15	Gasöl[1]	0,38	0,33	—
	50	—	Gasöl[2]	—	—	19
	100	—	Gasöl[2]	—	—	39
	150	—	Gasöl[2]	—	—	60
	—	3—15	Dieselöl[3]	0,54	0,43	—
	50	—	Schweröl[4]	—	—	24
	100	—	Schweröl[4]	—	—	50
	—	0—20	Benzin[5]	(0,73 b. 30°)	—	—

Fortsetzung der Tabelle auf S. 1232, Fußnoten s. S. 1231.

427. Lösungsgleichgewichte (Gase in Flüssigkeiten)

koeffizient in Ölen und Fetten

Mol-Gewicht	Löslichkeit α in $\frac{\text{Ncm}^3(\text{Gas})}{\text{cm}^3(\text{Lsgm.}) \cdot \text{atm}}$							bei °C
	Ar	CO_2	H_2	He	N_2	O_2	Luft	
450	—	—	—	0,013	—	—	0,08	20
	—	—	—	0,028	—	—	—	80
256	$0,06_5$	—	—	—	0,029	—	—	20
278	0,15	—	—	—	$0,05_6$	—	$0,07_5$	20
430	0,15	—	0,04	—	$0,06_9$	—	—	20
—	0,11	—	—	—	$0,05_8$	—	—	70
400	—	—	—	0,029	—	—	0,15	20
	—	—	—	0,051	—	—	—	80
530	—	—	—	0,015	—	—	0,09	20
	—	—	—	0,024	—	—	—	80
670	—	0,853	—	—	0,0662	0,124	0,0783	20
610	—	0,861	0,0465	—	0,0664	0,126	0,0792	20
	—	0,420	0,0590		0,0739	0,118	0,0818	100
570	—	0,887	—	—	0,0717	0,129	0,0843	20
530	—	0,911	—	—	0,0748	0,137	0,0878	20
400	—	0,966	0,0483	—	0,0762	0,145	0,0903	20
	—	0,467	0,0658	—	0,0818	0,130	0,0926	100
630	—	0,850	—	—	0,0644	0,120	0,0752	20
165	—	1,51	—	—	0,118	0,212	0,136	20
≈100	—	—	—	—	—	—	0,243	20
≈100	—	—	—	—	0,204	0,344	0,235	20
—	—	—	—	—	—	—	0,152	18
—	—	—	—	—	—	—	0,123	18

[1] Russisches Gasöl aus katalytischer Krackung.
Siedebereich 227—355° C
$d_4^{20} = 0,8904$
Flammpunkt 74° C, Stockpunkt 10,5° C
$n_D^{20} = 1,5090$; Jodzahl 5,9; Schwefelgehalt 1,8 Gew.% (M. I. LEWINA [Brennstoffchemie u. Technol.] russ. 1960, Nr. 4, S. 5).

[2] Amerikanisches Öl. Dichte bei 25° 0,8319
Dampfdruck bei 25° C 2 mm Hg (K. FROLICH, E. J. TAUCH, J. J. HOGAN u. A. A. PEER, Ind. Engng. Chem. 23 (1931) 548).

[3] Russisches Öl. Siedebereich 207—351° C
$d_4^{20} = 0,8329$
Flammpunkt 73° C, Stockpunkt —18,5° C
Schwefelgehalt 0,85 Gew.% (Lit. s. unter [1]).

[4] Amerikanisches Öl. Dichte bei 25° C 0,8003 g/cm³
Dampfdruck bei 25° C 80 mm Hg (Lit. s. unter [2]).

[5] Siedebereich nach Vorbehandlung mit H_2SO_4 und NaOH
79,4—88,5° C bei 38 mm Hg
Dichte bei 30° C 0,7894 g/cm³
$n_D^{23} = 1,4399$
Hoher Naphthengehalt (R. D. POMEROY, W. N. LACEY, N. F. SCUDDER u. F. P. STAPP, Ind. Engng. Chem. 25 (1933) 1014).

4. Mechanisch-thermische Konstanten usw.

Gas	Gesamt-druck at	Teil-druck at	Lösungs-mittel	λ $\left(\frac{\text{Ncm}^3\,(\text{Gas})}{\text{g (Lsgm.) at}}\right)$ bei 25° C	bei 50° C	L $\left(\frac{\text{Ncm}^3\,(\text{Gas})}{\text{cm}^3\,(\text{Lsgm.})}\right)$ bei 25° C
Stickstoff	—	5—40	Gasöl[1]	0,076	0,082	—
	50	—	Gasöl[2]	—	—	4,7
	100	—	Gasöl[2]	—	—	8,7
	150	—	Gasöl[2]	—	—	12,0
	—	5—40	Dieselöl[3]	0,10	0,11	—
	50	—	Schweröl[4]	—	—	4,9
	100	—	Schweröl[4]	—	—	8,8
	150	—	Schweröl[4]	—	—	12,3
Wasserstoff	—	5—40	Gasöl[1]	0,044	0,055	—
	50	—	Gasöl[2]	—	—	3,1
	100	—	Gasöl[2]	—	—	6,1
	200	—	Gasöl[2]	—	—	12,3
	—	5—40	Dieselöl[3]	0,064	0,074	—
	50	—	Schweröl[4]	—	—	3,2
	100	—	Schweröl[4]	—	—	6,3
	200	—	Schweröl[4]	—	—	12,4

Fußnoten 1231.

4273264. Löslichkeit in natürlichem und synthetischem Gummi bei 20° C

Gas	α in $\frac{\text{Ncm}^3\,(\text{Gas})}{\text{cm}^3\,(\text{Lsgm.})\,\text{atm}}$	Gas	α in $\frac{\text{Ncm}^3\,(\text{Gas})}{\text{cm}^3\,(\text{Lsgm.})\cdot\text{atm}}$
Ammoniak	8...40	Sauerstoff	0,08...0,11
Butan	18	Schwefeldioxid	15...50
Helium	0,01	Schwefelwasserstoff	≈ 270
Kohlenstoffdioxid	0,9...1,0	Stickstoff	0,035...0,07
Luft	0,045	Wasserstoff	0,025...0,035
Methan	0,27		

4273265. Löslichkeit von Gasen in Pyrex-Glas und Quarzglas

Gas	°C	α in $\frac{\text{Ncm}^3(\text{Gas})}{\text{cm}^3\,(\text{Lsgm.})\cdot\text{atm}}$	
		in Pyrexglas	in Quarzglas
Argon	1170	Unmeßbar klein	—
Helium	20	0,0084	0,01
	500	0,0084	0,01
Sauerstoff	1170	unmeßbar klein	
Wasserstoff	200		0,005
	600		0,008
	1000		0,010
	1170	(0,06 Ncm³ (H_2)/g (Glas) beim H_2-Teildruck 10 Torr)	

4274. Lösungsgleichgewichte von Lösungsmitteln untereinander

Es ist eine Tabelle über die physikalisch-chemischen Eigenschaften von Lösungsmitteln vorangestellt. Die Daten der Tabelle der Lösungsgleichgewichte sind der Arbeit W. M. JACKSON und J. S. DRURY, Ind. Eng. Chem. 51, 1491 (1959), entnommen.

Name	Formel	Relative Molekularmasse	Dichte	n_D	V °C	Flammpunkt	L in H_2O g/100 g H_2O
Tetrachlorkohlenstoff	CCl_4	153,82	$1,5924^{20}$	$1,4631^{15}$	76,7	nicht brennbar	0,077 bei 20°
Chloroform	$CHCl_3$	119,38	$1,4817^{20}$	$1,4486^{15}$	61,2	nicht brennbar	0,82 bei 20°
Dichlormethan	CH_2Cl_2	84,93	$1,336^{20}$	$1,424^{20}$	40,67	nicht brennbar	2 bei 20°
Ameisensäure	CH_2O_2	46,03	$1,22026^{20}$	$1,3719^{20}$	100,75	+69	∞
Methanol	CH_4O	32,04	$0,7952^{15}$	$1,33057^{15}$	64,7	+11	∞
Schwefelkohlenstoff	CS_2	76,14	$1,270^{15}$	$1,62546^{20}$	46,4	−30	0,2 bei 20°
Tetrachloräthylen	C_2Cl_4	165,83	$1,6239^{15}$	$1,50547^{20}$	121,1	nicht brennbar	unl.
Trichloräthylen	C_2HCl_3	131,39	$1,4695^{15}$	$1,45914^{17}$	86,9	nicht brennbar	unl.
Pentachloräthan	C_2HCl_5	202,30	$1,6881^{15}$	$1,5054^{15}$	161,95	nicht brennbar	unl.
Dichloräthylen, cis	$C_2H_2Cl_2$	96,94	$1,2913^{15}$	$1,4519^{15}$	60,25	5...6	unl.
Dichloräthylen, trans	$C_2H_2Cl_2$	96,94	$1,2650^{15}$	$1,44903^{15}$	48,35	5...6	unl.
Tetrachloräthan	$C_2H_2Cl_4$	167,85	$1,6026^{15}$	$1,4968^{15}$	146,35	nicht brennbar	wl.
1,2-Dichloräthan	$C_2H_4Cl_2$	98,96	$1,2529^{20}$	$1,44759^{15}$	84,1	13...14	0,865 bei 25°
Ameisensäuremethylester	$C_2H_4O_2$	60,05	$0,9742^{20}$	$1,3415^{25}$	31,5	−19	21,2 bei 20°
Essigsäure	$C_2H_4O_2$	60,05	$1,0492^{20}$	$1,3744^{15}$	118,5	+42	∞
Äthylenchlorhydrin	C_2H_5ClO	80,51	$1,2022^{20}$	$1,4438^{15}$	128	+60	∞
Äthanol	C_2H_6O	46,07	$0,7936^{15}$	$1,3593^{25}$	78,32	+12	∞
Glykol	$C_2H_6O_2$	62,07	$1,1130^{720}$	$1,43178^{20}$	197,4	+111	mischbar
Aceton	C_3H_6O	58,08	$0,7906^{20}$	$1,36157^{15}$	56,2	−18	∞
Ameisensäureäthylester	$C_3H_6O_2$	74,08	$0,9117^{25}$	$1,35975^{20}$	54,1	−20	11,1 bei 18°
Essigsäuremethylester	$C_3H_6O_2$	74,08	$0,9274^{25}$	$1,35593^{20}$	56,95	−10	24,35 bei 20°
Isopropanol	C_3H_8O	60,10	$0,78505^{20}$	$1,3771^{20}$	82,4	+12	∞
Propanol	C_3H_8O	60,10	$0,8035^{20}$	$1,38533^{20}$	97,4	+15	∞
Glykolmonomethyläther	$C_3H_8O_2$	76,10	$0,9647^{20}$	$1,40238^{20}$	124,5	+52	mischbar

4. Mechanisch-thermische Konstanten usw.

Name	Formel	Relative Molekularmasse	Dichte	n_D	V °C	Flammpunkt	L in H_2O g/100 g H_2O
Essigsäureanhydrid	$C_4H_6O_3$	102,09	$1,0871^{15}$	$1,3900^{20}_6$	140	+53	13,6
Oxalsäuredimethylester	$C_4H_6O_4$	118,09	$1,1597^{56}$	$1,391^{56}$	164,2		
Äthylmethylketon	C_4H_8O	72,11	$0,8101^{15}$	$1,3814^{15}$	79,6	−1	20,9 bei 20°
Dioxan	$C_4H_8O_2$	88,11	$1,0336^{20}$	$1,4241^{15}$	101,3	+15	∞
Essigsäureäthylester	$C_4H_8O_2$	88,11	$0,9005^{20}$	$1,3727^{20}_5$	77,06	−2	8,53 bei 20°
Glykolmonoacetat	$C_4H_8O_3$	104,11				188	löslich
Butanol	$C_4H_{10}O$	74,12	$0,8099^{20}$	$1,4011^{15}$	117,5	+38	6,8 bei 18°
Diäthyläther	$C_4H_{10}O$	74,12	$0,71378^{20}$	$1,3555^{20}$	34,6	−45	6,4 bei 25°
Isobutanol	$C_4H_{10}O$	74,12	$0,8027^{20}$	$1,3976^{815}$	107,7	+28	10 bei 18°
Glykolmonoäthyläther	$C_4H_{10}O_2$	90,12	$0,9297^{20}$	$1,4079^{720}$	134,5	+44	mischbar
Furfurol	$C_5H_4O_2$	96,09	$1,1598^{20}$	$1,5241^{24,8}$	161,7	+60	löslich
Essigsäureisopropylester	$C_5H_{10}O_2$	102,13	$0,8732^{18}$	—	88,8	+4	3,09 bei 20°
Essigsäurepropylester	$C_5H_{10}O_2$	102,13	$0,8884^{20}$	$1,384^{720}$	101,6	+14	1,89 bei 20°
Propionsäureäthylester	$C_5H_{10}O_2$	102,13	$0,8874^{25}$	$1,3862^{15}$	99,1	+12	2,2 bei 25°
Glykolmonomethylätheracetat	$C_5H_{10}O_3$	118,13	$1,009^{19}$		144,5		leicht löslich
Kohlensäurediäthylester	$C_5H_{10}O_3$	118,13	$0,9804^{315}$	$1,38654^{15}_{He}$	125,8		
Milchsäureäthylester	$C_5H_{10}O_3$	118,13	$1,0545^0$		154		∞
Pentan	C_5H_{12}	72,15	$0,6263^{20}$	$1,3605^{713}$	36,15	<−10	nicht mischbar
Isoamylalkohol	$C_5H_{12}O$	88,15	$0,8083^{25}$	$1,4053^{20}$	131,2	+45	2,82 bei 20°
Chlorbenzol	C_6H_5Cl	112,56	$1,1117^{15}$	$1,5274^{8315}$	132	+29	0,049 bei 30°
Benzol	C_6H_6	78,11	$0,8788^{20}$	$1,5007^{20,2}$	80,2	−8	0,181 bei 20°
Cyclohexanon	$C_6H_{10}O$	98,15	$0,9466^{20}$	$1,453^{15,3}$	156	+34	löslich
Oxalsäurediäthylester	$C_6H_{10}O_4$	146,14	$1,0792^{20}$	$1,4100^{20}$	185,4		wl.
Cyclohexanol	$C_6H_{12}O$	100,16	$0,9376^{34,6}$	$1,461^{37}$	160	+68	löslich
Buttersäureäthylester	$C_6H_{12}O_2$	116,16	$0,8718^{25}$	$1,3930^{218}$	121,2	+26	0,62 bei 22°
Essigsäurebutylester	$C_6H_{12}O_2$	116,16	$0,8824^{18}$	$1,3961^{415}$	126,5	29	1 bei 22°
Essigsäureisobutylester	$C_6H_{12}O_2$	116,16	$0,8747^{20}$	$1,3901^{20}$	117,2		0,67 bei 20°
Propionsäurepropylester	$C_6H_{12}O_2$	116,16	$0,8809^{20}$	$1,3930^{25}$	123,4		

427. Lösungsgleichgewichte (Lösungsmittel)

Glykolmonoäthylätheracetat	$C_6H_{12}O_3$	132,16	0,9761[5]	1,4030[25]	156,2	<−10	mischbar 1:1
Hexan	C_6H_{14}	86,18	0,6638[15]	1,3778[26]	68,8	+60	0,047 bei 16°
Glykolmonobutyläther	$C_6H_{14}O_2$	118,18	0,9011[15]{15}	1,4177[26]	171	+7	4 bei 17°
Toluol	C_7H_8	92,14	0,8716[15]	1,4998[15]	110,8	+101	unl.
Benzylalkohol	C_7H_8O	108,14	1,0442[22,5]	1,5373[21,9]	205,5	+48	unl.
Methylcyclohexanon	$C_7H_{12}O$	112,17	0,9240[20]	1,4501[46,6]	165		unl.
Methylcyclohexanol	$C_7H_{14}O$	114,19	0,9302[20]	1,4509[4,7]	155	+68	0,162 bei 17°
Buttersäurepropylester	$C_7H_{14}O_2$	130,19	0,8929[9,0]	1,3980[25]	143,8		0,25 bei 15°
Essigsäureisoamylester	$C_7H_{14}O_2$	130,19	0,8670[20]	1,4003[20]	142		
Propionsäurebutylester	$C_7H_{14}O_2$	130,19	0,8818[15]	1,4038[15]	146,8		
Heptan	C_7H_{16}	100,21	0,6836[20]	1,38777[20]	98,34	<−10	fast unl.
o-Xylol	C_8H_{10}	106,17	0,8811[20]	1,5052[20]	143,6	+28	unl.
m-Xylol	C_8H_{10}	106,17	0,8656[20]	1,497[20]	139	+24	unl.
p-Xylol	C_8H_{10}	106,17	0,861[20]	1,4958[20]	138,4	>28	unl.
Cyclohexanolacetat	$C_8H_{14}O_2$	142,20	0,9806[12]	1,4446$_{He}^{12}$	174		
Buttersäurebutylester	$C_8H_{16}O_2$	144,22	0,8712[15]	1,4087[15]	166,4	+102	swl.
Essigsäurebenzylester	$C_9H_{10}O_2$	150,18	1,0563[18]	1,5057[18]	215,5	+78	unl.
Tetralin	$C_{10}H_{12}$	132,21	0,9729[20,2]	1,5461[20,2]	206,5	+100	unl.
p-Cymol	$C_{10}H_{14}$	134,22	0,857[20]	1,4933[13,4]	176,7	+31	
dl-α-Pinen	$C_{10}H_{16}$	136,24	0,8582[20]	1,4658[20]	156	+57	unl.
Decalin	$C_{10}H_{18}$	138,25	0,8865[20]	1,4753[15]	191,7		

			$CHCl_3$	C_2H_6O	C_2H_6O	$C_4H_7ClO_2$	$C_4H_{10}O$	C_5H_5N	$C_5H_{10}O$	$C_5H_{11}NO$	C_6H_6	$C_6H_{12}O_2$	$C_6H_{14}O_4$
			1	3	5	11	12	*1	16	17	19	20	24
1	$CHCl_3$	Chloroform		l	l	l	l		l	l	l	l	l
2	C_2H_5ClO	2-Chloräthanol	l	l	l	l	l	l	l	l	l	l	
3	C_2H_6O	Äthanol	l		l	l	l	l	l	l	l	l	l
4	$C_2H_6O_2$	Äthylenglykol	t	l	l	u	u	l	u	l	u	l	l
5	C_3H_6O	Aceton	l	l		l	l		l	l	l	l	
6	$C_3H_7ClO_2$	3-Chlor-1,2-propandiol	l	l	l	l	l	l	l	l	u	l	
7	$C_3H_8O_2$	Glykolmono- methyläther	l	l	l	l		l	l	l	l	l	
8	$C_3H_8O_2$	1,2-Propandiol	l	l	l	l	t	l	l	l	u	l	
9	$C_3H_8O_2$	1,3-Propandiol	l	l	l	u	u	l	l	l	u	l	
10	$C_3H_8O_3$	Glycerin	u	l	u	u	u	l	u	l	u	u	
11	$C_4H_7ClO_2$	Chloressigsäure- äthylester	l	l	l		l		l	l	l	l	l
12	$C_4H_{10}O$	Diäthyläther	l	l	l	l			l	l	l	l	u
13	$C_4H_{10}O_2$	1,3-Butylenglykol	l	l	l	t	t	l	l	l	u	l	
14	$C_4H_{10}O_2$	2,3-Butylenglykol	l	l	l	l	l	l	l	l	t	l	
15	$C_4H_{10}O_2$	Glykolmonoäthyläther	l	l	l	l	l	l	l	l	l	l	
16	$C_5H_{10}O$	Methylisopropylketon	l	l	l	l				l	l	l	l
17	$C_5H_{11}NO$	Diäthylformamid	l	l	l	l		l			l	l	l
18	$C_5H_{12}O_3$	Diglykolmono- methyläther	l	l	l	l	l	l	l	l	l	l	
19	C_6H_6	Benzol	l	l	l	l	l		l	l		l	t
20	$C_6H_{12}O_2$	Diäthylessigsäure	l	l	l	l	l		l	l	l		l
21	$C_6H_{14}O_2$	Glykolmonobutyläther	l	l	l	l	l	l	l	l	l	l	
22	$C_6H_{14}O_3$	Diglykolmono- äthyläther	l	l	l	l	l	l	l	l	l	l	
23	$C_6H_{14}O_3$	Dipropylenglykol	l	l	l	l	l	l	l	l	l	l	
24	$C_6H_{14}O_4$	Triäthylenglykol	l	l	l	l	u	l	l	l	t	l	
25	$C_6H_{15}N$	Diisopropylamin	l	l	l	l	l		l	r	l	r	l
26	$C_7H_{14}O_2$	Isoamylacetat	l	l	l	l	l		l	l	l	l	u
27	$C_7H_{16}O$	Heptanol-(3)	l	l	l	l	l		l	l	l	l	l
28	$C_8H_{10}O_2$	Glykolmono- phenyläther	l	l	l	l	l	l	l	l	l	l	l
29	$C_8H_{11}NO$	o-Phenetidin	l	l	l	l	l		l	l	l	l	l
30	$C_8H_{18}O_2$	Glykoläthylbutyläther	l	l	l	l	l		l	l	l	l	
31	$C_8H_{18}O_3$	Diglykoldiäthyläther	l	l	l	l	l	l	l	l	l	l	
32	$C_8H_{18}O_3$	Diglykolmono- butyläther	l	l	l	l	l	l	l	l	l	l	
33	C_9H_8O	Zimtaldehyd	l	l	l	l	l		l	l	l	l	
34	$C_9H_{10}O_2$	Äthylbenzoat	l	l	l	l	l		l	l	l	l	l
35	$C_9H_{18}O$	Diisobutylketon	l	l	l	l	l		l	l	l	l	u
36	$C_9H_{18}O_2$	Heptylacetat	l	l	l	l	l		l	l	l	l	u
37	$C_{10}H_{15}N$	α-Methylbenzyl- dimethylamin	l	l	l	l	l		l	l	l	l	l
38	$C_{10}H_{23}N$	Diamylamin	l	l	l	l	l		l	r	l	r	t
39	$C_{12}H_{26}O$	Hexyläther	l	l	l	l	l		l	u	l	l	u
40	$C_{12}H_{26}O_3$	Diglykoldibutyläther	l	l	l	l	l	l	l	l	l	l	
41	$C_{14}H_{14}O$	Benzyläther	l	l	l	l	l		l	l	l	l	u

r = die Lösungsmittel reagieren miteinander; l = vollständig löslich; t = teilweise löslich; u = unlöslich. — *1 Pyridin; *2 Salicylaldehyd; *3 o-Kresol; *4 Anisaldehyd; *5 2-Methyl-

427. Lösungsgleichgewichte (Lösungsmittel)

$C_6H_{15}N$	$C_7H_6O_2$	C_7H_8O	$C_7H_{14}O_2$	$C_7H_{16}O$	$C_8H_8O_2$	$C_8H_{11}N$	$C_8H_{11}N$	$C_8H_{11}N$	$C_8H_{11}NO$	$C_8H_{19}N$	C_9H_8O	$C_9H_{10}O_2$	$C_9H_{18}O$	$C_9H_{18}O_2$	$C_{10}H_{15}N$	$C_{10}H_{15}NO$	$C_{10}H_{23}N$	$C_{12}H_{19}NO_2$	$C_{12}H_{26}O$	$C_{14}H_{14}O$	
25	*2	*3	26	27	*4	*5	*6	*7	29	*8	33	34	35	36	37	*9	38	*10	39	41	
1		1	1	1					1		1	1	1	1	1		1		1	1	1
r	1	1	1	1	1	r	r	r	1	r	1		1	1	1	1	1	1	1	1	2
1		1	1	1					1		1	1	1	1	1		1	1	1	1	3
1	u	1	u	1	u	1	1	1	1	1	u		u	u	1	1	t	1	u	u	4
1		1	1	1					1		1	1	1	1	1		1		1	1	5
r	1	1	1	1	1	1	r	r	1	r	1		1	1	1	1	r	1	u	1	6
1	1	1	1	1	1	1	1	1	1	1	1		1	1	1	1	1	1	1	1	7
1	1	1	1	1	1	1	1	1	1	1	1			u	u	1	1	1	u	u	8
1	u	1	u	1	u	1	1	1	1	1	u		u	u	1	1	1	1	u	u	9
1	u	1	u	u	u	1	1	1	u	t	u		u	u	u	1	t	1	u	u	10
1		1	1	1					1		1	1	1	1	1		1		1	1	11
1		1	1	1					1		1	1	1	1	1		1		1	1	12
1	1	1	u	1	u	1	1	1	1	1	u		u	u	1	1	1	1	u	u	13
1	1	1	1	1	1	1	1	1	1	1	1		1	1	1	1	1	1	u	u	14
1	1	1	1	1	1	1	1	1	1	1	1		1	1	1	1	1	1	1	1	15
1		1	1	1					1		1	1	1	1	1		1		1	1	16
r		1	1	1					1		1	1	1	1	1		r		u	1	17
1	1	1	1	1	1	1	1	1	1	1	1		1	1	1	1	1	1	u	1	18
1		1	1	1					1		1	1	1	1	1		1		1	1	19
r		1	1	1					1		1	1	1	1	1		r		1	1	20
1	1	1	1	1	1	1	1	1	1	1	1		1	1	1	1	1	1	1	1	21
1	1	1	1	1	1	1	1	1	1	1	1		1	1	1	1	1	1	u	1	22
1	1	1	1	1	1	1	1	1	1	1	1		1	1	1	1	1	1	u	1	23
1	1	1	u	1	1	1	1	1	1	1	1	1	u	u	1	1	t	1	u	u	24
1		1	1						1		1	1	1	1	1		1		1	1	25
1		1		1					1		1	1	1	1	1		1		1	1	26
1		1	1						1		1	1	1	1	1		1		1	1	27
1	1	1	1	1	1	1	1	1	1	1	1		1	1	1	1	1	1	1	1	28
1		1	1	1					r		1	1	1	1	1		1		1	1	29
1	1	1	1	1	1	1	1	1	1	1	1		1	1	1	1	1	1	1	1	30
1	1	1	1	1	1	1	1	1	1	1	1		1	1	1	1	1	1	1	1	31
1	1	1	1	1	1	1	1	1	1	1	1		1	1	1	1	1	1	1	1	32
1		1	1	1					r		1	1	1	1	1		1		1	1	33
1		1	1	1					1			1	1	1	1		1		1	1	34
1		1	1	1					1		1	1		1	1		1		1	1	35
1		1	1	1					1			1	1	1	1		1		1	1	36
1		1	1	1					1		1	1	1		1		1		1	1	37
1		1	1	1					1		1	1	1	1	1		1			1	38
1		1	1	1					1		1	1	1	1	1		1			1	39
r	1	1	1	1	1	1	r	r	1	r	1		1	1	1	1	t	1	r	1	40
1		1	1	1					1		1	1	1	1	1		1		1	1	41

5-äthyl-pyridin;   *6 α-Methylbenzylamin;   *7 2-Phenyläthylamin;   *8 Dibuthylamin;
*9 α-Methylbenzyläthanolamin;   *10 α-Methylbenzyldiäthanolamin.

5. Grenzflächen[1]

In den Tabellen 51 ist die Grenzflächenspannung in erg/cm^2 von Flüssigkeiten gegen den eigenen Dampf oder Luft bzw. Stickstoff angegeben (Oberflächenspannung). Für organische Verbindungen ist meist auch der Parachor, P (s. auch Tabelle 53), aufgeführt.

Tabelle 52 enthält Grenzflächenspannungen zweier nicht mischbarer Flüssigkeiten gegeneinander.

Tabelle 53 gibt die Werte für den Parachor an.

Tabelle 54 enthält Angaben über Grenzflächenfilme auf Wasser.

51. Grenzflächenspannung γ von Flüssigkeiten gegen den eigenen Dampf oder Luft (Oberflächenspannung)

L = Luft, D = eigner Dampf

511. Reine Verbindungen[2]

5111. Anorganische Verbindungen

Formel	Gemessen gegen	ϑ °C	γ dyn/cm	Formel	Gemessen gegen	ϑ °C	γ dyn/cm
AgCl	L	450,2	125	CO_2	D	−52,2	16,54
		501,3	119		unter	0,0	4,62
		550,0	113		Druck	20	1,37
AsBr$_3$	N_2	49,6	49,6	CS_2	L	−30	40,0
		121,0	41,0			−20	38,45
		179,7	36,1			0	35,45
AsCl$_3$	N_2	−21,0	43,8			20	32,4
		50,2	36,6			30	30,85
		110,0	31,0			50	27,8
BCl$_3$	D	20,0	16,7	Cl$_2$		−72	33,0
B$_2$H$_6$		−120	17,9			19,9	18,4
		−110	16,25			49,9	13,4
		−100	14,6	HCl		−110,0	27,874
BiCl$_3$	−	271,0	66,2			−80,5	22,405
		331,0	58,1	Cr$_2$K$_2$O$_7$	N_2	420	170,1
		382,0	52,0			504	137,0
HBr	−	−91,3	2,748			535	135,0
		−69,2	2,397	CsCl	N_2	663,7	89,2
(CN)$_2$	D	−20	21,9			979	66,4
		0	18,5			1080	56,3
		20	15,1	CsNO$_3$	N_2	425,5	91,8
HCN	D	0	20,5			511	83,7
		10	19,3			686,4	72,5
		20	18,1	HF		−81,8	17,6
		30	16,9			−16,3	11,19
CO	−	−203,1	12,11			19,2	8,92
		−193,1	9,83	HJ		−47,8	29,06
		−188,1	8,74			−36,6	26,96

[1] Die Daten wurden aus Landolt-Börnstein, 6. Aufl., Bd. II/3 entnommen. 511 dem Beitrag E. BEGER, 512 dem Beitrag J. STAUFF, und 514 dem Beitrag G. WEITZEL. (Literaturangaben sind im Landolt-Börnstein zu finden.)

[2] Elemente s. Tabelle 2143.

511. Reine Verbindungen

Formel	Gemessen gegen	ϑ °C	γ dyn/cm	Formel	Gemessen gegen	ϑ °C	γ dyn/cm
KBr	N_2	775	85,7	NO_2	—	−50	14,39
		886,5	77,8			20	2,015
		920	75,4			30	0,552
KCl	N_2	799,5	95,8	NaBr	—	760,9	105,8
		1087,5	75,2			941,5	92,9
		1167	69,6			1165,7	78,0
KJ	N_2	737	75,2	Na_2CO_3	L		179,0
		812	69,2	NaCl		802,6	113,8
		873	66,5			960,5	102,7
KNO_3	N_2	380,0	110,4			1171,8	88,0
		578,0	95,2	NaF		1010	199,5
		771,6	80,2			1263	173,1
K_2SO_4	N_2	1070,2	143,7			1546	143,5
		1400,0	122,4	$NaNO_3$	N_2	321,5	119,7
		1656,0	106,8			601,6	103,4
$LiBO_2$	N_2	879,2	261,8			738,2	93,7
		1309,3	225,8	$NaBO_2$	N_2	1015,6	193,7
		1520	192,4			1192,3	166,1
LiCl	N_2	614,0	137,8			1441	126,2
		860,1	119,9	$Na_2B_4O_7$	L	1000	211,9
		1074,6	104,8	$Ni(CO)_4$		−10	18,5
$LiNO_3$	N_2	358,5	111,5			0	17,4
		445,3	106,0			10	16,2
		609,4	96,2			20	15,1
NH_3	L	−50	37,95			30	13,9
	D	−20	31,0			50	11,6
	unter	0	26,55	PH_3		−106,0	22,783
	Druck	10	24,25			−94,2	20,798
		20	22,0	RbCl	N_2	750	95,7
		50	15,05			922,7	81,1
N_2H_4	—	25	66,7			1150	61,4
		30	64,5	SO_2	L	−20	30,35
		40	60,1			0	26,45
NO	—	−163,0	27,79			20	22,6
		−156,0	24,12			30	20,6
		−153,6	22,11				

5112. Organische Verbindungen

Formel	Name	Gemessen gegen	ϑ °C	γ dyn/cm	P
CCl_4	Tetrachlormethan	L	20	26,8	219,6
			40	24,2	
$CHCl_3$	Chloroform	L	20	27,2	183,2
			40	24,6	
CH_2Cl_2	Dichlormethan	L	20	28,0	147,2
			30	26,5	
CH_3NO_2	Nitromethan	L	20	37,0	132,6
		D	30	35,5	
CH_4O	Methanol	L	20	22,5	
		D	50	20,0	
$C_2H_2Cl_4$	1,1,2,2-Tetrachlor-äthan	L	20	35,6	256,9
			25	34,9	
C_2H_3N	Essigsäurenitril	L	20	29,2	122,1
			50	25,3	
$C_2H_4Br_2$	1,2-Dibrom-äthan	L	20	38,9	215,2
			40	36,25	
$C_2H_4Cl_2$	1,2-Dichlor-äthan	L	20	32,3	188,6
			30	30,9	
$C_2H_4O_2$	Essigsäure	L	20	27,7	131,4
			30	26,75	
C_2H_5Br	Bromäthan	L	20	24,0	
			30	22,8	
C_2H_5J	Jodäthan	L	20	28,8	
			30	27,6	
C_2H_6O	Äthanol	L	20	22,55	126,8
		D	30	21,7	
		N_2	50	19,9	
			70	18,1	
C_3H_6O	Propanon-(2)		20	23,3	161,5
			30	22,1	
$C_3H_6O_2$	Ameisensäure-äthylester	L	20	23,8	177,1
			30	22,35	
$C_3H_6O_2$	Propansäure	L	20	26,7	169,4
			30	25,7	
C_3H_8O	Propanol-(1)	L	20	23,7	165,1
			30	22,9	
C_3H_8O	Propanol-(2)	L	20	21,4	164,4
			30	20,6	
$C_4H_6O_3$	Acetanhydrid	L	20	32,6	225,9
		D	30	31,2	
$C_4H_8O_2$	Butansäure	L	20	26,75	209,4
			30	25,6	
$C_4H_8O_2$	1,4-Dioxan	D	20	33,55	205,7
			30	32,15	
$C_4H_8O_2$	Essigsäure-äthylester	L	20	23,8	216,2
			30	22,6	
$C_4H_8O_2$	Methylpropionsäure	L	20	25,1	207,8
			30	24,2	
$C_4H_{10}O$	Butanol-(1)	L	20	24,7	204,7
			40	23,05	

Formel	Name	Gemessen gegen	ϑ °C	γ dyn/cm	P
$C_4H_{10}O$	Diäthyläther	L	20	17,0	211,9
			30	15,9	
$C_4H_{10}O$	2-Methyl-propanol-(1)	L	20	23,0	202,0
			30	22,1	
$C_4H_{11}N$	Diäthylamin	L	20	20,1	218,6
			40	17,7	
C_5H_5N	Pyridin		20	37,2	199,2
			30	35,7	
$C_5H_{11}N$	Piperidin		20	30,0	
			30	28,8	
$C_5H_{12}O$	2-Methyl-butanol-(4)	L	20	24,3	240,8
			30	23,3	
$C_5H_{12}O$	Pentanol-(1)	L	20	25,6	243,3
			30	24,7	
C_6H_5Br	Brombenzol	L	20	36,2	257,1
			30	35,0	
C_6H_5Cl	Chlorbenzol	L	20	33,3	244,1
			30	32,1	
$C_6H_5NO_2$	Nitrobenzol	L	20	43,55	263,0
			30	42,4	
$C_6H_5NO_3$	4-Nitro-phenol	L	120	46,15	284
			150	43,65	
C_6H_6	Benzol	L	10	30,2	
			20	28,9	
			40	26,25	
			60	23,75	
C_6H_7N	Anilin	L	20	42,9	234
			50	39,4	
			100	33,7	
C_6H_{10}	Cyclohexen	L	20	26,55	230
		N_2	30	25,3	
C_6H_{12}	Cyclohexan	L	20	25,0	242
		N_2	30	23,8	
$C_6H_{12}O$	Cyclohexanol	D	20	34,4	
			30	33,4	
		N_2	19,1	33,52	
			34,7	31,96	
$C_6H_{12}O_2$	Capronsäure	L	20	28,0	288,1
			50	25,25	
C_6H_{14}	Hexan	L	20	18,4	270,8
			40	16,3	
$C_6H_{15}N$	Triäthylamin	L	20	20,8	296,6
		D	30	19,75	
C_7H_5N	Benzoesäurenitril		20	39,2	257,3
			30	38,1	
C_7H_7Cl	Benzylchlorid	L	20	37,7	285
			30	36,5	
C_7H_8	Methylbenzol	L	20	28,4	245,5
		D	30	27,3	
		N_2	50	25,0	
C_8H_8O	Acetophenon	L	20	39,5	293,3
			40	37,2	

5. Grenzflächen

Formel	Name	Gemessen gegen	ϑ °C	γ dyn/cm	P
C_8H_{10}	Äthylbenzol	L	20	29,1	284,4
			40	27,0	
C_8H_{10}	1,3-Dimethyl-benzol		20	28,6	284,2
			40	26,4	
C_8H_{10}	1,4-Dimethyl-benzol		20	28,3	284,5
			40	26,1	
$C_8H_{11}N$	Dimethylanilin	L	20	36,5	ca. 314
			30	35,4	
C_8H_{18}	Octan	L	20	21,7	350,5
		D	30	20,7	
C_9H_7N	Chinolin		20	45,0	303,6
			30	43,85	
$C_9H_{10}O_2$	Benzoesäure-äthylester	L	20	35,3	349,6
			40	32,9	
C_9H_{12}	Isopropylbenzol	L	20	28,1	321,3
			40	26,95	
$C_{10}H_8$	Naphthalin	L	80,5	32,29	312,3
			111,0	29,07	
$C_{10}H_{12}$	1,2,3,4-Tetrahydronaphthalin	N_2	3,0	35,23	
			33,0	32,44	
	Öle:				
	Olivenöl $\varrho_{18}=0,9151$	L	18	33,06	
	Petroleum $\varrho=0,8467$	L	0	28,9	
		L	25	26,4	
		L	50	24,2	
	$\varrho=0,773$	L	20	23,96	
	Ricinusöl $\varrho_{18}=0,9612$	L	18	36,40	
	Sesamöl DAB $\varrho_{18}=0,9212$	L	18	31,78	
	Terpentinöl $\varrho_{18}=0,8533$	L	18	26,79	

512. Grenzflächenspannung von Lösungen

5121. Metalle in Metallen

Metall 1	Metall 2	ϑ °C	Konzentrations-Maß	Obere Reihe: Konzentration untere Reihe: γ in dyn/cm			
Ag	Hg	20	Atom-% Ag γ	0,0129 *409*	0,0295 *406*		
Al	Mg	700	Atom-% Mg γ	10,7 *778*	27 *632*	60 *536*	70 *532*
Al	Zn	700	Gew.% Al γ	12,1 *767*	29,3 *746*	40,2 *797*	78,8 *866*
C	Fe	1300...1420	Gew.% C γ		3,9 *1500*		
Mg	Zn	700	Atom-% Zn γ	20 *527*	30 *514*	50 *488*	83,3 *660*
Sn	Zn	500	Atom-% Zn γ	25 *580*	50 *600*	75 *669*	90 *737*

5122. Grenzflächenspannung γ in wäßrigen Lösungen

51221. Anorganische Stoffe in Wasser

Formel	Name	t °C	Konzentrations-Maß	Obere Reihe: Konzentration / untere Reihe: γ in dyn/cm							
$Al_2(SO_4)_3$	Aluminiumsulfat	25	molal	0,1	0,2	0,3	0,5	0,7	0,9	1,0	
			γ	72,32	72,92	73,51	74,71	76,06	78,30	79,73	
$BaCl_2$	Bariumchlorid	25	molal	0,49	0,965	1,42					
			γ	73,50	74,93	76,38					
$CaCl_2$	Calciumchlorid	25	Mol/l	0,200	0,400	0,600	0,750	0,100	0,120	0,140	
			γ	72,50	73,13	73,60	74,25	75,05	75,70	76,40	
$HClO_4$	Perchlorsäure	25	Gew. %	4,86	10,01	20,38	30,36	53,74	63,47	72,25	
			γ	71,18	70,34	69,21	68,57	69,02	69,73	69,01	
HJO_3	Jodsäure	25	Mol/l	0,01	0,06	0,1	0,60	1,00	2,00	4,00	
			γ	71,33	71,26	71,06	71,99	69,02	72,27	73,20	
$LiCl$	Lithiumchlorid	25	molal	1,36	1,88	2,67	3,67				
			γ	74,23	75,10	76,30	78,10				
$RbCl$	Rubidiumchlorid	20	molal	2,00	3,30	5,00					
			γ	75,2	76,8	79,2					
H_2SO_4	Schwefelsäure	25	Gew. %	4,11	8,26	12,18	17,66	21,88	29,07	33,63	
			γ	72,21	72,55	72,80	73,36	73,91	74,80	75,29	
$(UO_2)(NO_3)_2 \cdot 6H_2O$	Uranylnitrat	25	Mol/l	0,4107	0,6210	0,8260					
			γ	72,7	73,0	73,9					

51222. Organische Stoffe in Wasser

Obere Reihe: Konzentration
untere Reihe: γ in dyn/cm

Bruttoformel	Substanz	ϑ °C	Konzentrationsmaß						
CH_4O	Methanol	25	Mol %	2,74	7,73	10,13	21,73	30,67	58,97	72,42
			γ	61,41	52,45	49,12	39,34	35,16	28,14	25,93
C_2H_3N	Acetonitril	20	Mol %	1,0	2,1	4,4	10,0	20,9	31,3	65,5
			γ	65,45	59,46	49,32	39,06	31,84	30,61	29,02
$C_2H_5NO_2$	Glycin	25	molal	0,502	1,005	1,507	2,009			
			γ	72,54	73,11	73,74	74,18			
$C_3H_5KO_3$	Milchsäure K-Salz	29	Gew. %	40	50	60	70			
			γ	66,4	66,4	65,4	63,4			
$C_3H_5NaO_3$	Milchsäure Na-Salz	29	Gew. %	1	10	30	40	50	60	70
			γ	70,4	69,6	68,5	64,8	45,4	56,7	60,7
$C_3H_5NH_4O_3$	Milchsäure NH_4-Salz	29	Gew. %	30	50	60	70	80	90	
			γ	35,4	34,4	35,4	35,6	38,2	44,5	
$C_3H_6O_2$	Methylacetat	25	Mol %	0,161	0,321	0,567	0,904			
			γ	66,33	62,92	58,22	55,08			
$C_3H_7NO_2$	α-Alanin	25	molal	0,502	1,005	1,338				
			γ	72,41	72,72	73,11				
$C_4H_8O_2$	Dioxan	26	Mol %	0,1	1	5	10	30	50	90
			γ	69,83	62,45	51,57	45,30	36,95	35,00	33,1
$C_4H_{10}O$	Butanol-(1)	25	Gew. %	0,25	0,87	1,59	2,78	3,96	5,29	6,99
			γ	64,7	53,0	45,8	38,6	33,3	29,4	25,8
$C_4H_{10}O$	2-Methyl-propanol-(1)	25	Gew. %	0,25	1,00	2,55	4,22	5,03	6,01	8,18
			γ	64,4	51,0	40,1	33,8	31,1	28,7	25,2
$C_4H_{10}O$	2-Methyl-propanol-(2)	25	Gew. %	0,25	1,66	3,00	4,12	6,48	15,65	54,94
			γ	65,7	51,6	45,9	42,8	37,8	27,3	22,1
C_6H_7N	Anilin	20	Mol/l	0,045	0,080	0,111	0,138	0,190	0,290	0,356
			γ	70,5	67,0	62,7	60,6	56,7	51,0	48,3

5123. Organische Substanzen in organischen Lösungsmitteln

Obere Reihe: Konzentration
untere Reihe γ in dyn/cm

Bruttoformel	Substanz	Lösungsmittel	ϑ °C	Konzentrations-Maß					
CCl$_4$	Tetrachlormethan	Benzol	50	Molbruch	0,1815	0,3515	0,4712	0,6468	0,7981
				γ	24,39	24,09	23,78	23,47	23,21
CH$_4$O	Methanol	Benzol	27	Mol/l	0,94	1,88	2,82	3,63	
				γ	27,30	26,80	26,35	26,04	
	Methanol	Mesitylen	15	Molbruch	0,1	0,2			
				γ	28,75	26,24			
C$_2$H$_3$N	Acetonitril	Äthanol	20	Molbruch	0,12	0,35	0,53	0,72	0,90
				γ	22,92	23,92	24,36	25,08	26,51
C$_2$H$_4$O$_2$	Essigsäure	Benzol	20	Molbruch	0,1381	0,3085	0,4034	0,5047	0,7415
				γ	26,95	26,90	27,02	27,21	27,79
	Essigsäure	Aceton	35	Molbruch	25,40	25,21	25,32	25,43	25,99
			25	Molbruch	0,25	0,50	0,75		
				γ	27,50	26,61	24,90		
C$_2$H$_6$O	Äthanol	Benzol	27	Mol/l	0,81	1,62	2,43	3,24	
				γ	27,40	27,02	26,65	26,35	
	Äthanol	Nitrobenzol	5,5	Molbruch	0,1	0,3	0,5	0,7	0,9
				$\Delta\gamma$	9,9	15,9	17,0	18,2	20,1
C$_3$H$_6$O	Aceton	Diäthyläther	25	Molbruch	0,263	0,470	0,669	0,799	0,912
				γ	18,78	19,30	20,76	21,57	22,60
C$_3$H$_6$O$_2$	Propionsäure	Benzol	27	Mol/l	0,98	1,96	2,94	3,94	
				γ	27,53	27,28	27,08	26,96	
	Propionsäure	Nitrobenzol	5,5	Molbruch	0,1	0,3	0,5	0,7	0,9
				$\Delta\gamma$	4,3	8,7	11,4	14,4	15,9
C$_4$H$_{10}$O	Butanol-(1)	Benzol	27	Mol/l	0,85	1,69	2,54	3,39	
				γ	27,95	27,05	26,80	26,62	
	2-Methyl-propanol-(1)	Nitrobenzol	5,5	Molbruch	0,1	0,3	0,5	0,7	0,9
				$\Delta\gamma$	11,4	17,5	19,1	19,7	21,6
C$_6$H$_{12}$	Cyclohexan	Nitrobenzol	15	Gew.%	5	10			
				γ	37,59	33,03			
C$_6$H$_7$N	Anilin	Cyclohexan	32	Molbruch	0,1316	0,3531	0,4786	0,7021	0,9609
				γ	24,21	24,51	24,50	25,61	37,45

52. Grenzenflächenspannung von Flüssigkeiten gegeneinander

521. Grenzflächenspannung γ von Wasser gegen nichtwäßrige Flüssigkeiten

Bruttoformel	Substanz	Temperatur °C	Grenzflächenspannung γ dyn/cm
Hg	Quecksilber	18	385,1
Hg	Quecksilber	20	426,7
C_6H_6	Benzol	25	34,10
C_6H_{12}	Cyclohexan	20	51,01
		40	50,15
		70	49,09
$C_6H_{12}O$	Cyclohexanol	20	3,1
C_7H_8	Toluol	25	35,7
C_7H_{14}	Heptan	25	50,85
$C_7H_{14}O$	Methylcyclohexanol	20	4,3
C_8H_{18}	Octan	20	50,98
		40	50,24
		50	49,86
$C_{10}H_{18}$	cis-Decahydronaphthalin	20	51,74
		40	51,12
		70	50,40
$C_{10}H_{18}$	trans-Decahydronaphthalin	20	51,40
		40	50,44
		70	49,48
$C_{10}H_{22}$	Decan	20	51,24
$C_{11}H_{24}O$	Undecylalkohol	25	8,61 ±0,05
$C_{18}H_{34}$	Octadecadien	20	14,7
$C_{18}H_{36}$	Octadecen	20	19
$C_{18}H_{36}O$	Octadecen-(9)-ol-(1)	20	15,6

522. Grenzflächenspannung γ organischer Flüssigkeiten gegen Quecksilber bei 18° C

Bruttoformel	Substanz	γ dyn/cm	Bruttoformel	Substanz	γ dyn/cm
CH_4O	Methanol	384,0	C_6H_{14}	n-Hexan	380,0
C_2H_6O	Äthanol	379,1	$C_6H_{14}O$	n-Hexanol	368,5
C_3H_8O	n-Propanol	379,1	C_6H_5Cl	Chlorbenzol	354,2
C_3H_8O	i-Propanol	384,0	C_6H_5Br	Brombenzol	376,0
$C_4H_{10}O$	n-Butanol	377,6	C_7H_{16}	n-Heptan	376,2
$C_4H_{10}O$	tert. Butanol	384,0	C_9H_{20}	n-Nonan	372,5
$C_5H_{10}O$	Cyclopentanol	364,8			

53. Parachore

Vorbemerkungen

Die empirische Größe Parachor P wurde von SUGDEN eingeführt.

$$P = \frac{M}{D_{fl} - D_D} \cdot \gamma^{\frac{1}{4}}$$

M = Molekulargewicht D = Dichte von Flüssigkeit und Dampf
γ = Oberflächenspannung.

Da D_D gegenüber D_{fl} meist vernachlässigt werden darf, ergibt sich dann

$$P = \frac{M}{D_{fl}} \cdot \gamma^{\frac{1}{4}}$$

Nach EUCKEN hängt der Parachor eng mit dem Nullpunktsvolumen zusammen, weshalb — wie schon SUGDEN bemerkte — der Parachor von organischen Verbindungen sich praktisch additiv aus Inkrementen zusammensetzen läßt.

GIBLING nahm an, daß der Parachorwert eines Atoms von seiner Stellung innerhalb der Molekel abhängig ist und setzte an Stelle von Atom- und Bindungsparachoren die Gruppenparachore. Außerdem berücksichtigte er die Kettenlängen durch Zufügen eines sog. Expansionsfaktors f^n ($f = 1{,}0004165$). P ergibt sich dann als Produkt eines aus den Gruppenparachoren additiv zusammengesetzten Standardwertes (SV) und des Faktors f^n, also $P = SV f^n$, oder, unter Einführung der sog. Expansionskorrektur $(EC = P - SV)$, zu $P = SV + EC$, wo $EC = (f^n - 1) \cdot SV$ ist.

Für n-Octan berechnet sich der Parachor nach GIBLING wie folgt:

$$\begin{array}{lrl} 2\ CH_3 - (C) & 2 \cdot 55{,}2 = & 110{,}4 \\ 6\ (C) - CH_2 - (C) & 6 \cdot 39{,}8 = & \underline{238{,}8} \\ & SV = & 349{,}2 \end{array}$$

$EC = (1{,}0004165^8 - 1) \cdot 349{,}2 \cong 1{,}2$
$P = 349{,}2 + 1{,}2 = 350{,}4$.

Der aus γ berechnete Wert ist 350,5 (S. 1242).

531. Atom-Parachore nach Sugden

Element	Parachor	Element	Parachor	Element	Parachor
Ag	63	Cu	(46)	O	20,0
Al	38,6	F	25,7	Os	80,4
Ar	54,0	Ga	50	P	37,7
As	50,3	Ge	(36)	Pb	76,2
Au	61	H	17,1	Rb	(130)
B	16,4	He	20,5	S	48,2
Ba	(106)	Hg	68,7	Sb	66,0
Be	37,8	J	91,0	Se	62,5
Bi	(80)	K	110	Si	27,8
Br	68,0	Li	(50)	Sn	56,7
C	4,8	Mo	(80)	Te	79,4
Ca	(68)	N	12,5	Ti	45,3
Cd	(70)	Na	(80)	Tl	64
Cl	54,3	Ne	25,0	W	(90)
Cr	53,7	Ni	(50)	Zn	50,7
Cs	(150)				

532. Bindungs-Parachore für organische Verbindungen

	Nach SUGDEN	Nach MUMFORD und PHILLIPS
Kovalente Dreifachbindung	46,6	38
Kovalente Doppelbindung	23,2	19
Einfache Kovalenz	0	0
Semipolare Doppelbindung	—1,6	0
Dreiring	16,7	12,5
Vierring	11,6	6
Fünfring	8,5	3
Sechsring	6,1	0,8
Siebenring	4,6	—4
Achtring	2,4	
CH_2	39	40

533. Gruppen-Parachore nach Gibling

Gruppe	Parachor	Gruppe	Parachor
CH_3—(C)	55,2	H—CO—(C)	67,3
(C)—CH_2—(C)	39,8	(C)—CO—(C)	50,9
C$\diagdown$CH—(C) C$\diagup$	22,2	(C)—O—(C)	21,5
		(C)—COO—(C)	66,4
(C)$\diagdown$ $\diagup$(C) C (C)$\diagup$ $\diagdown$(C)	2,4	(C)—S—(C)	52,0
		(C)—NH_2	47,9
CH_2=(C)	49,7	(C)—N=N—(C)	51,8
(C)—CH=(C)	34,3	(C)—CH_2Cl	96,1
C$\diagdown$C=(C) C$\diagup$	16,7	(C)—CH_2Br	110,3
		(C)—CH_2J	131,6
		(C)—NO_2	76,8
(C)—CH_2—(O)	39,4		
C$\diagdown$CH—(O) C$\diagup$	21,4		

54. Grenzflächenfilme auf Wasser

Bringt man mit Hilfe eines leicht verdampfenden Lösungsmittels eine geringe Menge einer in Wasser unlöslichen langkettigen oder cyclopolaren Verbindung auf die Oberfläche des Wassers, so bildet sich eine monomolekulare mehr oder minder zusammenhängende Schicht.

Zur Untersuchung des Flächenbedarfs jeder Molekel dieser Schichten werden mittels eines in das Wasser tauchenden Barrens auf der einen Seite die einzelnen Teilschichten zusammengeschoben, während auf der anderen Seite mittels eines beweglichen Schwimmers, der ein Meßgerät steuert, die

54. Grenzflächenfilme auf Wasser

auftretenden Schubkräfte (dyn cm^{-1}) gemessen werden. Die Abbildung zeigt grob schematisch, wie sich die Schubkraft mit dem Flächenbedarf ändert. Von A bis B bleibt die Schubkraft beim Zusammenschieben, Verkleinerung der Schichtfläche, konstant; die einzelnen Filmteile rücken aneinander. Von BD nimmt die Schubkraft zu, oft in mehreren Stufen (Knickpunkt C), erreicht bei D den höchsten Wert, um dann wieder abzusinken. Im Punkte D erfolgt ein Zusammenbruch (Kollaps) der monomolukaren Schicht, es schieben sich Teile der Schicht übereinander. Das Verhalten der Moleküle wird durch die chemische Konstitution bestimmt. Anordnung, Zahl und Art polarer Gruppen, Doppelbindungen, Alkyl- und Aryl-Substituenten beeinflussen die Filmeigenschaften.

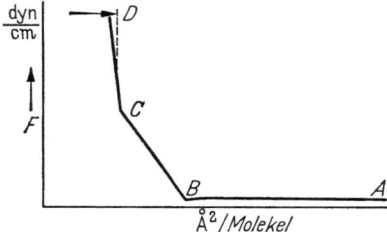

Monomolekulare Filme auf H_2O
Flächenbedarf und Schubspannung beim Kollaps

Zahl der C-Atome	Stoff	°C	Flächenbedarf Å²/Molekül bei		Schubspannung beim Kollaps dyn cm^{-1}
			Kondensationsbeginn	Kollaps	
17	2-Methyl-hexadecansäure	10	51,1	26,3	28,6
		30	55,9	32,5	22,6
	3-Methyl-hexadecansäure	10	48,1	24,8	31,2
		30	53,1	30,6	24,0
	4-Methyl-hexadecansäure	10	48,9	27,0	30,8
		30	54,3	33,0	21,6
	5-Methyl-hexadecansäure	10	49,3	27,0	32,6
		30	53,4	32,0	21,8
	6-Methyl-hexadecansäure	10	50,2	27,7	31,9
		30	53,6	33,5	23,3
	7-Methyl-hexadecansäure	10	49,2	28,2	32,5
		30	52,8	33,1	23,3
	8-Methyl-hexadecansäure	10	49,3	28,6	31,9
		30	53,1	33,1	22,2
	9-Methyl-hexadecansäure	10	46,6	28,2	33,3
		30	52,5	33,3	23,7
	10-Methyl-hexadecansäure	10	45,9	28,2	33,9
		30	52,0	33,0	23,7
	11-Methyl-hexadecansäure	10	43,7	27,9	35,1
		30	51,0	32,8	23,3
	12-Methyl-hexadecansäure	10	41,7	27,0	36,3
		30	49,9	32,5	21,9
	13-Methyl-hexadecansäure	10	41,8	26,5	37,2
		30	49,1	31,0	25,4

Zahl der C-Atome	Stoff	°C	Flächenbedarf Å²/Molekül bei		Schubspannung beim Kollaps dyn cm^{-1}
			Kondensationsbeginn	Kollaps	
	14-Methyl-hexadecansäure	10	38,2	26,1	28,0
		30	48,7	29,0	27,7
	15-Methyl-hexadecansäure	10	29,7	25,4	22,9
		30	46,4	29,1	22,5
18	2-Methyl-heptadecansäure	20	51,0	25,5	—
19	2-Methyl-octadecansäure	10	30,5	25	32,4
20	2-Äthyl-octadecansäure	21	55,4	34,4	12,6
21	2-Propyl-octadecansäure	21	64,0	42,3	9,5
22	2-Butyl-octadecansäure	21	69,9	50,7	8,3
23	2-Pentyl-octadecansäure	21	73,3	55,8	8,4
21	3-Hydroxy-3-octyl-tridecansäure	18	77,8	50,3	33,5
21	3-Hydroxy-3-hexyl-pentadecansäure	18	80,7	46,2	31,6
21	3-Hydroxy-3-propyl-octadecansäure	18,5	76,5	34,5	36,5
17	3-Methyl-hexadecanol	—	45,3	25,2	32,4
17	10-Methyl-hexadecanol	—	43,3	27,8	34,4
18	4-Hydroxy-octadecan	18,5	84,1	66,4	3,8
18	8-Hydroxy-octadecan	19	92,1	67,5	8,1
18	9-Hydroxy-octadecan	20	90,3	67,7	8,6
22	8-Hydroxy-dokosan	18	87,5	80,6	1,3
22	9-Hydroxy-dokosan	19	84,5	76,8	1,8

55. Adsorption*

551. Adsorption aus der Gasphase

5511. Anorganische Dämpfe an Adsorptionsmitteln, Abbildungen

Adsorptions-Isothermen von Chlor an Kieselgel

* Nach Landolt-Börnstein, 6. Aufl., Bd. II/3, Beitrag BRATZLER.

Adsorptions-Isothermen von Wasserdampf ——— und Benzoldampf ········ an Kieselgel A der Badischen Anilin- und Sodafabrik

Adsorptions-Isothermen von Wasserdampf an Aktivkohlen bei 20° C. —·—·— Norit, ——— Cocosnußschalenkohle, — — — Aktivkohle AKT II, ········ Aktivkohle G 1000. ←—←—Adsorptionskurve, →—→Desorptionskurve

Adsorptions-Isothermen von Sauerstoff an Cocosnußschalenkohle

Adsorptions-Isothermen von Helium an Aktivkohlen. Supersorbon IV ——— Supersorbon SK ———, AKT II-Kohle – – –

Adsorptions-Isothermen von Stickstoff an Aktivkohlen. Supersorbon SK —·—·—, Supersorbon IV — — —, Cocosnußkohle ———,

5512. Adsorption an Aktivkohle bei 20° C

Organische Dämpfe

Partialdruck des Gases in Torr	Adsorption in g/g Aktivkohle			
	AKT	G 1000	Norit	Cocosnußkohle
CCl_4 Tetrachlorkohlenstoff				
0,45	0,288	0,364	0,423	0,457
4,5	0,590	0,678	0,610	0,524
45	0,862	0,872	0,724	0,601
81	0,934	0,923	0,904	0,645
CH_4O Methanol				
0,115	0,031	0,017	0,023	0,03
8,0	0,125	0,13	0,18	0,20
28,7	0,25	0,30	0,34	0,31
80,2	0,42	0,46	0,40	0,35
C_2H_6O Äthanol				
0,4	0,08	0,075	0,11	0,12
4,4	0,23	0,26	0,26	0,26
36	0,47	0,47	0,37	0,33
C_3H_6O Aceton				
0,32	0,085	0,085	0,12	0,14
1,3	0,13	0,14	0,19	0,20
12,7	0,31	0,31	0,32	0,29
127	0,45	0,45	0,40	0,33

Partialdruck des Gases in Torr	Adsorption in g/g Aktivkohle			
	AKT	G 1000	Norit	Cocosnußkohle
$C_4H_{10}O$ Diäthyläther				
0,025	0,09	0,10	0,15	0,16
0,99	0,13	0,15	0,18	0,19
9,9	0,24	0,26	0,25	0,25
99	0,37	0,39	0,30	0,29
C_6H_6 Benzol[1]				
0,075	0,094	0,106	0,190	0,214
0,75	0,207	0,224	0,254	0,260
7,5	0,347	0,372	0,335	0,316
67,5	0,485	0,502	0,437	0,376
C_7H_8 Toluol				
0,22	0,27	0,32	0,29	0,26
2,2	0,42	0,43	0,33	0,29
19,65	0,50	0,51	0,42	0,37
C_8H_{10} Xylol				
0,1	0,30	0,34	0,32	0,275
1	0,43	0,44	0,35	0,29
9	0,51	0,52	0,44	0,36

[1] AKT ist zu AKT 4 angegeben.

552. Adsorption aus flüssiger Phase an pulverförmigen Adsorptionsmitteln

Vorbemerkung

Die Tabelle gibt Werte der Konstanten K und $1/n$ für die Gleichung der Adsorptionsisotherme nach FREUNDLICH:

$$\frac{x}{m} = K \cdot c^{1/n}.$$

Es bedeuten:

c Gleichgewichtskonzentration in Mol/l

x Adsorbierter Stoff auf m Gramm Adsorptionsmittel in mMol/l

m Menge Adsorptionsmittel in g

K Konstante

$1/n$ Konstante

% Fehler: Mittlerer Fehler in %, der sich ergeben kann, wenn man bei einer beliebigen Gleichgewichtskonzentration x/m ermittelt

c_{max} Größte Gleichgewichtskonzentration, für die Messungen vorliegen

c_{min} Kleinste Gleichgewichtskonzentration, für die Messungen vorliegen.

552. Adsorption aus flüssiger Phase

Der Geltungsbereich der in der nachstehenden Tabelle aufgeführten Konstanten K und $1/n$ beschränkt sich streng genommen nur auf den angegebenen Konzentrationsbereich. Doch ist im allgemeinen eine Erweiterung über diesen Bereich hinaus ohne zu große Fehler möglich. Die Messungen wurden alle bei Zimmertemperatur durchgeführt und erstreckten sich über eine Zeitdauer, die praktisch eine Einstellung des Adsorptionsgleichgewichts gewährleistet.

Adsorption aus wäßriger Lösung

Adsorbierter Stoff	Adsorptionsmittel	c_{max} Mol/l	c_{min} Mol/l	K	$1/n$	Fehler %
Anorganische Stoffe						
Jod	Carboraffin	0,05	0,001	38,9	0,43	—
Jod	Holzkohle unaktiviert	0,05	0,001	3,7	0,45	—
Organische Stoffe						
Äpfelsäure	Norit	0,25	0,01	1,28	0,252	2,2
Adipinsäure	Norit	0,25	0,01	1,79	0,163	4,5
β-Alanin	Darco G 60	0,394	$5,7 \cdot 10^{-6}$	0,5	0,64	7
dl-Alanin	Darco G 60	0,225	0,015	0,8	0,86	2
Ameisensäure	Norit	0,25	0,01	2,47	0,435	2,6
o-Aminobenzoesäure	Darco G 60	0,011	0,0009	7,1	0,16	0,5
m-Aminobenzoesäure	Darco G 60	0,013	0,001	5,7	0,16	0,3
p-Aminobenzoesäure	Darco G 60	0,012	0,001	4,5	0,12	0,3
dl-α-Aminobuttersäure	Darco G 60	0,280	0,017	1,5	0,75	1,7
Anilin	Darco G 60	0,164	0,004	10	0,26	0,2
l-Asparaginsäure	Darco G 60	0,041	0,003	5,9	0,70	0,8
l-Asparagin	Darco G 60	0,164	0,004	2,2	0,64	0,3
Benzoesäure	Darco G 60	0,008	0,0004	13	0,24	0,6
Bernsteinsäure	Norit	0,25	0,01	2,83	0,303	4,3
Biotin	Darco G 60	$3,7 \cdot 10^{-8}$	$9,2 \cdot 10^{-11}$	530	0,69	10
Brenzcatechin	Charbon animal (Merck)	0,1	0,001	3,3	0,10	—
Brenztraubensäure	Norit	0,25	0,01	2,44	0,273	3,5
Buttersäure	Norit	0,25	0,01	2,46	0,177	2,3
Calciumpantothenat (dextro)	Darco G 60	0,024	$1,9 \cdot 10^{-7}$	390	0,69	10
Capronsäure	Norit	0,25	0,01	3,03	0,175	1,8
Chininhydrochlorid	Carboraffin	0,05	0,001	1,07	0,10	—
Chininhydrochlorid	Norit	0,05	0,001	2,05	0,27	—
Citraconsäure	Norit	0,25	0,01	1,69	0,167	1,8
Citronensäure	Norit	0,25	0,01	0,73	0,203	3,3
Calciumpantothenat (aus Leberextrakt)	Darco G 60	0,003	$2,3 \cdot 10^{-7}$	26	0,56	10

5. Grenzflächen

Adsorbierter Stoff	Adsorptionsmittel	c_{max} Mol/l	c_{min} Mol/l	K	$1/n$	Fehler %
Erythrit	Charbon animal (Merck)	0,05	0,002	2,2	0,57	—
Essigsäure	Carboraffin	0,1	0,01	7,22	0,55	—
Essigsäure	Norit	0,1	0,01	4,23	0,50	—
Essigsäure	Holzkohle unaktiviert	0,1	0,01	1,51	0,32	—
Essigsäure	Darco G 60	1,69	0,007	3,2	0,34	±0,8
Fumarsäure	Norit	0,25	0,01	1,90	0,203	2,9
d-Glucose	Darco G 60	0,093	0,004	3,3	0,54	0,4
Glutarsäure	Norit	0,25	0,01	1,96	0,201	5,1
Glycerin	Charbon animal (Merck)	0,1	0,003	1,96	0,57	—
Glycerinsäure	Norit	0,25	0,01	1,29	0,267	6,7
Glykokoll	Darco G 60	0,659	0,082	0,2	0,76	5
Glykolsäure	Norit	0,25	0,01	1,54	0,390	4,1
Glyoxylsäure	Norit	0,25	0,01	3,89	0,455	2,3
Guajakol	Charbon animal (Merck)	0,1	0,001	4,9	0,15	—
Harnstoff	Darco G 60	0,762	0,041	2,1	0,66	1
l-Hydroxyprolin	Darco G 60	0,050	0,002	3,2	0,79	1
l-Inosit	Darco G 60	0,057	0,005	4,2	0,86	1
Isobuttersäure	Norit	0,25	0,01	2,36	0,273	12,3
dl-Isoleucin	Darco G 60	0,137	0,0009	5,4	0,50	0,5
Isovaleriansäure	Norit	0,25	0,01	2,51	0,227	2,6
Koffein	Darco G 60	0,014	0,001	3,3	0,10	1
Kreatin	Darco G 60	0,037	0,001	2,3	0,15	4
Kreatinin	Darco G 60	0,086	0,004	4,4	0,26	0
o-Kresol	Charbon animal (Merck)	0,03	0,001	4,7	0,14	—
m-Kresol	Charbon animal (Merck)	0,01	0,0005	4,6	0,13	—
p-Kresol	Charbon animal (Merck)	0,04	0,0005	4,1	0,11	—
Lävulinsäure	Norit	0,25	0,01	1,83	0,183	2,9
dl-Leucin	Darco G 60	0,012	0,0005	5,4	0,50	0,3
l-Lysin	Darco G 60	0,045	0,005	5,1	0,68	2
Maleinsäure	Norit	0,25	0,01	2,81	0,248	4,6
Mannit	Charbon animal (Merck)	0,1	0,001	2,3	0,48	—
Malonsäure	Norit	0,25	0,01	3,88	0,410	3,3
Mesaconsäure	Norit	0,25	0,01	1,80	0,133	2,4
dl-Methionin	Darco G 60	0,016	0,0005	11	0,61	0,4
Methylbernsteinsäure	Norit	0,25	0,01	1,30	0,172	1,6
Methylenblau	Carboraffin	0,01	0,0001	2,45	0,14	—
Methylenblau	Norit	0,01	0,0001	1,42	0,16	—
Milchsäure	Norit	0,25	0,01	1,66	0,335	3,6
Nicotinsäure	Darco G 60	0,006	0,0007	6,9	0,22	3
dl-Norleucin	Darco G 60	0,040	$7,9 \cdot 10^{-4}$	4,8	0,45	0,4
Orcin	Charbon animal (Merck)	0,1	0,001	3,7	0,10	—
Oxalsäure	Norit	0,25	0,01	3,62	0,551	4,9

552. Adsorption aus flüssiger Phase

Adsorbierter Stoff	Adsorptionsmittel	c_{max} Mol/l	c_{min} Mol/l	K	$1/n$	Fehler %
Phenol	Charbon animal (Merck)	0,1	0,0005	4,8	0,16	—
Propionsäure	Norit	0,25	0,01	2,46	0,236	1,8
Phenol	Carboraffin	0,01	0,0001	15,0	0,43	—
Phenol	Norit	0,01	0,0001	8,7	0,38	—
Phenol	Holzkohle unaktiviert	0,01	0,0001	0,4	0,30	—
dl-Phenylalanin	Darco G 60	0,049	0,0008	2,3	0,10	1,3
Propionsäure	Darco G 60	1,26	0,020	4,4	0,31	0,5
Pyridinhydrochlorid	Darco G 60	0,003	$9,7 \cdot 10^{-7}$	6,2	0,38	15
Resorcin	Charbon animal (Merck)	0,1	0,001	2,8	0,10	—
Saccharose	Charbon animal (Merck)	0,02	0,0005	0,81	0,13	—
dl-Serin	Darco G 60	0,125	0,008	0,5	0,63	8
dl-Threonin	Darco G 60	0,125	0,010	1,4	0,83	2
Thiaminhydrochlorid	Darco G 60	0,001	$1,3 \cdot 10^{-7}$	300	0,66	10
dl-Tryptophan	Darco G 60	0,003	0,002	3,2	0,10	0,3
l-Tyrosin	Darco G 60	0,0001	$3,1 \cdot 10^{-5}$	11	0,30	10
Valeriansäure	Norit	0,25	0,01	2,84	0,182	2,8
dl-Valin	Darco G 60	0,028	0,001	5,6	0,82	1
Weinsäure	Norit	0,25	0,01	0,94	0,275	3,3

6. Kalorische

61. Wärme-

611. Wärmekapazität

6111. Atomwärme

At-M relative Atommasse, Θ_D Debye-
F Schmelzpunkt, Subl. Sublimations-
V Siedetemperatur

	At-M	Θ_D und Bereich	γ mJ/ Atom grd²	C_p in			
				20	40	60	80
Ag	107,87	225,3° K (0…4,25° K)	0,61	1,72	8,39	14,31	17,89
Al	26,9815	418° K (1…20° K)	1,46	0,23	2,09	5,77	9,65
Ar	39,948	80° K (0…10° K)	—	11,76	22,09	26,59	32,13
As g	74,9216	—		—	—	9,04	13,47
Au	196,967	164,6° (0…4,5° K)	0,743	3,21	11,20	16,62	19,63
B (krist.)	10,811	—		—	—	0,17	0,54
Ba g	137,34	110° K	2,7	—	—	—	—
Be	9,0122	1460° K (4…300° K)	0,23	0,014	0,090	0,37	0,816
Bi	209,98	119° K	0,02	—	19,33	21,38
Br₂	159,818	111° K (0…20° K)		12,72	29,00	36,34	40,52
C (Graphit)	12,01115	391° K	—	(0,10)	0,35	0,77	1,17
C (Diamant)	12,01115	2800° K (0…25° K)		(0,004)	(0,01)	0,046	0,110
C (g)							
Ca	40,08	239° K (0…4,1° K)	3,08	1,59	7,78	13,64	17,11
Cd	112,40	300° K (1…12° K)	0,71	5,19	13,21	17,92	20,61
Ce	140,12			13,31	24,52	26,44	26,23
Cl₂	70,906	115° K (0…15° K)		7,74	23,97	33,47	38,62
Co g	58,9332	443° K (0…4,5° K)	5,02	0,28	2,38	6,50	10,8
Cr	51,996	402° K (1…4° K)	1,54			2,97	6,61
Cs	132,905	—		19,75	23,77	24,64	25,27
Cu	63,54	343,8° K (0…4,25° K)	0,668	0,48	3,77	8,68	12,9
Dy	162,50	—		5,59	18,69	26,53	32,66
Er	167,26	—		21,00	24,00	28,92	32,53
F₂	37,9968	78° K (0…15° K)	—	12,99	36,73	57,24	57,71
Fe (α) g	55,847	465° K (0…4,5° K)	5,02	0,22	1,54	4,81	8,62
(γ)							
Ga	69,72			2,13	7,57	12,55	16,57
Gd	157,25			4,16	15,2	22,4	26,5
Ge	72,59	366° K (1…4° K)	—	0,939	4,49	7,87	11,14
n-H₂	2,01594			18,4			
H₂ (g)							
n²H₂		89° K (0…12° K)		21,25	—	—	—
He (g)	4,0026	—					
Hf	178,49			1,69	9,14	15,41	19,18
Hg	200,59	80° K	2,1	10,30	17,94	21,42	23,16
Ho g	164,93			10,25	20,43	27,98	34,02
In	114,82	109° K (1…20° K)	1,84	7,088	16,13	20,19	22,12
Ir	192,2	s. Abb. 4		0,39	4,33	10,1	14,4
J₂	126,9044	76° K (0…16° K)	—	16,18	31,62	39,09	43,32
K	39,102	—		9,81	18,80	22,20	23,79
K₂ (g)	78,204						

Daten
kapazität
bei konstantem Druck
C_p von Elementen

temperatur, γ Elektronenwärme
temperatur, U Umwandlungstemperatur
bei 760 Torr

JAtom⁻¹grd⁻¹ bei T in °K									Zustandsänderungen, Abbildungsnummern
100	200	298,15	400	500	600	800	1000	1500	
20,17	24,27	25,50	25,9	26,4	27,1	28,5	29,8	31,4	F 1234° K
13,04	21,58	24,35	25,61	26,86	28,12	30,59	29,3		F 932° K
—	—								F 83,78° K,
20,79	20,79	20,79	20,79	20,79	20,79	20,79	20,79	20,79	V 87,29° K
16,69	22,72	24,64	25,6	26,5	27,4	29,3			Subl. 886° K
		20,79	20,79	20,79	20,79	20,79	20,79	20,88	
21,41	24,43	25,41	25,87	26,27	26,79	27,84	28,88	29,3	F 1336° K
1,07	6,05	11,09	13,8	15,6	17,5	21,3	25,0		
		20,80	20,80	20,79	20,79	20,79	20,79	20,79	
—	—	26,36	27,78	29,29	30,54	33,89	31,38	31,38	U 643° K, F 983° K
		20,79	20,79	20,79	20,79	20,79	20,84	22,22	
1,83	11,0	10,44	19,84	22,02	23,43	25,37	27,32	32,4	
22,84	25,02	25,52	27,82	30,08	31,4	31,4	31,4		F 544,5° K
43,61	53,79	75,71							F 265,95° K,
		36,1	36,7	37,1	37,3	37,5	37,7	38,0	V 331,4° K
1,658	4,937	8,527	11,93	14,63	16,86	19,87	21,51	24,10	
0,247	2,33	6,061	9,95	13,13	15,85	19,49	21,04		
		20,84	20,82	20,81	20,79	20,79	20,79	20,81	
19,50	24,73	26,28	27,4	29,2	30,6	33,8	39,7		U 713° K, F 1123° K
22,11	24,8	26,3	27,15	28,37	29,7	29,7	29,7		F 594° K, V 1038° K
26,02		28,8	31,6	32,2	33,9	37,2	40,6	33,5	U 140° K, U 666° K, F 1040° K; Abb. 1 und 11
42,26	66,21								F 172,16° K,
		33,84	35,3	36,1	36,6	37,2	37,5	38,0	V 239,10° K
13,9	22,2	24,6	26,6	28,5	30,0	32,0	37,2	40,2	U 718° K, U 1400° K; Abb. 2 und 11
9,71	20,08	23,25	26,07	27,91	29,37	31,76	33,93	39,08	Abb. 11
25,77	27,45	31,4	31,8	31,8	31,8	31,8			F 301,8° K, V 959° K
		20,79	20,79	20,79	20,79	20,79	20,79		
16,1	22,7	24,50	25,16	25,77	26,40	27,67	28,93	31,4	F 1356° K
34,81	29,16	28,17							$U \approx 82°$ K u. $\approx 173°$ K
24,62	27,03	28,11							
		31,32	33,01	34,27	35,18	36,33	37,01	37,94	U 45,5° K, F 53,5° K, V 85,0° K
12,05	21,46	25,08	27,42	29,25	31,56	38,64	57,77	43,29	U 1033° K,
		26,74	27,57	28,41	29,25	30,92	32,55		U 1179° K; Abb. 11
18,51	23,82	26,07	27,8	27,8	27,8	27,8	27,8		F 303° K
28,9	36,1	36,4	29,3	30,0	30,7	32,1	33,5	37,0	
13,84	20,89	23,4	24,9	25,8	26,4	27,4	28,3	29,3	F 1211° K [n 75% (o—H₂)],
22,66	27,28	28,83	29,18	29,26	29,32	29,61	30,20	32,27	V 20,39° K
30,09	29,19	29,20	29,24	29,37	29,62	—	31,64	34,22	V 23,67° K
21,71	24,72	25,5	26,0	26,5	27,0	28,0	29,0	31,5	Abb. 11
24,25	27,28	27,98	27,36	27,13	27,15				F 234,29° K, V 629,88° K
39,16	26,50	27,15							
23,31	25,78	26,7	28,9	29,7	29,7	29,7	29,7	29,7	F 429,32° K; Abb. 3
17,3	23,4	25,0	25,65	26,23	26,82	28,03	29,20	32,17	Abb. 4 und 11
45,65	51,57	54,44							
		36,9	37,2	37,5	37,6	37,7	37,9	38,2	F 386,8° K, V 456° K
24,64	26,95	29,51	31,51	30,71	30,12	29,75	30,38		F 336,4° K, V 1039° K
		20,79	20,79	20,79	20,79	20,79	20,79	20,81	
		37,89	38,16	38,40	38,62	39,04	39,46	41,7	

6. Kalorische Daten

	At-M	Θ_D und Bereich	γ mJ/Atom grd^2	C_p in			
				20	40	60	80
Kr g	83,80	63° K (0...10° K)		15,36	23,64	26,32	28,53
La	138,91	132° K (2...180° K)	6,2	6,19	15,69	20,21	22,34
Li	6,939	—		0,40	2,40	5,98	9,71
Mg	24,312	—		0,36	3,36	8,17	12,47
Mn (α)	54,938		11,8			6,99	11,72
Mo	95,94	425° K (1...10° K)	2,09	0,21	1,96	5,87	10,01
N$_2$ g	28,01340	68° K (0...20° K)		19,87	37,78	45,61	
Na g	22,9898	158° K	1,8			17,74	20,71
Nb	92,906	230° K (2...20° K)	8,5				
Ne g	20,183	64° K (0...12° K)	—	18,03	20,79	20,79	20,79
Nd	144,24	—	—	7,36	17,24	23,10	25,69
Ni	58,71	380° K (0...5° K)	6,67	0,34	2,23	6,06	10,18
O$_2$ g	31,9988	90,9° K (0...15° K)		13,97	41,51	53,26	53,76
O$_3$ (g)	47,9982						
Os	190,2						
P (rot)	30,9738						
P$_4$ (g)	123,8952						
Pb	207,19	94,5° K (1...70° K)	3,0	11,01	19,57	22,43	23,69
Pd	106,4	275° K	10,7	0,97	5,42	10,74	15,01
Pr	140,907			10,25	18,28	23,64	25,73
Pt	195,09	222° K (1...6° K)	6,72	1,51	7,45	13,39	17,15
Rb g	85,47				22,38	24,10	24,98
Re	186,2			0,61	4,80	10,54	14,93
Rh	102,905	s. Abb. 8		0,28	2,74	7,45	11,79
Ru	101,07			0,17	1,88	5,82	10,04
S (rhomb.)	32,064	165° K (0...10° K)		2,57	6,08	8,72	10,90
S (monokl.)	32,064	165° K (0...10° K)		2,57	6,08	8,75	10,98
S$_2$ (g)	64,128						
Sb	121,75			3,20	10,13	15,48	18,54
Se	78,96	151,7° K (0...4,5° K)	—	3,43	8,70	12,80	15,98
Se$_2$ (g)	157,92						
Si	28,086	658° K (1...100° K)	—			3,35	5,19
Sm				7,23	18,28	26,20	32,21
Sn (weiß)	118,69	189° K (1...4° K)	1,82		12,80	17,70	20,50
Sn (grau)	118,69	212° K	—	3,85	9,08	13,35	17,03
Sr	87,62						
Ta	180,948	246° K (1...20° K)	5,94	1,36	7,61	13,54	17,26
Tb	158,924			4,47	16,94	24,62	28,91
Te g	127,60	143° K (0...15° K)	—	4,52	11,76	16,90	19,79
Th	232,038			4,63	14,04	18,95	21,47
Ti (g)	47,90	421° K (0...8° K)	3,38	0,33	2,47	6,94	10,88
Tl (α)	204,37	89° K (1...20° K)	3,1	10,29	18,95	22,13	23,77
U	238,03			3,38	12,33	17,61	20,54
V	50,942	338° K (1...5° K)	9,26			6,28	10,17
W	183,85	378° K (0...15° K)	1,1	0,33	3,29	8,39	12,80
Xe g	131,30	55° K (0...10° K)		16,86	23,93	25,73	26,87
Zn	65,37	321° K (1...20° K)	0,66	1,76	8,06	13,41	16,87
Zr g	91,22	270° K (2...4° K)	2,95	1,17	6,15	11,92	15,86

611. Wärmekapazität bei konstantem Druck

JAtom^{-1}grd^{-1} bei T in °K									Zustandsänderungen, Abbildungsnummern
100	200	298,15	400	500	600	800	1000	1500	
31,38									F 115,9° K,
	20,79	20,79	20,79						V 119,75° K
23,60		27,8	28,5	29,2	29.8	31,2			F 1193° K; Abb. 11
12,76	20,59	23,64	27,61	30,12	29,56	28,94	28,84		F 453,7° K, V 1604° K
15,70	22,67	24,90	26,1	27,3	28,3	31,0	33,9		F 923° K
14,73	23,10	26,32	28,53	30,29	31,92	34,89	37,82		U 1000° K, U 1374° K, U 1410° K
13,52	21,48	23,7	25,0	25,7	26,3	26,9	28,0	32,0	Abb. 11
		29,12	29,25	29,58	30,11	31,43	32,70	34,85	U 35,61° K, F 63,14° K, V 77,36° K; Abb. 5
22,47	25,90	28,18	31,46	30,62	29,71	28,87	29,00		F 370,97° K,
		20,79	20,79	20,79	20,79	20,79	20,79	20,79	V 1163° K
		24,89	25,27	25,69	26,11	26,90	27,70	29,71	Abb. 6 und 11
20,79	20,79	20,79	20,79						F 24,55° K, V 27,07° K
27,03									Abb. 1
13,63	22,61	26,05	28,30	31,25	35,04	31,14	32,64	36,40	U 630° K; Abb. 11
		29,36	30,10	31,08	32,09	33,74	34,87	36,56	U 23,66° K, U 43,76° K, F 54,39° K, V 90,13° K
		39,20	43,68	47,10	49,76	52,79	54,55		
		24,89	25,27	25,65	26,02	26,74	27,49	29,33	
		24,69	26,36	27,99	29,62	32,89			V 534° K
		67,2	73.3	76,3	78,4	80,4	81,3	82,3	
24,43	25,9	26,6	27,45	28,41	29,37	30,00	29,41		F 600,6° K; Abb. 7
17,82	24,5	26,0	26,57	27,15	27,74	28,87	30,04	32,93	
26,61									U 1071° K, F 1208° K; Abb. 8 und 11
19,66	24,5	25,69	26,28	26,82	27,36	28,49	29,62	32,43	Abb. 11
25,52	27,49	30,88							F 312° K, V 974° K
		20,79	20,79	20,79	20,79	20,79	20,79	20,80	
18,01	24,28	25,40	25,86	26,40	26,94	28,03	29,12	31,84	Abb. 11
15,11	22,6	25,5	26.40	27,28	28,16	29,87	31,59	35,90	Abb. 11
13,52	21,3	23,85	24,48	25,10	25,73	26,99	28,24	30,12	U 130° K, U 1473° K; Abb. 11
12,80	19,41	22,60							U (rhomb.→monokl.) 368,6° K, F 392° K, V 717,8° K
12,97	20,07	23,64							
		32,47	34,06	35,12	35,73	36,53	36,99	37,49	
20,59	24,35	25,33	25,9	26,7	27,4	28,9	31,4		F 903° K
		20,79	20,79	20,79	20,79	20,79	20,79	21,05	
18,18	23,36	25,36							F 490° K, V 958° K
		35,34	36,23	36,65	36,86	37,07	37,20	37,28	
7,28	15,65	19,79	22,3	23,6	24,4	25,4	26,1		
37,98	27,07	29,53							
22,38	25,44	26,36	29,04	31,67	30,54	30,54	30,54		F 505° K; Abb. 9
19,54	24,31	25,77							U (grau→weiß) 291° K
		25,15	25,73	26,32	26,86	28,03	29,16		U 862° K, F 1043° K
19,51	23,97	25,44	26,2	26,7	27,0	27,5	27,9	28,9	Abb. 10 und 11
31,64	46,84	28,95							
21,42	24,60	25,6	26,3	26,9	27,6				F 723° K, V 1263° K
22,94	26,01	27,33	29,29	31,17	33,05	36,86	40,67	50,17	Abb. 11
14,23	22,26	25,04	26,61	27,70	28,62	30,04	31,25	33,72	U 1353° K; Abb. 11
		24,43	23,10	22,36	21,91	21,45	21,32	22,23	
24,60	25,73	26,36	27,78	29,25	31,38	31,38			U 507° K, F 577° K
22,36	25,99	27,65	29,6	31,8	34,5	41,3	42,5	38,3	U 935° K, U 1045° K, $F \approx 1400°$ K; Abb. 11
13,47	22,22	24.6	26,1	26,9	27,5	28,7	30,5	36,6	Abb. 11
16,03	22,49	24,8	25,1	25,5	25,8	26,5	27,2	28,9	Abb. 11
28,33									F 162,2° K, V 165,0° K
	20,79	20,79	20,79	20,79	20,79	20,79	20,79	20,79	
19,33	21,0	25,48	26,40	27,41	28,41	31,3	31,3		F 692,7° K, V 1180° K
18,66	23,81	25,15							
		26,64	27,66	27,59	27,04	25,93	25,61	27,37	U 1135° K; Abb. 11

6. Kalorische Daten

Abb. 1. Ce, Cer; Pr, Praseodym; Nd, Neodym und La, Lanthan, C_p, die Anomalien von Nd und die von Ce, sowie die bei tiefen Temperaturen von La entstehen dadurch, daß die Elektronenzustände, die zu den $4f$-Elektronen gehören, durch das starke elektrische Feld innerhalb der Metalle aufgespalten werden

Abb. 2. Co, Cobalt, C_p. ——— gemessen; — — — I Elektronenanteil;, $\gamma = 5{,}02$ mJ/(Molgrd^2); —·— II Gitteranteil, $\Theta_D = 443°$ K

Abb. 3. In, Indium, C_p; — — — supraleitend; ——— normalleitend, $\gamma = 1{,}81$ mJ/(Molgrd^2)

Abb. 4. Ir, Iridium, Θ_D. Untere Kurve Θ_D-Werte für C_v. Obere Kurve Θ_D-Wert für C_v nach Abzug des Elektronenanteils; $\gamma = 3{,}52$ mJ/(Molgrd^2)

Abb. 5. N_2 Stickstoff-Isotope. C_p ○ $^{14}N_2$; △ $^{15}N_2$

Abb. 6. Nb, Niob, $\frac{C_v}{T}$. ○ Magnetfeld=0; ● Magnetfeld=6000 Oersted

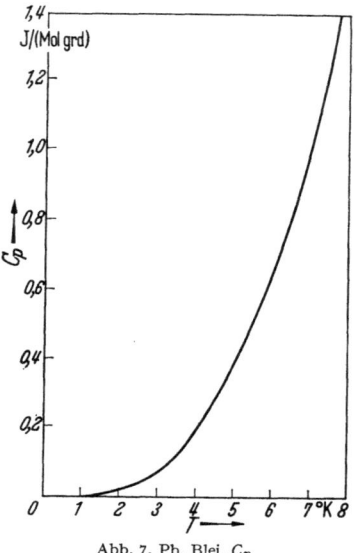

Abb. 7. Pb, Blei, C_p

Abb. 8. Rh, Rhodium, Θ_D. Untere Kurve Θ_D-Werte für C_v. Obere Kurve Θ_D-Werte für C_v nach Abzug des Elektronenanteils; $\gamma = 4{,}18$ mJ/(Molgrd²)

Abb. 9. Sn, Zinn, $\dfrac{C_p}{T}$. ——— Magnetfeld=0; – – – Magnetfeld=800 Oersted. Sprungtemperatur 3,722° K

611. Wärmekapazität bei konstantem Druck

Abb. 10. Ta, Tantal, $\frac{C_p}{T}$, Sprungtemperatur 4,39° K. ○ Magnetfeld=0; × Magnetfeld≈1930 Oersted; △ Magnetfeld=557 Oersted; ● Magnetfeld=457 Oersted; + Magnetfeld=257 Oersted

Abb. 11. Übergangsmetalle, γ = Koeffizient der Elektronenwärme (Der Wert für Mn ist zweifelhaft)

6112. Molwärmen bei konstantem Druck, C_p von anorganischen Verbindungen

M relative Molmasse, F Schmelztemperatur, Subl. Sublimationstemperatur, U Umwandlungstemperatur, V Siedetemperatur bei 760 Torr

Formel		M	\multicolumn{7}{c}{C_p in JMol^{-1}grd^{-1} bei T in °K}	Zustandsänderungen
			100	200	298,15	400	500	600	800	1000	
AgBr		187,78	45,31	50,63	52,38	58,95	65,40	71,84	62,3	—	U 532° K, F 703° K
AgCl		143,32	41,67	49,71	50,78	56,86	59,83	61,63	66,9	—	F 728° K
AgJ		234,77	45,77	52,26	35,77	36,48	36,78	36,99	37,15	37,24	U 423° K
	g				54,42	64,68	56,5	56,5			
	g				36,78	37,07	37,20	37,24	37,32	37,36	
AgNO$_3$		169,87	59,91	79,08	93,05	112,3	128	128			U 433° K, F 483° K
Ag$_2$O		231,74	44,94	58,24	64,56	67,28	70,21	73,14	79,04	84,94	
Ag$_2$S		247,80		—	75,31	86,57	90,54	90,54	90,54	—	U 452° K, U 859° K
Ag$_2$SO$_4$		311,80	(82,8)	(112)	(131)	(144)	(155)	(167)	(190)	(205)	U 685° K, F 930° K
Al$_2$Cl$_6$		166,68	—	—	180,7	204,6					Subl. 453° K
AlF$_3$		83,98	24,64	56,74	75,12	84,56	91,34	97,11	97,61	100,1	U 727° K
Al$_2$O$_3$ (α) (Korund)		101,96	12,84	51,14	79,01	96,18	106,04	112,50	120,32	124,74	
Al$_2$(SO$_4$)$_3$		342,15	91,50	191,0	259,5	322,4	353,0	372,9	398,9	417,7	
AsF$_3$		131,92	54,85	80,17	126,8						F 267,2° K, V 331° K
	g				65,6	71,9	75,1	77,2	79,9	81,9	
AsH$_3$		77,95	51,07	60,52	38,5	45,4	49,7	53,1	58,7	63,8	U 105,7° K, F 156,2° K, V 210° K
	g				52,51	77,19	89,54	97,29	107,3	114,3	
B$_4$C		55,26	5,10	27,32							
BF$_3$		67,81	53,39	—	50,53	57,57	62,99	67,11	72,60	75,82	U 142° K, F 144,4° K, V 173° K
B$_2$H$_6$		27,67	54,02	—	56,40	71,71	86,02	98,91	119,9	135,1	F 108,4° K, V 170,7° K
	g				12,13	13,68	15,19	16,69	19,75	22,76	
BN		24,82	—	—	29,46	30,63	31,42	32,01	33,26	34,31	
	g										

611. Wärmekapazität bei konstantem Druck

Substanz									128	128	
B₂O₃ (krist.)		69,62	20,8	43,9	62,05	75,60	87,49	98,78			F 723° K
(glasig)					62,05	80,00	97,61	117,7		134,6	
BaCO₃		197,35	50,71	73,14	85,35	99,03	106,05	113,0	124,2	101,2	U 1079° K
BaF₂		175,34	44,06	65,86	71,21	75,56	79,83	84,10	92,63	—	F 868° K
Ba(NO₃)₂		261,35	95,10	128,0	151,2	175,0	193,7	210,7	246,8	56,82	U 1423° K, F 1623° K
BaO		153,34	31,67	43,64	47,23	49,86	52,17	53,60	55,48	137,9	U 977° K, F 1080° K
BaSO₄		233,40	57,53	84,18	101,8	119,4	127,3	131,6	135,9		F 281,93° K, V 398,9° K
Bi₂O₃		467,96	62,80	96,69	113,5	116,9	120,2	123,6	130,3		
BrF₃		136,904	54,02	81,25	124,4						
HBr	g	80,92	43,26	59,66	66,71	72,72	76,04	78,03	80,16	81,20	U 89,15° K, U 113,1° K, U 116,75° K
HCN	g	27,03	33,51	49,79	29,12	29,21	29,44	29,87	31,06	32,33	F 186,2° K, V 206,38° K (Abb. 1)
²HCN	g	28,03	—	—	71,00	39,42	42,01	44,19	47,89	50,79	F 259,8° K, V 298,7° K
CO	g	28,01	—	—	35,95	41,59	44,00	46,14	49,95	53,03	
CO₂	g	44,01	39,87	—	38,45 29,15	29,34	29,79	30,44	31,90	33,19	Subl. 194,66° K
COS	g	60,07	44,06	70,92	37,12	41,31	44,61	47,31	51,42	54,29	F 134,3° K, V 222,9° K
CS₂	g	76,14	46,11	75,14	41,63	45,81	48,79	51,09	54,31	56,44	F 161° K, V 319,6° K
CaC₂	g	64,10	30,38	54,02	75,65 45,65	49,58	52,38	54,39	57,11	58,66	U 720° K, F 2673° K
CaCO₃ (Calcit)		100,09	39,54	66,61	62,44 81,86	67,99 97,11	71,09 105,1	73,35 110,5	71,13 118,0	72,80 123,8	
CaCl₂ (α)		110,99	48,83	67,28	72,8	75,40	77,24	78,78	81,67	84,35	F 1055° K
CaF₂		78,08	29,7	56	71,13	73,22	75,86	78,66	84,47	90,49	U 1424° K, F 1690° K
Ca(NO₃)₂		164,09	84,35	126,0	149,4	173,7	193,0	210,5	243,3	—	F 834° K
CaO		56,08	16,15	34,81	42,80	—	50,42	51,38	52,84	—	F 2876° K
Ca₃(PO₄)₂		310,18	—	—	227,8	255,2	276,5	295,6	331,4	365,8	U 1373° K, F 2003° K

6. Kalorische Daten

Formel		M	\multicolumn{8}{c	}{C_p in JMol^{-1}grd^{-1} bei T in °K}	Zustandsänderungen
			100	200	298,15	400	500	600	800	1000	
CaSO$_4$ (natürlicher Anhydrit)		136,14	46,28	79,96	99,62	110,5	120,4	130,3	150,0	169,8	U 1466° K, F 1670° K
CdCl$_2$		183,31	51,1	68,2	73,22	77,32	81,34	85,35	93,39	—	
CdO		128,40	24,10	38,9	42,97	43,85	44,73	45,19	47,32	49,08	F 840° K
CdS		144,46	—	—	55,2	55,5	55,9	56,3	57,0	57,8	
CdSO$_4$		208,46	(51,9)	(81,3)	(100)	(108)	(116)	(124)	(139)	(155)	
HCl	g	36,46	40,00	—	—						F 1273° K
											F 98,4° K, V 188,13° K
ClF$_3$	g	92,45	50,96	112,0	29,12	29,16	29,25	29,71	30,79	31,76	U 190° K, F 196,8° K, V 284,9° K
ClO$_2$	g	67,45									F 214° K, V 284,1° K
CoCl$_2$	g	129,83	46,19	68,70	65,06	71,34	74,98	77,19	79,62	80,83	F 1013° K
CoO		74,93	(19,12)	(45,3)	41,84	45,86	48,11	51,13	53,97	55,61	
Co$_3$O$_4$		240,79	34,23	87,49	78,49	84,73	90,83	96,94	109,2	121,4	
CoS		91,00	—	—	52,72	52,74	53,22	53,85	55,35	56,99	
CoSO$_4$		154,99	—	—	123,2	142,6	155,1	165,1	182,5	198,1	
Cr$_3$C$_2$		180,01	—	—	(138,1)	(49,0)	(49,6)	(50,7)	(52,8)	(54,8)	
CrCl$_2$		122,90	31,6	75,1	99,2	113,1	121,5	127,9	138,2	(167)	F 108° K
CrCl$_3$		158,36	(46,6)	(65,1)	(70,3)	(72,6)	(74,8)	(77,0)	(81,4)	147,3	Subl. 1218° K
Cr$_2$O$_3$		151,99	(49,6)	(80,6)	(90,1)	(93,1)	(96,1)	(99,0)	(105)	(85,9)	U 305,9° K
CrK(SO$_4$)$_2$ 12 H$_2$O		499,41	(24,4)	(75,6)	105,0	113,3	117,7	120,5	124,3	(111)	Abb. 2
										127,0	
CsBr		212,81	—	—	(51,8)	(52,9)	(53,9)	(55,0)	(57,2)	—	F 909° K
CsCl		168,36	—	—	(52,6)	(53,6)	(54,5)	(55,5)	(57,4)	—	U 718° K, F 915° K
CsF		151,90	—	—	(50,7)	(51,8)	(52,9)	(54,1)	(56,3)	—	F 955° K
CsJ		259,81	—	—	(51,9)	(53,0)	(54,1)	(55,3)	(57,5)	—	F 894° K

611. Wärmekapazität bei konstantem Druck

CuCl$_2$	g	134,45	—	—	—	—	—	—	—	F 703° K
Cu$_2$Cl$_2$		197,98	—	—	—	—	—	132,2	132,2	F 861° K
Cu$_2$J$_2$		380,88	—	—	—	—	—	—	—	
CuO		79,54	(16,5)	(34,8)	79,50	84,60	89,62	94,64	54,85	58,87	F 1503° K
Cu$_2$O		143,08	(39,7)	(54,0)	97,03	113,4	129,5	145,6	81,42	86,19	U 376° K, U 623° K,
Cu$_2$S		159,14	(50)	(69)	(108)	(111)	(113)	(116)	85,02	85,02	F 1400° K
					44,78	46,82	48,83	50,84			
					69,45	71,88	74,27	76,65			
					81,59	97,28	97,28	97,28			
CuSO$_4$		159,60	—	—	100,0	107,4	114,6	121,8	136,2	—	F 189,8° K, V 292,6° K
HF	g	20,01	19,79	43,10						30,17	U 463° K
										119,7	
Fe$_3$C		179,55	43,6	88,3	29,14	29,15	29,17	29,23	29,55	102,1	F 950° K
FeCO$_3$		115,86	(40,4)	(66,7)	107,1	115,6	113,5	114,7	117,2	150,6	U 940° K, U 1040° K
FeCl$_2$		126,753	50,92	70,71	(82,1)	(93,5)	(105)	(116)	(138)	200,8	U 900° K, F 1867° K
Fe$_2$O$_3$		159,69	31,5	76,4	76,35	79,66	81,63	83,09	85,40	61,00	U 411° K, U 598° K, F 1468° K
Fe$_3$O$_4$		231,54	(56,6)	(117)	104,8	120,1	131,3	140,8	158,2	79,04	F 1443° K
FeS		87,91	—	—	151,6	172,2	194,4	212,5	252,9	(76,9)	U 980° K, F 1388° K
FeS$_2$		119,98	18,66	49,37	54,64	65,90	72,80	57,02	58,99	80,00	
GeO$_2$		104,59	(22,6)	(40)	62,09	69,29	72,47	74,82	77,24	—	
HfO$_2$		210,49	23,10	46,86	(55,8)	(58,9)	(61,9)	(64,9)	(70,9)	—	
Hg$_2$Cl$_2$		472,09	—	—	58,99	67,15	71,30	73,93	77,45		
HgCl$_2$		271,50	—	—	(102)	(105)	(108)	(111)	—	62,09	F 550° K
					(76,9)	(81,3)	(98,7)				
					58,20	59,79	60,63	61,13	61,71		
					(107)	(111)	(115)				
Hg$_2$J$_2$		654,99	—	—	77,40	77,40	84,52	104,6	—	—	U 403° K, F 530° K
HgJ$_2$		454,40	—	—	61,09	61,63	61,88	62,01	62,17	62,23	
					(50,2)	(51,7)	(53,2)	(54,8)	(57,8)		
HgS		232,65	—	47,86	29,12	29,29	29,66	30,12	31,21	32,34	U 659° K
HJ	g	127,91	43,68		52,51	53,93	55,31	56,69	59,50	62,26	U 125,5° K, F 222,4° K
KBr	g	119,01	43,34	50,20	36,31	36,94	37,11	37,20	37,29	37,32	F 1005° K
KCl	g	74,56	39,08	48,46	51,46	52,09	53,56	55,31	59,29	63,47	F 1045° K
					36,28	36,78	37,03	37,11	37,24	37,32	

6. Kalorische Daten

Formel		M	100	200	298,15	400	500	600	800	1000	Zustandsänderungen
KF		58,10	31,61	45,19	50,00	51,34	52,63	53,93	56,57	59,16	F 1130° K
KHF$_2$		78,11	48,87	66,99	76,82	86,19	100,2	—	—	—	U 469° K, F 512° K
KNO$_3$		101,11	—	—	96,32	108,5	120,5	120,5	197,2	—	U 401,0° K, F 607,4° K
K$_2$SO$_4$		174,27	79,12	110,0	130,0	149,1	163,1	175,2	(58,2)	196,7	U 856° K
LiBr		86,85	—	—	33,85	35,27	36,09	36,62	37,25	37,63	F 819° K
LiCl	g	42,39	—	—	(50,2)	(51,7)	(53,1)	(54,6)	(57,4)	—	
			—	—	33,00	34,55	35,49	36,10	36,80	37,19	F 887° K
LiF		25,94	13,14	32,72	41,90	46,62	49,50	51,61	55,23	59,58	F 1121° K
	g				33,2	34,7	35,6	36,2	36,9	37,3	
LiJ		133,84	—	—	(54,7)	(55,6)	(56,6)	(57,6)	—	—	F 722° K
LiNO$_3$		68,94	—	—	89,12	98,16	107,0	—	—	—	F 523° K
LiOH		23,95	(14,6)	(36)	40,52	58,03	63,64	68,24	86,78	—	U 686° K, F 744,2° K
Li$_2$O		29,88	17,4	37,2	54,18	63,85	69,58	73,85	80,67	86,53	
MgCO$_3$		84,32	24,27	58,0	75,56	90,12	99,83	107,7	—	—	
MgCl$_2$		95,22	40,2	63,5	71,20	76,07	78,62	80,25	82,51	92,47	F 987° K
MgF$_2$		62,31	21,67	48,83	63,60	69,31	72,43	74,60	77,83	80,46	
MgO		40,31	8,36	27,35	37,80	41,67	43,76	45,23	47,45	49,25	
	g				32,97	34,52	35,31	35,77	36,32	36,65	
Mn$_3$C		176,83	42,4	76,9	93,55	104,4	110,6	115,0	121,8	127,4	U 1310° K
MnCO$_3$		114,95	36,19	65,35	81,50	92,84	102,3	108,8	—	—	
MnCl$_2$		125,84	47,1	67,1	72,97	77,15	79,77	81,84	85,19	94,56	F 923° K
MnO		70,94	32,7	38,3	44,77	47,45	49,08	50,33	52,47	54,14	U 117,7° K
MnO$_2$		86,94	21,6	40,7	54,25	63,40	68,07	71,07	75,09	—	U 523° K
Mn$_2$O$_3$		157,87	—	—	98,74	109,0	115,6	120,8	129,4	137,2	U 873° K
Mn$_3$O$_4$		228,81	—	—	148,1	157,3	163,9	169,5	179,7	189,7	U 1443° K
MnS		87,00	39,16	47,78	49,96	50,71	51,46	52,22	53,72	55,23	
MnSO$_4$		151,00	47,0	79,9	100,5	119,0	129,3	136,6	147,7	—	F 973° K

611. Wärmekapazität bei konstantem Druck

MoO$_3$		143,94	31,63	59,33	73,64	84,22	90,17	94,52	101,3	107,1	F 1068° K
NH$_3$	g	17,03	26,07	73,47						56,2	F 195,4° K, V 239,7° K
N$_2$H$_4$		32,05	30,86	51,02	35,52	38,53	41,65	44,73	50,79	93,3	F 274,6° K, V 386,6° K
	g				98,83					67,45	
HN$_3$		43,03	—	—	52,7	63,2	70,7	76,5	86,2	—	U 243° K, F 793° K (520 atm)
NH$_4$Cl		53,49	—	—	43,69	49,12	53,58	57,36	63,19	—	U 257° K
(NH$_4$)NO$_3$		80,04	59,62	105,9	89,29	107,1	92,05	—	—	—	U 771° K, F 786° K
(NH$_4$)$_2$SO$_4$		132,14	—	—	139,3	—	—	272,3	—	—	U 399° K, F 417° K
NH$_4$HSO$_4$		115,11	—	—	187,5	216,1	244,2	255,0	—	—	F 182,2° K, V 184,5° K
N$_2$O		44,01	41,42	—	142,9	177,4	223,7				
	g				38,71	42,87	46,15	48,86	53,04	56,02	
NO	g	30,01	35,69	—	29,83	29,97	30,50	31,25	32,77	34,00	F 109,5° K, V 121,4° K
HNO$_3$		63,002	42,09	61,50	109,8						F 231,5° K
	g				53,56	63,64	71,75	—	—	—	
N$_2$O$_4$	g	92,01	60,71	91,71	78,99	90,50	97,82	103,6	113,3	122,1	F 261,9° K, V 292° K
NaBO$_2$		65,80	—	—	(69,2)	(74,4)	(79,5)	(84,6)	(94,8)	(105)	F 1239° K
NaBr		102,90	—	—	52,30	53,18	54,06	—	—	—	F 1014° K
					35,98	36,61	36,86	37,03	37,15	37,24	
Na$_2$CO$_3$		105,99	(61,0)	(94,6)	(110)	(125)	(138)	—	—	—	
NaHCO$_3$		84,01	(45,9)	(72,7)	(87,8)	(102)	(117)	—	—	—	
NaCl	g	58,44	35,1	47,0	50,79	52,47	54,10	55,73	58,99	62,26	F 1073° K
					35,44	36,28	36,69	36,90	37,11	37,20	
NaF		41,99	22,72	40,63	46,82	49,12	51,09	52,89	56,27	59,62	
NaJ	g	149,89	—	—	54,31	55,02	55,69	56,36	57,74	—	F 987° K
					36,23	36,74	36,94	37,07	37,20	37,28	
Na$_2$O		61,98	—	—	71,43	74,73	76,99	79,24	83,76	88,28	F 1193° K
NaOH		40,00	28,77	49,20	59,66	65,10	75,19	86,06	84,89	83,72	U 566° K, F 592° K
NaNO$_3$		84,99	52,09	75,65	93,05	116,1	138,7	155,6	—	—	U 548° K, F 579° K
Na$_2$SO$_4$		142,04	66,65	105,6	130,8	153,4	175,5	170,2	186,3	202,5	U 450° K, U 514° K

6. Kalorische Daten

Formel		M	100	200	298,15	400	500	600	800	1000	Zustandsänderungen
					C_p in JMol^{-1}grd^{-1} bei T in °K						
Na$_2$Ti$_3$O$_7$		301,68	93,39	182,4	252,3	268,6	278,3	285,6	297,4	307,7	
NbN		106,91	—	—	43,35	45,40	47,66	49,92	—	—	
Nb$_2$O$_5$		265,81	54,89	105,9	135,5	148,1	155,0	159,8	166,9	172,7	
NiCl$_2$		129,62	43,76	64,94	71,67	75,40	77,82	79,79	83,01	85,94	
NiO		74,71	13,97	33,14	44,28	52,13	64,27	51,84	53,56	55,23	U 523° K
NiS		90,77	—	—	54,68	60,12	65,30	70,84	—	—	U 669° K
NiSO$_4$		154,77	—	—	(138)	(142)	(147)	(151)	(159)	(167)	
H$_2$O		18,015	15,88	28,22	75,15	34,24	35,20	36,29	38,67	41,20	F 273,15° K, s. auch Tabelle 222
					33,56						
^{2}H$_2$O		20,03	16,93	33,68	84,35	35,62	37,17	38,82	42,84	45,41	F 276,91° K
					34,25						
H$_2$O$_2$		34,015	25,58	43,02	89,33	48,45	52,55	55,69	59,83	62,84	F 272,74° K
					43,14						
PH$_3$	g	34,00	46,90	—	37,11	41,80	46,48	50,92	58,53	64,31	F 139,3° K, V 185,4° K
PbBr$_2$		367,01	68,2	76,6	80,54	81,46	82,38	83,30	115,5	—	F 761° K
PbCO$_3$		267,20	(55,2)	(74,8)	(87,5)	(99,7)	(112)	(124)	(148)	—	
PbCl$_2$		278,10	59,51	72,34	76,78	80,17	83,51	86,86	113,8	86,19	F 771° K
PbF$_2$		245,19	—	—	(73,7)	(75,9)	(77,6)	(79,3)	(82,8)	—	U ~620° K
PbJ$_2$		461,00	—	—	81,17	83,18	85,14	87,11	135,6	—	F 685° K
PbO (rot)		223,19	—	—	49,33	51,04	52,76	54,39	57,74	—	U 762° K
					32,43	34,23	35,02	35,52	36,15		
PbO (gelb)	g	223,19	27,5	40,3	45,86	48,58	51,25	53,93	59,29	64,64	U 762° K
PbO$_2$		239,19	(31,6)	(53,0)	(62,9)	(66,1)	(68,4)	(72,7)	(79,2)	85,77	
PbS		239,25	39,75	47,70							
PbSO$_4$		303,25	61,25	86,53	35,02	36,07	36,48	36,74	36,99	37,11	
PdO	g	122,40	—	—	104,3	108,7	117,7	128,6	152,4	177,3	
					31,51	37,57	43,51	49,45	61,34	—	

611. Wärmekapazität bei konstantem Druck

PtS		227,15	—	—	(50,2)	(51,4)	(52,6)	(53,8)	(56,2)	(58,6)	F 950° K
PtS$_2$		259,22	(46,9)	(52,2)	(66,9)	(70,0)	(72,9)	(75,9)	(82,0)	(88,0)	F 990° K
RbBr		165,38	—	—	(51,7)	(52,8)	(53,9)	(54,9)	(57,1)	—	F 1048° K
RbCl		120,92	(47,7)	—	(51,2)	(52,3)	(53,3)	(54,4)	(56,5)	(57,6)	F 911° K
RbF		104,47	(47,7)	(51,4)	(50,7)	(51,7)	(52,7)	(53,6)	(55,6)	—	F 222,4° K, Subl. 209,3° K
RbJ		212,37	58,32		(51,8)	(52,9)	(54,1)	(55,1)	(57,3)		
SF$_6$		146,05									
²H$_2$S	g	36,09	43,97	70,58	96,26	117,9	127,1	133,5	141,6	147,2	F 187,14° K
H$_2$S	g	34,08	39,16	68,03	35,77	38,12	40,65	43,17	47,59	50,92	F 187,55° K, V 212,77° K
SO$_2$	g	64,06	48,07	87,74	34,22	35,60	37,21	38,69	42,58	45,88	F 197,64° K, V 263,07° K
Sb$_2$O$_3$	g	291,50	(50,3)	(84,8)	39,87	43,47	46,53	48,99	52,43	54,52	U 829° K, F 927° K
²H$_2$Se	g	82,99	49,08	62,76	(101)	(108)	(116)	(123)	(137)	—	U 176,01° K, F 206,23° K, $V \approx 232°$ K
H$_2$Se	g	80,98	43,18	59,45	36,74	39,54	42,26	44,77	48,74	51,38	U 172,5° K, F 207,4° K, V 231,6° K
SiC	g	40,1	4,18	16,32	34,56	36,28	38,20	40,21	44,10	47,24	
SiCl$_4$	g	169,90	60,67		26,65	34,35	38,49	41,34	45,40	48,62	
SiH$_4$	g	32,12			90,58	97,03	100,3	102,4	105,1	107,2	
SiO$_2$ (Quarz)		60,08	15,4	32,8	42,76	51,42	59,08	65,81	76,65	84,47	U 846° K
SiO$_2$ (Cristobalit)		60,08	15,77	32,72	44,48	53,60	59,58	64,39	72,63	68,41	U 498...535° K
SiO$_2$ (Tridymit)		60,08	16,28	33,72	44,18	53,14	61,97	65,35	67,07	72,97	$U \approx 390°$ K und 498° K
SiO$_2$ (glasig)		60,08	—	—	44,60	61,50	62,59	63,68	65,90	68,12	
SnCl$_2$		189,60	—	—	44,35	53,09	57,91	61,30	66,02	69,96	F 520° K
					79,33	83,26	87,15			—	

6. Kalorische Daten

Formel		M	100	200	298,15	400	500	600	800	1000	Zustandsänderungen
SnCl$_4$		260,50	—	—	98,45	102,4	104,3	105,2	106,4	107,0	
SnO	g	134,69	(24,5)	(38,9)	(44,3)	(45,8)	(47,3)	(48,7)	(51,7)	(54,6)	
SnO$_2$		150,69	(20,5)	(42,2)	31,71	33,60	34,48	35,06	35,77	36,23	
SnS		150,75	34,31	45,61	52,59	64,42	70,29	73,93	78,53	81,77	U 683° K
	g				49,25	50,38	52,63	55,27	60,96	56,57	U 857° K
SnS$_2$		182,82	—	—	34,43	35,65	36,19	36,53	36,82	37,04	
SrCO$_3$		147,63	(44,1)	(68,9)	70,13	71,92	73,68	75,44	78,95	82,46	
SrCl$_2$		158,53	—	—	(83,0)	95,06	101,8	107,2	116,1	124,0	
SrO		103,62	24,0	40,0	(79,2)	(80,2)	(81,2)	(82,3)	(84,3)	(86,4)	
TaN		194,95	—	—	44,50	48,76	50,96	52,34	54,22	55,56	
Ta$_2$O$_5$		441,89	57,91	107,4	42,09	45,40	48,66	51,92	58,45	—	
ThO$_2$		264,04	—	—	135,1	150,3	158,6	167,0	172,9	179,6	
TiC		59,91	7,32	23,3	62,34	66,90	69,62	71,67	74,85	77,66	
TiN		61,91	10,79	27,53	33,60	41,46	45,19	47,32	49,79	51,34	
TiO		63,90	12,68	30,63	37,10	43,68	46,86	48,37	51,04	52,51	
TiO$_2$ (Rutil)		79,90			39,96	45,40	48,66	51,09	55,06	58,94	
TiO$_2$ (Anatas)		79,90			56,48	64,18	67,91	70,12	72,68	74,35	
					56,44	64,43	68,24	70,54	73,26	75,02	U 915° K
Ti$_2$O$_3$		143,80	26,69	72,30	97,36	120,2	130,8	136,5	142,8	146,3	
UCl$_3$		344,39	—	—	91,50	97,15	101,5	105,1	111,9	118,4	U 473° K
UCl$_4$		379,84	—	—	123,4	127,5	131,5	135,6	—	—	F 871° K
UO$_2$		270,03	29,1	52,3	63,76	72,72	77,11	79,79	83,18	85,60	
UO$_3$		286,03	—	—	81,63	88,91	92,76	95,31	98,99	—	
VC		62,94	10,54	20,59	33,35	38,83	42,05	44,43	48,16	51,38	
VCl$_2$		121,85	42,26	64,81	72,22	74,94	76,69	78,16	80,84	83,26	
VCl$_3$		157,30	71,13	83,76	93,18	98,37	101,6	104,1	108,2	—	

	g								
VO	66,94	14,18	33,93	45,44	49,45	52,01	53,97	57,32	60,29
V₂O₃	149,88	28,7	80,9	103,3	116,6	123,7	128,5	135,2	140,5
V₂O₄	165,88	—	—	125,1	134,4	143,3	148,7	155,6	160,3	U 345° K
V₂O₅	181,88	—	—	137,4	166,7	180,8	189,2	199,1	190,8	F 943° K
WC	195,86	—	—	36,11	37,03	37,95	38,83	40,67	42,47
WO₃	231,85	(32,4)	(63,2)	(82,1)	(86,3)	(88,7)	(91,9)	(98,4)	(105)	U 993° K
ZnCO₃	125,38	(34,4)	(63,9)	(80,2)	(94,1)	(108)	—	—	—
ZnCl₂	136,28	—	—	(76,3)	(80,9)	(85,5)	(122)	—	—
ZnO	81,37	—	32,30	40,25	45,33	48,58	49,50	51,67	53,18
ZnS	97,44	24,52	39,66	31,71	33,60	34,48	35,02	35,73	36,23
ZnSO₄	161,43	—	—	46,02	49,41	51,21	52,38	54,18	55,48
ZrCl₄	233,03	77,99	108,3	(97,4)	(106)	(115)	(124)	(141)	(158)	F 710° K
ZrN	105,23	18,54	31,69	119,9	125,9	128,7	—	—	—
ZrO₂ (α)	123,22	19,0	43,61	40,46	44,77	47,07	48,66	50,92	52,76
				56,15	63,85	67,78	70,25	73,47	75,73	U 1478° K

6. Kalorische Daten

Abb. 1. HBr und DBr, Bromwasserstoff (Rotationsumwandlung)

Abb. 2. KCr(SO$_4$)$_2$ · 12H$_2$O, Kaliumchromalaun, C_p. *I* Spinanteil, *II* Gitteranteil

6113. Molwärmen bei konstantem Druck, C_p von organischen Verbindungen

M relative Molmasse; F Schmelztemperatur, V Siedetemperatur bei 760 Torr

		M		C_p in JMol^{-1}grd^{-1} bei T in °K										Zustandsänderungen
				100	200	298,15	400	500	600	800	1000	1500	
CClF$_3$*	Trifluorchlormethan	104,46	g			66,82	77,59	85,02	90,37	96,94	100,5	104,5	$F \approx 134{,}1°$ K, $V\ 191{,}2°$ K
CCl$_2$F$_2$*	Difluordichlormethan	120,91	g			87,85	98,66	106,3	112,0	119,2	123,4	128,3	$F\ 117{,}9°$ K, $V\ 248{,}2°$ K
CCl$_2$O	Phosgen	98,92	g	55,15	99,70	—	65,96	69,47	72,07	75,58	77,75	79,71	$F\ 145{,}4°$ K, $V\ 280{,}6°$ K
CCl$_3$F*	Fluortrichlormethan	137,37	g	62,30	112,0	60,67 121,5 77,88	87,04	92,85	96,66	101,1	103,4	105,9	$F\ 63{,}6°$ K, $V\ 297{,}5°$ K
CCl$_4$	Tetrachlormethan	153,82	g	66,94	103,34	131,67 83,42	91,71	96,61	99,66	103,1	104,8	—	$F\ 250{,}2°$ K, $V\ 349{,}8°$ K
CF$_4$	Tetrafluormethan	88,00	g	78,00	—	—	72,63	80,96	87,03	94,68	98,95	—	$F\ 89{,}4°$ K, $V\ 145{,}2°$ K
CHClF$_2$*	Difluorchlormethan	86,47	g	57,09	92,48	61,21 55,85	65,46	74,01	77,28	87,19	92,51	99,62	$F\ 115{,}7°$ K, $V\ 232{,}5°$ K
CHCl$_2$F*	Fluordichlormethan	102,92	g			60,96	70,08	77,19	82,47	89,62	94,22	100,5	$F\ 138{,}1°$ K, $V\ 282{,}1°$ K
CH$_2$Cl$_2$*	Dichlormethan	84,93	g			51,13	61,46	66,40	72,63	81,09	87,03	95,98	$F\ 176{,}4°$ K, $V\ 312{,}9°$ K
CH$_2$O$_2$	Ameisensäure	46,03	g	34,83	50,75	99,04 48,69	56,96	63,91	69,66	78,40	84,68	94,27	$F\ 281{,}5°$ K, $V\ 373{,}9°$ K
CH$_3$Br*	Brommethan	94,94	g	49,87	77,45	42,43	49,92	56,74	62,63	72,17	79,50	91,25	$F\ 179{,}5°$ K, $V\ 276{,}7°$ K
CH$_3$Cl*	Chlormethan	50,49	g	49,04	74,10	40,71 —	48,12	55,56	61,25	71,25	78,91	91,00	$F\ 176{,}4°$ K, $V\ 249{,}4°$ K

* Siehe auch Tabelle 6324.

6. Kalorische Daten

		M		100	200	298,15	400	500	600	800	1000	1500	Zustandsänderungen
								C_p in JMol^{-1}grd^{-1} bei T in °K					
CH$_3$NO$_2$	Nitromethan	61,04		52,80	71,46	106,0	70,29	81,84	91,17	106,9	117,9	134,1	F 243,9° K, V 374,3° K
CH$_3$NO$_3$	Methylnitrat	77,04		61,71	134,1	57,32							V 338,2° K
CH$_4^1$	Methan	16,04	g	54,81	—	157,2							
						—							
CH$_4$N$_2$O	Harnstoff	60,06		41,30	67,03	35,79	40,74	46,58	52,49	63,18	72,01	86,7	F 90,6° K, V 111,6° K
CH$_4$O	Methanol	32,04	g	43,56	70,71	93,14							F 405,3° K
						81,6							
CH$_4$S	Methanthiol	48,11	g	49,31	86,90	43,89	51,42	59,50	67,03	79,66	89,45	—	F 175,3° K, V 337,9° K
						—							
CH$_6$N$_2$	Methylhydrazin	46,06	g	42,38	69,45	50,69	59,02	66,75	73,70	85,24	94,28	108,7	F 150,1° K, V 279,1° K
						134,9							
CH$_6$N$_2$O$_2$	Carbamidsäure-NH$_4$-salz	78,07	g	58,31	94,1	71,13	87,9	102	113	131	145	167	
						131,8							
2CH$_5$N$_3$ · H$_2$CO$_3$	Guanidincarbonat	180,17		115	187	259							F 470,3° K
C$_2$CaO$_4$ · H$_2$O	Calciumoxalat	128,10		64,64	116,0	152,8							
C$_2$ClF$_3$	Chlortrifluoräthen	116,47	g	66,73	116,6	84,06	95,04	103,1	109,2	117,3	122,0	127,6	F 115,0° K, V 244,79° K
C$_2$H$_2$Cl$_2$*	1,1-Dichloräthen	96,94	g	54,98	101,6	111,3	78,66	87,28	93,89	103,4	110,0	119,8	V 310,3° K
C$_2$H$_2$O	Keten	42,04	g	—	—	67,03	56,15	62,97	69,58	77,32	83,81	93,93	F 139,1° K, V 232,1° K
C$_2$H$_3$Cl$_3$	1,1,1-Trichloräthan	133,41	g	64,94	123,0	47,82	107,7	118,5	126,6	139,2	147,8	161,0	V 374,3° K
						144,3							
C$_2$H$_4$	Äthen	28,05	g	71,34	—	93,43							
						—							
C$_2$H$_4$Br$_2$	1,2-Dibromäthan	187,87	g	66,0	102,4	43,63	53,97	63,43	71,55	84,52	94,43	110,29	F 104° K, V 169,4° K
						136,0							F 282,6° K, V 404,4° K

611. Wärmekapazität bei konstantem Druck

Formel	Stoff	M	Zustand										Bemerkungen
C$_2$H$_4$O	Acetaldehyd	44,05	g	—	—	54,64	65,81	76,44	85,86	101,3	112,8	—	F 149,6° K, V 293,3° K
	Äthylenoxid	44,05	g	47,82	81,40	—	—	—	—	—	—	—	F 160,60° K, V 283,8° K
C$_2$H$_4$O$_2$	Essigsäure (monomer)	60,05	g	50,3	67,2	48,28	65,90	75,44	86,27	102,9	114,9	—	
	Essigsäure (dimer)	120,10	g	—	—	123,4 / 66,53 / 146,4	81,67 / 177,2		105,2 / 225,5	121,7 / 261,3	133,8 / 284,8	152,5 / 322,2	
C$_2$H$_5$Cl	Chloräthan	64,52	g	59,66	95,77	—	76,99	89,58	100,3	—	—	—	F 134,8° K, V 285,4° K
C$_2$H$_5$NO$_2$	Glycin	75,07		42,76	72,68	62,80							
C$_2$H$_5$NO$_3$	Äthylnitrat	91,07		67,66	164,0	100,3							V 361,9° K
C$_2$H$_6$	Äthan	30,07	g	68,53	—	170,3							
C$_2$H$_6$Cd	Cadmiumdimethyl	142,47	g	68,07	94,39	52,70	65,61	78,1	89,3	108,1	122,7	146,0	F 89,8° K, V 184,5° K
C$_2$H$_6$O	Äthanol (krist.)	46,07		46,97	91,92	111,4 / 73,60 / 151	87,86	100,8	112,2	130,8	145,0	167,7	
C$_2$H$_6$O$_2$	Äthylenglykol	62,07	g	46,2	74,4	117,8	88,20	101,9	113,8	133,1	148,0	—	F 285,6° K, V 470,6° K
C$_2$H$_6$S	Äthanthiol	62,13	g	58,37	111,6	72,68							
C$_2$H$_7$N	Dimethylamin	45,08	g	53,30	126,2	69,04	87,40	104,3	118,9	142,0	159,8	187,1	V 289,8° K; F > 513,3° K
C$_2$H$_7$NO$_2$S	Taurin	125,15		60,67	103,4	140,5							
C$_2$H$_8$N$_2$	N,N-Dimethylhydrazin	60,10	g	51,8	87,3	164,1							
C$_2$H$_8$N$_2$	N,N'-Dimethylhydrazin	60,10		54,98	94,14	171,0							
C$_3$H$_6$	Propen	42,08	g	90,79	89,20	— / 63,89 / 125	79,91	94,64	107,5	128,4	144,2	169,0	F 87,9° K, V 225,4° K
C$_3$H$_6$O	Aceton	58,08	g	65,6	117	74,89	92,05	108,3	122,8	146,1	163,8	191,3	F 177,6° K, V 329,4° K

[1] Siehe auch Abb. S. 1286.   * Siehe auch Tabelle 6324.

6. Kalorische Daten

		M		100	200	298,15	400	500	600	800	1000	1500	Zustandsänderungen
$C_3H_6O_2S$	β-Thiomilch=säure	106,14		55,56	94,93	173							F 283,3° K
$C_3H_7NO_2$	d-Alanin	89,09		52,38	89,66	120,5							
$C_3H_7NO_2S$	l-Cystein	121,16		66,61	112,5	162,7							
C_3H_8	Propan	44,10		84,98	93,52	—	94,3	113,1	129,2	155,1	175,0	206,1	F 85,4° K, V 231,0° K
													V 355,6° K
C_3H_8O	Propanol-(2)	60,10	g	53,5	110,3	73,51	117,5	140,7	160,4	190,9	213,3	247,9	F 156,0° K, V 276,0° K
C_3H_9N	Trimethylamin	59,11	g	60,17	118,1	153,4							
C_4H_4O	Furan	68,08	g	48,62	100,5	91,76	88,70	107,7	122,6	144,0	158,5	179,7	V 305,3° K
$C_4H_4O_4$	Fumarsäure	116,07		66,7	106	114,6								
$C_4H_4O_4$	Maleinsäure	116,07		63,9	101	65,44								
C_4H_4S	Thiophen	84,14	g	59,91	80,92	142							V 433,3° K
						137							
						123,9							
C_4H_6	Butadien-(1,2)	54,09	g	57,95	110,4	72,89	96,32	114,9	129,5	150,7	165,4	—	F 243,4° K, V 357,3° K
						—							
	Butadien-(1,3)	54,09	g	83,4	112,1	80,12	98,49	114,6	128,5	150,7	167,4	193,3	F 136,9° K, V 283,9° K
	Butin-(1)	54,09	g	58,05	117,2	79,54	101,6	119,3	133,2	154,1	169,5	193,9	F 164,2° K, V 268,6° K
	Butin-(2)	54,09	g	66,02	81,55	81,42	99,87	115,6	129,0	150,4	166,7	193,4	F 147,4° K, 281,2° K
						125,1							
						77,95							
$C_4H_4N_4O_3$	Allantoin	158,12		72,76	128,2	181,1	94,64	110,3	124,2	147,0	164,4	191,5	
$C_4H_6O_4$	Bernsteinsäure	118,09		69,4	111	154								F 455,8° K, V 508° K
$C_4H_8NO_4$	l-Asparagin=säure	133,10		69,45	113,9	154,0								
$C_4H_7N_3O$	Kreatinin	113,12		65,81	103,3	139,3								

611. Wärmekapazität bei konstantem Druck

C_4H_8	Buten-(1)		56,11		107,7	110,1	—	112,7	132,8	149,9	177,1	197,7	229,8	F 137,8° K, V 266,9° K
	cis-Buten-(2)	g	56,11	64,42	111,5	89,33	101,8	123,0	141,4	171,0	193,1	227,4	F 134,2° K, V 276,8° K
	trans-Buten-(2)	g	56,11	61,00	112,5	78,91	108,9	128,4	145,6	173,6	194,9	228,2	F 167,6° K, V 274° K
	Cyclobutan	g	56,11	53,39	91,13	87,82	—	—	—	—	—	—	V<193° K
						72,22	99,92	124,9	145,4	177,4	200,6	235,6	
$C_4H_8N_2O_3$	l-Asparagin		132,12	69,45	116,3	160,7							V 352,7° K
C_4H_8O	Butanon		72,11	66,4	147,2	164							F 267,6° K, V 436,7° K
$C_4H_8O_2$	Buttersäure		88,11	68,4	132	178							V 389° K
	Dioxan		88,11	52,8	86,4	152,9							F 189,6° K, V 350,2° K
	Essigsäure=äthylester		88,11	77,40	160,2	170							
C_4H_8S	Tetrahydro=thiophen	g	88,17	58,24	122,1	140,2	121,1	146,6	167,6	199,4	222,3	—	
						90,88							
C_4H_9N	Pyrrolidin	g	71,12	56,70	87,28	156,6	114,3	143,9	168,7	206,5	233,6	274,3	V 361° K
						81,13							
$C_4H_9N_3O_2$	Kreatin		131,14	75,3	126,4	172,4							
C_4H_{10}	Butan	g	58,12	66,69	119,6	—	124,7	148,7	169,1	201,8	226,8	265,7	F 134,8° K, V 272,6° K
						98,78							
$C_4H_{10}N_2O_4$	Asparaginhydrat		150,13	83,14	148,1	206,7							
$C_4H_{10}O$	Butanol-(1)		74,12	64,9	138	179							V 390,6° K
$C_4H_{10}O$	2-Methyl-propanol-(2)		74,12	61,6	110	—							F 165° K, V 380,9° K
$C_4H_{10}O_4$	Erythrit		122,12	63,8	116	166							
$C_4H_{11}N_3O_3$	Kreatinhydrat		149,15	91,76	156,0	213,5							
$C_5H_4N_4O$	Hypoxanthin		136,11	57,31	93,30	134,3							F 393° K, V 602° K
$C_5H_4N_4O_2$	Xanthin		152,11	60,25	151,0	151,0							
$C_5H_4N_4O_3$	Harnsäure		168,11	63,89	116,6	166,1							
C_5H_5N	Pyridin	g	79,10	50,54	78,98	132,7	106,4	130,2	149,5	177,8	197,4	226,1	V 388,6° K
						78,12							

6. Kalorische Daten

		M		100	200	298,15	400	500	600	800	1000	1500	Zustandsänderungen
$C_5H_5N_5O$	Guanin	151,13		59,50	109,4	156,5							
C_5H_6O	Furfurylalkohol	98,10		58,3	90,1	204							F 487° K
$C_5H_9NO_2$	l-Prolin	115,13		64,43	106,9	149,0							
$C_5H_9NO_4$	D-Glutamin-säure	147,13		76,36	128,0	174,5							
C_5H_{10}	Penten-(1)	70,14	g	72,97	133,5	155,3 114,6	143,1	168,4	189,8	223,8	249,4	289,4	V 312° K V 412° K
$C_5H_{10}O$	Cyclopentanol	86,13		63,3	—	184							
C_5H_{12}	Pentan	72,15	g	74,14	144,2	171,5 122,6	154,4	183,9	208,7	248,4	278,5	325,3	V 309,3° K
$C_5H_{12}N_2O_2$	d,l-Ornithin	132,16		54,31	129,2	190,4							
$C_5H_{12}O$	Pentanol-(1)	88,15		74,06	164	209							V 411° K
C_6Cl_6	Hexachlor-benzol	284,78		203,0	162,5	201,4							F 502,6° K, V 596,3° K
C_6HCl_5O	Pentachlor-phenol	266,34		99,08	160,4	202,0							F 462° K
$C_6H_4O_2$	Benzo-chinon-(1,4)	108,10		62,55	96,7	132							F 388,6° K
C_6H_5Br	Brombenzol	157,02		58,49	99,75	155,4							V 429,3° K
C_6H_5Cl	Chlorbenzol	112,56		55,48	98,24	150,1							V 405° K
C_6H_5F	Fluorbenzol	96,11	g	54,15	95,20	97,07 146,4	126,8	151,2	170,7	199,0	218,4		
C_6H_5J	Jodbenzol	204,01		58,24	98,99	94,43 158,7	125,5	150,8	171,0	200,1	220,0	248,9	V 358,2° K
$C_6H_5NO_2$	Nitrobenzol	123,11		67,11	107,0	187,3							F 244° K
C_6H_6	Benzol	78,11	g	50,42	83,75	136,1 81,64	111,9	137,2	157,9	188,5	209,9	241,3	V 484° K
$C_6{}^2H_6$	Deuterobenzol	84,16		53,6	96,2	149,6							F 278,6° K, V 353,3° K

611. Wärmekapazität bei konstantem Druck

C₆H₆O	Phenol		94,11	53,01	85,14	134,7	137,1	163,5	184,6	215,9	237,6	323,3	F 313,9° K, V 455,3° K
C₆H₆O₂	1,4-Dihydroxy-benzol		110,11	51,71	92,9	142							
C₆H₆S	Benzthiol	g	110,18	62,65	106,7	173,2 104,9	153,3	179,0	206,9	248,9	278,7	349	V 356,4° K
C₆H₁₀	Cyclohexen	g	82,15	57,07	121,5	140,2 105,0	173	204	229	270	301		F 133° K, V 336,5° K
C₆H₁₂	Hexen-(1)	g	84,16	79,07	158,5	183,3 138,4							
C₆H₁₂N₂O₄S₂	l-Cystin		240,30	113,4	196,8	269,9							
C₆H₁₂O₆	α-D-Galaktose		180,16	77,9	149	220							
C₆H₁₄	Hexan		86,18	82,76	171,5	195,0 146,7	184,3	219,2	248,4	295,0	330,3	385,0	F 179,6° K, V 341,9° K
C₆H₁₄O₆	Dulcit		182,17	89,2	162	242							F 461° K
	Mannit		182,17	91,0	165	240							F 440° K
C₆H₅F₃	Phenyl-trifluor-methan	g	146,11	75,39	133,6	188,4 130,4	169,8	201,7	226,8	262,7	286,4	320,6	V 375° K
C₆H₅O₂	Benzoesäure	g	122,12	63,93	102,89	146,81							F 395,6° K, V 523° K
C₇H₆O₃	2-Hydroxy-benzoesäure		138,12	66,44	113,6	165,3							F 432° K
	3-Hydroxy-benzoesäure		138,12	66,02	113,0	164,0							F 475° K
	4-Hydroxy-benzoesäure		138,12	65,48	112,8	163,6							F 487° K
C₇H₇Cl	Benzylchlorid		126,59	71,5	120	182							V 452,4° K
C₇H₈	Toluol	g	92,14	61,9	134	162 103,8	139,1	169,6	194,9	233,1	260,2	300,3	V 383,9° K
C₇H₈O	Benzylalkohol		108,14	62,13	109,0	217,8 180,7							F 261° K, V 391° K
C₇H₁₄	Cycloheptan		98,19	67,91	130,6	211,8							V 371° K
	Hepten-(1)		98,19	88,19	184,8	162,5 246	203	239	269	317	353	409	F 231° K, V 425° K
C₇H₁₆O	Heptanol	g	114,19	93,6	157,6								

6. Kalorische Daten

		M		\multicolumn{9}{c	}{C_p in JMol^{-1}grd^{-1} bei T in °K}	Zustandsänderungen
				100	200	298,15	400	500	600	800	1000	1500	
C_7H_{16}	Heptan	100,21		92,77	201,31	224,74	214,1	254,5	288,0	341,6	382,0	444,4	V 271° K
$C_7H_{16}O$	Heptanol-(1)	116,20		93,83	148,8	170,8							V 448° K
$C_8H_4O_3$	Phthalsäure= anhydrid	148,12		67,61	113,1	278							F 403,9° K, V 557,6° K
						161,8							
C_8H_6	Phenylacetylen	102,14		62,8	105	179							
$C_8H_6O_4$	Phthalsäure	166,13		77,66	132,9	188,2							F 225…233° K, V 415° K
C_8H_8	Cycloocta= tetraen	104,15		65,44	108,4	185,2							
			g			122,0	160,9	194,1	220,8	260,4	288,2		
	Styrol	104,15		64,85	135,4	182,9							
			g			122,1	160,3	192,2	218,2	256,9	284,2	324,6	V 418,9° K
C_8H_{10}	o-Xylol	106,17		71,67	119,9	188,8							
			g			133,3	171,7	205,5	234,2	278,8	311,1	359,5	V 416,7° K
	m-Xylol	106,17		72,84	113,6	183,2							
			g			127,6	167,5	202,6	232,3	277,9	310,6	359,4	V 412° K
	p-Xylol	106,17		75,14	117,7	183,8							
			g			126,9	166,1	201,1	230,8	276,7	309,7	358,9	F 286,4° K, V 411,5° K
C_8H_{18}	Octan	114,23		100,8	164,0	254,1							
			g			194,9	244,0	289,8	327,5	388,2	433,8	504,3	V 398,9° K
$C_9H_9NO_3$	Hippursäure	179,18		90,46	151,1	215,5							F 463° K
C_9H_{12}	1,2,3-Trimethyl= benzol	120,20		84,52	152,8	216,4							
			g			157,9	200,9	239,5	272,6	324,5	362,3		$F<258$° K, V 448° K
	1,2,4-Trimethyl= benzol	120,20		83,76	148	212							
			g			154	196,5	235,4	269,0	321,9	360,2		V 443,3° K
	1,3,5-Trimethyl= benzol	120,20		86,86	134,1	209,7							
			g			150,2	194,2	234,0	268,1	321,5	360,1	418,0	V 437,7° K
$C_{10}H_8$	Naphthalin	128,18		60,25	106,7	165,7							F 353,1° K, V 491,2° K
			g			134,22	180,7	219,4	250,8	297,1	328,8	374,4	

611. Wärmekapazität bei konstantem Druck

$C_{10}H_{12}$	1,2,3,4-Tetra=hydro=naphthalin		132,21	68,12	121,1	217,4 156,5	211,5	258,6	298,9	359,2	392,3	F 238° K, V 479,6° K
$C_{10}H_{18}$	cis-Decahydro=naphthalin	g	138,25	73,58	132,1	232,0 166,7	237,0	299,7	352,0	432,6	489,2	F 222° K, V 466° K
	trans-Deca=hydro=naphthalin	g	138,25	72,17	133,6	228,5 167,5	237,6	299,6	352,3	432,6	489,2	F 241° K, V 460° K
$C_{11}H_{10}$	1-Methyl-naphthalin	g	142,20	70,07	127,2	224,4 159,6	212,4	256,4	292,1	345,2	381,8	F 254° K, V 517,7° K
	2-Methyl-naphthalin	g	142,20	74,07	125,8	196,0 159,8	211,4	254,8	290,1	343,3	380,3	F 307° K, V 514° K F 343° K, V 529° K
$C_{12}H_{10}$	Diphenyl		154,21	75,4	130	195						F 394° K
$C_{12}H_{10}Hg$	Quecksilber-diphenyl		354,80	(98,7)	160	225						
$C_{12}H_{10}O$	Diphenyläther		170,21	84,35	143,1	216,56						F 301° K, V 525° K
$C_{12}H_{18}$	Hexamethyl=benzol	g	162,28	129	191	257 248,6	310,4	362,5	406,4	474,9	525,3	F 438° K, V 537° K F 452° K
$C_{12}H_{22}O_{11}$	Saccharose		342,30	146	282	425						F 299° K, V 538,7° K
$C_{13}H_{12}$	Diphenyl=methan		168,24	87,9	150	233						F 423° K, V<633° K F 335,3° K,
$C_{16}H_{10}$	Pyren		202,26	74,31	147	234						V 612...629° K
$C_{16}H_{32}O_2$	Palmitinsäure		256,43	182,9	294,0	460,7						F 350,7° K
$C_{18}H_{15}Bi$	Wismut-triphenyl		441,30	(146)	238	328						
$C_{19}H_{15}Cl$	Triphenyl=chlormethan		278,78	122	213	312						
$C_{24}H_{20}KB$	Kaliumbor=tetraphenyl		358,33	167,3	282,7	418,2						F 497° K, V>693° K
$C_{24}H_{20}Sn$	Zinn-tetra=phenyl		427,12	(174)	295	425						

CH$_4$, CH$_3$D, CD$_4$, Methane, C_p, Rotationsumwandlungen

6114. Relative Wärmekapazität von Lösungen
Nach Vorlagen von J. D'ANS

Es ist die Wärmekapazität von 1 l Lösung der angegebenen Konzentration relativ zu der von 1 l reinem Wasser, die gleich 1000 gesetzt ist, tabelliert.

Stoff	Temperatur °C	Konzentration Mol/l H$_2$O									Bemerkungen
		0,5	1	1,5	2	3	4	5	6	8	10	
AgNO$_3$	25	996	1000	1007,5								
BaC$_2$H$_6$O$_4$	19…52	1019,5	1043,3									Ba-acetat
Ba(NO$_3$)$_2$	20	1002	1038									
CNSK	25	1000	1002,5	1007,5	1015							K-thiocyanat

611. Wärmekapazität bei konstantem Druck

Column headers (substances, top to bottom correspond to first 13 rows):
Oxalsäure, K-acetat, Äthanol, K-oxalat, Propionsäure, n-Propanol, Glycerin, K-tartrat, Weinsäure, n-Buttersäure, iso-Buttersäure, Citronensäure, Ca-acetat

Formel	t										
$C_2H_2O_4$	20...52	1012	1032	1025,8	1038,3	1189	1240	1290	1334	1418	1491
$C_2H_3KO_2$	20	1001,8	1012,5	1100	1130				15 m: 1100		
C_2H_6O	20	1030	1070						15 m: 926		
$C_3K_2O_4$	21...52	992	992								
$C_3H_6O_2$	22...50	1020	1055	1087	1121	1180	1232	1280	1323	1408	1492
C_3H_8O		1042	1089	1130	1169	1240	1303	1360	1410	1502	1580
$C_3H_8O_3$		1032	1069	1097	1128	1182	1240	1293	1350	1460	1572
$C_4H_4K_2O_6$	20	1017	1039	1090	1127						
$C_4H_6O_6$	18	1026	1056	1108	1143						
$C_4H_8O_2$		1040	1077	1110	1140	1188	1232	1280	1326	1420	1511
$C_4H_8O_2$		1040	1077	1110	1141	1197	1249	1296			
$C_6H_8O_7$	18	1031	1070	1110	1153						
$CaC_4H_6O_4$	19...52	1014,5	1039								
$CaCl_2$	25	974	956	944	934	936	953	976	999		
$Ca(NO_3)_2$	20	994	998	1009,8	1028	1070	1116				
$CoCl_2$	25	976	961,5	952	950						
$FeCl_3$	20	982	974	972	978						
$FeSO_4$	25...45	1000	1028	1064	1103	1180	1275	1360	1445	1625	1800
HCl	20	985	971,4	960	950,2	930	915	904	895	886	885
$HClO_3$	16,5...19,5	995	995	995	995	995	995				
HF	20	998	997,8	998,1	999,8	1004	1007,6	1013	1019,8	1035	1052
HJO_3	25	1000	1010	1025	1045	1086	1008	1028			
HNO_3	20	992	986,7	983	982,3	992	1077	1096	1052	1112	1184
H_2SO_4	25	1008	1016	1028	1036	1057	1095	1119,8	1118	1160	1207
H_3PO_4	21	1013,9	1026,5	1039	1050	1071,8	967	970,1			
KBr	25	987	979	973,8	970	966,6	965,7	965			
KCl	25	987,7	980	974,7	971,2	967,7	1042				
K_2CO_3	21...27	981,7	975,7	978,8	988	1012,1					
$KHSO_4$	25	1072	1155								
KJ	25	987,7	981,8	977,9	975,6	977	984,3				
KNO_3	25	996	999,8	1006,5	1014	1030					

Stoff	Temperatur °C	Konzentration Mol/l H₂O								Bemerkungen
		0,5	1	1,5	2	3	4	5	6	8	10	
KOH	25	988,5	980,7	974,9	971,9	974,4						
K₂SO₄	25	983	980	980	976	972	975	982	991	1012	1036	
La(NO₃)₃	18	985	986	981	1016	1027,5	1040					
LiBr	20	992	1006	1011	1045	1081,5						
LiClO₃	18	1002	1014,5	1028,8	936							
LiJO₃	18	1003,5	962	948								
MgBr₂	16,5...19,5	978										
MgC₄H₆O₄	19...52	1018,9	1046,8									Mg-acetat
MgCl₂	25	974	956	944	936	925	923	922	941			
Mg(NO₃)₂	20	989	989	994	1001,9	1026	1058					
MgSO₄	21	985	979	981,5	991,5	1022						
MnC₄H₆O₄	25	1025	1057									Mn-acetat
NaBr	25	990,5	987,8	987,7	989,9	999,9	1014	1025	1055	1110		
Na₂CO₃	18	994,5	1006,6	1029,4	1054							
NaJ	25	991,3	989,3	992	998,1	1014	1023	1112	1145	1210	1278	
NaNO₃	25	998,9	1003,3	1010,4	1019,9	1046	1080	1048	1072			
NaOH	20	992	988	988	991,8	1005,8	1024,5					
Na₂SO₄*	25	995	1009	1032	1060	1122						* Minimum bei 0,25 Mol/l = 992,5
NiC₄H₆O₄	25	1027	1062	941,5	932							Ni-acetat
NiCl₂	25	974	956	1000	1015,7	1085	1065,5					
Ni(NO₃)₂	24...53	985	985,7	970,5	986							
NiSO₄	18...21	967	962,1	1113	1155							
PbC₄H₆O₄	25	1035	1073									Pb-acetat
SrC₄H₆O₄	19...52	1015	1041,5	1027	1053,8	1116						Sr-acetat
Sr(NO₃)₂	24	995,5	1005,7	1132	1177							
ZnC₄H₆O₄	25	1043	1087									Zn-acetat

6115. Spezifische Wärme von Mineralien

	Temperatur oder Temperaturintervall in °C	c_p oder $\bar{c}_p$ in J/g grd		Temperatur oder Temperaturintervall in °C	c_p oder $\bar{c}_p$ in J/g grd
Adular	−20...100	0,776	Kupferkies	48	0,540
Albit	0...100	0,815	Labradorit	20...98	0,816
	0...900	1,072	Lava (Ätna)	23...100	0,858
Aluminiumoxid	0...200	0,839	Magnesiaglimmer	20...98	0,863
	0...1000	1,067	Magnesit	18	0,889
Andalusit	0...100	0,705	Magnetit	0...200	0,746
Anorthit	0...100	0,796		0...1000	0,871
	0...900	1,038	Magnetkies	0...100	0,626
Aragonit	20	0,807	Magn. Silikat	0...100	0,851
Asbest	0...34,2	0,783		0...900	1,114
Basalt	10...100	0,858	Manganit	20...52	0,737
Basaltlava	30...577	1,080	Manganosit	27	0,607
Beryll	15...99	0,828	Mikroklin	0...100	0,783
Bleiglanz	9	0,210		0...900	1,026
Braunit	15...99	0,678	Natronglimmer	20...98	0,873
Brucit	35	1,302	Oligoklas	20...98	0,857
Calcit	21	0,813	Olivin	21...51	0,791
Cerussit	20,5	0,326	Orthoklas	15...99	0,786
Chalcedon	0...100	0,823	Pyrit	28	0,511
	0...1000	1,102	Pyrolusit	20,8	0,653
Chrysoberyll	50	0,84	Scheelit	19...50	0,405
Claudetit	23	0,519	Serpentin	8...98	1,067
Covellin	24	0,511	Silberglanz	15...100	0,309
Dioptas	19...50	0,762	Spinell	15...46	0,812
Diopsid	0...100	0,805	Spodumen	20...100	0,905
	0...900	1,046	Steinsalz	13...45	0,917
Gelbbleierz	9...49	0,346	Strontianit	18	0,547
Gneis	17...99	0,820	Talk	20...98	0,876
Goethit	5...93	0,854	Thorit	20	0,635
Granat, böhm.	16...100	0,736	Topas	6...100	0,858
Granit	16...100	0,829	Witherit	23	0,432
Graphit (Ceylon)	20,4...200	0,984	Wollastonit	0...900	0,981
Hornblende	20...98	0,817	Pseudowoll-	0...100	0,772
Ilmenit	17...47	0,741	astonit	0...900	0,973
Kaliglimmer	20...98	0,871	Wolframit	21...53	0,389
Kalkspat	0...100	0,839	Zinnober	24	0,216
Kalksandstein	16	0,845	Zinkblende	0...100	0,480
Kobaltglanz	15...100	0,406	Zinnstein	20...67	0,383
Kryolith	43	1,054	Zirkon	21...51	0,552
Kupferglanz	26	0,498			

612. Wärmekapazität von Gasen in Abhängigkeit vom Druck[1]

In den Tabellen und Abbildungen ist die Druckabhängigkeit der Wärmekapazität realer Gase wiedergegeben. (Plasmazustand s. Tabelle 214507c und Tabelle 222073.)

61201. Ar, Argon

T °K	C_p in J/Molgrd bei p in atm					C_p/C_v bei p in atm				
	1	10	40	70	100	1	10	40	70	100
200	20,92	22,1	27,5	34,9	43,2	1,674	1,748			
220	20,89	21,9	25,7	30,8	36,6	1,673	1,730			
240	20,87	21,6	24,6	28,3	32,4	1,672	1,718	1,89	2,08	2,3
260	20,85	21,5	23,7	26,0	28,3	1,671	1,709	1,85	2,01	2,17
280	20,84	21,4	23,2	25,0	26,9	1,670	1,702	1,81	1,94	1,06
300	20,83	21,3	22,8	24,4	25,9	1,670	1,697	1,79	1,87	1,96
350	20,82	21,1	22,0	22,9	24,3	1,669	1,686	1,76	1,82	1,87
400	20,81	21,0	21,7	22,5	23,2	1,668	1,682	1,726	1,76	1,80
500	20,80	20,9	21,4	21,8	22,2	1,668	1,676	1,703	1,728	1,753
600	20,80	20,9	21,2	21,4	21,7	1,667	1,673	1,690	1,706	1,721
800	20,79	20,8	21,0	21,1	21,3	1,667	1,669	1,678	1,685	1,693
1000	20,79	20,8	20,9	21,0	21,1	1,667	1,668	1,673	1,677	1,680
2000	20,79	20,8	20,8	20,8	20,8	1,667	1,667	1,667	1,667	1,667

61202. Dichlordifluormethan, C_p

[1] Nach Landolt-Börnstein, 6. Aufl., Bd. II/4, Beitrag von H. D. BAEHR.

61203. Methan, C_p

61204. CO, Kohlenstoffmonoxid

T °K	C_p in J/Mol grd bei p in atm					C_p/C_v bei p in atm				
	1	10	40	70	100	1	10	40	70	100
200	29,24	30,5				1,405	1,456			
220	29,22	30,2				1,404	1,444			
240	29,21	30,0				1,403	1,435			
260	29,19	29,8	31,8			1,402	1,429	1,524		
280	29,19	29,7	31,4	32,8	34,0	1,402	1,424	1,503	1,593	1,698
300	29,19	29,7	31,1	32,2	33,4	1,401	1,420	1,485	1,555	1,633
350	29,24	29,6	30,6	31,5	32,4	1,399	1,412	1,455	1,499	1,542
400	29,37	29,6	30,4	31,1	31,8	1,396	1,406	1,436	1,466	1,494
500	29,81	30,0	30,4	30,9	31,3	1,387	1,393	1,410	1,426	1,441
600	30,45	30,5	30,9	31,2	31,4	1,376	1,381	1,390	1,400	1,409
800	31,91	32,0	32,1	32,3	32,4	1,352	1,354	1,359	1,363	1,368
1000	33,18	33,2	33,3	33,4	33,5	1,334	1,335	1,338	1,340	1,342
1500	35,22	35,2	35,3	35,3	35,3	1,309	1,309	1,310	1,310	1,311
2000	36,24	36,3	36,3	36,3	36,3	1,298	1,298	1,298	1,298	1,298

61205. CO_2 Kohlenstoffdioxid.

T °K	C_p in J/Molgrd bei p in atm					C_p/C_v bei p in atm				
	1	10	40	70	100	1	10	40	70	100
200	34,46					1,349				
220	35,06	61,2				1,332	1,448			
240	35,85	42,6				1,317	1,401			
260	36,68	40,3				1,304	1,382			
280	37,53	40,4	61,9			1,293	1,352			
300	39,56	41,2	47,9	57,6	72,8	1,271	1,305	1,47	1,82	2,40
350	41,44	42,5	46,9	51,8	57,9	1,254	1,276	1,364	1,483	1,630
400	43,15	43,9	46,6	49,5	52,2	1,241	1,256	1,312	1,378	1,463
450	44,68	45,2	47,1	48,8	50,0	1,230	1,241	1,281	1,330	1,387
500	47,36	47,7	48,8	50,1	51,3	1,214	1,220	1,242	1,265	1,291
600	49,59	49,8	50,5	51,3	51,2	1,202	1,206	1,220	1,233	1,247
700	51,45	51,6	52,1	52,6	53,1	1,193	1,196	1,205	1,214	1,222
800	53,02	53,1	53,5	53,8	54,2	1,186	1,188	1,195	1,201	1,206
900	54,32	54,4	54,7	55,0	55,2	1,818	1,183	1,187	1,192	1,196
1000	58,38	58,4	58,5	58,6	58,7	1,166	1,167	1,169	1,170	1,172

Kohlenstoffdioxid bei Temperaturen bis 150° C. ──── Meßergebnisse von zwei verschiedenen Autoren

61206. Acetylen, C_p

61207. Äthylen, C_p/C_{p0}

61208. Propan, C_p

61209. H_2 Wasserstoff

C_p in J/(Molgrd) und C_p/C_v [1]

T °K	1 atm		10 atm		100 atm	
	C_p	C_p/C_v	C_p	C_p/C_v	C_p	C_p/C_v
40	21,32	1,700	28,8	2,205		
60	21,15	1,672	23,1	1,804	32,9	2,50
80	21,66	1,634	22,6	1,694	29,6	2,066
100	22,63	1,587	23,20	1,617	27,4	1,844
120	23,80	1,541	24,15	1,558	27,0	1,704
140	24,91	1,503	25,16	1,517	27,1	1,613
160	25,87	1,475	26,07	1,484	27,7	1,549
180	26,66	1,455	26,82	1,461	28,1	1,507
200	27,29	1,439	27,40	1,444	28,4	1,479
250	28,34	1,416	28,41	1,418	29,1	1,436
300	28,85	1,405	28,90	1,406	29,4	1,417
400	29,19	1,398	29,22	1,398	29,4	1,403
500	29,26	1,397	29,28	1,397	29,4	1,398
600	29,33	1,396	29,34	1,396	29,4	1,396

[1] Nach J. HILSENRATH u. Mitarb.: Tables of Thermal Properties of Gases. National Bur Stand. Circ. 561/1955.

Verhältnis C_p/C_{p_0} als Funktion des Druckes bei verschiedenen Temperaturen ((C_{p_0} = Molwärme bei $p=0$). ——— Bestimmung aus dem integralen Kühleffekt; ------ Berechnet aus einer thermischen Zustandsgleichung

61209 a. $^2H_2$ Deuterium

C_p und C_v von $^2H_2$ in J/Molgrd

°C	1 atm		10 atm		100 atm	
	C_p	C_v	C_p	C_v	C_p	C_v
−175	30,18	21,81	30,85	21,89	—	—
−150	29,84	21,43	30,22	21,51	33,44	22,02
−120	29,43	21,05	29,68	21,14	31,73	21,56
−100	29,30	20,97	29,47	20,97	31,02	21,35
−75	29,26	20,89	29,38	20,93	30,51	21,22
−50	29,22	20,89	29,30	20,89	30,18	21,14
0	29,22	20,89	29,26	20,93	29,80	21,05
50	29,22	20,89	29,26	20,93	29,63	21,01
100	29,26	20,93	29,26	20,93	29,55	21,22
150	29,30	20,93	29,30	20,97	29,51	21,50

61210. Helium, C_p/C_{p0}

61211. N_2 Stickstoff

T °K	C_p in J/Molgrd bei p in atm					C_p/C_v bei p in atm				
	1	10	40	70	100	1	10	40	70	100
200	29,22	30,3	34,8	40,4	46,9	1,404	1,447	1,622	1,844	2,11
220	29,20	30,1	33,3	36,9	40,7	1,403	1,437	1,565	1,708	1,85
240	29,19	29,9	32,4	35,0	37,5	1,403	1,430	1,528	1,631	1,73
260	29,18	29,7	31,7	33,7	35,6	1,402	1,424	1,503	1,581	1,65
280	29,17	29,6	31,3	32,9	34,3	1,402	1,420	1,484	1,547	1,602
300	29,17	29,6	30,9	32,2	33,4	1,401	1,417	1,471	1,522	1,566
350	29,20	29,5	30,4	31,3	32,1	1,400	1,411	1,447	1,481	1,512
400	29,27	29,5	30,1	30,8	31,4	1,398	1,406	1,432	1,456	1,480
500	29,60	29,7	30,1	30,5	30,9	1,391	1,396	1,411	1,424	1,437
600	30,12	30,2	30,5	30,7	31,0	1,383	1,385	1,394	1,402	1,410
800	31,44	31,5	31,6	31,8	31,9	1,360	1,361	1,365	1,369	1,372
1000	32,70	32,7	32,8	32,9	33,0	1,341	1,342	1,344	1,346	1,347
2000	35,98	36,0	36,0	36,0	36,0	1,301	1,301	1,301	1,301	1,301

61212. NH_3 Ammoniak

Molwärmen C_p und C_v in J/(Molgrd)

Die Temperatur zu der Zeile „Sättigung" (Sätt.) ist in Klammern zu der Druckangabe hinzugefügt.

T °C	1 atm (−33,35° C)		5 atm (+4,5° C)		10 atm (+25,3° C)		15 atm (39,1° C)		20 atm (49,9° C)	
	C_p	C_v	C_p	C_v	C_p	C_v	C_p	C_v	C_p	C_v
Sätt.	39,90	29,65	47,60	33,83	54,01	36,86	59,38	39,03	65,48	40,86
−20	38,10	28,49	—	—	—	—	—	—	—	—
0	37,05	27,89	—	—	—	—	—	—	—	—
+20	36,80	27,91	43,71	31,69	—	—	—	—	—	—
40	36,95	28,29	41,26	30,48	48,66	34,25	—	—	—	—
60	37,26	28,62	40,23	30,14	44,88	32,47	50,77	35,22	58,78	38,39
80	37,69	29,12	39,85	30,19	42,97	31,75	46,71	33,50	51,27	35,42
100	38,21	29,68	39,83	30,47	42,10	31,58	44,67	32,77	47,58	34,02
120	38,76	30,27	40,04	30,89	41,76	31,71	43,63	32,56	45,66	33,42
150	39,67	31,22	40,59	31,64	41,78	32,21	43,04	32,77	44,38	33,30
200	41,17	32,78	41,9	33,1	42,5	33,4	43,5	33,8	44,4	34,1
250	42,74	34,42	43,3	34,7	44,1	35,0	44,5	35,4	45,3	35,6
300	44,29	35,97	45,0	36,3	45,5	36,5	45,9	36,8	46,3	37,1

Ammoniak, C_p

612. Wärmekapazität von Gasen in Abhängigkeit vom Druck

61213. O_2 Sauerstoff

T °K	C_p in J/Molgrd bei p in atm					C_p/C_v bei p in atm				
	1	10	40	70	100	1	10	40	70	100
200	29,26	30,5	36,7	47,1	63,2	1,404	1,453	1,683	1,080	
220	29,25	30,2	34,4	40,2	47,9	1,403	1,441	1,602	1,818	2,120
240	29,27	30,1	33,1	36,8	41,2	1,402	1,432	1,553	1,694	1,850
260	29,30	29,9	32,3	35,0	37,7	1,400	1,425	1,520	1,623	1,721
280	29,36	29,9	31,8	33,8	35,8	1,398	1,420	1,496	1,577	1,648
300	29,44	29,9	31,5	33,1	34,6	1,396	1,414	1,478	1,542	1,599
350	29,73	30,0	31,1	32,2	33,1	1,391	1,403	1,445	1,487	1,526
400	30,14	30,4	31,1	31,9	32,6	1,382	1,391	1,421	1,450	1,478
500	31,11	31,3	31,7	32,2	32,6	1,366	1,371	1,387	1,404	1,420
600	32,10	32,2	32,5	32,8	33,1	1,350	1,353	1,363	1,373	1,383
800	33,74	33,8	33,9	34,1	34,3	1,327	1,329	1,333	1,338	1,342
1000	34,88	34,9	35,0	35,1	35,2	1,313	1,314	1,316	1,319	1,321
2000	37,78	37,8	37,8	37,8	37,8	1,282	1,282	1,282	1,283	1,283

61214. Xe Molwärme C_p und C_v in J/Molgrd

p atm	C_p	C_v	C_p	C_v	C_p	C_v	C_p	C_v
	25° C		50° C		100° C		150° C	
1	21,02	12,54	20,97	12,52	20,92	12,50	20,88	12,49
5	22,1	12,8	21,8	12,7	21,5	12,6	21,3	12,6
10	23,4	13,0	22,9	12,9	22,1	12,7	21,7	12,7
50	61,3	17,2	39,7	15,2	29,6	13,9	26,2	13,4
100	82,5	17,5	128,9	18,3	46,8	15,5	33,7	14,0
200	50,7	16,5	55,1	15,7	59,1	16,2	46,0	14,4
400	41,0	16,7	41,4	16,0	42,9	16,3	40,6	14,3
800	36,2	17,5	36,3	17,2	36,4	17,2	33,9	14,7
1200	34,6	18,3	34,7	18,1	34,6	18,0	31,9	15,4
1600	33,8	18,9	34,1	18,9	33,8	18,8	31,0	16,0
2000	33,5	19,4	33,7	19,5	33,5	19,5	30,5	16,5

62. Thermodynamische Funktionen (Einzelwerte)

Standardwerte der thermodynamischen Funktionen für Elemente s. Tabelle 214, für anorganische Verbindungen Tabelle 221, für organische Verbindungen Bd. 2, Tabelle 143

621. Verbrennungswärme und Zusammensetzung der wichtigsten Nahrungsmittel*

Nahrungsmittel	Eiweiß g	Fett g	Kohlenhydrate g	Kalorien kcal	A^1 IE	B_1 mg	B_2 mg	Nicotinsäure mg	C mg	Calcium mg	Phosphor mg	Eisen mg
Fleisch und Fleischwaren												
Fleisch i. D.[a]												
Schweinefleisch i. D.	13,5	16,6	0,2	211		0,75	0,20	4,5		10	175	2,5
Schweinefleisch, mager, Schinken	11,2	20,6	0,2	238	(0)	0,70	0,20	4,0		9	170	2,5
	10,1	13,7	0,2	170								
Schweinefleisch, mittelfett, Bauch	10,9	20,7	0,2	238	—	0,80	0,20	4,5		10	185	2,5
Schweinefleisch, fett, Kamm, Brust	12,6	27,2	0,3	306		0,70	0,15	3,5		8	150	2,0
Rindfleisch i. D.	16,4	8,0	0,3	143		0,10	0,15	5,0		12	220	3,0
Rindfleisch, mager	17,4	3,0	0,5	101	(70)	0,10	0,25	5,2	(1,8)	12	240	5,0
Rindfleisch, mittelfett	16,7	6,6	0,3	131	(25)	0,10	0,25	5,0	(1,8)	10	210	3,0
Rindfleisch, fett	15,0	19,5	0,2	244	—	0,10	0,15	4,0		10	150	2,5
Hackfleisch (Rind)	18,2	9,1	0,8	163	(70)	0,10	0,25	4,0	(1,8)	12	240	5,0
Kalbfleisch i. D.	17,1	7,4	0,3	140	—	0,15	0,25	6,5		11	200	3,0
Kaninchenfleisch i. D.	18,4	7,0	—	141	—	0,05	0,05	12,5	4,0	10	220	3,0
Innereien i. D.	15,9	4,8	1,0	114								
Herz (Rind oder Kalb)	14,9	8,5	0,3	141	30	0,60	0,90	8,0	6,0	9	205	4,5
Leber (Rind)	19,6	3,6	3,3	127	43900	0,25	3,35	13,5	31,0	7	360	6,5
Leber (Kalb)	19,6	3,6	3,3	127	22500	0,20	3,10	16,0	36,0	6	345	10,5
Leber (Schwein)	19,2	5,2	2,5	137	14200	0,40	3,00	16,5	23,0	10	360	18,0
Niere (Rind oder Kalb)	18,4	4,5	0,4	119	1150	0,35	2,55	6,5	13,0	9	220	8,0

621. Verbrennungswärme der wichtigsten Nahrungsmittel

Nahrungsmittel										
Lunge (Rind oder Kalb)	12,9	2,1	0,5	74	+	0,30	0,30	1,0	8,5	9	185	3,0
Zunge (Rind oder Kalb)	14,2	15,9	0,1	207	–	0,10	0,25	5,0	–	16	330	3,5
Hirn (Rind oder Kalb)	8,5	8,1	–	110	+	0,25		4,5	18,0			
Fettgewebe vom Rind	1,2	89,0	–	833	+				0,5			
Fettgewebe vom Schwein	1,3	92,0	–	861	+				–			
Fleischdauer- und Wurstwaren												
Schinken, geräuchert	21,9	21,9	–	293	–	0,70	0,20	4,0	+	9	170	2,5
Speck, geräuchert	9,0	72,8	–	714	–	0,40	0,10	2,0	+	13	110	1,0
Speck, durchwachsen	14,0	51,0	–	532	–	0,50	0,30	5,0	+	25	255	3,5
Wurst i. D.	14,0	27,8	0,9	320	+	0,05	0,15	2,5	1,5	6	115	1,5
Mettwurst	19,0	42,9	–	477	–	0,20	–	–	–	20	110	1,5
Zervelatwurst	21,8	46,0	0,1	518	–	–	–	–	–	9	235	5,5
Leberwurst	6,9	19,5	0,3	211	5750	0,15	1,10	4,5	–			
Blutwurst	13,9	43,6	0,2	463	–	–	–	–	–	10	160	2,0
Würstchen i. D.	12,4	13,9	–	180	–	0,20	0,25	2,5	–	9	165	2,5
Fleischkonserven i. D.	20,4	9,9	1,3	181	–	–	–	–	–	10	100	4,0
Wild i. D.	18,6	1,7	0,4	94	+	0,15	–	–	2,5	10	150	3,0
Geflügel i. D.	15,3	13,1	–	185	+	0,11	0,25	6,0	7,0	14	200	1,5
Huhn	17,0	4,0	–	107	–	0,10	0,15	10,0	+	10	180	2,0
Gans	12,4	35,5	0,2	382	–	0,15	0,25	–	13,0	10	195	1,5
Ente	18,0	4,0	–	111	–	0,15	0,40	8,0	8,0			
Fische und Fischwaren												
Fische, frisch, i. D.	10,0	0,2	–	43	1800	0,30	0,35	1,5	–	18	200	0,5
Aal	9,3	20,9	–	233	440	0,05	0,05	9,0	–	13	210	0,5
Heilbutt	15,1	0,2	–	64	(100)	0,10	0,10	3,0	–	12	150	0,5
Hering	8,3	3,5	–	67	+	0,05	0,10	2,0	2	10	195	0,5
Kabeljau	8,3	0,1	–	35								

* Nach 1. Aufl. des Biochemischen Taschenbuchs.
[1] Vitamin-A-Aktivität bewirkt durch Vitamin A und Carotin oder durch Carotin; eine I. E. Vitamin A = 0,0006 mg β-Carotin.   [a] i. D. = im Durchschnitt.

6. Kalorische Daten

Nahrungsmittel	Eiweiß g	Fett g	Kohlenhydrate g	Kalorien kcal	Vitamine A IE	B_1 mg	B_2 mg	Nicotinsäure mg	C mg	Mineralstoffe Calcium mg	Phosphor mg	Eisen mg
Rotbarsch	10,9	0,5	—	49	+	0,05	0,05		0,5			
Schellfisch	9,5	0,2	—	41	—	0,05	0,10		—	23	195	0,5
Seelachs	14,2	0,3	—	61		0,10	0,15	2,5	1,0	79	115	10,5
Steinbutt	18,1	2,3	—	96			0,15					
Forelle	10,1	1,1	—	52	12	0,10	0,05	3,5	—	20	220	11,0
Hecht	10,1	0,3	—	44	—	0,15	0,05	1,5	—	20	220	11,0
Karpfen	7,5	3,9	—	67	600	0,20	0,05	—	1,0	41	115	1,5
Rheinsalm	13,6	7,9	—	129	285	0,20	0,20	7,0	9,0	24	255	1,0
Fischdauerwaren i. D.	14,3	10,5	0,5	158								
Geräucherter Fisch i. D.												
Aal	14,1	9,1	—	142	830	0,10	0,15	+	+	+	+	+
Bückling	13,2	22,4	0,2	263	2500	0,15	0,05	—	—	+	210	1,0
Seelachs	13,7	9,9	—	148	—	+	0,30	(2,9)	—	66	255	(1,5)
Salzhering	18,9	1,0	—	87		0,10	0,15					
Ölsardinen (ohne überschüssiges Öl)	13,7	11,4	0,9	166	+	+	0,30	3,0	—	111	340	20
	18,8	11,3	1,0	186	220	+	0,15	5,0	—	354	435	3,5
Stockfisch	55,5	1,8	—	244	+	0,10	0,45	11,0	—	(50)	890	3,5
Krabben und Muscheln	12,3	1,3	2,3	73	110	0,10	0,20	(1,5)	—	(96)	140	(7,0)
Eier												
Hühnerei	12,3	10,7	0,5	152	1140	0,10	0,30	0,1	+	54	210	2,5
Eiweiß	12,8	0,3	0,7	58	—	+	0,25	(0,1)	+	6	15	+
Eigelb	16,1	31,7	0,3	362	3210	0,25	0,35	+	+	147	585	7,0
Hühnerei, Stückw. (57 g), i. D.	7,0	6,1	0,3	87	650	0,05	0,15	+	+	31	120	1,5

621. Verbrennungswärme der wichtigsten Nahrungsmittel

Milch und Milcherzeugnisse												
Vollmilch (3 % Fettgehalt)	3,4	3,0	4,8	62	(160)	0,05	0,15	0,1	1,0	118	95	0,1
Magermilch	3,7	0,2	4,8	37	+	0,05	0,20	0,1	1,0	123	95	0,1
Buttermilch	3,7	0,7	3,7	37	+	0,05	0,20	0,1	1,0	(118)	95	0,1
Vollmilchpulver	25,2	26,8	37,0	504	1400	0,30	1,45	0,5	6,0	950	730	0,5
Magermilchpulver	33,5	1,6	50,0	357	(40)	0,35	1,95	1,0	7,0	1300	1030	0,5
Kondensierte Milch ohne Zucker	7,0	7,5	9,7	138	400	0,05	0,35	0,2	1,0	243	195	+
Schlagsahne (30 % Fettgehalt)	2,7	30,0	3,0	302	1440	+	0,10	+	1,0	78	60	—
Ziegenmilch	3,6	3,9	4,7	70	(160)	0,05	0,10	0,5	1,0	130	105	+
Schafmilch	5,4	6,1	4,7	98	—	—	—	—	3,5	207	125	—
Frauenmilch	1,3	3,8	6,8	69	350	0,05	0,05	0,5	6,0	35	20	0,5
Butter	0,9	80,0	0,9	751	3300	+	+	+	—	20	15	—
Käse i. D.	29,3	20,1	2,5	317								
Hartkäse, vollf. 45 % Fett i. T.	25,6	26,6	2,1	361	1390	+	0,40	+	—	885	865	1,0
Hartkäse, halbf. 20 % Fett i. T.	36,2	9,9	3,0	253	+	+	+	+	1,0	1200	400	1,0
Magerkäse, 10 % Fett i. T.	37,1	2,6	3,8	192	100	0,05	0,05	+	1,0	1200	400	1,0
Weichkäse	16,0	37,0	1,7	417	4000	0,05	0,50	1,0	+	96	190	—
Quark, frisch, aus abgerahmter Milch	17,2	1,2	4,0	98	(20)	+	0,30	(+)	—			0,5
Fette und Öle (tierische und pflanzliche)												
Lebertran	—	99,7	—	927	85000	.						
Margarine	0,5	78,0	0,4	729	(3300)	—	—	—	—	1	10	+
Rindertalg	0,5	99,2	—	925	—	—	—	—	—			+
Schweineschmalz	0,3	99,4	—	926	+	+	+	+	+	+	+	+
Speiseöl	—	99,5	—	925	—	—	—	—	—			
Pflanzenfett, Palmin und dgl.	—	99,8	—	928	—	—	—	—	—			

6. Kalorische Daten

Der genießbare Teil von 100 g Rohware enthält

Nahrungsmittel	Eiweiß g	Fett g	Kohlen-hydrate g	Kalorien kcal	Vitamine A IE	B₁ mg	B₂ mg	Nicotin-säure mg	C mg	Mineralstoffe Calcium mg	Phos-phor mg	Eisen mg
Getreideerzeugnisse					*Pflanzliche Nahrungsmittel*							
Ganzes Korn												
Roggen	9,7	1,7	67,1	331	—	0,45	0,20	1,5	—	(38)	376	3,5
Weizen	11,7	1,8	65,2	332	—	0,50	0,10	4,5	—	46	355	3,5
Hafer	10,1	6,0	56,3	328	—	0,50	0,25	1,5	—	80	365	5,0
Gerste	6,8	1,3	46,8	232	—	0,50	0,30	3,0	—	45	280	2,0
Geschältes Korn												
Reis, Kochreis poliert	6,9	0,5	79,4	358	—	0,20	0,05	4,0	—	24	135	1,0
Gerstengraupen	10,8	1,0	73,1	353	—	0,10	0,10	3,0	—	16	190	(2,0)
Hafermehl (Flocken)	13,8	6,5	67,2	393	—	0,80	0,20	2,0	—	160	350	4,0
Weizengrieß	9,4	1,0	74,6	354	—	0,35	0,10	4,0	—	36	340	3,0
Hafergrütze	13,4	5,9	67,0	385	—	0,60	0,15	1,0	—	53	405	4,5
Mehl												
Roggenmehl i. D. einschl. Backschrot	8,0	1,4	73,4	347	—	0,30	0,10	2,5	—	(27)	260	2,5
Roggenmehl i. D. ohne Backschrot	7,5	1,2	74,9	349	—	(0,10)	(0,20)	(1,0)	—	(13)		
Roggenmehl, Type 1150 (Ausmahlg. 0...80 %)	8,0	1,4	63,2	305	—	0,15	0,05	0,5	—	22	185	1,0
Roggenbackschrot, Type 1800 (Ausmahlg. 0...94 %)	8,7	1,5	59,9	295	—	0,60	0,20	2,5	—	54	535	4,5
Weizenmehl i. D. einschl. Backschrot	11,3	1,7	65,2	329	—	0,05	0,05	1,0	—	16	85	1,0

621. Verbrennungswärme der wichtigsten Nahrungsmittel

								(0,10)	(0,15)	(3,0)	–	(23)	(+)	(+)
Weizenmehl i. D. ohne Backschrot	11,2	1,6	68,1	340	–	0,25	0,05	2,0	–	24	190	1,5
Weizenmehl, Typ 810 (Ausmahlg. 0...83%)	11,3	1,6	67,3	337	–	0,10	0,05	1,5	–	20	95	1,5
Weizenmehl, Type 550 (Ausmahlg. 0...78%)	11,1	1,5	68,8	342	–	0,25	0,10	1,5	–	27	170	2,0
Roggen- und Weizenmehl i. D. einschl. Backschrot	9,6	1,5	72,4	350	–	(0,10)	(0,15)	(2,0)	–	(18)		
Roggen- und Weizenmehl i. D. ohne Backschrot	9,1	1,4	73,3	351	–	0,30	0,10	4,5	25	25	90	4,0
Kartoffelstärkemehl	0,4	–	85,4	352	40	1,10	0,35	3,0	–	265	625	13,0
Sojamehl, entfettet	52,2	1,2	29,9	348	70	0,75	0,30	2,0	–	195	555	12,0
Sojamehl, Vollsojamehl	42,5	19,9	24,3	459	140							
Nährmittel i. D.[1]	9,2	1,9	74,9	362	45	0,30	0,10	2,5	–	56	235	2,5
Puddingpulver	5,1	1,7	80,4	366	160	0,05	0,15	+	+	117	90	+
Getreidekaffee i. D.	6,5	1,4	30,1	163						20	140	1,0
Brot und Backwaren												
Brot i. D.	7,4	1,0	50,5	246	–	0,20	0,10	2,0	–	65	160	1,5
Roggenvollkornbrot	7,4	1,1	50,4	247	–	0,30	0,15	3,5	–	50	220	2,5
Roggenbrot, Kommißbrot	6,6	1,0	51,7	248	–	0,15	0,05	1,0	–	20	95	1,0
Mischbrot (50% Roggen-, 50% Weizenmehl)	6,9	1,0	50,1	243	–	0,20	0,10	1,5	–	72	145	1,5
Weizenvollkornbrot	9,7	1,4	45,7	240	–	0,30	0,15	3,0	–	95	265	2,0
Weizenbrot, Brötchen (Mehltype 550)	8,2	1,2	48,6	244	–	0,05	0,10	1,0	–	55	95	0,5
Knäckebrot	10,3	0,8	79,9	377	–	(0,10)	(0,10)	(1,5)	–	(96)	(145)	(1,0)
Weizenkleingebäck, einfach	8,5	7,8	53,8	323	–	0,05	0,15	1,0	–	63	105	0,5
Weizenzwieback	10,4	3,6	76,8	391	–	0,25	0,20	3,0	–	55	95	0,5

[1] Durchschnitt aus Grieß, Grütze, Haferflocken, Graupen, Puddingpulver und Reis

6. Kalorische Daten

Nahrungsmittel	Der genießbare Teil von 100 g Rohware enthält											
	Eiweiß g	Fett g	Kohlenhydrate g	Kalorien kcal	Vitamine					Mineralstoffe		
					A IE	B_1 mg	B_2 mg	Nicotinsäure mg	C mg	Calcium mg	Phosphor mg	Eisen mg
Teigwaren												
Makkaroni, Nudeln u.a.	9,6	1,0	75,9	360	—	0,10	0,05	2,0	—	22	165	1,5
Eiernudeln	10,2	2,2	74,1	366	200	0,20	0,10	2,5	—	22	200	2,0
Zucker, Zuckerwaren, Honig												
Rübenzucker, Kochzucker	—	—	99,8	409	—	—	—	—	—	—	—	—
Speisesirup, Kunsthonig	9,5	—	64,5	303	—	—	+	+	—	46	15	4,0
Bonbons i. D.	0,6	0,1	94,3	390	—	—	—	—	—	—	—	—
Bienenhonig	0,4	—	81,0	334	—	+	0,05	+	4,0	5	15	1,0
Kartoffeln												
mit Schalen, gekocht	1,8	0,2	18,6	86	20	0,10	0,05	1,0	14,0	10	55	0,5
ohne Schalen, gekocht	2,0	0,2	20,9	96	20	0,10	0,05	1,5	17,0	15	65	1,0
Hülsenfrüchte i. D.												
Linsen	24,7	1,9	52,2	333	260	0,75	0,25	2,5	2,0	120	460	6,5
Erbsen, gelbe geschält	26,0	1,9	52,8	341	570	0,55	0,25	2,0	5,0	59	425	7,5
Bohnen, weiße	26,0	2,0	57,0	359	370	0,75	0,30	3,0	2,0	57	390	4,5
	23,7	2,0	56,1	346	—	0,55	0,20	2,5	2,0	163	435	7,0
Sojabohnen	33,7	19,2	27,1	428	110	1,05	0,30	2,5	+	227	585	8,0
Hefe, frisch, gepreßt	16,2	1,3	5,5	101	—	0,45	2,05	28,0	—	25	605	5,0
Gemüse i. D.												
Blumenkohl	1,3	0,2	3,8	23	90	0,10	0,10	0,5	70,0	22	70	1,0
Endiviensalat	1,6	0,2	2,9	20	3000	0,05	0,10	0,5	11,0	79	55	1,5
Erbsen	1,3	0,1	1,5	12	680	0,35	0,15	2,5	26,0	57	120	2,0
Feldsalat	2,6	0,2	5,0	33	5000	0,10	0,10	+	20,0	22	50	22,0
Gelbe Rüben, große Mohrrübe	1,7	0,3	2,2	19	12000	0,05	0,05	0,5		24	35	1,0
	0,9	0,2	6,7	33						39		

621. Verbrennungswärme der wichtigsten Nahrungsmittel

Grüne Bohnen	2,5	0,2	6,0	37	630	0,10	0,10	0,5	19,0	65	45	1,0
Grünkohl	2,2	0,4	4,6	32	7540	0,10	0,25	2,0	115,0	225	60	2,0
Gurken, ungeschält	0,6	0,2	1,0	8	+	0,05	0,05	+	8,0	10	20	0,5
Kohlrabi, Oberkohlrabi	1,7	0,1	4,1	25	+	0,05	0,05	+	61,0	46	50	0,5
Kohlrübe	1,0	0,1	5,3	27	+	0,05	0,05	+	28,0	40	35	0,5
Kopfsalat	0,9	0,2	1,2	10	540	0,05	0,10	(0,5)	8,0	22	25	0,5
Kürbis	0,8	0,1	4,5	23	(3400)	(0,05)	(0,10)	—	8,0	21	45	1,0
Lauch, Porree	1,9	0,2	4,3	27	3000	0,10	+	—	25,0	116	25	3,5
Meerrettich	2,2	0,3	12,7	64	+	+	+	1,5	100,0	97	55	22,5
Petersilie	3,5	0,7	7,0	50	8230	0,10	0,30	0,5	193,0	193	85	4,5
Radieschen	0,8	0,7	2,4	14	30	0,05	+	+	24,0	37	30	1,0
Rettich	1,4	0,1	6,1	32	30	0,05	0,05	0,5	24,0	37	30	1,0
Rosenkohl	4,7	0,5	5,9	47	50	0,10	0,10	0,5	68,0	26	50	1,0
Rote Rüben, Rote Beete	1,0	0,1	5,4	27	20	+	0,05	+	10,0	27	45	1,0
Rotkohl	1,3	0,2	3,8	23	16	0,10	0,05	0,5	40,0	29	25	18,5
Schnittlauch	3,9	0,9	9,1	62	500	0,10	0,10	1,5	70,0	146	65	11,0
Schwarzwurzeln	0,6	0,3	8,4	40					5,0	33	105	14,0
Sellerie	0,9	0,2	5,4	28	(+)	0,05	0,05	0,5	7,0	50	40	0,5
Spargel	1,3	0,1	1,6	13	1000	0,15	0,20	1,5	33,0	21	60	1,0
Spinat	1,8	0,2	1,4	15	9420	0,10	0,20	0,5	59,0	81	55	3,0
Tomaten	0,9	0,2	3,4	19	1100	0,05	0,05	0,5	23,0	11	25	0,5
Weißkohl	1,2	0,2	3,2	20	70	0,05	0,05	0,2	41,0	39	30	0,5
Wirsing	1,9	0,4	3,6	26	80	0,05	0,05	0,5	50,0	46	30	0,5
Zwiebeln	1,2	0,1	8,9	42	50	0,05	0,05	+	29,0	32	45	0,5
Gemüsesauerwaren												
Gemüsekonserven i. D.	1,8	0,2	4,7	29	330	0,05	0,10	0,5	9,0	22	40	1,5
Essiggurken	0,4	0,1	1,3	8	310	+	0,05	+	6,0	25	20	1,0
Sauerkraut	1,4	0,3[1]	2,8	25	30	+	0,05	+	16,0	36	20	(0,5)
Pilze i. D.	3,0	0,2	3,0	27	+	0,10	0,20	5,0	5,0	9	90	5,0
Champignons	2,6	0,1	1,9	19	+	0,10	0,20	6,0	10,0	3	35	4,5
Pfifferlinge	2,1	0,3	3,0	24	+				5,0	7	40	6,5
Steinpilze	4,3	0,3	4,1	37	+		+	65,0	2,5	27	110	8,5

[1] Außerdem 1,45 g Milchsäure.

6. Kalorische Daten

Nahrungsmittel	Der genießbare Teil von 100 g Rohware enthält											
	Eiweiß g	Fett g	Frucht-säure g	Kohlen-hydrate g	Kalorien kcal	Vitamine					Mineralstoffe		
						A IE	B_1 mg	B_2 mg	Nicotin-säure mg	C mg	Calcium mg	Phos-phor mg	Eisen mg
Obst und Südfrüchte													
Frischobst i. D.													
Äpfel	0,6	—	0,9	12,4	56	90	0,05	0,05	+	5,0[1]	6	10	0,5
Birnen	0,4	—	0,7	13,0	57	20	+	0,05	+	4,0	13	15	0,5
Aprikosen	0,4	—	0,3	13,0	56	2790	0,05	0,05	0,5	7,0	16	25	0,5
Kirschen, süß	0,9	—	1,2	10,5	51	620	0,05	0,05	0,5	8,0	18	20	0,5
Pfirsiche	0,8	—	0,7	15,3	68	880	+	0,05	1,0	8,0	8	20	0,5
Pflaumen	0,7	—	0,8	13,4	61	350	0,05	0,05	0,5	5,0	17	20	0,5
Brombeeren	0,8	—	0,9	15,9	72	200	0,05	0,05	0,5	21,0	32	30	1,0
Erdbeeren	1,1	—	0,9	8,6	43	60	0,05	0,05	0,5	60,0	28	25	1,0
Heidelbeeren	1,3	—	1,8	7,6	43	280	(+)	(+)	(0,5)	16,0	16	15	1,0
Himbeeren	0,8	—	0,9	12,1	56	130	+	(0,05)	(0,3)	24,0	40	35	1,0
Johannisbeeren, rot[2]	1,4	—	1,6	6,8	39	120	0,05	—	—	36,0	36	35	1,0
Preißelbeeren	1,3	—	2,4	7,4	44	40	(0,05)	(+)	+	12,0	14	10	0,5
Stachelbeeren	0,7	—	2,0	11,6	57	290	—	—	—	33,0	22	30	0,5
Weintrauben	0,9	—	1,9	8,6	45	80	0,05	0,05	+	4,0	17	20	0,5
Hagebutten	4,1	—	3,3	24,6	129	8000	+	+	+	(1000,0)	36	110	7,0
Südfrüchte i. D.													
Ananas	0,7	—	1,6	10,8	53	140	0,05	0,05	0,5	29,0	15	25	0,5
Apfelsinen, Orangen	0,3	—	0,4	8,8	39	130	0,10	+	+	24,0	16	10	0,5
Bananen	0,6	—	1,0	8,9	42	(190)	0,10	0,05	0,5	49,0	33	25	0,5
Feigen	1,1	—	0,3	20,1	88	430	0,05	0,05	0,5	10,0	8	30	0,5
Grapefruit (Pampelmusen)	1,4	—	—	17,5	77	80	0,05	0,05	0,5	2,0	54	30	0,5
Grapefruit (Pampelmusen)	0,6	—	4,1	3,4	30	+	0,05	+	+	40,0	22	20	+
Zitronen	0,5	—	3,5	5,5	37	+	0,05	+	+	50,0	40	20	0,5

621. Verbrennungswärme der wichtigsten Nahrungsmittel

Hartschalenobst i. D.	9,7	30,6	—	6,1	349	42	0,35	0,25	5,5	1,0	175	400	3,0
Haselnüsse	17,4	62,6	—	7,2	683	100	0,40	—	—	3,0	290	350	4,0
Mandeln	21,4	53,2	—	13,2	637	+	0,25	0,65	4,5	+	254	475	4,5
Walnüsse	11,2	39,0	—	8,7	443	30	0,50	0,15	1,0	3,0	83	380	2,0
Erdnüsse	27,5	44,5	—	15,7	591	+	0,30	0,15	16,0	+	74	395	2,0
Obstdauerwaren													
Getrocknetes Obst i. D.	1,9	0,9	1,6	60,3	269	1850	0,10	0,15	1,5	5,0	75	110	3,5
Äpfel	1,4	0,8	3,5	55,4	252	—	0,10	0,10	1,0	12,0	19	50	1,5
Aprikosen	3,8	0,4	2,5	53,9	249	7430	+	0,15	3,5	12,0	86	120	5,0
Birnen	2,2	0,7	1,0	58,9	260	45	0,05	0,15	—	—	30	165	5,5
Feigen	3,3	1,3	1,1	58,8	270	80	0,15	0,10	1,5	—	186	110	3,0
Korinthen[a]	2,8	1,3	1,1	77,3	344						38	410	7,0
Pflaumen	2,0	0,5	1,7	51,4	229	1890	0,10	0,15	1,5	3,0	54	85	4,0
Rosinen, Sultaninen	1,6	1,2	1,5	66,2	294	50	0,15	0,10	0,5	+	78	130	3,5
Obstkonserven i. D.	0,5	0,3	—	20,9	91	(500)	+	+	+	3,0	8	10	0,5
Apfelkompott	0,4	—	—	23,2	97	—	+	+	+	2,0	5	10	0,5
Marmelade i. D.	0,7	—	1,1	65,2	274	10	+	+	+	6,0	12	10	0,5
Kakao und Kakaoerzeugnisse													
Kakaopulver	18,0	14,0	—	51,0	413	(30)	0,10	0,40	2,5	—	125	710	11,5
Speiseschokolade	6,9	26,0	—	62,0	525	150	0,10	0,40	1,0	—	216	285	4,0
Pralinen i. D.	5,1	16,2	—	69,7	457	—	—	—	—	—	—	—	—

[1] Große Schwankungen von Sorte zu Sorte. [a] Johannisbeeren, schwarz 180 mg Vitamin C.

6. Kalorische Daten

Nahrungsmittel	Eiweiß g	Kohlenhydrate g[1]	Alkohol g	Extrakt g	Kalorien kcal	A IE	B_1 mg	B_2 mg	Nicotinsäure mg	C mg	Calcium mg	Phosphor mg	Eisen mg
Alkoholische Getränke													
Schankbier, dunkel	0,4	[2]	2,4	3,5	16	9	+			—	4	25	+
Schankbier, hell	0,5	[2]	3,6	4,3	20	—	+	0,05	+		4	25	+
Weißwein, deutsche Lage	—	0,1	7,6	2,3	8		+	+	0,05		10	15	0,5
Rotwein, deutsche Lage	—	0,1	8,5	2,6	9		0,05	0,05	0,15		10	10	
Süßwein i. D.	—	8,0	14,0	10,7	69						6		0,5
Obstwein i. D.	—	2,8	6,8	5,0	28		+			+	9		1,5
Schaumwein i. D.	—	5,9	9,8	7,8	51						+		4,0
Branntwein i. D.	—	—	31,4	—	—	—	—	—	—	—	—	—	—
Alkoholfreie Getränke				Fruchtsäure									
Himbeersaft (gezuckert)	0,2	68,9		0,7	285	100	0,05	—	—	25	20	10	—
Zitronensaft	0,4	3,0		6,7	36	—	0,05	+	0,10	50	14	10	+
Johannisbeersaft (rot)[3]	0,3	8,7		2,1	44		+	+	+	36			
Apfelsaft	0,3	15,0		1,0	66	40	+	0,05	(0,20)	1	6	10	0
Traubensaft	0,7	19,9		1,0	88	—	0,05	0,05		+	10	10	0,5

[1] Bei Wein und Branntwein geben die Zahlen den Zuckergehalt an. [2] Kohlenhydrate sind im Extrakt enthalten. [3] Schwarzer Johannisbeermost 75 mg Vitamin C.

6211. Brennstoffe

Nach HORST BRÜCKNER, Karlsruhe

62111. Zusammensetzung und Einteilung fester Brennstoffe

Durchschnittliche Zusammensetzung der festen Brennstoffe
(bezogen auf asche- und wasserfreie Substanz)

Brennstoff	C %	H %	O %	N %	S %	Flüchtige Bestandteile %	Heizwert kcal/kg
Holz	48...52	5,8...6,2	43...45	0,05...0,1	—	70...78	4500...4800
Torf							
Fasertorf	49...52	5...6	40...45	1	0,1...1	55...60	5000...5400
Modertorf	52...58	6...7	32...40	2...3	0,1...1	50...55	5200...5600
Lebertorf	57...60	6...8	28...35	3...4	0,1...1	45...50	5500...5800
Braunkohle							
Erdige Braunkohle	65...70	5...8	18...30	0,5...1,5	0,5...3	45...60	6200...6400
Lignit	65...70	5...6	25...30	0,5...1,5	0,5...3	35...50	6200...6700
Pechkohle	73...76	5,5...7	12...18	1...2	0,5...3	40...45	7000...7600
Steinkohle							
Flammkohle	75...80	4,5...5,8	15...20	1...1,5	0,5...1,5	40...55	7600...7800
Gasflammkohle	80...85	5,0...5,8	10...15	1...1,5	0,5...1,5	35...45	7800...8300
Gaskohle	82...86	5...5,5	8...12	1...1,5	0,5...1,5	30...38	8300...8600
Kokskohle	85...88	4,5...5,5	6...10	1...1,5	0,5...1,5	18...32	8600...8700
Eßkohle	87...90	3,5...5,0	4...6	1...1,5	0,5...1,5	12...18	8600...8700
Magerkohle	90...94	3...4,5	3...4	1	0,5...1	8...12	8700
Anthrazit	94...97	1...2,5	1...2	0,5...1	0,5	1...5	8700...8750

Gehalt von festen Brennstoffen an Asche, Wasser
und flüchtigen Bestandteilen

	Asche %	Wasser %	Flüchtige Bestandteile (ohne Wasser) %
Holz, frisch	0,3	40...50	38...45
Holz, lufttrocken	0,5	10...15	72...76
Holz, Stubben	0,5	10...12	80
Holzkohle	2...3	3...6	12...18
Torf, frisch	0,2...0,5	84...90	5...8
Torf, abgepreßt	0,2...0,5	75...80	10...12
Torf, lufttrocken	1...5	18...25	45...55
Torfkoks	3...6	4...7	7...10
Braunkohle, frisch	3...10	45...55	25...28
Braunkohle, lufttrocken	5...10	15...25	42...48
Braunkohlenbriketts	5...10	12...18	45...50
Braunkohlenstaub	5...10	10...12	45...50
Böhmische Braunkohle, frisch	3...5	25...30	35...40
Grudekoks	15...25	5...10	12...15
Steinkohle	5...15	2...6	} s. oben
Steinkohle, gewaschene Feinkohle	3...6	8...12	
Steinkohlenkoks	6...10	0...5	0,5...3

6. Kalorische Daten

Petrographische Einteilung der Steinkohlen

Bezeichnung		Kennzeichen	Verkokungsverhalten
Glanzkohle	Vitrit	ebener, kantiger oder muscheliger Bruch, geringe Härte	zumeist gut verkokungsfähig
Mattkohle	Clarit	mattes Aussehen, derber, unregelmäßiger Bruch	wenig verkokungsfähig
	Durit		
Übergangsstufen	Halbfusit	mikroskopisch als Einschlüsse und Einlagerungen erkennbar	wenig verkokungsfähig
	Opakmasse		
	Harzeinschlüsse		gut verkokungsfähig
	Sporen		
Faserkohle	Fusit	holzkohleähnliche, weiche Beschaffenheit	bleibt in seiner Beschaffenheit unverändert
Mineralbestandteile	Brandschiefer	>20 % Mineralbestandteile	—
	Berge	Gestein	

Einteilung der Steinkohlen gemäß dem Verkokungsverhalten

Bezeichnung der Kohlen gemäß dem Verkokungsverhalten	Bezeichnung der Kohlen im Handel	Koksbeschaffenheit
Backkohle	Kokskohle, Gaskohle	geschmolzen, gebläht, fest
Backende Sinterkohle	Eßkohle, Gasflammkohle	geschmolzen bis gesintert, zuweilen etwas gebläht, weich
Sinterkohle	Gasflammkohle	gesintert, nicht gebläht, sehr weich
Gesinterte Sandkohle	Magerkohle, Flammkohle	schwach gesintert, pulverig
Sandkohle	Flammkohle, Anthrazit	pulverig

Einteilung und durchschnittliche Zusammensetzung von Koksen
(Auf wasserfreien Zustand bezogen)

Art des Kokses	C %	H %	O+N %	S %	Aschegehalt %
Kammerofenkoks	86...90	0,3...0,4	1,4...1,9	0,5...0,8	6...10
Retortenkoks	84...88	0,3...0,4	1,4...1,9	0,5...0,8	6...10
Hochofenkoks	86...90	0,3...0,4	1,4...1,9	0,5...0,8	6...10
Gießereikoks	88...91	0,25...0,35	0,8...1,6	0,5...0,8	6...10
Torfkoks	88...91	2,0...2,3	6,5...7,2	0,2...0,3	3...6
Holzkohle, weich	68...72	4,5...5	22...26	—	2...3
Holzkohle, hart	80...82	3,5...4	14...16	—	2...3
Meilerkohle	86...90	2,7...3	7...10	—	2...3
Braunkohlenschwelkoks	70...76	3...3,5	8...12	0,5...1,5	10...25
Steinkohlenschwelkoks	80...85	2,5...3	5...6	0,5...1,0	6...10
Mitteltemperaturkoks	82...88	1...2	2...3	0,5...1,0	6...10

62112. Flüssige Brennstoffe

Brennstoff	Dichte	Zusammensetzung		Heizwert	
		C Gew.%	H Gew.%	H_o kcal/kg	H_u kcal/kg
Kraftsprit	0,80...0,81	52	13	7140	6440
Flugbenzin	0,70...0,74	84,5...85,5	14,5...15,0	11200...11500	10000...10300
Motorenbenzin	0,72...0,75	84,5...85,5	14,5...15,0	10800...11500	9800...10500
Motorenbenzin mit 10% Alkoholzusatz	0,74...0,76	81...82	14,5...15	10800...11000	10000...10200
Motorenbenzol	0,86...0,88	90...92	8,2...8,4	10000...10200	9550...9750
Petroleum	0,80...0,82	85...86	14...15	10000...10500	9500...10000
Gasöl	0,84...0,86	86...87	13...14	10600...10900	10100...10400
Dieselöl	0,85...0,88	86...88	12...13	10600...10800	9800...10100
Braunkohlenteeröl für Dieselmotoren	0,86...0,90	86...88	8...10	10400...10600	9700...9900
Steinkohlenteeröl für Dieselmotoren	0,95...0,97	86...88	9...10	9200...9500	8700...9200
Steinkohlenteer-Heizöl	1,04...1,08	88...90	7...8	9300...9500	9000...9300
Crude oil California	0,917	84,00	12,70	10500	9830
Mexiko	0,975	83,70	10,20	10420	9900
Oklahoma	0,869	85,70	13,10	10835	10150
Pennsylvania	0,813	86,00	13,90	10835	10100

62113. Gasförmige Brennstoffe[1]

Gruppe	Gewinnung	Art	Unterarten	Heizwert kcal/Nm³	Sonstiges
Erdgase	Entstehung ohne technische Einwirkung	—	Trockenes Erdgas	7000...9000	Enthält an Kohlenwasserstoffen im wesentlichen nur Methan
			Nasses Erdgas	7000...10 500	Enthält neben Methan erhebliche Mengen Äthan, Propan, Butan (Flüssiggas) und höhere Kohlenwasserstoffe (Gasolin)
Gase aus festen Brennstoffen	Entgasung	Schwelgase	Holz-, Torf-, Braunkohlen-, Steinkohlen-, Ölschieferschwelgas	3000...10000	Werden aus festen Brennstoffen durch Erhitzen unter Luftabschluß unterhalb Rotglut (500...600°) erhalten
		Destillationsgase	Torf-, Braunkohlen-, Steinkohlengas (Kokereigas)	3500...5500	Entstehen auf festen Brennstoffen oberhalb Rotglut
	Vergasung	mit Luft (Schwachgase)	Gichtgas	700...900	Entweicht aus der Gicht des Hochofens und besteht aus Kohlensäure, Kohlenoxid und Stickstoff
			Mondgas	800...1500	Wurde früher durch Vergasung jüngerer Kohlen mit Luft in Gegenwart von überschüssigem überhitztem Wasserdampf bei möglichst niedriger Temperatur zwecks erhöhter Ammoniakgewinnung erzeugt
			Generatorgas	800...1500	Entsteht bei der Vergasung fester Brennstoffe mit Luft, zumeist bei gleichzeitiger Dampfzugabe

	mit Wasserdampf (Wassergase)	Kokswassergas	2500...2900	Wird erzeugt durch Einblasen von Dampf in hocherhitzten Koks. Das Aufheizen des Brennstoffs erfolgt zumeist regenerativ (Blasen), in neuester Zeit auch rekuperativ
		Karburiertes Wassergas	3000...4500	Entsteht entweder durch Vergasung von Stein- oder Braunkohle mit Wasserdampf (Kohlenwassergas), so daß ein Gemisch von Schwelgas und Wassergas gebildet wird oder durch das Vermischen von Wassergas mit den Krackgasen von Ölen oder Teeren, die entweder mit dem Wasserdampf zusammen oder nach der Wassergasbildung in einem Karburator eingespritzt und in diesem zersetzt werden
Vergasung mit Sauerstoff	Kohlenoxid	—	3000...4500	Durch Vergasen von Koks mit Sauerstoff wird technisch reines (98 %iges) Kohlenoxid, von Kohle mit Sauerstoff-Wasserdampf-Gemisch Synthesegas (Kohlenoxid-Wasserstoff-Gemisch) oder unter Druck (Lurgi-Verfahren) ein stadtgasähnliches Gas erhalten
Sonstige Gase	—	Destillationsgase	12000...18000	Werden bei der Destillation von Teeren und Ölen abgespalten
	Destillations- und Krackgase	Krackgase	15000...20000	Krackgase entstehen als Nebenerzeugnis bei der thermischen Zersetzung von höhermolekularen Kohlenwasserstoffen (Krackung) zu Benzin
	Spaltgase	Ölgas	8000...11000	Wird erzeugt durch Zersetzung von Gasöl oder Urteer im Regenerativ- oder Rekuperativverfahren bei etwa 700...800°

[1] Erweiterte Fassung des Normblattes DIN 1340.

6. Kalorische Daten

Gruppe	Gewinnung	Art	Unterarten	Heizwert kcal/Nm³	Sonstiges
Flüssiggase	Aus nassem Erdgas, aus Destillations- und Krackgasen, aus Koksofengasen, oder Nebenerzeugnis bei Synthesen flüssiger Brennstoffe	—	Gasol	13000...18000	Besteht je etwa zur Hälfte aus gesättigten und ungesättigten Kohlenwasserstoffen, die bei nur mäßig erhöhtem Druck verflüssigt und in Leichtmetallflaschen aufbewahrt werden
			Propan und Butan	22000...28000	Werden bei nur wenig erhöhtem Druck verflüssigt und dienen als Heizgas oder zum Betrieb von Kraftfahrzeugen
Gase aus flüssigen Brennstoffen	Durch Verdampfung	Kaltluftgase	Benzin-Luftgas, Benzol-Luftgas	2000...3500	Werden erhalten durch Beladen von Luft mit Benzin oder Benzoldämpfen bis oberhalb der oberen Explosionsgrenze
Sonstige Gase	Verschiedene Verfahren	Methan	Methan rein	9500	Fällt bei der Tiefkühlung von Steinkohlengas an
			Klärgas	3000...7000	Bei der biologischen Abwasserklärung wird Methan gebildet, das zunächst durch Schwefelwasserstoff und Kohlendioxid verunreinigt ist
		Acetylen	—	14000	Wird gebildet durch Zersetzung von Calciumcarbid mit Wasser oder durch kurzzeitiges Erhitzen von Kohlenwasserstoffen (Methan)
		Wasserstoff	—	3000	Wird erhalten durch Tiefkühlung von Steinkohlengas, durch Konvertierung des Kohlenoxids in Kohlenoxid-Wasserstoffgemischen mit Wasserdampf, durch thermische Zersetzung von Kohlenwasserstoffen (Methan) unter Kohlenstoffausscheidung, durch Behandeln von reduziertem Eisen bei Rotglut mit überhitztem Wasserdampf (als Regenerativverfahren) und durch Elektrolyse

Mittlere Zusammensetzung und Heizwert gasförmiger Brennstoffe

Gasart	CO_2 %	sKW %	CO %	H_2 %	CH_4 %	N_2 %	Dichte- verhältnis (Luft=1)	Oberer Heizwert kcal/Nm³	Unterer Heizwert kcal/Nm³
Steinkohlengas	2...3	3...4	7...10	48...52	27...30	2...5	0,40...0,42	5400...5600	4800...5000
Kokereigas	2...3	2...2,5	6...8	52...57	24...27	8...12	0,40...0,44	4600...4800	4100...4300
Steinkohlenschwelgas	7...10	7...10	6...9	8...12	55...60	2...4	0,7 ...0,9	7000...8000	6000...7000
Braunkohlenschwelgas	35...45	4...6	4...7	30...35	18...25	2...4	0,8 ...1,0	3000...3600	2600...3200
Normengas vor 1914	2,5...3	3...3,5	15...18	50...52	25...27	3...5	0,43...0,45	5000...5100	4500...4600
Stadtgas (Normengas)	3...4	2...3	8...20	50...57	16...25	3...5	0,45...0,50	4200...4600	3700...4100
Generatorgas	4...7	—	26...30	10...12	0...0,3	52...56	0,85...0,90	1200...1300	1150...1250
Gichtgas	7...8	—	18...25	2...3	—	60...62	0,95...1,0	950...1000	9400...9800
Braunkohlengeneratorgas	6...8	1...2	25...27	12...16	1...3	45...50	0,75...0,85	1400...1600	1300...1500
Wassergas	4...7	—	36...40	46...50	0...0,5	4...7	0,52...0,58	2600...2800	2350...2550
Steinkohlenwassergas	4...6	0,2...0,5	32...35	45...48	5...8	5...8	0,52...0,56	3000...3400	2700...3000
Ölkarburiertes Wassergas	4...6	3...6	30...35	42...48	5...10	3...6	0,55...0,60	3500...4500	3300...4000

Mittlere Zusammensetzung von Stadtgas nach Volumen und Gewicht[1]

Gasanteil	Vol.-%	Gew.%	1 Nm³ Gas enthält g
CO_2	4,0	13,5	79,1
sKW	2,0	6,5	38,3
CO	20,0	42,6	250,0
H_2	53,0	8,1	47,6
CH_4	17,0	20,8	121,9
N_2	4,0	8,5	50,0
	100,0	100,0	586,9

[1] $H_o = 4300$ kcal/Nm³, $H_u = 384$ kcal/nm³, Dichteverhältnis 0,45.

62114. Heizwert der festen, flüssigen und gasförmigen Brennstoffe[1]

Feste Brennstoffe

Der obere Heizwert (H_o) (Verbrennungswärme) eines Stoffes ist die Wärmemenge, die bei der vollkommenen Verbrennung einer Einheit (kmol, kg oder Nm³) des Stoffes frei wird, wenn die Verbrennungsprodukte auf die Ausgangstemperatur zurückgekühlt werden und das gebildete Wasser sich in flüssigem Zustand befindet.

Der untere Heizwert (H_u), oft einfach als Heizwert bezeichnet, ist gegenüber dem oberen Heizwert, um die Verdampfungswärme des gebildeten Wassers niedriger (Verdampfungswärme bei 0° C 597, bei 20° 585 und bei 100° 539 kcal/kg).

Ein Unterschied zwischen oberem und unterem Heizwert besteht daher nur bei Wasserstoff enthaltenden Stoffen; er beträgt bei technischen Gasen im allgemeinen 5...15% des oberen Heizwertes.

Der obere bzw. untere Heizwert von Gasgemischen setzt sich additiv aus den Heizwerten der Einzelgase zusammen.

Bei wärmetechnischen Rechnungen ist je nach der Art des Verlaufs der Verbrennung (Abkühlung der Abgase) der obere oder der untere Heizwert einzusetzen. Zumeist befindet sich in den Verbrennungsgasen das Wasser im dampfförmigen Zustand, so daß nur der untere Heizwert ausgenützt wird.

Für die Umrechnung der in den Tabellen angegebenen Heizwerte bei konstantem Druck (H_p) auf Heizwerte bei konstantem Volumen (H_v) gilt je Mol die Beziehung:

$$H_v - H_p = n \cdot R \cdot T = 1{,}986 \cdot n \cdot T,$$

darin bedeuten T die absolute Temperatur und n die Zahl, wieviel Mole nach Ablauf der Verbrennung mehr vorhanden sind als vor der Verbrennung.

Heizwert verschiedener Kohlenstoffarten

Kohlenstoffart	Dichte	Heizwert kcal/kg
Diamant[1]	3,514	7873
α-Graphit[1]	2,258 ± 0,002	7832
β-Graphit[1]	2,220 ± 0,002	7856
Glanzkohle[1]	2,07	8051
Glanzkohle[1]	2,00	8071
Glanzkohle[1]	1,86	8148
Kokskohlenstoff	—	8080
Hochtemperaturkoks (auf asche- und wasserfrei Substanz ber.)	—	7950

[1] Nach ROTH: Z. angew. Chem. 41, 277 (1928).

Heizwerte flüssiger Brennstoffe

Stoff	Heizwert H_o kcal/kg	Heizwert H_u kcal/kg	Stoff	Heizwert H_o kcal/kg	Heizwert H_u kcal/kg
Äthylalkohol 95%ig	7140	6440	Masut	10400...10700	9900...10200
Benzin	6710	5985	Motorenbenzol	~10500	10100
Benzol	10500...11500	9980...10700	Methanol	5365	4665
Braunkohlen-	10025	9615	Naphthalin	9600	9260
teeröl	~10000	~9500	Paraffinöl	10400...11000	9800...10500
Erdöl	10000...10500	9500...10000	Petroleum	10000...11000	9500...10500
Gasöl	10600...10900	10100...10400	Solaröl	~10600	~10000
Gelböl	9950...10250	9450...9750	Steinkohlen-	8100...8800	7800...8400
Heizöl	10100...10400	9600...9900	teer		
Hexan	11550	10670	Steinkohlen-	9300...9600	9000...9300
Kreosotöl	~9000	~8600	teeröl		

Heizwerte von Brenngasen (DIN 1872)

Gas	Molekulargewicht M	Molvolumen bei 0° und 760 Torr $\frac{Nm^3}{kmol}$	Heizwerte H_o $\frac{kcal}{kmol}$	H_u $\frac{kcal}{kmol}$	H_o $\frac{kcal}{kg}$	H_u $\frac{kcal}{kg}$	H_o $\frac{kcal}{Nm^3}$	H_u $\frac{kcal}{Nm^3}$
Wasserstoff	2,0156	22,43	68350	57590	33910	28570	3050	2570
Methan	16,03	22,36	212800	191290	13280	11930	9520	8550
Äthan	30,05	22,16	372800	340530	12410	11330	16820	15370
Äthylen	28,05	22,24	340000	318490	12130	11360	15290	14320
Acetylen	26,02	22,22	313000	302240	12030	11620	14090	13600
Propan	44,06	21,82	530600	487580	12040	11070	24320	22350
Propylen	42,05	21,96	495000	462730	11770	11000	22540	21070
Butan	58,08	21,49	687900	634120	11840	10920	‹32010	29510
Isobutan	58,08	21,77	686300	632520	11820	10890	31530	29050
Butylen	56,06	(22,4)	652000	608980	11630	10860	(29110)	(27190)
Benzoldampf	78,05	(22,4)	791000	758730	10130	9720	(35310)	(33870)
Methylchlorid	50,48	21,88	170000	153870	3370	3050	7770	7030
Kohlenoxid	28,00	22,40	67700	67700	2420	2420	3020	3020
Ammoniak	17,031	22,08	91000	74870	5340	4400	4120	3390
Schwefelwasserstoff bei Verbrennung zu SO_2	34,08	22,14	136000	125240	3990	3680	6140	5660
Bei Verbrennung zu SO_3	34,08	22,14	159500	148740	4680	4360	7200	6720

622. Bildungsenthalpie und -entropie bei metallischen Lösungsphasen[1]

Es sind die integralen Größen ΔH_B (Änderung der Enthalpie) und ΔS_B (Änderung der Entropie) bei der Vermischung bzw. Legierung von x_i und $(1-x_i)$ g Atomen zweier Metalle angegeben. (Es ist also stets auf insgesamt $6{,}024 \cdot 10^{23}$ Atomen bezogen.)

6221. Metallegierungen

Atom-% des zuerst aufgeführten Metalles	Ag–Au f. 500° C		Ag–Au fl. 1080° C	Ag–Cu fl.1150°C	Al–Fe f. 300° C		Al–Mg f. 25° C	Al–Mg fl.800°C	Au–Cu α-Phase ungeordnet f. 600° C	Au–Cu Cu II-Phase fl. 390° C	Al–Si fl.1450°C	Al–Zn f. 380° C		Al–Zn fl.[2]
	ΔH_B kJ/gAt	ΔS_B J/gAtgrd	ΔH_B kJ/gAt	ΔH_B kJ/g-At.	Phase	ΔH_B kJ/gAt	ΔH_B kJ/gAt	ΔH_B kJ/gAt	ΔH_B kJ/gAt	ΔH_B kJ/gAt	ΔH_B kJ/gAt	ΔH_B kJ/gAt	ΔS_B J/gAtgrd	ΔH_B kJ/gAt
10	−1,56	2,18	−1,8	1,39	α	−6,05			−1,9		−1,2			0,66
20	−2,82	3,24	−3,15	2,42	α	−11,7		−2,55			−2,15			1,18
30	−3,78	3,87	−4,2	3,15	α	−17,3		−3,35	−5,0		−2,8			1,54
40	−4,40	4,21	−4,8	3,65	α	−22,0	(−3,58)	−3,8	−5,28	−6,66	−3,2	3,0	5,85	1,76
50	−4,66	4,32	−5,05	3,82	α	−26,0	−2,57	−4,0	−5,10	−6,89	−3,35	3,4	6,65	1,83
60	−4,55	4,21	−5,0	3,78	α+ζ		−1,56	−3,8	−4,42		−3,25	3,7	7,2	1,76
70	−4,05	3,87	−4,5	3,45	η	−28,7		−3,35	−3,55		−2,8	4,0	7,4	1,54
80	−3,14	3,24	−3,5	2,81				−2,55	−2,45		−2,15	4,05	7,3	1,18
90	−1,80	2,18	−2,05	1,78			−0,3		−1,25		−1,2	3,3	5,3	0,66

[1] Nach Landolt-Börnstein, 6. Aufl., Bd.II/4, Beitrag KUBASCHEWSKI. [2] Bildung aus den flüssigen Metallen

622. Bildungsenthalpie und -entropie usw.

	Bi—Cd		Bi—Sn		Cd—In		Cd—Pb		Cd—Sn		Cd—Tl	Cd—Zn	Cr—Ni	
	f. 460° C		fl. 330° C		fl. 500° C		fl. 500° C		fl. 500° C		fl.450°C	fl.	f. 1000° C	
	ΔH_B kJ/gAt	ΔS_B J/gAtgrd	ΔH_B kJ/gAt	ΔS_B J/gAtgrd	ΔH_B kJ/gAt	ΔS_B J/gAtgrd	ΔH_B kJ/gAt	ΔS_B J/gAtgrd	ΔH_B kJ/gAt	ΔS_B J/gAtgrd	ΔH_B kJ/gAt	ΔH_B kJ/gAt	ΔH_B kJ/gAt	ΔS_B J/gAtgrd
10	0,23	2,8	0,04	2,51	0,46	2,8	0,84	2,51	0,63	3,12	0,71	0,82	—0,65	2,7
20	0,45	4,6	0,06	3,89	0,83	4,3	1,51	4,35	1,18	4,95	1,26	1,40	—0,80	4,05
30	0,60	5,75	0,08	4,78	1,12	5,35	2,05	5,45	1,56	6,06	1,69	1,82	—0,86	4,8
40	0,71	6,65	0,09	5,28	1,31	6,0	2,42	6,12	1,84	6,86	2,05	2,05	—0,59	4,95
50	0,80	7,0	0,10	5,50	1,42	6,2	2,68	6,54	1,99	7,12	2,22	2,10		
60	0,87	7,1	0,09	5,32	1,38	6,05	2,68	6,41	1,97	6,95	2,28	1,99		
70	0,88	6,35	0,08	4,86	1,21	5,4	2,34	5,78	1,82	6,41	2,12	1,76		
80	0,82	5,25	0,06	4,06	0,96	4,4	1,84	4,48	1,46	5,24	1,74	1,33		
90	0,60	3,45	0,04	2,60	0,59	2,9	1,09	2,80	0,88	3,40	1,10	0,75		

	Cu—Pb	Cu—Ni	Hg—Na		Mg—Zn	Pb—Sb		Pb—Sn			Sb—Zn		Sn—Zn	
	fl.	f. 675° C	f. 25° C	fl.	fl. 800° C	fl.	650° C	f. 183° C	fl.350° C		fl. 640° C		fl. 440° C	
	ΔH_B kJ/gAt	ΔH_B kJ/gAt	ΔH_B kJ/gAt	ΔS_B J/gAtgrd	ΔH_B kJ/gAt	ΔH_B kJ/gAt	ΔS_B J/gAtgrd	ΔH_B kJ/gAt	ΔS_B J/gAtgrd	ΔH_B kJ/gAt	ΔH_B kJ/gAt	ΔS_B J/gAtgrd	ΔH_B kJ/gAt	ΔS_B J/gAtgrd
10	2,51	0,95		—3,8		—0,17	2,85			0,50	+0,33	3,64	1,72	3,75
20	4,59	1,5		—7,75		—0,24	4,36			0,88	—0,12	5,57	2,62	6,82
30	6,16	1,75		—11,9	—4,0	—0,30	5,37			1,16	—1,42	6,50	3,15	7,12
40	7,26	1,85	—19,3	—15,1	—5,0	—0,31	6,00			1,30	—2,47	6,40	3,41	7,82
50	7,85	1,9	—21,5	—17,0	—5,65	—0,28	6,08			1,38	—2,74	6,55	3,32	7,88
60	7,85	1,75		—17,5	—6,15	—0,23	5,95			1,34	—2,05	6,75	2,96	7,42
70	7,25	1,45	—16,7		—5,5	—0,19	5,36	2,7	6,8	1,17	—1,15	6,82	2,43	7,42
80	6,00	1,05		—14,0	—4,7	—0,08	4,45	2,2	5,85	0,92	—0,46	5,95	1,74	6,57
90	3,83	0,55		—8,68		—0,02	2,90	1,32	3,85	0,55	—0,12	4,1	0,92	5,24

6222. Lösungsenthalpie bei unendlicher Verdünnung

(ΔH_i Änderung der Enthalpie bei der Auflösung von 1g-Atom des gelösten Metalles in einer (theoretisch) unendlich großen Menge des metallischen Lösungsmittels.)

Lösungsmittel	Gelöstes Metall	°C	ΔH_i kJ/g-Atom
Bi, flüssig	Ag, fest	450	+24,0
Bi, flüssig	Au, fest	450	+14,8
Cd, flüssig	Ag, fest	450	−12,8
Cd, flüssig	Au, fest	450	−48,4
Cd, flüssig	Cu, fest	450	+2,0
Cd, flüssig	Zn, flüssig		+8,05
Cd, fest	Zn, fest		+17,4
Fe, flüssig	Si, flüssig	1600	−12,1
Ge, fest	Ni, fest		+233
Hg, flüssig	Bi, fest	97	+16
Hg, flüssig	Cd, fest	150	−1,8
Hg, flüssig	Pb, fest	150	+10,1
Hg, flüssig	Sn, fest	150	+13,3
Hg, flüssig	Zn, fest	150	+10,1
In, flüssig	Au, fest	450	−33,0
In, flüssig	Cu, fest	450	13,0
Pb, flüssig	Ag, fest	450	+24,0
Pb, flüssig	Au, fest	450	+5,1
Sn, flüssig	Ag, fest	450	+15,5
Sn, flüssig	Al, fest	350	+25,5
Sn, flüssig	Au, fest	425	−21,7
Sn, flüssig	Cu, fest	427	+11,8
Sn, flüssig	Ga, flüssig	350	+2,95
Sn, flüssig	Tl, flüssig	350	+4,0
Tl, flüssig	Ag, fest	450	+25,7
Tl, flüssig	Au, fest	450	+11,0
Zn, flüssig	Cd, flüssig		+8,7
Zn, fest	Cd, fest		+28,9

6223. Metallische Lösungsphasen mit O_2 und S

O—Fe, fest (aus γ-Fe und O_2) bei 1250° C

Atom-% O	ΔH_B kJ/g Atom	ΔS_B J/g Atom·grd
51,4	−133,7	−31,8
52,0	−135,0	−32,2
53,0	−137,5	−33,1
53,8	−139,5	−34,0
57,1	−148,0	−40,7
57,9	−157,2	

O—Fe, flüssig (aus flüssigem Fe und O_2) bei 1600° C

Atom-% O	ΔH_B kJ/g Atom	ΔS_B J/g Atom·grd
0,8	−0,91	
50,5	−122,3	−25,3
52,3	−128,7	−27,9
54,6	−136,0	−31,15
57,1	−143,5	

O—Ti, fest

Atom-% O	25° C Phase	ΔH_B kJ/gAtom	ΔS_B J/(g Atom·grd)	1000° C Phase	ΔH_B kJ/gAtom
0,2	α	−1,16		β	
1,6	α	−9,6		β	
6,5	α	−37,7	−7,05	α	−37,3
15,0	α	−87,2		α	−86,0
25,0	α	−145	−29,2	α	−143
33,0	α	−192		α	−189
50,0	α-TiO	−260	−49,2	β-TiO	−256,5
60,0	α-Ti$_2$O$_3$	−304	−58,0	β-Ti$_2$O$_3$	−300
62,5	α-Ti$_3$O$_5$	−307,5	−59,3	β-Ti$_3$O$_5$	−306
66,0				TiO$_2$	−313
66,4	TiO$_2$			TiO$_2$	−314
66,65	TiO$_2$	−315	−61,8	TiO$_2$	−314

O—V, fest

Atom-% O	25° C ΔH_B kJ/gAtom	ΔS_B J/gAtom·grd
48,0	−204,5	−46,7
52,5	−224	−48,0
60,0	−246	−53,7
65,0	−242,5	
66,7	−238,5	−61,1
68,4	−233	−59,9
70,9	−224,5	−62,4
71,1	−223,5	
71,5	−222	−63,0

S—Ag, flüssig (bei 1125° C)

Atom-% S	ΔH_B kJ/gAtom	ΔS_B J/gAtom·grd
1	−0,71	0
5	−3,68	−0,75
15	−12,35	−4,1
25	−23,1	−9,4
33,3	−34,2	−15,1

S—Co, fest (S$_2$-Gas bei 835° C)

Atom-% S	ΔH_B kJ/gAtom
41,1	−53,4
44,0	−57,9
47,0	−63,8
50,9	−73,4
53,0	−76,4
57,1	−80,5
66,7	−90,0

S—Fe (aus γ-Fe und S$_2$-Gas) bei 977° C

Atom-% S	ΔH_B kJ/gAtom	ΔS_B J/gAtom·grd
50,0	−76,0	−26,9
50,6	−76,7	−27,5
51,7	−78,0	−28,2
53,3	−77,8	−28,9
66,6	−103	−66,3

S—Ni, fest (S rhomb.) bei 25° C

Atom-% S	ΔH_B kJ/gAtom
40,0	−39,8
45,1	−44,6
50,0	−46,5
66,7	−47,3

623. Bildungsenthalpie ΔH_B in kJ · Mol^{-1} von Ammoniakaten

Mit ΔH_B ist die Differenz zwischen dem Wärmeinhalt eines Moles des mit n Molen Ammoniak versehenen Anlagerungsstoffes und der Summe der Wärmeinhalte eines Moles des Ausgangsstoffes und der n Mole Ammoniak (alle Stoffe im Normzustand bei Zimmertemperatur) bezeichnet. ΔH_B ist, falls nicht anders vermerkt, für Zimmertemperatur angegeben.

Ausgangs-stoff	ΔH_B in kJ · Mol^{-1} bei					n	ΔH_B kJ · Mol^{-1}	ϑ in °C
	$n=1$	$n=2$	$n=4$	$n=6$	$n=8$			
AlBr$_3$	−164,5	—	—	−600,3	—	14	−879,1	0
AlCl$_3$	−134,4	—	—	−512,4	—	14	−785,3	0
AlJ$_3$	−132,7	—	—	−685,7	—	20	−1163,7	0
AuCl$_4$Cs	—	—	−314,8	—	—	11	−432,8	—
AuCl$_4$K	—	−146,5	—	—	—	10	−364,6	—
AuCl$_4$Rb	—	—	−281,7	—	—	12	−462,1	—
BaBr$_2$	−49,4	−93,8	—	−268,7	−344,9	—	—	—
BaCl$_2$	—	—	—	—	−301,4	—	—	—
BaJ$_2$	—	−112,2	−207,6	−298,9	−388,5	10	−464,7	—
BeBr$_2$	—	—	−452,1	−527,4	—	10	−669,8	—
BeCl$_2$	—	−259,5	−410,2	−477,2	—	12	−653,0	—
BeJ$_2$	—	—	−485,6	−552,6	—	13	−789,1	—
CaBr$_2$	−77,9	−149,9	—	−345,8	−428,6	—	—	—
CaCl$_2$	−69,1	−132,3	−216,0	—	−378,4	—	—	—
CaJ$_2$	−81,6	−160,7	—	−396,8	−468,8	—	—	—
CdBr$_2$	−75,8	−146,5	—	−326,5	—	12	−517,4	—
CdCl$_2$	−75,8	−144,8	−234,4	−319,0	—	10	−443,7	—
CdJ$_2$	—	−139,0	—	−334,0	—	—	—	—
CoBr$_2$	—	−172,5	—	−406,9	—	—	—	—
CoCl$_2$	—	−166,6	—	−391,8	—	10	−502,3	—
CoCl$_4$Cs$_2$	—	−141,9				5	−297,2	
CrO$_4$Cu		−99,2						
CsNiCl$_3$	−64,5							
Cs$_2$CuCl$_4$		−150,3		−291,4		10	−351,6	
Cs$_3$Cu$_2$Cl$_7$						10	−458,4	
CuBr$_2$		−167,4		−376,7		10	−502,3	
Cu(HCOO)$_2$		−117,6	−221,9	−305,6		9	−403,1	
Cu(CH$_3$COO)$_2$		−138,1	−191,7			5	−276,3	
Cu(CNS)$_2$		−159,9	−263,7			9	−437,9	
CuCl$_2$		−175,8		−376,7		10	−502,3	
FeBr$_2$		−170,0		−394,3				
FeCl$_2$		−163,3		−369,2		10	−489,8	
FeCl$_5$K$_2$				−295,1		11	−406,5	
GaBr$_3$	−126,8	—	—	−494,8	—	14	−770,2	0
GaCl$_3$	−137,7	—	—	−474,7	—	14	−738,4	0
GaJ$_3$	−112,6	—	—	−489,8	—	20	−954,4	0
HgBr$_2$	—	−135,6	—	—	−330,7	—	—	—
HgCl$_2$	—	−142,3	—	—	−343,3	9,5	−389,3	—
HgJ$_2$	—	−108,8	—	−307,3	—	—	—	—
InBr$_3$	—	(3) −252,4	—	—	—	15	−715,8	—
InCl$_3$	−92,9	−178,3	—	—	—	15	−690,7	—
InJ$_3$	—	−158,2	—	—	—	21	−904,2	—
MgBr$_2$	−90,8	−175,0	—	—	—	—	—	—

624. Hydratationsenthalpie ΔH in kJMol^{-1}

Ausgangs-stoff	ΔH_B in kJ · Mol^{-1} bei					n	ΔH_B kJ · Mol^{-1}	ϑ in °C
	$n=1$	$n=2$	$n=4$	$n=6$	$n=8$			
MgCl$_2$	−87,1	−161,6	—	—	—	—	—	—
MgJ$_2$	—	−190,0	—	—	—	—	—	—
MnBr$_2$	—	−160,7	—	−374,2	—	10	−494,0	—
MnCl$_2$	—	−154,9	—	−344,1	—	10	−466,7	—
NiBr$_2$	—	−172,5	—	−429,5	—	—	—	—
NiCl$_2$	—	−170,0	—	−409,4	—	—	—	—
SrBr$_2$	−70,3	−123,9	—	—	−398,5	—	—	—
SrCl$_2$	−48,1	—	—	—	−338,2	—	—	—
SrJ$_2$	−76,6	−141,5	—	−354,1	−445,4	—	—	—
ZnBr$_2$	−100,5	−166,6	−298,0	−389,3	—	—	—	—
ZnCl$_2$	−104,7	−185,0	−284,7	−374,2	—	10	−491,9	—
(NH$_4$)$_2$ZnCl$_4$	—	—	−245,7	—	—	10	−391,4	—
ZnJ$_2$	−92,1	−162,4	−301,4	−394,3	—	—	—	—

624. Hydratationsenthalpie ΔH in kJMol^{-1} von organischen Verbindungen bei Anlagerung von n-Molen flüssigen Wassers

Der Ausgangszustand der Verbindung und der Endzustand des Hydrates sind, falls flüssig oder gasförmig, vermerkt, ohne Angabe fest. Die Angaben sind auf 2 Dezimale abgerundet. ΔH bezieht sich, soweit nicht anders vermerkt, auf Zimmertemperatur.

Verbindung	n H$_2$O	Hydrat	ΔH in kJMol^{-1}	ϑ in °C
Ameisensäure,				
Sr-Salz	2	Sr(CHO$_2$)$_2$ · 2H$_2$O	−25,53	—
Mn-Salz	2	Mn(CHO$_2$)$_2$ · 2H$_2$O	−30,14	—
Cu-Salz	4	Cu(CHO$_2$)$_2$ · 4H$_2$O	−34,34	—
Zn-Salz	2	Zn(CHO$_2$)$_2$ · 2H$_2$O	−28,88	—
Essigsäure,				
Na-Salz	3	NaC$_2$H$_3$O$_2$ · 3H$_2$O	−36,42	—
Ca-Salz	1	Ca(C$_2$H$_3$O$_2$)$_2$ · H$_2$O	−6,70	—
Sr-Salz	1/2	Sr(C$_2$H$_3$O$_2$)$_2$ · 1/2H$_2$O	−1,26	—
Ba-Salz	3	Ba(C$_2$H$_3$O$_2$)$_2$ · 3H$_2$O	−25,12	—
Mn-Salz	4	Mn(C$_2$H$_3$O$_2$)$_2$ · 4H$_2$O	−44,79	—
Cu-Salz	1	Cu(C$_2$H$_3$O$_2$)$_2$ · H$_2$O	−6,70	—
Zn-Salz	2	Zn(C$_2$H$_3$O$_2$)$_2$ · 2H$_2$O	−23,44	—
Pb-Salz	3	Pb(C$_2$H$_3$O$_2$)$_2$ · 3H$_2$O	−28,88	—
Glykolsäure,				
Na-Salz	2	Na$_2$C$_2$H$_2$O$_3$ · 2H$_2$O	−40,19	—
Mg-Salz	2	Mg(C$_2$H$_2$O$_3$)$_2$ · 2H$_2$O	−24,70	—
Ca-Salz	5	Ca(C$_2$H$_2$O$_3$)$_2$ · 5H$_2$O	−25,95	—
Zn-Salz	2	Zn(C$_2$H$_2$O$_3$)$_2$ · 2H$_2$O	−14,23	—
Oxalsäure	2	C$_2$H$_2$O$_4$ · 2H$_2$O	−27,63	20
Na (saures)-Salz	1	NaC$_2$HO$_4$ · H$_2$O	−16,33	—
K-Salz	1	K$_2$C$_2$O$_4$ · H$_2$O	−12,58	—
NH$_4$-Salz	1	(NH$_4$)$_2$C$_2$O$_4$ · H$_2$O	−14,65	—
Mn-Salz	2	MnC$_2$O$_4$ · 2H$_2$O	−26,16	16−19
Mn-Salz	3	MnC$_2$O$_4$ · 3H$_2$O	−32,65	16−19

6. Kalorische Daten

Verbindung	n H_2O	Hydrat	ΔH in kJMol^{-1}	ϑ in °C
Malonsäure,				
Na-Salz	1	$Na_2C_3H_2O_4 \cdot H_2O$	−18,84	−
K-Salz	1	$K_2C_3H_2O_4 \cdot H_2O$	−35,58	−
K(saures)-Salz	$1/2$	$KC_3H_3O_4 \cdot 1/2 H_2O$	−21,77	−
Ca-Salz	4	$CaC_3H_2O_4 \cdot 4 H_2O$	−66,56	−
Ba-Salz	2	$BaC_3H_2O_4 \cdot 2 H_2O$	−30,56	−
Buttersäure,				
Na-Salz	3	$NaC_4H_7O_2 \cdot 3 H_2O$	−3,35	−
Bernsteinsäure,				
Na-Salz	6	$Na_2C_4H_4O_4 \cdot 6 H_2O$	−56,09	−
K-Salz	1	$K_2C_4H_4O_4 \cdot H_2O$	−15,07	−
K-Salz (saures)	1	$KC_4H_5O_4 \cdot H_2O$	−9,42	−
Apfelsäure,				
Na-Salz	1	$NaC_4H_5O_5 \cdot H_2O$	−4,19	−
K-Salz	1	$KC_4H_5O_5 \cdot H_2O$	−3,33	−
Weinsäure,				
Na-Salz	2	$Na_2C_4H_4O_6 \cdot 2 H_2O$	−20,09	−
Na-Salz (saures)	1	$NaC_4H_5O_6 \cdot H_2O$	−12,14	−
K-Salz	$1/2$	$K_2C_4H_4O_6 \cdot 1/2 H_2O$	−8,34	−
K-, Na-Salz	4	$KNaC_4H_4O_6 \cdot 4 H_2O$	−30,56	−
SbO-, K-Salz	$1/2$	$K(SbO)C_4H_4O_6 \cdot 1/2 H_2O$	−0,837	−
SbO-, Ba-Salz	1	$Ba[(SbO)C_4H_4O_6]_2 \cdot H_2O$	−15,07	−
Traubensäure	1	$C_4H_6O_6 \cdot H_2O$	−6,28	−
Valeriansäure,				
Na-Salz	$1 1/2$	$NaC_5H_9O_2 \cdot 3/2 H_2O$	−4,17	−
Tricarballylsäure,				
K-Salz	1	$K_3C_6H_5O_6 \cdot H_2O$	−9,63	−
K-Salz (saures)	2	$KC_6H_7O_6 \cdot 2 H_2O$	−23,02	−
Zitronensäure	1	$C_6H_8O_7 \cdot H_2O$	−10,88	−
p-Hydroxybenzoesäure	1	$C_7H_6O_3 \cdot H_2O$	−7,95	−
Chloroform (flüssig)	18	$CHCl_3 \cdot 18 H_2O$ (flüssig)	−95,86	−
Chloral (flüssig)	1	$C_2HCl_3O \cdot H_2O$ (fest)	−50,86	−
Acetylen (Gas)	6	$C_2H_2 \cdot 6 H_2O$ (fest)	−64,46	−
Äthylen (Gas)	6	$C_2H_4 \cdot 6 H_2O$ (fest)	−64,46	−
Äthylsulfat,				
Na	1	$C_2H_5SO_4Na \cdot H_2O$	−9,21	−
Ba	2	$(C_2H_5SO_4)_2Ba \cdot 2 H_2O$	−20,93	−
Cyanursäure	2	$C_3H_3O_3N_3 \cdot 2 H_2O$	−15,66	−
Na-Salz	1	$C_3H_2O_3N_3Na \cdot H_2O$	−16,74	−
K-Salz	1	$C_3H_2O_3N_3K \cdot H_2O$	−8,79	−
Barbitursäure	2	$C_4H_4O_3N_2 \cdot 2 H_2O$	−16,74	−
Asparagin	1	$C_4H_8O_3N_2 \cdot H_2O$	−9,42	25
Kreatin	1	$C_4H_9O_2N_3 \cdot H_2O$	−14,65	−

624. Hydratationsenthalpie ΔH in kJMol^{-1}

Verbindung	n H$_2$O	Hydrat	ΔH in kJMol^{-1}	ϑ in °C
m-Nitrophenol, Na	2	C$_6$H$_4$O$_3$NNa · 2H$_2$O	−44,79	−
p-Nitrophenol, Na	2	C$_6$H$_4$O$_3$NNa · 2H$_2$O	−42,70	−
Phenylsulfat, Na	2	C$_6$H$_5$SO$_3$Na · 2H$_2$O	−12,14	−
Phloroglucin	1	C$_6$H$_6$O$_3$ · H$_2$O	−21,35	−
p-Phenylendiamin	2	C$_6$H$_8$N$_2$ · 2H$_2$O	−15,07	−
Äthylacetat, Na	1	C$_6$H$_9$O$_3$Na · H$_2$O	−17,58	−
Rhamnose	1	C$_6$H$_{12}$O$_5$ · H$_2$O	−28,05	−
Glucose α	1	C$_6$H$_{12}$O$_6$ · H$_2$O	−11,72	−
Glucose β	1	C$_6$H$_{12}$O$_6$ · H$_2$O	−16,33	−
Glucose γ	1	C$_6$H$_{12}$O$_6$ · H$_2$O	−15,07	−
d-Glucose	1	C$_6$H$_{12}$O$_6$ · H$_2$O	−9,96	25,1
Phenylglyoxal	1	C$_8$H$_6$O$_2$ · H$_2$O	−57,35	−
Coffein	1	C$_8$H$_{10}$O$_2$N$_4$ · H$_2$O	−7,12	−
Nitrocampher	1	C$_{10}$H$_{15}$O$_3$N · H$_2$O	−4,19	−
Pikrinsäure, Mg-Salz	8	(C$_6$H$_2$O$_7$N$_3$)$_2$Mg · 8H$_2$O	−128,09	−
Ca-Salz	6	(C$_6$H$_2$O$_7$N$_3$)$_2$Ca · 6H$_2$O	−71,58	−
Sr-Salz	6	(C$_6$H$_2$O$_7$N$_3$)$_2$Sr · 6H$_2$O	−63,63	−
Ba-Salz	6	(C$_6$H$_2$O$_7$N$_3$)$_2$Ba · 6H$_2$O	−41,86	−
Cu-Salz	8	(C$_6$H$_2$O$_7$N$_3$)$_2$Cu · 8H$_2$O	−87,49	−
Zn-Salz	8	(C$_6$H$_2$O$_7$N$_3$)$_2$Zn · 8H$_2$O	−114,70	−
Hg-Salz	4	(C$_6$H$_2$O$_7$N$_3$)$_2$Hg · 4H$_2$O	−32,23	−
Pb-Salz	2	(C$_6$H$_2$O$_7$N$_3$)$_2$Pb · 2H$_2$O	−25,53	−
Phenylhydrazin	1	(C$_6$H$_8$N$_2$)$_2$ · H$_2$O	−12,98	−
Milchzucker	1	C$_{12}$H$_{22}$O$_{11}$ · H$_2$O	−25,95	−
Raffinose	5	C$_{18}$H$_{32}$O$_{16}$ · 5H$_2$O	−74,09	−
Cinchonin, hydrochlorid	2	C$_{19}$H$_{22}$ON$_2$ · HCl · 2H$_2$O	−6,28	−
Chinin	3	C$_{20}$H$_{24}$O$_3$N$_2$ · 3H$_2$O	−15,49	−
Chinin, hydrochlorid	2	Ch · HCl · 2H$_2$O	−14,23	−
acetat	3	Ch · C$_2$H$_4$O$_2$ · 3H$_2$O	−21,77	−
oxalat	6	Ch$_2$ · C$_2$H$_2$O$_4$ · 6H$_2$O	−60,28	−
sulfat	2	Ch$_2$ · H$_2$SO$_4$ · 2H$_2$O	−41,02	−

625. Neutralisationsenthalpie [1]

In den Tabellen ist die Enthalpieabnahme $-\Delta H_N$ bei Neutralisation für wäßrige Lösungen angegeben.

Konzentrationsangabe:

N = Zahl der Mole Wasser pro Mol Säure bzw. Base
m = Zahl der Mole Säure bzw. Base pro 1000 g Wasser
n = Zahl der Äquivalente Säure bzw. Base pro 1000 ml Wasser.

Mit * versehene Konzentrationsangaben beziehen sich auf die Endkonzentrationen des gebildeten Salzes.

6251. Anorganische einbasische Säure mit anorganischen Basen

Konzentration beider gleich

Säure	ϑ °C	Konzentration	$-\Delta H_N$ in kJMol^{-1}		
			KOH	LiOH	NaOH
HBr	20	$N=100$	58,492	58,580	57,940
HCl	20	$N=100$	58,590	58,500	58,225
	25	$m=12$	79,266		76,11
		8	69,936		68,07
		5	64,392		62,68
		3	60,919		59,66
		1	—		57,53
		→ 0	—		55,94
HClO$_4$	25	$m=24$			100,081
		20			91,148
		15			78,596
		10			66,986
		5			58,388
		2			56,235
		1			55,982
HJ	20	$N=100$	58,187	58,229	57,694
HNO$_3$	20	$N=100$	—	57,970	57,919
	6	$n=0,25$	60,535		60,230
	18		58,193		57,339
	32		54,809		54,077
	6	0,1875	60,242		60,004
	18		57,993		57,247
	32		54,742		54,106
	6	0,125	60,255		59,916
	18		57,883		57,285
	32		—		53,926

[1] Nach Landolt-Börnstein, 6. Aufl., Bd. II/4, Beitrag A. NECKEL.

6252. Anorganische mehrbasische Säuren mit anorganischen Basen

Säure	ϑ °C	Konzentration	Base	Konzentration	$-\Delta H_N$ kJ/Mol
H_3AsO_4	15	$N=330$	$1\,NH_3$	$N=330$	57,55
			$2\,NH_3$		101,7
			$3\,NH_3$		105,1
			$6\,NH_3$		107,1
H_3PO_4	15	$N=330$	$1\,NH_3$	$N=330$	59,4
			$2\,NH_3$		102,5
			$3\,NH_3$		105,5
			$6\,NH_3$		107,6
H_2SO_4	~15	$n=2$	$2\,NaOH$	$n=2$	132,3
	~18	1	$2\,NaOH$	$n=1$	131,1
		0,5	$2\,NaOH$	$n=0,5$	132,9
		0,25	$2\,NaOH$	$n=0,25$	128,5
	25	$N\to\infty$	$2\,NaOH$	$N\to\infty$	113,14
H_2SiF_6	—	$n=0,5$	$2\,NaOH$	$n=0,5$	130,2
			$2\,NaOH$	0,25	112,3
			$2\,KOH$	0,5	176,6
			$Ba(OH)_2$	0,5	136,2

6253. Organische Säuren mit anorganischen Basen

Formel	Name	°C	Konzentration	Base	Konzentration	$-\Delta H_N$ kJMol^{-1}
CH_2O_2	Ameisensäure	25	$N\to\infty$	NaOH	$N\to\infty$	57,03
$C_2H_2O_4$	Oxalsäure	20	$N=585$	$2\,NaOH$	$n=0,105$	117,6
$C_2H_4O_2$	Essigsäure	20	$N=50$	NaOH	$N=50$	55,99
			$N=100$		$N=100$	56,34
			$N=800$		$N=800$	56,73
		25	$N\to\infty$		$N\to\infty$	56,78
$C_3H_6O_2$	Propionsäure	25	$N\to\infty$	NaOH	$N\to\infty$	56,82
$C_4H_4O_4$	Maleinsäure	18,5	fest, $n^*=0,014...0,043$	$2\,NaOH$	$n=0,196$	93,63
		18,8	fest, $n^*=0,03...0,09$	$1\,NaOH$	$n=0,196$	35,28
$C_4H_4O_4$	Fumarsäure	18,5	fest, $n^*=0,014...0,044$	$2\,NaOH$	$n=0,196$	78,85
		18,9	fest, $n^*=0,03...0,08$	$1\,NaOH$	$n=0,196$	24,74
$C_4H_6O_6$	L(—)-Weinsäure	18,4	fest, $n^*=0,03...0,085$	$1\,NaOH$	$n=0,196$	38,9
		18,4	fest, $n^*=0,014...0,034$	$2\,NaOH$	$n=0,196$	88,1
$C_4H_6O_6$	Traubensäure	18,4	fest, $n^*=0,03...0,08$	$1\,NaOH$	$n=0,196$	29,7
$C_4H_8O_2$	Buttersäure	25	$N\to\infty$	NaOH	$N\to\infty$	59,54
$C_4H_8O_2$	Isobuttersäure	25	$N\to\infty$	NaOH	$N\to\infty$	60,71
$C_6H_8O_7$	Citronensäure	20	$N=50$	NaOH	$N=50$	53,89
		20	$N=800$		$N=800$	52,82
$C_7H_6O_2$	Benzoesäure	25	$N\to\infty$	NaOH	$N\to\infty$	56,11

626. Adsorptionswärme

Integrale Adsorptionswärme von Gasen an Aktivkohle

Stoff	Aktivkohle	Adsorbierte Menge in gAdsorpt./g Kohle	Adsorptionswärme kJ/Mol
Argon	aktivierte Holzkohle	—	17,6
Wasserstoff	aktivierte Holzkohle	—	10,5
Stickstoff	aktivierte Holzkohle	—	18,4
Kohlenstoffmonoxid	Supersorbon TS	0,001	41,0
		0,002	36,8
		0,004	29,5
		0,006	23,4
Kohlenstoffdioxid	Supersorbon TS	0,005	31,0
		0,01	28,9
		0,02	27,4
		0,03	25,1
		0,04	23,9
Ammoniak	Supersorbon TS	0,0045	55,3
		0,0065	51,1
		0,012	45,2
		0,016	42,7
		0,023	40,6
		0,028	39,8

Integrale Adsorptionswärme von Dämpfen an Aktivkohle

Adsorbierte Menge: $2 \cdot 10^{-3}$ Mol Dampf/g Aktivkohle

Stoff	Adsorptionstemperatur °C	Adsorptionswärme kJ/Mol
Chlormethan	25	38,5
Dichlormethan	25	53,6
Chloroform	0	60,7
Tetrachlormethan	0	64,0
Chloräthan	0	50,2
Bromäthan	25	58,2
Jodäthan	25	58,6
Methanol	25	58,2
Äthanol	25	65,3
Propanol-(1)	25	68,6
Aceton	25	61,5
Diäthyläther	25	66,1

Integrale Adsorptionswärme von Dämpfen an Kieselgel

Stoff	Adsorptions-temperatur °C	Adsorbierte Menge g Adsorpt/ g Kieselgel	Adsorptions-wärme kJ/Mol
Wasser	22,3	0,0133	14,9
Hexan	19,6	0,066	45,0
Cyclohexan	21,4	0,066	43,7
Benzol	20,5	0,0166	64,5
Toluol	20,6	0,066	60,3
o-Xylol	20,2	0,066	69,5
p-Xylol	21,9	0,066	69,5
Octan	21,6	0,066	59,4
2,2,4-Trimethylpentan	22,3	0,066	51,5
Tetrachlormethan	19,7	0,066	45,2
Chlorbenzol	21,5	0,066	71,2
Methanol	19,7	0,066	63,6
Äthanol	19,4	0,066	72,4
Propanol-(1)	20,0	0,066	79,5
Aceton	20,2	0,066	73,2
Diäthyläther	20,3	0,066	72,0

63. Thermodynamische Zustandsgrößen

Daten für H_2O sind in Tabelle 222, Daten für Luft in Tabelle 2145 zu finden.

631. Einleitung

Von KLAUS SCHÄFER, Heidelberg

In den Tabellen 63 sind die thermodynamischen Funktionen für eine Anzahl häufig benutzter Stoffe in einem größerem Temperaturgebiet angegeben. Die Standardwerte (25° C) für diese und einer Menge anderer Stoffe sind in folgenden Tabellen zu finden: Elemente Tabelle 214, S. 80f., anorganische Verbindungen Tabelle 221, S. 196f., organische Verbindungen, Bd. II, Tabelle 143, S. 1055. Es finden dabei zwei etwas verschiedene Darstellungsweisen Verwendung, von denen manchmal die eine oder die andere bei praktisch anfallenden Problemen den Vorzug verdient.

Darstellung I [1]

Für den am Kopf der Tabelle genannten Stoff findet man in der ersten Spalte eine Reihe von Daten, die die vorliegende Molekel im kondensierten und gasförmigen Zustand charakterisieren, wie das Trägheitsmoment, I, die Debeysche Temperatur, Θ_D, mit der bei den tiefsten Temperaturen eine Extrapolation der Molwärme bis $T = 0$ nach dem T^3-Gesetz vorgenommen werden kann, die Bildungsreaktion aus den Elementen usw. In der Abkürzungsliste S. 1331 f. sind die einzelnen Angaben vermerkt. Die nächste Spalte enthält die Temperatur, für welche die Daten in den folgenden Spalten angegeben sind. Man findet in der Spalte 3 die Werte für die Molwärme des Kondensats (fest oder flüssig) bei dem zur jeweiligen

---

[1] Die Daten für die Darstellung I, wurden den Beiträgen, AUER/SCHÄFER und AUER des Landolt-Börnstein, 6. Aufl., Bd. II/4, die für Darstellung II in 6321—6323 dem Beitrag OTTO-THOMAS, die Daten für das Kältemittel dem Beitrag STEINLE-DIENEMANN, Landolt-Börnstein, Bd. IV/4a, entnommen.

6. Kalorische Daten

Temperatur gehörenden Sättigungsdruck. Die vierte Spalte gibt die durch T dividierte molare thermische Enthalpie $\left(\dfrac{H^0_T - H^0_0}{T}\right)$ des Kondensats an; diese Größe ist durch Integration der Molwärme entsprechend $\left(\dfrac{1}{T}\displaystyle\int_0^T C_p \text{ (kond.) } dT\right)$ erhalten worden. Im Flüssigkeitsgebiet ist in diesem Zahlwert der Anteil $\Delta H_{f\to fl}/T$ enthalten ($\Delta H_{f\to fl}$ die Schmelzenthalpie am Schmelzpunkt bzw. Tripelpunkt).

In der fünften Spalte findet man die thermische Entropie

$$S^0_T - S^0_0 = \int_0^T \frac{C_p}{T} dT$$

in der im Flüssigkeitsgebiet die Schmelzentropie $\Delta H_{f\to fl}/T_F$ enthalten ist. Dieser Entropiewert schließt also die Nullpunktsentropie, wenn eine solche vorhanden sein sollte, nicht mit ein.

Beim Vorliegen einer echten Nullpunktsentropie ist diese unter den charakteristischen Daten in Spalte 1 unter der Bezeichnung $S_{0,f}$ aufgeführt.

Für den Schmelzpunkt bzw. Tripelpunkt und den Siedepunkt findet man in den Spalten 4 und 5 zwei Angaben, von denen sich die jeweils zweite auf den flüssigen oder den Dampfzustand bezieht. Die weiteren Spalten geben in gleicher Weise die Molwärme, die thermische Enthalpie und die Entropie des Gases für den idealen Gaszustand; dabei ist die Entropie des Gases stets auf den Druck $p = 1$ atm, bezogen. Diese Zahlenwerte sind im allgemeinen der statistischen Theorie der Materie entnommen; bei dieser spielt die Nullpunktsentropie des idealen Gases — eigentlich die Entropie bei 1° K und $p = 1$ atm — eine ausgezeichnete Rolle. Diese Nullpunktsentropie des Gases ist als $S_{0,g}$ bei den charakteristischen Daten zu finden. Die Werte der thermodynamischen Funktionen für das Gas sind gewöhnlich weit über den Siedepunkt hinaus geführt, während die Zahlenangaben für das Kondensat mit dem Siedepunkt aufhören. Der an zweiter Stelle für die Siedetemperatur des Kondensats aufgeführte Entropiewert sollte mit dem für diese Temperatur angegebenen Entropiewert des Gases übereinstimmen. Abweichungen, welche über die durch die experimentellen Fehler bedingte Größe hinausgehen, weisen auf eine echte Nullpunktsentropie des Festkörpers hin.

Anschließend an die Spalten für den kondensierten Zustand findet man für Temperaturen oberhalb des Siedepunktes bzw. 25° C Angaben für die Änderungen der Entropie, der Enthalpie und der durch T dividierten freien Enthalpie $\dfrac{\Delta G_B}{T} = \dfrac{\Delta H^0_B - T\Delta S^0}{T}$, die bei der Bildungsreaktion (Spalte 1) im idealen Gaszustand bei den Partialdrucken $p_i = 1$ atm auftreten.

Diese Zahlen fehlen bei den Elementen im Normalzustand ebenso wie Angaben für den kondensierten Zustand, sofern derselbe nicht realisierbar ist, wie im Falle des atomaren Wasserstoffs, Stickstoffs usw.

Aus den $\dfrac{\Delta G^0}{T}$-Werten erhält man durch Division mit $2{,}303\,R =$ (19,138 J/Molgrd) direkt den Logarithmus der Gleichgewichtskonstanten der Bildungsreaktion bei der betreffenden Temperatur; durch Kombination mehrerer derartiger Gleichgewichte gelingt auch die Ermittlung der Gleichgewichtskonsonanten für Reaktionen, die nicht Bildungsreaktionen aus den Elementen sind (vgl. dazu S. 876 f.).

Darstellung II

Bei dieser Darstellung, die manchmal neben der Darstellung I gebracht wird, ist meist auf die Wiedergabe der charakteristischen Daten verzichtet und nur beim Fehlen der Darstellung I findet man in der Überschrift Angaben der relativen Molmasse des Schmelz- und Siedepunktes sowie eventuell des kritischen Punktes usw. Die beiden ersten Spalten enthalten Temperatur und Sättigungsdruck des Kondensats. Die beiden nächsten Spalten 3 und 4 geben das Molvolumen V (bzw. das spezifische Volumen v) für Kondensat V' bzw. v' und Dampf V'' bzw. v'' im jeweiligen Sättigungszustande an. Der Wert für das Kondensat ist stets durch einen Strich ($'$), und der für den Dampf durch zwei Striche ($''$) gekennzeichnet.

Gelegentlich sind an Stelle des Volumens die Dichten für Kondensat (D') und Dampf (D'') angegeben. Die Spalten 5 und 6 geben gleichfalls für den Sättigungszustand die molaren Enthalpien von Kondensat H' und Dampf H'' an (bzw. die spezifische Enthalpie h' oder h''). Zum Unterschied von der Darstellung I sind diese Enthalpiewerte für Kondensat und Dampf auf einen gemeinsamen Nullpunkt bezogen, so daß $H' - H''$ stets die molare Verdampfungs- oder Sublimationsenthalpie ΔH_v bei der vorliegenden Temperatur ist (bzw. $h'' - h' = \Delta h_v$ wenn die spezifischen Enthalpien gegeben sind). Der Enthalpienullpunkt ist am Kopf der Tabelle vermerkt; es ist nicht immer bei $T = 0°$ K die Enthalpie des Kristalls gleich Null gesetzt. Manchmal ist als Nullpunkt auch der Wert bei 0° C genommen!

Die Verdampfungs(Sublimations)enthalpie ΔH_v (bzw. Δh_v) ist häufig in Spalte 7 aufgeführt. Die beiden letzten Spalten geben gleichfalls für den Sättigungszustand die molaren Entropien für Kondensat (S') und Dampf (S'') (bzw. die spezifischen Entropien s' und s''). Auch hier ist als Nullpunkt der Entropieskala nicht immer der Wert des Kondensats bei 0° K gewählt, sondern manchmal der bei 0° C. In jedem Falle ist die Differenz der Entropiewerte von Dampf und Kondensat gleich der durch die vorliegende Temperatur dividierte Verdampfungs- (Sublimations)enthalpie. Wenn die Tabelle bis zum kritischen Punkt führt, so sind die unter sich gleichen Zahlen von V' und V'' usw. für den kritischen Zustand jeweils zwischen die Spalten für das Kondensatvolumen und Dampfvolumen usw. gesetzt.

Die Stoffanordnung ist wieder die alphabetische nach den chemischen Symbolen, wobei die Elemente, die anorganischen Verbindungen und die organischen Verbindungen (Ordnung nach HILL) je für sich zusammengefaßt werden. Den Schluß bilden eine Reihe von Stoffen (anorganische und organische), die in der Kältetechnik häufig Verwendung finden; diese Werte sind stets in Darstellung II wiedergegeben. Für diese Stoffe ist am Kopf der Tabelle außerdem die volumetrische „Kälteleistung" angegeben, das ist die bei einer bestimmten Temperatur (gewöhnlich $-15°$ C pro m³ Dampf beim Sättigungsdruck abgeführte Wärme.

Abkürzungsliste

c_p	spezifische Wärme bei konstantem Druck
C_p^0	Molwärme bei konstantem Druck (im Gaszustand für $p \to 0$; im Kondensat für Sättigungszustand)
$C_{p_0}^0$	Grenzwert von C_p^0 für $T \to 0°$ K bei Gasen
D'	Dichte der Flüssigkeit
D''	Dichte des Dampfes
f	fest
F	Schmelzpunkt
fl ($'$)	flüssig

6. Kalorische Daten

g	Quantengewicht des Elektronenzustandes des Atoms bzw. der Molekel (in Spalte 1, Darstellung I)
$g('')$	Gasförmig
G.-K.	Gaskonstante für 1 g der Verbindung ($=R/M$)
$h'(h'')$	spezifische Enthalpie der Flüssigkeit (des Dampfes)
$H'(H'')$	Molare Enthalpie der Flüssigkeit (des Dampfes)
H_0^0	Molare Enthalpie am absolutem Nullpunkt für $p \to 0$ bzw. Sättigungszustand
$\dfrac{H_T^0 - H_0^0}{T}$	Differenz der molaren Enthalpie bei T^0 gegen die bei $0°$ K, dividiert durch die Temperatur in °K
I_1, I_2, I_3	Hauptträgheitsmomente
j_k	Chemische Konstante $= \dfrac{S_{0,g} - C_{p_0}^0}{2{,}303\,R}$
j_p	Dampfdruckkonstante
k	Boltzmann-Konstante
Kp	Siedepunkt bei 760 Torr
M	relative Molmasse
$p_F\,(p_{Trp})$	Druck am Schmelzpunkt (Tripelpunkt)
q_0	Volumetrische Kälteleistung
R	Gaskonstante (molare Gaskonstante)
s	spezifische Entropie in Darstellung II
s	Symmetriezahl der Molekel, in Spalte 1, Darstellung I
$s'(s'')$	spezifische Entropie der Flüssigkeit (des Dampfes)
S^0	molare Entropie für den idealisierten Zustand
$S_{0,g}$	Entropiekonstante für den idealen Gaszustand (für $1°$ K, $p = 1$ atm)
$S_{0,f}$	Entropiekonstante für den Festkörper (für $0°$ K)
T	Temperatur in °K
Trp	Tripelpunkt
$u'(u'')$	spezifische innere Energie der Flüssigkeit (des Dampfes)
$v'(v'')$	spezifisches Volumen der Flüssigkeit (des Dampfes)
Δh_{v_0}	spezifische Verdampfungsenthalpie
ΔH_B^0	Änderung der Enthalpie beim Bildungsvorgang
$\Delta H_{0,f \to g}$	molare Sublimationsenthalpie bei $0°$ K
$\Delta H_{0,f}$	molare Bildungsenthalpie aus den Festkörpern bei $0°$ K
$\Delta H_{0,g}^0$	molare Bildungsenthalpie aus den Gasen bei $0°$ K
$\Delta H_{298,15°}$	molare Standard-Bildungsenthalpie aus den Elementen im Standardzustand
$\Delta H_{289,15°,g}$	molare Standard-Bildungsenthalpie des Gases
$\Delta H_{f \to fl}$	molare Schmelzenthalpie am Schmelzpunkt
$\Delta H_{fl \to g}$	molare Verdampfungsenthalpie am Siedepunkt
Δh_v	spezifische Verdampfungsenthalpie
ΔG_B^0	molare freie Bildungsenthalpie für $p = 1$ atm
ΔS_B^0	molare Bildungsentropie für $p = 1$ atm
ϑ	Temperatur in° C
ν	Schwingungszahl, Frequenz
ν_g	Grenzfrequenz nach DEBYE
$\Theta_D = \dfrac{h \cdot \nu_g}{k}$	Debye-Temperatur
$\Theta_{rot_i} = \dfrac{h}{8\pi^2 I_i k}$	charakteristische Rotationstemperatur
$\Theta_{s_i} = \dfrac{h\nu_i}{k}$	charakteristische Schwingungstemperatur der Normalschwingung.

6321. Elemente

Ar Argon ($M = 39{,}948$), Darstellung I

Charakteristische Daten	T	Kondensierter Zustand			Idealer Gaszustand S_T^0 für $p=1$ atm		
		C_p^0	$\dfrac{H_T^0 - H_0^0}{T}$	$S_T^0 - S_0^0$	S_T^0 Gas	T	S_T^0
	°K	J/(Molgrd)			J/(Molgrd)	°K	J/(Molgrd)
$\Theta_D = 80°$ K, $0 < T < 10°$ K	20	11,76	5,89\	6,78	98,62	100	132,07
$\Delta H_{0,f \to g} = 7{,}812$ kJMol^{-1}	40	22,09	12,71\	19,08	113,0	120	135,8
$\Delta H_{f \to fl} = 1{,}176$ kJMol^{-1}	60	26,59	16,63\	29,00	121,4	160	141,8
$\Delta H_{fl \to g} = 6{,}519$ kJMol^{-1}	80	32,13	19,80	37,40	127,4	200	146,5
$Trp = 83{,}85°$ K	83,85	33,26	20,36	38,95		240	150,3
$Kp = 87{,}29°$ K	83,85	42,05	34,39	52,97	128,4	280	153,5
$pTrp = 516{,}5$ Torr	87,29	42,05	34,62	54,64		298,15	154,8
$j_k = 0{,}81$	87,29		110,27	129,75	129,24	400	160,9
$j_p = 0{,}84$	Im idealen Gaszustand ist bis 5000° K					500	165,5
$S_{0,g} = 36{,}34$ JMol^{-1}grd^{-1}	$C_p^0 = 20{,}79$ JMol^{-1}grd^{-1}					1000	179,9
	$\dfrac{H_T^0 - H_0^0}{T} = 20{,}79$ JMol^{-1}grd^{-1}					2000	194,3
						3000	202,7
						4000	213,4

Ar Sättigungszustand, Darstellung II
Bei 0° K ist für den Kristallzustand $H = 0$ und $S = 0$ gesetzt

p atm	T °K	V' cm³/Mol	V'' cm³/Mol	H' J/Mol	H'' J/Mol	S' J/Molgrd	S'' J/Molgrd
1	87,29	28,7	6999	2972	9489	53,91	128,57
2	94,43	29,6	3714	3293	9600	57,42	124,21
3	99,20	30,2	2553	3514	9652	59,73	121,61
5	105,97	31,3	1578	3855	9715	63,02	118,32
7	110,98	32,3	1144	4128	9739	65,45	116,01
10	116,81	33,4	802,5	4441	9727	68,26	113,51
15	124,22	35,3	529,3	4865	9681	71,63	110,40
20	130,03	37,2	383,6	5241	9590	74,40	107,85
25	134,86	39,6	294,7	5582	9466	76,79	104,59
30	139,06	42,3	233,8	5905	9326	78,95	103,55
40	146,12	48,7	155,6	6499	9006	82,77	99,93
48,00 [1]	150,72 [1]	75,2		7829		91,41	

[1] Kritischer Punkt.

Br$_2$ Brom ($M = 159{,}82$), Darstellung I

Charakteristische Daten und Bildungsreaktion	T	Kondensierter Zustand			Idealer Gaszustand S_T^0 für $p=1$ atm		
		C_p^0	$\dfrac{H_T^0 - H_0^0}{T}$	$S_T^0 - S_0^0$	C_p^0	$\dfrac{H_T^0 - H_0^0}{T}$	S_T^0
	°K	J/(Molgrd)			J/(Molgrd)		
$I_1 = 341{,}4 \cdot 10^{-40}$ g·cm²	20	12,72	4,00	5,55			
$\Theta_{rot,1} = 0{,}118°$ K	40	29,00	12,95	20,09			
$\Theta_D = 111°$ K; $0 < T < 20°$ K	60	36,34	19,68	33,42			
$\Theta_{s,1} = 463°$ K	80	40,52	24,40	44,48			
$\Delta H_{0,f \to g} = 46{,}50$ kJ/Mol	100	43,61	27,95	53,87	30,46	29,46	208,3
$\Delta H_{f \to fl} = 10{,}58$ kJ/Mol	160	50,15	35,12	75,88	33,43	30,50	223,4
$\Delta H_{fl \to g} = 31{,}05$ kJ/Mol	200	53,79	38,49	87,47	34,52	31,20	231,0
$F = 265{,}90°$ K	260	60,71	42,75	102,3\	35,56	32,10	240,1
$Kp = 331°$ K	265,90	61,66	43,16	103,7\			
$j_k = 2{,}34$	265,90	77,76	82,94	143,52	35,61	32,19	241,0
$j_p = 2{,}34$	280	76,59	82,65	147,5\	35,77	32,36	242,9
$S_{0,g} = 73{,}89$ JMol^{-1}grd^{-1}	298,15	75,71	82,25	152,2\			
$s = 2$	298,15		186,5	245,3\	35,99	32,59	245,3\
	500				37,1	34,25	264,3
	1000				37,7	35,85	290,2
	1500				38,0	36,52	305,6
	2000				38,2	36,92	316,5

6. Kalorische Daten

Br Brom ($M = 79{,}909$), Darstellung I

	T	Idealer Gaszustand, S_T^0 für $p=1$ atm					
		Bildungsreaktion			Thermodynamische Funktionen		
		ΔS_B^0	ΔH_B^0	ΔG_B^0	C_p^0	$\dfrac{H_T^0 - H_0^0}{T}$	S_T^0
	°K	J/(Molgrd)	kJ/Mol	J/(Molgrd)	J/(Molgrd)		
$\tfrac{1}{2}\text{Br}_2 \to \text{Br}$	298,15	52,22	96,44	271,2	20,79	20,79	174,9
	400	52,98	96,69	188,7	20,79	20,79	181,0
	500	53,51	96,94	140,4	20,80	20,79	185,7
	600	53,91	97,15	108,0	20,83	20,79	189,4
	800	54,55	97,61	67,4	21,03	20,82	195,5
	1000	55,08	98,07	43,6	21,37	20,90	200,2
	1500	56,24	99,54	10,2	22,26	21,21	209,0
	2000	57,24	101,3	−6,6	22,71	21,54	215,5
	2500	58,05	103,1	−16,9	22,78	21,78	220,6
	3000	58,67	104,8	−23,8	22,67	21,94	224,7

C Kohlenstoff ($M = 12{,}011$), Darstellung I

Charakteristische Daten	T	Kondensierter Zustand					
		C_p^0	$\dfrac{H_T^0 - H_0^0}{T}$	$S_T^0 - S_0^0$	C_p^0	$\dfrac{H_T^0 - H_0^0}{T}$	$S_T^0 - S_0^0$
	°K	J/(Molgrd)			J/(Molgrd)		
		Graphit			Diamant		
C_{Graphit}:	25	0,126	0,041	0,064	(0,0050)	(0,0008)	(0,003)
$\Delta H_{0, f \to g} = 711$ kJ/Mol	50	0,506	0,169	0,263	0,023	0,0071	0,013
	75	1,046	0,378	0,563	0,085	0,020	0,035
C_{Diamant}:	100	1,658	0,614	0,952	0,247	0,054	0,080
$\Theta_D = 1800°$ K; $0 < T < 25°$ K	125	2,395	0,894	1,040	0,524	0,120	0,164
$\Delta H_{0, f \to g} = 708{,}5$ kJ/Mol	150	3,299	1,212	1,909	1,000	0,225	0,302
	175	4,102	1,562	2,479	1,602	0,377	0,503
	200	4,937	1,934	3,089	2,336	0,575	0,765
	225	6,113	2,323	3,730	3,202	0,818	1,088
	250	6,816	2,725	4,397	4,135	1,102	1,474
	275	7,711	3,138	5,086	5,154	1,424	1,923
	298,15[1]	8,527	3,525	5,740	6,115	1,751	2,378
	298,15	—	—	—	6,061	1,797	2,438
	400	11,93	5,257	8,707	9,95	3,398	4,77
	500	14,63	6,868	11,66	13,13	5,036	7,36
	600	16,86	8,355	14,53	15,85	6,612	10,00
	700	18,54	9,695	17,27	17,94	8,097	12,59
	800	19,87	10,89	19,83	19,49	9,432	15,10
	900	20,84	11,94	22,23	20,94	10,62	17,48
	1000	21,51	12,86	24,46	21,04	11,64	19,66
	1100	22,05	13,68	26,53	21,33	12,51	21,67
	1200	22,68	14,40	28,48	21,58	13,25	23,55
	1500	24,10	16,22	33,71			
	2000	25,31	18,37	40,84			
	2500	26,19	19,83	46,57			
	3000	26,86	20,96	51,42			
	3500	27,49	21,84	55,61			
	4000	28,12	22,60	59,33			

[1] Die Werte für $T < 298{,}15°$ K und die für $T > 298{,}15°$ K sind verschiedenen Arbeiten entnommen.

63. Thermodynamische Zustandsgrößen

Cg Darstellung I

T	Idealer Gaszustand S_T^0 für $p=1$ atm			T	Idealer Gaszustand S_T^0 für $p=1$ atm		
	C_p^0	$\dfrac{H_T^0-H_0^0}{T}$	S_T^0		C_p^0	$\dfrac{H_T^0-H_0^0}{T}$	S_T^0
°K	J/(Molgrd)			°K	J/(Molgrd)		
298,15	20,84	21,87	158,0	1200	20,79	21,07	187,0
300	20,84	21,87	158,1	1300	20,79	21,05	188,6
400	20,82	21,61	164,1	1400	20,80	21,03	190,2
500	20,80	21,45	168,7	1500	20,82	21,01	191,6
600	20,80	21,34	172,5	2000	20,95	20,98	197,6
700	20,79	21,26	175,7	2500	21,24	21,00	202,3
800	20,79	21,20	178,5	3000	21,62	21,07	206,2
900	20,79	21,16	181,0	3500	22,01	21,18	209,6
1000	20,79	21,12	183,2	4000	22,36	21,30	212,5
1100	20,79	21,09	185,1				

Cl_2 Chlor ($M=70,906$), Darstellung I

Charakteristische Daten und Bildungsreaktion	T	Kondensierter Zustand			Idealer Gaszustand S_T^0 für $p=1$ atm		
		C_p^0	$\dfrac{H_T^0-H_0^0}{T}$	$S_T^0-S_0^0$	C_p^0	$\dfrac{H_T^0-H_0^0}{T}$	S_T^0
	°K	J/(Molgrd)			J/(Molgrd)		
$I_1 = 113{,}5\cdot 10^{-40}$ g·cm²	20	7,74	2,360	21,67			
$\Theta_{rot,1} = 0{,}356°$ K	40	23,97	9,623	24,56			
$\Theta_D = 115°$ K; $0<T<15°$ K	60	33,47	16,36	26,32			
$\Theta_{s,1} = 801°$ K	80	38,62	21,38	36,65			
$\Delta H_{0,f\to g} = 30{,}166$ kJ/Mol	100	42,26	25,27	45,61	29,28	29,11	188,6
$\Delta H_{f\to fl} = 6{,}406$ kJ/Mol	120	45,48	28,33	53,47			
$\Delta H_{fl\to g} = 20{,}410$ kJ/Mol	140	49,08	31,05	60,71			
$Trp = 172{,}18°$ K	160	53,05	33,56	67,49	30,53	29,38	202,6
$Kp = 239{,}11°$ K	172,18	55,52	34,98	71,42			
$j_k = 1{,}334$	172,18	67,07	72,18	168,62	30,81	29,47	204,8
$j_p = 1{,}388$	180	66,94	71,73	111,63	31,09	29,56	206,2
$S_{0,g} = 54{,}62$ JMol⁻¹grd⁻¹	200	66,61	71,34	118,66	31,64	29,71	209,5
$s = 2$	220	66,19	70,86	124,98	32,17	29,92	212,5
	239,11	65,69	70,46	130,46			
	239,11		156,3	216,31	32,64	30,12	215,28
	260				33,10	30,34	218,0
	280				33,50	30,55	220,5
	298,15				33,9	30,78	223,0
	500				36,1	32,56	241,1
	1000				37,5	34,76	266,9
	1500				38,0	35,76	282,0
	2000				38,3	36,36	293,0
	3000				38,9	37,11	308,6

Cl Chlor ($M=35{,}453$), Darstellung I

	T	Idealer Gaszustand, S_T^0 für $p=1$ atm					
		Bildungsreaktion			Thermodynamische Funktionen		
		ΔS_B^0	ΔH_B^0	$\dfrac{\Delta G_B^0}{T}$	C_p^0	$\dfrac{H_T^0-H_0^0}{T}$	S_T^0
	°K	J/(Molgrd)	kJ/Mol	J/(Molgrd)	J/(Molgrd)		
$\tfrac{1}{2} Cl_2 \to Cl$	298,15	53,62	121,1	352,6	21,84	21,04	165,1
	400	55,03	121,6	249,0	22,47	21,33	171,6
	500	56,09	122,0	187,9	22,75	21,59	176,5
	600	56,93	122,5	147,3	22,78	21,79	180,8
	800	58,15	123,4	96,1	22,55	22,00	187,3
	1000	58,99	124,1	65,1	22,23	22,09	192,3
	1500	60,22	125,6	23,5	21,65	22,03	201,2
	2000	60,92	126,8	2,5	21,34	21,85	207,4
	2500	61,37	127,9	−10,2	21,17	21,76	212,1
	3000	61,68	128,7	−18,8	21,06	21,65	216,0

6. Kalorische Daten

F_2 Fluor ($M = 37{,}9968$), Darstellung I

Charakteristische Daten und Bildungsreaktion	T	Kondensierter Zustand			Idealer Gaszustand S_T^0 für $p=1$ atm		
		C_p^0	$\dfrac{H_T^0 - H_0^0}{T}$	$S_T^0 - S_0^0$	C_p^0	$\dfrac{H_T^0 - H_0^0}{T}$	S_T^0
	°K	JMol^{-1}grd^{-1}			JMol^{-1}grd^{-1}		
$I_1 = 31{,}8 \cdot 10^{-40}$ g·cm^2	20	12,99	4,15	5,95			
$\Theta_{\text{rot},1} = 1{,}27°$ K	40	36,73	14,65	22,44			
$\Theta_D = 78°$ K; $0 < T < 15°$ K	53,54	51,09	35,98	51,50			
$\Theta_{s,1} = 1283°$ K	53,54	57,32	45,52	61,03	29,10	29,02	152,1
$\Delta H_{0,f \to g} = 8{,}353$ kJ/Mol	60	57,24	46,79	67,55			
$\Delta H_{f \to fl} = 0{,}510$ kJ/Mol	80	57,71	49,35	83,96			
$\Delta H_{fl \to g} = 6{,}538$ kJ/Mol	85,02	58,36	49,86	87,48			
$Trp = 53{,}54°$ K	85,02		127,30	165,59	29,10	29,05	165,54
$Kp = 85{,}02°$ K	100				29,10	29,06	170,0
$j_k = 0{,}376$	160				29,28	29,10	183,7
$j_p = 0{,}379$	200				29,67	29,17	190,3
$S_{0,g} = 36{,}29$ JMol^{-1}grd^{-1}	260				30,59	29,38	198,2
$s = 2$	298,15				31,32	29,60	202,4
	400				33,01	30,26	212,1
	500				34,27	30,94	219,6
	1000				37,01	33,45	244,5
	1500				37,94	34,81	259,7

F Fluor ($M = 18{,}9984$), Darstellung I

	T	Idealer Gaszustand, S_T^0 für $p=1$ atm					
		Bildungsreaktion			Thermodynamische Funktionen		
		ΔS_B^0	ΔH_B^0	$\dfrac{\Delta G_B^0}{T}$	C_p^0	$\dfrac{H_T^0 - H_0^0}{T}$	S_T^0
	°K	JMol^{-1}grd^{-1}	kJMol^{-1}	JMol^{-1}grd^{-1}	JMol^{-1}grd^{-1}		
$\tfrac{1}{2}F_2 \to F$	298,15	57,29	79,09	207,9	22,75	21,86	158,6
	400	59,22	79,33	139,1	22,43	22,05	165,3
	500	60,43	80,29	96,2	22,10	22,09	170,2
	600	61,27	80,75	73,3	21,83	22,07	174,3
	800	62,35	81,50	39,5	21,47	21,96	180,5
	1000	63,02	82,09	19,1	21,27	21,84	185,2
	1500	63,99	83,30	−8,5	21,02	21,60	193,8
	2000	64,52	84,22	−22,4	20,92	21,44	199,8
	2500	64,87	85,02	−30,9	20,88	21,33	204,5
	3000	65,10	85,73	−36,5	20,85	21,26	208,3

n-H_2 (75% o-H_2) ($M = 2{,}01594$) Darstellung I

Charakteristische Daten	T	Kondensierter Zustand			Idealer Gaszustand S_T^0 für $p=1$ atm		
		C_p^0	$\dfrac{H_T^0 - H_0^0}{T}$	$S_T^0 - S_0^0$	C_p^0	$\dfrac{H_T^0 - H_0^0}{T}$	S_T^0
	°K	J/(Molgrd)			J/(Molgrd)		
$I_1 = 0{,}473 \cdot 10^{-40}$ g·cm^2	4	3,012	2,061	5,293	20,79	20,79	
$\Theta_{\text{rot},1} = 85{,}29°$ K	6	1,979	2,218	6,155	20,79	20,79	43,14
$\Theta_{s,1} = 5995°$ K	8	2,125	2,175	6,985	20,79	20,79	49,12
$\Delta H_{0,f \to g} = 0{,}796$ kJ/Mol	10	2,941	2,243	7,479	20,79	20,79	53,75
$\Delta H_{f \to fl} = 0{,}117$ kJ/Mol	12	4,351	2,477	8,121	20,79	20,79	57,54
$\Delta H_{fl \to g} = 0{,}904$ kJ/Mol	13,95	6,11	2,87	8,91			
$Trp = 13{,}95°$ K	13,95	13,22	11,27	17,25	20,79	20,79	60,66
$Kp = 20{,}39°$ K	16	15,31	11,77	19,25	20,79	20,79	63,52
$j_k = -0{,}78$	18	16,90	12,23	21,14	20,79	20,79	65,96
$j_p = -0{,}75$	20,39	18,71	12,79	31,31	20,79	20,79	68,55
$S_{0,g} = 5{,}89$ J/(Molgrd)	20,39		59,83	69,18	20,79	20,79	68,55
$s = 2$							

63. Thermodynamische Zustandsgrößen

T	Ideal Gaszustand S_T^0 für $p=1$ atm			T	Idealer Gaszustand S_T^0 für $p=1$ atm		
	C_p^0	$\dfrac{H_T^0 - H_0^0}{T}$	S_T^0		C_p^0	$\dfrac{H_T^0 - H_0^0}{T}$	S_T^0
°K	J/(Molgrd)			°K	J/(Molgrd)		
25	20,79	20,79	72,80	700	29,43	27,30	155,5
50	20,83	20,80	87,22	800	29,61	27,63	159,4
100	22,66	21,14	102,0	900	29,87	27,97	162,9
200	27,28	23,18	119,3	1000	30,20	28,09	166,1
298,15	28,83	24,87	130,6	1200	30,98	28,50	171,7
400	29,18	25,92	139,1	1400	31,84	28,91	176,5
500	29,28	26,68	145,6	1600	32,69	29,34	180,8
600	29,32	27,02	151,0	1800	33,49	29,75	184,7
				2000	34,20	30,16	188,3
				2500	35,67	31,13	196,1
				3000	36,78	31,99	202,7
				3500	37,63	32,72	208,4
				4000	38,29	33,39	213,5

n-H$_2$ (75% o-H$_2$), Sättigungszustand, Darstellung II
Bei 298,15° C und $p=1,033$ at ist $H=8471$ JMol^{-1} und $S=141,14$ JMol^{-1}grd

T °K	p at	V' cm³/g	V'' cm³/g	H' J/Mol	H'' J/Mol	ΔH_v J/Mol	S' J/Molgrd	S'' J/Molgrd
14	0,0752	12,96	7710	434	1346	912	29,1	94,0
16	0,2084	13,25	3130	465	1384	919	30,8	88,3
18	0,4702	13,61	1530	500	1418	918	32,45	83,4
20	0,9186	14,01	840	537	1444	907	34,4	79,7
22	1,616	14,50	520	575	1469	894	35,9	76,3
24	2,630	15,11	330	624	1485	861	37,8	73,5
26	4,028	15,87	210	682	1485	803	39,6	70,4
28	5,88	16,90	144	742	1471	729	42,0	67,9
30	8,275	18,42	97	827	1435	608	44,4	64,9
32	11,28	21,44	63	953	1351	398	48,6	61,1

In Tabellen der thermodynamischen Funktionen für n-H$_2$, Darstellung I (vorangehende Tabelle) ist $\dfrac{H_T^0 - H_0^0}{T}$ tabelliert. Hier dagegen H_T^0. Diese H_T^0-Werte enthalten die Nullpunktenthalpie des Gases: $^3/_4\, 2R\Theta_{\rm rot} = 1061,6$ JMol^{-1}.

p-H$_2$ p-Wasserstoff ($M=2,01594$), Darstellung I

Charakteristische Daten	T	Kondensierter Zustand			Idealer Gaszustand S_T^0 für $p=1$ atm		
		C_p^0	$\dfrac{H_T^0 - H_0^0}{T}$	$S_T^0 - S_0^0$	C_p^0	$\dfrac{H_T^0 - H_0^0}{T}$	S_T^0
	°K	J/(Molgrd)			J/(Molgrd)		
$I_1 = 0,473 \cdot 10^{-40}$ g·cm²	4	0,163			20,79	20,79	
$\Theta_{\rm rot, 1} = 85,29°$ K	6	0,554	0,138	0,19	20,79	20,79	36,28
$\Theta_{s, 1} = 5995°$ K	8	1,307	0,328	0,44	20,79	20,79	42,26
$\Delta H_{0, f \to g} = 0,770$ kJ/Mol	10	2,459	0,633	0,85	20,79	20,79	46,90
$\Delta H_{f_1 \to fl} = 0,117$ kJ/Mol	12	4,02	1,067	1,43	20,79	20,79	50,69
$\Delta H_{fl \to g} = 0,900$ kJ/Mol	13,88	5,84	1,615	2,14			
$Tr p = 13,88°$ K	13,88	13,01	10,05	10,51	20,79	20,79	53,71
$Kp = 20,28°$ K	16	15,15	10,16	12,43	20,79	20,79	55,67
$pTr p = 54$ Torr	18	16,78	11,18	14,38	20,79	20,79	59,11
$j_k = -1,14$	20,28	18,74	11,92	16,46			
$j_p = -1,10$	20,28		58,76	62,41	20,79	20,79	61,59
$S_{0, g} = -0,96$ J/(Molgrd)							
$s = 2$							

6. Kalorische Daten

H²H ($M = 3,0259$), Darstellung I

Charakteristische Daten und Bildungsreaktion	T	Idealer Gaszustand, S_T^0 für $p = 1$ atm					
		Bildungsreaktion			Thermodynamische Funktionen		
		ΔS_B^0	ΔH_B^0	$\dfrac{\Delta G_B^0}{T}$	C_p^0	$\dfrac{H_T^0 - H_0^0}{T}$	S_T^0
	°K	J/(Molgrd)	kJ/Mol	J/(Molgrd)	J/(Molgrd)		
$\tfrac{1}{2}H_2 + \tfrac{1}{2}D_2 \to HD$	298,15	5,98	0,155	−5,46	29,20	28,54	143,7
$I_1 = 0,626 \cdot 10^{-40}$ g·cm²	300	5,98	0,155	−5,46	29,20	28,54	143,9
$\Theta_{rot, 1} = 64,23°$ K	400	6,01	0,162	−5,60	29,23	28,71	152,3
$\Theta_{s, 1} = 5223°$ K	500	6,00	0,162	−5,68	29,28	28,82	158,8
	600	5,99	0,155	−5,73	29,39	28,90	164,2
	700	5,97	0,138	−5,77	29,59	28,99	168,7
	1000	5,87	0,091	−5,78	30,71	29,45	179,4
	1500	5,84	0,00	−5,84	33,09	30,18	192,3
	2000	5,80	−0,20	−5,90	35,05	31,17	202,1

n-²H₂ n-Deuterium (33,3 % p²H₂) ($M = 4,0282$), Darstellung I

Charakteristische Daten	T	Kondensierter Zustand			Idealer Gaszustand S_T^0 für $p = 1$ atm		
		C_p^0	$\dfrac{H_T^0 - H_0^0}{T}$	$S_T^0 - S_0^0$	C_p^0	$\dfrac{H_T^0 - H_0^0}{T}$	S_T^0
	°K	J/(Molgrd)				J/(Molgrd)	
$I_1 = 0,937 \cdot 10^{-40}$ g·cm²	12	4,10	2,41	4,49	20,79	20,79	
$\Theta_{rot, 1} = 43,00°$ K	13	4,90	2,66	4,84	20,79	20,79	64,05
$\Theta_D = 89°$ K; $0 < T < 12°$ K	14	5,82	2,94	5,24	20,79	20,79	65,59
$\Theta_{s, 1} = 4300°$ K	15	6,78	3,25	5,71	20,79	20,79	67,02
$\Delta H_{0, f \to g} = 1,171$ kJ/Mol	16	7,95	3,59	6,15	20,79	20,79	68,36
$\Delta H_{f \to fl} = 0,197$ kJ/Mol	17	9,20	3,96	6,66	20,79	20,79	69,62
$\Delta H_{fl \to g} = 1,226$ kJ/Mol	18	10,63	4,36	7,23	20,79	20,79	70,81
$T_{rp} = 18,65°$ K	18,65	11,59	4,60	7,59			
$Kp = 23,67°$ K	18,65	20,00	15,16	18,16	20,79	20,79	71,55
$p_{Trp} = 128,6$ Torr	19	20,38	15,32	18,60	20,79	20,79	71,94
$j_k = -0,53$	20	21,25	15,66	19,66	20,80	20,79	73,00
$j_p = -0,55$	21	22,18	16,01	20,73	20,81	20,79	74,03
$S_{0, g} = 10,73$ JMol⁻¹grd⁻¹	22	23,10	16,37	21,78	20,82	20,79	74,99
	23	24,02	16,78	22,82	20,83	20,79	75,91
	23,67	24,64	17,33	23,53			
	23,67		70,26	76,14	20,85	20,79	76,52
	50				24,90	21,60	93,02
	100				30,09	25,14	112,7
	200				29,19	27,31	133,2
	298,15				29,20	27,95	144,9
	500				29,37	28,47	160,4
	1000				31,64	29,40	180,9

Modifikationen des H_2, Rotationswärme C_{rot}

63. Thermodynamische Zustandsgrößen

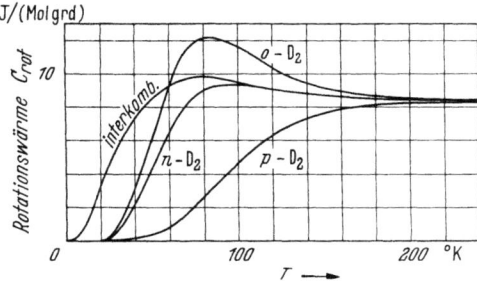

Modifikationen des D_2, Rotationswärme C_{rot}

H Wasserstoff ($M = 1{,}00797$), Darstellung I

	Idealer Gaszustand, S_T^0 für $p=1$ atm			Thermodynamische Funktionen
T	Bildungsreaktion			$0\ldots4000°$ K $C_p = 20{,}79$ J/(Molgrd) $\dfrac{H_T^0 - H_0^0}{T} = 20{,}79$ J/Molgrd
	ΔS_B^0	ΔH_B^0	$\dfrac{G_B^0}{T}$	S_T^0
°K	J/Mol^{-1}grd^{-1}	kJ/Mol	J/Molgrd	J/Molgrd

$\tfrac{1}{2} H_2 \rightarrow H$
$\Delta H_0^0, g = 215$ kJ/Mol

°K	ΔS_B^0	ΔH_B^0	G_B^0/T	S_T^0
10				44,0
50				77,5
100				91,9
150				100,3
200				106,3
250				111,0
298,15	49,32	217,9	681,4	114,6
400	51,12	218,5	495,2	120,7
500	52,49	219,1	383,8	125,3
600	53,61	219,7	312,6	129,1
700	54,56	220,4	260,2	132,3
800	55,36	221,0	220,8	135,1
900	56,05	221,5	190,1	137,5
1000	56,65	222,1	165,5	139,7
1200	57,66	223,2	128,4	143,5
1500	58,77	224,7	91,0	148,1
2000	59,97	226,8	53,4	154,1
2500	60,71	228,4	30,7	158,8
3000	61,19	229,8	15,4	162,5
3500	61,53	230,8	4,4	165,5
4000	61,77	231,8	3,8	168,5

He Helium ($M = 4{,}0026$), Darstellung I

Thermodynamische Funktionen im kondensierten Zustand unter Sättigungsbedingungen im idealen Gaszustand für S_T^0 unter $p=1$ atm

Charakteristische Daten und Bildungsreaktion	Kondensierter Zustand				Idealer Gaszustand	
	T	C_p^0	$\dfrac{H_T^0 - H_0^0}{T}$	$S_T^0 - S_0^0$	Für $4{,}21\ldots5000°$ K $C_p^0 = 20{,}79$ J/(Molgrd) $\dfrac{H_T^0 - H_0^0}{T} = 20{,}79$ J/Molgrd	
					T	S_T^0
	°K	J/(Molgrd)			°K	J/(Molgrd)

$0 < T$
$\Delta H_{0, f \rightarrow g} = 0{,}0597$ kJ/Mol
$\Delta H_{fl \rightarrow g} = 0{,}0837$ kJ/Mol

T	C_p^0	$(H_T^0-H_0^0)/T$	$S_T^0-S_0^0$	T	S_T^0
0	0	0		4,21	37,49
0,5		0,0121	0,0028	0,0035	20	69,89
0,75	0,062	0,0113	0,0146		50	88,44

6. Kalorische Daten

Charakteristische Daten und Bildungsreaktionen	T	Kondensierter Zustand			Idealer Gaszusand Für 4,21...5000° K $C_p^0=20,79$ J/(Molgrd) $\frac{H_T^0-H_0^0}{T}=20,79$ J/Molgrd	
		C_p^0	$\frac{H_T^0-H_0^0}{T}$	$S_T^0-S_0^0$	T	S_T^0
	°K	J/(Molgrd)			°K	J/(Molgrd)
$Kp=4,21°$ K $j_k=-0,689$ $j_p=-0,762$ $S_{0,g}=7,61$ J/(Molgrd)	1,00	0,445	0,0615	0,0728	100	103,35
	1,1	0,77	0,1105	0,146	200	117,76
	1,2	1,30	0,1875	0,235	273,15	124,24
	1,3	2,04	0,3015	0,367	293,15	126,06
	1,4	3,10	0,4636	0,557	400	132,12
	1,5	4,50	0,6860	0,817	600	140,60
	1,6	6,20	0,9775	1,16	800	146,58
	1,7	8,50	1,3523	1,61	1000	151,22
	1,8	11,43	1,8306	2,17	1500	159,65
	1,9	15,08	2,432	2,89	2000	165,63
	2,0	19,98	3,187	3,78	2500	170,27
	2,1	27,4	4,150	4,92	3000	174,06
	2,2	19,4	5,514	6,51	4000	180,04
	2,3	11,25	5,861	7,11	5000	184,68
	2,4	10,00	6,058	7,57		
	2,5	9,38	6,200	7,96		
	2,6	9,15	6,315	8,32		
	2,7	9,15	6,422	8,67		
	2,8	9,30	6,521	9,00		
	2,9	9,55	6,620	9,33		
	3,0	9,88	6,723	9,66		
	3,2	10,72	6,947	10,33		
	3,4	11,75	7,200	11,01		
	3,6	12,90	7,483	11,71		
	3,8	14,20	7,803	12,44		
	4,0	15,65	8,155	13,20		
	4,21	17,65	8,577	14,06		
	4,21		28,46	36,10		

Hg Quecksilber ($M=200,59$), Darstellung I

Charakteristische Daten	T	Kondensierter Zustand			Idealer Gaszustand S_T^0 für $p=1$ atm		
		C_p^0	$\frac{H_T^0-H_0^0}{T}$	$S_T^0-S_0^0$	C_p^0	$\frac{H_T^0-H_0^0}{T}$	S_T^0
	°K	J/(Molgrd)			J/(Molgrd)		
$\Delta H_{0,f\to g}=64,44$ kJ/Mol $\Delta H_{f\to fl}=2,295$ kJ/Mol $\Delta H_{fl\to g}=59,11$ kJ/Mol $Trp=234,29°$ K $Kp=629,88°$ K $j_k=1,862$ $j_p=1,864$ $S_{0,g}=56,41$	20	10,30	4,47	7,77	20,79	20,79	118,7
	40	17,94	9,53	17,56	20,79	20,79	133,1
	60	21,42	12,98	25,56	20,79	20,79	141,5
	80	23,16	15,33	31,99	20,79	20,79	147,5
	100	24,25	17,02	37,28	20,79	20,79	152,1
	120	25,03	18,29	41,78	20,79	20,79	155,9
	140	25,62	19,30	45,69	20,79	20,79	159,0
	160	26,13	20,13	49,14	20,79	20,79	161,9
	180	26,68	20,82	52,24	20,79	20,79	164,3
	200	27,28	21,43	55,08	20,79	20,79	166,5
	220	27,94	21,99	57,71	20,79	20,79	168,5
	234,29	28,48	22,37	59,48	20,79	20,79	169,8
	234,29	28,48	32,17	69,28	20,79	20,79	169,8
	240	28,43	32,08	69,97	20,79	20,79	170,3
	260	28,28	31,79	72,24	20,79	20,79	172,0
	280	28,12	31,53	74,33	20,79	20,79	173,5
	298,15	27,98	31,32	76,09	20,79	20,79	174,8
	400	27,36	30,38	84,22	20,79	20,79	180,9
	500	27,13	29,75	90,29	20,79	20,79	185,5
	600	27,15	29,31	95,25	20,79	20,79	189,3
	629,88	27,19	29,21	96,54	20,79	20,79	190,3
	629,88		123,05	190,38	20,79	20,79	190,35

63. Thermodynamische Zustandsgrößen

J_2 Jod ($M = 253{,}809$), Darstellung I

Charakteristische Daten und Bildungsreaktion	T	Kondensierter Zustand			Idealer Gaszustand S_T^0 für $p = 1$ atm		
		C_p^0	$\dfrac{H_T^0 - H_0^0}{T}$	$S_T^0 - S_0^0$	C_p^0	$\dfrac{H_T^0 - H_0^0}{T}$	S_T^0
	°K	JMol⁻¹grd⁻¹			JMol⁻¹grd⁻¹		
$I_1 = 740{,}5 \cdot 10^{-41}$ g·cm²	20	16,18	5,62	8,00			
$\Theta_{rot,1} = 0{,}054°$ K	40	31,62	15,48	24,77			
$\Theta_D = 76°$ K; $0 < T < 10°$ K	60	39,09	22,13	39,15			
$\Theta_{s,1} = 306{,}4°$ K	80	43,32	26,97	51,05			
$\Delta H_{0,f \to g} = 74{,}08$ kJ/Mol	100	45,65	30,51	61,01	33,13	30,32	221,7
$\Delta H_{f \to fl} = 15{,}648$ kJ/Mol	160	50,07	37,17	83,62	35,29	31,84	238,0
$\Delta H_{fl \to g} = 43{,}46$ kJ/Mol	200	51,57	39,90	94,96	35,97	32,00	245,7
$F = 387{,}1°$ K	260	53,42	42,85	108,76	36,57	33,46	255,3
$Kp = 456°$ K	298,15	54,44	44,26	116,14			
$p_F = 0{,}305$ Torr	298,15				36,9	33,93	260,6
$j_k = 2{,}99$	360				36,96	34,37	267,2
$j_p = 3{,}00$	380				37,00	34,51	269,3
$S_{0,g} = 86{,}02$ JMol⁻¹grd⁻¹	387,1				37,03	34,56	269,9
$s = 2$	500				37,5	35,25	279,8
	1000				37,9	36,48	305,9
	1500				38,2	37,01	321,4

J Jod ($M = 126{,}9044$), Darstellung I

	T	Idealer Gaszustand, S_T^0 für $p = 1$ atm					
		Bildungsreaktion			Thermodynamische Funktionen		
		ΔS_B^0	ΔH_B^0	$\dfrac{\Delta G_B^0}{T}$	C_p^0	$\dfrac{H_T^0 - H_0^0}{T}$	S_T^0
	°K	J/(Molgrd)	kJ/Mol	J/(Molgrd)	J/(Molgrd)		
$\tfrac{1}{2} J_2 \to J$	298,15	50,38	75,49	202,8	20,79	20,70	180,7
	400	51,05	75,73	138,2	20,79	20,79	186,8
	500	51,52	75,94	100,4	20,79	20,79	191,4
	600	51,89	76,15	75,0	20,79	20,79	195,2
	800	52,46	76,53	43,0	20,79	20,79	201,2
	1000	52,87	76,90	24,0	20,79	20,79	205,8
	1500	53,61	77,82	−1,7	20,94	20,81	214,3
	2000	54,16	78,78	−14,8	21,31	20,88	220,4
	2500	54,65	79,87	−22,8	21,78	21,01	225,2
	3000	55,13	82,38	−27,6	22,19	21,18	229,2

K Kalium ($M = 39{,}102$), Darstellung I

Charakteristische Daten	T	Kondensierter Zustand			Idealer Gaszustand S_T^0 für $p = 1$ atm		
		C_p^0	$\dfrac{H_T^0 - H_0^0}{T}$	$S_T^0 - S_0^0$	C_p^0	$\dfrac{H_T^0 - H_0^0}{T}$	S_T^0
	°K	JMol⁻¹grd⁻¹			JMol⁻¹grd⁻¹		
$\Delta H_{f \to fl} = 2{,}318$ kJ/Mol	50	20,88	11,10	18,52	20,79	20,79	123,1
$F = 336{,}4°$ K	100	24,85	17,23	34,56	20,79	20,79	137,5
$Kp = 1027°$ K	150	26,28	20,03	44,39	20,79	20,79	145,9
$g = 2$	200	27,20	21,71	52,62	20,79	20,79	151,9
	250	28,07	22,89	58,78	20,79	20,79	156,6
	298,15	29,96	23,86	63,86	20,79	20,79	160,2
	336,4	33,10	24,72	67,65			
	336,4	32,13	31,61	74,54	20,79	20,79	162,7
	500	30,71	31,52	86,89	20,79	20,79	171,0
	1000	30,38	30,77	107,81	20,79	20,79	185,4

6. Kalorische Daten

Kr Krypton ($M = 83{,}80$), Darstellung I

Charakteristische Daten	T	Kondensierter Zustand			Idealer Gaszustand S_T^0 für $p=1$ atm		
		C_p^0	$\dfrac{H_T^0 - H_0^0}{T}$	$S_T^0 - S_0^0$	C_p^0	$\dfrac{H_T^0 - H_0^0}{T}$	S_T^0
	°K	J/(Molgrd)			J/(Molgrd)		
$\Theta_D = 63°$ K, $0 < T < 10°$ K	0	0	0				[45,56]
$\Delta H_{0, f \to g} = 11{,}192$ kJ/Mol	20	15,36	6,13	10,77	20,79	20,79	107,8
$\Delta H_{f \to fl} = 1{,}636$ kJ/Mol	40	23,64	14,07	24,10	20,79	20,79	122,2
$\Delta H_{fl \to g} = 9{,}029$ kJ/Mol	60	26,32	17,67	33,47	20,79	20,79	130,7
$T_{rp} = 116{,}0°$ K	80	28,53	20,27	41,38	20,79	20,79	136,7
$K_p = 119{,}93°$ K	100	31,38	22,25	48,12	20,79	20,79	141,4
$p_{Trp} = 549$ Torr	116,0	35,86	23,79	53,09			
$j_k = 1{,}29$	116,0	44,85	37,89	67,03	20,79	20,79	144,4
$j_p = 1{,}26$	119,93	45,06	38,12	68,78			
	119,93		114,10	144,56	20,79	20,79	145,06
	160				20,79	20,79	151,0
	200				20,79	20,79	155,7
	240				20,79	20,79	159,5
	280				20,79	20,79	162,7
	298,15				20,79	20,79	164,0

N_2 Stickstoff ($M = 14{,}0067$), Darstellung I

Charakteristische Daten	T	Kondensierter Zustand			Idealer Gaszustand S_T^0 für $p=1$ atm		
		C_p^0	$\dfrac{H_T^0 - H_0^0}{T}$	$S_T^0 - S_0^0$	C_p^0	$\dfrac{H_T^0 - H_0^0}{T}$	S_T^0
	°K	J/(Molgrd)			J/(Molgrd)		
$I_1 = 13{,}8 \cdot 10^{-40}$ g·cm²	20	19,87	6,57	9,25	29,08	28,70	112,7
$\Theta_{rot,1} = 2{,}92°$ K	35,6	45,61	17,57	27,07			
$\Theta_D(^{14}N_2)$ bei 10° K = 73° K	35,6	36,28	24,02	33,51			
$\Theta_D(^{15}N_2)$ bei 10° K = 72° K	40	37,78	25,44	37,87	29,10	28,89	132,8
$\Theta_D = 68°$ K; $0 < T < 20°$ K	60	45,61	30,79	54,68	29,10	28,96	144,6
$\Theta_{s,1} = 3352°$ K	63,14	47,36	31,59	57,03			
$\Delta H_{0, f \to g} = 6{,}935$ kJ/Mol	63,14	55,86	43,01	68,24	29,10	28,97	146,6
$\Delta H_{f \to fl} = 0{,}720$ kJ/Mol	77,36	56,99	45,44	79,75			
$\Delta H_{fl \to g} = 5{,}577$ kJ/Mol	77,36		118,64	152,04	29,10	28,99	152,06
$T_{rp} = 63{,}14°$ K							
$K_p = 77{,}36°$ K							
$p_{Trp} = 94$ Torr							
$j_k = -0{,}187$							
$j_p = -0{,}188$							
$s = 2$							
S_0(Gas) $= 25{,}53$ J/Molgrd							

	Idealer Gaszustand			T	Idealer Gaszustand		
T	C_p^0	$\dfrac{H_T^0 - H_0^0}{T}$	S_T^0		C_p^0	$\dfrac{H_T^0 - H_0^0}{T}$	S_T^0
°K	J/(Molgrd)			°K	J/(Molgrd)		
80	29,10	28,99	153,0	600	30,11	29,27	212,1
100	29,10	29,01	159,5	800	31,43	29,65	220,9
120	29,10	29,03	164,8	1000	32,70	30,14	228,1
140	29,10	29,04	169,3	1200	33,74	30,66	234,1
160	29,10	29,05	173,2	1400	34,53	31,16	239,4
180	29,11	29,05	176,2	1600	35,14	31,62	244,0
200	29,11	29,06	179,7	1800	35,61	32,04	248,2
220	29,11	29,06	182,4	2000	35,99	32,42	252,0
240	29,11	29,07	185,0	2500	36,65	33,20	260,1
260	29,11	29,07	187,3	3000	37,07	33,81	266,8
280	29,12	29,07	189,5	3500	37,38	34,30	272,5
298,15	29,12	29,08	191,4	4000	37,61	34,70	277,5
400	29,25	29,10	200,1	4500	37,80	35,04	282,0
500	29,58	29,16	206,6	5000	37,97	35,33	286,0

63. Thermodynamische Zustandsgrößen

N_2 Sättigungszustand, Darstellung II
Bei 0° K im Kristallzustand ist $H=0$ und $S=0$ gesetzt

p atm	T °K	V' cm³/Mol	V'' cm³/Mol	H' J/Mol	H'' J/Mol	S' J/(Molgrd)	S'' J/(Molgrd)
0,2	65,89	32,71	27040	2867	8943	70,53	162,75
0,3	68,41	33,18	18629	3009	8969	72,64	159,76
0,5	71,91	33,69	11571	3208	9011	75,48	156,18
0,7	74,45	34,12	8462	3353	9046	77,46	153,93
1	77,35	34,67	6090	3522	9100	79,66	151,78
2	83,80	36,01	3190	3874	9239	83,98	148,00
3	88,04	37,01	2186	4101	9320	86,53	145,81
5	94,09	38,64	1369	4443	9422	90,05	143,02
7	198,60	40,17	993,5	4699	9455	92,71	140,95
10	103,88	42,19	696,9	5035	9463	95,93	138,56
15	110,57	45,40	444,0	5526	9406	100,33	135,42
20	115,80	48,89	311,3	5988	9280	104,25	132,68
25	120,13	53,26	225,9	6444	9077	108,08	130,00
30	123,86	59,73	161,9	6943	8785	112,19	127,06
33,5	126,2		90,094		7922		120,00

N Stickstoff ($M=14,0067$), Darstellung I

Bildungsreaktion	T	Idealer Gaszustand, S_T^0 für $p=1$ atm					
		Bildungsreaktion			Thermodynamische Funktionen		
		ΔS_B^0	ΔH_B^0	$\dfrac{\Delta G_B^0}{T}$	C_p^0	$\dfrac{H_T^0-H_0^0}{T}$	S_T^0
	°K	J/(Molgrd)	kJ/Mol	J/(Molgrd)	J/(Molgrd)		
$\tfrac{1}{2}N_2 \to N$	298,15	57,40	470,6	1521,0	20,79	20,79	153,1
	400	59,22	471,1	1118,0	20,79	20,79	159,2
	500	60,58	471,8	883,3	20,79	20,79	163,9
	600	61,64	474,4	725,7	20,79	20,79	167,7
	800	63,20	473,0	528,7	20,79	20,79	173,6
	1000	64,26	474,5	410,2	20,79	20,79	178,3
	1200	65,02	475,3	331,1	20,79	20,79	182,1
	1500	65,82	476,4	251,8	20,79	20,79	186,7
	2000	66,70	477,9	172,3	20,79	20,79	192,7
	2500	67,29	479,2	124,4	20,83	20,79	197,3
	3000	67,74	480,4	92,4	20,97	20,81	201,1
	3500	68,11	481,7	69,5	21,28	20,85	204,4
	4000	68,49	483,1	52,3	21,82	20,94	207,3

Na Natrium ($M=22,9898$), Darstellung I

Charakteristische Daten	T	Kondensierter Zustand			Idealer Gaszustand S_T^0 für $p=1$ atm		
		C_p^0	$\dfrac{H_T^0-H_0^0}{T}$	$S_T^0-S_0^0$	C_p^0	$\dfrac{H_T^0-H_0^0}{T}$	S_T^0
	°K	J/(Molgrd)			J/(Molgrd)		
$\Delta H_{f \to fl}=2{,}602$ kJ/Mol	50	15,94	6,59	10,02	20,79	20,79	116,5
$F = 370{,}98°$ K	100	22,55	13,30	23,64	20,79	20,79	130,9
$Kp=1162°$ K	150	24,81	16,81	33,27	20,79	20,79	139,3
$g = 2$	200	26,19	19,00	40,61	20,79	20,79	145,3
	250	27,11	20,54	46,54	20,79	20,79	149,9
	298,15	28,20	21,67	51,42	20,79	20,79	153,6
	370,98	31,21	23,21	57,87	20,79	20,79	
	370,98	31,88	30,23	64,88	20,79	20,79	158,1
	500	30,63	30,46	74,19	20,79	20,79	164,4
	1000	29,00	29,88	94,56	20,79	20,79	178,8

6. Kalorische Daten

Ne Neon ($M = 20{,}183$), Darstellung I

Charakteristische Daten	T	Kondensierter Zustand			Idealer Gaszustand S_T^0 für $p=1$ atm		
		C_p^0	$\dfrac{H_T^0 - H_0^0}{T}$	$S_T^0 - S_0^0$	S_T^0 Gas	T	S_T^0
	°K	J/(Molgrd)			J/(Molgrd)	°K	J/(Molgrd)
$\Theta_D = 64°$ K, $0 < T < 12°$ K	10	5,799	1,649	2,24	75,66	40	104,5
$\Delta H_{0,f \to g} = 1{,}920$ kJ/Mol	20	18,03	6,763	9,88	90,06	60	112,9
$\Delta H_{f \to fl} = 0{,}335$ kJ/Mol	24,55	26,28	9,447	14,29	94,32	80	118,9
$\Delta H_{fl \to g} = 1{,}761$ kJ/Mol	24,55	35,35	23,098	27,93		100	123,5
$Trp = 24{,}55°$ K	27,2	37,03	24,309	31,78		120	127,3
$Kp = 27{,}2°$ K	27,2		91,376	96,40	96,45	160	133,3
$p_{Trp} = 324$ Torr						180	135,7
$j_k = 0{,}366$	Im idealen Gaszustand ist bis 5000° K					200	137,9
$j_p = 0{,}363$	$C_p^0 = 20{,}79$ J/(Molgrd)					240	141,7
$S_{0,g} = 27{,}79$ J/(Molgrd)	$\dfrac{H_T^0 - H_0^0}{T} = 20{,}79$ J/(Molgrd)					280	144,9
						293,15	146,2

O₂ Sauerstoff ($M = 15{,}9988$), Darstellung I

Charakteristische Daten	T	Kondensierter Gaszustand			Idealer Gaszustand S_T^0 für $p=1$ atm		
		C_p^0	$\dfrac{H_T^0 - H_0^0}{T}$	$S_T^0 - S_0^0$	C_p^0	$\dfrac{H_T^0 - H_0^0}{T}$	S_T^0
	°K	J/(Molgrd)			J/(Molgrd)		
$I_1 = 19{,}2 \cdot 10^{-40}$ g·cm²	20	13,97	4,167	5,69	29,08	27,05	126,2
$\Theta_{rot,1} = 2{,}11°$ K	23,66	21,76	6,247	8,66			
$\Theta_D = 90{,}9°$ K; $0 < T < 15°$ K	23,66	21,21	10,209	12,59	29,08	27,36	129,9
$\Theta_{s,1} = 2238{,}0°$ K	40	41,51	18,610	28,32	29,09	28,07	146,4
$\Delta H_{0,f \to g} = 8{,}8170$ kJ/Mol	43,76	47,28	20,83	32,30			
$\Delta H_{f \to fl} = 0{,}4448$ kJ/Mol	43,76	46,32	37,81	46,29	29,09	28,16	149,0
$\Delta H_{fl \to g} = 6{,}8195$ kJ/Mol	54,39	46,19	39,45	59,37			
$Trp = 54{,}39°$ K	54,39	53,56	47,63	67,53	29,10	28,34	155,4
$Kp = 90{,}19°$ K	60	53,26	48,18	72,80	29,10	28,41	158,2
$p_{Trp} = 1{,}1$ Torr	80	53,26	49,48	88,16	29,10	28,58	166,6
$j_k = 0{,}52$	90,19	54,39	49,86	94,64			
$j_p = 0{,}53$	90,19		126,40	170,29	29,10	28,64	170,04
$S_{0,g} = 39{,}08$ JMol⁻¹grd⁻¹							
$s = 2$							

	T	Idealer Gaszustand			T	Idealer Gaszustand		
		C_p^0	$\dfrac{H_T^0 - H_0^0}{T}$	S_T^0		C_p^0	$\dfrac{H_T^0 - H_0^0}{T}$	S_T^0
	°K	J/(Molgrd)			°K	J/(Molgrd)		
	100	29,10	28,69	173,1	1200	35,69	32,02	249,9
	140	29,10	28,80	182,8	1400	36,30	32,59	255,5
	180	29,11	28,87	190,2	1600	36,82	33,09	260,3
	220	29,14	28,92	196,0	1800	37,31	33,53	264,7
	260	29,23	28,96	200,8	2000	37,78	33,93	268,7
	298,15	29,36	29,00	205,0	2500	38,92	34,81	277,2
	400	30,10	29,21	213,8	3000	39,97	35,58	284,4
	500	31,08	29,49	220,6	3500	40,85	36,27	290,6
	600	32,09	29,84	226,3	4000	41,56	36,89	296,1
	800	33,74	30,62	235,8	4500	42,10	37,44	301,1
	1000	34,87	31,37	243,5	5000	42,50	37,92	305,5

63. Thermodynamische Zustandsgrößen

O_2 Sättigungszustand, Darstellung II
Bei 0° K ist im Kristallzustand $H=0$ und $S=0$ gesetzt

T	p	v'	v''	H'	H''	ΔH_v	S'	S''
°K	at	cm³/g		kJ/Mol			J/(Molgrd)	
54,33[1]	0,00152	0,762	95·10³	−6,16	+1,58	7,74	67,3	209,8
60	0,00740	0,778	21,5·10³	−5,87	+1,75	7,62	72,5	199,5
70	0,0629	0,806	2950	−5,32	+2,04	7,35	81,2	186,2
80	0,304	0,840	690	−4,79	+2,32	7,11	87,6	177,2
90	1,012	0,878	227	−4,27	+2,56	6,83	94,2	170,2
90,19[2]	1,033	0,878	225	−4,26	+2,57	6,823	94,3	170,2
100	2,612	0,920	96	−3,71	+2,78	6,49	100,6	165,3
110	5,608	0,971	45,7	−3,15	+2,96	6,11	105,0	160,8
120	10,55	1,036	24,2	−2,57	+3,07	5,64	110,2	157,1
130	18,00	1,119	14,7	−1,97	+3,08	5,05	114,7	153,7
140	28,63	1,240	8,7	−1,20	+2,98	4,18	120,2	150,2
150	43,27	1,482	4,8	−0,16	+2,49	2,65	127,0	144,7
154,36	51,35	2,326		+1,27		0	136,0	

[1] Tripelpunkt, [2] Normaler Siedepunkt.

O und O_3, Darstellung I

Charakteristische Daten und Bildungsreaktion	T	Idealer Gaszustand, S_T^0 für $p=1$ atm					
		Bildungsreaktion			Thermodynamische Funktionen		
		ΔS_B^0	ΔH_B^0	$\dfrac{\Delta G_B^0}{T}$	C_p^0	$\dfrac{H_T^0 - H_0^0}{T}$	S_T^0
	°K	JMol⁻¹grd⁻¹	kJMol⁻¹	JMol⁻¹grd⁻¹	JMol⁻¹grd⁻¹		
		O Sauerstoff ($M = 15{,}9994$)					
$\tfrac{1}{2}O_2 \rightarrow O$	10				20,79	20,79	86,14
$\Delta H_{0,g}^0 = 245$ kJ/Mol	50				21,97	21,04	119,9
	100				23,71	22,07	135,8
	150				23,36	22,58	145,4
	200				22,73	22,69	152,1
	250				22,24	22,68	157,1
	298,15	58,39	247,4	771,4	21,90	22,55	160,9
	400	60,39	248,1	559,9	21,47	22,32	167,3
	500	61,63	248,7	435,9	21,25	22,13	172,0
	600	62,72	249,3	352,7	21,12	21,97	175,9
	700	63,51	249,8	293,3	21,03	21,84	179,1
	800	64,04	250,2	248,7	20,98	21,74	181,9
	900	64,49	250,6	213,9	20,94	21,65	184,4
	1000	64,88	250,9	185,6	20,91	21,58	186,6
	1200	65,48	251,6	144,2	20,87	21,46	190,4
	1500	66,09	252,4	102,2	20,84	21,34	195,1
	2000	66,74	253,6	60,0	20,82	21,21	201,1
	2500	67,11	254,4	34,6	20,84	21,13	205,7
	3000	67,33	255,0	17,7	20,93	21,09	209,5
	3500	67,44	255,4	5,54	21,08	21,08	212,8
	4000	67,52	255,8	−3,53	21,30	21,09	215,6
		O_3 Ozon ($M = 47{,}9982$)					
$I_1 = 7{,}946 \cdot 10^{-40}$ g·cm²	298,15	−68,7	143,2	549,0	39,20	34,72	238,8
$I_2 = 62{,}87 \cdot 10^{-40}$ g·cm²	400	−69,8	142,8	427,3	43,68	36,43	250,9
$I_3 = 70{,}82 \cdot 10^{-40}$ g·cm²	500	−69,9	142,8	355,5	47,10	38,23	261,0
$\Theta_{\text{rot},1} = 5{,}12°$ K	600	−69,7	142,9	307,9	49,76	39,94	269,9
$\Theta_{\text{rot},2} = 0{,}650°$ K	700	−69,4	143,0	273,7	51,46	41,45	277,7
$\Theta_{\text{rot},3} = 0{,}568°$ K	800	−69,1	143,3	248,2	52,79	42,79	284,7
$\Theta_{s,1} = 1014°$ K	900	−68,9	143,5	227,9	53,80	43,96	290,9
$\Theta_{s,2} = 1500°$ K	1000	−68,7	143,7	212,4	54,55	44,96	296,6
$\Theta_{s,3} = 1596°$ K							
$\Delta H_{0,g}^0 = 145{,}8$ kJ/Mol							
$\tfrac{3}{2}O_2 \rightarrow O_3$							

6. Kalorische Daten

S und Se, Darstellung I

Charakteristische Daten	T	Kondensierter Zustand					
		C_p^0	$\dfrac{H_T^0-H_0^0}{T}$	$S_T^0-S_0^0$	C_p^0	$\dfrac{H_T^0-H_0^0}{T}$	$S_T^0-S_0^0$
	°K	J/(Molgrd)			J/(Molgrd)		

S Schwefel ($M=32{,}064$)

		rhombisch			monoklin		
$\Theta_D = 165°$ K; $0<T<10°$ K	20	2,57	0,257	0,80	2,57	0,257	0,80
	40	6,08	2,431	4,18	6,08	2,431	4,18
	60	8,72	4,100	7,11	8,75	4,13	7,14
	80	10,90	5,531	9,92	10,98	5,54	9,97
	100	12,80	6,799	12,55	12,97	6,82	12,64
	160	17,25	9,90	19,57	17,72	10,05	19,79
	200	19,41	11,61	23,66	20,07	11,81	24,01
	260	21,56	13,68	29,05	22,47	14,01	29,61
	298,15	22,60	14,75	32,07	23,64	15,27	32,75
	360	24,20	16,23	36,51	25,39	16,87	37,37
	386,6	24,51	16,43	37,08	25,63	17,07	37,97

Se Selen ($M=78{,}96$)

		kristallin			glasig		
	60	12,80	5,68	8,82	13,56	6,74	10,36
	70	14,69	6,84	10,95	14,90	7,81	12,58
	80	16,15	7,91	13,01	16,15	8,77	14,67
	90	17,32	8,90	15,00	17,24	9,65	16,65
	100	18,24	9,79	16,88	18,20	10,46	18,52
	160	22,22	13,78	26,43	22,01	13,65	27,99
	200	23,47	15,60	31,53	23,43	15,46	33,06
	298,15	24,77	18,47	41,26	25,69	18,48	42,90

Xe Xenon ($M=131{,}30$), Darstellung I

Charakteristische Daten und Bildungsreaktion	T	Kondensierter Zustand			Idealer Gaszustand S_T^0 für $p=1$ atm		
		C_p^0	$\dfrac{H_T^0-H_0^0}{T}$	$S_T^0-S_0^0$	C_p^0	$\dfrac{H_T^0-H_0^0}{T}$	S_T^0
	°K	J/(Molgrd)			J/(Molgrd)		
$\Theta_D = 55°$ K, $0<T<10°$ K	20	16,86	8,188	12,97			
$\Delta H_{0,f \to g} = 15{,}857$ kJ/Mol	40	23,93	14,912	27,45			
$\Delta H_{f \to fl} = 2{,}295$ kJ/Mol	60	25,73	18,263	37,57			
$\Delta H_{fl \to g} = 12{,}636$ kJ/Mol	80	26,87	20,28	45,15			
$Trp = 161{,}3°$ K	100	28,33	21,72	51,24	20,79	20,79	146,9
$Kp = 165{,}13°$ K	120	30,12	22,96	56,53	20,79	20,79	150,7
$pTrp = 611$ Torr	140	32,22	24,13	61,29	20,79	20,79	153,8
$j_k = 1{,}59$	161,3	36,82	25,44	66,07			
$j_p = 1{,}65$	161,3	44,69	39,67	80,29	20,79	20,79	156,8
$S_{0,g} = 51{,}17$ JMol^{-1}grd^{-1}	165,13	44,69	39,78	81,34			
	165,13		116,81	158,45	20,79	20,79	157,32
	180				20,79	20,79	159,1
	200				20,79	20,79	161,3
	240				20,79	20,79	165,1
	280				20,79	20,79	168,3
	298,15				20,79	20,79	169,6

6322. Anorganische Verbindungen

BBr$_3$ und BCl$_3$, Darstellung I

Charakteristische Daten und Bildungsreaktion	T	Bildungsreaktion			Thermodynamische Funktionen		
		ΔS_B^0	ΔH_B^0	$\dfrac{\Delta G_B^0}{T}$	C_p^0	$\dfrac{H_T^0 - H_0^0}{T}$	S_T^0
	°K	J/(Molgrd)	kJ/Mol	J/(Molgrd)	J/(Molgrd)		

BBr$_3$ Bortribromid ($M = 250{,}57$)

$I_1 = 1396 \cdot 10^{-40}$ g·cm^2	298,15	−49,8	−217,3	−679,0	67,97	52,74	324,1
$I_2 = 696 \cdot 10^{-40}$ g·cm^2	400	−48,9	−217,0	−493,6	72,82	57,28	344,8
$I_3 = 696 \cdot 10^{-40}$ g·cm^2	500	−48,2	−216,6	−385,0	75,70	60,71	361,4
$\Theta_{\text{rot},1} = 0{,}029°$ K	600	−47,6	−216,3	−312,9	77,71	63,41	375,4
$\Theta_{\text{rot},2} = 0{,}058°$ K	700	−47,2	−216,1	−261,5	78,97	65,54	387,5
$\Theta_{\text{rot},3} = 0{,}058°$ K	800	−47,0	−216,0	−223,0	79,89	67,26	398,1
$\Theta_{s,1} = 401°$ K	900	−47,0	−215,9	−192,8	80,51	68,72	407,5
$\Theta_{s,2} = 540°$ K	1000	−47,0	−215,9	−168,9	81,02	69,93	416,0
$\Theta_{s,3} = 1168$ (E) °K							
$\Theta_{s,4} = 217$ (E) °K							
$s = 6$							
$B + \tfrac{3}{2} Br_{2,g} \to BBr_3$							

BCl$_3$ Bortrichlorid ($M = 117{,}19$)

$I_1 = 528{,}6 \cdot 10^{-40}$ g·cm^2	298,15	−50,50	−395,4	−1275,6	62,61	47,10	289,81
$I_2 = 264{,}3 \cdot 10^{-40}$ g·cm^2	400	−50,1	−395,3	−938,1	68,72	51,93	309,2
$I_3 = 264{,}3 \cdot 10^{-40}$ g·cm^2	500	−49,9	−395,2	−740,5	72,61	55,65	324,9
$\Theta_{\text{rot},1} = 0{,}076°$ K	600	−49,6	−395,1	−608,9	75,24	58,72	338,4
$\Theta_{\text{rot},2} = 0{,}15°$ K	700	−49,5	−395,0	−514,8	77,04	61,19	350,1
$\Theta_{\text{rot},3} = 0{,}15°$ K	800	−49,4	−394,9	−444,1	78,30	63,28	360,5
$\Theta_{s,1} = 677°$ K	900	−49,4	−394,9	−389,4	79,22	65,00	369,8
$\Theta_{s,2} = 670°$ K	1000	−49,5	−394,9	−345,4	79,89	66,46	378,1
$\Theta_{s,3} = 1388$ (E) °K							
$\Theta_{s,4} = 350$ (E) °K							
$s = 6$							
$B + \tfrac{3}{2} Cl_2 \to BCl_3$							

BF$_3$ Bortrifluorid ($M = 67{,}81$), Darstellung I

Charakteristische Daten	T	Kondensierter Zustand			Idealer Gaszustand S_T^0 für $p = 1$ atm		
		C_p^0	$\dfrac{H_T^0 - H_0^0}{T}$	$S_T^0 - S_0^0$	C_p^0	$\dfrac{H_T^0 - H_0^0}{T}$	S_T^0
	°K	J/(Molgrd)			J/(Molgrd)		

$I_1 = 157{,}7 \cdot 10^{-40}$ g·cm^2	20	12,13	4,37	5,98			
$I_2 = 78{,}8 \cdot 10^{-40}$ g·cm^2	40	29,29	12,59	19,75			
$I_3 = 78{,}8 \cdot 10^{-40}$ g·cm^2	60	40,46	20,18	33,93			
$\Theta_{\text{rot},1} = 0{,}255°$ K	80	47,20	22,97	46,57			
$\Theta_{\text{rot},2} = 0{,}511°$ K	100	53,39	24,25	57,78			
$\Theta_{\text{rot},3} = 0{,}511°$ K	120	60,42	29,67	68,12	35,22	33,63	216,0
$\Theta_{s,1} = 1003°$ K	140	70,12	34,75	78,16	36,67	33,95	221,5
$\Theta_{s,2} = 690$ (E) °K	144,46	72,80	36,69	82,89			
$\Theta_{s,3} = 1277°$ K	144,46	102,51	66,06	112,8			
$\Theta_{s,4} = 2094$ (E) °K	154,5	103,43	68,50	119,7			
$\Delta H_{0, f \to g} = 21{,}92$ kJ/Mol	154,5		186,0	227,27	37,89	34,26	225,34
$\Delta H_{f \to fl} = 4{,}242$ kJ/Mol	200				42,03	35,54	235,4
$\Delta H_{fl \to g} = 18{,}00$ kJ/Mol	260				47,42	37,84	247,2
$\Delta H_{0,f}^0 = -1110$ kJ/Mol							
$Trp = 144{,}46°$ K							
$Kp = 174°$ K							
$j_k = 1{,}218$							
$j_p = 1{,}319$							
$S_{0,g} = 56{,}56$ JMol^{-1}grd^{-1}							
$s = 6$							

6. Kalorische Daten

	T	Idealer Gaszustand					
		Bildungsreaktion			Thermodynamische Funktionen S_T^0 für $p=1$ atm		
		ΔS_B^0	ΔH_B^0	$\dfrac{\Delta G_B^0}{T}$	C_p^0	$\dfrac{H_T^0 - H_0^0}{T}$	S_T^0
	°K	J/(Molgrd)	kJ/Mol	J/(Molgrd)	JMol^{-1}grd^{-1}		
$B + \tfrac{3}{2} F_2 \rightarrow BF_3$	400	−58,06	−1111	−2721	57,57	42,90	269,73
	600	−60,4	−1112	−1793	67,11	49,53	295,0
	800	−61,6	−1113	−1330	72,60	54,67	315,2
	1000	−62,5	−1114	−1051	75,82	58,61	331,8

HBr Bromwasserstoff ($M = 80{,}017$), Darstellung I

Charakteristische Daten und Bildungsreaktion	T	Kondensierter Zustand			Idealer Gaszustand S_T^0 für $p=1$ atm		
		C_p^0	$\dfrac{H_T^0 - H_0^0}{T}$	$S_T^0 - S_0^0$	C_p^0	$\dfrac{H_T^0 - H_0^0}{T}$	S_T^0
	°K	J/(Molgrd)			J/(Molgrd)		
$I_1 = 3{,}303 \cdot 10^{-40}$ g·cm^2	20	11,05	3,80	5,37			
$\Theta_{\text{rot},1} = 12{,}18$ °K	40	20,50	10,53	17,17			
$\Theta_D = 92$ °K; $0 < T < 14{,}5$ °K	60	26,78	14,80	26,30			
$\Theta_{s,1} = 3680{,}2$ °K	80	39,33	19,12	35,45			
$\Delta H_{0,f \rightarrow g} = 22{,}834$ kJ/Mol	100	43,26	27,56	48,96	29,10	28,76	166,6
$\Delta H_{f \rightarrow fl} = 2{,}405$ kJ/Mol	120	45,19	36,16	63,11	29,10	28,82	172,0
$\Delta H_{fl \rightarrow g}\ 17{,}615$ kJ/Mol	140	46,36	37,52	69,94	29,10	28,85	176,4
$\Delta H_{0,f}^0 = -35{,}58$ kJ/Mol	160	47,95	38,71	76,15	29,10	28,89	180,3
$\Delta H_{0,g}^0 = -35{,}79$ kJ/Mol	180	51,04	39,90	82,01	29,11	28,91	183,7
$\Delta H_{298,15,g}^0 = -36{,}23$ kJ/Mol	186,3	52,05	40,30	87,78			
$Trp = 186{,}3$ °K	186,3	59,66	53,21	96,70	29,11	28,92	184,7
$Kp = 206{,}38$ °K	200	59,66	53,66	100,93	29,11	28,93	186,8
$j_k = 0{,}184$	206,38	59,66	53,84	102,82			
$j_p = 0{,}230$	206,38		139,58	188,57	29,11	28,94	187,68
$j_f = -0{,}046$	220				29,11	28,94	189,5
$S_{0,g} = 32{,}61$ JMol^{-1}grd^{-1}	240				29,11	28,96	192,1
	260				29,11	28,97	194,4
	280				29,12	28,98	196,6

	T	Idealer Gaszustand, S_T^0 für $p=1$ atm					
		Bildungsreaktion			Thermodynamische Funktionen		
		ΔS_B^0	ΔH_B^0	$\dfrac{\Delta G_B^0}{T}$	C_p^0	$\dfrac{H_T^0 - H_0^0}{T}$	S_T^0
	°K	J/(Molgrd)	kJ/Mol	J/(Molgrd)	JMol^{-1}grd^{-1}		
$\tfrac{1}{2} H_2 + \tfrac{1}{2} Br_{2,g} \rightarrow HBr$	298,15	10,40	−48,2	−172,1	29,12	28,99	198,4
	500	8,73	−48,8	−106,7	29,44	29,09	213,7
	1000	6,75	−50,2	−56,95	32,33	29,94	234,9
	1500	6,37	−50,6	−40,10	34,74	31,17	248,5

63. Thermodynamische Zustandsgrößen

HCN und C_2N_2, Darstellung I

Charakteristische Daten und Bildungsreaktion	T	Kondensierter Zustand			Idealer Gaszustand S_T^0 für $p=1$ atm		
		C_p^0	$\dfrac{H_T^0 - H_0^0}{T}$	$S_T^0 - S_0^0$	C_p^0	$\dfrac{H_T^0 - H_0^0}{T}$	S_T^0
	°K	J/(Molgrd)			J/(Molgrd)		

HCN Cyanwasserstoff ($M=270$)

$I_1 = 18{,}7 \cdot 10^{-40}$ g·cm²	20	3,494	0,939	0,94			
$\Theta_{rot,1} = 2{,}16°$ K	40	12,84	4,47	6,10			
$\Theta_D = 160°$ K; $0 \leq T \leq 15°$ K	60	21,88	9,50	13,06			
$\Theta_{s,1} = 1024$ (E) °K	80	28,52	13,44	20,28			
$\Theta_{s,2} = 4765°$ K	100	33,51	16,97	27,20	29,16	29,05	164,8
$\Theta_{s,3} = 3002°$ K	160	43,85	25,22	45,33	30,24	29,19	181,2
$\Delta H_{0,f \to g} = 36{,}51$ kJ/Mol	200	49,79	29,54	55,53	31,74	29,63	188,1
$\Delta H_{f \to fl} = 8{,}406$ kJ/Mol	240	58,37	33,59	65,31	33,49	30,10	194,1
$\Delta H_{fl \to g} = 25{,}217$ kJ/Mol	259,86	63,68	35,76	70,15			
$\Delta H_{0,f}^0 = 116{,}6$ kJ/Mol	259,86	70,37	68,27	102,5	34,35	30,41	196,7
$\Delta H_{0,g}^0 = 130{,}9$ kJ/Mol	298,15	71,00	68,57	112,4	35,90	30,99	201,6
$\Delta H_{298,15,g}^0 = 130{,}5$ kJ/Mol	298,80	71,00	68,58	112,6			
$Trp = 259{,}86°$ K	298,80		153,20	200,0[1]	35,91	31,00	201,6Q
$Kp = 298{,}80°$ K							
$j_k = 0{,}223$							
$j_p = 0{,}139$							
$S_{0,g} = 33{,}35$							

	T	Idealer Gaszustand					
		Bildungsreaktion			Thermodynamische Funktionen		
		ΔS_B^0	ΔH_B^0	$\dfrac{\Delta G_B^0}{T}$	C_p^0	$\dfrac{H_T^0 - H_0^0}{T}$	S_T^0
	°K	J/(Molgrd)	kJ/Mol	J/(Molgrd)	JMol⁻¹grd⁻¹		
$\tfrac{1}{2} H_2 + \tfrac{1}{2} N_2 + C_{Graphit} \to$ $\to$ HCN	300	34,94	129,7	400,1			
	400	34,49	129,5	289,2	39,42	32,73	212,79
	600	33,68	129,1	181,5	44,19	35,80	229,73
	800	32,97	128,6	127,8	47,89	38,37	242,97
	1000	32,45	128,2	95,7	50,79	40,60	254,00
	1500	31,82	127,4	53,1	56,40	45,04	275,79

C_2N_2 Dicyan ($M=52{,}036$)

2 $C_{Graphit} + N_2 \to C_2N_2$	298,15	39,4	−308,9	−1075,5	56,90	42,63	242,3
$I_1 = 175 \cdot 10^{-40}$ g·cm²	400	42,6	−307,9	−812,3	61,92	47,03	260,1
$\Theta_{rot,1} = 0{,}23°$ K	500	44,0	−307,1	−658,0	65,44	50,29	274,0
$\Theta_{s,1} = 331$ (E) °K	600	45,0	−306,6	−556,0	68,28	53,05	286,1
$\Theta_{s,2} = 733$ (E) °K	700	45,5	−306,2	−492,9	70,75	55,40	296,8
$\Theta_{s,3} = 1222°$ K	800	45,8	−306,0	−430,0	72,93	57,40	306,2
$\Theta_{s,4} = 3092°$ K	900	46,0	−305,9	−385,9	74,77	59,29	315,1
$\Theta_{s,5} = 3351°$ K	1000	46,1	−305,8	−351,9	76,36	60,92	323,1
$s = 2$							

[1] In dieser Zahl ist als Anteil der Polymerisation 3,05 JMol⁻¹grd⁻¹ enthalten.

6. Kalorische Daten

CO Kohlenstoffmonoxid ($M = 28,01$), Darstellung I

Charakteristische Daten und Bildungsreaktion	T	Kondensierter Zustand			Idealer Gaszustand S_T^0 für $p=1$ atm		
		C_p^0	$\dfrac{H_T^0-H_0^0}{T}$	$S_T^0 - S_0^0$	C_p^0	$\dfrac{H_T^0-H_0^0}{T}$	S_T^0
	°K	J/(Molgrd)			J/(Molgrd)		
$I_1 = 14{,}318 \cdot 10^{-40}$ g·cm²	20	14,02	4,717	6,69			
$\Theta_{\text{rot},1} = 2{,}815$° K	40	34,14	16,740	22,34			
$\Theta_D = 79{,}5$° K; $0 \leq T \leq 15$° K	61,55	56,15	27,02	42,17			
$\Theta_{s,1} = 3080{,}7$° K	61,55	49,29	37,31	52,45			
$\Delta H_{0,f \to g}^0 = 8{,}034$ kJ/Mol	68,09	52,34	38,54	57,59			
$\Delta H_{f \to fl} = 0{,}8355$ kJ/Mol	68,09	60,42	50,93	69,86	29,10	28,98	154,4
$\Delta H_{fl \to g}^0 = 6{,}040$ kJ/Mol	81,61	60,42	52,41	80,87			
$\Delta H_{0,f}^0 = -117{,}5$ kJ/Mol	81,61	29,10	127,44	155,77	29,10	29,00	159,68
$\Delta H_{0,g}^0 = -113{,}81$ kJ/Mol	100				29,10	29,02	165,6
	160				29,10	29,05	179,3
$\Delta H_{298,15,g}^0 = -110{,}52$ kJ/Mol	200				29,11	29,06	185,8
$Trp = 68{,}09$° K	260				29,12	29,07	193,4
$Kp = 81{,}61$° K							
$j_k = 0{,}132$							
$j_p = -0{,}072$							
$S_{0,g} = 31{,}62$ J/(Molgrd)							

		Idealer Gaszustand, S_T^0 für $p=1$ atm					
		Bildungsreaktion			Thermodynamische Funktionen		
		ΔS_B^0	ΔH_B^0	$\dfrac{\Delta G_B^0}{T}$	C_p^0	$\dfrac{H_T^0-H_0^0}{T}$	S_T^0
		J/(Molgrd)	kJ/Mol	J/(Molgrd)	J Mol⁻¹ grd⁻¹		
C$_{\text{Graphit}}$ + ½ O$_2$ → CO	298,15	89,14	−110,5	−459,8	29,15	29,08	197,4
	400	90,89	−110,1	−366,1	29,34	29,12	206,5
	600	90,85	−110,2	−274,5	30,44	29,35	218,6
	800	89,78	−110,9	−227,9	31,90	29,81	227,5
	1000	88,59	−112,0	−200,6	33,19	30,36	234,8
	1500	85,98	−115,2	−162,8	35,23	31,68	248,7
	2000	83,70	−119,1	−143,2	36,25	32,71	259,0
	3000	80,26	−127,8	−122,8	37,23	34,08	273,9
	4000	77,27	−138,3	−111,8	37,72	34,93	284,7

CO Sättigungszustand (Darstellung II)
Bei 0° K ist im Kristallzustand $H=0$ und $S=0$ gesetzt

p atm	ϑ °C	V' cm³/Mol	V'' cm³/Mol	H' kJ/Mol	H'' kJ/Mol	S' J/(Molgrd)	S'' J/(Molgrd)
1,0	−191,52	35,5	6360	4,2117	10,250	84,233	158,23
1,5	−187,79	36,1	4310	4,4435	10,304	87,012	155,67
2,0	−184,90	36,6	3275	4,6177	10,337	89,017	153,84
2,5	−182,55	37,2	2669	4,7558	10,357	90,562	152,38
3,0	−180,53	37,8	2228	4,8822	10,375	91,943	151,23
4,0	−177,04	38,8	1675	5,1053	10,403	94,308	149,43
5,0	−174,17	39,6	1344	5,3079	10,430	96,384	148,13
6,0	−171,69	40,3	1132	5,4962	10,461	98,263	147,20
7,0	−169,49	40,9	981	5,6528	10,478	99,791	146,34
8,0	−167,46	41,6	868	5,7725	10,486	100,88	145,47
10,0	−163,98	43,0	693	6,0006	10,489	103,06	144,17
12,0	−161,02	44,3	580	6,1852	10,490	104,73	143,12
14,0	−158,32	45,6	495	6,3476	10,447	106,15	142,12
16,0	−155,94	46,9	430	6,5054	10,453	107,51	141,19
18,0	−153,65	48,4	374	6,6603	10,401	108,83	140,13
20,0	−151,70	49,9	329	6,8198	10,340	110,15	139,14
25,0	−147,18	54,3	239	7,3396	10,141	113,88	136,11
30,0	−143,30	62,1	171	7,7741	9,7636	117,27	132,60
34,529	−140,23	93,06		8,8021		125,07	

63. Thermodynamische Zustandsgrößen

COS Kohlenoxidsulfid ($M = 60{,}075$), Darstellung I

Charakteristische Daten und Bildungsreaktion	T	Kondensierter Zustand			Idealer Gaszustand S_T^0 für $p = 1$ atm		
		C_p^0	$\dfrac{H_T^0 - H_0^0}{T}$	$S_T^0 - S_0^0$	C_p^0	$\dfrac{H_T^0 - H_0^0}{T}$	S_T^0
	°K	J/(Molgrd)			J/(Molgrd)		
$I_1 = 137{,}9 \cdot 10^{-40}$ g·cm²	20	11,00	2,197	5,06			
$\Theta_{rot, 1} = 0{,}292°$ K	40	27,70	11,61	17,99			
$\Theta_D = 95°$ K; $0 \leq T \leq 15°$ K	60	35,48	18,08	30,84			
$\Theta_{s,1} = 749$ (E) °K	80	40,25	23,04	41,71			
$\Theta_{s,2} = 1234°$ K	100	44,06	31,05	51,09			
$\Theta_{s,3} = 2969°$ K	120	47,70	33,52	59,45			
$\Delta H_{0, f \to g} = 27{,}388$ kJ/Mol	134,31	50,38	35,19	64,98			
$\Delta H_{f \to fl} = 4{,}727$ kJ/Mol	134,31	73,60	70,35	100,2	31,15	29,46	202,9
$\Delta H_{fl \to g} = 18{,}506$ kJ/Mol	160	71,59	70,70	112,8	32,74	29,85	208,0
$\Delta H_{0,g}^0 = -137{,}6$ kJ/Mol	200	70,92	70,84	128,7	35,58	30,71	216,1
$\Delta H_{298,15, g}^0 = -137{,}2$ kJ/Mol	222,87	71,34	70,86	136,4			
$T_{rp} = 134{,}31°$ K	222,87		154,18	219,95	37,10	31,29	219,99
$K_p = 222{,}87°$ K	260				39,46	32,29	225,7
$j_k = 1{,}61$							
$j_p = 1{,}61$							
$S_{0,g} = 59{,}89$ J/(Molgrd)							

	T	Idealer Gaszustand Bildungsreaktion			Idealer Gaszustand S_T^0 für $p = 1$ atm		
		ΔS_B^0	ΔH_B^0	$\dfrac{\Delta G_B^0}{T}$	C_p^0	$\dfrac{H_T^0 - H_0^0}{T}$	S_T^0
	°K	J/(Molgrd)	kJ/Mol	J/(Molgrd)	J/(Molgrd)		
$C_{\text{Graphit}} + \tfrac{1}{2} O_2 + \tfrac{1}{2} S_{2,g} \to$ $\to \text{COS}$	298,15	9,16	−202,1	−687,0	41,63	33,35	231,46
	400	9,85	−201,9	−514,7	45,81	35,98	244,39
	600	10,65	−201,7	−346,9	51,09	40,21	264,04
	800	10,30	−201,7	−262,4	54,31	43,39	279,25
	1000	10,13	−201,9	−212,0	56,44	45,77	291,58

CO_2 Kohlendioxid ($M = 44{,}01$)[1], Darstellung I

Charakteristische Daten und Bildungsreaktion	T	Kondensierter Zustand			Idealer Gaszustand S_T^0 für $p = 1$ atm		
		C_p^0	$\dfrac{H_T^0 - H_0^0}{T}$	$S_T^0 - S_0^0$	C_p^0	$\dfrac{H_T^0 - H_0^0}{T}$	S_T^0
	°K	J/(Molgrd)			J/(Molgrd)		
$I_1 = 70{,}6 \cdot 10^{-40}$ g·cm²	20	5,13	1,36	2,02			
$\Theta_{rot, 1} = 0{,}57°$ K	40	19,62	7,02	10,09			
$\Theta_D = 140°$ K; $0 \leq T \leq 15°$ K	60	30,03	13,06	20,17			
$\Theta_{s,} = 961$ (E) °K	80	35,91	18,12	29,69			
$\Theta_{s,2} = 1921°$ K	100	39,87	22,07	38,15	29,21	29,11	178,7
$\Theta_{s,3} = 3379°$ K	120	43,10	25,30	45,71			
$\Delta H_{0, f \to g} = 26{,}23$ kJ/Mol	140	46,19	28,07	52,59			
$\Delta H_{f \to g}$ (194,66° K)	160	49,25	30,52	58,95	30,61	29,34	192,7
$= 25{,}252$ kJ/Mol	180	52,76	32,78	64,94	31,38	29,52	196,3
$\Delta H_{0,f}^0 = -410{,}6$ kJ/Mol	194,66	55,6	34,42	69,19			
$\Delta H_{0,g}^0 = -393{,}18$ kJ/Mol	194,66		164,43	199,16	32,11	29,66	198,82
$T_{f \to g}$ (760 Torr) = 194,66° K	200				32,36	29,76	199,8
$j_k = 0{,}817$	220				33,33	30,04	202,8
$j_p = 0{,}835$	240				34,34	30,35	205,7
$S_{0,g} = 44{,}73$ J/(Molgrd)	260				35,30	30,69	208,5
$s = 2$	280				36,29	31,06	211,2

[1] Für den Sättigungszustand s. S. 1384.

6. Kalorische Daten

	T	Idealer Gaszustand Bildungsreaktion			Idealer Gaszustand S_T^0 für $p=1$ atm		
		ΔS_B^0	ΔH_B^0	$\dfrac{\Delta G_B^0}{T}$	C_p^0	$\dfrac{H_T^0 - H_0^0}{T}$	S_T^0
	°K	J/(Molgrd)	kJ/Mol	J/(Molgrd)	J/(Molgrd)		
$C_{Graphit} + O_2 = CO_2$ $s=2$	298,15	2,87	−393,5	−1323	37,13	31,41	213,7
	400	2,70	−393,6	−986,6	41,34	33,42	225,2
	600	2,25	−393,8	−658,6	47,33	37,12	243,1
	800	1,69	−394,2	−494,4	51,46	40,42	257,3
	1000	1,22	−394,6	−395,8	54,37	42,77	269,2
	1500	0,42	−395,6	−264,2	58,5	47,43	292,1
	2000	−0,21	−396,8	−198,2	60,7	50,51	309,3
	3000	−1,4	−399,9	−131,9	62,8	54,31	334,4

CS_2 Schwefelkohlenstoff ($M = 76,14$), Darstellung I

Charakteristische Daten und Bildungsreaktion	T	Kondensierter Zustand			Idealer Gaszustand S_T^0 für $p=1$ atm		
		C_p^0	$\dfrac{H_T^0 - H_0^0}{T}$	$S_T^0 - S_0^0$	C_p^0	$\dfrac{H_T^0 - H_0^0}{T}$	S_T^0
	°K	J/(Molgrd)			J/(Molgrd)		
$I_1 = 264 \cdot 10^{-40}$ g·cm²	20	11,97	3,78	5,23			
$\Theta_{rot, 1} = 0,15°$ K	40	27,82	11,820	18,77			
$\Theta_D = 90°$ K; $0 \leq T \leq 15°$ K	60	36,23	18,792	31,68			
$\Theta_{s,1} = 571$ (E) °K	80	41,09	23,533	42,89			
$\Theta_{s,2} = 943°$ K	100	46,11	27,54	52,72	30,97	29,41	196,8
$\Theta_{s,3} = 2190°$ K	120	50,46	31,02	61,45			
$\Delta H_{0, f \to g} = 37,742$ kJ/Mol	140	53,97	33,77	69,48	34,39	30,33	207,8
$\Delta H_{f \to fl} = 4,389$ kJ/Mol	160	57,32	36,48	77,18	36,21	30,96	212,5
$\Delta H_{fl \to g}$ (318,39° K)	161,11	57,49	36,63	77,58			
$\quad = 26,77$ kJ/Mol	161,11	75,31	63,87	104,8	36,33	31,00	212,8
$\Delta H_{298,15, fl}^0 = 87,86$ kJ/Mol	180	75,10	65,10	113,5	37,97	31,62	216,9
$Trp = 161,11°$ K	200	75,14	66,10	121,4	39,58	32,35	221,0
$Kp = 319,35°$ K	260	75,44	68,51	140,8	43,59	34,5	231,8
Kp (736,5 Torr) $= 318,39°$ K	298,15	75,65	69,67	151,2	45,6	35,8	237,8
$j_k = 1,746$	318,39	75,73	70,48	156,2			
$j_p = 1,720$	318,39		154,84	240,5	46,6	36,3	241,0
$S_{0,g} = 62,50$	319,35				46,7	36,3	241,1
$s=2$							

	T	Idealer Gaszustand Bildungsreaktion			Idealer Gaszustand S_T^0 für $p=1$ atm		
		ΔS_B^0	ΔH_B^0	$\dfrac{\Delta G_B^0}{T}$	C_p^0	$\dfrac{H_T^0 - H_0^0}{T}$	S_T^0
	°K	J/(Molgrd)	kJ/Mol	J/(Molgrd)	J/(Molgrd)		
$C_{Graphit} + S_{2,g} \to CS_2$	298,15	4,0	−14,5	−52,6	45,6	35,8	237,8
	400	5,2	−14,1	−40,4	49,58	38,87	251,8
	600	6,4	−13,6	−29,1	54,39	43,30	273,0
	800	6,8	−13,3	−23,4	57,11	46,48	289,0
	1000	7,0	−13,2	−20,2	58,66	48,74	301,9

63. Thermodynamische Zustandsgrößen

HCl, ClF$_3$ und ClO$_2$, Darstellung I

Charakteristische Daten und Bildungsreaktion	T	Kondensierter Zustand			Idealer Gaszustand S_T^0 für $p=1$ atm		
		C_p^0	$\dfrac{H_T^0 - H_0^0}{T}$	$S_T^0 - S_0^0$	C_p^0	$\dfrac{H_T^0 - H_0^0}{T}$	S_T^0
	°K	J/(Molgrd)			J/(Molgrd)		

HCl Chlorwasserstoff ($M = 36,461$)

$I_1 = 2{,}641 \cdot 10^{-40}$ g·cm^2	20	5,86	1,657	2,25			
$\Theta_{rot,1} = 15{,}34°$ K	40	15,69	6,623	10,37			
$\Theta_D = 127{,}6°$ K;	60	22,13	10,81	18,07			
$0 < T < 20°$ K	80	27,99	14,46	25,13			
$\Theta_{s,1} = 4160{,}13°$ K	98,42	36,11	17,66	31,66			
$\Delta H_{0,f \to g}^0 = 20{,}10$ kJ/Mol	98,42	39,79	29,75	43,74	29,10	28,67	154,3
$\Delta H_{f \to fl}^0 = 1{,}992$ kJ/Mol	100	40,00	29,91	44,38	29,10	28,67	154,8
$\Delta H_{fl \to g}^0 = 16{,}15$ kJ/Mol	158,97	49,66	35,31	64,87			
$\Delta H_{0,f}^0 = -96{,}71$ kJ/Mol	158,97	57,78	47,86	77,04	29,11	28,84	168,3
$\Delta H_{0,g}^0 = -92{,}13$ kJ/Mol	180	58,66	49,05	84,63			
$\Delta H_{298,15,g}^0 =$	188,13	58,99	49,47	87,23			
$-92{,}312$ kJ/Mol	188,13		135,76	173,50	29,11	28,88	173,2
$Trp = 158{,}97°$ K	200				29,12	28,90	175,0
$Kp = 188{,}13°$ K	260				29,13	28,95	182,6
$j_k = -0{,}432$							
$j_p = -0{,}416$							
$S_{0,g} = 20{,}82$							

	T	Idealer Gaszustand Bildungsreaktion			Idealer Gaszustand S_T^0 für $p=1$ atm		
		ΔS_B^0	ΔH_B^0	$\dfrac{\Delta G_B^0}{T}$	C_p^0	$\dfrac{H_T^0 - H_0^0}{T}$	S_T^0
	°K	J/(Molgrd)	kJ/Mol	J/(Molgrd)	J/(Molgrd)		
$\tfrac{1}{2} H_2 + \tfrac{1}{2} Cl_2 \to HCl$	298,15	10,08	−92,31	−319,69	29,13	28,97	186,7
	400	9,30	−92,51	−240,57	29,16	28,99	195,4
	500	8,50	−92,95	−194,40	29,25	29,03	201,9
	1000	6,57	−94,31	−100,88	31,76	29,78	223,0
	1400	5,94	−95,02	−73,83	33,47	30,57	233,9
	2000	5,56	−95,67	−53,39	35,52	31,76	246,2

ClF$_3$ Chlortrifluorid ($M = 92{,}459$)

$I_1 = 61{,}13 \cdot 10^{-40}$ g·cm^2	298,15	−130,8	−163,1	−416,2	65,06	47,32	284,7
$I_2 = 209{,}5 \cdot 10^{-40}$ g·cm^2	400	−130,1	−162,0	−274,9	71,34	54,68	304,7
$I_3 = 243{,}15 \cdot 10^{-40}$ g·cm^2	500	−128,9	−161,5	−194,1	74,98	56,82	321,1
$\Theta_{rot,1} = 0{,}659°$ K	600	−127,8	−160,9	−140,4	77,19	60,04	335,0
$\Theta_{rot,2} = 0{,}221°$ K	700	−126,9	−160,3	−102,1	78,66	62,59	347,0
$\Theta_{rot,3} = 0{,}172°$ K	800	−126,1	−159,7	−73,5	79,62	64,64	357,5
$\Theta_{s,1} = 355°$ K	900	−125,3	−159,0	−50,6	80,33	66,36	366,9
$\Theta_{s,2} = 457°$ K	1000	−124,6	−158,3	−33,7	80,83	67,78	375,4
$\Theta_{s,3} = 613°$ K	1100	−124,0	−157,7	−19,4	81,21	68,99	383,1
$\Theta_{s,4} = 731°$ K	1300	−122,8	−156,4	2,5	81,76	70,92	396,9
$\Theta_{s,5} = 1021°$ K	1500	−122,0	−155,1	18,6	82,13	72,38	408,5
$\Theta_{s,6} = 1079°$ K							
$\Delta H_{0,g}^0 = -158{,}6$ kJ/Mol							
$\tfrac{1}{2} Cl_2 + \tfrac{3}{2} F_2 \to ClF_{3,g}$							

Cl$_2$O Chlormonoxid ($M = 86{,}9$)

$I_1 = 230{,}3 \cdot 10^{-40}$ g·cm^2	298,15	−59,1	75,7	312,9	45,6	38,16	266,3
$I_2 = 20{,}32 \cdot 10^{-40}$ g·cm^2	500	−60,0	75,48	211,0	51,5	42,51	291,4
$I_3 = 250{,}6 \cdot 10^{-40}$ g·cm^2	600	−59,9	75,48	185,7	53,1	44,14	301,0
$\Theta_{rot,1} = 0{,}175°$ K	700	−59,9	75,56	167,9	54,4	45,52	309,2
$\Theta_{rot,2} = 1{,}98°$ K	800	−59,7	75,69	154,3	55,2	46,69	316,6
$\Theta_{rot,3} = 0{,}161°$ K	900	−59,5	75,77	143,7	55,6	47,66	323,1
$\Theta_{s,1} = 460°$ K	1000	−59,4	75,90	135,3	56,1	48,49	329,0
$\Theta_{s,2} = 1369°$ K	1100	−59,3	76,02	128,4	56,5	49,20	334,4
$\Theta_{s,3} = 984°$ K	1300	−59,1	76,27	117,7	57,1	50,38	343,8
$\Delta H_{0,g}^0 = 77{,}86$ kJ/Mol	1500	−59,8	76,61	109,9	57,5	51,34	352,2
$Cl_2 + \tfrac{1}{2} O_2 \to Cl_2O$							

6. Kalorische Daten

HF Fluorwasserstoff ($M=20{,}01$), Darstellung I

Charakteristische Daten und Bildungsreaktion	T	Kondensierter Zustand			Idealer Gaszustand S_T^0 für $p=1$ atm		
		C_p^0	$\dfrac{H_T^0-H_0^0}{T}$	$S_T^0-S_0^0$	C_p^0	$\dfrac{H_T^0-H_0^0}{T}$	S_T^0
	°K	J/(Molgrd)			J/(Molgrd)		
$I_1 = 1{,}338 \cdot 10^{-40}$ g·cm²	20	2,51	0,67	0,88			
$\Theta_{\text{rot},1} = 30{,}1°$ K	40	9,04	3,23	3,79			
$\Theta_D = 180°$ K; $0 < T < 15°$ K	60	13,56	5,97	8,36			
$\Theta_{s,1} = 5692°$ K	80	16,95	8,31	12,74			
$\Delta H_{0,\,f \to g} = 11{,}266$ kJ/Mol	100	19,79	10,28	16,84	29,12	28,26	141,6
$\Delta H_{f \to fl} = 3{,}928$ kJ/Mol	160	28,28	15,42	27,85	29,11	28,58	155,3
$\Delta H_{fl \to g} = 7{,}489$ kJ/Mol	180	34,10	17,11	31,42	29,11	28,64	158,8
$\Delta H_{0,\,f}^0 = -274{,}8$ kJ/Mol	189,79		18,79	34,06			
$\Delta H_{0,\,g}^0 = -268{,}1$ kJ/Mol	189,79	42,68	39,49	54,73	29,11	28,66	160,0
$\Delta H_{298,15,\,g}^0 = -268{,}6$ kJ/Mol	200	43,10	39,62	56,93	29,11	28,68	161,8
$Trp = 189{,}79°$ K	260	47,15	40,83	68,62	29,11	28,78	169,5
$Kp\,(741{,}4\,\text{Torr}) = 292{,}61°$ K	280	49,45	41,36	72,21	29,12	28,81	171,0
$j_k = -1{,}119$	292,61	50,92	41,73	74,38			
$S_{0,g} = 7{,}68$ JMol⁻¹grd⁻¹	292,61		67,62	184,51	29,12	28,82	172,8
	298,15				29,12	28,82	173,4

	T	Idealer Gaszustand Bildungsreaktion			Idealer Gaszustand S_T^0 für $p=1$ atm		
		ΔS_B^0	ΔH_B^0	$\dfrac{\Delta G_B^0}{T}$	C_p^0	$\dfrac{H_T^0-H_0^0}{T}$	S_T^0
	°K	J/(Molgrd)	kJ/Mol	J/(Molgrd)	J/(Molgrd)		
$\tfrac{1}{2}\text{H}_2 + \tfrac{1}{2}\text{F}_2 \to \text{HF}$	298,15	7,03	−268,5	−907,9	29,14	28,84	173,7
	400	6,61	−268,7	−678,8	29,15	28,91	182,2
	500	6,10	−268,9	−543,9	29,17	28,97	188,7
	1000	3,88	−270,6	−274,5	30,17	29,24	209,2
	1500	2,57	−272,2	−184,1	32,23	29,89	221,8

HJ Jodwasserstoff ($M=127{,}9$), Darstellung I

Charakteristische Daten	T	Kondensierter Zustand			Idealer Gaszustand S_T^0 für $p=1$ atm		
		C_p^0	$\dfrac{H_T^0-H_0^0}{T}$	$S_T^0-S_0^0$	C_p^0	$\dfrac{H_T^0-H_0^0}{T}$	S_T^0
	°K	J/(Molgrd)			J/(Molgrd)		
$I_1 = 4{,}272 \cdot 10^{-40}$ g·cm²	20	14,14	5,452	7,97			
$\Theta_{\text{rot},1} = 9{,}48°$ K	40	23,26	12,255	20,90			
$\Theta_D = 71{,}6°$ K; $0 \leqq T \leqq 20°$ K	60	35,82	17,795	32,45			
$\Theta_{s,1} = 3206{,}8°$ K	80	37,40	24,468	46,08			
$\Delta H_{0,\,f \to g} = 26{,}221$ kJ/Mol	100	43,68	28,150	54,99	29,10	28,83	174,4
$\Delta H_{f \to fl} = 2{,}870$ kJ/Mol	113,75	50,79	30,485	61,09			
$\Delta H_{fl \to g} = 19{,}765$ kJ/Mol	129,63	45,27	39,485	74,66			
$\Delta H_{0,\,f}^0 = 2{,}48$ kJ/Mol	140	45,35	39,920	78,13			
$\Delta H_{0,\,g}^0 = 28{,}33$ kJ/Mol	160	45,86	40,63	84,24	29,11	28,94	188,1
$\Delta H_{298,15,\,g}^0 = 25{,}94$ kJ/Mol	180	46,69	41,25	89,72	29,11	28,96	191,5
$F = 222{,}37°$ K	200	47,86	41,86	94,70	29,12	28,97	194,6
$Kp = 237{,}81°$ K	222,37	50,88	42,61	99,94			
$j_k = 0{,}594$	222,37	60,13	55,52	112,85	29,12	28,99	197,7
$j_p = 0{,}632$	237,81	59,08	55,79	116,85			
$S_{0,g} = 40{,}46$ J/(Molgrd)	237,81	29,12	139,26	200,38	29,12	29,00	199,66
	240				29,12	29,00	199,9
	260				29,13	29,02	202,2
	280				29,14	29,02	204,4
	298,15				29,15	29,03	206,2

63. Thermodynamische Zustandsgrößen

NH$_3$ Ammoniak[1] (17,030), Darstellung I

Charakteristische Daten und Bildungsreaktion	T	Kondensierter Zustand			Idealer Gaszustand S_T^0 für $p=1$ atm		
		C_p^0	$\dfrac{H_T^0-H_0^0}{T}$	$S_T^0-S_0^0$	C_p^0	$\dfrac{H_T^0-H_0^0}{T}$	S_T^0
	°K	J/(Molgrd)			J/(Molgrd)		
$I_1=2,782\cdot 10^{-40}$ g·cm²	20	1,54	0,020	0,56			
$I_2=2,782\cdot 10^{-40}$ g·cm²	40	7,61	2,167	3,36			
$I_3=4,33\ \cdot 10^{-40}$ g·cm²	60	14,59	5,149	7,71			
$\Theta_{\text{rot},1}=14,5°$ K	80	20,77	8,293	12,69			
$\Theta_{\text{rot},2}=14,5°$ K	100	26,07	11,32	17,89	33,25	33,25	155,4
$\Theta_{\text{rot},3}=\ 9,34°$ K	120	31,34	14,22	23,11			
$\Theta_D=210°$ K; $0\leq T\leq 20°$ K	140	36,32	17,02	28,32			
$\Theta_{s,1}=2343,9$ (E) °K	160	41,09	19,73	33,49	33,37	33,25	171,0
$\Theta_{s,2}=1365,4°$ K²	180	46,15	22,38	38,60	33,51	33,28	175,0
$\Theta_{s,3}=4794,3°$ K	195,42	51,55	24,46	42,58			
$\Theta_{s,4}=4910,8$ (E) °K	195,42	73,14	53,39	71,19	33,64	33,31	177,7
$\Delta H_{0,f\rightarrow g}\ =29,185$ kJ/Mol	200	73,47	53,85	72,88	33,70	33,32	178,5
$\Delta H_{f\rightarrow fl}\ =\ 5,653$ kJ/Mol	220	74,94	55,71	79,95	33,95	33,37	181,8
$\Delta H_{fl\rightarrow g}\ =23,351$ kJ/Mol	239,74	75,73	57,32	86,42			
$\Delta H_{0,f}^0\ =-64,02$ kJ/Mol	239,74		155,16	184,10	34,27	33,43	184,31
$\Delta H_{0,g}^0\ =-39,26$ kJ/Mol	260				34,66	33,54	187,4
	280				35,10	33,68	190,0
$\Delta H_{298,15,g}^0=-46,19$ kJ/Mol							
$T_{rp}\ =195,42°$ K							
$Kp\ =239,74°$ K							
$pT_{rp}=\ 45,57$ Torr							
$j_k\ =-1,619$							
$j_p\ =-1,630$							
$S_{0,g}=2,26$ J/(Molgrd)							
$s\ =3$							

	T	Idealer Gaszustand Bildungsreaktion			Idealer Gaszustand S_T^0 für $p=1$ atm		
		ΔS_B^0	ΔH_B^0	$\dfrac{\Delta G_B^0}{T}$	C_p^0	$\dfrac{H_T^0-H_0^0}{T}$	S_T^0
	°K	J/(Molgrd)	kJ/Mol^{-1}	J/(Molgrd)	J/(Molgrd)		
$\tfrac{1}{2}H_2+\tfrac{1}{2}N_2\rightarrow NH_3$	298,15	−89,3	−46,19	−65,6	35,52	33,71	192,2
	400	−105,5	−48,42	−15,5	38,53	34,50	203,2
	500	−110,0	−50,30	9,4	41,63	35,55	211,8
	600	−112,6	−51,93	26,0	44,73	36,71	219,9
	700	−114,5	−53,16	38,6	47,91	38,18	227,1
	800	−115,8	−54,20	48,0	50,79	39,59	233,8
	900	−116,9	−55,04	55,7	53,56	40,98	239,9
	1000	−117,4	−55,8	61,6	56,2	42,3	245,8
	1500	−118,2	−56,8	80,3	66,2	48,8	271,2
	2000	−117,6	−55,9	89,7	72,0	53,9	291,1

[1] Im Sättigungszustand s. S. 1387. ² $\Theta_{s,2}$ aufgespalten.

6. Kalorische Daten

$(NH_4)OH$ Ammoniumhydroxid ($M = 35{,}046$), Darstellung I

Charakteristische Daten	T	Kondensierter Zustand		
		C_p^0	$\dfrac{H_T^0 - H_0^0}{T}$	$S_T^0 - S_0^0$
	°K	J/(Molgrd)		
$\Delta H_{f \to fl} = 6{,}561$ kJ/Mol	20	3,87	1,013	1,36
$F = 194{,}15°$ K	40	14,79	5,113	7,31
	60	25,58	10,15	15,37
	80	35,51	15,28	24,11
	100	44,53	20,23	33,02
	160	68,38	34,17	59,50
	194,15	81,19	40,91	73,77
	194,15	117,3	74,96	107,6
	200	119,5	76,19	111,0
	260	142,1	88,81	145,2
	298,15	154,9	96,47	165,5

N_2H_4 Hydrazin ($M \equiv 32{,}045$) Darstellung I

Charakteristische Daten und Bildungsreaktion	T	Idealer Gaszustand, S_T^0 für $p = 1$ atm					
		Bildungsreaktion			Thermodynamische Funktionen		
		ΔS_B^0	ΔH_B^0	$\dfrac{\Delta G_B^0}{T}$	C_p^0	$\dfrac{H_T^0 - H_0^0}{T}$	S_T^0
	°K	J/(Molgrd)	kJ/Mol	J/(Molgrd)	J/(Molgrd)		
$I_1 = 6{,}18 \cdot 10^{-40}$ g·cm²	298,15	−212,3	95,19	531,6	52,7	39,48	240,1
$I_2 = 35{,}30 \cdot 10^{-40}$ g·cm²	400	−221,2	92,18	451,6	63,2	44,14	257,1
$I_3 = 36{,}98 \cdot 10^{-40}$ g·cm²	500	−225,9	90,09	406,1	70,7	48,71	272,0
$\Theta_{rot,1} = 6{,}51°$ K	600	−228,4	88,64	376,1	76,5	52,87	285,4
$\Theta_{rot,2} = 1{,}14°$ K	700	−230,2	87,66	355,4	81,6	56,68	297,6
$\Theta_{rot,3} = 1{,}09°$ K	800	−231,0	87,03	339,0	86,2	60,04	308,8
$\Theta_{s,1} = 1198°$ K	900	−231,4	86,70	326,6	89,9	63,18	319,2
$\Theta_{s,2} = 1556°$ K	1000	−231,5	86,60	318,1	93,3	66,02	328,8
$\Theta_{s,3} = 1260°$ K	1100	−231,3	86,77	310,2	96,6	68,69	337,9
$\Theta_{s,4} = 1675°$ K	1200	−231,1	87,11	303,7	100	71,16	346,4
$\Theta_{s,5} = 1363°$ K	1300	−230,6	87,61	298,0	102	73,48	354,6
$\Theta_{s,6} = 1844°$ K	1400	−230,2	88,10	293,1	105	75,64	362,2
$\Theta_{s,7} = 2279°$ K	1500	−229,8	88,75	289,0	107	77,54	369,5
$\Theta_{s,8} = 4680°$ K							
$\Theta_{s,9} = 4544°$ K							
$\Theta_{s,10} = 4724°$ K							
$\Theta_{s,11} = 4832°$ K							
$\Delta H_{0,g}^0 = 109{,}02$ kJ/Mol							
$2H_2 + N_2 \to N_2H_4$							

63. Thermodynamische Zustandsgrößen

NO, NOF, NO₂, Darstellung I

Charakteristische Daten und Bildungsreaktion	T °K	Kondensierter Zustand			Idealer Gaszustand S_T^0 für $p=1$ atm		
		C_p^0	$\dfrac{H_T^0-H_0^0}{T}$	$S_T^0-S_0^0$	C_p^0	$\dfrac{H_T^0-H_0^0}{T}$	S_T^0
		J/(Molgrd)			J/(Molgrd)		

NO Stickstoffoxid ($M=30{,}006$)

	T						
$I_1 = 16{,}4 \cdot 10^{-3}$ g·cm²	20	7,03	1,736	2,80	29,16	28,77	126,6
$\Theta_{rot,1} = 2{,}45°$ K	40	17,28	7,109	11,05	31,07	29,38	146,9
$\Theta_D = 119°$ K; $0 \leq T \leq 15°$ K	60	24,35	11,707	19,41	32,59	30,20	160,3
$\Theta_{s,1} = 2700{,}6°$ K	80	30,21	15,61	27,20	32,70	30,84	169,7
$\Delta H_{0,f \to g} = 15{,}459$ kJ/Mol	100	35,69	19,07	34,48	32,29	31,19	177,0
$\Delta H_{f \to fl} = 2{,}299$ kJ/Mol	109,55	38,91	20,65	37,87			
$\Delta H_{fl \to g} = 13{,}774$ kJ/Mol	109,55	65,06	41,64	58,87	32,05	31,27	179,8
$\Delta H_{0,f}^0 = 82{,}26$ kJ/Mol	120	77,40	44,17	65,31	31,79	31,33	182,8
$\Delta H_{0,g}^0 = 89{,}83$ kJ/Mol	121,42	79,50	44,45	66,19			
$\Delta H_{298,15,g}^0 = 90{,}34$ kJ/Mol	121,42		158,65	180,16	31,76	31,33	183,12
$T_{rp} = 109{,}55°$ K	160				30,96	31,33	191,7
$K_p = 121{,}42°$ K	200				30,42	31,20	198,5
$p_{Trp} = 164{,}4$ Torr	260				29,97	30,96	206,6
$j_k = 0{,}525$							
$j_p = 0{,}370$		Idealer Gaszustand Bildungsreaktion			Idealer Gaszustand S_T^0 für $p=1$ atm		
$j_f = 0{,}155$							
$S_{0,f} = 2{,}96$ J/(Molgrd)	T	ΔS_B^0	ΔH_B^0	$\dfrac{\Delta G_B^0}{T}$	C_p^0	$\dfrac{H_T^0-H_0^0}{T}$	S_T^0
$S_{0,g} = 39{,}14$ J/(Molgrd)							
$g=2$	°K	J/(Molgrd)	kJ/Mol	J/(Molgrd)	J/(Molgrd)		

$\tfrac{1}{2}N_2 + \tfrac{1}{2}O_2 \to NO$							
	298,15	12,37	90,37	290,7	29,86	30,77	210,6
	400	12,48	90,42	213,6	29,97	30,55	219,4
	500	12,53	90,44	168,4	30,50	30,49	226,1
	600	12,55	90,46	138,2	31,25	30,55	231,8
	700	12,57	90,47	116,7	32,04	30,70	236,6
	800	12,59	90,48	100,5	32,77	30,91	240,9
	900	12,61	90,50	87,94	33,43	31,15	244,8
	1000	12,63	90,51	77,88	34,00	31,41	248,4
	1100	12,66	90,53	69,65	34,49	31,66	251,7
	1300	12,68	90,57	56,99	35,25	32,16	257,5
	1500	12,69	90,61	47,70	35,82	32,62	262,6
	2000	12,69	90,57	32,59	36,70	33,53	273,0
	3000	12,50	90,06	17,52	37,58	34,76	288,1
	4000	12,14	88,92	10,09	38,10	35,53	299,0
	5000	11,78	86,83	5,58	38,53	36,13	307,5

NOF Nitrosylfluorid ($M=49{,}004$)

	T				C_p^0	$\dfrac{H_T^0-H_0^0}{T}$	S_T^0
$I_1 = 8{,}82 \cdot 10^{-40}$ g·cm²	298,15				41,34	35,84	247,9
$I_2 = 70{,}84 \cdot 10^{-40}$ g·cm²	400				44,56	37,70	260,5
$I_3 = 79{,}84 \cdot 10^{-40}$ g·cm²	500				46,97	39,33	270,7
$\Theta_{rot,1} = 4{,}57°$ K	600				48,88	40,76	279,5
$\Theta_{rot,2} = 0{,}569°$ K	700				50,43	42,05	287,1
$\Theta_{rot,3} = 0{,}504°$ K	800				51,67	43,17	293,9
$\Theta_{s,1} = 2651{,}7°$ K	900				52,66	44,16	300,0
$\Theta_{s,2} = 749°$ K	1000				53,47	45,05	305,7
$\Theta_{s,3} = 1101{,}3°$ K							

NO₂ Stickstoffdioxid ($M=46{,}005$)

	T						
$I_1 = 3{,}486 \cdot 10^{-40}$ g·cm²	298,15	−61,0	33,32	172,8	37,11	34,23	239,8
$I_2 = 63{,}76 \cdot 10^{-40}$ g·cm²	400	−62,2	32,77	144,5	40,42	35,35	251,2
$I_3 = 67{,}25 \cdot 10^{-40}$ g·cm²	500	−63,5	32,40	128,3	43,51	36,69	260,5
$\Theta_{rot,1} = 11{,}55°$ K	600	−63,7	32,23	117,4	46,19	38,03	268,7
$\Theta_{rot,2} = 0{,}631°$ K	700	−63,7	32,19	109,7	48,33	39,37	276,0
$\Theta_{rot,3} = 0{,}599°$ K	800	−63,7	32,24	104,0	50,00	40,63	282,6
$\Theta_{s,1} = 1901°$ K	900	−63,7	32,30	99,6	51,34	41,71	288,5
$\Theta_{s,2} = 1079°$ K	1000	−63,5	32,41	95,9	52,43	42,76	294,0
$\Theta_{s,3} = 2324°$ K	1500	−63,0	33,07	85,0	55,53	46,53	315,9
$\tfrac{1}{2}N_2 + O_2 \to NO_2$							

6. Kalorische Daten

HNO₃ und N₂O, Darstellung I

Charakteristische Daten und Bildungsreaktion	T	Kondensierter Zustand			Idealer Gaszustand S_T^0 für $p=1$ atm		
		C_p^0	$\dfrac{H_T^0-H_0^0}{T}$	$S_T^0-S_0^0$	C_p^0	$\dfrac{H_T^0-H_0^0}{T}$	S_T^0
	°K	J/(Molgrd)			J/(Molgrd)		

HNO₃ Salpetersäure ($M=63{,}012$)

$\Theta_D=130°$ K; $0 \leqq T \leqq 20°$ K	20	5,18	1,506	2,27			
$\Delta H_{f \to fl}=10{,}473$ kJ/Mol	40	18,69	6,364	14,00			
$\Delta H_{fl \to g}(293°$ K) (48 Torr)	60	29,34	12,34	23,71			
$=39{,}46$ kJ/Mol	80	36,92	17,53	33,23			
$Trp=231{,}9°$ K	100	41,84	21,95	42,07			
	160	53,60	31,71	64,42			
	200	61,50	36,87	77,21			
	231,9	69,41	40,78	82,68			
	231,9	111,9	85,94	127,8			
	260	111,2	88,71	140,6			
	298,15	109,8	91,92	156,1			

N₂O Distickstoffoxid[1] ($M=44{,}013$)

$I_1=66{,}0 \cdot 10^{-40}$ g·cm²	20	6,32	0,301	2,12			
$\Theta_{\text{rot},1}=0{,}62°$ K	40	21,46	7,29	12,38			
$\Theta_D=126°$ K; $0 \leqq T \leqq 20°$ K	60	31,63	14,06	23,35			
$\Theta_{s,1}=846{,}98$ (E) °K	80	37,45	20,17	32,51			
$\Theta_{s,2}=1850{,}7°$ K	100	41,42	22,35	42,13	29,35	29,11	188,0
$\Theta_{s,3}=3198°$ K	120	45,56	26,65	49,92	29,81	29,18	190,0
$\Delta H_{0,f \to g}=24{,}270$ kJ/Mol	140	49,04	29,58	57,24	30,41	29,32	194,6
$\Delta H_{f \to fl}=6{,}540$ kJ/Mol	160	53,18	32,30	64,06	31,46	29,53	198,7
$\Delta H_{fl \to g}=16{,}552$ kJ/Mol	180	58,49	34,85	70,63	32,53	29,81	202,5
$\Delta H_{0,f}=72{,}01$ kJ/Mol	182,24	59,25	35,19	71,38			
	182,24	77,70	71,04	107,24	32,65	29,84	202,9
$\Delta H_{0,g}=84{,}94$ kJ/Mol	184,59	77,70	71,17	108,24			
$\Delta H_{298,15,g}^0=81{,}55$ J/Mol	184,59		161,35	198,41	32,80	29,87	203,30
$Trp=182{,}24°$ K	200				33,62	30,13	206,0
$Kp=184{,}59°$ K	220				34,73	30,51	209,2
$p_{Trp}=658{,}9$ Torr	240				35,76	30,89	212,3
$j_k=1{,}123$	260				36,79	31,31	215,2
$j_p=0{,}867$	280				37,73	31,74	218,0
$j_f=0{,}256$							
$S_{0,f}=4{,}9$ J/(Molgrd)							
$S_{0,g}=50{,}54$ J/(Molgrd)							

	T	Idealer Gaszustand Bildungsreaktion			Idealer Gaszustand S_T^0 für $p=1$ atm		
		ΔS_B^0	ΔH_B^0	$\dfrac{\Delta G_B^0}{T}$	C_p^0	$\dfrac{H_T^0-H_0^0}{T}$	S_T^0
	°K	J/(Molgrd)	kJ/Mol	J/(Molgrd)	J/(Molgrd)		
$N_2 + \tfrac{1}{2} O_2 \to N_2O$	298,15	−74,0	81,55	347,5	38,71	32,15	220,0
	400	−75,0	81,21	278,0	42,87	34,37	231,9
	500	−75,1	81,19	237,5	46,15	36,41	241,8
	600	−74,7	81,39	210,3	48,86	38,27	250,5
	700	−74,2	81,71	190,9	51,13	39,94	258,2
	800	−73,5	82,14	176,2	53,04	41,46	265,1
	900	−73,0	82,65	164,8	54,66	42,84	271,5
	1000	−72,5	83,12	155,6	56,02	44,10	277,3

[1] Für den Sättigungszustand s. S. 1388.

63. Thermodynamische Zustandsgrößen

OH, O²H und H₂O₂, Darstellung I

Charakteristische Daten und Bildungsreaktion	T °K	Bildungsreaktion ΔS_B^0 J/(Molgrd)	ΔH_B^0 kJ/Mol	$\dfrac{\Delta G_B^0}{T}$ J/(Molgrd)	Idealer Gaszustand S_T^0 für $p=1$ atm C_p^0	$\dfrac{H_T^0 - H_0^0}{T}$ J/(Molgrd)	S_T^0
OH Hydroxyl ($M=17{,}007$)							
$I_1 = 1{,}513 \cdot 10^{-40}$ g·cm²	298,15	15,77	42,08	125,4	29,88	29,55	183,6
$\Theta_{\text{rot}, 1} = 26{,}62°$ K	500	15,70	42,07	68,44	29,48	29,58	198,8
$\Theta_{s,1} = 4895°$ K	1000	14,75	41,30	26,55	30,66	29,72	219,5
$\tfrac{1}{2}H_2 + \tfrac{1}{2}O_2 \to OH$	1500	14,05	40,47	12,93	32,90	30,41	232,4
	2000	13,65	39,80	6,25	34,65	31,27	242,1
	3000	13,13	38,56	−0,28	36,71	32,78	256,6
	4000	12,53	37,16	−3,24	37,84	33,91	267,3
	5000				38,59	34,78	275,9
O²H ($M=18{,}0147$)							
$I_1 = 2{,}84 \cdot 10^{-40}$ g·cm²	298,15				29,96	30,17	189,4
$\Theta_{\text{rot}, 1} = 14{,}19°$ K	500				29,72	29,99	204,9
$\Theta_{s,1} = 3785°$ K	1000				32,24	30,41	226,1
	1500				34,61	31,44	239,7
	2000				36,03	32,43	249,9
	3000				37,53	33,91	264,8
	4000				38,36	34,93	275,7
	5000				38,94	35,67	284,3
H₂O₂ Wasserstoffperoxid ($M=34{,}015$)							
$I_1 = 2{,}785 \cdot 10^{-40}$ g·cm²	298,15	−102,6	−136,1	−353,6	43,14	36,40	232,9
$I_2 = 34{,}0 \cdot 10^{-40}$ g·cm²	400	−106,6	−137,4	−278,2	48,45	38,83	246,3
$I_3 = 33{,}8 \cdot 10^{-40}$ g·cm²	500	−108,8	−138,3	−167,9	52,55	41,17	257,4
$\Theta_{\text{rot}, 1} = 14{,}45°$ K	600	−109,9	−139,0	−121,8	55,69	43,35	267,4
$\Theta_{\text{rot}, 2} = 1{,}18°$ K	700	−110,7	−139,5	−88,7	57,99	45,31	276,2
$\Theta_{\text{rot}, 3} = 1{,}19°$ K	800	−111,2	−139,3	−63,3	59,83	47,03	284,1
$\Theta_{s,1} = 5191°$ K	900	−111,6	−140,2	−44,3	61,46	48,53	291,2
$\Theta_{s,2} = 1941°$ K	1000	−111,8	−140,5	−28,7	62,84	49,87	297,8
$\Theta_{s,3} = 1265°$ K							
$\Theta_{s,4} = 748°$ K							
$\Theta_{s,5} = 5191°$ K							
$\Theta_{s,6} = 1821°$ K							
$\Delta H_{0,g}^0 = -129{,}9$ kJ/Mol							
$H_2 + O_2 \to H_2O_2$							

6. Kalorische Daten

PH_3 Phosphin ($M = 33,998$), Darstellung I

Charakteristische Daten	T	Kondensierter Zustand			Idealer Gaszustand S_T^0 für $p=1$ atm		
		C_p^0	$\dfrac{H_T^0 - H_0^0}{T}$	$S_T^0 - S_0^0$	C_p^0	$\dfrac{H_T^0 - H_0^0}{T}$	S_T^0
	°K	J/(Molgrd)			J/(Molgrd)		
$I_1 = 7,16 \cdot 10^{-40}$ g·cm²	20	10,29	3,25	4,44			
$I_2 = 6,285 \cdot 10^{-40}$ g·cm²	60	47,78	25,28	34,75			
$I_3 = 6,285 \cdot 10^{-40}$ g·cm²	80	50,46	31,26	57,15			
$\Theta_{rot,1} = 5,66°$ K	100	46,90	39,53	73,22			172,9
$\Theta_{rot,2} = 6,41°$ K	139,35	49,84	41,84	89,44			
$\Theta_{rot,3} = 6,41°$ K	139,35	61,71	49,96	97,55	33,30	33,25	184,0
$\Theta_D = 99°$ K; $0 \leq T \leq 15°$ K	160	60,46	51,38	105,98	33,41	33,26	188,5
$\Theta_{s,1} = 3340°$ K	180	60,50	52,38	113,11	33,61	33,28	
$\Theta_{s,2} = 1424°$ K	185,38	60,63	52,62	114,88			
$\Theta_{s,3} = 3348$ (E) °K	185,38		131,87	194,21	33,67	33,29	193,4
$\Theta_{s,4} = 1612$ (E) °K	200				33,92	33,34	196,0
$\Delta H_{0,f \to g} = 18,24$ kJ/Mol	260				35,61	33,64	205,1
$\Delta H_{f \to fl} = 1,131$ kJ/Mol	298,15				37,11	34,00	210,2
$\Delta H_{fl \to g} = 14,598$ kJ/Mol	400				41,80	35,52	221,7
$\Delta H_{298,15,g}^0 = 9,25$ kJ/Mol	600				50,92	39,20	240,4
	800				58,53	43,14	256,1
$Trp = 139,35°$ K	1000				64,31	46,86	269,9
$Kp = 185,38°$ K	1500				72,84	54,35	279,8
$j_k = -0,704$							
$j_p = -0,662$							
$S_{0,g} = 19,77$ J/(Molgrd)							
$s = 3$							

H_2S Schwefelwasserstoff ($M = 34,080$), Darstellung I

Charakteristische Daten und Bildungsreaktion	T	Kondensierter Zustand			Idealer Gaszustand S_T^0 für $p=1$ atm		
		C_p^0	$\dfrac{H_T^0 - H_0^0}{T}$	$S_T^0 - S_0^0$	C_p^0	$\dfrac{H_T^0 - H_0^0}{T}$	S_T^0
	°K	J/(Molgrd)			J/(Molgrd)		
$I_1 = 5,926 \cdot 10^{-40}$ g·cm²	20	5,23	1,44	1,38			
$I_2 = 3,096 \cdot 10^{-40}$ g·cm²	40	14,90	5,95	8,00			
$I_3 = 2,693 \cdot 10^{-40}$ g·cm²	60	23,05	10,36	16,31			
$\Theta_{rot,1} = 6,84°$ K	80	30,59	14,49	23,95			
$\Theta_{rot,2} = 10,23°$ K	100	39,16	19,56	31,69	33,26	33,25	169,0
$\Theta_{rot,3} = 15,05°$ K	103,57	40,79	20,26	33,09			
$\Theta_D = 103,57°$ K; $0 \leq T \leq 16°$ K	103,57	46,02	35,53	48,69	33,26	33,25	170,1
$\Theta_{s,1} = 1777,37°$ K	120	55,52	37,24	55,48	33,26	33,38	175,0
$\Theta_{s,2} = 3753,18°$ K	126,24	69,04	38,39	58,74			
$\Theta_{s,3} = 3861,03°$ K	126,24	55,23	42,41	62,34	33,26	33,25	176,7
$\Delta H_{0,f \to g} = 24,686$ kJ/Mol	140	55,77	43,70	68,00	33,27	33,25	180,2
$\Delta H_{f \to fl} = 2,378$ kJ/Mol	160	57,11	45,29	75,51	33,27	33,25	184,4
$\Delta H_{fl \to g} = 18,673$ kJ/Mol	187,6	61,34	47,29	84,80			
$\Delta H_{0,g}^0 = -17,27$ kJ/Mol	187,6	67,70	59,96	97,47	33,33	33,25	190,0
	200		68,03	60,45	101,78	33,36	33,26	192,0
$\Delta H_{298,15,g}^0 = -20,17$ kJ/Mol	212,85	68,32	60,92	105,99			
$Trp = 187,6°$ K	212,85		149,24	194,22	33,41	33,28	194,0
$Kp = 212,85°$ K	220				33,44	33,29	195,2
$j_k = -0,908$	240				33,56	33,30	198,1
$j_p = -0,897$	260				33,71	33,33	200,8
$s = 2$	280				33,89	33,35	203,3
$S_{0,g} = 15,87$ J/(Molgrd)							

63. Thermodynamische Zustandsgrößen

		Idealer Gaszustand Bildungsreaktion			Idealer Gaszustand S_T^0 für $p=1$ atm		
	T	ΔS_B^0	ΔH_B^0	$\dfrac{\Delta G_B^0}{T}$	C_p^0	$\dfrac{H_T^0 - H_0^0}{T}$	S_T^0
	°K	J/(Molgrd)	kJ/Mol	J/(Molgrd)	J/(Molgrd)		
$H_2 + \tfrac{1}{2} S_{2,g} \to H_2S$	400	−42,34	−85,80	−172,2	35,60	33,75	215,7
	500	−44,50	−86,81	−129,1	37,21	34,28	223,8
	600	−45,90	−87,69	−100,2	38,96	34,91	230,8
	700	−47,44	−88,44	−78,90	40,78	35,62	236,9
	800	−48,15	−89,03	−63,14	42,58	36,38	242,5
	900	−48,65	−89,49	−50,78	44,30	37,16	247,6
	1000	−49,02	−89,78	−40,76	45,88	37,96	252,3
	1200	−49,37	−90,16	−25,77	48,60	39,51	261,0
	1500	−49,48	−90,16	−10,63	51,66	41,66	272,2

SF_6 Schwefelhexafluorid ($M = 146{,}05$), Darstellung I

Charakteristische Daten und Bildungsreaktion	T	Kondensierter Zustand			Idealer Gaszustand S_T^0 für $p=1$ atm		
		C_p^0	$\dfrac{H_T^0 - H_0^0}{T}$	$S_T^0 - S_0^0$	C_p^0	$\dfrac{H_T^0 - H_0^0}{T}$	S_T^0
	°K	J/(Molgrd)			J/(Molgrd)		
$I_1 = 305 \cdot 10^{-40}$ g·cm²	20	22,64	7,97	11,30			
$\Theta_{rot,1} = 0{,}13°$ K	40	42,93	21,15	34,27			
$\Theta_D = 63{,}3°$ K; $0 \leq T \leq 13°$ K	60	52,34	30,05	53,60			
$\Theta_{s,1} = 887$ (E) °K	80	60,63	36,61	69,66	35,10	33,56	214,5
$\Theta_{s,2} = 520$ (E) °K	94,30	71,1	41,56	80,42			
$\Theta_{s,3} = 755$ (E) °K	94,30	56,6	94,85	97,49			
$\Theta_{s,4} = 1114°$ K	100	58,32	92,67	103,89	38,21	34,15	221,7
$\Theta_{s,5} = 927$ (E) °K	120	64,43	87,45	115,06	42,80	35,18	229,9
$\Theta_{s,6} = 1388$ (E) °K	140	71,38	85,81	125,48	48,56	36,66	236,9
$\Delta H_{0,f \to g} = 31{,}55$ kJ/Mol	160	79,29	84,52	135,52	54,80	38,54	243,8
$\Delta H_{f \to g}(186°$ K)	180	89,66	84,47	145,44	61,44	40,70	250,7
$\quad = 23{,}49$ kJ/Mol	186	93,3	84,68	148,41			
$\Delta H_{0,f}^0 = -1118$ kJ/Mol	186		211,01	259,37		41,39	253,1
$\Delta H_{0,g}^0 = -1110$ kJ/Mol	200				68,04	43,11	257,5
	240				80,7	48,34	270,8
$\Delta H_{298,15,g}^0 = -1096$ kJ/Mol	280				91,7	53,65	284,3
$T_{f \to g}(760 \text{ Torr}) = 209{,}5°$ K	298,15				96,1	56,23	290,4
$j_k = 1{,}843$							
$j_p = 2{,}17$							
$s = 24$							
$S_{0,g} = 68{,}53$ J/(Molgrd)							

6. Kalorische Daten

SO_2 und SO_3, Darstellung I

Charakteristische Daten und Bildungsreaktion	T	Kondensierter Zustand			Idealer Gaszustand S_T^0 für $p=1$ atm		
		C_p^0	$\dfrac{H_T^0 - H_0^0}{T}$	$S_T^0 - S_0^0$	C_p^0	$\dfrac{H_T^0 - H_0^0}{T}$	S_T^0
	°K	J/(Molgrd)			J/(Molgrd)		

SO_2 Schwefeldioxid ($M = 64{,}063$)[1]

$I_1 = 13{,}3 \cdot 10^{-40}$ g·cm²	20	6,95	1,10	2,68			
$I_2 = 86{,}2 \cdot 10^{-40}$ g·cm²	40	24,18	8,90	12,92			
$I_3 = 99{,}4 \cdot 10^{-40}$ g·cm²	60	36,07	16,11	25,23			
$\Theta_{\text{rot},1} = 3{,}04°$ K	80	43,18	22,00	36,67			
$\Theta_{\text{rot},2} = 0{,}47°$ K	100	48,07	26,74	46,85	33,51	33,28	209,0
$\Theta_{\text{rot},3} = 0{,}41°$ K	120	51,88	30,62	55,99			
$\Theta_D = 120°$ K; $0 \leq T \leq 15°$ K	140	55,69	33,92	64,26	34,38	33,45	220,5
$\Theta_{s,1} = 755°$ K	160	59,96	36,91	71,98	34,99	33,65	225,1
$\Theta_{s,2} = 1647°$ K	180	64,12	39,71	79,28	35,64	33,81	229,3
$\Theta_{s,3} = 1918°$ K	197,64	68,24	42,11	85,50			
$\Delta H_{0, f \to g} = 37{,}28$ kJ/Mol	197,64	87,78	79,56	122,95	36,24	33,99	232,6
$\Delta H_{f \to fl} = 7{,}401$ kJ/Mol	200	87,74	79,67	123,99	36,31	34,02	233,0
$\Delta H_{fl \to g} = 24{,}94$ kJ/Mol	220	87,28	80,38	132,34	37,01	34,27	236,7
$\Delta H_{0,f}^0 = -322{,}8$ kJ/Mol	240	86,86	80,94	139,92	37,72	34,53	239,9
	260	86,44	81,38	146,86	38,45	34,81	242,8
$\Delta H_{0,g}^0 = -294{,}4$ kJ/Mol	263,08	86,36	81,44	147,87			
$\Delta H_{298,15,g}^0 = -296{,}9$ kJ/Mol	263,08		176,55	243,04	38,56	34,85	243,34
$T_{rp} = 197{,}64°$ K	280				39,18	35,09	245,7
$K_p = 263{,}08°$ K							
$p_{T_{rp}} = 1{,}256$ Torr							
$j_k = 1{,}18_7$							
$j_p = 1{,}171$							
$S_{0,g} = 55{,}96$ J/(Molgrd)							
$s = 2$							

	T	Idealer Gaszustand Bildungsreaktion			Idealer Gaszustand S_T^0 für $p=1$ atm		
		ΔS_B^0	ΔH_B^0	$\dfrac{\Delta G_B^0}{T}$	C_p^0	$\dfrac{H_T^0 - H_0^0}{T}$	S_T^0
	°K	J/(Molgrd)	kJ/Mol	J/(Molgrd)	J/(Molgrd)		

$\tfrac{1}{2} S_{2,g} + O_2 \to SO_2$	298,15	−71,0	−361,4	−1141,1	39,87	35,35	248,1
	400	−72,5	−361,9	−832,2	43,47	36,99	260,3
	500	−73,0	−362,2	−651,2	46,53	38,58	270,4
	600	−73,2	−362,3	−530,6	48,99	40,17	279,1
	700	−73,3	−362,3	−444,3	50,92	41,59	286,8
	800	−73,3	−362,3	−379,6	52,43	42,84	293,7
	900	−73,2	−362,2	−329,2	53,64	43,97	300,0
	1000	−73,1	−362,1	−289,0	54,52	44,98	305,6
	1500	−72,5	−361,3	−168,4	57,11	48,70	328,4

SO_3 Schwefeltrioxid ($M = 80{,}064$)

$\tfrac{1}{2} S_{2,g} + \tfrac{3}{2} O_2 \to SO_3$	298,15	−165,6	−459,8	−1376,6	50,63	38,91	256,0
$I_1 = 81{,}5 \cdot 10^{-40}$ g·cm²	400	−167,6	−460,4	−983,4	58,83	42,89	272,0
$I_2 = 81{,}5 \cdot 10^{-40}$ g·cm²	500	−167,7	−460,7	−753,2	65,52	46,78	285,9
$I_3 = 163{,}0 \cdot 10^{-40}$ g·cm²	600	−166,9	−460,2	−600,1	70,71	50,38	298,3
$\Theta_{\text{rot},1} = 0{,}494°$ K	700	−166,3	−459,7	−490,4	74,73	53,56	309,5
$\Theta_{\text{rot},2} = 0{,}494°$ K	800	−165,2	−458,9	−408,4	77,86	56,40	319,7
$\Theta_{\text{rot},3} = 0{,}247°$ K	900	−164,0	−457,9	−344,8	80,46	58,91	329,1
$\Theta_{s,1} = 1536°$ K	1000	−162,8	−456,3	−293,5	82,68	61,21	337,7
$\Theta_{s,2} = 1915$ (E) °K	1100	−162,1	−455,5	−252,0	84,56	63,26	345,7
$\Theta_{s,3} = 762°$ K	1300	−159,9	−452,7	−188,9	87,70	66,78	360,0
$\Theta_{s,4} = 805$ (E) °K	1500	−157,7	−449,5	−142,5	90,29	69,75	372,7
$\Delta H_{0,g}^0 = -453{,}9$ kJ/Mol							

[1] Für den Sättigungszustand, s. S. 1389.

63. Thermodynamische Zustandsgrößen

UF_6 Uranhexafluorid ($M = 352{,}02$), Darstellung I

Charakteristische Daten	T	Kondensierter Zustand		
		C_p^0	$\dfrac{H_T^0 - H_0^0}{T}$	$S_T^0 - S_0^0$
	°K	J/(Molgrd)		
$I_1 = 508 \cdot 10^{-40}$ g·cm²	20	17,00	5,85	8,2
$\Delta H_{f \to fl} = 19{,}2$ kJ/Mol	40	40,31	17,35	27,3
$T_{rp} = 337{,}21°$ K	60	62,33	28,75	47,9
$Kp = 329$ (subl.) °K	80	80,32	39,47	68,4
$pT_{rp} = 1133$ Torr	100	94,07	49,10	87,8
$s = 24$	160	122,3	71,64	138,7
	200	136,6	83,24	167,5
	260	155,4	97,76	205,8
	298,15	166,7	105,9	227,8
	320	174,8	110,3	239,9
	337,21	181,9	113,8	249,2
	337,21	190,7	170,7	306,1
	340	191,1	170,9	307,7
	360	193,8	172,1	318,7

6323. Organische Verbindungen

CCl_2O Phosgen ($M = 98{,}92$), Darstellung I

Charakteristische Daten und Bildungsreaktion	T	Kondensierter Zustand			Idealer Gaszustand S_T^0 für $p=1$ atm		
		C_p^0	$\dfrac{H_T^0 - H_0^0}{T}$	$S_T^0 - S_0^0$	C_p^0	$\dfrac{H_T^0 - H_0^0}{T}$	S_T^0
	°K	J/(Molgrd)			J/(Molgrd)		
$I_1 = 105{,}4 \cdot 10^{-40}$ g·cm²	20	14,48	3,85	5,90			
$I_2 = 240{,}1 \cdot 10^{-40}$ g·cm²	40	33,36	13,64	22,09			
$I_3 = 345{,}5 \cdot 10^{-40}$ g·cm²	60	43,47	21,51	37,61	33,70	33,31	215,9
$\Theta_{rot,1} = 0{,}38°$ K	80	49,92	26,53	51,42	34,84	33,54	225,8
$\Theta_{rot,2} = 0{,}17°$ K	100	55,15	32,53	62,72	36,57	33,96	233,7
$\Theta_{rot,3} = 0{,}12°$ K	120	60,04	37,49	73,18	38,73	34,57	240,6
$\Theta_D = 89°$ K; $0 < T < 15°$ K	140	64,89	40,38	82,84	40,85	35,33	247,2
$\Theta_{s,1} = 817°$ K	145,40	66,19	41,46	85,44			
$\Theta_{s,2} = 2592°$ K	145,40	105,02	80,93	124,9			
$\Theta_{s,3} = 408°$ K	160	102,76	83,04	134,9	43,74	36,21	252,4
$\Theta_{s,4} = 1202°$ K	180	100,88	85,14	146,8	46,11	37,18	257,7
$\Theta_{s,5} = 630°$ K	200	99,70	86,65	157,4	48,50	38,20	262,7
$\Theta_{s,6} = 337°$ K	220	99,45	87,82	166,9	50,71	39,23	267,4
$\Delta H_0^0 = 222{,}7$ kJ/Mol	240	99,87	88,80	175,5	52,77	40,28	271,9
$\Delta H_{0,f \to g} = 38{,}00$ kJ/Mol	260	100,37	89,68	183,5	54,69	41,32	277,0
$\Delta H_{f \to fl} = 5{,}736$ kJ/Mol	280	100,79	90,45	191,0	56,40	42,33	280,4
$\Delta H_{fl \to g} = 24{,}37$ kJ/Mol	280,78	100,79	90,45	191,2	56,40	42,33	280,5
$T_{rp} = 145{,}40°$ K	280,78	100,79	177,59	278,5	56,40	42,33	280,5
$Kp = 280{,}78°$ K							
$j_k = 2{,}43$							
$j_p = 2{,}33$							
$j_f = 0{,}10$							
$S_{0,f} = 2{,}0$ J/(Molgrd)							
$s = 2$							

	T	Idealer Gaszustand Bildungsreaktion			Idealer Gaszustand S_T^0 für $p=1$ atm		
		ΔS_B^0	ΔH_B^0	$\dfrac{\Delta G_B^0}{T}$	C_p^0	$\dfrac{H_T^0 - H_0^0}{T}$	S_T^0
	°K	J/(Molgrd)	kJ/Mol	J/(Molgrd)	J/(Molgrd)		
$C_{Graphit} + \tfrac{1}{2} O_2 + Cl_2 \to$	298,15	−41,8	−223,0	−706,1	59,0	45,0	286,0
$\to COCl_{2,g}$	400	−40,7	−222,8	−516,3	65,98	50,52	308,0
	600	−39,3	−220,3	−327,9	72,09	56,75	336,1
	800	−38,3	−218,0	−234,2	75,60	61,09	357,3
	1000	−38,5	−215,3	−176,8	77,78	64,24	374,4

6. Kalorische Daten

CCl₄ Tetrachlormethan ($M = 153,82$), Darstellung I

Charakteristische Daten und Bildungsreaktion	T °K	Kondensierter Zustand C_p^0	$\frac{H_T^0 - H_0^0}{T}$	$S_T^0 - S_0^0$	Idealer Gaszustand S_T^0 für $p=1$ atm C_p^0	$\frac{H_T^0 - H_0^0}{T}$	S_T^0
		J/(Molgrd)			J/(Molgrd)		
$I_1 = I_2 = I_3 = 500 \times$	20	21,13	5,548	7,74			
$\times 10^{-40}$ g·cm²	40	40,92	19,18	29,88			
$\Theta_{rot,1} = 0,078°$ K	60	50,42	28,11	48,41			
$\Theta_D = 76°$ K; $0 < T < 18°$ K	80	58,91	34,76	64,06			
$\Theta_{s,1} = 312$ (E) °K	100	66,94	40,41	78,16			
$\Theta_{s,2} = 450$ (F) °K	120	74,48	45,46	91,06			
$\Theta_{s,3} = 660°$ K	140	81,50	50,11	103,3	57,97	41,63	253,1
$\Theta_{s,4} = \left.\begin{array}{c}1091\\1136\end{array}\right\}$ (F) °K¹	160	88,32	54,46	114,7	62,96	44,02	264,9
	180	95,40	58,64	125,5	66,97	46,36	272,5
$\Delta H_{0, f \to g} = 41,97$ kJ/Mol	200	103,34	62,68	135,9	70,51	48,49	280,9
$\Delta H_{f \to fl} = 2,515$ kJ/Mol	220	113,14	66,81	146,4	73,76	50,71	286,6
$\Delta H_{fl \to g} = 30,00$ kJ/Mol	240	120,67	90,15	176,8	76,58	52,57	293,0
$\Delta H_{0,f}^0 = -92,1$ kJ/Mol	250,3	124,56	91,47	181,9			
$\Delta H_{0,g}^0 = -104,7$ kJ/Mol	250,3	129,96	101,5	192,0	78,04	53,67	296,2
$\Delta H_{298,15,g}^0 = -106,7$ kJ/Mol	260	130,33	102,9	196,9	79,4	54,71	299,2
$Trp = 250,3°$ K	280	131,08	104,6	207,0	81,8	56,56	307,1
$Kp = 349,8°$ K	298,15	131,67	106,2	214,8			
$j_k = 2,514$	298,15		199,9	308,5	83,56	57,9	310,3
$j_p = 2,419$							
$j_f = 0,095$							
$S_{0,f} = [1,82]$ J/(Molgrd)							
$S_{0,g} = 81,36$ J/(Molgrd)							
$s = 12$							

	T °K	Idealer Gaszustand Bildungsreaktion ΔS_B^0	ΔH_B^0	$\frac{\Delta G_B^0}{T}$	Idealer Gaszustand S_T^0 für $p=1$ atm C_p^0	$\frac{H_T^0 - H_0^0}{T}$	S_T^0
		J/(Molgrd)	kJ/Mol	J/(Molgrd)	J/(Molgrd)		
C$_{Graphit}$ + 2 Cl₂ → CCl₄	298,15	−142,0	−106,7	−215,9			
	400	−139,5	−105,9	−125,2	91,71	65,48	335,5
	500	−137,4	−104,9	−72,4	96,61	71,25	356,5
	600	−135,6	−104,0	−37,7	99,66	75,73	374,4
	700	−134,2	−103,0	−12,9	101,7	79,33	389,9
	800	−133,0	−102,1	5,4	103,1	82,22	403,6
	900	−131,7	−101,2	19,1	104,1	84,60	416,0
	1000	−131,0	−100,3	30,7	104,8	86,57	426,8

¹ aufgespalten

63. Thermodynamische Zustandsgrößen

CF_4 Tetrafluormethan ($M=88,00$), Darstellung I

Charakteristische Daten und Bildungsreaktion	T	Kondensierter Zustand			Idealer Gaszustand S_T^0 für $p=1$ atm		
		C_p^0	$\dfrac{H_T^0-H_0^0}{T}$	$S_T^0-S_0^0$	C_p^0	$\dfrac{H_T^0-H_0^0}{T}$	S_T^0
	°K	J/(Molgrd)			J/(Molgrd)		
$I_1=I_2=I_3=101,3\times$	0						[54,10]
$\times 10^{-40}$ g·cm²	20	20,29	6,88	9,71			
$\Theta_{rot,1}=0,4°$ K	40	42,80	19,54	31,34			
$\Theta_{s,1}=628$ (E) °K	60	58,07	29,86	51,55	33,35	33,23	190,1
$\Theta_{s,2}=913$ (F) °K	80	67,36	56,65	89,20	33,73	33,33	199,7
$\Theta_{s,3}=1300°$ K	89,47	67,07	57,78	96,86			
$\Theta_{s,4}=1800$ (F) °K	89,47	78,49	65,91	104,7	34,13	33,40	204,1
$\Delta H_{0,f\to g}=17,385$ kJ/Mol	100	78,00	66,64	113,4	34,76	33,50	207,2
$\Delta H_{f\to fl}=0,700$ kJ/Mol	120	78,37	68,83	127,8	36,49	33,84	213,8
$\Delta H_{fl\to g}$ (122° K)	122¹	78,49	69,30	129,0			
$\qquad =13,05$ kJ/Mol	122		176,4	219,43	36,50	33,87	214,4
$\Delta H_{0,f}^0=-677,7$ kJ/Mol	140				38,76	34,36	219,6
$\Delta H_{0,g}^0=-676,9$ kJ/Mol	160				41,60	35,10	225,0
	180				44,37	35,95	230,0
$\Delta H_{298,15,g}^0=-679,9$ kJ/Mol	200				47,28	37,00	234,8
$Trp=89,47°$ K	240				53,84	39,29	244,0
$Kp=145,14°$ K	280				58,75	41,66	252,7
$j_k=1,09$							
$j_p=1,35$							
$j_l=-0,26$							
$S_{0,f}=[-4,99]$ J/(Molgrd)							
$s=12$							

	T	Idealer Gaszustand Bildungsreaktion			Idealer Gaszustand S_T^0 für $p=1$ atm		
		ΔS_B^0	ΔH_B^0	$\dfrac{\Delta G_B^0}{T}$	C_p^0	$\dfrac{H_T^0-H_0^0}{T}$	S_T^0
	°K	J/(Molgrd)	kJ/Mol	J/(Molgrd)	J/(Molgrd)		
$C_{Graphit}+2F_2\to CF_4$	298,15	−149,1	−908,3	−2897	61,21	42,72	260,0
	400	−151,7	−909,1	−2124	72,63	48,95	281,3
	500	−152,2	−909,4	−1667	80,96	54,56	298,8
	600	−152,4	−909,6	−1364	87,03	59,50	314,1
	700	−152,3	−909,5	−1147	91,42	63,76	327,9
	800	−152,1	−909,3	−984,0	94,68	67,45	340,3
	900	−151,8	−909,0	−858,2	97,07	70,85	351,6
	1000	−151,4	−908,7	−757,3	98,95	73,35	362,0

¹ $p(122°$ K$)=136,5$ Torr.

6. Kalorische Daten

CH_4 Methan ($M = 16{,}04$), Darstellung I

Charakteristische Daten und Bildungsreaktion	T	Kondensierter Zustand			Idealer Gaszustand S_T^0 für $p=1$ atm		
		C_p^0	$\dfrac{H_T^0 - H_0^0}{T}$	$S_T^0 - S_0^0$	C_p^0	$\dfrac{H_T^0 - H_0^0}{T}$	S_T^0
	°K	J/(Molgrd)			J/(Molgrd)		
$I = 5{,}47 \cdot 10^{-40}$ g·cm²	0						[−3,36]
$\Theta_{rot} = 7{,}41°$ K	20	41,84	6,673	9,04			
$\Theta_D = 78°$ K; $0 < T < 10°$ K	21	18,83	9,523	12,26			
$\Theta_{s,1} = 1876{,}6$ (E) °K	40	28,66	18,45	27,40			
$\Theta_{s,2} = 2186$ (E) °K	60	35,35	21,65	40,42	33,46	33,61	132,5
$\Theta_{s,3} = 4190°$ K	80	40,58	25,66	51,30	33,43	33,58	142,2
$\Theta_{s,4} = 4343$ (F) °K	90,64	43,10	27,56	56,53			
$\Delta H_{0,f \to g} = 9{,}186$ kJ/Mol	90,64	55,44	37,90	66,86	33,43	33,56	146,1
$\Delta H_{f \to fl} = 0{,}938$ kJ/Mol	100	54,81	39,51	72,83	33,42	33,55	149,6
$\Delta H_{fl \to g} = 8{,}255$ kJ/Mol	111,7	54,81	41,12	78,66			
$\Delta H_{0,f}^0 = -74{,}69$ kJ/Mol	111,7		115,8	153,01	33,41	33,53	153,5
$\Delta H_{0,g}^0 = -66{,}91$ kJ/Mol	120				33,41	33,53	155,7
$\Delta H_{298,15,g}^0$	160				33,42	33,50	165,7
$\quad = -74{,}848$ kJ/Mol	200				33,60	33,49	172,7
$Trp = 90{,}64°$ K	260				34,60	33,61	181,6
$Kp = 111{,}7°$ K							
$p_{Trp} = 87{,}4$ Torr			Idealer Gaszustand Bildungsreaktion			Idealer Gaszustand S_T^0 für $p=1$ atm	
$j_k = -1{,}914$	T	ΔS_B^0	ΔH_B^0	$\dfrac{\Delta G_B^0}{T}$	C_p^0	$\dfrac{H_T^0 - H_0^0}{T}$	S_T^0
$j_p = -1{,}940$							
$j_f = 0{,}026$	°K	J/(Molgrd)	kJ/Mol	J/(Molgrd)	J/(Molgrd)		
$S_{0,f} = [0{,}50]$ J/(Molgrd)							
$s = 12$							
$C_{Graphit} + 2H_2 \to CH_4$	298,15	−80,73	−74,85	−170,7	35,79	33,81	186,2
	400	−89,59	−77,94	−105,2	40,74	34,76	197,4
	500	−95,9	−80,76	−65,40	46,58	36,53	207,1
	600	−100,4	−83,23	−38,29	52,49	38,70	216,1
	700	−103,7	−85,36	−18,25	58,07	41,07	224,6
	800	−106,0	−87,12	−2,88	63,18	43,52	232,7
	900	−107,8	−88,56	9,36	67,82	45,96	240,4
	1000	−109,0	−89,66	19,31	72,01	48,37	247,7
	1500	−111,1	−92,3	49,23	86,7	58,95	280,0

C^2H_4 Deuterometan ($M = 20{,}07$), Darstellung I

Charakteristische Daten und Bildungsreaktion	T	Kondensierter Zustand			Idealer Gaszustand S_T^0 für $p=1$ atm		
		C_p^0	$\dfrac{H_T^0 - H_0^0}{T}$	$S_T^0 - S_0^0$	C_p^0	$\dfrac{H_T^0 - H_0^0}{T}$	S_T^0
	°K	J/(Molgrd)			J/(Molgrd)		
$I_1 = 10{,}44 \cdot 10^{-40}$ g·cm²	0						[7,41]
$I_2 = 10{,}44 \cdot 10^{-40}$ g·cm²	20	20,92	5,263	7,45			
$I_3 = 10{,}44 \cdot 10^{-40}$ g·cm²	21,75	42,05	6,939	9,62			
$\Theta_{rot,1} = 3{,}88°$ K	22,75	31,38	10,27	13,35			
$\Theta_{rot,2} = 3{,}88°$ K	24,75	35,56	11,97	15,94			
$\Theta_{rot,3} = 3{,}88°$ K	28,75	31,80	18,846	24,98			
$\Theta_D = 84{,}5°$ K; $0 < T < 15°$ K	40	34,52	22,895	35,77			
$\Theta_{s,1} = 1545{,}8$ (E) °K	60	39,12	27,40	50,71			
$\Theta_{s,2} = 1432{,}2$ (F) °K	80	42,89	31,18	62,26	33,38	33,49	152,8
$\Theta_{s,3} = 2998{,}2°$ K	89,78	44,77	33,65	67,32			
$\Theta_{s,4} = 3248{,}4$ (F) °K	89,78	56,07	43,70	77,36	33,38	33,48	156,7
$\Delta H_{0,f \to g} = 9{,}796$ kJ/Mol	100	56,90	44,97	83,47	33,38	33,47	160,3
$\Delta H_{f \to fl} = 0{,}9025$ kJ/Mol	112	57,74	46,29	89,96			
$\Delta H_{fl \to g} = 8{,}276$ kJ/Mol	112		120,9	164,26	33,38	33,46	163,89
$Trp = 89{,}78°$ K	160				33,72	33,47	175,9
$Kp = 112°$ K	200				34,79	33,61	183,5
$p_{Trp} = 78{,}9$ Torr; $j_k = -1{,}35$	260				38,04	34,22	193,1
$j_p = -1{,}33$; $j_f = -0{,}02$	298,15				40,78	34,88	198,4
$S_{0,f} = [-0{,}37]$ J/(Molgrd)							
$s = 12$							

63. Thermodynamische Zustandsgrößen

CH_5N Methylamin, Sättigungszustand, Darstellung II
$M = 31{,}06$, $F = -92{,}5°$ C, $Kp(719$ Torr$) = -7{,}55°$ C
Bei $0°$ C ist $h' = 0$ und $s' = 0$ gesetzt

ϑ	p	v'	v''	h'	h''	Δh_v	s'	s''
°C	at	cm³/g		J/g			J/(ggrd)	
−30	0,320	1,386	2032,3	−92,34	781,30	873,64	−0,3599	3,2326
−25	0,422	1,397	1575,9	−77,35	788,92	866,27	−0,2989	3,1920
−20	0,547	1,408	1239,0	−62,20	796,41	858,61	−0,2377	3,1539
−15	0,705	1,420	976,62	−46,88	803,78	850,66	−0,1771	3,1179
−10	0,891	1,432	784,35	−31,39	811,02	842,41	−0,1172	3,0836
−5	1,124	1,444	631,39	−15,78	818,14	833,92	−0,5818	3,0510
+0	1,394	1,456	516,93	0	825,13	825,13	0	3,0200
+5	1,722	1,469	424,23	15,90	831,95	816,04	+0,5776	2,9911
+10	2,100	1,482	352,93	31,94	838,73	806,79	1,1511	2,9639
+15	2,550	1,496	294,54	48,14	845,43	797,29	1,7161	2,9379
+20	3,060	1,510	248,82	64,54	852,04	787,50	2,2770	2,9137
+25	3,660	1,524	210,64	81,16	858,57	777,41	2,8337	2,8906
+30	4,326	1,538	184,95	97,99	865,02	767,03	3,3862	2,8689
+35	5,105	1,563	154,49	15,06	871,42	756,36	3,9429	2,8488
+40	5,960	1,569	134,18	132,35	877,78	745,43	4,4954	2,8300
+45	6,944	1,585	116,56	149,93	884,15	734,22	5,0480	2,8124
+50	8,016	1,602	102,18	167,80	890,51	722,71	5,6047	2,7965

C_2H_2 Acetylen ($M = 26{,}04$), Darstellung I

Charakteristische Daten und Bildungsreaktion	T	Idealer Gaszustand, S_T^0 für $p=1$ atm					
		Bildungsreaktion			Thermodynamische Funktionen		
		ΔS_B^0	ΔH_B^0	$\dfrac{\Delta G_B^0}{T}$	C_p^0	$\dfrac{H_T^0 - H_0^0}{T}$	S_T^0
	°K	J/(Molgrd)	kJ/Mol	J/(Molgrd)	J/(Molgrd)		
$I_1 = 23{,}79$ g·cm²	298,15	58,75	226,7	701,8	43,93	33,56	200,8
$I_2 = 23{,}79$ g·cm²	300	58,75	226,7	697,1	44,07	33,62	201,1
$I_3 = 23{,}79$ g·cm²	400	58,09	226,5	508,1	50,10	37,04	214,7
$\Theta_{rot,1} = 1{,}69°$ K	500	57,35	226,1	394,9	54,25	40,09	226,3
$\Theta_{rot,2} = 1{,}69°$ K	600	56,46	225,6	319,6	57,44	42,73	236,5
$\Theta_{rot,3} = 1{,}69°$ K	700	55,52	225,0	266,0	60,11	45,03	245,6
$\Theta_{s,1} = 880$ (E) °K	800	54,61	224,4	225,9	62,48	47,07	253,3
$\Theta_{s,2} = 1048$ (E) °K	900	53,84	223,7	194,7	64,64	48,91	261,2
$\Theta_{s,3} = 4849°$ K	1000	53,09	223,0	169,9	66,62	50,58	268,2
$\Theta_{s,4} = 4728°$ K	1500	50,59	219,9	96,0	74,07	57,30	296,7
$\Theta_{s,5} = 2837°$ K							
$\Delta H_{0,g}^0 = 227{,}31$ kJ/Mol							
$s = 2$							
Subl. $189{,}5°$ K							
$2 C_{Graphit} + H_2 \rightarrow C_2H_2$							

6. Kalorische Daten

C_2H_2 Acetylen, Sättigungszustand, Darstellung II

p atm	T °K	V'	V''	H'	H''	S'	S''
		cm³/Mol		J/Mol		J/(Molgrd)	
2	200,9	43,0	7840	10,711	26,755	111,88	191,75
3	209,4	43,9	5400	11,594	26,968	116,16	189,61
5	221,5	45,4	3290	12,838	27,236	122,01	187,02
7	230,4	46,7	2361	13,758	27,404	125,99	185,25
10	240,7	48,7	1654	14,721	27,559	129,97	183,29
15	253,2	50,9	1093	15,680	27,647	133,69	180,95
20	263,0	53,2	804	16,358	27,642	136,24	179,15
25	271,6	55,5	626	17,023	27,605	138,71	177,68
30	278,9	58,0	503	17,701	27,525	141,02	176,26
35	284,9	60,8	414	18,325	27,387	143,11	174,92
40	290,4	62,9	345	18,940	27,123	145,24	173,41
50	300,0	70,2	243	20,259	26,487	149,43	170,19
60	307,8	87,3	159	22,130	25,219	155,37	165,42
61,55	308,7	112,9		23,653		160,40	

C_2H_4 Äthen ($M = 28,05$), Darstellung I

Charakteristische Daten und Bildungsreaktion	T °K	Kondensierter Zustand			Idealer Gaszustand S_T^0 für $p = 1$ atm		
		C_p^0	$\frac{H_T^0 - H_0^0}{T}$	$S_T^0 - S_0^0$	C_p^0	$\frac{H_T^0 - H_0^0}{T}$	S_T^0
		J/(Molgrd)			J/(Molgrd)		
$I_1 = 5,75 \cdot 10^{-40}$ g·cm²	20	6,36	1,71	2,32			
$I_2 = 28,09 \cdot 10^{-40}$ g·cm²	40	23,70	8,37	12,00			
$I_3 = 33,84 \cdot 10^{-40}$ g·cm²	60	37,33	15,84	24,28	33,29	33,28	163,5
$\Theta_{rot,1} = 7,01°$ K	80	48,33	22,55	36,48	33,29	33,28	173,1
$\Theta_{rot,2} = 1,44°$ K	100	71,34	29,48	49,15	33,30	33,28	180,5
$\Theta_{rot,3} = 1,19°$ K	103,95	83,68	31,30	52,22			
$\Theta_D = 128°$ K; $0 < T < 15°$ K		69,29	63,53	84,46	33,30	33,28	181,8
$\Theta_{s,1} = 1180°$ K; $\Theta_{s,2} = 1366°$ K	120	68,24	64,23	94,32	33,32	33,28	186,6
$\Theta_{s,3} = 1582°$ K; $\Theta_{s,4} = 1930°$ K	140	67,45	64,75	104,8	33,56	33,31	191,7
$\Theta_{s,5} = 2076°$ K; $\Theta_{s,6} = 1360°$ K	160	67,11	65,06	113,8	33,99	33,36	196,2
$\Theta_{s,7} = 1366°$ K; $\Theta_{s,8} = 2334°$ K	169,40	67,24	65,17	117,6			
$\Theta_{s,9} = 4341°$ K; $\Theta_{s,10} = 4298°$ K	169,40		145,48	198,20	34,26	33,41	198,1
$\Theta_{s,11} = 4415°$ K; $\Theta_{s,12} = 4465°$ K	180				34,69	33,47	200,3
$\Delta H_{0,f \to g} = 18,985$ kJ/Mol	200				35,62	33,62	203,9
$\Delta H_{f \to fl} = 3,351$ kJ/Mol	220				36,74	33,87	207,4
$\Delta H_{fl \to g} = 13,544$ kJ/Mol	240				38,32	34,17	210,7
$\Delta H_{0,f}^0 = 45,38$ kJ/Mol	260				40,06	34,57	213,8
$\Delta H_{0,g}^0 = 60,74$ kJ/Mol	280				41,87	35,09	216,8

	T °K	Idealer Gaszustand Bildungsreaktion			Idealer Gaszustand S_T^0 für $p = 1$ atm		
$\Delta H_{298,15}^0 = 52,28$ kJ/Mol		ΔS_B^0	ΔH_B^0	$\frac{\Delta G_B^0}{T}$	C_p^0	$\frac{H_T^0 - H_0^0}{T}$	S_T^0
$Trp = 103,95°$ K		J/(Molgrd)	kJ/Mol		J/(Molgrd)		
$Kp = 169,40°$ K	298,15	−53,21	52,28	228,6	43,63	35,49	219,4
$j_k = −0,303$	400	−61,81	49,23	184,9	53,97	38,83	233,8
$j_p = −0,306$	500	−67,83	46,60	161,0	63,43	42,80	246,8
$S_{0,g} = 27,45$ J/(Molgrd)	600	−71,95	44,35	145,9	71,55	46,94	259,1
$s = 4$	700	−74,94	42,43	135,5	78,49	50,96	270,6
2 $C_{Graphit} + 2 H_2 \to C_2H_4$	800	−77,04	40,84	128,1	84,52	54,81	281,5
	900	−78,47	39,53	122,4	89,79	58,41	291,8
	1000	−79,70	38,51	118,2	94,43	61,76	301,5
	1500	−81,76	36,02	105,8	110,29	75,60	343,1

63. Thermodynamische Zustandsgrößen

C_2H_6 Äthan ($M = 30,07$), Darstellung I

Charakteristische Daten und Bildungsreaktion	T	Kondensierter Zustand			Idealer Gaszustand S_T^0 für $p=1$ atm		
		C_p^0	$\dfrac{H_T^0 - H_0^0}{T}$	$S_T^0 - S_0^0$	C_p^0	$\dfrac{H_T^0 - H_0^0}{T}$	S_T^0
	°K	J/(Molgrd)			J/(Molgrd)		
$I_1 = I_2 = 40,1 \cdot 10^{-40}$ g·cm²	20	6,42	1,680	2,26			
$I_3 = 10,8 \cdot 10^{-40}$ g·cm²	40	24,87	8,468	12,13			
$\Theta_{rot,1} = 1,01°$ K	60	39,54	16,46	25,10			
$\Theta_{rot,2} = 1,01°$ K	80	53,22	23,95	38,24			
$\Theta_{rot,3} = 3,73°$ K	89,87	59,8	27,53	44,95			
$\Theta_D = 131°$ K; $0 < T < 15°$ K	89,87	68,2	59,32	76,75			
$\Theta_{s,1} = 1189$ (E) °K	100	68,53	60,40	84,00	35,67	33,18	183,3
$\Theta_{s,2} = 1427°$ K	120	69,25	61,68	96,58	36,79	34,21	189,9
$\Theta_{s,3} = 1682$ (E) °K	140	69,83	62,79	107,3	38,00	34,56	195,7
$\Theta_{s,4} = 1933°$ K	160	70,84	63,73	116,7	39,20	35,14	200,7
$\Theta_{s,5} = 1983°$ K	180	72,22	64,59	125,1	40,51	35,67	206,0
$\Theta_{s,6} = 2099$ (E) °K	184,1	72,6	64,76	126,7			
$\Theta_{s,7} = 2128$ (E) °K	184,1		145,1	207,25	40,93	35,78	206,4
$\Theta_{s,8} = 4141°$ K	200				42,17	36,19	209,8
$\Theta_{s,9} = 4206°$ K	220				43,98	36,84	213,9
$\Theta_{s,10} = 4228$ (E) °K	240				45,94	37,53	217,7
$\Theta_{s,11} = 4285$ (E) °K	260				48,07	38,28	221,6
$\Delta H_{0,f \to g} = 20,12$ kJ/Mol	280				50,45	39,05	225,2
$\Delta H_{f \to fl} = 2,857$ kJ/Mol							
$\Delta H_{fl \to g} = 14,70$ kJ/Mol							
$\Delta H_{0,f}^0 = -86,39$ kJ/Mol							
$\Delta H_{0,g}^0 = -69,02$ kJ/Mol							
$\Delta H_{298,15,g}^0 = -84,67$ kJ/Mol							
$Trp = 89,87°$ K							
$Kp = 184,1°$ K							
$j_k = -0,662$							
$j_p = -0,618$							
$S_{0,g} = 20,54$ J/(Molgrd)							
$s = 18$							

	T	Idealer Gaszustand Bildungsreaktion			Idealer Gaszustand S_T^0 für $p=1$ atm		
		ΔS_B^0	ΔH_B^0	$\dfrac{\Delta G_B^0}{T}$	C_p^0	$\dfrac{H_T^0 - H_0^0}{T}$	S_T^0
	°K	J/(Molgrd)	kJ/Mol	J/(Molgrd)	J/(Molgrd)		
$2\,C_{Graphit} + 3\,H_2 \to C_2H_6$	298,15	−174,7	−84,67	−109,4	52,70	39,76	228,5
	500	−197,5	−93,88	9,80	78,1	50,29	262,7
	1000	−215,1	−105,8	109,3	122,7	76,5	332,2
	1500	−216,8	−107,7	145,0	146,0	96,2	386,9

6. Kalorische Daten

C_2H_6O Dimethyläther, Sättigungszustand, Darstellung II
$M = 46{,}07$, $F = -140°$ C, $Kp = -24{,}9°$ C. Bei 0° C ist $h' = 0$ und $s' = 0$ gesetzt

ϑ	p	v'	v''	h'	h''	Δh_v	s'	s''
°C	at	cm³/g		J/g			J/(ggrd)	
−40	0,5080	1,326	824,8	−93,9	392,3	486,2	−0,373	1,712
−35	0,6495	1,337	656,4	−82,4	397,7	480,1	−0,325	1,691
−30	0,820	1,349	528,5	−70,9	402,9	473,8	−0,246	1,673
−25	1,023	1,361	430,3	−59,2	408,2	467,4	−0,228	1,656
−20	1,264	1,374	353,4	−47,6	413,5	461,1	−0,181	1,640
−15	1,547	1,388	292,7	−35,8	418,6	454,4	−0,135	1,626
−10	1,875	1,402	244,6	−24,2	423,8	448,0	−0,089	1,612
−5	2,258	1,417	205,5	−12,0	428,9	440,9	−0,045	1,600
0	2,696	1,433	174,0	0	433,9	433,9	0	1,588
5	3,199	1,449	148,0	12,1	438,8	426,7	0,043	1,577
10	3,767	1,466	126,7	24,2	443,6	419,4	0,086	1,567
15	4,412	1,483	108,9	36,5	448,4	411,9	0,129	1,558
20	5,137	1,501	94,0	49,2	453,0	403,8	0,171	1,549
25	5,948	1,520	81,5	61,2	457,4	396,2	0,212	1,541
30	6,855	1,539	70,8	73,7	461,5	387,8	0,233	1,532
35	7,861	1,559	61,7	86,3	465,6	379,3	0,293	1,524
40	8,983	1,579	53,8	98,9	469,4	370,5	0,333	1,515

C_2H_7N Äthylamin, Sättigungszustand, Darstellung II
$M = 45{,}08$, $F = -83{,}25°$ C, $Kp = 16{,}6°$ C.
Bei 0° C ist $h' = 0$ und $s' = 0$ gesetzt

ϑ	p	v'	v''	h'	h''	Δh_v	s'	s''
°C	at	cm³/g		J/g			J/(ggrd)	
−30	0,099	1,352	4549,0	78,31	586,96	665,28	0,3022	2,4331
−25	0,134	1,362	3427,1	65,46	593,99	659,46	0,2507	2,4064
−20	0,179	1,372	2604,3	52,53	600,98	653,51	0,1997	2,3812
−15	0,235	1,383	2018,9	39,51	607,93	647,44	0,1490	2,3582
−10	0,309	1,394	1561,4	26,41	614,80	641,21	0,0992	2,3369
−5	0,393	1,405	1249,2	13,23	621,62	634,85	0,0494	2,3176
+0	0,500	1,416	997,18	0	628,36	628,36	0,4855	2,3000
+5	0,630	1,427	804,80	+13,39	635,05	621,66	0,9711	2,2833
+10	0,785	1,439	655,61	27,00	641,84	614,84	0,1452	2,2682
+15	0,970	1,451	538,79	40,81	648,66	607,85	1,4524	2,2544
+20	1,188	1,463	446,73	54,83	655,52	600,69	1,9338	2,2423
+25	1,443	1,476	373,29	69,06	662,43	593,36	2,4110	2,2310
+30	1,738	1,489	314,54	83,46	669,38	585,91	2,8839	2,2209
+35	2,081	1,502	266,62	98,03	676,33	578,30	3,3569	2,2121
+40	2,472	1,515	227,74	112,76	683,27	570,51	3,8257	2,2042
+45	2,917	1,528	195,80	127,70	690,26	562,56	4,2862	2,1967
+50	3,422	1,542	169,26	142,82	697,25	554,44	4,7466	2,1895

63. Thermodynamische Zustandsgrößen

C_3H_6, Darstellung I

Charakteristische Daten und Bildungsreaktion	T	Kondensierter Zustand			Idealer Gaszustand S_T^0 für $p=1$ atm		
		C_p^0	$\frac{H_T^0-H_0^0}{T}$	$S_T^0-S_0^0$	C_p^0	$\frac{H_T^0-H_0^0}{T}$	S_T^0
	°K	J/(Molgrd)			J/(Molgrd)		

C_3H_6 Cyclopropan ($M=42{,}08$)

$I_1=42{,}3\cdot10^{-40}$ g·cm²	20	5,61	1,60	2,19			
$I_2=42{,}3\cdot10^{-40}$ g·cm²	40	22,64	7,79	11,23			
$I_3=67{,}4\cdot10^{-40}$ g·cm²	60	35,94	15,04	23,08			
$\Theta_{\text{rot},1}=0{,}95°$ K	80	44,43	21,38	34,61			
$\Theta_{\text{rot},2}=0{,}95°$ K	100	51,34	26,70	44,91	33,43	33,33	194,2
$\Theta_{\text{rot},3}=0{,}60°$ K	120	56,99	31,28	54,77			
$\Theta_D=130°$ K; $0<T<15°$ K	140	63,51	35,41	64,11			
$\Theta_{s,1}=2064$ (E) °K	145,54	65,35	36,63	66,71			
$\Theta_{s,2}=1244$ (E) °K	145,54	76,11	74,03	104,1	34,61	33,51	207,7
$\Theta_{s,3}=1467°$ K	160	75,19	74,18	111,2	35,66	33,66	211,0
$\Theta_{s,4}=1707$ (E) °K	180	75,31	74,29	120,1	37,43	33,98	215,3
$\Theta_{s,5}=1058$ (E) °K	200	76,40	74,45	128,1	39,74	34,42	219,3
$\Theta_{s,6}=963°$ K	220	78,20	74,71	135,5	42,54	35,04	223,2
$\Theta_{s,7}=1708°$ K	240	81,34	75,12	142,4	45,73	35,80	227,1
$\Theta_{s,8}=1884$ (E) °K	240,30	81,38	75,13	142,5			
$\Theta_{s,9}=1582$ (E) °K	240,30		158,9	226,5	45,77	35,81	227,16
$\Theta_{s,10}=4328$ (E) °K	260				48,96	36,71	230,9
$\Theta_{s,11}=4386°$ K	280				52,93	37,71	233,9
$\Theta_{s,12}=4429$ (E) °K							
$\Delta H_{0,f\to g}=29{,}59$ kJ/Mol							
$\Delta H_{f\to fl}=5{,}443$ kJ/Mol							
$\Delta H_{fl\to g}=20{,}05$ kJ/Mol							

$\Delta H_{0,g}^0=70{,}18$ kJ/Mol
$\Delta H_{298,15,g}^0=53{,}22$ kJ/Mol
$Trp=145{,}54°$ K
$Kp=240{,}30°$ K
$j_k=0{,}460$
$j_p=0{,}426$
$S_{0,g}=42{,}05$ J/(Molgrd); $s=6$

$3 C_{\text{Graphit}}+3 H_2 \to C_3H_6$

T	Idealer Gaszustand Bildungsreaktion			Idealer Gaszustand S_T^0 für $p=1$ atm		
	ΔS_B^0	ΔH_B^0	$\frac{\Delta G_B^0}{T}$	C_p^0	$\frac{H_T^0-H_0^0}{T}$	S_T^0
°K	J/(Molgrd)	kJ/Mol	J/(Molgrd)	J/(Molgrd)		
298,15	−170,7	53,22	349,2	55,80	38,55	238,6
400	−186,4	47,92	306,2	76,68	45,42	257,1
500	−195,7	43,78	283,3	94,73	53,58	276,2
600	−201,8	40,50	269,3	109,4	61,69	294,7
700	−205,7	37,91	259,9	121,5	69,39	312,6
800	−208,3	36,97	254,3	131,5	76,58	329,5
900	−210,0	34,19	247,9	140,4	82,81	345,5
1000	−211,0	33,63	244,6	147,9	89,26	360,7

C_3H_6 Propen ($M=42{,}08$)

$I_1=19{,}348\cdot10^{-40}$ g·cm²	298,15	−142,1	20,41	210,5	63,89	45,44	266,9
$I_2=89{,}199\cdot10^{-40}$ g·cm²	300	−142,3	20,33	210,9	64,18	45,52	267,4
$I_3=103{,}286\cdot10^{-40}$ g·cm²	400	−155,4	15,72	194,7	79,91	52,22	288,1
$\Theta_{\text{rot},1}=2{,}08°$ K	500	−164,2	11,69	187,9	94,64	59,20	307,4
$\Theta_{\text{rot},2}=0{,}452°$ K	600	−170,7	8,28	184,5	107,5	66,19	325,8
$\Theta_{\text{rot},3}=0{,}390°$ K	700	−175,1	5,44	182,9	118,7	72,89	343,3
$\Theta_{s,1}=4386$ (E) °K	800	−178,1	3,18	182,1	128,4	79,24	359,7
$\Theta_{s,2}=4386°$ K	900	−180,2	1,42	181,8	136,8	85,19	375,4
$\Theta_{s,3}=4242$ (E) °K	1000	−181,6	0,13	181,7	144,2	90,8	390,2
$\Theta_{s,4}=2371°$ K; $\Theta_{s,5}=2076°$ K	1100	−182,5	−0,75	181,7	150,6	95,9	404,2
$\Theta_{s,6}=2035°$ K; $\Theta_{s,7}=1970°$ K	1200	−182,9	−1,34	181,8	156,1	100,7	417,6
$\Theta_{s,8}=1865°$ K; $\Theta_{s,9}=1498°$ K	1300	−183,3	−1,76	181,9	161,0	105,1	430,3
$\Theta_{s,10}=1685°$ K; $\Theta_{s,11}=1337°$ K	1400	−183,4	−1,97	182,0	165,3	109,3	442,3
$\Theta_{s,12}=600°$ K; $\Theta_{s,13}=4242°$ K	1500	−183,4	−2,01	182,1	169,0	113,2	453,9
$\Theta_{s,14}=2076°$ K; $\Theta_{s,15}=1424°$ K							
$\Theta_{s,16}=834°$ K; $\Theta_{s,17}=1510°$ K							
$\Theta_{s,18}=1310°$ K							

$\Delta H_{0,g}^0=35{,}43$ kJ/Mol
$F=86{,}8°$ K
$K_p=226{,}3°$ K
$3 C_{\text{Graphit}}+3 H_2 \to C_3H_6$

6. Kalorische Daten

C_3H_8 Propan ($M = 44{,}09$), Darstellung I

Charakteristische Daten und Bildungsreaktion	T °K	Kondensierter Zustand C_p^0	$\dfrac{H_T^0-H_0^0}{T}$	$S_T^0-S_0^0$	Idealer Gaszustand S_T^0 für $p=1$ atm C_p^0	$\dfrac{H_T^0-H_0^0}{T}$	S_T^0
		J/(Molgrd)			J/(Molgrd)		
$I_1 = 28{,}85 \cdot 10^{-40}$ g·cm²	0						[55,56]
$I_2 = 99{,}12 \cdot 10^{-40}$ g·cm²	20	6,66	1,712	2,34			
$I_3 = 112{,}07 \cdot 10^{-40}$ g·cm²	40	25,08	11,36	12,54			
$\Theta_{rot,1} = 1{,}40°$ K	60	39,09	18,63	25,46			
$\Theta_{rot,2} = 0{,}41°$ K	80	50,38	25,15	38,31			
$\Theta_{rot,3} = 0{,}36°$ K	85,45	53,18	26,85	41,71			
$\Theta_D = 128°$ K; $0 < T < 15°$ K	85,45	84,31	68,09	82,94			
$\Theta_{s,1} = 539°$ K; $\Theta_{s,2} = 1248°$ K	100	84,98	70,49	96,27	40,9	35,32	210,4
$\Theta_{s,3} = 1514°$ K; $\Theta_{s,4} = 1661°$ K	120	85,98	72,99	111,9	44,1	36,47	218,7
$\Theta_{s,5} = 1352°$ K; $\Theta_{s,6} = 1326°$ K	140	87,32	74,94	125,2	46,9	37,80	225,7
$\Theta_{s,7} = 1076°$ K; $\Theta_{s,8} = 1924°$ K	160	88,91	76,58	137,0	49,7	39,14	232,0
$\Theta_{s,9} = 1695°$ K; $\Theta_{s,10} = 1970°$ K	180	90,92	78,06	147,6	52,9	40,27	238,0
$\Theta_{s,11} = 1977°$ K	200	93,51	79,47	157,3	55,8	41,89	243,7
$\Theta_{s,12} = 2085$ (E) °K	220	96,52	80,88	166,3	59,0	43,43	249,0
$\Theta_{s,13} = 2111°$ K; $\Theta_{s,14} = 2114°$ K	231,04	98,45	81,68	171,1			
$\Theta_{s,15} = 2099°$ K; $\Theta_{s,16} = 1838°$ K	231,04		163,30	252,3	61,3	44,24	252,3
$\Theta_{s,17} = 4265°$ K							
$\Theta_{s,18} = 4268$ (E) °K							
$\Theta_{s,19} = 4271°$ K; $\Theta_{s,20} = 4285°$ K							
$\Theta_{s,21} = 4256°$ K; $\Theta_{s,22} = 4190°$ K							
$\Theta_{s,23} = 4231°$ K							
$\Delta H_{0,f\to g} = 27{,}51$ kJ/Mol							
$\Delta H_{f\to fl} = 3{,}524$ kJ/Mol							
$\Delta H_{fl\to g} = 18{,}77$ kJ/Mol							
$\Delta H_{0,f}^0 = -106{,}0$ kJ/Mol							
$\Delta H_{0,g}^0 = -81{,}5$ kJ/Mol							
$\Delta H_{298,15,g}^0 = -103{,}81$ kJ/Mol							
$F = 85{,}45°$ K							
$K_p = 231{,}04°$ K							
$j_k = 1{,}166$							
$S_{0,g} = 55{,}56$ J/(Molgrd)							
$s = 2$							

	T °K	Idealer Gaszustand Bildungsreaktion ΔS_B^0	ΔH_B^0	$\dfrac{\Delta G_B^0}{T}$	Idealer Gaszustand S_T^0 für $p=1$ atm C_p^0	$\dfrac{H_T^0-H_0^0}{T}$	S_T^0
		J/(Molgrd)	kJ/Mol	J/(Molgrd)	J/(Molgrd)		
$3\,C_{Graphit} + 4\,H_2 \to C_3H_8$	298,15	−269,7	−103,8	−78,61	73,51	49,24	269,5
	400	−288,2	−110,3	12,46	94,3	58,12	294,4
	500	−300,0	−115,6	68,87	113,1	67,28	317,5
	600	−308,0	−119,9	108,1	129,2	76,2	339,5
	700	−313,3	−123,4	137,0	143,1	84,8	360,5
	800	−316,8	−126,0	159,2	155,1	92,9	380,5
	900	−319,9	−127,9	176,9	165,7	100,4	399,4
	1000	−320,4	−129,3	191,1	175,0	107,4	417,4
	1100	−321,1	−130,1	202,9	183,1	113,9	434,6
	1200	−321,4	−130,4	212,7	190,0	120,0	450,8
	1300	−321,4	−130,5	221,0	196,2	125,6	466,3
	1400	−321,2	−130,3	228,2	201,5	130,8	480,3
	1500	−321,2	−130,0	234,5	206,1	135,7	494,9

63. Thermodynamische Zustandsgrößen

C_4H_6 Butadien-(1,3) ($M = 54,09$), Darstellung I

Charakteristische Daten und Bildungsreaktion	T	Idealer Gaszustand, S_T^0 für $p=1$ atm					
		Bildungsreaktion			Thermodynamische Funktionen		
		ΔS_B^0	ΔH_B^0	$\dfrac{\Delta G_B^0}{T}$	C_p^0	$\dfrac{H_T^0 - H_0^0}{T}$	S_T^0
	°K	J/(Molgrd)	kJ/Mol	J/(Molgrd)	J/(Molgrd)		
$\Delta H_{0,g}^0 = 126{,}4$ kJ/Mol	298	−136,1	111,9	509,2	79,54	50,88	278,7
$Kp = 277{,}9°$ K	300	−136,3	111,8	509,0	79,96	51,04	279,2
$4\,C_{Graphit} + 3\,H_2 \rightarrow C_4H_6$	400	−146,9	108,0	416,9	101,6	61,04	305,3
	500	−153,6	105,1	363,8	119,3	71,00	330,0
	600	−158,1	102,6	329,1	133,2	80,25	353,0
	700	−161,6	100,7	305,5	144,6	88,66	374,0
	800	−163,3	99,04	287,1	154,1	96,27	394,3
	900	−164,4	97,78	273,0	162,4	103,2	413,0
	1000	−165,8	96,94	262,7	169,5	109,5	430,4
	1100	−166,3	96,40	253,9	175,8	115,2	446,9
	1200	−166,5	96,06	246,5	181,3	120,5	462,5
	1300	−166,7	95,86	240,4	186,1	125,4	477,2
	1400	−166,7	95,77	235,1	190,2	129,8	491,1
	1500	−166,7	95,77	230,5	193,9	134,0	504,3

C_4H_8, Darstellung I

Charakteristische Daten und Bildungsreaktion	T	Idealer Gaszustand, S_T^0 für $p=1$ atm					
		Bildungsreaktion			Thermodynamische Funktionen		
		ΔS_B^0	ΔH_B^0	$\dfrac{\Delta G_B^0}{T}$	C_p^0	$\dfrac{H_T^0 - H_0}{T}$	S_T^0
	°K	J/(Molgrd)	kJ/Mol	J/(Molgrd)	J/(Molgrd)		

C_4H_8 Buten-(1) ($M = 56{,}10$)

$\Delta H_{0,g}^0 = 21{,}57$ kJ/Mol	298,15	−237,9	1,17	241,8	89,3	59,3	307,4
$F = <83°$ K	300	−238,2	1,06	241,8	89,7	59,5	308,0
$Kp = 267°$ K	400	−254,1	−4,56	242,7	112,7	70,0	337,2
$4\,C_{Graphit} + 4\,H_2 \rightarrow C_4H_8$	500	−264,8	−9,27	246,3	132,8	80,6	364,4
	600	−271,9	−13,15	250,0	149,9	90,8	390,2
	700	−276,7	−16,23	253,5	164,5	100,2	414,4
	800	−279,4	−18,66	256,6	177,1	109,1	437,2
	900	−282,0	−20,46	259,3	188,1	117,2	458,7
$I_1 = 89{,}842 \cdot 10^{-40}$ g·cm²	1000	−283,3	−21,63	261,7	197,7	124,8	479,0
$I_2 = 107{,}646 \cdot 10^{-40}$ g·cm²	1100	−283,9	−22,34	263,6	206,0	131,8	498,3
$I_3 = 186{,}968 \cdot 10^{-40}$ g·cm²	1200	−284,2	−22,59	265,3	213,2	138,3	516,5
$\Theta_{rot,1} = 0{,}449°$ K	1300	−284,3	−22,68	266,8	219,5	144,4	533,8
$\Theta_{rot,2} = 0{,}374°$ K	1400	−284,0	−22,47	268,0	225,1	149,9	550,3
$\Theta_{rot,3} = 0{,}215°$ K	1500	−283,8	−22,13	269,2	229,8	155,1	566,5
$\Theta_{s,1} = 4386°$ K							
$\Theta_{s,2} = 4242$ (E) °K							

C_4H_8 2-Methyl-propen ($M = 56{,}11$)

$\Theta_{s,3} = 2393°$ K; $\Theta_{s,4} = 1150°$ K	298,15	−251,7	−13,99	204,8	89,1	57,3	293,6
$\Theta_{s,5} = 2085°$ K; $\Theta_{s,6} = 1984°$ K	300	−252,1	−14,10	205,1	89,5	57,5	294,1
$\Theta_{s,7} = 1999°$ K; $\Theta_{s,8} = 1514°$ K	400	−268,3	−19,82	218,7	111,2	68,2	323,0
$\Theta_{s,9} = 544°$ K; $\Theta_{s,10} = 4242°$ K	500	−279,4	−24,3	229,9	130,7	78,8	349,8
$\Theta_{s,11} = 2085°$ K; $\Theta_{s,12} = 1421°$ K	600	−286,8	−28,8	238,9	147,7	88,9	375,2
$\Theta_{s,13} = 1007°$ K; $\Theta_{s,14} = 4242°$ K	700	−292,0	−32,2	246,1	162,4	98,3	399,1
$\Theta_{s,15} = 2085°$ K; $\Theta_{s,16} = 1277°$ K	800	−295,5	−34,8	252,0	175,1	107,2	421,6
$\Theta_{s,17} = 562°$ K; $\Theta_{s,18} = 4386°$ K	900	−297,8	−36,8	257,0	186,3	115,3	442,9
$\Theta_{,19} = 4242$ (E) °K	1000	−299,3	−38,2	261,1	196,0	122,9	463,0
$\Theta_{s,20} = 1418°$ K; $\Theta_{s,21} = 2085°$ K	1100	−300,3	−39,0	264,7	204,5	130,0	482,1
$\Theta_{s,22} = 1984°$ K; $\Theta_{s,23} = 1841°$ K	1200	−300,5	−39,3	267,7	211,8	136,5	500,2
$\Theta_{s,24} = 1448°$ K; $\Theta_{s,25} = 620°$ K	1300	−300,5	−39,5	270,2	218,3	142,6	517,5
$\Delta H_{0,g}^0 = 7{,}012$ kJ/Mol	1400	−300,5	−39,4	272,4	223,9	148,2	533,8
$F = 126{,}3°$ K	1500	−300,3	−39,1	274,2	228,8	153,4	549,5
$Kp = 266{,}5°$ K							
$4\,C_{Graphit} + 4\,H_2 \rightarrow C_4H_8$							

6. Kalorische Daten

C_4H_{10} Butan ($M = 58{,}12$), Darstellung I

Charakteristische Daten	T	Kondensierter Zustand			Idealer Gaszustand S_T^0 für $p=1$ atm		
		C_p^0	$\dfrac{H_T^0 - H_0^0}{T}$	$S_T^0 - S_0^0$	C_p^0	$\dfrac{H_T^0 - H_0^0}{T}$	S_T^0
	°K	J/(Molgrd)			J/(Molgrd)		
$\Theta_D = 101°$ K; $0 < T < 10°$ K	20	4,52	1,79	2,54			
$\Theta_{s,1} = 1366$ (E) °K	40	27,45	9,67	13,82			
$\Theta_{s,2} = 2092$ (E) °K	60	43,05	18,33	28,25			
$\Theta_{s,3} = 4314$ (E) °K	80	55,65	26,42	42,23			
Gerüstschwingungen:	100	66,69	33,11	56,43			
a) gestreckte Form:	120	84,27	57,53	88,97			
$\Theta_1 = 1200°$ K; $\Theta_2 = 469°$ K	134,87	87,45	60,64	99,32			
$\Theta_3 = 1521°$ K; $\Theta_4 = 360°$ K	134,87	113,0	95,19	133,1			
$\Theta_5 = 1372°$ K	140	113,6	95,97	133,9			
b) geknickte Form:	160	116,1	98,34	153,5			
$\Theta_1 = 1133°$ K; $\Theta_2 = 615°$ K	180	117,3	100,4	167,3			
$\Theta_3 = 1524°$ K; $\Theta_4 = 266°$ K	200	119,6	102,2	179,8	71,8	48,9	259,4
$\Theta_5 = 1409°$ K	220	122,3	103,9	191,4	77,1	51,1	283,0
$\Delta H_{0,f \to g} = 36{,}32$ kJ/Mol	240	125,6	105,6	202,2	82,0	53,1	290,2
$\Delta H_{f \to fl} = 4{,}6597$ kJ/Mol	260	130,1	107,3	212,4	87,7	55,0	296,6
$\Delta H_{fl \to g} = 22{,}389$ kJ/Mol	272,66	132,6	108,4	218,5			
$\Delta H_{0,f}^0 = -130{,}3$ kJ/Mol	272,66		191,20	301,3	91,5	58,0	301,5
$\Delta H_{0,g}^0 = -96{,}9$ kJ/Mol							
$\Delta H_{298,15,g}^0 = -124{,}69$ kJ/Mol							
$Trp = 134{,}87°$ K							
$Kp = 272{,}65°$ K							
$s = 2$							

	T	Idealer Gaszustand Bildungsreaktion			Idealer Gaszustand S_T^0 für $p=1$ atm		
		ΔS_B^0	ΔH_B^0	$\dfrac{\Delta G_B^0}{T}$	C_p^0	$\dfrac{H_T^0 - H_0^0}{T}$	S_T^0
	°K	J/(Molgrd)	J/Mol	J/(Molgrd)	J/(Molgrd)		
$4\,C_{\text{Graphit}} + 5\,H_2 \to C_4H_{10}$	298,15	−365,9	−124,73	−52,44	98,78	65,16	310,0
	400	−387,2	−132,3	56,85	124,6	77,07	342,7
	600	−411,1	−143,6	171,5	169,1	100,7	402,1
	800	−421,0	−150,6	232,8	201,8	122,1	455,5
	1000	−425,1	−154,3	270,8	226,8	140,6	503,4
	1200	−425,9	−155,3	296,6	245,7	156,5	546,4
	1500	−425,1	−153,9	322,5	265,7	176,5	603,4

63. Thermodynamische Zustandsgrößen

C_4H_{10} 2-Methylpropan ($M = 58{,}12$), Darstellung I

Charakteristische Daten und Bildungsreaktion	T	Kondensierter Zustand			Idealer Gaszustand S_T^0 für $p = 1$ atm		
		C_p^0	$\dfrac{H_T^0 - H_0^0}{T}$	$S_T^0 - S_0^0$	C_p^0	$\dfrac{H_T^0 - H_0^0}{T}$	S_T^0
	°K	J/(Molgrd)			J/(Molgrd)		
$\Theta_D = 106°$ K; $0 < T < 12°$ K	0						[63,68]
$\Theta_{s,1} = 532$ (E) °K	20	10,54	2,866	3,97			
$\Theta_{s,2} = 630°$ K	40	30,75	11,75	16,98			
$\Theta_{s,3} = 1143°$ K	60	43,26	20,24	31,96			
$\Theta_{s,4} = 1386$ (E) °K	80	54,33	27,38	46,02			
$\Theta_{s,5} = 4127$ (E) °K	100	65,35	33,38	59,45			
$\Theta_{s,6} = 4256$ (E) °K	113,74	71,5	38,06	68,38			
$\Theta_{s,7} = 1901$ (E) °K	113,74	99,6	77,99	108,3			
$\Theta_{s,8} = 2088$ (E) °K	120	100,3	82,62	113,7			
$\Theta_{s,9} = 1682$ (E) °K	140	103,0	85,33	129,3			
$\Theta_{s,10} = 1366$ (E) °K	160	106,8	87,77	143,3			
$\Delta H_{0, f \to g} = 33{,}16$ kJ/Mol	180	110,9	90,11	156,1			
$\Delta H_{f \to fl} = 4{,}541$ kJ/Mol	200	114,3	92,38	168,0	72,10	46,96	261,1
$\Delta H_{fl \to g} = 21{,}295$ kJ/Mol	220	118,7	94,58	179,1	78,05	49,53	268,1
$\Delta H_{0, f}^0 = -132{,}50$ kJ/Mol	240	124,3	96,81	189,7	83,74	52,15	275,2
$\Delta H_{0, g}^0 = -103{,}00$ kJ/Mol	260	129,7	99,29	199,6			
$\Delta H_{298,15, g}^0$	261,44	130,0	99,46	200,5			
$= -131{,}55$ kJ/Mol	261,44		181,2	282,5	89,8	54,40	283,1
$T_{rp} = 113{,}74°$ K	280				95,6	57,47	289,2
$K_p = 261{,}44°$ K	298,15				101,1	60,18	295,3
$j_k = 1{,}590$							
$s = 3$							

	T	Idealer Gaszustand Bildungsreaktion			Idealer Gaszustand S_T^0 für $p = 1$ atm		
		ΔS_B^0	ΔH_B^0	$\dfrac{\Delta G_B^0}{T}$	C_p^0	$\dfrac{H_T^0 - H_0^0}{T}$	S_T^0
	°K	J/(Molgrd)	kJ/Mol	J/(Molgrd)	J/(Molgrd)		
$4\,C_{Graphit} + 5\,H_2 \to C_4H_{10}$	298,15	−381,3	−131,6	−60,07	96,82	59,62	294,6
	300	−380,8	−131,7	−57,40	97,40	59,90	295,2
	400	−403,5	−139,3	55,16	124,6	72,84	326,9
	500	−417,3	−144,5	126,3	149,0	85,77	357,5
	600	−426,4	−150,5	175,6	170,0	98,1	386,6
	700	−432,4	−154,4	211,9	187,7	109,6	414,1
	800	−436,4	−157,4	239,6	202,9	120,3	440,2
	900	−438,8	−159,4	261,7	216,1	130,2	464,9
	1000	−440,2	−160,7	279,5	227,6	139,4	488,2
	1100	−440,8	−161,4	294,1	237,7	147,9	510,4
	1200	−440,8	−161,4	306,4	246,4	155,8	531,5
	1300	−440,7	−161,3	316,7	254,0	163,0	551,5
	1400	−440,0	−160,8	325,4	260,6	169,7	570,6
	1500	−439,3	−160,2	333,2	266,4	175,9	588,6

6. Kalorische Daten

C_5H_5N Pyridin ($M = 79{,}10$), Darstellung I

Charakteristische Daten und Bildungsreaktion	T	Kondensierter Zustand			Idealer Gaszustand S_T^0 für $p=1$ atm		
		C_p^0	$\frac{H_T^0 - H_0^0}{T}$	$S_T^0 - S_0^0$	C_p^0	$\frac{H_T^0 - H_0^0}{T}$	S_T^0
	°K	J/(Molgrd)			J/(Molgrd)		
$I_1 \cdot I_2 \cdot I_3 = 5{,}691 \cdot 10^{-113}$ g³cm⁶	0						[74, 84]
$\Theta_D = 107{,}4°$ K; $0 < T < 22°$ K	20	10,83	3,33	4,61	33,23	33,23	174,4
$\Theta_{s,1} = 538°$ K; $\Theta_{s,2} = 582°$ K	40	28,77	11,84	17,99	33,25	33,23	197,5
$\Theta_{s,3} = 870°$ K; $\Theta_{s,4} = 939°$ K	60	39,23	19,39	31,82	33,42	33,26	211,0
$\Theta_{s,5} = 971°$ K; $\Theta_{s,6} = 1035°$ K	80	45,58	25,19	44,03	34,04	33,35	220,6
$\Theta_{s,7} = 1273°$ K; $\Theta_{s,8} = 1352°$ K	100	50,54	29,79	54,76	35,45	33,63	228,4
$\Theta_{s,9} = 1411°$ K; $\Theta_{s,10} = 1426°$ K	120	55,28	33,64	64,39	37,68	34,10	235,0
$\Theta_{s,11} = 1481°$ K; $\Theta_{s,12} = 1481°$ K	140	60,33	37,09	73,33	40,46	34,74	241,0
$\Theta_{s,13} = 1536°$ K; $\Theta_{s,14} = 1560°$ K	160	65,81	40,33	81,70	43,74	35,69	246,5
$\Theta_{s,15} = 1648°$ K; $\Theta_{s,16} = 1726°$ K	180	71,94	43,49	89,79	47,66	36,88	251,9
$\Theta_{s,17} = 1751°$ K; $\Theta_{s,18} = 1980°$ K	200	78,98	46,69	97,73	52,01	38,10	257,1
$\Theta_{s,19} = 2071°$ K; $\Theta_{s,20} = 2133°$ K	220	86,84	49,97	105,6	56,96	39,59	262,3
$\Theta_{s,21} = 2259°$ K; $\Theta_{s,22} = 2276°$ K	231,49	91,87	51,92	110,2			
$\Theta_{s,23} = 4346°$ K	231,49	121,1	87,68	145,9			
$\Theta_{s,24} = 4393$ (F) °K	240	122,3	88,89	150,3	61,95	41,20	267,5
$\Theta_{s,25} = 4429°$ K	260	125,5	91,58	160,2	67,29	43,00	272,6
$\Delta H_{f \to fl} = 8{,}278$ kJ/Mol	280	129,1	94,13	169,7	72,97	44,97	277,8
$\Delta H_{fl \to g} = 35{,}11$ kJ/Mol	298,15	132,7	96,37	177,9	78,12	46,82	282,8
$\Delta H_{298,15,g}^0 = 140{,}2$ kJ/Mol	300	133,1	96,59	178,7	78,65	47,03	283,3
$Trp = 231{,}49°$ K	320	137,3	99,00	187,4	84,15	49,16	288,4
$Kp = 388{,}40°$ K	340	141,8	101,4	195,9	89,75	51,39	293,7
$j_k = 2{,}17$	346	143,1	102,1	198,7	91,36	52,08	295,4
$j_p = 2{,}18$	346		210,3	295,6	91,36	52,08	295,4
$j_f = -0{,}01$							
$S_{0,f}^0 = [-0{,}20]$ J/(Molgrd)							
$s = 2$							

C_6H_6 und C_6H_{12}, Darstellung I

Charakteristische Daten und Bildungsreaktion	T	Kondensierter Zustand			Idealer Gaszustand S_T^0 für $p=1$ atm		
		C_p^0	$\frac{H_T^0 - H_0^0}{T}$	$S_T^0 - S_0^0$	C_p^0	$\frac{H_T^0 - H_0^0}{T}$	S_T^0
	°K	J/(Molgrd)			J/(Molgrd)		

C_6H_6 Benzol ($M = 78{,}114$)

Charakteristische Daten und Bildungsreaktion	T	C_p^0	$\frac{H_T^0-H_0^0}{T}$	$S_T^0 - S_0^0$	C_p^0	$\frac{H_T^0-H_0^0}{T}$	S_T^0
$I_1 = 291 \cdot 10^{-40}$ g·cm²	0						[60, 12]
$I_2 = 145{,}3 \cdot 10^{-40}$ g·cm²	20	8,368	1,860	3,03			
$I_3 = 145{,}3 \cdot 10^{-40}$ g·cm²	40	26,53	9,82	14,59			
$\Theta_{rot,1} = 0{,}14°$ K	60	37,93	17,43	27,69			
$\Theta_{rot,2} = 0{,}28°$ K	80	44,98	23,54	39,62			
$\Theta_{rot,3} = 0{,}28°$ K	100	50,42	28,40	50,27			
$\Theta_D = 130{,}5°$ K; $0 < T < 13°$ K	120	55,69	32,48	59,94			
$\Theta_{s,1} = 575$ (E) °K	140	61,50	36,21	68,96			
$\Theta_{s,2} = 965°$ K	160	67,91	39,77	77,59			
$\Theta_{s,3} = 985°$ K	180	75,40	43,30	86,01			
$\Theta_{s,4} = 872$ (E) °K	200	83,72	46,92	94,38	53,66	38,19	242,2
$\Theta_{s,5} = 1416$ (E) °K	220	93,39	50,70	102,8	58,86	39,85	247,8
$\Theta_{s,6} = 1427°$ K	240	104,1	54,70	111,4	64,01	41,63	252,7
$\Theta_{s,7} = 1452°$ K	260	114,1	58,95	120,2	70,09	43,59	258,6
$\Theta_{s,8} = 1461°$ K	278,69	128,7	63,20	128,7			
$\Theta_{s,9} = 1488$ (E) °K	278,69	131,9	98,60	164,1			
$\Theta_{s,10} = 1682°$ K	280	132,2	98,76	164,7	76,04	45,69	263,8
$\Theta_{s,11} = 1694$ (E) °K	300	136,5	101,1	173,9	82,19	47,91	269,4
$\Theta_{s,12} = 1222$ (E) °K	320	141,0	103,5	183,0	88,82	50,27	275,0

63. Thermodynamische Zustandsgrößen

Charakteristische Daten und Bildungsreaktoren	T	Kondensierter Zustand			Idealer Gaszustand S_T^0 für $p=1$ atm		
	°K	C_p^0	$\dfrac{H_T^0-H_0^0}{T}$	$S_T^0-S_0^0$	C_p^0	$\dfrac{H_T^0-H_0^0}{T}$	S_T^0
		J/(Molgrd)			J/(Molgrd)		
$\Theta_{s,13}=1867°$ K	340	145,9	105,8	191,6	94,49	52,69	280,6
$\Theta_{s,14}=2135$ (E) °K	353,26	149,4	107,4	197,2	82,22	47,95	269,7
$\Theta_{s,15}=2435°$ K	353,26		195,1	284,88	98,31	54,35	284,40
$\Theta_{s,16}=2294$ (E) °K							
$\Theta_{s,17}=4402°$ K							
$\Theta_{s,18}=4383$ (E) °K							
$\Theta_{s,19}=4400°$ K							
$\Theta_{s,20}=4429$ (E) °K							
$\Delta H_{0,f \to g}=49,74$ kJ/Mol							
$\Delta H_{f \to fl}=9,866$ kJ/Mol							
$\Delta H_{fl \to g}=30,75$ kJ/Mol							
$\Delta H_{0,f}^0=52,9$ kJ/Mol							
$\Delta H_{0,g}^0=100,4$ kJ/Mol							
$\Delta H_{298,15,g}^0=82,93$ kJ/Mol							
$Trp=278,69°$ K							
$Kp=353,26°$ K							
$j_k=1,403$							
$j_p=1,428$							
$j_f=-0,025$							
$S_{0,f}=[-0,48]$ J/(Molgrd)							
$s=12$							

6 $C_{Graphit}+3 H_2 \to C_6H_6$

T	Idealer Gaszustand Bildungsreaktion			Idealer Gaszustand S_T^0 für $p=1$ atm		
	ΔS_B^0	ΔH_B^0	$\dfrac{\Delta G_B^0}{T}$	C_p^0	$\dfrac{H_T^0-H_0^0}{T}$	S_T^0
K	J/(Molgrd)	kJ/Mol	J/(Molgrd)	J/(Molgrd)		
298,15	−157,0	82,93	435,1	81,67	47,74	269,2
300	−157,2	82,83	433,2	82,22	47,95	269,7
400	−172,1	77,63	366,2	111,9	60,3	297,5
500	−181,6	73,37	328,4	137,2	73,2	325,3
600	−188,0	69,92	304,5	157,9	85,7	352,2
700	−192,3	67,11	288,2	174,7	97,2	377,8
800	−195,2	64,89	276,3	188,6	107,8	402,1
900	−197,3	63,18	267,5	200,1	117,4	425,0
1000	−198,5	62,00	260,5	209,9	126,2	446,6
1100	−199,3	61,21	254,9	218,2	134,2	467,0
1200	−199,7	60,75	250,3	225,4	141,5	486,3
1300	−199,9	60,46	246,4	231,5	148,2	504,5
1400	−200,0	60,3	243,1	236,7	154,3	521,9
1500	−200,1	60,2	240,2	241,3	160,0	538,4

C_6H_{12} Cyclohexan ($M=84,16$)

Charakteristische Daten	T	ΔS_B^0	ΔH_B^0	$\Delta G_B^0/T$	C_p^0	$(H_T^0-H_0^0)/T$	S_T^0
$I_1 \cdot I_2 \cdot I_3=12,583 \cdot 10^{-116}$ g³cm⁷	298,15	−519,1	−123,1	106,5	106,3	59,45	298,2
$\Theta_{s,1}=549°$ K; $\Theta_{s,2}=1661°$ K	300	−520,0	−123,3	109,0	107,0	59,75	298,9
$\Theta_{s,3}=1481°$ K; $\Theta_{s,4}=1153°$ K	400	−547,6	−132,5	216,1	149,9	76,9	335,5
$\Theta_{s,5}=2075°$ K; $\Theta_{s,6}=1691°$ K	500	−570,2	−142,6	285,1	190,2	95,6	373,4
$\Theta_{s,7}=1977°$ K; $\Theta_{s,8}=1704°$ K	600	−581,7	−148,8	333,7	225,2	114,4	411,3
$\Theta_{s,9}=1881°$ K; $\Theta_{s,10}=751°$ K	700	−588,4	−153,1	369,7	254,2	132,4	448,3
$\Theta_{s,11}=1299°$ K; $\Theta_{s,12}=2094°$ K	800	−591,8	−155,6	397,3	279,3	149,2	483,9
$\Theta_{s,13}=613$ (E) °K	900	−593,1	−156,7	419,0	299,9	164,8	518,0
$\Theta_{s,14}=1478$ (E) °K	1000	−592,9	−156,5	436,4	317,1	179,3	550,6
$\Theta_{s,15}=1153$ (E) °K	1100	−591,7	−155,4	450,4	331,8	192,5	581,6
$\Theta_{s,16}=1821$ (E) °K	1200	−590,2	−153,5	462,3	343,9	204,6	610,9
$\Theta_{s,17}=1936$ (E) °K	1300	−588,1	−150,8	472,1	354,4	215,9	638,9
$\Theta_{s,18}=2075$ (E) °K	1400	−586,3	−148,5	480,4	363,2	225,9	665,3
$\Theta_{s,19}=332$ (E) °K	1500	−583,9	−144,8	487,4	370,7	235,6	690,8
$\Theta_{s,20}=1242$ (E) °K							
$\Theta_{s,21}=1481$ (E) °K							
$\Theta_{s,22}=1813$ (E) °K							
$\Theta_{s,23}=1938$ (E) °K							
$\Theta_{s,24}=2094$ (E) °K							
$\Theta_{s,25}=4242$ (12) °K							
$s=6$							
$F=279,7°$ K							
$Kp=353,8°$ K							
6 $C_{Graphit}+6 H_2 \to C_6H_{12}$							

6. Kalorische Daten

6324. Kältemittel

**CClF$_3$ Chlortrifluormethan
im Sättigungszustand, Darstellung II**

M = 104,46		Δh_v ($-15°$ C) = 104,98 kJ/kg
$G-K$ = 8,116 mkp/kggrd		p_{krit} = 39,36 at
F = $-181,6°$ C		D_{krit} = 0,581 kg/dm^3
Kp = $-81,5°$ C		ϑ_{krit} = 28,78° C
$\Delta h_v (Kp)$ = 150,07 kJ/kg		D'' (0° C) = 0,134 kg/dm^3
		p ($-15°$ C) = 13,46 at

Bei 0° C ist $h'=0$ und $s'=0$ gesetzt.

ϑ °C	p at	v' dm^3/kg	v'' dm^3/kg	h' kJ/kg	h'' kJ/kg	Δh_v kJ/kg	s' kJ/kggrd	s'' kJ/kggrd
-140	0,0087	0,576	12378	$-132,03$	41,44	173,5	$-0,6526$	0,6501
-130	0,0271	0,587	4273	$-124,58$	45,46	170,0	$-0,5986$	0,5890
-120	0,0714	0,599	1732	$-116,83$	49,56	166,4	$-0,5467$	0,5400
-110	0,1643	0,612	798	$-108,79$	53,75	162,5	$-0,4956$	0,5006
-100	0,3392	0,626	407	$-100,46$	57,98	158,4	$-0,4458$	0,4688
-90	0,640	0,642	225,9	$-91,76$	62,20	154,0	$-0,3977$	0,4429
-80	1,120	0,658	134,2	$-82,84$	66,39	149,2	$-0,3504$	0,4224
-70	1,841	0,675	84,4	$-73,67$	70,49	144,2	$-0,3052$	0,4052
-60	2,873	0,695	55,43	$-64,17$	74,43	138,6	$-0,2587$	0,3914
-50	4,287	0,717	37,74	$-54,29$	78,11	132,4	$-0,2139$	0,3793
-40	6,17	0,741	26,42	$-43,99$	81,54	125,5	$-0,1695$	0,3688
-30	8,59	0,769	18,89	$-33,45$	84,52	118,0	$-0,1260$	0,3592
-20	11,66	0,802	13,73	$-22,56$	86,94	109,5	$-0,0829$	0,3495
-10	15,45	0,842	10,10	$-11,43$	88,83	100,2	$-0,0410$	0,3399
0	20,09	0,894	7,47	0	89,92	89,9	0	0,3290
$+10$	25,69	0,962	5,49	12,52	89,66	77,1	0,0431	0,3156
$+20$	32,41	1,079	3,829	28,26	86,19	57,9	0,0954	0,2930
$+28,8$	39,36	1,721		58,35		0	0,1934	

**CCl$_2$F$_2$ Dichlordifluormethan
im Sättigungszustand, Darstellung II**

M = 120,92		p_{krit} = 41,96 at
$G-K$ = 7,0113 mkp/kggrd		D_{krit} = 0,557 kg/dm^3
F = $-155,0°$ C		ϑ_{krit} = 112,0° C
Δh_F = 34,33 kJ/kg		D'' (0° C) = 0,0176 kg/dm^3
Kp = $-29,8°$ C		p ($-15°$ C) = 1,862 at
$\Delta h_v (Kp)$ = 167,19 kJ/kg		p ($+30°$ C) = 7,581 at
Δh_v ($-15°$ C) = 161,45 kJ/kg		q_0 ($-15°$ C) = 1279,2 kJ/m^{-3}

Bei 0° C ist $h'=0$ und $s'=0$ gesetzt.

ϑ °C	p at	v' dm^3/kg	v'' dm^3/kg	h' kJ/kg	h'' kJ/kg	ΔH_v kJ/kg	s' kJ/kggrd	s'' kJ/kggrd
-100	0,01203	0,599	10100	$-89,2$	105,8	195,0	$-0,4081$	0,7212
-90	0,02895	0,607	4424	$-79,99$	110,7	190,7	$-0,3533$	0,6878
-80	0,0632	0,617	2135	70,95	115,5	186,5	$-0,3052$	0,6601
-75	0,0900	0,622	1535	$-66,51$	118,0	184,5	$-0,2826$	0,6488
-70	0,1258	0,6234	1125,9	$-59,27$	120,9	179,9	$-0,2491$	0,6371

63. Thermodynamische Zustandsgrößen

ϑ °C	p at	v' dm³/kg	v'' dm³/kg	h' kJ/kg	h'' kJ/kg	ΔH_v kJ/kg	s' kJ/kggrd	s'' kJ/kggrd
−65	0,1721	0,6289	841,3	−55,46	123,1	178,6	−0,2302	0,6279
−60	0,2315	0,6349	639,4	−51,57	125,6	177,2	−0,2116	0,6198
−55	0,3065	0,6406	493,0	−47,59	128,0	175,7	−0,1931	0,6123
−50	0,3999	0,6468	385,4	−43,58	130,5	174,1	−0,1748	0,6056
−45	0,5150	0,6527	305,0	−39,52	133,0	172,5	−0,1567	0,5996
−40	0,6551	0,6592	244,1	−35,37	135,5	179,8	−0,1388	0,5941
−35	0,8238	0,6658	197,3	−31,19	137,9	169,1	−0,1210	0,5893
−30	1,0245	0,6725	161,3	−26,92	140,4	167,3	−0,1033	0,5850
−25	1,2616	0,6793	133,1	−22,56	142,8	165,4	−0,0860	0,5810
−20	1,5396	0,6868	110,7	−18,21	145,3	163,5	−0,0684	0,5776
−15	1,8622	0,6940	92,68	−13,73	147,7	161,5	−0,051	0,5744
−10	2,2342	0,7018	78,13	−9,21	150,2	159,4	−0,0340	0,5717
−5	2,6602	0,7092	66,35	−4,65	152,5	157,2	−0,0170	0,5692
0	3,1465	0,7173	56,67	0	154,8	154,8	0	0,5670
+5	3,6959	0,7257	48,63	−4,69	157,1	152,5	0,0170	0,5650
+10	4,3135	0,7342	42,04	9,46	159,4	149,9	0,0336	0,5632
+15	5,0076	0,7435	36,48	14,32	161,6	147,3	0,0503	0,5615
+20	5,7786	0,7524	31,75	19,21	163,8	144,5	0,0669	0,5600
+25	6,6363	0,7628	27,73	24,15	165,8	141,7	0,083	0,5586
+30	7,5810	0,7734	24,33	29,18	167,8	138,6	0,0999	0,5572
+35	8,6264	0,7849	21,36	34,24	169,6	135,3	0,1163	0,5556
+40	9,7707	0,7968	18,82	39,39	171,4	132,0	0,1326	0,5541
+45	11,023	0,8104	16,56	44,62	173,0	128,4	0,1488	0,5524
+50	12,386	0,8244	14,59	49,86	174,4	124,5	0,1650	0,5505
+60	15,481	0,8568	11,67	60,99	177,9	116,9	0,1982	0,5516
+70	19,096	0,8936	9,19	72,38	180,4	108,0	0,2310	0,5458
+80	23,290	0,9398	7,23	84,26	181,9	97,7	0,2641	0,5407
+90	28,107	1,0009	5,64	96,78	181,7	84,9	0,2978	0,5317
+100	33,614	1,0952	4,37	110,34	177,9	67,6	0,3330	0,5141
+110	39,874	1,3513	2,66	131,61	162,8	31,2	0,3838	0,4651

CCl₃F Fluortrichlormethan
im Sättigungszustand, Darstellung II

M	= 137,37	p_krit	= 198,0 at
$G-K$	= 6,173 mkp/kggrd	D_krit	= 0,555 kg/dm³
F	= 110,5° C	ϑ_krit	= 198° C
ΔH_F	= 50,16 kJ/kg	D'' (0° C)	= 0,00247 kg/dm³
Kp	= 23,77° C	p (−15° C)	= 0,205 at
Δh_v (Kp)	= 182,13 kJ/kg	p (+30° C)	= 1,280 at
Δh_v (−15° C)	= 195,32 kJ/kg	q_0 (−15° C)	= 203,4 kJ/m³

Bei 0° C ist $h'=0$ und $s'=0$ gesetzt.

ϑ °C	p at	v' dm³/kg	v'' dm³/kg	h' kJ/kg	h'' kJ/kg	Δh_v kJ/kg	s' kJ/kggrd	s'' kJ/kggrd
−70	0,00563	0,5925	21 300	−57,60	155,9	213,5	−0,2436	0,8066
−60	0,013	0,6	9960	−49,23	160,5	209,8	−0,2047	0,7811
−50	0,02685	0,607	5100	−41,11	165,4	206,4	−0,1670	0,7589
−40	0,052	0,6167	2760	−33,19	170,2	203,4	−0,1314	0,7409
−30	0,094	0,6250	1533	−24,99	175,2	200,2	−0,0975	0,7259

6. Kalorische Daten

ϑ °C	p at	v' dm³/kg	v'' dm³/kg	h' kJ/kg	h'' kJ/kg	Δhᵥ kJ/kg	s' kJ/kggrd	s'' kJ/kggrd
−20	0,160	0,6335	963	−16,70	180,2	197,0	−0,0636	0,7146
−10	0,261	0,6425	616	−8,37	185,3	193,7	−0,0418	0,7041
0	0,4100	0,6519	405	0	190,4	190,4	0	0,6970
10	0,6175	0,6619	277	8,46	195,4	187,0	0,0301	0,6907
20	0,9040	0,6722	194	17,04	200,5	183,5	0,0599	0,6857
30	1,2855	0,6833	140	25,70	205,5	179,8	0,0892	0,6823
40	1,782	0,6950	103	34,49	210,4	175,9	0,1176	0,6794
50	2,403	0,7075	77	43,45	215,3	171,8	0,1461	0,6777
60	3,2	0,718	59,2	52,37	220,2	167,8	0,1733	0,6760
70	4,17	0,732	45,9	61,66	224,6	162,9	0,1997	0,6748

CHClF₂ Difluormonochlormethan im Sättigungszustand, Darstellung II

M	$= 86,47$	p_{krit}	$= 50,33$ at
$G-K$	$= 9,806$ mkp/kggrd	D_{krit}	$= 0,525$ kg/dm³
F	$= -160°$ C	ϑ_{krit}	$= 96,0°$ C
Δh_F	$= 47,65$ kJ/kg	D'' (°C)	$= 0,0212$ kg/dm³
Kp	$= -40,8°$ C	$p(-15°$ C)	$= 3,030$ at
$\Delta h_v (Kp)$	$= 234,29$ kJ/kg	$p(+30°$ C)	$= 12,26$ at
$\Delta h_v (-15°$ C)	$= 217,63$ kJ/kg	$q_0(-15°$ C)	$= 2072,07$ kJ/m³

Bei 0° C ist $h' = 0$ und $s' = 0$ gesetzt.

ϑ °C	p at	v' dm³/kg	v'' dm³/kg	h' kJ/kg	h'' kJ/kg	Δhᵥ kJ/kg	s' kJ/kggrd	s'' kJ/kggrd
−100	0,0210	0,6409	8340	−108,33	158,7	267,1	−0,4906	1,0515
−96	0,0292	0,6450	5890	−104,06	160,7	264,8	−0,4663	1,0285
−92	0,0410	0,6490	4250	−99,96	162,6	262,5	−0,4429	1,0063
−88	0,0575	0,6530	3117	−95,69	164,7	260,3	−0,4199	0,9862
−84	0,0781	0,6570	2330	−91,46	166,6	258,1	−0,3972	0,9674
−80	0,1050	0,6612	1775	−87,32	168,6	256,0	−0,3751	0,9502
−76	0,1400	0,6653	1363	−83,13	170,7	253,8	−0,3537	0,9335
−72	0,1832	0,6693	1060	−78,91	172,7	251,6	−0,3324	0,9184
−68	0,2370	0,6735	885	−74,72	174,7	249,4	−0,3123	0,9038
−64	0,303	0,6778	661	−70,53	176,7	247,2	−0,2922	0,8899
−60	0,382	0,6824	535	−66,35	178,7	245,0	−0,2729	0,8765
−56	0,479	0,6874	434	−62,12	180,7	242,8	−0,2528	0,8653
−52	0,593	0,6923	355	−57,85	182,7	240,6	−0,2336	0,8544
−48	0,730	0,6977	293	−53,54	184,8	238,3	−0,2143	0,8443
−44	0,891	0,7030	244	−49,18	186,8	236,0	−0,1951	0,8347
−40	1,076	0,7086	205	−44,92	188,9	233,8	−0,1762	0,8263
−36	1,295	0,7142	173	−40,52	190,7	231,3	−0,1574	0,8175
−32	1,542	0,7205	146	−36,12	192,6	228,8	−0,1390	0,8096
−28	1,824	0,7270	125	−31,60	194,6	226,2	−0,1206	0,8020
−24	2,14	0,7337	108	−27,17	196,4	223,5	−0,1030	0,7941
−20	2,51	0,7405	92,9	−22,69	198,2	220,9	−0,0854	0,7870
−16	2,92	0,7472	80,5	−18,21	200,1	218,3	−0,0682	0,7807
−12	3,37	0,7545	70,0	−13,81	201,9	215,7	−0,0511	0,7748
−8	3,89	0,7620	61,1	−9,29	203,6	212,9	−0,0343	0,7686
−4	4,46	0,7697	53,6	−4,73	205,2	209,9	−0,0172	0,7631

63. Thermodynamische Zustandsgrößen

ϑ °C	p at	v' dm³/kg	v'' dm³/kg	h' kJ/kg	h'' kJ/kg	Δh_v kJ/kg	s' kJ/kggrd	s'' kJ/kggrd
0	5,10	0,7785	47,1	0	206,9	206,9	0	0,7577
+4	5,82	0,7867	41,6	4,86	208,5	203,6	0,0180	0,7526
+8	6,57	0,7957	36,7	10,05	210,1	200,1	0,0360	0,7476
+12	7,42	0,8050	32,6	15,07	211,5	196,4	0,0536	0,7422
+16	8,34	0,8145	28,9	20,39	212,9	192,6	0,0720	0,7380
+20	9,35	0,8244	25,8	25,66	214,0	188,4	0,0896	0,7321
+24	10,45	0,8345	23,0	31,06	215,1	184,0	0,1080	0,7271
+28	11,63	0,8455	20,6	36,63	216,2	179,6	0,1264	0,7225
+32	12,92	0,8570	18,4	42,28	217,1	174,8	0,1440	0,7171
+36	14,30	0,8695	16,5	47,85	217,8	169,9	0,1616	0,7112
+40	15,79	0,8830	14,8	53,46	218,2	164,7	0,1796	0,7058
+44	17,39	0,8972	13,3	59,15	218,6	159,5	0,1976	0,7003
+50	20,03	0,9225	11,3	67,94	219,0	151,1	0,2240	0,6915
+60	25,07	0,968	8,8	83,51	219,6	136,1	0,2679	0,6781
+70	30,97	1,029	6,7	100,25	219,0	118,8	0,3098	0,6614

$CHCl_2F$ Dichlorfluormethan
im Sättigungszustand, Darstellung II

M	= 102,92	D_{krit}	= 0,522 kg/dm³
$G-K$	= 8,239 mkp/kggrd	ϑ_{krit}	= 178,5° C
F	= −135° C	D'' (0° C)	= 0,003276 kg/dm³
Kp	= 8,92° C	p (−15° C)	= 0,3692 at
Δh_v (Kp)	= 242,54 kJ/kg	p (+30° C)	= 2,198 at
Δh_v (−15° C)	= 253,17 kJ/kg	q_0 (−15° C)	= 364,2 kJ/m³
p_{krit}	= 52,68 at		

ϑ °C	p at	v' dm³/kg	v'' dm³/kg	h' kJ/kg	h'' kJ/kg	Δh_v kJ/kg	s' kJ/kggrd	s'' kJ/kggrd
−40	0,0957	0,6604	2004	−40,77	226,3	267,1	−0,1641	0,9812
−35	0,1289	0,6651	1518	−35,75	228,7	264,5	−0,1433	0,9682
−30	0,1709	0,6699	1168	−30,68	231,4	262,1	−0,1206	0,9573
−25	0,2237	0,6748	909,1	−25,66	234,0	259,9	−0,1000	0,9469
−20	0,2891	0,6798	716,9	−20,55	236,5	256,6	−0,0795	0,9343
−15	0,3692	0,6850	570,5	−15,45	239,1	254,7	−0,0590	0,9276
−10	0,4666	0,6903	458,7	−10,30	241,6	251,6	−0,0393	0,9180
−5	0,5833	0,6958	372,4	−5,20	244,0	249,2	−0,0193	0,9100
±0	0,7226	0,7014	305,3	0	246,7	246,7	0	0,9029
+5	0,8867	0,7072	252,3	5,19	249,3	244,1	0,0096	0,8971
+10	1,0797	0,7131	210,3	10,47	252,1	241,7	0,0381	0,8916
+15	1,303	0,7192	176,4	15,70	254,7	239,0	0,0565	0,8858
+20	1,562	0,7255	149,1	20,89	257,2	236,3	0,0749	0,8812
+25	1,860	0,7320	126,6	26,21	259,9	233,7	0,0934	0,8770
+30	2,198	0,7386	108,4	31,48	262,3	230,9	0,1109	0,8724
+35	2,583	0,7454	93,1	36,84	264,9	228,1	0,1281	0,8682
+40	3,017	0,7525	80,4	42,19	267,3	225,1	0,1461	0,8648
+45	3,504	0,7598	69,7	47,55	269,3	221,8	0,1628	0,8598
+50	4,048	0,7672	60,7	52,99	271,1	218,1	0,1800	0,8548

6. Kalorische Daten

CH_2Cl_2 Dichlormethan
im Sättigungszustand, Darstellung II

M	$= 84,93$	p_{krit}	$= 60,9$ at
$G-K$	$= 9,948$ mkp/kggrd	D_{krit}	$= 0,5089$ kg/dm^3
F	$= -96,7°$ C	ϑ_{krit}	$= 235,4°$ C
Δh_F	$= 54,2$ kJ/kg	D'' (0° C)	$= 0,706 \cdot 10^{-3}$ kg/dm^3
Kp	$= 40,18°$ C	p (−15° C)	$= 0,0867$ at
Δh_v (Kp)	$= 330,3$ kJ/kg	p (+30° C)	$= 0,703$ at
Δh_v (−15° C)	$= 360,3$ kJ/kg	q_0 (−15° C)	$= 149,44$ kJ/m^3

Bei 0° C ist $h' = 0$ und $s' = 0$ gesetzt.

ϑ °C	p at	v' dm³/kg	v'' dm³/kg	h' kJ/kg	h'' kJ/kg	Δh_v kJ/kg	s' kJ/kggrd	s'' kJ/kggrd
−20	0,0653	0,716	3849	−22,52	339,9	362,4	−0,0858	1,347
−15	0,0867	0,720	2949	−16,91	343,4	360,3	−0,0636	1,333
−10	0,114	0,725	2285	−11,26	346,9	358,2	−0,0419	1,320
−5	0,148	0,730	1790	5,65	350,3	355,9	−0,0205	1,307
0	0,190	0,735	1416	0	353,6	353,6	0	1,295
+5	0,241	0,740	1131	5,65	356,8	351,1	0,0205	1,283
+10	0,304	0,745	912	11,26	359,8	348,5	0,0402	1,272
+15	0,380	0,750	741,4	16,91	362,7	345,8	0,0603	1,261
+20	0,470	0,755	607,6	22,56	365,5	343,0	0,0795	1,250
+25	0,577	0,760	501,7	28,17	368,2	340,0	0,0988	1,239
+30	0,703	0,766	417,3	33,82	370,8	337,0	0,1172	1,229
+35	0,850	0,771	349,4	39,47	373,2	333,7	0,1356	1,219
+40	1,020	0,776	294,5	45,13	375,5	330,3	0,1540	1,209

CH_3Br Brommethan
im Sättigungszustand, Darstellung II

M	$= 94,94$	p_{krit}	$= 70,5$ at
$G-K$	$= 8,932$ mkp/kggrd	D_{krit}	$= 0,577$ kg/dm^3
F	$= -93,7°$ C	ϑ_{krit}	$= 194°$ C
Δh_F	$= 62,79$ kJ/kg	D'' (0° C)	$= 0,00377$ kg/dm^3
Kp	$\approx 3,21°$ C	p (−15° C)	$= 0,478$ at
Δh_v (Kp)	$= 252,0$ kJ/kg	p (+30° C)	$= 2,705$ at
Δh_v (−15° C)	$= 261,12$ kJ/kg	q_0 (−15° C)	$= 624,55$ kJ/m^3

Bei 0° C ist $h' = 0$ und $s' = 0$ gesetzt.

ϑ °C	p at	v' dm³/kg	v'' dm²/kg	h' kJ/kg	h'' kJ/kg	Δh_v kJ/kg	s' kJ/kggrd	s'' kJ/kggrd
−50	0,077	0,538	2594,8	−24,28	239,1	263,4	−0,0980	1,0825
−40	0,137	0,545	1516,5	−19,46	243,3	262,8	−0,0770	1,0507
−30	0,233	0,553	927,13	−14,69	247,6	262,2	−0,0569	1,0218
−20	0,380	0,561	590,35	−9,88	251,7	261,5	−0,0373	0,9958
−10	0,597	0,569	389,41	−4,94	255,8	260,7	−0,0184	0,9724
0	0,908	0,578	265,10	0	259,8	259,8	0	0,9511
10	1,341	0,586	185,60	4,98	263,7	258,7	0,0180	0,9318
20	1,927	0,596	133,23	10,09	267,6	257,5	0,0352	0,9138
30	2,705	0,606	97,81	15,24	271,4	256,2	0,0527	0,8979
40	3,716	0,617	73,27	20,47	275,2	254,7	0,0695	0,8828
50	5,005	0,628	55,90	25,79	278,9	253,1	0,0858	0,8690

63. Thermodynamische Zustandsgrößen

CH$_3$Cl Chlormethan
im Sättigungszustand, Darstellung II

M	$= 50{,}49$	p_{krit}	$= 68{,}1$ at
$G-K$	$= 10{,}80$ mkp/kggrd	D_{krit}	$= 0{,}00363$ kg/dm^3
F	$= -97{,}5°$ C	ϑ_{krit}	$= 143{,}1°$ C
Δh_F	$= 129{,}8$ kJ/kg	D'' (0° C)	$= 0{,}00607$ kg/dm^3
Kp	$= -24{,}0°$ C	p ($-15°$ C)	$= 1{,}487$ at
Δh_v (Kp)	$= 428{,}28$ kJ/kg	p ($+30°$ C)	$= 6{,}658$ at
Δh_v ($-15°$ C)	$= 420{,}4$ kJ/kg	q_0 ($-15°$ C)	$= 1251{,}6$ kJ/m^3

Bei 0° C ist $h'=0$ und $s'=0$ gesetzt.

t °C	p at	D' kg/dm^3	D'' kg/dm^3	h' kJ/kg	h'' kJ/kg	Δh_v kJ/kg	s' kJ/kggrd	s'' kJ/kggrd
−90	0,0175	1,118	0,054 · 10^{-3}	−134,0	351,2	485,2	−0,5940	205,5
−80	0,040	1,101	0,120 · 10^{-3}	−119,6	357,7	477,3	−0,5170	195,4
−70	0,081	1,084	0,241 · 10^{-3}	−105,0	364,1	469,1	−0,4437	186,6
−60	0,159	1,067	0,448 · 10^{-3}	−90,25	370,3	460,6	−0,3730	178,8
−50	0,286	1,050	0,772 · 10^{-3}	−75,60	376,5	452,1	−0,3056	172,1
−40	0,484	1,031	1,259 · 10^{-3}	−60,91	382,6	443,5	−0,2407	166,1
−35	0,619	1,023	1,583 · 10^{-3}	−53,45	385,6	439,1	−0,2093	163,4
−30	0,783	1,014	1,969 · 10^{-3}	−45,92	388,6	434,5	−0,1779	160,9
−25	0,979	1,005	2,425 · 10^{-3}	−38,47	391,4	429,9	−0,1473	158,5
−20	1,212	0,997	2,959 · 10^{-3}	−30,81	394,4	425,2	−0,1172	156,2
−15	1,487	0,988	3,582 · 10^{-3}	−23,19	397,2	420,4	−0,0871	154,1
−10	1,808	0,979	4,299 · 10^{-3}	−15,53	399,9	415,5	−0,0578	152,1
−5	2,180	0,970	5,125 · 10^{-3}	−7,79	402,5	410,3	−0,0289	150,1
0	2,609	0,960	6,066 · 10^{-3}	0	405,0	405,0	0	148,3
+5	3,099	0,950	7,134 · 10^{-3}	7,87	407,4	399,5	0,0285	146,5
+10	3,655	0,940	8,342 · 10^{-3}	15,70	409,7	394,0	0,0565	144,8
+15	4,284	0,930	9,704 · 10^{-3}	23,57	411,9	388,3	0,0841	143,2
+20	4,993	0,921	0,01122	31,56	414,0	382,4	0,1118	141,6
+25	5,783	0,911	0,01293	39,60	416,0	376,4	0,1386	1,401
+30	6,658	0,901	0,01482	47,64	417,8	370,2	0,1453	1,386
+35	7,625	0,891	0,01692	55,76	419,6	363,8	0,1921	1,372
+40	8,690	0,881	0,01922	63,92	421,2	357,3	0,2181	1,359
+45	9,861	0,870	0,02175	72,13	422,8	350,7	0,2440	1,346
+50	11,14	0,849	0,02451	80,37	424,2	343,8	0,2700	1,334
+60	14,03	0,837	0,03087	96,99	426,7	329,7	0,3206	1,310
+70	17,50	0,815	0,03750	114,2	428,3	314,1	0,3717	1,287
+80	21,65	0,790	0,04600	131,9	429,1	297,2	0,4224	1,264
+90	26,55	0,763	0,05650	150,0	428,7	278,6	0,4730	1,240
+100	32,13	0,733	0,070	169,0	426,6	257,6	0,4826	1,215
+110	38,55	0,698	0,088	189,3	422,7	233,4	0,5781	1,188
+120	45,88	0,655	0,111	212,0	415,9	203,9	0,6371	1,156
+130	54,30	0,600	0,150	238,9	403,8	164,8	0,7049	1,114
+140	64,05	0,510	0,230	280,6	376,6	96,0	0,8096	1,042
+143,1	68,1		0,365		330,7	0		0,9301

6. Kalorische Daten

CO_2 Kohlenstoffdioxid

M	$= 44{,}01$	D_{krit}	$= 463{,}9$ kg/m^3
$G-K$	$= 19{,}27$ mkp/(kggrd)	ϑ_{krit}	$= 31{,}0°$ C
$F\,(p_{Trp}=5{,}28$ at$)$	$= -56{,}6°$ C	$D''\,(0°$ C$)$	$= 0{,}0963$ kg/dm^3
Δh_F	$= 195{,}74$ kJ/kg	$p\,(-15°$ C$)$	$= 23{,}34$ at
Subl.	$= -78{,}92°$ C	$p\,(+30°$ C$)$	$= 73{,}34$ at
$\Delta h_{f-g}(-78{,}92°$ C$)$	$= 573{,}02$ kJ/kg	$q_0\,(-15°$ C$)$	$= 8141{,}8$ kJ/m^3
p_{krit}	$= 75{,}2$ at		

Kalorische Zustandsgrößen von CO_2 im Sättigungsgebiet
fest—dampfförmig und flüssig—dampfförmig

Bei 0° C ist $h'=0$ und $s'=0$ gesetzt[1].

ϑ °C	p kp/cm^2	v_f l/kg	v'' l/kg	h_f kJ/kg	h'' kJ/kg	Δh subl. kJ/kg	s_f kJ/kggrd	s'' kJ/kggrd
−100	0,142	0,627	2336,1	−3,7306	212,02	585,08	−1,6761	
−90	0,379	0,632	920,06	−3,6171	218,34	580,05	−1,6116	
−80	0,914	0,639	397,83	−3,4991	223,91	573,82	−1,5492	
−78,9	1,00	0,639	365,12	−3,4857	224,45	573,02	−1,5430	
−70	2,02	0,647	185,39	−3,3660	228,22	564,82	−1,4823	
−60	4,18	0,657	91,15	−3,1935	230,48	549,83	−1,4002	
−56,6	5,28	0,661	72,22	−3,1307	230,61	543,68	−1,3709	
−56,6	5,28	0,849	72,220	−117,33	230,61	347,94	−0,4667	1,1403
−50	6,97	0,867	55,407	−104,61	232,62	337,22	−0,4102	1,1013
−45	8,49	0,881	45,809	−95,03	233,96	328,98	−0,3684	1,0737
−40	10,25	0,897	38,164	−85,44	235,13	320,56	−0,3273	1,0478
−35	12,26	0,913	32,008	−75,77	236,05	311,82	−0,2872	1,0226
−30	14,55	0,931	27,001	−66,18	236,76	302,94	−0,2478	0,9984
−25	17,14	0,950	22,885	−56,39	237,22	293,61	−0,2089	0,9745
−20	20,06	0,971	19,466	−46,43	237,68	284,80	−0,1700	0,9511
−15	23,34	0,994	16,609	−35,83	237,35	273,18	−0,1298	0,9285
−10	26,99	1,019	14,194	−24,74	236,93	261,67	−0,0892	0,9054
−5	31,05	1,048	12,141	−12,93	236,13	249,07	−0,0460	0,8828
0	35,54	1,081	10,383	0	234,96	234,96	0	0,8602
+5	40,50	1,120	8,850	12,98	232,11	219,14	0,0431	0,8309
+10	45,95	1,166	7,519	27,21	228,51	201,30	0,0913	0,8025
+15	51,93	1,223	6,323	42,28	222,57	180,29	0,1423	0,7681
+20	58,46	1,297	5,269	58,60	213,90	155,30	0,1959	0,7259
+25	65,59	1,409	4,232	78,70	198,12	119,43	0,2838	0,6634
+30	73,34	1,680	2,979	108,42	171,42	63,00	0,3575	0,5655
+31	74,96	2,156		140,23		0	0,4596	

[1] Setzt man für den Kristallzustand bei 0° K $h=0$ und $s=0$, so ergibt sich $h'=494{,}8$ kJ/kg und $s'=3{,}091$ kJ/kggrd bei 0° C.

$C_2Cl_2F_4$ 1,2-Dichlor-1,1,2,2-tetrafluor-äthan
im Sättigungszustand, Darstellung II

M	$= 170{,}92$	D_{krit}	$= 0{,}583$ kg/dm^3
$G-K$	$= 4{,}961$ mkp/kggrd	ϑ_{krit}	$= 145{,}7°$ C
F	$= -94°$ C	$D''\,(0°$ C$)$	$= 0{,}6898$ kg/dm^3
Kp	$= 3{,}5°$ C	$p\,(-15°$ C$)$	$= 0{,}475$ at
$\Delta h_v\,(Kp)$	$= 137{,}30$ kJ/kg	$p\,(+30°$ C$)$	$= 2{,}598$ at
p_{krit}	$= 33{,}4$ at		

63. Thermodynamische Zustandsgrößen

Bei 0° C ist $h'=0$ und $s'=0$ gesetzt.

t °C	p at	v' l/kg	v'' m³/kg	h' kJ/kg	h'' kJ/kg	Δh_v kJ/kg	s' kJ/kggrd	s'' kJ/kggrd
−40	0,134	0,6060	0,8468	−33,11	113,6	146,7	−0,1256	0,5036
−30	0,230	0,6162	0,5142	−25,45	119,5	145,0	−0,0942	0,5023
−20	0,378	0,6266	0,3250	−17,37	125,6	142,9	−0,0632	0,5015
−10	0,592	0,6376	0,2139	−8,92	131,7	140,6	−0,0314	0,5027
0	0,897	0,6494	0,1450	0	137,9	137,9	0	0,5048
10	1,314	0,6617	0,1013	9,33	144,2	134,9	0,0314	0,5078
20	1,872	0,6749	0,0725	19,13	150,6	131,4	0,0628	0,5111
30	2,598	0,6888	0,0531	29,34	157,0	127,7	0,0942	0,5153
40	3,521	0,7040	0,0397	40,06	163,6	123,5	0,1260	0,5203
50	4,673	0,7203	0,0302	51,19	170,2	119,0	0,1570	0,5253
60	6,080	0,7381	0,0233	62,58	176,9	114,3	0,1842	0,5308

$C_2H_3ClF_2$ 1-Chlor-1,1-difluor-äthan
im Sättigungszustand, Darstellung II

M = 100,50
$G-K$ = 8,438 mkp/kggrd
F = −130,8° C
Δh_F = 26,75 kJ/kg
Kp = −9,5° C
$\Delta h_v (Kp)$ = 222,90 kJ/kg

$\Delta h_v (-15° C)$ = 226,30 kJ/kg
p_{krit} = 42,04 at
D_{krit} = 0,435 kg/dm³
ϑ_{krit} = 137,1° C
$D''(0° C)$ = 0,00677 kg/dm³
$p(-15° C)$ = 0,812 at
$p(+30° C)$ = 4,013 at

Bei 0° C ist $h'=0$ und $s'=0$ gesetzt.

t °C	p at	v' dm³/kg	v'' dm³/kg	h' kJ/kg	h'' kJ/kg	Δh_v kJ/kg	s' kJ/kggrd	s'' kJ/kggrd
−60	0,074	0,769	2414	−71,87	175,6	247,5	−0,2960	0,8652
−50	0,139	0,781	1343	−60,19	183,1	243,3	−0,2428	0,8472
−40	0,245	0,794	791	−48,47	190,3	238,8	−0,1913	0,8330
−30	0,409	0,808	491	−36,63	197,4	234,0	−0,1415	0,8209
−20	0,653	0,822	317,4	−24,61	204,3	228,9	−0,0933	0,8108
−10	1,001	0,838	213,0	−12,39	211,2	223,6	−0,0460	0,8037
0	1,479	0,854	147,7	0	217,9	217,9	0	0,7974
10	2,119	0,872	105,3	12,60	224,5	212,0	0,0452	0,7937
20	2,952	0,890	76,9	25,53	231,2	205,7	0,0896	0,7912
30	4,013	0,911	57,3	38,68	237,8	199,1	0,1335	0,7903
40	5,286			51,45	243,5	192,0		
50	6,888			64,46	249,6	185,1		
60	8,822			77,86	255,6	177,7		
70	11,122			91,42	261,4	169,9		
80	13,788			105,15	267,1	162,0		

C_2H_5Cl Chloräthan
im Sättigungszustand, Darstellung II

M = 64,52
$G-K$ = 13,15 mkp/kggrd
F = −138,7° C
Δh_F = 68,78 kJ/kg
Kp = 12,2° C
$\Delta h_v (Kp)$ = 383,06 kJ/kg
$\Delta h_v (-15° C)$ = 403,6 kJ/kg

p_{krit} = 53,5 at
D_{krit} = 0,330 kg/dm³
ϑ_{krit} = 187,2° C
$D''(0° C)$ = 0,001801 kg/dm³
$p(-15° C)$ = 0,318 at
$p(+30° C)$ = 1,923 at
$q_0(-15° C)$ = 328,6 kJ/m³

6. Kalorische Daten

Bei 0° C ist $h'=0$ und $s'=0$ gesetzt.

ϑ °C	p at	v' dm³/kg	v'' dm³/kg	h' kJ/kg	h'' kJ/kg	Δh_v kJ/kg	s' kJ/kggrd	s'' kJ/kggrd
−30	0,143	1,035	1960	−45,50	368,28	413,79	−0,1771	1,5254
−25	0,191	1,042	1555	−38,26	372,14	410,40	−0,1469	1,5074
−20	0,248	1,050	1235	−30,77	376,32	407,09	−0,1172	1,4911
−15	0,318	1,058	1010	−23,15	380,42	403,57	−0,0867	1,4764
−10	0,403	1,066	830	−15,45	384,48	399,93	−0,0578	1,4626
−5	0,505	1,074	680	−7,70	388,80	396,50	−0,0285	1,4496
0	0,627	1,083	555	0,00	392,90	392,90	0	1,4383
5	0,772	1,092	460	8,08	397,21	389,13	0,0293	1,4274
10	0,943	1,100	375	15,99	400,98	384,99	0,0573	1,4161
15	1,135	1,110	310	24,11	404,95	380,84	0,0862	1,4069
20	1,360	1,119	255	32,27	408,72	376,45	0,1139	1,3981
25	1,623	1,129	220	40,48	412,70	372,22	0,1423	1,3893
30	1,923	1,139	190	48,73	416,47	367,74	0,1691	1,3818
35	2,253	1,149	175	57,18	420,23	363,05	0,1976	1,3751
40	2,627	1,159	165	65,80	424,17	358,36	0,2244	1,3692

C_4F_8 Oktafluorcyclobutan
im Sättigungszustand, Darstellung II

$M = 200{,}04$
$G-K = 4{,}2384$ mkp/(kggrd)
$F = -40{,}5°$ C
$\Delta h_F = 13{,}84$ kJ/kg
$Kp = -6{,}42°$ C
$\Delta h_v (Kp) = 117{,}21$ kJ/kg
$p_{krit} = 28{,}6$ at

$D_{krit} = 0{,}6116$ kg/dm³
$\vartheta_{krit} = 115{,}39°$ C
$D'' (0°$ C$) = 0{,}01248$ kg/dm³
$p(-15°$ C$) = 0{,}7219$ at
$p(+30°$ C$) = 3{,}7924$ at
$q_0(-15°$ C$) = 497{,}72$ kJ/m³

Bei 0° C ist $h'=0$ und $s'=0$ gesetzt.

t °C	p at	v' dm³/kg	v'' dm³/kg	h' kJ/kg	h'' kJ/kg	Δh_v kJ/kg	s' kJ/kg°K	s'' kJ/kg°K
−40	0,2173	0,5706	444,2	−34,03	83,68	117,71	−0,1337	0,3711
−30	0,3618	0,5815	275,5	−25,79	90,25	116,04	−0,0994	0,3778
−20	0,5786	0,5932	177,2	−17,37	96,86	114,24	−0,0658	0,3855
−10	0,8930	0,6056	117,5	−8,79	103,5	112,27	−0,0328	0,3939
0	1,3350	0,6189	80,10	0	110,0	110,05	0	0,4029
10	1,9398	0,6334	55,92	9,13	116,7	107,54	0,0325	0,4123
20	2,7478	0,6492	39,87	18,63	123,2	104,57	0,0654	0,4221
30	3,7924	0,6668	28,96	28,67	129,7	101,05	0,0989	0,4322
40	5,1156	0,6867	21,43	39,39	136,2	96,78	0,1337	0,4427
50	6,7639	0,7094	16,06	50,90	142,5	91,63	0,1696	0,4532
60	8,7846	0,7361	12,19	63,38	148,8	85,44	0,2072	0,4637
70	11,220	0,7685	9,333	76,90	154,9	77,99	0,2468	0,4741
80	14,113	0,8093	7,173	91,80	160,91	69,11	0,2887	0,4844
90	17,505	0,8644	5,362	108,04	166,6	58,52	0,3340	0,4952
100	21,437	0,9475	3,901	126,63	172,1	45,46	0,3845	0,5063
110	25,932	1,1138	2,616	150,24	177,38	27,04	0,4470	0,5176
115,39	28,602	1,5835		174,9		0	0,5077	

63. Thermodynamische Zustandsgrößen

C_4F_{10} Perfluor-n-butan
im Sättigungszustand, Darstellung II

$M = 238{,}03$
$G-K = 3{,}560$ mkp/kggrd
$\Delta h_F = 98{,}16$ kJ/kg
$Kp = -1{,}7°$ C
$p_{krit} = 24{,}75$ at

$\vartheta_{krit} = 113{,}3°$ C
$D'' (0°$ C$) = 0{,}01194$ kg/m³
$p(-15°$ C$) = 0{,}607$ at
$p(+30°$ C$) = 3{,}150$ at

Bei 0° C ist $h'=0$ und $s'=0$ gesetzt.

ϑ °C	p at	v' l/kg	v'' m³/kg	h' kJ/kg	h'' kJ/kg	Δh_v kJ/kg	s' kJ/kggrd	s'' kJ/(kggrd)
−40	0,168	0,5814	0,495	−40,86	64,71	105,57	−0,1624	0,2905
−35	0,220	0,5866	0,395	−35,92	68,65	104,57	−0,1415	0,2976
−30	0,288	0,5917	0,295	−30,93	72,54	103,48	−0,1206	0,3052
−25	0,372	0,5978	0,241	−25,91	76,52	102,43	−0,1005	0,3127
−20	0,470	0,6039	0,186	−20,85	80,49	101,34	−0,0800	0,3202
−15	0,607	0,6200	0,150	−15,70	85,10	100,80	−0,0624	0,3282
−10	0,745	0,6161	0,121	−10,80	88,57	99,38	−0,0402	0,3361
−5	0,904	0,6224	0,102	−5,40	92,63	98,04	−0,0417	0,3454
0	0,100	0,6288	0,0837	0	96,73	96,74	0	0,3531
+5	1,350	0,6360	0,0709	5,36	100,79	95,44	0,0188	0,3621
+10	1,617	0,6431	0,0581	10,72	104,85	94,14	0,0377	0,3700
+15	1,935	0,6516	0,0496	16,20	109,17	92,97	0,0586	0,3797
+20	2,325	0,6602	0,0410	21,68	113,48	91,80	0,0758	0,3889
+25	2,725	0,6687	0,0358	27,25	117,37	90,13	0,0946	0,3968
+30	3,150	0,6772	0,0307	32,82	121,26	88,45	0,1130	0,4048

NH_3 Ammoniak
im Sättigungszustand, Darstellung II

$M = 17{,}03$
$G-K = 49{,}79$ mkp/kggrd
Trp $= -77{,}9°$ C
$p_{Trp} = 0{,}0619$ at
Δh_F (Trp) $= 331{,}95$ kJ/kg
$Kp = -33{,}35°$ C
Δh_v (Kp) $= 1368{,}1$ kJ/kg

$p_{krit} = 115{,}21$ at
$D_{krit} = 0{,}235$ kg/dm³
$\vartheta_{krit} = 132{,}4°$ C
$D'' (0°$ C$) = 0{,}00345$ kg/dm³
$p(-15°$ C$) = 2{,}410$ at
$p(+30°$ C$) = 11{,}895$ at
$q_0 (-15°$ C$) = 2166{,}67$ kJ/m³

Bei 0° C ist $h'=0$ und $s'=0$ gesetzt.

ϑ °C	p at	v' dm³/kg	v'' dm³/kg	h' kJ/kg	h'' kJ/kg	Δh_v kJ/kg	s' kJ/kg	s'' kJ/kg
−75	0,0765	1,368	1289	−331,1	1145	1476	1,409	6,041
−70	0,1114	1,3788	9009	−310,2	1154	1464	1,307	5,903
−65	0,1592	1,390	6450	−288,8	1163	1452	1,204	5,774
−60	0,2233	1,4010	4699	−267,9	1172	1440	1,103	5,654
−55	0,3075	1,413	3480	−252,3	1180,8	143,3	1,004	5,539
−50	0,4168	1,4245	2623	−224,8	1189	1414	0,887	5,433
−45	0,556	1,437	2003	−230,0	1198	1428	0,811	5,332
−40	0,7318	1,4493	1550	−140,8	1206	1387	0,714	5,237
−35	0,9503	1,4623	1215,1	−158,7	1214	1373	0,619	5,146
−30	1,2190	1,4757	963,0	−136,4	1223	1358	0,527	5,061

6. Kalorische Daten

ϑ °C	p at	v' dm³/kg	v'' dm³/kg	h' kJ/kg	h'' kJ/kg	Δh_v kJ/kg	s' kJ/kg	s'' kJ/kg
−25	1,546	1,4895	771,2	−113,9	1229	1343	0,435	4,981
−20	1,940	1,5037	623,6	−91,3	1237	1328	0,345	4,902
−15	2,410	1,5185	508,7	−68,69	1244	131,2	0,257	4,827
−10	2,966	1,5338	418,4	−45,92	1250	1296	0,171	4,756
−5	3,619	1,5496	346,9	−23,02	1256	1279	0,085	4,688
0	4,379	1,5660	289,7	0	1262	1262	0	4,622
+5	5,259	1,5831	243,5	23,19	1267	1244	0,0837	4,558
+10	6,271	1,6008	205,8	46,51	1272	1226	0,1662	4,496
+15	7,427	1,6193	174,9	69,99	1277	1207	0,2478	4,436
+20	8,741	1,6386	149,4	93,68	1281	1187	0,3286	4,378
+25	10,225	1,6588	128,3	117,6	1284	1166	0,4086	4,322
+30	11,895	1,6800	110,7	141,6	1287	1145	0,4877	4,266
+35	13,765	1,7023	95,9	166,0	1289	1123	0,5659	4,211
+40	15,850	1,7257	83,3	190,5	1291	1100	0,6438	4,158
+45	18,165	1,7504	72,6	215,3	1292	1076	0,7208	4,105
+50	20,727	1,7775	63,5	240,2	1292	1052	0,7974	4,053
+60	26,66	1,838	48,9	291,3	1291,8	1000,5	0,9544	3,953
+70	33,77	1,905	37,9	346,2	1286,4	940,2	1,1093	3,849
80	42,26	1,9835	29,493	402,3	1276,5	874,2	1,266	3,741
90	52,24	2,0764	22,956	461,4	1261,2	799,8	1,426	3,628
100	63,87	2,1915	17,826	523,0	1238,5	715,5	1,588	3,507
110	77,32	2,3442	13,753	590,9	1209,9	6189,0	1,758	3,373
120	92,79	2,5747	10,223	669,7	1158,2	488,5	1,951	3,193
130	110,47	3,1584	6,389	784,6	1025,9	241,5	2,227	2,826
132,4	115,21	4,255		89,49			2,494	

N_2O Distickstoffmonoxid
im Sättigungszustand, Darstellung II

M = 44,02
$G-K$ = 19,26 mkp/kggrd
Trp = −90,81° C
p_{Trp} = 0,896 at
Δh_F (Trp) = 148,6 kJ/kg
Kp = −88,46° C
$\Delta h_v (Kp)$ = 375,9 kJ/kg

p_{krit} = 74 at
ϑ_{krit} = 36,5° C
D_{krit} = 0,457 kg/dm³
D'' (0° C) = 0,0896 kg/dm³
p (−15° C) = 21,40 at
p (+30° C) = 64,04 at

Bei 0° C ist h' = 0 gesetzt.

ϑ °C	p at	v' dm³/kg	v'' dm³/kg	h' kJ/kg	h'' kJ/kg
−88,2	1,033	0,781	343,2	−151,65	225,86
−84,4	1,336	0,790	165,2	−147,2	227,5
−78,8	1,828	0,805	198,4	−140,7	230,3
−73,3	2,461	0,821	148,5	−133,5	232,6
−67,7	3,234	0,832	113,6	−125,4	235,6
−62,2	4,077	0,843	89,2	−117,2	237,7
−56,6	5,202	0,861	71,8	−108,15	240,3
−51,1	6,397	0,885	58,3	−98,85	241,9
−45,5	7,874	0,900	46,9	−89,55	243,8
−40,0	9,631	0,918	37,8	−79,55	245,4

63. Thermodynamische Zustandsgrößen

ϑ °C	p at	v' dm³/kg	v'' dm³/kg	h' kJ/kg	h'' kJ/kg
−34,4	11,740	0,931	32,0	−69,54	246,6
−28,9	14,271	0,953	26,5	−59,08	247,7
−23,3	16,872	0,965	22,7	−48,61	248,4
−17,8	19,895	0,989	18,9	−37,44	248,6
−12,2	23,551	1,020	16,3	−26,74	248,9
−6,7	27,206	1,054	13,5	−15,11	248,6
0	32,338	1,095	11,1	0	248,4
4,4	36,556	1,141	10,0	11,86	248,0
10,0	41,477	1,193	8,6	28,38	246,3
15,5	47,453	1,269	7,4	44,43	244,9
21,1	53,428	1,342	6,6	61,18	241,91
26,6	60,810	1,560	5,0	77,46	237,9
36,1	75,151	2,358	2,4		232,14

SO₂ Schwefeldioxid
im Sättigungszustand, Darstellung II

$M = 64{,}06$
$G-K = 13{,}236$ mkp/kggrd
$F = -75{,}52°$ C
$\Delta h_F = 115{,}53$ kJ/kg
$Kp = 10{,}01°$ C
$\Delta h_v = 389{,}30$ kJ/kg

$p_{krit} = 80{,}4$ at
$\vartheta_{krit} = 157{,}5°$ C
$D''(0°$ C$) = 0{,}0045455$ kg/dm³
$p(-15°$ C$) = 0{,}823$ at
$p(+30°$ C$) = 4{,}710$ at
$q_0(-15°$ C$) = 821{,}71$ kJ/m³

Bei 0° C ist $h' = 0$ und $s' = 0$ gesetzt.

ϑ °C	p at	v' dm³/kg	v'' dm³/kg	h' kJ/kg	h'' kJ/kg	Δh_v kJ/kg	s' kJ/kg	s'' kJ/kg
−50	0,118	0,6423	2490,7	−68,27	355,4	423,7	−0,2759	1,623
−45	0,163	0,6472	1843,6	−61,37	358,1	419,5	−0,2463	1,594
−40	0,220	0,6523	1387,2	−54,42	360,9	415,3	−0,2156	1,566
−35	0,294	0,6575	1058,6	−47,55	363,5	411,1	−0,1859	1,540
−30	0,388	0,6627	818,3	−38,08	366,1	406,9	−0,1574	1,516
−25	0,504	0,6680	640,6	−33,91	368,7	402,6	−0,1293	1,493
−20	0,648	0,6739	507,1	−27,08	371,3	398,4	−0,1026	1,471
−15	0,823	0,6798	405,8	−20,30	373,8	394,1	−0,0758	1,451
−10	1,034	0,6859	328,0	−13,56	376,38	389,8	−0,0507	1,431
−5	1,286	0,6916	267,5	−6,74	378,7	385,4	−0,0243	1,413
0	1,585	0,6974	220,0	0	381,0	381,0	0	1,395
+5	1,936	0,7035	182,4	6,82	383,3	376,5	0,0251	1,378
+10	2,347	0,7097	152,3	13,52	385,5	372,0	0,0481	1,362
+15	2,823	0,7163	128,0	20,30	387,7	367,4	0,0724	1,347
+20	3,370	0,7231	108,4	27,00	389,7	362,7	0,0950	1,332
+25	3,997	0,7301	92,3	33,45	391,5	358,0	0,1181	1,319
+30	4,710	0,7375	79,0	40,02	393,6	353,3	0,1394	1,305
+35	5,518	0,7453	68,0	47,13	395,5	348,4	0,1616	1,292
+40	6,427	0,7536	58,8	53,71	397,3	343,6	0,1817	1,280
+45	7,447	0,7622	51,1	60,32	399,01	338,7	0,2034	1,268
+50	8,583	0,7712	44,6	67,02	400,7	333,7	0,2235	1,256
+55	9,848	0,7808	39,1	73,84	402,2	328,4	0,2445	1,245
+60	11,25	0,7909	34,4	80,50	403,7	323,2	0,2641	1,234

64. Joule-Thomson-Effekt*

Die Tabellen und Abbildungen enthalten Angaben über den differentiellen Joule-Thomson-Koeffizienten μ, die aus Messungen gewonnen oder mittels der Gleichung

$$\mu = \frac{T\left(\dfrac{\partial V}{\partial T}\right)_p - V}{C_p}$$

berechnet sind.

T = Temperatur in °K
V = Molvolumen
C_p = Molwärme bei konstantem Druck.

6401. Ar Argon

ϑ °C	p in atm			
	1	50	100	200
	μ in grd/atm			
−150	1,81	0,002	−0,025	−0,056
−100	0,860	0,655	0,285	0,040
−50	0,595	0,522	0,396	0,188
0	0,431	0,370	0,305	0,192
50	0,322	0,276	0,231	0,161
100	0,242	0,203	0,175	0,127
300	0,064	0,055	0,046	0,028

6402. Argon. Joule-Thomson-Koeffizient μ (Isobaren)

---

* Nach Landolt-Börnstein, 6. Aufl., Bd. II/4, Beitrag von H. D. BAEHR.

64. Joule-Thomson-Effekt

6403. CO Kohlenstoffmonoxid

ϑ °C	p in atm				
	1	50	100	400	1000
	μ in grd/atm				
0	0,295	0,240	0,190	−0,001	−0,056
50	0,213	0,175	0,137	−0,002	−0,056
100	0,150	0,122	0,095	−0,008	−0,058
150	0,104	0,085	0,067	−0,014	−0,059

6404. CO_2 Kohlendioxid

ϑ °C	p in atm				
	1	20	60	100	200
	μ in grd/atm				
−50	2,413	−0,014	−0,015	−0,016	−0,025
0	1,290	1,402	0,037	0,022	0,005
50	0,895	0,895	0,880	0,557	0,093
100	0,649	0,638	0,608	0,541	0,256
300	0,265	0,243	0,208	0,187	0,151

6405. C_2H_4 Äthen

ϑ °C	p in atm							
	0	50	100	200	400	600	1000	2500
	μ in grd/atm							
25	1,019	1,345	0,183	0,027	−0,024	−0,040	−0,052	−0,061
50	0,841	0,870	0,426	0,066	−0,013	−0,032	−0,046	−0,054
100	0,581	0,571	0,470	0,154	0,008	−0,023	−0,042	−0,052
150	0,379	0,401	0,355	0,181	0,026	−0,014	−0,038	−0,051

6406. H_2 Wasserstoff

T °K	p in atm					
	0	20	60	100	140	180
	μ in grd/atm					
60	0,391	0,287	0,132	0,035	−0,017	
70	0,287	0,234	0,135	0,059	0,005	−0,039
80	0,220	0,192	0,127	0,061	0,001	−0,037
85	0,195	0,174	0,122	0,059	−0,004	−0,040

6407a. Wasserstoff. Joule-Thomson-Koeffizient μ
(Isobaren)

6407b. Deuterium. Joule-Thomson-Koeffizient μ
(Isobaren)

6408. He Helium

ϑ °C	μ praktisch unverändert zwischen 1 u. 200 atm μ in grd/atm
−180	−0,041
−100	−0,058
0	−0,062
100	−0,064
300	−0,061

Helium Joule-Thomson-Koeffizient μ (Isobaren)

64. Joule-Thomson-Effekt

6409. N_2 Stickstoff

ϑ °C	\multicolumn{4}{c}{p in atm}
	1	50	100	200
	\multicolumn{4}{c}{μ in grd/atm}
−160	1,63	0,013	−0,008	−0,032
−137,5	0,996	0,402	0,065	−0,010
−100	0,649	0,491	0,274	0,058
−50	0,397	0,324	0,237	0,091
0	0,267	0,220	0,169	0,087
50	0,186	0,151	0,117	0,066
200	0,056	0,040	0,026	0,006
300	0,014	0,001	−0,007	−0,017

6410. Ammoniak. Joule-Thomson-Koeffizient μ (Isothermen)

6411. O_2 bei $p = 2$ atm

°K	μ in grd/atm	°K	μ in grd/atm	°K	μ in grd/atm
110	1,69	130	1,26	150	1,00
120	1,42	140	1,12	160	0,91

6412. Xe Xenon

ϑ °C	p in atm				
	1	50	100	300	1000
	μ in grd/atm				
25	1,87	1,49	0,188	−0,0155	−0,0820
50	1,62	1,36	0,577	0,0115	−0,0791
100	1,28	1,09	0,804	0,0795	−0,0740
150	1,02	0,889	0,725	0,155	−0,0718

6413. Inversionskurven des Joule-Thomson-Koeffizienten μ im reduzierten Diagramm

—o—o— Helium; — — — Wasserstoff; ——— Stickstoff

65. Tabellen zur Berechnung thermodynamischer Funktionen für Gase und Festkörper

651. Planck-Einstein-Funktionen

Die thermodynamischen Funktionen für Molwärme (C), innere Energie (U) bzw. Enthalpie (H), Entropie (S) und freie Energie (F) bzw. freie Enthalpie (G) der idealen Gase lassen sich aus Anteilen für die verschiedenen Freiheitsgrade (Translation, Rotation und Schwingung) additiv zusammensetzen.

Die Molwärme ist praktisch unabhängig von der Temperatur T, wenn keine Schwingungen angeregt sind; sie hängt dann von keinen individuellen Eigenschaften der Molekel ab. Beim Vorliegen einer oder mehrerer angeregter Schwingungen der Frequenz ν_i (bzw. Wellenzahl $\tilde{\nu}_i$) bringt jede einzelne Schwingung (Normalschwingung) einen Beitrag zur thermodynamischen Funktion, der als universelle Funktion von $h\nu_i/kT = \Theta_{s,i}/T$ mit der charakteristischen Schwingungstemperatur $\Theta_{s,i} = h\nu_i/k = \dfrac{hc}{k}\tilde{\nu}_i$ (= 1,438 $\tilde{\nu}_i$ cm grd) darstellbar ist. Hier ist h = Plancksche Konstante, k = Boltzmannsche Konstante, c = Lichtgeschwindigkeit.

651. Planck-Einstein-Funktionen

Die folgenden Tabellen (nach PLANCK-EINSTEIN) geben als Funktionen des Arguments (Θ_s/T) die thermodynamischen Funktionen C_s, $(U_s-U_{s0})/T$, $(F_s-F_{s0})/T$ und S_s im Gebiet $0 \leq \Theta_s/T \leq 14$ an; dabei wurde für $R = 8{,}314$ J/(Molgrd) gesetzt.

Gewöhnlich macht die Interpolation für die Funktionen $(F_s-F_{s0})/T$ und S_s im Bereich kleiner Θ_s/T-Werte Schwierigkeiten. Aus diesem Grunde ist jeweils für den Wertebereich $0{,}0 \leq \Theta_s/T \leq 2$ neben den thermodynamischen Funktionen die Differenz $(F_s-F_{s0})/T - R\ln T/\Theta_s$ bzw. $S_s - R\ln T/\Theta_s$ angegeben, die eine einfache Interpolation gestattet. Durch Zufügen des jeweiligen Wertes $R\ln T/\Theta_s$ kann dann sofort die gesuchte thermodynamische Funktion an der gewünschten Stelle erhalten werden.

Molwärmen C_s für einen Schwingungsfreiheitsgrad (nach PLANCK-EINSTEIN) in J/grdMol

Wertebereich $0 \leq \dfrac{\Theta_s}{T} \leq 14$

Θ_s/T	0	1	2	3	4	5	6	7	8	9
0	8,314	8,307	8,287	8,252	8,204	8,143	8,069	7,983	7,885	7,775
1	7,655	7,524	7,385	7,236	7,080	6,916	6,747	6,571	6,391	6,207
2	6,020	5,831	5,639	5,447	5,255	5,063	4,871	4,682	4,494	4,309
3	4,126	3,947	3,772	3,600	3,433	3,270	3,112	2,959	2,810	2,667
4	2,528	2,395	2,267	2,144	2,026	1,913	1,805	1,701	1,603	1,509
5	1,420	1,335	1,254	1,178	1,105	1,036	0,971	0,910	0,852	0,797
6	0,746	0,697	0,651	0,608	0,568	0,530	0,494	0,461	0,429	0,400
7	0,372	0,346	0,322	0,300	0,279	0,259	0,241	0,223	0,207	0,193
8	0,179	0,166	0,154	0,142	0,132	0,122	0,113	0,105	0,0971	0,0898
9	0,0831	0,0769	0,0711	0,0658	0,0608	0,0562	0,0519	0,0479	0,0443	0,0409
10	0,0378	0,0348	0,0322	0,0297	0,0274	0,0252	0,0233	0,0215	0,0198	0,0182
11	0,0168	0,0155	0,0143	0,0131	0,0121	0,0111	0,0103	0,0094	0,0087	0,0080
12	0,0074	0,0068	0,0062	0,0057	0,0053	0,0048	0,0045	0,0041	0,0038	0,0035
13	0,0032	0,0029	0,0027	0,0025	0,0023	0,0021	0,0019	0,0018	0,0016	0,0015

Innere Energie für einen Schwingungsfreiheitsgrad $\dfrac{U_s-U_{s0}}{T}$

(nach PLANCK-EINSTEIN) in J/grdMol

Wertebereich $0 \leq \dfrac{\Theta_s}{T} \leq 2$

Θ_s/T	0	1	2	3	4	5	6	7	8	9
0,0	8,314	8,273	8,232	8,190	8,149	8,108	8,067	8,027	7,986	7,946
0,1	7,906	7,865	7,826	7,786	7,746	7,706	7,667	7,628	7,589	7,550
0,2	7,511	7,472	7,433	7,395	7,357	7,318	7,280	7,242	7,205	7,167
0,3	7,129	7,092	7,055	7,018	6,981	6,944	6,907	6,871	6,834	6,798
0,4	6,762	6,726	6,690	6,655	6,619	6,583	6,548	6,513	6,478	6,443
0,5	6,408	6,374	6,339	6,305	6,271	6,236	6,203	6,169	6,135	6,101
0,6	6,068	6,035	6,002	5,969	5,936	5,903	5,870	5,838	5,805	5,773
0,7	5,741	5,709	5,677	5,646	5,614	5,583	5,551	5,520	5,489	5,458
0,8	5,427	5,397	5,366	5,336	5,306	5,275	5,245	5,216	5,186	5,156
0,9	5,127	5,097	5,068	5,039	5,010	4,981	4,952	4,924	4,895	4,867
1,0	4,839	4,811	4,783	4,755	4,727	4,700	4,672	4,645	4,617	4,590
1,1	4,563	4,537	4,510	4,483	4,457	4,430	4,404	4,378	4,352	4,326
1,2	4,300	4,275	4,249	4,224	4,198	4,173	4,148	4,123	4,099	4,074
1,3	4,049	4,025	4,000	3,976	3,952	3,928	3,904	3,881	3,857	3,833
1,4	3,810	3,787	3,763	3,740	3,717	3,695	3,672	3,649	3,627	3,604
1,5	3,582	3,560	3,538	3,516	3,494	3,472	3,451	3,429	3,408	3,386
1,6	3,365	3,344	3,323	3,302	3,282	3,261	3,240	3,220	3,200	3,179
1,7	3,159	3,139	3,119	3,100	3,080	3,060	3,041	3,021	3,002	2,983
1,8	2,964	2,945	2,926	2,907	2,888	2,870	2,851	2,833	2,815	2,796
1,9	2,778	2,760	2,742	2,725	2,707	2,689	2,672	2,654	2,637	2,620

6. Kalorische Daten

Wertebereich $2 \leq \dfrac{\Theta_s}{T} \leq 12$

Θ_s/T	0	1	2	3	4	5	6	7	8	9
2	2,603	2,436	2,279	2,131	1,991	1,859	1,734	1,617	1,507	1,404
3	1,307	1,216	1,131	1,051	0,976	0,906	0,841	0,780	0,723	0,670
4	0,620	0,574	0,532	0,492	0,455	0,420	0,388	0,359	0,331	0,306
5	0,282	0,260	0,240	0,221	0,204	0,188	0,173	0,159	0,146	0,135
6	0,124	0,114	0,105	0,0964	0,0886	0,0814	0,0748	0,0687	0,0630	0,0579
7	0,0531	0,0487	0,0447	0,0410	0,0376	0,0345	0,0316	0,0290	0,0266	0,0244
8	0,0223	0,0204	0,0187	0,0172	0,0157	0,0144	0,0132	0,0121	0,0110	0,0101
9	0,0092	0,0084	0,0077	0,0071	0,0065	0,0059	0,0054	0,0049	0,0045	0,0041
10	0,0038	0,0034	0,0032	0,0029	0,0026	0,0024	0,0022	0,0020	0,0018	0,0017
11	0,0015	0,0014	0,0013	0,0012	0,0011	0,0010	0,0009	0,0008	0,0007	0,0007

Entropie für einen Schwingungsfreiheitsgrad (nach PLANCK-EINSTEIN) S_s in J/grdMol;

Wertebereich $0 \leq \dfrac{\Theta_s}{T} \leq 2$

Θ_s/T	0	1	2	3	4	5	6	7	8	9
0,1	27,46	26,67	25,95	25,28	24,67	24,10	23,56	23,06	22,58	22,13
0,2	21,71	21,31	20,92	20,55	20,20	19,86	19,54	19,23	18,93	18,64
0,3	18,36	18,09	17,82	17,57	17,32	17,09	16,85	16,63	16,41	16,20
0,4	15,99	15,79	15,59	15,40	15,21	15,02	14,84	14,67	14,50	14,33
0,5	14,16	14,00	13,84	13,69	13,54	13,39	13,24	13,10	12,96	12,82
0,6	12,69	12,55	12,42	12,29	12,17	12,04	11,92	11,80	11,68	11,56
0,7	11,45	11,33	11,22	11,11	11,01	10,90	10,79	10,69	10,59	10,49
0,8	10,39	10,29	10,19	10,10	10,00	9,91	9,82	9,73	9,64	9,55
0,9	9,47	9,38	9,29	9,21	9,13	9,05	8,97	8,89	8,81	8,73
1,0	8,652	8,576	8,501	8,427	8,353	8,280	8,209	8,137	8,067	7,998
1,1	7,929	7,861	7,794	7,727	7,661	7,596	7,531	7,468	7,404	7,342
1,2	7,280	7,219	7,158	7,098	7,039	6,980	6,922	6,864	6,807	6,751
1,3	6,695	6,639	6,585	6,530	6,476	6,423	6,370	6,318	6,266	6,215
1,4	6,164	6,114	6,064	6,015	5,966	5,917	5,869	5,822	5,774	5,728
1,5	5,681	5,635	5,590	5,545	5,500	5,456	5,412	5,368	5,325	5,283
1,6	5,240	5,198	5,157	5,115	5,075	5,034	4,994	4,954	4,915	4,875
1,7	4,837	4,798	4,760	4,722	4,685	4,647	4,610	4,574	4,538	4,502
1,8	4,466	4,431	4,396	4,361	4,326	4,292	4,258	4,225	4,191	4,158
1,9	4,125	4,093	4,061	4,029	3,997	3,965	3,934	3,903	3,872	3,842

$\dfrac{\Theta_s}{T}$	$S_s - R \ln \dfrac{T}{\Theta_s}$	$\dfrac{\Theta_s}{T}$	$S_s - R \ln \dfrac{T}{\Theta_s}$	$\dfrac{\Theta_s}{T}$	$S_s - R \ln \dfrac{T}{\Theta_s}$	$\dfrac{\Theta_s}{T}$	$S_s - R \ln \dfrac{T}{\Theta_s}$
0,0	8,314	0,6	8,439	1,1	8,724	1,6	9,150
0,1	8,317	0,7	8,485	1,2	8,799	1,7	9,251
0,2	8,330	0,8	8,535	1,3	8,878	1,8	9,255
0,3	8,347	0,9	8,589	1,4	8,962	1,9	9,464
0,4	8,372	1,0	8,652	1,5	9,054	2,0	9,577
0,5	8,401						

Wertebereich $2 \leq \dfrac{\Theta_s}{T} \leq 11$

Θ_s/T	0	1	2	3	4	5	6	7	8	9
2	3,812	3,523	3,256	3,009	2,782	2,571	2,376	2,196	2,029	1,875
3	1,732	1,599	1,477	1,363	1,258	1,161	1,071	0,988	0,911	0,840
4	0,774	0,713	0,657	0,605	0,557	0,513	0,472	0,435	0,400	0,368
5	0,338	0,311	0,286	0,263	0,241	0,222	0,204	0,187	0,172	0,158
6	0,145	0,133	0,122	0,112	0,102	0,094	0,086	0,079	0,072	0,066
7	0,061	0,056	0,051	0,047	0,043	0,039	0,036	0,033	0,030	0,027
8	0,025	0,023	0,021	0,019	0,018	0,016	0,015	0,013	0,012	0,011
9	0,010	0,009	0,009	0,008	0,007	0,007	0,006	0,005	0,005	0,005
10	0,004	0,004	0,003	0,003	0,003	0,003	0,003	0,002	0,002	0,002

651. Planck-Einstein-Funktionen

Negative freie Energie für einen Schwingungsfreiheitsgrad

$$-\frac{F_s - F_{s0}}{T} \text{ (nach Planck-Einstein) in J/grd Mol}$$

Wertebereich $0 \leq \dfrac{\Theta_s}{T} \leq 2$

Θ_s/T	0	1	2	3	4	5	6	7	8	9
0,1	19,56	18,81	18,12	17,50	16,92	16,39	15,89	15,43	14,99	14,59
0,2	14,20	13,83	13,49	13,16	12,84	12,54	12,26	11,98	11,72	11,47
0,3	11,23	10,99	10,77	10,55	10,34	10,14	9,95	9,76	9,57	9,40
0,4	9,23	9,06	8,90	8,74	8,59	8,44	8,30	8,16	8,02	7,89
0,5	7,76	7,63	7,51	7,38	7,27	7,15	7,04	6,93	6,82	6,72
0,6	6,62	6,52	6,42	6,32	6,23	6,14	6,05	5,96	5,87	5,79
0,7	5,71	5,63	5,55	5,47	5,39	5,32	5,24	5,17	5,10	5,03
0,8	4,96	4,89	4,83	4,76	4,70	4,64	4,57	4,51	4,45	4,40
0,9	4,34	4,28	4,23	4,17	4,12	4,07	4,01	3,96	3,91	3,86
1,0	3,814	3,766	3,718	3,672	3,626	3,581	3,536	3,493	3,450	3,407
1,1	3,365	3,324	3,284	3,244	3,204	3,166	3,127	3,090	3,052	3,016
1,2	2,980	2,944	2,909	2,874	2,840	2,807	2,774	2,741	2,709	2,677
1,3	2,646	2,615	2,584	2,554	2,524	2,495	2,466	2,438	2,409	2,382
1,4	2,354	2,327	2,301	2,274	2,248	2,223	2,197	2,172	2,148	2,123
1,5	2,099	2,076	2,052	2,029	2,006	1,984	1,961	1,939	1,918	1,896
1,6	1,875	1,854	1,833	1,813	1,793	1,773	1,753	1,734	1,715	1,696
1,7	1,677	1,659	1,641	1,623	1,605	1,587	1,570	1,553	1,536	1,519
1,8	1,502	1,486	1,470	1,454	1,438	1,422	1,407	1,392	1,377	1,362
1,9	1,347	1,332	1,318	1,304	1,290	1,276	1,262	1,249	1,235	1,222

$\dfrac{\Theta_s}{T}$	$-\dfrac{F_s - F_{s0}}{T} - R\ln\dfrac{T}{\Theta_s}$	$\dfrac{\Theta_s}{T}$	$-\dfrac{F_s - F_{s0}}{T} - R\ln\dfrac{T}{\Theta_s}$
0,0	0,000	1,1	4,157
0,1	0,410	1,2	4,496
0,2	0,816	1,3	4,827
0,3	1,218	1,4	5,152
0,4	1,607	1,5	5,471
0,5	1,992	1,6	5,784
0,6	2,372	1,7	6,090
0,7	2,742	1,8	6,390
0,8	3,110	1,9	6,685
0,9	3,462	2,0	6,973
1,0	3,814		

Wertebereich $2 \leq \dfrac{\Theta_s}{T} \leq 9$

Θ_s/T	0	1	2	3	4	5	6	7	8	9
2	1,209	1,086	0,976	0,878	0,791	0,712	0,642	0,578	0,522	0,471
3	0,425	0,383	0,346	0,312	0,282	0,255	0,230	0,208	0,188	0,170
4	0,154	0,139	0,126	0,114	0,103	0,093	0,084	0,076	0,069	0,062
5	0,056	0,051	0,046	0,042	0,038	0,034	0,031	0,028	0,025	0,023
6	0,021	0,019	0,017	0,015	0,014	0,013	0,011	0,010	0,009	0,008
7	0,008	0,007	0,006	0,006	0,005	0,005	0,004	0,004	0,003	0,003
8	0,003	0,003	0,002	0,002	0,002	0,002	0,002	0,001	0,001	0,001

6. Kalorische Daten

652. Debye-Funktionen

Der *Festkörper* besitzt ein ganzes Spektrum von Normalschwingungen, über welches summiert, bzw. integriert werden muß, um die thermodynamischen Funktionen des Festkörpers zu erhalten. Die Zahl der Schwingungen, die beim Festkörper in ein gegebenes Intervall $\Delta \nu$ fallen, wird nach DEBYE proportional $\nu^2 \Delta \nu$ angesetzt bis zu einer Grenzfrequenz ν_g, jenseits deren keine Normalschwingungen mehr vorkommen. Die Grenze ist so gewählt, daß die Gesamtzahl aller Schwingungen eines einatomigen Festkörpers $3 N_L$ Schwingungen pro Mol beträgt (N_L = Loschmidtsche Zahl). Es lassen sich dann die thermodynamischen Funktionen des Festkörpers C_v, S, $(U - U_0)/T$ und $(F - F_0)/T$ als universelle Funktionen von Θ_D/T darstellen, wobei $\Theta_D = h \cdot \nu_g/k$ ist.

Die Nullpunktsenergie U_0 des Festkörpers beträgt nach DEBYE 9/8 $R \cdot \Theta_D$ [R = Gaskonstante 8,314 J/(Molgrd)].

Die Grenzwerte Θ_D lassen sich prinzipiell aus der Schallgeschwindigkeit $\bar{v}_{Sch}$ nach DEBYE berechnen:

$$\Theta_D = \frac{h}{k} \bar{v}_{Sch} \cdot \sqrt[3]{\frac{3 N_L}{4 \pi V}}$$

(N_L = Loschmidtsche Zahl, V = Molvolumen).

Da es aber in einem Festkörper mehrere verschiedene Schallgeschwindigkeiten für longitudinale, transversale Wellen usw. gibt, ist $\bar{v}_{Sch}$ ein Mittelwert, der bei einfachen Kristallen gemäß

$$\frac{3}{\bar{v}_{Sch}^3} = \frac{2}{v_{trans}^3} + \frac{1}{v_{long}^3}$$

aus den Einzelwerten der Schallgeschwindigkeiten erhalten werden kann. Dabei können die Einzelwerte der Schallgeschwindigkeiten aus den Lameschen elastischen Konstanten eines isotropen Festkörpers (λ, μ) und seiner Dichte ϱ berechnet werden:

$$v_{long} = \sqrt{\frac{\lambda + 2\mu}{\varrho}} = \sqrt{\frac{3(1-\sigma)}{(1+\sigma)\chi \cdot \varrho}} \; ; \quad v_{trans} = \sqrt{\frac{\mu}{\varrho}} = \sqrt{\frac{3}{2} \frac{1-2\sigma}{(1+\sigma)\chi \cdot \varrho}}$$

$$\sigma = \frac{\lambda}{2(\lambda+\mu)} = \text{Querkontraktionsmodul},$$

$$\chi = \frac{3}{3\lambda + 2\mu} = \text{kubische Kompressibilität}.$$

Bei regulären Kristallen ist $c_{11} = \lambda + 2\mu$, $c_{12} = \lambda$ und $c_{44} = \mu$ zu setzen, wo die c_{ik} die elastischen Modulen des regulären Kristalls sind. Wird der Kristall durch Zentralkräfte zusammengehalten, so gilt die Cauchysche Relation $\lambda = c_{12} = c_{44} = \mu$, d.h. $\sigma = \frac{1}{4}$ und $v_{long} = \sqrt{3} \, v_{trans}$.

Für Θ_D kann geschrieben werden:

$$\Theta_D = \frac{3{,}62 \cdot 10^{-3} \, \text{grdsMol}^{-\frac{1}{3}}}{\chi^{\frac{1}{2}} \cdot \varrho^{\frac{1}{6}} \cdot M^{\frac{1}{3}} [f(\sigma)]^{\frac{1}{3}}} \quad \left[= \frac{2{,}16 \cdot 10^{-3} \, \text{grdsMol}^{-\frac{1}{3}}}{\chi^{\frac{1}{2}} \cdot \varrho^{\frac{1}{6}} \cdot M^{\frac{1}{3}}} \text{ für } \sigma = \frac{1}{4} \right]$$

mit M = relative Molmasse, (Molekulargewicht) der schwingenden Gitterbausteine und

$$f(\sigma) = 2 \left\{ \frac{2(1+\sigma)}{3(1-2\sigma)} \right\}^{\frac{3}{2}} + \left\{ \frac{1+\sigma}{3(1-\sigma)} \right\}^{\frac{3}{2}}.$$

Neben diesen Beziehungen werden gelegentlich die Formeln

$$\Theta_D = \frac{1{,}45 \cdot 10^{-3}\ \text{grdsMol}^{-\frac{1}{3}}}{\chi^{\frac{1}{2}}\varrho^{\frac{1}{6}} M^{\frac{1}{3}}} \quad \text{(Madelung-Einsteinsche Formel)}$$

oder

$$\Theta_D = 134 \sqrt{\frac{T_f}{V^{\frac{2}{3}} M}} \frac{\text{grd}^{\frac{1}{2}}\text{cm}\,\text{g}^{\frac{1}{2}}}{\text{Mol}^{\frac{5}{6}}} ;$$

T_f = Schmelztemperatur (Lindemannsche Schmelzpunktsformel)

gebraucht, von denen die erste mit der voranstehenden Gleichung abgesehen von dem Zahlfaktor übereinstimmt und die zweite auf einer einfachen Schmelzpunktsvorstellung beruht. Der Zahlfaktor vor der Wurzel der Lindemannschen Schmelzpunktsformel ist ein für Metalle gültiger empirischer Mittelwert; bei kondensierten Gasen, bei denen die kritische Temperatur T_{kr} bekannt ist, gilt mit größerer Genauigkeit

$$\Theta_D \approx 160 \cdot \sqrt{\frac{T_{kr}}{V^{\frac{2}{3}} M}} \quad (\Theta_D \text{ in } °K,\ V \text{ in cm}^3/\text{Mol}).$$

Da die Interpolation für die Funktionen $(F - F_0)/T$ und S_D für kleine Argumente von Θ_D/T Schwierigkeiten macht, sind im Gebiet $0 \leq \Theta_D/T \leq 2$ außerdem Angaben über $-(F - F_0)/T - 3R \ln 1/\Theta_D$ bzw. $S_D - 3R \ln T/\Theta_D$ gemacht, die eine einfache Interpolation zulassen, s. S. 1395 und 1401.

Zahlenwerte der Debye-Funktionen für $R = 8{,}314$ J/(Molgrd)
Molwärme C_v in J/(Molgrd)
$\Theta_D/T = 0\ (0{,}1)\ 16$

Θ_D/T	0	1	2	3	4	5	6	7	8	9
0	24,943	24,931	24,893	24,831	24,745	24,634	24,500	24,343	24,163	23,961
1	23,739	23,497	23,236	22,956	22,660	22,348	22,021	21,680	21,327	20,963
2	20,588	20,205	19,814	19,416	19,012	18,604	18,192	17,778	17,363	16,947
3	16,531	16,117	15,704	15,294	14,887	14,484	14,086	13,693	13,305	12,923
4	12,548	12,179	11,817	11,462	11,115	10,775	10,444	10,119	9,803	9,495
5	9,195	8,903	8,619	8,342	8,074	7,814	7,561	7,316	7,078	6,848
6	6,625	6,409	6,200	5,998	5,803	5,614	5,431	5,255	5,084	4,9195
7	4,7606	4,6071	4,4590	4,3160	4,1781	4,0450	3,9166	3,7927	3,6732	3,5580
8	3,4468	3,3396	3,2362	3,1365	3,0403	2,9476	2,8581	2,7718	2,6886	2,6083
9	2,5309	2,4562	2,3841	2,3146	2,2475	2,1828	2,1203	2,0599	2,0017	1,9455
10	1,8912	1,8388	1,7882	1,7393	1,6920	1,6464	1,6022	1,5596	1,5184	1,4785
11	1,4400	1,4027	1,3667	1,3318	1,2980	1,2654	1,2337	1,2031	1,1735	1,1448
12	1,1170	1,0900	1,0639	1,0386	1,0141	0,9903	0,9672	0,9449	0,9232	0,9021
13	0,8817	0,8618	0,8426	0,8239	0,8058	0,7881	0,7710	0,7544	0,7382	0,7225
14	0,7072	0,6923	0,6779	0,6638	0,6502	0,6368	0,6239	0,6113	0,5990	0,5871
15	0,5755	0,5641	0,5531	0,5424	0,5319	0,5217	0,5117	0,5020	0,4926	0,4834

$\Theta_D/T = 16\ (1)\ 30$

Θ_D/T	C_v	Θ_D/T	C_v	Θ_D/T	C_v
16	0,4744	21	0,2099	26	0,1106
17	0,3956	22	0,1825	27	0,0988
18	0,3333	23	0,1598	28	0,0885
19	0,2834	24	0,1406	29	0,0797
20	0,2430	25	0,1244	30	0,0720

6. Kalorische Daten

Innere Energie $(U-U_0)/T$ in J/(Molgrd)

$\Theta_D/T = 0{,}1\ (0{,}01)\ 2$

Θ_D/T	0	1	2	3	4	5	6	7	8	9
0,1	24,020	23,929	23,839	23,748	23,658	23,568	23,478	23,389	23,300	23,211
0,2	23,122	23,034	22,946	22,858	22,770	22,683	22,595	22,509	22,422	22,335
0,3	22,249	22,163	22,078	21,992	21,907	21,822	21,737	21,653	21,569	21,485
0,4	21,401	21,317	21,234	21,151	21,068	20,986	20,904	20,822	20,740	20,658
0,5	20,577	20,496	20,415	20,335	20,255	20,175	20,095	20,015	19,936	19,857
0,6	19,778	19,699	19,621	19,543	19,465	19,388	19,310	19,233	19,156	19,080
0,7	19,003	18,927	18,851	18,775	18,700	18,625	18,550	18,475	18,401	18,326
0,8	18,252	18,179	18,105	18,032	17,959	17,886	17,813	17,741	17,669	17,597
0,9	17,525	17,454	17,383	17,312	17,241	17,171	17,101	17,031	16,961	16,891
1,0	16,822	16,753	16,684	16,616	16,547	16,479	16,411	16,344	16,276	16,209
1,1	16,142	16,075	16,009	15,942	15,876	15,810	15,745	15,679	15,614	15,549
1,2	15,485	15,420	15,356	15,292	15,228	15,165	15,101	15,038	14,975	14,912
1,3	14,850	14,788	14,726	14,664	14,602	14,541	14,480	14,419	14,358	14,298
1,4	14,237	14,177	14,118	14,058	13,998	13,939	13,880	13,822	13,763	13,705
1,5	13,647	13,589	13,531	13,474	13,416	13,359	13,302	13,246	13,189	13,133
1,6	13,077	13,021	12,966	12,910	12,855	12,800	12,745	12,691	12,637	12,582
1,7	12,528	12,475	12,421	12,368	12,315	12,262	12,209	12,157	12,104	12,052
1,8	12,000	11,949	11,897	11,846	11,795	11,744	11,693	11,642	11,592	11,542
1,9	11,492	11,442	11,393	11,343	11,294	11,245	11,196	11,148	11,099	11,051

$\Theta_D/T = 0\ (0{,}1)\ 16$

Θ_D/T	0	1	2	3	4	5	6	7	8	9
0	24,9432	24,0203	23,1223	22,2492	21,4009	20,5772	19,7780	19,0032	18,2524	17,5255
1	16,8221	16,1419	15,4847	14,8500	14,2374	13,6466	13,0771	12,5284	12,0002	11,4920
2	11,0031	10,5333	10,0819	9,6484	9,2324	8,8333	8,4506	8,0837	7,7323	7,3956
3	7,0734	6,7650	6,4699	6,1877	5,9178	5,6599	5,4134	5,1779	4,9530	4,7382
4	4,5331	4,3373	4,1504	3,9721	3,8019	3,6396	3,4847	3,3369	3,1959	3,0615
5	2,9333	2,8109	2,6943	2,5830	2,4769	2,3756	2,2790	2,1869	2,0990	2,0151
6	1,9351	1,8588	1,7859	1,7163	1,6499	1,5865	1,5259	1,4681	1,4129	1,3601
7	1,3097	1,2615	1,2154	1,1713	1,1292	1,0889	1,0503	1,0134	0,9781	0,9443
8	0,9119	0,8809	0,8512	0,8227	0,7954	0,7693	0,7442	0,7201	0,6970	0,6748
9	0,6535	0,6331	0,6134	0,5946	0,5764	0,5590	0,5422	0,5261	0,5106	0,4957
10	0,4813	0,4675	0,4541	0,4413	0,4289	0,4170	0,4055	0,3944	0,3837	0,3734
11	0,3634	0,3538	0,3445	0,3356	0,3269	0,3185	0,3104	0,3026	0,2950	0,2877
12	0,2806	0,2738	0,2671	0,2607	0,2545	0,2484	0,2426	0,2369	0,2315	0,2261
13	0,2210	0,2160	0,2111	0,2064	0,2018	0,1974	0,1931	0,1889	0,1848	0,1809
14	0,1770	0,1733	0,1697	0,1661	0,1627	0,1593	0,1561	0,1529	0,1499	0,1469
15	0,1440	0,1411	0,1383	0,1357	0,1330	0,1305	0,1280	0,1256	0,1232	0,1209

Entropie S in J/(Molgrd)

$\Theta_D/T = 0\ (0{,}1)\ 15$

Θ_D/T	0	1	2	3	4	5	6	7	8	9
0	∞	90,698	73,427	63,344	56,212	50,702	46,222	42,457	39,218	36,383
1	33,870	31,619	29,585	27,736	26,046	24,493	23,061	21,736	20,507	19,3637
2	18,2979	17,3027	16,3717	15,4998	14,6819	13,9141	13,1924	12,5136	11,8746	11,2725
3	10,7050	10,1697	9,6645	9,1876	8,7371	8,3113	7,9089	7,5283	7,1683	6,8277
4	6,5052	6,1999	5,9108	5,6369	5,3774	5,1314	4,8982	4,6771	4,4674	4,2684
5	4,0796	3,9005	3,7303	3,5688	3,4154	3,2696	3,1311	2,9995	2,8743	2,7553
6	2,6421	2,5344	2,4318	2,3343	2,2413	2,1529	2,0685	1,9882	1,9116	1,8386
7	1,7690	1,7025	1,6391	1,5786	1,5208	1,4657	1,4129	1,3626	1,3144	1,2683
8	1,2243	1,1821	1,1418	1,1032	1,0662	1,0307	0,9968	0,9643	0,9331	0,9031
9	0,8744	0,8469	0,8204	0,7950	0,7706	0,7472	0,7247	0,7030	0,6822	0,6621
10	0,6429	0,6243	0,6064	0,5892	0,5727	0,5567	0,5413	0,5264	0,5121	0,4983
11	0,4850	0,4721	0,4597	0,4477	0,4361	0,4249	0,4141	0,4037	0,3936	0,3838
12	0,3743	0,3652	0,3563	0,3477	0,3394	0,3314	0,3236	0,3160	0,3087	0,3016
13	0,2947	0,2880	0,2815	0,2752	0,2691	0,2632	0,2575	0,2519	0,2464	0,2412
14	0,2360	0,2311	0,2262	0,2215	0,2169	0,2169	0,2081	0,2039	0,1998	0,1958

652. Debye-Funktionen

$\frac{\Theta_D}{T}$	$S_D - 3R \ln \frac{T}{\Theta_D}$	$\frac{\Theta_D}{T}$	$S_D - 3R \ln \frac{T}{\Theta_D}$	$\frac{\Theta_D}{T}$	$S_D - 3R \ln \frac{T}{\Theta_D}$
0,0	33,258	0,7	33,561	1,4	34,438
0,1	33,272	0,8	33,652	1,5	34,606
0,2	33,287	0,9	33,755	1,6	34,782
0,3	33,317	1,0	33,870	1,7	34,969
0,4	33,360	1,1	33,995	1,8	35,166
0,5	33,414	1,2	34,131	1,9	35,370
0,6	33,483	1,3	34,277	2,0	35,584

Negative freie Energie $-(F-F_0)/T$ in J/(Molgrd)

$\Theta_D/T = 0{,}1\ (0{,}01)\ 2$

Θ_D/T	0	1	2	3	4	5	6	7	8	9
0,1	66,68	64,39	62,31	60,41	58,65	57,02	55,51	54,08	52,75	51,49
0,2	50,30	49,18	48,11	47,09	46,12	45,19	44,30	43,45	42,64	41,85
0,3	41,10	40,37	39,66	38,99	38,33	37,70	37,08	36,49	35,91	35,35
0,4	34,81	34,28	33,77	33,27	32,79	32,31	31,85	31,41	30,97	30,54
0,5	30,12	29,72	29,32	28,93	28,55	28,18	27,82	27,46	27,12	26,78
0,6	26,44	26,12	25,80	25,48	25,18	24,88	24,58	24,29	24,01	23,73
0,7	23,45	23,18	22,92	22,66	22,41	22,16	21,91	21,67	21,43	21,20
0,8	20,97	20,74	20,52	20,30	20,08	19,870	19,661	19,456	19,254	19,054
0,9	18,858	18,665	18,474	18,287	18,102	17,920	17,741	17,564	17,389	17,218
1,0	17,048	16,881	16,716	16,554	16,394	16,236	16,080	15,926	15,774	15,625
1,1	15,477	15,331	15,187	15,045	14,905	14,767	14,630	14,495	14,362	14,231
1,2	14,101	13,973	13,846	13,721	13,597	13,475	13,355	13,235	13,118	13,001
1,3	12,887	12,773	12,661	12,550	12,440	12,332	12,225	12,119	12,014	11,911
1,4	11,809	11,707	11,607	11,509	11,411	11,314	11,219	11,124	11,031	10,938
1,5	10,847	10,756	10,667	10,578	10,490	10,404	10,318	10,233	10,149	10,066
1,6	9,984	9,903	9,822	9,743	9,664	9,586	9,509	9,432	9,357	9,282
1,7	9,208	9,135	9,062	8,990	8,919	8,849	8,779	8,710	8,642	8,574
1,8	8,507	8,441	8,375	8,310	8,245	8,182	8,118	8,056	7,994	7,933
1,9	7,872	7,812	7,752	7,693	7,634	7,576	7,519	7,462	7,406	7,350

$\Theta_D/T = 0\ (0{,}1)\ 15$

Θ/T	0	1	2	3	4	5	6	7	8	9
0	∞	66,677	50,305	41,095	34,811	30,125	26,444	23,454	20,966	18,858
1	17,048	15,477	14,101	12,887	11,809	10,847	9,9841	9,2079	8,5068	7,8717
2	7,2948	6,7694	6,2899	5,8513	5,4496	5,0808	4,7419	4,4299	4,1423	3,8769
3	3,6316	3,4048	3,1947	2,9999	2,8192	2,6515	2,4955	2,3504	2,2153	2,0895
4	1,9721	1,8626	1,7604	1,6648	1,5754	1,4918	1,4135	1,3402	1,2714	1,2069
5	1,1464	1,0895	1,0361	0,9858	0,9385	0,8940	0,8521	0,8126	0,7753	0,7401
6	0,7069	0,6756	0,6460	0,6179	0,5914	0,5664	0,5426	0,5201	0,4988	0,4785
7	0,4593	0,4411	0,4238	0,4073	0,3916	0,3768	0,3626	0,3491	0,3363	0,3240
8	0,3123	0,3012	0,2906	0,2804	0,2708	0,2615	0,2526	0,2442	0,2361	0,2283
9	0,2209	0,2138	0,2070	0,2005	0,1942	0,1882	0,1824	0,1769	0,1716	0,1665
10	0,1616	0,1568	0,1523	0,1479	0,1437	0,1397	0,1358	0,1320	0,1284	0,1249
11	0,1216	0,1183	0,1152	0,1122	0,1092	0,1064	0,1037	0,1011	0,0985	0,0961
12	0,0937	0,0914	0,0892	0,0870	0,0849	0,0829	0,0810	0,0791	0,0772	0,0754
13	0,0737	0,0720	0,0704	0,0688	0,0673	0,0658	0,0644	0,0630	0,0616	0,0603
14	0,0590	0,0578	0,0566	0,0554	0,0542	0,0531	0,0520	0,0510	0,0500	0,0490

$\frac{\Theta_D}{T}$	$\frac{-(F-F_0)}{T} - 3R \ln \frac{T}{\Theta_D}$	$\frac{\Theta_D}{T}$	$\frac{-(F-F_0)}{T} - 3R \ln \frac{T}{\Theta_D}$	$\frac{\Theta_D}{T}$	$\frac{-(F-F_0)}{T} - 3R \ln \frac{T}{\Theta_D}$
0,0	8,314	0,7	15,56	1,4	20,20
0,1	9,26	0,8	15,41	1,5	20,96
0,2	10,16	0,9	16,23	1,6	21,70
0,3	11,08	1,0	17,05	1,7	22,44
0,4	11,96	1,1	17,85	1,8	23,16
0,5	12,83	1,2	18,65	1,9	23,88
0,6	13,70	1,3	19,43	2,0	24,58

653. Anharmonizitäten

Die in der Tabelle 651 angegebenen Zahlenwerte der Funktionen C_s, $\dfrac{U_s - U_{s0}}{T}$, $-\dfrac{F_s - F_{s0}}{T}$ und S_s können nur dann unverändert als gültig angesehen werden, wenn die Schwingungen harmonisch sind, was aber in der Praxis nicht vorkommt. Die Schwingungsniveaus einer Normalschwingung bilden im allgemeinen eine nicht genau äquidistante Folge von Werten, die mit einem Anharmonizitätsgrad x_e näherungsweise geschrieben werden kann

$$E_n = h\,\nu_{\text{harm}} \left[\left(n + \frac{1}{2}\right) - x_e \left(n + \frac{1}{2}\right)^2\right],$$

so daß die Differenz der tiefsten (zu $n = 0$ und $n = 1$ gehörenden) Energieniveaus

$$E^{(1)}_{(0)} = h\,\nu_{\text{harm}}(1 - 2\,x_e) \equiv h\,\nu^* \qquad (h = \text{Plancksches Wirkungsquantum})$$

beträgt. Bestimmt man nun mit ν_{harm} die charakteristische Schwingungstemperatur

$$\frac{h\,\nu_{\text{harm}}}{k} \equiv \Theta_{s,\,\text{harm}} \qquad (k = \text{Boltzmannsche Konstante}),$$

so kann man die thermodynamischen Funktionen für diesen Schwingungsfreiheitsgrad aus den Tabellen 651 entnehmen, indem man die zu $\Theta_{s,\,\text{harm}}/T$ gehörenden Werte aufsucht. Zu diesen Funktionswerten ist bei höheren Temperaturen der Anharmonizitätsanteil $\Delta_{\text{anh},\,i}$ zu addieren, der stets die Gestalt

$$\Delta_{\text{anh}} = R\,(\alpha_i\,x_e + \beta_i\,x_e^2) \qquad (R = \text{Gaskonstante})$$

besitzt. Die Koeffizienten α_i und β_i sind dabei für jede der tabellierten thermodynamischen Funktionen als Funktionen der Temperatur aus der Tabelle 653 zu entnehmen. So findet man z. B. den Anteil der Molwärme für eine Schwingung mit $\Theta_{\text{harm}} = 5000°$ K bei einer Temperatur $T = 2000°$ K, $\dfrac{\Theta_{s,\,\text{harm}}}{T} = 2{,}5$, nach Tabelle 651 zu 5,063 J/(Molgrd); mit einem Anharmonizitätsgrad $x_e = 0{,}025$ und $\dfrac{\Theta_{s,\,\text{harm}}}{T} = 2{,}5$ ist nach Tabelle 653 $\alpha_1 = 1{,}96$ und $\beta_1 = 9{,}3$ womit

$$\Delta_{\text{anh}} C_s = R\,(1{,}96 \cdot 0{,}025 + 9{,}3 \cdot 0{,}000625) = 0{,}46 \text{ J/(Molgrd)}$$

und die gesamte Molwärme zu 5,52 J/(Molgrd) erhalten wird. Der Anharmonizitätseffekt ist in den meisten praktischen Fällen kleiner als in dem eben genannten Beispiel. Bei niedrigen Temperaturen rechnet man einfach mit $\Theta_{\text{anh}} = \Theta_{s,\,\text{harm}}(1 - 2\,x_e)$ und entnimmt die Werte für diese Θ_{anh} direkt der Tabelle 651. Setzt man im obigen Beispiel $T = 1000°$ K, $\dfrac{\Theta_{s,\,\text{harm}}}{T} = 5{,}0$, so findet man nach Tabelle 651 einen $C_{s,\,\text{harm}}$-Wert von 1,420 J/(Molgrd) und nach Tabelle 653 den Anharmonizitätsanteil zu

$$\Delta_{\text{anh}} C_s = R\,(1{,}09 \cdot 0{,}025 + 3{,}54 \cdot 0{,}000625) = 0{,}245 \text{ J/(Molgrd)},$$

also die gesamte Molwärme der Schwingung zu 1,66 J/(Molgrd). Nach der vereinfachten Rechnung ist $\Theta_{\text{anh}} = 5000\,(1 - 2 \cdot 0{,}025)\,°\text{K} = 4750°$ K. Man findet mit $\dfrac{\Theta_{\text{anh}}}{T} = 4{,}750$ aus Tabelle 651 $C_s = 1{,}65$ J/(Molgrd), also bis auf 0,01 J/(Molgrd) den gleichen Wert.

$\dfrac{\Theta_{s,\,\text{harm}}}{T}$	$\dfrac{\Delta_{\text{anh}} C_s}{R}$		$\dfrac{\Delta_{\text{anh}} (U_s - U_{s0})/T}{R}$		$\dfrac{\Delta_{\text{anh}} (F_s - F_{s0})/T}{R}$		$\dfrac{\Delta_{\text{anh}} S_s}{R}$	
	α_1	β_1	α_2	β_2	α_3	β_3	α_4	β_4
1,00	4,07	59,8	2,15	20,05	1,84	10,34	3,99	30,4
1,25	3,30	38,2	1,86	12,9	1,41	6,71	3,27	19,6
1,50	2,81	26,5	1,52	9,02	1,11	4,76	2,63	13,8
1,75	2,48	19,3	1,33	6,65	0,89	3,55	2,22	10,2
2,00	2,25	14,7	1,18	5,18	0,72	2,77	1,905	7,95
2,50	1,96	9,3	0,935	3,45	0,50	1,82	1,435	5,27
3,00	1,78	6,52	0,765	2,57	0,33	1,27	1,10	3,84
3,50	1,61	5,00	0,61	2,02	0,23	0,92	0,84	2,94
4,00	1,45	4,15	0,48	1,67	0,15	0,67	0,63	2,34
4,50	1,32	3,71	0,37	1,34	0,099	0,495	0,47	1,84
5,00	1,09	3,54	0,28	1,15	0,068	0,354	0,35	1,50

654. Innere Rotation (bzw. Drillschwingungen)

Besitzt eine Molekel eine sog. freie drehbare Gruppe (z. B. die CH_3-Gruppe in einer organischen Molekel), so liegt eigentlich bei tiefen Temperaturen eine Drillschwingung der Gruppe mit einem relativ hohen Anharmonizitätsgrad vor; mit steigender Temperatur geht die Drillschwingung erst in die (gehemmte) innere Rotation über. Bei Drehung der Gruppe um 360° durchläuft das Potential der Kräfte, welche die Gruppe in einer bestimmten Lage festhalten wollen, n-mal ein Minimum und Maximum.

Den Potentialunterschied zwischen Minimum und Maximum nennt man die Hemmung $H_{\text{rot}\,i}$ der inneren Rotation. Die Anteile der inneren Rotation an den thermodynamischen Funktionen werden, so lange die innere Rotation eine Drillschwingung ist, durch die Zahlenwerte der Tabellen 651 und 653 erfaßt, wobei das für die Drillschwingung maßgebende $\Theta_{d,\,\text{harm}}$ durch die Beziehung

$$\Theta_{d,\,\text{harm}} = \sqrt{\Theta_{\text{rot}\,i}\,n^2\,\Theta_H} \qquad (1)$$

gegeben ist. Hierbei ist $\Theta_{\text{rot}\,i} = \dfrac{h^2}{8\pi^2 \cdot I_{\text{red}}\,k}$ und $\Theta_H = \dfrac{H_{\text{rot}\,i}}{R}$ (h = Plancksches Wirkungsquantum, k = Boltzmannsche Konstante, I_{red} = reduziertes Trägheitsmoment der drehbaren Gruppe).

Ferner ist der Anharmonizitätsgrad x_e durch

$$x_e = \dfrac{n}{8}\sqrt{\dfrac{\Theta_{\text{rot}\,i}}{\Theta_H}} \qquad (2)$$

gegeben, wobei stets ein sinusförmiges Potential der hemmenden Kräfte angenommen wurde. Selbstverständlich sind auch bei den Temperaturen, bei denen die innere Rotation nicht mehr als anharmonische Drillschwingung betrachtet werden kann, die thermodynamischen Funktionen von x und $\dfrac{\Theta_{d,\,\text{harm}}}{T}$ abhängig, d. h. bei festen x_e sind sie Funktionen von $\dfrac{\Theta_{d,\,\text{harm}}}{T}$ oder von $\dfrac{\Theta_{d,\,\text{harm}}}{T} \cdot \dfrac{1}{8x_e} = \dfrac{\Theta_H}{T}$, bzw. von $\dfrac{\Theta_{d,\,\text{harm}}}{T} \cdot 8x_e = \dfrac{n^2\Theta_{\text{rot}\,i}}{T}$.

6. Kalorische Daten

Die Tabelle 654 enthält nun für verschiedene Werte von

$$8000 \, x_e^2 = \frac{4{,}185 \cdot 10^{-36} \, n^2}{I_{\text{red}} H_{\text{rot}\,i}\,{}^*)} \quad [\text{gcm}^2 \, \text{J/Mol}]$$

als Funktion von $\dfrac{\Theta_H}{T} = \dfrac{H_{\text{rot}\,i}}{RT}$ die für die innere Rotation maßgebenden thermodynamischen Größen

$$\frac{C_{\text{rot}\,i}}{R}, \quad \frac{U_{\text{rot}\,i}}{RT} \equiv \frac{1}{RT} \int_0^T C_{\text{rot}\,i} \, dT$$

(in $U_{\text{rot}\,i}$ sind eventuell vorhandene Nullpunktsenergien der Drillschwingung bei tiefen Temperaturen nicht mitgezählt), den durch R dividierten Entropieunterschied zwischen freier und gehemmter innerer Rotation sowie den Unterschied der durch RT dividierten freien Energie für gehemmte und freie innere Rotation. Die Entropie und die freie Energie der freien inneren Rotation sind durch folgende Gleichungen angegeben

$$S_{\text{rot}\,i} = \frac{R}{2}\left[\ln\left(\frac{\pi \cdot T}{n^2 \, \Theta_{\text{rot}\,i}}\right) + 1\right] \quad \text{und} \quad \frac{-F_{\text{rot}\,i}}{T} = \frac{R}{2}\ln\left(\frac{\pi \cdot T}{n^2 \cdot \Theta_{\text{rot}\,i}}\right). \quad (3)$$

Am Kopf der Tabellen sind unterhalb der Werte für $4{,}1855 \cdot 10^{-36}\, n^2/(I_{\text{red}} H_{\text{rot}\,i})\,{}^*$ die zugehörigen Werte des Anharmonizitätsgrades x_e vermerkt. Will man die Werte der thermodynamischen Funktionen für niedrigere Temperaturen erhalten, als sie in den Tabellen angegeben sind, so kann man auf die Tabellen 653 und 651 für den anharmonischen Oszillator zurückgreifen. Man findet z.B. für $x_e = 0{,}0112$ und $\dfrac{\Theta_H}{T} = \dfrac{H_{\text{rot}\,i}}{RT} = 16$

gemäß Gl. (1) und (2) $\dfrac{\Theta_{d,\,\text{harm}}}{T} = 16 \cdot 8 x_e = 1{,}434$, wozu Tabelle 651 die Molwärme 7,03 J/(Molgrd) liefert. Hierzu kommt nach Tabelle 653 mit den Koeffizienten 2,95 und 31 für die Anharmonizitätsanteile ein Zuschlag von 0,31 J/(Molgrd), so daß mit 7,34 J/(Molgrd) für diese Temperatur praktisch der gleiche Wert erhalten wird, den auch Tabelle 654 gibt (7,32 J/Molgrd).

Bei tieferen Temperaturen wird die Übereinstimmung noch besser als hier. Wird der Anharmonizitätsgrad x_e größer, so treten auch bei tiefen Temperaturen größere Abweichungen zwischen der Behandlung des Problems als innere Rotation und als anharmonischer Oszillator auf. Aber je größer x_e wird, um so mehr nähert sich schließlich (bei festem $\Theta_{\text{rot}\,i}$) die Bewegung derjenigen an, die der freien Rotation entspricht [vgl. Gl. (2)], so daß dann die Verhältnisse wieder besonders einfach werden.

---

*) I_{red} in gcm²; $H_{\text{rot}\,i}$ in J/Mol.

Molwärme für einen Freiheitsgrad einer gehemmten inneren Rotation
(nach K. S. Pitzer)
$C_{\text{rot}, i}$ (geh.) in J/grdMol

$\dfrac{\Theta H}{T}$	$4{,}185 \cdot 10^{-36}\, n^2/I_{\text{red}\,i} \cdot H_{\text{rot}\,i}$									
	0	1	2	4	8	16	32	64	128	256	512
	x_θ									
	0	0,0112	0,0158	0,0223	0,0316	0,0446	0,0632	0,0895	0,1265	0,1790	0,2530
0,0	4,14	4,14	4,14	4,14	4,14	4,14	4,14	4,14	4,14	4,14	4,14
0,5	4,43	4,43	4,43	4,43	4,43	4,43	4,43	4,39	4,35	4,31	4,18
1,0	5,10	5,10	5,06	5,06	5,06	5,06	5,02	4,98	4,90	4,73	4,48	4,18
2,0	7,07	7,03	7,03	6,99	6,90	6,74	6,44	5,90	5,10	4,23	
3,0	8,79	8,70	8,66	8,58	8,41	7,99	7,24	6,15	4,69		
4,0	9,58	9,50	9,42	9,25	8,91	8,29	7,24	5,65	3,97		
5,0	9,75	9,63	9,50	9,33	8,87	7,91	6,53	4,81			
6,0	9,71	9,46	9,29	9,04	8,41	7,11	5,48	3,85			
7,0	9,50	9,16	8,87	8,58	7,74	6,36	4,56	2,85			
8,0	9,29	8,83	8,54	8,04	7,03	5,61	3,81	2,18			
9,0	9,12	8,58	8,12	7,53	6,40	4,98	3,01				
10,0	9,00	8,33	7,78	7,03	5,82	4,31	2,59				
12,0	8,83	7,91	7,24	6,07	4,81	3,22	1,38				
14,0	8,70	7,57	6,74	5,19	3,89	2,30	0,79				
16,0	8,62	7,32	6,32	4,44	3,05	1,42	0,44				

Innere Energie für einen Freiheitsgrad einer gehemmten inneren Rotation
(nach K. S. Pitzer)
$\dfrac{U_{\text{rot},\,i}}{T}$ (geh.) in J/grdMol

$\dfrac{\Theta H}{T}$	$4{,}185 \cdot 10^{-36}\, n^2/I_{\text{red}\,i} \cdot H_{\text{rot}\,i}$									
	0	1	2	4	8	16	32	64	128	256	512
	x_θ									
	0	0,0112	0,0158	0,0223	0,0316	0,0446	0,0632	0,0895	0,1265	0,1790	0,2530
0,0	4,14	4,14	4,14	4,14	4,14	4,14	4,14	4,14	4,14	4,14	4,14
0,5	5,98	5,69	5,61	5,52	5,36	5,23	4,98	4,69	4,35	4,22	4,14
1,0	7,28	6,86	6,69	6,48	6,19	5,90	5,44	4,89	4,27	4,06	4,02
2,0	8,75	8,08	7,78	7,36	6,82	6,15	5,27	4,39	3,72	3,64	
3,0	9,12	8,16	7,78	7,24	6,44	5,61	4,48	3,51	3,05		
4,0	9,16	7,83	7,28	6,61	5,73	4,69	3,56	2,68	2,59		
5,0	9,08	7,45	6,78	5,94	5,02	3,81	2,76	2,01			
6,0	8,96	6,99	6,24	7,31	4,27	3,05	2,05	1,51			
7,0	8,79	6,53	5,69	4,73	3,64	2,43	1,51	1,21			
8,0	8,70	6,11	5,19	4,18	3,05	1,88	1,09	1,00			
9,0	8,62	5,77	4,77	3,76	2,63	1,38	0,79				
10,0	8,58	5,48	4,48	3,39	2,22	1,09	0,58				
12,0	8,49	4,98	3,76	2,72	1,63	0,63	0,33				
14,0	8,45	4,48	3,26	2,17	1,17	0,42	0,21				
16,0	8,45	3,97	2,80	1,67	0,75	0,25	0,17				

6. Kalorische Daten

Entropieunterschied zwischen freier und gehemmter innerer Rotation für einen Freiheitsgrad (nach K. S. PITZER)

$$(S_{\text{rot } i \text{ frei}} - S_{\text{rot } i \text{ geh}}) \text{ in J/grdMol}$$

$\frac{\Theta_H}{T}$	\multicolumn{10}{c}{$4{,}185 \cdot 10^{-36} n^2/I_{\text{red } i} \cdot H_{\text{rot } i}$}									
	0	1	2	4	8	16	32	64	128	256	512
	\multicolumn{10}{c}{x_e}									
	0	0,0112	0,0158	0,0223	0,0316	0,0446	0,0632	0,0895	0,1265	0,1790	0,2530
0,0	0,00	0,00	0,00	0,00	0,00	0,00	0,00	0,00	0,00	0,00	0,00
0,5	0,12	0,12	0,12	0,12	0,12	0,12	0,12	0,12	0,12	0,08	0,08
1,0	0,50	0,50	0,50	0,50	0,50	0,46	0,46	0,42	0,37	0,25	0,12
2,0	1,76	1,72	1,72	1,72	1,67	1,59	1,51	1,21	0,88	0,42	
3,0	3,31	3,22	3,18	3,14	3,09	2,85	2,59	1,97	1,25		
4,0	4,73	4,64	4,60	4,52	4,39	4,06	3,51	2,55	1,30		
5,0	5,94	5,82	5,73	5,65	5,40	4,94	4,10	2,80			
6,0	6,95	6,78	6,69	6,57	6,24	5,61	4,52	2,85			
7,0	7,83	7,62	7,49	7,28	6,82	6,03	4,69	2,72			
8,0	8,54	8,29	8,16	7,87	7,28	6,28	4,69	2,72			
9,0	9,17	8,83	8,66	8,29	7,57	6,44	4,60				
10,0	9,71	9,25	9,04	8,62	7,78	6,49	4,44				
12,0	10,59	9,92	9,71	9,08	7,99	6,40	4,02				
14,0	11,26	10,50	10,13	9,33	7,99	6,11	3,56				
16,0	11,84	11,00	10,46	7,91	5,69	3,05					

Unterschied der freien Energie für einen Freiheitsgrad zwischen freier und gehemmter innerer Rotation

$$\frac{-(F_{\text{rot } i \text{ frei}} - F_{\text{rot } i \text{ geh}})}{T} \text{ in J/grdMol}$$

$\frac{\Theta_H}{T}$	\multicolumn{10}{c}{$4{,}185 \cdot 10^{-36} n^2 I_{\text{red } i} \cdot H_{\text{rot } i}$}									
	0	1	2	4	8	16	32	64	128	256	512
	\multicolumn{10}{c}{x_e}									
	0	0,0112	0,0158	0,0223	0,0316	0,0446	0,0632	0,0895	0,1265	0,1790	0,2530
0,0	0,00	0,00	0,00	0,00	0,00	0,00	0,00	0,00	0,00	0,00	0,00
0,5	1,97	1,67	1,59	1,51	1,34	1,21	0,96	0,67	0,33	0,12	0,04
1,0	3,64	3,22	3,05	2,84	2,55	2,22	1,76	1,17	0,50	0,12	0,00
2,0	6,36	5,65	5,36	4,94	4,35	3,60	2,64	1,46	0,46	−0,08	
3,0	8,29	7,24	6,82	6,27	5,40	4,31	2,93	1,34	0,17		
4,0	9,75	8,33	7,74	6,99	5,98	4,60	2,93	1,08	−0,25		
5,0	10,88	9,12	8,37	7,45	6,28	4,64	2,72	0,67			
6,0	11,76	9,63	8,79	7,74	6,36	4,52	2,42	0,21			
7,0	12,47	10,00	9,04	7,87	6,32	4,31	2,05	0,21			
8,0	13,10	10,25	9,21	7,91	6,19	4,02	1,63	−0,63			
9,0	13,64	10,46	9,29	7,91	6,07	3,68	1,25				
10,0	14,15	10,59	9,37	7,87	5,86	3,43	0,88				
12,0	14,94	10,76	9,33	7,66	5,48	2,89	0,21				
14,0	15,57	10,84	9,25	7,37	5,02	2,38	−0,37				
16,0	16,15	10,84	9,12	7,03	4,52	1,80	−0,92				

7. Dynamische Konstanten
71. Viskosität[1]

Nach dem Newtonschen Gesetz ist

$$\tau = \eta \frac{\partial v}{\partial y},$$

d. h. die zwischen zwei benachbarten strömenden Schichten auftretende Schubspannung τ ist proportional dem Geschwindigkeitsgradient senkrecht zur Strömungsrichtung. Der Proportionalitätsfaktor η heißt die *dynamische Zähigkeit* der betreffenden Flüssigkeit. Er hat die Dimension $[mL^{-1} T^{-1}]$; die Einheit ist dyn $\cdot$ s $\cdot$ cm^{-2} = g $\cdot$ cm^{-1} s^{-1} = 1 Poise (P) = 100 Zentipoise (cP) = 1 000 000 Mikropoise (μP). $1/\eta$ heißt Fluidität oder Beweglichkeit.

Der für Strömungsvorgänge häufig als kennzeichnender Stoffwert auftretende Quotient aus dynamischer Zähigkeit und Dichte heißt die *kinematische Zähigkeit* ν (Dimension $[l^2 t^{-1}]$; die Einheit im CGS-System ist das Stokes (St); 1 St = 100 Zentistokes (cSt) = 1000 Millistokes (mSt).

Im technischen Maßsystem wird die dynamische Zähigkeit in

$$\frac{\text{kp} \cdot \text{s}}{\text{m}^2} \quad \left(1 \frac{\text{kp} \cdot \text{s}}{\text{m}^2} = 98{,}1 \text{ Poise}\right)$$

gemessen, die kinematische in

$$\frac{\text{m}^2}{\text{s}} \quad \left(1 \frac{\text{m}^2}{\text{s}} = 10^4 \text{ Stokes}\right).$$

Statt in absoluten Einheiten wird die Zähigkeit vielfach in Einheiten, die mit konventionellen Apparaten bestimmt werden, angegeben. (Engler-Grade E, Redwood-Sekunden R, Saybolt-Sekunden S.)

Die Tabelle gibt die Umrechnung in cSt an.

Umrechnung von Englergraden °E, Redwoodsekunden R und Sayboltsekunden S in kinematische Zähigkeit (cSt) nach ERK

ν in cSt	°E	R sec	S sec	ν in cSt	°E	R sec	S sec
1,0	1,00	29,2	31,1	13,8	2,20	64,5	73,6
1,8	1,10	30,5	32,9	14,8	2,30	67,8	77,2
2,8	1,20	32,8	35,6	15,7	2,40	70,8	81,2
3,9	1,30	35,4	38,8	16,6	2,50	73,7	85,2
5,0	1,40	38,2	42,1	21,1	3,00	89,0	104
6,25	1,50	41,4	46,0	25,4	3,50	105	122
7,45	1,60	44,9	49,6	29,3	4,00	119	140
8,5	1,70	48,2	53,8	33,3	4,50	133	157
9,6	1,80	51,0	57,8	37,3	5,00	149	174
10,7	1,90	54,5	62,1	41,2	5,50	163	192
11,8	2,00	57,9	66,3	45,1	6,00	178	209
12,8	2,10	61,1	70,0	52,9	7,00	206	242

[1] Die Daten sind zum Teil dem Landolt-Börnstein, 6. Aufl., Bd. IV/1. Beitrag G. VOGELPOHL „Viskosität" entnommen.

7. Dynamische Konstanten

Die Zähigkeit ist stark temperaturabhängig (s. die folgenden Tabellen). Für Gase wird die Abhängigkeit durch verschiedene Formeln wiedergegeben. Die von SUTHERLAND aufgestellten sind:

$$\eta = \eta_0 \sqrt{\frac{T}{T_0}} \frac{1+\dfrac{C}{T_0}}{1+\dfrac{C}{T}} = B \frac{\sqrt{T}}{1+\dfrac{C}{T}}; \qquad \nu = \nu_0 \sqrt{\left(\frac{T}{T_0}\right)^3} \frac{1+\dfrac{C}{T_0}}{1+\dfrac{C}{T}} = A \frac{\sqrt{T^3}}{1+\dfrac{C}{T}}.$$

Die Konstanten C (Sutherlandsche Konstante), A und B sind mit dem Temperaturbereich, in dem sie gültig sind, in nachstehender Tabelle angegeben.

Dichte, Zähigkeit und Sutherlandsche Konstanten einiger Gase und Dämpfe ($p = 760$ Torr) nach ERK

	t °C	$\varrho_0 \cdot 10^3$ gcm^{-3}	$\eta_0 \cdot 10^7$ cm^{-1}gs^{-1}	$B \cdot 10^7$ gcm^{-1}s^{-1} grd$^{-1/2}$	C °K	ν_0 cm^{2}s^{-1}	$A \cdot 10^7$ cm^{2}s^{-1} grd$^{-3/2}$	Temperatur-Bereich [1] °C
Acetylen	20	1,091	1020	99,8	198,2	0,0935	312	20…120
Ammoniak	20	0,718	982	180,1	626	0,137	856	20…450
Argon	16	1,683	2204	193,5	142	0,131	398	0…100
Chlor	15,6	3,04	1294	168,2	351	0,0426	143	20…500
Chlorwasserstoff	0	1,639	1332	186,5	360	0,0813	417	0…250
Kohlendioxid	0	1,977	1366	165,5	274	0,0692	307	0…100
Kohlenmonoxid	0	1,250	1665	137,7	101	0,1332	403	−78…+250
Luft	0	1,293	1710	150,3	123,6	0,132	426	0…400
Methan	17	0,675	1094	108,2	198	0,162	553	0…100
Sauerstoff	0	1,429	1920	174,7	138	0,134	448	0…80
Schwefeldioxid	0	2,927	1168	178,4	416	0,0399	223	0…100
Schwefelwasserstoff	17	1,448	1251	157,3	331	0,0864	374	0…100
Stickstoffoxid	0	1,340	1797	218	162	0,134	596	—
Distickstoffoxid	0	1,978	1366	165,5	274	0,0692	307	0…100
Stickstoff	0	1,251	1665	137,8	103	0,1332	403	−78…+250
Wasserdampf $p=1$ kp/cm²	99	0,579	1255	182,3	673	0,217	841	100…350
Wasserstoff	0	0,0899	850	67,1	83	0,945	2730	−40…+250

[1] Innerhalb des angegebenen Temperaturbereiches wurden die Versuche ausgeführt, die der Berechnung der Konstanten zugrunde liegen.

Die Zähigkeit der Gase ist, wie auch aus der kinetischen Gastheorie folgt, unabhängig vom Druck, so lange die Abweichungen von den Gasgesetzen gering sind. Für hohe Drucke steigt die Zähigkeit, wie Tabelle 712 f. zeigt, an.

Die Angaben über Viskositäten von folgenden Stoffen sind an anderer Stelle gebracht.

Elemente im flüssigen Zustand in Tabelle 2143 und 2144.
Wasser in Tabelle 22211.
Gläser in Tabelle 24423.

711. Viskosität von Stoffen unter dem Druck von 1 atm 1–1409

Die hier zusammengestellten Daten sind in 2 Gruppen geteilt:
1. Viskositäten unter Atmosphärendruck.
2. Viskositäten bei hohen Drucken.

Stoffordnung: Elemente und anorganische Verbindung alphabetisch nach den Formeln; organische Verbindung im allgemeinen nach dem Hillschen System, in einigen Fällen wurde, um Platz zu sparen, von dieser Ordnung abgewichen und Verbindungen, die unter gleichen Bedingungen gemessen wurden, in einer Tabelle zusammengefaßt.

711. Viskosität von Stoffen unter dem Druck von 1 atm oder Sättigungsdruck

7111. Flüssigkeiten

71111. Anorganische Verbindungen

$B_3H_6N_3$	ϑ	−40	−20	−10	0	10	20		°C
	η	0,594	0,460	0,408	0,365	0,328	0,301		cP
HCl	ϑ	−115	−110	−100	−90	−85			°C
	η	0,581	0,555	0,511	0,474	0,458			cP
NH_3	ϑ	−20	−10	0	10	20			°C
	$p_{sätt}$	1,94	2,966	4,379	6,271	8,741			at
	η_{fl}	0,262	0,256	0,248	0,239	0,227			cP
	η_g	113	117	122	129	135			µP
SO_2	ϑ	−20	−10	0	10	20	30	40	°C
	$p_{sätt}$	0,648	1,033	1,580	2,34	3,35	4,67	6,35	at
	η_{fl}	0,504	0,465	0,400	0,344	0,283			cP
	η_g	110	117	127,5	141	157	175	187	µP

71112. Organische

Formel	Name	η in				
		$-40°$ C	$-20°$ C	$-10°$ C	$0°$ C	$10°$ C
CCl_2F_2	Dichlordifluormethan					
CCl_4	Tetrachlorkohlenstoff	—	—	—	1,369	1,152
$CHCl_3$	Chloroform	—	—	—	0,70	0,63
CH_2Br_2	Dibrommethan				1,340	
CH_2Cl_2	Dichlormethan	—	0,68	0,602	0,537	0,481
CH_2O_2	Ameisensäure	—	—	—	—	2,25
CH_3Cl	Monochlormethan					0,202
CH_3NO	Formamid	—	—	—	7,3	5,0
CH_3NO_2	Nitromethan	—	—	—	0,844	0,742
CH_4O	Methanol	1,75	1,16	0,970	0,817	0,686
$C_2Cl_2F_4$	1,1,1,2-Tetrafluor-2,2-dichlor-äthan	—	—	—	—	—
	1,1,2,2-Tetrafluor-1,2-dichlor-äthan	—	—	—	—	—
$C_2Cl_3F_3$	1,1,1-Trifluor-1,2,2-trichlor-äthan	—	—	—	—	—
C_2Cl_4	Tetrachloräthen	—	—	—	1,14	1,00
$C_2Cl_4F_2$	Tetrachlor-difluor-äthan				0,925	0,805
C_2HCl_3	Trichloräthylen	—	—	—	—	—
$C_2H_2Cl_3F$	1-Fluor-1,2,2-trichloräthan	—	—	—	—	—
$C_2H_2Cl_4$	Tetrachloräthan				2,66	2,15
$C_2H_3BrF_2$	1-Brom-2,2-difluor-äthan					
$C_2H_3ClF_2$	1,1-Difluor-1-chlor-äthan	—	—	—	—	—
$C_2H_4Br_2$	1,2-Dibrom-äthan	—	—	—	2,422	2,028
$C_2H_4Cl_2$	1,2-Dichlor-äthan	—	—	—	1,123	0,962
$C_2H_4F_2$	1,1-Difluor-äthan	—	—	—	0,289	—
$C_2H_4O_2$	Essigsäure	—	—	—	—	1,45
	Ameisensäuremethylester	—	—	—	0,43	0,38
C_2H_5Cl	Chloräthan	—	0,392	0,354	0,320	0,291
C_2H_6O	Äthanol	4,79	2,38	2,23	1,78	1,46
$C_2H_6O_2$	Äthandiol-(1,2)					
C_3H_6O	Dimethylketon (Aceton)	0,713	0,513	0,447	0,389	0,358
$C_3H_6O_2$	Ameisensäureäthylester	—	—	—	0,507	0,449
	Essigsäuremethylester	—	~	—	0,479	0,425
	Propansäure	—	—	—	1,52	1,29
$C_3H_6O_3$	Dimethylcarbonat Glycerin	—	—	—	12070	3950
C_3H_7Cl	1-Chlor-propan	—	—	—	0,436	0,390
C_3H_8	Propan[1]					
C_3H_8O	Propanol-(1)	13,5	6,9	5,1	3,85	2,89
C_4H_4S	Thiophen	—	—	—	0,874	0,756
$C_4H_6O_3$	Essigsäureanhydrid	—	—	—	1,24	1,05

[1] $\eta_{4,4°\,C} = 0{,}133$ cP; $\eta_{15,6°\,C} = 0{,}121$ cP; $\eta_{26,7°\,C} = 0{,}111$ cP.

711. Viskosität von Stoffen unter dem Druck von 1 atm

Verbindungen

cP bei									
20° C	30° C	40° C	50° C	60° C	80° C	100° C	120° C	140° C	180° C
0,713	0,626	0,554	0,494						
0,986	0,856	0,751	0,665	0,593	0,483	0,404	—	—	—
0,57	0,51	0,466	0,426	0,390	—	—	—	—	—
	0,941	0,887	0,787	0,722	0,626				
0,435	0,396	0,363	—	—	—	—	—	—	—
1,78	1,46	1,22	1,03	0,89	0,68	0,54	—	—	—
0,183	0,166	0,152	0,140	0,129	0,108	0,090	0,072		
3,75	2,94	2,43	2,04	1,71	1,17	0,83	0,63	—	—
0,657	0,587	0,528	0,478	0,433	0,357	—	—	—	—
0,584	0,510	0,450	0,396	0,351	—	—	—	—	—
—	0,440	0,409	0,374	—	—	—	—	—	—
—	0,356	—	—	—	—	—	—	—	—
0,698	0,614	0,546	—	—	—	—	—	—	—
0,88	0,80	0,72	0,66	0,60	0,51	0,441	0,383	—	—
0,711	0,627	0,559							
—	—	—	0,446	—	—	—	—	—	—
1,07	0,929	0,819	0,727	0,651	—	—	—	—	—
0,784	0,697	1,13	0,556						
		0,621							
0,334	—	0,281	—	0,238	—	—	—	—	—
1,714	1,469	1,279	1,122	0,995	0,804	0,667	0,562	—	—
0,832	0,728	0,644	0,568	0,519	0,469	0,417	—	—	—
0,251	0,227	0,207	0,193	0,180	—	—	—	—	—
1,21	1,04	0,90	0,79	0,70	0,56	0,46	—	—	—
0,345	0,315	—	—	—	—	—	—	—	—
0,266	0,244	0,224	—	—	—	—	—	—	—
1,19	1,00	0,825	0,701	0,591	0,435	—	—	—	—
19,9	13,2	9,13		4,95	3,02	1,99	1,40	1,04	
0,324	0,292	0,269	0,246	0,226	—	—	—	—	—
0,402	0,362	0,329	0,301	—	—	—	—	—	—
0,381	0,344	0,311	0,284	0,258	0,217	0,182	0,154	0,130	—
1,10	0,96	0,84	0,75	0,67	0,545	0,452	0,380	0,322	—
0,625	0,549	0,487	0,435	0,392	0,355	0,323			
1412	612	284	142	81,3	31,9	14,8	—	—	—
0,352	0,319	0,291	—	—	—	—	—	—	—
2,20	1,72	1,38	—	0,92	0,63	—	—	—	—
0,664	0,582	0,526	0,474	0,431	0,354	—	—	—	—
0,9	0,79	0,69	0,62	0,55	0,453	0,377	0,320	—	—

7. Dynamische Konstanten

Formel	Name	η in				
		$-40°$ C	$-20°$ C	$-10°$ C	$0°$ C	$10°$ C
C_4H_8O	Tetrahydrofuran					
$C_4H_8O_2$	Buttersäure	—	—	—	2,260	1,875
	1,4-Dioxan	—	—	—	—	—
	Essigsäureäthylester	—	—	—	0,578	0,507
C_4H_9Cl	1-Chlor-butan	—	—	—	—	—
	2-Chlor-butan	—	—	—	—	—
	1-Chlor-2-methyl-propan	—	—	—	—	—
	2-Chlor-2-methyl-propan	—	—	—	—	—
C_4H_{10}	Butan	0,315				
$C_4H_{10}O$	Butanol-(1)	22,4	10,3	7,4	5,19	3,87
	Butanol-(2)					
	2-Methyl-propanol-(1)	51,3	18,4	12,3	8,3	5,65
	2-Methyl-propanol-(2)					
	Diäthyläther	0,47	0,364	0,328	0,296	0,268
C_5H_5N	Pyridin	—	—	—	1,33	1,12
$C_5H_6O_2$	Furfurylalkohol					
C_5H_8	2-Methyl-butadien-(1,3)	—	—	—	0,260	0,236
C_5H_8O	Cyclopentanon					
	Tetrahydropyran					
C_5H_{10}	Cyclopentan				0,572	
$C_5H_{10}O$	Cyclopentanol					
$C_5H_{10}O_2$	Essigsäurepropylester	—	—	—	0,769	0,664
$C_5H_{10}O_3$	Diäthylcarbonat					
C_5H_{12}	Pentan	0,432	0,345	0,309	0,274	0,250
	2-Methyl-butan	—	—	—	0,272	0,246
$C_5H_{12}O$	3-Methyl-butanol-(1) opt. inakt.	—	—	—	8,79	6,12
C_6H_5Br	Brombenzol	—	—	—	1,52	1,31
C_6H_5Cl	Chlorbenzol	—	—	—	1,06	0,91
C_6H_5F	Fluorbenzol	—	—	—	0,752	0,657
$C_6H_5N_2O$	Nitrobenzol	—	—	—	—	2,483
C_6H_6	Benzol	—	—	—	0,91	0,758
C_6H_6O	Phenol	—	—	—	—	—
C_6H_7N	Anilin	—	—	—	10,2	6,5
C_6H_{10}	Hexin-(1)					
C_6H_{12}	Cyclohexan					
	Hexen-(1)					
	2-Methyl-penten-(1)					
	4-Methyl-penten-(2)					
$C_6H_{12}O$	Cyclohexanol					
$C_6H_{12}O_2$	Butansäureäthylester	—	—	—	—	—
	Essigsäurebutylester	—	—	—	1,004	0,851
C_6H_{14}	Hexan	0,611	0,486	0,432	0,383	0,342
	2-Methyl-pentan	—	—	—	0,372	0,332
$C_7H_5F_3$	Trifluortoluol	—	—	—	—	—
C_7H_5N	Benzonitril					1,62

711. Viskosität von Stoffen unter dem Druck von 1 atm

cP bei									
20° C	30° C	40° C	50° C	60° C	80° C	100° C	120° C	140° C	180° C
0,486	0,428	0,389	0,358	0,328	0,280				
1,560	1,303	1,114	0,972	0,851	0,675	0,545	0,449	0,373	—
1,26	1,06	0,917	0,778	0,685	0,539	—	—	—	—
0,449	0,400	0,360	0,326	0,297	0,248	0,210	0,178	0,152	0,109
0,440	0,399	0,361	0,328	0,299	—	—	—	—	—
0,408	0,366	0,331	0,302	0,276	—	—	—	—	—
0,442	0,398	0,360	0,325	0,295	—	—	—	—	—
0,508	0,438	0,387	0,342	—	—	—	—	—	—
0,164	—	0,136	—.	0,113	0,0950	0,0778			
2,95	2,28	1,78	1,41	1,14	0,76	0,54	—	—	—
3,68	2,53	1,80	1,31	1,01	0,610				
3,95	2,85	2,12	1,61	1,24	0,78	0,52	—	—	—
	3,35	2,08	1,40	0,997	0,580				
0,243	0,220	0,199	—	0,166	0,140	0,118	—	—	—
0,974	0,835	0,735	0,651	0,580	0,482	—	—	—	—
	4,40	3,24	2,57	2,01	1,35	0,95	0,708	—	—
0,216	0,198	—	—	—	—	—	—	—	—
1,149	0,989	0,859	0,758	0,603	0,543				
0,875	0,761	0,663	6,583	0,515	0,416				
0,456	0,406								
11,80	7,93	5,55	4,00	2,94	1,74				
0,580	0,511	0,455	0,408	0,368	0,303	0,253	—	—	—
0,813	0,707	0,623	0,553	0,495	0,445	0,403	0,334		
0,226	0,205	0,187	—	—	—	—	—	—	—
0,223	0,202	—	—	—	—	—	—	—	—
4,40	3,24	2,43	1,862	1,452	0,927	0,627	0,449	—	—
1,13	1,00	0,89	0,79	0,72	0,60	0,52	—	—	—
0,80	0,71	0,64	0,57	0,52	0,435	0,370	0,320	0,275	0,210
0,581	0,521	0,470	0,423	0,389	0,356	—	—	—	—
2,034	—	—	—	0,982	0,842	0,718	—	—	—
0,647	0,559	0,489	0,433	0,386	0,314	0,262	0,219	0,184	0,132
—	—	—	3,020	2,175	1,230	0,783	—	—	—
4,40	3,12	2,30	1,80	1,50	1,10	0,80	0,59	—	—
0,373	0,333	0,298	0,268	0,242					
0,979	0,825	0,702	0,602	0,527	0,419				
0,283	0,254	0,231	0,210	0,193					
0,290	0,263	0,237	0,212						
0,265	0,238	0,213	0,193						
fest	41,5	22,7	13,36	8,35	3,73				
—	—	—	0,466	—	—	—	—	—	—
0,732	0,637	0,563	—	0,448	0,366	0,304	—	—	—
0,308	0,278	0,252	0,230	0,210	—	—	—	—	—
0,300	0,272	0,247	0,226	0,207	—	—	—	—	—
0,573	0,512	0,462	0,420	0,387	—	—	—	—	—
1,33	1,13	0,984	0,864	0,767		0,515			

7. Dynamische Konstanten

Formel	Name	η in				
		$-40°$ C	$-20°$ C	$-10°$ C	$0°$ C	$10°$ C
C_7H_7Br	o-Bromtoluol	—	—	—	2,21	1,81
	m-Bromtoluol	—	—	—	1,73	1,45
$C_7H_7NO_2$	2-Nitrotoluol	—	—	—	3,96	2,96
	3-Nitrotoluol	—	—	—	—	—
	4-Nitrotoluol	—	—	—	—	—
C_7H_8	Methylbenzol (Toluol)	—	—	—	0,772	0,669
C_7H_8O	Anisol	—	—	—	1,78	1,51
	o-Kresol					
	m-Kresol					43,9
	p-Kresol					
C_7H_9N	2-Toluidin	—	—	—	10,2	6,4
	3-Toluidin	—	—	—	8,7	5,5
	4-Toluidin	—	—	—	—	—
C_7H_{16}	Heptan	0,865	0,682	0,600	0,525	0,464
	2-Methyl-hexan	—	—	—	0,476	0,424
$C_7H_{16}O$	Heptanol				10,0	7,62
C_8H_7N	o-Tolunitril					
	m-Tolunitril					
	p-Tolunitril					
C_8H_8	Cyclooctatetraen					
C_8H_{10}	1,2-Dimethyl-benzol	—	—	—	1,102	0,935
	1,3-Dimethyl-benzol	—	—	—	0,802	0,698
	1,4-Dimethyl-benzol	—	—	—	0,840	0,733
$C_8H_{11}N$	Äthylanilin	—	—	—	—	2,98
	Dimethylanilin	—	—	—	—	1,69
	Äthylbenzol				0,895	0,775
C_8H_{16}	Äthylcyclohexan				1,142	
	1-Äthyl-hexen-(1)					
	Cyclooctan					
	1,2-Dimethylcyclohexan (cis)				1,615	
	1,2-Dimethylcyclohexan (trans)				1,111	
	1,3-Dimethylcyclohexan (cis)				1,203	
	1,3-Dimethylcyclohexan (trans)				0,831	
	1,4-Dimethylcyclohexan (cis)				1,224	
	1,4-Dimethylcyclohexan (trans)				0,951	
	Octen-(1)					
	Octen-(2)					
	Propylcyclopentan				0,889	
C_8H_{18}	Octan	1,22	0,955	0,828	0,714	0,621
C_9H_{20}	Nonan	1,73	1,332	1,138	0,964	0,823
$C_{10}H_8$	Naphthalin	—	—	—	—	—
$C_{10}H_{12}$	Tetralin	—	—	—	—	—
$C_{10}H_{15}N$	Diäthylanilin	—	—	—	—	2,85
$C_{10}H_{22}$	Decan				1,298	
$C_{11}H_{24}$	Hendekan	—	—	2,167	—	—
$C_{12}H_{10}$	Diphenyl	—	—	—	—	—

711. Viskosität von Stoffen unter dem Druck von 1 atm

cP bei									
20° C	30° C	40° C	50° C	60° C	80° C	100° C	120° C	140° C	180° C
1,51	1,29	1,12	—	0,87	0,71	0,59	—	—	—
1,25	1,08	0,96	—	0,76	0,63	0,59	—	—	—
2,37	1,91	1,63	—	1,21	0,94	0,76	—	—	—
2,33	1,91	1,60	—	1,18	0,92	0,75	—	—	—
—	—	—	—	1,20	0,94	0,76	—	—	—
0,588	0,523	0,469	0,423	0,384	0,320	0,272	0,232	0,201	0,151
1,32	1,21	1,12	1,04	0,97	—	—	—	—	—
		4,49	3,24	2,22					
20,8	10,0	6,18	4,38	3,97					
		7,00	4,95	3,66					
4,35	3,20	2,44	1,94	1,57	1,11	0,83	—	—	—
3,81	2,79	2,14	—	1,40	1,00	0,77	—	—	—
—	—	—	—	1,45	1,00	0,75	—	—	—
0,413	0,370	0,334	0,302	0,274	0,230	0,195	—	—	—
0,379	0,341	0,309	0,281	0,257	0,216	—	—	—	—
5,42	3,97	2,99	—	1,82	—	0,82	0,60	0,45	
1,755	1,456	1,235	1,063	0,928	0,727	0,594	0,497	0,421	
1,653	1,370	1,160	0,999	0,873	0,691	0,564	0,468	0,399	
	1,437	1,200	1,050	0,916	0,722	0,588	0,491	0,415	—
1,367	1,147	0,978	0,833	0,722	0,568				
0,806	0,704	0,622	0,555	0,499	0,412	0,345	0,294	0,254	—
0,615	0,548	0,492	0,446	0,404	0,340	0,289	0,250	0,219	—
0,643	0,570	0,508	0,458	0,415	0,345	0,293	0,250	0,217	—
2,25	—	1,43	—	1,01	0,76	0,60	—	—	—
1,41	1,18	1,02	—	0,79	0,64	—	—	—	—
0,678	0,600	0,535	0,481	0,436	0,364	0,308			
0,842		0,651							
0,472	0,423	0,381	0,345	0,313	0,263	0,225			
2,560	2,050	1,675	1,385	1,169		0,866			
1,114		0,818							
0,817		0,627							
0,866		0,654							
0,631		0,500							
0,875		0,659							
0,706		0,547							
0,506	0,450	0,406	0,365	0,333	0,276	0,233			
0,506	0,451	0,408	0,366	0,333	0,277	0,234			
0,681	0,612	0,540		0,443	0,366	0,336			
0,546	0,485	0,433	0,389	0,351	0,291	0,245	0,208	—	—
0,713	0,625	0,553	0,493	0,441	0,361	0,301	0,254	0,215	—
—	—	—	—	—	0,967	0,776	—	—	—
2,02	—	—	1,3	—	—	—	—	—	—
2,18	1,75	1,42	1,2	1,02	0,777	—	—	—	—
0,907			0,601		0,452	0,357			
1,186	—	—	0,761	—	—	0,438			
—	—	—	—	—	—	—	0,760	0,615	0,431

7. Dynamische Konstanten

71113. Viskosität von Brennstoffen und Ölen

	η in cP bei ϑ in °C					
	20° C	30° C	40° C	50° C	60° C	70° C
Benzin	0,650	0,563	0,493	0,436	0,389	
Brennöl Burma, dkl.braun, $D_{20}=0,889$ gcm^{-3}	16,8	11,1	7,85	5,90	4,53	3,50
Brennöl Rumänien, schwarz, $D_{20}=0,949$ gcm^{-3}		365	197	100		

	Gasolin Nr.	$D_{15,6}^{15,6}$	η in cP bei ϑ in °C					
			5° C	15° C	25° C	35° C	45° C	55° C
Gasolin, Motorenbenzin	1	0,737	0,690	0,603	0,518	0,472	0,426	0,382
	3	0,743	0,775	0,641	0,541	0,493	0,441	—
	5	0,722	0,529	0,457	0,410	0,360	0,325	0,293
	6	0,717	0,568	0,481	0,418	0,361	0,339	—
	8	0,708	0,493	0,435	0,389	0,336	0,301	0,278
	10	0,701	0,435	0,382	0,349	0,300	0,268	0,251
	13	0,680	0,347	0,310	0,274	0,242	0,227	0,211
Petroleum		0,813	2,57	2,13	1,64	1,41	1,19	—

		η in cP bei ϑ in °C						
		0° C	20° C	30° C	40° C	50° C	60° C	70° C
Öle, pflanzliche und tierische	Erdnußöl	—	83	54	36	25	18	
	Leinöl	78	52	35	25	18	13,5	
	Olivenöl, $D_{20}=0,913$		84,0	54	36,3	25,8	18,7	12,4
	Rapsöl	257	78	53	39	29	21	
	Ricinusöl	—	977	447	226	129	—	
	Walöl, Tran	204	72	51	38	29	22	

71114. Viskosität in P von Schmelzen[1]

a) Anorganische Salze

	°C	P	°C	P	°C	P	°C	P	°C	P	°C	P
AgBr	609	0,01863	649	0,0166	688	0,0149	770	0,0122	803	0,0119	—	—
AgCl	603	0,0161	669	0,0137	734	0,0180	—	—	—	—	—	—
AgJ	605	0,0303	730	0,0212	827	0,0156	—	—	—	—	—	—
AgNO$_3$	244	0,0377	275	0,0305	342	0,0230	—	—	—	—	—	—
K$_2$Cr$_2$O$_7$	400	0,1316	410	0,1241	420	0,1171	440	0,1042	460	0,092	480	0,0806	490	0,0752	500	0,0699
KNO$_3$	350	0,02728	360	0,02578	380	0,02312	400	0,02094	450	0,01663	500	0,01380	550	0,01211	—	—
KOH	400	0,023	450	0,017	500	0,013	550	0,01	600	0,008	—	—	—	—	—	—
LiNO$_3$	259	0,0559	284	0,0450	344	0,0294	—	—	—	—	—	—
Na$_2$B$_4$O$_7$	621	10400	653	2080	683	474	714	157	752	49	888	5	—	—	—	—
NaBr	762	0,0142	766	0,0135	780	0,0128	—	—	—	—	—	—
NaCl	825	0,01432	850	0,01275	875	0,01138	900	0,01017	925	0,00912	950	0,00820	975	0,00752	1000	0,00704
NaNO$_3$	308	0,0292	328	0,0266	368	0,0224	388	0,0206	418	0,0183	—	—	—	—	—	—
NaOH	350	0,04	400	0,028	450	0,022	500	0,018	550	0,015	—	—	—	—	—	—

[1] Viskosität von Gläsern s. Tabelle 24423.

b) Mineralien

Minerale	Zusammensetzung in Gew. %				η in P bei						
	CaO	MgO	Al$_2$O$_3$	SiO$_2$	1300° C	1350° C	1400° C	1450° C	1500° C	1550° C	1600° C
Akermanit	41,14	14,79		44,07	28,00	6,82	4,53	3,18	2,30	1,77	1,40
Anorthit	20,16		36,65	43,19	—	—	—	111,00	60,50	38,00	25,00
Monticellit	35,84	25,77		38,39	—	—	—	—	1,74	1,20	1,13
Diopsid	25,90	18,62		55,48	—	—	26,00	3,80	1,85	1,40	1,20
Calciumbisilicat	48,28			51,72	—	—	—	—	—	2,73	2,40

7. Dynamische Konstanten

c) Schlacken

Zusammensetzung der Schlacke				η in P bei °C						
CaO	MgO	Al_2O_3	SiO_2	1300	1350	1400	1450	1500	1550	1600
32,03[1]	5,17	15,88	36,37	16,50	9,75	6,35	4,30	3,19	2,40	1,95
41,05[2]	8,87	14,87	35,21	15,75	9,55	6,15	4,40	3,35	2,60	2,15
38,80[3]	7,39	12,30	41,51	30,20	19,15	12,71	8,40	6,02	4,68	3,80
24,75[4]	14,90	7,33	53,02	24,00	12,00	6,90	4,40	3,03	2,28	1,85
29,98[5]	2,96	21,99	45,07	140,00	78,25	41,00	24,40	16,35	10,00	6,30
41,08[6]	10,94	9,67	38,31	16,00	5,85	4,05	2,26	2,15	1,52	1,06
32,75[7]	8,87	14,66	43,72	35,25	21,20	13,95	9,05	6,35	4,70	3,70
42,52[8]	8,87	7,44	41,18	32,00	7,83	5,30	3,80	2,77	2,00	1,54
46,85	2,96	—	50,19	—	—	5,53	4,00	2,95	2,13	1,60
46,07	—	11,15	42,78	25,30	15,78	10,17	6,38	4,42	3,57	3,20
25,78	—	29,32	44,90	—	—	71,80	40,50	27,00	23,00	22,50
31,96	17,10	16,03	44,91	—	6,25	4,24	3,00	2,00	1,20	0,60
33,42	14,13	—	52,45	26,00	7,80	5,60	4,32	3,45	2,81	2,41

[1] Bessemer-Roheisenschlacke.
[2] Hämatit-Roheisenschlacke.
[3-5] Gießereieisen-Schlacke.
[6] Pendeleisen-Schlacke.
[7] Thomaseisen-Schlacke.
[8] Spiegeleisen-Schlacke.

7112. Lösungen

71121. Seewasser

Temperatur °C	η^1 in cP bei einem Gesamtsalzgehalt in Promille								
	0	5	10	15	20	25	30	35	40
0	1,80	1,82	1,83	1,85	1,86	1,87	1,88	1,89	1,91
1	1,73	1,74	1,76	1,77	1,78	1,80	1,81	1,82	1,83
2	1,67	1,68	1,70	1,71	1,73	1,74	1,75	1,76	1,78
3	1,62	1,63	1,65	1,66	1,67	1,69	1,70	1,71	1,72
5	1,53	1,54	1,55	1,57	1,58	1,59	1,60	1,62	1,63
10	1,31	1,33	1,34	1,35	1,37	1,38	1,39	1,40	1,41
15	1,15	1,16	1,17	1,19	1,19	1,20	1,22	1,23	1,24
20	1,01	1,02	1,03	1,04	1,06	1,07	1,08	1,09	1,10
25	0,90	0,91	0,92	0,93	0,94	0,95	0,96	0,97	0,98
30	0,81	0,82	0,83	0,84	0,85	0,86	0,87	0,88	0,88

[1] η wurde errechnet aus den Relativwerten gegen reines Wasser von 0° C mit 1,80 cP. Dieser Wert wurde durch Vergleich der Relativzahlen mit den absoluten Werten bei 35°/$_{00}$ gefunden.

711. Viskosität von Stoffen unter dem Druck von 1 atm

71122. Viskosität von Säuren-Wassergemischen

°C	Meßgröße	5	10	20	30	40	50	60	70	80	90	95	100	Einheit
							Gew.% Säure							
							HCl							
0	η	1,84	1,89											cP
10	η	1,38	1,45	1,36	1,70									cP
20	η	1,08	1,16											cP
							HNO$_3$							
10	η		1,306	1,413	1,607	1,908	2,331	2,618	2,621	2,363	1,667		1,026	cP
	ϱ		1,0560	1,1220	1,1880	1,2540	1,3200	1,3780	1,4280	1,4685	1,5025		1,5130	gcm^{-3}
	ν		1,237	1,258	1,352	1,522	1,767	1,898	1,836	1,625	1,110		0,695	cSt
20	η		1,038	1,136	1,306	1,551	1,834	2,021	2,083	1,837	1,361		0,881	cP
	ϱ		1,0515	1,1160	1,1805	1,2450	1,3085	1,3650	1,4135	1,4535	1,4860		1,5140	gcm^{-3}
	ν		0,986	1,018	1,106	1,245	1,402	1,482	1,475	1,264	0,915		0,582	cSt
40	η		0,703	0,789	0,912	1,063	1,224	1,360	1,363	1,253	0,966		0,682	cP
	ϱ		1,0440	1,1040	1,1640	1,2240	1,2840	1,3380	1,3830	1,4195	1,4520		1,4825	gcm^{-3}
	ν		0,674	0,715	0,784	0,868	0,969	1,017	0,985	0,882	0,666		0,458	cSt
							H$_2$SO$_4$							
0	η	1,970	2,138	2,576	3,408	4,571	6,478	10,233	19,952	fest	47,588	44,926	fest	cP
	ϱ	1,038	1,073	1,152	1,232	1,321	1,0501	1,539	1,630	fest	1,836	1,855	fest	gcm^{-3}
	ν	1,90	1,99	2,24	2,76	3,46	4,31	6,64	12,25	fest	25,90	24,22	fest	cSt
25	η	1,010	1,122	1,398	1,901	2,510	3,547	5,370	9,016	17,378	18,197	17,681	24,20[1]	cP
	ϱ	1,033	1,065	1,137	1,215	1,305	1,483	1,518	1,608	1,723	1,811	1,831	1,832	gcm^{-3}
	ν	0,98	1,05	1,23	1,57	1,92	2,39	3,54	5,60	10,08	10,04	9,64	13,20	cSt
50	η	0,620	0,686	0,835	1,127	1,583	2,275	3,361	5,192	8,091	9,089	9,099	10,80	cP
	ϱ	1,028	1,058	1,122	1,198	1,285	1,465	1,498	1,586	1,699	1,786	1,807	1,808	gcm^{-3}
	ν	0,60	0,65	0,74	0,94	1,23	1,55	2,24	3,23	4,76	5,09	5,03	6,00	cSt
75	η	0,440	0,480	0,590	0,777	1,084	1,596	2,323	3,311	4,677	5,356	5,368	6,06	cP
	ϱ	1,023	1,048	1,108	1,180	1,267	1,446	1,478	1,564	1,674	1,762	1,782	1,785	gcm^{-3}
	ν	0,43	0,46	0,53	0,66	0,86	1,10	1,57	2,12	2,79	3,08	3,02	3,40	cSt

[1] 99,6%ige H$_2$SO$_4$.

71123. *Relative Viskosität von wäßrigen Lösungen anorganischer Salze in Abhängigkeit von der Konzentration.*

Quotient aus der Viskosität der Lösung und der des Wassers bei 25° C

Gelöster Stoff	Konzentration			
	1 n	0,5 n	0,25 n	0,125 n
$AgNO_3$	1,1150	1,0491	1,0240	1,0114
$Al_2(SO_4)_3$	1,4064	1,1782	1,0825	1,0381
H_3AsO_4	1,2707	1,1291	1,0595	1,0309
$BaCl_2$	1,1228	1,0572	1,0263	1,0128
$Ba(NO_3)_2$	1,0893	1,0437	1,0214	1,0084
HBr	1,0320	1,0164	1,0095	1,0068
HCOOH	1,0312	1,0169	1,0092	1,0049
$CaCl_2$	1,1563	1,0764	1,0362	1,0172
$Ca(NO_3)_2$	1,1172	1,0553	1,0218	1,0076
$CdCl_2$	1,1342	1,0631	1,0310	1,0202
$Cd(NO_3)_2$	1,1648	1,0742	1,0385	1,0177
$CdSO_4$	1,3476	1,1574	1,0780	1,0335
HCl	1,0671	1,0338	1,0166	1,0095
$HClO_3$	1,0520	1,0255	1,0145	1,0059
$HClO_4$	1,0118	1,0032	0,9998	0,9992
$CoCl_2$	1,2041	1,0975	1,0482	1,0232
$Co(NO_3)_2$	1,1657	1,0754	1,0318	0,0180
$CoSO_4$	1,3543	1,1598	1,0766	1,0402
$CuCl_2$	1,2050	1,0977	1,0470	1,0268
$Cu(NO_3)_2$	1,1792	1,0802	1,0400	1,0179
$CuSO_4$	1,3580	1,1603	1,0802	1,0384
$FeCl_3$	1,2816	1,1334	1,0602	1,0302
$Fe(CN)_6K_3$	1,0610	1,0211	1,0108	1,0082
$Fe(CN)_6K_4$	1,1124	1,0516	1,0228	1,0116
$HgCl_2$	1,0460	—	1,0116	1,0042
K_2CO_3	1,1667	1,0784	1,0391	1,0192
K_2CrO_4	1,1133	1,0528	1,0224	1,0116
$K_2Cr_2O_7$	—	1,0061	1,0034	0,9999
KCl	0,9872	0,9874	0,9903	0,9928
KNO_3	0,9753	0,9822	0,9870	0,9921
KOH	1,1294	1,0637	1,0313	1,0130
K_2SO_4	1,1051	1,0486	1,0206	1,0078
$MgCl_2$	1,2015	1,0940	1,0445	1,0206
$Mg(NO_3)_2$	1,1706	1,0824	1,0396	1,0198
$MgSO_4$	1,3672	1,1639	1,0784	1,0320
$MnCl_2$	1,2089	1,0982	1,0481	1,0230
$Mn(NO_3)_2$	1,1831	1,0867	1,0426	1,0235
$MnSO_4$	1,3640	1,1690	1,0761	1,0366
HNO_3	1,0266	1,0115	1,0052	1,0027
NH_4Cl	0,9884	0,9976	0,9990	0,9999
NH_4NO_3	0,9722	0,9862	0,9908	0,9958
NH_4OH	1,0245	1,0105	1,0058	1,0030
$(NH_4)_2SO_4$	1,1114	1,0552	1,0302	1,0148
Na_2CO_3	1,2847	1,1367	1,0610	1,0310
NaCl	1,0973	1,0471	1,0239	1,0126
$NaNO_3$	1,0655	1,0259	1,0122	1,0069
NaOH	1,2355	1,1087	1,0560	1,0302

711. Viskosität von Stoffen unter dem Druck von 1 atm 1–1421

Gelöster Stoff	Konzentration			
	1 n	0,5 n	0,25 n	0,125 n
Na_2SO_4	1,2291	1,1058	1,0522	1,0235
$NiCl_2$	1,2055	1,0968	1,0443	1,0210
$Ni(NO_3)_2$	1,1800	1,0840	1,0422	1,0195
$NiSO_4$	1,3615	1,1615	1,0751	1,0323
H_3PO_4	1,2871	1,1331	1,0656	1,0312
$Pb(NO_3)_2$	1,1010	1,0418	1,0174	1,0066
H_2SO_4	1,0898	1,0433	1,0216	1,0082
$SrCl_2$	1,1411	1,0674	1,0338	1,0141
$Sr(NO_3)_2$	1,1150	1,0491	1,0240	1,0114
$ZnCl_2$	1,1890	1,0959	1,0526	1,0238
$Zn(NO_3)_2$	1,1642	1,0875	1,0390	1,0186
$ZnSO_4$	1,3671	1,1726	1,0824	1,0358

71124. Viskosität von wäßrigen Lösungen organischer Stoffe in Abhängigkeit von Temperatur und Konzentration

Gew.-%	η in cP bei °C									
	0	10	20	30	40	50	60	70	80	90

CH_4O Methanol

10	2,59	1,78	1,32	1,03	—	—	—	—	—	—
20	3,23	2,17	1,58	1,21	—	—	—	—	—	—
30	3,61	2,46	1,76	1,32	—	—	—	—	—	—
40	3,65	2,54	1,84	1,37	—	—	—	—	—	—
50	3,35	2,89	1,76	1,34	—	—	—	—	—	—
60	2,89	2,11	1,60	1,24	—	—	—	—	—	—
70	2,37	1,79	1,39	1,09	—	—	—	—	—	—
80	1,76	1,42	1,14	0,92	—	—	—	—	—	—
90	1,19	1,00	0,86	0,72	—	—	—	—	—	—
100	0,82	0,68	0,58	0,51	0,45	0,40	0,35	—	—	—

C_2H_6O Äthanol

10	3,31	2,18	1,54	1,16	0,91	0,73	0,61	0,51	0,43	—
20	5,32	3,17	2,18	1,55	1,16	0,91	0,74	0,61	0,51	—
30	6,94	4,05	2,71	1,87	1,37	1,05	0,83	0,68	0,57	—
40	7,14	4,39	2,91	2,02	1,48	1,13	0,89	0,73	0,60	—
50	6,58	4,18	2,87	2,02	1,50	1,16	0,91	0,74	0,61	—
60	5,75	3,77	2,67	1,93	1,45	1,13	0,90	0,73	0,60	—
70	4,76	3,27	2,37	1,77	1,34	1,06	0,86	0,70	—	—
80	3,69	2,71	2,01	1,53	1,20	0,97	0,79	0,65	—	—
90	2,73	2,10	1,61	1,28	1,04	0,85	0,70	0,59	—	—
100	1,77	1,47	1,20	1,00	0,83	0,70	0,59	0,50	—	—

7. Dynamische Konstanten

$C_2H_4O_2$ Essigsäure

Gew.-%	η in cP bei					Gew.-%	η in cP bei				
	13° C	20° C	30° C	40° C	50° C		13° C	20° C	30° C	40° C	50° C
2,1	1,906	1,640	1,353	1,128	0,967	19,6	3,354	2,726	2,093	1,635	1,327
5,7	2,671	2,222	1,752	1,421	—	21,4	3,360	2,727	2,079	1,640	1,327
10,8	3,106	2,549	1,981	1,575	1,287	23,3	3,388	2,739	2,091	1,643	1,316
13,0	3,187	2,601	2,009	1,595	1,304	23,9	3,322	2,701	2,052	1,618	1,314
15,3	3,303	2,682	2,069	1,626	1,327	24,4	3,355	2,708	2,073	1,623	1,287
17,2	3,330	2,694	2,070	1,643	1,324	27,7	3,314	2,644	2,038	1,603	1,297

$C_3H_8O_3$ Glycerin

Gew.-%	D_{25}^{25}	η in cP bei			Gew.-%	D_{25}^{25}	η in cP bei		
		20° C	25° C	30° C			20° C	25° C	30° C
0,00	0,99705	1,005	0,893	0,800	50,00	1,12387	6,050	5,041	4,247
5,00	1,00886	1,143	1,010	0,900	55,00	1,13753	7,997	6,582	5,494
10,00	1,02068	1,311	1,153	1,024	60,00	1,15119	10,96	8,823	7,312
15,00	1,03299	1,517	1,331	1,174	65,00	1,16490	15,54	12,36	10,02
20,00	1,04530	1,769	1,542	1,360	70,00	1,17861	22,94	17,96	14,32
25,00	1,05802	2,095	1,810	1,590	75,00	1,19212	36,46	27,73	21,68
30,00	1,07078	2,501	2,157	1,876	80,00	1,20568	62,0	45,86	34,92
35,00	1,08394	3,040	2,600	2,249	85,00	1,21894	112,9	81,5	60,05
40,00	1,09715	3,750	3,181	2,731	90,00	1,23220	234,6	163,6	115,3
45,00	1,11051	4,715	3,967	3,380	95,00	1,24541	545	366,0	248,8
					100,00	1,25828	1499	945	624

C_3H_8O Propanol

Gew.%	η cP bei 20° C	η cP bei 30° C
10	1,59	1,17
20	2,14	1,54
30	2,62	1,85
60	3,14	2,30
80	2,79	2,09
90	2,53	1,93
100	2,20	1,72

C_5H_5N Pyridin

Gew.%	η cP bei 0° C	η cP bei 25,08° C
10	2,46	1,11
20	3,18	1,35
30	3,89	1,59
60	5,53	2,19
80	4,08	1,91
90	2,43	1,33
100	1,32	0,89

$C_{12}H_{22}O_{11}$ Rohrzucker

Gew.-%	η in cP bei °C									
	0	5	10	20	30	40	50	60	70	80	90
1	1,82	1,55	1,32	1,02	0,82	0,67	0,56	0,48	0,41	0,36	0,32
5	2,04	1,72	1,47	1,13	0,90	0,74	0,61	0,52	0,45	0,39	0,35
10	2,44	2,04	1,73	1,32	1,04	0,85	0,70	0,59	0,51	0,44	0,39
20	3,72	3,09	2,60	1,92	1,47	1,18	0,96	0,80	0,68	0,59	0,51
40	14,79	11,42	9,03	5,98	4,24	3,15	2,41	1,91	1,55	1,29	1,09

7113. Viskosität von Gasen
71131. Anorganische Gase
711311. Bei tiefen Temperaturen

Gas	η in μP bei T in °K						
	20	30	40	50	60	70	80
H_2	10,4	15,8	20,5	24,8	28,7	32,4	35,9
²$H_2(D_2)$	13,4	20,8	27,4	33,5	39,2	44,6	49,7
He	34,9	45,4	54,7	63,1	71,0	78,5	85,6
Ne	33,0	50,0	66,3	81,8	96,6	110,8	124,5

	η in μP bei ϑ in °C					
	−200	−150	−100	−80	−50	−20
Ar	—	100	142	—	179	—
CO			112		142	157
CO_2			85,6	96,5	113	127
H_2	33	48	61	—	78	—
²$H_2(D_2)$	46,8	—	86,1	93,1	—	112,0
He	80	113	140		165	
O_2	—	97	132		163	

711312. Bei Temperaturen $\geq 0°$ C

Formel	η in μP bei ϑ in °C								
	0	20	50	100	200	300	400	600	800
Ar	212	222	242	271	321	367	410	487	554
Br_2	—	157,8	—	194,2	244,0	293,5	341,7	—	—
CO	166	177	189	210	247	279	—	—	—
CO_2	137,0	146,3	160,2	182,8	225,0	264,5	298,8	360,2	413,5
CS_2	—	—	—	125,4	159,5	193,6	—	—	—
Cl_2	123,0	132,7	146,9	167,9	208,5	249,2	287,0	—	—
H_2	83,5	88,6	93,7	103,4	121,4	138,1	153,5	182,5	210,2
²$H_2(D_2)$	118	124	—	—	—	—	—	—	—
HCl	131	143	—	183	230	253			
HJ	—	165,5	201,8	231,6	292,4	—	—	—	—
H_2S	117	124	—	159	—				
He	187,5	196	206,1	228,8	269,0	306,9	342,3	407,0	466,1
J_2	—	—	—	174,7	219,8	263,9	307,7	—	—
Kr	233,4	249,6	—	306,3					
N_2	165	174	187	208	246	280	311	366	413
NH_3	90,0	98,0	112,0	131,0	169	207	251	—	—
NO	179	188	204	227	268	—	—	—	—
N_2O	137	146	160	183	225	265	—	—	—
Ne	297,2	310	—	361,7	422,0	478,2	530,6	625,3	710,0
O_2	192	203	218	244	290	—	369	435	493
SO_2	—	125,0	—	163,0	207,0	246,1	282,4	346,1	403,9
Xe	210,7	226,0	—	282,7					

71132. Organische Gase

Formel	Name	η in μP bei ϑ in °C								
		0	20	50	100	120	160	200	250	300
CCl_2F_2	Dichlordifluormethan	—	—	122,7	135	—	—	—		
CCl_4	Tetrachlorkohlenstoff	90	—	108	120	—	—	152	170	—
$CHClF_2$	Chlor-difluormethan			136	154					
$CHCl_3$	Chloroform	—	100,0	109,5	125,0	—	—	158,5	175	191
CH_2Cl_2	Dichlormethan	—	98,5	109,0	126,5	—	—	160,0	176,5	192,5
CH_3Br	Methylbromid	—	133	146	—	180	—	—	—	—
CH_3Cl	Methylchlorid	—	106,1	117,5	135,7	144,0	—	—	—	—
CH_4	Methan	102	108	118	133	—	—	161	174	186
CH_4O	Methanol	—	—	—	—	129,0	142,8	156,3	188,3	—
C_2F_4	Tetrafluoräthen		144	160	—					
C_2F_6	Hexafluoräthan		143	155	174					
C_2H_2	Äthin	96	102	111	126	132	—	—	—	—
C_2H_4	Äthen	94	101	110	126	—	—	154	166	—
C_2H_5Cl	Äthylchlorid				120	127				
C_2H_6	Äthan	86	92	101	115	—	—	142	154	—
C_2H_6O	Äthanol	75	—	—	109	—	—	137,4	151,2	164,6
C_2H_6O	Dimethyläther	85	91	—	117	123	—	—	—	—
C_3H_6	Propen	78	84	96	107	112	—	—	—	—
C_3H_6O	Aceton	66	—	—	—	99	110	—	133	—
C_3H_8	Propan	75	80	88	101	—	—	125	136	144
C_3H_8O	Propanol	68	—	—	—	103	—	—	—	—
C_3H_8O	Isopropylalkohol	70	—	—	—	103	—	125	138	—
C_4H_{10}	Butan	69	74	—	95	100	—	—	—	—
$C_4H_{10}O$	Diäthyläther	68	—	—	96	—	108	—	130	—
C_5H_{12}	Pentan	62	—	—	—	91	100	—	119	—
C_6H_6	Benzol	68	74	92	—	—	111	121	134	147
C_6H_{12}	Cyclohexan	76,4	—	—	87,3	—	—	108,6	119,0	129,2
C_6H_{14}	Hexan	59	—	—	—	·87	96	—	114	—
C_7H_8	Toluol	—	—	—	89,1	—	—	112,1	122,7	—

71133. Viskosität von reinen Gasen I und II und Gasgemischen I und II in Abhängigkeit von der Temperatur

I	II	°C	η in μP	Vol.-% I	η in μP	Vol.-% I	η in μP	Vol.-% I	η in μP	Vol.-% I	η in μP	η in μP
							II					I
Ar—	H₂	20	87,5	34,85	185,7	37,38	189,5	55,43	205,6	70,58	214,0	221,1
		100	102,9		233,8		227,5		248,8		258,6	268,4
		200	121,1		263,6		269,7		294,8		307,0	320,8
		250	129,6		282,6		289,4		316,4		331,0	344,6
Ar—	He	20	197,3	50,94	229,6	61,80	229,1	65,95	227,8	—	—	221,1
		100	232,0		275,0		274,5		273,6		—	268,4
		200	271,5		—		325,0		—		—	320,8
		250	290,3		—		348,8		—		—	344,8
Ar—	Ne	20	309,2	26,80	280,8	60,91	250,4	74,20	240,1	—	—	221,3
		100	362,3		331,3		299,0		288,5		—	269,3
		200	422,0		389,0		352,9		341,3		—	322,2
		250	450,1		415,0		379,3		365,8		—	346,0
CH₄—	C₂H₆	20	90,9	19,03	93,75	48,74	98,6	56,70	99,9	81,16	104,55	108,7
		100	114,2		117,4		122,6		123,9		128,8	133,1
		200	140,85		144,2		149,6		151,1		156,2	160,3
		250	152,6		155,95		161,4		163,0		168,2	172,4
CH₄—	C₃H₈	20	80,1	16,59	83,1	36,17	87,8	63,16	94,8			108,7
		100	100,8		104,2		110,05		118,2	—		133,1
		200	125,3		129,1		135,5		144,05	—		160,3
		250	136,3		140,3		146,5		155,3	—		172,5
CH₄—	H₂	20	87,6	7,77	9,55	39,78	108,6	51,45	109,8	74,72	109,9	108,7
		100	103,25		113,2		130,6		132,8		133,7	133,1

7. Dynamische Konstanten

I – II	°C	η in μP	Vol.-% I	η in μP	Vol.-% I	II η in μP	Vol.-% I	η in μP	Vol.-% I	η in μP	I η in μP
CH_4—NH_3	200	121,25		133,75		155,1		158,65		160,2	160,3
	250	129,6		142,3		166,2		169,9		171,8	172,5
CO—N_2	14,5	96,6	20	102,5	40	106,3	60	108,5	80	109,1	107,7
	26,9	177,6	22,20	177,8	60,30	178,1	77,11	178,1	81,54	178,2	178,1
	126,9	218,3		218,4		218,3		219,3		218,6	219,0
	226,9	254,8		255,1		255,5		255,5		256,0	256,0
	276,9	271,4		272,1		271,9		272,2		272,1	272,7
CO—O_2	26,9	205,7	18,06	201,2	22,67	199,8	40,73	194,8	57,99	190,0	177,6
			76,63	184,1	82,28	182,4					
	126,9	256,8	18,06	250,1	22,67	248,2		240,7		243,3	218,3
			76,63	226,8	82,28	225,0					
	226,9	301,7	18,06	292,8	22,67	290,8		282,2		274,1	254,8
			76,63	265,0	82,28	262,6					
CO_2—H_2	26,9	89,1	11,12	123,2	21,50	137,1	40,54	147,8	58,71	150,6	149,3
			80,07	150,1	88,21	150,2					
	126,9	108,1	11,12	152,6	21,50	171,3		187,8		193,3	194,4
			80,07	194,5	88,21	195,1					
	226,9	125,6	11,12	178,3	21,50	202,6		223,9		232,1	235,3
			80,07	235,8	88,21	236,0					
	276,9	134,1	11,12	190,4	21,50	217,3		247,1		250,6	555,6
			80,07	254,2	88,21	255,4					
CO_2—HCl	18,0	142,6	20	145,3	40	147,3	60	148,3	80	148,1	146,4
CO_2—NO	26,9	148,8	19,97	—	40,24	149,4	60,33	149,5	80,97	149,0	149,3
			89,13	149,5							
	126,9	149,3	19,97	194,2		195,0		195,0		194,1	194,4
			89,13	194,5							

711. Viskosität von Stoffen unter dem Druck von 1 atm

Mixture	%										
CO₂—SO₂	226,9	235,5	19,97	235,7		236,5		236,5		235,8	235,3
	276,9	255,5	89,13	235,8		256,2		256,4		255,1	255,6
			19,97	255,5							
			89,13	255,5							
C₂H₄—N₂	15,8	124,3	20	129,9	40	134,6	60	138,8			145,8
	26,9	178,1	8,00	171,5	24,05	157,4	56,95	130,08	76,21	116,9	103,3
	126,9	219,0		210,8		195,6		165,5		149,1	134,8
	226,9	256,0		246,4		229,2		196,3		178,6	162,2
	276,9	272,7		263,6		245,3		210,8		192,1	175,3
C₂H₄—NH₃	20	98,2	11,33	100,1	19,29	101,3	30,39	102,2	48,28	103,0	100,8
			70,07	102,7	89,04	101,5					
	100	127,9	11,33	129,4	19,29	130,1		130,4		130,3	125,7
			70,07	129,1	89,04	126,9					
	200	164,6	11,33	164,7	19,29	164,8		163,9		162,2	154,1
			70,07	159,5	89,04	156,1					
	250	181,3	11,33	180,9	19,29	180,5		179,1		176,4	166,6
			70,07	172,9	89,04	168,9					
C₂H₄—O₂	20	201,9	13,06	185,4	41,45	152,9	60,81	134,1	77,03	119,8	101,0
	50	218,1		200,4		165,8		145,6		130,8	110,7
	100	243,3		224,3		186,5		164,5		147,9	126,2
C₂H₄—C₃H₈	20	80,1	15,26	81,45	25,63	82,8	43,27	84,1			90,9
	100	100,8		102,5		103,9		105,8			114,2
	200	125,3		127,2		129,8		131,3			140,9
	250	136,25		138,2		140,1		142,5			152,6
C₂H₄—H₂	20	87,6	14,32	99,5	14,85	99,3	49,10	98,8	55,00	97,75	90,9
	100	103,25		119,4		118,9		121,6		120,8	114,2
	200	121,25		141,75		141,2		146,9		146,65	140,85
	250	129,6		151,7		151,1		158,6		158,3	152,6
C₃H₈—H₂	26,9	89,1	7,75	97,0	12,50	98,7	21,18	98,5	41,82	92,4	81,7
			62,96	87,36	81,79	83,6					

7. Dynamische Konstanten

I / II	°C	η in μP	Vol.-% I	η in μP	Vol.-% I	η in μP	Vol.-% I	η in μP	Vol.-% I	η in μP	η in μP (I)
	126,9	108,1	7,75 62,96	119,4 113,0	12,50 81,79	122,1 109,1		123,3		117,2	107,0
	226,9	125,6	7,75 62,90	139,2 136,6	12,50 81,79	143,3 132,4		145,9		141,7	130,8
	276,9	134,7	7,75 62,96	148,5 147,8	12,50 81,79	153,6 143,8		156,6		152,9	142,2
H_2—He	20	197,4	55,20	131,7	60,69	125,2	69,18	116,6	—		87,5
	100	232,0		155,1		147,8		138,3	—		102,9
	200	271,5		181,7		172,8		161,9	—		121,1
	250	290,3		193,9		185,2		173,2			129,6
H_2—NH_3	20	98,2	9,95 77,61	100,4 107,2	29,13 89,18	104,7 101,1	48,23	108,0	70,25	108,7	87,7
	100	127,9	9,95 77,61	129,9 129,9	29,13 89,18	133,3 120,4		135,4		132,9	103,0
	200	164,6	9,95 77,61	166,0 156,0	29,13 89,18	168,0 143,2		167,6		161,0	121,1
	250	181,3	9,95 77,61	182,5 167,8	29,13 89,18	183,7 —		182,3		173,7	129,6
H_2—NO	26,9	148,8	39,89	148,1	59,61	145,1	78,57	134,8	91,10	120,1	89,1
	126,9	194,3		190,7		184,9		168,4		148,4	108,1
	226,9	235,5		229,2		220,6		199,0		170,4	125,6
	276,9	255,5		247,7		237,6		213,7		186,3	134,1
H_2—Ne	20	309,2	25,20	287,2	46,09	242,7	77,15	168,4	88,95	130,1	87,5
	100	362,3		326,9		284,5		198,1		152,9	102,9
	200	422,0		380,7		332,7		231,9		179,5	121,1
	250	450,1		405,4		354,0		247,6		191,7	129,6

711. Viskosität von Stoffen unter dem Druck von 1 atm

	T										
H_2—O_2	26,9	205,7	18,35	201,9	39,45	192,5	60,30	178,4	86,33	131,4	88,9
	126,9	256,8		250,7		238,1		219,2		160,2	108,7
	226,9	301,7		295,0		279,0		255,6		186,7	125,9
	276,9	322,0		314,7		297,8		273,3		199,1	138,1
He—Ne	20	309,2	26,59	297,1	56,24	270,2	76,21	242,9			194,1
	100	362,3		347,9		317,1		284,6			228,1
	200	422,0		405,6		370,2		332,7			267,2
	250	450,1		431,0		—		355,5			285,3
N_2—NH_3	20	98,2	11,17	109,2	28,53	125,4	43,62	138,3	88,89	169,0	174,5
	100	127,9		139,8		156,9		171,0		203,1	208,5
	200	164,6		176,8		194,6		208,5		240,8	246,2
	250	181,3		193,9		211,2		225,2		257,2	262,7
N_2—NO	20	188,2	30,52	183,3	41,63	182,7	73,26	177,8			174,7
	100	227,2		222,2		220,9		213,2			208,4
N_2—O_2	26,9	205,7	18,64	200,8	24,08	199,5	58,93	189,4	78,22	184,3	178,1
	126,9	256,8		248,9		148,0		234,5		227,5	219,0
	226,9	301,7		292,0		290,9		274,1		265,8	256,0
	276,9	322,0		—		310,9		293,2		284,0	272,7
NH_3—O_2	20	202,3	13,51	192,4	47,86	160,4	70,79	135,0	87,55	114,3	98,2
	100	244,0		232,6		197,2		168,9		145,9	127,9
	200	290,2		277,3		239,0		208,5		184,0	164,6

712. Viskosität bei hohen Drucken
7121. Elemente

Ar[1]	p	1,01	5,04	10,02	20,19	30,12	40,33	50,88	atm
	$\eta\,(20°)$	223,0	223,8	224,9	227,1	229,7	232,6	236,1	µP
H_2[2]	p	11,9	32,5	60,8	80,1	111,4	138,2		atm
	$\eta\,(50°)$	72,8	73,3	73,9	74,4	75,4	76,2		µP
	p	10,1	28,9	49,8	88,9	110,9	134,7	160,3	atm
	$\eta\,(0°)$	83,8	84,0	84,4	85,0	85,5	86,2	86,9	µP
	p	26,2	54,5	83,1	113,9	145,6	175,5		atm
	$\eta\,(25°)$	89,0	89,5	90,0	90,5	91,3	92,5		µP
	p	13,4	29,7	52,7	84,4	118,0	138,6		atm
	$\eta(150°)$	115,1	114,5	114,4	114,6	114,8	115,0		µP
²$H_2(D_2)$[2]	p	14,3	29,4	51,5	78,8	105,2	122,4		atm
	$\eta\,(50°)$	103,9	104,2	105,1	105,8	107,2	107,6		µP
	p	17,2	35,6	66,0	90,8	116,2	138,5		atm
	$\eta\,(0°)$	119,9	120,3	121,2	121,8	122,5	123,3		µP
	p	17,9	37,3	54,1	72,2	99,3	125,4	160,4	atm
	$\eta\,(25°)$	127,6	128,0	128,3	128,8	129,5	130,2	130,9	µP
	p	14,6	37,5	68,4	91,3	116,4	157,3		atm
	$\eta(150°)$	163,5	163,5	163,8	164,0	164,3	165,0		µP
He[1]	p	1,05	6,01	12,84	21,55	32,03	42,44	63,40	atm
	$\eta\,(20°)$	196,0	196,2	196,0	196,1	196,0	196,0	196,1	µP
N_2	p	100	200	300	400	500	800		atm
	$\eta\,(25°)$	199	230	265	303	341	451		µP
	$\eta\,(50°)$	209	233	262	297	331	430		µP
	$\eta(100°)$	228	248	270	293	319	344		µP
Ne[2]	p	1,02	10,15	19,75	30,19	40,06	49,31		atm
	$\eta\,(20°)$	314,1	314,8	315,0	315,4	315,7	316,0		µP
O_2	p	1	100	200	300	400	500	800	at
	$\eta\,(25°)$	208	248	289	333	381	430	583	µP
	$\eta\,(50°)$	221	259	297	334	378	420		µP
	$\eta(100°)$	244	279	309	340	—			µP

[1] Nach Kestin, J., u. A. Nagashima: J. chem. Phys. **40**, 3649 (1964).
[2] Nach Barna, A. K., M. Afzal, G. P. Flynn u. J. Ross: J. chem. Phys. **41**, 374 (1964).

7122. Mischungen von Elementen bei 20° C[1]

Ar—Ne									
Mol % Ar 66,8	p	1,03	5,04	10,12	15,02	20,12	25,16	35,02	atm
	η	247,9	248,5	248,9	249,9	250,6	251,3	253,1	μP
Mol % Ar 40,2	p	1,02	7,87	14,75	21,55	28,63	35,43		atm
	η	271,6	272,2	273,0	273,6	274,3	275,3		μP
He—Ne									
Mol % He 94,9	p	1,07	7,81	16,38	24,88	32,17			atm
	η	208,8	208,9	208,8	208,7	208,6			μP
Mol % He 84,6	p	1,06	8,08	15,02	23,11	31,35			atm
	η	230,3	230,5	230,5	230,4	230,5			μP
Mol % He 65,0	p	1,04	8,03	15,97	25,02	31,48			atm
	η	261,8	262,3	262,2	262,2	262,0			μP
Mol % He 43,3	p	1,03	5,08	9,64	14,75	19,85	24,88	29,90	33,93	36,61	atm
	η	285,5	285,7	285,8	285,9	285,9	286,1	286,1	286,2	286,3	μP
Mol % He 25,9	p	1,03	5,03	10,12	15,02	20,05	24,65	30,12	35,09	38,73	atm
	η	299,5	299,6	299,7	299,7	299,9	300,0	300,2	300,4	300,4	μP

[1] Nach KESTIN, J., u. A. NAGASHIMA: J. chem. Phys. **40**, 3649 (1964).

7. Dynamische Konstanten

7123. Anorganische Verbindungen

Viskosität des flüssigen und dampfförmigen CO_2 beim Sättigungsdruck p_s

ϑ	−15	−10	0	10	20	30	31	°C
p_s	23,34	26,99	35,54	45,95	58,40	73,34	74,96	at
η_{fl}	1202	1156	1047	903	729	494	328	μP
η_d	172	174	180	191	211	245	328	μP

CO_2 Viskosität bei 25° C

p	10,82	28,74	44,98	54,04	62,05	65,06		atm
η	150,7	155,1	163,8	175,4	201,3	613		μP
p	74,59	109,6	180,5	307,3	522,9	864,3	1323	atm
η	648	760,6	920,6	1121	1386	1739	2188	μP

NH_3 (zum Teil im fl. Zustand)

ϑ	η in μP bei p in atm						
°C	1	13,6	27,2	54,4	68	136	204
37,8	106,53	104,62	1171,98	1199,61	1211,05	1259,79	1301,35
71,1	119,60	117,69	116,82	865,56	876,95	924,06	971,08
104,4	132,72	130,81	130,14	133,58	597,53	678,11	736,14
137,8	145,70	143,83	143,49	146,37	149,53	390,69	528,58
204,4	171,65	169,68	169,73	171,65	173,56	189,12	224,65

SO_2 [1] (zum Teil im fl. Zustand)

ϑ	η in μP bei p in at								
°C	0,5	1,0	2,0	3,0	4,0	5,0	6,0	7,0	8,0
−20	105	4900	5020	5100	5150	5200	5230	5260	5280
−10	109	112	4500	4600	4670	4720	4770	4810	4850
0	113	117	3920	4020	4100	4160	4210	4250	4280
10	118	122	130,5	3380	3470	3530	3580	3620	3660
20	124	126	132,5	145	2790	2870	2930	2980	3020
30	129	131	134	139	152	−	−	−	−
40	136	137	140	144	151	162	176,5	−	−

[1] Bei $p_{sätt}$ s. S. 1389

CO[1]

p	13,48	25,0	50,0	75,0	89,21	100,0	atm
η (50°)	142,5	144,6	152,8	164,2	172,6	178,3	µP
p	17,38	32,84	53,14	83,20	103,23		atm
η (0°)	167,9	170,7	175,1	184,2	191,6		µP
p	25,43	54,32	87,30	115,72	150,33	174,06	atm
η (25°)	181,0	186,8	194,6	202,5	214,3	223,3	µP
p	29,97	60,54	90,06	122,77	152,95	174,0	atm
η (75°)	203,9	208,6	216,1	224,2	230,8	236,4	µP

[1] Nach BARUA, A. K, M. AFZAL, G. P. FLYNN u. J. ROSS: J. Chem. Phys. **41**, 374 (1964) (Auszug).

7124. Organische Verbindungen

CCl_2F_2[1]

p	1,03	3,8	5,5		at
η (25°)	125,2	131,1	139,0		µP
p	1,03	5,5	11,3		at
η (50°)	130,1	140,4	157,1		µP
p	1,03	5,8	10,4	16,4	at
η (100°)	143,8	148,0	157,6	172,8	µP
p	1,03	5,9	10,3	15,0	at
η (200°)	172,3	176,2	179,4	185,3	µP

$CHClF_2$

p	1,03	3,5	6,1	9,0		at
η (25°)	129,3	135,5	146,1	159,3		µP
p	1,03	5,5	9,5	16,0		at
η (50°)	136,3	145,0	154,5	171,0		µP
p	1,03	4,8	9,5	14,1	18,7	at
η (100°)	153,8	157,6	162,3	170,8	181,8	µP
p	1,03	5,5	9,5	14,3	19,4	at
η (200°)	186,1	188,3	191,0	195,0	201,5	µP

$CHCl_2F$

p	1,03			at
η (25°)	114,3			µP
p	1,03	1,79	3,6	at
η (50°)	122,7	125,3	132,2	µP
p	1,03	3,5	6,4	at
η (100°)	135,0	139,9	146,3	µP
p	1,03	3,8	6,4	at
η (150°)	148,6	151,2	156,4	µP

[1] Siehe auch S. 1435, letzte Tabelle

CH$_3$Cl
Die Werte oberhalb der Trennungslinie beziehen sich auf flüssiges CH$_3$Cl

Druck °C	\multicolumn{7}{c}{η in µP bei p in at}
	0,5	1	2	3	4	5	6	7
−20	87	93	3155	3215	3255	3285	3310	3325
−10	94	97	3030	3090	3140	3180	3205	3220
0	97	100	107	2960	3010	3050	3080	3095
10	102	103	106	113	2835	2880	2915	2935
20	107	108	109	113	119,5	2700	2735	2750
30	111	111	112	114	118,5	126,5	140	2540

CH$_4$[1]

p	20,0	60,0	80,0	120,0	140,0	160,0		atm
η (−50°)	88,2	108,8	135,3	216,4	250,1	273,1		µP
p	14,0	25,9	48,8	69,2	97,6	131,8	166,7	atm
η (0°)	104,1	106,4	112,6	120,1	134,5	158,0	184,9	µP
p	28,6	54,7	78,8	113,5	157,3	175,2		atm
η (25°)	114,8	121,2	129,2	143,8	167,3	177,1		µP
p	11,6	28,1	56,1	83,9	125,5	155,8	170,0	atm
η (150°)	150,6	152,3	156,2	160,6	168,3	175,0	178,3	µP

[1] Nach BARNA, A. K., M. AFZAL; G. P. FLYNN und J. Ross: J. Chem., Phys. 41, 374 (1964) (Auszug).

Verbindung	ϑ °C	\multicolumn{7}{c}{η in cP bei p in at}
		1	500	1000	1500	2000	2500	3000
C$_2$H$_6$O Äthanol	0	1,780	2,395	3,100	3,800	4,660	5,550	—
	15	1,340	1,828	2,293	2,755	3,228	3,710	—
	30	1,020	1,317	1,608	1,840	2,250	2,610	2,910
C$_4$H$_{10}$O Diäthyläther	0	—	0,400	0,535	0,674	0,858	1,061	1,345
	17	—	0,382	0,472	0,585	0,760	0,935	1,172
	34	—	0,325	0,415	0,495	0,643	0,800	0,996

712. Viskosität bei hohen Drucken

C_3H_8 Propan[1]

p in atm.	η in µP bei °C							
	21,1	37,8	54,4	71,1	87,8	104,4	137,0	237,8
1	80	85	89	93	98	102	110	133
6,81	81	86	91	96	100	105	114	135
13,7	1010	849	93	98	102	107	116	137
27,4	1040	877	725	562	112	116	123	141
34,05	1055	891	741	588	127	125	129	143
68,5	1125	956	814	682	560	432	208	162
102	1189	1017	877	753	643	543	362	197
136	1247	1074	935	815	705	615	453	240
204	1351	1176	1037	922	815	725	575	327

[1] siehe auch die letzte Tabelle dieses Abschnitts 7124.

C_4H_{10} Butan und 2-Methyl-propan[1]

°C	η in µP bei p in atm								
	1	1,36	2,72	4,08	6,8	13,6	27,2	68	136
Butan									
37,8	78,4	78,7	82,1	—	—	1486	1506	1565	1637
54,4	82,6	83,1	85,3	88,2	—	1248	1272	1332	1398
71,1	86,9	87,4	89,1	91,7	98,3	1034	1058	1120	1190
87,8	91,0	91,4	93,3	95,8	101	836	862	930	1009
104,4	94,7	95,3	97,8	99,8	104	125	—	—	—
2-Methylpropan									
37,8	76,5	77,5	79,2	82,1	—	1334	1376	1456	1554
54,4	79,5	80,2	81,8	84,2	89,8	1071	1102	1186	1297
71,1	82,6	83,1	85,2	87,3	92,5	896	928	1011	1006
87,8	85,7	86,6	88,7	91,1	95,7	117	780	862	954
104,4	88,7	89,8	92,1	94,2	99,5	114	—	—	—

[1] siehe auch die nächste Tabelle.

Verbindungen		°C	η in µP bei p in kbar						
			0[a]	2000	4000	6000	8000	10000	12000
CCl_2F_2		30	0,3	0,76	1,43				
C_3H_6	Propen	30	0,1	0,31	0,53	0,79	1,12	1,55	2,08
C_3H_8	Propan	30	0,1	0,38	0,70	1,08	1,57	2,21	—
C_4H_{10}	Butan	30	0,1	0,56	1,06	1,85	2,93	4,55	—
	2-Methyl-propan	30	0,1	0,64	1,29	2,28	3,85	—	—
C_5H_{12}	Pentan	30	0,2	0,73	1,54	2,82	4,77	—	—

[a]) extrapoliert.

7. Dynamische Konstanten

In den folgenden Abbildungen ist $\lg \eta + 1$ (η in μP) in Abhängigkeit von p in at für Temperaturen zwischen 25° und 80° C angegeben. (Nach E. Kuss, Z. angew. Phys. 7 (1955), 372.)

72. Diffusion

721. Diffusion zwischen zwei kondensierten Phasen

Der Diffusionskoeffizient D ist durch die erste Ficksche Gleichung definiert:

$$j = -D\frac{\partial c}{\partial x},$$

j ist die entlang der Senkrechten zur Berührungsfläche (x-Achse) der zwei Körper, deren Diffusion ineinander untersucht wird, durch einen Querschnitt von 1 cm^2 pro Zeiteinheit hindurchdiffundierende Materialmenge, $\partial c/\partial x$ das Konzentrationsgefälle. Die Geschwindigkeit der Änderung der Konzentration c mit der Zeit t an einer Stelle, an der der Konzentrationsgradient $\partial c/\partial x$ beträgt, ist

$$\frac{\partial c}{\partial t} = \frac{\partial}{\partial x}\left(D\frac{\partial c}{\partial x}\right).$$

Wird D als unabhängig von der Konzentration angenommen, so ist

$$\frac{\partial c}{\partial t} = D\frac{\partial^2 c}{\partial x^2}.$$

Dies ist die einfachste Form des zweiten Fickschen Gesetzes.

Die Temperaturabhängigkeit des Diffusionskoeffizienten wird im allgemeinen befriedigend durch die Arrheniussche Gleichung

$$D = D_0 \cdot e^{-Q/RT}$$

dargestellt.

In homogenen festen Phasen erfolgt der Konzentrationsausgleich (Diffusion) durch Platzwechsel der Gitterbausteine unter Benutzen von Fehlstellen im Gitter oder Zwischengitterplätzen. In polykristallinen Stoffen findet die Diffusion sowohl entlang der Korngrenze als auch im Volumen statt. Die Werte dafür sind verschieden.

Bei älteren Arbeiten ist angenommen, daß der Diffusionskoeffizient (D) unabhängig von der Konzentration ist. Man hat also einen integralen Diffusionskoeffizienten bestimmt. Die neueren Methoden liefern einen differentiellen Diffusionskoeffizienten, der nur in engeren Bereichen gültig ist. Der integrale Diffusionskoeffizient gibt etwa das Mittel aus den differentiellen Diffusionskoeffizienten in demselben Gebiet.

Die Tabelle ist wie folgt angeordnet: Spalte 1 gibt die Komponenten des untersuchten Systems (flüssiger Aggregatzustand durch fl gekennzeichnet). Spalte 2 gibt das bei der Diffusion wandernde experimentell bestimmte Element an. Bei der Verwendung radioaktiver Isotopen sind diese durch Fettdruck hervorgehoben, und soweit bekannt die Massenzahl angegeben. ch in dieser Spalte bezeichnet, daß Interdiffusion chemisch bestimmt ist. Spalte 3 gibt die Konzentration der diffundierenden Komponente in Atom-% an. $1/\infty$ bedeutet eine Konzentration kleiner als 0,1 Atom-%. Außerdem ist die 1. Komponente eventuell noch weiter gekennzeichnet, z.B. EK Einkristall oder Richtung der Wanderung usw. (s. Abkürzungen). In Spalte 4 ist der Temperaturbereich angegeben, in dem die in Spalte 5 und 6 gebrachten Zahlenwerte der Konstanten der Gleichung $D = D_0 e^{-Q/RT}$ Gültigkeit haben.

Abkürzungen

Dg Korngrenzendiffusion gst. gesättigt
Dv Volumdiffusion PD Packungsdichte
EK Einkristall PK Polykristall.
Fs Fehlstellen

7211. Metallische Lösungen [1]

System	Nachweis	C_2 Atom-%	$\vartheta_1...\vartheta_2$	D_0 cm^{2}s^{-1}	Q kJ/g-At.
Ag—Au	^{198}Au	EK 1/∞	650...960	0,32	192
	ch	0...20	620...940	$1,25 \cdot 10^{-3}$	134
	^{198}Au	25	656...910	$6,4 \cdot 10^{-2}$	179
		49,2	760...970	0,12	184,5
	ch	46...55	720...970	0,14	174,5
	^{198}Au	75	717...992	$4,1 \cdot 10^{-2}$	170,5
Ag—Cu	^{64}Cu	EK 1/∞	710...950	1,23	193
	ch	0...2	760...900	$(6 \cdot 10^{-5})$	(104)
	^{110}Ag	1,75	750...850	0,66	188
		6,55	700...850	0,51	182
Ag—Ge	^{71}Ge	1/∞	675...850	$8,4 \cdot 10^{-2}$	153
	^{110}Ag	1,5 Ge	700...850	0,55	184,5
		3,0 Ge	700...850	1,6	190
		5,5 Ge	700...775	2,18	185
Ag—Pb	^{200}Pb	1/∞	700...800	0,22	159,7
		0,25 Pb	700...800	0,22	158,4
	^{110}Ag	0,21 Pb	700...800	0,22	178
		1,3 Pb	700...800	0,70	182
	^{200}Pb	1,3 Pb	705...775	0,46	161,2
Ag—Sb	^{124}Sb	1/∞	460...950	0,17	160,5
Ag—Tl	^{204}Tl	1/∞	645...800	0,15	158,5
Al—Co	^{60}Co	1/∞	359...629	$1,1 \cdot 10^{-6}$	83,5
Al—Cr	Cr	1/∞	250...605	$3,0 \cdot 10^{-7}$	64,5
Al—Cu	ch	0...0,2 [2]	505...635	0,29	130,1
Al—Fe	^{59}Fe	1/∞	359...630	$4,1 \cdot 10^{-9}$	58,3
Al—Mg	ch	0,1	395...535	$8,3 \cdot 10^{-2}$	111
	ch	2,2	395...535	13,8	146
Al—Mg, fl	ch	0...100	700...800	0,175	71
Al—Mn	^{54}Mn	1/∞	450...650	0,22	121
Al—Ni	^{63}Ni	1/∞	359...626	$2,9 \cdot 10^{-8}$	65,7
Al—Ni, fl	ch	0...11	800...1000	$1,7 \cdot 10^{-3}$	33,5
Al—Si	ch	0,05	450...600	0,48	125
		0,4	450...600	20,5	158
Al—Zn	^{65}Zn	1/∞	405...654	1,1	129,5
		4,3	360...610	0,35	118,5
		9,2	360...575	0,20	113
		16,7	360...525	0,10	105
		36,9	360...450	0,16	101
		49,4	360...440	$4,8 \cdot 10^{-2}$	92
		62,9	360...405	$1,2 \cdot 10^{-2}$	84
Al—Zn, fl	ch	0...66	700...800	$1,9 \cdot 10^{-2}$	46
Au—Ag	ch	0...8,8	800...1020	$4,7 \cdot 10^{-2}$	161
Au—Cu	ch	0...25	440...750	$1,2 \cdot 10^{-3}$	119
Au—Fe	^{59}Fe	1/∞	701...948	$8,2 \cdot 10^{-2}$	174
Au—Pd	ch	0...17	725...970	$1,4 \cdot 10^{-3}$	158
Bi—Pb, fl	^{210}Pb	0,26	280...415	$1,2 \cdot 10^{-1}$	40,5
Cd—Au	^{198}Au	50	300...590	0,17	117
	^{115}Cd	50	300...590	0,23	118

[1] Nach Landolt-Börnstein, 6. Aufl., Bd. II/5, Beitrag KUBASCHEWSKI.
[2] Unabhängig von C.

System	Nachweis	C_2 Atom-%	$\vartheta_1...\vartheta_2$	D_0 cm^{2}s^{-1}	Q kJ/g-At.
Co—Fe	^{55}Fe	1/∞	1104...1406	0,21	262
α	Co	50	840...925	$2{,}6 \cdot 10^{-6}$	115
γ	Co	50	1000...1250	$1{,}1 \cdot 10^{-4}$	175
Co—Ni	^{63}Ni	1/∞	772...1048	0,34	269,5
		1/∞	1190...1300	0,17	260
Cr—Fe	^{59}Fe	16 Fe	1040...1400	$1{,}45 \cdot 10$	343
	^{51}Cr	16 Fe	1040...1400	$3{,}75 \cdot 10$	269
		31 Fe	950...1250	24,6	316
	^{59}Fe	49 Fe	1040...1400	$2{,}5 \cdot 10^2$	313
	^{51}Cr	49 Fe	950...1250	$4{,}0 \cdot 10^1$	294
	^{59}Fe	73 Fe	1040...1400	$1{,}95 \cdot 10^{-1}$	211
	^{51}Cr	74 Fe	950...1250	$1{,}55 \cdot 10^{-1}$	203
Cu—Ag	Ag	1/∞ Dg	250...450	$3{,}1 \cdot 10^{-6}$	72
		1/∞ Dv	700...900	$4{,}6 \cdot 10^{-2}$	170
Cu—Al	ch	2	700...905	$2{,}3 \cdot 10^{-2}$	160
Cu—Au	^{198}Au	1/∞	750...1000	0,17	194
Cu—Be	ch	1	700...850	$2{,}4 \cdot 10^{-4}$	118
Cu—Mn	^{54}Mn	1/∞	754...1069	10^7	383
Cu—Ni	^{63}Ni	1/∞	700...1075	3,0	237
Cu—Si	ch	1 Si	700...805	0,19	175
Cu—Sn	ch	1 Si	700...805	0,59	181,5
Cu—Zn	^{65}Zn	EK 1/∞	605...1050	0,34	191
	ch	25,3 Zn	770...920	$3{,}2 \cdot 10^{-2}$	136
	Zn	25,3 Zn	770...920	$3{,}8 \cdot 10^{-2}$	136
	Cu	25,3 Zn	770...920	$6{,}7 \cdot 10^{-2}$	150
Cu—Zn	^{65}Zn	26,5 Zn	795...890	0,62	172
	^{64}Cu	26,5 Zn	795...890	0,85	186,5
(β-Ms.)	^{65}Zn	44 Zn	640...870	$3{,}1 \cdot 10^{-2}$	97,7
	Cu	44 Zn	640...870	$3{,}8 \cdot 10^{-2}$	105
(γ-Ms.)	ch	58,3 Zn	375...650	$2{,}45 \cdot 10^{-2}$	98
α-Fe—Co	^{60}Co	1/∞	800...1500	6,6	259
γ-Fe—Co		1/∞	1100...1200	$3{,}0 \cdot 10^2$	365
γ-Fe—Cr	ch		950...1150	$7{,}1 \cdot 10^{-5}$	170
α-Fe—Mo	ch	1,1...1,2	930...1260	3,47	241
γ-Fe—Mo	ch	0...0,83 unabh. C	1150...1265	$6{,}8 \cdot 10^{-2}$	247
γ-Fe—Ni	^{63}Ni	1/∞	950...1400	$1{,}6 \cdot 10^{-2}$	244
		5,5	1152...1400	2,1	308
		14,3	1152...1400	5,0	317
	^{59}Fe	20	—	$7{,}1 \cdot 10^1$	331
γ-Fe—S	^{35}S	1/∞	1200...1350	2,42	223
Ge—Ag	$^{110+111}Ag$	1/∞	710...900	$4{,}4 \cdot 10^{-2}$	96
Ge—Be	Be	1/∞	720...920	0,5	241
Ge—Cd	^{115}Cd	1/∞	760...915	$1{,}75 \cdot 10^9$	426
Ge—Cu	Cu	1/∞	700...900	$1{,}9 \cdot 10^{-4}$	17,2
Ge—Fe	^{59}Fe	1/∞	775...930	0,13	105
Ge—Ni	Ni	1/∞	700...875	0,8	88
Ge—Te	^{128}Te	1/∞	770...900	5,6	234
In—Tl	Tl	PK 1/∞	50...155	0,05	65,0
Mo—Cr	^{51}Cr	17	1200...1350	4,3	305
Ni—Al	ch	0...0,17	800...970	1,1	250
Ni—Fe	Fe	1/∞	950...1125	$8{,}4 \cdot 10^{-3}$	214
Ni—Mo	ch	0...0,93	1150...1400	3,0	288

System	Nachweis	C_2 Atom-%	$\vartheta_1...\vartheta_2$	D_0 cm²s⁻¹	Q kJ/g-At.
Pb—Cu, fl	ch	0...3,5	478...750	$2,7 \cdot 10^{-4}$	12,4
γ-U—Cr	^{51}Cr	1/∞	γ-Bereich	$2,0 \cdot 10^{-3}$	91
U—Mo	^{234}U	10	800...1040	$2,5 \cdot 10^{-3}$	138
U—Nb	ch	0,5	800...996	$3,4 \cdot 10^{-6}$	108
		10	800...996	$2,4 \cdot 10^{-7}$	91
U—Ti	ch	10	950...1075	$1,1 \cdot 10^{-2}$	153
U—Zr	U	10	800...1040	$1,25 \cdot 10^{-4}$	92
W—Mo	ch	0...40	1530...2060	$6,3 \cdot 10^{-4}$	335
W—Th	ch	gering D_v	1720...2250	1,0	500
		D_g	1720...2250	1,1	392

7212. Ionendiffusion in Metallverbindungen [1]

Die Angaben sind wie Tabelle 7211 gemacht. In Spalte 2 sind die diffundierenden Atome bzw. Ionen zum Teil mit Ladungen angegeben, Art und Ausmaß dieser Ladungen sind nur selten experimentell bestimmt.

Metallverbindung	Typ	Konzentration C_2 (At-%) u. Bemerkung	$\Delta \vartheta$ °C	D_0 cm²s⁻¹	Q kJ/Mol
AgCl	$^{110}Ag^+$		130...400	6,5	95
	$^{36}Cl^-$	Preßk.	350...450	$8,6 \cdot 10^{-2}$	172
		EK	350...450	$1,25 \cdot 10^3$	172
Al_2O_3	$^{18}O^{--}$	EK	1200...1600	$6,3 \cdot 10^{-8}$	241
		EK	1500...1780	$1,9 \cdot 10^3$	637
Bi_2Te_3	^{64}Cu	∥ c-Achse	200...500	$7,1 \cdot 10^{-2}$	77,2
		⊥ c-Achse	25...450	$3,4 \cdot 10^{-3}$	20,3
	^{110}Ag	∥ c-Achse	270...540	$5,4 \cdot 10^{-3}$	43,5
		⊥ c-Achse	270...540	$1,0 \cdot 10^{-2}$	93
CdS	Cu^+	∥ u. ⊥ c-Achse	450...750	$1,5 \cdot 10^{-3}$	73,7
Cu_2O	$^{65}Cu^+$	$pO_2 = 0,1$ Torr	800...1050	0,12	151
	$^{18}O^{--}$	$pO_2 = 0,1$ Torr	1050...1120	$6,5 \cdot 10^{-3}$	165
FeO	Fe^{++}	52,5	700...1100	$1,4 \cdot 10^{-2}$	127
		53,0	800...1110	$3,1 \cdot 10^{-2}$	135
Fe_2O_3	$^{55}Fe^{+++}$	PD 98%	940...1270	$4 \cdot 10^4$	469
	$^{18}O^{--}$	Pulver	1150...1250	10^{11}	611
GaAs	^{64}Cu		100...600	$3,0 \cdot 10^{-2}$	50,3
	^{110}Ag		600...1000	$3,9 \cdot 10^{-11}$	31,8
GaSb	^{72}Ga		650...700	$3,2 \cdot 10^3$	304
	^{124}Sb		650...700	$3,4 \cdot 10^4$	332
	^{114}In		320...650	$1,2 \cdot 10^{-7}$	51
	^{113}Sn		320...650	$2,4 \cdot 10^{-5}$	77,5
	^{124}Sb		320...650	$8,7 \cdot 10^{-3}$	110
InAs	Cd		600...900	$4,35 \cdot 10^{-9}$	113
	Ge		600...900	$3,75 \cdot 10^{-6}$	113
	Sn		600...900	$1,5 \cdot 10^{-6}$	113
	S		600...900	6,78	212

[1] Nach Landolt-Börnstein, 6. Aufl., Bd. II/5, Beitrag KUBASCHEWSKI.

722. Diffusion von Flüssigkeiten ineinander

Metallverbindung	Typ	Konzentration C_2 (At-%) und Bemerkung	$\Delta\vartheta$ °C	D_0 cm²s⁻¹	Q kJ/Mol
KBr	$^{42}K^+$	EK	460...710	10^{-2}	121,5
	$^{82}Br^-$	EK	480...720	$2 \cdot 10^{-2}$	138,5
	Tl^+	1/∞ EK	350...510	$5,0 \cdot 10$	194
	Tl	1/∞ EK	520...700	$4,1 \cdot 10^{-5}$	99,5
NaCl	$^{24}Na^+$	EK	560...780	0,6	158
	Cl^-	EK	630...800	$1,1 \cdot 10^2$	215
PbSe	$^{210}Pb^{++}$	10^{18} Fs/cm³	400...800	$5,0 \cdot 10^{-6}$	80
		10^{19} Fs/cm³	400...800	$4,4 \cdot 10^{-7}$	53
		$5 \cdot 10^{19}$ e⁻/cm³	400...800	$4,3 \cdot 10^2$	155
PbTe	Pb^{++}	$2 \cdot 10^{18}$ Fs/cm³	260...500	$2,9 \cdot 10^{-5}$	58
	$^{127}Te^-$	$2 \cdot 10^{18}$ Fs/cm³	500...800	$2,7 \cdot 10^{-6}$	72,5
	$^{124}Sb^-$	$2 \cdot 10^{18}$ Fs/cm³	530...800	$4,9 \cdot 10^{-2}$	148,5
TaC$_{0,975}$	^{185}W		2130...2300	19,2	395
TiC$_{0,925}$			2130...2300	7,7	482
WC$_{0,98}$			2130...2300	7,33	579

722. Diffusion von Flüssigkeiten ineinander

7221. Diffusionskoeffizienten D in Lösungen von anorganischen Verbindungen in Wasser gegen reines H_2O

Gelöste Verbindung	ϑ °C	Diffundierender Stoff	1. Zeile Konzentration des gelösten Stoffes 2. Zeile Diffusionskoeffizient					
AlCl$_3$	23		0,0	0,39	0,66	1,16	1,54	2,31	Mol l⁻¹
		H_2O	2,45	2,04	1,79	1,35	0,94	0,57	10^{-5} cm²s⁻¹
BaCl$_2$	23		0,0	0,50	1,00	1,46			Mol l⁻¹
		H_2O	2,50	2,32	2,07	1,82			10^{-5} cm²s⁻¹
CaCl$_2$	25		0,010	0,282	0,803	2,68	4,02	5,36	Mol l⁻¹
		Ca^{++}	0,78	0,76	0,65	0,41	0,23	0,10	10^{-5} cm²s⁻¹
		Cl$^-$	1,89	1,72	1,60	0,91	0,45	0,16	10^{-5} cm²s⁻¹
			0,25	0,50	0,1				Mol l⁻¹
		H_2O	2,14	2,03	1,79				10^{-5} cm²s⁻¹
CdCl$_2$	25		0,00015	0,0008	0,00219	0,0050	0,01		Mol l⁻¹
		CdCl$_2$	1,28	1,23	1,23	1,13	1,09		10^{-5} cm²s⁻¹
		Cd^{++}	0,71	0,69	0,68	0,63	0,60		10^{-5} cm²s⁻¹
		Cl$^-$	1,99	1,95	1,94	1,84	1,76		10^{-5} cm²s⁻¹
HCl			0,0	0,75	1,50	3,00	6,00	12,0	Mol l⁻¹
		H_2O	2,47	2,44	2,45	2,21	1,89	1,21	10^{-5} cm²s⁻¹
CsJ	25		0,04765	0,1136	0,5126	0,690	1,195		Mol l⁻¹
		Cs$^+$	2,06	2,05	2,08	2,07	2,09		10^{-5} cm²s⁻¹
		J$^-$	2,00	1,96	1,96	1,98	1,98		10^{-5} cm²s⁻¹
	23		0,0	0,20	0,40	0,80	1,60		Mol l⁻¹
		H_2O	2,47	2,43	2,46	2,61	2,71		10^{-5} cm²s⁻¹

7. Dynamische Konstanten

Gelöste Verbindung	ϑ °C	Diffundierender Stoff	1. Zeile Konzentration des gelösten Stoffes						
			2. Zeile Diffusionskoeffizient						
KBr	25	Br⁻	0,10	0,50	1,00	2,00	3,00	4,00	Mol l⁻¹
			1,95	1,96	1,93	1,92	1,86	1,77	10^{-5} cm²s⁻¹
	23	H₂O	0,0	0,43	0,87	1,73	3,46		Mol l⁻¹
			2,45	2,55	2,70	2,68	2,71		10^{-5} cm²s⁻¹
K₂CO₃	23	H₂O	0,0	0,47	0,85	1,46	2,55	5,10	Mol l⁻¹
			2,47	2,23	2,07	1,77	1,31	0,52	10^{-5} cm²s⁻¹
KCl	25	Cl⁻	0,1	0,25	0,5	1,0	2,0	4,0	Mol l⁻¹
			1,96	1,97	1,96	1,95	1,91	1,77	10^{-5} cm²s⁻¹
	23		0,0	0,22	0,43	0,86	1,73	3,45	Mol l⁻¹
			2,47	2,48	2,49	2,40	2,44	2,38	10^{-5} cm²s⁻¹
KF	23		0,0	0,5	1,01	3,15	5,55	11,10	Mol l⁻¹
			0,45	2,30	2,14	1,72	1,23	0,63	10^{-5} cm²s⁻¹
KOH	23	H₂O	0,0	0,19	0,39	0,74	1,49	2,97	Mol l⁻¹
			2,41	2,42	2,36	2,25	2,10	1,72	10^{-5} cm²s⁻¹
KJ	25	J⁻	0,010	0,10	0,20	0,50	1,0	3,0	Mol l⁻¹
			2,02	1,98	1,97	1,93	1,94	1,84	10^{-5} cm²s⁻¹
		H₂O	0	1	2	3	4	5	Mol l⁻¹
			2,57	2,76	2,86	2,90	2,92	2,85	10^{-5} cm²s⁻¹
KNO₃	23	H₂O	0,0	0,42	0,71	1,25	2,50		Mol l⁻¹
			2,38	2,51	2,53	2,58	2,58		10^{-5} cm²s⁻¹
LiBr	23	H₂O	0,0	0,46	0,92	2,36	4,60	9,21	Mol l⁻¹
			2,46	2,45	2,30	1,92	1,50	0,58	10^{-5} cm²s⁻¹
LiCl	23	H₂O	0,0	0,56	1,12	2,80	5,60	11,2	Mol l⁻¹
			2,46	2,27	2,18	1,78	1,13	0,31	10^{-5} cm²s⁻¹
LiOH	23	H₂O	0,0	0,43	0,85	1,70	3,41		Mol l⁻¹
			2,44	2,28	2,03	1,76	1,14		10^{-5} cm²s⁻¹
MgCl₂	23	H₂O	0,0	0,19	0,38	0,75	1,50	3,00	Mol l⁻¹
			2,42	2,32	2,19	1,96	1,48	0,80	10^{-5} cm²s⁻¹
MgSO₄	25		0,078	0,36	0,72				Mol l⁻¹
			2,29	1,96	1,68				10^{-5} cm²s⁻¹
HNO₃	23	H₂O	0,0	1,02	2,72	4,05	8,15	16,3	Mol l⁻¹
			2,47	2,44	2,29	2,05	1,64	1,04	10^{-5} cm²s⁻¹
NaBr	25	Br⁻	0,05	0,50	1,00	1,50	2,00	2,50	Mol l⁻¹
			1,94	1,94	1,78	1,75	1,67	1,58	10^{-5} cm²s⁻¹
			0,0	0,62	1,68	3,35	6,71		Mol l⁻¹
			2,44	2,39	2,26	1,93	1,24		10^{-5} cm²s⁻¹
NaCl	25	Na⁺	0,05	0,5	1	2	3	4	Mol l⁻¹
			1,30	1,32	1,25	1,13	1,02	0,9	10^{-5} cm²s⁻¹
		Cl⁻	1,46	1,85	1,78	1,61	1,94	1,26	10^{-5} cm²s⁻¹
		H₂O			2,45	2,20	2,0	1,85	10^{-5} cm²s⁻¹
NaJ	25	Na⁺	0,01	0,05	0,1	0,2	1,0	1,5	Mol l⁻¹
			1,31	1,28	1,274	1,27	1,264	1,25	10^{-5} cm²s⁻¹
		J⁻	1,96	1,88	1,87	1,85	1,75	1,67	10^{-5} cm²s⁻¹
NaOH	23	H₂O	0,0	0,68	1,13	1,70	3,40		Mol l⁻¹
			2,44	2,12	2,02	1,82	1,20		10^{-5} cm²s⁻¹

722. Diffusion von Flüssigkeiten ineinander

Gelöste Verbindung	ϑ °C	Diffundierender Stoff	1. Zeile Konzentration des gelösten Stoffes 2. Zeile Diffusionskoeffizient						
Na_2HPO_4		HPO_4^{--}	0,025 1,13	0,05 1,03	0,10 0,93	0,15 0,90	0,2 0,87		Mol l^{-1} 10^{-5} cm^{2}s^{-1}
Na_2SO_4	25	Na^+ SO_4^{--}	0,00 1,33 1,06	0,01 1,30 1,06	0,05 1,27 0,83	0,2 1,22 0,71	1,2 1,08 0,61	2,0 0,89 0,61	Val l^{-1} 10^{-5} cm^{2}s^{-1} 10^{-5} cm^{2}s^{-1}
H_2SO_4	23	H_2O	0,0 2,44	0,78 2,22	1,34 2,03	4,68 1,16	10,1 0,47	18,2 0,1	Mol l^{-1} 10^{-5} cm^{2}s^{-1}
$SrCl_2$	25	H_2O	0,25 2,12	0,50 2,03	1,0 1,78				Mol l^{-1} 10^{-5} cm^{2}s^{-1}
$ThClO_4$	23	H_2O	0,0 2,20	0,27 1,92	0,54 1,53	0,82 1,22	1,32 0,64		Mol l^{-1} 10^{-5} cm^{2}s^{-1}
$ZnCl_2$	23		0,0 2,40	0,79 2,04	1,44 1,87	2,47 1,66	4,31 1,12	8,64 0,24	Mol l^{-1} 10^{-5} cm^{2}s^{-1}

7222. Diffusionskoeffizienten D von Gasen in H_2O

	ϑ °C	D 10^{-5} cm^{2}s^{-1}		ϑ °C	D 10^{-5} cm^{2}s^{-1}
Ar	21,7	2,0	N_2	25	2,34
CH_3Cl	20,1	1,39	NH_3	20	1,46
CO_2	20	1,60	NO_2	20	1,23
HC:CH	17,5	1,69	N_2O	20	2,11
$H_2C:CH_2$	25,4	1,085	Ne	22,1	2,8
$CH_3CH_2:CH_2$	25	0,895	O_2	21	2,33
Cl_2*	20	1,22	H_2S	25	1,36
H_2	21	3,81	SO_2*	20	1,62
	37	5,07		40	2,59
He	22,1	5,8			

* Chemische Reaktion.

7223. Diffusionskoeffizienten flüssiger anorganischer Stoffe in flüssigen anorganischen Stoffen

Stoffpaar	ϑ °C	Diffundierendes Ion	D in 10^{-5} cm^{2}s^{-1}
CsCl — NaCl	831 965	Cs^+	6,9 11,4
KCl — NaCl	831 967	K^+	8,8 12,4
KCl — NaJ	791 914	Na^+	7,9 10,0
NaCl — RbCl	831 940	Rb^+	8,1 10,3

7224. Diffusionskoeffizient D organischer Verbindungen in Wasser und Lösungen der Verbindung in Wasser in Abhängigkeit von der Konzentration der Lösung und der Temperatur

1. Zeile: Konzentration (c) des Stoffes in H_2O oder Temperatur (ϑ)
2. Zeile: Diffusionskonstante

Organische Verbindung	Temperatur oder Konzentration des Stoffes in H_2O	Diffundierender Stoff						
CH_4NO_2 Harnstoff	25° C		c	0,1250	0,500	0,7500	1,000	Mol/l
			D	1,38	1,39	1,4	1,4	10^{-5} cm^{2}s^{-1}
	25° C	CH_4NO_2	c	2,000	3,0002	3,9999		Mol/l
			D	1,42	1,43	1,44		10^{-5} cm^{2}s^{-1}
	$c=0{,}38$ Gew. %	CH_4NO_2	ϑ	1	13	25	37	°C
	25° C		D	0,68	1,00	1,38	1,81	10^{-5} cm^{2}s^{-1}
CH_4NS Thioharnstoff	25° C	CH_4NS	c	0	0,07887	0,15775	0,23662	Mol/l
			D	1,37	1,31	1,29	1,28	10^{-5} cm^{2}s^{-1}
CH_4O Methanol	20° C	CH_4O	c	0,78	6,25	9,38	12,49	Mol/l
			D	1,20	1,06	0,89	0,82	10^{-5} cm^{2}s^{-1}
$C_2H_2O_4$ Oxalsäure	$c=0{,}25$ Gew. %	$C_2H_2O_4$	ϑ	14,0				°C
			D	1,09				10^{-5} cm^{2}s^{-1}
$C_2H_4O_2$ Essigsäure	25° C	$C_2H_2O_4$	c	0,04283	0,2374	0,4214	1,5187	Mol/l
			D	1,21	1,18	1,15	1,02	10^{-5} cm^{2}s^{-1}
	25° C	$C_2H_2O_4$	c	3,0446	6,0430	8,9161	12,4050	Mol/l
			D	0,88	0,67	0,59	0,57	10^{-5} cm^{2}s^{-1}
	$c=0{,}05$ Mol/l	$C_2H_2O_4$	ϑ	9,7	14	20	25	°C
			D	0,77	0,90	1,01	1,21	10^{-5} cm^{2}s^{-1}
C_2H_5NO Acetamid	25° C	C_2H_5NO	c	0,2583	10,3532	20,4347	63,827	Gew. %
			D	1,24	1,06	0,95	0,56	10^{-5} cm^{2}s^{-1}
$C_2H_5NO_2$ Glycolamid	25° C	$C_2H_5NO_2$	c	0,0600	0,1250	0,9998	4,0000	Gew. %
			D	1,14	1,13	1,05	0,82	10^{-5} cm^{2}s^{-1}

722. Diffusion von Flüssigkeiten ineinander

Stoff	Bedingung	Diffusionspartner		Werte				Einheit
$C_2H_5NO_2$ Glycin	25° C	$C_2H_5NO_2$	c	0,01	0,1	1		Mol/l
			D	0,91	0,89	0,75		10^{-5} cm²s⁻¹
			c				200	g/l
			D				0,69	10^{-5} cm²s⁻¹
C_2H_6O Äthanol	25° C	C_2H_6O	c	0	50	100	185,1	g/l
			D	1,24	1,08	0,93	1,13	10^{-5} cm²s⁻¹
			c	400	500	700		g/l
			D	0,38	0,37	0,77		10^{-5} cm²s⁻¹
$C_3H_8O_3$ Glycerin	25° C	$C_3H_8O_3$	c	10	40	60	80	Gew. %
			D	0,9	0,42	0,23	0,09	10^{-5} cm²s⁻¹
$C_4H_{11}N$ Diäthylamin	$c \approx 0$	$C_4H_{11}N$	ϑ	20				°C
			D	0,97				10^{-5} cm²s⁻¹
$C_4H_{11}NO_2$ Diäthanolamin	25° C	$C_4H_{11}NO_2$	c	0,42	2,10	4,19	5,24	Mol/l
			D	0,57	0,38	0,28	0,23	10^{-5} cm²s⁻¹
$C_5H_4O_2$ Furfurol	$c = 40$ g/l	H_2O	ϑ	20	30			°C
			D	1,04 ± 0,08	1,28 ± 0,08			10^{-5} cm²s⁻¹
	$c = 30$ g/l		ϑ	20	30			°C
			D	0,9 ± 0,10	1,69 ± 0,04			10^{-5} cm²s⁻¹
C_5H_5N Pyridin	25° C	C_5H_5N / H_2O	c	0	30	50	60	Gew. %
			D	1,09	0,60	0,53	0,50	10^{-5} cm²s⁻¹
			D	2,30	1,36	1,00	0,86	10^{-5} cm²s⁻¹
	25° C	C_5H_5N / H_2O	c	75	80	90	100	Gew. %
			D	0,60	0,71	1,03	1,50	10^{-5} cm²s⁻¹
			D	0,78	0,80	0,99	1,52	10^{-5} cm²s⁻¹
$C_6H_6O_3$ Pyrogallol	$c = 0{,}25$ Gew. %	$C_6H_6O_3$	ϑ	18				°C
			D	0,764				10^{-5} cm²s⁻¹
C_6H_6O Phenol	20° C	C_6H_6O	c	1,019	4,81	9,95	14,72	g/l
			D	0,88	0,86	0,83	0,82	10^{-5} cm²s⁻¹
	$c \approx 0$	C_6H_6O	ϑ	20	30	40	50	°C
			D	0,89	1,12	1,41	1,74	10^{-5} cm²s⁻¹

7. Dynamische Konstanten

1. Zeile: Konzentration (c) des Stoffes in H_2O oder Temperatur (ϑ)
2. Zeile: Diffusionskonstante

Organische Verbindung	Temperatur oder Konzentration des Stoffes in H_2O	Diffundierender Stoff				
C_6H_7N Anilin	$c = 2...3$ Gew. %	C_6H_7N	ϑ D	20 $0{,}92 \pm 0{,}4$			°C 10^{-5} cm²s⁻¹
	$c = 2...3$ Gew. %	H_2O	ϑ D	20 $0{,}70 \pm 0{,}1$			°C 10^{-5} cm²s⁻¹
$C_6H_8O_2$ Resorcin	$c = 0{,}25$ Gew. %	$C_6H_8O_2$	ϑ D	18 0,87			°C 10^{-5} cm²s⁻¹
$C_6H_{12}O_6$ Glucose	25° C	$C_6H_{12}O_6$	c D	0,75 29,90	0,67 0,40		Gew. % 10^{-5} cm²s⁻¹
					60,42 0,13	80,61 0,01	
$C_6H_{14}O_6$ Mannit	$c = 0{,}3$ g/l	$C_6H_{14}O_6$	ϑ D	0 0,26			°C 10^{-5} cm²s⁻¹
					20 1,10	50 1,56	
						70	
$C_6H_{15}NO_3$ Triäthanolamin	25° C	$C_6H_{15}NO_3$	c D	0,03 0,71	0,15 0,66		Mol/l 10^{-5} cm²s⁻¹
					1,52 0,42	3,04 0,17	
C_7H_8O o-Kresol		C_7H_8O	ϑ D	20 0,78	30 1,03	40 1,33	50 1,68	°C 10^{-5} cm²s⁻¹
m-Kresol	—	C_7H_8O	D	0,79	1,02	1,31	1,66	10^{-5} cm²s⁻¹
p-Kresol	—	C_7H_8O	D	0,83	1,07	1,35	1,68	10^{-5} cm²s⁻¹
$C_{10}H_{14}N_2$ Nicotin	20° C	$C_{10}H_{14}N_2$	c D	0,1 0,56	0,5 0,43	1,0 0,31	—	Mol/l 10^{-5} cm²s⁻¹
$C_{12}H_{22}O_{11}$ Saccharose	25° C	$C_{12}H_{22}O_{11}$	c D	0,729 0,52	61,48 0,11	70,82 0,05	74,84 0,03	Gew. % 10^{-5} cm²s⁻¹
$C_{12}H_{22}O_{11}$ Maltose	19,5° C	$C_{12}H_{22}O_{11}$	c D	0,1 0,36	0,25 0,34	0,5 0,33	—	Mol/l 10^{-5} cm²s⁻¹
$C_{12}H_{23}O_2K$ Kaliumlaurat	25° C	$C_{12}H_{23}O_2K$	c D	20 0,83	25 0,82	35 0,67	45 0,51	Mol/l 10^{-5} cm²s⁻¹
$C_{18}H_{32}O_{16} \cdot 5 H_2O$ Raffinose	19,3° C	$C_{18}H_{32}O_{16} \cdot 5 H_2O$	c D	0,05 0,29	0,10 0,30	0,25 0,27	—	Mol/l 10^{-5} cm²s⁻¹

7225. Diffusionskoeffizient D organischer Verbindungen in organischen Verbindungen in Abhängigkeit von Temperatur ϑ und Konzentration c

Stoffpaar x_1	x_2	Temperatur oder Konzentration	Diffundierender Stoff	1. Zeile: Konzentration (c) oder Temperatur (ϑ) 2. Zeile: Diffusionskoeffizient					
CCl_4 —	C_2H_6O Äthan	25° C	x_2	c 0,23 D 1,90	0,50 1,75	0,89 1,49	1,60 1,17		Mol % x_2 10^{-5} cm^{2}s^{-1}
—	C_3H_6O Aceton	25° C	x_1	c 5,9 D 3,29	29,4 2,61	61,5 1,73	80,4 1,50		Mol % x_1 10^{-5} cm^{2}s^{-1}
—		25° C	x_2	c 6,0 D 1,75	34,3 2,00	71,0 3,07	86,5 3,74		Mol % x_2 10^{-5} cm^{2}s^{-1}
—	$C_6H_5NO_2$ Nitrobenzol	20° C	x_1	c 1,0 D 0,65	5,0 0,80	9,0 0,83	13,0 0,77		Mol % x_1 10^{-5} cm^{2}s^{-1}
—		20° C	x_2	c 1,028 D 0,90	2,230 0,91	8,042 0,92	13,695 0,93		Mol % x_2 10^{-5} cm^{2}s^{-1}
—	C_6H_{12} Cyclohexan	25° C	—	c 0 D 1,49	20 1,46	60 1,38	100 1,26		Mol % x_1 10^{-5} cm^{2}s^{-1}
—	C_6H_{14} n-Hexan	25° C	—	c 0,42 D 3,86	14,89 3,39	54,54 2,37	98,93 1,49		Mol % x_1 10^{-5} cm^{2}s^{-1}
$CHCl_3$ —	C_3H_6O Aceton	25° C	x_1	c 0,034 D 3,64	0,126 3,24	0,563 2,64	0,809 2,45		Mol % x_1 10^{-5} cm^{2}s^{-1}
—		25° C	x_2	c 0,071 D 2,55	0,187 2,47	0,531 3,05	0,833 3,52		Mol % x_2 10^{-5} cm^{2}s^{-1}
—	$C_4H_{10}O$ Diäthyläther	25° C	—	c 0,435 D 2,15	20,44 2,91	60,1 4,21	99,7 4,51		Mol % x_1 10^{-5} cm^{2}s^{-1}
CH_4 —	C_6H_{14} n-Hexan	—	x_1	ϑ 25 D 0,089	40 0,095	50 0,100	60 0,106		°C 10^{-5} cm^{2}s^{-1}
CH_4 —	C_6H_{14} 3 Methylpropan	—	x_1	ϑ 25 D 0,087	40 0,096	50 0,102	60 0,107		°C 10^{-5} cm^{2}s^{-1}

7. Dynamische Konstanten

Stoffpaar x_1 / x_2	Temperatur oder Konzentration	Diffundierender Stoff		1. Zeile: Konzentration (c) oder Temperatur (ϑ) 2. Zeile: Diffusionskoeffizient				
CH_4O — C_3H_8O Methanol — n-Propanol	30° C	—	c D	4,64 0,80	9,26 0,87	25,39 1,05	38,51 1,14	Mol % x_1 10^{-5} cm²s⁻¹
	30° C	—	c D	50,27 1,13	60,53 1,27	84,78 1,73	97,34 1,95	Mol % x_1 10^{-5} cm²s⁻¹
— C_6H_6O Phenol	$c < 2$ Gew. % x_1	x_1	ϑ D	6,2 1,26	11 1,38	15,8 1,40	18,8 1,63	°C 10^{-5} cm²s⁻¹
C_2H_6O — C_6H_6O Äthanol — Phenol	$c < 2$ Gew. % x_1	x_1	ϑ D	10,0 0,64	14,6 0,70	18,8 0,75	21,8 0,85	°C 10^{-5} cm²s⁻¹
$C_4H_{10}O_3$ — C_6H_6 Diglykol — Benzol	25° C	—	c D	1 0,10	5 0,07	25 0,05	50 0,04	g x_2/l 10^{-5} cm²s⁻¹
— C_7H_8 Toluol	25° C	—	c D	1 0,15	5 0,12	10 0,09	25 0,05	g x_2/l 10^{-5} cm²s⁻¹
C_6H_5Br — C_6H_5Cl Brombenzol — Chlorbenzol	27° C	x_2	c D	3,32 1,34	51,22 1,51	76,17 1,60	96,52 1,71	Mol % x_2 10^{-5} cm²s⁻¹
C_6H_5Cl — C_7H_8 Chlorbenzol — Toluol	27° C	—	c D	1,337 1,76	25,01 1,85	49,92 1,98	98,62 2,26	Mol % x_2 10^{-5} cm²s⁻¹
C_6H_6 — $C_{12}H_{10}$ Benzol — Diphenyl	25° C 25° C	x_1 x_2	c D D	0,4552 2,06 1,44	0,9501 1,91 1,31	2,931 1,31 —	2,996 — 0,89	Mol x_2/l 10^{-5} cm²s⁻¹ 10^{-5} cm²s⁻¹
C_6H_{14} — $C_{16}H_{34}$ Hexan — n-Hexadecan	25° C	—	c D	0,417 2,19	9,53 1,93	39,24 1,49	98,54 1,87	Mol % x_2 10^{-5} cm²s⁻¹
C_7H_{16} — $C_{16}H_{34}$ n-Heptan — n-Hexadecan	25° C	—	c D	0,56 1,77	10,64 1,59	39,34 1,24	97,61 0,76	Mol % x_2 10^{-5} cm²s⁻¹
C_8H_{10} — o-Xylol — p-Xylol	—	x_1	ϑ D	20 1,12	30 1,40	50 2,03	70 2,85	°C 10^{-5} cm²s⁻¹
C_8H_{18} — $C_{12}H_{26}$ n-Octan — n-Dodecan	25° C	—	c D	6,98 1,67	22,37 1,57	61,08 1,32	85,88 1,21	Mol % x_1 10^{-5} cm²s⁻¹

7226. Diffusionskoeffizient D organischer Verbindungen in organische Lösungsmittel

Stoffpaar x_1		x_2		ϑ °C	Diffundierender Stoff	Diffusionskonstante 10^{-5} cm^2 s^{-1}
C_5H_{12} Pentan	—	C_6H_6	Benzol	22	x_2	2,33
		C_6H_{14}	Hexan	20	x_1	2,15
		$C_{10}H_{12}$	Tetrahydronaphthalin	22	x_2	0,95
		$C_{10}H_{18}$	Decahydronaphthalin	22	x_2	0,83
C_6H_6 Benzol	—	$CHBr_3$	Bromoform	20	x_2	1,69
		CH_4O	Methanol	20	x_2	3,04
		C_2H_6O	Äthanol	20	x_2	2,57
		C_3H_8O	n-Propanol	20	x_2	2,38
		$C_4H_{10}O$	n-Butanol	20	x_2	2,11
		C_6Cl_6	Hexachlorbenzol	7,6	x_2	1,02
		$C_6H_2Cl_4$	1,2,4,5-Tetrachlorbenzol	7,6	x_2	1,24
		$C_6H_3Cl_3$	1,2,4-Trichlorbenzol	7,6	x_2	1,34
		$C_6H_4Cl_2$	o-Dichlorbenzol	7,6	x_2	1,62
			m-Dichlorbenzol	7,6	x_2	1,58
			p-Dichlorbenzol	7,6	x_2	1,42
		C_6H_{14}	n-Hexan	22	x_2	2,13
		C_7H_{16}	Heptan	22	x_2	2,06
		C_8H_{18}	Octan	22	x_2	1,82
		C_9H_{20}	Nonan	22	x_2	1,71
		$C_{10}H_{22}$	Decan	22	x_2	1,53
		$C_{12}H_{26}$	Dodecan	22	x_2	1,40
C_6H_{14} Hexan	—	CH_4O	Methanol	20	x_2	3,04
		$C_2H_4O_2$	Methylformiat	20	x_2	2,72
		C_3H_8O	Propanol	20	x_2	2,38
		$C_4H_{10}O$	n-Butanol	20	x_2	2,11
		C_6H_5Br	Brombenzol	7,4	x_2	2,59
		$C_6H_{14}O$	n-Hexanol	20	x_2	1,79
		$C_7H_{16}O$	n-Heptanol	20	x_2	1,63
		$C_8H_{18}O$	n-Octanol	20	x_2	1,50
		$C_{10}H_{12}$	Tetrahydronaphthalin	22	x_2	0,86
		$C_{10}H_{18}$	Decahydronaphthalin	22	x_2	0,76
		$C_{10}H_{22}$	Decan	20	x_2	1,42
		$C_{14}H_{30}$	Tetradecan	20	x_2	1,16
		$C_{18}H_{38}$	Octadecan	20	x_2	0,97
		$C_{20}H_{42}$	Eikosan	20	x_2	0,91
C_7H_8 Toluol	—	$C_2H_4O_2$	Essigsäure	20	x_2	2,0
		$C_4H_{11}N$	Diäthylamin	20	x_2	2,36
		C_6H_5Br	Brombenzol	7,4	x_2	1,59
		$C_7H_6O_2$	Benzoesäure	20	x_1	1,74
CCl_4 Tetrachlorkohlenstoff	—	$C_4H_{10}O$	n-Butanol	21,5	x_2	1,31
		C_5H_{12}	n-Pentan	25	x_2	1,57
		$C_7H_6O_2$	Benzoesäure	20	x_2	1,45
		C_8H_{18}	Octan	20	x_2	1,26
		$C_{10}H_{22}$	Decan	25	x_2	1,08
		$C_{10}H_{22}O$	n-Decylalkohol	21,5	x_2	1,0
		$C_{12}H_{26}O$	n-Dodecylalkohol	21,5	x_2	0,91
		$C_{14}H_{30}O$	n-Tetradecylalkohol	21,5	x_2	0,85
		$C_{16}H_{34}O$	n-Cetylalkohol	21,5	x_2	0,77
		$C_{16}H_{32}O_2$	Palmitinsäure	21,5	x_2	0,65
		$C_{18}H_{36}O_2$	Stearinsäure	21,5	x_2	0,73
C_2H_6O Äthanol	—	$CHBr_3$	Bromoform	20	x_2	0,97
		C_4H_9BrO	Bromdiäthyläther	7,3	x_2	3,47
		$C_5H_{11}Br$	Isoamylbromid	7,3	x_2	3,59
		$C_6H_5NO_2$	Nitrobenzol	7,3	x_2	3,24
		C_6H_6	Benzol	20	x_1	2,57
		C_6H_6O	Phenol	22	x_1	0,85
		C_6H_{14}	Hexan	20	x_1	2,57
		$C_7H_6O_2$	Benzoesäure	25	x_2	1,65
		$C_9H_8O_2$	Zimtsäure	25	x_2	1,60

7. Dynamische Konstanten

723. Diffusion in Gasen

(vgl. zur Diffusion auch Tabelle 721)

Wegen der Unabhängigkeit des idealen Gasgesetzes von der Natur des Gases muß die Zahl der Teilchen, die vom Gase A ins Gas B diffundiert gleich der Zahl der Teilchen sein, die aus B nach A diffundieren. Darum braucht bei Gasen nur *ein* vom Gaspaar abhängiger gemeinsamer Diffusionskoeffizient angegeben zu werden, eine Unterscheidung einer Diffusion $A \to B$ gegen Diffusion $B \to A$ entfällt somit. Bei Gasen ist die Diffusion im allgemeinen nur wenig von der Konzentration abhängig (Diffusion einer Mischung $A-B$ gegen eine zweite Mischung $A-B$ anderer Konzentration usw.); deshalb finden sich nur gelegentlich Angaben über die Konzentrationsabhängigkeit. Dagegen ist der Diffusionskoeffizient bei Gasen relativ stark vom Druck abhängig; im Gültigkeitsgebiet des idealen Gasgesetzes ist der jeweilig gemessene Diffusionskoeffizient umgekehrt proportional der Dichte bzw. dem Druck. Es bezieht sich in diesen Fällen die Angabe der Tabelle jeweils auf 1 atm Druck (Gesamtdruck). In einigen Fällen sind Angaben bei höheren Drucken gemacht, dann ist der Diffusionskoeffizient der Tabelle *nicht* auf 1 atm umgerechnet. Die Temperaturabhängigkeit des Diffusionskoeffizienten bei Gasen läßt sich durch einen Ausdruck $D = D_0 (T/T_0)^n$ mit einem geeigneten Exponenten $n (\approx 1,5 - 2)$ beschreiben. Diese Gesetzmäßigkeit läßt sich bei Inter- und Extrapolationen verwenden.

Messungen mit Isotopen bzw. radioaktiven Isotopen gestatten die Ermittlung von Selbstdiffusionskoeffizienten. Weil die Diffusion in Gasen wesentlich durch die relative Molekulargeschwindigkeit bestimmt wird und die Molekulargeschwindigkeit des Isotops sich ein wenig von der des primären Gases unterscheidet, wird die im Isotopengemisch ermittelte Diffusion vielfach durch Multiplikation mit $\sqrt{2M_{iso}/(M+M_{iso})}$ auf die wahre Selbstdiffusion umgerechnet; es bedeutet hier M_{iso} die relative Molmasse des Isotops und M die des normalen Moleküls.

Die folgenden Tabellen enthalten in der ersten Spalte das Diffusions-Gaspaar, bei Angabe von Selbstdiffusion nur das eine Gas. Es folgen dann in der zweiten Spalte die Temperatur (bzw. der Druck) und der Diffusionskoeffizient jeweils ihrer Zugehörigkeit entsprechend untereinander bzw. nebeneinander.

Aus den Diffusionskoeffizienten der Gase läßt sich die Größe des Molekülquerschnitts bzw. des Moleküldurchmessers entnehmen (s. Bd. III).

Anordnung:

7231. Selbstdiffusion
7232. Diffusion in Luft
7233. Diffusion weiterer Gase ineinander

Abkürzungen:

D Diffusionskoeffizient
D_T Diffusionskoeffizient bei Temperatur T
p Druck
T Temperatur in °K
ϑ Temperatur in °C

7231. Selbstdiffusion
72311. Elemente

723. Diffusion in Gasen

72311. Elemente

		Temperatur T in °K oder ϑ in °C D Diffusionskoeffizient in cm²s⁻¹					
Ar	ϑ	−195,0	−183,0	−78,5°	0,0	22,0	80,0 °C
	D	0,0134	0,0180	0,083	0,156	0,178	0,249 cm²s⁻¹
	p	68	88,8	117,7	194,0	291,0 atm	
	$D_{49,9°C}$	0,00272	0,00194	0,00161	0,00095	0,00066 cm²s⁻¹	
H in H$_2$	T	349	372	422	498	666° K	
	D	2,26	2,92	3,08	3,75	5,42 cm²s⁻¹	
H$_2$	T	65,1	76,6	192	296° K		
	D_{H_2}	0,1006	0,134	0,673	1,647 cm²s⁻¹		
²H$_2$	$D_{^2H_2}$	0,0871	0,116	0,583	1,27 cm²s⁻¹		
⁴He	ϑ	0	20	30	45° C		
	D	1,403	1,582	1,617	1,811 cm²s⁻¹		
Kr	p	3,65	15,48	67,41	110,1	187,9 atm	
	$D_{35°C}$	0,0276	0,00671	0,00139	0,000815	0,000418 cm²s⁻¹	
	T	199	273	373	474° K		
	D	0,045	0,0795	0,140	0,214 cm²s⁻¹		
N$_2$	ϑ	−195,5	−78,5	0,0	25	80° C	
	D	0,0168	0,104	0,185	0,212	0,287 cm²s⁻¹	
Ne	ϑ	0	20	30	40° C		
	D	0,452	0,504	0,504	0,579 cm²s⁻¹		
O$_2$	ϑ	−195,5	−78,5	0,0	25	80° C	
	D	0,0153	0,104	0,187	0,232	0,301 cm²s⁻¹	
Xe	T	194,4	273,2	324,5	378,0° K		
	D	0,0257	0,0480	0,0684	0,090 cm²s⁻¹		

72312. Anorganische Verbindungen

BF$_3$	ϑ 25° C	D 0,080 cm²s⁻¹		ϑ 43° C	D 0,087 cm²s⁻¹		
HBr—²HBr	ϑ 22,1° C	D 0,0792 cm²s⁻¹					
CO	T	194,7	273,2	319,6	373,0° K		
	D	0,1095	0,1904	0,2473	0,323 cm²s⁻¹		
CO$_2$	ϑ	−78,5	0,0	25	80° C		
	D	0,050	0,0974	0,113	0,153 cm²s⁻¹		
	ϑ	24,9	24,9	25,2	25,1	25,0 °C	
	p	9,5	16,7	34,3	47,6	61,2 atm	
	D	0,0110	0,00577	0,00271	0,00131	0,00106 cm²s⁻¹	
	p	103	402	752	1023 atm		
	$D_{25°C}$	9,34	4,34	3,18	2,53 10⁻⁵ cm²s⁻¹		
HCl—²HCl	ϑ 21,8° C D 0,1246 cm²s⁻¹						

72313. *Organische Verbindungen*

CH_4	ϑ	−183,0	−78,5	0,0	25	80° C
	D	0,0266	0,0992	0,206	0,240	0,318 cm²s⁻¹

$C_4H_{10}O$	
Butanol-(1)	ϑ 25° C D 0,81 cm²s⁻¹
Butanol-(2)	ϑ 25° C D 0,76 cm²s⁻¹
2 Methyl-propanol-(1)	ϑ 25° C D 0,80 cm²s⁻¹
2 Methyl-propanol-(2)	ϑ 25° C D 0,73 cm²s⁻¹

7232. Diffusion von Gasen in Luft

Diffundierendes Gas	Temperatur T in °K oder ϑ in °C Diffusionskoeffizient D in cm²s⁻¹

Elemente

H_2	ϑ 27,9° C D 0,070 cm²s⁻¹
$^2H_2$	ϑ 27,7° C D 0,565 cm²s⁻¹
He	ϑ 3 44 73° C D 0,624 0,765 0,902 cm²s⁻¹
Hg	ϑ 140° C D 0,18 cm²s⁻¹; ϑ 200° C D 0,32 cm²s⁻¹
J_2	ϑ 14,0 20,0 25,0 30° C D 0,077 0,081 0,084 0,085 cm²s⁻¹

Anorganische Verbindungen

HCN	ϑ 0° C D 0,173 cm²s⁻¹
CNCl	ϑ 0° C D 0,111 cm²s⁻¹
$COCl_2$	ϑ 0° C D 0,173
CO_2	ϑ 0° C D 0,1420 cm²s⁻¹ ϑ 40° C D 0,1772 cm²s⁻¹
CS_2	ϑ 0 19,9 32,8° C D 0,088 0,101 0,112 cm²s⁻¹
NH_3	ϑ 0° C D 202 cm²s⁻¹ ϑ 22° C 0,247 cm²s⁻¹
H_2O	ϑ 0 15,6 49,4 92,3 120 175 236° C D 0,219 0,240 0,283 0,335 0,429 0,547 0,680 cm²s⁻¹
^2H_2O	ϑ 24,8 40,0 45 60 °C 0,247 0,277 0,288 0,314 cm²s⁻¹
H_2O_2	ϑ 60° C D 0,188 cm²s⁻¹

Organische Verbindungen

Diffundierendes Gas	Name	Temperatur ϑ in °C, Diffusionskoeffizient D in cm²s⁻¹
CCl_4	Tetrachlorkohlenstoff	ϑ 0° C, D 0,1236 cm²s⁻¹; 20° C, D 0,1424 cm²s⁻¹
$CHCl_3$	Chloroform	ϑ 0° C, D 0,091 cm²s⁻¹
CH_2O_2	Ameisensäure	ϑ 0° C, D 0,131 cm²s⁻¹; ϑ 65,4° C, D 0,203 cm²s⁻¹
CH_4	Methan	ϑ 15,8° C, D 0,216 cm²s⁻¹; ϑ 21,6° C, D 0,230 cm²s⁻¹
CH_4O	Methanol	ϑ 0° C, D 0,132 cm²s⁻¹; ϑ 49,6° C, D 0,181 cm²s⁻¹
$C_2H_4O_2$	Essigsäure	ϑ 0° C, D 0,106 cm²s⁻¹; ϑ 62,5° C, D 0,164 cm²s⁻¹; ϑ 99° C, D 0,199 cm²s⁻¹
C_2H_6O	Äthanol	ϑ 25° C, D 0,135 cm²s⁻¹; ϑ 42° C, D 0,145 cm²s⁻¹; ϑ 67° C, D 0,153 cm²s⁻¹
$C_3H_6O_2$	Propionsäure	ϑ 0° C, D 0,0838 cm²s⁻¹; ϑ 50,8° C, D 0,117 cm²s⁻¹
	Essigsäuremethylester	ϑ 0° C, D 0,084 cm²s⁻¹; ϑ 50,8° C, D 0,118 cm²s⁻¹
	Ameisensäureäthylester	ϑ 0° C, D 0,084 cm²s⁻¹, ϑ 50,0° C, D 0,118 cm²s⁻¹
C_3H_7Br	Propanbromid	ϑ 21° C, D 0,101 cm²s⁻¹; ϑ 62,5° C, D 0,127 cm²s⁻¹
C_3H_7J	Propanjodid	ϑ 31° C, D 0,049 cm²s⁻¹; ϑ 74,1° C, D 0,130 cm²s⁻¹
C_3H_8O	Propanol-(1)	ϑ 0° C, D 0,080 cm²s⁻¹; ϑ 66,9° C, D 0,1237 cm²s⁻¹
$C_4H_8O_2$	Ameisensäurepropylester	ϑ 0° C, D 0,071 cm²s⁻¹; ϑ 46,1° C, D 0,101 cm²s⁻¹
	Buttersäure	ϑ 0° C, D 0,068 cm²s⁻¹; ϑ 18,6° C, D 0,126 cm²s⁻¹
	2-Methyl-propionsäure	ϑ 0° C, D 0,070 cm²s⁻¹; ϑ 45,8° C, D 0,130 cm²s⁻¹
	Essigsäureäthylester	ϑ 0° C, D 0,071 cm²s⁻¹; ϑ 46,1° C, D 0,097 cm²s⁻¹
	Propionsäuremethylester	ϑ 0° C, D 0,074 cm²s⁻¹; ϑ 46,2° C, D 0,103 cm²s⁻¹
$C_4H_{10}O$	Butanol-(1)	ϑ 0° C, D 0,068 cm²s⁻¹; ϑ 99,1° C, D 0,126 cm²s⁻¹
	Butanol-(2)	ϑ 25° C, D 0,089 cm²s⁻¹; ϑ 59° C, D 1,08 cm²s⁻¹
	2-Methyl-propanol-(1)	ϑ 0° C, D 0,069 cm²s⁻¹; ϑ 83,1° C, D 0,118 cm²s⁻¹
	2-Methyl-propanol-(2)	ϑ 21,2° C, D 0,102 cm²s⁻¹; ϑ 67,3° C, D 0,133 cm²s⁻¹
	Diäthyläther	ϑ 10° C, D 0,093 cm²s⁻¹; ϑ 30,2° C, D 1,06 cm²s⁻¹
$C_4H_{11}N$	Butylamin	ϑ 63° C, D 0,126 cm²s⁻¹
$C_5H_{10}O_2$	Valeriansäure	ϑ 82° C, D 0,087 cm²s⁻¹; ϑ 99,8° C, D 0,096 cm²s⁻¹
	2-Methyl-valeriansäure	ϑ 70,8° C, D 0,087 cm²s⁻¹; ϑ 99,8° C, D 0,102 cm²s⁻¹
$C_5H_{12}O$	Pentanol-(1)	ϑ 0° C, D 0,059 cm²s⁻¹; ϑ 99,1° C, D 0,109 cm²s⁻¹
C_6H_5Cl	Chlorbenzol	ϑ 42° C, D 0,094 cm²s⁻¹; ϑ 67° C, D 0,100 cm²s⁻¹
$C_6H_5NO_2$	Nitrobenzol	ϑ 25° C, D 0,085 cm²s⁻¹
C_6H_6	Benzol	ϑ 26,9° C, D 0,102 cm²s⁻¹; ϑ 67° C, D 0,124 cm²s⁻¹
C_6H_{12}	Hexen	ϑ 20° C, D 0,079 cm²s⁻¹; ϑ 30° C, D 0,083 cm²s⁻¹
	Cyclohexan	ϑ 45° C, D 0,086 cm²s⁻¹
C_6H_{14}	Hexan	ϑ 25° C, D 0,080 cm²s⁻¹; ϑ 50,2° C, D 0,090 cm²s⁻¹
$C_6H_{14}O$	Hexanol-(1)	ϑ 0° C, D 0,050 cm²s⁻¹; ϑ 99° C, D 0,093 cm²s⁻¹
C_7H_8	Toluol	ϑ 25° C, D 0,086 cm²s⁻¹; ϑ 59° C, D 0,104 cm²s⁻¹
C_8H_{10}		ϑ 50 75 99,8° C
	ortho-Xylol	0,085 0,099 0,113 cm²s⁻¹
	meta-Xylol	D 0,080 0,094 0,108 cm²s⁻¹
	para-Xylol	D 0,067 0,092 0,106 cm²s⁻¹
C_8H_{16}	Octen	ϑ 40° C, D 0,079 cm²s⁻¹; ϑ 97° C, D 0,093 cm²s⁻¹
C_8H_{18}	Octan	ϑ 0° C, D 0,054 cm²s⁻¹; ϑ 25° C, D 0,060 cm²s⁻¹
C_9H_{12}	Mesitylen	ϑ 60,5° C, D 0,085 cm²s⁻¹; ϑ 99,8° C, D 0,106 cm²s⁻¹
$C_{10}H_8$	Naphthalin	ϑ 25° C, D 0,061 cm²s⁻¹
$C_{10}H_{22}$	Decan	ϑ 39,9° C, D 0,61 cm²s⁻¹; ϑ 86,4° C, D 0,078 cm²s⁻¹

7233. Diffusion weiterer Gase ineinander

1. Gas	2. Gas	Temperatur T in °K oder in °C und Diffusionskoeffizient D in cm²s⁻¹				
Ar	H_2	T 29,10	313,0	344,8	373,0	473,0° K
		D 0,764	0,874	1,05	1,26	1,96 cm²s⁻¹
	He	ϑ 20	59	82	99	109° C
		D 0,72	0,89	1,02	1,125	1,15 cm²s⁻¹
	Kr	T 199,5	273	353	373	473° K
		D 0,072	0,126	0,197	0,216	0,327 cm²s⁻¹
	N_2	T 244,2	274,6	303,5	347,7° K	
		D 0,135	0,169	0,200	0,243 cm²s⁻¹	
	Ne	ϑ 0,0	15	30	45° C	
		D 0,276	0,300	0,327	0,357 cm²s⁻¹	

7. Dynamische Konstanten

1. Gas	2. Gas	Temperatur T in °K oder in °C und Diffusionskoeffizient D in cm²s⁻¹				
	O_2	T 243	274,7	304,5	334,0° K	
		0,135	0,168	0,202	0,239	
	Xe	T 194,7	273,2	329,9	378,0° K	
		D 0,051	0,094	0,137	0,176 cm²s⁻¹	
	CO	ϑ 22,6° C	D 0,188 cm²s⁻¹			
	CO_2	T 288,6	328,0	373,0	410,0	473,0° K
		D 0,135	0,185	0,235	0,280	0,365 cm²s⁻¹
	NH_3	ϑ 22° C	D 0,232 cm²s⁻¹			
H_2	He	ϑ 15° C	D 1,24 cm²s⁻¹			
	Hg	ϑ 50° C	D 0,54 cm²s⁻¹ p_{Hg}=3,2 Torr			
	Kr^1	ϑ 22,4° C	D 0,687 cm²s⁻¹			
	N_2	T 195	292	373	473	523° K
		D 0,406	0,834	1,259	1,862	2,192 cm²s⁻¹
	Ne	T 242,2	274,2	303,2	341,2° K	
		D 0,792	0,974	1,150	1,405 cm²s⁻¹	
	O_2	T 300	400	500° K		
		D 0,887	1,420	2,04 cm²s⁻¹		
	CO	T 295,6	345,0	374,5	436,0	471,0° K
		D 0,743	0,979	1,14	1,49	1,68 cm²s⁻¹
	CO_2	T 300	400		500	550 °K
		D 0,806	1,272		1,807	2,09 cm²s⁻¹
	HCl	T 294	327	372	473	523° K
		D 0,795	0,954	1,187	1,798	2,10 cm²s⁻¹
	NH_3^2	ϑ 23,7° C	D 0,856 cm²s⁻¹			
	NO_2	ϑ 0° C	D 0,535 cm²s⁻¹			
	H_2O	ϑ 34,1	55,4	79,5° C		
		D 0,91	0,99	1,10 cm²s⁻¹		
	CH_4	T 293	373	473	523° K	
		D 0,770	1,208	1,790	2,11 cm²s⁻¹	
	CH_4O	ϑ 25,6° C	D 0,6015 cm²s⁻¹			
	C_2H_4	T 195	272	373	473	1165° K
		D 0,236	0,418	0,741	1,131	5,19 cm²s⁻¹
	C_2H_6	T 293	373	473	573° K	
		D 0,507	0,782	1,157	1,367 cm²s⁻¹	
	CH_3CH_2OH	ϑ 0	40,4	63,6	°C	
		D 0,38	0,50	0,56 cm²s⁻¹		
	n-C_3H_8	T 300	400	500	550° K	
		D 0,450	0,732	1,059	1,236 cm²s⁻¹	
	C_6H_6	ϑ 0	19,9	45° C		
		D 0,294	0,341	0,399 cm²s⁻¹		
He	Kr	ϑ 0	15	30	45° C	
		D 0,556	0,605	0,659	0,720 cm²s⁻¹	
	N_2	ϑ 25	50	110	170	225° C
		D 0,687	0,766	1,077	1,289	1,650 cm²s⁻¹
	Ne	ϑ 0	15	30	45° C	
		D 0,906	0,986	1,065	1,158 cm²s⁻¹	
	O_2	ϑ 25	50	110	170	225° C
		D 0,729	0,809	1,120	1,420	1,683 cm²s⁻¹
	Xe	T 273,2	315,0	354,2	394,0° K	
		D 0,473	0,572	0,721	0,882 cm²s⁻¹	

[1] Kr in $^2H_2$ ϑ = 22,6°, D = 0,488 cm²s⁻¹.
[2] NH_3 in $^2H_2$ ϑ = 23,7° C, D = 0,630 cm²s⁻¹.

723. Diffusion in Gasen

1. Gas	2. Gas	Temperatur T in °K oder in °C und Diffusionskoeffizient D in cm²s⁻¹
	CO	T 295,6 345,0 400,0 470,0° K
		D 0,702 0,914 1,17 1,54 cm²s⁻¹
	CO_2	T 287,0 318,0 344,8 400 454,6° K
		D 0,592 0,684 0,782 1,02 1,28 cm²s⁻¹
	NH_3	T 274,8 308,2 333,1° K
		D 0,668 0,783 0,881 cm²s⁻¹
	H_2O	ϑ 34,0 55,3 79,3° C
		D 0,902 1,011 1,121 cm²s⁻¹
	CH_4O	ϑ 150° C D 1,032 cm²s⁻¹
	CH_3CH_2OH	ϑ 150° C D 0,862 cm²s⁻¹
	C_6H_6	ϑ 150° C D 0,610 cm²s⁻¹
N_2	Br_2	ϑ 13° C D 0,105 cm²s⁻¹
	O_2	T 300 400 500 550° K
		D 0,243 0,400 0,586 0,685 cm²s⁻¹
	CO	T 194,7 273,2 319,6 373,0° K
		D 0,105 0,186 0,242 0,318 cm²s⁻¹
	CO_2	T 290,4 315,4 373,0 410,0 473,0° K
		D 0,135 0,184 0,258 0,307 0,386 cm²s⁻¹
	NH_3	ϑ 20 100 200 250° C
		D 0,241 0,407 0,612 0,741 cm²s⁻¹
	H_2O	ϑ 34,4 55,4 79,0° C
		D 0,256 0,303 0,359 cm²s⁻¹
	SF_6	T 289,8 348,0 410,0 473° K
		D 0,104 0,130 0,179 0,231 cm²s⁻¹
	CH_4	p 6,81 34,05 68,1 102,1 170,25 atm
		$D_{60° C}$ 0,0364 0,0068 0,0033 0,0021 0,0012 cm²s⁻¹
	C_2H_4	T 300 400 500 550° K
		D 0,188 0,311 0,461 0,547 cm²s⁻¹
	C_2H_6	p 6,81 34,04 68,1 102,1 170,25 atm
		$D_{60° C}$ 0,0208 0,0037 0,0017 0,00098 0,00052 cm²s⁻¹
	C_6H_6	ϑ 38,7° C D 0,1022 cm²s⁻¹
O_2	Br_2	ϑ 13° D 0,118 cm²s⁻¹
	CO	T 300 400 500° K
		D 0,245 0,401 0,585 cm²s⁻¹
	CO_2	ϑ 20° C D 0,139 cm²s⁻¹
	NH_3	ϑ 20 100 200° C
		D 0,253 0,410 0,652 cm²s⁻¹
	H_2O	T 308,1 352,4 500 700 1000° K
		D 0,282 0,352 0,68 1,20 2,39 cm²s⁻¹
	C_2H_4	ϑ 20° C D 0,182 cm²s⁻¹
	C_6H_6	ϑ 23° C D 0,092 cm²s⁻¹
CO	CO_2	T 296,7 348,0 410,0 473,0° K
		D 0,152 0,227 0,295 0,381 cm²s⁻¹
	NH_3	ϑ 22° D 0,240 cm²s⁻¹
	SF_6	T 296,8 348,0 410,0 473,0° K
		D 0,0887 0,125 0,174 0,222 cm²s⁻¹
CO_2	CS_2	ϑ 0 19,9 32,8° C
		D 0,063 0,0726 0,0789 cm²s⁻¹
	N_2O	T 273,1 300 400 500° K
		D 0,1073 0,1293 0,225 0,340 cm²s⁻¹
	H_2O	ϑ 0 49,5 92,4° C
		D 0,132 0,181 0,238 cm²s⁻¹

1, Gas	2. Gas	Temperatur T in °K oder in °C und Diffusionskoeffizient D in cm^{2}s^{-1}			
H$_2$O	SF$_6$	T 298,8	328,0	373,0	472,0° K
		0,0647	0,0774	0,0980	0,151 cm^{2}s^{-1}
	SO$_2$	T 263	343	473° K	
		D 0,064	0,108	0,194 cm^{2}s^{-1}	
	SO$_2$	ϑ 24,8° C	D 0,124 cm^{2}s^{-1}		
	CCl$_2$F$_2$	ϑ 25° C	D 0,105 cm^{2}s^{-1}		
	CH$_4$	ϑ 24,8	40,0	50,0	60,0° C
		D 0,251	0,278	0,297	0,313 cm^{2}s^{-1}
	C$_2$H$_4$	ϑ 34,6	55,3	79,4° C	
		D 0,204	0,233	0,247 cm^{2}s^{-1}	
	C$_2$H$_6$	ϑ 24,8° C	D 0,177 cm^{2}s^{-1}		
	C$_3$H$_8$	ϑ 28,8° C	D 0,156 cm^{2}s^{-1}		

73. Wärmeleitfähigkeit

731. Wärmeleitfähigkeit λ von Flüssigkeiten[1]

7311. Wärmeleitfähigkeit λ von reinen Flüssigkeiten

73111. Elemente

Substanz	T °K	λ in 10^{-3} Wm^{-1}grd^{-1} bei p in atm					
		$p=25$	100	200	300	400	500
Argon	91,1	121,3	126,5	133,0			
Ar	105,4	104,0	110,9	118,7	125,8	131,9	137,4
	120,4	85,0	93,5	102,8	111,3	118,1	124,4
	135,8	62,7	76,0	87,2	96,4	103,8	110,7
	149,6	—	61,7	74,5	84,6	92,7	100,2

Substanz	λ in 10^{-3} Wm^{-1}grd^{-1} in Abhängigkeit von Temperatur T und Druck p
Wasserstoff H$_2$	15° $\leq T \leq$ 27° K: 71,2 + 2,333 T für Normal- und Para-H$_2$ übereinstimmend
Deuterium ^{2}H$_2$	19° $\leq T \leq$ 26° K: 84,5 + 2,078 T für Normal- und Ortho-^{2}H$_2$ übereinstimmend
Helium He	^{4}He-I: 2,24 $\leq T \leq$ 4,18° K: 9,6 + 4,2 T ($\pm$10%) ^{4}He-II: unterhalb 2,18° K (λ-Punkt) anomales Verhalten ^{3}He (Isotop): 0,3° K: 7; 2,7° K: 19
Quecksilber Hg	ϑ °C | 20 | 200 λ | 8720 | 12 200

---

[1] Nach Landolt-Börnstein, Bd. II/5, Beitrag RIEDEL.

731. Wärmeleitfähigkeit λ von Flüssigkeiten

Substanz	T °K	\multicolumn{6}{c}{λ in 10^{-3} Wm^{-1} grd^{-1} bei p in atm}

Substanz	T °K	25	100	200	300	400	500
Krypton Kr	125,5	87,9	91,2	95,2	98,8		
	150,3	71,2	75,8	81,1	85,7	89,9	93,6
	175,3	54,2	60,4	67,2	72,7	77,6	82,0
	200,3	41,2	46,2	54,4	60,9	66,3	71,0
	235,5	—	27,5	39,6	47,1	52,9	58,2

$65° \leq T \leq 90°$ K: $244,3 - 1,354\,T$

Substanz	T °K	33,5	67,0	100,5	134,0
Stickstoff N₂	85	126,0	128,9	131,8	135,4
	90	117,6	121,0	124,5	128,5
	100	100,4	105,9	110,3	115,1
	110	83,3	90,4	96,1	101,3
	120	66,1	75,1	82,2	87,9
	124	59,2	69,3	77,0	83,7

Substanz	T °K	25	50	75	100	125
Sauerstoff O₂	80	164,5	166,2	167,8	169,5	171,2
	90	151,5	153,6	155,7	157,8	159,9
	100	138,5	141,0	143,6	146,1	148,6
	110	125,1	127,9	130,6	133,5	136,4
	120	110,9	114,3	117,4	120,6	123,9
	130	96,3	100,4	104,0	107,6	111,2
	140	—	85,8	90,0	94,2	98,4
	150	—	67,8	75,4	80,8	85,8

Ozon O₃	ϑ °C	−196	−183	−165	−128
	λ	218	222	227	231

Substanz	T °K	25	100	200	300	400	500
Xenon Xe	170,3	68,9	72,0	74,8			
	190,4	62,0	64,9	68,3	71,5	74,2	76,8
	210,2	54,4	57,7	61,8	65,4	68,5	71,2
	235,0	44,7	49,0	54,1	57,7	61,2	64,5

73112. Anorganische Verbindungen
p_s = Sättigungsdruck

Flüssigkeit	Wärmeleitfähigkeit
BF_3	$\lambda = 203 \cdot 10^{-3}$ Wm^{-1}grd^{-1} ($-124° \leqq \vartheta \leqq 105°$ C)
B_5H_9	$\lambda = 147,5 \cdot 10^{-3}$ Wm^{-1}grd^{-1} ($18° \leqq \vartheta \leqq 40°$ C)
CO	ϑ -195 -183 -170 -161 °C
	λ 148,6 120,5 99,6 87,9 10^{-3} Wm^{-1}grd^{-1}

Flüssigkeit	ϑ °C	\multicolumn{5}{c}{λ in 10^{-3} Wm^{-1}grd^{-1} bei p in at}				
		p_s	50	60	70	90
CO_2	10	97,2	98,6	101,2	103,3	107,5
	15	92,5	—	94,7	96,8	100,9
	20	87,2	—	87,6	90,2	94,6
	25	81,4	—	—	83,0	88,2
	30	70,4	—	—	—	81,6
CS_2	\multicolumn{6}{l}{$\lambda = 143,7 \cdot 10^{-3}$ Wm^{-1}grd^{-1} (12° C); $\lambda = 149,6 \cdot 10^{-3}$ Wm^{-1}grd^{-1} (20° C)}					

Flüssigkeit	ϑ °C	\multicolumn{4}{c}{λ in 10^{-3} Wm^{-1}grd^{-1} bei p in atm}			
		p_s	100	200	300
NH_3	0	516	526	536	547
	20	480	492	505	520
	40	442	455	472	490
	60	395	412	436	459
	80	341	361	392	425
	100	279	300	343	386
	120	—	—	299	348

Flüssigkeit	ϑ °C	\multicolumn{4}{c}{λ in 10^{-3} Wm^{-1}grd^{-1} bei p in atm}			
		p_s	100	200	300
N_2O	4,4	101,2	108,4	117,4	125,6
	37,8	—	—	92,0	99,3
NO_2	4,4	140,0	143,4	146,8	—
	37,8	123,7	127,3	131,0	134,7
	71,1	96,9	101,0	105,2	109,6
HNO_3	\multicolumn{5}{l}{weiße rauchende Salpetersäure $\lambda = (269 + 0,52\, \vartheta)\, 10^{-3}$ Wm^{-1}grd^{-1} ($40° \leqq \vartheta \leqq 50°$ C) HNO_3 mit 2% H_2O $\lambda = (265 + 0,22\, \vartheta)\, 10^{-3}$ Wm^{-1}grd^{-1} ($28° \leqq \vartheta \leqq 80°$ C)}				
SO_2	\multicolumn{5}{l}{$\lambda = (211 - 0,63\, \vartheta)\, 10^{-3}$ Wm^{-1}grd^{-1} ($-13° \leqq \vartheta \leqq 25°$ C) bei $p = 525$ at}				
H_2SO_4	\multicolumn{5}{l}{$\lambda = (308 + 1,08\, \vartheta)\, 10^{-3}$ Wm^{-1}grd^{-1} ($10 \leqq \vartheta \leqq 80°$ C)}				
$SiCl_4$	\multicolumn{5}{l}{$\lambda = 138 \cdot 10^{-3}$ Wm^{-1}grd^{-1} (32° C)}				
UF_6	\multicolumn{5}{l}{$\lambda \approx 160 \cdot 10^{-3}$ Wm^{-1}grd^{-1} (72° C)}				

73113. Organische Verbindungen
731131. Bei normalem Druck

Formel	Name	λ in 10^{-3} Wm^{-1}grd^{-1} ϑ in °C	ϑ in °C
CCl_2F_2	Dichlor-difluor-methan	$81{,}4 - 0{,}465\,\vartheta$	$-53 \leq \vartheta \leq 20°$
CCl_3F	Fluor-trichlor-methan	$100{,}9 - 0{,}29\,\vartheta$	$-58° \leq \vartheta \leq 15°$
CCl_4	Tetrachlor-methan	$106{,}8 - 0{,}17\,\vartheta$	$15° \leq \vartheta \leq 90°$
		$115{,}1$	$-20°$
$CHClF_2$	Chlor-difluor-methan	$95{,}3 - 0{,}42\,\vartheta$	$-75° \leq \vartheta \leq 18°$
CH_2Cl_2	Dichlor-methan	$157{,}5 - 0{,}17\,\vartheta$	$-12 \leq \vartheta \leq 25°$
CH_2O_2	Ameisensäure	$275{,}0 - 0{,}08\,\vartheta$	$15° \leq \vartheta \leq 90°$
CH_3Cl	Chlor-methan	$179 - 0{,}85\,\vartheta$	$-13° \leq \vartheta \leq 25°$
CH_3Cl_3Si	Methyl-trichlor-silan	142	$32°$
CH_3NO_2	Nitromethan	$225{,}7 - 0{,}614\,\vartheta$	$43° \leq \vartheta \leq 76°$
CH_4	Methan	unter Druck s. Tabelle 731132	
CH_4Cl_2Si	Methyl-dichlor-silan	121	$32°$

CH_4O	Methanol	ϑ	0	100	160	200	220	°C $p=p_s$
		λ	218	178	156	127	111	10^{-3} Wm^{-1}grd^{-1}

Formel	Name	λ	ϑ in °C
$C_2H_3ClF_2$	1,1-Difluor-1-chlor-äthan	$94{,}2$	$20°$
$C_2Cl_2F_4$	1,2-Dichlor-1,1,2,2-tetrafluor-äthan	$68{,}4 - 0{,}246\,\vartheta$ $71{,}5 - 0{,}25\,\vartheta$	$-91° \leq \vartheta \leq -27°$ $-20 \leq \vartheta \leq 20°$

C_2H_4	Äthen	ϑ	-160	-129	-100	-74	-29	0	°C
		λ	253	222	184	155	126	80	10^{-3} Wm^{-1}grd^{-1}

Formel	Name	λ	ϑ in °C
$C_2H_4Br_2$	1,2-Dibrom-äthan	$103{,}8 - 0{,}106\,\vartheta$	$15° \leq \vartheta \leq 90°$
$C_2H_4Cl_2$	1,2-Dichlor-äthan	$140{,}2 - 0{,}25\,\vartheta$	$-20° \leq \vartheta \leq 80°$
$C_2H_4O_2$	Essigsäure	$166{,}3 - 0{,}193\,\vartheta$	$15° \leq \vartheta \leq 90°$
		$158{,}61$	$20°$
C_2H_5Br	Brom-äthan	$101{,}2$	$20°$
		$101{,}8$	$30°$
C_2H_5Cl	Chlor-äthan	$123{,}9$	$5°$
		$106{,}7$	$25°$
C_2H_5NO	Acetamid	262	$80°$
$C_2H_5NO_2$	Nitroäthan	$184{,}8 - 0{,}483\,\vartheta$	$42° \leq \vartheta \leq 76°$
C_2H_6	Äthan	unter Druck s. Tabelle 731132	

C_2H_6O	Äthanol	ϑ	0	100	160	200	230	°C $p=p_s$
		λ	190	159	146	128	95	10^{-3} Wm^{-1}grd^{-1}

Formel	Name	λ	ϑ in °C
$C_2H_6O_2$	Äthandiol-(1,2) (Äthylenglykol)	$250 + 0{,}20\,\vartheta$	$20° \leq \vartheta \leq 70°$
C_3H_6O	Aceton	$170{,}0 - 0{,}30\,\vartheta$ 163	$20° \leq \vartheta \leq 50°$ $100°$
C_3H_7NO	Dimethyl-formamid	$190{,}4 - 0{,}35\,\vartheta$	$23° \leq \vartheta \leq 92°$
C_3H_8	Propan	unter Druck s. Tabelle 731132	
C_3H_8O	Propanol-(1)	$156{,}9 - 0{,}21\,\vartheta$	$15° \leq \vartheta \leq 70°$
C_3H_8O	Propanol-(2)	$142{,}5 - 0{,}18\,\vartheta$	$-50° \leq \vartheta \leq 60°$
$C_3H_8O_3$	Propantriol-(1,2,3) (Glycerin)	$283 + 0{,}14\,\vartheta$	$0° \leq \vartheta \leq 132°$
$C_4H_8O_2$	Äthansäure-äthylester Äthylacetat	$150 - 0{,}30\,\vartheta$	$0° \leq \vartheta \leq 150°$

7. Dynamische Konstanten

Formel	Name	λ in 10^{-3} Wm^{-1}grd^{-1} ϑ in °C	ϑ in °C
$C_4H_8O_2$	Buttersäure	$153 - 0{,}17\,\vartheta$	$0° \leq \vartheta \leq 168°$
$C_4H_8O_2$	Dioxan-(1,4)	163,3 bzw. 154,0	20°
$C_4H_8O_2$	Isobuttersäure	142,3	12°
C_4H_{10}	Butan	$116 - 0{,}44\,\vartheta$ (extrapoliert) unter Druck s. Tabelle 731132	$-100° \leq \vartheta \leq 0°$
$C_4H_{10}O$	Butanol-(1)	$156{,}5 - 0{,}18\,\vartheta$	$-60° \leq \vartheta \leq 80°$
$C_4H_{10}O$	Diäthyläther	$138{,}5 - 0{,}42\,\vartheta$	$-80° \leq \vartheta \leq 30°$
$C_4H_{10}O$	2-Methyl-propanol-(1)	$137{,}7 - 0{,}134\,\vartheta$ 110	$15° \leq \vartheta \leq 90°$ 100°
$C_4H_{10}O$	2-Methyl-propanol-(2)	$124{,}8 - 0{,}23\,\vartheta$	$34° \leq \vartheta \leq 77°$
$C_4H_{10}O_2$	Butandiol-(1,3)	193 224	19° 69°
$C_4H_{10}O_2$	Butandiol-(1,4)	-213 220	20° 62°
$C_4H_{10}O_3$	Diäthylenglykol	$207{,}3 + 0{,}062\,\vartheta$	$30° \leq \vartheta \leq 90°$
C_5H_5N	Pyridin	$162{,}6 - 0{,}02\,\vartheta$	$24° \leq \vartheta \leq 60°$
$C_5H_6O_2$	Furfuryl-alkohol	179,7	30°
$C_5H_8O_2$	Acetyl-aceton	152,9	30°
$C_5H_{11}N$	Piperidin	180	22°
C_6H_5Br	Brombenzol	$116{,}2 - 0{,}195\,\vartheta$	$-20° \leq \vartheta \leq 80°$
C_6H_5Cl	Chlorbenzol	$132{,}8 - 0{,}20\,\vartheta$	$-40° \leq \vartheta \leq 90°$
C_6H_5J	Jodbenzol	$104{,}3 - 0{,}13\,\vartheta$	$-20° \leq \vartheta \leq 80°$
$C_6H_5NO_2$	Nitrobenzol	$154{,}5 - 0{,}16\,\vartheta$	$16° \leq \vartheta \leq 150°$
C_6H_6	Benzol	$151{,}0 - 0{,}26\,\vartheta$ unter Druck s. Tabelle 731132	$15° \leq \vartheta \leq 71°$
$C_6{}^2H_6$	Perdeutero-benzol	$143{,}7 - 0{,}29\,\vartheta$	$23° \leq \vartheta \leq 74°$
C_6H_6O	Phenol	160,5	50°
C_6H_7N	Anilin	$174{,}4 - 0{,}08\,\vartheta$	$15° \leq \vartheta \leq 90°$
C_7H_9N	2-Methyl-anilin	156,8 162,8	20° 30°
C_7H_9N	3-Methyl-anilin	160,5	20°
C_7H_9N	4-Methyl-anilin	164,0	50°
C_7H_9N	N-Methyl-anilin	185	22°
C_7H_{14}	Methyl-cyclohexan	$110{,}4 - 0{,}08\,\vartheta$	$30° \leq \vartheta \leq 70°$
C_8H_8O	Acetophenon	142,1	$20° \leq \vartheta \leq 30°$
C_8H_{10}	Äthyl-benzol	133,0 117,5	20° 80°
C_8H_{10}	o-Xylol	$137{,}2 - 0{,}17\,\vartheta$ 123,1	$16° \leq \vartheta \leq 91°$ 63°
C_8H_{10}	m-Xylol	$132{,}5 - 0{,}075\,\vartheta$ unter Druck s. Tabelle 731132	$30° \leq \vartheta \leq 90°$
C_8H_{10}	p-Xylol	$137{,}7 - 0{,}08\,\vartheta$ 133,4	$30° \leq \vartheta \leq 90°$ 20°
C_8H_{18}	Octan	$135{,}0 - 0{,}26\,\vartheta$ unter Druck s. Tabelle 731132	$30° \leq \vartheta \leq 110°$
C_8H_{18}	2,2,4-Trimethyl-pentan	$104{,}2 - 0{,}18\,\vartheta$	$16° \leq \vartheta \leq 90°$
C_9H_7N	Chinolin	$154{,}9 - 0{,}28\,\vartheta$	$15° \leq \vartheta \leq 90°$
C_9H_{12}	2-Phenyl-propan	$128{,}7 - 0{,}197\,\vartheta$	$0° \leq \vartheta \leq 100°$

731. Wärmeleitfähigkeit λ von Flüssigkeiten

Formel	Name	λ in 10^{-3} Wm^{-1}grd^{-1} ϑ in °C	ϑ in °C
C_9H_{12}	1,3,5-Trimethyl-benzol (Mesitylen)	136,4 122,1	20° 80°
$C_{10}H_8$	Naphthalin	$142{,}2 - 0{,}10\,\vartheta$	$100° \leqq \vartheta \leqq 140°$
C_6H_{10}	Cyclohexen	$143{,}4 - 0{,}37\,\vartheta$ 134,1	$37° \leqq \vartheta \leqq 74°$ 20°
$C_6H_{10}O$	Cyclohexanon	$157{,}0 - 0{,}41\,\vartheta$	$37° \leqq \vartheta \leqq 76°$
C_6H_{12}	Cyclohexan	$125{,}9 - 0{,}255\,\vartheta$	$21° \leqq \vartheta \leqq 72°$
$C_6H_{12}O$	Cyclohexanol	136,4 137,8	20° 30°
C_6H_{14}	Hexan	$130{,}7 - 0{,}25\,\vartheta$ unter Druck s. Tabelle 731132	$16° \leqq \vartheta \leqq 60°$
$C_6H_{15}N$	Triäthyl-amin	$125{,}0 - 0{,}27\,\vartheta$	$-80° \leqq \vartheta \leqq 50°$
C_7H_6O	Benzaldehyd	151,8	30°
C_7H_7Cl	Chlor-phenyl-methan (Benzylchlorid)	198,0	20°
C_7H_8	Methyl-benzol (Toluol)	$140{,}3 - 0{,}286\,\vartheta$	$-15° \leqq \vartheta \leqq 112°$
C_7H_8O	Anisol (Methoxy-benzol)	144,8	30°
C_7H_8O	Benzyl-alkohol	159,7	20°
C_7H_8O	o-Kresol	153,5	30°
C_7H_8O	m-Kresol	149,5	20°
C_7H_8O	p-Kresol	144,4	20°
$C_{10}H_{12}$	1,2,3,4-Tetrahydro-naphthalin (Tetralin)	$131{,}7 - 0{,}054\,\vartheta$	$20° \leqq \vartheta \leqq 90°$
$C_{10}H_{14}$	1-Methyl-4-isopropyl-benzol (p-Cymol)	123,5	20°
$C_{10}H_{14}$	1,2,4,5-Tetramethyl-benzol (Durol)	$132{,}8 - 0{,}113\,\vartheta$	$80° \leqq \vartheta \leqq 150°$
$C_{12}H_{10}$	Diphenyl	$148{,}3 - 0{,}145\,\vartheta$	$81° \leqq \vartheta \leqq 308°$
$C_{12}H_{10}O$	Diphenyläther	$147{,}7 - 0{,}155\,\vartheta$	$57° \leqq \vartheta \leqq 238°$

731132. Bei höheren Drucken

		ϑ	λ in 10^{-3} Wm^{-1}grd^{-1} bei p in atm				
		°C	p_s	50	100	200	500
CH_4	Methan	−174,2 −122,9 −98,0	212 137 103	217 146 114	226 159 131	— 192 167	

		ϑ	λ in 10^{-3} Wm^{-1}grd^{-1} bei p in atm				
		°C	p_s	50	100	200	300
C_2H_6	Äthan	4,4	84,5	89,1	98,0	112 2	120,6

		ϑ	λ in 10^{-3} Wm^{-1}grd^{-1} bei p in atm				
		°C	p_s	100	150	200	250
C_3H_8	Propan	50,0 87,2	78 68	90 77	97 84	102 90	107 96

		ϑ		λ in 10^{-3} Wm^{-1}grd^{-1} bei p in atm			
		°C	p_s	40	100	200	400
C_4H_{10}	Butan	75,3		97	102	110	122
		105,6		87	94	102	115
		140,8		82	89	97	111

		ϑ		λ in 10^{-3} Wm^{-1}grd^{-1} bei p in atm			
		°C	p_s	20	100	200	500
C_6H_{14}	Hexan	20		130	134	139	151
		100		108	113	118	133
		200		80	91	99	116

		ϑ	20	100	200	260	280	288,5	°C
C_6H_6	Benzol	p	1	3	48	48	48	48	atm
		λ	139	127	108	81	64	49	10^{-3} Wm^{-1}grd^{-1}

		ϑ		λ in 10^{-3} Wm^{-1}grd^{-1} bei p in atm			
		°C	p_s	20	100	200	500
C_8H_{18}	Octan	20		139	143	147	157
		100		120	124	129	141
		200		98	106	113	128

		ϑ	0	100	200	300	340	°C
C_8H_{10}	1,3-Dimethyl-benzol (m-Xylol)	p	1	1	38	38	38	atm
		λ	145	128	113	83	57	10^{-3} Wm^{-1}grd^{-1}

7312. Wärmeleitfähigkeit von wäßrigen Lösungen

73121. Anorganische Verbindungen

731211. Säuren

Gelöster Stoff	T	λ in 10^{-3} Wm^{-1}grd^{-1}								
		Konzentration des gelösten Stoffes in Gew.%								
	°C	0	10	20	30	40	60	80	90	98
HCl	29	610	570	522	470					
	30	618	566	512	457					
HNO$_3$	0	551	533	514	492	469	412	343	303	265
	20	599	573	546	518	489	421	340	297	260
	40	634	602	571	538	504	427	338	293	256
	60	659	627	593	557	520	432	336	289	251
	80	674	640	605	567	526	434	335	286	248
	100	682	646	609	572	532	436	334	283	243

731. Wärmeleitfähigkeit λ von Flüssigkeiten

Gelöster Stoff	T °C	λ in 10^{-3} Wm^{-1}grd^{-1} Konzentration des gelösten Stoffes in Gew.%							
		0	10	20	30	40	60	80	90	98
H_3PO_4	29	610	588	565	541	518	474	453	445	—
H_2SO_4	0	551	527	503	479	458	414	368	339	317*
	20	599	572	546	520	494	442	384	350	326*
	40	634	605	576	548	520	463	402	362	333*
	60	659	630	601	572	542	483	420	373	339*
	80	674	648	622	592	560	498	432	385	346*
	100	682	659	635	607	574	508	442	397	352*

* bei 96 Gew.%

731212. Basen und Salzlösungen

Gelöster Stoff	°C	λ in 10^{-3} Wm^{-1}grd^{-1} Konzentration des gelösten Stoffes in Gew.%								
		0	5	10	15	20	25	30	35	40	45
$AgNO_3$	29	610	605	599	592	585	578	569	560	549	537
$AlCl_3$	25	608	592	574	555	534	512	489			
$Al_2(SO_4)_3$	29	610	602	593	581	567	550				
$BaBr_2$	20	599	590	581	572	563	553	542	531	518	
$BaCl_2$	20	599	594	589	583	576					
$Ba(OH)_2$	29	610									
$BeSO_4$	25	608	597	585	572	558	544				
$CaBr_2$	20	599	590	579	567	555	542	528	511		
$CaCl_2$	−30							497	491		
	−20							512	505	498	
	1,5	563	561	558	553	547	540	533	526		
	20	596	590	584	578	572	565	558	551	544	
$Co(NO_3)_2$	29	610	601	592	582	572	562	551	541	531	
H_2CrO_4	29	610	599	588	577	565	552	539	526	511	
$Na_2Cr_2O_7$	20	599	596	593	590	586	582	577	573	568	
$CuSO_4$*	32	616									
$K_4Fe(CN)_6$	29	610	602	594	588						
KBr	20	599	588	576	563	549	534	519	503		
KCl	1,5	563	557	550	542	532					
	20	599	589	578	568	558	547				
K_2CO_3	20	599	597	593	588	581	572	563	552	539	
KF	20	599	595	589	581	572					
KOH	1,5	563	573	574	572	568	562	555	547	539	
	20	597	602	604	603	599	592	584	575	565	
	50	640	644	645	643	638	632	624	616	605	
	80	669	674	675	673	668	661	653	643	633	
KJ	20	599	587	575	562	547	531	514	495	477	
KNO_2	29	610	603	595	587	578	569	560	550	539	
KNO_3	20	599	592	585	577	567					
K_2SO_4	20	599	595	591							
LiBr	20	599	585	571	556	540	523	507	490	474	
LiCl	20	599	587	576	565	555	546	537			
LiJ	20	599	584	568	552	535	518	502	486	469	
LiOH	29	610	636								

* Bei 18 Gew.% 586.

7. Dynamische Konstanten

Gelöster Stoff	°C	λ in 10^{-3} Wm^{-1}grd^{-1}								
		Konzentration des gelösten Stoffes in Gew. %								
		0	5	10	15	20	25	30	35	40	45
Li$_2$SO$_4$	20	599	597	595	592	588					
MgBr$_2$	20	599	585	570	555	537	517	498	478	458	439
MgCl$_2$	−20					480	470				
	1,5	563	554	544	531	516	501	486			
	20	599	588	576	563	548	531	514			
MgSO$_4$	20	599	595	591	587	582					
NaBr	20	599	590	581	571	559	547	534	520		
NaBrO$_3$	20	599	594	588	583	577	572				
Na$_2$CO$_3$	20	599	603	608							
NaCl	1,5	563	559	556	552	549	545				
	20	599	595	590	585	579	572				
	25	608	605	600	594	588	582				
	30	618	611	604	597	590	583				
NaClO$_3$	20	599	592	584	576	568	559	549	539	529	
NaClO$_4$	20	599	591	583	575	567	558	547	535		
NaF	20	599	601								
NaOH	1,5	563	585	599	606	612	618	624			
	20	599	616	629	636	640	642	643	644	644	
	50	640	656	667	676	683	686	687	687	687	
	80	669	690	703	713	719	720	721	721	721	
NaJ	20	599	589	578	567	554	541	526	510	493	
NaNO$_2$	20	599	596	592	588	584	579	573	566	558	
NaNO$_3$	20	599	596	592	587	581	574	567	560		
Na$_3$PO$_4$	20	599	606	613							
Na$_2$SO$_3$	20	599	599	598	597	593					
Na$_2$SO$_4$	20	599	600	600	601						
Na$_2$S$_2$O$_3$	20	599	596	593	589	584	577	568	557	544	
ZnCl$_2$	32	616				564[1]			516		
ZnSO$_4$	30	618	611	604	598	592	584	575			

[1] Bei 17,5%.

73122. Organische Verbindungen

Gelöster Stoff	ϑ	λ in 10^{-3} Wm^{-1}grd^{-1}					
		Konzentration des gelösten Stoffes in Gew.%					
	°C	0	20	40	60	80	90	100
CH$_4$O Methanol	−70	—	—	—	299	261	—	232
	−30	—	—	362	303	252	—	217
	20	599	484	385	308	244	—	202
	50	641	513	401	314	242	—	192
CH$_4$NO$_2$ Harnstoff	25	608	594	581	567	553	—	540
C$_2$H$_4$O$_2$ Essigsäure	11	624	518	415	326	249	—	180
C$_2$H$_6$O Äthanol	−70	—	—	—	—	227	—	197
	−30	—	—	340	274	221	—	183
	20	599	466	361	277	213	—	167
	60	652	504	377	284	209	—	157

731. Wärmeleitfähigkeit λ von Flüssigkeiten

Gelöster Stoff	ϑ	λ in 10^{-3} Wm^{-1}grd^{-1}						
		Konzentration des gelösten Stoffes in Gew.%						
	°C	0	20	40	60	80	90	100
$C_2H_6O_2$ Äthylenglykol	−50	—	—	—	322	284	—	—
	−20	—	—	394	338	290	—	—
	20	599	511	422	358	297	—	262*
	80	670	566	469	387	311	—	270*
C_3H_6O Aceton	−20	—	—	—	262	212	—	178
	20	599	463	351	264	202	—	160
	40	628	480	358	266	195	—	152
C_3H_8O Propanol	−20	—	—	—	—	201	—	163
	20	599	463	351	261	194	—	155
	60	652	497	364	275	191	—	150
$C_3H_8O_3$ Glycerin	−20	—	—	—	365	319	—	—
	10	583	506	440	381	326	297	—
	20	599	523	453	388	328	302	—
	50	641	566	492	416	342	305	—
	80	670	585	501	423	350	319	—

* bei 97,5 Gew.%.

	ϑ	Gew.%						
	°C	0	10	20	30	40	50	60
$C_6H_{12}O_6$ bzw. $C_{12}H_{22}O_{11}$	1,5	565	540	509	478	448	419	391
Glucose oder Saccharose	20	599	569	537	505	471	439	409
	50	641	604	573	538	502	466	429
	80	672	640	602	565	529	490	449
	25	608	583	559	532	506	479	452

CH_4, C_2H_4, C_2H_6, C_3H_8

ϑ	λ in µW/(cm grd) bei p in bar							
°C	1	10	20	50	100	200	300	400
				CH_4 Methan				
−75	215	226	234	392	844	1090	1220	1360
−25	274	276	283	333	439	772	912	1020
0	303	306	313	356	440	693	818	901
25	337	339	346	383	455	653	750	811
50	371	374	382	411	472	628	718	780
100	442	454	460	472	511	612	701	749
200	605	634	640	652	664	702	737	776
				C_2H_4 Äthen				
50	240	244	257	307	—	—		
67,2	261	265	278	309	474	790		
75	272	276	288	311	—	—		
100	310	312	321	—	—	—		
150	370	377	389	—	—	—		

7. Dynamische Konstanten

ϑ °C	λ in μW/(cmgrd) bei p in bar							
	1	10	20	50	100	200	300	400
			C_2H_6 Äthan						
50	245	254	264	359	690	867	965	
75	281	286	296	346	563	772	886	
100	316	318	328	362	497	694	819	
150	385	388	394	414	471	630	746	
			C_3H_8 Propan						
50	210	232	—	—	—	—	—	—
75	241	251	271	—	—	—	—	—
100	272	279	294	647	718	834	941	
150	340	347	355	378	620	770	868	

732. Wärmeleitfähigkeit von Gasen
7321. Temperaturabhängigkeit der Wärmeleitfähigkeit
73211. Elemente und anorganische Verbindungen

732111. Temperaturen zwischen 0 und 200° C, $p \approx 1$ bar
(Kursivdruck zeigt an, daß $p < 1$ bar).

Formel	λ in μW/(cmgrd) bei ϑ in °C					
	0	25	50	100	150	200
Ar	164	177	189	213	235	255
BCl_3	*101*	*110*	*124*	80°C *139*	—	—
BF_3	*173*	*191*	*204*	80°C *222*	—	—
Br_2	*43,3*	*46,7*	*50,4*	*57,8*	*65,6*	*73,8*
HBr	*79,2*	*87,0*	*94,8*	*111*	*126*	*142*
HCN	*110*	*122*	*135*	*163*	*194*	*230*
CO	231	249	267	304	335	368
CO_2	145	164	184	223	262	302
Cl_2	*79,9*	*88,4*	*96,8*	*114*	*131*	*149*
HCl	*127*	*139*	*151*	*176*	*201*	*225*
F_2	*243*	*264*	*286*	*327*	*368*	*406*
H_2	1710	1810	1910	2110	2300	2490
H_2O	—	—	(199)	246	296	332
$^2H_2O(D_2O)$	—	—	—	243	286	335
He	1430	1500	1580	1740	1900	2050
Kr	87,8	95,1	102	116	129	142
Luft	241	260	276	314	354	385
N_2	240	259	277	308	338	367
NH_3	216	242	270	332	400	472
NO	239	257	275	310	346	380
N_2O	153	173	193	236	280	322
Ne	461	489	516	571	626	675
O_2	245	264	283	318	353	386
Rn[1]	21,4	23,8	26,0	30,1	34,1	37,7
SO_2	86,2	99,4	113	138	165	191
Xe	51,0	55,5	60,0	69,0	77,7	81,5

[1] Berechnete Werte.

732. Wärmeleitfähigkeit von Gasen

732112. Anorganische Gase
Temperatur von 80...1400° K, $p \approx 1$ bar [1]

T °K	λ in µW/cmgrd						
	Ar	Br_2	HBr	CO	CO_2	Cl_2	HCl
80	—	—	—	69,2	—	—	
100	65,8	—	—	87,3	—	—	
150	96,4	—	—	132	—	—	
200	125	—	56,4	174	95	55,3	91,7
250	152	—	71,9	214	128	72,2	116
273	164	43,3	79,2	231	145	79,9	127
400	224	61,8	119	320	244	124	189
500	266	78,2	150	385	322	158	238
600	305	95,7	182	446	397	192	
700	341	114	—	505	469		
800	373	—	—	560	539		
900	402	—	—	613	607		
1000	429	—	—	661	671		
1100	455	—	—	719	731		
1200	479	—	—	—	788		
1400	524	—	—	—	—		

T °K	λ in µW/cmgrd							
	F_2	H_2	$^2H_2$	He	Hg	Kr	N_2	Luft
80	—	550	480	637	—	—	76,7	73,5
100	90,5	674	(587)	735	—	—	95,4	92,0
150	135	985	(826)	950	—	50,5	146	139
200	179	1280	(1040)	1150	—	66,1	190	182
250	223	1570	(1230)	1340	—	81,0	226	221
273	245	1710	(1310)	1430	45,4	87,8	240	241
400	349	2220	—	1820	62,7	125	325	336
500	426	2590	—	2140	80,2	148	382	402
600	495	2950	—	2460	91,5	172	436	460
700	—	3310	—	2790	113	195	487	516
800	—	3660	—	3110	—	217	534	570
900	—	3990	—	—	—	236	580	624
1000	—	4300	—	—	—	254	621	672
1100	—	4640	—	—	—	278	660	724
1200	—	4960	—	—	—	289	696	768
1400	—	5580	—	—	—	321	760	830

[1] Kursivdruck zeigt an, daß $p < 1$ bar.

7. Dynamische Konstanten

T	λ in µW/cmgrd							
°K	NH_3	N_2O	NO	Ne	O_2	H_2O	^2H_2O	Xe
80	—	—	—	*71,2*	—	—	—	—
100	—	—	—	90,3	—	—	222	—
150	—	—	135	138	—	—	302	—
200	—	97,6	173	183	—	—	372	38,4
250	194	134	219	225	—	—	434	47,1
273	216	153	239	245	—	—	461	51,0
400	368	260	330	337	266	266	602	73,8
500	509	348	398	404	364	367	702	91,1
600	659	437	466	469	469	480	801	108
700	815	526	—	533	570	616	891	124
800	—	614	—	596	673	—	996	138
900	—	(703)	—	656	776	—	—	—
1000	—	—	—	713	882	—	—	—
1100	—	—	—	769	994	—	—	—
1200	—	—	—	823	1102	—	—	—
1400	—	—	—	929	(1320)	—	—	—

73212. Organische Gase

0…200° C, $p \approx 1$ bar

Kursivdruck zeigt an, daß $p < 1$ bar

Formel	Substanz	λ in µW/(cmgrd) bei ϑ in °C					
		0	25	50	100	150	200
$CBrF_3$	Bromtrifluormethan	82	93	105	130	153	—
CBr_2F_2	Dibromdifluormethan	*55*	63	72	88	105	—
CBr_3F	Tribromfluormethan	—	—	52	63	75	—
$CClF_3$	Chlortrifluormethan	—	—	—	178	205	235
CCl_2F_2	Dichlordifluormethan	—	99	111	135	160	—
CCl_3F	Trichlorfluormethan	—	88	100	123	—	—
CCl_4	Tetrachlormethan	*60*	*67*	*75*	90	105	—
$CHClF_2$	Chlordifluormethan	—	115	127	153	—	—)
$CHCl_2F$	Dichlorfluormethan	—	97	101	110	—	—
$CHCl_3$	Trichlormethan	*62*	*70*	*82*	101	123	(143)
CH_2Cl_2	Dichlormethan	*66*	*80*	93	118	143	169)
CH_3Br	Brommethan	*70*	80	91	114	136	(160
CH_3Cl	Chlormethan	91	107	124	157	195	(230
CH_3J	Jodmethan	*46*	*55*	63	82	(100)	—
CH_3NO_2	Nitromethan	—	—	—	*135*	167	—
CH_4	Methan	303	337	371	442	520	605
CH_4O	Methanol	*(136)*	*(164)*	*195*	236	276	—
$C_2Cl_2F_4$	1,2-Dichlor-1,1,2,2-tetrafluor=äthan	—	105	119	146	175	—
$C_2Cl_3F_3$	1,1,1-Trichlor-1,2,2-trifluor=äthan	—	*75*	90	120	—	—
C_2H_2	Äthin	186	215	246	303	—	—
C_2H_3N	Äthannitril	—	—	—	152	180	—
C_2H_4	Äthen	175	208	240	310	370	440
$C_2H_4Cl_2$	1,1-Dichloräthan	—	*91*	*107*	136	165	196
C_2H_4O	Acetaldehyd	*110*	124	140	179	—	—

732. Wärmeleitfähigkeit von Gasen

Formel	Substanz	λ in μW/(cmgrd) bei ϑ in °C					
		0	25	50	100	150	200
C_2H_4O	Äthylenoxid	93	118	143	193	249	—
$C_2H_4O_2$	Essigsäure	—	122	140	176	—	—
C_2H_5Cl	Chloräthan	92	109	131	176	220	—
C_2H_6	Äthan	183	212	245	316	385	465
C_2H_6O	Äthanol	130	154	180	220	273	—
C_2H_7N	Dimethylamin	106	160	210	305	404	—
C_3H_6	Propen	140	170	200	—	—	—
C_3H_6	Cyclopropan	—	—	(175)	243	312	—
C_3H_6O	Aceton	98	130	146	176	227	—
$C_3H_6O_2$	Ameisensäureäthylester	80	105	137	187	230	—
$C_3H_6O_2$	Essigsäuremethylester	101	119	137	180	230	—
C_3H_7Cl	1-Chlorpropan	97	115	135	180	—	—
C_3H_7Cl	2-Chlorpropan	103	122	140	(186)	—	—
C_3H_8	Propan	151	180	210	272	340	425
C_3H_8O	Propanol-(1)	119	136	156	206	—	—
C_3H_8O	Propanol-(2)	—	148	170	218	—	—
C_3H_8O	Methyläthyläther	—	—	193	243	—	—
C_4H_6	Butadien-(1,3)	122	158	184	—	—	—
C_4H_8	Buten-(1)	123	160	185	—	—	—
C_4H_8	Buten-(2), cis	116	152	170	—	—	—
C_4H_8	Buten-(2), trans	119	153	176	—	—	—
C_4H_8	2-Methyl-propen-(1)	129	163	—	—	—	—
C_4H_8O	Butanon-(2)	110	130	150	—	—	—
$C_4H_8O_2$	Essigsäureäthylester	69	101	125	173	225	—
$C_4H_8O_2$	Dioxan-(1,4)	—	—	—	170	220	—
C_4H_9Cl	1-Chlorbutan	—	119	136	183	—	—
C_4H_9Cl	2-Chlorbutan	—	111	135	(187)	—	—
C_4H_{10}	Butan	135	163	185	245	310	—
$C_4H_{10}O$	Butanol-(1)	—	(135)	150	197	(250)	—
$C_4H_{10}O$	Butanol-(2)	—	135	157	200	—	—
$C_4H_{10}O$	Diäthyläther	130	150	172	221	276	335
$C_4H_{10}O$	Methylpropyläther	—	—	172	225	—	—
$C_4H_{11}N$	Diäthylamin	108	136	163	222	283	—
C_5H_6	3-Methyl-butin-(1)	116	138	162	—	—	—
C_5H_8	Pentadien-(1,3)	116	136	157	—	—	—
C_5H_8	2-Methyl-butadien-(1,3)	112	148	175	—	—	—
C_5H_{10}	Penten-(1)	119	139	159	—	—	—
C_5H_{12}	Pentan	130	150	173	228	294	—
C_5H_{12}	2-Methyl-butan	124	145	169	220	275	—
$C_5H_{12}O$	Pentanol-(1)	—	135	148	190	—	—
$C_5H_{12}O$	Pentanol-(2)	—	140	159	200	—	—
C_6H_6	Benzol	89	107	125	165	214	(260)
C_6H_{12}	Hexen-(1)	104	124	145	186	—	—
C_6H_{12}	Cyclohexan	78	(105)	132	185	243	—
C_6H_{14}	Hexan	120	130	150	202	260	—
$C_6H_{14}O$	Dipropyläther	—	—	146	194	—	—
$C_6H_{14}O$	Dipropyl-(2)-äther	—	—	152	204	—	—
$C_6H_{14}O$	Äthylbutyläther	—	—	148	198	—	—
$C_6H_{15}N$	Triäthylamin	112	127	150	194	253	—
C_7H_{16}	Heptan	—	—	66° C 153	176	—	—
$C_7H_{16}O$	Propylbutyläther	—	—	136	178	—	—
$C_8H_{18}O$	Dibutyläther	—	—	125	167	—	—

73213. Gasmischungen, Abweichung von der Linearität für $p \approx 1$ bar

Es ist angegeben $r = \dfrac{\lambda_M}{x_1\lambda_1 + x_2\lambda_2}$, λ_M Wärmeleitfähigkeit der Mischung
λ_i Wärmeleitfähigkeit der i-Komponente
x_i Molenbruch der i-Komponente

Mischung	ϑ °C	\multicolumn{5}{c}{r für x_1}				
		0,1	0,25	0,50	0,75	0,90
Ar—CH_3OH	78	1,01	1,02	1,04	10,4	1,02
Ar—$CH_3 \cdot CH_3$	1,8	1,00	0,99	0,99	0,98	0,99
	200,8	1,01	1,01	1,02	1,01	1,00
Ar—CH_4	2,8	0,98	0,97	0,96	0,96	0,98
	101,5	0,99	0,97	0,97	0,96	0,98
	688,4	1,00	1,00	1,00	1,00	1,00
Ar—C_6H_6	78	0,97	0,95	0,91	0,93	0,97
	125	0,99	0,97	0,95	0,96	0,98
Ar—H_2	0	0,78	0,67	0,67	0,77	0,89
	38	0,77	0,67	0,68	0,76	0,88
Ar—He	0	0,84	0,75	0,65	0,63	0,73
	29	0,88	0,75	0,65	0,62	0,71
	520	0,88	0,78	0,67	0,65	0,74
Ar—N_2	0	1,00	0,99	0,98	0,99	0,99
	38	0,98	0,97	0,98	0,99	1,00
Ar—Ne	18	0,96	0,93	0,90	0,91	0,93
	520	0,96	0,92	0,89	0,89	0,93
Ar—O_2	38	0,96	0,93	0,94	0,96	0,98
$CHCl_3$—$C_2H_5OC_2H_5$	59,3	1,00	1,00	1,00	1,00	1,00
	104,6	1,00	1,00	1,00	1,00	1,00
CH_4—$CH_3 \cdot CH_2 \cdot CH_3$	50	0,98	0,96	0,94	0,95	0,97
	100	0,99	0,98	0,97	0,98	0,99
	150	0,99	0,99	0,99	0,99	0,99
$CH_2:CH_2$—H_2	25	0,88	0,78	0,69	0,67	0,76
$CH_2:CH_2$—N_2	42	1,00	1,00	1,00	1,00	1,00
$CH_2:CH_2$—NH_3	25	1,02	1,04	1,05	1,09	1,02
$CH_3 \cdot CO \cdot CH_3$—C_6H_6	76,7	1,01	1,02	1,04	1,03	1,01
	125,1	1,00	1,02	1,03	1,03	1,01
C_6H_6—$CH_3 \cdot (CH_2)_4 \cdot CH_3$	87,6	1,00	1,00	1,00	1,00	1,00
	125	1,00	1,00	1,00	1,00	1,00
CO—CO_2	1	—	1,00	1,00	1,00	—
	101	—	1,00	1,00	1,00	—
	311	—	1,00	1,00	1,00	—
	502	—	1,02	1,03	1,02	—
CO—N_2	1	1,00	1,00	1,00	1,00	1,00
	101	1,00	1,00	1,00	1,00	1,00
	498	1,00	1,00	1,00	1,00	1,00

732. Wärmeleitfähigkeit von Gasen

Mischung	ϑ °C	\multicolumn{5}{c}{r für x_1}
		0,1	0,25	0,50	0,75	0,90
CO—Luft	18	1,00	1,00	1,00	1,00	1,00
CO_2—H_2	0	0,84	0,78	0,60	0,59	0,69
	25	0,87	0,77	0,63	0,60	0,71
CO_2—N_2	50	0,99	0,97	0,96	0,96	0,98
	250	1,00	1,01	1,01	1,01	1,00
CO_2—Luft	40	—	0,98	0,98	0,99	—
CO_2—O_2	97	0,99	0,97	0,96	0,97	0,99
H_2—$^2H_2$	0	0,99	0,98	0,97	0,98	0,99
H_2—He	0	0,98	0,96	0,96	0,97	0,98
	45	0,99	0,98	0,97	0,99	0,99
H_2—N_2	0	0,76	0,67	0,66	0,74	0,86
	25,3	0,81	0,72	0,75	0,83	0,91
	99,1	0,81	0,73	0,75	0,84	0,93
H_2—NH_3	25,3	0,86	0,77	0,79	0,85	0,94
	99,1	0,85	0,78	0,83	0,89	0,95
H_2—Ne	30	0,96	0,92	0,85	0,81	0,89
	45	0,95	0,91	0,85	0,83	0,91
H_2—O_2	22	0,81	0,71	0,77	0,87	0,94
	31			0,70	0,79	0,86
He—Kr	18	0,60	0,52	0,55	0,70	0,85
	520	0,64	0,56	0,58	0,70	0,85
He—Ne	18	0,93	0,89	0,91	0,94	0,98
	520	0,92	0,88	0,86	0,92	0,97
He—O_2	30	0,81	0,69	0,67	0,75	0,86
	45	0,81	0,69	0,66	0,76	0,86
Kr—N_2	30	0,96	0,93	0,88	0,87	0,92
	45	0,96	0,93	0,88	0,88	0,93
Kr—He	18	0,98	0,97	0,96	0,97	0,98
N_2—Ne	30	0,96	0,93	0,92	0,93	0,96
N_2—H_2O	65	1,04	1,07	1,09	1,08	1,04
	330	1,03	1,07	1,11	1,12	1,07
N_2—NH_3	25,3	1,02	1,04	1,06	1,06	1,03
	74,8	1,05	1,11	1,14	1,12	1,08
	351	—	1,02	1,03	1,03	—
Luft—H_2O	80	—	1,06	1,10	1,12	—
O_2—H_2O	227			1,07	1,08	
	527			1,09	1,09	

7322. Druckabhängigkeit der Wärmeleitfähigkeit
73221. Elemente und anorganische Verbindungen

Substanz	ϑ °C	λ in µW/(cmgrd) bei p in bar								
		1	10	20	50	100	200	500	1000	2000
Ar	−100	110	115	123	164	350	545			
	0	164	167	173	183	216	294	492		
	25	177	179	185	195	220	284	460	708	1080
	100	213	216	220	226	245	290	420		
	500	365	370	374	380	391	409	464		
CO_2	25	164	170	178	243					
	100	223	227	230	248	327	610			
	200	302	303	305	308	332	451			
H_2	25	1810	1810	1820	1820	1850	1900	1970		
	100	2110	2120	2120	2130	2140	2180	2230		
	300	2850	2870	2880	2910	2940	2980	3016		
He	25	1500	1520	1530	1550	1580	1610			
	100	1740	1750	1770	1790	1820	1850			
	300	2380	2400	2410	2440	2470	2490			
N_2	−100	167	173	180	222	342				
	0	240	247	254	272	302				
	25	259	265	271	287	316	409	643	930	1360
	100	308	312	317	328	350				
	500	521	(524)	(526)	(533)	542	561	621	726	
NO	25	257	264	273	298	341				
	100	310	317	324	347	384				
NH_3	25	242	306							
	75	301	333	367						
	100	332	355	378	497					
	200	472	482	494	529	599	1126			
NO_2	25	173	178	184						
	100	236	236	241	262	325	532	688		
Luft s. Tabelle 214509										
N_2O	25	173	178	184						
	50	193	196	203	252					
	100	236	236	241	262	325	532			
Ne	25	489	490	494	503	517	545	634	786	1080
	75	543	545	548	554	566	590	668	804	1070
O_2	−100	158	163	176	240	476				
	0	245	249	254	273	318				
	50	283	289	294	310	341				

H_2O und ^2H_2O s. Tabelle 22212

73222. Organische Verbindungen (CH_4, C_2H_4, C_2H_6, C_3H_8)

Substanz		ϑ °C	λ in µW/(cmgrd) bei p in bar						
Formel	Name		1	10	20	50	100	200	500
CH_4	Methan	−50	245	250	256	315	558	896	1270
		0	303	306	313	356	440	693	966
		25	337	339	346	383	455	653	875
		100	442	454	460	472	511	612	769
C_2H_4	Äthen	50	240	244	257	307			
		100	310	312	321				
C_2H_6	Äthan	50	245	254	264	359	690	867	965*
		100	316	318	328	362	497	694	819*
C_3H_8	Propan	50	210	232					
		100	272	279	294	647	718	834	941*

* bei 300 bar.

73223. Weitere organische Verbindungen

Substanz			ϑ in °C					
Formel	Name		0	25	50	100	150	200
CH_4O	Methanol	p [bar]	0,04	0,16	0,60	3,56	13,9	40,5
		$\lambda \left[\dfrac{\mu W}{cmgrd}\right]$	136	164	195	256	349	445
C_2H_6O	Äthanol	p [bar]	0,02	0,08	0,31	2,21	9,67	29,2
		$\lambda \left[\dfrac{\mu W}{cmgrd}\right]$	130	154	180	230	285	387
C_3H_6O	Aceton	p [bar]	0,09	0,30	0,82	3,67	11,5	28,1
		$\lambda \left[\dfrac{\mu W}{cmgrd}\right]$	98	130	146	184	244	390
C_3H_8O	Propanol-(1)	p [bar]	0,01	0,02	0,14	1,31	5,40	16,5
		$\lambda \left[\dfrac{\mu W}{cmgrd}\right]$	119	136	156	209	263	332
$C_4H_8O_2$	Essigsäure-äthylester	p [bar]	0,03	0,12	0,36	2,14	8,23	25,3
		$\lambda \left[\dfrac{\mu W}{cmgrd}\right]$	69	101	125	179	233	305
$C_4H_{10}O$	Diäthyläther	p [bar]	0,24	0,71	1,75	6,56	18,1	—
		$\lambda \left[\dfrac{\mu W}{cmgrd}\right]$	130	150	187	254	325	—
C_6H_6	Benzol	p [bar]	0,03	0,18	0,77	1,83	5,88	13,5
		$\lambda \left[\dfrac{\mu W}{cmgrd}\right]$	106	129	154	205	255	304

Substanz			ϑ in °C					
Formel	Name		0	25	50	100	150	200
C_7H_8	Methylbenzol (Toluol)	p [bar]	0,01	0,04	0,12	0,75	2,79	7,83
		$\lambda \left[\dfrac{\mu W}{cmgrd}\right]$	129	146	167	212	266	318
C_8H_{10}	1,3-Dimethyl-benzol	p [bar]	0,002	0,01	0,04	0,33	1,35	4,25
		$\lambda \left[\dfrac{\mu W}{cmgrd}\right]$	133	144	164	180	202	224

74. Effekte in ungleich temperierten Systemen [1]

Abkürzungen

c_i Konzentration der Komponente i in Mol/l
m_i Molmasse der Komponente i
p Druck in atm
R_T Reduktionsfaktor
s Soret-Koeffizient s. S. 1476
T Temperatur in °K
x_i Molenbruch der Komponente i
α Thermodiffusionskoeffizient
ν Abstoßungsexponent.

741. Thermodiffusion in Gasen

Befindet sich ein Gasgemisch in einem Gefäß, dessen Wände verschiedene Temperaturen (T_1 und T_2) haben, so findet eine Entmischung statt, deren Größe von den bei den Stoßprozessen wirksamen Abstoßungskräften abhängt.

In der Tabelle ist der Thermodiffusionskoeffizient α gemäß der Gleichung

$$\Delta x = \alpha x (1-x) \frac{\Delta T}{T_m}$$

angegeben.

x = Molenbruch der leichteren Komponente
Δx = Unterschied im Molenbruch an der heißen und kalten Wand
ΔT = Temperaturdifferenz zwischen den Wänden
T_m = mittlere Temperatur in °K.

Bei starr elastischen Kugeln mit einem Abstoßungsgesetz $r^{-\nu} = r^{-\infty}$ gilt für Isotope bei relativ kleiner Massendifferenz

$$\alpha = \frac{105}{118} \frac{m_B - m_A}{m_A + m_B}$$

m_A = Molmassen des leichteren Isotops
m_B = Molmassen des schwereren Isotops.

Bei nicht starrelastischem Zusammenstoß ($\nu \neq \infty$) multipliziert man rechts mit einem Reduktionsfaktor R_T (letzte Spalte der Tabelle).

α ist hier als positiv angegeben, wenn sich die leichtere Komponente auf der heißeren Seite anreichert.

---

[1] Nach Landolt-Börnstein, 6. Aufl., Bd. II/5, Beitrag DICKEL.

741. Thermodiffusion in Gasen

Ordnung 1. und 2. Komponente nach steigender relativer Molekularmasse

Komponenten der Mischung A B	m_B/m_A	x_A	T_1 und T_2 bzw. T_m (°K)	α	R_T
H_2—$^2H_2$	2,00	0,21	300	0,168	—
		0,44	300	0,157	—
		0,60	300	0,153	—
		0,80	300	0,148	—
		0,503	18,5	−0,119	−0,43
			29,3	0,0655	0,018
			46,5	0,063	0,23
			73,6	0,102	0,37
			116,7	0,133	,0,48
			293	0,152	0,55
H_2—H^3H*	2,00	1,00	293 und 503	0,11	—
H_2—He	2,00	0,2	90 und 291	0,142	—
		0,50	90 und 291	0,144	—
		0,50	228 und 375	0,192	0,80
		0,60	228 und 375	0,184	0,77
		0,80	228 und 375	0,177	0,66
		0,90	228 und 375	0,147	0,63
$^2H_2$—H^3H*	1,00	1,00	293 und 503	−0,028	—
$^2H_2$—He	1,01	0,787	194 und 293	0,024	—
He—N_2	7,00	0,345	81 und 284	0,29	0,57
		0,345	170 und 284	0,349	0,69
		0,345	240 und 284	0,369	0,71
He—Ar	9,98	0,10	200 und 373	0,278	0,68
		0,20	200 und 373	0,298	0,67
		0,40	200 und 373	0,338	0,63
		0,50	200 und 373	0,372	0,63
NH_3—^{20}Ne	1,18	0,108	285 und 452	0,0119	—
		0,415	285 und 452	−0,0097	—
		0,702	285 und 452	−0,0201	—
		0,900	285 und 452	−0,0239	—
N^2H_3—^{20}Ne	1,00	0,111	285 und 452	−0,0314	—
		0,418	285 und 452	−0,0456	—
		0,702	285 und 452	−0,0512	—
		0,896	285 und 452	−0,0531	—
$^{14}NH_3$—$^{15}NH_3$	1,06	0,85	197 und 298	−0,010	−0,39
		0,85	197 und 373	−0,004	−0,15
		0,85	298 und 457	+0,10	+0,41
^{20}Ne—^{22}Ne	1,10	0,90	90 und 195	0,0162	0,39
		0,90	90 und 296	0,0187	0,44
		0,90	195 und 490	0,0254	0,66
		0,90	460 und 638	0,0318	0,75
Ne—Ar	1,98	0,2	288 und 375	0,146	0,52
		0,5	288 und 375	0,183	0,55
Ne—Kr	4,15	0,2	288 und 373	0,203	0,50
		0,5	288 und 373	0,267	0,52

* ^3H als Tracer

Komponenten der Mischung A B	m_B/m_A	x_A	T_1 und T_2 bzw. T_m (°K)	α	R_T
		0,53	117	0,159	0,30
		0,53	233	0,249	0,47
		0,53	585	0,339	0,64
$^{14}N_2$—$^{14}N^{15}N$	1,035	0,915	294 und 678	0,0091	0,58
		0,917	195 und 428	0,0078	0,50
$^{16}O_2$—$^{16}O^{18}O$	1,06	0,997	195 und 375	0,0099	0,37
			296 und 703	0,0145	0,54
^{36}Ar—^{40}Ar	1,11	0,003	90 und 296	0,0071	0,15
			195 und 495	0,0146	0,31
			638 und 835	0,0256	0,53
CO_2—C_3H_8	1,00	—	290 und 470	0,0078*	

* Zwischen 0,3 und 1,8 atm keine Druckabhängigkeit.

742. Thermodiffusion in Flüssigkeitsgemischen (Ludwig-Soret-Effekt)

Die „*thermische Entmischung*" in flüssigen Mischungen bzw. Lösungen wird durch den Soret-Koeffizienten s beschrieben, der durch die Gleichung

$$\Delta x = s\, x\,(1-x)\, \Delta T$$

definiert ist (x = Molenbruch).

In Tabelle 7421 ist der Soret-Koeffizient für Mischungen aus zwei organischen Verbindungen in Abhängigkeit von der Konzentration und den mittleren Temperaturen bzw. den Temperaturen der heißen und kalten Wand angegeben.

Tabelle 7422 gibt den Soret-Koeffizienten für wäßrige Elektrolytlösung in Abhängigkeit von der Konzentration und Wandtemperatur an.

Hier wird s positiv angegeben, wenn sich die 1. Komponente an der wärmeren Wand anreichert, negativ, wenn sich die Komponente 2 dort anreichert.

7421. Thermodiffusion in Flüssigkeitsgemischen

Komponente 1	Komponente 2	x_1	T_m bzw. T_1 und T_2 (°K)	s
CBr_4 Tetrabromkohlenstoff	CCl_4 Tetrachlorkohlenstoff	0,9	282	−6,22
			298	−5,30
			328	−4,33
CCl_4 Tetrachlorkohlenstoff	C_6H_5Cl Chlorbenzol	0,1	292 und 306	19,3
		0,4		11,2
		0,8		8,6
CH_4O Methanol	CCl_4 Tetrachlorkohlenstoff	0,17	$T_m = 308$	9,4
		0,49		17,1
		0,70		11,9
		0,90		8,55

Komponente 1	Komponente 2	x_1	T_m bzw. T_1 und T_2 (°K)	s
CH_4O Methanol	C_6H_6 Benzol	0,39 0,52 0,84	$T_m=308$	0,0 1,49 2,98
$C_2H_4Cl_2$ 1,1-Dichloräthan	CS_2 Schwefelkohlenstoff	0,2 0,5 0,8	$T_m=279$	−2,36 −3,00 −2,70
$C_2H_4Cl_2$ 1,2-Dichloräthan	CS_2 Schwefelkohlenstoff	0,2 0,5 0,8	$T_m=279$	−3,45 −6,25 −4,85
C_2H_6O Äthanol	$C_4H_{11}N$ Diäthylamin	0,43 0,683 0,971	$T_m=323$	−3,44 −1,49 −3,46
C_2H_6O Äthanol	C_6H_{12} Cyclohexan	0,064 0,17 0,38 0,85	$T_m=313$	−11 −7 6 9
C_6H_6 Benzol	C_6H_5Cl Chlorbenzol	0,1 0,4 0,8	292 und 306	1,40 1,10 1,42
C_6H_6 Benzol	$C_6H_5NO_2$ Nitrobenzol	0,075 0,34 0,84	313 und 333	13 12 11
C_6H_6 Benzol	C_6H_{12} Cyclohexan	0,20 0,50 0,80	$T_m=313$	1,85 1,28 0,32
C_6H_6 Benzol	$C_{14}H_{10}$ Phenanthren	0,954	$T_m=800$	7,4
C_6H_{12} Cyclohexan	$C_6H_{12}O$ Cyclohexanol	0,61 0,96	313, 333	30 40
C_6H_{14} Hexan	CCl_4 Tetrachlorkohlenstoff	0,50	$\Delta T=40°$	50
C_6H_{14} Hexan	C_6H_{12} Cyclohexan	0,05 0,25 0,75	228, 328	0,1 5,6 4,9
C_8H_{10} Äthylbenzol	CS_2 Schwefelkohlenstoff	0,2 0,5 0,8	$T_m=282$	0,285 0,43 0,43
C_8H_{10} o-Xylol	CS_2 Schwefelkohlenstoff	0,2 0,5 0,8	$T_m=281$	−1,35 −0,67 0
C_8H_{10} m-Xylol	CS_2 Schwefelkohlenstoff	0,2 0,5 0,8	$T_m=281$	−0,21 +0,50 0,0
C_8H_{10} p-Xylol	CS_2 Schwefelkohlenstoff	0,2 0,5 0,65	$T_m=280$	0,75 0,57 0,50

7422. Thermodiffusion in wäßrigen Elektrolytlösungen
Komponente 1: H_2O, Wasser

Komponente 2 (gelöster Stoff)	c_2 Mol/l	T_m oder T_1; T_2 °K	$s \cdot 10^3$
$AgNO_3$	0,1	298	3,17
	1,0	297	4,45
		317,5	4,91
	2,0	297	7,5
		317	7,3
	4,0	297	10,2
		317,5	9,0
	8,0	297	13,1
		317,5	11,3
HBr	0,01		
	0,1	295; 303	1,13
		296; 306	3,3
HCl	0,25	297,9; 311,8	5,43
	0,50	299,3; 313,5	6,71
	0,75	299,3; 313,7	6,37
	1,00	299,4; 313,0	5,57
	1,60	297,8; 311,7	4,68
	2,00	299,3; 313,6	4,17
	3,20	297,7; 311,3	2,88
	4,00	299,4; 313,7	2,27
	6,00	299,1; 313,5	1,19
	8,00	299 ; 313,6	0,62
HJ	0,1	296; 306	2,66
KCl	1,0	293; 303	0,35
	2,0		0,76
	4,0		0,86
	1,0	313; 323	1,78
	2,0		1,92
	4,0		2,10
KBr	0,5	298,2; 332,1	1,88
	0,99	298,2; 322,1	2,06
	1,99	298,0; 321,9	2,10
	3,00	299,8; 314,0	2,13
	3,97	298,2; 322,0	2,60
KOH	0,277	299,6; 313,4	14,20
	1,11	299,6; 313,3	11,83
	3,66	299,7; 313,3	5,53
	7,33	299,5; 313,3	2,38
LiBr	0,05	293; 313	−0,24
		313; 333	0,95
LiCl	0,1	283; 363	0,54
	1,0	283; 363	0,43
	2,0	283; 363	0,40
	4,0	283; 363	0,31
LiJ	0,05	293; 313	−1,35
		313; 333	−0,14

Komponente 2 (gelöster Stoff)	c_2 Mol/l	T_m oder T_1; T_2 °K	$s \cdot 10^3$
LiOH	4,473	298; 308	3,8
NH$_4$Cl	0,00994	293; 303	1,05
	0,0994	293; 303	0,39
NaBr	1,00	300,2; 314,2	2,06
	2,00	297,9; 311,8	2,14
	6,00	299,6; 313,7	2,36
NaCl	1,00	299,4; 313,4	1,46
	2,00	298,0; 311,8	1,77
	4,00	297,0; 310,9	2,03
NaJ	1,00	299,9; 314	0,79
	2,00	300,0; 314,2	1,20
	6,00	299,4; 313,7	1,50
NaOH	0,2	299,6; 313,5	12,6
	1,98	299,4; 313,4	10,80
	3,97	299,3; 313,2	8,80
	7,93	299,4; 313,5	4,86
NiSO$_4$	1,09	296,7; 310,5	7,50
	4,35	296,6; 311,2	3,32
Pb(NO$_3$)$_2$	1,00	299,8; 313,6	6,55
	2,00	299,6; 313	8,60

75. Reaktionsgeschwindigkeiten

751. Oxydationsgeschwindigkeit von Metallen an Oberflächen[1]

Als Geschwindigkeitskonstanten für die Oxydation sind im folgenden entweder die praktische Zunderkonstante

$$k'' = \left(\frac{\Delta m}{q}\right)^2 \cdot \frac{1}{t},$$

oder die Phasenreaktionskonstante

$$l'' = \frac{\Delta m}{q} \cdot \frac{1}{t}$$

Δm umgesetzte Masse in g
q Oberfläche in cm²
t Zeit in s

angegeben.

---

[1] Nach Landolt-Börnstein, 6. Aufl., Bd. II/5, Beitrag HAUFFE.

752. Zunderkonstante k'' von Metallen

Element	Nähere Angabe über das Metall oder die Oxydation	Gas und Gasdruck	Temperatur °C	Zunder-Konstante k'' $g^2 \cdot cm^{-4} \cdot s^{-1}$
Al		Luft, $p=1$ atm	600	$0,85 \cdot 10^{-15}$
Be	3,0 Gew. % BeO 0,7 Gew. % andere Metalle	Sauerstoff, $p=0,13$ atm	840...970	0,22
Cd	flüssig	Luft, $p=1$ atm Luft, $p=1$ atm	300 500	$3,2 \cdot 10^{-11}$ $2 \cdot 10^{-10}$
Co		Sauerstoff, $p=0,1$ atm	200 300 400 500 600 700	$4,2 \cdot 10^{-16}$ $4,0 \cdot 10^{-14}$ $1,2 \cdot 10^{-12}$ $2,8 \cdot 10^{-12}$ $0,8 \cdot 10^{-11}$ $1,3 \cdot 10^{-11}$
Cr		Sauerstoff, $p=0,1$ atm $p_{ges}=1$ atm	700 800 800 900	$0,81 \cdot 10^{-13}$ $0,45 \cdot 10^{-12}$ $2,0 \cdot 10^{-12}$ $4,1 \cdot 10^{-11}$
Cu	raffiniert, O_2 frei NTB (0,0005 % Ag)	Luft, $p=1$ atm	615 705 806 908	$0,28 \cdot 10^{-9}$ $1,3 \cdot 10^{-9}$ $0,61 \cdot 10^{-8}$ $2,4 \cdot 10^{-8}$
	raffiniert mit Phosphor NTF (0,0005 % Ag)	Luft, $p=1$ atm	615 705 806 908	$0,26 \cdot 10^{-9}$ $1,5 \cdot 10^{-9}$ $4,7 \cdot 10^{-9}$ $2,7 \cdot 10^{-8}$
Cu	Handelskupfer, NPE (Garkupfer)	Luft, $p=1$ atm	615 705 806 908	$0,39 \cdot 10^{-9}$ $1,35 \cdot 10^{-9}$ $0,64 \cdot 10^{-8}$ $2,4 \cdot 10^{-8}$
Fe	→FeO →Fe_3O_4 →Fe_2O_3	$p_{ges}=1$ atm 60...70 Vol.-% H_2O, Rest H_2 50...80 Vol.-% H_2O, Rest H_2 60...85 Vol.-% H_2O, Rest H_2 90 Vol.-% H_2O + 10 Vol.-% Ar 100 Vol.-% O_2	 800 897 983 1000 1050 1100 1000 1100	 $5,3 \cdot 10^{-8}$ $2,5 \cdot 10^{-7}$ $6,7 \cdot 10^{-7}$ $8,1 \cdot 10^{-9}$ $1,7 \cdot 10^{-8}$ $3,2 \cdot 10^{-8}$ $2,3 \cdot 10^{-9}$ $1,0 \cdot 10^{-8}$
Mn	elektrolytisch —	Luft, $p=1$ atm Luft, $p=1$ atm	400...1000 400 500 700 1000	$1,95 \cdot 10^{-3}$ $1,4 \cdot 10^{-12}$ $2,8 \cdot 10^{-11}$ $1,3 \cdot 10^{-9}$ $3,3 \cdot 10^{-8}$
Mo	0,1 Gew. % Beimengungen	Sauerstoff, $p=0,1$ atm	350...450	$3,55 \cdot 10^{-2}$
Nb		Sauerstoff, $p=1$ atm	350	$2,8 \cdot 10^{-13}$

752. Zunderkonstante k'' von Metallen

Element	Nähere Angabe über das Metall oder die Oxydation	Gas und Gasdruck	Temperatur °C	Zunder-Konstante k'' $g^2 \cdot cm^{-4} \cdot s^{-1}$
Ni		Sauerstoff, $p=1$ atm	1000	$2,4 \cdot 10^{-10}$
		Luft, $p=1$ atm	900	$0,5 \cdot 10^{-10}$
	Cr 0,1 Atom-%	Sauerstoff, $p=1$ atm	1000	$8,4 \cdot 10^{-10}$
	0,3 Atom-%	Sauerstoff, $p=1$ atm	1000	$10,7 \cdot 10^{-10}$
	3,0 Atom-%	Sauerstoff, $p=1$ atm	1000	$30 \cdot 10^{-10}$
	10,0 Atom-%	Sauerstoff, $p=1$ atm	1000	$2 \cdot 10^{-10}$
	Ag 0,3 Atom-%	Sauerstoff, $p=1$ atm	1000	$2,4 \cdot 10^{-10}$
	1,0 Atom-%	Sauerstoff, $p=1$ atm	1000	$3 \cdot 10^{-10}$
	Mn 0,3 Atom-%	Sauerstoff, $p=1$ atm	1000	$9 \cdot 10^{-10}$
	3,0 Atom-%	Sauerstoff, $p=1$ atm	1000	$16 \cdot 10^{-10}$
	10,0 Atom-%	Sauerstoff, $p=1$ atm	1000	$35 \cdot 10^{-10}$
	Th 0,25 Atom-%	Luft, $p=1$ atm	900	$3 \cdot 10^{-10}$
Ni	Ta 3,4 Atom-%	Luft, $p=1$ atm	900	$4 \cdot 10^{-10}$
	Mo 4,6 Atom-%	Luft, $p=1$ atm	900	$4 \cdot 10^{-10}$
	Cu 1,8 Atom-%	Luft, $p=1$ atm	900	$1,9 \cdot 10^{-10}$
	Ce 0,2 Atom-%	Luft, $p=1$ atm	900	$1,7 \cdot 10^{-10}$
	W 0,75 Atom-%	Luft, $p=1$ atm	900	$1,8 \cdot 10^{-10}$
Pb	0,42 Gew.% Beimengungen	Luft, $p=1$ atm	100...300	$0,9 \cdot 10^{-9}$
	flüssig	Luft, $p=1$ atm	350	$1,7 \cdot 10^{-11}$
			450	$1,5 \cdot 10^{-10}$
			500	$0,8 \cdot 10^{-10}$
U		Luft, $p=0,265$ atm	112	$5,2 \cdot 10^{-15}$
			133	$1,7 \cdot 10^{-14}$
			150	$4,8 \cdot 10^{-14}$
			167	$1,4 \cdot 10^{-13}$
V	0,1 Gew.% N; 0,060 Gew.% Ca	Sauerstoff, $p=0,1$ atm	400...600	$1,3 \cdot 10^{-3}$
W		Luft, $p=1$ atm	700	$4,5 \cdot 10^{-9}$
			800	$5,5 \cdot 10^{-8}$
			1000	$1,3 \cdot 10^{-7}$
Zn		Sauerstoff, $p=1$ atm	400	$2,0 \cdot 10^{-14}$
			390	$2,2 \cdot 10^{-13}$
	1,0 Al Atom-%	Luft, $p=1$ atm	390	$<2,8 \cdot 10^{-15}$
	0,4 Li Atom-%	Luft, $p=1$ atm	390	$5,6 \cdot 10^{-11}$
	0,1 Tl Atom-%	Luft, $p=1$ atm	390	$5,6 \cdot 10^{-13}$
	0,5 Tl Atom-%	Luft, $p=1$ atm	390	$5,6 \cdot 10^{-13}$
	1,0 Tl Atom-%	Luft, $p=1$ atm	390	$3,6 \cdot 10^{-14}$
	flüssig	Luft, $p=1$ atm	430	$1,9 \cdot 10^{-11}$

753. Phasenreaktionskonstante von Metallen

Element	Angaben über das Metall oder das Oxydationsergebnis	Gas und Gasdruck p	ϑ °C	Phasenreaktionskonstante l'' g · cm^{-2} · s^{-1}
Ba		Luft, $p=1$ atm	17	$3{,}2 \cdot 10^{-8}$
Ca	1,25 Gew.% CaCl$_2$; 1,62 Gew.% Mg	Luft, $p=1$ atm	300	$8{,}7 \cdot 10^{-8}$
Ce		Luft, $p=1$ atm	300	$1{,}95 \cdot 10^{-6}$
La		Luft, $p=1$ atm	300	$3{,}0 \cdot 10^{-7}$
Mg	0,1 Gew.% Al, Cd, Cu, Mn, Si, Zn	Sauerstoff, $p=1$ atm	475...575	$1{,}7 \cdot 10^{6}$
Ti		Sauerstoff, $p=1$ atm	650	$0{,}33 \cdot 10^{-8}$
			725	$1{,}1 \cdot 10^{-8}$
			800	$3{,}9 \cdot 10^{-8}$
			900	$38 \cdot 10^{-8}$
			950	$82 \cdot 10^{-8}$
U		Luft, $p=0{,}265$ atm	192	$1{,}03 \cdot 10^{-8}$
			215	$3{,}0 \cdot 10^{-8}$

754. Zündgrenzen in Luft und Sauerstoff[1]

Gas oder Dampf		Zündgrenze in Luft		Zündgrenze in O$_2$	
		untere %	obere %	untere %	obere %
H$_2$	Wasserstoff	4,1 4,0	74 —	— 4,0	94 —
H$_2$S	Schwefelwasserstoff	— 4,3	— 45,5	— 79	— —
NH$_3$	Ammoniak	— 16,0	— 27	— 15	— 79
CO	Kohlenmonoxid	12,5 —	74 —	— —	— —
CS$_2$	Schwefelkohlenstoff	1,25 —	44 50	— —	— —
HCN	Cyanwasserstoff	— 5,6	— 40	— —	— —
CH$_3$Br	Methylbromid	— 13,5	— 14,5	— —	— —
CH$_3$Cl	Methylchlorid	10,7 8,0	17,4 19	— 8,0	— 66
CH$_4$	Methan	5,3 (5,0)	14 15	— 5,4	— 59
CH$_4$O	Methanol	7,3 6,7	— 36	— —	— —
C$_2$H$_2$	Acetylen	2,5 (2,3)	— 80	— —	— —
C$_2$H$_2$Cl$_2$	Dichloräthylen	9,7 —	12,8 —	— —	— —
C$_2$H$_3$Cl	Vinylchlorid	4,0 —	22,0 —	— —	— —
C$_2$H$_4$	Äthylen	3,0 2,75	29 —	3,1 2,9	80 —
C$_2$H$_4$Cl$_2$	1,2-Dichloräthan	6,2 —	15,9 —	— —	— —
C$_2$H$_4$O	Acetaldehyd	— 4,0	— 57	— —	— —
C$_2$H$_4$O	Äthylenoxid	3,0 —	80 —	— —	— —
C$_2$H$_4$O$_2$	Methyl-formiat	5,9 5,0	20 23	— —	— —
C$_2$H$_5$Br	Äthylbromid	— 6,7	— 11,2	— —	— —
C$_2$H$_5$Cl	Äthylchlorid	4,2 4,0	14,3 14,8	— —	— —
C$_2$H$_6$	Äthan	3,2 —	12,5 —	— 4,1	— 50
C$_2$H$_6$O	Äthanol	4,3 3,3	— 19	— —	— —
C$_3$H$_6$	Cyclopropan	— 2,4	— 10,3	— 2,45	63 —
C$_3$H$_6$	Propen	— 2,0	— 11,1	2,1 —	53 —
C$_3$H$_6$Cl$_2$	Dichlorpropan	— 3,4	— 14,5	— —	— —
C$_3$H$_6$O	Aceton	3,0 2,55	11 13	— —	— —
C$_3$H$_6$O	1,2-Propylenoxid	2,1 .—	21,5 —	— —	— —

[1] Nach RIEDINGER: Brennstoffe und Schmierstoffe 1949

Gas oder Dampf		Zündgrenze in Luft		Zündgrenze in O$_2$	
		untere %	obere %	untere %	obere %
C$_3$H$_6$O$_2$	Äthyl-formiat	2,7	2,7	13,5	16,5	—	—
C$_3$H$_6$O$_2$	Methylacetat	—	3,1	—	15,5	—	—
C$_3$H$_8$	Propan	2,4	—	9,5	—	—	—
C$_3$H$_8$O	Methyl-äthyläther	—	2,0	—	10,1	—	—
C$_3$H$_8$O	Propanol	—	2,5	—	—	—	—
C$_3$H$_8$O	Isopropanol	—	2,6	—	—	—	—
C$_4$H$_6$O	Crotonaldehyd	—	2,1	—	15,5	—	—
C$_4$H$_6$O	Divinyläther	—	1,7	—	27	—	1,8	—	85
C$_4$H$_8$	Buten	—	1,7	—	9,0	—	—
C$_4$H$_8$O	Methyl-äthyl-keton	—	1,8	—	10	—	—
C$_4$H$_8$O$_2$	Dioxan	—	2,0	—	22	—	—
C$_4$H$_{10}$	Butan	1,85	—	8,4	—	—	—
C$_4$H$_{10}$	Isobutan	1,8	—	8,4	—	—	—
C$_4$H$_{10}$O	Butanol	—	1,7	—	—	—	—
C$_4$H$_{10}$O	Isobutanol	—	1,8	—	—	—	—
C$_4$H$_{10}$O	Diäthyläther	1,9	1,85	48	—	2,1	—	—	82
C$_4$H$_{10}$Se	Diäthylselenid	—	2,5	—	—	—	—
C$_4$H$_{12}$Pb	Bleitetramethyl	—	1,8	—	—	—	—
C$_4$H$_{12}$Sn	Zinntetramethyl	—	1,9	—	—	—	—
C$_5$H$_4$O$_2$	Furfurol	2,1	—	—	—	—	—
C$_5$H$_5$N	Pyridin	—	1,8	—	12,4	—	—
C$_5$H$_{10}$O	Methyl-propyl-keton	—	1,5	—	8,5	—	—
C$_5$H$_{10}$O$_2$	Propylacetat	2,0	2,2	8,5	11,5	—	—
C$_5$H$_{10}$O$_2$	Isopropylacetat	—	1,8	—	7,8	—	—
C$_5$H$_{12}$	Pentan	1,4	—	7,8	—	—	—
C$_5$H$_{12}$O	Amylalkohol	—	1,2	—	—	—	—
C$_5$H$_{12}$O	Isoamylalkohol	—	1,2	—	—	—	—
C$_6$H$_6$	Benzol	1,4	—	6,7	—	—	—
C$_6$H$_{12}$	Cyclohexan	1,3	1,2	8,3	—	—	—
C$_6$H$_{12}$	Methylcyclohexan	1,2	—	—	—	—	—
C$_6$H$_{12}$O	Methyl-butyl-keton	—	1,2	—	8	—	—
C$_6$H$_{12}$O$_2$	Butylacetat	1,7	—	—	—	—	—
C$_6$H$_{12}$O$_3$	Paraldehyd	—	1,3	—	—	—	—
C$_6$H$_{14}$	Hexan	1,2	—	6,9	—	—	—
C$_7$H$_8$	Toluol	1,4	1,3	6,7	—	—	—
C$_7$H$_{16}$	Heptan	—	1,0	—	6,0	—	—
C$_8$H$_{10}$	o-Xylol	—	1,0	—	6,0	—	—
C$_8$H$_{18}$	Octan	0,95	—	—	—	—	—
C$_9$H$_{20}$	Nonan	—	0,8	—	—	—	—
C$_{10}$H$_{22}$	Dekan	—	0,7	—	—	—	—

76. Quantenausbeute

Regt man eine Reaktion durch Lichteinstrahlung an, so bezeichnet man das Verhältnis der Anzahl der an der Reaktion teilnehmenden Moleküle zu der Anzahl der absorbierten Lichtquanten als Quantenausbeute. Die Quantenausbeute ist bei Gasreaktionen von Temperatur und Druck abhängig; in vielen Fällen wird sie wesentlich durch geringe Beimengungen fremder Gase beeinflußt. Zur Einleitung mancher Reaktion ist das Hinzufügen eines Gases, das die Strahlung absorbiert und die aufgenommene Energie an die reagierenden Gase überträgt, selbst jedoch nach der Reaktion unverändert ist, nötig („sensibilisierte Reaktion").

761. Reaktionen in der Gasphase

Absorbierende Substanz	Bruttoreaktion	Wellenlänge λ in Å	Temperatur °C	Quantenausbeute
Br_2	$Br_2 + C_2H_2 \to C_2H_2Br_2$	5460	90	$4,2...10^4$
Br_2	$Br_2 + C_6H_{12} \to C_6H_{11}Br + HBr$	4700		~ 1
Br_2	$Br_2 + H_2 \to HBr$	5000...5780		0...2
CO	$CO \to CO_2, C_3O_2$	1295	~ 25	~ 1
CO_2	$CO_2 \to CO, O_2, O_3$	1295, 1470	~ 25	0,98
CH_2O	$HCHO \to H_2, CO$	2500...3600		≤ 1
CH_3Br	$CH_3Br \to CH_4, Br_2$	2537	~ 20	$4 \cdot 10^{-3}$
CH_3Br	$CH_3Br + NO \to CH_3NO, Br_2$	2537	~ 20	~ 1
CH_3J	$CH_3J \to CH_4, C_2H_6, J_2$	2026...2100	25	<0,01
CH_3J	$CH_3J + NO \to CH_3NO, J_2$			0,9...1,2
CH_4	$CH_4 \to H_2, C_nH_{2n+2}$	1295, 1470	~ 25	0,35...0,5
$(COBr)_2$	$(COBr)_2 \to CO, Br_2$	4358...2537	~ 20	0,9...1
C_2H_2	$C_2H_2 \to (C_2H_2)_n$	2150	25	10
C_2H_4O	$CH_3CHO \to CH_4, C_2H_6, CO, H_2$	2537, 2804 3130	30 300	$\sim 0,9$ 410
C_2H_6	$C_2H_6 \to H_2, C_2H_2, C_2H_4, C_nH_{2n+2}$	1295, 1470	~ 25	0,8...0,97
C_2H_6Hg	$Hg(CH_3)_2 \to Hg, C_2H_6, CH_4$	2537 2537	20 190	1 2,2
$C_2H_6N_2$	$(CH_3)_2N_2 \to C_2H_6, N_2$	3130 2537	20...225	2 ≤ 1
C_3H_6O	$(CH_3)_2CO \to C_2H_6, CO, CH_4$	3130	60	0,2
C_4H_6	$(CH_2=CH)_2 \to$ Polymerisat	2537		0,25
$C_4H_{12}Pb$	$Pb(CH_3)_4 \to Pb, C_2H_6$	2537	25...29	1,1
Cl_2	$Cl_2 + CHCl_3 \to CCl_4, HCl$	4358	60	~ 300
Cl_2	$Cl_2 + CH_4 \to CH_xCl_{4-x}$	2537, 4360		$\sim 10^5$
Cl_2	$Cl_2 + C_6H_6 \to C_6H_6Cl_6$	3660, 3103	25	12...46
Cl_2	$Cl_2 + SO_2 \to SO_2Cl_2$	4200		~ 1
Cl_2O	$Cl_2O \to Cl_2, O_2$	2350...2750	20	2...4,5
Cl_2O	$Cl_2O \to Cl_2, O_2, Cl_2O_6$	3650...4360	17...31	2,7...3,1
HBr	$HBr \to H_2, Br_2$	2070, 2537		2
HJ	$HJ \to H_2, J_2$	2070, 2820	27	1,98...2,08
NH_3	$NH_3 \to N_2, H_2$	2000...2200	20 500	0,14...0,2 >0,5
N_2H_4	$N_2H_4 \to NH_3, N_2, H_2$	1990	25	1...1,7
N_2O	$N_2O \to N_2, O_2, NO$	Al-Funke		~ 1
NO	$NO \to N_2, O_2$	Al-Funke	~ 40	0,75
NO_2	$NO_2 \to NO, O_2$	3130...4050	25	<2
N_2O_4	$N_2O_4 \to NO, O_2$	2800, 2650	0	0,2 bzw. 0,4
N_2O_5	$N_2O_5 \to NO, O_2, N_2$	2800, 2650	0	0,6
NOCl	$NOCl \to NO, Cl_2$	3650...6300	22	2,1
O_2	$O_2 + H_2 \to H_2O_2, O_3$	1719...1725		<1
O_2	$O_2 \to O_3$	2070...2537		<2
O_3	$O_3 \to O_2$	2080...3130	0...60	1,8...6,2
H_2S	$H_2S \to H_2, S$	2050		2

762. Reaktionen in flüssiger Phase

Absorbierende Substanz	Lösungsmittel	Bruttoreaktion	Wellenlänge λ in Å	Temperatur °C	Quantenausbeute
Br_2	C_6H_6	$C_6H_6 + Br_2 \rightarrow C_6H_6Br_6$	3000...5500		0,4...0,9
Cl_2	C_7H_8	$C_7H_8 + Cl_2 \rightarrow C_6H_5CH_2Cl$	4050	17...50	~27
Cl_2	CCl_4	$Cl_2 + CCl_3Br \rightarrow CCl_4 + Br_2$	4100, 4490		0,9
Cl_2O	CCl_4	$Cl_2O \rightarrow Cl_2, O_2$	4450		~1
ClO_2	CCl_4	$ClO_2 \rightarrow Cl_2, O_2$	4100		~2
$HClO$	H_2O	$HClO \rightarrow HCl, HClO_3, O_2$	3660, 4360		~2
HJ	HJ	$HJ \rightarrow H_2, J_2$	3000		1,84
HJ	C_6H_{14}	$HJ \rightarrow H_2, J_2$	2220, 2820		1,52 1,78
HJ	H_2O	$HJ \rightarrow H_2, J_2$	2220, 2820		0,078 0,114
H_2O_2	H_2O	$H_2O_2 \rightarrow H_2O, O_2$	2750...3660	2...26	20...500
J_3^-	H_2O	$J_2 + 2Fe^{++} \rightarrow J^-, Fe^{+++}$	3660...5790		~1
J_3^-	H_2O	$J_2 + HCOO^- \rightarrow J^-, CO$	3450...3500	15...25	~26...64

77. Reaktionsgeschwindigkeiten in Gasen

Einleitung

Einteilung der Reaktionen

Die Aufteilung der Reaktionen auf die verschiedenen Tabellen erfolgt nicht nach der Reaktionsordnung oder nach anderen formal-reaktionskinetischen Gesichtspunkten, sondern:

1. nach den Reaktionspartnern in die drei Hauptgruppen Molekül-, Atom- und Radikal- sowie Ionenreaktionen. Dabei sind Atome und Radikale vor Molekülen, Ionen vor Atomen, Radikalen und Molekülen bestimmend für die Einordnung; d.h. wenn z.B. an einer Reaktion Moleküle und Radikale (als Reaktionspartner oder -produkte) beteiligt sind, ist die Reaktion unter „Atom- und Radikal-Reaktionen" eingeordnet.

2. nach der stöchiometrischen Reaktionsgleichung in Umlagerung, Zerfall, Austausch und Anlagerung, die folgendermaßen definiert werden:

Umlagerung: $A \rightarrow B$, Reaktion *einer* Molekülart unter Erhaltung der Bruttoformel des Moleküls;

Zerfall: $A(+M) \rightarrow \nu B + \mu C (+M)$, Reaktion *einer* Molekül- (bzw. Radikal-) art unter Vergrößerung der Molzahl oder Bildung von mehr als einer Art von Molekülen usw.

Austausch: $A + \nu B \rightarrow \mu C + \lambda D$, Reaktion von zwei verschiedenen Molekül- (bzw. Radikal- usw.) Arten unter Bildung von zwei oder mehreren Molekülen usw.

Anlagerung: $A + B + (+M) \rightarrow C + (+M)$, Reaktion von zwei oder mehr Molekülen usw. unter Verringerung der Molzahl.

Reaktionen, die nicht ohne weiteres in diese vier Gruppen eingeordnet werden können, sind in den Tabellen „Sonstige Reaktionen" enthalten; dort sind auch, abgesehen von Zerfallsreaktionen, die Reaktionen untergebracht, bei denen die Reaktionsprodukte bzw. ihre Stöchiometrie nicht bekannt sind.

Die Molekülreaktionen werden grundsätzlich als Bruttoreaktionen behandelt. Die Tabellen „Reaktionen mit Molekülen" enthalten sowohl kompliziert zusammengesetzte, über Radikale verlaufende Reaktionen, als auch einfache Reaktionen. Über die Mechanismen werden keine Angaben gemacht. Die in den Tabellen „Reaktionen mit Atomen bzw. Radikalen" angegebenen Reaktionen werden dagegen, von der Tabelle 7724 „Sonstige Reaktionen" abgesehen, als einfache Reaktionen, die in einem Schritt ablaufen, angesehen.

Da die Tabellen nur chemische Reaktionen enthalten sollen, werden reine Photoreaktionen (z. B. Photorekombinationen $A + B \rightarrow AB + h\nu$), Ladungsübertragungsreaktionen, thermische Ionisationsreaktionen usw. nicht berücksichtigt. In die Tabelle 773 „Reaktionen mit Ionen" sind nur Ionen-Molekül-Austauschreaktionen aufgenommen.

Reihenfolge und Bezeichnung der Verbindungen

Für die Reihenfolge der Verbindungen in den einzelnen Tabellen gilt die alphabetische Anordnung (anorganisch) oder das Hillsche System (organisch). Bei mehreren Reaktionspartnern bestimmt derjenige die Einordnung, der nach der Anordnung zuerst kommt. Bei Atom- und Radikalreaktionen sind die Atome bzw. Radikale, bei Ionenreaktionen die Ionen für die Einordnung bestimmend. Katalysatoren oder Dreierstoßpartner sind für die Einordnung nicht berücksichtigt.

Die anorganischen Verbindungen erscheinen in den Tabellen vor den organischen. Bei anorganischen Halogenverbindungen wurden ebenso wie bei den organischen die Halogene für die Einordnung als eine einzige elementar behandelt. Bei organischen Verbindungen von gleicher Bruttoformel stehen aliphatische vor cyclischen, geradkettige vor verzweigten, größere vor kleineren Ringen.

Anorganische Verbindungen und organische Verbindungen bis C_3 werden meist nur durch ihre chemische Bruttoformel bezeichnet. Bei organischen Verbindungen mit mehr als drei Kohlenstoffatomen ist die Eindeutigkeit durch Angabe des Namens der Verbindung oder der Strukturformel gewährleistet; für die Namen wird, soweit vorhanden, die IUPAC-Nomenklatur, sonst die im Beilstein verwendete benutzt.

Aufbau der Tabellen, Tabellierte Größen und ihre Maßeinheiten

Die einzelnen Spalten der Tabellen enthalten:
1. die Reaktionsgleichung,
1 a) in den Tabellen 7721 und 7722 (Zerfall und Anlagerung mit Atomen bzw. Radikalen) den Stoßpartner M,
2. die Methode, mit der die Reaktionsgeschwindigkeit gemessen wurde, gekennzeichnet durch einen großen Buchstaben für die Versuchsanordnung und einen kleinen für die Analysenmethode (vgl. unten Verzeichnis der Abkürzungen),
3. die zu der gemessenen Reaktionsgeschwindigkeit gehörende Temperatur bzw. den Temperaturbereich in °C. Bei Ionenreaktionen ist, da die Ionen ihre kinetische Energie durch Beschleunigung im elektrischen Feld und nicht durch thermische Bewegung erhalten, stattdessen die maximale kinetische Energie der Ionen in eV angegeben (vgl. unten Bemerkungen zu Tabelle 773).
4. den Druck in Torr zu Anfang der Reaktion bzw. den Bereich, in dem der Anfangsdruck bei den Messungen variiert wurde. Wenn die Konzentration einzelner Reaktionspartner oder irgendwelcher Zusätze bekannt ist, sind die Partialdrucke angegeben. Dabei ist dann die laufende Nummer des betreffenden Reaktionspartners (in der Reaktionsgleichung von links nach rechts durchnumeriert) oder die chemische Bezeichnung des Zusatzes in Klammern hinter die Partialdruckangabe gestellt.
5. die Gleichung für die Reaktionsgeschwindigkeit. $d\xi/dt$ ist die Reaktionsgeschwindigkeit (in $l \cdot Mol^{-1} \cdot s^{-1}$) für einen Formelumsatz (d. h. ξ ist die Konzentration eines Reaktionspartners, dividiert durch seinen stöchio-

77. Reaktionsgeschwindigkeiten in Gasen

metrischen Faktor in der Reaktionsgleichung). Der in dieser Spalte angegebene Ausdruck gibt an, wie $d\xi/dt$ aus den Konzentrationen (1), (2) usw. der in der Reaktionsgleichung von links nach rechts durchnumerierten Reaktionspartner und -produkte berechnet wird. Diese Geschwindigkeitsgleichung, z. B. $d\xi/dt = k$ (1) (2) für eine Reaktion 2. Ordnung, ist im allgemeinen als Definition für die Geschwindigkeitskonstante k (d. h. als Grundlage für die Auswertung der Messungen durch die Autoren) und nicht als ein exakt gültiges Geschwindigkeitsgesetz anzusehen.

6. den dekadischen Logarithmus der Geschwindigkeitskonstanten k. k ist durch die Formel für $d\xi/dt$ definiert und in seiner Dimension festgelegt. k ist in den Einheiten l, Mol, s angegeben, d. h. für eine Reaktion n-ter Ordnung ($n=$ Summe der Exponenten in der Formel für $d\xi/dt$) ist die Maßeinheit $l^{n-1} Mol^{1-n} s^{-1}$. In komplizierteren Geschwindigkeitsgleichungen treten z. T. auch zwei Konstanten auf, die dann mit k und k' bezeichnet sind, worauf in der Spalte „Bemerkung" hingewiesen wird.

In Tabelle 773 (Ionen-Reaktionen) sind zum Teil neben k oder statt k die Wirkungsquerschnitte $\pi\sigma^2$, als die primären Versuchsergebnisse in 10^{-16} cm$^2 = $ Å^2 angegeben.

7. den dekadischen Logarithmus des „Häufigkeitsfaktors" H und die scheinbare Aktivierungsenergie E, wenn in dem betreffenden Temperaturintervall $d(\ln k) \, d(1/T)$ konstant ist. k läßt sich dann durch die Arrheniussche Formel

$$k = H \cdot \exp\left(-\frac{E}{RT}\right) \quad (R = \text{Gaskonstante})$$

bzw.

$$^{10}\log k = {}^{10}\log H - \frac{E \text{ (cal)}}{4{,}575\,T}$$

darstellen. Die Dimension von H ist ebenso wie die von k mit den Einheiten l, Mol und s ausgedrückt, E in kcal/Mol[1].

Bemerkungen zu den einzelnen Tabellen

Zu Tabelle 7711, 7712 und 7721:
Bei Reaktionen 1. Ordnung mit druckabhängiger Geschwindigkeitskonstante ist zum Teil nur k_∞, d.h. die Geschwindigkeitskonstante bei „unendlich hohem" Druck, angegeben. Dann ist entweder k im ganzen Druckbereich der Messung druckabhängig, und k_∞ ist durch Extrapolation gewonnen, oder k bereits im untersuchten Druckbereich konstant, d. h. k_∞ ist direkt gemessen als die Geschwindigkeitskonstante am oberen Ende des Druckintervalls. Die Angabe des Druckbereichs ist in diesen Fällen eingeklammert, da der Druckbereich wohl zur Messung, aber nicht zur Geschwindigkeitskonstanten gehört. Bei Reaktionen, die unterhalb des angegebenen Druckbereichs druckabhängig werden, wird dies in der Spalte „Bemerkungen" angegeben.

Zu Tabelle 7723 und 773:
Diese Tabellen enthalten nur Reaktionen 2. Ordnung, die nach der Geschwindigkeitsgleichung $d\xi/dt = k$ (1) (2) ablaufen. Die Spalte „$d\xi/dt$" ist daher in diesen Tabellen weggelassen worden.

Zu Tabelle 7722 und 7723:
Einen großen Teil dieser Tabellen nehmen die Reaktionen mit CH$_3$- und CD$_3$-Radikalen ein. Diese Reaktionen sind zum überwiegenden Teil als Parallel-Reaktionen zur CH$_3$-bzw. CD$_3$- Rekombination untersucht worden. Die Geschwindigkeitskonstanten k_R dieser Rekombinationen, die selbst nicht sehr genau bekannt sind, gehen in die Auswertung mit $k_R^{\frac{1}{2}}$ ein.

---
[1] Eine Umrechnung von E in kJ/Mol würde bei Abrundung auf die gleiche Stellenzahl eine Neuberechnung von H verlangen; deshalb wurde hier der in den Originalarbeiten bisher verwandten Einheit kcal/Mol der Vorzug gegeben.

7. Dynamische Konstanten

Die k_R-Werte aus der Literatur sind (vgl. Tabelle 7722)
für CH_3 $10^{10,55}$ und auch $10^{10,34}$ und $10^{10,36}$
für CD_3 $10^{10,58}$ $lMol^{-1}s^{-1}$.

Da keinem Wert ohne weiteres der Vorzug gegeben werden kann, und da der Wert für CD_3 vielleicht nur durch Zufall höher liegt als der für CH_3, wurde, soweit nicht von den Autoren selbst ausgewertete k angegeben werden, einheitlich $k_R = 10^{10,50}$ $lMol^{-1}s^{-1}$ verwendet (in der Tabelle durch * gekennzeichnet). k_R ist als Temperatur- und druckabhängig angenommen worden.

Zu Tabelle 7723:
Reaktionen, die mit der Diffusionsflammenmethode (POLANYI) untersucht worden sind, sind nicht in die Tabelle aufgenommen, wenn ihre Geschwindigkeitskonstanten nur mit Hilfe von gewissen Annahmen (z. B. über Wirkungsquerschnitte) abgeschätzt worden sind.

Zu Tabelle 773:
Aus den angegebenen maximalen Ionenenergien E_{max} kann man die zeitlich gemittelten Ionenenergien E nach $\overline{E} = \frac{1}{3}E_{max}$ berechnen. Für einzelne Reaktionen, bei denen mit definierter Ionenenergie E gearbeitet wurde (ohne Feld-Beschleunigung im Reaktionsraum, wird E statt E_{max} angegeben. Zwischen k und dem Wirkungsquerschnitt σ besteht die angenäherte Beziehung

$$k = N_L \cdot \sigma \cdot v$$
$$\tfrac{1}{2} M v^2 = E \text{ bzw. } \overline{E}$$

(v = Ionengeschwindigkeit, N_L = Loschmidt-Zahl, M = Molekularmasse)

Abkürzungen

Die experimentelle Methode ist durch einen großen Buchstaben, die Art der Analyse durch einen kleinen Buchstaben charakterisiert:

Methode:
- B Blitzlichtphotolyse
- D Diffusionsflammenmethode
- E Explosionen und Flammen
- F Strömungsmethode
- G Gasentladung
- K Kombination mehrerer Arbeiten, Auswertung fremder Experimente
- M Massenspektrometer
- S statisch
- T Tandem-Massenspektrometer
- W Stoßwellenrohr
- Φ photochemisch
- R Berechnung aus Rückreaktion und Gleichgewichtskonstante

Analyse:
- a chemische Analyse
- e Lichtemission
- g Gaschromatographie
- h kalorimetrische Messung
- i Bestimmung des Auftrittspotentials von Ionen
- m Massenspektrometrie
- l Lichtabsorption (einschl. UV und IR)
- p Druckmessung
- r Messung der Radioaktivität
- t destillative Trennung, Partialdruckmessung
- λ Messung der Wärmeleitfähigkeit
- s intermittierende Belichtung

Bei den Abkürzungen K und R werden die zugrunde liegenden experimentellen Methoden in Klammern vermerkt; z.B.

$R(S)$: aus der Rückreaktion berechnet, diese wurden statisch untersucht;

$K(W, B)$: kombiniert aus Stoßwellen- und Blitzlichtphotolyseuntersuchungen.

In der Spalte Bemerkungen bedeutet:
Z mit Zusatz von...
Φ Photolyse von...

771. Reaktionen mit Molekülen

7711. Umlagerungen

Reaktion	Methode	Temperatur °C	Druck Torr	$d\xi/dt$	$\log k$	$\log H$	E	Bemerkung
CHD=CHD trans→cis 1,2-Dideuteroäthen	Sl	450...550	9...310	$k(1)$		12,51	61,3	
$\mathrm{CH_2{-}CH_2} \atop \mathrm{CH_2}$ → $\mathrm{CH_2{=}CHCH_3}$ Cyclopropan	Sg Sg	420...535 470...560 420...560	300 1,5 10 50	$k(1)$ $k(1)$		15,296 13,50 14,04 14,84	65,084 60,79 61,8 64,17	
$\mathrm{CH_3{-}CHD} \atop \mathrm{CHD}$ trans→cis	Sl	415...475	0,3 15,0 2300 ($\mathrm{H_2}$)	$k(1)$		14,0 14,6 16,41	59,5 59,6 65,1	$\mathrm{H_2}$-Überschuß
$\mathrm{CH_2{-}CHD} \atop \mathrm{CHD}$ →Dideuteropropen trans-Dideutero-cyclopropan	Sg	415...475	0,3 15,0 2300 ($\mathrm{H_2}$)	$k(1)$		13,3 14,3 15,12	61,4 63,0 65,4	$\mathrm{H_2}$-Überschuß
$\mathrm{CF_2{-}CFCl}$ cis→trans $\mathrm{CF_2{-}CFCl}$ trans→cis	Sg Sg	425...470 425...470	60 60	$k(1)$ $k(1)$		15,10 14,88	60,2 60,2	
$\mathrm{C_4H_6}$, Cyclobuten $\mathrm{CH{-}CH} \atop \mathrm{CH_2{=}CH}$ → Butadien-1,3	Sl	130...175	8...14	$k(1)$		13,08	32,5	

7. Dynamische Konstanten

Reaktion	Methode	Temperatur °C	Druck Torr	$d\xi/dt$	log k	log H	E	Bemerkungen
$C_4H_4{}^2H_2$, 1-Methyl, 2,3-dideutero-cyclopropan CHD⟍ cis→trans ⎪ CHCH₃ CHD⟋	Sgl	380..420	11	$k(1)$		15,35	60,5	
→Dideuterobuten	Sgl	380..420	11	$k(1)$		14,43	62,3	
C_4H_8, Buten-(2) $CH_3-CH=CH-CH_3$ cis→trans	Sg	410..470	0,0047 1,76 16,1	$k(1)$		13,23 13,75 13,48	62,4 62,8 61,9	<10 Torr druckabhängig >10 Torr komplizierter Mechanismus
C_5H_8 CH_2⟍ ⎪ CH—CH=CH₂ CH_2⟋ Vinylcyclopropan→Isomerisierung	Sg	325..390	10...11,5	$k(1)$		13,72	50	Bruttoreaktion
(→Cyclopenten ≈97 % Pentadien-1,4 ≈ 1 % cis-Pentadien-1,3 ≈ 1 % trans-Pentadien-1,3≈ 1 %		325..390 325..390 325..390 325..390	10...11,5 10...11,5 10...11,5 10...11,5	$k(1)$ $k(1)$ $k(1)$ $k(1)$		13,61 14,43 13,9 13,0	49,7 57,3 56,2 53,6	} Parallelreaktionen
C_5H_{10} ⟋CH—CH₃ CH_2⎪ ⟍CH—CH₃ cis-1,2-Dimethylcyclopropan →cis-Penten-(2) →trans-Penten-(2)	Sg Sg	435..475 435..475	25 25	$k(1)$ $k(1)$		13,92 13,96	61,4 61,2	} Parallelreaktionen

Reaktion						
trans-1,2-Dimethylcyclopropan						
→cis-Penten-(2)	Sg	435...475	25	$k(1)$	14,40	63,6	⎫ Parallelreaktionen
→trans-Penten-(2)	Sg	435...475	25	$k(1)$	14,30	62,9	⎭
1,2-Dimethylcyclopropan (cis oder trans)						
→2-Methylbuten-1	Sg	435...475	25	$k(1)$	13,93	61,9	⎫ Parallelreaktionen
→2-Methylbuten-2	Sg	435...475	25	$k(1)$	14,08	62,3	⎭
CH_2⟩C⟨CH_3 → 2-Methylbuten-2	Sg	440...480	3,98	$k(1)$	15,23	63,2	k extrapoliert auf
CH_2 ⟩ CH_3							$p=\infty$; <35 Torr
1,1-Dimethyl-cyclopropan	Sg	440...480	3,98	$k(1)$	15,37	63,6	k druckabhängig
$C_6H_{10}O$, Isopropenylallyläther→Hexen-1-on-5	Sl	140...190	20...760	$k(1)$	11,27	29,3	
Bicyclo-[2,2,1]-heptadien-2,5						
→Cycloheptatrien-1,3,5	Fg	345...430	—	$k(1)$	14,68	50,61	⎫ N_2 Trägergas
→Toluol	Fg	345...430	—	$k(1)$	14,23	53,14	⎭ Parallelreaktionen
C_9H_7N —CH=CHCN							
Zimtsäurenitril						
cis→trans	Sa	310...380	150...450	$k(1)$	11,78	46	
trans→cis	Sa	310...380	150...450	$k(1)$	11,6	46	
$C_{10}H_{10}O_2$, Zimtsäuremethylester						
cis→trans	Sa	290...390	6...570	$k(1)$	10,54	41,6	<5 Torr druckabhängig

7712. Zerfallsreaktionen

Reaktion	Methode	Temperatur °C	Druck Torr	$d\xi/dt$	$\log K$	$\log H$	E	Bemerkungen
$CCl_2O \to CO+Cl_2$ Phosgen	Sr	375…450	130…730	$k(1)(3)^{\frac{1}{2}}$		13,38	52,8	
$(CClO)_2 \to CO+COCl_2$ Oxalylchlorid	Sp	260…300	20…60	$k(1)$		12,55	38,88	
$CCl_4 \to Cl_2, C_2Cl_4, C_2Cl_6$	Fa	555…690	8…30	$k(1)$		12,33	55,1	mit u. ohne Toluol als Trägergas
CH_2N_2-Zerfall Diazomethan	Ft	330…420	20 0,15…0,3 (1)	$k(1)$		10,90	31,75	N_2 Trägergas
$CH_2O_2 \to CO_2+H_2$ Ameisensäure	Spm	440…530	3…650	$k(1)$		4,8	30,6	
$CH_2O_2 \to CO+H_2O$ Ameisensäure	Spm	440…530	200…600	$k(1)^2$		7,46	28,5	
$CH_3Cl \to HCl, CH_4, C_2H_2$	Fa	790…875	24	$k(1)$		15,0	85,5	k druckabhängig
$CH_5N \to HCN+2H_2$	Spa	590…670	30…250	$k(1)$		13,34	58	k_∞
$CH_6N_2 \to NH_3$ usw. Methylhydrazin	Fg	470…590	10…30 0,1…1,2 (1)	$k(1)$		13,19	51,9	Toluol als Trägergas
C_2HCl_3O-Zerfall Trichloracetaldehyd	Sp	445	100 225	$k(1)$		−2,41 −2,34	—	
$C_2H_2O_4 \to HCOOH+CO_2$ Oxalsäure	Sa	127…157	0,9	$k(1)$		11,9	30,0	

771. Reaktionen mit Molekülen

$C_2H_4 \rightarrow C_2H_2 + H_2$ Äthen	Wg	1030...1530	3800	$k(1)$	8,87	46,4	Ar-Überschuß (99,5%) Parallelreaktion $\rightarrow$Butadien
$C_2H_4O \rightarrow CH_4$, CO, C_2H_6, H_2 Äthanal	Spa	450...580	50...450	$k(1)^{29/28}$	10,87	46	
$C_2H_4O \rightarrow$ Pyrolyse Epoxyäthan	Sa Fk	370...430 600...900	300 760	$k(1)$ $k(1)$	14,13 11,0	59,9 42	$Z: C_3H_6$ Trägergas: N_2; Ar; CO_2
$C_2H_5Cl \rightarrow C_2H_4 + HCl$ Chloräthan	Spa	400...490	20...200	$k(1)$	14,2	59,5	
$C_2H_6 \rightarrow C_2H_4 + H_2$ Äthan	Sp	550...665	100...500	$k(1)$	15,72	76,4	$k\infty$; <100 Torr k druckabhängig
$C_2H_6N_2 \rightarrow N_2$, C_2H_6 usw. Azomethan	St	230...320	0,2 5,0 158,0 794,3	$k(1)$	13,12 15,23 16,38 16,82	46,2 50,0 52,0 52,9	
$C_2H_6O \rightarrow H_2$, CO, CH_4, CH_3CHO usw. Äthanol	Sag	580...620	20...350	$k(1)$	10,0	46,2	Z: NO als Inhibator
$C_2H_6O \rightarrow$ Zerfall Dimethyläther (CH_4, H_2, CO)	Sp	480...530	5...500	$k(1)^{3/2}$	12,53	53,2	$Z: H_2S$
$C_2H_6O_2 \rightarrow$ Zerfall Äthylperoxid	Fag	280...380	10...20 ≈0,2(1)	$k(1)$	13,4	37,7	Benzol Trägergas
$C_2H_6O_2 \rightarrow CH_3OH$, CO usw. Dimethylperoxid	Spa	167	23	$k(1)$	15,7	36,1	
$C_2H_7N \rightarrow$ Zerfall Dimethylamin	Sp	480...510	4...620	$k(1)$	9,56	43,4	$k\infty$: <300 Torr k druckabhängig

7. Dynamische Konstanten

Reaktion	Methode	Temperatur °C	Druck Torr	$d\xi/dt$	$\log K$	$\log H$	E	Bemerkungen
$C_3H_6O \rightarrow$ Zerfall Propanon	Sp	540...580	5...130	$k(1)$		14,99	68,1	k_∞
$C_3H_6O \rightarrow C_2H_4 + CH_2O$ Trimethylenoxid	Spa	420...460	100	$k(1)$		14,78	60	
$C_3H_9N \rightarrow$ Zerfall Trimethylamin	Sa	380 440	500...1000	$k(1)$	−5,40 −3,77		59	
C_4H_8 Cyclobutan $\rightarrow 2 C_2H_4$	Spm	420...470	100...1000	$k(1)$		15,6	62,5	<100 Torr k druckabhängig
C_6H_{12} Cyclohexan $\rightarrow H_2$, C_2H_4, Butadien usw.	Sp	485...565	10...200	$k(1)\frac{a}{2}$		14,05	59,5	
C_7H_8 Toluol $\rightarrow$ Benzol usw.	Fam	935...1180	—	$k(1)$		14,53	80	
C_7H_{12} Isopropenylcyclobutan $\rightarrow C_2H_4 +$ Isopren	Sg	300...350	1...40	$k(1)$		14,64	51,03	Parallelreaktion (Isomerisierung) beachten
C_8H_{10} o-Xylol $\rightarrow$ Zerfall	Fa	730...840	3...4	$k(1)$		13,70	74,8	
C_8H_{10} p-Xylol $\rightarrow$ Zerfall	Fam	935...1180	2...12	$k(1)$		12,64	67,5	
$C_{13}H_{16}$ Triphenylmethan $\rightarrow$ Benzol, H_2 usw.	Fm	645...745		$k(1)$		16,45	83,0	
$Cl_2O_7 \rightarrow Cl_2 + \frac{7}{2}O_2$	Sp	100...120	(1,5...80)	$k(1)$		15,65	32,9	k extrapoliert auf $p \rightarrow \infty$, <50 Torr k druckabhängig $Z: F_2, Cl_2, O_2$

771. Reaktionen mit Molekülen

Reaktion							Bemerkungen
$HJ \to \frac{1}{2} H_2 + \frac{1}{2} J_2$	St	360...465	50...2000	$k(1)^2$	$9,27 + \frac{1}{2} \lg T$	43,7	
	Fa	600...775	35...210	$k(1)^2$	12,55	49,2	
$^2HJ \to \frac{1}{2} {}^2H_2 + \frac{1}{2} J_2$	Sa	390...450	≈800	$k(1)^2$	$8,80 + \frac{1}{2} \lg T$	42,7	
	Sl	420...510	60...310	$k(1)^2$	$9,91 + \frac{1}{2} \lg T$	46,4	
$NH_3 + M \to$ Zerfall	We	1700...2700	770...1080	$k(1)^{\frac{3}{2}} (2)^{\frac{1}{2}}$	13,40	77,7	$M = Ar$ (92...97%)
$N_2H_4 \to$ Zerfall	Wl	1000...1300	2300	$k(1)$	12,0	48	Ar-Überschuß
			6800		12,8	52	
$NO \to \frac{1}{2} N_2 + \frac{1}{2} O_2$	F	530...730	—	$k(1)$	10,33	36,17	
	F	950...1650	50...500	$k(1)^2 +$	9,41	63,8	k
	Sl	900...1250		$+ k'(1)(3)^{\frac{1}{2}}$	12,6	101	k'
$HNO_3 + M \to H_2O, NO_2, O_2, +M$	Sl	375...425	0,5...20	$k(1)(2)$	14,75	38,3	$M = HNO_3 +$ Reakt. prod.
$N_2O \to N_2 + \frac{1}{2} O_2$	Sp	560...670	(80...8000)	$k(1)$	9,62	53	k extrapol. auf $p \to \infty$
$N_2O + M \to N_2, O_2, NO, +M$	Wl	1200...2200	$1,5 \cdot 10^3 \ldots 2 \cdot 10^4$	$k(1)(2)$	12,3	61	$M = Ar$ (97...99,5%) NO-Bildung ≈25% der Gesamtreaktion
$N_2O_4 + M \to 2NO_2 + M$	Wl	−20...+28	760	$k(1)(2)$	14,3	11	$M = N_2$
$N_2O_5 \to 2NO_2 + \frac{1}{2} O_2$	F, Sp	0...120	0,05...760	$k(1)$	13,61	24,65	<0,05 Torr k druckabhängig
$Ni(CO)_4 \to$ Zerfall	Sp	35...80	15...80	$k(1)$	13,6	19,1	
$H_2O_2 \to H_2O + \frac{1}{2} O_2$	Fa	570...660	1,6...7; 760	$k(1)^2$	15,7	48	
$O_3 \to \frac{3}{2} O_2$	Sp	115...130	11...52	$k(1)^2$	13,2	24,3	
$SO_2 + M \to \frac{1}{2} SO_3 + \frac{1}{2} SO + M$	Wl	2700...3700	170...850	$k(1)(2)$	9,81	56	

7713. Anlagerungsreaktionen

Reaktion	Methode	Temperatur °C	Druck Torr	$d\xi/dt$	$\log k$	$\log H$	E	Bemerkung
$Br_2 + 2NO \rightarrow 2NOBr$	Sp	$-8...+15$	$5...34$	$k(1)(2)^2$		4,57	1,5	
$HBr + (CH_3)_2C=CH_2 \rightarrow (CH_3)_3CBr$	$R(S)$	$90...260$	≈ 100	$k(1)(2)$		7,2	22,5	
$2CF_2=CF_2 \rightarrow \begin{array}{c} CF_2-CF_2 \\ | \quad\quad | \\ CF_2-CF_2 \end{array}$	Spl	$290...470$	$30...620$	$k(1)^2$		8,22	26,3	
$2C_2H_4 \rightarrow C_4H_8$	Sa	450 600	≈ 700	$k(1)^2$	$-3,21$ $-1,34$		36	$Z: C_2H_6$
$2CH_2=CHCH=CH_2$ Butadien-1,3 $\rightarrow$ $\begin{array}{c} \text{CH}=\text{CH}_2 \end{array}$ Vinylcyclohexen-(3)	Sp	$170...390$	$330...2900$	$k(1)^2$		6,95	23,7	
$C_2H_4 + CH_2=CH-CH=CH_2 \rightarrow$ Cyclohexen	Fta	$490...650$	760 $200...690(1)$ $70...110(2)$	$k(1)(2)$		7,48	27,5	
$CH_2=CHCH=CH_2 + CH_2=CHCHO$ Butadien-(1,3) + Propenal $\uparrow \begin{array}{c} \\ \text{CHO} \end{array}$	Sp	$155...330$	$40...360(1)$ $100...470(2)$	$k(1)(2)$	6,17	19,7		

771. Reaktionen mit Molekülen

Reaktion		T [°C]	p	k				Bemerkungen
CH$_2$=CHCH=CH$_2$+CH$_3$CH=CHCHO → Butadien-(1,3)+Buten-(2)-al ↑ [Cyclohexen mit CH$_3$ und CHO]	Sp	240...300	90...220, 390...440	$k(1)(2)$		5,95	22,0	Rückreaktion und Gleichgewichtskonstante sind nicht im gleichen Temperaturbereich untersucht
Cl$_2$+CO→CCl$_2$O	Sp	350...450	440...790	$k(1)^{3/2}(2)$		8,023	26,25	
Cl$_2$+2NO→2NOCl	Sp	30...200	8...150	$k(1)(2)^2$		4,36	4,5	
	Sp	250...300	—	$k(1)(2)^2$		5,4	6,0	
HCl+C$_2$H$_4$→C$_2$H$_5$Cl	R(S)	400...490	—	$k(1)(2)$		9,0	42	
HCl+CH$_2$=CH—CH$_3$ → CH$_3$—CHCl—CH$_3$	R(S)	370...410		$k(1)(2)$		7,56	33	
HCl+(CH$_3$)$_2$C=CH$_2$→(CH$_3$)$_3$CCl	R(S)	90...260	≈100	$k(1)(2)$		8,0	28,8	
H$_2$+C$_2$H$_2$→C$_2$H$_4$	Sp	495...535	20...70	$k(1)(2)$		11,04	42,0	
H$_2$+C$_2$H$_4$→C$_2$H$_6$	Sp	475...550	750	$k(1)(2)$		9,80	43,15	
2NO$_2$+M→N$_2$O$_4$+M	R(W)	−20...+25	760	$k(1)^2(2)$		6,5	−2,3	
O$_2$+2NO→2NO$_2$	Sp	−130, 0, 141	0,5...120; 0,5...120; 10...30	$k(1)(2)^2$	5,17, 4,02, 3,60			

7714. Austauschreaktionen

Reaktion	Methode	Temperatur °C	Druck Torr	$d\xi/dt$	$\log k$	$\log H$	E	Bemerkung
$H_2+Br_2\rightarrow 2HBr$	$K(W,S)$	200…1430	—	$\dfrac{k(1)(2)^{\frac{1}{2}}(3)}{1+k'\frac{(3)}{(2)}}$		$11{,}58+\frac{1}{2}\lg T$ $-0{,}92$	40,9 0	k k'
$^{83}Br_2+CBrCl_3\rightarrow Br^{83}Br+C^{83}BrCl_3$	Sr	155…180	400…1200	$k(1)^{\frac{1}{2}}(2)$		12,75	33,1	
$4HBr+O_2\rightarrow 2H_2O+2Br_2$	Sl	430…530	270…360	$k(1)(2)$		9,5	37,7	
$^{14}CO+COCl_2+Cl_2\rightarrow CO+^{14}COCl_2+Cl_2$	Sr	375…450	130…730	$k(1)(3)^{\frac{1}{2}}$		13,38	52,8	
$2C_2H_4\rightarrow 1{,}3\text{-Butadien}+H_2$	Wg	1030…1530	3800	$k(1)^2$		8,51	29,5	
$C_2H_6+C_2H_4\rightarrow C_4H_8+H_2$	Sa	600	30…700(1) 80…(600)(2)	$k(1)(2)$	$-2{,}155$			
$H_2+J_2\rightarrow 2HJ$	Sa Fa	280…510 600…775	— 240…440	$k(1)(2)$ $k(1)(2)$		$9{,}22+\frac{1}{2}\lg T$ 12,09	38,9 41,0	Reaktion über Atome nicht enthalten
$^2H_2+J_2\rightarrow 2\,^2HJ$	St	360…530	50…2000	$k(1)(2)$		$9{,}50+\frac{1}{2}\lg T$	40,79	
$H_2+NO\rightarrow H_2O+\frac{1}{2}N_2$	Fa	850…1066	770…800	$\dfrac{k(1)^{\frac{1}{2}}(2)^2}{1-k'(1)^{\frac{1}{2}}}$		9,34 0,48	41,2 0	k k'
$HJ+CH_3J\rightarrow J_2+CH_4$	Sl	250…320	3…400	$\dfrac{k(1)(2)+k'(1)(2)}{(1)+(3)}$		$10{,}94+\frac{1}{2}\lg T$ 12,59	33,4 43,0	k k'
$J^{131}J+CH_3J\rightarrow J_2+CH_3^{131}J$	Sr	60…140	≈400	$k(1)(2)$		3,4	9	heterogen beeinflußt
$HBr+CBrCl_3\rightarrow Br_2+CHCl_3$	Sa	150…180	550…1000(1) 300…700(2) 15…40(3)	$\dfrac{k(2)(3)^{\frac{1}{2}}}{1+k'\frac{(3)}{(1)}}$		12,7 1,4	32,93 0	k k'

Reaktion								
$2HJ + C_2H_4 \rightarrow J_2 + C_2H_6$	Spg	290...330	30...220	$k(1)(2)$		8,52		28,9
$NO + N_2O \rightarrow NO_2 + N_2$	Sl	650...750	100(1) 25...200(2)	$k(1)(2)$		14,4		50
$^{15}NO_2 + N_2O_5 \rightarrow NO_2 + N^{15}NO_5$	Sam	$-9...+10$	35...130	$k(1)$		12,78	19,0	
$O_3 + NO \rightarrow NO_2 + O_2$	Fl	$-75...-43$	0,03...0,3(1) 0,02...0,25(2)	$k(1)(2)$		8,90	2,5	
$NO_2 + CO \rightarrow NO + CO_2$	St	270...455	1...20	$k(1)(2)$		10,08	31,6	
$2HCl + NO_2 \rightarrow NO + H_2O + Cl_2$	Sl	100...420	—	$k(1)(2)$		8,6	23,4	
$O_2 + N_2 \rightarrow 2NO$	Wl	4000...6000	10...1000	$k(1)(2)$		$24,96 - \tfrac{5}{2} \lg T$	128,5	

7715. Sonstige Reaktionen

Reaktion	Methode	Temperatur °C	Druck Torr	$d\xi/dt$	$\log k$	$\log H$	E	Bemerkung
$NH_3 + NO \rightarrow H_2O, N_2, H_2$	Fa	850...1050	800	$\dfrac{k(1)^{\frac{1}{2}}(2)}{1-k'(1)^{\frac{1}{2}}(2)}$	2,84	10,50	58,4	k
$NH_3 + NO_2 \rightarrow N_2, NO, H_2O$	Sl	330...530	40...400	$k(1)(2)$		9,7	27,5	k
$N_2O + C_2H_4 \rightarrow N_2, CO, CH_4, C_2H_6$ usw.	Sa	550...600	20...100	$k(1)(2)$		10,1	39	
$NO_2 + C_2H_4 \rightarrow CO_2, CO, NO$ usw.	Sp	110...180	50...400	$k(1)(2)$		8,28	15,2	
$NO_2 + CH_3CHO \rightarrow CO_2, NO$ usw.	Slp	110...180	50...400	$k(1)(2)$		8,28	15,2	
$NO_2 + C_2H_6 \rightarrow$ Oxydationsprodukte	Spl	160...260	120(1)	$k(1)^2(2)$		9,7	13,6	
$O_3 + CH_4 \rightarrow CO_2, CO, HCOOH, H_2O$ usw.	Sl	35...70	760	$k(1)(2)$		7,15 8,20	13,9 15,3	mit O_2-Überschuß
$O_3 + C_3H_8 \rightarrow CO_2, CO, HCOOH, CH_3COCH_3$ usw.	Sl	25...50	760	$k(1)(2)$		6,49	12,1	
$O_3 + Cl_2 \rightarrow O_2, Cl_2O, ClO_3$	Sp	35...60	100...500	$k(1)^{\frac{3}{2}}(2)^{\frac{1}{2}}$		8,8	18,7	

772. Reaktionen mit Atomen bzw. Radikalen

7721. Zerfallsreaktionen

Reaktion	M	Methode	Temperatur °C	Druck Torr	$d\xi/dt$	$\log k$	$\log H$	E	Bemerkung
$Br_2 + M \rightarrow 2\,Br + M$	Ar	Wl	1050…1950	$\approx 10^3$	$k(1)(2)$		$8{,}40 + \frac{1}{2}\lg T$	30,69	
	Br_2	Wl	750…1950	$\approx 10^3$	$k(1)(2)$		$8{,}43 + \frac{1}{2}\lg T$	29,21	
$CH_2N_2 \rightarrow CH_2 + N_2$ Diazomethan		Sg	225…450	50…100	$k(1)$		12,08	34,0	Z: Olefine
$CO_2 + M \rightarrow CO + O + M$	Ar	Wa, e	2280…2740	$10^4…1{,}6 \cdot 10^4$	$k(1)(2)$		$8{,}48 + \frac{1}{2}\lg T$	86	
$C_2Cl_5 \rightarrow C_2Cl_4 + Cl$		Φlp	85…250		$k(1)$		12,8	16,8	
$C_2HCl_4 \rightarrow C_2HCl_3 + Cl$		Φm	160…220	100…140	$k(1)$		13,7	20,4	
$CH_2Cl-CH_2Cl \rightarrow CH_2Cl-CH_2 + Cl$		Sp	380…470	20…200	$k(1)$		13,0	70	
$C_2H_5 \rightarrow C_2H_4 + H$		Φtg	360…505	≈ 30	$k(1)$		11,45	32	Φ Propionaldehyd
$C_2H_6 \rightarrow 2\,CH_3$		Sg	565…610	60…200	$k(1)$		17,45	91,7	
$CH_3OCH_3 \rightarrow CH_3 + CH_3O$		Sg	450…480	6…550	$k(1)$		17,5	81	Z: HCl
$CH_3COCH_3 \rightarrow CH_3CO + CH_3$		Fa	720…830	5…21 0,1…0,4(1)	$k(1)$		14,38	72	Toluol als Trägergas
F_2C-CF_2 | | $\rightarrow C_2F_6 + CF_2$ F_2C-CF_2		Sg	460…565	20…600	$k(1)$		17,2	87,0	Parallelreaktion
$C_6H_5Br \rightarrow C_6H_5 + Br$ Brombenzol		Fa	760…870	10…15 0,12…1,2(1)	$k(1)$		13,3	70,9	Toluol als Trägergas

$C_6H_5COCl \rightarrow C_6H_5CO + Cl$ Benzoylchlorid		Fa	700...810	7...21 0,03...0,3 (1)	$k(1)$	15,38	73,6	Toluol als Trägergas
CH_3—⟨⟩ $\rightarrow$ ⟨⟩—$CH_2 + H$		Fta	680...850	2...15	$k(1)$	12,3	77,5	
C_7H_9N $C_6H_5CH_2NH_2 \rightarrow C_6H_5CH_2 + NH_2$ Benzylamin		Fa	650...800	7...16	$k(1)$	12,78	59	Toluol als Trägergas
$C_8H_{10} \rightarrow$ CH_3—⟨⟩ $\rightarrow$ ⟨⟩—$CH_2 + H$		Fa, m	935...1180	—	$k(1)$	14,38	78	
$C_6H_5CH_2COOH \rightarrow C_6H_5CH_2 + COOH$ Phenylessigsäure		Fa	590...720	5...12	$k(1)$	12,90	55,0	Toluol als Trägergas
$C_{10}H_{14}$ C_4H_9—⟨⟩ $\rightarrow$ ⟨⟩—$CH_3 + n\text{-}C_3H_7$		Ftg	590...735	9...14	$k(1)$	14,5	67,2	Anilin als Trägergas
$Ga(CH_3)_3 \rightarrow Ga(CH_3)_2 + CH_3$		Fg	460...370	13	$k(1)$	15,54	59,5	Toluol als Trägergas
$H_2 + M \rightarrow 2H + M$	Xe H_2 H	W	2900...4600 2900...4600 2900...4600	370...470	$k(1)(2)$	$14{,}25 - \tfrac{1}{2}\lg T$ $17{,}25 - \tfrac{3}{2}\lg T$ $15{,}08 - \tfrac{1}{2}\lg T$	103,2* 103,2* 103,2*	Z: Xe Dichtemessung Z: Xe messung Z: Xe mit Röntgenstrahlen

* Dissoziationsenergie bei 0° K.

7. Dynamische Konstanten

Reaktion	M	Methode	Temperatur °C	Druck Torr	$d\xi/dt$	$\log k$	$\log H$	E	Bemerkung
$J_2 + M \rightarrow 2J + M$	Ar	$K(W, R)$	20...1300		$k(1)(2)$		$17{,}5 - 1{,}8 \lg T$	35,54	
$NO_2 + M \rightarrow NO + O + M$	Ar	Wl	1100...2000	500...3000	$k(1)(2)$		13,18	65,4	
$N_2O_5 + M \rightarrow NO_3 + NO_2 + M$	$NO + N_2O_5$	Sl	27...71	—	$k(1)(2)$		16,11	19,27	k extrapoliert auf $p=0$
$O_2 + M \rightarrow 2O + M$	Ar	Wl	5000...11000	—	$k(1)(2)$		11,46	118*	
$O_3 + M \rightarrow O_2 + O + M$	O_3	SpK	70...110	15...600	$k(1)(2)$		12,66	24	
$N_2H_4 \rightarrow 2NH_2$		Fa	630...780	—	$k(1)$		12,6	60	Toluol als Trägergas
$NO_2 + M \rightarrow NO + O + M$	Ar	Wl	1100...2000	500...3000	$k(1)(2)$		13,18	65,4	
$NOCl + M \rightarrow NO + Cl + M$	CO_2	Sp	250...300	8...50(1)	$k(1)(2)$		14,3	37	
$N_2O + M \rightarrow N_2 + O + M$	Ar (97...99,5 %)	Wl	1200...2200	$1{,}5 \cdot 10^3 \ldots 2 \cdot 10^4$	$k(1)(2)$		12,0	61	
$H_2O_2 + M \rightarrow 2OH + M$	N_2	F	440...560	12...760	$k(1)(2)$		14,15	46,3	
$ZnCH_3 + M \rightarrow Zn + CH_3 + M$	Toluol usw.	Fa	570...830	16	$k(1)(2)$		16,36	35	Toluol als Trägergas

* Dissoziationsenergie bei 0° K.

7722. Anlagerungsreaktionen

Reaktion	M	Methode	Temperatur °C	Druck Torr	$d\xi/dt$	$\log k$	$\log H$	E	Bemerkung
$2Br + M \rightarrow Br_2 + M$	He	Φl	25	30...700	$k(1)^2(2)$	9,13			Meth. Photostationärer Zustand
	Ar			0,2...0,9(3)		9,34			
	O_2					9,84			
$2CF_3 \rightarrow C_2F_6$		Ds	127	40	$k(1)$	10,37			$\Phi\ CF_3COCF_3$
$2CH_3 \rightarrow C_2H_6$		Φs	135	30 (Aceton)	$k(1)^2$	10,52			Φ Aceton (<10 Torr) k druckabhängig
$2C^2H_3 \rightarrow C_2{}^2H_6$		Φs	165	30	$k(1)^2$	10,58			$\Phi\ C^2H_3COC^2H_3$
$CH_3 + C_2H_4 \rightarrow C_3H_7$		Φam	145...285	—	$k(1)(2)$		8,4	7,0	Φ Aceton*
$CH_3 + C_2H_5 \rightarrow C_3H_8$		Φg	100	—	$k(1)(2)$	10,62			
$CO + O \rightarrow CO_2$		Ge	65...260	0,2...1,4	$k(1)(2)$		7,0	4,0	
$C_2H_2 + H \rightarrow C_2H_3$		Fk	2...100	3,5...4 (H_2) 0,0016...0,007(2)	$k(1)(2)$	8,0	1,5		
$C_2H_5 + O_2 \rightarrow C_2H_5O_2$		Be	22	4,3...103	$k(1)^2(2)$	9,65			Φ Azoäthan
$2C_2H_5 \rightarrow C_4H_{10}$		Φs	50	46	$k(1)^2$	10,18			Φ Diäthylketon
			100	36	$k(1)$	10,3			
			150	8	$k(1)$	10,62			
$2Cl + M \rightarrow Cl_2 + M$	Cl_2	Gk	40	0,4...1,6	$k(1)^2(2)$	10,46			
	He					9,48			
$Cl + NO + M \rightarrow NOCl + M$	Cl_2	Sp	197,5	—	$k(1)(2)(3)$	10,20			
	NO_2	Sp	197,5	—	$k(1)(2)(3)$	9,57			

* Auswertung unter Benutzung von $k = 10^{10,6}$ lMol^{-1}s^{-1} für $2CH_3 \rightarrow C_2H_6$ bzw. $2CH_3 \rightarrow C_2H_4$.

7. Dynamische Konstanten

Reaktion	M	Methode	Temperatur °C	Druck Torr	$d\xi/dt$	$\log k$	$\log H$	E	Bemerkung
$2H + M \rightarrow H_2 + M$	H_2	Ge	20	0,35...0,7	$k(1)(2)$	10,04	$12,48 - \lg T$	0	
	H_2	RW	2500...4800	100...700	$k(1)^2(2)$		$12,18 - \lg T$	0	
	Xe	RW	2500...4800	100...700	$k(1)^2(2)$		$11,87 - \lg T$	0	
	Ar	RW	2700...5050	—	$k(1)^2(2)$		$11,85 - \lg T$	0	
$2\,{}^2H + M \rightarrow {}^2H_2 + M$	Ar	RW	2700...4000	150...700	$k(1)^2(2)$		$12,0 - \lg T$		
	${}^2H_2$								
$H + OH + M \rightarrow H_2O + M$	H_2O	Ee	1380	760	$k(1)(2)(3)$	11,73			
$H + O_2 + M \rightarrow HO_2 + M$	H_2O	Ee	1380	760	$k(1)(2)(3)$	11,73			
$2J + M \rightarrow J_2 + M$	He	Φl	25	—	$k(1)^2(2)$	9,50			Methode: Photostationärer Zustand
	O_2					10,15			
$2N + M \rightarrow N_2 + M$	N_2	Gk	20	0,5...1	$k(1)^2(2)$	9,78			
	N_2	Ge	20	5		9,65			
			100	5		9,72			
			300	5		9,74			
$2NH_2 \rightarrow N_2H_4$	—		20	0,4...0,85	$k(1)(2)$	9,37			
$O + N + M \rightarrow NO + M$	N_2	Ge	77	0,6...2,3	$k(1)(2)(3)$	9,52			
$O + NO + M \rightarrow NO_2 + M$	N_2	Φa	20	$6 \cdot 10^{-5}...2,5 \cdot 10^{-3}(4)$	$k(1)(2)(3)$	10,25			
	CO_2	Ge	23	0,2...1,6		10,65			
$O + NO_2 \rightarrow NO_3 + M$	N_2	Φa	20	$6 \cdot 10^{-5}...2,5 \cdot 10^{-3}(2)$	$k(1)(2)(3)$	11,0			$\Phi\,NO_2$
$2O + M \rightarrow O_2 + M$	O_2	Gl	27	0,3...1,3	$k(1)^2(2)$	9,00			
	He	Ge	20	6,3...7	$k(1)^2(2)$	8,51			
	CO_2			5,5...6,4		9,48			
$O + O_2 + M \rightarrow O_3 + M$	O_3	SpK	70...110	15...600	$k(1)(2)(3)$		7,78	$-0,6$	
	O_2			15...350(4)			7,42	$-0,6$	
	He						7,31	$-0,6$	

7723. Austauschreaktionen

$$\frac{d\xi}{dt} = k(1)(2) \quad \text{(vgl. 77)}$$

Reaktion	Methode	Temperatur °C	Druck Torr	log k	log H	E	Bemerkung
$Br+HBr\rightarrow Br_2+H$	$R(S,W)$	200...1200	—		$9,86+\frac{1}{2}\lg T$	44	
$Br+BrCl\rightarrow Br_2+Cl$	Φl	20	10...15 (Cl_2) 4...20 (Br_2)	3,53			
$Br+CH_4\rightarrow HBr+CH_3$	Φl	150...230	210...640 (2) 16...53 (Br_2)		9,17	17,8	
	Sl	300					
$Br+C_2H_6\rightarrow HBr+C_2H_5$	Φg	58...200	100...250		10,90	13,4	Gemessen als Parallelreaktion zu $Br+CH_3Br$
$Br+Cl_2\rightarrow BrCl+Cl$	Φl	20...60	10...15 (Cl_2) 4...20 (Br_2)		9,65	6,9	
$Br+H_2\rightarrow HBr+H$	Wl	1030...1430			$9,55+\frac{1}{2}\lg T$	18,3	
	$K(W,S)$	200...1430			$9,53+\frac{1}{2}\lg T$	18,3	
$Br+{}^2H_2\rightarrow {}^2HBr+{}^2H$	Wl	1030...1430			$9,28+\frac{1}{2}\lg T$	19,8	
	$K(W,S)$	200...1430			$9,26+\frac{1}{2}\lg T$	19,7	
CClO s. unter COCl							
$CF_3+CH_4\rightarrow CF_3H+CH_3$	Φm	126...250	65...120		8,7	10,3	Φ CF_3COCF_3
$CF_3+H_2\rightarrow CF_3H+H$	Φim	60...180	≈50		11,84	9,5	F Φ_3C $COCF_3$

7. Dynamische Konstanten

Reaktion	Methode	Temperatur °C	Druck Torr	log k	log H	E	Bemerkung
$CH_3+HCHO\to CH_4+HCO$	Φl	360...460	1...30 (2) 50...58 (Azomethan)		8,1	6,2	* Φ Azomethan
	Φgm	120...150			8,3	6,6	* Φ Di-tert.-butylperoxid
$CH_3+CH_3Cl\to CH_4+CH_2Cl$	Φa	130...210	100 (Aceton) 100 (2)		8,6	9,5	* Φ Aceton
$CH_3+C^2H_4\to CH_3{}^2H+C^2H_3$	Φm	150...430	20...40 (Aceton) 25...90 (2)		8,2	13	* Φ Aceton
$C^2H_3+{}^{14}C^2H_4\to C^2H_4+{}^{14}C^2H_3$	Φr	200...350	65...290 (2) $\approx$50 ($C^2H_3COC^2H_3$)		9,61	17,8	Φ $C^2H_3COC^2H_3$
$CH_3+CH_3NH_2\to CH_4+CH_3NH$	Smg	120...175	30...50		6,63	5,7	*
$CH_3+CH_3N^2H_2\to CH_3{}^2H+CH_3N^2H$	Smg	120...175	30...50		6,69	7,0	*
$CH_3+CH_3N^2H_2\to CH_4+CH_2N^2H_2$	Smg	120...175	30...50		8,23	9,0	*
$C^2H_3+CH_3NH_2\to C^2H_3H+$ Radikal	Φa	180...340	—		8,05	8	* Φ $C^2H_3COC^2H_3$
$CH_3+C_2H_6\to CH_4+C_2H_5$	Φa	115...295	40...60 (Aceton) 40...60 (2)		8,3	10,5	Φ Aceton *
$C^2H_3+C_2H_6\to C^2H_3H+C_2H_5$	Φm	280...420	—		$7,63+\tfrac{1}{2}\lg T$	11,5	Φ $C^2H_3COC^2H_3$
$C^2H_3+CH_3C^2H_3\to C^2H_4+CH_3CH_2$	Φm	280...420	—		$7,48+\tfrac{1}{2}\lg T$	13,5	Φ $C^2H_3COC^2H_3$
$C^2H_3+C_2{}^2H_6\to C^2H_4+C_2{}^2H_5$	Φm	280...420	—		$7,63+\tfrac{1}{2}\lg T$	13,0	Φ $C^2H_3COC^2H_3$
$C^2H_3+C_2H_5OH\to C^2H_3H+$ Radikal	Φa	190...340	—		8,55	9	Φ $C^2H_3COC^2H_3$

772. Reaktionen mit Atomen bzw. Radikalen

Reaktion					
$C^2H_3+CH_3NHCH_3\rightarrow C^2H_3H+Radikal$	Φa	180...340	—	8,2	7	$\Phi\ C^2H_3COC^2H_3$
$CH_3+C_2H_5CHO\rightarrow CH_4+C_2H_5CO$	Sa	120...160	8...140(2)	9,0	7,5	CH_3 aus Di-tert.-butylperoxid
$CH_3+C_7H_8\ (Toluol)\rightarrow CH_4+Benzyl$	Φt	50...250	14...16 (Peroxid)	8,0	8	*
	Fa	400...600	≈ 40	10,0	13	*
$CH_3+o-C_8H_{10}(o-Xylol)\rightarrow CH_4+Radikal$	Φta	100...200	70...100	8,2	7,8	*
$CH_3+m-C_8H_{10}(m-Xylol)\rightarrow CH_4+Radikal$	Φta	100...200	≈ 100	8,5	8,5	*
$CH_3+p-C_8H_{10}(p-Xylol)\rightarrow CH_4+Radikal$	Φta	100...200	≈ 100	7,9	7,4	*
$CH_3+H_2\rightarrow CH_4+H$	Φm	130...290	150...300	8,5	10	* Φ Aceton
$C^2H_3+H_2\rightarrow C^2H_3H+H$	Φm	130...290	150...300	9,04	11	*
$C^2H_3+^2H_2\rightarrow C^2H_4+^2H$	Φm	130...290	55...300	8,56	11	*
$CH_3+^2H_2\rightarrow CH_3{}^2H+^2H$	Φm	130...290	150...300	9	12	* Φ Aceton
$CH_3+HJ\rightarrow CH_4+J$	$1S$	260...320	10...150	9,5	2,3	
$CH_3+J_2\rightarrow CH_3J+J$	$S1$	260...320	10...150	10,0	1,5	
$CH_3+NH_3\rightarrow CH_4+NH_2$	Φm	125...175	—	7,88	9,8	* Φ Azomethan
$CH_3+N^2H_3\rightarrow CH_3{}^2H+N^2H_2$	Φm	110...180	—	8,08	10,9	* Φ Azomethan
$C^2H_3+NH_3\rightarrow C^2H_3H+NH_2$	Φa	180...340	—	7,85	10	* $\Phi\ CH_3COC^2H_3$
$COCl+Cl_2\rightarrow COCl_2+Cl$	Φsl	25...55	50...350(2) 100...500(CO)	9,40	2,96	
$COCl+NOCl\rightarrow COCl_2+NO$ (oder $\rightarrow Cl_2+CO+NO$)	Φsl	25...55	0,0028(2) 300(Cl_2) 100...300(CO)	10,68	1,14	

* Auswertung unter Benutzung von $k=10^{10,5}\ lMol^{-1}s^{-1}$ für $2CH_3\rightarrow C_2H_6$ bzw. $2CD_3\rightarrow C_2D_6$.

7. Dynamische Konstanten

Reaktion	Methode	Temperatur °C	Druck Torr	log k	log H	E	Bemerkung
$C_2H_3Cl_2+Cl_2 \rightarrow C_2H_3Cl_3+Cl$	Φsl	25...55	50(2) 2...150 (CH_3Cl)		8,75	0,92	
$C_2H_5+C_2H_5 \rightarrow C_2H_6+C_2H_4$	$\Phi sl, K$	150	0...80		9,8		
$C_2H_5+HJ \rightarrow C_2H_6+J$	Sg	263...303	13...57		8,92	1,1	
$C_2H_5+N_2O \rightarrow C_2H_5O+N_2$	Sa, K	553...588	≈200		11,75	22,5	
$Cl+Br_2 \rightarrow BrCl+Br$	Φl	20	10...15 (Cl_2) 4...20 (Br_2)	8,36			
$Cl+BrCl \rightarrow Cl_2+Br$	Φl	20...60	10...15 (Cl_2) 4...20 (Br_2)		9,3	1,1	
$Cl+CHCl_3 \rightarrow HCl+CCl_3$	Φg	0...300	1...5 (Cl_2)		9,84	3,35	N_2-Überschuß
$Cl+CH_2Cl_2 \rightarrow HCl+CHCl_2$	Φg	0...300	1...5 (Cl_2)		10,43	3,0	N_2-Überschuß
$Cl+CH_3Cl \rightarrow HCl+CH_2Cl$	Φg	0...300	1...5 (Cl_2)		10,53	3,3	
$Cl+CH_4 \rightarrow HCl+CH_3$	Φg	−80...300	500 0,25...2,5 (2) 0,025...0,25 (Cl_2)	10,38	3,85		
$Cl+H_2 \rightarrow HCl+H$	K	20...900	—		10,9	5,5	
$H+Br_2 \rightarrow HBr+Br$	$K(S, W)$	170...1400			$10,02+\frac{1}{2}\lg T$	1,5	
$H+CH_4 \rightarrow H_2+CH_3$	F	99...163	≈300		7,01	4,5	E wahrscheinlich zu niedrig
	E	930...1530	30...140		11,30	11,5	
$H+CO_2 \rightarrow CO+OH$	Em	930...1080			12,48	33,3	
$H+C_2H_6 \rightarrow H_2+C_2H_5$	$K(G, E)$	80...1200	—		11,117	9,71	
$H+ClH \rightarrow H_2+Cl$	R	20...800			10,67	4,5	

772. Reaktionen mit Atomen bzw. Radikalen

Reaktion						Bemerkung
$H+Cl_2 \rightarrow HCl+Cl$	K	30...200			11,3	2,0	Gemessen als Parallelreaktion zu $H+HCl=H_2+Cl$
	K	0...65			11,5	3,0	
$H+H_2 \rightarrow H_2+H$ $p\text{-}H_2 \rightarrow o\text{-}H_2$	$G\lambda$	10...100	0,56		10,4	7,25	
	$S\lambda$	580...730	3...74			5,5	
$H+H^2H \rightarrow H_2+{}^2H$	$S\lambda, K$	450...600	100...400	⎫	10,4	7,1	
		580...730	3...30				
$^2H+H_2 \rightarrow H^2H+H$	$S\lambda, K$	450...600	100...400	⎬	10,6	6,2	
		580...730	3...30				
$^2H+H^2H \rightarrow {}^2H_2+H$	$S\lambda, K$	450...600	100...400	⎭	10,3	6,5	
		580...730	3...30				
$H+{}^2H_2 \rightarrow H^2H+{}^2H$	$S\lambda$	580...730	3...30		10,8	6,6	
$^2H+{}^2H_2 \rightarrow {}^2H_2+{}^2H$ $o\text{-}{}^2H_2 \rightarrow p\text{-}{}^2H_2$	$S\lambda$	630...710	8...29		10,4	6,0	
$H+H_2O \rightarrow H_2+OH$	Em	987...1507	60...410	10,46	12,0	25,5	
$H+N_2O \rightarrow N_2+OH$	Em	990...1510	60...410		11,60	16,3	
$H+NO_2 \rightarrow OH+NO$	Gm	25	0,4				Überschuß von Ar bzw. He
			$\approx 10^{-3}(1)$				
			$1...25 \cdot 10^{-3}(2)$				
$H+O_2 \rightarrow OH+O$	$K(W, E)$	520...1372	60...410		11,48	17,5	
	Em	987...1507			11,75	18	
$H+O_3 \rightarrow OH+O_2$	Gm	25	0,4...0,5	10,20			
$N+NO \rightarrow N_2+O$	Em	1910...2130	—		10,48	7,0	
	Gm	25	0,02...0,06	10,1			
$N+O_2 \rightarrow NO+O$	Gm	120...140	2		9,4	6,2	
	Ge	140...480	1,5...6,5		9,92	7,1	

7. Dynamische Konstanten

Reaktion	Methode	Temperatur °C	Druck Torr	log k	log H	E	Bemerkung
$N+O_3 \rightarrow NO+O_2$	Gm	20	0,2...0,7	8,5			
$NH_2+NH_3 \rightarrow NH_3+NH$	Wm	1727	30...190	10,40			Ar-Überschuß
$O+H_2 \rightarrow OH+H$	G	136...460	2		$8,56+\frac{1}{2}\lg T$	8,9	Aus der unteren Explosionsgrenze von H_2/O_2
	E	560...660	25...90		10,96	12,1	He Trägergas
$O+OH \rightarrow H+O_2$	GF	20	0,5...4	9,8...10,1			
$O+N_2 \rightarrow NO+N$	Wl	4000...6000	10...1000		10,85	75,5	
$O+NO \rightarrow O_2+N$	Sl, K	900...1250	50...500		10,15	44,7	
	Wl, K	200...4700	10...1000		$6,50+\lg T$	39,1	
$O+N_2O \rightarrow 2NO$	E	1200...1700	60...100		11,3	28	
$O+NO_2 \rightarrow NO+O_2$	Φa	20	760	9,32			
			$6 \cdot 10^{-5}...2,5 \cdot 10^{-3}(2)$				
$O+O_3 \rightarrow 2O_2$	Sl	70...100	5...170(1)		9,36	5,0	
	Fa	100...150	0...240(2)				
			760				
$O_3+NO_2 \rightarrow NO_3+O_2$	Sl	13...29	3...35		9,77	7,0	
$OH+CH_4 \rightarrow CH_3+H_2O$	E	930...1530	30...140		11,54	9	E noch sehr unsicher
$OH+CO \rightarrow CO_2+H$	Em	1030...1680	30...140		10,36	10,3	
$OH+H_2 \rightarrow H+H_2O$	Em	990...1510	60...410		11,4	10	
$OH+OH \rightarrow H_2O+O$	G	20	0,5...4	9,18			

7724. Sonstige Reaktionen

Reaktion	Methode	Temperatur °C	Druck Torr	$-d\xi/dt$	log k	log H	E	Bemerkung
$H+N+M \rightarrow NH_2, N_2, H_2+M$	Ga	25	2,5...4,5	$k(1)(2)(3)$	8,69			$M=N, N_2, H, H_2$
$N_2O+Br \rightarrow N_2+\frac{1}{2}O_2+Br$	Sp	600...700	20...40	$k(1)(2)$		11,3	37	
$N_2O+Cl \rightarrow N_2+\frac{1}{2}O_2+Cl$	Sp	650...760	20...40	$k(1)(2)$		11,11	33,5	
$O+CCl_4 \rightarrow \cdots$	Fl	4...100	2...4	$k(1)(2)$		7,30	4,5	
$O+CH_3 \rightarrow CO+\cdots$	E	940...1630	40...80	$k(1)(2)$	10,28			
$O+CH_3OH \rightarrow \cdots$	G	75...230	2...14	$k(1)(2)$		8,71	3,1	
$O+C_2H_4 \rightarrow \cdots$	Ggm	−50...340	1,5...2,4	$k(1)(2)$		9,92	1,6	
$O+NH_3 \rightarrow \cdots$	G	75...185	4...16	$k(1)(2)$		6,95	0	

773. Reaktionen mit Ionen

Reaktion	Methode	Druck Torr	E_{max} (eV)	$\pi\sigma^2$ (Å^2)	log k	Bemerkung
$Ar^+ + CH_4 \rightarrow ArH^+ + CH_3$	Mi	$4,5 \cdot 10^{-5}$	2,5	182	8,68	
$Ar^+ + H_2 \rightarrow ArH^+ + H$	Mi	$10^{-5}...10^{-4}$	0,7	100		
			2,8	58		
			11,1			
		$4 \cdot 10^{-5}...2 \cdot 10^{-4}$	0,75	150	11,98	

Reaktion	Methode	Druck Torr	E_{max} (eV)	$\pi\sigma^2$ (Å²)	log k	Bemerkung
$Ar^+ + H^2H \rightarrow ArH^+ + {}^2H$	Mi	$10^{-5}...10^{-4}$	0,7 / 2,8 / 11,1	143 / 71 / 31		
$Ar^+ + H^2H \rightarrow Ar^2H^+ + H$	Mi	$10^{-5}...10^{-4}$	0,7 / 2,8 / 11,1	168 / 84 / 37		
$CH_3^+ + CH_4 \rightarrow C_2H_5^+ + H_2$	M / Mi	$10^{-5}...10^{-4}$ / $10^{-4}...10^{-2}$	0,3 / $\approx$0,5 / $\approx$5	165 / 58 / 8,4	11,70 / 11,31	
$CH_4^+ + HCl \rightarrow CH_5^+ + Cl$	Mi	$10^{-4}...10^{-2}$	$\approx$0,5	33	11,44	
$CH_4^+ + {}^2H_2 \rightarrow CH_3{}^2H + H^2H$	M	$\leqq 0,3$	2,5		9,76	
$CO^+ + {}^2H_2 \rightarrow C^2HO^+ + {}^2H$	M		$\approx$1		11,95	
$C_2^+ + C_2H_2 \rightarrow C_4H^+ + H$	Mi	$10^{-4}...10^{-2}$	$\approx$0,5 / $\approx$5	68 / 18	11,71 / 11,52	
$C_2^+ + C_2H_4 \rightarrow C_4H_3^+ + H_2$	Mi	$10^{-4}...10^{-2}$	$\approx$0,5 / $\approx$5	89 / 18	11,78 / 11,54	
$C_2H^+ + C_2H_4 \rightarrow C_4H_3^+ + H_2$	Mi	$10^{-4}...10^{-2}$	$\approx$0,5 / $\approx$5	34 / 5,1	11,36 / 10,98	
$H_2^+ + H_2 \rightarrow H_3^+ + H$	M	$4\cdot 10^{-5}...2\cdot 10^{-4}$	0,75	60	12,24	
${}^2H_2^+ + {}^2H_2 \rightarrow {}^2H_3^+ + {}^2H$	M	$10^{-5}...10^{-4}$	0,7 / 2,8	50 / 23	11,94 / 11,92	
	M		0,66 / 1,64 / 6,6		11,94 / 11,92 / 11,84	

Anhang

Die Größe der elektrischen Einheiten wurde 1948 neu festgesetzt. Die vor 1948 gebräuchlichen Einheiten waren international vereinbart (sie tragen daher den Index „int") und wurden durch Normalwiderstände und das Normalelement[1] verkörpert. Die Größe dieser Einheiten ergab für die Energieeinheit Joule eine von der in der Mechanik gebräuchlichen (Erg im CGS-System, Joule im MKS-System) abweichende Größe. 1948 wurden die elektrischen Einheiten an die mechanischen angeschlossen und im Gegensatz zu den internationalen Einheiten als absolute Einheiten bezeichnet. Der Zusatz „absolut" zur Einheit ist mittlerweile fortgefallen. Für die Angaben in älteren Arbeiten, in denen mit Volt_{int} usw. gerechnet wird, benötigt man folgende Umrechnungsfaktoren:

$$1 \text{ A}_{int} = 0{,}99985 \text{ A}$$
$$1 \text{ V}_{int} = 1{,}00034 \text{ V},$$
$$1 \text{ }\Omega_{int} = 1{,}00049 \text{ }\Omega,$$
$$1 \text{ C}_{int} = 0{,}99985 \text{ C},$$
$$1 \text{ W}_{int} = 1{,}00019 \text{ W},$$
$$1 \text{ S}_{int} = 0{,}99951 \text{ S},$$
$$1 \text{ F}_{int} = 0{,}99951 \text{ F},$$
$$1 \text{ Wb}_{int} = 1{,}00034 \text{ Wb},$$
$$1 \text{ H}_{int} = 1{,}00049 \text{ H},$$
$$1 \text{ J}_{int} = 1{,}00019 \text{ J}.$$

---

[1] Weston Normalelement, dessen EMK bei 20°C zu $U \text{ (NE)}_{20°C} = 1{,}01830 \text{ Volt}_{int}$.

Sachverzeichnis

Absorptionskoeffizient 1203f.
Absorptionsquerschnitt für thermische Neutronen 194
Adsorption aus flüssiger Phase 1254f.
— aus Gasphase 1250f.
— — —, an Aktivkohle 1253f.
— — —, anorg. Dämpfe 1250f.
Adsorptionswärme 1328
Änderung der Enthalpie beim Bildungsvorgang 1332
Äther, Dichte 802
Aktivitätskoeffizienten von Elektrolyten 874f.
Alkohol, Dichte 802
Ammoniakate, Bildungsenthalpie 1322
Ampere$_{int}$ 1513
Anharmonizitätseffekte der thermodynamischen Funktionen 1402f.
Anharmonizitätszahl gasförmiger Elemente 108f.
Anlagerungsreaktionen in Gasen
 mit Molekülen 1496
 mit Atomen bzw. Radikalen 1503
Arrheniussche Gleichung (Diffusion) 1437
Atomgewicht s. Atommasse
Atomismus, Grundkonstanten 60f.
Atommasse (Atomgewicht)
 ältere Werte 67f.
 relative 66f.
Atomparachore nach Sugden 1247
Atomradien 81f.
Atomvolumina 81f.
Atomwärme von Elementen 1258f.
Ausdehnung von Gasen 828f.
— von Quarz 735
Ausdehnungskoeffizient anorganischer Verbindungen 200f., 796f.
— von Elementen 81f.
— von Legierungen 698f.
— organischer Verbindungen 798f.
—, scheinbarer, von Hg, in Gläsern für Thermometerkorrektur 49
— von Stählen 694
— von Wasser 603
Austauschreaktionen in Gasen
 mit Molekülen 1498
 mit Atomen bzw. Radikalen 1505
Austrittspotential von Elementen 81f.
Azeotrope Gemische, Siedepunkte 1018f.

Barometerstand, Reduktion 50, 51
Baumé-Grade 823
Beton 731f.
Bezugseinheiten, chemische 33
Bildungsenthalpie von Ammoniakaten 1322
— von met. Legierungen 1318f.
— met. Phasen mit O_2 und S 1320f.
— von anorg. Verbindungen 200f., 1347f.
 von Elementen 1333f.
 von org. Verbindungen 1363f.
— freie, anorganischer Verbindungen 200f.
Bildungsentropien von met. Legierungen 1318f.
— von anorg. Verbindungen 1347f.
 von Elementen 1333f.
 von org. Verbindungen 1363f.
Binäre Mischsysteme, azeotrope Punkte 1018f.
— Systeme, Dampfdruck 972f.
Bindungsparachore 1248
Boltzmann-Konstante 1332
Brechungsindex von Elementen 113f.
Brechzahl anorganischer Verbindungen 200f.
— gasförmiger Elemente 108f.
— von Gläsern 739f.
— von Mineralien 637f.
— des Quarzes 737
— von Wasser 627f.
— von Eis und Wasserdampf 629
Brennstoffe
 flüssige 1311, 1316f.
 gasförmige 1312, 1316f.
 Zusammensetzung und Heizwert 1309f., 1316f.
Brinell-Härte 59
Bronzen 711f.
Bruchdehnung von Elementen 113f.
Bunsenscher Löslichkeitskoeffizient 1203, 1209

Cailletet-Mathiassche Regel 957
Charakteristik anorganischer Verbindungen 200f.
Charakteristische Rotationstemperatur 1332

Charakteristische Schwingungstemperatur der Normalschwingung 1332
Chemische Bezugseinheiten 33
— Konstante 1332
Coulomb$_{Int}$ 1513

Dampfdruck
anorganische Verbindungen 905f., 909f., 911
Elemente 899f., 903
organische Verbindungen 912f., 946
— von Dichtungsfetten 951
— von Kitten 951
— von Mischsystemen 972f.
binäre Systeme 972f.
ternäre Systeme 1009f.
— des Quecksilbers 904
— von Treibmitteln für Diffusionspumpen 951
—, Trockenmittel 950
— von Wasser 603, 607f.
— von schwerem Wasser und Mischungen mit H_2O 608
— von unterkühltem Wasser 609
— über wäßrigen Salzlösungen 1014f.
Dampfdruckformel organischer Stoffe 948
Dampfdruckkonstante 1332
Debye-Funktionen 1398f.
— Temperatur 1332
Dehngrenze von Elementen 113f.
Dichte von Alkohol, Äther 802
— anorganischer Mischungen (wss. Lösungen) 805f.
— anorganischer und organischer Flüssigkeiten 802f.
— anorganischer Verbindungen 200f.
— anorganischer ternärer Systeme mit Wasser 817
— von Gasen 828f.
— koexistierender Phasen für gasförmige Elemente 172f.
— von Legierungen 698f.
— von Meerwasser 817
— von Mineralien 636f.
— nichtwäßriger Lösungen 826
— schwerer Flüssigkeiten 804f.
— wäßriger Lösungen, geordnet nach Dichten 816
— wäßriger Lösungen organischer Stoffe 818f., 826
— koexistierender Phasen anorganischer Verbindungen 952f.
organischer Verbindungen 954f.
Dichtemaximum wäßriger Lösungen 815f.

Dichtungsfette, Dampfdruck von 951
Dielektrizitätskonstante anorganischer Verbindungen 200f.
— von Elementen 113f.
— gasförmiger Elemente 108f.
— von Wasser und schwerem Wasser 627
Diffusion, Arrheniussche Gleichung 1437
— in Gasen 1450f.
— von Gasen in Wasser 1443
— in Festkörpern 1438f.
— in Flüssigkeiten 1441f.
— fl. anorg. Stoffe in fl. anorg. Stoffen 1443
— flüssiger Lösungen in Wasser 1441f.
— von Ionen in Metallen 1440
— in Metallen 1438f.
— org. Verbindungen in org. Lösungsmittel 1449
— — — in org. Verbindungen 1447
— — — in Wasser 1444
Dissoziationskonstanten in wss. Lösung
amphoterer Elektrolyte 870
anorganischer Säuren und Basen 862
organischer Säuren und Basen 864
Dosis-Einheit 32
Drillschwingungen, Einfluß auf thermodynamische Funktionen 1403f.
Druckmessung, Reduktion 50
—, — auf Normalschwere 52
Druckabhängigkeit der Wärmeleitfähigkeit 1472f.

ebullioskopische Konstanten 1029f.
Einheiten s. Maßeinheiten
Elastizitätseigenschaften von Legierungen 699f.
Elastizitätsmodul von Elementen 81f.
Elektrische Eigenschaften von Quarz 736
Elektrischer Widerstand von Stählen 695
Elektronenkonfiguration von Elementen 81f.
Elemente, Entdeckungsjahr 67f.
—, Name in Englisch, Französisch 67f.
—, natürlich vorkommende Isotope, Eigenschaften der 71f.
—, Nullpunktsvolumina 79
—, relative Häufigkeit auf der Erde (im Sonnensystem) 77
—, Röntgenspektren 190
—, wichtige Eigenschaften 81f.
Englergrade, Umrechnung in kinematische Zähigkeit 1407

Enthalpie, Änderung beim Bildungsvorgang 1332
— statistische Berechnungen 1395f., 1400, 1403, 1405
— von Stählen 695
Enthalpien
von anorganischen Verbindungen 1347f.
von Elementen 1333f.
von organischen Verbindungen 1363f.
Entropie (Standardwerte) anorganischer Verbindungen 200f.
—, statistische Berechnungen 1396, 1400f., 1403, 1406
Entropien
von anorg. Verbindungen 1347f.
von Elementen 1333f.
von org. Verbindungen 1363f.
Entropiekonstante für den Festkörper 1332
— für den idealen Gaszustand 1332
Erdbeschleunigung 52f.
—, Ortstabelle 53
Erde, Größe und Dimensionen 61
Erdöl 690f.

Fadenkorrektur 48
Fallbeschleunigung, Ortstabelle 53
Farad$_{int}$ 1513
Farbe anorganischer Verbindungen 200f.
— von Mineralien 636f.
Faserstoffe 788
Feinkeramische Massen 750f.
Festigkeitseigenschaften von Legierungen 702f.
Festigkeitswerte von Stählen 697
Feuerfeste Stoffe 752f.
— Baustoffe, Wärmeausdehnung 764f.
Filme 1248f.
Fixpunkte, thermometrische 37
Freie Bildungsenthalpie
von anorg. Verbindungen 200f., 1347f.
von Elementen 1334f.
von org. Verbindungen 1363f.
— Enthalpie, statistische Berechnungen 1397, 1401, 1403, 1406
— Energie, statistische Berechnungen 1397, 1401, 1403, 1406

Gase, Gleichgewichte in 876f.
— in Metallen 1198f.
— in Flüssigkeiten 1203f.
—, pv-Werte 840f.
— in wss. Lösungen 1209f.

Gase, wichtige Eigenschaften 828f.
—, Zustandsgleichungen 836f.
—, zweite Virialkoeffizienten 860f.
Gasvolumen, Reduktion auf Normzustand NTP 55
—, Umrechnung bei kleinen Abweichungen vom Normzustand 836
Gefrierpunktserniedrigung in Abhängigkeit von der Konzentration 1033f.
— anorg. Stoffe in Schwefelsäure 1037
org. Stoffe in Benzol 1037
— von Lösungsmitteln 1030f.
Gemische, Lösungsgleichgewichte 1176f.
—, azeotrope Siedepunkte 1018f.
Geruch anorganischer Verbindungen 200f.
Gesundheitsschädliche Arbeitsstoffe (anorg.) 200f.
Gläser, wichtige Eigenschaften 738f.
— Zusammensetzung 748f.
Gleichgewichte
heterogene 964f.
thermische Zersetzungen 964f.
mit Umsetzungen 971f.
Gleichgewichtskonstante in Gasen 876f.
Gleitmodul von Elementen 81f.
Glimmer 764
Gravitationskonstante 61
Grenzfrequenz nach Debye 1332
Grenzflächenfilme 1248f.
Grenzflächenspannung von Flüssigkeiten gegen eigenen Dampf 1238f.
anorg. Verbindungen 1238f.
org. Verbindungen 1240f.
— von Flüssigkeiten gegeneinander 1246
org. Flüssigkeiten gegen Hg 1246
— von Lösungen
Metalle in Metallen 1242
wss. Lösungen 1243
org. Stoffe in Wasser 1244
org. Stoffe in org. Lösungsmitteln 1245f.
Grundeinheiten des internationalen Einheitssystems 2
Grundkonstanten des Atomismus 60f.
Grundterme von Elementen 81f.
Gruppenparachore 1248
Gußlegierungen 706f.

Härte, Definition 59
— von Elementen 113f.

Sachverzeichnis

Härte von Legierungen 702f.
— von Mineralien 636f.
— Prüfung nach Brinell, Mohs, Rockwell, Vickers 59
— skala nach Mohs 59
Häufigkeit, relative, der Elemente 77
Isotope 71
Halbleitereigenschaften von Elementen 113f.
Hallkonstante von Elementen 113f.
Handelsnamen von Kunststoffen 790
Hartmetalle 715f.
Hauptträgheitsmomente 1332
Henry$_{int}$ 1513
Heterogene Gleichgewichte 964f.
thermische Zersetzungen 964f.
mit Umsetzungen 971f.
Heizleiterwerkstoffe 705f.
Heizwert
von Brennstoffen 1309f.
von flüssigen Brennstoffen 1311
von gasförmigen Brennstoffen 1312
von Kohle, Steinkohle 1310
Hilfsfixpunkte 37
Höhenformel, barometrische 54
Holz, wichtige Eigenschaften 725f.
Horiutischer Löslichkeitskoeffizient 1203
Hydratationsenthalpie, org. Verbindungen 1323

Industrieminerale 690f.
Innere Energie, statistische Berechnungen 1395f., 1400, 1403, 1405
—, Einfluß auf thermodynamische Funktionen 1403f.
Ionendiffusion in Metallverbindungen 1440
Ionenradien 81f.
Ionenprodukt des Wassers 626
Isolierstoffe, keramische 760f.
Isotope, natürlich vorkommende, Eigenschaften der 71f.
—, relative Häufigkeit 71f.
Inversionstemperatur s. Joule-Thomson-Effekt

Joule$_{int}$ 1513
Joule-Thomson-Effekt (Koeffizient) 1390f.
— — -Koeffizient von Wasser 622
— — —, Inversionskurven des 1394

Kalorische Daten 1258f.
Kapillardepression des Quecksilbers 50
Kapillarität bei Wassersäulen (Druckmessung) 52
Kautschuk 794
Keramische Isolierstoffe 760f.
Kernabstand gasförmiger Elemente 108f.
Kernspin der Isotope 71f.
Kitte, Dampfdruck von 951
Knetlegierungen 702f.
Knoten (bei der Druckfehlerberichtigung)
Koexistierende Phasen, Dichte 172f., 952, 954f.
Kohle 690f.
Kompressibilität
von anorganischen Verbindungen 200f., 799f.
anorganischer und organischer Flüssigkeiten 802f.
wäßriger Lösungen 827
— von Wasser 603, 607
— von Gasen 828f.
— von Elementen 81f.
Konzentration von Lösungen und Mischungen 34
Konzentrationsangaben, Umrechnungen 35
—, chemische 34
Korngrenzendiffusion 1438f.
Korrektion bei Druckmessung für die geographische Breite und Höhe 52
Korrektionswert für den Meniskus bei Wassersäulen 52
Korrektionswerte, Flüssigkeitsthermometer 48
Kristalldaten anorganischer Verbindungen 200f.
— von Elementen 81f.
— von Mineralien 636f.
— von Quarz 538, 734
— von Wasser 602
Kristallsymbole 629f.
kritische Daten von Gasen 828f.
— — gasförmiger anorganischer Verbindungen 200f.
— — von gasförmigen Elementen 108f.
Kryoskopische Konstanten 1030f.
Kuenenscher Löslichkeitskoeffizient 1203
Kunststoffe, Handelsnamen 790
—, wichtige Eigenschaften 765f.
Kunststoffolien 786

Lagermetalle 717f.
Legierungen 698
—, Bildungsenthalpie 1318f.
— Bildungsentropie 1318f.
— Lösungsenthalpie 1320
— für graphisches Gewerbe 724
—, warm- und zunderfeste 724
—, wichtige Eigenschaften 698f.
Lettermetalle 723f.
Leitfähigkeit, elektrische, von Wasser 626
liber-mol 33
Lichtdurchlässigkeit von Gläsern 743f.
Litergewicht s. a. Dichte
Löslichkeit anorganischer Verbindungen 200f.
— von Gasen in Ölen, Gummi, Gläsern, Fetten 1229f.
— von Hg-Dampf in Flüssigkeiten 1228
— in org. Flüssigkeiten gasförmiger Elemente und Luft 1220f.
gasförmige anorg. Verbindungen 1224f.
gasförmige org. Verbindungen 1226f.
— in verflüssigten Gasen 1218f.
Löslichkeitskoeffizient
Bunsenscher 1203, 1209
Horiutischer 1203
Kuenenscher 1203
Ostwaldscher 1203
technischer 1203, 1209
Löslichkeitsprodukt 872f.
Lösungsgleichgewichte
anorg. Verbindungen ohne Wasser 1077f.
anorg. Verbindungen in Wasser 1101f.
anorg. Säuren in Wasser 1125f.
anorg. Verbindungen in schwerem Wasser 1127f.
— anorg. Verbindungen in org. Lösungsmitteln 1151f.
— zwischen anorganischen und organischen Stoffen 1129f.
— 1045f.
— kondensierte Stoffe, Elemente (Zustandsdiagramme) 1048f.
— von Lösungsmitteln untereinander 1233f.
— mit mehreren nicht mischbaren flüssigen Phasen 1176f.
— zwischen 3 kondensierten Phasen 1174f.
— zwischen Gasen und kondensierten Stoffen 1198f.

Lösungsgleichgewichte org. Säuren und deren Salze in Wasser 1129f.
org. Verbindungen in Wasser 1139f.
zwischen zwei org. Verbindungen 1155f.
Lösungsenthalpie von Legierungen 1320
Lote 723
Ludwig-Soret-Effekt 1476
Luft, Eigenschaften 181f.
Luftdruck als Funktion der Höhe 53

Magnetisches Moment der Isotope 71f.
Magnetische Suszeptibilität
von Elementen 81f.
von anorg. Verbindungen 200f.
Maßeinheiten 1f.
—, akustische 32
—, amerikanische und britische 3f.
— der Bestrahlung 32
—, elektrische und magnetische 26
—, Kurzzeichen 1
—, mechanisch-thermische 3f.
Maßsysteme 1
—, Umrechnungsfaktoren 3f.
Maximale Arbeitsplatz-Konzentration anorganischer Verbindungen 200f.
Messing, wichtige Eigenschaften 700f.
Meßfarben bzw. Meßfarbstifte 48
Metallegierungen, Bildungsenthalpie 1318f.
— Bildungsentropie 1318f.
Metallische Lösungen, Diffusion in 1438f.
— Phasen, Bildungsenthalpie mit O_2 und S 1320f.
Minerale, physikalische und chemische Eigenschaften 634f.
—, Verzeichnis und chemische Formeln 666f.
Mineralien, Spezifische Wärme 1289f.
Mineralische Rohstoffe 682f.
Mineralogische Härteskala 59
Mischsysteme, Dampfdruck 972f.
Mörtel 731f.
Mohs-Härte 59
molare Bildungsentropie 1332
— freie Bildungsenthalpie 1332
Molwärme
von anorg. Verbindungen 200f., 1347f.
von Elementen 1333f.
von org. Verbindungen 1363f.
— bei konstantem Druck
von anorg. Verbindungen 1266f.
von Elementen 1258f.
von org. Verbindungen 1277f.

Sachverzeichnis 1–1519

Molwärme, statistische Berechnungen 1395, 1399, 1403, 1405
Molekülradius von gasförmigen Elementen 108 f.
Molpolarisation von Wasserdampf 627

Nahrungsmittel, Verbrennungswärme 1298 f.
—, Zusammensetzung 1298 f.
Neusilber 710 f.
Neutralisationsenthalpie 1326 f.
  anorg. Säuren mit anorg. Basen 1326
  org. Säuren mit anorg. Basen 1327
Neutronen, thermische, Absorptionsquerschnitt 194
Normdichte gasförmiger Elemente 108 f.
Normkubikmeter 5
Normalatmosphäre 54
Nullpunktsvolumina der Elemente 79

Oberflächenspannung s. Grenzflächenspannung
— von Elementen 113 f.
— von Wasser 607
Ohm_{int} 1513
Optische Drehung von Quarz 737
— Eigenschaften von Mineralien 636 f.
Ordnungszahl der Elemente 63 f., 67 f., 81 f.
Osmotischer Druck 1037 f.
— — niedermolekularer Stoffe 1038
— — hochmolekularer Stoffe 1040
Ostwaldscher Löslichkeitskoeffizient 1203
Oxydationsgeschwindigkeit von Metallen an Oberflächen 1479 f.

Parachore 1238 f., 1247
Periodensysteme 63 f.
Phasenreaktionskonstante von Metallen 1482
Phasenumwandlungen von Elementen 81 f.
— von anorganischen Verbindungen 200 f.
Planck-Einstein-Funktionen 1394 f.
Plasmazustand der Luft 186/187
— von Wasser 613, 614
Poissonsche Zahl von Elementen 81 f.
Psychrometrie 57
pv-Werte von Gasen 840 f.
Pyrometrie 46

Quantenausbeute 1483
  in flüssiger Phase 1485
  in der Gasphase 1484

Quantengewicht des Elektronenzustandes des Atoms bzw. der Molekel 1332
Quarz (Quarzglas), wichtige Eigenschaften 733 f.
—, Ausdehnung 735
—, Brechzahlen 737
—, elektrische Eigenschaften 736
—, Kristalldaten 538, 734
—, Löslichkeit in Wasser 734
—, optische Drehung 737
—, spezifische Wärme 735
—, Umwandlungsdiagramm 733

Reaktionsgeschwindigkeit an Festkörperoberflächen 1479 f.
— in Gasen 1485 f.
— in Gasen
  mit Atomen bzw. Radikalen 1500 f.
  Anlagerungsreaktionen 1503
  Austauschreaktionen 1505
  Sonstige Reaktionen 1511
  Zerfallsreaktionen 1500
— in Gasen mit Ionen 1511
— in Gasen
  mit Molekülen 1489 f.
  Anlagerungsreaktionen 1496
  Austauschreaktionen 1498
  Sonstige Reaktionen 1499
  Umlagerungen 1489
  Zerfallsreaktionen 1492
Reduktion des Barometerstandes 50
— eines Gasvolumens auf den Normzustand 55
— einer Wägung auf den luftleeren Raum 49
Redwoodsekunden, Umrechnung in kinematische Zähigkeit 1407
Reflexionsvermögen von Elementen 113 f.
Resonanzlinie von Elementen 81 f.
Rockwell-Härte 59
Röntgenspektren der Elemente 190
Rotation, innere 1403 f.
Rotationstemperatur, charakteristische 1332
— gasförmiger Elemente 108 f.

Sättigungsdruck s. Dampfdruck
Säure-Wassergemische, Viskosität 1419
Sayboldsekunden, Umrechnung in kinematische Zähigkeit 1407
Schallgeschwindigkeit in Elementen 81 f.
—, Wasser 625, 626
Seemeile (bei der Druckfehlerberichtigung)

Segerkegel 47
Selbstdiffusion gasförmiger Elemente 108 f.
Schmelzen unter Druck
 anorganische Verbindungen 958 f.
 organische Verbindungen 963 f.
Schmelzenthalpie
 anorg. Verbindungen 200 f., 1347 f.
 Elemente 81 f., 1333 f.
 org. Verbindungen 1363 f.
Schmelzgleichgewichte s. Lösungsgleichgewichte
Schmelzpunkt
 anorganischer Stoffe 200 f., 905 f.
 Elemente 81 f., 900 f.
 organischer Stoffe 912 f.
Schubmodul von Elementen 81 f.
Schwingungstemperatur gasförmiger Elemente 108 f.
Siedepunkte ternärer azeotroper Gemische 1028 f.
Siedepunktserhöhung, molale, von Lösungsmitteln 1029 f.
Siedetemperatur wäßriger Lösungen 1015 f.
Siemens$_{int}$ 1513
Soret-Koeffizient 1476
Spaltbarkeit von Mineralien 636 f.
Spektrales Emissionsvermögen von Elementen 113 f.
Spezifische Enthalpie der Flüssigkeit und des Dampfes 1332
Spezifische innere Energie der Flüssigkeit und des Dampfes 1332
— Verdampfungsenthalpie 1332
— Wärme von Legierungen 699 f.
— — von Mineralien 1289 f.
— — von Quarz 735
— — von Wasser 609 f.
Spin
 Bohrsches Magneton 60
 Kernspin 61, 71 f.
Stahl, Industriestähle, wichtige Eigenschaften 692 f.
Steine
 künstliche 730
 Natursteine, wichtige Eigenschaften 728
Streuungsquerschnitt für thermische Neutronen 194
Sugden, Atomparachore 1247
Suszeptibilität, magnetische, von anorganischen Verbindungen 200 f.
—, magnetische, von Elementen 81 f.
Sutherlandkonstante 1408
— — gasförmiger Elemente 108 f.
Symmetriezahl der Molekel 1332

Technischer Löslichkeitskoeffizient 1203, 1209
Teilstrahlungspyrometer 46
Temperaturskala, deutsche, gesetzliche von 1950 36
— empirische (internationale) 36
—, internationale, Unterschied zwischen 1948 und 1927 38
—, thermodynamische 36
Tensionsthermometer 39
Ternäre azeotrope Gemische, Siedepunkte 1028 f.
— Systeme, Dampfdruck 1009 f.
Thermische Zersetzungen 964 f.
Thermocolore 48
Thermodiffusion in Flüssigkeiten 1476
— in Gasen 1474
— in wäßrigen Elektrolytlösungen 1478
Thermodiffusionskoeffizient 1474
Thermodynamische Daten
 von Elementen 81 f.
 von anorg. Verbindungen 200 f.
— Funktionen
 der anorg. Verbindungen 1347 f.
 der Elemente 1333 f.
 der org. Verbindungen 1363 f.
— — von Gasen 828 f., 1333 f., 1347 f., 1363 f.
— —, statistische Berechnungen 1394 f.
— —, Wasser 615, 618 f.
 schweres Wasser 616
 und Mischung 617
Thermoelemente 42
Thermometerkorrektur 49
Thermometrie 36 f.
Thermopaare, verschiedene gebräuchliche 43 f.
Torsionsmodul von Elementen 81 f.
Tripelpunkt
 anorganischer Stoffe 905 f.
 Elemente 800 f.
 organischer Stoffe 912 f.
Trockenmittel, Dampfdrucke 950

Umlagerungsreaktionen in Gasen mit Molekülen 1489
Umrechnungstabellen, Altgrad in Neugrad 6
—, Gradmaß in Bogenmaß 13
— für Konzentrationsangaben 35
— für Maßeinheiten 3 f.
— von Temperaturgraden 13 f.
—, Winkel 12
Umwandlungen, allotrope, von Elementen 81 f.

Sachverzeichnis 1–1521

Umwandlungen, polytrope von anorganischen Verbindungen 200f.
— unter Druck anorganische Verbindungen 958f.
organische Verbindungen 963f.
Umwandlungsdiagramm von Quarz 733
Umwandlungsenthalpie anorganischer Verbindungen 200f.
Umwandlungspunkte, Elemente 900f.

Van der Waalssche Konstanten 838f.
Verbindungen, anorganische, Eigenschaften 200f.
Verbrennungswärme von Nahrungsmitteln 1298f.
Verdampfungsenthalpie anorganischer Verbindungen 200f., 1347f.
Elemente 81f., 1333f.
organischer Verbindungen 1363f.
Verhalten, chemisches, anorganischer Verbindungen 200f.
Verteilungsgleichgewichte 1190f.
Verteilungskoeffizienten 1190f.
Vickers-Härte 59
Virialkoeffizienten, zweite, von Gasen 860f.
Viskosität 1407f.
— anorg. Flüssigkeiten 1409
— von Brennstoffen und Ölen 1416
— von Elementen 113f.
— von Gasen
  anorg. 1423
  org. 1424
— von Gläsern 747
— bei hohen Drucken 1430
— von Lösungen 1418f.
—, Säure-Wasser-Gemische 1419
— von Schmelzen 1417
— von Seewasser 1418
—, Wasser 622f.
— von wäßrigen Lösungen
  anorg. 1420
  org. 1421
Volumendiffusion 1438f.
Volumetrische Kälteleistung 1332
Volt$_{int}$ 1513
Vorkommen von Mineralien 637f.

Wägung, Reduktion auf Vakuum 49
Wärmekapazität
  Molwärmen bei konstantem Druck
    von anorg. Verbindungen 1266f.
    von org. Verbindungen 1277f.
— von Lösungen 1286f.
—, Atomwärme bei konstantem Druck
  von Elementen 1258f.

Wärmekapazität von Gasen in Abhängigkeit vom Druck 1290f.
Wärmeleitfähigkeit, Druckabhängigkeit 1472f.
— von Elementen 81f., 1456f.
— von Flüssigkeiten anorg. Verbindungen 1458f.
— von Flüssigkeiten, Elemente 1456f.
— von Flüssigkeiten org. Verbindungen 1459f.
— von Gasen 1466f., 108f.
— von Legierungen 699f.
— von Stählen 694
—, Wasser, Wasserdampf 624f.
— von wäßrigen Lösungen 1462f.
Wärmetönung der Adsorption 1328
Wäßrige Salzlösungen, Dampfdruck 1014f.
Wasser, Ausdehnungskoeffizient 603
—, Brechzahlen 627f.
—, charakteristische Daten 600f.
—, Dampfdruck 603, 607f., 618f.
—, Dichte als Funktion der Temperatur 602
—, Dichte von Mischungen mit D_2O 630
—, elektrische Leitfähigkeit 626
—, Ionenprodukt 626
—, Joule-Thomson-Koeffizient 622
—, Kristalldaten für Eis 602
—, Kompressibilität 603, 607
—, Oberflächenspannung 607
—, Schallgeschwindigkeit 625, 626
—, Schmelzen unter Druck 600
—, schweres, allgemeine Daten 600
—, —, Dielektrizitätskonstante 627
—, Siedetemperaturen 609
—, spezifische Wärme 609f.
—, thermodynamische Funktionen 615f., 618f.
—, Tripelpunkte 601
—, Umwandlungen unter Druck 601
—, Verdampfungsenthalpie 618f.
—, Viskosität 622f.
—, Wasserdampf, Wärmeleitfähigkeit 624f.
Wasserdampf, Dichte und Druck 603f
—, Wärmeleitfähigkeit 625
Watt$_{int}$ 1513
Weber$_{int}$ 1513
Werkstoffe 692f.
Widerstand
  spezifischer elektrischer, von Elementen 81f.
  Druckkoeffizient des 81f.

Widerstand spezifischer elektrischer,
  von Elementen
  Einfluß magnetischer Felder
  113 f.
  Temperaturkoeffizient des 81 f.
Widerstandsthermometer 42
Wirkungsquerschnitt für Neutronen
  194

Zementbeton 731 f.
Zementmörtel 731 f.

Zerfallsreaktionen in Gasen
  mit Molekülen 1492
  mit Atomen bzw. Radikalen 1500
Zersetzungen
  thermische (Gleichgewicht) 964 f.
  Geschwindigkeit der 1492, 1500
Zündgrenzen in Luft und Sauerstoff
  1482 f.
Zugfestigkeit von Elementen 113 f.
Zunderkonstante von Metallen 1480
Zustandsgleichungen, Gase 836 f.

MIX
Papier aus verantwortungsvollen Quellen
Paper from responsible sources
FSC® C105338

If you have any concerns about our products,
you can contact us on
ProductSafety@springernature.com

In case Publisher is established outside the EU,
the EU authorized representative is:
**Springer Nature Customer Service Center GmbH
Europaplatz 3, 69115 Heidelberg, Germany**

Printed by Libri Plureos GmbH
in Hamburg, Germany